Table 1

Base units in the International System of Units (SI)

Quantity	Name	Symbol
Length	meter	m
Mass	kilogram	kg
Time	second	s
Electric current	ampere	A
Thermodynamic temperature	degree Kelvin	K
Amount of substance	mole	mol
Luminous intensity	candela	cd
Plane angle[a]	radian	rad
Solid angle[a]	steradian	sr

[a] Supplementary units

Table 2

Derived SI units with special names

Quantity	SI unit symbol	Name	Units
Frequency	Hz	hertz	1/s
Force	N	newton	kg·m/s^2
Pressure, stress	Pa	pascal	Kg/m·s^2 or N/m^2
Energy or work	J	joule	kg·m^2/s^2 or N·m
A quantity of heat	J	joule	kg·m^2/s^2 or N·m
Power, radiant flux	W	watt	kg·m^2/s^3 or J/s
Electric charge	C	coulomb	A·s
Electric potential	V	volt	kg·m^2/s^3·A or W/A
Potential difference	V	volt	kg·m^2/s^3·A or W/A
Electromotive force	V	volt	kg·m^2/s^3·A or W/A
Capacitance	F	farad	A^2·s^4/kg·m^2 or C/N
Electric resistance	Ω	ohm	kg·m^2/s^3·A^2 or V/A
Conductance	S	siemens	s^3·A^2/kg·m^2 or A/V
Magnetic flux	Wb	weber	kg·m^2/s^2·A or V·s
Magnetic flux density	T	tesla	kg/s^2·A or Wb/rn^2
Inductance	H	henry	kg·m^2/s^2·A^2 or Wb/A
Luminous flux	1m	lumen	Cd·sr
Illuininance	Ix	lux	Cd·sr/m^2 or Im/m^2
Activity (radionucides)	Bq	becquerel	1/s
Absorbed dose	Gy	gray	m^2/s^2 or J/kg

Table 3

Derived SI units obtained by combining base units and units with special names

Quantity	Units	Quantity	Units
Acceleration	m/s^2	Molar entropy	J/mol·K
Angular acceleration	rad/s^2	Molar heat capacity	J/mol·K
Angular velocity	rad/s	Moment of force	N·m
Area	m^2	Perrneability	H/m
Concentration	mol/m^3	Permittivity	F/m
Current density	A/m^2	Radiance	W/m^2·sr
Density, mass	kg/m^3	Radiant intensity	W/sr
Electric charge density	C/m^3	Specific heat capacity	J/kg·K
Electric field strength	V/m	Specific energy	J/kg
Electric flux density	C/m^2	Specific entropy	J/kg·K
Energy density	J/m^3	Specific volume	m^3/kg
Entropy	J/K	Surface tension	N/m
Heat capacity	J/K	Thermal conductivity	W/m·K
Heat flux density	W/m^2	Velocity	m/s
Irradiance	W/m^2	Viscosity, dynamic	Pa·s
Luminance	cd/m^2	Viscosity, kinematic	m^2/s
Magnetic field strength	A/m	Volume	m^3
Molar energy	J/mol	Wavelength	m

Table 4

SI prefixes

Multiplication factor	Prefix[a]	Symbol
1 000 000 000 000 = 10^{12}	tera	T
1 000 000 000 = 10^{9}	giga	G
1 000 000 = 10^{6}	mega	M
1 000 = 10^{3}	kilo	k
100 = 10^{2}	hectot	h
10 = 10^{1}	deka[b]	da
0.1 = 10^{-1}	deci[b]	d
0.01 = 10^{-2}	centi[b]	c
0.001 = 10^{-3}	milli	m
0.000 001 = 10^{-6}	micro	μ
0.000 000 001 = 10^{-9}	nano	n
0.000 000 000 001 = 10^{-12}	pico	p
0.000 000 000 000 001 = 10^{-15}	femto	f
0.000 000 000 000 000 001 = 10^{-18}	atto	a

[a] The first syllable of every prefix is accented so that the prefix will retain its identity. Thus, the preferred pronunciation of kilometer places the accent on the first syllable, not the second.

[b] The use of these prefixes should be avoided, except for the measurement of areas and volumes and for the nontechnical use of centimeter, as for body and clothing measurements.

폐수처리공학 I

대표 역자 : 신항식
역 자 : 강석태 김상현 김정환 김종오 배병욱 송영채 유규선 이병헌 이병희
이용운 이원태 이준호 이채영 임경호 장 암 전항배 정종태 홍용석
감 수 : 고광백 김영관 윤주환 백병천

Wastewater Engineering
Treatment and Resource Recovery

Fifth Edition

Metcalf & Eddy I AECOM

Revised by

George Tchobanoglous
Professor Emeritus of Civil and Environmental Engineering
University of California at Davis

H. David Stensel
Professor of Civil and Environmental Engineering
University of Washington, Seattle

Ryujiro Tsuchihashi
Wastewater Technical Leader, AECOM

Franklin Burton
Consulting Engineer
Los Altos, CA

Contributing Authors:

Mohammad Abu-Orf
North America Biosolids Practice Leader, AECOM

Gregory Bowden
Wastewater Technical Leader, AECOM

William Pfrang
Wastewater Treatment Technology Leader, AECOM

Mc Graw Hill

도서출판 동화기술

Wastewater Engineering, 5th Edition (Volume 1)

4 5 6 7 8 9 10 DHT 20 22

Original: Wastewater Engineering, 5th Edition © 2015
By Metcalf & Eddy, George Tchobanoglous, H. David Stensel, Ryujiro Tsuchihashi, Franklin Burton
ISBN 978-0-07-340118-8

This authorized Korean translation edition is published by Dong Hwa Technology Publishing Co. in arrangement with McGraw-Hill Education Korea, Ltd. This edition is authorized for sale in the Republic of Korea.

This book is exclusively distributed by Dong Hwa Technology Publishing Co.

When ordering this title, please use ISBN 978-89-425-9050-6

Printed in Korea

About the Authors

George Tchobanoglous is Professor Emeritus in the Department of Civil and Environmental Engineering at the University of California, Davis. He received a B.S. degree in civil engineering from the University of the Pacific, an M.S. degree in sanitary engineering from the University of California at Berkeley, and a Ph.D. from Stanford University in 1969. Dr. Tchobanoglous' research interests are in the areas of wastewater treatment and reuse, wastewater filtration, UV disinfection, aquatic wastewater management systems, wastewater management for small and decentralized wastewater management systems, and solid waste management. He has authored or co-authored over 500 technical publications including 22 textbooks and 8 reference works. The textbooks are used in more than 225 colleges and universities, by practicing engineers, and in universities worldwide both in English and in translation. His books are famous for successfully bridging the gap between academia and the day-to-day world of the engineer. He is a Past President of the Association of Environmental Engineers and Science Professors. Among his many honors, in 2003 Professor Tchobanoglous received the Clarke Prize from the National Water Research Institute. In 2004, he received the Distinguished Service Award for Research and Education in Integrated Waste Management from the Waste-To-Energy Research and Technology Council. In 2004, he was also inducted into the National Academy of Engineering. In 2005, he was awarded an honorary Doctor of Engineering from the Colorado School of Mines. In 2007, he received the Frederick George Pohland Medal awarded by AAEE and AEESP. In 2012 he was made a WEF Fellow. He is a registered Civil Engineer in California.

H. David Stensel is a Professor in the Civil and Environmental Engineering Department at the University of Washington, Seattle, WA. Prior to his academic positions, he spent 10 years in practice developing and applying industrial and municipal wastewater treatment processes. He received a B.S. degree in civil engineering from Union College, Schenectady, NY, and M.E. and Ph.D. degrees in environmental engineering from Cornell University. His principal research interests are in the areas of wastewater treatment, biological nutrient removal, sludge processing methods, resource recovery, and biodegradation of micropollutants. He is a Past Chair of the Environmental Engineering Division of ASCE, has served on the board of the Association of Environmental Engineering Professors and on various committees for ASCE and the Water Environment Federation. He has authored or coauthored over 150 technical publications and a textbook on biological nutrient removal. Research recognition honors include the ASCE Rudolf Hering Medal, the Water Environment Federation Harrison Prescott Eddy Medal twice, and the Bradley Gascoigne Medal. In 2013, he received the Frederick George Pohland Medal awarded by AAEE and AEESP. He is a registered professional engineer, a diplomate in the American Academy of Environmental Engineers and a life member of the American Society of Civil Engineers and the Water Environment Federation.

Ryujiro Tsuchihashi is a technical leader with AECOM. He received his B.S. and M.S. in civil and environmental engineering from Kyoto University, Japan, and a Ph.D. in environmental engineering from the University of California, Davis. The areas of his expertise include wastewater/water reclamation process evaluation and design, evaluation and assessment of water reuse systems, biological nutrient removal, and evaluation of greenhouse gas emission reduction from wastewater treatment processes. He was a co-author of the textbook "Water Reuse: Issues, Technologies and Applications," a companion textbook to this textbook. He is a technical practice coordinator for AECOM's water reuse leadership team. Ryujiro Tsuchihashi is a member of the Water Environment Federation, American Society of Civil Engineer, and International Water Association, and has been an employee of AECOM for 10 years, during which he has worked on various projects in the United State, Australia, Jordan, and Canada.

Franklin Burton served as vice president and chief engineer of the western region of Metcalf & Eddy in Palo Alto, California for 30 years. He retired from Metcalf & Eddy in 1986 and has been in private practice in Los Altos, California, specializing in treatment technology evaluation, facilities design review, energy management, and value engineering. He received his B.S. in mechanical engineering from Lehigh University and an M.S. in civil engineering from the University of Michigan. He was co-author of the third and fourth editions of the Metcalf & Eddy textbook "Wastewater Engineering: Treatment and Reuse." He has authored over 30 publications on water and wastewater treatment and energy management in water and wastewater applications. He is a registered civil engineer in California and is a life member of the American Society of Civil Engineers, American Water Works Association, and Water Environment Federation.

Mohammad Abu-Orf is AECOM's North America biosolids practice leader and wastewater director. He received his B.S. in civil engineering from Birzeit University, West Bank, Palestine and received his M.S. and Ph.D. in civil and environmental engineering from the University of Delaware. He worked with Siemens Water Technology and Veolia Water as biosolids director of research and development. He is the main inventor on five patents and authored and co-authored more than 120 publications focusing on conditioning, dewatering, stabilization and energy recovery from biosolids. He was awarded first place for Ph.D. in the student paper competition by the Water Environment Federation for two consecutive years in 1993 and 1994. He coauthored manuals of practice and reports for the Water Environment Research Foundation. He served as an editor of the Specialty Group for Sludge Management of the International World Association for six years and served on the editorial board of the biosolids technical bulletin of the Water Environment Federation. Mohammad Abu-Orf has been an employee of AECOM for 6 years.

Gregory Bowden is a technical leader with AECOM. He received his B.S. in chemical engineering from Oklahoma State University and a Ph.D. in chemical engineering from the University of Texas at Austin. He worked for Hoechst Celanese (Celanese AG) for 10 years as a senior process engineer, supporting wastewater treatment facility operations at chemical production plants in North America. He also worked as a project manager in the US Filter/Veolia North American Technology Center. His areas of expertise include industrial wastewater treatment, biological and physical/chemical nutrient removal technologies and biological process modeling. Greg Bowden is a member of the Water Environment Federation and has been an AECOM employee for 9 years.

William Pfrang is a Vice-President of AECOM and Technical Director of their Metro-New York Water Division. He began his professional career with Metcalf & Eddy, Inc., as a civil engineer in 1968. During his career, he has specialized in municipal wastewater treatment plant design including master planning, alternative process assessments, conceptual, and detailed design. Globally, he has been the lead engineer for wastewater treatment projects in the United States, Southeast Asia, South America, and the Middle East. He received his B.S. and M.S. in civil engineering from Northeastern University. He is a registered professional engineer, a member of the American Academy of Environmental Engineers, and the Water Environment Federation. William Pfrang has been an employee of the firm for over 40 years.

역자진

대표 역자	신항식	한국과학기술원	건설 및 환경공학과 교수
역 자	강석태	한국과학기술원	건설 및 환경공학과 교수
	김상현	대구대학교	환경공학과 교수
	김정환	인하대학교	환경공학과 교수
	김종오	한양대학교	건설환경공학과 교수
	배병욱	대전대학교	환경공학과 교수
	송영채	한국해양대학교	환경공학과 교수
	유규선	전주대학교	토목환경공학과 교수
	이병헌	부경대학교	환경공학과 교수
	이병희	경기대학교	환경에너지공학과 교수
	이용운	전남대학교	환경에너지공학과 교수
	이원태	금오공과대학교	화학소재융합학부 교수
	이준호	한국교통대학교	환경공학과 교수
	이채영	수원대학교	토목공학과 교수
	임경호	공주대학교	건설환경공학부 교수
	장 암	성균관대학교	건설환경공학부 교수
	전항배	충북대학교	환경공학과 교수
	정종태	인천대학교	도시환경공학부 교수
	홍용석	고려대학교	환경시스템공학과 교수
감수	고광백	연세대학교	사회환경시스템공학부 교수
	김영관	강원대학교	환경공학과 교수
	백병천	전남대학교	환경시스템공학과 교수
	윤주환	고려대학교	환경시스템공학과 교수

차례 Contents

Preface

Since completion of the fourth edition of this textbook, the field of wastewater engineering has evolved at a rapid pace. Some of the more significant changes include:

1. A new view of wastewater as a source of energy, nutrients, and potable water.
2. More stringent discharge requirements related to nitrogen and phosphorus;
3. Enhanced understanding of the fundamental microbiology and physiology of the microorganisms responsible for the removal of nitrogen and phosphorus and other constituents;
4. An appreciation of the importance of the separate treatment of return flows with respect to meeting more stringent standards for nitrogen removal and opportunities for nutrient recovery,
5. Increased emphasis on the treatment of sludge and the management of biosolids; and
6. Increased awareness of carbon footprint impacts and greenhouse gas emissions, and an emphasis on the development of energy-neutral or energy-positive wastewater plants through more efficient use of chemical and heat energy in wastewater.

The 5th edition of this textbook has been prepared to address the significant changes cited above. Increased understanding of the importance of pre-treatment processes is addressed in Chap. 5. Advances in biological treatment are addressed in Chaps. 7 through 10. New developments in disinfection are considered in Chap. 12. The management of sludge and biosolids is now covered in Chaps. 13 and 14. Return flow treatment is considered in Chap. 15. Energy management is considered in Chap. 17. An emphasis of this fifth edition is to present practical design and operational data, while maintaining a solid theoretical discussion of the technologies and applications. Input from AECOM's process engineers and outside reviewers was sought to provide the user with a source of real-world practical information, the likes of which is not available in any single source.

IMPORTANT FEATURES OF THIS BOOK

In the 4th edition of this book, a separate chapter was devoted to the fundamentals of process analysis, including an introduction to the preparation of mass balances and reaction kinetics. Because introductory courses on process analysis and modeling are now taught at most colleges and universities, the material on the fundamentals of process analysis from the 4th edition has been condensed and is now included in Secs. 1–7 through 1–11 in Chap. 1. The material on process analysis has been retained as a reference source for students that have already had a separate course on modeling and as an introduction to the subject for students who may not have had an introductory course.

Following the practice in the 4th edition, more than 150 example problems have been worked out in detail to enhance the readers' understanding of the basic concepts presented in the text. To aid in the planning, analysis, and design of wastewater management systems, design data and information are summarized and presented in more than 400 tables, most of which are new. To illustrate the principles and facilities involved in the field of wastewater management, over 850 individual illustrations, graphs, diagrams, and photographs are included. An additional 120 drawings are included in tables. More than 375 homework problems and discussion topics are included to help the readers of this textbook hone their analytical skills and enhance their mastery of the material. Extensive references are also provided for each chapter.

The International System (SI) of Units is used in the 5th edition. The use of SI units is consistent with teaching practice in most US universities and in most countries throughout the world. In general, dual sets of units (i.e., SI and US customary) have been used for the data tables. Where the use of double units was not possible, conversion factors are included as a footnote to the table.

To further increase the utility of this textbook, several appendixes have been included. Conversion factors from International System (SI) of Units to US Customary Units and the reverse are presented in Appendixes A–1 and A–2, respectively. Conversion factors used commonly for the analysis and design of wastewater management systems are presented in Appendix A–3. Abbreviations for SI and US customary units are presented in Appendixes A–4 and A–5, respectively. Physical characteristics of air and selected gases and water are presented in Appendixes B and C, respectively. The statistical analysis is reviewed in Appendix D. Dissolved oxygen concentrations in water as a function of temperature are presented in Appendix E. Carbonate equilibrium is considered in Appendix F. Moody diagrams for the analysis of flow in pipes are presented in Appendix G. The analysis of nonideal flow in reactors is considered in Appendix H. Modeling nonideal flow in reactors is addressed in Appendix I.

USE OF THIS BOOK

Enough material is presented in this textbook to support a variety of courses for one or two semesters, or three quarters at either the undergraduate or graduate level. The book can be used both as a class textbook or class reference to supplement instructors' notes. The specific topics to be covered will depend on the time available and the course objectives. Suggested course outlines are presented below.

For a one semester introductory course on wastewater treatment, the following material is suggested.

Topic	Chapter	Sections
Introduction to wastewater treatment	1	1–1 to1–6
Wastewater characteristics	2	All
Wastewater flowrates and constituent loadings	3	All
Physical unit processes	5	5–1 to 5–8
Chemical unit processes	6	6–1 to 6–3
Introduction to biological treatment of wastewater	7	All
Disinfection	12	12–1 to 12–5, 12–9
Biosolids management	13, 14	All
Process selection, design, and implementation	4	All
Advanced treatment processes (optional)	6, 11	6–7, 6–8, 11–5 to 11–7

For a two semester course on wastewater treatment, the following material is suggestec

Topic	Chapter	Sections
Introduction to wastewater treatment	1	1–1 to1–6
Wastewater characteristics	2	All
Wastewater flowrates and constituent loadings	3	All
Process selection, design, and implementation	4	4–1 to 4–5
Physical unit operations	5	All
Chemical unit operations	6	All
Introduction to biological treatment of wastewater	7	All
Suspended growth biological treatment processes	8	All
Attached growth and combined biological treatment processes	9	9–1 to 9–5
Anaerobic treatment processes	10	10–1 to 10–5
Disinfection	12	All
Sludge Management	13	All
Biosolids management	14	All
Treatment of return flows	15	All

For a one semester course on biological wastewater treatment, the following material suggested.

Topic	Chapter	Sections
Introduction to wastewater treatment	1	1–1 to1–6
Wastewater characteristics	2	All
Process selection, design, and implementation	4	4–2, 4–4, 4–5
Introduction to biological treatment of wastewater	7	7–1 to 7–8
Suspended growth processes	8	8–1 to 8–3
Attached growth biological treatment processes	9	All
Anaerobic treatment processes	10	10–1 to 10–5
Anaerobic sludge treatment	13	13–9, 13–10

For a one semester course on physical and chemical unit processes, the following mater is suggested. It should be noted that material listed below could be supplemented w additional examples from water treatment.

Topic	Chapter	Sections
Process selection, design, and implementation	4	4–1 to 4–4
Introduction to physical unit processes		
Mixing and flocculation	5	5–3
Sedimentation	5	5–4, 5–6, 5–7,
Gas transfer	5	5–10, 5–11
Filtration (conventional depth filtration)	11	11–3, 11–4, 11–6
Membrane filtration	11	11–7
Adsorption	11	11–9
Gas stripping	11	11–10
UV disinfection	12	12–9
Introduction to chemical unit processes		6–2
Coagulation	6	6–2
Chemical precipitation	6	6–3, 6–4, 6–6
Ion exchange	11	11–11
Water stabilization	6	6–10
Chemical oxidation (conventional)	6	6–7
Advanced oxidation processes	6	6–8
Photolysis	6	6–9

Acknowledgments

This textbook is a tribute to the engineers and scientists who continue to push forward the practice and technologies of the wastewater industry. These advances continue to offer the world cleaner water resources and sustainable water supplies. The book could not have been written without the efforts of numerous individuals including the primary writers, contributing authors, individuals with specialized skills, technical reviewers, outside reviewers, and practitioners who contributed real life experiences.

Contributing authors from AECOM included: Dr. Mohammad Abu-Orf who revised and updated Chaps. 13 and 14, Dr. Gregory Bowden who wrote Chap. 15, and Mr. William Pfrang who revised and updated Chap. 5. Their assistance is acknowledged gratefully. Dr. Harold Leverenz of the University of California at Davis, is singled out for special acknowledgment for extraordinary contributions to the development of the graphics used throughout the text, the revision of Chap. 6, and individual section write ups. Others deserving special acknowledgment, in alphabetical order, are: Mr. Russel Adams an environmental consultant provided comprehensive reviews of Chaps. 3, 11, and 12; Dr. Heidi Gough of the University of Washington wrote the molecular biology section of Chap. 7; Dr. April Gu of Northeastern University who helped write and provided material for Chap. 9; Ms. Emily Legault of HDR Engineers provided thoughtful and comprehensive reviews of Chaps. 2, 3, 7, 8, 11, and 12; Mr. Mladen Novakovic of AECOM contributed to the development of Chap. 5; Mr. Terry Goss of AECOM contributed extensively to the development of Chaps. 13 and 14; and Mr. Dennis Totzke of Applied Technologies had significant involvement in the development of Chap. 10.

The review of the manuscript was critical to maintain the quality of the text. Outside reviewers, arranged alphabetically, who provided critical reviews included: Dr. Onder Caliskaner of Kennedy/Jenks Consultants reviewed portions of Chap. 11; Dr. Robert Cooper of BioVir laboratories reviewed the section on microbiology in Chap. 2; Ms. Libia Diaz of the University of California at Davis reviewed the homework problems; Dr. Robert Emerick of Stantec Engineers, reviewed the section on UV disinfection in Chap. 12; Dr. David Hokanson of Trussell Technologies reviewed portions of Chap. 11; Ms. Amelia Holmes of University of California at Davis reviewed the homework problems; Dr. Kurt Ohlinger of Sacramento Regional County Sanitation District provided review for phosphorus recovery. Dr. Edward Schroeder professor emeritus of the University of California at Davis reviewed portions of Chaps. 1 and 2.

A number of current and former AECOM engineers contributed to the development of the manuscript by providing design information and by reviewing specific portions of the text. Listed in alphabetical order they are:

Mr. Michael Adkins
Mr. David Ammerman
Ms. Jane Atkinson
Mr. Simon Baker
Dr. William Barber
Mr. David Bingham
Mr. Joerg Blischke
Mr. Gary Breitwisch
Dr. Dominique Brocard
Mr. Nathan Cassity
Mr. Chi Yun Chris Chen
Mr. William Clunie
Dr. Patrick Coleman
Mr. Nicholas Cooper
Mr. Grant Davies
Mr. Daniel Donahue
Mr. Ralph Eschborn
Mr. Bryce Figdore

Mr. Steven Freedman
Mr. Lee Glueckstein
Mr. Terry Goss
Mr. Gary Hanson
Mr. Brian Harrington
Mr. Derek Hatanaka
Mr. Gregory Heath
Mr. Roger Hessel
Dr. Richard Irwin
Mr. Jay Kemp
Mr. King Fai Alex Kwan
Mr. Pertti Laitinen
Dr. Mark Laquidara
Dr. David Lycon
Mr. Jim Marx
Mr. Chris Macey
Mr. Bradley McClain
Mr. Alexander Mofidi
Mr. Paul Moulton
Mr. Mladen Novakovic
Mr. Kevin Oldfield
Mr. Ahmed Al-Omari
Mr. Robert Pape
Mr. Frederick Pope
Ms. Lucy Pugh
Mr. Jeffrey Reade
Mr. Dennis Sanchez
Mr. Ralph Schroedel
Dr. Keith Sears
Mr. Gerald Stevens
Dr. Beverley Stinson
Mr. Jean-Yves Urbain
Mr. Kevin Voit
Mr. Thomas Weber
Mr. Simon Wills

Finally, the production of this textbook could not have been completed without the guidance and assistance of the following individuals. Mr. William Stenquist, Executive Editor and Ms. Lorraine Buczek, Development Editor of the McGraw Hill Book Company. Ms. Rose Kernan and Ms. Erin McConnell of RPK Editorial Services, Inc. provided service above and beyond in working with the authors to produce the textbook. The collective efforts of these individuals were invaluable and greatly appreciated.

George Tchobanoglous
H. David Stensel
Ryujiro Tsuchihashi
Franklin Burton

Foreword

One hundred years have passed since the three-volume "American Sewerage Practice" treatise was published in 1914–1915 by Leonard Metcalf and Harrison P. Eddy. The initial publication quickly became the standard of care and established the foundation for modern wastewater treatment. The original concept of combining theory with a strong compliment of practical data and design guidance continues on in the fifth edition. The wealth of practical information continues to be a cornerstone of Metcalf & Eddy publications, and has led to its reputation as the number one wastewater practice textbook. In this fifth edition over 150 example problems and over 375 homework problems are provided.

The textbook has become a widely used teaching resource for universities and colleges and a reference for engineering firms throughout the world and is now published in Chinese, Greek, Italian, Japanese, Korean, and Spanish.

New advances in technology continue to occur at a record pace in all fields including wastewater treatment. As a result this fifth edition includes numerous advances and represents the current state of the art information. AECOM takes great pride in presenting this Metcalf & Eddy textbook, a comprehensive compilation of the best wastewater practices in use today.

The manuscript was developed by a team of primary writers including Dr. George Tchobanoglous, Dr. H. David Stensel, Dr. Ryujiro Tsuchihashi, Dr. Mohammad Abu-Orf, Mr. William Pfrang and Dr. Gregory Bowden. In addition to our primary authors, over 55 AECOM employees and outside technical specialists contributed in reviews and provided practical data and guidance.

I would also like to acknowledge Mr. Bill Stenquist, Executive Editor, McGraw-Hill, who was instrumental in bringing the resources of McGraw-Hill to this project.

The fifth edition textbook could not have been developed without the enthusiastic support of AECOM. I thank Mr. John M. Dionisio, Chairman and Chief Executive Officer, Mr. Robert Andrews, Chief Executive, Water, and Mr. James T. Kunz, Senior Vice President—Program Director.

Jekabs P. Vittands
Senior Vice President
AECOM

WASTEWATER ENGINEERING Treatment and Resource Recovery

01 폐수처리 및 공정해석 개요

Introduction to Wastewater Treatment and Process Analysis

용어정의

용어	정의
회분식반응조(batch reactor)	반응이 일어나는 동안 반응조 내부로 유입이나 유출이 없는 반응조
바이오 고형물(biosolids)	폐수처리과정에서 발생하며 U.S. EPA의 40 CFR 503조의 규정을 만족하여 다른 유용한 목적으로 사용할 수 있는 안정화된 슬러지
완전혼합반응조(complete-mix reactor, CMR)	반응조에 원수가 유입될 때, 순간적으로 균일하고 완전한 혼합이 발생하는 반응조
폐수 성상(characteristics, Wastewater)	폐수내 존재하는 물질의 물리적, 화학적, 생물학적 특성
균일 반응(homogeneous reaction)	용액 내에 모든 점에서 동일한 에너지로 균일하게 일어나는 반응
불균일 반응(heterogeneous reaction)	특정 지점들에서만 하나 혹은 그 이상의 구성 성분 사이에서 일어나는 반응
이상적 흐름(Ideal flow)	반응조 내 모든 용액이 이론적인 체류시간과 동일하게 존재하는 흐름 상태
물질수지 분석(Mass-balance analysis)	설정된 경계 내에서 반응 및 변환 전후에서의 질량변화에 대한 분석
분자확산(molecular diffusion)	고농도에서 저농도로 분자가 이동하는 현상
비이상적 흐름(nonideal flow)	반응조내 일부 용액이 이론적인 체류시간과 동일하지 않게 존재하는 흐름 상태
플러그흐름반응조(plug-flow reactor, PFR)	유입된 유체가 유입순서대로 이동하는 유체흐름반응조
반응속도(reaction rate)	단위시간 동안 단위부피 혹은 단위표면적당 반응물의 몰 수 변화
반응차수(reaction order)	주어진 반응에서 반응물의 농도와 반응속도와의 경험적 관계식
반응조(reactor)	물리적, 화학적, 생물학적 반응이 일어나는 용기

용어	정의
슬러지(sludge)	일차, 이차, 혹은 고도처리의 하수처리과정에서 발생하는, 발생한 형태 그대로의 고형물
정상상태(steady-state)	시간에 따른 반응조내 모든 물질의 농도가 일정하게 유지되는 상태
온도보정계수(temperature coefficient)	온도에 따른 반응속도의 변화를 표현한 식의 상수
화학양론(stoichiometry)	화학반응에서의 각 반응물질 및 생성물질 간 비율
우수(stormwater)	인공적인 영향을 받지 않은 지표면에서 흐르는 빗물
폐수(wastewater)	가정, 사업장, 공단 및 농업지역에서 사용 후 발생하는 물의 종류로 생활하수, 공업폐수 및 강우 등으로 구분됨
폐수처리(wastewater treatment)	오염물 제거를 통해 하수를 환경방류에 적합한 물, 혹은 재사용 가능한 물로 바꾸는 조작
물재사용(water reuse)	처리된 하폐수를 적절한 조작을 통해 농업용수, 잡용수, 비접촉이용 및 직접이용 등으로 재사용하는 것
단위공정(unit process)	전체 처리과정에서 특정오염물질의 변환 및 제거를 위해 사용되는 물리, 화학, 생물학적인 하위 처리공정

폐수란 공동체에 공급된 상수가 사용된 후, 다양한 오염물질을 함유하여 추가적인 처리 없이는 대부분의 용도로 사용할 수 없는 상태의 물을 말한다. 처리되지 않은 폐수가 모여 부패하게 되는 경우, 유기물의 분해로 인해 악취 가스 발생과 같은 혐오적인 상태를 유발함은 물론, 처리되지 않은 하수는 인간 장기에 존재하는 수많은 종류의 병원균을 포함한다. 폐수내에는 수중식물의 급격한 성장을 가져올 영양물질이 함유되어 있으며, 때로는 돌연변이나 암을 유발하는 독성물질을 포함하고 있기도 하다. 이러한 이유로 폐수는 발생원에서 처리(그림 1-1참조), 재사용 및 자연계 처분 등을 통해 즉각적이며 혐오감 없이 처리되는 과정을 통해 공공보건 및 자연을 보호할 필요성이 있다.

폐수처리공학은 하수의 처리 및 재사용에 관한 문제를 해결하기 위하여 과학과 공학의 기본 원리를 적용하는 환경공학의 한 부분이다. 폐수처리공학의 최종목표는 환경적, 경제적, 사회적, 그리고 정치적인 관심에 부합되게 공중보건을 보호하는 것이다. 본 장의 목적은 두 영역으로 분리되는 바, 첫 번째 목적은 (1) 폐수처리 발전, (2) 폐수처리와 관련된 법규의 발전, (3) 폐수의 일반적 성상, (4) 폐수처리방법의 분류, (5) 폐수처리방법의 적용 및 (6) 미국에서의 폐수처리실태에 대한 일반적 서술이다. 본 장의 초반 5개 절에 걸쳐 폐수처리의 다양한 주제에 대한 개관을 살펴볼 예정이며, 다음 장들에서 다루게 될 단위공정의 해석에 대한 기초를 제공하고자 한다.

본 장의 두 번째 목적은 (1) 공정해석의 기초, (2) 폐수처리에서 사용되는 반응조 형태, (3) 이상적 흐름 반응조들의 모델링, (4) 공정 동역학 및 (5) 처리공정의 모델링 등에 대한 리뷰 및 개요를 제공하는 것이다. 본 장의 후반부 다섯 개 절에 걸쳐 공정해석에 대한 지식이 있는 독자에게는 리뷰의 기회를, 공정해석이 처음인 독자에게는 주제에 대한 개요를 제공하고자 한다. 물질수지 및 반응조 해석과 같은 기초적인 개념을 다룸으로써, 다른 장에서 따로 관련된 사항에 대한 자세한 설명 없이 관련 내용을 적용할 수 있을 것이다.

1-1 폐수처리의 발전

폐수처리 발전의 역사는 도시의 팽창에 따른 공중보건 및 환경문제의 대두와 함께한다. 폐수처리방법은 폐수를 자연계에 방류함으로 인해 야기되는 공중보건 및 기타 문제점들에 대한 대책을 통해 발전되었다. 또한 도시가 팽창함에 따라 1900년 이전의 전통적인 처리방법이었던 관계용수보급 및 간헐적 여과법에 필요한 토지가 부족해지게 된 것도 중요한 이유 중 하나이다. 따라서, 인위적인 조작을 통해 자연정화작용을 촉진할 수 있는, 작은 면적을 차지하는 공학적인 새로운 처리방법의 개발이 필요하게 되었다.

›› 처리 목적

일반적으로 1900년부터 1970년대 초반까지 폐수처리의 목적은 (1) 부유성 물질의 제거, (2) 생물학적 분해가 가능한 유기물 제거 및 (3) 병원성 미생물 제거에 국한되었다. 그러나, 이러한 기준은 미국 전체에 통용되지는 않은 바, 1980년에도 많은 폐수처리시설이 부분적으로 처리된 폐수를 방류하였다.

1980년대부터 1970년대의 폐수처리 목적은 물론, 장기적인 관점에서의 공중보건과 환경에 영향을 주는 물질들에 대한 정의와 처리에 대한 중요성이 강조되었다. 따라서, 현재에도 초기의 처리 목적이 여전히 유효하기는 하지만, 처리기준이 훨씬 높아졌으며, 새로운 물질들에 대한 처리기준이 추가되었다. 따라서 폐수처리시설은 수질목적별, 수질규제별 연방법, 주법 및 지방법에서 규정하는 규정에 따라 개별적으로 설계되어야 한다.

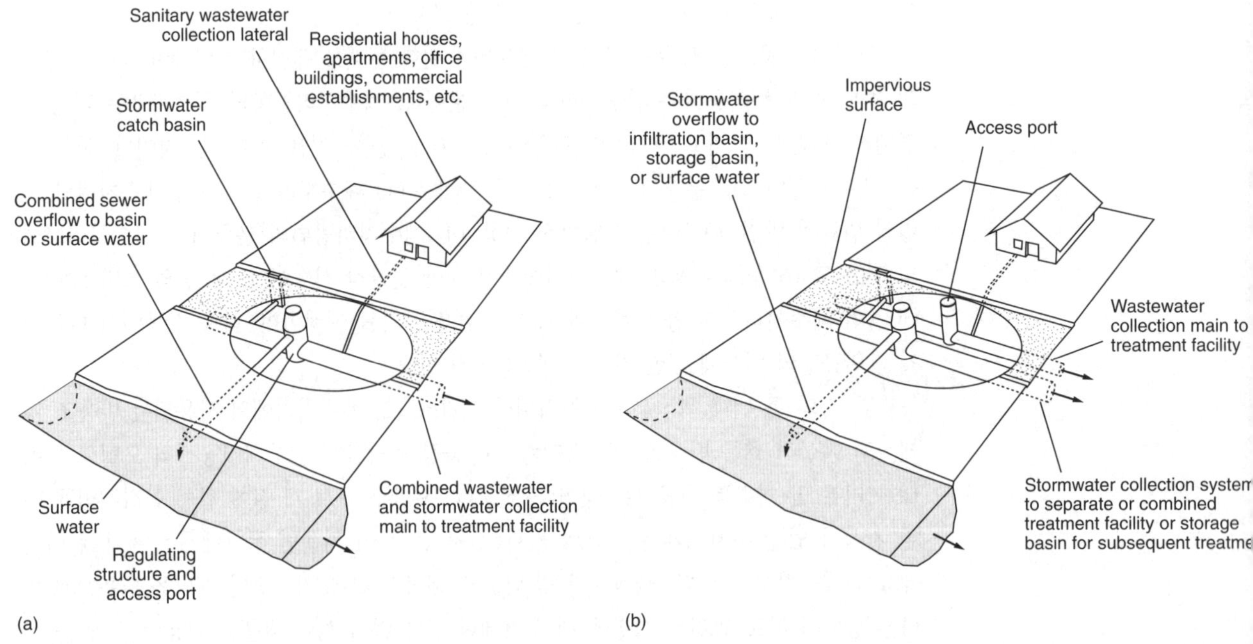

그림 1-1

폐수 차집관거의 개요도. (a)(폐수 및 우수의) 합류식 차집관거, (b) 폐수 및 우수의 분리식 차집관거(Courtesy of H. Levernz.)

공공보건 및 환경측면의 최근 관심사항

폐수 성상에 따른 연구가 더욱 심화되고 특정물질에 대한 공공보건 및 환경에 대한 영향을 분석할 수 있는 기술이 발전함에 따라 과학적 지식은 매우 풍부해졌고, 발전된 분석방법을 통해 검출된 물질의 보건 및 환경에 대한 영향을 제고하기 위하여 새로운 처리방법들이 개발되는 중이다. 그러나 분석할 수 있는 기술의 한계에 비해 처리기술의 발전은 아직 효과적이지 않다. 따라서 폐수를 관리하는 측면에서 이러한 물질들에 대한 보건 및 환경영향, 지역사회의 관심 등에 대한 고려가 점차 중요해지고 있으며, 지역사회와의 대화를 통해 보건 및 환경문제에 대한 문제가 토의될 필요성이 있다.

지속적 고려사항

환경에서 인조물질에 대한 효과적인 제조 및 처분에 대한 필요성은 모든 사회에서 중요한 문제가 되었다. 매우 빠른 속도의 화석연료 채취 및 대기 중으로의 탄소방출, 재생 불가능한 자원의 사용 및 가스의 대기중 방출에 따른 기후변화는 중요한 고려사항 중의 하나이다. 폐수처리과정에서의 과거 및 현재에 걸친 몇 가지 문제점들을 나열하면 영양물질 및 미량오염물질의 방류, 수리학적 계산오류에 따른 과다한 압력손실 및 펌프사용, 부적절한 포기장치, 1차 처리의 중요성에 대한 간과, BOD 및 에너지 회수 공정내 혐기성 공정의 제한적 사용, 슬러지 재사용 및 최종처분에 대한 한계, 폐수처리시설 설치 당시 재사용에 대한 고려 미흡, 펌핑에 소요되는 에너지의 전주기적 고려, 해수면 상승에 따른 영향의 고려와 관련된 문제들이다.

전체 에너지 평형, 과정별 그린하우스 가스 발생량, 화학물질 총 사용량, 화학물질과 관련된 탄소 발자국 및 폐수내 물질들의 거동과 관련된 지속성에 대한 문제들은 폐수처리시설의 설계, 건설 및 운영과 관련되어 매우 중요한 사항들이다. 지속성에 대한 문제를 실제로 해결하고자 하는 다양한 시도가 있었으며, 이를 통해 폐수에서 열과 화학에너지를 회수하는 기술, 고도 정수기술, 위성장치 이용기술 및 분산형 하수처리시설 운영기술, 자원소모량과 지구온난화 가스의 발생량을 계산하는 공정모델 등이 예이다. 상존하는 문제점을 분석하고, 새로운 기술을 이용하여 최적화하고자 하는 연구는 폐수처리 관리에서 지속성 있는 접근을 가능하게 할 것이다.

1-2 폐수처리공학의 중요한 법규의 발전

미국 EPA의 설립 및 관련 연방법의 수립은 미국내 하수처리시설의 계획 및 설계에 매우 중요한 변화를 가져왔다. 미국 EPA의 설립 및 중요한 미국법에 대한 내용을 간략히 정리해 보고자 한다.

EPA의 설립

미국 EPA는 1970년 12월 2일에 설립되었다. EPA의 설립 목적은 환경보전을 위해 연방정부의 연구, 모니터링, 표준화 및 기타 활동 등을 한 부서로 통합하기 위한 것이다. 비록

1970년대 이전에도 환경문제가 있었으나, 1962년에 Richael Carson에 의해 저술된 침묵의 봄(*Silent Spring*)에 의해 복합적인 필요성이 대두되었다. 이 책은 1962년 가을에 The *New Yorker*에서 연속물로 처음 선보였으며, 그 후 책으로 출판되었다. 살충제와 관련된 Carson의 저술은 연방정부의 행동을 이끌어내도록 하는 대중의 지지로 이어졌으며, 결국 1972년에 DDT 사용이 금지되었다.

›› 중요한 연방법규

미국 EPA가 설립된 후, 미국내 폐수처리시설의 계획 및 설계와 관련된 많은 연방법들이 제정되었다. 주요 법규는 표 1-1에 요약되었으며, 다음에서 간략하게 다룬다.

공공법 92-500. 지난 100년의 폐수처리관련 역사에서 1972년의 FWPCA (federal water pollution control act; 공공법 92-500), 혹은 CWA (clean water act)라고 불리는 조항의 공표는 가장 중요한 사건이다. 이전에는 구체적인 수질오염 관리의 목적 및 목표가 부재하였다. CWA는 단지 국가의 물리, 화학, 생물학적 물보전과 관련된 국가적인 목표 및 목적을 제시한 것 이외에도 수질오염 제어와 관련된 철학의 변화도 가져왔는데, 바로 더 이상 발생원별 분류를 하지 않게 된 것이다.

NPDES(National Pollution Elimination Discharge System). CWA가 방류수 기준을 설정하여 국가의 수질관리의 수준을 향상시켰다면, NPDES 프로그램은 점오염원 처리에 대한 동일한 기술별 최저한계를 설정하였다 특히 CAA(Clean Air Acts)가 1970년 및 1990년에 발효되어 산업폐수 및 공공하수처리시설에 우선 적용된 것도 특기할 만하다.

2차 처리에 대한 기준. 공공법 92-300의 304 (d) 항목(표1-1)에 준거하여 EPA는 폐수

표 1-1
폐수관리에 영향을 미친 중요한 연방법규 요약

법규	특징
연방 수질오염법, FWPCA (1948)8	미국의 수질오염규제 관련 첫 번째 법
맑은물법, CWA (FWPCA 수정, 1972)	오염배출원제거시스템(NPDES) 설립규정, 각 오염물 배출자들을 위한 각 기술별 최소 기준에 대한 허가 프로그램
수질법, WQA (CWA 수정, 1987)	연방 수질기준에 대한 강화 및 배출기준 위반 시 상응하는 처벌기준 포함
바이오 고형물 법규, 40 CFR Part 503 (1993)	하수처리공정에서의 바이오 고형물의 이용 및 처분에 대한 법규. 오염물질(주로 금속), 병원성미생물 허용기준, 병원성 매개 동물에 대한 한계치 수립
하수관거 월류수(CSO) 관련 국가규정 (1994)	CWA에 부합하는 하수관거 월류수에 대한 계획, 선택, 설계 및 실행과 관련된 CSO 관리에 대한 실습 및 제어. 즉각 수행되어야 할 9개의 계획 및 장기 CSO 제어와 관련된 계획들이 요구됨
맑은공기법, CAA (1970, 1990 수정)	주요한 대기오염물질에 대한 농도규제 및 기관별 예방에 대한 규제. 하루 대기오염물을 60 kg이상 배출하는 주요 배출원을 대상으로 189개 대기오염물 항목에 대한 최대효율의 기술 적용을 요구함
40 CFR Part 60	하루 1,000 kg 이상 (2,200 lb 이상)의 슬러지 소각장에 대한 대기 배출기준을 수립
일일총배출량규제, TMDL(CWA Section 303(d), 2000)	주 단위로 중점오염물 및 오염가능성이 높은 수계에 대한 순서를 정하여 수계로 유입되는 중점오염물의 일일 최대 유입량을 규정하도록 함. 단, 별도로 농도규제도 만족하여야 함(EPA, 2000)

표 1–2
2차 처리 방류수에 대한 미국 최소 요구 기준[a,b]

유출수 특성	측정단위	30일 평균 농도[c]	7일 평균 농도[c]
생물화학적 산소요구량(BOD_5)	mg/L	30[d]	45
총 부유물질 (total suspended solids)	mg/L	30[d]	45
수소이온 농도 (hydrogen-ion concentration)	pH units	항상 6.0 ~ 9.0 사이[e]	
탄소성 5일 BOD ($CBOD_5$[f,g])	mg/L	25	40

a. 연방기록(1988, 1989)

b. 안정화지(stabilization pond)나 살수여상 (Trickling filter) 법에 의한 하수처리의 경우, 유출수를 수용하는 수계의 수질에 심각한 영향이 없는 한, BOD/부유물질 농도기준 30일 평균 45 mg/L, 7일 평균 65 mg/L까지 용인함. 이외에도 합류식관거, 특정한 공업지역, 낮은 농도의 분리식 하수관거 등에서도 예외를 인정함. 예외에 대한 자세한 내용은 1998년 연방기록 참조

c. 넘지 않아야 함

d. 평균 제거효율이 85% 이상이어야 함

e. 공업폐수의 유입이나 공정내 무기화학물질의 첨가에 의해서 발생한 경우만 강제함

f. 탄소성 5일 BOD

g. 규제기관에 따라 5일 BOD로 대체가능

처리장 2차 처리수에 대한 최소기준을 정의하였는데, 이는 표 1–2에 정의된 바와 같이 BOD_5로 정의되는 생분해성 유기물량, 총 부유고형물(TSS) 및 pH로 표시되는 수소이온 농도의 3개의 주요 항목으로 구성되어 있다. 이러한 표준들은 대부분 폐수처리장의 설계와 운전의 기초자료로 사용되었으며, 1989년에 개정된 항목들은 건기의 합류식 관거에서의 제거효율에 대한 정의를 추가하였다.

Water Quality Act(WQA) 1987. CWA를 보완하여 1987년에 WQA가 국회에서 제정되었다. WQA의 주요 항목을 살펴보면 (1) 위반 시 부가적인 제제를 포함한 연방 수질관리 규제의 강화, (2) CWA에서 정의된 슬러지의 구분 및 슬러지내 독성물질의 관리에 대한 대대적 보완, (3) 비점오염 및 독성오염원에 대한 EPA 및 주정부의 연구지원, (4) 우수의 우선순위 및 허가에 따른 새로운 허가기준의 최종일 설정 및 (5) 건설예산의 공공하수처리장 재정프로그램의 종료 등이다.

바이오 고형물 법규. 40 CFR Part 503에서는 폐수처리장 설계에서 바이오 고형물의 처리, 처분 및 유용한 사용에 대한 법규를 명시하였다. 1993년에 공표된 바이오 고형물 법규에서는 바이오고형물내 병원균 및 중금속 함량 및 안전한 바이오 공형물 처리 및 이용에 대한 국가적인 기준이 설정되었다. 특히 바이오 고형물을 토양 등에 유용하게 사용할 때 공공보건 및 환경보전에 대한 기준이 마련되었다. 특히 1992년에 EPA에 의해 제안된 "깨끗한 슬러지(clean sludge)"의 발전을 가져왔으며, 재사용 및 처분에 대한 자세한 내용은 13장에서 다루었다.

Total Maximum Daily Load(TMDL). 일일총배출량 규제(TMDL)는 2000년에 공표되었으나 2002년까지 발효되지 않았다. TMDL은 주변 수환경 보호를 위해 고안되었으며, 기존의 수질기준을 준수하는 동시에, 수체(water body)가 최대한 수용할 수 있는 오염물의 양을 나타낸다. TMDL은 (1) 점오염원으로 존재하는 각 오염물의 부하량, (2) 비점오

염원 부하량, (3) 자연적 배경농도 및 (4) 안전율을 모두 더한 값이다(EPA, 2000). 이 규제의 실효성이 확보되기 위해서는 점오염원 부하량의 산정은 물론, 비점오염원 부하량에 대한 산정 및 관리에 대한 관리프로그램이 우선 수행되어야 한다. TMDL에 의하여 기술에 기반한 사후관리에서 주변수질의 보전으로 수질관리의 기본개념이 변화하였으며, 최종적으로 농업, 수자원, 폐수처리시설 및 도시 월류수 관리자들 간의 협조를 통한 통합적 관리가 이루어졌다. TMDL은 각 수계의 수질관리 목표에 따라 변화하며, 일부에서는 고도처리시설의 설치가 요구되기도 한다.

대기배출(air emissions). 폐수처리시설은 잠재적으로 냄새 및 기타 대기오염물의 배출원이다. 휘발성 유기오염물(VOCs)은 발암성으로 인해 특정물질로 분류되고 있다. EPA에 의해 일정농도 이상에서 사람의 건강에 영향을 미치는 것으로 알려진 188종의 화학물질이 40 CFR61 법규를 통해 유해 대기오염물(hazardous air pollutants, HAPs)로 분류되었다.

기타 연방법규

1987년에 제정된 WQA에 의해 발생한 추가적인 연방, 주 및 지방정부의 법규는 폐수처리장의 계획, 설계, 시공 및 운전에서 고려되어야 한다. 아울러 작업장 안전과 관련된 OSHA법규의 중요한 사항들도 시설의 설계에서 고려되어야 한다. 주법 및 지방법에서도 수질보전, 악취 등과 관련된 대기보전 및 바이오 고형물의 처분 및 재사용과 관련된 조항을 포함할 수 있다.

주 및 지방법규

많은 주 및 지방에서는 폐수 배출수 기준 이외에도 각 공정의 설계 기준을 제시하고 있다. 잘 알려진 바와 같이 5대호–미시시피강 상류지역을 중심으로 한 "10개주법(Ten Stats Sstandards)"이나 뉴잉글랜드지역 주들을 중심으로 "하수처리장 가이드라인인 Manual TR16"과 같은 예들이 있다. 각 주에서는 공공건강 및 대기질 보전, 고형폐기물 관리 등에 대한 안전한 처리를 규정하는 입법기관들을 필요로 한다.

1-3 폐수 성상

폐수의 특성을 이해하는 것은 차집, 처리 및 재사용시설의 설계와 운영은 물론, 자연환경을 관리하는 데 필수적이다. 폐수 및 오염물을 발생원 등이 이 절에서 설명될 예정이며, 2장 및 3장에서 조금 더 자세하게 다룰 예정이다.

폐수 발생원

지역에서 폐수처리시설에 도달하는 폐수의 성상은 폐수흐름 및 차집관로방식에 따라 변한다. 일반적인 폐수의 발생원은 다음과 같다.

가정하수(*domestic wastewater* 또는 오수; *sanitary wastewater*): 주택과 상업용, 공공

용 또는 이와 유사한 시설에서 배출되는 하수.

산업폐수(*industrial wastewater*): 산업폐기물이 주가 되는 하수

침투수/유입수(*infiltration/inflow, I/I*): 직, 간접으로 집수시설로 들어오는 물. 침투수는 접합부분의 누설, 갈라진 틈, 파쇄된 곳 혹은 다공성 벽을 통하여 집수시설로 들어오는 별도의 물이다. 유입수는 우수관거 연결부, 지붕 홈통, 기초 배수구 및 지하실 배수구 혹은 맨홀 뚜껑 등을 통해 집수시설로 들어오는 우수이다.

우수(*stormwater*): 강우와 녹은 강설로 인한 유출수

›› 수집시스템의 형태

폐수와 우수를 제거하기 위하여 (1)하수 집수시설(sanitary collection system), (2) 합류식 집수시설(combined wastewater and stormwater collection system), 우수 집수시설(stormwater collection system)의 세 가지 집수시설이 이용된다(그림 1-1참조). 하수(하수 집수시설)와 우수(우수 집수시설)를 따로 차집하기 위하여 분류식 집수시설(separate collection system)이 이용되는 경우, 하수 집수시설로 흐르는 유량은 가정하수, 산업폐수, 침투수/유입수로 이루어진다. 합류식 집수시설이 사용되는 경우, 여기에는 위의 세 가지 형태의 흐름에 우수 및 우수에 포함된 물질이 합쳐져서 흐르게 된다. 두 경우 모두 지역적 특성 및 연중 기간에 따라 각 폐수 성분의 구성이 달라지며, 우수가 따로 집수되는 경우 지역에 따라 총 폐수의 양이 우수의 집수량에 따라 달라지는 것으로 나타난다.

›› 폐수내 물질

폐수내에 존재는 물질은 각 성분의 물리적, 화학적, 생물학적 특성에 따라 분류할 수 있다. 대표적인 폐수내 구성성분 및 발생원은 다음의 표 1-3에 나타나 있다. 여기서 유의할 사항은 표 1-3에 나타낸 물리적, 화학적, 생물학적 특성들이 서로 연관되어 있다는 사실로, 예를 들어 물리학적 특성인 온도는 화학적 특성인 가스의 용해도와 생물학적 특성인 미생물 활성도에 영향을 미친다.

관심물질. 표 1-3에서 폐수내 다양한 물질들을 나열하였으나, 표 1-2에 제시한 바와 같이 2차 처리수에 대한 배출기준은 단지 생물학적 분해가능한 유기물, 총 고형물량 및 pH에 한정되어 있다. 물론, 배출수의 사용목적에 따라 더 엄격한 기준이 적용될 수 있는데, 예를 들어 폐수가 음용수로 재사용될 경우, 영양물질, 중금속, 병원성 미생물 및 우선순위 오염물(priority pollutants) 등을 매우 낮은 농도까지 제거할 필요성이 있다. 지역적인 상황에 따라서는 용존성 무기물을 제거해야 할 필요성이 있는 경우도 있다.

폐수내 회수 가능한 자원. 앞서 언급한 바와 같이, 20세기 폐수처리는 자연계에 방류 전 폐수에 존재하는 오염물질을 제거하는 데 초점을 맞췄다. 21세기 폐수처리는 폐수를 바라보는 방식이 바뀌었는데, 이제 하수는 새로운, 회수가능한 에너지, 자원 및 물로 여겨지고 있다(Tchobanoglous, 2011). 폐수에 대한 새로운 시각은 폐수처리 방식에도 변화를 가져왔다. 에너지, 자원 및 물을 효과적으로 회수할 수 있는 새로운 기술들이 개발되고 있으며, 근 미래에 폐수처리시설은 에너지 사용시설에서 에너지 생산시설로 여겨질

것이다. 2장에서는 폐수가 가진 열 및 화학에너지에 대해 다룬다.

1-4 폐수처리방법의 분류

폐수내 존재하는 오염물질은 물리, 화학, 생물학적 방법을 통해 제거되는데, 각각의 방법은 물리적, 화학적 및 생물학적 단위공정으로 분류된다. 비록 이러한 각각의 공정은 실제 처리시설내에서 서로 결합되어 사용되지만, 기초적인 원리는 바뀌지 않기 때문에 세 가지로 분류해서 살펴보는 것이 편리하다.

》 물리적 단위공정

물리적 힘들에 의해 주로 운전되는 공정을 물리적 단위공정이라 한다. 인류가 관찰한 자연현상을 직접 사용하기 때문에, 폐수처리공정에서 처음 사용되었다. 스크린, 혼합, 응결, 침전, 부상, 필터 및 흡착 등은 대표적인 물리적 단위공정이다. 예를 들면 흡착공정은 오염물질과 흡착제 사이에 작용하는 힘을 이용하여 폐수내 특정물질을 제거하는 공정이다.

》 화학적 단위공정

화학약품의 첨가, 혹은 다른 화학반응을 통해서 수중의 오염물을 제거하는 처리방법을 화학적 단위공정이라 한다. 침전, 기체전달, 흡착 및 소독 등이 화학적 단위공정이 사용되는 대표적인 하수처리내 공정들이다. 화학적 침전에서는 화학적 응집을 통해 형성된 침전물이 침전(settling), 여과(filtration) 및 막공정 등을 통해 이루어진다. 대부분의 경우에 있어 침전물내에는 첨가된 화학약품과 하수내 포함되어 있던 오염물질이 동시에 존재하며, 침전을 통해 제거된다. 포기(aeration)을 통한 산소의 공급은 기체전달의 대표적인 예이다. 대표적인 화학적 단위공정의 다른 예는 한 세기(century) 전부터 적용된 염소를 이용한 하수의 소독공정이다.

》 생물학적 단위공정

생물학적 활성을 이용하여 오염물을 제거하는 공정을 생물학적 단위공정이라 한다. 생물학적 처리는 주로 하수 중 콜로이드 형태 및 용존 형태의 유기물을 제거하는 데 주로 사용된다. 기본적으로 이러한 오염물질은 생물학적 활성을 통해 (a) 기체로 변환되어 대기중으로 방출되거나, (b) 침전, 혹은 다른 분리방법을 통해 제거 가능한 형태의 미생물 세포 형태로 변환된다. 하수내 질소 및 인(phosphorus)도 생물학적 처리를 통해 제거된다. 적당한 환경을 조성하는 경우, 거의 대부분의 경우에 있어 생물학적 방법으로 하수를 처리할 수 있다. 따라서 엔지니어는 적당한 환경을 적용하여 생물학적 방법을 통해 처리목표를 달성하는 책임이 있다.

표 1-3
물리적, 화학적, 및 생물학적 하수특성 및 발생원

특성	발생원
물리적 특성	
색	생활하수, 산업폐수, 유기물의 자연적 분해
냄새	하수 및 산업폐기물의 분해
고형물	생활용수, 생활폐기물/산업폐기물, 토양침식, 관내유입/침투
온도	생활폐기물/산업폐기물
화학적 성분	
유기물	
탄수화물	생활, 상업, 및 산업 폐기물
지방, 오일, 그리스	생활, 상업, 및 산업 폐기물
살충제	농업폐기물
페놀류	산업폐기물
단백질류	생활, 상업, 및 산업 폐기물
관심오염물질	생활, 상업, 및 산업 폐기물
분산제	생활, 상업, 및 산업 폐기물
휘발성유기물	생활, 상업, 및 산업 폐기물
기타	생활, 상업, 및 산업 폐기물
무기물	
알칼리도	생활폐기물, 생활용수, 지하수 침투
염소	생활폐기물, 생활용수, 지하수 침투
중금속	산업폐기물
질소	생활폐기물/농업폐기물
칼륨	생활, 상업, 및 산업 폐기물
pH	생활폐기물, 생활용수, 지하수 침투
인	생활, 상업, 및 산업 폐기물: 자연유입
관심오염물질	생활, 상업, 및 산업 폐기물
황	생활용수; 생활, 상업 및 산업폐기물
가스	
황화수소	생활폐기물의 분해
메탄	생활폐기물의 분해
산소	생활용수, 표층수 침투
생물학적 성분	
동물	개방형 물흐름 및 처리시설
곤충	생활폐기물
식물	개방형 물흐름 및 처리시설
원생생물	
진정세균	생활폐기물, 표층수 침투, 처리시설
고세균	생활폐기물, 표층수 침투, 처리시설
바이러스	생활폐기물

(계속)

1-5 처리방법의 적용

이 절에서는 하수처리 및 처리 과정에서 발생하는 고형물 처리에 대한 가장 일반적인 방법들을 정의하였다. 이 절에서는 다양한 처리방법에 대한 소개가 목적이므로, 공정에 대한 자세한 설명은 하지 않았다. 각 공정에 대한 자세한 설명은 이 책의 다른 부분에서 다룬다.

폐수처리과정

폐수내 오염물질을 제거하기 위하여 표 1-4에서 제시한 바와 같이, 몇 개의 공정들을 묶어 1차 처리, 2차 처리, 3차 처리 및 고도처리로 구분한다. 일반적으로 1차 처리(primary)라 함은 물리적 단위공정들을 일컬으며, 2차 처리(secondary)는 화학적 및 생물학적 단위공정을 말한다. 3차 처리(tertiary)는 물리적, 화학적, 생물학적 처리공정이 모두 포함된 처리공정으로 정의하나, 이러한 정의는 때에 따라 임의로 사용되기 때문에 크게 중요하지 않다. 조금 더 현실적인 정의는 오염물질이 환경으로 배출되기 전 각 과정에서 제거되는 오염물 처리의 정도에 따른 정의이다. 원하는 오염물의 제거를 달성하는 데 필요한 단위공정들을 조합하여 구성할 수도 있다. 표 1-5에서는 대표적인 폐수내 오염물질과, 그 오염물질을 제거할 수 있는 단위공정들을 나타내었다.

2차 처리에 대한 미국 EPA의 정의는 쉽게 생분해 가능한 고형 및 용존성 유기물을 제거할 수 있는 공정이다. 몇몇 특수한 지역에서는 기존 2차 처리 기술로 달성할 수 있는 수준의 용존성 산소요구량과 질소, 인을 비롯한 영양염류, 병원성 미생물등에 비해 까다로운 처리수준을 요구한다. 또한 폐수가 재사용될 경우, 잔류성 유기물, 중금속, 무기염류 등에 대한 기준 등이 포함될 수 있다. 따라서 처리공정도의 복잡성은 폐수내 오염물질 중 어떠한 물질을 어느 정도 수준까지 제거하고자 하느냐에 따라 달라지게 된다.

표 1-4
폐수처리 단계

처리단계	특징
전처리	처리시설, 공정 및 부수시설의 운전에 영향을 미칠 수 있는 폐수내 천, 막대기, 부유물, 모래, 자갈, 기름성분 등과 같은 물질의 제거
1차 처리	폐수내 부유물질 및 부유성 유기물질의 제거
1차 고도처리	폐수내 부유물질 및 부유성 유기물질의 추가적인 제거, 주로 화학물질 첨가 및 여과를 통해 달성됨
2차 처리	생분해 가능한 용존성 및 부유성 유기물의 제거. 소독공정도 일반적으로 2차 처리에 포함됨
2차 및 영양물질처리	생분해 가능한 유기물, 부유물질 및 영양염류(질소, 인, 혹은 둘 다)의 제거
3차 처리	여과제, 천, 미세스크린 등을 통한 여과과정을 통해 2차 처리후 잔류하는 부유성물질의 제거. 소독공정이 같이 포함되기도 하며, 때로는 영양염류 제거를 포함하기도 함
고도처리	다양한 물재이용을 위해 생물학적 처리과정 이후에 적용되는 용존성 및 부유성 물질 제거

표 1-5
폐수내 대상 오염물질 제거를 위한 단위공정

대상 오염물질	단위공정	관련
부유 고형물	스크린	5
	그릿 제거	5
	침전 및 고속 정화	5
	고속정화	5
	부상	5
	화학침전	6
	완속여과	11
	표면여과	11
	막여과	11
생분해성 유기물	호기성 부유성장	8
	호기성 부착성장	9
	혐기성 부유성장	10, 13
	혐기성 부착성장	10
	물리적, 화학적 시스템	6, 11
	화학적 산화	6
	고급산화	6
	막여과	11
영양염류		
질소	화학산화(임계점 염소주입)	12
	부유성장형 질산화 및 탈질공정	8
	부착형 질산화 및 탈질공정	9
	공기 스트리핑	11, 15
	이온교환	11
인	화학침전	6
	생물학적 인 제거	8, 9
질소 및 인	생물학적 영양염류 제거	8, 9
병원균	염소	12
	염소산화물	12
	오존	12
	자외선	12
	열처리	12
콜로이드 및 용존물질	막	11
	화학처리	6, 11
	탄소 흡착	11
	이온교환	11
휘발성 유기물	공기 스트리핑	11, 15
	탄소 흡착	11
	고급산화	6

(계속)

표 1-5 (계속)

대상 오염물질	단위공정	관련
냄새	화학 스크러버	16
	탄소 흡착	11, 16
	생물학적 살수여상	16
	퇴비 여과	16

표 1-6
하수처리 부산물 처리 및 처분방법

처리 및 처분 과정	단위공정 및 처분방법	관련
전처리 운영	슬러지 펌핑	13
	슬러지 분쇄	13
	슬러지 혼합 및 저장	13
	슬러지 협잡물 제거	13
농축	중력 농축	13
	부유식 농축	13
	원심분리	13
	중력식 벨트 농축	13
	회전드럼 농축	13
안정화	소석회 안정화	13
	열처리	13
	혐기성 소화	13
	호기성 소화	13
	퇴비화	14
개질(conditioning)	화학적 개질	13
	열처리	13
소독	저온살균	13
	장기보관	14
탈수	원심분리	14
	벨트프레스	14
	회전 로타리	14
	스크류	14
	필터프레스	14
	전기탈수	14
	슬러지 건조지	14
	갈대지(reed bed)	14
	라군(lagoon)	14
열건조	건조장치	14
열감량	다중로 소각	14
	유동상 소각	14
	고형폐기물 병합소각	14

(계속)

표 1–6 (계속)

처리 및 처분 과정	단위공정 및 처분방법	관련
자원회수	영양염류	15
에너지회수	혐기성 소화	13
	열적 산화	14, 17
	오일 및 액체연료 생산	14, 17
최종처분	토양개량	14
	매립	14
	라군조성	14

❯❯ 고형물 처리과정

표 1–5에서 제시된 대부분의 처리방법 및 시스템은 폐수의 액체성분을 처리하는 데 맞춰져 있으나, 이와 비슷한 정도의 중요성을 갖는 공정이 폐수의 액체성분을 처리하면서 발생하는 고형물을 처리하는 과정이다. 최근 사용되는 가장 대표적인 방법들이 표 1–6에 나타나 있다.

❯❯ 대표적인 처리공정도

단위공정들이 특정오염물제거를 위하여 합해질 때, 이때의 단위공정 그룹을 **처리공정도**라고 하며, 대표적인 처리공정도가 그림 1–2에 제시되어 있다.

(대표적인) 2차 처리공정. 대표적인 2차 처리공정의 처리공정도가 그림 1–2(a)에 나타나 있다. 위에서 언급한 바와 같이 기존 2차 처리공정은 우선 BOD_5 및 TSS를 제거하기 위한 목적을 가지고 있다. 1차 처리공정은 거대고형물을 스크린을 통해 제거하거나, 비중이 큰 고형물을 중력침전을 통해 제거한다. 생물학적인 공정은 BOD_5를 제거하는 데 사용하며, TSS 및 소독공정은 미생물을 제어하는 데 사용한다. 3차 처리는 주로 여과공정과 추가적인 침전공정을 통해 2차 처리 유출수내 존재하는 부유고형물을 제거하여 후속하는 소독공정의 효율을 향상시킨다. 3차 처리공정은 물 재사용의 다양한 적용을 위해 필요한 공정이다.

기존 하수처리공정을 이용한 영양염류 제거. 많은 지역, 특히 5대호 연안 및 내륙호수 주변지역에서는 부영양화 감소를 위한 영양염류 제거가 필요하다. 대표적인 영양염류 제거를 위한 처리공정도가 그림 1–2(b)에 제시되어 있다. 그림 1–2(b)는 앞서 제시한 그림 1–2(a)와 매우 유사한데, 다만 생물학적 처리공정부분이 더 복잡하다.

음용수 생산을 위한 고도처리공정이 결합된 하수처리공정. 하수를 이용하여 음용수를 생산하는 곳에서는 2차 처리공정이나 영양염류처리공정 이외에 고도처리공정이 추가되어 잔류 고형물, 콜로이드 및 용존성 물질이 제거될 필요가 있다. 대표적인 고도처리공정도가 그림 1–2(c)에 제시되어 있다. 그림에서 제시하는 공정은 캘리포니아 Orange County 지역의 하수를 이용한 음용수 생산 공정도와 매우 유사한데, Orange County에서는 고도처리공정을 거친 물을 지하에 충전하고, 충분한 시간이 지난 후 공공목적으로

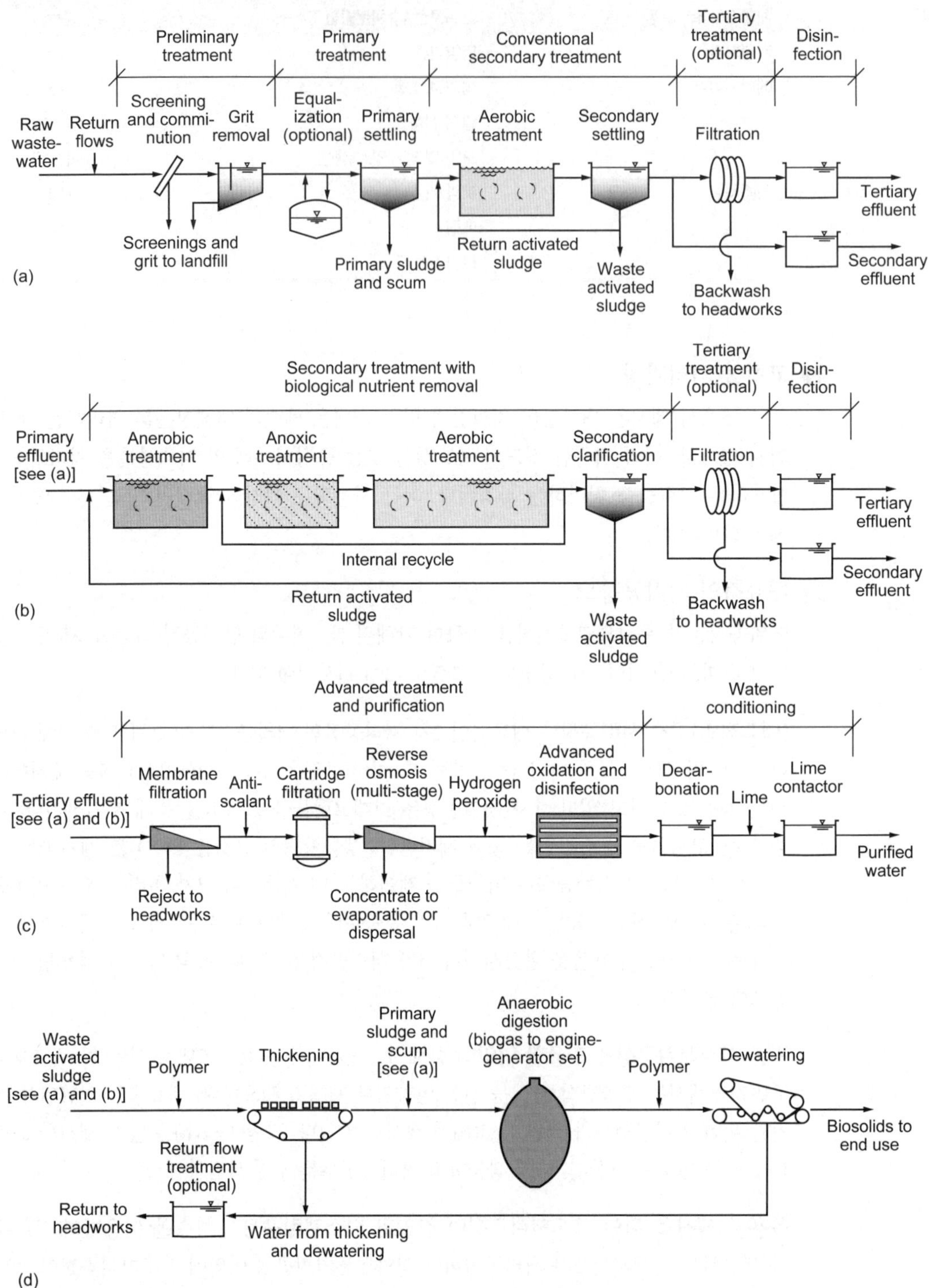

그림 1-2

전형적인 폐수 및 생분해고형물 처리공정도. (a) 일반적인 생물학적 처리, (b) 생물학적 영양염류 제거, (c) 일반적인 처리 및 영양염류 제거공정 이후의 고도처리, (d) 1차 침전지 슬러지 및 잉여슬러지의 혐기성 처리 사용하고 있다(Asano 등, 2007).

하수처리공정내 슬러지 처리. 하수처리공정내 조대고형물(*coarse solids*)은 스크린과 침사지에서, 1차 슬러지는 1차 침전조에서, 2차 슬러지는 생물학적 처리과정에서 발생한다. 각 슬러지의 고형물은 추가적인 처리를 필요로 하는데, 조대고형물은 대체로 매립된다. 1차 및 2차 슬러지는 다양한 방법을 사용하여 처리하는데, 혐기성 소화가 일반적으로 사용된다. 처리를 통해 안정화된 슬러지는 바이오 고형물(*biosolids*)이라고 불린다. 대표적인 고형물 처리공정도가 그림 1-2(d)에 제시되어 있다. 한 가지 주의할 사항은 그림 1-2(d)에 제시된 처리공정도는 표 1-5에서 설명한 것과 같이 많은 공정도 중의 하나라는 사실이며, 고형물을 처리하는 데 발생하는 공정수에 대한 내용을 포함하고 있다. 고형물 처리과정 중에서 발생하는 반송수는 영양염류에 대한 배출규제기준을 만족시키고자 할 때 매우 중요하기 때문에 다시 처리하여야 한다.

1-6 미국의 폐수처리 현황

1980년대 후반까지 BOD와 TSS를 제거하기 위한 표준 2차 처리공법이 미국의 가장 일반적인 폐수처리방법이었다. 영양염류 제거는 오대호 연안, 플로리다지역 및 체사픽만(Chesapeake Bay) 등과 같이 영양염류로 인한 수질변동성이 큰 특별한 경우에 적용되었다. 그러나 영양염류는 부영양화를 야기하고, 점오염원은 상대적으로 오염제어가 쉽기 때문에 점차 다른 지역에도 적용되었다. 연방정부의 수질보전법 부칙(Federal Water Pollution Control Act Amendments)에 포함된 이후로는 수많은 폐수처리시설에서 필요성 및 법적 제한으로 인해 영양염류 제거를 실시하고 있다.

표 1-7

1996년[a] 및 2008년[b]의 유량에 따른 미국내 하수처리 시설 수

처리용량		시설 수		유량, Mgal/d		유량, m^3/s	
Mgal/d	m^3/s	1996년 조사	2008년 조사	1996년 조사	2008년 조사	1996년 조사	2008년 조사
0~0.1	0~0.00438	6444	5703	287	257	12.6	11.3
0.1~1	0.0044~0.0438	6476	5863	2323	2150	101.8	94.2
1~10	0.044~0.438	2573	2690	7780	8538	340.9	374.0
10~100	0.44~4.38	446	480	11,666	12,847	511.1	562.8
100 이상	4.38 이상	47	38	10,119	8553	443.3	374.7
기타[c]		38	6	—	—	—	—
합계		16,204	14,780	32,175	32,345	1,409.7	1,417.0

[a] EPA 1997년 자료

[b] EPS 2008년 자료(Alaska, North Dakota, Rhode Island, American Samoa, Virgin island는 불포함)

[c] 유량자료는 없음

표 1–8

처리수준에 따른 1996년[a] 및 2008년[b]의 미국내 폐수처리시설 수

처리수준	시설 개수		유량, Mgal/d		유량, m^3/s	
	1996년 조사	2008년 조사	1996년 조사	2008년 조사	1996년 조사	2008년 조사
2차 처리 미만	176	30	3054	422	133.8	18.5
2차 처리	9388	7302	17,734	13,142	777.0	575.7
2차 처리 이상[c]	4428	5071	20,016	16,776	877.0	734.9
유출 없음[d]	2032	2251	1421	1815	62.3	79.5
합계	16,024	14,780	42,225	32,345	1850.1	1408.6

[a] U.S. EPA 1997년 자료

[b] U.S. EPA 2008년 자료(Alaska, North Dakota, Rhode Island, American Samoa 및 Virgin Island는 불포함)

[c] 표 1–2의 기준을 만족하는 처리장

[d] 재이용, 관개, 증발 등을 통해 하수처리후 수계로의 유출이 발생하지 않는 처리시설

❯❯ 최근 조사결과

2008년의 EPA 조사결과(EPA, 2008)가 표 1–7 및 표 1–8에 1996년 조사결과와 함께 나타나 있다. 표 1–7에서는 폐수처리장의 용량에 따른 분류를, 표 1–8에서는 처리공정에 따른 분류를 나타내며, 미국의 폐수처리에 대한 현재생황을 살펴보는 데 매우 유용하다. 2008년 기준으로 하수처리와 관련되어 15,000여 처리시설이 있으며(위의 조사에 나타나지 않은 결과 포함), 초당 1,417톤(또는 32,345 Mgal/d)의 하수를 처리하고 있다. 대략 93% 정도의 발생하수가 처리용량이 0.044톤/초(1 Mgal/d) 이상의 처리시설로 유입되며, 2차 처리시설의 경우, 용량의 1.5배 수준으로 설계되고 있다.

❯❯ 경향

1996년부터 2008년 사이의 총 처리유량을 인구증가량(2억 6,650만 명 → 3억 5백만 명)과 비교하면 위 기간 동안 1인당 폐수 발생량이 감소하였음을 알 수 있다. 또한 위 기간 동안 폐수처리수준의 향상에도 주목하여야 한다. 즉, 위 기간 동안 2차 처리 미만의 처리시설은 176개소에서 30개소로 감소하였고, 2차 처리 이상을 수행하는 처리시설은 4,428개소에서 5,071개소로 증가하였다. 이러한 경향은 앞으로도 계속될 것으로 기대되며, 특히 1인당 폐수발생량은 지속적으로 감소할 것으로 예상되고(자세한 사항은 3장에서 다시 다룬다.), 2차 처리보다 3차 처리 이상을 수행하게 될 것이다.

1-7 공정해석 개요

표 1–5 및 표 1–6에서 제시된 대부분의 물리, 화학 및 생물학적 단위공정은 반응조(reactor)라고 불리는 조, 혹은 탱크 속에서 진행된다. 질량수지 분석은 반응조의 수리학적 흐름특성을 연구하고, 어떤 반응이 반응조내에서 또는 액체 중의 일정 부분에서 일어날

때 발생되는 변화를 설명하는 데 사용되는 기초적인 접근방법이다. 본 절에서는 이 같은 분석에 관련된 기본적인 개념에 대하여 설명되고 있다. 질량수지 방법을 적용하여 문제를 푸는 내용은 후속 절과 이 교재의 첨부 H 및 I에서 더 설명될 예정이다.

》 물질수지 분석

하수처리과정에서의 물리적, 화학적 및 생물학적 단위공정에서 사용되는 해석의 기초는 질량은 만들어지거나 소멸되지 않으며 단지 형태가 바뀔 수 있다(기화 혹은 액화)는 **물질수지 원리**에 기초를 두고 있다. 물질수지 분석은 처리 반응조 내에서 무엇이 발생되는가를 시간의 함수로 정의하는 편리한 방법을 제공한다. 물질수지를 세우는 데 관련된 기본적인 개념을 설명하기 위해 그림 1−3의 반응조를 참조한다. 주어진 반응물에 대하여 일반적인 물질수지 분석은 다음과 같이 주어진다.

1. 일반적인 서술:

시스템 경계 내 반응물의 축적률		시스템 경계 안으로 들어오는 반응물의 유입률		시스템 경계 밖으로 나가는 반응물의 유출률		시스템 경계 내 반응물의 생성률	
(1)	=	(2)	−	(3)	+	(4)	(1-1)

2. 단순화한 서술:

축적 = 유입 − 유출 + 생성 (1-2)
(1) (2) (3) (4)

물질수지는 위에서 인용한 4개의 용어들로 구성되어 있다. 흐름영역 혹은 처리공정에 따라 한두 개는 소거될 수 있다. 예를 들어, 유입 혹은 유출 흐름이 없는 회분식반응조에서는 두 번째와 세 번째 항들은 소거될 것이다. 후속 절에서 다루게 될 반응조의 수리학적

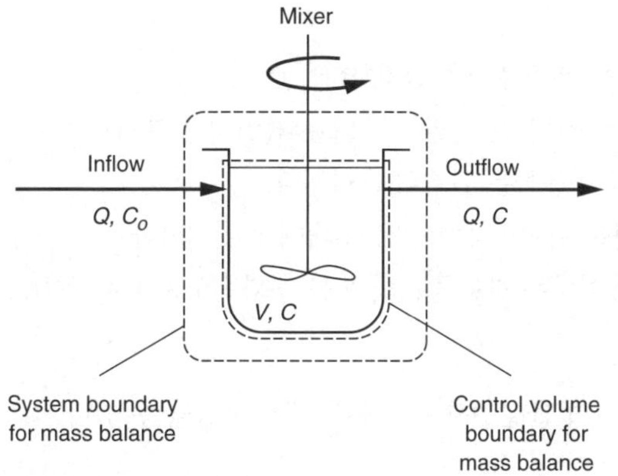

그림 1−3

완전혼합반응조의 물질수지 분석을 위한 정의도. 그림의 혼합기는 반응조내 내용물이 완전하게 혼합되고 있음을 상징적으로 나타냄

특성의 해석과 1-4절에서 논의될 분리공정의 해석에 있어서는 네 번째 항 즉 생성속도 (r_c)는 소거될 것이다. 식 (1-2)에서 반응물이 생성되는 경우를 양의 부호로 나타내었는데, 각 반응에서 생성과 소멸을 부호로 표시하기 때문이다(예를 들어, $r_c = -kC$반응물의 감소에 대하여, $r_c = +kC$반응물의 증가에 대하여).

물질수지의 준비. 물질수지를 세우는 데 있어서, 다음과 같은 절차를 따라 하면 유용하다.

1. 물질수지를 세우고자 하는 시스템 혹은 공정에 대하여 간략화한 그림 또는 흐름도를 그릴 것
2. 시스템의 혹은 경계를 그려서 물질수지가 적용되는 한계를 정의할 것. 많은 경우에 있어서 질량수지 계산을 간략하게 할 수 있기 때문에 시스템 또는 제어부피의 경계를 적절하게 정하는 일은 대단히 중요하다.
3. 공정그림이나 흐름도 위에 모든 적절한 자료 값과 가정을 나열할 것
4. 공정 내에서 일어나는 생물학적 또는 화학적 반응에 대한 모든 속도 표현식을 나열할 것
5. 수치계산의 기초가 될 편리한 기준을 선정할 것

물질수지를 세우는 과정에서 종종 일어나는 오류를 피하기 위해서는 위에 나열한 절차를 일상적으로 따라 하는 것이 유익하다.

물질수지 분석의 적용

물질수지 분석의 결과를 어떻게 적용하는가를 설명하기 위해서, 그림 1-3에서의 완전혼합반응조를 고려하자. 우선, 시스템의 경계를 반드시 설정하여 시스템에 출입하는 모든 질량의 흐름이 구분될 수 있도록 한다. 그림 1-3에서 제어부피의 경계는 바깥쪽의 점선으로 표시되어 있다.

그림 1-3에서 반응조의 액상 반응물에 물질수지를 적용하기 위해 다음과 같은 가정을 세운다.

1. 제어부피에 출입하는 부피유량은 일정하다.
2. 제어부피 내에 액상 반응물은 증발하지 않는다(일정한 부피).
3. 제어부피 내에 액상 반응물은 완전히 혼합된다.
4. 반응물 A를 포함하는 화학반응이 반응조 내에서 일어난다.
5. 제어부피 내에서 일어나는 반응물 A의 농도 변화속도는 1차 반응($r_c = -kC$)을 따른다.

위에 제시된 가정을 이용하여 물질수지는 다음과 같이 구성될 수 있다.

1. 단순화한 서술
   축적 = 유입 − 유출 + 생성
2. 기호를 사용한 표현(그림 1-3참조)

$$\frac{dC}{dt}V = QC_o - QC + r_c V \tag{1-3}$$

r_c에 대하여 $-kC$를 대입하면,

$$\frac{dC}{dt}V = QC_o - QC + (-kC)V \tag{1-4}$$

여기서, dC/dt = 제어부피 내 반응물 농도의 변화속도, $ML^{-3}T^{-1}$

V = 제어부피내 부피, L^3

Q = 제어부피에 출입하는 부피유량, L^3T^{-1}

C_o = 제어부피에 유입되는 반응물의 농도, ML^{-3}

C = 제어부피로부터 유출되는 반응물의 농도, ML^{-3}

r_c = 1차 반응, $(-kC)$, $ML^{-3}T^{-1}$

k = 1차 반응속도 상수, T^{-1}

어떤 물질수지식이든 이를 풀고자 시도하기 전에는, 항상 단위를 점검하여 각 개별적인 항들의 단위가 일치하는지를 확인해야 한다. 다음의 단위를 식 (1−4)에 대입하면,

$V = m^3, L$
$dC/dt = g/m^3{\cdot}s, mg/L{\cdot}s$
$Q = m^3/s, L/s$
$C_o, C = g/m^3, mg/L$
$k = 1/s$

단위를 점검한 결과,

$$\frac{dC}{dt}V = QC_o - QC + (-kC)V$$

$$(g/m^3{\cdot}s)\ m^3 = m^3/s\ (g/m^3) - m^3/s\ (g/m^3) + (-1/s)(g/m^3)\ m^3$$

$$g/s = g/s - g/s - g/s \text{ (동일한 단위)}$$

물질수지식의 해를 구하는 데 적용되는 분석절차는 (1) 속도 표현식의 특성, (2) 대상 반응조의 형태, (3) 최종 물질수지 표현식의 수학적인 형태(상미분 혹은 편미분식), (4) 상응하는 경계조건 등에 의해 따르게 된다. 다음 절에서 논의될 플러그흐름반응조에 대한 질량수지는 편미분식으로 표현된다. 상미분과 편미분 식의 형태로 표현되어 물질수지의 해를 구하는 다양한 절차과정은 이어지는 절에서 제시된다.

정상상태로의 단순화. 다행스럽게도 하수처리 분야의 대부분의 적용에 있어서 식 (1−4)와 같은 물질수지식의 해는 정상상태(오랜 시간 후 도달상태)의 농도가 중요함을 유의하여 단순화할 수 있다. 정상상태의 유출수 농도만을 구하는 것으로 가정하면, 정상상태 조건에서 축적속도가 0이 된다($dC/dt = 0$). 따라서 식 (1−4)는 다음과 같이 쓸 수 있다.

$$0 = QC_o - QC + r_cV \tag{1-5}$$

r_c에 대하여 풀면, 식 (1−5)은 다음과 같이 표현된다:

$$r_c = \frac{Q}{V}(C - C_o) \tag{1-6}$$

식 (1−5)에 의해 주어지는 표현에 대한 해는 속도 표현식의 특성(0차, 1차, 2차)에 따라 달라질 것이다.

1-8 폐수처리에 사용되는 반응조

물리적 단위조작, 화학적 및 생물학적 단위공정 등을 포함하는 하수처리는 흔히 "반응조"라 일컫는 용기 혹은 탱크 내에서 이루어진다. 이 절에서는 적용 가능한 반응조의 형태 및 응용에 대해서 소개한다.

반응조 유형

하수처리에 사용되는 반응조의 주요 유형은 그림 1−4에서 보듯이 (1) 회분식반응조 (2) 완전혼합반응조[화학공학 문헌에는 연속흐름혼합반응조(CFSTR)로도 표기] (3) 플러그흐름반응조[혹은 관형흐름반응조] (4) 직렬형완전혼합반응조 (5) 충전상반응조 (6) 유동상반응조 등이 있으며, 이들 반응조에 대한 간략한 설명은 다음과 같다.

회분식반응조. 회분식반응조[(그림 1−4a) 참조]에는 유입 및 유출흐름이 없다(즉, 유체가 유입되어 반응 후 배출되며 이 과정이 반복된다). 반응조의 액상 반응물은 완전혼합된다. 예를 들어, 2장에서 논의한 BOD 측정실험은 반응기간 동안 내용물 혼합이 이루어지지 않는 점이 지적되어야 하지만, 회분식반응조에서(그림 2−21에서와 같은 BOD 병) 수행된다. 회분식반응조는 대개 화학물질들을 배합하거나 농축된 물질들을 희석하는 데 사용된다.

완전혼합반응조. 완전혼합반응조[(그림 1−4b) 참조]에서는 유체입자들이 반응조에 유입되면서 반응조내에 순간적으로 균일하게 완전혼합이 이루어진다고 가정한다. 유체입자들은 이들의 통계적인 개체 수에 비례하여 반응조를 빠져나간다. 반응조내 반응물이 균일하게 연속적으로 재분포되면 반응조가 원통형이든 혹은 정방형이든 상관없이 완전혼합이 이루어질 수 있다. 완전혼합 조건에 도달하는 데 소요되는 실제시간은 반응조의 기하학적 구조와 투입되는 동력에 따라 달라질 것이다.

플러그흐름반응조. 유체입자들이 길이방향의 혼합이 약간 있거나 전혀 없는 상태로 반응조를 통과하여 유입된 순서와 동일하게 반응조로부터 유출된다. 입자들은 입자들의 정체성을 유지하면서 이론적인 지체시간과 동일한 시간 동안 반응조내에 체류한다. 이런 형태의 흐름은 길이/폭의 비가 커서 길이방향의 분산이 적거나 없는[(그림 1−4c) 참조] 긴 개방형 탱크나 폐쇄된 관형반응조[(배관, 그림 1−4d)참조]에 가깝다.

직렬형완전혼합반응조. 완전혼합반응조의 직렬연결은 완전혼합반응조와 플러그흐름반응조에 대응하는 수리학적 흐름형태들 사이에 존재하는 흐름영역을 모델화 하는 데 사

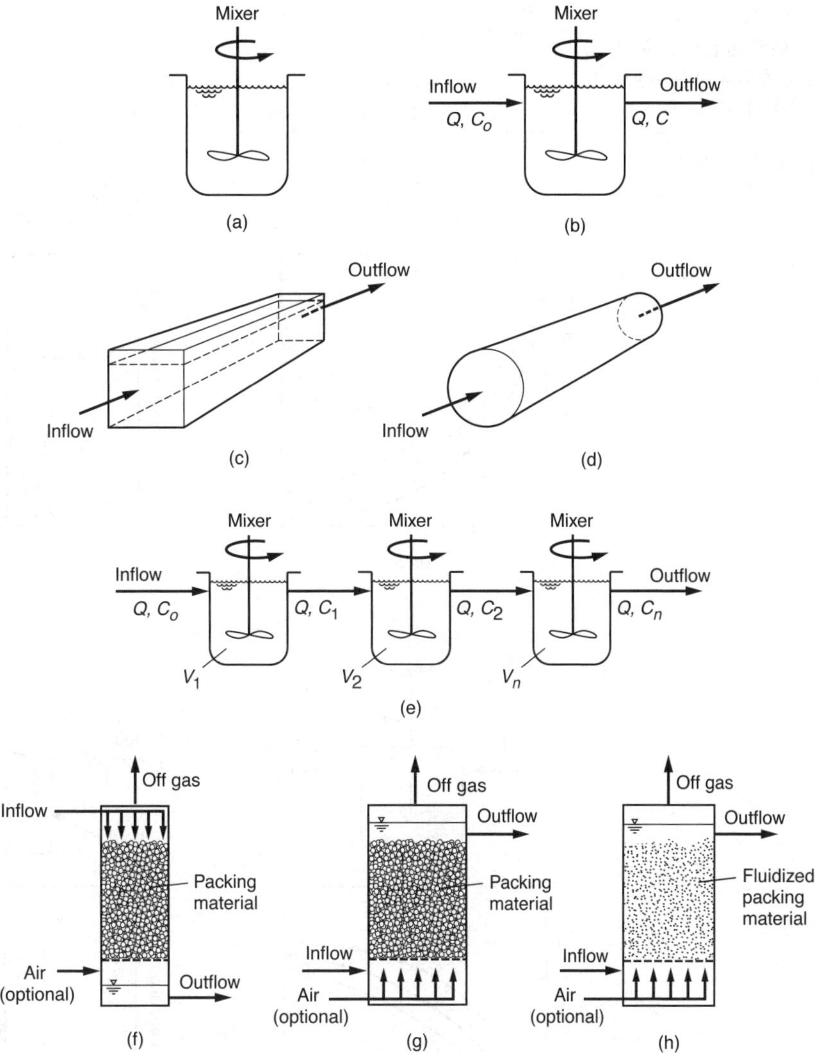

그림 1-4

하수처리에 사용되는 다른 형태의 반응조에 대한 개념도. (a) 회분식반응조(batch reactor), (b) 완전혼합반응조(complete-mix reactor), (c) 개방형플러그흐름반응조(plug-flow open reactor), (d) 관형반응조(tubular reactor)라고도 하는 폐쇄형플러그흐름반응조(plug-flow closed reactor), (e) 직렬형완전혼합반응조(complete-mix reactors in series), (f) 충전상반응조(packed-bed reactor) (g) 상향류충전상반응조(packed-bed upflow reactor) (h) 상향류식팽창상반응조(expanded-bed upflow reactor)

용된다. 직렬연결이 한 개의 반응조로 구성된다면, 완전혼합 영역이 지배적이다. 그러나 직렬연결을 무수히 많은 수의 반응조로 구성한다면 플러그흐름이 지배적이다.

충전상반응조. 충전상반응조는 돌, 슬래그, 세라믹 혹은 요즘 흔한 플라스틱 등과 같은 충전물로 채워진다. 흐름에 따라 충전상 반응조는 하향흐름 혹은 상향흐름으로 운전될 수 있다. 충전물의 투입은 연속적이거나 간헐적으로(살수여상) 할 수 있다. 충전상 반응조내 충전물은, 유체가 한 단위 장치에서 또 다른 장치로 흐름에 따라, 격막이 없이 연속적으로 배열하거나[(그림 1-4f) 참조], 또는 다중 단계로 배열할 수 있다. 충전상 상향흐름을 갖는 혐기성반응조를 그림 1-4g에 나타내었다.

유동상반응조. 유동상반응조는 많은 관점에서 충전상 반응조와 유사하다. 그러나 유동상반응조는 유체(공기 혹은 물)가 반응조를 통과하여 상향 이동함에 따라 충전물을 팽창

그림 1-5

추적자의 맥동 (slug) 혹은 단계 (step) 주입에 따른 유출부에서의 추적자 거동. (a-1, a-2) 완전혼합반응조, (b-1, b-2) 플러그흐름 반응조

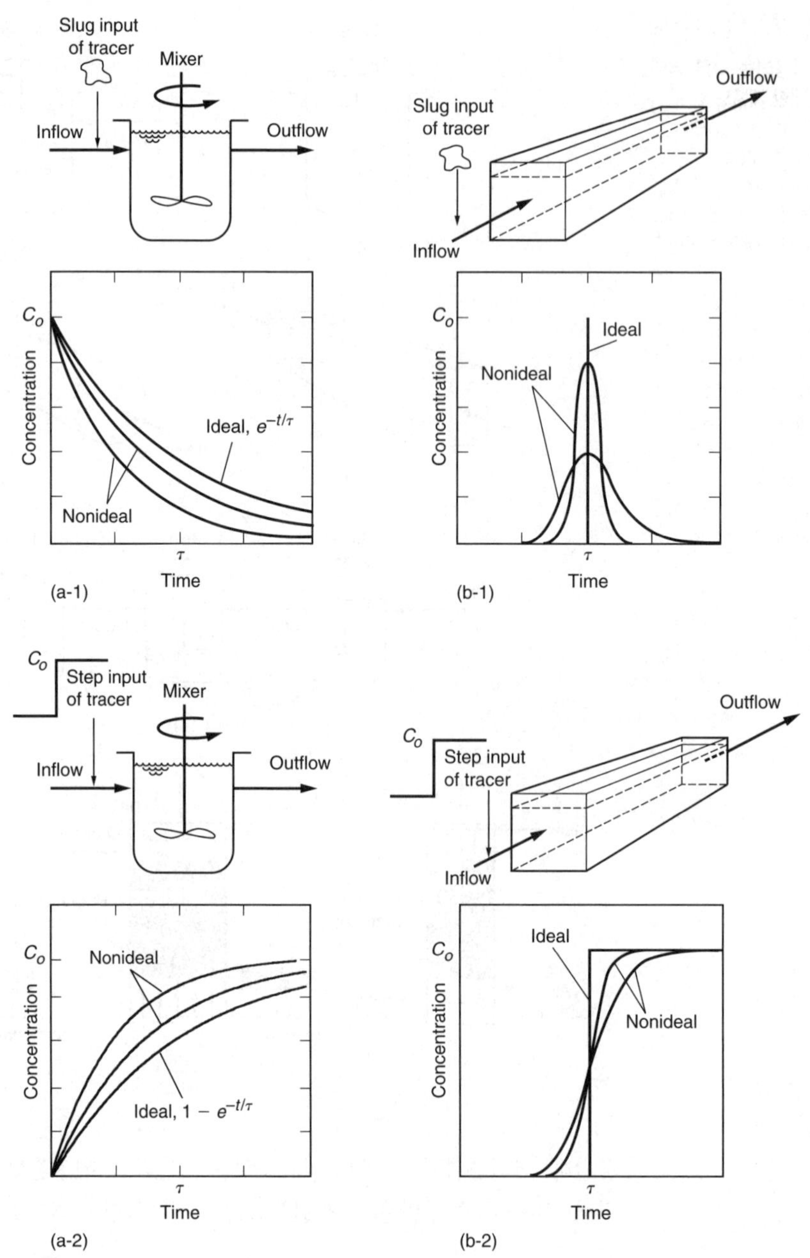

시킨다[(그림 1-4h) 참조]. 유동상 충전물의 확대된 공극은 유체의 유량을 조절함으로써 변화시킬 수 있다.

반응조의 수리학적 특성

완전혼합 및 플러그흐름반응조는 하수처리 분야에서 가장 흔하게 사용되는 두 가지 형태의 반응조이다. 완전혼합 및 플러그흐름반응조의 수리학적 흐름특성은 들어오는 흐름과 나가는 흐름의 관계에 따라, 이상적, 비이상적 변화를 갖는 것으로 설명될 수 있다. 이상적인 반응조와 비이상적인 반응조 내의 흐름 및 적용에 대해 아래에서 설명하였다.

완전혼합 및 플러그흐름반응조 내의 이상적인 흐름. 완전혼합 및 플러그흐름반응조의 이상적인 수리학적 흐름특성이 맥동(pulse)(slug 주입)과 단계주입(연속적 주입)에 대한 염료 추적자의 응답 곡선을 나타내고 있는 그림 1-5에 설명되었다. 그림 1-5에서 t는 실제시간이며 τ 는 다음과 같이 정의되는 이론적인 수리학적 체류시간이다.

$$\tau = \frac{V}{Q} \tag{1-7}$$

τ = 여기서, 수리학적 체류시간, T
V = 반응조의 부피, L^3
Q = 부피유량, L^3T^{-1}

이상적인 흐름의 완전혼합 반응조내에 맑은 물을 연속적으로 유입시키면서 반응성이 없는 추적자가 맥동(slug 주입) 주입되어 순간적으로 분산된다면 유출되는 추적자 농도는 그림 1-5(a-1)에서 보는 바와 같이 나타난다. C_o의 농도를 갖는 반응성이 없는 추적자를 초기에는 맑은 물로 채워져 있는 이상적인 완전혼합반응조의 유입구로 연속적으로 주입시키면 유출구에서의 추적자의 모습은 그림 1-5(a-2)에서 보는 바와 같이 된다.

이상적인 플러그흐름반응조의 경우에는, 추적자를 맥동 혹은 단계주입하기 전 초기에 반응조를 맑은 물로 채운다. 반응조의 출구에서 반응조 단면을 통해 균일하게 분포된 맥동 주입에 대한 유출 흐름 중의 추적자의 모습을 관찰하면 그림 1-5(b-1)에서 보는 바와 같이 될 것이다. 초기농도가 C_o인 추적자를 연속적으로 단계주입을 하면 유출 흐름 중에 추적자는 그림 1-5(b-2)에서 보는 바와 같은 모습일 것이다.

완전혼합 및 플러그흐름반응조에서의 비이상적인 흐름. 현실적으로 완전혼합 및 플러그흐름 반응조 내에서의 이상적인 흐름이란 거의 드물다. 예를 들어, 반응조 설계 시, 순간적이며 완전한 분산의 이론적인 요건을 만족시킬 수 있도록 유체흐름을 어떻게 유도할 수 있겠는가? 실제로는 항상 이상적인 조건과는 다소의 차이가 있으며, 이들의 영향을 최소화하기 위해 주의를 요하게 된다. 비이상적인 흐름은 종종 주어진 시간 동안 반응조로 들어오는 유체흐름의 일부분이 이와 같은 시간에 반응조에 들어왔던 대부분(본체)의 유체흐름이 반응조 출구에 도달하기 전에 유출구 부분에 먼저 도착함으로써 발생된다. 비이상적인 흐름은 그림 1-5(a-2) 및 그림 1-5(b-2)에 나와 있다. 비이상적인 흐름과 관련된 문제는 생물학적 또는 화학적 반응이 완료되기 전에 일부분의 유체가 반응조내에 남아 있지 않게 된다는 점이다.

반응조의 이용

각 반응조 형태가 주로 이용되는 반응을 다음의 표 1-9에 정리하였다. 폐수처리와 관련된 반응조를 선정하는 중요한 변수로는 (1) 처리하고자 하는 폐수의 성상, (2) 반응의 특성(균일반응, 혹은 비균일반응), (3) 처리공정의 반응 동역학, (4) 공정 운영효율과 관련된 필요사항 및 (5) 주변 환경여건을 들 수 있다. 균일반응(homogeneous reaction)이나 비균일반응(heterogeneous reaction) 및 반응 동역학은 1-9절에서 다룬다. 현실적으로, 건설비, 운영 및 유지비 또한 반응조의 선택에 영향을 미친다. 각 변수들은 반응조가 적

표 1-9
폐수처리에 사용되는 반응조별 주요 적용 분야

반응조 형태	폐수처리 적용 분야
회분식반응조	BOD 실험, 활성슬러지의 연속회분식 장치, 농축용액의 희석
반송 없는 완전혼합반응조	호기성 라군, 호기성 슬러지 소화, 혐기성 소화
반송 있는 완전혼합반응조	활성슬러지
플러그흐름반응조	염소접촉조, 재폭기조, 자연형 처리시스템
반송있는 플러그흐름반응조	활성슬러지, 수생처리시스템
직렬연결완전혼합반응조	라군형 처리, 비이상적인 플러그흐름반응조 모사
고정상 여재반응조	침지 및 비침지식 살수여상, 완속여과, 막여과, 흡착, 이온교환, 공기탈기, 자연형 처리시스템
유동상 여재반응조	호기 및 혐기 유동상 생물반응조, UASB, 공기탈기, 슬러지의 열적 산화

용되는 경우마다 중요성이 다르기 때문에, 각 변수는 반응조 선택에 있어 독립적으로 고려되어야 한다.

1-9 반응조의 이상적인 흐름 모델링

반응조의 수리학적 특성을 모델링하는 일은 모델링의 결과를 주어진 부피의 물이 반응조에 체류할 실제의 시간과 반응조의 평균 체류시간을 결정하는 데 사용할 수 있기 때문에 중요하다. 평균 체류시간은 적용 가능한 반응속도를 근거로 하여 달성된 처리수준과 관계될 수 있다. 반응조의 수리학적 특성과 반응속도를 연결해서 처리공정의 성능을 결정하는 것에 대해서는 1-9절에서 논의된다.

추적자를 이용하여 측정된 반응조의 수리학적 특성을 이론적인 예상값과 비교하면 이상적인 설계와의 유사 정도를 평가할 수 있다. 완전혼합 및 플러그흐름반응조는 앞서 언급한 바와 같이 하수처리 분야에서 가장 흔히 이용되는 반응조 형태이다. 완전혼합 및 플러그흐름반응조에서의 이상적인 흐름에 대한 수학적인 분석은 아래에서 논의된다. 비이상적인 흐름에 대한 모델링은 부록 I에서 다룬다.

≫ 완전혼합반응조의 이상적인 흐름

반응성이 없는 추적자를 맑은 물과 함께 이상적인 완전혼합 반응조에 펄스 형태의 주입을 하면 유출되는 추적자의 농도는 그림 1-5(a-1)처럼 나타나게 되며, 다음과 같이 물질수지를 수립할 수 있다.

1. 일반적인 서술:

$$\text{반응조내 추적자의 축적률} = \text{반응조로 유입되는 추적자의 유입률} - \text{반응조로부터 유출되는 추적자의 유출률} \tag{1-8}$$

2. 단순화한 서술:

$$\text{축적} = \text{유입} - \text{유출} \tag{1-9}$$

3. 기호를 사용한 표현[그림 1−5(a−1)] :

$$\frac{dC}{dt}V = QC_o - QC \tag{1-10}$$

C_o = 0이므로 식 (1−10)은

$$\frac{dC}{dt} = -\frac{Q}{V}C \tag{1-11}$$

가 된다. $t = 0$에서 , $C = C_o$, $t = t$에서 $C = C$에 대하여 적분하면,

$$\int_{C_o}^{C}\frac{dC}{C} = -\frac{Q}{V}\int_0^t dt \tag{1-12}$$

적분결과는,

$$C = C_o e^{-t(Q/V)} = C_o e^{-t/\tau} = C_o e^{-\theta} \tag{1-13}$$

여기서, C = 시간 t에서의 반응조내 추적자의 농도, ML^{-3}

C_o = 반응조 추적자의 초기 농도, ML^{-3}

T = 시간, T

Q = 부피유량, L^3T^{-1}

V = 반응조 부피, L^3

τ = 이론적 체류시간 V/Q, T

θ = 표준화된 체류시간 , t/τ 무차원

순간적으로 혼합된 추적자의 연속적인 단계주입에 대한 상응하는 응답은 [그림 1−5(a−2)]로 주어진다.

$$C = C_o(1 - e^{-t(Q/V)}) = C_o(1 - e^{-t/\tau}) = C_o(1 - e^{-\theta}) \tag{1-14}$$

식 (1−14)는 2장에서 [식 (2−60)]에 주어진 BOD 식과 동일한 형태를 갖는다.

》 플러그흐름반응조의 이상적인 흐름

이상적인 플러그흐름의 조건에서 측정된 체류시간 t는 이론적인 체류시간 $\tau(V/Q)$과 동일하다. 그림 1−5(b−2)에서 주어진 그림의 형태를 증명하기 위해서는 비반응성의 추적자 농도 C가 제어부피의 단면적을 통해 균일하게 분포되는 이상적인 플러그흐름 반응조(길이방향의 분산이 없는)에 대하여 질량수지를 설정하는 것이 유익할 것이다. 그림 1−6의 부피요소에 대한 비반응성 추적자에 관한 질량수지는 다음과 같이 쓸 수 있다.

1. 일반적인 서술:

미분 부피요소 내에 추적자의 축적률 = 미분 부피요소 속으로 유입되는 추적자의 유입률 − 미분 부피요소로부터 유출되는 추적자의 유출률 (1-15)

2. 단순화한 서술:

축적 = 유입 − 유출 (1-16)

(a)

(b)

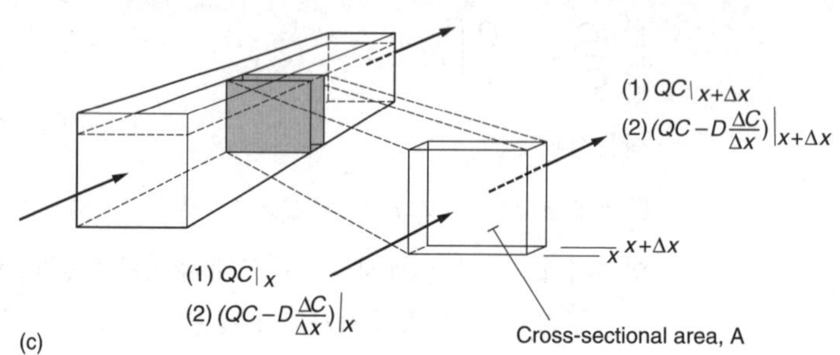

(c)

그림 1–6

플러그흐름반응조의 형태 및 정의도. (a) 플러그흐름의 활성슬러지반응조, (b) 비어 있는 좁은 형태의 장축 염소접촉조, (c) 플러그흐름반응조의 수리학적 해석을 위한 정의도 (1) 수평흐름만 존재할 때, (2) 축방향 분산이 존재할 때

3. 기호를 사용한 표현(그림 1–6 참조)

$$\frac{\partial C}{\partial t}\Delta V = QC|_x - QC|_{x+\Delta x} \tag{1-17}$$

여기서, $\partial C/\partial t$ = 시간에 따른 성분 농도 변화, $ML^{-3}T^{-1}$, $(g/m^3 s)$

ΔV = 미분 부피, L^3, (m^3)

t = 시간 T, (s)

Q = 부피유량, L^3T^{-1}, (m^3/s)

x = 반응조의 길이방향의 한 지점 L, (m)

시간에 따른 농도의 변화는 편미분으로 표현하는데, 이는 농도가 거리에 따라서도 변화하기 때문이다(즉, 농도의 변화는 시간과 거리의 함수이다). 식 (1–17)의 $QC|_x$ 및 $QC|_{x+\Delta x}$ 항에 대하여 미분형태를 대체하면

$$\frac{\partial C}{\partial t}\Delta V = QC - Q\left(C + \frac{\Delta C}{\Delta x}\Delta x\right) \tag{1-18}$$

ΔV 대신에 $A\Delta x$를 대체하면, 여기서 A는 x 방향의 단면적이다.

이를 간략화하면,

$$\frac{\partial C}{\partial t}A\Delta x = -Q\frac{\Delta C}{\Delta x}\Delta x \tag{1-19}$$

A와 Δx로 나누면,

$$\frac{\partial C}{\partial t} = -\frac{Q}{A}\frac{\Delta C}{\Delta x} \tag{1-20}$$

Δx가 0에 접근함에 따른 한계 값을 취하면,

$$\frac{\partial C}{\partial t} = -\frac{Q}{A}\frac{\partial C}{\partial x} = -\upsilon\frac{\partial C}{\partial x} \tag{1-21}$$

여기서, υ = 유속, LT^{-1}, (m/s)

음의 부호를 제외하고는 식의 양쪽이 동일하기 때문에 ($\partial t = \partial x / \upsilon$) 거리에 따른 농도의 변화가 없는 경우에만 식이 만족될 수 있다. 따라서, 그림 1-5(b-2)에서와 같이 유출농도는 반드시 유입 농도와 같아야 한다.

1-10 공정 동력학 개요

공정선택과 설계의 관점에서 보면 화학반응양론과 반응속도가 화학공정 및 생물학적 단위공정의 주된 관심의 대상이다. 반응에 들어오는 물질의 몰수와 생성되는 물질의 몰 수는 반응의 화학양론으로 정의된다. 반응의 화학양론이란 반응에 포함되는 화합물 양들의 정의를 갖는다. 한 물질이 주어진 화학양론 반응에서 소멸되거나 생성되는 속도를 반응속도로 정의한다. 이러한 내용 및 관련된 주제들을 본 절에서 논의한다. 본 절에서 논의되는 속도 표현식은 앞에서 다룬 반응조의 수리학적 특성과 함께 석분되어 처리 반응속도론을 정의하게 될 것이다.

반응 유형

하수처리에서 발생하는 반응의 두 가지 주된 유형은 균일 및 비균일 반응으로 분류된다.

균일 반응. 균일 반응에서는 반응물이 균일하게 유체 속으로 분포되며 유체 내 어느 지점에서나 반응에 대한 포텐셜이 동일하다. 균일 반응은 대개 회분식, 완전혼합, 플러그흐름 반응조[그림 1-4(a), (b), (c), (d)]에서 수행된다. 균일 반응은 비가역 또는 가역적이다.

비가역반응의 예를 들면,

1. 단순반응

$$A \rightarrow B \tag{1-22}$$

$$A + A \rightarrow C \tag{1-23}$$

$$aA + bB \rightarrow C \tag{1-24}$$

2. 병렬반응

$$A + B \rightarrow C \tag{1-25}$$

$$A + B \rightarrow D \tag{1-26}$$

3. 연속반응

$$A + B \rightarrow C \tag{1-27}$$

$$A + C \rightarrow D \tag{1-28}$$

가역반응의 예를 들면,

$$A \rightleftarrows B \tag{1-29}$$

$$A + B \rightleftarrows C + D \tag{1-30}$$

비가역 및 가역반응 모두에 대하여 반응속도는 이들 반응이 일어나는 처리시설의 설계에 있어서 중요하게 고려될 사항이다. 혼합시설의 설계, 특히 빠르게 진행되는 반응에 특별한 주의를 기울여야 한다.

비균일 반응. 비균일 반응은 한 개 또는 그 이상의 구성성분들 사이에서 일어나는데, 이 중에는 이온교환 수지에서 교환되는 이온들과 같이 특정한 장소(site)가 될 수 있다. 고체상의 촉매를 필요로 하는 반응 또한 비균일 반응으로 분류된다. 비균일 반응은 대개 충전상 및 유동상반응조에서 수행된다[그림 1-4 (f), (g), (h)]. 이들 반응은 상호 연관적으로 여러 단계가 관여되기 때문에 규명하기가 쉽지 않다. 일반적인 이들 단계의 순서는 [Smith(1981)에서 인용] 다음과 같다.

1. 유체의 본체로부터 유체와 고체 사이에 경계면(촉매입자의 바깥표면)으로의 반응물의 이동
2. 촉매입자 속으로 반응물의 내부이동(다공성일 경우)
3. 촉매입자의 내부 지점에서의 반응물의 흡착
4. 흡착된 상태의 반응물이 흡착된 상태의 생성물로의 화학반응(표면반응)
5. 흡착된 생성물의 탈착
6. 촉매입자의 내부지점에서 외부 표면으로 생성물의 이동

반응속도

반응속도란 단위 부피-단위시간당 반응물의 몰 수(균일반응) 또는 단위표면적 혹은 질량-단위시간당 반응물의 몰 수(비균일 반응)의 변화(증가 혹은 감소)를 설명하는 데 사용되는 용어이다(Denbigh & Turner, 1984).

균일반응에 대하여 반응속도 r은 다음과 같이 주어진다.

$$r = \frac{1}{V}\frac{d[N]}{dt} = \frac{\text{moles}}{(\text{volume})(\text{time})} \tag{1-31}$$

N을 VC로 대체하면, 여기서 V는 부피 C는 농도, 식 (1-31)은 다음과 같이 된다.

$$r = \frac{1}{V}\frac{d(VC)}{dt} = \frac{1}{V}\frac{VdC + CdV}{dt} \tag{1-32}$$

부피가 일정하다고 하면(등온조건, 증발이 없는 경우) 식 (1-32)는 다음과 같이 줄어든다.

$$r = \pm\frac{dC}{dt} \tag{1-33}$$

여기서, 양의 부호는 물질의 증가 혹은 축적을 의미하고, 음의 부호는 감소를 뜻한다.

비균일반응에 대해서는 표면적, 대응하는 표현식은

$$r = \frac{1}{S}\frac{d[N]}{dt} = \frac{\text{moles}}{(\text{area})(\text{time})} \tag{1-34}$$

서로 다른 화학반응 양론계수를 갖는 2개 이상의 반응물을 포함하는 반응에 대해서 한 반응물로 표현된 속도는 다른 반응물들에 대한 속도와 일치하지 않을 것이다. 예를 들어, 다음의 반응에 대하여

$$aA + bB \rightarrow cC + dD \tag{1-35}$$

여러 반응물에 대한 농도 변화는 다음 식에 의해 주어진다.

$$-\frac{1}{a}\frac{d[A]}{dt} = -\frac{1}{b}\frac{d[B]}{dt} = \frac{1}{c}\frac{d[C]}{dt} = \frac{1}{d}\frac{d[D]}{dt} \tag{1-36}$$

따라서, 화학반응 양론계수가 서로 다른 반응에 대하여 반응속도는 다음과 같이 주어진다.

$$r = \frac{1}{c_i}\frac{d[C_i]}{dt} \tag{1-37}$$

여기서, 계수항 $1/c_i$는 반응물에 대해서는 음의 부호, 생성물에 대해서는 양의 부호이다.

반응이 진행되는 속도는 하수처리에 있어서 중요하게 고려되는 사항이다. 예를 들어, 많은 경우에 있어서 반응이 종결되기까지 너무 오래 걸리는데 그럴 경우, 처리공정은 반응의 평형위치보다는 반응이 진행되는 속도를 기준으로 하여 설계된다. 종종, 반응물량을 화학양론 이상으로 과다하게 사용하거나 정량의 반응물을 사용하여 반응이 종결되도록 유도함으로써 보다 짧은 시간내에 처리단계를 완성시킬 수 있다.

≫ 비반응속도상수

질량보존의 원리에 따라 반응속도는 남아 있는 반응물의 농도에 비례한다. 따라서, 남아 있는 반응물 A의 단일반응에서의 반응속도는 다음과 같이 주어진다.

$$r = \pm kC_A \tag{1-38}$$

여기에서 k는 반응과 관련된 상수로, 반응 속도상수, 속도상수, 반응상수로도 불린다. 반응속도상수는 반응속도와 농도와 관련된 단위를 갖는다. 식 (1-38)과 같은 경우에서의 k의 단위는 다음과 같이 나타난다.

$$k = \frac{r}{C} = \frac{1}{V}\frac{dN}{dt}\frac{1}{C} = \frac{\text{mole}}{\text{L}\cdot\text{s}(\text{mole/L})} = \frac{1}{s} \tag{1-39}$$

실제 적용에서는 반응속도인 r은 반응물의 농도와 관련되어 있으며, k는 이외의 다른 속도영향인자와 관련되어 있다. 농도를 제외한 속도영향인자에서 온도가 가장 중요하다.

≫ 반응속도상수에 대한 온도의 영향

특정 반응속도 상수의 온도 의존성은 다른 온도에 대한 조절의 필요성 때문에 중요하다. 속도상수의 온도 의존성은 2장에 나와 있는 van't Hoff-Arrhenius 관계에 의해 주어진다.

$$\frac{d(\ln k)}{dT} = \frac{E}{R^2} \tag{1-40}$$

여기서, k = 온도 T에서의 반응속도 상수,

T = 온도, K = 273.15 + ℃

E = 활성화 에너지(반응의 일정한 특성값), J/mol

R = 이상기체상수, 8.314 J/mol·K (1.99 cal/mol·K)

식 (1−40)을 T_1부터 T_2까지 적분하면 다음과 같은 식을 얻게 된다.

$$\ln\frac{k_2}{k_1} = \frac{E(T_2 - T_1)}{RT_1T_2} = \frac{E}{RT_1T_2}(T_2 - T_1) \tag{1-41}$$

여기에서 k_1은 주어진 온도에서의 반응속도 상수이며, k_2는 새로운 온도 T_2에서의 반응속도상수이다.

활성화 에너지. 활성화 에너지 E는 서로 다른 두 온도에서 k 값을 알고 있는 경우 예제 1−1에서와 같이 식 (1−41)을 이용하여 계산된다. 폐수처리공정에서의 대표적인 E 값은 8,400~84,000 J/mole (2,000~20,000 cal/mole)의 범위를 가진다.

예제 1−1 **활성화 에너지의 계산** 한 화학반응에서 온도를 10℃씩 올릴 때마다 화학반응속도가 두 배씩 증가하는 현상이 관찰되었다. 최초온도가 10℃라고 할 때, 활성화 에너지를 계산하라.

풀이

1. 식 (1−41)을 활성화 에너지를 구하는 형태로 풀면 다음과 같다

$$E = \frac{R\ln(k_2/k_1)}{(1/T_1 - 1/T_2)}$$

2. 주어진 값을 대입하여 E를 계산한다

T_1 = (273 + 10°C) = 283 K

T_2 = (273 + 20°C) = 293 K

$k_2 = 2k_1$

R = 8.314 J/mole·K

$$E = \frac{(8.314\ \text{J/mole·K})(\ln 2k_1/k_1)}{(1/283\text{K} - 1/293\text{K})} = 48{,}024\ \text{J/mole}$$

위 식에서 E 값은 상수가 아니라 온도에 따라 변하게 되지만, 실제 폐수처리공정에서의 온도 범위는 매우 좁은 범위에 제한되어 있기 때문에 E 값의 변화가 크지 않다.

온도상수, θ. 대부분의 폐수처리공정은 비교적 좁은 온도 범위에서 수행되기 때문에, 식 (1−41)에서의 E/RT_1T_2 항은 실제 적용 시에는 상수로 취급된다. E/RT_1T_2 항을 상수 C로 표시하면 식 (1−41)은 다음과 같이 나타낸다.

$$\ln\frac{k_2}{k_1} = C(T_2 - T_1) \tag{1-42}$$

$$\frac{k_2}{k_1} = e^{C(T_2 - T_1)} \tag{1-43}$$

식 (1−43)의 e^C를 온도상수인 θ로 나타내면 식 (1−43)은 다음과 같이 표시된다.

$$\frac{k_2}{k_1} = \theta^{(T_2 - T_1)} \tag{1-44}$$

식 (1−44)는 폐수처리공학에서 온도효과를 고려할 때 빈번하게 사용된다. 다만, 식에서 θ를 상수로 가정하였으나, 실제 현장에서는 변하는 경우가 많으므로 주의를 요한다. 각 폐수처리공정에서 운영온도에 따른 상수 값이 주어져 있는 경우가 많으므로 참조하길 바라며, 몇몇 생물학적 처리 시스템에 대해서 전형적인 값은 대략 1.020~1.10 사이이다.

❯❯ 반응차수

대개 반응이 일어나는 속도는 반응이 종결됨에 따라 반응물 혹은 생성물의 농도를 측정하여 결정한다. 측정결과는 예측되는 여러 가지의 표준속도식으로부터 얻어진 대응결과와 비교된다.

어느 특정 화합물에 관한 반응차수는 그 화합물의 양론계수와 일치한다. 예를 들면, 다음의 반응에서 화합물 A에 대한 반응차수는 a이고, 화합물 B에 대해서는 b가 된다.

$$\mathrm{aA + bB + \ldots \rightarrow pP + qQ + \ldots} \tag{1-45}$$

반응이 실험적으로 농도 A (a = 1)의 1제곱승에 비례한다면 반응을 A에 관하여 1차라고 부른다.

반응의 기작을 알지 못할 때, 식 (1−45)에 대한 반응속도는 다음과 같은 표현으로 쓸 수 있다.

$$r = kC_A^a C_B^b C_C^c \cdots C_P^p = kC_A^n \tag{1-46}$$

여기서, a, b는 반응물 A, B에 관한 반응차수이며, n은 총괄 반응차수($n = a + b + \cdots + p$)이다. 지수들의 합을 반응의 차수라고 부른다. 몇 가지 차수에 대한 반응속도 표현식은 다음과 같다:

$$r = \pm k \quad \text{(0차)} \tag{1-47}$$

$$r = \pm kC \quad \text{(1차)} \tag{1-48}$$

$$r = \pm k(C - C_s) \quad \text{(1차)} \tag{1-49}$$

$$r = \pm kC^2 \quad \text{(2차)} \tag{1-50}$$

$$r = \pm kC_A C_B \quad \text{(2차)} \tag{1-51}$$

$$r = \pm \frac{kC}{K + C} \quad \text{(포화 또는 혼합차수)} \tag{1-52}$$

$$r = \pm \frac{kC}{(1 + r_t t)^n} \qquad \text{(1차지체)} \qquad (1\text{-}53)$$

폐수처리공정에서의 다양한 속도식에 대한 이용은 다음에서 논의된다.

》 폐수처리공정에서의 속도식 표현

폐수처리공정에서 물리적, 화학적, 생물학적 공정을 통해 오염물질의 성분을 전환하는 과정은 매우 복잡하며 다양하다. 이 중 중요한 몇 가지 공정들에 대해서 표 1-10에 정리하였다. 예를 들어, 2장에서 논의될 BOD 반응이나, 기타 장에서 고려될 생물학적인 처리과정에서는 미생물 전환과정이 고려될 것이다. 표 1-10에서 제시된 공정들은 변환속도와 연관되어 있기 때문에 표 1-11에서는 관련되는 반응속도 모델을 나타내었다. 표 1-11에서 유념할 사항은, 각 공정에 대한 반응속도식의 다양한 표현이다.

전환공정. 반응속도식은 폐수내 오염물질의 처리 및 오염물질이 최종적으로 환경으로 방출되는 경우의 변환을 설명하기 위해 사용되어 왔다. 예를 들어, 식 (1-48)의 1차반응식($r_c = -kC$)의 경우 2장에서 BOD로 표시되는 미생물의 분해과정을 표현하는 데 사용된다. 비록 식 (1-51)은 2차반응식이기는 하지만, C_A 및 C_B 각각에 대해서는 1차식과 동일하다. 식 (1-52)는 포화형태 식(또는 Monod 형태 식)으로, 그림 1-7에 나타난 바와 같은데, 오염물 C의 농도가 높은 경우에는 0차식으로 나타나며, 오염물의 농도가 낮은 경우에는 1차식으로 표시된다.

식 (1-53)과 같은 형태의 반응속도 표현을 1차지연반응식이라고 하는데, 시간이 지남에 따라 1차반응식의 반응속도가 그림 1-8과 같이 변하게 된다. 반응식의 분모에 있는 r_t를 지연인자라고 부른다. 폐수처리공정에서 식 (1-53)의 분모의 차수인 n은 폐수내 입자크기의 분포와 연관되는데, 예를 들면 모든 입자의 크기가 동일한 경우에는 값이 '1'이며, r_t 값은 '0'이다. 1차 지연반응식은 생분해도가 다른 다양한 물질이 복합적으로 포함된

그림 1-7
반응속도와 농도와의 관계 20mg/L 이상 농도에서 반응속도는 0차로 나타남

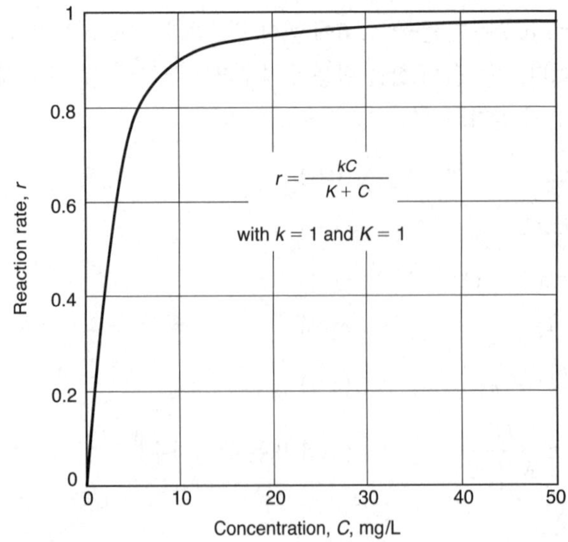

하수내 유기물의 분해속도를 구하는 데 이용된다(Tchobanoglous et al., 2003).

분리공정. 물질이 분해되어 제거되는 전환공정과는 다르게, 분리공정은 물리적인 작용을 통해 높은 농도의 오염물을 포함한 용액에서 오염물을 분리하여 낮은 오염물이 포함

표 1-10

자연계에서 발생하는 오염물의 변환 및 분리공정과 영향을 받는 오염물

공정	설명	영향을 받는 오염물
흡착/탈착	많은 화학성분은 고체에 부착 또는 수착(sorb)하려는 경향이 있다. 하수의 방류에는 일부 독성물질이 유출수 중의 부유물과 관련되어 있음을 암시한다. 고형물의 침전과 결합하여 흡착은 분해되지 않는 성분을 물로부터 제거한다.	금속, NH_4^+, PO_4^{3-} 유기물 영향
조류합성	하수에서 발견되는 영양염류를 이용한 조류세포조직의 합성	NH_4^+, NO_3^-, PO_4^{3-}, pH
미생물에 의한 전환	미생물에 의한 전환은(호기성과 혐기성) 환경에 방출되는 성분의 변환에 있어서 가장 중요한 공정이다. BOD와 NOD는 수질관리에서 박테리아 전환을 설명하는 가장 흔한 예이다. 유기성 폐기물의 호기성 전환에서 산소의 결핍은 탈산소화로 알려져 있다. 처리된 하수와 함께 유출되는 고형물은 부분적으로 유기성이다. 바닥에 가라앉은 침전물 위에, 박테리아에 의해 지역 조건에 따라, 혐기성 혹은 호기성 분해가 이루어진다. 독성 유기화합물의 박테리아에 의한 변환 또한 대단히 중요하다.	BOD_5, 질산화, 탈질화, 황 환원(침전물의), 혐기성 발효, 유기성 오염물질의 전환
화학반응	환경에서 발생되는 중요한 화학반응은 가수분해, 광합성, 산화, 환원 작용을 포함한다. 가수분해 반응은 오염물질과 물 사이에서 발생된다.	화학적 살균반응, 유기 성분 분해, 특정 이온의 교환, 원소치환
여과	거르기, 침전, 차단, 밀착, 흡착에 의한 부유고형물과 콜로이드성 고형물의 제거	TSS, 콜로이드 입자
응결	응결은 작은 입자들을 큰 입자로 응집시켜서 침전과 여과에 의해 제거될 수 있도록 하는 조작이다. 응결은 브라운 운동, 속도 구배의 차이에 의해 일어나며, 큰 입자가 작은 입자를 끌어당겨서 큰 입자를 형성하도록 한다.	콜로이드와 작은 입자
기체흡수/탈착	기체가 액체에 의해 취해지는 조작을 흡수라고 한다. 예를 들어, 물 속에 용존산소의 농도가 포화농도보다 낮을 경우, 산소는 대기로부터 물 속으로 전달된다. 전달속도(단위면적-시간당 질량)는 포화상태보다 낮은 용존산소의 양에 비례한다. 물 속에 산소의 주입을 재포기라고 한다. 액체 중에 기체의 농도가 포화농도를 초과할 때, 기체의 탈착이 일어나며, 액체로부터 대기 중으로 전달이 발생된다.	O_2, CO_2, CH_4, NH_3, H_2S
자연 감소	자연적으로, 오염물은 다양한 원인으로 감소된다. 박테리아의 경우는 자연 소멸되고 특정한 유기성 성분은 광화학 산화반응에 의해 없어지는 등의 원인을 포함한다. 자연적이고 방사성 감소는 1차 속도식을 따른다.	식물, 동물, 조류, 균류, 원생동물, 진균, 고세균, 바이러스, 방사성물질, 식물질량
광화학 반응	태양복사는 다수의 화학반응을 일으키는 것으로 알려져 있다. 근접 UV와 가시 범위에서의 복사는 다양한 유기화합물의 파괴를 유발하는 것으로 알려져 있다.	무기 및 유기 화합물의 산화
광합성/호흡	낮 동안에, 물 속의 조류세포는 광합성에 의해 산소를 생성할 것이다. 용존산소의 농도는 30~40 mg/L로 높게 측정된다. 밤 시간 동안에는, 조류의 호흡으로 인해 산소가 소비된다. 조류의 성장이 활발한 곳에서는, 밤 시간 동안에 산소의 고갈이 관찰된다.	조류, 좀개구리밥, 대형수생식물의 배양, NH_4^+, PO_4^{3-}, pH 등
침전	처리된 하수와 함께 배출되는 부유고형물은 결국 바닥에 가라앉는다. 이러한 침전은 응결에 의해서는 촉진되고 대기 중의 난류에 의해서는 방해된다. 강과 해안지역에서, 난류는 종종 물 전체 깊이에 대하여, 부유고형물을 분포시키기에 충분하다.	TSS
침적물의 산소요구	처리된 하수와 함께 배출된 잔류 고형물은 소하천과 강바닥에 가라앉는다. 입자들은 부분적으로 유기성이기 때문에, 이들은 조건에 따라서, 호기뿐 아니라 혐기적으로도 분해가 된다. 바닥에 가라앉은 조류도 분해가 이루어지나 매우 느리다. 침적물의 호기성 분해과정에서 요구되는 산소는 물 속에서의 또 다른 용존산소의 요구를 나타낸다.	O_2, 입자상 BOD
휘발	휘발은 액체와 고체가 증발되어 대기 중으로 방출되는 과정을 말한다. 쉽게 휘발되는 유기화합물은 VOCs로 알려져 있다. 이같은 물리적 현상은 실제의 플럭스는 물 표면으로부터 이루어진다는 점을 제외하고는 기체흡수와 매우 유사하다.	VOC_s, NH_3, CH_4, H_2S, 그밖의 기체들

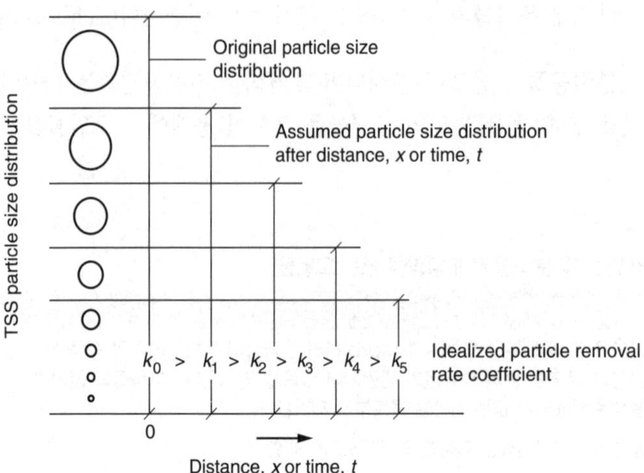

그림 1-8

입상 여과상이나 습지에서와 같은 입자크기의 분포가 유입폐수 내에서 나타날 때 거리 또는 시간에 따른 제거효율계수의 변화

된 용액으로 변환하는 과정이다. 분리공정은 특정한 특성을 갖는 유기물을 제거하는 공정이며, 입자 및 용존성 오염물을 제거하는 방법을 다음에서 설명한다.

입자상 오염물. 입자상 오염물의 제거를 위한 공정은 오염물의 크기 및 특성에 따라 변화하기는 하나, 대부분의 경우 중력 및 압력변화를 통한 제거방법을 사용한다. 예를 들면, 폐수 내 6 mm 이상의 거대입자 오염물은 스크린(혹은 체거름)에 의해 제거된다. 그릿과 이와 침전 가능한 오염물은 중력에 의해 제거된다. 기름, 그리스 등과 같은 매우 가벼운 오염물질은 물보다 비중이 작은 특성을 이용하여 중력을 이용한 부상법을 통해 제거한다. 중력에 의해 제거되기 힘든 매우 작은 입자들은 공극을 통과하는 물을 압력을 통해 걸러내는 필터 공정을 통해 제거한다.

용존성 오염물. 용존성 오염물도 고체표면의 농축(활성탄 흡착 및 이온교환)을 통해 제거될 수 있다. 흡착공정을 해석할 때 주의해야 할 사항은, 오염물질이 고체표면과 접촉하는 즉시 제거가 일어나기 때문에, 반응속도는 오염물질의 고체표면으로의 이동현상에 좌우된다. 물질의 이동은 분자확산이 정상상태에 도달할 때, Fick's 법칙으로 다음과 같이 표시된다.

$$r = -D_m \frac{\partial C}{\partial x} \tag{1-54}$$

여기서, r = 단위면적당 단위시간에서의 물질이동속도, $ML^{-2}T^{-1}$

D_m = x축으로의 분자확산계수, L^2T^{-1}

C = 확산물질 농도, ML^{-3}

x = 거리, L

식 (1−54)에서 음의 부호는 농도가 축방향에서 감소함을 나타낸다. 또한 농도차로 표시되는 $\partial C/\partial x$는 정상상태에서 일정한 것으로 간주된다. 화학공학과 관련된 책에서는 '*J*'는 농도를 기반으로 한 물질확산 현상을 나타내며, '*N*'으로 표시될 때는 몰로 나타낸 물질 확산현상을 의미한다.

표 1-11
표 1-10에 제시된 공정에 대한 일반적인 반응속도 표현[a]

공정	반응속도 표현	설명
변환공정		
박테리아 전환	$r_c = -kC$	r_c = 전환속도, M/L^{3}T
		k = 1차 반응 속도상수, 1/T
		C = 남아 있는 유기물 농도, M/L^3
화학반응	$r_c = \pm k_n C^n$	r_c = 전환속도, M/L^{3}T
		k_n = 반응속도 상수, $(M/L^3)^{n-1}/T$
		c = 성분 농도, $(M/L^3)^n$
		n = 반응차수(2차반응 $n = 2$)
자연 감소	$r_d = -k_d N$	r_d = 감소속도, 수/T
		k_d = 1차 반응 속도상수, 1/T
		N = 남아 있는 미생물량, 수
분리공정		
가스흡착/탈착	$r_{ab} = k_{ab}\frac{A}{V}(C_s - C)$	r_{ab} = 흡착속도, M/L^{3}T
		r_{de} = 탈착속도, M/L^{3}T
		k_{ab} = 흡착계수, L/T
	$r_{de} = -k_{de}\frac{A}{V}(C - C_s)$	k_{de} = 탈착계수, L/T
		A = 면적, L^2
		V = 부피, L^3
		C_s = 액체 중에 성분의 포화농도, M/L^3 [식 (2-49)]
		C = 액체 중에 성분의 농도, M/L^3
침전	$r_s = \frac{v_s}{H}(SS)$	r_s = 침전 반응속도 , 1/T
		v_s = 침전속도 , L/T
		H = 깊이 L
		SS = 침전성 고형물, L^3/L^3
휘발	$r_v = -k_v(C - C_s)$	r_v = 단위시간-부피당 휘발속도, M/L^{3}T
		k_v = 휘발상수, 1/T
		C = 액체 중에 성분의 농도, M/L^3
		C_s = 액체 중에 성분의 포화농도, M/L^3 [식 (2-49)]

[a] Adapted in part from Ambrose et al. (1988), Tchobanoglous et al. (2003).

물질 확산계수는 마찰상수로 표시되는 Stokes-Einstein 확산 법칙을 통해 구할 수 있다. 입자의 모형을 구로 가정할 때, 아래와 같은 식으로 표시할 수 있다(Shaw, 1966).

$$D = \frac{kT}{6\pi\mu r_p} = \frac{RT}{6\pi\mu r_p N} \tag{1-55}$$

표 1-12
반응속도 상수를 결정하기 위해 사용되는 적분 및 미분방법

반응속도 표현		반응속도상수 결정방법
적분방법		
0차반응	적분 형태	
$r = K_L(C_s - C_t)$	$C - C_o = -kt$	그래프를 이용하여 표현, C vs t [그림 1-9(a)]
1차반응		
$r_c = \frac{dC}{dt} = -kC$	$\ln\frac{C}{C_o} = -kt$	그래프를 이용하여 표현, $-\ln(C/C_0)$ vs t [그림 1-9(b)]
2차반응		
$r_c = \frac{dC}{dt} = -kC^2$	$\frac{1}{C} - \frac{1}{C_o} = kt$	그래프를 이용하여 표현, $1/C$ vs t [그림 1-9(c)]
포화반응		
$r_c = \frac{dC}{dt} = -\frac{kC}{K + C}$	$kt = K\ln\frac{C_o}{C_t} + (C_o - C_t)$	그래프를 이용하여 표현, $1/t \ln(C_0/C_t)$ vs $(C_0 - C_t)/t$ [그림 1-9(d)]
미분방법		
$r_c = \frac{dC}{dt} = -kC^n$		해석적으로 n에 관해서 푼다 $n = \frac{\log[-d(C_1/dt)] - \log[-(dC_2/dt)]}{\log(C_1) - \log(C_2)}$ 반응차수를 알고 있으면, 반응속도 상수는 치환에 의해 결정될 수 있다.

여기서, D = 확산계수, m^2/s
k = Boltzmann 상수, 1.3805×10^{-23} J/K
T = 온도, K=273.15 + °C
R = 기체상수, 8.3145 J/mol·K
μ = 점성계수, $N{\cdot}s/m^2$
r_p = 입자의 반지름, m
N = Avogadro 수, 6.02×10^{23}

식 (1−55)의 분모는 Stoke's 법칙에서 입자의 마찰상수와 동일하다. 예를 들어 가장 작은 박테리아의 크기와 유사한 10^{-7} m (0.01 μm) 크기 입자의 확산계수는 아래 조건에서 다음과 같이 계산된다.

$T = 20°C$

$\mu = 1.002 \times 10^{-3}\ N{\cdot}s/m^2$

$$D = \frac{kT}{6\pi\mu r_p A} = \frac{(8.3145\ \text{J/mole·K})(293\ \text{K})}{6(3.14)(1.002 \times 10^{-3}\ \text{N·s/m}^2)(10^{-7}\text{m})(6.02 \times 10^{23}/\text{mole})}$$
$$= 21.43 \times 10^{-13}\ m^2/s = 2.143 \times 10^{-8}\ cm^2/s$$

위의 계산식에서 볼 수 있는 바와 같이, 입자의 크기가 작을수록 확산계수의 크기는 증가한다. 유체의 흐름경향에 따라, 난류가 형성되는 경우에는 부록 I에서와 같이 식1-55의 물질전달계수를 보정해 주어야 한다.

폐수처리에서 사용되는 많은 분리공정은 기체-액체 계면의 물질전달 및 물질 제거 현상을 포함한다(예: 폭기나 탈기). 예를 들면, 높지 않은 용해도를 갖는 기체가 액체로 이동되는 경우(이때, 액체표면층이 물질전달속도를 결정, 자세한 내용은 5-10절 참조), Fick's 법칙에 따르면 다음과 같이 나타낼 수 있다.

$$r = K_L(C_S - C_t) \quad (1\text{-}56)$$

여기서, r = 단위면적에서의 단위시간당 물질전달속도, $ML^{-2}T^{-1}$

K_L = 액상내 물질이동계수, LT^{-1}

C_s = Henry's 법칙에 따른 평형상태에서의 가스 농도, ML^{-3}

C_t = 시간 t에서의 액상내 가스 농도, ML^{-3}

물질전달계수는 폐수의 특성, 처리공정의 설계에 따라 변하기 때문에 상황마다 다르게 된다. 공기 공급을 위한 물질전달 현상의 적용예는 5장 10절 및 11절에 제시되어 있다. 이외의 물질전달과 관련된 흡착, 가스탈기, 이온교환 등의 공정에 대해서는 11장에서 다루었다.

》 반응속도상수 해석

반응속도상수는 일반적으로 회분식(유입이나 유출이 없는 경우), 연속식, 혹은 파일럿이나 현장 실험에서 얻어진 결과를 바탕으로 계산한다. 회분식 실험결과를 이용하여 반응속도상수를 계산하는 방법으로는 (1) 적분법과 (2) 미분법이 있다(표 1-12).

표 1-12에 정리된 바와 같이, 적분형태의 경우, 임의의 시간에서 얻어진 농도를 식에 대입하여 계산하게 된다. 적분법으로 얻어진 자료를 이용하여 반응속도상수를 결정하는 방법이 그림 1-9에 나타나 있다. 반응차수를 알 수 없는 경우 주로 사용되는 미분법은 시간에 따른 농도차를 이용하여 반응차수를 결정한다. 반응차수가 결정되면 얻어진 결과를 식에 대입하여 반응속도상수를 구한다. 설명한 두 가지 방법을 적용하는 예가 예제 1-2에 나타나 있다.

예제 1-2 **반응차수와 반응속도상수의 결정** 회분식 반응조[(그림 1-4(a)]를 이용하여 다음의 데이터가 얻어질 때, 적분 및 미분방법을 사용하여 반응차수와 반응속도상수를 구하시오.

시간, d	농도, C, mole/L
0	250
1	70
2	42
3	30

(계속)

(계속)

4	23
5	18
6	16
7	13
8	12

풀이-1, 적분법

1. 적분방법을 이용하여 반응차수와 반응속도상수를 결정한다. 반응을 1차 또는 2차로 가정하여, 실험 데이터를 함수적으로 나타내는 데 필요한 자료를 전개한다.

시간, d	C, mole/L	$-\log(C/C_0)$	$1/C$
0	250	0	0.004
1	70	0.553	0.014
2	42	0.775	0.024
3	30	0.921	0.033
4	23	1.036	0.044
5	18	1.143	0.056
6	16	1.194	0.063
7	13	1.284	0.077
8	12	1.319	0.083

2. 반응이 1차 또는 2차인지 결정하기 위해서 아래와 같이 시간에 따른 $\log(C/C_0)$와 $1/C$를 그래프상에 나타낸다. 시간에 따른 $1/C$의 그래프가 직선이기 때문에 이 반응은 농도 C에 대하여 2차 반응이다.

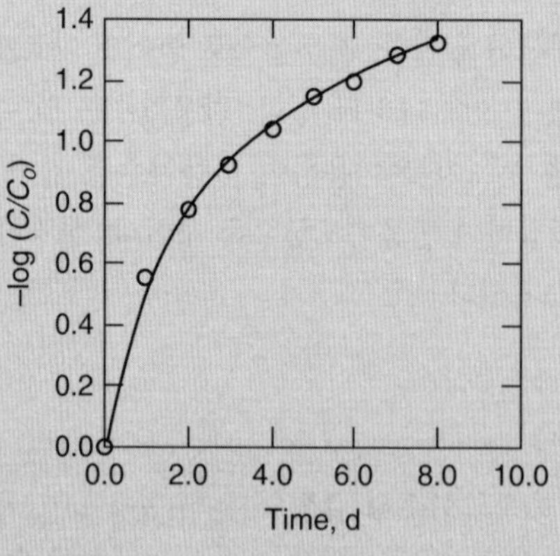

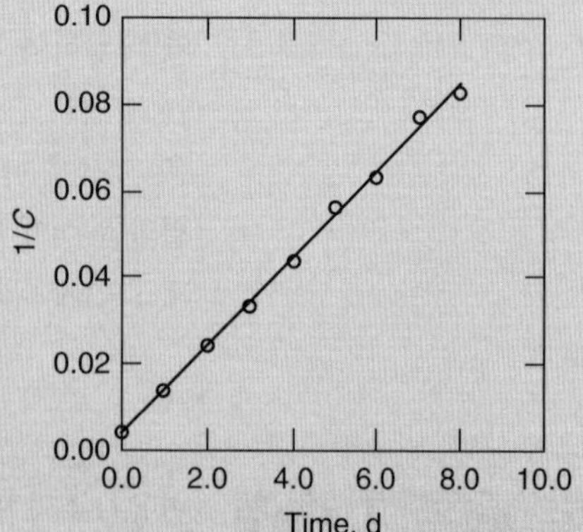

3. 반응속도상수를 결정한다.

기울기 = k

$$\text{그래프로부터 기울기} = \frac{0.084 - 0.024}{8\text{d} - 2\text{d}} = 0.010/\text{d}$$

$k = 0.010/\text{d}$

풀이-2, 미분법

1. 미분방법을 이용하여 반응차수와 반응속도상수를 결정한다.

$$n = \frac{\log[-(dC_1/dt)] - \log[-(dC_2/dt)]}{\log(C_1) - \log(C_2)}$$

a. 3일과 6일에서의 실험데이터를 사용한다.

시간, d	C, mole/L	$\frac{C_{t+1} - C_{t-1}}{2}$	$\approx \frac{dC_t}{dt}$
0	250		
1	70		
2	42		
3	30	(23 − 42)/2	− 9.5
4	23		
5	18		
6	16	(13 − 18)/2	− 2.5
7	13		
8	12		

b. 치환하고 n에 관해서 푼다.

$$n = \frac{\log(9.5) - \log(2.5)}{\log(30.0) - \log(16.0)} = 2.07 \quad \text{use } n = 2$$

c. 반응은 2차이다.

d. 반응속도상수는 다음과 같다.

$$\frac{1}{C} - \frac{1}{C_o} = kt$$

$$\frac{1}{42} - \frac{1}{250} = k(2)$$

$k = 0.0103/\text{d}$, $\quad k = 0.010/\text{d}$로 사용

위에서 설명한 적용에 있어서 구성성분의 초기 농도는 일반적으로 알고 있는 값이다. 그러나 2장에서 설명되었듯이 일반적인 BOD 측정에서 UBOD와 k_1 값은 모르는 값이다. 이들 값을 결정하기 위해서는 시간에 따라 연속적으로 BOD 측정을 수행한다. 2-6절에서는 최소자승법, 모멘트 방법, daily-difference 방법, rapid-ratio 방법, Thomas법, Fujimoto법 등을 포함하는 여러 방법들을 이용하여, UBOD와 k_1값을 결정할 수 있다.

1-11 폐수처리공정 모델링 개요

하수처리에 있어서 처리에 필요한 화학적, 생물학적 반응들이 1-7절에서 설명된 반응조에서 수행된다. 처리공정의 반응속도는 반응조와 반응속도를 연계시켜서 처리공정의 성능을 평가할 수 있게 한다. 본 절에서는 하수처리에 이용되는 반응조에서 일어나는 반응의 모델링에 초점을 두고 있다. 반응조는 (1) 회분식, (2) 완전혼합, (3) 직렬연결 완전혼합, (4) 이상적인 플러그흐름, (5) 지체된 반응속도를 갖는 이상적인 플러그흐름, (6) 축방향 분산을 갖는 플러그흐름 등을 포함한다.

반응을 수반하는 회분식반응조

회분식반응조(그림 1-4(a))에 대한 질량수지식을 유도하면 다음과 같이 쓸 수 있다.

축적 = 유입 − 유출 + 생성

$$\frac{dC}{dt}V = QC_o - QC + r_C V \tag{1-57}$$

회분식반응조에서는 $Q = 0$이므로 결과식은

$$\frac{dC}{dt} = r_C \tag{1-58}$$

이 된다. 여기에서, 축적항의 일부로 나타나는 속도변화 항과 생성, 소비, 감소속도 항 사이에 차이점을 살펴보면 유익할 것이다. 일반적으로 제어 부피로부터의 유입 혹은 유출

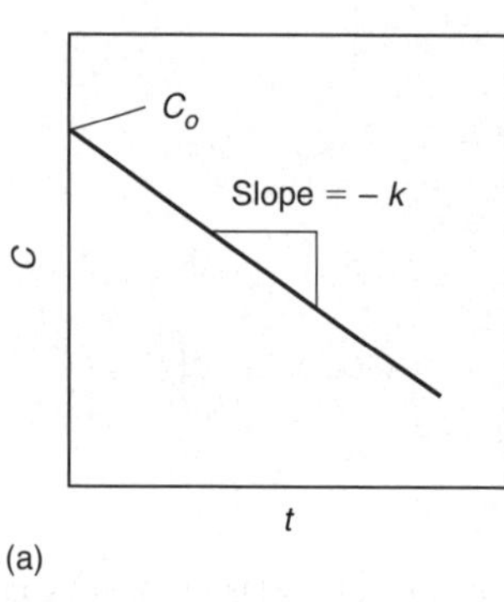

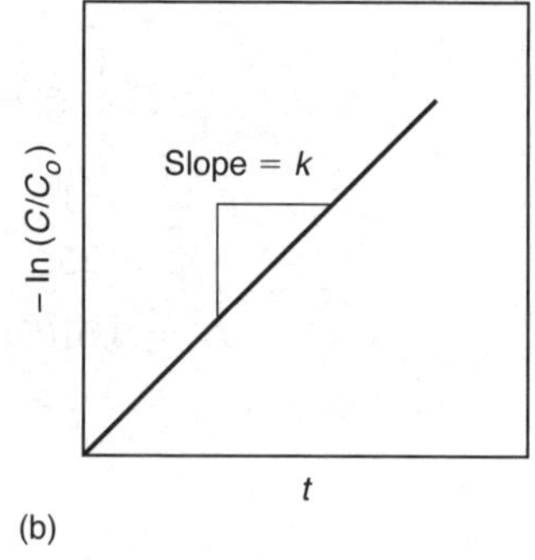

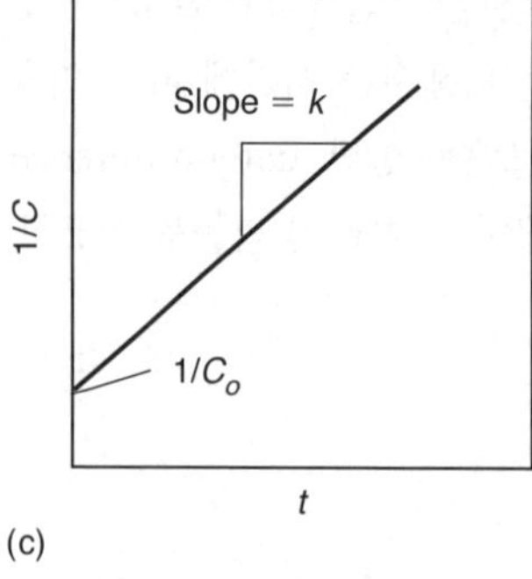

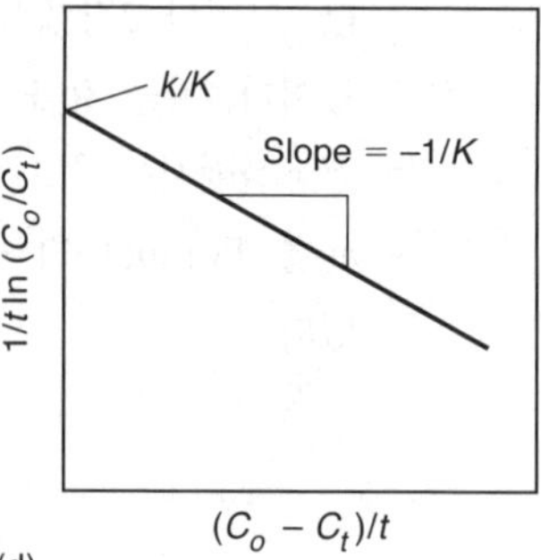

그림 1-9

반응차수 및 반응속도 결정을 위한 그래프 해석. (a) 0차 반응, (b) 1차 반응, (c) 2차 반응, (d) 포화형태 반응

이 없는 회분식반응조의 특별한 경우를 제외하고는 이들 항은 같지 않다. 기억할 점은 흐름이 발생되지 않을 때는 단위 부피당 농도는 적용될 수 있는 속도 표현식에 따라 변화한다는 것이다. 반면에, 흐름이 발생되는 경우에는 반응조내 농도 또한 반응조로부터의 유입 및 유출흐름에 의해 수정된다.

반응속도가 1차($r_c = -kC$)로 정의되면 한계 값 $C = C_o$, $C = C$, 시간 $t = 0$, $t = t$ 사이에서 적분하여,

$$\int_{C=C_o}^{C=C} \frac{dC}{C} = -k\int_{t=0}^{t=t} dt = kt \tag{1-59}$$

가 되어 결과식은

$$\frac{C}{C_o} = e^{-kt} \tag{1-60}$$

가 된다. 식 (1−60)은 2장에서 논의할 BOD 식 [식 (2−59)]과 동일하다.

❯❯ 완전혼합반응조

그림 1−4(b)와 1−5(a—1)에서와 같은 완전혼합 반응조에 대한 질량수지식의 일반적인 형태는 아래와 같이 주어진다.

축적 = 유입 − 유출 + 생성

$$\frac{dC}{dt}V = QC_o - QC + r_cV \tag{1-61}$$

1차 반응속도식($r_c = -kC$)으로 가정하면, 식 (1−61)은 다음과 같이 쓸 수 있다.

$$C' + \beta C = \frac{Q}{V}C_o \tag{1-62}$$

여기서, $C' = dC/dt$

$\beta = k + Q/V$

식 (1−62)의 해를 구하기 위해서 식의 양변에 적분인자 $e^{\beta t}$를 곱하면

$$e^{\beta t}(C' + \beta C) = \frac{Q}{V}C_oe^{\beta t} \tag{1-63}$$

위 식의 왼쪽 항을 다음과 같이 미분형으로 쓸 수 있다.

$$(Ce^{\beta t})' = \frac{Q}{V}C_oe^{\beta t} \tag{1-64}$$

위 식을 적분하여 미분부호를 제거하면,

$$Ce^{\beta t} = \frac{Q}{V}C_o\int e^{\beta t} \tag{1-65}$$

식 (1−65)을 적분하면,

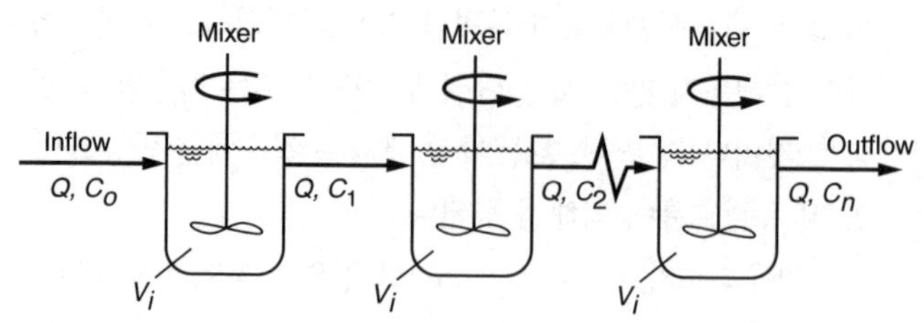

그림 1-10
직렬연결완전혼합반응조의 모식도

$$Ce^{\beta t} = \frac{Q}{V}\frac{C_o}{\beta}e^{\beta t} + K \tag{1-66}$$

양변을 $e^{\beta t}$로 나누면,

$$C = \frac{Q}{V}\frac{C_o}{\beta} + Ke^{-\beta t} \tag{1-67}$$

$t = 0$일 때 $C = C_0$임으로, K는

$$K = C_o - \frac{Q}{V}\frac{C_o}{\beta} \tag{1-68}$$

이 된다. 식 (1−68)에 K를 대체하고 이를 단순화하면, 다음과 같은 식이 되는데 이는 식 (1−61)의 비정상상태 해가 된다.

$$C = \frac{Q}{V}\frac{C_o}{\beta}(1 - e^{-\beta t}) + C_o e^{-\beta t} \tag{1-69}$$

정상상태 조건에서(즉, 축적속도 항이 0) 식 (1−61)의 해는 다음과 같이 주어진다.

$$C = \frac{C_o}{[1 + k(V/Q)]} = \frac{C_o}{(1 + k\tau)} \tag{1-70}$$

$t \rightarrow \infty$일 때, 식 (1−69)은 식 (1−67)와 같아짐을 유의해야 한다.

직렬연결완전혼합반응조

완전혼합 반응조를 직렬로 연결하여 사용할 때 정상상태의 해가 설계에 이용되기 때문에 이를 구하는 것이 중요하다. 직렬 연결된 반응조를 해석하는 데는 (1) 분석적인 방법, (2) 그래프를 이용하는 방법의 접근방법이 제시된다. 그래프를 이용하는 접근방법은 단계식다단반응조에도 적용되는데 질량전달 평형을 다룰 때 적용된다.

분석적인 해. 3개의 반응조로 이루어진 시스템에서(그림 1−10)에서 두 번째 반응조에 대한 정상상태 질량수지 형태는 다음과 같이 주어진다.
축적 = 유입 − 유출 − 생성

$$\frac{dC_2}{dt}\frac{V}{2} = 0 = QC_1 - QC_2 + r_c\frac{V}{2} \tag{1-71}$$

1차 반응속도식($r_c = -kC_2$)으로 가정하면, 식 (1−71)은 재구성되어 C_2에 대하여 풀릴 수 있게 된다.

그림 1-11

그래프를 이용한 직렬연결완전 혼합반응조의 유출수 농도 결정

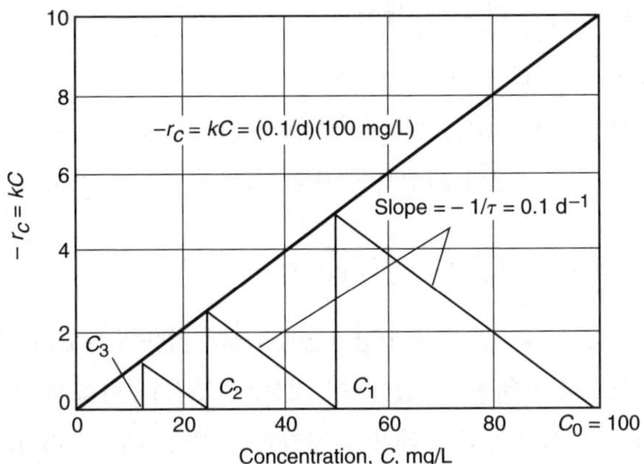

$$C_2 = \frac{C_1}{[1 + (kV/2Q)]} \tag{1-72}$$

그러나, 식 (1-70)으로 부터 C_1 값은

$$C_1 = \frac{C_o}{[1 + (kV/2Q)]} \tag{1-73}$$

이 된다. 위 두 식을 결합하면,

$$C_2 = \frac{C_o}{[1 + (kV/2Q)]^2} \tag{1-74}$$

이 되어진다. 직렬 연결된 n개의 반응조에 대하여 대응하는 표현식은,

$$C_n = \frac{C_o}{[1 + (kV/nQ)]^n} = \frac{C_o}{[1 + (k/n\tau)]^n} \tag{1-75}$$

예를 들어, 유량이 100 m³/d, 부피 1,000 m³인 완전혼합 반응조 3개를 연결하고, 초기 농도 100 mg/L, 반응속도상수 $k = 0.1/d$, 1차 반응속도인 경우를 고려하면 식 (1-75)을 이용하여 세 번째 반응조로부터 유출되는 농도는,

$$C_3 = \frac{C_o}{[1 + (kV/3Q)]^3} = \frac{100}{\left\{1 + \left[\frac{(0.1/d)(3000\ m^3)}{(3 \times 100\ m^3/d)}\right]\right\}^3} = 12.5\ mg/L$$

가 된다. 식 (1-75)을 풀어서 체류시간에 관한 해를 구하면,

$$\tau = \frac{V}{Q} = \left[\frac{1}{(C_n/C_o)^{1/n}} - 1\right]\left(\frac{n}{k}\right) \quad \text{or} \quad \tau = \left[\left(\frac{C_o}{C_n}\right)^{\frac{1}{n}} - 1\right]\left(\frac{n}{k}\right) \tag{1-76}$$

이 된다.

그래프를 이용한 해 · 3개의($n = 3$) 직렬 연결 반응조에 대하여 그래프를 이용한 해를 구하면 다음과 같이 얻어진다. 단일 반응조에 대하여는 식 (1-71)을 다음과 같이 쓸 수 있다:

축적 = 유입 − 유출 + 생성

$$0 = QC_o - QC_1 - r_c V \tag{1-77}$$

그래프를 이용한 해를 구하는 첫 번째 단계는 r_c와 C의 관계 그래프(그림 1−10 참조)를 그린다. 이를 그리기 위해서는 식 (1−77)을 다음과 같이 재작성을 한다.

$$r_c = -\frac{Q}{V}(C_1 - C_o) = -\frac{1}{\tau}(C_1 - C_o) \tag{1-78}$$

위 식은 점 $r_c = 0$, $C = 100$ mg/L로부터 기울기 $-1/\tau$를 갖는 직선을 그래프상에 나타내는 식으로 표현될 수 있다. 이 직선은 그림 1−11에서 보는 바와 같이 $r_c = 5.0$, $C_1 = 50$ mg/L에서 r_c와 C 그래프를 교차할 것이다. $C_1 = 50$ mg/L 값은 앞에서 제시된 분석적인 해를 구하는 데 적용된 조건에서 단일반응조에 대한 식 (1−78)의 해가 된다. 두 번째 및 세 번째 반응조에 대하여 같은 절차를 반복하면, 세 번째 반응조로부터의 최종 유출 농도는 12.5 mg/L가 됨을 알 수 있다. 이는 위에서 구한 분석적인 해의 값과 동일한 값이다. 그래프를 이용하는 해를 구하는 접근방법은 1−9절에서 설명된 상분리공정의 해를 구하는 데 유용하다. 그래프를 이용하기 위해서는 반응속도상수가 반드시 한 개의 변수를 갖는 함수이어야 한다(즉, 농도 C). 분석적인 방법과 그래프를 이용한 해석에 대한 예제 1−3이 다음에 있으며, 그래프를 이용하여 설계식의 해를 구하는 방법에 관한 추가적인 상세 내용은 Eldridge & Piret(1950), Smith(1981)에 나와 있다.

예제 1−3 **분석 및 그래프를 이용한 직렬연결 반응조의 분석** 1000 m³의 완전혼합 반응조 2개를 직렬연결하여 사용한다. 유량은 500 m³/d, 0.01/d의 k 값을 갖는 2차 반응 속도식을 갖는다. 초기 농도를 100 mg/L로 가정하고 두 번째 반응조로부터의 유출 농도를 결정하시오.

풀이

1. 두 개의 직렬연결완전혼합반응조로부터의 유출 농도를 결정한다.
   a. 정상상태에서 첫 번째 완전혼합 반응조에 대한 질량수지는,

   $$0 = QC_0 - QC_1 - kC_1^2 V$$

   주어진 값을 대입하여 C_1에 관하여 풀면,

   $$0 = \frac{(500\ \text{m}^3/\text{d})}{1000\ \text{m}^3}(100\ \text{mg/L}) - \frac{(500\ \text{m}^3/\text{d})}{1000\ \text{m}^3}C_1 - (0.01/\text{d})C_1^2$$

   $C_1 = 50$ mg/L

   b. 정상상태에서 두 번째 완전혼합반응조에 대한 질량수지는,

   $$0 = QC_1 - QC_2 - kC_2^2 V$$

   주어진 값을 대입하고 C_2에 관해서 풀면,

   $$0 = \frac{(500\ \text{m}^3/\text{d})}{1000\ \text{m}^3}(50\ \text{mg/L}) - \frac{(500\ \text{m}^3/\text{d})}{1000\ \text{m}^3}C_2 - (0.01/\text{d})C_2^2$$

   $C_2 = 30$ mg/L

2. 두 직렬연결완전혼합반응조로부터의 유출 농도를 그래프를 이용하여 결정한다.
   a. 아래와 같이 r_c(속도) 대 C(농도)의 그림을 작성한다.

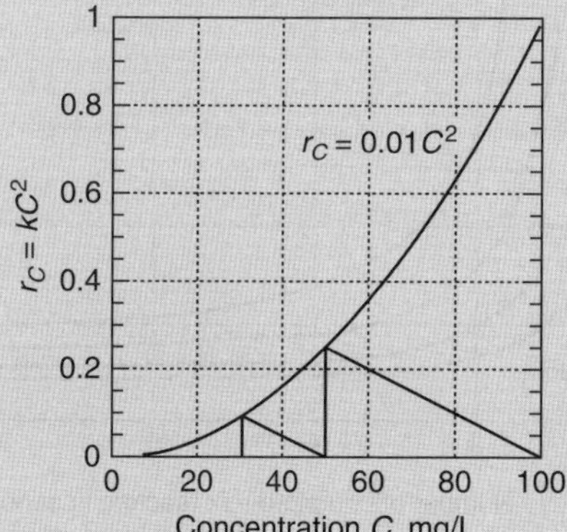

   b. 단계 1a로부터의 질량수지식을 선형화한다.

$$r_c = \frac{Q}{V}(C_1 - C_o)$$

   c. 위의 그림상에 기울기 $-Q/V$의 값이 $-$ 0.5/d [$-$ (500 m³/d)/1000 m³]인 직선을 점 $r_c = 0$과 $C = 100$ mg/L으로부터 그린다. 이때 직선은 $r_c = 0.25$ 와 $C_1 =$ 50 mg/L에서 교차된다. 이러한 절차를 반복하여 두 번째 반응조로부터의 유출 농도는 30 mg/L이 되는데, 이것은 단계 1에서 구한 분석적인 해의 결과와 같다.

이상적인 플러그흐름반응조

반응성분의 농도 C가 제어부피의 단면적을 통해 균일하게 분포되고, 길이방향의 분산이 없는 이상적인 플러그흐름반응조에 대하여 그림 1-6에서 보는 바와 같이 미분의 부피요소를 고려함으로써 질량수지식을 유도할 수 있다. 그림 1-6에서의 미분 부피요소 ΔV 에 대하여 반응성분 C에 대한 질량수지는 다음과 같이 쓸 수 있다.

표 1-13
여러 제거효율에 대하여 1차 속도식을 갖는 직렬연결완전혼합반응조와 플러그흐름반응조에 대한 소요부피(Q/k로 나타냄)[a]

직렬연결 반응조의 수	반응조의 부피 V = $K(Q/k)$에서 K값			
	85% 제거효율	90% 제거효율	95% 제거효율	98% 제거효율
1	5.67	9.00	19.00	49.00
2	3.16	4.32	6.94	12.14
4	2.43	3.11	4.46	6.64
6	2.23	2.81	3.89	5.52
8	2.14	2.67	3.63	5.05
10	2.09	2.59	3.49	4.79
플러그흐름	1.90	2.30	3.00	3.91

[a] 각 반응조의 부피는 표의 값을 직렬연결반응조의 수로 나눈 값과 같다.

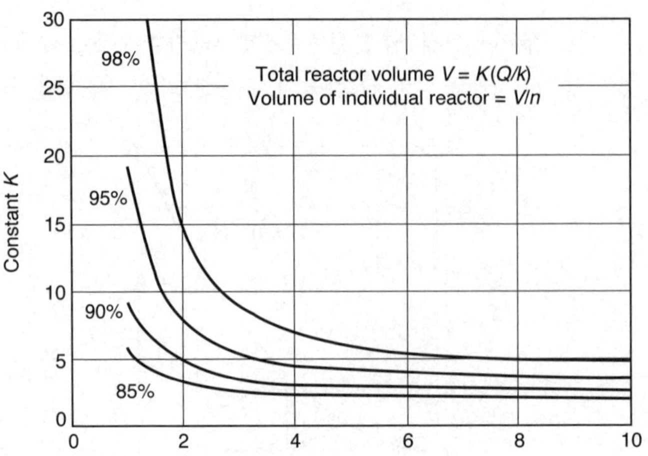

그림 1-12

제거효율에 따른 직렬연결완전혼합반응조의 수와 반응조 총부피와의 상관관계도. 수직축의 K 값에서 부피를 계산하려면 유량(Q)을 곱하고 반응속도상수 (k)로 나누어야 함. 하나의 반응조 부피는 총부피를 반응조 개수로 나눔

추적 = 유입 − 유출 + 생성

$$\frac{\partial C}{\partial t}\Delta V = QC|_x - QC|_{x+\Delta x} + r_c \Delta V \tag{1-79}$$

여기서, $\partial C/\partial t$ = 시간에 따른 평균 농도의 변화, $ML^{-3}T^{-1}$ ($g/m^3 \cdot s$)

C = 성분 농도, ML^{-3} (g/m^3)

ΔV = 미분의 부피요소, L^3 (m^3)

Q = 부피유량, L^3T^{-1} (m^3/s)

r_c = 성분 C에 대한 반응속도, $ML^{-3}T^{-1}$, ($g/m^3 \cdot s$)

식 (1−79)에서 $QC|_x - QC|_{x+\Delta x}$항에 미분형태를 치환하면 다음과 같아진다.

$$\frac{\partial C}{\partial t}\Delta V = QC - Q\left(C + \frac{\Delta C}{\Delta x}\Delta x\right) + r_c \Delta V \tag{1-80}$$

ΔV 대신에 $A\Delta x$를 치환하고 A와 Δx로 나누면,

$$\frac{\partial C}{\partial t} = -\frac{Q}{A}\frac{\Delta C}{\Delta x} + r_c \tag{1-81}$$

Δx가 0에 접근함에 따라 한계 값을 취하면,

$$\frac{\partial C}{\partial t} = -\frac{Q}{A}\frac{\partial C}{\partial x} + r_c \tag{1-82}$$

가 된다. 정상상태 조건($\partial C/\partial t = 0$)을 가정하고 반응속도를 $r_c = -kC^n$으로 정의하면 한계값 $C = C_o$, $C = C$ (각각 $x = 0$, $x = L$에 대하여) 사이에서 적분을 취하여 다음과 같이 된다.

$$\int_{C_o}^{C}\frac{dC}{C^n} = -k\frac{A}{Q}\int_0^L dx = -k\frac{AL}{Q} = -k\frac{V}{Q} = -k\tau \tag{1-83}$$

식 (1−83)은 분산이 없는 플러그흐름반응조에 대한 정상상태 질량수지식의 해이다. n을 1로 가정하면 식 (1−83)는 다음과 같아지며,

$$\frac{C}{C_o} = e^{-k\tau} \tag{1-84}$$

이는 회분식 반응조에 대하여 앞에서 유도된 식 (1−60)과 일치한다.

완전혼합반응조와 플러그흐름반응조의 비교

반응조 유형(완전혼합과 플러그흐름)과 반응속도가 결합된 효과는 흥미롭다. 1, 2, 4, 6, 8, 10개의 연결된 반응조를 이용하여 1차의 차수를 갖는 반응속도의 여러 제거효율에 대하여 필요한 총 부피를 표 1−13에 수록하였고, 그림 1−12에서는 이를 그래프로 나타내었다. 플러그흐름반응조에 대한 소요부피도 표 1−13에 나와 있다. 표 1−13에서 보듯이 연결반응조의 수가 늘어남에 따라 총 반응조의 부피는 플러그흐름반응조의 부피에 근접하고 있다. 2차 반응속도에서의 반응조 형태의 비교는 예제 1−4에서 다룬다.

예제 1−4 **2차 반응속도식에 대한 반응조 부피의 비교** 2차 반응속도식 ($r_c = -kC^2$)을 갖는다고 할 때 90% 반응 전환율($C_o = 1,\ C_e = 0.1$)에 대하여 완전혼합반응조의 소요부피와 플러그흐름반응조의 소요부피를 비교하시오.

풀이

1. 완전혼합반응조에 대한 소요부피를 Q/k로 계산한다.
   a. 정상상태에서 완전혼합반응조에 대한 질량수지는,

   $$0 = QC_o - QC_e - kC_e^2V$$

   b. 단순화하고 주어진 데이터를 대입하면,

   $$V = \frac{Q}{k}\left(\frac{C_o - C_e}{C_e^2}\right) = \frac{Q}{k}\frac{1-0.1}{(0.1)^2} = 90\frac{Q}{k}$$

2. 플러그흐름반응조에 대한 소요부피를 Q/k로 계산한다.
   a. 정상상태에서 플러그흐름반응조에 대한 질량수지는,

   $$0 = -Q\frac{dC}{dx}dx + Adx(-kC^2)$$

   b. 정상상태의 적분형태는,

   $$V = \frac{Q}{k}\int_{C_o}^{C_e}\frac{dC}{C^2} = \frac{Q}{k}\frac{1}{C}\bigg|_{C_o}^{C_e} = \frac{Q}{k}\left(\frac{1}{C_e} - \frac{1}{C_o}\right)$$

   c. 주어진 농도 값을 대입하면,

   $$V = \frac{Q}{k}\left(\frac{1}{0.1} - \frac{1}{1}\right) = \frac{9Q}{k}$$

3. 두 반응조의 부피 비율을 계산한다.

   $$\frac{V_{\text{CMR}}}{V_{\text{PFR}}} = \frac{(90\,Q/k)}{(9\,Q/k)} = 10$$

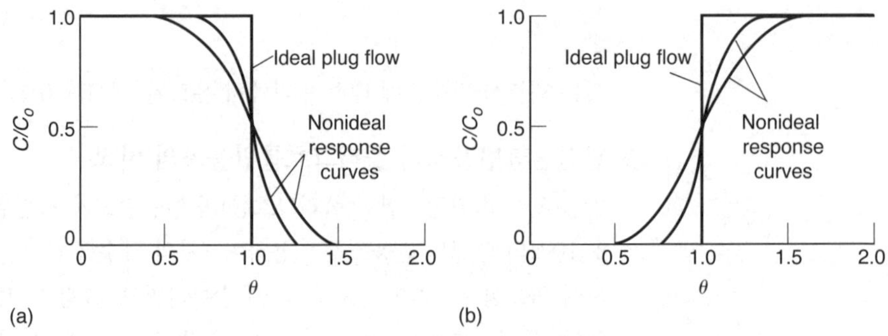

그림 1-13
축방향 분산이 존재하는 경우 플러그흐름반응조의 이론 및 실제 반응 형태 곡선

0차 반응에서는 완전혼합과 플러그 흐름 반응조의 크기가 같다는 사실과 생물학적인 반응의 경우 표 1-13에서의 결과(즉, 플러그흐름이 완전혼합보다 유리하다는 사실)와 일치하지 않는 사실에 유의하여야 한다. 왜냐하면 BOD, COqkD로 나타내는 생물학적 분해의 경우, 미생물 대사에 의해 생산된 물질들이 반응물에 포함되기 때문이다. 결과적으로 두 반응조의 필요부피는 동일해질 것이다. 플러그 형태나 직렬연결된 완전혼합 반응조의 경우 사상균의 성장을 제어하는 데 유리할 수 있다(7장 참조).

》 축방향 분산과 반응을 수반하는 플러그흐름반응조

대부분의 실제 규모의 플러그흐름반응조에 있어서 흐름이 비이상적인데 이는 입구 및 출구에서 유체가 흐를 때 교란이 일어나고 축방향의 분산이 있기 때문이다(부록 I에서 확산 및 분산에 대하여 더 다룬다). 이러한 영향의 정도에 따라 이상적인 출구 추적자 곡선은 그림 1-13에서 보는 바와 같은 곡선의 모양이 된다. 1차 제거 반응속도를 이용하여

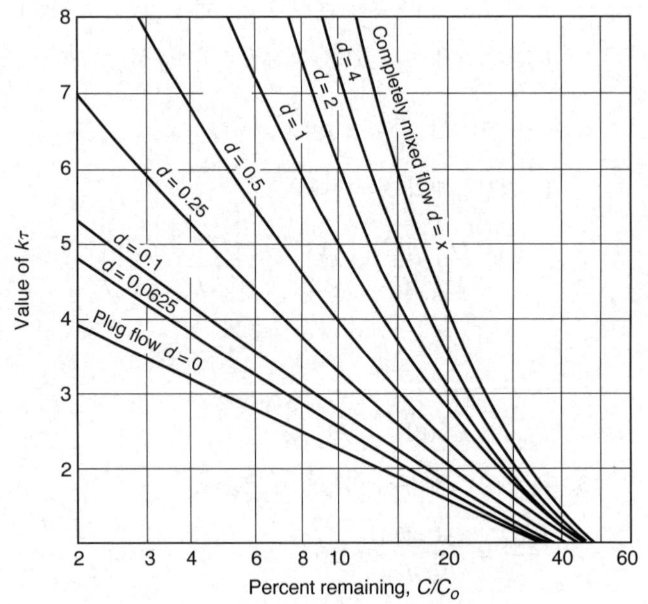

그림 1-14
1차반응의 플러그흐름반응조에서 분산도에 따른 Wehner와 Wilelm 식 (식 1-85참조)에서의 kt 값 변화(Thirumurthi, 1969)

Wehner와 Wilhelm(1958)은 완전혼합($d = \infty$)에서 이상적인 플러그흐름($d = 0$)까지 변하는 분산 수를 갖는 플러그흐름반응조에 대한 해를 전개하였다. 이들에 의해 전개된 식은 다음과 같다.

$$\frac{C}{C_o} = \frac{4a\exp(1/2\mathrm{d})}{(1+a)^2\exp(a/2\mathrm{d}) - (1-a)^2\exp(-a/2\mathrm{d})} \tag{1-85}$$

여기서, C = 유출 농도, ML^{-3}

C_0 = 유입 농도, ML^{-3}

$a = \sqrt{1 + 4k\tau\mathrm{d}}$

d = 분산도 = $D/\upsilon L$[식 (I−9) 및 부록 I]

k = 1차 반응상수, T^{-1}, (1/h)

τ = 수리학적 체류시간 V/Q, T, (h)

안정화지와 자연정화 시스템과 같은 처리공정을 설계하는 데 식 (1−85)의 사용을 용이하게 하기 위해서 Thirumurthi(1969)는 그림 1−14를 개발하였는데, 이는 $k\tau$와 C/C_0의 관계를 보여주고 있으며, 이상적인 플러그흐름반응조에 대한 분산 수 값은 0이고 완전혼합반응조에 대해서는 무한대의 값을 갖는다. 그림 1−14을 적용하는 문제가 예제 1−5에 설명되어 있다.

예제 1−5 **축방향 분산이 있는 경우와 없는 경우의 플러그흐름 반응조에 대한 처리공정의 성능비교**

20℃에서 0.5/d의 1차 BOD 제거 반응속도 상수와 5일의 체류시간을 갖는 이상적인 플러그흐름이 일어나는 처리공정반응조를 설계한다. 조업 중에 반응조에서 상당한 양의 축방향 분산이 관찰되었다. 관찰된 축방향의 분산은 공정의 성능에 어떤 영향을 미칠 것인가? 반응조에 대한 분산 수 d는 약 0.5인 것으로 추정되었다. 분산 수가 0.5인 반응조가 초기에 이상적인 플러그흐름반응조에 대하여 예상되었던 것과 같은 수준의 처리가 되도록 하는 데 체류시간이 얼마나 오래 지속되어야 하는지를 결정하시오.

풀이

1. 식 (1−84)을 이용하여 이상적인 플러그흐름 반응조에 대한 처리 %를 평가한다.
   a. 남아 있는 BOD는

   $$\frac{C}{C_o} = e^{-k\tau}$$

   $$\frac{C}{C_o} = e^{-0.5\times5} = 0.082 = 8.2\%$$

   b. 제거 %는

   제거 % = 100 − 8.2 = 91.8%
2. 그림 1−14를 이용하여 반응조에 대한 제거 %를 결정한다.
   a. $k\tau$값은

$k\tau = (0.5/\text{d} \times 5\ \text{d}) = 2.5$

b. 그림 1-14에서 남아 있는 %는

$C/C_0 = 0.20 = 20\%$

제거 % = 100 − 20 = 80.0%

3. 91.8%의 제거율을 얻는 데 요구되는 체류시간을 결정한다.

a. 그림 1-14으로부터 C/C_0가 8.2%일 때의 $k\tau$ 값은 4.6이다.

b. 요구되는 체류시간은,

$k\tau = 4.6$

$\tau = 4.6/0.5 = 9.2\ \text{d}$

축방향 분산은 이상적인 플러그흐름반응조처럼 작용되도록 설계된 처리공정의 예측성능에 분명히 영향을 미칠 수 있다. 축방향 분산과 온도의 영향으로 인하여 일반적으로 처리공정의 실제 성능은 기대 이하일 것이다.

》 기타 반응조 흐름 형태 및 반응조 조합

앞에서 완전혼합 및 플러그흐름반응조를 논의하는 데 있어서 분석을 위한 목적으로 단일 직선통과의 흐름유형을 사용하였다. 실제로는 다른 유형의 유체흐름과 반응조의 조합도 사용된다. 보다 보편적이고 선택적인 흐름유형의 몇 가지 경우가 그림 1-15에 도식적으로 나와 있다. 그림 1-15(a)에서의 흐름유형은 처리된 하수와 미처리된 하수를 다양한 양으로 배합하여 처리를 중간수준 정도가 되도록 하는 데 사용된다. 그림 1-15(b)에서 사용되는 흐름유형은 고도의 공정 제어를 이룰 수 있도록 종종 채택되는데 생물학적 하수처리를 다루는 9장, 10장에서 상세히 논의될 것이다. 그림 1-15(c)에서의 흐름유형

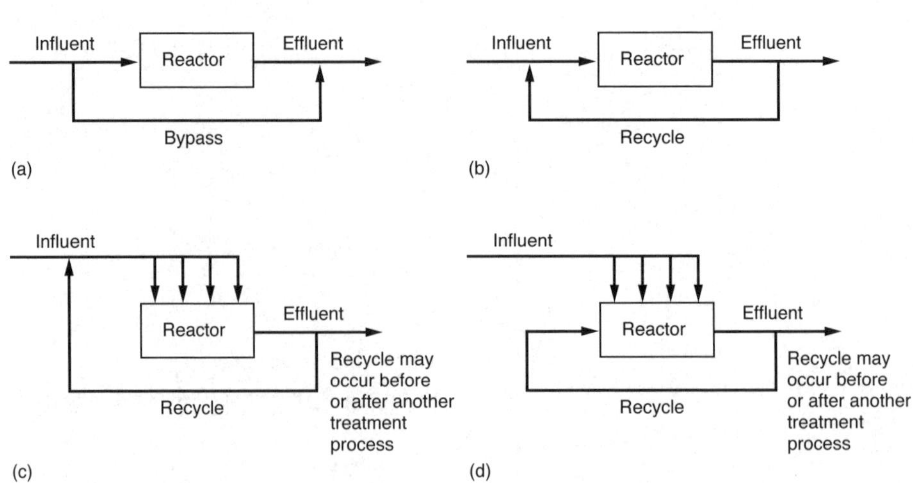

그림 1-15

폐수처리공정에서의 대표적인 흐름 형태. (a) 직접주입과 우회흐름 (플러그 흐름 및 완전혼합 반응조), (b) 직접주입 및 반송흐름(플러그흐름 및 완전혼합반응조), (c) 간헐주입과 반송흐름(반송흐름이 원수와 혼합되는 형태, 반송형태 1), (d) 간헐주입과 반송흐름 (반송흐름이 유입초반에 주입되는 형태, 반송형태 2)

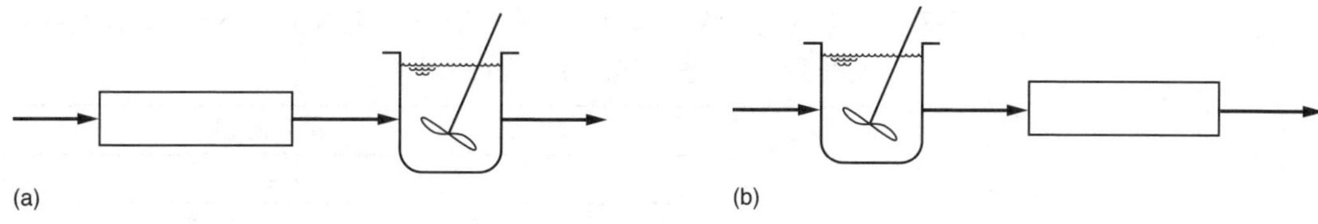

그림 1-16

하이브리드형 반응조 시스템. (a) 플러그흐름 - 완전혼합반응조, (b) 완전혼합반응조 - 플러그흐름

은 공정에 부과되는 부하량을 감소시키는 데 사용된다. 그림 1-15(d)에서 반송흐름은 유입수와 혼합되지 않고 반응조로 유입되어 처리하고자 하는 하수를 초기에 잘 희석되도록 한다. 각각의 수리학적 형태에 대해서는 후속 장에서 자세히 논의된다.

사용이 가능하고 또 사용되어 왔던 반응조 조합의 여러 유형 중에 플러그흐름반응조와 연속흐름혼합반응조를 이용하는 두 가지 유형의 조합을 그림 1-16에서 보여주고 있다. 그림 1-16(a)의 배열에서는 완전혼합이 뒤에서 일어나고, 그림 1-16(b)에서는 앞에서 일어난다. 예를 들어, 반응을 수반하지 않고 반응조를 단지 온도를 균일하게 하는 데만 사용한다면 결과는 동일할 것이다. 그러나 반응이 일어나는 경우에는, 두 반응조 시스템의 생성물 수율은 달라질 수 있다. 이와 같은 혼합 반응조 시스템의 사용 여부는 특정 생성물의 요건에 따라 좌우될 것이다. 그러한 공정해석에 관한 추가적인 상세 내용은 Denbigh & Turner(1965), Kramer & Westererp(1963), Levenspiel(1972) 등에서 찾아볼 수 있다.

문제 및 토의과제

1-1 물탱크에 물이 0.2 m^3/s로 일정하게 공급되고, 사용량은 0.2[1−cosπt/(43,200) m3/s]로 시간에 따라 변화한다. 물탱크 모양이 원통형이고, 단면적이 1000m^2이며, t=0일 때 수면의 높이가 5m라고 가정할 때, 수면의 깊이와 시간과의 관계 그래프를 그려라.

1-2 1-1의 문제에서 물이 0.33 m^3/s로 공급되며, 탱크의 모양이 직육면체로, 표면적이 1,600 m^2라고 가정하여 풀어라.

1-3 하부 면적이 1000 m^2이고 높이가 10 m인 거대한 유량조정조에서 0.3 m^3/s로 유출이 발생하며, 0.3[1+cosπt/(43,200) m^3/s]로 유입이 일어나고 있다. 이때 시간과 수면높이와의 관계그래프를 그려라. 단, t=0일 때 $h=h_0$=5m로 가정하여라.

1-4 1-3문제에서 유입유량이 0.35[1+cosπt/(43,200) m^3/s]이고, 유출유량이 0.35 m^3/s 이며, 하부면적이 2000 m^2일 때를 가정하여 풀어라. 단, t=0일 때 $h=h_0$=2m로 가정하여라.

1-5 지름이 4.2 m인 탱크에 0.5 m^3/min으로 하수가 유입된다. 유출은 수면높이에 따라 비례하며, q=[2.1 (m^2/min) x h (m)]의 관계가 있다. 탱크가 초기에 비어있다고 가정할 때, 시간에 따른 수면의 높이를 구하여라. 아울러, 정상상태에서의 수면의 높이를 구하여라.

1-6 1-5 문제에서 유입유량을 0.75 m^3/min, 유출유량을 q=[2.7 (m^2/min) x h (m)]로 가정하고 풀어라.

1-7 아래 결과는 A --〉 B + C의 반응에서 시간에 따른 A의 농도를 나타낸다. 하나를 골라 반응차수와 반응속도상수 k를 구하여라.

시간, 분	농도 (mg/L)			
	시료			
	1	2	3	4
0	90	1.9	240	113
10	72	1.55	150	80
20	57	1.31	110	56
40	36	0.99	70	28
60	23	0.8	51	14

1-8 두 물질의 기초반응 A + B --〉 P에서 10분동안 10%의 반응이 진행되었다. 최초에 A, B의 농도가 1 mole/L로 동일할 때, 반응속도 상수와 반응이 90%진행되는데 소요되는 시간을 구하라.

1-9 물질의 기초반응 A + B --〉 P에서 12 분동안 8 %의 반응이 진행되었다. 최초에 A, B의 농도가 1.33 mole/L로 동일할 때, 반응속도 상수와 반응이 96%진행되는데 소요되는 시간을 구하라.

1-10 10℃와 25℃에서의 반응속도 상수가 2.75배 만큼 차이가 날 때, 활성에너지 E를 구하라.

1-11 15℃에서의 반응속도상수에 비해 2.4배가 증가하는 반응온도는? 단, 활성에너지 E=58 kJ/mole이다.

1-12 활성에너지 E=52 kJ/mole 일 때, 온도가 15℃에서 27℃로 증가한다면 반응속도는 몇배 빨라지는가?

1-13 A + B --〉 P 반응에서 온도에 따른 반응속도상수가 아래와 같이 주어졌을 때, 활성엔어지 E 및 15℃에서의 반응속도상수를 구하여라.

$k_{25℃} = 1.5 \times 10^{-2}$L/mole · min

$k_{45℃} = 4.5 \times 10^{-2}$L/mole · min

1-14 1-13을 아래조건을 이용하여 계산하여라.

$k_{20℃} = 1.25 \times 10^{-2}$L/mole · min

$k_{35℃} = 3.55 \times 10^{-2}$L/mole · min

1-15 부피가 5 L인 실험실규모 완전혼합 반응조를 이용하여 A--〉 2R의 반응이 진행되고 있다. A가 반응조로 1 mole/L의 농도로 반응조로 유입될 때, 정상상태에서 아래 표와 같은 실험결과를 얻었다. 이 때 반응속도식을 구하여라.

횟수	유량, mL/s	온도, ℃	유출수내 R의 농도, mole/L
1	2	13	1.8
2	15	13	1.5
3	15	84	1.8

1-16 회분식 반응조에서 효소 반응은 아래 식과 같이 나타내진다.

$$r_c = \frac{kC}{K+C}$$

여기서, k=최대 기질이용속도, mg/L · min
C=기질농도, mg/L
K=상수, mg/L

위의 식에서 k=40 mg/l · min, K=100 mg/L일 때, 기질의 분해속도를 예측하는 식을 완성하여라. 또한 기질농도가 1000 mg/L에서 100 mg/L로 감소하는데 걸리는 시간을 계산하여라.

1-17 1−16문제를 k=28 mg/l · min, K=116 mg/L로 가정하여 풀어라.

1-18 하수가 부피가 20 m^3 인 완전 혼합반응조에서 비가역적인 1차반응 ($r_c=-kC$)으로 분해되고, 반응상수 k=0.15/d라고 가정할 때, 98%의 오염물을 처리할 수 있는 최대 유입유량을 계산하여라. 만약 처리효율이 92%라면 유입유량은 얼마로 변하는가?

1-19 1차반응이 일어나는 완전혼합반응조의 직렬연결에서 반응조 크기가 동일할 때 최대 처리효율이 얻어짐을 증명하라.

1-20 체류시간이 각각 30분인 직렬연결식 완전혼합 염소접촉조에서 미생물 농도를 10^6개/mL에서 14.5개/mL로 처리하고자 할 때, 필요한 반응조의 개수는? 반응은 1차로 가정하고 속도상수 k=6.1/h 이다. 만약 완전혼합반응조 대신 같은 개수의 플러그흐름반응조가 사용된다면 처리후 미생물 개수는 몇 개인가?

1-21 본문의 식 1−53에 제시된 1차지체식에서 n=1 및 n≠1를 각각 가정하여 플러그흐름 반응조 내 시간에 따른 오염물 분해식의 적분형태를 구하여라.

1-22 오염물의 처리율에 따른 완전혼합반응조의 부피 대 플러그흐름반응조의 부피 (V_{PRF}/V_{CMR})를 아래 반응식에 대해 각각 구하여라.

$r = -k$
$r=-kC^{0.5}$
$r=-kC$
$r=-kC^2$

위의 식에서 초기 농도 C_0=1 mg/L, 처리후 농도 C=0.25 mg/L일 때, 부피 비는?

1-23 1−22문제에서 C_0=1.25 mg/L, C=0.17 mg/L으로 가정하여 풀어라.

1-24 그림 1−16에서 제시된 각 반응조에서, 반응속도식이 2차 ($r=-kC^2$)일 때, 아래 값들을 이용하여 유출수의 농도를 각각 계산하여라.

k=1.0 m^3/kg · d
Q=1.0 m^3/d
V_{PFR}=1.0 m^3
V_{CMR}=1.0 m^3
C_0=1 kg/m^3

반응속도식이 1차, 혹은 0차반응으로 변할 때 유출수 농도는 어떻게 변하겠는가?

1-25 1차반응 ($r=-kC$)이 일어나는 플러그흐름반응조에서 일정량 (αQ, $\alpha \geq 0$)의 유출수가 재순환된다고 가정할 때,

a. 재순환율 α 에 대한 전환율 그래프를 구하여라.

b. 축방향에서 전환율 변화에 대한 그래프를 각각의 재순환율 α 에 대하여 구하여라.

c. 완전혼합반응조의 경우 재순환율 a에 대한 전환율 변화는?

1-26 1차반응 및 2차반응이 일어나는 완전혼합 반응조에서의 재순환에 대한 효과를 논하여라.

1-27 자유수면의 습지에서 유출수 농도를 계산하여라. 반응조는 플러그흐름조로 가정하고, 반응속도는 2차지체로 가정하여라. 지체상수 $n=1$이고 지체계수 $r_t=0.2$ 일 때, 유출수의 농도를 지체를 고려한 경우와 고려하지 않은 경우 각각 구하여라. 계산시 다음을 이용하여라. $C_0=1$, $k=0.1$, $t=1$

참고문헌

Ambrose, R. B., Jr., J. P. Connolly, E. Southerland, T. O. Barnwell, Jr., and J. L. Schnoor (1988) "Waste Allocation Simulation Models," *J. WPCF,* **60**, 9, 1646–1655.

Asano, T., F. L. Burton, H. Leverenz, R. Tsuchihashi, and G. Tchobanoglous (2007) *Water Reuse: Issues, Technologies, and Applications,* McGraw-Hill, New York.

Denbigh, K. G., and J. C. R. Turner (1984) *Chemical Reactor Theory; An Introduction,* Cambridge, New York.

Eldridge, J. M., and E. L. Piret (1950) "Continuous Flow. Stirred-Tank Reactor Systems," *Chem. Eng. Prog.,* **46**, 290–299.

Federal Register (1988) 40 CFR Part 133, Secondary Treatment Regulation, July 1, 1988.

Federal Register (1989) 40 CFR Part 133, Amendment to the Secondary Treatment Regulations: Percent Removal Requirements During Dry Weather Periods for Treatment Works Served by Combined Sewers, January 27, 1989.

GLUMRB (2004) *Recommended Standards for Wastewater Facilities, 2004 Edition,* published by the Great Lakes-Upper Mississippi River Board of State and Provincial Public Health and Environmental Managers, Albany, NY.

Kramer, H., and K. R. Westererp (1963) *Elements of Chemical Reactor Design And Operation,* Academic press, Inc., New York.

Levenspiel, O. (1999) *Chemical Reaction Engineering,* 3rd ed., John Wiley & Sons, Inc., New York.

NEIWPCC (1998) *Guides for the Design of Wastewater Treatment Works, 1998 Edition,* Manual TR-16, published by the New England Interstate Water Pollution Control Commission, Lowell, MA.

Shaw, D. J. (1966) *Introduction to Colloid and Surface Chemistry,* Butterworth, London.

Smith, J. M. (1981) *Chemical Engineering Kinetics,* 3rd ed., McGraw-Hill, New York.

Tchobanoglous, G., and F. L. Burton (1991) *Wastewater Engineering: Treatment, Disposal, Reuse,* 3rd ed., Metcalf and Eddy, Inc., McGraw-Hill Inc., New York.

Tchobanoglous, G., F. L. Burton, and H. D. Stensel (2003) *Wastewater Engineering: Treatment and Reuse,* 4th ed., Metcalf and Eddy, Inc., McGraw-Hill Book Company, New York.

Thirumurthi, D. (1969) "Design of Waste Stabilization Ponds," *J. San. Eng. Div., ASCE,* **95**, SA2, 311–330.

U.S. EPA (1997) *1996 Clean Water Needs Survey: Report to Congress,* EPA 832-R-97-003, U.S. Environmental Protection Agency, Washington, DC.

U.S. EPA (2000) *Total Maximum Daily Load (TMDL) Program,* EPA 841-F-00-009, U.S. Environmental Protection Agency, Washington, DC.

U.S. EPA (2008) *Clean Watersheds Needs Survey 2008,* Report to Congress, EPA-832-R-10-002, U.S. Environmental Protection Agency, Washington, DC.

Wehner, J. F., and R. F. Wilhelm (1958) "Boundary Conditions of Flow Reactor," *Chem. Eng. Sci.,* **6**, 2, 89–93.

WASTEWATER ENGINEERING Treatment and Resource Recovery

02 폐수 특성

Wastewater Characteristics

용어정의

용어	정의
흡광도(absorbance)	용액 내 성분에 의해 특정 파장의 빛이 흡수된 양을 측정
항체(antibodies)	박테리아나 바이러스와 같은 특정 이물질을 중화시키는 면역 시스템에서 사용되는 단백질

용어	정의
항원(antigen)	면역 체계가 항체를 생산하도록 자극하는 물질
인위적 화합물(anthropogenic compounds)	합성 화합물질로 생분해가 안되는 경우가 있음
세균(bacteria)	일반적으로 0.5~5 μm 크기인 미생물, 도시하수는 병원성 미생물을 비롯하여 다양한 세균을 포함
대장균 군(coliform group of bacteria)	대장균은 장내 세균을 포함하며 자연, 인간의 배설물, 온혈동물에서 발생. 대장균은 *Escherichia, Enterobacter, Klebsiella, Citrobacter* 등을 포함
소독부산물(disinfection byproducts)	소독 목적으로 폐수를 처리할 때 염소나 오존 등의 강한 산화제가 잔류 유기물과 반응하여 형성되는 유기화합물
신규오염물질(emerging contaminants)	물에서 검출된 성분 중 건강과 환경에 영향을 미칠 가능성이 있어 규제 조치를 위해 정보가 필요한 물질
장바이러스 (enteric virus)	세포내 기생충으로 인간 병원균이며, 인간 숙주 내에서 복제될 수 있음
대장균(*escherichia coli, E. coli*)	일반적으로 분변성 오염과 관련되고, 특정된 인간과 온혈동물의 장내 대장균의 종. 대부분의 대장균은 비병원성이지만 대장균 O157:H7과 같은 일부 균주는 심각한 질병을 유발시킬 수 있음
분변성 대장균 (fecal coliforms)	인간과 온혈동물의 장내에 있는 총 대장균
장내 기생충(helminths)	기생충의 그룹, 전 세계적으로 인간 질병의 주요 원인 중 하나임. 미국의 경우 처리되지 않은 하폐수에서 기생충과 기생충 알의 발견이 증가하고 있음
고위발열량(higher heating value)	완전 연소에 의해 연료의 단위량당 생산된 발열량
저위발열량(lower heating value)	저위발열량은 고위발열량으로부터 연소에 의해 형성된 수증기의 기화 잠열을 차감함으로써 얻어짐
나노입자 (nanoparticles)	특성이나 이동면에서 온전한 한 단위로 작동하며 1~100 nm 크기의 작은 물체나 입자
병원균(pathogens)	심각한 질병을 야기할 수 있는 미생물
내분비계교란물질 (endocrine disrupting compounds)	합성 및 천연화합물로서 자연호르몬을 모방, 차단, 자극하여 인간을 포함한 동물의 내분비계를 교란시킴. 내분비계 교란물질은 농약, 의약물질, 일상생활품, 제초제, 산업체 화학약품, 소독부산물 등을 포함
개인위생용품(personal care products)	샴푸, 헤어컨디셔너, 탈취제, 바디로션과 같은 제품
의약물질(pharmaceutically active compounds)	항생제와 같은 의료 목적의 화합물
특정오염물질(priority pollutants)	발암성, 돌연변이성, 기형성, 강한 독성 등을 가진 무기 및 유기 성분으로 미국환경보호국(EPA)에 의해 배출기준으로 규제되는 물질
원생동물(protozoa)	세포벽이 없는 단세포 생물. 담수와 해수에 흔하고, 일부는 토양 등에서도 성장할 수 있음
미량성분(trace constituent)	하폐수 원수에 낮은 농도로 검출되는 다양한 성분의 물질로 재래식 처리공정에 의해 제거되지 않음
미량유기물 (trace organics)	하폐수 원수나 처리수 내에서 μg/L나 ng/L 단위로 검출되는 유기물로 정밀한 분석장비로 분석 가능
바이러스(viruses)	숙주 세포 내에서만 증식할 수 있는 감염원

폐수의 특성에 관한 이해는 차집, 처리, 재사용 등 시설의 설계 및 운영, 환경품질의 공학적 관리에 필수적이다. 이러한 사항에 대한 이해를 돕기 위해 본 장의 10개의 절에서 다음 사항에 대하여 설명한다. (1) 폐수의 특성에 관한 소개, (2) 시료채취 및 분석 방법,

(3) 물리적 특성, (4) 무기 비금속 성분, (5) 금속 성분, (6) 총 유기성분, (7) 개별 유기성분 및 화합물, (8) 미생물 특성, (9) 방사선 핵종, (10) 독성 시험. 본 장의 내용은 환경공학 분야에서 폐수의 특성에 관한 표준참고자료인 Standard Methods 2012년 판의 내용과 유사하게 구성되어 있다.

2-1 폐수 특성평가

가정, 도시, 산업에서 발생되는 폐수의 구성성분은 배설물(분뇨), 샤워/목욕물, 음식쓰레기, 개인 및 가정의 위생 유지용품 등 다양한 미량의 유 · 무기 화합물 등이다. 폐수에는 다양한 구성성분이 있는데 물리적, 화학적, 생물학적 성분의 관점에서 폐수 특성을 구분하는 것이 일반적이다. 폐수의 물리적 특성 및 성분과 폐수처리 문제는 아래에서 소개한다.

표 2-1

폐수에 존재하는 성분을 평가하기 위해 사용되는 일반적 분석[a]

시험[a]	약자/정의	시험결과의 사용 또는 중요성
물리적 특성		
총 고형물	TS	폐수의 재사용 가능성을 평가하고 하수처리를 위한 가장 적절한 운전과 공정을 결정 (TS ~ FDS)
총 휘발성 고형물	TVS	
총 잔류성 고형물	TFS	
총 부유성 고형물	TSS	
휘발성 부유고형물	VSS	
잔류성 부유고형물	FSS	
총 용존 고형물	TDS (TS-TSS)	
휘발성 용존고형물	VDS	
총 잔류성 용존고형물	FDS	
침전성 고형물	SS	특정 시간에서 중력에 의해 침전하는 하수의 고형물을 결정
입자 크기	PS	처리공정의 성능 평가(특히 살균처리공정)
입자 크기 분포	PSD	처리공정의 성능 평가
탁도	NTU[b]	처리된 하수 수질 평가에 이용
색도	연갈색, 회색, 검은색	폐수상태 평가(초기 또는 부패 단계)
투과도	%T	처리수의 UV 소독 적합성 평가에 이용
냄새	TON	냄새가 문제가 되는지 결정
온도	°C, °F	처리시설에서 생물학적 공정의 설계와 운전에 중요
열 에너지 함량	J/g°C	폐수로부터 열회수의 주요인자
밀도	ρ	
전기전도도	EC	처리수의 농업용수 사용을 위한 적합성 평가에 이용

(계속)

표 2-1 (계속)

시험[a]	약자/정의	시험결과의 사용 또는 중요성
무기화학적 특성		
암모니아	NH_3	존재하는 영양물질과 폐수의 분해 정도의 측정에 이용됨. 산화된 형태는 산화 정도의 척도로 받아들여질 수 있음
암모늄이온	NH_4^+	
아질산이온	NO_2^-	
질산이온	NO_3^-	
유기질소	Org N	
무기 인	Inorg P	정인산이온과 다중인산이온 포함
정인산이온	PO_4^{3-}	단순한 인산이온
유기 인	Org P	
수소이온 농도 pH	$pH = -\log[H^+]$	수용액의 산, 염기도 측정
알칼리도	$\Sigma(HCO_3^- + CO_3^{2-} + OH^- - H^+)$	폐수의 완충용량 측정
염화물	Cl^-	폐수의 농업용수 재사용을 위한 타당성 평가
황산이온	SO_4^{2-}	폐슬러지의 처리성과 냄새 생성 가능성 평가
금속	As, Cd, Ca, Cr, Co, Cu, Pb, Mg, Hg, Mo, Ni, Se, Na, Zn	폐수 재사용의 적합성과 처리 시 독성 효과 평가 미량의 금속은 생물학적 처리에 중요
특정 무기 원소 및 화합물		특정 성분의 존재 여부 평가
여러 기체	O_2, CO_2, NH_3, H_2S, CH_4	특정 기체의 존재 여부
유기화합물 특성		
5일 BOD	BOD_5	폐수를 5일간 생물학적으로 안정화시키는 데 필요한 산소의 양 측정
5일 탄소성 BOD	$CBOD_5$	폐수를 5일간 생물학적으로 안정화시키는 데 필요한 산소의 양 측정(질산화 억제)
최종 탄소성 BOD	UBOD (BOD_u, BOD_L)	폐수를 생물학적으로 안정화시키는 데 필요한 산소의 양 측정
질소성 산소요구량	NOD	폐수의 질산이온을 생물학적으로 산화시키는 데 필요한 산소의 양 측정
화학적 산소요구량	COD	BOD 시험의 대체 방법으로 이용
총 유기탄소	TOC	BOD 시험의 대체 방법으로 이용
특정 유기물과 성분 그룹	MBAS[c], CTAS[d]	특정 유기물질의 존재를 조사하고, 이의 제거를 위해 특별한 설계 기준이 필요한지 평가
화학에너지 함량	MJ/kg COD	폐수의 화학적 에너지 평가
생물학적 특성		
대장균	MPN(최적확수)	병원성 세균의 존재와 소독공정의 효과 평가
특정 미생물	세균, 원생동물, 기생충, 바이러스	처리장 운전 및 재사용과 관련하여 특정 생물의 존재 평가
독성	TU_a[e], TU_c[f]	폐수시료의 급성, 만성 독성 평가

[a] 각종 시험에 대한 자세한 방법은 Standard Methods(2012)에서 찾을 수 있음

[b] NTU = 탁도 단위. Nephelometric turbidity unit.

[c] MBAS = 메틸렌블루 활성 물질. Methylene blue active substances.

[d] CTAS = 싸이오사이안산코발트 활성 물질. Cobalt thiocyanate active substances.

[e] TU_a = 급성 독성 단위

[f] TU_c = 만성 독성 단위

표 2-2
폐수처리에서 관심의 대상이 되는 주요 성분

오염물질	중요성
부유물질	미처리된 폐수가 수환경에 배출되면 부유물질은 슬러지 침적을 형성하고 혐기성 상태를 유발한다.
생분해성 유기물	주로 단백질, 탄수화물, 지방으로 구성된 생분해성 유기물은 biochemical oxygen demand(BOD, 생화학적 산소요구량)와 chemical oxygen demand(COD, 화학적 산소요구량)로 측정된다. 처리하지 않고 환경에 방출하면, 생분해성 유기물이 생물학적으로 안정화되는 과정에서 자연적 산소원을 고갈시켜 혐기성 상태를 유발시킨다.
병원균	폐수에 존재하는 병원균으로 인하여 전염병이 발생할 수 있다.
영양염류	질소와 인은 탄소와 더불어 성장의 필수 영양소이다. 수환경에 배출되면, 바람직하지 못한 수생 생물의 성장을 유발시키게 된다. 또한 토양에 다량 배출되면 지하수를 오염시킬 수 있다.
특정오염물질	유기성 및 무기성 화합물들의 발암성, 돌연변이성, 기형성 또는 맹독성을 근거로 선택되었다. 폐수에서는 여러 특정 오염물질들이 검출된다.
난분해성 유기물	난분해성 유기물은 재래식 폐수처리 방법으로는 처리되지 않는 경향이 있다. 대표적인 예로서 계면활성제, 페놀, 농업용 살충제를 들 수 있다.
중금속	중금속은 상업 및 산업활동으로 폐수 중에 첨가된다. 하수를 재사용하려면 제거하여야 한다.
용존성 무기물	칼슘, 나트륨, 황산염 같은 무기성분은 물 사용으로 인하여 상수에 첨가되는 것인데, 폐수를 재사용하려면 제거하여야 한다.

폐수의 특성과 성분

폐수의 물리적 특성과 화학적, 생물학적 성분을 표 2-1에 나타내었다. 표에 나열된 물리적, 화학적, 생물학적 특성은 상호 연관되어 있다. 예를 들어 물리적 성분인 온도는 폐수 내 용존가스량과 생물활성도 모두에 영향을 미친다. 표 2-1의 성분은 결합체와 개별성분 모두를 포함한다.

폐수처리 시 주요 오염물질

표 2-2는 폐수처리 시 주요 처리대상 오염물질을 나타낸다. 1장의 표 1-2에 제시된 2차 처리 기준은 생분해성 유기물, 총 부유물질, 병원균의 제거와 관련이 있다. 최근에는 영양염류, 중금속, 특정 오염물질의 제거와 관련된 엄격한 기준이 제시되고 있다. 폐수를 재사용하기 위해서는 경우에 따라 내화성 유기물, 중금속, 용존 무기물의 제거에 관한 기준도 포함한다.

2-2 시료채취 및 분석 방법

적절한 시료채취 및 분석 기술은 폐수의 특성평가에 매우 중요하다. 시료채취방법, 분석방법, 화학성분의 측정단위, 그리고 화학에서의 중요한 몇 가지 개념은 다음 절에서 고려된다.

(a)

(b)

그림 2-1

분석용 시료채취. (a) 플러그흐름활성슬러지반응조(plug-flow activated sludge reactor)에서 혼합액 시료채취, (b) 네 가지 나른 깊이의 우물에서 시료채취하는 장치를 갖춘 뚜껑이 열려진 관측공의 모습. 지하수 유입 시스템을 모니터링하기 위해 여러 깊이에서 시료를 채취한다.

›› 시료채취

시료채취는 다음과 같은 여러 가지 이유로 수행된다. (1) 전체 처리시설 성능의 통상적인 운영 데이터, (2) 처리공정의 성능을 기록하는 데이터, (3) 제안된 새로운 프로그램을 구현하는 데 사용되는 데이터, (4) 규정준수의 보고에 필요한 데이터이다. 시료채취 계획의 목표를 달성하기 위해 수집된 데이터는 다음과 같아야 한다.

1. 대표성(*Representative*): 데이터는 폐수 또는 환경 표본을 나타내어야 한다.
2. 재현성(*Reproducible*): 얻어진 데이터는 동일한 샘플링 및 분석 방법으로 다른 사람이 재현할 수 있어야 한다.
3. 논리성(*Defensible*): 시료채취 절차는 문서로 확인될 수 있어야 한다. 데이터는 반드시 정확도와 정밀도가 알려져야 한다.
4. 유용성(*Useful*): 데이터는 모니터링계획의 목적을 달성하는 데 사용될 수 있다 (Pepper et al., 1996).

시료분석 결과는 폐수관리 시설 및 운영에 있어 절대적인 기준이 되므로 대표적인 시료를 얻도록 폐수시료채취 계획을 세워야 한다. 일반적인 시료채취 방법은 없으며 개별적인 상황에 맞출 수 있어야 한다(그림 2-1 참조). 폐수 성상의 변화가 큰 경우 발생 가능한 문제점을 해결하기 위해서는 특별한 절차가 필요하다.

시료채취 계획을 실시하기 전에 정도관리(QAPP)(이전의 품질보증/품질관리 명칭,

(a)

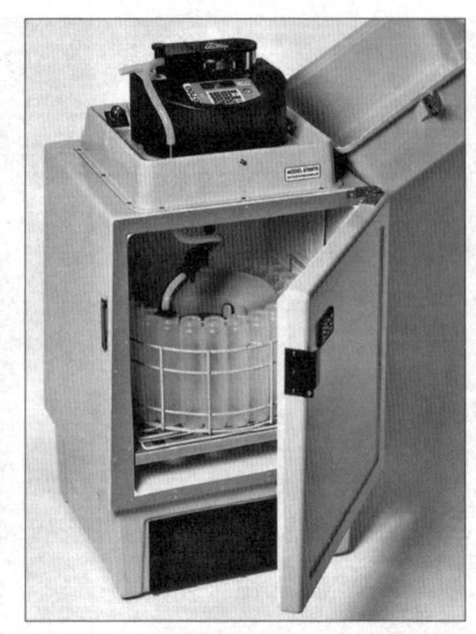

(b)

그림 2-2

24시간 이상 시료채취와 냉장보존을 위한 전형적인 자동 복합 시료 수집기. (a) 단일 시료 채수병에 24시간 복합시료를 얻기 위해 사용되는 시료채취기, (b) 하루 동안 각각의 시간당 시료를 채취하기 위해 사용되는 시료채취기. 각자의 사료들은 개량된 유량의 질량 부하율을 얻기 위해 유량과 비례하여 구성된다.

QA/QC)에 따라 상세한 시료채취방법이 정해져야 한다. 최소한 다음 항목은 명시되어야 한다(Pepper et al., 1996). 그 외 자세한 시료채취에 관한 사항은 Standard Methods (2012) 에서 찾을 수 있다.

1. **시료채취 계획**: 시료채취 지점의 수 및 종류, 시간 간격(실시간/경과된 시간의 시료)
2. **시료의 종류 및 양**: 단순(단일)채취 시료, 복합채취 시료 또는 누적채취 시료, 다른 분석을 위한 별도의 시료(예: 금속). 시료 크기(부피)가 필요
3. **시료 표기 및 관리 체계**: 시료 표기, 시료 밀봉, 현장 일지, 관리대장, 청구서, 실험실로 시료 운반, 영수증, 접수증, 분석의뢰
4. **시료채취 방법**: 시료채취에 필요한 특정 기술과 장치(수동, 자동 또는 흡수제를 이용한 시료 채취)
5. **시료 보관 및 보존**: 용기 종류(예: 유리, 플라스틱), 보존방법, 최대 허용 보관 기간.
6. **시료 성분**: 측정할 항목들
7. **분석 방법**: 현장 및 실험실 분석에 사용되는 방법과 순서, 그리고 각 방법의 검출 한계

만약 시료 수집에서 시료를 분석하는 중에 시료의 물리적, 화학적, 생물학적 상태가 보전이 되지 않으면 잘 준비된 시료채취 계획도 무의미해진다. 시료 보전의 문제점에 관한 많은 연구도 일반적인 처리나 방법을 완벽하게 하거나, 모든 종류의 시료에 적용할 수 있는 특정 규칙을 만들지는 못했다. 시료의 신속한 분석은 시료의 변화에 의한 오차를 막는 가장 확실한 방법이다. 24시간 복합 시료와 같이 시료의 분석이나 시험 조건이 시료 수집과 분석 사이에 시간지연이 발생하는 경우는 시료보전을 위한 준비가 필요하다(그림 2-2 참조). 변화되기 쉬운 시료의 특성을 분석하는 경우는 통용되는 시료보전 방법을 이용하여야 한다(Standard Methods, 2012). 시료의 변화로 인해 발생 가능한 오차는 분석

보고서에 표시되어야 한다.

분석 방법

폐수의 특성을 분석하기 위해 이용되는 방법은 정밀하고 정량적인 화학 분석에서부터 보다 정성적인 생물학적 및 물리적 방법까지 다양하다. 정량적인 분석은 중력과 부피를 이용한 방법 또는 물리적, 화학적 방법이다. 물리적, 화학적 방법에서는 질량과 부피를 제외한 특성을 측정한다. 탁도, 색도, 전위차법, 폴라로그래피, 흡수 분광법, 형광법, 분광법, 핵 방사와 같은 기기를 이용하는 분석방법이 대표적인 물리적, 화학적 분석이다. 다양한 분석 방법은 물과 폐수의 분석방법이 자세히 기록되어 있는 Standard Methods(2012)에 나타나 있다.

사용되는 분석 방법에 관계없이 검출수준이 명시되어야 한다. 몇 가지 검출한계는 검출수준이 증가하는 순서로 아래에 설명한다(Standard Methods, 2012).

1. **기기측정수준**(*Instrumental detection level, IDL*). 측정기기의 신호와 잡음의 비가 5배 큰 신호를 생성하는 성분의 농도이다.
2. **저 측정수준**(*Lower level of detection, LLD*). 바탕(blank) 분석의 평균이 신호(2 × 1.645 s) 이상인 시료의 성분 농도이며, 이때 *s*는 표준편차이다.
3. **방법검출수준**(*MDL*). 완전한 방법에 따라 측정되었을 때 바탕 시료와는 다른 99% 확률로 신호를 생성하는 성분농도
4. **정량수준**(*LOQ*). 일반적인 운전 조건 동안 조건이 우수한 실험실에서 일정 수준 이내로 검출되어 바탕 분석보다 충분히 큰 신호를 나타내는 성분의 농도이다. 일반적으로 시약 바탕 분석이 나타내는 신호보다 큰 신호를 10초 생성하는 농도이다.
5. **최소보고수준**(*MRL*). 최소 성분 농도는 정략적인 값으로 쓸 수 있다.

물리적, 화학적 성분의 측정 단위

폐수 시료의 분석 결과는 물리적, 화학적 측정 단위로 표시한다. 가장 일반적인 측정 단위는 표 2-3에 나타나 있다. 화학적 성분의 측정은 보통 물리적 단위인 리터당 mg/L 또는 g/m^3으로 표시된다. 미량성분의 농도는 보통 μg/L 또는 ng/L로 표시한다. 표 2-3에 나타난 것처럼 농도는 질량 대 질량비인 백만분의 일(ppm)로도 표시할 수 있는데 mg/L와 ppm의 관계는

$$\text{ppm} = \frac{\text{mg/L}}{\text{유체의 비중}} \tag{2-1}$$

자연수나 폐수 같은 묽은 상태의 경우 시료 1 L는 질량이 약 1 kg인데 이 경우 mg/L나 g/m^3의 단위는 ppm과 같게 된다. Parts per billion (ppb)과 parts per trillion (ppt)은 각각 μg/L, ng/L와 상호교환해서 사용할 수 있다. 용존 기체 같은 화학성분은 부피기준 parts per million (ppm_v), μg/m^3, 또는 mg/L로 표시된다. ppm_v와 μg/m^3 사이의 기체농도환산은 식 (2-45)의 기체법칙에 의해 전환된다. 폐수처리과정에서 부산물로 생성되는 이산화탄소나 메탄(혐기성 분해과정에서) 같은 기체는 L, m^3 (ft^3)로 측정한다. 온도, 냄

새, 수소이온, 미생물 같은 성분들은 아래의 단위로 표시된다.

》 유용한 화학적 관계

분석이나 폐수시험 결과 그리고 처리장치의 설계에 사용되는 화학적 관계는 몰분율, 전기중성도, 화학평형, 활동도 계수, 이온 강도, 그리고 용해도적 등이다.

몰분율. 몰분율은 용액에서 모든 성분의 전체 몰 수에 대한 용질이 자치하는 몰 수의 비로 정의된다. 따라서 몰분율은 용액의 화학적 관계에서 중요하고 기체 내부로 또는 액체 밖으로의 물질 전달에도 중요하다. 식으로 나타내면,

$$x_B = \frac{n_B}{n_A + n_B + n_C \ldots n_N} \tag{2-2}$$

여기서, x_B = 용질 B의 몰분율

n_B = 용질 B의 몰 수

n_A = 용질 A의 몰 수

n_C = 용질 C의 몰 수

n_N = 용질 N의 몰 수

예제 2-1은 식 (2-2)를 응용한 예이다.

예제 2-1 **몰분율 계산** 용존 산소의 농도가 10 mg/L일 때, 물속 산소의 몰분율을 계산하라.

풀이 1. 다음과 같이 식(2-2)를 사용하여 산소의 몰분율을 계산하라.

$$x_{O_2} = \frac{n_{O_2}}{n_{O_2} + n_w}$$

a. 산소의 몰 수를 계산하라.

$$n_{O_2} = \frac{(10 \text{ mg/L})}{(32 \times 10^3 \text{ mg/mole } O_2)} = 3.125 \times 10^{-4} \text{ mole/L}$$

b. 물의 몰 수를 계산하라.

$$n_w = \frac{(1000 \text{ g/L})}{(18 \text{ g/mole of water})} = 55.556 \text{ mole/L}$$

c. 산소의 몰분율은 다음과 같다.

$$x_{O_2} = \frac{3.125 \times 10^{-4}}{3.125 \times 10^{-4} + 55.556} = 5.62 \times 10^{-6}$$

표 2-3
분석결과를 표현하기 위해 일반적으로 사용되는 단위

기준	응용	단위
물리적 분석		
밀도(Density)	$\frac{\text{용액의 질량}}{\text{부피}}$	$\frac{kg}{m^3}$
부피 백분율 (Percent by volume)	$\frac{\text{용질의 부피} \times 100}{\text{총 용액의 부피}}$	% (by vol)
질량 백분율 (Percent by mass)	$\frac{\text{용질의 질량} \times 100}{\text{용질 + 용매의 질량}}$	% (by mass)
부피비(Volume ratio)	$\frac{\text{밀리리터}}{\text{리터}}$	$\frac{mL}{L}$
단위부피당 질량[a] (Mass per unit volume)	$\frac{\text{피코그램}}{\text{리터의 용액}}$	$\frac{pg}{L}$
	$\frac{\text{나노그램}}{\text{리터의 용액}}$	$\frac{ng}{L}$
	$\frac{\text{마이크로그램}}{\text{리터의 용액}}$	$\frac{\mu g}{L}$
	$\frac{\text{밀리그램}}{\text{리터의 용액}}$	$\frac{mg^a}{L}$
	$\frac{\text{그램}}{\text{세제곱 미터의 용액}}$	$\frac{g}{m^3}$
질량비(Mass ratio)	$\frac{\text{밀리그램}}{10^9\text{밀리그램}}$	ppb[b]
	$\frac{\text{밀리그램}}{10^6\text{밀리그램}}$	ppm
화학적 분석:		
몰랄농도(Molality)	$\frac{\text{용질의 몰}}{\text{1,000g 용매}}$	$\frac{mole}{kg}$
몰 농도(Molarity)	$\frac{\text{용질의 몰}}{\text{리터의 용액}}$	$\frac{mole}{L}$
노르말 농도(Normality)	$\frac{\text{용질의 당량}}{\text{리터의 용액}}$	$\frac{eq}{L}$
	$\frac{\text{용질의 밀리 당량}}{\text{리터의 용액}}$	$\frac{meq}{L}$

[a] mg/L = g/m^3.

[b] ppb = parts per billion, ppm = parts per million, 10^3 ppb = ppm.

참조: 10^{12} pg = 10^9 ng = 10^6 μg = 10^3 mg = 1 gm.

전기적 중성. 전기적 중성의 원리는 용액 내에 +이온(양이온)의 합이 −이온(음이온)의 합과 동일해야 한다는 것이다. 아래 식과 같이,

$$\Sigma 양이온 = \Sigma 음이온 \tag{2-3}$$

여기서, 양이온 = 용액 내에서 +전하를 지닌 물질로 eq/L 혹은 meq/L로 표시된다.
음이온 = 용액 내에서 −전하를 지닌 물질로 eq/L 혹은 meq/L로 표시된다.

화합물의 당량은 다음과 같이 정의된다.

$$당량, g/eq = \frac{분자량(g)}{Z} \tag{2-4}$$

여기서, Z = (1) 이온 전하의 절대값, (2) 산 염기 반응을 통해 얻을 수 있는 H^+나 OH^-의 수, (3) 산화환원반응에서 변화하는 원자가의 절대값이다(Sawyer et al., 2003).

식 (2−3)은 다음과 같이 정의되는 퍼센트 차이를 이용하여 화학분석의 정확도를 확인하는데 이용될 수 있다(Standard Methods, 2012).

$$퍼센트\ 차이 = 100 \times \left(\frac{\Sigma 양이온 - \Sigma 음이온}{\Sigma 양이온 + \Sigma 음이온}\right) \tag{2-5}$$

허용기준은 다음과 같다.

Σ음이온, meq/L	허용오차
0~3.0	±0.2 meq/L
3.0~10.0	±2%
10~800	5%

참고: Standard Methods(2012).

식 (2−3)과 (2−5)의 응용은 예제 2−2에 나타나 있다.

예제 2−2

분석 측정의 정확성 확인 다음은 장기포기 폐수처리장에서 처리된 유출수를 분석한 결과로서, 유출수는 조경수로 사용하려고 한다. 주어진 기준에 기초하여 분석치가 충분히 정확한지 분석의 정확도를 확인하라.

양이온	농도, mg/L	음이온	농도, mg/L
Ca^{2+}	82.2	HCO_3^-	220.0
Mg^{2+}	17.9	SO_4^{2-}	98.3
Na^+	46.4	Cl^-	78.0
K^+	15.5	NO_3^-	25.6

풀이 1. 양이온−음이온 수지를 계산한다.

양이온	농도, mg/L	mg/meq[a]	meq/L	음이온	농도, mg/L	mg/meq[a]	meq/L
Ca^{2+}	82.2	20.04[b]	4.10	HCO_3^-	220	61.02	3.61
Mg^{2+}	17.9	12.15	1.47	SO_4^{2-}	98.3	48.03	2.05
Na^+	46.4	23.00	2.02	Cl^-	78.0	35.45	2.20
K^+	15.5	39.10	0.40	NO_3^-	25.6	62.01	0.41
	Σ양이온		7.99		Σ음이온		8.27

[a] g/Z의 몰 분자량

[b] 칼슘의 경우, 당량 = 40.08/2 = 20.04 g/eq 또는 20.04 mg/meq

2. 식 (2-5)를 이용하여 양이온-음이온 수지의 정확도를 확인한다.

$$\text{퍼센트 차이} = 100 \times \left(\frac{\Sigma\ \text{양이온} - \Sigma\ \text{음이온}}{\Sigma\ \text{양이온} + \Sigma\ \text{음이온}}\right)$$

$$\text{퍼센트 차이} = 100 \times \left(\frac{7.99 - 8.27}{7.99 + 8.27}\right) = -1.72\%$$

총 음이온 농도 3에서 10 meq/L 사이에서 허용 가능한 차이는 ±2% 이하여야 하므로 분석은 정확하다.

양이온-음이온 수지가 정확하지 않으면 분석에 문제가 있거나 농도가 큰 성분이 빠진 것이다.

화학평형. 반응물 A와 B가 결합하여 C와 D를 생성하는 가역화학반응은 다음과 같이 표시된다.

$$aA + bB \rightleftarrows cC + dD \tag{2-6}$$

여기서 **양론계수** a, b, c, d는 각각 A, B, C, D의 몰 수를 나타낸다. 반응의 **양론**은 반응에 참여하는 화학성분의 양을 의미한다(A는 a, B는 b 등). 화학성분이 화학평형의 법칙에 따라 평형에 도달했을 때 반응물에 대한 생성물의 비를 **평형상수** K라 하며 다음과 같이 표시한다.

$$\frac{[C]^c[D]^d}{[A]^a[B]^b} = K \tag{2-7}$$

주어진 반응에서 평형상수 값은 온도와 용액의 이온 강도에 따라 변한다. 식 2-7에서 각 이온의 활동도는 1이라고 가정되었다.

식 (2-7)의 괄호([ ])는 몰 농도를 나타낸다. 몰랄농도(표 2-3)가 이론적으로는 더 정확하지만 폐수와 같은 묽은 용액의 경우는 몰 농도를 사용한다. 바닷물이나 소금물의 경우는 몰랄농도를 사용해야 한다. 이온-이온 작용으로 인한 비이상적인 조건의 경우는 새로운 농도 항목인 **활동도**가 사용된다. 이온의 활동도는 다음과 같이 정의된다.

$$a_i = \gamma[C_i] \tag{2-8}$$

여기서, a_i = i 번째 이온의 활동도, mole/L

γ = i 번째 이온의 활동도 계수

C_i = 용액의 i번째 이온의 농도, mole/L

식 (2–7)을 농도가 아닌 활동도와 활동도 계수로 표시하면 다음과 같다.

$$\frac{[a_C]^c[a_D]^d}{[a_A]^a[a_B]^b} = \frac{[\gamma_c C]^C[\gamma_D D]^d}{[\gamma_A A]^a[\gamma_B B]^b} = K \tag{2-9}$$

이온 강도. 용액의 이온 강도는 용존 화학성분 농도의 척도이며 다음 식으로 계산될 수 있다.

$$I = \frac{1}{2}\Sigma C_i Z_i^2 \tag{2-10}$$

여기서, I = 이온 강도

C_i = i 번째 성분의 농도, mole/L

Z_i = i 번째 성분의 원자가(산화수) [식 (2–4) 참조]

이온 강도는 또한 총 용존고형물 농도를 이용하여 표시할 수도 있다.

$$I = 2.5 \times 10^{-5} \times \text{TDS} \tag{2-11}$$

여기서, TDS = 총 용존고형물 농도, mg/L 또는 g/m^3

식 (2–11)은 지하수 충전(groundwater recharge application)으로 폐수를 처리하는 데 종종 사용되는 이온 강도 추정식이다.

활동계수. 활동계수는 Davies(1962)에 의해 제안된 Debye-Huckel 이론을 이용하여 추정할 수 있다. 활동계수의 계산은 예제 2–3의 이온 강도와 용해도로부터 설명할 수 있다.

$$\log \gamma = -0.5\,(Z_i)^2\left(\frac{\sqrt{I}}{1+\sqrt{I}} - 0.3I\right) \tag{2-12}$$

여기서 Z_i = i 번째 이온성분의 전하

I = 이온 강도

위의 관계식은 0.1 M을 초과하지 않는 이온 강도와 용해도에서 $-0.3I$ 없이 자주 사용된다. 다른 다수의 유사한 관계들은 문헌에서 찾아 볼 수 있다. 이온 강도 및 용해도에 관한 활동계수의 계산은 예제 2–3에 나타낸다.

용해도적. 침전물을 포함하는 반응의 평형상수, 용해도적의 구성이온으로 알려져 있다. 예를 들어 탄산칼슘의 반응은

$$CaCO_3 \rightleftarrows Ca^{2+} + CO_3^{2-} \tag{2-13}$$

왜냐하면 고상의 활성은 대체적으로 1로 가정하여, 용해도적을 사용하면

$$[Ca^{2+}][CO_3^{2-}] = K_{sp} \tag{2-14}$$

여기서 K_{sp} = 용해도적 상수

평형상수의 값은 용액의 온도에 따라 변화할 수 있다는 것이 중요하다. 식 (2−14)를 활동계수로 표시하면

$$\gamma_{Ca^{2+}}[Ca^{2+}]\gamma_{CO_3^{2-}}[CO_3^{2-}] = K_{sp} \tag{2-15}$$

식 (2−15)의 적용은 예제 2−3에서 나타낸다.

예제 2−3 **탄산칼슘의 활동계수 및 용해도 계산** 예제 2−2의 폐수에서 주어진 1가 및 2가 이온의 활동계수를 계산하여라. 2가 이온의 활동도 계수 값을 이용하여 25°C에서 탄산칼슘($CaCO_3$)의 용해도적을 만족하는 평형 칼슘 이온의 농도를 계산하여라. 25°C에서 탄산칼슘의 용해도적 상수 K_{sp}는 5×10^{-9}이다.

풀이 1. 식 (2−10)을 사용하여 폐수의 이온 강도를 계산하여라.

a. 예제 2−2의 데이터를 사용하여 식 (2−10)의 합산 항을 계산하기 위해 표를 작성한다.

이온	농도 C, mg/L	C × 10³, mole/L	z^2	$cz^2 \times 10^3$
Ca^{2+}	82.2	2.051	4	8.404
Mg^{2+}	17.9	0.736	4	2.944
Na^{+}	46.4	2.017	1	2.017
K^{+}	15.5	0.396	1	0.397
HCO_3^-	220	3.607	1	3.607
SO_4^{2-}	98.3	1.024	4	4.096
Cl^-	78.0	2.200	1	2.200
NO_3^-	25.6	0.413	1	0.413
합				23.876

b. 폐수의 이온 강도를 계산하여라.

$$I = \frac{1}{2}\Sigma C_i Z_i^2 = \frac{1}{2}(23.876 \times 10^{-3}) = 11.938 \times 10^{-3}$$

2. Ca^{2+}, CO_3^{2-}의 활동계수를 계산하여라. 두 이온 모두 2가 이온이므로, 활동계수는 같다.

a. 1가 이온의 경우

$$\log \gamma = -0.5(Z_i)^2\left(\frac{\sqrt{I}}{1+\sqrt{I}} - 0.3I\right)$$

$$\log \gamma = -0.5(1)^2\left[\frac{\sqrt{11.938 \times 10^{-3}}}{1 + \sqrt{11.938 \times 10^{-3}}} - 0.3(11.938 \times 10^{-3})\right] = -0.0475$$

$\gamma = 0.896$

b. 2가 이온의 경우

$$\log \gamma = -0.5(2)^2\left[\frac{\sqrt{11.938 \times 10^{-3}}}{1 + \sqrt{11.938 \times 10^{-3}}} - 0.3(11.938 \times 10^{-3})\right] = -0.1898$$

$\gamma = 0.646$

3. 식 (2−15)에 사용되는 칼슘의 최소 용해도를 계산하여라.

a. 칼슘, 탄산 이온의 몰 농도는 같기 때문에 식 (2−15)는 아래와 같이 쓸 수 있다.

$$\gamma^2 [C^2] = K_{sp}$$

b. C 농도에 대하여 계산하여라.

$$C = \sqrt{\frac{K_{sp}}{\gamma^2}} = \sqrt{\frac{5 \times 10^{-9}}{(0.646)^2}} = 1.09 \times 10^{-4}\ \text{mole/L}$$

c. 탄산칼슘의 몰 농도를 mg/L로 변환시켜라.

$$\text{Ca} = 1.09 \times 10^{-4}\ \text{mole/L} \times 40{,}000\ \text{mg/mole} = 4.36\ \text{mg/L}$$

계산된 값은 고체 탄산칼슘과 평형상태가 되기에 필요한 칼슘의 최소 농도값을 나타낸다.

2-3 물리적 특성

표 2−1에 작성된 총 고형물, 입자 크기, 입자 분포, 탁도, 색, 투과율, 온도, 전도도는 중요한 물리적 특성이다. 총 고형물은 부상 물질, 침전성 물질, 용액 내 물질을 포함한다. 물의 밀도, 비중, 비중량은 일반적으로도 중요하지만, 폐수에서도 중요하다.

》 물리적 특성의 근원

폐수의 물리적 특성은 자연적인 것과 인위적인 것에 기인한다. 자연적인 물리적 특성은 물의 공급원에 따라 좌우되는데, 예를 들어 물의 초기온도는 국가(지역)뿐만 아니라, 지표수나 지하수에 따라 다양하다. 비중과 무게는 자연수의 고유적 특성이다. 폐수의 다른 물리적 특성은 지속적인 사용량 증가(상업 및 산업 배출수)에 기인하거나 유입 침투되는 지하수의 성분에서 유래된다.

》 고형물

폐수는 천조각부터 콜로이드 물질까지 다양한 고형물을 함유한다. 폐수의 특성은, 일반

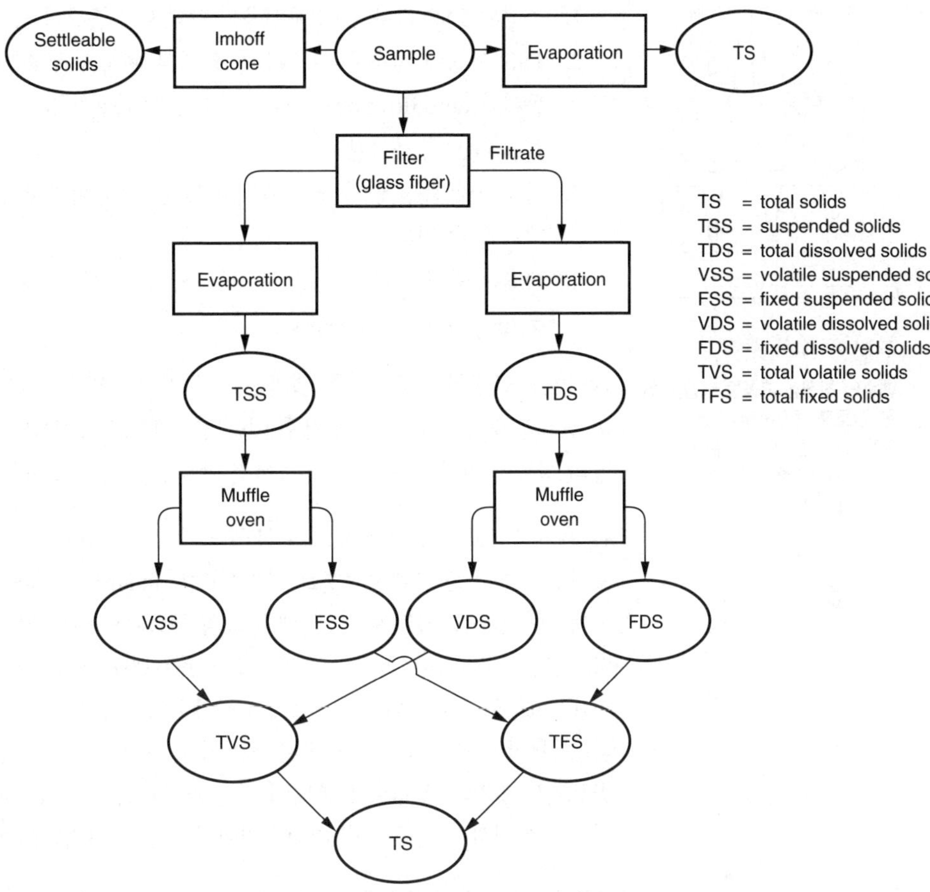

그림 2-3

상수와 폐수에서의 고형물 간의 상호관계. 대부분 수질문헌에서는 여과기를 통과한 고형물을 용존고형물이라고 한다(Tchobanoglous and Schroeder, 1985).

적으로 고형물을 분석하기 전에 입자가 큰 물질은 우선 제거된다. 여러 형태의 고형물의 분류는 표 2-4에 나타나 있다. 폐수 속의 다양한 고형성분 분율 간의 상호관계는 그림 2-3에 그래프로 나타나 있다. 침전성 고형물의 표준시험법은 1 L 임호프 콘(Imhoff cone)에 시료를 넣고(그림 2-4) 정해진 시간(1시간)이 지난 후 침전한 고형물의 부피를 mL로 나타낸다. 보통 폐수 부유고형물의 60%는 침전성이다. 총 고형물(TS)은 시료 폐수를 증발시켜 건조하고 잔류량의 질량을 측정하여 얻는다. 그림 2-3에서와 같이 총 부유고형물(TSS)과 총 용존성 고형물(TDS)을 구분하기 위해서는 여과단계를 거친다. TSS를 측정하기 위한 기구는 그림 2-5에 나타나 있다.

총 부유성 고형물. 여과는 TDS와 TSS를 분리하기 위해 사용되기 때문에 TSS 시험에 사용된 여과지의 공극 크기에 따라 다소 달라질 수 있다. TSS시험에는 0.45 μm에서 약 2.0 μm까지의 공극 크기를 갖는 여과지가 이용되고 있다(그림 2-6 참조). 공극의 크기가 작은 여과지를 사용할수록 더 많은 TSS가 측정된다. 따라서 TSS 값을 비교할 때는 사용되는 여과지의 공극 크기를 같이 나타내는 것이 중요하다.

그리고 TSS시험 자체는 근본적인 중요성이 없다는 것도 인식할 필요가 있다. 그 주된 이유는 다음과 같다.

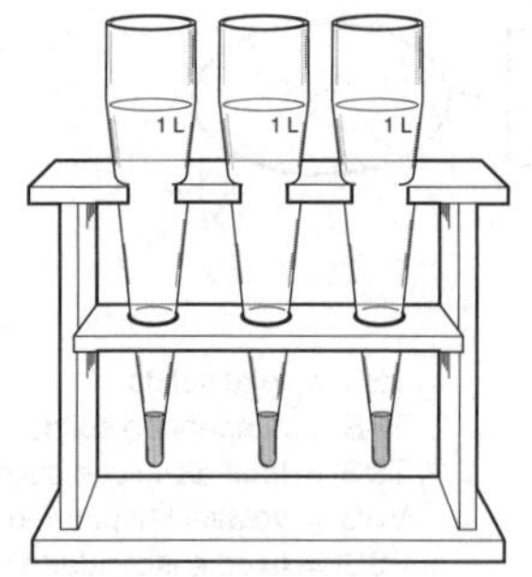

그림 2-4

폐수의 침전성 고형물 측정을 위한 임호프 콘(Imhoff cone). 60분의 침전시간 후 콘의 바닥에 침전된 고형물의 양을 mL/L로 나타낸다.

1. 측정된 TSS 값은 분석에 사용된 여과지의 종류나 공극 크기에 따라 다르다.
2. TSS 측정에 사용된 시료의 양에 따라 여과지에 걸러진 부유성 고형물에 의해 자동여과(autofiltration)가 일어날 수 있기 때문이다. 자동여과는 실제 값보다 측정된 TSS 값을 증가시킬 수 있다.
3. 입자들의 특성에 따라 작은 입자들은 이미 여과지에 여과된 물질의 흡착에 의해 제거될 수 있다.
4. TSS는 측정된 값을 구성하는 입자의 수와 입도분포가 알려져 있지 않은 **대략적 항목**(*lumped parameter*)이다.

그럼에도 불구하고 TSS시험 결과는 기존 처리공정의 성능과 재활용을 위한 처리수의 여과 필요성을 평가하기 위해 자주 이용된다. TSS는 BOD와 더불어 규제기관이 폐수처리장의 성능을 판단하는 두 가지 공통적 방류수 기준으로 사용된다.

총 용존고형물. 정의에 따르면 공극 크기가 1.2 μm 이하의 여과지를 통과한 여과수에 포함된 고형물은 용존고형물로 분류된다(Standard Methods, 2012). 폐수는 콜로이드성 고형물이 많다고 알려져 있다. 폐수 속의 콜로이드 입자 크기는 보통 0.01에서 1.0 μm이다. 몇몇 연구자들은 콜로이드 입자 크기를 0.001~1.0 μm, 또 다른 연구자들은 0.003에서 1.0 μm로 분류한다. 이 자료에서는 콜로이드 입자 크기를 0.01에서 1.0 μm로 규정한다. 미처리된 폐수나 1차 침전된 폐수의 콜로이드 입자 수는 보통 10^8~10^{12}개/mL이다. 콜로이드 입자와 실제로 용존되어 있는 물질과의 구분이 명확하지 않다는 점에서 처리장의 성능분석과 처리공정의 설계에 있어서 혼란이 야기되어 왔다.

휘발성 및 잔류성 고형물. 500 ± 50°C에서 휘발되거나 타서 없어지는 물질을 휘발성

표 2-4

하수에 발견되는 고형물의 정의[a]

시험[b]	설명
총 고형물(TS)	하수 시료가 일정 온도(103~105°C)에서 증발 및 건조 후 남은 잔류물
총 휘발성 고형물(TVS)	TS가 500 ± 50°C에서 연소되어 휘발되는 고형물
총 잔류성 고형물(TFS)	TS가 500 ± 50°C에서 연소되고 남은 잔류물
총 부유성 고형물(TSS)	특정 공극 크기의 필터(그림 2-3)에 걸러진 TS 부분으로 105°C에서 건조하여 측정. TSS 측정에 많이 사용하는 필터는 1.58 μm의 통상 크기를 갖는 Whatman의 유리섬유필터(glass fiber filter)이다.
휘발성 부유고형물(VSS)	TSS가 연소될 때(500 ± 50°C) 휘발되는 고형물
잔류성 부유고형물(FSS)	TSS가 연소될 때(500 ± 50°C) 잔류하는 고형물
총 용존고형물(TDS) (TS-TSS)	필터를 통과한 뒤 일정 온도에서 증발 건조된 고형물. TDS에는 콜로이드와 용존고형물이 포함되는데 콜로이드는 보통 0.001에서 1 μm의 크기이다.
총 휘발성 용존고형물(VDS)	TDS가 연소될 때(500 ± 50°C) 휘발되는 고형물
잔류성 용존고형물(FDS)	TDS가 연소될 때(500 ± 50°C) 잔류하는 고형물
침전성 고형물	정해진 기간에 침전하는 부유고형물, mL/L로 표시된다(그림 2-4 참조).

[a] 참조: Standard Methods(2012).

[b] 침전고형물을 제외하고 모든 고형물 값은 mg/L로 표시한다.

그림 2-5

총 부유고형물 측정을 위해 사용되는 기구. 여과지를 알루미늄접시에서 건조하여 질량을 측정한 후 폐수시료를 여과하여 총 부유고형물의 무게를 측정한다.

으로 분류한다. 일부 타지 않는 유기물과 고온에서 분해되는 무기물이 있지만 일반적으로 휘발성 고형물(VS)을 유기물로 가정한다. 잔류성 고형물(FS)은 시료가 연소된 후의 잔류량이다. 따라서 TS, TSS 그리고 TDS는 휘발성 고형물과 잔류고형물로 구성된다. FS에 대한 VS의 비는 폐수에 존재하는 유기물의 함량과 관련된 폐수의 특성을 결정하는 데 종종 사용된다.

입자 크기 및 입자 크기 측정

위에서 언급한 바와 같이 TSS는 하나의 덩어리 항목이다. 폐수의 TSS를 구성하는 입자의 특성을 이해하기 위해 입자의 크기를 측정하였고 입자 크기의 분포에 대한 해석이 행해졌다(Tchobanoglous, 1995). 입자 크기에 대한 자료는 처리공정의 효과를 평가하는 데 중요하다(예: 2차 침전, 유출수 여과, 유출수 소독). 염소나 오존, UV 소독의 효과는 입자의 크기에 달려 있다. 특히 미국 서부지역의 경우 처리수를 재사용하면서 입자 크기를 조사하는 것이 더욱 중요해지고 있다.

생분해성 유기 입자의 크기는 생물학적 전환율에 따라서 정보가 달라지므로 수처리의 관점에서 중요하다(2-6절 참조, 생화학적 산소요구량 취급에 대한 논의 참조). 입자 크기를 결정하는 데 사용된 방법은 표 2-5에 요약되어 있다. 표 2-5에서 일반적으로 두 가지 방법으로 나뉠 수 있다. (1) 관찰 및 측정을 기반으로, (2) 분리 및 분석 기술을 기반으로 나뉜다. 폐수 내 입자를 연구하고 정량화하기 위해 가장 일반적으로 사용되는 방법은 (1) 연속여과, (2) 전자 입도 계수기, (3) 직접 현미경 관측이 있다. 처리 후 폐수 내 고형물들의 여과 유무, 주요 유형, 대략적인 크기 범위가 그림 2-7에 나타나 있다.

연속여과. 연속여과는 현탁된 고형물의 질량에 따른 대략적인 크기 분포를 결정하기 위해 사용된다(Levine et al., 1985). 폐수 시료를 각각 공극이 다른 막 필터(그림 2-8 참조)에 연속적으로 통과시키며(일반적으로 12, 8, 5, 3, 1 그리고 0.1 μm), 각 필터에 걸러진 입자상 물질의 양을 측정한다. 이러한 측정의 일반적인 결과는 그림 2-9에 나타나있다. 그림 2-9를 보면 콜로이드 물질의 상당한 양이 0.1~1.0 μm에서 발견되는 것을 볼 수 있다. 이 방법은 폐수 내 입자의 크기와 분포는 잘 알 수 있지만, 각 입자의 고유성질

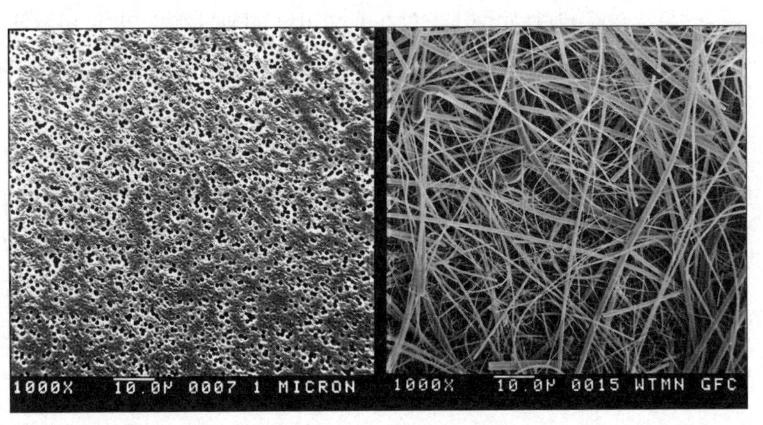

그림 2-6

폐수의 부유성 고형물 측정을 위한 두 여과지의 현미경 사진. (a) 공극 크기 1.0 μm의 크기를 갖는 폴리카보네이트(polycarbonate) 막 여과지, (b) 1.2 μm 크기를 갖는 유리섬유여과지(glass fiber filter)

표 2-5

폐수 오염물의 입자 크기 분석에 이용되는 대표적인 분석 기술[a]

기술	크기 범위, μm
관찰 및 측정	
현미경	
광학현미경	0.2->100
투과전자현미경(TEM)	0.2->100
주사전자현미경(SEM)	0.002-50
화상 분석 현미경	0.2->100
입자계수기	
전도도 차이	0.2->100
등가 빛 산란	0.005->100
빛 막음	0.2->100
분리 및 분석	
원심 분리	0.08->100
흐름장 분획기(FFF)	0.09->100
겔 여과 크로마토그래피	<0.0001->100
침전	0.05->100
막 여과(11장)	0.0001-1

[a] Levine et al.(1985)

을 파악하기는 어렵다.

전자 입도 계수기. 일반적으로 폐수 내 입자의 성질 및 분포에 대한 자세한 사항을 조사하기 위해 전자기기를 이용한 입자 크기 및 크기 분포의 비파괴검사(nondestructive measurement)를 한다. 그러나 전자기기에 의한 분석은 입자의 특성을 결정하기에는 정확하지 않다(예: 살아 있는 낭종과 죽은 낭종 간 구분, 유사한 크기의 미세입자 간 구별).

전자기기를 이용한 입도 분석은 처리된 폐수 시료를 희석한 다음 희석된 시료를 보정된 오리피스에 통과시키거나 레이저 빔을 투과시켜 입도를 분석한다[그림 2-10(a)와 (b) 각각 참조]. 입자를 오리피스에 통과시키면 입자의 존재로 인해 유체 전도도의 변화가 나타나며 이는 입자의 크기와 상관관계가 있다. 마찬가지로 레이저가 통과하며 마찬가지로 입자가 레이저를 통과하여 빛 산란이 일어나 레이저 강도가 감소하며 이는 입자의 크기와 상관관계가 있다.

앞 부분의 종류와 정량 범위는 표 2-5에 나타나 있다. 폐수처리시설에서 사용되는 대부분의 입도 분석기는 제조 및 응용프로그램에 따라 여러 범위에서 사용 가능한 센서(예를 들면, 1.0~60 μm 또는 1~350 μm)가 있다. 입자의 크기가 1 μm보다 작은 경우에는 전자 입도 계수 분석에 일부 제한될 수 있다. 입도 분석은 통상적으로 선택된 10~20 정도의 범위(예를 들면 2~5 μm)의 채널에 측정, 기록된다. 일반적으로 사용되는 전자기기는 128채널을 이용한다. 채널 크기는 측정대상에 따라 산술적, 기하적, 임의

그림 2-7

폐수에 포함된 유기성분의 크기 범위 및 정량에 사용되는 분리 및 측정 기술

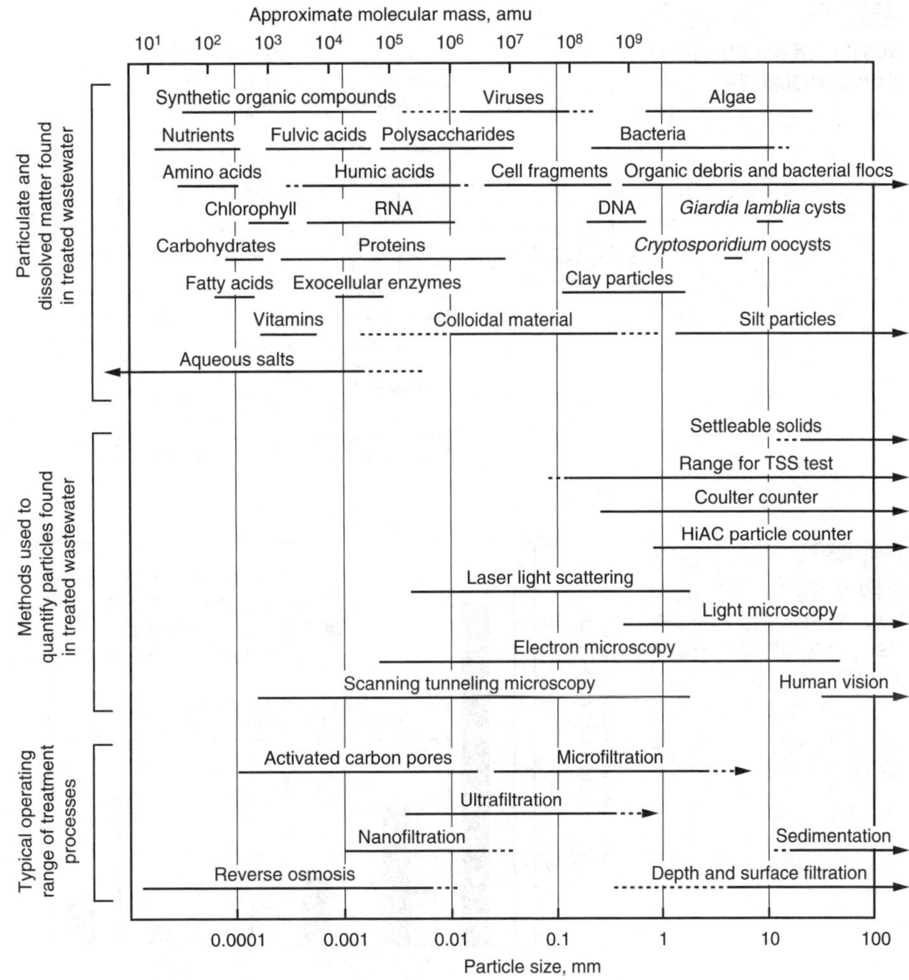

적으로 변한다. 로그 단위를 사용하면 상부채널과 하부채널의 한계시간 배율이 동일해진다. 128개의 채널을 이용하여 입자 크기를 분석하는 레이저 계수기의 일반적인 분석결과는 그림 [2-11(a)]에 나타나 있다.

소독 연구에서는 채널의 크기가 종종 관심물질의 크기 범위에 대응하여 선택된다[예를 들면, *Cryptosporidium* (2~5 μm), *Giardia* (5~15 μm)]. 작은 크기의 채널을 다수 이용하는 전자기기의 경우 결과 데이터를 해석하기에 더 어렵다. 매우 작은 크기의 채널을 사용할 경우에는 데이터가 적절하도록 채널의 크기를 통합하는 것이 좋다[그림 2-11(b) 참조]. 크기별로 입자 수를 분석하는 것 외에도 표면적과 체적도 분석할 수 있으며, 필요한 경우 각 입자의 크기 범위에 대응하는 체적분율도 계산할 수 있다(Standard Methods, 2012).

직접관찰. 육안으로 관찰 불가능한 작은 입자들은 현미경을 사용하여 관찰할 수 있다. 현미경 관측은 다른 기술로 관측 가능한 정보보다 엄격한 식별을 해야 할 경우에 사용한

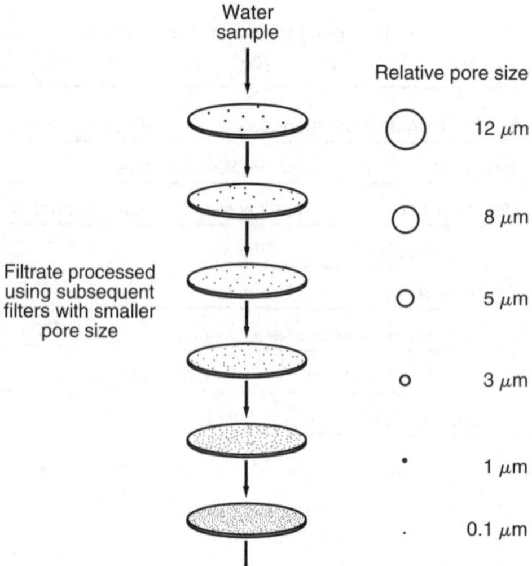

그림 2-8

막여과지 사용하여 연속여과 시 입자의 크기(질량) 분포

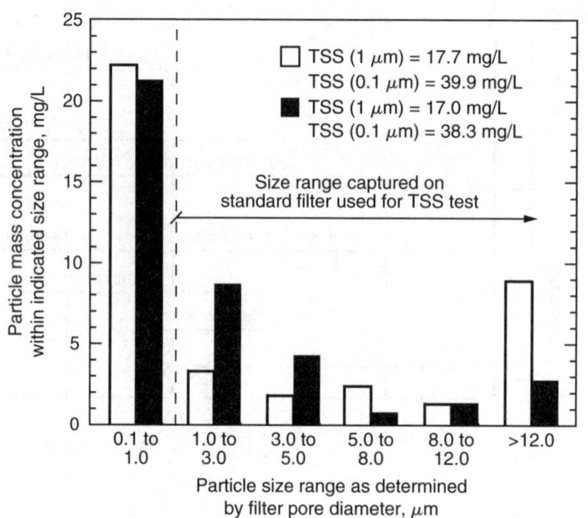

그림 2-9

살수여상 유출수의 연속여과 시험에서 얻어진 여과 가능한 고형물의 전형적 입도 분포 자료(두 번 시행). 참조: 0.1에서 1.0 μm 사이의 측정되지 않은 대부분의 고형물들은 통상 TSS 시험을 이용

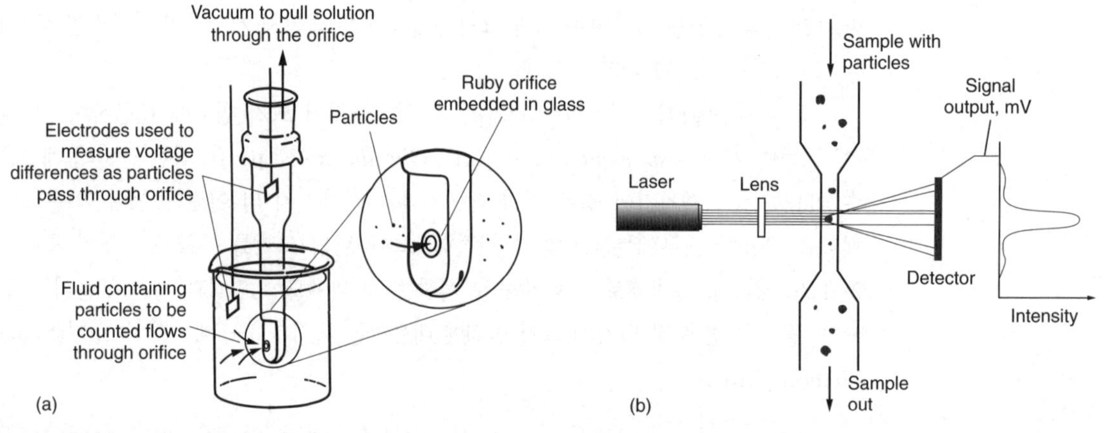

그림 2-10

입자 크기 분포의 결정. (a) 쿨터계수기(coulter counter), 전압차에 의해 입자가 통과하는 오리피스는 동등한 구형 입자의 크기를 결정하기 위해 사용, (b) 레이저 입자 크기 계수기(laser particle size counter), 입자가 광선을 통과할 때 빛 강도의 감소와 빛의 산란에 기초하여 동등한 구형 입자의 크기를 측정

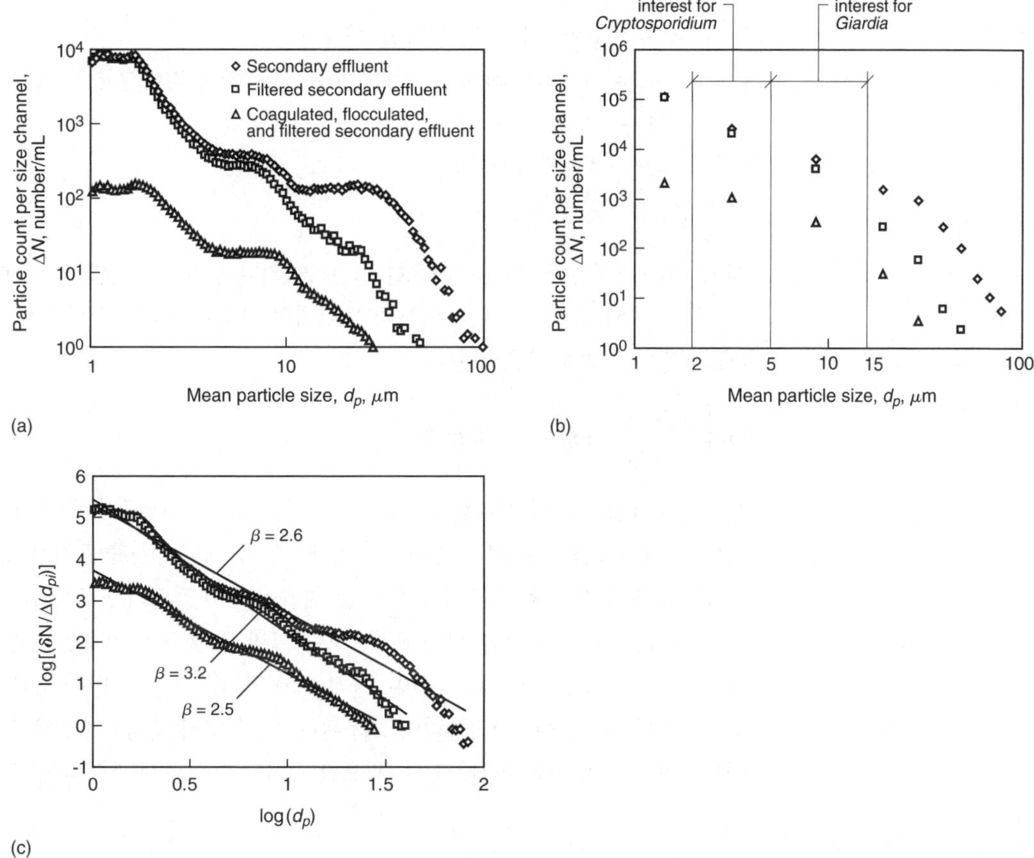

그림 2-11

화학물질의 사용이 필터 입자 크기 제거 성능에 미치는 영향. (a) 수집된 원본 데이터(K. Bourgeous, 2005 제공), (b) 선택된 채널 크기로 집계된 원본 데이터, (c) 멱 법칙 (power law)에 따라 기능적으로 그려진 원본 데이터(예제 2-4 참조)

다. 현미경 관찰에 있어서 부피가 측정된 시료는 입도 분석기에 놓여지며, 각각의 입자를 식별할 수 있도록 명암을 향상시키기 위해 염색을 한다. 현미경을 이용하여 정량 가능한 크기 범위는 표 2-5에 나타나 있다. 일반적인 직접 현미경 관찰은 폐수 1 mL당 입자 수를 분석하기엔 효율적이지 않다. 그렇지만 이 방법은 폐수 내 입자의 특성과 크기를 정성적으로 평가할 수 있다.

입자 크기 분포

폐수에서는 입자의 개수가 증가함에 따라 입경이 감소하는 것이 관찰되었으며 도수분포는 일반적으로 멱 법칙 분포 형태를 따른다:

$$\frac{dN}{d(d_p)} = A(d_p)^{-\beta} \simeq \frac{\Delta N}{\Delta(d_{pi})} \tag{2-16}$$

여기서 dN = 점차 증가하는 입경에 대한 개수 농도, $d(d_p)$, 수/mL · μm

$d(d_p)$ = 점차 증가하는 입경, μm
A = power law 밀도 계수, 무차원
d_p = counter channel 형태에 따른 산술 또는 기하평균 입경, μm
β = 멱함수 기울기 계수
ΔN = 주어진 채널에서의 개수 농도, 수/mL
$\Delta(d_{pi})$ = 증분 채널 크기, μm

식 (2−16)의 오른쪽 용어는 자료를 일반화하거나 입자 크기 분포를 비교하는 데 사용된다. 식 (2−16)의 양측에 로그를 취하면 아래의 식처럼 나타나며 로그는 미지의 계수 A와 β를 결정하기 위해 사용되었다.

$$\log\left[\frac{\Delta N}{\Delta(d_{pi})}\right] = \log A - \beta \log(d_p) \tag{2-17}$$

A는 $d_p = 1\ \mu$m일 때 정의된다. A값이 증가하면, 각 크기별로 분류된 총 입자의 수는 증가한다. 기울기 β는 각 크기 범위에서 상대적인 입자의 숫자를 측정한 것이다. 그래서 β가 1보다 작을 때는 입자 크기 분포는 큰 입자에 의해 결정되고, β가 1과 같으면 모든 입자의 크기는 동일하게 나타나며 β가 1보다 크면 입자 크기 분포는 작은 입자들에 의해 결정된다(Trussell and Tate, 1979). 용기(bin) 크기의 선택에 따라 다른 기울기 값이 달라지기 때문에 신중한 결과해석이 요구된다. 입자 크기 측정으로부터 얻어진 자료의 해석은 그림 2−11(c)에 나타나 있다. 필요한 계산의 단계는 예제 2−4에 설명되어 있다.

예제 2−4

입자 크기 정보의 해석 상수 A와 β를 아래의 산술 채널 설정을 사용한 입자 측정을 통해 얻어진 입자 크기 자료를 식 (2−16)을 사용하여 계산하라.

채널 크기, mm	수
1~2	20,000
2~5	6688
5~10	3000
10~15	1050
15~20	300
20~30	150
30~40	27
40~60	12
60~80	6
80~100	4
100~140	2

풀이 1. 표를 정리하여 데이터를 도식화하는 데 필요한 정보를 결정하여라.

채널, 크기 mm	평균 직경[a] d_p, μm	ΔN, 수/mL	채널 크기 간격, $\Delta(d_{pi})$	$\log(d_p)$	$\log[\Delta N/\Delta(d_{pi})]$
1~2	1.50	20,000	1	0.18	4.30
2~5	3.50	6688	3	0.54	3.35
5~10	7.5	3000	5	0.88	2.78
10~15	12.5	1050	5	1.10	2.32
15~20	17.5	300	5	1.24	1.78
20~30	25.0	150	10	1.40	1.18
30~40	35.0	27	10	1.54	0.43
40~60	50.0	12	20	1.70	−0.22
60~80	70.0	6	20	1.85	−0.52
80~100	90.0	4	20	1.95	−0.70
100~140	120.0	2	40	2.08	−1.12

[a] 산술 평균 직경, 1.5 = [(1 + 2)/2].

2. 기하 평균 입자 직경, d_p와 용기의 크기 정규화된 입자의 수$\log[\Delta N/\Delta(d_{pi})]$에 대한 로그 그래프를 그려라.

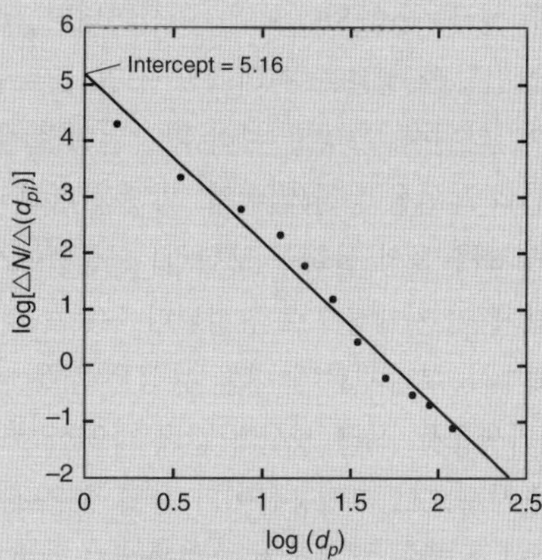

3. 식 (2−16)에서 A와 β를 계산하라.

   a. 계산 A

   $\log(d_p) = 0$일 때, $d_p = 1$, and $A = 10^{5.16}$

   b. 계산 β

$$-\beta = \frac{3.65 - (-1.15)}{0.5 - 2} = -3.2$$

$$\beta = 3.2$$

β의 값이 1보다 클 때, 분포는 작은 입자에 의해 결정되며 이것은 실제 자료와 일치한다. 이는 도식화된 자료를 통한 최적화된 선의 기울기가 분석을 위해 선택된 용기의 크기에 의해 결정될 수도 있다. 또한 β를 정의하는 데 사용된 선은 현탁액의 특성과 측정된 최소

최대입자 크기, 분석에 사용된 특정 분석기기의 특성에 따라 선형이 아닐 수도 있다. 채널크기 2~5와 5~15 μm는 *Cryptosporidium*나 *Giardia*의 수가 입경 측정과 연관성을 찾기 위해 선택되었다.

》 나노입자 및 나노 복합체

자연적이거나 인위적 과정에서 발생한 1~100 nm 크기의 나노입자들은 그 특징이나 움직임에 있어서 공동체처럼 행동한다. 나노입자는 나노구, 나노튜브, 나노시트와 같이 다양한 형태의 구조를 가질 수 있기 때문에 삼차원 중 적어도 2개는 1~100 nm 사이여야 한다. 나노입자는 또한 초미립자로 불려 왔다. 나노입자는 큰 물질과 분자 또는 원자구조 사이에 가교를 형성한다. 2개 이상의 다른 물질로 형성된 나노 복합체는 상이하고 제어 가능한 성질을 가진 새로운 구조를 생성하기 위해 개발된다. 나노 복합체의 경우 최소한 1가지의 물질(상)은 나노크기의 차원에 있어야 한다.

나노입자의 제조에 사용되는 일반적인 재료는 산화알루미늄, 산화 세륨, 코발트, 금, 철, 산화철, 니켈, 백금, 규소(SiO_2), 은, 이산화티타늄(TiO_2), 산화아연을 포함한다. 나노복합재료는 방금 언급한 성분들 이외에도 구연산염, 폴리비닐아세테이트(PVA), 폴리비닐피롤리돈(PVP), 타닌산, 그리고 여러 확장된 화합물 등을 포함한다. 나노입자는 자연적인 과정과 인간의 산업을 통한(인위적) 방법을 통해 형성된다. 자연적인 공정은 생물에서 비롯된 휘발성 화합물의 산화를 포함한다. 산업에서 나노입자는 일련의 제어된 화학반응을 통해서 액체 및 기체상으로 형성된다.

나노입자 및 나노복합재료에 대한 관심은 자동세척안경, 의류, 긁힘 방지 코팅, 수영장 세제, 개인위생용품, 식품 생산과 같은 다양한 소비자의 제품의 제조에서 유래했다. 이러한 광범위한 사용으로 가정용품이나 산업 활동에서 배출되는 나노입자의 농도가 산업폐수의 유입수와 처리수, 생물학적 고형물에서 계속 증가하고 있다.

이때, 나노입자들은 자연계로 배출되었을 때 공중보건에 대해 장기적으로 영향을 미친다고 알려져 있다. 또한 이러한 나노입자들은 축적될 수 있으며 이러한 나노입자의 축적은 건강에 영향을 줄 수 있다고 염려된다. 최근 완료된 연구에서는 은 나노입자의 축적이 질산화와 영양소 제거에 악영향을 주는 것으로 나타났다(Hu, 2010). 나노기술의 분야는 매우 빠르게 발전하고 있기 때문에 현재의 문헌들은 최신의 물품, 활용패턴, 폐수에서 나노입자의 잠재적 존재 가능성과 처리 공중보건, 그리고 환경에 대한 시사점을 고려해야 한다. 나노기술에 대한 종합적인 검토는 유럽 신규보건과학위원회(SCENIHR)에 의해 준비되고 있다(2006).

》 탁도

탁도는 현탁, 콜로이드성 입자를 함유한 용액의 빛의 산란 특성을 파악하는 척도이다. 탁도 측정은 광원(백열광 또는 발광다이오드)과 산란광을 측정하는 센서를 필요로 한다. 그

그림 2-12

빛의 산란에 의한 탁도의 결정. (a) 탁도계의 개략도, (b) 일반적 광산란 패턴. (i) 소형입자, (ii) 중형입자, (iii) 대형입자

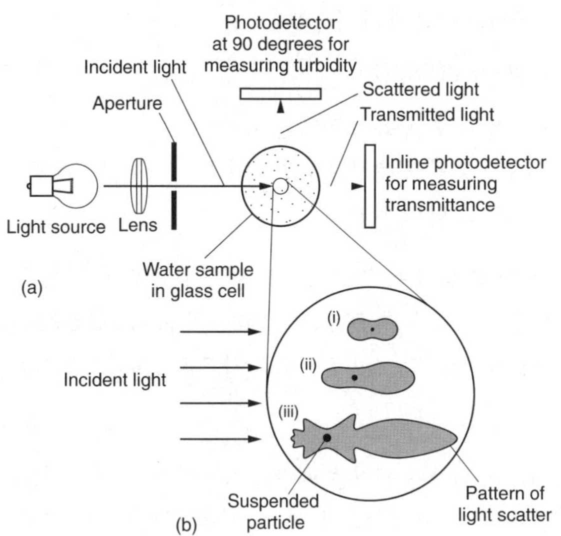

림 2-12(a)의 센서는 광원의 90도에 위치해 있다. 탁도측정 결과는 NTU(혼탁 탁도 단위)로 표현된다. 산란광의 공간분포와 강도는 그림 2-12(b)에 나타내었는데 이는 광원의 파장에 따른 입자의 크기에 결정된다(Hach, 1997). 입사광 파장의 1/10보다 작은 입자의 경우, 빛의 산란은 대칭으로 형성된다[그림 2-12(b)(i) 참조].

탁도 측정의 한계. 입자광의 파장에 비해 입자 크기가 증가하게 되면 입자간섭패턴의 다른 부분으로부터 빛을 반사하는데 이는 순방향에 부가적이다[그림 2-12(b)(ii)와 (iii) 참조]. 또한 산란광의 강도는 입사광의 파장에 따라 달라진다. 예를 들면 램프블랙(lamp black) 용액의 탁도는 기본적으로 0과 같다. 이 점을 고려하면 탁도 측정은 입사광 파장의 크기 범위 안의 입자와 좀 더 관련이 있다(자외선 영역, 0.3~0.7 μm).

그러므로 동일한 탁도값을 가지는 두 개의 여과된 폐수 시료는 매우 다양한 입자 크기 분포를 가질 수 있다. 탁도 측정의 부가적인 문제는 일부 입자들이 본질적으로 대부분의 빛과 최소한의 입사광의 산란만 흡수한다는 것이다. 또한 큰 입자들의 광산란 특성 때문에 많은 수의 작은 입자들이 검출되지 않는다. 한편 정밀 여과 장치의 성능을 모니터링하는 데 사용되는 일부 온라인 탁도계는 멤브레인을 세척하는 데 사용되는 공기가 입자로 측정되는 경우가 있다.

그러므로 탁도 및 총 부유성 고형물의 농도 사이에는 근본적인 관계가 없으며 탁도만으로는 폐수를 효과적으로 살균할 수 있는지의 여부를 알 수 없다. 따라서 문헌에서 보고된 탁도값을 비교하는 것은 거의 불가능하지만 특정 시설에서의 탁도 측정값은 공정제어에 사용될 수 있다.

탁도 및 총 부유성 고형물(TSS)과의 관계

일반적으로 미처리된 폐수에서 총 부유성 고형물의 농도와 탁도 사이는 관계가 없다. 하지만 활성슬러지공정에서 2차 처리수에서는 탁도와 총 부유성 고형물은 관계가 있다. 일

반적인 관계는 다음에 제시하였다.

$$\text{TSS, mg/L} \approx (\text{TSS}_f)(T) \tag{2-18}$$

여기서 TSS = 총 부유성 고형물, mg/L
TSS_f = 탁도 측정값을 총 부유성 고형물로 전환하는 인자, (mg TSS/L)/NTU
T = 탁도, NTU

전환인자의 특정 값은 각각의 처리장에서 달라질 수 있으며, 주로 생물학적 처리공정의 운영에 따라 변한다. 침전된 2차 처리수와 granular-medium depth filter로 여과시킨 2차 처리수의 전환인자는 일반적으로 각각 2.3~2.4와 1.3~1.6의 값을 갖는다.

색도

상태(*condition*)라는 용어는 폐수를 묘사하기 위해 성분, 농도와 함께 사용되어 왔다. 상태는 냄새와 색도에 의해 질적으로 결정되는 폐수의 오래된 정도를 의미한다. 생하수는 보통 밝은 갈색을 띈다. 하지만 하수가 하수관 내에서 이동시간이 길어짐에 따라 좀 더 혐기성 상태로 진행되고 폐수의 색깔도 회색에서 짙은 회색, 최종적으로 검정색으로 변한다. 폐수가 검정색으로 변했을 때, 폐수는 대개 부패되었다고 한다. 일부 산업폐수가 투입되면서 가정하수의 색이 변한다. 대부분의 경우 폐수의 회색, 짙은 회색, 검정색은 금속성 황화물의 형성에 기인하는데, 이는 혐기성 상태에서 발생된 황화물이 폐수 내의 금속과 반응하여 생성된 것이다.

흡수/투과

용액의 흡광도는 용액의 성분에 의해 특정 파장에서 흡수된 빛의 양을 측정하는 것이다. 흡광도는 분광광도계를 이용하여 고정된 통과거리(보통 1 cm)를 254 nm의 파장으로 측정한다. 흡광도는 식 (2−19)에 나타낸 Beers-Lambert의 공식에 따른다.

$$\log\left(\frac{I}{I_o}\right) = \varepsilon(\lambda)Cx \tag{2-19}$$

여기서 I = 광원으로부터 거리 x에서의 빛의 세기, mW/cm^2
I_o = 광원에서 빛의 세기, mW/cm^2
$\varepsilon(\lambda)$ = 파장 λ에서 빛을 흡수하는 용질의 몰 흡광계수(흡광계수라고도 한다), L/mole · cm
C = 빛을 흡수하는 용질의 농도, mole/L
x = 빛의 통과거리, cm

흡광계수는 밑수 10으로 결정되므로 식 (2−19) 좌변이 자연대수일 때, 우변에 2.303을 곱해 주어야 한다. 식 (2−19)의 우변항은 흡광도로 정의되는데, 이를 $A(\lambda)$라 한다. $A(\lambda)$는 무차원 수이지만 종종 cm^{-1}의 단위로 보고되는데 이는 흡수율 $k(\lambda)$에 해당된다. 만약 빛의 통과거리가 1 cm라면 흡수율은 흡광도와 같아진다.

$$k(\lambda) = e(\lambda)C = \frac{A(\lambda)}{x} \tag{2-20}$$

여기서 $k(\lambda)$ = 흡수율, cm^{-1}
$A(\lambda)$ = 흡광도, 무차원 수

흡광도는 일반적으로 1.0 cm 통과거리로 고정시켜 사용하며 분광광도계로 측정한다.

용액의 투과도는 다음과 같이 정의되는데

$$투과도, T, \% = \left(\frac{I}{I_o}\right) \times 100 \tag{2-21}$$

투과도는 다음의 관계를 이용하여 흡광도 측정으로부터 파장을 얻을 수 있다.

$$T = 10^{-A(\lambda)} \tag{2-22}$$

일반적으로 문헌에서 사용되는 용어는 **퍼센트 투과율**(*percent transmittance*)이다.

$$T, \% = 10^{-A(\lambda)} \times 100 \tag{2-23}$$

그러므로 완전 투명한 용액은 $A(\lambda) = 0$, $T = 1$이며 완전 불투명한 용액은 $A(\lambda) \rightarrow \infty$, $T = 0$이다.

퍼센트 투과율에 영향을 주는 주요 폐수 특성은 무기화합물(예를 들어, 구리, 철), 유기화합물(예를 들어, 유기염료, 휴믹물질, 벤젠과 톨루엔 같은 방향족 화합물), 작은 콜로이드성 입자(0.45 μm 이하)가 있다. 투과율에 영향을 미치는 화합물의 추가적인 세부사항은 12장의 UV 소독에서 나타내었다. 폐수의 처리수준에 따른 전형적인 흡광도와 투과도 값은 12장의 표 12−29에 나타내었다.

예제 2−5 **깊이에 따른 UV강도의 변화** 페트리 접시 내의 물 표면에서 측정한 UV 강도를 10 mW/cm^2으로 하고, 물 깊이가 10 mm일 경우 UV의 평균 강도를 결정하라. 단, 흡수율 $k(\lambda = 254 \text{ nm})$, 1.0 cm^{-1}로 동일

풀이 1. 식 (2−19)의 Beers-Lambert 식을 사용하여 평균 강도를 구한다.

a. 이 문제 대한 그림은 아래와 같다.

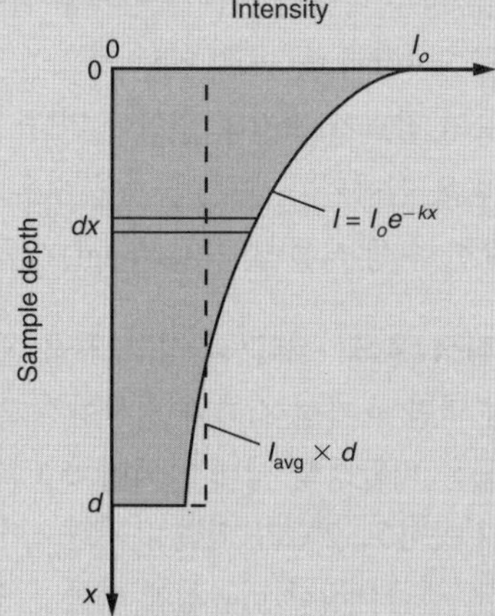

b. 필요한 공식을 세운다.

$$I_{avg} \times d = \int_0^d I_o e^{-kx} dx = -\frac{I_o}{k} e^{-kx} \Big]_0^d = -\frac{I_o}{k} e^{-kd} + \frac{I_o}{k} = \frac{I_o}{k}(1 - e^{-kd})$$

$$I_{avg} = \frac{I_o}{kd}(1 - e^{-kd})$$

2. 10 mm (1 cm) 깊이의 평균 강도를 계산한다.

a. 흡수율, $k = 1.0\ cm^{-1}$(주어진 값)

b. I_{avg}의 풀이

$$I_{avg} = \frac{I_o}{kd}(1 - e^{-kd}) = \frac{(10\ mW/cm^2)}{(1/cm)(1\ cm)}[1 - e^{-(1/cm)(1\ cm)}] = 6.32\ mW/cm^2$$

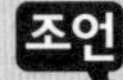
1단계에서 세워진 식은 12장에서 UV 조사량을 계산하는 데 이용된다.

》 온도

폐수의 온도는 가정 및 산업 활동으로 인한 온수의 유입으로 인해 일반 상수도 온도보다 더 높다. 물의 비열은 공기의 비열보다 매우 크므로, 폐수의 온도는 아주 더운 여름 기간을 제외하고는 폐수발생지역의 대기 온도보다 높다. 미국의 폐수 온도는 지리적 위치에 따라 3~27°C (37~81°F)이며, 평균 15.6°C (60°F)정도이다. 아프리카나 중동 국가의 경우에는 폐수의 온도가 30~35°C (84~98°F)까지도 보고되었다. 유입 폐수의 온도 변화 예상은 그림 2-13에 나타나 있으며, 측정 위치와 계절에 따라 유입 폐수의 온도에 상응하는 유출 폐수 온도는 다소 높거나 낮기도 한다.

온도의 영향. 수온은 화학반응과 반응속도, 수생 생물 및 물의 유용성에 영향을 미치는 매우 중요한 척도이다. 예를 들어 수온이 증가한다면 수역의 어류 종에 변화를 초래할 수 있다. 산업시설에서는 지표수를 냉각수로 사용하기 때문에 지표수의 취수온도가 특히 중요하다.

게다가 용존산소량은 따뜻한 물에서 차가운 물에서보다 감소한다. 수온의 증가는 생화학반응속도 증가로 이어지고, 이로 인해 지표수의 용존 산소량이 감소하며 특히 여름에는 용존산소 농도의 심각한 고갈의 원인이 된다. 대량의 온수가 수역에 배출되는 경우에 이러한 현상은 더욱 심화된다. 또한 급격한 수온의 변화로 인한 수생 생물들의 폐사율이 높아지고 불필요한 수생 식물 및 균류(fungi)가 증식한다.

생물학적 활동의 최적 온도. 세균 활성의 최적 온도는 약 25~35°C이며 온도가 50°C 이상으로 상승하게 되면 호기성 소화와 질산화가 멈춘다. 온도가 15°C 이하로 떨어지게 되면 메탄생성 세균은 비활성화 상태가 되며, 5°C가 되면 독립영양 질산화 세균이 실질적으로 역할을 하지 못하고, 2°C가 되면 유기탄소화합물을 이용하는 종속영양 세균 또한 기능이 멈추게 된다. 생물학적 처리과정에 대한 온도의 영향은 7장과 8장에 자세히 기술하였다.

반응속도와 온도의 상관관계. 평형상수와 용해도 곱 상수, 특정 반응속도상수는 모두 온도의 영향을 받는다. 1장에서 설명한 대로 속도, 평형상수와 온도의 관계는 van't Hoff-Arrhenius 식에 기초한다.
속도상수 k_1의 온도를 안다면, 아래 식 (1-44)를 이용하여 다른 온도일 때의 속도상수 k_2를 구할 수 있다. van't Hoff-Arrhenius 식에 대한 설명은 1장 1-6절에 기술하였다.

$$\frac{k_2}{k_1} = \theta^{(T_2 - T_1)} \tag{1-44}$$

여기서 온도계수 θ는 일정하다고 가정되지만, 온도에 따라 상당히 변한다. 따라서 다른 온도 범위에서 사용할 때는 적절한 값을 선정하여야 한다(예제 1-1 참조). 다양한 공정의 온도 범위에 대한 일반적인 값은 각 주제를 설명하는 부분에 기술하였다.

폐수의 열에너지 함량

폐수의 총 에너지 함량은 폐수 내 열 및 유기성분으로 구성된다. 폐수의 에너지 함량은 새로운 기술과 개념을 평가하는 데 있어 중요한 고려사항이다. 일반적으로 폐수 내 총 에너지 함량은 폐수처리장 운영에 필요한 에너지의 2~4배이다. 폐수 내 열에너지와 화학 에너지원은 2-6절에서 다루도록 하겠다.

폐수의 열에너지는 가정 또는 산업에서 사용한 용수에서 열에너지를 얻는다. 가정 용수에서는 주로 세탁, 설거지, 목욕에 사용되는 물 등이 있다. 음용수의 수온은 일반적으로 4.5~10°C (40~50°F)이지만 가정으로부터 배출되는 폐수의 수온은 통상적으로

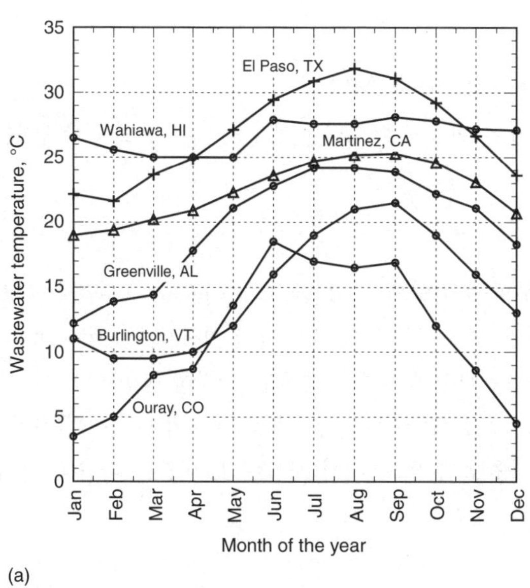

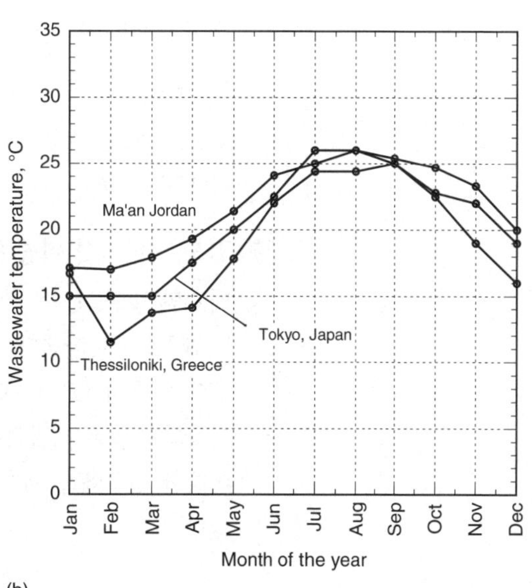

그림 2-13

일반적인 월별 유입폐수 온도의 변화. (a) 미국의 여러 지역에서, (b) 전 세계의 특정 국가에서

15~28°C (60~80°F)에 이른다. 폐수의 온도는 폐수처리시설의 시스템 특성, 계절에 따라 다양하지만 대체적으로 15~24°C (60~75°F)이다.

폐수의 열 함량은 20°C에서 물의 비열 4.1816 J/g · °C을 고려하여 구할 수 있다. 따라서 1000 m^3당 10°C의 차이는 41,816 MJ/10°C · 10^3 m^3과 같다. 폐수의 열을 열펌프를 사용하여 복구할 수 있지만(17장 참조), 회수된 열을 항시 사용해야 경제적 타당성이 뒷받침된다. 폐수로부터 회수된 열에너지는 후속공정을 위해 스크리닝, 슬러지, 폐수 부산물 등을 제거하기 위한 유기 물질 건조에 사용될 수 있다.

》 전기전도도

물의 전기전도도는 물이 전류를 운반할 수 있는 정도를 나타내며 전류는 용액의 이온을 통해 운반되기 때문에 전도도의 증가는 이온의 농도 증가를 나타낸다. 실제로, 측정된 전기전도도 값은 총 용존고형물(TDS)의 대응하는 값으로 사용된다. 물의 전기전도도는 농업용수로의 적합성을 결정하는 데 중요한 조건 중 하나이다. 관개에 사용된 폐수의 전기전도도를 측정함으로써 폐수의 염분을 추정한다.

전기전도도는 SI 단위로 미터당 밀리지멘스(mS/m)를 사용하며 미국 단위계에서는 센티미터당 마이크로모스(μmho/cm)를 사용하며 1 mS/m는 10 μmho/cm와 같다. 식 (2-24)를 참조하여 전기전도도 측정값에 기초하여 물의 총 용존고형물을 추정할 수 있다(Standard Methods, 2012).

$$\text{TDS (mg/L)} \cong \text{EC } (\mu\text{S/cm or } \mu\text{mho/cm}) \times (0.55 \sim 0.70) \tag{2-24}$$

위 식은 원수 또는 고도 산업폐수에 반드시 적용되는 것은 아니지만 화학 분석에 사용할 수 있는 관계식이다(Standard Methods, 2012).

또, 전기전도도는 밑의 식을 이용하여 용액의 이온 세기를 분석하는 데 사용될 수 있다(Russell, 1976).

$$I = 1.6 \times 10^{-5} \times \text{EC } (\mu\text{S/cm or } \mu\text{mho/cm}) \tag{2-25}$$

식 (2-25)는 지하수 충전 또는 함양으로 처리된 폐수의 이온 강도를 추정하는 데 사용된다(13장 참조).

》 밀도, 비중 및 비중량

폐수의 밀도 ρ_w는 단위 부피당 질량으로 SI 단위로는 g/L를 사용하며 U.S. 단위로는 lb_m/ft^3으로 나타낸다. 침전조, 염소접촉조 및 기타 공정에서 밀도류(density currents) 형성에 영향이 있으므로 밀도는 폐수에서 매우 중요한 물리적 특성이다. 산업폐수가 다량 포함되지 않은 생활하수의 밀도는 같은 온도에서 물의 밀도와 비슷하다(부록 참조).

어떠한 경우에는 폐수의 비중 s_w가 밀도 대신 사용된다. 비중은 다음과 같이 나타낼 수 있다.

$$s_w = \frac{\rho_w}{\rho_o} \tag{2-26}$$

여기서, ρ_w = 폐수의 밀도

ρ_o = 물의 밀도

폐수의 밀도와 비중은 온도에 의존하고, 폐수의 총 고형물 농도에 의해 변한다.

유체의 비중(γ)은 단위 부피당 무게이다. 비중은 SI 단위로는 kN/m^3, U.S. 단위로는 lb_f/ft^3으로 나타낸다. γ, ρ, 중력가속도(g)의 관계는 $\gamma = \rho g$이다. 보통 온도에서 $\gamma = 9.81$ k/m^3 (62.4 lb_f/ft^3)이다. 온도에 따른 밀도와 비중량의 SI, U.S. 단위는 부록 C에 나타나 있다.

2-4 무기성 비금속 성분

폐수의 화학성분은 대게 무기물과 유기물로 분류한다. 무기화학성분은 영양물질, 비금속 성분, 가스 등을 포함한다. 이 절에서의 무기성 비금속 성분은 pH, 질소, 인, 알칼리도, 염소, 황, 다른 무기성분, 가스, 그리고 냄새 등을 다룬다. 금속 성분은 2-5절에서 다룬다.

무기성 비금속 성분의 근원

폐수의 무기성 비금속 성분은 상수, 지하수, 가정에서의 유입, 광물 농도가 높은 우물이나 지하수로부터의 유입, 그리고 산업체로부터의 유입으로 발생할 수 있다. 생활용수나 산업용수의 연수화가 무기물 함량의 증가에 크게 기여하는데, 몇몇 지역에서는 주요 발생원이 되기도 한다. 때때로는 개인 우물이나 지하수가 유입되어 폐수의 무기물 농도를 희석시키는 역할을 한다. 다양한 무기성분이 폐수를 유익한 용도로 만드는 것에 큰 영향을 미치기 때문에 각 폐수의 성분들은 개별적으로 고려되어야 한다.

pH

대부분 화학성분의 농도는 용액의 수소이온 농도에 따라 변하며, 수소이온 농도는 자연수와 폐수 둘 다 중요한 수질 항목이다. 수소이온 농도는 일반적으로 pH로 나타내는데, 이는 수소이온 농도의 상용대수의 음수로 정의한다.

$$pH = -\log_{10}[H^+] \tag{2-27}$$

대부분 생물의 생존에 알맞은 pH 범위는 매우 좁다(보통 6~9). 수소이온 농도가 높은 폐수는 생물학적으로 처리하기 힘들며, 배출되기 전에 pH를 조절하지 못하면 폐수 방류수는 자연수의 pH를 변경시킬 수 있다. 환경에서 방류수가 배출될 때 허용 pH의 범위는 대체적으로 6.5~8.5이다.

물에서의 수소이온 농도는 물 분자의 해리와 밀접한 관계가 있다. 물은 다음과 같이 수소이온과 수산화이온으로 해리된다.

$$H_2O \rightleftarrows H^+ + OH \tag{2-28}$$

질량작용의 법칙[식 (2-7)]을 식 (2-28)에 적용하면

$$\frac{[H^+][OH^-]}{[H_2O]} = K \tag{2-29}$$

여기서 괄호는 그 성분의 농도(mole/L)를 나타낸다. 묽은 수용액 중의 물의 농도는 거의 일정하므로, 그 값을 평형상수 K에 포함시켜 나타내면

$$[H^+][OH^-] = K_w \quad (2\text{-}30)$$

K_w를 물의 이온화상수 또는 이온도적이라 하면 25°C에서의 값은 대략 1×10^{-14}이다. 수소이온 농도를 알 때 식 (2-30)을 사용하면 수산화이온의 농도를 계산할 수 있다.

수산화이온농도의 −로그를 pOH로 나타내는데, 식 (2-30)에서 25°C일 때의 pH와 pOH의 관계는 다음과 같다.

$$pH + pOH = 14 \quad (2\text{-}31)$$

대체적으로 수용액의 pH는 pH 미터로 측정할 수 있다(그림 2-14 참조). 일정한 pH 값에서 색이 변하는 다양한 pH 시험지와 지시약도 사용된다. pH는 용액의 색 또는 시험지의 색을 표준액과 비교하여 결정할 수 있다.

염화물

염화물은 처리된 폐수의 재사용에 영향을 미칠 수 있으므로 폐수의 중요한 성분이 된다. 자연수에서 염화물은 이를 함유한 암석이나 토양이 물의 접촉으로 용출될 수 있고, 해안 지역에서는 바닷물의 침투로 인하여 발생하게 된다. 게다가 농업, 산업, 도시하수가 지표수로 배출되면 염화물의 근원이 된다.

예를 들어, 인간의 배설물에는 약 6 g/인 · 일의 염화물이 함유되어 있다. 물의 경도가 높은 지역에서는 가정용 재생 연수기 또한 염화물이 다량 함유되어 있다. 재래식 폐수처리 방법에서는 염화물이 상당한 정도까지 제거하지 않으므로 염화물의 농도가 통상 농도보다 높게 나타난다. 염수에 가까운 하수관거로 침투되는 지하수도 역시 황산염과 염화물의 잠재적인 발생원이다.

알칼리도

폐수의 알칼리도는 칼슘, 마그네슘, 나트륨, 칼륨, 암모니아와 같은 성분에 수산화이온 $[OH^-]$, 탄산이온$[CO_3^{2-}]$, 중탄산이온$[HCO_3^-]$이 존재하는 것이 원인이다. 이들 중에서 칼슘, 마그네슘, 중탄산이온이 가장 일반적이다. 붕소이온, 실리카이온, 인산이온 그리고 유사한 화합물 역시 알칼리도를 함유한다. 폐수의 알칼리도는 산의 첨가에 의한 pH의 변화를 억제하는 데 도움이 된다. 상수, 지하수, 그리고 생활용수의 사용에서 첨가되는 물질 등으로 인한 알칼리도 때문에 대개 폐수는 알칼리성이다. 폐수의 알칼리도는 화학적 처리와 생물학적 처리가 사용되는 경우(6, 7장), 생물학적 영양염류제거(8장), 그리고 탈기에 의해 암모니아를 제거할 경우(11, 15장)에 중요하다.

알칼리도는 표준 산에 대한 적정으로 결정하는데, 그 결과는 $CaCO_3$ mg/L로 표시한다. 대부분 알칼리도는 몰 농도로 결정될 수 있는데, 다음과 같은 식을 이용할 수 있다.

$$\text{Alk, eq/m}^3 = \text{meq/L} = [HCO_3^-] + 2[CO_3^{2-}] + [OH^-] - [H^+] \quad (2\text{-}32)$$

당량으로 대응하는 식은 다음과 같다.

$$\text{Alk, eq/m}^3 = (HCO_3^-) + (CO_3^{2-}) + (OH^-) - (H^+) \quad (2\text{-}33)$$

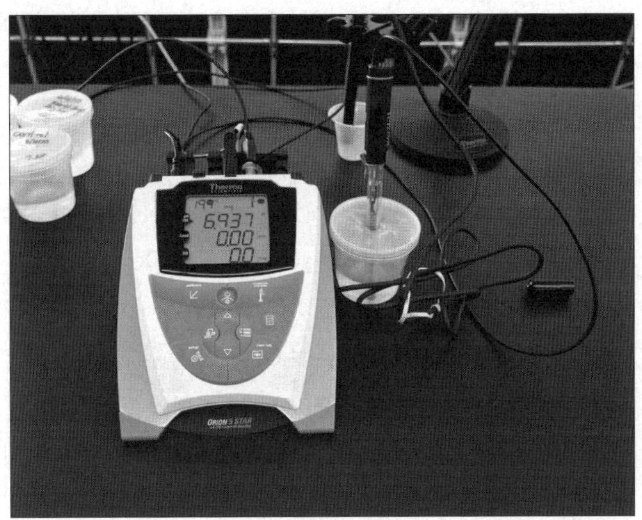

그림 2-14
일반적으로 pH 및 특정 이온 농도 측정에 사용되는 측정기

실제 알칼리도는 탄산칼슘으로 나타낸다. meq/L를 mg/L as $CaCO_3$로 변환하기 위해 다음 식을 이용한다.

$$\text{Milliequivalent mass of } CaCO_3 = \frac{(100\ \text{mg/mmole})}{(2\ \text{meq/mmole})} = 50\ \text{mg/meq} \tag{2-34}$$

따라서 3 meq/L 알칼리도는 150 mg/L as $CaCO_3$로 나타난다.

$$\text{알칼리도, Alk as } CaCO_3 = \frac{3.0\ \text{meq}}{\text{L}} \times \frac{50\ \text{mg } CaCO_3}{\text{meq } CaCO_3} = 150\ \text{mg/L as } CaCO_3$$

질소

질소와 인은 미생물과 식물의 성장에 필수적이며, 영양물질 또는 생물촉진제로 알려져 있다. 생물학적인 성장에는 철과 같은 다른 미량 원소도 필요하지만 대개의 경우 인이 가장 중요한 영양소가 된다. 질소는 단백질 합성의 필수 원소이기 때문에 폐수의 생물학적 처리 가능성을 평가하고자 할 때 질소에 관한 자료가 필요하다. 수처리 공정에서 질소의 양이 불충분하면 첨가해야 할 경우도 있다. 생물학적 폐수처리에서 질소요구량에 관한 내용은 7, 8장에서 다루었다. 수역에서의 조류의 성장을 조절하려면 폐수 중의 질소를 제거하거나 감소시킨 후 방류수를 배출해야 할 것이다.

질소의 발생원. 질소화합물의 주요 발생원은 (1) 식물과 동물의 질소 성분, (2) 질산나트륨, (3) 대기 중의 질소이다. 석탄의 일종인 역청탄(bituminous coal)의 증류에서 발생된 암모니아는 부패된 식물체로부터 얻는 질소의 예이다. 질산나트륨($NaNO_3$)은 칠레의 광물에서 주로 발견되고, 바다 조류 서식지(sea bird' rookery)의 거름에서도 발견된다. 대기로부터 질소를 생산하는 것을 **질소고정**이라고 한다. 고정은 생물학적 과정이고,

$NaNO_3$ 침전은 상대적으로 희귀하기 때문에 토양이나 지하수의 질소 대부분은 생물에서 기인한다.

질소의 형태. 질소의 화학적 성질은 복잡하다. 왜냐하면 질소는 다양한 산화 상태를 띠고 산화 상태의 변화가 생물체에서 유발되기 때문이다. 더 복잡해지는 것은, 세균에 의해 유발된 산화 상태가 호기성, 혐기성 조건에 따라 양이나 음으로 바뀐다는 것이다. 질소의 산화 상태는 다음과 같다(Sawyer et al., 2003):

$$\begin{array}{ccccccc} -\text{III} & 0 & \text{I} & \text{II} & \text{III} & \text{IV} & \text{V} \\ NH_3 — & N_2 — & N_2O — & NO — & N_2O_3 — & NO_2 — & N_2O_5 \end{array} \tag{2-37}$$

폐수에서 가장 일반적이고 중요한 질소형태와 물과 토양 환경에서의 산화상태는 암모니아(NH_3, −III), 암모늄(NH_4^+, −III), 질소가스(N_2, 0), 아질산이온(NO_2^-, +III), 그리고 질산이온(NO_3^-, +V)이다. 대부분 유기화합물에서 질소의 산화 상태는 −III이다.

표 2-6에 나타난 바와 같이 총 질소는 유기질소, 암모니아, 아질산, 질산으로 되어 있다. 유기질소는 아미노산, 아미노당, 단백질(아미노산 중합체) 등이 복잡하게 혼합된 화합물로 구성되어 있다. 유기물을 구성하는 성분은 용해되어 있거나 입자로 존재하며 물이나 토양 환경에서 미생물의 활동에 의해 질소성분은 즉시 암모늄으로 전환된다. 요소(urea)는 즉시 탄산암모늄으로 전환되며 미처리된 도시하수에서는 거의 발견되지 않는다.

유기질소는 Kjeldahl 방법을 사용하여 분석한다. 수용액 시료를 우선 끓여 암모니아를 제거하고 이를 분해(digestion)한다. 분해되는 동안 유기질소는 열과 산에 의해 암모늄으로 전환된다. 총 Kjeldahl 질소(TKN)는 분해단계 전에 암모니아를 제거하지 않는 것만 제외하고는 유기질소 측정법과 같다. 따라서 총 Kjeldahl 질소는 유기질소와 암모니아 질소의 합이다. 다른 방법은 과황산 분해법으로, 고온(100~110℃에서 한 시간 동안 멸균처리)에서 황산칼륨과 수산화나트륨을 추가하여 유기질소를 질산성 질소로 산화시키는 방법이다. 만약 시료가 NH_4−N, NO_2−N, NO_3−N을 포함한다면 총 질소 농도에서 유기질소 농도를 결정하는 데 황산의 분해로 인해 그 농도가 낮아질 수 있다.

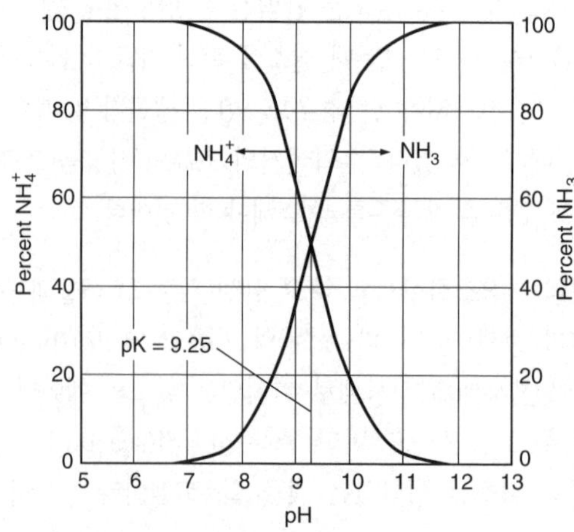

그림 2-15
25℃에서 pH에 따른 암모니아(NH_3)와 암모늄이온(NH_4^+)의 분포

수용액에서 암모니아 질소는 수용액의 pH에 따라 다음 평형 반응과 같이 암모늄 이온(NH_4^+)이나 암모니아 가스(NH_3)로 존재한다.

$$NH_4^+ \rightleftarrows NH_3 + H^+ \quad (2\text{-}38)$$

질량작용의 법칙[식 (2−7)]을 식 (2−38)에 적용하면

$$\frac{[NH_3][H^+]}{[NH_4^+]} = K_a \quad (2\text{-}39)$$

여기서, K_a = 25°C일 때 산 이온화(용해) 상수 = $10^{-9.25}$ 또는 5.62×10^{-10}

암모니아의 분포는 pH의 함수이기 때문에 암모니아의 비율은 다음 식으로 계산된다:

$$NH_3,\% = \frac{[NH_3] \times 100}{[NH_3] + [NH_4^+]} = \frac{100}{1 + [NH_4^+]/[NH_3]} = \frac{100}{1 + [H^+]/K_a} \quad (2\text{-}40)$$

식 (2−40)으로부터 pH에 따른 암모니아 분포는 그림 2−15와 같다. pH 7 이상에서는 평형이 왼쪽으로 이동하며, pH 7 이하에서는 암모늄이온이 대부분이다. 암모니아는 pH를 증가시키고 시료를 끓여 수증기와 함께 암모니아를 증류하고 기화된 암모니아를 응축하여 측정한다. 측정방법은 비색법이나 적정, 또는 이온 전극을 이용한다.

아질산성 질소는 상대적으로 불안정하고 쉽게 질산이온 형태로 산화된다. 이것은 안정화 과정에서 과거 오염의 지표로서 폐수에서는 1 mg/L, 지표수나 지하수에서는 0.1 mg/L를 초과하지 않는다. 낮은 농도로 존재하지만 아질산이온은 폐수나 수질오염 연구에 매우 중요한데, 아질산이온은 대다수의 물고기와 수중생물에 유독성이 높기 때문이다. 폐수 유출수에 있는 아질산이온은 염소에 의해서 산화되어 염소 투여량과 소독 비용을 증가시키게 된다.

질산성 질소는 폐수의 질소 중에서 가장 높게 산화된 형태이다. 2차 처리수를 지하수에 공급하는 경우에는 질산염의 농도가 중요하다. 미국 EPA의 음용수 기준(U.S. EPA, 1977)에서는 유아에 대한 심각하고 치명적인 영향 때문에 질산이온(NO_3−N)의 농도를 10 mg/L as NO_3−N 이하로 규제하고 있다. 폐수 유출수 중의 질산이온 농도는 0~20 mg/L as N이다. 질산화가 완전히 일어났을 경우 평균 약 15~25 mg/L as N이다.

표 2−6
다양한 질소화합물을 정의한 용어

질소형태	약자	정의
암모니아 가스	NH_3	NH_3
암모늄이온	NH_4^+	NH_4^+
총 암모니아 질소	TAN[a]	$NH_3 + NH_4^+$
아질산이온	NO_2^-	NO_2^-
질산이온	NO_3^-	NO_3^-
총 무기질소	TIN[a]	$NH_3 + NH_4^+ + NO_2^- + NO_3^-$
총 Kjeldahl 질소	TKN[a]	Organic N + $NH_3 + NH_4^+$
유기질소	Organic N[a]	TKN − ($NH_3 + NH_4^+$)
총 질소	TN[a]	Organic N + $NH_3 + NH_4^+ + NO_2^- + NO_3^-$

[a] 모든 종류는 N으로 표현한다.

아산화질소(N_2O)는 온실가스로서 CO_2의 약 300배의 영향을 미친다(U.S. EPA, 2008). 인간의 활동으로 인한 농업이 N_2O의 주요 발생원인이지만 화석연료의 연소, 나일론의 제조도 다른 인위적 원인이다(Maier et al., 2009). 아산화질소는 광분해로 일산화질소(NO)로 전환되며 전환된 일산화질소는 지구의 오존층을 파괴시킨다. 생물학적 폐수처리에서 질산화 및 탈질 공정에서의 아산화질소와 일산화질소의 생성은 7장에서 다루어져 있다. 이산화질소(NO_2)는 적갈색을 띠는 독성 가스로 고온에서 산소에 의해 N_2가 산화되어 형성되는데, 내연기관과 발전소가 주요 원인이 된다.

폐수에서의 질소 성분. 생물학적 영양물질 제거가 보편화되면서 여러 가지 유기질소의 형태에 대한 자료가 중요해지고 있다. 주요 형태는 입자이거나 용해된 상태이다. 생물학적 처리과정에서 입자와 용해된 형태의 유기질소는 폐수의 처리 정도를 평가하기 위해 더욱 세분화된다(8장의 8-2절 참조). 세부적으로 (1) 자유 암모니아, (2) 생분해 가능한 용해성 유기질소, (3) 생분해 가능한 입자성 유기질소, (4) 생분해되지 않는 용해성 유기질소, (5) 생분해되지 않는 입자성 유기질소로 분류되고 있다. 비생분해성 질소 성분의 존재는 추가적인 처리공정 없이 낮은 농도의 질소 성분 방류 규제를 만족시키는 것을 어렵게 한다. 불행히도 유기질소의 입자성과 용해상태의 정의에 대해 표준화작업이 거의 되어 있지 않다(2-3절 참조). 여과를 이용하여 시료를 분류할 경우, 유기질소의 입자성 형태와 용해성 형태의 상대적 분포는 사용하는 여과지의 공극 크기에 따라 변하게 된다. 많은 경우 콜로이드 형태의 유기질소는 용해성 물질이나 입자로 분류되어 왔다. 표준화된 정의가 없는 것 또한 총 구성성분에 영향을 미친다.

부영양화로 인해 지표수의 수질이 악화된 지역에서는 보다 엄격한 배출 허용 기준을 요구하기 때문에 유출수의 총 질소(TN) 농도 기준은 일반적으로 3.0 g/m^3로 적용되어 왔다. 이러한 경우, 유출수의 수용성 유기질소(SON) 농도는 TN 농도의 40%를 차지한다. 또한 비분해성 SON은 생물학적으로 영양염류를 제거하는 고도처리를 거쳐도 남아 있고, 포기 시간이 증가함에 따라 SON이 증가하는 것으로 나타났다(Makinia et al., 2011). 무기질소 형태는 조류의 성장을 위해 즉시 사용될 수 있다. 최근 조류 성장에 SON이 미치는 영향이 조사되고 있는데, 조류의 생물 분석 연구에 의하면, 유출수 SON의 20~40%는 조류 성장에 즉시 사용될 수 없는 형태로, 소수성이거나 휴믹질(humic) 또는 고분자화합물 형태이다.

자연에서 질소 순환 경로. 자연에 존재하는 질소의 여러 가지 형태와 이들 형태가 변하는 경로를 그림 2-16에 나타내었다. 생폐수에 존재하는 질소는 주로 단백질과 요소에 결합되어 있다. 이들은 세균에 의하여 분해되어 곧 암모니아로 된다. 따라서 암모니아의 상대적 양으로부터 폐수가 언제 배출된 것인지를 알 수 있다. 호기성 환경에서 세균은 암모니아성 질소를 아질산이온과 질산이온으로 산화시킬 수 있다. 폐수 중에 질산성 질소가 많으면, 이는 산소요구량 측면에서 안정화되어 있음을 나타낸다. 그러나 질산이온은 식물이나 동물이 섭취하여 단백질을 만든다. 식물과 동물이 사멸/분해되어 나온 단백질이 세균에 의하여 암모니아로 생성된다. 따라서 질산이온 형태의 질소가 조류나 기타 식물이 이용하여 단백질을 만드는 데 재사용될 수 있다면 이들의 성장을 방지하기 위해서는

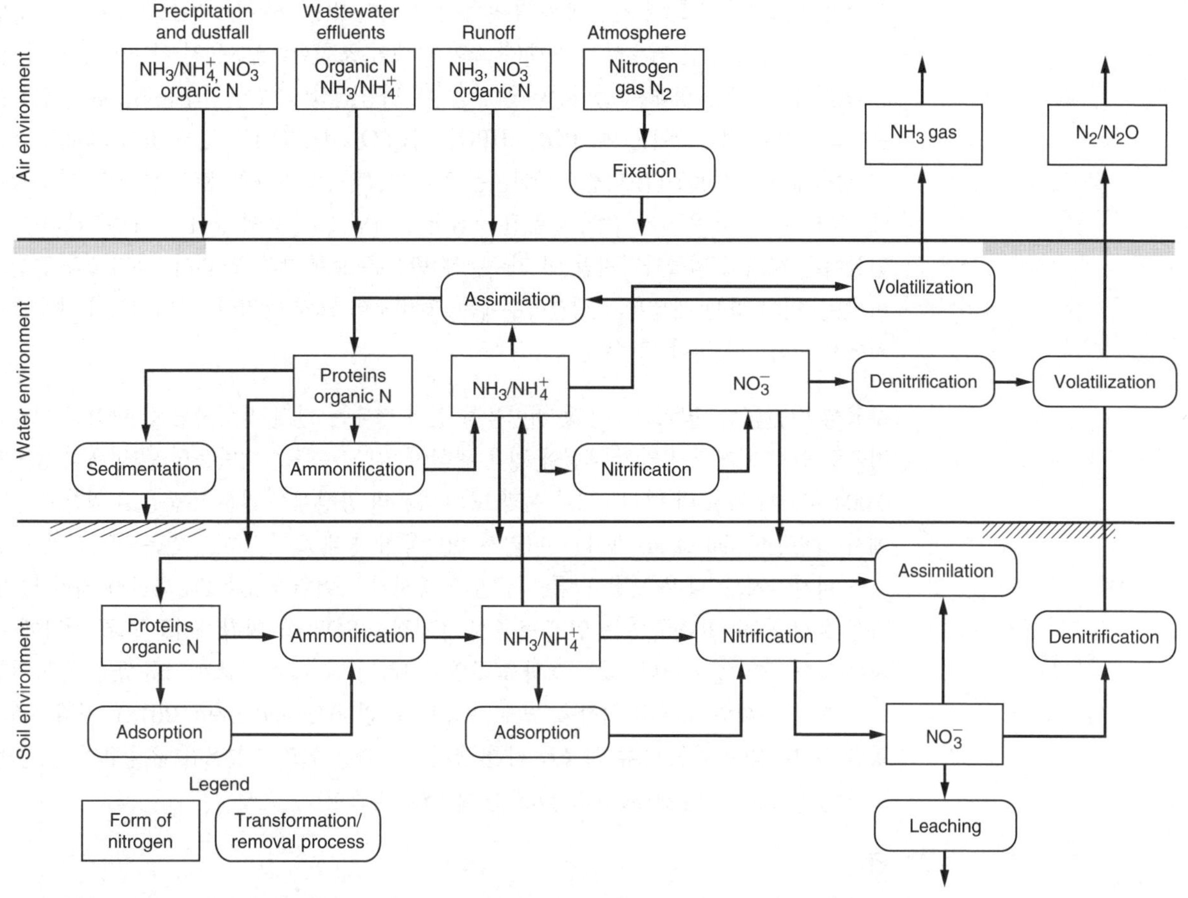

그림 2–16
환경에서의 일반적인 질소 순환

질소를 제거하거나 줄여야 한다.

인

인 역시 조류나 농작물 및 다른 생물학적 유기체 성장에 필수적이다. 질소와 달리 인은 기체 형태로 대기로 배출될 수 없다. 현재 자연유출과 가정하수 및 산업폐수의 유입으로 인해 지표수에 유해적조가 발생되어 이를 제어할 수 있는 인 화합물의 양에 대한 관심이 높아지고 있다.

더욱이, 지속 불가능한 인 채굴과 잠재적인 인 부족은 15장에 설명된 대로 폐수로부터 인의 재사용에 대한 공정개발을 주도하고 있다. 예를 들면 일반적으로 도시하수 중의 인 함유량은 3.7~11 mg/L as P 정도이다(3장의 표 3–18 참조).

폐수의 인. 폐수의 인은 크게 입자성과 용존성으로 분류할 수 있다. 이들 각각을 더 분류하면 반응성 및 비반응성으로 구분할 수 있다. 반응성 인은 예비 가수분해나 산화분해 없이 비색실험에 대한 반응의 형태로 정의된다. 소위 반응성 정인산이온은 수용성 형태뿐만 아니라 침전물에 가볍게 부착 또는 흡착되어 있는 형태를 포함한다. 비반응성 인의 유기적 형태는 산 가수분해 형태와 소화 형태를 포함한다. 수용액 상태에서 볼 수 있는 인의 용해 가능 형태는 정인산이온(반응성), 다중인산이온(산 가수분해), 유기 인산이온(소화)이다. 정인산이온(예: PO_4^{3-}, HPO_4^{2-}, $H_2PO_4^-$, H_3PO_4)은 분해 없이 그대로 생물의 신진대사에 이용된다. 다중인산이온은 2개 이상의 인 원자와 산소 원자 그리고 경우에 따라서는 수소 원자가 같이 결합된 복잡한 분자인데, 수용액 중에서 가수분해되어 정인산이온 형태로 되돌아가지만 이 가수분해 반응은 보통 매우 느리다. 유기물과 결합되어 있는 인의 양은 대부분의 생활하수에는 그 비중이 크지 않지만, 산업폐수나 폐수슬러지에서는 핵심 성분이 될 수 있다.

수용성 비반응성 형태. 수용성 비반응성 인의 형태는 현재의 생물학적, 화학적 처리공정으로 쉽게 제거되지 않기 때문에 많은 관심이 있다. 수용성 비반응성 인 형태의 농도가 0.004~0.042 g/m^3의 범위는 3차 여과 또는 막분리 공정에서 많은 약품을 주입한 유출수에서 발견된다(Gu et al., 2011). 따라서 비반응성 형태로 존재하는 인은 비생분해성 질소와 마찬가지로, 매우 낮은 방류 기준을 만족시키기 어렵게 만든다. 화학적 처리 및 입자성 물질 제거 후 잔류하는 인은 용존성 유기질소(SON)도 마찬가지로 조류 성장에 미치는 영향 또한 중요하다. 많은 명반을 주입한 3차 처리 폐수 시료는 조류생물 검정 시험으로 모든 종류의 조류의 성장을 쉽게 측정할 수 없다(Li and Brett, 2012). 처리수준과 명반 주입량을 높이면 조류 성장을 위한 생체 활용가능 인의 백분율은 유출수의 총 인 농도가 0.50 g/m^3일 때 60%, 0.02 g/m^3일 때 15% 감소한다.

》 황

황이온은 대부분의 상수에서 자연적으로 나타나고 폐수 중에도 존재한다. 황은 단백질 합성에 필요하며 단백질이 분해되면 다시 방출된다. 황산이온은 혐기성 조건에서 미생물의 작용으로 황화물로 환원되며 수소이온과 결합하여 황화수소(H_2S)로 될 수 있다. 일반적인 반응식은 다음과 같다.

$$\text{유기물질} + SO_4^{2-} \xrightarrow{\text{bacteria}} S^{2-} + H_2O + CO_2 \tag{2-41}$$

$$S^{2-} + 2H^+ \rightarrow H_2S \tag{2-42}$$

만약 젖산이 유기성분의 전구체로 사용된다면 황산이온에서 황화물로의 환원은 다음과 같이 일어난다.

$$\underset{\text{젖산}}{2CH_3CH(OH)COOH} + \underset{\text{황산이온}}{SO_4^{2-}} \xrightarrow{\text{bacteria}} \underset{\text{아세트산}}{2CH_3COOH} + \underset{\text{황화이온}}{S^{2-}} + 2H_2O + 2CO_2 \tag{2-43}$$

흐름이 전혀 없는 하수관에서 하수 위 공간으로 확산되는 황화수소(H_2S)가스는 관의 중앙부 부위에 모인다. 이렇게 축적된 황화수소는 콘크리트 하수관의 부식을 유발하는 황산으로 생물학적으로 산화된다. “Crown rot”이라고 알려진 이러한 부식 효과는 하수관의 구조를 심각하게 위협한다(ASCE, 1989; U.S. EPA, 1985a).

황산이온은 슬러지 소화조에서 황화물로 환원되는데, 황화물 함유량이 200 mg/L를 넘게 되면 생물학적 처리과정에 지장이 있을 수 있다. 다행히도 이러한 농도는 거의 드물다. 황화수소 가스는 배출되어 하수가스(CH_4 + CO_2)와 섞여 가스관을 부식시키고 가스 엔진에서 연소되면 그 생성물이 엔진을 손상시키고 특히 이슬점(dew point) 이하로 냉각시켰을 때 배기가스 열 회수설비(exhaust gas heat recovery equipment)를 심각하게 부식시킬 수 있다.

» 기체

미처리 폐수에서 발견되는 기체는 보통 질소(N_2), 산소(O_2), 이산화탄소(CO_2), 황화수소(H_2S), 암모니아(NH_3), 메탄(CH_4)이 있다. 앞의 세 기체(N_2, O_2, CO_2)는 대기 중의 흔한 성분으로서 공기와 접하는 물에는 어디에나 들어 있다. 뒤의 세 기체(H_2S, NH_3, CH_4)는 폐수 중에서 유기물질의 분해로 생기는 기체로서 작업자의 건강과 안전과 관련하여 관심 대상이 되고 있다. 미처리 폐수 중에는 들어 있지 않지만 환경기술자가 알아야 할 또 다른 기체로서 염소(Cl_2)와 오존(O_3)(살균 및 냄새 제거용), 황과 질소 산화물(연소과정에서)등이 있다. 여기서는 위에 언급된 미처리 폐수 중에 포함된 기체에 관하여서만 논의하기로 한다. 대개의 경우 미처리 폐수 중의 암모니아는 암모늄이온의 형태이다("질소"항 참고). 그러나 개별 기체들을 논의하기 전에 이상기체법칙을 검토하고 기체의 물에 대한 용해도와 이 기체들에 적용되는 헨리의 법칙(Henry's law)을 고려하는 것이 유용할 것이다.

물에서 기체의 용해도. 용액 속에 존재하는 기체의 실제 양은 (1) 헨리의 법칙에 의해 정의되는 기체의 용해도, (2) 대기 속 기체의 분압, (3) 온도, (4) 물속의 불순물(예: 염도, 부유고형물 등) 농도에 의해 좌우된다.

이상기체법칙. 보일의 법칙(Boyle's law, 기체의 부피는 일정 온도에서 압력에 반비례한다)과 샤를의 법칙(Charles's law, 기체의 부피는 일정 압력에서 온도에 비례한다)으로부터 유도된 이상기체법칙은 다음과 같다.

$$PV = nRT \tag{2-44}$$

여기서, P = 절대압력, atm

V = 기체가 차지하는 부피, L, m^3

n = 기체의 몰 수, mole

R = 기체 상수, 0.082057 atm · L/mole · K

= 0.000082057 atm · m^3/mole · K

T = 절대온도, K(273.15 + °C)

통상적인 기체법칙을 이용하면 1 mole의 기체가 표준온도[0°C, (32°F)]와 압력(1.0 atm)에서 차지하는 부피는 22.414 L이다.

$$V = \frac{nRT}{P}$$

$$V = \frac{(1\text{ mole})(0.082057\text{ atm}\cdot\text{L/mole}\cdot\text{K})[(273.15 + 0)\text{K}]}{1.0\text{ atm}} = 22.414\text{ L}$$

다음 관계식은 이상기체법칙에 근거하여 기체의 농도를 ppm_v와 $\mu g/m^3$으로 전환할 때 사용된다.

$$\mu g/m^3 = \frac{(\text{concentration, ppm}_v)(\text{mw, g/mole of gas})(10^6\ \mu g/g)}{(22.414 \times 10^{-3}\ m^3/\text{mole of gas})} \tag{2-45}$$

식 (2-45)를 응용하는 문제가 예제 2-6에 나와 있다.

예제 2-6

기체 농도 단위의 전환 압력식 하수관에서 배출되는 기체에 황화수소(H_2S)가 9 ppm_v만큼(부피기준) 함유되어 있다. 표준조건(0°C, 101.325 kPa)에서 $\mu g/m^3$과 mg/L 농도로 표시하라.

풀이

1. 식 (2-45)를 이용하여 농도를 $\mu g/L$로 계산한다.
   황화수소(H_2S)의 분자량 = [2(1.01) + 32.06] = 34.08

$$9\ ppm_v = \left(\frac{9\ m^3}{10^6\ m^3}\right)\left[\frac{(34.08\ g/\text{mole}\ H_2S)}{(22.4 \times 10^{-3}\ m^3/\text{mole of}\ H_2S)}\right]\left(\frac{10^6\ \mu g}{g}\right) = 13{,}693\ \mu g/m^3$$

2. mg/L로는

$$13{,}693\ \mu g/m^3 = \left(\frac{13{,}693\ \mu g}{m^3}\right)\left(\frac{1\ mg}{10^3\ \mu g}\right)\left(\frac{1\ m^3}{10^3\ L}\right) = 0.0137\ mg/L$$

표준조건 이외의 조건에서 $\mu g/L$로 기체를 측정할 시 농도를 ppm으로 전환하기 전에 이상기체법칙을 이용하여 표준조건에서의 농도로 보정해 주어야 한다.

용존 기체에 대한 헨리의 법칙. 액체 속에 녹아 있는 기체의 평형 또는 포화농도는 기체의 종류와 액체와 접촉하고 있는 기체 분압과 관련이 있다. 대기 중에서 기체의 몰분율과 액체 및 액체 속에서 기체의 몰분율 관계는 헨리의 법칙에 의해 다음과 같이 주어진다.

$$p_g = \frac{H}{P_T} x_g \tag{2-46}$$

여기서, p_g = 공기 중 기체의 몰분율, mole gas/mole of air

H = 헨리의 법칙 상수, $\dfrac{\text{atm (mole gas/mole air)}}{\text{(mole gas/mole water)}}$

P_T = 총 압력, 보통 1.0 atm

x_g = 물속 기체의 몰분율, mole gas/mole water

$$= \frac{\text{mole gas}\ (n_g)}{\text{mole gas}\ (n_g) + \text{mole water}\ (n_w)}$$

식 (2-46)에서 기체의 몰분율은 기체의 분압이나 부피 비율과 같다는 것을 기억하고 있

으면 도움이 된다. 기체의 분압을 이용하면 식 (2−46)은 다음과 같이 쓰인다:

$$P_g = Hx_g \quad (2\text{-}47)$$

여기서, P_g = 기체의 분압, atm
나머지 항은 위의 정의와 같다.

문헌과 실 상황에서 헨리의 법칙 상수는 종종 몰분율이 포함되어 있는 상태인 압력(atm)으로 나타낸다. 헨리의 법칙 상수는 기체의 종류, 온도, 그리고 액체 특성에 따른 함수이다. 20°C 물에서의 여러 기체들에 대한 헨리의 법칙 상수 값을 표 2−7에 나타내었다. 문헌에서 보고되는 헨리의 법칙 상수 값은 참고문헌의 발표년도와 상수를 추산하는 방법에 따라 달라질 수 있다. 표 2−7의 자료를 이용하는 방법이 예제 2−7에 나타나 있다.

온도에 따른 헨리의 법칙 상수의 변화는 다음의 van't Hoff-Arrhenius 관계에서 유래된 식으로부터 계산된다.

$$\log_{10} H = \frac{-A}{T} + B \quad (2\text{-}48)$$

여기서, H = 온도 T에서의 헨리의 법칙 상수, atm
A = 어떠한 성분이 물에 용해될 때 물의 엔탈피 변화와 보편적인 기체 법칙 상수를 고려한 경험적 상수
T = 온도, K = 273.15 + °C
B = 경험적 상수

폐수처리에서 자주 사용되는 여러 기체들의 A, B 값을 표 2−7에 적어놓았으며, 이 값들은 근사치이고 자료의 출처와 측정방법에 따라 달라질 수 있다.

표 2−7
20°C에서의 헨리의 법칙 상수, 20°C에서의 무차원 헨리의 법칙 상수, 온도에 의존하는 계수들[a]

항목	헨리 상수 atm	헨리 상수 무차원	온도계수 A	온도계수 B
공기	66,400	49.68	557.60	6.724
암모니아	0.75	5.61×10^{-4}	1887.12	6.315
이산화탄소	1420	1.06	1012.40	6.606
일산화탄소	53,600	40.11	554.52	6.621
염소	579	0.43	875.69	5.75
이산화염소	1500	1.12	1041.77	6.73
수소	68,300	51.10	187.04	5.473
황화수소	483	0.36	884.94	5.703
메탄	37,600	28.13	675.74	6.880
질소	80,400	60.16	537.62	6.7392
산소	41,100	30.75	595.27	6.644
오존	5,300	3.97	1268.24	8.05
이산화황	36	2.69×10^{-2}	1207.85	5.68

[a] Crittenden et al.(2012), Cornwell(1990), and Hand et al.(1998).

헨리의 법칙의 무차원 식. 문헌에서 헨리의 법칙의 무차원 형태는 물이나 폐수에서 미량 가스의 용해도를 구하는 데 자주 쓰인다. 무차원 식은 보통 다음과 같다.

$$\frac{C_g}{C_s} = H_u \tag{2-49}$$

여기서, C_g = 기체상에서의 성분 농도, μg/m³, mg/L

C_s = 액상에서의 성분 포화농도, μg/m³, mg/L

H_u = 헨리의 법칙 상수, 무차원

무차원 식은 0°C, 1기압에서 공기 1몰이 차지하는 부피를 22.414 L로 하였을 때 얻어진다. 다른 온도에서는 1몰의 공기는 0.082 T L과 같다. 여기서 T는 Kelvin 온도이다(K = 273.15 + °C). 이 관계를 이용하면 헨리 상수의 무차원 수는 다음과 같다.

$$H_u = \left[H\frac{\text{atm (mole gas/mole air)}}{\text{(mole gas/mole water)}}\right]\left(\frac{\text{mole air}}{0.082\,T\,\text{L}}\right)\left(\frac{\text{L}}{55.6\text{ mole water}}\right)$$

$$H_u = \left(\frac{H}{4.559\,T}\right) \tag{2-50}$$

예를 들면 20°C에서 H_u는 다음과 같다.

$$H_u = \left[\frac{H}{4.559(273.15 + 20)}\right] = H \times (7.49 \times 10^{-4}) \text{ at } 20°\text{C}$$

보통의 대기압 조건이고 헨리 상수가 atm · m³/mole(문헌에서 많이 표현되는 헨리 상수의 다른 형태)로 표시되면 무차원 헨리의 법칙은 다음과 같다.

$$H_u = \frac{H}{RT} \tag{2-51}$$

여기서, H_u = 식 (2−49) 에서 사용된 무차원 헨리의 법칙 상수

H = atm · m³/mole로 표시된 헨리의 법칙 상수

R = 보편적인 기체법칙 상수, 0.000082057 atm · m³/mole · k

T = 온도, K = 273.15 + °C

예제 2-7 **수중의 산소포화농도** 1기압 20°C의 건조공기와 접촉하는 수중 산소포화농도는?

풀이 방법 1 (식 2−46 사용)

1. 건조공기는 부피기준으로 21%의 산소를 포함한다(부록 D 참조). 그러므로, p_g = 0.21 mole O_2/mole air
2. x_g 계산

   a. 표 2−7에서 20°C의 헨리의 상수는

$$H = 4.11 \times 10^4 \frac{\text{atm (mole gas/mole air)}}{\text{(mole gas/mole water)}}$$

b. 식 (2-46)을 이용하면 x_g는

$$x_g = \frac{P_T}{H} p_g$$

$$= \frac{1.0 \text{ atm}}{4.11 \times 10^4 \dfrac{\text{atm (mole gas/mole air)}}{\text{(mole gas/mole water)}}} (0.21 \text{ mole gas/mole air})$$

$$= 5.11 \times 10^{-6} \text{ mole gas/mole water}$$

3. 1 L의 물은 1000 g/(18 g/mole) = 55.6 mole을 함유하므로

$$\frac{n_g}{n_g + n_w} = 5.11 \times 10^{-6}$$

$$\frac{n_g}{n_g + 55.6} = 5.11 \times 10^{-6}$$

1리터의 물에 녹은 기체의 몰 수는 물의 몰 수에 비해 매우 작으므로

$$n_g + 55.6 \approx 55.6$$

그리고 $n_g \approx (55.6)5.11 \times 10^{-6}$

$$n_g \approx 2.84 \times 10^{-4} \text{ mole } O_2/\text{L}$$

4. 산소포화농도 계산

$$C_s \approx \frac{\left(\dfrac{2.84 \times 10^{-4} \text{ mole } O_2}{\text{L}}\right)\left(\dfrac{32 \text{ g}}{\text{mole } O_2}\right)\left(\dfrac{10^3 \text{ mg}}{1 \text{ g}}\right)}{(1 \text{ g}/10^3 \text{ mg})}$$

$$\approx 9.09 \text{ mg/L}$$

풀이 방법 2 [식 (2-49) 사용]

1. 부록 B로부터 20°C 공기의 밀도는 1,204 kg/m³이다.
2. 부록 B에서 공기 중의 산소 중량 퍼센트는 약 23.18%의 산소이다.
3. 산소포화농도를 결정하라.

a. 표 2-7로부터 20°C에서 헨리의 상수는 아래와 같다.

$$H_u = 30.75$$

b. 식 (2-49)를 사용하여 C_s의 값을 보면

$$C_s = \frac{C_g}{H_u}$$

$$C_s = \frac{(1.204 \text{ kg/m}^3)(10^3 \text{ g/kg})(0.2318)}{30.75}$$

$$= 9.08 \text{ g/m}^3 = 9.08 \text{ mg/L}$$

계산된 값(9.09와 9.08 ml/L)은 부록 E의 9.09 mg/L와 같은 값이다. 그것은 주어진 표 2-7의 헨리의 법칙 상수 값을 유도하는 방법에 따라 달라진다. 또한, 다른 온도에서는 선형 관계가 나타나지 않는다.

산소(O_2). 용존산소(DO)는 호기성 미생물을 비롯하여 모든 호기성 생물의 호흡을 위해 필요하다. 그러나 산소는 물에 조금밖에 녹지 않는다. 용액 중에 존재할 수 있는 실제 산소(다른 기체도 마찬가지이다)의 양은, (1) 기체의 용해도, (2) 기체의 대기 중 분압, (3) 온도, 그리고 (4) 물의 불순물 농도(염도, 부유물질 등)에 따라 달라진다. 이러한 변수들의 상호관계는 6장과 DO 농도에 수온과 염분의 영향이 제시된 부록 E에 나타나 있다.

산소를 소모하는 생화학반응은 온도가 증가하면 빨라지므로 여름에 용존산소의 농도가 더욱 문제가 된다. 여름에는 대개 강물의 유량이 작아서 이용할 수 있는 산소의 전체 양 역시 작아지므로 문제가 더 커진다. 악취발생을 막으려면 폐수 중에 용존산소가 존재하는 것이 바람직하다. 폐수처리에서 산소의 역할은 5, 7, 8, 그리고 9장에서 다루어진다.

황화수소(H_2S). 앞에서 언급된 바와 같이 황화수소는 황이 들어 있는 유기물의 분해나 아황산이온과 황산이온의 환원으로 생성된다. 산소가 충분히 공급되면 황화수소는 생성되지 않는다. 황화수소는 무색의 인화성 화합물로서 썩은 달걀 냄새가 나고 독성이 있어 주의가 필요하다. 높은 농도로 존재할 경우 후각기관을 마비시켜 냄새를 못 느끼게 할 수 있어 위험할 수 있다. 폐수와 슬러지의 흑변(blackening)은 대개 황화수소 때문인데 이것은 철과 결합하여 FeS을 만들며 여러 가지 금속성 화합물 또한 생성시킨다. 냄새의 관점에서는 황화수소가 가장 중요한 생성가스이지만 마찬가지로 혐기성 소화 중에 생성되는 휘발성 화합물인 인돌(indol), 스카톨(skatole), 그리고 메르캅탄(mercaptan) 등은 황화수소보다 더 심한 악취의 원인이 될 수 있다.

메탄(CH_4). 메탄가스는 폐수 중 유기물질의 혐기성 분해에서 생성되는 주요 부산물이다(10장과 13장 참조). 메탄은 무색, 무취이며, 연료가치가 높은 가연성 탄화수소이다. 미처리된 폐수 중에는 별로 들어 있지 않은데 이는 산소가 조금만 있어도 메탄 생성 미생물에게 독성을 나타내기 때문이다. 그러나 때로는 하층 퇴적물의 혐기성 분해로 인하여 메탄이 생성되기도 한다. 메탄은 연소성이 높고 폭발의 위험도 크므로 메탄이 모이기 쉬운 맨홀과 하수관거 접합부 등에는 사람이 들어가서 감독이나 보수작업을 하기 전과 작업 중에 적절한 송풍기로 계속 환기시켜 주어야 한다. 폐수처리장에서 메탄은 폐수슬러지의 안정화를 위한 혐기성 공정에서 생성된다(13장 참조). 메탄가스가 생성되는 폐수처리장에서는 폭발 위험을 알리는 경고판을 설치하고, 이 기체가 존재하는 구조물 안이나 근처에서 작업하는 사람에게는 안전교육을 실시하여야 한다. 또한 메탄은 CO_2보다 25배 높은 온실가스이다(U.S. EPA, 2008).

》 냄새

생활하수의 냄새는 일반적으로 하수에 유입된 물질 또는 유기물의 분해로 인하여 발생되는 기체로 인한 것이다. 생하수는 혐기성(산소의 결핍) 분해가 일어난 하수의 냄새보다는 덜하지만, 특이하고 약간 불쾌한 냄새를 갖는다. 상하거나 부패한 하수의 가장 특징적인 냄새는 앞에서 설명한 바와 같이 황산이온을 황화물로 환원시키는 혐기성 미생물에 의해서 생성되는 황화수소의 냄새이다. 산업폐수에는 냄새를 유발하는 화합물이 들어 있을 수 있으며, 하수처리과정에서 냄새를 유발하는 화합물이 들어 있을 수 있다. 하수처리장

표 2-8

미처리 폐수의 주요 악취 화합물 및 해당 냄새 성분의 임계농도[a]

냄새 성분	화학식	분자량	임계농도(일반적인 농도) ppm_v[b]	냄새의 특징
암모니아(ammonia)	NH_3	17.0	0.035~53 (1.5)	자극성, 암모니아 냄새
염소(chlorine)	Cl_2	71.0	0.0095~4.7 (0.15)	자극성, 질식성
크로틸 메르캅탄 (crotyl mercaptan)	$CH_3-CH=CH-CH_2-SH$	90.19	0.00003	스컹크 냄새
황화디메틸 (dimethyl sulfidel)	$(CH_3)2^S$	62	0.0001~0.02 (0.002)	썩은 채소 냄새
황화디페닐(diphenylsulfide)	$(C_6H_5)2^S$	186	0.00005~0.005 (0.0004)	비위 상하는 냄새
에틸 메르캅탄 (ethyl mercaptan)	$CH_3(CH_2)SH$	62	0.000009~0.03 (0.002)	썩은 양배추 냄새
황산수소 (hydrogen sulfide)	H_2S	34	0.00007~1.4 (0.003)	썩은 달걀 냄새
인돌(Indole)	C_8H_6NH	117	0.0001~0.0003 (0.0001)	분변 냄새 구역질 나는 냄새
메틸아민(methy amine)	CH_3NH_2	31	0.02~8.7 (0.11)	부패, 생선 비린내
메틸 메르캅탄 (methyl mercapton)	CH_3SH	48	0.00002~0.04 (0.0007)	썩은 양배추 냄새
스카톨(skatole)	C_9H_9N	131	0.00000007~0.05 (0.0002)	분변 냄새 구역질 나는 냄새
이산화황(sulfur dioxide)	SO_2	64.07	0.009~5.0 (0.6)	자극성 냄새
디오크레졸(thiocresol)	$CH_3(C_6H_4)SH$	124	0.00006~0.001 (0.0002)	스컹크 냄새

[a] Patterson et al.(1984) and U.S. EPA(1985a)

[b] 부피당 ppm

표 2-9

냄새 특성 파악을 위해 고려되어야 할 요인

요인	설명
특성	감지자의 냄새 감지는 정신적인 부분과 관련 있으며 판단은 매우 주관적일 수 있다. 일반적인 냄새의 종류들은 표 2-8의 마지막 열에 나열됨
검출능(임계값)	악취를 최소검출임계 농도(MDTOC)까지 감소시키는 데 요구되는 희석배수
욕구성(hedonics)	감지자가 악취를 감지할 때 상대적인 쾌적성과 불쾌 정도
강도	검출임계 농도 이상 감지된 냄새의 상대적인 강도는 일반적으로 butanol 후각측정기 또는 D/T (dilution to threshold ratio)의 계산으로 추정
지속성	악취 강도가 농도에 따라 변화하는 정도. 속성은 용량 반응 함수(dose response function)로 표현

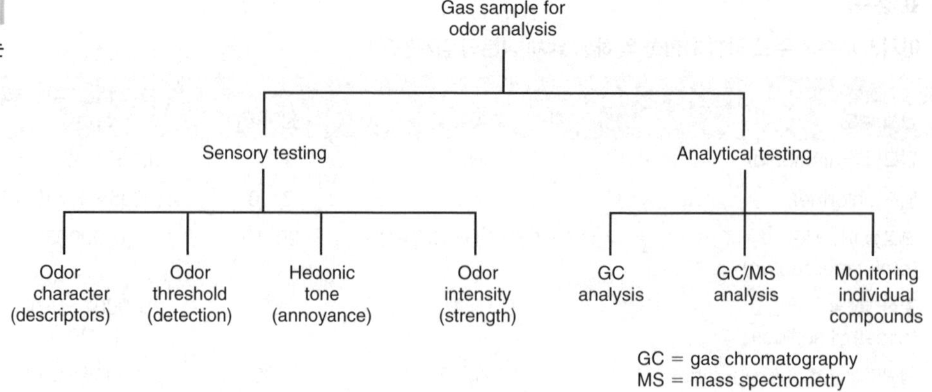

그림 2-17

악취를 검출하기 위해 사용되는 방법의 분류

악취 관리는 16장에서 고려된다.

사회적 관심(public concern). 냄새는 폐수처리시설의 가동에 있어 가장 중요한 공공의 관심사로 평가되고 있다. 지난 수년 동안, 폐수처리장은 공공의 시설물로 수용함에 있어 설계 및 폐수 수집, 처리 및 처분과정에서 가장 중요한 고려사항이 되었다. 많은 지역에서, 냄새 유발에 대한 가능성 때문에 폐수처리장 사업의 진행이 거부되었다. 폐수 관리의 분야에서 악취의 중요성을 볼 때 냄새의 특성과 검출 그리고 측정 방법을 고려하는 것이 적절할 것이다.

냄새의 영향. 사람에게 있어서 낮은 농도의 냄새가 지니는 중요성은 인체에 미치는 해보다는 이로 인한 심리적 스트레스 때문에 중요하다. 악취는 식욕을 잃어버리게 하고, 물 소비량을 줄이며, 호흡을 곤란하게 하고, 멀미와 구토를 일으키며 정신적 혼란을 초래할 수 있다. 극단적인 상황에서 악취는 개인이나 지역사회의 만족감을 낮추고, 대인관계를 방해하고, 자본투자를 억제하고, 사회 경제적 여건을 저하시키고, 성장을 저해한다. 또한, 어떤 종류의 악취를 유발하는 화합물(예: H_2S)은 높은 농도에서 유해성을 나타낸다. 이러한 문제로 인하여 시장과 임대 자산 가치, 세입, 월급, 판매량 등이 감소할 수 있다.

인간의 후각에 의한 냄새 감지. 사람에게 심리적 스트레스를 주는 악취를 풍기는 화합물은 후각 기관으로 감지하는데, 아직 그 메커니즘은 정확하지 않다. 1870년 이후, 후각을 설명하는 이론이 30종 이상 제안되었다. 보편적인 이론의 개발이 어려운 것은 유사한 구조를 가진 화합물들의 냄새가 서로 다른 이유와 매우 다른 구조로 된 화합물들의 냄새가 서로 같은 이유를 적절하게 설명할 수 없기 때문이다. 현재 일부 분자에 부착된 작용기와는 반대로 전체 분자와 관련되어 있을 것이라는 일반적인 견해가 있다. 수년 동안 냄새를 체계적으로 분류하기 위한 많은 연구가 수행되어 왔다. 악취의 주요 범주와 화합물, 냄새임계 농도는 표 2-8과 같다. 지역 조건에 따라 이러한 화합물이 모두 생활하수에서 발견되거나 생길 수 있다.

냄새의 특성. 과거에는 악취의 특성을 규명하는 데 일반적으로 특성(character), 검출감도(detectability), 욕구성(hedonics), 강도(intensity) 등과 같은 4가지 요소가 필요한 것으로 확인되었다(표 2-9 참조). 최근에는 지속성(persistence)이 추가되었다(표 2-9 참조). 검출능 및 지속성은 다음에서 더 설명하기로 한다.

검출능. 그림 2-17에서와 같이 냄새는 감각적 방법으로 측정할 수 있으며, 특정 냄새 유발 농도는 기기분석법으로 측정할 수 있다. 냄새 감지의 두 가지 방법은 아래와 같다. 감각적 방법에서는 신선한 공기로 희석한 공기를 몇 사람에게 맡아 보게 하고, 최소 검출임계 농도(minimum detectable threshold odor concentration, MDTOC)까지의 희석배수를 기록한다. 냄새 검출 농도는 일반적으로 D/T (*dilutions to threshold*)라고 하고 MDTOC까지 감소시키는 데 소요된 희석배수로 나타낸다. 식은 다음과 같다.

$$D/T = \frac{\text{냄새가 없는 공기의 부피}}{\text{냄새 나는 공기의 부피}} \tag{2-52}$$

즉, 악취공기 1 L에 신선한 공기 4 L를 추가해야 MDTOC까지 감소된다면, 이 냄새의 농도는 악취 농도 4 D/T가 된다. 냄새 강도 측정에 ED_{50}을 고려할 수 있다. ED_{50} 값은 참여 인원 중에서 약 50% 정도가 희석 시료에서 거의 냄새를 감지할 수 없을 때의 희석배수를 나타낸다. 현재까지 검출감도는 악취에 대한 법적 규정의 개발에 유일하게 이용되는 요인이다. 냄새에 미치는 영향을 평가하기 위한 D/T값은 16장 16-3절에서 나타낸다.

상수 또는 폐수 시료의 냄새임계 농도는 시료를 냄새 없는 물(odor-free water)로 희석함으로써 결정된다. 냄새 물질의 성질에 따라 희석된 시료는 냄새물질의 방출을 위해 가열될 수 있다. 이 “냄새의 검출한계 지수(threshold odor number, TON)”는 냄새를 측정하고자 하는 시료에 냄새가 없는 물을 주입하여 냄새를 겨우 감지할 수 있을 때까지 최대 희석에 해당된다. 이 경우에 시료의 양은 통상 200 mL 정도이다. TON은 다음과 같이 결정된다.

$$\text{TON} = \frac{A + B}{A} \tag{2-53}$$

여기서, TON = 냄새 검출한계 지수(threshold odor number)

A = 시료의 mL

B = 냄새가 없는 물의 mL

시료액으로부터 발생된 냄새는 대개 몇 사람이 감각적으로 검출한다. 이러한 절차의 세부사항은 Standard Methods(2012)에 나와 있다.

지속성. 지속성은 냄새의 희석으로 냄새의 인식이 감소하는 정도를 의미한다. 일반적으로 악취 강도를 다음과 같이 정의한다.

$$I = kC^n \tag{2-54}$$

여기서 I = 냄새 강도, ppm_v n-butanol

C = 냄새 농도, 희석 수

k, n = 냄새의 조합, 특정 냄새 계수

표 2-10
냄새를 감지할 때 발생하는 오차

오차의 형태	설명
적응과 교차 적응	냄새 감지자가 냄새의 배경 농도와 계속 접하게 되면, 이 냄새의 농도가 낮을 때 검출할 수 없게 된다. 이 배경 농도에서 떠나면, 감지자의 후각이 즉시 회복된다. 즉 후각기관이 냄새에 적응되어 있는 감지자는 그 냄새를 검출할 수 없게 된다.
시료의 변질	시료 수집 용기나 냄새 검출 기구 안에서, 기체 및 증기로 된 냄새 성분의 농도와 조성이 달라질 수 있다. 이러한 시료의 변질 문제를 최소화하려면, 시료의 저장 기간을 최소로 하거나 없애야 하며 다른 반응성 표면과 접하지 않도록 하여야 한다.
주관성	감지자가 냄새의 존재에 관한 지식을 가지고 있으면, 감각측정의 오차가 개입되는 일은 드물다. 그러나, 이 냄새의 지식은 청각, 시각, 촉각 등의 다른 감각 신호 때문에 방해받는 일이 자주 있다.
상승 작용	시료 중에 냄새 성분이 한 가지 이상 들어 있으면, 다른 냄새 때문에 검출하고자 하는 냄새에 대한 감지자의 감각이 예민해지는 것으로 알려져 있다.

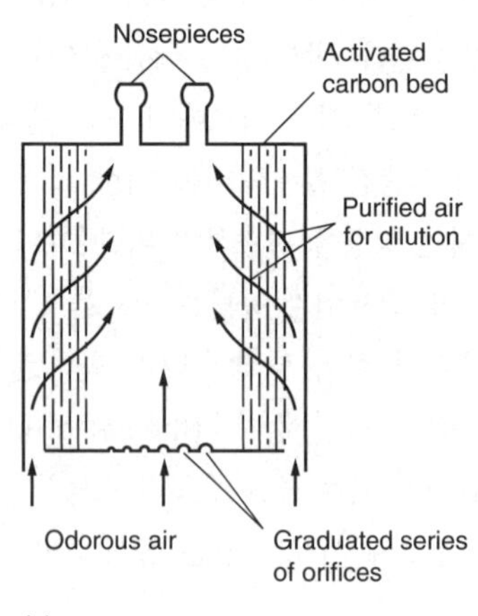

(a)

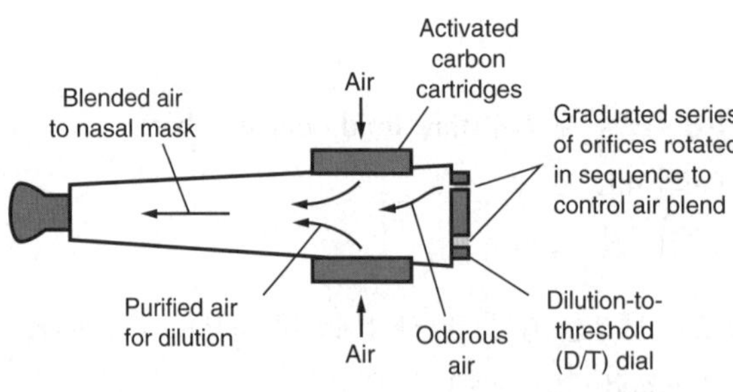

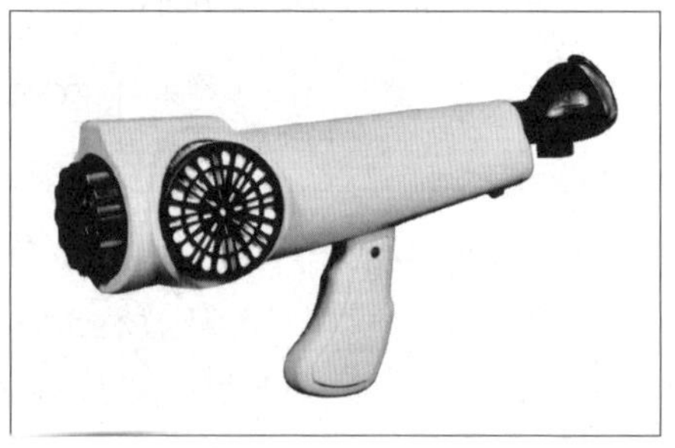

(b)

그림 2-18
현장에서 냄새 조사에 사용되는 휴대용 후각측정기의 예. (a) Scentometer® 의 정면도 및 모식도(5 in × 6 in × 2.5 in, Barnebey & Sutcliffe Corp.), (b) Nasal Ranger® 의 정면도 및 모식도(St Croix Sensory Inc.).

서로 다른 희석배율의 액으로 세 가지 악취 강도를 측정하는 것은 투여량 반응을 추정하기 위해 사용된다. 식 (2-54)를 선형화하고 도시하였을 때 최적의 직선 기울기는 n에 대응한다. 직선의 기울기가 감소함에 따라 악취는 더 지속적이다. 식 (2-54)의 응용은 예제 2-8에 나타나 있다.

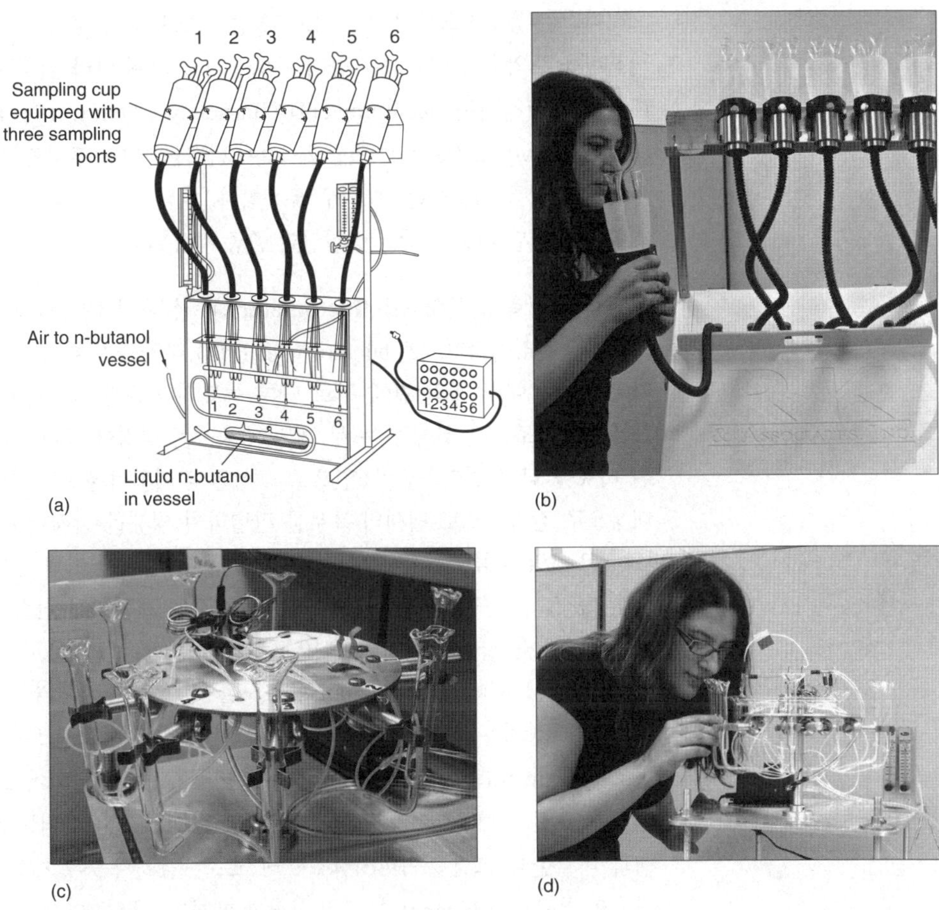

그림 2-19

고정식 후각측정기의 예. (a) 동적 강제선택법(forced choice) 삼각 후각측정기, (b) 세 가지 시료 포트 중 하나에서 검지자가 냄새를 맡는 모습, (c) Butanol wheel, (d) 하나의 시료 포트에서 검지자가 냄새를 맡는 모습. [그림 (b), (c), (d)는 RK & Associates, Inc.에서 제공]

냄새의 감각측정. 제어된 조건에서 인간의 후각에 의해 악취를 지각적(감각적)으로 측정하여, 의미 있고 신뢰성 있는 정보를 제공할 수 있음을 보여주었다. 따라서 감각적 방법이 폐수처리시설에 발생하는 냄새의 측정에서 종종 사용되고 있다. 검출한계가 3 ppb이하 1 ppb 정도까지 황화수소를 정확하게 측정할 수 있는 기기의 사용은 큰 발전이다.

휴대용 후각측정기(field olfactometers). 최소 임계 농도의 감각적 측정에는 여러 가지 오차가 개입될 수 있다. 적응과 교차적응(adaption and cross adaption), 상승작용(synergism), 주관성(subjectivity), 시료의 변질(sample modification)이 중요한 오차이다(표 2-10 참조). 시료 수집 용기에 저장하는 동안에 시료의 변질을 막기 위해서 직독(direct-reading) 후각측정기가 개발되었다.

휴대용 후각측정기는 휴대용 장치로 악취공기를 눈금이 매겨진 오리피스(graduated orifices)에 순차적으로 통과시키고 공기와 혼합(희석)하고 활성탄을 통과시켜 여과한다.

오리피스는 통상적으로 2, 4, 7, 15, 30 등의 D/T 값을 공급할 수 있는 크기로 되어 있다. 희석비율은 악취를 여과하는 공기 주입구의 크기에 따라 결정된다. 두 개의 일반적인 휴대용 후각측정기는 Scentometer® (Barnebey-Cheney, 1987)과 Nasal Ranger® (St. Croix Sensory, 2006)이고 그림 2-18에 나타나 있다. 후각측정기는 처리장 주위의 넓은 지역의 악취를 결정하는 데 매우 유용하다. 하나의 밴 형태로 후각 및 여러 형태의 분석 장비가 포함된 이동식 악취 실험실이 종종 사용된다.

고정식 후각측정기(fixed olfactometers.) 실험실에서 악취를 분석하기 위한 장비는 (1) 삼각 후각측정기, (2) butanol wheel, (3) 다양한 다른 전문 후각측정기이다. 삼각 후각측정기는 여섯 개의 컵에 서로 다른 농도의 시료들을 주입하여 측정할 수 있다[그림 2-19(a) 참조]. 각 컵에 있는 두 개의 배출구는 청정한 공기를, 나머지 한 배출구는 희석된 시료를 담고 있다. 통상 6인으로 구성된 검지자들은 각 컵에 설치된 3개의 배출구를 대상으로 감각적으로 냄새의 유무를 판별하여 냄새를 감지한 시료를 선택하는 방법이다[그림 2-19(b) 참조]. 절차는 4~5번 반복된다. 악취 공기의 농도는 통상적으로 두 배 내지 연속적으로 증가한다(ASTM, 2004). 결과는 표준화된 신호 검출 이론에 기초하여 통계 프로그램을 사용하여 분석한다(Green and Swets, 1966).

Butanol wheel은 n-butanol의 농도를 기준으로 냄새의 상대적인 강도를 측정하는 장치이다. 장치는 회전 디스크에 위치한 여덟 개의 시료 포트를 포함한다[그림 2-19(c) 참조]. n-butanol의 희석은 각각의 연속적인 포트에 전달되어 2배 증가한다. 각 악취 검지자는 우선 악취 시료를 코로 테스트하고 포트 1로 시작되는 n-butanol의 다양한 희석액과 비교한다[그림 2-19(d)참조]. 테스트는 감지자들이 가장 근접하게 일치하는 악취 시료의 강도의 n-butanol 희석을 식별할 때까지 계속한다. 결과는 ppmv에서 n-bunanol의 악취 강도로 보고된다. Butanol wheel 시험 결과의 적용은 예제 2-8에 나타나 있다.

예제 2-8 **상대 지속성을 결정하라** 강도 측정은 두 개의 악취 시료의 서로 다른 희석으로 만들어졌다. 이전의 자료를 사용하여, 두 개의 악취의 지속성을 결정하라.

n-butanol 냄새 강도, ppm_v	냄새 검출 농도, D/T	
	Sample A	Sample B
10,000	0	0
100	25	3.2
10	316	10
0	3160	32

풀이 1. 식 (2-54)를 선형화하여 주어진 자료를 로그로 변환시켜라.

a. 식 (2-54)의 선형식은 다음과 같다.

$$\log I = \log k + n \log C$$

b. 주어진 자료를 로그로 변환하면

Log I	log D/T	
	Sample A	Sample B
3	0	0
2	1.4	0.5
1	2.5	1.0
0	3.5	1.5

2. log I 대 log C의 그래프를 그리고 더 지속성 있는 시료를 결정하기 위해 기울기 n을 구한다.

a. 그래프는 아래와 같다.

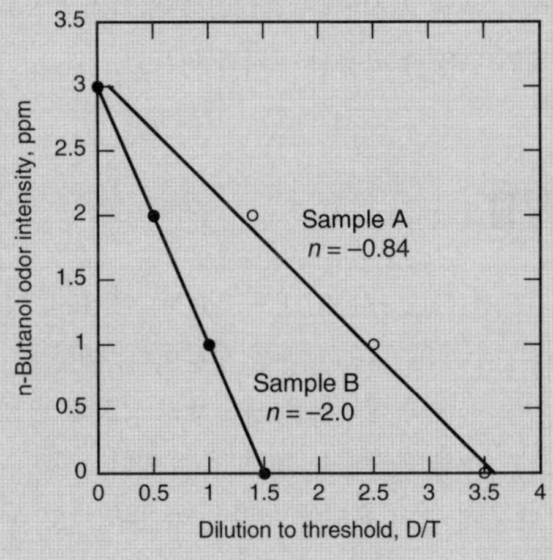

b. 두 시료의 기울기는 다음과 같다.

시료 A: −0.84

시료 B: −2.0

c. 기울기 n에 근거하여 시료 A가 시료 B보다 더 지속성이 크다.

대부분의 전문 실험기관에서 후각측정기는 분석의 기기적 방법과 함께 작동하도록 설계되어 있다. 예를 들어, Gerstel ODP2®은 GC 또는 MS 크로마토그래피와 함께 작동하도록 되어 있는데 시료를 분리컬럼에서 용리시켜 화합물을 검출한다. 따라서 기기와 후각이 동시에 악취 화합물의 정성 분석에 사용된다(Agus et al., 2011).

냄새 측정기기. 종종 냄새의 원인이 되는 특정 화합물을 규명하는 것이 바람직한데, 이를 위한 목적으로 가스 크로마토그래피가 사용되고 있지만, 폐수의 집수, 처리 및 처분 시설에서의 냄새 검출과 정량에서 성공적으로 사용되지 못하고 있다. 악취의 화학분석에 유용하게 개발된 장비는 TSQ 질량 분광계(triple stage quadrupole mass spectrometer)

이다. 이 분광계는 간단한 질량 스펙트럼을 생성하는 기존의 질량분광계로 이용하거나 TSQ로 Collisionally Activated Dissociation(CAD) 스펙트럼을 생성한다. 전자의 경우에는 시료의 질량이나 어미이온의 질량, 후자의 경우는 화합물의 정확한 확인이 가능하다. 분석할 수 있는 화합물의 종류는 암모니아, 아미노산 및 휘발성 유기화합물 등이 있다(Agus et al., 2011).

기기 방식은 황화수소 측정을 위해 개발되었는데 0.003~25 ppm에서 중간 범위, 0.001~50 ppm에서 전체 범위의 정확도 범위를 가진다. 휴대용 AZI Jerome Model 631은 그림 2-20에 나타내었으며 일정 시간 동안 인라인펌프(inline pump)를 이용하여 금필름센서를 통해 황화수소를 함유하는 공기를 흡입한다. 황화수소를 흡수한 센서와 금필름센서의 저항값 변화는 황화수소의 질량 농도와 관련있다. 센서는 다음 시료를 측정하기 전 다시 영점화한다. 즉, 센서가 황화수소를 흡수할 때 열 사이클은 축적된 황화수소를 제거하기 위해 개시된다. 휴대용 측정기기 이외에도 제조회사에서는 자동으로 작동되도록 설계된 다양한 고정형 기기를 만든다.

2-5 금속 성분

미량의 카드뮴(Cd), 크롬(Cr), 구리(Cu), 철(Fe), 납(Pb), 망간(Mn), 수은(Hg), 니켈(Ni), 아연(Zn)은 수계의 중요한 구성 성분이다. 이들 중 대부분은 특정 오염물질로 분류된다. 하지만 이들 금속의 대부분은 생물학적 성장에 필요한 부분이다. 예를 들면 그 양이 충분하지 않으면 조류의 성장이 제한될 수 있다. 이들 금속 중 어느 하나라도 과도한 양이 되면 독성 때문에 물의 용도에 지장을 주게 되므로 농도를 조절하고 수시로 측정하는 것이 필요하다.

그림 2-20
현장 냄새조사에 사용되는 휴대용 H_2S 측정기(Arizona Instrument Corporation, Jerome Instrument Division.)

금속 성분의 발생원

폐수에서의 미량금속의 발생원은 산업 및 산업활동에서의 배출, 주거활동에서 사용되는 제품(예를 들면 세척제, 개인위생용품), 지하수에서의 침투가 있다. 중금속의 발생원의 대부분은 표 2-11에 제시하였다. 예를 들어 카드뮴, 크롬산염, 납, 수은은 산업폐기물에 종종 존재하는데 도금 폐기물에서 나타나며 이들은 폐수와 혼합되기 전 산업시설에서 전처리에 의해 제거되어야 한다. 독성 음이온인 불소는 일반적으로 전자제품 제조시설의 폐수에서 발견된다.

금속의 중요성

처리, 재사용수, 처리수, 바이오 고형물에서 중요한 금속들은 표 2-12에 요약되어 있 다. 모든 생명체의 적절한 성장을 위해서는 다양한 양(다량 또는 소량)의 철, 크롬, 구리, 아연, 코발트 등의 금속원소가 필요하다. 비록 다량 또는 소량의 금속이 성장에 필요하지

표 2-11

특정 오염물질로 분류된 상업, 산업, 농업활동에 의해 발생된 전형적인 금속

이름	화학식	사용분야	관심사항
비소	As	금속용 합금 첨가제(특히 납, 구리), 배터리극판, 케이블 피복, 보일러 관, 고순도(반도체) 품질	발암물질, 돌연변이. *장기(Long term)*—피로와 무기력증을 유발시킬 수 있음: 피부염
바륨	Ba	진공관의 게터합금, 구리탈산제, 프레리 금속, X-Ray 튜브의 양극회전자 윤활제, 점화플러그 합금	분말 형태일 경우 실온에서 인화성. *장기*—고혈압 및 신경차단
카드뮴	Cd	전기적 침전과 담금에 의한 금속코팅, 베어링과 저용점 합금, 브레이징 합금, 방화시스템, 니켈-카드뮴 배터리 전력 전송선, TV 인광물질, 세라믹 유약에 사용되는 안료의 기초, 기계류 에나멜, 살균제, 사진과 리소그래피, 셀레늄 정류기, 카드뮴-증기 램프의 전극, 광학전기막	분말 형태일 경우 인화성, 발암물질, 분진과 연기 흡입 시 독성, 카드뮴의 용해성 물질은 높은 독성. *장기*—간, 신장, 췌장, 갑상선에 축적: 고혈압에 의심되는 영향
크롬	Cr	부식 방지를 위한 금속과 플라스틱 기판의 도금 및 합금, 크롬 함유 스테인리스강, 자동차와 기계 부속물의 보호코팅, 핵 및 고온연구, 무기안료 성분	6가크롬 화합물은 세포에 발암물질과 부식성. *장기*—피부감작, 신장손상
납	Pb	충전 배터리, 가솔린 첨가제, 케이블 피복, 탄약, 배관, 탱크 라이닝, 솔더 및 가용합금, 대형공사 시 진동감쇠, 호일, 베빗 및 기타 베어링 합금	분진과 연기로 흡입 및 섭취하였을 때 독성. *장기*—뇌와 신장손상: 기형아
수은	Hg	아말감, 촉매 전기기구, 염소와 가성소다 생성을 위한 캐소드, 장비, 수은 증기 램프, 거울코팅, 아크램프, 보일러	피부에 흡수되거나 증기 및 분진을 흡입하였을 경우 높은 독성. *장기*—중추신경계에 독성: 기형아를 발생시킬 수 있음
셀레늄	Se	전기제품, 건조사진 판, TV 카메라, 광전지, 마그네틱 컴퓨터 코어, 태양전지, 정류기, 계전기, 세라믹(유리용 착색제) 강철과 구리, 고무 촉진제, 촉매, 동물사료의 미량원소	*장기*—손가락, 머리에 붉은색 착염, 쇠약감, 우울증, 코, 입에 염증
은	Ag	질산은, 브롬화은, 사진 화학물질: 화학반응 용기용 기타장비 및 통 안감, 증류수, 거울, 전기도체, 은판 전기장비, 살균제, 수질정화제, 외과수술 시멘트, 수화와 산화촉매제, 특수배터리, 태양전지, 태양광을 위한 반사경, 저온 납땜 합금, 칼, 보석류, 치과, 의학, 과학장비, 전기접촉부, 베어링 금속, 마그네틱 와인딩, 치과 아말감, 콜로이드 실버는 사진과 의학에서 조핵제로 사용, 종종 단백질과 결합	독성 금속. *장기*—피부, 눈, 점막의 영구 회색 변색

만 이와 같은 금속의 농도가 높을 때는 독성이 생기게 된다. 관개나 조경수로서의 사용이 증가하면서 다양한 금속의 존재가 악영향을 발생시킬 수 있는지 검사하여야 한다. 칼슘, 마그네슘, 소듐은 농업용수로서의 사용 여부를 결정하는 소듐흡착비(sodium adsorption ratio, SAR)의 중요한 요소이다(Asano et al., 2007). 퇴비화 슬러지를 농업용으로 적용하는 경우 비소, 카드뮴, 구리, 납, 수인, 몰리브덴, 니켈, 셀레늄, 아연의 농도가 결정되어야 한다.

》 시료채취 및 분석 방법

금속의 농도를 측정하는 방법은 존재할 수 있는 간섭물질에 따라 매우 다양하다(Standard Methods, 2012). 금속은 주로 불꽃 원자 흡광(flame atomic absorption)이나 전열 원자 흡광(electrothermal atomic absorption), 유도결합플라즈마(inductively coupled

표 2-12
하수관리에서 중요 금속 성분[a]

금속	기호	생물 성장에 필요한 영양		종속 생물저해효과를 주는 임계 농도, mg/L	처리수의 토지이용을 위한 SAR[a] 결정에 이용	바이오 고형물의 토지이용 적합성 결정에 이용
		소량 (Macro)	미량 (Micro)[b]			
비소	As			0.05		✔
카드뮴	Cd			1.0		✔
칼슘	Ca	✔			✔	
크롬	Cr		✔	10[c], 1[d]		
코발트	Co		✔			
구리	Cu		✔	1.0		✔
철	Fe	✔				
납	Pb		✔	0.1		✔
마그네슘	Mg	✔	✔		✔	
망간	Mn		✔			
수은	Hg			0.1		✔
몰리브데늄	Mo		✔			✔
니켈	Ni		✔	1.0		✔
포타슘	K	✔				
셀레늄	Se		✔			✔
소듐	Na	✔			✔	
텅스텐	W		✔			
바나듐	V		✔			
아연	Zn		✔	1.0		✔

[a] SAR = sodium absorption ratio
[b] 생물 성장에 필요한 미량원소로 알려져 있음
[c] 총 크롬
[d] 6가 크롬

plasma), 또는 유도 결합 플라즈마 질량 분석기(ICP/mass spectrometry)를 이용하여 분석한다. 금속은 다음과 같이 여러 계층으로 분류하여 정의한다. (1) **용존 금속**은 0.45 μm 여과지를 통과한 산성화되지 않은 시료에 존재하는 성분, (2) **부유 금속**은 0.45 μm 여과지에 걸러진 산성화되지 않은 시료에 존재하는 성분, (3) **총 금속**은 용존 금속과 부유 금속의 합이거나 또는 소화(digestion) 후 여과하지 않은 시료의 금속 농도, (4) **산 추출 금속**(*acid extractable metal*)은 여과하지 않은 시료를 고온의 무기산 희석액에 처리한 후 용액에 존재하는 금속을 말한다(Standard Methods, 2012).

전형적인 폐수에서의 금속 배출 기준

폐수 배출 및 생물고형물의 금속 성분은 점점 더 규제가 강화되고 있다. 일반적인 금속 및 기타 독성 성분에 대한 배출기준이 표 2-13에 나타나 있다. 현재 U.S. EPA의 기준을 따르며 많은 미국의 주(State)에서는 특정한 용도를 위해 더 엄격한 기준을 적용하고 있다.

2-6 혼합 유기 성분

유기 성분은 보통 탄소, 수소, 산소 그리고 때때로 질소도 함께 구성되어 있다. 폐수 속의 유기물질은 단백질(40~60%), 탄수화물(25~50%), 그리고 기름과 지방(8~12%)으로 구성되어 있다. 요(urine)의 주요한 성분인 요소는 생하수의 또 다른 중요한 유기성분이다. 요소는 급속히 분해되기 때문에 생하수에서만 주로 발견된다. 폐수의 복잡한 특성 때문에 폐수의 유기체의 양을 측정하는 방법은 개별과 총합으로 분류된다. 총 유기물 성분은 개별 화합물의 수로 결정된다. 개별 혼합물의 수는 측정되지 않거나 별도로 구분되지 않는다.

혼합 유기 성분의 발생원

음식물쓰레기나 인간의 배설물에서 나오는 단백질, 탄수화물, 기름, 지방 및 요소가 포함된 폐수는 일반적으로 단순한 구조에서부터 매우 복잡한 구조까지 매우 많은 종류의 합성 유기물질을 미량으로 포함하고 있다. 혼합 유기물 분자의 발생원에는 미사용 약, 개인 위생용품, 가정용 청소 및 유지 보수 제품 등이 있다.

유기물 함유량 측정

일반적으로 혼합 유기물질 측정 방법은 약 1.0 mg/L보다 큰 유기물질 농도를 측정하는 데 사용하는 것과 10^{-12}~1 mg/L의 범위의 미량농도를 측정하는 데 사용되는 것으로 구분할 수 있다. 현재 실험실에서 폐수 내의 유기물질(1 mg/L 이상)의 총량을 측정하기 위하여 흔히 사용되는 방법으로 (1) 생화학적 산소요구량(biochemical oxygen demand, BOD), (2) 화학적 산소요구량(chemical oxygen demand, COD), (3) 총 유기탄소량(total organic carbon, TOC) 등이 있다. 이런 실험 방법의 보조수단으로 이론적 산소요구량(theoretical oxygen demand, ThOD)이 있는데 이는 유기물의 화학식으로부터 계산이 가능하다.

표 2-13
2차 처리수에 있는 독성 성분의 일반적인 배출 한계

성분	단위	평균값[a] 일	평균값[a] 월
비소	μg/L	20	
카드뮴	μg/L	1.1	
크롬	μg/L	11	
구리	μg/L	4.9	
납[b]	μg/L	5.6	
수은	μg/L	2.1	0.012
니켈[b]	μg/L	7.1	
셀레늄[b]	μg/L	5.0	
은	μg/L	2.3	
아연[b]	μg/L	58	
Dieldrin[c]	μg/L	0.0019	0.00014
Lindane	μg/L	0.16	0.063
Tributylin	μg/L	0.01	0.005
PAHs[d,e]	μg/L	0.049	

[a] 배출한계는 평균 기간 동안 수집된 모든 시료의 평균 농도에 적용(일-24시간, 월-해당 월)

[b] 4일 평균으로 배출기준을 정할 수 있다. 4일 평균치에 만족하는지 조사하기 위해 4개의 평균치 외에 4개의 24시간 혼합 시료의 농도를 보고하여야 함

[c] 기준 만족은 practical quantification level (PQL), 0.07 μg/L에 기초한다.

[d] PAHs = polynuclear aromatic hydrocarbons

[e] 각 PAH의 기준 만족은 practical quantification level (PQL), 0.04 μg/L에 기초한다.

출처: Bay Area Regional Water Quality Control Board, Oakland, CA

생화학적 산소요구량

폐수와 지표수의 경우, 유기오염물의 지표로서 가장 광범하게 이용되는 것이 5일 BOD (BOD_5)이다. 이는 미생물이 유기물을 생화학적으로 산화할 때 소비하는 용존산소의 양을 측정하여 산정할 수 있다. BOD 측정법이 널리 이용되기는 하지만 여러 가지 제약조건이 있는데 자세한 내용은 뒤에서 설명한다. 이 분야의 연구가 계속되어 유기물 함유량을 측정할 수 있는 다른 척도나 새로운 척도가 개발되기를 바란다. 왜 BOD 시험법에 한계가 있음에도 불구하고 이 책에서 자세히 설명할까? 그 이유는 BOD 시험 결과가 (1) 유기물의 생물학적 분해에 필요한 산소량을 구하기 위해서, (2) 폐수처리시설 규모를 결정하기 위해서, (3) 처리공정의 처리효율을 측정하기 위해서, (4) 처리된 방류수의 수질이 법적 규제를 충족시키는지의 여부 등을 판단하기 위해서 사용되고 있기 때문이다. 한동안 BOD 시험이 계속 사용될 것이기 때문에 그 시험법과 한계에 관하여 잘 알고 있어야 할 것이다.

BOD 시험의 기초. 충분한 산소를 사용할 수 있으면 유기물의 호기성 생물학적 분해는 유기물이 모두 소비될 때까지 계속될 것이다. 이때 대략 세 가지의 뚜렷한 활동이 일어난다. 첫째, 일부 유기물이 최종산물로 산화되어 세포의 유지나 새로운 세포조직의 합성에

필요한 에너지를 얻는다. 동시에 일부 유기물은 산화과정에서 발생되는 에너지의 일부를 이용하여 새로운 세포조직으로 전환된다. 최종적으로 유기물질이 모두 사용되고 나면 새로운 세포는 자신의 세포조직으로부터 세포 유지에 필요한 에너지를 얻는다. 이 세 번째 과정을 내생호흡(endogeneous respiration)이라고 한다. 폐수의 유기성분을 나타내는 COHNS(탄소, 산소, 수소, 질소, 황 원소를 나타냄)와 세포조직을 나타내는 $C_5H_7NO_2$를 이용하면 위의 세 과정은 다음의 화학반응식으로 표현된다.

에너지 반응(산화)

$$COHNS + O_2 + \text{세균} \rightarrow CO_2 + H_2O + NH_3 + \text{다른 최종산물} + \text{에너지} \tag{2-55}$$

화학합성 반응

$$COHNS + O_2 + \text{세균} + \text{에너지} \rightarrow \underset{\text{새로운 세포조직}}{C_5H_7NO_2} \tag{2-56}$$

내생호흡

$$C_5H_7NO_2 + 5O_2 \rightarrow 5CO_2 + NH_3 + 2H_2O \tag{2-57}$$

만약 폐수에 있는 유기탄소의 산화만 고려한다면 최종 BOD는 위의 세 반응이 완결되는 데 필요한 산소의 양이다. 이 산소요구량은 최종 탄소성 또는 1단계 BOD로 알려져 있고 보통 UBOD로 표시된다.

식 (2-55)와 같이 암모니아는 에너지반응으로 아질산이온 및 질산이온으로 더욱더 산화반응을 할 수 있다. 따라서 BOD 실험은 탄소질 시료물질의 산화에 필요로 하는 산소의 양만을 나타낸다.

BOD 시험 절차. 표준 BOD 측정[그림 2-21(a) 참조]에서 측정할 소량의 폐수 시료를 BOD 병(부피 = 300 mL)에 넣는다. 병은 산소로 포화되고 생물학적 성장에 필요한 영양물질을 포함한 희석수로 채워진다. 유용한 결과를 얻기 위해 시료는 배양기간 동안 산소와 영양물질이 적절히 공급되도록 특별히 준비된 희석수로 적당히 희석되어야 한다. 보통, 측정될 수 있는 값의 모든 범위를 포함하기 위해 여러 희석 배율을 준비한다. 병을 막기 전에 병 속의 용존산소 농도를 측정한다(그림 2-22 참조). 측정하는 시료에 미생물이 적은 경우는 식종한 BOD 시험이 행해진다[그림 2-21(b) 참조]. 보통 1차 침전지의 유출수에 포함된 미생물을 BOD 식종에 이용한다. 식종 미생물은 상업적으로 구할 수도 있다. 시료가 미생물을 다량 포함하고 있을 때(예를 들어, 미처리 폐수)는 식종이 필요 없다.

표준 배양 기간은 보통 20°C에서 5일이지만, 다른 온도와 기간도 사용할 수 있다. 20°C에서 5일 동안 배양한 후 용해된 산소 농도를 다시 측정한다. 시료의 BOD는 용존산소 농도 값의 차이를 사용된 시료의 소수로 나눈 값으로 mg/L로 나타낸다(Standard Methods, 2012). 계산된 BOD 값은 20°C에서 5일의 생화학적 산소요구량이다. 5일 배양 BOD 실험은 1800년대 후반 영국에서 강의 오염을 평가하기 위해 사용되었다. 영국의 어떤 강 상류수가 바다까지 흘러가는 데 최대 5일이 걸리기 때문에 5일 배양기간이 실험에 사용된다.

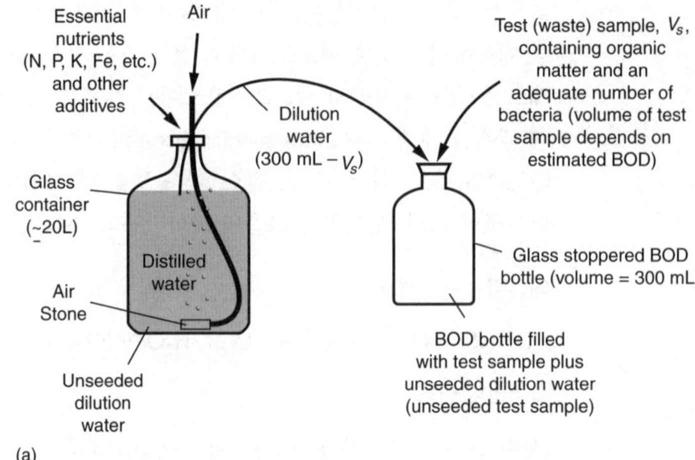

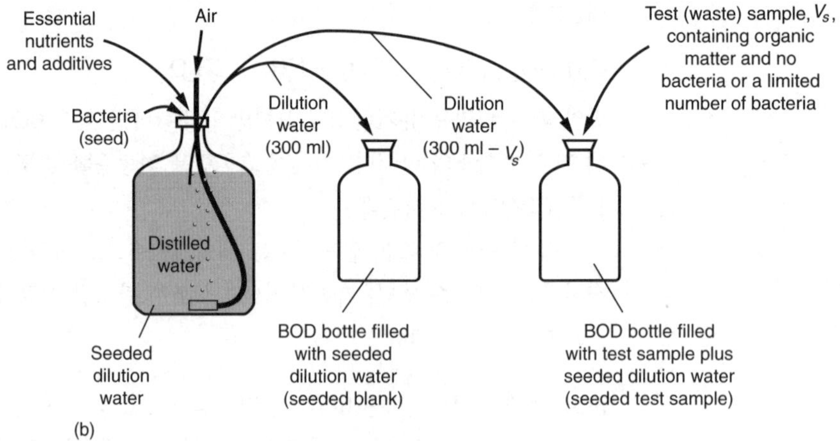

그림 2-21

BOD시험병을 설정하는 과정. (a) 식종하지 않은 희석수, (b) 식종한 희석수(Tchobanoglous and Schroeded, 1985)

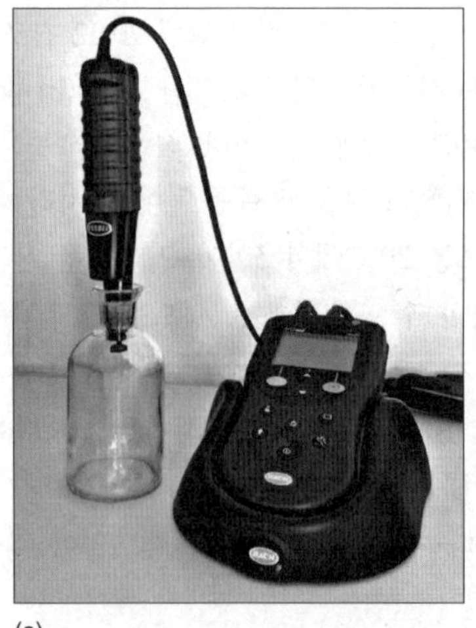

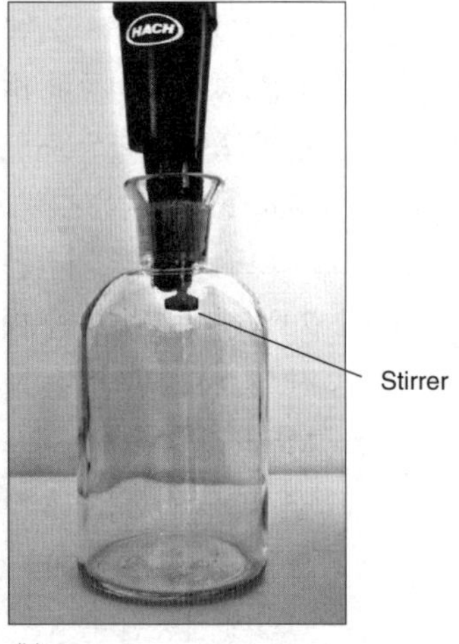

그림 2-22

BOD시험병의 산소 측정. (a) 교반기구가 장착된 DO 전극, (b) 막힌 교반기(close up stirrer)

주말에 직원이 없는 경우는 종종 근무시간과 실험기간을 보통 7일로 조정하기도 하였다. 그러나 온도는 실험기간 동안 일정해야 한다. 20°C는 온대기후에서 유속이 느린 하천의 평균적인 수온이며 배양기로 쉽게 재현 가능하다. 생화학적 반응속도는 온도에 의존하기 때문에 온도가 변하면 다른 결과를 얻을 수 있다.

BOD 반응의 모델링. BOD 산화 속도는 어떤 시간 t에 남아 있는 유기물질의 양을 1차 함수로 나타낼 수 있는 가정에서 아래와 같이 주어진다(1장 참조).

$$\frac{dBOD_r}{dt} = k_1 BOD_r \tag{2-58}$$

UBOD와 BOD_t 사이의 범위에서 $t = 0$부터 $t = t$까지 적분하면

$$BOD_r = UBOD\,(e^{-k_1 t}) \tag{2-59}$$

여기서, BOD_r = 시간 t(일)에서 남아 있는 유기물의 양에 대응하는 산소량, mg/L

UBOD = 총(최종) 탄소성 BOD, mg/L

k_1 = 1차 반응속도상수, 1/d

t = 시간, d

따라서 시간 t까지 나타낸 BOD는

$$BOD_t = UBOD - BOD_r = UBOD - UBOD(e^{-k_1 t}) = UBOD(1 - e^{-k_1 t}) \tag{2-60}$$

식 (2-60)은 폐수의 BOD를 정의하는 데 사용되는 표준 방정식이다. 이 방정식에 대한 기초는 회분식 반응기의 분석과 함께 1-5절에 설명했다. 이 책에서 폐수의 특성에 관해 L과 BOD_u는 종종 최종 탄소성 BOD를 나타내는 데 사용되고 있음을 주의해야 한다.
산화속도는 남아 있는 유기물질의 양에 비례하는 것으로 가정되기 때문에 생화학적 산화는 반응이 완료하는 데 이론적으로 무한대의 시간이 걸린다. 20일 동안 탄소성 유기물의 산화는 약 95~99% 완료되고, BOD실험의 5일 동안 산화는 60~70% 완료된다.

BOD 반응속도계수. 처리되지 않은 폐수의 k_1은 보통 0.12~0.46d^{-1}(밑 자연대수)이고, 전형적으로 0.23d^{-1}의 값을 가진다. 생물학적 처리공정으로 배출되는 폐수의 k_1은 0.12~0.23d^{-1}의 값을 가진다. 주어진 폐수는 20°C에서의 k_1값을 연속적으로 배양시료 내 용존산소의 시간에 따른 변화를 관찰함으로써 실험적으로 구할 수 있다. 만약 20°C에서 k_1의 값이 0.23d^{-1} 라면 5일 동안의 산소요구량은 최종 1단계 요구량의 약 68%이다. 때때로 1차 반응속도상수는 로그단위(밑 상용대수)로 표현된다. k_1(밑 자연대수)와 K_1(밑 상용대수) 사이의 관계는 다음과 같다.

$$K_1(\text{밑 상용대수}) = \frac{k_1(\text{밑 자연대수})}{2.303} \tag{2-61}$$

언급했던 것처럼 폐수 시료의 BOD는 대개 20°C에서 측정한다. 그러나 1장 1-6절 온도의 영향에서 설명한 다음의 관계식을 이용하여 20°C 이외의 온도에서 반응계수 k를 결정하는 것이 가능하다.

$$\frac{k_2}{k_1} = \theta^{(T_2 - T_1)} \tag{1-44}$$

온도계수 θ는 20~30°C에서 1.056, 4~20°C에서 1.135로 밝혀졌다(Schroepfer et al., 1964). 종종 문헌에서 θ 값을 1.047로 인용하지만(Phelps, 1944) 이 값은 저온에 적용되지 않는 것으로 관찰되었다(예: 20°C 이하). 식 (2-60)과 함께 식 (1-44)를 이용하여 예제 2-9에 나타낸 것과 같이 20°C 5일 기간 동안의 실험을 바탕으로 다른 기간과 온도의 실험 결과를 구할 수 있다.

예제 2-9 **다른 BOD값 계산** 20°C에서 5일 BOD가 200 mg/L인 시료의 1일 및 최종 1단계 BOD를 구하라. 또 25°C에서의 5일 BOD는 얼마인가? 반응계수 k (밑 자연대수) = 0.23d^{-1}, 온도계수 θ = 1.047이다.

풀이

1. 최종 탄소성 BOD를 구하라.

$$\begin{aligned} BOD_5 &= UBOD - BOD_r = UBOD(1 - e^{-k_1 t}) \\ 200 &= UBOD(1 - e^{-0.23\times 5}) = UBOD(1 - 0.317) \\ UBOD &= 293 \text{ mg/L} \end{aligned}$$

2. 1일 BOD를 구하라.

$$\begin{aligned} BOD_t &= UBOD(1 - e^{-k_1 t}) \\ BOD_1 &= 293(1 - e^{-0.23\times 1}) = 293(1 - 0.795) = 60.1 \text{ mg/L} \end{aligned}$$

3. 25°C에서의 5일 BOD를 구하라.

$$\begin{aligned} k_{1_T} &= k_{1_{20}}(1.047)^{T-20} \\ k_{1_{25}} &= 0.23(1.047)^{25-20} = 0.29 \text{ d}^{-1} \\ BOD_5 &= UBOD(1 - e^{-k_1 t}) = 293(1 - e^{-0.29\times 5}) = 224 \text{ mg/L} \end{aligned}$$

오염된 물 및 폐수의 전형적인 k_1 값(밑 자연대수, 20°C)은 0.23d^{-1} 이다(k_1, 밑 상용대수 = 0.10d^{-1}). 그러나 반응속도상수 값은 폐수의 종류에 따라 상당히 다르다. 변화 범위는 0.05~0.3d^{-1}(밑 자연대수) 이상이다. 동일한 최종 BOD의 경우 산소 소비는 시간과 다른 반응속도상수 값에 따라 변한다(그림 2-23 참조).

BOD실험에서의 질산화. 암모니아와 같은 비탄소성 물질은 단백질의 가수분해 과정에서 생성된다. 몇몇의 세균은 암모니아를 아질산염으로 변환시킨 후, 다시 이 아질산염을 질산염으로 변환시키는 것으로 알려져 있다. 일반적인 반응은 다음과 같다.

암모니아에서 아질산이온으로 전환(*Nitrosomonas*에 의해):

$$NH_3 + 3/2O_2 \rightarrow HNO_2 + H_2O \tag{2-62}$$

그림 2-23

BOD에 대한 속도상수 k_1의 영향(단위 UBOD값)

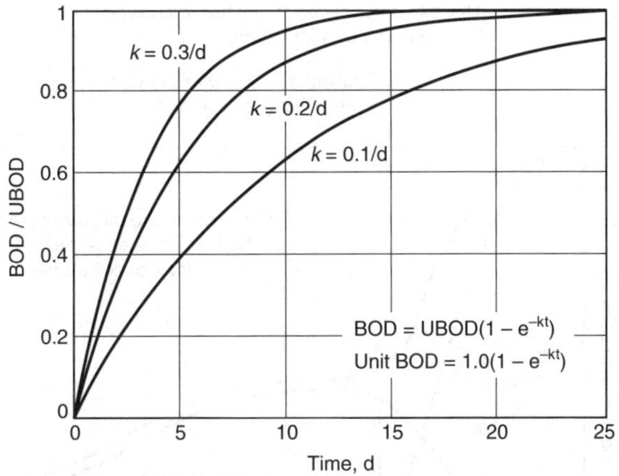

아질산이온의 질산이온으로의 전환(*Nitrobacter*에 의해):

$$HNO_2 + 1/2O_2 \rightarrow HNO_3 \tag{2-63}$$

암모니아로부터 질산이온으로의 변환:

$$NH_3 + 2O_2 \rightarrow HNO_3 + H_2O \tag{2-64}$$

암모니아가 질산이온으로 산화될 경우의 산소요구량이 질소성 생화학적 산소요구량(NBOD)으로 불린다. 가정용 하수 BOD 시험에서의 산소요구량은 그림 2-24에 표시되어 있다. 질산화세균은 성장이 늦기 때문에 충분히 성장하여 산소요구량을 발휘하기까지는 보통 6~10일 정도 걸린다. 초기에 충분한 질산화세균이 존재하는 경우에는, 질산화에 의한 BOD 시험의 방해가 클 수 있다.

그림 2-24

폐수 시료의 CBOD와 NBOD 그래프

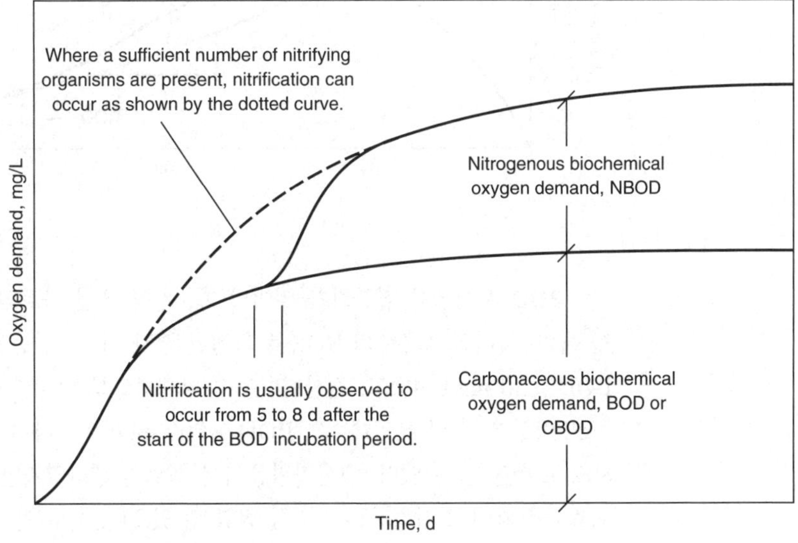

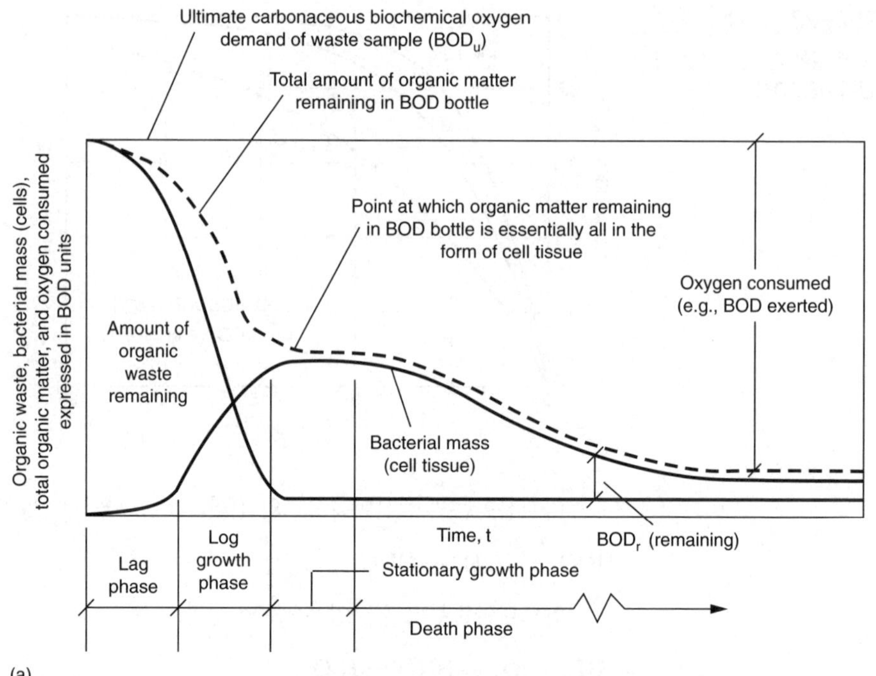

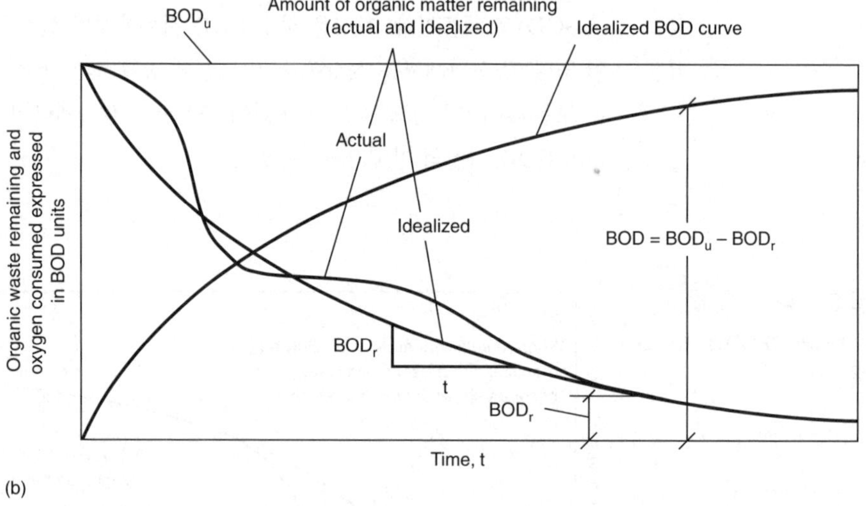

그림 2-25

BOD실험의 기능적 분석. (a) BOD실험에서 유기성 폐기물, 균체(세포조직), 총 유기성 폐기물, 산소의 상호관계, (b) BOD실험의 이상적인 그래프(Tchobanoglous and Schroeded, 1985)

BOD 시험에서 질산화가 일어날 때, 처리 운전 자료의 해석이 잘못될 수 있다. 예를 들어, 처리된 방류수의 BOD를 측정한 결과 질산화반응을 억제시킨 상태에서 측정한 BOD는 20 mg/L이었고, 질산화반응이 발생하도록 방치한 상태에서 측정한 BOD는 40 mg/L이었다. 만일 유입폐수의 BOD가 200 mg/L이었다면 BOD 제거율은 각각 90%와 80%로 추정할 수 있다. 질산화반응이 실제로 발생하였지만 이를 의심하지 않았다면 처리효율을 80%로 산정하는 실수를 범할 수 있으며, 이로 인하여 폐수처리가 실제로 잘 되고 있어도 그렇지 못하다고 결론 내릴 수 있다.

탄소성 생화학적 산소요구량. 질산화가 일어났을 때 측정된 BOD값은 탄소성 물질의 산화에 기인하여 실제 값보다 크게 나타날 것이다(그림 2-25 참조). 주어진 탄소성 생화학적 산소요구량(CBOD)의 제거율이 규제기준을 충족시켜야 한다고 했을 때 초기 질산화는 심각한 문제를 야기시킬 수 있다. 질산화의 영향은 질산화 반응을 억제할 수 있는 다양한 화학약품을 사용하거나 또는 질산화미생물을 제거하기 위해 시료에 처리를 하는 방법으로 극복할 수 있다(Young, 1973). 저열살균과 염소화/탈염소화는 질산화미생물의 억제를 위해 사용되어 온 두 가지 방법이다.

질산화 반응이 억제되었을 때의 BOD를 탄소성 생화학적 산소요구량(CBOD)이라고 한다. 실제로 CBOD는 시료에서 산화될 수 있는 탄소에 의하여 나타난 산소요구량이다. 질산화 반응이 화학적으로 억제된 CBOD 시험은 적은 양의 유기탄소를 함유하는 시료(예: 처리된 유출수)에만 적용되어야 한다. 유기물질이 상당량 함유된 미처리 폐수 등에 BOD를 CBOD 시험을 이용해 측정하면 BOD 값에 오류가 일어나기도 한다.

BOD 데이터 분석. BOD_5를 이용하여 UBOD, 즉 최종(20일) BOD를 구하려면 k 값을 알아야 한다. 이러한 값이 없을 경우 순차적인 BOD 측정을 통해 k_1과 UBOD를 구한다. 여기에는 여러 가지 방법이 있는데, 최소자승법(least-square method), 모멘트법(method of moment)(Moore et al., 1950), 일간차분법(daily-difference method)(Tsivoglou, 1958), 급도비법(rapid-ratio method)(Sheehy, 1960), Thomas법(Thomas, 1942, 1950), Fujimoto method (Fujimoto, 1961) 등이 이용된다. 최소자승법과 Fujimoto법은 4판에 도시되어 있다(Tchobanoglous 등, 2003).

BOD 반응속도에 대한 입자 크기의 영향. 막여과(그림 2-4와 2-8)와 같은 분리 및 분석기술을 유입폐수의 고형물 크기 분포를 정량화하기 위해 사용한다면 호흡기(respirometer)를 사용하여 측정한 산소(BOD) 섭취속도를 여러 입자 크기 분율과 관련시킬 수 있다. 표 2-14에 나타난 것처럼 관측된 BOD 반응속도계수는 폐수의 입자 크기에 의해서 크게 영향을 받는다. 표 2-14의 값에 따르면 입자 크기 분포를 변경시킴으로써 폐수처리에 영향을 미칠 수 있다는 것이 분명하다. 더구나 입자 크기 분포가 매우 다른 폐수는 처리방법(예: 인공습지)에 따라 처리효과가 다르게 나타날 것이다.

BOD 시험의 한계. BOD 시험에는 다음과 같은 한계가 있다. 즉, (1) 활성이 있고 순화(acclimated)된 높은 농도의 식종 세균이 필요하며, (2) 독성 폐수를 취급할 때에는 전처리가 필요하고, 그리고 질산화 세균의 영향을 감소시켜야 하며, (3) 생분해성 유기물질만

표 2-14
폐수에서 생분해성 입자 크기의 영향에 기초하여 관찰된 BOD의 반응속도[a]

구분	치수범위, μm	k(밑수 자연대수), d^{-1}
침전성	>100	0.08
상위 콜로이드성	1~100	0.09
콜로이드성	0.1~1.0	0.22
용해성	<0.1	0.39

[a] Balmat(1957).

이 측정되며, (4) 시료 용해성 유기물질이 이용된 후 BOD 시험은 양론적인 타당성을 갖지 않으며(그림 2-25 참조), (5) 시험결과를 얻기까지 상대적으로 장시간이 필요하다. 상기의 한계점 중에서 아마도 가장 심각한 한계점은 5일이라는 기간이 존재하는 용해성 유기물질이 이용된 시간에 해당되는지 여부이다. 양론적인 타당성 결여는 언제나 시험결과의 유용성을 감소시킨다.

총 및 용존성 화학적 산소요구량(COD, SCOD)

COD 시험은 산성 용액에서 중크롬산에 의해 화학적으로 산화될 수 있는 폐수 내의 유기물에 상응하는 산소의 양을 측정하는 방법이다. 유기질소가 환원 상태일 때(산화수 = −3) 다음 식을 따른다(Sawyer et al., 2003)

$$C_nH_aO_bN_c + dCr_2O_7^{2-} + (8d + c)H^+ \rightarrow nCO_2 + \frac{a + 8d - 3c}{2}H_2O + cNH_4^+ + 2dCr^{3+} \quad (2\text{-}65)$$

여기서 $d = \frac{2n}{3} + \frac{a}{6} - \frac{b}{3} - \frac{c}{2}$

최종 탄소성 BOD가 COD만큼 높은 값을 가질 수도 있지만 이런 경우는 거의 없다. 차이가 나는 이유는 다음과 같다. (1) 리그닌과 같은 생물학적으로 산화되기 어려운 물질들은 화학적으로는 산화되고, (2) 중크롬산에 의해 산화되는 무기물들이 시료의 유기물의 함량을 높아 보이게 할 수 있으며, (3) 어떠한 유기물은 BOD 시험에 사용하는 미생물에 유독성을 나타낼 수도 있고, (4) 중크롬산과 반응할 수 있는 무기물이 존재하여 높은 COD 값을 나타낼 수 있다. 측정하는 관점에서 COD의 주요 이점은 BOD 시험은 5일이나 걸리는 데 비해 COD는 2.5시간 이내에 끝낼 수 있다는 것이다. 시간을 더 줄이기 위해 15분 정도만 소요되는 신속한 COD 시험이 개발되었다.

생물학적 영양염류 제거와 같은 새로운 생물학적 처리방법이 개발됨에 따라 COD를 세분화하는 것은 더욱 중요해졌으며 입자성과 용존성 COD로 나뉜다. 생물학적 처리 연구에서 입자성과 용존성 성분은 폐수의 처리성을 평가하기 위해 더욱 세분화된다(8장 8-2절 참조). 세분화된 구분은 (a) 쉽게 생분해되는 용존성 COD, (b) 느리게 생분해되는 콜로이드성과 입자성 COD, (c) 생분해되지 않는 용존성 COD, (d) 생분해되지 않는 콜로이드성과 입자성 COD이다. 쉽게 생분해되는 COD는 휘발성 지방산(VFAs)과 단 사슬(short chain) VFAs로 발효되는 복잡한 COD로 더욱 세분화되었다(8장 그림 8-4 참조). 불행히도 앞에서 언급된 용존성과 입자성 COD를 구분하는 표준된 정의는 없다. 시료를 분류하기 위해 여과지를 사용한다면 여과지의 공극 크기에 따라 용존성과 입자성 COD의 분포가 달라질 것이다. 용존성 COD를 결정하는 다른 방법은 부유물질과 콜로이드성 물질의 일부를 침전시키는 것이다. 침전 후의 상등액의 COD가 용존성 COD에 해당한다.

총 및 용존 유기탄소(TOC, DTOC)

기기를 사용한 TOC 시험은 수용성 시료의 총 용존 유기탄소를 측정하는 데 이용된다.

그림 2-26

TOC를 구성하는 유기물 특성 분류화를 위한 절차

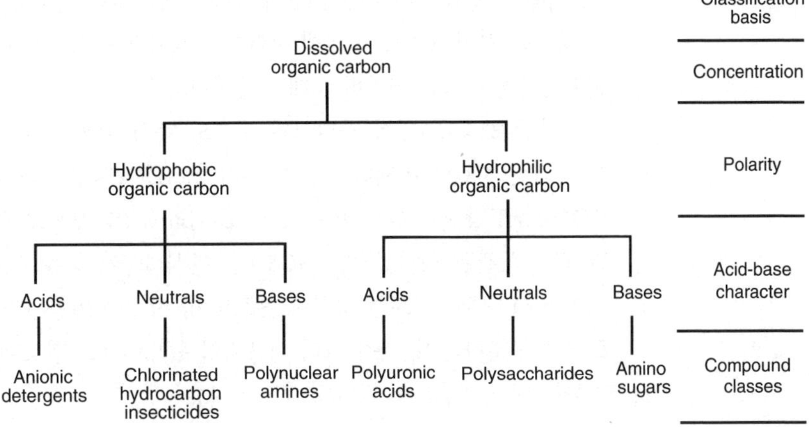

TOC 측정에는 유기탄소를 이산화탄소로 전환시키기 위해 열과 산소, 자외선, 화학적 산화제 또는 이러한 방법들을 조합하여 사용하고 이산화탄소는 적외선분석기나 다른 방법에 의해 측정된다. TOC는 폐수의 오염 특성을 평가할 수 있으며 어떠한 경우에 TOC는 BOD와 COD값과 연관시켜 볼 수도 있다. 또한 TOC 측정은 단지 5분에서 10분이면 완료되기 때문에 선호된다. 주어진 폐수에서 TOC와 BOD 시험결과 간에 타당한 관계가 형성되면 공정제어를 위해 TOC 시험을 이용하는 것이 권장된다.

최근에는 space program과 연결하여 TOC 농도를 ppb(10억분의 일) 범위까지 측정할 수 있는 연속 온라인 TOC 분석기가 개발되었다. 이러한 기기는 정밀여과나 역삼투처리수의 잔류 TOC를 검출하는 데 사용된다. 연속 TOC 측정은 실규모의 RO 장치의 성능을 관찰하는 데 사용될 수 있으며 재처리된 유출수를 다른 물과 혼합하는 재정화 사업(repurification projects)에서 사용 가능하다.

COD와 함께 TOC를 세분화하는 것도 점차 중요해지고 있다. 중요한 부분은 입자성 TOC와 용존(용해성) DTOC이다. COD처럼 입자성과 용존성 TOC의 구분은 처리도를 평가하기 위해 더욱 세분화된다. 용존성과 입자성 TOC를 구분하기 위해 Standard Methods(2012)에서 권고하는 여과지의 공극 크기는 0.45 μm이고, TSS와 TDS를 정의하는 데 이용되는 공극 크기(2.0 μm나 그 이하)와는 대조된다. 사용된 여과지의 공극 크기 때문에 여과지를 통과한 콜로이드 물질은 용존성으로 분류된다. DTOC를 구성하는 화학 성분에 대한 관심으로 인하여 그림 2-26와 같이 각 성분들을 그룹별로 구분하는 고급 분석방법이 개발되고 있다.

》 자외선 흡수 유기물

Humic 물질, 리그닌(lignin), 탄닌(tannin) 그리고 여러 방향족 성분 등 폐수에서 발견되는 많은 종류의 유기성분은 자외선을 강하게 흡수한다. 따라서 자외선 흡수는 위의 물질들의 간접적인 측정 방법으로 사용되어 왔다. 흡수되는 자외선 파장은 보통 200에서 400 nm 범위인데 이 중 254 nm가 가장 일반적으로 사용되고 있다. 자외선 흡수도 측정 결과는 pH와 자외선 파장과 함께(예: $UV_\lambda{}^{pH}$에서 λ는 자외선 파장) cm^{-1} 단위로 표시된다. 이 방법은 간섭 물질들에 의해 시험이 부정확해지기도 하지만 폐수의 자외선을 흡수하는 혼합성분들의 양을 평가하는 데 유용하다.

파장 254 nm에서 자외선의 흡수도 측정 결과는 공극 크기가 0.45 μm인 여과지를 통과한 시료에 존재하는 용존 유기탄소(DOC)의 양과 상관관계를 가진다. 그 결과는 DOC mg/L당 *specific ultraviolet adsorption* (SUVA)로 표시된다. 자외선 측정 결과가 DOC와 상관관계가 있지만, SUVA는 분석하고자 하는 시료의 탄소의 특성을 측정하는 것이며 더 구체적으로는 방향족 탄소의 양 측정에 이용된다. 따라서 SUVA 시험은 물 시료들을 구분하는 데 가장 널리 이용되어 왔으며 트리할로메탄(THMs) 생성 가능성을 평가하는 데도 이용되어 왔다(2-7장 참조).

이론적 산소요구량(ThOD)

동물이나 식물로부터 기인한 폐수 속의 유기물은 일반적으로 탄소, 수소, 산소, 질소의 혼합물질이다. 앞에서 설명한 대로 폐수 속의 원소들은 탄수화물, 단백질, 지방 및 이들의 분해생성물로 분류된다. 이러한 물질들의 생물학적 분해에 관해서는 7장에서 다룰 것이다. 유기물의 화학적 구조식을 안다면 예제 2-10처럼 ThOD를 계산할 수 있다.

예제 2-10 **ThOD의 계산** 다음의 가정에서 글리신($CH_2(NH_2)COOH$)의 ThOD를 계산하여라.

1. 1단계에서 유기탄소는 CO_2로, 유기질소는 NH_3로 전환된다.
2. 2단계와 3단계에서, 암모니아는 산화되어 아질산이온 및 질산이온이 된다.
3. ThOD는 이상의 3단계에서 필요한 산소의 총량이다.

풀이

1. 탄소성 산소요구량에 대한 수지반응(balanced reaction)을 적어라.

$$CH_2(NH_2)COOH + 3/2O_2 \rightarrow NH_3 + 2CO_2 + H_2O$$

2. 질소성 산소요구량에 대한 수지반응을 적어라.

(a) $NH_3 + 3/2O_2 \rightarrow HNO_2 + H_2O$

(b)
$$\frac{HNO_2 + 1/2O_2 \rightarrow HNO_3}{NH_3 + 2O_2 \rightarrow HNO_3 + H_2O}$$

3. ThOD를 계산하라.

$$\begin{aligned}ThOD &= (3/2 + 4/2)\ \text{mole } O_2/\text{mole glycine}\\ &= 7/2\ \text{mole } O_2/\text{mole glycine} \times 32\ \text{g/mole } O_2\\ &= 112\ \text{g } O_2/\text{mole glycine}\end{aligned}$$

표 2-15
하수 특성에 따른 여러 매개 변수의 비율

하수 종류	BOD/COD	BOD/TOC
미처리	0.3~0.8	1.2~2.0
1차 침전 후	0.4~0.6	0.8~1.2
최종 처리수	0.1~0.3[a]	0.2~0.5[b]

[a] CBOD/COD
[b] CBOD/TOC

BOD, COD, TOC의 상호관계

처리되지 않은 도시하수의 BOD/COD 비의 일반적인 값은 0.3에서 0.8이다(표 2-15 참조). 처리되지 않은 폐수의 BOD/COD 비가 0.5 이상이면 그 폐수는 생물학적으로 쉽게 처리될 수 있고 0.3 이하일 때는 독성이 있거나 폐수의 안정화를 위해 적응된 미생물이 필요할 수도 있다. 처리되지 않은 폐수의 BOD/TOC 비는 1.2에서 2.0이다. 이 비율은 표 2-15에 나타난 것처럼 폐수처리의 진행과정에 따라 크게 변한다는 것을 알아야 한다. 이러한 비율에 대한 이론적 기초는 예제 2-11에서 살펴본다.

예제 2-11 **BOD/COD, BOD/TOC, TOC/COD 비율 계산** 화합물 $C_5H_7NO_2$에 해당하는 이론적인 BOD/COD, BOD/TOC 그리고 TOC/COD 비율들을 구하라. BOD의 1차 반응속도 상수는 0.23/d(밑 자연대수) (0.10/*d*, 밑 상용대수)으로 가정하라.

풀이

1. 식 (2-57)를 이용하여 화합물의 COD를 계산하면

   $C_5H_7NO_2 + 5O_2 \rightarrow 5CO_2 + NH_3 + 2H_2O$

   mw $C_5H_7NO_2$ = 113, mw $5O_2$ = 160

   COD = 160/113 = 1.42 mg O_2/mg $C_5H_7NO_2$

2. 이 화합물의 BOD는

   $$\frac{\text{BOD}}{\text{UBOD}} = (1 - e^{-k_1 t}) = (1 - e^{-0.23\times 5}) = 1 - 0.32 = 0.68$$

   BOD = 0.68 × 1.42 mg O_2/mg $C_5H_7NO_2$ = 0.97 mg BOD/mg $C_5H_7NO_2$

3. 이 화합물의 TOC는

   TOC = (5 × 12)/113 = 0.53 mg TOC/mg $C_5H_7NO_2$

4. BOD/COD, BOD/TOC, TOC/COD 비는

   $$\frac{\text{BOD}}{\text{COD}} = \frac{0.68 \times 1.42}{1.42} = 0.68$$

   $$\frac{\text{BOD}}{\text{TOC}} = \frac{0.68 \times 1.42}{0.53} = 1.82$$

   $$\frac{\text{TOC}}{\text{COD}} = \frac{0.53}{1.42} = 0.37$$

총 유기성분의 호흡측정계 특성. BOD값과 속도상수(k_1)는 앞서 말한 바와 같이 호흡측정계를 사용하면 병 기법(bottle technique)을 사용하는 것보다 효과적으로 측정할 수 있다(Young and Baumann, 1976a, 1976b; Young et al., 2003). 호흡측정계는 무산소, 혐기성, 호기성 환경에서 살아 있는 미생물의 호흡 속도를 측정하는 데 사용되는 장치이다.

호흡측정계의 설명. 현재의 headspace-gas 호흡측정계는 미생물을 함유하는 시료에 대해 일정한 산소압력을 유지하고 이 미생물의 유기 기질 대사 과정에 의해 소모된 산소를 측정한다. 대체된 산소는 전기 분해 셀, 버블형 유동 셀(bubble-type flow cell) 또는 변환제어 공기압 인젝터(transducer-controlled pneumatic injection)에서 측정된다. 전형적으로 시판되는 호흡측정계를 그림 2-27(a)에 나타내었다. 마노미터 호흡측정계(manometric respirometers)보다 headspace-gas 호흡측정계로 예를 들면 Gilson or Warburg respirometers (Tchobanoglous and Burton, 1991)의 주요 장점은, (1) 대용량 시료(1 L)를 사용할 때 시료채취 및 피펫작업 시 희석의 오류를 최소화, (2) 산소소비를 연속적으로 측정함으로써 생물학적 반응의 진행에 대한 더 자세한 정보를 제공한다.

호흡측정계의 응용. BOD와 속도상수의 측정을 위해 처음 사용된 호흡측정계는 다음과 같은 폐수처리 분야에서 다양하게 사용될 수 있다. (1) 활성슬러지 혼합액의 산소 흡수율 모니터링, (2) 산업 폐수의 생분해성 및 처리성 평가, (3) 폐수처리공정의 공업용 화학물질의 독성 평가, (4) 영양염류의 결핍 평가(Young and Cowan, 2004). 생분해 특성은 그림 2-27(b)에 나타나 있는 것처럼 화학물질의 종류 및 폐수의 발생원에 따라 다를 수 있다. "표준시료(control)"로 표시된 곡선은 생분해성 물질의 산소요구량을 나타낸다. "저해(inhibition)"로 표시된 곡선은 독성이 있거나 생분해성이 낮은 화학물질에 대한 산소 소모량에 대한 특성을 나타낸다. 순응이 필요할 때 산소섭취량이 떨어지지만 초기 산소섭취 속도는 종 배양(seed culture)과 유사할 것이다. 이 때 종 배양의 종류에 따라 다

(a)

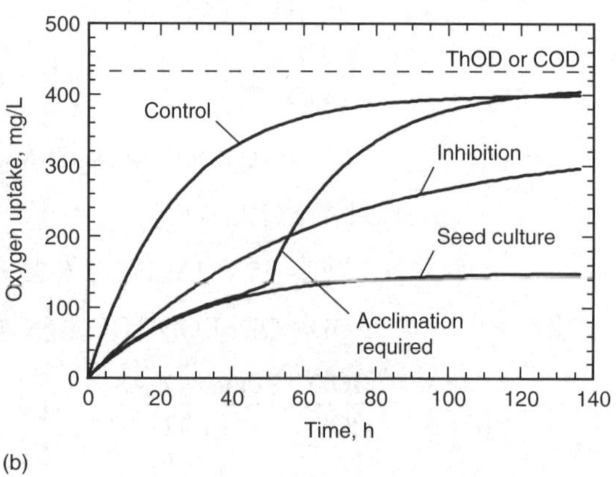

(b)

그림 2-27

호흡측정계 및 응답곡선(response curve). (a) 대중적인 헤드스페이스가스 호흡측정계(headspace-gas respirometer) (Repirometric System and Applications 제공, LLC), (b) 서로 다른 생분해 특성을 갖는 폐수 시료의 전형적인 산소소비량 곡선(Young and Cowan, 2004)

른 형태가 발생할 수 있다.

》 오일과 그리스

오일과 그리스라는 용어에는 폐수에서 발견되는 지방, 오일, 왁스, 그리고 이들과 관련된 물질들이 포함된다. 과거에 문헌에서 사용되던 **지방, 오일, 그리스(FOG)**라는 말은 오일과 그리스라는 말로 대체되었다. 폐수의 오일과 그리스 함량은 여러 가지 방법에 기초하여 측정할 수 있는데 액-액 추출(liquid-liquid extraction)과 액체를 추출하여 고체상에 흡착시키는 방법이 있다(Standard Method, 2012). 추출 단계 후 추출에 사용된 용매를 증발시키고 잔류 오일 및 그리스의 중량을 측정하여 함량을 판정한다. 추출 가능한 다른 물질에는 광유, 등유, 윤활유, 노면유(road oil) 등이 있다. 오일과 그리스는 화학적으로 매우 비슷하며 지방산과 알코올 또는 글리세롤의 복합성분이다. 지방산 글리세리드는 상온에서 액체이며 오일이라 불리고 고체는 그리스(또는 지방)로 불린다.

처리된 폐수를 배출하기 전에 그리스를 제거하지 않으면 지표수에서의 생물 활동을 방해하고 불투명한 막을 형성한다. 수면에 반투명 막을 형성하는 데 필요한 오일의 두께는 아래의 표와 같이 약 0.0003048 mm이다.

	필름 두께		확산 양	
외관	in.	mm	gal/mi^2	L/ha
거의 보이지 않음	0.0000015	0.0000381	25	0.365
은 광택	0.0000030	0.0000762	50	0.731
색깔이 비침	0.0000060	0.0001524	100	1.461
밝은 색깔	0.0000120	0.0003048	200	2.922
흐린 색깔	0.0000400	0.0010160	666	9.731
아주 어두운 색깔	0.0000800	0.0020320	1332	19.463

출처: Eldridge(1942).

가정하수에서 지방과 오일은 버터, 라드(lard), 마가린, 식물성 유지 등에서 기인한다. 지방은 흔히 고기, 곡물의 눈, 씨앗, 견과(nuts), 그리고 일부 과일에 들어 있다. 지방과 오일은 낮은 용해도로 인해 미생물에 의한 분해가 감소된다. 그러나 무기산(mineral acid)이 작용하면 이들이 글리세린과 지방산으로 분해된다. 수산화나트륨 같은 알칼리가 있을 때는 글리세린이 유리되고 지방산의 알칼리염이 생성된다. 이 알칼리염을 비누라 하는데, 보통 비누는 지방에 수산화소듐이 작용하는 비누화(saponification) 반응에 의하여 제조된다. 비누는 물에 녹으나 경도(hardness) 성분이 있으면 소듐이온이 지방산의 칼슘 및 마그네슘염으로 변하여 이른바 무기성 비누(mineral soap)가 된다. 이것은 물에 녹지 않고 침전된다.

석유, 윤활유, 노면유 등은 원유 및 콜타르로부터 만드는데, 기본적으로 탄소와 수소로 구성되어 있다. 이러한 오일은 가게, 주차장, 도로에서 상당한 양이 하수관거에 유입된다. 대부분 이들은 폐수 위에 떠 있으나 일부는 침전 고형물에 묻어서 슬러지에 존재한다. 광유는 지방, 오일, 비누에 비해 표면을 덮는 경향이 더 크다. 이러한 입자들은 생물학적 분해를 방해하며 시설유지에 문제를 일으킨다.

계면활성제

계면활성제는 큰 분자의 유기물로서 물에 약간 녹으며 폐수처리장과 처리수가 방류되는 지표수에서 거품을 유발한다. 계면활성제는 보편적으로 강한 소수성 그룹과 강한 친수성 그룹의 결합으로 구성되며, 보통 소수성 그룹은 10개에서 20개의 탄소로 구성된 탄화수소 라디칼(R)이다. 소수성 그룹으로서 물에서 이온화하는 것과 이온화하지 않는 2가지 형태가 사용된다. 음이온 계면활성제는 (−) 전하[예: $(RSO_3N)^-Na^+$]를 띠고 양이온 계면활성제는 (+) 전하[예: $(RMe_3N)^+Cl^-$]를 띠고 있다. 비이온 계면활성제에는 보통 polyoxyethylene 친수성 그룹이 들어 있다($ROCH_2CH_2OCH_2CH_2 \cdots OCH_2CH_2OH$는 보통 RE_n로 줄여 쓰고, n은 친수성 그룹에서 $-OCH_2CH_2-$단위의 평균 수이다). 이러한 그룹들의 결합체(hybrids)도 존재한다. 미국에서 사용되는 이온성 계면활성제는 총 계면활성제 사용량의 2/3, 비이온 계면활성제는 1/3 정도를 차지한다(Standard Methods, 2012).

계면활성제는 물에서 친수성 그룹과 공기에서 소수성 그룹이 됨에 따라 기액(air-water) 계면에 모이는 경향이 있다. 폐수의 포기 동안 이러한 화합물들은 기포 표면에 모여 매우 안정된 거품을 형성한다. 1965년 이전에는 합성세제에 들어 있는 alkyl-benzene-sulfonate (ABS)라고 불리는 계면활성제가 생물학적으로 잘 분해되지 않는 문제가 있었다. 1965년의 입법 결과로, 합성세제의 ABS는 생물학적으로 분해 가능한 linear-alkyl-sulfonate (LAS)로 대체되었고, 계면활성제가 주로 합성세제에 기인하는 만큼 거품 문제는 상당히 감소되었다. 그러나 소위 “hard” 합성세제가 아직도 많은 국가에서 광범위하게 사용되고 있다.

물이나 폐수에 존재하는 계면활성제의 측정에 2가지 방법이 사용되고 있다. MBAS (methylene blue 활성 물질) 시험은 음이온 계면활성제의 측정에 이용되는데 methylene blue 염료 표준용액의 색깔 변화에 의해 측정한다. 비이온성 계면활성제는 CTAS (cobalt thiocyanate 활성 물질)와 반응 시 생성되는 코발트를 함유한 생성물을 유기용액에 추출하여 측정한다. CTAS 방법은 비이온 계면활성제를 제거하기 위한 승화(sublimation) 단계와 양이온 및 음이온 계면활성제를 제거하기 위한 이온 교환단계가 필요함을 기억하여야 한다(Standard Methods, 2012).

폐수 및 바이오 고형물의 화학에너지

만약 원소 조성을 알고 있다면 폐수, 일차 슬러지 및 바이오 고형물 내 유기성분의 화학에너지 함량은 (1) 대량의 열량계, (2) 실험실에서 사용하는 봄베 열량측정기, (3) 계산기로 결정할 수 있다. 전체적인 열량측정이 어렵기 때문에 대부분의 폐수, 슬러지 및 바이오 고형물 내 유기성분의 에너지 함량인 실험값은 봄베 열량기 실험의 결과가 기초로 쓰인다(Shizas and Bagley, 2004; Zanoni and Mueller, 1982).

폐수의 에너지 함량은 다음 식을 따르는 유기화합물 성분의 원소 분석으로부터 추정할 수 있다. 이 식은 Channiwala(1992), Channiwala and Parikh(2002)에 의해 개발됐고 DuLong formula에 의해 수정됐다.

$$HHV\ (MJ/kg) = 34.91\ C + 117.83\ H - 10.34\ O - 1.51\ N + 10.05\ S - 2.11A \quad (2\text{-}66)$$

위 식에서 HHV는 고위 발열량을 나타내고 C는 탄소의 중량 분율이다(H는 수소, O는 산소, N은 질소, S는 황, A는 화학식이나 근본적인 분석으로부터 얻게 되는 재이다). HHV는 물 성분이 연소부 끝에서 액체 상태일 때의 값으로 추정된다. 또 낮은 LHV(저위 발열량)는 가연성 물질의 발열량으로 추정된다. 이는 기화 잠열이 회수되는 않는 것으로 가정한다. 실질적으로 LHV는 HHV보다 약 6~8% 낮다. 고정연소장치 배기열을 회수하기 위해서는 HHV의 사용이 가장 적합하다. 배기열이 회수되는 않는 경우에는 LHV의 사용이 더 적합하다. 또한, 대부분의 유럽 문헌에 LHV가 보고된 반면, HHV는 미국의 문헌에 보고된다. 응용식 (2-66)은 예제 2-12에서 설명된다.

예제 2-12 **미처리 폐수와 바이오 고형물의 화학적 에너지 함량을 추정하라.** 화학에너지 함량은 COD기초로 (1) 미처리 폐수의 유기물 분율은 단백질 50%, 탄수화물 40%, 지방 10%, (2) 바이오 고형물은 세균 세포 생물량으로 구성된다. 미처리 폐수의 화학적 조성은 $C_{7.9}H_{13}O_{3.7}NS_{0.04}$와 3%의 회분으로 추정된다. 세포 생물량의 조성은 $C_5H_7O_2N$ (Hoover and Porges, 1952)와 3%의 회분으로 구성되어 있다. 유기물 분열 및 바이스 고형물 COD kg당 MJ 단위로 결과를 나타내어라.

풀이-1 미처리 폐수

1. 식 (2-66)을 사용하여 폐수의 에너지 양을 결정하라.

   a. 폐수가 포함된 성분과 회분의 질량 분율을 구하여라.

구성요소	상수	분자량	분자 질량	질량 분율
탄소	7.9	12	94.8	0.50[a]
수소	13	1	13	0.07
산소	3.7	16	59.2	0.31
질소	1	14	14	0.08
황	0.04	32	1.28	0.01
재	0			0.03
			182.28	1.00

[a] (94.8/182.28) × 0.97 = 0.50.

   b. 식 (2-66)을 사용하여 유기물 분율의 에너지양을 구하면:

$$HHV\ (MJ/kg\ organic\ fraction) = 34.91\ (0.50) + 117.83\ (0.07) - 10.34\ (0.31) - 1.51\ (0.08) + 10.05(0.01) - 2.11\ (0.03)$$

$$HHV\ (MJ/kg\ organic\ fraction) = 17.45 + 8.25 - 3.21 - 0.12 + 0.10 - 0.06 = 22.41$$

2. 유기물의 COD를 구하여라.

   a. 황을 제외한 생물의 화학적 산화의 평형반응을 써라.

$$C_{7.9}H_{13}NO_{3.7} + 8.55O_2 \rightarrow 7.9CO_2 + NH_3 + 5H_2O$$

182.28 8.55(32)

b. 유기물의 COD는

$$COD = 8.55(32\ g\ O_2/mole)/(182.28\ g\ organic\ fraction/mole)$$
$$= 1.50\ g\ O_2/g\ organic\ fraction$$

3. 바이오 고형물 COD (MJ/kg)에 대한 바이오매스의 에너지양을 구하여라.

$$HHV\ (MJ/kg\ organic\ fraction\ COD) = \frac{(22.77\ MJ/kg\ of\ organic\ fraction)}{(1.50\ kg\ O_2/kg\ of\ organic\ fraction)}$$
$$= 15.1\ MJ/kg\ of\ organic\ fraction\ COD$$

풀이-2 바이오 고형물

1. 식 (2-66)을 사용하여 바이오 고형물의 에너지양을 구하여라.

a. 바이오 고형물이 포함된 성분과 회분의 질량 분율을 구하여라.

Component	Coefficient	Molecular weight	Molecular mass	Weight fraction
Carbon	5	12	60	0.52a
Hydrogen	7	1	7	0.06
Oxygen	2	16	32	0.27
Nitrogen	1	14	14	0.12
Sulfur	0	32	0	0
Ash	0			0.03
			113	1.00

[a] (60/113) × 0.97 = 0.52.

b. 식 (2-66)을 사용하여 바이오 고형물의 에너지를 구하면

$$HHV\ (MJ/kg\ biosolids) = 34.91\ (0.52) + 117.83\ (0.06) - 10.34\ (0.27) - 1.51(0.12) - 2.11\ (0.03)$$

$$HHV\ (MJ/kg\ biosolids) = 18.15 + 7.07 - 2.79 - 0.18 - 0.06 = 22.19$$

2. 바이오 고형물의 COD를 구하여라.

a. 바이오매스의 화학적 산화반응의 평형반응을 써라.

$$C_5H_7NO_2 + 5O_2 \rightarrow 5CO_2 + NH_3 + 2H_2O$$

113 5(32)

b. 바이오 고형물의 COD는

$$COD = 5(32\ g\ O_2/mole)/(113\ g/mole\ biosolids)$$
$$= 1.42\ g\ O_2/g\ biosolids$$

3. 바이오 고형물 COD (MJ/kg)에 대한 바이오매스의 에너지양을 구하여라.

$$HHV\ (MJ/kg\ biosolids\ COD) = \frac{(22.19\ MJ/kg\ of\ biosolids)}{(1.42\ kg\ O_2/kg\ of\ biosolids)}$$
$$= 15.63\ MJ/kg\ of\ biosolids\ COD$$

실제로 HHV는 복구하기 어렵기 때문에 HHV를 대체하여 종종 LHV를 대신 사용한다. HHV와 LHV가 서로 8% 정도 차이 난다고 가정하면 이에 상응하는 유기물 분율은 13.74 MJ/kg이고 바이오 고형물의 COD는 14.38 MJ/kg이다.

2-7 개별 유기화합물

개별 유기화합물은 미국환경보호청(U.S. EPA)에 의해 확인된 특정 오염물질과 새롭게 발견되고 있는 다수의 관심 화합물에 대해 존재를 평가하기 위해 조사한다. 특정 오염물질(무기물 또는 유기물)은 이미 알려졌거나 혹은 의심되는 발암성(carcinogenicity), 변이성(mutagenecity), 기형발생성(teratogenicity), 또는 급성 독성(high acute toxicity)에 근거하여 선정되고 있다. 특정한 물질을 밝혀내는 기술이 계속적으로 발전됨에 따라 다른 많은 종의 유기물질도 공공 상수도나 처리된 폐수에서 나타나고 있다.

》 개별 유기화합물의 근원

개별 화합물은 몇몇 종류로 구분된다. (1) 특정 오염물질, (2) 휘발성 유기화합물, (3) 소독부산물, (4) 살충제와 농약, (5) 규제되지 않은 미량의 유기화합물. 특정 오염물질의 공급원은 주로 상업 및 산업폐수나 가정에서 사용하는 제품으로부터 극소량 유입된다. 휘발성 유기화합물은 주로 상업 및 산업 활동에서 생성된다. 폐수에서 발견되는 살충제 및 농약은 주로 농업지역이나 공터, 공원으로부터 유입된다. 문제가 되는 규제가 없는 미량의 유기화합물은 다음과 같이 유입되는데 (1) 사람이나 동물의 항생제, (2) 사람이 복용하는 처방 혹은 비처방 약품, (3) 산업폐수 및 가정하수, (4) 성 호르몬이나 스테로이드 호르몬 등이 있다.

》 특정 오염물질

미국 환경보호청(EPA)은 1981년부터 129개 특정 오염물질을 65개 항목으로 지정하여 배출기준에 따라 규제하고 있다(Federal Register, 1982). 특정 오염물질(무기물 및 유기물 포함)은 발암성(carcinogenicity), 돌연변이(mutagenicity), 기형발생성(teratogenicity) 또는 급성 독성(acute toxicity)에 근거를 두고 선정됐다. 이러한 특정 오염물질의 대다수는 휘발성 유기화합물(VOCs)로 분류하기도 한다. 공공하수처리시설(POTWs, publicly owned treatment works)로 유입되는 오염물의 배출을 규제할 수 있는 기준은 크게 두 가지가 있다. 첫 번째는 "배출금지기준"으로 폐수처리장으로 배출되는 모든 상업 혹은 산업 사업장에 적용된다. 제한되는 오염물질 배출금지기준으로는 발화 혹은 폭발을 일으킬 수 있거나 심한 부식성($pH < 5.0$) 물질을 지니는 물질의 유입, 처리공정의 흐름을 방해하거나 지장을 초래하는 물질, 유입폐수의 수온을 40°C 이상으로 증가시킬 수 있는 물질이 있다. 두 번째는 25개의 산업별 항목(산업항목)에 나와 있는 산업 및 상업 시설에서의 배출에 적용되는 "항목별 기준"이다. 특정 오염물질의 수는 앞으로도 계속 증가할 것

으로 예상된다.

휘발성 유기화합물(VOCs)

100°C 이하의 끓는점과 25°C에서 증기압이 1 mmHg보다 큰 유기화합물을 일반적으로 휘발성 유기화합물(volatile organic compounds)로 간주한다. 예를 들어 끓는점이 −13.9°C이고, 증기압이 20°C에서 2548 mmHg인 vinyl chloride는 매우 휘발성이 강한 유기화합물이다. 휘발성 유기화합물은 다음과 같은 이유 때문에 큰 우려가 되고 있다. (1) 기체상태의 화합물은 대기 중으로 쉽게 방출될 수 있으며 (2) 대기 중으로 방출된 유기화합물은 공중보건을 위협할 수 있다. 그리고 (3) 대기 중에서 반응성 탄화수소를 증가시켜 광화학산화물의 형성을 유발한다. 특히 수집시스템과 처리설비의 전처리단계에서 방출되는 휘발성 유기화합물은 근무자의 건강을 위협할 수 있다. 휘발성유기화합물의 방출과 통제에 관련된 물리적 현상은 16장에 보다 상세히 기술되어 있다.

소독부산물

유기물을 함유하고 있는 물에 염소(chlorine)를 주입하면 염소를 함유하는 다양한 종류의 유기물이 생성되는 것이 발견되었다. 이러한 성분들을 다른 성분들과 함께 총체적으로 소독부산물(DBPs)이라고 한다. 이들은 비교적 낮은 농도라고 하더라도 사람에게 암을 유발한다고 알려져 있거나 가능성이 있다고 여겨지기 때문에 관심이 되고 있다. 이 성분들은 일반적으로 trihalomethanes (THMs), haloacetic acids (HAAs), trichlorophenol, aldehyde 등으로 분류된다.

지난 10년간 N-nitrosodimethylamine (NDMA)이 폐수처리장 유출수에서 발견되었다. 화합물질의 한 그룹으로서 nitrosamine은 가장 강력한 발암물질의 하나로 알려져 있어 관심을 받고 있다(Snyder, 1995). 이 성분들은 또한 저농도에서도 여러 어종에 강력한 발암 작용을 하는 것으로 알려졌다. 미국 EPA의 시행령에는 NDMA를 2 ppt (parts per trillion)로 제한하고 있다. 최근 연구결과에 따르면 NDMA는 염소소독 과정에서 생기는 것으로 추정된다. 처리된 유출수에서 아질산이온은 염소를 이용한 소독과정에서 존재하게 되는 hydrochloric acid와 반응하여 아질산(nitrous acid)을 형성한다. 이어서 아질산은 dimethylamine과 반응하여 NDMA를 형성한다(Hill, 1988). Dimethylamine은 폐수나 지표수에 흔히 있으며, 주로 소변, 대변, 조류(algae), 식물조직에서 발견된다. 또한 dimethylamine은 수처리에 이용되는 고분자(polydiallyl dimethylamine)나 이온교환수지의 일부이기도 하다. 염기와 알칼리성 조건에서의 NDMA 형성은 Wainwright(1986)에 의하여 보고되었다.

DBPs나 NDMA의 생성에 대한 우려 때문에 염소를 대체하는 자외선 소독에 대해 관심이 집중되었다. 그 외에도 이러한 성분들을 제거하기 위해 기존의 처리공정을 개선하기 위한 고도처리공정에 상당한 관심이 집중되었다. UV에 의한 소독과 NDMA의 분해에 관한 내용은 12장에 기술되어 있다.

표 2-16

폐수와 하천수에서 발견되는 대표적인 유기성분[a]

가축과 사람의 항생제

Carbadox	Norfloxacin	Sulfamethazine
Chlortetracycline	Oxytetracycline	Sulfamethiazole
Ciprofloxacin	Roxarsone	Sulfathiazole
Dolcycline	Roxithromycin	Sulfamethoxazole
Enrofloxacin	Sarafloxacin	Tetracycline
Erythromycin	Spectinomycin	Trimethoprim
Erythromycin-H_2O	Sulfachlorpyridazine	Tylosin
Ivermectin	Sulfadimethoxine	Virginiamycin
Lincomycin	Sulfamerazine	

성 호르몬과 스테로이드 호르몬

Cis-androsterone	Estrone	Mestranol
3-β-coprostanol	Estriol	19-norethisterone
Cholesterol	17α-estradiol	Progesterone
Equilenin	17β-estradiol	Testosterone
Equilin	17α-ethynylestradiol	

사람이 복용하는 처방전 또는 비처방전 약품(일반적인 사용)

Acetaminophen (antipyretic)	Fluoxetine (antidepressant)
Albuterol (antiasthmatic)	Furosemide (diuretic)
Amoxicillin (antibiotic)	Gemfibrozil (lipotropic agent)
Caffeine (stimulant)	Ibuprofen (anti-inflammatory)
Carbamazepine (anticonvulsant)	Metformin (antidiabetic agent)
Cimetidine (antacid)	Paroxetine (paxil metabolite)
Codeine (analgesic)	Paraxanthine (caffeine metabolite)
Cotinine (nicotine metabolite)	Ranitidine (antacid)
Dehydronifedipine (antianginal)	Salbutamol (antiasthmatic)
Digoxigenin (digoxin metabolite)	Sulfamethoxazole (antibiotic)
Diltiazem (antihypertensive)	Trimethoprim (antibiotic)
Diphenhydramine (antihistamine)	Warfarin (anticoagulant)
Enalaprillat (antihypertensive)	

산업폐수와 가정하수(일반적인 사용)

Acetophenone (fragrance)	Lindane (pesticide)
Anthracene (PAH)[b]	Methyl parathion (pesticide)
Benzo(a)pyrene (PAH)	Naphthalene (PAH)
benzophenone (used in plastics)	NPEO1-total (detergent metabolite)
2,6-di-tert-para-benzoquinone (antioxidant)	NPEO2-total (detergent metabolite)
5-methyl 1 H benzotriazole (antioxidant)	OPEO1 (detergent metabolite)
Bisphenol A (used in polymers)	OPEO2 (detergent metabolite)
Bis(2-ethylhexyl)phthalate (plasticizer)	Pentachlorophenol (wood preservative)
2,6-di-te-butylphenol (antioxidant)	Phenanthrene (PAH)

(계속)

| 표 2–16 (계속)

산업폐수와 가정하수(계속)	
Butylated hydroxyanisole (antioxidant)	Phenol (disinfectant)
Butylated hydroxytoluene (antioxidant)	Para-nonylphenol-total (detergent metabolite)
Caffeine (stimulant)	Phthalic anhydride (used in plastics)
Cholesterol (plant/animal steroid)	Pyrene (PAH)
Codeine (analgesic)	Stigmastanol (plant sterol)
Cotinine (nicotine metabolite)	Tetrachloroethylene (solvent)
3b-coprostanol (carnivore fecal indicator)	Tributyl phosphate (fire retardant)
Para-cresol (wood preservative)	Triclosan (antimicrobial disinfectant)
Diethylphthalate (plasticizer)	Tri (2-butoxyethyl) phosphate (plasticizer)
1,4-dichlorobenzene (fumigant)	Tri (2-chloroethyl) phosphate (fire retardant)
Ethanol, 2-butoxy-, phosphate (plasticizer)	Tri (dichlorisopropyl) phosphate (fire retardant)
Fluoranthene (PAH)	Triphenyl phosphate (plasticizer)
살균제, 제초제, 살충제, 농약(일반적인 사용)	
Bromacil (herbicide)	Diazinon (insecticide)
Carbazole (insecticide)	Dieldrin (pesticide)
Carbraryl (insecticide)	Metolachlor (herbicide)
Chlorpyrifos (insecticide)	N,N-diethyltoluamide (DEET) (insecticide)
Chlorpyrifos (pesticide)	Prometon (herbicide)
Cis-chlordane (pesticide)	Thiabendazole (fungicide)
기타(일반적인 사용)	
Anthraquinone (aromatic organic compound used in manufacturing)	1,3,4,6,7,8-hexahydro-4,6,6,7,8,8, hexamethylcyclopenta-g-2-benzopyran (fragrances)
β-sitostrol (plant steroid)	
β-stigmastanol (plant steroid)	

[a] Adapted in part from USGS (2000).

[b] PAH = polynuclear aromatic hydrocarbon.

›› 살충제와 농약

살충제, 제초제, 기타 농약과 같은 미량 유기물질은 대부분의 생물에 독성을 나타내므로 지표수의 중요한 오염물질이 될 수 있다. 이전의 화학약품의 농도는 어류의 살을 오염시켜 음식으로써 가치를 낮게 할 뿐만 아니라 어류를 죽이며 상수도시설의 장애를 일으킨다. 생활 폐수의 일반적인 성분에는 이러한 화합물질이 나타나지 않는다.

›› 규제되지 않는 미량오염물질

처리를 위하여 필요한 내용들이 정립된 위의 성분들 외에 다양한 새로운(트레이스 혹은 미량오염물질이라고 함) 성분들이 미량의 ng/L나 미량의 mg/L 단위로 정수장이나 처리된 폐수 유출수에서 나타나고 있다. 문제되고 있는 화합물은 (1) 사람이나 동물의 항생제나, (2) 사람이 복용하는 처방 혹은 비처방 약품, (3) 산업폐수 및 가정하수 그리고 (4) 성 호르몬이나 스테로이드 호르몬으로부터 발생한다. 위와 관련된 화합물의 전형적인 성분은 표 2-16에 나타나 있다. 이러한 성분들이 건강에 미치는 영향이 더욱 자세히 알려지면서 많은 이러한 성분들에 대해 배출기준이 마련되리라고 예상된다. 3천만 종 이상의 유기물 성분이 존재하는 것으로 알려진 바, 분석 기술의 발전에 따라 새롭게 나타날 성분의 수는 계속적으로 증가할 것이 분명하다.

개별 유기화합물의 분석

개별 유기화합물을 분석하기 위해 사용되는 분석 방법에서는 10^{-12}에서 10^{-13} mg/L의 미량 농도를 측정할 수 있는 매우 정교한 기구를 필요로 한다. 기체크로마토그래프(GC)나 고성능 액체 크로마토그래프(HPLC)는 개별 유기화합물을 검출하는 가장 일반적인 방법이다. 분석하는 물질의 특성에 따라 각 방법마다 다른 종류의 검출기를 사용한다. 기체 크로마토그래프에서 많이 이용되는 검출기는 전기전도도(electrolytic conductivity), 전자포획(electron capture, ECD), 불꽃 이온(flame ionization, FID), 광이온화(photoionization, PID), 그리고 질량분석기(GCMS) 등이다. 액체 크로마토그래프에서 주로 이용되는 검출기는 광다이오드 어레이(photodiode array, PDAD)와 후 컬럼 반응기(post column reactor, PCR) 등이며, 개별 유기화합물은 위의 방법 중 두 가지 이상의 방법에 의해 측정될 수 있다(Standard Methods, 2012).

180개 이상의 유기화합물이 위의 한 가지 이상의 방법에 의해 분석될 수 있다. 개별 유기화합물을 포함하는 주요 범위는 표 2-17에 나타나 있다. 기기를 이용한 분석 방법의 향상으로 물질의 검출한계는 점점 낮아져 보통 10 ng/L 미만에 이르고 있다. 분석되는 특정한 유기화합물은 이용되는 분야 나름이다. 예를 들어 소독을 위하여 염소가 사용된 물을 간접적으로 재사용할 목적이라면, 소독부산물을 사용하는 것이 필요하다.

2-8 폐수 내 방사성 핵종

방사성 핵종은 방사성 붕괴를 통해 변환된 불안정한 원자이다. 방사성 붕괴는 전자 궤도, 방사성 입자의 방출, 더 큰 원자의 안정성 결과로 발생되는 자발적인 붕괴이다(Crittenden et al., 2012). 방사성 핵종은 자연수에서 발생되는 방사성 입자의 노출로 인해 건강에 미치는 영향은 관심의 대상이다. 방사성 핵종은 방사성 핵종을 함유한 폐수의 재사용 또는 환경에 배출되는 폐수에서 검출되고 있다. 폐수처리공정 또한 유기 고형물 내 방사성 물질의 존재에 집중하고 있다.

방사성 핵종의 근원

방사성 물질은 자연적인 발생, 의료 시설, 원자력법상의 방사성 물질에 대한 규제를 받는 사용자에 의해 발생하는 폐수에서 존재할 수 있다. 우라늄 광석을 포함하는 암석, 지각 깊은 곳에서 방출되는 가스로부터 형성되는 자연 방사능은 환경에서 방사능의 가장 일반적인 발생원이다. 자연 방사능 핵종의 주요 요소인 우라늄 광석(U_8O_8)은 지구 지각의 $1/10^{12}$이다. 자연에서 발생하는 방사성 핵종은 (1) 지역 사회의 물이 주로 지하수로 공급,

표 2–17
개별 성분들로 구분되는 유기화합물의 일반적인 종류

이름	발생/출처	관심사항
휘발성 유기화합물	지하수, 지표수	기아 발생, 발암성
1,2-Dibromoethane과 1,2-dibromo-3-chloropropane (DBCP)	지하수를 음용수로 공급 시, 특히 성분이 훈증제(fumigants)로 사용된 경우	사람 건강에 유해
트리할로메탄(THMs)	염소 소독된 물	소독부산물, 잠재적 발암물질
염소계 유기용매	산업폐수에 오염된 원수	잠재적 발암물질
Haloacetic acids (HAAs)	자연유기물(휴믹산, 펄빅산)의 염소화 과정	소독부산물, 잠재적 발암물질
트리클로로페놀	자연유기물(휴믹산, 펄빅산)의 염소화 과정	소독부산물, dichloroacetic acid와 trichloroacetic acid는 동물 발암물질
알데하이드	유기물 함유 물의 오존화 과정	소독부산물
추출성 염기/중성/산	PAHs, phthalates, 페놀, 유기염소계 살충제, PCBs 등의 준휘발성 성분	독성이나 발암성
페놀	산업폐수나 침출수	저농도에서 물맛 저해, 고농도에서는 건강 유해
Polychlorinated biphenyls (PCB)	변압기 오일에 오염된 수원	독성, 생물축적, 물에서 매우 안정
Polynuclear aromatic hydrocarbons (PAHs)	석유공정이나 연소 부산물	저농도에서도 발암성이 높음
카바메이트계 살충제	살충제에 오염된 수원	
유기염소계 살충제	살충제에 오염된 수원	독성, 발암성, 생물축적, 비교적 안정
산성 제초제 성분	잡초제거에 이용, 수계	
Glyphosphate 살충제	넓은 범위의 비 모택성 발아후 제초제, 강우나 표류에 의해 수원오염	

(2) 하수구 시스템에서의 물의 침투, (3) 물 정화 시스템의 잔류물에서 들어온다. 하수구로 유입되는 유출수는 2011년 일본의 원자력 발전소 참사와 같이 방사성 낙진을 발생시킬 수 있다.

인위적 방사성 핵종은 핵 발전소의 전기에너지 공급, 핵 의약품을 제공하는 의료시설, 엑스레이 서비스, 학술 및 연구시설의 연구, 상업용 핵 물질을 사용하는 텔레비전 및 화재 감지기, 핵무기와 같은 제품에서 유래된다(Crittenden et al., 2012). 미국 국가연구위원회는 국내 수집시스템에서 방사성 물질을 방출할 가능성이 있는 물질을 사용하는 제한된 사용처를 9,000~22,000개소로 추정한다(Bastian, 2011).

》 표현의 단위

물과 폐수 내 방사성 핵종의 수명은 반감기에 의해 측정된다. 반감기는 확률의 관점에서 정의된다. 그것은 본래 독립체의 수가 줄어들어 절반과 동일할 때의 시간이다. 물의 방사성 핵종 농도에 대한 단위는 picocuries/L (pCi/L)이다.

》 폐수 및 슬러지내 동위원소에 관한 설명

방사성 붕괴의 주요 형태는 (1) 알파 방사선, (2) 베타 방사선, (3) 감마 방사선이다. 알

표 2-18
워싱턴 주의 폐수 및 슬러지에서 발견된 동위원소

동위원소	반감기	반감 형태	발생원
Beryllium-7 (Be-7)	53일	Gamma	Be-7은 우주 방사선과 상부 대기의 상호작용에 의해서 생산된 천연 방사선 동위원소이다. Be-7은 용수공급, 유출수 병합시스템, 세척수의 집진시설 등을 통해 폐수처리 시스템에 유입될 수 있다.
Cesium-137 (Cs-137)	30년	Beta, Gamma	Cs-137은 원자로 폭발로 생성되는 핵분열 산물이다. 핵무기의 대기 시험 결과로서 세계 어느 곳에서나 발견된다. Cs-137은 물 공급이나(우물에 의해 공급되지 않는다고 가정), 유출수 병합시스템, 먹이사슬을 통해 유입 가능하다.
Cobalt-57 (Co-57)	270일	Gamma	Co-57은 가속기에 의해 생성된다. 슬러지에서 검출된 Co-57의 발생원은 명확하지 않지만 Co-57은 몇몇 의료시술에 사용된다.
Cobalt-58 (Co-58)	71일	Gamma	Co-57 참조
Cobalt-60 (Co-60)	5.2년	Beta, Gamma	Co-60은 중성자가 철강 내의 Co-59원자에 의해 생성될 때 원자로에서 일반적으로 생성된다. 어디에서부터 Co-60가 모이는지 명확하지 않다.
Gross Beta	NA	Beta	베타 방출 동위원소의 추가 분석이 필요할 때 검사하기 위해 사용한다. 동위원소의 후속 테스트는 고가이고 시간이 많이 걸린다.
Iodine-131 (I-131)	8일	Beta, Gamma	I-131은 원자로나 핵무기, 반응기 촉진제의 조사물질에 대한 핵분열 생성물을 만들 수 있다. 또 의료 시술에 사용될 수 있다. I-131은 의료시술과 관련된 슬러지에서 발견된다.
Manganese-54 (Mn-54)	312일		Mn-54은 원자로에서 생성된 활성 산물이다.
Potassium-40 (K-40)	1.2×10^9년	Beta, Gamma	K-40은 자연 발생 동위원소이고 모든 칼륨의 약 0.01%이다. 슬러지인 K-40은 배설물에서 주로 기인되지만 조경 및 농업 분야에서 사용하는 비료의 유출수로부터 기인될 수 있다.
Strontium-89 (Sr-89)	51일	Beta	Sr-89은 원자로나 무기 폭발에서 생성되는 핵분열 파편이다. 때때로 의료시술에 사용된다.
Strontium-90 (Sr-90)	230년	Beta	Sr-90은 원자로나 무기 폭발에서 생성되는 핵분열 파편이다. Sr-90은 무기 시험환경 낙진에서 발견되고 먹이사슬을 따라 상위 단계로 올라갈 수 있다.
Technetium-99 (Tc-99)	213,000년	Beta	Tc-99은 우라늄 원자가 분열할 때 핵분열로 만들어진다. 몇몇 의료 용도로 사용된다.
Thallium-201 (Tl-201)	3일	Gamma	Tl-201은 가속장치에서 생성되고 심장 기능 검사에서 사용된다.
Total Uranium (Total U)			Total U은 자연 형태나 원자로의 처리과정에서 발생할 수 있다. 폐수시스템에서 우라늄은 우라늄 처리시설의 세척수나 유출수 병합시스템, 물 공급 시스템(특히 우물)에서 발생할수 있다.
Zinc-65 (Zn-65)	243.9일		Zn-65은 일반적으로 원자로와 연관된 중성자 활성화 생성물이다.

[a] Adapted from WDOH(1997).

파 및 베타 입자의 방출은 원소 에너지가 감소하면서 감마 방사선이 방출될 때 다른 원소의 동위원소로 변환한다. 알파, 베타, 및 감마 방사선은 인접한 원자 내 자신의 궤도에서 자유전자의 능력을 가지고 있어서 이온화 방사선이라고도 한다(Crittenden et al., 2012).

표 2-19
방사성 핵종의 제거를 위해 고려 가능한 처리 기술[a]

처리 기술	적용
활성 알루미나(activated alumina)	Activated alumina는 식수생산과정에서의 비소나 불소를 제거하거나 우라늄 제거에 적합하게 사용된다. 우라늄 제거율은 약 90%로 보고된다.
포기(aeration)	Radon-222 가스는 매우 높은 헨리의 법칙 상수를 가지므로 포기하는 것이 좋다. 공기를 확산시키고 탑을 감싸는 것과 같은 포기 방법은 Radon-222 제거에 매우 효과적인 것으로 보고된다. 라돈에 대한 제거율은 최대 99%까지 보고된다.
응집-여과(coagulation-filtration)	통상적인 응집 여과에 사용하는 명반이나 철의 염은 식수로부터 우라늄을 제거하는 데 효과적일 수 있다. 제거율은 80~98%의 범위로 보고된다. 향상된 응집 여과에서 명반이나 철은 우라늄제거에 대한 큰 장치에서 사용할 수 있다.
이온교환(ion exchange)	나트륨 형태 및 약산성(WAC) 수지에 강산 양이온(SAC) 수지는 수계에서 라듐-226 라듐-228를 제거하는 데 사용될 수 있다. WAC 수지의 장점들은 재생성하기 쉽고 SAC 수지보다 적게 재생성이 필요하다. 단점은 수지에 염산을 재생 용액으로 가정하면 부식 방지 재료가 요구되고 팽창하는 경향이 있다. 제거율은 라듐은 81~100%, 우라늄은 90~100%으로 보고된다.
역삼투(reverse osmosis)	역삼투는 음용수에서 핵종 제거를 위한 처리 기술에서 우수한 것으로 밝혀졌다. 여러 유형의 막은 플로리다의 지하수로부터 천연 우라늄을 제거하는 데 효과적이다. 제거율은 라듐 90~95% 이상, 우라늄 90~99%로 보고된다.

[a] Adapted from Crittenden et al. (2012) and Malcolm Pirnie Inc. (2008).

워싱턴 주의 환경 방사선 프로그램에 관한 예는 여러 동위원소뿐만 아니라 6개의 폐수처리장으로부터 폐수 및 폐수 슬러지 시료에서 총 우라늄이 검출되었다. 대부분의 경우 부패방식은 베타 또는 감마 중 하나인 것으로 확인되었다. 샘플링 연구에서 확인된 동위원소, 반감기, 발생원을 표 2-18에 나타낸다(WDOH 1997).

최근에, 핵 실험 시설 및 원자력 발전소 근처의 호수, 강, 공공 상수원에서 방사성 삼중수소가 발견되었다. 삼중수소는 배출수 내에서 매우 낮은 농도로 검출되었다. 미국 EPA 보고서에서는 대부분의 폐수처리장에서 생물학적 고형물, 재 등의 시료에서 방사능 물질과 같은 종류의 화합물이 나타났으나 일반 공공 노동자의 방사능 노출은 매우 낮아 우려할 필요가 없다(Bastian, 2011).

방사성 핵종의 제거를 위한 처리 기술

폐수 내 방사능 핵종의 제거에 관한 어떤 처리 기술도 문헌에 보고되지 않았다. 그러나, 먹는 물 내 방사성 핵종의 제거를 위한 처리 기술은 표 2-19에 나타나 있다. 실험실은 분석을 하고 벤치 및 파일럿 실험은 치료 가능한 방법을 확인하는 데 필요하다.

2-9 생물학적 특성

인간으로부터 유래된 병원균에 의한 질병을 제어하고, 자연상태나 폐수처리장에서의 유

표 2-20
원핵생물 및 진핵생물의 비교[a]

세포 특성	원핵세포	진핵세포
계통적 그룹	세균, 남조류[blue-green algae (cyanobacteria)] 고세균(archaea)	단세포: 조류, 곰팡이, 원생동물 다세포: 식물, 동물
크기[b]	작다, 0.2~3.0 μm	단세포 기관 2~100 μm
세포벽	펩티도글리칸(peptidoglycan, bacteria), 다당류(polysaccharides), 단백질, glycoprotein (archaea)로 구성됨	동물과 대부분 원생동물에 없음 식물, 조류, 곰팡이에 있음. 주로 다당류(polysaccharides)
핵 구조		
핵 막	없음	있음
DNA	단분자, 플라스미드(plasmids)	염색체
내부 막	단순, 제한됨	복잡함, 소포체, 골자체, 미토콘드리아 몇 개 있음
막 기관	없음	몇 개 있음
광합성 색소	내부 막, 엽록체 없음	엽록체에 있음
호흡계	세포막의 일부	미토콘드리아

[a] Ingraham and Ingraham(1995), Madigan et al.(2000), Stainer et al.(1986)
[b] 추기적인 크기 정보는 표 2-20 참조

기물 분해 및 안정화에 미치는 세균과 미생물의 역할을 이해하기 위해 폐수의 생물학적 특성은 중요하다. 폐수 미생물 성분의 일반적인 이해를 돕기 위해 이 절에 소개될 주제는 다음과 같다. (1) 폐수 내의 미생물 발생원, (2) 폐수에서 발견되는 미생물의 일반적인 분류, (3) 미생물 검출 및 미생물 수 측정, (4) 인간 질병과 연관된 병원성 미생물, (5) 지

그림 2-28
전형적인 미생물의 구조. (a) 원핵생물, (b) 진핵생물

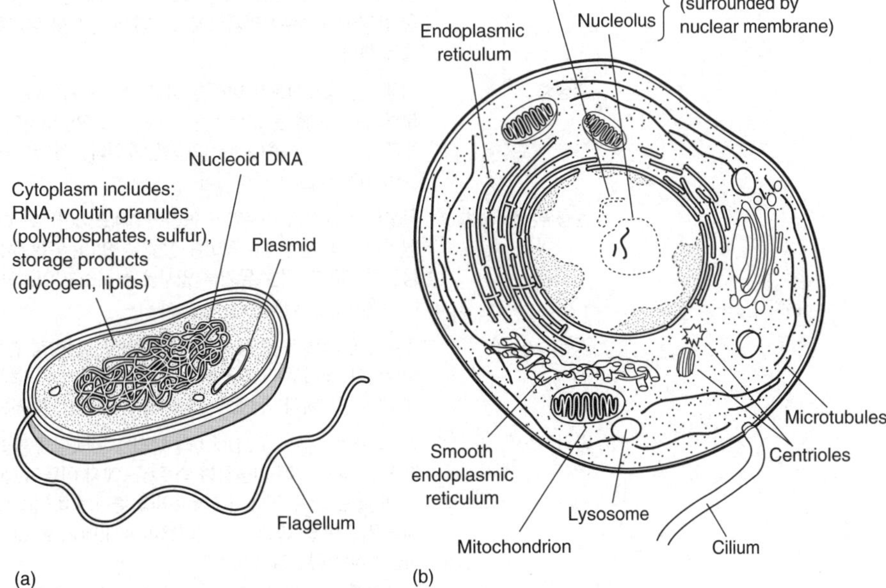

표 생물의 사용, (6) 병원성 미생물 진화의 간략한 설명. (1), (2)에서 일반적인 소개를 하고 나머지에서 폐수에서 발견되는 병원성 미생물을 중점적으로 소개한다. 폐수처리를 위한 미생물의 성장, 대사, 환경조건은 7장에서 소개한다. 8, 9, 10장에서는 폐수처리를 위한 미생물의 사용에 관하여 기술하였다. 폐슬러지에서 바이오 고형물로의 생물학적 변환에 대한 내용은 13장에 기술하였다.

폐수의 미생물 원천

처리되지 않은 폐수에서 발견되는 미생물들은 세균, 곰팡이, 조류, 원생동물, 유충류, 바이러스 및 기타 미세식물과 동물 등이 있다. 이러한 미생물들의 주요 공급원은 인간이 버

표 2-21
자연수와 하수 그리고 하수처리공정에서 발견되는 미생물에 대한 일반적인 내용

생물체	내용
세균	세균은 단세포 원생생물이며, 세포 내부에 단백질, 탄수화물의 콜로로이드성 부유물과 세포질로 불리는 복잡한 유기물을 포함한다. 세포질에는 단백질을 합성하는 리보핵산(RNA)과 디옥시리보핵산(DNA)이 있다. DNA는 모든 세포 성분이 생식을 위해 모든 성분을 재생산하기 위한 모든 정보를 갖고 있어 세포의 청사진(blueprint)으로 여겨진다. 비록 일부 종이 유성생식과 출아(budding)에 의해 생식을 하지만 세균이 생식은 주로 이분법(binary fission)으로 이루어진다.
고세균 (archaea)	크기나 기본 세포 성분에 있어 세균과 유사하나 세포벽, 세포구성 물질, RNA 조성이 다르다. 혐기성 공정에서 중요하고 극한 온도나 화학조성에서 발견된다.
균류/효모	균류는 다세포이며, 비광합성, 종속영양 진핵생물이다. 균류는 절대 또는 통성 호기성이며 유성생식, 분열, 출아 또는 포자형성으로 생식한다. 곰팡이 또는 "진짜 균류"는 균사(hyphae)를 생산하여 균사체(mycelium)로 불리는 사상체를 형성한다. 효모는 균사체를 형성하지 못하는 단세포 균류다. 균류는 저 습도, 저 질소조건에서 성장할 수 있고, 낮은 pH 환경에서 견딜 수 있다. 낮은 pH와 질소 결핍 조건에서 생존하는 능력을 비롯하여 셀룰로오스를 분해하는 균주의 능력은 슬러지 퇴비화에 매우 중요하다.
원생동물	원생동물은 운동성이며 단세포인 작은 진핵생물이다. 대다수 원생동물은 호기성 종속영양생물이고 일부는 공기에 견디는 혐기성이며 일부는 혐기성이다. 원생동물은 세균에 비해 적어도 10배 이상 크고 종종 세균을 에너지원으로 섭취한다. 따라서 원생동물은 생물학적 하수처리공정에서 세균과 입자성 유기물을 감소시킴으로써 처리수 수질을 좋게 한다.
기생충	기생충은 총괄적으로 벌레를 설명하는 데 사용되는 일반적인 용어이다. 무척추 동물로 분류되는 기생충은 보통 평면, 둥근, 길쭉한 모양이다. 기생충의 성장은 알(eggs), 애벌레(larval), 성충(adult)의 세단계이다. 전 세계적으로 벌레는 인간 질병의 주요 원인이 되는 요인 중 하나이다.
윤충류(rotifers)	윤충류는 호기성 종속영양 동물진핵세포이며, 그 이름은 이들의 머리에 2 set의 회전 섬모가 있어 운동하고 먹이를 잡을 수 있다는 뜻에서 기인한다. 윤충류는 분산되었거나 응집된 세균과 작은 유기물 입자를 섭취하고 이들의 존재는 호기싱 생물학적 정화공정이 효율적임을 나타낸다.
조류(algae)	조류는 단세포 또는 다세포의 독립영양, 광합성 진핵생물이며 생물학적 처리공정에서 중요하다. 하수처리 라군에서 조류가 광합성에 의해 산소를 생산하는 것은 수생생태계에 매우 중요하다. 남조류 cyanobacter는 원핵세포생물이다.
바이러스	바이러스는 캡시드(capsid)라 불리는 단백질에 둘러싸인 핵산(DNA 또는 RNA)을 갖고 있고 세포 내에 기생하며 숙주세포에서 이들의 생화학적 기구를 이용하여 생식한다. 바이러스는 세포 밖에서 viron이라 불리는 바이러스 입자로 있을 수 있으며 이때 대사적으로는 비활성이다. 박테리오파아지(bacteriophage)는 숙주로 세균에 감염되며 사람에게는 감염되지 않는다.

표 2-22

미생물의 분류와 하수에서 발견되는 미생물의 형태, 크기, 저항체에 대한 자료

미생물	모양	크기, μm[a]	저항체 형태
Bacteria			
Bacilli	막대형	0.3~1.5 D × 1~10 L	Endospores or dormant cells
Bacillus (*E. coli*)	막대형	0.6~1.2 D × 2~3 L	Dormant cells
Cocci	구형	0.5~4	Dormant cells
Spirilla	나선형	0.6~2 D × 20~50 L	Dormant cells
Vibrio	막대형, 곡선형	0.4~2 D × 1~10 L	Dormant cells
Protozoa			
Cryptosporidium[b]			
Oocysts	구형	3~6	Oocysts
Sporozoite	눈물모양	1~3 W × 6~8 L	
Entamoeba histolytica			
Cysts	구형	10~15 D	Cysts
Trophozoite	반구형	10~20	
Giardia lamblia[c]			
Cysts	난형	6~8 W × 8~14 L	Cysts
Trophozoite	배 또는 연 모양	6~8 W × 12~16 L	
Helminths:			
Ancylostoma duodenale (hookworm) eggs	타원 또는 계란형	36~40 W × 55~70 L	Filariform larva
Ascaris lumbricoides (roundworm) eggs	레몬 또는 계란형	35~50 W × 45~70 L	Embryonated egg
Trichuris trichiura (whipworm) eggs	타원 또는 계란형	20~24 W × 50~55 L	Embryonated egg
Viruses			
MS2	구형	0.022~0.026	Virion
Enterovirus	구형	0.020~0.030	Virion
Norwalk	구형	0.020~0.035	Virion
Polio	구형	0.025~0.030	Virion
Rotavirus	구형	0.070~0.080	Virion

[a] D = 지름, L = 길이, W = 너비

[b] 정복합체충 문의 구성원

[c] 육질편모충류문, 중복편모충류문의 구성원

리는 쓰레기이다. 다른 공급원으로는 상업 및 산업활동, 지표수의 침투 및 유입 등이 있다. 많은 수의 미생물들은 폐수 내에 항상 존재하는 반면, 특정한 질병, 오염, 사고로 인해 다른 미생물들이 발생할 수 있다. 질병으로 인해 생성된 미생물의 농도는 미생물을 발생시키는 사람(대변)의 수와 발생시키는 기간에 따라 달라진다.

일반적인 분류. 1990년에 미생물을 분류하기 위해 세 영역의 시스템이 제안되었다(Woese et al., 1990). 제안된 세 영역은 **세균류, 고세균류, 진핵생물**이다. 각 영역과 세 영역 내의 주요 생물분류단위와 관계가 7장 그림 7-8에 나타나 있다. 세균류와 고세균류는 단일세포 생물 및 핵 내부에 자신의 염색체를 포함하지 않는 원핵생물로 분류된다. 진핵생물은 단일 또는 다세포 생물이며 핵 내부에 자신의 염색체를 가지고 있다. 고세균류는 세포벽 및 리보솜 구조의 차이로 인한 DNA구성과 독특한 세포의 화학특성에 의하여 세균류와 분리된다. 많은 고세균은 극한의 온도와 염분 조건에서 성장할 수 있으며 혐기성 처리공정에서 중요한 메탄 생성균, 생물분류단위 Crenarchaetota에 속하는 암모니아 산화 세균도 여기에 포함된다. 고세균 내에서 알려진 병원성 미생물은 없다. 세균, 고세균류(원핵생물)와 진핵생물의 주요 차이점은 표 2-20에, 세포 구조의 대략적인 그림은 그림 2-28에 나타내었다. 특히 진핵생물은 더 복잡하고 조류, 원생동물, 곰팡이를 포함한 단세포 식물과 동물, 다세포 생물 모두를 포함한다. 또한 진핵생물은 일반적으로 원핵생물보다 훨씬 더 크다. 원핵생물의 구조와 구성 및 DNA와 RNA의 역할과 중요성에 대한 추가 정보는 7장에 기술하였다.

바이러스는 그들의 분자구조를 복제하기 위해 숙주세포의 대사 작용을 유도할 수 있는 **세포 내의 감염체**이다. 바이러스는 자신을 복제하는 데 필요한 유전 정보(DNA 혹은 RNA)를 가지고 있지만, 숙주 세포 밖에서는 복제할 수 없다. 바이러스는 단백질이나 당단백으로 이루어진 외부 막에 둘러싸인 핵산(DNA 혹은 RNA)으로 구성되어 있다. 과거에 바이러스는 종종 감염되는 숙주에 따라 분류되었다. 이름에서 알 수 있듯이 박테리오파지(bacteriophage)는 폐수 내에서 발견되는 일반적인 미생물 성분과 세균을 감염시키는 바이러스이다.

일반적인 설명. 폐수 내에 존재하는 미생물의 일반적인 설명은 이전의 단락에서 사용한 용어를 바탕으로 표 2-21에 나타내었다. 미생물의 모양, 저항성, 크기에 대한 정보는 표 2-22에 나타내었다. 특히 미생물의 저항성에 대한 정보는 이들을 처리하거나 제거하는데 필요한 유형을 결정하기 위해 필요하다.

일부 미생물의 중요한 특징은 저항체를 형성하는 능력이다. 예를 들어, 내생포자를 형성(세포 내에 형성)할 수 있는 선택된 종의 구조는 매우 복잡하다. 내생포자는 재생을 위한 모든 정보가 포함되어 있으며 여러 겹의 단백질 층으로 둘러싸여 있다. 내생포자는 열, 건조균열, 소독화학물질에 매우 저항성이 높다. 내생포자는 수십 년, 심지어 수 세기 동안 휴면상태로 존재할 수 있는 것으로 추측되고 있다. 포자는 적합한 환경에서 활성화, 발아 및 생장 3단계 과정을 거쳐 생존할 수 있다(Madigan et al., 2009). 원생동물에 저항하는 형태는 소낭(cysts) 또는 접합자낭(oocysts)으로 알려져 있다. 기생충에 저항하는 형태는 알류(eggs)와 접합자낭이 있다.

기생충이라는 단어는 다른 것에 붙어서 사는 생명체에 사용된다. 숙주 유기체의 표면에 사는 기생충을 **체외 기생충**(*ectoparasites*)이라고 하고 숙주 내부에 사는 기생충은 **내부 기생충**(*endoparasites*)으로 알려져 있다(Roberts and Janovy, 1996).

미생물의 식별 및 분류

폐수처리의 관점에서 발생한 가장 인상적인 변화는 상수 및 폐수에서 발견되는 미생물의 확인이다. 현재는 전통적인 방법과 새로운 분자기반방법을 조합하여 사용한다. 미생물의 확인을 위해 주로 사용되는 방법은 (1) 관찰, (2) 배양법, (3) 물리학적 방법, (4) 면역학적 방법, (5) 핵산 기반의 방법이 있다. 각각의 방법의 모든 실험방법을 다 설명하는 것은 몇몇의 책을 통해서만 가능하다. 그리고 그 모든 것을 다 설명하는 것은 여기서의 목적이 아니다. 폐수처리의 다양한 미생물을 열거하는 데 사용되는 주요 방법은 표 2-23에 요약되어 있다. 이러한 방법들은 다음 설명에서 잠시 이야기된다. 미생물을 분류하고 식별하는 방법의 평가는 문헌의 보고된 데이터의 중요성을 결정하는 데 중요하다. 표 2-23에 있는 방법들의 자세한 목록은 Standard Methos (2012), Maier et al., (2009) 에서 찾을 수 있다. 방법들은 또한 새로운 분자기반의 방법처럼 매우 빨리 발전하고 있기 때문에 현재의 문헌에서 최신의 방법을 찾아야 할 것이다.

관찰법. 미생물의 직접관찰은 현미경이 개발된 1600년대 중반부터 시작되었다. 네덜란드의 상인 Leeuwengoek은 1670년과 1723년 사이에 처음으로 세균, 원생동물, 곰팡이에 대해 정밀하게 서술했다고 인정된다. 관찰법은 조류, 균류, 원생동물뿐만 아니라 활성슬러지공정에서 발생하는 실 모양의 미생물들과 같이 기타 미생물들을 관찰하는 데 아직도 많이 사용된다(8장 참조).

배양법. 세균을 열거하는 데 사용된 전통적인 방법들은 표 2-23에 나타나 있다. (1) 주입 및 확산 평판법, (2) 막 여과, (3) 다중시험관 발효, (4) 효소 기질 대장균 시험법, (5) 종속영향 평판 계수, (6) 존재 여부 시험. 이러한 광범위한 실험법들은 추후 자세히 설명되어있다. 이러한 방법들이나 더 많은 방법들은 Standard methods(2012)에 상세히 설명되어 있을 것이다.

주입 및 확산 평판법. 독일의 과학자이며 임상세균학의 아버지로 간주되는 Robert Koch는 1873년에 처음으로 미생물 배양에 겔(고체배지)을 사용하였다. 배양 접시에 고체배지의 사용은 Koch의 실험실의 누군가가 1877에 처음 사용하였다고 알려져 있다(Madigan et al., 2009). 이 주입 및 확산 평판법은 그림 2-29에 나타나 있다. 배양접시 위에 뚜렷하게 구분되어 형성된 세균 집락을 세고 이것을 집락 형성 단위(cfu)/시료의 단위부피로 보고한다(일반적으로 cfu/mL). 과거에는 각 집락이 하나의 세균으로 형성된 것으로 가정하였으나, cfu의 사용은 각각의 집락이 하나의 세균으로 형성된다는 것을 가정하지 않는다. 박테리오파지의 계산을 위한 주입 평판법은 그림 2-30에 설명되어 있다.

막여과 기술. 막여과(membrane-filter, MF) 기술(그림 2-31 참조)은 주입 및 확산 평판법에서 발전되어 만들어졌다. 일정 부피의 물 시료를 작은 공극의 막여과(보통 0.45 μm)를 통과시키는데 세균은 막여과지의 공극보다 크기 때문에 여과지 위에 남게 된다. 배양 후 생성된 집락 수를 계수하여 물 시료의 세균 농도를 계산할 수 있다. 막여과 기술은 MPN에 비해 절차가 빠르고 세균 수를 직접 계수하는 장점이 있다(예를 들면, 대

표 2-23

다양한 처리공정의 성능을 평가하거나 미생물을 식별, 열거하기 위해 사용하는 대표적인 방법[a]

시험법	설명	보편적인 응용
관찰		
전형적인 광학 현미경	세포의 크기와 형태에 대해 관찰 시 사용된다. 다양한 염색과 얼룩은 시각화 및 식별을 개선하는 데 사용될 수 있다. 직접 계수는 Petroff-Hauser counting chamber를 사용하여 얻을 수 있다.	세포 수, 사상균 특성
유동 세포 분석법	단일 입자의 흐름에서 빛의 산란과 형광 검출을 통해 검출기로 빠르게 세포 수를 확인한다. 세포의 수나 크기는 전기전도도의 변화에 관련이 있다. 조류에 대한 설명도 동일하다.	세포 수
전자현미경	전자현미경은 투과 및 주사 유형이 있으며 10,000,000배로 주위를 확대할 수 있다. 그러나 전자현미경의 이미지를 얻는 과정은 시간이 많이 걸리고 비용이 많이 들 수 있다.	미생물 관찰
배양법		
주입 및 확산 평판법	희석된 시료는 한천배지에 혼합하고 배양 접시에 붓는다. 한천배지는 고형화된 후 배양접시에 붓는다. 배양 후 한천배지에 형성된 집단을 계수하였다. 결과는 밀리리터당 형성 집단 단위(cfu/mL)로 보고된다. 확산 평판법에서 희석된 시료는 적합한 배양 배지를 포함하는 표면 배양 접시에 확산된다.	세균 수
막여과법	시료는 필터를 통과하고 한천배지나 고체배지와 접촉한다. 배양 후 필터 표면에 형성된 콜로니를 계수한다.	세균 수
시험관법	시료는 연속적으로 희석하고 발효관에 첨가하여 배양한다. 양성의 관(흐림)이 계산된다. 소멸 희석의 원리에 기초하여 그림 2-33에서 보는 것과 같이 *최확수/100 mL* (MPN/100 L)는 극값에 대한 확률 분포를 사용하여 계산된다.	세균 수
효소 기질 대장균 시험법	효소 기반의 방법은 총 대장균과 *E. coli*를 동시에 결정하는 방법이다. 총 대장균 군에 존재하는 세균의 효소는 추가되는 기질을 가수분해하며 색상변화를 나타낸다. *E. coli*는 자외선 아래 형광원의 방출 결과물인 형광기질을 분열시킨다.	총 대장균 군, *E. coli*
종속영양 평판계수(HPC)	전술한 바와 같이 주입 및 확산 평판법, 막 여과법은 HPC를 결정하는데 사용할 수 있다. 단일, 쌍, 무리의 세포에서 파생된 세균 군집을 측정한다. 결과는 mL당 군집 형성 단위(CFU/mL)로 보고된다.	세균 수
존재 여부 시험	100 mL의 단일 시료를 선택 배지를 사용하여 대장균 유기체의 존재 여부(P-A)를 판정한다. P-A 시험은 정수장에서 나오는 유출수와 같이 고도 처리 시료에 사용된다.	세균 존재 여부
한천 오버레이 시험	한천과 *E. coli*를 혼합한다. 용액을 고체한천 접시에 붓고, 배양한다. 대장균 분해 바이러스가 있으면 세균 세포는 플라크라 불리는 명확한 부분을 용해할 것이다. 시료형성 단위당 플라크로 보고된다(예: pfu/100 mL).	대장균 분해 바이러스 수[b]
조직배양(agar over-lay method)	바이러스 분석은 배양된 단층상에 농축 시료를 접종하고 실험실에서 수행된다(조직배양이라 부름). Buffalo Green Monkey Kidney (GBMK)는 장 바이러스 중에 가장 일반적인 세포 종류이다. 바이러스는 감염된 세포를 파괴한다. 파괴된 세포는 단일 세포층에 구멍이나 플라크로 나타난다. 각 플라크(플라크 형성단위, PFU)는 단일이나 덩어리 형태 바이러스 존재의 결과이다.	바이러스 수
생리학적 방법		
호흡 기체	가스의 생산이나 소비의 속도 측정(산소소비량, 이산화탄소 방출, 메탄 방출)	미생물의 활성 및 기질 변환

(계속)

| 표 2-23 (계속)

시험법	설명	보편적인 응용
미소 전극	다양한 세포활동, 질소 환원 및 산소섭취량을 포함하는 연속측정에 따라 미생물 시료에 미세 탐침을 삽입한다.	미생물 활동
구성성분 표시	미생물 시료에 표시된 방사성 동위원소의 주입. (a) 표시된 기질은 세포, 액상 내의 표시된 동위원소의 탄소나 발생한 이산화탄소의 측정에 따른다, (b) 표시된 티미딘은 DNA 내로 혼입 속도의 측정에 따른다.	미생물의 활성 및 기질 변환
세포 생산	측정방법. (a) 다양한 조건에서 발현된 단백질, (b) 플루오레세인 아세트초산염의 가수분해에 의해 나온 형광 생성물의 생산을 통한 효소 활성 ,(c) 테트라 졸륨 염의 감소를 통해 탈수소 효소 활성, (d) 아데닐 에너지 충전 또는 총 아데닐의 ATP의 비율을 통한 대사 활성	미생물 활동
면역학적 방법		
형광 면역표시	항체는 형광염료로 표시된다. 일단 표시된 항체는 미생물과 관련된 항원에 부착된다. 시료는 형광 미경을 사용하여 검사할 수 있다. 형광 염료(FITC)가 가장 일반적으로 사용되는 형광 염료이다.	항원의 공간 분포, 세균, 바이러스, 원생동물, 기생충의 검출
효소면역측정법(ELISA)	효소면역측정은 항원을 함유하는 시료에 첨가한다. 첨가 후 효소의 기질은 색 변화 결과에 따라 시료에 첨가한다.	생물막 내 생물량의 정량화와 다양한 분석
핵산 방법		
복제	복제 과정은 전형적 *E. coli*나 숙주세포 내에 있는 DNA의 고립조각의 삽입으로 이루어진다. 숙주세포 또는 복제 후 DNA 조각의 동일 복제물을 생성한다. DNA 조각은 전형적인 염기서열로 분석된다.	유전 물질의 복제
핵산 탐색	핵산탐색은 대상 생물의 상보적인 유전자서열과 강한 인력을 갖는 분자로서 탐지의 수단을 지니고 있다.(a) 형광 인시츄 혼성화(FISH),(b) 겔 전기연동에 따른 DNA, RNA의 검출, (c) 마이크로어레이로 알려진 겔 탐색 어레이를 사용하여 선별 유전자 발현	플록과 생물막의 공간 분포를 포함하는 특정 미생물의 식별
중합효소연쇄반응검사(PCR)	미생물 게놈 DNA의 증폭은 바이러스의 대상 DNA를 뇌관에 감싸는 것으로 알려진 상호보완적 DNA조각을 사용하여 테스트된다. 뇌관은 수백만의 복제 미생물 DNA의 생산을 초래하는 반응을 유발한다. 그 예로 실시간 정량 PCR (qPCR), 통합 세포 배양 PCR (ICC-PCR) 다중 PCR, 중첩PCR, 역전사 PCR(RT-PCR)을 포함한다.	유전 물질의 증폭
연속	유전물질의 부호화는 일반적으로 상업 실험실에서 발생하는 연속 과정에서 결정될 수 있다. DNA염기순서는 자신의 DNA염기순서를 가지는 다른 생물의 유전물질 간에 비교 관계를 결정하는 자료라 할 수 있다. 염기서열 16번째 rRNA 유전자 영역은 고립 미생물의 정체를 결정하기 위한 가장 유용한 것으로 밝혀졌다.	고립 미생물의 식별
제한효소 단편 다형성(RFLP)	효소를 사용하는 방법은 유전체의 특성 부분의 작은 조각으로 정제 DNA 또는 PCR 제품을 절단한다. 조각은 겔 또는 모세관 전기영동으로 미생물 군집 지문을 알기 위해 분석된다.	미생물 군집 지문
겔 구배 전기영동	PCR 조각에 대한 방법은 온도(TGGE)나 변성제(DGGE)의 농도 증가로 인한 PCR조각의 용해나 변성으로 유전적 물질의 다양성을 시각화되도록 한다.	미생물 군집 다양성
범 유전체학	환경시료에서 발견한 집단의 유전 물질의 분석이다.	미생물 군집의 다양성과 신진 대사

[a] Adapted from Ingraham and Ingraham(1995), Madigan et al. (2009), Maier et al.(2009), and Stanier et al.(1986).

[b] 박테리오파지는 세균을 감염시키고, 세균 안에서 복제하는 바이러스다. 콜리파지는 *E. coli*를 감염시키는 박테리오파지이다.

그림 2-29

세균 수 측정법을 사용하는 평판 배양법의 모식도. (a) 혼합평판법, (b) 도말평판법

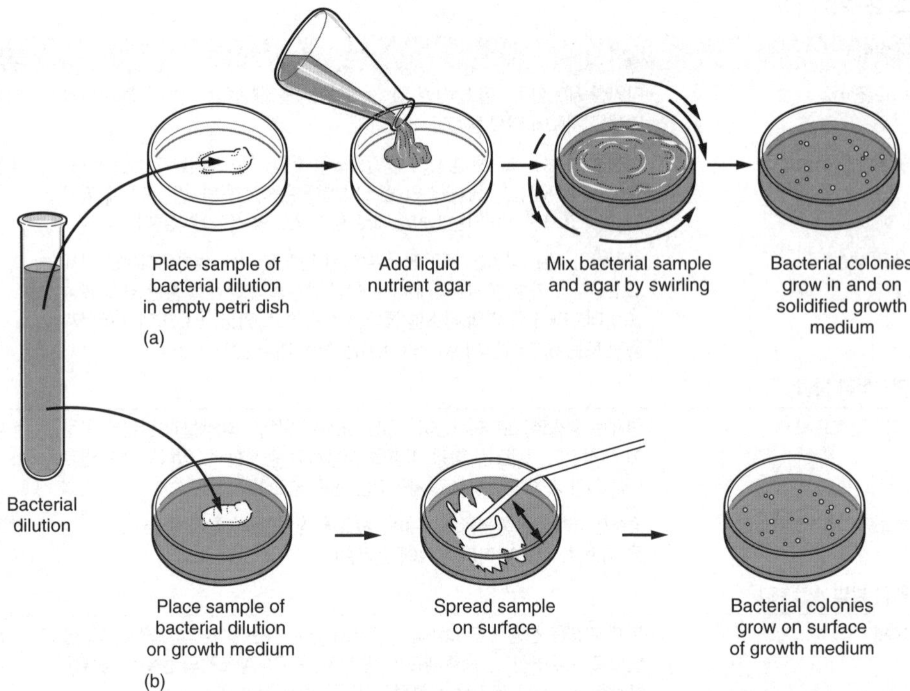

그림 2-30

대장균파지 측정법을 사용하는 기술의 모식도. (a) 개요도, (b) *E. coli* 배지에 대장균 파지의 배양

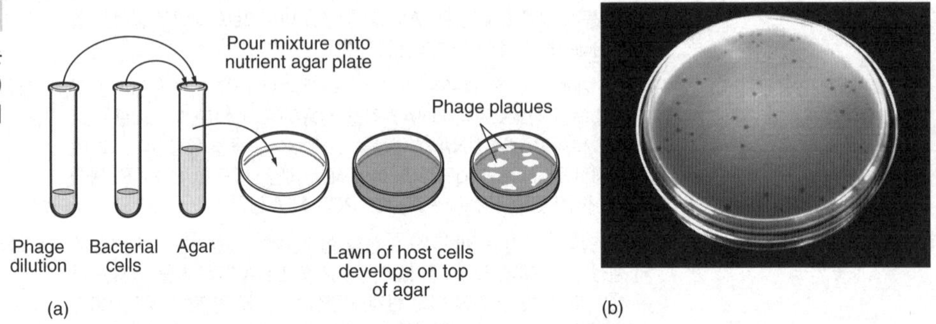

장균). 결과는 100 mL당 집락 형성의 수(CFU/100 mL)로 보고된다.

다중시험관 발효. 미생물 수를 분류하기 위한 다중시험관 발효법은(그림 2-32 참조) 미국의 Theobald Smith가 1893에 처음으로 시작했다(Smith, 1893). 실험방법은 그림 2-32에 표시된 바와 같이 희석의 원리를 기초로 하고 있다. 초기에는 다중시험관실험 결과는 나타난 계수로 확인하였다. 실험명은 1930년에 다중시험관실험으로 변경되었다. 총 대장균 농도는 100 mL당 최적 확수(MPN/100mL)로 표시된다. MPN은 동일부피와 기하급수로 이루어진 다중 실험의 결과로 얻어진 양성과 음성의 수에 대해 분석한 극대값에 대한 확률분포에 기초하고 있다. MPN은 측정 대상인 유기체의 절대적 농도가 아니고 통계적 추산결과이다.

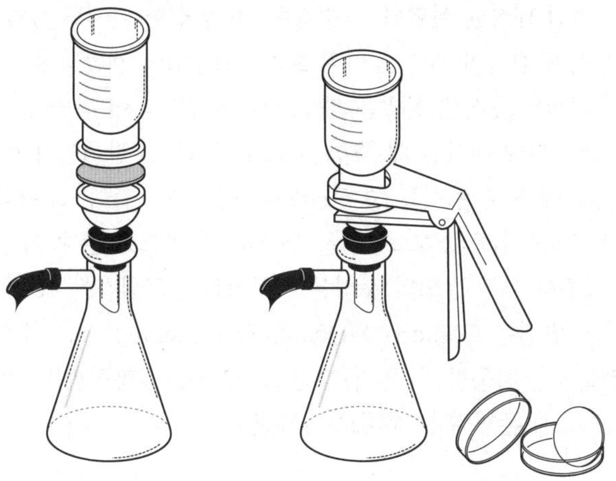

그림 2-31

막 필터 장치는 비교적 깨끗한 물에서 세균을 실험하는 데 이용된다. 지지대 위의 중심에 막 여과지를 놓고 깔대기 위 부분을 연결시킨 다음 시료를 여과시킨다. 여과를 돕기 위하여 진공상태를 유지할 수 있도록 필터 장치에 연결한다. 시료를 여과한 후 걸러진 막은 세균분석에 필요한 배지가 들어있는 petri dish에 놓는다.

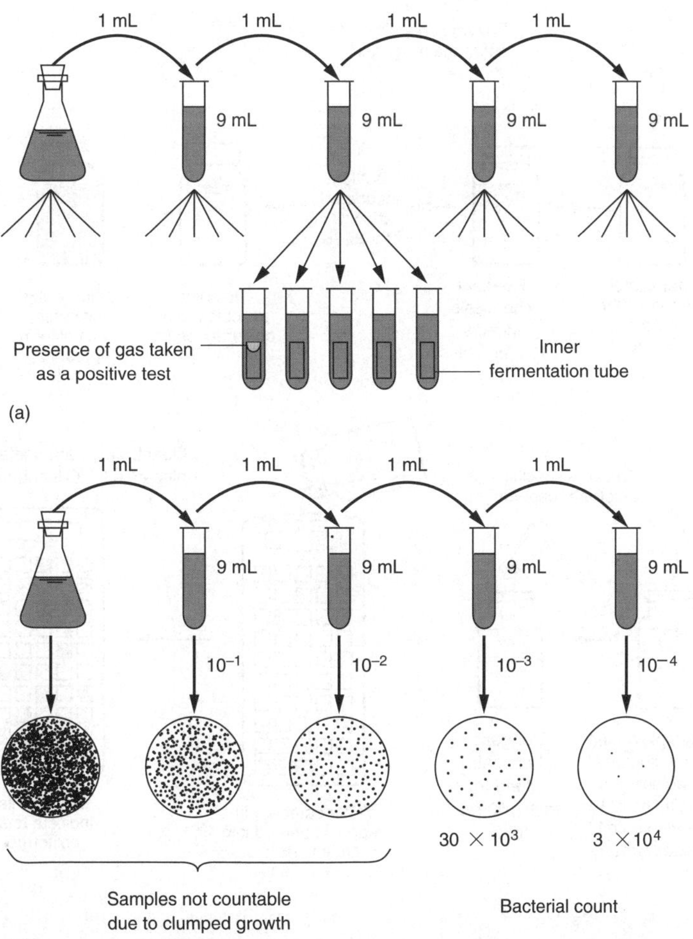

그림 2-32

세균 수를 추정하기 위해 사용되는 방법의 모식도. (a) 액체배지를 이용한 다중 튜브 방법, (b) 고체배지 이용. 고체배지를 이용한 한천평판 배양법

효소 기질 대장균 실험법. 수정된 MPN 실험 외에도 상업적 용도로 총 대장균과 *E coli*가 동시에 검출이 가능한 여러 효소실험방법이 개발되었다. 효소분석에서 염 및 특정 효소의 기질로 구성된 분말은 폐수 시료에 첨가되어 단일 탄소원의 역할을 한다. 대장균과 *E coli*에 의해 대사될 때 특정 효소의 기질은 노란색이나 형광을 띤다. 배양 후에 장파장 UV램프에 노출된 시료 중 *E coli*을 포함하는 시료는 노란색이나 형광색을 띨 것이다[그림 2-33(a) 참조]. 효소실험은 두 가지 방법으로 존재 여부 확인과 정량화에 사용될 수 있다. 존재 여부 방법의 분석은 화학성분을 포함하는 100 mL 시료가 분석에 사용된다. 정량화 방법은 Colilert-18/Quanti-Tray method 같은 특수 장치를 이용하거나 다중시험관실험을 사용할 수 있다[그림 2-33(b)]. 실험결과는 정량화된 MPN/100 mL나 100 mL 시료내 존재 혹은 부재로 나타낸다.

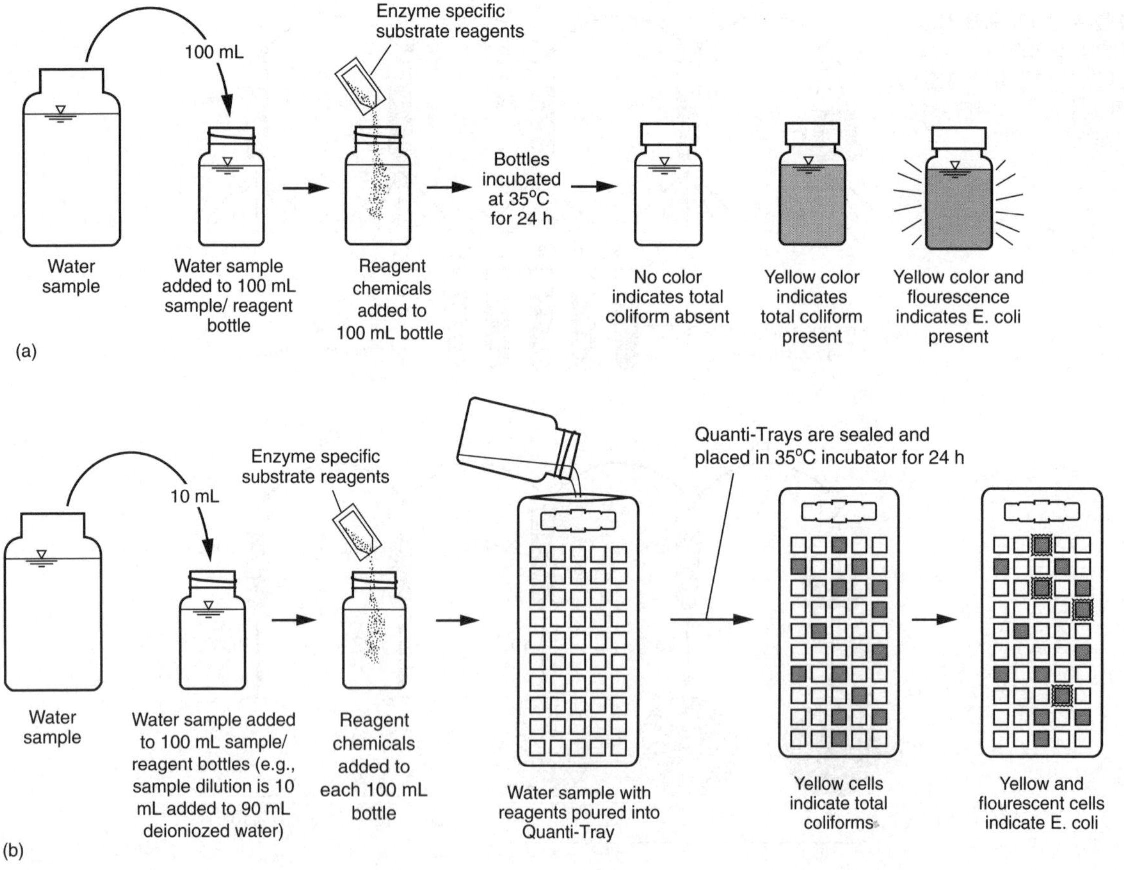

그림 2-33

총 대장균 군과 *E. coli*의 효소특정기질법의 모식도. (a) 100 mL 병을 사용하는 P-A 시험, (b) Quanti-Tray 장치를 이용한 정량시험. 주어진 시료의 필요에 따라 시료 희석을 할 수 있음(예를 들면 위 그림과 같이). Quanti-Tray를 사용하는 경우, 총 대장균 군과 *E. coli*의 수는 양성반응시험관의 수와 IDEXX MPN표를 계산하여 결정된다.

종속영양세균 평판계수. 종속영양세균 평판계수(HPC)는 폐수 속의 살아 있는 종속영양세균의 수를 측정하는 방법이다. HPC 방법은 초기 표준 시험방법에 포함된 제1 평판계수법에서 개정되었다(Standard Method 1905). HPC는 다음과 같은 방법으로 사용하여 결정될 수 있다. (1) 혼석평판배양법(pour plate method), (2) 도말평판법(spread plate method), (3) 막여과법(membrane filter method). HPC 시험에서 세균의 콜로니는 쌍(pairs), 체인, 클러스터, 단일세포로 측정된다. 실험결과는 밀리리터당 콜로니 형성 단위로 보고된다(CFU/mL).

존재 여부 시험(presence absence test). 대장균 생물(coliform organism)의 존재 여부(P-A) 시험은 앞에서 말한 바와 같이 다시험관 발효기술(multiple tube fermentation technique described)이다. 실험의 시료는 수도분배시스템 또는 정수장에서 채수한 것을 대상으로 사용한다. 대장균의 P-A 시험을 위해서는 다중 희석방법을 사용하기보다는 MPN 시험에서 이용하는 lauryl sulfate tryptose lactose 배지를 이용한 100 mL의 단일 시료를 이용한다. 대장균 생물은 뚜렷한 노란색을 나타내는 경우 존재하는데 이는 젖산(lactate) 발효 시료에서 발생했음을 나타낸다. 실험은 어떤 생물이 100 mL에서 존재한다는 이론적 근거를 기반으로 한다. 이 실험은 폐수의 고도처리 시료에 사용되어 왔다. 효소법 또한 P-A 시험에 사용된다.

생리학적 방법. 생리학적 방법은 미생물 군이 일으키는 대사과정을 이해하기 위해 사용된다. 미생물 활성도의 측정은 활성 바이오매스의 양을 추정하는 데 사용될 수 있는데 미생물 생체 반응의 방해와 생물학적 처리공정 상태를 결정하기 위함이다. 예를 들면 생물학적 폐수처리 또는 유기성 폐기물의 퇴비화 등이 있다. 생리학적 방법의 일반적인 예는 기질 소모 속도와 유형의 측정, 산소 흡수율, 호흡부산물의 형성을 포함한다.

면역학적 방법. 표적 항원의 검출 또는 정량을 이용하는 항체는 면역분석법으로 알려져 있다. 면역분석법의 핵심요소는 항체-항원 상호작용을 시각화한다. 시각화 단계는 신호 물질의 사용을 통해 통상적으로 이루어지고, 색상 변경, 형광, 방사능 등의 다양한 메커니즘에 의한 검출을 허용할 수 있도록 설계된다. 신호 분자(signal molecule)는 항체에 직접 부착될 수 있고 항체-항원 부착이 일어난 후에 첨가될 수 있는데 이를 간접라벨(indirect label)이라고 한다. 이미 표적 항원에 부착된 간접라벨은 일차 항체와 함께 이차 항체에 부착된다. 비특이적 부착은 많은 면역분석법의 주요 단점이지만 표적 미생물의 공간 배열을 관찰할 수 있는 것은 큰 장점이다.

핵산을 기반으로 하는 방법. 분자학적 방법은 특정(DNA 또는 RNA) 순서 미생물을 식별하는 것에 기초하여 사용되거나 DNA와 RNA를 증폭하는 절차(예를 들면, 중합효소 연쇄반응, PCR)를 사용하여 매우 낮은 농도의 핵산을 검출한다. PCR 기술은 Dr. Kary B. Mullis가 1983년에 Cetus Corporation에서 화학자로 일할 때 개발되었다. 그는 이 발명으로 1993년에 노벨상을 수상하였다. 1983년 이후 표 2-23에 나타난 바와 같이 원래의 실험방법이 개선 및 수정되었다. 추가적인 세부 사항은 Madigan et al. (2009), Maier et al. (2009)에서 찾을 수 있다. 이러한 방법들의 적용은 특정 미생물의 개체 및 활동도를 다루는 7장에 자세히 설명되어 있다.

》 병원균과 프리온

폐수에서 발견되는 병원성 미생물 및 물질은 질병에 감염되거나 특정 전염병을 보균한 인간과 동물로부터 배출될 수 있다. 폐수에서 발견된 병원균는 세균, 원생동물, 기생충, 바이러스와 같이 네 가지로 범주로 분류될 수 있다. 미처리 폐수에서 발견된 주요 병원성 미생물은 표 2-24에서 나타내었고, 각 병원균과 관련된 질병과 질병의 증상을 함께 나타내었다. 사람에서 기원한 세균 병원균은 일반적으로 장티푸스와 파라티푸스, 이질, 설사, 콜레라 등의 위장관련 질환을 유발한다. 이 세균은 전염성이 강하기 때문에 특히 열대지방의 위생상태가 열악한 지역에서 매년 수천 명의 사망자를 발생시킨다. 이 세균에 최대 4.5억 명이 감염된 것으로 추정된다(Madigan et al., 2009). 폐수에서 발견된 병원성 미생물과 투여에 필요한 대응 농도의 양에 대한 일반적인 자료는 표 2-25과 같다.

세균. 많은 종류의 무해한 세균은 사람의 장 내에서 정착하고 일상적인 대변에서 배출된다. 병원성 세균은 감염자의 배설물에 존재하기 때문에 국내 폐수는 비병원성 및 병원성 세균의 다양한 농도 범위를 포함하고 있다. 생활하수에서 발견된 가장 흔한 병원성 세균 중 하나는 **살모넬라** 속(genus *Salmonella*)이다. **살모넬라** 종은 인간과 동물 내에서 질병을 일으킬 수 있는 다양한 종을 포함한다. 인간에게만 발병하는 salmonella txhpi에 의한 장티푸스는 가장 심각하고 위험하다. *Samonella*와 관련된 가장 흔한 병은 salmonellosis로 알려진 식중독이다. *Shigella*는 덜 흔한 세균류로 세균성 이질로 알려진 장 질병의 원인이 된다. 수인성 shigellosis의 발생은 휴양지 내 수영장이나 폐수가 먹는물로 이용되는 우물을 오염시킨 지역이었던 것으로 보고되었다(Crook, 1998; Maier et al., 2009).

미처리 폐수에서 분리된 다른 세균에는 *Vibrio, Mycobacterium, Clostridium, Leptospira, Yersinia* 종이 있다. *Vibrio cholerae*는 미국에서 흔치 않지만 다른 나라에서는 여전히 발생하는 콜레라 병원균이다. 사람이 유일한 숙주이고 물을 통해 흔히 전염된다. *Mycobacterium tuberculosis*는 폐수에서 발견되고 오염된 물에서 수영하는 사람 중에서 발병한 것으로 보고되었다(Crook, 1998; Maier et al., 2009).

세균이 매개체로 여겨지는 원인불명의 수인성 위장염이 자주 보고된다. 이 질병의 잠재적인 원인은 보통 비 병원균으로 알려진 특정 그람 음성 균이다. 여기에는 장 병원성 *E. coli*와 특정 *Pseudomonas* 종이 포함되고, 이것들은 신생아에 영향을 줄 수 있으며 위장병 발생과 서로 관련이 있다고 여겨진다. *Campylobacter jejuni*는 사람에게 세균성 설사를 유발하는 것으로 확인되었다. 이것이 동물에게 병을 유발한다는 것으로 잘 알려져 있으며, 또한 사람에게 수인성 질병을 일으키는 병원균으로도 인식되고 있다(Crook, 1998).

원생동물. 표 2-24의 병원성 생물 중에서 원생동물인 *Cryptosporidium*, *Parrum*, *Cyclospora, Entamoeba histolytica, Giardia lamnlia*(그림 2-34 참조)는 면역이 약한 어린

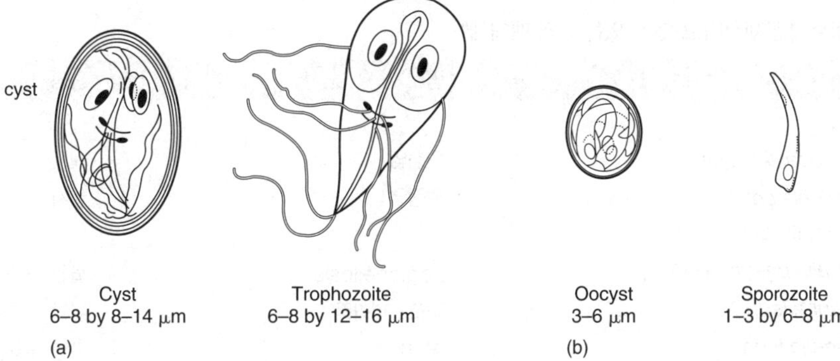

그림 2-34

(a) *Giardia lamblia* cyst, and trophoxite (b) *Cryptosporidium parvum* oocyst와 sporozoite에 대한 그림

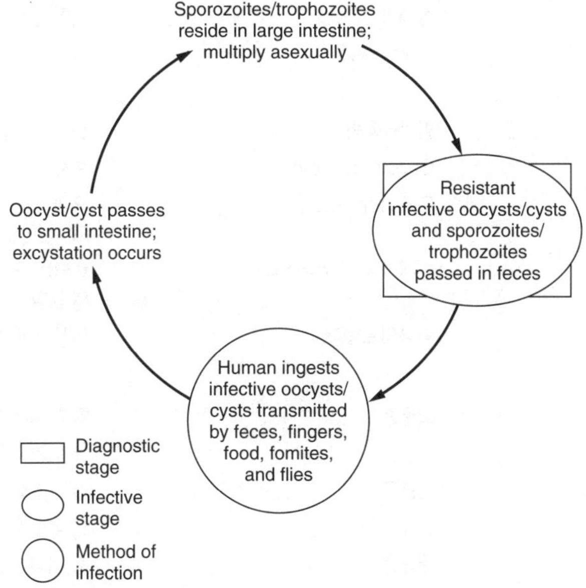

그림 2-35

*Cryptosporidium parvum*와 *Giardia lamblia*의 생애 주기

이, 노인, 항암치료 환자의 면역체계, AIDS 환자 등에 미치는 영향이 크기 때문에 크게 관심을 끌고 있다. *Cryptosporidium parvum, Giardia lamblia*의 생활 주기를 그림 2-35에 나타냈다. 도시된 바와 같이 cyst나 oocyst에 오염된 물을 먹으면서 발생한다. 또한 *Cryptosporidium parvum*과 *Giardia lamblia*의 많은 발생원들이 환경에 존재한다는 사실이 중요하다. 더욱이 존재하는 모든 oocyst와 cyst가 병을 일으키는 능력이 있는 것은 아니다. 따라서 이들의 위험을 평가하기 위해서는 감염성 연구가 수행되어야 한다.

병원성 원생동물에 의한 질병 발생은 심각하였으며 대표적인 사건으로 1993년 밀워키에서 400,000명의 환자가 발생한 cryptosporidiosis 발생과 10개 주에서 cyclosporiasis 발생을 들 수 있다. 표 2-24에 나타난 바와 같이 원생동물에 의한 질병 증상은 장기간에 걸친 설사, 위 압박, 메스꺼움, 구토이다. 인간과 동물을 상대로 한 집중적인 시도에도 불구하고 cryptosporidiosis에 효과적인 방법은 발견되지 않았다(Roberts and Janovy,

표 2-24

미처리 하수에 존재한다고 볼 수 있는 감염 매개체[a]

미생물	병	증상
Bacteria		
Campylobaster jejuni	위장염	설사
Escherichia coli (enteropathogenic)	위장염	설사
Legionella pneumophila	Legionellosis	불안, 근육통, 열, 두통, 급성호흡질환
Leptospira (spp.)	렙토스피라증	황달, 발열(바일씨병)
Salmonella typhi	장티푸스	고열, 설사, 작은 창자의 궤양
Salmonella (≈2100 serotypes)	살모넬라증(식중독)	식중독
Shigella (4 spp.)	세균성 적리	세균성 이질
Vibrio cholerae	콜레라	심한 설사, 탈수
Yersinia enterolitica	Yersinosis	설사
Protozoa		
Balantidium coli	발란티듐병	설사, 이질
Cryptosporidium parvum	Cryptosporidiosis	설사
Cyclospora cayetanensis	Cyclosporasis	오랜 기간 동안 지속적 복통, 메스꺼움, 구토, 심한 설사
Entamoeba histolytica	아메바증(아메바 적리)	출혈을 동반한 지속적 설사, 간장과 작은창자의 종양
Giardia lamblia	람블편모충증	약한 내지 심한 설사, 메스꺼움, 소화불량
Helminths[b]		
Ascaris lumbricoides	회충증	회충 체내 침입
Enterobius vericularis	요충증	요충(기생충)
Fasciola hepatica	간충증	간 디스토마
Hymenolepis nana	촌충감염증	난장이 촌충
Taenia saginate	촌충충	소 내의 기생 촌충
T. solium	촌충증	돼지 내의 기생 촌충
Trichuris trichura	편충증	편충
Viruses		
Adenovirus (31-types)	호흡질환 위장염	
Enteroviruses (100 types 이상 e.g., polio, echo, and coxsackie virues)	위장염, 심장이상, 뇌막염	
Hepatitis A	전염성 간염	황달, 발열
Norwalk agent	위장염	구토
Parvovirus (2 types)	위장염	
Rotavirus	위장염	

[a] Feachem et al.(1983), Madiganetal.(2000), and Crook(1998)

[b] 목록에 있는 장내기생충은 전 세계에 분포되어 있음

표 2-25
미처리 하수에서의 미생물 농도 및 미처리 하수 및 오수정화조에서 미생물의 농도 및 감염 투여량[a]

생물	미처리 하수에서 농도[b] (MPN/100 mL)	감염 투여량, 생물 개체 수[c]
세균		
Bacterioides	$10^7 \sim 10^{10}$	
대장균, 총	$10^7 \sim 10^9$	
대장균, 분변성	$10^6 \sim 10^8$	$10^6 \sim 10^{10}$
Coliform, *E coli*	$10^5 \sim 10^7$	$1 \sim 10^{10}$
Clostridium perfringens	$10^3 \sim 10^5$	
Enterococci	$10^4 \sim 10^5$	
Fecal streptococci	$10^4 \sim 10^7$	
Pseudomonas aeruginosa	$10^3 \sim 10^6$	$10 \sim 20$
Shigella	$10^0 \sim 10^3$	$10^1 \sim 10^8$
Salmonella	$10^2 \sim 10^4$	
원생동물		$1 \sim 10$
Cryptosporidium parvum oocysts	$10^1 \sim 10^3$	$10 \sim 20$
Entamoeba histolytica cysts	$10^{-1} \sim 10^1$	< 20
Giardia lamblia cysts	$10^3 \sim 10^4$	
기생충		
Ova	$10^1 \sim 10^3$	$1 \sim 10$
Ascaris lumbricoides	$10^{-2} \sim 10^0$	
바이러스		$1 \sim 10$
장 바이러스	$10^3 \sim 10^4$	
Coliphage	$10^3 \sim 10^4$	

[a] Adapted in part from Crook(1998) and Feacham et al.(1983)
[b] 값들은 흘려지는 개체수 비율에 따라 바뀐다.
[c] 감영 투여량은 생물의 항원형 및 개개인의 건강에 따라 달라진다.

1996). *Cryptosporidium parvum*의 ooyst와 *Giardia lamblia*의 cyst는 저항성이 매우 크다(표 2-22). 이러한 생물들은 모든 폐수에서 발견되고 또한 통상적인 염소소독에 의해서 파괴되거나 비활성화되지 않기 때문에 특히 우려를 나타내고 있다. 그러나 최근의 연구에서 자외선 소독이 *Cryptosporidium parvum*의 oocyst와 *Giardia lamblia*의 cyst를 비활성화시키는 데 매우 효과적이라고 밝혀졌다.

기생충. 기생충이라는 용어는 벌레를 총칭하는 말이다. 미국에서는 위생시설 및 폐수처리시설의 공급과 음식가공기술의 개선 덕분에 기생충에 의한 감염은 지난 세기 동안 획기적으로 감소하였다. 그럼에도 불구하고 기생충이 있는 국가에서 미국으로의 이민자 증가로 인해, 특히 바이오 고형물에 의한 기생충의 전파는 여전히 문제가 되고 있다. 사실 미국 전역에서 기생충 알이 폐수에서 발견되고 있으며, 특히 작고 기생하지 않는 선충은 처리된 수돗물에서도 발견되고 있다(Cooper, 2012). 표 2-21에서 언급한 바와 같이, 세계적으로 기생충은 사람에게 질병을 전달하는 주요 매개체이며 기생충에 감염되어 질병을 가진 사람 숫자는 45억 명 정도로 추정된다(Roberts and Janovy, 1996).

대부분의 기생충은 주로 세 가지로 분류된다. 선충류, 편형 동물문, 환형 동물문이다. 대부분의 인간 감염은 선충류나 편형 동물문과 관계가 있고, 환형 동물문은 거머리와 같은 주로 외부 기생충이다. 선충류는 지구상에서 가장 흔한 종의 하나이고 대부분은 인체에 무해하다. 여기에 포함되는 것으로는 **회충, 편충, 아메리카 구충, 두비니구충, 스트론길루스**가 있다. **회충**은 세계적으로 15억 명이 감염된 가장 널리 퍼진 기생충이다(Crompton, 1999; Maier et al., 2009; Roberts and janovy, 1996). 미국에서도 400만 건 정도의 감염이 있는 것으로 추정된다(Khuroo, 1996).

편충은 **쇠고기 촌충, 갈고리 촌충, 주혈 흡충**을 포함한다. **쇠고기 촌충**은 소 가공품에 의해 주로 감염되고 사람에게 발생되는 가장 흔한 촌충이다. 흡충인 *Schistosoma mansoni, S. haematobium, S. japonicum*은 주흡혈충으로 알려져 있으며, 의학적으로 흡충계의 중요한 종이다. 세계적으로 2억 명 이상이 이것에 의해 감염된 것으로 알려져 있다. 40만 이상의 사람이 미국 밖에서 감염되어 미국 내에서 살고 있는 것으로 추정된다(West and Olds, 1992).

기생충이 사람을 감염시키는 단계는 다양한데, 어떤 종류는 성충이나 애벌레로 감염시키고 다른 종은 알로 감염시키는데 폐수에 존재하는 것은 주로 알이다. 기생충의 알 크기는 10~100 μm 이상이며 침전이나 여과, 안정화와 같은 폐수처리 방법으로 제거될 수 있다. 그러나 어떤 기생충의 알은 환경 스트레스에 내성이 매우 강해 일상적인 폐수처리나 슬러지 소독과정에서 살아남는다. 예를 들어, 염소소독이나 중온 혐기성 소화는 많은 종의 기생충 알을 비활성화시키는 데 효과적이지 않다. 최근의 연구에 따르면 **회충**의 알은 산화지의 퇴적물에서 10년까지 살 수 있다고 한다(Nelson, 2011). 오래 사는 **회충**이

표 2-26
다양한 환경의 20~30°C 에서 병원균의 생존기간[a]

병원균	생존기간, 일		
	담수 및 하수	작물	토양
Bacteria			
Fecal coliforms[b]	<60, 통상 <30	<30, 통상 <15	<120, 통상 <50
Salmonella spp.[b]	<60, 통상 <30	<30, 통상 <15	<120, 통상 <50
Shigella[b]	<30, 통상 <10	<10, 통상 <5	<120, 통상 <50
Vibrio cholerae[c]	<30, 통상 <10	<5, 통상 <2	<120, 통상 <50
Protozoa			
E. histolytica cysts	<30, 통상 <15	<10, 통상 <2	<20, 통상 <10
Helminths			
A. lumbricoides eggs	수개월	<60, 통상 <30	<수개월
Viruses:[b]			
Enteroviruses[d]	<120, 통상 <50	<60, 통상 <15	<100, 통상 <20

[a] Feachem et al.(1983)

[b] 해수에서 바이러스의 생존은 적고, 세균의 생존은 담수에서보다 훨씬 적다.

[c] 수환경에서 *V. cholerae* 생존은 현재 불확실성의 대상이다.

[d] polio, echo, and coxsackie viruses

표 2-27
분변 오염의 지표로 사용되는 특정 미생물

지표생물	특성
총 대장균 (Total coliform bacteria)	35 ± 0.5°C에서(적당한 배지에서 24 ± 2시간에 48 ± 3시간에 독특한 콜로니를 생산) 가스생성을 하며 락토스를 발효시킬 수 있는 그람-음성 간균의 일종. 정의를 적합하게 할 수 없는 균주(strain)가 있다. 총 대장균 군은 *장내균*과에서 4개의 속을 갖는다. 이것이 *Escherichia, Klebisella, Citrobactor, Enterobacter*이다. 이것 중에서 *Escherichia* 속(*E. coli* 종)이 배설물 오염에서 가장 대표적으로 나타난다.
분변성 대장균 (Fecal coliform bacteria)	분변성 대장균 군은 좀 높은 배양온도(44.5 ± 0.2°C, 24 ± 2시간)에서 가스(혹은 콜로니)를 생성시킬 수 있는 능력이 있다.
협막 간균(Klebisella)	총 대장균은 *Klebisella* 속을 갖는다. 온도에 잘 견디는 *Klebisell*는 분변성 대장균에 또한 포함된다. 이 균은 35 ± 0.5°C, 24 ± 2시간에서 배양된다.
대장균(*E. coli*)	*E. coli*는 대장균 군의 하나이고 다른 대장균 속보다 배설물발생원과 밀접한 관계가 있다.
Bacteroides	혐기성 유기체인 Bacteroide는 인간 특정 지표로 제안되었다.
분변성 연쇄상 구균 (Fecal streptococci)	이 균은 최근 배설물 오염원(사람이나 가축)을 결정하기 위해 분변성 대장균과 함께 사용되어 왔다. 그러나 기존 분석방법으로는 fecal streptococci를 쉽게 구별할 수 없다. 이것을 지표미생물로서 사용하기에는 문제가 있다.
Enterococci	Fecal streptococci의 2개 균주, *S. faecalis*와 *S. faecium*은 fecal streptococus군의 구성원이다. 분석절차를 통해 다른 기질을 제거함으로써, enterococci로 알려진 두 균주를 격리할 수 있다. Enterococci는 일반적으로 다른 지표미생물보다 낮은 수로 발견된다. 그러나 그들은 해수에서 더 잘 생존할 수 있다.
Clostridium perfringens	포자를 형성하는 혐기성에 견디는 세균, 염소소독이 수행되거나 오염이 과거에 일어난 지역에서 지표로서 이용된다.
*P. aeruginosa*와 *A. hydrophila*	이 미생물은 하수 내에 많이 존재한다. 수생 생물로서 간주될 수 있고, 배설물 오염이 없는 경우에도 물속에서 발견할 수 있다.

나 다른 기생충의 알은 바이오 고형물 관리에서 특별히 중요하다.

바이러스. 감염시키거나 질병을 일으킬 수 있는 100종 이상의 장 바이러스가 사람에게서 분비된다. 장 바이러스는 장 내에서 증식되며 감염된 사람의 배설물과 함께 방출된다. 건강 관점에서 보면 가장 중요한 사람의 장 바이러스는 장내바이러스(소아마비, 메아리, 콕사키 바이러스), 노로바이러스(일반적으로 Norwalk agents로 알려진), 로터바이러스, 레오바이러스, 아데노바이러스, A형 감염 바이러스이다. 물론 설사를 일으키는 바이러스 중에서 Norwalk 바이러스와 로터 바이러스만이 주요한 수인성 병원균이다. 레오바이러스와 아데노바이러스는 호흡계 질병, 위장염, 눈 감염을 일으키며 폐수로부터 분리되었다. Acquired Immunodeficiency Syndrome(AIDS)를 유발하는 Human Immunideficiency Virus(HIV)가 물로 전염된다는 증거는 없다(Crook, 1998; Madigan et al., 2009; Maier et. al., 2009; Rose and Gerba, 1991). 바이러스 생물학은 Voyles(1993)에 잘 기술되어 있다.

프리온(광우병 유발 인자). 프리온은 별개의 세포 형태를 가지고 작은 단백질 분자로 구성되어 있지만, DNA 또는 RNA를 포함하지 않는다. 프리온에 대한 영향은 미친 소의 질병, 이질적인 양과 같은 동물의 질병 또한 인간의 영향에 의해 발생할 수 있다. 프리온은 건강성(healthy) 또는 병원성(pathogenic)의 두 가지 형태로 존재한다. 건강성은 대부분의 동물에서 찾을 수 있다. 병원성 형태는 건강성 프리온을 가지고 있는 숙주에 침투하여 건강성을 병원성으로 변환시킨다. 병원성 프리온이 건강성을 병원성으로 전환시키는 것을 설명할 수 있는 모델은 현재 없다. 프리온에 의한 인간의 질병에 대한 공중보건 평가는 Belay and Schonberger(2005)에 설명되어 있다.

프리온 질환의 한 형태는 병원성 프리온(Johnson et al., 2011)에 감염된 가축의 고기를 섭취한 인간에서 관찰되었다. 병원성 프리온은 동물의 분뇨에 전달될 수 있다. 그래서 폐기물이 존재하는 동물 시설과 같은 도살장에서도 감염될 수 있다. 폐수처리에서 프리온을 재래식 방법으로 불활성화시키기 어렵기에 문제가 되고 있다. 100°C를 초과하는 온도는 효과적인 처리방법이라고 밝혀졌다(Kirchmayer et al., 2006). 이들은 소화된 생물학적 고형물에서 발견되었기 때문에, 토양에 적용 시 농장동물들에게 미칠 잠재적인 영향이 주된 관심사이다.

병원성 생물체의 생존. 자연환경에서 병을 유발하는 생물체의 생존은 관리할 때 매우 중요한 관심이 된다. 표 2-26에는 미생물에 생존에 대한 일반적인 자료가 나타나 있다. 표 2-26의 자료는 대략적인 내용이지만 다수의 예외적인 자료들도 문헌에 보고되어있다.

표 2-28
여러 가지 물의 용도에 따른 지표 미생물

물 사용	지표 미생물
상수	총 대장균(Total coliform) 분변성 대장균(Fecal coliform) 대장균(*E. Coli*)
담수 위락	분변성 대장균(Fecal coliform) 대장균(*E. Coli*) 소화선구균(Enterococci)
염수 위락	분변성 대장균 총 대장균 소화선구균(Enterococci)
갑각류 성장지역	총 대장균 분변성 대장균
농업관개 (재생된 물에 대해)	총 대장균
하수 유출수	총 대장균
소독	총 대장균 분변성 대장균 대장균(*E. Coli*) MS2 coliphage

지표생물의 이용. 폐수와 오염된 물에서는 병원성 생물의 개체 수가 매우 적고 분리와 확인이 어려워서 비교적 개체 수가 많고 실험이 용이한 미생물이 지표생물로 사용된다. 이상적인 지표생물의 일반적인 특성과 세균이나 다른 지표생물을 사용하는 것에 대해 다음에서 간략하게 논의한다.

이상적인 지표생물의 특성. 이상적인 지표생물은 다음과 같은 특성을 가져야 한다 (Cooper 2012; Maier et al., 2009).

1. 배설물에 의해 오염되었을 때 지표생물이 존재해야 한다.
2. 존재하는 지표생물의 개체 수는 대상 병원생물보다 같거나 많아야 한다.
3. 지표생물은 대상 병원생물과 같은 환경에서 같거나 더 높은 생존율을 보여야 한다.
4. 지표생물의 분리 및 정량화 과정은 대상 병원균보다 빠르고 단순하고 저렴해야 한다.
5. 지표생물은 온혈동물의 장내 서식종 중 하나여야 한다.

어떤 저자들은 첫 번째 특성을 "대상 병원균이 있을 때 지표 생물이 존재해야 한다"라고 하였다. 그러나 불행하게도 병원생물이 나타나는 것이 1년 내내 균일하지 않아 대상 병원균이 1년 내내 존재하지 않을 수도 있으므로 공공의 건강을 보호하기 위해서는 대변에 의한 오염 시 지표생물이 존재하는 것이 중요하다. 아직까지 이상적인 지표생물은 발견되지 않았다. 분변 오염에 대한 지표생물로 사용되기 위해 제안된 미생물들은 표 2-27에 요약되어 있다. 다양한 물 사용에 대한 성능기준을 설정하는 데 사용된 지표생물은 표 2-28에 나타나 있다.

대장균 군의 지표생물로서의 사용. 사람의 장에는 총칭하여 대장균으로 불리는 많은 수의 막대형 세균이 있다. 각기 사람은 다른 종의 세균과 더불어 하루에 1,000억에서 4,000억 개의 대장균을 배출한다. 따라서 오랫동안 시료에 대장균이 존재하면 분변과 관련된 병원성 생물(예: 바이러스)도 역시 존재할 수 있다는 지표로 인식되었다. 대장균이

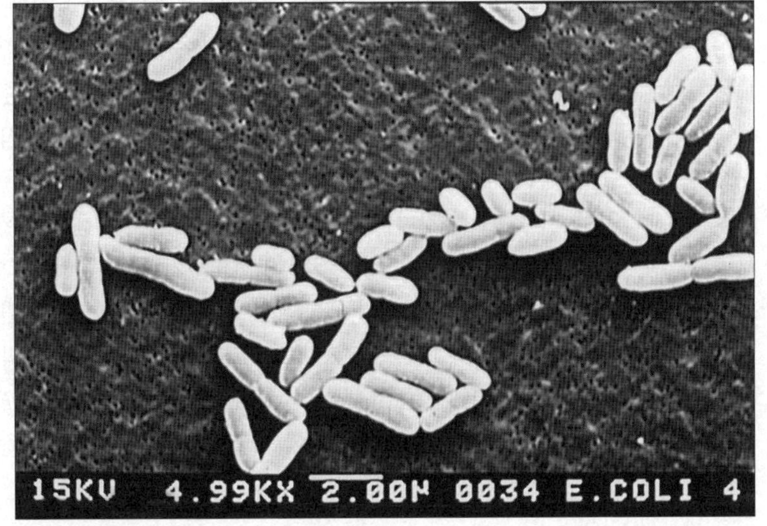

그림 2-36
순수배양한 대장균 현미경 사진

없는 것은 물에 질병을 유발하는 생물이 없다는 지표로 받아들여진다.

총 대장균 군은 *Escherichia, Citrobactor, Enterobacter* 그리고 *Klebisella*와 같은 4종의 속의 장내세균으로 구성되어있다. 대장균류는 일반적인 생화학적 및 형태학적 특성을 가진다. 일반적으로 이러한 생물은 35 ± 0.5°C에서 24~48시간에서 유당을 발효시키는 **그람 음성**, 비 포자형, 막대 모양(그림 2-36 참조)의 생물이다(Standard Methods, 2012). 그람 음성이라는 단어는 유기체의 그룹을 구별하기 위해 사용되는 염색 방법을 지칭한다. 대장균 유기체의 세 그룹인 총 대장균, 분변성 대장균 및 대장균은 세균의 지표로서 사용되어 왔다.

총 대장균. 일반적으로 대장균 군은 토양이나 식물의 환경과 인간과 온혈 동물의 장 내 및 배설물에서 발견된다. 보통 대장균류는 무해하다. 총 대장균 군이 식수에서 검출되면 이것은 질병을 일으키는 병원균이 잠재적으로 존재할 수 있다는 의미이다. 총 대장균 군이 식수에서 검출되는 경우에는 반복 실험을 수행하여 다시 총 대장균을 확인한다. 총 대장균이 존재하는 경우 물 처리 및 분배 시스템이 위반되었는지를 알아보고 오염의 원인을 찾기 위해 조사가 진행된다.

분변성 대장균. 분변성 대장균은 총 대장균의 하위 집단으로 인간이나 온혈 동물의 배설물이나 장 내에서 많이 발견된다. 식수에 존재하는 분변성 대장균은 질병을 유발하는 병원균의 존재에 대해서 총 대장균의 존재보다 더 큰 위험성을 나타낸다. 분변성 대장균이 검출되어 존재하는 경우 총 대장균에 대해 논의한 바와 같이 동일한 과정을 따라 오염원을 식별하고 제거한다.

E. coli. 인간과 온혈 동물의 장과 배설물에 반드시 나타나는 유기성 *Escherichia coli* (*E. coli*)은 역사적으로 **총 대장균 시험**의 대상물이 되어 왔다. 대부분의 *E. coli*은 인체에 무해하지만, 혈청형 O157:H7은 식중독을 야기하고 때때로 생명을 위협할 수 있다. 초기에 대장균에 대한 실험은 분변성 대장균, *E. coli*, 다양한 유기성 대장균에 대한 실험결과에 나타났듯이 특정한 부분을 찾을 수 없었다. 최근에는 개발된 검사는 총 대장균, 분변성 대장균, *E. coli*으로 구별된다. 세 가지 모두 현재 문헌에 보고되고 있다. 식수에 존재하는 *E. coli*은 분변성 대장균이나 총 대장균에 비해 더 큰 위험을 표시하고 질병을 유발하는 병원균 또한 존재한다는 것을 나타낸다. *E. coli*이 검출되어 존재하는 경우 총 대장균에 대해 논의한 바와 같이 동일한 과정을 따라 오염원을 식별하고 제거한다.

역사에 따르면 *E. coli*은 독일 소아과 의사인 Theodor Escherich(1857 1911)의 이름에서 나왔고 건강한 아기의 대변에서 이 종이 처음 발견됐으며 1885년에 연구결과를 보고했다. 초기에는 대장균에서 발견되었기 때문에 **세균 대장균집단**으로 불렸다. 1890년대 후반에 **세균**의 범위가 개정됨에 따라 1895년에 **바실러스 대장균**으로 재분류되었다. 1919년에 최초 발견된 후 *Escherichia coli*으로 명명되었다(Castllani and Chalmers, 1919). 1958년에 Standard Methods에 사용하기 위해 *E. coli*으로 채택되었다. 진화된 대장균 시험에서 가장 중요한 개발 중의 하나는 온도상승과 특정 성장 매체인 MUG

(4-methylumbelliferyl-β-D-glucuronide)을 통해 *E. coli*을 식별하고 정량화할 수 있는 능력이다. *E. coli*이 존재하는 경우 특정 효소(β-glucuronidase)를 보유하기 때문에 성장 매체로부터 형광기질 MUG을 절단할 수 있다. 밝은 청색 형광이 나타나면 *E. coli*이 존재한다고 여겨진다.

기타 지표 미생물. 총 대장균, 분변성 대장균, 그리고 *E. coli*가 존재한다고 해도 이것이 바로 장 바이러스나 원생동물(protozoa)이 존재한다는 지표라는 것이 입증되지는 못했다. 더구나 사람이 아닌 다른 발생원으로부터 새롭게 생겨나는 병원균(병원성 *E. coli*, *Cryptospordium parvum, Giardia lamblia*)으로 인해 분변으로부터 주로 발생하는 지표생물을 사용하는 것에 대한 의문이 제기되었다. 최근 연구에 따르면 대장균은 병원성 세균이나 바이러스의 존재 가능성을 나타내는 지표생물로 적합하지만 수인성 원생생물(protozoa)의 존재를 나타내는 지표로서는 부적합하다는 것이다. 또한 미생물학적 수질 기준을 초과하지 않은 상수도에서도 수인성 질병이 발병하였다(Craun et al., 1997).

대장균의 폐수에 의한 오염 가능성을 나타내는 지표생물로 사용하는 것에 대한 한계로 인해 장내바이러스 등을 나타내는 지표 생물로 bacteriophages를 사용하는 것에 관심이 모이고 있다. Bacteriophages는 원핵세포(procaryotic cells)를 감염시키는 바이러스이다. 모두 6개 과(family)가 있고 그중 5개는 DNA에 의해, 나머지 1개는 RNA에 기초한 것이다. 5개의 DNA에 기초한 bacteriophages 중 3개는 이중나선(double-stranded) 구조이고 다른 2개는 단일나선(single-stranded) 구조이다. 대장균을 감염시키는 bacteriophages를 coliphages라 한다. 세포벽에 직접 붙는 coliphages는 체세포(*somatic*)로 알려져 있다. 수컷 *E. coli* (pili를 가진)를 선택적으로 감염시키는 것을 수컷 특이(F^+)과 coilphages라 한다. 수컷 *E. coli*는 분변에서만 발견되는 것으로 생각된다.

수컷 특이에는 4개의 혈청형(sorotypes)이 있다. Group I과 IV는 돼지(pigs)를 제외하고 Group II, III을 가질 수 있는 동물에서 발생한 것인 반면에 Group II와 III은 주로 사람으로부터 생겨난 것이다. 분석적으로 체세포 *somatic coliphages*는 *E. coli*를 숙주생물로 이용하고 F^+ coliphages는 pili를 갖는 *E. coli*를 이용하여 검사한다. Coliphages를 장 바이러스의 지표로 사용하는 것에 대한 관심은 주 대상인 병원성 바이러스(예: polio)와 거의 같은 크기를 갖고 있고, 배설물에서 발견되며 미처리된 도시하수에 항상 존재하기 때문이다. Coliphages는 소독 연구에 중점적으로 사용되고 있다(12장 12-9절 참조).

》 병원성 미생물의 변화

최근에는 미국 및 세계의 많은 나라에서 질병 발생 수가 증가하고 있고 특히 풍토 전염병의 수가 유행과 사멸(천연두 하나)의 수를 고려할 때 충격적으로 증가하고 있다(Levins et al., 1994). 상대적으로 최근에 발견된 유기성 질병의 예인 Legionnaire병의 원인 물질인 *Legionella pneumophila* 세균은 어느 물(먹는 물, 폐수, 회수된 폐수)에서나 발견된다(Levins et al., 1994). 새로운 병균의 식별과 질병발생 및 재출현은 공중보건을 위한 폐수관리의 기본 목표가 되어야 한다.

2-10 독성

다양한 성분을 포함한 폐수가 환경에 배출되는 경우에 여러 가지의 악영향을 일으킬 수 있다. 독성은 단일 또는 여러 성분이 인간과 동물의 건강, 민감한 수생 생물 및 생태계에 부정적 영향을 유발하는 원인이 되는 정도를 측정할 수 있는 척도이다. 독성 및 독성 시험의 주제에 대해 일반적으로 설명하기 위해 다음과 같은 항목을 고려한다. (1) 처리와 미처리된 폐수 속에 독성 원인, (2) 발전되고 응용된 독성 시험 프로그램, (3) 독성 시험 절차, (4) 독성 시험 결과의 분석, (5) 독성 시험 결과의 응용, (6) 특정 독성 성분을 식별할 수 있는 방법에 관한 것이다.

》 독성의 발생원

처리 및 미처리된 폐수 독성의 원인은 사용 및 처리하는 동안 추가된 성분, 소독하는 동안 사용한 화학약품에서 파생된다.

사용 시 추가 성분. 별도의 폐수 수집시스템이 사용되는 경우 사용 중에 추가 성분이 포함될 수 있다. (1) 온도나 TDS의 상승 같은 물리적 특성, (2) 암모니아와 황화수소 같은 무기 비금속 성분, (3) 크롬, 수은, 은과 같은 금속 성분, (4) 세척 및 개인위생용품과 같은 총 유기성분, (5) 표 2-16에서 확인되는 개별 유기 화합물. 복합 폐수 수집시스템이 사용되는 경우 유출수에서 독성의 추가적인 원인을 찾을 수 있다. 유출수의 성분은 독성을 일으킬 수 있다. 이는 농약이나 땅에서의 양분, 도시 조경 및 농경지, 중금속과 유기 및 무기(예: 소금)성분을 포함한다.

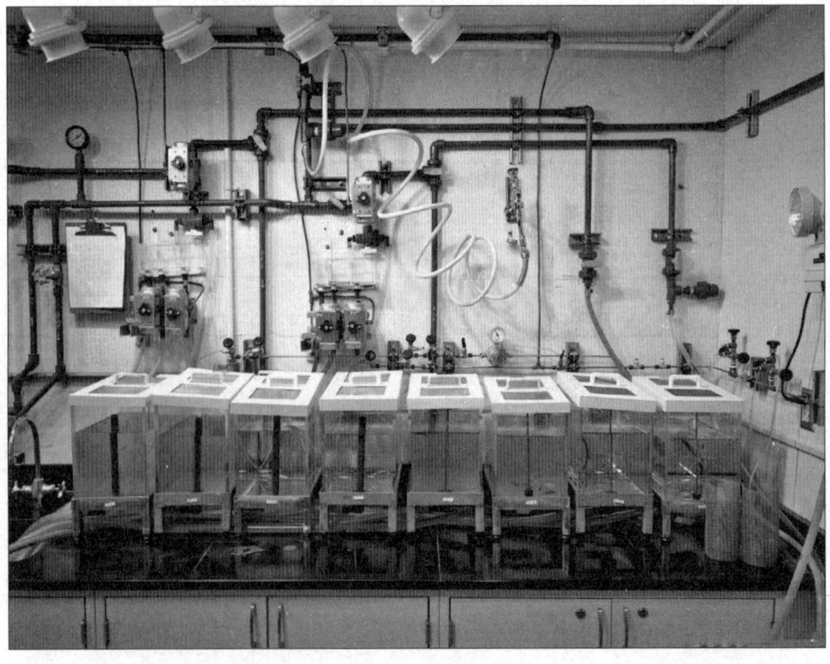

그림 2-37
사망률에 대한 종말점시험의 유출 독성 시험에 사용되는 전형적인 장치

처리 시 추가 성분. 처리 시 추가되어 독성문제를 일으킬 수 있는 성분에는 다음과 같은 물질들이 포함될 수 있다(응집보조제: 응집침전을 위한 화학물질, 거품제어 시 추가되는 화학물질, 조류성장을 제어하는 화학물질).

소독 시 추가 성분. 가장 중요한 독성 원인 중 하나는 소독부산물로 염소, 이산화염소, 오존과 같은 화학물질로 유출수를 소독할 때 형성된다. 염소, 이산화염소, 오존으로 인해 발생한 소독부산물의 제어와 형성은 빠르게 나타난다(각각 12장의 12−3절, 12−4절, 12−6절 참조).

》 독성 시험법의 개량 및 응용

20세기 후반까지 오염 관리 대책은 주로 기존오염물(예: 산소요구 물질, 부유물질 등)에 초점을 두었고 이는 수질 저하를 야기하는 것으로 확인되었다. 지난 30년 동안 독성 물질의 제어에 대한 관심이 증가되었고 특히 폐수처리장의 배출되는 폐수의 성분에 관심이 크다. 독성 오염물의 배출량에 대한 규제는 연방법(The federal Clean Water Act)의 101(a)(3)부분에 설명되어 있다. 복합 유출수에서 각각 수천 가지의 잠재적인 독성물질의 특이 독성을 결정하기에는 경제적이지 않기 때문에 전체 유출수 수생 생물의 독성 테스트는 유출수 독성 결정의 직접적이고 효율적인 수단이다. 전체 유출수의 독성 시험은 적절한 지표생물을 시험수족관에 넣고, 평가하고자 하는 유출수를 다양한 농도로 주입하여 반응을 관찰한다(그림 2−37 참조). 전체 유출수 시험 절차는 용수공급에서 일정하게 유출되는 폐수의 총 독성을 결정하는 데 쓰이며, 독성이 유일한 측정항목이다.

이 절의 주안점은 유출수의 독성이지만 독성 시험은 다음과 같이 다양하게 응용될 수 있음에 유의해야 한다.

1. 수생 생물에 대한 환경상태의 적합성을 평가
2. 기존 매개변수에 대한 수용 가능한 물의 농도를 정립(예: 용존 산소, pH, 온도, 염분, 탁도 등)
3. 폐수 독성과 수질 매개변수의 영향에 대한 연구
4. 하나 이상의 담수, 하구, 해양 시험생물 폐수 독성 평가
5. 유출수 표준 수중 생물뿐 아니라 표준 독성물질의 상대 감도를 정립
6. 수질 요건을 충족하는 데 필요한 폐수처리의 정도를 평가
7. 폐수처리방법의 효과를 결정
8. 폐수 허용 배출속도를 설정
9. 미국 연방정부 및 주 정부의 수질 기준과 오염물질 배출규제제도(NPDES) 허가와 관련된 수질기준 준수 여부를 확인(Standard Methods, 2012).

이러한 시험은 폐수 성분이 지표수로 유입되어 발생하는 영향으로부터 인간의 건강, 수생 생물 및 지표수환경 보호에 유용한 결과를 제공한다. 어떠한 성분이나 화합물에 관찰된 독성의 책임을 알아보는 독성확인은 독성평가의 또 다른 중요한 측면이다.

》 독성 시험

독성 시험을 하거나 분석, 해석, 그리고 시험결과를 응용하고자 할 때 사용되는 용어들을 표 2-29에 나타내었다. 표 2-29에 나타나 있는 용어들은 새로이 개발 또는 개선된 독성 시험 방법에 따라 바뀔 수 있기 때문에 모든 독성 시험에 착수하기 전에 표준방법 및 미국 EPA의 최신 시험방법인지 검토하여야 한다.

독성 시험은 다음에 따라 분류한다. (1) 기간(단기, 중기 또는 장기), (2) 시험 용액을 첨가하는 방법(정치, 재순환, 재생 또는 연속흐름), (3) 시험 형태(배양 접시나 시험관에서 하는 실험, 생물을 사용한 독성 실험), (4) 목적[미국의 오염물질 배출규제제도(NPDES) 허가 요건, 혼합지역 결정 등]. 배양 접시나 시험관에서 하는 실험은 최근 몇 년 동안 널리 검증되었다.

유출수의 독성에 따른 생물의 민감도는 변하지만 미국 EPA는 (1) 유출수의 독성은

표 2-29
수생 시험 생물에 대한 오염물의 영향을 평가하는 데 사용되는 용어들[a, b]

용어	설명
급성 독성	노출 후 심각한 반응이 단기간에 나타나는 것(보통 반응이 48시간에서 96시간 내에 관측됨)
만성 독성	치사 이하의 반응이 장기간(수명의 1/10 또는 그 이상)에 걸쳐 나타나는 것
만성 값(chronic value, ChV)	부분적 또는 전 과정에 걸친 시험과 유아기단계에서의 시험결과에서 구한 NOEC와 LOEC의 기하학적 평균
누적 독성	연속적인 노출에 의해 생물에 미치는 영향
투여량	시험 생물에 들어가는 성분의 양
유효 농도(effective concentration, EC)	일정 시간에 일정한 효과를 나타내는 성분의 양(예: 96시간 EC_{50})
노출시간	시험생물이 시험성분에 노출되는 시간
저해농도(inhibiting concentration, IC)	일정 비율의 저해나 기능의 장애를 유발하는 성분의 농도
In vitro(유리 또는 시험관)	유리로 된 petri dish나 시험관에서 행하는 시험
In vivo(생명체의 체내)	생물체의 전부를 이용하여 수행하는 독성 시험
치사농도(LC)	일정 시간에 일정 수의 시험 생물이 죽는 성분의 농도(예: 96 h LC_{50})
최소 관측유효 농도(LOEC)	측정값이 대조군과 통계적으로 다른 최소 성분농도
최대 허용독성 농도(MATC)	생산성이나 다른 용도에 중대한 해를 끼치지 않으며 수역에 존재할 수 있는 성분의 농도
중간 허용한계(TLm)	일정 기간 동안 50%의 시험 생물이 살아남는 성분의 농도를 가리키는 옛 용어. "중간허용한계"라는 말은 중간치사농도(LC_{50})와 중간효과농도(EC_{50})란 용어로 대체되어 왔다.
비 관측효과 농도(NOEC)	측정된 효과가 대조군과 같은 성분의 최대 농도
치사 이하 독성	노출이 생물에 해를 주지만 치사에 이르게 하지는 않는 것
독성	시험 물질이 살아있는 생물에 해를 유발할 잠재성
전체 폐수 독성(WET)	독성 시험에서 처리된 배출수의 총 독성 영향을 직접 측정

[a] Hughes(1996)와 Standard Methods(1998)

[b] 여기에 사용되는 용어는 수생 생물에 사용되는 것으로 동물이나 사람에 사용되는 것과는 다르다.

유출수의 희석배수를 알면 유출수가 배출되는 수계에서의 독성측정값과 유사하고, (2) 유출수와 유출수가 배출되는 수계의 독성 시험으로부터의 영향을 예측할 경우 유출수가 배출되는 수계 생태계의 반응과 잘 대조된다고 기록하고 있다. 미국 EPA는 전국의 담수, 연안 및 해양 생태계를 시험해 왔다. 방법은 급성과 만성 시험을 포함하였다. 일반적인 단기 만성 독성 시험방법을 표 2-30에 나타내었다. 현재까지의 시험방법 및 분석 방법의 자세한 내용은 Standard Methods(2012), 미국 EPA 간행물(US EPA, 1985b, c, d, e)에 요약되어 있다.

❯❯ 독성 시험 결과의 분석

급성 및 만성 독성 시험 자료를 분석하는 방법은 다음과 같다.

급성 독성 데이터. 급성 독성을 정의하기 위해서 사망을 기준으로 실험을 진행하는 경우에 반수치사농도(LC_{50}), 유영저해를 기준으로 실험을 진행하는 경우에는 반수영향농도(EC_{50})를 사용한다(Stephen, 1982). 사망을 기준으로 실험을 진행할 때 물고기를 이용한 일반적인 생물학적 분석(bioassay)을 그림 2-37에 나타내었다. 물고기의 치사율을 평가하기 위해 수조가 사용된다. 물고기는 물고기가 물과 함께 조에서 유실될 때까지 속도를 증가시킬 수 있는 연속 흐름조에 놓인다. 특정 성분에 노출된 물고기 유실 속도가 대조 물고기의 유실 속도와 비교된다.

LC_{50}은 중간 값이기 때문에, 시험군의 변동성에 관한 정보를 제공하는 것은 매우 중

표 2-30
다양한 담수와 해양/연안 수생 종을 이용한 단기 만성(chronic) 독성 시험 방법의 전형적인 예[a]

종/ 일반 이름	시험 기간	시험 종료 지점
담수종		
Cladoceran	약 7일	생존, 번식
Ceriodaphnia dubia	(3번 번식을 60%까지)	
Fathead minnow	7일	애벌레 성장, 생존
Pimephales promelas	9일	배아 애벌래 생존, 부화, 사망
담수조류	4일	성장
Selenastrum capricomutum		
바다/연안종		
Sea urchin	1.5시간	수정
Arbacia punctulata		
Red macroalgae	7~9일	Cystocarp 생산(수정)
Champia parvula		
Mysid	7일	성장, 생존, 번식
Mysidopsis bahia		
Sheepshead minnow	7일	애벌레 성장, 생존
Caprinodon variegatus	7~9일	배아 애벌래 생존, 부화, 사망
Inland silverside	7일	애벌레 성장, 생존
Menidia beryijina		

[a] U.S. EPA(1988, 1989)

요하다. LC_{50} 값은 유동평균, 이항식, Spearman-Karber방법, Probit 방법과 같은 방법으로 분석하거나 도표를 이용해 결정한다. 일반적으로 95%의 신뢰구간을 갖는다. 컴퓨터에서 가동되는 대부분의 통계패키지에서 probit 해석프로그램의 이용이 가능하다. 도표나 probit 해석법을 이용한 LC_{50}값을 구하는 것이 예제 2-13에 나와 있다. 전형적으로, LC_{50} 값은 48과 96시간 노출에서의 생존을 바탕으로 계산된다.

예제 2-13

급성 독성 데이터의 분석 피라미를 이용하여 얻은 48시간과 96시간의 부피% 독성 시험 데이터를 도표와 probit 분석을 통하여 LC_{50} 값을 구하라.

폐수 농도, 부피 %	시험동물의 수	시험 후 죽은동물의 수[a]	
		48시간	96시간
60	20	16 (80)	20 (100)
40	20	12 (60)	18 (90)
20	20	8 (40)	16 (80)
10	20	4 (20)	12 (60)
5	20	0 (0)	6 (30)
2	20	0 (0)	2 (10)

[a] 괄호 안의 값은 백분율

풀이

1. 폐수의 부피% 농도(로그 단위)를 시험동물의 사망%(확률 단위)에 대해 그린다. 필요한 그래프는 아래에 주어졌다.

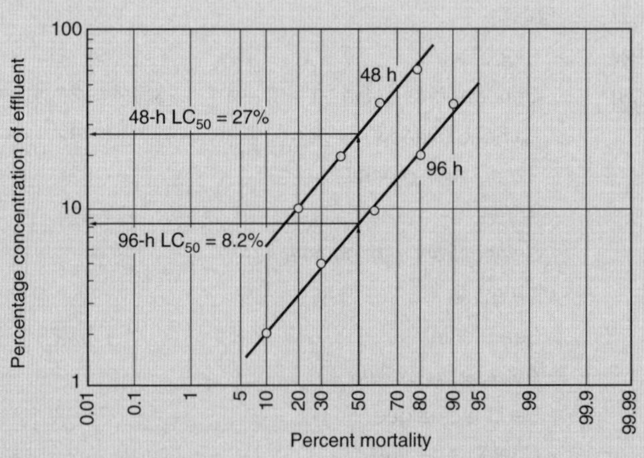

2. 데이터의 표준편차에 해당하는 16~84%의 범위 내 데이터를 고려하여 적당한 직선을 그린다.
3. 50% 치사율을 일으키는 폐수 농도를 구한다. 추정한 LC_{50} 값은
   a. 48시간 LC_{50} = 27.0%
   b. 96시간 LC_{50} = 8.2%
4. Probit 분석을 통해 얻은 결과를 step 3의 값과 비교한다. Probit 해석 결과는 다음

과 같다.

a. 48시간 LC_{50} = 27.6%, 95% 신뢰구간에서 21.0 ~ 37.8%

b. 96시간 LC_{50} = 8.1%, 95% 신뢰구간에서 5.8 ~ 10.9%

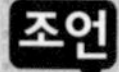

도표 분석방법을 이용하여 추정한 LC_{50} 값은 근사값이지만 이 값은 probit 해석 값과 매우 비슷하여 좋은 검증자료가 될 수 있다. 신뢰구간을 얻기 위해서는 probit 또는 유사한 분석을 해야 한다.

만성 독성 데이터. 만성 독성 시험 결과는 최저관찰영향농도(lowest observed effect concentration, LOEC), 무 관찰영향농도(no observed effect concentration, NOEC), 만성 값(chronic value, ChV)을 결정하기 위해 통계적으로 분석된다. 일반적인 통계적 유의성 $p = 0.05$ 수준에서 평가한다. 만성 값은 최저관찰영향농도와 무 관찰영향농도의 기하학적 평균으로 계산된다.

만성 독성 한계는 최종적으로 최저관찰영향농도나 만성 값으로 지정될 수 있다. 최대허용독성농도(maximum acceptable toxicant concentration, MATC)는 만성 값과 혼용되어 사용한다. 급성 독성 데이터와 유사하게 치사농도(LC)나 영향농도(EC)의 값은 만성 독성 데이터와 함께 만성 독성에 대한 내성 수준을 설명하는 데 사용된다. 최근에 저해농도(inhibiting concentration, IC)의 개념은 만성 시험에서 영향을 특색 있게 하기 위해 도입되었다. 최저관찰영향농도, 무 관찰영향농도, 치사농도, 영향농도 그리고 저해농도를 구하기 위해 다양한 비매개변수 및 매개변수적 통계방법이 이용 가능하다(Standard Methods, 2012).

독성 시험 결과의 적용

급성 및 만성 독성 시험 결과를 적용할 때 독성 단위(TU)를 사용하는 방식이 미국 여러 연방 및 주 정부 기관들에 의해 채택되었다. 독성 단위를 사용하는 방식(U.S. EPA, 1985)에서 TU 농도는 수생 생물의 보호를 위해 설정되었다.

급성 독성 단위(TU_a). 급성 독성 단위는 노출기간 끝에 급성 효과를 유발하는 폐수 농도의 역수로 정의된다.

$$TU_a = 100/LC_{50} \tag{2-67}$$

만성 독성 단위(TU_c). 만성 독성 단위는 만성 노출기간 끝에 측정한 효과가 대조군과 다르지 않은 유출수 농도의 역수로 정의된다.

$$TU_c = 100/NOEC \tag{2-68}$$

여기서 NOEC: 어떠한 영향도 관찰되지 않은 유출수 농도 중에서 최고 농도

독성 시험 결과의 용도에 따라 환경으로 배출되는 유출수의 적합성 평가를 위한 기초로 다양한 수치 값이 TU_a와 TU_c에 사용되었다. 예를 들어 급성 독성으로부터 보호하기 위해 최대수용독성농도의 값이 $0.3 \times TU_c$보다 작아야 한다고 제안되었다. 제한 값은 지역에 따라 다르기 때문에 독성 결과를 적용할 때에는 현재 규제 기준을 고려하여야 한다. 독성 시험 결과의 적용을 예제 2-14에 나타내었다.

예제 2-14

독성 시험 결과의 적용 100:1의 초기 희석률로 해양수역에 방류된 유출수에 대해 독성 시험을 실시하였다. 독성 시험은 3종의 해양생물을 사용하여 폐수처리장 유출수를 대상으로 실시하였다. 아래에 주어진 급성과 만성 독성 시험 결과 *Champia parvula*는 EC_{50} 측정 결과 급성 독성에 가장 민감했으며(유출수 25%) NOEC 결과 만성 독성에도 가장 민감했다(유출수 1%). 급성 독성 및 만성 독성 기준에 적합함을 분석하라. 수생환경보호를 위한 급성 및 만성 독성 기준은 10 TU_a, 1.0 TU_c이다.

급성 독성 시험 결과

종	통제노출시간, h	생존 %	유출수 %	
			LC_{50} 또는 EC_{50}[a]	NOEC
Mysidopis bahia	96	100	18.66	10.0
Cyprinodon variegatus	96	100	>100	50.0
Champia parvula	48/168	100	2.59	12.25

[a] EC_{50} 결과는 아포상생성의 감소를 바탕으로 얻어졌다.

만성 독성 시험 결과

종	통제노출시간, 일	생존, %	유출수 %	
			NOEC	LOEC
Mysidopis bahia	7	82	6.0	10.0
Cyprinodon variegatus	7	98.8	15.0	>15.0
Champia parvula	7	100	1.0	2.25

풀이

1. 급성 독성 조건과 일치함을 분석하라.
   a. 가장 민감한 생물종을 시험한 데이터에 근거하여, 급성 독성 단위값(TU_a)을 식 (2-67)을 이용하여 구한다.

   $TU_a = 100/LC_{50} = 100/2.59 = 38.6$

   b. 초기 희석률 100:1에 의한 TU_a 값은

   $TU_a/100 = 38.6/100 = 0.386\ TU_{ad}$(희석 후)

   희석 후 $0.386\ TU_{ad} < 10\ TU_a$이므로 급성 독성 조건에 맞다.

2. 만성 독성 조건과 일치함을 분석하라.
   a. 가장 민감한 생물종을 시험한 데이터에 근거하여, 만성 독성 단위값(TU_c)을 식 (2-68)을 이용하여 구한다.

   $TU_c = 100/NOEC = 100/1.0 = 100$

   b. 초기 희석률 100:1에 의한 TU_c 값은

   $TU_c = 100/100 = 1.0\ Tu_{cd}$ (희석 후)

   희석 후 $1.0\ TU_{cd} = 1.0\ TU_c$이므로 만성 독성 조건에 맞다.

요약하자면, 총 유출수 독성 시험(whole-effluent toxicity testing)에는 몇 가지 장점이 있다. 이 시험은 독성물질의 생물이용가능성(bioavailability)이 측정되고 상승적 상호작용의 영향도 고려된다. 폐수 유출수의 모든 복합적 독성이 조사되기 때문에 독성 효과

표 2-31
하수 시료를 분류하는 데 사용되는 분리 기술 설명[a]

분리 기술	설명
부유고형물의 여과	여과는 독성이 시료의 용해성 또는 부유성 부분에 관려되어 있는지 확인하기 위해 수행된다. 보통 초순수로 세척된 1.0 μm 유리섬유 여과지를 이용한다. 불용성 물질은 다시 물에 재분산하여 제거된 독성이 필터 흡착에 의하지 않고 여과에 의해 제거되게 한다.
콜로이드 물질의 여과	콜로이드 물질의 독성 여부를 확인하기 위해 0.1 μm 여과지를 사용한다.
이온교환	무기성 독성은 독성 무기물질이나 이온을 제거하기 위하여 양이온과 음이온 교환수지를 이용함으로써 조사된다.
분자량 분류	유입수의 분자량 분포와 각 분자량 범위의 독성을 평가하여 의심이 되는 성분을 좁힐 수 있다.
생분해성 시험	실험실에서 처리수 시료의 생물학적 처리는 생분해성 유기물을 완전히 산화시킬 수 있다. 생물을 이용한 분석은 생물학적 처리에 의한 독성의 감소뿐 아니라 생물학적 난분해성 물질과 관련된 독성을 정량화할 수 있다.
산화제 환원	공정에서 넘어오는 잔류 화학적 산화제(예: 소독에 사용된 염소와 클로라민, 슬러지 개량에 사용된 오존과 과산화수소)는 생물에 독성을 줄 수 있다. Sodium thiosulfate와 같은 것을 이용하여 이러한 산화제를 간단한 회분실험으로 환원시키는 것은 잔류 산화제의 독성을 평가하는 데 이용된다.
금속 킬레이션	모든 양이온성 금속(수은 제외) 독성의 합은 다양한 농도의 EDTA를 사용하여 독성의 변화를 평가함으로써 시료의 chelation을 통해 조사할 수 있다.
공기 탈기	산, 중성, 염기성 pH에서 회분식 탈기 모든 휘발성 물질을 제거할 수 있다. 염기 pH에서 암모니아 역시 제거된다. 만약에 휘발성 유기물과 암모니아가 모두 독성으로 의심되면 제올라이트에 의한 이온교환과 같은 대체방법을 이용하여야 한다(주: 암모니아는 비이온화 상태에서 독성이 있으므로 암모니아의 독성은 pH에 크게 좌우된다.
수지 흡착과 용매 추출	특정 비극성 유기물은 수지흡착이나 용매 추출을 통해 때로는 독성으로 밝혀진다. 시료가 긴 사슬 유기수지에 흡착되고 나중에 용매에 의해 추출되어 시료의 독성이 bioassay에 의해 결정된다.

[a] Eckenfelder(2000)

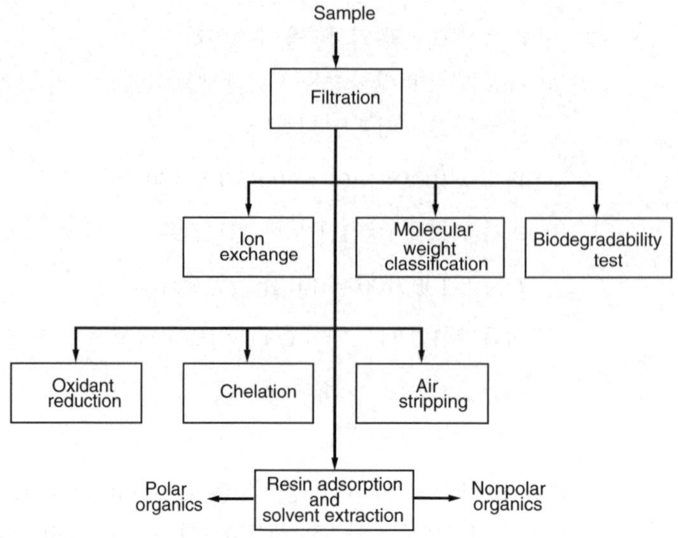

그림 2-38

폐수 시료를 분별하는 데 사용할 수 있는 분리 기술

는 유출수 독성이라는 하나의 변수에 의해 제한된다. 현재의 집수관리 전략이 지역별 수질기준에 기초하고 있기 때문에 독성 시험은 대표적이고 민감한 종을 보호하기 위해 마련된 지역별 수질기준에 따른 유출수 독성과 수생환경을 보호하기 위한 배출 기준의 설정을 비교할 수 있다.

》 독성 성분의 확인

독성 시험은 독성의 근원을 결정하며 특히 산업폐수 유출수에 대한 중요한 시험이다. 예를 들어 독성이 부유물질, 콜로이드성 고형물, 긴 혹은 짧은 사슬 용존 유기물질 또는 용존 무기물질에 의한 것인지 결정한다. 독성의 근원을 결정하기 위해 시료를 다른 성분으로부터 분리하여 독성 시험을 하여야 한다. 폐수 시료를 분리하는 데 사용되는 다양한 방법은 그림 2-38과 표 2-31에 나타나 있다.

문제 및 토의과제

2-1 다음은 3차 처리된 폐수의 유출수를 시료로 얻은 실험결과이다. 하나의 시료에 대하여 분석의 정확도를 검토하라(강사가 선택). 중요한 성분이 빠졌다고 생각되는가? 만약 그렇다면 음이온인가, 양이온인가?

	농도, mg/L				농도, mg/L		
	폐수 시료 번호				폐수 시료 번호		
양이온	1	2	3	음이온	1	2	3
Ca^{2+}	121.3	76.0	190.2	HCO_3^-	280.0	128.2	260.0
Mg^{2+}	36.2	27.2	84.1	SO_4^{2-}	116.0	240.0	64.0
Na^+	8.1	22.9	75.2	Cl^-	61.0	37.2	440.4
K^+	12.0	18.7	5.1	NO_3^-	15.6	2.0	35.1
Fe^{2+}	–	2.1	0.2	CO_3^{2-}	–	–	30.0

2-2 다음의 처리된 폐수의 유출수 중 하나에 대한 Ca^{2+}, Mg^{2+}, SO_4^{2-}의 몰분율을 결정하라.

	농도, mg/L				농도, mg/L		
	폐수 시료 번호				폐수 시료 번호		
양이온	1	2	3	음이온	1	2	3
Ca^{2+}	206.6	161.4	226.1	HCO_3^-	525.4	438.7	476.6
Mg^{2+}	95.3	47.5	62.1	SO_4^{2-}	219.0	153.2	483.2
Na^+	82.3	71.4	46.2	Cl^-	303.8	163.8	20.6
K^+	5.9	2.2	3.5	NO_3^-	19.2	8.1	9.3
Fe^{2+}			3.1	CO_3^{2-}			

2-3 문제 2-1 또는 문제 2-2에서 폐수 중 한 시료 성분의 이온 강도 및 활동도 계수와 활동도를 계산하라(강사가 선택).

2-4 식 (2-11)를 사용하여 문제 2-1 또는 문제 2-2(강사가 선택)에서 폐수 중 한 시료 성분에 대한 TDS를 계산하고 각각의 이온에 대한 질량의 총합을 구하라. 계산된 값을 비교하라.

2-5 다음 수식을 적절히 변형하여 폐수 중의 한 시료에 대한 총 고형물과 휘발성 고형물의 농도를 결정하여 mg/L로 표현하여라(강사가 선택).

$$\text{TS} = \frac{\left[\begin{pmatrix}\text{mass of evaporating}\\ \text{dish plus residue, g}\end{pmatrix} - \begin{pmatrix}\text{mass of evaporating}\\ \text{dish, g}\end{pmatrix}\right]\left(\dfrac{10^3\text{ mg}}{\text{g}}\right)}{\text{sample size, L}}$$

		무게, g			
		시료 번호			
항목	단위	1	2	3	4
시료 크기	mL	90	100	120	200
증발접시 무게	g	22.6435	22.6445	22.6550	22.6445
105°C에서 증발 후 잔류물과 증발접시의 무게	g	22.6783	22.6832	22.6995	22.6667
550°C에서 연소 후 잔류물과 증발접시의 무게	g	22.6768	22.6795	22.6832	22.6433

2-6 다음은 폐수처리장의 headworks에서 채수한 시료에서 얻은 실험 결과이다. 모든 실험은 50 mL 크기의 시료를 사용하여 실시하였다. 시료 중 하나에 대한 총 고형물 총 휘발성 고형물, 총 부유고형물, 휘발성 부유고형물 용존고형물의 농도를 결정하여라(강사에 의해 선택)(문제 2-5의 식 참조).

	무게, g			
	시료 번호			
항목	1	2	3	4
증발접시의 무게	53.5435	53.5434	53.5436	53.5433
105°C에서 증발 후 잔류물과 증발접시의 무게	53.5765	53.5693	53.5725	53.5793
550°C에서 연소 후 잔류물과 증발접시의 무게	53.5515	53.5489	53.5495	53.5523

	무게, g			
	시료 번호			
항목	1	2	3	4
Whatman GF/C 여과지의 무게	1.5433	1.5435	1.5436	1.5434
105°C 건조 후 Whatman GF/C 여과지와 잔류물의 무게의 합	1.5533	1.5521	1.5635	1.5541 (계속)
550°C 회화 후 Whatman GF/C 여과지와 잔류물의 무게의 합	1.5457	1.5455	1.5456	1.5457

2-7 생물학적 처리 후에 침전 처리된 유출수를 연속적으로 여과하여 얻은 결과를 다음과 같이 나타내었다. 이들 중 한 시료의 분포를 그래프로 나타내어라(강사가 선택). 여과지의 공극이 1.2 μm일 때 총 부유고형물(total suspended solids)과 총 콜로이드성 고형물(total colloidal solids)의 최대 오차를 결정하라. 0.1 μm인 것을 사용했을 때와 비교하시오.

	무게, mg/L			
공칭공극크기, μm	A	B	C	D
12	20.2	29.4	22.5	25.1
8	8.8	11.5	8.0	15.1
5	4.1	3.5	4.9	2.2
3	7.5	5.1	11.6	8.9
1	15.1	13.5	21.2	25.0
0.1	9.9	15.1	24.9	17.5

2-8 연산 채널로 설정된 입자 계수기를 사용하여 얻어진 아래의 입자크기 자료를 통해서 식 (2-16) 의 A와 β의 계수를 결정하라.

	입자 번호			
	시료 번호			
채널 크기, μm	1	2	3	4
1~2	27,000	3980	25,119	1000
2~5	9029	1690	4979	599
5~10	4050	450	561	199
10~15	1418	100	123	100
15~20	405	60	45	45
20~30	203	40	26	40
30~40	36	20	8	20
40~60	16	9		20
60~80	8	5		10
80~100	5	3		6
100~140	4	2		

2-9 시료에 노출되는 UV 조사의 평균 강도가 5, 10, 15 mW/cm^2(강사가 결정)일 경우에 조사강도를 패트리 접시의 물 표면에서 결정하라. 패트리 접시에서 물의 깊이는 8, 10, 12 mm(강사가 결정)이며 흡수율은 $k(\lambda = 254 \text{ nm})$이고 1.25 cm^{-1}과 같다고 가정한다.

2-10 문제 2-1의 하수 시료 중 하나에 대한 알칼리도(mg/L as $CaCO_3$)를 계산하시오.

2-11 표준 온도와 압력상태(STP)에서의 가스의 밀도가 0.68 g/L이라 가정하고 20°C에서 가스의 분자량을 구하시오.

2-12 암모니아가 95% 가스상태일 때의 pH는 얼마인가? 식 (2-40)을 적용하고 25°C에서 산이온화(해리) 상수는 얼마인가?

2-13 San Francisco(해수면), Taos, NM(해발고도 2,150 m), Denver, CO(해발고도 1,600 m), La Paz, Bolivia(해발고도 4,270 m)의 O_2, N_2 및 CO_2의 포화농도를 비교하시오(강사가 선택).

2-14 헨리의 법칙을 이용하여 0, 10, 20, 30, 40, 50°C의 온도에서 물에 녹아 있는 O_2, N_2, CO_2의 포화농도를 결정하고(강사가 선택), 온도에 따른 O_2, N_2, CO_2의 포화농도를 그리시오.

2-15 압력이 2, 2.5, 3일 때, 순 산소를 이용한 처리공정에서 수용액 중 산소의 평형농도를 결정하시오(강사가 선택). 이 문제의 해결을 위해 시스템에서 발생하는 임의의 반응은 무시한다. 폐수의 상부(head space)에 존재하는 가스의 조성은 80%의 O_2, 15%의 N_2, 5%의 CO_2로 가정하시오.

2-16 탄산수는 가스 압력 및 이산화탄소 함량을 증가시킴으로써 제조된다. 병의 총 가스압이 2기압일 때의 25°C에서 탄산수의 pH를 결정하여라. 탄산수의 상부(head space)에 존재하는 가스의 조성은 부피 기준으로 이산화탄소가 95%이다.

2-17 냄새 강도 측정은 세 가지 다른 희석배율 시료의 냄새에 의해 측정된다. 아래 자료를 사용하여 세 가지 냄새를 결정하라.

	희석 한계, O/T		
	시료		
n-butanol 냄새 강도, ppm_v	1	2	3
10,000	0	0	0
100	25	3.2	11
10	316	10.0	56
0	3160	32.0	265

2-18 25 mL의 하수처리수를 적합한 수준의 냄새로 낮추기 위해서는 175, 200, 225 mL 부피(부피는 강사가 설정)의 증류수(무취)가 필요하다. 이 경우 threshold odor number(TON)는 얼마인가? 이 값을 D/T (dilutions-to-threshold)로 표현하면 얼마인가? 냄새유발 화합물은 황화수로라고 가정하고 하수처리수내 황화수소의 농도를 구하라. 시료는 대기와 평형상태에 있다고 가정하고, 표 2-8의 자료를 사용하라.

2-19 하수처리장 하류지역의 주민으로부터 악취가 난다는 민원이 자주 들어와 해당지역의 Air Pollution Control District에서 그 지역의 하수관리기관에 경고하였다고 가정하자. 그러나 이 처리장의 상임 직원인 처리장관리 담당자는 아무런 문제가 없다고 반론하였다. 그는 지역 Air Pollution Control District에서 사용되는 것과 같은 휴대용 소형흡기희석 악취검출기(olfactometer)를 사용하여 처리장 경계지역에서 측정한 냄새의 농도가 항상 MDTOC까지 5배 희석이거나 5배 희석도 못되었다고 지적하였다. 그러나 실제로 이 처리장의 위치 및 풍향을 고려하여 이 하수처리장의 하류지역에서 냄새가 나는 일이 자주 있었다고 한다

면 이 차이는 무엇 때문이겠는가? 이 문제를 어떻게 객관적으로 해결할 수 있겠는가?

2-20 슬러지 탈수시설에서 악취가 적절히 조절되지 못하는 것이 분명해 악취조절 시스템을 조사하는 일을 맡았다고 하자. 하수관리기관의 주장에 의하면 이 시스템의 규정대로 운전되지 않는다고 한다. 이 시스템을 설치한 기술 계약회사는 규정이 부적당하다고 주장하고 있다. 조사하여 본 결과 이 기관에서는 악취조절 시스템 규격을 설정하기 위하여 유명한 악취 상담 기사를 채용하고 있다. 이 기사는 악취 측정에 ASTM Panel Method를 이용하며 시료 채취에 진공 유리 실린더를 사용하고 있다. 몇 번 측정을 한 다음 최대 측정치를 2배로 하여 기준지표(control system)로 정하고 있다. 이러한 방법으로 90% 악취 제거 필요량을 정하여 최종 악취 제거 목표 한계인 2.8×10^4 악취단위/min(공기 유량(m3/min)을 MDTOC에 대한 희석배수로 곱한 값)에 맞도록 하고 있다.
직독 악취검출기를 사용하여 측정한 결과 이 조절시스템은 악취의 99%를 제거하고 있으며, 제거속도가 10^6 악취단위/min일 때 최종악취 방출량은 10^6 악취단위/min이었다. 이러한 결과를 어떻게 설명할 수 있겠는가?

2-21 BOD 측정에서 폐수 6 mL을 용존산소 9.1 mg/L가 들어 있는 희석수 294 mL와 섞었다(BOD병의 총 부피는 300 mL). 20°C에서 5일 동안 배양한 결과, 이 혼합물의 용존산소 농도는 2.8 mg/L가 되었다. 이 폐수의 BOD를 계산하라. 폐수 중의 초기 DO 농도를 0이라고 가정하고 아래식에 적용한다.

$$\text{BOD, mg/L} = \frac{D_1 - D_2}{P}$$

D_1 = 희석 직후의 시료의 용존 산소, mg/L
D_2 = 20°C에서 5일 배양 후 희석된 시료의 용존 산소, mg/L
P = 총 부피에 대한 폐수 시료의 부피의 분율

2-22 문제 2-21을 아래 조건에 따라 풀어라. 모든 경우에서 BOD병의 전체 부피는 300 mL이다.
a. 시료량 8 mL, 희석수내 산소 9.0 mg/L, 20°C에서 7일 배양 후 혼합액의 산소 1.8 mg/L
b. 시료량 6 mL, 희석수내 산소 9.2 mg/L, 20°C에서 6일 배양 후 혼합액의 산소 1.65 mg/L
c. 시료량 6 mL, 희석수내 산소 8.9 mg/L, 20°C에서 4일 배양 후 혼합액의 산소 1.5 mg/L
d. 시료량 10 mL, 희석수내 산소 9.15 mg/L, 20°C에서 5일 배양 후 혼합액의 산소 1.42 mg/L

2-23 150 mg/L glutamic acid ($C_5H_{10}N_2O_3$)와 150 mg/L glucose ($C_6H_{12}O_6$) 혼합액의 UBOD와 BOD_5 (mg/L)를 계산하라. BOD_5의 1차반응속도 상수는 0.23 d^{-1}로 가정하라(base e).

2-24 20°C에서 폐수의 5일 BOD가 185, 200, 220 mg/L인 경우 최종BOD는 얼마인가? 10일간 요구량은? 15°C에서 병을 배양하고 1차반응속도 상수(k_1)가 0.23/d^{-1}(base e)인 경우 5일 BOD는 얼마인가?

2-25 폐수의 2일과 8일, 1일과 9일, 2일과 7일, 3일과 10일 BOD를 25°C에서 측정한 결과 각각 125 mg/L와 225 mg/L이었다. 1차반응이라는 가정에서 관련식을 사용하여 BOD_5를 구하여라(강사가 선택).

2-26 아래의 주어진 결과에 따라서, 하수 시료의 20°C에서의 최종 탄소성 산소요구량(carbonaceous oxygen demand), 질소성 산소요구량(nitrogenous oxygen demand), 탄소성 BOD 반응속도 상수(k)와 질소성 NOD 반응속도 상수(k_n)를 계산하라. 또한 25°C에서 $k(\theta = 1.05)$와 $k_n(\theta = 1.08)$을 계산하라.

시간, d	BOD, mg/L 시료 수 1	2	3	4
0	0	0	0	0
2	18	30	45	36
4	26	43	75	58
6	30	52	95	70
8	33	58	114	80
10	56	60	135	90
12	69	90	144	98
14	77	104	149	102
16	82	114	151	145
18	84	120	152	170
20	87	125	152	182
25	90	135	170	210
30	91.5	142	239	222
35	92.5	147	260	233
40	93	148	268	239
45	94	149	271	240
50	94.5	150	272	241

2-27 일차 탄소계 BOD 반응속도 상수가 20°C일 때 0.23/d, 30°C일 때 $0.28/d^{-1}$; 20°C일 때 0.22/d이고 12°C일 때 $0.15/d^{-1}$; 10°C일 때 0.15/d이고 20°C일 때 $0.30/d^{-1}$일 때(강사가 선택) 활성반응에너지를 추정하여라. 힌트: 예제 1-1 참조.

2-28 실험식 $C_9N_2H_6O_2$, $C_6N_2H_4O$, $C_{12}N_4H_6O_2$, $C_{10}N_2H_8O_2$로 표현되는 하수의 탄소성 및 질소성 산소요구량을 계산하여라. N은 제1단계에서 NH_3가 된다(강사가 선택).

2-29 5개의 다른 폐수시료에서 얻어진 아래의 자료를 이용해 폐수에 충분히 산소를 공급해 주었을 때 산소의 총량(mg/L)을 계산하라. 폐수의 COD와 ThOD는 얼마인가?(강사가 선택)

성분	단위	폐수시료 A	B	C	D	E
BOC	mg/L	400	375	225	185	325
k (base e)	d^{-1}	0.29	0.23	0.027	0.025	0.023
NH_3	mg/L	80	65	75	67	83

2-30 산업폐수가 글리신($C_2H_5O_2N$), 포도당($C_6H_{12}O_6$), 스테아르 산($C_{18}H_{36}O_2$)을 포함하는 것으로 알려져 있다. 다음은 4가지 시료에 대한 실험실 분석 결과이다. 시료들 중 하나에 대해 mg/L로 3가지 성분의 농도를 결정하라(강사가 선택). 몰수가 1보다 클 수 있도록 10^5 L로 답하라.

a. 유기질소 = 11 mg/L, 유기탄소 = 130 mg/L, COD = 425 mg/L이다. mg/L로 3가지 성분의 농도를 결정하라.

b. 유기질소 = 13 mg/L, 유기탄소 = 109 mg/L, COD = 440 mg/L이다. mg/L로 3가지

성분의 농도를 결정하라.

c. 유기질소 = 9 mg/L, 유기탄소 = 123 mg/L, COD = 625 mg/L이다. mg/L로 3가지 성분의 농도를 결정하라.

d. 유기질소 = 12 mg/L, 유기탄소 = 143 mg/L, COD = 425 mg/L이다. mg/L로 3가지 성분의 농도를 결정하라.

2-31 폐수시료의 COD가 300, 375, 450, 525 mg/L으로 밝혀지면 $Cr_2O_7^{-2}$은 몇 mg/L가 소모되겠는가?(강사가 선택)

2-32 음식물쓰레기의 화학 성분은 $C_{21.53}H_{34.21}O_{12.66}N_{1.00}S_{0.07}$이라면 COD를 기초로 에너지 함량을 추정한다. 건조 중량 기준으로 HHV(MJ/kg)을 COD를 기준으로 계산 결과를 나타내어라. 예제 2-12에서 음식물 쓰레기에 대해 계산된 에너지 함량을 폐수와 비교해 보아라. 얼마나 많은 에너지가 음식물 쓰레기에서 제거되었는가?

2-33 세균은 직경이 2×10^{-6} μm이고 밀도는 약 1 kg/L이다. 이상적인 조건하에서 세균은 매 30분마다 분리 증식한다. 이 조건이 계속될 때 72시간 안에 발생될 세균의 무게를 결정하라. 이 현상이 일어날 수 있는지 설명하라.

2-34 배설물에서 발견된 세균이 평균부피 2.0 μm^3였다면, 세균 밀도가 10^8 미생물/mL인 부유고형물의 농도를 계산하라. 세균의 밀도는 1.005 kg/L로 가정하라.

2-35 다음의 확률분포를 기초로 하는 결합 확률방정식을 이용하여 5개의 발효관으로 구성된 단일 시료를 기본으로 MPN을 계산하는 식을 유도한다. 시료의 양이 0.1 mL이고 3~5개의 발효관이 양성이면 MPN은 얼마인가?

$$y = 1/a[(1 - e^{-n\lambda})^p(e^{-n\lambda})^q]$$

여기서 y = 주어진 결과에 대한 발생확률

a = 주어진 조건에 대한 상수

n = 시료 크기, mL

λ = 대장균 밀도, 수/mL

p = 양성관의 수

q = 음성관의 수

2-36 시료인 7개의 유출수는 표준 확정시험을 사용하여 총 대장균을 분석하고 있다. 표준 MPN 표를 사용하여 7개 중 3개의 시료에 대해 대장균 밀도를 결정하고 MPN으로 표현하여라(강사가 선택). MPN표에 대한 Standard Methods는 가장 최근 판을 참조하라.

	양성 튜브/총 튜브						
	시료 번호						
분량, mL	1	2	3	4	5	6	7
100.0			5/5	5/5	5/5	5/5	5/5
10.0		4/5	4/5	5/5	5/5	5/5	5/5
1.0	4/5	5/5	5/5	5/5	5/5	5/5	5/5
0.1	3/5	3/5	3/5	2/5	1/5	2/5	5/5
0.01	1/5	2/5	2/5	3/5	2/5	2/5	5/5
0.001					0/5	1/5	1/5

2-37 지표 미생물로서 대장균과 연쇄상 구균 시험법을 이용할 때의 장점과 단점을 설명하라. 최소 3개의 참고문헌을 인용하라.

2-38 MS-2를 사용한 대장균파지 바이러스 실험은 시료의 희석 역가를 결정하기 위해 수행되었다. 시험기간 동안 각 희석액 1 mL는 각 접시에 추가되었다. 플라크 계수 결과는 아래 표와 같다. 결과에 기초하여 희석되지 않은 시료의 배양 역가를 계산하여라.

	수/접시				
	시료				
희석	원수	Dup. 1	Dup. 2	Dup. 3	Dup. 4
10^{-7}	FP[a]	FP	FP	FP	FP
10^{-8}	TNTC[b]	TNTC	TNTC	TNTC	TNTC
10^{-9}	120	110	116	TNTC	123
10^{-10}	60	51	38	43	56
10^{-11}	1	2	0	1	1

[a] FP = full plaque on plate.

[b] TNTC = too numerous to count.

2-39 독성 실험 결과가 아래와 같을 때, 48시간과 96시간 LC_{50} 값을 결정하여라.

		생존 시험동물 수	
하수 농도 % 부피	시험동물의 수	48시간	96시간
80	20	17	20
60	20	13	20
40	20	10	15
20	20	6	13
10	20	3	9
5	20	1	4
2	20	0	2

2-40 독성 실험 결과가 아래와 같을 때, 48시간과 96시간 LC_{50} 값을 결정하여라.

		생존 시험동물 수		
폐수 농도 % 부피	시험동물의 수	24시간	48시간	96시간
12	20	8	2	0
10	20	10	5	0
8	20	13	8	1
6	20	16	11	3
4	20	20	16	6
2	20	20	20	14

참고문헌

Agus, E., M. H. Lim, L. Zhang, and D. L. Sedlak (2011) "Odorous Compounds in Municipal Wastewater Effluent and Potable Water Reuse Systems," *Environ. Sci. Technol.,* **45**, 21, 9347–9355.

Asano, T., F. L. Burton, H. L. Leverenz, R. Tsuchihashi, and G. Tchobanoglous (2007) *Water Reuse: Issues, Technologies, and Applications,* McGraw-Hill, New York.

ASCE (1989) Sulfide in Wastewater Collection and Treatment Systems, Manual of Practice No. 69, *American Society of Civil Engineers,* New York.

ASTM (2004) Standard Practice for the Determination of Odor and Taste Thresholds by the Forced-Choice Ascending Concentration Series Method of Limits, *American Society for Testing and Materials,* E679, Philadelphia, PA.

Balmat, J. L. (1957) "Biochemical Oxidation of Various Particulate Fractions of Sewage," *Sewage and Industrial Wastes,* **29**, 7, 757–761.

Bastian, R. K. (2011) CWEA One-Day Specialty Workshop, *Dioxin and Radiation in Biosolids,* California Water Environment Association.

Barnebey-Cheney (1987) Scentomerter: An Instrument for Field Odor Measurement, Bulletin T-748, Activated Carbon and Air Purification Equipment Company, Columbus, OH.

Belay, E. D., and L.B. Schonberger (2005) "The Public Health Impact of Prion Diseases," *Annu. Rev. Public Health,* **26**, 191–212.

Channiwala, S. A. (1992) *On Biomass Gasification Process and Technology Development-Some Analytical and Experimental Investigations,* Ph.D. Thesis, Indian Institute of Technology, Department of Mechanical Engineering, Bombay (Munbai), India.

Channiwala S. A., and P.P. Parikh (2002) "A Unified Correlation for Estimating HHV of Solid, Liquid and Gaseous Fuels," *Fuel,* **81**, 8, 1051–1063.

Cooper, R. C. (2012) Personal Communication, Bio Vir Laboratories, Benicia, CA.

Craun, G. F., P. S. Berger, and R. L. Calderon (1997) Coliform Bacteria and Waterborne Disease Outbreaks, *J. AWWA,* **89**, 3, 96–104.

Crittenden, J. C., R. R. Trussell, D.W. Hand, K. J. Howe, and G. Tchobanoglous (2012) *Water Treatment: Principles and Design,* 3rd ed., John Wiley & Sons, Inc, New York.

Crompton, D. W. T (1999) "How Much Human Helminthias Is There in The World?" *J. Parasitol.,* **85**, 379–403.

Crook, J. (1998) "Water Reclamation And Reuse Criteria," Chap. 7, in T. Asano (ed.) *Wastewater Reclamation and Reuse,* Technomic Publishing Co., Ltd. Lancaster, PA.

Davies, C. W. (1962) *Ion Association,* Butterworth and Company, Ltd, London.

Eckenfelder, W. W., Jr. (2000) *Industrial Water Pollution Control,* 3rd ed., McGraw Hill, Boston, MA.

Eldridge, E. F. (1942) *Industrial Waste Treatment Practice,* McGraw-Hill Book Company, Inc., New York.

Feachem, R. G., D. J. Bradley, H. Garelick, and D. D. Mara (1983) *Sanitation And Disease: Health Aspects of Excreta and Wastewater Management,* Published for the World Bank by John Wiley & Sons, New York.

Federal Register (November 19, 1982) 47 FR, 52304.

Fujimoto, Y. (1961) "Graphical Use of First-Stage BOD Equation," *J. WPCF,* **36**, 1, 112–121.

Green, D. M., and J. A. Swets (1966) Signal Detection Theory and Psychophysics, John Wiley & Sons, Inc., Oxford, England.

Gu, A. Z., L. Liu, J. B. Neethling, H. D. Stensel, and S. Murthy (2011) "Treatability and Fate of Various Phosphorus Fractions in Different Wastewater Treatment Processes" *Water Sci. Technol.,* **63**, 4, 804–810.

Hach (1997) *Hach Water Analysis Book,* 3rd ed., Loveland, CO.

Haizhou, L., J. Jeong, H. Gray, S. Smith, and D.L. Sedlak (2012) "Algal Uptake of Hydrophobic and Hydrophilic Dissolved Organic Nitrogen in Effluent from Biological Nutrient Removal Municipal Wastewater Treatment Systems." *Environ. Sci. Technol.* **46**, 2, 713–721.

Hill, M.J. (1988) *Nitrosomines, Toxicology and Microbiology,* Ellis Horwood Publishing, England.

Hoover, S. R., and N. Porges (1952) Assimilation of Dairy Wastes by Activated Sludge II: The Equation of Synthesis and Oxygen Utilization, *Sewage and Industrial Wastes,* **24**, 262–270.

Hu, Z. (2010) *Impact of Silver Nanoparticles on Wastewater Treatment,* WERF Report U3R07, Washington, DC.

Hughes, W. W. (1996) *Essentials of Environmental Toxicology,* Taylor & Francis, Philadelphia, PA.

Ingraham, J. L., and C.A. Ingraham (1995) Introduction to Microbiology, Wadsworth Publishing Company, Belmont, CA.

Johnson, C. J., D. McKenzie, J. A. Pedersen, and J. M. Aiken (2011). "Meat and Bone Meal and Mineral Feed Additives May Increase The Risk Of Oral Prion Disease Transmission," *J. Toxicol. Environ. Health,* **74**, 161–166.

Khuroo, M. S. (1996) *Ascariasis, Gasteroenteriology Clinics of North America,* **25**, 3, 553–577.

Kirchmayr, R. H. E. Reichl, H. Schildorfer, R. Braun, and R.A. Somerville (2006) "Prion Protein: Detection in 'Spiked' Anaerobic Sludge And Degradation Experiments Under Anaerobic Conditions," *Water Sci. Technol.,* **53**, 8, 91–98.

Levine, A. D., G. Tchobanoglous, and T. Asano (1985) "Characterization of the Size Distribution of Contaminants in Wastewater: Treatment and Reuse Implications," *J. WPCF,* **57**, 7, 205–216.

Levine, A. D., G. Tchobanoglous, and T. Asano (1991) "Size Distributions of Particulate Contaminants in Wastewater and Their Impact on Treatability," *Water Res.,* **25**, 8, 911–922.

Levins, R., T. Awerbuch, U. Brinkmann, I. Eckardt, P. Epstein, N. Makhoul, C. Albuquerque de Possas, C. Puccia, A. Spielman, and M. F. Wilson (1994) "The Emergence of New Diseases: Lessons Learned From the Emergence of New Diseases and the Resurgence of Old Ones May Help Us Prepare for Future Epidemics," *Am. Scientist,* **82**, 53–60.

Li, B., and M. T. Brett (2012) "The Impact of Alum Based Advanced Nutrient Removal Processes on Phosphorus Bioavailability," *Water Res.* **46**, 837–844.

Madigan, M. T., J. M. Martinko, P.V. Dunlap, and D. P. Clark (2009) *Brock Biology of Microorganisms,* 12th ed., Pearson Benjamin Cummings, San Francisco, CA.

Maier, R. M., I. L. Pepper, and C.P. Gerba (2009) *Environmental Microbiology,* 2nd ed., Academic Press, Elsevier, Amsterdam.

Makinia, J., K. Pagilla, K. Czerwionka, and H. D. Stensel (2011) "Modeling Organic Nitrogen Conversions in Activated Sludge Bioreactors," *Water Sci. Technol.,* **63**, 7, 1418–1426.

Malcolm Pirnie, Inc. (2008) *Final Report Radionuclide Risk Assessment Analysis Report, Appendix E Treatment Technology Feasibility Evaluation,* Colorado Radionuclide Abatement and Disposal Strategy (CO-RADS), Denver, CO.

McMurry, J., and R. C. Fay (2011) *Chemistry,* 6th ed., Prentice Hall, Upper Saddle River, NJ.

Moore, E. W., H. A. Thomas, and W. B. Snow (1950) "Simplified Method for Analysis of BOD Data," *Sewage and Industrial Wastes,* **22**, 10, 1343–1355.

Nelson, K. (2011) Personal communication, Department of Civil and Environmental Engineering, University of California, Berkeley, CA.

Patterson, R. G., R. C. Jain, and S. Robinson (1984) "Odor Controls for Sewage Treatment Facilities," Presented at the 77th Annual Meeting of the Air Pollution Control Association, San Francisco, CA.

Pepper, I. L., C. P. Gerba, and M. L. Brusseau (eds) (1996) *Pollution Science,* Academic Press, San Diego, CA.

Phelps, E. B. (1944) *Stream Sanitation*, John Wiley & Sons, New York.

Roberts, L. S., and J. Janovy, Jr. (1996) *Foundations of Parasitology,* 5th ed, WCB, Wm. C. Brown Publishers, Dubuque, IA.

Rose, J. B., and C. P. Gerba (1991) "Assessing Potential Health Risks From Viruses and Parasites in Reclaimed Water in Arizona and Florida, USA," *Water Sci Technol.,* **23**, 2091–2098.

Russell, L. L. (1976) *Chemical Aspects of Groundwater Recharge With Wastewaters,* Ph.D Thesis, University of California, Berkeley, CA.

Sawyer, C. N., P. L. McCarty, and G. F. Parkin (2003) *Chemistry For Environmental Engineering,* 5th ed., McGraw-Hill, Inc., New York, NY.

SCENIHR (2006) *The Appropriateness of Existing Methodologies To Assess The Potential Risks Associated With Engineered and Adventitious Products of Nanotechnologies,* Scientific Committee on Emerging and Newly Identified Health Risks, European Commission, Health & Consumer Protection Directorate-General.

Schroepfer, G. J., M. L. Robins, and R. H. Susag (1964) "The Research Program on the Mississippi River in the Vicinity of Minneapolis and St. Paul," Advances in Water Pollution Research, vol.1, Pergamon, London.

Sheehy, J. P., (1960) "Rapid Methods for Solving Monomolecular Equations," *J. WPCF,* **32**, 6, 646–652.

Shizas, I., and D. M. Bagley (2004) "Experimental Determination of Energy Content of Unknown Organics in Municipal Wastewater Streams," *J. Energy Eng.,* **130**, 2, 45–53.

Smith, T. (1893) "A New Method for Determining Quantitatively the Pollution of Water by Fecal Bacteria," 712–722 in *Thirteenth Annual Report*, New York State Board of Health, Albany, NY.

Snyder, C. H., (1995) *The Extraordinary Chemistry of Ordinary Things,* 2nd ed., John Wiley & Sons, Inc., New York.

Standard Methods (1905) *Standard Methods for Water Analysis,* The American Public Health Association, Chicago, IL.

Standard Methods (2012) *Standard Methods for the Examination of Water and Waste Water,* 22nd ed., prepared and published jointly by The American Public Health Association, American Water Works Association, and Water Environment Federation, Washington, DC.

Stanier, R. Y., J. L. Ingraham, M. L. Wheelis, and P. R. Painter (1986) *The Microbial World,* 5th ed., Prentice-Hall, Englewood Cliffs, NJ.

Stephen, C. E. (1982) Methods for Calculating an LC 50, In F. L. Mayer and J. L. Hamelink (eds) *Aquatic Toxicology and Hazard Evaluation,* ASTM STP 634, American Society for Testing and Materials, 65–84, Philadelphia, PA.

St. Croix Sensory (2006) *Nasal Ranger® Field Olfactometer Technical Specifications and Operations Guide,* St. Croix Sensory, Inc., Stillwater, MN.

Tchobanoglous, G. (1995) "Particle-Size Characterization: The Next Frontier," *J. Environ. Eng. Div., ASCE,* **121**, 12, 844–845.

Tchobanoglous, G. and F. L. Burton (1991) *Wastewater Engineering: Treatment, Disposal, and Reuse,* 3rd ed., Metcalf and Eddy, McGraw-Hill, New York.

Tchobanoglous, G., F.L. Burton, and H.D. Stensel (2003) *Wastewater Engineering: Treatment and Reuse,* 4th ed., Metcalf and Eddy, Inc., McGraw-Hill Book Company, New York.

Thomas, H. A., Jr. (1942) "Bacterial Densities From Fermentation Tube Tests," *J. AWWA,* **34**, 4, 572–576.

Thomas, H. A., Jr. (1950) "Graphical Determination of BOD Curve Constants," *Water & Sewage Works,* 97, 123–124.

Trussell, R. R., and C. H. Tate (1979) "Measurement of Particle Size in Water Treatment," in *Proceedings Advances In Laboratory Techniques for Water Quality Control,* AWWA, Philadelphia, PA.

Tsivoglou, E. C. (1958) *Oxygen Relationships in Streams,* Robert A. Taft Sanitary Engineering Center, Technical Report W-58-2, Cincinnati, OH.

U.S. EPA (1977) *National Interim Primary Drinking Water Regulations,* EPA-570/9-76-003, U.S. Environmental Protection Agency, Washington, DC.

U.S. EPA (1985a) *Odor Control and Corrosion Control in Sanitary Sewerage Systems and Treatment Plants,* Design Manaual, EPA-625/1-85-018, U.S. Environmental Protection Agency, Washington, DC.

U.S. EPA (1985b) *Methods for Measuring the Acute Toxicity of Effluents to Freshwater and Marine Organisms,* U.S. EPA Environmental Monitoring and Support Laboratory, EPA-600/4-85/013, U.S. Environmental Protection Agency, Cincinnati, OH.

U.S. EPA (1985c) *Technical Support Document for Water Quality-Based Toxics Control,* U.S. EPA Office of Water, U.S. Environmental Protection Agency, Washington, DC.

U.S. EPA (1985d) *Short Term Methods for Estimating Chronic Toxicity of Effluents and Receiving Waters to Freshwater Organisms,* EPA-660/4-85/014, U.S. Environmental Protection Agency, Washington, DC.

U.S. EPA (1985e) *User's Guide to the Conduct and Interpretation of Complex Effluent Toxicity Tests at Estuarine/Marine Sites,* EPA-600/X-86/224, U.S. Environmental Protection Agency, Washington, DC.

U.S. EPA (1988) *Short Term Methods for Estimating the Chronic Toxicity of Effluents and Receiving Waters to Marine and Estuarine Organisms,* EPA-600/4-88/028, U.S. Environmental Protection Agency, Washington, DC.

U.S. EPA (1989) *Short Term Methods for Estimating Chronic Toxicity of Effluents and Receiving Waters to Freshwater Organisms,* EPA-660/2nd. ed., U.S. Environmental Protection Agency, Washington, DC.

U.S. EPA (2008) *Inventory of U.S. Greenhouse Gas Emissions and Sinks: 1990–2006,* EPA 430-R-08-005, U.S. Environmental Protection Agency, Washington, DC.

USGS (2000) *National Reconnaissance of Emerging Contaminants in the Nations Stream Waters,* U.S. Geological Survey, Washington, DC. http://toxics.usgs.gov/regional/contaminants.html.

Voyles, B. A. (1993) *The Biology Of Viruses*, Mosby, St. Louis, MO.

Wainwright, T. (1986) The Chemistry of Nitrosamine Formation: Relevance to Malting and Brewing. *J. Institute of Brewing,* **92**, 49–64.

WDOH (1997) *The Presence of Radionuclides in Sewage Sludge and Their Effect on Human Health,* WDOH/320-013, Washington State Department of Health, Division of Radiation Protection, Olympia, WA.

West, P. M., and F. R. Olds (1992) "Clinical Schistosomiasis," *R. I. Medical Journal,* **75**, 179–186.

Woese C, O. Kandler, and M. Wheelis (1990) "Towards a Natural System of Organisms: Proposal for the Domains Archaea, Bacteria, and Eucarya," *Proc. Natl. Acad. Sci. USA,* **87**, 12, 4576–4579.

Young, J. C. (1973) "Chemical Methods for Nitrification Control," *J. WPCF*, **45**, 4, 637–646.

Young, J. C., and E. R. Baumann (1976a) "The Electrolytic Respirometer - I: Factors Affecting Oxygen Uptake Measurements," *Water Res.,* **10**, 11, 1031–1040.

Young, J. C., and E. R. Baumann (1976b) "The Electrolytic Respirometer - II: Use in Water Pollution Control Plant Laboratories," *Water Res,*, **10**, 12, 1141–1149.

Young, J. C., C-F. Chiang, and I. S. Kim, (2003) "Short-Term BOD Methods are Now Possible," *Proc. WEFTEC 2003,* Water Environment Federation, Alexandria, VA.

Young, J. C. and R. M. Cowan (2004) *Respirometry for Environmental Science and Engineering,* SJ Enterprises, Springdale, AR.

Zanoni, A. E., and D. L. Mueller (1982) "Calorific Value of Wastewater Plant Sludges," *J. Environ. Eng. Div., ASCE,* **108**, EE1, 187–195.

WASTEWATER ENGINEERING Treatment and Resource Recovery

03 폐수 유량 및 성분 부하량

Wastewater Flowrates and Constituent Loadings

용어정의

용어	정의
합류식 관거 월류수 (combined sewer overflow, CSO)	합류식 관로에서 계획된 양 이상의 강우수가 유입될 때, 하수처리시설 등을 보호하기 위해 전단에서 과량의 하수를 미리 제거해 주는 시설
합류식 관거 시스템 (combined sewer system)	오수와 우수가 같은 관로를 통해 차집되어 집수시설로 유입되는 관로 시스템
지연유입수(delayed inflow)	집수시설을 통해 배출되기까지 시간이 지체되는 우수
직접유입수(direct inflow)	우수가 하수집수시설에 직접 연결된 형태로, 강우 후 거의 즉시 하수량을 증가시키는 형태의 유입수
생활하수(domestic wastewater)	주거지역, 상업지역, 공공시설지역 및 침투수를 포함하여 발생하는 하수
누수(exfiltration)	관의 파손, 관접합부의 오접, 파손, 맨홀벽등의 파손을 통해 집수시설에서 외부로 나가는 오수
유량 균등(flow equalization)	저장조, 균등조를 이용하여 유량변화를 최소화하도록 하는 것
산업폐수(industrial wastewater)	하수를 제외한, 주로 공장지역에서 발생하는 오수
침투수(infiltration)	연결부나 파손된 관, 관접합부, 맨홀벽 등을 통해 집수시설로 들오는 물
유입수(inflow)	지붕 물받이, 정원 및 마당의 배수구, 맨홀 뚜껑, 우수관로와 집수관로의 교차 연결부 그리고 집수시설 등을 통해 하수집수시설로 유입되는 물
순간첨두 유량 (instantaneous peak flowrate)	기계를 통해 측정된 기록 중 가장 높은 유량, 대부분의 경우, 기계가 가진 한계로 인해 실제 값보다 낮음
물질부하율(mass loading rate)	유량과 물질농도와의 곱
첨두인자(peaking factor)	평균 유량과 첨두 유량의 비율
오수관거 월류수 (sanitary sewer overflow, SSO)	과량의 오수유입, 막힘, 역류 등으로 인해 관로외부로 누출되는 하수
오수관거 시스템 (sanitary sewer system)	하수가 독립적으로 집수되어 이송되는 하수관로 시스템
상시 유입수(steady inflow)	지하실, 기초 배수구, 냉각수 배출구, 샘이나 습지의 배수구 등에서 배출되는 물. 이러한 유형의 유입수는 지속적이며, 침투수와 같이 인식되고 측정된다.
우수(stormwater)	강우, 혹은 녹은 눈으로 발생하는 물
지속유량(sustained flowrates)	일년 중 일정기간 지속되는 유량
지속물질부하 (sustained mass loadings)	일정기간(시간, 일, 월) 동안 지속되는 물질부하

하수량과 성분물질의 부하량을 산정하는 것은 하수처리시설을 설계하거나 기존 시설을 개량 또는 새로운 기술을 적용함에 있어 가장 기본적인 단계이다. 현재 및 장래 유량에 대한 믿을 만한 자료가 있어야만 처리장의 구성시설들에 대한 수리적 특성, 크기, 운영 등을 제대로 고려할 수가 있다. 성분 농도와 유량으로부터 얻어지는 성분물질 부하는 처리시설 및 보조장비(처리목표 달성을 위해 필요함)의 용량과 운영특성을 결정할 때 반드시 필요하다.

이 장에서 언급한 설계 및 계획에 필요한 중요 인자 및 주제는 (1) 폐수 발생원 및 유량, (2) 폐수 유량에 대한 집수 시스템의 영향, (3) 유량 자료의 분석, (4) 폐수내 오염물질 분석, (5) 오염물 농도, 질량부하율 자료의 분석, (6) 설계 유량 및 물질 부하율 산정률 (7) 유량 균등화이다.

3-1 폐수 발생원 및 유량

1장에서 다룬 바와 같이 폐수 흐름을 발생원에 따라 구분하면 다음과 같다.

가정하수(*domestic wastewater*, 또는 **오수**; *sanitary wastewater*): 주택과 상업용, 공공용, 또는 이와 유사한 시설에서 배출되는 하수

산업폐수(*industrial wastewater*): 산업폐기물이 주가되는 하수

침투수/유입수(*infiltration/inflow*, *I/I*): 직, 간접으로 집수시설로 들어오는 물. 침투수는 접합부분의 누설, 갈라진 틈, 파쇄된 곳 혹은 다공성 벽을 통하여 집수시설로 들어오는 별도의 물이다. 유입수는 우수관거 연결부, 지붕 홈통, 기초 배수구 및 지하실 배수구 혹은 맨홀뚜껑 등을 통해 집수시설로 들어오는 우수이다.

우수(*stormwater*): 강우와 녹은 강설로 인한 유출수

다양한 주거지역, 상업지역, 공장지역 등에서 유입되는 폐수 유량의 산정을 위한 자료들이 본 장에서 제시될 것이다. 또한 집수 시스템의 유량 변동 기여부분도 본 장에서 다뤄질 예정이다.

» 도시의 물 사용

폐수의 발생원을 살펴보기 위해서는 도시내 물 사용을 간단하게 살펴보는 것이 도움이 된다. 도시내 물 사용은 표 3-1과 같은 몇 개의 범주로 구분이 가능하다. 생활하수는 개인주택 및 아파트 등에서 음용, 요리, 빨래, 목욕 및 화장실용수 등으로 사용되는 물과, 거주공간 밖에서 관개수, 세차 및 야외활동을 위해 사용되는 물의 합으로 나타난다.

상업 및 산업용 물 사용은 상업지역이나 공단지역에서 사용할 목적으로 이용된다. 소규모 주거지역, 상업지역 및 산업지역의 경우 일일 물 사용량은 40 L에 지나지 않지만, 도시에 위치한 공단지역은 약 400 L까지 높아지기도 한다. 공공목적의 물 사용은 공원용수, 공공건물용수, 학교, 병원, 교회 및 도로청소 등을 포함한다. 물공급 시스템에서의 누수, 미터기 고장, 불법 관망 및 기타 파악되지 않은 물 사용은 손실, 혹은 폐수로 계산된

표 3-1
도시의 물 사용 유형에 따른 미국의 물 사용량[a]

	유량, gal/인/일		유량, L/인/일	
사용목적	범위	대표값	범위	대표값
생활하수				
실내사용	40~80	65[b]	150~300	250
실외사용	16~90	35[c]	60~340	132
상업지역	10~75	40	40~300	150
공공지역	15~25	20	60~100	75
손실 및 폐기	15~25	20	60~100	75
계	96~255	170	370~990	682

[a] 다양한 자료 및 저자의 경험

[b] 현재의 절수정책을 적용(2013년)

[c] 일부 지역에서는 계절에 따라 실외사용이 실내사용보다 높음

다. 물 손실량은 75 L/인/일에 이르기도 하지만, 적절한 관리가 이루어지는 경우에는 20 L/인/일 미만으로 알려져 있다.

생활하수 발생원 및 유량

도시에서 생활하수의 주 발생원은 주거지역과 상업지역이다. 기타 공공기관 및 위락시설도 중요한 발생원이다. 하수처리시설을 설계하고 운영하는 데 있어, 하수 발생량에 대한 정보는 매우 중요하다. 유량은 집수 시스템이나 하수처리시설에서 측정된다.

집수시설에서의 유량 측정. 집수시설이 존재하는 지역의 경우, 유량의 측정은 기존자료를 사용하거나 직접 측정하게 된다. 유량의 측정은 측정지점에 유량계를 설치하여 이루어지는데, 과거에는 측정 플룸(plume)이나 월류장치(weir)를 설치하여 하수량을 산정하였다. 현재에도 플룸이나 월류장치가 사용되기는 하지만, 현재 대부분의 집수시설에서는 면적-속도 측정장치를 이용하여 하수량을 산정한다. 면적-속도 측정장치는 하수의 흐름속도와 깊이를 동시에 측정할 수 있으며, 흐름 방향에 구애를 받지 않는다. 초음파와 레이더를 사용한 장치가 그림 3-1(a)와 (b)에 나타나 있다. 자동측정장치가 부착되지 않은 펌프가 설치된 집수시설에서는 펌프 가동시간과 펌프장의 부피와의 관계를 시간과 같이 고려하여 집수량을 산정한다.

처리시설에서의 유량 측정. 처리시설에서의 유량은 다양한 유량계를 통해 측정한다. 과거에는 압력흐름의 경우 벤츄리 장치, 열린 흐름의 경우 측정플룸을 이용하여 유량을 측정하였다. 요즘에는 그림 3-1(c) 및 (d)와 같이 압력흐름에서 자력유량계를 이용하여 측정하는데, 이 경우 측정장치가 소형이고 흐름 크기에 제한이 없으며, 유량 측정장치 전후로 수두손실(head loss)이 매우 작기 때문이다. 초음파 측정장치도 자주 사용된다[그림 3-1(f)와 (g) 참조]. Parshall 플룸은 자동측정장치에 문제가 발생하거나, 검량선이 없을 때 이용되나, 수두 손실이 다른 장치에 비해 크다고 알려져 있다.

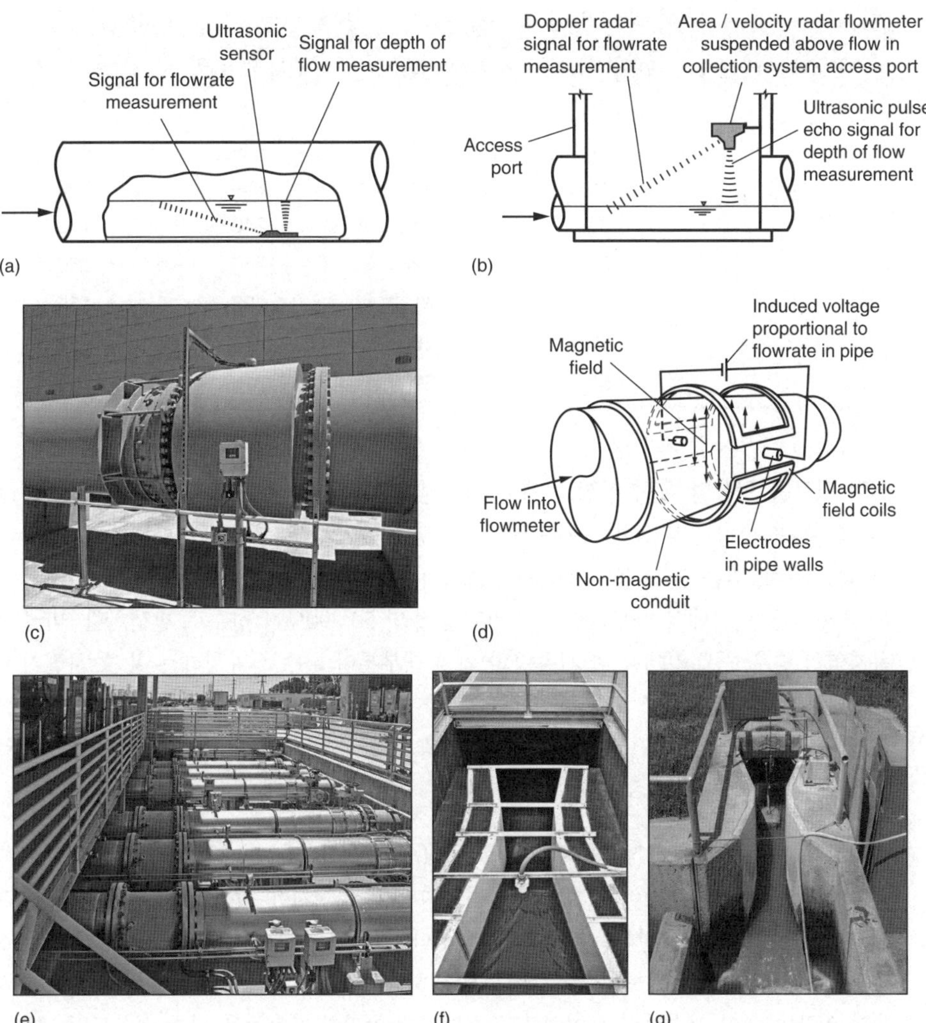

그림 3-1

하수의 유량을 측정하는 장치. (a) 면속도 초음파 유량 측정 센서의 도식화, (b) 면속도 레이더 유량측정 센서의 도식화. 속도는 도플러 레이더에 측정되고 초음파 에코는 유량 깊이 측정에 쓰인다, (c) 자력유량계의 모습과 (d) 자력유량계의 도식화. 자기장에 전도성 액체가 통과하게 된다면 전압이 생성된다. 전압의 크기는 유량에 비례한다, (e) 자력유량계의 모습,(f) 유량과 상관성이 있는 깊이 측정 초음파 수위 측정기를 장착한 파샬플룸, (g) 깊이 측정 부표를 장착한 파샬플룸(관련내용: 파샬플룸은 대체로 소규모 하수처리장에 쓰인다.)

표 3-2
미국 도시 주거지역의 일반적 하수량

가구 규모, 식구 수	유량, gal/인·일		유량, L/인·일	
	현재 절약정책	강화된 절약정책	현재 절약정책	강화된 절약정책
1	103	74	390	280
2	77	54	290	205
3	68	48	257	180
4	63	44	240	168
5	61	42	230	160
6	59	41	223	155
7	58	40	218	151
8	57	39	215	149

기타 자료를 이용한 유량 산정. 새로 개발된 도시, 새로 관거시스템이 설치된 지역 등에서의 유량 산정은 비슷한 도시에서의 일인당 하수 발생량 자료를 참고하여 산정한다. 이러한 산정방법은 물 사용이 관개용수보다는 90% 이상 하수로 사용되는 지역에서 특히 유용하다. 미국에서 하루 1인당 소비되는 물의 50~90%가 하수로 발생한다. 미국 북쪽지역의 경우, 동절기에는 물 사용량의 거의 대부분이 하수로 발생하는 한편, 하절기 미국 남서부 지역에서는 조경 등의 목적으로 물이 주로 사용되어 하수 발생량이 상대적으로 낮아진다. 따라서 어떤 지역의 하수 발생량을 산정하는 경우, 주변의 토지이용 상황, 물의 누수 등을 종합적으로 고려하여야 한다.

주거지역. 많은 주거지역에서 주로 인구와 1인당 평균 하수량으로부터 하수량이 산정된다. 대규모의 택지개발이 계획된 주거지역의 경우 토지사용 면적과 예상되는 인구밀도에 기초하여 유량을 추정하는 것이 바람직하다. 가능하면 인접한 유사 주거지역에서 산출된 실 유량 자료에 기초하여 하수량을 추정하여야 한다. 과거에는 하수량의 추산에 사용할 인구 예측이 기술자의 몫이었으나 현재에는 이러한 자료들을 지방이나 도시 기획국 등에서 구할 수 있다.

그림 3-2
각 가정의 구성인원에 따른 1인당 유량 발생량

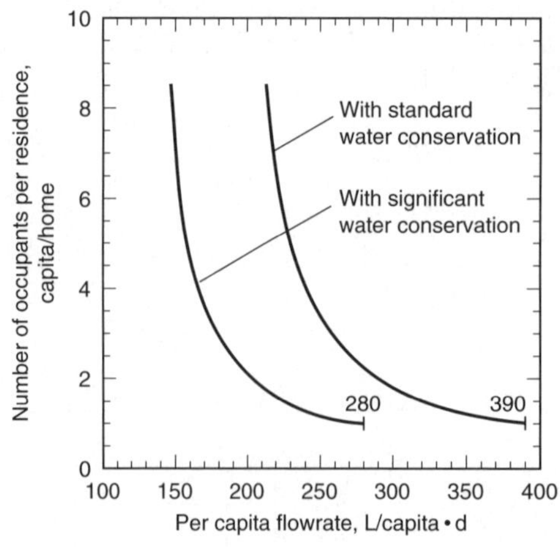

표 3-3

미국의 상업지역에서 발생원의 일반적인 하수량[a]

		유량, gal/단위·일		유량, L/단위·일	
발생원	단위	범위	대표값	범위	대표값
비행장	승객	2.4~3.8	3	9~14	11
아파트	침실	32~45	38	120~170	145
자동차 수리소	수리차량	6~11	8	23~42	30
	종업원	7~11	10	26~42	38
바/칵테일 라운지	좌석	8~15	11	30~57	43
	종업원	8~12	10	30~45	37
기숙사	개인	20~45	30	76~170	115
회의장	개인	5~8	6	20~30	24
백화점	화장실	280~450	300	1000~1700	1100
	종업원	6~11	8	23~42	30
호텔	고객	52~56	53	200~215	200
	종업원	6~11	8	23~42	30
산업체 빌딩(오수만 포함)	종업원	12~26	15	45~98	60
세탁소(셀프)	세탁기	320~413	338	1210~1560	1280
	고객	36~41	38	136~155	145
이동용 차량숙소	숙소	100~113	105	380~430	400
부엌 있는 모텔	고객	36~60	38	135~230	145
부엌 없는 모텔	고객	32~53	34	120~200	130
사무실	종업원	6~12	10	23~45	38
공공화장실	사용자	2.4~3.8	3	9~14	12
레스토랑					
일반음식점	고객	6~8	6	23~30	24
바/칵테일 라운지 포함	고객	6~9	7	23~34	26
쇼핑센터	종업원	6~10	8	23~38	30
	주차장	0.8~2.3	1.5	3~9	6
실내극장	좌석	1.6~3	2.3	6~11	9

[a] Tchobanoglous 등(2003)

하수량은 공급되는 물의 양과 질, 요금 체계(rate structure), 물절약 정책 수행 정도, 지리학적 위치, 침투율 및 유출률, 물 공급지역의 경제적, 사회적, 그리고 기타의 특성 등에 따라 변할 수 있다. 미국 지리조사결과(Kenny 등, 2009)에 따르면, 미국 국민의 1인당 하루 동안의 물 사용량은 715 L에서 193 L의 편차를 나타내었으며, 전체 미국 평균은 표 3-1에 나타낸 미국 주거지역에서 발생하는 일반적인 하수량의 범위와 비슷한 375 L/일/인으로 보고되었다. 따라서 사용된 물의 50~90%가 하수로 발생한다면 188~338 L/인/일로 예측된다. 값의 변화폭이 큰 이유는 현재까지 지역사회에서 수행되고 있는 물 보

표 3–4

미국의 공공시설 발생원에서의 일반적인 하수량[a]

발생원	단위	유량, gal/단위·일		유량, L/단위·일	
		범위	대표값	범위	대표값
회의장	고객	1.6~3	2.3	6~11	9
교회	좌석	1.6~3	2.3	6~11	9
병원	침대	128~240	150	480~900	570
	종업원	4~11	7.5	15~42	30
병원을 제외한 공공시설	침대	60~94	75	230~360	285
	종업원	4~11	7.5	15~42	28
교도소	피수용자	60~110	90	240~430	340
	직원	4~11	7.5	15~42	28
학교(주간)					
식당, 체육관, 샤워장이 있는 경우	학생	12~23	19	45~90	70
식당만 있는 경우	학생	8~15	11	30~60	42
학교(기숙사)	학생	32~60	38	120~230	140

[a] Tchobanoglous 등(2003)

표 3–5

미국의 위락시설에서 발생하는 일반적인 하수량[a]

시설	단위	유량, gal/단위·일		유량, L/단위·일	
		범위	대표값	범위	대표값
휴양지(아파트)	개인	40~53	45	150~200	170
휴양지(캐빈)	개인	6.4~38	30	24~145	115
식당	고객	1.6~3	2.3	6~11	9
	종업원	6.4~9	7.5	24~34	28
캠프					
화장실만 있는 경우	개인	12~23	18.8	45~87	70
공공화장실과 목욕시설이 있는 경우	개인	28~38	33.8	106~144	128
주간	개인	12~15	11.3	45~57	43
별장(시즌만 운영, 개인 욕실 구비)	개인	32~45	37.5	120~170	142
골프장	참석한 회원	16~30	18.8	60~115	70
	종업원	8~11	9.8	30~42	37
저녁 식당	제공된 식사	3~7.5	5.3	11~28	20
공동기숙사	개인	16~38	30	120~200	115
박람회장	방문객	0.8~2.3	1.53	~9	6
수세식 변기가 있는 유원지	방문객	4~7.5	3.8	15~28	14
여가용 차량 체류시설					
개인차량 진입 가능	차량	60~113	75	230~430	284
공공화장실이 있는 경우	차량	32~38	33.8	120~145	128

(계속)

표 3-5 (계속)

시설	단위	유량, gal/단위·일		유량, L/단위·일	
		범위	대표값	범위	대표값
도로변 휴게소	개인	2.4~4	2.5	9~15	11
수영장	고객	4~9	6.8	15~34	26
	종업원	6.4~9	7.5	24~34	28
휴가용 숙소	개인	20~45	37.5	76~170	142
방문객 안내소	방문객	2.4~4	2.5	9~15	11

[a] Tchobanoglous 등(2003)

전정책을 고려한 하수 발생량을 각각 측정한 자료가 없기 때문이다. 제시한 대표적인 하수 발생량의 범위는 2013년 기준으로 이와 같은 지역별 하수 보전정책을 고려한 값이라고 보아도 무방하다.

표 3-2에서는 현재 수준(2013년 기준)의 물 절약 프로그램 및 강화된 물 절약 프로그램이 수행되었을 때, 각 가정의 구성인원에 따른 1인당 하수 발생량에 대한 자료를 나타내었다. 그림 3-2에서는 표 3-2의 자료를 도식화하였는데, 가정의 구성인원이 증가할수록 1인당 하수 발생량은 감소하였다. 강회된 절약 프로그램이 수행될 경우, 1인당 하수 발생량은 대략 150 L/인/일로 수렴하는데, 현재 상황에서 이 값은 현실적으로 달성할 수 있는 최소 하수 발생량이라고 할 수 있다. 가정당 구성인원의 평균이 3.3명인 것을 고려하면 예상되는 하수 발생량은 250~175 L/인/일이 되며, 250 L/인/일은 표 3-1에서 제시된 대표적인 주거용 하수 발생량이 된다. 시간이 지나면서 그림 3-2의 오른쪽 커브는 왼쪽으로 이동할 것이며, 이는 향후 20년 동안 일어날 것으로 판단된다. 이렇게 되면 발생하는 하수는 유량뿐 아니라 특성 또한 변할 것이다.

상업지역. 상업지역의 기능과 활동에 따라 상업시설에 대한 원단위 유량(unit flowrate)이 변할 수 있다. 상업시설들에 따라 하수량의 변동폭이 크기 때문에 가능한 한 실제 시설 또는 유사한 시설에 대한 기록을 얻어야 한다. 자료를 얻기가 어려울 경우에는 표 3-3에 제시된 자료를 이용하여 하수 발생원에 대한 하수량을 추정할 수 있다. 과거에는 상업지역의 하수량이 기존의 자료나 장래 발전 계획에 근거한 자료 또는 비교 자료 등에 근거하여 산정되었다. 하수량은 주로 단위 면적당의 유량으로 표시하였다[즉, m^3/ha·d (gal/ha·d)]. 상업지역의 평균 원단위 유량 허용치(unit-flowrate allowance)는 보통 7.5~14 m^3/ha·d (800~1500 gal/ha·d)의 범위이다.

공공시설. 몇몇의 공공시설에 대한 일반적인 하수 발생량이 표 3-4에 나타나 있다. 여기서도 하수량이 지역, 기후, 시설형태 등에 따라 달라진다. 공공시설에 대한 실제 기록값이 설계 시 가장 중요한 자료가 된다.

위락시설. 많은 위락시설에서의 하수량은 계절에 따라 크게 변한다. 위락시설에 대한 일반적인 하수 발생량이 표 3-5에 나타나 있다.

표 3-6

미국 내의 실내에서 여러 장치와 기구에 대한 물 사용량

장치 또는 기구	미국 단위			SI 단위		
	단위	범위	대표값	단위	범위	대표값
욕조	gal/사용횟수	25~35	30	L/사용횟수	95~130	114
가정용 자동식기세척기	gal/투입회수	5~15	10	L/투입회수	19~57	38
음용장치	gal/분 · 사용횟수	0.5~4	2.5	L/분 · 사용횟수	1.9~15	9
부엌용 음식물 쓰레기 파쇄기	gal/일	1~2	1.5	L/일	4~8	6
샤워(표준형)	gal/분 · 사용횟수	4~7	5	L/분 · 사용횟수	15~26	19
샤워(절수형)	gal/분 · 사용횟수	2~2.5	2.5	L/분 · 사용횟수	8~9.5	9
화장실(1980년 이전)	gal/사용횟수	4~7	6	L/사용횟수	15~26	23
화장실('80 ~ '92.3)	gal/사용횟수	3~4	3.5	L/사용횟수	11~15	13
화장실(탱크, 절수형)	gal/사용횟수	0.9[a]~1.6[b]	1.6	L/사용횟수	3.4~6	6
세면기	gal/분 · 사용횟수	1~3	2	L/분 · 사용횟수	8~11	8
가정용 자동 세탁기						
일반형	gal/투입회수	40~50	45	L/투입회수	150~190	170
드럼형	gal/투입회수	12~25	20	L/투입회수	45~95	76

[a] 양측 세정형태

[b] 현재 일부 주에서는 1.28 gal/사용횟수가 사용되며, 가까운 장래에는 1.0 gal/사용횟수로 감소할 것임

표 3-7

미국 내의 일반적인 주택내 용수 사용 분포[a]

사용용도	전체 중 비율(%)		대표적 물 사용량[b]	
	범위	대표값	gal/인/일	L/인/일
목욕	1.5~2	1.8	1.2	4.4
세탁	20~24	23	15.0	56.6
식기세척기	1~1.5	1.4	0.9	3.4
음용장치	15~18	16	10.4	39.4
샤워	16~20	18	11.7	44.3
양변기	24~30	28	18.2	68.9
기타[c]	2~3	2.2	1.4	5.4
누수	8~12	9.6	6.2	23.6
합계		100	65.0	246.0

[a] 미국의 대표적인 주택내 용수 사용량은 150~300 L/인/일

[b] 일일 물 사용량 246 L/인/일 기준

[c] 주택내 음용, 반려동물 음용

표 3-8
유량절수(flow-reduction) 장치와 기구(devices and appliances)

장치/기구	설명/적용
수도꼭지 산기기(aerator)	공기를 주입하고 물의 흐름을 집중시킴으로써 물의 세척력을 증가시키고 따라서 물 사용량을 줄인다.
흐름제한용 샤워꼭지	오리피스로 샤워용 물의 흐름을 제한시키거나 집중시킨다.
소-유량(low-flush) 변기	세척 시 사용량을 줄인다.
감압밸브	가정의 수압을 공급수도관보다 낮추어 누수나 수도꼭지에서 떨어지는 양을 줄인다.
가압샤워	물과 압축공기를 함께 섞어 기존 샤워보다 성능을 개선시킨다.
목욕탕 보조장치	샤워량 제한장치, toilet dam, 변기누수 감지장치 등
Toilet dam	사용 시마다의 물 사용량을 줄이기 위해 변기 물탱크를 칸막이하는 것
변기누수 감지장치	변기용 탱크에서 녹아서 염료가 나와 플러쉬 밸브의 누수를 감지할 수 있도록 만든 것(tablet)
진공 변기	변기로부터 고형물을 제거하기 위하여 약간의 물과 함께 사용
절수형 식기세척기	식기세척 시 물 사용량을 줄인다.
절수형 세탁기	세탁 시 물 사용량을 줄인다. 전방 투입형 세탁기가 새롭게 선보임으로써 물 사용량도 감소하고 또한 효율적으로 에너지를 사용한다.

표 3-9
미국에서의 절수설비 설치 유무 시의 일반적인 실내용수 사용량의 비교[a]

	유량, gal/인·일		유량, L/인·일	
용도	절수설비가 없을 때[a,b,c]	절수설비가 있을 때[d]	절수설비가 없을 때	절수설비가 있을 때
목욕	1.2(30)	1.2(30)	4.4	4.5
세탁	15.0(30)	9.5(20)	56.6	36.0
식기세척	0.9(10)	0.7(8)	3.4	2.6
음용장치	10.4(3)	6.9(2)	39.4	26.1
샤워	11.7(4)	6.9(2.5)	44.3	26.1
변기	18.2(3.3)[e]	8.2(1.6)	68.9	31.0
기타	1.4(3)	1.4(3)	5.4	5.3
누수	6.2	6.0	23.6	22.7
합계	65.0	40.8	246.0	154.4

[a] 표 3-7의 실내 물 사용량 기준

[b] 현재 절수상황은 2013년 기준

[c] 괄호 안의 숫자는 표 3-6에서 제시한 값 기준임

[d] 괄호 안의 숫자는 표 3-6에서 강화된 절수정책이 실시될 때 값을 기준으로 함

[e] 현재 설치된 변기의 평균 물 사용량

》 실내용수 사용과 하수 유량 감소 전략

자원과 에너지를 보존하는 것이 중요하기 때문에 가정하수 발생원에서부터 하수의 양과 오염부하량을 줄이기 위한 다양한 방법들이 사용된다. 실내용수의 사용을 줄이면 곧바로 가정으로부터 하수 발생량이 줄어든다. 그러므로 **실내용수 사용**과 **가정하수량**이란 용어들은 상호 호환적으로 이용된다. 여러 장치와 기구들에서 사용되는 대표적인 물 사용량 값을 표 3-6에 나타내었다. 주택 내에서의 상대적 물 사용 분포비가 표 3-7에 나타나 있다. 가정에서의 물 사용량 및 하수량 감소를 위해 이용될 수 있는 여러 가지 장치와 기구들을 표 3-8에 나타내었다.

여러 지역에서 개발된 사용량을 줄이기 위한 또 다른 방법은 물을 많이 사용하게 되는 자동식기세척기나 부엌용 음식물 쓰레기 파쇄기 등의 설비 사용을 제한하는 것이다. 많은 새로운 주택단지에서는 하나 이상의 절수장치(flow-reduction devices)를 이용하도록 규정하기도 한다. 다른 지역에서는 새로운 주택의 경우 음식물 쓰레기 파쇄기를 사용하지 못하도록 하기도 한다. 또한 물 보존에 관심이 있는 사람들은 물 소비를 줄이기 위해 자발적으로 절수장치를 설치하기도 한다. 앞쪽으로 세탁물을 넣는 새로운 형태의 세탁기를 개발하여 기존 모델에 비해 물 사용량이 약 50~75% 감소하였다. 최근에 주거지역의 1인당 가정내 물 사용량에 대한 가전설비의 절수장치 설치 유무에 따른 주택에서의 실내용수 사용량 비교치가 표 3-9에 나타나 있다. 절수장치를 이용하여 물 사용량을 줄인 예가 예제 3-1에 설명되어 있다.

예제 3-1

절수장치를 이용한 절수량 산정 2000가구가 새로 들어올 택지를 계획하고 있는데 건축 승인조건으로 다음과 같은 절수장비들을 이용하여 물 사용량(하수량 포함)을 감소시켜야 한다. 전방 투입형 세탁기, 초저유량 변기, 초저유량 샤워꼭지 등. 가구당 3.5인이 거주한다고 가정하고 표 3-8에 나온 절수장비들의 사용유량을 사용하시오.

물 사용 추정값과 절수된 비율이 다음 표에 나타나 있다.

		단위 물 사용, L/인·일		물 사용, L/인·일	
기구/장치	거주자 수	절수설비 없을 때	절수설비 있을 때	절수설비 없을 때	절수설비 있을 때
세탁기	7,000	56.6	36.0	396,200	252,000
화장실 변기	7,000	68.9	31.0	482,300	217,000
샤워	7,000	44.3	26.1	310,100	182,700
총계				1,188,600	651,700
절수율(%)					45

가정에서 가장 물을 많이 사용하는 기구나 장치 세 개가 이 예제에 나온 것들이다. 전 지역에 걸쳐 절수설비 및 장치를 설치하면 실내용수 사용과 하수 발생이 급격히 감소하고 따라서 집수시설이나 처리장이 처리할 유량이 줄어든다. 집수시설로의 침투수량이 큰 곳에서는 절수장치를 사용하는 효과가 많이 감소한다.

표 3-10
다양한 국가 및 미국에서의 물 사용량[a]

국가명	일인당 물 소비량 gal/일	일인당 물 소비량 L/일
아르헨티나	93	350
오스트리아	113	430
캐나다	196	742
칠레	63	238
독일	41	156
그리스	93	350
헝가리	139	526
인도	34	129
쿠웨이트	53	200
리비아	74	279
네팔	8	30
멕시코	92	348
모잠비크	3	11
노르웨이	29	110
러시아	72	274
사우디아라비아	50	189
남아프리카공화국	59	224
미국	100	380

[a] UN (2005)

다른 나라에서의 물 사용

표 3-1에서 표 3-7까지, 그리고 표 3-9에 나타난 유량 및 물 사용 패턴은 미국 내의 지역 및 시설에 대한 자료이다. 많은 선진국들(예: 캐나다)도 이와 비슷한 유량들을 갖는다. 그러나 개발도상국의 경우에는 물 사용량과 이에 수반되는 하수 발생량이 매우 낮다. 실제로 몇몇의 경우에는 하루 중 일정시간에만 물이 공급되기도 한다. 몇몇의 개발도상국에서의 물 사용 자료를 표 3-10에 나타내었다. 표 3-10에서 놀랄 만한 사실은 지역에 따라 물 사용량의 편차가 크다는 점이다. 사실 표 3-10에서 제시된 값은 개발도상국의 발전과 얻어진 자료의 불확실성으로 인해 전체적인 비교를 위한 목적 외에는 그리 유용하지 않다.

산업폐수의 발생원 및 유량

산업폐수량은 산업체의 규모, 형태, 물 재사용 정도, 현장에서의 폐수처리방법(있을 경우) 등에 따라 변화한다. 아주 큰 첨두 유량(peak flowrate)은 저류조(detention tank)나 균등조(equalization basin)를 이용하여 감소시킬 수 있다. 물을 사용하지 않거나 조금만 사용하는 산업지역에서의 일반적인 설계 폐수량으로는 저개발산업지역의 경우 7.5~14 $m^3/ha \cdot d$ (1,000~1,500 gal/ac·d)이고, 중간 정도 개발된 지역에서는 14~28 $m^3/ha \cdot d$

(1,500~3,000 gal/ac·d)이다. 내부 순환이나 재사용을 하지 않는 산업에서는 여러 가지 조작 및 공정에 사용되는 물의 85~95%가 폐수로 된다고 추정할 수 있다. 내부 재사용이 있는 대규모 산업이라면 실제 물 사용기록에 따라 달리 추산하여야 한다. 산업시설에서 나오는 평균 생활하수(오수)의 양은 30~95 L/인·d (8~25 gal/인·d) 정도이다.

》 하수량의 변화

하수량은 하루 중 시간대별, 주중 일별, 연중 계절별에 따라서도 변하고 집수시설로의 배출 특징에 따라서도 변한다. 단기간(short-term), 계절별, 그리고 산업에 의한 하수량의 변화가 여기서 간략하게 언급된다.

단기간 변화. 20세기 후반 동안 중간 규모의 처리시설로 유입되는 하수량은 그림 3-3(a)에 나타난 것과 같다. 20세기 초반에는 그림 3-3(a)와 같이 아침에 하나의 첨두유량을 갖는 형태였다. 하나의 첨두곡선에서 두 개로 변한 시점은 대략 1940년인데, 이때 전쟁으로 인해 여성들도 직장을 갖게 되었기 때문으로 판단된다. 그림 3-3(a)를 살펴보면, 물 소비가 가장 적고 기저 유량(base flow)이 침투수와 소량의 생활하수로 이루어지는 이른 아침시간에 최소 유량이 발생한다. 일반적으로 아침의 최대 물 사용량이 처리장에 도달하는 시간인 늦은 아침에 최초의 첨두 유량이 나타난다. 두 번째 첨두 유량은 일반적으로 오후 7시에서 9시 사이의 이른 저녁에 일어난다. 베드타운 지역에서는 두 번째 첨두 유량이 첫 번째 첨두 유량보다 높은 경우도 있다. 또한 주말 아침에는 아침에 늦게 일어나는 원인으로 아침의 첨두 유량[그림 3-3(a) 참조]이 조금 더 늦게 발생한다.

첨두 유량의 발생시간과 크기는 그림 3-3(b)와 같이 지역사회의 규모와 집수시설의 길이에 따라 다르다. 그림 3-3(b)에서는 오후 늦게 두 번째 피크가 관찰되지 않는다. 이는 하수의 이동거리가 길고 집수시설이 저류시설을 가지고 있기 때문이다. 이와 같은 형태의 유량곡선은 큰 하수처리시설에서 작은 규모의 하수 발생지역이 멀리 분포되어 있을 때에도 나타난다. 즉, 하수의 이동시간으로 인해 중심지역의 하수가 처리된 후, 후방지역의 하수가 도착하기 때문이다. 따라서 하나의 유입지역이 있는 경우 생기는 두 번째 첨두 유량이 발생하지 않는다. 추가적으로, 도시의 크기가 커지는 경우, 그림 3-3(c)와 같이 주간의 유량 변동이 작아진다. 이러한 감쇄효과는 그림 3-3(d)에서와 같이 비가 오는 경우 높은 침투수량으로 인해 오후 첨두 유량이 감소하게 되는 현상으로도 관찰된다.

외부에서의 흐름(extraneous flows)이 최소화되면 하수배출 곡선은 몇 시간의 차이를 두고 물 소비 곡선과 닮게 된다. 지역사회의 규모가 증가하면 큰 규모 지역사회의 경우 (1) 집수시설의 용량이 커져서 유량을 균등화하는 역할을 하고, (2) 지역사회의 경제적, 사회적 구조가 변화됨으로 인해 유량의 변동폭이 감소하게 된다.

산업에 의한 변화. 산업폐수의 배출량은 추정하기 어렵다. 대부분의 제조시설은 생산 시에는 비교적 일정한 유량을 배출하지만 청소 시나 가동중지 기간에는 유량변화가 크다. 내부공정을 변화시켜 배출량이 줄어들기도 하지만 공장확장 및 생산량 증가로 폐수 발생량이 증가하기도 한다. 도시하수와 산업폐수를 함께 처리하는 합병처리시설(joint facilities)을 건설하고자 하는 경우에는 산업폐수의 배출이 산업체에 의해 잘 관리되는지

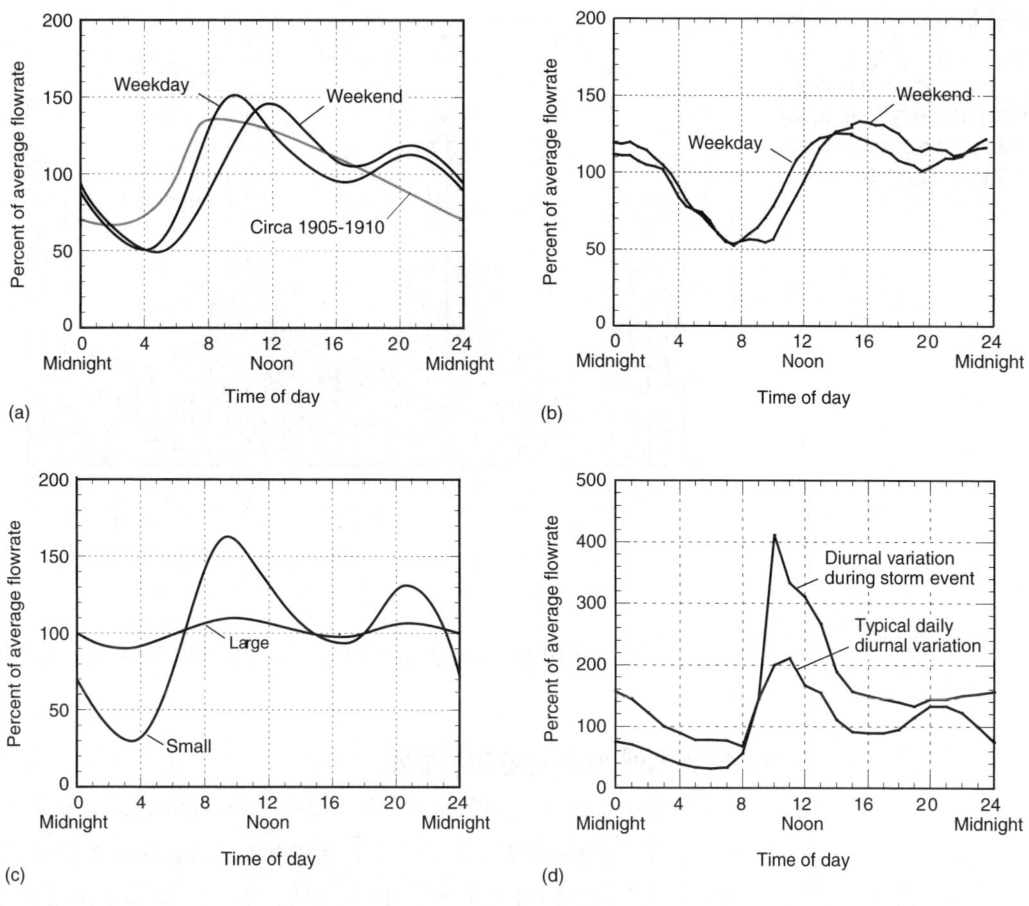

그림 3-3

생활 하수 유량 데이터에서의 전형적인 변화. (a) 20세기 후반에 중간 규모의 처리시설로 유입되는 하루 동안 패턴(40,000~400,000 m^3/d)과 20세기 초반에 관찰되는 곡선(1905~1910년경), (b) 30분간 유량측정을 통한 Davis 도시에서 관찰되는 유량 변동(인구 65,000), (c) 소규모(4,000~40,000 m^3/d) 시설에서 일반적인 유량 변동과 (d) 1시간 동안 유량 측정을 통해 과도한 우수에 의한 침투수의 마스킹 효과(masking effect)

또는 시 직원 또는 기술용역회사 직원과 함께 잘 관리되는지에 세심한 주의를 기울여야 한다. 산업폐수의 배출은 충격부하를 흡수할 만한 용량이 제한된 소규모 하수처리시설에서는 가장 까다로운 문제이다.

계절별 변화. 하수량의 계절별 변화는 도시의 위치 및 특성에 따라 변한다. 연중 비가 내리는 미국 동부지역의 경우, 우기(11월~4월)와 건기(5월~10월)가 확실한 서부지역에 비해 유량 변동폭이 상대적으로 적다. 강설에 의한 지하수위의 변화는 북동부 지역 및 봄에 강설이 녹는 지역에서 중요한 변수이다. 그림 3-4에서는 계절에 따른 하수 유입량의 변화를 나타내었다. 주의하여야 할 사항은 전 지구적인 기후 변화에 의해 강수량이 변화할 때, 같이 변한다는 것이다.

일반적으로 휴양지나 대학교가 소재한 작은 지역사회, 계절에 따른 상업 및 산업 활

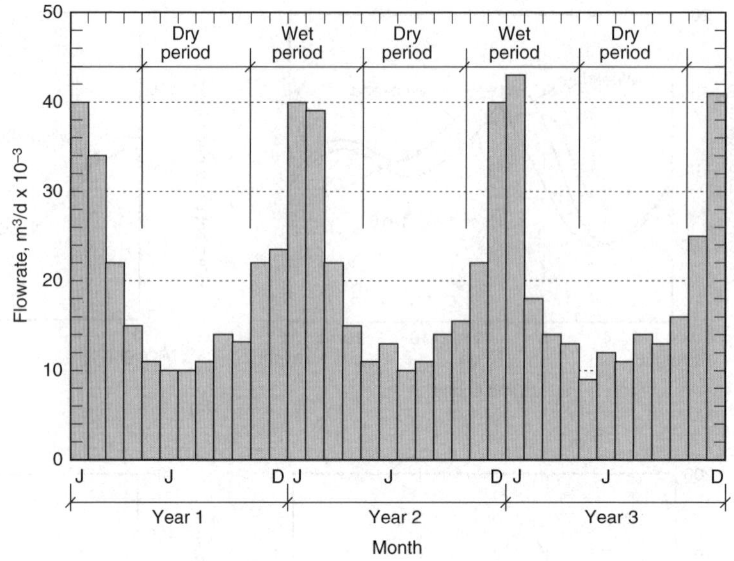

그림 3-4

미국 서부에서 건기(5월~10월)와 우기(11월~4월)에 측정된 계절적 유량 변동. 몇몇 지역은 지구 기후의 변화로 우기로 건기로 구별이 모호해졌다.

동이 있는 지역사회에서 나타난다. 예상되는 하수량 변동폭은 지역사회나 계절별 활동에 따라 다르다.

절수정책에 따른 다년간의 변화

앞서 설명한 일일, 혹은 계절별 변화와 더불어, 미국 내의 많은 도시지역의 하수처리시설에서는 다년간의 유량변화가 관찰된다. 일반적으로 그림 3-5와 같이 세 가지 유량변화 형태가 관찰되는데 (1) 인구가 증가하는 경우, (2) 인구가 일정한 경우, (3) 인구가 감소하는 경우이다. 모든 경우에 있어 최근 진행되는 절수시설의 설치는 하수내 오염물의 농도증가를 초래한다.

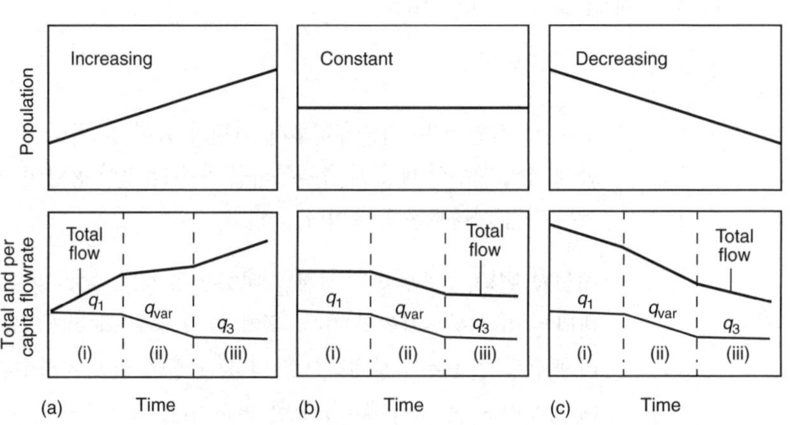

그림 3-5

미국 도시에서 관찰되는 유량 변화. (a) 인구가 증가하는 경우, (b) 인구가 일정한 경우, (c) 인구가 감소하는 경우. 각 그림에서 세 구간은 (i) 1990년대까지 절수 정책이 없는 기간, (ii) 1990년대 이후 절수장치 및 시책이 실시된 기간, (iii) 절수정책이 최대로 실시되는 경우. 최대 절수정책이 달성되는 시기는 지역사회마다 다름

인구가 증가하는 경우. 인구가 증가하는 경우, 1990년대까지 1인당 하수 발생량은 상대적으로 일정하며, 총 하수 발생량은 인구에 비례하여 증가한다[그림 3-5(a)의 (i) 참조]. 1990년대 이후 하수 유량계 및 절수 화장실 등의 확산으로 1인당 하수 발생량이 감소하며, 인구의 추가적인 증가에도 절수장치 및 시책이 지속적으로 실시되어 (ii) 시기에서 1인당 하수 발생량(q_{var})은 가변적이며, 총 하수 발생량은 느리게 증가한다[그림 3-5(a)의 (ii) 참조]. 이후에는 모든 가정에 절수장치 및 시책이 적용되어 더 이상의 1인당 물 사용량 감소가 발생하지 않는다. 따라서 이후에는 인구증가에 비례하여 총 하수 발생량이 증가한다[그림 3-5(a)의 (iii) 참조]. 이와 같은 경우에서는 인구증가에 비례하여 하수량이 증가하는 동시에, 하수내 오염물의 농도가 증가하는 경향을 보인다.

인구가 일정한 경우. 인구가 일정한 지역의 경우에는 1990년대까지 1인당 하수 발생량도 일정하다[그림 3-5(b)의 (i) 참조]. 1990년대 이후 절수장치의 설치로 인해 1인당 하수 발생량이 감소하기 시작한다[그림 3-5(b)의 (ii) 참조]. 총 하수 발생량은 절수장치의 설치가 증가함에 따라 지속적으로 감소하게 된다. 앞서 설명한 것처럼 절수장치가 모든 가정에 설치된 경우에는 1인당 하수 발생량이 더 이상 감소하지 않게 된다[그림 3-5(b)의 (iii) 참조]. 따라서 총 하수 발생량의 변동은 없으나, 하수내 오염물의 농도는 1인당 하수 발생량 감소에 따라 증가한다.

인구가 감소하는 경우. 인구가 감소하는 지역에서는 1990년대까지 인구감소에 따라 1인당 하수 발생량은 일정하며, 총 하수 발생량은 감소한다[그림 3-5(c)의 (i) 참조]. 절수시설이 설치됨에 따라 총 하수 유량 및 1인당 하수 발생량이 감소하게 된다[그림 3-5(c)의 (ii) 참조]. 절수시설이 모든 가정에 설치되는 시점에서는 총 하수 유량은 감소하나 1인당 하수 발생량은 일정하게 된다[그림 3-5(c)의 (iii) 참조]. 인구감소에 따라 하수처리장의 총 물질 부하량은 감소하나, 1인당 하수 발생량의 감소로 인해 하수내 오염물질의 농도는 증가할 것이다.

》 향후 계획수립 시 절수정책의 영향

최근 유량변화가 관찰됨에 따라, 향후 처리시설 등의 계획에서 이에 대한 고려가 중요하다. 향후 계획을 세우는 데 있어 중요한 사항은 절수장치의 설치에 따른 유량변화의 정도가 고려되었는지, 절수계획에 따른 최대 절수량이 고려되었는지, 주변지역의 물 재사용 계획이 존재하는지에 대한 고려 여부이다. 주변지역의 물 재사용은 직접적인 물 재사용과 함께, 주변지역에서의 재사용시설 설치에 따른 기존시설로의 하수 유입량 감소를 포함한다(Tchobanoglous and Leverenz, 2013).

3-2 하수 유량에 대한 집수 시스템의 영향

하수의 유량을 추정하는 중요한 변수는 위에서 언급한 가정 및 산업 하수뿐만 아니라 합류식 집수 시스템의 침투수/유입수, 우수 등이 있다. 합류식 시스템에서의 배출도 총 하수 유량에 영향을 미친다. 이 절에서는 유량에 영향을 미치는 요소들에 대해서 다룬다.

침투수/유입수

집수시설에 도입되는 외부에서의 흐름(extraneous flows)은 침투수와 유입수로 표현되는데, 그림 3-6에 나타내었고 아래와 같이 정의된다.

침투수(*infiltration*): 연결부나 파손된 관, 관접합부, 맨홀벽 등을 통해 집수시설로 들어오는 물

지속적 유입수(*steady inflow*): 지하실, 기초 배수구, 냉각수 배출구, 샘이나 습지의 배수구 등에서 배출되는 물. 이러한 유형의 유입수는 지속적이며, 침투수와 같이 인식되고 측정된다.

직접 유입수(*direct inflow*): 강우유출수가 하수집수시설에 직접 연결된 형태로 거의 즉시 하수량을 증가시킨다. 발생원으로는 지붕 물받이, 정원 및 마당의 배수구, 맨홀뚜껑, 우수관거와 집수관거의 교차 연결부 그리고 집수시설이다. 강물이나 조수의 역류에 의한 유입도 직접 유입수의 발생원이다.

총 유입수(*total inflow*): 집수시설 내 어느 지점에서의 직접 유입수와 그 지점 상류에서의 월류(overflow), 양수장 우회유량 등을 합한 값

지연 유입수(*delayed inflow*): 직접적으로 집수시설에 연결되어 있지 않아 집수시설을 통해 배출되기까지 여러 날 또는 그 이상이 필요한 유입수를 말함. 연못이 있는 지역에서 맨홀을 통해 서서히 유입되는 지표수뿐만 아니라 지하실 배수구에서 양수되는 물도 이 범주에 포함할 수 있다.

그림 3-6
침투수/유입수의 도식도

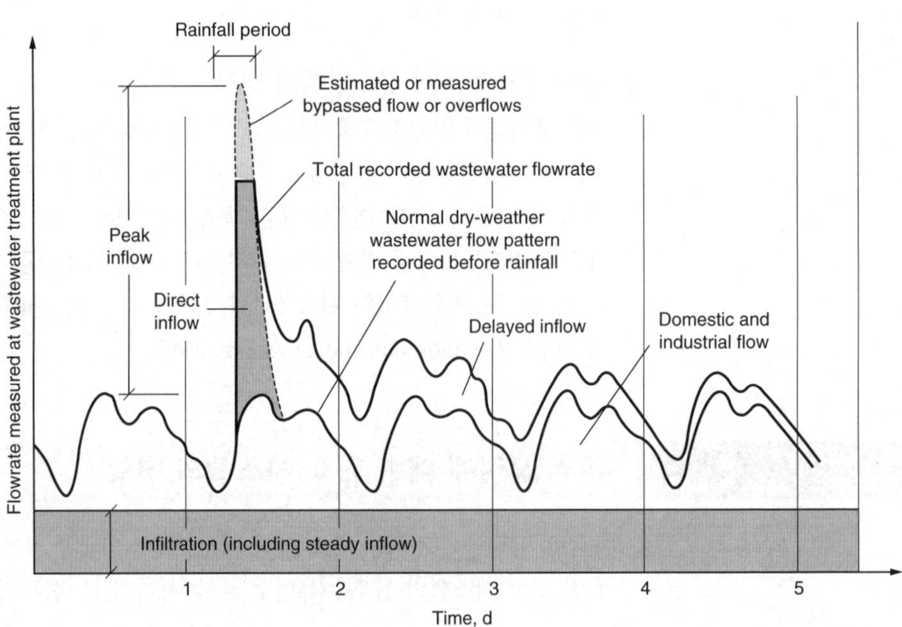

미국에서 침투수와 유입수를 규정하고 정의하기 위한 최초의 시도는 1972년의 연방수질 규제법 개정안(Federal Water Pollution Control Act Amendment)이었다. 하수처리시설의 설계와 건설을 위해 연방정부의 지원금을 받는 조건으로, 지원금 신청자는 그들의 하수집수시설에 과도한 침투수와 유입수가 없음을 증명해야 했다. 침투수/유입수 문제를 바로잡고 집수시설을 "정비하면" 그 지역에 (1) 집수시설에의 월류(overflow)와 역류(backup)의 감소[1장 그림 1-2 참조], (2) 하수처리시설의 보다 효율적인 운전, (3) 침투수/유입수 대신에 처리가 필요한 하수에 대한 집수시설의 수리학적 용량 활용 증진과 같은 이익이 있다. 침투수/유입수의 영향에 대한 이해가 처리시설 유량결정에 중요하기 때문에 과도한 침투수/유입수에 관한 토의가 이 절에 포함되어 있다.

집수시설로 유입되는 침투수. 어느 지역에 내린 강우의 흐름은 3가지로 나눌 수 있다. 곧바로 우수집수시설이나 기타 배수로로 신속히 들어가거나, 일부분은 증발하거나 또는 식물에 흡수되고, 나머지는 땅속으로 들어가서 지하수가 된다. 지하로 들어가는 빗물의 비율은 지표와 토양 형질의 특성, 강수량과 그 분포에 따라 다르다. 건물, 도로포장, 결빙 등으로 인하여 투수성이 감소하면 강우가 지하수로 되는 기회는 줄어들고, 그만큼 지표 유출수가 늘어나게 될 것이다. 주어진 지역에서의 지하수량은 표면 상태에 따라 크게 달라지는데, 아주 불투수성이거나 치밀한 표토로 되어 있는 지역에서는 무시할 정도이고, 모래가 많은 표토로 되어 있어 물이 빨리 빠지는 반투수성 지역에서는 강수량의 25~30%가 된다. 때로는 강이나 기타 수역에서 바닥을 통하여 침투한 물이 지하수위에 크게 영향을 미쳐서 연속적으로 지하수위가 높아지기도 하고 낮아지기도 한다.

높은 지하수의 수위 영향. 지하수위가 높을 경우 집수시설로 누출(leakage)되며 하수량과 그 처리 비용을 증가시킨다. 지하수로부터 집수시설로 들어가는 유량, 즉 침투수는 0.01~1.0 m^3/d·mm-km (100~10,000 gal/d·in-mi)의 범위 또는 그 이상이 된다. 하수집수시설에서 mm-km (in-mi)는 하수관거의 직경(mm, in)과 하수관거 길이(km, mi)의 곱을 나타낸다.

침투수 추정. 침투량은 집수시설이 연결된 지역면적에 기초하여 추산하기도 하며 대략 0.2~28 m^3/ha·d (20~3000 gal/ac·d)의 범위이다(Metcalf & Eddy, 1981). 침투 추산량의 변동이 이와 같이 큰 이유는 지역에서의 계산을 위한 할당면적들의 크기가 다르고 따라서 집수시설 관로의 길이가 달라지기 때문이다. 침투수뿐만 아니라 맨홀뚜껑 등을 통한 누수, 즉 유입수가 발생하는 호우(heavy rains) 기간에는 유입수량이 500 m^3/ha·d (50,000 gal/ac·d)을 초과하기도 한다.

침투수에 영향을 미치는 인자. 침투수/유입수는 집수시설과 건물 연결부 공사 시에 투입된 재료 및 인력의 질, 유지관리 상태, 지하수의 상대수위 등에 따라 그 수량의 변동폭이 크다. 침투수량은 집수관거의 길이, 해당면적, 토양 및 지형 상태, 그리고 인구밀도(주택 연결배관의 수와 총 길이에 영향을 미침)에 의해 좌우된다. 비록 지하수위는 지하에 스며드는 빗물이나 녹은 눈의 양에 따라 달라지지만, 때로는 파손된 접합부, 다공성 콘크리트,

금이 간 부분 등을 통한 누수로 인해 집수시설 수위까지 지하수위가 내려가기도 한다.

20세기 전반에 건설된 대부분의 집수시설들은 시멘트 몰탈이나 역청질 화합물을 부어서 만들어졌고 맨홀뚜껑들은 거의 모두 벽돌로 만들어졌다. 관 접속부, 관과 맨홀의 접속부, 벽돌의 방수효과의 손상으로 이러한 낡은 관거에 침투수가 들어갈 가능성은 크다. 현대의 집수시설 설계에는 치밀한(dense) 벽으로 된 고품질 관, 프리캐스트(precast) 맨홀을 사용하고 접속부는 고무나 합성 가스캣(gasket)으로 밀봉하고 있다. 이처럼 개량된 재질을 사용함으로써 새로 건설된 집수시설에서는 침투수의 유입 또는 집수시설로부터의 누수가 크게 감소하였다. 비록 낡은 하수관거와 비교할 때 매우 느리겠지만 시간의 경과에 따라 조금씩 침투율은 증가할 것이다.

위에서 언급했듯이 하수집수시설의 침투율을 결정하는 중요한 인자는 설치된 시설의 품질이다. 심지어 새로운 시설이라 해도 부실공사로 인해 예상했던 것보다 높은 침투율을 보일 때가 있다.

》 집수시설로 유입되는 유입수

이미 언급한 것처럼 "지속적인 흐름"을 유발하는 유입수의 형태는 별도로 구별될 수 없으며 따라서 측정된 침투수에 포함시킨다. 직접적인 유입수는 생활하수 집수시설의 유량을 거의 즉각적으로 증가시킬 수 있다. 하수처리장에서 처리하여야 할 첨두 유량에 대한 유입수의 영향을 예제 3-2에 나타내었다.

예제 3-2 **하수량 기록으로부터 침투수/유입수량 산정** 어느 대도시에서 연중 우기 최대 유량을 측정하였다. 강우가 거의 없고 지하수의 침투도 없는 건기의 유량은 평균 120,000 m^3/d (31.7 Mgal/d)이다. 지하수의 수위가 상승하는 우기의 유량은 심한 강우기간과 그 이후 기간을 제외하고 평균 230,000 m^3/d (60.8 Mgal/d)이다. 최근의 폭우기간동안 시간별 유량을 첨두 유량기간 및 폭우 후 며칠 동안 기록하였다. 그 유량도가 다음 그림에 나타나 있다. 침투수와 유입수의 양을 계산하고 침투수량이 과도한지를 판정하시오. 규제기관의 정의에 따르면 과도한 침투수란 집수시설에서 0.75 $m^3/d \cdot mm\text{-}km$ (8000 gal/d·in-mi)를 초과하는 유량을 말한다. 집수시설의 복합적인 직경-길이(composite diameter-length of the collection system)는 270,000 mm-km (6600 in-mi)이다.

풀이

1. 우기의 침투수와 유입수량을 계산한다.
   a. 건기에는 침투수가 적기 때문에 지하수 침투량은 우기평균 유량에서 건기유량을 뺀 값이다.

   $$\text{침투수량} = (230{,}000 - 120{,}000) m^3/d$$
   $$= 110{,}000\ m^3/d$$

   b. 시간최대 유입수량은 폭우 시의 첨두시간 우기유량과 그 전날의 유량과의 차로서 다음 그림에서 그래프를 이용하여 계산한다. 최대 유량은 35시간에서

606,000 m^3/d이고 11시의 유량은 340,000 m^3/d이다. 이 경우 최대 유입수량은

$$\text{유입수량} = (606{,}000 - 340{,}000) m^3/d = 266{,}000\ m^3/d$$

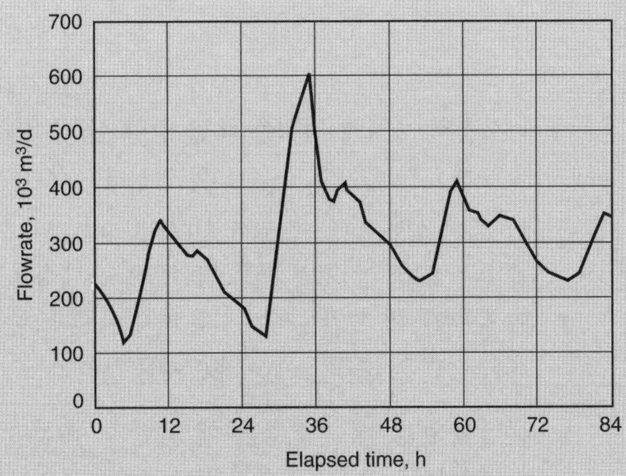

2. 침투수량이 과도한지를 판정한다.
   a. 계산된 유량을 집수시설의 복합적인 직경-길이로 나누어 침투수량을 계산한다.

$$\text{침투수량} = \frac{(110{,}000\ m^3 \cdot d)}{(270{,}000\ mm \cdot km)} = 0.407\ m^3/d \cdot mm\text{-}km$$

   b. 규제기관의 기준인 0.75 $m^3/d \cdot mm\text{-}km$를 이용하면 침투수량은 과도하지 않다.

이 예제에서 보면 폭우기간 동안의 첨두 유량은 건기 시 평균 유량의 4.7배였다. 이 장의 후반부에서 토의할 바와 같이 첨두 유량 인자가 이와 같은 규모의 시설에 비해 높은 편이다. 이 경우 유입수가 첨두 유량의 50% 이상을 차지하고 처리장의 수리학적 용량을 과대하게 만들어야 하기 때문에, 집수시설과 처리시설에 대한 수리학적 부하를 감소시키기 위해 유입수량을 줄이는 방안을 강구해야 한다.

⟫ 집수시설에서의 누수(exfiltration)

침투율이 높은 집수시설의 경우 낮은 지하수 수위로 인해 이 집수시설로부터의 누수 또한 높을 수 있다. 누수가 발생하면 처리되지 않은 하수가 파이프 연결부와 검사용 연결부로부터 새게 된다. 만일 파이핑(piping)과 연결부가 불량하면 많은 양의 하수가 지하로 스며들어 파이프시설이 있는 자갈층을 흘러 다니기도 하고 극단적인 경우에는 지표로 나가기도 한다. 처리되지 않은 하수가 만일 얕은 샘 옆의 지하수로 침투하면 상수원의 오염마저 초래한다. 상수원이 오염된 사례는 로스앤젤레스 같은 도시 지역에서도 일어났는데 그 당시 집수시설은 상수원에서 300 m (1000 ft) 이내에 있었다. 집수시설로부터의 누수

가 지표수 옆에서 일어나면 이 수역 대장균의 수가 급증하고 수습이 어려워질 수도 있다. 집수시설로의 유입수나 침투수의 유입을 줄이는 것이 집수시설로부터의 누수를 줄이는 방법이고 나아가서 상수원이나 공중보건에 대한 위협을 감소시키는 길이다. 누수가 지표수의 수질에 미치는 영향을 예제 3-3에 나타냈다.

예제 3-3 **누수가 주변의 수역에 미치는 오염 영향 산정** 파손된 집수계통의 파이프를 통해 처리되지 않은 하수가 근처의 호수로 새고 있다. 누수율은 10,000 L/d로 추정되고 있다. 만일 초기의 하수에서의 대장균 수가 10^7/100 mL이고 하수가 1000배 희석되었다면, 호수에서의 대장균 농도 증가량은? 단, 희석수에는 대장균이 하나도 없다고 가정하라.

풀이 1. 이 문제를 풀기 위해서는 다음과 같은 농도 수지식(물질수지와 농도수지에 대한 자세한 설명은 1장 참조)이 세워져야 한다.

혼합되었을 때의 총 미생물 수	=	누출수에 있는 총 미생물 수	+	희석수에 있는 총 미생물 수
$Q_M C_M$	=	$Q_L C_L$	+	$Q_{DW} C_{DW}$

여기에서 Q_M = 혼합물의 부피 $Q_L + Q_{DW}$

C_M = 혼합물 내의 미생물의 농도(미생물의 수/혼합물 100 mL)

Q_L = 누수의 부피

C_L = 누수 내의 미생물의 농도(미생물의 수/누수 100 mL)

Q_{DW} = 희석수의 부피

C_{DW} = 희석수 내의 미생물의 농도(미생물의 수/희석수 100 mL)

2. 각 값들을 대입하고 혼합물내의 미생물의 수를 계산한다.

$$[(10^4\ \text{L/d})(1\ \text{d}) + (10^3)(10^4\ \text{L})]\left(\frac{C_M}{100\ \text{mL}}\right)$$

$$= (10^4\ \text{L/d})(1\ \text{d})\left(\frac{10^7}{100\ \text{mL}}\right) + (10^3)(10^4\ \text{L})\left(\frac{0}{100\ \text{mL}}\right)$$

$$(10^4\ \text{L} + 10^7\ \text{L})\left(\frac{C_M}{100\ \text{mL}}\right) = (10^4\ \text{L})\left(\frac{10^7}{100\ \text{mL}}\right)$$

$$C_M \approx \frac{10^4}{100\ \text{mL}}$$

처리되지 않은 하수에는 대장균이 많이 있으므로, 누수가 잘 혼합된다고 가정하더라도 미처리하수가 도달하는 곳에는 대장균의 농도가 높게 된다. 대장균 수가 많으면 공중보건에 대한 위험성이 존재한다. 그러므로 이 예제의 경우, 집수시설로부터 호수로의 누수량이 많기 때문에 강의 수질을 목표치로 유지하기가 어려울 것이다.

›› 합류식 관거에서의 유량

합류식에서의 유량은 주로 강우와 하수로 이루어진다. 하수는 하수 발생원에서부터 건기, 우기에 관계없이 항상 합류식 시설로 들어간다[1장의 그림 1-1 참조]. 이 하수에는 가정하수, 상업하수, 산업폐수와 침투수 등이 포함된다. 우기 강우량은 건기 하수량보다 월등히 많으며 우기에 관찰된 흐름은 건기의 흐름 패턴을 완전히 가릴 수도 있다. 게다가 집중호우가 있는 경우에는 우기에 나타나는 유량보다 매우 많은 유량이 집수시설로 들어오기도 한다.

기존 설계의 제약(constraints). 합류식 집수시설은 하수와 우수를 모으도록 설계되었지만, 나중에 설계된 하류 차집관거, 펌프장, 하수처리장은 우기에 발생하는 전체 유량의 일부를 이송하고 처리하도록 되어 있다. 집수시설의 용량을 초과하면 흐름의 일부는 고의적이거나 우연히 월류를 통해 직접 인근 수역에 배출되거나 합류식 하수관거 월류수(CSO) 처리시설로 우회하게 된다. 지역사회에서는 우기 시 CSO를 통해서 배출되는 횟수와 물의 양을 줄이거나 배출이 일어나지 않도록 합류식 집수시설의 개발계획을 세워야 한다. 합류식 집수시설이 실제보다 작게 평가된 경우 시설 내의 상류 여러 지점에서 과부하(관의 용량을 초과할 때 과부하가 발생된다)나 범람현상이 발생하고 이에 따라 공중보건도 위협받는다.

합류식 집수시설 유량의 효과. 합류식 유량의 영향이 그림 3-7에 나타나 있다. 그림 3-7(b)에 나타난 집수구역에서의 유량도(catchment hydrograph, 유량 대 시간)는 강우강도의 변화[그림 3-7(a)]와 매우 유사하다. 강우 발생과 유량증가 사이의 짧은 반응시간은 상류의 합류식 시설에 있는 모든 지점에서의 흐름의 유달시간이 작다고 간주할 수 있다. 역으로, 처리시설에서의 유량도[그림 3-7(c) 참조]에서는 첨두 유량들이 뚜렷하게 구별되어 있지 않고 비가 그친 후 평소의 건기 수준으로 유량이 회복되는 데 일정시간이 필요한 것을 보여주고 있다. 이 지점에서 유량이 큰 것은 합류식 시설 때문이며 첨두(peak)가 무딘 것은 월류수와 수리학적 우회 효과(hydraulic routing effects) 때문이다. 그러나 첨두 유량과 이에 수반된 질량부하는 처리시설의 수리학적 설계나 적절한 단위공정의 선택 시 반드시 고려되어야 한다.

›› 합류식 하수 유량과 특성 측정

합류식 하수 유량과 특성은 합류되는 하수, 합류식 하수관거 월류수(CSO) 배출구, 합류식 하수관거 월류수 제어 시설과 하수처리장의 각 지점에서 모니터링되어야 한다. 하수에 대한 영향을 알아보고자 한다면 합류식 하수관거 월류수 배출구에서 유량과 특성을 모니터링하는 것이 바람직하다. 합류나 차집관거에서 모니터링을 하는 것은 유량을 제어, 전환, 처리하는 것에 대한 여러 근거가 된다.

임시적인 유량 모니터링. 합류식 하수 집수시설에 대해서 조사할 때, 집중호우 시 임시 모니터링 시설을 설치하고 모니터링을 한다. 이때 사용하는 유량계는 이동이 가능하고 배터리로 운전이 가능하며 수위와 유속을 측정할 수 있는 것을 사용한다[그림 3-1(a)와

그림 3-7

우기의 합류식 집수시설에서의 유량변화. (a) 강우강도, (b) 일반적 집수구역에서의 유량, (c) 처리시설에서 관측된 유량

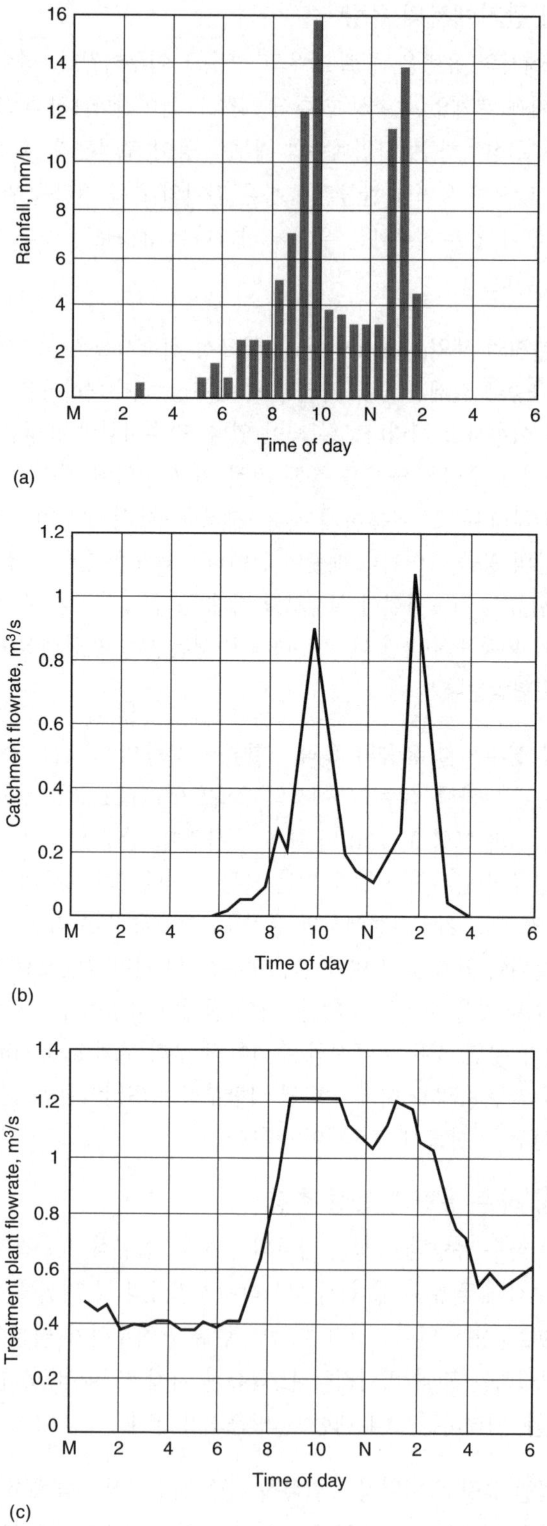

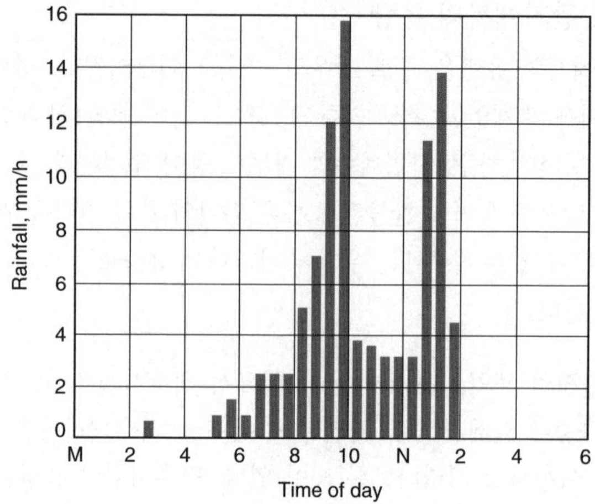

(a)

(b)

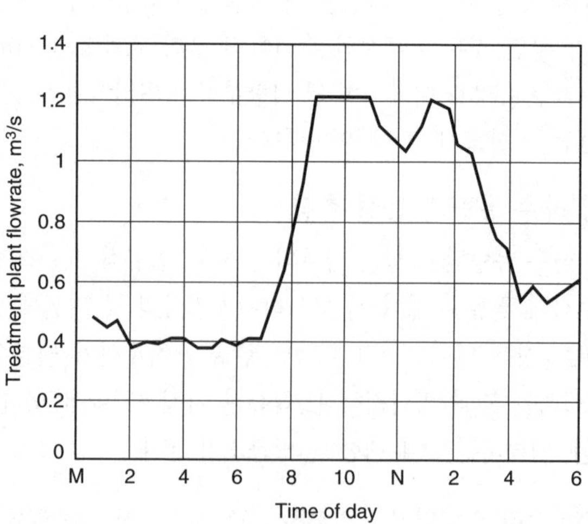

(c)

3-1(b) 참조]. 이와 유사하게 하수 샘플링도 이동이 가능하고 배터리로 운전이 가능하며 샘플링 프로그램을 입력할 수 있는 기기를 사용한다. 이러한 샘플링기는 원하는 시간에 수위나 유량을 정확하게 측정할 수 있다.

정기적인 유량 모니터링. 정기적인 유량 모니터링 기기는 특정한 지점에 연속적인 유량을 측정하는 데 사용된다. 또한, 이러한 기기는 중앙통제를 통하여 합류식 하수를 최대한 저장할 수 있도록 하거나 하류에 있는 하수처리장으로의 유량을 제어할 수 있어야 한다. 어느 지점에서의 유량 기록은 수동으로 정기적으로 회수를 하거나 자료를 중앙에서 분석하거나 실시간으로 제어할 수 있도록 하여야 한다.

강우 데이터의 필요성. 강우 시 합류식 시설의 유량과 특성을 이해하기 위해서는 반드시 우수 데이터를 수집해야 한다. 따라서 때때로 임시적 강우 모니터링 장치를 설치할 필요가 있다. 연속적으로 강우량을 측정할 때는 시간에 따른 강수량을 모니터링할 수 있어야 한다. 연속적으로 강우량을 측정할 때에 시간별로 0.25 mm (0.01 in)씩 단위로 강우량을 측정하는 전도형 우량계(tipping bucket rain gauge)가 사용된다. 넓은 영역의 합류식 시스템을 모니터링하는 경우, 전체 영역에 걸친 강우의 특성변화를 기록하기 위해서는 여러 개의 우량계를 설치하는 것이 필요하다. 월류수 배출의 모니터링을 경감시켜야 하는 넓은 지역에서는 정교한 레이더 강우 시스템이 이용되고 있다.

합류식 하수의 유량 계산

합류식 집수시설에서의 유량계산은 매우 복잡하다. 최근 몇 년간 중서부 및 동쪽 연안에서 나타난 기후패턴과 강우분량의 변화는 유량계산을(짧은기간에 집중한 강우) 더 복잡하게 한다. 이의 첫 단계는 하수량, 강우 유출량, 그리고 지하수 침투 같은 여러 흐름 발생원들을 산정하는 것이다. 이러한 흐름의 발생원들이 합쳐지고 집수시설 내의 여러 성분들을 통해 나뉜다. 마지막으로 합류식 하수관거 월류수(CSO) 배출구를 통해 나가는 유량, 하류의 처리시설로 들어가는 유량, 또는 합류식 집수시설 내의 다른 지점으로 이송되는 유량 등이 결정된다.

컴퓨터 모델링. 합류식 집수시설의 복잡성 때문에 다음과 같은 것을 포함한 완벽한 합류식 집수시설을 모사하기 위하여 컴퓨터를 이용한 모델링이 필요하다. 즉, 건기의 하수량, 관거를 통한 수리학적 우회, 배출구를 통한 배수, 차단장치를 통한 처리시설까지의 흐름 등이 포함되어야 한다. 새로운 시스템은 일반적으로 분리되어 있지만, 기존의 합류시스템은 대부분 합류식 하수관거 월류수(CSO) 제어와 관련된 증가하는 하수 유입을 평가하고 설계하는 것이 필요할 수 있다. 합류식 시스템의 모델은 강우 동안의 유량변화를 시뮬레이션할 필요가 있다. 그래픽 사용자 인터페이스(모델 개발을 위한), GIS 상호작용, 다중 사용자 기능, 반자동 보정, 결과의 그래픽 표시, 애니메이션, 지표유량 2차원 표현 시뮬레이션 등 다양한 모델이 있다.

USEPA의 강우관리 모델[Storm Water Management Model (SWMM)]은 공공영역 모델로 1970년에 개발된 이래로 널리 사용되고 개선되어 왔다. PC-SWMM, XP-SWMM,

InfoSWMM 등의 몇몇 모델은 SWMM을 기반으로 하고 있다. Mike Urban, InfoWorks, SewerGEMS와 같은 독자적인 모델도 널리 이용되고 있다. 또한, 이러한 모델들은 유량 모니터링 데이터에 기초하여 경험적으로 모의실험을 할 수 있다는 것 이외에도, 침투수/유입수와 강우가 유사한 곳에서 시스템을 분리하여 적용할 수 있다. 크고 복잡한 시스템을 장기간 시뮬레이션하는 것은 소프트웨어로 가능하다. 그러나 어떠한 모델을 적용해도 신뢰도를 확보하기 위해서는 유량을 모니터링한 데이터를 가지고 보정을 반드시 해야 한다.

모델 보정과 검정(model calibration and verification). 컴퓨터 모델 중 하나를 사용하여 합류 시스템의 유량을 계산하는 과정은 일반적으로 시스템 내에서 선택된 지역의 예측된 유량과 측정된 유량을 비교하는 것이 포함된다. 모델을 보정하는 동안에 모델은 수집된 호우 시 강우 데이터를 가지고 실행되며 계산된 값은 관측된 값과 비교하게 된다. 예상 입력 매개변수는 예측과 측정 사이에 가장 적합한 값을 얻기 위해 합리적인 범위 내에서 조정된다. 검정되는 동안에는 강우의 데이터가 사용되고 다른 변수는 조정되지 않는다. 이러한 보정과 검정 과정은 모델 예측 능력을 평가하는 데 중요하다.

3-3 하수 유량 자료 분석

집수 및 처리시설은 유량 변동에 영향을 받기 때문에 기존 기록을 이용한 유량 특성 분석은 신중하게 진행되어야 한다. 집수 시스템에서의 유량 자료만 이용이 가능할 경우, 하수 집수 시스템의 유량지연효과(flow dampening effect)로 하수처리장의 유량 변동은 집수 시스템에서의 유량 변동과 다르다는 것을 알아야 한다. 이 절에서는 유량의 통계적 분석과 설계 인자의 결정에 대해서 다루기로 한다.

》 유량에 대한 통계적 분석

하수량과 성분 농도 자료에 대한 통계분석을 하기 위해서는 일련의 측정값들을 정량화하기 위해 사용할 통계변수들을 결정하여야 한다. 하수관리자료들의 분석에 일반적으로 이용되는 통계변수와 그래프 기법들이 부록 D에 소개되었다.

확률 분포 유형. 일반적으로 유량에 대한 통계적 분석에 사용되는 두 가지 유형의 확률분포는 (1) 표준 정규분포와 (2) 로그 정규분포이다. 데이터들이 정규분포한다는 가정에서 일반적으로 사용되는 통계적 척도들은 평균, 분산, 왜도(skewness)와 첨도계수(coefficient of kurtosis)가 있다. 왜도계수에 의해 나타난 것처럼 만일 분포가 매우 비대칭이면 정상적인 통계적 해석은 곤란하다. 자료에 상대적인 변동성을 평가하는 용어로 **분산계수**(*coefficient of variation*)가 있다(부록 D 참조). 만약 데이터가 로그 정규분포를 이룬다면 기하학적 평균(geometric mean)과 기하학적 표준편차(geometric standard deviation) 등의 통계적 척도들이 사용된다(부록 D 참조). 일반적으로 대부분의 유량 데이터는 우기와 건기의 차이가 크기 때문에 로그 정규분포를 이룬다. 유량의 통계학적 분석을 예제 3-4에 나타냈다.

예제 3-4 **하수량 자료에 대한 통계적 분석** 아래에 나타낸 건기(5월~10월)와 우기(11월~4월) 동안의 산업폐수 배출 시설의 주간 유량 자료를 이용하여 통계학적 특성을 구하고 각 기간의 최대 주간 유량을 예측하시오.

주	유량, m^3/주(week)		주	유량, m^3/주(week)	
	건기	우기		건기	우기
1	13,500[a]	20,000[b]	14	37,000	51,600
2	25,900	16,250	15	30,100	41,250
3	28,750	40,350	16	21,250	35,000
4	10,750	18,600	17	23,500	30,750
5	12,500	18,300	18	16,750	23,900
6	9,850	18,750	19	8,350	16,350
7	13,900	21,800	20	18,100	30,200
8	15,100	20,200	21	9,250	21,100
9	23,400	23,750	22	9,900	21,750
10	21,900	42,500	23	8,750	20,800
11	23,700	32,000	24	15,500	24,500
12	18,000	28,300	25	7,600	14,400
13	26,400	28,300	26	8,700	15,200

[a] 5월 첫 주

[b] 11월 첫 주

풀이 1. 산술-확률지와 로그-확률지에 자료를 표시하여 분포 유형을 결정한다.

a. 아래에 나타낸 바와 같이 네 칸으로 된 자료 분석표를 작성한다.

i. 첫째 칸에 1번부터 시작하는 등급 일련번호(rank serial number)를 적는다.

ii. 둘째 칸에 확률 위치표시(plotting position)를 적는다(부록 D 참조).

iii. 셋째와 넷째 칸에 유량이 커지는 순으로 자료값들을 배열한다.

번호	위치표시, %[a]	유량, m^3/주(week)		번호	위치표시, %[a]	유량, m^3/주(week)	
		건기	우기			건기	우기
1	3.7	7,600	14,400	14	51.9	16,750	23,750
2	7.4	8,350	15,200	15	55.6	18,000	23,900
3	11.1	8,700	16,250	16	59.3	18,100	24,500
4	14.8	8,750	16,350	17	63.0	21,250	28,300
5	18.5	9,250	18,300	18	66.7	21,900	28,300
6	22.2	9,850	18,600	19	70.4	23,400	30,200
7	25.9	9,900	18,750	20	74.1	23,500	30,750
8	29.6	10,750	20,000	21	77.8	23,700	32,000
9	33.3	12,500	20,200	22	81.5	24,600	35,000

(계속)

(계속)

번호	위치표시, %[a]	유량, m³/주(week) 건기	우기	번호	위치표시, %[a]	유량, m³/주(week) 건기	우기
10	37.0	13,500	20,800	23	85.2	25,900	40,350
11	40.7	13,900	21,100	24	88.8	28,750	41,250
12	44.4	15,100	21,750	25	92.6	30,100	42,500
13	48.2	15,500	21,800	26	96.3	37,000	51,600

[a] 위치표시, % = $\left(\frac{m}{n+1}\right) \times 100$, 여기서 $n = 26$(부록 D에 식 D−10 참조)

b. 위치표시에 상응하는 주간 유량들을 m³/주의 단위로 그래프상에 표시한다. 결과 그래프를 아래에 나타내었다. 두 그래프에서 모두 자료값들이 로그-확률지에서 직선을 이루므로 이것은 로그 정규분포이다.

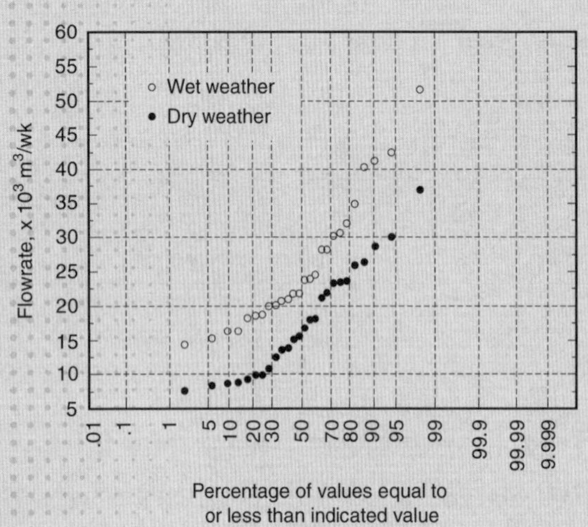

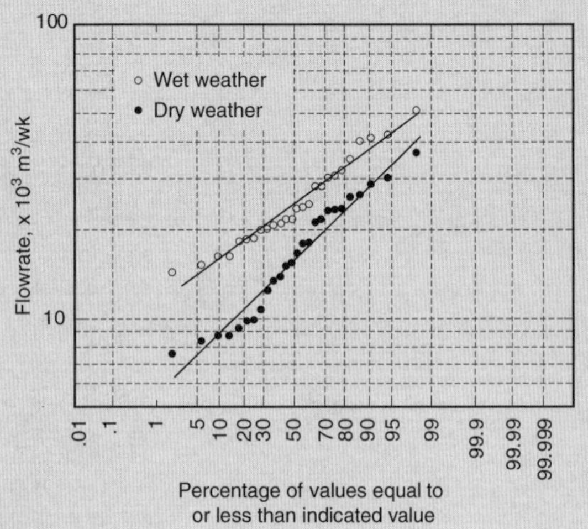

2. 우기와 건기의 기하학적 평균을 구하고 부록 D의 식 D−9를 이용하여 기하학적 표준편차를 구한다.

$$s_g = \frac{P_{84.1}}{M_g} = \frac{M_g}{P_{15.9}}$$

기간	M_g	$P_{84.1}$	s_g
건기	15,948	25,198	1.58
우기	24,504	34,391	1.40

기하학적 표준편차 값을 통하여 변동이 큰 것을 알 수가 있다.

3. 예상되는 건기와 우기의 연간 최대 주간 유량을 구한다.

a. 확률인자(probability factor)를 구한다.

$$\text{첨두주간} = \left(\frac{m}{n+1}\right) \times 100 = \left(\frac{26}{26+1}\right) \times 100 = 96.3$$

b. 앞의 1b 단계의 그림에서 96.3%에 대한 유량을 구한다.

건기 첨두 주간 유량 = 35,948 m^3/주

우기 첨두 주간 유량 = 44,900 m^3/주

자료의 통계적 분석은 하수처리장의 설계조건을 확정하는 데 중요하다. 통계적 해석을 통하여 설계 유량과 질량부하를 선택하는 방법이 다음 절에 나와 있다.

❯❯ 하수 유량으로 설계 인자 도출

하수 유량의 변화를 정량화하는 것은 하수처리시설의 설계와 운전에 있어서 중요하다. 유량변화를 정량화하기 전에 관측된 변동값을 정량화하기 위해 필요한 인자들을 분명히 하는 것이 도움이 된다.

하수 유량 인자. 관측된 변동값들을 나타내는 데 주로 사용되는 용어들을 표 3-11에 나타내었다. 3-7절에서 설명되듯이, 이 용어들은 개별적인 단위 처리 조작과 공정을 선택하고 크기를 정할 때 중요하다. 표 3-11에 나타낸 인자들은 유량 변동을 5가지의 그룹

표 3-11
유량과 성분 농도의 변동값을 정량화하는 데 쓰이는 용어[a]

용어	해설[b]
평균 건기유량 (average dry-weather flow, ADWF)	건기 동안의 일일유량의 평균[c]
평균 우기유량 (average wet-weather flow, AWWF)	우기 동안의 일일유량의 평균[c]
연중 일평균 유량 (average annual daily flow)	연간유량자료에 근거한 24시간 평균 유량
순간첨두 유량 (instantaneous peak)	기록장비와 일치하는 최대기록유량. 측정 및 기록장비의 한계로 인해, 기록된 첨두 유량이 실제의 첨두 유량보다 상당히 낮은 경우가 많다.
첨두시간 유량(peak hour)	연간유량자료에 근거하여 24시간 내의 첨두시간 유량(순간첨두 유량 참조)
일 최대 유량(maximum day)	연간유량자료에 근거한 24시간 동안의 최대 유량
월 최대 유량(maximum month)	기록하는 한 달 동안 지속되는 월 최대 유량의 평균. 실제로 월최대 유량은 NPDES 허가로 작성된 30일간의 최대값을 의미함. 통계학적으로 부정확하더라고 최대값으로 기록된다.
시간최소 유량(minimum hour)	연간유량자료에 근거한 최소시간 유량
일 최소 유량(minimum day)	연간유량자료에 근거한 최소일 유량
월 최소 유량(minimum month)	기록하는 한 달 동안 지속되는 월 최소 유량의 평균
지속 유량 또는 지속부하 (sustained flow or load)	연간유량자료에 근거하여 정해진 시간(1시간, 1일, 한 달 등) 동안 지속되거나 초과하는 유량 또는 물질 부하

[a] Crites and Tchobanoglous (1998)

[b] 정의는 성분 질량부하에도 적용

[c] 어느 지역에서는 기후 변화 효과로 인하여 건기와 우기의 구분이 불명확해졌음

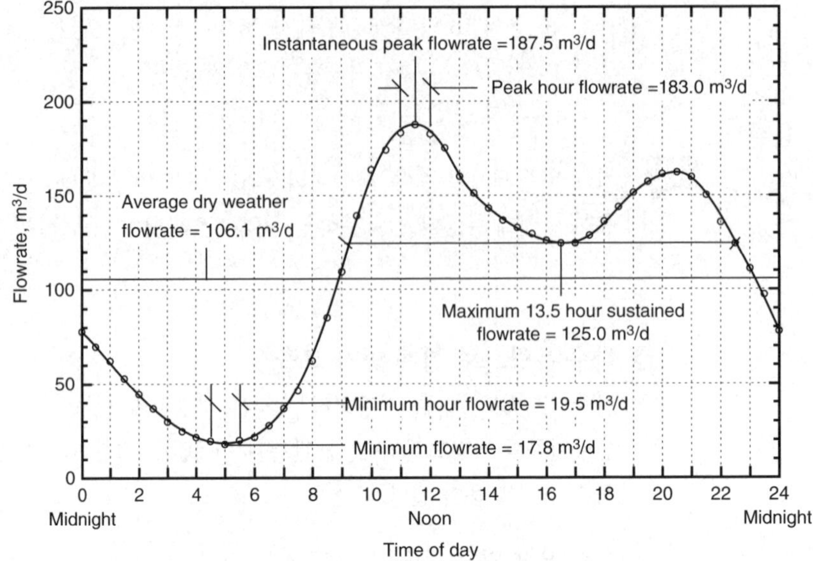

그림 3-8
전형적인 하루 유량변화를 근거로 한 유량 인자 도출

으로 나눌 수 있다. (1) 우기, 건기, 연간유량을 포함하는 평균값, (2) 다양한 첨두값, (3) 최대값, (4) 최소값, (5) 지속값. 그림 3-8에 하루 유량 데이터를 이용하여 평균 하루 유량, 순간첨두 유량, 시간당 첨두 유량, 최소 시간유량, 최소 유량, 13.5시간 동안의 지속 유량의 인자값을 나타냈다. 그림 3-8에 나타낸 것과 표 3-11에 나타낸 장기간 인자들을 정의하려면 2~3년의 기록이 필요하다.

유량 비율. 여러 하수처리장에서 나온 첨두 유량 수치들을 비교하기가 어려우므로, 장기간의 평균 유량으로 나누어 줌으로써 첨두 유량값을 정규화한다. 첨두인자로 알려진 비율을 다음과 같이 정의된다.

$$\text{지속첨두인자(sustained peaking factor, PF)} = \frac{\text{첨두 유량(매시간, 매일, 매달)}}{\text{오랜 기간 동안의 평균 유량}} \tag{3-1}$$

첨두인자는 첨두 시간유량을 결정하는 데 자주 이용된다. 예를 들면 그림 3-8에서 하루

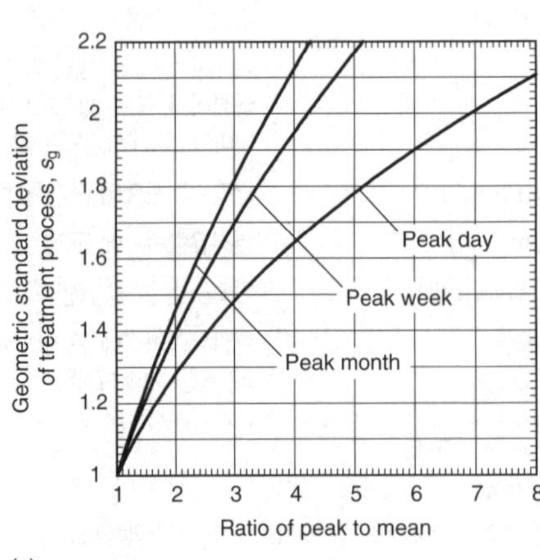

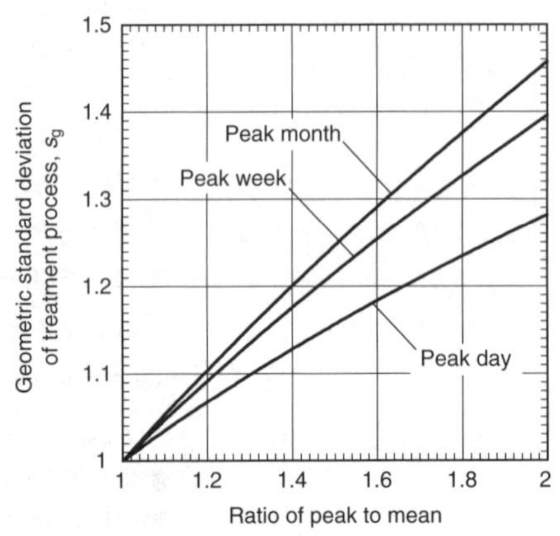

그림 3-9
기하학적 표준편차와 일, 주, 월첨두인자의 관계. (a) 평균변동값에 비해 큰 첨두값을 가진 시설, (b) 평균 변동값에 비해 작은 첨두값을 가진 시설을 위해 (a) 그래프를 확대

표 3–12
하수처리장 크기별 유입하수 유량 및 성분에 대한 기하학적 표준편차(s_g)의 범위

	하수처리시설의 기하학적 표준편차(S_g)의 범위[a]					
	소형[b]		중형[c]		대형[d]	
인자	범위	대표값	범위	대표값	범위	대표값
유량	1.4~2.0	1.6	1.1~1.5	1.25	1.1~1.2	1.15
BOD	1.4~2.1	1.6	1.3~1.6	1.3	1.1~1.3	1.27
COD	1.5~2.2	1.7	1.4~1.8	1.4	1.1~1.5	1.30
TSS	1.4~2.1	1.6	1.3~1.6	1.3	1.1~1.3	1.27

[a] 집수 시스템에 의한 많은 양의 유입을 배제한 시스템.
[b] 유량 4,000~40,000 m^3/d (1~10 Mgal/d)
[c] 유량 40,000~400,000 m^3/d (10~100 Mgal/d)
[d] 유량 > 400,000 m^3/d (> 100 Mgal/d)

유량의 평균 유량과 관련된 지속시간첨두인자는 1.72([(183 m^3/d)/106 m^3/d]이다. 유량 기록이 있다면 3년 이상의 자료를 분석하여 첨두 유량 인자와 일평균 첨두 유량 인자의 비를 구해야 한다. 첨두인자는 발생 시 문제가 되는 최대의 수리학적 조건을 추정하는데 유용하다. 또한 첨두인자는 질량부하에도 적용된다.

》 하수 유입 유량 변동

하수량은 하루 중 시간대별, 주중 일별, 연중 계절별에 따라서도 변하고 집수시설로의 배출 특징에 따라서도 변한다. 대도시에서는 다양한 생활방식과 야간의 활발한 활동으로 하수 유입 유량이 균등화된다. 반대로 작은 지역사회의 하수처리장은 평균값보다 높은 첨두 유량이 발생한다. 위에서 언급한 첨두인자는 최대 하수량을 구하는 데 사용된다. 하수처리 공정의 변동값을 구하는 또 다른 방법은 예제 3–5에 나타냈듯이 기하학적 표준편차(s_g)를 이용하는 것이다. 기하학적 표준편차에 의해 정량화할 수 있다. 기하학적 표준편차는 평균값을 알거나 추정이 가능하다면 모든 기댓값의 분포를 근사화하는 데 이용할 수 있다. 부록 D에 나타냈듯이 기하학적 표준편차의 산술값은 측정된 값의 범위보다 더 넓게 나타난다.

첨두인자는 특정한 시간의 기하학적 표준편차와 관련이 있다. 첨두인자는 주어진 시간 동안의 값을 평균값으로 나누어 계산한다. 예를 들면, 1년에 하루 정도로 발생하는 일 첨두값은 99.7% [(364/365) × 100]의 확률로 일어날 수 있다. 표 3–12에 소형, 중형, 대형 하수처리장 유량의 기하학적 표준편차값의 일반적인 값과 범위를 나타내었다. 기하학적 표준편차값과 일, 주, 월 첨두인자의 관계를 그림 3–9에 나타난 그래프 곡선을 이용하여 구할 수 있다. 그림 3–9의 그래프 곡선을 이용한 기하학적 표준편차값의 활용 방법을 예제 3–9에 나타냈다.

3-4 하수 성상 분석

하수자료의 분석에는 유량과 질량부하의 변화가 포함된다. 이러한 분석에는 정해진 시

(a)

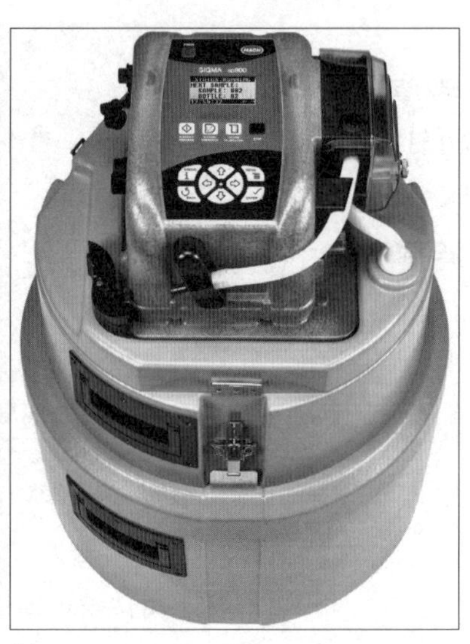
(b)

그림 3-10

하수 시료를 채취하기 위해 쓰이는 채취기(sampler). (a) 폐수 처리에서 시료를 채취하는 데 사용되는 냉장, 잠금, 밀봉 기능이 있는 채취기(그림. 2-2, 채취기의 내부), (b) 과정의 성과를 측정하고 수정된 과정의 장점을 알기 위하여 하루에 시간별로 시료 채취 가능한 휴대용채취기(Hach Company의 양해로 얻음). 휴대용채취기는 또한 수집 시스템의 평가자료를 모으기 위해 사용된다.

간 동안의 어느 특정 성분의 농도, 질량부하(유량과 농도의 곱), 또는 지속질량부하(su-sutained mass loading), 부하량 등이 포함되기도 한다. 처리공정상의 관점에서 보면 첨두 조건에 대한 고려가 전혀 또는 거의 없이 평균 유량과 평균 BOD 및 TSS 부하 자료에만 의존하여 처리장을 설계할 때 가장 심각한 오류들 중의 하나를 초래하게 된다.

많은 지역에서 첨두 유량이나 BOD, TSS 부하가 평균값의 두 배 또는 그 이상이 되기도 한다. 첨두 유량과 BOD, TSS 부하가 함께 발생하는 경우는 거의 없다는 것을 명심하여야 한다. 현재 기록을 잘 분석하는 것이 적절한 첨두질량부하와 지속질량부하를 구하기 위한 가장 좋은 방법이다. 부하 변동에 관여하는 주 인자로는 다음과 같은 것들이 있다. (1) 지역사회 주민들의 습성으로 이것은 단기간 변화(시간당, 일당, 주당)에 관계가 있고, (2) 계절적 조건으로 이것은 장기간 변화에 영향을 미치며, (3) 산업활동은 단기 및 장기간 변화에 모두 영향을 미친다.

개인이 배출하는 하수 성상

하수의 물리적, 화학적, 생물학적 특성은 하루 중에도 수시로 변화한다. 그러므로 분석하는 하수가 대표성을 지녀야만 하수의 적절한 특성 분석이 가능하다. 이 경우 일반적으로 하루 중 일정한 간격을 두고 수집된 시료들로 구성된 유량비례 혼합시료(composite sample)를 이용한다(그림 3-10과 2장의 그림 2-2 참조). 각 시료당 채취하는 물의 양은 시료 채취 시의 유량에 비례한다. 하수의 특성을 잘 알아야 처리 및 처분공정을 잘 설계할 수 있다.

과거에는 성상 농도를 표현하기 위하여 일반적으로 mg/L의 단위를 사용하였다. 하지만, 21세기에서는 용수 사용 저감 등으로 1인당 사용량이 줄어들어 이러한 단위는 유용하지 않다. 용수 사용 저감 효과로 미래의 성상 농도값이 작아지기 때문에 현재 사용되고 있는 농도값은 앞으로 사용하기 어렵게 된다. 따라서 1인당 배출되는 양으로 표현하

표 3-13
건조중량 기준으로 미국에서 각 개인이 배출한 폐기물량[a]

성분(1)	값, lb/인·일			값, g/인·일		
	범위(2)	파쇄된 (ground-up) 부엌쓰레기가 없을 때(3)	파쇄된 (ground-up) 부엌쓰레기가 있을 때(4)	범위 (5)	파쇄된 (ground-up) 부엌쓰레기가 없을 때(6)	파쇄된 (ground-up) 부엌쓰레기가 있을 때(7)
BOD_5	0.11~0.26	0.15	0.20	50~120	70	93
COD	0.30~0.65	0.40	0.50	110~295	180	230
TSS	0.13~0.33	0.15	0.19	60~150	70	87
NH_3 as N	0.011~0.026	0.017	0.017	5~12	7.6	7.9
Organic N as N	0.009~0.022	0.012	0.013	4~10	5.4	6.0
TKN[b,c] as N	0.020~0.040	0.029	0.031	9~18	13	13.9
Organic P as P	0.002~0.004	0.0026	0.0029	0.9~1.8	1.2	1.3
Inorganic P as P	0.001~0.006	0.0020	0.0020	0.50~2.7	0.9	0.90
Total P[c] as P	0.003~0.010	0.0046	0.0048	1.5~4.5	2.1	2.2
Potassium, K[c]	0.009~0.015	0.013	0.014	4~7	6.0	6.2
Oil and grease	0.022~0.077	0.062	0.070	10~35	28.0	32

[a] Tchobanoglous et al.(2013)
[b] TKN은 Total Kjeldahl Nitrogen
[c] TN, TP, K에서 화장실 배출수가 차지하는 비율은 각각 14~17%, 28~35%, 12~18%임

는 것이 좀 더 명확하다고 할 수 있다. 이러한 자료가 하수 성상을 좀 더 쉽게 이해할 수 있게 해준다. 미국과 미국 외의 나라에서의 일반적으로 배출되는 양에 관한 내용을 다음에 나타냈다.

미국에서 개인이 배출하는 폐기물의 양. 단독주택으로부터 1인당 하루에 배출하는 총 폐기물의 양(건조중량 기준)에 대한 일반적인 자료가 표 3-13에 나타나 있다. 표 3-13에 제시된 값들은 여러 곳(미국 내)에서 수집된 값들이며 화장실 배출수도 포함되어 있다. 미국에서의 배출 총량이 다른 나라보다(표 3-14 참조) 많은 이유는 전체 성인의 37.5%가 비만이기 때문이다(Ogden et al., 2012). 배출된 총 병원성 미생물의 수는 개인이 병에 걸려서 병원균을 퍼뜨리느냐에 따라 다르다. 식구 중 한 명 이상이 병에 걸려서 병원균을 퍼뜨리는 경우에는 측정된 미생물 수가 수십만 배 증가할 수도 있다. 표 3-13에 주어진 자료는 폐수의 양을 기준으로 하수 성상 농도를 표현하는 데 사용된다. 앞으로는 새로운 하수처리장 설계를 위하여 표 3-13에 나타낸 것과 같이 1인당 하루에 배출되는 양이 기본 지표로서 사용될 것이다.

미국 외의 지역에서 개인이 배출하는 폐기물의 양. 미국 외의 지역에서 개인이 배출하는 폐기물의 양은 문화적, 사회 · 경제적 차이에 따라 크게 변할 수 있다. 미국 외 12개국의 성분 자료들을 표 3-14에 나타내었다. 미국과 여러 나라에서의 하수 성상이 매우 다른데 이것은 문화적인 차이가 크다. 여러 나라에서의 개인별 물 사용량은 크게 다를 수 있는데 대부분의 경우 물 사용량은 매우 적다. 따라서 하수의 농도가 미국에서보다 훨씬

표 3–14
여러 나라 하수에서의 전형적인 성분 자료[a]

성분/국가	BOD, g/인·일	TSS, g/인·일	TKN, g/인·일	NH_3-N, g/인·일	Total P, g/인·일
브라질	55~68	55~68	8~14	ND	0.6~1
덴마크	55~68	82~96	14~19	ND	1.5~2
이집트	27~41	41~68	8~14	ND	0.4~0.6
독일	55~68	82~96	11~16	ND	1.2~1.6
그리스	55~60	ND	ND	8~10	1.2~1.5
인도	27~41	ND	ND	ND	ND
이탈리아	49~60	55~82	8~14	ND	0.6~1
일본	40~45	ND	1~3	ND	0.15~0.4
팔레스타인[b]	32~68	52~72	4~7	3~5	0.4~0.7
스웨덴	68~82	82~96	11~16	ND	0.8~1.2
터키	27~50	41~68	8~14	9~11	0.4~2
우간다	55~68	41~55	8~14	ND	0.4~0.6
미국[c]	50~120	60~150	9~18	5~12	1.5~4.5

[a] Tchobanoglous et al.(2003)
[b] West Bank and Gaza Strip
[c] 표 3—13 참조

높고 하수처리에 영향을 미친다. 몇몇의 경우 하수의 조성 중 유기물 함량은 높지만 알칼리도가 낮아 질산화가 충분히 일어나지 않는다. 미국 외의 다른 문화권에서의 TSS와 BOD의 농도가 예제 3-5에 설명되어 있다.

소변 성상. 최근에 하수에 미치는 영향과 비료로서의 재사용으로 관심이 높아진 소변의 성상에 대해 표 3-15에 나타내었다. 소변의 성상은 마시는 물의 양, 먹는 음식의 종류와 양, 건강 상태, 혈압, 온도 등에 영향을 받기 때문에 대략적인 값을 표에 나타내었다. 전에도 언급했듯이 소변에는 하수에 포함되어 있는 영양염류(질소, 인, 칼슘)가 포함되어 있다.

표 3–15
소변에 포함되어 있는 모든 성분과 대략적인 농도[a,b]

성분	분자식	농도, mg/L[c] 범위	농도, mg/L[c] 대표값
유기성 분자			
요소	CON_2H_4	9,000~23,000	20,000
Creatinine	$C_4H_9N_3O_2$	900~1,200	1,000
요산	$C_5H_4N_4O_3$	200~400	300
미량 유기물질			
무기성 원소			
암모늄	NH_4^+	400~600	500
탄산이온	HCO_3^-	20~600	300

(계속)

표 3–15 (계속)

성분	분자식	농도, mg/L[c]	
		범위	대표값
칼슘	Ca^{2+}	100~300	150
염소	Cl^-	1,600~8,000	1,900
마그네슘	Mg^{2+}	80~120	100
포타슘	K^+	1,200~1,700	1,500
소듐	Na^+	5,000~7,000	6,000
무기성 물질			
황산이온	SO_4^{2-}	1,600~2,000	1,800
인산이온	$H_2PO_4^-$, HPO_4^{2-}, PO_4^{3-}	1,000~1,500	1,200
전체 구성물질			
요소	CON_2H_4	16,000~24,000	20,000
유기성 물질	–	4,000~8,000	6,000
유기성 암모늄염	–	4,000~6,000	5,000
무기성 염	–	12,000~16,000	15,000
기타	–	2,500~6,000	4,000
고형분	%	4~7	5
수분	%	93~96	95
밀도	g/mL	1.002~1.030	1.010

[a] Putnam(1971); Ryan(1966): Gotaas(1956)을 비롯한 여러 자료

[b] 마시는 물의 양, 먹는 음식의 종류와 양, 건강 상태, 혈압, 온도 등에 영향을 받기 때문에 대략적인 값을 나타냄

[c] 1인당 하루에 배출하는 소변의 양: 0.8~1.3 L/인 · 일

개인 물질부하량 기준 오염물 농도

미국에서의 하수 성상 농도를 표 3–13에 제시된 값들을 이용하여 표 3–16에 나타내었다. 표 3–16에 나타낸 값들은 (1) 가정의 25%가 음식물 쓰레기 파쇄기가 있고 (2) 190 L와 460 L (50 gal 과 120 gal)의 물로 희석했다는 가정에서 계산되었다. 두 개의 다른 양의 물은 희석이 성분 농도에 미치는 영향을 알게 해준다.

성분 농도 산정에 대한 방법을 예제 3–5에 나타냈다.

예제 3–5 **폐기물 성분 농도의 산정** 표 3–14 자료를 이용하여 팔레스타인의 West Bank and Gaza Strip 지역에서 발생되는 BOD, TSS, 암모니아성 질소의 농도를 계산하시오. 단, 물 공급은 간헐적이고 하수량은 60 L/인·일이라고 가정하시오.

풀이 1. 표 3–14로부터 다음의 평균 농도값들을 이용한다.

a. BOD = 50 g/인·일

b. TSS = 62 g/인·일

c. NH_3-N = 4 g/인·일

2. BOD 농도를 계산한다.

$$\text{BOD} = \left[\frac{(50\text{ g/ 일}\cdot\text{d})}{(60\text{ L/ 일}\cdot\text{d})}\right]\left(\frac{10^3\text{ L}}{1\text{ m}^3}\right) = 833\text{ g/m}^3$$

3. TSS 농도를 계산한다.

$$\text{TSS} = \left[\frac{(62\text{ g/ 일}\cdot\text{d})}{(60\text{ L/ 일}\cdot\text{d})}\right]\left(\frac{10^3\text{ L}}{1\text{ m}^3}\right) = 1033\text{ g/m}^3$$

4. NH_3-N 농도를 계산한다.

$$\text{NH}_3\text{-N} = \left[\frac{(4\text{ g/ 일}\cdot\text{d})}{(60\text{ L/ 일}\cdot\text{d})}\right]\left(\frac{10^3\text{ L}}{1\text{ m}^3}\right) = 66.7\text{ g/m}^3$$

물 사용량이 적은 세계 여러 곳에서 BOD와 TSS의 농도가 1,000 g/m^3 (mg/L)까지 올라가기도 한다. 위의 예제에서 BOD와 TSS의 농도가 미국에서 나타난 전형적인 값의 2~4배 정도이다(표 3-16 참조). 암모니아성 질소(NH_3-N)의 농도도 미국 농도의 2배 이상으로 더 높아질 수도 있다.

표 3-16

전형적인 원단위와 미국의 각 가정에서 예상되는 하수농도 외구성[a]

구성요소	월 단위 value[b], g/capita·d	농도 원단위, mg/L 유량, L/capita·d (gal/capita·d) 190 (50)	380 (100)
BOD_5	76.0	399.0	199.0
COD	193.0	1013.0	507.0
TSS	74.0	391.0	195.0
NH_3 as N	7.7	40.0	20.0
유기성 질소 as N	5.5	29.0	14.0
총 질소 as N	13.2	70.0	35.0
유기성 P as P	1.2	6.4	3.2
무기성 P as P	0.9	4.7	2.4
총 P as P	2.1	11.0	5.6
칼륨	6.1	32.0	16.0
오일과 그리스(유기성)	29.0	153.0	76.0

[a] Adapted from Tchobanoglous et al.(2003)

[b] 3-13표. 6,7번째 칸을 보면 25% 정도의 집은 음식물 쓰레기 파쇄기를 가지고 있다고 가정할 수 있다. For example, BOD_5 = [70 + (93 − 70)(0.25)] mg/L = 76 g/capita·d

표 3-17
가정수 사용에 대한 전형적인 광물질 증가

	전형적인 증가 범위[a, b]	
구성성분	중량, g/capita·d	농도, mg/L[c]
음이온		
Bicarbonate (HCO_3)	23~46	60~121
Carbonate (CO_3)	0~5	0~13
Chloride (Cl)	9~23	24~60
Sulfate (SO_4)	7~14	18~37
양이온		
Calcium (Ca)	3~7	8~18
Magnesium (Mg)	2~5	4~13
Sodium (Na)	18~32	47~84
기타		
Aluminum (Al)	0.04~0.09	0.11~0.24
Boron (B)	0.04~0.09	0.11~0.24
Fluoride (F)	0.09~0.2	0.24~0.53
Manganese (Mn)	0.09~0.2	0.24~0.53
Silica (SiO_2)	0.9~5	2.4~13
Total alkalinity (as $CaCO_3$)	28~55	74~145
Total dissolved solids (TDS)	69~175	182~460

[a] 값은 산업과 상업적인 부가물이 포함되지 않음
[b] 가정연수제에서 나온 부가물 제외
[c] 표 3-16과 3-18에서 사용된 380 L/Lap·d를 근거로 둠
Note: mg/L = g/m^3.

물 사용에 따른 광물질(mineral)의 증가

물 사용에 따른 하수내의 광물질 증가 및 집수시설 내에서의 그 증가의 변동에 대한 자료는 하수의 재활용 가능성을 가늠할 때 매우 중요하다. 가정용수 사용 시 배출되는 도시하수에서 추정되는 광물질량의 증가 자료가 표 3-17에 나타나 있다. 하수에서의 광물질 증가는 부분적으로는 개인 소유의 우물, 지하수, 산업용수에 포함된 고농도의 광물질이 하수에 포함되기 때문이다. 가정용 및 산업용 연수제(softner)의 사용에 의해서도 광물질량이 크게 증가하는데 어떤 지역에서는 광물질 증가의 가장 큰 원인이 되기도 한다. 때로는 수질이 매우 양호한 개인 소유의 우물이나 지하수 침투수가 유입되면서 하수내 광물질 농도를 희석시키기도 한다.

집수시설에서의 하수 조성

미국 내의 하수 집수시설 내의 미처리 하수의 일반적인 조성 자료가 표 3-18에 나타나 있다. 표 3-18에 제시된 중간 농도의 하수자료들은 평균 460 L/인·일(120 gal/인·일)의 유량을 기준으로 하였으며 상업시설, 공공시설, 산업시설 발생원들을 포함하였다. 침투수량에 따라 다른 값을 갖는 저농도 및 고농도값들도 또한 나타내었다. “전형적인(typical)” 하수는 없기 때문에 표 3-18에 나타낸 전형적인 자료들은 단지 참고자료임을 명심해야 한다.

표 3-18
미처리 생활 하수의 일반적인 조성

오염물질	단위	농도[b]		
		저농도	중간 농도	고농도
총 고형물(TS)	mg/L	537	806	1612
총 용존성(TDS)	mg/L	374	560	1121
잔류성(fixed)	mg/L	224	336	672
휘발성(volatile)	mg/L	150	225	449
부유물질(TSS)	mg/L	130	195	389
잔류성(fixed)	mg/L	29	43	86
휘발성(volatile)	mg/L	101	152	304
침전성 고형물(settleable solids)	mg/L	8	12	23
생화학적 산소 요구량, 5-일, 20 (BOD_5, 20)	mg/L	133	200	400
총 유기탄소(TOC)	mg/L	109	164	328
화학적 산소요구량(COD)	mg/L	339	508	1016
총 질소(as N)[a]	mg/L	23	35	69
유기성	mg/L	10	14	29
유리 암모니아	mg/L	14	20	41
아질산이온	mg/L	0	0	0
질산이온	mg/L	0	0	0
총 인(as P)	mg/L	3.7	5.6	11.0
유기	mg/L	2.1	3.2	6.3
무기	mg/L	1.6	2.4	4.7
포타슘	mg/L	11	16	32
염화물[b]	mg/L	39	59	118
황산이온[c]	mg/L	24	36	72
유지류(oil and grease)	mg/L	51	76	153
휘발성 유기화합물(VOCs)	mg/L	<100	100~400	>400
총 대장균(total coliform)	No./100 mL	10^6~10^8	10^7~10^9	10^7~10^{10}
분변성 대장균(fecal coliform)	No./100 mL	10^3~10^5	10^4~10^6	10^5~10^8
Cryptosporidum oocysts	No./100 mL	10^{-1}~10^1	10^{-1}~10^2	10^{-1}~10^3
Giardia lamblia cysts	No./100 mL	10^{-1}~10^2	10^{-1}~10^3	10^{-1}~10^4

[a] Tchobanoglous et al.(2003)

[b] 저농도는 570 L/인·일(150 gal/인·일)의 유량을 근거로 하였음. 중간 농도는 380 L/인·일(100 gal/인·일)의 유량을 근거로 하였음. 고농도는 190 L/인·일(50 gal/인·일)의 유량을 근거로 하였음

[c] 가정용수에 존재하는 양만큼 값을 증가시켜야 함

참조: mg/L = g/m^3

》 성분 농도의 변화

하수 집수시설로의 배출특성에 따라 몇 가지 형태로 성분 농도가 변화할 수 있다.

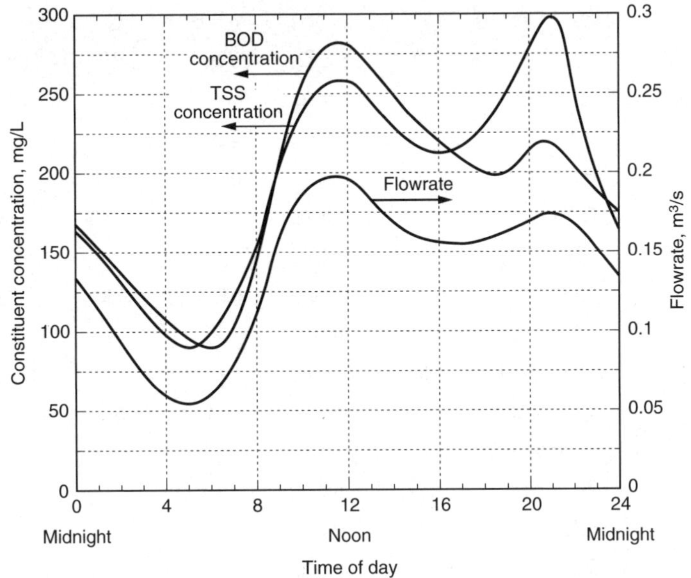

그림 3-11
가정하수의 전형적인 시간대별 유량과 농도 변화

성분 농도값의 단기간 변화. 성분 농도는 하루 중에도 크게 변할 수 있다. 가정하수에서 BOD와 TSS 변화의 예가 그림 3-11에 나타나 있다. BOD와 TSS 변화는 일반적으로 유량의 변화를 따른다. 첨두 BOD(유기물) 농도는 종종 밤에 발생하며, 반면에 첨두 TSS 농도는 종종 아침에 발생한다. BOD와 TSS의 변화폭은 지역의 크기와 성격에 따라 결정된다. 또한 첨두값이 나타나는 시간은 주중 또는 주말에 따라 다르게 나타난다[그림 3-3(b) 참조].

성분 농도값의 계절적 변화. 침투수의 영향을 무시하고 가정하수량만을 고려하면 유원지와 같은 대부분의 계절적 발생원으로부터의 하수의 일인당 단위 부하와 농도는 총 유량이 변하더라도 일 년을 통해 하루 기준으로는 동일한 값을 가진다. 그러나 하수의 BOD와 TSS의 총 질량은 인구에 비례하여 증가할 것이다.

이 장의 앞부분에서 설명된 바와 같이 침투수/유입수는 집수시설로 유입되는 또 다른 발생원이다. 하수관거로 유입되는 물의 특성에 따라 다르지만, 대부분의 경우 외부로부터 유입되는 물로 인해 BOD와 TSS의 농도가 낮아지는 경향이 있다. 어떤 경우에는 지하수에 함유된 용존 성분의 농도가 높아서 몇몇 무기물 농도가 증가하기도 한다.

산업하수의 변화. 폐수의 조성은 각 산업의 기능과 활동에 따라 크게 변화한다. 산업하수 농도의 변화로 하나의 예가 표 3-19에 제시되어 있다. 이 예에 의하면 유량과 수질 측정값들이 일 년에 걸쳐 수십만 배의 차이가 나기도 한다. 이렇게 변화가 심하기 때문에 산업활동에 대한 "일반적인 운전조건"을 정의하기가 좀 어렵다.

산업폐수의 BOD와 TSS의 농도는 하루에도 크게 변할 수 있다. 예로서 야채가공 시설에서 낮에 야채를 씻는 동안 배출된 BOD와 TSS의 농도는 다른 작업시간의 농도보다 훨씬 높을 것이다. 단기간의 고부하 현상은 저장용량이 작아서 "충격부하(shock load-

표 3-19
두 종류의 산업활동에 대한 유출수 성분 농도의 범위[a]

성분	단위	양털 방직공장		토마토 통조림공장	
		연평균	일최대	peak season[b]	off season[c]
유량	m^3/d	–	–	4164~22,300	1140~6400
pH	–	5.92[d]	–	7.2~8.0	7.2~8.0
BOD	mg/L	90.7	169	460~1,100	29~56
COD	mg/L	529	1240	–	–
SS	mL/L	–	–	6~80	0.5~2.2
TSS	mg/L	93.4	860	270~760	69~120
TDS	mg/L	–	–	480~640	360~520
질산성 질소(nitrate-N)	mg/L	–	–	0.4~5.6	0.1~2.2
암모니아성 질소 (ammonia-N)	mg/L	8.1	54	–	–
인	mg/L	–	–	1.5~7.4	0.3~3.9
황산이온	mg/L	–	–	15~23	7.1~9.9
DO	mg/L	–	–	0.9~3.8	1.6~9.8
유지류(oil and grease)	mg/L	27.4	45.2	–	–
온도	°C	–	–	18~23	13~19

[a] Tchobanogloue et al.(2003)

[b] 피크시즌은 갓 수확된 토마토를 통조림으로 만드는 7월 초에서 9월 말까지임. 처리공정은 선별과 짧은 침전으로 이루어진다.

[c] 비시즌은 9월에서 그 다음 해 6월까지까지로, 깡통 토마토를 토마토 반죽, 토마토 소스, 다른 토마토 제품[살사(salsa), 케첩, 스파게티 소스]으로 다시 만든다. 처리공정은 선별과 포기 및 침전으로 이루어진다.

[d] 중간 값

참조: $m^3/d \times 0.264 \times 10^{-3}$ = Mgal/d

ing)"를 조절할 수 없는 작은 처리장에서 주로 일어난다. 통조림공장과 같이 계절적 영향을 받는 산업폐수들은 유량과 BOD 부하가 평소보다 2~5배 가량 증가하기도 한다.

도시 하수처리장에서 처리하기 위하여 산업폐기물을 하수 집수시설로 배출하는 경우 성분 농도와 질량부하(mass loading)의 범위를 확인하기 위해 폐기물의 특성을 적절하게 나타내는 것이 필요하다. 이러한 특성표시는 폐기물이 하수 집수시설로 배출되기 전에 전처리가 요구되는지를 결정하기 위해 또한 필요로 한다. 만약 전처리가 필요하면 전처리시설로부터의 유출수도 반드시 특성을 나타내야 한다. 또한 나중에 제안될 공정에 대해 배출되는 폐기물로 인해 어떠한 영향이 있는지를 알아보아야 한다. 자료가 여의치 않으면, 유사한 시설로부터 자료를 얻도록 하여야 한다. 산업폐수의 특성을 잘 파악해야 적절한 전처리시설을 갖출 수 있다.

합류식 집수시설 내에서의 성분 농도의 변화. 합류식 집수 시스템의 유량, 성분 농도, 질량부하는 지역, 계절, 기후에 따라 넓게 변화한다. 합류식 집수시설에서 배출되는 하수의 특성에 관여하는 일반적 인자들이 표 3-20에 나타나 있다. 강우 시와 강우 종료 후 합류식 집수시설에서 측정된 BOD, TSS, 분변성 대장균의 농도 변화가 그림 3-12에 나타나 있다. 그림에서 보는 것처럼 빗물 유출이 심한 강우 시에는 BOD와 분변성 대장균

표 3-20
합류식 하수의 특성에 영향을 미치는 일반적 인자

변수	양(quantity)과 관련된 인자	질(quality)과 관련된 인자
강우(precipitation)	강우 깊이(rainfall depth, 부피) 강우 강도 강우 지속기간	지역적 대기의 질
하수 발생원	유량과 변동량 발생원 유형(주거, 상업 등)	발생원 유형
배수조 특성	규모, 농도의 지속시간 토지이용 형태 불투수지역 여부 토질특성 지표수흐름제어 시행 여부	오염물질 축적 및 세척 유역관리 시행 여부
하수관거 시스템, 차집관거 설계 및 조건	관 크기, 경사, 모양 침투수량 과부하 또는 역류조건 흐름 제어 또는 분리 형태 침적물에 의한 용량 감소 강물 또는 조수의 유입	유역관리 시행 여부 오염물질의 축적과 재부상 화학적, 생물학적 변형

의 농도가 낮다. 강우 종료 후에는 땅 위로 흐르던 물이 땅속으로 스며들고 하수만 집수시설에서 흐르게 되면서 농도가 크게 증가한다. 이럴 때 강우 내의 BOD와 분변성 대장균의 농도가 하수에서보다 낮다고 결론지을 수 있다. 표 3-21에 합류식 하수, 우수, 도시하수의 특성이 비교되어 나타나 있다.

그림 3-12
강우 시 합류식 집수시설에서의 유량, BOD, TSS, 분변성 대장균의 전형적인 변화

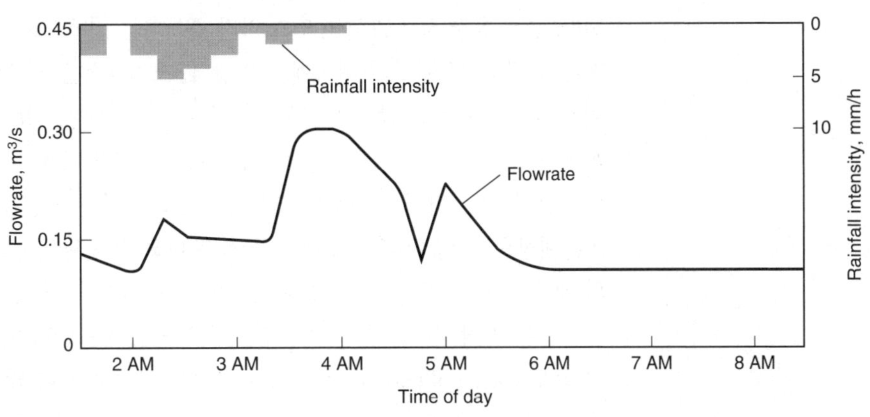

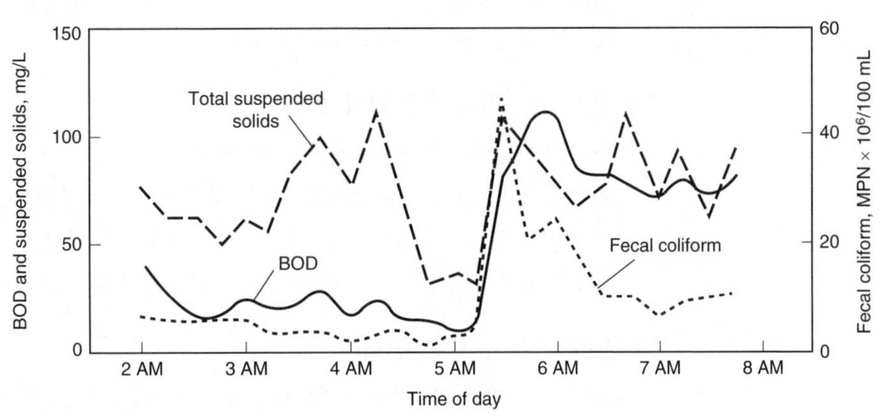

표 3-21
합류식 하수와 기타 발생원과의 비교[a]

변수	단위	강우[a]	강우 유출수(runoff)	합류식 하수	도시하수
총 부유물질(TSS)	mg/L	<1	67~101	270~550	120~400
생화학적 산소요구량(BOD)	mg/L	1~13	8~10	60~220	110~350
화학적 산소요구량(COD)	mg/L	9~16	40~73	260~480	250~800
질소(as N)					
총 킬달 질소	mg/L		0.40~1.00	4~17	20~70
질산성 질소	mg/L		0.05~1.0	0.48~0.91	0
총 인(total as P)	mg/L	0.02~0.15	0.67~1.66	1.2~2.8	4~12
금속					
구리(Cu)	μg/L		27~33	140~600	
납(Pb)	μg/L	30~70	30~144		
아연(Zn)	μg/L		135~226		
분변성 대장균	MPN/100 mL		10^3~10^4	10^5~10^6	10^5~10^8

[a] Tchobanoglous et al.(2003)

BOD와 분변성 대장균과는 달리 TSS 농도는 강우 시에 약간 증가하고 강우 종료 후에는 일정하게 유지되는데, 이것은 강우 유출수와 하수 내의 TSS 농도가 유사한 것을 나타낸다. 첨두 유량 시 TSS의 농도가 약간 증가하는 것은 "초기세척(first flush)"이라고 알려진 합류식 집수시설에서의 현상에 기인한다. 초기세척은 강우의 초기단계 후에 관찰되는데 이때 지표에 축적된 많은 오염물질들이 합류식 집수시설로 씻겨 들어온다. 합류식 집수시설에서 증가된 유량은 이전의 저유량 기간 동안(건기) 퇴적된 물질들을 재부상시킬 수 있다. 재부상된 물질과 지표에서 쓸려 들어온 오염물질들이 함께 오염물질의 농도를 높인다. 초기세척효과의 크기와 빈도에 영향을 준다고 알려진 인자로는 합류식 관거의 경사, 거리와 저류조 청소빈도와 모양, 강우 강도와 지속시간, 오염물질들의 표면 축적 등이 있다.

합류식 집수 시스템의 하수에는 강우가 많이 포함되어 있기 때문에 분류식 하수집수시설(sanitary collection system)에서 나온 하수보다 더 많은 무기물질들이 함유되어 있다. 특히 눈이 많이 오는 지역에서 도로상의 눈이나 얼음을 제거하기 위해 모래를 사용할 때 이러한 현상이 두드러지게 나타난다.

》 성분 농도변화의 통계적 분석

성분 농도의 통계학적 분석은 3-3절에서의 유량 분석과 예제 3-4에서 설명되었던 하수 유량 통계적 분석과 본질적으로 같다. 성분 농도의 통계적 분석에서 일반적으로 많이 사용되는 것은 로그 정규분포이다. 일반적으로 생물학적 처리가 가능한 하수 성분은 로그 정규분포를 따른다. 염소나 황산이온 같은 무기성 물질은 정규분포나 로그 정규분포를 따른다.

》 유입 성분 농도의 변화

그림 3-12에 나타났듯이 유입 성분 농도는 시간, 계절, 인구 규모와 특성, 집수시설의 유

입과 유출에 따라 변한다. 유입 성분 농도의 변화는 예제 3-4에 나타낸 기하학적 표준편차(s_g)에 의해 정량화할 수 있다. 기하학적 표준편차는 평균값을 알거나 추정이 가능하다면 모든 기댓값의 분포를 근사화하는 데 이용할 수 있다. 예를 들어 Peak day의 값은 1년에 한 번 일어나는 데 99.7%빈도로 일어난다(364/365×100). 표 3-12에 하수처리장 규모별 유입 BOD, TSS, COD 농도의 기하학적 표준편차 값의 범위를 나타내었다. 표 3-12에 주어진 기하학적 표준편차 값의 적용은 예제 3-9에 나타내었다.

3-5 성분 질량부하 분석

하수 성분 분석에는 평균, 유량가중 평균농도, 질량부하, 지속첨두 질량부하가 포함된다.

⟫ 단순산술평균

각각의 측정된 값의 단순산술평균값은 다음 식으로 나타낸다.

$$\bar{x} = \frac{1}{n}\sum_{i=1}^{n} x_i \tag{3-2}$$

여기서 $\bar{x}$ = 각각 측정값의 산술평균

n = 측정 수

x_i = i 번째 시간 동안의 측정된 평균값

예를 들어 예제 3-6에 주어진 BOD와 TSS 값을 분석하기 위해서 각 시간별 평균값을 더한 다음에 24로 나누면 된다. 산술평균값은 사용되고는 있지만 시간별 유량값을 고려해 두지 않았기 때문에 이용가치가 적다. 산술평균값은 유량이 일정한 경우에 이용되고 있다.

⟫ 유량가중(flow-weighted) 평균

유량을 가중한 성분 농도는 식 (3-3)에 나타낸 것처럼 유량(보통 24시간에 걸친 시간당 값)과 각각의 성분 농도의 곱의 합을 유량의 합으로 나누어서 구한다.

$$C_W = \frac{\sum_{i=1}^{n} q_i C_i}{\sum_{i=1}^{n} q_i} \tag{3-3}$$

여기서 C_w = 성분의 유량가중 평균 농도

n = 측정 수

C_i = i 번째 기간 중 성분의 평균 농도

Q_i = i 번째 기간 중 평균 유량성분의 유량가중 평균 농도

유량가중 성분 농도는 처리해야 할 실제 하수 농도에 더욱 가깝기 때문에 가능한 한 유량가중 성분 농도를 사용하여야 한다. 단순한 산술평균농도와 유량가중 평균농도를 계산하는 예가 예제 3-6에 나와 있다.

예제 3-6 **유량가중 BOD와 TSS 농도 계산.** 5000명이 살고 있는 지역에서의 유량가중 BOD와 TSS 농도값을 계산하시오. 이 값들을 단순한 산술평균 농도와 비교하시오. 값들의 차이가 의미하는 것은?

시간	유량, m^3/s	BOD, g/m^3	TSS, g/m^3	시간	유량, m^3/s	BOD, g/m^3	TSS, g/m^3
자정	0.120	165	175	정오	0.195	255	280
1 a.m.	0.115	150	155	1 p.m.	0.180	242	265
2	0.095	130	135	2	0.170	229	265
3	0.075	110	120	3	0.164	230	235
4	0.060	100	110	4	0.160	212	222
5	0.055	90	100	5	0.158	217	210
6	0.060	100	90	6	0.159	234	200
7	0.085	120	110	7	0.163	250	200
8	0.115	150	150	8	0.169	270	212
9	0.160	190	210	9	0.174	295	216
10	0.187	238	253	10	0.164	250	203
11	0.195	256	273	11	0.155	199	189
12	0.195	255	280	12	0.135	165	175

풀이

1. 유량가중치를 계산하기 위하여 각 칸에 시간, 유량, BOD, TSS q × BOD, q × TSS이 포함된 표를 작성한다. 첫 번째 칸에 시간 간격을(자정~1시) 써 놓는다.
2. 각 시간 간격에 대해, 그 간격 동안의 평균 유량값을 두 번째 칸에 계산한다. 예로서, 첫 번째 간격(밤 12~1시) 동안의 평균 유량값은 다음과 같이 구한다.

   초기(밤 12시)의 값 = 0.120 m^3/s

   나중(밤 1시)의 값 = 0.115 m^3/s

   $$\text{평균 유량} = \frac{(0.120\ \text{m}^3/\text{s} + 0.115\ \text{m}^3/\text{s})}{2} = 0.118\ \text{m}^3/\text{s}$$

   각 간격들에 대한 평균 유량값을 두 번째 칸에 적는다.
3. BOD와 TSS의 평균값들을 각각 셋째 칸과 넷째 칸에 적는다.
4. 각 시간 간격에 대해, 평균 유량값(둘째 칸)과 평균 BOD 값(셋째 칸)을 곱하고 그 결과 값들을 다섯째 칸에 적는다.
5. 각 시간 간격에 대해, 평균 유량값(둘째 칸)과 평균 TSS 값(넷째 칸)을 곱하고 그 결과 값들을 여섯째 칸에 적는다.
6. 둘째 칸에서 여섯째 칸까지에 대해 합계와 단순산술평균을 구한다.
7. 다섯째 칸과 여섯째 칸(BOD 유량과 TSS 유량)의 합들을 각각 둘째 칸(유량)의 합으로 나누어서 BOD와 TSS의 유량가중 평균농도를 구한다. 결과 값들이 작성된

표 하단의 두 줄에 나타나 있다.

시간 간격 (1)	유량 Q, m^3/s (2)	BOD, g/m^3, (3)	TSS, g/m^3 (4)	Q × BOD, kg/d (5)=(2) × (3)	Q × TSS, kg/d (6)=(2) × (4)
12~1 a.m.	0.118	157.5	165.0	18.59	19.47
1~2	0.105	140.0	145.0	14.70	15.23
2~3	0.085	120.0	127.5	10.20	10.84
3~4	0.068	105.0	115.0	7.14	7.82
4~5	0.058	95.0	105.0	5.51	6.09
5~6	0.058	95.0	95.0	5.51	5.51
6~7	0.073	110.0	100.0	8.03	7.30
7~8	0.100	135.0	130.0	13.50	13.00
8~9	0.138	170.0	180.0	23.46	24.84
9~10	0.174	214.0	231.5	37.24	40.28
10~11	0.191	247.0	263.0	47.18	50.23
11~12	0.195	255.5	276.5	49.82	53.92
12~1 p.m.	0.188	248.5	272.5	46.72	51.23
1~2	0.175	235.5	265.0	41.21	46.38
2~3	0.167	229.5	250.0	38.33	41.75
3~4	0.162	221.0	228.5	35.80	37.02
4~5	0.159	214.5	216.0	34.11	34.34
5~6	0.159	225.5	205.0	35.85	32.60
6~7	0.161	242.0	200.0	38.96	32.20
7~8	0.166	260.0	206.0	43.16	34.20
8~9	0.172	282.5	214.0	48.59	36.81
9~10	0.169	272.5	209.5	46.05	34.41
10~11	0.160	224.5	196.0	35.92	31.36
11~12	0.145	182.0	182.0	26.39	26.39
합계	3.346	4682	5478	711.96	694.19
평균값	0.139	195.1	190.8		
유량가중 농도				212.8[a]	207.5

[a] $C_W = \sum_{i=1}^{n} q_i C_i / \sum_{i=1}^{n} q_i = 711.96/3.346 = 212.8.$

단순산술평균 농도와 유량가중 농도를 비교했을 때 그 차이가 클 수 있다. 위의 예제의 경우 단순평균이 사용되면 BOD 부하가 17.7 mg/L (8.3%)으로 낮게 평가되고, TSS 부하도 16.7 mg/L (8.1%)으로 낮게 평가되었다. 위의 경우, 공정 부하를 추정할 때 단순평균을 이용했다면 처리시설이 8%나 작게 설계되었을 것이다.

》 질량부하

성분질량부하는 주로 kg/일로 표시된다. 유량이 m^3/일로 표시될 때는 식 (3-4a)를 이용하여 계산하고, 유량이 Mgal/일로 표시될 때는 식 (3-4b)를 이용하여 계산한다. SI 단위에서는 mg/L로 표시된 농도는 g/m^3 값과 같다.

$$\text{질량부하, } \frac{(\text{농도, g/m}^3)\,(\text{유량, m}^3\text{/d})}{(10^3\text{ g/1 kg})} \tag{3-4a}$$

$$\text{질량부하, lb/d} = (\text{농도, mg/L})\,(\text{유량, Mgal/d})\left[\frac{8.34\text{ lb}}{\text{Mgal}\cdot(\text{mg/L})}\right] \tag{3-4b}$$

변화하는 부하조건에서도 정상적으로 운영될 수 있는 처리공정을 설계하려면 성분들의 지속첨두 질량부하(sustained peak mass loading) 예상 값에 대한 자료가 있어야 한다. 과거에는 그런 자료가 거의 없었다. 자료가 없는 경우에는 그림 3-13에 나타난 것과 비슷한 곡선들을 이용할 수 있다. 이 곡선들은 미국 전역의 50여 개 처리장의 BOD, TSS, TKN (total Kjeldahl nitrogen), 암모니아, 인의 기록들을 분석하여 작성되었다. 처리시설의 규모, 합류식 하수의 비율, 차집관거(interceptor)의 크기와 기울기, 그리고 하수 배출원의 형태에 따라 처리장에서의 값들이 차이가 크다는 것을 명심해야 한다.

그림 3-13과 같은 물질 부하곡선을 그리는 방법은 다음과 같다. 우선, 기록기간 동안의 평균물질 부하를 계산한다. 둘째, 지속 1일 질량부하의 최고치와 최저치에 대한 기록들을 검토한다. 이 값들을 평균질량부하로 나누고 그 값들을 그린다. 셋째, 이틀 연속, 사흘 연속 등 조사기간(대략 10~30일) 동안의 지속부하에 대한 비율이 구해질 때까지 같은 과정을 반복한다.

각 처리장에 대한 1일 질량부하율(daily mass loading rate)은 매 시간의 자료를 가지고 다음 식을 이용하여 구한다.

$$\text{1일 질량부하, kg/d} = \sum_{i=1}^{24} \frac{(\text{농도, g/m}^3)\,(\text{유량, m}^3\text{/d})}{(10^3\text{ g/1 kg})} \tag{3-5a}$$

$$\text{1일 질량부하, lb/d} = \sum_{i=1}^{24} (\text{농도, mg/L})(\text{유량, Mgal/d})\text{ LEFT}\left[\frac{8.34\text{ lb}}{\text{Mgal}\cdot(\text{mg/L})}\right] \tag{3-5b}$$

지속첨두 질량부하곡선을 그리는 방법이 예제 3-7에 설명되어 있다.

예제 3-7 **BOD 지속첨두 질량부하 값의 산정.** 설계 유량이 1 m^3/s (22.8 Mgal/d)인 처리장의 BOD 지속첨두 질량부하곡선을 그리시오. 그림 3-13(a)의 지속첨두 부하비율 값을 이용하여 장기간에 걸친 1일 평균 BOD 농도는 200 g/m^3라고 가정하시오.

풀이

1. BOD 1일 질량부하를 계산한다.

$$\text{1일 BOD 질량부하, kg/d} = \frac{(200\text{ g/m}^3)(1\text{ m}^3\text{/s})(86{,}400\text{ s/d})}{(10^3\text{ g/1 kg})} = 17{,}280\text{ kg/d}$$

2. 지속첨두 BOD 질량부하곡선에 필요한 자료를 위해 계산표를 만든다(다음 표 참조).
3. 그림 3-13(a)로부터 지속첨두 BOD 부하율에 대한 첨두인자를 구하고, 여러 시간 간격에 대한 지속질량부하율을 결정한다[표의 (1), (2), (3) 참조].
4. 지속질량부하곡선 자료를 구하고 이 자료들로 그림을 그린다(다음 그림 참조).

지속첨두의 기간, 일 (1)	첨두인자[a] (2)	첨두 BOD 질량부하, kg/d (3)	총 질량부하, kg[b] (4)
1	2.4	41,472[c]	41,472
2	2.1	36,288	72,576
3	1.9	32,832	98,496
4	1.8	31,104	124,416
5	1.7	29,376	146,880
10	1.4	24,192	241,920
15	1.3	22,464	336,960
20	1.25	21,600	432,000
30	1.21	19,872	596,160
365	1.0	17,280	

[a] 그림 3-13a로부터 참조

[b] Col.1 × Col.3 = Col.4

[c] 41,472 = 17,280 × 2.4

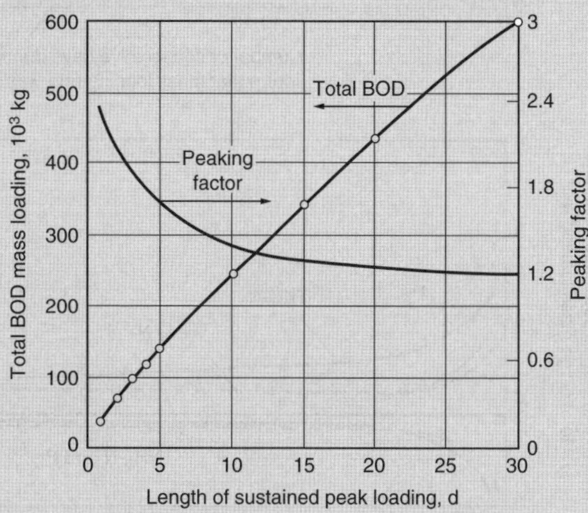

조언 이 예제에서의 곡선이 갖는 의미는 다음과 같다. 만일 지속첨두 부하기간이 10일 동안 지속된다면 10일 동안 처리장이 수용하게 될 총 BOD 양은 241,695 kg이 될 것이다. 1일과 2일의 지속첨두 기간에 해당하는 양은 각각 41,401과 72,451 kg이다. 이런 형태의 예제 계산은 개인 컴퓨터 프로그램을 이용하여 손쉽게 할 수 있다.

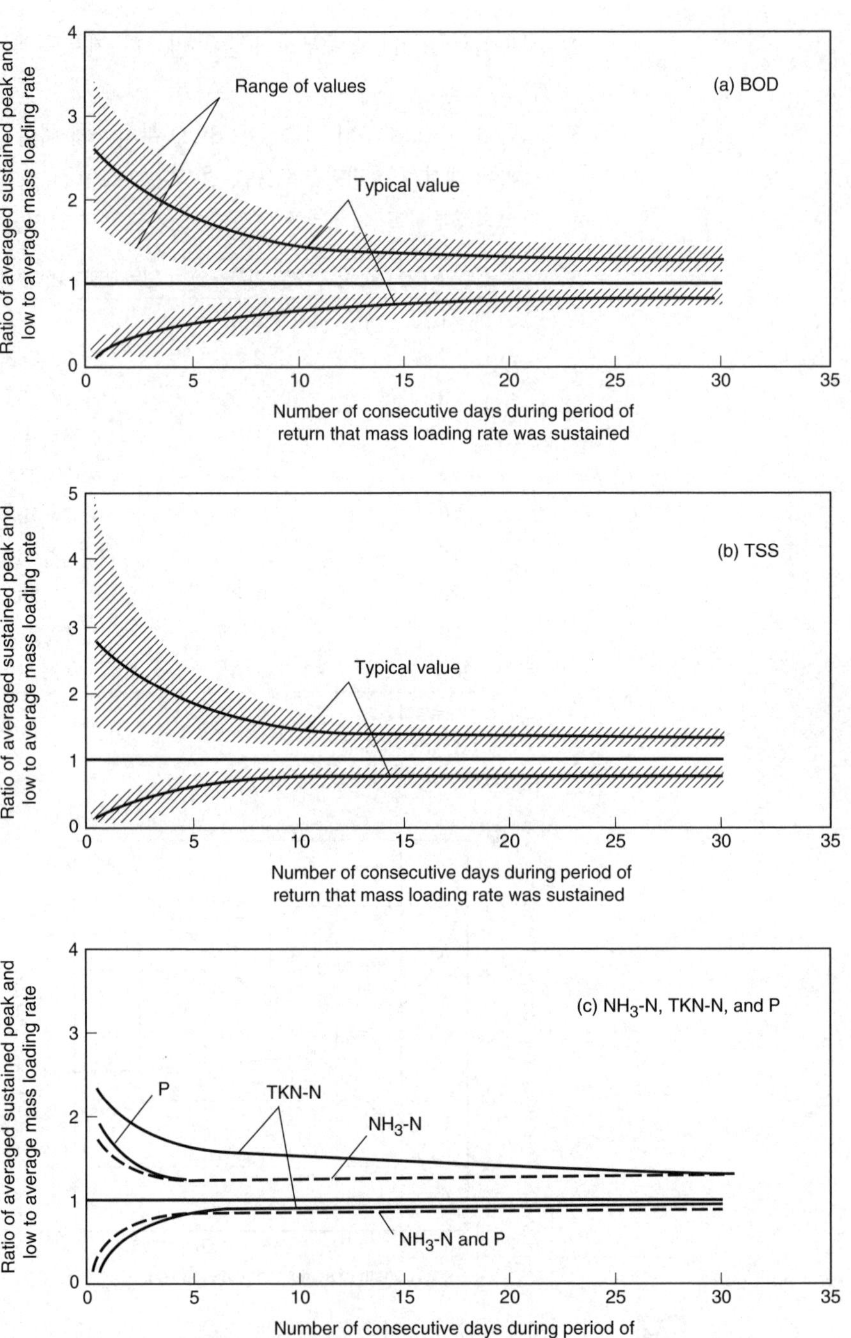

그림 3-13

평균질량부하에 대한 평균화된 지속첨두 및 저위질량부하의 비율. (a) BOD, (b) TSS, (c) 질소와 인

질량부하 변동이 폐수처리공정에 미치는 영향

하루 중에도 처리장으로 들어오는 질량부하는 그림 3-14에 나타낸 것과 같이 크게 변할 수 있다. 이러한 변화는 집수저장능력이 적어 완충작용을 할 수 없는 작은 집수시설에서 더 잘 나타난다. 이러한 부하 변동은 생물학적 처리 조건에 큰 영향을 미친다. 하루 24시

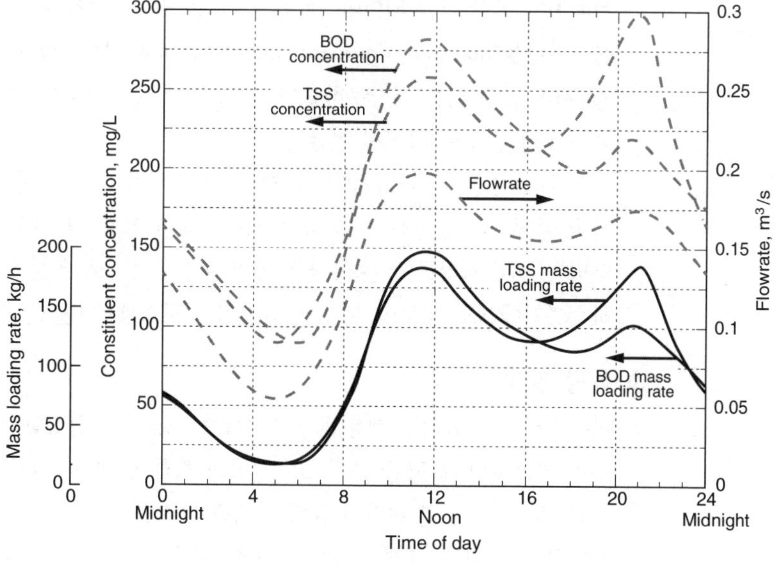

그림 3-14
하루 동안의 유량, BOD, TSS, 질량부하의 변화(평균 시간변화는 그림 3-11 참조)

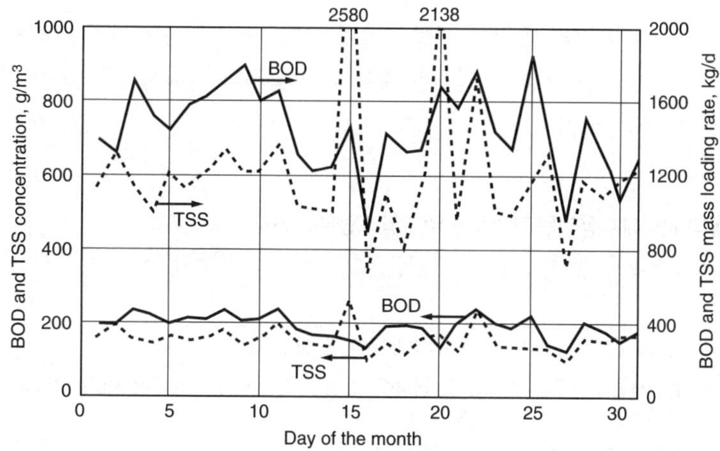

그림 3-15
한 달 동안의 TSS와 BOD 농도 및 질량부하의 변화

간 동안에도 최대시간 BOD 부하가 최소시간 BOD 부하의 3~4배가 되기도 한다. 더 긴 기간일 경우 질량부하는 더 크게 변할 수 있다(그림 3-15 참조). 이런 변화 유형은 생물학적 처리시설의 설계 시 고려되어야 한다. 극단적인 경우 유량 조정조가 필요하다.

3-6 설계 유량과 질량부하의 산정

하수처리장의 처리 용량은 주로 설계년도의 연중 일평균 유량(average annual daily flowrate)과 장래의 발전성을 고려한 여유분을 근거로 한다. 그러나 실제로는 유량, 하수특성, 성분 농도, 물질부하의 영향을 받는 몇 가지 조건을 만족시키도록 하수처리장이 설계되어야 한다. 고려되어야 할 조건들로는 첨두 유량, 최소 유량, 그리고 최대 공정 성분 질량부하율(maximum process constituent mass loading rate), 최소 공정 성분 질량부하율, 지속 공정 성분 질량부하율이 있다. 또한, 설계 및 운영에 있어 하수의 유량과 물질부하의 중요성이 이 절에서 언급될 것이다.

초기 운전기간과 유량 및 부하가 적은 시기도 설계 시 고려되어야 한다. 하수처리시설을 설계하고 운영하는 데 중요한 대표적인 유량 및 질량부하 인자들을 표 3-22에 나타냈다. 하수처리를 하는 궁극적 목적은 전체적으로 운전조건을 맞추면서도 여러 가지의 하수조건에서도 대처할 수 있는 하수처리 시스템을 만드는 것이다.

》 유량 설계

하수처리 시스템의 설계용량과 수리학적 조건들을 결정하기 위해서는 유량의 결정 및 예측이 필요하다. 유량은 운전초기 기간과 장래(설계)의 기간 모두를 고려하여 결정하여야 한다. 운전 초기 몇 년간의 유량에 대한 고려를 간과하는 경우들이 자주 있는데, 그 결과 장비를 지나치게 크게 설계하고 또한 비효율적으로 운영하게 된다. 다음에서는 다양한 설계 유량을 결정하는 것에 대하여 초점을 맞추고자 한다.

유량의 합리적 선정. 유량을 합리적으로 선정하기 위해서는 수리학적 및 공정의 고려가 필요하다. 전술한 것과 같이 공정의 단위시설들과 수리관로는 처리장에 들어오는 유

표 3–22

하수처리시설의 설계 및 운영에 이용되는 전형적인 유량 및 질량부하 인자[a]

유량인자	적용 목적
유량	
일평균	유량비 산정, 펌핑비와 화학약품비 및 운영 인건비 추정
첨두 시간	펌프시설과 관로의 크기 결정, 침사조, 침전조, 여과지 등의 물리적 처리시설의 크기 결정, 염소접촉조의 크기 결정, 고유량을 처리하기 위한 계획 수립
일 최대	균등조, 염소접촉조, 슬러지 펌핑시스템의 크기 결정
월 최대	기록유지 및 보고, 유량이 많은 기간 동안 필요한 최대수의 운영시설 선택;유량이 많은 것이 지속될 경우에 대한 전략, 약품저장시설의 크기결정
시간 최소	펌프시설과 낮은 범위의 처리장 유량 측정기의 감속운전(turndown) 결정
일 최소	고형물 침전제어를 위한 유입관로의 크기 결정, 살수여상에 필요한 유출수 반송량 결정
월 최소	저유량 동안에 요구되는 최소의 운영시설수 결정, 유지관리를 위한 시설 중지 계획 수립
질량부하	
월 최소	감속운영에 필요한 사항 결정
일 최소	살수여상 반송률 결정
일 최대	선택된 공정시설의 크기 결정
월 최대	슬러지 저장시설의 크기 결정, 퇴비화시설의 크기결정
15일 최대	혐기성 및 호기성 소화조의 크기 결정
지속부하	선택된 공정시설 및 부속설비의 크기 결정

[a] Tchobanoglous et al.(2003)

량에 적합하도록 크기가 정해져야 한다. 집수시설이나 처리장에서 하수가 처리되지 않고 통과하는 일이 발생되지 않도록 설비가 갖추어져야 한다. 공정의 단위시설들 중 많은 시설들이 BOD와 TSS 제거 목표율을 달성하기 위해 체류시간이나 월류율(단위표면적당 유량)에 기초하여 설계된다. 이러한 단위 시설들의 성능은 유량조건과 질량부하의 변화에 의해 크게 좌우되므로, 최소 유량과 첨두 유량은 설계 시 반드시 고려되어야 한다.

유량의 예측. 설계 유량을 결정할 때 고려해야 할 사항으로는 다음과 같은 것들이 있다. (1) 기존의 기저 유량(base flow), (2) 주거 · 상업 · 공공 · 산업 발생원에 대한 장래의 예측 유량, (3) 과도하지 않은 침투수/유입수. 기존의 기저 유량은 실제 측정된 유량에서 과도한 침투수/유입수를 뺀 것과 같다(여기에서 침투수/유입수는 집수시설을 비용면에서 효율적으로 개선함으로써 제어될 수 있는 것으로 정의된다).

과거의 자료를 기초로 하여 침투수가 과도하지 않은 지역에서의 총 건기 기저 유량을 420 L/인·일(110 gal/인·일)로 계산되었다. 이 기저 유량에는 하수 230 L/인·일(60 gal/인 일), 상업용 하수 및 소규모 산업폐수 40 L/인·일(10 gal/일·인), 침투수 150 L/인·일(40 gal/인·일)이 포함되어 있다.

유량을 예측하는 데는 이 장의 앞부분에서 기술한 확률 분석 기법이 유용하다. 적어도 2년 이상의 유량 자료가 있는 지역에서는 설계 시 상당히 신빙성 있는 장래 유량을 예측할 수 있다. 유량, BOD, TSS, 질량부하에 대한 확률분석 예가 그림 3-16에 나타나 있다. 확률분석은 첨두 유량과 첨두부하의 발생을 추정한다. 그리고 설계 유량과 설계부하를 산정하기 위한 기초 자료로서 이용될 수 있다. 예를 들면 최대 1일 발생량은 99.7%의 확률을 기초로 해서 결정할 수 있고, 분석기간 동안에는 이 값을 초과하지 않을 것이다.

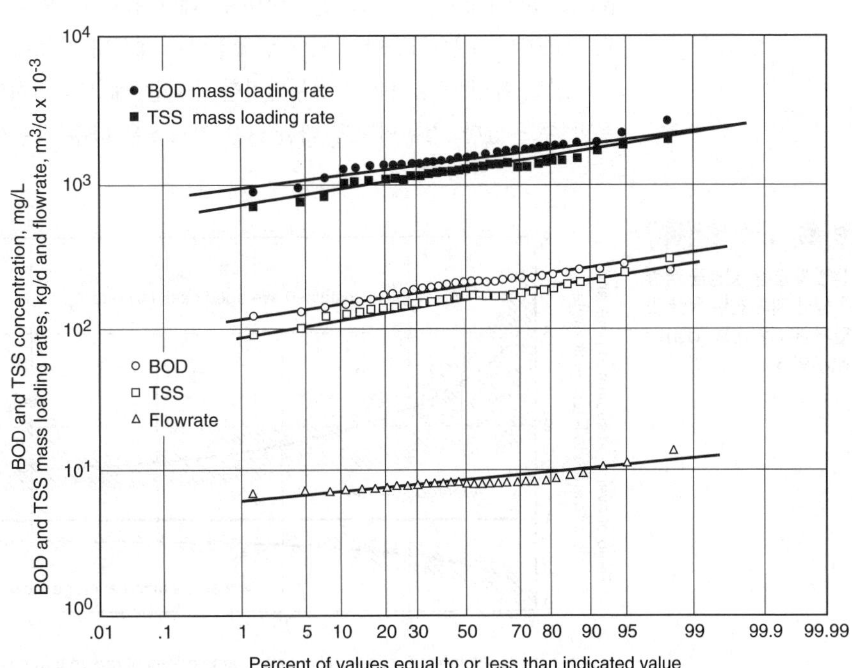

그림 3-16
유량, BOD, TSS의 전형적인 확률곡선(probability plot)

95% 신뢰도 같은 확률값들도 허용조건을 충족시키기 위하여 설계부하를 예측하는 데 설정될 수 있다.

최소 유량. 표 3-22에서 기술한 바와 같이 저유량(low flowrate)도 처리장 설계에 중요하다. 특히 처리장이 설계용량보다 적은 유량으로 운전되는 운전 초기 몇 년간, 그리고 펌프장 설계 시 중요하다. 매우 적은 야간 유량이 예측되는 경우에는 공정을 지속시키기 위하여(살수여상과 같은 생물학적 처리나 자외선 살균을 통한 최적의 유량을 유지하기 위하여) 처리수를 순환시키는 설비를 갖추어야 한다. 측정된 유량 자료가 없으면 일 최소 유량은 중간 규모 내지 넓은 지역의 경우 각각 평균 유량의 30~90%로 가정하기도 한다[그림 3-3(c) 참조](WEF, 2010).

지속 유량. 지속 유량은 연중 운영 자료에 기초하여 어느 특정한 연속기간 동안의 값과 같거나 초과하는 유량을 뜻한다. 지속 유량 자료는 유량조나 처리장의 다른 수리학적 시설들의 크기를 결정하는 데 이용될 수 있다. 지속 유량과 저유량에 대한 그림 예가 그림 3-17에 나타나 있다. 그림 3-17과 비슷한 그래프를 그릴 때는 이용 가능한 가장 긴 기간을 사용해야 한다.

첨두 유량 인자. 설계 시 가장 많이 이용되는 유량 첨두인자(flowrate peaking factor, 첨두 유량과 평균 유량의 비)는 첨두시간유량과 일최대 유량이다(표 3-22 참조). 첨두시간유량은 수리적인 운송 시스템 그리고 유량을 조정할 수 있는 여유용적이 거의 없는 침전지와 염소접촉조와 같은 시설의 크기를 결정하는 데 이용된다. 주최대, 월최대와 같은 다른 첨두인자는 긴 체류시간을 갖는 pond system이나 오랜 체류시간 또는 저장을 요하는 고형물 처리시설(solids processing facility) 또는 바이오 고형물 처리시설(biosolids processing facility)의 크기를 결정하는 데 사용될 수 있다. 첨두인자는 유량기록으로부터 구하거나 또는 비슷한 지역에서 작성된 그래프나 자료에 의해 구할 수 있다.

만일 유량 측정기록이 첨두인자를 구하는 데 부적합하다면, 이미 발표된 자료를 이용할 수도 있다. 첨두인자에 대한 많은 자료들은 하수 집수시설 또는 처리시설을 담당하

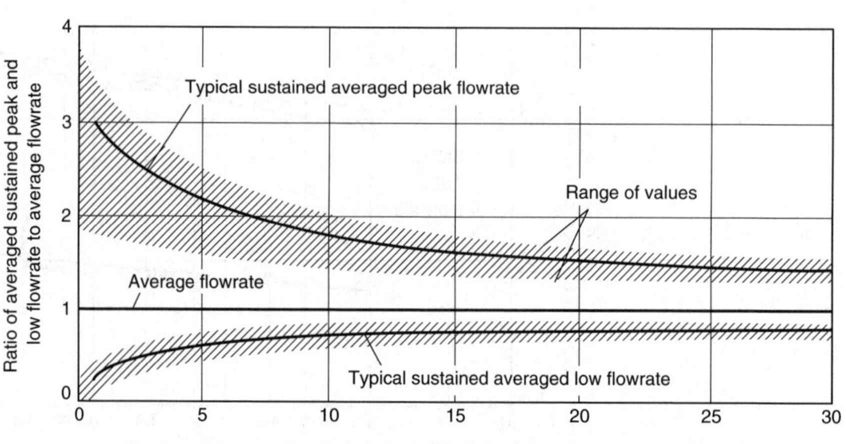

그림 3-17
30일 동안의 연중 일평균 유량에 대한 평균 지속 첨두 유량 및 평균 일저위유량(low daily flowrate)의 비

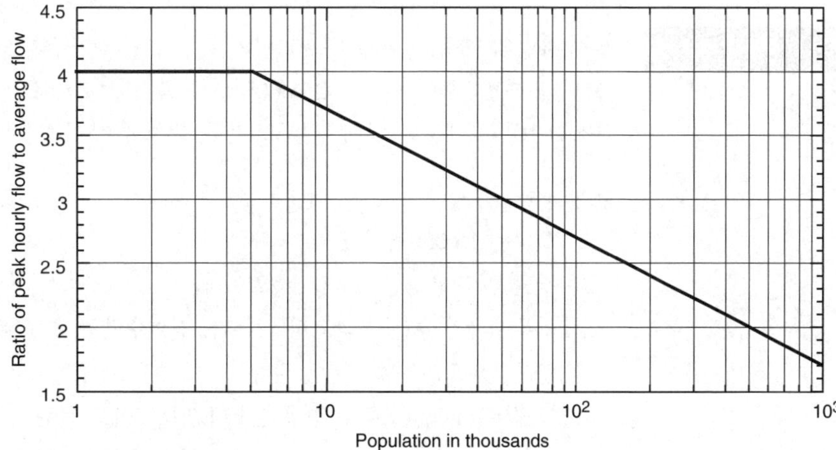

그림 3-18
첨두인자곡선(첨두시간유량 대 일평균 유량의 비)

는 주(州)나 시의 주무부처나 특수부처 등에서 구하거나 또는 Water Environment Federation이나 American Society of Civil Engineers (WEF, 1998 참조) 같은 기관에서 발행된 전문 간행물을 통해서 얻을 수 있다. 첨두인자곡선의 예가 그림 3-18에 나타나 있는데, 이것을 이용하여 가정하수 발생원으로부터의 첨두시간유량을 추정할 수 있다. 그림 3-18에 나타난 곡선은 미국 전역의 많은 지역들의 기록을 분석하여 작성된 것이다. 이 곡선은 침투수/유입수를 제외하고 지역사회에서 배출된 평균 유량을 근거로 하여 작성되었는데 이에는 소량의 상업하수와 산업폐수도 포함되었다.

첨두시간유량에 대한 인자를 구할 때 하수처리장에 유입되는 집수 시스템의 특성을 세심히 고려해야 한다. 집수 시스템이 개선되거나 개량되면 첨두인자가 증감된다. 하수가 처리장에 양수되는 곳에서 신빙성 있는 측정자료가 없을 경우에 고려할 사항들은 다음과 같다.

- 운영조건상의 특이점이 없는지를 운영자와 인터뷰할 것
- 펌핑기록을 검토할 것(가능하다면, 사용 중인 펌프수와 운전시간에 대한 과거 자료)
- 펌프의 운전 속도
- 유지관리 기록상의 펌프조건(임펠러가 닳았다면 단위 출력값이 저하되었을 것임)

과거에 많은 유량이 발생했던 사건들을 시뮬레이션하여 여러 사건들의 누적치를 측정하기 위한 목적으로 양수장(pumping station)에서의 현장조사를 할 수도 있다. 펌프조사는 지방 에너지 공급업자로부터 도움을 받을 수 있다.

중력에 의해 처리장으로 유입되는 경우에는 첨두 유량은 다음에 근거하여 추정할 수 있다.

- 유입 하수관거의 용량
- 고수위 표시(high water-mark)가 보이는지를 판단하기 위하여 상류지역의 맨홀 조사
- 처리장 운영진과의 인터뷰와 현장기록의 검토

첨두인자 사용을 포함해서 설계 유량을 예측하는 예가 예제 3-8에 설명되어 있다.

예제 3-8 **설계 유량의 예측.** 현재 15,000명의 인구가 있는 거주지역에서 하수처리장을 확장하고자 한다. 20년 후의 인구는 25,000명으로 증가할 것으로 예상된다. 주어진 정보들을 활용하여 10년, 20년 후 장래의 평균, 첨두, 최소 설계 유량을 계산하시오.

현재 상황

1. 인구는 15,000명이다.
2. 평균 하수 유량은 7,500 m^3/일이다.
3. 침투수/유입수는 초과되지 않는다. 침투수량의 평균 유량은 100 L/인·일, 첨두 유량은 150 L/인·일로 추정된다.
4. 도시(municipal) 하수 평균은 40 L/인·일이고 첨두 유량은 60 L/인·일이다.
5. 산업하수 평균은 1,000 m^3/일이고 첨두 유량은 1,500 m^3/일이다.

미래 상황

1. 인구는 선형증가하여 20년 후에 25,000명이다.
2. 새로운 주택에서의 가정용수는 절수장치를 설치했기 때문에 기존의 주택보다 20% 가량 적을 것으로 추정된다.
3. 1인당 하수 발생량은 20년 동안 선형감소하여 20% 감소한다.

다른 가정

1. 현재 첨두인자는 3.0이며, 선형감소하여 20년 후에는 2.0이다.
2. 최소 유량 대 평균 유량의 비는 0.35이고 선형증가하여 20년 후에는 0.45이다.

풀이 1. 현재 및 장래의 일인당 하수량을 계산한다.

a. 현재 조건에서 침투수 및 도시하수를 제외한 평균 가정(domestic) 하수량을 계산한다.

i. 침투수량을 계산한다.

$$\text{침투수량} = 15{,}000\text{인} \times 100\ \text{L/인·일} \times \frac{1\ \text{m}^3}{10^3\ \text{L}} = 1500\ \text{m}^3/\text{d}$$

ii. 평균 도시하수량을 계산한다.

$$\text{도시하수량} = 15{,}000\text{인} \times 40\ \text{L/인·일} \times \frac{1\ \text{m}^3}{10^3\ \text{L}} = 600\ \text{m}^3/\text{d}$$

iii. 평균 가정하수량을 계산한다.

$$\text{가정하수량, m}^3/\text{d} = \text{총합} - \text{침투수량} - \text{도시하수} - \text{산업하수}$$
$$= 7500 - 1500 - 600 - 1000 = 4400\ \text{m}^3/\text{d}$$

b. 현재의 가정하수량을 현재의 인구로 나눔으로써 현재의 일인당 하수량을 계산한다.

$$\text{일인당 하수량} = \frac{(4400\ \text{m}^3/\text{d})}{15{,}000\ \text{persons}} = 0.29\ \text{m}^3/\text{인·일}$$

c. 장래 조건에서는 현재의 일인당 하수량을 20% 감소시킨다.

장래의 일인당 하수량 = 0.29 × 0.8 = 0.232 m^3/인·일

2. 장래의 평균 유량을 계산한다.

유량	유량, m^3/d		
	현재	10년 후	20년 후
현재 주민	4400	3960	3520
미래 주민(5000 × 0.232 m^3/인 일)		1160	
미래 주민(10000 × 0.232 m^3/인 일)			2320
가정하수 합계	4400	5120	5840
산업하수	1000	1000	1000
침투수(15,000)(100 L/인·일)(1 m^3/1000 L)	1500		
침투수(20,000)(100 L/인·일)(1 m^3/1000 L)		2000	
침투수(25,000)(100 L/인·일)(1 m^3/1000 L)			2500
도시하수(15,000)(40 L/인·일)(1 m^3/1000 L)	600		
도시하수(20,000)(40 L/인·일)(1 m^3/1000 L)		800	
도시하수(25,000)(40 L/인·일)(1 m^3/1000 L)			1000
전체 유량	7500	8920	10,340
1인당 평균 유량	0.50	0.45	0.41

3. 장래의 첨두 유량을 계산한다.

유량	유량, m^3/d		
	현재	10년 후	20년 후
가정하수 첨두 유량(4400 × 3.0)	13,230		
가정하수 첨두 유량(5120 × 2.5)		12,800	
가정하수 첨두 유량(5840 × 2.0)			11,680
산업하수 첨두 유량	1500	1500	1500
침투수(15,000)(150 L/인·일)(1 m^3/1000 L)	2250		
침투수(20,000)(150 L/인·일)(1 m^3/1000 L)		3000	
침투수(25,000)(150 L/인·일)(1 m^3/1000 L)			3750
도시하수(15,000)(60 L/인·일)(1 m^3/1000 L)	900		
도시하수(20,000)(60 L/인·일)(1 m^3/1000 L)		1200	
도시하수(25,000)(60 L/인·일)(1 m^3/1000 L)			1500
전체 첨두 유량	17,880	18,500	18,430
1인당 평균 첨두 유량	1.19	0.93	0.74

4. 최소 유량을 계산한다.

유량	유량, m^3/d		
	현재	10년 후	20년 후
가정하수 최소 유량(4400 × 0.35)	1323		
가정하수 최소 유량(5120 × 0.40)		2048	
가정하수 최소 유량(5840 × 0.45)			2628
산업하수(야간에 운전중단)	0	0	0
침투수(15,000)(100 L/인 • 일)(1 m^3/1000 L)	1500		
침투수(20,000)(100 L/인 • 일)(1 m^3/1000 L)		2000	
침투수(25,000)(100 L/인 • 일)(1 m^3/1000 L)			2500
도시하수(600 × 0.35)	210		
도시하수(800 × 0.40)		320	
도시하수(1000 × 0.45)			450
전체 최소 유량	3033	4368	5578
1인당 평균 최소 유량	0.2	0.22	0.22

이 예제에서는 침투수/유입수가 최소 유량의 약 50%, 평균 유량의 20% 이상을 차지하고 있는데, 과도한 유량(extraneous flow)이 처리장 설계에 어떠한 영향을 끼치는가를 보여주고 있다. 만일 하수량 기록이 적절하지 않거나 이용할 수 없으면, 3-1절에서 나타난 것과 같이 원단위 하수량과 장래 인구를 이용하여 장래 일평균 유량을 산정할 수 있다. 이때 유량 감소, 침투수/유입수의 허용량, 산업폐수량과 같은 특별한 조건을 고려하여 적당히 보정하여야 한다. 여러 종류의 첨두 유량을 계산할 때, 만일 각 발생원으로부터의 첨두 유량이 동시에 발생하지 않으면 총 첨두 유량에 대한 계산이 보정되어야 한다.

상단(upstream)에서의 첨두 유량 제어. 첨두 유량을 다룰 수 있는 처리장 시설의 계획에는 (1) 침투수/유입수(I/I)와 관련된 첨두 유량을 감소시키기 위한 집수 시스템의 개선, (2) 집수 시스템이나 처리장에 저장을 위한 유량균등조의 설치 등을 포함한 여러 가지 사항들을 고려해야 한다. 첨두 유량 조절을 위한 다른 대안인 유량분할(flow splitting)과 우회흐름 처리시설(bypass facility)은 3-7절에서 다루기로 한다.

집수 시스템을 개선하는 것은 기간이 오래 걸리며 비용이 많이 들고 또한 첨두 유량을 대폭 줄이는 데 즉각적인 효과를 거두지 못할 수도 있다. 어떤 경우에는 집수 시스템 개선에 의해 감소된 유량이 기대보다 못 미치는데, 특히 침투수/유입수 중 침투수가 차지하는 비율이 클 때 더욱 그러하다. 간혹 집수 시스템 개선 후에 유량이 실제적으로 증가하기도 한다. 따라서, 집수 시스템 개선에 의해 가능한 첨두 유량을 추정할 때 안전인자(safety factor)를 고려해야 한다.

유량을 균등히 하는 것은 첨두 유량을 감소시키는 효과적인 방법이다. 상류에 유량균등조를 설치함으로써 얻는 이익으로는 (1) 이미 과부하가 걸린 집수시설에의 수리학적 부하의 감소, (2) 집수 시스템 범람(overflows)의 감소(공중보건에의 위협성 감소), (3) 처리장의 수리학적 첨두부하의 감소 등이 있다. 유량균등은 가용한 용적에 좌우되며 극단적인 첨두 유량조건에서는 별 효과가 없을 수도 있다. 집수 시스템의 수리조건을 충족시키면서 사용할 만한 부지가 마땅하지 않기 때문에 집수 시스템에서의 균등조의 위치 결정은 종종 어려운 문제이다. 운영과 유지관리 또한 어려운데 특히 외딴 지역의 경우 더욱 그러하다. 운영과 유지관리 및 제어의 용이함과 기타의 환경적 요소들 때문에 균등조는 주로 처리장 내에 위치한다. 균등조의 크기 결정에 대한 분석은 3-7절에서 다루기로 한다.

≫ 질량부하 설계

하수처리장 설계에 있어서의 질량부하의 중요성은 표 3-22에서 이미 설명하였다. 예를 들면, 포기조의 크기 결정과 고형물 및 슬러지의 생산량은 처리해야 할 BOD 양으로 직결된다. 또한, 전처리시설 및 1차 처리시설이 비효율적으로 운영되면 더 많은 유기물부하가 생물학적 처리시설로 이송됨을 명심해야 한다. 첨두부하율 또한 단위공정 및 부속 시설들의 크기를 결정하는 데 중요하다. 크기가 잘 결정되어야 처리장의 운전목표에 지속적이고도 신뢰성 있게 도달할 수 있다. 1차 침전조의 성능에 대해서는 5장에서 다루기로 한다.

예제 3-9

다양한 설계인자 추정. 소형 및 대형하수처리장의 유입인자 유량, BOD, COD, TSS의 최대값을 계산하시오. 다음의 평균 설계 값을 이용하시오.

	평균 설계 값		
인자	단위	소형	대형
유량	m^3/d	10,000	500,000
BOD	mg/L	250	250
COD	mg/L	600	600
TSS	mg/L	200	200

유입인자의 일 최대값과 월 최대값을 계산하시오.

풀이

1. 표 3-12의 기하학적 표준편차(s_g) 값을 선정한다. 지역 내 특별한 정보가 없다면, 표3-12에 주어진 값을 다음과 같이 사용한다:

	인자			
처리시설	유량	BOD	COD	TSS
소형	1.6	1.6	1.7	1.6
대형	1.15	1.27	1.30	1.27

2. 주어진 s_g 값을 가지고 그림 3-9에서 첨두인자 값을 결정한다.
첫 번째 단계에서 결정한 s_g 값을 가지고 그림 3-9(a)에서 소형 하수처리장의 첨두인자를, 그림 3-9(b)에서 대형 하수처리장의 첨두인자를 구한다. 첨두인자를 아래

표에 정리하였다.

	소형하수처리장			대형하수처리장		
		첨두인자			첨두인자	
인자	S_g	일	월	S_g	일	월
유량	1.6	3.70	2.35	1.15	1.48	1.29
BOD	1.6	3.70	2.35	1.27	1.95	1.55
COD	1.7	4.40	2.65	1.30	2.20	1.62
TSS	1.6	3.70	2.35	1.27	1.95	1.55

3. 특정한 주기에서 최대값을 구하기 위해서는 첨두인자와 평균 설계 값을 곱하여 최대값을 계산한다.
   a. 소형 하수처리장의 일 첨두인자는 3.70이고 설계인자는 10,000 m^3/d이다:
      $(3.70)(10,000\ m^3/d) = 37,000\ m^3/d$
   b. 두 시설에서의 설계 값이 아래표에 요약되었다.

		설계 값					
		소형 하수처리장			대형 하수처리장		
인자	단위	평균	일 최대	월 최대	평균	일 최대	월 최대
유량	m^3/d	10,000	37,000	23,500	500,000	740,000	645,000
BOD	mg/L	250	925	587.5	250	487.5	387.5
COD	mg/L	600	2640	1590	600	1320	972
TSS	mg/L	200	740	470	200	390	310

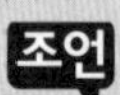

세 번째 단계의 표에서 알 수 있듯이, 소형 하수처리장이 대형 하수처리장보다 유입하수 인자를 더 넓은 범위로 수용할 수 있도록 설계되어야만 한다.

3-7 유량 및 성분부하 조성

하수처리시설로 유입되는 하수의 유량과 특성 변화는 3-4절과 3-6절에서 기술하였다. 유량의 조정은 (1) 유량 변동에 따른 운전상의 문제점을 극복하기 위하여, (2) 후속공정의 성능을 향상시키기 위해서, (3) 후속처리시설의 크기와 비용을 줄이기 위하여 사용된다. 이와 유사하게 부하 조정도 후속처리시설의 크기와 비용을 줄이기 위해 사용된다. 넘치는 우수를 일시적으로 저장하기 위해 큰 오프라인 저장소나 수로(tunnel)를 포함한 다양한 유량 조정이 이용되거나 합류식 하수관거 월류수(CSO) 배출구를 통해서 배출하기도 한다(그림 3-19 참조). 하수처리장 설계와 관련된 유량 조정에 대해서 다음에서 다루었다.

》 유량 조정의 설명 및 적용(Description/Application)

유량 조정이란 간단히 유량의 변화를 줄여 유량을 일정하도록 해주는 것이다. 이와 같은

그림 3-19

샌프란시스코의 합류식 시스템의 상세. (a) 하수 및 우수는 합류식 시설로 들어감. 넘치는 우수는 큰 우수 이송/저장조나 수로를 통해서 배출됨. 우수 양이 줄거나 처리가 가능하게 되면 저장조에 있는 하수는 처리한 후에 샌프란시스코만이나 태평양으로 배출됨 (b) 샌프란시스코에 위치한 저장조와 수로

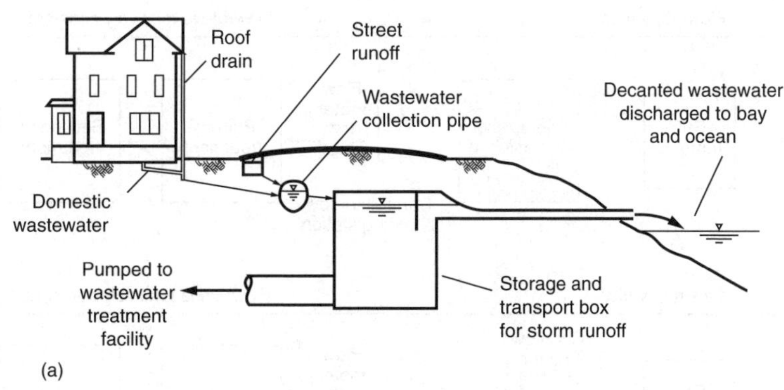

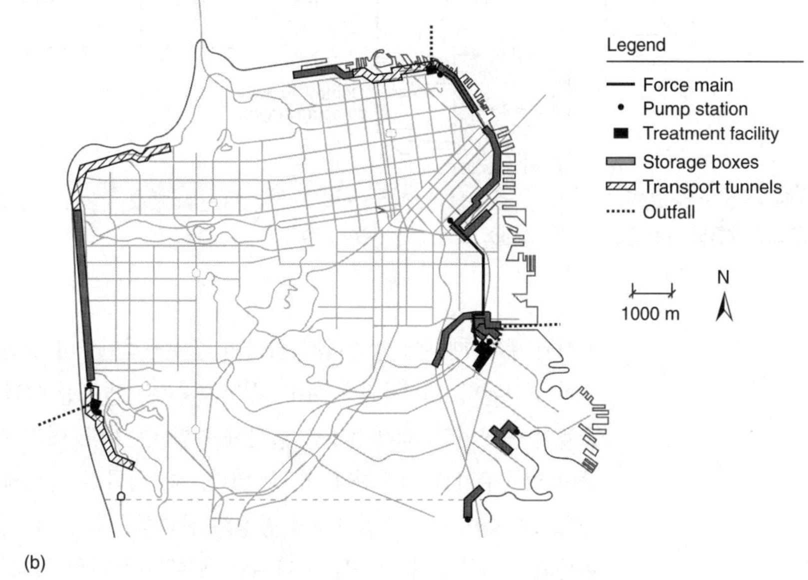

기법은 하수의 합류방식에 따라 여러 가지 다른 경우에 적용될 수 있다. 실제로 쓰이는 곳은 (1) 최대 유량 및 부하량을 감소시키기 위한 건기 유량, (2) 침투수와 유입수가 발생하는 오수집수 시스템에서 우기유량, (3) 합류식 하수관거 내 유량 조정에 사용된다.

하수처리에서 유량 조정의 사용은 그림 3-20과 같이 두 종류의 예를 볼 수 있다. 그림 3-20(a)와 같이 공정 내에 배치하게 되면 전체 유량이 조정조를 거치게 되어 있다. 이와 같이 배치하면 수질과 유량의 균등화가 상당히 잘 달성될 수 있다. 그림 3-20b와 같이 공정 외에 배치하면 미리 정해진 유량 이상의 유량만 조정조로 넘어가게 된다. 이때 펌프 설비는 작게 되는 이점은 있으나, 수질의 균등화는 상당히 감소한다. 이와 같은 공정 외 유량 조정은 때때로 합류식 하수관거로부터 오염도가 높은 "초기강우(first flush)"를 포획하기 위해서 사용된다.

》 유량 조정의 장점

유량 조정조 이점은 다음과 같다. (1) 충격부하를 줄이거나 없애고 독성물질이 희석되며, pH가 안정되기 때문에 생물학적 처리 효율이 증대된다. (2) 고형물 부하를 일정하게 유

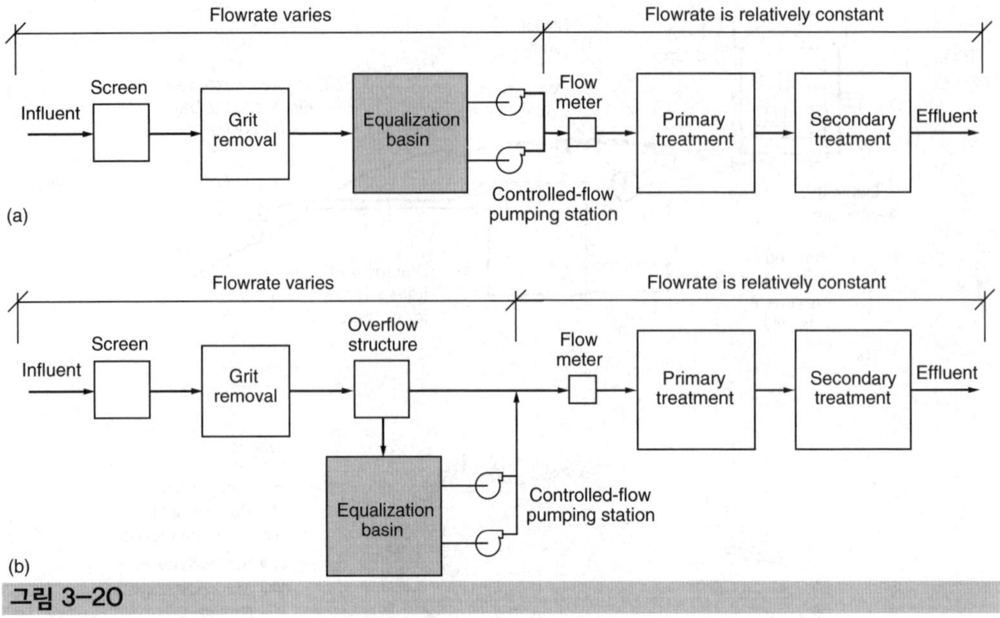

그림 3-20

하수의 유량 조정 흐름도. (a) 공정 내 유량 조정조 (b) 공정 외 유량 조정조

지시켜 주기 때문에 생물학적 처리의 후속공정인 2차 침전지의 유출수의 수질과 농축기능이 향상된다. (3) 처리수 여과 및 3차 처리는 필요한 여과지 면적이 줄어들고, 여과지의 효율이 증대되고, 역세주기를 일정하게 할 수 있다. 여과 시스스템에서 수력학적 부하가 줄어 역세주기를 일정하게 할 수 있다. (4) 화학적 처리에서는 수질부하의 변동을 줄여줌으로써 화학약품 주입장치와 공정의 신뢰성을 높일 수 있다. 유량 조정을 하게 되면 대부분의 처리공정의 성능을 높여 주는 외에 과부하된 처리장의 성능을 향상시키는 데 아주 바람직하다. 유량 조정조의 단점은 (1) 상당히 넓은 면적 또는 장소를 필요로 한다는 것, (2) 조정 시설은 인근 주거지역에 악취 발생에 대한 보상을 해야 한다는 것, (2) 부수적인 운영 및 유지관리가 필요하다는 것, (4) 비용이 증가된다는 것 등이 있다. 하수처리장에서의 유량 조정조 사용의 장점과 단점은 EPA 보고서를 참조하였다(Ongert, 1979).

》 설계 시 고려사항

유량 조정 시설을 설계할 때는 다음과 같은 질문을 고려한다.

1. 전체 처리공정 중 유량 조정 시설은 어디에 설치하여야 할 것인가?
2. 어떤 종류의 유량 조정 방식을 사용할 것인가? 공정 내에 둘 것인가, 공정 외에 둘 것인가?
3. 유량 조정조의 필요용량은 얼마인가?
4. 설계에 통합되어야 하는 기능은 무엇인가?
5. 고형물 처리 및 잠재적인 악취 발생원을 어떻게 제어할 것인가?

그림 3-21

일반적인 두 가지의 하수량 유입 패턴에 대하여 유량 조정조의 필요용량을 결정하는 데 사용하는 도식적인 방법

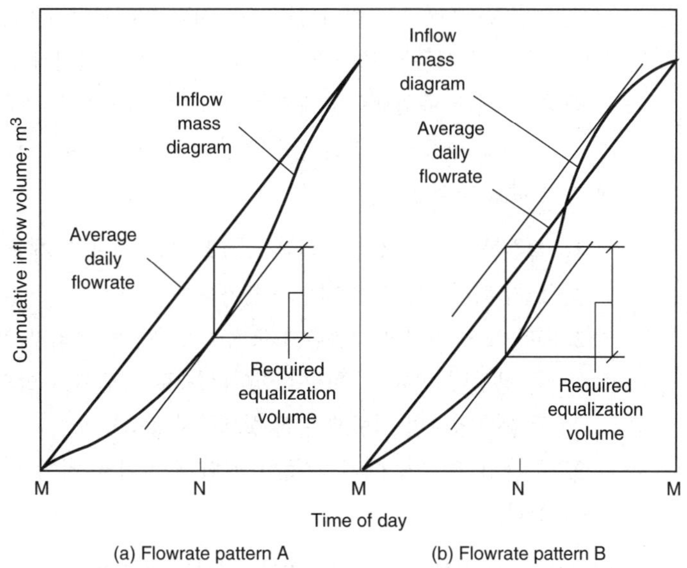

유량 조정 시설의 위치. 각 시스템마다 유량 조정을 위한 최적 위치가 결정되어야 한다. 최적 위치는 처리 방법과 하수 수거 방식 및 하수의 성상에 따라 바뀔 수 있으므로 전체 시스템의 여러 지점에 대하여 자세히 검토하여야 한다. 유량 조정 시설들은 하수처리장에 인접하도록 고려되어야 하며, 이것이 처리공정 계통도 안의 다른 공정들과 어느 정도 통합적으로 운영될 수 있는가에 대한 판단이 반드시 필요하다. 경우에 따라서는 1차 침전지와 포기조 사이에 유량 조정조를 설치하는 경우가 있다. 이때에는 슬러지와 스컴 등에 의한 문제가 적어진다. 만약 유량 조정 시설이 1차 처리시설의 전반부에 놓인다면 고형물이 가라앉거나 농도가 변화되는 것을 막기 위하여 충분한 교반장치와 냄새를 방지하기 위한 충분한 포기장치를 설계할 필요가 있다.

유량 조정조의 요구용량 결정. 유량 조정에 요구되는 용량은 유입유량을 하루 중의 시간에 대하여 누적하여 그린 유입질량도에 의해 결정된다. 일평균 유량은 같은 그래프에 원점에서부터 끝점까지 그린 선으로 표시할 수 있다. 두 가지 전형적인 유량 형태에 대한 그래프는 그림 3-21과 같다.

필요량을 산정하기 위하여 누적 유입수량곡선에 접하면서 일평균 유량과 평행한 선을 긋는다. 그러면 구하고자 하는 용량은 일평균 유량 직선에서부터 접점까지의 수직거리로서 표시된다[그림 3-21(a) 참조]. 만약 유입수량곡선이 일평균 유량의 위로 지나가게 된다면[그림 3-21(b) 참조], 유입수량도에서 일평균 유량에 평행한 두 개의 직선을 그릴 수 있다. 이때 필요용량은 이 두 평행한 직선 사이의 수직거리가 된다. 유량 조정에 필요한 소요용량을 결정하는 방법은 예제 3-10에 잘 나타나 있다. 이 방법은 시간평균 용량이 시간마다의 유량을 빼내어 결과적으로 나타나는 누적된 용량이 그래프에 그려지는 것과 똑같다. 이 경우, 곡선의 낮은 점과 높은 점은 수평선을 그어 결정된다.

그림 3-21과 같은 도표를 해석하는 방법은 다음과 같다. 접선의 가장 낮은 점에서

(유입패턴 A) 조정조는 비어 있다. 이 시점 이후로는 유입유량 도표의 기울기가 일평균 유량보다 크기 때문에 조정조는 점점 차오르기 시작한다. 조정조는 계속 채워져 자정에는 꽉 차게 된다. 유입패턴 B에서 접점의 상부에서는 조정조가 꽉 차게 된다.

실제로 조정조의 용량을 결정할 때는 다음 요인들을 고려하여 계산에서 얻어진 수치보다 큰 값을 채택한다.

1. 특수한 구조물을 설계하는 경우는 예외지만 포기장치나 혼합장치를 계속적으로 쓰기 위해서는 완전 배수가 불가능하다.
2. 고농도의 처리장 반송류가 조정조로 유입될 우려가 있다면 이를 받아들일 수 있도록 용량에 여유를 주어야 한다(실제로는 냄새 유발의 우려가 있으므로 조정조에 뚜껑이 없다면 이렇게는 잘 설계하지 않음).
3. 주간의 유량에 예기치 못한 변화가 일어날 것에 대비하여 다소 여유를 두어야 한다.

일정한 값을 정하기는 곤란하지만, 제시된 조건에 따르면 이론적으로 구한 값의 10~20%를 추가 소요용량으로 결정한다.

예제 3-10

유량 조정조 필요용량 산정방법 및 BOD 부하량에 미치는 영향. 아래의 표에 나타난 유량 및 BOD 농도 자료를 이용하여 (1) 유량 조정에 필요한 공정내 조정조의 용량과, (2) 유량 조정이 BOD 부하율에 미치는 영향을 결정하여라.

	주어진 값		유도값	
시간	시간당 평균 유량, m^3/s	시간당 평균 BOD 농도, mg/L	시간당 누적 유량의 부피, m^3	시간당 BOD 질량부하량, kg/h
M-1	0.275	150	990	149
1-2	0.220	115	1,782	91
2-3	0.165	75	2,376	45
3-4	0.130	50	2,844	23
4-5	0.105	45	3,222	17
5-6	0.100	60	3,582	22
6-7	0.120	90	4,014	39
7-8	0.205	130	4,752	96
8-9	0.355	175	6,030	223
9-10	0.410	200	7,506	295
10-11	0.425	215	9,036	329
11-N	0.430	220	10,584	341
N-1	0.425	220	12,114	337
1-2	0.405	210	13,572	306
2-3	0.385	200	14,958	277
3-4	0.350	190	16,218	239

(계속)

(계속)

	주어진 값		유도값	
시간	시간당 평균 유량, m^3/s	시간당 평균 BOD 농도, mg/L	시간당 누적 유량의 부피, m^3	시간당 BOD 질량부하량, kg/h
4-5	0.325	180	17,388	211
5-6	0.325	170	18,558	199
6-7	0.330	175	19,746	208
7-8	0.365	210	21,060	276
8-9	0.400	280	22,500	403
9-10	0.400	305	23,940	439
10-11	0.380	245	25,308	335
11-M	0.345	180	26,550	224
평균	0.307			213

참조: $m^3/s \times 35.3147 = ft^3/s$

$m^3 \times 5.3147 = ft^3$

$mg/L = g/m^3$

풀이 1. 유량 조정에 필요한 조정조의 용량을 결정한다.

a. 먼저 m^3 단위로 하수량에 대한 누적 질량곡선을 작성한다. 이것은 다음 식을 사용하여 매 시간 사이의 평균 유량(q_i)을 환산한 다음 매 시간의 값을 더해서 얻어진다.

부피, $m^3 = (q_i\ ,\ m^3/s)(3600\ s/h)(1.0\ h)$

예를 들어 자료표에서 처음 세 개의 기간 동안 시간당 부피는 다음과 같다.

첫 번째 기간 M−1에는

$$V_{M-1} = (0.275\ m^3/s)(3600\ s/h)(1.0\ h) = 990\ m^3$$

두 번째 기간 1−2에는

$$V_{1-2} = (0.220\ m^3/s)(3600\ s/h)(1.0\ h) = 792\ m^3$$

가 된다.

누적량, m^3으로 표시하면 매 시간 주기의 마지막마다 다음과 같이 계산된다.

첫 번째 기간 M−1이 지난 후에는

$V_1 = 990\ m^3$

두 번째 기간 1−2가 지난 후에는

$V_2 = 990 + 792 = 1{,}782\ m^3$

가 된다.

비슷한 방법으로 매 시간 주기마다의 누적 유량을 계산한 결과는 아래 표에 나타냈다.

b. 두 번째 순서는 다음 그림과 같은 누적 유량도를 작성하는 것이다. 이 그림에서

원점으로부터 누적 곡선의 끝점을 이은 직선의 기울기는 일평균 유량을 나타내며 여기서는 0.307 m^3/s이다.

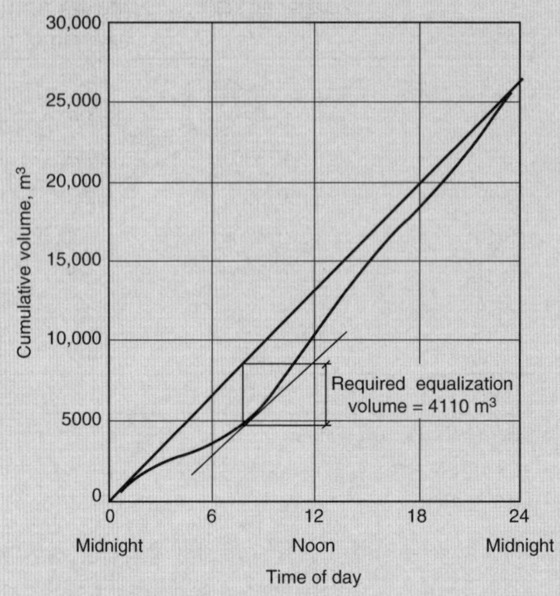

c. 세 번째 순서는 필요용량을 결정하는 것이다. 이것은 누적 곡선의 가장 낮은 점에 접하면서 평균 유량과 평행한 직선을 그어 구할 수 있다. 필요용량은 접점에서부터 평균 유량의 직선까지의 수직거리로서 나타난다. 이 경우 필요용량은 다음과 같다.

조정조의 필요용량 $V = 4{,}110\ m^3\ (144{,}790\ ft^3)$

2. 조정조가 BOD 질량부하율에 미치는 영향을 구하기로 하자. 이것을 하기 위해서는 많은 방법이 있지만, 가장 쉬운 방법은 조정조가 비었을 때 매 시간 단위로 필요한 계산을 하는 방법일 것이다. 조정조는 그림에 의하면 아침 8시경에 비게 되므로 8~9시 구간부터 계산을 하면 될 것이다.

a. 첫째 순서는 각 시간 구간이 지난 후에 조정조에 남아 있는 액체의 부피를 구하는 것이다. 이것은 부피로 나타내지는 유입유량에서부터 조정된 시간당 유량을 빼면 구할 수 있다. 1시간 간격의 조정된 유량에 해당하는 부피는 0.307 m^3/d × 3600 s/h =1,106 m^3이다. 이 값을 사용하여 다음 식으로 계산한다.:

$V_{sc} = V_{sp} + V_{ic} - V_{oc}$

여기서, V_{sc} = 현재시간 간격 끝에서 유량 조정조 내의 부피

V_{sp} = 전 시간 간격 끝에서 유량 조정조 내의 부피

V_{ic} = 현재시간 간격 동안 유입된 부피

V_{oc}= 현재시간 간격 동안 유출된 부피이다.

따라서 주어진 표의 값을 이용하면 시간 간격 8~9동안의 조정 조안의 부피는

다음과 같다.

$V_{sc} = 0 + 1{,}278 \text{ m}^3 - 1{,}106 \text{ m}^3 = 172 \text{ m}^3$

시간 간격 9~10에는

$V_{sc} = 172 \text{ m}^3 + 1{,}476 \text{ m}^3 - 1{,}106 \text{ m}^3 = 542 \text{ m}^3$

비슷한 방법으로 각 시간 간격을 지난 후의 저장된 부피는 다음 표와 같이 계산될 수 있다.

시간 간격	시간 간격 내의 유입량, m^3	시간 간격 후의 저장된 부피, m^3	시간 간격 내의 평균 BOD 농도, mg/L	시간 간격 내의 조정된 BOD 농도, mg/L	시간 간격 내의 조정된 BOD 질량부하, kg/h
8~9	1278	172	175	175	193
9~10	1476	542	200	197	218
10~11	1530	966	215	210	232
11~N	1548	1408	220	216	239
N~1	1530	1832	220	218	241
1~2	1458	2184	210	214	237
2~3	1386	2464	200	209	231
3~4	1260	2618	190	203	224
4~5	1170	2680	180	196	217
5~6	1170	2746	170	188	208
6~7	1188	2828	175	184	203
7~8	1314	3036	210	192	212
8~9	1440	3370	280	220	243
9~10	1440	3704	305	245	271
10~11	1368	3966	245	245	271
11~M	1242	4102	180	230	254
M~1	990	3986	150	214	237
1~2	792	3972	115	196	217
2~3	594	3160	75	179	198
3~4	468	2522	50	162	179
4~5	378	1794	45	147	162
5~6	360	1048	60	132	146
6~7	432	374	90	119	132
7~8	738	0	130	126	139
평균					213

참조: $m^3 \times 35.3147 = ft^3$

kg × 2.2046 = l b

$g/m^3 = mg/L$

b. 두 번째 순서는 조정조를 거쳐 나갈 때의 평균 농도를 구하는 일이다. 이것은 조정조 안에서는 모든 액체가 완전히 혼합된다고 가정하여 다음 식과 같이 표시

된다.

$$C_{oc} = \frac{(V_{ic})(C_{ic}) + (V_{sp})(C_{sp})}{V_{ic} + V_{sp}}$$

여기서, C_{oc} = 현재시간 간격 동안에 조정조로부터 빠져나가는 하수의 평균 BOD 농도, (mg/L)

V_{ic} = 현재시간 간격 동안 들어오는 하수의 부피, m^3

C_{ic} = 현재시간 간격 동안 들어오는 하수의 평균 BOD 농도, g/m^3

V_{sp} = 전 시간 간격 끝에서 조정조 안의 하수의 부피, m^3

C_{sp} = 전 시간 간격 끝에서 조정조 안의 하수의 BOD 농도, g/m^3

위의 계산표의 두 번째 항에 주어진 데이터를 이용하면 다음과 같이 유출하수의 농도를 구할 수 있다.

시간 간격 8~9에는

$$C_{oc} = \frac{(1278\ m^3)(175\ g/m^3) + (0)(0)}{1278\ m^3}$$
$$= 175\ g/m^3\ (mg/L)$$

시간 간격 9~10 사이에는

$$C_{oc} = \frac{(1476\ m^3)(200\ g/m^3) + (172\ m^3)(175\ g/m^3)}{(1476 + 172)\ m^3}$$
$$= 197\ mg/L$$

모든 시간 간격에서의 농도값은 비슷한 방법으로 구해지며 계산결과는 위의 표와 같다.

c. 세 번째 순서는 다음 식을 이용하여 시간당 BOD 질량부하율을 계산하는 것이다.

$$\text{질량부하율, kg/h} = \frac{(C_{oc},\ g/m^3)(q_i,\ m^3/s)(3600\ s/h)}{(1000\ g/kg)}$$

예를 들어, 시간 간격 8~9의 질량부하율은

$$\frac{(175\ g/m^3)(0.307\ m^3/s)(3600\ s/h)}{(1000\ g/kg)} = 193\ kg/h\ (426\ lb/h)$$

모든 시간에 대한 값이 위 표와 같이 계산되었다. 유량 조정조가 없을 경우에 대응되는 값은 원래 데이터 표에 나와 있다.

d. 조정조의 영향을 한눈에 알기 쉽게 하기 위해서는 순서 2a에서 그린 그림 위에 조정조를 설치하지 않았을 경우와 설치했을 경우의 BOD질량부하를 각각 시간마다 그리면 된다. 문제 설명에 제시된 표와 순서 2a에서 계산한 표로부터 구한 다음과 같은 유량비율을 보면, 유량 조정조를 설치함으로써 얻어진 이점을 알아

내는 데 도움이 될 것이다.

비율	BOD 질량부하	
	조정 전	조정 후
최대/평균	439/213 = 2.06	271/213 = 1.27
최소/평균	17/213 = 0.08	132/213 = 0.62
최대/최소	439/17 = 25.82	271/132 = 2.05

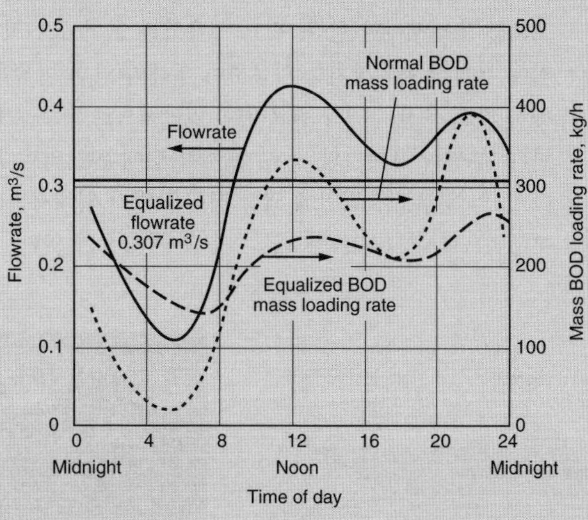

공정 내에 유량 조정조가 설치되는 경우, 조정조의 크기를 크게 하면 BOD 질량부하율을 더 균등하게 할 수 있다. 생물학적 처리공정에 BOD 질량부하의 변화를 줄이기 위해 공정 외에 유량 조정조가 설치되기도 한다. 이 예제에서는 처리장의 유입유량은 균등하게 되었지만, 불명수의 침입이 많은 곳이라든지 강우 시 첨두수량이 많은 곳에 유량 조정조를 설치하게 되면 더 큰 효과를 기대할 수 있을 것이다.

유량 조정조의 배치 및 건설. 유량 조정조를 설계하는 데 고려해야 할 주요 인자는 (1) 조의 형상, (2) 청소, 접근, 안전을 고려한 유량 조정조의 건설, (3) 교반 및 공기주입의 필요, (4) 운전 장치들, (5) 펌프와 펌프제어 장치 등이 있다.

유량 조정조의 형상. 유량 조정조의 형상은 공정 내에 사용되었는지 공정 외에 사용되었는지에 따라 상이하다. 유량과 부하를 동시에 조정하기 위해 공정 내에 조정조가 설치되었다면, 가능한 한 조가 완전혼합반응조로서 최적의 형상을 만드는 것이 중요하다. 따라서 조정조를 길게 만드는 것을 피해야 하고 유입부와 유출부의 형상은 단락류가 최소가 되도록 배치하여야 한다. 교반기 근처로 유입수가 들어오게 하면 단락류가 줄어든다. 주어진 면적에 긴 형태로밖에 놓을 수 없다면 유입부와 유출부를 여러 개 사용하는 것이 필요하다. 조를 설계할 때 청소도구가 쉽게 접근할 수 있도록 하여야 한다. 청소비용이나 냄새 문제를 줄이기 위해 여러 단으로 만드는 것이 바람직하다.

유량 조정조 건설. 신설되는 유량 조정조의 재질은 흙, 콘크리트, 강재 등으로 할 수 있으며, 이 중에서 흙의 경우가 가장 저렴하다(그림 3-22 참조). 지역적 조건에 따라, 측면 경사는 3:1~2:1까지 변한다. 흔히 사용되는 흙으로 만든 조정조의 단면은 그림 3-22(a)와 같다. 대부분의 설치에서 지하수의 오염을 막기 위하여 라이닝이 필요하다[그림 3-22(b)와 3-22(c) 참조]. 조 깊이는 부지 이용성, 지하수의 수위, 지형에 따라 상이하다. 만약에 높은 지하수 지역에서 라이닝을 사용한다면, 라이닝상에서 수리학적 상승의 효과를 고려해야만 한다. 필요 여유고는 조의 표면적과 지역 풍향 조건에 좌우된다. 만약에 부상식 포기장치를 사용하여 부패와 악취 발생을 막는다면, 포기기를 보호하기 위해서 최소 운전 수위가 필요하다. 일반적으로 최소 수위는 1.5~2 m 깊이가 되도록 해야 한다. 부상식 포기기의 경우, 포기기 밑에 콘크리트 패드를 설치하여 침식을 막아야 한다. 조의 윗부분에 바람에 의한 침식을 막기 위해서는 경사면을 돌망태나 흙 시멘트 또는 부분적으로 콘크리트 층으로 보호해 줄 필요가 있다. 일반인의 접근을 막기 위해 울타리

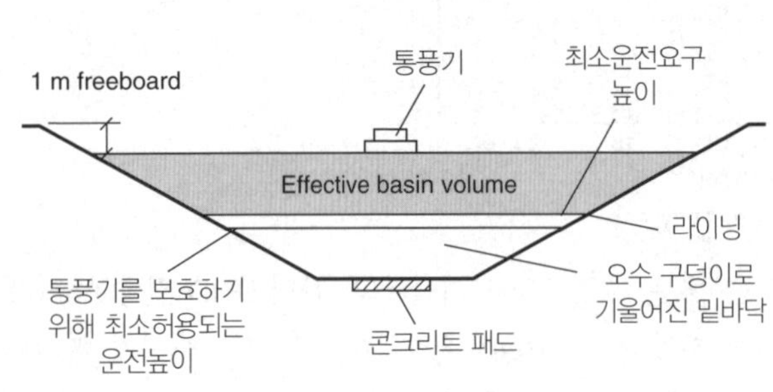

(a)

(b)

(c)

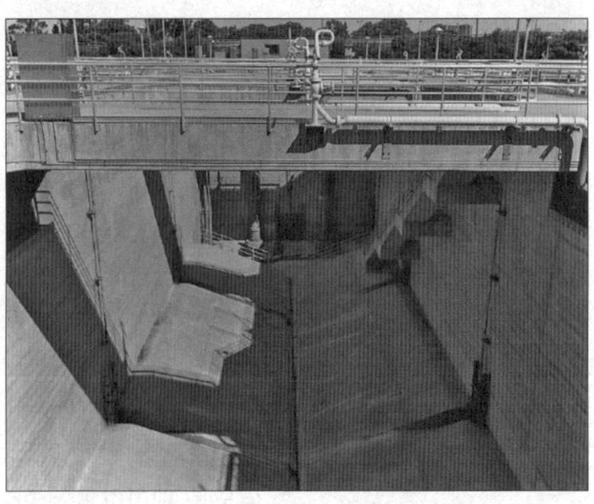

(d)

그림 3-22

일반적인 유량 조정조. (a) 일반적인 유량 조정조의 단면, (b),(c) 라이닝 처리한 흙기반 얕은 유량 조정조, (d) 깊은 콘크리트 기반 유량 조정조

도 설치하여야 한다.

지하수위가 높은 지역에서는 제방의 붕괴를 막기 위하여 배수시설을 설치하여야 한다. 안정된 제방을 건설하기 위해서는 제방 상부에 최소한의 안정폭을 확보해야 한다. 따라서 또한 제방의 적당한 유지보수를 위한 장비를 사용 가능케 한다. 특히 기계식 다짐장비가 사용되는 곳에서는 공사비를 줄일 수 있다.

교반과 소요공기량(Mixing and Air Requirements). 공정 내나 공정 외의 유량 조정조를 적절히 운전하기 위해서는 적절한 교반과 공기 주입이 필요하다. 교반장치의 크기는 탱크내부 물질을 혼합하고, 조정조 내에 고형물이 퇴적되는 것을 막을 수 있도록 정해져야 한다. 교반기의 용량을 최소로 하기 위해 가능하면 조정조 앞에 모래 제거 장치를 놓아야 한다. 부유물질 농도가 약 210 mg/L인 중간 정도의 도시하수를 섞기 위해 필요한 교반은 조정조 용량의 0.004~0.008 kW/m^{3}이다(표 3-18 참조). 하수가 부패하거나 냄새나는 것을 막기 위해 공기주입이 필요하며 호기성 상태를 유지하기 위해 공기는 0.01~0.015 m^3/m^3 · min의 비율로 공급해 주어야 한다. 그러나, 최초 침전지의 후에 설치된 조정조나 체류시간이 짧은(최소 2시간) 조정조에서는 공기주입이 필요치 않을 때도 있다.

기계식 포기기를 사용하는 곳에서, 특히 원형조에서 적절히 교반되도록 하기 위해 배플을 설치하는 것이 필요할 수도 있다. 포기기를 보호하기 위하여 수위가 낮아지면 전원이 꺼지는 장치를 마련해야 한다. 때에 따라 주기적으로 조정조를 비워야 할 때가 있으므로, 포기기는 다리나 받침을 설치하여 조의 바닥이 망가지지 않고 내려앉을 수 있도록 하여야 한다. 고정식 튜브나 포기기를 포함한 여러 가지 형태의 산기장치가 교반과 포기에 사용되기도 한다(5-12절 참조).

조작 시 필요한 부속시설(Operational Appurtenances). 조정조의 설계 시, 함께 고려해야 할 부속시설 중에는 (1) 조의 벽면에 붙기 쉬운 고형물이나 그리스를 제거하기 위한 물뿌리기 장치, (2) 펌프 고장에 의해 생길 수 있는 비상 월류, (3) 물 위에 떠 있는 물질이나 거품을 제거하기 위한 고수위의 유출구멍, (4) 조의 측면에서 거품의 축적을 방지하고, 스컴 제거를 도와 줄 수 있는 물뿌리개가 있다. 조정조에서 제거된 고형물은 다시 처리장의 가장 앞으로 보내져서 처리과정을 거치도록 하여야 한다.

펌프와 펌프의 제어(Pump and Pump Control). 유량 조정을 하게 되면 처리장 내에서 추가로 양정이 필요하므로, 펌프시설이 종종 필요하게 된다. 펌프는 조정조의 전이나 후에 사용될 수 있지만, 전에 두어 조 안으로 펌프해 넣는 것이 처리조작의 신뢰성이 높기 때문에 더 많이 사용된다. 어떤 경우에는 조의 유입수와 조정된 유출수를 둘 다 펌프할 필요가 있다. 우수의 첨두 유량을 제어하기 위해 설계된 공정 외 유량 조정조에서는 조정조 안에 펌프를 설치할 경우 성능이 좋고 고가의 펌프 설비가 필요하다. 자연배수가 사용되는 곳에서는 조정조 밖에 펌프를 설치하는 것이 경제적이다. 공정 외에 배치된 최대 유량 조정조에 쓰이는 펌프는 공정 내에 배치된 유량 조정조로 물을 끌어들이는 펌프보다 훨씬 작다.

자연배수가 사용되는 곳에서는 자동조절식 유량 조정장치가 필요한 곳도 있다. 조의 유출수 펌프가 사용되는 곳에서는 미리 선정된 조정량을 조절할 수 있도록 장치가 되어 있어야 한다. 방류방법에 상관없이 조정된 유량을 감시하기 위해 조의 유출부에 유량 측정장치를 설치하여야만 한다.

》 성분 질량부하의 조정

이 절에서 지금까지 유량 조정에 설명하였지만, 생물학적 처리 능력을 향상시키기 위해서는 성분(BOD와 TSS) 질량부하의 조정이 중요하다. 성분 부하 조정은 다음과 같은 이점이 있다. (1) 충격부하를 피하거나 최소화할 수 있기 때문에 생물학적 처리 능력을 향상시키고, (2) 포기 장치의 사용을 개선시키고, (3) 첨두 전력 소모를 감소시키고, (4) 포기기와 그와 관련된 기기의 필요 용량을 줄일 수 있다.

공정 설명(Process Description). 성분 질량부하 조정은 공정 외 저장조에 매우 효과적이다. 성분 농도가 높은 일정 시간에(특히 늦은 아침과 이른 저녁) 유량의 일부분이 우회된다. 우회된 유량과 성분은 포기기 사용의 여유가 있을 때(특히 늦은 저녁과 이른 아침), 다시 처리공정으로 돌아오게 된다. 운전 중에 유량과 성분 농도의 자료를 사용할 수 있어야 한다. 유량 측정은 정기적으로 이루어져야 한다. 또한, 연속적으로 SS를 측정할 수 있는 장치가 사용이 가능하다. 일정량의 유량은 적절한 알고리즘이 결합된 유량과 TSS 측정값을 이용한 제어 전략을 통하여 우회할 수 있게 해야 한다.

최근 기술(Recent Development). 부하 조정을 위한 다른 접근 방법은 1차 침전지 여과수를 이용하는 것이다. 예전부터 언급이 되었었지만 최근에 개발된 새로운 필터 기술로 인해 재조명되었다. 운전 중에 늦은 아침이나 이른 저녁 시간 때와 같이 유입 하수의 성분 농도가 올라갈 때 1차 침전지 여과수가 자주 이용된다. 역세수에 있는 대부분의 유기 고형물은 비교적 작은 저장조로 가게 된다. 포기 시설이 설계조건 이하로 운전될 때 저장조의 유기 고형물은 처리시설로 돌아가게 된다. 또한 이러한 유기 고형물들은 인 제거에 필요한 휘발성 유기물 생산을 위해 발효조로 보내지기도 한다.

》 슬러지와 바이오 고형물 반류수의 조정

슬러지 농축, 소화조 상등수, 바이오 고형물(biosolids) 농축 또는 여과 등의 공정을 포함하는 슬러지 처리공정에 의해 발생되는 반류수는 생물학적 처리공정 전으로 돌아와 다시 처리된다. 하지만, 최근에 하수 방류수 수질 기준이 강화됨에 따라 반류수를 방류기준에 맞추어 처리하기가 어렵다(특히 질소와 인). 대부분의 반류수는 슬러지 처리공정이 운전되는 낮시간 동안에 유입되기 때문에 반류수에 의한 영향은 크다.

유량 조정조를 운영하거나 반류수를 위한 분리 처리시설(separate treatment facilities)을 운영하는 것이 하수처리장 성능을 향상시키는 데 도움이 된다. 소형 처리시설에서는 유량 조정조를 주로 이용하고 대형 처리시설에서는 주로 유량 조정조와 분리 처리시설을 동시에 운영한다. 유량 조정조의 규모에 대한 설계는 이 절에서 이미 언급한 주요 내용들을 통해 할 수 있다. 소형 처리장에서 유량 조정조의 설계는 저녁시간이나 처리장 유입 부하가 적은 때에 반류되도록 모든 반류수를 저장할 수 있도록 해야 한다. 공간이 제한되어 있다면 최소한 반류수의 첨두 유량을 줄일 수 있도록 하여야 한다. 비활성 처리공정(inactive treatment process)을 사용하는 것이 효과적이라는 것이 알려져 있다. 반류수의 분리 처리시설에 대해서는 15장에서 다루기로 한다.

문제 및 토의과제

3-1 어느 지역에서의 하수량이 하수처리장의 설계용량에 빠르게 도달하고 있다. 처리장의 용량을 확대하는 대신 절수 프로그램이 제안되었다. 만일 현재의 평균 거주 원단위유량이 320 L/인·일이고 제안된 절수율이 25, 35, 40%라면 이 제안이 합리적인지 당신의 의견을 말하시오.

3-2 새로운 상업지역 개발이 고려 중이고, 4명의 개발업자들이 제안서들을 제출하였다. 각 제안서에는 하수량을 산정한 환경평가보고서가 포함되어 있다. 그중 하나를 선택하여 일평균 유량과 첨두 유량을 산정하시오. 제안서에는 다음과 같은 내용들이 있다.

		개발업자			
시설 유형	단위	1	2	3	4
호텔	고객 수	120	80	60	250
	종업원 수	25	16	14	40
백화점	변기 수	8	12	16	
	종업원 수	40	60	80	
셀프 빨래방	세탁기 수		20	16	18
바가 없는 레스토랑	좌석 수	125	100	100	50
바가 있는 레스토랑	좌석 수	100	125	75	80
실내극장	좌석 수	500	400		350

3-3 다음과 같은 시설들을 가진 위락지역들 중의 하나를 선택하여 평균 유량과 최대 유량을 산정하시오. 유량 산정 시 세운 가정들을 명확히 말하시오.

		지역			
시설 유형	단위	A	B	C	D
방문객 안내소	방문객 수	250	300	400	500
부엌이 있는 모텔	고객 수		60	100	60
휴양지(캐빈)	고객 수		100	40	
별장	고객 수	60		60	120
캠프장(화장실만 보유)	인원 수	140	120		200
여가용 차량 체류지	개인차량 진입시설 수	40	50	20	50
셀프 빨래방	세탁기 수	8	10	6	10
쇼핑센터	종업원 수	10	15	15	20
	주차공간 수	30	40	40	60
자동차 수리소	자동차 수	80	120	160	200
바가 있는 레스토랑	손님 수	200	300	400	500

3-4 대학 기숙사 단지에 하수량을 줄이기 위해 절수프로그램을 도입할 예정이다. 기숙사 단지는 4개의 동으로 이루어져 있고 각 동의 특성은 다음과 같다. 4개 동 중 하나를 선택한 후, 유량 감소 목표를 이룰 수 있도록 아래의 자료를 이용하여 절수 프로그램을 작성하시오.

특성	단위	기숙사 동 1	2	3	4
하수량	m^3/d	125	105	140	160
침대 수	개	300	250	300	350
기존의 유량 발생원					
변기	L/사용횟수	9	10	11	11
샤워꼭지	L/분·사용횟수	18	20	23	23
수도꼭지	L/인·일	10	8	9	11
유량 감소 목표	%	15	20	25	25

3-5 다음 중 하나의 유량 유형 선택한 후 유량 가중 BOD, TSS 농도를 산정하시오.

시간	BOD, mg/L	TSS, mg/L	유량, m^3/d 1	2	3
02:00	130	150	8,000	7,200	10,000
04:00	110	135	6,000	6,400	8,400
06:00	160	150	9,400	9,800	13,600
08:00	220	205	12,800	13,500	19,200
10:00	230	210	13,000	13,800	19,500
12:00	245	220	14,400	14,500	21,800
14:00	225	210	12,000	12,500	18,500
16:00	220	200	9,600	10,000	14,800
18:00	210	205	11,000	10,500	15,000
20:00	200	210	8,000	8,500	11,500
22:00	180	185	9,000	8,200	12,600
24:00	160	175	8,400	7,700	11,600

3-6 한 도시의 2007년에서 2010년까지의 인구와 그 도시의 하수처리장에의 평균 월 유입유량이 다음 표에 나와 있다. 그 도시는 지하수가 많은 지역에 위치해 있다. 이 자료들을 이용하여 다음의 질문에 답하시오.

a. 월별유량의 분포 형태는? 예제 3-4에서 기술[식 (D-10)]한 위치표시방법(plotting position method)을 이용하여 각각의 연도에 대한 월별 유입수량 대 그에 상응하는 확률값을 산술-확률지와 로그-확률지에 작도하고 선형관계가 있는지를 조사하시오.

b. 각각의 연도에 대한 연평균 유량, 평균건기유량(ADWF), 평균우기유량(AWWF)은? 자료가 산술적으로 정규분포되어 있다면 산술평균을 이용하고 로그적으로 정규분포되어 있다면 기하학적 평균을 이용하시오(부록 D에 있는 표 D-1 참조). 건기는 6월~10월이라고 가정하고, 우기는 11월~5월까지로 가정하시오.

c. 상업지역과 소규모의 산업활동이 있는 지역에서 흘러들어오는 일인당 유량은? 건기의 주거지역에서의 유량은 260 L/일·인이고 나머지는 상업지역과 소규모의 산업활동이 있

는 지역에서 된다고 가정하시오.

d. 각각의 연도에 침투수와 유입수를 통해 들어오는 일인당 유량은? 건기와 우기의 유량 차이는 침투수와 유입수 때문이라고 가정하시오.

연도	2007	2008	2009	2010
인구	8,690	9,400	11,030	12,280
달		유입수량, m^3/d		
1월	8,800	13,900	8,300	10,000
2월	6,200	9,900	11,800	18,400
3월	6,800	8,100	9,400	13,000
4월	4,000	4,200	6,500	5,000
5월	4,000	5,700	5,300	7,600
6월	3,600	3,600	4,800	4,600
7월	2,400	2,600	3,300	3,800
8월	2,000	1,500	3,800	3,100
9월	2,800	2,000	2,800	2,200
10월	3,200	4,800	4,400	4,400
11월	4,800	3,200	6,000	6,500
12월	5,200	6,700	7,300	8,600

2007년에서 2010년까지의 도시 인구와 평균 월 유입수량 자료

3-7 문제 3-6에서 기술된 도시에서 인구가 16,000명으로 늘고 주거지역의 하수량은 300 L/일·인이라고 가정하시오. 2010년의 상업용 하수량(1000 m^3/d)은 늘어날 하수량의 80%이다. 침투수와 유입수(I/I)의 양이 많아서 하수관거를 정비할 예정이다. I/I의 양은 하수관거 정비 정도에 따라 500, 400, 300, 200 L/일·인(이 중의 하나를 선택할 것)이 될 것이다. 증축된 도시 하수처리장으로 들어올 ADWF, AWWF, 연평균 유량을 추정하시오. 처리장에서 사용할 설계용량으로 AWWF를 사용하는 것을 정당화할 근거를 대시오.

3-8 문제 3-6에서 기술된 도시의 하수처리장을 고려하시오. 예제 3-4절에서 기술[부록 D에 있는 식 (D-10) 참조]한 위치표시방법(plotting position method)을 이용하여 각각의 연도에 대한 월별 유입수량 대 그에 상응하는 확률값을 산술-확률지와 로그-확률지에 작도하여 어떤 분포를 갖는지 그리고 선형관계가 있는지를 조사하시오. 증축된 처리장으로의 연평균 유량이 8000 m^3/d로 추정된다면, 월 첨두 유량은?(힌트: 연평균 유량은 확률그래프의 50% 선에서 발생한다. 가장 비가 많은 해의 경사를 이용하여 8000 m^3/d에서 50% 선을 통과하고, 그래프로부터 가장 높은 달의 값을 읽으시오)

3-9 다음의 하수처리장의 유입수 자료를 이용하여 문제 3-6의 a, b, c, d단계에 기술된 통계분석을 하시오. 만일 밑의 자료가 산술적으로나 로그 정규분포가 아니라면, 필요한 통계변수 값들을 산정할 방법을 제시하시오.

연도	2007	2008	2009	2010
인구	17,040	17,210	17,380	17,630
달		유입수량, m^3/d		
1월	8,800	7,760	9,360	7,600

(계속)

(계속)

연도	2007	2008	2009	2010
인구	17,040	17,210	17,380	17,630
달	유입수량, m^3/d			
2월	9,440	7,280	7,920	7,840
3월	8,640	7,200	8,800	7,680
4월	7,840	6,960	8,080	7,440
5월	7,440	6,800	7,680	7,280
6월	7,200	6,880	7,520	7,360
7월	7,120	6,960	7,280	7,200
8월	7,040	6,720	7,200	7,280
9월	6,880	6,880	7,040	7,200
10월	6,960	6,800	7,280	7,440
11월	7,120	7,120	7,360	7,680
12월	7,360	7,600	7,680	8,000

2007년에서 2010년까지의 도시의 인구와 평균 월 유입수량 자료

3-10 200인용 캠프장과 100인용 오두막집과 캐빈 그리고 150인용 아파트를 갖춘 위락시설 안에 처리장을 설치하고자 한다. 오두막에 머무는 사람들은 하루에 3끼를 식당에서 먹고, 50개의 좌석이 있는 간이식당에는 4명의 종업원이 있으며 하루에 약 200명의 손님이 있다고 가정하시오. 방문객 안내소에는 하루에 500명이 방문한다. 다른 시설에는 10개의 셀프세탁기가 있고 20개 좌석의 칵테일 라운지와 3개의 주유소가 있는데 각 주유소에서는 1100L/일의 하수를 배출하고 있다. 숙박시설들이 최대 용량의 하수량을 배출한다고 가정하여 각 원단위 배출량을 근거로 해서 평균 하수량을 L/일로 나타내시오.

3-11 당신 주변의 하수처리장으로부터 연중 또는 1년간의 유량 및 BOD 자료를 구하시오. 이 자료를 가지고 유량과 질량부하에 대한 확률도표(probability plot)를 준비하시오. 50%와 95%의 값을 구하시오.

3-12 문제 3-11에서 얻은 유량자료를 가지고 평균과 표준편차를 구하시오.

3-13 우기 동안 하수처리장에 높은 유량이 들어오고 있다. 4가지 유량형태(한 가지를 선택할 것)의 월평균 유량이 아래의 표에 나와 있다. 겨울철 동안에는 침투수와 유입수가 증가하여 유량이 급증한다. 침투수량은 초과 유량(excess flow)의 67%가 된다고 추정된다. 정비되어야 할 하수관거의 연장도 아래에 나와 있다. 평균 정비비는 \$200,000/km이고 관거가 개선되면 침투수량이 30% 감소될 것이다. 장래의 연간 유량이 아래 표와 같다고 가정할 때 연간 처리비가 절약되는 것을 근거로 하여 하수관거개선 비용이 손익분기점에 도달하려면 몇 년이 걸리겠는가? 현재의 하수처리비는 \$1.50/m^3이고 장래에는 연간 6%씩 증가하리라고 추정된다. 1, 2지역은 하수관거 정비가 3년에 끝나고 3, 4지역은 4년에 끝난다고 가정하시오.

달	월평균 유량, m^3/d			
	유량 형태			
	1	2	3	4
1월	293,000	410,000	460,000	470,000
2월	328,000	459,000	440,000	485,000

(계속)

달	월평균 유량, m³/d			
	유량 형태			
	1	2	3	4
3월	279,000	391,000	515,000	560,000
4월	212,000	296,000	333,000	400,000
5월	146,000	204,000	230,000	300,000
6월	108,000	151,000	170,000	225,000
7월	95,000	133,000	150,000	200,000
8월	89,000	125,000	141,000	188,000
9월	93,000	130,000	140,000	165,000
10월	111,000	155,000	167,000	192,000
11월	132,000	185,000	200,000	240,000
12월	154,000	215,000	225,000	215,000
하수관거 연장, km	300	400	450	600

3-14 새로운 하수처리장에 대해 9개월간의 유량자료가 수집되었다. 기록을 검토한 결과 주말의 유량이 주중보다 높다고 나타났다. 주중과 주말의 유량이 평균값으로, 아래에 나타난 바와 같이 크기 순으로 배열되었다. A 유량형태나 B 유량형태 중의 하나를 선택하여 주중과 주말의 자료에 대한 산술-확률 및 로그-확률을 작도하고 자료의 왜도(skewness)에 대하여 언급하시오. 각 유량자료에 대해 평균과 95% 값을 계산하고, 가능한 일최대 유량을 산정하시오. 자료분석의 중요성에 대하여 토의하시오.

수	유량형태 A		유량형태 B	
	주중평균 유량, $m^3/d \times 10^3$	주말평균 유량, $m^3/d \times 10^3$	주중평균 유량, $m^3/d \times 10^3$	주말평균 유량, $m^3/d \times 10^3$
1	39.7	42.8	55.7	56.4
2	40.5	43.1	56.1	57.5
3	40.9	43.5	56.6	58.1
4	41.3	43.9	57.2	58.6
5	42.0	44.3	57.7	59.5
6	42.1	44.7	58.2	60.6
7	42.2	45.0	58.5	60.8
8	42.4	45.4	59.1	61.1
9	42.9	45.8	59.6	61.8
10	43.5	46.2	60.1	62.6
11	43.9	46.6	60.7	63.2
12	44.3	46.7	60.8	63.8
13	44.7	46.9	61.0	64.4
14	45.0	47.7	62.1	64.8
15	45.4	47.9	62.3	65.4
16	45.6	48.8	63.5	65.8
17	45.7	49.2	64.0	66.1

(계속)

	유량형태 A		유량형태 B	
수	주중평균 유량, $m^3/d \times 10^3$	주말평균 유량, $m^3/d \times 10^3$	주중평균 유량, $m^3/d \times 10^3$	주말평균 유량, $m^3/d \times 10^3$
18	46.0	50.0	65.1	66.5
19	46.4	50.3	65.5	66.8
20	46.9	51.1	66.5	67.9
21	47.7	51.5	67.0	69.6
22	48.4	53.0	69.0	70.7
23	48.8	53.4	69.5	71.2
24	49.0	53.7	69.9	71.5
25	49.2	54.9	71.5	72.2
26	49.6	55.3	72.0	72.4
27	50.5	56.0	72.9	73.7
28	51.1	56.8	73.9	74.6
29	52.2	57.2	74.5	76.2
30	53.0	58.3	75.9	77.5
31	53.2	59.1	76.9	78.6
32	54.3	60.6	78.9	80.7
33	55.3	60.9	79.2	82.8
34	56.0	61.7	80.3	85.0
35	60.6	62.1	80.8	88.4
36	62.5	63.6	82.8	91.1

3-15 새로운 개발지역에 대한 토지이용계획이 아래 표와 같이 주어졌다. 새로 들어설 학교의 학생 수는 1500명이다. 평균 하수량은 75 L/학생이고 첨두인자(첨두 유량 대 평균 유량의 비)는 4.0이다. 다른 개발형태에 대한 평균하수량 허용치와 첨두인자는 두 번째 표에 나타나 있다. 한 지역을 선택하여 첨두하수량을 계산하시오.

개발형태	A 지역, ha	B 지역, ha	C 지역, ha	D 지역, ha
주거용	125	150	150	160
상업용	11	10	15	16
학교	4	4	4	4
산업용	6	8	20	10

개발형태	평균 유량, $m^3/ha \cdot d$	첨두인자
주거용	40	3.0
상업용	20	2.0
산업용	30	2.5

3-16 유량의 변화를 줄이기 위해 필요한 공정 외에 배치된 조정조의 크기를 아래 표를 가지고 구하시오(한 도시를 선택할 것). 처리장의 시간당 최대 유량은 평균 하루 유량의 1.25, 1.5, 1.75배를 넘지 않는다(배수를 하나 선택할 것).

시간	시간당 평균 유량, m³/s		시간	시간당 평균 유량, m³/s	
	도시 1	도시 2		도시 1	도시 2
M-1	0.300	0.250	N-1	0.460	0.330
1-2	0.220	0.190	1-2	0.420	0.310
2-3	0.180	0.165	2-3	0.390	0.305
3-4	0.160	0.160	3-4	0.355	0.310
4-5	0.160	0.165	4-5	0.331	0.330
5-6	0.185	0.175	5-6	0.315	0.370
6-7	0.240	0.210	6-7	0.320	0.400
7-8	0.300	0.270	7-8	0.346	0.420
8-9	0.385	0.340	8-9	0.362	0.400
9-10	0.440	0.370	9-10	0.392	0.420
10-11	0.480	0.375	10-11	0.360	0.390
11-N	0.480	0.355	11-M	0.300	0.300

3-17 예제 3-10에 나타난 데이터를 가지고 a) 유량을 균등화하기 위해 필요한 공정 외에 배치된 조정조의 용량과, b) 균등화가 BOD 질량부하율에 미치는 영향을 구하시오. 이 문제에서 구한 BOD 질량부하율이 예제 3-10의 단계 2d에서 보인 곡선과 어떻게 다른가? 귀하의 계산에 의하면, 질량부하율의 차이가 공정 내에 배치된 조정조에서 필요한 추가용량의 비용을 정당화할 수 있는가?

3-18 예제 3-10에 나타낸 데이터를 가지고, BOD_5 질량부하율의 최대/최소 비율을 현재의 25.8: 1에서 5: 1로 줄이기 위해 필요한 공정 내에 배치된 조정조의 필요용량을 계산하시오.

참고문헌

Asano, T., F. L. Burton, H. Leverenz, R. Tsuchihashi, and G. Tchobanoglous (2007) *Water Reuse: Issues, Technologies, and Applications,* McGraw-Hill, New York.

Crites, R. W., and G. Tchobanoglous (1998) *Small and Decentralized Wastewater Management Systems,* McGraw-Hill, New York.

Gotaas, H. B (1956) *Composting: Sanitary Disposal and Reclamation of Organic Wastes,* World Health Organization, Monograph No. 31, Geneva, Switzerland

Kenny, J. F., N. L. Barber, S. S. Hutson, K. S. Linsey, J. K. Lovelace, and M.A. Maupin, (2009) *Estimated Use of Water in the United States in 2005: U.S. Geological Survey Circular 1344,* Washington, DC.

Metcalf & Eddy, Inc. (1977) *Urban Stormwater Management and Technology, Update and User's Guide, Report to U.S. Environmental Protection Agency,* Report No. EPA 600/8-77-014.

Metcalf & Eddy, Inc. (1981) *Wastewater Engineering: Collection and Pumping of Wastewater,* McGraw-Hill, New York.

Ogden, C. L., M. D. Carroll, B. K. Kit, and K. M. Flegal (2012) "Prevalence of Obesity in the United States, 2009–2010," National Center for Health Statistics, *NCHS Data Brief No. 82,* 1–8, Hyattsville, MD.

Ongerth, J. E. (1979) *Evaluation of Flow Equalization in Municipal Wastewater Treatment,* EPA-6002-79-006, Municipal Environmental Research Laboratory U.S Environmental Protect Agency, Cincinnati, OH.

Putnam, D. F. (1971) *Composition and Concentration of Human Urine,* report prepared for NASA by McDonnell Douglas Astronautics Company, Advanced Biotechnology and Power Division, Huntington Beach, CA,

Ryan, M. J. (1966) *Water Recovery from Human Wastes by Distillation and Chemical Oxidation,* Sever Institute of Technology, Washington University, Saint Louis, MO.

Tchobanoglous, G., F. L. Burton, and H. D. Stensel (2003) *Wastewater Engineering: Treatment and Reuse,* 4th ed., Metcalf and Eddy, Inc., McGraw-Hill Book Company, New York.

Tchobanoglous, G., and H. Leverenz (2013) The Rationale for Decentralization of Wastewater Infrastructure, Chap. 8, in T. A. Larson, K. M. Udert, and J. Lienert (eds.) *Wastewater Treatment: Source Separation and Decentralisation,* IWA Publishing, London.

United Nations (2005) World Population Prospects: The 2004 Revision, Highlights, Population Division of the Department of Economic and Social Affairs, ESA/P/WP.193, United Nations, New York.

U.S. EPA (1983) *Results of the Nationwide Urban Runoff Program,* vol. 1, Final Report, NTIS PB84-185552, U.S. Environmental Protection Agency, Washington, DC.

WEF (2010) *Design of Municipal Wastewater Treatment Plants,* Manual of Practice No. 8, 5th ed., vol. 1, Water Environment Federation, WEF Press, Alexandria, VA.

04 폐수처리공정 선택, 설계 그리고 완성

Wastewater Treatment Process Selection, Design, and Implementation

4-6 재원

장기 지방자치단체 채권 금융
비채권 금융
임대
민영화

문제 및 토의과제

참고문헌

용어정의

용어	정의
벤치규모 시험 (bench-scale tests)	실제 처리의 전초 단계로 소량의 시료를 이용하여 실험실에서 행하는 실험들
바이오 고형물(biosolids)	U.S. EPA의 CFR 503에 규정된 기준들을 충족하기 위해 폐수처리공정에서 안정화시켜 유용하게 쓸 수 있는 슬러지
CCA	결정요인분석(Critical Component Analysis). 폐수처리시설에서 어떤 기계적 부품들이 유출수 수질에 가장 즉각적인 영향을 줄 수 있는지를 결정하기 위한 방법
A등급 바이오 고형물 (class A biosolids)	분변성 대장균 밀도가 총 건조고형물 1g당 1,000 MPN 이하. Salmonellasp. 밀도가 총 건조고형물 4 g당 3MPN 이하인 바이오 고형물. 40 CFR 503에 규정되어 있는 6개의 대안 중 1개를 준수하여야 함. 40 CFR 503에 제시된 오염물질 제한 농도와 병원균 매개체 감소를 위한 요구조건을 만족하여야 함
Engineering News-Record Construction Cost Index(ENRCCI)	건설비용을 산출하기 위해 사용되는 공사비 지수
공정도(flow diagram)	특정 처리 목적을 달성하기 위해 사용하는 단위공정들의 조합을 그림으로 나타낸 것
수리종단도 (hydraulic profile)	폐수가 다양한 처리시설들을 통해 흘러갈 때 표면고도와 수리학적인 연결선들을 그림으로 나타낸 것
미국오염물질 규제제도 (National Pollution Elimination Discharge System, NPDES)	미국의 오염물질 배출규제제도로 각 오염물 배출자들이 지켜야 하는 최소한의 기술적 요구사항들에 근거하여 만들어짐
첨두인자(peaking factor)	최대값들을 산정하기 위하여 장기적인(일반적으로 유량과 물질부하량 값들) 값들을 평균내기 위해 일반적으로 적용하는 인자
시설배치도(plant layout)	공정도에서 식별되는 처리시설들의 공간적인 정렬
파일럿시설 연구 (pilot plant studies)	벤치 규모보다 큰 규모의 현장시설에서 수행하는 연구이며 이를 바탕으로 특정 환경조건의 폐수처리시설에서 공정이 적합한지 확인하고 실규모 설계를 위해 사용할 수 있는 데이터를 구함
pubicly owned tre atment Works(POTW)	공공수처리시설
특정오염물질(priority pollutans)	수질오염방지법 307 조항에 정의되고 40CFR 401.15 연방규정에 나열된 유기 및 무기화합물들. 특정오염물질들은 이미 알려져 있거나 의심이 되는 발암성, 돌연변이, 기형성 혹은 급성독성유발성에 근거하여 선택됨
민영화(privatizatiotn)	정부기관이 공적 기능을 수행하기 위한 시설 및 서비스를 민간 부문에서 소유하고 운영하는 제도
공정설계준거 (process design criteria)	단위 공정들과 보조시스템들을 규격화하기 위해 사용되는 준거들
신뢰성, 처리공정(reliability, treatment process)	특정조건에서 특정기간 동안 적절하게 수행될 수 있는 확률 혹은 유출수의 농도가 특정 수질기준을 만족하는 기간의 비율
고형물 수지	각각의 요소 공정으로 들어오고 나가는 고형물 양의 식별

용어	정의
가치공학 (value engineering)	최상의 가치 혹은 가치향상을 결정하기 위한 과제의 집중적인 검토로서 이는 비용절감 혹은 비용증가의 결과를 가져올 수 있다. 일반적으로 과제의 약 20%에서 30%의 설계단계에서 수행됨
변동성(variability inherent)	우연의 법칙에 의해 모든 물리적, 화학적, 생물학적 처리공정은 달성할 수 있는 성능에 대해 어느 정도의 변동성을 나타낸다. 변동성은 생물학적 처리에 내재된 고유한 특성임

1900년대 초반 미국에서 환경공학 분야가 생겨난 이후 폐수처리 공법들은 지속적으로 진화하고 발전해 오고 있다. 오늘날까지 시도되어 온 많은 공법들과 변화된 공법들에 대해 설명이 많은 양을 차지하게 될 것이다. 본 교재에서는 폐수처리의 기본원리들과 그 적용을 구별하고 논의하는 것으로 접근한다. 이 장의 목적은 본 교재에서 자세하게 논의되지 않은 다른 주제들과 함께 1장에서 3장 그리고 5장에서 18장까지 설명된 원리들이 전반적인 설계, 시공, 운전 그리고 유지, 그리고 신규 및 기존 폐수관리 프로젝트에 어떻게 부합시킬 수 있겠는지를 설명한다. 본 장에서는 다음과 같은 주제들을 다루게 된다. (1) 폐수처리시설 설치에 있어 고려해야 할 사항, (2) 공정선택, (3) 처리공정 신뢰도와 설계값들의 선택, (4) 공정설계의 요소들, (5) 폐수관리 프로그램의 구현, 그리고 (6) 재원.

4-1 신규 그리고 기존 폐수처리시설 개선을 위한 계획

연방정부의 재원을 사용하여 수행되는 폐수처리장들은 대부분 경험적인 설계 가이드라인을 바탕으로 하여 설계가 되었고 장기적인 인구증가(20년에서 30년)에 적응할 수 있도록 규모가 정해졌다. 처리장들은 자연적인 완충지역들을 제공하는 수원들과 처리시설들 그리고 물이 공급되는 지역사회가 근접되어 있는 외진 곳에 일반적으로 위치되었다. 폐수수집을 위해 중력식 흐름을 사용하는 경우, 처리시설들은 종종 공급수로부터 근접한 저지대에 위치하기도 하였다. 많은 경우에 있어서, 도시의 성장으로 인해 자연적인 완충지역들이 잠식되어 오고 있고, 그로 인해 한 때 외진 곳에 위치해 있던 폐수처리시설들이 이제는 주변 지역사회와 근접한 곳에 위치하고 있다. 앞으로, 신규 폐수처리장들은 (1) 인구증가를 지원할 수 있고, (2) 변화하는 인구에 대처할 수 있으며, (3) 변화하는 폐수의 성상들, 특히 3장에서 논의된 바와 같이 증가하는 폐수의 농도에 대처할 수 있고, (4) 새로이 더욱 강화되는 방류수의 수질 기준들을 만족하며, (5) 음용수 재사용을 포함한 물의 재이용 요구에 부합되고, (6) 새로운 홍수관리 목적들에 대처할 수 있으며 (7) 노후된 기존 시설들이 교체될 수 있도록 요구받게 될 것이다.

》 기존 폐수처리시설 개선의 필요성

향후 수십 년간, 1970년대와 1980년대에 지어진 기존의 많은 폐수처리장들은 처리효율을 유지하고, 환경적으로 민감한 수원으로 방류될 때 높은 처리수준들을 제공할 수 있고, 새로운 물 재사용 기회들에 대처할 수 있으며, 새로운 홍수관리 목적들에 부합될 수 있도록 개선이 필요하게 될 것이다. 폐수의 재사용이 더욱 증가하게 되면, 아마도 고도산화와 같은 추가적인 처리공정들이 필요하게 될 수도 있다. 또한 처리시설들은 근접한 지역사회에 악취, 소음 그리고 시각적인 영향들을 최소화하기 위해 미학적으로도 개선되어야 할 것이다. 특히 짧은 기간 동안 집중적으로 내리는 강우로 인해 발생하는 홍수와 기후변화도 함께 고려되어야 할 사항이다. 증가하는 하도화로 인해 야기되는 폭우로 인한 해수면 상승은 현재 해안가 저지대에 위치한 폐수처리시설들에 위협이 되고 있다. 해수면 상승과 관련된 문제점들은 향후 더욱 심각해질 것이다. 분명한 것은 특정한 공정을 설계하는 것을 넘어서 기존 처리시설을 개선할 때는 위와 같은 다양한 일련의 문제점들이 고려되어야만 한다는 것이다.

》 신규 폐수처리시설의 계획

1980년대 후반에서 현재(2012년)까지 폐수처리공학의 초점은 고형물질과 유기물질을 제거하기 위해 이차적인 기준들을 만족하는 것으로부터 보건과 환경보전을 위해 제거해야 할 물질들에 대한 특정 요구사항들을 만족시키는 것으로 변화하고 있다. 앞으로 수십 년간, 물 재사용에 필요한 수질과 수량에 대한 요구조건들이 추가될 것이고 폐수처리시설들은 지속적이고 믿을 만한 높은 처리효율을 유지해야 할 것이다. 중앙정부의 재원 없이, 지방정부들은 새로운 처리시설들의 설치를 수행함에 있어서 초기 자본투자뿐 아니라 장시간 지역사회에 미치는 재정적인 영향들도 고려해야 할 것이다.

새로운 폐수처리시설들(WWTPs)의 설치를 계획할 때, 위에서 언급된 바와 같이 높은 수질을 갖는 유출수를 생산하기 위해 요구되는 물리적인 시설들뿐 아니라 인건비, 에너지(전기와 난방)와 연관된 운전비용과 부산물질의 안정화 그리고 처분/재이용에 관한 사항들이 고려되어야만 한다. 도시폐수는 자원이라는 인식에서, 폐수로부터 에너지, 영양물질을 회수하고 음용수를 생산하는 것은 미래 폐수처리시설들을 설계하는 데 있어 중요하게 강조되어야 할 것이다. 나아가 폐수 성분들 중 유해성분들을 정의하기 위한 과학적인 연구들이 지속되어야 하고 매우 높은 수준의 처리기술이 필요하게 될 것이다. 그리고 경우에 따라서는 새로운 처리기술들이 요구될 것이다. 현재 개발 중인 많은 새로운 기술들이 본 교재에서 논의된 많은 방법들을 포함해서 폐수처리를 혁신적으로 변화시킬 것으로 기대하고 있다.

》 처리공정설계 시 고려해야 할 사항

폐수처리시설의 설계는 반복적인 공정인데 여기에는 앞서 논의된 바와 같이 처리 목적과 규제들을 만족시키기 위한 모든 가용한 공정들이 고려되게 된다. 처리시설의 설계 시 처리 목적을 만족시키도록, 재정적으로 가능하도록 그리고 이 장에서 논의된 바와 같이 제공받는 지역사회와 미학적으로 부합될 수 있도록 처리공정이 결정되어야 한다. 이와 같은 목적들을 만족시킬 수 있는 믿을 만하고 경제적인 폐수처리공정들의 예들을 그림 4-1에 나타내었다. 새로운 처리시설들의 계획과 설계를 위해 고려되어야 하는 중요한 이슈들을 표 4-1에 요약하였으며 그 내용들은 아래에 중점적으로 논의하였다.

액체의 흐름. 미국에서 새로운 폐수처리장을 설계하는 설계자들이 직면하는 가장 중요

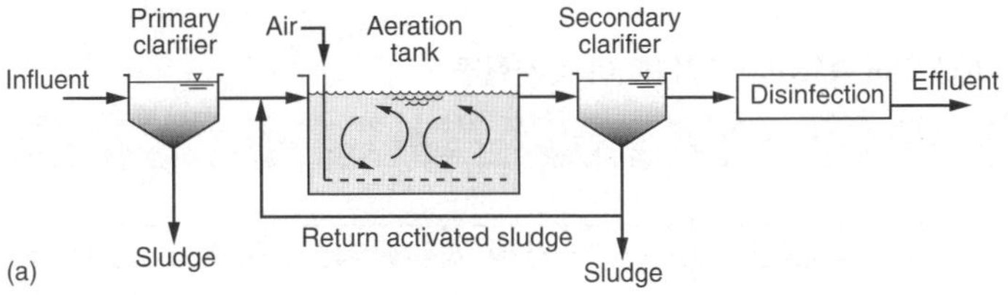

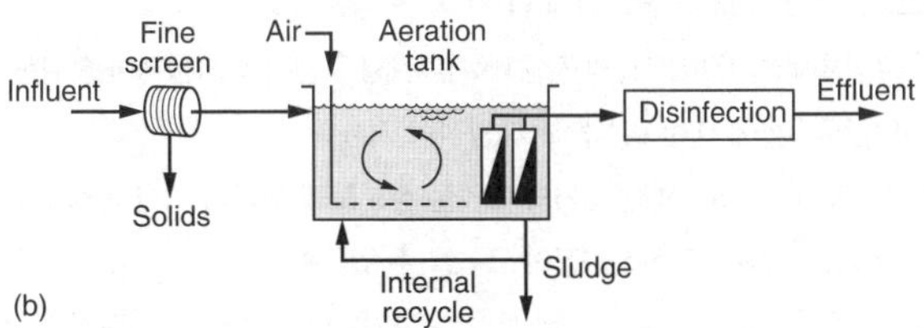

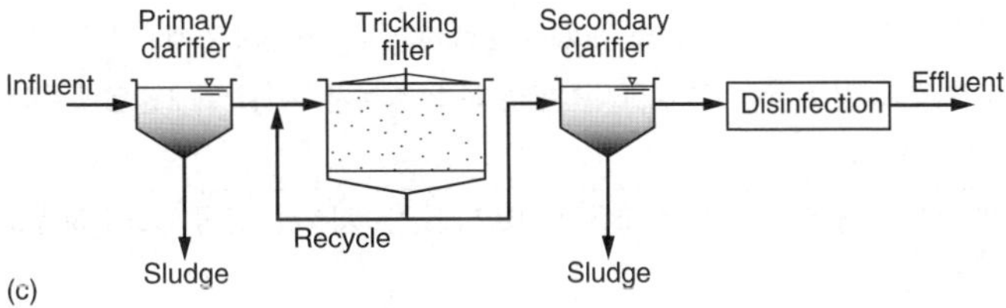

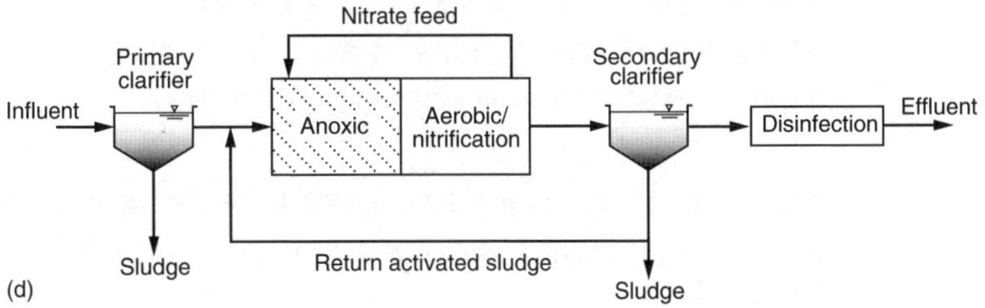

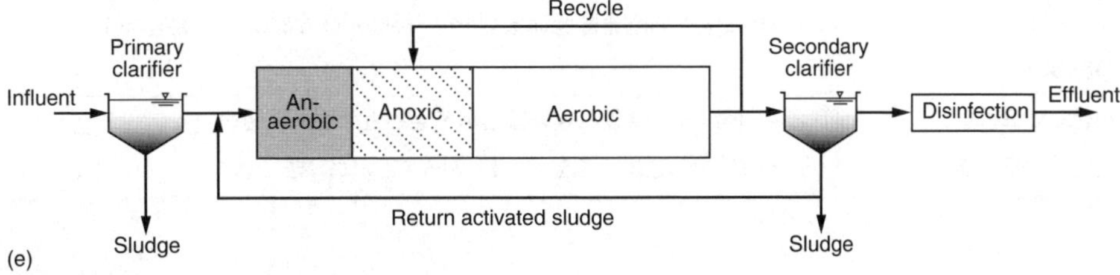

그림 4-1

병원균 조절을 위한 소독공정이 포함된 전형적인 처리공정들의 일반화된 공정흐름도. (a) TSS와 BOD 제거 그리고 질산화를 위한 활성슬러지, (b) TSS와 BOD 제거 그리고 질산화를 위한 막 생물반응기, (c) TSS와 BOD 제거를 위한 살수여상, (d) TSS와 BOD, 그리고 질소 제거를 위한 부유성장 생물학적 처리, 그리고 (e) TSS, BOD, 질소 그리고 인 제거를 위한 부유성장 생물학적 처리

표 4-1

새로운 폐수처리장 개선과 설계에 있어 중요하게 고려되어야 할 사항들

문제점	내용
액체흐름 공정	
성분과 처리공정의 변동성	성분과 처리공정의 변동성을 고려하면서 허용제한기준을 초과하지 않는 새로운 처리공정들을 설계해야 함
유량균등	특히 우기에 믿을 만한 재사용수를 생산하는 데 요구되는 처리시설들의 흐름급증 제거를 통해 향상된 성능
유기부하균등	처리공정으로 유기물부하율을 균등하게 함으로써 향상된 성능
자동공정제어	용존산소와 고형물체류시간(SRT)의 자동제어를 위해 규정들과 자동제어를 위한 시설들을 제공함
재사용을 위한 향상된 소독	소독과 소독부산물질들에 대한 향상되고 대안적인 기술들
고도처리공정들	농축성분들과 재래식 처리에 의해 제거되지 않는 성분들의 제거에 대한 공정들
재래식 그리고 고도산화공정들	특정 성분의 제거를 위해 고도산화공정이 요구될 수 있음
특정 성분들에 대한 혼합공정들	엄격한 허용기준들을 만족하기 위해, 두 개 혹은 그 이상의 공정들이 일련의 조합에서 사용되어야 할 수 있음
물 재사용	위험평가와 관련된 문제점들이 언급되어야 할 것임
우기흐름의 처리	개별 월류 장소에 위치한 개별 처리시설들과 비교 시 저비용으로 폐수처리장에서 처리함
에너지관리	유량균등처럼 폐수처리를 위한 비첨두전력량의 향상된 사용을 위해 충분한 물리적 시설들의 수행
고형물 공정	
향상된 스크린	바이오 고형물질로 귀결되는 혹은 공기폭기와 같은 처리시설들을 막히게 하는 외부물질들의 제거를 위해 향상된 스크린
그릿제거	일차침전지와 소화조에서 침전될 수 있는 그릿의 제거
향상된 병원균 제어	향상된 병원균 제어는 A급 바이오 고형물의 생산을 위해 필요함
향상된 바이러스벡터 제어	향상된 바이러스 벡터제어는 A급 바이오 고형물의 생산을 위해 필요함
반송흐름 분리 처리	특히 질소의 제거와 연관된 폐수의 처리성능을 향상시키기 위함임
악취제어	
수집시스템에서 악취제어	수집시스템에서 발생되는 악취들을 최소화하기 위한 발생원제어 프로그램의 수행
처리시설에서 악취형성	고형물 처리시설로부터 흐름, 반송류의 처리와 관련된 사영역들을 피하기 위해 수리학적 설계에 있어 주의 깊은 관심이 필요
악취오염물질	악취를 제거하기 위해 시설들을 덮음
악취처리	악취오염물 시설들을 통해 발생하는 악취기체들의 별도 혹은 혼합처리
공정제어	
전산모사 모델들	수학적 전산모델들의 사용을 통해 향상된 운영전략의 발전
파일럿 규모 실험	새로운 기술들을 시험할 수 있는 지속적인 프로그램

한 문제점들 중의 하나는 4-3절에서 기술한 대로 방류수의 수질 기준이다. 처리장 설계의 핵심은 폐수의 구성성분들의 특징과 다양성들을 파악하고 처리 목적들을 만족시킬 수 있는 처리공정들을 선택하는 일이다. 경우에 따라서는, 폐수 집수시스템으로 들어가는 물의 흐름과 폐수를 구성하는 성분들의 농도가 미치는 영향들을 제한하기 위해 발생원 규제 프로그램을 개발할 필요가 있다. 발생원 규제 프로그램은 집수시스템으로 들어가는 과도한 유입흐름을 조절할 수 있도록 침투/유입과 우기방류를 포함한다.

상향흐름균등 또한 요구될 수 있다. 반송흐름을 포함한 흐름과 부하의 변동을 조절할 수 있는 시설들이 또한 고려되어야만 할 것이다. 또한 물 재사용은 유출관리와 관련된 추가적인 제한사항들을 부여하게 될 것이다.

고형물 처리. 고형물들의 처리, 재사용 그리고 처분을 위한 적절한 방법들을 선택하는 데 있어서 적절한 규제들이 고려되어야 한다. 미국에서는 40 CFR Part 503 규정에 도시 폐수 처리 시 발생하는 고형물들의 재사용과 처분에 관한 조항들을 명시하고 있다. 이 규정들은 타당하게 예측되는 바이오 고형물에 포함된 오염물질의 역효과로부터 공중보건과 환경을 보호하기 위해 만들어졌다. 많은 지역 자치단체들이 고형물질의 처리, 재사용 그리고 처분을 위한 방안들을 조사할 때 중요한 사항은 이 방안들이 더욱 깨끗한 제품을 생산하고 A급 바이오 고형물들에 대한 요구조건들을 만족시킬 수 있느냐는 것이다. 고형물 처리에 있어 중요하게 고려되어야 할 사항들은 13장과 14장에 논의되고 있다. 공중보건의 보호를 위해 병원균과 질병매개체들의 제어는 특히 중요하다.

반송수의 처리와 영양물질 회수. 질소와 인에 대한 방류수의 수질 기준이 점차 강화되면서 분명한 것은 반송수를 생물학적 처리시설 전 공정시설에 주입하는 방식은 없애거나 변형되어야 한다는 것이다. 비록 유량조정이 반송수가 처리공정의 효율에 미치는 영향을 감소시키기 위해 사용될 수 있으나 영양물질의 회수가 좀 더 효과적인 해결책이 될 수 있다. 빈송수의 처리와 엉앙물질의 회수에 관한 주제는 15장에서 상세히 다루어진다.

강우기(홍수) 흐름들의 처리. 신규 처리장을 계획할 때 그리고 기존 처리장들을 개선할 때 처리되지 않은 월류흐름을 최소화하거나 혹은 없애기 위해 강우기 유출수의 관리와 처리는 중요한 분석요소일 것이다. 처리되지 않은 월류흐름의 방류를 조절하기 위한 방법들 중 하나는 폐수수집시스템으로부터 처리장으로 강우기 흐름들의 이동을 최대화시키는 것이다. 신규 혹은 기존 폐수처리장에서 과잉된 강우기 흐름들을 처리하는 것은 다른 방법들과 비교하였을 때 매력적인 대안이 될 수 있다. 폐수처리장에서 단위공정들을 최대한 사용하는 것은 과잉흐름이 수집시스템에서 분산되는 지역이나 근접된 곳에서 월류흐름을 조절하는 데 요구되는 비용과 영향들을 없애거나 감소시킬 수 있다. 비록 폐수처리장에서 처리하는 데 한계가 있을 수 있겠으나 생물학적 처리인 경우 폐수처리장에서 증가하는 강우기 흐름수를 처리하기 위해서 (1) 별도의 유량 조정조를 사용하여 높은 흐름이 있는 기간 동안 과량의 강우기수를 저장해 놓은 뒤 유량이 감소할 때 과량의 흐름과 합쳐서 처리공정으로 다시 보내는 것, (2) 재래식 연속흐름 단위공정들의 유량을 증가시키거나 확장시키는 방법 혹은 모든 단위공정들을 통해 처리하거나 최고유량 기간 동안 흐름을 혼합시키는 것, 그리고 (3) 폐수처리장에서 재래식 건기 공정들을 통해 처리된 유출수와 혼합된 과량의 우기흐름을 처리하기 위해 간헐적으로 사용되는 우기 처리시설을 제공하는 것을 포함한다. 강우기수를 위한 간헐적 처리시설들은 18장 18-5절에 언급되고 있다.

악취제어. 신규 폐수처리장이 지역사회로부터 공감대를 형성하기 위해서는 상당 부분은 악취문제에 대한 우려를 해소시켜 줄 수 있어야 한다. 이제는 폐수처리장 설계 시 악취의 방지, 조절 그리고 처리는 의무사항이 되었다(그림 4-2). 악취관리를 위한 적절한

(a)

(b)

그림 4-2

신규 그리고 기존 폐수처리장의 전형적인 악취조절 장치들. (a) 커버가 되어 있는 1차 침전지, (b) 커버가 되어 있는 1차 침전지로부터 악취를 조절하기 위한 공기 스크러버

계획 수립과 함께, 처리시설 운전 시 대중의 신뢰를 회복한 후에야 악취와 관련된 문제점들을 바로잡기 위한 필요성들이 해소될 수 있다. 악취제어에 있어서 중요한 고려사항들은 16장에 논의되어 있다.

소유주 요구사항

처리공정을 선택하는 데 있어서 자주 간과되는 사항은 처리시설 소유주의 요구사항들이다. 소유주의 요구사항들은 프로젝트 지불비용과 능력, 기존 직원들의 운전능력, 개인적 경험에 바탕을 둔 공정 선호, 검증된 공정 혹은 새로운 장비를 사용하는 것에 대한 우려, 그리고 발생이 가능한 환경적인 영향들에 대한 우려들이 포함된다. 소유주 요구사항들은 특별히 새로운 처리시스템들의 건설과 운전 경험이 제한적인 소도시에서 중요하다. 대형 그리고 소형 과제들의 경우, 설계공학자와 소유주가 그들의 상호 목표들과 목적들에 대해 이해하는 것이 중요하다. 이를 통해 소유주의 요구사항들이 만족되고 선택된 처리공정들은 기본적인 목적, 다시 말해 가장 경제적인 방법으로 방류기준 혹은 재사용 기준을 만족시키고 부정적인 환경영향 감소에 부합될 수 있다.

자산관리는 총 소유비용과 자산 운전비용을 최소화하면서 필요한 서비스를 제공할 수 있는 관리공정을 의미한다. 비록 미국에서 자산관리 수행은 요구되지 않으나, 장기적으로는 이익이 발생할 수 있음이 인식되고 있어 많은 기관에서 자산관리를 수행하고 있다. 자산관리는 18장에 더 논의가 되고 있다.

환경적 고려사항

제안된 폐수처리시설들의 환경적인 영향들은 비용적인 고려만큼이나 중요하다. 방류수가 수환경에 미칠 수 있는 잠재적인 영향과 함께, 처리시설에서 발생되는 온실가스 문제를 해결하기 위한 노력이 이루어지고 있다. 의사결정 과정의 한 부분으로서 과제의 (1) 경제적인, (2) 환경적인 그리고 (3) 사회적인 관점들을 평가하는 Tripple Gottom Line(TBL) 분석에는 이와 같은 고려사항들이 포함되어 있다. 비록 이 교재에서 자세한 환경영향평가는 다루지 않으나, 온실가스 배출은 16장에서 다루어지고 있고 TBL 분석은 18장에서 간략하게 논의되고 있다.

국가환경정책법. 환경영향평가에 관한 규정은 1969년 국립환경정책법률(NEPA) (42 USC 4321-4347 개정안)에 제시되어 있다. 환경평가들은 사회적, 기술적, 생태학적, 경제적, 정치적, 법률적 그리고 기관의 기준들을 바탕으로 그 초점이 맞추어져 있다. NEPA 규정의 적용들은 인간환경에 상당한 영향을 줄 수 있는 정부의 제시된 법적조치들을 위해 환경영향강령(EIS)이 준비되어야 함을 요구하고 있다. EIS의 개발은 국가환경정책법 (40 CFR 1500-1508)의 절차상 조항들을 실행하기 위한 환경특성심의회(CEQ) 규정들에 의해 조절된다.

NEPA 규정들은 환경영향들을 구별하기 위해 타당한 몇 가지 법적 조치들과 그것들의 환경영향들을 고려하는지, 보편적인 이해와 조사를 위한 환경정보들이 가용한지, 그리고 공공 그리고 정부기관들이 의사결정 과정에 참여하는지를 확인한다. 모든 관련된 규정들과 내재하는 보호들은 EIS에 반드시 공지되어야 한다. NEPA는 어떤 조치들을 금지하거나 허가하는 것이 아니라 환경정보들을 모두 공지하고 의사결정 과정에서 공공참여를 요구한다.

환경정보자료. 수질오염방지법에서 폐수처리 건설 프로그램을 위한 NEPA 규범들은 EPA 규범 서브파트 E에 명시되어 있다. 공정의 기본적 요소들은 처리시설 계획의 필수 요소로서 소유주에 의해 만들어진 환경정보자료(EID)를 포함하고 있으며 이는 수질오염방지법의 201절과 일치한다. EID는 처리시설 환경영향의 담당기관 검토 그리고 환경평가(EA)를 위한 기초자료가 된다. EA는 충분하고 상세해서 EPA가 영향 없음으로 판단하거나 EIS와 차후 결정기록을 공식적으로 알리기 위해 독립적인 검토와 결정을 할 수 있도록 하여야 한다. 만약 EIS가 필요하다면, 공청회를 기반으로 EIS 초안작업과 입력이 이루어지고 최종 EIS가 준비된다. 결정기록에는 조사기록들과 추천된 조치사항들이 요약되어 있다.

》 기존 시설들과의 호환성

기존 폐수처리시설들의 확장과 개선을 하는 데 있어 간과해서는 안되는 중요한 고려사항은 기존의 단위공정들과의 호환성이다. 여기에는 새로운 공정이 시설의 수리학(최고수위와 저수위)에 미치는 영향, 다른 단위공정들에 미치는 영향, 구조적인 영향, 그리고 기존 시설들과 제어시스템에 미치는 영향들을 포함한다. 새로운 공정이 기존 처리시설에 도입이 된다는 것은 새로운 운전 요구사항들과 새로운 공정의 적절한 운전과 관리를 위한 추가적인 인력들의 고용과 훈련이 필요함을 의미한다. 기존 폐수처리시설들이 운전되는 동안 새로운 시설들을 건설할 때 방류/재사용 기준들을 만족하는지는 또 다른 도전이 될 수 있다. 만약 기존 장비들이 좋은 유지보수를 받은 기록을 가지고 있다면, 동일한 제조회사에서 제공받은 장비들은 여분으로 준비하지 않아도 된다.

》 에너지 및 자원 요구사항

천연자원과 에너지 소비속도의 증가는 자원고갈과 요구량의 증가를 가져오고 있다. 폐수처리시설들의 운전은 에너지원에 상당부분 의존을 하고 있기 때문에 현실적으로 요구되는 에너지양을 꼼꼼히 평가해 보는 것은 중요하다. 처리장에서 폐수처리시설들의 운전은 주요한 에너지 소비원이다. 에너지 소비량은 단위공정들마다 차이가 있고 수없이 많은 조합들이 연관되어 있기 때문에 고려하는 각각의 처리공정들에 대해 가용한 자료들이 확보되어야 한다. 또한, 처리장에서 열과 전기를 생산하고 이를 요구되는 에너지량에 부합하게 전체적으로 혹은 부분적으로 사용할 수 있다. 폐수로부터 열에너지의 회수는 수집시스템(특히 독일의 경우)과 신규 폐수처리시설 설계에 포함되고 있는 추세이다. 에너지관리에 대한 고려사항들은 17장에서 더욱 상세히 다루겠다.

에너지원. 주요한 에너지원들은 (1) 전력, (2) 천연가스 혹은 프로판, (3) 디젤연료 혹은 휘발유 그리고 (4) 회수된 열과 동력이다(17장 참조). 전력은 공정설비들을 가동시키고 다양한 보조 시설들에 조명과 전원을 공급시키기 위해 주로 사용된다. 천연가스 혹은 프로판은 소화조 열 공급을 위해 사용되고 보조 엔진발전기의 연료원으로 사용된다. 디젤연료 혹은 휘발유도 보조 엔진발전기와 자동차 연료원으로 사용된다. 회수된 열과 동력은 처리장 에너지 요구량을 부분적으로 혹은 전체적으로 만족시킬 수 있다. 전기에너지 비용에 대해 특별히 관심을 가질 필요가 있는데 이는 장비에 사용되는 복잡한 가격구조 때문이다. 단위공정들이 지하화되어 있는 북부지역에서는, 자본비와 운전비의 상당 부분이 환기와 열 공급에 사용될 수 있다.

전기에너지 비용. 전기에너지 비용은 일반적으로 에너지 사용량, 출력비용, 그리고 수요전력요금을 바탕으로 산정된다. 출력비용은 특히 큰 전기모터 구동방식으로 운전하는 시설들에 대해서 상당 부분 발생한다. 수요전력요금은 처리시스템에 요구되는 충분한 전력량을 공급하는 전력회사로부터 산정이 된다. 15분간 첨두전력사용량이 12개월까지 산정될 수 있다. 수요전력요금은 처리장에서 전력을 생산할 수 있는 능력이 있을 때 감소할 수 있다. 예를 들어, 소화조 가스의 회수와 이용은 에너지 요구량을 만족시킬 수 있고 수요전력량을 감소시킬 수 있다. 소화조 가스 사용은 13장에 자세히 논의되고 있다. 에너지 비용산정의 한 부분으로서 민감도 분석은 반드시 고려되어야 하는데 이는 향후 에너지 비용 변화가 처리시설을 위한 전반적인 운전비용에 어떠한 영향을 줄 수 있는지를 평가하게 된다.

》 비용산정 시 고려해야 할 사항들

폐수처리시설들의 선택과 설계에 있어 가장 중요한 것 중 하나는 초기 건설비용뿐 아니라 연간 유지관리 비용이다. 비록 비용산정에 관한 내용은 본 교재에서 다루고 있지 않으나, 비용산정을 위해 고려해야 할 몇 가지 사항들을 제시한다. 일반적으로 비용산정은 세 가지 단계로 나누어 볼 수 있는데 여기에는 (1) 비용곡선과 선택된 문헌을 통해 얻을 수 있는 개념설계(예비설계 단계 중 준비되는)를 위해 사용될 수 있는 비용산정, (2) 문헌들과 기존 입찰정보, 제조사의 견적 또는 한정된 물량으로부터 비용산정 그리고 (3) 완전한 처리시설과 사양들에 대한 자세한 물량으로부터 도출된 비용산정이다. 비용산정의 정확도는 얼마만큼 자세하게 산정이 되느냐에 달려 있으므로 확실하지 않은 항목들과 변동조건들을 비용산정 시 추가해야 한다.

건설비용산정. 특히 높은 물가상승 기간 동안 건설비용의 산정을 준비할 때, 모든 대안들을 평가하고 미래비용들을 전망하기 위해서는 같은 비교기준을 사용해야 한다. 일반적으로 사용되는 비용산정 방법들은 (1) 가정된 물가상승률을 기반으로 하는 단계적 확대 또는 (2) 공개된 원가지수이다. 폐수처리공학 분야에서 가장 많이 사용되는 지수는 ENR (McGraw-Hill 출판) 잡지에 출간된 공학소식기록–공사비지수(ENRCCI)이다.

공학보고서와 문헌에 있는 자료들은 비교 목적을 위해 다음과 같은 관계를 이용하여 공통된 기준에 부합시킬 수 있다.

$$\text{현재비용} = \frac{\text{현재 지수의 가치}}{\text{지수가치} \times \text{비용산정 시점}} \times \text{산정비용} \tag{4-1}$$

가능하다면, 또한 지수가치들은 현재 지역비용을 반영하기 위해 맞추어질 수 있다. ENRCCI와 EPA 지수들은 모두 다양한 지역적인 장소들에 대한 비용들을 포함한다. ENR은 20개 도시들에 대한 비용지수를 공개한다. ENRCCI를 사용할 때, 만약 설비가 그 해 어떤 달에 지어졌는지에 대한 내용이 주어지지 않는다면, 6월 말 비용지수를 사용하는 것이 일반적이다. 미래에 비용들을 전망하기 위해서는, 다음과 같은 관계를 사용할 수 있다. 지수의 추가적인 가치는 종종 건설기간의 1/3 혹은 중간지점까지를 전망한다.

$$\text{미래비용} = \frac{\text{전망된 지수의 미래가치}}{\text{현재 지수의 가치}} \times \text{현재비용} \tag{4-2}$$

그러나 3년에서 5년까지 기간에 대한 비용들을 전망하는 것은 만약 지수가 상당히 증가하거나 감소한다면 비정확성들을 야기시킬 수 있음을 알아야 한다.

운전과 유지관리 비용산정. 매년 운전과 유지관리(O&M)를 위한 비용은 처리공정을 평가할 때 매우 중요한 요소이다. O&M 비용을 구성하는 주 요소들은 인력, 에너지, 화학약품 그리고 재료들과 공급량이다. 가능하다면 각각의 요소들은 따로 산정이 되어야 하는데 이는 요소별 비용들이 서로 다른 비율로 상승할 수 있기 때문이다. 에너지 비용은 공정설비와 에너지를 공급하는 시설로부터 얻어지는 적절한 에너지율에 의해 산출된 에너지 소비량에 근거하여 산출되어야 한다. 유사하게 화학약품 비용도 산출된 소비량과 적절한 가격을 바탕으로 산정이 되어야 한다. 재료와 공급량도 예상되는 사용량과 바탕으로 산정하고 이를 포함시켜야 한다.

비용 비교. 처리공정도를 평가하는 데 있어서 비용들의 비교가 이루어져야 하는데 여기에는 현재의 가치, 연간 총 비용, 또는 수명주기 비용들이 고려된다. 가치분석을 하는 데 있어서, 미래에 사용될 모든 소모품들은 계획 초기에 현재 가치비용으로 전환된다. 이와 같은 분석에는 할인율이 적용되고 이는 화폐의 시간가치(이자를 얻을 수 있는 화폐의 능력)를 대표하게 된다. 연간 총 비용을 비교할 때 자본비용은 채권과 사채발행 기간에 대한 이자율을 근거로 분할상환하게 된다. 연간 고정된 비용(분할상환)은 연간 운전과 유지비용에 포함되고 이는 연간 총 비용을 결정하게 된다. 수명주기 비용들은 총 사용기간 동안(50년까지) 사용될 장비의 비용을 결정하기 위해 사용되고 여기에는 자본비용과 운전과 유지관리 비용을 포함한다. 수명주기 비용들은 특히 새로운 설비에 비해 기존 설비의 회복에 드는 비용을 비교하는 데 유용하다. 그러나 처리시설들 사이의 비용들을 비교할 때 비용산정의 정확도가 고려되어야 한다. 예를 들어, 만약 비용산정의 정확도가 우연적으로 40%이고 모든 선택사항들이 서로 간에 5~8%라고 하면 선택사항들은 동일하게 간주되어야 한다.

기타 설계 고려사항

추가적으로 설계 시 중요하게 고려되어야 할 사항들은 (1) 장비의 가용성과 (2) 인력의 가용성이다. 장비의 가용성 그리고 인력요구에 관한 자세한 설명은 본 교재의 범위를 벗어나나, 이 주제들은 아래에 간략하게 제시하였다.

장비 가용성. 장비의 가용성은 공정선택을 하는 데 있어서 매우 중요한 부분을 차지한다. 왜냐하면 (1) 부속품과 교환품들에 대한 배달시간이 길어지고 (2) 장비의 배달이 건설 일정에 매우 중요할 때 중복된 시스템을 제공할 필요가 있기 때문이다. 폐수처리장에서 사용되는 대부분의 장비들은 소형펌프, 모터 그리고 밸브를 제외하고 주문제작된것이지만 몇몇 장비들은 스테인리스스틸과 같은 합금으로 제조될 수 있는데, 이는 특별한 제조기술을 요구하거나 심지어 수입을 해야 할 정도로 한정된 자원을 요구하기도 한다. 그러므로 설계 기술자는 공정 또는 시스템을 구성하는 장비구성들을 주의 깊게 고려하여 그것들이 장비의 설계, 건설 그리고 운전과 유지관리에 미치는 잠재적인 영향들을 결정할 수 있어야 한다.

인력요구량. 처리공정을 선택하는 데 있어서 필요한 운전 그리고 유지인력의 수와 요구되는 기술들은 반드시 신중하게 고려되어야 한다. 단순하고 덜 복잡한 공정일수록, 필요한 높은 수준의 기술자의 수는 줄어들 것이다. 시설들이 기존 처리시설에 추가될 때, 기존 인력들의 능력은 반드시 평가되어야 하고 이를 통해 새로운 시설들이 문제를 발생시키지 않고 직원들의 재훈련이 필요없이 새로운 시설들을 첨가시킬 수 있다.

더욱 복잡한 공정들은 높은 수준의 자동제어를 사용하는 전기장비들이 요구된다(18장 참조). 적절한 장비의 설치와 제어는 인력을 절약할 수 있고 심지어 몇몇 소형 처리시설들은 사람 없이 운전될 수 있다. 그러나 복잡한 장비설치와 제어시스템은 높은 수준의 기술자가 필요할 수도 있다. 장비설치 전문가들은 자격이 잘 갖추어진 기술자들의 높은 요구 때문에 아마도 채용하거나 직원으로 유지시키기는 어려울 수도 있다. 요구되는 제어시스템의 복잡성과 직원들의 수준들은 세심하게 평가되어야만 한다.

4-2 공정선택 시 고려사항

공정선택은 다양한 요소들의 상세한 평가가 수반되어야 하며 이 요소들은 현재 그리고 미래의 처리목적들을 만족시킬 수 있는 단위공정들과 다른 기술들을 평가할 때 고려되어야 한다. 공정분석의 목적은 가장 적합한 운전기준을 선택하는 것이다. 이 절에서는 공정

선택에 있어서 고려되어야 할 중요한 요소들을 소개하고 공정설계를 위한 기본적인 사항들을 배운다. 다음 절에서는 처리시설의 신뢰성이 특정한 처리공법 설계 기준에 미치는 영향을 다루게 된다.

》 공정선택에 있어 중요한 인자들

공정분석과 선택에 있어 평가되어야 할 가장 중요한 요소들을 표 4-2에 나타내었다. 각각의 요소들이 본질적으로 중요하지만 어떠한 요소들은 추가적인 주의와 설명을 요구한다. 첫 번째 요소인 "공정 적용성"은 다른 모든 요소들보다 중요하고 설계 공학자의 기술과 경험에 영향을 받는다. 설계 공학자에게는 공정 적용성을 결정할 수 있는 가용한 많은 자원들이 있는데 여기에는 유사한 형태의 반응조들에 대한 과거 경험들이 포함된다. 가용한 자원들은 설치운전을 통해 얻은 성능 자료들, 논문에 출간된 정보들, Water Environment Federation (WEF)에 의해 출간된 실행 매뉴얼들, WEF와 U.S. EPA에 의해 출간된 공정설계 매뉴얼들과 파일럿 연구를 통한 결과들이 포함된다.

주어진 환경에서 공정들의 적용성에 대해 알려진 바가 없거나 불확실할 때, 설계 데이터 파일럿 연구들이 수행되어 성능을 결정하고 설계데이터를 획득할 수 있으며 이를 바탕으로 실물 크기의 설계가 이루어질 수 있다. 다음에서는 반응속도론, 물질전달 그리고 부하기준들의 사용을 기본으로 한 공정설계에 대해 간략하게 설명할 것이다. 공정의

표 4-2

단위공정들을 평가하고 선택할 때 고려해야 하는 중요한 요소들

요소	내용
1. 공정 적용	공정의 적용은 과거 경험과 실규모 시설에서 얻은 자료들, 공개된 자료들, 그리고 파일럿 연구에서 얻은 자료들을 근거로 평가될 수 있다. 만약 새롭거나 특별한 조건들이 있다면, 파일럿 연구들은 필수적이다.
2. 적용 가능한 유량범위	공정은 예상되는 유량의 범위에 맞도록 하여야 한다. 예를 들어, 안정지들은 인구가 많은 지역들에서 매우 높은 유량에 대해서는 적합하지 않다.
3. 적용 가능한 유량변동	대부분의 단위조작들과 공정들은 광범위한 유량범위에 대해 운전될 수 있도록 설계되어야 한다. 대부분의 공정들은 상대적으로 일정한 유량에서 가장 잘 운전된다. 만약 유량변동이 너무 크다면, 유량균등조가 필요할 수 있다.
4. 유입폐수 특성	유입폐수의 특성들은 사용될 공정들의 형태에 영향을 준다(예: 화학적 혹은 생물학적 그리고 그것들의 적절한 운전을 위해 필요한 사항들).
5. 방해하고 영향을 받지 않는 성분들	무슨 성분들이 존재하고 처리공정들에 방해가 될 수 있는가? 무슨 성분들이 처리에 영향을 받지 않는가?
6. 기후제한요소들	기온은 대부분의 화학적 그리고 생물학적 공정들의 반응속도에 영향을 준다. 온도는 또한 시설들의 물리적 운전에 영향을 줄 수 있다. 따뜻한 온도는 악취발생을 증가시키고 또한 기상으로의 분산을 제한시킬 수 있다.
7. 반응속도 또는 공정부하기준에 근거한 공정규모 정하기	반응기 규모를 정하는 것은 지배적인 반응속도상수에 근거한다. 만약 속도식의 표현들이 사용될 공정부하 기준들에 가용하지 않다면, 속도식 표현에 대한 자료들과 공정부하기준은 경험, 출간된 문헌 그리고 파일럿 시설 연구의 결과들로부터 유도될 수 있다.

(계속)

표 4-2 (계속)

요소	내용
8. 물질전달속도 혹은 공정부하기준에 근거한 공정규모 정하기	반응기 규모를 정하는 것은 물질전달계수들에 근거한다. 만약 물질전달속도가 사용하는 공정부하기준에 가용하지 않다면 물질전달계수에 대한 자료들은 경험, 출간된 문헌 그리고 파일럿 시설 연구의 결과들로부터 유도될 수 있다.
9. 성능	성능은 유출수의 수질과 이의 변동성 관점에서 측정되는데 방류수 수질 기준은 일관성 있게 유지되어야만 한다.
10. 처리농축물질	생산되는 고상, 액상 그리고 기상의 농축물질들의 형태와 양들은 반드시 알아야 하거나 산정되어야 한다. 종종, 파일럿 연구들은 농축물질을 구별하고 양을 산정하기 위해 사용된다.
11. 슬러지공정	슬러지공정과 처분을 가능하지 않게 하거나 비싸게 만드는 어떤 제한조건들이 있는가? 슬러지공정으로부터 순환부하가 액체 단위조작들 혹은 공정들에 어떻게 영향을 미치는가? 슬러지공정시스템의 선택은 액체처리시스템의 선택과 같이 진행되어야만 한다.
12. 환경적 제한요소들	바람과 바람의 방향 그리고 거주지역과 같은 환경적인 요소들은 어떤 공정들의 사용을 제한하거나 영향을 줄 수 있는데 악취가 발생할 수 있는 지역이 특히 그러하다. 소음과 교통은 아마도 시설적용부지의 선택에 영향을 미칠 수 있다. 공급수들은 영향물질과 같은 특정 성분들의 제거가 요구되는 특별한 제한조건을 가질 수 있다.
13. 화학적 요구사항들	성공적인 단위조작 혹은 공정이 얼마나 오래 어떤 자원으로 얼마나 수행되어야만 하는가? 화학약품의 주입이 처리농축물질의 특성과 처리비용에 어떠한 영향을 줄 수 있는가?
14. 에너지요구량	만약 경제적인 처리시설들을 설계해야 한다면 미래 에너지 비용과 더불어 에너지 요구량을 알아야 한다.
15. 기타 요구량	고려하고 있는 단위 조작 혹은 공정들을 사용하는 제안된 처리시스템의 성공적인 수행을 위해 필요한 추가적인 사항이 있는가? 있다면 무엇인가?
16. 인력 요구량	얼마나 많은 사람들과 어떤 수준의 기술을 가지는 사람들이 단위조작 혹은 공정을 수행하기 위해 필요한가? 이 기술자들이 즉각적으로 가용한가? 훈련이 얼마나 요구될 것인가?
17. 운전과 유지관리	어떤 특별한 운전 혹은 유지관리가 필요할 것인가? 어떠한 여분공간들이 요구되면 그것들의 가용성과 비용은 어떻게 될 것인가?
18. 보조공정들	어떤 보조공정들이 요구되는가? 특히 그 공정들이 운전되지 않을 때 어떻게 유출수 수질에 영향을 미칠 수 있는가?
19. 신뢰성	고려되는 단위조작 혹은 공정의 장기간 신뢰성은 무엇인가? 조작 혹은 공정이 쉽게 무너질 수 있는가? 주기적인 충격부하에 조작 혹은 공정이 견딜 수 있는가? 견딜 수 있다면, 그러한 발생이 유출수의 수질에 어떤 영향을 미칠 수 있는가?
20. 복잡성	일상적인 혹은 비상상황에서 운전되는 공정은 얼마나 복잡한가? 공정을 운전해야 하는 운전자들에게 어떤 수준의 훈련이 반드시 필요한가?
21. 호환성	단위조작 혹은 공정은 기존 시설들과 함께 성공적으로 사용될 수 있는가? 시설의 확장은 쉽게 달성될 수 있는가?
22. 적응성	공정은 향후 처리요구에 부합될 수 있도록 수정될 수 있는가?
23. 경제적인 수명분석	비용분석은 초기 자본비용과 장기간 운전비용 그리고 유지관리 비용들이 고려되어야 한다. 가장 낮은 초기 비용을 갖는 플랜트는 운전과 유지관리 비용 측면에서 가장 효과적이지 않을 수 있다. 가용한 자본의 특성 또한 공정의 선택에 영향을 줄 수 있다.
24. 부지 가용성	현재 고려되는 시설들뿐 아니라 향후 가능한 확장을 수용할 수 있는 충분한 공간이 있는가? 시각적인 그리고 다른 요소들을 최소화시킬 수 있는 전망을 제공하는 완충지역은 얼마나 가용한가?

다양성과 함께 실험실 규모와 파일럿 규모 처리시설 연구 수행에 관한 내용도 일부 논의가 될 것이다. 표 4-2에 있는 다른 요소들은 본 교재의 나머지 부분을 통해 논의가 될 것이다. 여기에서는 이와 같은 요소들을 구별시켜 폐수처리를 위해 사용되는 단위공정들의

적절한 평가를 위해 반드시 필요한 정보들을 제시하게 된다.

반응속도를 바탕으로 한 공정선택

반응속도를 바탕으로 공정선택과 크기를 결정하는 데 있어서 특별히 강조되어야 할 것은 공정 내에서 발생하는 반응들의 특성, 적절한 속도상수 값들을 정의하고 반응조의 형태를 선택하는 것이다.

적합한 속도식 표현들과 속도상수들의 선택. 공정 내에서 발생하는 반응들의 속성들은 반응속도 접근을 통한 설계를 위해 반드시 알아야만 하는 사안이다. 예를 들어, 반응이 영차반응, 일차반응 또는 이차반응인지 혹은 이 반응이 포화형인지를 아는 것은 매우 중요하다. 반응속도에 관해서는 1장 1-10절에서 논의하고 있다. 추가적으로 공정설계에 필요한 적절한 속도상수들의 선택은 (1) 문헌을 통해 얻은 정보들과 (2) 동일한 시스템의 설계와 운전경험 또는 (3) 파일럿 연구를 통해 얻은 데이터들을 바탕으로 이루어진다. 폐수 특성이 크게 변한다거나, 기존 기술을 새롭게 적용하거나 새로운 공정들이 고려될 때 파일럿 검증이 제안될 수 있다. 생물학적 처리를 위해 개발된 다양한 속도 표현식들은 7장에서 10장까지 제시되고 있다. 다양한 변수들을 고려하는 활성슬러지 공법 모델들이 있으며 이들은 상업적으로 사용 가능하다. 이와 같은 모델들을 사용하는 데 있어서 모델에서 산출된 결과들이 무엇을 의미하는지 이해하는 것은 매우 중요하다. 예를 들어, 과연 모델결과들이 타당한지, 실제적인지 혹은 논리적으로 방어가 가능한지에 대한 것들이다. 모델결과들의 평가에 관한 주제는 8장과 9장에서 다루어진다.

반응조 형태의 선택. 처리공정에서 사용될 반응조들의 형태를 결정하는 데 있어 반드시 고려되어야 하는 운전요건들은 (1) 처리 대상 폐수의 특성, (2) 처리공정을 지배하는 반응속도 형태, (3) 특정한 공정요구사항들, 그리고 (4) 지역 환경조건들을 포함한다. 이미 설명하였듯이, 활성슬러지 공법과 같은 생물학적 처리 그리고 영차반응속도에 대해서 요구되는 반응기의 크기에는 차이가 없다(예를 들어 $V_{완전혼합} = V_{관형흐름}$). 예를 들어, 만약 유입폐수에 전처리로서는 처리될 수 없는 독성성분이 포함되어 있다고 알려져 있다면 완전혼합반응조가 관형흐름반응조보다 희석능력 때문에 우선적으로 선택될 수 있다. 그렇지 않으면 사상균들의 성장을 제어하기 위해 완전혼합반응조보다 관형흐름 혹은 다단계 반응조가 선택될 수 있다. 또한 실제적으로는 건설비용들과 운전 유지비용들이 반응기 선택에 영향을 줄 수 있다.

물질전달을 바탕으로 한 공정선택

반응속도론과 부하기준들을 근간으로 공정을 선택하는 것과 함께, 1장에서도 논의된 바와 같이 처리공정들은 상당 부분 기본적으로 물질전달이 고려되어야 한다. 물질전달이 고려되는 폐수처리 운전에는 기본적으로 공기폭기가 포함되는데, 특히 물에 산소의 주입, 바이오 고형물과 슬러지의 건조, 폐수로부터 휘발성 유기물질의 제거, 소화조 상등액으로부터 암모니아와 같은 용존물질들의 스트리핑, 그리고 이온교환에서 용존물질들의 교환이 포함된다. 다행스럽게도, 이와 같은 내용들에 대해서는 상당한 문헌들이 존재하고 실제적으로도 많은 경험들을 가지고 있다. 위의 내용들에 대해서 자세한 사항들은 앞으로 나올 장들에서 추가적으로 설명될 것이다.

부하기준을 바탕으로 한 공정설계

만약에 반응속도 표현들이나 물질전달계수들이 적절하게 개발될 수 없다면, 일반화된 부하기준들이 종종 사용되기도 한다. 설계 초기에는 활성슬러지 생물학적 처리 시스템들에 대한 부하기준들은 폭기조의 용량에 의존하였다[예: BOD kg/m^3 (lb BOD/10^3 ft^3]. 예를 들어, 만약에 어떤 공정이 10 kg/m^3 부하에서 받아들일 수 있는 유출수를 생산할 수 있으나, 20 kg/m^3 부하에서는 생산할 수 없다면, 경험적인 사항들이 성공적으로 적용되는 경우들이 있다. 그러나 불행하게도, 예전 기록들은 유지가 잘 되지 않고 부하기준의 한계는 좀처럼 파악하기 어렵다. 부하기준들의 예들은 단위공정들의 설계들을 다루는 장들에서 설명이 되고 있다. 명심해야 할 것은 부하율들의 사용은 새로운 활성슬러지 생물학적 처리공정 변형들과 새로운 폭기 장치들에 대해서는 지양되어야 한다는 것이다.

실험실 규모 평가와 파일럿 규모 연구

주어진 조건에서 공정의 적용성은 알 수 없으나, 공정을 사용함으로써 상당한 잠재적인 이익들이 발생한다면, 그 공정에 대한 실험실 규모 혹은 파일럿 규모의 검증들이 반드시 수행되어야 한다. 실험실 규모에서 확인하는 것들은 적은 양의 폐수를 가지고 수행되므로 다소 의심스러울 수 있다. 일반적으로 파일럿 규모 테스트들은 설계 유량의 0.1에서 5%까지 변동하는 유량을 가지고 수행된다. 반드시 그렇지는 않으나, **"파일럿 규모"**라는 용어는 일반적으로 어떤 시설의 수리학적 용량과 시험될 설비들의 규모를 의미한다. 예를 들어, 실제 규모 막여과 시스템은 500개 정도의 정밀여과 단위시설들로 구성되어 있는 반면, 파일럿 시설은 10개 혹은 그 이하의 단위시설들을 가지고 있다. 시설확장에 문제점들이 있거나 계산적인 방법들이 매우 복잡한 곳에는, 테스트될 개별 단위시설들은 실제 규모 설치에서 사용될 단위시설들과 같은 것들을 사용하게 된다. **시험대**라는 용어는 기술들과 개념들이 테스트되고 평가될 수 있는 곳에 설치된 물리적인 시설(지역적인 위치, 시가지, 또는 도시)을 의미한다. 예로서, 고도처리 기술들의 평가를 위한 파일럿 규모

그림 4-3

다른 몇 가지 기술들이 파일럿 규모로 테스트될 수 있는 시험대의 전형적인 예. (a) Pamona 바이러스 연구를 위해 로스엔젤레스의 위생국에서 수행된 시험대(1975-1977)와 (b) 이태리 Toranto에 있는 시험대

(a)

(b)

(예: 감소된 유량) 시험대 시설을 그림 4-3에 나타내었다.

파일럿 연구들을 수행하는 목적은 특정 환경조건에서 특정한 폐수를 처리하는 데 있어서 어떤 공정이 적합한지를 규명하고 실제 규모 설계를 하기 위해 필요한 자료들을 얻는 데 있다. 폐수처리를 위한 파일럿 연구들을 계획하는 데 있어서 고려해야 할 요소들은 표 4-3에 제시되어 있다. 표 4-3에 제시된 요소들은 적용될 분야와 테스트 프로그램을 수행하는 이유들에 따라 그 중요성이 상대적으로 달라질 것이다. 예를 들어, 일반적으로 UV 소독 시스템 테스트는 (1) 제조사 성능을 증명하기 위해, (2) 유출수의 수질이 UV 효율에 미치는 영향을 정량화하기 위해, (3) 시스템과 반응조 수리학이 UV 효율에 미치는 영향을 평가하기 위해, (4) 유출수 여과 효과가 UV 효율에 미치는 영향을 평가하기 위해 그리고 (5) 광화학 반응과 영향들을 관찰하기 위해 수행된다.

표 4-3
파일럿 시험 프로그램을 만들 때 고려해야 할 사항들

항목	고려사항
파일럿시험 수행을 하는 이유들	새로운 공정의 시험
	다른 공정의 모사
	공정성능 예측
	공정성능 문서화
	시스템 설계 최적화
	규제기관 요구조건 만족
	법적 요구사항 만족
파일럿 플랜트 크기	벤치 혹은 실험실 규모의 모델
	파일럿 규모 시험들
	실제 규모의 시험들
비물리적인 설계인자들	가용한 시간, 돈 그리고 노동력
	관여된 혁신과 동기부여의 정도
	정수 혹은 폐수의 수질
	시설의 위치
	공정의 복잡성
	유사한 시험 경험
	종속 그리고 독립변수들
물리적인 설계인자들	규모확장 요소들
	시제품의 크기
	예상되는 유량변동
	요구되고 설치될 시설들과 장비
	건설자재
파일럿 시험 프로그램의 설계	종속변수들과 그 범위
	독립변수들과 그 범위
	요구되는 시간
	시험설비들
	시험시제품들
	데이터 수집 프로그램의 통계학적 설계
	데이터를 수집하고 분석할 때 시제품을 수정하기 위한 단계적인 접근

폐수 방류 허용 요구사항들

대부분 폐수의 방류수 기준들에 있어, 요구되는 유출수의 성분들은 7일 그리고 30일 평균농도를 기준으로 한다. 많은 원인으로 폐수처리 유출수질은 변동적일 수 있기 때문에 (변화하는 유기 부하량, 변화하는 환경조건들 등), 처리 시스템은 유출수 농도가 방류수질 기준과 동일하거나 그 이하로 생산될 수 있도록 설계되어야 한다. 공정선택과 설계를 하는 데 있어 두 가지의 접근법들은 (1) 안전계수의 사용, 그리고 (2) 유출수질과 가능한 발생빈도 사이의 상관관계를 결정하기 위한 처리 플랜트 효율의 통계적인 분석이다. 후자의 경우, "신뢰성 개념"으로 불리는 것이 더 좋은데 그 이유는 이 접근법이 분석의 불확실성에 대해 일관성 있는 기준을 제공하기 위해 사용될 수 있기 때문이다. 처리공정에 대한 신뢰성은 아래 절에서 설명하고 있다.

4-3 처리공정의 신뢰도와 설계 값들의 선택

공정선택과 설계를 하는 데 있어서 중요한 요소들은 처리시설의 효율과 수질 기준의 만족에 대한 신뢰성이다. 처리시설 혹은 처리공정의 신뢰성이란 특정 조건에서 처리시설 혹은 처리공정이 특정 기간 동안 적절한 효율을 생산할 확률, 혹은 처리시설효율의 관점에서 볼 때, 유출수의 농도가 특정 기준을 만족하는 운전시간의 비율로서 정의될 수 있을 것이다. 예를 들어, 99% 신뢰도를 갖는 처리공정은 운전시간의 99% 동안 처리효율을 만족시킬 수 있다고 기대할 수 있다. 운전시간의 1% 기간에 대해서 혹은 일 년에 세 번에서 네 번에 대해서, 유출수가 기준을 초과할 수 있다. 이와 같은 수준의 효율은 수용될 수 있거나 수용될 수 없을 수도 있는데 이는 요구기준에 따라 달라지게 된다. 신뢰성 개념이 적용되는 특정한 경우에 대해서 신뢰성의 수준들은 반드시 평가되어야 하는데, 여기에는 특정 수준의 신뢰성를 달성하기 위해 요구되는 시설들의 비용과 이와 관련된 운전과 유지관리 비용들이 포함된다. 그러므로 이 절의 목적은 어떻게 처리공정 변동성을 평가할 수 있는지 그리고 어떻게 복합공정들의 효율을 평가할 수 있는지에 대한 내용을 살펴보는 것이다. 논의될 특정한 주제들은 (1) 폐수처리에 있어서의 변동성, (2) 공정설계 인자들의 선택, (3) 복합공정들의 효율, 그리고 (4) 유입-유출 간 상관관계의 개발이다.

폐수처리에서의 변동성

폐수처리시설의 설계, 효율 그리고 신뢰도에 영향을 줄 수 있는 변동성은 세 가지의 범주로 나누어 볼 수 있는데 여기에는 (1) 유입폐수 유량과 특성의 변동성, (2) 폐수처리공정에 내재하는 변동성, (3) 그리고 기계적인 결함, 설계결함, 그리고 운전미숙을 통해 야기되는 변동성이 포함된다. 다음에서는 폐수처리 변동성에 대한 특성을 간략하게 논의하고 위에서 언급된 변동성에 대한 각각의 범주에 대해 논의한다. 유입폐수 유량의 변동과 특성은 3장에서 이미 논의되었고 여기서는 마무리를 위해 간략하게 검토한다.

변수들과 공정 변동성의 특징. 폐수 변수들과 처리공정들에 대한 변동성을 특징지을 수 있는 일반적인 방법은 기하학적 표준편차 s_g를 이용하는 것이다(부록 D 참조). s_g 값은 만약 평균값이 알려져 있거나 산출될 수 있다고 한다면 모든 기대치들이 전반적인 분포에 대한 근사치를 낼 수 있도록 사용될 수 있다. 부록 D에서 논의된 바와 같이, s_g 값이 커질수록 관찰된 측정값들의 범위가 커지게 된다.

유입폐수 유량변동성. 3장 3-3절에서 논의된 바와 같이, 처리시설로 유입되는 유입유량은 시간, 계절, 기여하는 인구의 크기와 특성, 그리고 수집시스템으로 들어가는 양과 나가는 양과 같은 요인들에 의해 영향을 받는다. 유입폐수 유량에서 전형적으로 관찰될 수 있는 변동성을 그림 4-4(a)에 나타내었다.

그림 4-4(a)에서 보인 바와 같이, 여름철 유량은 매우 안정적이고 로그정규분포를 따른다. 반면에, 전반적으로 일일유량은 높은 겨울철 유량에 의해 상당한 영향을 받으며 이로 인해 매우 심한 변동성을 띄게 된다. 사실, 일일 유량자료는 평균값 혹은 로그정규분포로서 완벽하게 모델화가 되기 어렵다. 다음에서 계속 언급되겠지만, 이와 같은 변동성은 일반적이라 엄격한 방류수 요구사항들을 만족시켜야 하는 경우에는 고민이 될 수 있다. 어떤 경우에는, 처리공정 효율을 향상시키기 위해 폐수수집시설로 침투되는 양을 감소시킨다거나 유량균등 시설들을 설치해야 할 필요가 있을 수도 있다(3장에서 논의되었다). 소형, 중형 그리고 대용량 폐수처리시설들에서 일반적으로 관찰될 수 있는 유입유량들에 대한 s_g 값의 범위는 표 4-4에 나타내었다.

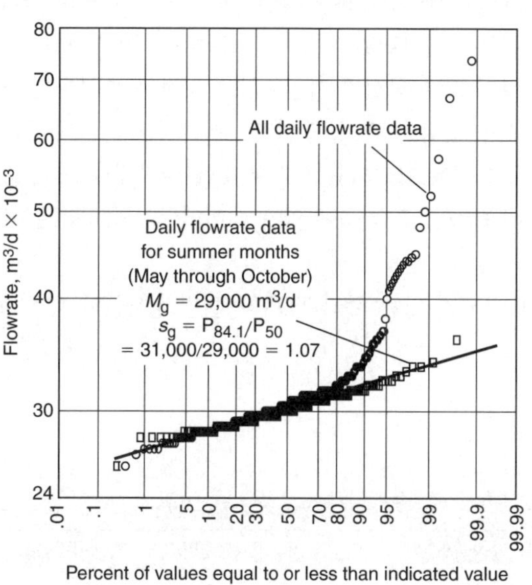

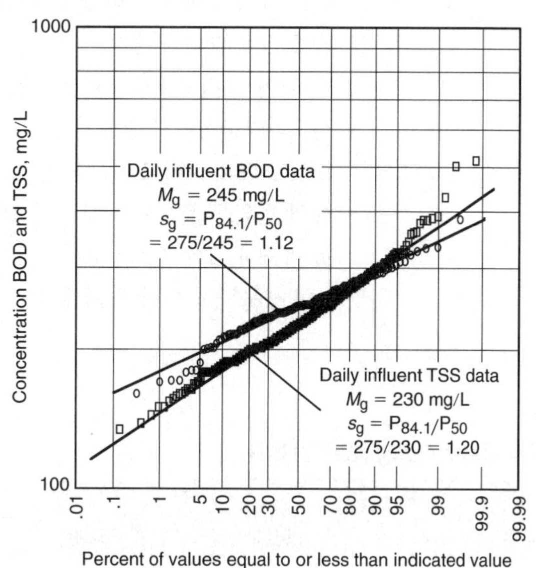

그림 4-4

일 년 동안 수집된 유입폐수 일일 특성에 대한 확률분포. (a) 유량, (b) 생화학적 산소요구량(BOD) 그리고 총 고형물(TSS)

표 4-4
소형, 중형 그리고 대형규모의 폐수처리시설들에서 관찰된 유입수 인자들에 대한 기하학적 표준편차(S_g)의 범위

	전형적인 폐수처리시설들에 대한 S_g 범위[a]					
	소형[b]		중형[c]		대형[d]	
인자	범위	기준	범위	기준	범위	기준
유량	1.4~2.0	1.6	1.1~1.5	1.25	1.1~1.2	1.15
BOD	1.4~2.1	1.6	1.3~1.6	1.3	1.1~1.3	1.27
COD	1.5~2.2	1.7	1.4~1.8	1.4	1.1~1.5	1.30
TSS	1.4~2.1	1.6	1.3~1.6	1.3	1.1~1.3	1.27

[a] 수집시스템에서 많은 양의 침투를 갖는 시스템들의 배재
[b] 4,000~40,000 m^3/d의 유량
[c] 40,000~400,000 m^3/d의 유량
[d] 유량 >400,000 m^3/d

구성성분 농도의 변동성. 3-3절에서 논의되었듯이 폐수구성성분들의 변동성은 특히 폭기시설과 연관된 생물학적 처리공정들을 설계할 때 있어서 신중하게 고려되어야만 한다[그림 4-4(b) 참조]. 관찰되는 유입수의 BOD, COD 그리고 TSS 농도들의 변동성에 대한 표준편차 값들은 s_g 값으로서 표 4-4에 주어졌다. 표 4-4에 주어진 s_g 값들의 범위는 문헌과 저자들의 경험에서 보고된 값들의 범위에 상응한다.

폐수처리공정들에 내재할 수 있는 변동성. 모든 물리적, 화학적 그리고 생물학적 처리공정들은 달성될 수 있는 처리효율에 대한 다소 간의 변동성을 측정한다. 다양한 생물학적 처리공정들을 통해 달성될 수 있는 전형적인 유출수 성분들에 대한 평균값들의 범위를 표 4-5에 보고하였다. 다양한 활성슬러지공정에서 관찰될 수 있는 유출수 BOD와 TSS 값에 대한 변동성의 범위를 그림 4-5에 나타내었다. 나아가, 그림 4-5에서 보는 바와 같이 그리고 8장에서 논의된 바와 같이, 2차 침전조 시설들의 물리적인 특성들은 활성슬러지공정에서 관찰되는 처리효율에 큰 영향을 줄 수도 있다. 세 가지 공정들에 대해 BOD, TSS 그리고 탁도의 변동성은 표 4-5에 고려되었고 표 4-6에 나타내었다. s_g 값들의 범위는 문헌에서 보고된 값들을 대표한다. 표 4-6에 있는 데이터를 사용하는 문제를 예제 4-1에 제시하였다.

생물학적 처리에 의해서 심하게 변경되지 않는 무기 TDS와 같은 성분들에 대해서

표 4-5
2차 처리 후 유출수 수질의 일반적인 범위[a]

			지정된 처리 후 방류수 수질의 범위		
성분	단위	미처리폐수	재래식 활성슬러지[b]	활성슬러지 BNR 공법[c]	막생물반응조
총 고형물(TSS)	mg/L	120~400	5~25	5~20	≤1
생화학적 산소요구량(BOD)	mg/L	110~350	10~30	5~15	<3
화학적 산소요구량(COD)	mg/L	250~800	40~80	20~40	15~30
총 유기탄소(TOC)	mg/L	80~260	20~40	10~20	5~10

(계속)

표 4-5 (계속)

성분	단위	미처리폐수	지정된 처리 후 방류수 수질의 범위		
			재래식 활성슬러지[b]	활성슬러지 BNR 공법[c]	막생물반응조
암모니아성 질소	mg N/L	12~45	1~10	0.7~3.0	0.7~3.0
질산성 질소	mg N/L	0~미량	10~30	2~10	2~10[d]
아질산성 질소	mg N/L	0~미량	0~미량	0~미량	0~미량
총 질소	mg N/L	20~70	15~35	5~10	3~10[d]
총 인	mg P/L	4~12	4~10	0.5~2.0	0.5~2.0[d]
탁도	NTU		2~15	2~8	≤1
휘발성 유기화합물(VOCs)	mg/L	<100~>400	10~40	10~20	10~20
금속	mg/L	1.5~2.5	1~1.5	1~1.5	미량
계면활성제	mg/L	4~10	0.5~2	0.1~1	0.1~0.5
총 용존고형물(TDS)	mg/L	270~860	500~700	500~700	500~700
미량성분[f]	mg/L	10~50	5~40	5~30	0.5~20
총 대장균	No./100 mL	10^6~10^9	10^4~10^5	10^4~10^5	<100
원생동물과 감염균	No./100 mL	10^1~10^4	10^1~10^2	0~10	0~1
바이러스	PFU/100 mL[e]	10^1~10^4	10^1~10^3	10^1~10^3	10^0–<10^3

[a] 제3장 , 표 3-12와 3-14로부터

[b] 재래식 이차는 질산화를 포함하는 활성슬러지 처리로서 정의함

[c] BNR은 질소와 인을 제거하기 위한 생물학적 영양물질 제거로서 정의함

[d] BNR 공정을 포함함

[e] 플라크형성단위

[f] 예를 들어 처방약 그리고 처방전이 없는 합법적인 약들

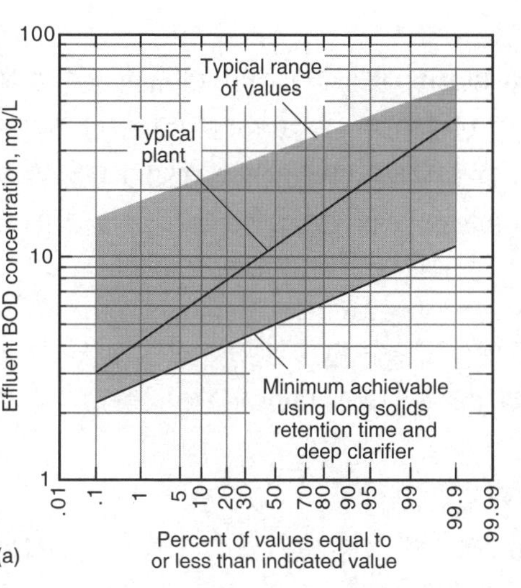

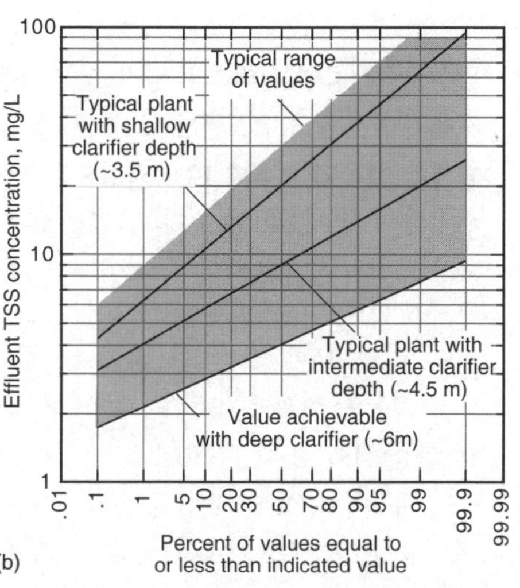

그림 4-5

활성슬러지 공법의 효율에서 관찰된 유출수 성상의 변동성. (a) BOD, (b) TSS

표 4-6
2차 처리공정으로부터 관찰되는 유출수질 변동의 일반적 범위[a]

생물학적 처리공정	단위	유출수값 범위	기하학적 표준편차[b]	
			범위	기준
재래식 활성슬러지				
BOD	mg/L	5~25	1.3~2.0	1.5
TSS	mg/L	5~25	1.2~1.8	1.4
탁도	NTU	5~15[c]	1.2~1.6	1.4
BNR 포함 활성슬러지				
BOD	mg N/L	5~15	1.3~2.0	1.5
TSS	mg N/L	5~20	1.2~1.8	1.4
탁도	NTU	2~8	1.2~1.6	1.4
막생물반응조				
BOD	mg P/L	<3	1.3~1.6	1.4
TSS	NTU	≤1	1.3~1.9	1.5
탁도	mg/L	≤1	1.1~1.4	1.3

[a] 보고된 모든 분포는 로그정규, Mg = 기하학적 평균, s_g = 기하학적 표준편차
[b] $s_g = P_{84.1}/P_{50}$
[c] 2 NTU 이하의 탁도값들은 심층정화조를 포함한 플랜트에 관찰되어 오고 있음(예: 수심이 5.5~6 m). 상응하는 BOD와 TSS 값들은 3~6 mg/L 범위임

는 산출적 그리고 로그정규분포들이 공정의 효율을 모델화하기 위해 사용될 수 있다. 또한, 처리효율의 변동성이 크지 않은 곳에서는 산술적 그리고 로그정규분포들 모두 관측된 처리효율 모델로 사용 가능하다. 웨이블 분포(Kokoska and Zwillinger, 2000)인 경우 고도수처리공정들의 효율분석에 유용한 것으로 증명이 되고 있다(WCPH, 1996, 1997).

예제 4-1

활성슬러지공정 신뢰도의 평가 평균 유출수 BOD와 TSS 값이 각각 15 mg/L을 갖도록 재래식 활성슬러지 공법이 설계되었다. (a) 일 년에 한 번 그리고 (b) 3년에 한 번 주기로 발생이 예측되는 최대 BOD와 TSS 값들을 결정하시오. 만약 BOD와 TSS에 대해 유출수 수질 기준이 30 mg/L라면, 연간 유출수 BOD와 TSS 값들이 얼마나 자주 기준을 초과할 것인지 산출하시오.

풀이

1. 표 4-4로부터 재래식 활성슬러지공정에서 유출수 BOD와 TSS 값에 상응하는 s_g 값들을 선택한다. 표 4-4로부터, BOD와 TSS 값들에 대한 기준 s_g 값들을 각각 사용한다.
2. 유출수 BOD와 TSS 값들의 확률분포를 결정한다.
   a. s_g 값들을 사용하여, $P_{84.1}$(표 4-6으로부터 설명 b를 참고) 지점에 상응하는 BOD와 TSS 값들을 결정한다.
      i. BOD에 대해

$P_{84.1} = s_g \times P_{50} = 1.5 \times 15\ \text{mg/L} = 22.5\ \text{mg/L}$

ii. TSS에 대해

$P_{84.1} = s_g \times P_{50} = 1.4 \times 15\ \text{mg/L} = 21\ \text{mg/L}$

b. $P_{84.1}$과 P_{50} 값들을 도식화하여 유출수 BOD와 TSS 값들의 분포를 산출한다. 유출수 BOD와 TSS 값들이 로그정규분포를 따른다고 할 때, 직선은 $P_{84.1}$과 P_{50} 값들을 지나는 직선을 아래와 같이 그릴 수 있다.

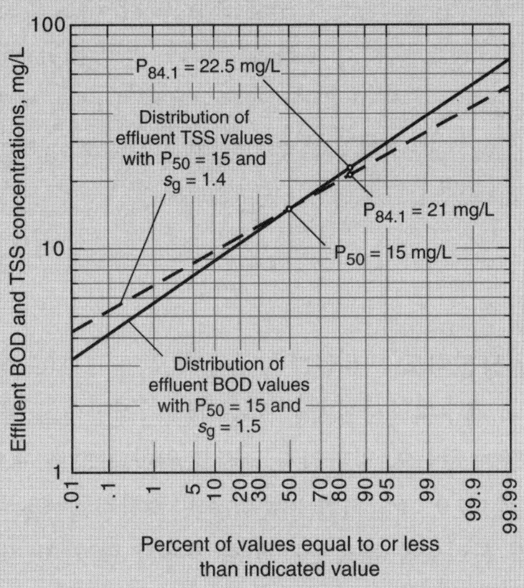

3. 관심 있는 주기에 발생이 기대되는 유출수 BOD와 TSS 값들을 계산한다.

a. 일 년에 한 번 주기로 주어진 사건에 대한 발생확률은(1/365) × 100 = 0.3%이다. 그러므로, 일 년에 한 번 주기 이하로 사건이 발생할 수 있는 비율은 100 − 0.3 = 99.7%이다. 2단계에서 만들어진 도식을 사용하여, 99.7%에 상응하는 유출수 BOD와 TSS 값들은

i. BOD에 대해

$P_{99.7} = 45.8\ \text{mg/L}$

ii. TSS에 대해

$P_{99.7} = 37.8\ \text{mg/L}$

b. 동일하게, 3년에 한 번 주기로 주어진 사건에 대한 발생확률(예, 99.9%)은

i. BOD에 대해

$P_{99.9} = 52.6\ \text{mg/L}$

ii. TSS에 대해

$P_{99.9} = 42.5\ \text{mg/L}$

4. 연간 유출수 BOD와 TSS 값들이 유출수 기준 30 mg/L를 얼마나 자주 초과할 것인지를 산출한다.
   a. 2단계에서 보인 도식으로부터, 유출수 BOD는 대략 기간의 4.5%(~16일/년)에서 30 mg/L를 초과할 것이다.
   b. 2단계에서 보여진 도식으로부터 유출수 TSS는 대략 기간의 2.0%(~7일/년)에서 30 mg/L를 초과할 것이다.

4단계에서 알 수 있듯이, 유출수 BOD와 TSS 값들은 기간의 약 4.5와 2.0%에서 방류수 기준 30 mg/L를 각각 초과할 것이다. 만약 BOD와 TSS가 방류수 기준을 초과하지 않는다면, 그때는 공정이 더 낮은 평균값을 고려해 설계 되거나 방류수 기준을 만족할 수 있도록 어떠한 형태의 유출수 여과가 포함되어야 한다. 여과의 첨가에 따른 영향에 대해서는 제11장에서 논의되고 있다.

기계공정신뢰도. 유입폐수 유량과 특성 그리고 폐수처리공정에 내재하는 변동성뿐만 아니라, 폐수처리시설에서 사용되는 기계장비와 관련된 변동성 또한 고려되어야 하는데 이는 설계 값들이 얼마인지 그리고 얼마나 많은 예비 장비들이 특정 신뢰도를 가지고(예: 99 혹은 99.9%) 엄격한 기준들을 만족시킬 수 있는지 분석하는 데 필요하다. 처리시설의 기계적 신뢰도를 분석하기 위해 가용한 몇 가지 접근법들이 있는데 아래와 같은 방법들이 제시될 수 있다(WCPH, 1996).

1. 중요부품분석(CCA)
2. 고장모드와 영향분석
3. 사고발생 계통수 분석
4. 사고결과 예상계통도 분석

위의 네 가지 접근법 모두 문헌에서 자주 인용이 되고 있고 산업체에서 다양하게 적용되고 있다. 중요부품분석(CCA)법은 현장 신뢰도, 정비성, 그리고 선택된 중요 폐수처리시설의 운전성을 결정하기 위해 U.S. EPA에 의해 개발되었다(U.S. EPA, 1982). CCA의 목적은 폐수처리시설에서 어떠한 기계적 구성성분들이 유출수의 수질 달성 실패에 가장 즉각적으로 영향을 줄 수 있는지를 결정하는 것이다. 표 4-7에 정의되어 있듯이, CCA 방법을 적용하는 데 있어서 가장 일반적으로 사용되는 통계적인 인자들은 평균고장간격(MTBF), 고장 전 기대시간(ETBF), 고유가용도(AVI), 그리고 운용가용도(AVO)이다.

공정 신뢰도 분석은 3800 m^3/일(1.0 Mgal/일)의 재생수를 생산하기 위해 설계된 처리시스템에 대해서 완전하게 수행되었다. 처리시설은 예비처리시설(조대스크린과 침사지),1차 처리시설(회전드럼과 디스크 스크린), 2차 처리시설(수생부레옥잠지조), 그리고 3차 처리시설(응집, 연수화, 침전, 그리고 여과를 포함하는 일괄처리시설)을 포함하였다. 고도 수처리는 자외선 소독, 역삼투, 공기스트리핑, 그리고 입상 활성탄 흡착으로 구성된다. 차아염소산나트륨은 유출수 소독을 위해 소독조에서 요구되는 접촉시간에서 사용된

표 4-7
장비의 신뢰도를 평가하기 위한 통계학적인 측정들[a]

통계학적 측정	설명
고장 전 평균시간(MTBF)	장비의 기계적 신뢰도의 측정으로서 고장횟수에 의해 결정됨. 일반적인 접근법은 운전시간들을 고장횟수로 나눈다.
고장 전 기대시간(ETBF)	MTBE와 유사하나 총 작동시간으로서 실제 운전시간이 사용된다.
고유가용성	성분과 단위시설이 운전된 달력시간의 분율
운전가용성	예방적 유지를 배제하고 운전된 성분 혹은 단위시설이 운전될 수 있는 시간분율

[a] U.S. EPA(1982), WCPH(1996, 1997)로부터 변경됨

다. 공정 신뢰도 분석 결과들은 표 4-8에 나타나 있다. 이와 같이, 예비처리시설 공정은 가장 낮은 MTBF를 가지고 있다. 예비처리시설들로부터 경험적으로 얻을 수 있는 전형적인 문제점들은 트립 차단기, 이음새 누수, 그리고 기어박스 고장이 포함될 수 있다. 세 가지 처리공정들을 제외하고는, 나머지 처리공정들의 AVO 값은 0.99 이상이었다. 모든 처리공정에 대해서 AVI는 0.99 이상이었다. 표 4-8에 나타낸 것과 같은 정보들은 유지 일정과 예비 장비들 그리고 보조 장비들을 위한 요구사항들을 결정하기 위해 사용될 수 있다.

방류 허용기준 만족을 위한 공정설계인자들의 선택

유출수질의 변동성 때문에 처리시설들은 방류 허용 기준 이하를 만족하는 유출수질을 평균적으로 생산할 수 있도록 설계되어야만 한다. 문제는 공정설계를 위해 어떠한 평균값이 사용될 수 있는지 그리고 이 공정설계가 어느 정도의 신뢰도를 가지고 특정한 기준과 동일하게 혹은 기준보다 낮은 유출수 농도를 생산할 수 있는지를 확신할 수 있는가이다. 규정된 표준값들을 만족시키기 위해 필요한 설계평균값을 산출하기 위해서 두 가지 접근법들이 사용될 수 있다. (1) 신뢰도계수를 포함하는 통계적인 접근법과 (2) 도식적인 접

표 4-8
Aqua III의 기계적 신뢰도에 관한 통계요약[a,b]

항목	통계학적 측정[c]			
	MTBF, 년	90% CL MTBF, 년	AVO	AVI
예비	0.35	0.57	0.9953	0.9998
일차	0.82	0.65	0.9967	0.9981
이차	2.12	1.75	0.9757	0.9953
팩키지플랜트	2.24	1.78	0.9994	0.9995
UV 소독	0.58	0.25	0.9991	0.9984
역삼투	1.22	0.99	0.9900	0.9903
포기탑	1.16	0.50	0.7835	0.9995
탄소탑	1.86	1.02	0.9963	0.9999
생산수	0.56	0.45	0.9771	0.9964

[a] WCPH(1997)로부터
[b] Aqua III 자료 10/9/94에서 9/30/95
[c] 통계적 측정의 정의에 대해 표 4—7 참고

근법이다. 두 가지 접근법 모두 아래에 언급되어 있다. 계속해서 얻은 평균값들을 설계에 어떻게 적용시킬 수 있는지를 설명한다.

평균 설계 값 선택을 위한 통계적인 접근법. 평균 설계 값 결정을 위해 사용될 수 있는 한 가지 접근법은 Niku 등(1979, 1981)이 개발한 신뢰도계수(COR)를 사용하는 것이다. COR 방법에서, 평균 설계 값들은 확률기반으로 달성되어야만 하는 기준들과 관련이 있다. 이 분석 방법은 본 교재 제 4판에 설명되어 있다.

평균 설계 값 선택을 위한 도식적 접근법. 특정 유출수 기준을 만족하기 위한 적절한 평균 설계 값들을 결정하는 데 있어서 사용될 수 있는 또 다른 방법은 도식 확률법이다. 만약 표준편차가 신뢰도를 측정하는 데 사용될 수 있고 그 값이 대략적으로 다른 설계에 대해서도 일정하다고 가정한다면 특정한 신뢰도 수준에서 요구되는 유출수 값을 정할 수 있다(예를 들어, 99%에서 10 mg/L). 그리고 측정된 자료들과 같은 표준편차에서 그 값을 따라 통과하는 선 하나를 그릴 수 있다. 50%의 확률값에서의 값이 새로운 평균 설계 값이 된다.

도식접근법은 그림 4-6에 나타나 있다. 분할된 자료들은 폐수처리시설에서 배출되는 유출수 내의 매달 총 구리의 농도를 의미한다. 만약 방류수질 기준이 99.9% 신뢰도에서 10μg/L이라면, 그 값을 표시하고 이를 통과하는 동일한 표준편차를 갖는 선을 긋는다. 그 선 위에서 50% 확률에 해당하는 농도를 읽으면 이 경우 2.1 μg/L이 된다. 많은 성분들에 대해서, 요구되는 평균 설계 값은 현재 존재하는 공정으로는 만족시킬 수 없다는 것을 알 수 있을 것이다. 단독공정 어디에서 요구되는 평균값을 만족시킬 수 없는지를 알기 위해서는 두 개 혹은 그 이상의 처리공정들을 연속하여 사용하는 것이 필요할 수도 있다. 전형적인 기준 표준 편차값들이 표 4-6에 주어져 있는데 이 값들은 또한 만약 방

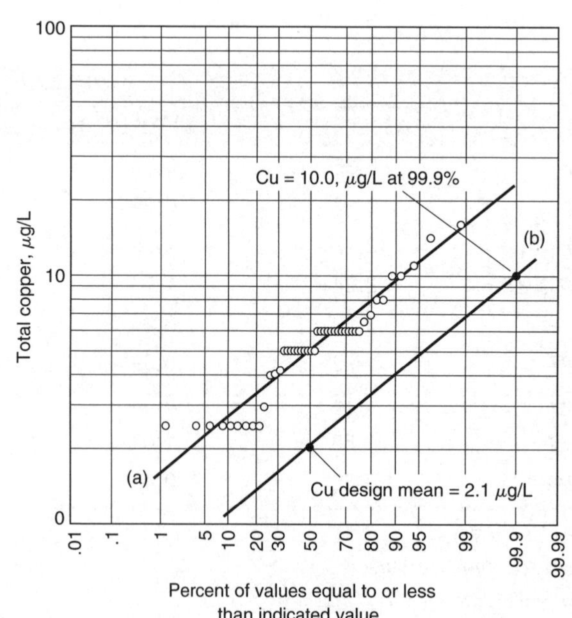

그림 4-6

확률분포. (a) 2년 동안 수집된 월별 유출수 총 구리(Cu) 시료들과 (b) 구리 농도 한계 10 mg/L 함께 99.9% 규정 달성에 상응하는 분포로서 원래 분포와 같은 기하학적 표준편차분포를 바탕으로 그려짐

류수 기준들을 알 수 있다면 새로운 처리시설들의 설계를 위해 사용될 수 있다.

예제 4-2 **신뢰도 고려를 기반으로 하는 유출수 설계 BOD와 TSS 농도산출** 기존 활성슬러지 플랜트는 새로운 요구사항들을 만족시키기 위해 확장되고 개선될 필요가 있다. 새로운 유출수 요구조건들은 아래에 주어져 있다. 로그-확률 도식화법을 이용하여 월별 기준에 대해 99% 신뢰도 수준을 만족하고 주별 기준에 대해 99% 신뢰도 수준을 만족하는 평균 설계 유출수 BOD와 TSS 농도들을 결정하시오. 1년의 기간 동안 기존시설에 대해 평균 월별 유출수 BOD와 TSS 자료들은 아래에 주어져 있다.

성분	월별 평균	주별 평균
BOD, mg/L	15	20
COD, mg/L	15	20

월	BOD, mg/L	COD, mg/L
1	34.0	15.0
2	27.1	18.0
3	29.0	17.5
4	25.0	22.5
5	25.1	22.0
6	22.0	24.9
7	21.7	28.0
8	20.5	25.1
9	17.0	19.5
10	18.5	20.0
11	23.1	20.1
12	24.0	21.5

풀이 1. BOD와 TSS에 대해 월별 자료들을 로그-확률지에 도식화한다. BOD와 TSS에 대해 요구되는 점들은 아래에 나타나 있다.

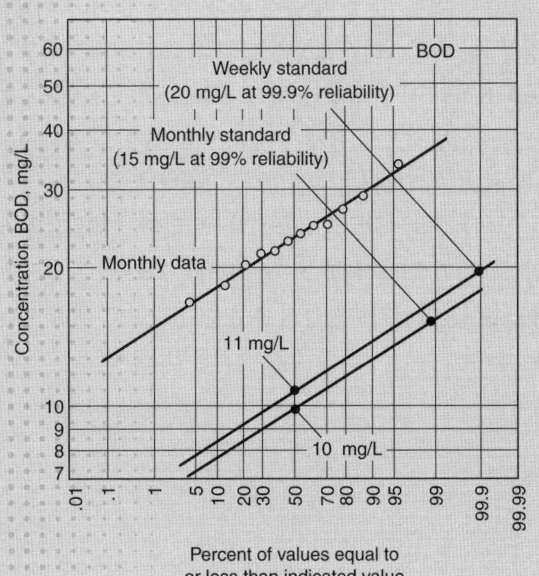

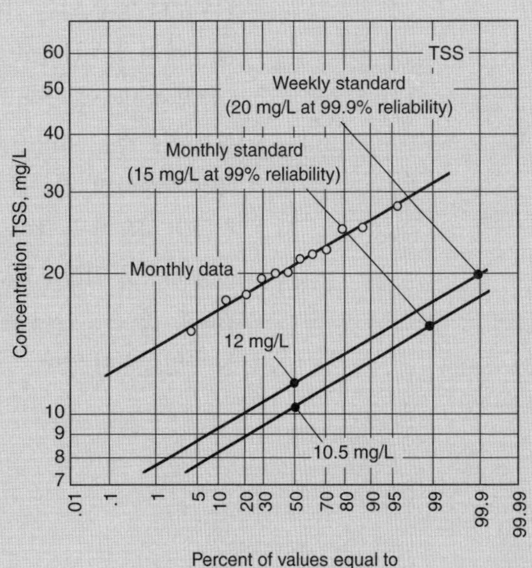

2. 설계 유출수 BOD와 TSS 농도들을 (a) 월간 기준에 대한 99% 신뢰도 그리고 (b) 주간 기준에 대한 99.9% 신뢰도에 대해 산출한다.
   a. 설계 유출수 BOD 농도들을 결정한다. BOD 농도들은 15 mg/L와 99% 그리고 20 mg/L와 99.9% 점들을 통해 측정된 결과들과 같은 기울기를 갖는 선들을 긋고 50%에 상응하는 값들을 정하여 결정한다. 결정된 값들은
      15 mg/L와 99%에서 $BOD_{설계} = 10.0$ mg/L
      20 mg/L와 99.9%에서 $BOD_{설계} = 11.0$ mg/L
   b. 설계 유출수 BOD 농도들을 결정한다. BOD 농도들은 15 mg/L와 99% 그리고 20 mg/L와 99.9% 점들을 통해 측정된 결과들과 같은 기울기를 갖는 선들을 긋고 50%에 상응하는 값들을 정하여 결정한다. 결정된 값들은
      15 mg/L와 99%에서 $TSS_{설계} = 10.5$ mg/L
      20 mg/L와 99.9%에서 $TSS_{설계} = 12$ mg/L

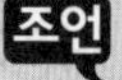

신뢰도 개념을 사용할 때, 설계를 위해 선택된 평균 유출수 값들은 일반적으로 허용치보다 매우 낮다. 공정들이 처리된 유출수의 UV 소독을 위해 사용되었을 때 Loge 등(2001)은 변동계수를 어떻게 감소시켰는지 보여주었다(예: 공정변동). 영국과 유럽의 과거 많은 설계들을 바탕으로, 95% 수준에서 규정된 한계치를 달성하기 위해서는 평균 설계 값은 약 규정된 한계치의 50%이어야 한다.

》 혼합공정들의 효율

예제 4-2에 나타낸 바와 같이 통계학적인 혹은 도식적인 방법을 적용할 때, 종종 주어진 공정에 대한 평균 설계 값은 공정을 설계하는 방법에 있어 사실적으로 이미 존재하는 범위보다 매우 낮은 값이 될 수 있음을 알 수 있을 것이다. 예를 들어, NPDES 요구사항을 만족시켜야 한다고 가정할 때, 활성슬러지공정은 평균 유출수 부유고형물 농도 4 mg/L을 만족시켜야 한다. 가능하겠지만 사실 특정한 설계 값을 만족하기 위해 2차 침전지를 설계하는 것은 어려울 수 있다. 일반적으로 설계가 좋고 이차 공정을 효과적으로 운전한다고 가정하면, 평균값 4~5 mg/L은 달성시킬 수 있다. 그러나 불행하게도 그와 같은 가정들은 허용치를 넘어서는 안되는 경우에는 받아들여질 수 없다. 이와 같은 상황에서는, 허용 기준을 지속적으로 만족시키기 위해서 심층 혹은 모래여과와 같은 추가적인 공정이 필요할 것이다. 아래 예제에서는 혼합처리공정들의 효율을 결정하기 위한 기본적인 사항들이 언급되어 있다.

예제 4-3

신뢰성 고려를 기반으로 하는 혼합처리공정들의 성능평가 98.3, 99.2 그리고 99.9% 수준에서 TSS와 탁도의 제거에 대해 활성슬러지공정과 입상 미디아 심층여과 혼합공정의 성능을 평가하시오. 아래 자료들은 활성슬러지공정에 적용된다고 가정한다. 또한, 심층여과에서 그 어떤 화학약품들도 사용되지 않는다고 가정한다.

1. 유출수 TSS에 대한 분포는 로그정규분포를 갖는다
2. 유출수 TSS에 대한 기하학적 평균, M_g = 15 mg/L
3. TSS에 대한 기하학적 표준편차, s_g = 1.25
4. $s_g = P_{84.1}/P_{50}$

또한, 여과성능을 표현하기 위해 아래와 같은 관계를 사용할 수 있다

여과유출수 탁도, NTU = 0.5 NTU + 0.2(여과유입수 탁도, NTU)

풀이

1. 여과 후 TSS 값들을 결정하기 위해, 제2장에서 주어진 아래 관계들을 사용한다.
   a. 2차 유출수 TSS, mg/L = (2.3 mg/L NTU) (유출수 탁도, NTU) [식 (2-18)]
   b. 여과유출수 TSS = (1.4 mg/L/NTU) (여과유출수 탁도, NTU)[식 (2-18)]
2. 위의 관계를 이용하여, 여과 후 50%와 84.1%(하나의 표준편차)에 상응하는 값들을 결정한다.
   a. 50%에서
      i. 2차 유출수 탁도 = (15 mg/L)/(2.3 mg/L/NTU) = 6.52 NTU
      ii. 여과유출수 탁도 = 0.5 NTU + 0.2(6.52 NTU) = 1.8 NTU
      iii. 여과유출수 TSS = (1.4 mg/L/NTU)(1.8 NTU) = 2.52 mg/L
   b. 84.1%에서[부록 D로부터 식 (D-9) 사용]
      i. $P_{84.1} = P_{50} \times s_g$ = 15 mg/L × 1.25 = 18.75 mg/L
      ii. 2차 유출수 탁도 = (18.75 mg/L)/(2.3 mg/L/NTU) = 8.15 NTU
      iii. 여과유출수 탁도 = 0.5 NTU + 0.2(8.15 NTU) = 2.13 NTU
      iv. 여과유출수 TSS = (1.4 mg/L/NTU)(2.13 NTU) = 2.98 mg/L
3. 2차 유출수 TSS와 여과유출수 탁도 그리고 TSS를 도식화하고 요약표를 준비한다.
   a. 로그-확률도식

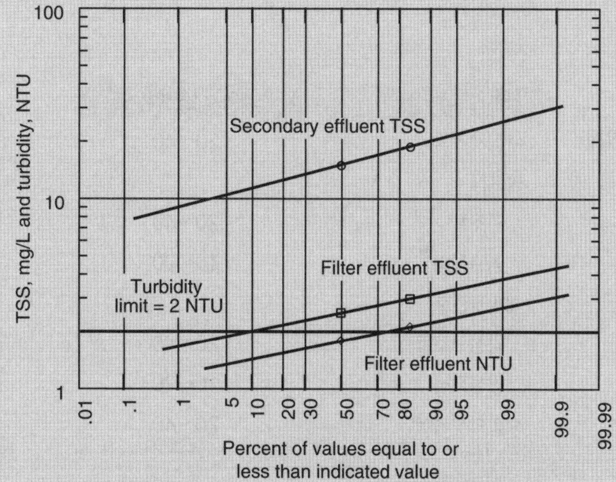

b. 요약표

항목	단위	확률값		
		98.3%	99.2%	99.9%
TSS	mg/L	2.6	2.9	4.2
탁도	NTU	2.5	2.8	3.0

위의 요약표에서 보는 바와 같이 일 년에 여섯 번의 TSS 초과 사건(98.3% 확률에 상응)에 대해, TSS 농도는 2.6 mg/L와 같거나 더 높을 수 있고, 일 년에 세 번 TSS 초과 사건(99.2% 확률)의 TSS 농도는 2.9 mg/L와 같거나 더 높을 수 있고, 삼 년에 한번 TSS 초과 사건(99.9% 확률)의 TSS 농도는 4.2 mg/L와 같거나 더 높을 것이다. 만약 재사용 적용을 위해 추가적인 처리 없이 탁도 2 NTU 수준을 만족해야 한다면, 기간 중 25%에 대해 2-NTU 한계를 초과하게 될 것이다.

4-4 공정설계의 요소들

처리공정설계는 폐수의 유량과 특성 그리고 처리 목적들에 근거한 처리 공정과 적절한 설계계수들의 선택과 동시에 이루어진다. 공정설계의 주요한 요소들은 (1) 처리시설들에 대한 설계기간 산정, (2) 공정흐름도 개발, (3) 공정설계 기준수립, (4) 처리시설의 예비규격 결정, (5) 고형물수지의 준비, (6) 장소설계 고려, (7) 처리시설 수리학 평가 그리고 (8) 에너지 관리이다. 본 절에서는 각각의 요소들에 대해 소개하고 설명한다.

설계기간

설계기간은 시설들의 설계용량이 달성되는 목표기한을 의미한다. 개별 요소들에 대한 설계기간들은 확장의 용이성과 어려운 정도에 따라 변동될 수 있다. 다양한 형태의 시설들에 대한 전형적인 설계기간들은 표 4-9에 주어져 있다. 확장시키기가 쉽지 않은 구조물

표 4-9
폐수처리시설에 대한 일반적인 설계기간

시설	계획시간범위, 년
수집시스템	20~40
펌프장	
구조물	20~40
펌프장비	10~20
처리플랜트	
공정구조물	20~40
공정장비	10~20
수리학적 수로	20~40

들과 수리학적 관로 시스템들의 경우 설계기간이 길수록 좋다. 설계기간의 선택은 성장 특성, 환경적 고려사항, 그리고 건설비용의 가용성과 출처에 의존한다.

❯❯ 처리공정흐름도

처리공정흐름도란 단위조작과 공정들의 혼합들을 도식적으로 특별하게 묘사한 것을 의미한다. 제거하여야만 하는 성분들에 따라, 다양한 단위공정들의 결합을 통해 무수히 많은 흐름도들을 개발할 수 있다. 개별 처리 장치의 형태가 적합한지를 분석하는 것을 떠나, 선택된 단위공정들의 정확한 구성은 다음과 같은 요소들에 의존하게 된다. (1) 설계자의 과거 경험, (2) 특정한 처리공법들의 적용에 대한 설계와 규제기관의 정책들, (3) 특

그림 4-7

U.S. EPA 2차 폐수처리 기준을 만족하도록 설계된 폐수처리장 (표 1-2 참조). (a) 도식화된 흐름도와 (b) 도식화된 배치도

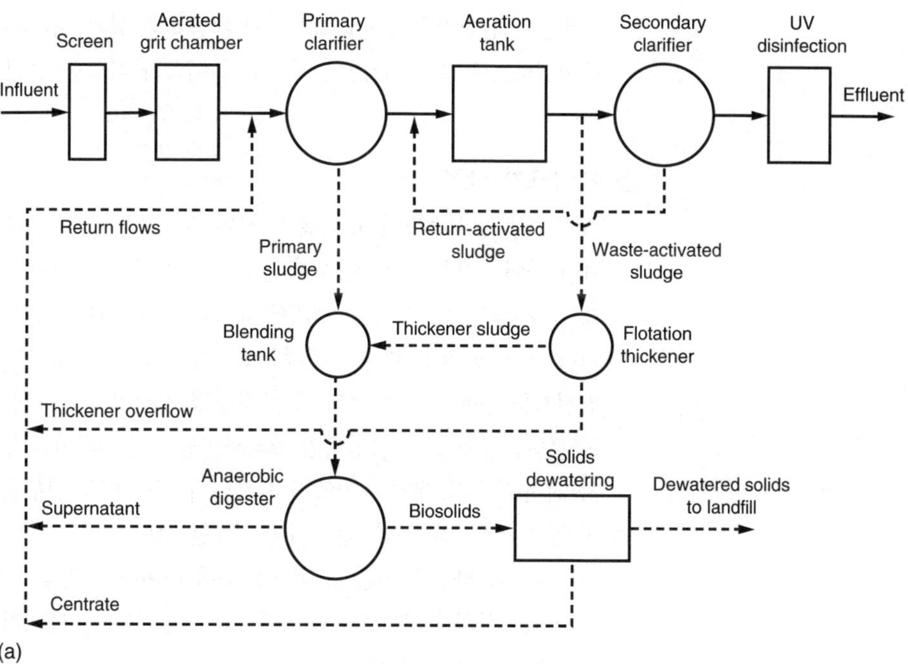

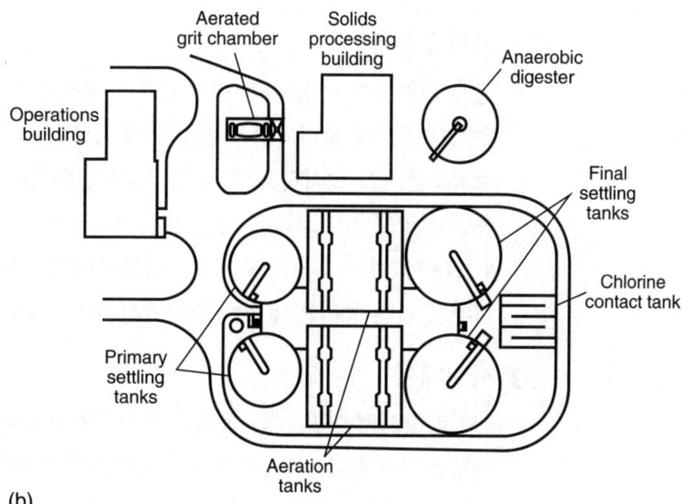

정한 처리공법들을 위한 가용한 장비제조업체, (4) 기존 시설들의 최대사용량, (5) 초기 건설비용, 그리고 (6) 미래 운영유지 비용. U.S. EPA에서 규정한 이차 처리 기준을 만족하는 폐수처리시설에 대한 전형적인 공정흐름도가 그림 4-7(a)에 제시되어 있다.

❯❯ 공정설계 기준

한 개 혹은 그 이상의 예비공정흐름도가 완성되면, 다음 단계는 선택된 처리공정들에 대한 공정설계 기준들을 결정하고 이를 통해 시설들의 크기를 결정하는 것이다. 수리학적 체류시간은 침자지에 대한 공정설계 기준의 예가 될 수 있을 것이다. 계속해서 각 단위공정에 대해 유사한 과정이 적용된다. 모든 핵심 설계 기준들을 표에 요약할 수 있다. 대부분의 처리시설들은 미래에도(40년까지) 효과적일 수 있도록 설계가 되기 때문에, 설계 기준들은 일반적으로 처리시설들이 처음부터 설계기간 끝까지 운전될 때의 기간에 대해 주어진다. 후자는 공급받는 인구수의 예측과 다양한 설계기간 중 비용효율성에 영향을 받는다.

❯❯ 예비크기 산정

설계 기준들이 수립되면, 다음 단계는 필요한 시설들의 개수와 크기를 결정하는 것이다. 예를 들어, 그림 4-7(a)에 나타낸 바와 같이 공기폭기 침사지의 수리학적 체류시간이 최대 유량에서 3.5분이라면, 여기에 대응하는 요구되는 침사지의 부피는 계산될 수 있을 것이다. 크기를 정할 때는 부지제한조건들을 고려할 필요가 있다. 예를 들어, 부지가 원형 침전지를 수용할 수 있는가 혹은 장방형 침전지가 사용되어야만 하는가? 흐름분산 그리고 부하균등과 같은 운영적인 고려사항들도 평가되어야 할 것이다. 예를 들어 두 개의 1차 침전조와 세 개의 폭기조처럼 특별히 여러 대의 단위공정들을 결합시킨 일련의 공정인 경우 더욱 그러하다. 단위시설 개수를 선택할 때 시설의 유지와 이와 관련된 인자들이 고려되어야 하는데 이는 유지와 보수에 대비하기 위함이다. 단일 시설이 고려되는 소규모 처리시설의 경우, 만약 예비저장과 같은 특별한 대비가 포함되지 않는다면 유지관리에 문제가 생길 수 있다.

❯❯ 고형물수지

설계 기준들이 수립되고 예비 크기가 결정되고 나면, 각각의 공정흐름도에 대한 고형물수지가 반드시 준비되어야 한다. 그와 같은 정보들은 (1) 슬러지 농축조 시설, (2) 슬러지 소화조들, (3) 슬러지 탈수시설들, (4) 열환원시스템, (5) 비료화시설 그리고 (6) 슬러지 운반과 펌프장치 그리고 다른 부속장치들의 크기를 결정하는 데 반드시 유용하다. 그림 4-7(a)에 있는 흐름도에 대한 고형물수지가 그림 4-8에 나타나 있다. 고형물수지의 준비와 관련된 상세한 내용은 14장에서 다루어진다.

❯❯ 시설배치

시설배치란 주어진 처리 목적을 달성시키기 위해 요구되는 물리적인 시설들의 공간적인 배열을 의미한다. 전체적으로 처리시설의 배치는 제어와 행정건물들의 위치 그리고 다

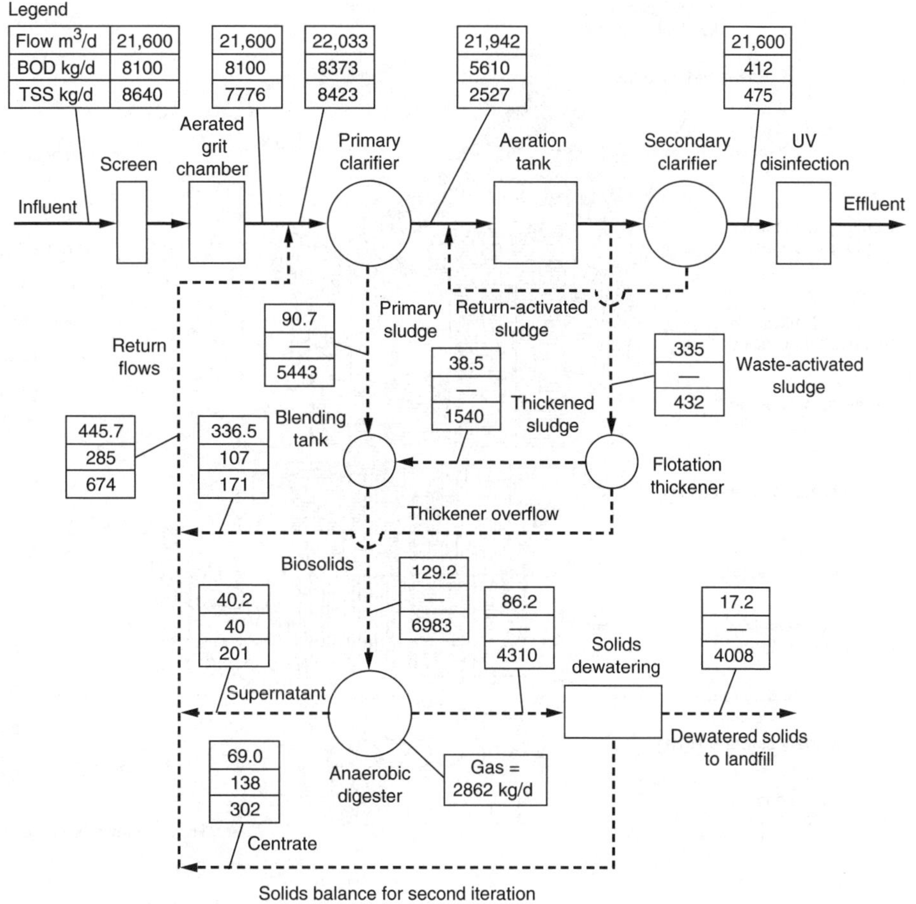

그림 4-8

그림 4-7에 보인 처리공정흐름도에 대한 고형물 물질수지. 상세한 계산들은 14장 14-7절에 설명하고 있다.

른 필수구조물들의 위치를 포함한다. 몇 가지 다른 배치들은 일반적으로 최종 선택을 하기 전에 컴퓨터가 만들어낸 오버레이를 이용하여 평가된다. 처리시설을 배치할 때 고려되어야만 하는 요소들은 다음과 같다. (1) 가용한 처리시설 부지의 기하학적 구조, (2) 표면형태, (3) 토양과 기초토대의 상태, (4) 유입폐수의 위치, (5) 방류되는 지점의 위치, (6) 시설의 수리학, 수두손실을 최소화하고 대칭적인 흐름분산을 위해 단위시설들 사이 직전 흐름의 선호, (7) 공정들의 형태, (8) 공정성능과 효율, (9) 수송접근성, (10) 운전자로의 접근성, (11) 운전의 신뢰도와 경제성, (12) 미학적 측면, (13) 환경제어 그리고 (14) 미래 시설확장을 위한 추가 예비부지들. 소형 그리고 대형 폐수처리시설에 대한 물리적인 배치들이 그림 4-7(b)와 4-9에 각각 나타나 있다. 그림 4-7(b)에 있는 배치는 그림 4-7(a)에 있는 흐름도를 의미한다. 그림 4-9에 있는 시설배치는 일련의 고도처리공정들이 포함된 워싱턴에 위치한 대형 블루플레인 폐수처리장에 관한 것이다.

≫ 시설의 수리학적 분석

공정흐름도가 선택되고 이에 상응하는 시설들의 크기가 결정되고 난 후, 평균 그리고 최

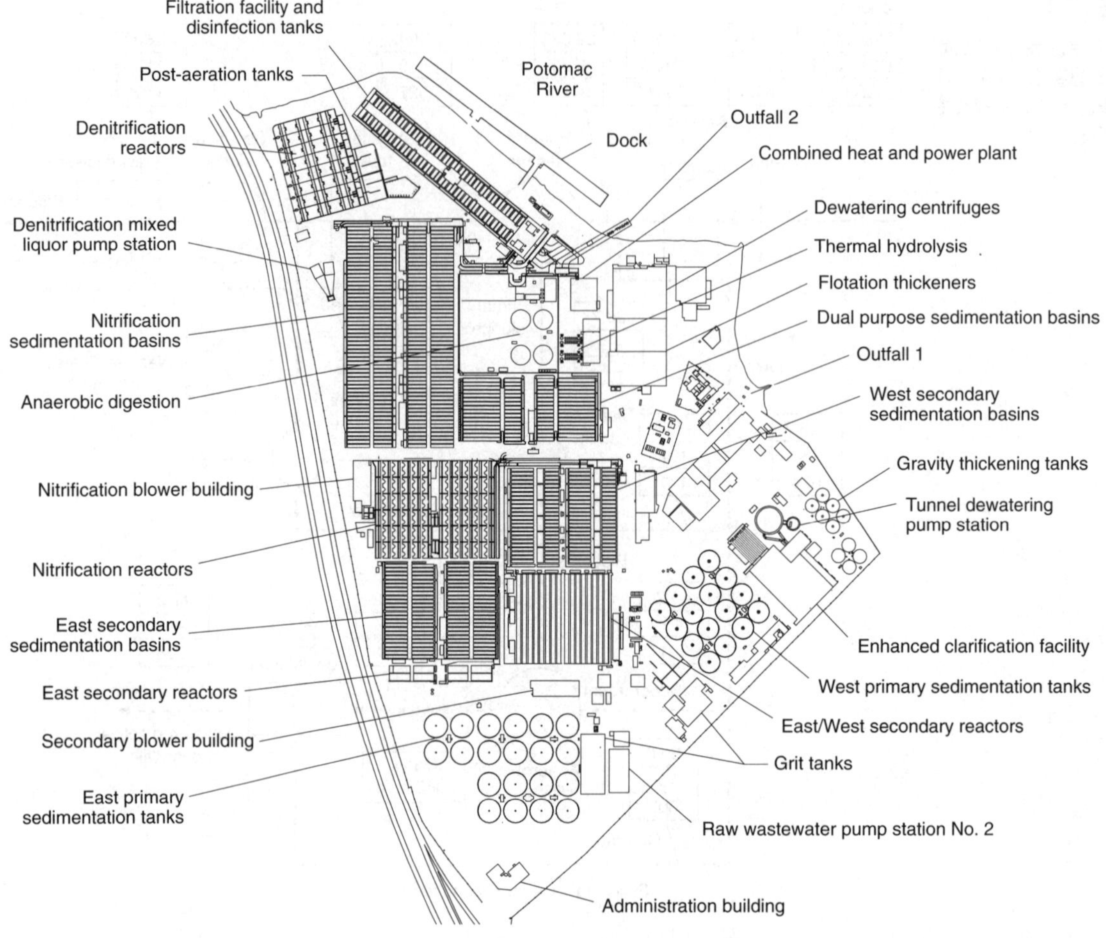

그림 4-9

16.2 m³/s (370 Mgal/d)의 처리유량으로 워싱턴 DC 지역과 주변지역에 공급하는 블루플레인 고도폐수처리장 배치도(좌표: 38.8178 N, 77.0220 W, 4 km 고도에서 바라봄, 본 교재의 표지에도 나와 있음).

대 유량에 대해 수리학적 계산들과 곡선들이 준비되어야 한다. 수리학적 계산들은 서로 연결되어 있는 관들과 수로의 크기를 결정하고 시설에서 발생하는 수두손실을 계산하기 위해 사용된다. 처리시설에서 발생하는 전형적인 수두손실의 범위가 표 4-10에 제시되어 있다. 시설 수리 시스템을 설계할 때는 (1) 처리시설들 사이 흐름 분산의 균등, (2) 바이오매스의 유실을 방지하기 위해 최대 유량에서 흐름을 우회시킬 수 있는 예비시설들의 준비, (3) 일관되게 낮은 유량 기간 동안 처리시설들을 제거하기 위한 준비, 그리고 (4) 수로와 채널에서 폐수의 흐름 변화의 최소화가 고려되어야 한다.

수리학적 윤곽선들이 준비되어야 하는데 여기에는 세 가지 이유가 있다. (1) 폐수가 중력에 의해 처리시설들을 통해 흐를 수 있도록 수리구배가 적절한지 확인해야 하고, (2) 필요한 펌프들의 양정 요구사항을 수립해야 하며, (3) 처리시설들이 침수되지 않겠는지 또는 최대 유량 기간 동안 지원될 수 있는지 확인해야 하기 때문이다. 그림 4-7에 주어

표 4-10
다양한 처리시설에 대한 일반적인 수두손실[a]

처리시설	수두손실범위	
	ft	m
봉스크린	0.2~1.0	0.2~0.3
침사지		
폭기형	1.5~4.0	0.1~1.2
속도조절형	1.5~3.0	0.5~0.9
일차침전	1.5~3.0	0.5~0.9
폭기조	0.7~2.0	0.2~0.6
살수여상		
저효율	10.0~20.0	3.0~6.1
고효율, 암석메디아	6.0~16.0	1.8~4.9
고효율, 플라스틱메디아	16.0~40.0	4.9~12.2
이차침전	1.5~3.0	0.5~0.9
여과	10.0~16.0	3.0~4.9
탄소흡착	10.0~20.0	3.0~6.1
염소 접촉조	0.7~6.0	0.2~1.8

[a] 보고된 값들은 최소 에너지 사용에 대해 최적화된 설계로부터 반영되지 않음

진 흐름도에 대한 수리학적 윤곽선을 그림 4-10에 나타내었다. 수리학적 윤곽선을 준비하는 데 있어서, 시설들을 묘사하기 위해 비뚤어져 있는 수직 그리고 수평 눈금자들이 일반적으로 사용된다.

수리학적 윤곽선을 위한 계산들을 통해 폐수가 공정흐름도에서 각각의 시설들을 통과할 때 발생되는 수두손실을 결정하게 된다. 계산방법들은 지역적인 조건에 따라 달라질 수 있다. 예를 들어, 만약 하류부 방류수의 조건이 기준점이 된다면, 어떤 설계자들은 수리학적 윤곽선을 그 기준점으로부터 역방향으로 작업을 해서 준비할 것이다. 다른 설계자들은 시설의 처음 시작점부터 작업하기를 선호할 것이다. 아직까지도 어떤 다른 설계자들은 중앙에서부터 작업을 하여 마지막 계산에서 고도들을 수정한다. 수학적인 모델들과 디지털방식 컴퓨터들의 사용을 통해 많은 경우에 있어 수리학적 조건들의 분석이 가능하다.

》 에너지 관리

미국에 있는 정수와 폐수시설들은 생산되는 전력량의 약 2~4%를 소비한다(WEF 2010a). 일반적으로, 폐수처리시설 운전비용의 약 30%는 에너지 사용을 위해 예산을 세운다. 향후 20년~30년 동안, 미국에 있는 폐수처리시설의 전력요구량은 추가적으로 30~40% 증가할 것으로 예상된다. 연료공급과 에너지 비용이 우려되고 높게 증가하는 처리기준으로 에너지 소비량이 증가할 수 있는 지역에서는, 폐수처리시설의 설계와 운영은 전력효율을 향상시키고 처리비용을 절감시키는 데 초점이 맞추어져야 한다. 그러므로

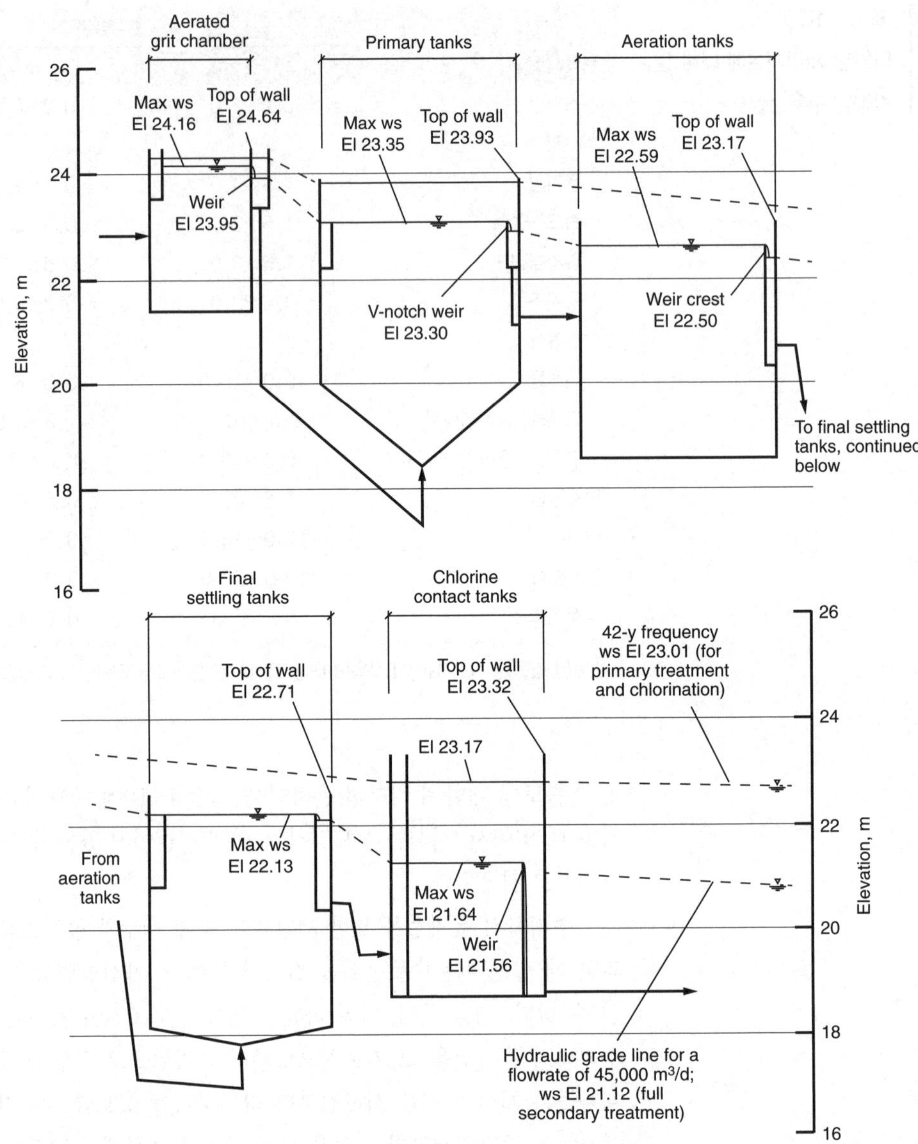

그림 4-10

그림 4-7에 도식화하여 나타낸 폐수처리장에 대한 수리학적 분포.
참고: ws 5 수표면, El 5 고도

폐수처리에서 에너지 사용과 조달은 매우 중요하다. 본 교재를 통해서 에너지사용과 관리에 관한 사항들은 일관된 주제로서 언급되고 있다. 폐수처리에서 에너지 사용에 관한 분석과 에너지 효율을 향상시키기 위해 적용될 수 있는 방법들은 17장에서 다루었다.

4-5 폐수관리 프로그램의 구현

전반적인 설계공정과 폐수관리 프로그램에 있어서 주요하게 고려되는 사항들은 WEF (2010b)에 자세하게 언급되어 있다. 본 절에서는 폐수관리 프로그램의 주요 요소들을 강조하고 있고 이는 (1) 시설 계획, (2) 설계, (3) 가치공학, (4) 건설, 그리고 (5) 착수 및 운전을 포함한다. 건설비용이 일반적으로 천에서 이천만 달러를 초과하는 주요 프로젝트들은 아래와 같은 단계를 따른다. 규모가 작은 프로젝트들은(천만 달러 이하) 가치공학 단계를 포함하지 않을 수도 있으나 단순화된 형태의 가치공학은 매우 바람직하다.

›› 시설 계획

처리시설 계획은 비용 절감적인 폐수 관리계획을 선택하기 위해서 필요한 기술적이고, 경제적인, 환경적인 그리고 예산적인 측면들을 체계적으로 분석하기 위해 수립된 자료이다. 시설 계획 자체가 주요 프로젝트와 연관된 환경평가를 포함할 수 있으나, 환경평가 자료는 항상 따로 분리된다. 처리계획의 범위는 (1) 문제정의, (2) 주요 구성요소들의 수명 확인(장비는 약 20~25년 그리고 구조물은 약 50년), (3) 대안적인 처리와 처분 시스템의 정의, 개발 그리고 분석, (4) 계획의 선택, 그리고 (5) 예산분배와 설계와 건설일정을 포함하는 수행계획 구성을 포함한다. 시설 계획의 최종적인 목표는 잘 정의되고, 비용 절감적인 그리고 환경적으로 친화적인 프로젝트를 달성하고 납세자들과 규제기관들로부터 수용될 수 있는 프로젝트를 수행하는 것 이다. 처리시설 준비에 대해 좀 더 자세한 정보들은 미국 EPA (1985)를 통해 찾을 수 있다.

›› 설계

시설 계획에 이어서, 일반적으로 시설 설계를 위해 사용되는 방법은 개념설계, 예비설계, 특별조사 그리고 최종설계로 구성된다. 개념설계는 시설 설계에서 사용되는 예비설계 기준들을 완성하기 위해, 예비처리시설의 배치를 수립하기 위해, 그리고 요구되는 지질공학적인 연구들과 같은 필요한 현장조사들을 분명하게 하기 위해 수행된다. 예비설계는 개념설계의 확장이고 과제에서 포함될 설치들을 밝혀 최종설계들을 수행할 수 있도록 하는 것이다. 특별조사는 현장조사 혹은 설계 기준을 만드는 데 필요하다면 시험이 포함될 수 있다. 최종설계에는 자세한 계약서 계획과 입찰을 위해 그리고 시공을 위해 사용될 규격들의 생산이 관여하게 된다. 피할 수 없는 환경영향들을 감소시키거나 줄이기 위해 설계에는 완화적 측면들이 포함되어야 할 수도 있다. 설계 접근은 과제의 형태와 규모에 따라 변할 수 있기 때문에, 본 교재에서는 단지 일반적인 설계공정 구성에 대해서만 다룬다.

›› 가치공학

가치공학(VE)에서는 최상의 가치 혹은 가치향상을 결정하기 위해 과제의 심도 있는 검토를 진행하는데 이것은 비용 절감의 결과를 가져올 수도 있고 그렇지 않을 수도 있다. 가치공학 분석의 목적은 최소의 비용으로 우수함과 신뢰도를 희생시키지 않고 최상의 과제를 얻는 데 있다. 과제의 규모와 복잡성에 따라, 가치공학에 들이는 노력은 팀과 검토

시간에 따라 매우 다양하다. 대형과제들의 경우, 두 번의 검토기간이 일반적으로 주어지는데, 각 검토는 대략 1주일 정도 진행이 되고 이를 통해 설계완료의 약 20~30% 단계까지 달성된다. 두 번째 검토에서는 설계완료 전까지 약 65~75% 달성 단계까지 진행된다. 가치공학 팀 구성원들은 과제설계에 참여하지 않는 중진급 전문가들로 구성된다. 가치공학 과정에 대한 자세한 정보들은 U.S. EPA (1985)를 통해 얻을 수 있다.

》 건설

설계계획들의 품질과 사양들은 종종 (1) 기존 부지에 새로운 시설들 설치의 용이성, (2) 계약자들이 확실하지 않거나 예측할 수 없는 조건들에 대해 적은 비용과 함께 입찰을 제출할 수 있도록 하는 설명의 명확성, (3) 시설들이 오랜 기간 동안 사용이 가능한지 확인할 수 있는 고품질 건설재료의 사양, (4) 시기적절한 임무 완료, 그리고 (5) 건설기간 동안 요구되는 변화들의 최소화를 통해 측정될 수 있다. 건설 시 고려해야 할 몇 가지 사항들과 건설관리 기술들은 아래에서 설명하고 있다.

건설 시 고려사항들. 최종계획들과 사양들을 준비할 때, 설계공학자는 많은 건설세부사항들을 고려해야만 한다. 주요한 고려사항들은 (1) 어떻게 처리시설을 지을 것인가, (2) 지을 처리시설들이 기존 시설들과 어떻게 접하는가, (3) 어떤 건설재료들을 사용할 것인가와 같은 내용들이 포함된다. 일련의 처리시설들의 건설가능성은 입찰가격과 건설기간 도중 필요한 많은 변화들에 의해 영향을 받을 것이다. 많은 변화들은 비용의 변경을 가져올 수 있다. 새로운 시설과 기존 시설의 통합은 문제점들을 야기시킬 수 있는데 여기에는 (1) 건설 도중 운영을 유지하는 것, (2) 방류수 수질 기준을 만족시키고 연속적으로 처리하는 것 그리고 (3) 인력들의 안전문제가 그것이다. 이와 같은 문제점들을 어떻게 해결할 수 있는지 건설계약서에 명확하게 언급이 되어 있어야 한다.

건설재료를 선택하는 데 있어서, 공정기반 시설들의 공학적 설계에서는 세 가지 주요한 원리가 적용된다. (1) 내구성—적어도 20년~50년까지의 유지가 기대되는 장비의 수명, (2) 신뢰도—유지보수를 최소화하기 위한 양질의 재료와 장비, (3) 환경적인 적합도—폐수와 폐수에 포함된 관심 있는 화학물질들이 부식성이 있는지 인지하는 것이다. 이와 같은 이유들로, 대부분 공정 구조물들은 강화콘크리트로 건설되고 다른 건설재료들은 부식성에 저항을 지닌 특성을 지니고 있는지를 바탕으로 선택된다. 폐수처리시설을 위한 건설재료에 관련된 정보들은 WEF (2010a)에서 얻을 수 있다.

건설과 프로그램 관리. 건설관리와 프로그램 관리에는 처리시설들과 사양들에 부합되게 과제의 시기적절한 건설을 확인할 수 있도록 사용되는 기술들이 포함된다. 건설관리는 일반적으로 계약서에 있는 계획들, 사양들 그리고 작업의 관리감독에 대한 검토를 수행한다. 건설관리의 목적은 (1) 건설을 시작하기 전 처리시설들과 사양들의 기술적 적합도, 가동성 그리고 시공성을 증명하고, (2) 프로그램 목적들과 일관성 있는 공정일정들을 수립하고 재원을 최적화하고, (3) 처리시설과 사양들의 일치를 보장하기 위해 계약자의 운전을 검토하며, (4) 변경지 승인과 발생할 수 있는 건설관련 청구를 조절하는 데 있다.

프로그램 관리에는 폐수관리 프로그램의 전반적인 관리, 계획, 기술, 허가, 재정, 건설 그리고 운전시작에 대한 책임감과 권한이(소유주에게 설명할 수 있는) 단독적으로 주어지며 이와 같은 측면에서 건설관리와는 차별화된다. 프로그램 관리는 종종 대형 과제 혹은 민영화된 과제에서 사용된다(4-6절 참조).

❯❯ 시설 착수와 운전

폐수처리 공학에서 주요한 관심사들은 처리시설들의 착수, 운전 그리고 유지관리들이다. 설계 공학자와 처리시설 운전자가 맞닥뜨릴 수 있는 도전들은 (1) 요구되는 효율을 일관적으로 만족시킬 수 있는 처리시설의 제공, 운전, 그리고 유지관리, (2) 처리효율 수준 내에서 요구되는 운전과 유지관리 비용의 관리, (3) 적절한 운전과 보수를 보장할 수 있도록 하는 장비의 유지관리, (4) 운전자 교육이다. 그러므로 설계는 운전할 것을 염두에 두고 이루어져야 하고 처리시설들은 설계개념에 부합되게 운전되어야 한다. 처리시설의 운전 시작, 운전 그리고 유지관리를 위한 주요한 방법들 중 하나는 운전 및 보수유지(O&M) 지침서를 만드는 것이다. O&M 지침서의 목적은 처리시스템 담당자들에게 처리시설을 효과적으로 운전하고 관리하는 데 필요한 적절한 이해와 추천되는 운전 기술들, 방법들 그리고 기준들을 제공하는 것이다. 설계 기술자는 O&M 지침서의 준비를 주도해야 할 책임을 지고 있다.

4-6 재원

이 장 전반부에서 논의되었듯이, 폐수처리시설을 위한 전통적인 재원들은 변화하고 있다. 미국정부는 처리시설들의 건설을 위해 40년 이상 보조금을 제공하고 있다. 1987년 수질환경법은 건설보조금 프로그램을 단계적으로 폐지하고 회전대출자금 프로그램을 도입하는 내용을 포함하였다. 회전대출자금 프로그램은 비용의 일부분만 지불하고 폐수 담당기관들이 나머지를 부담한다. 그러므로 대도시, 소도시, 그리고 소공동체들은 그들의 자금선택들을 세심하게 검토하여 가장 경제적인 재정확보방식을 결정해야 한다. 대안적으로 사용될 수 있는 재정확보방식들은 (1) 장기간 지방자치단체의 채권금융방식(연방, 주 예산 혹은 채권이 포함되거나 되지 않거나), (2) 비채권금융방식, (3) 신용임대차 그리고 (4) 사금융(민영화) 방식들을 포함한다. 18장에서 언급된 자산관리는 일정 수준의 서비스를 제공함과 동시에 투자의 장기간 이익을 최대화하기 위해 채택될 수도 있다. 재원은 폐수처리 설계, 건설 그리고 운전에 필수불가결하게 연관이 되어 있기 때문에, 본 절에서는 재원확보방식들에 대한 내용들을 간략하게 제시한다.

❯❯ 장기 지방자치단체 채권 금융

주요한 자본지출을 갖는 과제들에 대해서, 종종 공공기관들은 장기채무를 사용하여 과제 비용을 수년에 걸쳐 펼친다. 장기자금조달 방법은 일반보증채, 한정 혹은 특별보증채, 특정재원채, 산업진흥채, 소액지방채 그리고 "소액채권"과 같은 액면채권을 포함한다. 이

중 일반보증채와 특정재원채가 가장 많이 사용된다. 일반보증채는 공신력있는 기관에서 후원하는 공채증서를 의미한다. 이 채권은 발행기관의 무조건적인 저당에 의해 보호되고 채권 의무조항을 만족시키기 위해 무제한적인 세금이 부과된다. 특정재원채는 과제의 자금조달을 위해 사용이 되는데 이는 수입을 창출할 수 있기 때문에 자립이 가능하다. 원금과 이자는 재원으로부터 지급이 되고, 세금은 부과되지 않는다. 세금면제 채권들은 낮은 이자율을 가져오는데 이는 발생되는 수입들이 연방 혹은 주 세금에 적용되지 않기 때문이다. 1984년과 1986년 세금법에서는 채권 이익금의 사용을 제한함으로써 기관들이 완전하게 세금이 면제되는 부채를 발행할 수 있는 능력을 제한하고 있다. 채권과 자금의 유통성을 증가시키기 위해, 채권구조에 몇 가지 특성들과 변동성들이 적용될 수 있다. 또한, 불확실한 경제상황에서 위험부담을 감소시키기 위해, 채권의 신용을 향상시키고자 지방채 보험과 신용장이 사용될 수도 있다.

≫ 비채권 금융

비채권 금융은 요금부과를 통해 재원을 만들어내는 방법이고 종종 "원천징수방식" 재원으로 불리운다. 해마다 요금부과로 발생되는 자금들은 유지관리를 위해 사용되지 않고 부채상환을 위해 새로운 건설을 재정 지원하는 데 사용이 될 수 있다. 비채권 금융에 사용되는 방법들은 연결비용 부과, 특별과세, 시스템개발비용 부과, 그리고 건설의 선금비율을 증가시키는 것들이 있다. 이와 같은 재원마련 방법은 소형과제에서는 제한적일 수 있는데 이는 위의 방법들이 이를 통해서 발생되는 자금의 양에 의존하기 때문이다.

≫ 임대

임대는 시설재원의 또 다른 형태를 의미하는데 폐수처리시설을 위한 적용을 위해서는 다소 제한적이다. 임대방식은 복잡하여 임대인에게 주어지는 세금혜택과 임차인에게 발생되는 세금이 관여되기 때문이다. 1984년과 1986년 세금법을 통해 세금 지향적인 임대인 경우 이를 통해 발생되는 이익을 감소시켰다. 따라서 임대를 수행하기 전에 법적 그리고 세금을 통해서 나오는 결과들은 세심하게 조사되어야 한다. 어떤 경우에 있어서, 임대는 필요한 시설들과 장비들을 얻을 수 있는 수단으로서 부채한계가 있어 직접적인 구매와 소유가 제한된 지방자치단체 기관들에게는 매력적일 수 있다. 많은 임대들은 계약기간 만료시점에서 소유권을 가질 수 있는 옵션을 포함하고 있다.

≫ 민영화

민영화란 민간부분 소유권과 시설의 운전 그리고 공공기능을 수행하기 위해 정부에 의해서 사용되는 서비스들을 의미한다(SERC, 2004). 민영화란 용어는 1981년 연방 소득세 수정안 이후 유행하기 시작했다. 세금법의 핵심은 공공부문과 공유될 수 있는 민간부문 세금혜택이었고 이를 통해 공공부문을 위한 시설비용과 사용자 비용들이 감소되었다. 비용 절감 이외에, 민영화는 건설과 운영효율 그리고 방류수 기준만족 측면에서 여러 가지 장점들을 제공할 수 있다. 건설기간의 단축, 현재 필요한 사항들을 충족시킬 수 있도록 규격화의 융통성 그리고 모듈화된 설계사용의 증가로 건설효율들은 현실화된다.

대부분의 경우에 민영화의 전반적인 결과는 수명주기 비용의 감소이다. 실제 기존 재정, 건설 그리고 운영과제들과 비교하였을 때 약 20~30%의 높은 수명주기 비용감소가 달성되고 있다. 중앙정부에 의한 민간운영에서는 화학약품과 재료의 주문, 그리고 복합적인 시설들 사이에 핵심 인력들을 공유하는 결과를 가져올 수 있다. 요구관리기술과 훈련된 운영인력들과 같이 민간부문으로부터 가용한 자원들은 방류수 수질 기준 만족에 대한 확신을 제공할 수 있다.

문제 및 토의과제

4-1 당신 지역의 폐수처리 역사에 대한 보고서를 간략하게 준비하시오. 변화 혹은 개선을 가져오는 데 도움을 주었던 주요한 사건들을 찾아보시오. 만약 어떤 사건들이 위기상황과 연관되어 있었다면, 적절한 계획들을 통해서 같은 결과를 달성시킬 수 있었겠는지 평가해 보시오.

4-2 만약 EIR이 당신 지역의 폐수처리장의 건설을 위해 준비되었다면, 이것의 복사본을 얻고 악취와 에너지 관리를 위해 추천되었던 사항들을 세심하게 검토해 보시오.

4-3 소형폐수처리장의 현재 건설비용은 약 5×10^6\$로 산정된다. 만약 시설의 건설이 5년에서 10년으로 연기가 된다면(강의자에 의해 선택될 수 있다), 향후 처리시설이 건설될 때 비용은 얼마가 되겠는지 산출해 보시오. 당신의 예상을 위해 연말 ENRCCI 값들을 사용하시오.

4-4 당신의 지역에서 폐수처리장이 건설되었거나 확장된 연도 그리고 그것들의 건설비용들을 결정하시오. 오늘 시설을 건설하거나 확장한다면 건설비용은 얼마가 될 것인가? 당신의 처리시설이 건설된 시점부터 현재까지 평균 물가상승률은 얼마가 되겠는가?

4-5 만약 고도 2차 처리시설의 에너지 사용이 영양성분 제거를 포함해서 2400 mJ/10^3 m^3 (2500 kWh/Mgal)이라면, 당신 지역의 전기료를 고려하여 4000 m^3/day를 처리하는 폐수처리장에 대한 평균 에너지 비용을 산출해 보시오.

4-6 문헌을 검색하고 유출수 특성에 대한 3개의 확률값들을 찾아보시오. 보고된 신뢰도들이 표 4-6에 주어진 값들과 어떻게 비교될 수 있겠는가?

4-7 폐수처리시설 관리자는 직원에게 규제기관에 제출할 특정성분들을 위해 6개의 유출수 시료를 채취하고 분석할 것을 요청하였다. 만약 규제기관이 6개 유출수 시료로부터 측정된 최대값에서 방류수 기준을 초과할 수 없는 값을(예: 99.9%) 설정해 놓았다면, 이것이 처리시설 관리자에게 있어서는 손해가 될 것인가? 당신의 분석을 설명하고 보이시오.

4-8 표 4-5에 있는 자료들을 사용하여, 유입 콜리파제의 농도가 20,000, 40,000, 28,000, 50,000 pfu/100 mL(강사에 의해 값들은 선택될 수 있다)에 대해서 활성슬러지와 정밀여과 그리고 역삼투압 여과로 구성된 처리공정으로부터 콜리파제에 대한 총 로그제거를 산출하시오. 정밀여과를 통해서 콜리파제의 제거는 일어나지 않고 역삼투압막을 통해 달성된 로그제거는 2, 3.2, 3.0 또는 3.7(강사에 의해 값들은 선택될 수 있다)이라고 가정한다. 99 그리고 99.9%의 신뢰도에서 달성될 수 있는 제거율은 얼마가 되겠는가?

4-9 다음 월별 유출수 성분의 농도들이 4개의 다른 기존 활성슬러지 처리시설로부터 얻어졌다. 각각의 처리시설들은 새롭고 강화된 방류수 수질 기준을 만족시키기 위해 새로운 시설들로 대체가 될 예정이다. 이들 시설들 중 한 개 시설에 대해(강사에 의해 결정될 수 있다),

평균 설계치를 결정하시오. 다음과 같은 가정을 따른다. 최대 월별 수질 기준은 (a) 99와 99.9% 신뢰도에서 BOD와 TSS = 15 mg/L, (b) 99와 99.9% 신뢰도에서 BOD와 TSS = 10 mg/L, (c) 99와 99.9%에서 BOD = 5 mg/L 그리고 TSS = 8 mg/L를 만족하여야만 한다. 평균적으로, 새로운 방류수 수질 기준을 만족하기 위해서 요구되는 백분율 향상은 얼마가 되겠는가? 당신의 의견에서 백분율 향상은 타당한 것인가?

	성분 농도, mg/L							
	처리시설 개수							
	1		2		3		4	
월	BOD	TSS	BOD	TSS	BOD	TSS	BOD	TSS
1	11.0	14.0	4.0	5.0	10.0	40.0	8.4	6.5
2	14.0	11.0	5.0	5.0	15.0	39.0	10.2	4.2
3	7.0	10.0	6.0	6.0	17.0	23.0	17.9	5.9
4	6.0	6.0	7.5	7.0	20.0	30.0	10.3	10.3
5	11.0	13.0	9.0	8.0	25.0	33.0	13.2	10.9
6	8.0	12.0	13.0	10.0	29.0	10.0	9.3	8.10
7	9.0	8.0	16.0	14.0	30.0	18.0	8.6	6.9
8	10.0	8.0	18.0	17.0	25.0	50.0	12.0	8.2
9	16.0	10.0	6.5	15.0	35.5	60.0	13.7	9.1
10	10.2	10.0	10.0	1.5	25.0	70.0	13.8	14.0
11	7.5	10.0	12.0	10.0	40.5	77.0	16.3	14.0
12	7.5	10.0	5.5	9.0	50.0	82.0	17.0	18.2

4–10 평행 운전되며 1차 침전된 유출수를 처리하는 활성슬러지공정과 심층여과들에 대한 평균 월별 성능 자료들이 일 년 동안 수집되었다. 이 자료들을 이용하여, 활성슬러지공정과 심층여과들 중 하나에 대해(강사에 의해 선택될 수 있다) 총 평균 월별 제거는 얼마가 될 것으로 기대되는가? 유입수 성분의 농도는 150, 200, 275 또는 300 mg/L로 가정한다(강사에 의해 선택될 수 있다).

제거, %			
	심층여과 개수		
생물학적 처리	1	2	3
80	65	45	41
98	65	50	44
80	65	49	49
84	65	55	45
90	65	58	47
85	65	68	45
78	65	70	43
93	65	40	46
88	65	45	45
92	65	57	43
94	65	61	48
89	65	54	42

4-11 15,000 m³/d의 설계 유량을 가지는 기존 재래식 활성슬러지 폐수처리장은 호기성 소화 혹은 혐기성 소화를 포함하기 위해 기존 고형물 처리시설들의 개선을 고려 중이다. 설계공학자가 공정을 선택하는데 있어서 고려되어야 할 요소들을 나열하고 공정선택과 연관된 에너지 영향에 대해 언급하시오

4-12 다음에 보이는 폐수처리장의 부분적 개략도에 대해 평균 그리고 첨두유량조건들에 대한 수리학적 분포를 만들어 보시오. 순환슬러지는 포기조로 직접적으로 반송되고 90° 각도의 v-자형 웨어들이 1차 그리고 2차 침전조 주변에 사용되며 포기종에서 월류웨어는 Francis 형태이다. 다른 연관된 자료들과 정보는 다음과 같다.

$Q_{평균}$ = 4000 m³/d 더하기 100% 슬러지순환

$Q_{평균}$ = 8000 m³/d 더하기 50% 슬러지순환

$Q_{저유량}$ = 2000 m³/d 더하기 100% 슬러지순환

v-자형 웨어들의 간격 = 600 mm

포기조 유출수 웨어의 폭 = 1400 mm

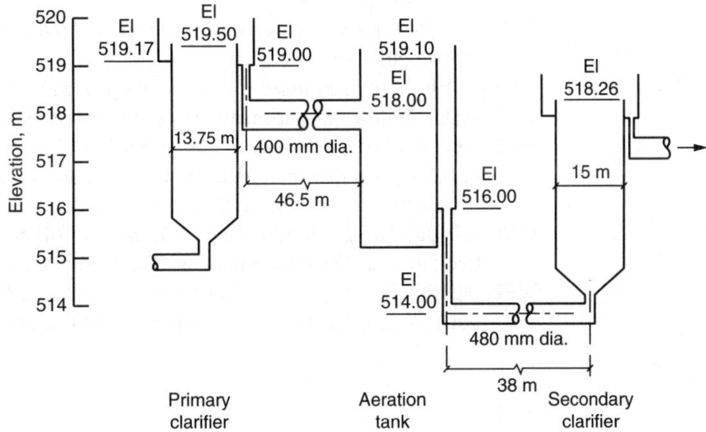

4-13 문제 4-12에 주어진 부분적인 폐수처리시설을 고려하여, 다음과 같은 조건들에 대해 첨두흐름과 저흐름에 대한 수리학적 분포를 만들어 보시오.

$Q_{평균}$ = 7500 m³/d 더하기 100% 슬러지순환

$Q_{첨두}$ = 15,000 m³/d 더하기 50% 슬러지순환

$Q_{저유량}$ = 2500 m³/d 더하기 100% 슬러지순환

1차와 2차 침전조의 개수 = 각각 2개

포기조에서 각각 침전조까지 선의 지름 = 400 mm

v-형태 웨어들의 간격 = 600 mm

포기조 유출수 웨어의 간격 = 1400 mm

4-14 당신의 지역 폐수처리장 견학을 바탕으로, 당신의 지역 폐수처리장 설계에 있어서 에너지 보존을 위해 무엇들이 고려되었는가? 만약 있다면, 현재 에너지 사용을 감소시키기 위해 무엇을 수행하고 있는가?

참고문헌

Kokoska, S., and D. Zwillinger (2000) *Standard Probability and Statistics Tables and Formulae*, Chapman and Hall/CRC, Boca Raton, FL.

Loge, F. J., K. Bourgeous, R.W. Emerick, and J.L. Darby (2001) "Variations in Wastewater Quality Parameters Influencing UV Disinfection Performance: Relative Impact of Filtration," *J. Environ. Eng.*, **127**, 9, 832 - 837.

Niku, S., E. D. Schroeder, and F. J. Samaniego (1979) "Performance of Activated Sludge Processes and Reliability-Based Design," *J. WPCF*, **51**, 12, 2834 - 2857.

Niku, S., E. D. Schroeder, G. Tchobanoglous, and F.J. Samaniego (1981) *Performance of Activated Sludge Processes: Reliability, Stability, and Variability*, EPA 600/S2-11-227, U.S. Environmental Protection Agency, Cincinnati, OH.

SERC (2004) *Water Privatization*, www.serconline.org, State Environmental Resource Center.

U.S. EPA (1982) *Evaluation and Documentation of Mechanical Reliability of Conventional Wastewater Treatment Plant Components*, EPA 600/2-82-044, U.S. Environmental Protection Agency, Washington, DC.

U.S. EPA (1992) *Control of Pathogens and Vector Attraction in Sewage Sludge*, EPA/625/R-92/013, Office of Research and Development, U.S. Environmental Protection Agency, Washington, DC.

U.S. EPA (2000) *Total Maximum Daily Load (TMDL)*, U.S. Environmental Protection Agency, Washington, DC.

WCPH (1996) *Total Resource Recovery Project, Final Report*, prepared for City of San Diego Water Utilities Department, Western Consortium for Public Health, Oakland, CA.

WCPH (1997) *Total Resource Recovery Project, Aqua III San Pasqual Health Effects Study Final Summary Rep*, prepared for City of San Diego Water Utilities Department, Western Consortium for Public Health, Oakland, CA.

WEF (2010a) *Energy Conservation in Water and Wastewater Facilities*, WEF Manual of Practice No. 32, Water Environment Federation, WEF Press, Alexandria, VA.

WEF (2010b) *Design of Municipal Wastewater Plants*, WEF Manual of Practice No.8, 5th ed., vol.1, Water Environment Federation, WEF Press, Alexandria, VA.

05 물리적 단위공정

Physical Unit Processes

용어정의

용어	정의
흡수	원자, 이온, 분자 및 기타성분이 하나의 상에서 이동되어 다른 상으로 균일하게 분산되는 공정 (흡착 참조)
흡착	원자, 이온, 분자 및 기타성분이 하나의 상에서 이동되어 다른 상의 표면에 축적되는 공정 (흡수 참조).
공기 탈기	충진탑에서 공기와 액체를 역방향으로 통과시켜 액체내에 있는 휘발성 및 준휘발성(Semi-volatile) 오염물질 제거
고속응결	응집보조제와 일반적으로 실리카 미세모래와 같은 첨가제를 사용하여 조밀한 미세 플럭입자들을 형성시켜 입자의 침전성을 향상시키는 공정

용어	정의
송풍기	미생물의 활동성을 유지하기 위해 공기를 폭기조로 전달시키는 데 사용하는 저압공기압축기
분쇄기	하수에 있는 조대 고형물의 크기를 감소시키기 위해 사용하는 장치
전산유체역학	구축된 표면에서 액체 혹은 기체 흐름의 거동을 예측하거나 검증하기 위해 사용되는 일련의 알고리즘과 계산법
탈착	액체로부터 기체의 제거
산기기	액체에 공기를 분산시키기 위해 사용되는 장비
용존공기부상	특별하게 설계된 응결조에서 부상하는 공기방울들에 입자들의 부착을 통한 입자성 물질들의 제거
분산공기부상(종종 유도공기부상으로도 불리움)	일반적으로 산업폐수에서 하향식 펌프작용을 이용하여 공기를 폐수로 유도하여 오일과 고형물들을 미세공기방울들에 부착시키고 표면으로 상향시킨 후 제거하는 기술.
응결	입자들 간의 충돌을 통해 현탁액에 존재하는 작은 입자들의 크기를 증가시키는 공정; 일반적으로 응결은 완속교반에 의해 향상된다.
연마기	하수흐름으로부터 막대스크린에 의해 고형물들을 제거한 후에 조대 고형물들의 크기를 감소시키기 위해 사용되는 장비
그릳	모래, 자갈, 재 등의 무기물질과 달걀껍질, 뼈 조각, 씨앗, 커피 찌꺼기 등의 유기물질
침사지	하수에서 중력식 침전, 나선흐름 또는 원심력을 이용하여 침사를 제거하기 위해 설계된 조
침사분별기(종종 침사세정기라고도 함)	경사진 스크루 혹은 왕복갈퀴를 이용하여 침사로부터 부패하기 쉬운 유기물들을 세정해 주는 기계식 장비
수두손실	유체가 수로, 구조물 혹은 스크린장치를 거치면서 마찰 또는 난류에 의해 발생하는 에너지 손실
고속침전	빠른 침전을 달성시키기 위해 특별한 응결과 침전을 적용한 물리화학적 처리공정으로서 고속응결과 관형 혹은 경사판 침전조들이 자주 사용된다.
경사판 침전	역류 침전공정으로 일련의 경사판을 사용하여 액체로부터 고형물의 분리를 향상시킨다.
물질전달	물질이 어떤 균일상에서 다른 상으로 전달되는 것; 예를 들어, 공기포기, 가스탈기 그리고 흡착이 포함된다.
기계식 포기기	활성슬러지조에서 기계적으로 물을 교반시켜 공기 혹은 순산소와 혼합하는 장치
혼합	혼합물을 뒤섞고, 고형물의 현탁상태를 유지하며, 기체이전 및 화학반응을 촉진하기 위한 목적으로 액체-고체 혼합용액을 교반하는 것.
전처리	하수유입수의 본처리를 위한 전처리단계 (예, 분쇄기, 스크린, 침사지, 전포기)
1차 침전	폐수처리 공정에서 통상적으로 중력 침전에 의한 부유 고형물의 제거 단계
체 분리물	돌멩이, 나뭇가지, 나뭇조각, 나뭇잎, 종이, 뿌리, 플라스틱, 병, 캔 그리고 천조각과 같은 6 mm (0.25 inch) 이상 크기의 고형물질
스크린, 체	하수에 포함되어 있는 협잡물들을 제거하기 위해 사용되는 장비. 스크린의 형태는 조목스크린, 세목스크린 그리고 초미세목스크린을 포함한다.
침전조(또는 정화조)	원형 혹은 장방형의 조로서 고형입자들의 중력침강을 가능하게 한다
단회로	조 내에서 이상흐름 형태로부터 이탈되는 현상으로 체류시간의 감소와 조로부터 넘어가는 고형물의 증가를 가져오게 된다.

물리적인 힘을 이용하여 폐수를 처리하는 공정들을 **물리적 단위공정**(*physical unit processes*)이라고 한다. 물리적 단위공정은 물리적 현상을 지속적으로 관찰함으로써 유래된 방법으로서, 가장 먼저 사용되기 시작한 처리방법이다. 오늘날 물리적 단위공정은 대부분의 폐수처리 시스템에서 주요 부분을 차지하고 있으며, 전형적인 흐름도는 그림 5-1과 같다. 하수의 처리에서 가장 보편적으로 사용되는 단위공정을 들면 (1) 스크린, (2) 조

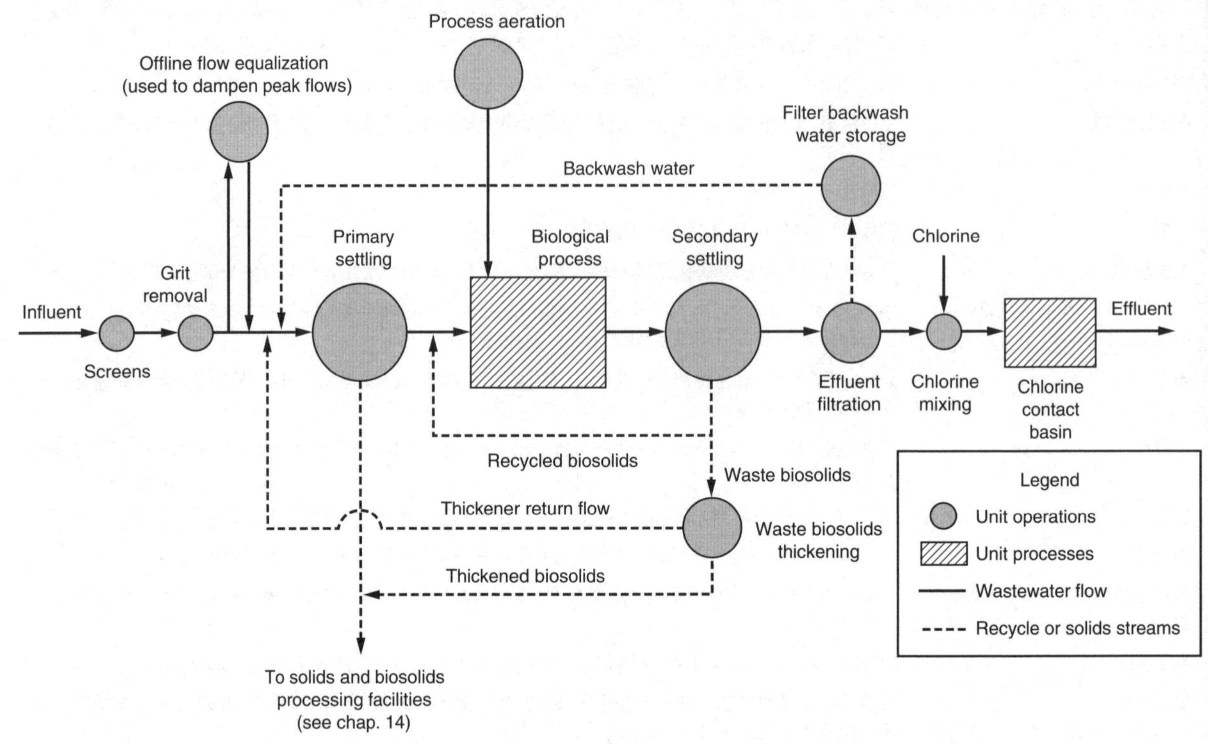

그림 5-1

하수처리장 흐름도에서 물리적 단위공정 흐름도

대 고형물 감량(분쇄, 분해, 체 분리물 연마), (3) 혼합 및 응결, (4) 중력침강, (5) 그릿 제거, (6) 1차 침전, (7) 고율 침강, (8) 부상분리 등이 있다. 위의 주제들은 이 장의 8절에서 논의될 것이다.

물리적 단위공정에 포함되는 1차 처리(primary treatment)에 관한 새로운 접근은 5-9절에서 소개될 것이다. 5-10절에서 논의될 기체전달에 관한 기본적인 내용들과, 5-11절에서 논의될 포기(aeration)는 제7, 8, 10장에서 논의될 하수의 생물학적 처리에 있어서 매우 중요하다. 물리적 단위공정에 포함되는 심층 표면 여과, 막 분리 공정, 암모니아 탈기와 같은 고도 폐수처리공정은 제11장에서 논의될 것이다. 고형물과 바이오 고형물(슬러지) 처리와 관련된 단위공정들은 제13장에서 다루어질 것이다. 주요 단위공정들의 적용 예와 처리 장치들은 표 5-1에 요약하였다.

5-1 스크린

하수처리장에서 제일 먼저 거치는 단위공정은 스크린 장치이다. 스크린이란 대개 일정한 간격을 가진 장치로서 하수처리장 혹은 합류식 하수 관로시스템으로 유입되는 하수 또는

표 5-1
하수처리에 사용되는 일반적인 물리적 단위공정

조작	적용	장치	참조절
조대 스크린	막대기, 천조각 등 조대 고형물 제거	바랙(bar rack)	5~1
미세 스크린	작은 입자 제거	미세 스크린	5~1
초미세 스크린	미세 고형물, 부유물질, 조류 제거	초미세 스크린	5~1, 11~5
파쇄	입자 크기 감소를 위한 조대 고형물 분쇄	파쇄기	5~2
분쇄(grinding)/연질화(maceration)	바랙으로 제거된 고형물의 분쇄. 분쇄고형물의 연질화	분쇄 스크린 연질화기(macerator)	5~2 5~2
유량 조정	불균등한 유량과 BOD, SS의 질량부하의 균등화	유량 조정조	5~3
교반	하수와 화학품의 혼합과 고형물을 부유상태로 유지	급속혼합기	5~3
응집	중력침전에 의해 제거를 증가시키기 위해 작은 입자를 큰 입자로 잘 뭉치게 함	완속혼합기	5~3
고속침전	그릿 입자 제거	침사지	5~5
	그릿과 조대 고형물 제거	와류분리기	5~5
침전	침전성 고형물 제거	1차 침전지	5~6
		고속침전지	5~7
	슬러지 농축	중력농축기	14~6
부상	물의 비중과 비슷한 비중을 가진 입자들과 미세하게 나누어진 고형물의 제거, 미생물 슬러지의 농축	용존공기부상 (DAF)	5~8 14~6
	기름과 유지성분 제거	유도-공기부상	5~8
포기	생물학적 공정에 산소 공급	신기식 포기	5~11
		기계식 산기	5~11
	처리 유출수의 후포기	계단식 산기	5~11
VOC제어	하수 내의 휘발성과 반휘발성 유기화합물의 제거	탈기장치	16~4
		산기식 그리고 기계식 포기	5~12, 5~13
심층여과	부유고형물 제거	심층여과	11~4
막여과	부유, 콜로이드성 고형물과 용존 유기물 및 무기물의 제거	역삼투와 기타 막 시스템	11~6
공기 탈기(air stripping)	하수와 소화 상징액으로부터 암모니아, 황화수소와 기타 기체들의 제거	충진탑	11~8

월류수로부터 유입되는 고형물을 제거하기 위하여 사용된다. 스크린의 주요역할은 유입하수에 포함된 조대 고형물이 (1) 후속공정 장치에서 손상 막힘 현상을 일으키거나, (2) 전체 처리공정에 있어서 신뢰성 및 효율성을 감소시키거나, (3) 공정 내 수로의 오염을 방지하는 것이다. 미세 스크린은 높은 고형물 제거율이 요구될 시 사용된다. 미세 스크린은 조대 스크린 장치를 대체하거나 또는 후단에 위치하여 (1) 막 분리 생물 반응조와 같은 고형물에 더욱 민감한 수처리 장치를 보호하고, (2) 바이오 고형물의 재사용을 저해할 수 있는 물질을 제거하기 위해 사용된다. 고형물 처리효율을 더 높이려는 목적으로 사용되거나 혹은 조대 스크린 장치 다음에 사용되기도 한다.

스크린 장치설치 전에 스크린 위에 걸린 체 분리물의 제거, 운반 및 처분을 반드시 고려해야 한다. 이와 동시에 (1) 후속 처리공정 및 장치에 잠재적 영향을 주는 체 분리물의 제거 정도, (2) 체 분리물 내에 함유된 병원성 유기물 및 오염물질로 인하여 해충유입이 운전자에게 미치는 위해도 및 안전도, (3) 악취 발생 정도, (4) 체 분리물 처분 전의 처리 및 운송에 필요한 조건(세척을 통한 유기물 제거 및 압축을 통한 수분함량 감소), 그리고 (5) 처분 방안들 또한 함께 고려되어야 한다. 그러므로 효과적인 체 분리물 관리 및 운영을 위해서는 통합적인 접근이 필요하다.

》 스크린의 분류(Classification of Screens)

하수처리에 주로 사용되는 스크린 장치의 종류는 그림 5-2에 나타나 있다. 조대 스크린(coarse screen)과 미세 스크린(fine screen) 두 종류의 스크린이 일반적으로 하수 전처리에 사용된다. 미세 스크린은 또한 선택적 1차 처리공정 또는 슬러지 처리 이전의 슬러지 스트림으로부터의 부가적인 유기 고형물 제거에 사용된다. 미세 스크린은 원칙적으로 처리된 유출수 내에 포함된 미세 고형물을 제거하는 데 사용된다.

스크린의 구성요소는 평형 바(bar), 봉(rod), 철사(wire), 그래팅(grating), 철망(wire mash), 다공성판(perforated plate) 등으로 이루어져 있으며, 틈의 형태는 다양하지만 일반적으로 원형 또는 직사각형의 모양을 지닌다. 평형 바 또는 봉으로 구성된 스크린은 종종 "바랙(bar rack)" 또는 조대 스크린이라고 불리며, 조대 고형물들을 제거하는 데 사용되어진다. 미세 스크린은 다공성판, 쐐기철망(wedgewire), 작은 틈의 철망사(wire cloth) 등으로 구성된 장치이다. 이러한 장치로 제거된 물질들을 일명 체 분리물(screenings)이라고 한다.

》 스크린 체 분리물의 특징 및 양(Screens Characteristics and Quantities)

체 분리물은 바랙 및 스크린에 포획되어 분리된 이물질이다. 스크린 망 간격이 작을수록 포획된 체 분리물의 양은 늘어난다. 스크린에 포획된 물질에 대한 정확한 정의 및 포집된 체 분리물 양을 측정할 수 있는 알려진 방법은 없으나, 이러한 체 분리물은 어느 정도 공통된 성질을 보여준다.

그림 5-2

하수처리에서 사용되는 스크린 형태에 따른 분류

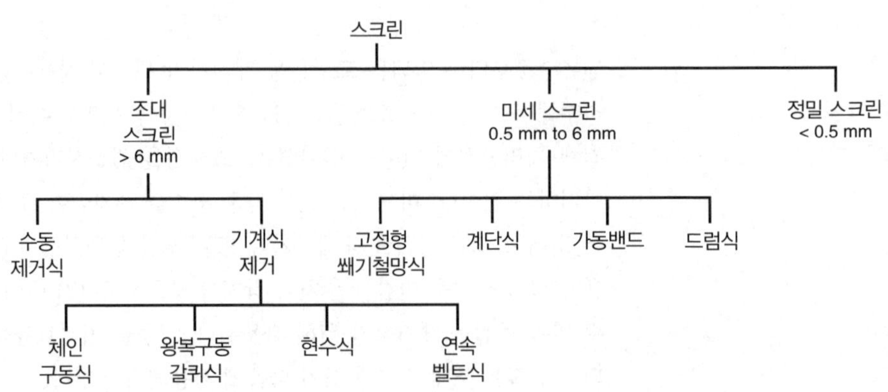

표 5-2
조대 스크린을 이용한 하수 처리 시 제거되는 체 분리물의 특성과 양에 대한 일반적인 정보

			체 분리물의 부피			
			ft³ /Mgal		L/1000 m³	
바의 간격, mm	함수율, %	비중, kg/m³	범위	표준	범위	표준
6[a]	60~90	700~1,100	7~13.5	9.5	51~100	67
12.5	60~90	700~1,100	5~10	7	37~74	50
29.0	50~80	600~1,000	2~5	3	15~37	22
37.5	50~80	600~1,000	1~2	1.5	7~15	11
50	50~80	600~1,000	0.5~1.5	0.8	4~11	6

[a] 비교를 위한 미세스크린 정보

참조: mm × 0.3937 = in, kg/m³ × 8.3492 = lb/1000 gal

조대 스크린에 포집된 체 분리물(Screenings Retained on Coarse Screens). 약 6 mm 또는 그 이상 철망 간격을 지닌 조대 스크린에서 걸러진 큰 체 분리물은 대부분 돌, 나뭇가지, 판조각, 낙엽, 종이, 나무뿌리, 플라스틱, 그리고 천 조각 등으로 이루어져 있다. 스크린 간격이 작아질수록 걸러지는 유기물질 성분도 증가한다. 기름 및 유지성분이 다량 함유한 축적된 체 분리물은 특히 추운 날씨에 심각한 문제를 일으킨다. 바랙의 종류, 바 스크린 간격, 하수 관거 시스템의 종류 및 지리적 위치에 따라 걸러진 체 분리물의 양과 특성은 상이하다. 재래식 중력 하수관거를 통해 하수처리장으로 유입되는 조대 체 분리물 양과 특성을 정리하여 표 5-2에 나타내었다.

합류식 관로 시스템의 특징에 따라 제거된 체 분리물의 양은 달라진다. 스크린 장치와 함께 많은 펌프장(lift stations)이 설치된 합류식 관로 방식 처리장에서의 체 분리물의 양은 적다. 최대 우천 하수량의 "초기우수" 동안 합류거 방식은 보통 분류식보다 최대 20배의 체 분리물을 생성한다(WEF, 2009).

미세 스크린에 포집된 체 분리물(Screenings Retained on Fine Screens). 미세 체 분리물은 간격이 0.5 mm (0.02 in)~6 mm (0.25 in)보다 작은 망에 걸러진 물질이다. 미세 스크린에 포집된 체 분리물은 작은 천 조각에서부터 종이, 여러 형태의 플라스틱, 면도날, 그릴, 미분해 음식 쓰레기 등이다. 다양한 유형의 스크린으로부터 제거된 체 분리물의 특징과 양의 일반적인 데이터들이 표 5-3에 나타나 있다. 조대 스크린 체 분리물과 비교하면, 미세 스크린 체 분리물의 비중은 작으나, 수분함량은 다소 높은 편이다. 부패하기 쉬운 물질(배설물 포함)과 상당량의 그리스와 쓰레기를 포함하고 있는 미세 스크린은 매우 심한 악취가 날 수 있다. 결과적으로 수집된 미세 스크린의 수동 조작을 최소화하고, 스크린은 밀폐 컨베이어를 사용하여 전달해야 하며, 그 세척과 압축장비를 포함해야 한다.

≫ 조대 스크린(Bar Racks)

하수처리과정에서 펌프나 밸브, 배관, 기타 부속물 등에 천 조각이나 큰 물체가 유입되어 손상을 주거나 흐름을 막는 것을 방지하기 위하여 조대 스크린이 사용된다. 일반적으로 조대 스크린은 미세 스크린보다 앞서 큰 잔해들로부터의 피해를 방지하기 위해 사용된

표 5-3
다양한 종류의 스크린을 사용한 하수처리 시 제거되는 체 분리물의 특성과 양에 대한 일반적인 정보

운전방식	철망 간격 크기, mm	함수율, %	비중, kg/m³	체 분리물의 부피 ft³/Mgal 범위	체 분리물의 부피 ft³/Mgal 표준	체 분리물의 부피 L/1000 m³ 범위	체 분리물의 부피 L/1000 m³ 표준
미세 바 스크린	12.5	80~90	900~1,100	6~15	10	44~110	75
고정식 쐐기철망	9	80~90	900~1,100	5~12	8	37~85	60
회전 드럼[a]	6.25	80~90	900~1,100	4~8	6	30~60	45

[a] 조대스크린
참조: mm × 0.3937 = in, kg/m³ × 8.3492 = lb/1000 gal

다. 하수 특성에 따라 산업폐수처리장에서 사용여부가 결정된다. 스크린에 걸린 오염물질을 제거하는 방식에 따라서, 조대 스크린은 수동 제거식 장치 또는 기계 제거식 장치로 구분된다. 체 분리물, 체 분리물의 취급, 처리 및 처분에 대한 논의는 스크린 종류에 대한 논의 후에 다루어질 것이다.

수동 제거식 조대 스크린(Manually-Cleaned Coarse Screens). 수동 제거식 조대 스크린은 소규모 하수 펌프장에서 펌프의 앞부분에 대부분 설치되며 주로 소규모와 중간 규모의 하수처리장 첫 유입부분에 사용되기도 했다. 이들은 종종 유입하수가 많을 경우, 특히 기계 청소 장치를 수리해야 하거나 혹은 정전이 될 경우에 대비해서, 우회 배수관로에 예비용 스크린을 설치한다. 일반적으로, 수동 제거식 스크린 대신에 기계 제거식 스크린을 설치하는데, 이는 체 분리물을 제거 · 처분하는 데 소요되는 인력을 줄일 수 있을 뿐만 아니라, 스크린이 막힐 경우 물이 넘치는 것을 방지하기 위해서 사용된다.

수동 제거식 스크린의 길이는 스크린 위의 체 분리물을 손으로 수월하게 제거할 수 있는 거리, 즉 약 3 m를 초과하면 안 된다. 간격유지용 봉을 바 스크린의 뒷면부에 용접하되 청소하는 데 지장이 없도록 하여야 한다. 랙의 상부에 체 분리물들을 잠시 보관하면서 물을 뺄 수 있도록 다공성 배수용 판을 설치하여야 한다.

스크린이 설치되는 수로에는 스크린의 전후에 그릿이나 다른 무거운 물질 등이 바닥에 가라앉아 쌓이지 않도록 설계되어야 한다. 수로 바닥은 평평하거나 스크린을 지나면서 자연스럽게 흘러가도록 약간 경사지게 설계되어야 하고, 고형물이 침전될 우려가 있는 바닥의 파인 곳들도 없어야 한다. 가능하면 수로는 직선으로 바 스크린과 수직으로 만나게 설치해야 하며, 이는 스크린에 걸릴만한 고형물을 골고루 분포하도록 해주기 위함이다. 일반적인 수동 제거식 바 스크린에 대한 표준 설계 자료는 표 5-4에 나타나 있다.

기계식 제거 바 스크린(Mechanically Cleaned Bar Screens). 과거 수십 년간 하수처리장에서는 운전 및 유지관리 시의 문제점을 줄이고, 스크린 체 분리물의 제거 효율을 향상시키기 위해서 기계식 제거 바 스크린의 설계는 진화해왔다. 최근 새로이 설계되는 처리장에서는 스테인레스 강이나 플라스틱과 같은 부식방지 재료가 많이 이용되고 있다. 기계식 제거 바 스크린은 원리에 따라서 다음 네 가지로 나눌 수 있다: (1) 체인 구동식, (2)

표 5-4
수동 및 기계 제거식 스크린의 표준 설계 자료

항목	U.S. 단위			SI 단위		
		제거방식			제거방식	
	단위	수동식	기계식	단위	수동식	기계식
바(bar) 크기						
폭	in	0.2~0.6	0.2~0.6	mm	5~15	5~15
깊이	in	1.0~1.5	1.0~1.5	mm	25~38	25~38
바(bar) 간 순간격	in	1.0~2.0	0.6~3.0	mm	25~50	15~75
수평면 경사각도	deg	30~45	0~30	deg	30~45	0~30
유입속도						
최대	ft/s	1.0~2.0	2.0~3.25	m/s	0.3~0.6	0.6~1.0
최소	ft/s		1.0~1.6	m/s		0.3~0.5
허용 수두손실	in	6	6~24	mm	150	150~600

왕복구조식, (3) 현수식(catenary), (4) 연속 벨트식 등이다. 케이블 구동식 바 스크린의 경우는 과거에 주로 사용되었으나, 오늘날 대부분 다른 종류의 스크린 장치들로 교체되고 있다. 그러나 케이블 구동식 바 스크린은 여전히 특정한 용도로 사용되고 있다. 한 예로써, 합류식 관로 시스템으로부터 유입되는 우수의 저장 및 운송을 위해 쓰이는 대심도 터널 내 배수 펌프시설장 전단에 설치되어 사용된다. 기계식 제거방식에 대한 전형적인 설계 자료가 표 5-4에 나타나 있다. 다른 종류의 기계식 제거 바 스크린의 사례들은 그림 5-3과 같으며, 표 5-5에는 그에 따른 장점과 단점들이 기술되어 있다.

체인 구동식 스크린(Chain-Driven Screens). 체인에 의해 구동되는 기계식 제거 바 스크린은 앞으로부터(상류) 청소되거나 뒤로부터(하류) 청소되는가에 따라, 또는 갈퀴가 바 스크린의 밑으로 돌아올 때 앞으로부터 오는가, 뒤로부터 오는가에 따라 분류된다. 작동방식은 서로 유사하지만 각각 장점과 단점을 지니고 있다. 일반적으로, 체 분리물이 앞으로 제거되고, 갈퀴가 앞으로 회전하는 스크린[front cleaned, front return screen, 그림 5-3(a)참조]은 고형물을 모으는 방식으로는 효율적이지만, 갈퀴의 밑에 모이는 고형물이 쌓여 끼이는 경향이 있다. 체 분리물이 앞으로 제거되고 뒤로 회전하는 스크린(front cleaned, back return screen)에서는, 바 스크린의 하류쪽에 있는 청소하는 갈퀴가 바 스크린의 밑부분을 돌고 바 스크린의 밑으로 지나서, 갈퀴가 올라오며 바 스크린을 청소한다. 스크린이 막히게 될 확률은 줄어들지만, 스크린의 밑에 있는 공간을 막기 위해 경첩이 달린 판(hinged plate)이 필요하게 된다.

체 분리물이 뒤로 제거되는 스크린(back-cleaned screen)에서는 바(bar)가 체 분리물들에 의해 갈퀴가 고장나는 것을 막아준다. 그러나 뒤로 제거되는 스크린은 하류쪽으로 고형물을 흘려 보내기가 쉽다. 특히 갈퀴의 와이퍼(wiper)가 마모된 경우에는 더욱 그렇다. 이 스크린 방식은 바 스크린의 윗부분이 지지되고 있지 않기 때문에 갈퀴 사이를

그림 5-3

전형적인 기계식 조대 스크린. (a) 체인구동식, 체 분리물이 앞에서 제거됨/앞으로 회전, (b) 왕복구동갈퀴식, (c) 현수식 (d) 연속벨트식

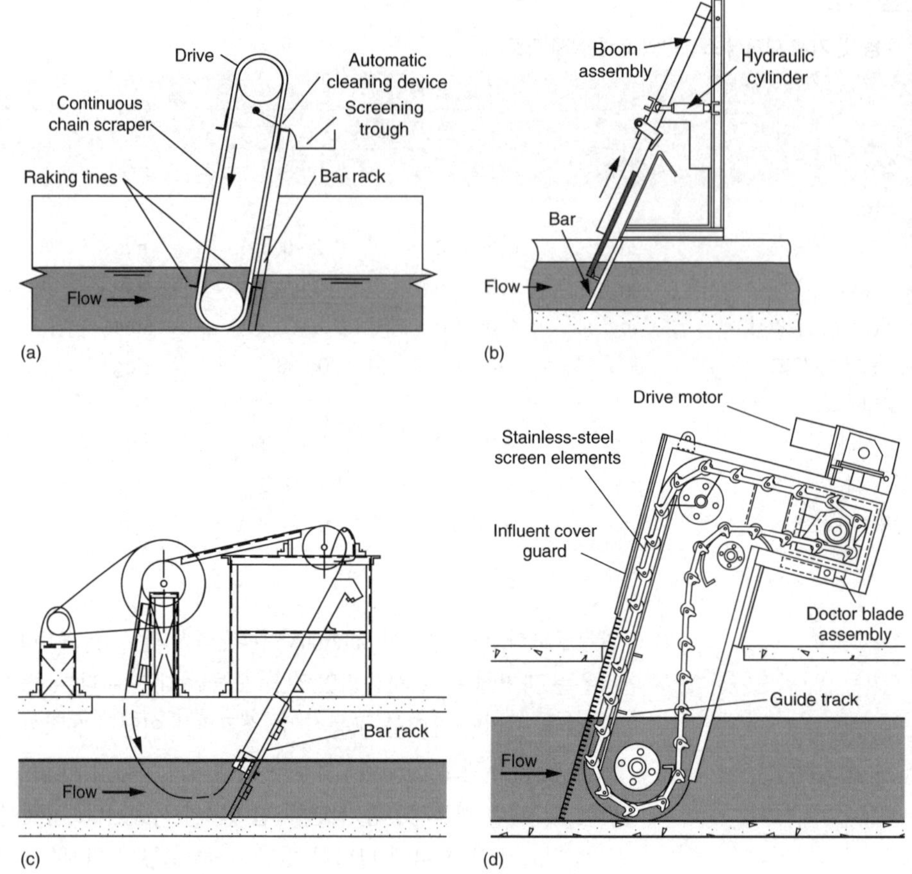

쉽게 통과해 지나갈 수 있어서 다른 형태보다도 덜 막히게 된다. 체인구동식 스크린의 대부분이 수중에서 구동되는 톱니바퀴 형태의 체인방식이기 때문에 녹이 슬거나 유지관리에 주의해야 하며, 특히 중량이 무거워서 고장, 수리 및 점검 시에는 수로를 막고 물을 빼야만 하는 단점을 지니고 있다.

왕복구동 갈퀴식 스크린[Reciprocating Rake (Climber) Screen]. 왕복구동 갈퀴식 스크린[그림 5-3(b) 참조]은 갈퀴질하는 사람의 움직임을 나타내는 형태로 구동된다. 갈퀴는 스크린의 밑까지 내려가서, 바에 부착된 체 분리물을 꼭대기까지 긁어 올려 상부에서 제거한다. 대부분의 왕복식 갈퀴 스크린은 갈퀴를 움직이기 위한 물림기어(cogwheel) 방식으로 구동된다. 작동 모터는 수중용 전기식 또는 수력식(hydraulic) 등 두 가지가 있다. 이 방식의 장점은 유지보수를 필요로 하는 부분이 모두 수면 위에 있기 때문에, 수로의 물을 빼지 않고도 쉽게 점검 및 유지보수가 가능하다는 점이다. 또한, 체 분리물을 앞으로 제거하기 위하여 갈퀴가 앞으로 도는 형식을 취하므로 체 분리물이 거의 뒤로 빠져나가지 않는다. 단점으로는 다른 스크린에서는 여러 개의 갈퀴를 동시에 사용할 수 있으나 이 스크린에서는 오직 한 개만을 사용해야 하기 때문에, 체 분리물이 많이 발생하는 곳이나 수로의 깊이가 깊어서 1회의 갈퀴 구동시간이 길어지는 곳에서는 적합하지 않다. 예

표 5-5

다양한 형태의 바 스크린의 장단점 비교

스크린의 종류	장점	단점
체인 구동식(chain-driven screen)		
체 분리물이 앞에서 제거됨/뒤로 회전	다중제거방식(짧은 제거 싸이클) 제거대상이 많은 경우에 적용	스크린이 수중에서 구동되기 때문에 유지관리 시에는 수로의 물을 빼야 함 비효율적 스크린: 잔류 체 분리물이 뒤로 빠져나감
체 분리물이 앞에서 제거됨/앞으로 회전	다중제거방식(짧은 제거 싸이클) 체 분리물이 거의 빠져 나가지 않음.	스크린이 수중에서 구동되기 때문에 유지관리를 위해서는 수로의 물을 빼야 함 수중구동장치(체인, 톱니바퀴, 축)가 체 분리물의 영향을 받음 무거운 체 분리물은 스크린을 막히게 함
체 분리물이 뒤에서 제거됨/뒤로 회전	다중제거방식(짧은 제거 싸이클) 수중에서 구동하는 부분(체인, 톱니바퀴, 축)은 바랙(bar rack)에 의해 보호됨.	스크린이 수중에서 구동되기 때문에 유지관리 시에는 수로의 물을 빼야함 갈퀴길이가 길수록 파손가능성이 큼 체 분리물 중 일부가 뒤로 빠져나감
왕복 구동 갈퀴식 (reciprocating rake)	수중에 잠기는 부분이 없어서, 운전 중 유지관리 가능 거대한 체 분리물(벽돌, 타이어 등)도 제거 가능 스크린에 걸린 체 분리물은 효과적으로 제거하고 방출함 운전비용 및 유지관리비용이 저렴 스테인레스 구조는 부식을 억제함 많은 유량 처리 가능	갑작스런 고수위 시 갈퀴 구동모터가 침수되거나 고장이 발생가능 다른 스크린에 비하여 설치 높이가 높다. 회전주기가 길어서, 회당 제거 능력에 한계 바 앞에서 그릳이 갈퀴구동을 방해할 가능성 스테인레스 구조로 고가임.
현수식 (catenary)	사슬톱니는 수중에 잠기지 않음; 대부분 유지관리는 운전 중에도 가능한 구조임. 설치에 요구되는 높이가 낮다. 다중제거방식(짧은 제거 사이클) 거대한 체 분리물 제거에 적합 체 분리물이 거의 빠져나가지 않음.	설계는 구동체인의 중량에 큰 영향을 받으며 구동체인이 무겁고 다루기 힘듬 스크린 경사각(45~70°)이 크기 때문에 바닥면적을 많이 차지 체 분리물이 끼이면 장치가 이탈될 가능성 개방형 구조로 인하여 악취 발생
연속 벨트식 (continuous belt)	대부분 유지관리는 운전 중에도 가능한 구조임 각 구성요소는 체 분리물이 끼일 염려가 거의 없는 구조임	스크린 구성요소를 교체하는 데 시간이 많이 소요되며 고가의 운전비용

를 들면, 가을에 합류식 관로 시스템으로 유입되는 다량의 나뭇잎은 스크린을 막히게 할 수 있다.

현수식 스크린(Catenary Screen). 현수식 스크린은 체 분리물을 제거하기 위하여 갈퀴가 앞으로 돌며 올라오는 방식이지만 톱니바퀴가 수중에 잠기지는 않는다. 현수식 스크린[그림 5-3(c)참조]에서는, 갈퀴는 체인무게에 의하여 스크린 표면에 걸쳐 있게 된다. 만약 무거운 체 분리물이 바에 걸리면, 갈퀴는 제거하지 못하고 그대로 지나친다. 그러나 스크린이 차지하는 "면적"이 넓어서, 설치 시에 많은 공간을 필요로 한다.

연속 벨트식 스크린(Continuous Belt Screen). 연속 벨트식 스크린은 연속적으로 미세 및 조대 고형물을 제거하면서 동시에 벨트를 스스로 세정하는 능력을 갖춘 비교적 새로운 방식의 스크린[그림 5-3(d)참조]이다. 구동 체인에는 많은 수의 갈퀴들이 장착되어있으며, 이러한 갈퀴의 개수는 스크린이 설치된 수로의 깊이에 따라 좌우된다. 스크린 간의 순간격이 0.5~30 mm 정도이므로 조대 스크린이나 미세 스크린으로 사용될 수 있다. 미세 스크린으로 사용 시, 조대 체 분리물의 처리가 수월하며, 스크린 후단에서 별다른 보호 장치가 필요 없다. 이 스크린은 사슬바퀴가 수중에 잠기지 않고 구동되며, 벨트에 부착된 갈퀴로 캔, 막대기, 천 조각 등 고형물을 거른다. 스크린 구조 대신에 웻지 와이어를 사용하는 수중 구동, 연속 벨트식 로터리 스크린은 구조적으로 더 단단하다.

조대 스크린 설계 방법(Design of Coarse Screen Installations). 스크린 설계 방법 중 고려 사항은 (1) 위치, (2) 접근 속도, (3) bar 사이의 간격 또는 철망의 크기, (4) 스크린을 통한 수두손실, (5) 체 분리물 처리, 운반 및 처분, (6) 장치제어 등이다. 거의 모든 경우에 있어서, 조대 스크린은 하부 장치에 손상을 주거나 또는 작동을 방해하는 큰 물질들을 제거하기 때문에 침사지 앞에 설치가 되어야 한다. 만약 침사지가 스크린 앞에 위치한다면, 천 조각이나 다른 섬유질 물질들이 그릿 집진 처리에 있어 손상을 끼칠 수도 있고, 공기 파이프 주변에 휘말리거나 기타 그릿과 함께 가라앉을 수도 있다. 만약에 그릿이 펌프 내로 유입되면, 펌프 작동에 손상을 입히거나 또는 작동을 방해할 수도 있다.

수동 제거식 스크린 설계에서는, 갈퀴구동 시간 간의 체 분리물의 축적을 위한 충분한 스크린 면적을 마련하기 위해 접근 유속을 평균 0.45 m/s (1.5 ft/s)로 제한하는 것이 필수적이다. 스크린의 관로를 확장시키거나 물속에 잠기는 면적을 증가시키기 위해 더 평편한 각으로 스크린을 설치함으로써 유입속도를 제어할 수 있는 추가 면적을 확보할 수 있다. 체 분리물이 축적되면 스크린이 막히게 되고, 이때 상류의 수두는 증가하게 된다. 따라서 이를 통과시키기 위해서 새로운 영역이 잠기게 된다. 만약에 완전히 막힌다면, 스크린의 구조적인 형태가 붕괴되지 않도록 적절히 설계하여야 한다.

대부분의 기계식 제거 조대 스크린 설계에서, 2대 이상의 장치를 설치하여 한 대의 장치가 고장나더라도 전체 공정에 지장이 없도록 하여야 한다. 스크린 유지보수 및 수리 시에 물을 빼내기 위해서 슬라이드 게이트(slide gates) 또는 물빈지(stop logs)가 스크린의 앞과 뒤에 각각 설치되어야 한다. 만약 한 대의 스크린만 설치한다면, 간단히 손으로 체 분리물을 제거할 수 있는 바 스크린을 지닌 우회 수로를 비상용으로 설치해야만 한다. 경우에 따라서 사람이 돌보지 않는 시간에 기계식 스크린이 제대로 작동이 안 된다면 수동식 제거 바 스크린을 제2의 장비로 사용한다. 보통 때는 수문을 막아 우회 수로로 물이 흐르게 한다. 설치된 스크린 수로는 그릿이나 다른 무거운 물질이 가라앉거나 쌓이지 않도록 설계되어야 한다. 수로 안의 고형물 퇴적을 줄이기 위하여 최소한 0.4 m/s의 유입유속이 필요하다. 첨두유량 시 이물질이 통과하는 것을 방지하기 위하여 바를 통과하는 유속은 0.9 m/s를 넘지 않도록 하여야 한다.

바 스크린의 통과유속은 하류에 파샬플륨(Parshall flume)과 같은 수위조절장치에 의해 조절되거나, 스크린이 펌프장의 상류에 있을 때는 습정(wetwell)의 수위에 의해 조절될 수 있다. 만약 수로의 유속이 습정 수위에 의해 조절될 경우, 정상 운전 상태하에서 소류 속도를 얻을 수 있다면 최소 속도보다 작아도 된다.

기계식 제거 조대 스크린 통과 시 손실수두는 최대 150 mm로 제한되도록 조작을 한다. 체 분리물 제거조작은 일반적으로 스크린에 걸린 체 분리물로 높아진 손실수두차 혹은 일정시간 간격을 바탕으로 운전된다. 시간간격은 운전자가 지정할 수 있으며 보통 15분 간격이 적당하며 이때 미리 정해진 고수위가 되거나 고수위차에 도달하면 언제든지 작동되도록 하는 것이 좋다. 일부의 기계식 제거 스크린은 더 높은 유량 혹은 수위차 내에서 고속으로 작동하도록 설계되어있다.

스크린 수두손실 차이는 유입속도와 바 스크린 통과 후 속도의 함수이다. 조대 스크린을 통한 손실수두는 다음과 같은 식을 사용하여 계산될 수 있다.

$$h_L = \frac{1}{C}\left(\frac{v_s^2 - v^2}{2g}\right) \tag{5-1}$$

여기서, h_L = 손실수두(m)

C = 난류와 와류에 의한 손실을 고려한 경험계수, 일반적으로 깨끗한 스크린인 경우 0.7, 더러운 스크린인 경우 0.6을 사용

v_S = 바 스크린 사이의 구멍에서의 통과유속(m/s)

v = 상류로부터의 유입유속(m/s)

g = 중력가속도(9.81 m/s^2)

식 (5−1)에서 계산된 손실수두는 바가 깨끗한 상태에서만 적용된다. 손실수두는 이물질이 있는 정도에 따라 증가한다. 수로에서 바의 윗부분에 있는 공간 협착 물질이 막혀 있다고 가정하면 손실수두의 증가를 예측할 수 있다. 예제 5−1에서는 식 (5−1) 사용의 예를 보여주고 있다.

예제 5−1

조대 스크린에서 손실수두 설정 조대 스크린에 이물질이 붙어서 통과면적의 50%가 폐색되었다면, 아래의 조건을 적용하였을 때 바 스크린에서 발생되는 수두손실량을 계산하시오.

유입유속 = 0.6 m/s
이물질이 없는 상태에서의 바 스크린 통과유속 = 0.9 m/s
이물질이 없는 상태에서의 바 스크린 통과면적 = 0.19 m^2
이물질이 없는 상태의 바 스크린 수두손실 계수 = 0.7

풀이 1. 식 (5-1)을 사용하여 바 스크린을 통하여 깨끗한 물의 수두손실을 계산한다.

$$h_L = \frac{1}{C}\left(\frac{v_s^2 - v^2}{2g}\right)$$

$$h_L = \frac{1}{0.7}\left[\frac{(0.9\,\text{m/s})^2 - (0.6\,\text{m/s})^2}{2(9.81\,\text{m/s}^2)}\right] = 0.033\,\text{m}$$

2. 바 스크린이 폐색될 때의 손실수두량을 추정한다(바 스크린 통과면적이 50% 감소함에 따라 유속은 두 배 증가).

폐색된 바 스크린을 통과하는 유속은

$$v_s = 0.9\text{ m/s} \times 2 = 1.8\text{ m/s}$$

바 스크린이 폐색될 때의 흐름상수를 0.6으로 가정하면, 손실수두량은 다음과 같이 계산된다.

$$h_L = \frac{1}{0.6}\left[\frac{(1.8\,\text{m/s})^2 - (0.6\,\text{m/s})^2}{2(9.81\,\text{m/s}^2)}\right] = 0.24\,\text{m}$$

조언 기계적으로 청소되는 바 스크린의 경우에는 일반적으로 수두손실차에 의하여 바의 청소기작이 작동된다. 수두손실은 스크린 전후의 수위로 측정된다. 일부의 경우 스크린은 최대 수위차에 의해 결정된 주기로 청소되기도 한다.

대부분 스크린은 직사각형 모양의 바를 사용하지만, "눈물방울(teardrop)" 및 사다리꼴 형태의 바를 선택적으로 사용할 수 있다. 특정한 형태의 바는 폭이 넓은 부분이 바랙 윗부분에 놓여지게 되는데, 이는 바 사이에 걸린 물질들을 제거하는 데 보다 수월하게 하기 위해서이다. 또한, 다른 형태의 바랙은 랙을 통한 손실수두를 줄일 수 있다.

» 미세 스크린(Fine Screens)

미세 스크린은 폭넓게 활용되고 있다. 즉, 예비 처리(조대 바 스크린의 후속 공정), 1차 처리(1차 침전지를 대신), 그리고 합류식 관로 월류수(CSO) 처리를 포함한다. 미세 스크린은 또한 살수여상 공정에서 막힘현상을 유발하는 1차 처리수 내의 고형물을 제거하는 데 사용된다.

예비 및 1차 처리를 위한 스크린. 예비 처리에 사용되는 미세 스크린은 (1) 고정식, (2) 회전드럼식, (3) 가동벨트(traveling belt) (4) 계단식이 있다. 일반적으로 철망 간격은 0.2~6 mm까지 다양하다. 미세 스크린의 사례는 그림 5-4에 나타나 있고, 보다 상세한 정보는 표 5-6에서 보여주고 있으며, 보충 자료는 표 밑에 기록되어 있다.

미세 스크린은 설계 시 용량이 최대 0.13 m^3/s인 소규모 하수처리장에서 1차 처리로 사용된다. BOD와 TSS의 일반적인 제거율은 표 5-7에 나타나 있다. 스테인레스 망 또

그림 5-4

일반적인 미세 스크린. (a) 고정형 쐐기 철망식(static wedgewire), (b) 드럼식, (c) 계단식 스크린에서 체 분리물은 이동식 수직판에 의하여 상부로 운반되어 제거된다. (d) 가동 밴드 스크린, (e) 계단식 스크린

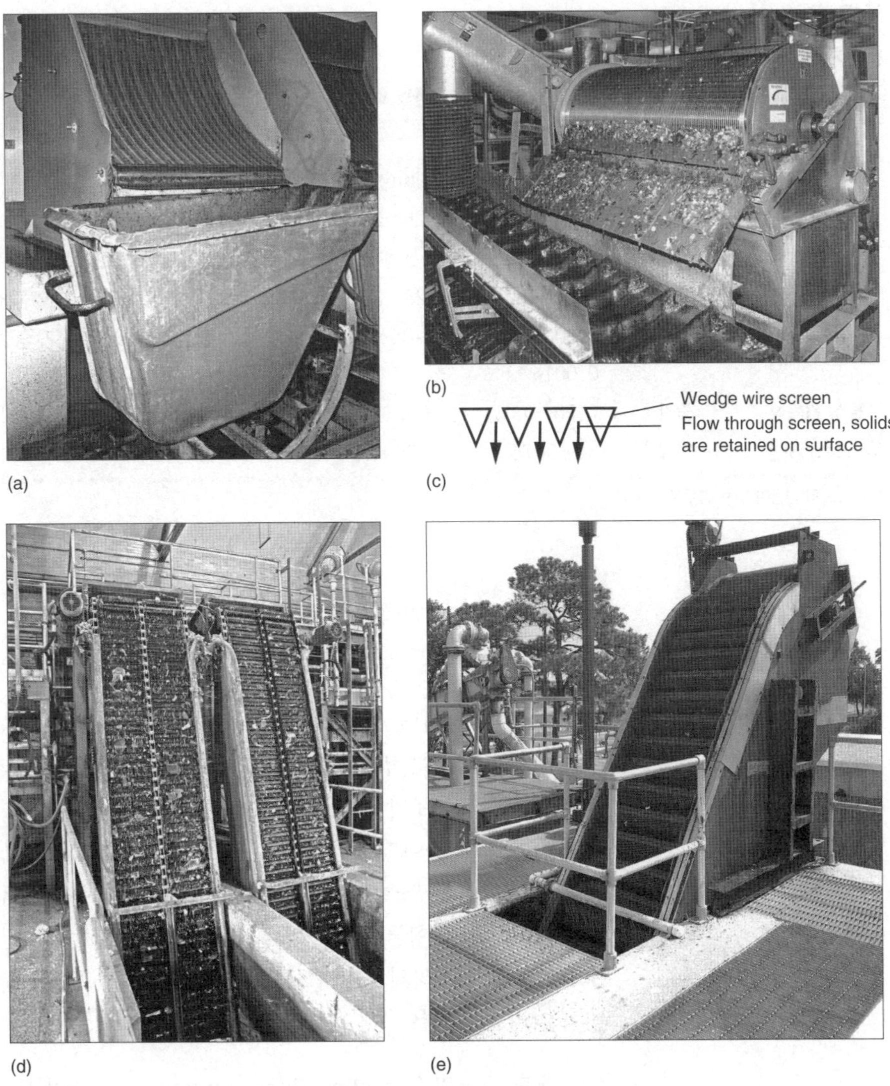

는 특수한 쐐기 모양의 바는 스크린 재료로 사용된다. 걸름망을 깨끗하게 유지하기 위하여 물을 뿌려 주어 포집된 고형물이 계속적으로 제거될 수 있도록 한다. 스크린으로 인한 손실수두는 0.8~1.4 m의 범위를 가진다.

고정형 쐐기 철망식 스크린(Static Wedge Wire Screens). 고정형 쐐기철망식 스크린[그림 5-4(a)참조]은 관례상 철망간격이 0.2~1.2 mm로서 스크린 면적당 유량이 400~1,200 L/m^2 · min의 범위에서 사용되고 손실수두는 1.2~2 m 정도 소요된다. 쐐기철망의 재료는 스테인레스로 쐐기모양의 철제막대로 되어 있으며 평평한 면이 흐름 방향으로 향하게 되어 있다. 스크린 장치를 설치할 때 넓은 바닥면적을 필요로 하며, 그리스(grease)가 끼어 쌓이는 것을 제거하기 위하여 하루에 한두 번씩 고압의 뜨거운 물이나

표 5-6
하수처리에 사용되는 스크린 장치 분류

스크린 장치의 종류	스크린 표면					
	크기 분류	크기 범위		재질	분야	참조 그림
		in	mm[a]			
경사식(고정식)	중간	0.01~0.1	0.25~2.5	스테인레스 강 철망 스크린	1차 처리	5~4a
드럼식(회전식)	조대	0.1~0.2	2.5~5	스테인레스 강 철망 스크린	예비 처리	5~4b
	중간	0.01~0.1	0.25~2.5	스테인레스 강 철망 스크린	1차 처리	
	미세	0.00024~0.0014	6~35 μm	스테인레스 강, 폴리에스터 스크린 천	잔류 2차 부유물질 제거	5~6
수평식 왕복식	중간	0.06~0.17	1.6~4	스테인레스 강 바	합류식 관거 월류수 / 우수	5~5a
Tangential 식	미세	0.0475	1200 μm	스테인레스 강 망	합류식 관거 월류수	5~5b

[a] 만일 별도의 언급이 없는 경우에 사용함.

증기 또는 기름 제거액 등으로 청소해 주어야 한다. 고정형 쐐기철망식 스크린은 일반적으로 소규모 공장 또는 산업설비 현장에 사용된다.

드럼식 웻지 와이어 스크린(Drum Wedge Wire Screens). 드럼식 스크린[그림 5-4(b)참조]은 거름망이 수로 내에서 회전하는 원형 실린더에 설치되어 있다. 구조물의 형태는 근본적으로 거름망을 통해 들어가는 흐름의 방향에 따라 달라진다. 하수는 드럼의 한쪽 끝으로 들어가서 스크린을 거쳐 다른 쪽 밖으로 나가면서 내부표면에 고형물이 포집되기도 하며, 스크린이 회전하면서, 스크린 내부에 포집된 고형물이 위쪽의 호퍼에 올라가게 되고, 고형물이 연속된 물줄기에 의해 씻겨져 나간다. 다른 방법으로는, 스크린 위쪽에 하수가 뿌려지고 내부로 통과하면서 외부 고형물 포집장치로 걸러지게 된다. 그러나, 이러한 방식은 유량이 낮을 때만 사용할 수 있다.

가동 밴드 스크린(Traveling Band Screens). 가동 밴드 스크린은[그림 5-4(d)참조] 유입폐수를 거르기 위한 미세 스크린으로 사용되거나, 3차 멤브레인 장치에 앞서 2차 유출수를 거르기 위해 사용된다. 일반적인 작동 방식은 스크린으로 걸러진 물이 스크린 앞단으로 유입되어 스크린 안쪽으로부터 스크린 패널을 통해 바깥쪽으로 흐르며 유입수와 유출수를 분리시킨다. 스크린 패널의 밴드가 회전하면서 스크린에 포집된 체 분리물들은 리프팅 엘리베이터에 의해 스크린의 상단부 내의 체 분리물 구유통(debris trough)이 있

표 5-7
1차 침전지 대신 미세 스크린을 사용하는 경우 BOD와 TSS 제거율 비교[a]

스크린의 종류	공극 크기		제거율, %	
	inch	mm	BOD	TSS
고정형 반구식	0.0625	1.6	5~20	5~30
회전 드럼식	0.01	0.25	25~50	25~45

[a] 실제 제거율은 하수집수 특성과 하수의 유하시간에 의존함

는 댁(deck)까지 위로 들어 올려진다. 체 분리물 구유통(debris trough)은 중력에 의해 체 분리물 처리장치 쪽으로 방출된다. 이 스크린은 자동 또는 부분적인 수작업으로 조작되어 진다.

계단식 스크린(Step Screens). 계단식 스크린의 구조는 두 개의 계단형태의 얇은 수직판으로 구성되어 있으며, 하나는 고정되고, 또 다른 하나는 움직이도록 이루어져 있다[그림 5-4(e)]. 고정 및 움직이는 계단형 수직판은 개방 수로의 폭에 따라 교체할 수 있고, 둘 다 하나의 스크린 막이 될 수도 있다. 이런 움직임을 통해서, 스크린 막에 걸린 고형물들은 자동적으로 다음 고정 계단 밑바닥까지 올려주며, 결국 고형물을 버리는 상부의 집수용 호퍼까지 이동시켜 준다. 이동 판의 원형운동은 각 계단에서 자동 세척을 가능하게 한다. 스크린 판 사이에서 일반적인 철망 간격은 3~6 mm이나 1 mm만큼 작은 철망도 사용될 수 있다. 스크린상에서 걸린 고형물들은 또한 고형물 제거 성능을 향상시키는 "filter mat"을 만들어 낼 수 있다. 기타 하수 스크린과 더불어, 계단식 스크린은 1차 슬러지나 소화 생슬러지로부터 고형물을 제거하는 데 사용될 수가 있다.

합류식 관로 월류수에 사용되는 미세 스크린. 스크린은 부유성 물질 및 합류식 관로 월류수에서 나오는 다른 고형물을 제거하기 위하여 지속적으로 연구개발되어 왔다. 일반적으로 수평 왕복 스크린과 흐름에 수직방향으로 설치된 스크린 등 두 가지 형태가 있다. 수평 왕복 스크린은 장치의 길이 방향으로 움직이는 좁은 스테인레스 바로 구성된 단단하고 weir-mounted인 스크린이다[그림 5-5(a) 참조]. 스크린 바는 정상적인 흐름 방향과 평행이고, 고형물을 포집하기 위해서 중간의 지지대 없이 연속적으로 운행이 되도록 설계되어 있다. 스크린이 설치된 수로로 하수의 수위가 상승하면서, 하수는 스크린 바의 철조망을 통과하기 시작한다. 고형물들은 스크린 표면에 걸리고, 스크린 표면에 걸린 고형물 때문에 수로에서의 수위가 더욱 상승할 때, 갈퀴가 자동적으로 스크린에 쌓인 고형물을 제거하도록 움직인다. 갈퀴운반대(rake carriage)는 스크린의 앞, 뒤로 움직이면서 걸린 고형물들을 긁어모은다. 갈퀴는 하수처리장으로 유입되는 고형물을 포집하여 스크린의 한쪽 끝으로 이동시켜 제거하는 작용을 한다.

접선방향 스크린의 효율은 스크린상에서 수류 및 걸린 고형물 움직임에 좌우된다. 분리공정은 미세 망의 원통형 스크린을 사용하며, 특별히 움직이며 작동하는 부분이 없이 처리된다[그림 5-5(b)참조]. 하수가 분리조 안으로 유입될 때, 원심력으로 회전하게 되는데 이때 물은 원통형 스크린을 통해 회전하면서 지나가지만 고형물들을 중심부로 이동하여 집수통에서 수거된다. 원형 챔버 내에서는 회전하는 흐름을 제어하여 회전력에 의해 고형물을 밖으로 밀어내려고 하는 방사적인 힘보다 중심부로 고형물을 모이게 하는 힘이 더 크게 된다. 따라서, 스크린에서 고형물의 축적은 최소화되며, 고형물들은 제거가 용이하도록 장치 중앙에 포집되어 처리된다. 고형물은 오수 중앙으로 자리잡아 제거가 가능하게 된다.

최근에는 위에서 설명한 바와 같이 드럼 스크린 또한 이러한 방식으로 발전해왔다. 또한 대량의 우수를 처리할 수 있는 대용량 단일 입구형 드럼 스크린의 이용이 가능하다.

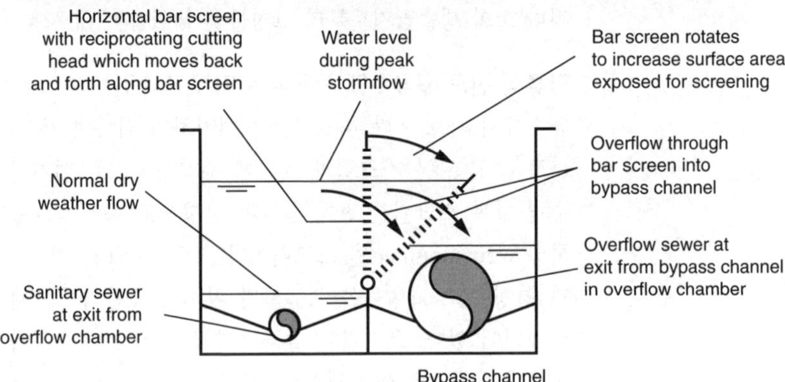

(a)

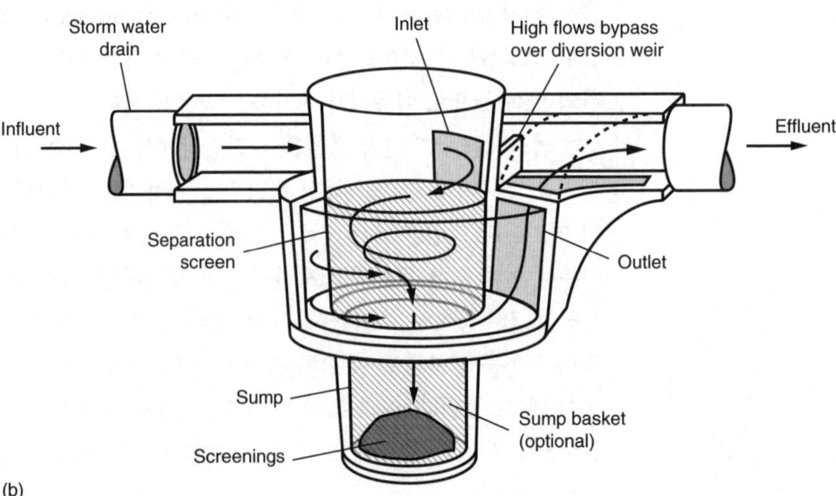

(b)

그림 5-5

합류식 관로의 월류수의 스크린에 사용되는 장치. (a) 설치 중인 수평형 장치 모습. 바를 따라 앞, 뒤로 움직이면서 운전하는 제거 방식. 유량에 노출되는 스크린 면적을 증가하도록 회전, (b) 분리 스크린이 있는 접선방향 스크린

미세 스크린 설치 설계(Design of Fine-Screen Installations). 기계식 청소 조대 스크린은 유입 미세 스크린장치 전단부에 설치된다. 설치는 최대 유량이 유입되어도 운전이 가능한 최소 2개의 스크린을 보유해야 한다. 스크린에 형성된 그리스 및 다른 고형물을 주기적으로 제거하기 위하여 세정수를 공급해주어야 한다. 추운 날씨에는 뜨거운 물 또는 증기가 그리스 제거에 더 효과적이다.

미세 스크린에서 손실수두의 계산은 조대 스크린의 것과는 다르다. 미세 스크린의 경우 깨끗한 물의 손실수두는 제조업자가 산정한 표에서 얻을 수 있거나, 식 (5-2)를 사용하여 계산할 수 있다.

$$h_L = \frac{1}{2g}\left(\frac{Q}{CA}\right)^2 \tag{5-2}$$

여기서, h_L = 손실수두(m)

C = 스크린의 통과 계수(깨끗한 스크린에 대한 대표적 값은 0.60)

g = 중력가속도(9.81 m/s^2)

Q = 스크린의 통과유량(m^3/s)

A = 물에 잠긴 스크린의 유효면적(m^2)

C와 A의 값은 철망 간격의 크기와 표면상태, 철선의 직경 및 짜인 상태, 특히 물이 통과할 수 있는 순수한 개구부의 면적비율 등과 같은 스크린 설계 인자에 따라 달라지며, 이는 제조업자가 제시한 자료에 의하거나 실험에 의하여 결정되어야만 한다. 다만 중요한 것은 운전 중의 손실수두이며 이것은 하수 중의 고형물의 크기와 양, 장치의 크기, 그리고 청소하는 방법과 그 주기에 따라 달라진다.

마이크로 스크린(Microscreens)

마이크로 스크린은 속도조절이 가능하며(분당 4회전까지), 연속적으로 역세척이 가능하고, 중력 흐름조건하에서 운행되는 회전 드럼 스크린이다(그림 5-6 참조). 여과섬유는 망 간격이 10~35 μm이고, 드럼 주변에 고정을 해야 한다. 하수가 드럼의 끝부분에 들어가서 회전 드럼 스크린 망을 통해서 밖으로 흘러 나간다. 모아진 고형물들은 역세척 시 고압의 수류로 드럼의 가장 높은 지점에 설치된 수거통에 모아져 폐기된다(하수 고도처리에서 사용되는 필터에 관한 내용은 11-5절 참조). 마이크로 스크린은 주로 2차 침전지 및 안정화지의 유출수 내의 부유고형물을 제거하는 데 사용된다.

마이크로 스크린은 일반적으로 부유 고형물의 10~80%까지 제거하며, 평균 55%를 제거한다. 마이크로 스크린이 지니는 문제점은 불완전한 고형물 제거 및 유입 변동에 취약하다는 것이다. 드럼의 회전 속도 감소 및 스크린의 역세척의 빈도를 조절함으로써 제거 효율성을 증가시킬 수 있으나 처리수 생산량은 감소된다.

마이크로 스크린은 (1) 유입하수의 농도 및 응집 정도에 따라서 처리되는 부유물질(SS)의 특성을 파악하고, (2) 최대 수리학적 부하량을 처리할 수 있는 충분한 용량의 설계인자와 최적운전을 위한 설계인자를 선정하며, (3) 스크린의 처리 용량을 일정하게 유지하기 위해서 역세척 및 세정장치를 고려하여 설계한다. 마이크로 스크린의 효율성은

(a) (b)

그림 5-6

1차 처리 대신 사용할 수 있는 마이크로 스크린 형태. (a) 스테인레스 강 재질의 원판형, (b) 쐐기철강 스크린을 이용한 철망 간격은 두 개 스크린 모두 250 μm 드럼

수질에 많이 의존하기 때문에 사전에 pilot 시설을 통한 연구가 필요하다. 특히, 상당히 많은 조류를 함유하고 있는 안정화지 유출수로부터 고형물을 제거하는 데 그 장치가 사용될 경우라면 더욱 그렇다.

체 분리물의 취급, 처리 및 처분 (Screenings Handling, Processing and Disposal)

기계식 청소 스크린 장치에서는 체 분리물을 스크린으로부터 직접적으로 체 분리물 분쇄기, 공기 분사기 또는 폐기물 보관함으로 운반한다. 또는 체 분리물 압축기 또는 수거용 호퍼까지 운반을 해주는 컨베이어로 이동된다. 벨트 컨베이어와 공기 분사기들은 일반적으로 기계적으로 체 분리물을 운반하는 대표적 방법이다. 벨트 컨베이어는 운전의 간소화, 저렴한 유지관리비, 막힘방지, 그리고 저렴한 비용의 장점을 지니고 있다. 그러나, 벨트 컨베이어는 악취가 발생하므로 뚜껑이 필요하다. 공기 분사기는 악취가 덜 나며, 공간을 덜 차지하나 큰 물질이 유입되면 걸릴 염려가 있다.

체 분리물 압축기는 체 분리물을 탈수시켜 부피를 감소시키는 데 사용된다(그림 5-8 참조). 수압 펌프나 나선형 압축기를 포함하는 이와 같은 장치는 바 스크린으로부터 직접 체 분리물을 받아 압축된 체 분리물을 호퍼로 운반할 수 있다. 압축기는 체 분리물 수분

(a) (b)

그림 5-7

조대 고형물을 위한 수송 시스템. (a) 벨트 컨베이어, (b) 유압식 수송

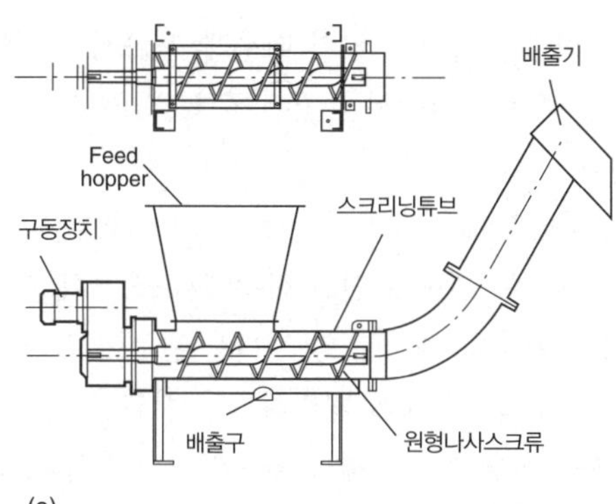

(a)

(b)

그림 5–8

협잡물 압축을 위해 사용하는 전형적인 장비. (a) 도식도 그리고 (b) 배출통과 함께 두 개의 압축스크린의 모습

함량을 50%까지, 부피는 75%까지 감소시킨다. 공기분사기를 사용할 때, 큰 물질이 막힐 수 있으나, 이때 자동 제어 장치가 막힘 여부를 감지하여 경고음을 울리며 자동적으로 구동방향을 반대로 회전시킨 후 장비의 동작을 일단 중단시킨다.

매서레이터(macerators)는 공기분사기 위에서 체 분리물을 분쇄하여 막힘을 방지할 수 있다. 그러나 이러한 장치는 과도한 유지성분과 기름(fats, oil, and grease, FOG)의 축적을 방지하기 위해서 포집될 물질들의 특성을 고려하여 설계되어야 한다. 스크린의 높이와 체 분리물 운반 방식을 결정할 경우, 스크린 장치로부터 처리저장소 또는 트럭 적재 장소까지의 거리가 고려되어야 한다. 경우에 따라 스크린 장치의 용량을 수로에서의 체 분리물을 제거하는 데 요구되는 정도로 용량을 한정하고, 운반 시스템을 사용하여 체 분리물을 처리저장소나 트럭이 위치하는 곳까지 운반하는 것이 효과적일 수 있다.

스크린 체 분리물을 처분하는 방법에는 (1) 매립장과 같은 처분지로 운반하여 버림, (2) 처리장 내에 묻어버림(소규모 처리장에만 해당됨), (3) 그릿과 슬러지를 단독 또는 혼합하여 소각(대규모 처리장에만 해당됨), (4) 그라인더 또는 분쇄기로 갈아서 하수로 반송시키는 방법 등이 있다. 이 중에서 가장 많이 쓰이는 방법은 첫 번째 방법이나, 지역에 따라서는 매립지에 버리기 전에 석회로 안정화하도록 규정되어 있다. 체 분리물을 갈아서 하수로 다시 보내는 것은 다음 절에 설명하는 것과 같이 많은 단점을 지니고 있다.

5-2 조대 고형물 감량

조대 바 스크린 또는 미세 스크린을 대신하여, 분쇄기 및 매서레이터를 사용할 수 있다. 분쇄기 및 매서레이터는 수로 내에서 조대 고형물이 그대로 흘러가는 것을 막고 잘게 분쇄하는 역할을 한다. 고속으로 구동되는 연마기는 기계식 제거 스크린과 연결하여 하수에서 걸러진 협잡물을 잘게 분쇄할 수 있다. 고형물은 작고, 균일한 크기로 잘게 부수어져, 하수로 되돌아가서 후속 처리공정을 거쳐 제거된다. 이론적으로 분쇄기, 매서레이터, 연마기를 쓰면 체 분리물의 운반, 처분과 같은 작업을 생략할 수 있다. 분쇄기나 매서레이터를 사용할 경우, 헝겊이나 큰 이물질에 의해 펌프가 막히는 것을 방지할 수 있고 협잡물을 운반하고 처리할 필요가 없기 때문에, 펌프장 시설에 있어 이점이 될 수 있다. 특히, 분쇄기를 쓰면 추운 지역에서 수거된 체 분리물이 얼어 붙어서 처분이 곤란해지는 등의 일이 없게 된다.

그러나 하수처리장에 분쇄기를 쓰는 것이 적합한지에 대해서는 많은 이견이 있다. 분쇄기 사용을 반대하는 견해는 일단 하수에서 조대 체 분리물이 제거되면 그 형태에 관계없이 다시 되돌아가도록 해서는 안 된다는 관점이고, 이를 찬성하는 측은 고형물을 잘게 부수어 놓으면, 후속공정에서 처리하기가 쉬워진다는 관점이다. 분쇄기의 단점은 분쇄된 고형물이 종종 하류에서 문제를 일으킨다는 것인데, 특히 분쇄기를 나온 헝겊 또는 비닐조각은 후속공정에서 밧줄과 같은 형태의 가닥을 형성하여 후속공정에서 문제를 일으킬 수 있다. 예로써, 이와 같은 물질들은 펌프 날개나 배관, 열교환기 등을 막히게 할 수 있으며, 산기관과 침전조 내에 쌓이게 되는 등의 많은 악영향을 주는 경우도 있다. 또한, 비닐 또는 난분해성 물질들은 유용하게 재사용될 수 있는 바이오고형물의 질에 악영향을 끼칠 수도 있다.

분쇄기, 매서레이터, 연마기와 같은 기계장치의 사용은 이후 처리장의 개보수 상황에 따라서 장치활용을 변경할 수 있다. 향후 이중 장치 증설을 위해 여분의 수로가 확보된 시설의 경우, 혹은 유입펌프장의 깊이가 너무 깊어 체 분리물의 제거가 너무 어렵거나 비용이 많이 소요될 경우 등을 예로서 들 수 있다. 이러한 분쇄기 대신에 펌프장에서 chopper 펌프를 사용하거나 슬러지 펌프 전단부에 연마기를 설치하는 것도 가능하다 (13-4절 참조).

》 분쇄기(Comminutors)

분쇄기는 하수 유입량이 0.2 m^3/s보다 작은 소규모 하수처리장에서 흔히 사용되고 있다. 분쇄기는 하수가 흐르는 수로 내에 설치되어 걸러진 물질들을 6~20 mm 크기 입자로 분쇄한 후, 분쇄된 고형물은 수로 외부로 배출되지 않고 다음 공정으로 이동한다. 일반적으로 분쇄기는 수평형태의 고정식 스크린(그림 5-9 참조)과 함께 회전 커터와 전달막대를 사용하여 체 분리물을 부순다. 잘려진 작은 입자들은 스크린을 통해서 하류 수로로 빠져 나가게 된다. 이와 같이 분쇄기는 하류처리 장치에서 포집될 수 있는 천 조각과 같은 물질들을 만들어낸다. 분쇄기는 운전 시 발생되는 문제점과 고가의 유지비 때문에, 일반적으로 신규 설치 시에는 다음에서 다루는 스크린이나 매서레이터로 대신하여 사용하기도 한다.

》 매서레이터(Macerators)

매서레이터는 저속으로 구동되는 연마기의 일종으로서, 일반적으로 반대방향으로 회전하는 두 개의 날로 구성된다[그림 5-10(a), (b) 참조]. 이 장치는 하수 수로 내에 수직으로 세워져 운전된다. 회전 장치에 있는 기어방식의 커터는 체 분리물이 장치를 통과할 때 효율적으로 자를 수 있도록 정교한 간격을 유지하고 있다. 기어방식 커터는 천 조각이나 비닐이 뭉쳐 하류부에 설치된 장치에 달라붙어 문제를 일으킬 가능성을 감소시킨다. 매

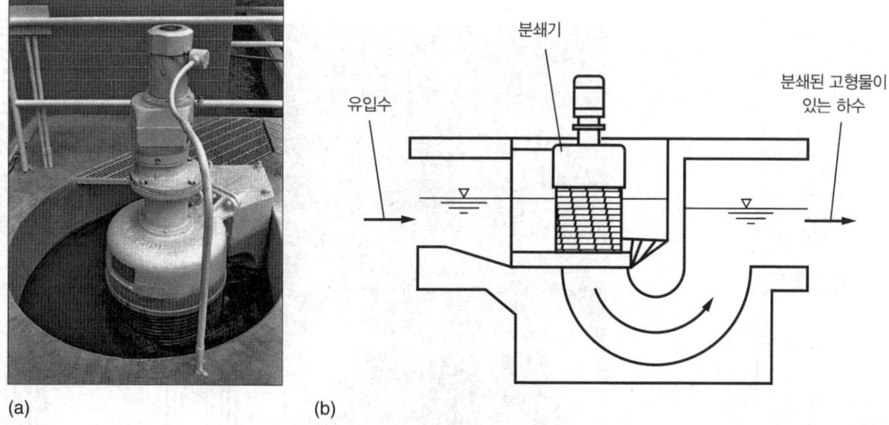

그림 5-9

소규모장에서 고형물의 입자 크기 감소를 위해 사용되는 일반적인 분쇄기. (a) 설치된 장비의 모습, (b) 일반적인 설비의 도식도

서레이터는 관거 내 설치가 가능하다. 특히, 소규모 하수처리장 내 수로, 하수 또는 슬러지 펌프 전 단계에 설치되어 고형물을 잘게 부수기 위해 사용될 수 있다. 관거 내에 적용하기 위한 크기의 일반적인 범위는 직경 100~400 mm이다. 슬러지 처리에 사용하는 연마기는 13장에서 다루기로 한다.

수로에서 사용되는 또다른 형태의 매서레이터는 하수가 스크린을 통과할 수 있도록 스크린과 연결되어 있다. 이 방식은 체 분리물을 수로단면의 한쪽 측면에 위치한 연마기로 서서히 운반시켜 준다[그림 5-10 (c) 참조]. 장치의 표준 규격은 폭이 750~1800 mm (30~72 in)이며, 깊이가 750~2500 mm (30~100 in)인 큰 수로에 적합하다. 손실수두는 그림 5-10(a)에 있는 역회전 날을 가진 장치의 손실수두보다 낮다.

》 그라인더(Grinders)

일반적으로 햄머분쇄기(hammermills)로 언급되는 고속 그라인더는 바 스크린에서 포집된 체 분리물을 처리하는 데 사용된다. 체 분리물은 유입된 물질들을 순간적으로 자르는 고속 회전 장치에 의하여 잘게 부서진다. 자르는 날은 회전 장치를 둘러싸고 있는 고정식 격자망 또는 미세하게 짜여진 틀 안으로 체 분리물을 강제로 밀어내면서 부순다. 세척수는 일반적으로 장치를 청결하게 유지시키고, 이물질들을 하수 수로의 뒤쪽으로 이동시키는 것을 도와주는 데 사용된다. 그라인더 배출구는 바 스크린의 상류부 또는 하류부 둘 중 한 곳에 설치한다.

》 설계 시 고려사항(Design Considerations)

분쇄기와 매서레이터를 침사지 이전 단계에 배치함으로써, 장치의 수명을 길게 하고, 기계 절단부 표면의 마모를 줄일 수 있다. 분쇄기를 설치할 때는, 유량이 분쇄기의 용량을 초과하거나, 정전 혹은 기계적인 고장이 발생할 경우에 수동식 바 스크린을 사용할 수 있도록 우회수로를 함께 설치해야 한다. 유지관리를 위하여 수문을 설치하고 배수할 수 있는 방법도 고려하여야 한다. 분쇄기 통과 시의 손실수두는 0.1~0.3 m 정도이며 대형의

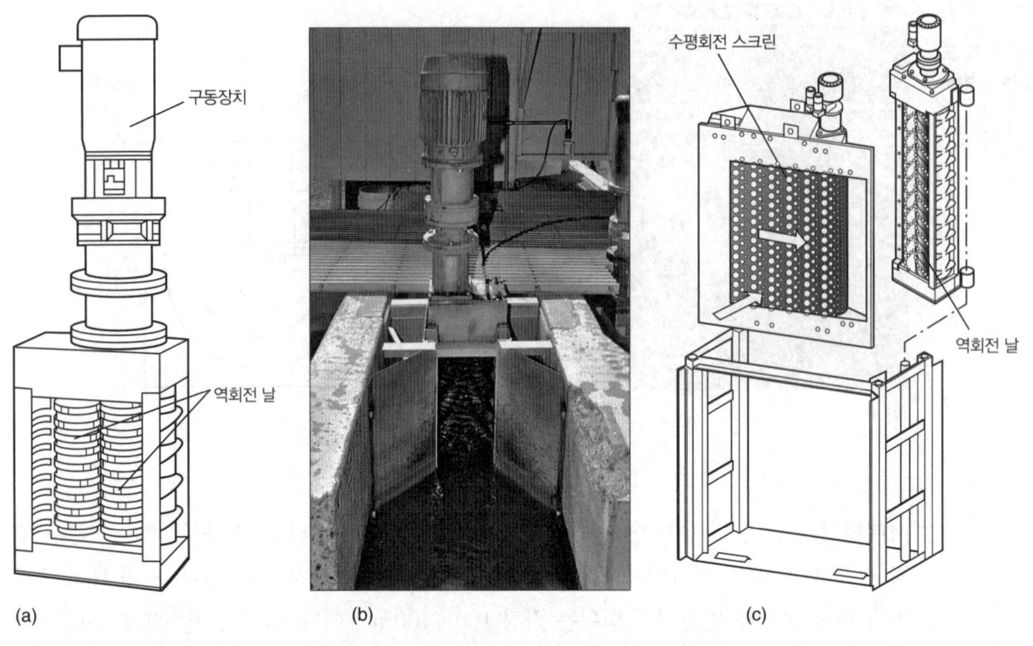

그림 5-10

일반적인 매서레이터. (a) 저속도 매서레이터의 기본형태, (b) 개수로에 설치된 매서레이터, (c) 스크린 일체형 매서레이터

장치에서 최대 유량이 흐를 때는 0.9 m까지 이를 수도 있다. 분쇄기나 매서레이터가 침사지 앞에 놓일 때에는, 커터부분이 마모되기 쉬우므로 이를 자주 예리하게 갈아주든지 주기적으로 교환해 주어야 한다. 스크린 철망의 앞에 커터부가 있는 경우에는 수로 분쇄기보다 상류측에 돌을 모으는 부분을 설치하여 종종 커터부 사이에 돌맹이가 끼어서 작동이 멈추는 것을 방지해야 한다.

이와 같은 장치들은 그 자체로서 완벽한 제품이므로, 세부설계는 필요치 않다. 장치의 권장 수로 단면, 용량, 손실수두, 상하류부의 침적 깊이, 소요동력들을 참조하기 위해 제작업체의 데이터나 성능평가표 등을 참조해야 한다. 제작업체가 제공하는 용량 성능평가표는 대개 깨끗한 물을 대상으로 작성된 것이므로, 일부 스크린 막힘을 고려하여, 제시된 성능의 약 80%만을 기준으로 장치를 설치해야 한다.

5-3 혼합과 응결

혼합은 하수처리의 여러 단계에서 사용되는 중요한 단위공정으로 (1) 한 물질을 다른 물질과 완전히 섞을 때, (2) 혼화성 액체를 섞을 때, (3) 하수 속의 입자를 플럭 형성시킬 때, (4) 액체 부유물질을 계속해서 혼합할 때, 그리고 (5) 열 전달 시에 이용된다. 하수처리 중의 대부분의 혼합공정은 급속연속(continuous-rapid, 30초 이내) 또는 연속방식으로 나눌 수 있다. 이 두 가지의 방식이 이번 절에서 다루어질 것이다. 각 단위공정은 혼합기

(mixer)와 응결장치(flocculation device)의 종류, 그리고 이들 공정에서 요구되는 에너지에 관한 분석으로 나누어서 설명된다. 혼합, 응결, 연속혼합에 사용되는 혼합장치의 전형적인 예가 표 5-8에 제시되어 있다.

》 하수처리에서의 급속연속혼합

급속연속혼합은 한 물질을 다른 물질과 섞을 때 주로 사용된다. (1) 하수를 화학약품과 혼합시킬 때(응결 또는 침전공정 이전에 alum 또는 철염을 주입하거나 소독을 목적으로 염소나 하이포클로라이트를 하수에 주입할 때), (2) 혼합이 가능한 두 가지 이상의 액체를 섞을 때, 그리고 (3) 탈수성을 높이기 위한 화학약품을 슬러지나 생물학적 고형물질에 더할 때 주로 사용된다.

》 하수처리에서의 연속혼합

연속혼합은 반응기나 저장조 또는 조에 있는 내용물이 현탁액 속에 남아 있어야 되는 경우에 사용되는 것으로써 균등조, 응결조, 부유성장 생물학적 처리공정, 포기라군, 그리고 호기성 소화조에서 주로 사용된다. 다음에 설명되는 것은 현탁액 속의 물질들에 대한 응결과 유지방법에 대한 것이다.

하수처리에서의 응결. 하수처리에서의 응결은 미세한 입자 또는 화학적으로 불안정한 입자가 플럭을 형성하는 공정이다. 화학적으로 불안정한 입자들이 서로 충돌하고 붙어서 큰 플럭을 형성하게 되고, 이렇게 형성된 플럭들은 침전이나 여과를 통해 쉽게 제거된다. 기계적 또는 공기 혼합에 의한 하수의 응결은 일반적인 공정에 꼭 포함되는 것은 아니지만 (1) 부유고체 또는 1차 침전 설비에서의 BOD 제거율을 증가시키거나, (2) 특정 산업폐기물을 포함한 하수를 조정하기 위해, (3) 활성슬러지공정의 다음 과정인 2차 침전조의 성능을 높여 주기 위해, (4) 2차 유출수의 여과를 위한 전 처리공정으로서 고려될 수 있다. 위와 같은 방식이 사용될 때, 응결 공정은 목적에 따라 특별히 제작된 별도의 탱크나 조, 각각의 처리시설을 연결하는 수로관과 같은 관로 내 시설 또는 일체형 응결-침전지(flocculator-clarifier) 등에서 수행될 수 있다.

응결은 보통 화학물질을 입자와 반응시켜 입자를 불안정화시키는 급속혼합 후단에서 이루어진다. 화학물질에 의해 입자가 불안정화되는 현상이 "응집(coagulation)"이며 6장에서 다루어질 것이다. 응결은 (1) 미세플럭형성(microflocculation)과 (2) 거대플럭형성(macroflocculation)의 두 종류로 나누어질 수 있는데, 입자의 크기에 의해 구분된다.

미세플럭형성(*microflocculation* 또는 Perikinetic flocculation)은 열에 의해 유체 분자들이 임의의 방향으로 이동하는 운동으로 입자들이 응집하는 것을 말한다. 이러한 열에 의해 유체분자들이 임의의 방향으로 이동하며, 이러한 현상이 **브라운 운동**이라고 알려져 있다[그림 5-11(a)]. 입자의 크기가 0.001에서 1 μm 사이일 때 미세플럭형성이 일어나게 된다. 응집될 입자의 크기가 1에서 2 μm보다 클 경우 **거대플럭형성**(*macroflocculation* 또는 orthokinetic flocculation)이라는 용어를 사용하며, (1) 유체의 속도경사, 그리고 (2) 침전속도차에 의해 초래된다. 입자는 응결될 입자를 포함한 유체의 속도경사에 의

표 5-8

하수처리시설에 사용되는 혼합과 응결장치에 대한 일반적인 혼합시간과 적용분야

교반기구	교반시간(초)	적용분야
교반 및 혼합기구		
관로 내 정적 교반기	<1	황산알루미늄, 염화철, 음이온 고분자, 염소와 같이 즉각적인 혼합이 요구되는 화학약품을 사용할 경우
관로 내 교반기	<1	황산알루미늄, 염화철, 음이온 고분자, 염소와 같이 즉각적인 혼합이 요구되는 화학약품을 사용할 경우
고속유도교반기(high-speed induction mixer)	<1	황산알루미늄, 염화철, 음이온 고분자, 염소와 같이 즉각적인 혼합이 요구되는 화학약품을 사용할 경우
압력식 물 분사기(pressurized water jet)	<1	상수처리와 재생수에 적용되는 경우
터빈과 프로펠러 교반기	2~20	Sweep flocculation에서 황산알루미늄을 혼합하기 위해 역혼합 반응기에서 사용된다. 실제 시간은 혼합이 일어나는 vessel의 구조에 의해 결정된다. 용액공급탱크에서 화학약품을 혼합할 때 사용
펌프	<1	혼합될 화학약품은 펌프의 흡입구로 주입된다.
기타 수리학적 교반기	1~10	도수, 웨어, 파아샬 플룸 등
응결 장치		
정적교반기	600~1800	응집된 콜로이드입자의 플럭형성에 사용
패들교반기	600~1800	응집된 콜로이드입자의 플럭형성에 사용
터빈교반기	600~1800	응집된 콜로이드입자의 플럭형성에 사용
연속혼합		
기계식 포기	연속	부유성장식 생물학적 처리공정에서 산소를 공급하거나 현탁액 속의 현탁액 부유물질(MLSS)을 유지하기 위해 사용
쌍곡면 교반기	연속	부유성장식 생물학적 처리공정에서 산소를 공급하거나 현탁액 속의 현탁액 부유물질(MLSS)를 유지하기 위해 사용
공기교반	연속	부유성장식 생물학적 처리공정에서 산소를 공급하거나 현탁액 속의 현탁액 부유물질(MLSS)를 유지하기 위해 사용

해 서로 모인다. 그림 5-11(b)에서 보여지듯이 빨리 움직이는 입자는 상대적으로 느리게 움직이는 입자를 속도장(velocity field)에서 따라잡게 된다. 이때 입자들이 서로 충돌해서 붙게 되면, 커진 입자가 생겨나게 되고 중력에 의해 제거가 쉬워진다.

침전속도차에 의한 거대플럭형성에서[그림 5-11(b)] 큰 입자는 중력에 의한 침전 중 작은 입자를 따라잡게 되고 이렇게 두 입자의 충돌에 의해 생긴 더 큰 입자는 충돌 이전의 작은 두 입자보다 빨리 침전하게 된다. 속도구배가 없는 상황에서의 응결 침전은 다음 절에서 다루어질 것이다.

이때 중요한 점은 브라운 운동에 의해 플럭의 크기가 1에서 2 μm까지 커져야 속도경사에 의한 응결이 영향력을 가진다는 것이다. 예를 들어 0.1 μm보다 작은 바이러스의 경우 미세플럭이 형성되거나 또는 큰 플럭이나 입자에 흡착되어 포획되기 전까지는 거대플럭형성만으로 제거될 수 없다.

현탁액 속 물질의 유지방법. 연속혼합공정은 활성슬러지공정과 같은 생물학적 처리공

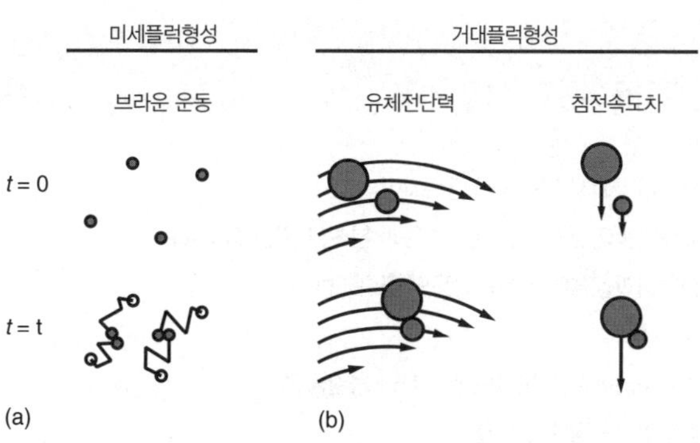

그림 5-11

응결의 두 가지 형태. (a) 브라운 운동에 의한 미세플럭형성(perikinetic flocculation)과 (b) (i) 유체전단력과 (ii) 침전속도차에 의한 거대플럭형성(orthokinetic flocculation) (Pankow, 1991; Logan, 2012)

정에서 현탁액 내의 현탁액부유물질(MLSS)을 유지하기 위해 사용된다. 생물학적 처리에서 공정에 필요한 산소를 공급하기 위해서 대부분의 경우에 혼합기가 사용된다. 그러므로 포기장비는 공정에 필요한 산소를 공급하고 반응조 내에서 혼합상태를 유지하기 위해 필요한 에너지를 제공할 수 있어야 한다. 기계적인 포기조와 용존공기 공급장치 모두가 사용된다. 호기성과 혐기성 소화의 모든 경우에서 혼합은 생물학적 변환공정을 촉진시키고, 소화조의 내용물을 균일하게 분포시키기 위해 그리고 생물학적 변환반응에서 나오거나 뜨거운 물순환과 같은 외부의 열원에서 나오는 열을 고르게 전달하기 위해 이용된다.

» 혼합과 응집에서의 에너지분산

반응조나 혼합조에서의 임펠러에 의해 유체의 순환과 전단이 일어난다. 공급된 동력이 클수록 더 큰 난류가 형성되는데 이 난류에 의해 효율적인 혼합이 이루어진다. 그러므로 액체의 단위부피당 공급된 동력의 크기가 혼합의 대략적인 효율성을 나타내는 기준으로 사용될 수 있다. Camp와 Stein(1943)은 여러 형태의 응집조에서 발생하는 속도경사의 효과를 연구하여 정리하였고, 패들과 같은 기계적 혼합장치를 가진 시스템의 설계와 운전에서 사용될 수 있는 다음의 식들을 제안하였다.

$$G = \sqrt{\frac{P}{\mu V}} \tag{5-3}$$

여기서, G = 평균속도경사(T^{-1}, 1/s)

P = 소요동력(w)

μ = 점성계수($N \cdot s/m^2$)

V = 응결조의 부피(m^3)

식 (5−3)에서 사용된 G값은 유체속도경사의 평균값을 나타낸다는 점이 중요한데, 실제에서는 기계적 혼합기의 날(blade) 부근에서 G값이 높게 나타나며, 날(blade)로부터 멀어질수록 낮아진다.

식에서 나타난 바와 같이 G값은 소요동력, 유체의 점성, 그리고 조의 부피와 관련이 있고, 체류시간 $\tau = V/Q$을 식 (5−3)의 양 변에 곱하면 다음과 같이 식을 전개할 수 있다.

표 5-9
하수처리의 혼합과 응결에 사용되는 일반적인 체류시간과 속도경사 *G*값[a]

공정의 종류	값의 범위	
	체류시간	*G*값, s^{-1}
교반		
하수처리에서 일반적인 급속교반	5~30초	500~1500
화학약품의 효율적인 초기반응과 분산을 위한 급속교반	1초 미만	1500~6000
접촉여과공정에서 화학약품의 급속교반	1초 미만	2500~7500
응결		
하수처리에서 사용되는 일반적인 응결공정	30~60분	50~100
직접여과공정에서 응결	2~10분	25~150
접촉여과공정에서 응결	2~5분	25~200

[a] 이 표에서 제시된 *G*값을 사용하기 전에 속도경사의 개념을 한계점에 대해 고려해야 한다(본문참조).

$$G\tau = \frac{V}{Q}\sqrt{\frac{P}{\mu V}} = \frac{1}{Q}\sqrt{\frac{PV}{\mu}} \tag{5-4}$$

여기서, τ = 체류시간(s)

Q = 유량(m^3/s)

일반적으로 혼합공정에서 쓰이는 *G*값을 표 5-9에 제시하였다. 여러 종류의 혼합기에서 요구되는 동력에 대해서는 다음 장에서 논의될 것이다. 예제 5-2에서 식 (5-3)의 사용법을 다룰 것이다.

예제 5-2

속도경사에 대한 소요동력 부피가 2800 m^3인 탱크에서 100/s의 *G*값을 얻는 데 필요한 이론적 소요동력을 결정하라. 수온은 15°C로 가정한다. 수온이 5°C일 경우에 소요동력을 구하라.

풀이

1. 식 (5-3)을 사용하여 15°C에서의 이론적인 소요동력을 구한다.

   $P = G^2\mu V$

   15°C에서 $\mu = 1.139 \times 10^{-3}\ \text{N}\cdot\text{s/m}^2$(부록 C 참조)

   $$\begin{aligned} P &= (100/\text{s})^2(1.139 \times 10^{-3}\ \text{N·s/m}^2)(2800\ \text{m}^3) \\ &= 31{,}892\ \text{W} \\ &= 31.9\ \text{kW}\ (23{,}524\ \text{ft·lb}_f/\text{s}) \end{aligned}$$

2. 5°C에서의 이론적인 소요동력을 구한다.

   5°C에서 $\mu = 1.518 \times 10^{-3}\ \text{N}\cdot\text{s/m}^2$(부록 C 참조)

   $$\begin{aligned} P &= (100/\text{s})^2\ (1.518 \times 10^{-3}\ \text{N·s/m}^2)(2800\ \text{m}^3) \\ &= 42{,}504\ \text{W} \\ &= 42.5\ \text{kW}\ (31{,}351\ \text{ft·lb}_f/\text{s}) \end{aligned}$$

G값이 상수 및 하수처리공정에서 광범위하게 사용되고 있음에도 불구하고 미세플럭형성(microflocculation)의 경우와 특정 종류의 혼합기를 설계할 때는 속도경사의 개념을 사용할 수 없다. 미세플럭형성의 경우 G값을 적용할 수 없는데, Kolmogoroff(1941)가 유체에 전달된 동력에 의해 형성된 소용돌이(eddy)의 크기를 나타내기 위해 전개한 다음의 식을 고려하면 그 원인을 알 수 있다(Davies, 1972).

$$l_K = \left(\frac{\nu^3}{P_M}\right)^{1/4} \tag{5-5}$$

여기서, l_K = Kolmogoroff 미세길이, m

ν = 동점성계수, m^2/s

P_M = 단위 무게당 동력, w/kg, [(kg · m^2/s^3)/kg]

= $G^2\nu$

식 (5−5)에서 P_M 대신 $G^2\nu$를 사용하면 다음과 같은 식을 얻게 된다.

$$l_K = \left(\frac{\nu^2}{G^2}\right)^{1/4} \tag{5-6}$$

식 (5−6)은 주어진 평균 G값에 의해 만들어질 수 있는 가장 작은 소용돌이(eddy)를 추정하는 데 사용된다. 예를 들어 G가 1000 s^{-1}이고 ν가 20°C에서 1.003×10^{-6} m^2/s일 때 대응하는 미세길이는 31.7 μm이며 이것보다 작은 입자들은 속도경사의 영향을 받지 않게 된다. 이 분석에 의하면 1에서 10 μm 이하의 크기를 가지는 입자가 제거대상인 경우 입자 불안정화 및 브라운 운동에 의한 미세플럭형성이 이루어져야 한다. 브라운 운동에 의한 입자 간의 충돌을 일어나게 하기 위해서는 혼합에 의해 입자들이 현탁액 상태를 유지하는 것이 필수적이라고 할 수 있다(Han and Lawler, 1992). 게다가, G값은 평균치를 나타내기 때문에 혼합기의 펌프특성과 혼화조의 형태와 관계가 있는 혼합의 효율성은 조심스럽게 평가해야 한다.

》 혼합시간(Time Scale in Mixing)

혼합시간은 혼합시설의 설계와 운전에서 중요한 고려 사항이다. 예를 들어, 액체와 그 액체와 함께 혼합될 성분 사이에서 일어날 반응속도가 빠를 경우, 혼합시간이 매우 중요한 요소가 된다. 느리게 반응하는 물질의 경우에는 혼합시간이 위의 경우와 같이 결정적인 영향을 미치지 않는다. 여러 종류의 화학물질에 대한 혼합시간의 이론적 근거는 6장에서 다루기로 하겠다. 일반적인 혼합시간은 6장의 표 6−24에 나타내었다. 이 표에서 보여지듯이 alum이나 철염과 같은 응집제를 이용한 응집 그리고 염소나 차아염소산염을 용액에 넣을 때 권장되는 혼합시간은 1초 미만이다. 여러 종류의 혼합기에 대한 일반적인 혼합시간은 표 5−8에 나타내었다. 유량이 증가하면서 아주 짧은 혼합시간을 만들어내는 것이 어려운데, 경우에 따라 최적의 혼합시간을 얻기 위해 여러 개의 혼합기를 사용하는 것이 좋다.

≫ 하수처리에서 급속혼합에 사용되는 혼합기의 종류

혼합의 용도나 요구되는 혼합시간에 따라 여러 종류의 혼합기구를 사용하는데(표 5-8 참조), 하수처리에서 급속혼합에 사용되는 주요 혼합기에는 관로 내에 설치된 정적 혼합기, 관로 내에 설치된 혼합기, 고속유도혼합기(high speed induction mixer), 압력식 물분사기(pressurized water jet), 프로펠러, 터빈 혼합기 등이 있다. 혼합은 도수(hydraulic jump), 파아샬 플룸(Parshall flumes) 그리고 웨어와 같은 수리학적 기구에 의해서도 이루어질 수 있다. 수리학적 혼합은 경우에 따라 매우 효과적이지만, 에너지 주입량이 유량에 따라 변하고 낮은 유량에서는 불완전하거나 효과적이지 않은 혼합이 이루어질 수 있다는 단점이 있다.

정적 혼합기(Static Mixers). 관로 내에 설치된 정적 혼합기는 베인(vanes) 또는 오리피스판(orfice plate)을 관 내 유속의 형태와 운동량의 역전 등의 갑작스러운 변화를 일으키도록 내부에 설치한다. 정적 혼합기는 움직이는 부분이 없는 것이 특징이다. 일반적인 예로서 관 내 유속과 운동량을 갑작스럽게 변화시키는 요소를 가진 관로 내 정적 혼합기[그림 5-12(a)]와 오리피스 판(orifice plate)과 노즐이 설치된 혼합기[그림 5-12(b)]로 나눌 수 있다. 정적 혼합기는 화학물질을 하수에 혼합할 때 주로 쓰인다. 관로 내에 설치된 혼합기의 경우 12 mm의 크기로부터 3 m × 3 m 개수로까지 다양한 크기로 설치될 수 있다. 유량이 0.22에서 8.76 m^3/s (5~200 Mgal/d)가 넘는 개수로와 터널에서 염소의 혼합을 위해 low-pressure-drop round, 정사각형, 그리고 장방형의 관로 내 정적 혼합기가 개발되었다(Carlson, 2000).

베인이 설치된 관로 내 정적 혼합기의 경우, 혼합장치가 길수록 더 좋은 혼합이 이루어진다. 그러나 압력의 손실은 증가한다. 혼합강도와 베인을 이용한 정적 혼합기에서 형성된 난류성 소용돌이(eddy)의 크기는 기계적인 혼합기를 사용해서 얻은 값들과 비교해서 그 범위가 제한적이라는 사실을 주목해야 한다. 정적 혼합기에서의 혼합시간은 보통 1초 이하로 짧은 편이다. 그러나 실질적인 혼합시간은 혼합장치의 개수에 따른 혼합기의 길이 그리고 혼합장치 내부 부피에 따라 변하게 된다. 정적 혼합기에서 일어나는 혼합의 성질이 기계적인 혼합기에서 일어나는 것과는 다르기 때문에 정적 혼합기를 사용하는 경우에는 속도경사의 개념[식 (5-3)}을 사용할 수 없다.

정적 혼합기에 대한 혼합의 정도는 혼합기를 통한 손실수두(i.e. 압력감소)와 관계가 있으며 이 손실수두는 다음과 같은 관계로 나타낼 수 있다.

$$h \approx k\left(\frac{v^2}{2g}\right) \approx K_{SM}v^2 \qquad (5-7)$$

여기서, h = 액체가 혼합기구를 통과할 때 소요하는 손실수두(m)

k = 혼합의 실험적인 계수특성값

v = 접근속도(m/s)

K_{SM} = 혼합기구에 대한 총괄계수(s^2/m)

g = 중력가속도(9.81 m/s^2)

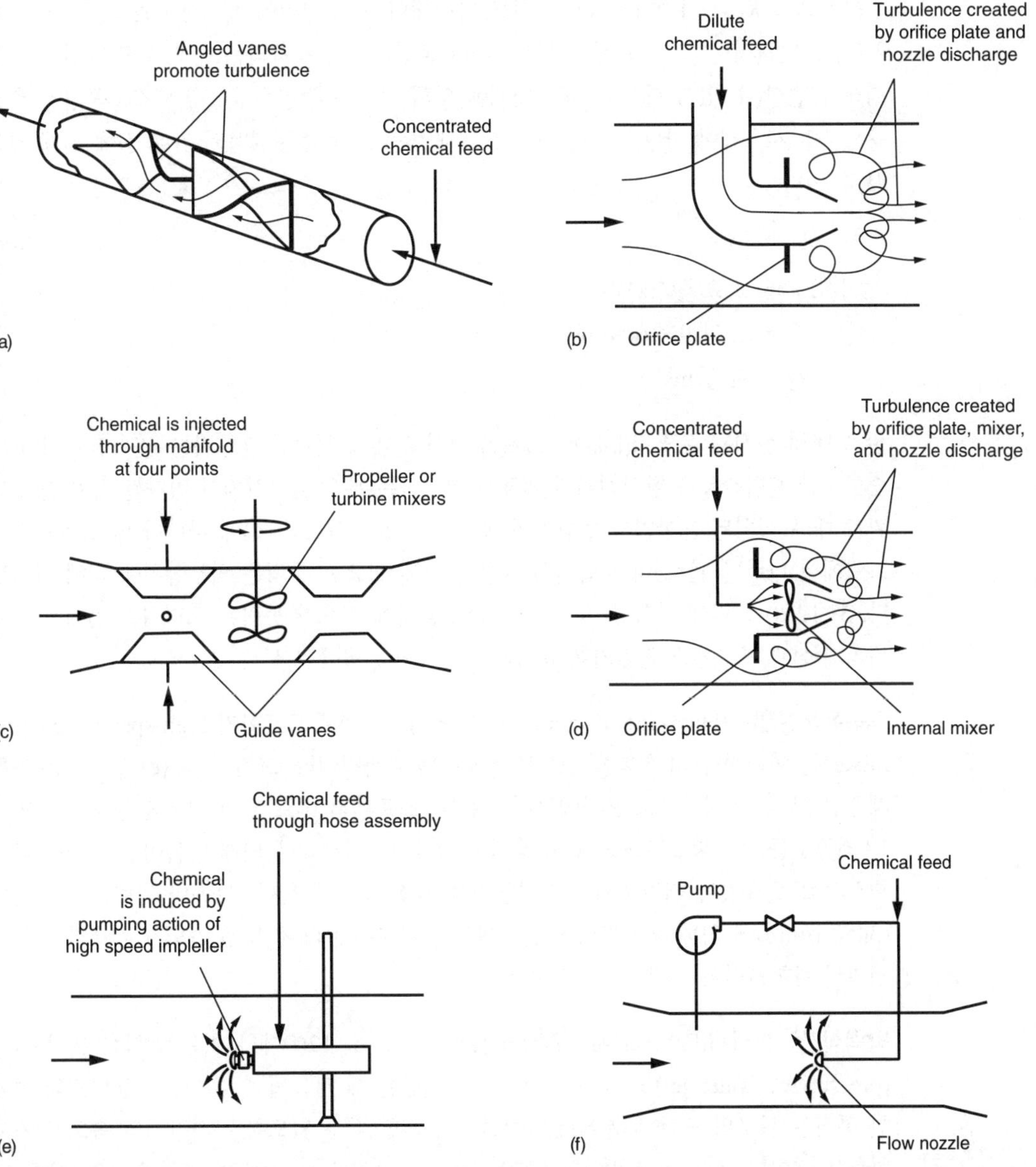

그림 5-12

급속혼합을 위해 하수처리에서 사용되는 일반적인 혼합기. (a) 내부에 베인이 설치된 관로 내 정적 혼합기, (b) 희석된 화학약품을 혼합하기 위해 오리피스를 설치한 관로 내 정적 혼합기, (c), 관로 내 혼합기 혹은 터빈 혼합기, (d) 내부에 혼합장치와 오리피스 판이 설치된 혼합기 (e) 고속유도혼합기(high-speed induction mixer), (f) 반응관이 설치된 압력식 물 분사(pressurized water jet) 혼합기

일반적으로 K_{SM}은 1.0에서 4.0 사이를 나타내며, 하수처리에서 사용되는 혼합기에서는 2.5가 일반적이다. 그러나 제조업체에 따라 혼합기에서 사용되는 내부 혼합 베인의 특정 형태가 변할 수 있기 때문에, 제조업체에 의해 작성된 손실수두나 압력감소곡선은 추정 용도로만 사용해야 한다. 정적혼합기에 의해 방출된 동력은 다음과 같은 식에 의해 계산할 수 있다.

$$P = \gamma Q h \tag{5-8}$$

여기서, P = 소요동력(kW)

γ = 물의 비중(kN/m^3)

Q = 유량(m^3/s)

관로 내에 설치된 혼합기(Inline Mixers). 관로 내에 설치된 혼합기는 정적 혼합기와 비슷하지만 혼합작용을 향상시키기 위해서 회전하는 부속 혼합장치가 있다는 점이 다르다. 관로 내에 설치된 혼합기의 일반적인 예는 그림 5-12(c)와 (d)에 나타나 있다. 5-12(c) 그림에서 나타난 관로 내 혼합기의 경우 혼합에 필요한 동력은 외부장치에 의해 공급된다. 5-12(d) 그림에 나타난 혼합기의 경우, 혼합에 필요한 동력은 오리피스 판에서의 에너지 손실과 프로펠러 혼합기에 유입되는 동력의해 공급된다.

고속유도혼합기(High-Speed Induction Mixer). 고속유도혼합기(high-speed induction mixer)는 여러 종류의 화학물질을 혼합하는 데 효과적이다. 그림 5-12(e)에 보이는 특허제품인 이 혼합기는 염소 혼합에 사용되는데, 프로펠러 바로 위의 챔버를 진공으로 만드는 전동구동 개방형 프로펠러로 구성되어 있다. 이 임펠러에 의해 만들어진 진공이 물을 희석시킬 필요없이 저장조에서 화학물질을 직접 섞이게 한다. 고속의 임펠러 운전속도(3450 r/min)에 의해 혼합기의 임펠러에서 멀어지는 유체에 높은 속도가 발생하여 물에 첨가된 화학물질이 완전히 섞이도록 한다.

압력식 물 분사기(Pressurized Water Jet). 그림 5-12(f)에 보이는 압력식 물 분사기(pressurized water jet)도 역시 화학물질을 혼합할 때 사용될 수 있다. 이 혼합기의 중요한 특징은 관로의 모든 부분에서 화학물질이 혼합될 수 있도록 분사장치의 속도가 커야 한다는 것이다(Chao and Stone, 1979; Pratte and Baines, 1967). 그림 5-12(f)에서 나타난 바와 같이 효과적인 혼합을 위해서 반응관이 포함되어 있어야 한다. 이 혼합기는 혼합을 위한 동력을 외부(i.e. 공급펌프의 용액)로부터 공급받는다.

》 하수처리와 화학적 혼합에서 현탁액중의 고형물을 유지시키기 위해 사용되는 혼합기의 종류

현탁액이나 화학적인 혼합에서 고형물을 유지시키기 위해 다양한 종류의 임펠러들이 사용된다. 하수처리에서 사용되는 혼합 임펠러들의 정보는 표 5-10에 제시되어 있다. 터빈과 프로펠러, 그리고 쌍곡면형 혼합기(hyperboloid mixer)에 대한 내용은 밑에서 언급하도록 한다.

표 5-10
하수처리에서 사용되는 혼합 임펠러의 일반적인 종류[a]

임펠러의 종류	흐름의 형태	전단력	펌프용량	적용분야
Vertical flat blade turbine (VFBT)	방사형	높다	낮다	수직류 급속교반, 고형물의 현탁액, 기체분산
Disk turbine	방사형	높다	낮다	교반, 기체분산
쌍곡면형	방사형	매우 낮음	높다	고형물의 현탁액, 플럭형성, 교반, 기체분산 반면에 낮은 회전 속도에서 작용하는 큰 임펠러는 큰 펌프용량에서 작은 유체전단력을 일으킨다.
Surface impeller	방사형	높다	중간	기체전달
Pitch-blade turbine (45 또는 32도 PBT)	축형	중간	중간	수평 급속교반, 고형물의 현탁액
Low-shear hydrofoil	축형	낮다	높다	수평 급속교반, 고형물의 현탁액, blending, 플럭형성
프로펠러	축형	매우 낮다	높다	수평 급속교반, 고형물의 현탁액, blending, 플럭형성

[a] Philadelphia Mixer 사의 Catalog를 참조

터빈과 프로펠러 혼합기. 터빈과 프로펠러 혼합기는 일반적으로 하수처리에서 화학물질의 혼합과 혼합에 사용되거나 현탁액 속의 물질을 유지해야 할 때 그리고 포기에 사용된다. 이 혼합기는 보통 속도감소계와 전기동력기에 의해 작동되는 수직축을 포함한다. 혼합을 위해서 두 가지 종류의 임펠러가 사용되는데 (1) 방사형류 임펠러와 (2) 축류 임펠러(그림 5-13)가 있다. 방사형류 임펠러는 보통 축과 평행하게 장착된 평면형 또는 곡선형의 날(blade)을 가지고 있다. 수직 평판 날개 터빈 임펠러(vertical flat-blade turbine impeller)가 방사형류 임펠러의 일반적인 예이다. 축류 임펠러는 구동축과 90도 미만의 각을 이룬다. 이 임펠러는 더 나아가 variable pitch-constant angle of attack과 constant pitch-constant angle of attack으로 분류하기도 한다. 프로펠러와 수중익(hydrofoil)이 일반적인 예다. 프로펠러 혼합기는 한 축에 한 조 이상의 프로펠러를 장착하여 제공된다.

하수처리에서 급속혼합은 관성력이 지배적인 난류영역에서 보통 일어난다. 일반적으로 높은 속도와 더 큰 난류일 때 혼합은 더욱 효율적이 된다. 혼합을 위한 동력요구량(P)과 혼합기의 양수용량(Q_i)을 평가하기 위해 관성력과 점성력을 기준으로 다음과 같은 관계가 사용된다.

$$P = N_P \rho n^3 D^5 \tag{5-9}$$

$$Q_i = N_Q n D^3 \tag{5-10}$$

여기서, P = 투입동력(W, kg · m²/s³)

N_P = 임펠러에 대한 동력 수(무차원)

ρ = 밀도(kg/m³)

n = 초당 회전 수(r/s)

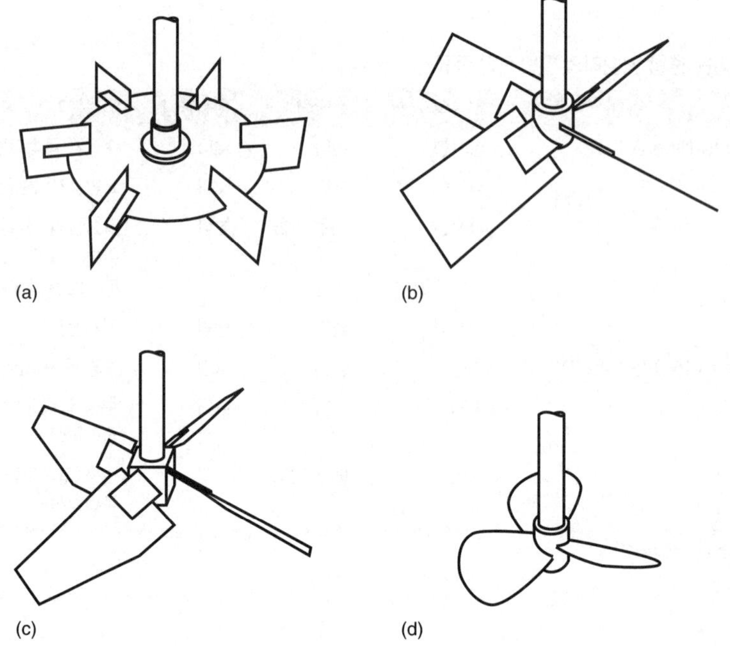

그림 5-13

하수처리시설에서 혼합에 사용되는 일반적인 임펠러. (a) disk-type radial flow impeller, (b) axial flow pitched blade impeller(일반적으로 45도), (c) axial flow hydrofoil-type impeller, (d) 프로펠러 혼합기

D = 임펠러의 직경(m)

Q_i = 펌프 토출량(m^3/s)

N_Q = 임펠러에 대한 흐름 수(무차원)

표 5-11에 여러 종류의 임펠러에 대한 일반적인 N_P와 N_Q의 값을 소개하였다. 특정 임펠러에 대한 N_P와 N_Q의 값은 제조업체의 자료를 통해 확인하는 것이 중요하다. N_P와 N_Q의 값은 점도, 날의 특성, 한 축에 부착되는 임펠러의 수에 따라서 조절되어야 한다.

식 (5-9)와 (5-10)에서 일정한 동력에 대해서 임펠러의 크기가 증가할 때 흐름에 더 많은 동력이 전달되고 난류나 전단력에는 작은 동력이 전달된다. 그러므로 높은 회전속도에서 작동하는 작은 임펠러는 더 작은 펌프용량에서 훨씬 큰 유체전단력을 일으킨다. 이렇게 높은 회전속도에서 작동하는 작은 임펠러가 장착된 혼합기는 기체를 퍼지게 하거나 하수에서 적은 양의 화학물질을 섞는 데 가장 좋다. 느리게 회전하는 임펠러가 장착된 혼합기는 두 유체의 흐름을 섞거나 플럭형성에 적합하다.

일반적으로 식 (5-9)는 Reynolds 수가 난류영역($>$ 10,000)일 때 적용된다. 중간범위의 Reynolds 수일 경우 제조업체의 자료를 참조해야 한다. Reynolds 수는 다음 식으로 정의된다.

$$N_R = \frac{D^2 n\rho}{\mu} \tag{5-11}$$

표 5-11
다양한 임펠러에 대한 일반적인 동력 수와 흐름 수[a]

임펠러의 종류	동력 수, N_P	흐름 수, N_Q	펌프 용량
Vertical flat blade turbine (VFBT)	3.5~4.0	0.84~0.86	저
Disk turbine			저
Pitched-blade turbine (45도 PBT)	1.6	0.84~0.86	
Pitched-blade turbine (32도 PBT)	1.1	0.84~0.86	중
Low-shear hydrofoil (LS, 3-blade)	0.30	0.50	고
Low-shear hydrofoil (LS, 4-blade)	0.60	0.55	고
프로펠러			고

* Philadelphia Mixer사의 Catalog를 참조하였음

여기서, D = 임펠러의 직경(m)
n = 초당 회전 수(r/s)
ρ = 유체의 밀도(kg/m^3)
μ = 점성계수($N \cdot s/m^2$)
N = $kg \cdot m/s^2$

혼합기는 실험실이나 pilot 시설 시험, 또는 제조업체로부터 제공된 자료를 기초로 선택된다. 혼합기를 설계한 후, 그에 따라 더 큰 규모의 프로펠러나 터빈 혼합기가 사용되는 경우, 액체의 와류형성(전체가 함께 돌아가는 현상) 또는 소용돌이 현상을 제거해야 한다. 이런 경우 기하학적인 상사법칙이 유지되어야 하고 단위 부피당 투입 동력도 똑같이 유지되어야 하기 때문이다.

프로펠러나 터빈 혼합기가 사용되는 경우, 액체의 와류형성(전체가 함께 돌아가는 현상) 또는 소용돌이 현상을 제거해야 한다. 섞여야 할 액체가 임펠러와 함께 회전하는 와류형성은 유체와 임펠러의 속도 사이의 차이를 감소시키며, 그로 인해 혼합의 효율이 저하된다. 혼합기가 작은 경우 임펠러를 반응 조의 중심에서 벗어나게 설치하거나, 수직으로부터 경사를 주어 설치하거나 또는 조의 측면에서 비스듬히 위치하도록 설치함으로써 와류형성을 막을 수 있다. 원형과 장방형 탱크의 경우 와류형성을 막는 일반적인 방법은 지름의 10분의 1 정도 되는 크기의 수직격벽 4개 이상을 벽에 설치하는 것이다[그림 5-14, 6-33(b) 참조]. 이 수직격벽은 유체가 임펠러와 함께 회전하는 움직임을 효과적으로 막고 수직방향으로 혼합을 일으킨다.

표 5-12는 프로펠러와 터빈 혼합기의 일반적인 설계기준이다. 이 기준에서 중요한 고려사항은 (1) 이전에 논의되었던 기준에 맞는 속도경사 G, (2) 회전속도, (3) 균등조의 지름에 대한 임펠러 지름의 비율이다. 회전속도는 혼합기 안의 흐름이 수평인지 수직인지에 따라 크게 변한다(그림 5-15 참조).

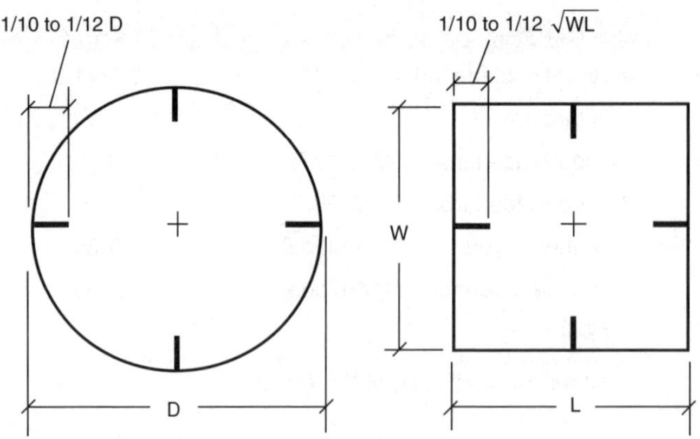

그림 5-14
혼합 탱크와 반응조에서 와류를 막기 위해 설치한 수직격벽의 위치에 대한 개념도

쌍곡면형 혼합기(Hyperboloid Mixers). 쌍곡면형 혼합기는 정수와 하수처리에 쓰이는 화학물질의 혼합과 응결, 혐기조와 호기조에서 바이오 고형물 현탁액, 활성슬러지와 슬러지조의 포기를 포함한 다양한 경우에 사용된다(그림 5-16). 일반적인 쌍곡면형 혼합기는 감속기와 전기 모터에 의해 구동되는 수직축으로 설계된다. 쌍곡면형 임펠러와 회전속도의 크기는 조의 크기와 형상에 의해 결정된다. 쌍곡면형 혼합기는 슬러지 플록을 혼합시키는 데 필요한 에너지를 공급하는 탱크 바닥에 설치할 수 있다는 장점이 있다.

하수처리 시 응결에 사용되는 혼합기의 종류

응결에 사용되는 혼합기의 주요 종류는 (1) 정적 혼합기, (2) 패들 혼합기, (3) 터빈, 프로펠러, 쌍곡면형 혼합기로 나눌 수 있다. 다음에 각 종류의 혼합기에 대해 간략하게 알아보겠다.

배플(Baffled)구조의 정적 혼합기. 가장 일반적인 형태인 정적 혼합기에서 액체는 흐름의 방향이 바뀌는 역류현상의 대상이 된다. 그림 5-17(a)에서 보이는 것과 같이 이 혼합기는 상단과 하단에 위치한 여러 개의 좁은 수로로 구성되어있다. 이 수로를 통과하면서

표 5-12
혼합운전을 위한 일반적인 설계인자[a]

인자(parameter)	기호	단위	값
수평류 혼합(horizontal-flow mixing)			
속도경사	G	1/s	500~2500
회전속도	n	분당 회전수	40~125
균등조의 지름에 대한 임펠러의 지름비율[b]	D/Te	무차원	0.25~0.40
수직류 교반(vertical-flow mixing)			
속도경사	G	1/s	500~2500
회전속도	n	분당 회전수	25~45
균등조의 지름에 대한 임펠러의 지름비율	D/Te	무차원	0.40~0.60

[a] Philadelphia Mixer Catalog.

[b] L이 길이고 W가 폭일 때 $T_e \approx 1.13\sqrt{L \times W}$

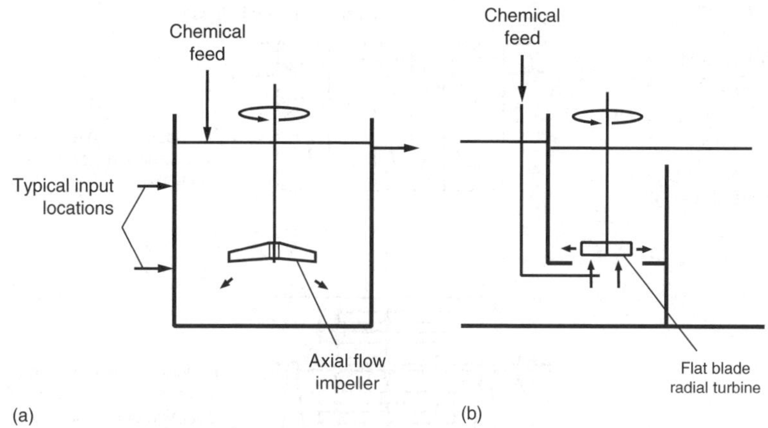

그림 5-15

급속 혼합기에 대한 개념도(일반적인 혼합 시간 10에서 30초). (a) 축류 임펠러 혼합기가 장착된 혼합탱크를 통한 수평흐름, (b) 방사선류 임펠러 혼합기가 장착된 혼합탱크를 통한 수직흐름

생기는 마찰저항에 의한 손실수두와 역류현상에 의해 응결에 필요한 에너지가 발생된다. 일부 방식에서는 수로 사이의 간격이 에너지경사가 점점 작아지게 설계되어 있는데, 이것은 응결의 마지막 부분에서 형성된 큰 플럭들이 깨지지 않게 하기 위해서이다.

패들 혼합기. 패들 혼합기는 알루미늄, 황산철과 같은 응집제, 그리고 고분자 응집제나 석회와 같은 보조응집제를 하수나 슬러지와 같은 고형물에 첨가할 때 사용되는 응결장치이다. 패들 flocculator는 수평 또는 수직축에 적당한 간격으로 장착된 여러 개의 패들로 구성되어 있다. 패들은 그림 5-17(b)에서 보이는 바와 같이 액체를 회전시키고 혼합을 일으키는데, 기계적으로 느린 속도로 움직이는 패들에 의한 부드러운 혼합에 의해 플럭이 형성된다. 입자 사이의 접촉이 증가하면 플럭은 커지게 되는데, 만약 혼합을 너무 세게 하면 이때 증가된 전단력으로 형성된 플럭이 작은 입자로 깨진다. 그러므로 혼합상태를 세심하게 조절하여야 플럭을 적당한 크기로 유지하고 잘 침전시킬 수 있다. 패들의 속도를 조절하기 위해 변속구동장치를 종종 사용한다. 패들 flocculator와 관련한 관리상의 어려움이 있기 때문에 대신에 터빈 flocculator를 사용하려는 변화가 있어왔다.

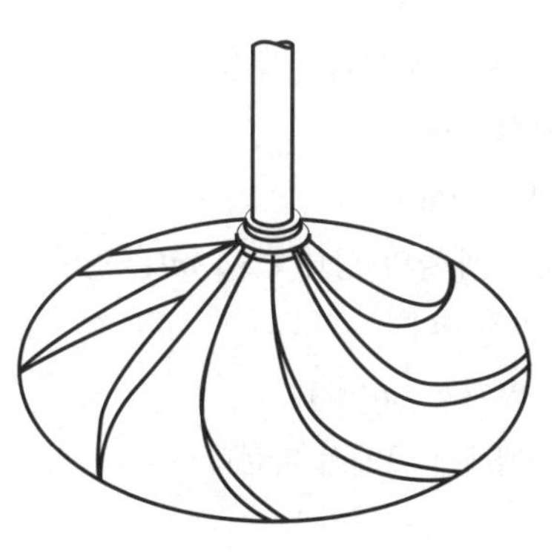

(a)

(b)

그림 5-16

쌍곡면형 혼합기. (a) 개념도 그리고 (b) 교반기의 모습 (교반기 밑에 산기관들은 교반기가 적절하게 작동하기 위해서 뚜껑이 벗겨져 있다)

그림 5-17

하수처리시설에서 응결에 사용되는 일반적인 혼합기. (a) 상하우류식반응기(over and under baffled reactor), (b) 격벽이 설치된 탱크에서 패들 혼합기, (c) 격벽이 설치된 탱크에서 터빈 혼합기

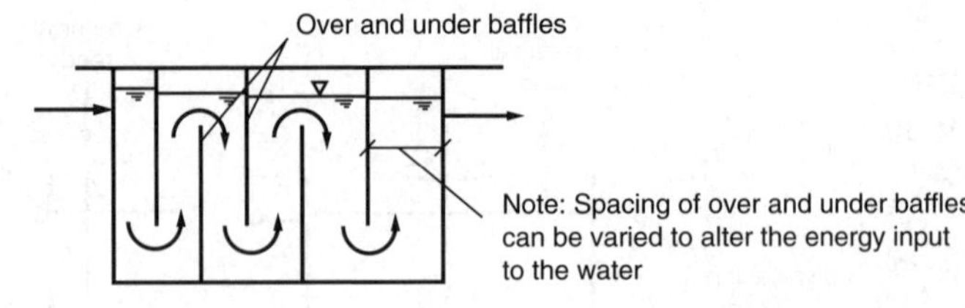

(a)

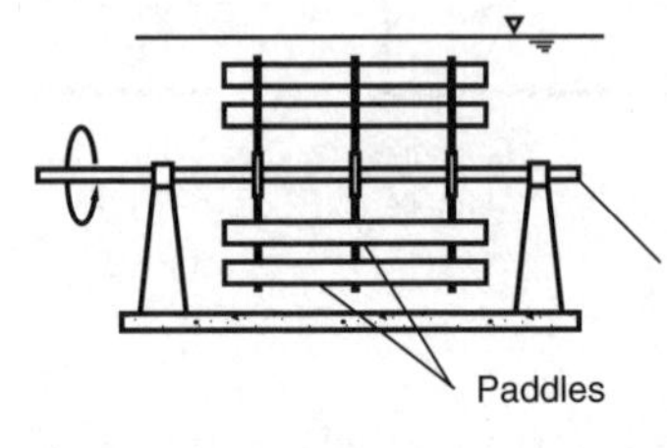

(b)

Motor
Reduced speed gear drive
Turbine mixer
Note: Pumping action of impeller is important with turbine mixers
Baffle

(c)

기계적인 패들 시스템에서 동력은 패들의 항력과 다음과 같은 관계를 가진다.

$$F_D = \frac{C_D A \rho v_p^2}{2} \tag{5-12}$$

$$P = F_D v_p = \frac{C_D A \rho v_p^3}{2} \tag{5-13}$$

여기서, F_D = 항력(drag force), N

C_D = 유체에 직각으로 움직이는 패들의 항력계수

A = 패들의 단면적, m^2

ρ = 유체의 밀도, kg/m^3

v_p = 유체에 대한 패들의 상대속도, m/s, 일반적으로 패들 주변속도의 0.6~0.75배를 가정한다.

P = 소요동력, W ($kg \cdot m^2/s^3$)

식 (5-13)의 적용방법은 예제 5-3에서 다룬다.

예제 5-3 **하수 응결장치의 소요동력과 소요 패들면적** 부피가 3000 m^3인 탱크에서 G값을 50/s로 유지하기 위해 필요한 이론적 소요동력과 패들의 면적을 결정하라. 수온은 15℃로 가정하고 직사각형 패들의 항력계수 C_D는 1.8, 패들주변속도 v_v = 0.6 m/s, 그리고 패들의 상대속도 v_p는 0.75 v로 가정한다.

풀이 1. 식 (5-3)을 사용하여 이론적인 소요동력을 구한다.

15℃에서 = 1.139×10^{-3}N · s/m^{-3} (부록 C 참조)

$$\begin{aligned} P &= G^2 \mu V \\ &= (50/\text{s})^2 (1.139 \times 10^{-3}\ \text{N·s/m}^2)(3000\ \text{m}^3) \\ &= 8543\ (\text{kg·m}^2/\text{s}^3) = 8543\ \text{W} \\ &= 8.54\ \text{kW} \end{aligned}$$

2. 식 (5-13)을 사용하여 필요 패들 면적을 구한다.

ρ = 999.1 kg/m^3 (부록 C 참조)

$$\begin{aligned} A &= \frac{2P}{C_D \rho v_p^3} \\ &= \frac{2(8543\ \text{kg/m}^2\cdot\text{s}^3)}{1.8(999.1\ \text{kg/m}^3)(0.75 \times 0.6\ \text{m/s})^3} \\ &= 104.3\ \text{m}^2 \end{aligned}$$

터빈형과 프로펠러형 그리고 쌍곡면형 응결장치. 터빈형과 프로펠러형 flocculator는 수직축에 부착되어있는 3~4개의 날(blade)로 구성되어 있다[그림 5-17(c) 참조]. 쌍곡면형 응결장치는 본체와 본체와 연결된 8개의 motion fins으로 구성되어 있다. 그림 5-16에 쌍곡면형 혼합기의 그림이 이전에 제시되어 있다. 이 응결장치는 변속구동장치에서 동력을 얻는 외부기어 감속장치와 함께 작동된다. 프로펠러의 날(blade)은 직사각형의 형태를 가지거나 hydrofoil의 모양을 가지고 있다. Hydrofoil 또는 쌍곡면형 임펠러와 같이 생긴 날은 플럭 전단력의 양을 제한하면서 동시에 속도경사와 혼합에 필요한 펌프 용량을 제공하기 위해 사용된다. 일반적인 응결에 대한 설계기준은 표 5-13에 나타나 있다. 터빈형과 프로펠러형 또는 쌍곡면형 응결장치의 크기를 결정할 때, 동력과 펌프 요구량을 동시에 고려해야 한다. 또한, 날 주변 속도와 바깥 쪽의 속도 역시 고려해야 한다. 요구되는 동력과 펌프 용량은 식 (5-9)와 (5-10)을 사용하여 구할 수 있다. 하수의 응결에서 변속구동장치가 은결장치에 장착된 경우(현탁액 속의 입자를 유지하기 위한 최소 G값을 고려할 때), 혼합기의 속도는 응결과 에너지사용을 최적화할 목적으로 조절할 수 있다.

≫ 하수처리에서 연속혼합에 사용되는 혼합기의 종류

연속혼합공정은 현탁액 부유물질(MLSS)을 골고루 혼합된 상태로 유지하기 위한 활성슬러지공정과 같은 생물학적 처리공정에 사용된다. 생물학적 처리 시스템에서 혼합장치는

표 5-13
응결시설에 대한 일반적인 설계인자[a]

인자(parameter)	기호	단위	값
속도경사	G	1/s	100~500
회전속도	n	분당 회전 수	10~30
너비와 길이의 비	L/W	무차원	$1 \le L/W \le 1.25$
균등조의 지름에 대한 임펠러의 지름비율[b]	D/T_e	무차원	0.35~0.45
균등조의 지름에 대한 높이의 비율[b]	H/T_e	무차원	0.9~1.1
날개속도			
Flat-blade turbine	TS	m/s	0.6~1.5
Pitch-blade turbine (45 또는 32도)	TS	m/s	1.8~2.4
Low-shear propeller (3 또는 4 blade)	TS	m/s	2~2.7
Superficial velocity[c]	SV	m/min	1~2
쌍곡면형 혼합기(8개 핀)	TS	m/s	1.8~3.0

[a] Philadelphia Mixer Catalog.
[b] L이 길이고 W가 폭일 때 $T_e = 1.13\sqrt{L \times W}$
[c] Q가 양수속도(pumping rate)이고 A가 조의 단면적일 때 $SV = Q/A$

공정에 필요한 산소의 공급을 위해서도 사용된다. 그러므로 포기장치는 공정에 필요한 산소공급 및 반응기에서 혼합된 상태를 유지하기 위해 필요한 에너지를 공급할 수 있어야 한다. 기계식 포기장치와 용존공기 포기장치가 모두 사용된다. 확산된 공기는 종종 폭기조 또는 원료, 불안정한 폐수 및 혼합액이 낮은 속도로 지나가는 유통 채널에서의 현탁고형물을 유지시키기 위한 혼합과 산소요구량을 모두 충족시키기 위해 사용된다. 혼합과 기계식 터빈 포기 혼합기가 사용되기도 한다. 산소요구량의 정도의 차이가 큰 상황에서 쌍곡면형 혼합기 또는 폭기장치가 사용될 수 있다.

생물학적 생물반응기가 생물학적 영양소 제거에 사용되고 있는 공정에서는, 생물반응기로 원수가 공급하는 수로 및 생물반응기 내의 혐기성 또는 무산소 영역에서 포기가 이루어지지 않게끔 하는 것이 필수적이다. 수중에서 작동이 가능한 수평 프로펠러 혼합기는 방향성을 가지는 혼합과 낮은 용존산소 요구량에서 운전되는 산화구의 수로속도를 유지하거나 혐기성 또는 무산소 반응조의 내용물을 혼합하기 위해 사용된다(그림 5-18 참조). 쌍곡면형 혼합기는 유입수 공급 수로의 비포기 혼합에 사용될 수 있고 특별히 폭에 비해 낮은 깊이의 혐기 또는 무산소 영역의 비 방향성 혼합에 적용할 수 있다[그림 5-16(b)]. 일반적으로, 쌍곡면형 혼합기는 다른 혼합장비의 종류보다 더 효율적일 것이다.

공기 혼합. 공기혼합에서 공기나 산소와 같은 기체는 혼합조 또는 활성슬러지 탱크의 밑부분으로 주입된다. 기체방울을 증가시켜 생긴 난류가 탱크 유체의 내용물을 혼합한다. 포기 시 5 mm의 평균지름을 가지는 약한 공기방울이 형성되며, 공기의 흐름은 액체 흐름의 10% 정도 된다. 공기방울의 형성으로 형성된 속도경사는 $G_{avg} < 200\ s^{-1}$ 에서 $G_{max} = 8200\ s^{-1}$의 범위를 갖는다(Masschelein, 1992).

공기에 의한 응결(air flocculation)의 경우 공기 공급시스템은 응결에너지의 정도

그림 5-18

무산소 반응조의 내용물을 혼합하기 위해 (a) 수중에 설치되는 프로펠러 혼합기, (b) 덮개형, (c) 에어포일 혼합기, (d) 쌍곡면형 혼합기. [혼합기 아래에 위치하는 공기 확산 장치가 제거됨. 이 탱크는 혼합과 공기확산 중 하나만 가능하도록 설계돼 있다.]

(a)

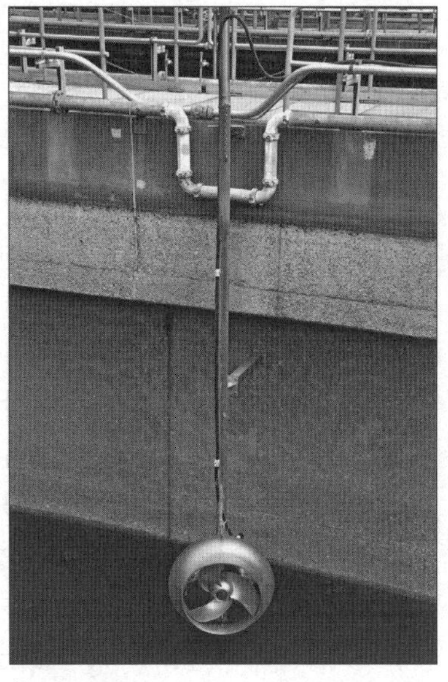

(b)

(c)

(d)

(flocculation energy level)가 탱크 전체에 영향을 미치도록 조절이 가능해야 한다. 공기가 혼합조, 응집조 또는 수로에 주입될 때 떠오르는 공기방울에 의해 발생하는 동력은 다음의 공식에 의해 구할 수 있다.

$$P = p_a V_a \ln \frac{p_c}{p_a} \tag{5-14}$$

여기서, P = 소요동력, kW

p_a = 대기압, kN/m^2

V_a = 대기압에서 공기의 부피, m^3/s

p_c = 방류 시 공기압, kN/m^2

식 (5-14)는 압축된 상태에서 방출된 공기의 부피가 등온적으로 팽창되었을 때 일어나는 일의 양을 고려해서 구한 것이다. 만약, 대기압에서 공기의 흐름을 m^3/min (ft^3/min)으로 표시하고, 이 압력을 수두의 단위(m)로 표시한다면 식 (5-14)는 다음과 같이 표현될 수 있다.

$$P = KQ_a \ln\left(\frac{h + 10.33}{10.33}\right) \qquad \text{S.I. 단위} \tag{5-15a}$$

$$P = KQ_a \ln\left(\frac{h + 33.9}{33.9}\right) \qquad \text{U.S. 단위} \tag{5-15b}$$

여기서, K = 상수 = 1.689 (U.S.단위로는 35.28)

Q_a = 대기압에서 공기의 유량[m^3/min (ft^3/min)]

h = 수두로 표시된 방류지점에서의 공기의 압력[m (ft)]

공기 혼합에서 속도경사 G는 식 (5-15)에서 P를 식 (5-3)으로 대치하여 구할 수 있다.

기계식 포기장치와 혼합기. 연속혼합에 사용되는 기계식 포기장치의 주요 종류는 고속표면 포기장치(high-speed surface aerator)와 저속표면 포기장치(slow speed surface aerator) 그리고 쌍곡면형 혼합기/포기장치(hyperboloid mixer/aerators)이다. 이 기구들은 포기를 다루는 5-11절과 8장에서 논의된다. 기계적 포기장치로 혼합할 때 필요한 일반적인 동력요구량은 혼합기의 종류와 탱크, 라군, 조의 형태에 따라 20~40 $kW/10^3\ m^3$ (0.75 to 1.50 $hp/10^3\ ft^3$)의 값을 가진다. 쌍곡면형 혼합/포기장치의 동력요구량은 혼합과 포기 기능이 분리되어 있기 때문에 다른 장치들에 비해 현저하게 낮다. 탱크와 라군, 조의 형태에 따른 일반적인 범위는 2~4 $kW/10^3\ m^3$ (0.08 to 0.15 $hp/10^3\ ft^3$)의 값을 가진다.

새로 개발된 혼합기술

혼합기의 분석과 설계에 적용되고 있는 새로운 분석방법에는 (1) 전산유체역학(computational fluid dynamics, CFD), (2) DPIV (digital particle image velocimetry), (3) LDA (laser Doppler anemometry), (4) LIF (laser-induced fluorescence) 등이 있다. 전산유체역학(CFD)은 혼합기의 흐름의 형태를 모의하고 scale-up 분석을 하기 위해 사용된다. 유체의 흐름에 대해서 2차원과 3차원의 모든 모의가 가능하다. DPIV는 혼합기구에서 유체의 움직임을 이해하기 위해 사용된다. 레이저 빔을 비추어 발광하는 부력을 받지 않는 부유입자의 움직임을 촬영한다. LDA는 혼합이 일어나는 특정 위치에서 평균 속도에 대한 정보를 얻기 위해 사용한다. 평균속도를 구하기 위해 두 레이저 빔의 초점을 맞추면 두 빔이 교차한다. 입자가 두 빔의 교차지점을 통과하면서 빛을 반사한다. 이 반사된 빛의 파장은 입자 속도의 함수로 나타낼 수 있다. LIF는 용액의 혼합 정도를 측정하기 위해 사용한다. Rhodimine과 같은 염색약품은 주어진 파장의 레이저 빛에 부딪혔을

표 5-14

하수처리에 사용되는 침전현상의 종류

침전현상의 종류	설명	적용/발생
독립입자 침전	고형물의 농도가 낮은 현탁액 속의 입자가 등가속도 영역(field)에서 중력에 의해 침전하는 것을 말한다. 입자들은 주위의 다른 입자들과 거의 작용하지 않고 독립적으로 침전한다.	하수 내 그릳과 모래입자의 제거
응집침전	비교적 농도가 낮은 현탁액에서 침전 중 입자들끼리 결합하고 응집하는 것을 말한다. 입자들 사이의 결합에 의해 질량이 커지고 따라서 더 빠른 속도로 침전한다.	1차 침전시설에서 처리되지 않은 하수 내 부유고형물의 일부를 제거하거나 2차 침전시설에서 상부부분의 고형물을 제거할 때 적용. 또한 침전지 내에서 화학적 플럭을 제거할 때 사용한다.
침강촉진제 이용 응집침전	침전속도와 고형물 감소를 향상시키기 위해 불활성 침강촉진제와 고분자 응집제를 부분적으로 응집된 현탁액에 첨가하는 것을 말한다. 회수된 침강촉진제의 일부분은 공정 내에서 재사용한다.	처리되지 않은 하수, 합류식 하수관거 시스템의 하수, 그리고 공장폐수에서의 총 부유고형물의 일부를 제거. 또한 BOD와 인 감소에 사용
간섭침전(또는 계면침전)	중간 농도의 현탁액에서 입자 간 작용하는 힘이 주변 입자들의 침전을 방해할 정도의 상태를 말한다. 입자는 서로 간의 상대적 위치를 변화하지 않으며 전체 입자들은 하나의 무리로서 침전한다. 침전한 입자무리의 상부에 고액 계면이 형성된다.	생물학적 처리시설과 함께 사용되는 2차 침전시설 내에서 발생
압밀침전	농도가 너무 커서 입자들끼리 구조를 형성하여 더 이상의 침전은 압밀에 의해서만 생기는 고농도 현탁액에서 일어나는 침전을 말한다. 위의 액체로부터의 침전에 의하여 구조물에 연속적으로 가해지는 입자들의 무게 때문에 일어나게 된다.	깊은 2차 침전시설과 슬러지 농축시설의 바닥에서와 같이 깊은 슬러지층의 하부에서 대부분 발생
고속중력침전	가속 영역에서 중력침전에 의해 현탁액 내 입자를 제거	하수로부터 그릳과 모래입자를 제거
부상	공기 또는 기체부상을 통해 물보다 가벼운 현탁액 내 입자를 제거	고형 현탁액의 농축과 부상하는 기름과 가벼운 입자의 제거

때 발광한다. 혼합 정도를 평가하기 위해 빛의 분산을 측정한다. 이 방법은 혼합용액의 변동계수를 평가함으로써 물체의 확산과 혼합을 연구하고 혼합시간을 평가하는 데 사용된다.

5-4 중력침전분리 이론

중력침전분리를 이용한 하수의 부유성 또는 콜로이드성 물질의 제거는 하수처리에서 가장 광범위하게 사용되는 물리적 단위조작 중 하나이다. 하수처리에 있어서 침전현상에 대해 표 5-14에 요약하였다. 침전이란 물보다 무거운 부유 입자들을 중력침강에 의해 분리할 때 쓰이는 용어이다. 침전(Sedimentation)과 침강(settling)은 서로 같은 의미로 사용되고 있다. 침전지란 의미의 용어로서 sedimentation tank, clarifier, settling basin 또는 settling tank가 쓰이고 있다. 가속중력침전은 가속유동영역(accelerated flow field) 내의 중력침전에 의하여 현탁액 속의 입자를 제거하는 것을 관련한다. 중력분리의 기본을 이 절에서 소개하고 있다. 그릿과 TSS의 제거를 위한 시설 설계에 대해서는 5-6, 5-7절에서 각각 논하고 있다.

》 개요

침전은 1차 침전지에서 그릿과 TSS의 제거, 활성슬러지 침전지에서 생물학적 플럭을 제거, 화학적 응집공정이 사용된 화학적 플럭을 제거하는 데 사용이 된다. 또한 침전은 슬러지 농축조에서 고형물의 농축에 사용된다. 대부분의 경우 침전의 첫 번째 목적은 정화된 유출수를 배출하는 것이지만, 다루기 쉽고 처리하기 쉬운 고형물 농도의 슬러지를 생산하는 것 또한 필요하다.

농도와 입자 상호작용 경향을 기준으로 중력침전은 4가지의 형태로 발생할 수가 있다: (1) 독립입자 침전, (2) 응집침전, (3) 간섭(또는 계면침전), (4) 압밀. 각 형태별 분리공정의 분석은 각각 분리되어 설명이 된다. 더하여, 관 침전장치는 침전시설의 효율성향상에 이용되는데, 이 또한 설명한다. 다른 중력침전공정은 고효율 정화, 고속중력침전, 부상을 포함하는데, 이는 다음 절에서 논의한다.

》 입자 침전이론(Particle Settling Theory)

독립적인 침전과 비응결성 입자의 침전은 Newton과 Stokes에 의해 만들어진 고전적인 침전법칙으로 분석될 수 있다. Newton의 법칙에 의하면 최종입자속도는 입자의 중력에 의한 힘과 마찰 저항력 또는 항력을 같다고 가정하여 구할 수 있다. 중력에 의한 힘은 다음 식으로 주어진다.

$$F_G = (\rho_p - \rho_w)gV_p \tag{5-16}$$

여기서, F_G = 중력에 의한 힘, MLT^{-2} ($kg \cdot m/s^2$)

ρ_p = 입자의 밀도, MLT^{-3} ($kg \cdot m/s^3$)

ρ_W = 액체의 밀도, LT^{-3} (m/s^3)

g = 중력 가속도 LT^{-2} (9.81 m/s^2)

V_p = 입자의 부피, L^3 (m^3)

마찰저항력은 입자의 속도, 유체밀도, 유체점성, 입자직경과 무차원의 항력계수, C_d(무한한)의 함수이며 식 (5-17과) 같다.

$$F_d = \frac{C_d A_p \rho_w \upsilon_p^2}{2} \tag{5-17}$$

여기서, F_d = 마찰저항력, MLT^{-2} ($kg \cdot m/s^2$)

C_d = 항력계수(무차원)

A_p = 흐름방향에서 입자의 단면적 또는 투영면적, L^2 (m^2)

υ_p = 입자의 침전속도, LT^{-1} (m/s)

구형입자에 대해 마찰저항력이 중력과 같다고 하여 다음과 같은 Newton 법칙을 구한다.

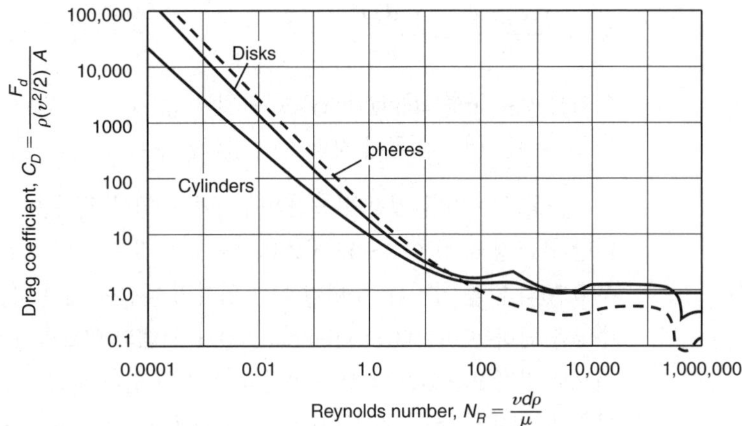

그림 5-19
Reynolds 수에 따른 항력계수

$$v_{p(t)} = \sqrt{\frac{4g}{3C_d}\left(\frac{\rho_p - \rho_w}{\rho_w}\right)d_p} \approx \sqrt{\frac{4g}{3C_d}(sg_p - 1)d_p} \tag{5-18}$$

여기서, $v_{p(t)}$ = 입자의 최종속도, LT^{-1} (m/s)

d_p = 입자의 지름, L (m)

sg_p = 입자의 비중

항력계수 C_d는 입자를 둘러싼 흐름영역이 층류인지 난류인지에 따라서 그 값이 달라진다. Reynolds 수에 대한 함수로 나타나는 다양한 입자의 항력계수가 그림 5-19에 나타나 있다. 그림 5-19에서 나타나 있듯이, Reynolds 수에 따라 층류($N_R < 1$), 천이(N_R = 1∼2000) 그리고 난류($N_R >$ 2000) 세 개의 뚜렷한 영역이 나타난다. 비록 입자의 형태는 항력계수에 영향을 주지만, 구에 가까운 형태를 지닌 입자의 경우 그림 5-19의 곡선에 대한 식은 다음과 같이 대략적으로 나타낼 수 있다($N_R = 10^4$까지 적용된다).

$$C_d = \frac{24}{N_R} + \frac{3}{\sqrt{N_R}} + 0.34 \tag{5-19}$$

구형입자 침전의 Reynolds 수는 다음과 같이 정의 된다.

$$N_R = \frac{v_p d_p \rho_w}{\mu} = \frac{v_p d_p}{\nu} \tag{5-20}$$

여기서, μ = 점성계수, MTL^{-2} (N · s/m^2)

ν = 동점성계수, L^2T^{-1} (m^2/s)

다른 계수는 미리 언급된 것과 같이 정의한다.

구형이 아닌 입자의 침전(Non Spherical Particles). 하수 내의 대부분의 입자는 구형이 아니기 때문에, 구형인자 ψ는 식 (5-21)에서 나타낸 것과 같이 Reynolds 수에 도입된다.

$$N_R = \frac{v_p d_p \rho_w \psi}{\mu} = \frac{v_p d_p \psi}{\nu} \tag{5-21}$$

여기서 ψ = 구형도(sphericity), 무차원이다.
다른 계수는 미리 언급된 것과 같이 정의한다.

구형도는 어떤 입자의 표면적에 대해 동일한 체적을 가진 구체의 표면적의 비로 나타난다[11장의 식 (11−11) 참조]. 구형도의 값은 구의 경우 1.0이고, 분쇄된 모래의 경우 0.70의 값을 가진다. 구형이 아닌 입자의 계산에 대한 다른 접근은 항력계수에 형상계수 ϕ를 곱하는 것이다(Degremont 2007). 모래와 안트라사이트의 형상 계수 ϕ값은 일반적으로 각각 2와 2.25의 값을 가진다. 응집된 입자의 값은 15에서 25 혹은 더 높은 값을 가진다. 위에서 정의되었듯이, ψ는 $1/\phi$와 본질적으로 동일하기 때문에, 후자의 방법은 식 (5−21)보다 덜 사용되며, 주로 응집 입자에 사용된다(예제 5−10 참조).

층류 영역 내 침전(Settling in the Laminar Region). Reynolds 수가 1.0보다 작은 값일 때, 점성은 침전과정에서 절대적(지배적)인 힘을 가진다. 식 (5−19)에서는 첫 번째 항이 지배적이다. 구형입자라고 가정하면, 항력계수 식 (5−19)의 첫 번째 항을 식 (5−18)로 대체하면 Stokes의 법칙을 구할 수 있다.

$$v_p = \frac{g(\rho_p - \rho_w)d_p^2}{18\mu} \approx \frac{g(sg_p - 1)d_p^2}{18\nu} \tag{5-22}$$

이 식에 사용된 계수는 미리 언급한 것과 같이 정의한다. Stokes는 층류흐름상태에서 항력을 다음 식과 같이 나타낼 수 있다는 것을 발견했다.

$$F_D = 3\pi\mu v_p d_p \tag{5-23}$$

Stokes의 법칙[식 (5−22)]은 Stokes에 의해 알려진 항력과 입자의 유효중량을 같다고 놓음으로써 유도될 수도 있다.

전이영역 내 침전(Settling in the Transition Region). 전이영역에서 완성된 형태의 항력방정식[식 (5−19)]은 예제 5−4에서 이용된 것과 같이 침전속도를 결정하는 데 사용된다. 항력방정식의 특성 때문에, 침전속도를 찾는 것은 반복적인 과정이 필요하다. 전이영역에서의 침전을 시각적으로 돕기 위해서 그림 5−20에 나타내었으며, 환경공학에서 흥미로워하는 층류와 전이영역의 입자의 크기가 포함한다.

난류영역 내 침전(Settling in the Turbulent Region). 난류영역에서는 관성력이 지배적이고, 식 (5−19)의 항력계수방정식에 첫 번째 두 항의 영향이 감소된다. 난류영역에서의 침전에 대해서 항력계수 값은 0.4를 사용한다. 0.4 값을 식 (5−21)에 대입하면, 결과는 아래의 식과 같다.

$$v_p = \sqrt{3.33g\left(\frac{\rho_p - \rho_w}{\rho_w}\right)d_p} \approx \sqrt{3.33g(sg_p - 1)d_p} \tag{5-24}$$

식 (5−18)에서 5−22까지의 사용방법은 예제 5−4에 나타내었다.

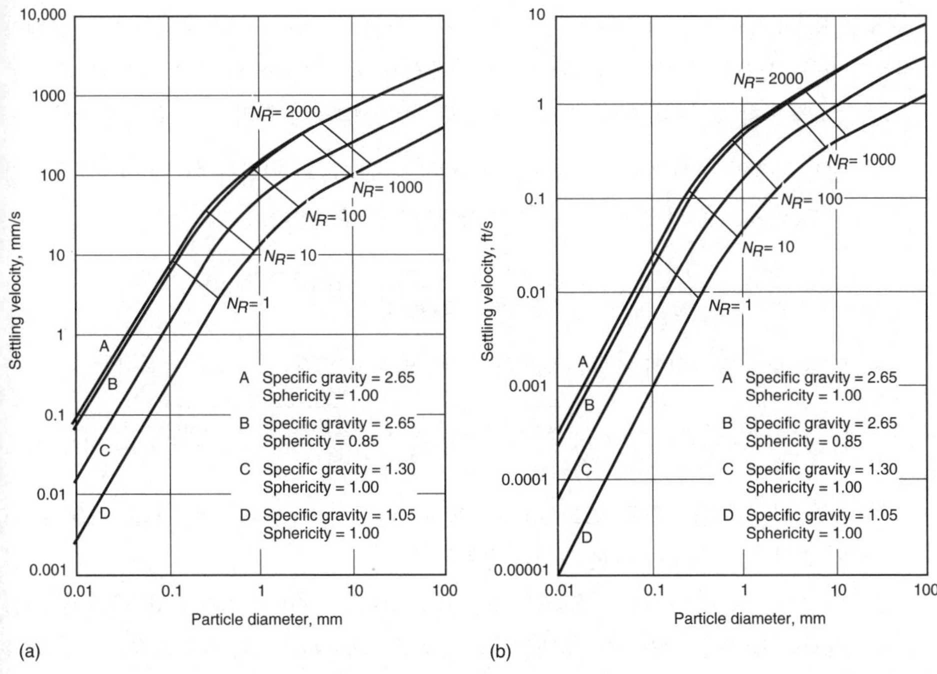

그림 5-20

다양한 비중과 형태를 가진 입자의 크기에 따른 침전속도. (a) 침전속도(m/s) 대 입자크기(mm), (b) 침전속도(ft/s) 대 입자크기(mm). (Crites and Tchobanoglous, 1998)

예제 5-4 **입자의 최종 침전속도 결정** 수온 20°C에서 평균직경 0.5 mm (0.00164 ft), 형상계수는 0.85 그리고 비중 2.65인 모래입자의 최종침전속도를 구하라. 부록 C에서 주어진 이 온도에서의 동점성 값은 1.003×10^{-6} m²/s (1.091×10^{-5} ft²/s)이다.

풀이

1. Stokes의 법칙[식 (5-22)]을 이용하여 입자에 대한 최종 침전속도를 구한다.

$$v_p = \frac{g(sg_p - 1)d_p^2}{18\nu}$$

$$= \frac{(9.81\,\text{m/s}^2)(2.65 - 1)(0.5 \times 10^{-3}\,\text{m})^2}{18(1.003 \times 10^{-6}\,\text{m}^2/\text{s})} = 0.224\,\text{m/s}$$

2. Reynolds 수를 구한다(형상계수 ψ를 포함시킨다).

$$N_R = \frac{v_p d_p \psi}{\nu} = \frac{(0.224\,\text{m/s})(0.5 \times 10^{-3}\,\text{m})(0.85)}{(1.003 \times 10^{-6}\,\text{m}^2/\text{s})} = 94.9$$

Reynolds 수가 1.0보다 클 때 Stokes의 법칙을 사용하는 것은 부적합하다. 그러므로 전이영역에서는 Newton의 법칙[식 (5-18)]으로 침전속도를 구해야 한다(그림 5-20 참조). 뉴턴의 방정식에서 항력계수를 나타내는 항은 침전속도의 함수인 Reynolds 수에 의해 결정된다. 침전속도를 알고 있지 않으므로, 초기 침전속도를 가정해야 한다. 가정된

속도는 Reynolds 수를 계산하기 위해 사용하고, 이 값을 항력계수를 구하는 데 사용해야 한다. 처음 가정한 침전속도가 Newton의 식에서 구한 침전속도와 거의 같아질 때 최종 침전속도를 구할 수 있다. 아래에 나타난 바와 같이 반복과정에 의해 그 값을 구한다.

3. 처음 가정한 침전속도에 대해 위에서 계산된 Stokes의 법칙을 이용한다. 이미 결정된 Reynolds 수의 결과를 이용하여 항력계수를 계산한다.

$$C_d = \frac{24}{N_R} + \frac{3}{\sqrt{N_R}} + 0.34 = \frac{24}{94.9} + \frac{3}{\sqrt{94.9}} + 0.34 = 0.901$$

4. Newton의 방정식에 나타난 항력계수를 이용하여 입자 침전속도를 결정한다.

$$v_p = \sqrt{\frac{4g(sg-1)d}{3C_d}} = \sqrt{\frac{4(9.81\ \text{m/s}^2)(2.65-1)(0.5\times10^{-3}\ \text{m})}{3\times0.901}} = 0.109\ \text{m/s}$$

처음 가정한 침전속도(0.224 m/s)가 Newton의 식으로 구한 침전속도(0.109 m/s)와 같지 않기 때문에 같은 과정을 반복한다.

5. 두 번째 반복계산에서, 침전속도 값은 0.09 m/s로 가정하고, Reynolds 수를 구한다. Reynolds 수를 사용하여 항력계수를 구하고, Newton 식의 항력계수를 사용하여 침전속도를 구한다.

$$N_R = \frac{(0.09\ \text{m/s})(0.5\times10^{-3}\ \text{m})(0.85)}{(1.003\times10^{-6}\ \text{m}^2/\text{s})} = 38.1$$

$$C_d = \frac{24}{38.1} + \frac{3}{\sqrt{38.1}} + 0.34 = 1.456$$

$$v_p = \sqrt{\frac{4(9.81\ \text{m/s}^2)(2.65-1)(0.5\times10^{-3}\ \text{m})}{3\times1.456}} = 0.086\ \text{m/s}$$

가정한 침전속도(0.09 m/s)와 계산된 침전속도(0.086 m/s)가 같지는 않지만, 거의 근접하고 있다. 실제 침전속도를 계산하기 위해 계속적인 반복계산을 해보기로 한다.

Reynolds 수를 계산하기 위해 사용한 침전속도가 Newton의 식에서 구한 침전속도와 거의 일치하기 때문에 이 과정을 통한 값이 정답에 근접했다고 할 수 있다.

독립입자 침전(Discrete Particle Settling)

침전조를 설계하는 경우 일반적인 절차는 최종속도 v_c를 가지는 입자를 선택하고 최종속도 v_c와 같거나 또는 더 큰 속도를 갖는 모든 입자가 제거될 수 있도록 조(basin)를 설계하는 것이다. 이때 정화된 물이 생산되는 속도는 다음과 같다.

$$Q = Av_c \tag{5-25}$$

여기서, Q = 유량, L^3T^{-1} (m^3/s)

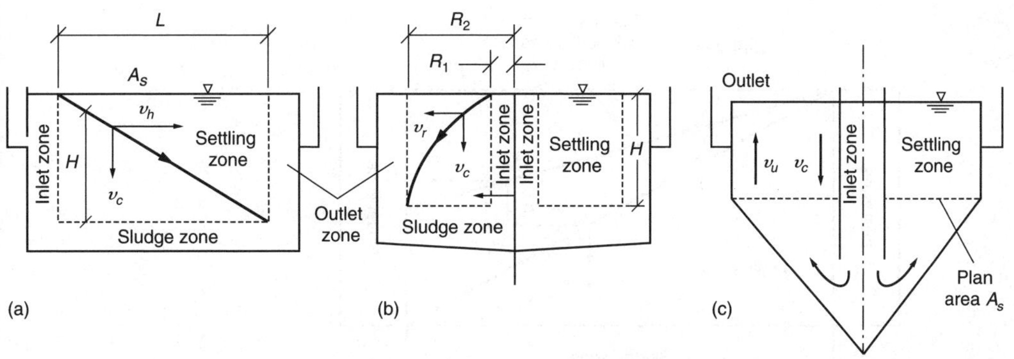

그림 5-21

세 종류의 다른 형태의 침전조에서 일어나는 이상적인 독립입자 침전에 대한 개념도. (a) 장방형, (b) 원형 그리고 (c) 상향류 (upflow) (Crites and Tohobanoglous, 1998)

A = 침전조의 표면적, L^2 (m^2)

v_c = 입자의 침전속도, LT^{-1} (m/s)

식 (5-25)를 다시 정리하면 다음과 같다.

$$v_c = \frac{Q}{A} = \text{월류속도, } LT^{-1}(m^3/m^2 \cdot d)$$

그러므로 한계속도는 월류속도 또는 표면 부하율과 같다. 독립입자 침전에 대해 일반적인 침천지의 설계기준은 처리유량과 깊이에 무관하다는 것에 주의한다.

연속흐름(continuous-flow) 침전의 경우, 조의 길이와 단위 부피의 물이 침전지 내에 머물러 있는 시간(체류시간)은 설계상의 속도 v_c를 갖는 모든 입자들이 침전지의 바닥에 침전할 수 있도록 결정되어야 한다. 설계상 속도, 체류시간 그리고 조의 깊이간의 관계는 다음과 같다.

$$v_c = \frac{\text{깊이}}{\text{체류시간}} \tag{5-26}$$

실질적으로 설계에서 고려해야 하는 인자는 유입부와 유출부에서의 난류(turbulence), 단회로(short circuiting), 슬러지의 축적, 슬러지 제거장치의 운전에 따른 속도경사 등의 영향을 고려하여 조정해야 하며 이들은 5-6절에서 논하기로 한다. 지금까지는 이상적인 침전 조건에 대해서만 고려하였다.

그림 (5-21)는 세 가지의 다른 형태의 침전조에 대한 이상적인 독립침전의 형태를 나타내었다. 침전속도가 v_c보다 작은 입자들은 침전지 내에서 있는 시간 동안 모두 제거가 되지 않을 것이다. 침전지의 유입부에서 다양한 크기의 입자들이 깊이 전체에 걸쳐 균일하게 분포되어 유입된다고 가정한다면, v_c보다 느리게 침전하는 입자가 제거되는 비율은 그림 5-22에서 나타나는 입자의 궤적분석을 통해 다음과 같이 나타난다.

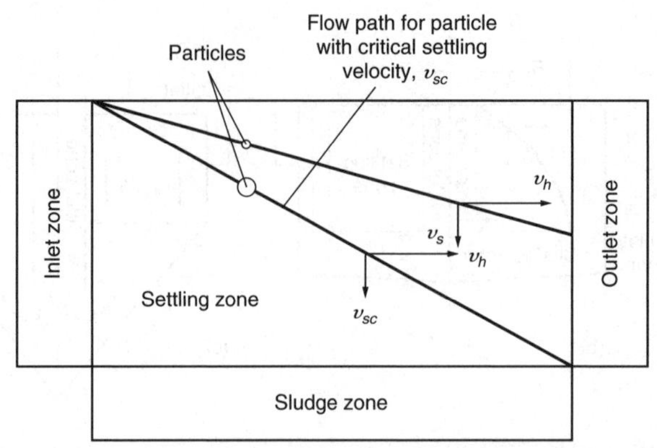

그림 5-22
이상적인 독립입자 침전의 분석을 위한 개념도

$$X_r = \frac{v_p}{v_c} \tag{5-27}$$

여기서 X_r은 침전속도가 v_p인 입자 중 제거되는 입자의 비율이다.

하수처리 시 대부분의 현탁액 속의 입자 크기는 다양한 입도로 나타난다. 주어진 침전시간에 대한 제거효율을 결정하기 위해서는 침전지 내에 존재하는 입자의 침전속도의 전체 범위를 고려해야 한다. 입자의 침전속도는 침전 컬럼 시험으로 구할 수 있다. 이렇게 구한 입자 침전에 대한 자료는 그림 5-23에 나타난 침전속도곡선(velocity settling curve)을 그리는 데 사용된다.

처리유량 Q가 다음과 같이 주어졌을 때,

$$Q = v_c A \tag{5-28}$$

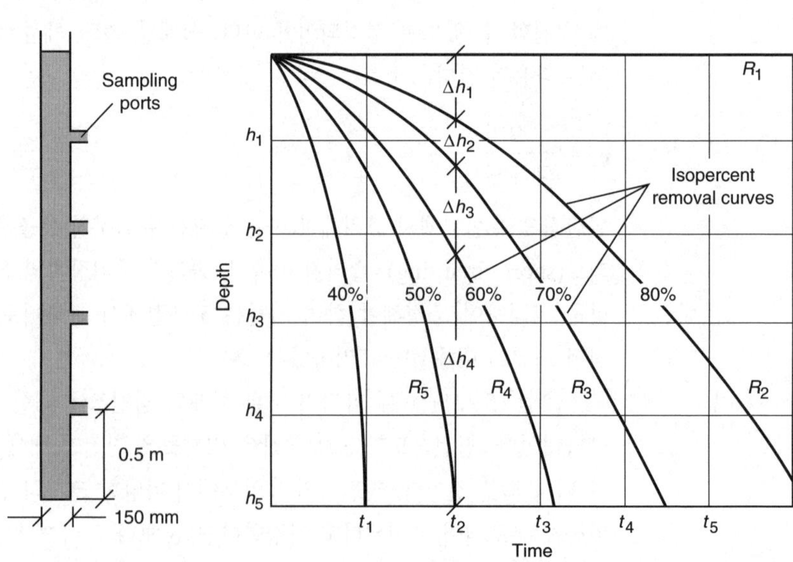

그림 5-23
응결형 침전에 대한 분석의 개략도

오직 υ_c보다 침전속도가 큰 입자들만 완벽히 제거된다. 남아있는 입자들은 υ_p/υ_c의 비율로 제거될 것이다. 연속분포(continuous distribution)에서 제거된 입자의 전체 비율은 식 (5−29)와 같다.

$$\text{제거된 비율} = (1 - X_c) + \int_0^{X_c} \frac{\upsilon_p}{\upsilon_c} dx \tag{5-29}$$

여기서, $1 - X_c$ = υ_c보다 큰 υ_p를 가진 입자의 비율

$\int_0^{X_c} \frac{\upsilon_p}{\upsilon_c} dx$ = υ_c보다 작은 υ_p의 속도를 가진 제거된 입자의 비율

주어진 침전속도범위에 속한 독립입자에 대해서 제거입자의 전체 비율은 아래와 같이 표현된다.

$$\text{제거된 입자의 전체 비율} = \frac{\sum_{i=1}^{n} \frac{\upsilon_{n_i}}{\upsilon_c}(n_i)}{\sum_{i=1}^{n} n_i} \tag{5-30}$$

여기서 v_{ni} = i번째 속도범위에서 입자의 평균속도

n_i = i번째 속도범위에서 입자의 개수

식 (5−30)의 사용은 예제 5−5에서 다룬다.

예제 5−5

1차 침전지에 대한 제거효율 분포의 계산 아래 표와 같은 침전속도와 입자를 포함하고 있는 하수를 처리할 때 2 $m^3/m^2 \cdot h$의 한계 월류속도를 가지는 침전지의 제거효율을 결정하라. 유입과 유출 하수에 대한 입자별 막대 그래프를 그려라.

침전속도, m/h	1L당 입자 수, $\times 10^{-5}$
0.0~0.5	30
0.5~1.0	50
1.0~1.5	90
1.5~2.0	110
2.0~2.5	100
2.5~3.0	70
3.0~3.5	30
3.5~4.0	20
합계	500

풀이

1. 각각의 입자에 대한 퍼센트 제거율을 계산하는 표를 만든다. (1)열에 입자 침전속도 범위를 입력한다.

침전속도 범위, m/h (1)	평균침전속도, m/h (2)	유입수의 입자 수, × 10^{-5} (3)	제거된 입자의 비율 (4)	제거된 입자의 수, × 10^{-5} (5)	유출수에 남아있는 입자, × 10^{-5} (6)
0.0~0.5	0.25	30	0.125	3.75	26.25
0.5~1.0	0.75	50	0.375	18.75	31.25
1.0~1.5	1.25	90	0.625	56.25	33.75
1.5~2.0	1.75	110	0.875	96.0	14.0
2.0~2.5	2.25	100	1.000	100.0	0.0
2.5~3.0	2.75	70	1.000	70.0	0.0
3.0~3.5	3.25	30	1.000	30.0	0.0
3.5~4.0	3.75	20	1.000	20.0	0.0
Total		500		394.75	105.25

2. 각 속도 범위에서 범위 한계의 평균값을 기준으로 속도 범위당 평균 입자 침전속도를 계산하여 (2)열에 입력한다. 첫 번째 속도 범위에 대한 평균 침전속도는 (0.010.5)/2 5 0.25 m/h이다.
3. (3)열에 각 속도 범위에 대한 유입 입자 수를 입력한다.
4. 평균 침전속도를 한계 월류속도(2.0 m/h)로 나누어 각 속도 범위에 대한 제거율을 계산하고, 그 결과를 (4)열에 입력한다. 첫 번째 속도 범위에 대한 제거율은

$$\text{제거율} = \frac{v_{n_i}}{v_c} = \frac{0.25}{2.0} = 0.125$$

여기서 그 결과가 1.0보다 큰 경우 모든 입자가 이미 제거되었음을 나타내므로 1.0을 입력한다.
5. 유입 입자 수와 퍼센트 제거율을 곱하여 [(3)열 (4)열] 제거된 입자의 수를 결정한다. 그 값을 (5)열에 입력한다.
6. 유입 입자 수에서 제거된 입자 수를 빼고 [(3)열−(5)열] 남아있는 입자 수를 계산한다. 그 결과를 (6)열에 입력한다.
7. 제거된 입자 수의 합을 유입수 내 전체 입자 수의 합으로 나누어 제거효율을 계산한다.

$$\text{전체 퍼센트 제거율} = \frac{\sum_{i=1}^{n} \frac{v_{n_i}}{v_c}(n_i)}{\sum_{i=1}^{n} n_i} = \frac{395 \times 10^{-5}}{500 \times 10^{-5}} \times 100\% = 79\%$$

8. 유입과 유출 하수에 대한 입자별 막대 그래프를 그린다.

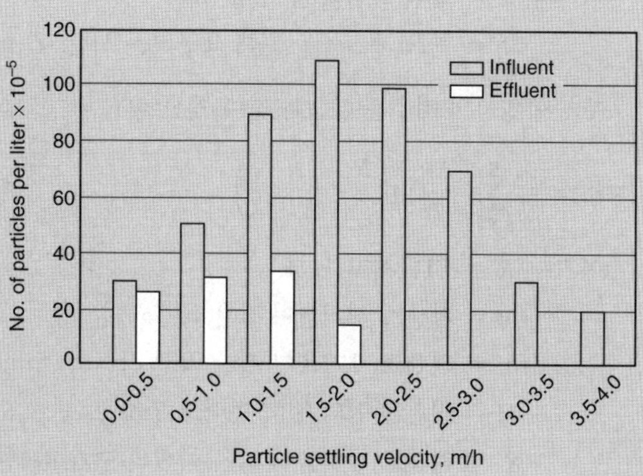

응결형 입자 침전(Flocculent Particle Settling)

비교적 희석된 용액에서 입자들은 독립된 입자들처럼 행동하지 않고 침전하면서 서로 결합한다. 결합 또는 플럭이 형성될 때 입자의 질량이 증가하고, 이로 인해 더 빠르게 침전한다. 응결이 발생하는 정도에 영향을 미치는 것으로는 월류속도에 따라 변하는 충돌 수, 조의 깊이, 시스템 내에서의 속도경사, 입자의 농도, 그리고 입자 크기의 범위 등이 있다. 이러한 변수의 영향은 오직 침전 실험에 의해서만 결정될 수 있다.

플럭화된 입자를 포함하는 현탁액의 침전특성은 침전 컬럼 실험을 통해 구할 수 있다. 실험에 사용되는 컬럼의 직경은 임의로 결정할 수 있지만 컬럼의 깊이는 설계될 탱크의 깊이와 같아야 한다. 부유물질을 포함하는 용액은 입자 크기의 분포가 위에서부터 아래로 균일하게 이루어 질 수 있도록 컬럼에 투입되어야 한다. 또한 실험 중에 대류가 생기는 것을 방지하기 위해 일정한 온도를 유지하도록 주의해야 한다. 침전은 정적인 상태에서 진행되어야 하며 실험하는 시간은 설계된 탱크에서의 침전 시간과 같아야 한다.

침전 시간이 끝이 나면 컬럼 바닥에 축적된 침전물은 제거하고, 남아있는 액체는 혼합하며, 액체의 TTS를 측정한다. 퍼센트 제거율을 구하기 위해 액체의 TTS를 침전 전 샘플의 TTS와 비교한다.

현탁액의 침전 특성을 측정하기 위한 좀 더 전통적인 방법은 앞에서 설명한 컬럼과 유사하지만 대략적으로 0.5 m (1.5 ft) 간격의 샘플링 포트(sampling port)가 있는 컬럼을 사용하는 것이다. 다양한 시간 간격으로 샘플을 포트로부터 채취하여 부유물질을 분석한다. 분석된 각각의 샘플에 대하여 퍼센트 제거율을 계산하고 높이를 측량 눈금에 그리듯이 시간과 깊이에 대한 숫자를 도시화한다. 그림 5–23에 같은 퍼센트 제거율의 곡선이 나타나 있다. 그림 5–23에서 나타난 곡선으로부터 다양한 침전에 대한 월류율은 그 곡선이 x축과 교차하는 곳에서 나타나는 값을 기록함으로써 결정한다. 침전속도 v_c는

$$v_c = \frac{H}{t_c} \tag{5-31}$$

여기서, H = 침전 컬럼의 깊이, L (m)

t_c = 목표 제거율을 위해 요구되는 시간, T (min)

제거된 입자의 비율은 다음과 같이 계산된다.

$$R, \% = \sum_{h=1}^{n}\left(\frac{\Delta h_n}{H}\right)\left(\frac{R_n + R_{n+1}}{2}\right) \tag{5-32}$$

여기서, R = TTS 제거율, %

n = 퍼센트 제거율이 같은 곡선의 수

h_n = 퍼센트 제거율이 같은 곡선 사이의 거리, L (m)

H = 침전 컬럼의 전체 높이, L (m)

R_n = 퍼센트 제거율이 같은 곡선의 수가 n개일 때 TTS 제거율

R_{n+1} = 퍼센트 제거율이 같은 곡선의 수 $n + 1$개일 때 TTS 제거율

이러한 전통적인 방법의 장점은 여러 침전깊이에서 제거율에 대한 데이터를 얻는 것이 가능하다는 것이다. 그림 5-23에 주어진 곡선을 사용해서 얻은 퍼센트 제거율은 예제 5-6에서 다룬다.

예제 5-6 **응결형 부유물질의 제거** 그림 5-23에 나와있는 침전 실험의 결과를 이용해서, 체류시간이 t_2이고, 깊이가 h_5일 때 고형물의 전체 제거율을 결정하라. 침전이 일어난 후, 고형물을 측정할 때 같은 결과를 얻는다는 것을 증명하라.

풀이

1. 퍼센트 제거율을 결정한다.

   퍼센트 제거율

$$= \frac{\Delta h_1}{h_5} \times \frac{R_1 + R_2}{2} + \frac{\Delta h_2}{h_5} \times \frac{R_2 + R_3}{2} + \frac{\Delta h_3}{h_5} \times \frac{R_3 + R_4}{2} + \frac{\Delta h_4}{h_5} \times \frac{R_4 + R_5}{2}$$

2. 그림 5-23에 나타난 곡선에서, 정적인 침전에 대한 전체 제거율은 65.7%이다. 그 계산은 다음과 같다.

$\frac{\Delta h_n}{h_5} \times \frac{R_n + R_{n+1}}{2}$ =	퍼센트 제거율
$0.20 \times \frac{100 + 80}{2}$ =	18.00
$0.11 \times \frac{80 + 70}{2}$ =	8.25
$0.15 \times \frac{70 + 60}{2}$ =	9.75
$0.54 \times \frac{60 + 50}{2}$ =	29.70
1.00	65.70

3. 액체가 혼합되고 고형물이 측정될 경우의 퍼센트 제거율을 결정한다.
   a. 초기 고형물 농도는 100이고 침전 시간이 끝날 때 컬럼의 맨 위에서의 고형물 농도가 0이라고 가정한다.
   b. 아래와 같은 계산표를 만들고 침전 후 남아있는 고형물을 결정한다.

$\Delta h \times \dfrac{TSS_n + TSS_{n+1}}{2}$	평균 TSS
$0.20 \times \dfrac{0 + 20}{2} =$	2.00
$0.11 \times \dfrac{20 + 20}{2} =$	2.75
$0.15 \times \dfrac{30 + 40}{2} =$	5.25
$0.54 \times \dfrac{40 + 50}{2} =$	24.30

퍼센트 제거율 $R_f = 100 - 34.30 = 65.70$

실제 공정에서 최적의 조건보다 퍼센트 제거율이 낮다는 점을 고려하여 컬럼 실험에서 구해진 설계침전속도 또는 월류율에 0.65에서 0.85의 값을 곱하고 체류시간에는 1.25에서 1.5를 곱한 값을 사용한다.

경사판과 경사관 침전(Inclined Plate and Tube Settling)

경사판이나 경사관 침전장치는 차곡차곡 쌓은 판이나 여러 가지 형상을 가진 작은 플라스틱 관의 다발로 이루어진 얇은 침전장치를 말하며[그림 5-24(a)와 (c)], 침전지의 침전 특성을 향상시키는 데 사용된다[그림 5-24(b)와 (d)]. 이런 장치들은 침전이 체류시간보다 침전 면적에 의해 더 큰 영향을 받는다는 이론을 기초로 한다. 경사판과 경사관 침전지는 대체로 정수처리에서 사용하지만, 판과 관 침전은 1차, 2차, 그리고 3차 침전을 위한 하수처리에서도 사용된다. 그러나 1차 침전에 이용할 경우, 판과 관의 막힘을 막기 위하여 미세 스크린이 침전장치 앞에 설치되어야 한다.

판이나 관 침전 장치는 자동으로 청소가 되도록 하기 위해 보통 수평으로부터 45~60° 정도 경사지게 놓는다. 그 경사각이 60°가 넘으면 효율은 감소한다. 또한 판이나 관의 경사가 45° 이하일 경우 고형물들이 판이나 관의 내부에 축적되는 경향이 있다. 판 사이의 공칭 거리는 50 mm (2 in)이고, 경사판의 길이는 1~2 m (3~6 ft)이다. 미생물의 성장과 악취 발생(경사판과 경사관을 사용할 때 주요한 문제로 여겨짐)을 통제하기 위해 축적된 고형물은 정기적으로 세척해 주어야 한다(보통 고압의 물을 사용함). 매일 변하는 제거 고형물의 성상(특성)으로 세척을 할 경우에도 판이나 관침 전에 문제가 제기될 수 있다.

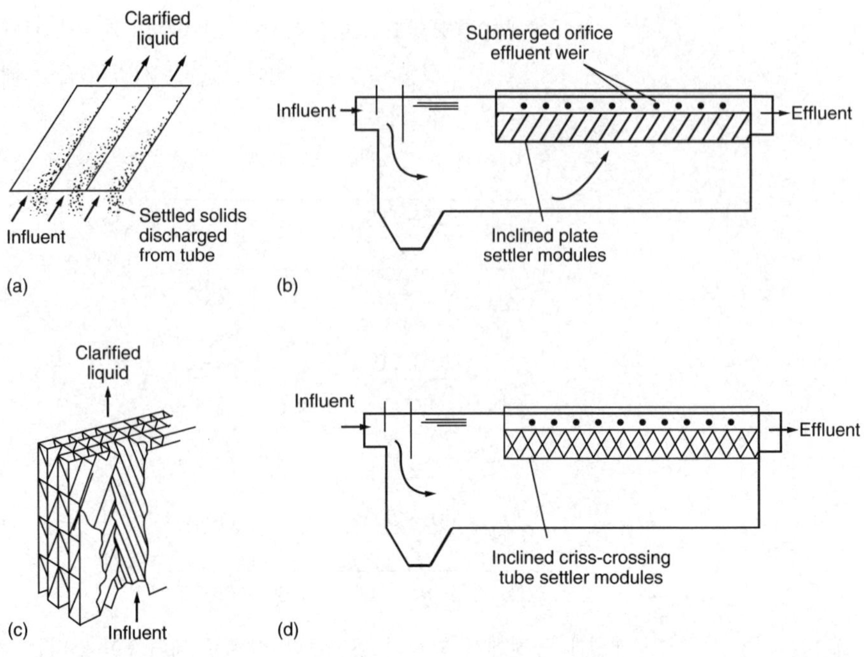

그림 5-24

판(plate)과 관(tube) 침전지. (a) 경사판의 모듈, (b) 직사각형 침전지에 설치된 판, (c) 열십자 관의 모듈, (d) 관 침전장치에 설치된 열십자관

경사 침전장치를 개발한 주요 목적은 이론적인 한계에 근접하는 침전 효율을 얻는 것이다. 각 침전 장치에서 흐름 분포를 같게 하고, 각 침전 장치 안에서의 좋은 흐름 분포를 갖도록 하며, 다시 현탁액이 되는 것을 방지하면서 침전된 고형물을 모으는 데 주의를 기울여야 한다. 경사 침전 시스템은 보편적으로 입자 침전의 방향과 관련되는 액체 흐름의 방향을 고려하여 세 가지 방법 중에서 한 가지를 선택하여 건설된다: (1) 역류, (2) 병류, (3) 교차 흐름. 세 가지의 흐름 패턴은 그림 5-25에 그들에 대한 분석과 정의를 간략히 도식화하여 나타냈다.

역류 침전(Countercurrent Settling). 조 안에서 역류흐름을 가진 하수 부유물질은 역류를 따라 위쪽으로 판 혹은 관 모듈을 통과하고 모듈 위의 방향으로 하여 조에서 빠져나간다[그림 5-25(a) 참조]. 판 혹은 관 안에 침전된 고형물들은 아래 방향의 역류를 따라 중력에 의해 움직이고 조의 바닥에 있는 모듈을 빠져 나간다. 관 침전장치들은 대부분 역류방식을 사용한다.

역류 침전에서 입자가 두 개의 평행한 경사면 사이의 수직 거리를 침전하는 데 드는 시간 t는 다음과 같다(AWWA, 1999).

$$t = \frac{d}{v_s \cos\theta} \tag{5-33}$$

여기서, d = 표면 사이의 수직 거리, L (m)

v_s = 침전속도, LT^{-1} (m)

θ = 수평으로부터의 표면경사 각

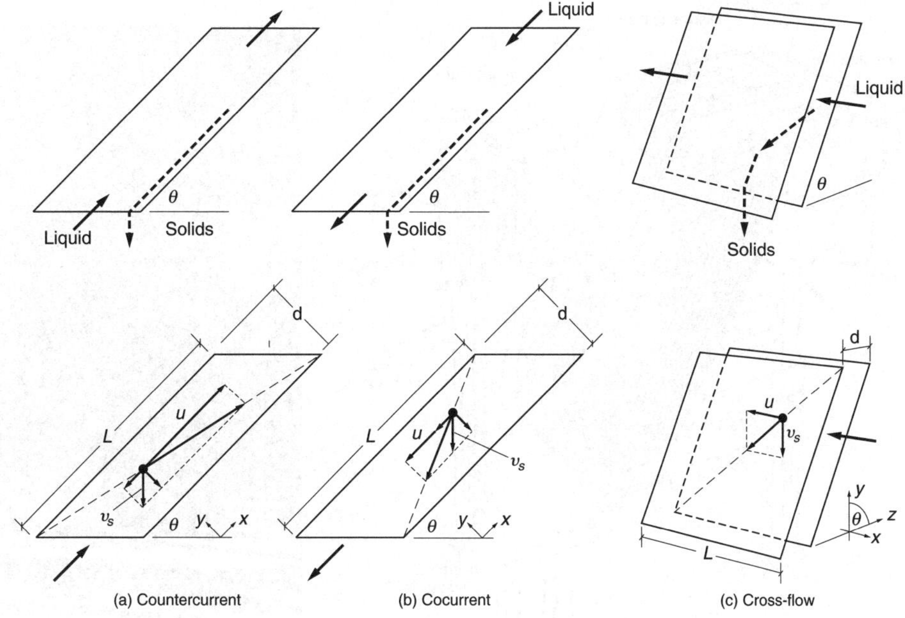

그림 5-25

판과 관 침전장치 분석을 위한 대체 흐름 패턴들과 해당 스케치. (a) 고형물의 움직임을 고려한 역류, (b) 고형물의 움직임을 고려한 병류, (c) 교차 흐름 (AWWA, 1999)

만약 표면 사이의 액체 속도가 u라면, 위의 시간에 대한 표면 길이 L는

$$L = \frac{d(u - v_s \sin\theta)}{v_s \cos\theta} \tag{5-34}$$

위 식을 다시 정리하면 침전속도 v_s이거나 그보다 큰 속도를 갖는 모든 입자들이 다음과 같은 조건에서 제거된다는 것을 알 수 있다.

$$v_s \geq \frac{u \cdot d}{L\cos\theta + d\sin\theta} \tag{5-35}$$

여러 개의 판과 관을 사용한 경우

$$u = \frac{Q}{Ndw} \tag{5-36}$$

여기서, u = 액체의 속도, LT^{-1} (m^3/s),
, Q = 유량, LT^{-1} (m^3/s)
N = N + 1개의 판이나 혹은 관에 의해 만들어진 통로의 수
b = w와 Q의 오른쪽 각도에서 표면의 단위, L (m)
d = 표면 사이의 수직거리, L (m)
W = 통로의 너비, L(m)

Parkson 사에서 제작하여 특허 등록된 침전기, Lamella® Gravity Settler는 변형된 형태의 역류 침전방식을 기초로 하고 있다(그림 5-26 참조). 유입수는 피드박스(feed box)로 연결된 유입관에 의해 침전지로 유입된다. 피드박스는 경사판구역 사이의 바닥이 없는 통로이다. 유입된 물은 각 측면 입구의 경사판 홈 쪽 아래 방향으로 흐른다. 유입수

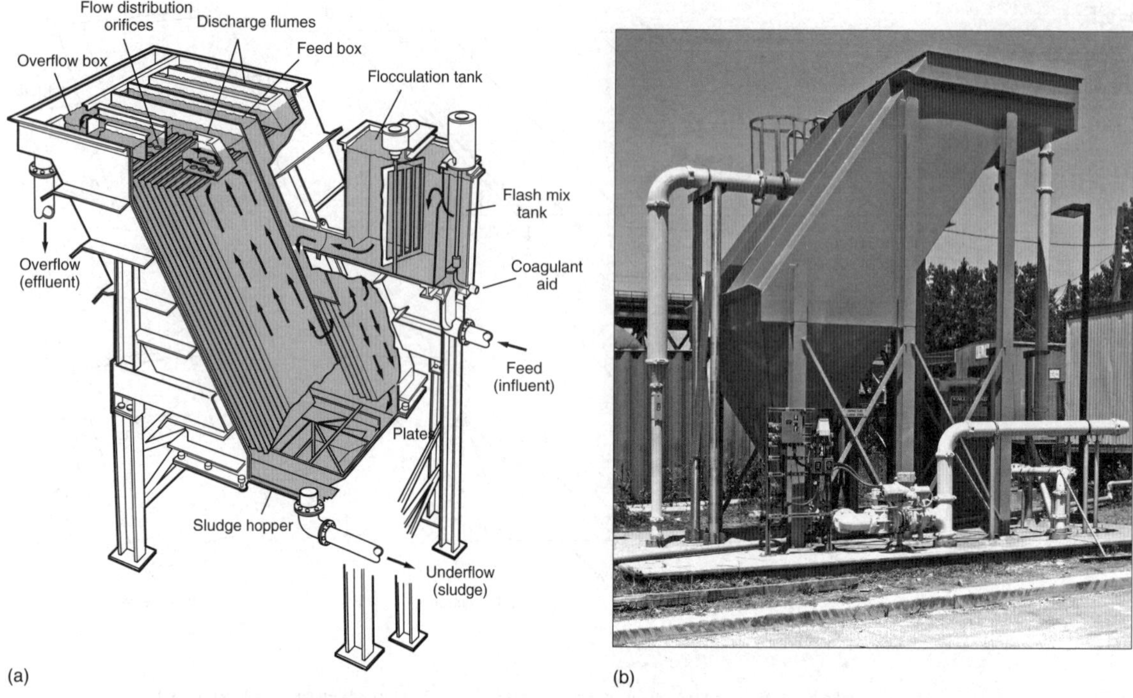

그림 5-26

Lamella 경사판 침전장치의 예. (a) 도식, (b) 파일럿 시험 공정(Courtesy Parkson 사)

는 경사판의 폭과 교차되어 분산되고 층류 상태에서 위쪽으로 흐르게 된다. 경사판은 수평으로부터 55° 기울어져 있다. 경사판 위에서 고형물이 침전되고, 깨끗한 상청수는 오리피스 구멍을 통해 빠져나간다. 오리피스 구멍은 각 경사판 바로 위에 위치하며, 그 크기는 수리학적으로 같은 양으로 분배된 유입수가 계산된 압력저하를 일으킬 수 있도록 결정된다. 고형물은 경사면을 따라 수집호퍼(collection hopper) 안으로 흘러들어 간다. 게다가 고형물이 호퍼의 바닥보다 경사면에 쌓여 압축되게 때문에 정적구역이 형성이 되며 농축이 지속된다. 경사판 팩(pack)은 성능향상을 위해 기존의 정화장치에 새로 설치할 수 있도록 되어있다.

병류 침전(Cocurrent Settling). 병류 침전에서 부유물질은 경사진 표면 위로 유입되며, 유입수는 경사관이나 경사판을 통해 아래 방향으로 이동한다[그림 5-25(b)]. 두 면 사이에 입자가 수직방향으로 침전되는 시간은 역류 침전의 경우와 같다. 그러나 요구되는 경사표면의 길이, L_p는 상향 흐름이 아닌 하향 흐름을 기준으로 결정해야 한다. L_p는 다음과 같다.

$$L = d\frac{(u - v_s \sin\theta)}{v_s \cos\theta} \tag{5-37}$$

결론적으로, 입자를 제거하기 위한 조건은 아래와 같다.

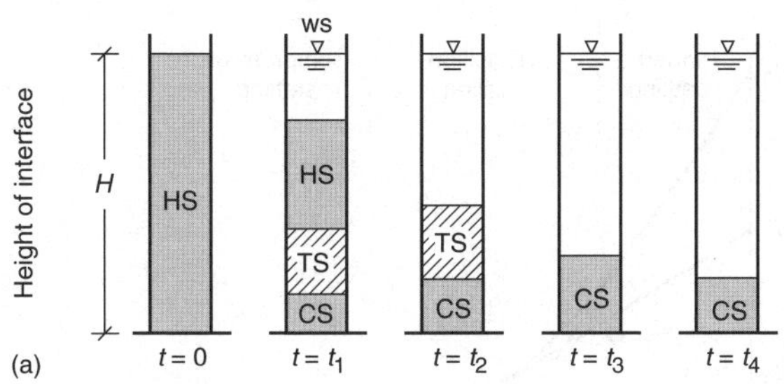

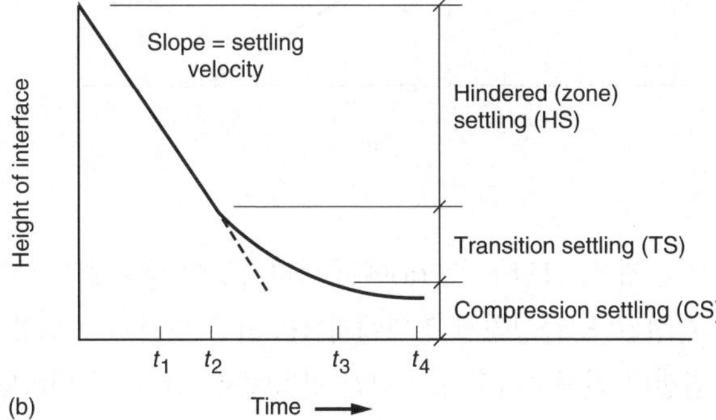

그림 5-27

간섭(계면)침전의 개념도. (a) 침전 컬럼, (b) 침전 곡선

$$v_s \geq \frac{u \cdot d}{L\cos\theta - d\sin\theta} \tag{5-38}$$

교차흐름 침전(Cross-Flow Settling). 교차흐름 침전에서는 흐름이 수평이며, 수직 침전속도와 상호작용을 하지는 않는다[그림 5-25(c)]. 표면의 길이 L_p는 다음 식에 의해 결정된다.

$$L = \frac{u \cdot d}{v_s \cos\theta} \tag{5-39}$$

그리고,

$$v_s \geq \frac{u \cdot d}{L\cos\theta} \tag{5-40}$$

간섭(계면)침전[Hindered (Zone) Settling]

고농도 부유물질을 포함한 시스템에서는 일반적으로 간섭 또는 계면침전과 압밀침전이 독립입자 침전이나 응결형침전과 함께 일어난다. 초기농도가 균일한 고농도의 부유물질을 눈금 실린더에 넣었을 때 일어나는 침전현상은 그림 5-27과 같다. 입자의 농도가 높기 때문에 액체는 서로 접촉하는 입자들의 틈 사이로 빠져 나오려고 한다. 결과적으로, 접촉하는 입자들은 침전할 때 각 입자 사이의 상대적인 위치를 유지하면서 계면 또는 "blanket"으로 침전하는 경향이 있다. 이러한 현상을 간섭침전이라고 한다. 이 영역에서 입자가 침전할 때 침전 층의 입자들 위로 비교적 맑은 층이 형성된다. 앞서 토의한 바와 같이 분산되어 있는 비교적 가벼운 입자들은 독립입자나 응결성 입자와 같이 침전된다.

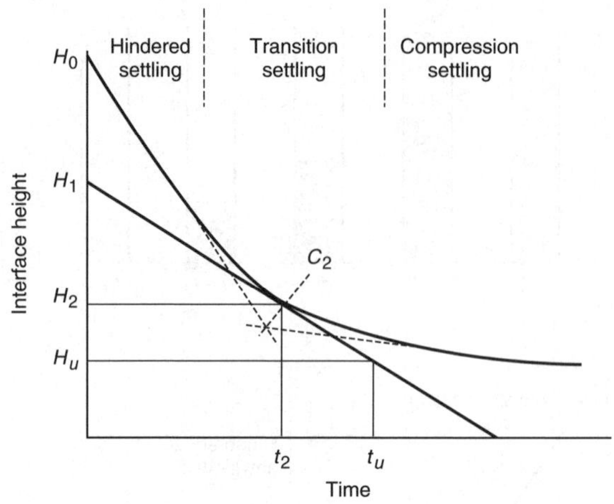

그림 5-28
간섭(계면)침전곡선의 도시적 분석

대부분의 경우, 그림 5-27(a)에서 나타나듯이 상층부과 간섭침전 층 사이에 뚜렷한 경계면이 형성된다. 간섭침전 영역에서 침전율은 입자의 농도와 성질에 따라 달라진다.

침전이 진행하면서 압밀침전 영역에서 실린더의 밑바닥에 압축된 입자 층이 형성되기 시작한다. 이 영역에서는 입자들이 서로 맞닿은 구조를 형성하고 있다. 압밀층이 형성되면서 압밀영역으로부터 단계적으로 낮은 농도의 고형물을 포함하는 영역이 실린더 위쪽으로 확대된다. 따라서 실제로 침전영역의 계면에서 나타나는 농도에서부터 압밀침전 영역에서 나타나는 농도까지 간섭침전의 영역이 단계적으로 나타나게 된다.

이 같은 단계적 변화 때문에, 일반적으로 간섭이나 압밀침전의 중요한 고려 인자가 되는 부유물질의 침전특성을 알아내기 위해 침전실험이 필요하다. 컬럼 침전실험으로부터 얻어진 자료를 기초로 침전이나 농축시설에 필요한 면적을 구하는 방법은 두 가지가 있다. 첫 번째는 한번 내지 그 이상의 회분식 침전실험에서 얻어진 데이터를 사용하는 것이다. 두 번째는 고형물 플럭스 법으로서 여러 고형물 농도를 사용한 일련의 침전실험으로부터 얻은 데이터를 이용하는 방법으로, 이들 방법에 대한 설명은 다음 논의에서 다룬다. 고형물 플럭스 법은 8장의 8-10절에서 다루었다. 이 두 가지 방법들은 기존의 처리장을 넓히거나 개조할 때 사용되어 온 것을 주목해야 한다. 그러나 이러한 방법들은 소규모 정수장을 설계할 때는 거의 사용되지 않는다.

단일 회분식 실험 결과에 의한 소요면적(Area Requirement Based on Single -Batch Test Results). 설계 목적상 최종 월류속도는 (1) 정화에 요구되는 면적, (2) 농축에 요구되는 면적, (3) 슬러지 제거율과 같은 인자들을 고려한 후 선택하여야 한다. 앞서 설명한 바와 같이 컬럼 침전실험은 독립입자 침전영역에 필요한 면적을 결정하는 데 사용할 수 있다. 그러나 농축에 필요한 면적이 일반적으로 침전에 필요한 면적보다도 크기 때문에, 독립입자 침전의 속도에 의해 결정되는 경우는 매우 드물다. 가벼운 솜털 같이 흩어져 있는 플럭 입자가 존재하는 활성슬러지 공정의 경우에서는 이 입자들의 자유 응결 침전속도(free flocculent settling velocity)를 기초로 설계할 수 있다.

농축에 요구되는 면적은 Talmadge and Fitch(1955)가 고안한 방법에 의해 결정된다. 높이가 H_o인 컬럼을 균일한 농도 C_o의 부유물질을 포함한 현탁액으로 채운다. 시간이 지남에 따라 침전하면서 형성되는 계면의 위치는 그림 5-28와 같다. 계면의 침강 속도는 각 시간에 해당하는 점에서의 곡선의 기울기와 같다. 이 방법에 의해, 농축에 필요한 면적은 식 (5-41)과 같이 주어진다.

$$A = \frac{Qt_u}{H_o} \tag{5-41}$$

여기서, A = 슬러지 농축에 필요한 면적, L^2 (m^2)
Q = 탱크 유입유량, L^3T^{-1} (m^3/s)
H_o = 컬럼 내부 계면의 초기 높이, L (m)
t_u = 배출(underflow) 농도에 도달하기 위한 시간, T (s)

탱크의 처리능력을 결정하는 한계농도는 높이 H_2에서 생기며 이때의 농도는 C_2이다. 이 점은 그림 5-28과 같이 침강곡선상에서 간섭침전과 압밀침전 영역에서 각각 접선을 그어 만나는 점에서 이루는 각도를 이등분함으로써 결정된다. 시간 t_u는 다음과 같이 결정된다.

1. 고형물이 처리되어 슬러지배출 농도 C_u가 될 때의 계면의 높이 H_u에서 수평선을 그린다. H_u의 값은 다음 식에 의해 구해진다.

$$H_u = \frac{C_o H_o}{C_u} \tag{5-42}$$

2. C_2로 표시된 점에서 침전곡선으로 접선을 긋는다.
3. 순서 1, 2에서 구한 두 선의 교점으로부터 시간 축까지 수직선을 그어 t_u의 값을 결정한다.

이렇게 구한 t_u 값으로부터 식 (5-41)을 이용하여 농축에 필요한 면적을 구한다. 그 후 정화에 필요한 면적을 구하고 이 두 개의 면적 중 더 큰 것을 소요 면적으로 결정한다. 이 방법에 대한 설명은 예제 5-7과 같다.

예제 5-7 **활성슬러지 침전지의 크기 결정** 3000 mg/L의 초기농도 C_o인 활성슬러지에 대하여 다음 그림과 같은 침전곡선을 얻었다. 침전컬럼 내 계면의 초기 높이는 0.75 m (2.5 ft)이다. 농축슬러지의 농도 C_u가 12,000 mg/L이고, 총 유입량이 3,800 m^3/d (1Mgal/d)일 경우 필요한 면적을 구하라. 또한, 고형물 부하량($kg/m^2 \cdot d$)과 월류속도($m^3/m^2 \cdot d$)를 구하라.

풀이 1. 식 (5-42)를 사용하여 농축에 필요한 면적을 구한다.

a. H_u의 값을 구한다.

$$H = \frac{C_o H_o}{C_u}$$

$$= \frac{(3000 \text{ mg/L})(0.75 \text{ m})}{(12{,}000 \text{ mg/L})} = 0.188 \text{ m}$$

아래의 침전곡선에서 $H_u = 0.188$ m로부터 수평선을 긋는다. 간섭침전영역과 압밀침전 영역에서 각각 접선을 그어 서로 만나는 점에서 각을 이등분한 선을 그어 침전곡선과 만나는 점을 C_2라 한다. C_2에서 다시 접선을 그어 $H_u = 0.188$ m인 직선과 만나는 점의 시간 축 좌표를 t_u라 한다. 여기서 t_u는 47분이며 필요면적은 다음과 같다.

$$A = \frac{Qt_u}{H_o} = \left[\frac{(3800 \text{ m}^3/\text{d})}{(24 \text{ h/d})(60 \text{ min/h})}\right]\left(\frac{47 \text{ min}}{0.75 \text{ m}}\right) = 165 \text{ m}^2$$

2. 정화에 요구되는 면적을 구한다.

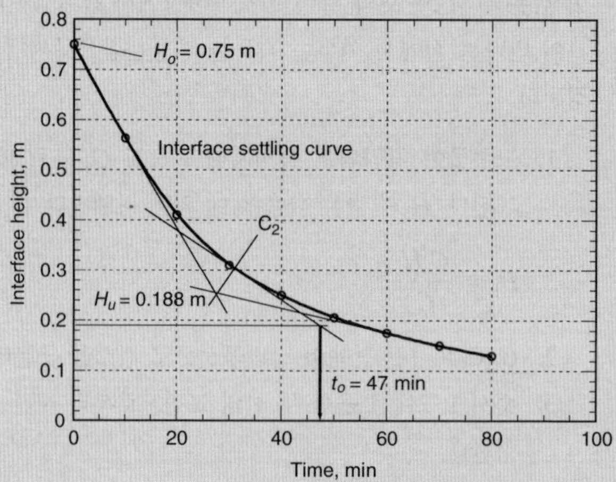

a. 계면 침전속도 v를 구한다. 침전속도는 계면 침전곡선의 초기부분에서 그린 접선의 기울기로부터 결정된다. 계산된 속도는 슬러지가 간섭을 받지 않을 때의 침전속도를 나타낸다.

$$v = \left(\frac{0.75 \text{ m} - 0.3 \text{ m}}{29.5 \text{ min}}\right)\left(\frac{60 \text{ min}}{\text{h}}\right) = 0.92 \text{ m/h}$$

b. 정화율(clarification rate)을 구한다. 정화율은 임계슬러지 영역의 상부에 있는 액체의 부피에 비례하며 다음과 같이 계산한다.

$$Q = 3800 \text{ m}^3/\text{d}\left(\frac{0.75 \text{ m} - 0.188 \text{ m}}{0.75 \text{ m}}\right) = 2847 \text{ m}^3/\text{d}$$

c. 정화에 요구되는 면적을 구한다. 소요면적은 정화율을 침전속도로 나누어 구한다.

$$A = \frac{Q_c}{v} = \frac{(2847\ \text{m}^3/\text{d})}{(24\ \text{h/d})(0.92\ \text{m/h})} = 129\ \text{m}^2$$

3. 소요면적은 농축에 요구되는 면적(165 m^2)과 정화에 요구되는 면적(129 m^2) 중 더 큰 값인 농축에 요구되는 면적으로 결정한다.
4. 고형물 부하율을 구한다. 고형물 부하율은 다음과 같이 계산한다.

$$\text{고형물, kg/d} = \frac{(3800\ \text{m}^3/\text{d})(3000\ \text{g/m}^3)}{(10^3\ \text{g/1 kg})} = 11{,}400\ \text{kg/d}$$

$$\text{고형물 부하율} = \frac{(11{,}400\ \text{kg/d})}{165\ \text{m}^2} = 69.1\ \text{kg/m}^2\cdot\text{d}$$

5. 수리학적 부하율을 구한다.

$$\text{수리학적 부하율} = \frac{(3800\ \text{m}^3/\text{d})}{165\ \text{m}^2} = 23.0\ \text{m}^3/\text{m}^2\cdot\text{d}$$

슬러지의 초기 침전속도를 사용한 2차 정화조의 용량 산정 방법은 8장 8-10절에서 다룬다.

고형물 플럭스에 의한 소요면적(Area Requirements Based on Solids Flux Analysis). 간섭침전에 필요한 면적을 구하는 또 하나의 방법은 고형물(질량) 플럭스 분석을 기초로 하는 방법이다(Coe and Clevenger, 1916). 이러한 고형물 플럭스의 분석법은 침전조가 안정된 상태(steady state)로 운전된다는 조건을 전제로 한다. 탱크 안에서의 중력(간섭)침전과 펌프로 반송시키는 하향류에 의해 고형물질의 하향 플럭스가 생긴다. 기존 시설의 운전 성능을 평가하고 같은 종류의 하수를 처리하기 위한 새로운 정수장을 설계하는 데 이러한 고형물 플럭스법이 사용된다. 고형물 플럭스 분석법의 적용 방법은 8장 8-7절에서 다루며, 추가적인 자료는 다음의 참조문헌에서 찾아볼 수 있다: Dick and Ewing(1967), Dick and Young(1972), Keinath(1989), Wahlberg and Keinath(1988), Yoshika et al.(1957).

》 압밀침전(Compression Settling)

압밀영역 내의 슬러지에 대해 요구되는 부피도 마찬가지로 침전실험에 의해 결정된다. 이 영역에서 압밀의 속도는 시간 t에서의 높이와 오랜 기간이 지난 후의 슬러지 높이 사이의 차이에 비례한다고 알려져 왔다. 장기간의 압밀은 식 (5-43)과 같이 1차 감소함수로 표현할 수 있다.

$$H_t - H_\infty = (H_2 - H_\infty)e^{-i(t-t_2)} \tag{5-43}$$

여기서, H_t = 시간 t에서의 슬러지 높이, L

H_∞ = 오랜 침전기간 경과 후의 슬러지 높이(24시간을 기준으로), L

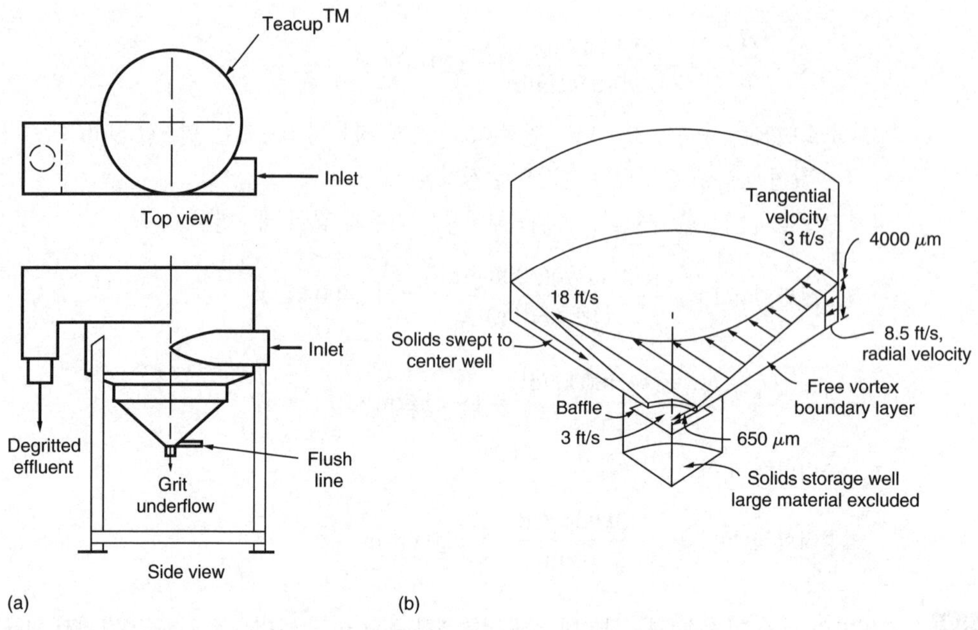

그림 5-29

고속중력침전분리기. (a) 일반적인 장치의 스케치, (b) 개략도(Hydro International 사)

H_2 = 시간 t_2에서 슬러지 높이, L

i = 주어진 현탁액에 대한 상수

압밀 침전영역에서 슬러지를 저어주면 플럭이 흩어져 물이 빠져가기 쉽기 때문에 슬러지를 단단하게 만들 수 있다. 슬러지의 압밀이 더 잘 일어나 고형물을 다루기 쉽도록 침전장치에서 슬러지 교반장치(rake)를 종종 사용하기도 한다.

가속흐름영역에서의 침전분리(또는 고속중력침전분리) (Gravity Separation in an Accelerated Flow Field)

앞에서 설명된 침전은 등가속 영역에서 중력의 힘에 의해 일어난다. 그러나 침전 가능한 입자들은 조정이 가능한 가속영역을 사용하여도 제거할 수 있다. 하수로부터 그릿을 제거하기 위해 중력과 원심력 그리고 그 힘들에 의해 발생된 속도를 이용하는 여러 장치들이 개발되었다. 그 원리를 그림 5-29에서 나타내고 있다. 이 분리기는 외관상 하부의 모양이 원뿔 형인 큰 원형 실린더 모양을 하고 있다. 그릿을 분리시키는 하수는 장치의 상부 가까이에서 접선방향으로 들어와 상부에 있는 구멍을 통하여 유출된다. 액체는 상부에서 제거되고, 모래는 장치의 바닥에 있는 구멍을 통해서 제거된다.

분리기의 윗부분은 막혀 있으므로 회전하는 흐름은 분리기 안에서 자유 와류(free vortex)를 형성한다. 자유 와류의 가장 중요한 성질은 접선속도와 반경을 곱한 값이 일정하다는 것이다.

$$Vr = 일정 \tag{5-44}$$

여기서, V = 접선속도, LT^{-1} (m/s)

r = 반경, L (m)

식 (5−44)의 중요성은 다음 예제에 의해 설명될 수 있다. 분리기 안의 반경이 1.5 m (5 ft)이고 접선속도가 0.9 m/s (3 ft/s)라고 가정할 때, 분리기의 외부 반경과 접선속도의 곱은 1.35 m^2/s (15 ft^2/s)이다. 출구의 반경이 0.9 m (1 ft)라면, 입구에서 출구까지의 접선속도는 4.5 m/s (15 ft/s)가 된다. 이 흐름 안에 있는 한 개의 입자가 받는 원심력은 속도의 제곱을 반경으로 나눈 값이 된다. 또한 원심력의 크기는 반경에 반비례하기 때문에, 반지름이 1/5로 줄어들고 원심력의 크기는 125배로 증가한다.

유출구 근처에서는 큰 원심력이 생기므로 입자의 크기, 밀도, 저항력에 따라 일부 입자들은 분리기의 중심부근의 자유 와류(free vortex) 안에 남게 되고, 나머지 입자들은 장치 밖으로 빠져나가게 된다. 유기물 입자들이 장치 밖으로 빠져나가는 동안 그릳과 모래 입자들은 장치 안에 남게 된다. 모래의 침전속도와 똑같은 침전속도를 가진 유기물 입자들은 보통 모래입자의 4~8배 크기를 가지고 있다. 이러한 유기물 입자에 대한 저항력은 모래의 16~64배가 된다. 결과적으로 유기물 입자들은 유체와 함께 움직여 분리기 밖으로 빠져나오게 된다. 자유 와류 내에 남은 입자들은 최종적으로 중력에 의해 장치의 바닥으로 침전된다. 간혹 침전된 유기물 입자는 보통 그릳이나 모래입자에 부착된 기름이나 그리스로 구성되어 있다.

5-5 그릳 제거

하수의 그릳은 모래, 자갈, 재, 또는 무거운 고형물질을 포함하며, 하수 내 부패성 유기물질보다 침전속도 또는 단위중량이 크거나 같다. 그릳 제거는 (1) 폭기조, 호기성 소화조, 파아프 라인, 채널 그리고 도관에 침전물 형성의 감소, (2) 그릳의 과도한 축적을 원인으로 소화조의 세척빈도의 감소, (3) 가동 중인 기계장비를 마모로부터 보호하고, 웨어의 비정상적인 가동에 대해 보호를 필요로 한다. 그릳의 제거는 분쇄기, 미세 스크린, 원심분리기, 열교환기, 고압 다이어트램 펌프과 같이, 금속표면과 가까운 기계의 표면장치에 필수적이다.

그릳 제거 시스템의 전반적인 목표는 정상적인 또는 습한 날씨의 흐름 동안 침전된 그릳의 제거가 목표이고, 매립처분에 적합한 최종생산물을 생산하는 것이다. 완성된 그릳 제거 시스템은 3가지의 특정한 단위공정으로 구성되어 있다. (1) 그릳 분리, (2) 그릳 세척, (3) 그릳 탈수 3가지 공정에 관한 설명은 그림 5−30에 나타나 있다. 3가지의 특정 공정을 논하기 전에, 하수의 그릳 특성을 고려하고 그것이 그릳 제거시스템의 설계와 선택에 영향을 미칠 수 있는지 고려하는 것이 적절하다. 결합 수집 시스템과 우수를 위한 그릳선별기는 그릳 제거 1차 침전 전에 사용하지 않는 1차 슬러지의 탈사암과 함께 고려된다.

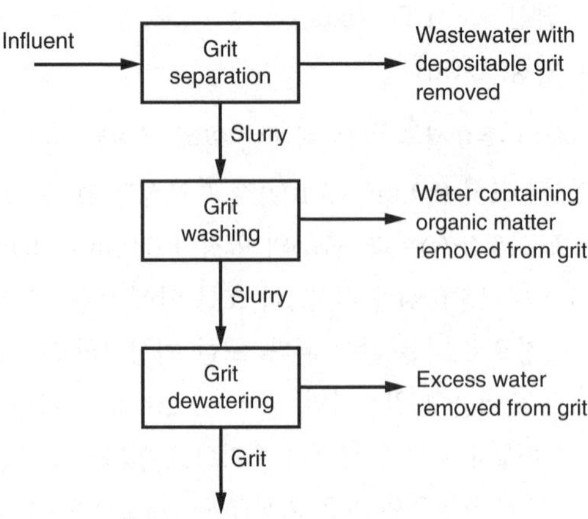

그림 5-30

완성된 그릿제거 시스템 (Wilson et al., 2007.)
그릿 제거, 그릿 세척, 탈수

하수의 그릿 특성(Wastewater Grit Characteristics)

일반적으로, 그릿 제거 시스템은 2.65의 비중을 가진 구형 실리카 모래 그리고 0.210 mm보다 우세한 큰 분진의 크기와 함께 0.050는 1.0 mm 크기 범위의 무기 침전 고형물이 구성된다는 가정에 기초하여 설계되어왔다. 이러한 가정의 결과로, 기존의 많은 그릿 제거 시스템은 과도한 유지 보수 및 운영비용의 결과로 성능 기대치가 부족했다.

그릿 구성(Grit Composition). 그릿은 모래, 자갈, 석탄 재 및 기타 무거운 재료로 구성되어 있다. 또한 달걀 껍질, 뼈 조각, 씨앗, 그리고 커피 찌꺼기와 같은 유기물질을 포함한다. 그릿은 집하시설을 통해 이동함에 따라, 그릿 입자는 유기물, 표면 활성제(SSAs)와 같이 그릿표면에 부착할 수 있는물질과 접촉한다.

일반적으로, 폐수로부터 제거하는 그릿은 비교적 건조한 불활성 물질이다. 그러나 조성물의 13~65% 수분함량과 광범위한 비중과 함께 1~56%의 휘발성은 큰 변수일 수 있다. 만약 제대로 폐수에서 처리하지 않을 경우 그릿 속에 존재하는 많은 유기물이 빠르게 부패한다.

그릿 입자 크기(Grit Particle Size). 제한된 사용 가능한 정보에 기초하여, 수집된 모래의 실제 크기 분포 때문에 그릿 제거 효율에 집하시설 특성의 편차뿐만 아니라 변동에 큰 차이를 나타낸다(그림 5-31). 일반적으로, 대부분의 수집된 그릿 입자는 약 100% 0.15 mm (100-mesh) 체에 유지된다. 그러나, 입자 크기는 상당히 다를 수 있다. 도시, 고밀도 환경에서 폐수 그릿은 거칠어지는 경향이 있다. 해안, 저밀도 환경에서 그릿은 미세해지는 경향이 있다. 미국 남동부에 "설탕 모래"라고 알려진 그릿의 일부를 구성하는 고운 모래는 그릿의 60% 미만이 0.15 mm (100-mesh) 스크린상에 남는다.

그릿 량(Grit Quantities). 그릿의 양은 한 위치에서 하수 시스템의 종류, 배수지역의 특성, 집하시설의 상태, 결빙 방지를 위한 도로 모래의 회수, 산업폐기물의 종류, 음식물쓰레기 분쇄기와 가구 수, 토양의 침투 양에 따라 매우 다를 수 있다. 해안도시 해변의 모래 이동 또한 주요 원인이다. 합류식 하수도에서 또 다른 요소는 강우와 연관된 초기 유출의

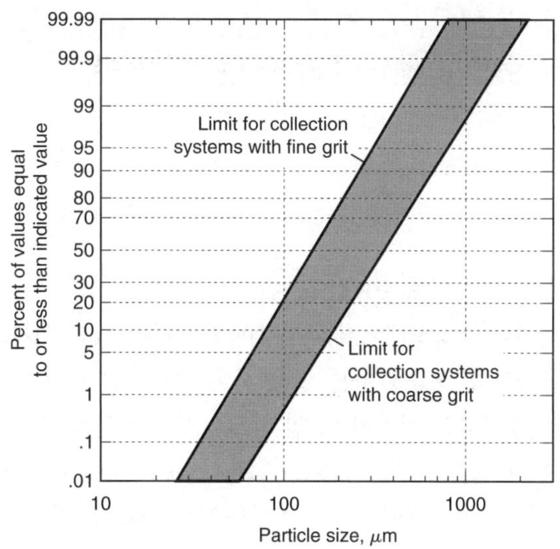

그림 5-31

그릿 입자크기 분포도. 색칠된 부분은 하폐수처리장에서 측정된 그릿 입자 크기의 범위

발생이다. 비오는 날 높은 유량에 부유한 그릿은 건조한 날씨 동안 집하시설에 정착한다. 따라서 무거운 그릿 하중은 폭우 시작 후 폐수처리 공장을 경험한다.

그릿은 특성이 뚜렷하지 않고 데이터가 상대적 제거율이 존재하지 않기 때문에 그릿 제거 데이터를 해석하기 어렵다. 그릿 특성에 관한 정보는 유입 폐수의 그릿보다는 수집된 내용으로부터 유도한다. 체 분석은 일반적으로 침사지의 침입수 및 폐수에 수행되지 않는다. 이러한 이유로, 그릿 제거 시스템의 효율을 비교할 수 없다. 분리 및 합류식 하수도에서 보고된 그릿 제거량의 비교를 표 5-15에 제시했다.

그릿 침전 특성(Grit Settling Characteristics). 그릿의 침전 특성은 집하시설의 선별시스템 그리고 처리시설의 위치의 지점에 따라 상당히 다르다. 그릿은 세 개 또는 별개의 층으로 수집 시스템 내에서 중력 하수구를 통해 이동한다(그림 5-32). 대부분의 집하시설에서 깨끗한 무기 그릿 입자의 침전 제한은 0.225 mm이다. 결과적으로, 이 크기는 상기 입자를 정상 유동 조건하에서 유압 이송될 수 없으며, 집하시설 내에 쌓인다. 하수 내의 표면활성물질(SSAs)은 증착된 입자를 통과하고, 일부는 증착된 그릿 입자에 부착된다. 충분한 양의 표면활성물질이 축적됐을 때 코팅된 그릿 입자의 부력이 증가하고 증착된 그릿이 하상하중에 따라 상승한다. 여기서 코팅된 그릿은 집하시설의 아랫부분을 따라 평균 하수 속도 미만으로 처리장까지 천천히 이동한다. 하상하중 위는 가벼운 그릿 입자로 이루어지는 부유 하중이다. 이 부유 그릿 하중은 직경이 0.225 mm보다 작은 깨끗한 무기 그릿 입자보다 낮은 침강 속도를 가지며 정상적인(매일매일) 조건하에서 처리장에 도달한다. 일반적으로 주어진 그릿 제거 시스템은 0.210 mm보다 큰 깨끗한 무기 그릿 입자를 제거하도록 설계되었다, 대부분의 그릿은 정상 상태에서 그릿 제거 흐름을 통해 통과한다. 특히 합류거에서 빠른 유속 시간 동안 무겁고 증착된 그릿은 다시 부유되고 처리장에 도달하는 그릿 양은 실질적으로 증가한다. 그러므로 그릿 제거 시스템은 정상적인 유동상태에서뿐만 아니라 지속적인 최고조 유동상태에서도 그릿의 상당량이 처

표 5-15
분리 및 합류식 하수도에서 보고된 그릴 제거량 비교

그릴 제거 시스템	최대 그릴 제거량과 평균 제거량의 비율	평균 그릴 량	
		ft^3/Mgal	m^3/1000 m^3
분리식	1.5 to 3:1	0.5~5	0.004~0.037
합류식	3 to 15:1	0.5~27	0.004~0.20

리장에 도달하기 위해 중요하다.

그리하여 정상상태에서 처리장에 도착하는 그릴 입자는 설계 시 예상보다 가볍다. 표면활성물질의 영향에 따른 입자 사이즈는 그림 5-33에 표현되었다. 깨끗한 모래의 비중이 일정하다고 가정하면, 입자 크기가 증가함에 따라 깨끗한 모래의 침강속도 또한 증가한다[그림 5-33(a) 참조]. 그러나 하수 그릴의 침전속도는 SSAs의 부력효과 때문에 입자크기에 독립적이다[그림 5-33(b) 참조]. 결과적으로 폐수 그릴은 전통적으로 설계된 그릴 제거 공정, 기본침강 탱크를 통과하고, 1차 슬러지 또는 폭기조에 전달된다. 생물학적 활성에 노출될 때, 표면활성물질은 분해되고 나머지 고밀도의 그릴 입자들은 빠르게 침전한다. 결과적으로 자주 과도한 그릴증착이 일어나는 폭기조, 호기성 정화조, 혐기성 정화조와 같은 생물학적 반응기의 공정 효율을 유지하기 위해 빈번히 비싼 세정을 한다. 일반적으로 폐수처리시설(WWTP)에 들어가는 그릴의 2/3 깨끗한 모래의 증착한계 사이즈보다 크다.

모래 치환 크기(Sand Equivalent Size). 많은 그릴 제거 시스템은 2.65의 비중을 갖고(실리카모래와 유사함) 주로 0.210 mm보다 큰 입자 크기를 가지며 깨끗한 모래와 유사한 침전 특성을 가진 그릴 입자를 기준으로 하여 설계되었다. 아직, 0.210 mm보다 큰 모래 입자는 종종 후속공정 문제의 원인으로 꼽힌다. 그림 5-33(c)는 그림과 같이 모래 치환 크기(SES)는 깨끗한 모래와 배수 그릴의 침강 속도에 관한 것이다. 보는 것과 같이 깨끗한 모래의 입자와 동일한 물리적 크기 하수 그릴 입자(표면활성물질로 코팅된)는 깨끗한 모래입자보다 낮은 침강 속도를 가질 것이다. 하수 그릴 입자의 SES는 동등한 침강 속도

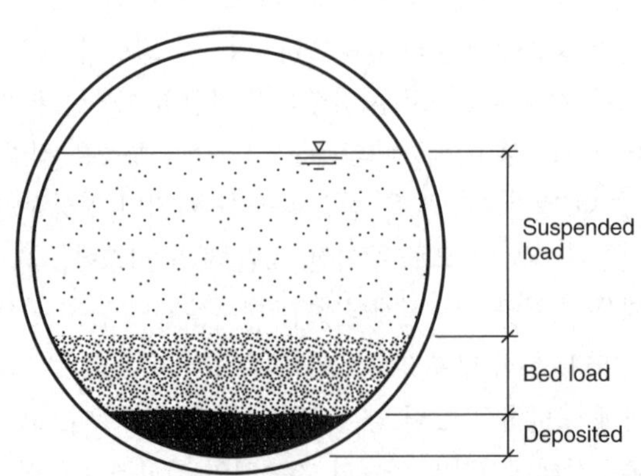

그림 5-32
집하시설의 부유하중, 하상하중, 증착된 그릴 입자 분포도. (Wilson et al., 2007.)

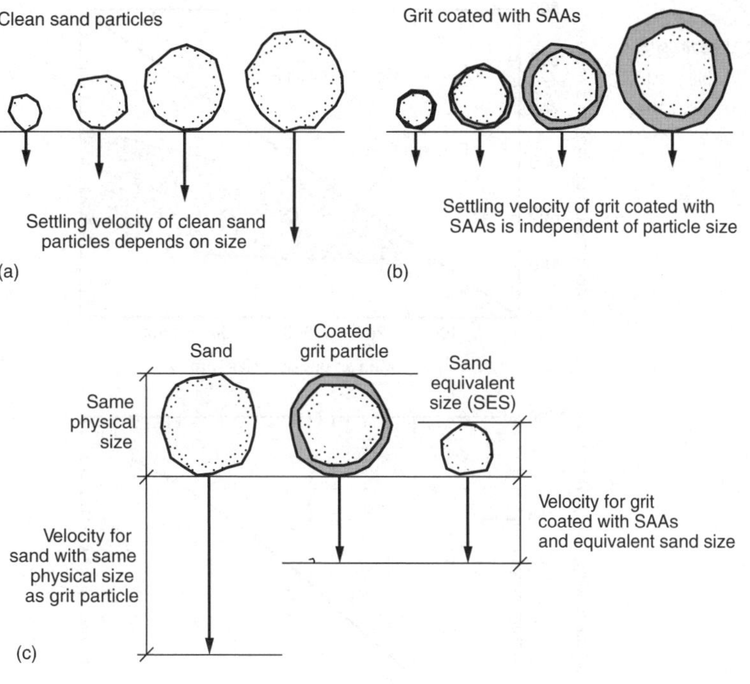

그림 5-33

그릳 입자의 침강 속도. (a) 깨끗한 모래, (b) SAA가 부착된 그릳, (c) 깨끗한 모래와 비교한 동등한 크기의 모래(Wilson et al., 2007)

를 가진 깨끗한 입자와 동등한 크기를 가진다.

폐수 그릳의 침강 속도(Settling Velocity of Wastewater Grit). 제거되어야 하는 그릳의 수준은 사례별로 결정되어야 한다. 이것은 하류 처리과정과 장비를 보호하기 위해 필요한 처리장에 들어간 폐수 그릳의 특성과 제거 수준에 의존한다. 0.225 mm의 깨끗한 입자를 대상으로 시험하는 동안, 현대 제거 시스템은 일반적으로 동등한 크기를 가진 모래 사이즈보다 훨씬 작은 폐수 그릳을 대상으로 했다. 이 높은 효율을 가진 그릳 시스템은 일반적으로 0.075~0.150 mm 범위의 동등한 사이즈를 가진 모래 그릳을 대상으로 했다.

가능한 경우, 그릳의 연구는 들어오는 폐수 그릳과 동일한 크기와 그릳 제거의 원하는 수준을 달성하기 위한 동일한 크기의 모래를 결정하기 위해 수행되어야 한다. 만약 그릳 연구가 없는 경우에 지역 데이터를 대용으로 사용할 수 있다. 데이터를 사용할 수 없는 경우, 집하시설의 질적 평가에 기초하여 설계할 수 있다. 다양한 위치에서 측정된 표면활성물질의 영향을 받은 동등한 크기의 모래에 연관된 폐수 그릳 입자의 물리적 크기는 그림 5-34(a)에 비교되어 있다. 물리적 크기 및 폐수 모래의 동등한 크기의 모래의 차이는 물리적 크기가 증가함에 따라 증가에 0.106 mm에서 시작한다. 예를 들어, 0.210 mm의 물리적 입자 크기를 가질 때, 동등한 크기의 모래는 0.106부터 0.210 mm까지 다양 할 수 있다. 따라서 0.210 mm의 물리적 크기의 입자를 제거하기 위해, 0.106 mm만큼 낮은 동등한 크기의 모래가 설계의 기초로서 사용될 수도 있다.

0.106 mm의 동등한 모래 크기에 기초한 설계는 대부분의 집하시설 90%에 대한

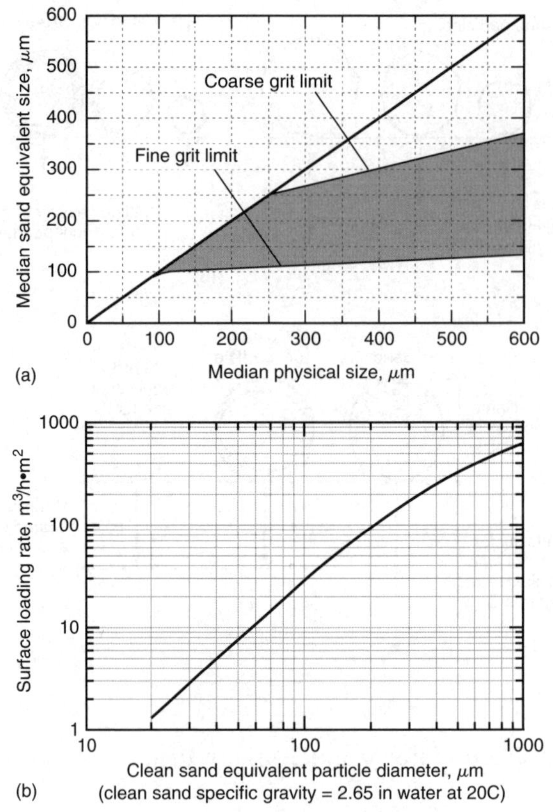

그림 5-34

와류식 침사지 공정 설계 정보. (a) 미국 내 다양한 하폐수 처리장의 평균 SES 입자 크기 비교(Hydro International 기준 적용), (b) 식 (5-18)에 근거한 와류식 침사진의 표면부하율

그릿을 제거할 것이다. 그러나 이러한 집하시설에 대해 미세 점토의 그릿 제거 효율은 상당히 낮을 수도 있다(50~65%). 만약 90% 이상의 그릿 제거가 목표인 경우, 0.075 mm보다 낮은 모래 치환 크기 설계가 요구될 수 있다.

모래 치환 크기 설계가 식별되면, 대상된 그릿 입자의 표면 부하율(침강 속도)은 깨끗한 모래의 침전 특성을 이용하여 확립할 수 있다[그림 5-34(b)]. 0.106 mm의 모래 치환 크기인 경우, 표면 부하율은 0.49 m/min이다. 0.075 mm (12 gal/ft^2/min)의 동등한 크기의 모래인 경우 필요한 표면 부하율은 0.24 m/min (6 gal/ft^2/min)이며, 그릿 제거 시스템의 두 배의 크기가 요구된다.

》 하수에서의 그릿 분리기(Grit Separators for Wastewater).

하수에서 그릿의 분리는 일반적으로 가벼운 유기 고형물에서 물리적으로 분리된 무거운 그릿 입자에 대해 설계된 별도의 침사지에서 수행된다. 침사지는 대부분 바 스크린 뒤에 1차 침전조 전에 위치되어, 그릿 제거 장치의 작동 및 유지 보수에 영향을 주는 협잡물을 방지한다. 분쇄 장치를 사용하는 처리장, 침사지는 절단 날의 마모를 감소시키기 위해 상류 측에 위치해야 한다. 그릿 분리 장치는 일반적으로 세 가지 종류가 있다: 수평류식 침사지, 장방형 수평류식 침사지, 포기식 침사지 혹은 와류식 침사지. 각 유형은 개별적으로 제공되는 관련 세척 및 건조 장비와 함께 아래처럼 간주된다.

표 5-16

수평류식 침사지의 일반적인 설계 자료

	U.S. 단위			SI 단위		
	단위	범위	표준	단위	범위	표준
체류시간	s	45~90	60	s	45~90	60
수평 속도	ft/s	0.8~1.3	1.0	m/s	0.25~0.4	0.3
65번 체 잔류물질의 침전속도						
직경 0.21 mm	ft/min[a]	3.2~4.2	3.8	m/min[a]	1.0~1.3	1.15
직경 0.15 mm	ft/min[a]	2.0~3.0	2.5	m/min[a]	0.6~0.9	0.75
제어단면의 손실수두(수로 깊이의 %로 나타냄)	%	30~40	36[b]	%	30~40	36b
유입, 유출 교반에 따른 여유분	%	25~50	30	%	25~50	30

[a] 그릿의 비중이 2.65보다 훨씬 작으면 더 작은 유속을 사용

[b] 파샬플륨 제어용

수평류식 침사지(Horizontal-Flow Grit Chambers). 장방형과 정방형 수평류식 침사지는 오랫동안 사용되어 왔다. 그러나 한계로 인하여 새롭게 설치되는 침사지는 수평류식 및 와류식 침사지가 선호된다.

장방형 수평류식 침사지(Rectangular Horizontal-Flow Grit Chambers). 사용되는 침사지 중 가장 오래된 형태는 장방형 수평류식과 속도조절식 침사지이다. 장방형 수평류식 침사지의 설계 정보는 표 5-16에 나타나 있다. 이 장치들은 가능한 한 속도를 0.3 m/s에 가깝게 유지하고, 그릿 입자가 침사지 바닥에 가라앉을 때까지 충분한 시간을 줄 수 있도록 설계되어 있다. 이 설계유속에서는 대부분의 유기성 입자가 침사지를 그냥 통과하고, 일부 가라앉은 유기성 입자도 재부상되지만 무거운 그릿 입자는 침전되어 가라앉는다.

장방형 수평류식 침사지는 어떠한 상황에서도 가장 가벼운 그릿 입자가 유출구로 빠져나가기 전에 침전지 바닥에 가라앉도록 설계되어야 한다. 일반적으로 침사지는 직경 0.21 mm 스크린을 유지하게(70번 체) 설계되어야 하지만 많은 침사지는 100번 체에 걸릴 정도의 입자(직경 0.15 mm)도 제거되도록 설계하는 경우가 많다. 침강 속도는 그림 5-34(b)의 침강 속도가 적용되는 하수의 그릿의 SES에 기초가 되어 사용한다. 침사지의 길이는 침전속도에 따른 깊이와 제어부(control section)에 의해 구해지고, 작용 단면적(cross section)은 유량과 수로의 개수에 의해 구해진다. 덧붙여 유입부와 유출부에서는 난류의 영향을 고려하여야 한다.

장방형 수평류식 침사지에서 제거된 그릿입자들은 보통 스크레이퍼나, 버켓, 또는 삽이 달린 컨베이어에 의해 외부로 배출된다. 스크류 컨베이어나 또는 버켓 승강기는 제거된 그릿을 세척이나 처분하기 위해 이동시키는 데 사용된다. 소규모 처리장에서는 때때로 침사지를 인력으로 청소하기도 한다.

정방형 수평류식 침사지(Square Horizontal-Flow Grit Chambers). 그림 5-35과 같은 정방형 수평류식 침사지는 과거 60년 이상 사용되어 왔다. 이 장치의 유입수는 여러 개의 날개나 수문에 의해 조 전단면에 걸쳐 고르게 분배되며, 분배된 하수는 조를 가로질러 웨어를 통해 나가게 된다. 정방형 수평류식 침사지를 사용하는 곳에서는, 최소한 2개의 침사지를 동시에 사용하는 것이 바람직하다. 이런 형태의 침사지는 하수 내 온도와 입자크기에 따른 월류 속도를 기초로 설계된다. 이들은 보통 최대 유량 시 직경 0.15 mm 크기 입자의 95%까지 제거할 수 있게 설계되어야 한다. 설계곡선의 전형적인 설정은 그림 5-36에 나타나 있다.

정방형 침사지 안에서 그릿은 회전하는 갈퀴(rake)에 의하여 조 측면에 있는 파진 공간 안에 수집된다. 침전된 그릿은 갈퀴의 왕복작용(그림 5-35 참조)으로 경사면을 따라 상부쪽으로 밀려 올라가거나, 또는 사이클론을 이용한 그릿 제거장치로 펌프 운송되는 과정에서 유기물질과 농축된 그릿이 분리된다. 농축된 그릿은 물에 잠긴 왕복식 갈퀴나 경사진 스크류 컨베이어에 의하여 다시 분류기 안에서 세척된다. 이들 중 어느 방법으로든지, 유기고형물은 그릿으로부터 분리되어 다시 탱크로 돌아가게 되어 더 깨끗하고 함수비가 작은 그릿을 만들게 된다.

포기식 침사지(Aerated Grit Chambers). 포기식 침사지에서 공기는 정방형조 내부의 한 쪽 측면을 따라 유입이 되는데, 이는 조 내부에서 하수흐름에 수직적인 와류형태를 만들기 위해서이다(그림 5-37). 그림 5-37(b)에서 보면 하수는 와류경로로 탱크 안으로 들어가며, 최대 유량에서 탱크의 하단부를 가로지르는 2~3의 경로를 만들 것이며, 평균 유량에서는 좀 더 경로를 만들 것이다. 침전속도가 큰 무거운 그릿 입자일수록 탱크 바닥에 먼저 가라앉는다. 반면에, 가벼운 유기물질들은 부유 상태로 있거나 조 내부를 그대로 통과한다. 비중이 거의 동일하다면 입자의 크기가 제거에 적당한 회전 및 교반 속도를 결정한다. 속도가 너무 커지면 그릿 입자는 침사지 밖으로 빠져나가게 되고, 너무 작아지면 유기성 물질이 그릿 입자와 함께 가라앉게 된다. 다행히 공기량 조절은 쉽게 할 수 있으므로, 제대로 조절하면 100%의 그릿 제거가 가능하고, 잘 세척된 그릿 입자를 얻을 수 있다.

설계 시 고려사항(Design consideration). 포기식 침사지는 직경 0.21 mm 입자 또는 더 큰 것을 제거하고, 시간최대유량에서 2~5분 체류시간을 갖도록 설계되고 있다. 조 내부의 단면은 활성슬러지법의 포기조에서 나선형 순환을 일으키게 한 형태와 동일하지만 산기판 밑으로 깊이가 0.9 m (3 ft)이고 벽면이 직각에 가까운 그릿 호파가 탱크의 한쪽 벽을 따라서 설치된 것이 다르다(그림 5-37 참조). 산기관은 바닥면으로부터 0.45~0.6 m (1.5~2 ft) 상부에 설치된다. 유출구 측과 유입구 측에 각각 배플을 달아서 수리학적 부하를 조절하고, 그릿 제거효율을 높이는 경우가 많다. 챔버를 통과하는 손실수두를 결정하려면 공기에 의한 부피 증가를 고래해야 한다. 포기식 침사지의 기초 설계 자료는 표 5-17와 같고, 설계의 사례는 예제 5-8에 나와 있다.

그릿 제거 시설(Grit Removal Facilities). 포기식 침사지에서 그릿을 제거하기 위해서

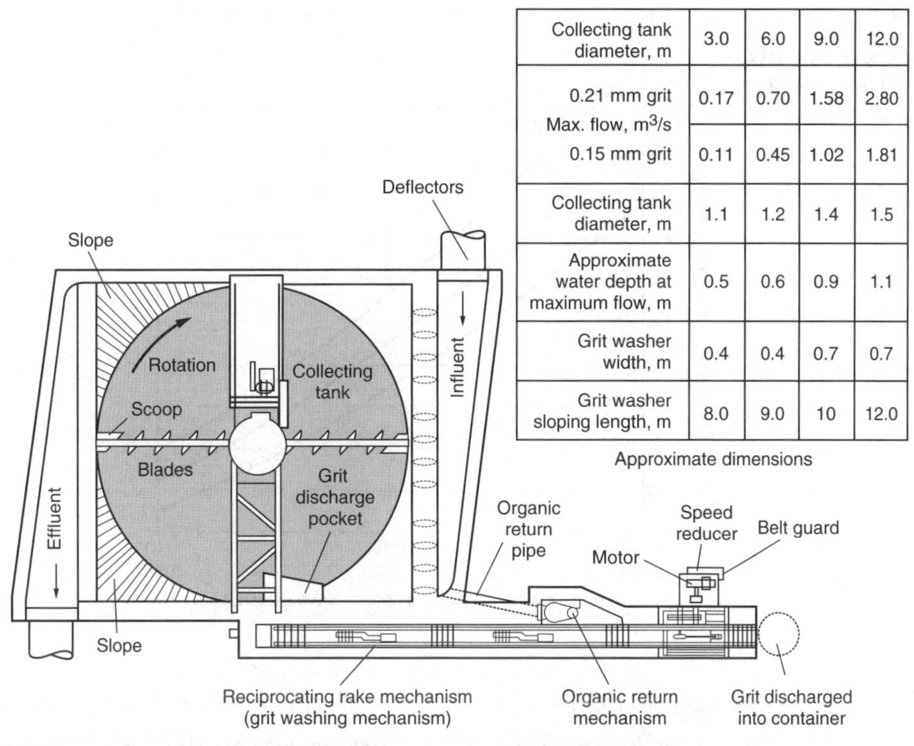

Collecting tank diameter, m		3.0	6.0	9.0	12.0
Max. flow, m^3/s	0.21 mm grit	0.17	0.70	1.58	2.80
	0.15 mm grit	0.11	0.45	1.02	1.81
Collecting tank diameter, m		1.1	1.2	1.4	1.5
Approximate water depth at maximum flow, m		0.5	0.6	0.9	1.1
Grit washer width, m		0.4	0.4	0.7	0.7
Grit washer sloping length, m		8.0	9.0	10	12.0

Approximate dimensions

(a)

Note: m × 3.2808 = ft; m^3/s × 22.8245 = Mgal/d; mm × 0.03937 = in.

(b)

(c)

그림 5-35

정방형 수평류식 침사지. (a) 비중 2.65의 그릿 기준 공정설계 개념도. (b) 두 개의 갈퀴 작용으로 그릿이 주변으로 옮겨짐, (c) 정방형 침사지의 모습.

그림 5-36

온도에 따른 비중 2.65인 그릿 입자를 침전시키는 데 필요한 면적

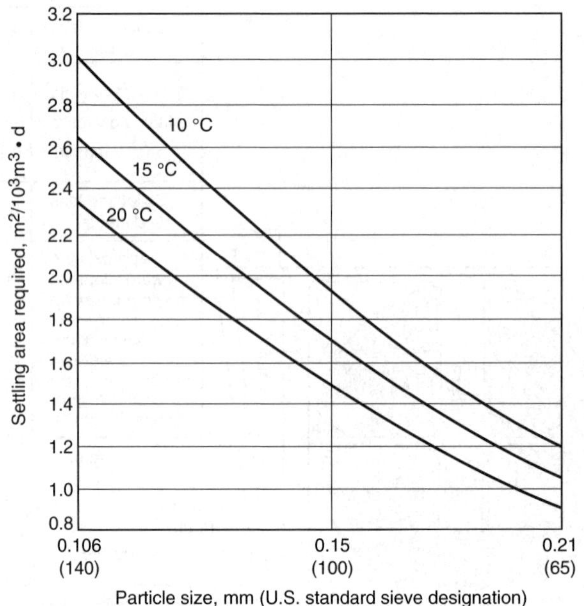

그릿 수거장치와 저장소의 중심 위에 모노레일 위를 움직이는 그랩버킷을 설치할 수 있다. 체인(chain)과 버킷 컨베이어(bucket conveyor)를 사용하는 다른 장치들은 그릿이 모여있는 도랑바닥 전체를 따라 움직이면서 그릿을 도랑 한쪽 편 끝으로 모아서 이를 연속적으로 폐수 위로 퍼올리는 장치이다. 스크류 컨베이어, 튜브형 컨베이어, 제트 펌프, 공기 리프트로 모아진 그릿을 제거하기 위해 사용되어 왔다. 포기식에서의 그릿 제거 장치의 마모 정도는 수평류 식에서 쓰는 장치의 마모 정도와 동일하다.

대규모 장치로서 그림 5-38과 같이 이동 가교식 그릿 수거장치가 사용되고 있다. 그릿 펌프는 모든 거리를 침사지 내부 수중에 잠겨서 이동하면서, 그릿을 정체된 수거

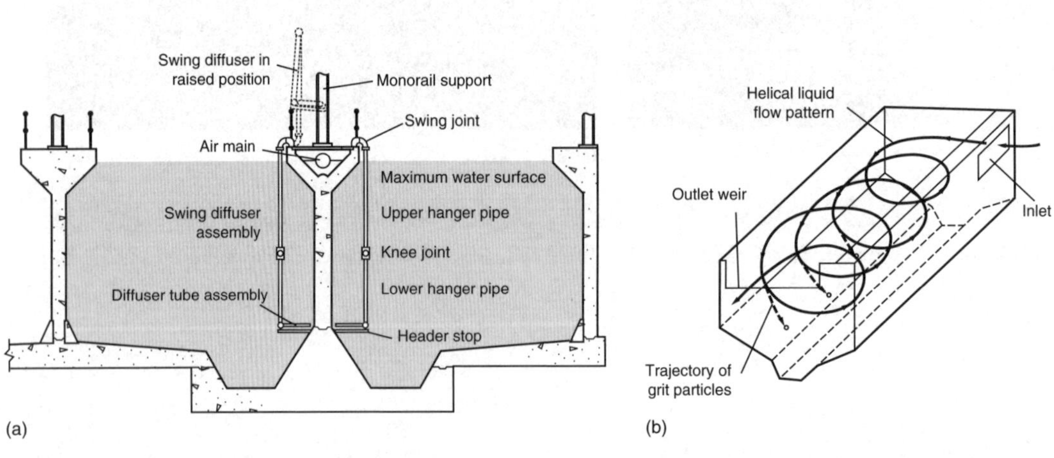

그림 5-37

포기식 침사지: (a) 침사지 단면, (b) 포기식 침사지 내의 와류 경로 개념도

표 5-17

포기식 침사지의 일반적인 설계 자료

	U.S. 단위			SI 단위		
항 목	단위	범위	표준	단위	범위	표준
최대 유량 시 체류시간	min	2~5	3	min	2~5	3
치수						
깊이	ft	7~16		m	2~5	
길이	ft	25~65		m	7.5~20	
폭	ft	8~23		m	2.5~7	
폭/깊이 비율	비율	1:1에서 5:1	1.5:1	비율	1:1에서 5:1	1.5:1
길이/폭 비율	비율	3:1에서 5:1	4:1	비율	3:1에서 5:1	4:1
길이 단위당 공급되는 공기량	$ft^3/ft \cdot min$	3~8		$m^3/m \cdot min$	0.2~0.5	
발생-그릿 양	$ft^3/Mgal$	0.5~27	2	$m^3/10^3\ m^3$	0.004~0.20	0.015

[a] From combined collection system.

장치 안으로 펌핑 운송한다. 펌프는 연속적으로 가동할 수 있으며, 또한 필요에 따라서 하수 유입량 및 시간에 맞추어 운전되도록 프로그램 입력을 할 수 있다. 이러한 시스템의 다양성은 그릿 펌프 대신 각각의 그릿 탱크에 이동가교에 설치된 그릿 공기 펌프를 사용함으로써 얻어질 수 있다.

다른 방법으로, 이동식 가교에 부착된 scraper blade는 그릿 공기부상기와 함께 무겁게 쌓인 그릿을 펌프를 이용해 제거할 수 있게 침사지 안쪽 끝으로 이동시킬 때 사용된다. Scraper blade는 pivoting arm 위에 설치되고 가교에서 역으로 움직일 때 올라간다. 펌프된 그릿 슬러리를 받는 through는 반드시 마모저항을 고려하여 디자인되어야 한다.

스컴제거(Scum Removal). 포기식 침사지는 지방, 기름, 그리스(FOG) 스컴을 제거하기 위해 디자인되거나 현존하는 침사지를 변형하여 얻을 수 있다(그림 5-39 참조). 이러한 적용에서의 배플벽(baffle wall)이 세로로 포기식 침사지를 통과하도록 형성된다. 배플벽은 물 표면 아래로 이어지고 탱크를 평행한 두 개의 채널, 그릿 채널과 기름(grease) 채널로 나뉜다. 위로 떠오르는 공기부표들은 폐수 안으로 기름을 끌고 가고 spiral roll이 기름을 세로의 배플벽을 향해 그릿 채널을 가로질러 이동시키는 표면으로 가져간다. 더 무거운 기름 입자들은 가라앉고 아래쪽으로 이동하여 아래에 있는 채널 호퍼(hopper)에 모이여, 이는 보통의 포기식 침사지와 유사하다. 기름 채널에 모여진 기름은 지속적으로 air-water skimming jets로 인하여 채널의 배출구로 이동한다. 그 후, 기름 제거 screw에 의해 제거된다.

포기식 침사지에서의 대기오염 물질 배출(Emissions from Aerated Grit Chamber). 유입되는 폐수는 공기를 교반시킬 때 폐수로부터 떨어져 나오는 물질들을 포함한다. 특히 온화한 기후에서 오랫동안 수집시스템에 의해 폐수가 정화되는 곳에서는 황화수소와 다른 악취가 나는 가스들이 포기식 침사지로부터 발생할 수 있다. 공장폐수가 유입되는

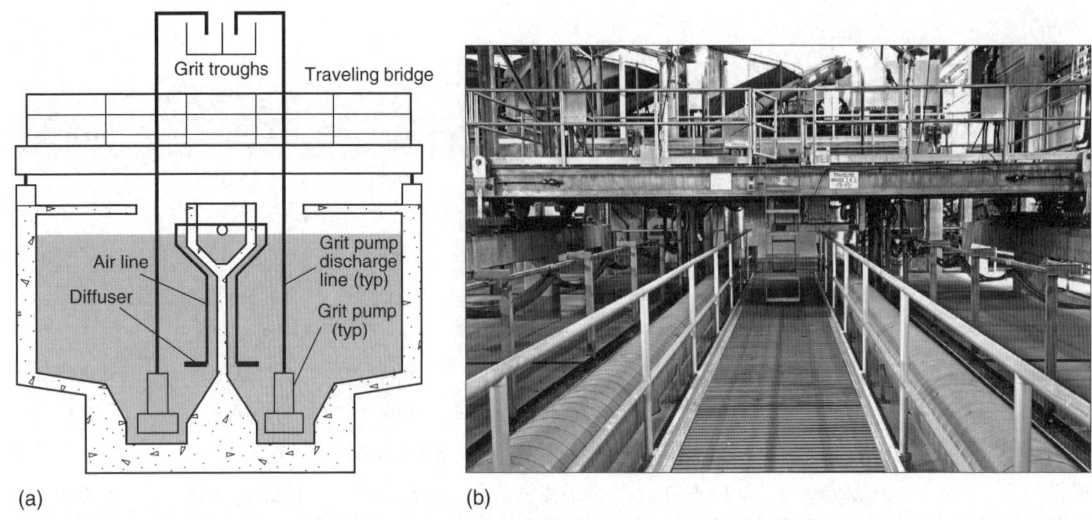

그림 5-38

포기식 침사지의 이동 가교식 그릿 수거 장치. (a) 그릿 펌프 장치, (b) 이동가교식 그릿 수거 장치의 모습

지역에서는, 포기식 침사지에서 공기를 유입시킬 때 VOC(휘발성 유기화합물)가 방출되는 것에 유의하여야 한다. VOC가 많이 방출되면, 하수처리장 운전자에게 건강상의 위해를 가져올 수 있다. 따라서 VOC 방출이 치명적 문제가 되는 곳에서는 뚜껑을 덮든가, 아니면 포기식을 사용하지 않도록 하여야 한다.

그림 5-39

FOG/sum 제거장치. (a) 설계도, (b) 단면도, (c) 현장사진 (Schreiber)

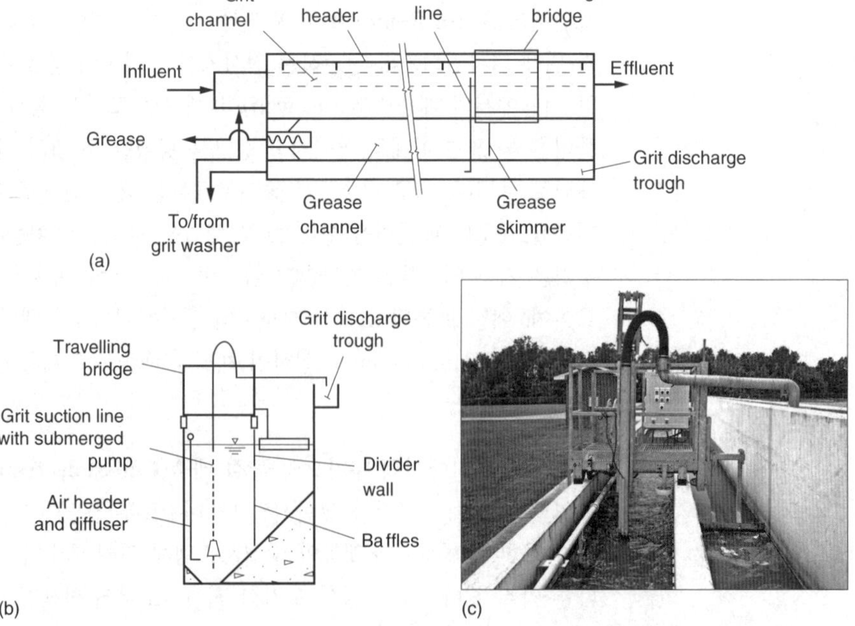

예제 5-8 **포기식 침사지의 설계** 도시하수처리용 포기식 침사지를 설계하라. 평균 유량은 0.5 m^3/s이고, 그림 3-13에 보인 첨두유량곡선을 사용하라.

풀이

1. 설계를 하기 위하여 시간 최대 유량을 구한다. 포기식 침사지는 시간 최대 유량에 설계한다고 가정한다. 그림 3-11로부터 얻어진 첨두유량비는 2.75이므로 설계 최대 유량은 다음과 같다.

   첨두유량 = $0.5\ m^3/s \times 2.75 = 1.38\ m^3/s$

2. 침사지의 용량을 구한다. 일상적인 유지관리를 위하여 주기적으로 침사지를 비울 필요가 있으므로, 침사지의 개수는 두 개로 한다. 최대 유량 시의 체류시간은 3분이라고 가정한다.

   침사지의 용량, m^3(각각) = $(1/2)(1.38\ m^3/s)(3\ min)(60\ s/min) = 124.2\ m^3$

3. 침사지의 치수를 결정한다. 깊이는 3 m로 가정하고 폭 대 깊이의 비는 1.2:1로 한다.

   a. 폭 = $1.2\ (3\ m) = 3.6\ m$

   b. $$\text{길이} = \frac{\text{부피}}{\text{폭} \times \text{길이}} = \frac{124.2\ m^3}{3\ m \times 3.6\ m} = 11.5\ m$$

4. 평균 유속의 각 침사지에서 체류시간을 결정한다.

   $$\text{체류시간} = \frac{124.2\ m^3}{(0.25\ m^3/s)} = 496.8\ s\left(\frac{1\ min}{60\ s}\right) = 8.28\ min$$

5. 소요공기 공급량을 구한다. 길이당 $0.3\ m^3/min \cdot m$가 적당하다고 가정한다.

   $$\begin{aligned}\text{소요공기량(길이당)} &= (11.5\ m)(0.3\ m^3/min \cdot m) \\ &= 3.45\ m^3/min\ \text{(각 침사지당)}\end{aligned}$$

   전체 공기공급량 = $3.45 \times 2 = 6.9\ m^3/min\ (244\ ft^3/min)$

6. 처리해야 하는 평균 그릳 양을 구한다. 그릳 양은 $5 \times 10^{-3}\ m^3/10^3\ m^3$로 가정한다.

   $$\begin{aligned}\text{그릳의 부피} &= (1.38\ m^3/s)\ (86{,}400\ s/d)\ (5 \times 10^{-6}\ m^3/m^3) \\ &= 5.96\ m^3/d\end{aligned}$$

포기식 침사지를 설계할 때, 그릳 제거율과 그릳 세척 정도를 조절하기 위하여 공기량을 변화시킬 수 있는 장치를 설계해야만 한다.

표 5-18
와류식 침사지 설계 정보

항목	미국 표준 단위			SI 단위		
	단위	범위	표준	단위	범위	표준
평균 체류 시간	s	20~30	30	s	20~30	30
유속						
직경						
상부 챔버	ft	4.0~24.0		m	1.2~7.2	
하부 챔버	ft	3.0~6.0		m	0.9~1.8	
높이	ft	9.0~16.0		m	2.7~4.8	
제거율[a]						
0.30 mm (50 mesh)	%	92~98	95+	%	92~98	95+
0.21 mm (70 mesh)	%	80~90	85+	%	80~90	85+
0.149 mm (100 mesh)	%	60~70	65+	%	60~70	65+

[a] Based on grit with a specific gravity of 2.5 to 2.65.

와류식 침사지(Vortex-Type Grit Chambers). 그릿은 와류흐름을 이용한 장치로 제거할 수 있다. 3가지 유형의 장치가 표 5-40에 나타나 있으며, 아래에서 논의된다.

기계적으로 유도된 와류(Mechanically Induced Vortex). 그림 5-40(a)에 보이는 기계적으로 유도된 와류요소에서는 폐수가 길고 곧은 채널로 들어간다. 이 채널에서는 그릿은 아래쪽으로 이동하는 반면 폐수는 와류 안으로 흘러가도록 고안되었다. 접선방향으로의 유입에 의해 발생되는 환상형의 움직임은 요소 안에서 회전하는 터빈 압축기에 의해 강화된다. 이는 그릿이 분리된 판 아래를 지나 그릿 슬러리 호퍼를 지나가는 중심부를 향하는 편평한 바닥을 따라 움직이도록 한다. 반면에 더 가벼운 유기물질들은 현탁액 안에 유지되고 접선방향의 출구쪽 표면으로 유닛으로부터 나가게 유도한다. 그릿 호퍼의 내용물들은 축을 따라 움직이는 프로펠러나 보조적은 water jet에 의해 유체화된다. 그릿은 그릿 슬러리 또는 air-lift pump에 의해 제거된다. 전형적인 설계 자료는 표 5-18에 나타나 있다. 두 개 이상의 요소가 설치된다면, 침사지에서 그릿의 상향류를 막기 위한 특별한 흐름의 정렬이 필요할 것이다.

수압으로 유도되는 와류(Hydraulically Induced Vortex). 수압으로 유도되는 와류 장치는 그림 5-40(c)에 나타나 있다. 다른 기계적인 회전기구 없이도 요소로 들어오는 흐름에 의해 작동한다. 폐수는 길고, 곧은 유입채널에 의해 요소로 이동하고 원동형의 요소에 접선방향으로 들어간다. 이에 따라 내용물들이 수직축을 따라 천천히 회전한다. 폐수의 흐름이 과 모래입자들을 침전시키기 위해서 둘레를 따라서 나선형으로 아래로 내려간다. 내부 구성요소는 폐수의 주요 흐름을 둘레(외벽)로부터 떨어지게 하고, 방출된 폐수(degrittde effluent)가 폐수채널로 가도록 장치의 중심부 근처로 다시 유도한다. 무거운 그릿은 center cone 아래를 지나 중심부로 가는 나선형 길(path)을 따라서 아래로 이

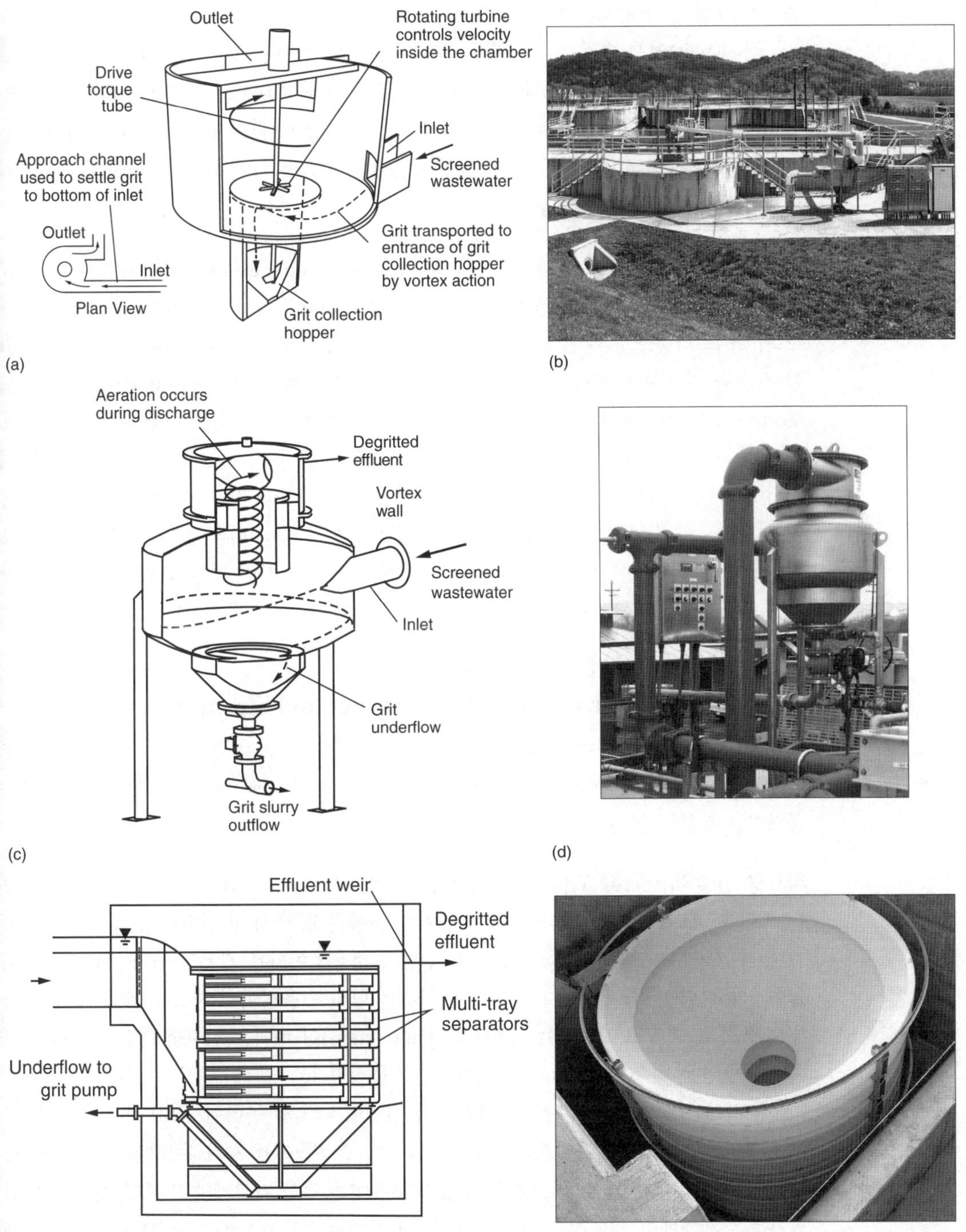

그림 5-40

와류식 침사지. (a) Pista Grid Separator 설계도(Smith & Loveless), (b) (a) 장치의 모습, (c) Eutek Teacup separator 설계도(Hydro International), (d) (c) 장치의 모습, (e) Eutek HeadCell 침전지 단면도, (f) (e) 장치의 모습(courtesy of Hydro International)

동하여 그릿 슬러리 호퍼로 간다.

장치(unit)에서 수두손실은 입자 크기의 함수를 말하며, 이는 제거되거나, 매우 미세한 입자에 대해 상당히 크다. 와류 그릿 제거 장치는 최고 0.3 m^3/s (7 Mgal/d)까지 처리할 수 있다. 그릿은 장치(unit)의 미끄럼방지컨베이어벨트에 의해서 제거된다. 이 장치는 전체적인 높이 때문에 이런 유형의 그릿 시스템은 바닥을 깊게 하거나, 지상에 설치하기 위해선, 기중기 시설이 요구된다.

다중형 와류 그릿 선별기(Multi-tray Vortex Grit separator). 특화된 다중형 와류 그릿 선별기는 그림 5-40(e)에 나타난 것과 같이 표면적을 최대화하고, 침전거리를 최소화하도록 다중으로 쌓인 트레이로 구성되어 있다. 이것은 낮은 수두손실을 갖은 조밀한 장치를 가능하게 한다. 흐름은 직접적으로 유입 분배 장치 해더(influent distributor header)에 의하여 다중 트레이 장치 안으로 들어가는데, 이때 다중트레이시스템 접선으로 균등하게 공급한다. 접선방향의 공급은 유압으로 인한 와류흐름 패턴을 만드는데 여기서 모래는 중력으로 인해 각 트레이의 경사진 표면을 따라 침전하게 된다. 그리고 중심이 열림으로써 각 트레이로부터 모아진 모래들이 장치 중심 아래에 있는 단일 배출구로 침전한다. 그릿이 제거된 처리수는 트레이와 주변 침전지 사이 공간 밖으로 흐르는데, 여기서 weir를 통해 흘러나가게 된다.

》 합류식 하수와 우수에서의 그릿 분리기 (Grit Separators for Combined Wastewater and Stormwater)

소용돌이 농축기(swirl concectrator)와 와류 선별기와 같은 고형물 분리 장치는 월류수(CSOs)와 우수의 처리를 위해 유럽에서 미국에 비해 더 많이 사용되어 왔다. 이 장치는 움직이는 부분이 없는 촘촘한 고형물 분리 장치이다.

와류형 선별기(Vortex Type separators). 일반적인 와류형태의 월류수 고형분리 장치는 그림 5-41에 나타나 있다. 와류 선별기의 작동은 장치 내의 입자들의 움직임에 기초를 둔다. 물의 속도가 입자들을 분리기 주변의 소용돌이치는 작용(swirling action)으로 들어가게 한다. 더하여 흐름이 입자들을 와류를 향하여 움직이게 하고, 중력은 입자를 아래로 당기고, 휩쓸고 지나가는 작용(sweeping action)이 무거운 입자를 경사진 바닥을 가로질러 중앙부 배수관(central draing)을 향해 움직인다.

우기에는 장치로부터 나오는 유출수가 전량이 나오지 못하여, 장치 내에 우수가 차고, 이로 인해 와류와 같은 흐름영역이 형성되어 소용돌이를 자가 유도한다. 그림 5-41에서 나와 있는 장치의 이차 흐름은 그릿과 부유성 물질을 빠르게 분리한다. 농축된 막힘 입자들은 세척액이 채워질 동안 차단된다. 이 장치는 하수흐름이 매우 빠른 경우를 전제로 한다.

연속굴절분리기(Continous Deflection Saperator). 최근에 개발되어 연속굴절분리기(CDS)라고 불리는 기계는 여과 기능을 고체 분리에 사용하고 와류로 인해 발생하는 이차 흐름을 필요로 하지 않는다는 점에서 예전의 와류 분리기와는 다르다. CDS 시스템

그림 5-41

고형물 제거를 위한 와류형 선별기

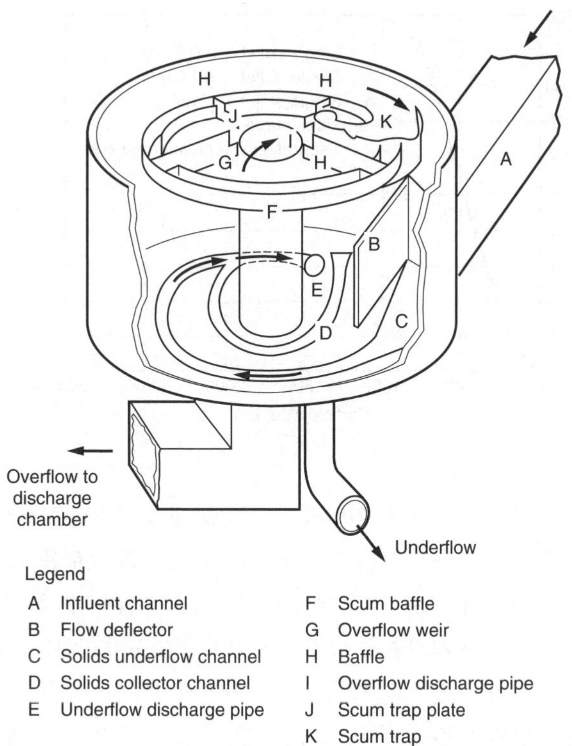

[이전 사진 5-5(b) 참조] 단일 통로를 사용을 하고 하나의 배출구가 있는 반면에 다른 종류의 와류분리기는 배출물이 위와 아래 부분에서 흐른다. CDS 분리기 내의 흐름유형은 다른 속도를 가진다. 표면속도는 CDS의 분리기 중심부부터 멀어지면서 증가하는데 그 정반대가 예전의 와류 분리기에서 종종 발견되었다. 고형물 분리는 외부의 소용돌이 모양의 배출구와 함께 필터역할을 하는, 넓어지고 강화된 스테인리스강 강판에 의해서 잘 처리된다. 분리기 스크린(screen)의 천공은 보통 모양이 길게 늘어지고 수직방향으로 긴 줄에 맞추어 일직선을 이룬다. 분리 스크린은 최첨단의 각 천공이 contaminant chamber의 흐름에 다다르게 하기 위해서 설치된다. 스크린의 천공의 범위는 1200 mm부터 4700 mm (0.0475~0.185 in)이다. CDS는 초기 유출을 잡고 한계유출량까지 물을 우회시키는 데 사용하기 적합하다. Wong(1997)이 한 실험에서 90% 이상의 900 micron 만큼 작은 고체를 억제하는 것으로 밝혀졌다(그림 5-42 참조). 분리기의 수두손실은 유속과 스크린의 시작부분에 따른다.

≫ 그릿 세정(Grit Washing)

일반적으로 그릿에는 무거운 유기물이 일부 포함되어 있다. 그릿의 세척은 2단계의 휘발성 고형물 분리를 제공하는 데 사용한다. 주요 하수흐름으로부터의 그릿 분리는 유기물질을 제거하기 위해 세정공정으로 슬러리가 이동된다. 세척되지 않은 그릿은 부패하기 쉽고 유기물질을 50% 또는 그 이상을 함유하며 뚜렷하게 불쾌한 냄새와 벌레 또는 설치류를 끌어들일 수 있다. 그릿 세척 공정의 목적은 낮은 휘발성 고형함량을 가지는 깨끗한

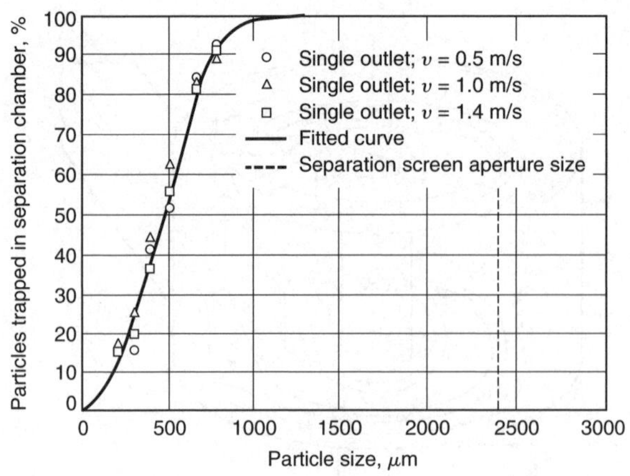

그림 5-42

연속굴절분리기에서의 고체억제 (Wong, et al., 1997).

그릿을 만드는 것이다. 일반적으로 그릿 세척 시스템은 20% 이하의 휘발성 고형물을 가진 깨끗한 그릿을 가지는 동시에, 적어도 95%의 그릿을 회수할 수 있다.

두 가지의 주요 그릿 세척유형이 사용 가능하다. 첫 번째 유형은 경사지고 물에 잠긴 갈퀴를 이동시키면서 그릿에서 유기물질을 분리하기 위하여 교반을 하고 동시에 세척된 그릿을 수면 위의 배출구까지 밀어 올려주는 것이다(그림 5-35와 비슷한 장치). 또 다른 유형의 그릿 세척은(그림 5-43 참조) 경사진 스크류를 사용하여 그릿을 경사진 램프 위까지 이동시키는 것이다. 두 가지 유형은 세척을 위하여 물 분사기를 장치할 수 있다. 하이드로클론 분리기는 종종 그릿 세척장치 내에 설치가 되는데, 그릿의 분리와 유기물질을 제거하고 개선시킨다.

》 그릿 건조(Grit Drying)

깨끗한 모래는 처분 전에 수분을 제거하고 탈수해 둘 필요가 있다. 일반적으로 그릿은 위생 쓰레기 매립지에 처리되고, 지역 규정에 따라 페인트 필터 액체 테스트를 통과해야 한다(U.S. EPA, 2004). 건조공정의 목적은 처리한 그릿의 95% 이상을 회수하면서 전체 고형분 농도가 60%보다 크고 깨끗하고 건조한 모래를 달성하는 것이다.

》 그릿의 처분(Disposal of Grit)

가장 일반적인 그릿의 처분방법은 매립이다. 일부 대규모 처리장에서는 그릿을 슬러지와 함께 소각하기도 한다. 스크린 찌꺼기의 경우와 마찬가지로, 지역에 따라서는 매립처분 전에 그릿을 석회로 안정화시킬 것을 요구하고 있다. 어떤 경우에라도 처분 전에 환경규제에 적합한 조치를 취해야만 한다. 대규모 처리장에서는 밑바닥을 열어 차에 적재할 수 있도록 그릿 저장시설을 높은 곳에 설치하기도 한다. 저장시설의 호퍼로부터 그릿이 잘 빠져나오지 않을 경우에는 호퍼의 경사를 급하게 한다든지, 그릿의 밑으로부터 공기를 불어 넣는다든지, 호퍼 진동기를 사용한다든지 하여 해결할 수 있다. 하부로 적재되는 시설에서는 밑으로 물이 떨어지는 것을 모아서 처리하는 배수시설을 설치하는 것이 바람직하다. 모노레일 위로 왕복하면서 움직이는 그랩버켓(Grab bucket)장치도 침사지로

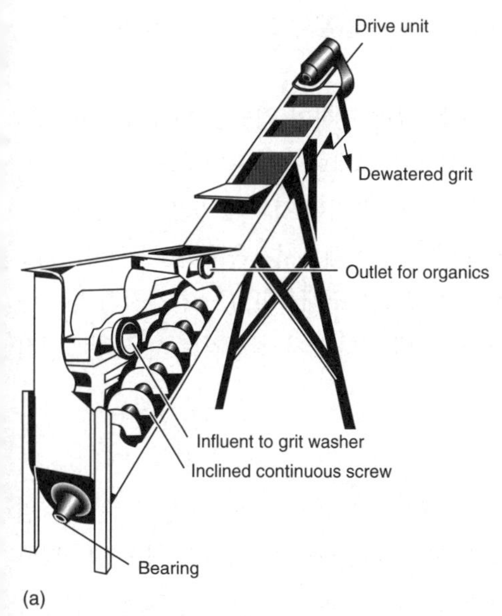

(a)

(b)

그림 5-43

그릿 분리 및 세척의 예. (a) 개념도, (b) 현장사진

부터 직접 트럭에 적재할 수 있도록 되어 있다. 공기식 컨베이어는 그릿을 주로 짧은 거리에 운반하기 위하여 사용된다. 공기식 컨베이어의 장점은 (1) 저장 호퍼를 높이 설치할 필요가 없고, (2) 보관에 따른 악취를 방지할 수 있다는 것이다. 반면에 단점은 관내의 마모 특히 관 굴곡부의 마모가 매우 크다는 것이다.

고형물(슬러지)의 그릿 제거[Solids (sludge) Degriting]

어떤 처리시설에서는 침사지를 사용하지 않고 1차 침전지에서 그릿이 가라앉도록 되어 있으며, 얻어진 그릿은 1차 슬러지와 함께 사이클론을 이용한 그릿 제거기까지 펌프로 이송되어 제거된다. 사이클론 그릿 제거기는 원심분리기로 작용하여 그릿과 고형물의 무거운 입자들은 와류작용에 의해 분리되고, 가벼운 입자나 유체는 상호 분리되어 배출된다. 이 방법의 주요 장점은 침사지 설치비용과 운전비용 및 유지관리비용을 없앨 수 있다는 것이다. 그러나 단점으로는 (1) 희석된 고형물을 펌프 운송할 시 걸쭉한 고형성상이 요구 되며 (2) 액체성 1차 고형물을 함유한 그릿을 펌프 운송할 경우, 유지관리비용이 증가하고, 주요 고형물 수집기, 1차 슬러지 펌프 비용이 증가한다.

5-6 1차 침전조

침전처리의 목적은 침전되기 쉬운 물질과 부상하는 물질을 제거함으로서 부유물질 농도를 줄이는 것이다. 1차 침전지는 고체와 모래를 제거한 후, 폐수처리의 첫 번째 과정이다.

효율적으로 설계되고 운전되는 1차 침전지에서는 부유물질의 50~70%, BOD의 25~40%가 제거된다.

침전조는 합류관거나 우수관거로부터 넘치는 물에 대하여 적당한 체류시간(10~30분)을 주는 우수 저장조로도 사용된다. 침전의 목적은 그대로 방류수역으로 배출하면 슬러지 퇴적 문제를 야기시키는 유기성 고형물을 제거하기 위한 것이다. 또한, 침전지는 이러한 월류수에 효율적인 염소 소독을 하기 위하여 충분한 체류시간을 주는 데 사용된다.

이 장의 목적은 (1) 다양한 유형의 침전지 시설들을 소개하고, (2) 침전지의 성능을 살펴보고, (3) 중요한 설계 고려사항들을 검토하는 데 있다. 2차 침전지로 사용되는 침전지는 8장에서 다루어질 것이다.

≫ 개요

1차 침전지가 있는 대부분의 처리장에서는 침전물을 기계적으로 제거하는 표준화된 원형 및 장방형 침전지를 사용한다(그림 5-44 참조). 주어진 조건에 따라서 침전지의 형태를 결정하는 것은 장치의 규모, 지방자치단체의 조례 및 법규, 현장 조건, 그리고 설계자의 경험과 판단에 따라 달라진다. 한 개의 침전지가 수리 및 유지관리를 위하여 물을 비워야 할 때에도 운전에 지장이 없도록 2기 또는 그 이상으로 만들어야 한다. 대규모 처리장에서는 대개 크기 규정에 따라서 침전조의 개수가 결정된다.

장방형 침전지(Rectangular Tanks). 장방형 침전지는 체인 작동식이나 이동가교식 슬러지 수거기를 사용한다. 체인작동식 슬러지 수거기를 사용한 장방형 침전지는 그림 5-45과 같다. 여러 개의 장방형 침전지는 동일 수의 원형 침전지에 비해 공간을 적게 필요로 하며, 공간이 제한되어 있는 경우 다양한 응용방식을 사용할 수 있다. 또한 장방형 침전지는 활성슬러지 공정에서 전폭기조와 폭기조를 함께 둠으로서 공통 벽구조가 가능하며 건설비용을 줄일 수 있다. 일반적으로 지붕이나 덮개가 필요한 경우에도 사용된다. 건설 비용이 작을 수 있지만, 직사각형 탱크에 사용되는 체인작동식 수거 시스템은 일반적으로 원형침전지를 사용하는 회전 슬러지 수집방식보다 유지 보수를 더 필요로 한다. 장방형 침전지에서 중요한 것은 (1) 슬러지 제거, (2) 유수 분배, (3) 스컴 제거이다.

슬러지 제거(Sludge Removal). 침전 슬러지의 제거장치 구조는 대개 합금강, 주철, 또는 열플라스틱(thermoplastic) 등으로 제작된 두 개의 무한 궤도 컨베이어 체인으로 이루어져 있다. 나무 또는 유리섬유제의 슬러지 제거판이 탱크의 전 길이에 걸쳐 약 3 m (10 ft) 간격으로 체인에 부착되어 있으며, 탱크나 베이(bay)의 폭을 확장시킨다[그림 5-45(d)]. 침전지 안에 침전된 고형물은 소형 침전지에서는 슬러지 호퍼로, 대형 침전지에서는 조 내부를 가로질러 설치된 도랑으로 긁어 모아진다. 가로질러 설치된 도랑에는 체인이나 스크류식 수거기와 같은 수집장치(횡방향 수집기)가 있어 침전물을 여러 개의 슬러지 호퍼로 보낸다. 매우 긴 침전지(50m 이상)에서는 침전지의 길이 중간근처에 설치된 수거장소로 슬러지를 긁기 위해 두 개의 수거장치가 동시에 사용될 수도 있다.

가능하면 수집호퍼와 가까운 곳에 슬러지 펌핑시설들을 배치하는 것이 바람직하다.

(a)

(b)

그림 5-44

하폐수처리장의 침전조. (a) 원형 침전지, (b) 장방형 침전지

횡방향 수집기가 설치되지 않은 곳은 다수의 슬러지 펌핑 시설이 설치되어야 한다. 슬러지 호퍼는 경사면이나 구석에 슬러지가 쌓이거나 슬러지 배출관에 아치작용을 일으키는 등 운전 중에 여러 문제점을 발생시킨다. 슬러지 호퍼를 통하여 하수가 같이 쌓여 있던 슬러지의 일부와 함께 빠져 나가게 되는데 이를 "쥐구멍 효과(rathole effect)"라고 부른다. 소규모 처리장을 제외하고, 횡방향 수거기가 더 합리적인데 이는 단일하게 농축된 슬러지를 배출시킬 수 있고, 슬러지 호퍼와 관련된 문제를 없앨 수 있기 때문이다. 장방형 침전지는 측벽에 설치된 레일이나 고무바퀴를 이용하여 침전조 내부를 왕복하는 이동가교식으로 슬러지를 청소할 수 있다. 여러 개의 갈퀴날이 교각에 달려 있다. 어떤 이동가교식에서는 슬러지를 건드리지 않게 하기 위해 돌아올 때에는 갈퀴날을 들어올리도록 설계된 경우도 있다.

유량 배분(Flow Distribution). 장방형 침전지에서 유량의 배분이 가장 중요하기 때문에, 유입부 설계 시 사용되는 방법들에는 (1) 전폭에 걸친 유입수로에 유입웨어를 설치하거나, (2) 물에 잠긴 작은 구멍이나 오리피스가 있는 유입수로를 설치하거나, (3) 넓은 수문과 구멍 뚫린 배플을 가진 유입수로 등을 설치하기도 한다. 유입웨어는 탱크의 전폭에 걸쳐 흐름을 분산시키는 데는 유효하지만, 슬러지 호퍼 안으로 수직방향의 속도를 발생시키므로 슬러지 입자를 재부상시킬 우려가 있다. 웨어는 또한 공장 수리단면도에 추가적인 수두손실을 유발한다. 속도를 3~9 m/min (10~30 ft/min)의 범위로 유지한다면 유입구는 조 내부 전체에 걸쳐 잘 분산시킬 수 있다. 유입 배플식은 높은 초기속도를 줄이고 흐름을 가능한 넓은 단면적으로 분산시키는 데 효과적이다. 전폭에 걸친 유입 배플식을 사용할 때는 수면 밑 150 mm (6 in)부터 유입구 밑 300 mm (12 in)까지 걸쳐서 설치하여야 한다.

다중 장방형 침전지 설치에서 below-grade pipe와 equipment galleries는 탱크의 구조와 유입 끝부분을 따라 일체로 구성이 될 수 있다. Galleries는 가정의 슬러지 펌프와

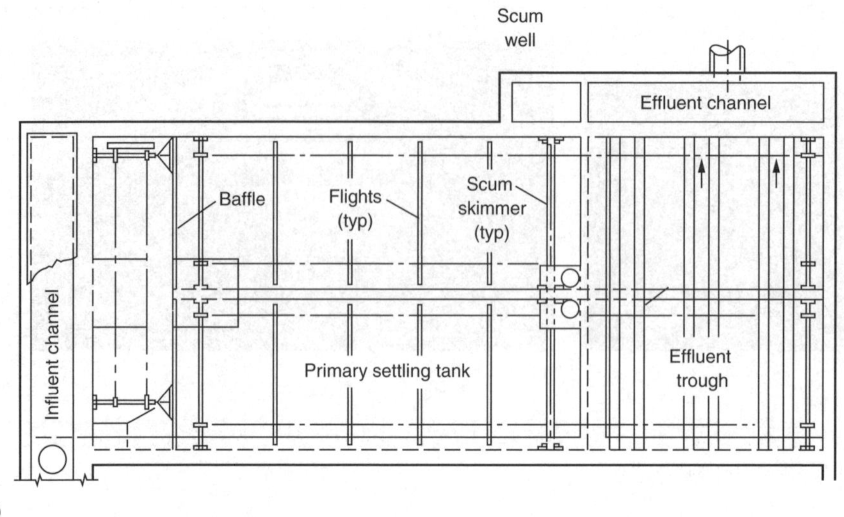

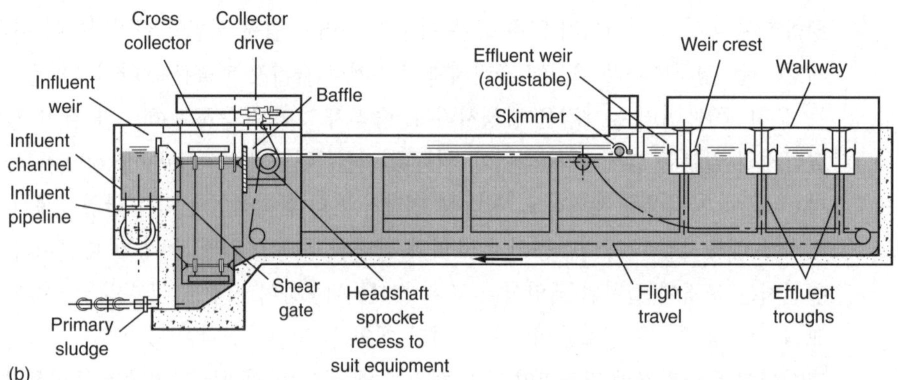

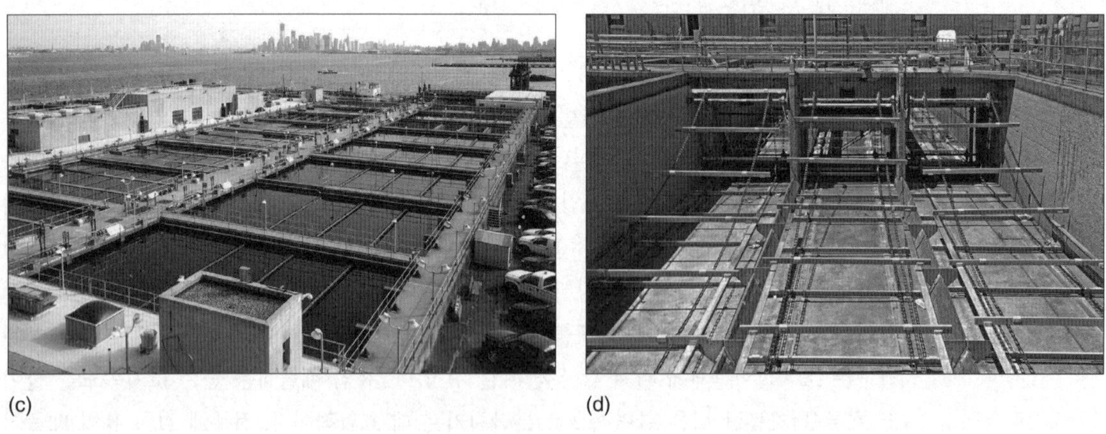

그림 5-45

장방형 1차 침전지. (a) 설계도, (b) 단면도, (c) (b)의 형태와 유사한 장방형 침전지의 모습, (d) 슬러지제거 장치

슬러지 탈수 파이프에 사용될 수 있다. 또한 galleries는 장비의 운영과 유지보수의 과정을 제공한다. Galleries는 다른 처리 단위와의 상호를 위하여 서비스통로를 연결할 수도 있다.

스컴 제거(Scum Removal). 스컴은 장방형 침전지의 유출구 끝부분 하수의 수면 위에서 수거된다. 스컴은 배플로 포집될 수 있는 곳으로 이동된 후에 제거된다. 스컴은 물 스프레이를 사용하여 이동시킬 수 있다. 스컴은 경사진 곳 위로 인력으로 긁어 올리거나, 수리적 또는 기계적인 방법으로 제거할 수 있으며, 이미 이러한 장치가 많이 개발되어 있다. 소규모 처리장에서 많이 사용하는 스컴 제거 장치로는 지렛대나 나사로서 수평형태의 길게 홈이 파인 파이프를 회전시키면서 제거하는 장치가 있다. 스컴을 제거할 때를 제외하고는 길게 파인 홈은 언제나 조의 수면 위에 있도록 한다. 스컴을 제거할 때는 파이프를 돌려서 홈이 수면 바로 아래로 잠기도록 하여 축적된 스컴을 관내로 흘러 들어가게 한다. 이 장치를 이용하면 많은 양의 스컴액을 모을 수 있다.

다른 형태의 기계식 스컴 제거 장치로 회전축에 부착된 회전식 나선형 와이퍼가 있다. 스컴은 횡방향 수집기에 버리기 위해 물 표면에서 제거되고 짧은 경사진 곳으로 이동을 한다. 이 장치를 사용하면 수면 위의 스컴을 펌프 앞에 있는 스컴 분출기나 호퍼로 씻겨 나가게 한다. 또 하나의 스컴 제거 방법은 체인과 널판을 이용한 수거장치로서 스컴을 조의 상부 한쪽으로 모은 다음 경사진 판 위로 긁어 올려 스컴 호퍼에 수거한 후, 처분장치로 펌프이송시키는 것이다. 또한 이동용 또는 교각장치가 설치된 장방형 침전지에 특수한 스컴 갈퀴에 의해 스컴을 제거하기도 한다. 수거된 스컴량이 많은 곳에서는 보통 스컴 호퍼 내에 교반기를 설치하여 펌프이송하기 전에 균일한 혼합액으로 만든다. 스컴은 일반적으로 고체 또는 플랜트(plant)에서 생산된 생체고형물과 함께 처리된다. 하지만 스컴분리 처리는 많은 공장에서 수행되고 있다.

원형 침전지(Circular Tanks). 원형 침전지는 통상적으로 2개 혹은 4개의 그룹으로 배열된다. 흐름은 일반적으로 탱크 사이에 위치한 유동분기구조에 의해 각각의 탱크로 나누어진다. 일반적으로 고형물은 슬러지 펌프에 의해 배출된다. 원형침전지에서 중요한 것은 (1) 유입의 수단, (2) 에너지 분산, (3) 슬러지 제거이다.

유체흐름(Flow Pattern). 원형 침전지 내에서는 유체흐름이 방사상 형태를 나타낸다(장방형 침전지에서는 수평형태임). 방사상 형태로 흐르도록 하기 위하여 하수는 그림 5-46과 같이 침전지 중앙부나 원 주위로부터 유입시킬 수 있다. 두 방식 모두 오차 없이 증명이 되지만, 침전지로는 중앙 유입식이 일반적으로 사용된다. 중앙 유입식[그림 5-46(a) 참조]에서는, 하수는 다리에 매달린 파이프를 통하거나, 조 바닥에 콘크리트로 쌓인 파이프를 통해 조 중앙으로 옮겨진다. 조 중앙에서 하수는 각 방향으로 골고루 분산되도록 설계된 원형통으로 들어간다[그림 5-46(a) 참조]. 이 통의 직경은 보통 침전지 직경의 15~25%이며 깊이는 1~2.5 m (3~8 ft)이고, 유입구 내부에 접선방향으로 과도한 유속에너지를 분산시켜 저감시키는 장치를 가지고 있다.

에너지 분산(Energy dissipation). 유속 에너지를 분산시키는 장치는(그림 5-47 참조) 중심축으로 유입수를 모은 후, 그 유입수를 유입벽의 접선방향에서 상부 0.5~0.7 m 지점으로 배출하는 역할을 한다. 분출부분은 최대유속은 0.75 m/s, 평균유속을 0.30~0.45 m/s을 내는 크기로 설계된다. 유입벽은 최대 하향 속도가 0.75 m/s를 초과하지 않기 위한 크기여야 한다. 유입벽의 깊이는 대략 에너지-분산조 내에서 1 m 이하 정도이다 (Randall et al., 1992). 유입에너지 분산의 다른 대안으로는 유입 파이프를 가늘게 하여 파이프 크기를 아래서부터 위로 점점 크게 만드는 것이다. 콘크리트로 만들어진 중심 기둥이 이러한 배열을 가능하게 한다. 유출 파이프는 수면 아래에 있어야 한다. 중심 기둥으로부터 상단으로 연장되는 수직 지지대는 슬러지 수집 공정의 중심을 지지한다. 유입 파이프를 가늘게 하고 유출 파이프를 수면 아래에 둠으로써 유입에너지를 분산시키고 그로인해 유입속도를 줄이는 효과를 얻을 수 있다.

원주방향 유입식 설계에서는[그림 5-46(b) 참조], 탱크벽에서 약간 떨어진 곳에 달려 있는 원형배플이 도너스형 공간을 형성하여 그 안으로 하수가 접선 방향으로 유입된

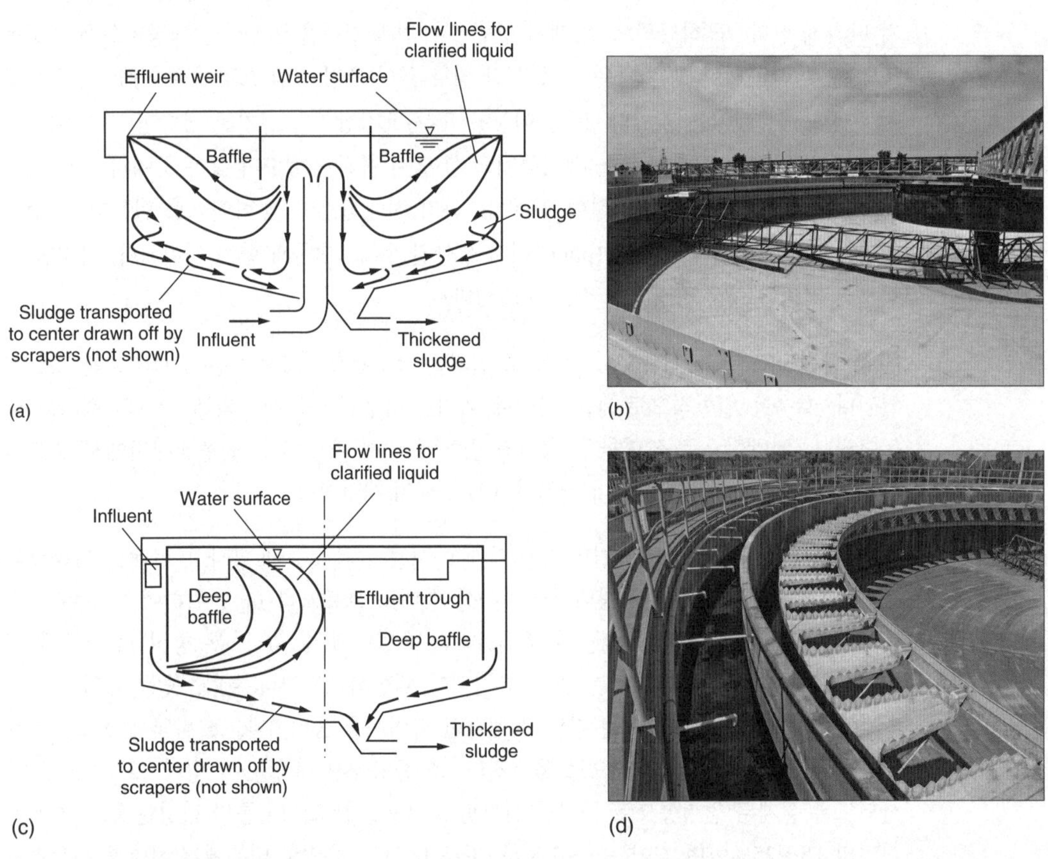

그림 5-46

원형 침전지. (a) 중앙 유입식 개념도, (b) 중앙 유압식, (c) 원 주위로부터 유입 개념도, (d) 원 주위로부터 유입되는 현장 실제 모습

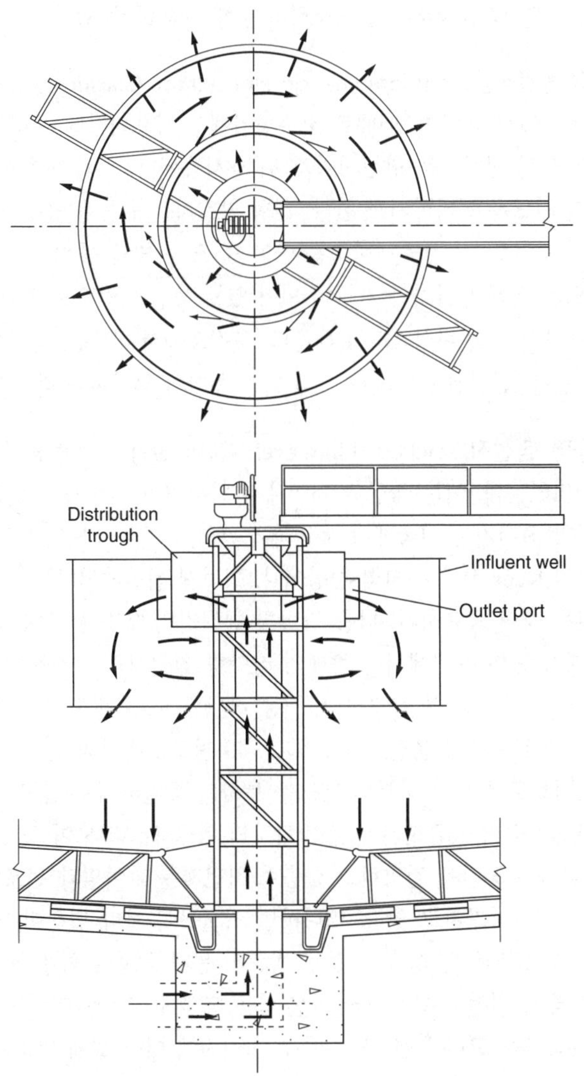

그림 5-47

중앙 유입식 침전조에서 유속 방향 및 에너지 전달 모식도. 안쪽의 링은 접선 방향의 유속 패턴을 만드는 데에 쓰인다.

다. 탱크 주위와 배플의 밑으로 나선형으로 흘러 깨끗해진 하수는 중앙에 위치한 웨어의 양측을 넘어 나가게 된다. 그리스와 스컴은 고리모양의 공간의 표면에 수집되게 된다. 원주방향 유입조는 2차 정화를 위해서 사용되어진다.

슬러지 제거(Sludge Removal). 직경 3.6~9 m (12~30 ft)의 원형탱크는 탱크를 가로지르는 빔에 지지된 슬러지 제거장치를 가지고 있다. 직경이 10.5 m (35 ft) 이상의 탱크는 중앙에 교각이 있어 장치를 받쳐주고 다리로 연결되어 있다. 탱크의 바닥은 1:12 정도로 경사져 뒤집어진 원추형을 하고 있고, 슬러지는 탱크의 중앙부근에 설치된 비교적 작은 호퍼로 긁어 모여진다. 여러 개를 설치할 때는 관례적으로 2개나 4개로 배치한다. 보통 탱크의 사이에 설치된 유량분배 구조물을 통하여 유량을 분배한다. 슬러지는 보통 슬러지 펌프로 퍼서 슬러지 처리시설로 보내진다. 공수펌프는 슬러지를 제거하여 슬러지펌프의 운영 및 유지비용을 최소화하는 데 사용될 수 있다.

혼합 응결-침전지(Combination Flocculator-Clarifier). 혼합 응집-침전지는 종종 상수 처리에서 쓰이며, 때때로 하수처리에도 사용되는데 특히, 산업폐수 또는 생슬러지 농축과 같이 침전율을 향상시키기 위해 사용된다. 무기성 화학약품 또는 폴리머를 응집이 더 잘 되도록 첨가하기도 한다. 원형 침전지는 원통형 응집조 내에 부착시키는 것이 적합하다(그림 5-48 참조). 하수는 중앙 축 또는 벽을 통해서 유입이 되고, 일반적으로 패들형 또는 저속 혼합기가 부착이 되어 있는 응집조 안으로 흘러 들어간다. 저속으로 저어주어 응집 입자를 형성하도록 해준다. 응집조에서 하수는 원주 밖으로 돌아서 정화구역으로 들어간다. 침전된 슬러지나 스컴 역시 종래의 침전지와 같은 방식으로 모아진다.

다층형 침전지[Stacked (Multilevel) Clarifiers]. 다층형 침전지는 1960년대 일본에서 유래되었는데, 이는 국한된 지역에서 하수처리 시설을 건설하기 위해서였다. 그 이후로, 다층형 침전지는 미국에서 사용되어 왔고, 그중에 가장 잘 알려진 시설은 보스턴 항구에 지어진 Deer 섬 하수처리 공장이다. 이렇게 침전지의 설계에서 효율성이 맞는 지역을 결정하는 것이 중요하다. 다층 장방형 침전지의 운전은 유입 및 유출수 형태, 슬러지 수집 및 제거 등의 측면에서는 종래의 장방형 침전지와 유사하다. 다층형 침전지는 실제로 2개(또는 그 이상)의 탱크이며, 그중 하나는 다른 탱크 위에 위치하고 있으며, 이는 일반적인 물 표면에서 운전된다(그림 5-49 참조). 각각의 침전지는 독립적으로 유입이 되며, 결과적으로 상부와 하부의 탱크를 통하여 동일하게 유입이 된다. 침전된 슬러지는 chain과 flight 슬러지 집진기가 달린 각각의 탱크로부터 모이고, 일반적으로 호퍼로 방출이 된다. 더하여 공간을 절약하고 다층형 침전지는 파이핑과 펌프이송의 필요성을 줄일 수 있다는 이점을 가지고 있다. 왜냐하면 시설들이 보다 밀집이 되어 있으며, 노출 표면이 적으며, 악취 및 휘발성 유기 물질 방출의 통제를 보다 쉽게 할 수 있기 때문이다. 단점으로는 종래의 침전지보다 비싼 건설 비용, 그리고 더 복잡한 구조적인 설계이다. 월류 및 웨어 부하율을 고려해 볼 때, 다층형 침전지에 대한 설계 기준은 종래의 1차 및 2차의 침전지와 유사하다.

침전지 웨어(Sedimentation Tank Weirs). 침전지로부터 침전되는 폐수는 생물학적 처리과정으로 연결되는 도관 또는 열린 채널(open channel)인 폐수론더(effuent launder, 폐수를 세척하는 곳) 안의 웨어로 버려진다. 작은 장방형 침전지는 종종 단일 횡 웨어와 함께 배출 단부 벽에 장착된다. 하지만 더 큰 장방형 침전지는 손실수두를 최소화하고 단락류를 피하기 위해 추가적인 웨어 길이가 필요하다. 손실수두와 단락류는 2개의 웨어를 가진 내부론더를 추가함으로써 최소화시킬 수 있는데, 이는 양쪽 모두 세로방향으로 나란히(침전조의 길이에 평행하게) 하거나, 가로방향으로 나란히(침전조의 길이에 수직) 할 때, 또한 둘 다 가로방향, 세로방향으로 나란히 놓을 때이다[그림 5-50(a) 참조].

대부분의 원형 침전지는 센터피드(center feed, 중심 흐름)로 설계되기 때문에, 처리된 폐수는 탱크 벽 주변으로 위치한 V-노치 웨어로 배출된다[그림 5-46(a) 그리고 (b)

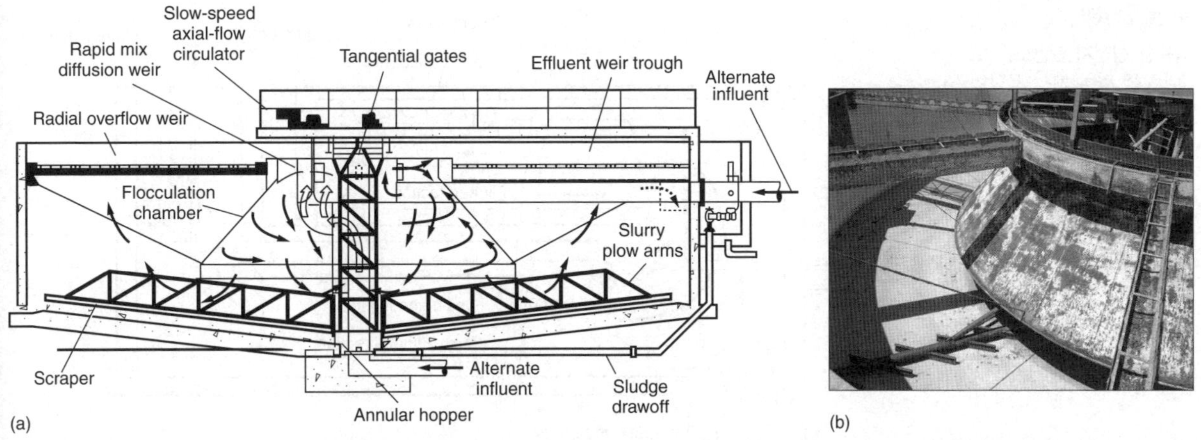

그림 5-48

일반적인 형태의 응결-침전지. (a) 개념도, (b) 현장 사진: 일부의 경우에 터빈, 프로펠러형 교반장치 등이 응결장치로서 설치되기도 한다.

참조]. 또 주변유입형 원형 침전지에 비슷한 배열이 사용된다[그림 5-50(b) 참조]. 더 큰 원형침전지에서는 V-노치의 수를 증가시키고 높은 유량에서 손실수두를 감소시키기 위해 두 개의 웨어를 가진 내부론더가 설계된다[그림 5-46(d) 참조]. 이러한 경우, 웨어 플레이트는 탱크 표면적의 비율에 따라 각 론더의 V-노치의 숫자를 비례시킴으로써 두 웨어의 흐름 균형을 맞추도록 설계되어야 한다.

V-노치는 탱크 환경에 따라 동등하게 위치하며, 웨어가 수평이 아닌 경우 단락류를 검출하는 방법을 알려준다. V-노치는 일반적으로 약 90° 이며 총 75 mm (3 in)의 깊이이다. 사용하는 V-노치의 수는 13~63 mm (0.5~2.5 in)의 깊이 제한에 의존한다. 표면 스컴을 유지하기 위해, 표면 배플은 주변 웨어의 앞에 위치한다[그림 5-46(b), 5-50(b) 참조]. 밀도류는 침전탱크의 바닥과 벽에 주로 형성되며, 고형물을 재부유시킬 수 있다. 따라서 웨어 론더 박스는 탱크의 내부 주변 벽이나 수평 배플에 지어진다. 유지비용을 최소화하고 조류의 성장을 제한하기 위해, 주변 웨어는 종종 커버가 씌워진다[그림 5-50(c), (d) 참조].

침전지 덮개(커버)(Covers for Sedimentation Tanks). 많은 기존 폐수처리시설과, 1차 침전시설에 둘러싸인 주거개발지역은 냄새의 방출을 막기 위해서 종종 덮여져 있다. 다양한 다른 유형의 덮개(커버)들이 사용된다[그림 5-50(e)와 (f) 참조]. 덮개의 사용과 1차 침전지에서 배출되는 가스의 처리는 16장에서 더 자세히 다뤄질 것이다.

침전지 성능(Sedimentation Tank Performance)

BOD와 TSS 제거에 대한 침전지의 효율성은 (1) 유입된 유체가 지닌 내부에너지로 형성된 와류, (2) 뚜껑이 없는 탱크에서 바람에 의한 원형 셀, (3) 열대류 현상, (4) 침전지의 밑을 따라서 이동하는 밀도류의 형성을 일으키는 차거나 뜨거운 물과 탱크의 상부를 가로질러 가는 뜨거운 물, (5) 고온 기후에서 열층 등에 의해서 감소되어진다(Fair와 Geyer,

그림 5-49

다층형 침전지 단면도. (보스턴 Deer섬 하수 처리 공장의 (a) 단일 방향 흐름 방식, (b) 양방향 흐름 방식. 참조: 양방향 흐름 방식에서는 상층부에 위치한 유출 웨어로 상·하 층에서 동시에 발생한 상징수를 회수함. 하층부 유출수도 연결된 관으로 상층부 유출 웨어로 배출됨

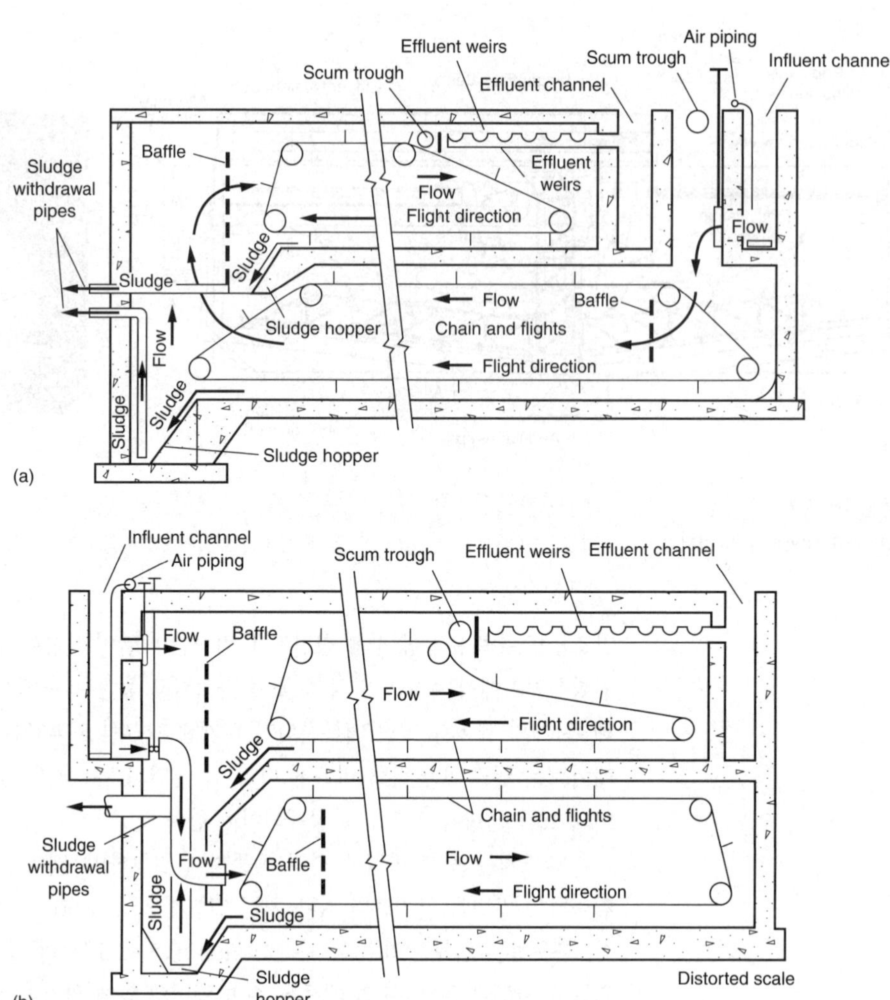

1954). 침전지 성능에 영향을 주는 요소들은 지속적으로 다루어질 것이다.

BOD와 TSS의 제거(BOD and TSS Removal). 1차 침전지 탱크에서 체류시간과 성분 농도의 함수인 BOD와 TSS의 제거에 대한 일반적인 성능 자료가 그림 5-51에서 보여주고 있다. 그림 5-51에서 보여주는 곡선은 실제 침전 탱크의 운전의 관측 결과로부터 나온 것이다. 그림의 곡선의 관계는 다음 식을 사용하여 직사각형 쌍곡선과 같이 모델링 할 수 있다(Crites와 Tchobanoglous, 1998).

$$R = \frac{t}{a + bt} \tag{5-45}$$

여기서, R = 예상 제거 효율

t = 지정된 체류시간 T

a, b = 실험적 상수

(a) (b) (c) (d) (e) (f)

그림 5-50

침전지의 구성. (a) 장방형 침전지의 종 웨어와 횡 웨어, (b) 주변유입형 원형침전지의 V-노치웨어, (c)와 (d) 조류의 성장을 제한하기 위해 커버가 씌워진 주변 웨어, (e) 와 (f) 냄새방출을 막기 위한 덮개의 사용

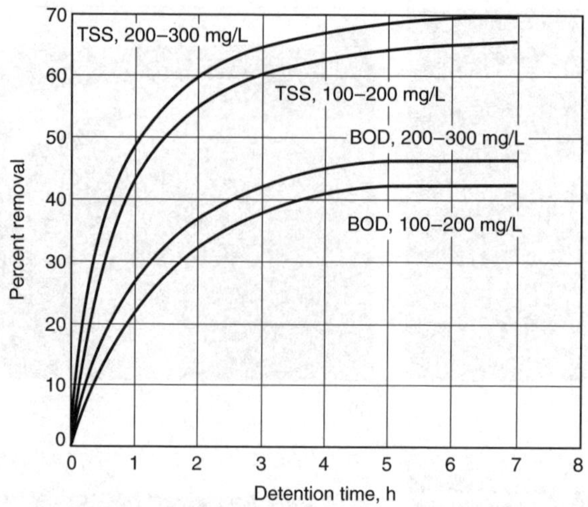

그림 5-51

1차 침전지에서의 일반적인 BOD와 TSS 제거율(Greely, 1938)

20°C에서, 식 (5-45)로부터 구해진 대표적 실험 상수 값은 다음과 같다:

항목	b	a
BOD	0.020	0.018
TSS	0.014	0.0075

종종 침전탱크 성능을 종종 관찰하면서 알게 되는 사실은 침전 과정을 통해서 하수의 성질이 변하는 일이 발생한다는 것이다. 좀 더 크고, 더 느린 생분해 부유물질들이 먼저 침전이 되고, 1차 탱크 유출수에서 남아있는 부유물질 중에서 더 휘발성이 강한 물질들이 다음으로 남게 된다. 그림 5-51에서 보여주는 것과 같이, 제거곡선을 사용해도 실제로 일어나는 하수의 특성 변화를 설명할 수는 없다. 1차 탱크 유입수와 유출수의 특성을 파악하기 위해 그 농도와 구성성분을 측정해야 한다. 이와 같은 특성은 후속 생물학적 처리공정에서 처리하는 데 필요한 유기물 부하량을 결정할 때 중요하다. 생물학적 처리에서 하수 특성의 영향에 대한 추가 설명은 7장과 8장에 있다.

단회로 및 수리학적 안정성(Short Circuiting and Hydraulic Stability). 이상적인 침전지에서 하수 유입부에 있는 차단막은 충분한 체류시간을 위해서 침전지 안에 있게 해준다[그림 5-52(a) 참조]. 단회로의 처리성능의 감소는 온도의 차이[그림 5-52(b), (c)] 바람으로 인한 순환패턴[그림 5-52(d)], 그리고 미흡한 설계로 인한 dead zone의 존재, 불충분한 혼합 및 분산(부록 H의 그림 H-1 참조)등이 있다.

온도의 영향(Temperature Effects). 온도의 영향은 침전지에서 상당히 중요하다. 유입하수와 침전 탱크에서의 하수 사이의 1°C 차이는 밀도류 형성에 영향을 주는 것을 알 수가 있을 것이다. 침전지 성능에 온도가 미치는 영향은 제거된 물질과 그 물질의 특성에 의존하여 좌우된다. 온도에 의한 영향은 밀도가 낮은 슬러지가 처리되는 2차 침전지에서 좀 더 다룰 것이다.

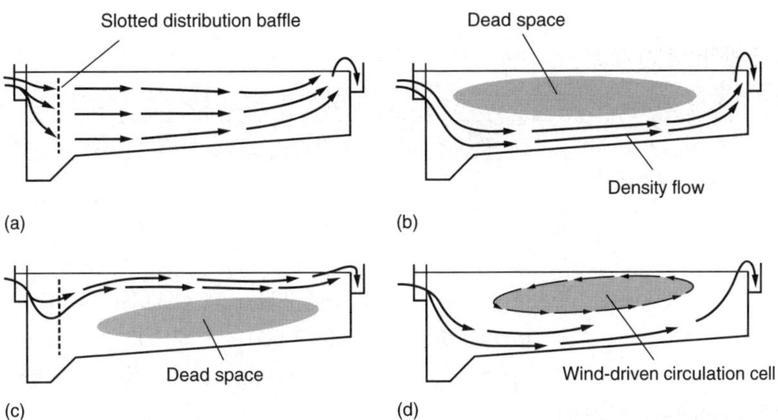

그림 5-52

장방형 침전지에서의 일반적인 유속분포. (a) 이상류, (b) 밀도류 영향(유입수 온도가 침전지보다 낮은 경우), (c) 밀도류(유입수 온도가 침전지보다 높은 경우), (d) 바람으로 인한 순환류가 중앙에 발생된 경우(Crites and Tchobanoglous, 1998)

바람의 영향(Wind Effects). 열려있는 침전지의 위쪽을 지나가는 바람은 순환 셀 형성의 원인이 될 수가 있다. 순환 셀이 형성될 때, 효율적인 침전지의 부피 용량이 감소된다. 온도의 영향과 더불어, 가동 시 감소된 부피의 영향은 제거된 물질과 그 물질의 특성에 좌우될 것이다.

침전지 수행 모델링(Modeling Basin Performance). 단락류가 어디에 형성되는지 확인하기 위해 부록 H에서 논의된 것과 같은 추적연구가 수행되어야 한다. 통계를 위해 시간-농도 곡선이 개발되어야 한다. 만약 여러 번의 실험에서 시간-농도 곡선이 비슷하면, 침전지가 안정한 것이다. 만약 시간-농도 곡선[또한 체류시간분포(RTD)로 알려진 (부록 H 참조)]이 반복되지 않는다면, 침전지는 불안정하고 침전지의 수행능력이 불규칙적인 것이다(Fair and Geyer, 1954). 위에서 논의된 유입 유량에 대한 배분방법은 단락류에도 영향이 있다. 침전지 및 다른 반응기의 성능에 대한 단락류의 영향은 Morrill(1932)에 의해 광범위하게 조사되었다. 그는 연구를 바탕으로 반응기 성능 평가에 대한 지표로 모릴 분산 지수(MDI)를 만들었다(부록 H 참조). MDI 분석방법의 적용은 12장의 예제 12-8에 도식화되어 있다.

≫ 설계 시 고려사항(Design Considerations)

만약 하수 중의 모든 고형물이 응집성이 없고 크기, 밀도, 단위중량, 형태 등이 거의 같은 입자로 되어 있다면, 이러한 고형물의 제거효율은 탱크의 표면적과 체류시간에만 의존할 것이다. 수평속도가 소류속도 이하로 유지된다면, 탱크의 깊이에 따른 영향은 적을 것이다. 그러나 대부분의 하수 중의 고형물은 그러한 성질의 것은 없고 근본적으로 이형질이어서 고형물이 존재하는 범위는 완전 분산된 것에서부터 완전 응결된 것까지 다양하다. 침전지의 설계 변수는 아래에 기술되어 있다. 1차 침전지에 사용되는 장방형과 원형침전지의 일반적인 설계정보와 치수는 표 5-19와 5-20에 나타나 있다. 침전지 분석에 대한 부수적인 세부사항과 설계는 WPCF, 1985에서 찾을 수 있다. 설계 절차는 예제 5-9에서 다루고 있다.

표 5-19
1차 침전지의 일반적인 설계 자료[a]

항목	U.S. 단위			SI 단위		
	단위	범위	표준	단위	범위	표준
2차 처리 전에 설치하는 1차 침전지						
체류시간	h	1.5~2.5	2.0	h	1.5~2.5	2.0
월류율						
평균 유량	$gal/ft^2 \cdot d$	800~1,200	1,000	$m^3/m^2 \cdot d$	30~50	40
시간 최대 유량	$gal/ft^2 \cdot d$	2,000~3,000	2,500	$m^3/m^2 \cdot d$	80~120	100
웨어 부하	$gal/ft \cdot d$	10,000~40,000	20,000	$m^3/m \cdot d$	125~500	250
하수 활성슬러지 반송이 있는 1차 침전지						
체류시간	h	1.5~2.5	2.0	h	1.5~2.5	2.0
월류율						
평균 유량	$gal/ft^2 \cdot d$	600~800	700	$m^3/m^2 \cdot d$	24~32	28
시간 최대 유량	$gal/ft^2 \cdot d$	1,200~1,700	1,500	$m^3/m^2 \cdot d$	48~70	60
웨어 부하	$gal/ft \cdot d$	10,000~40,000	20,000	$m^3/m \cdot d$	125~500	250

[a] 2차 침전지에 대한 비교자료는 8장에 제시하였음.

표 5-20
하수의 1차 처리에 사용되는 장방형 및 원형 침전지의 일반적인 설계 자료

항목	미국 표준 단위			SI 단위		
	단위	범위	표준	단위	범위	표준
장방형						
깊이	ft	10~16	14	m	3~4.9	4.3
길이	ft	50~300	80~130	m	15~90	24~40
너비	ft	10~80	16~32	m	3~24	4.9~9.8
이동속도	ft/min	2~4	3	m/min	0.6~1.2	0.9
원형						
깊이	ft	10~16	14	m	3~4.9	4.3
직경	ft	10~200	40~150	m	3~60	12~45
바닥기울기	in/ft	3/4~2/ft	1.0/ft	mm/mm	1/16~1/6	1/12
이동속도	r/min	0.02~0.05	0.03	r/min	0.02~0.05	0.03

[a] 너비가 6 m (20 ft)보다 크다면 세척 장치가 개별적으로 장착돼 있는 다중 베이를 사용함으로써 침전지의 너비를 24 m 이상으로 만들 수 있다.

체류시간(Detention Time). 1차 침전지로 들어오는 아주 미세한 고형물들은 응결이 덜 되었지만 응결이 되기는 쉽다. 응결은 탱크 안에서 유체의 와류흐름에 의해 촉진되고, 작은 입자끼리의 결합에 의해 이루어지는데, 이때의 응결 속도는 입자의 농도와 충돌 후의 응집 능력에 대한 함수이다. 따라서 일반적으로 부유물질 사이의 결합은 시간이 지남에 따라 더욱 완전해진다. 이 때문에 체류시간이 침전지의 설계 시 고려사항이 되는 것이다. 그러나 응결의 메커니즘에 따르면 침전시간이 길어짐에 따라 남아있는 입자들의 결합이 점점 줄어들게 된다.

보통 1차 침전지는 평균 하수유량에 대하여 1.5~2.5시간의 체류시간을 가지도록 설계되어 있다. 이보다 작은 체류시간을 가진 탱크(0.5~1시간)에서는 부유물질이 덜 제거되지만, 때때로 생물학적 처리시설의 앞에 예비처리로 사용되기도 한다. 추운 지역에서는 온도가 낮으면 물의 점성력이 높아지므로 입자가 느리게 침강하여 20°C (68°F) 이하의 하수에서는 침전 효율이 떨어지게 된다. 20°C (68°F)에서의 체류시간과 같은 효과를 가지기 위해 필요한 체류시간의 증가를 나타내는 곡선은 그림 5-53 (WPCF, 1985)과 같다. 예를 들어 10°C의 하수에서 20°C에서의 효율과 같도록 하기 위해서는 체류시간의 1.38배가 되어야 한다. 따라서 하수의 온도가 낮을 때는 적절한 성능을 보장하기 위해 침전지의 설계 시 안전율을 고려해야만 한다.

표면 부하율(Surface Loading Rates). 침전지는 보통 표면부하율(통상적으로 *overflow rate*라고 지칭)에 기초되어 설계가 되며, 단위면적당 유량($m^3/m^2/d$)으로 표시된다(gallons per square foot of surface area per day, $gal/ft^2/d$). 적절한 표면 부하율을 선택하는 것은 제거하고자 하는 부유물질의 형태에 따라 다르다. 반송슬러지를 미포함 혹은 포함하는 여러 가지 부유물질에 대한 표준값들은 표 5-19와 같다. 도시하수처리장의 설계 시에는 각 주의 심의위원회의 승인에 따라야 하는데, 대개는 표면 부하율에 대해 반드시 준수해야 하는 기준을 따라 채택한다. 탱크의 면적이 결정되면 탱크의 깊이에 의해 체류시간이 결정된다. 최근에 보통 사용하는 평균 체류시간은 평균 설계유량에 대하여 2~2.5시간이다.

그림 5-53
20°C에서와 같은 침전 효율을 얻기 위한 낮은 온도 조건에서 필요한 체류시간의 증가 곡선

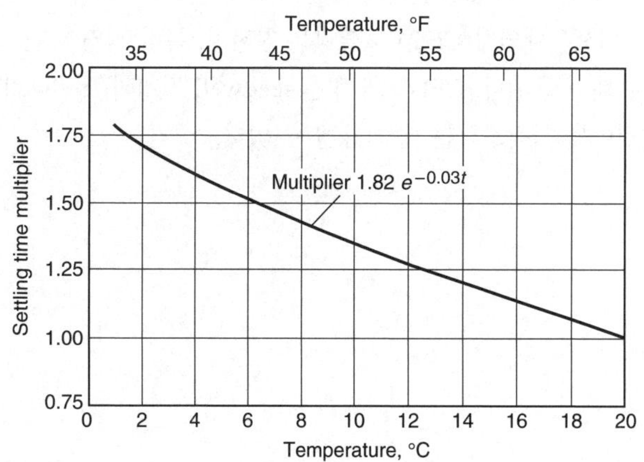

부유물질의 제거에 대한 표면 부하율과 체류시간의 영향은 하수의 특성, 침전가능 고형물의 비율, 고형물의 농도, 기타 인자 등에 따라 매우 다르다. 그러나 표면 부하율은 최대 유량일 때에도 만족할 만한 성능을 갖도록 낮게 잡아야 된다는 것을 알아야 한다. 이때 최대 유량은 소규모 처리장에서는 평균 유량의 3배, 대규모 처리장에서는 평균 유량의 2배에 달하는 경우도 있다(3장 참조).

웨어 부하율(Weir Loading Rates). 일반적으로 웨어 부하율은 1차 침전지의 효율에 거의 영향을 미치지 않으며, 따라서 침전지의 설계의 적합성을 검토하는 데 고려되지 않는다. 아주 일반적인 참조자료로서, 웨어 부하율은 표 5-19와 같다. 2차 침전지 적용에서 웨어 및 배플의 위치는 8장 8-8절에서 다시 다루어질 것이다. 배플은 유압 단락을 줄이기 위해 1차 침전지의 폐수 웨어 앞에 위치되어야 한다. 배플은 또한 폐수에 스컴의 방출을 방지한다.

소류 속도(Scour Velocity). 침전입자의 재부유(정련)를 방지하기 위해서 침전조에서의 수평속도를 충분히 낮게 유지시켜야 한다. 소류 임계속도는 식 (5-46)과 같으며, 이것은 Shields(1936)의 연구결과를 가지고 Camp(1946)가 유도한 식이다.

$$v_H = \left[\frac{8k(s-1)gd}{f}\right]^{1/2} \tag{5-46}$$

여기서 v_H = 막 소류가 일어나려고 하는 수평속도, LT^{-1} (m/s)

k = 소류되는 물질에 따른 상수(무차원)

s = 입자의 단위 중량

g = 중력가속도, LT^{-2} (9.81 m/s²)

d = 입자의 직경, L

f = Darcy-Weisbach의 마찰계수(무차원)

일반적으로 k의 값은 동일한 크기로 구성된 모래에서는 0.04이고, 응집성이 더 있는 입자는 0.06을 사용한다. Darcy-Weisbach의 마찰계수 f항은 흐름이 일어나는 표면의 상태와 Reynolds 수에 따라 달라지며 보통 0.02~0.03의 값을 가진다. 서로 간에 연관성이 있는 한, k와 f가 무차원이기 때문에 SI 또는 미국 고유 단위가 식 (5-46)에서 사용된다.

전산유체역학(CFD) 모델링은 침전지, 특히 직경이 큰 원형 침전지의 설계를 최적화하는 데 사용된다. CFD 모델링은 feedwell 직경과 feedwell 깊이, 중앙기둥의 높이와 탱크 깊이를 최적화하는 데 사용될 수 있다.

예제 5-9 **1차 침전지의 설계** 어느 도시의 하수처리장으로 평균 20,000 m^3/d의 하수량이 유입되고 있다. 일 최대 유량이 50,000 m^3/d인 경우, 수로 깊이가 6 m (20 ft)인 장방형의 1차 침전지를 설계하시오. 두 개의 침전지 중 최소값을 사용하여라. 소류속도를 계산하고, 침전물질이 다시 재부상하는지를 결정하시오. 평균 유량 시와 최대 유량 시 각각의 BOD와 TSS 제거율을 추정하시오. 평균 유량의 월류율은 40 $m^3/m^2 \cdot d$로 하고(표 5-19 참조), 측벽면의 깊이는 4 m (13.1 ft)로 한다.

풀이

1. 소요되는 표면적을 계산한다. 평균 유량에 요구되는 표면적은 다음과 같다.

$$A = \frac{Q}{OR} = \frac{(20{,}000\,\text{m}^3/\text{d})}{(40\,\text{m}^3/\text{m}^2\cdot\text{d})} = 500\,\text{m}^2$$

2. 침전지의 길이를 결정한다.

$$L = \frac{A}{W} = \frac{500\,\text{m}}{2 \times 6\,\text{m}} = 41.7\,\text{m}$$

그러나 편의상 반올림하여 42 m로 한다.

3. 평균 유량 시의 체류시간과 월류율을 계산한다.
측벽 수심을 4 m로 가정하면

조 내부 체적 = 4 m × 2(42 m × 6 m) = 2016 m^2

$$\text{월류율} = \frac{Q}{A} = \frac{(20{,}000\,\text{m}^3/\text{d})}{2(6\,\text{m} \times 42\,\text{m})} = 39.7\,\text{m}^3/\text{m}^2\cdot\text{d}$$

$$\text{체류시간} = \frac{V}{Q} = \frac{(2016\,\text{m}^3)(24\,\text{h/d})}{(20{,}000\,\text{m}^3/\text{d})} = 2.42\,\text{h}$$

4. 최대 유량 시 체류시간과 월류율을 계산한다.

$$\text{월류율} = \frac{Q}{A} = \frac{(50{,}000\,\text{m}^3/\text{d})}{2(6\,\text{m} \times 42\,\text{m})} = 99.2\,\text{m}^3/\text{m}^2\cdot\text{d}$$

$$\text{체류시간} = \frac{V}{Q} = \frac{(2016\,\text{m}^3)(24\,\text{h/d})}{(50{,}000\,\text{m}^3/\text{d})} = 0.97\,\text{h}$$

5. 식 (5-46)을 이용하여 소류속도를 계산한다. 이때 사용되는 변수는 다음과 같다.

부착상수	$k = 0.05$
비중	$s = 1.25$
중력가속도	$g = 9.81\ \text{m/s}^2$
입자의 직경	$d = 100\ \mu\text{m} = 100 \times 10^{-6}\ \text{m}$
Darcy-Weisbach 마찰계수	$f = 0.025$

$$v_{H(p)} = \left[\frac{8k(s-1)gd}{f}\right]^{1/2} = \left[\frac{(8)(0.05)(0.25)(9.81)(100 \times 10^{-6})}{0.025}\right]^{1/2} = 0.063\,\text{m/s}$$

6. 최대 유량 전 단계에서 계산된 소류속도를 비교한다. (침전지 내에서 최대 유량 시의 수평속도는 다음과 같이 나타낼 수 있다.)

$$v_{H(p)} = \frac{Q}{A_x} = \left[\frac{(50{,}000\,\text{m}^3/\text{d})}{2(6\,\text{m} \times 4\,\text{m})}\right]\left[\frac{1}{(24\,\text{h/d})(3600\,\text{s/h})}\right] = 0.012\,\text{m/s}$$

최대 유량 시에도 수평속도값은 소류속도 이하를 나타낸다. 이것은 한번 침전된 물질은 재부상하지 않는다는 것을 의미하는 결과이다.

7. 식 (5-45)와 관련 계수들을 사용하여 평균 유량 시 및 최대 유량 시의 BOD와 TSS 제거율을 산정한다.

a. 평균 유량 시:

$$\text{BOD 제거율} = \frac{t}{a + bt} = \frac{2.42}{0.018 + (0.020)(2.42)} = 36\%$$

$$\text{TSS 제거율} = \frac{t}{a + bt} = \frac{2.42}{0.0075 + (0.014)(2.42)} = 58\%$$

b. 최대 유량 시:

$$\text{BOD 제거율} = \frac{t}{a + bt} = \frac{0.97}{0.018 + (0.020)(0.97)} = 26\%$$

$$\text{TSS 제거율} = \frac{t}{a + bt} = \frac{0.97}{0.0075 + (0.014)(0.97)} = 46\%$$

≫ 고형물(슬러지)과 스컴의 특징 및 양 (Characteristics and Quantities of Solids (sludge) and Scum)

1차 침전지에서 제거된 고형물(슬러지) 및 스컴의 농도, 비중의 대표적인 값은 표 5-21에 나타나 있다. 스컴은 다양한 부유성 물질로 이루어져 있으며, 슬러지의 농도도 매우 넓다. 활성슬러지공정에서 사용되는 1차 침전지에서는, 1차 슬러지와 함께 가라앉거나 압축이

표 5-21
1차 침전지에서 제거된 일반적인 고형침전물과 스컴의 비중 및 농도

침전고형물의 형태	비중	고형물 농도(건조고형물 %)	
		범위	표준
1차 슬러지만			
중간 농도의 하수	1.03	4~12	6
합류식 하수관거	1.05	4~12	6.5
1차 슬러지 + 하수활성슬러지	1.03	2~6	3
1차 슬러지 + 살수여상슬러지	1.03	4~10	5
스컴	0.95	범위가 다양함	–

[a] Percent dry solids.

[b] Range is highly variable.

되도록 잉여활성오니를 1차 침전지 유입수에 보내지는 경우가 있는데 이러한 운전에 대비할 필요가 있다. 잉여오니가 1차 침전지로 반송되는 처리장에서는 가볍고 응집성이 있으며, 함수비가 98~99.5%이며, 유입 MLSS의 농도가 1,500~10,000 mg/L인 슬러지를 처리할 수 있는 시설을 갖추어야 한다.

1차 침전지와 그 뒤에 나오는 슬러지 펌프 처리 처분시설을 올바로 설계하기 위해서는 1차 침전지 내에서 발생하는 슬러지의 양을 알거나 추정해야만 한다. 슬러지의 양은 (1) 강도와 신선도를 포함한 미처리 하수의 특성, (2) 침전지의 체류시간과 탱크 내의 청정효율, (3) 단위중량, 함수비, 깊이나 슬러지 제거 장치에 의해 변화하는 부피 등을 포함한 퇴적고형물의 조건, (4) 슬러지 제거 장치의 가동간격 등에 따라 달라진다. 1차 침전지와 다른 처리공정 및 운영하는 동안 생산된 슬러지의 특성과 양에 대한 추가 자료는 13장에서 다루고 있다.

5-7 고속침전

고속침전은 물리/화학적 처리에서 사용되며, 침전을 빠르게 하기 위해 특수한 응결 및 침전 시스템을 이용한다. 고속침전의 필수 요소는 입자 침전을 향상시키는 것과 경사판 혹은 관형침전조를 사용하는 것이다. 고속침전의 장점은 (1) 소형의 장치로 설치 공간이 줄어드는 것 (2) 최고효율을 얻기 위한 준비운전 시간의 단축(보통 30분 이하) (3) 매우 깨끗한 유출수 생성이다. 이 절에서는 향상된 입자 응결과 고속침전 적용에 대해 다룬다. 경사판과 관형 침전조는 이전의 5장 5-4절에서 이미 다루었다.

》 향상된 입자 응결(Enhanced Particle Flocculation)

향상된 입자 응결은 이미 15년 이상 유럽에서 사용되어 왔지만, 미국에서는 최근에 도입되었다. 향상된 입자 응결의 가장 기본적인 형태는 불활성 고속제(보통 실리카 모래 또는 화학적 상태의 재활용 고형물)와 응결된 폴리머, 부분적으로 응결된 현탁액을 첨가하는 것이다. 폴리머제는 고속 입자에 외피를 덮은 것처럼 보이고, 고속 입자에 화학적 플럭을 결속시키는 "풀" 역할을 한다(그림 5-54 참조). 고속제와 접촉한 후 혼합물은 플럭을 성장시키는 플럭 형성조에서 천천히 혼합된다. 크고 빠르게 침전하는 입자들이 보다 느리게 침전하는 입자들을 압도하거나 충돌을 할 때, 입자들은 커지게 된다[그림 5-11(b) 참조]. 응결과정에서는 속도경사 G가 중요한데, 이는 속도경사가 너무 크면 플럭 입자들이 분산되거나 불충분한 혼합으로 플럭 형성이 저해되기 때문이다. 하폐수를 보다 효과적으로 침전시키기 위한 속도경사는 일반적으로 200~400 s^{-1}의 범위를 가진다.

》 발라스트 입자 응결 및 침전의 분석 (Analysis of Ballasted Particle Flocculation and Settling)

고속 입자 응결은 모래입자와 응결제를 혼합하여 침전을 강화시킨 방식으로서 일반 침전방식에 비해 (1) 입자의 밀도 증가, (2) 항력계수의 감소와 Reynold 수의 증가, (3) 더 치

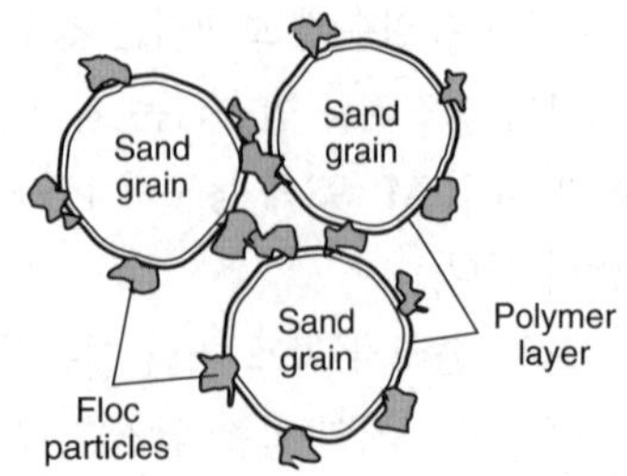

그림 5-54

고속 입자 응결의 개념. 모래 입자 표면에 얇은 폴리머 층은 응결된 플럭 입자를 흡착시킴 (Krger 카달로그 인용)

밀한 원형 모양의 입자 형성을 통한 형상 인자 감소를 통해 고속 입자의 침전속도가 증가한다[식 (5-18) 참조]. 고속 플럭 입자들은 플럭 입자 자체보다 더 원형에 가깝다. 실제로, 응결된 고속 입자들은 매우 높은 형상 인자를 가진 응결된 입자들보다 분리된 입자들에 더 근접하여 침전된다. 다른 입자들과 비교한 고속 입자의 상대적인 침강 속도를 예제 5-10에서 보여주고 있다.

예제 5-10

고속 응결 입자와 다른 입자들과의 침전 속도 계산 다음의 표와 같은 특성을 지닌 고속 플럭, 원형 입자, 하폐수 입자의 침전 속도를 20℃에서 각각 계산하시오. 향력계수와 형상계수를 곱하여 계산하는 방식을 사용하시오.

인자	입자의 형태		
	고속 플럭	원형	하폐수 입자
평균 직경, μm	200	150	500
입자 비중	2.6	2.65	1.0035
형상 계수	2.5	1	18

풀이 식 (5-22)를 사용하여 예제 5-5와 같은 방법으로 고속 플럭의 침전속도를 계산하고 구형 및 하폐수 입자의 결과와 비교한다.

1. 고속 플럭 입자의 최종 침전속도를 산정한다.

$$v_p = \frac{g(sg_p - 1)d_p^2}{18\nu}$$

$$d_p = 200\ \mu\text{m} = 200 \times 10^{-6}\ \text{m}$$

$$\nu = 1.003 \times 10^{-6}\ \text{m}^2/\text{s at } 20°\text{C (from Appendix C)}$$

$$v_p = \frac{(9.81\ \text{m/s}^2)(2.6 - 1)(200 \times 10^{-6}\,\text{m})^2}{18(1.003 \times 10^{-6}\,\text{m}^2/\text{s})}$$

$$= 0.0348\ \text{m/s}$$

2. 식 (5-20)의 Reynolds 수를 확인한다.

$$N_R = \frac{v_p d_p}{\nu} = \frac{(0.0348\ \text{m/s})(200 \times 10^{-6}\,\text{m})}{(1.003 \times 10^{-6}\ \text{m}^2/\text{s})} = 6.9$$

Reynolds 수 >1.0이기 때문에 식 (5-18)의 Newton의 법칙은 전이구간에서 침전속도가 결정된다(그림 5-20 참조). 예제 5-5에 나온 것 같은 방법으로 진행한다.

3. 처음 가정한 침전속도에 있어서 Stokes의 침전식으로 계산한다. 앞에서 산정한 Reynolds 수의 결과를 사용하여 항력계수(drag coefficient)를 구하면

$$C_d = \frac{24}{N_R} + \frac{3}{\sqrt{N_R}} + 0.34 = \frac{24}{6.9} + \frac{3}{\sqrt{6.9}} + 0.34 = 4.96$$

4. 형상계수를 포함한 식 (5-21)에서 입자의 침전속도를 결정하기 위하여 Newton 식의 항력계수를 사용한다.

$$v_p = \sqrt{\frac{4g(sg-1)d}{3C_d\phi}} = \sqrt{\frac{4(9.81\text{ m/s}^2)(2.6-1)(200\times10^{-6}\text{ m})}{(3)(4.96)(2.5)}}$$
$$= 0.018\text{ m/s}$$

초기에 가정한 침전속도 0.035 m/s는 Newton 식의 침전속도 0.018 m/s와 같지 않기 때문에 반복적인 계산이 필요하다.

5. 다음과 같은 반복적인 계산을 위하여 침전속도는 0.012 m/s로 가정한다. 그리고 Reynolds 수를 계산한다(가정한 값은 다양한 속도에 따른 시행착오법에 근거한다). 항력계수를 결정하기 위하여 Reynolds 수를 사용한다. 침전속도를 찾기 위하여 Newton식에서 항력계수를 사용한다.

$$N_R = \frac{(0.012\text{ m/s})(200\times10^{-6}\text{ m})}{(1.003\times10^{-6}\text{ m}^2/\text{s})} = 2.39$$

$$C_d = \frac{24}{2.39} + \frac{3}{\sqrt{2.39}} + 0.34 = 12.3$$

$$v_p = \sqrt{\frac{4(9.81\text{ m/s}^2)(2.6-1)(200\times10^{-6}\text{ m})}{(3)(12.3)(2.5)}} = 0.012\text{ m/s}$$

가정한 값과 계산한 침전속도 0.012 m/s는 일치한다.

6. 동일한 계산 절차를 이용하여 구형 플럭 및 하폐수 플럭에서 침전속도를 계산한다. 이상의 세 개 플럭에 대하여 침전속도를 계산한 결과를 정리하면 다음과 같다.
고속 플럭 입자의 침전속도 = 0.012 m/s = 43 m/h
구형 플럭 입자의 침전속도 = 0.0164 m/s = 59 m/h
하폐수 플럭 입자의 침전속도 = 0.002 m/s = 7.2 m/h

입자가 침전하는 속도는 입자비중, 형태, 크기 등의 특성에 따라 상이하다는 것을 예제를 통하여 알 수 있다. 또한 결과를 통하여 고속 플럭 입자의 경우는 침전속도가 다른 입자에 비하여 매우 높은 것을 알 수 있다. 다양한 방법의 고속 플럭을 만들어 하폐수 입자의 비중 및 크기를 제어하는 것이 고속침전의 기본 방법이다. 전이구간에서의 침전속도는 반복적인 계산과정을 거쳐서 알 수 있기 때문에 다양한 형태의 스프레드 시트를 활용함으로써 보다 용이하게 해결할 수 있다.

》 공정 적용(Process Application)

고속침전에는 3가지 기본적인 공정이 사용된다: (1) 경사판 침전지에서의 고속 응결, (2) 경사판 침전지에서의 3단계 응결, (3) 경사판 침전지에서의 치밀한 고형물 응결 및 침전은 그림 5-55에 나타나 있다. 각각의 공정은 높은 월류 속도로 운전될 수 있어, 침전 단위의 물리학적 크기를 매우 감소시킨다. 각 공정의 주요 특징에 대한 요약은 표 5-22에서 보여주고 있다. 고속침전은 (1) 고도 일차 처리를 제공, (2) 우수 관거(wet-weather flows)와 합류식 관로 월류수 처리, (3) 폐 여과 역세척수 처리, (4) 고형물 처리시설에서 들어오는 반송수 처리에 적용된다. 우천 하폐수량(가정하폐수+침투수/유입수)을 처리하기 위한 월류율과 BOD, TSS의 제거범위는 표 5-23에 나타나 있다(Sawey, 1998).

고속 응결(Ballasted Flocculation). 그림 5-55(a)에서 볼 수 있는 고속 응결에서 응결 보조제와 고속제(일반적으로 실리카 미세모래)는 농후한 미세 플럭 입자를 형성시키도록 하기 위하여 사용되고 있다. 최종 플럭 입자들은 결국 "자갈"과 같이 되며, 빠르게 침강한다. 처리공정은 세 가지 구획인 혼합 구역, 성숙 구역, 침전 구역으로 이루어져 있다. 공정 장비의 제조자에 따르면, 각각의 공정을 수행하기 위해 구역을 나누거나, 하나의 반응조로 결합시킨다. 그리고 경사판 침전지와 기존의 중력 침전지 중에서 한 가지를 사용할 수 있다.

일반적으로, 체로 처리된 하폐수는 고형물들을 불안정화시키는 화학 응결제(보통 철염)가 포함된 고속 응결 반응조로 유입된다. 그 다음으로, 하폐수는 혼합 구역으로 들어가는데, 이는 응결 효과를 극대화하고 부유고형물의 침강을 높이기 위한 미세모래와 폴리머를 포함한다. 여기서 폴리머는 불안정한 고형물을 미세모래에 부착시키기 위한 결합제로서 작용한다. 성숙 구역에서 고형물은 부유 상태로 유지되는 반면에, 플럭 입자들은 계속해서 성장하고 자란다. 일단 성장하면, 고속 플럭 입자들은 침전지의 바닥으로 빠르게 가라앉는다. 처리된 하폐수로부터 제거된 모래와 플럭 입자들은 모래의 분리를 위해 사이클론 분리기(hydroclone)로 펌핑된다. 분리된 모래는 유입 탱크로 반환되며, 사이클

표 5-22
고속침전의 특성

공정	특징
미세모래 고속 반응과 침전지	• 미세모래는 플럭형성의 중심 핵이 된다. • 플럭형태는 치밀하고 빠르게 침전한다. • 라멜라 침전지는 작은 규모라도 효과적이다.
약품주입, 다단계 응결, 라멜라 침전지[그림 5-55(a) 참조]	• 3단계에 걸친 응결은 플럭형성을 강화시킨다. • 라멜라 침전지는 작은 규모라도 효과적이다.
라멜라 침전지에서 회수된 고형물을 약품처리한 후 두 단계 응결로 이용. 그릳 분리기가 포함된 공기 혼화조와 라멜라 침전지에서 회수된 고형물을 약품처리한 후, 두 단계 응결로 이용[그림 5-55(c) 참조]	• 침전된 슬러지 고형물은 플럭형성을 가속시키기 위하여 재순환된다. • 치밀한 플럭은 빠르게 침전하는 속성을 지닌다. • 라멜라 침전지는 작은 규모라도 효과적이다.

표 5-23
우기 시 유량을 처리하는 고율 침전 공정으로부터의 BOD와 TSS 제거 및 월류율의 범위[a]

변수 / 공정	고속 응결	라멜라 침전지	농축 고형물
월류량 $m^3/m^2 \cdot d$			
낮음 $m^3/m^2 \cdot d$	1,200~2,900	880	2,300
($gal/min \cdot ft^2$)	(20~50)	(15)	(40)
중간 $m^3/m^2 \cdot d$	1,800~3,500	1,200	2,900
($gal/min \cdot ft^2$)	(30~60)	(20)	(50)
높음 $m^3/m^2 \cdot d$	2,300~4,100	1,800	3,500
($gal/min \cdot ft^2$)	(40~70)	(30)	(60)
BOD 제거율, %			
낮음	35~50	45~55	25~35
중간	40~60	35~40	40~50
높음	30~60	35~40	50~60
TSS 제거율, %			
낮음	70~90	60~70	80~90
중간	40~80	65~75	70~80
높음	30~80	40~50	70~80

[a] EPRI(1991).

론 분리기로부터 들어온 고형물은 바이오 고형물 처리시설로 보내진다. 하폐수를 처리하고 침강 속도를 높이기 위한 미세모래 크기는 보통 100~150 mm의 범위를 가지며, 2.6보다 큰 비중을 가진다.

라멜라 침전지(Lamella Plate Clarification). 경사판 침전지(라멜라 침전지)에서는 3단계 응결과 경사판 침전에서 잇달아 화학 첨가제를 사용한다[그림 5-55(b) 참조]. 응결 구간으로 들어가기 전, 유입하폐수에 응결제와 폴리머를 주입한다. 화학처리된 하폐수는 3개의 응결 구간을 각각 통과할 때, 한 구간에서 다음 구간으로 흘러가면서 하폐수의 혼합 에너지 경사가 감소한다. 이후, 화학처리/응결된 하폐수는 경사판 침전지를 통과하면서 고형물이 분리된다. 침전지 하류 부분에서는 침강 속도를 높이기 위해 유입수를 재활용하거나, 전체 하류를 농축조와 고형물 처리시설로 유입시키기도 한다.

농축 슬러지 공정(Dense-sludge process). 농축 슬러지 공정은 특허 공정이며, 미세 플럭 입자를 형성하는 데에 미세모래를 사용하는 고속 응결과는 달리, 화학적으로 처리된 재활용 고형물과 유입하폐수를 사용한다. 그림 5-55(c)에서와 같이, 유입 하폐수는 그릿이 분리되고 응결제(보통 황산 제이철)가 주입되는 공기 혼합 구역으로 들어간다. 혼합 이후 하폐수는 2단계 응결 탱크의 첫 번째 구간으로 유입되는데, 이 구간은 화학적 처리와 함께 재반송된 고형물과 폴리머가 첨가되어있다. 재반송된 고형물은 응결 공정을 가속시키고, 농후한 균질의 플럭 입자를 형성한다. 응결의 두 번째 구간에서는, 기름이나 액체 표면의 더러운 성분의 거품이 분리되면서 제거된다. 응결 탱크로 들어온 하폐수는 전 침전(presettling) 구간으로 유입된 다음, 경사판 침전조를 통과한다. 대부분의 응결된

그림 5-55

고속침전 공정. (a) 고속 응결, (b) 라멜라 침전지, (c) 농축슬러지

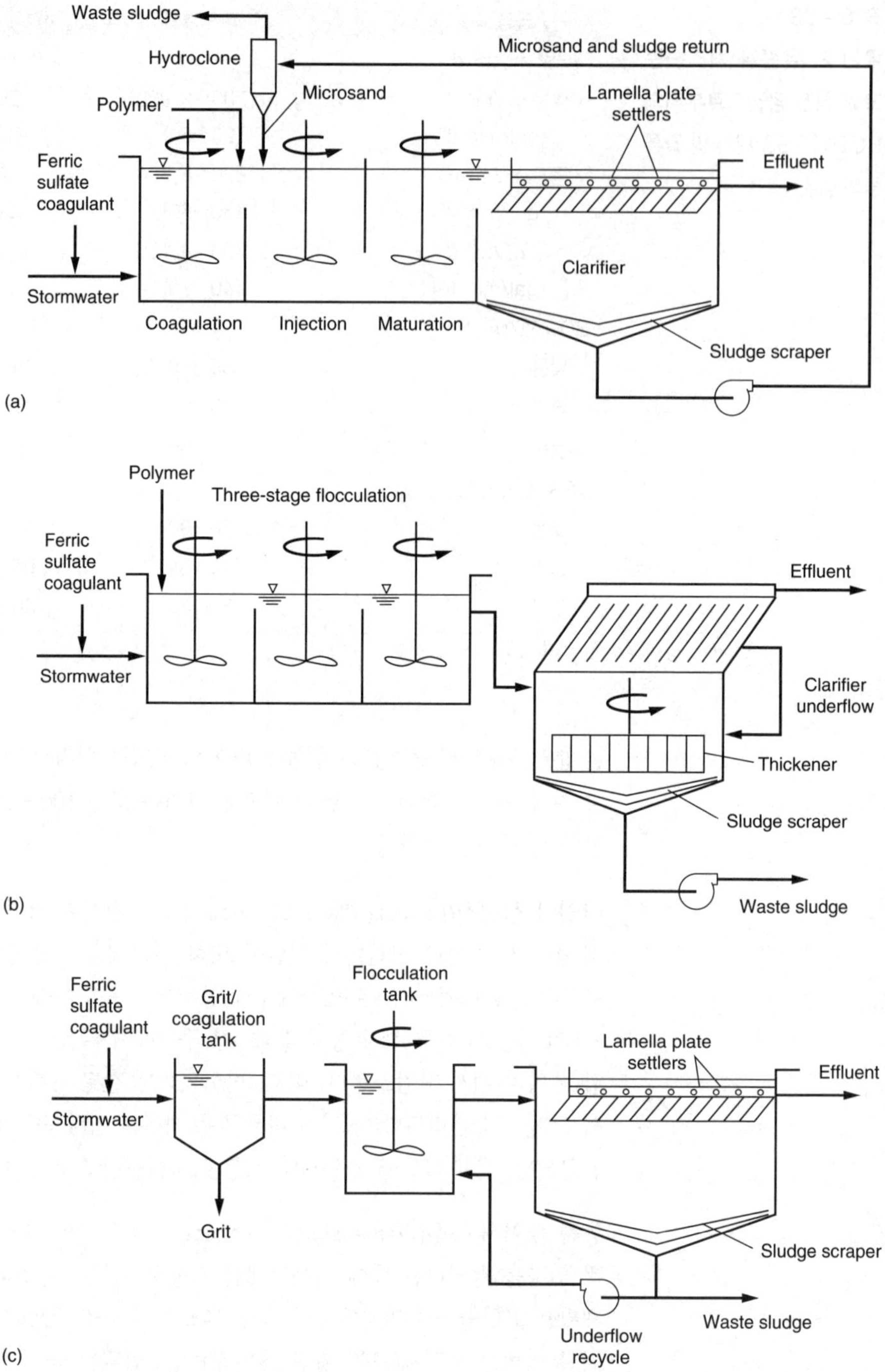

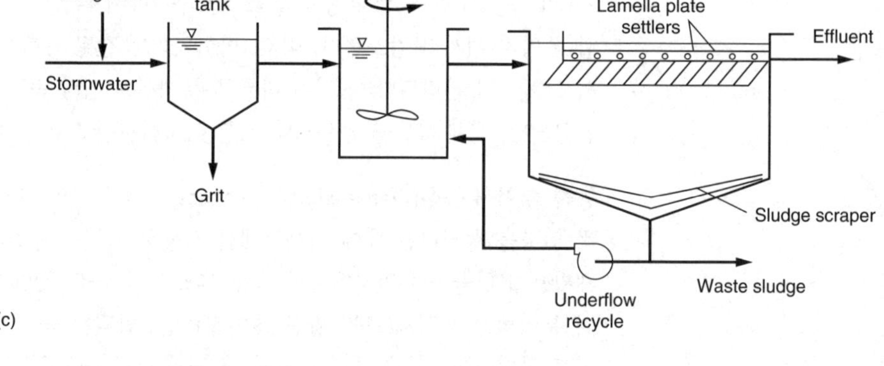

부유고형물은 전 침전 구간에서 직접 분리가 되고, 남은 응결 입자는 경사판 침전지에서 제거된다. 침전된 고형물의 일부분은 재반송되고, 나머지는 고형물 처리 및 처분 공정으로 들어간다.

5-8 부상분리

부상분리는 액체상에서 고체 또는 액체 입자를 분리하는 데 사용되는 단위 조작 중의 하나이다. 아주 작은 기체(보통은 공기)방울을 액체 속에 넣어줌으로써 분리가 일어난다. 공기방울은 입자성 물질에 달라붙어, 입자와 공기방울이 합쳐져 발생한 부력으로 입자가 물 위로 떠오를 수 있게 해준다. 따라서 액체보다 밀도가 무거운 입자도 뜨게 할 수 있다. 또한 액체보다 밀도가 가벼운 입자를 떠오르게 하는 데도 사용될 수 있다(예, 물속에 기름이 분산되어 있을 때).

하수처리에서 부상은 주로 부유물질을 제거하고 생물학적 바이오 고형물을 농축시키기 위해 사용된다(14장 참조). 부상이 침전보다 좋은 점은 서서히 침전하는 작고 가벼운 입자들이 단시간 내에 완전히 제거될 수 있다는 점이다. 입자들이 표면에 떠오르면 스키밍 작용(skimming operation)에 의해 모아서 제거될 수 있다.

≫ 개요

현재 도시하수처리장에서 적용되는 부상은 부상 촉진제로서 공기를 사용하는 것에 국한되어 있다. 공기방울은 다음 중 한 가지 방법으로 주입한다. (1) 액체가 압력을 가진 상태에서 공기를 주입한 후 압력을 제거한다(용존공기부상). (2) 대기압하에서 포기시킨다(분산공기부상). 위의 과정은 여러 가지 화학적 첨가물을 사용하여 제거효율을 높일 수 있다. 공공 도시하수처리에서 공기부상이 종종 사용되며 특히, 폐 바이오 고형물을 농축하는 경우가 그렇다.

용존공기부상분리법(Dissolved-Air Flotation). 용존공기부상분리는 일정 기압에서 하수 중에 공기를 용존시킨 후 압력을 대기압까지 감소시킨다(그림 5-56 참조). 소규모 압력 시설에서는 전체 유량의 평균 275~350 kPa (40~50 lb/in^2 gage)까지 압력을 높여주고 펌프의 흡입 측에 압축공기를 공급한다[그림 5-56(a) 참조]. 전체 유량의 압력을 받고 있는 저류조 안에는 수분 체류하는 동안 공기가 녹아 들어간다. 압력을 받고 있는 유량은 감압밸브를 통하여 부상조로 들어가고 액체 속 공기는 미세한 방울 형태로 방출된다.

보다 큰 시설에서는 DAF 유출수의 일부분(15~120%)만이 다시 순환되고 가압되며, 공기에 의해 부분적으로 포화된다[그림 5-56(b) 참조]. 순환된 유량은 부상조로 들어가기 직전에 가압되지 않은 원수와 혼합되고, 그 결과 공기가 용액으로부터 빠져나와 탱크의 입구에서 입자상 물질과 접촉하게 된다. 압력을 사용하는 방법은 주로 공장 하수의 처리와 고형물의 농축에 많이 사용된다.

공기부상법(Dispersed-Air Flotation). 공기부상은 공공 하수처리에서 거의 사용되지 않지만, 유화유의 제거와 많은 양의 쓰레기 또는 처리수로부터 부유물질 처리를 위한 산업용 목적으로 사용된다. 공기부상에서는 회전하는 임펠러를 통하여 기체 상태를 바로 액체 상태로 주입하여 공기방울을 형성한다. 회전 임펠러는 펌프로 작동한다. 이 장치는 유체가 분산기 구멍을 통과하도록 하고, 입관(stand pipe)에 진공을 만든다(그림 5-57

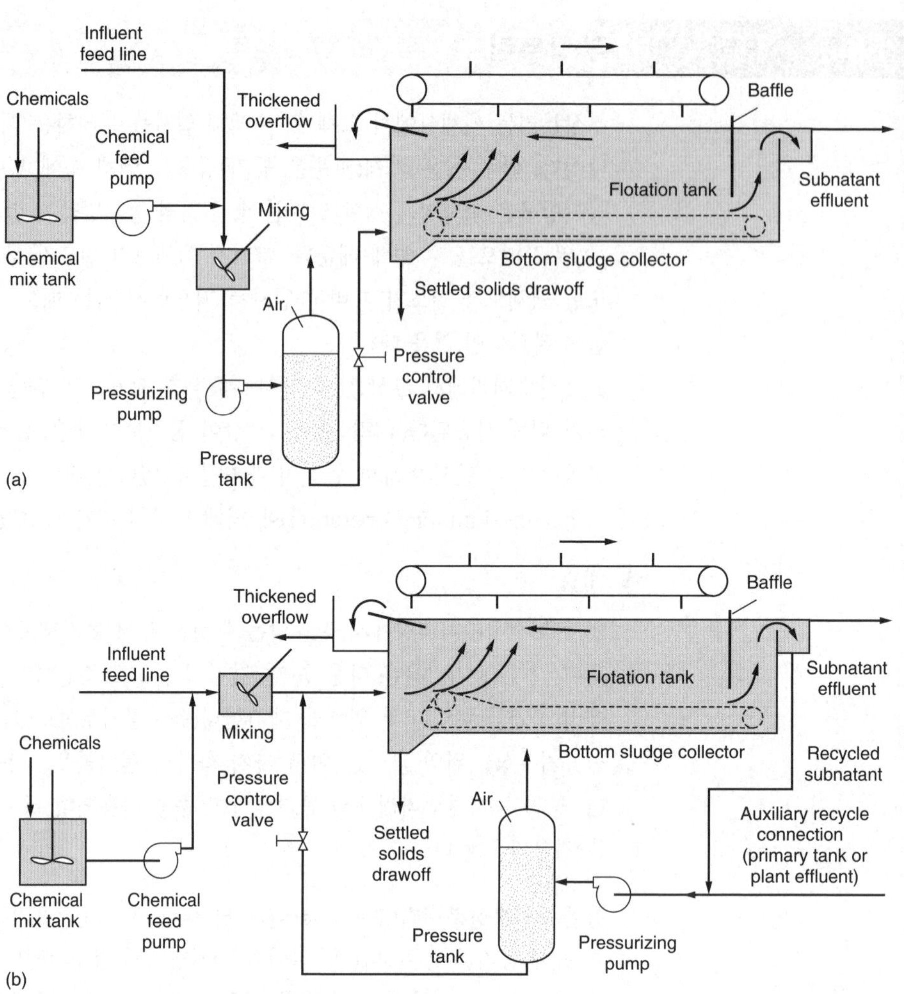

그림 5-56

용존공기부상 시스템의 개념도. (a) 가압탱크 내로 순환하지 않는 경우, (b) 가압탱크 내로 다시 순환하는 경우: 가압수는 부상조 내부로 유입되면서 유입수와 혼합되면서 부상한다.

참조). 진공은 입관 안으로 공기(또는 기체)를 밀어넣고, 공기를 액체와 완전히 교반한다. 기체/액체 혼합물이 분산기를 통해 이동하기 때문에, 기체가 매우 미세한 물방울을 만들게 하는 교반력이 생긴다. 장치에서 나가기 전에, 액체가 연속 셀을 통해서 이동한다. 기름 입자와 부유고형물들이 표면으로 부상할 때, 입자들이 물방울에 붙게 된다. 또한 기름과 부유고형물들은 표면에 농축된 기포 안으로 모아지고, 스키밍 패들로부터 제거된다. 공기부상법의 장점은 (1) 소형 크기, (2) 저렴한 자본 비용, (3) 유리된 기름과 부유고형물을 제거하는 능력이다. 공기부상의 단점은 가압 시스템보다 더 높은 접촉력을 요구하는 것, 성능이 철저한 수리학적 통제, 다소 작은 응집 가동성에 좌우되는 것이다. 스키밍의 양은 가압 장치보다 상당히 높다: 용존공기 시스템에서 1% 이하와 비교할 때, 유입수의 3~7%를 차지한다(Eckenfelder, 2000).

화학적 첨가물(Chemical additives). 부상을 수월하게 하기 위하여 화학약품이 종종 사용된다. 이러한 대부분의 화학약품들은 대부분 공기방울을 흡수하거나 포집하기 좋은 표면이나 구조를 만들어주는 기능을 가진다. 알루미늄이나 철염 또는 활성실리카 같은 무

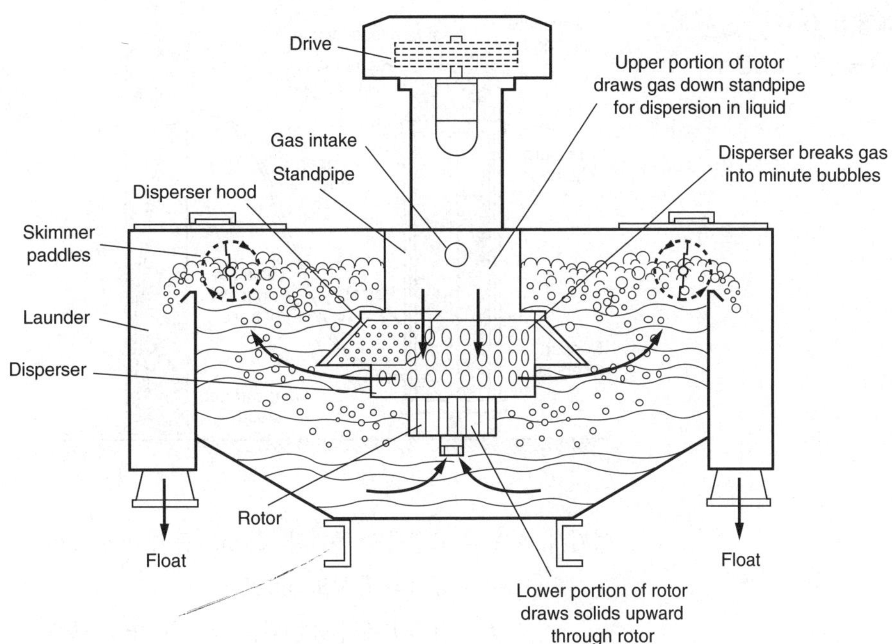

그림 5-57

분산공기부상장치. 장치 내부로 유입된 공기가 분산펌프로 수중으로 분산됨

기화학물질들은 입자상 물질을 서로 묶어 공기방울을 포집하기 쉽도록 구조를 형성할 수 있다. 다양한 유기고분자 응집제는 기체와 액체의 경계면이나 고체와 액체의 경계면의 성질을 바꾸는 데 사용되며, 이러한 화합물들은 계면에 모여져서 필요한 변화를 가져온다.

용존공기부상시스템 설계 시 고려사항

용존공기부상분리공정은 입자상물질의 표면 특성과 밀접한 관계가 있으므로 필요 설계인자를 결정하기 위해서는 먼저 실험실과 pilot 시설에서 실험을 해야만 한다. 용존공기부상공정의 설계 시 고려해야 하는 인자들은 입자상 물질의 농도, 주입공기량, 입자부상속도, 고형물 부하율이다. 이 절에서는 가장 많이 쓰이고 있는 용존공기부상에 대해서 설명하고 실제 설계방법을 다룰 것이다.

용존공기부상의 성능은 주로 필요 청정도를 달성하는 데 소요되는 고형물 무게에 대한 공기주입량(A/S)의 비에 달려있다. 이 비율은 현탁액의 종류에 따라 다르므로 실험실 규모의 부상 장치를 사용하여 실험 후 결정해야 한다. 대표적인 실험 부상 장치는 그림 5-58에서 보여주고 있다. 필요한 시험을 실행하기 위한 절차들은 Higbie(1935), WEF(1998c), Edzwald와 Haarhoff(2012)에 의해 알려졌다. 하수처리장 계획에 있어서 고형물과 바이오 고형물의 농축 발생 A/S 비는 약 0.005~0.060이다.

전체 흐름이 가압되는 시스템에서의 A/S 비와 공기의 용해도, 운전압력, 고형물의 농도와의 관계는 식 (5-47)과 같다.

$$\frac{A}{S} = \frac{1.3s_a(fP - 1)}{S_a} \tag{5-47}$$

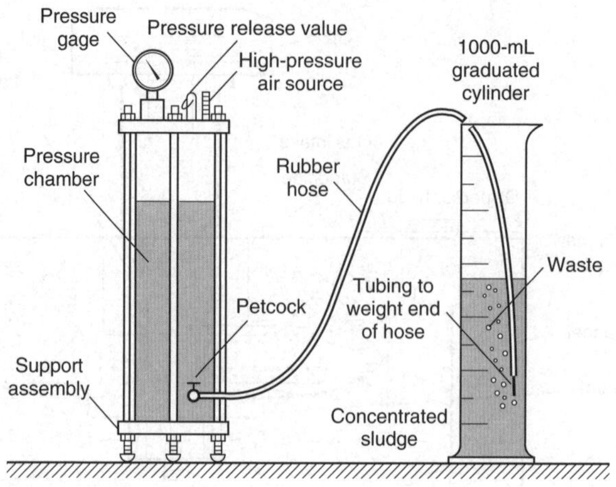

그림 5-58
용존공기부상 실험장치

여기서, A/S = 고형물당 공기량 비, mL(공기)/mg(고형물)

S_a = 공기의 용해도, mL/L

f = 압력 P에서 용존되는 공기의 비율, 보통 0.5

P = 압력, atm

$= \dfrac{p + 101.35}{101.35}$ (SI 단위)

$= \dfrac{p + 14.7}{14.7}$ (U.S 고정 단위)

p = 계기압력, kPa (1 b_f/in²)

S_a = 슬러지 고형물 농도, mg/L (g/m³)

Temp., °C	0	10	20	30
s_a, mL/L	29.2	22.8	18.7	15.7

일부만 가압순환하는 방식에서의 관계식은 다음과 같다.

$$\frac{A}{S} = \frac{1.3s_a(fP - 1)R}{S_aQ} \tag{5-48}$$

여기서, R = 가압순환되는 유량, m³/d (Mgal/d)

Q = 전체 혼합유량, m³/d (Mgal/d)

두 개의 식에서, 분자는 공기의 무게를 나타내고 분모는 고형물의 무게를 나타낸다. 계수 1.3은 공기 1 mL당의 무게를 mg으로 나타낸 것이고, 괄호 안의 (1)은 이 장치가 대기압 조건에서 운전되는 것을 뜻한다. 이 식의 사용방법은 예제 5-11에서 다루기도 한다. 부상의 적용과 이론에 대한 추가적인 정보는 Eckenfelder(2000), Edzwald와 Haarhoff(2012)에서 찾을 수 있다.

농축조의 필요면적은 고형물 농도, 필요농축농도, 고형물 부하율 등에 따라 다르지만 고형물의 부상속도 8~160 L/m²·min (0.2~4.0 gal/min · ft²)에 의해 결정된다(표 14-20 참조).

예제 5-11 **활성슬러지 혼합액에서 슬러지 농축을 위한 부상조 설계** 활성슬러지 혼합액을 0.3%에서 4%로 농축시키기 위한 부상 농축조를 가압순환이 있는 방법과 없는 방법 두 가지에 대해 다음 가정조건에 따라 설계하라.

1. 최적 A/S 비 = 0.008 mL/mg
2. 온도 = 20
3. 공기용해도 = 18.7 mL/L
4. 가압순환식에서의 압력 = 275 kPa
5. 포화도 = 0.5
6. 표면 부하율 = 8 $L/m^2 \cdot min$
7. 슬러지 유량 = 400 m^3/d

풀이(순환하지 않는 경우)

1. 식 (5-47)을 사용하여 소요압력을 계산한다.

$$\frac{A}{S} = \frac{1.3s_a(fP - 1)}{S_a}$$

$$0.008 \text{ mL/mg} = \frac{1.3(18.7 \text{ mL/L})(0.5P - 1)}{(3000 \text{ mg/L})}$$

$$0.5\,P = 0.99 + 1$$

$$P = 3.98 \text{ atm} = \frac{p + 101.35}{101.35}$$

$$p = 302 \text{ kPa } (43.8 \text{ lb}_f/\text{in.}^2\text{gage})$$

2. 필요 표면적을 구하라.

$$A = \frac{(400 \text{ m}^3/\text{d})(10^3 \text{ L/1 m}^3)}{(8 \text{ L/m}^2\cdot\text{min})(1440 \text{ min/d})} = 34.7 \text{ m}^2$$

3. 고형물 부하율을 검토한다.

$$\text{고형물 부하물} = \frac{(400 \text{ m}^3/\text{d})(3000 \text{ g/m}^3)}{(34.7 \text{ m}^2)(10^3 \text{ g/1 kg})} = 34.6 \text{ kg/m}^2$$

풀이(순환하는 경우)

1. 대기 중에서의 압력을 결정한다.

$$P = \frac{275 + 101.35}{101.35} = 3.73 \text{ atm}$$

2. 식 (5-48)을 사용하여 필요 순환율을 계산한다.

$$\frac{A}{S} = \frac{1.3s_a(fP - 1)R}{S_aQ}$$

$$0.008 \text{ mL/mg} = \frac{1.3(18.7 \text{ mL/L})[0.5(3.73) - 1]R}{(3000 \text{ mg/L})(400 \text{ m}^3/\text{d})}$$

$$R = 461.9 \text{ m}^3/\text{d}$$

3. 필요한 표면적을 구한다.

$$A = \frac{(461.9\ m^3/d)(10^3\ L/m^3)}{(8\ L/m^2 \cdot min)(1440\ min/d)} = 40.1\ m^2$$

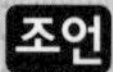

이렇게 구하는 방법 대신 순환율을 먼저 결정하고 압력을 구할 수도 있으나 실제 설계에서는 여러 조건들에 대하여 순환 펌프, 가압 시스템, 탱크 건설 등에 드는 비용을 구하여 가장 경제적인 조합을 찾아낼 수 있다.

5-9 1차 처리를 위한 새로운 접근

이 장 앞에서 서술한 것과 같이 안정된 물리적 처리공정뿐만 아니라, 다양한 물리적 처리공정들이 1차 처리를 위하여 연구되고 있다. 이 중, 입증된 세 가지 공정들은 다음과 같으며, 이번 절에서 살펴볼 것이다. (1) 하수 원수의 마이크로 스크리닝(microscreening), (2) 하전 기포 부상(charged bubble floation), (3) 1차 처리수 여과.

현재 에너지 절약과 에너지 회수를 감안할 때, 이러한 기술에 대한 세 가지 적용은 다음과 같다. 첫 번째로는 탄소 유기물질 산화에 필요한 에너지를 절감하기 위하여 생물학적 처리시설로 유입되는 유기물 부하량을 줄이는 방안이다. 제거된 고형물은 고형물 처리 시설로 보내지고, 대부분 에너지 복구를 위해 혐기성 소화조로 보내진다. 두 번째로는, 생물학적 처리시설에서 에너지 소모가 가장 높은 시간대에 유입되는 유기물질을 이른 아침 시간대로 우회시켜 생물학적 처리시설로 들어오는 유기물 부하율을 평등화 시키는 방안이다. 세 번째 적용으로 우회된 유기물은 발효기에서 인 제거에 필요한 휘발성 지방산을 생성하는 데 적용시킬 수 있다.

›› 하수의 마이크로 스크리닝(Microscreening of Raw wastewater)

두 개의 직물 스크린은 조대 고형물질이 제거된 하수 원수를 여과시키기 위해 개발되었다. 그림 5-59은 스크린의 종류를 나타내며, 그림 5-59(a)와 같이 처리되지 않은 하수는 경사로로 이동하는 회전형 스크린 위로 유입된다. 먼저, 깨끗한 스크린과 폐수가 접촉 시, 일반적으로 여과속도는 깨끗한 물의 여과속도와 같다. 스크린이 경사를 따라 위로 이동할 때, 스크린에 의한 처리 이외에도 고형물이 축적되어 저절로 여과(제거된 고형물은 필터 작용을 함) 기능을 할 수 있다. 스크린이 물 밖으로 이동하면서 과잉수는 중량 측정에 의해 제거된다[그림 5-59(c)].

스크린이 상부 롤러를 통과할 때, 부분적으로 탈수된 축적 고형물이 제거된다. 생하수의 성질에 따라, 상부 롤러 위에 위치한 물 분사기를 사용하여 스크린 위에 축적된 고형물을 제거한다. 롤러에 의해 제거된 고형물은 추가로 처리되거나(예, 농축) 소화조 바(bar)로 이동한다. BOD (25~35%)와 TSS (60~70%) 제거율은 1차 침전지와 비슷하거

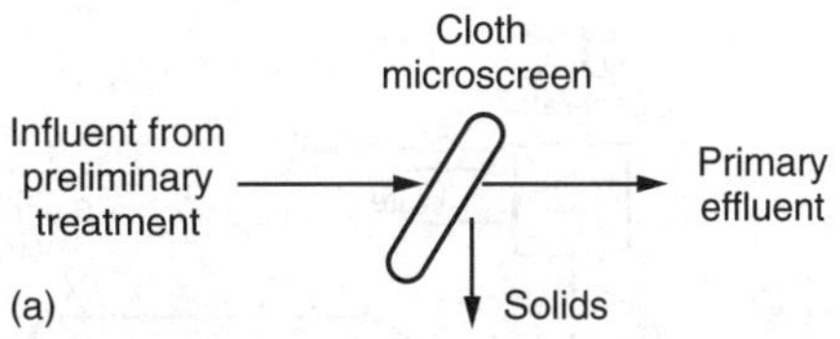

(b)

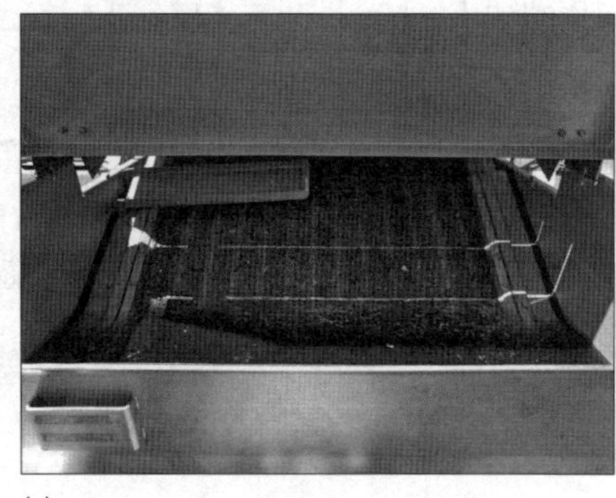
(c)

그림 5–59

처리되지 않은 하수의 여과에 이용되는 cloth screen. (a) 개념도, (b) cloth screen 여과기에 현장 모습, (c) 과잉수는 중량측정에 의해 제거됨

나 약간 더 높다. 스크린은 후단에서 처리될 고형물의 입자 크기 분포를 바꾸며, 또한 보편적인 1차 처리공정보다 적은 부지를 필요로 한다.

≫ 하전 기포 부상(Charged Bubble Flotation, CBF)

CBF 공정의 주요 구성은 그림 5–60과 같다. CBF 공정은 체적 중 40~50%의 공기 함량을 가지며, 물속에서 미세 규모(약 7~50 μm)의 기포를 가진 현탁액을 사용한다. 기포는 전기적으로 하전된 계면활성제에 의해 만들어진 비누막으로 코팅되며, 공정에 따라 음이온 또는 양이온 계면활성제가 이용될 수 있다. 하전된 기포는 하전되거나 또는 소수성의 분자를 흡착하는 데 필요한 넓은 표면적을 제공한다(Jauregi and Varley, 1999). 문헌에서는 이러한 현탁액 내의 미세규모의 기포를 *colloidal gas aphrons*라 명칭하였다. 또한 이 용어는 발명가에 의해 만들어졌다(Sebba, 1987). 기포는 하전되었기 때문에 뭉치지 않고, 반대로 하전된 응집 폐수 고형물을 쉽게 끌어당긴다. 스크린 공정을 거친 하수 원수 부상공정에서 일반적인 고형물의 전하밀도가 너무 낮기 때문에, CBF에서의 효과적인 부상을 위해 응집제 또는 고분자물질이 사용된다.

운영상에서, 응집제는 하수에 투여되고 몇 분간 조정된다. 고분자 및 하전된 기포 현탁액은 하수 속 고형물과 접촉하는 부상탱크의 응집조에 투여된다. 응집된 하수는 부상탱크로 유입되어 부유물질은 떠오르고 스키밍(skimming)에 의해 걷어지고, 정화된 하류부의 물은 배플(baffle)과 웨어(weir)를 지나 launder로 넘어간다. 사용되는 조절 화학물질의 유형 및 주입량에 따라 BOD와 TSS 제거율의 일반적인 성능은 각각 50~70%, 70~90%이다.

걸러진 생하수에 사용되는 CBF 공정은 세 가지 단위공정으로 대체할 수 있다: 모래 제거(크고 조밀한 입자를 제외한), 1차 정화, 1차 스컴(scum) 조정. CBF 공정은 화학물

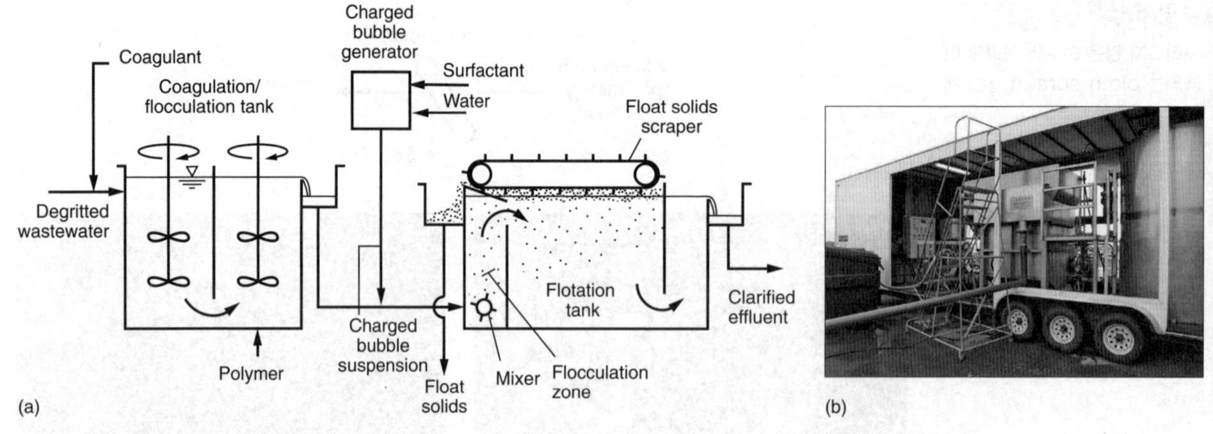

그림 5-60

하전기포 부상공정. (a) 개념도, (b) 현장사진

질이 첨가된 1차 정화나 1차 폐수 여과로 대체하여 사용 가능하다. CBF 공정의 다른 적용으로 2차 정화, 폐활성슬러지 농축, 조류가 존재하는 물 정화(특히 3차 여과를 위한 전처리), 농축 슬러지 소화가 있다. CBF 공정의 주요 이점은 더 작은 공간(종래 1차 정화조의 1/5 크기보다 작은), 적은 동력 요구량, 고농도의 부유물질(최대 15,000 mg/L)처리 능력, 높은 고형물 분리 효율이다.

1차 침전조 유출수의 여과(Primary Effluent Filtration)

1차 폐수 여과(PEF)는 1차 침전지로부터 온 폐수의 여과를 포함한다. 1980년에 처음 연구를 시작하고 도입되었으며(Matsumoto 외, 1980 and 1982; England 외, 1994), 1980년대 초에 실제 크기의 설비가 하나 이상 건설되었다. 이 공정은 효과적이었지만 그 시대의 투자수익 상황이 좋지 않아 시장에너지비용이 너무 낮았기 때문에 인기를 얻지 못하였다. 보다 최근에, Fuzzy Filter와 WesTech disk cloth filter를 포함한 새로운 여과 기술들을 사용한 공정이 연구되었다. 두 필터의 실험은 성공적이었다(그림 5-61 참조). PEF 공정의 일반적인 BOD와 TSS의 제거 성능은 각각 25~35%, 45~75%이다. 침전된 2차 유출수가 여과에 비해 역세척수의 비율이 매우 낮다는 기록은 흥미롭다. 2차 유출수가 여과보다 더 어려운 이유는 생물학적 처리 중 생성되는 세포외 중합체의 존재 때문으로, 생물학적 처리는 침전하지 않고 여과 과정에서 반드시 제거되어야 하는 잔류 고형물과 관련 있다.

5-10 기액 물질전달

앞 절에서 설명한 단위 분리공정들은 중력으로 인한 변화이다. 그러나 표 5-24에 나와 있듯이, 여러 물리적 단위공정은 현 상태에서 다른 상태로 물질을 전달하는 것을 포함한

그림 5-61

1차 폐수여과. (a) 개념도, (b)와 (c) 현장사진

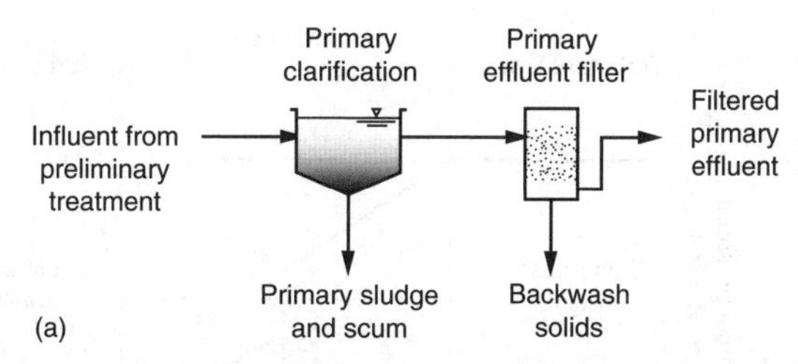

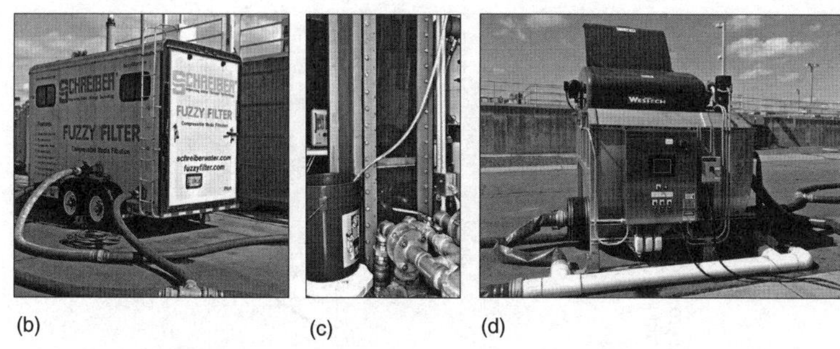

하수의 처리에 이용된다. 물질전달을 포함하는 과정의 예로 포기(5-11절. 8-9절, 16-4절), 탄소 흡착(11-8절), 탈기(11-8절, 15-5절, 16-4절), 역삼투(11-6절), 이온 교환(11-10절)과 같은 물리적 단위공정이 있다. 이 절에서는 기체로 또는 액체로부터의 전달을 설명한다. 기체전달 이론의 발전에 따르면, 기체전달의 이중 필름 이론이 소개되었고, 기본 개념이 액체로부터의 기체 흡수와 탈착에 적용되었다.

기체전달이론의 발전 역사(Historical Development of Gas Transfer Theories)

지난 50년 동안, 액체-기체 경계면에 영향을 미치는 기체전달 원리를 설명하기 위한 수많은 물질 전달론이 제시되었다. Lewis와 Whitman(1924)은 가장 간단하고 일반적인 이

표 5-24

Principal applications of mass transfer operations and processes in wastewater treatment

반응의 종류	상 변화	적용
흡수	기체 → 액체	O_2, O_3, CO_2, Cl_2, SO_2와 같은 기체의 물 속 용해, 산성용액으로 NH_3 용해
흡착	개체 → 고체	활성 탄소로 유기물 제거
	액체 → 고체	활성탄소, 탈 염소 반응으로 유기물질 제거
탈착	고체 → 액체	침전물 세정
	고체 → 기체	사용한 활성탄소의 재사용
건조(증발)	액체 → 기체	슬러지 건조
가스 스트리핑(탈착으로도 알려져 있음)	액체 → 기체	기체(CO_2, O_2, H_2S, NH_3, 휘발성 유기물질, 소화조 상등액 내의 NH_3) 제거
이온 교환	액체 → 고체	화학 물질의 선택적 제거, 무기물화

[a] Adapted from Crittenden, et al. (2012).

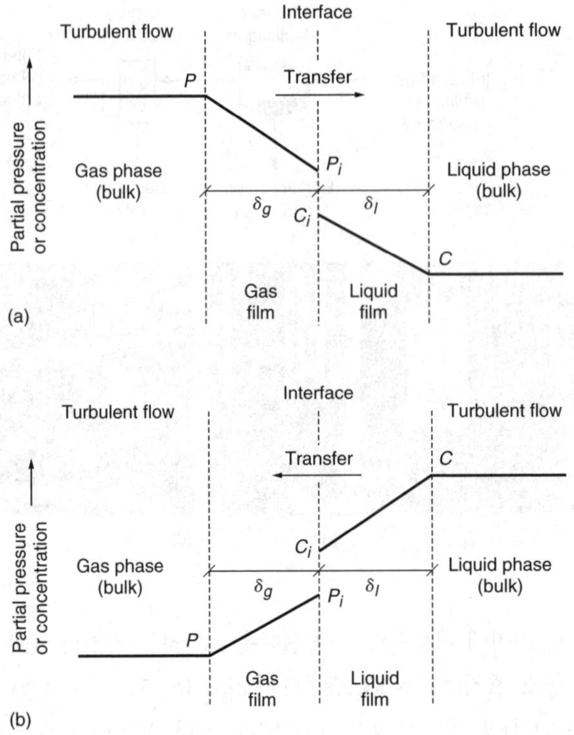

그림 5-62

기체전달의 이중 필름 이론: (a) 흡수, (b) 탈착

중 필름 이론을 제시하였다. Higbie(1935)가 제시한 침투(penetration) 모델과 Danckwerts(1951)가 제시한 표면경신(surface-renewal) 모델은 더 이론적이고 물리적인 현상을 고려하였다. 이중 필름 이론이 유명한 이유는, 95% 이상의 상황에서 다른 복잡한 이론으로 얻은 결과와 이중 필름 이론으로 얻은 결과가 같기 때문이다. 심지어 이중 필름 이론과 다른 이론들 사이에서 불일치한 5%의 결과마저도 어느 것이 더 명확한지 불분명하다. 따라서 지금부터 이중 필름 이론에 초점을 맞추어 논의하려 한다.

❯❯ 기체전달의 이중 필름 이론(The Two-Film Theory of Gas Transfer)

그림 5-62에 나와있는 것처럼, 이중 필름 이론은 두 경막이 기체-액체 계면에 존재한다는 물리학적 모델에 기반을 둔 이론이다. 두 조건이 그림 5-62에 나와있다: (a) 기체 상태에서 액체 상태로 기체의 이동인 "흡수", (b) 액체 상태에서 기체 상태로 기체의 이동인 "탈착". 하나는 액체고 하나는 기체인 두 경막은 액체와 기체 사이의 기체 분자의 통로에 저항을 생성한다. 이중 필름 이론은 액체상 벌크와 기체상 벌크의 농도와 부분 압력이 일정하다는 가정하에 적용된다.

정상상태의 물질전달(Steady-State Mass Transfer). 정상상태 조건에서, 기체 경막을 통한 기체의 물질전달률은 액체 경막을 통한 전달률과 같아야 한다. 픽의 법칙[식 (1-54)]에 의하면, 각 상태에서 흡수되는 용질의 유량은 다음과 같다(Lewis와 Whitman, 1924):

$$r = k_G(P_G - P_i) = k_L(C_i - C_L) \quad (5\text{-}49)$$

여기서, r = 단위 시간 동안 이동한 단위 면적당 질량

k_G =기체 경막 물질전달계수

P_G = 기체상 벌크의 구성요소 A의 부분 압력

P_i = 액체의 구성요소 A의 농도 C_i와 평형일 때, 계면에서 구성요소 A의 부분 압력

k_L = 액체 경막 물질전달계수

C_i = 기체의 구성요소 A의 부분 압력 P_i와 평형일 때, 계면에서 구성요소 A의 농도

C_L = 액체상의 벌크의 구성요소 A의 농도

기체와 액체 경막의 물질전달계수는 계면에서의 상태에 의존한다. $(P_G - P_i)$와 $(C_i - C_L)$은 각각 기체와 액체상에서 전달을 유발하는 원동력을 나타낸다. $(P_G - P_i)$와 $(C_i - C_L)$을 각각의 경막 굵기 값(δ_G와 δ_L)으로 나누면, 원동력을 단위두께로 나타낼 수 있다. 따라서, 질량 수송도는 경막을 제어하는 두께를 줄여 증가시킬 수 있다.

전반적인 물질전달계수(Overall Mass Transfer Coefficients). 계면에서 k_G와 k_L값을 측정하는 것은 어렵기 때문에, 물질전달에 대한 저항이 기체 또는 액체 측인지에 따라, 전반적인 계수 k_G와 k_L를 사용하는 것이 일반적이다. 물질전달의 저항이 액체 경막에 의한 것이라고 가정한다면, 물질전달률은 다음의 액체 물질전달계수로 정의할 수 있다:

$$r = K_L(C_s - C_L) \quad (5\text{-}50)$$

여기서, r = 단위 시간 동안 이동한 단위 면적당 질량

k_L= 총 액체 물질전달계수

C_s= bulk gas phase기체상 벌크의 구성요소 A의 부분 압력과 평형일 때 계면에서 구성요소 A의 농도

C_L= bulk liquid 액체상 벌크의 구성요소 A의 농도

위의 식 (5−50)과 (5−49)가 같다고 본다면, 총 액체 물질전달계수, 기체 경막계수, 액체 경막계수 사이에는 다음과 같은 관계가 성립한다:

$$r = K_L(C_s - C_L) = k_G(P_G - P_i) = k_L(C_i - C_L) \quad (5\text{-}51)$$

본질적으로 물질전달 저항이 액체 경막에 의해 야기되는 것으로 가정되었기 때문에, 헨리의 법칙에 기반하여 계면에서 다음의 관계가 적용된다.

$$P_G = HC_s \quad \text{and} \quad P_i = HC_i$$

이제 식 (5−51)의 총 원동력(C_s-C_L)은 다음과 같이 표현할 수 있다.

$$(C_s - C_L) = (C_s - C_i) + (C_i - C_L) \quad (5\text{-}52)$$

식 (5−51)과 식 (5−52)를 묶고, P_G와 P_i를 대신하여 액체 경막이 물질전달을 조절할 때

다음과 같은 관계를 얻을 수 있다.

$$\frac{r}{K_L} = \frac{r}{k_L} + \frac{r}{Hk_G} \text{ 또는 } \frac{1}{K_L} = \frac{1}{k_L} + \frac{1}{Hk_G} \tag{5-53}$$

유사한 방식으로 기체 경막이 물질전달을 조절할 때 다음과 같은 관계를 얻을 수 있다:

$$\frac{1}{K_G} = \frac{1}{k_G} + \frac{H}{k_L} \tag{5-54}$$

총 액체상, 총 기체상 전달 계수 사이의 관계는 다음과 같다.

$$\frac{1}{K_L} = \frac{1}{K_G H} \tag{5-55}$$

식 (5−54)와 (5−55)의 전달 계수는 기체상과 액체상 모두에서 주어지는 물질전달에 대한 저항을 포함한다. 물질전달에 대한 전체 저항은 기체와 액체상태 저항의 합이라는 사실이 Lewis와 Whitman(1924)에 의해 처음 입증되었다. 식 (5−53)에서 헨리 상수가 큰 경우, 액체상 저항은 물질전달 과정을 제어한다. 기체상에서 액체상으로의 기체 분자 이동에서, 용해도가 작은 기체(예, 물속의 O_2, N_2, CO_2)는 액체 경막으로부터 이동 저항을 마주하게 되고, 용해도가 큰 기체(예, 물속의 NH_3)는 기체 경막으로부터의 이동 저항을 직면하게 된다. 또한 중간의 용해도를 갖는 기체(예, 물속의 H_2S)는 두 경막으로부터의 저항을 직면하게 된다.

약용해성 기체의 플럭스(Flux of a Slightly Soluble Gas). 기체상에서 액체상으로의 용해도가 낮은 기체의 플럭스를 알아내기 위해(액체 경막은 전달률을 제어), C_t가 C_L을 대신하여 식 (5−50)이 다음과 같이 근사된다:

$$r = K_L(C_s - C_t) \tag{5-56}$$

여기서 r = 단위 시간 동안 이동한 단위 면적당 질량, $ML^{-2}T^{-1}$
K_L = 총 액체 물질전달 계수, LT^{-1}
C_t = 시간 t에서 liquid bulk phase 액체상 벌크의 농도, ML^{-3}
C_s = 헨리의 법칙으로 주어진 기체 평형 상태에서 농도, ML^{-3}

단위 시간당 단위 부피의 물질전달률은 면적 A를 곱하고 부피 V를 나누어 얻을 수 있다.

$$r_V = K_L\frac{A}{V}(C_s - C_t) = K_La(C_s - C_t) \tag{5-57}$$

여기서 r_V = 단위 시간 동안 이동한 단위 부피당 질량, $ML^{-3}T^{-1}$
K_La = 용적 물질전달계수, T^{-1}
A = 질량이 이동하는 면적, L^2
V = 구성 요소의 농도가 증가할 때의 부피, L^3
a = 단위 부피당 질량 이동 계면 면적, A/V, L^{-1}

용적 물질전달계수 K_La는 물의 질과 포기 장치의 종류, 각 상황에 따라 다르다. K_La 값은

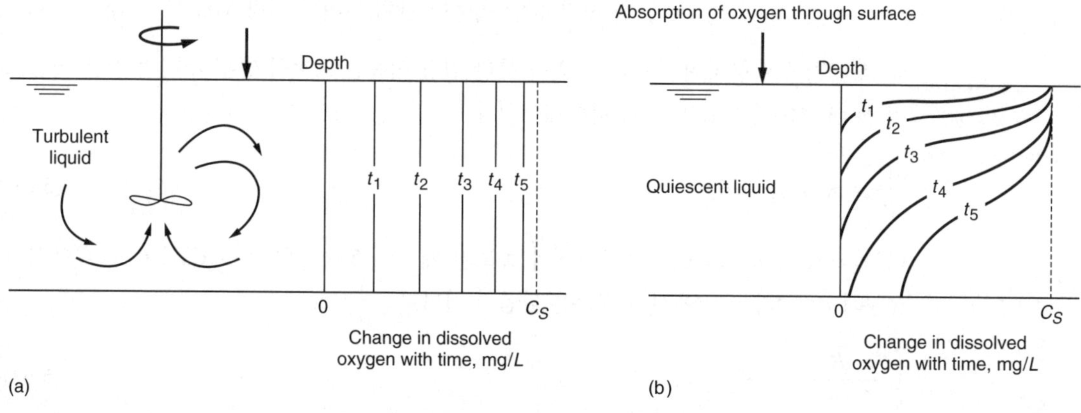

그림 5-63

기체 흡수 개념도. (a) 난류조건, (b) 무부하 조건에서의 기체상과 액체상 기체 농도(Tchobanoglous and Schroeder, 1985.)

실험으로 결정된다(5-11절 참조). 식 (5-57)은 포기를 통하여 물에 산소를 주입시키고 폐수에 기포를 발생시켜 폐수의 휘발성 유기물 제거 및 처리된 상층액으로부터 암모니아와 같은 용해된 성분의 제거에 대한 문제를 해결하기 위해 사용되는 기본적 관계식이다.

›› 난류 조건에서의 기체 흡수 (Absorption of Gases Under Turbulent Conditions)

위의 기체-액체 물질전달 관계의 적용은 난류성 액체에서 기체의 흡수를 고려하여 설명된다[그림 5-63(a)]. 예를 들어 대기가 개방되어 있는 면적 A, 깊이 h의 유역을 생각해보자. 용존산소의 농도가 초기에 불포화 상태인 경우, 산소의 농도가 주어진 양만큼 증가하기 위해서 얼마나 걸리는가? 이와 같은 질량 이동 문제에 대한 접근이 다음과 같이 서술되어있다.

먼저 개방된 유역의 물질 균형이 다음과 같다.

1. 일반적 표현(General word statement):

계통 경계 내에 축적된 기체의 비율	=	계통 경계 안으로 흐르는 기체의 비율	−	계통 경계 밖으로 흐르는 기체의 비율	+	계통 경계로 흡수되는 기체의 양	(5-58)

2. 단순 표현(Simplified word statement):

총량 = 유입 − 유출 + 흡수로 인한 증가 (5-59)

3. 기호화(Symbolic representation at equilibrium)

$$\frac{dC}{dt}(V) = 0 - 0 + r_V V \tag{5-60}$$

여기서 dC/dt = 시간에 따른 농도 변화 $ML^{-3}T^{-1}$, ($g/m^3 \cdot s$)

V = 구성요소 농도가 증가할 때 부피 L^3, (m^3)

r_V = 단위 시간 동안 이동한 단위 부피당 질량 $ML^{-3}T^{-1}$, ($g/m^3 \cdot s$)

식 (5−57)을 이용하여 대야의 표면을 통한 질량 이동을 표현하기 위해 이와 같은 식으로 써 식 (5−60)이 다음과 같이 나타내어진다.

$$\frac{dC}{dt} = K_L a(C_s - C_t) \tag{5-61}$$

C_0가 초기 농도이고 C_t가 시간 t에서 농도일 때, 식 (5−61)의 C = C_0와 C = C_t에서의 적분과 t = 0와 t = t에서의 적분은 다음과 같다.

$$\int_{C_o}^{C_t} \frac{dC}{C_s - C_t} = K_L a \int_0^t dt \tag{5-62}$$

이는 다음과 같이 계산된다.

$$\frac{C_s - C_t}{C_s - C_o} = e^{-(K_L a)t} \tag{5-63}$$

식 (5−63)에서 위에 나와 있듯이, ($C_s - C_t$)는 시간 t에서의 불포화 정도이고, ($C_s - C_0$)는 초기 불포화 정도를 나타낸다. 식 (5−63)의 적용은 예제 5−12에서 보여주고 있다.

예제 5−12 **기체를 흡수하는 데 필요한 시간** 탈염소 이차 유출수는 재사용을 위해 필요할 때까지 basin에 배치된다. 초기 용존산소 농도가 1.5 mg/L인 경우, 표면 재폭기로 인한 용존산소 농도가 8.5 mg/L로 증가하는 데 필요한 시간을 추정하시오. Basin 안의 물은 순환되고 정체되지 않는다고 가정한다. 산소 K_L값은 0.03 m/h로 가정하고, basin의 표면적은 400 m^2, 깊이 3 m, 온도 20℃ 와 DO의 포화값은 9.09이다(부록 E 참조).

풀이

1. 식 (5−63)을 사용하여 1.5에서 8.5로 증가한 산소의 농도에 필요한 시간을 추정할 수 있다.

$$\frac{C_s - C_t}{C_s - C_o} = e^{-(K_L a)t}$$

a. 예제 2−6을 통한 산소포화도 값은 9.09 mg/L이다.

b. (K_La)t을 구한다.

$$\ln\left(\frac{9.09 - 8.5}{9.09 - 1.5}\right) = -2.55 = -(K_L a)t$$

2. 필요한 시간은

a. 단위 부피당 물질전달을 위한 계면 면적 a의 값을 구한다.

$$a = A/V = 400\ m^2/(400\ m^2 \times 3\ m) = 0.33/\ m$$

b. t를 구한다.

$t = 2.55/[(0.03 \text{ m/h})(0.33 \text{ /m})] = 257 \text{ h} = 10.7 \text{ d}$

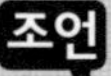

대기에 노출된 표면적의 중요성은 이 예제에서 설명된다. 상대적으로 깊이에 대한 표면적이 넓어질수록, 산소전달 속도가 크다. 생물학적 폐수처리에서, 반응기의 바닥에서 방출되는 많은 작은 기포는 활성 생체량에 산소를 전송하는 데 사용되거나, 활성 생체량을 함유하는 작은 물방울들은 산소전달 속도를 최대화하기 위해 대기 중으로 분출된다.

≫ 무부하 조건에서의 기체 흡수 (Absorption of Gases Under Quiescent Conditions)

무부하 조건(그림 5-63(b) 참조)에서 액체로 용해성이 낮은 기체의 이동은 분자 확산의 결과로써 발생한다. 그림 5-64에 보여지는 제어 체적에 물질-균형 접근을 적용하기 위해, 개방된 표면으로 기체의 무부하 이동은 다음과 같이 모델화할 수 있다:

먼저, 개방된 유역의 물질 균형은 다음과 같다:

1. 일반적 표현(General word statement):

계통 경계에 축적된 기체의 비율 = 계통 경계로 확산되는 기체의 비율 − 계통 경계 밖으로 확산되는 기체의 비율 (5-64)

2. 단순 표현(Simplified word statement):

총량 = 유입 − 유출 (5-65)

3. 기호화(Symbolic representation at equilibrium):

$$\frac{\partial C}{\partial t}(A\Delta z) = -D_m A \frac{\Delta C}{\Delta z}\bigg|_z + D_m A \frac{\Delta C}{\Delta z}\bigg|_{z+\Delta z} \tag{5-66}$$

여기서 $\partial C/\partial t$ = 단위 시간 동안 농도의 변화 $ML^{-3}T^{-1}$, $(g/m^3 \cdot s)$

A = 질량이 이동하는 표면의 면적 L^2, (m^2)

Δz = z 방향으로의 길이 L, (m)

D_m = 분자 확산 계수 L^2T^{-1}, $(m^2\ s)$

$\Delta C/\Delta z$ = 거리에 따른 농도 변화 $ML^{-3}L^{-1}$, $(g/m^3 \cdot s)$

Δz가 0으로 수렴하면

$$\frac{\partial C}{\partial t} = D_m A \frac{\partial^2 C}{\partial z^2} \tag{5-67}$$

식 (5-67)은 픽의 확산 2법칙으로도 알려져 있다(Crank, 1957). 표 5-25에 용해성이 낮은 기체의 분자 확산 계수가 나와있다. 이전에 언급하였듯이, 물에서 중간 정도의 용해성을 갖는 기체의 흡수 메커니즘은 Lewis와 Whitman(1924)에 의해 널리 연구되었고,

그림 5-64
무부하 조건에서 분자 확산으로 인한 기체의 흡수

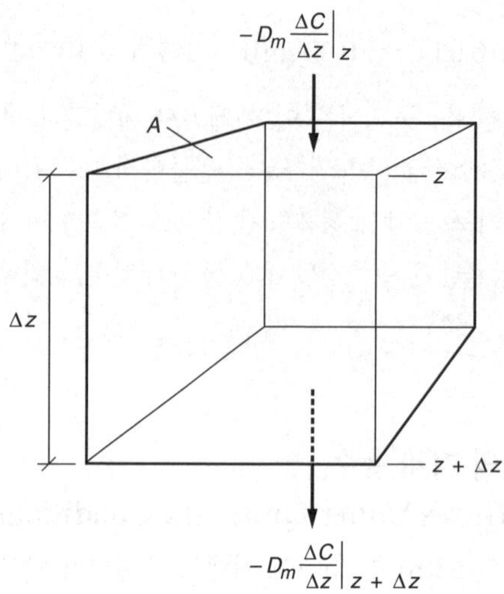

Adeney와 Becker(1919), Becker(1924)와 다른 이들에 의한 연구는 오늘날에도 여전히 유효하다. 식 (5-67)을 통한 다양한 경계조건에서의 해결책은 Carlslaw와 Jaeger(1947), Danckwertz(1970), Thibodeaux(1996)에서 찾을 수 있다.

기체의 탈착(제거) [Desorption (Removal) of Gases]

액체에서 기체를 제거하기 위해 기체-액체 물질전달 관계의 적용은 액체로부터 구성요소의 휘발을 고려하여 설명한다. 기체의 흡수에서 사용된 것과 동일한 접근법을 따르지만, 액체에서 기체를 제거하는 것은 식 (5-61)을 따른다.

$$\frac{dC}{dt} = -K_L a(C_t - C_s) \tag{5-68}$$

$(C_t - C_s)$는 시간 t에서 과포화도를 나타낸다. 식 (5-68)을 $C = C_s$, $C = C_t$와 $t = 0$, $t = t$에서 적분하면, 식 (5-68)의 적분 형태로서, 식 (5-63)에 따라 과포화된 액체로부터 기체의 휘발은 다음과 같이 주어진다.

$$\frac{C_t - C_s}{C_o - C_s} = e^{-(K_L a)t} \tag{5-69}$$

식 (5-69)에서 $(C_0 - C_s)$는 초기 과포화도를 나타내며, 식 (5-69)의 적용은 예제 5-13에서 보여진다.

표 5-25
20°C에서의 분자 확산과 물에서 낮은 용해도의 기체 전달계수들의 대략적인 값

기체	분자 확산 계수, cm^2/h	기체전달계수, cm/h	기준 막 두께, cm
산소, O_2	6.7×10^{-2}	$32.3 \times 1.018^{T-20}$	$\sim 2 \times 10^{-3}$
질소, N_2	6.4×10^{-2}	$34.0 \times 1.019^{T-20}$	$\sim 2 \times 10^{-3}$
이산화탄소, CO_2	$\sim 6.5 \times 10^{-2}$		$\sim 2 \times 10^{-3}$
공기		$32.1 \times 1.019^{T-20}$	$\sim 2 \times 10^{-3}$

[a] Adeney and Becker(1920), Becker(1924)에서 적용

예제 5-13 **액체에서 기체로 휘발하는 데 필요한 시간** 다량의 벤젠이 실수로 처리된 폐수 basin에 유출되었다. 초기 농도보다 50%로 벤젠농도가 휘발하여 감소될 때 걸리는 시간을 구하여라. 벤젠의 K_La의 값은 0.144/h로 가정한다.

풀이

1. 특정 휘발성 화학물질의 농도가 대기에서 일반적이지 않다고 가정한다면, $C_s \sim 0$이며, 식 (5-69)는 다음과 같이 쓸 수 있다.

$$\frac{C_t}{C_o} = e^{-(K_La)t}$$

2. K_La의 값, 초기 농도의 반이 될 때까지 방출된 농도의 시간은 결정될 수 있다. 1단계에서 식을 발전시켜 다시 정리하면 아래와 같다.

$$\frac{0.5C_o}{1.0C_o} = e^{-(K_La)t_{1/2}}$$

$t_{1/2}$에 대해 정리하면,

$$t_{1/2} = \frac{0.69h}{K_La}$$

3. 벤젠의 K_La값인 0.144 m/h를 이용하여, 초기 농도의 50%가 될 때의 방출 시간을 구하면

$$t_{1/2} = \frac{(0.69)(2\,\text{m})}{(0.144\,\text{m/h})} = 9.6\,\text{h}$$

기체-액체 물질전달의 적용은 다음 절인 포기 시스템에서 다루어진다.

5-11 포기 시스템

활성슬러지 처리, 생물학적 여과, 호기성 소화와 같은 호기성 공정의 기능은 산소가 얼마나 충분히 존재하는가에 달려있다. 산소는 용해도가 낮고 따라서 전달속도도 느리므로 호기성 하폐수처리에 요구되는 산소를 보통의 기-액계면을 통해서 공급할 수 없다. 최대한 많은 양의 산소를 전달하기 위해서는, 별도의 경계면이 만들어져야 한다. 공기나 산소를 액체 안으로 들여보내거나 액체 방울을 대기 중에 접하게 할 수도 있다.

산소는 기-액계면을 증가시키는 기계적 장치나, 추가적인 기-액계면을 생성하기 위해 공기 또는 순수한 산소방울을 물속에 집어넣어 용해시키는 방법으로 공급된다. 수중 포기는 대체로 수심 10 m (30 ft)이내의 깊이에서 공기 방울을 확산시키는 방식으로 이뤄진다. 오리피스(orifice)를 통하여 액체를 통과시켜 기포를 부수고 더 작은 크기로 만듦으로써 기-액계면을 넓히기 위해 기계적 장치가 사용되기도 한다. 터빈(turbine)의 가

운데 아래쪽으로 기포를 주입해 분산시키는 터빈 혼합기도 사용될 수 있다: 이 터빈 혼합기는 조 내의 액체를 혼합하고, 그것을 작은 물방울의 형태로 대기에 노출시키려는 목적으로 설계된다.

산소전달(Oxygen Transfer)

산소전달에 사용되는 장비는 깨끗한 물을 활용하여 정해진 실험절차에 따라 평가, 구분되며, 산소전달은 표준조건에서 이뤄진다. 표준조건은 지역과 산업에 따라 다르게 정의된다. 이 책에서 사용하는 정의는 아래와 같다.

표준 온도, T_s = 20°C
표준 압력, P_s = 1.0 atm [101. 325 kPa (14.7 $Ib_f/in.^2$)]

장비의 성능이 평가될 때와 외국의 장비 제조업체가 장비를 다룰 때의 표준조건을 결정하는 것은 중요하다.

보정계수의 적용(Application of Correction Factors). 요구되는 실제 산소량은 표면염도 장력, 온도, 고도, 확산 깊이, 단계에 적합한 요구 산소의 영향, 혼합 강도와 입지 배열과 같은 하폐수의 특성을 반영한 표준 산소 요구의 계수들을 적용함으로써 얻을 수 있다. 이들 계수의 상호 연관성은 다음 공식에서 보여줄 수 있다.

$$\text{OTR}_f = (\text{SOTR})\left[\frac{(\tau\beta\Omega C^*_{\infty 20} - C)}{C^*_{\infty 20}}\right][(\theta)^{t-20}](\alpha)(F) \tag{5-70}$$

OTR_f = 평균 DO 농도 (C), 온도 (T)에서의 현장 산소 전달 속도, kg O_2/h
SOTR = 표준 상태(20°C, 1 atm, C = 0 mg/L)에서의 산소 전달 속도, kg O_2/h
τ = 온도 보정 계수 = C^*_{st}/C^*_{s20}
C^*_{st} = 실제 가동 온도에서 표면 포화(surface saturation) 산소 농도, mg/L (부록 E 참조)
C^*_{s20} = 표준 온도에서 표면 포화 산소 농도, mg/L (부록 E 참조)
β = 깨끗한 물의 상대적 DO 포화값, 일반적으로 0.95~0.98.
= $C^*_{\infty\,(\text{폐수})}/C^*_{\infty\,(\text{수돗물})}$ (아래설명 참조)
C^*_∞ = 깨끗한 물 시험 분석에 대한 비선형 회귀법으로 얻은 정상상태 DO 포화 농도
Ω = 압력 보정 계수
= P_b/P_s
P_b = 시험 현장의 기압(barometric pressure), m, kPa (부록 B 참조)
P_s = 표준 기압(1.00기압, 10.33 m, 101.325 kPa)
$C^*_{\infty,20}$ = 20°C 해수면에서의 포화 DO 농도값, mg/L. 관내 산소 전달에 의한 기포의 영향을 받아 C_{st} 값보다 크다. $C^*_{\infty,20}$ 값은 다음 식으로 측정한다 (U.S. EPA, 1989):

$$C^*_{\infty,20} = C^*_{s20}\left[1 + d_e\left(\frac{D_f}{P_s}\right)\right]$$

d_e = 중간 깊이 보정계수, 0.25에서 0.45 사이 값을 가진다. (0.40)

D_f = 산기기 깊이, m

C = 전체 물 부피의 평균 용존산소 농도

θ = 실험 온도 보정 계수, 일반적으로 1.024 값을 가진다. (다음 설명참조)

T = 현장 온도, ℃

T_s = 표준 온도, ℃

α = 실제 물과 깨끗한 물의 상대적 산소 전달률 (다음 설명참조)

$= K_La_{f\ 20(\text{폐수})}/K_La_{20(\text{수돗물})}$

F = 오염 계수, 대표적으로 0.65에서 0.9 값을 가진다.

위에서 주어진 OTR_f과 SOTR 값은 또한 전달효율로써 표현될 수 있다는 것을 기억해야 한다. 오염 계수 F는 외부 및 내부 공기 산기기의 오염을 설명하는 데 사용된다. 내부 오염은 압축된 공기에서 불순물들이 일으키는 반면에, 외부 오염은 생물학적 슬림 및 비유기성 침전제의 형성이 일으킨다. 생물학적 공정에서 필요한 산소는 공기 또는 순 산소를 사용함으로써 공급된다. 흔하게 사용되는 포기조 구성 성분에 산소를 공급하는 3가지 방법으로 (1) 기계적인 포기, (2) 확산 공기의 주입, (3) 고-순수 산소의 주입이 있다. 식 (5-27)은 생물학적 처리의 포기 시스템에 적용할 수 있으며 8장의 예제 8-3에 나와 있다.

❯❯ 산소전달률 보정계수의 산정(Evaluation of Alpha Correction factor)

포기하고자 하는 물의 일정 부피에 대하여, 포기장비의 성능을 결정하기 위해서는 동일 조건하에서(온도, 물의 화학적 성상, 공기도입부의 깊이 등) 단위 공기량당 전달된 산소량을 기준으로 사용할 수 있다. 깨끗한 물과 하폐수에서의 산소전달계수 결정방법에 관한 설명은 다음과 같다.

깨끗한 물에서의 산소전달(Oxygen Transfer in Clean Water). 깨끗한 물에서 총괄 산소전달계수를 결정하는 데 많이 사용되는 방법은 ASCE(1992)에 자세히 설명되었으며, 그 개요는 다음과 같다. 실험방법은 먼저 아황산나트륨을 집어넣어 주어진 부피의 물에서부터 용존산소를 제거한 후 포화농도에 이르도록 재포기를 하는 것이다. 재포기를 하는 동안 탱크 내의 상태를 가장 잘 나타낼 수 있는 여러 다른 지점에서 계속하여 DO를 측정한다. 측정지점의 최소 개수, 분포, 각 지점에서 나타나는 DO 측정치의 범위 등에 대해서는 실험절차에 명시되어 있다(ASCE, 1992).

각각의 측정지점에서 얻어진 데이터는 간단한 형태인 물질전달 모델 식 (5-63)에 의해 분석되어 있다.

$$\frac{C_s - C_t}{C_s - C_o} = e^{-(K_La)t}$$

여기서, K_La = 총괄 기체 확산계수

C_t = t 시간에 용액 중의 농도, mg/L
C_s = 헨리의 법칙에서 주어진 용액 중 기체의 평형농도
C_0 = 초기 농도

식 (5-36)은 명확하게 부피를 가늠할 수 있는 물질 이동 계수인 K_La와, 무한히 긴 시간 동안 포기를 하였을 때 얻어지는 평형농도 C_x^*를 추정하는 데 사용된다. 이때 식 (5-36)의 C_x^*를 사용한다. 재포기실험 시간 동안 각 측정점에서 측정된 DO값의 수직분포를 비선형회귀분석으로 식 (5-36)에 맞춘다. 이와 같이, 각 측정점에서의 K_La와 C_x^*의 추정치를 구할 수 있다. 이 추정치는 표준조건과 비교하여 보정되고, 표준산소전달속도(DO가 0일 때 단위 시간당 용해되는 산소의 양)는 조정된 K_La값, 상응하는 C_x^* 값과 탱크부피를 곱한 값의 평균값으로부터 구해진다(ASCE, 1992).

하폐수에서의 산소전달(Oxygen Transfer in Wastewater). 활성슬러지법에서는, K_La 값은 미생물에 의해 산소가 섭취되는 것을 고려하여 구할 수 있다. 보통 산소농도는 1~3 mg/L의 값이 유지되고, 산소는 공급되자마자 미생물에 의해 이용된다. 이를 공식으로 표현하면,

$$\frac{dC}{dt} = K_La(C_s - C) - r_M \tag{5-71}$$

여기서, C = 용액에서 산소의 농도
r_M = 미생물의 산소 소비율

여기서 r_M은 미생물에 의해 산소가 소비되는 양으로서 보통 MLVSS(유기물질의 평균 부유물 농도) 단위 무게당 2~7 g/d의 값을 가진다. 산소농도가 일정한 값으로 유지된다면, dC/dt는 0이 되며,

$$r_M = K_La\,(C_s - C) \tag{5-72}$$

이 경우에도 C값은 상수이다.

r_M의 값은 호흡계(respirometer)에 의해 실험실에서 결정될 수 있다. 이 경우 K_La는 다음 식으로 쉽게 구해진다.

$$K_La = \frac{r_M}{(C_s - C)} \tag{5-73}$$

공정 중의 산소전달 속도를 예측하는 것은 산소모델을 기초로 하여 진행된다. ASCE는 공정 중 시험을 수행하는 표준 가이드라인을 개발해왔다(ASCE, 1997). 대개 총괄 산소전달계수 K_La 값은 실제 규모 실험이나 또는 실험실에서 결정된다. 만약 중간 규모의(pilot-scale) 시설에서 K_La 값을 구하게 되면 대규모화(scale-up) 효과를 반드시 고려하여야 한다. K_La 값은 온도와 혼합의 정도(사용된 포기기의 종류와 혼합기의 기하학적 형상에 따른)와 물속의 성분에 따라서 달라지는 함수이다. 온도, 혼합의 정도, 탱크의 형상, 하폐수 특성의 영향과 보정계수의 적용에 관해서는 아래에서 논의한다. K_La의 결정은 예제 5-14에서 설명하고 있다.

산소전달에서 온도의 효과(Effect of Temperature on Oxygen Transfer). 온도의 영향은 BOD 속도계수를 구하는 데 사용되는 방법을 똑같이 사용한다(반트호프-아레니우스 관계를 추측하는 지수함수를 사용).

$$K_La_{(T)} = K_La_{(20°C)}\theta^{T-20} \tag{5-74}$$

여기서, $K_La_{(T)}$ = 온도 T에서의 산소전달계수, s^{-1}

$K_La_{(20°C)}$ = 20°C에서의 산소전달계수, s^{-1}

θ의 값은 실험조건에 따라 다르다고 보고되어 있으나 보통 사용되는 θ의 값은 1.015~1.040이다. 보통 산기식과 기계식 포기장치에서 θ는 1.024의 값을 사용한다.

예제 5-14 K_La **값을 추정하는 방법** 다음 자료는 표면 포기기를 사용한 포기실험으로부터 얻어진 것이다. 이 자료로부터 선형회귀분석을 사용하여 20°C에서의 K_La 값을 추정하라. 물의 온도는 15°C이다.

시간(분)	DO 농도(mg/L)
4	0.8
7	1.8
10	3.3
13	4.5
16	5.5
19	5.2
22	7.3

풀이

1. 이 자료를 분석하기 위해 식 (5-36)을 직선의 형태로 바꾼다.

$$\log(C_s - C_t) = \log(C_s - C_o) - \frac{K_La}{2.303}t$$

2. $C_s - C_t$를 계산하여 t에 대하여 반대수지(semilog paper)에 그린다.

a. $C_{s(15°C)} = 10.18$ (부록 E 참조)

시간(분)	$C_s - C_t$ (mg/L)
4	9.35
7	8.55
10	6.85
13	5.65
16	4.65
19	4.95
22	2.85

b. $C_s - C_t$대 t의 그림을 다음과 같이 그린다.

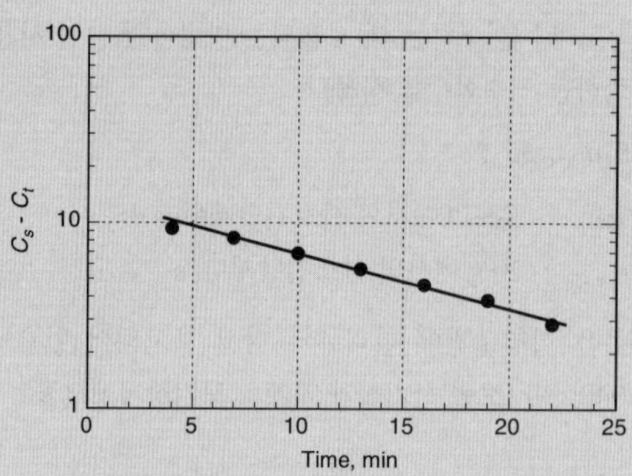

3. 20°C에서의 K_La값을 구한다.

a. 그림으로부터 15°C 에서의 K_La의 값은

$$K_La = 2.303 \frac{\log C_{t_1} - \log C_{t_2}}{t_2 - t_1}(60)$$

$$K_La = 2.303 \frac{\log 8.28 - \log 2.78}{22 - 7}(60)$$

$$K_La = 4.37/\text{h}$$

b. 20°C에서의 K_La의 추정치는

$$K_La_{20} = (4.37)\ 1.024^{20-15} = 4.92/\text{h}$$

이 예제에서 구한 K_La의 값은 선형회귀분석을 사용하여 구한 값으므로 개략치이다. 정확한 값을 구하기 위해서는 비선형회귀분석을 사용하여야 하며 이에 대해서는 ASCE (1992)를 참고하기 바란다.

혼합강도와 탱크의 형상에 따른 영향(Effects of Mixing Intensity and Tank Geometry). 혼합강도와 탱크의 형상에 따른 영향을 이론적으로 다루기는 어렵지만, 포기장치는 효율을 바탕으로 결정되므로 설계 단계에서 꼭 고려되어야 한다. 효율은 주어진 포기기의 단위인 K_La 값과 밀접한 관계가 있다. 대부분의 경우 포기장치는 수돗물과 저농도의 총 용존고형물(TDS)을 사용하여 운전조건의 일정한 범위에 대하여 평가된다. 따라서 실제 시스템에서는 K_La 값을 추측하기 위하여 보정계수 α가 이용된다.

$$\alpha = \frac{K_La(\text{하수})}{K_La(\text{수돗물})} \tag{5-75}$$

앞서 논의되었듯이, α의 값은 포기장치의 형태 방식, 유기물질의 평균 부유물 농도(MLVSS), 탱크의 형상, 혼합의 정도, 그리고 하폐수의 성상에 따라 달라지며 0.3에서 1.2의 값을 가진다. 산기식이나 기계식 포기장치에서는 각각 0.4~0.8, 0.6~1.2의 값을 가진다. EPA's Design Manual – Fine Pore Aeration Systems (U.S. EPA, 1989)은 미세공기 폭기시스템에서 실물크기(full-scale) 실험기간 동안 수집된 값을 포함한다. 만약 포기기가 사용되는 탱크의 형상이 실험에 쓰인 것과 매우 다르다면, 적합한 α값을 선택하는 데 많은 주의를 기울어야 한다.

보정계수 베타(β)의 측정[Evaluation of Beta (β) Correction Factor]. 물속에 녹아있는 염, 입자, 표면활성제 등의 성분에 의해 산소의 용해도가 다르므로 실험 시스템의 산소전달계수를 고치기 위해서는 보정계수인 β를 사용한다.

$$\beta = \frac{C_s(\text{하수})}{C_s(\text{깨끗한 물})} \tag{5-76}$$

β의 값은 대략 0.8에서 1.0까지 변하며, 하폐수에서 보통 사용되는 값은 1.0이다. 이는 막 탐침(membrane probe)으로 측정될 수 없고 하폐수에는 습식법(Winkler method)에 방해가 되는 물질들이 함유되어 있기 때문에, 정확하게 비율을 측정하는 것은 어렵다. 이런 이유로 β의 값은 깨끗한 물의 표면포화 DO 농도에 대한 하폐수의 표면포화 DO 농도의 비율로 계산된다. 다양한 염도와 고도에 따른 깨끗한 물에서의 C_s가 부록에 제시되어 있다.

›› 포기 시스템의 형태(Types of Aeration Systems)

사용하는 여러 형태의 포기 시스템 및 적용법은 표 5-26에서 보여주고 있다. 기본적인 형태로는 산기식 포기 시스템, 기계적 포기, 그리고 고-순도 산소 시스템들이 다음 절에서 다루어질 것이다. 포기에 특별히 적용되는 후포기 또한 이 절의 마지막에서 다루어 질 것이다.

›› 산기식 포기(Diffused-Air Areation)

하폐수를 산화하는 데 두 가지 기본적인 방법으로 (1) 하폐수 안에 있는 공기 또는 순수 산소를, 잠겨져 있는 산기기 또는 다른 포기장치들에 공급하는 것, (2) 대기로부터의 공기 용해를 촉진시키기 위해서 기계적으로 하폐수를 혼합시키는 것들이 있다. 산기식 시스템은 하폐수 안에 잠겨있는 산기 장치, 헤더 파이프, 공기 간선, 그리고 공기가 통과하는 송풍기 및 장치로 이루어져 있다. 다음 논의는 산기기 선택, 송풍기의 디자인, 공기 배관 설계를 다룬다.

산기기(Diffusers). 과거에는 다양한 분산 장치는 미세 방울(fine bubble) 또는 거대 방울(coarse bubble)로 분류가 되었다. 이때 미세 방울은 산소전달에 있어서 더 효율적이다. 거대 방울에 대한 용어의 정의와 두 용어 사이의 구분은 명확하지 않지만, 앞으로도 계속 사용될 것이다. 장치는 물리적인 성질을 이용하여 산기식 포기 시스템을 분류한다. 이는 세 가지 항목으로 나누어진다: (1) 다공 또는 미세공극 산기기, (2) 비다공성 산기기, 그리고 (3) jet aerator, 흡인(aspirating) 포기(aerator), 그리고 U-tube aerator와 같은 다른 분산 장치. 산기 장치(diffused-air device)들의 다양한 형태는 표 5-27에서 보여주고 있다.

표 5-26
하폐수 포기 시 보통 사용되는 장치

분류	설명	사용 또는 적용
수중:		
산기식		
다공(미세기포)	공기방울이 도제, 유리체, 렌진제, 판, 관, 돔등에서 만들어짐	모든 종류의 활성슬러지공정
다공(중간크기기포)	공기방울이 구멍뚫린 막이나 플라스틱관에서 만들어짐	모든 종류의 활성슬러지공정
무공극(큰기포)	공기방울이 오리피스(orifice), 노즐, 인젝터에 의해 마들어짐	모든 종류의 활성슬러지공정
정적관혼합기	안에 배풀이 달린 짧은 관의 바닥에서부터 공기를 중비하여 액체와 접촉시킴	모든 종류의 활성슬러지공정
터어빈식	저속터빈(turbine)과 압축공기 주입 시스템으로 구성됨	모든 종류의 활성슬러지공정
제트식	제트 분사기를 통해 가압하여 혼합액 속으로 압축공기를 주입	모든 종류의 활성슬러지공정
표면:		
저속터빈(turbine)포기기	대구경터빈(turbine)을 사용하여 액체 방울을 대기 중에 노출시킴	재래식 활성슬러지 공정과 포기식라군
고속부상식 포기기	속경프로페러를 사용하여 액체방울을 대기 중에 노출시킴	포기식 라군
로터브러시식 포기기	중앙축에 설치된 날이 액체 중을 회전, 액체 속으로의 산소전달은 날에 의해 튀긴 액체방울이 대기 중에 노출되어 일어남	산화구, 수로포기, 포기식 라군
계단식 포기기	하폐수는 얇은 막의 형태로 계단 위를 흘러 내려감	후포기

다공성 산기기(Porous Diffusers). 다공성 산기기는 많은 형태로 만들어진다. 그중 가장 흔한 것은 돔, 디스크, 금속판, 관, 그리고 막(membranes)이다. 세라믹 판이 예전에 주로 사용되었지만, 설치하는 데 비용이 비싸고, 유지하는 데 어려움이 있었다. 요즘은 다공성 세라믹 돔, 디스크, 막, 판(plate), 관 등이 세라믹 판을 대체하고 있다(그림 5-65 참조). 막 소재를 사용하는 판 산기기의 몇몇 생산업체들은 현재 시중에 존재한다.

돔, 디스크, 관 산기기들은 공기 분기관(air-manifolds) 위에 설치되거나, 고정되

표 5-27
일반적으로 사용되는 산기기의 특성

산기기의 종류	산소전달효율	특징	그림
다공성			
디스크	높음	반응조 바닥에 공기이송관을 설치하여 각 관 상부에 세라믹 디스크 산기기 부착	5~65(a), (c)
돔(dome)	높음	반응조 바닥 근처의 공기배관 위에 장착된 돔 형태의 세라믹 산기기	5~65(b)
멤브레인	높음	탄력적인 공극이 많은 멤브레인이 공기배관 위에 장착된 디스크에 장착	5~65(d)
패널	매우 높음	유연한 플라스틱 공극 멤브레인으로 장착된 사각형의 패널	5~67
비다공성			
고정식 오리피스			5~68(a)
오리피스	낮음	장비들은 성형된 플라스틱으로 구성되어 있으며, 공기배관에 장착되어 있음	
슬롯 관	낮음	공기가 넓게 분산될 수 있는 천공과 슬롯을 함유하는 스테인레스-스틸 관	5~68(b)
고정식 관	낮음	고정형 수직 관은 반응조의 바닥에 장착	5~69(a)

(a)

(b)

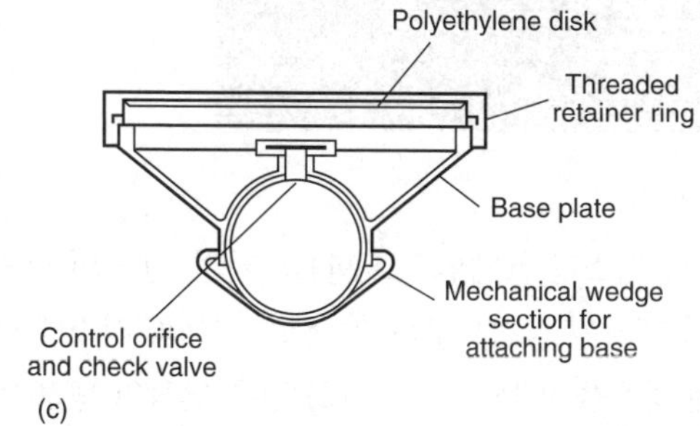

(c)

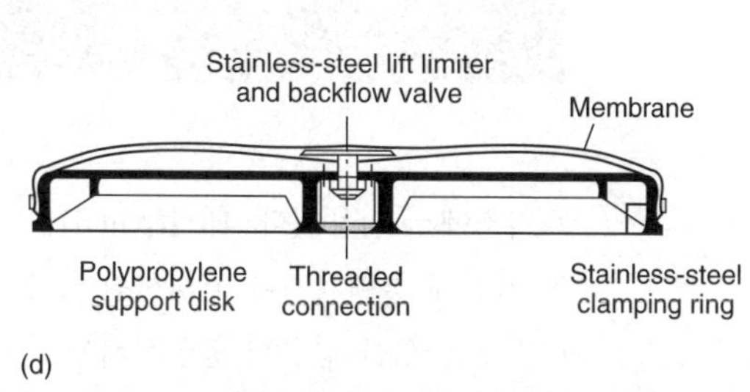

(d)

그림 5-65

일반적인 다공성 산기기. (a) 세라믹 디스크, (b) 세라믹 돔(dome), (c) 폴리에틸렌 디스크의 단면, (d) 다공성 멤브레인

어 바닥에 근접한 곳과 한두 군데 측면을 따라서 탱크의 구간으로 이어진다. 또는 짧은 manifold header를 탱크의 한쪽 측면 위에 이동이 가능한 drop pipe 위에 놓는다. 전체 탱크에 동일한 포기를 보급하기 위해서, 돔과 디스크 산기기 역시 포기 탱크의 바닥 위에 격자모양(grid pattern)으로 설치한다(그림 5-66).

다공성 산기기 제조에 있어서 수많은 자재들을 사용한다. 이들 자재들은 일반적으로 단단한 세라믹과 플라스틱 자재, 유연한 플라스틱, 고무 또는 천 외피로 나누어진다. 세라믹 재료는 압축된 공기가 통과하는 통로를 서로 연결하는 망을 구축하기 위해서 서로 결합된 원형 또는 불규칙한 모양을 지닌 무기 입자들로 구성되어 있다. 공기가 구멍 표면으로 나올 때, 구멍크기, 표면 장력, 그리고 공기 유속들이 방울 크기를 형성하는 데 영향을 준다. 다공성 플라스틱 재료들은 점점 새롭게 발전하고 있다. 세라믹 재료와 비슷하게, 플라스틱은 압축된 공기가 통과하는 수로(channel) 또는 구멍들을 포함하고 있다. 부드러운 플라스틱 또는 인조 고무로 만들어진 얇고 유동적인 외피(sheath) 역시 개발되고 있으며, 디스크와 관에서 적용되기도 한다. 공기 통로는 외피 안에 미세한 구멍들을 뚫어서 만들어진다. 공기가 나올 때, 외피가 팽창하고 각각 구멍이 가변적인 철조망 간격으로써 작용을 한다; 공기 유속이 높아질수록, 간격들도 점점 커진다.

유동적인 폴리우레탄지를 사용하는 사각형 패널(그림 5-67 참조) 또한 활성슬러지

그림 5-66
돔형 산기기가 설치된 포기조

포기조에서 사용된다. 패널(panel)은 스테인리스강 프레임으로 만들어지며, 탱크의 바닥에 가깝게 놓여지거나 고정시킨다. 산기기 패널의 장점으로는 (1) 산소 이동과 시스템 에너지 효율성을 상당히 향상시키는 초미세 방울을 만들 수 있고, (2) 넓은 면적의 탱크 바닥으로 되어 있어서 혼합과 산소전달을 촉진시키고, (3) 막을 수축시켜 공기흐름을 증가시키거나 "충돌"시켜서 오염물질들을 방출시킬 수 있다는 것이다. 단점으로는 (1) 막은 높은 손실수두를 지녀서 개조할 때 송풍기(blower) 성능에 영향을 주고, (2) 증가된 송풍기 여과(blower air filtration)는 내부 오염을 방지해야만 한다는 것이다.

모든 다공성 산기기에서, 공급되는 공기가 깨끗하고 산기기를 막을 수 있는 먼지 입자들이 없어야 한다는 점은 필수적이다. 점착성의 impingement와 건조-막 형태로 구성된 공기 필터가 흔하게 사용되며, 방수 처리된 bag 필터와 정전기 필터 역시 사용된다. 필터는 송풍기(blower) 입구에 설치된다.

비다공성 산기기(Nonporous Diffuser). 비다공성 산기기의 종류가 몇 가지 있다(그림 5-68, 5-69 참조). 거대 기포 산기기로 알려진 비다공성 산기기는 다공성 산기기보다 보다 큰 방울들을 만들어내며 보다 낮은 포기 효율성을 가진다. 하지만 저렴한 비용, 유지비, 그리고 공기 정화 필요에 대한 결여 등의 장점들이 낮은 산소전달 효율성과 에너지 비용을 보완해준다. 오리피스 산기기에 대한 일반적인 시스템 배치는 다공성 돔과 디스크에 대한 배치와 거의 일치한다. 하지만, 좁거나 넓은 밴드 산기기 배치를 사용하는 single-roll, dual-roll, 나선형 패턴이 가장 흔하다. 오리피스와 관 산기기의 적용에는 포기된 침사지, channel aeration, 응결조 포기(flocculation basin), 호기성 소화, 그리고 공장 하폐수 처리가 포함된다(WEF, 1998b).

고정 관 포기기에서[그림 5-69(a)], 공기는 0.5~1.25 m (1.5~4.0 ft)인 높이에서 변화할 수 있는 순환 관의 밑에서 들어온다. 본질적으로, 관은 하폐수에 공기 접촉을 증

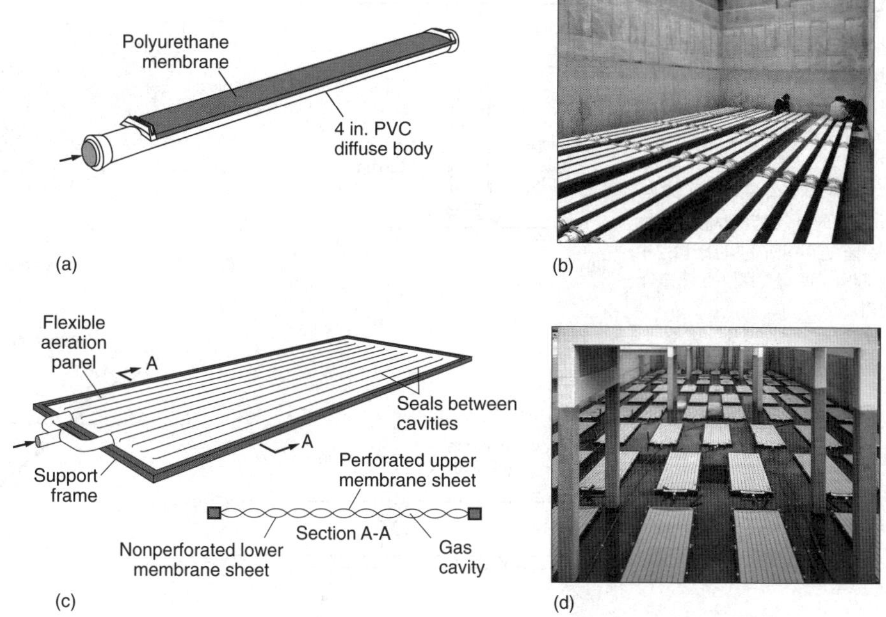

그림 5-67

미세한 구경의 막 산기기 패널. (a),(c) 개념도, (b),(d) 활성슬러지 반응조 바닥에 설치된 패널

가시키기 위해서 엇갈리게 놓여진 굴절판에 맞춰져 있다. 관 포기기가 공기상승 펌프로서 작용하기 때문에 혼합이 일어나게 된다. 고정 관은 일반적으로 격자무늬 바닥덮개(grid-type floor coverage)형에 설치가 된다.

다른 산기 장치(Other Air-Diffusion Devices). Jet aeration[그림 5-69(b)와 (c)]는 공기 산기(air diffusion)와 액체 펌핑을 결합시킨 것이다. 펌핑 시스템은 포기조에서 액체를 재순환시키고, 액체를 노즐 장치(nozzle assembly)를 통해서 압축된 공기와 함께 분출한다. 이 시스템은 특히 8 m 이상으로 깊은 탱크 수심에 적합하다. 흡인 포기(aspirating aeration)[그림 5-69(d)]는 추진 모터 흡입 펌프(motor-driven aspirator pump)로 이루어져 있다. 펌프는 빈 관을 통해서 공기를 흡입하고 공기를 하폐수에 분출한다. 여기에서 높은 속도와 프로펠라 움직임이 와류를 만들고 공기 방울을 퍼지게 한다. 흡입 장치는 고정된 구조 또는 플로트(pontoon) 위에 놓을 수 있다. U자관 포기(U-tube aeration)는 두 지역으로 나누어지는 긴 기둥(shaft)으로 이루어져 있다(그림 5-70). 높은 압력하에서 밑으로 들어오는 유입하폐수에 공기가 주입된다. 혼합물은 관 밑으로 이동하며 바로 표

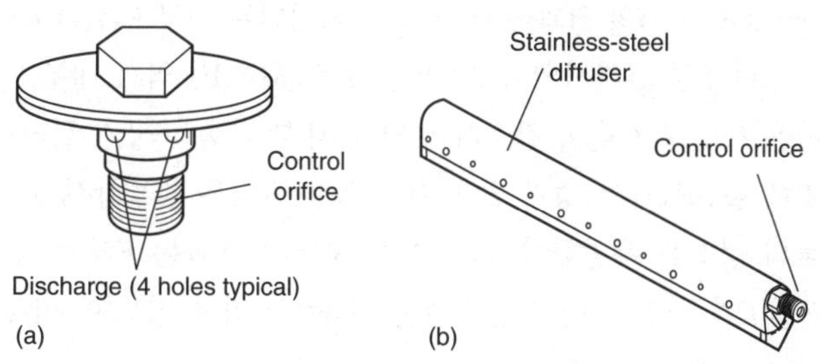

그림 5-68

산소전달을 위하여 사용되는 비다공성 산기기. (a) 오리피스 형태, (b) 관 형태

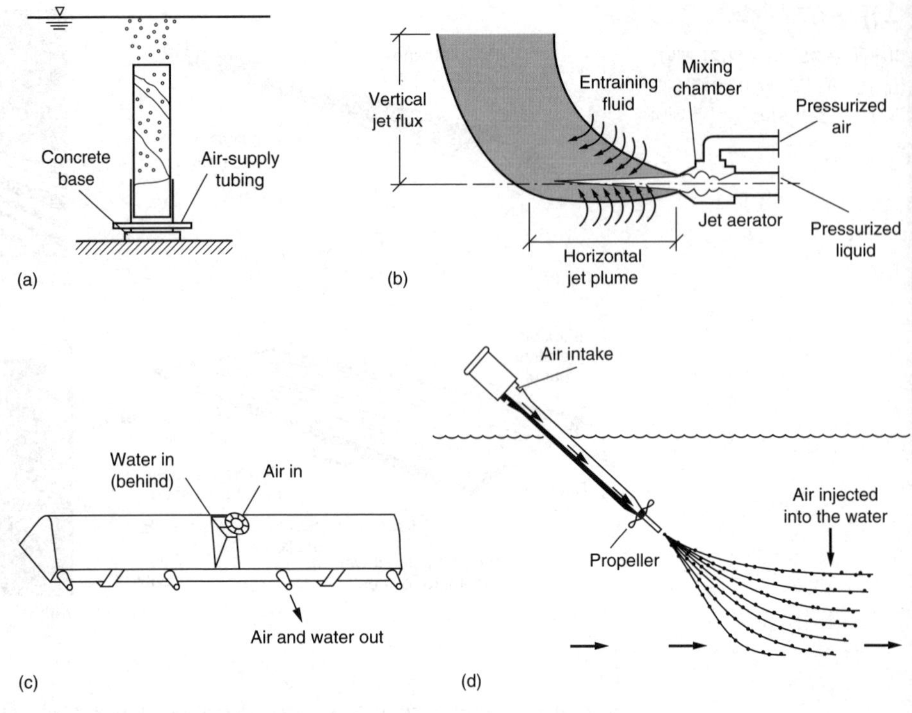

그림 5-69

산소전달에 사용되는 일반적인 산기기 : (a) 혼합물을 포함하고 있는 포기조 바닥으로 공기가 들어가는 스태틱 관 혼합기, (b) 압력공기와 액체가 혼합기에서 혼화되는 제트식 포기장치 (제트가 제거되면 주변 액체는 산소전달을 강화하게 된다.), (c) 여러 개의 제트 산기기 (d) 흡출식 산기기

면으로 간다. 높은 압력이 용액으로 모든 산소를 밀어 넣기 때문에 공기-하폐수 혼합물이 생성되는 깊이에서 높은 산소전달률을 가지게 된다. U자관 포기는 특히 고강력(high-strength) 하폐수에 적합하다.

산기기 성능(Diffuser Performance). 산소전달의 효율은 많은 요소에 의해서 좌우된다. 이는 형태, 크기, 그리고 산기기의 모양, 공기 유속, 침수(submersion)의 깊이, 모관(header)과 산기기(diffuser) 위치와 관련된 탱크 기하학(geomerty) 그리고 하폐수 성질들이 포함된다. 포기 장치는 원래 깨끗한 물에서 측정을 하며, 결과는 많이 사용하는 전환 계수를 통해서 처리공정 조건들에 맞춰진다. 일반적인 깨끗한 물 이동 효율과 다양한 산기(diffused-air)장치들에 대한 공기 유속은 표 5-28에서 보여주고 있다. 대체로, 표준 산소전달효율(SOTE)은 깊이에 따라 증가한다. 표 5-28에서 전달효율들은 가장 대표적인 침수 깊이인 4.5 m (15 ft)에서 보여주는 것이다. 다양한 산기기 형태에 대한 물 깊이에 따른 SOTE의 변화량 데이터는 WPCF(1988)에서 찾아볼 수 있다. 산기기 형태와 장치에 의한 산소 이동 효율들의 변화량 역시 표 5-28에서 보여주고 있다. 산기기 장치(diffuser arrangement)의 결과에 대한 추가 데이터는 미국 EPA(1989)에서 참조할 수 있다.

다공성 산기기의 산소 이동 효율성(OTE) 역시 내부 막힘 또는 외부 오염으로 인한 사용으로 그 효율이 감소하게 된다. 내부 막힘은 공기 필터로부터 제거되지 않는 압축 공기에 불순물들이 생겨 발생한다. 외부 오염은 생물학적 오니(slime) 또는 비유기성 침전물의 형성을 유발한다. OTE에서 오염의 효과는 F라는 용어로 표현한다[식 (5-70) 참조]. F가 시간에 따라 감소하는 비율을 f_F라고 정하며, 이것은 단위 시간당 손실된 OTE

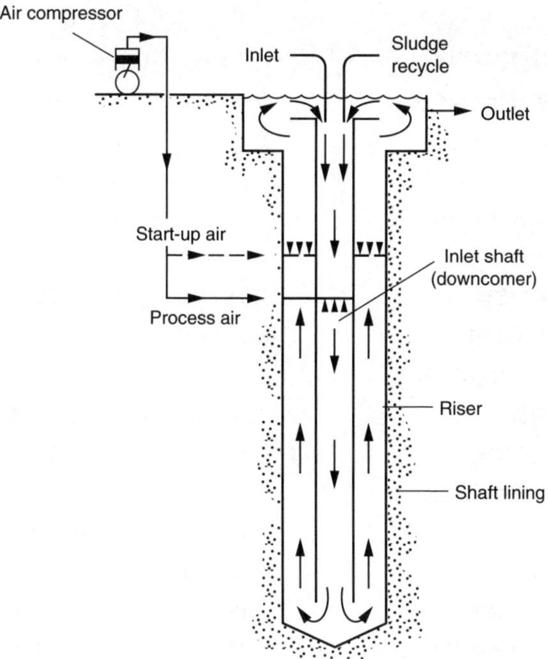

그림 5-70
U-관산기기

의 소수로 표현한다. 오염(fouling)은 운영 조건, 하폐수 특성에서의 변화, 그리고 시간에 의해서 운영이 좌우된다. 오염 비율(fouling rates)은 OTE의 손실과 산기기 청소의 예상되는 횟수를 결정하는 데 중요하다. 오염과 오염 비율은 (1) 일정한 시간 동안 전반적인 OTE 시험을 실행함으로써, (2) 포기 시스템 효율성을 모니터링함으로써(그림 5-71), (3) 오염된 것과 새로운 산기기의 OTE 시험을 실행함으로써 계산될 수 있다.

송풍기(Blowers). 하폐수의 포기에서 흔히 사용하는 송풍기(blowers)에는 단일단계 원심분리, 다단계 원심분리, 고속 터보, 양변위 이렇게 네 가지 형태가 있다: 원심분리 송풍기(centrifugal blowers)[그림 5-72(a)와 (b)]는 단위 용량이 자유대기(free air)인 425 m^3/min (15,000 m^3/ft^3)보다 큰 곳에서 주로 사용된다. 유출 압력은 단일단계 원심분리 송풍기의 경우 일반적으로 48~62 KN/m^2 (7~9 lb_f/in^2)만큼의 범위를 가지며, 다단계 원심분리 송풍기에서는 138 kN/m^2 (20 lb_f/in^2)만큼 높은 값을 가진다. 원심분리 송풍기는 일정한 저속 원심분리 펌프(low-specific-speed centrifugal pump)와 비슷한 운영 성질들을 가지고 있다. 유출압력은 정지(shutoff)상태의 경우 대략 50% 용량에서 최대까지 올라가다가 바로 떨어진다. 송풍기의 운영 점(operating point)은 수두 용량 곡선(head-capacity curve)과 시스템 곡선의 교차점에 의해서 정해지는데, 이러한 방식은 원심분리 펌프(centrifugal pump)와 유사하다.

하폐수처리장에서, 송풍기는 넓은 범위의 공기흐름에 가변적인 환경 조건하에서 비교적 좁은 압력 범위를 가해줘야 한다. 송풍기는 보통 어떤 특정한 운영 조건하에 효율적으로 유지할 수 있다. 하폐수처리장에서는 넓은 범위의 공기흐름과 압력을 유지하

표 5-28
깨끗한 물에서 여러 가지 산기기의 산소전달효율 자료

산기기 종류와 배치	공기량/산기기 ft³/min	공기량/산기기 m³/min	표준 산소전달률(%) 수심 4.5 m[a]
격자형 세라믹 디스크	0.4~3.4	0.01~0.1	25~35
격자형 세라믹 돔	0.5~2.5	0.012~0.07	27~37
격자형 세라믹 판	2.0~5.0[b]	06~1.5[c]	26~33
경질 다공성 플라스틱 관			
격자형	2.4~4.0	0.07~0.11	28~32
2중 나선형	3.0~11.0	0.08~0.3	17~28
단일 나선형	2.0~12.0		13~25
연질 다공성 플라스틱 관			
격자형	1.0~7.0	0.03~0.2	26~36
단일 나선형	2.0~7.0	0.06~0.2	19~37
다공성 멤브레인 관			
격자형	1.0~4.0	0.03~0.11	22~29
Quarter point	2.0~6.0	0.6~0.17	19~24
단일 나선형	2.0~6.0	0.6~0.17	15~19
다공성 멤브레인 판넬	N/A	N/A	38~43[d]
제트식 포기			
Side header	54~300	1.5~8.5	15~24
비다공성 산기기			
2중 나선형	3.3~10	0.1~0.28	12~13
중간 폭	4.2~45	0.12~1.25	10~13
단일 나선형	10~35	0.28~1.0	9~12

SOTE = [a] WPCF(1988)과 U.S.EPA(1989)에서 일부 발췌

[a] 표준 산소전달률. 표준상태: 68°F의 상수(tap water)로 14.7% lb_f/in^2 및 초기 용존산소 = 0 mg/L

[b] 단위는 ft^3/ft^2 of diffuser· min

[c] 단위는 ft^3/m^2 of diffuser· min

[d] Personal communication, Porkson Corporation

N/A = not applicable

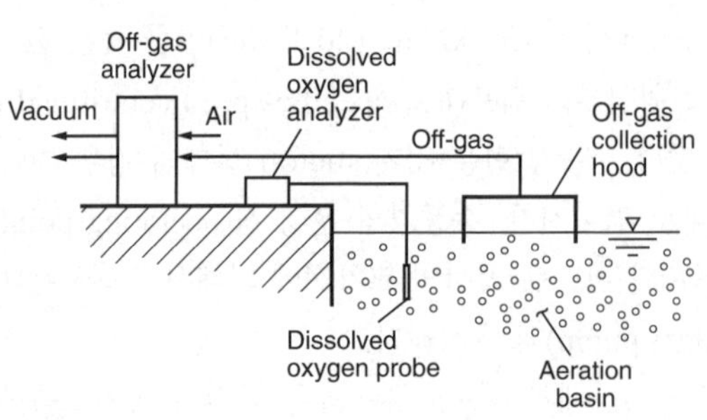

그림 5-71

하폐수처리장에서 산소전달률 측정에 이용되는 포기덮개장치. (a) 장치의 개념도. 덮개 장치 내에 포집된 기체 성분들은 포기 시스템의 성능 평가를 위해 분석된다. (b) 덮개 장치는 성능의 평균치를 얻기 위해 각 조의 다른 곳에 이동된다.

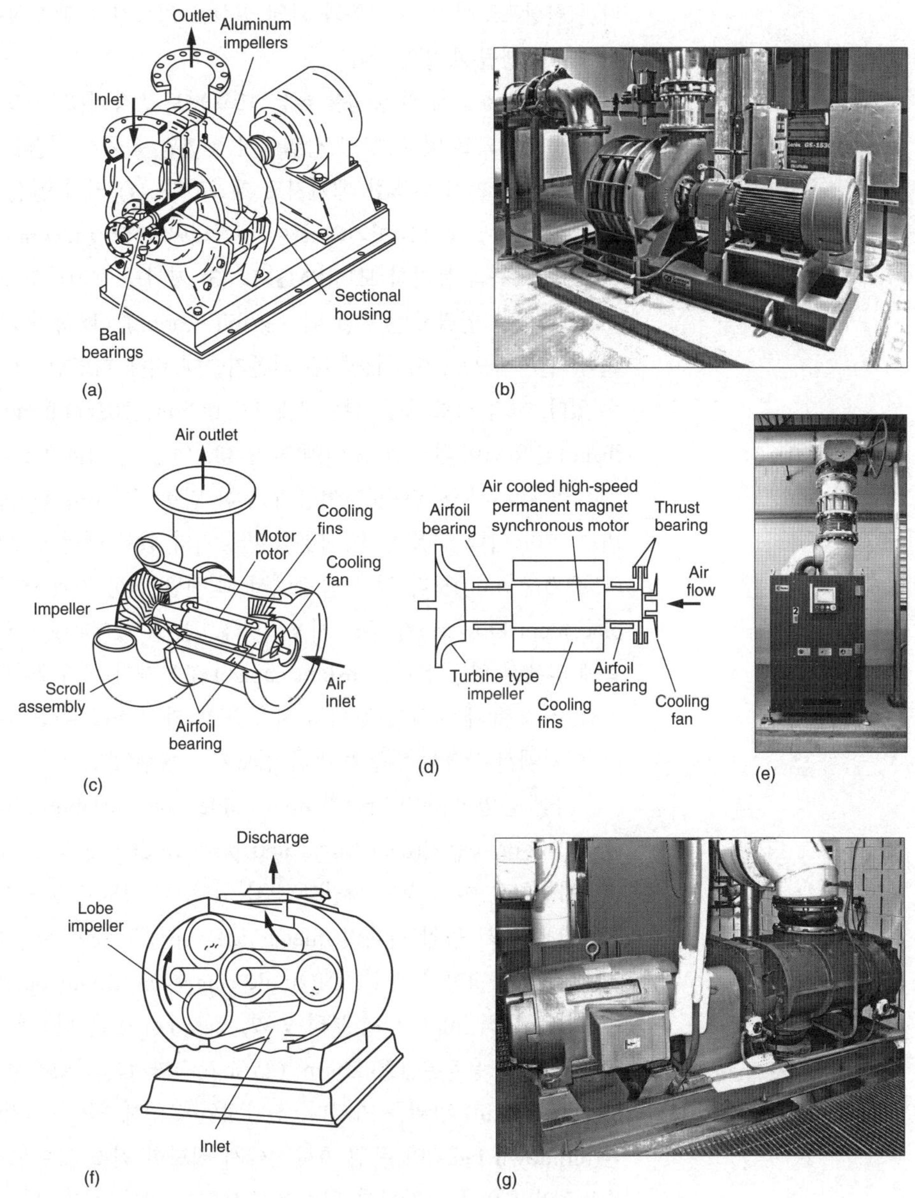

그림 5-72

산기식 포기시설에 사용되는 일반적인 송풍기. (a), (b) 원심 송풍기, (c), (d), (e) 고속터보 송풍기, (f), (g) 회전판 양성 치환 송풍기

는 것이 중요하기 때문에, 송풍기를 통제하거나 전원을 차단하기 위해서 송풍기 시스템 설계 안에 그 항목들이 들어간다. 통제 또는 차단을 하는 방법에는 (1) 유량 분출(flow blowoff) 또는 통과(bypassing), (2) 입구 조절판(inlet throttling), (3) 조절할 수 있는 방전 산기기(discharge diffuser), (4) 가변 속도 추진기(variable-speed driver), 그리고 (5) 복합 공정의 병렬 운영(parllel operation)이 있다. 입구 조절판과 조절할 수 있는 방전 산기기는 원심분리 송풍기에만 적용할 수 있다. 가변 속도 추진기는 양성-치환 송풍기에서 주로 사용된다. 흐름 분출 장치와 우회 또한 원심분리 송풍기의 과부하를 통제하는 데 효과적인 방법이다. 이는 송풍기가 용량 0과 최대 용량에서 번갈아가며 운행을 할 때 일어

나는 현상으로서 이는 진동과 과열 현상을 일으킨다. 과부하는 송풍기가 낮은 전압의 범위에서 운행될 때 발생한다.

에너지 효율에 더 중점을 두는 고속 터보 송풍기[그림 5-72(c),(d),(e)]는 폐수 포기의 응용에 사용되고 있다. 항공 산업에서 발전된 송풍기 기술을 이용하여, 송풍기는 다음과 같은 특징을 가진 완벽한 패키지로 제공된다. (1) 터빈 엔진 기술을 이용한 공기 역학적으로 설계된 날개, (2) 공기와 물이 냉각되어 75,000 rev/min까지 속도를 내는 고속 직접 구동 영구 자석 동기식 모터(PMSM), (3) 기어를 제거하고 고정자(stator)와 구동축(drive shaft) 사이를 연결하는 포일 베어링(foil bearing), (4) 통합 가변 주파수 드라이브로 제공된다. 결과적으로, 이 기술들은 기존기술에 비해 다양한 범위에서 효과적으로 작동시킬 수 있다. 고속 터보 송풍기는 최대 567 m^3/min (20,000 ft^3/min)의 용량 및 103 kN/m^2 (15 Ib_f/in^2)의 압력이 제공된다. 이에 따라 40%의 높은 에너지 절감효과가 보고되었다.

55 kN/m^2 (8 Ib_f/in^2) 이상의 부하 압력 적용(discharge pressure application) 및 변수 부하 압력 적용(연속 회분식 반응기와 같은)에서 단위당 자유대기가 425 m^3/min (15,000 ft^3/min)보다 작은 용량에서, 회전판 양성 치환 송풍기(rotary-lob positive-displacement blowers)가 주로 사용된다 [그림 5-72(f), (g)]. 양성-치환 송풍기는 가변 압력에 의해서 영구 용량(constant capacity)을 가지는 기계이다. 장치들은 조절할 수는 없지만, 용량 통제는 복합 장치의 사용 또는 가변 속도 추진기에 의해서 다루어질 수가 있다. 여기에서 단단한 입구와 부하 경보기는 필수이다.

가변 들입 안내깃 확산기(inlet guide vane-variable diffuser)는 몇몇 문제점들과 표준 원심분리 송풍기(centrifugal and positive-displacement aeration blowers)와 관련된 고려사항들을 어느 정도 해결할 수가 있다. 이 모델은 송풍기의 유속과 효율성을 최적화시키기 위해서 들입 안내깃(inlet guide vane)과 가변 산기기(variable diffuser)가 설치된 작동기를 병합한 원심조작(single-stage centrifugal operation)에 기반을 두고 있다. 송풍기는 특히 inlet 온도, 부하 압력, 유량에서 높은 변동을 매개로 하는 사용법에 적합하다. 송풍기 용량은 170 kN/m^2 (25 lb_f/in^2)까지의 압력에서 85∼1700 m^3/min (3000∼60,000 ft^3/min) 범위를 가진다. 전반적인 운영에 있어서, 최대 용량의 40%까지의 하강률(turndown rates)이 운영 효율성에서 상당한 감소 없이도 가능하다. 주요 단점으로는 효율적인 운영을 보장하기 위해서 소요되는 비싼 초기 자본과 복잡한 컴퓨터 통제 시스템을 들 수가 있다.

원심분리 송풍기에 대한 성능 곡선은 압력 대 유입 공기량에 대한 도표이며, 원심분리 펌프에 대한 실행 곡선과 비슷하다. 성능 곡선은 일반적으로 압력이 감소하는 반면에 유입량이 증가하는 하향곡선이다. 송풍기는 표준상태, 즉 온도 20°C, 기압 760 mmHg (14.7 lb_f/in^2), 상대 습도 36%인 곳에서 측정된다. 표준공기는 1.20 kg/m^3 (0.0750 1b/ft^3)의 비중을 가지며 공기 밀도는 원심분리 송풍기의 성능에 영향을 준다. 유입 공기 온도와 대기 압력의 변화는 압축된 공기의 밀도를 변화시킬 수 있다. 기체의 밀도가 점점 커질수록, 압력도 점점 높아진다. 결국, 보다 큰 동력이 압축 과정에서 필요하게 된다(그

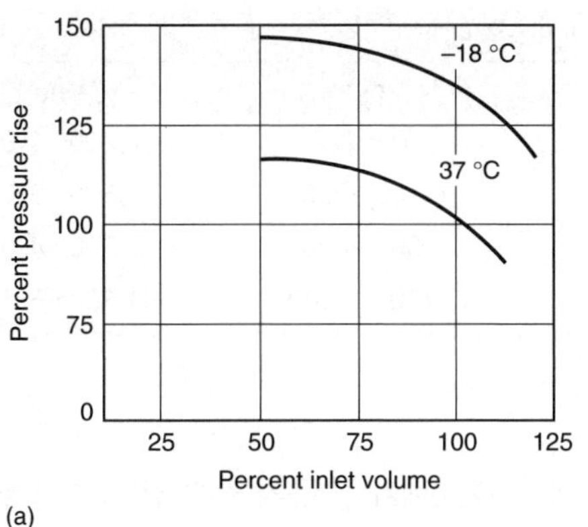

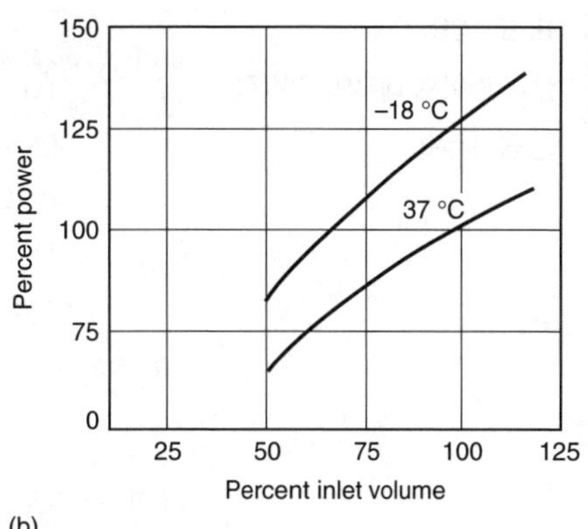

그림 5-73

원심 분리 송풍기에 대한 성능 곡선. (a) 압력 대 유입 공기량, (b) 성능 대 유입공기량

림 5-73) (대기 공기의 비중에 대한 일반적인 값은 부록 B에 제시). 송풍기는 뜨거운 여름날에 적절한 용량을 선택해야 하며, 추운 겨울 날씨에 적절한 동력을 가진 드라이버와 함께 제공될 수 있다. 단열압축을 위한 요구 동력은 식 (5-77)으로 나타난다.

$$P_w = \frac{wRT_1}{28.97\,n\,e}\left[\left(\frac{p_2}{p_1}\right)^n - 1\right] \qquad \text{(SI units)} \qquad (5\text{-}77a)$$

$$P_w = \frac{wRT_1}{550\,n\,e}\left[\left(\frac{p_2}{p_1}\right)^n - 1\right] \qquad \text{(U.S. customary units)} \qquad (5\text{-}77b)$$

여기서, P_W = 각 송풍기의 요구 동력, kW (hp)

w = 공기 유동률의 무게, kg/s (lb/s)

R = 공기의 보편 기체 상수, 8.314 J/mole K (SI 단위) 53.3 ft lb/(lb air) R (U.S. sustomary 단위)

T_1 = 절대 도입 온도, K (°R)

p_1 = 절대 도입 압력, atm (lb_f/in^2)

p_2 = 절대 배출 압력, atm (lb_f/in^2)

n = $(k-1)/k$ 여기서 k는 상대비열 비. 단일단계 원심 송풍기에서 1.395의 값을 가지는 동력 계산값은 건조공기의 k값과 $n = 0.283$에 이용한다.

28.97 = 건조 공기의 분자량

550 = ft lb/s를 hp로 변환 시 전환율

e = 효율(압축기에서의 보통 범위는 0.70~0.90)

송기관(Air Piping). 송기관은 본관, 밸브, 미터기, 압축된 공기를 송풍기에서 공기 산기관으로 이동시켜주는 부품들로 이루어져 있다. 압력이 낮기 때문에[70 kN/m² (10 lb_f/in^2)보다 작다] 가벼운 배관이 사용될 수 있다.

배관의 크기는 산기관의 손실에 비해 공기 header와 다기관 산기기(diffuser manifolds)의 손실이 작도록 해야 한다. 일반적으로, 마지막 흐름분리 장치와 가장 멀리 있는 산기관 사이의 송기관에서의 손실수두가 산기관의 전반에 걸친 손실수두의 10%보다 작

표 5-29
산기 파이프 내부의 일반적인 공기유속

파이프 직경		공기 속도	
in	mm	ft/min	m/min
1~3	75~225	1,200~1,800	360~540
4~10	100~250	1,800~3,000	540~900
12~24	300~600	2,700~4,000	800~1,200
30~60	750~1,500	3,800~6,500	1,100~2,000

[a] 표준상태에서

다면, 포기조를 통한 공기 분배가 잘 유지될 수 있다. 밸브와 control orifices가 파이프 설계에서 중요한 고려사항이다. 송기관(air piping)에서 대표적 속도들은 표 5-29에 있다.

송기관에서 마찰 손실은 다음과 같은 Darcy-Weisbach 공식에 의해 계산될 수 있다.

$$h_L = f\frac{L}{D}h_i \tag{5-78}$$

여기서, h_L = 물에 대한 마찰 손실, mm

f = 비교적 거칠기에 기반을 둔 무디 도표(Moody diagram)로부터 얻어진 무차원 마찰계수. f는 마찰계수 대 파이프의 ages에서 증가를 허용하기 위해서 최소한 10%까지 증대시키는 것을 권고한다.

L = 파이프의 등가 길이, m

D = 파이프의 직경, m

h_i = 물에 대한 공기의 속도 수두, mm

공기를 운반하는 강 파이프에 대한 마찰계수는 식 (5-79)로부터 대략 계산될 수 있다(McGhee, 1991).

$$f = \frac{0.029(D)^{0.027}}{Q^{0.148}} \tag{5-79}$$

여기서, Q = 표준 압력과 온도조건하에서, 공기 유량, m^3/min (ft^3/min)

D = 파이프의 직경, m

직선 파이프에서 손실수두는 식 (5-78)에 식 (5-79)를 대입함으로써 계산될 수 있다. 그 대입된 식은 다음과 같다.

$$h_L = 9.82 \times 10^{-8}\left(\frac{fLTQ^2}{PD}\right) \tag{5-80}$$

여기서, P = 공기 공급 압력, atm

T = 파이프에서 온도, K[식 (5-81)에서]

$$T = T_o(P/P_o)^n \tag{5-81}$$

여기서, T_0 = 순환 공기 온도, K(최대 여름 공기 온도)

P_0 = 순환 대기 압력, atm

L자형 이음쇠, T자형 강, 밸브 등에서 손실들은 이 교재(Metcalf & Eddy, 1981) 또는 표준 수리학적 교재에서 주어진 비교 용량을 손실수두 보완계수 *K*값을 사용하여 속도 수두의 마찰로서 계산될 수도 있고 수력규준교재를 참조할 수도 있다. 최소 손실 역시 직선 파이프의 등가 길이로서 계산될 수 있다. 그 식은 다음과 같다.

$$L = 55.4\ CD^{1.2} \tag{5-82}$$

여기서, L = 파이프의 등가 길이, L (m)

D = 파이프 직경, L (m)

C = 저항 계수(표 5-30 참조)

유량계 손실은 유량계의 형태에 따라 좌우되며, 전반적으로 다양한 속도 수두의 비율로써 계산될 수 있다. 공기 필터, 송풍기 경보기(blower silencers), 그리고 점검 밸브에서의 손실은 장치 제조업자로부터 얻을 수 있는 반면에 표 5-31에서 주어진 유사한 밸브들은 지침서로서 사용될 수 있다(Qasim, 1999).

송풍기에서 부하 압력은 초과 손실의 합, 공기 산기관에서의 물의 깊이, 그리고 산기관을 통한 손실이 될 것이다.

송풍기로부터 유출되는 공기의 최대 온도 때문에[60~80 (140~180°F)] 하수에 담겨있는 파이프만 제외하고 송기관에서의 농축은 문제가 되지 않는다. 하지만, 파이프의 팽창과 수축에 대한 필요를 충족시키는 것은 중요하다. 다공성 산기관을 사용하는 곳에서 파이프는 스케일이 끼지 않는 재료로 만들거나, 부식하지 않는 재료를 사용해야만 한다. 파이프 재료는 종종 스테인레스 강, 유리섬유, 또는 고온에서 적합한 플라스틱을 사용한다. 사용되는 다른 재료에는 연강(mild steel) 또는 외부 코팅된 주철(coal-tar 에폭시 또는 비닐)도 포함된다. 내부 표면에는 시멘트 줄무늬 또는 석탄 타르 또는 비닐 코팅제들이 포함된다.

》 기계식 포기기(Mechanical Aerators)

기계식 포기기는 설계 및 운전 특성에 따라 수직축 및 수평축 포기기의 2종류로 나뉘어 진다. 각각은 다시 표면 포기기와 수중 포기기로 나눌 수 있다. 표면 포기기는 산소가 대기로부터 공급되고, 수중 포기기는 대기에서 공급되거나, 어떤 경우 공기 또는 순산소를

표 5-30
산기 파이프에서 fitting을 위한 저항계수

Fitting	C 값
장반경 L 또는 표준 T의 경우	0.33
중간 반경 L 또는 25% 감소된 T	0.42
표준 L 또는 50% 감소된 T	0.57
측면 배출구를 통한 T	1.33
Gate 밸브(gate valve)	0.25
구 밸브(glove valve)	2.00
각 밸브(angle valve)	0.90

표 5-31
공기필터, 송풍기, 점검밸브에서 발생하는 수두손실량

장치	수두손실	
	in	mm
공기 필터	0.5~3	13~76
저소음 장치		
원심력 송풍기	0.5~1.5	13~38
정변위 송풍기	6~8.5	152~216
점검밸브	0.8~8	20~203

[a] Adapted from Qasim(1999).

포기조 바닥에서 공급한다. 각각의 경우, 포기기의 펌핑작용과 혼합작용에서 포기조를 혼합상태로 유지하도록 한다. 아래에서는 여러 가지 형식의 포기기를 설명하며 포기기의 성능과 혼합을 위한 소요 동력을 대해서도 논한다.

수직축 기계식 표면 포기기(Surface Mechanical Aerators With Vertical axis). 수직축 표면 포기기는 양수작용에 의해 상승류와 하향류를 유발하도록 설계된다(그림 5-74). 이는 부유 구조물이나 고정된 구조물에 설치된 모터와 연결되어 완전히 또는 부분적으로 물속에 잠겨 있는 임펠러로 구성된다. 임펠러는 강철, 주철, 비부식성 합금 및 유리섬유로 강화된 플라스틱 등으로 만들어지며, 하수를 강하게 혼합하여 하수 내로 공기를 유입하고 공기를 용해시켜 공기-물 계면에서의 빠른 산소전달을 유도한다. 표면 포기기에서 사용되는 임펠러는 형태(원심형, 방사축형, 또는 축형)와 회전속도(고속 또는 저속)에 따라서 분류되기도 한다. 포기기 임펠러의 사용 유형은 원심, 방사형 축 또는 임펠러의 회전 속도(저속 및 고속)에 따라 분류될 수 있다. 원심형 임펠러는 저속 포기기의 범주에 포함되며, 축류형은 고속으로 운전된다. 저속 포기기에서 임펠러는 전기 모터와 감속기어를 통해 구동된다[그림 5-74(a)]. 모터와 변속장치는 보통 포기조 바닥에 설치된 기둥이나 탱크의 보로 지지되는 교각에 설치된다. 저속 포기기는 또한 부유체 위에 설치된다. 고속 포기기에서는 임펠러가 전기모터의 회전부와 직접 연결되어 있지만[그림 5-74(c)]. 거의 대부분이 부유체 위에 설치된다. 이는 원래 수위 변화가 심한 연못이나 저수지 또는 고정시킬 수 없는 장소에서 사용하기 위해 개발된 것이다. 표면 포기기는 0.75~100 kW (1~150 hp)의 크기로 형성되어 있다.

수직축 기계식 수중포기기. 대부분의 표면 포기기들은 수면을 강하게 혼합함으로써 공기를 주입시켜 산소를 전달하는 상향류식이다. 그러나 기계식 수중 포기기는 공기나 순산소를 임펠러 하부나 방사형 포기기의 하향류에 의하여 하수에 확산시킨다[그림 5-57(a)]. 이때 임펠러는 공기방울을 분산시키고 탱크를 혼합시키는 데 사용된다. 통기관(draft tube)은 포기조 내 순환유체의 흐름형태를 제어하기 위하여 하향류 또는 상향류형이 사용된다[그림 5-75(b)]. 통기관은 원통형이며, 보통 끝부분이 나팔모양으로 되어 있고, 중심부에 임펠러가 위치한다. 통기관의 길이는 포기기 제조회사별로 상이하다. 기계식 수중 포기기는 0.75~100 kW (1~150 hp)의 크기로 사용된다.

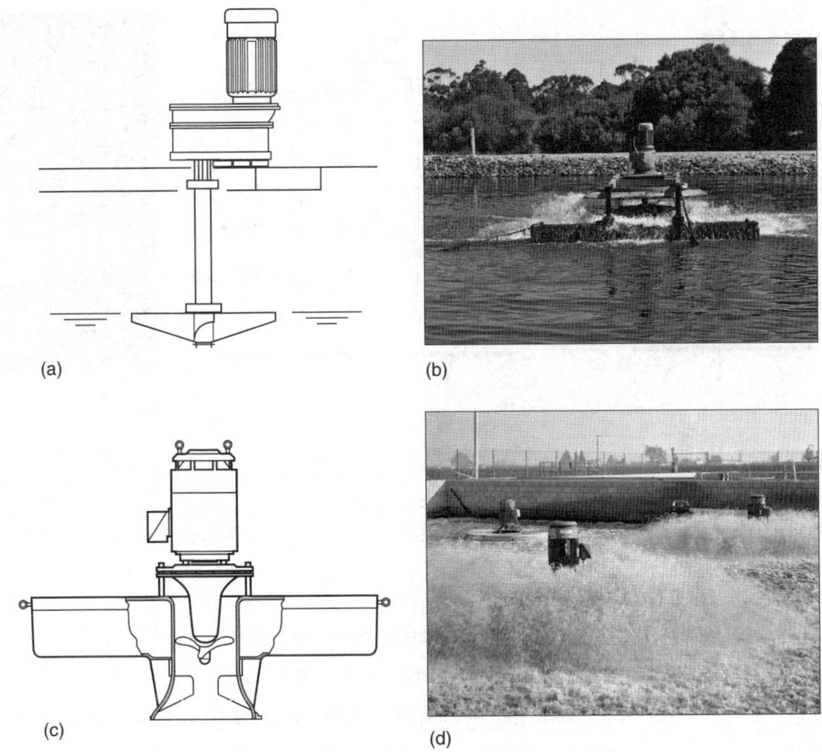

그림 5-74

일반적인 기계식 포기기. (a) 저속표면 포기기 개념도, (b) 생물학적 처리 시스템에서 사용되는 수면 위 저속표면 포기기 실제 모습, (c) 고속표면 포기기 개념도, (d) 소화조 내의 고속표면 포기기 사진

쌍곡면 혼합/포기기[그림 5-75(c)]는 분리된 공기나 기체를 공급하는 송풍기 또는 압력 시스템이 있는 하향류 임펠러를 포함한다. 혼합, 가스분산, 가스공급으로부터의 분리는 자기 유도 포기기에 비해 특히 높은 효율성의 결과로 나타난다. 쌍곡면 혼합/포기기는 7.5~37 kW (10~50 hp)의 크기에서 사용된다.

수평축 기계식 포기기(Mechanical Aerators With Horizontal Axis). 수평축 기계식 포기기는 표면식과 수중식의 두 종류로 나뉘어진다. 표면 포기기는 원래 Kessener brush aerator를 발전시킨 것으로 산화구에서 하수의 순환과 포기를 위해 사용된다. Brush형 포기기는 수면 바로 위에 설치된 털이 달린 원통이다. 털은 물속에 잠겨 있고 원통이 전기모터에 의해 빠른 속도로 회전하여 하수를 튕겨주면서 물을 순환하게 하여 공기를 공급하게 된다. 최근에는 털 대신 angle steel, 다른 모양의 steel 또는 플라스틱 막대나 날개가 쓰이고 있는데 대표적인 수평축 표면 포기기는 그림 5-76과 같다.

수평축 수중 포기기는 표면 포기기와 원리는 같으나 표면 포기기에는 없는 하수를 혼합시키기 위해 회전축에 부착된 원판이나 패들(paddle)이 사용된다. 원판 포기기는 수로나 산화구 포기에 널리 응용되고 있다. 원판은 직경의 1/9~3/8 정도가 하수 중에 잠겨 연속적으로 회전한다. 원판의 오목부에 포집된 공기가 원판 회전에 따라 수면 밑으로 공기를 공급하게 된다. 원판의 간격은 필요한 산소량과 혼합 정도에 따라서 변화시킬 수 있다. 전형적인 소요동력은 0.1~0.75 kW/disk (0.15~1.00 hp/disk) 정도로 알려져 있다 (WPCF, 1988).

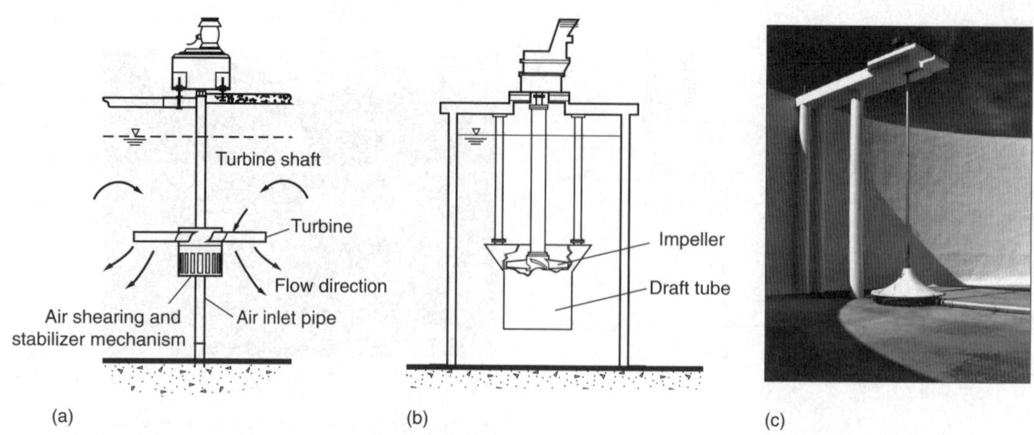

그림 5–75

일반적인 기계식 수중 포기기. (a) 터빈 아래로 공기나 산소가 유입되어 공급되는 터빈형, (b) 공기 분사기를 갖춘 통기관 터빈 포기기(Philadelphia Mixer Catalog.), (c) 쌍곡면 혼합/포기기(courtesy of INVENT Enr. Technologies, Inc.)

포기기의 성능(Aerator Performance). 기계식 포기기는 표준상태에서 동력에 대한 시간당 공급되는 산소량(kg 산소/kW-hr)으로, 표시되는 산소전달효율의 관점에서 평가된다. 포기기의 평가시험은 20℃에서, 용존산소가 0.0 mg/L인 표준상태에서 수돗물을 사용하여 수행된다. 실험 및 효율 산정은 통상 황산나트륨으로 산소를 제거한 후 비정상 상태에서 진행된다. 상품화된 표면 포기기의 효율은 1.20~2.4 kg산소/kW·h (2~41b 산소/hp·h) 정도인데 여러 형태의 기계식 포기기의 산소전달에 관한 자료는 표 5–32와 같다. 포기기를 고려한 포기 장치의 실제 모델과 크기일 때, 포기기 성능의 효율성은 설계 엔지니어에 의해서만 허용되어야 한다.

혼합에 소요되는 에너지

산기식 포기를 하는 경우 효과적인 혼합을 위해서는 포기조의 크기와 모양이 매우 중요하다. 통상 포기조는 직사각형 또는 정사각형이고, 1개 또는 그 이상의 포기기가 설치되어 있다. 기계식 표면 포기기를 위한 포기조의 폭과 깊이는 포기기의 크기에 따라 좌우되며, 대표적인 값은 표 5–33에 주어져 있다. 흡출관 혼합기를 사용하는 경우에는 11 m (35 ft)까지의 깊이에 사용되어 왔다.

그림 5–76

수평축 포기기: (a) (Kessener 브러쉬로도 알려져 있는) 로터리 브러쉬 포기기, (b) 디스크 포기기

(a)

(b)

표 5-32
다양한 기계식 포기기의 일반적인 산소전달능력 범위

포기기 종류	산소전달률, lb O_2/hp · h		산소전달률, kg O_2/hw · h	
	표준상태[a]	현장조건[b]	표준상태[a]	현장조건[b]
저속 표면 포기기	2.5~3.5	1.2~2.5	1.5~2.1	0.7~1.5
통기관형 저속 표면 포기기	2.0~4.6	1.2~2.1	1.2~2.8	0.7~1.3
고속 표면 포기기	1.8~2.3	1.2~2.0	1.1~1.4	0.7~1.2
통기관 수중 터빈형 포기기	2.0~3.3	1.2~1.8	1.2~2.0	0.6~1.1
수중 터빈형 포기기	1.8~3.5		1.1~2.1	
분사기가 달린 수중 터빈형 포기기	2.0~3.3	1.2~1.8	1.2~2.0	0.7~1.0
수평 로토 포기기	1.5~3.6	0.8~1.8[c]	15.~2.1	0.5~1.1

[a] 표준 상태: 수돗물 20°C (68°F); 101.325KN/m²(14.716$_f$/In²); 초기 용존산소 농도 = 0mg/L
[b] 현장 조건: 폐수, 15°C (59°F); 고도 150m, α = 0.85 β = 0.9 , 운전 용존산소 농도 = 2mg/L
[c] α값은 0.85 이하; 보고된 값은 0.3과 1.1 사이

산기식 포기에서 나선형 와류에 의하여 충분한 혼합을 하기 위한 공기 소요량은 20~30 $m^3/10^3\ m^3\cdot min$ (20~30 $ft^3/10^3\ ft^3\cdot min$) 정도이다. 산기관이 포기조 바닥에 일정 간격으로 설치된 격장형 포기에서는 혼합을 위하여 10~15 $m^3/10^3\ m^3\cdot min$ (10~15 $ft^3/10^3\ ft^3\cdot min$) 정도로 제안되고 있다(WPCF, 1988). 격자 패턴이 설치된 미세 구멍 확산기는 일반적으로 혼합을 위해 최소한 0.12 scfm/square foot(평방 피트)의 폭기 속도를 필요로 한다(U.S. EPA, 1989). 한편 기계식 포기기를 사용할 때의 전형적인 소요 동력량은 20~40 $kW/10^3\ m^3$ (0.75~1.50 $hp/10^3\ ft^3$) 정도로 포기기의 형식과 종류, 부유물질의 성질과 농도, 온도, 포기조 및 산화지의 형태에 따라 달라진다. 특히 공공 하수처리를 위한 포기 산화지의 설계에서는 혼합에 필요한 동력이 중요한 설계요소가 되므로 이를 검토하는 것이 매우 중요하다.

» 순산소 생산과 용해

순산소가 사용되는 경우 요구되는 산소량을 계산한 후, 처리장의 필요에 가장 잘 부응하는 산소 발생장치의 형식을 선정하여야 한다. 산소 발생장치에는 2가지의 기본적인 설계 방식이 있는데 (1) 보통 또는 보통 이하 규모[150,000 m³/d (40 Mgal/d) 이하]에 사용되는 가압 교대 흡착 장치와 (2) 대규모 처리장에 사용되는 액화공기분리공정이 있다. 액체 산소 역시 운반하여 현장에 저장하여 사용할 수 있다.

가압 교대 흡착장치(Pressure Swing Adsorption). 가압교대흡착 설비는 산소를 연속적으로 생산하는 다단의 흡착 공정을 사용한다(U.S. EPA, 1974). 4단 설비의 개략도가 그림 5-77(a)에 나타나 있다. 가압교대흡착 발생기의 운전 원리는 고압하에서 흡착에 의하여 유입공기로부터 산소를 분리하고 흡착제는 저압하에서 "파열"에 의해 재생된다. 이 공정은 흡착과 재생의 두 기본과정을 계속 반복하며 운전한다. 흡착 과정에서는 한 반응조 내의 흡착제가 불순물에 의하여 부분적으로 막힐 때까지 공기를 주입한다. 그

표 5-33
기계식 표면 포기기를 사용하는 일반적인 포기조의 크기

포기기 크기		탱크 크기			
		미국 표준 단위		SI 단위	
hp	kW	깊이, ft	넓이, ft	깊이, m	넓이, m
10	7.5	10~12	30~40	3~3.5	9~12
20	15	12~14	35~50	3.5~4	10~15
30	22.5	13~15	40~60	4~4.5	12~18
40	30	12~17	15~65	3.5~5	14~20
50	37.5	15~18	45~75	4.5~5.5	14~23
75	55	15~20	50~85	4.5~6	15~26
100	75	15~20	60~90	4.5~6	18~27

때, 다음 흡착반응조로 공기를 공급하면서 첫 흡착 반응조를 재생시킨다. 재생 과정에서는 흡착반응조로부터 불순물을 제거하여 다시 흡착시킬 수 있도록 한다. 재생 과정은 대기압으로 감압하여 수행되는데 약간의 산소로 깨끗이 한 후 공기를 주입하여 재가압한다.

액화 공기 분리 장치(Cryogenic Air Separation). 액화 공기 분리 과정은 성분들(대부분 질소와 산소)을 분리하기 위한 부분적 증류작업으로 인한 공기의 액화를 포함한다. 이 공정 개요도는 그림 5-77(b)와 같다. 먼저, 유입되는 공기는 여과 후 압축되며 그 다음 압축된 공기는 가역 열교환기로 보내지는데, 가역 열교환기는 교환기 표면에서 공기 혼합물을 얼려 수증기와 이산화탄소를 냉각하고 제거하는 2가지 기능을 가지고 있다. 이 공정은 수증기와 이산화탄소의 제거를 위하여 교환기의 같은 통로로 유입공기와 폐질소 가스를 주기적으로 교대 또는 역류시켜 이루어진다.

다음으로, 공기는 공기 내의 대부분의 탄화수소류뿐만 아니라 미량의 잔류 이산화탄소를 제거하는 흡착제인 "cold and gel trap" 공정을 거치게 한다. 이 공정을 거친 공기는 두 분류로 나뉘어 한 분류는 증류장치의 하부 컬럼에 직접 유입되고, 나머지는 가역 열교환기로 반송되어 교환기를 통과하는 동안, 교환기에서 요구되는 온도차를 위하여 부분적으로 가열된다. 이 기류는 팽창 터빈을 통과하여 증류장치의 상부 컬럼에 유입되게 된다. 산소를 많이 함유한 액체는 하부 컬럼의 바닥으로 유출되고, 액화질소는 상부에서 유출되는데 이 두 흐름은 다시 냉각되어 상부 컬럼으로 전달된다. 이 상부 컬럼에서 하부로 내려가는 동안 액체상태의 산소가 점차 증가되고 결국 응축기에 모이는 액체가 최종 액화 산소가 된다. 액화 산소는 다시 미량의 탄화수소류를 제거하기 위해 흡착 과정을 통과하여 연속적으로 순환되고, 폐기되는 질소는 상부 컬럼의 상단으로 배출되며, 생산된 산소 흐름을 따라 열이 교환되도록 가능한 모든 열을 역 열교환기로 다시 회수하여 재사용할 수 있도록 해준다.

상업용 산소의 용해 . 산소는 순산소인 경우에도 물에 용해되기가 어려워 용해도를 증가시키기 위해서는 특별한 고려가 필요하다. 공기를 이용하는 산소 용해 장치는 공기를

그림 5-77

순산소 활성슬러지공정에서 사용되는 산소발생장치의 개념도. (a) 가압교대 흡착장치, (b) 액화공기 분리 장치

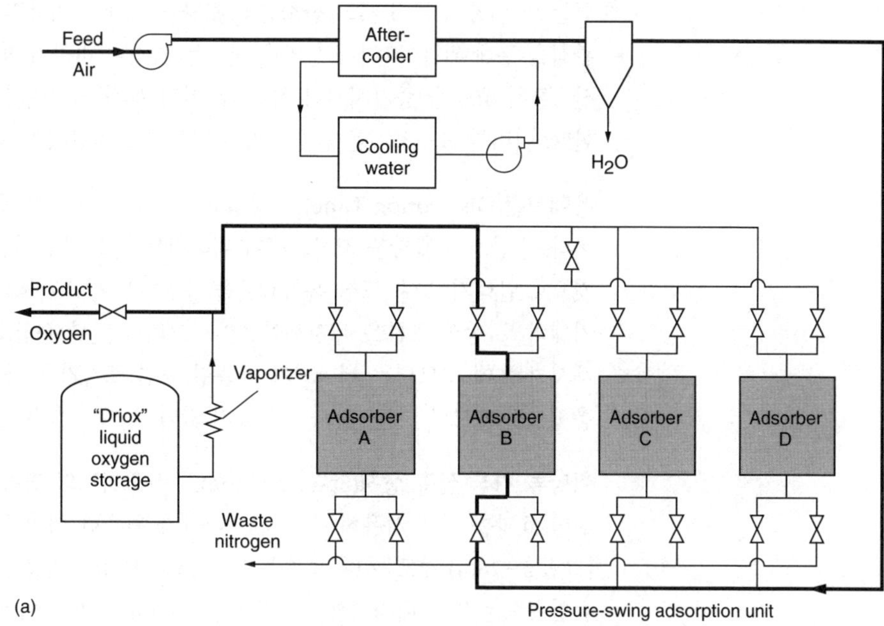

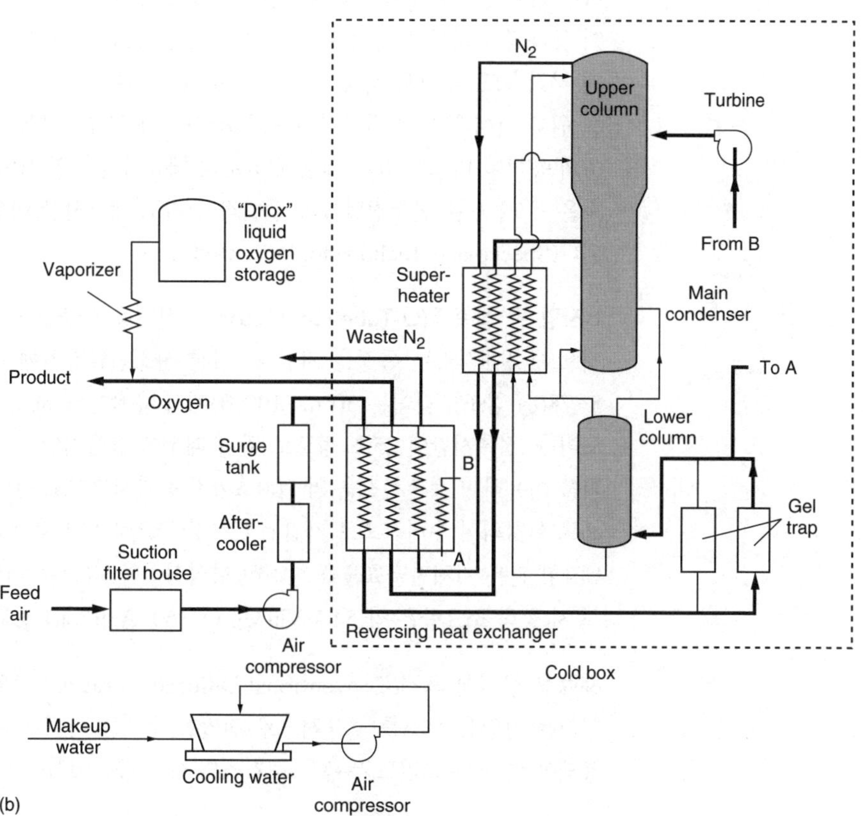

얻는 데 비용이 들지 않고 산소흡착 효율을 크게 고려하지 않아도 되어, 에너지 소모에만 관심을 두게 된다. 그러나 상업용 산소는 가격이 비싸기 때문에 에너지 소모의 최소화 및 산소흡착 효율을 증가시켜야 하는 두 가지 목적을 고려하여 산소 용해 장치를 설계해야 한다. 이러한 요구조건을 만족시키기 위해서는 일반적인 포기방식은 필요가 없게 된다.

용해시간(Dissolution Time). 상업용 산소 용해 장치의 중요한 특징은 산소의 체류시간이다. 순산소의 흡착을 최적화하기 위해서는 산소 체류시간이 약 100초 이상이어야 하는 것으로 알려져 있다. 또한 흡착효율을 유지하는 산소기포의 흡착을 방지하기 위해 액체-기체의 두 상의 흐름을 유지해야 한다. 그러나 일부 순산소 용해공정은 순산소 1톤을 용해시키는 데 소모되는 에너지가 표준형 표면 포기기를 사용하여 공기로부터 산소 1톤을 용해시킬 때보다 더 큰 것으로 알려져 있다.

하향류 기포 접촉 장치(Speece Cone). 산소기포의 접촉시간을 길게 하고 고율의 산소 전달 효과를 위해 사용하는 장치의 하나가 원추형 챔버 형태의 하향류 기포접촉 포기기[그림 5-78(a) 참조]이다. 하수는 약 3 m/s (10 ft/s)의 속도로 챔버 상부에서 유입되는데, 유입속도는 원추 내의 2상 기포군집을 유지하기 위한 에너지를 공급해주어 고도의 기포/하수 경계층을 유지시켜 기체전달률을 균일하게 증가시키게 된다. 원추의 수평방향 단면이 증가되어 하향 하수의 속도가 0.3 m/s (1 ft/s) 이하로 감소된다. 약 0.3 m/s의 일반적인 부력속도 때문에, 하향 유속이 기포의 부력에 의한 상향 속도보다 작게 되면 기포들은 원추 안에 무한히 잔류하여 필요한 기포의 체류시간을 만족한다. 하지만 원추형 반응조의 용적이 비교적 작기 때문에 하수의 체류시간은 약 10초 정도이다. 따라서 이 공정은 작은 규모, 높은 산소전달률과 일반적인 기포 체류시간 이상을 필요로 하는 공정에 사용된다(Speece and Techobanoglous, 1990).

U자형 관 접촉조(U-Tube Contactor). 상업용 산소를 단위에너지 소모량이 적고 효율적으로 용해시키는 특징을 지닌 또 다른 산소전달장치에 U자형 관 접촉기가 있다[그림 5-78(b) 참조]. 깊이는 30 m (100 ft)에서 유속은 3 m/s (10 ft/s), 체류시간은 25초 정도이다. 접촉시간이 25초 정도로 짧기 때문에 효율적인 흡착을 위하여 산소차단 후 재순환을 이용하여 접촉시간을 약 100초까지 증가시키기도 한다. 물과 기체의 혼합물이 수직으로 설치되어 수리적으로 가압된 U자형 관으로 펌핑되기 때문에 에너지 소요량이 낮다. U자형 관은 기체전달효율을 현저히 향상시킨다. 유출수 내의 용존산소 농도 60 mg/L 생산 시 동력 소요량은 약 54 kWh/Mg O_2 (60 kWh/ton) 정도이다.

재래식 산기식 포기(Conventional Diffused Aeration). 일반적인 산기식 또는 표면 포기기는 상업용 산소를 효율적으로 전달할 수 있도록 천정이 낮은 밀폐형 포기조에서 사용돼야 한다. 콘크리트 뚜껑은 포기조의 상부 공간에서 줄이기 위해 사용된다.

❯❯ 후포기(Postaeration)

최근에 유출수 수질규정에서 높은 용존산소(5~8 mg/L) 농도를 요구함으로써 후포기 장치 설치의 필요성이 높아지기 시작하였다. 수질규제를 받는 지천과 가정하수 방류수를

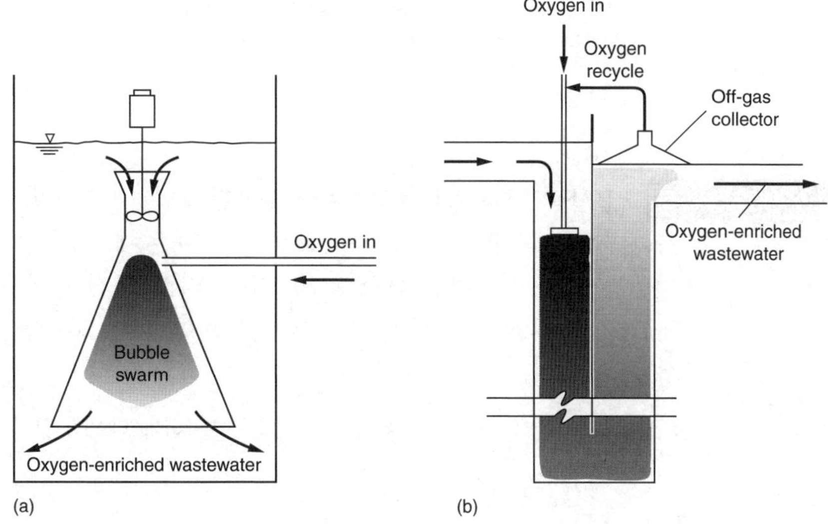

그림 5-78

순산소 용해장치. (a) 하향류 포기 접촉조, (b) U자형 관 접촉조(Speece and Tchobanoglous, 1990)

방류할 경우에는 용존산소의 농도가 규제항목에 포함되기 시작하였다. 그 이유는 처리된 유출수 중의 낮은 농도의 용존산소가 방류수역의 물과 혼합하여 갑자기 낮아지지 않도록 하기 위해서이다. 후포기의 요구조건을 만족시키기 위하여 (1) 확산된 공기, (2) 기계식 포기, (3) 산기식 포기, (4) 위에서 언급한 하향류 기포 접촉 장치(Speece Cone)가 포기와 재사용되는 물 저장 탱크 재포기에서 사용되고 있다.

산기식 포기(Diffused-Air Aeration). 큰 처리장치에서는, 산기식 포기기가 더 적절할 수 있으며[그림 5-79(a)] 굵거나 미세한 방울들이 사용될 것이다. 구멍이 많지 않은 산기에서는 수중 깊이에 따라 효율의 변이가 5~8%로 변화되고 미세구멍 산기에서는

(a)

(b)

(c)

그림 5-79

후포기 시스템. (a) 산기식 포기, (b) 계단식 포기, (c) 하향류 기포 접촉 방식

15~25%로 변화할 것이다. 2차 처리 후에는, 비침투성 시스템에서 a값이 0.85~0.95에 이를 것이고 미세침투성 시스템에서는 0.7~0.85에 이를 것이다.

예제 5-15 **분산공기 필요량을 추정하는 데 필요한 공식을 유도하라.** 염소처리 후 유출수를 후포기하기 위해 필요한 분산공기소요량을 추정하는 데 사용될 수 있는 공식을 유도하라. PFR 사용, 공기량의 단위는 m^3/s, 20°C에서 DO값 1.5 g/m^3 에서 5 g/m^3로 증가, 유출수 유량은 3800 m^3/d (1.0 Mgal/d). 산소전달효율은 6%, 20°C에서 Cs는 9.09 g/m^3 (부록E 참고).

풀이 1. 산소전달속도식은 식 (5-57)과 유사하게 다음과 같이 쓰여질 수 있다.

$$r_m = \frac{dm}{dt} = K'_T(C_s - C)$$

여기서, K'_T = 주어진 조건하에서의 총괄 물질전달계수

$$K'_T = K'_{20} \times (1.024)^{T-20}$$

2. 산소전달효율은 다음과 같이 정의된다.

$$E = \frac{(dm/dt)_{20°C, C=0}}{M}$$

여기서, E = 산소전달효율

$(dm/dt)_{20,°C, C=0}$ = 20°C, 용존산소가 0일 때의 산소전달효율

M = 산소가 도입되는 질량속도

3. 산소가 도입되는 질량속도를 나타내는 차분 방정식은 다음과 같다.

산소가 도입되는 질량 속도는

$$M = \frac{1}{E}\left(\frac{dm}{dt}\right)_{20°C, C=0}$$

$$= \frac{1}{E}\left(\frac{dm}{dt}\right)_T \frac{(dm/dt)_{20°C, C=0}}{(dm/dt)_T}$$

$(dm/dt)_{20, C=0}$와 $(dm/dt)_T$를 다르게 표현하여 대입하면,

$$M = \frac{1}{E}\left(\frac{dm}{dt}\right)_T \frac{(C_s)_{20°C}}{(C_s - C)_T(1.024)^{T-20}}$$

이 식을 탱크의 미소한 가로방향 부분에 적용하고 dm/dt 대신 QdC를 대입하면(주 :$V(dC/dt) = dm/dt$, $Q = V/dt$), 위 식의 미분식은 다음과 같이 된다.

$$dm = \frac{Q(C_s)_{20°C}}{E(1.024)^{T-20}}\left(\frac{dC}{C_s - C}\right)_T$$

4. 순서 3에서 유도된 미분식을 적분형으로 고친다. 이는 $C = C_i$인 탱크의 유입부분에서부터 $C = C_0$인 탱크의 유출부분까지를 적분하여 얻어진다.

$$\int_0^M dM = \frac{Q(C_s)_{20°C}}{E(1.024)^{T-20}} \int_{C_i}^{C_o} \frac{dC}{C_s - C}$$

$$M = \frac{Q(C_s)_{20°C}}{E(1.024)^{T-20}} \left[\ln\left(\frac{C_s - C_i}{C_s - C_o} \right)_T \right]$$

5. 순서 4에서 유도한 공식을 좀 더 실용적인 공식으로 고친다. 이것은 공기의 밀도가 1.23 kg/m³이고, 공기 중에는 중량비로 23%의 산소가 존재한다는 것을 사용하여 산소유입속도를 g/s으로 고치면 다음 식이 된다.

$$M, \text{g/s} = \left(Q, \frac{\text{m}^3 \text{ air}}{\text{s}} \right) \left(\frac{1.23 \text{ kg}}{\text{m}^3 \text{ O}_2} \right) \left(\frac{0.23 \text{ kg O}_2}{\text{kg air}} \right) \left(\frac{10^3 \text{ g}}{1 \text{ kg}} \right)$$

따라서, 산소유입속도를 소요공기량으로 표현하기 위해서 m³/s로 나타내면

$$Q_a = (3.53 \times 10^{-3}) \frac{Q(C_s)_{20°C}}{E(1.024)^{T-20}} \left[\ln\left(\frac{C_s - C_i}{C_s - C_o} \right) \right]$$

여기서, Q_a = 소요공기량, m³/s

Q = 하수량, m³/s

C_s = 20°C에서의 산소의 포화농도, g/m³

Solution—Part :
Estimate the mas
air flowrat

6. Estimate the amount of air required using the expression developed in Step 5 above.

$$Q_a = (3.53 \times 10^{-3}) \frac{Q(C_s)_{20°C}}{E(1.024)^{T-20}} \left[\ln\left(\frac{C_s - C_i}{C_s - C_o} \right) \right]$$

a. Summarize known values

$Q = 3800 \text{ m}^3/\text{d} = 0.044 \text{ m}^3/\text{s}$

$C_s = 9.09 \text{ g/m}^3$

$C_i = 1.5 \text{ g/m}^3$

$C_o = 5.0 \text{ g/m}^3$

$E = 0.06$

b. Substitute known values and solve for Q_a.

$$Q_a = (3.53 \times 10^{-3}) \frac{(0.044 \text{ m}^3/\text{s})(9.09)}{0.06(1.024)^{20-20}} \left[\ln\left(\frac{9.09 - 1.5}{9.09 - 5.0} \right) \right] = 1.30 \text{ m}^3/\text{s}$$

$$= 78 \text{ m}^3/\text{min}$$

하수에서는 산소포화농도가 증류수의 경우의 95%이며, 전달률의 차이가 있으므로 보통 여기서 구한 Q_a의 값에 1.1을 곱한 값을 사용한다.

표 5-34
계단식 후포기 시스템 설계를 위한 일반 자료

항목	미국 표준 단위			SI 단위		
	단위	범위	표준	단위	범위	표준
평균 설계 유량 시 수리학적 부하율	넓이 · d의 gal/ft	100,000~500,000	240,000	넓이 · d의 m^3/m	1,240~6,200	3,000
계단의 치수						
높이	in	6~12	8	mm	150~300	200
길이	in	12~24	18	mm	300~600	450
계단의 높이	ft	6~16		m	2~5	

계단식 포기(Cascade Aeration). 지형적으로 또는 수리학적으로 자연 유하가 가능할 때, 용존산소의 농도를 높이기 위해 가장 경제적인 방법은 계단식 포기이다[그림 5-79(b)]. 이 방법은 가능한 수두를 이용하여 하수가 여러 개의 콘크리트 계단 위를 얇은 막을 형성하여 떨어지면서 난류를 일으키게 하는 것이다. 성능은 초기의 용존산소 농도, 소요방류용존산소, 온도에 따라 변한다. 일반적인 설계자료는 표 5-34와 같다. 계단식 포기는 이 염소접촉조와 연결될 때, 후포기용 구조물은 건설이 용이하도록 하기 위하여 염소접촉조와 같은 폭으로 만들어진다.

계단의 필요 높이를 결정하는데 사용되는 가장 보편적인 방법은 Barett(1960)에 의해 만들어진 다음 공식을 이용하는 것이다.

$$H = \frac{R - 1}{0.361\,ab(1 + 0.046 \times T)} \quad \text{SI 단위} \tag{5-83a}$$

$$H = \frac{R - 1}{0.11\,ab(1 + 0.046 \times T)} \quad \text{U.S 고정단위} \tag{5-83b}$$

여기서, R = 결핍률 $= \dfrac{C_s - C_o}{C_s - C}$

C_s = 온도 T에서 하수의 포화용존산소 농도, mg/L

C_0 = 후포기 유입수의 용존산소 농도, mg/L

C = 후포기 후에 최종요구되는 용존산소, mg/L

a = 수질에 따른 인자(하수처리장 유출수에는 0.8)

b = 웨어의 기하학적 형태에 따른 인자(웨어; b = 1.0, 계단; b = 1.1, 계단식 웨어; b = 1.3)

T = 수온, ℃

H = 물이 떨어지는 높이(m)

이 방법을 사용하는 데 가장 중요한 요소는 용존산소포화농도 C_s에 영향을 미치는 임계수온을 적절히 선택하는 것이다. 이 영향은 예제 5-16에 잘 나타나 있다.

예제 5-16 **계단식 포기기의 높이를 산정하시오.** 하수의 평균온도가 겨울에는 20°C, 여름에는 25°C인 온난한 지방의 하수처리장에서 계단식 포기기의 높이를 계산하라. 후포기기의 유입수의 용존산소, C_o는 1.0 mg/L이고, 최종 용존산소 농도, C는 6.0 mg/L이다.

풀이

1. 하수온도에서 용존산소의 포화농도 C_s를 계산한다.
   a. 부록 E로부터, 용존산소의 용해도는 20°C에서 9.09 mg/L, 25°C에서 8.26 mg/L이다.

2. 식 (5-83a)를 사용하여 온도 20°C일 때의 계단 높이를 구한다.
   a. 결핍률을 계산한다.

$$R = \text{결핍률} = \frac{C_s - C_o}{C_s - C} = \frac{9.09 - 1.0}{9.09 - 6.0} = 2.62$$

   b. 계단을 사용한다고 가정하여, 계단 높이를 계산한다($b = 1.1$).

$$H = \frac{R - 1}{0.361\,ab(1 + 0.046T)}$$

$$H = \frac{2.62 - 1}{0.361\,(0.8)(1.1)(1 + 0.046 \times 20)}$$

$$H = 2.66\,\text{m}\,(8.73\,\text{ft})$$

3. 온도 25°C일 때의 계단 높이를 계산한다.
   a. 결핍률을 계산한다.

$$R = \frac{8.26 - 1.0}{8.26 - 6.0} = 3.21$$

   b. 계단을 사용한다고 가정하고 위의 순서와 같이 계산한다.

$$H = 3.62\,\text{m}\,(11.9\,\text{ft})$$

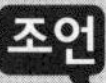

온도가 올라가면 용존산소결핍률도 높아져서 계단 높이에 영향을 준다. 따라서 계단 높이가 필요 이상으로 작게 설계되는 것을 방지하기 위하여 최대 수온에 대하여 검토할 필요가 있다. 각 계단에서의 물리적 단위는 부지 상황마다 달라지는데 표 5-34에 주어진 수치로 설정되어야 한다. 계단의 높이가 300 mm (12 in)라면 계단의 개수는 12가 될 것이다.

기계식 포기(Mechanical Aeration). 후포기 방식에 많이 사용되는 기계포기 장치는 저속 표면 포기기와 수중터빈 포기기 두 종류가 있다. 저속 표면 포기기가 높은 산소전달 속도가 필요할 때를 제외하고는 가장 경제적이기 때문에 많이 사용된다. 높은 산소전달 속도가 필요할 때는 수중터빈 포기기를 더 많이 사용한다. 대부분 직사각형의 조 안에 두 개 이상의 포기기를 설치하고 있다. 기계식이나 산기식 포기 방법을 사용하는 후포기 방식의 체류시간은 최대 유량에서 10~20분의 범위를 가진다.

하향류 기포 접촉 장치(Speece Cone)를 사용하는 포기. 하향류 기포 접촉 장치(Speece cone)의 후포기에서, 주류(main flow)의 측류는 산소로 처리를 하고, 그 다음 방출되기 전에 주류에 재혼합을 시킨다. 재사용된 물을 저장하기 위해 사용하는 개방 저장저수지에서, 수온 계층화 현상, 낮은 용존산소, 그리고 주로 황화수소로 이루어진 악취 발생으로 인해 문제들이 발생한다. 매우 높은 산소전달률과 그림 5-79(a)에서 보여주는 하향류 기포 접촉 장치는 저장조 포기와 수온 성층화 현상에 가장 적합하다. 저장조 포기의 적용에 대해서, 압축된 공기를 높은 순수 산소 대신 사용할 수 있다.

문제 및 토의과제

5-1 Bar screen이 수평으로부터 50, 55, 60° 경사져 있다. 직사각형 봉의 지름은 20 mm이며 순 간격이 25 mm이다. 이 바닥의 청소 직후 접근유속이 1 m/s일 때의 손실수두를 계산하라. 실제 처리장에서 일어나는 것을 고려하면 이와 같은 계산이 현실적인 것인지 판단하라.

5-2 40,000 m^3/d의 유량을 처리할 수 있는 기계적 제거 조대 bar rack의 수로의 크기를 구하여라. Bar rack이 수평으로부터 75도 경사지고, 12 mm의 순 간격의 바로 이루어져 있다. Bar rack은 12 mm 폭과 25 mm의 깊이의 bar를 가진다. 상류수로의 유속은 0.4 m/s보다 높아야 한다. 깨끗한 스크린과 50%의 막혀있는 스크린의 bar rack를 지나며 발생하는 손실수두를 계산하여라.

5-3 여섯 개의 납작한 날개를 가진 터빈 임펠러로 탱크의 내용물을 혼합하려 한다. 임펠러의 직경은 3 m이고, 깊이 6 m 탱크의 바닥에서 1.25 m 위에 설치되어 있다. 온도가 30°C이고 30 r/min으로 임펠러가 회전할 때 사용되는 동력은 얼마인가? Reynolds 수의 계산은 공식 (5-11)를 사용하라.

5-4 처리하고자 하는 유입하수에 화학약품을 급속혼합하고자 한다. 혼합기는 직경이 500 mm인 납작한 패들 혼합기로서 6개의 날개를 가지고 있다. 유입하수의 온도는 10°C이고 혼합조 동력계수가 1.70일 때 다음을 결정하라.

(a) Reynolds 수가 대략 100,000일 때의 회전 속도

(b) 대부분의 혼합에서 높은 Reynolds 수가 바람직한 이유

(c) 효율이 20%라고 가정할 때, 혼합기의 필요 모터크기

5-5 주어진 응집공정이 1차 반응($rN = -kN$)으로 정의될 수 있다고 가정하고, 체류시간이 10분인 plug-flow 반응기 안에서 일어난다고 가정할 때 다음의 표를 완성하라. 만약 같은 반응계수를 사용한 회분 반응조가 대신 사용된다면 5분 후의 값은 얼마가 되겠는가?

시간, t	입자개수/ 단위부피		
	데이터 1	데이터 2	데이터 3
0	10	40	20
5	(?)	(?)	(?)
10	3	5	2

5-6 응집조로 쓰이는 완전혼합 반응기에서의 정상흐름의 유출수가 단위 부피당 3개의 입자를 포함하고 있다면, 정상흐름에 도달하기 전과 공정시작 후 5분 후의 유출수에서의 입자의 농도를 구하라. 유입수의 입자의 개수가 단위 부피당 10개이고, 완전혼합 반응기(CFSTR)의 체류시간이 10분이고 1차 반응식이 성립한다고 가정하라($r_N = -kN$).

5-7 공기응집기를 설계하고자 한다. G값을 60 s^{-1}로 했을 때, 응집조 200 m^3에 필요한 공기량을 추정하라. 응집조의 깊이는 4 m라고 가정하자.

5-8 예제 5-3에서 사용된 응집공정에 공기를 사용할 때 필요한 공기량을 구하라. 공기는 3 m 깊이에서 공급된다고 가정하라.

5-9 식 (5-23)과 입자의 유효무게를 같다고 놓고 Stokes의 법칙을 유도하라.

5-10 비중이 2.65이고 직경이 1 mm인 모래입자의 침전속도를 m/s 단위로 구하라. 이때 Reynolds 수는 275라 가정한다.

5-11 예제 5-4에 주어진 데이터에서 원형과 하수 침전속도를 계산하기 위한 스프레드시트(spreadsheet)를 준비해라. 추측한 속도가 계산된 속도와 일치하기 위해 필요한 Reynolds 수의 값과 인력 보정계수가 얼마인가?

5-12 No grit sampling program은 실시되지 않으며 설계는 16 μm의 SES로 가정한 그릿 입자의 제거를 기반으로 하고, 최대 유량 40,000 m^3/d를 처리할 수 있는 와류형 그릿 제거 설비를 설계하라. 만약, 이 시설이 미세한 그릿으로 알려진 지역에 위치하고 있다면, 제거되는 그릿은 몇 %로 예상되는가? 90% 그릿 제거율을 달성하기 위해, 시설의 설계에서 어떤 수정이 필요한가?

5-13 시간 최대 유량 40,000 m^3/d이고, 평균 유량이 15,000 m^3/d인 하수처리장에서 포기식 침사지를 설계하라. 필요공기량과 송풍기 유출 측의 압력을 결정하라. 산기관에서 250 mm의 손실수두를 감안하고, 배관 및 밸브에서 400 mm의 손실과 물에 잠긴 깊이를 감안하라. 적절한 송풍기의 공식을 사용하여 필요 동력을 계산하라. 송풍기의 효율은 70%를 사용하라. 모터의 효율은 90%, 전기비용은 $0.12/kWh로 가정하여 월간 전기요금을 계산하라.

5-14 평균하수량 0.3 m^3/s와 최대 하수량 1.0 m^3/s에 대한 포기식 침사지를 설계하라. 최대 유량시 체류시간은 3.0분, 4.0분, 5.0분(체류시간은 선생님에 따라 선택된다)이다. 침사지의 치수와 전체 공기소요량을 구하라.

5-15 포기식과 와류식 침사지의 장단점에 대하여 논하라.

5-16 처리하고자 하는 하수 중의 입자들의 침전속도가 다음 표와 같을 때 임계속도 V_0가 2 m/h인 침전지에 대한 제거효율을 구하라. 유입과 유출하수의 입자의 분포도(histogram)를 작성하라.

	입자의 개수		
	sample		
침전속도, m/h	1	2	3
0.0 ~ 0.5	10	20	20
0.5 ~ 1.0	29	100	40
1.0 ~ 1.5	47	130	80
1.5 ~ 2.0	65	100	120
2.0 ~ 2.5	74	70	100
2.5 ~ 3.0	60	45	70
3.0 ~ 3.5	28	28	20
3.5 ~ 4.0	13	16	10
4.0 ~ 4.5	5	7	3

5-17 이상적인 침전지에서의 통과유량이 8000 m^3/d, 체류시간이 1 h, 깊이가 3 m이다. 지의 깊이에 걸쳐 수면 밑 1 m되는 지점에 움직일 수 있는 수평 트레이가 있다면, 침전속도 1 m/h인 입자의 % 제거율을 구하여라. 트레이를 움직임으로써 침전지의 제거효율이 증가할 것인가? 만약 그렇다면, 어느 지점에 트레이를 놓아야 할 것이며, 이때의 최대제거 효율은 얼마인가? 입자의 침전속도가 0.3 m/h이면 트레이를 움직임으로써 어떤 효과를 가져 올 것인가?

5-18 예제 5-4에서, 예상 및 계산된 입자 침전속도들이 서로 일치하지 않았다. 실제 침전속도를 구하기 위해서 반복 계산을 계속하라.

5-19 다음 표와 같은 응집성 부유물의 침전실험 결과를 사용하여 깊이가 3 m이고 월류속도 V_0가 3 m/h인 침전지의 제거효율을 결정하라.

	주어진 깊이(m)에서 제거되는 부유물질 퍼센트				
시간(분)	0.5	1.0	1.5	2	2.5
20	61	–	–	–	–
30	71	63	55	–	–
40	81	71	63	61	57
50	90	81	73	67	63
60	–	90	80	74	68
70	–	–	86	80	75
80	–	–	–	86	81

5-20 75 mm (3.0 in.) 간격을 두고 넓이가 2.0 m (6.6 ft)인 경사판으로 침전조가 개조되었다. 개조된 경사판의 각도는 각각 40°, 50° 또는 60°로 주어진다. 침전조의 정방향 및 역방향 작동 중, 가장 효율적인 방향을 결정하라.

5-21 높이 3 m의 실린더에서 행한 실험으로부터 다음과 같은 곡선을 얻었다. 초기 고형물 농도는 3600 mg/L이다. 고형물량이 1500 m^3/d이고 하부유출농도 C_u가 11,000 또는 12,000 mg/L(선생님에 의해 선택된다)일 때 필요한 농축조의 면적을 계산하라.

	주어진 깊이(m)		
	sample		
시간(분)	1	2	3
0	3.0	3.0	3.0
5	2.0	2.2	2.3
10	1.35	1.6	1.75
20	0.75	1.0	1.25
30	0.5	0.7	0.9
40	0.35	0.5	0.7
50	0.25	0.4	0.6
60	0.2	0.32	0.5

5-22 장래인구 45,000명의 도시에 대하여 원형 방사선류 침전지를 설계하라. 하수량은 400 L/capita · d로 가정하라. 평균 유량에서 2시간 체류시간으로 설계하라. 평균 유량에서 월류속도가 36 m^3/m^2 · d V_0이 되기 위한 지의 길이와 직경을 결정하라. 직경은 1.0 m 단위로

증가하고 깊이는 0.5 m 단위로 증가하도록 만든 기계의 표준 크기에 맞도록 치수를 결정하라.

5-23 깊이가 2.75 m, 폭이 6 m, 길이가 15 m인 직사각형 침전지의 월류속도는 30 $m^3/m^2 \cdot d$이다. 직경이 0.1 mm이고 단위중량이 2.5인 입자가 바닥으로부터 씻겨올라갈지 여부를 결정하라. $f = 0.03$, $k = 0.04$를 사용하라.

5-24 하수처리장의 일차 짐전지로 SS가 2000 mg/L인 침전된 잉여슬러지 200 m^3/d를 투입할 때 수리학적 부하와 고형물 부하율의 % 증가율을 계산하라. 처리장 평균 유량은 20,000 m^3/d이고 유입부유물 농도는 350 mg/L이다. 잉여슬러지를 투입하지 않을 때의 설계월류속도는 32 $m^3/m^2 \cdot d$이고 체류시간은 2.8시간이다. 부하가 증가함으로써 1차 침전시설의 성능에 영향이 있는지의 여부를 판단하고 그 판단 이유를 설명하라.

5-25 다음의 1차 침전지 설계인자에 관하여 최소한 5개의 참조문헌을 보고 표를 작성하여 데이터를 비교하라. (1) 체류시간(전포기가 있을 때와 없을 때), (2) 예상 BOD 제거율, (3) 예상 SS 제거율, (4) 평균 수평속도, (5) 표면부하율 $m^3/m^2 \cdot d$, (6) 단위길이당 유출웨어 월류속도, (7) 제거되는 유기물 입자의 크기, (8) 장폭비(직사각형탱크), (9) 평균 길이. 이때 사용된 참조문헌의 이름도 함께 적을 것.

5-26 중규모의 하수처리장을 건설 시 원형과 직사각형의 1차 침전지를 비교하고자 한다. 각 형태의 탱크를 평가하고 선택하는 데 고려해야 할 인자는 무엇인가? 각 형태의 장단점을 들고 최소한 세 편 이상의 논문을 인용하라(2000 이후).

5-27 다음과 같은 인자들에 대하여 용존공기부상법과 침전법을 비교 설명하라.

a) 체류시간
b) 표면 부하율
c) 소요동력
d) 효율
e) 각 형태에 대해 가장 좋은 적용처

5-28 다음 표의 세 자료(교과과정에서 선택된)를 사용하여 고형물의 농도를 4%로 농축할 수 있는 용존공기부상 농축 시스템을 설계하라.

		Data set		
		1	2	3
항목	단위	혼합액	침전된 활성화 슬러지	최초 + 활성화 슬러지
고형물 농도	mg/L	2500	7500	10,000
최적 A/S 비율	ratio	0.02	0.03	0.03
온도	°C	20	20	20
표면 부하 속도	$L/m^2 \cdot min$	10	15	8
유속	m^3/d	1200	400	800

5-29 다음 표의 자료는 새로운 산기식 포기 시스템의 성능을 알아내기 위한 실험결과이다. 이를 이용하여 이 실험 탱크에 대한 20°C에서의 K_La의 값을 구하고 평형 용존산소 농도를 구하라. 이 실험은 24°C에서 수돗물을 이용하여 행해졌다.

(계속)

C, mg/L	dC/dt, mg/L· h
1.5	8.4
2.7	7.5
3.9	5.3
4.8	4.9
6.0	4.2
7.0	2.8
8.2	2.0

5-30 문제 5-29에서 사용된 실험탱크의 부피가 100 m^3이고 공기량이 2 m^3/min이라고 할 때, 20℃, 1기압에서의 최대 산소전달효율을 구하라.

5-31 예제 5-15에서 유도된 공식을 사용하여 염소 소독한 유출수의 산소농도를 0에서 4 mg/L로 증가시키는 데 필요한 공기량을 m^3/min로 구하여라. 유출 유량은 20,000 m^3/d이고, 온도는 15℃, 전달효율은 6%라고 가정하라. 25℃에서의 공기요구량은 얼마인가?

5-32 선택적 산기식 포기 장치(alternative diffused-air aeration devices)를 활성슬러지 처리공장에서 4.5 m 정도 잠기게 설치하려고 한다. 생물학적 처리에 필요한 산소요구량은 7000 kg/d이다. 2개 나선형 롤(dual-spiral roll)에 설치한 비다공성 산기관과 비교했을 때, 격자형(grid pattern)에 설치된 세라믹 돔 산기관에서 표준 산소전달률과 이론적 산소요구량을 결정하라. 하수수온은 20℃, α계수는 세라믹 돔 0.64이고 비다공성 산기관 0.75이다.

5-33 문제 5-29의 데이터를 사용하고 겨울철에 하수 온도 10℃에서, 추운 날씨에 운영을 위한 이론적 공기요구량을 결정하라. 여름과 겨울 운영을 할 때 장치의 선택은 어떻게 영향을 주는가?

참고문헌

Adeney, W. E., and H. G. Becker (1919) The Determination of the Rate of Solution of Atmospheric Nitrogen and Oxygen by Water, *Phil. Mag.*, **38**, 317–338.

APHA, WPCF, AWWA (1998) *Standard Methods for the Examination of Water and Wastewater,* 20th Ed.

ASCE (1992) *ASCE Standard—Measurement of Oxygen Transfer in Clean Water,* ANSI/ASCE 2–91, 2d ed., Reston, VA.

ASCE (1997) *ASCE Standard Guidelines for In-Process Oxygen Transfer Testing,* ASCE 18–96, Reston, VA.

Barrett, M. J. (1960) "Aeration Studies of Four Weir Systems," *Water and Wastes Engineering,* **64**, 9, 407–413.

Becker, H. G. (1924) Mechanism of Absorption of Moderately Soluble Gases in Water, *J. Ind. Eng. Chem.,* **16**, 12, 1220.

Camp, T. R. (1946) "Sedimentation and the Design of Settling Tanks," *Trans. ASCE,* **111**, 895–936.

Camp, T. R., and P. C. Stein (1943) "Velocity Gradients and Internal Work in Fluid Motion," *J. Boston Soc. of Civil Eng.,* **30**, 4, 219–237.

Carlson, R. F. (2000) "Static Mixers for Chlorine Flash Mixing: Square and Rectangular Channel Mixers," Presented at the 2000 WEF Specialty Conference Disinfection 2000: Disinfection of Waste in the New Millennium, sponsored by the Water Environment Federation, New Orleans, LA.

Carslaw, H. S., and J. C. Jaeger (1947) *Conduction of Heat in Solids,* Oxford University Press, London.

Chao, J. I., and B. G. Stone (1979) "Initial Mixing by Jet Injection Blending," *J. Environ. Eng. Div., ASCE,* **106**, 10, 570–573.

Chemineer, Inc. (2000) *Notes on Mixing Technology,* Chemineer, Inc., a unit of Robbins & Myers, North Andover, MA.

Coe, H. S., and G. H. Clevenger (1916) "Determining Thickener Unit Areas," *Trans Am Inst. Mech. Eng.,* **55**, 3, 356–385.

Crank, J. (1957) *The Mathematics of Diffusion,* Oxford University Press, London.

Crites, R., and G. Tchobanoglous (1998) *Small and Decentralized Wastewater Management Systems,* McGraw-Hill, New York.

Crittenden, J. C., R. R. Trussell, D.W. Hand, K. J. Howe, and G. Tchobanoglous (2012) *Water Treatment: Principles and Design,* 3rd ed., John Wiley & Sons, Inc., New York.

Danckwertz, P. V. (1951) "Significance of Liquid Film Coefficients in Gas Absorption," *J. Ind. Eng. Chem.,* **43**, 6, 1460–1467.

Davies, J. T. (1972) Turbulence Phenomena, Academic Press, New York.

Degremont (2007) *Water Treatment Handbook,* Vols. I and II, 7th ed. Degremont, Suez, Paris, France.

Dick, R. I., and B. B. Ewing (1967) "Evaluation of Activated Sludge Thickening Theories," *J. San. Eng. Div., ASCE,* **93**, SA4, 9–29.

Dick, R. I., and K. W. Young (1972) "Analysis of Thickening Performance of Final Settling Tanks," Proceedings of the 27th Industrial Waste Conference, Purdue University, Engineering Extension Series 141, Purdue, IN.

Eckenfelder, W. W., Jr. (2000) *Industrial Water Pollution Control,* McGraw-Hill, New York.

Edzwald, J. K., and J. Haarhoff, (2012) *Dissolved Air Flotation For Water Clarification.* McGraw-Hill. New York.

England, S., J. Darby, and G. Tchobanoglous (1994) "Continuous-Backwash Upflow Filtration For Primary Effluent," *Water Environ. Res.,* **66**, 2, 145–152.

Fair, G. M., and J. C. Geyer (1954) *Water Supply and Waste-Water Disposal,* Wiley, New York.

Greeley, S. A. (1938) "Sedimentation and Digestion in the United States," in L. Pearse (ed.) *Modern Sewer Disposal: Anniversary Book of the Federation of Sewage Works Associations,* Lancaster Press, Inc., New York.

Han, M., and D. F. Lawler (1992) "The (Relative) Insignificance of *G* in Flocculation," *J. AWWA,* **84**, 10, 79–91.

Higbie, R. (1935) "The Rate of Absorption of Pure Gas into a Still Liquid during Short Periods of Exposure," *Trans. Am. Inst. of Chem. Engrs.,* **31**, 365–389.

Jauregi, P., and J. Varley (1999) "Colloidal Gas Aphrons: Potential Applications in Biotechnology," *Trends Biotechnol.,* **17**, 10, 389–395.

Keinath, T. M. (1985) "Operational Dynamics and Control of Secondary Clarifiers," *J. WPCF,* **57**, 7, 770–776.

Kolmogoroff, A. N. (1941) "Dissipation of Energy in the Locally Isotropic Turbulence," *C.R. Acad. Sci., URSS,* **30**, 301–305; **32**,16–18.

Lewis, W. K., and W. C. Whitman (1924) "Principles of Gas Adsorption," *Ind. Eng. Chem.,* **16**, 1215–1221.

Logan, B. E. (2012) *Environmental Transport Processes,* 2nd ed., Wiley, New York.

Masschelein, W. J. (1992) *Unit Processes in Drinking Water,* Marcel Dekker, New York.

Matsumoto, M. R., T. M. Galeziewski, G. Tchobanoglous, and D. S. Ross (1980) "Pulsed Bed Filtration of Primary Effluent," *Proceedings of the Research Symposium, 53rd Annual Water Pollution Control Federation Conference,* 1–21, Las Vegas, NV.

Matsumoto, M. R., T. M. Galeziewski, G. Tchobanoglous, and D. S. Ross (1982) "Filtration of Primary Effluent," *J. WPCF,* **54**, 12, 1581–1591.

McGhee, T. J. (1991) *Water Supply and Sewerage,* 6th ed., McGraw-Hill, New York.

Metcalf & Eddy, Inc. (1981) Wastewater Engineering: Collection and Pumping of Wastewater, McGraw-Hill, New York.

Morrill, A. B. (1932) "Sedimentation Basin Research and Design," *J. AWWA,* **24**, 9, 1442–1458.

Pankow, J. F. (1991) Aquatic Chemistry Concepts, Lewis Publishers, Chelsea, MI.

Pratte, R. D., and W. D. Baines (1967) "Profiles of the Round Turbulent Jet in a Cross Flow," *J. Hyd. Div., ASCE, HY6,* **93**, 11, 53–64.

Qasim, S. (1999) *Wastewater Treatment Plants, Planning, Design, and Operation,* 2d ed., Technomic Publishing Co., Lancaster, PA.

Randall, C. W., J. L. Barnard, and H. D. Stensel (1992) *Design and Retrofit of Wastewater Treatme[nt] Plants for Biological Nutrient Removal,* Technomic Publishing Co., Lancaster, PA.

Rosso, D., S. E. Lothman, M. K. Jeung, P. Pitt, W. J. Geller, A. L. Stone, and D. Howard (2011) "Oxygen Transfer and Uptake, Nutrient Removal, And Energy Footprint of Parallel Full-Scale IFAS and Activated Sludge Processes," *Water Res.,* **45**, 18, 5987–5996.

Rushton, J. H. (1952) "Mixing of Liquids in Chemical Processing," *Ind. Eng. Chem.,* **44**, 2, 2931–2936.

Sawey, R. (1998) "Physical-Chemical Processes Make Treatment of Peak Flows Affordable," *Wate[r] Environ. Technol.,* **10**, 9, 42–46.

Schwarzenbach, R. P., P. M. Gschwend, and D. M. Imboden (1993) *Environmental Organic Chemistry,* Wiley, New York.

Sebba, F. (1987) Foams and Biliquid Foams-Aphrons, John Wiley & Sons, New York.

Shields, A. (1936) Application of Similitude Mechanics and Turbulence Research to Bed-Load Movement, Mitt. der Pruess, Versuchsanstalt für Wasserbau und Schiffbau, No. 26, Berlin.

Speece, R. E., and G. Tchobanoglous (1990) "Commercial Oxygen Utilization in Water Quality Management," *Water Environ. Technol.,* **2**, 7.

Talmadge, W. P., and E. B. Fitch (1955) "Determining Thickener Unit Areas," *Ind. Eng. Chem.,* **47**, 1, 38–41.

Tchobanoglous, G., and E. D. Schroeder (1985) *Water Quality: Characteristics, Modeling, Modification,* Addison-Wesley Publishing Company, Reading, MA.

Thibodeaux, L. J. (1996) *Chemodynamics: Environmental Movement of Chemicals in Air, Water, and Soil,* 2nd ed., Wiley, New York.

U.S. EPA (1974) *Oxygen Activated Sludge in Wastewater Treatment Systems: Design Criteria and Operating Experience,* Office of Technology Transfer, U.S. Environmental Protection Agency, Cincinnati, OH.

U.S. EPA (1989) *Design Manual Fine Pore Aeration Systems,* EPA/625/1-89/023, U.S. Environmental Protection Agency, Cincinnati, OH.

U.S. EPA. (2004) *Paint Filter Liquids Test,* SW-846 Method 9095B, Update IIIB, Revision, U.S. Environmental Protection Agency, Washington, DC.

Wahlberg, E. J., and T. M. Keinath (1988) "Development of Settling Flux Curves Using SVI," *J. WPCF,* **60**, 12, 2095–2100.

WEF (1994) Preliminary Treatment for Wastewater Facilities, WEF Manual of Practice OM-2, Water Environment Federation, Alexandria, VA.

WEF (1998a) *Design of Municipal Wastewater Treatment Plants,* vol. 1: Chaps. 1–8, WEF Manual of Practice No. 8, ASCE Manual and Report on Engineering Practice No. 76, Water Environment Federation, Alexandria, VA.

WEF (1998b) *Design of Municipal Wastewater Treatment Plants,* vol. 2: Chaps. 9–16, WEF Manual of Practice No. 8, ASCE Manual and Report on Engineering Practice No. 76, Water Environment Federation, Alexandria, VA.

WEF (1998c) *Design of Wastewater Treatment Plants,* 4th ed., vol. 3, Chaps. 17–24, WEF Manual of Practice No. 8, ASCE Manual and Report on Engineering Practice No. 76, Water Environment Federation, Alexandria, VA.

WEF (2009) *Design of Wastewater Treatment Plants,* 5th ed., vol. 2, Chaps. 11–19, WEF Manual of Practice No. 8, ASCE Manual and Report on Engineering Practice No. 76, Water Environment Federation, Alexandria, VA.

Wilson, G., G. Tchobanoglous and J. Griffiths (2007) *The Grit Book: Understanding Wastewater Grit,* EUTEK Systems Inc., Hillsboro, OR.

Wong, T. H. F. (1997) "Continuous Deflection Separation: Its Mechanism and Applications," *Proceedings of WEFTEC '97,* vol. 2, 703–714, Chicago, IL.

WPCF (1985) *Clarifier Design, WPCF Manual of Practice FD-10,* Water Pollution Control Federation, Alexandria, VA.

WPCF (1988) *Aeration, Manual of Practice FD-13,* Water Pollution Control Federation, Alexandria, VA.

Yoshika, N., Y. Hotta, S. Tanaka, S. Naito, and S. Tsugami (1957) "Continuous Thickening of Homogeneous Flocculated Slurries," *Soc. Chem. Eng. Japan,* **2**, 66–75.

WASTEWATER ENGINEERING Treatment and Resource Recovery

06 화학적 단위공정

Chemical Unit Processes

용어정의

용어	정의
흡수(absorption)	원자, 이온, 분자 및 성분들이 다른 상(phase)으로 이동해서 균일하게 분포되는 과정
활성탄(activated carbon)	수중 미량 물질과 대기 중 오염물질 제거를 위한 흡착 공정에 널리 사용되는 재료. 유기물을 고온 열분해를 통해 탄화한 후 증기를 이용한 고온에서 물질 전달에 적합하게 활성화함.
흡착(adsorption)	원자, 이온, 분자 및 기타성분이 하나의 상에서 이동되어 다른 상의 표면에 축적되는 공정. 물질들은 다수의 물리적 인력과 화학적 결합력으로 인해 고체 표면에 축적된다.
흡착질(adsorbate)	흡착제의 표면에 축적된 액체 혹은 기체 상태의 화합물
흡착제(adsorbent)	흡착현상이 일어나는(흡착을 하는) 고체 물질
고도산화 (advanced oxidation)	수중의 유기물질의 분해를 위한 방법으로 수산화라디칼(HO·)에 의존하는 화학적 산화 공정. 오존, 과산화수소 및 자외선을 결합하여 수산화라디칼을 생성할 수 있는 공정.
탈착(desorption)	흡착제로부터 기체 상태로의 방출 혹은 흡착된 화합물의 방출.
전위(electrical potential)	산화-환원 반응에서 전자 교환을 위한 구동력
흡착계수 (extinction coefficient)	에너지를 흡수하는 용존물질을 함유한 수중에서 조사된 자외선의 감소량. 흡광계수는 물질량흡수도라고도 함.
가스탈기(gas stripping)	액상으로부터 휘발성 성분의 제거를 위한 공정. 예로서 공기를 이용한 수중에서의 암모니아의 제거.
이온교환(ion exchange)	용존 이온 성분들이 고체상의 다른 이온 성분들과 대체되는 원리를 이용한 수중 용존성 이온 물질의 제거 공정
등온식(isotherm)	주어진 온도에서 흡착평형농도와 특정 성분의 흡착량과의 관계를 나타내는 수학적 함수

용어	정의
무기화(mineralization)	생물화학적 산화-환원 반응과 연관되어 유기물질을 이산화탄소, 물, 무기산 등으로 전환시키는 완전산화
자연유기물질(natural organic matter, NOM)	수중에서 생물학적으로 유래한 유기성분 복합체. TOC로 정량화함.
산화반응(oxidation reactions)	전자의 소실을 포함하는 산화-환원 반응의 구성 요소
광분해(photolysis)	양자를 방출하는 자외선을 이용하여 이를 흡수하여 반응하는 추적 유기물질의 처리에 적용되는 공정
양자수율(quantum yield)	양자 흡수를 통한 광분해 반응 시의 화합물과 파장에 대한 빈도를 묘사하는 양
반응억제(quenching)	화학 반응을 중지하기 위한 물리화학적 방법의 적용
산화환원반응 (redox reaction)	환원과 산화 반응의 결합으로 인해 발생되는 전반적 반응
환원반응 (reduction reactions)	전자의 획득을 포함하는 산화-환원 반응의 구성 요소
재활성화(reactivation)	흡착제로부터 탈착과 연소에 따른 흡착능의 회복
재생(regeneration)	흡착능의 부분적 회복을 위한 흡착제로부터의 특정 성분의 탈착
역삼투(reverse osmosis, RO)	압력구동의 반투과막을 이용하여 선택적 확산에 의한 용존물질의 배제
포집제, 스캐빈저 (scavengers)	고도산화공정에서 산화제와 라디칼 성분과 우선적으로 반응하여 특정 화합물의 분해속도와 처리 효율을 감소시키는 물질
분리공정 (separation processes)	수중에서 입자 성분의 분리를 위한 물리화학적 물질전달공정. 분리된 입자성분은 별도의 관리처분을 위해 농축된다
합성유기화합물 (synthetic organic compounds, SOCs)	산업 공정에서 광범위하게 사용되고 다양한 공산품 소비재에 포함되어 있는 합성 유기물. SOCs의 독성과 미지의 영향으로 인해 음용수나 재생된 물에서 관심사가 되고 있음.
미량성분 (trace constituent)	미처리 폐수에서 저농도로 존재하는 다양한 성분들. 재래적인 2차 처리에 의해 잘 제거되지 않으며 처리수와 수환경에서 발견된다. 재생 용도와 수준에 따른 제거와 알려진 독성으로 인해 관심사가 되고 있다
수용액성상 (water matrix)	물의 물리적, 화학적, 생물학적 성상

하수처리에 있어서 화학적 반응을 이용하거나 화학반응을 통하여 변화를 유도하는 공정을 **화학적 단위공정**이라 한다. 하수처리 분야에서 화학적 단위공정은 일반적으로 특정 처리목표를 달성하기 위하여 5장에서 설명하는 물리적 단위공정과 7장 ~ 10장에서 설명하고 있는 생물학적 단위공정과 연계되어 사용된다. 본 장의 목적은 (1) 하수처리에서 화학적 단위공정의 역할, (2) 화학적 응집의 기초, (3) 하수처리시설의 효율 향상을 위하여 다양한 화학약품을 추가하는 경우 발생하는 침전반응, (4) 하수 중의 인 침전과 관련된 화학반응, (5) 암모니아성 질소와 인의 침전, (6) 중금속과 용해성 무기물질의 침전, (7) 화학적 산화, (8) 고도산화, (9) 광분해, (10) 화학적 중화, 스케일 제어, 안정화, (11) 화학약품의 저장, 투입, 수송 및 제어 등을 다룬다. 간혹 화학적 단위공정으로 구분되는, 정확하게 하면 물리적 분리 공정으로 구분되어야 하는 이온교환과 흡착은 11장에서 다루어진다. 매우 중요하고 널리 사용되는 화학적 소독은 12장에서 분리되어 다루어질 것이다.

6-1 하수처리에서 화학적 단위공정의 역할

하수처리에 이용되는 중요한 화학적 단위공정은 (1) 화학적 응집, (2) 화학적 침전, (3) 화학적 산화, (4) 고도산화, (5) 광분해, (6) 화학적 중화, 스케일 제어와 안정화이다. 이들 공정의 적용과 한계는 다음과 같다.

》 화학적 단위공정의 적용

하수의 관리와 처리를 위한 화학적 단위공정의 적용을 표 6-1에 나타내었다. 다양한 물리적 조작과 연계하여 화학적 단위공정(물리화학적 처리공정을 포함)은 원수의 완벽한 처리를 위하여 그리고 어떤 경우에는 2차 처리 유출수의 고도처리를 위하여 개발되어 왔다(그림 6-1 참조). 오늘날 하수처리에서 가장 중요한 화학적 단위공정의 적용은 (1) 하수의 소독, (2) 인의 제거, (3) 입자성 물질의 응집, (4) pH 조절, 중화 및 알칼리도 보충 그리고 (5) 냉방 장치의 냉각수 등 물의 재이용에 있어서 중요한 안정화 및 조절이다. 그러나 음용수로의 사용을 위한 미량오염물질의 제거에 대한 요구는 고도산화와 광분해 공정의 빠른 개발과 완성을 필요로 하고 있다. 또한 하수중의 에너지와 농업적 영양염류의 회수를 위한 화학적 단위공정의 기술개발이 진행되고 있다.

》 화학적 단위공정의 적용 시 고려사항

물리적 단위공정과 비교할 때 화학적 단위공정이 지니는 본질적인 단점 중의 하나는 첨가공정(즉, 다른 어떤 물질을 제거하기 위하여 하수에 또다른 어떤 성분을 첨가하는 것)이라는 것이다. 이로 인해 일반적으로 특정 용존성분이 증가한다. 예를 들면 입자성 침전의 제거효율을 높이기 위하여 화학약품을 추가하면, 하수의 총 용존고형물질(total dissolved solids, TDS)의 농도는 항상 증가된다. 특정 화학약품 사용에 의해 유출과정에서 알루미늄 또는 철의 농도나 고체 성분이 증가한다. 이와 유사하게 염소를 하수에 첨가하였을 때 유출수의 TDS는 증가하고 소독 부산물이 생성될 수 있다. 만약 처리수를 재이용하거나 특정 성분이 배출제한을 초과할 경우, 용존성분의 증가는 중요한 요소가 된다. 이러한 증가 양상은 하수로부터 하수성분을 제거함으로써 감소공정으로 표현되는 물리적 단위 조작과 생물학적 단위공정에 비교되는 것이다. 화학적 침전공정의 중요한 단점은 처리와 함께 생성되는 많은 양의 슬러지를 적절히 취급하고, 처리하고, 처분해야 하는 것이다. 화학적 단위공정의 또 다른 단점은 대부분의 화학약품의 사용은 에너지 비용과 연관된다는 것이다. 이로 인해, 전체 하수처리공정에서의 화학약품의 사용은 탄소 배출량에 영향을 미친다. 왜냐하면 화학약품의 이동과 생산에서 에너지 주입이 필요하기 때문이다. 화학약품 사용에 의한 탄소 배출량과 전체적인 공정의 지속 가능성에 미치는 화학약품 사용에 의한 영향은 16장에서 다루어진다. 어떤 경우에는, 영양염류와 특정 성분의 낮은 방류 기준을 충족시키기 위해서는 화학약품의 첨가는 불가피할 것이다.

표 6-1
하수처리에서 화학적 단위공정의 적용

공정	적용	찾아볼 절이나 장
고도산화공정	난분해성 유기화합물의 제거	6-8
화학적 응집	하수에서 perikinetic(주변운동에 의한) 응결과 orthokinetic(정형운동에 의한) 응결하는 동안 뭉침을 유도하기 위한 입자의 화학적 불안정화	6-2
화학적 소독	염소, 염소화합물, 브롬과 오존을 이용한 소독	12장
	하수관 생물막의 성장 제어	12장
	냄새 제어	16장
화학적 중화	pH 제어	6-10
화학적 산화	BOD, 그리스 등의 제어	6-7
	암모니아성 질소(NH_4^+-N)의 제거	6-7
	미생물의 파괴	12장
	하수관, 펌프장 및 처리장의 냄새 제어	16장
	난분해성 유기화합물의 제거	6-7, 6-8, 6-9
화학적 침전	1차 침전지에서 총 부유고형물과 BOD 제거의 향상(일차 처리의 화학적 강화, CEPT)	6-3
	인의 제거	6-4, 6-5
	암모니아성 질소의 제거	6-5
	중금속의 제거	6-6
	물리-화학적 처리	6-3
	하수관의 H_2S에 의한 부식 제어	6-7
화학적 스케일 제어	탄산칼슘과 관련된 화합물에 의한 스케일 제어	6-10
화학적 안정화	처리 방류수의 안정화	6-10
이온 교환	암모니아성 질소(NH_4^+), 중금속, 총 용존고형물의 제거	11장
	유기화합물의 제거	11장

6-2 화학적 응집의 기초

하수에서 발견되는 전형적인 콜로이드 입자들은 음의 표면전하를 갖는다. 콜로이드의 크기(약 0.001～1 μm) 때문에 입자 사이에 인력이 전기적 반발력에 비해 상당히 작게 된다. 안정된 상태에서, 브라운 운동(Brownian motion)은 입자를 부유(suspension)상태로 유지하도록 한다. 브라운 운동(즉, 불규칙 이동)은 입자 사이를 둘러싸고 있는 상대적으로 작은 물 분자에 의한 콜로이드 입자의 불규칙적 열적 충돌로 인하여 발생한다. 응집은 입자의 충돌 결과에 의하여 입자가 증가함에 따라 콜로이드 입자가 불안정화되어가는 과정이다. 화학적 응집과정의 이론은 이 교재의 범위를 벗어난다. 응집과 화학적 침전과정을 설명하는 이 교재와 다른 교재에 이용되는 단순한 반응들은 단순화시킨 것일 뿐, 언급한대로 일어나지는 않는다.

응집반응들은 흔히 불완전하며, 계절별 혹은 하루별로 변화하는 물의 성상에 따라 다른 물질들과 많은 부수적인 반응들이 일어나게 된다. 화학적 응집이라는 주제를 도입

그림 6-1
역삼투막을 이용한 하수의 고도처리를 위한 전처리단계로서 2차 처리시설 뒤에 석회(lime) 침전시설을 사용한다. 석회의 저장은 보이는 건물 뒤에 있는 저장고에 있으며, 건물 안에는 석회 혼합시설과 역삼투막 시설이 있다. 전면의 석회 침전 시설의 오른쪽에 입자상 여과지가 보인다.

하기 위하여 본 단원에서는 다음과 같은 주제로 설명할 수 있다: (1) 응집과 응결의 기본 정의, (2) 하수 중의 입자의 성질, (3) 표면전하의 발생과 측정, (4) 입자간 상호반응들에 대한 고찰, (5) 전위 결정이온과 전해질에 따른 입자의 불안정화, (6) 고분자 전해질에 따른 입자의 불안정화와 뭉침(aggregation), (7) 수산화금속이온에 따른 입자의 불안정화와 제거. 아래와 같이 설명은 응집과정에 관련된 현상의 본질과 과정을 설명하고자 한다.

》 기본 정의

본 교재에서 사용되는 **화학적 응집**은 입자의 화학적 불안정화와 perikinetic 응결(입자의 크기가 0.001에서 1 μm로 뭉침)을 통한 큰 입자의 형성에 관여하는 모든 반응과 메커니즘을 포함한다. 응집제와 응결제는 응집과 관련된 문헌에서 보게 되는 용어이다. 일반적으로 응집제는 하수의 콜로이드 입자를 불안정화시켜 플럭을 형성하도록 하기 위하여 첨가되는 화학제이다. 응결제는 응결과정을 향상시키기 위한 화학제로서, 통상적으로는 유기화합물이다. 일반적인 응결제에는 천연 합성 유기성 폴리머, alum이나 염화 제2철과 같은 금속염, PACl (polyaluminum chloride)와 PICl (polyiron chloride) 그리고 Poly-DADMAC (polydiallyldimethylammonium chloride) 같은 가수분해된 금속염이 포함된다. 특히, 응결제인 유기성 폴리머는 입상여재 여과기의 성능 향상과 소화된 생물학적 고형물을 탈수하는 데 사용된다. 이들을 이용하는 데 있어 응결제는 종종 여과보조제로 취급되고 있다. 주목할 점은, 벤토나이트 같은 무기물질은 산업적인 적용으로써 여과 시스템의 성능 향상을 위해 사용되고 있다.

응결이라는 용어는 입자 충돌의 결과로 입자의 크기가 증가하는 과정을 설명하기 위해 사용된다. 5장에서 언급하였듯이 응결에는 2가지 형태가 있다: (1) **미세응결**(*perikinetic* 응결)로서 브라운 운동으로 알려진 유체의 불규칙한 열 운동에 의한 입자의 뭉침,

그리고 (2) 거대응결(*orthokinetic* 응결)로서 응결하고자 하는 입자를 포함한 유체에서 속도 기울기와 혼합에 의해 일어나는 입자의 뭉침이다. 거대응결의 또 다른 형태는 큰 입자가 작은 입자를 따라 잡아 더욱 큰 입자를 형성하는 침전속도의 차이에 의해 발생된다. 응결의 목적은 뭉침에 의해 중력 침전과 여과 같은 비용이 많이 들지 않는 입자 분리법에 의해 제거될 수 있는 입자를 형성하는 것이다. 5장에서 언급하였지만, 거대응결은 브라운 운동과 완속 교반을 통한 접촉으로 콜로이드 입자의 크기가 1에서 10 μm에 도달할 때까지는 비효과적이다.

》 하수내 입자의 특징

실용적인 목적으로 하수내 입자들은 부유성과 콜로이드성으로 분류된다. 실질적으로 중력침전에 의해 제거되는 입자들은 침전시설의 설계에 의하여 결정되어지므로 콜로이드와 부유입자의 구분은 무의미하다. 콜로이드 입자들은 적당한 시간 동안 침전에 의하여 제거되기 어려우므로 화학적 방법(즉, 화학적 응집제와 응결보조제를 사용)이 이러한 입자들의 제거를 돕도록 사용된다.

콜로이드 입자의 제거를 유도하는 화학적 응집제와 응결보조제의 역할을 이해하기 위하여, 하수에 존재하는 콜로이드 입자의 특성을 이해하는 것이 중요하다. 하수에서 콜로이드 입자의 특성에 영향을 주는 요소는 (1) 입자의 크기와 수, (2) 입자의 형태와 유연성(flexibility), (3) 전기적 특성을 포함한 표면 특성, (4) 입자간 상호작용, (5) 입자–용매의 상호반응이다(shaw, 1966). 입자의 크기, 입자의 형태와 유연성 그리고 입자–용매의 상호반응은 아래에서 설명된다. 이들의 중요성으로 인해 표면전하의 발생과 측정, 입자간 상호작용은 분리해서 설명하고자 한다.

입자의 크기와 수. 본 교재에서 고려되는 콜로이드 입자의 크기는 0.01~1.0 μm의 범위이다. 2장에서 언급하였지만, 몇몇 연구자들은 0.001~1 μm까지 넓은 범위를 콜로이드 입자로 분류하기도 한다. 원수와 1차 침전 후의 콜로이드 입자의 수는 10^6~10^{12}/mL이다. 콜로이드 입자의 수는 처리시설의 시료 채취 위치에 따라 변화한다. 후에 설명하겠지만, 입자의 수는 입자의 제거를 위해 사용되는 방법에 관련하여 매우 중요하다.

입자의 형태와 유연성. 하수내 입자의 형태는 구형, 반구형, 다양한 형태의 타원형(예, 장형, 편원), *E. coli*같이 다양한 길이와 직경을 가진 막대형, 원반과 유사 원반형, 다양한 길이의 실형, 불규칙한 코일형 등이 있다. 큰 유기성 분자들은 납작하고, 꼬이지 않고 혹은 또는 거의 선형과 같이 코일의 형태로 발견된다. 몇 개의 큰 플럭 입자의 형태는 차원분열도형으로 표현된다. 입자의 형태는 평가하고자 하는 처리공정 내에서의 위치에 따라 달라진다. 입자의 형태는 전기적 성질, 입자간 상호작용, 입자–용매의 상호작용에 영향을 미친다. 하수 내에서 다양한 형태의 입자들이 충돌함으로 인해 입자간 상호작용의 이론적 처리는 대략적으로 근사값이다.

입자–용매 상호작용. 액체상태에서 콜로이드 입자는 3가지 형태가 있는데, 소수성("물을 싫어하는"), 친수성("물을 좋아하는")과 복합 콜로이드(association colloids)이다. 처음의 두 형태는 물에 대한 입자 표면의 인력에 기반을 둔 것이다. 소수성의 입자는 물에 대하여 상대적으로 작은 인력을 가지는 데 반하여, 친수성의 입자는 물에 대해 강한 인력을 갖는다. 그렇지만, 소수성 입자라고 하더라도 물과 어느 정도 상호작용할 수 있다는 점에 유의해야 한다. 몇몇 물 분자들은 전형적인 소수성 표면에 흡착되지만, 물과 친수성 콜로이드들의 반응은 보다 큰 범위에서 일어난다. 콜로이드 복합체로 알려진 콜로이드의 세 번째 형태는 일반적으로 비누, 합성세제와 같은 계면활성제와 교질입자로 알려진 조직화한 덩어리를 형성하는 염료로 구성된다.

》 표면전하의 형성과 측정

콜로이드의 안정성에 대한 중요한 인자는 표면전하의 존재이다. 표면전하는, 매체(여기서는 하수)의 화학적 구성과 콜로이드의 본성에 따라 여러 가지 다른 경로를 통해 형성된다. 표면전하는 일반적으로 아래에 정의되어 있는 (1) 이종동형 치환(isomorphous replacement), (2) 구조적 결함, (3) 선택적 흡착, (4) 이온화를 통해 형성된다. 전하가 어떻게 형성되던 간에 쉽게 침전될 수 있을 만큼 충분한 질량을 가진 큰 입자로 응결되기 위해서 안정성을 높여주는 표면전하는 극복되어야 한다.

이종동형 치환. 점토와 다른 토양 입자들에서 일어나는 이종동형 치환을 통하여 전하가 형성되며, 이때 격자구조 내의 이온들은 용액으로부터의 이온(예를 들면, Si^{4+}가 Al^{3+}로 치환)들과 치환된다.

구조적인 결함. 결정 가장자리의 깨진 결합과 결정 형성에 있어서 결함으로 인해 점토와 유사한 입자들에서 전하형성이 일어날 수 있다.

선택적 흡착. 기름 방울, 가스 기포나 다른 화학적으로 비활성 물질들은 물에 분산되면, 음이온의(특히 수산화이온) 선택적 흡착을 통하여 음전하를 얻게 된다.

이온화. 단백질이나 미생물 등과 같은 물질의 경우에는 카르복실기와 아미노계의 이온화를 통하여 표면전하를 얻게 된다(Shaw, 1966). 이 이온화는 다음과 같이 나타낼 수 있는데, 여기서 R은 고형물 본체를 의미한다(Fair et al., 1968).

$$\underset{\text{높은 pH}}{R_{NH_2}^{COO^-}} \qquad \underset{\text{등전점}}{R_{NH_3^+}^{COO^-}} \qquad \underset{\text{낮은 pH}}{R_{NH_3^+}^{COOH}} \tag{6-1}$$

전기 이중층. 콜로이드나 입자 표면이 전하를 띠게 되면, 반대이온으로 알려진 반대 전하의 이온들이 그림 6-2에서와 같이 표면에 달라붙게 된다. 이러한 이온들은 열역학적 교란을 극복할 만큼 큰 정전기와 van der Waals 힘에 의해 입자에 붙어 있게 된다. 그림 6-2에서 설명되었듯이 이온 고정층 주위에 이온 확산층이 있고, 이것은 열역학적인 교란에 의하여 조밀한 이중층을 형성하는 것을 방해하게 된다. 이 전기적 이중층은 전위가 ψ_o에서 ψ_s로 떨어지는 조밀층(Stern)과 액체 용액에서 전위가 ψ_s에서 0으로 떨어지는 확산층으로 구성된다.

표면전위의 측정. 만약 입자를 전해질 용액에 넣고 용액에 전류를 통하게 하면 표면전하에 따라 입자는 어느 한쪽 전극으로 끌려가게 되는데, 이때 입자 주위의 이온들도 함께 끌려간다. 입자를 따라 같이 움직이는 이온들의 표면(전단표면)에서의 전위를 제타전위(Zeta Potential)라고 하며 이따금씩 하수처리 운전 중에 측정된다. 그러나 이론적으로 제타전위란 그림 6-2에서 보여주는 바와 같이 입자에 붙은 이온의 고정층을 포함하는 표면에서 측정된 전위에 해당한다. 제타전위는 용액 구성성분의 성질에 따라 변화함으로 인해 측정된 제타전위 값의 이용은 한계가 있다.

≫ 입자간 상호작용

입자간 상호작용은 브라운 운동을 통하여 응집을 유도하기 때문에 매우 중요하다. 입자간 상호작용을 묘사하기 위해 개발된 이론은 2개의 전하된 평면판과 2개의 전하된 구형 사이의 상호작용에 기초하고 있다(Deryagin and Landau, 1941; Verwey and Overbeek, 1948). 이와 같은 현상은 하수처리에서 나타나지 않기 때문에 2개의 평면판을 설명의 목적으로 이용할 예정이다. 두 개의 판 사이의 관계는 그림 6-3에 설명되어 있다. 그림 6-3에서 보여주듯이, 작용하는 2개의 중요한 힘은 전하된 판의 전기적 성질로 인한 반발력과 인력을 형성하는 van der Waals 힘이다. 인력인 van der Waals 힘은 서로 어느 정도 가까이 놓이기 전까지는 작용하지 않는다는 것을 유의해야 한다.

그림 6-3에서 실선으로 표시되어 있는 합성력은 반발력과 인력 간의 차이이다. 반발력에 대한 2개의 조건은 그림 6-3에 설명되어 있다. 조건 1에서 나타내었듯이 인력은 가깝고 먼 거리에서 우세하다. 조건 1에서 합성력 곡선은 2개의 판으로 표현된 입자들이 van der Waals 힘에 의해 서로 붙어있기 위해서 극복해야만 하는 최대반발력을 포함하고 있다. 조건 2에서는 극복해야 할 에너지 장벽이 없다. 분명하게 콜로이드 입자들이 미세응결에 의해 제거된다면, 반발력은 감소된다. 조건 2에서 합성력 곡선이 보여주듯이 플럭(floc) 입자들은 먼 거리에서도 형성은 되지만 입자간 순 인력은 약하고 형성된 플럭 입자들은 쉽게 파열된다.

전위를 결정하는 이온과 전해질을 이용한 입자의 불안정화. 미세응결을 통한 입자응집을 형성하기 위해서는 입자 전하를 감소시키거나 이 전하의 영향을 극복해야만 한다. 전하의 영향은 (1) 표면전하를 줄이기 위하여 콜로이드 표면에 흡수되거나 반응할 수 있는 전위 결정 이온(potential-determining ion)을 투입, (2) 확산층의 두께를 줄임으로써 제타전위를 감소시키는 전해질 투입을 통하여 극복할 수 있다.

전위 결정 이온(potential-determining ion)의 이용. 응집을 촉진하기 위한 전위 결정 이온의 투입은 응집이 일어날 수 있도록 금속산화물이나 수산화물의 전하를 거의 0으로 감소시키기 위해 강산이나 강염기를 투입하는 것이다. 전하된 입자를 가지고 있는 용액에서 전위 결정 이온을 투입한 효과는 그림 6-4에서 나타내었다. 이 효과의 크기는 투입되는 전위 결정 이온의 농도에 따라 변화한다. Shultz-Hardy 규칙으로 알려진 다음 비율이 전위 결정 이온이나 반대이온의 효과를 설명하는 데 이용된다.

그림 6-2

전기 이중층의 Stern모델 (Shaw, 1966)

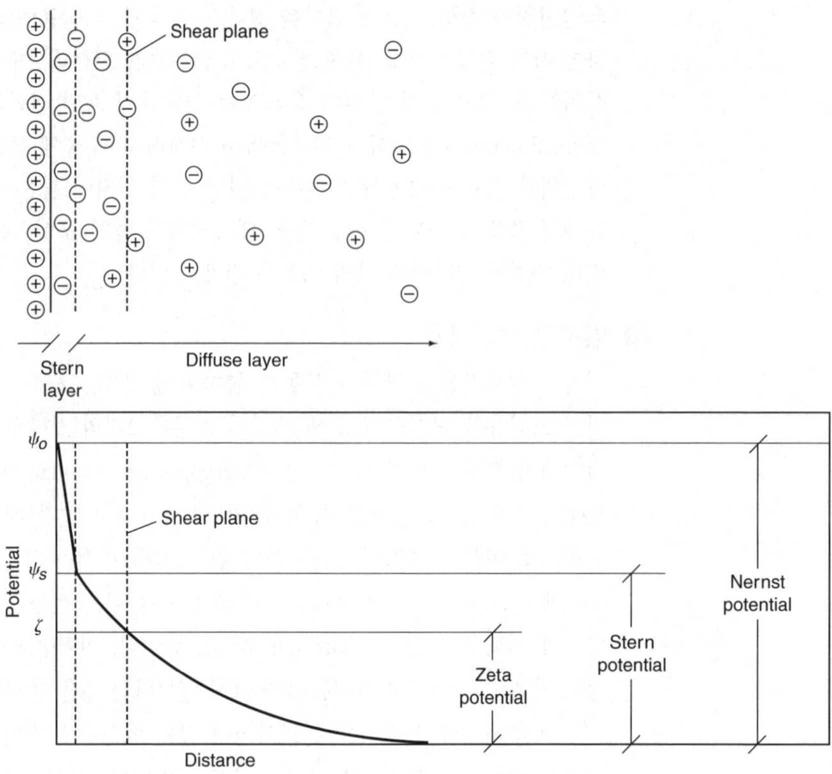

그림 6-3

입자 표면전하에 의한 반발력과 van der Waals 힘에 의한 인력에 기초한 입자간 상호작용에 대한 개념도. N = 농도, Z = 전하

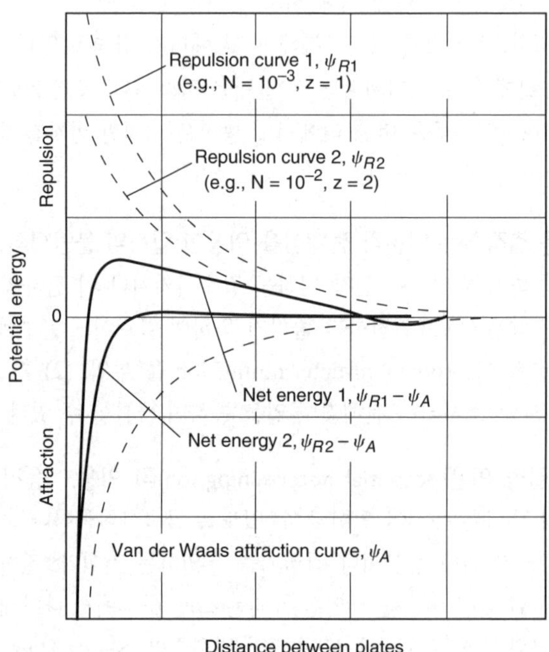

$$1:\frac{1}{2^6}:\frac{1}{3^6} \text{ 혹은 } 100:1.6:0.13 \tag{6-2}$$

투입된 반대이온의 농도와 성질에 따라 이중층의 전하가 역전되어 새로운 안정된 입자가 형성될 수 있음을 유의하는 것이 중요하다.

전하된 입자를 가지고 있는 용액에 반대이온을 투입한 효과는 그림 6-5에 나타내었다. 그림 6-5의 윗부분은 투입된 반대이온의 농도에 대한 함수로서 입자의 표면전하를 표현하고 있다. kT로 표시된 선은 입자의 열역학적 운동에너지 곡선을 의미한다. 하단부의 그림은 입자의 불안정화로 미세응결이 발생하고 이로 인한 침전을 통해 제거된 탁도의 결과를 나타내고 있다. 그림에서와 같이 양 혹은 음의 표면전하가 입자의 열역학적 에너지보다 클 때에는 입자들의 응결이 일어나지 않으며 원상태의 탁도를 나타내고 있다.

반대이온의 사용에 대한 추가적인 상세한 설명은 Shaw(1966)의 책에서 볼 수 있다. 전위 결정 이온의 사용은 상수처리나 하수처리에서는 타당하지 않는데, 그 이유는 미세응결을 위해 충분한 전기적 이중층을 압축하기 위해서는 많은 농도의 이온을 투입해야만 하기 때문이다.

전해질의 이용. 콜로이드상 부유물을 응집하기 위하여 전해질이 투입될 수 있다. 주어진 전해질의 농도가 증가하면 그림 6-3과 그림 6-4의 조건 2에서 설명되었듯이 제타전위가 감소하게 되고 이에 상응하는 반발력이 감소한다. 콜로이드상 부유물의 불안정화에 필요한 전해질의 농도는 임계 응집 농도(*critical coagulation concentration*, CCC)로 알려져 있다. 중성 전해질 농도의 증가는 콜로이드 입자들의 재안정화를 일으키지 않는다.

그림 6-4

전하된 콜로이드 입자를 포함하고 있는 용액에 반대이온과 전해질을 투입함으로써 나타나게 되는 영향에 대한 개념도

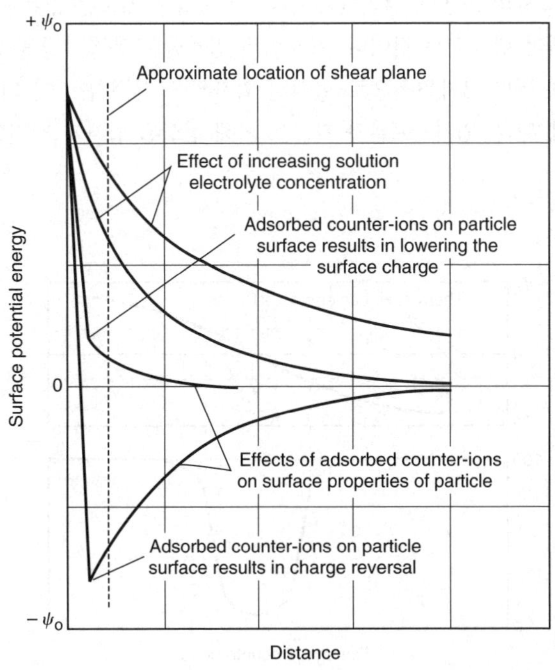

전위 결정 이온을 투입하는 경우와 마찬가지로 하수처리에서 전해질의 사용은 타당치 않다. 계속해서 설명하겠지만, 입자 전하의 변화는 하수의 pH를 조절하여 응집제에 사용된 수화된 금속이온의 효능을 최대화시키기 위하여 화학약품이 첨가되었을 때 일어난다.

❯❯ 고분자 전해질을 사용한 입자의 불안정화와 응집

고분자 전해질은 천연과 합성의 두 가지로 분류할 수 있다. 중요한 천연 고분자 전해질은 생물로부터 얻어지거나 셀룰로오스(cellulose)와 alginates와 같은 전분 생성물(starch products)로부터 얻어지는 것이 있다. 합성 고분자 전해질은 높은 분자량을 가진 물질로 합성되는 간단한 단량체(monomer)들로 구성되어 있다. 고분자 전해질이 물속에 있을 때 그 전하가 음이면 음이온(anionic), 양이면 양이온(cationic), 중성이면 비이온계(nonionic)로 구분된다. 고분자 전해질의 작용은 다음과 같이 3종류로 나눌 수 있다.

전하중화. 첫째, 고분자 전해질은 하수 내 입자의 전하를 중성화시키거나 줄이는 응집제로 작용한다. 일반적으로 하수입자들은 음전하를 가지므로, 이 목적을 위해서는 양이온계의 전해질이 이용된다. 이러한 적용에 있어서 양이온계 전해질은 주 응집제로 간주된다. 전하중화를 효과적으로 하기 위해서는 고분자 전해질은 입자에 흡수되어야 한다. 하수에 존재하는 많은 입자들 때문에 교반강도는 콜로이드 입자가 폴리머에 흡착될 수 있도록 충분해야만 한다. 부적절한 교반에서 고분자 스스로가 자신으로 둘러싸이게 되어 표면전하를 줄이는 효과는 감소하게 된다. 더욱이 콜로이드 입자가 한정되어 있다면, 적은 전해질 투입량으로는 제거하기 어렵다.

폴리머 가교 형성. 고분자 전해질의 두 번째 작용은 그림 6-6과 같이 입자간의 가교를 형성하는 것이다. 이 경우에 음이온과 비이온계의 고분자들은 하수에서 발견되는 흡착부위인 입자의 표면에 달라붙게 된다. 가교들은 2 또는 많은 수의 입자들이 폴리머를 따라 흡착되어 형성되는 것이다. 가교화된 입자들은 응결과정을 통하여 다른 가교입자와 서로 엉키게 된다. 3차원적으로 형성된 입자의 크기는 침전에 의하여 쉽게 제거될 때까지 증가하게 된다. 입자-고분자 가교에 의해 형성된 입자가 침전할 수 있을 만큼 도달했을 때,

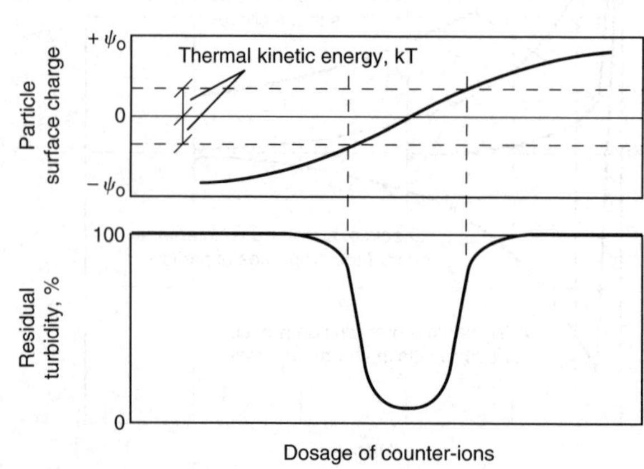

그림 6-5
반대 이온첨가에 따른 입자 표면 전하의 역전에 대한 개념도

폴리머와 제거되어야 하는 입자들을 갖는 하수의 초기혼합은 짧은 시간을 필요하게 된다. 폴리머가 이미 형성되었을 때에는 순간적인 초기혼합은 필요하지 않으며, 금속이온에 의하여 형성된 고분자의 경우에는 적용되지 않는다(아래의 가수분해 금속이온 참조). 위에서도 언급하였듯이 혼합강도는 콜로이드 입자들이 고분자에 흡착을 일으킬 수 있을 만큼 충분해야만 한다. 만일 불충분한 혼합이 있다면 폴리머 스스로가 엉키게 되어 폴리머 가교가 형성되지 않는다.

전하중화와 폴리머 가교 형성. 고분자 전해질의 세 번째 형태는 전하중화와 가교현상으로 구분할 수 있으며, 이것은 매우 큰 분자량의 양이온 고분자를 사용할 때 나타난다. 입자의 표면전하를 줄이는 것 이외에도 이들 고분자 전해질은 앞에서 언급한 입자간의 가교를 형성한다.

» 가수분해 금속이온을 이용한 입자의 불안정화와 제거

반대이온으로 작용할 수 있는 화학제, 전해질과 폴리머의 첨가에 의한 뭉침과 대조적으로 알루미늄이나 철화합물의 첨가에 의하여 뭉침을 유도하는 것은 더욱 복잡한 공정이다. 가수분해 금속이온으로부터 입자의 불완정화와 제거를 이해하기 위해서는 우선적으로 금속이온의 가수분해 형성에 대해서 이해해야 한다. 금속이온의 작용과 초기혼합의 중요성이 우선적으로 입자의 형성에 중요하다.

가수분해 산물의 형성. 과거에는 입자의 뭉침에 중요한 작용을 하는 것은 Al^{3+}와 Fe^{3+}로 생각하였다. 그러나, 이제는 이들의 가수분해 산물이 작용을 하는 것으로 알려졌다(Stumm and Morgan, 1962; Stumm and O'Melia, 1968). 이들 가수분해 산물의 효과에 대해서는 지금에 와서야 알려졌지만, 이들에 대한 화학이론은 1900년대 초기 Pfeiffer(1902~1907), Bjerrum(1906~1920)과 Werner(1907)에 의해서 알려졌다(Thomas, 1934). 1900년대 초기에 Pfeiffer는 크롬, 알루미늄, 철과 같은 3가 금속염의 가수분해는 금속이온과 관계되는 음이온과 용액의 물리적 및 화학적 성질에 의존하는 해

그림 6-6
유기성 폴리머에 의한 입자간 가교의 개념도

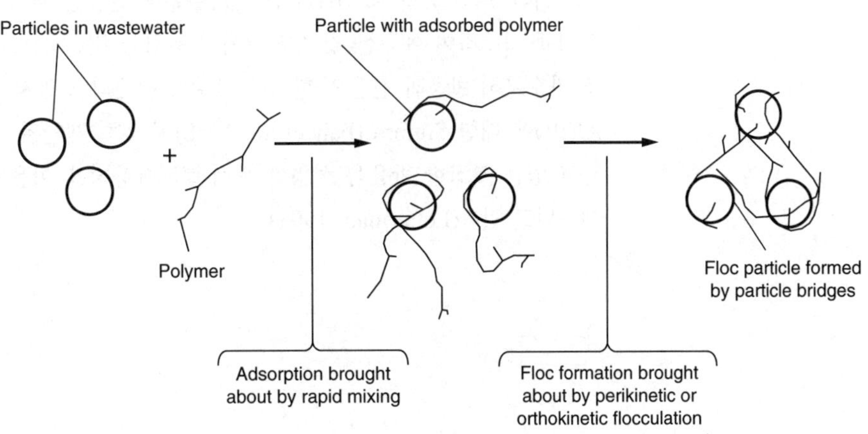

리의 정도로 표현될 수 있다고 제안했다.

$$\begin{bmatrix} H_2O & & OH_2 \\ H_2O - & Me & - OH_2 \\ H_2O & & OH_2 \end{bmatrix}^{3+} \rightleftarrows \begin{bmatrix} H_2O & & OH \\ H_2O - & Me & - OH_2 \\ H_2O & & OH_2 \end{bmatrix}^{2+} + H^+ \qquad (6\text{-}3)$$

더욱 충분한 염기가 첨가되면, 해리는 음이온을 생산하기 위해 다음과 같이 진행될 수 있다고 제안하였다.

$$\begin{bmatrix} H_2O & & OH \\ H_2O - & Me & - OH \\ HO & & OH \end{bmatrix}^{-} \qquad (6\text{-}4)$$

식 (6-3)과 (6-4)에서 주어진 복잡한 화합물은 **배위화합물**(*coordination compound*)이라 불리우며, 배위 공유결합에 의하여 중심 금속이온 주위에 분자나 이온이 결합하는 것으로 정의된다. 주위의 분자나 이온들은 **리간드**라 불리며, 금속이온에 직접적으로 부착되어 있는 원자들은 리간드 제공원자(ligand donor atom)라 불린다(McMurry and Fay, 2011). 하수처리에 관련된 리간드 화합물은 탄산이온(CO_3^{2-}), 염소이온(Cl^-), 수산화이온(OH^-), 암모니아(NH_3)와 물(H_2O)이다.

이외에도 배위화합물의 많은 수는 강산과 강염기에서 존재할 때 **양쪽성**을 나타낸다. 예를 들어, 산과 염기용액에서 수산화 알루미늄은 다음과 같이 작용한다.

산: $Al(OH)_3(s) + 6H_3O^+(aq) \rightleftarrows Al^{3+}(aq) + 6H_2O$ (6-5)

염기: $Al(OH)_3(s) + OH^-(aq) \rightleftarrows Al(OH)_4^-(aq)$ (6-6)

식 (6-5)에 나타낸 것과 같이 강산 상태에서 $Al(OH)_3$는 용해되어 Al^{3+}가 된다. 식 (6-6)에서 알 수 있듯이 수산화이온이 있는 상태에서 $Al(OH)_3$는 알루민산염이온 $Al(OH)_4^-$으로 용해된다. 수산화물의 산-염기 성질과 공유결합의 성질은 주기율표에 따라 결정된다. 또한, 몇 가지의 기본적인 수산화물들은 강산에서 용해될 수 있으나 강염기에서는 용해되지 않는다(McMurry and Fay, 2011).

지난 50년 동안 Al(III)의 중간 가수분해 반응은 염기를 용액에 첨가할 때 나타나는 모델에 기초하여 예측한 것보다 더욱더 복잡한 것으로 알려지고 있다. 오늘날에 있어서도 가수분해 반응과 산물의 형성은 충분히 이해되고 있지 않다(Letterman et al., 1999). Al(III)에 대한 Stumm (Fair et al., 1968)에 의해 제안된 가상적 모델[식 (6-7)]은 관여되고 있는 복잡한 반응을 설명할 목적으로 유용하게 이용된다. 연속적인 형성반응 또한 제안되고 있다(Letterman, 1991).

$$[Al(H_2O)_6]^{3+} \xrightarrow{OH^-} [Al(OH)(H_2O)_5]^{2+} \xrightarrow{OH^-} [Al(OH)_2(H_2O)_4]^{+}$$

단핵종 단핵종 단핵종

$$\xrightarrow{OH^-,\ OH^-} [Al_6(OH)_{15}]^{3+}(aq) \quad \text{or} \quad [Al_8(OH)_{20}]^{4+}(aq) \xrightarrow{OH^-}$$

다핵종 다핵종

$$[Al(OH)_3(H_2O)_3](s) \xrightarrow{OH^-} [Al(OH)_4(H_2O)_2]^- \tag{6-7}$$

단핵 침전물 단핵종 알루민산 이온

반응이 음이온의 알루민산염이 형성되는 상태로 진행되기 전에 다음 식에 나타낸 바와 같이 중합반응(polymerization)이 일어날 것이다(Thomas, 1934).

$$2Me(H_2O)_5OH^{2+} \rightleftarrows [(H_2O)_4Me\langle{}^{OH}_{OH}\rangle Me(H_2O)_4]^{4+} + 2H_2O \tag{6-8}$$

식 (6–7)과 (6–8)에서 설명하듯이, 생성 가능한 가수분해 산물의 조합은 무수하며, 여기서 이들의 수를 세는 것은 적절치 않다. 그렇지만, 중요한 것은 하나 또는 그 이상의 가수분해 산물과 플리머가 알루미늄이나 철의 작용에 관여한다는 것이다.

더욱이, 가수분해 반응은 순차적으로 진행되기 때문에 알루미늄과 철의 효율성은 시간에 따라 달라진다. 예를 들어, 하수에 alum을 첨가할 때 미리 만들어 놓았거나 저장되어 있던 alum slurry는 새로 제조한 용액과는 다르게 반응할 것이다. 자세한 화학적인 반응에 대한 정리를 위해서 Stumm과 Morgan(1962), 그리고 Stumm과 O'Melia(1968)의 논문을 읽어보기 바란다. 알루미늄과 철의 화학에 대한 자세한 설명은 Benefield et al.(1982), Morel과 Hering(1993), Pankow(2012), Snoeyink와 Jenkins(1980), Sawyer et al.(2002)와 Stumm과 Morgan(1981)에서 찾을 수 있다.

가수분해 금속이온의 작용. 콜로이드 입자를 불안정화시켜 제거하기 위한 가수분해 금속 이온의 작용은 다음과 같은 3가지의 범주로 나눌 수 있다.

1. 흡착과 전하 중화
2. 흡착과 입자간 가교 결합
3. 체거름 플럭(sweep-floc)의 포획

흡착과 전하중화는 하수에서 나타나는 콜로이드 입자에 대하여 식 (6–7)에서 나타나듯이 단일핵과 다핵 금속 가수분해 종들의 흡착으로 나타난다. 그림 6–5에서 설명하였듯이 반대이온의 투입은 금속이온에 전하 역전이 일어날 수 있음을 주의하는 것이 필요하다. 흡착과 상호입자의 가교는 식 (6–7)와 (6–8)에 나타나듯이 다핵 금속 가수분해 종과 폴리머 종의 흡착과 관련된 것으로 궁극적으로 입자–폴리머 가교를 형성할 것이다. 흡착과 전하중화에 필요한 응집제 요구량이 만족되면, 금속 수산화 침전물과 용해된 금속 가수분해 산물은 식 (6–5)와 같이 정의될 수 있다. 충분한 농도의 금속염이 첨가된다면, 많은 양의 금속 수산화물 플럭이 형성된다. 거대응결 후에 침전하기 쉬운 거대한 금속 수산화물 플럭이 형성된다. 결국, 이러한 플럭 입자들이 침전됨에 따라 입자들은 콜로이드 입자를 함유하고 있는 물을 거른다. 플럭에 포획된 콜로이드 입자들은 하수로부터 제거될 것이다. 침전에 의해 입자들이 제거되는 대부분의 하수처리에서는 체거름 플럭 형태가 주로 이용되고 있다.

응집과 입자 제거에서 일어나는 일련의 반응과 현상들은 그림 6–7에 나타낸 바와 같이 그림으로 설명할 수 있다. 1번 지역에서는 Fe^{3+}과 몇 가지의 단일핵 가수분해 종들이 존재하므로 표면전하의 중화는 부분적으로 일어나지만, 콜로이드 입자의 불안정화를 유도할 만큼 충분한 응집제가 투입되지 않은 상태이다. 2번 지역에서는 콜로이드 입자가 단일분자와 여러 분자의 가수분해 산물이 흡착에 의하여 불안정화되고, 만약 응결과 침전이 이루어진다면 나타낸 것과 같이 잔류 탁도가 낮아질 것이다. 3번 지역에서는 보다 많은 응집제가 투입되고, 투입된 단일 및 다핵 가수분해 종들의 흡착으로 인하여 표면전하는 역전된다(그림 6–7 참조). 콜로이드 입자가 양전하를 띠게 되므로 미세응결에 의해 제거될 수 없다. 더욱더 많은 응집제가 투입됨에 따라 4번 지역에 도달하게 되며 많은 양의 수산화물 플럭이 생성된다. 플럭 입자들이 침전하면서 콜로이드 입자는 침전되는 입자에 의한 체거름 작용으로 인하여 제거되고, 잔류 탁도는 감소할 것이다. 어떤 지역에 도달하는 데 필요한 응집제 양은 콜로이드 입자의 성질과 하수의 pH와 온도에 따라 달라진다. 또한, 특정 물질(예를 들면, 유기물질)은 응집제 주입량에 영향을 준다.

식 (6–7)에서의 예를 든 연속된 반응과 그림 6–7에서 설명하는 응집과정은 시간에 의존하고 있음을 유의할 필요가 있다. 예를 들어, 만약 입자들을 함유한 단일 및 다핵종들로 이루어진 하수에서 콜로이드 입자를 불안정화시키고자 한다면, 불안정화시키고자 하는 입자들을 함유한 하수와 금속염을 **빠르고 격렬하게** 혼합시키는 것이 중요하다. 만일 금속 수산화물 형성 반응이 계속된다면, 화학제와 입자 사이의 접촉은 어려워진다. 아래에 설명된 바와 같이 수 초 이내에 단일 및 다핵 수산화물 종들의 형성이 이루어는 것으로 추정된다.

그림 6–7

콜로이드 입자의 불안정화와 응결을 위한 계속적인 응집제(즉, alum) 투입의 효과에 대한 개념도

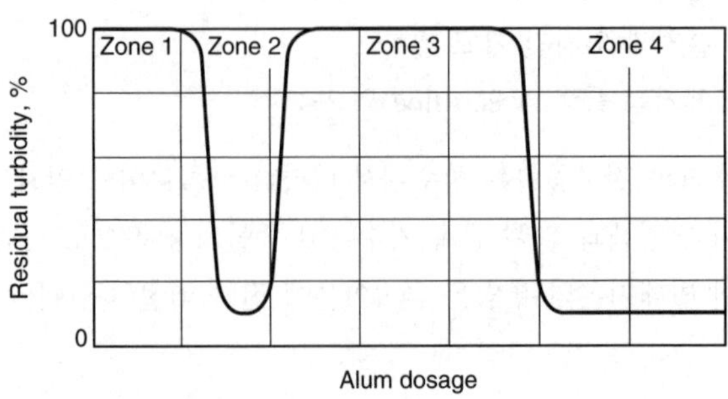

금속이온의 용해도. 가수분해 금속이온의 작용에 대하여 이해하기 위해서는 금속이온의 용해도에 대하여 고려하는 것이 유용하다. 다양한 Al(III)와 Fe(III)의 용해도를 pH에 대한 로그 몰 농도로 도식한 그림을 그림 6-8(a)와 6-8(b)에 나타내었다. 이들 그림은 단지 alum과 철이 단독으로 존재할 때이다. Alum과 철에 대한 다양한 단일핵 성분들을 문헌에서 보고된 산의 용해도적 범위와 함께 표 6-2에 나타냈다. 식 (6-7)에서는 단일핵 종 형성에 대해서 설명되어 있다. Hayden과 Rubin(1974)은 실험과 예측결과를 비교한 후, $Al(OH)_2^+$는 중요한 단핵종이 아니라고 결정지었다. 따라서, 그림 6-8(a)에서 $Al(OH)_2^+$를 표시하지 않았다. 실선은 침전 후에 잔류하는 용해성의 alum[그림 6-8(a)]과 철[그림 6-8(b)]의 총 농도를 표시한 것이다.

알루미늄 수산화물과 철 수산화물은 빗금 친 부분에서 침전되고, 다핵과 중합체 종들은 바깥 부분인 높은 pH와 낮은 pH에서 형성된다. 직사각형 안의 영역은 이들 응집제가 체거름 플럭 형태로 운전될 때 침전이 일어나는 범위를 말한다. 그림에 나타낸 것과 같이 alum 침전을 위한 운전범위는 pH 5에서 7의 범위이고 pH 6에서 최소의 용해도를 나타내며, 철염은 pH 7에서 9 범위에서 침전이 일어나며 pH 8에서 최소의 용해도를 나타낸다.

금속염의 작용을 위한 운전영역. 다양한 반응들의 화학은 복잡하므로, 가수분해 금속이온의 작용을 설명하기 위한 완벽한 이론은 없다. 위에서 언급한 alum의 작용을 설명하기 위하여 pH에 따른 alum의 적용을 정량화하기 위하여 Amirtharajah와 Mills(1982)는 그림 6-9와 같은 그림을 제시하였다. 비록 그림 6-9는 상수처리에 적용하기 위하여 개발되었으나, 조그만 변형을 주면 하수처리에 널리 적용할 수 있다. 통상적인 침전과 여과 공정에서 입자의 제거에 관여하는 여러 현상에 대한 근사 영역은 alum 주입량과, alum 투입 후 처리수의 pH의 함수로 표시된다. 예를 들어, 제거 등 플럭에 의한 최적 입자 제

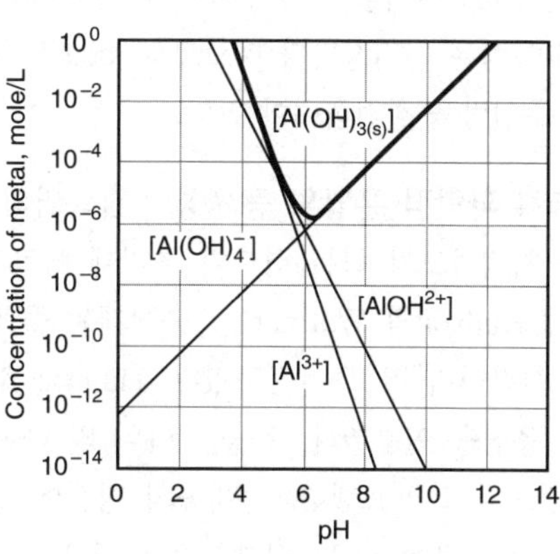

$\log[Al^{3+}] = 10.8 - 3pH$
$\log[AlOH^{2+}] = 5.8 - 2pH$
$\log[Al(OH)_4^-] = -12.2 + pH$
$C_T = [Al^{3+}] + [AlOH^{2+}] + [Al(OH)_4^-]$

(a)

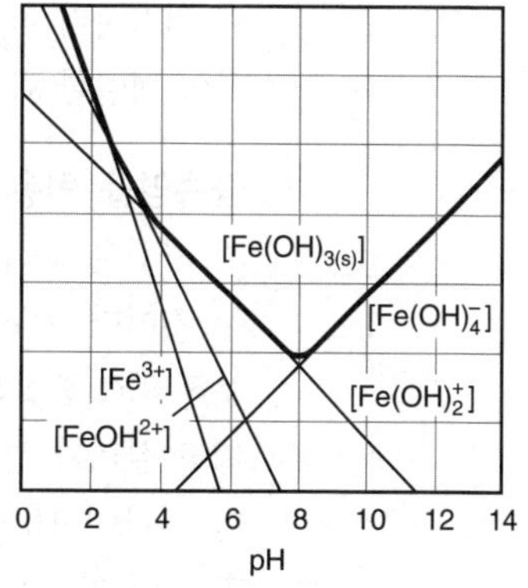

$\log[Fe^{3+}] = 3.2 - 3pH$
$\log[FeOH^{2+}] = 1.0 - 2pH$
$\log[Fe(OH)_2^+] = -2.5 - pH$
$\log[Fe(OH)_4^-] = -18.4 + pH$
$C_T = [Fe^{3+}] + [FeOH^{2+}] + [Fe(OH)_2^+] + [Fe(OH)_4^-]$

(b)

그림 6-8

Alum [Al(III)]과 철[Fe(III)]의 용해도. 단핵종들만을 표시하였음을 유의할 필요가 있다. 다핵종들은 하수의 화학에 매우 의존하게 된다. 단일 성분 $Al(OH)_2^+$는 그림 6-8(a)에 표시하지 않았다. 여러 금속 수산화물에 대한 용해도와 형성 상수들의 변화의 폭이 크므로 이 그림에 나타난 곡선은 참고용으로 이용되어야 한다.

표 6-2

알루미늄과 철 성분이 무정형의 수산화 알루미늄과 수산화 철과 평형을 이룰 때 나타나는 반응과 이에 대한 평형상수[a]

반응	산 평형상수들		
	평형상수	범위[a]	그림 6-8에 사용
알루미늄, Al(III)			
$Al(OH)_{3(s)} + 3H^+ \rightleftarrows Al^{3+} + 3H_2O$	$^*K_{so}$	9.0~10.8	10.8
$Al(OH)_{3(s)} + 2H^+ \rightleftarrows AlOH^{2+} + 2H_2O$	$^*K_{s1}$	4.0~5.8	5.8
$Al(OH)_{3(s)} + H^+ \rightleftarrows Al(OH)_2^+ + H_2O$[b]	$^*K_{s2}$	1.5	1.5
$Al(OH)_{3(s)} \rightleftarrows Al(OH)_3$	$^*K_{s3}$	−4.2	−4.2
$Al(OH)_{3(s)} + H_2O \rightleftarrows AlOH_4^- + H^+$	$^*K_{s4}$	−7.7~(−12.5)	−12.2
고려되지 않은 성분: $Al^2(OH)_2{}^{4+}$, $Al_8(OH)_{20}^{4+}$; $Al_{13}O_4(OH)_{24}^{7+}$; $Al_{14}(OH)_{32}^{10+}$			
철, Fe(III)			
$Fe(OH)_{3(s)} + 3H^+ \rightleftarrows Fe^{3+} + 3H_2O$	$^*K_{so}$	3.2~4.891	3.2
$Fe(OH)_{3(s)} + 2H^+ \rightleftarrows FeOH^{2+} + 2H_2O$	$^*K_{s1}$	0.91~2.701	1.0
$Fe(OH)_{3(s)} + H^+ \rightleftarrows Fe(OH)_2^+ + H_2O$	$^*K_{s2}$	−0.779~(−2.5)	−2.5
$Fe(OH)_{3(s)} \rightleftarrows Fe(OH)_3$	$^*K_{s3}$	−8.709~(−12.0)	−12.0
$Fe(OH)_{3(s)} + H_2O \rightleftarrows FeOH_4^- + H^+$	$^*K_{s4}$	−16.709~(−19)	−18.4
고려되지 않은 성분: $Fe_2(OH)_2^{4+}$, $Fe_3(OH)_4^{5+}$			

[a] Benefield et al.(1982), McMurry and Fay(2011), Morel and Hering(1993), Pankow(2012), Snoeyink and Jenkins(1980), Sawyer et al.(2002), and Stumm and Morgan(1981).

[b] Hayden and Rubin(1974)은 실험값과 예측값을 비교하였고, 그리고 $Al(OH)_2^+$가 중요한 단핵종이 아니라고 결론지었다.

거는 alum 주입량이 20~60 mg/L인 pH 범위 7~8에서 일어난다. 일반적으로 높은 pH 7.3~8.5를 가지는 처리수에서는 alum 주입량이 5~10 mg/L의 낮은 양으로도 유용하게 작용할 수 있다. 적절한 pH 제어를 위하여 매우 낮은 alum 주입량을 가지고 운전하는 것이 적절하다. 하수의 특성은 처리장마다 다르므로, bench 규모나 pilot 시설 실험을 수행하여 적절한 화학제 주입량을 결정하여야 한다.

금속염을 이용한 초기 화학적 혼합의 중요성. 금속염의 화학제 추가에 대하여 알려진 사실은 화학제를 처리하고자 하는 하수와 초기에 빠르게 혼합시키는 것이 중요하다는 것이다. 1967년에 Hudson과 Wolfner는 "응집제는 물에 투입된 후 수 초 내에 가수분해되고 중합하기 시작한다"라고 지적하였다. Hann과 Stumm(1968)은 Al(III)를 가지고 실리카 분산의 응집을 연구했다. 그들은 단일 및 다핵 수화물의 형성을 위해 필요한 시간이 10^{-3}초 정도라고 발표했다. 다핵종의 형성에 필요한 시간은 10^{-2}초 정도이다. 더욱이, 그들은 응집공정에서 율속단계는 $1.5 \sim 3.3 \times 10^{-3}$초 정도로 추정되는 브라운 운동(예, perikinetic 응결)에 기인하는 콜로이드 입자의 이동 단계를 위해 필요한 시간이었다고 밝혔다. 초기에 빠른 혼합의 중요성은 Amirtharajah와 Mills(1982), Vrale와 Jorden(1971)도 언급하였다. 분명한 것은 문헌연구와 실제 현장의 평가를 볼 때, 금속염의 순간적인 초기의 빠른 혼합이 매우 중요하며, 특히 금속염으로 콜로이드 입자의 표면

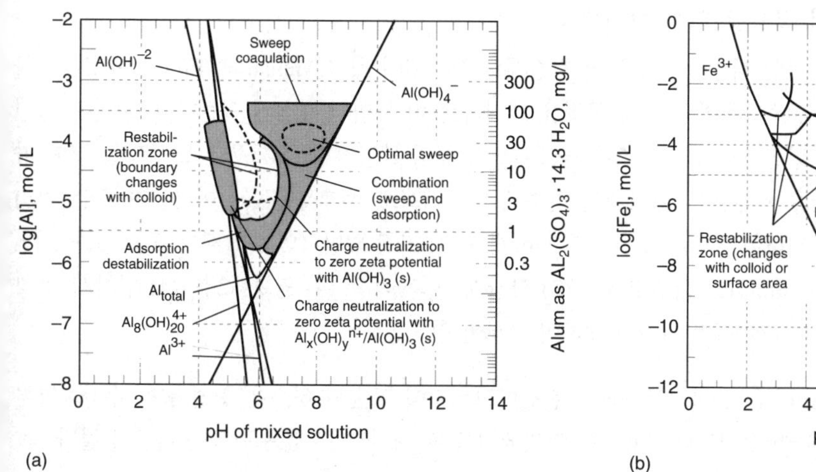

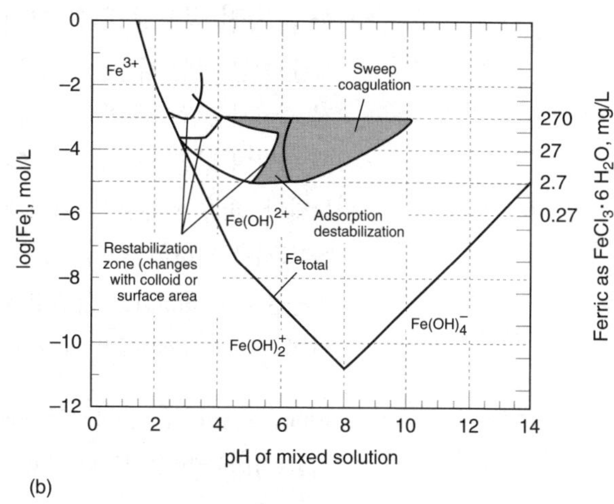

그림 6-9

(a) Alum (b) 염화제2철의 응집을 위한 일반적인 운전 범위 (Crittenden et al., 2012: Amirtharajah와 Mills, 1978).

전하를 낮추기 위하여 사용하는 경우에는 더욱 그렇다. 비록 큰 처리장에서 적절한 혼합 시간을 성취하기는 어려울지라도, 적절한 혼합 시간들은 다양한 혼합기를 이용하면서 얻어질 수 있다. 다양한 화학제에 대한 전형적인 혼합시간은 표 6-24와 6-11절에서 언급될 것이다.

6-3 처리장의 효율 증진을 위한 화학침전

앞에서도 언급하였듯이 화학침전은 용존성과 부유성 고형물의 물리적 상태를 변화시키기 위하여 화학제를 투입하여 침전을 통한 입자의 제거를 시도하는 것이다. 과거에는 화학침전이 (1) 통조림 하수처럼 하수의 농도가 계절적으로 변동이 있는 곳, (2) 중간 정도의 처리가 필요한 곳, (3) 침전공정을 도와줄 필요가 있는 곳에서 TSS와 BOD의 제거 정도를 향상시키기 위해 사용되었다. 1970년대 이래로 하수에 포함된 유기물질과 영양염류(질소, 인)의 완벽한 제거 필요성이 부각되면서 화학적 침전이 새로이 부각되었다. 현재 화학적 침전은 (1) 최초 침전지의 효율을 향상시키는 수단, (2) 하수의 독립적인 물리-화학적 처리의 기본 단계, (3) 인의 제거, (4) 중금속의 제거와 (5) 연화작용에 의해 재사용된 수질의 향상 목적으로 사용되고 있다.

필요한 응집제 주입량의 결정과 급속교반 및 응집시설 외의 화학침전의 사용에 관련된 주요한 설계 요소는 필요한 슬러지 처리시설의 설계, 응집제의 보관, 투입, 수송과 제어를 위한 선택과 설계이다. 응집제의 보관, 투입, 수송 및 제어는 6-11절에서 다룰 예정이다.

≫ 하수 침전 적용을 위한 화학반응

오랜 시간 동안 다양한 물질들이 침전제로 사용되어 왔다(Metcalf와 Eddy, 1935). 정화 정도는 사용된 화학제의 양과 공정을 제어하는 데 투입된 관심에 의존한다. 화학적 침전에 의하여 실질적으로 부유 혹은 콜로이드 상태의 물질이 없는 깨끗한 물을 얻는 것이 가능하다. 하수에 투입된 화학제는 하수에 일반적으로 존재하는 물질이라든가 또는 이러한 목적을 위하여 투입된 물질과 반응하게 된다. 가장 일반적인 화학제는 표 6-3과 같다. 반응은 (1) alum, (2) 석회(lime), (3) 황산제1철과 석회, (4) 염화제2철, (5) 염화제2철과 석회, (6) 황산제2철과 석회에 대하여 다루어진다 .

Alum. Alum을 중탄산칼슘과 중탄산마그네슘이 포함된 하수에 첨가하면, 수산화알루미늄 침전물이 형성된다. Alum이 첨가되었을 때 나타날 수 있는 반응은 다음과 같다.

$$\underset{\substack{\text{중탄산칼슘}\\(\text{용해성})}}{\overset{3\times100\,(\text{as }CaCO_3)}{3Ca(HCO_3)_2}} + \underset{\substack{\text{황산알루미늄}\\(\text{용해성})}}{\overset{666.5}{Al_2(SO_4)_3\cdot18H_2O}} \rightleftarrows \underset{\substack{\text{수산화알루미늄}\\(\text{비용해성})}}{\overset{2\times78}{2Al(OH)_3}} + \underset{\substack{\text{황산칼슘}\\(\text{용해성})}}{\overset{3\times136}{3CaSO_4}} + \underset{\substack{\text{이산화탄소}\\(\text{용해성})}}{\overset{6\times44}{6CO_2}} + \overset{18\times18}{18H_2O} \quad (6\text{-}9)$$

화학식 위에 써 있는 숫자들은 물질들의 분자량이며, 이것은 각 물질들의 양을 나타낸다. 위에서 언급한 침전 반응은 염화알루미늄($AlCl_3$)을 첨가하였을 때에도 똑같은 반응을 보

표 6-3

하수처리에서 응집과 침전 공정을 위해 널리 사용되는 무기성 화학제

화학제	화학공식	분자량	당량	이용도	
				형식	비율
Alum	$Al_2(SO_4)_3\cdot18H_2O$[a]	666.5		액체	8.5 (Al_2O_3)
				덩어리	17 (Al_2O_3)
	$Al_2(SO_4)_3\cdot14H_2O$[a]	594.4	114	액체	8.5 (Al_2O_3)
				덩어리	17 (Al_2O_3)
염화알루미늄	$AlCl_3$	133.3	44	액체	
수산화칼슘(lime)	$Ca(OH)_2$	56.1 as CaO	40	덩어리	63~73 s (CaO)
				분말	85~99(CaO)
				슬러리	15~20 [$Ca(OH)_2$]
염화제2철	$FeCl_3$	162.2	91	액체	20 (Fe)
				덩어리	20 (Fe)
황산제2철	$Fe_2(SO_4)_3$	400	51.5	입상	18.5 (Fe)
황산제1철(녹반)	$Fe(SO_4)\cdot7H_2O$	278.1	139	입상	20 (Fe)
알루민산나트륨	$Na_2Al_2O_4$	163.9	100	박편	46 (Al_2O_3)

[a] 결합 수의 몰수는 14에서 18까지 변화할 수 있다.

인다. 비용해성의 수산화알루미늄은 부유성 물질을 체거름하고 다른 변화를 유도함으로써 하수에서 천천히 침전할 수 있는 젤라틴의 플럭(gelatinous floc)이다. 이 반응은 중탄산마그네슘의 경우에 칼슘 성분을 다른 물질로 대체할 때와 완전히 똑같다.

식 (6-9)의 알칼리도가 분자량이 100인 탄산칼슘($CaCO_3$)으로 표현되었기 때문에 10 mg/L의 alum과 반응하는 데 필요한 알칼리도는

$$(10.0\ \text{mg/L})\left[\frac{3(100\ \text{g/mole})}{(666.5\ \text{g/mole})}\right] = 4.5\ \text{mg/L}$$

이다. 만일, 이용 가능한 알칼리도가 4.5 mg/L보다 작다면, 알칼리도를 첨가해야 한다. 석회는 이러한 목적에서 필요로 할 때 사용되며, 하수처리에서 석회를 필요로 하는 경우는 드물다.

석회(Lime). 석회 단독으로 침전제로서 사용되었을 때 침전원리는 탄산 식 (6-10)과 알칼리도 식 (6-11)에 대한 다음 반응으로 설명된다.

$$\underset{\substack{\text{탄산}\\(\text{용해성})}}{\overset{44\ \text{as}\ CO_2}{H_2CO_3}} + \underset{\substack{\text{수산화칼슘}\\(\text{약간 용해성})}}{\overset{56\ (\text{as CaO})}{Ca(OH)_2}} \rightleftarrows \underset{\substack{\text{탄산칼슘}\\(\text{다소 용해성})}}{\overset{100}{CaCO_3}} + \overset{2\times 18}{2H_2O} \tag{6-10}$$

$$\underset{\substack{\text{중탄산칼슘}\\(\text{용해성})}}{\overset{100\ (\text{as}\ CaCO_3)}{Ca(HCO_3)_2}} + \underset{\substack{\text{수산화칼슘}\\(\text{약간 용해성})}}{\overset{56\ \text{as CaO}}{Ca(OH)_2}} \rightleftarrows \underset{\substack{\text{탄산칼슘}\\(\text{다소 용해성})}}{\overset{2\times 100}{2CaCO_3}} + \overset{2\times 18}{2H_2O} \tag{6-11}$$

탄산칼슘을 생성시키기 위해서는 충분한 양의 석회를 모든 유리 탄산과 중탄산염이 탄산(반결합 탄산)과 결합할 수 있도록 첨가해야만 한다. 황산철과 함께 이용할 때보다 단독으로 사용할 때 더욱 많은 석회가 필요하다. 산업폐기물이 무기산 또는 산염을 하수에 유입시키는 경우 침전반응 이전에 중화되어야 한다. 일반적인 석회 정화 시설을 그림 6-1을 통해 나타내었다.

황산제1철과 석회. 대부분의 경우에 황산제1철은 단독으로 침전제로 사용되지 않는데, 이는 침전물을 형성하기 위해 동시에 석회를 투입해야 하기 때문이다. 황산제1철 단독으로 하수에 투입되었을 때 다음과 같은 반응이 일어난다.

$$\underset{\substack{\text{황산제1철}\\(\text{용해성})}}{\overset{278}{FeSO_4\cdot 7H_2O}} + \underset{\substack{\text{중탄산칼슘}\\(\text{용해성})}}{\overset{100(\text{as}\ CaCO_3)}{Ca(HCO_3)_2}} \rightleftarrows \underset{\substack{\text{중탄산제1철}\\(\text{용해성})}}{\overset{178}{Fe(HCO_3)_2}} + \underset{\substack{\text{황산칼슘}\\(\text{용해성})}}{\overset{136}{CaSO_4}} + \overset{7\times 18}{7H_2O} \tag{6-12}$$

$$\underset{\substack{\text{중탄산제1철}\\(\text{용해성})}}{\overset{178}{Fe(HCO_3)_2}} \rightarrow \underset{\substack{\text{수산화제1철}\\(\text{매우 낮은 용해성})}}{\overset{4\times 89.9}{Fe(OH)_2}} + \underset{\substack{\text{이산화탄소}\\(\text{용해성})}}{CO_2} \tag{6-13}$$

만일 충분한 알칼리도를 이용할 수 없다면, 석회를 황산제1철과 함께 과잉으로 첨가한다. 결과적으로 반응은

$$\underset{\substack{\text{중탄산제1철}\\(\text{용해성})}}{\overset{178}{Fe(HCO_3)_2}} + \underset{\substack{\text{수산화칼슘}\\(\text{약간 용해성})}}{\overset{2\times 56 \text{ as CaO}}{2Ca(OH)_2}} \rightleftarrows \underset{\substack{\text{수산화제1철}\\(\text{매우 약간 용해성})}}{\overset{89.9}{Fe(OH)_2}} + \underset{\substack{\text{탄산칼슘}\\(\text{다소 용해성})}}{\overset{2\times 100}{2CaCO_3}} + \overset{2\times 18}{2H_2O} \tag{6-14}$$

이다. 수산화제1철은 하수에 용존되어 있는 산소에 의해 최종 형태인 수산화제2철로 산화된다. 반응은 다음과 같다.

$$\underset{\substack{\text{수산화제1철}\\(\text{매우 약간 용해성})}}{\overset{89.9}{Fe(OH)_2}} + \underset{\substack{\text{산소}\\(\text{용해성})}}{\overset{1/4\times 32}{1/4O_2}} + \overset{1/2\times 18}{1/2\,H_2O} \rightleftarrows \underset{\substack{\text{수산화제2철}\\(\text{비용해성})}}{\overset{106.9}{Fe(OH)_3}} \tag{6-15}$$

비용해성 수산화제2철은 alum 플럭과 비슷한 덩어리의 젤라틴 플럭을 형성한다. 10 mg/L의 황산제1철의 첨가에 필요한 알칼리도는 다음과 같다[식 (6–12) 참조].

$$(10.0\text{ mg/L})\left[\frac{(100\text{ g/mole})}{(278\text{ g/mole})}\right] = 3.6\text{ mg/L}$$

필요한 석회는

$$(10.0\text{ mg/L})\left[\frac{2(56\text{ g/mole})}{(278\text{ g/mole})}\right] = 4.0\text{ mg/L}$$

이다. 필요한 산소는

$$(10.0\text{ mg/L})\left[\frac{(32\text{ g/mole})}{4\,(278\text{ g/mole})}\right] = 0.29\text{ mg/L}$$

이다. 수산화제2철의 형성은 존재하고 있는 산소의 양에 의존하기 때문에 식 (6–15)에 주어진 반응은 대부분의 하수에서 완료되지 않으며, 결과적으로 황산제1철은 하수에서 일반적으로 이용되지 않는다.

염화제2철. 황산제1철의 사용에 따른 여러 가지 문제 때문에 염화제2철이 침전 적용을 위한 철염으로 널리 이용된다. 염화제2철을 하수에 투입할 경우 다음과 같은 반응이 일어난다.

$$\underset{\substack{\text{염화제2철}\\(\text{용해성})}}{\overset{2\times 162.2}{2FeCl_3}} + \underset{\substack{\text{중탄산칼슘}\\(\text{용해성})}}{\overset{3\times 100\,(\text{as }CaCO_3)}{3Ca(HCO_3)_2}} \rightleftarrows \underset{\substack{\text{수산화제2철}\\(\text{비용해성})}}{\overset{2\times 106.9}{2Fe(OH)_3}} + \underset{\substack{\text{염화칼슘}\\(\text{용해성})}}{3CaCl_2} + \underset{\substack{\text{이산화탄소}\\(\text{용해성})}}{6CO_2} \tag{6-16}$$

염화제2철과 석회. 만일 하수의 자연 알칼리도를 보충하기 위하여 석회가 첨가된다면, 다음과 같은 반응이 일어날 수 있다.

$$\underset{\substack{\text{염화제2철}\\(\text{용해성})}}{\overset{2\times 162.2}{2FeCl_3}} + \underset{\substack{\text{수산화칼슘}\\(\text{약간 용해성})}}{\overset{3\times 56\,(\text{as CaO})}{3Ca(OH)_2}} \rightleftarrows \underset{\substack{\text{수산화제2철}\\(\text{비용해성})}}{\overset{2\times 106.9}{2Fe(OH)_3}} + \underset{\substack{\text{염화칼슘}\\(\text{용해성})}}{\overset{3\times 111}{3CaCl_2}} \tag{6-17}$$

황산제2철과 석회. 황산제2철과 석회를 하수에 첨가했을 때 일어나는 전체적인 반응은 다음과 같다.

$$\underset{\substack{\text{황산제2철}\\(\text{용해성})}}{\overset{399.9}{Fe_2(SO_4)_3}} + \underset{\substack{\text{수산화칼슘}\\(\text{약간 용해성})}}{\overset{3 \times 56\ (\text{as CaO})}{3Ca(OH)_2}} \rightleftarrows \underset{\substack{\text{수산화제2철}\\(\text{비용해성})}}{\overset{2 \times 106.9}{2Fe(OH)_3}} + \underset{\substack{\text{황화칼슘}\\(\text{용해성})}}{\overset{3 \times 136}{3CaSO_4}} \tag{6-18}$$

1차 화학약품처리

원수에 화학제를 첨가하였을 때 얻어질 수 있는 정화 정도는 이용되는 화학제의 양, 혼합시간, 공정을 모니터링하고 제어하는 관리에 따라 달라진다. 화학적 침전을 사용하면, 여러 가지의 콜로이드 입자를 포함하여 총 부유성 물질의 80~90%, BOD의 50~80%, 박테리아의 80~90%를 제거할 수 있다. 화학제의 첨가 없이, 효과적으로 운전되고 있는 1차 침전지의 경우 총 부유성 물질이 50~70%, BOD가 25~40%이다. 1차 처리를 통하여 고형물과 BOD 제거율을 높이기 위해선 하수처리시설의 전력 관리가 중요한 문제이다. 1차 처리로부터 얻은 고형물들은 높은 에너지를 갖고 있으며, 그것들 중 일부는 혐기성 소화 탈리액이나, 다른 열 변환 과정을 통해 회수할 수 있다(14장 참조). 또한 1차 처리과정을 거칠 경우 2차 처리에 필요한 폭기에너지의 산소량을 줄일 수 있으므로, 하수처리과정에서의 1차 처리는 중요한 요인이다.

하수의 다양한 특성 때문에 필요한 화학제의 양은 실험실이나 pilot 규모의 실험을 통하여 결정해야 한다. 여과된 하수의 $FeCl_3$ 응집제의 적정농도가 15~40 mg/L일 경우, 음이온 고분자의 농도를 0.1~1.0 mg/L로 추가적으로 투입할 시, 짧은 반응 시간 동안에 floc 형성을 촉진시킬 수 있다. 침전지의 설계에 이용되는 화학제의 주입에 대해 권장되고 있는 표면부하율이 표 6-4에 나타나 있다.

독립적인 물리-화학적 처리

어떤 지역에서는 산업폐기물이 생물학적 방법에 의해 처리하기 어려운 도시하수가 되기도 한다. 이와 같은 경우에는 물리-화학적 처리가 대안이 될 수 있다. 이러한 처리방법은 처리수질의 요구조건을 맞추기 위한 일관성의 부족, 화학제의 높은 가격, 투입된 화학제로 인하여 발생하게 되는 많은 슬러지의 처리와 처분, 그리고 다수의 운전상 문제 등으로 인하여 제한성을 갖는다. 활성탄을 사용하는 실제 규모의 전형적인 운전 결과를 검토하여 볼 때, 활성탄 칼럼은 주어진 총 BOD의 50~60%만을 제거할 수 있으며, 처리장은 2차 처리의 방류수질 기준을 일관성 있게 만족시키지 못하고 있다. 어떤 경우에는 운전상의 문제와 처리효율을 맞추기 위하여 실질적인 변형이 있었으며, 공정들을 생물학적 처리로 대체한 경우도 있다. 이러한 이유 때문에 도시하수의 물리-화학적 처리를 위한 새로운 적용은 거의 없다. 물리-화학적 처리는 산업폐수의 처리를 위하여 폭넓게 사용되고 있다. 처리의 목적에 따라 필요한 화학제의 양과 주입률은 실험실과 pilot 규모의 실험을 통하여 결정할 수 있다.

표 6-4
여러 가지 화학제에 대한 1차 침전지에서의 권장 표면부하율

용액	표면부하율			
	$m^3/m^2 \cdot d$		$gal/ft^2 \cdot d$	
	전형적인 범위	최대시간	전형적인 범위	최대시간
Alum 플럭[a]	30~70	80	700~1700	2000
철 플럭[a]	30~70	80	700~1700	2000
석회 플럭[a]	35~80	90	900~2000	2200
미처리 하수	30~70	80	700~1700	2000

[a] 미처리 하수에서 침전성 부유고형물과 혼합 그리고 플럭에 의해 체거름된 콜로이드 또는 다른 부유성 고형물

참조: $m^3/m^2 \cdot d \times 24.5424 = gal/ft^2 \cdot d$

미처리 하수의 물리-화학적 처리를 위한 공정도는 그림 6-10과 같다. 그림과 같이 1차 침전과 필요한 경우 재탄화(recarbonation)에 의한 pH 조정 이후 잔류 플럭을 제거하기 위해 하수를 입상여재 여과기에 통과시키고, 그런 다음 용존성 유기화합물이 제거되도록 하수를 활성탄 칼럼에 통과시킨다. 여과기는 선택적인 것으로 보이지만, 칼럼층에서의 막힘과 손실수두 증가를 줄이기 위하여 권장된다. 활성탄 칼럼을 통과할 처리수는 최종 방류수역도 배출하기 전에 염소소독을 하는 것이 일반적이다.

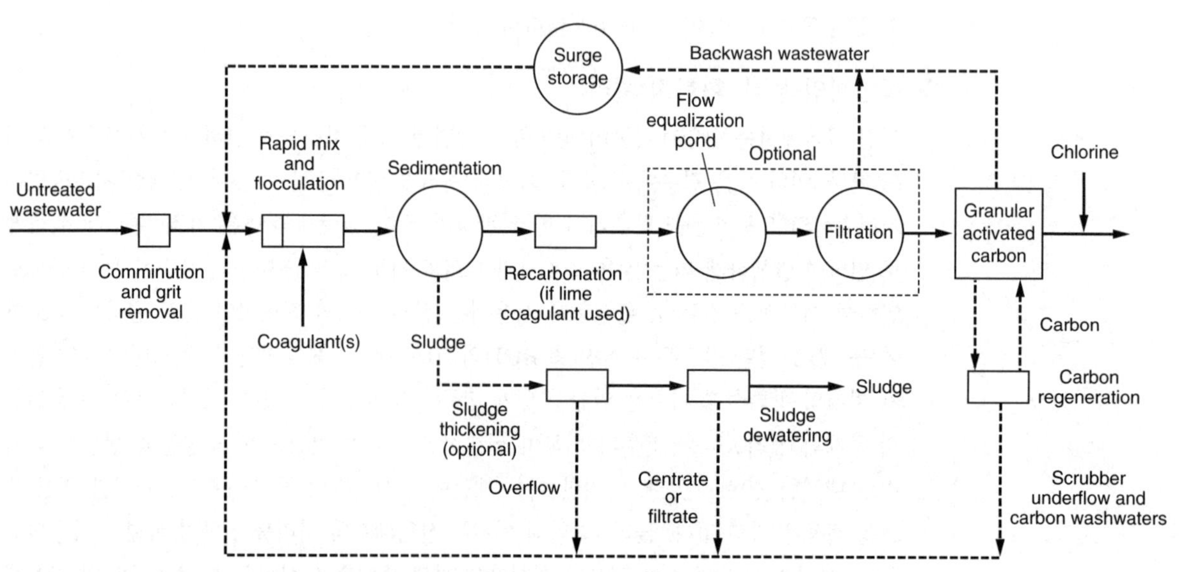

그림 6-10
독립적인 물리-화학처리시설의 일반적인 흐름도

≫ 화학적 침전으로부터 발생되는 슬러지 양의 추정

화학적 침전으로 발생하게 되는 슬러지의 처리와 처분은 화학적 처리에서 발생하게 되는 큰 어려움 중의 하나이다. 화학적 침전으로부터 발생하게 되는 슬러지는 석회를 이용하였을 때 처리수 부피의 0.5% 정도 된다. 염화제2철과 석회를 이용한 화학적 침전으로부터 발생하게 되는 슬러지의 양을 계산한 예는 예제 6-1과 같다.

예제 6-1 **미처리 하수의 화학적 침전으로부터 슬러지의 부피 추정** 미처리 하수로부터 TSS 제거를 위하여 염화제2철을 사용하지 않은 경우와 사용하는 경우에 슬러지의 양과 부피를 추정하시오. 또한, 특정 염화제2철 주입량에 대하여 필요한 석회의 양을 결정하시오. 화학제의 주입이 없을 경우에 1차 침전지로부터 60%의 총 부유물질 제거가 일어나며, 염화제2철의 주입에 따라 TSS 제거는 85%로 향상된다고 가정한다. 또한, 주어진 조건은 다음과 같다.

1. 하수유량, m^3/일	1000
2. 하수의 TSS, mg/L	220
3. 하수의 알칼리도(as $CaCO_3$), mg/L	136
4. 첨가 염화제2철($FeCl_3$), kg/1000m^3	40
5. 생슬러지 특성	
비중	1.03
함수율, %	94
6. 화학적 슬러지 특성(13장으로부터)	
비중	1.05
함수율, %	92.5

풀이 1. 화학제를 사용하지 않은 경우와 사용한 경우 제거된 TSS 계산

a. 화학제를 사용하지 않은 경우 제거된 TSS 양

$$M_{\text{TSS}} = \frac{0.6\ (220\ \text{g/m}^3)(1000\ \text{m}^3/\text{d})}{(10^3\ \text{g/1 kg})} = 132.0\ \text{kg/d}$$

b. 화학제를 사용한 경우 제거된 TSS 양

$$M_{\text{TSS}} = \frac{0.85\ (220\ \text{g/m}^3)(1000\ \text{m}^3/\text{d})}{(10^3\ \text{g/1 kg})} = 187.0\ \text{kg/d}$$

2. 식 (6-16)을 이용하여, 40 kg/1000 m^3 염화제2철($FeCl_3$)의 주입으로부터 생기는 수산화제2철($Fe(OH)_3$)의 양을 계산

$$생성되는\ Fe(OH)_3 = 40 \times \left(\frac{2 \times 106.9}{2 \times 162.2}\right) = 26.4\ kg/1000\ m^3$$

3. 식 (6−17)을 이용하여, 염화제2철을 수산화제2철 $Fe(OH)_3$로 변화시키는 데 필요한 석회의 양

$$필요한\ 석회 = 40 \times \left(\frac{3 \times 56}{2 \times 162.2}\right) = 20.7\ kg/1000\ m^3$$

$$필요한\ 석회,\ 알칼리도로\ 표현 = 20.7 \times \left(\frac{100}{56}\right) = 37\ kg/1000\ m^3$$

$$1000\ m^3당\ 이용\ 가능한\ 알칼리도 = (136\ g/m^3)(1000\ m^3)/(10^3\ g/1\ kg) = 136\ kg/1000\ m^3$$

자연적인 알칼리도가 충분하므로 석회의 첨가가 필요없다.

4. 화학적인 침전으로부터의 얻어지는 슬러지의 건조중량

$$총\ 건조\ 슬러지 = 187 + 26.4 = 213.4\ kg/1000\ m^3$$

5. 화학적인 침전에서 발생하는 슬러지의 총 부피(슬러지 비중은 1.05, 함수율 92.5%라고 가정)

$$V_s = \frac{(213.4\ kg/d)}{(1.05)(10^3\ kg/m^3)(1 - 0.925)} = 2.71\ m^3/d$$

6. 화학적인 침전이 없는 경우에 있어서 슬러지의 총 부피(슬러지의 비중은 1.03, 함수율이 94%라고 가정함)

$$V_s = \frac{(132\ kg/d)}{(1.03)(10^3\ kg/m^3)(1 - 0.94)} = 2.13\ m^3/d$$

7. 화학적인 침전이 없는 경우와 있는 경우에서의 슬러지의 질량과 부피의 종합

처리	슬러지	
	질량, kg/d	부피, m^3/d
화학적인 침전이 없는 경우	132.0	2.13
화학적 침전을 시행할 경우	213.4	2.71

화학제를 사용하였을 경우에 슬러지 처분 문제의 크기는 앞의 요약 표에서 나타나 있듯이 자명하다. 심지어 석회를 1차 침전제로 사용하였을 때에는 슬러지의 부피의 증가가 더욱 크다.

6-4 화학적 인 제거

인은 생물학적 고형물(즉, 미생물)로 변화시키거나 화학물질을 첨가하여 제거할 수 있다. 생물학적 인의 제거는 8장에서 상세히 설명할 예정이다. 화학적 인의 제거는 본 절에서 다룰 것이다. 다룰 주제는 (1) 화학물을 이용한 인의 제거, (2) 금속염을 이용한 유체에서의 인의 제거, (3) 칼슘을 이용한 유체에서의 인의 제거, (4) 화학적 인의 제거를 위한 전략이다. 환원수와 측류에서의 인의 제거는 15장에서 다룰 것이다. 화학적 인 제거 시스템의 실행에 영향을 줄 수 있는 일반적인 고려사항은 표 6-5에 정리한다.

화학물을 이용한 인의 제거

유체에서 인의 제거를 위해 사용되는 주요 화학물질은 다음이 포함되어 있다: 알루미늄[Al(III)], 제2철)[Fe(III)], 제1철[Fe(II)], 칼슘[Ca(II)]. 폴리머는 응집보조제로서 금속염 및 석회와 함께 효과적으로 사용된다. 알루미늄과 철을 이용한 인 제거의 화학은 칼슘을 이용한 것에 비해 경우가 매우 다르므로 서로 분리해서 설명할 예정이다.

알루미늄과 철을 이용한 인의 제거. 금속염 첨가로 인한 인의 제거는 많은 수의 방법에 의해 이루어지며, 이 방법들은 다음을 포함한다.

1. 인산염 흡착용 기판 역할을 하는 수화철 또는 알루미늄산화물의 형성
2. 가수산화물 구조로 인산 결합
3. 혼합된 양이온 인산염의 형성(예를 들어 철이나 알루미늄 인산)
4. 철 또는 알루미늄 인산염의 형성

이것은 위의 화합물을 형성한 후 그들은 침강(침전)이나 여과에 의해 제거되는 경우, 인산의 제거에만 달성되는 것에 유의해야한다.

표 6-5
인의 제거를 위한 화학제의 선택에 영향을 미치는 인자들[a]

- 유입수 인농도와 종분화
- 하수의 부유성 물질
- 알칼리도
- 수송비를 포함한 화학제의 가격
- 화학제 공급에 대한 안정성
- 슬러지 처리시설
- 궁극적인 처리방법
- 다른 처리시설과의 조화성
- 필요한 폐액 인 농도
- 계절별 허용 요구조건
- 다른 조건들의 효과(예를 들면 생물학적 인 제거)
- 측류의 관리
- 인 회수의 목적

[a] Kugelman(1976).

역사적으로 다음의 두 가지 반응은 산화철 또는 알루미늄 인산의 형성을 설명하는데 사용되었다.

알루미늄을 이용한 인산염의 침전:

$$Al^{3+} + H_nPO_4^{3-n} \rightleftarrows AlPO_4\downarrow + nH^+ \quad (6\text{-}19)$$

철을 이용한 인산염의 침전:

$$Fe^{3+} + H_nPO_4^{3-n} \rightleftarrows FePO_4\downarrow + nH^+ \quad (6\text{-}20)$$

하지만, 이 반응들은 매우 단순하며, 일반적으로 쓰이지 않는다. 인산 제2철(III)은 3.5의 pH 값 근처에서 발생하고 pH 5 위에서는 발생하지 않는 것이 발견되었다(Smith et al, 2008). 그러나 이들 반응은 믿을 수 없을 정도로 단순하지만 많은 경쟁반응과 관련된 평형상수, 하수에 존재하는 알칼리도, pH, 미량물질과 리간드의 영향 측면을 고려해야 한다. 더 최근의 연구에 따라(Sedlak, 1991; WEF, 2011) 다음의 전반적인 반응은 실제로 금속염이 인 제거를 위해 추가되었을 때 무슨 일이 일어나는가에 더 나은 설명을 제공한다.

$$rMe^{3+} + HPO_4^- + (3r - 1)OH^- \rightarrow Me_r{\cdot}H_2PO_4(OH)_{3r-1}(s) \quad (6\text{-}21)$$

Fe(III)의 경우 $r = 1.6$, Al(III)의 경우 $r = 0.8$.

그러나 많은 경쟁반응 때문에 식 (6-21)은 직접적으로 화학제의 필요량을 예측하는데 사용할 수 없다. 그러므로, 투입량은 bench 규모의 실험과 특히 폴리머를 이용하고자 할 경우에는 실제 규모의 실험을 필수적으로 행해야 한다. 예를 들어, Al(III), Fe(III), 그리고 인산염의 초기 같은 몰 농도에 대해 비용해성 $AlPO_4$ 및 $FePO_4$와 평형을 이루는 용해성 인산염의 총 농도가 그림 6-11에 나타나 있다. 실선들은 침전 후의 잔류 용해성 인의 농도에 대한 그래프이다. 순수한 금속 인산염은 빗금친 부분에서 침전되고, 혼합된 복합 다핵종들은 높고 낮은 pH 값에서 형성된다.

그림 6-11

용해성 인과 평형을 이루고 있는 알루미늄과 철의 농도. (a) Al(III)-인산염 (b) Fe(III)-인산염

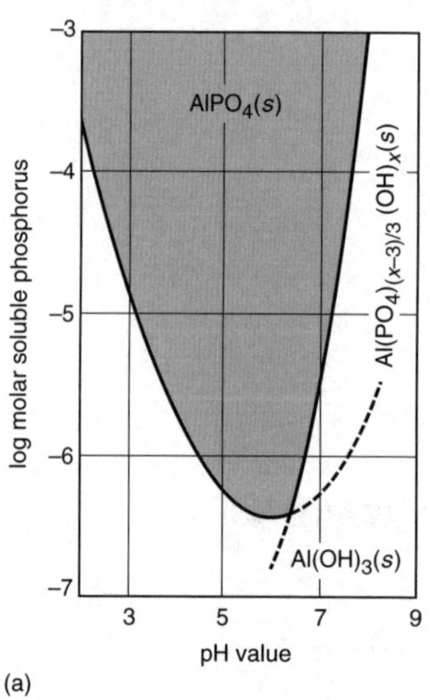

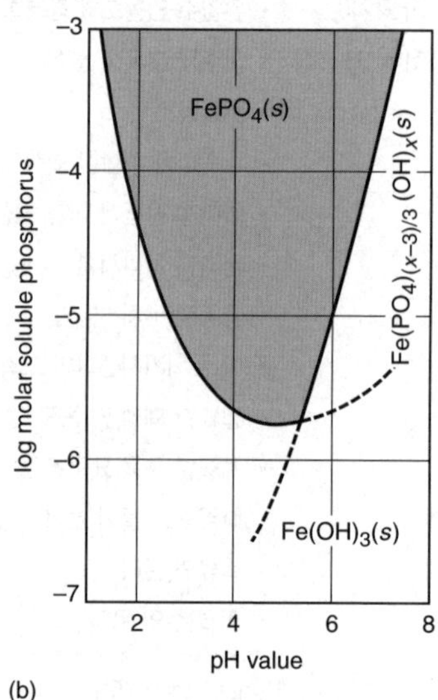

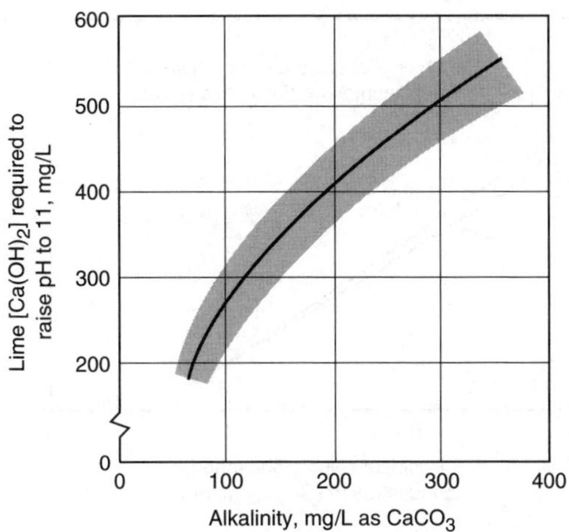

그림 6-12

미처리 하수의 알칼리도에 따른 pH를 11로 올리기 위해 필요한 석회 주입량

칼슘을 이용한 인 제거 칼슘은 석회[$Ca(OH)_2$]의 형태로 첨가된다. 앞에서도 언급하였듯이, 석회를 물에 넣었을 때 자연적인 중탄산 알칼리도와 반응하여 $CaCO_3$를 형성한다. 하수의 pH가 10 이상으로 증가함에 따라 과도한 칼슘이온들은 식 (6-22)에 나타나 있듯이 인과 반응하여 수산화인회석(hydroxylapatite) $Ca_{10}(PO_4)_6(OH)_2$ 침전물을 형성한다. 실제로, pH 9 부근에서 석회를 1차 침전지의 상류부에 주입함으로써 인산염의 부분적 제거가 이루어질 수 있다.

$$10Ca^{2+} + 6PO_4^{3-} + 2OH^- \rightleftarrows \underset{\text{수산화인회석}}{Ca_{10}(PO_4)_6(OH)_2} \tag{6-22}$$

석회는 하수 내 알칼리도와 반응하기 때문에 일반적으로 필요한 석회의 양은 존재하는 인산염의 양과는 무관하고 하수 속의 알칼리도에 주로 의존하게 된다(그림 6-12).

인 제거를 위한 화학요구견적. 다음과 같이 금속염과 칼슘과 인산을 제거하기 위한 화학적 요구 사항이 있다.

알루미늄과 철 사용.

$$Al_{dose} = (Al/P)(C_{P,in} - C_{P,res})[(26.98\ g/mole\ Al)/(30.97\ g/mole\ P)] \tag{6-23}$$

$$Fe(III)_{dose} = (Fe/P)(C_{P,in} - C_{P,res})[(55.85\ g/mole\ Fe)/(30.97\ g/mole\ P)] \tag{6-24}$$

$C_{P,in}$ = 유입 인의 농도, mg/L
$C_{P,res}$ = 잔류 인의 농도, mg/L

Alum 또는 철염의 투여량은 처리공정에서 오르토인산을 제거하기 위한 추가될 총량에 상응한다. 알루미늄 및 철의 몰 비는 잔류 오르토인산의 다양한 수준에 대한 그림 6-13에 주어져 있다. 이차처리수의 잔류 인이 0.5 mg/L 정도인 경우, 일반적으로 몰 비 환산으로 알루미늄과 철염의 투여량은 보통 1~3의 범위에 들어간다. 정확한 적용률은 현장 검사에 의해 결정되며, 폐수 및 인 제거율에서 원하는 변화의 특성에 따라 변화된다.

칼슘이용. 하수에서 인을 침전시키기 위하여 필요한 석회의 양은 $CaCO_3$로 표현되는 총 알칼리도의 약 1.4~1.5배이다. 석회를 원하수 혹은 2차 처리수에 첨가할 때, 적절한

그림 6-13

알루미늄, 철 첨가에 의한 수용성 인 제거

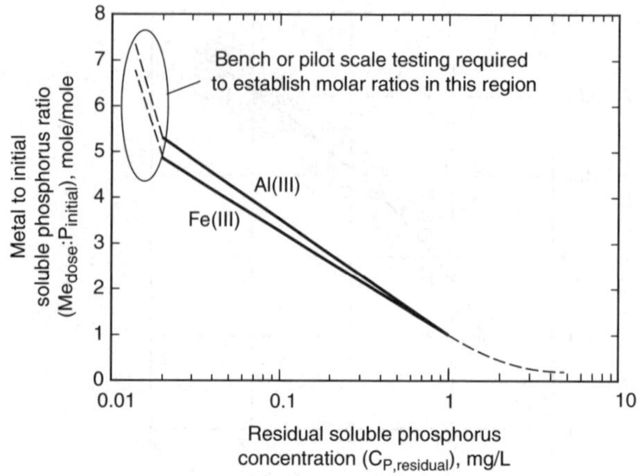

처리와 처분에 앞서서 pH 조정이 필요하다. 이산화탄소(CO_2)로 재탄화(recarbonation)를 유도하여 낮은 pH로 환원시켜야 한다. 석회의 사용과 관련된 추가 비용 때문에 금속염은 현재 인의 화학적 제거를 위해 가장 일반적으로 사용된다.

예제 6-2

인의 제거를 위한 염화제2철 투입량의 결정 다음의 특성을 가진 미처리 폐수에서 인을 침전시키기 위해 필요한 염화제2철의 양을 결정하시오. 또한 15일 동안 공급을 저장하는 처리시설과 염화제2철에 의해 발행되는 슬러지의 첨가량에 필요한 염화철 저장 용량을 결정하시오.

1. 하수량, m^3/d	3800
2. 하수의 TSS, mg/L	220
3. 철을 첨가하지 않고 TSS 제거, %	60
4. 철을 첨가하고 TSS 제거, %	75
5. 유입수의 전체 P g/m^3	7
6. 유입수의 PO_4^{3-}, mg/L as P	5
7. 유출수의 PO_4^{3-}, mg/L as P	0.1
8. 하수의 알칼리도 mg/L as $CaCO_3$	240
9. 염화철용액, %	37
10. 염화철, 단위중량	1.35 kg/L
11. 일차슬러지 특성	
비중	1.03
수분량, %	94
12. 화학슬러지 특성	
비중	1.05
수분량, %	92.5

풀이 1. 오르토인산 제거를 위해 요구되는 철의 무게를 결정

a. 그림 6−13에 기초하여 유출수 PO_4^{3-} 0.1 mg/L 농도가 요구하는(Fe/P) 몰 비는 대략 3.3이다.

b. 식 (6−24)를 사용하여 염화철 투여량을 계산하면

$$Fe(III)_{dose} = (Fe/P)(C_{P,in} - C_{P,res})[(55.85 \text{ g/mole Fe})/(30.97 \text{ g/mole P})]$$

대응 값을 대입하여 풀어보면,

$$Fe(III)_{dose} = (3.3)(5 - 0.1)[(55.85 \text{ g/mole Fe})/(30.97 \text{g/mole P})]$$
$$= 29.2 \text{ mg/L}$$

2. 초기 유출수 P의 농도를 결정

$$P, \text{mg/L} = 7 - (5 - 0.1) = 2.1 \text{ mg/L}$$

3. 하루에 요구되는 염화철의 양을 결정

$$\text{Fe Dose} = (3800 \text{ m}^3/\text{d})(29.2 \text{ mg/L})(1 \text{ kg}/10^3 \text{ g}) = 111.0 \text{ kg/d}$$

4. 15일 필요 저장소가 하루에 요구하는 염화철의 양을 결정

a. $FeCl_3$ 안의 제 2 철이온의 비율을 결정

$FeCl_3$ 안에 Fe 비율 = (55.85/162.3) × 100 = 34.4%

b. 하루에 요구되는 34.4% 용액에서의 염화철 양을 결정

$FeCl_3$ 용액 = [(111.0 kg/d)/34.4](100) = 322.7 kg/d

c. $FeCl_3$ 용액에서 하루 동안 필요한 부피 결정

$FeCl_3$ 부피 = [(322.7 kg/d)/0.0.37 × 1.35](1 L/kg) = 646.0 L/d

d. 15일 필요 저장소에 기초한 평균 유속 결정

15일 필요 저장소 = (646.0 L/d)(1 $m^3/10^3$ L)(15) = 10.3 m^3

5. 화학적 침전에 의한 건조 기초 슬러지의 총 질량을 결정

a. P 제거를 위한 $FeCl_3$ 첨가로 인한 추가적인 TSS 제거를 추정

추가적인 슬러지 = (0.15)(220 g/m^3) (3800 m^3/d)(1 kg/10^3 g)
= 125.4 kg/d

b. P와 함께 침전되어 형성된 추가 슬러지를 식 (6−21)를 사용하여 추정

$$1.6Fe^{3+} + HPO_4^- + 3.8OH \rightarrow Fe_{1.6} \cdot H_2PO_4(OH)_{3.8}(s)$$

$$\text{Fe dose} = (29.2 \text{ mg Fe/L})(1 \text{ g}/10^3 \text{ mg})/(55.85 \text{ g/mole}) = 0.52 \times 10^{-3} \text{ mole/L}$$

$$\text{P removed} = [(5 - 0.1) \text{ mg P/L})](1 \text{ g}/10^3 \text{ mg})/(30.97 \text{ g/mole})$$
$$= 0.16 \times 10^{-3} \text{ mole/L}$$

$$Fe_{1.6} \cdot H_2PO_4(OH)_{3.8} \text{ sludge} = (0.16 \times 10^{-3} \text{ mole/L})(251 \text{ g/mole})(10^3 \text{ mg/1 g})$$
$$= 40.2 \text{ mg/L}$$

c. $Fe(OH)_3$에서 추가된 슬러지 추정

과다 추가된 Fe $= 0.52 \times 10^{-3}$ mole/L – 1.6 (0.16×10^{-3} mole/L)
$= 0.264 \times 10^{-3}$ mole/L

$Fe(OH)_3$ sludge = (0.264×10^{-3} mole/L)(106.8 g/mole)(10^3 mg/1 g)
= 28.2 mg/L

d. $FeCl_3$ 첨가로 인한 총 화학 슬러지 추정

과잉 슬러지 = 40.2 mg/L + 28.2 mg/L = 68.4 mg/L

과잉 슬러지 = (3800 m^3/d)(68.4 mg/L)(1 kg/10^3 g) = 259.9 kg/d

e. $FeCl_3$ 첨가로 인한 총 과잉 슬러지 추정

총 과잉 슬러지 = 125.4 kg/d + 259.9 kg/d = 385.3 kg/d

6. 화학적 추가와 추가를 하지 않은 총 슬러지 생산 비교

a. 화학적 추가를 하지 않은 슬러지

슬러지 = (3800 m^3/d)(220.0 mg/L)(0.6)(1 kg/10^3 g) = 501.6 kg/d

b. 화학적 첨가를 한 총 슬러지

총 = 501.6 kg/d + 385.3 kg/d = 886.9 kg/d

7. 슬러지가 1.03의 비중 및 94%의 수분량을 가지는 것으로 가정하여 화학 침전 없이 슬러지의 전체 부피를 결정

$$V_s = \frac{(501.6 \text{ kg/d})}{(1.03)(10^3 \text{ kg/m}^3)(0.06)} = 8.1 \text{ m}^3\text{/d}$$

8. 슬러지가 1.05의 비중 및 92.5%의 수분량을 가지는 것으로 가정하여, 화학적 침전으로 인한 슬러지의 총량을 결정

$$V_s = \frac{(886.9 \text{ kg/d})}{(1.05)(10^3 \text{ kg/m}^3)(0.075)} = 11.3 \text{ m}^3\text{/d}$$

9. 화학적 침전과 침전하지 않은 슬러지의 질량과 부피 요약 표 준비

	슬러지	
처리	질량, kg/d	부피, m^3/d
화학적 침전 없음	501.6	8.1
화학적 침전 있음	886.9	11.3

1차 처리에 화학적 첨가로 인한 추가 BOD와 TSS 제거는 또한 하류 생물학적 시스템의 과부화 문제를 해결할 수 있거나, 생물학적 시스템 설계에 따라 계절이나 연중질화를 가능하게 할 수 있다. 대신에 염화철은 여러 위치에 추가되어 있을 수 있다.

그림 6-14

인 제거를 위하여 화학제의 투입점에 대한 대안들: (a) 1차 침전지 앞, (b) 생물학적 처리 전후, (c) 2차 처리 후, (d) 1단 여과전에 화학적 첨가 (e) 다단 여과전에 화학적 첨가

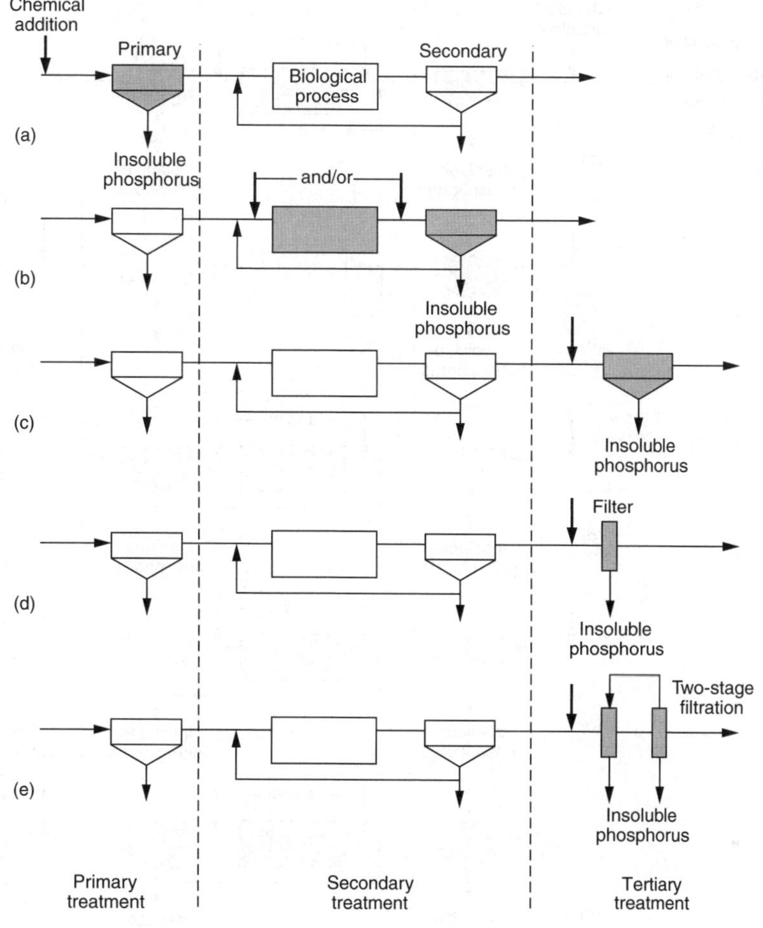

금속염의 유체로부터 인 제거

앞에서 언급하였듯이, 침전, 흡착, 교환의 결합과 응집 처리 슬러지의 수집과 제거를 통해서 인은 유체에서 제거된다. 그림 6-14 및 6-15와 같이 금속염은 처리공정의 여러 곳에 투입되지만, 다중인산염과 유기성 인은 정인산염보다 덜 쉽게 제거되므로 유기성 인과 다중인산염이 정인산염으로 변하는 2차 처리 후에 알루미늄이나 철염을 추가하는 것이 가장 완벽하게 잔류 인을 제거하기 위해 필요할 것이다. 처리공정의 여러 곳에 금속염과 폴리머를 첨가하여 나타나는 특징은 다음과 같다.

1차 침전조에 대한 금속염의 첨가. 알루미늄이나 철염을 처리하지 않은 하수에 첨가하였을 때, 금속염들은 침전물을 만들기 위해 용해성 정인산염과 반응한다. 유기성 인과 다중인산염은 더욱 복잡한 반응과 플럭에 흡착되므로 부분적으로 제거된다.

상당히 많은 BOD와 TSS뿐만 아니라 불용성의 인은 1차 슬러지로서 시스템으로부터 제거된다. 분리조가 제공되거나 기존 시설에서 적절한 혼합과 응결이 추가되면 효율 향상이 이루어진다(Lijklema, 1980). 폴리머의 추가는 침전을 촉진하기 위해서 필요할

그림 6-15

인 제거를 위한 처리공정에서 화학제의 투입점에 대한 대안들: (a) 1차 침전지 앞 또는 생물학적 처리 전후, (b) 3차 처리 전, (c,d,e) 공정 내 여러 지점 (흔히 분산 투입법)

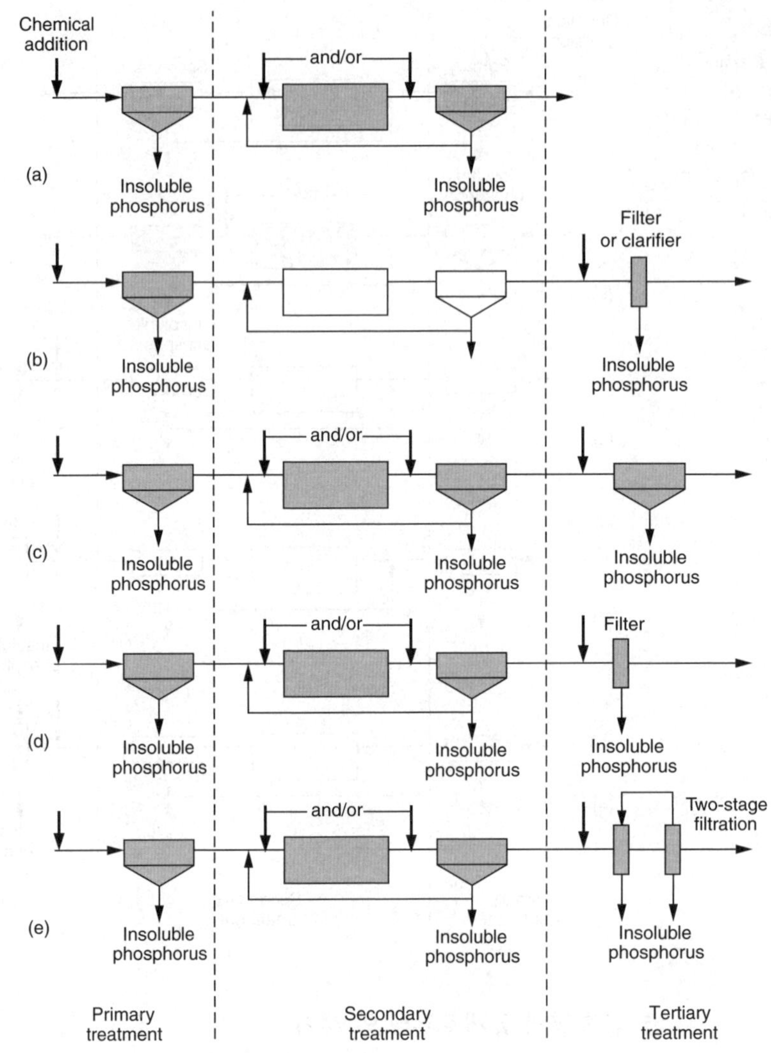

수도 있다. 낮은 알칼리도의 하수에서, 염기의 첨가는 pH를 5~7의 범위로 만든다.

2차 처리시설에 금속염의 첨가. 금속염은 활성슬러지 공정의 유입수, 활성슬러지 포기조, 또는 최종 침전조의 유입수로에 첨가된다. 살수여상에서 금속염들은 1차 유입수나 재사용되는 살수 여과기 처리수에 첨가된다. 다중점첨가가 이루어진다. 이론적으로 $AlPO_4$의 최소 용해도는 pH 6.3에서 일어나고, $FePO_4$의 최소용해도는 pH 5.3에서 일어난다. 그렇지만, 실질적인 적용에 있어서 양호한 인의 제거는 pH 6.5에서 7.0의 범위에서 일어나며, 이것이 생물학적 처리와 가장 좋은 조합이다. 제1철염의 사용은 단지 높은 pH에서 낮은 인 농도를 유지하므로 한정적으로 사용된다. 낮은 알칼리도의 하수에서는 알루민산나트륨과 alum 또는 제2철과 석회 또는 2가지 모두 pH를 5.5 이상으로 유지시키기 위해 사용될 수 있다. 최종 침전지에 폴리머를 첨가하면 침전 향상과 유출수의 낮은 BOD 농도가 화학제 첨가에 의해 나타난다.

2차 침전지에 금속염의 첨가. 살수여상과 장기포기 활성슬러지 같은 몇몇 경우에 2차 침전지에서 고형물들은 응결되지 않고 잘 침전되지 않는다. 침전문제는 시설의 심각한 과부하를 유발하게 된다. 알루미늄이나 철염의 첨가는 금속성 수산화물이나 인산염의 침전을 유발하게 된다. 유기성 폴리머와 함께 알루미늄과 철염은 콜로이드 입자를 응집하고 여과기에서 제거를 향상시킬 수 있다. 결과적으로 응집된 콜로이드 입자와 침전물들은 2차 침전지에서 쉽게 침전되고, 유출수에서 TSS 농도와 효과적인 인 제거가 일어난다.

금속염 첨가로 유출수의 여과. 침전된 2차 처리수의 수질에 따라 유출수의 여과 효율을 높여주기 위하여 화학제의 첨가가 이용된다. 화학제의 첨가는 인, 금속이온과 휴믹물질 같은 특정 물질의 제거를 포함하여 특정 처리목적을 달성하기 위하여 이용된다. 축여과공정에 화학제의 첨가에 의한 인의 제거는 방류수계가 처리장의 유출수에 민감하여 인을 제거할 필요가 있을 때 이용한다. 표 11-10과 11장에서 토론하겠지만 2단계 여과 공정은 인의 제거에 매우 효율적인 것으로 판명되고 있다.

칼슘을 이용한 유체에서의 인 제거

인의 제거를 위한 석회의 사용은 (1) 금속염에 비해 다루어야 할 슬러지 양의 증가, 그리고 (2) 석회의 취급, 저장과 투입에 관련된 운전 및 유지관리상의 문제 등으로 인하여 감소하고 있다. 석회를 사용했을 때 투입량에 대한 주요 변수는 필요한 제거 정도와 하수의 알칼리도이다. 운전 투입량은 현장실험을 기초로 결정된다. 석회는 1차 침전지나 2차 침전지의 침전제로 많이 이용되어 왔다.

1차 침전지의 석회 첨가. 인을 65~80% 정도 제거하기 위하여 석회처리가 사용된다. 석회를 사용하였을 때, 칼슘과 수산화물은 정인산과 반응하여 비용해성의 수산화인회석 [$Ca_5(OH)(PO_4)_3$]을 형성한다. 1.0 mg/L의 잔류 인 농도는 화학제의 첨가와 함께 유출수의 여과시설을 추가함으로써 달성할 수 있다. 석회 주입량이 많은 시스템에서는 충분한 양의 석회가 pH를 11까지 올리기 위해 첨가된다. 침전 후 유출수의 pH는 9.5에서 10을 넘지 말아야 한다. 높은 pH 값은 생물학적 처리를 방해할 수 있다. 살수여상에서 처리과정 동안 생성된 이산화탄소는 재탄화가 없는 낮은 pH에 대해 충분하다. 낮은 석회처리를 위한 첨가량은 pH 8.5~9.5에서 Ca $(OH)_2$로 75~250 mg/L의 범위이다. 그렇지만, 낮은 석회처리방법에서는 침전에 필요한 조건은 매우 한정적이 되며, Ca^{2+}/Mg^{2+}의 몰 비는 ≤ 5/1이다(Sedlak, 1991).

2차 처리 후의 석회 첨가. 석회는 생물학적 처리 후에 인과 TSS 농도를 낮추기 위하여 첨가된다. 석회를 추가하기 위하여 단일 반응공정과 2단계 공정이 그림 6-16에 나타나 있다. 그림 6-16(a)에서 단일 석회 침전 공정이 2차 처리 유출수의 처리를 위하여 이용된다. 그림 6-16(b)에 나타난 것과 같이 2단계 공정의 1단계 침전지에서 pH를 11이상으로 올리기 위하여 충분한 석회를 첨가하여 인산염칼슘(인회석)으로서 용해성 인을 침전시키는 것이 가능하다. 공정 중에서 형성된 탄산칼슘 침전물은 TSS 제거를 위한 응집제로 작용한다. 큰 석회 침전 반응조는 그림 6-17에 나타나 있다. 과잉의 용해성 칼슘은 이산화탄소 가스를 투입하여 pH를 10 정도까지 감소시켜 탄산칼슘 침전물로서 2단계 침전

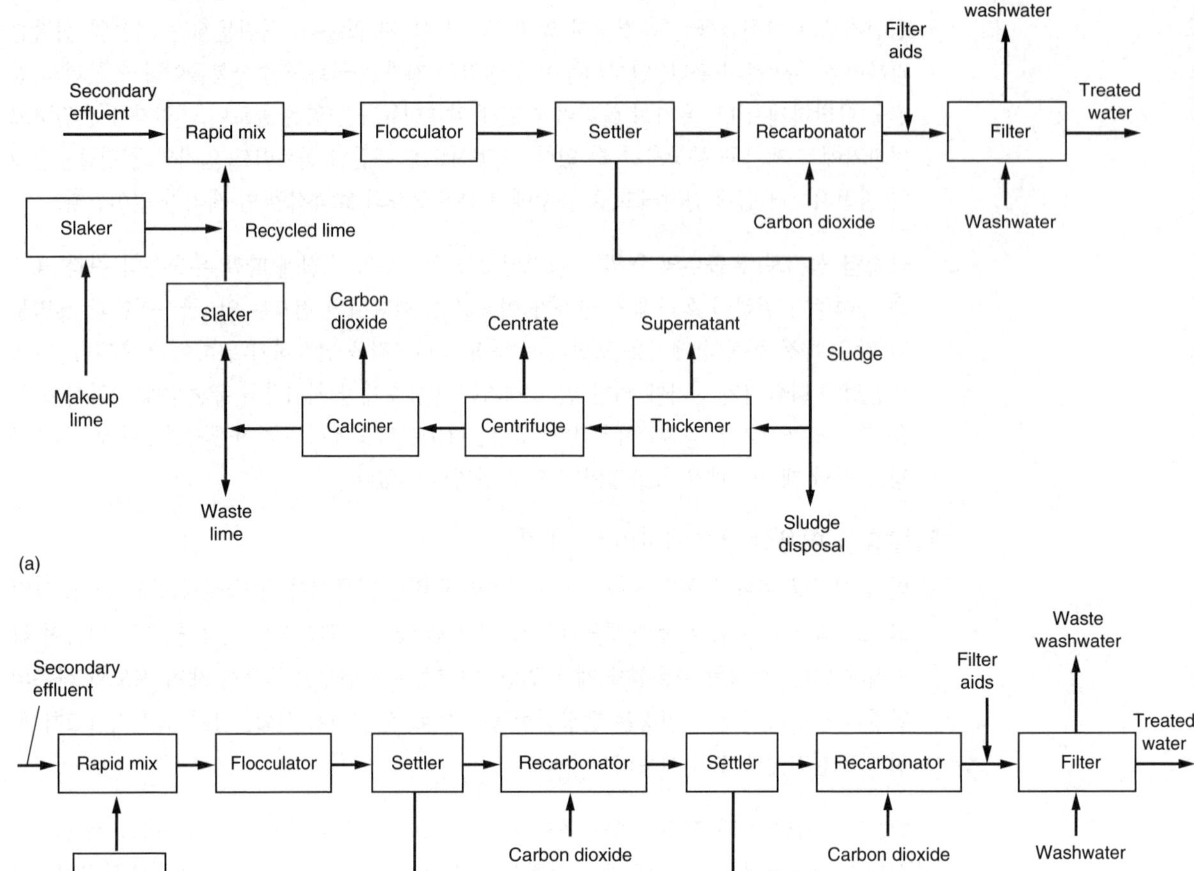

그림 6-16

인 제거를 위한 석회 처리공정도: (a) 단일 1단 시스템, (b) 2단 시스템

지에서 제거할 수 있다. 일반적으로 스케일 형성을 억제하기 위하여 2차 처리 유출수에 이산화탄소를 2지점이 주입한다. TSS와 인의 잔류농도를 줄이기 위하여 2차 침전지의 유출수는 다중여과나 막여과를 통하여 제거된다. 여재의 유착이 일어나지 않도록 과도한 칼슘을 사용함에 있어서 주의가 필요하다.

석회 재소성. 석회를 재소성하는 경우 화학약품 비용이 내려간다면 큰 처리장에서 타당한 대안이 될 수 있다. 석회 회수 시스템을 통한 비용절감이 이루어진다면, 석회가 포함된 슬러지를 980°C까지 열처리함으로써 탄산칼슘으로 변화시키는 시설이 될 수 있다. 이 공정이나 다른 현장의 굴뚝에서 배출되는 이산화탄소는 하수의 pH 조정을 위하여 사용될 수 있다.

그림 6–17
2차 처리수의 응집에 이용되는 규모가 큰 침전조. 침전된 유출수는 산업용수로 재이용하기 전에 미세여과로 처리된다.

화학적 인 제거의 전략

폐수의 특징과 처리시설의 많은 다른 작동 전략에 따르면 인은 화학적 제거가 가능하다. 일반적으로 이 전략은 한 지점에 첨가, 여러 지점에 첨가로 분류될 수 있다. 처리 시스템의 여러 지점에 화학제를 첨가함으로써 인을 제거하는 장단점은 표 6–6에 정리되어 있다. 각각의 대안을 주의 깊게 평가하기 바란다.

6-5 암모늄과 인 제거를 위한 스트루바이트의 화학적 생성

폐수로부터 인의 제거는 이전 절에서 살펴보았다. 이 절에서는 암모늄과 인의 동시 제거에 관해 살펴보고자 한다. 폐수처리에서 혐기성 소화조의 1차 슬러지와 활성 슬러지의 처리 시 대두되는 심각한 문제 중 하나는 인산 암모늄 마그네슘 육수화물($MgNH_4PO_4 \cdot 6H_2O$)의 형성이며, 이 화합물은 흔히 스트루바이트(struvite)로 불린다. 혐기성 소화조에서 형성되는 다른 침전물은 이인산 칼슘 n수화물([$Ca(PO_4)_2 \cdot nH_2O$], 비비아나이트(vivianite, [$Fe_3(PO_4)_2 \cdot 8H_2O$]), 배리사이트(variscite, [$AlPO_4 \cdot 2H_2O$])가 있다.

스트루바이트 결정 및 비비아나이트의 형성과 축적은 공정의 배관망, 펌프, 탈수시설에서 문제를 야기할 수 있다(그림 6–18). 이 절은 스트루바이트 형성 원리를 사용하여 스트루바이트의 형성, 스트루바이트의 형성을 제어하는 수단, 질소와 인의 회수방법을 살펴보고자 한다. 염양염류를 회수하기 위한 스트루바이트 형성에 관한 실제 응용은 15장에서 살펴본다.

스트바이트 형성 화학

혐기성 소화 시, 마그네슘, 암모늄, 인산염은 일차 소화 슬러지와 활성슬러지로부터 배출

표 6-6
금속염을 이용한 액체상의 인 제거를 위한 처리장의 단일 또는 여러 지점에 화학적 첨가[a]

적용단계	장점	단점
단일 적용단계(그림 6-14)		
1차	대부분의 처리장에 적용 가능; BOD와 부유물질 제거효율을 높임; Me:P의 비율이 0.5~1인 조건에서 좋은 석회 회수율을 나타냄	응결을 위하여 폴리머가 필요; 1차 슬러지보다 슬러지의 탈수가 어려움; 생물학적 처리를 위해 잔류 P가 존재해야 함
2차 생물 반응조	활성슬러지의 안정성의 향상; 폴리머가 필요하지 않음	과잉의 금속주입은 낮은 pH 독성 유발; 낮은 알칼리도의 하수에서 pH 조절이 필요; 과도한 pH 때문에 석회를 사용할 수 없음; 휘발성 물질의 비율을 줄이기 위해서, 활성 슬러지 혼압액에 비활성 물질 첨가
2차 침전지	2차 침전지의 침전 향상	높은 금속 유출이 자외선 살균에 영향을 미침.
3차 침전지	높은 Me:P 비율로 낮은 인 유출 가능	높은 자본비용
3차 여과	적은 비용으로 잔류 고형물질의 제거 가능	단일단계 여과로 지속적인 여과시간을 줄일 수 있다. 두 단계 여과과정의 추가적인 비용
여러 지점의 추가(그림 6-15)		
두 가지 위치(예를 들어, 원수와 2차 침전 또는 여과 전에 정착된 2차 유출)	유출에서 인 농도에 대한 강화된 통제. 다단 투여 방법은 폐수의 유출 한도를 적절하게 맞춤	두 가지 분리된 화학 투여 장치가 필요하기 때문에 높은 자본비용, 높은 금속 유출이 자외선 살균에 영향을 미침
세 가지 이상의 위치	위와 같음	위와 같음

[a] Refer also to Table 6-5. Adapted in part from U.S. EPA(1976).

그림 6-18
폐수처리 배관 내 스트루바이트 침전 사진

된다. 만약 용해성 마그네슘, 암모늄, 오르토인산염의 농도가 주어진 pH 조건하에서 스트루바이트를 형성하는 용해도 한계를 넘어서면, 스트루바이트 결정이 형성될 것이다. 일반적인 스트루바이트의 형성 반응은 다음과 같다.

$$Mg^{2+} + NH_4^+ + PO_4^{3-} + 6H_2O \rightleftarrows MgNH_4PO_4 \cdot 6H_2O \tag{6-25}$$

비록 스트루바이트 반응이 비교적 간단하지만, 실제 반응은 폐수의 이온세기, pH, 알칼리도, 수온에 따라 다양하게 전개된다. Mg^{2+}: NH_4^+: PO_4^{3-}의 1:1:1 몰 비로 3 성분이 존재할 경우, 스트루바이트 결정의 성장은 계속해서 이루어질 것이다. 스트루바이트의 용해도적(solubility product) 상수는 다음 식과 같다.

$$\{Mg^{2+}\}\{NH_4^+\}\{PO_4^{3-}\} = K_{so} \quad (\text{스트루바이트}) \tag{6-26}$$

식 (6−26)에서 중괄호({})는 성분의 농도로 활동도(activity)를 말한다.

스트루바이트 침전과 관련된 부가반응(side reactions)은 표 6−7에 제시하였다. 용해도적 조건P_s는 성분, 이온 활성, 그리고 이온 강도와 연관되는 부가 반응을 설명하기 위해 사용되며, 다음 식으로 주어진다.

$$P_s = C_{T,Mg}C_{T,NH_3}C_{T,PO_4} = \frac{K_{so}}{\alpha_{Mg^{2+}}\alpha_{NH_4^+}\alpha_{PO_4^{3-}}\gamma_{Mg^{2+}}\gamma_{NH_4^+}\gamma_{PO_4^{3-}}} \tag{6-27}$$

여기서 $C_{T,Mg}C_{T,NH_3}C_{T,PO_4}$ = 개별 성분의 총 농도

$\alpha_{Mg^{2+}}, \alpha_{NH_4^+}, \alpha_{PO_4^{3-}}$ = 개별 성분의 이온 분율

$\gamma_{Mg^{2+}}, \gamma_{NH_4^+}, \gamma_{PO_4^{3-}}$ = 개별 성분의 이온 세기

이온 분율은 용액에서 총 농도 대비 마그네슘, 암모늄, 인산염의 각 자유 성분의 농도로 정의된다. 용액에서 마그네슘, 암모늄, 인산의 총 농도식은 표 6−7에 제시하였다. 식 (6−27), 표 6−7에 주어진 식과 이에 따른 평형상수인 pK 값을 사용하면, 그림 6−19에 제시된 바와 같이 스트루바이트의 최소 용해도는 pH 약 10.3이다(Ohlinger et al., 1998).

그림 6−19에 제시된 스트루바이트의 용해도 한계곡선은 스트루바이트가 형성될 수 있을지를 결정하는 데 사용될 수 있다. P_s 값은 식 (6−27)의 좌변 항에 주어진 마그네슘, 암모늄, 인산염의 분석된 농도로부터 계산되고 이를 적절한 이온세기에 따라 용해도 한계곡선을 따라 나타내면 된다. 만약 P_s 값이 용해도 한계곡선의 바깥 범위에 있다면, 스트루바이트의 침전은 발생되지 않을 것으로 예상된다.

표 6−7에 제시된 화학종과 평형상수로 구성된 화학반응(chemical system)은 MINEQL+ 혹은 MINTEQA2와 같은 화학반응 전문 소프트웨어를 사용하여 모사(또는 모델링)할 수 있다. 그래서 화학종의 농도로 표현되는 모델링 결과는 식 (6−27)의 우변 항에 적용하여 P_s를 계산하는 데 사용된다. 그림 6−19를 도식하는 데 사용된 MINTEQA2 소프트웨어는 미국 환경보호청(U.S. EPA)에 의해 개발되었고 http://www.epa.gov/ceampubl/mmedia/minteq/ 사이트에서 무료로 받을 수 있다. 용해도적 계산식의 개발과 사용 방법에 관한 자세한 사항은 Snoeyink and Jenkins(1980)과 Ohlinger et al. (1998)에서 찾을 수 있다. 그림 6−19에서 주어진 용해도 한계곡선의 응용은 예제 6−3에 제시하였다.

표 6-7
용액상 스트루바이트와 관련된 화학반응과 마그네슘, 암모늄, 인산의 총 농도

반응	pK 범위	pK 대표값
$NH_4^+ \rightleftarrows NH_{3(aq)} + H^+$	9.25~9.3	9.25
$H_3PO_4 \rightleftarrows H_2PO_4^- + H^+$	2.1	2.1
$H_2PO_4^- \rightleftarrows H_2PO_4^{2-} + H^+$	7.2	7.2
$HPO_4^{2-} \rightleftarrows PO_4^{3-} + H^+$	12.3	12.3
$MgOH^+ \rightleftarrows Mg^{2+} + OH^-$	2.56	2.56
$MgH_2PO_4^+ \rightleftarrows H_2PO_4^- + Mg^{2+} + OH^-$	0.45	0.45
$MgHPO_4 \rightleftarrows H_2PO_4^{2-} + Mg^{2+}$	2.91	2.91
$MgPO_4^- \rightleftarrows PO_4^{3-} + Mg^{2+}$	4.8	4.8
$MgNH_4PO_4 \cdot 6H_2O \rightleftarrows Mg^{2+} + NH_4^+ + PO_4^{2+} + Mg^{2+} + H_2O$	12.6~13.26	13.0
$AlPO_{4(s)} \rightleftarrows Al^{3+} + PO_4^{3-}$	21	21
$FePO_{4(s)} \rightleftarrows Fe^{3+} + PO_4^{3-}$	21.9~23	22.0

$C_{T,Mg} = [Mg^{2+}] + [MgOH^+] + [MgH_2PO_4^+] + [MgHPO_4] + [MgPO_4^-]$

$C_{T,NH_3} = [NH_4^+] + [NH_3]$

$C_{T,P} = [PO_4^{3-}] + [H_3PO_4] + [H_2PO_4^-] + [HPO_4^{2-}] + [MgH_2PO_4^+] + [MgHPO_4] + [MgPO_4^-]$

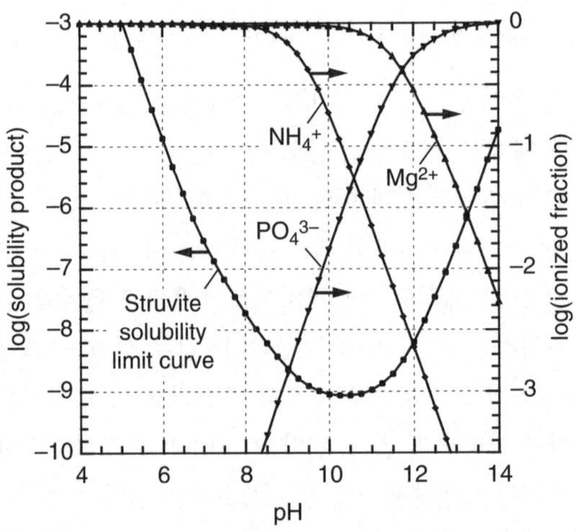

그림 6-19
이온 세기 μ = 0.1에서 스트루바이트의 용해도 한계곡선과 이온 분율의 도식. MINTEQA2로 계산한 결과(Ohlinger et al., 1998).

예제 6-3 **스투르바이트 침전 가능성 평가** 다음에 따른 분석결과는 Snoeyink and Jenkins(1980)에 의해 보고된 미국 캘리포니아주 로스엔젤레스시 소재 하이페리언 폐수처리시설의 슬러지로부터 얻은 것이다. 그림 6-18에 주어진 스트루바이트 용해도 도식을 이용하여 스트루바이트가 침전할 것인지를 결정하라.

시료	pH	농도, mole/L[a]		
		$C_{T,Mg}$	$C_{T,NH3}$	$C_{T,PO4}$
생슬러지	5.5	0.005	0.005	0.04
소화 슬러지	7.5	0.005	0.1	0.07
희석된 소화 슬러지	7.5	0.001	0.025	0.02

[a] Data adapted from Snoeyink and Jenkins(1980).

풀이

1. 식 (6−27)의 좌변 항을 사용하여 각 슬러지 시료에서 측정된 분석 농도를 사용하여 조건별 용해도적을 계산한다.

   $P_s = (C_{T,\,Mg})(C_{T,\,NH_3})(C_{T,\,PO_4})$

   a. 생슬러지

   $P_s = (0.005)(0.005)(0.04) = 0.000001$

   $\log(P_s) = \log(0.000001) = -6$

   b. 소화 슬러지

   $P_s = (0.005)(0.1)(0.07) = 0.000035$

   $\log(P_s) = \log(0.000035) = -4.5$

   c. 희석된 소화 슬러시

   $P_s = (0.001)(0.025)(0.02) = 0.0000005$

   $\log(P_s) = \log(0.000001) = -6.3$

2. 스트루바이트 침전이 일어날지를 결정하기 위해 용해도 한계곡선에 대한 pH 함수로 용해도적을 도식한 결과는 다음과 같다.

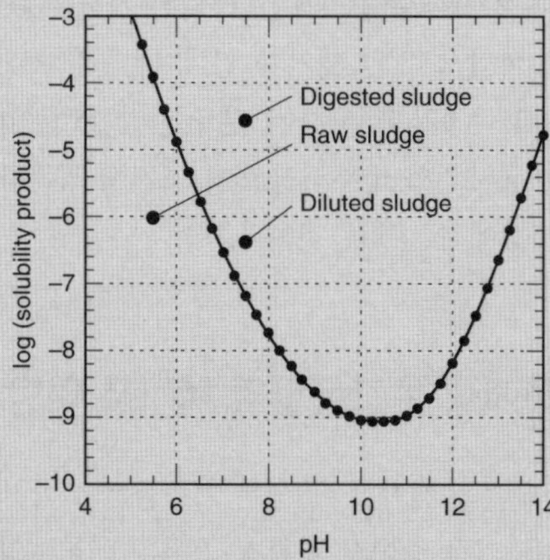

조언 2단계에서 제시된 그림으로부터 생슬러지 시료는 스트루바이트가 침전할 것으로 예상되는 범주의 밖에 존재하여 침전하지 않을 것으로 예상된다. 하지만, 소화 슬러지와 희석된 소화 슬러지는 잠재적으로 스트루바이트 침전이 일어날 것으로 예상된다. 소화 슬러지를 더 희석하거나 슬러지 pH를 감소시켜서 스트루바이트의 형성을 억제하기를 권고받게 될 것이다.

≫ 스트루바이트 형성 제어 및 저감 방안

스트루바이트의 형성 제어는 공정 장치나 시설 내 스트루바이트의 축적이라는 관점에서 중요할 뿐만 아니라 처리시설 내 반송할 경우 인과 암모늄 제거와 같은 편익효과 때문에 또한 중요하다. 스트루바이트의 형성은 화학제를 첨가하여 제어하거나 혹은 스트루바이트를 수확 및 제거함으로써 제어될 수 있다. 수년간에 걸쳐 사용된 화학적 방법은 다음에 고려하여 살펴보고자 한다. 스트루바이트 수확은 화학적 처리방법의 관점에서 토의되고 있다. 주요한 스트루바이트 제어 방법은 표 6-8에 제시하였다. 표 6-8과 같이, 주요 화학적 방법들은 alum, 철염, 석회 및 상표 등록된 화학 첨가제들의 사용에 관한 것이다. 침전 방법상 기본 원리는 조건별로 용해도적 이하로 스트루바이트의 형성에 관여하는 하나 또는 그 이상의 성분을 억제함으로써 스트루바이트의 형성을 제한하게 된다. 다른 화학적 수단은 스트루바이트의 형성을 억제하는 상표 등록된 화학제를 사용하고 pH를 낮추는 화학제를 첨가해서 스트루바이트의 형성을 제한하게 된다. 스트루바이트의 형성과 제어하기 위한 부가적인 상세한 사항들은 15장에 다룰 것이다.

≫ 영양염 제거를 위한 향상된 스트루바이트 형성

식 (6-27)과 표 6-7에 주어진 평형식으로부터 스트루바이트의 형성을 제어하려는 조건들이 최적화되면, 암모늄과 인산염을 효과적으로 제거하는 것이 가능하다. 세계적으로 스트루바이트의 형성을 통해 영양염을 제거하려고 개발된 10가지 이상의 기술이 존재한다. 가장 흔하게 암모늄과 인산염을 제거하기 위해 사용된 방법은 상향류 유동층 반응기에서 회수 가능한 스트루바이트 결정을 형성시키는 것이다(그림 6-20). 그림 6-20에 보여진 바와 같이, 스트루바이트 결정의 형성은 과량 Mg^{2+}을 가함으로써 가속되며 이것은 높은 pH와 고온으로 폐수에 가해진다. 다른 기술은 다양한 완전혼합 반응기를 채용한다. 수많은 문헌을 바탕으로 인 제거가 일어나는 최적 조건은 Mg^{2+}:PO_4^{3-}의 몰 비가 1.1과 1.6 사이이며, pH는 9와 10.5 사이, 온도는 약 25°C이다. 또한, 다른 특이한 수치는 화학조성, 폐수의 이온세기와 국부적인 반응 조건에 의존하게 된다. 영양염의 제거에 관한 자세한 내용은 15장에서 설명될 것이다.

6-6 중금속과 용해성 무기물질의 제거를 위한 화학적 침전

하수로부터 중금속을 제거할 수 있는 기술들은 화학적 침전, 탄소흡착, 이온교환과 역삼투가 있다. 이들 기술 중에서 화학적 침전은 대부분의 금속에 널리 적용된다. 일반적인 침전제로는 수산화물(OH^-)과 황화물(S^{2-})이다. 탄산염(CO_3^{2-})은 특별한 경우에 이용된다. 금속이온은 인과 분리하거나 함께 침전시켜 제거할 수 있다. 흡착, 이온교환과 역삼투는 11장에서 다루게 된다.

≫ 침전반응

관심있는 금속들은 비소(As), 바륨(Ba), 카드뮴(Cd), 구리(Cu), 수은(Hg), 니켈(Ni), 세

표 6-8
스트루바이트 형성을 제어하거나 제한하는 데 사용되는 방법

방법	설명
Alum [$Al_2(SO_4)_3 \cdot 14H_2O$] 첨가	인 침전에 사용. Alum 첨가는 알칼리도를 고갈시키기 때문에, 수산화칼슘이 필요한 알칼리도를 보충하는 데 사용됨. 혐기성 소화의 상·하층부, 혐기성 소화조에 첨가 가능
염화제2철[$FeCl_3$] 첨가	인 침전에 사용. 제2철 첨가는 알칼리도를 고갈시키기 때문에, 수산화칼슘이 필요한 알칼리도를 보충하는 데 사용됨. 혐기성 소화의 상·하층부, 혐기성 소화조에 첨가 가능
염화제1철[$FeCl_2$] 첨가	인 침전에 사용. 혐기성 소화의 상·하층부, 혐기성 소화조에 첨가 가능
황산제2철[$Fe_2(SO_4)_3$] 첨가	인 침전에 사용. 소화가 진행되는 동안 황화수소가 생성될 가능성 때문에 일반적으로 추천되지 않음.
수산화칼슘(lime) [$Ca(OH)_2$] 첨가	인 침전과 알칼리도 조정에 사용
등록 상표가 붙은 화학제 첨가	등록 상표가 붙은 화학제도 역시 스트루바이트 형성을 억제하는 데 유용함. 인의 거동은 알려져 있지 않음.
스케일 방지 화학제 첨가	스트루바이트 형성을 억제하는 등록 상표가 붙은 스케일 방지제 역시 유용함.
pH 감소	산 또는 이산화탄소는 폐수의 pH를 낮추는 데 첨가됨. 이산화탄소는 안전성 측면과 과량 주입의 염려가 없기 때문에 선호됨.
이산화탄소 배출 최소화	이산화탄소는 공정배관의 난류발생 지점에서 배출될 수 있음. 이산화탄소가 배출될 때, pH는 증가하고 스트루바이트 침전이 일어남.
일상적인 유지관리	스트루바이트가 형성되는 장소에 따라, 고온의 제트 수로 공정배관의 일상적 세척이 스트루바이트 형성을 제어하는 데 매우 효과적인 것으로 증명됨.

레늄(Se)과 아연(Zn)이다. 대부분의 금속은 수산화물이나 황화물으로 침전된다. 수산화물과 황화물의 침전물에 대한 평형상태의 용해도곱은 표 6-9와 같다.

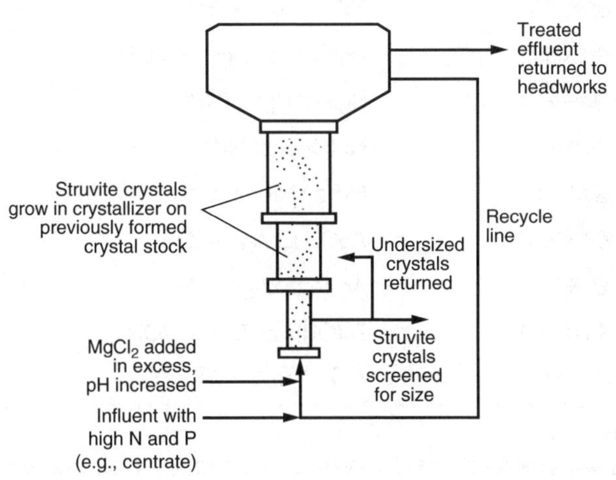

그림 6-20
스트루바이트 제거에 사용된 반응기

하수처리시설에서 금속은 최소 용해도의 pH가 될 수 있도록 석회나 가성소다를 투입함으로써 금속 수산화물로 대부분 침전된다. 그러나, 몇 개의 화합물은 양쪽성(전자를 받아들이거나 내보낼 수 있는)이고, 최소 용해도를 가진 점을 나타낸다. 최소 용해도의 pH 값은 수산화침전물로서 그림 6-21에 의해 나타나듯이 금속에 따라 달라진다. 그림 6-21에서 실선은 침전물로서 평형상태에 있는 전체 금속을 표현한다. 이 곡선은 그림 6-8에서 설명되었듯이 Al^{3+}와 Fe^{3+}를 사용한 것과 같이 단일핵의 수산화물을 이용하여 개발되었다. 최소 용해도의 위치는 하수 내 존재하는 성분에 따라 달라지게 된다. 그림 6-21은 시험을 위한 pH 범위로서만 유용하다.

금속은 그림 6-22에서 설명되었듯이 황화물로도 침전된다. 중금속의 화학침전으로부터 얻어질 수 있는 최소 유출수 농도를 표 6-10에 나타내었다. 실질적으로 얻어질 수 있는 최소 잔류농도는 온도뿐만 아니라 하수에 있는 유기물질에 따라 달라진다. 특히 수은(Hg)과 비소(As)와 같은 몇몇의 금속은 다중산화 상태가 침전효율에 영향을 미칠 수 있다. 따라서 금속 침전에 대한 많은 불확실성 때문에 실험실이나 pilot 규모의 실험을 행해야 한다.

표 6-9
수산화물와 황화물에 대한 평형상태에서 유리금속의 용해도곱[a,b]

금속	반 반응	pK_{sp}
수산화카드뮴	$Cd(OH)_2 \rightleftarrows Cd^{2+} + 2OH^-$	13.93
황화카드뮴	$CdS \rightleftarrows Cd^{2+} + S^{2-}$	28
수산화크롬	$Cr(OH)_3 \rightleftarrows Cr^{3+} + 3OH^-$	30.2
수산화구리	$Cu(OH)_2 \rightleftarrows Cu^{2+} + 2OH^-$	19.66
황화구리	$CuS \rightleftarrows Cu^{2+} + S^{2-}$	35.2
수산화철(II)	$Fe(OH)_2 \rightleftarrows Fe^{2+} + 2OH^-$	14.66
황화철(II)	$FeS \rightleftarrows Fe^{2+} + S^{2-}$	17.2
수산화납	$Pb(OH)_2 \rightleftarrows Pb^{2+} + 2OH^-$	14.93
황화납	$PbS \rightleftarrows Pb^{2+} + S^{2-}$	28.15
수산화수은	$Hg(OH)_2 \rightleftarrows Hg^{2+} + 2OH^-$	23
황화수은	$HgS \rightleftarrows Hg^{2+} + S^{2-}$	52
수산화니켈	$Ni (OH)_2 \rightleftarrows Ni^{2+} + 2OH^-$	15
황화니켈	$NiS \rightleftarrows Ni^{2+} + S^{2-}$	24
수산화은	$AgOH \rightleftarrows Ag^+ + OH^-$	14.93
황화은	$Ag_2S \rightleftarrows 2Ag^+ + S^{2-}$	28.15
수산화아연	$Zn(OH)_2 \rightleftarrows Zn^{2+} + 2OH^-$	16.7
황화아연	$ZnS \rightleftarrows Zn^{2+} + S^{2-}$	22.8

[a] Bard(1966).

[b] 금속이 완전한 용해도에 도달하기 위해서는 모든 복합물질들을 표 6-2에 제시된 것과 같이 알루미늄과 철로서 생각해야 한다.

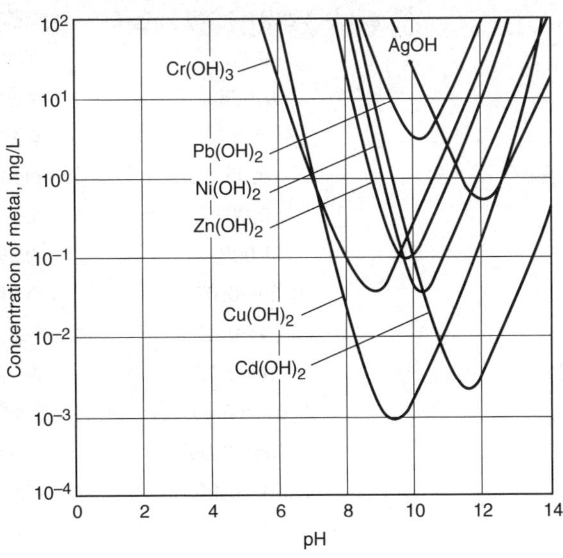

그림 6-21

금속 수산화물로 침전시키기 위한 pH함수로서 잔류 용해성 금속 농도. 다양한 금속 수산화물의 용해도 및 평형상수의 넓은 변화로 인해 이 그림은 단지 참고용으로만 사용이 가능하다(표 6-9 참조).

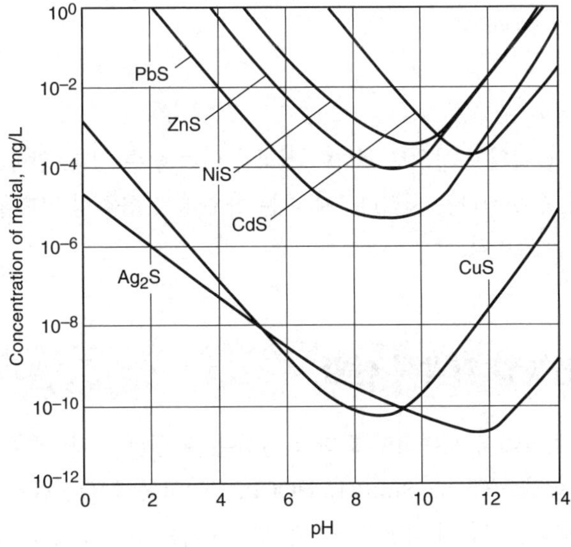

그림 6-22

금속황화물로 침전시키기 위한 pH함수로서 잔류 용해성 금속 농도. 금속의 용해도 및 다양한 금속황화물의 평형상수로 인해 이 그림은 단지 참고용으로만 사용이 가능하다(표 6-9 참조).

》 인과의 공침

앞에서도 언급했듯이 하수에서 인의 침전은 alum, 철이나 칼슘과 같은 응집제나 고분자 전해질(polyelectrolytes)을 첨가함으로써 얻어진다. 동시에 인의 제거를 위하여 이들 화합물을 첨가할 경우에 중금속과 같은 다양한 비유기성 이온들의 제거도 함께 일어난다. 용해된 금속은 수산화물 복합체에 흡착되지만, 미립자와 콜로이드성의 유형은 응집된 물질을 포함한다. 산업폐수와 가정하수를 함께 처리하는 경우에 현장의 전처리가 비효율적인 경우나 현장에서 전처리과정이 잘못되었을 경우, 1차 침전시설에 화학제를 첨가하는 것이 필요할 수 있다. 화학침전을 이용할 때 슬러지의 안정화를 위한 혐기성 소화는 침전

표 6-10
침전에 의하여 금속을 제거할 때 얻을 수 있는 실질적인 유출수 농도[a]

금속	얻을 수 있는 유출수 농도, mg/L	침전과 기술의 형태
비소	0.05	여과와 함께 황화침전
	0.005	수산화철과 공침
바륨	0.5	황화침전
카드뮴	0.05	pH 10~11에서 수산화침전
	0.05	수산화철로 공침
	0.008	황화침전
구리	0.02~0.07	수산화침전
	0.01~0.02	황화침전
수은	0.01~0.02	황화침전
	0.001~0.01	알루미늄 공침
	0.0005~0.005	수산화철 공침
	0.001~0.005	이온교환
니켈	0.12	pH 10에서 수산화침전
세레늄	0.05	황화침전
아연	0.1	pH 11에서 수산화침전

[a] Eckenfelder(2000).

된 중금속의 독성으로 인하여 처리가 어려울 수 있다. 앞에서도 언급했듯이, 화학침전의 단점 중의 하나는 처리하고자 하는 하수에 총 용해성 고형물의 순 증가를 항상 동반하게 된다는 것이다.

6-7 보편적인 화학적 산화

하수처리에서 보편적인 화학적 산화는 오존(O_3), 과산화수소(H_2O_2), 과망간산(MnO_4), 이산화염소(ClO_2), 염소(Cl_2, HOCl), 그리고 산소(O_2) 같은 산화제를 사용하여 화합물이나 화합물 그룹의 화학적 구성을 변화시키는 것이다. 산화되지 않는 특정 유기물질과 화합물을 파괴할 수 있는 수산화라디컬(HO•)과 같은 고도산화공정(AOP)는 6-8절에서 다룰 예정이다.

≫ 보편적인 화학적 산화의 적용

폐수처리에서 화학적 산화는 주로 (1) 악취 제거, (2) 황화수소 제어, (3) 색도 제거, (4) 철, 망간 제거, (5) 소독, (6) 처리과정과 유통 시스템의 구성요소에서 생물막의 성장 및 생물부착(biofouling)의 제어, (7) 이량 유기성분의 선택적인 산화를 위해 적용되었다. 하수관리에서 화학적 산화의 많은 적용 사례가 표 6-11에 정리되어 있다. 화학적 산화는 냄새 물질의 제거(예를 들면, 황화물과 머캡탄의 산화)에 매우 효과적이고 16장에서 더 논할 예정이다. 이러한 것의 중요성 때문에 화학적 소독은 12장에서 분리하여 설명할 예정이다.

표 6-11에 나타난 적용 이외에도 화학적 산화는 주로 (1) 생물학적으로 분해가 어려운 물질(난분해성)의 처리도 향상, (2) 미생물 성장에 있어서 특정 유기 무기물질의 억제효과 감소, (3) 미생물 성장과 수생 생태계에서 특정 유기, 무기물질의 독성을 감소시키기 위해 이용된다. 산화의 응용 프로그램에 대한 추가정보는 Rakness(2005), Crittenden et al.(2012), U.S. EPA(1999), and Black and Veatch Corporation(2010)에서 찾을 수 있다.

화학적 산화 공정에 사용되는 산화제

종종 폐수처리에 사용되는 산화제는 (1) 염소, (2) 오존, (3) 이산화 염소. (4) 과망간산염 및 (5) 과산화수소를 포함한다. 산소의 산화 반응 속도는 일반적으로 보조 생물 처리를 넘어 실제로 사용하기에는 너무 느리다. 화학산화제는 특정한 지점을 처리(예를 들어 냄새나 막오염을 제어하기 위해)하는 동안이나 방전 또는 재사용 전에 마지막 단계를 처리(예를 들면 소독)하는 과정에서 추가된다. 산화 속도는 일반적으로 다음과 같은 트렌드를

표 6-11
하수의 수집, 처리와 처분에서 화학적 산화의 일반적인 적용

적용	사용된 화학제[a]	비고
수집		
슬라임 성장 제어	Cl_2, H_2O_2	곰팡이와 슬라임을 형성하는 박테리아 제거
부식 제어(H_2S)	Cl_2, H_2O_2, O_3	H_2S의 산화로 일어나는 반응 제어
냄새 제어	Cl_2, H_2O_2, O_3	펌프장과 길, 평면 하수관에서 적용
처리		
그리스(grease) 제거	Cl_2	전포기 전에 투입
BOD 감소	Cl_2, O_3	유기물질의 산화
황화철의 산화	Cl_2	황화철과 염화철의 생성
여상의 연못화(ponding) 제어	Cl_2	여과기 노즐의 잔류물 관리
여상 파리 제어	Cl_2	파리가 생성되는 계절에 여과기 노즐의 잔류물 관리
슬러지 벌킹 제어	Cl_2, H_2O_2, O_3	일시적 조절 조치
사상균 제어	Cl_2	사상균의 의해 생성된 거품에 액체 염소 용액을 살포
소화조 상징액 산화	Cl_2	
소화액 거품 제어	Cl_2	
암모니아 산화	Cl_2	암모니아를 질소가스로 변환
냄새 제어	Cl_2, H_2O_2, MnO_4, O_3	
난분해성 유기화합물의 산화	O_3	
처분		
미생물 감소	Cl_2, ClO_2, H_2O_2, O_3	처리장 유출수, 월류수, 우수
냄새 제어	Cl_2, H_2O_2, MnO_4, O_3	
색 제거	Cl_2, H_2O_2, MnO_4, O_3	

[a] Cl_2 = chlorine, ClO_2 = chlorine dioxide, H_2O_2 = hydrogen peroxide, MnO_4 = permanganate, O_3 = ozone.

따른다. 그러나 산화되는 용액(예를 들어 pH) 및 화합물 종류의 특성에 따라 제외도 있을 것이다.

$$\text{HO}\cdot > O_3 > H_2O_2 > \text{HOCl} > \text{ClO}_2 > \text{MnO}_4^- > O_2 > \text{OCl}^- \qquad (6\text{-}28)$$

수산기 라디칼, HO·의 거동은 6.8절에서 자세히 설명하고, 오존의 형성에 관련해서는 여기서 간단히 소개한다. 식 (6–29)에서 나타낸 바와 같이, 기존의 화학적 산화제 중 오존은 O_3과의 직접 반응, 또는 HO·와 간접적인 반응에 의해 하나의 유기화합물을 파괴하는 데 효과적이다.

$$O_3 \rightarrow \left[\begin{array}{l} \xrightarrow[O_3]{\text{Direct Pathway}} O_3 + R \rightarrow \text{Product 1} \\ \xrightarrow[\text{NOM}]{\text{Indirect Pathway}} \text{HO}\cdot + R \rightarrow \text{Product 2} \end{array} \right. \qquad (6\text{-}29)$$

HO·를 생성하기 위해 천연 유기물(NOM)과 오존과의 반응은 표적 화합물을 파괴하는 데 사용되는 가장 중요한 메커니즘 중 하나이다(Elovitz and von Gunten, 1999; Westerhoff et al., 1999). 하지만 낮은 DOC 재생물에 잔류 약품의 실질적인 제거도 낮은 오존 투여량, 직접 오존에 의해 가능하다(Huber et al., 2005). 벤치 및 파일럿 규모의 평가에 이용되는 오존 접촉기의 보기는 그림 6–23에 나타나 있다. 일부 의약품의 변화는 염소 소독 동안 가능하지만, 효과는 염소의 형태, 화학화합물의 구조, 접촉시간, 탈염소의 적용에 의존적이다(Pinkston and Sedlak, 2004).

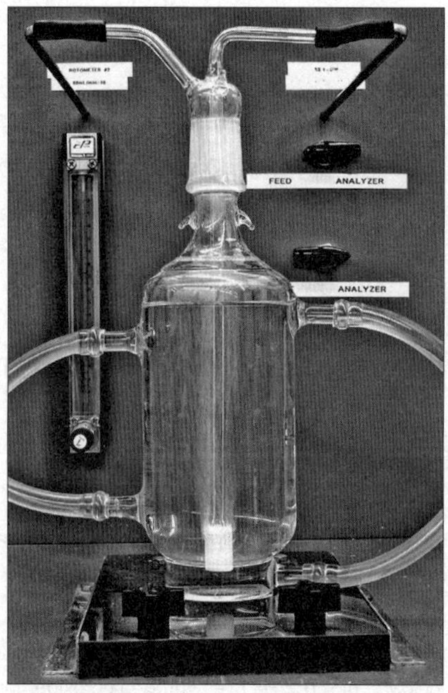

(a)

(b)

그림 6–23

오존을 이용한 화학적 산화 평가를 위한 접촉기. (a) 벤치 규모 (b) 파일럿 규모

화학적 산화의 기초

다음의 설명은 화학적 산화반응에 관련된 기초 개념을 소개하는 데 있다. 여기서 토론할 주제는 (1) 산화-환원반응, (2) 반 반응 전위, (3) 반응 전위, (4) 산화-환원방정식의 평형상수, (5) 산화-환원반응 비율이다.

산화-환원반응. 산화-환원반응들은 산화제와 환원제 사이에서 일어난다. 산화-환원반응에서 서로 교환되는 전자들은 반응에 관련된 물질의 산화상태에 따라 결정된다. 산화제가 산화반응을 일으키는 동안, 공정 내에서 환원된다. 비슷하게, 어떤 물질을 환원시키는 환원제는 산화된다. 예를 들어 다음과 같은 반응을 생각하자.

$$Cu^{2+} + Zn \rightleftarrows Cu + Zn^{2+} \tag{6-30}$$

위의 반응에서 구리(Cu)는 산화상태가 +2에서 0으로 변화하고 아연(Zn)은 0에서 +2로 변한다. 전자를 얻거나 잃기 때문에, 산화-환원반응들은 2개의 반 반응으로 분리된다. 산화 반 반응은 전자를 잃지만 환원 반 반응은 전자를 얻는다. 식 (6-30)을 이루는 반 반응은 다음과 같다.

$$Zn - 2e^- \rightleftarrows Zn^{2+} \qquad \text{(산화)} \tag{6-31}$$

$$Cu^{2+} + 2e^- \rightleftarrows Cu \qquad \text{(환원)} \tag{6-32}$$

위에서 언급한 반응에서 2개의 전자 교환이 있었다.

반-반응 전위. 거의 무수히 가능한 반응 때문에 산화-환원반응에서의 평형상수를 요약한 표는 없다. 이것 대신에 할 수 있는 것은 식 (6-31)와 (6-32)에서 주어진 것과 같은 반 반응의 화학적 및 열역학적 성질을 결정하고 반응의 결합을 연구할 수 있도록 표로 만드는 것이다. 소독공정에서 반 반응들은 표 6-12에 주어지고, 다른 대표적인 반응들은 표 6-13과 같다. 산화-환원반응의 특성을 나타내기 위해 사용할 수 있는 많은 성질 중에서 반응의 전위차(즉, 전압) 혹은 기전력이 흔히 이용된다. 따라서 모든 산화-환원반응에 관련된 반 반응은 그와 관련된 표준 전위 $E°$를 갖는다. 식 (6-33)과 (6-34)에 주어진 반 반응의 전위는 다음과 같다.

$$Zn + 2e^- \rightleftarrows Zn^{2+} \qquad E° = -0.763\ \text{V} \tag{6-33}$$

$$Cu^{2+} + 2e^- \rightleftarrows Cu \qquad E° = 0.340\ \text{V} \tag{6-34}$$

표 6-13에 많은 반 반응의 전위값이 나타나 있다. 반 반응 전위는 반응이 오른쪽으로 향하고자 하는 반응의 경향에 대한 측정이다. 매우 큰 양의 $E°$ 값을 갖는 반 반응들은 오른쪽으로 진행되려고 하는 경향이 크다. 역으로 음의 값의 $E°$ 값을 갖는 반 반응들은 왼쪽으로 진행되려고 하는 경향이 있다.

반응 전위. 앞에서 토의한 반 반응 전위는 2개의 반 반응으로 구성된 반응이 주어진 대로 진행할지 여부를 판단하는 데 이용된다. 반응의 진행 경향은 다음과 같은 표현으로 결정될 수 있는 $E°_{reaction}$을 통해 얻을 수 있다.

표 6-12
폐수처리를 할 때 화학적 소독에 대한 산화 반 반응의 표준 전위[a]

소독제	반 반응	산화 전위[b], V
오존	$O_3 + 2H^+ + 2e^- \rightleftarrows O_2 + H_2O$	+2.07
과산화수소	$H_2O_2 + 2H^+ + 2e^- \rightleftarrows 2H_2O$	+1.78
과망간산	$MnO_4^- + 4H^+ + 3e^- \rightleftarrows MnO_2 + 2H_2O$	+1.67
이산화염소	$ClO_2 + e^- \rightleftarrows ClO_2^-$	+1.50
하이포염소산	$HOCl + H^+ + 2e^- \rightleftarrows Cl^- + H_2O$	+1.49
하이포요오드산	$HIO + H^+ + e^- \rightleftarrows 1/2I_2 + H_2O$	+1.45
염소 가스	$Cl_2 + 2e^- \rightleftarrows 2Cl^-$	+1.36
산소	$O_2 + 4H^+ + 4e^- \rightleftarrows 2H_2O$	+1.23
브롬	$Br_2 + 2e^- \rightleftarrows 2Br^-$	+1.09
하이포염소이온	$ClO^- + H_2O + 2e^- \rightleftarrows Cl^- + 2OH^-$	+0.90
아염소산이온	$ClO_2^- + 2H_2O + 4e^- \rightleftarrows Cl^- + 4OH^-$	+0.76
요오드	$I_2 + 2e^- \rightleftarrows 2I^-$	+0.54

[a] Bard(1966)와 Black and Veatch Corperation(2010)으로부터 유래

[b] 문헌에 따라 보고된 값이 다양하다. 표준 전위나 전압(V)은 다양한 산화–환원반응의 특징을 나타내는 데 주로 사용된다.

$$E^\circ_{\text{reaction}} = E^\circ_{\text{reduction}} - E^\circ_{\text{oxidation}} \tag{6-35}$$

여기서, $E^\circ_{\text{reaction}}$ = 전체 반응의 전위차, V

$E^\circ_{\text{reduction}}$ = 환원 반 반응의 전위차, V

$E^\circ_{\text{oxdiation}}$ = 산화 반 반응의 전위차, V

예를 들면, 식 (6–30)에 나타나 있는 구리와 아연의 반응에서 $E^\circ_{\text{reaction}}$는 다음과 같이 결정된다.

$$E^\circ_{\text{reaction}} = E^\circ_{Cu^{2+},Cu} - E^\circ_{Zn^{2+},Zn} \tag{6-36}$$

$$E^\circ_{\text{reaction}} = 0.340 - (-0.763) = +1.103\ V \tag{6-37}$$

$E^\circ_{\text{reaction}}$에 대한 양의 값은 반응이 쓰여진 대로 진행됨을 나타낸다. 계속해서 설명할 예정이지만, 값의 크기는 주어진 반응의 진행 정도를 측정하는 값이다. 예를 들어, 식 (6–30)을 다음과 같이 쓴다면,

$$Cu + Zn^{2+} \rightleftarrows Cu^{2+} + Zn \tag{6-38}$$

이 반응에 따른 $E^\circ_{\text{reaction}}$의 값은

$$E^\circ_{\text{reaction}} = E^\circ_{Zn^{2+},Zn} - E^\circ_{Cu^{2+},Cu} \tag{6-39}$$

$$E^\circ_{\text{reaction}} = (-0.763) - 0.340 = -1.103\ V \tag{6-40}$$

$E^\circ_{\text{reaction}}$ 값이 음이므로, 주어진 반응은 반대방향으로 진행되게 된다.

표 6-13
산화-환원 반 반응에 대한 표준전위[a]

반 반응	산화 전위[b], V
$Li^+ + e^- \rightarrow Li$	−3.03
$K^+ + e^- \rightarrow K$	−2.92
$Ba^{2+} + 2e^- \rightarrow Ba$	−2.90
$Ca^{2+} + 2e^- \rightarrow Ca$	−2.87
$Na^+ + e^- \rightarrow Na$	−2.71
$Mg(OH)_2 + 2e^- \rightarrow Mg + 2OH^-$	−2.69
$Mg^{2+} + 2e^- \rightarrow Mg$	−2.37
$Al^{3+} + 3e^- \rightarrow Al$	−1.66
$MnO_4^- + 8H^+ + 5e^- \rightarrow Mn^{2+} + 4H_2O$	−1.51
$Mn^{2+} + 2e^- \rightarrow Mn$	−1.18
$2H_2O + 2e^- \rightarrow H_2 + 2OH^-$	−0.828
$Zn^{2+} + 2e^- \rightarrow Zn$	−0.763
$Fe^{2+} + 2e^- \rightarrow Fe$	−0.440
$Cd^{2+} + 2e^- \rightarrow Cd$	−0.40
$Ni^{2+} + 2e^- \rightarrow Ni$	−0.250
$S + 2H^+ + 2e^- \rightarrow H_2S$	−0.14
$Pb^{2+} + 2e^- \rightarrow Pb$	−0.126
$2H^+ + 2e^- \rightarrow H_2$	0.000
$Cu^{2+} + e^- \rightarrow Cu^+$	+0.15
$N_2 + 4H^+ + 3e^- \rightarrow NH_4^+$	+0.27
$Cu^{2+} + 2e^- \rightarrow Cu$	+0.34
$I_2 + 2e^- \rightarrow 2I^-$	+0.54
$O_2 + 2H^+ + 2e^- \rightarrow H_2O_2$	+0.68
$Fe^{3+} + e^- \rightarrow Fe^{2+}$	+0.771
$Ag^+ + e^- \rightarrow Ag$	+0.799
$ClO^- + H_2O + 2e^- \rightarrow Cl^- + 2OH^-$	+0.90
$Br_2(aq) + 2e^- \rightarrow 2Br^-$	+1.09
$O_2 + 4H^+ + 4e^- \rightarrow 2H_2O$	+1.229
$Cl_2(g) + 2e^- \rightarrow 2Cl^-$	+1.360
$H_2O_2 + 2H^+ + 2e^- \rightarrow 2H_2O$	+1.776
$O_3 + 2H^+ + 2e^- \leftrightarrow O_2 + H_2O$	+2.07
$F_2 + 2H^+ + 2e^- \rightarrow 2HF$	+2.87

[a] Bard(1966) and Benefield et al.(1982).

[b] 문헌에 따라 보고된 값이 다양함. 주로 전위 또는 전압(V)은 다양한 산화-환원반응의 특징을 나타내는 데 사용

예제 6-4 **반응 전위의 결정** 황화수소(H_2S)가 과산화수소(H_2O_2)로 산화되는지 여부를 결정하시오. 표 6-13에 나타나 있는 반 반응은 다음과 같다.

$$H_2S \rightleftarrows S + 2H^+ + 2e^- \qquad E° = -0.14\ V$$

$$H_2O_2 + 2H^+ + 2e^- \rightleftarrows 2H_2O \qquad E° = +1.78\ V$$

풀이

1. 2개의 반 반응을 더함으로써 전체 반응을 결정하면,

$$H_2S \rightleftarrows S + 2H^+ + 2e^-$$

$$\underline{H_2O_2 + 2H^+ + 2e^- \rightleftarrows 2H_2O}$$

$$H_2S + H_2O_2 \rightleftarrows S + 2H_2O$$

2. 전체 반응의 $E°_{reaction}$를 결정하면,

$$E°_{reaction} = E°_{H_2O_2,\,H_2O} - E°_{H_2S,\,S}$$

$$E°_{reaction} = (1.78) - (-0.14) = +1.92\ V$$

$E°_{reaction}$ 값이 양을 가지므로, 주어진 반응은 표현된 대로 진행하게 된다.

산화-환원반응에서의 평형상수. 산화-환원반응의 평형상수는 다음과 같이 정의되는 Nernst 방정식으로 계산된다.

$$\ln K = \frac{nFE°_{reaction}}{RT} \tag{6-41}$$

$$\log K = \frac{nFE°_{reaction}}{2.303\ RT} \tag{6-42}$$

여기서, K = 평형상수

n = 전체 반응에서 교환되는 전자의 수

F = Faraday의 상수

= 96,485 C/g eq(참조 C = coulomb)

$E°_{reaction}$ = 반응 전위

R = 일반적인 가스 상수(universal gas constant)

= 8.3144 J (abs)/mole · K

T = 온도, K (273.15 + °C)

예를 들어, 25°C에서

$$\log K = \frac{n\,(96{,}485\ \text{C/g eq})\ E°_{reaction}}{(2.303)(8.3144\ \text{J/mole·K})[(273.15 + 25)K]} = \frac{nE°_{reaction}}{0.0592}$$

이 식의 적용은 예제 6-5에 설명되어 있다.

예제 6-5 **산화–환원반응에서의 평형상수의 결정** 다음과 같은 산화–환원반응에서 평형상수를 결정하시오.

$Cu^{2+} + Zn \rightleftarrows Cu + Zn^{2+}$

$H_2S + H_2O_2 \rightleftarrows S + 2H_2O$

풀이 1. 식 (6–42)를 이용하여 평형상수를 결정하면

$Cu^{2+} + Zn \rightleftarrows Cu + Zn^{2+}$

앞에서 계산되어 있듯이 $E^\circ_{\text{reaction}}$는 +1.1 volts이고, 교환되는 전자의 수는 2이다. 이 정보를 이용하여 평형상수 K를 결정하면

$$\log K = \frac{nE^\circ_{\text{reaction}}}{0.0592} = \frac{2(1.10)}{0.0592} = 37.2$$

$$K = 1.58 \times 10^{37} = \frac{[Zn^{2+}]}{[Cu^{2+}]}$$

2. 식 (6–42)를 이용한 평형상수의 결정

$H_2S + H_2O_2 \rightleftarrows S + 2H_2O$

예제 6–4로부터 주어진 반응의 $E^\circ_{\text{reaction}}$는 +1.92 volt이다. 그러면, 평형상수는

$$\log K = \frac{nE^\circ_{\text{reaction}}}{0.0592} = \frac{2(1.92)}{0.0592} = 64.9$$

$$K = 7.94 \times 10^{64} = \frac{[S]}{[H_2S][H_2O_2]}$$

산화–환원반응률. 앞에서도 언급했듯이, 반응 전위는 반응이 주어진대로 진행할지 여부를 예측하는 데 이용된다. 불행하게도, 반응 전위는 반응이 어떤 비율로 진행될지에 대한 정보는 제공하지 못한다. 화학적 산화 반응들은 흔히 하나 또는 그 이상의 촉매를 사용하여 반응이 진행되거나 반응률을 높이게 된다. 금속 양이온의 전이, 효소, pH 조정 및 다양한 물질들이 촉매로서 이용된다.

❯❯ 유기성분의 화학적 산화

예를 들면, 오존에 의한 COD를 구성하는 유기물질의 산화에 대한 전체적인 반응은 다음과 같이 표현된다.

$$\underset{\text{(e.g., COD)}}{\text{유기물질}} \xrightarrow{O_3} \underset{\text{산화물질}}{\text{중간}} \xrightarrow{O_3} \underset{\text{(e.g., }CO_2, H_2O\text{, etc.)}}{\text{단순한 최종 생성물}} \tag{6-43}$$

반응방향으로 여러 개의 화살표는 전체 반응에 있어서 여러 단계의 반응이 있음을 의미

한다. 산소, 염소, 오존 그리고 과산화수소와 같은 산화제의 사용은 "단순 산화(simple oxidation)"로 정의된다. 일반적으로 전체 반응률은 너무 느려서 하수처리에서 난분해성 COD 제거에 적용할 수 없다(SES, 1994). 복잡한 유기 분자의 산화를 위한 수산화 라디칼의 사용을 수반하는 고도산화공정(AOP)은 6-8장에서 설명할 예정이다.

하수에서 유기물질의 산화를 위한 염소와 오존의 일반적인 화학적 주입량은 표 6-14와 같다. 주입량은 생물화학적 처리 후 잔류하는 유기화합물에 따라 정해지는 합리적인 처리 정도에 따라 증가한다. 잔류하는 유기화합물은 보통 양극성 유기화합물(polar organic compounds)과 벤젠링 구조로 만들어진 복합 유기화합물로 구성된다.

유기물을 산화할 때 사용되는 염소, 이산화염소, 오존은 벤치 및/또는 파일럿 플랜트 시험을 시행하는 것이 권장된다. 오존은 고순도 산소 활성 슬러지법을 사용해서 처리장에서 간편하게 생성할 수 있기 때문에 미래에서는 더 일반적으로 사용될 것으로 예상된다.

❯❯ 암모늄의 화학적 산화

용액에서 암모니아성 질소를 질소가스와 안정된 화합물로 산화시키는 화학적 공정은 파과점 염소주입(breakpoint chlorination)으로 알려져 있다. 아마도 이 공정의 중요한 장점은 적절한 제어를 통하여 하수 속에 있는 모든 암모니아성 질소를 산화시킬 수 있다는 점이다. 그렇지만, 알칼리도와 반응할 수 있는 산(HCl)과 총 용해성 고형물의 축적, 원하지 않은 염소계 유기화합물의 생성과 같은 많은 단점의 존재로 인해 암모늄 산화는 질화를 시행하지 않은 폐수에서는 거의 사용하지 않는다. 그러나 질화가 실시되는 경우, 브레이크 포인트는 염소 소독의 높은 수준을 달성하고, 잔류 암모니아를 제거하기 위한 효과적인 수단이 될 수 있다.

파과점 염소 주입은 12장에서 자세한 설명이 있겠지만, 앞에서 설명한 산화-환원반응을 이용하여 타당성을 검증하고자 한다. 반 반응은 다음과 같다.

$$HOCl + H^+ + 2e^- \rightleftarrows Cl^- + H_2O \quad E^\circ = +1.49\ V \tag{6-44}$$

$$N_2 + 8H^+ + 6e^- \rightleftarrows 2NH_4^+ \quad E^\circ = +0.27\ V \tag{6-45}$$

식 (6-45)를 다시 쓰면,

$$2NH_4^+ \rightleftarrows N_2 + 8H^+ + 6e^- \quad E^\circ = -0.27\ V \tag{6-46}$$

표 6-14
하수에서 유기물 산화를 위한 전형적인 화학제 주입량[a]

화학제	사용	주입량 kg/kg 감소	
		범위	전형적인 값
염소	BOD 감소		
	침전된 하수	0.5~2.5	1.75
	2차 처리 유출수	1.0~3.0	2.0
오존	COD 감소		
	침전된 하수	2.0~4.0	3.0
	2차 처리 유출수	3.0~8.0	6.0

[a] White(1999).

식 (6–44)와 (6–46)를 결합하면,

$$2NH_4^+ \rightleftarrows N_2 + 8H^+ + 6e^-$$

$$\frac{(3)HOCl + (3)H^+ + (3)2e^- \rightleftarrows (3)Cl^- + (3)H_2O}{3HOCl + 2NH_4^+ \rightleftarrows N_2 + 3HCl + 2H^+ + 3H_2O} \tag{6-47}$$

전체 반응의 $E^\circ_{reaction}$는

$$E^\circ_{reaction} = E^\circ_{HOCl, Cl^-} - E^\circ_{NH_4^+, N_2}$$

$$E^\circ_{reaction} = (1.49) - (-0.27) = +1.96\ V$$

반응에 있어서 $E^\circ_{reaction}$가 양의 값을 가지므로, 반응은 주어진 대로 진행한다. 식 (6–47)에 계산한대로 Cl_2와 암모니아(질소 기준)의 양론적 질량비율은 7.6:1이다. 실질적인 비율은 8:1에서 10:1의 범위에 있다.

화학적 산화

화학 첨가제 비용 이외에 어떤 화학적 산화 공정에서 주요한 관심사는 불완전한 산화로 인한 독성 분산물의 형성 가능성에 있다. 6–8에서 설명한 수산화 라디칼 산화공정은 많은 성분의 완전한 광물을 생성할 수 있지만, 종래의 화학적 산화는 통상적으로 종점에 도달하기에 충분한 힘을 가지고 있지 않다. 따라서 흡착 등의 후속 처리공정은 산화 부산물을 제거하기 위해 필요하다. 또한, 화학적 산화 잠재적 잔류 생분해성 유기물질을 제거하는 생물학적 방법의 사용을 요구하는 몇몇 성분의 생분해성을 증가시킬 것이다. 부산물 형성은 산화제의 양을 제어하거나 산화제를 적용하기 전에 부산물 전구체를 제거함으로써 제어할 수 있다.

폐수처리의 사용을 정당화하는 화학적 산화제의 성질은 또한 특정 조건에서 부식될 수 있는 잠재력에 기여한다. 따라서 신중한 산화제 투여량의 제어와 호환되는 물질의 사용은 시설 설비의 주식을 방지하기 위한 중요한 요소이다. 가능성, 유형, 화학적 산화제에 의한 부식의 속도를 평가하는 많은 방법은 열역학, 동전기학, 실험테스트를 포함하여 특정 조건하에서 주어진 재료에서 이루어진다.

6-8 고도산화공정

고도산화공정(advanced oxidation processes, AOPs)은 기존에 알려진 산화제에 의해 처리되지 않는 내분비계 오염물질 등 미량오염물질들을 분해하는 데 적용될 수 있다(Rosenfeldt and Linden, 2004). 일반적으로 처리된 물조차도 자연에서 유래된 것이나 혹은 인위적 합성으로 유래된 다양한 유기성 화합물(일종의 “오염물질”임)을 낮은 농도 수준으로 포함하고 있어서 공중보건 및 환경을 보호하기 위해 제거되거나 분해될 필요가 있다. 특히, 먹는 물로 재이용하는 분야에서 이들 유기성 오염물질의 처리가 더욱 필요한 실정이다. 6–7절에서 기술된 일반적인 산화제는 기존에 보고된 오염물질을 제거할 수 있으나, 이들 산화제로 인해 유발되는 유해성 부산물의 형성에 대한 불확실성이 존재하고 있다. 게다가 역삼투압방식의 처리에도 불구하고 여전히 처리되지 않는 미량오염물질들이 존재하는 것으로 알려져 있다.

고도산화반응의 장점은 대개 유기성 화합물을 이산화탄소, 물, 무기산(염산 등)으로 산화시키는데, 이러한 효과는 강력한 산화제인 수산화 라디칼(hydroxyl radical, HO•)의 생성에 기반하고 있다. 여기서 수산화 라디칼의 오른쪽에 찍힌 점은 분자의 최외각 오비탈에 존재하는 홀전자(unpaired electron)임을 표현한 것으로, 일반적으로 라디칼 화학종을 나타낸 것이다. 이 홀전자로 인해 수산화 라디칼은 전자가 풍부한 유기화합물(또는 유기성 오염물질)과 신속하게 반응하려는 반응성 친전자체(reactive electrophile) 화학종이다. 이들 반응은 오염물질과 수산화 라디칼의 농도에 의존함으로 해서 반응차수에서 이차반응을 따르게 된다. 알려진 용존성 유기 오염물질과 수산화 라디칼 간의 이차반응 속도상수는 대개 10^8~10^9 L/mole•s로(Buxton and Greenstack, 1988), 이 속도상수는 다른 산화제에 의해 유도되는 이차반응 속도상수에 비해 1,000에서 10,000배 이상 커서 유기성 오염물질과 신속하게 반응하여 처리할 수 있게 된다.

》 고도산화반응의 적용

수산화 라디칼의 상대적인 산화력은 전기화학적 산화전위로 표시되고 이 전위 값을 표 6-15에 제시하였다. 표 6-15에 제시된 바와 같이, 수산화 라디칼은 불소 다음으로 강력한 반응성 산화제이다.

고도산화공정은 수중 유기성 오염물질이 분해되는 공정이어서, 농축되거나 혹은 다른 상으로 전환되는 고도처리방법(advanced treatment processes; 예를 들면, 흡착, 이온교환, 탈기)과는 다른 것이다. 더욱이, 흡착되지 않거나 부분적으로 흡착되는 화합물이 수산화 라디칼과의 반응에 의해 분해될 수 있는 것이다. 처리 후에도 발생되는 이차 폐수를 발생시키지 않기 때문에, 폐수의(최종)처분 시 혹은 처리과정에서 발생되는 부산물의 형성을 최소함으로써 발생될 수 있는 부가 비용을 절감할 수 있다. 수산화 라디칼은 다른 산화제와는 달리 오염물질에 대해 특별한 제한 없이 거의 모든 환원성 물질을 산화시킬 수 있다. 이런 무차별적인 반응에 더하여, 다수의 AOPs는 상온 상압하에서 운전되는 장점이 있다. 수산화 라디칼을 발생시키기는 하나 특정한 온도와 압력을 요구하는 기존의 산화공정은 촉매산화법(catalytic oxidation), 기상 연소법, 초임계 산화법, 습식산화법이 있다. 추가적으로 AOPs에 관한 보다 상세한 사항들은 Singer and Reckhow(1999)와 Crittenden et al. (2012)에서 자세하게 언급하고 있다.

분해도. 용도에 따라 어떤 주어진 화합물을 완전히게 산화시킬 필요가 없는 경우도 있다. 예를 들면, 후속공정으로 생물학적 처리를 하거나 혹은 독성을 저감시킬 경우에 특정 화합물의 부분적인 산화를 통해서도 목적하는 바를 달성할 수 있다. 화합물의 산화반응은 생성물에 따라 다음과 같이 규정할 수 있다(Rice, 1996).

1. 1차 분해(*primary degradation*): 어미 화합물에서 화학적 구조상 변화

표 6-15
산화제의 종류, 사용 형태, 적용 방법

산화제	사용 형태	적용	적용 방법	전위, V
불소	사용되지 않음	–	사용되지 않음	2.87
수산화 라디칼	극단적으로 짧은 수명으로 인해 사용을 위해 특별히 설계된 발생장치 필요	A, B, C, D	6~8절 참조	2.80
오존	압축공기나 순산소가 고전압장치 통과 후 생성된 기체	A, B, C, D	오존은 기체로 수처리에 적용. 물질 이동이 중요한 고려 대상이며, 보통 미세 기포 확산기가 오존 접속기로 사용. 수심은 높은 전달 효율을 보장해야 함.	2.08
peracetic acid	안정화된 액체 용액	A, D	농축된 용액을 처리전 물로 희석함.	—
과산화수소	액체 용액	A	농축된 용액을 처리전 물로 희석함.	1.78
과망간산	분말상 이용	A, B	주입기를 사용하여 건조한 약품을 첨가하거나 농축된 용액 사용(용해도가 적어 질량 퍼센트 5 이상은 안 됨)	1.67
자유 염소	염소기체, NaOCl 용액	A, D	기체 배출장치 및 스프레이 젯트	1.36
결합 염소(클로라민)	암모니아 첨가: 무수 암모니아, 황산염 암모늄, 암모니아 수용액(20~30%)	A, D	기체 배출장치, 건조 약품 주입기, 스프레이 제트	—
이산화염소	25% 차아염소산 나트륨을 이용하여 현지에서 이산화염소 가스 직접 생산. 차아염소산은 $ClO_{2(g)}$ 성분을 형성하기 위해 아래 성분들과 반응한다: (1)염소 가스(Cl_2), (2) 염소수용액 (HOCl), 또는 산(보통 염산, HCl)	A	기체 배출장치	1.27
산소	기체, 액체	–	순산소 혹은 공기 중 산소	1.23

A = 환원된 무기종의 산화: 용존성 금속류, 금속 착물류, 악취 유발 물질
B = 독성화합물, 색도, 감소 TOC, NOM과 같은 유기물의 산화
C = 응집 개선
D = 저수지나 유역에 조류제어 및 살균과 분배 시스템에서 성장 제어를 위한 살균제로 사용

2. 적정 분해(*acceptable degradation, defusing*): 어미 화합물이 독성이 저감된 화학적 구조상 변화
3. 완전 분해(*ultimate degradation, mineralization*): 유기 탄소가 무기성 이산화탄소로 전환
4. 부적정 분해(*unacceptable degradation, fusing*): 어미 화합물이 오히려 독성이 증가된 화학적 구조상 변화

난분해성 유기화합물의 산화. 수산화 라디칼은 고차 처리된 유출수에서 발견되는 미량 난분해성 유기화합물의 산화반응에 흔히 사용된다. 생성된 수산화 라디칼은 1) 라디칼 첨가반응(radical addition), 2) 수소 제거반응(hydrogen abstraction), 3) 전자 이동반응(electron transfer), 4) 라디칼 조합반응(radical combination)에 의해 유기 분자를 공격하여 분해하고 있고 상세한 설명은 다음과 같다.

1. 라디칼 첨가반응(radical addition):
불포화 지방족 혹은 방향족 유기화합물에 수산화 라디칼의 첨가반응은 라디칼 형태의 유기화합물을 생성하고, 이때 생성된 라디칼 형태의 유기화합물은 산소 분자나 2가 철 이온과 같은 화합물에 의해 안정된 생성물로 진행한다. 이때의 라디칼 첨가반응은 수소제거반응보다 훨씬 빠르게 진행된다. 다음 반응에서 약자 R은 반응하려는 유기화합물을 나타낸 것이다.

$$R + HO\cdot \rightarrow ROH\cdot \tag{6-48}$$

2. 수소 제거반응(hydrogen abstraction):
수산화 라디칼은 유기 화합물로부터 수소 원자를 제거할 수 있다. 수소 원자의 제거는 유기성 라디칼 화합물을 형성하고 이것이 산소와 연쇄반응(개시반응)을 통해 과산화 라디칼(peroxy radical)을 생성하게 된다. 이때 생성된 과산화 라디칼은 다른 유기 화합물 등과 반응할 수도 있다.

$$R + HO\cdot \rightarrow R\cdot + H_2O \tag{6-49}$$

3. 전자 이동반응(electron transfer):
전자 이동은 높은 원자가의 이온을 형성한다. 유기 화합물이 수산화 라디칼과의 반응을 통해 전자 이동에 따른 새로운 이온성 생성물이나 자유 라디칼을 형성하게 된다. 다음 반응에서 n은 반응하려는 유기 화합물 R에 대한 전하를 나타낸 것이다.

$$R^{n} + HO\cdot \rightarrow R^{n-1} + OH^{-} \tag{6-50}$$

4. 라디칼 조합반응(radical combination): 두 라디칼 화학종이 안정된 생성물을 형성할 수 있다.

$$HO\cdot + HO\cdot \rightarrow H_2O_2 \tag{6-51}$$

이중 결합에 대한 라디칼 첨가반응 및 수소 제거반응에 따른 유기 화합물과 수산화 라디칼 간의 반응은 가장 흔한 반응과정이다. 일반적으로 유기 화합물과 수산화 라디칼 간의 반응이 완전하게 이루어진다면, 물, 이산화탄소, 광물성 염들을 형성하게 될 것이고 이것이 바로 **광물화**(*mineralization*) 과정이다.

소독(disinfection). 오존에서 유래된 자유 라디칼은 오존 그 자체보다도 더 강력한 산화제이고, 특히 수산화 라디칼은 폐수 중에 존재하는 미생물을 효과적으로 산화시킬 수 있다. 하지만 수산화 라디칼의 반감기가 매우 짧기 때문에, 고농도로 수산화 라디칼을 생성할 수 없다. 수산화 라디칼의 극단적인 낮은 농도로 인해, $C_R t$ 개념(12장 참조)에 기초한 미생물 살균을 위해 요구되는 충분한 체류시간(detention time)의 확보는 어렵다. 그럼에도 불구하고 광분해 반응을 개시할 정도로 자외선(UV) 에너지의 높은 조사량(1000~2000 mJ/cm^2)을 유도하는 기술과 결합한 AOPs는 상당한 소독효과를 발휘할 수 있다. 그래서 파일럿 규모나 실규모 장치의 시험은 실제 소독 수준을 결정하는 데 사용될 수 있다.

≫ 고도산화를 위한 공정

많은 연구에 따르면 AOPs는 개별 산화제(오존, 자외선, 과산화수소 등)보다 더 효과적인 것으로 알려져 있다. 몇 가지 기술들이 물에서 수산화 라디칼의 생성에 활용된다(U.S. EPA, 1998). 여기서 선택된 기술은 표 6-16에 제시하였다. 물 재이용 시, 오존 및 과산화수가 히드록실라디칼을 생산하는 데 필요한 비용 때문에 AOPs는 보통 낮은 농도의 COD를 갖는 폐수(일반적으로 역삼투 처리 후)에 적용된다. 표 6-16에서 보고된 기술

표 6-16

수산화 라디칼을 생성하는 다양한 산화 공정들의 장단점[a]

고도산화공정	장점	단점
물 재이용을 위해 일반적으로 적용 가능한 AOPs		
H_2O_2/UV	H_2O_2는 상당히 안정하여 사용 전 일시적으로 현장 보관 가능	과산화수소는 UV 흡광 매우 낮음. 그래서 물 자체가 빛을 잘 흡광하면 조사된 UV는 주로 물에 의해 낭비될 수 있음 조사선 조사를 위한 특별한 반응기 설계가 요구됨 잔류 H_2O_2 제거 필요 램프 부착성 오염 가능성 있음
H_2O_2/O_3	자외선 투과도가 낮은 물 처리 가능 자외선 조사를 위해 특별하게 설계된 반응기 불필요 휘발성 유기물이 오존 접촉조로부터 탈기될 수 있어 VOCs 처리가 요구됨	오존 생성은 고가이고 비효과적인 공정일 수 있음 외기로 배출되기 전 오존처리 필요 적정 O_3/H_2O_2 주입 비율이 필요 낮은 pH는 처리 시 공정에 치명적임
O_3/UV	O_3/H_2O_2의 정밀한 주입 비율 유지 불필요 잔류 산화제는 신속히 분해되며, 오존의 반감기는 7분 정도 오존은 과산화수소보다 자외선 빛을 잘 흡수(파장 254 nm에서 200배 이상임) 휘발성 유기물은 공정에서 탈기되어 VOCs 처리 요구됨	O_3과 UV는 H_2O_2를 생성 후 UV 조사로 HO을 형성하지만 이 공정은 H_2O_2 생성이 비효율적임 자외선 조사를 위해 특별하게 설계된 반응기 필요 배출되는 오존 처리 필요 램프 보호관의 오염 가능성 있음
기타 선택된 AOPs		
O_3/H_2O_2/UV	이용 가능한 상업 공정 과산화수소는 오존 물질 이동을 향상 휘발성 화합물이 공정에서 탈기되어 VOCs 처리 필요	자외선 조사를 위한 특별하게 설계된 반응기 필요 외부로 배출되는 오존 기체의 제거 필요 자외선 램프 보호관의 표면 오염 발생
펜톤반응(Fe/H_2O_2, photo-Fenton or Fe/O_3)	처리 후 유출수가 펜톤반응을 유도할 수 있는 과량의 철 성분을 포함 이용 가능한 상업 공정	낮은 pH 필요
TiO_2/UV	자외선에 의해 활성화되어 빛 투과가 잘 되어야 함	촉매 열화 발생 스러리 상태로 사용 시 TiO_2 회수 필요 자외선 램프 보호관의 표면 오염 발생
O_3 (pH 8~10)	자외선이나 과산화수소가 불필요	외부로 배출되는 오전 기체의 제거 필요 pH 조정이 쉽지 않아 실용적이지 않음 상업적 적용 사례 없음 6-7절에서 제공된 바와 같이, 이 공정이 오염물의 분해가 효과적이지 못함

[a] Adapted from Crittenden et al.(2012).

중 물 재이용을 위해 일반적으로 이용 가능한 AOPs는 오존/UV, 오존/과산화수소, 및 과산화수소/UV이다.

다양한 AOPs에 대한 장단점은 표 6–16에 제공된다. 여기서 주목해야 할 것은 산화공정이 난분해성 유기 오염물질을 생물학적으로 분해가 가능한 화합물로 전환되어 후속적인 생물학적 처리가 필요하다는 점이다.

오존/UV. 자외선 빛을 이용한 수산화 라디칼의 생성은 오존의 광분해 반응에 의해 기인된다(Glaze et al., 1987; Glaze and Kang, 1990). 오존/자외선 공정의 첫 단계는 오존의 광분해에 의한 과산화수소의 형성이다.

$$O_3 + H_2O + UV(\lambda < 310\ nm) \rightarrow O_2 + HO\cdot + HO\cdot \rightarrow O_2 + H_2O_2 \quad (6\text{-}52)$$

식 (6–52)에 보여진 바와 같이, 물 분자 존재하에서 오존의 광분해는 수산화 라디칼을 형성하게 된다. 물에서 오존의 광분해는 과산화수소를 생성하고 생성된 과산화수소는 자외선에 의해 광분해되거나 오존과 반응하여 수산화 라디칼을 형성하게 된다. 오존/UV 공정은 직접적인 오존 반응 및 광분해 반응 혹은 수산화 라디칼과의 반응을 통해 화합물을 분해할 수 있다. 특히, 관심 대상인 화합물이 수산화 라디칼과의 반응뿐만 아니라 자외선 조사의 흡광에 의해 더욱 효과적인 공정을 유도할 수 있다. 오존/UV공정의 구성은 오존발생, 오존 주입장치, 자외선 장치이다. 전형적인 오존/UV 산화 공정의 개략적인 구성 흐름도와 실규모 사진은 그림 6–24에 제시되어 있다.

자외선이 과산화수소를 수산화 라디칼로 쪼개는 동안, 오존의 몰흡광계수는 λ_{254} nm에서 과산화수소보다 훨씬 크다. 그래서 수산화 라디칼의 발생 측면에서 오존을 이용한 과산화수소의 생성은 효과적인 방법이 아닐 수 있다. 오존 농도 16~24 mg/L와 자외선 조사량 810~1610 mJ·cm²의 범위에서 오존과 자외선조합공정이 오존과 자외선 각각의 단독공정보다 TOC를 광물화하고 소독부산물의 형성도 줄일 수 있는 점이 보고되었다

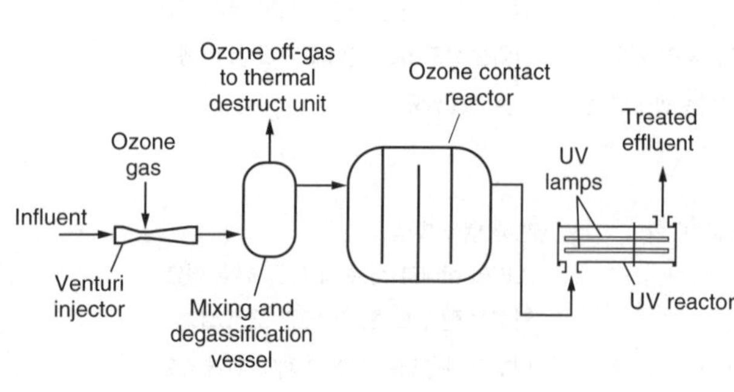

(a)

(b)

그림 6–24

오존/자외선을 활용한 고도산화공정. (a) 개략도(배출기 생략, 12장 참조) (b) 실규모 설비 사진

(Chin and Berube, 2005). 모든 자외선 공정에서 자외선 램프 보호관(UV lamp sleeve), 램프 교체 비용, 에너지 소비는 중요한 고려사항들이다.

오존/과산화수소. 자외선을 흡수하지 않는 화합물인 경우이거나 처리될 물의 투과도가 광분해를 방해하는 경우에, 오존/과산화수소를 이용한 AOPs는 오존/자외선 조합보다 더 효과적일 수 있다. 오존/과산화수소 공정은 VOCs, 석유 화합물, 산업용 용매, 살충제 등의 농도를 줄이는 데 적용되고 있다(Karimi et al., 1997; Mahar et al., 2004; Chen et al., 2006). 이 공정에서 수산화 라디칼의 형성을 위한 전체 반응은 다음과 같다.

$$H_2O_2 + 2O_3 \rightarrow HO\cdot + HO\cdot + 3O_2 \tag{6-53}$$

식 (6-53)에 따르면, 0.5몰의 과산화수소가 1몰의 오존을 필요로 하거나 0.354 kg의 과산화수소는 1 kg의 오존을 필요로 한다. 하지만 과산화수소와 오존의 적정 주입비율에 영향을 미치는 몇 가지 인자가 있다. 첫째, 오존은 과산화수소에 비해 수중 존재하는 유무기 성분에 대해 더 높은 반응성을 보여주는 경향이 있다. 결과적으로 요구된 오존의 주입은 화학양론적으로 추정된 것보다 더 높을 것이다. 전형적인 오존과 과산화수소 주입 농도는 각각 5~30 mg·L 및 5~15 mg·L이다. 파일럿 규모의 시험설비는 수중에 존재하는 미량 성분의 제거에 필요한 화학제의 적정 주입량을 결정하는 실험을 수행하게 된다. 하지만 과량의 오존 주입은 유해성 부산물인 브롬염(bromate)을 생성하거나 다음과 같이 수산화 라디칼과 반응함으로써 오존 낭비할 가능성이 있다:

$$O_3 + HO\cdot \rightarrow HO_2\cdot + O_2 \tag{6-54}$$

식 (6-54)에서 형성된 $HO_2\cdot$ 라디칼은 부가적인 수산화 라디칼을 생성할 수 있다. 부산물 형성과 수산화 라디칼의 퀜칭(quenching)으로 인한 문제점을 해결하기 위해 새로운

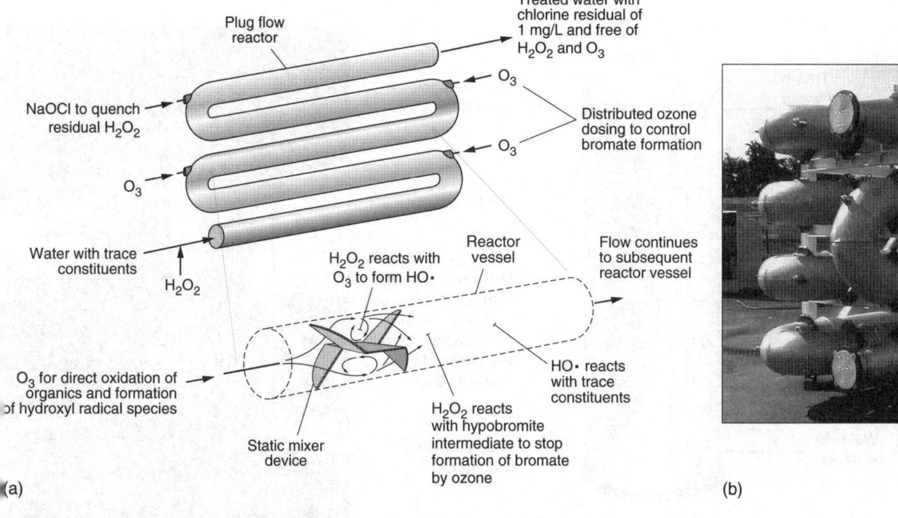

(a)

(b)

그림 6-25

오존/과산화수소로 조합된 고도산화공정. (a) 개략도(HiPOx)®, (b) (a)에 그려진 실제 반응기 사진

반응기의 설계는 단일 반응기 내 다수의 주입구를 설치하고 직렬로 다수 반응기를 사용하여 과산화수소 혹은 오존을 주입하도록 구성하게 된다. 오존/과산화수소 산화공정을 위한 반응기의 개략적인 구성도와 실제 제작된 장치의 사진은 그림 6-25에 제시되고 있다. 또한 과량의 과산화수소는 수산화 라디칼과의 반응에 의해 제거될 수 있어서 오존/과산화수소 조합공정에 단점이 된다. 게다가 과산화수소의 잔류는 오존보다 상대적으로 더 안정되게 존재함으로써 오존의 잔류보다 더 많은 문제점을 가지고 있고, 물 재이용 시 잔류 과산화수소는 제거될 필요가 있다. 과산화수소는 차아염소산(hypochlorite)과 반응하여 물, 산소, 염소이온을 생성한다.

과산화수소/UV. 수산화 라디칼은 또한 수중에 존재하는 과산화수소가 200~280 nm 자외선 빛에 노출될 때 형성된다. 다음 반응이 과산화수소의 광분해를 나타낸다.

$$H_2O_2 + UV\ (\text{or } h\nu,\ \lambda \approx 200 \text{ to } 280 \text{ nm}) \rightarrow HO\cdot + HO\cdot \tag{6-55}$$

몇몇 경우에 과산화수소/자외선 공정의 적용은 실행되지 않고 있는데, 그 이유는 과산화수소가 낮은 몰흡광계수를 갖기 때문이다. 이 경우 고농도의 과산화수소와 높은 자외선 주입량을 요구한다. 과산화수소/자외선 공정의 개략적인 구성 흐름도와 설치된 장치의 사진이 그림 6-26에 제시되어 있다.

과산화수소와 자외선 공정의 구성요소는 과산화수소 주입기와 자외선램프가 장착된 반응기를 포함한다(그림 6-26). 전형적인 과산화수소/자외선 반응기의 배치는 스테인리스 스틸 반응기 내에 저압 또는 중압 자외선램프가 설치되며, 자외선 램프의 배치는 물의 흐름에 평형하게, 또는 물 흐름에 수직 방향으로, 또는 물의 흐름에 대해 교차되게 배치되도록 상향류 배관 내에 이루어진다.

과산화수소/자외선 공정은 흔히 먹는 물 처리를 위해 사용되지 않는 데, 그 이유는 유출수 내 고농도의 과산화수소가 잔류하기 때문이다. 먹는 물을 제외한 물 재이용의 관

그림 6-26

과산화수소/UV 고도산화공정. (a) 구성 개략도, (b) 전형적인 수직흐름 자외선 반응기 사진

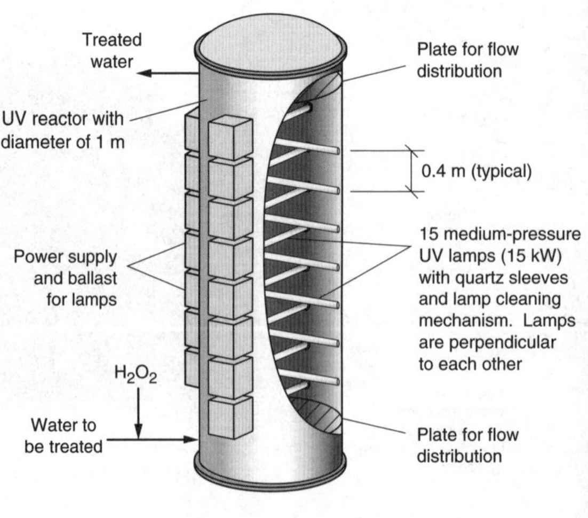

점에서 잔류성 과산화수소는 걱정거리가 아니다. 유출수 내 잔류 과산화수소는 발생될 수 있는데, 그 이유는 높은 과산화수소의 주입 비율이 자외선을 효과적으로 이용하는데 필요하고 또한 효과적으로 수산화 라디칼을 생성할 수 있기 때문이다. 잔류 과산화수소는 염소를 소비하고 소독을 방해할 수 있다. 적용 사례를 살펴보면, NDMA의 광분해에서와 같이(see Chap. 2), 과산화수소는 광분해 단독공정에 저항하려는 타 성분을 산화할 수 있다(Linden et al., 2004). 이러한 운영기법은 지금 수많은 물 재이용을 위한 적용에 사용되고 있다. H_2O_2/UV 공정을 모델링하기 위한 상세한 사항들은 Crittenden et al. (1999)에 자세하게 언급되어 있다. 12장에서 언급된 바와 같이, UV 공정은 자외선 램프 보호관(UV lamp sleeve)의 오염, 자외선 램프의 교체 비용 증가 및 높은 에너지의 소비를 유발하는 문제점이 있다.

기타 공정. 수산화 라디칼을 산출할 수 있는 기타 반응은 펜톤 시약(Fenton reagent)을 이용한 과산화수소와 자외선 반응과 이산화 티타늄(TiO_2)과 같은 광촉매와 자외선 반응이 있다. 기타 언급되지 않은 다양한 공정들이 현재 개발 중에 있다.

≫ 고도산화공정을 위한 고려사항들

고도산화공정을 위한 공학적 고려사항은 수산화 라디칼을 생성하는 공정의 선택, 처리대상 오염물질의 반응공학적 추정 방법, 반응기의 설계방안이다. 또한, 수산화 라디칼과 반응할 유 · 무기성 물질의 존재는 처리대상 오염물질의 처리효율을 감소시킬 수 있다. 그래서 처리 시 공정효율을 결정하기 위해 실험실 규모나 파일럿 규모의 실험이 항상 필요하다.

상업적으로 유용한 고도산화공정은 수산화 라디칼의 생성량을 평가하는 것이다. 현장에서 보고된 수산화 라디칼의 농도는 10^{-11}~10^{-9} moles/L (Glaze et al., 1987; Glaze and Kang, 1990)이다. 주요 화합물과 수산화 라디칼 간의 이차반응 속도상수를 표 6-17에 제시하였다. 앞서 언급한 바와 같이, 반응차수는 이차인데, 그 이유는 수산화 라디칼과 화합물의 농도에 의존하기 때문이다. 수산화 라디칼과 처리대상인 화합물 R 간의 반응은 다음과 같다:

$$HO\cdot + R \rightarrow \text{byproducts} \tag{6-56}$$

식 (6-56)에서 이차반응의 속도식(r_R)은 다음 식과 같다.

$$r_R = -K_R C_{HO\cdot} C_R \tag{6-57}$$

여기서 r_R = 이차반응 속도식, mole/L · s

K_R = 이차반응 속도상수(HO • 라디칼에 의한 R의 파괴에 대한), L/mole · s

$C_{HO\cdot}$ = 수산화 라디칼의 농도, mole/L

C_R = 처리대상 유기물인 R의 농도, mole/L

처리대상 유기화합물의 반감기는 HO · 가 일반적으로 필드 값 또는 제조 사양과 같거나 일정하다는 가정하에 추정될 수 있다. 회분식 반응기에서의 유기화합물의 반감기를 계산하는 적분식은 다음과 같다.

$$\frac{dC_R}{dt} = -k_R C_{HO\cdot} C_R \tag{6-58}$$

표 6–17
선택된 성분들에 대한 수산화 라디칼과의 속도상수

화합물명	HO·속도상수, L/mole·s	화합물명	HO·속도상수, L/mole·s
ammonia	9.00×10^7	hypobromous acid	2.0×10^9
arsenic trioxide	1.0×10^9	hypoiodous acid	5.6×10^4
bromide ion	1.10×10^{10}	iodide ion	1.10×10^{10}
carbon tetrachloride	2.0×10^b	iodine	1.10×10^{10}
chlorate ion	1.00×10^b	iron	3.2×10^8
chloride ion	4.30×10^9	methyl tertiary butyl ether (MTBE)	1.6×10^9
chloroform	5×10^b	nitrite ion	1.10×10^{10}
CN^-	7.6×10^9	N-dimethylnitrosamine (NDMA)	4×10^8
CO_3^{2-}	3.9×10^8	ozone	1.1×10^8
Dibromochloropropane	1.5×10^8	p-dioxane	2.8×10^9
1,1-dichloroethane	1.8×10^8	tetrachloroethylene	2.6×10^9
1,2-dichloroethane	2.0×10^8	tetrachloroethylene	1.0×10^7
H_2O_2	2.7×10^7	tribromomethane	1.8×10^8
HCN	6.0×10^7	trichloroethylene	4.2×10^9
HCO_3^-	8.5×10^6	trichloromethane	5.0×10^b
hydrogen sulfide	1.5×10^{10}	vinyl chloride	1.2×10^{10}

[a] Adapted from Crittenden et al.(2012).

$$t_{1/2} = \frac{\ln(2)}{k_R C_{HO\bullet}} \tag{6-59}$$

여기서 $t_{1/2}$ = 반감기, s.

식 (6–58)과 식 (6–59)의 이용방법은 다음 예제와 같다.

예제 6–6

NDMA를 제거하기 위한 고도산화공정 NDMA ($C_2H_6N_2O$)는 2차와 3차 처리된 폐수의 유출수에도 존재하는 유해성 화합물이다. 표 6–17로부터 NDMA을 위한 수산화 라디칼의 이차속도상수는 4×10^8 L/mole·s이다. 이상적인 플럭 흐름 반응기(plug flow reactor, PFR)에서 수산화 라디칼의 농도가 10^{-9} mole/L이고 NDMA 농도가 200 μg/L에서 20 μg/L로 감소하는 데 요구되는 시간을 계산하라.

풀이

1. 완전혼합 회분 반응기(CMBR)에서 시간의 함수로 NDMA 농도식을 만들어라. 이때 이상적인 PFR내 체류시간은 CMBR에서와 같음에 주의하라.
   a. 식 (6–58)을 사용하여 CMBR 속도식을 세워라.

$$r_R = \frac{dC_R}{dt} = -k_R C_{HO\bullet} C_R = -k' C_R$$

$k' = k_R C_{HO\cdot}$

여기서 C_R 은 NDMA 농도이다.

b. CMBR의 속도식을 적분하라.

$$\int_{C_{RO}}^{C_R} \frac{dC_R}{C_R} = -\int_o^t k't$$

$$C_R = C_{RO}e^{-k't}$$

2. NDMA의 농도가 20 μg/L로 감소하는 데 걸리는 시간을 계산하라.

a. 시간 t를 계산하기 위해 상기 1단계의 마지막 식을 사용하여 정리하라.

$$t = \frac{1}{k'} \ln\left(\frac{C_{RO}}{C_R}\right)$$

b. t를 계산하라.

상기 1 단계에서 k'의 값은

$$k' = k_R C_{HO\cdot} = (4 \times 10^8 \text{ L/mole·s})(10^{-9} \text{ mole/L}) = 0.4 \text{ 1/s}$$

$$t = \frac{1}{0.4} \ln\left(\frac{200}{20}\right) = 5.8 \text{ s}$$

NDMA의 고도산화는 비교적 단시간의 반응을 통해 처리가 가능하다. 몇몇 유기화합물은 수산화 라디칼과 매우 느리게 반응하기 때문에, 이들 화합물들은 고농도의 수산화 라디칼과 긴 반응시간이 필요할 것이다. 유기물질, 탄산염, 중탄산염의 존재와 pH는 고도산화공정의 효율을 줄일 수 있어서 공정 설계 시 이 점을 고려하여야만 한다. 4장에서 언급한 바와 같이, 현장에 적합한 공정 설계과 운전인자를 결정하기 위해서는 실험실 규모 혹은 파일럿 규모의 시험이 반드시 필요하다.

≫ 고도산화공정의 한계점

AOPs의 실행 가능성과 효율성은 아래에서 언급하고 있는 방해요인 및 부산물의 형성여부 등 다양한 요인에 의해 결정된다. 또한 물 재이용 시 공정의 한계점을 극복하기 위한 수단들이 고려되고 있다.

고도산화공정에 의한 부산물 형성. 오존 사용을 포함한 고도산화공정은 브롬이온을 함유한 물에서 브롬계열의 부산물과 브롬산염(BrO_3^-)을 형성하는 것으로 보고되고 있다. 브롬이온의 농도, 총 유기탄소(TOC) 농도, pH가 브롬계열의 부산물 형성을 결정한다. 몇 가지 AOPs는 pH 제어 혹은 암모니아 주입에 의해 브롬산 형성을 최소화되도록 설계되고 있다(Crittenden et al., 2012).

수소의 제거와 라디칼의 첨가는 반응성 유기 라디칼을 생성한다. 생성된 유기성 라디칼들은 후속되는 산화과정을 거치게 되고 이 과정에서 산소와 반응하여 유기성 페록시

라디칼(peroxy organic radicals, ROO·)을 형성하고, 다시 이들 라디칼들은 연쇄반응을 통해 다양한 산화성 부산물을 생성하게 된다. 일반적인 산화반응의 형태는 식 (6−60)과 같다(Bolton and Cater, 1994).

$$\text{유기화합물} \rightarrow \text{알데하이드류} \rightarrow \text{카르복실산류} \rightarrow \text{이산화탄소와 광산류} \tag{6-60}$$

카르복실산류는 다른 유기물과 달리 이차반응 속도상수 값들이 매우 낮아서 이들 카르복실산류의 분해는 매우 느리거나 분해되지 않을 수도 있다. 또 다른 부산물로는 할로젠화 아세트산류가 있고, 이들 부산물은 트리크로로에텐(trichloroethene)과 같은 할로젠화 알켄류의 산화과정에서 형성된다(Crittenden et al., 2012).

중탄산염과 탄산염의 영향. 폐수에서 고농도의 탄산염과 중탄산염은 수산화 라디칼과 반응하여 고도산화처리공정의 효과를 줄일 수 있다. 중탄산염과 탄산염은 잘 알려진 수산화 라디칼의 스캐빈저여서 심각하게 유기물의 분해속도를 늦추게 된다. 하지만 중탄산염(HCO_3^-)과 탄산염(CO_3^{2-})의 농도는 처리할 유기성 오염물질보다 1000배 이상 높다. 심지어 낮은 알칼리도(50 mg/L)인 pH = 7에서조차도 TCE 분해속도를 10배나 감소시킨다(Crittenden et al., 2012). 또한 높은 pH에서의 알칼리도는 매우 더 치명적인데, 그 이유는 탄산염에 대한 이차반응 속도상수가 중탄산염에 비해 훨씬 크기 때문이다. 높은 pH와 알칼리도를 갖는 폐수는 AOPs를 적용하여 처리하기에 적합하지 않다. 이런 문제점을 극복하고 AOPs의 효과를 개선하기 위해 연수화나 역삼투압과 같은 전처리공정이 알칼리도를 제거하는데 사용된다.

pH 영향. pH는 AOP 성능에 영향을 미친다. 그래서 위에서 언급한 바와 같이 탄산염과 중탄산염의 분포를 결정해야만 한다. 또한, pH는 HO_2^-의 농도를 제어하게 되며(H_2O_2의 pK_a = 11.6), 이것은 과산화수소를 채택한 고도산화공정에서 매우 중요하다. 예를 들어, H_2O_2/UV 공정에서 HO_2^-는 자외선 파장 254 nm에서 H_2O_2에 비해 약 10배나 높은 몰흡광계수인 228 L/mole · cm로, H_2O_2/UV 공정이 높은 pH에서 더 효과적일 수 있다. 처리공정의 효과를 개선하기 위해 pH를 올리는 방법은 물의 연수화하는 경우와 같은 목적일 경우에만 실용적일 수 있다. 결과적으로, pH는 약산이거나 약염기성 유기화합물의 전하 조건에 영향을 미치게 된다. 화합물의 반응성과 빛 흡광성 또한 전하상태에 의해 영향을 받게 된다(Crittenden et al., 2012).

금속이온의 영향. Fe(II)와 Mn(II)과 같이 환원된 산화수 형태의 금속이온들은 수산화 라디칼을 스캐빈저할 뿐만 아니라 상당량의 산화제를 소비할 수 있다. 그래서 환원된 금속이온의 농도는 사전에 측정되어야 하고, 필요한 산화제는 환원될 금속 종의 COD 농도에 해당하는 만큼 주입되어야 한다.

기타 영향 인자. 고도산화처리에 영향을 미치는 요인은 빛을 차단하는 현탁성 물질과 잔류성 TOC 및 COD의 형태와 특성이 포함된다. 예를 들어, 수산화 라디칼과 반응하려는 NOM은 반응속도에 상당한 영향을 미칠 수 있다. 수화학이 처리된 물이 다르기 때문에, 실험실 규모나 혹은 파일럿 규모의 시험이 설계자료 및 정보을 얻거나 특정 고도산화 공정의 운전경험을 얻기 위해 거의 매번 기술적 실행 가능성을 평가하도록 요구된다.

공정의 한계점을 극복하기 위한 방안. 상기에서 언급된 문제점을 극복하기 위해 고도산화공정은 역삼투압의 후속처리기법이 적용된다. 게다가, 적절한 반응시간이 제공된다면, 99% 이상의 유기성분(TOC 기준 물질수지를 따름)이 광물화될 수 있다(Stefan and Bolton, 1998; Stefan et al., 2000).

6-9 광분해

광분해는 어떤 성분이 빛으로부터 발생된 광자(photon)를 흡수해서 분해되는 과정이다. AOPs와 더불어, 광분해의 사용은 물 재이용 분야에서 미량유기성 화합물의 제거를 위한 것이다. 자연계에서 태양 빛은 광분해 반응을 위한 빛의 발생원이지만, 공학적 계통에서 자외선 램프는 빛 에너지를 생산하는 발생원이 된다. 흡수된 광자는 화합물의 최외각 오비탈의 전자를 불완전하게 만들어 분자가 쪼개지거나 또는 화학적 반응성을 갖게 한다. 광분해 공정의 효과는 부분적으로 재이용될 물의 특성, 화합물의 화학적 구조, 광분해 반응기의 설계, 적용된 빛의 조사량과 파장에 의존한다. 광분해 속도는 화합물이 빛을 흡수하는 속도와 반응의 광학적 효율(= 양자 효율 또는 수율, quantum yield)로부터 추정될 수 있다.

⟫ 광분해의 적용

광분해는 NDMA(3장 참조)와 기타 미량유기성분 등 다양한 화합물을 제거하는 데 사용될 수 있다. 많은 화합물은 광분해 단독공정만으로 제거되지 않음에 주목해야 하며, 광분해 시 과산화수소의 첨가가 이들 화합물의 분해를 높이게 된다. 하지만 과산화수소의 첨가는 NDMA와 같은 화합물의 광분해를 저감할 수도 있다(Linden et al., 2004). 6-8절에서 기술된 바와 같이, 수산화 라디칼을 형성하는 과산화수소의 광분해는 대부분의 유기화합물을 분해시키는 효과적인 고도산화공정이다.

⟫ 광분해의 공정

공학적 광분해 반응들은 자외선 조사량이 최적화되도록 특별히 제작된 반응기에서 수행된다. 전형적인 광분해 반응기는 물의 흐름에 평형하게, 또는 물 흐름에 수직 방향으로, 또는 물의 흐름에 대해 교차되게 배치된 자외선 램프를 가진 스테인레스 스틸재질의 관이나 파이프로 구성된다. 광분해 반응을 위해 사용된 반응기의 사례가 그림 6-27에 나타내었다. 자외선 램프를 보호하는 석영재질의 보호관(quartz sleeve)의 외벽에 생길 수 있는 부착성 오염(fouling)은 램프 보호관을 따라 주기적으로 이동되는 깃(collar) 모양으로 구성된 자동 세척 장치에 의해 유지관리된다. 역삼투압 전처리와 연결되었을 때 멤브레인에 스케일 형성을 제어하기 위해 pH를 낮추는 화학제 투입 또한 자오선 램프에 침전물 형성의 가능성을 줄여줄 것이다.

(a) (b)

그림 6-27

NDMA와 같은 성분을 제거하기 위한 광분해 반응기 전경 사진 (a) 3개의 반응기 및 각 반응기에 72개 UV 램프 장착한 광분해 반응기 (b) 72개의 UV램프 전선을 보여주기 위해 덮개가 제거된 모습

광분해 반응들은 자외선 파장 범위(200 to 400 nm, 12장의 그림 12−33 참조)에서 조사되는 빛에 의해 유발된다. 광분해 반응에 사용되는 자외선 램프는 세 가지 형태가 있다: (1) 저압−저세기 램프(low-pressure low-intensity lamp), (2) 저압−고세기 램프(low-pressure high-intensity), (3) 중압−고세기 램프. 저압 램프는 254 nm의 파장에서 상당한 에너지를 방출하는 반면, 중압 램프는 다양한 파장대의 에너지를 방출한다(12장 그림 12−33 참조). 사용된 램프의 형태와 반응기의 배치는 물의 특성과 설치될 장소의 여건뿐만 아니라 제거될 성분에 의존하게 된다.

》 광분해 공정을 위한 고려사항들

광분해는 구성성분의 최외각 오비탈에 있는 전자가 광자를 흡수하고 불완전한 화합물을 형성하여 쪼개지거나 반응성이 있을 때 생긴다. 다수의 목적하지 않는 구성성분들이 수중에 존재할 수 있고, 이들 성분들 또한 빛을 흡수하게 된다. 광분해 과정에서 소개된 바와 같이 흔히 광분해의 개념은 단일 흡수 용질을 전제로 설명될 수 있다. 광분해의 기초사항들은 (1) 수중 존재 성분에 의한 자외선 흡광, (2) 광분해 속도, (3) 전기적 효율성, (4) 광분해 공정의 한계점들.

자외선 빛의 흡광. 수중에 존재하는 어떤 성분 혹은 수용액에 의한 빛의 흡광은 비어−램벌트 법칙(Beer-Lambert law)에 설명될 수 있다. 수용액의 흡광도는 특정 파장과 정해진 빛의 투과거리에 대해 특정 성분에 의해 측정된 흡수된 빛의 양을 말하는 것으로 흔히 분광광도기(spectrophotometer)로 측정된다.

$$A(\lambda) = -\log\left(\frac{I}{I_o}\right) = \varepsilon(\lambda)Cx = k(\lambda)x \tag{6-61}$$

여기서 $A(\lambda)$ = 흡광도, 무차원

I = 파장 λ에서 수용액 통과 후 빛의 세기, einsteins/cm²·s(주: einstein은 광자 1몰과 같다)

I_o = 바탕 수용액(대개 탈염수)을 통과 후 빛의 세기, einsteins/cm²·s

$\varepsilon(\lambda)$ = 파장 λ에서 소멸계수 또는 몰흡광계수, (밑이 10), L/mole·cm

λ = 파장, nm

C = 흡광하는 용질의 농도, mole/L

x = 빛의 투과거리, cm

$k(\lambda)$ = 흡광계수(밑이 10), 1/cm

소멸계수는 파장의 함수인데, 그 이유는 파장이 감소할수록 더 많은 광자가 발생되어 흡수됨으로써 성분의 흡광계수는 증가하기 때문이다. 다양한 파장에서 물질별 소멸계수는 표 6-18에 주어져 있다. 식 (6-61)의 사용방법은 예제 6-7에 제시되어 있다.

예제 6-7 **NDMA에 의한 UV 흡광도** 2장에서 언급된 NDMA는 흔히 재이용수에서 검출되며, 심지어 이 화합물은 역삼투법으로 처리된 물에서조차도 발견된다. NDMA가 수중에 30 ng/L로 존재할 경우에, 파장 254 nm에서 NDMA의 흡광계수는 얼마인가.

풀이

1. 우선, NDMA의 농도를 몰 농도로 변환하라. 주기율표에 따르면, NDMA의 분자량은 74.09 g/mole이다. 몰 농도는 다음과 같이 계산된다.

$$C = \frac{(30\ \text{ng/L})}{(74.09\ \text{g/mole})}(1\ \text{g}/10^9\ \text{ng}) = 4.05 \times 10^{-10}\ \text{mole/L}$$

2. 6-61 식을 이용하여 NDMA의 흡광계수를 계산하라.
   a. 표 6-18로부터 NDMA의 몰흡광계수는 파장 254 nm에서 1971 L/mole cm이다.
   b. 흡광계수 $k(\lambda)$는 다음과 같다:

$$\begin{aligned} k(\lambda) &= \varepsilon(\lambda_{254})C = (1974\ \text{L/mole·cm})(4.05 \times 10^{-10}\ \text{mole/L}) \\ &= 8.0 \times 10^{-7}\ \text{cm}^{-1} \end{aligned}$$

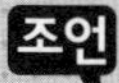

물에서 NDMA의 농도가 낮기 때문에 흡광계수도 또한 낮다. 만약 광분해 공정이 NDMA의 제거하기 위해 사용된다면, 물속의 다른 성분들도 광자를 흡수할 것으므로 처리할 대상수의 배경 흡광도를 고려해야 한다.

수중에서 단일 성분에 의한 빛의 흡수는 앞에서 이미 언급하였다. 하지만 실제는 수용액에 빛을 흡광하는 다양한 화합물들이 존재한다. 다양한 화합물을 포함한 용액을 통과한 흡광도는 개별 화합물들의 흡광도를 합하여 결정될 수 있다:

표 6-18
물에서 흔히 발견되는 성분들의 양자 수율과 흡광계수[a]

성분	수용액상 1차 양자 수율, mole/einstein	253.7 nm에서 흡광계수, L/mole · cm
NO_3^-	–	3.8
HOCl (at 330 nm)	0.23	15
OCl^-	0.23	190
HOCl	–	53.4
OCl^-	0.52	155
O_3	0.5	3300
ClO_2	0.44	108
NaCl	0.72	–
TCE	0.54	9
PCE	0.29	205
NDMA	0.3	1974
물	–	0.0000061

[a] Crittenet al.(2012).

$$\ln\left(\frac{I}{I_o}\right) = -\left[\sum \varepsilon'(\lambda)_i C_i\right] x \tag{6-62}$$

여기서 $\varepsilon'(\lambda)_i$ = 파장 λ(밑 e)에서 성분 i의 소멸계수, L/(mole·cm); 주: $\varepsilon'(\lambda)_i = 2.303\ \varepsilon(\lambda)_i$.

C_i = 성분 i의 농도, mole/L

다른 기호는 앞서 서술된 식 (6−61)를 보시오.

식 (6−62)에서 제시된 관계는 저압 자외선 램프처럼 하나의 단일 파장에 기초한 것이다. 중압 자외선에서와 같이 다양한 파장이 존재하는 조건은 유사한 접근방식으로 결정할 수 있다. 즉, 각 파장별로 각 개별 화합물의 흡광도를 합산하는 방식으로 접근하면 된다.

광분해를 위한 에너지 투입. 램프의 빛 세기와 반응기의 용량은 광분해 반응을 위한 에너지 투입량을 추정할 수 있다. 반응기의 용량당 이론적인 최대 광자 에너지 투입량은 다음 식을 사용하여 결정할 수 있다:

$$P_R = \frac{P\eta}{N_P V h\nu} \tag{6-63}$$

여기서 P_R = 반응기 용량당 광자 에너지 투입량, einstein/L·s

P = 램프 파워, J/s (W)

h = 플랑크 상수(Planck's constant), 6.62×10^{-34} J·s

η = 관심 파장에서 산출 효율(분율 기준)

N_P = 몰당 광자 수(einstein 단위 기준), 6.023×10^{23} /einstien

V = reactor volume, L

$\nu = \frac{c}{\lambda}$ = 빛의 진동수, 1/s

c = 빛의 속도, 3.00×10^8 m/s
λ = 빛의 파장, m

상술된 분석은 이론적 평가에서 만족스럽지만, 광반응기의 실제 성능평가는 식 (6-63)을 사용하여 계산된 결과보다 낮을 것으로 예상된다. 그 이유는 반응기의 재질에 따라 흡수된 빛이나 램프 보호관의 표면에 형성된 침전물에 의해 빛의 차단 효과 때문이다. 특정 시스템에 대한 안전계수가 이런 비효율성을 보상하도록 적용하면서도 좀 더 신뢰성 있는 설계기준을 얻기 위해 파일럿 규모의 실험 연구가 수행되어야 한다.

광분해 속도. 어떤 화합물의 광분해 속도는 광자 흡수의 속도와 빈도를 따르게 된다. 식 (6-62)로부터 유도된 광자의 흡광도는 다음과 같다:

$$I_v = -\frac{dl}{dx} = \varepsilon'(\lambda) \cdot C \cdot I_o \cdot e^{-\varepsilon'(\lambda)Cx} \tag{6-64}$$

I_v = 특정 지점에서 용액의 부피당 광자가 흡수된 속도, einstein/cm^3·s
$\varepsilon'(\lambda)$ = 파장 λ(밑 e)에서 빛을 흡광하는 성분의 소멸계수 또는 몰흡광계수 = 2.30 $3\varepsilon(\lambda)$, L/mole·cm

다른 기호들은 앞서 정의된 식을 참조하라.

양자 수율은 광분해 반응에서 광자의 흡광이 있을 경우에 그 빈도를 나타내는 양을 말하는 것으로, 파장과 화합물의 형태에 따라 다르게 된다. 양자 수율[$\phi(\lambda)$]은 다음과 같이 광분해 반응의 수를 분자에 의해 흡수된 광자의 수로 나누어서 계산된다.

$$\phi(\lambda) = \frac{-r_R}{I_V} = \frac{\text{Reaction rate}}{\text{Rate of photon absorption}} \tag{6-65}$$

여기서 $\phi(\lambda)$ = 파장 λ에서 양자 수율, mole/einstein
r_R = 광분해 속도, mole/(cm·s)

일반적으로 양자 수율은 파장이 감소할수록 증가하게 된다(광자에너지 증가). 파장 254 nm에서 선택된 양자 수율은 표 6-18에 제시하였다.

제거해야 할 성분에 의한 흡광도는 처리 대상수 자체에 의한 흡광도와 비교하면 미량이다(Crittenden et al., 2012). 광분해 반응을 위한 유사 일차 반응속도는 다음 식 (6-66)과 같다.

$$r_{avg} = \left[\phi(\lambda) P_R \frac{\varepsilon'(\lambda)}{k'(\lambda)}\right] C = kC \tag{6-66}$$

여기서 r_{avg} = 반응기에서 성분의 총 평균 광분해 속도, mole/L·s
$\phi(\lambda)$ = 파장 λ에서 양자 수율, mole/einstein
$\varepsilon'(\lambda)$ = 성분의 흡광계수(밑 e), L/mole·1cm
C_i = i 성분 농도, mole/L
$k'(\lambda)$ = 파장 λ에서 대상수의 측정된 흡광계수(밑 e), 1/cm
k = 유사 일차 반응속도상수, 1/s

속도식(r_{avg})을 구한 뒤, 선택된 반응기의 적절한 모델이 예상되는 성능평가를 결정하는 데 사용될 수 있다.

전기적 효율. 광분해 반응을 위한 전기적 에너지 요구량 평가는 공정의 비효율성에 매우 중요하다. 결과적으로 화합물 분해 양당 전기 사용량에 근거한 공정의 효율성을 평가하는 것이 중요하다. 이런 수단으로 화합물 분해의 electrical efficiency per log order (EE/O)가 있다(Bolton and Cater, 1994). EE/O의 정의는 물의 유량 3785 L (1000 U.S. gallons)를 기준으로 하여 어떤 성분의 농도를 10배까지 감소시키는 데 요구된 전기에너지량(kWh)이다.

$$\text{EE/O} = \frac{Pt}{V \log\left(\dfrac{C_i}{C_f}\right)} \text{ (for batch systems)} \tag{6-67}$$

$$\text{EE/O} = \frac{P}{Q \log\left(\dfrac{C_i}{C_f}\right)} \text{ (for continuous flow systems)} \tag{6-68}$$

여기서 EE/O = 10배 농도 저감 시 요구된 에너지 효율, kWh/m^3

P = 램프 출력, kW

t = 조사시간, h

V = 반응기 용량, m^3

C_i = 초기 농도, mg/L

C_f = 최종 농도, mg/L

Q = 유량, m^3/h

주어진 반응에서 처리될 유량을 구하거나 초기 농도대비 10배 저감이 되도록 공정에 투입된 전기 에너지양을 EE/O 값으로 나누면 된다. 결과적으로, EE/O는 편리한 기준이 되는데, 그 이유는 오염농도를 저감하는 데 요구되는 에너지양을 추정할 수 있기 때문이다.

폐수 특성인자 중에서 가변성 요인으로 인해 NDMA의 요구된 EE/O 값은 5~6 mg/L의 과산화수소 주입 시 21~265 kWh/10^3 m^3 · log order (0.08~1.0 kWh/10^3 gal · log order)에 이른다(Soroushian et al., 2001).

예제 6-8

NDMA 처리하기 위한 직접 광분해 공정 설계 어떤 물 재이용 시설이 50 ng/L NDMA을 함유한 역삼투압(RO) 유출수를 1.9×10^4 m^3/d (5 Mgal/d) 생산한다. 역삼투압 유출수를 지하수 주입 전 NDMA 농도를 1 ng/L으로 저감시킬 광분해 반응기의 수를 결정하시오. 여기서 광분해 반응기는 유효한 물 용량 242 L로 직경 0.5 m이고 길이 1.5 m이다. 각 반응기는 램프당 200 W로 모두 72개의 램프로 구성되고 파장 254 nm에서 램프의 출력효율은 30%이다. 반응기의 수리학적 체류시간(τ)이 직렬방식으로 $\tau = n[(C_e/C_o)^{1/n}$

$-$ 1]/k라고 가정하라. 단, k는 반응속도상수이고 n은 직렬방식에서의 반응기 수를 나타낸 것이다. 직렬방식에서 3의 반응조를 사용하고 다른 모든 손실은 무시하라. RO 유출수는 파장 254 nm에서 $k'(\lambda) = 0.02\ cm^{-1}$의 흡광계수를 갖는다. 광분해 공정을 위한 EE/O와 매일 사용되는 에너지 사용을 계산하라.

풀이 1. 반응기의 부피당 가해지는 광자 에너지 투입량을 계산하라.

a. 총 램프 출력을 계산하라.

$$P = (72\ \text{lamps} \times 200\ \text{W/lamp}) = 14{,}400\ \text{W} = 14{,}400\ \text{J/s}$$

b. 식 (6−63)을 사용하여 반응기에 가해지는 광자 에너지 투입량을 계산하라.

$$P_R = \frac{(14{,}400\ \text{J/s})(0.3)(254 \times 10^{-9}\ \text{m})}{(6.023 \times 10^{23}\ \text{1/einstein})(6.62 \times 10^{-34}\text{J·s})(3.0 \times 10^{8}\ \text{m/s})(242\ \text{L})}$$

$$= 3.80 \times 10^{-5}\ \text{einstein/L·s}$$

2. NDMA의 속도상수를 계산하라.

a. 표 6−18로부터 파장 254 nm에서 NDMA의 흡광계수 값을 찾고 이 값을 자연로그값으로 변환하라.

$$\varepsilon(\lambda_{254}) = 1974\ \text{L/mole·cm}$$

$$\varepsilon'(\lambda_{254}) = 2.303[\varepsilon(\lambda_{254})] = 2.303 \times 1974 = 4546\ \text{L/mole·cm}$$

b. NDMA의 양자 수율은 표 6−18에서 찾을 수 있다.

$$\phi(\lambda_{\text{NDMA}}) = 0.3\ \text{mole/einstein}$$

c. 식 (6−66)을 이용해서 k_{NDMA}를 계산하라.

$$k_{\text{NDMA}} = \phi(\lambda_{\text{NDMA}}) P_R \frac{\varepsilon'(\lambda_{\text{NDMA}})}{k'(\lambda)}$$

$$= (0.3\ \text{mole/einstein})(3.80 \times 10^{-5}\ \text{einstein/L·s})\left[\frac{(4546\ \text{L/mole·cm})}{(0.01/\text{cm})}\right]$$

$$= 2.59\ \text{1/s}$$

3. 반응기당 처리될 유량을 계산하라.

a. 반응기의 수리학적 체류시간을 계산하라.

$$\tau = \frac{n[(C_{\text{NDMA,o}}/C_{\text{NDMA,e}})^{1/n} - 1]}{k_{\text{NDMA}}} = \frac{3[(50/1)^{1/3} - 1]}{(2.59\ \text{1/s})} = 3.11\ \text{s}$$

b. 반응기 1기의 처리될 유량을 계산하라

$$Q = \frac{V}{\tau} = \frac{242\ \text{L}}{3.11\ \text{s}} = 77.7\ \text{L/s}$$

4. 총 유량을 처리하는 데에 필요한 반응기 수를 결정하라.

a. 총 유량은 $1.9 \times 10^4\ m^3/d = 219\ L/s$.

b. 반응기의 수는 (219 L/s) / (77.7 L/s) = 2.8 (3기 사용)

c. 실제 반응기의 수는 램프 불량, 부착성 오염 등으로 인해 계산된 결과보다는 클 것이다. 그래서 1기 또는 그 이상의 반응기가 램프 유지관리 등으로 인해 처리 시 방해받지 않으려면 예비로 필요할 수도 있다. 여분의 반응기는 연속적 운전이 아닌 장치 관리차원에서 필요할 경우 사용이 가능함에 유의해야 한다.

5. 광분해 공정의 EE/O를 계산하라.

$$\mathrm{EE/O} = \frac{P}{Q\log\left(\dfrac{C_i}{C_f}\right)}$$

$$= \frac{(14.4\ \mathrm{kW})(10^3\ \mathrm{L/1\ m^3})}{(77.7\ \mathrm{L/s})\left\{\log\left[\dfrac{(50\ \mathrm{ng/L})}{(1\ \mathrm{ng/L})}\right]\right\}(3600\ \mathrm{s/h})} = 0.0303\ \mathrm{kWh/m^3}$$

계산된 EE/O 값은 일반적인 지하수와 지표수를 처리하는 경우보다 매우 낮다. 그 이유는 이미 RO 공정을 거쳐 양질의 유출수이기 때문이다.

6. 매일 사용되는 총 에너지를 예측하라.

반응기 3기 × 14.4 kW × 24 h/d = 1037 kWh/d

위 예제에서 제시된 광분해 반응기의 규모는 소규모로서 실제 상황에 맞게 보정인자를 포함하고 있지 않다. 고려되는 보정인자로는 비이상적인 흐름, 램프 출력의 가변성, 기타 비효율적인 상황 등이다. 실험실 및 파일럿 규모의 연구는 항상 실제 설계인자를 결정할 경우에 반드시 요구된다.

≫ 광분해 공정의 한계

광분해 공정의 효율성은 처리 대상수와 분해시키고자 하는 화합물의 특성에 따라 좌우된다. 예를 들어, 잔류된 유기물질의 소멸계수는 매우 다양하여 다른 화합물의 광분해를 방해할 수도 있는 것이다. 게다가, 투입된 빛 에너지가 다른 성분들에 의해 흡수될 수도 있고, 반응기의 재질에 의해 광자의 손실이 발생할 수도 있고, 램프 보호관의 외벽에 부착된 침전물에 의해 빛의 투과도를 방해하거나 램프 가동에 따른 온도 상승이 효율적인 빛 에너지 사용을 방해할 수도 있다. 6-8절에서 언급된 바와 같이, 몇몇 성분들의 경우에 직접적인 광분해 공정의 성능이 과산화수소 주입에 의해 개선되기도 한다(Linden et al., 2004). 물의 재이용 시, 처리 대상이 아닌 성분들에 의해 자외선 에너지의 흡수와 관련된 광분해 공정의 한계점을 극복하기 위해서라도 역삼투법 등을 사용한 전처리를 수행하여 방해 성분을 제거하여 전체 공정의 성능을 개선해야만 한다. 예상되는 광분해 효율과 램프 보호관의 부착성 오염의 진행속도와 그 특성을 알기 위해 파일럿 규모의 실험적 연구는 수행되어야만 한다.

6-10 화학적 중화, 스케일 제어와 안정화

처리과정을 통하여 생성되어진 과도한 산도나 알칼리도를 반대구성의 화학제로 처리하는 것을 **중화**라고 부른다. 일반적으로, 과도하게 낮거나 높은 pH를 가지고 있는 처리된 하수는 환경에 배출되기에 앞서서 중화가 필요하다. 스케일 제어는 심각한 충격효과를 나타낼 수 있는 스케일 형성을 제어하기 위하여 나노여과와 역삼투처리가 필요하다. 화학적 안정화는 부식에 대한 억제를 위하여 고도처리된 하수에서 필요하다. 이러한 항목은 다음에 나열하고자 한다.

❯❯ pH 조정

다양한 하수처리 분야에서 pH 조정은 필요하다. 수많은 화학제가 사용되므로, 화학제의 선택은 공정과 주어지는 경제성에 따라 적합성이 달라진다. pH 조정을 위하여 가장 널리 알려진 자료는 표 6-19와 같다. 산성의 하수는 표 6-19에 나타나 있는 많은 화학제로 중화시킬 수 있다. 수산화나트륨(NaOH, 통상 가성소다)과 다소 비싸긴 하지만 탄산나트

표 6-19
pH 조절(중화)을 위하여 일반적으로 사용되는 화학제[a]

화학제	화학식	분자량	당량	이용 가능성	
				형태	비율
pH를 높이기 위하여 사용되는 화학제					
탄산칼슘	$CaCO_3$	100.0	50.0	분쇄분말	96~99
수산화칼슘(석회)	$Ca(OH)_2$	74.1	37.1	과립분말	82~95
산화칼슘	CaO	56.1	28.0	덩어리, 조각, 가루	90~98
백운석질 소석회(dolomitic hydrated lime)	$[Ca(OH)_2]_{0.6}[Mg(OH)_2]_{0.4}$	67.8	33.8	분말	58~65
백운석질 생석회(dolomitic quicklime)	$(CaO)_{0.6}(MgO)_{0.4}$	49.8	24.8	덩어리, 조각, 가루	55~58 CaO
수산화마그네슘	$Mg(OH)_2$	58.3	29.2	분말	
산화마그네슘	MgO	40.3	20.2	분말, 입자	99
중탄산나트륨	$NaHCO_3$	84.0	84.0	분말, 입자	99
탄산나트륨(소다회)	Na_2CO_3	106.0	53.0	분말	99.2
수산화나트륨(가성소다)	NaOH	40.0	40.0	고체 박편, 가루 박편, 액체	98
pH를 낮추기 위해 사용되는 화학제					
탄산	H_2CO_3	62.0	31.0	가스(CO_2)	
염산	HCl	36.5	36.5	액체	27.9, 31.45, 35.2
황산	H_2SO_4	98.1	49.0	액체	77.7 (60°Be) 93.2 (66°Be)

[a] Eckenfelder(2000).

륨이 일반적이고 작은 처리장이나 적은 양으로 적합할 경우에 널리 이용된다. 다소 흔하지 않지만, 석회 또한 일반적인 화학제이다. 석회는 생석회(quicklime)나 소석회(slaked hydrated lime), 높은 칼슘 또는 백운석질의 석회와 몇 가지의 물리적 형태로 이용된다. 석회석과 백운석질의 석회석은 가격은 저렴하지만 사용하기에 덜 편리하고 반응속도에 있어서 다소 느리다. 석회석이나 백운석질 석회석은 특정 폐수처리의 적용에서 피복될 수 있기 때문에 사용이 제한된다. 칼슘과 마그네슘은 처분을 필요로 하는 슬러지를 형성하게 된다.

알칼리성 하수는 산성보다 덜 문제를 일으키지만, 종종 처리를 필요로 한다. 만일 산성의 하수라인을 이용할 수 없거나 알칼리성 하수를 중화시키기에 적절하지 않다면, 황산이 흔히 이용된다. 몇몇 처리장에서 배기가스로 배출되는 이산화탄소(CO_2)를 다음과 같은 반응을 이용하여 알칼리성 하수를 중화시킬 수 있다.

$$2OH^- + CO_2 \rightarrow CO_3^{2-} + H_2O \tag{6-69}$$

$$CO_3^{2-} + CO_2 + H_2O \rightarrow 2HCO_3^- \tag{6-70}$$

소독을 위하여 염소 주입량을 기준으로 할 때, 소독된 유출수의 pH는 재이용과 환경에 배출하기 위하여 허용되고 있는 것보다 다소 낮다. 이 경우에 중화는 피드백 루프(feedback loop)를 통하여 자동적으로 제어되고, 최종 유출수의 pH는 기록된다. 환경에의 민감도에 따라 2단계의 중화는 필요할 수 있다. 화학제는 용액, 슬러리 또는 건조 상태로 자동적으로 주입된다. 반응률이 느리다면, 장치와 제어의 설계는 필수적인 요소가 된다.

》 스케일 잠재성 분석

하수의 재사용을 목적으로 나노여과, 역삼투와 전기투석을 행하는 경우가 늘어남에 따라 처리된 하수의 스케일 특성을 조절하는 것이 탄산칼슘과 황산염 스케일 형성을 제어하기 위하여 중요하다. 복원율에 따라 스케일의 농도는 처리장의 모듈에 따라 10배까지 증가하게 된다. 소금 농도가 증가할 때, 탄산칼슘과 다른 스케일 형성 화합물의 용해도곱을 초과하는 것이 가능하다. 처리 모듈에서 스케일 형성은 운전의 파괴를 유발하고, 궁극적으로 막 모듈의 파괴를 유도하게 된다.

지난 75년간, 스케일 이론들은 발전 및 적용되어 왔다. 일반적으로, 이러한 이론은 물의 균형, 불충분한 포화상태, 또는 탄산칼슘에 대해 과포화 여부를 평가하는 데 사용되는 상대 지표의 형성을 가져왔다. 불충분한 포화상태의 물은 기존 탄산칼슘 막을 용해하는 경향이 있다. 균형 잡힌 물은 막을 형성하지도 용해하지도 않는다. 과포화상태의 물은 막을 형성할 수 있다. 스케일 형성의 잠재성을 평가하기 위해 사용되는 대표 지표는 표 6-20에 나타내었다. 흥미로운 것은 대부분 이용 가능한 지표는 물 공급 및 석유 산업에서 개발되었다는 점이다. 폐수 분야에서 일반적으로 사용되는 Langelier saturation index와 Ryzner stability index는 아래에서 더 상세히 논의된다. 다양한 컴퓨터 프로그램들은 탄산칼슘 침전 전위값이 매우 복잡한 많은 지수 방정식을 해결하는 데 사용할 수 있다(Truesdell and Jones, 1973; Merrill and Sanks, 1977a, b and 1978; Ball and Nordstrom, 1991; WaterCycle®, 2012). 컴퓨터 프로그램들은 또한 다양한 모델로 얻은

표 6-20

물의 안정성을 평가하는 데 사용하는 대표 지수

지수	관계의 일반적 형태	불포화 시스템	포화 시스템	과포화 시스템
Aggressiveness 지수 (AI)[a,b]	$AI = pH + \log_{10}[(Ca)(Alk)]$ Ca와 Alk는 mg $CaCO_3$/L로 표현	AI < 10 높은 aggressive	10 < AI < 12 적당한 aggressive	AI > 12 nonaggressive (예를 들어 방어)
칼슘 포화 지수(CSI)[b]	$CSI = pH + Tf + Af + Cf - 12.1$ Tf = 온도, Af = 알칼리도, Cf = 표에서 나타나 있는 칼슘 인자	CSI < −0.3 스케일 형성 가능	CSI ~ 0 물은 균형상태	CSI > 0 물은 스케일이 형성되지 않음
탄산칼슘의 침전 가능성 (CCPP)[c,b]	복잡한 컴퓨터 기반 모델 용액			
구동력 지수(DFI)[d,b]	DFI=(Ca2+)(CO32-)/K's1010 Ca^{2+}와 CO_3^{2-}는 mg $CaCO_3$/L로 표현	DFI < 1	DF = 1	DFI < 1
Langelier 포화 지수 (LSI)[e,b]	$DFI = (Ca^{2+})(CO_3^{2-})/K's \cdot 10^{10}$	LSI < 0	LSI = 0	LSI > 0
Lason-Skold 지수[f]	$L - SI = (Cl^- + SO_4^{2-})/(HCO_3^- + CO_3^{2-})$ 모든 표현은 백만 단위 중량 속 당량으로 표시 (epm)	>> 0.6 높은 부식 속도 예상	>>0.2, <<0.6 염화물 및 황상염이 막 형성을 방해할 수 있음	<<0.2 염화물 및 황산염이 막 형성 방해하지 않음
포화 수준	$SL = \dfrac{\gamma_{Ca}[Ca]\gamma_{CO_3}[CO_3]}{K_{sp}}$	< 1	1	>1
Puckorius 스케일지수 (PSI)[g,b]	$PSI = 2(pH_s) - pH_{eq}$	<< 6 스케일 형성 경향	6 안정상태	>>6~7 스케일 형성되지 않음
Ryznar 안정성 지수(RSI)[h,b]	$RSI = 2pH_s - pH$	RSI > 6.8	6.2 < RSI < 6.8	RI < 6.2
일시적 과잉(ME)[i,b]	$[Ca - X][CO_3 - X]\ K_{spc}$ X는 평형을 회복하는 데 요구되는 침전량	ME < 0	ME ~ 0	ME > 0

[a] Millette et al. (1980), [b] Temkar et al. (1990), [c] Standard Methods (2012), [d] McCauley (1960),
[e] Langelier (1936), [f] Larson and Skold (1958), [g] Puckorius and Brooke (1991), [h] Ryzner (1944), [i] Dye (1952).

결과를 비교하는 데 사용할 수 있다.

수화학을 평가하는 또 다른 방법은 MINTEQA2나 MINEQL+와 같이 화학 평형 모델의 사용이 있다. 이러한 모델은 화학 성분과 농도를 입력하여 사용한다. 열역학 관계는 형성될 수 있는 종들과 그 종들의 예상 농도, 그리고 침전물이 형성되는 것들을 결정하는 연립방정식을 풀기 위해 사용된다. 화학적 평형 모델의 추가적인 정보는 표에 나타나있다.

Langelier 포화지수. 처리수의 고도처리를 행하는 동안 탄산칼슘($CaCO_3$)의 형성 경향은 농축액의 Langelier 포화지수(langelier saturation index, LSI)를 계산함으로써 알 수 있다.

$$LSI = pH - pH_s \tag{6-71}$$

여기서, pH = 농축된 하수 시료의 측정된 pH

pH_s = 탄산칼슘에 대한 포화 pH

Langelier 포화지수의 스케일 형성 기준은 다음과 같다.

$LSI > 0$	물은 탄산칼슘에 관하여 과포화되어 있으며, 스케일 형성이 일어날 수 있다.
$LSI < 0$	물은 탄산칼슘에 관하여 불포화되어 있다. 불포화되어 있는 물은 파이프와 장치의 기존 탄산칼슘 보호 코팅을 제거할 수 있는 경향을 띤다.
$LSI = 0$	물은 중성상태이다(즉, 스케일 형성 또는 스케일 제거도 일어나지 않는다).

불포화된 물은 부식성(*corrosive*)이라고 언급되기도 하는데, 이러한 용어의 사용은 잘못된 것이며, LSI는 단지 탄산칼슘 스케일의 존재여부에 대해서만 적용된다. 제시된 그림 6–28 또한 LSI를 추정하는 데 사용될 수 있다.

Ryzner 안정지수. 안정지수(*stability index*)로 알려진 다른 값이 Ryzner(1944)에 의해 제안되었으며, 상업적 목적으로 많이 이용되고 있다. Ryzner 지수(RSI)는 다음과 같다.

$$RSI = 2pH_s - pH \tag{6-72}$$

Ryzner 지수에 대한 스케일 기준은 다음과 같다.

$RSI < 5.5$	다량의 스케일 형성
$5.5 < RSI < 6.2$	스케일 형성
$6.2 < RSI < 6.8$	문제점 없음
$6.8 < RSI < 8.5$	물이 부식성
$RSI > 8.5$	물이 매우 부식성

그림 6-28

LSI 결정을 위한 그림(Du Pont Company, 1992).

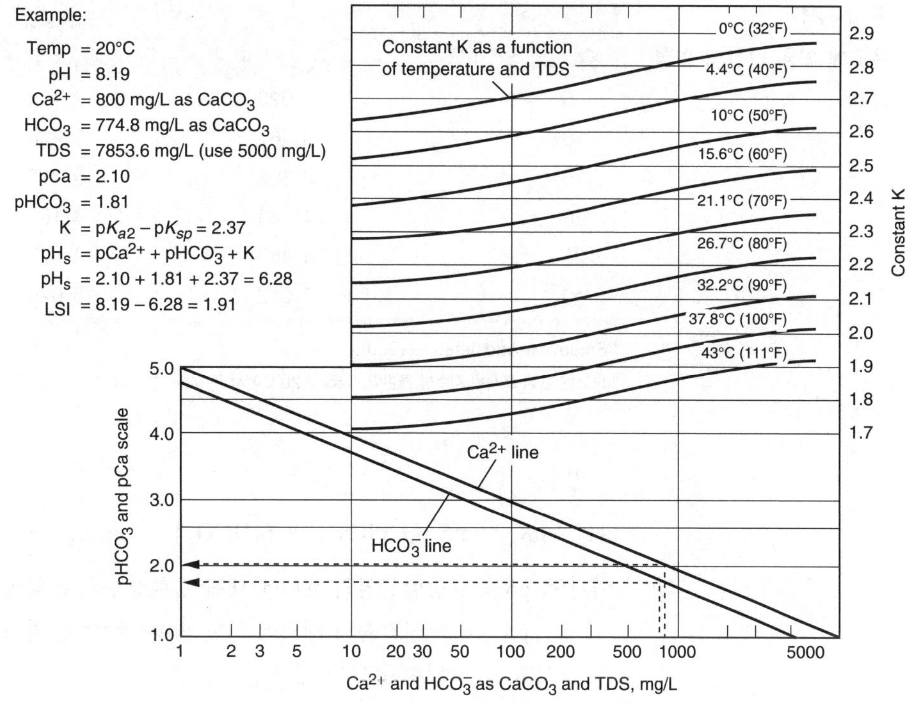

지수의 적용. 포화 pH_s는 다음과 같은 방법으로 계산된다.

$$pH_s = -\log\left(\frac{K_{a2}\gamma_{Ca^{2+}}[Ca^{2+}]\gamma_{HCO_3^-}[HCO_3^-]}{K_{sp}}\right) \tag{6-73}$$

여기서, K_{a2} = 중탄산염의 해리를 위한 평형상수

$\gamma_{Ca^{2+}}$ = 칼슘의 활동도 계수

$[Ca^{2+}]$ = 칼슘의 농도, 몰

$\gamma_{HCO_3^-}$ = 중탄산염의 활동도 계수

$[HCO_3^-]$ = 중탄산염의 농도, 몰

K_{sp} = 탄산칼슘의 해리를 위한 용해도곱 상수

활동도 계수는 2장에서 언급되어 있는 식 (2-10)을 이용하여 추정할 수 있다.

$$\log\gamma = -0.5\,(Z_i)^2\left(\frac{\sqrt{I}}{1+\sqrt{I}} - 0.3I\right) \tag{2-10}$$

여기서, Z_i = 이온 성분의 전하

I = 이온 강도

이온 강도는 2장에서 주어진 식 (2-12)를 통하여 계산할 수 있다.

$$I = 2.5 \times 10^{5-} \times TDS \tag{2-11}$$

pH의 범위가 6.5~9.0에서의 탄산칼슘의 용해도를 위한 포화 pH_s는 다음과 같이 주어질

표 6-21
온도에 따른 탄산의 평형 상수[a]

온도, ℃	평형상수[b]		
	$K_{a1} \times 10^7$	$K_{a2} \times 10^{11}$	$K_{sp} \times 10^9$
5	3.020	2.754	8.128
10	3.467	3.236	7.080
15	3.802	3.715	6.02
20	4.169	4.169	5.248
25	4.467	4.477	4.571
40	5.012	6.026	3.090

[a] Smoeyink and Jenkins(1990).
[b] 보고된 값에 표시된 지수를 곱한다. 따라서 20℃에서 k_2 값은 4.169×10^{-11}과 같다.

수 있다.

$$pH_s = pK_{a2} - pK_{sp} + p[Ca^{2+}] + p[HCO_3^-] - \log \gamma_{Ca^{2+}} - \log \gamma_{HCO_3^-} \quad (6\text{-}74)$$

여기서, pK_{a2} = 중탄산염의 해리에 대한 평형상수의 음의 로그
pK_{sp} = 탄산칼슘의 해리에 대한 평형상수의 음의 로그
$p[Ca^{2+}]$ = 칼슘 농도에 대한 음의 로그
$p[HCO_3^-]$ = 중탄산염 농도에 대한 음의 로그

탄산시스템의 K_1, K_2와 K_{sp}의 값은 표 6-21 온도의 함수로 나타내었다. 이들 식의 적용은 예제 6-9에 설명되어 있다.

예제 6-9

스케일 잠재성의 분석 Langelier와 Ryzner 지수를 이용하여 다음과 같은 화학적 특성을 지닌 처리수에 대한 스케일 잠재성을 해석하시오.

성분	농도	
	g/m³	mole/L
Ca^{2+}	5	0.125×10^{-3}
HCO_3^-	10	0.164×10^{-3}
TDS	20	
pH	7.7	

풀이

1. 식 (2-11)를 이용하여 처리수의 이온 강도를 결정한다.

$I = 2.5 \times 10^{-5} \times TDS$

$I = 2.5 \times 10^{-5} \times 20 = 50 \times 10^{-5}$

2. 식 (2-9)를 이용하여 칼슘과 중탄산의 활동도 계수를 결정한다.

a. 칼슘

$$\log \gamma_{Ca^{2+}} = -0.5(Z_i)^2\left(\frac{\sqrt{I}}{1+\sqrt{I}} - 0.3I\right)$$

$$= -0.5(2)^2\left[\frac{\sqrt{50\times10^{-5}}}{1+\sqrt{50\times10^{-5}}} - 0.3(50\times10^{-5})\right] = -0.0434$$

$$\gamma Ca^{2+} = 0.905$$

b. 중탄산

$$\log \gamma_{HCO_3^-} = -0.5(Z_i)^2\left(\frac{\sqrt{I}}{1+\sqrt{I}} - 0.3I\right)$$

$$= -0.5(1)^2\left[\frac{\sqrt{50\times10^{-5}}}{1+\sqrt{50\times10^{-5}}} - 0.3(50\times10^{-5})\right] = -0.0109$$

$$\gamma_{HCO_3^-} = 0.975$$

3. 식 (6−46)을 이용하여 포화 pH_s를 결정한다.

$$pH_s = -\log\left(\frac{K_{a2}\gamma_{Ca^{2+}}[Ca^{2+}]\gamma_{HCO_3^-}[HCO_3^-]}{K_{sp}}\right)$$

$$pH_s = -\log\left[\frac{(4.17\times10^{-11})(0.905)(0.125\times10^{-3})(0.975)(0.164\times10^{-3})}{5.25\times10^{-9}}\right]$$

$$pH_s = -\log(1.43\times10^{-10}) = 9.84$$

4. Langelier와 Ryzner 지수를 결정한다.
   a. Langelier 포화지수

   $LSI = pH - pH_s = 7.7 - 9.84 = -2.14$
   $LSI < 0$ (물은 탄산칼슘에 대해 불포화되어 있음)

   b. Ryzner 지수

   $RSI = 2pH_s - pH = 2(9.84) - 7.7 = 11.98$
   $(RSI = 11.98) < 8.5$ (물은 매우 부식성임)

두 가지 지수가 모두 사용되지만, Langelier 지수는 상수와 하수 분야에서 가장 일반적으로 이용되고 반면에 Ryzner 지수는 산업적 적용에 가장 일반적으로 이용된다.

» 스케일 제어

일반적으로 $CaCO_3$ 스케일 제어는 다음의 하나 또는 그 이상의 방법을 통하여 얻어진다.

- pH와 알칼리도를 줄이기 위하여 산성화
- 이온 교환 또는 석회 연수를 통하여 칼슘 농도를 줄임
- 농축 스트림에서 $CaCO_3$의 겉보기 용해도를 증가시키기 위하여 스케일 억제 화학약품(antiscalant)을 첨가(11장 참조)

- RO 생산 회수율 절감 (11장 참조)

역삼투로 처리된 물의 pH 값을 사전에 예측하기에는 어렵지만, 실제 규모로 설치될 때 이용되는 같은 모듈을 사용하여 파일럿 연구를 행하는 것이 필요하다.

》 안정화

역삼투로 연수화시킨 하수는 일반적으로 연수화된 물이 금속성의 관과 장치에 접촉함으로써 금속성 부식을 일으키는 것을 방지하기 위하여 pH와 탄산칼슘 조절(안정화)이 필요하다. 부식은 고체 형태의 금속이 다양한 용해도곱을 만족시키기 위하여 용해될 때 일어나기 때문이다. 연수화된 물은 앞에서 언급한 것과 같이 LSI 조정을 위하여 석회를 투입하여 안정화시킨다.

6-11 화학제의 저장, 투입, 수송과 제어 시스템

화학적 처리운전의 설계는 다양한 단위운전과 공정의 크기뿐만 아니라 필요한 장치의 선택을 포함한다. 사용할 수 있는 많은 종류의 화학제와 다른 형태의 부식성질 때문에, 화학제의 저장, 투입, 수송과 제어 시스템의 설계에 많은 주의가 필요하다. 다음의 토론은 이러한 항목에 대한 설명이다.

가정하수처리 시스템에 있어서 화학제는 고체, 액체 또는 가스형태로 이용될 수 있다. 일반적으로 건조상의 고체 형태의 응집제들은 하수에 투입되기 이전에 액체 또는 슬러리 형태로 변환된다. 액체 형태의 응집제들은 농축된 형태로 처리장으로 운반되고, 하수에 투입되기 앞서 희석된다. 소독 목적으로 이용되는 가스 형태의 화학제(일반적으로 액체로 보관됨)는 주입 전에 물에 녹이거나 하수에 직접 주입된다. 이들 시스템에 이용되어지는 화학제 투입 형태는 건조, 액체 또는 가스이다. 그림 6-29에 다양한 형태의 투입장치를 구분하였다. 화학제 투입장치는 일반적으로 (1) 유입하수 유량에 비례하여 화학제를 투입하는 비율방식과 (2) 유입 유량에 무관하게 일정한 비율로 화학제를 투입하도

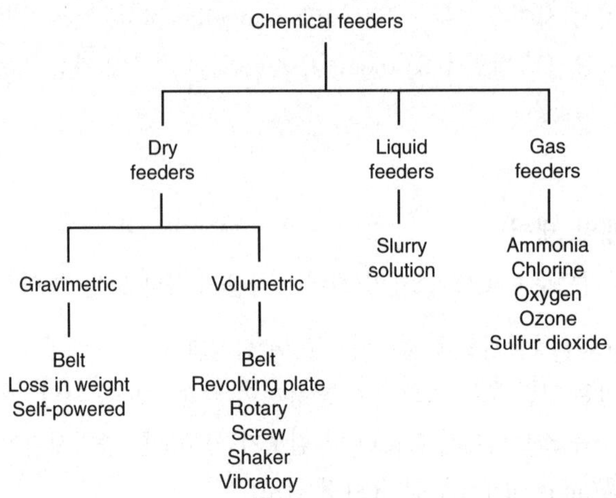

그림 6-29
화학제 투입 시스템의 분류

록 설계하는 고정 방식이 있다.

화학제의 저장과 취급

다양한 화학제를 위한 취급, 저장 그리고 투입에 대한 일반적인 정보는 표 6-22에 나타나 있다. 필요로 하는 특정 저장 시설들은 화학제를 이용하는 장소에서의 형태에 따라 달라진다. 작은 처리시설에서 이용 가능한 형태는 일반적으로 한정적이 된다. 작은 시설에서 저장시설의 일반적 형태는 그림 6-30과 같다. 봉쇄의 일부 형태는 어떤 화학물질이 확산되어 어떤 형태의 결합이 생기는 것을 제한하기 위해 제공된다.

건조상 화학제 투입 시스템

일반적으로 건조상 화학제 투입시스템은 저장 호퍼, 건조 화학약품 투입기, 용해 탱크와 펌프 또는 중력분배 시스템으로 구성된다(그림 6-31과 6-32 참조). 각 장치는 하수의 양, 처리율과 화학제의 투입과 용해를 위한 최적의 시간에 따라 설계된다. 압축적이고 석회와 같이 덩어리를 형성할 수 있는 분말 화학제를 이용하는 호퍼는 교반기와 먼지 수집시스템을 함께 동반하게 된다. 건조상 화학제 투입기는 부피 또는 무게로 측정할 수 있는 형태가 있다. 부피형태에 있어서, 건조상 화학제 투입은 부피로 측정되지만, 중량형태에서는 무게로 측정된다. 일반적으로 이용되는 화학제의 투입장치는 표 6-23에 나타내었다.

건조 투입 시스템에서 용해 작업은 필수적이다. 용해 탱크의 용량은 체류시간을 따

(a)

(b)

(c)

(d)

그림 6-30

일반적인 화학제의 저장 시설. (a) 작은 하수처리시설에 있는 외부 시설. 화학제가 누출되었을 경우에 대비하여 봉쇄되어 있는 구조 안에 놓여 있어야 한다. (b) 봉쇄되어 있는 지역에 있는 내부 건물 내의 화학제 저장, (c) 화학제 봉쇄 지역 아래 강판 실내 바닥 위에 화학 저장 탱크는 위치한다. (d) 큰 화학제 저장 시설은 화학제 봉쇄 구조들 안에 위치한다. 화학제 공급 시설은 저장탱크 사이에 위치한다.

표 6–22
하수처리에 쓰이는 다양한 화학제 사용에 대한 취급, 저장, 투입 기준 [a]

화학제	화학식	운반 형태	투입 형태	투입 유형	보조 설비	자재 운반
침전을 위한 화학제 사용						
황산알루미늄	$Al_2(SO_4)_3 \cdot 18H_2O$	덩어리, 가루 또는 분말 용액	액체	정량 펌프	슬러리 탱크, 슬레이커	철, 강철
염화 알루미늄	$AlCl_3$	액체	액체	정량 펌프	저장탱크	Hastelloy B, plastic
수산화칼슘(석회)	$Ca(OH)_2$	포대, 배럴, 대용량	액체	정량 펌프	슬러리 탱크	철, 강철
염화제이철	$FeCl_3$	포대, 카보이, 대용량	액체	정량 펌프	슬러리 탱크	철, 강철
황산제이철	$Fe_2(SO_4)_3$	포대, 배럴, 대용량	액체	정량 펌프	슬러리 탱크	철, 강철
코퍼러스	$FeSO_4 \cdot 7H_2O$		액체	정량 펌프	슬러리 탱크	철, 강철
중화를 위한 화학제 사용						
탄산칼슘	$CaCO_3$	포대, 드럼통 또는 대용량	슬러지, 고정층 상태의 건조 슬러리	정량 펌프, 용량 펌프	슬러리 탱크	철, 강철
산화칼슘	CaO	포대(22.5 kg), 배럴 또는 대용량	건조 상태 또는 슬러리, 소석회 상태	정량 펌프	슬러리 탱크, 슬레이커	철, 강철, 플라스틱, 고무 호스
중탄산나트륨	$NaHCO_3$	포대 또는 드럼통	건조 상태 또는 슬러리	정량 펌프	용해 탱크	I철, 강철, 플라스틱, 고무 호스
탄산나트륨	Na_2CO_3	포대(45.5 kg), 대용량	건조 상태 또는 슬러리	정량 펌프	용해 탱크	철, 강철, 플라스틱, 고무 호스
수산화나트륨	NaOH	드럼통(45.5, 204.5, 367.5 kg)	건조 상태 또는 슬러리	정량 펌프	용해 탱크	I철, 강철, 플라스틱, 고무 호스
탄산	H_2CO_3		Gas (CO_2)	정량 펌프		
염산	HCl	배럴, 드럼통, 대용량	액체	정량 펌프	희석 탱크	하스텔로이 A, 플라스틱, 고무
황산	H_2SO_4	카보이, 드럼통, 대용량	액체	정량 펌프		철, 강철, 플라스틱, 고무 호스

[a] Eckenfelder et al. (2009)

[b] 종류 선택

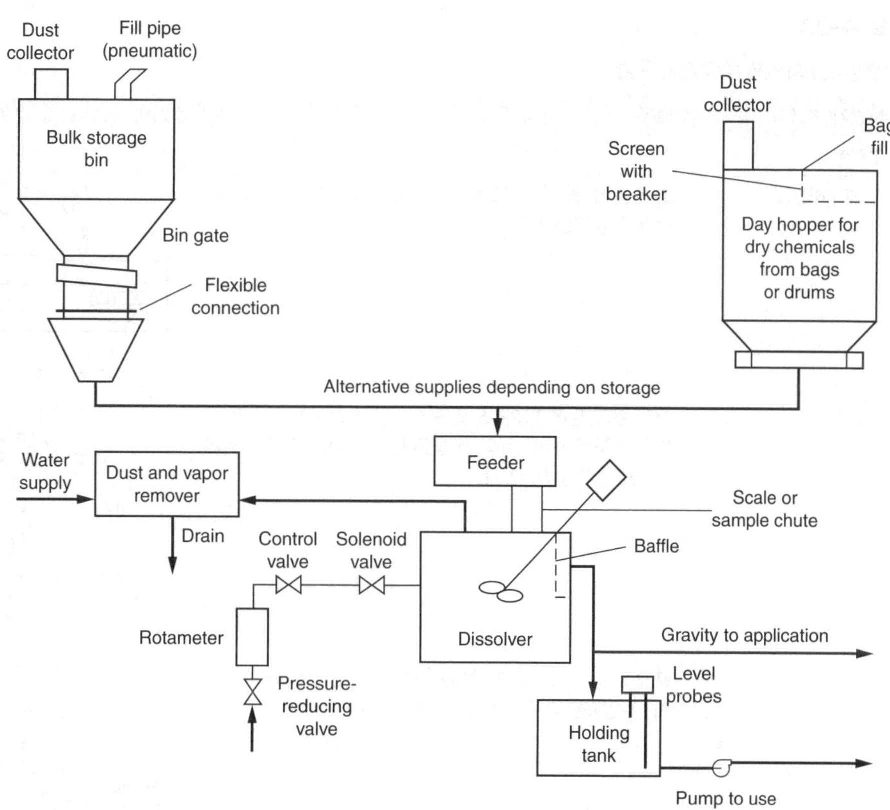

그림 6-31

전형적인 건조상 화학제 투입 시스템의 개략도

(a)

(b)

그림 6-32

전형적인 건조상 화학제 투입 시스템. (a) 단일 저장 호퍼, (b) 두 개의 화학제 저장 호퍼는 그림 6-31에 나타낸 바와 같이 개별 화학제 투입기와 용해기로 연결되어 있다.

표 6-23

일반적인 화학제 투입기의 특성[a]

투입기 형태	특징	그림
부피형		
컨베이어벨트	호퍼 밑에 위치한 벨트로 구성, 투입률은 벨트의 속도에 따라 조정 가능하다.	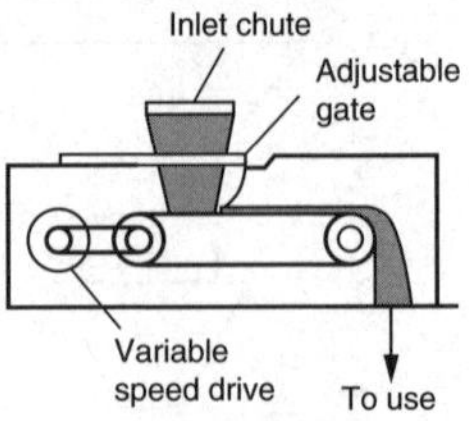 Inlet chute, Adjustable gate, Variable speed drive, To use
회전판	저장 호퍼 밑에 회전판으로 구성, 판이 회전함에 따라 투입할 약품은 호퍼로부터 배출된다. 투입되는 약품의 양은 회전율에 따라 결정된다.	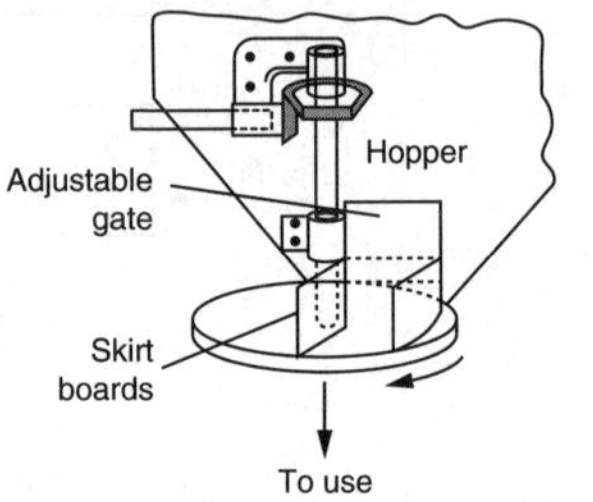 Hopper, Adjustable gate, Skirt boards, To use
회전기	포켓을 형성하는 바람개비를 가지고 회전하는 자루로 구성, 투입되는 약품의 양은 회전율에 따라 결정된다.	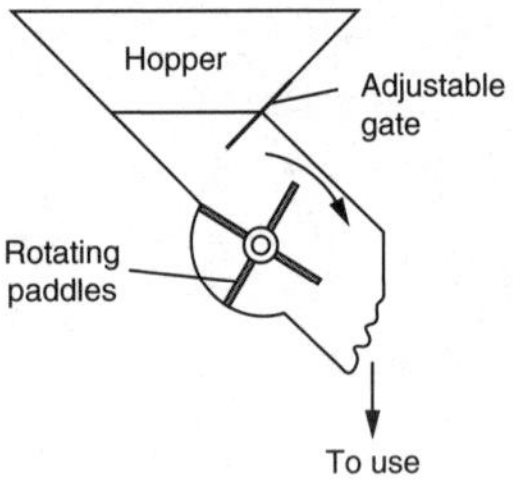 Hopper, Adjustable gate, Rotating paddles, To use
스크류	투입 호퍼 아래에 설치된 가변식 피치 스크류로 구성. 투입량은 스크류의 회전 속도에 의해 조절	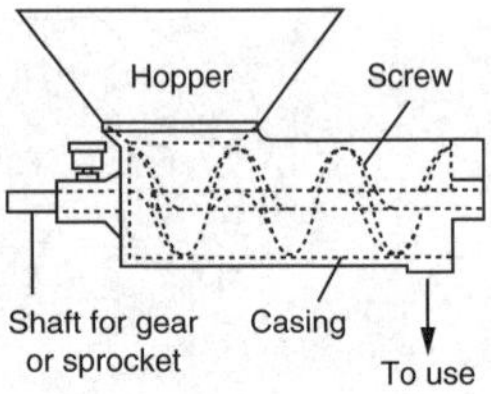 Hopper, Screw, Shaft for gear or sprocket, Casing, To use
교반기	호퍼 밑에 놓여 있는 쉐이커판으로 구성된다. 판이 진동함에 따라 투입되는 양은 앞으로 이동하여 투입 도랑으로 떨어진다.	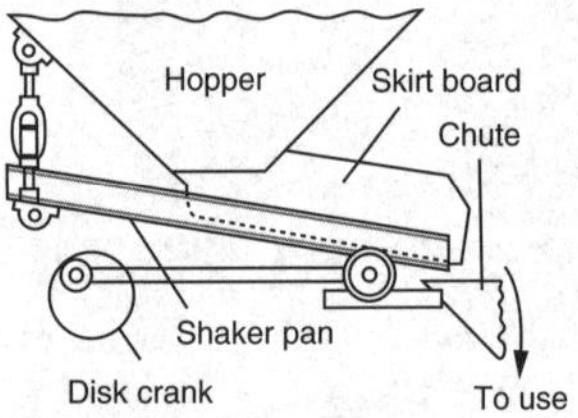 Hopper, Skirt board, Chute, Shaker pan, Disk crank, To use
진동기	호퍼에 진동판이나 수로로 구성된다. 진동하는 전기자기장 드라이버가 앞뒤로 진동하는 판 또는 도랑에 의해 약품을 앞으로 투입 운반한다. 투입되는 약품의 양은 진동률에 따라 조정된다.	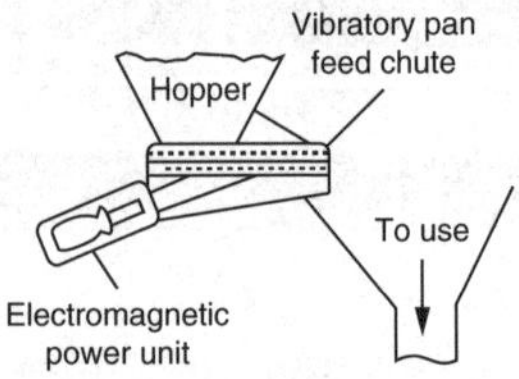 Vibratory pan feed chute, Hopper, To use, Electromagnetic power unit

(계속)

표 6-23 (계속)

투입기 형태	특징	그림
중량형		
벨트	주입 호퍼에서 무게를 달 수 있는 벨트로 물질을 전달하는 부피상의 투입시설로 구성. 무게를 달 수 있는 벨트는 부피 투입기에 의하여 제거할 수 있는 신호를 보낼 수 있다.	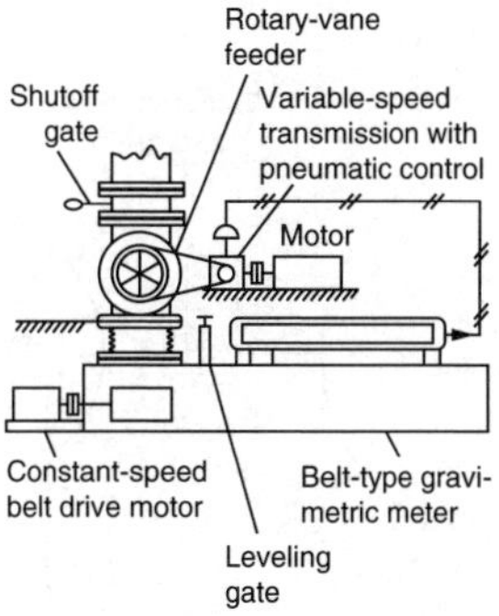 Rotary-vane feeder; Shutoff gate; Variable-speed transmission with pneumatic control; Motor; Constant-speed belt drive motor; Belt-type gravimetric meter; Leveling gate
무게손실	스케일과 화학제 투입장치에 놓여 있는 투입기로 구성. 화학제의 투입률은 스크류나 진동 투입기에 의하여 제어할 수 있다. 투입률은 스케일에 의하여 측정되고 있는 무게 감소로 결정된다.	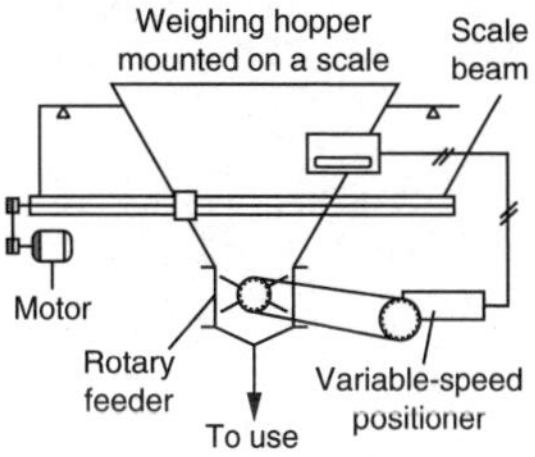 Weighing hopper mounted on a scale; Scale beam; Motor; Rotary feeder; To use; Variable-speed positioner
자기동력	저장 호퍼 밑에 놓여 있는 평형을 유도하는 제어 게이트로, 구성호퍼의 무게는 빔 저울에 의하여 평형을 맞추고 있다. 투입되는 물질의 비율은 충격 판에 의하여 제어된다. 비록 정확하지는 않지만, 장치가 동력 없이 작동한다.	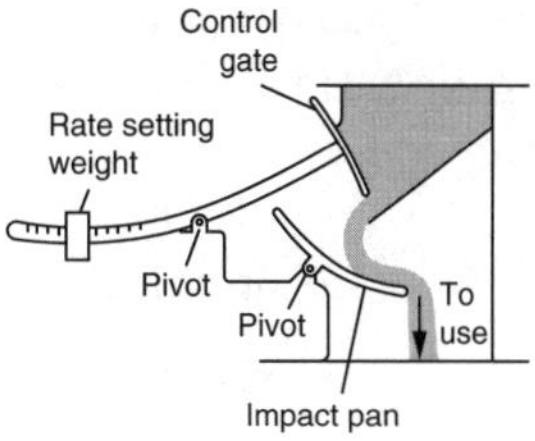 Control gate; Rate setting weight; Pivot; Pivot; To use; Impact pan

[a] Liptak(1974).

라 결정되며, 이것은 화학제의 용해에 대한 용해 가능성에 직접적으로 영향을 준다. 수처리에서 일정한 강도용액을 형성할 목적으로 제어할 때, 기계적 혼합기가 이용된다. 탱크 내에서 흐름 패턴에 따라, 효과적인 혼합을 위하여 배플을 설치할 필요가 있다. 작은 혼합기에서 혼합기는 배플의 사용을 피하기 위하여 각을 줄 수 있다. 용액이나 슬러리들은 화학제 투입펌프에 의해 계량된 정해진 값으로 투입된다.

》 액상 화학제 투입 시스템

액상 화학제 투입 시스템은 일반적으로 저장탱크, 운반 펌프, 농축된 용액을 희석하기 위한 탱크, 주입점에서 분배를 위한 투입펌프로 구성된다(그림 6-33과 6-34 참조). 일반적으로 액상 투입 시스템은 하수와 화학제의 더욱 좋은 접촉과 퍼짐을 위하여 사용된다. 액상 화학제가 희석할 필요가 없을 경우에는 저장탱크로부터 직접 투입되기도 한다. 저장탱크는 화학제의 안정성, 투입비율, 운반의 한계(비용, 탱크트럭의 크기 등), 공급 가능성에 따라 결정된다. 용액 투입펌프들은 화학제 투입을 정확하게 하는 postive-displace-

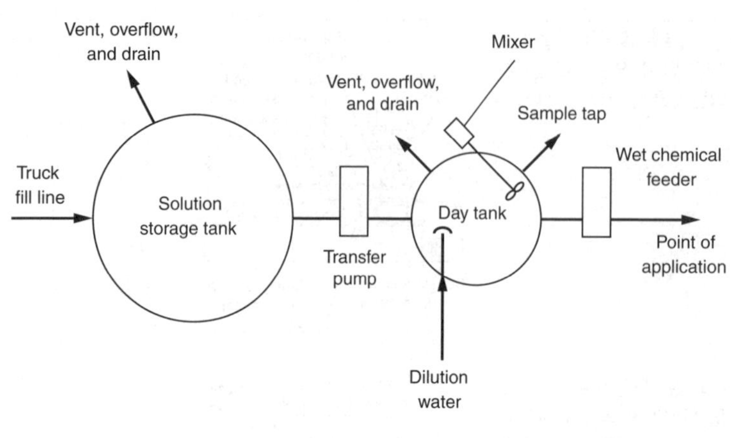

(a)

(b)

그림 6-33

일반적인 액상 화학제 투입 시스템. (a) 도식도, (b) 큰 탱크와 믹서 또한 혼합향상을 위한 내부 방해판의 처짐 주의(그림 5-14 참조)

ment type을 이용한다. 유출과 보조 봉쇄는 보통 저장탱크 주위에 필요로 한다. 반응성이 높은 화학물은 서로 옆에 저장하지 않는다.

》 가스상 화학제 투입 시스템

가스로 이용되는 화학제는 암모니아, 염소, 산소, 오존, 이산화황이다. 가스 투입 시스템은 대부분 소독이나 탈염소화를 위해 사용되는 화학제의 주입을 위해 사용된다(12장 참조). 소독을 위하여 가장 널리 이용되는 염소는 저장탱크에 액체로 공급되고, 저장탱크의 액체상부공간에서 가스를 추출함으로써 계속적으로 기화하게 된다. 소독제를 위한 약품은 소독을 다루는 12장에서 다룰 예정이다.

》 초기 화학제 혼합

화학제의 혼합에 있어서 가장 중요한 것은 처리하고자 하는 하수와 약품의 초기 혼합과 균등한 혼합이다. 앞에서 언급하였듯이 혼합에 필요한 시간은 수 초 범위에 있다. 큰 처리장에서 하나의 혼합기를 이용하여 매우 짧은 혼합시간을 얻는 것이 어렵기 때문에, 여러 개의 혼합장치가 추천된다. 특정 장소에 적용할 특정 장치는 사용되는 약품에 따라 반응시간과 운전 장치를 고려하여 결정된다. 일반적인 하수처리장에서 이용되는 혼합시간은 표 6-24와 같다. 하수처리에서 화학제 혼합을 위하여 이용되는 일반적인 장치는 5장에 설명되어 있다. 다양한 혼합장치를 이용하여 얻을 수 있는 적절한 혼합시간은 5장의 표 5-9에 제시되어 있다.

(a)

(b)

(c)

(d)

그림 6–34

일반적인 실외 액상 화학약품 투입 시스템. (a) 실내 염소 정량 펌프와 (b), (c), (d) 일반적인 덮개가 씌워진 화학약품 공급 장소이다.

표 6–24
하수처리시설에 사용되는 다양한 화학약품에 대한 일반적인 혼합시간

화학약품	적용	추천하는 혼합시간, sec
Alum, Al^{3+}, 염화제2철, Fe^{3+}	콜로이드 입자 응집	<1
Alum, Al^{3+}, 염화제2철, Fe^{3+}	체거름 플럭의 침전	1~10
석회 $Ca(OH)_2$	화학적 침전	10~30
염소, Cl_2	화학적 소독	<1
클로라민, NH_2Cl	화학적 소독	5~10
양이온 폴리머	콜로이드 입자의 불안정화	<1
음이온 폴리머	입자의 가교 결합	1~10
폴리머, 비이온계	여과 보조제	1~10

문제 및 토의과제

6-1 1차 침전지의 침전을 촉진시키기 위하여 황산제1철($FeSO_4 \cdot 7H_2O$)을 15, 25, 40, 60 g/m^3(강사 선택)으로 하수에 첨가하였다. 황산제1철과 초기에 반응하는 데 필요한 최소 알칼리도를 구하시오. $Fe(HCO_3)_2$와 반응하기 위하여 CaO의 형태로 투입되어야 하는 석회의 양과 불용해성의 $Fe(OH)_3$를 형성하기 위하여 하수에 투입되어야 하는 산소의 양을 구하시오.

6-2 기존의 1차 침전지의 효율을 향상시키기 위하여 하수에 황산제1철($FeSO_4 \cdot 7H_2O$)을 15, 25, 30, 40 kg/1000 m^3(강사 선택)의 비율로 첨가하였다. $Ca(HCO_3)_2$로 충분한 양의 알칼리도가 존재한다고 가정하면, 다음을 구하시오.

(a) 반응을 완성시키기 위하여 CaO의 형태로 투입되어야 하는 석회의 양

(b) 형성되어진 수산화제1철을 산화시키기 위하여 필요한 산소의 농도

(c) 하수 1000 m^3로부터 발생하게 되는 슬러지의 양

(d) $Al(OH)_3$가 침전물로 형성된다고 가정할 때, (c) 문제의 동일한 슬러지 양을 얻기 위하여 필요한 alum의 양(kg)

6-3 하수 4000 m^3에 (a) alum (분자량 666.5) 그리고 (b) 황산제1철과 $Ca(OH)_2$의 형태로 석회를 40, 45, 50, 55 kg(강사 선택) 투입한다고 가정한다. 또한, 15 g/m^3 $CaCO_3$를 제외하고 모든 불용성과 적게 용해되는 성분은 슬러지로 침전된다. 1000 m^3 하수당 발생하게 되는 슬러지의 양은 각각 얼마인가?

6-4 원하수에서 화학적으로 응집, 응결과 침전을 통하여 총 용해성 고형물과 인을 제거하고자 한다. 하수의 특성은 다음과 같다; 유량 Q = 0.75 m^3/s, 정인산염인 = 10 g/m^3, 알칼리도 = 200 g/m^3 as $CaCO_3$ [$Ca(HCO_3)_2$의 형태로 존재함], 총 TSS = 220 g/m^3

(a) 다음과 같은 조건에서 슬러지의 양을 건조 wt/d와 m^3/d로 구하시오. (1) alum [$Al_2(SO_4)_3 \cdot 14.3H_2O$] 주입량 120, 130, 140과 150 g/m^3(강사 선택); (2) 정인산염 인을 불용성 $AlPO_4$로 100% 제거; (3) TSS의 95% 제거; (4) 인과 반응하지 않은 alum은 알칼리도와 반응하여 $Al(OH)_3$를 형성하여 100% 제거된다. (5) 슬러지의 함수율은 93%이며, 비중은 1.04이다.

(b) 다음과 같은 조건에서 발생되는 슬러지의 양을 건조중량과 m^3/d의 단위로 제시하시오. (1) pH를 근사적으로 11.2로 만들기 위하여 석회[$Ca(OH)_2$] 450 g/m^3 주입; (2) 정인산염(Ortho-P)을 불용해성 수산화인회석[$Ca_{10}(PO_4)_6(OH)_2$]으로 100% 제거; (3) TSS의 95% 제거; (4) 주어진 석회는 (i) 인산염과 반응, (ii) 모든 알칼리도는 $CaCO_3$와 반응하고, 20 g/m^3 $CaCO_3$는 용해성으로 용액에 남아 있으며, 나머지는 100% 제거; (6) 습윤 슬러지의 함수율은 92%이며, 비중은 1.05이다.

(c) (b)와 같은 처리를 행할 때, $CaCO_3$로 칼슘 경도의 순 증가를 구하시오.

6-5 그림 6-8에서 그림 밑에 주어진 식을 이용하여 일부를 보정하시오.

6-6 문헌으로부터 평형상수를 얻고 그림 6-21에 있는 용해도 곡선을 확인하시오.

6-7 문헌으로부터 평형상수를 얻고, 그림 6-22에 있는 용해도 곡선을 확인하시오.

6-8 표 6-13에 주어진 2개의 반 반응의 전위를 사용하여 물의 이온에 대한 평형상수를 구하시오.

$$2H_2O + 2e^- \rightarrow H_2 + 2OH^-$$

$$2H^+ + 2e^- \rightarrow H_2$$

6-9 표 6-12에 주어진 반 반응을 이용하여 다음 반응의 가능성을 평가하시오.

$$2Fe^{2+} + 2H_2O_2 \rightleftarrows 2Fe^{3+} + 2H_2O$$

6-10 표 6-12에 주어진 반 반응을 이용하여 다음 반응의 가능성을 평가하시오.

$2Fe^{2+} + Cl_2 \rightleftarrows 2Fe^{3+} + 2Cl^-$

6-11 표 6-12에 주어진 반 반응을 이용하여 다음 반응의 가능성을 평가하시오.

$H_2S + Cl_2 \rightleftarrows S + 2HCl$

6-12 표 6-12에 주어진 반 반응을 이용하여 다음 반응의 가능성을 평가하시오.

$H_2S + O_3 \rightleftarrows S + O_2 + H_2O$

6-13 다음에 주어진 화학적 특성의 처리수에서 Langelier와 Ryzner 지수를 사용하여 각 시료의 스케일 잠재성을 평가하시오. 온도는 20℃이다.

		하수 시료			
성분	단위	1[a]	2	3	4
Ca^{2+}	mg/L as $CaCO_3$	5	12	245	15
HCO_3^-	mg/L as $CaCO_3$	7	9	200	16
TDS	mg/L	30	275	600	500
pH	–	6.5	8.0	6.9	6.5

[a] 해빙에 의한 유출에 대한 값(Benefield et al., 1982)

6-14 다음에 주어진 화학 특성의 처리수에서 Langelier와 Ryzner 지수를 사용하여 각 시료의 스케일 잠재성을 평가하시오. 단, 시료의 pH는 1 = 7.2, 2 = 6.9, 3 = 7.3, 4 = 6.8이다.

	농도, mg/L					농도, mg/L			
양이온	1	2	3	4	음이온	1	2	3	4
Ca^{2+}	121.3	64.0	42.1	44.0	HCO_3^-	280	96.0	158.7	91.5
Mg^{2+}	36.2	15.1	14.6	25.2	SO_4^{2-}	116	80	48.0	57.6
Na^+	8.1	20.5	46.0	4.6	Cl^-	61	17.3	63.8	17.7
K^+	12	10.0	11.7		NO_3^-	15.6	5		
					H_2CO_3				8.8
					CO_3^{2-}			12.0	

6-15 Langelier와 Ryzner 지수에 대한 문헌을 검토하고 2개 지수의 개발에 이용된 스케일 접근 방식의 차이점을 논하시오.

6-16 고급 산화 공정으로 각각의 화합물을 10초간 접촉하여 제거할 때, 필요한 수산화 라디칼 농도를 구하시오. 또한 주어진 조건에서 각각의 화합물이 어떻게 제거가 가능한지 설명하시오.

	농도, μg/L			
	물질 1		물질 2	
화합물	유입	유출	유입	유출
클로로벤젠	100	5	120	7
염화비닐	100	5	150	5
TCE	100	5	180	10
톨루엔	100	5	200	15

6-17 고도산화공정을 이용하여 95% 이상의 화합물 제거를 목표로 설계를 하였을 때, 반응기 면적과 수산화 라디칼의 농도를 구하시오(처리 유속 3800 m^3/d).

화합물	초기 농도, μg/L
1	25
2	10
3	100
4	75

6-18 100 ng/L의 NDMA를 포함하는 폐수 1 × 10^5 m^3/d를 배출하는 중수도 시설이 있다. RO 유출수의 간접적 재사용(IPR)을 위하여 NDMA 농도를 10 ng/L 이하로 감소시키려 할 때 필요한 광분해 반응기의 수를 결정하라[흡광도 $k'(\lambda)$ = 0.01, 0.05, 0.1 cm^{-1}, 254 nm 파장에서 측정]. 광분해 반응기의 직경은 0.5 m, 높이 1.5 m이고 부피는 250 L이다. 각 반응기는 254 nm에서 30%의 출력효율의 500 W/lamp 25개를 가지고 있다. 4개의 탱크가 차례로 혼합된 반응 공정이고, 기타 손실 및 막 오염과 처리과정의 비능률성은 고려하지 않는다. 광분해 과정을 위한 EE/O 및 일일 에너지 사용량을 계산하라. 또한, 흡광도의 중요성과 적합한 전처리공정에 대하여 서술하시오.

6-19 광분해 장치를 이용하여 NDMA(초기 농도 = 100 mg/m^3)를 유속 3800 m^3/d으로 처리할 시 필요한 전기 요금을 계산하시오(현재 전기 요금 기준).

6-20 이 장에서 다루고 있는 처리방법 가운데, 다음 항목의 각각 유기물에 대하여 100 mg/L에서 10 mg/L로의 농도 저감을 위하여 사용되는 적합한 처리방법은 무엇인가?

벤젠
클로로폼
딜드린
헵타클로르
N-니트로소디메틸아민
트리클로로에틸렌(TCE)
염화비닐

참고문헌

Amirtharajah, A., and K. M. Mills (1982) "Rapid Mix Design for Mechanisms of Alum Coagulation," *J. AWWA,* **74**, 4, 210–216.

Ball, J. W., and D. K. Nordstrom (1991) *User's Manual for WATEQ4F With Revised Thermodynamic Data Base and Test Cases For Calculating Speciation of Major, Trace, and Redox Elements in Natural Waters,* USGS Menlo Park, CA.

Bard, A. J. (1966) *Chemical Equilibrium,* Harper & Row, New York.

Benefield, L. D., J. F. Judkins, Jr., and B. L. Weand (1982) *Process Chemistry for Water and Wastewater Treatment,* Prentice-Hall, Englewood Cliffs, NJ.

Black & Veatch Corporation (2010) *White's Handbook of Chlorination and Alternative Disinfectants,* 5th. ed., John Wiley & Sons, Inc., Hoboken, NJ.

Bolton, J. R., and Cater, S. R. (1994) "Homogeneous Photodegradation of Pollutants in Contaminated Water: An Introduction," in Helz, G. R. (ed.) *Aquatic and Surface Photochemistry,* CRC Press, Boca Raton FL.

Buxton, G. V., and Greenstock, C. L. (1988) "Critical Review of Rate Constants for Reactions of Hydrated Electrons, Hydrogen Atoms and Hydroxyl Radicals in Aqueous Solution," *J. Phys. Chem. Ref. Data,* **17**, 2, 513–886.

Chen, W. R., C. M. Sharpless, K. G. Linden, and I. H. Suffet. (2006) "Treatment of Volatile Organic Chemicals on the EPA Contaminant Candidate List Using Ozonation and O_3/H_2O_2 Advanced Oxidation Process," *Environ. Sci. Technol.*, **40**, 8, 2734–2739.

Chin, A., and P. R. Bérubé (2005) "Removal of Disinfection By-Product Precursors with Ozone-UV Advanced Oxidation Process," *Water Res.*, **39**, 2136–2144.

Crittenden, J., S. Hu, D. Hand, and S. Green (1999) "A Kinetic Model for H_2O_2/UV Process in a Completely Mixed Batch Reactor," *Water Res.*, **33**, 10, 2315–2328.

Crittenden, J. C., R. R. Trussell, D. W. Hand, K. J. Howe, and G. Tchobanoglous (2012) *Water Treatment: Principles and Design,* 3rd ed., John Wiley & Sons, Inc.

Deryagin, B. V., and L. D. Landau (1941) "Theory of Stability of Strongly Charged Lyophobic Soles and Coalescence of Strongly Charged Particles Solutions of Electrolytes," *Acta Physicochim. USSR,* **14**, 733–762.

Du Pont Company (1992) *PERMASEP Products Engineering Manual,* Bulletin 2040, Wilmington, DE.

Dye. J. F. (1952) "Calculations of the Effect of Temperature on pH, Free Carbon Dioxide and the Three Forms of Alkalinity," *J. AWWA*, **44**, 4, 356–372.

Eckenfelder, W. W., Jr., D. L. Ford, and A. J. Englande, Jr. (2009) *Industrial Water Quality,* 4th ed., McGraw-Hill, New York.

Elovitz, M. S., and U. von Gunten (1999) "Hydroxyl Radical/Ozone Ratios during Ozonation Processes," *Oz. Sci. Eng.*, **21**, 239–260.

Fair, G. M., J. C. Geyer, and D. A. Okun (1968) *Water and Wastewater Engineering,* vol. 2, Wiley, New York.

Glaze, W. H., and J. W. Kang (1990) "Chemical Models of Advanced Oxidation Processes," In *Proceedings Symposium on Advanced Oxidation Processes,* Wastewater Technology Centre of Environment Canada, Burlington, Ontario, Canada.

Glaze, W. H., J. W. Kang, and D. H. Chapin (1987) "The Chemistry of Water Treatment Processes Involving Ozone, Hydrogen Peroxide, and Ultraviolet Radiation " *Oz. Sci. Eng.*, **9**, 4, 335–342.

Hahn, H. H., and W. Stumm (1968) Kinetics of Coagulation with Hydrolyzed Al(III), *J. Colloid Interface Sci.*, **28**, 1, 134–144.

Hayden, P. L., and A. J. Rubin (1974) "Systematic Investigation of the Hydrolysis and Precipitation of Aluminum(III)," in A. J. Rubin (ed.), *Aqueous-Environmental Chemistry of Metals,* Ann Arbor Science, Ann Arbor, MI.

Huber, M. M., A Göbel, A. Joss, N. Hermann, D. Löffler, C. S. Mcardell, A. Ried, H. Siegrist, T. A. Ternes, and U. von Gunten (2005) "Oxidation of Pharmaceuticals During Ozonation of Municipal Wastewater Effluents: A Pilot Study," *Environ. Sci. Technol.*, **39**, 11, 4290–4299.

Hudson, H. E., and J. P. Wolfner (1967) "Design of Mixing and Flocculating Basins," *J. AWWA,* **59**, 10, 1257–1267.

Karimi, A. A., J. A. Redman, W. H. Glaze, and G. F. Stolarik (1997) "Evaluating an AOP for TCE and OPCE Removal," *J. AWWA,* **89**, 8, 41–53.

Kugelman, I. J. (1976) "Status of Advanced Waste Treatment," in H. W. Gehm and J. I. Bregman (eds.), *Handbook of Water Resources and Pollution Control,* Van Nostrand, New York.

Langelier, W. F. (1936) "The Analytical Control of Anti-Corrosion Water Treatment," *J. AWWA,* **28**, 10, 1500–1521.

Larson, T. E., and R. V. Skold(1958) "Laboratory Studies Relating Mineral Quality of Water to Corrosion of Steel and Cast Iron," *Corrosion*, **14**, 6, 285–288.

Letterman, R. D. (1991) *Filtration Strategies to Meet the Surface Water Treatment Rule,* American Water Works Association, Denver, CO.

Letterman, R. D., A. Amirtharajah, and C. R. O'Melia (1999) "Coagulation and Flocculation," in R. D. Letterman, (ed.), *Water Quality and Treatment: A Handbook of Community Water Supplies,* 5th ed., American Water Works Association, McGraw-Hill, New York.

Lijklema, L. (1980) "Interaction of Orthophosphate with Iron(III) and Aluminum Hydroxides," *Environ. Sci. Technol.*, **14**, 5, 534–541.

Linden, K. G., C. M. Sharpless, S. A. Andrews, K. Z. Atasi, V. Korategere, M. Stefan, and I. H. M. Suffet (2004) "Innovative UV Technologies to Oxidize Organic and Organoleptic Chemicals," *AWWA Research Foundation,* Denver, CO.

Liptak, B. G. (ed.) (1974) *Environmental Engineers' Handbook,* vol. 1, Water Pollution, Chilton Book Company, Radnor, PA.

Mahar, E., A. Salveson, N. Pozos, S. Ferron, and C. Borg (2004) "Peroxide and Ozone: A New Choice For Water Reclamation and Potable Reuse," In *Proceedings of WateReuse Association 9th Annual Symposium,* September 19–22, 2004, Phoenix, AZ.

McCauley, R. F. (1960) "Controlled Deposition of Protective Calcite Coatings in Water Mains," *J. AWWA*, **52**, 11, 1386–1396.

McMurry, J., and R. C. Fay (2011) *Chemistry,* 6th ed., Prentice-Hall, Upper Saddle River, NJ.

Merrill, D. T., and R. L. Sanks (1977a, 1977b, 1978) "Corrosion Control by Deposition of CaCO Films: Parts 1, 2, and 3, A Practical Approach for Plant Operators. *J. AWWA,* **69**, 11, 592–599, **69**, 12, 634–640, **70**, 1, 12–18.

Metcalf, L., and H. P. Eddy (1935) *American Sewerage Practice,* vol. III, 3rd ed., McGraw-Hill, New York.

Millette, J. R., A. F. Hammonds, M F. Pansing, E. C. Hanson, and P. J. Clark (1980) "Aggressive Water: Assessing the Extent of the Problem," *J. AWWA,* **72**, 5, 262–266.

Morel, F. M. M., and J. G. Hering. (1993) *Principles and Applications of Aquatic Chemistry,* A Wiley-Interscience Publication, New York.

Ohlinger, K. N., T. M., Young, and E. D., Schroeder (1998) "Predicting Struvite Formation in Digestion," *Water Res.,* **32**, 12, 3607–3614.

Pankow, J. F. (2012) *Aquatic Chemistry Concepts,* 2nd ed., CRC Press, Boca Raton.

Pinkston, K. E., and D. L. Sedlak (2004) "Transformation of Aromatic Ether- and Amine-Containing Pharmaceuticals during Chlorine Disinfection," *Environ. Sci. Technol.,* **38**, 14, 4019–4025.

Puckorius, P., and J. Brooke (1991) "A New Practical Index for Calcium Carbonate Scale Prediction in Cooling Tower Systems," *Corrosion,* **47**, 4, 280–284.

Rakness, K. L. (2005) *Ozone in Drinking Water Treatment: Process Design, Operation and Optimization,* American Water Works Association, Denver, CO.

Rice, R. G. (1996) *Ozone Reference Guide,* Prepared for the Electric Power Research Institute, Community Environment Center, St. Louis, MO.

Rosenfeldt, E. J., and K. G. Linden (2004) "Degradation of Endocrine Disrupting Chemicals Bisphenol A, Ethinyl Estradiol, and Estradiol During UV Photolysis and Advanced Oxidation Processes," *Environ. Sci. Technol.,* **38**, 20, 5476–5483.

Ryzner, J. W. (1944) "A New Index for Determining Amount of Calcium Carbonate Formed by a Water," *J. AWWA,* **36**, 4, 472–486.

Sawyer, C. N., P. L. McCarty, and G. F. Parkin (2002) *Chemistry For Environmental Engineering and Science,* 5th ed., McGraw-Hill, Inc., New York.

Sedlak, R. I. (1991) *Phosphorus and Nitrogen Removal from Municipal Wastewater: Principles and Practice,* 2nd ed., The Soap and Detergent Association, Lewis Publishers, New York.

SES (1994) *The UV/Oxidation Handbook,* Solarchem Environmental Systems, Markham, Ontario, Canada.

Shaw, D. J (1966) *Introduction to Colloid and Surface Chemistry,* Butterworth, London.

Singer, P. C., and D. A. Reckhow (1999) "Chemical Oxidation," Chap. 12, in R. D. Letterman, ed., *Water Quality and Treatment: A Handbook of Community Water Supplies,* 5th ed., AWWA, McGraw-Hill, New York.

Smith, S., I. Takacs, S. Murthy, G. T. Daigger, and A. Szabo (2008) "Phosphate Complexation Model and Its Implications for Chemical Phosphorus Removal," *Water Environ. Res.,* **80**, 5, 428–438.

Snoeyink, V. L., and D. Jenkins (1980) *Water Chemistry,* Wiley, New York.

Soroushian, F., Y. Shen, M. Patel, and M. Wehner (2001) "Evaluation and Pilot Testing of Advanced Treatment Processes for NDMA Removal and Reformation," in Proceedings of the AWWA Annual Conference, AWWA, Washington, DC.

Standard Methods (2012) *Standard Methods for the Examination of Water and Waste Water,* 22nd ed., prepared and published jointly by The American Public Health Association, American Water Works Association, and Water Environment Federation, Washington, DC.

Stefan, M. I., and J. R. Bolton (1998) "Mechanism of the Degradation of 1,4-Dioxane in Dilute Aqueous Solution Using the UV/Hydrogen Peroxide Process," *Environ. Sci. Technol.,* **32**, 11, 1588–1595.

Stefan, M. I., J. Mack, and J. R. Bolton (2000) "Degradation Pathways during the Treatment of Methyl Tert-Butyl Ether by the UV/H_2O_2 Process," *Environ. Sci. Technol.,* **34**, 4, 650–658.

Stumm, W., and J. J. Morgan (1981) *Aquatic Chemistry,* 2nd. ed., Wiley-Interscience, New York.
Stumm, W., and J. J. Morgan (1962) "Chemical Aspects of Coagulation," *J. AWWA,* **54**, 8, 971–994.
Stumm, W., and C. R. O'Melia (1968) "Stoichiometry of Coagulation," *J. AWWA,* **60**, 5, 514–539.
Szabo A., I. Takacs, S. Murthy, G. T. Daigger, I. Licsko, and S. Smith, (2008) Significance of Design and Operational Variables in Chemical Phosphorus Removal, *Water Environ. Res.,* **80**, 5, 407–416.
Temkar, P. M., J. Harwood, and R. J. Scholze (1990) Calcium Carbonate Scale Dissolution in Water Stabilized by Carbon Dioxide Treatment, USACERL Technical Report N-90/01, US Army Corps of Engineers, Champaign, IL.
Thomas, A. W. (1934) *Colloid Chemistry,* McGraw-Hill, New York.
Truesdell, A. H., and B. F. Jones (1973). *WATEQ, A Computer Program for Calculating Chemical Equilibria of Natural Waters,* USGS, Washington DC.
U.S. EPA (1976) *Process Design Manual for Phosphorus Removal,* Office of Technology Transfer, U.S. Environmental Protection Agency, Washington, DC.
U.S. EPA (1987) *Phosphorus Removal Design Manual,* EPA/625/1–87/001, U.S. Environmental Protection Agency, Washington, DC.
U.S. EPA (1998) *Advanced Photochemical Oxidation Processes,* EPA 625-R-98–004, Office of Research and Development, U.S. Environmental Protection Agency, Washington, DC.
U.S. EPA (1999) *Alternative Disinfectants and Oxidants Guidance Manual,* EPA 815-R-99–014, U.S. Environmental Protection Agency, Cincinnati, OH.
Vrale, L., and R. M. Jorden (1971) "Rapid Mixing In Water Treatment," *J. AWWA,* **63**, 1, 52–58.
Verwey, E. J. W., and J. Th.G. Overbeek, (1948) *Theory of the Stability of Lyophobic Colloids,* Elsevier, Amsterdam.
WaterCycle® (2012) French Creek Software, Inc., Kimberton, PA.
WEF (1998) *Biological and Chemical Systems for Nutrient Removal,* Water Environment Federation, Alexandria, VA.
WEF (2011) *Nutrient Removal, WEF Manual of Practice No. 34,* Water Environment Federation, McGraw Hill, New York.
Westerhoff, P., G. Aiken, G. Amy, and J. Debroux (1999) "Relationships Between the Structure of Natural Organic Matter and Its Reactivity Towards Molecular Ozone and Hydroxyl Radicals," *Water Res.,* **33**, 10, 2265–2276.

WASTEWATER ENGINEERING Treatment and Resource Recovery

07 생물학적 처리의 기초

Fundamentals of Biological Treatment

용어정의

용어	정의
산생성	생물학적으로 휘발성 산을 초산과 수소로 전환시키는 반응
활성슬러지공정	혼합과 포기에 의해 부유된 호기성 미생물 군체가 폐수 내 유기물과 기타 물질을 가스상이나 미생물 세포로 전환시켜 제거하는 생물학적 처리공정. 미생물은 응집성 입자를 형성하여 침전지나 분리막에서 유출수로부터 분리되며, 일부는 포기공정으로 반송되고 일부는 폐기됨
호기성공정	용존산소가 있는 곳에서 호기성 미생물이 산소를 대사 반응 촉진에 소비하며 이루어지는 생물학적 처리공정
혐기성 발효	발효부분 참조
혐기성 공정	자유 용존산소나 기타 산화물이 없는 조건에서 이루어지는 생물학적 처리공정
Anammox 공정	혐기성 생물학적 처리공정의 하나로 특별한 Planctomycete 세균이 아질산이온을 전자수용체로 사용하여 암모니아와 아질산이온을 질소가스로 전환시키는 처리공정
무산소공정	용존산소가 없는 조건에서 질산 및 아질산성 질소와 같은 산화물이 대사반응에 사용되는 생물학적 처리공정으로 탈질화가 무산소공정의 좋은 예임

용어	정의
부착성장공정 (고정생물막 공정)	폐수내 유기물질이나 기타 성분을 기체나 세포조직으로 전환시키는 미생물을 돌, 슬랙(slag), 그리고 특별히 설계된 세라믹이나 플라스틱 재질과 같은 불활성 고체의 표면에 부착시켜 처리하는 생물학적 처리공정
생물에너지론	살아있는 생명체내에서 일어나는 에너지 전달체계를 연구하는 학문
생물학적 영양염류 제거	생물학적 처리공정에서 질소(N)와 인(P)의 제거
생물막	부착성장 메디아와 같은 물체의 표면에 축적된 생물학적으로 성장한 물질
바이오매스	생물학적 처리공정에 있는 미생물의 총질량
탄소성 BOD 제거	폐수 내에 있는 탄소성 유기물이 세포조직과 다양한 기체상 최종 산물로 생물학적 전환되는 것. 화합물내에 존재하는 질소는 암모니아로 전환된다고 가정
호기성/무산소/혐기성 조합 공정	생물학적 질소 및 인을 제거하기 위해 호기성, 무산소, 혐기성 생물학적 처리공정을 그룹지어 다양하게 조합한 공정
아질산-탈질화	아질산성 질소를 질소가스나 다른 질소가 함유된 기체상 최종산물로 환원시키는 생물학적 반응
탈질화	질산성 질소를 질소가스나 다른 질소가 함유된 기체상 최종산물로 환원시키는 생물학적 반응
고도생물학적 인 제거	생물학적 폐수처리에서 발견되는 일반적 양보다 큰 인 저장능력을 갖는 특수한 미생물에 의해 인을 제거할 때 쓰는 용어
에너지론	에너지의 흐름과 전환 경로를 연구하는 학문
임의성 공정	산소가 있거나 없는 조건에서 생물학적 전환이 가능한 공정
발효/산생성	유기물질이 이산화탄소나 기타 저분자 화합물로 전환되는 반응
온실가스	지구온난화를 유발시키는 기체상 물질. 생물학적 폐수처리공정에서 발생될 수 있는 메탄과 N_2O는 주요한 온실가스이다.
하이브리드 공정	부유성장과 부착성장을 조합한 생물공정을 의미함
메탄생성	초산이나 수소와 이산화탄소를 메탄으로 전환시키는 생물반응
아질산-질산화	아질산이온을 질산이온으로 산화시키는 생물학적 반응
아질산화	암모니아를 아질산이온으로 산화시키는 생물학적 반응
질산화	암모니아가 아질산이온을 거쳐 질산이온으로 산화되는 2단계 생물학적 반응
기질	생물학적 성장을 유도하는 데 사용되는 폐수나 고형물의 성분
부유성장공정	폐수내 유기물질이나 기타 성분을 기체나 세포조직으로 전환시키는 미생물을 수용액내에 부유상태로 유지하는 생물학적 처리공정
수율	제거된 기질의 양에 대한 생성된 생물학적 고형물의 양

필요한 수질항목을 분석하고, 적절한 환경인자를 제어한다면 생분해성 성분이 포함된 거의 모든 폐수를 생물학적으로 처리할 수 있다. 따라서 환경기술자들은 적절한 환경조건을 효과적으로 제공하고 제어하기 위해 각각의 생물공정들에 대한 특성을 이해해야만 한다. 본 장의 기본 목적은 (1) 폐수처리에 이용되는 미생물에 관한 기본적인 지식들을 제공하고 (2) 폐수의 생물학적 처리를 위한 생물공정의 기초를 응용하는 방법을 모색하는 것이다. 그러므로 본 장에는 8~10장에서 논의될 생물학적 처리공정들의 설계에 필요한 기초지식과 여러 정보들이 정리되어 있다. 여러 공학적인 계산을 쉽게 하기 위하여 7, 8, 9, 10장에서의 유량단위는 m^3/s 또는 m^3/d, 여러 성분들의 농도는 mg/L 대신 g/m^3를 사용하였다.

7장의 전반부 7절에는 다음과 같은 생물학적 처리의 기초 내용이 포함되어 있다. (1)

생물학적 폐수처리 개요, (2) 폐수처리에 이용되는 미생물의 성분과 분류, (3) 중요한 미생물 대사작용 소개, (4) 세균 성장과 에너지 대사, (5) 미생물 성장 동역학, (6) 부유성장 처리공정 모델링, (7) 부착성장 처리공정 모델링. 전반부 기초이론에 이어 후반부에는 폐수처리에 사용되는 일반적인 생물학적 공정들의 종류와 특성들을 소개하고, 8, 9, 10장에서 다루는 심화된 내용의 도입부 역할을 하는 내용들이 수록되어 있다. 이 책이 폐수처리공정의 정량적인 해석에 초점을 맞추고 있기 때문에 라군에서와 같이 폐수처리에서의 조류의 역할 등은 제외되어 있다. 조류에 대한 정보들은 U.S. EPA나 WEF 및 기타 다른 교재에서 참고할 수 있다. 이외에 인공습지에 대한 내용도 지면상의 제약으로 제외되었으나, 이러한 폐수처리 시스템의 분석, 설계, 적용 등에 대한 내용들이 여러 서적에 자세히 수록되어 있다.

7-1 생물학적 폐수처리 개요

이 절에는 본 장에 수록되어 있는 내용들의 요점을 파악해 주기 위해 생물학적 폐수처리의 목적, 필요한 용어 및 정의, 생물학적 폐수처리공정에서 미생물의 역할, 생물학적 폐수처리공정 등이 소개되어 있다.

≫ 생물학적 처리의 목적

도시폐수의 생물학적 처리의 개괄적인 목적은 (1) 생분해 가능한 용존 및 입자성 물질을 안전한 최종산물로 전환하는 것(즉, 산화), (2) 부유성 및 비침강 콜로이드성 고형물을 생물학적 플럭이나 생물막에 포획하거나 결합시키는 것, (3) 질소와 인 같은 영양물질을 전환시키거나 제거하는 것, 그리고 (4) 경우에 따라 특정 미량 유기물질과 화합물을 제거하는 것이다. 산업폐수의 생물학적 처리의 목적은 유기 및 무기화합물의 농도를 감소시키거나 제거하는 것이다. 산업폐수에는 미생물에 독성을 띠는 성분이나 화합물들이 있기 때문에 산업폐수를 도시폐수 집수시설로 방류하기 전에 반드시 전처리공정을 거쳐야 한다. 농업관개배수의 생물학적 처리 목적은 수생식물들의 성장을 촉진시킬 수 있는 물질인 질소와 인 같은 영양물질을 제거하는 것이다.

≫ 폐수처리에서 미생물의 역할

폐수에 존재하는 용존이나 입자상태의 탄소성 BOD 제거와 유기물질의 안정화는 여러 종류의 미생물, 특히 박테리아에 의해서 생물학적으로 이루어진다. 미생물은 용존이나 입자상태의 탄소성 유기물질들을 다음과 같은 호기성 생물학적 산화식에 의해 간단한 최종산물과 새로운 생물체로 산화 혹은 전환시킨다.

$$\nu_1\,(\text{유기물}) + \nu_2\mathrm{O_2} + \nu_3\mathrm{NH_3} + \nu_4\mathrm{PO_4^{3-}} \xrightarrow{\text{미생물}} \nu_5\,(\text{새로운 세포}) + \nu_6\mathrm{CO_2} + \nu_7\mathrm{H_2O} \qquad (7\text{-}1)$$

여기서, ν_i = 양론 계수(1장 1–9절에 정의됨)

식 (7-1)에서 산소(O_2), 암모니아(NH_3)와 인산염(PO_4^{3-})은 유기물질을 간단한 최종산물(즉, CO_2와 H_2O)로 전환시키는 데 필요한 산소와 영양물질들이다. 화살표 위의 술어는 미생물이 산화 과정의 진행에 관여한다는 것을 나타내는 표시이다. "새로운 세포"는 유기물질의 산화결과로 생성된 바이오매스(biomass)를 나타내기 위해 사용하는 용어이다. 미생물은 또한, 폐수처리공정에서 질소와 인을 제거하는 데 이용된다. 어떤 박테리아는 암모니아를 아질산이온과 질산이온으로 산화(질산화)시키기도 하며, 어떤 박테리아는 산화된 질소를 질소가스로 환원시킬 수 있다. 인 제거를 위한 생물학적 공정들은 상당량의 무기성 인을 섭취하여 저장할 수 있는 기능을 지닌 박테리아의 성장을 촉진시킬 수 있도록 구성되기도 한다.

바이오매스는 물보다 비중이 약간 크기 때문에 중력침전에 의해 처리된 폐수로부터 분리할 수 있다. 중요한 것은 유기물질로부터 생성된 바이오매스를 주기적으로 제거해 주지 않으면, 미생물 자체가 또 다른 형태의 유기물질이며 방류수 중의 BOD로 측정되기 때문에 완전한 처리가 이루어질 수 없다는 것이다. 바이오매스를 처리수로부터 완전히 제거하지 않으면, 폐수 원수에 있던 유기물질의 일부가 박테리아에 의해 산화되는 정도만 처리가 되고 합성된 바이오매스는 부유물질로 유출되어 불완전한 폐수처리가 된다.

》 폐수처리에 사용되는 생물학적 공정의 종류

폐수처리에 사용되는 기본적인 생물학적 공정들은 크게 두 부류인 **부유성장**과 **부착성장**(또는 **생물막**) 공정으로 나눌 수 있다. 일반적으로 사용되는 부유성장과 부착성장 생물학적 처리공정의 예는 그림 7-1에 도시된 바와 같다. 대표적인 부유성장과 부착성장 생물학적 처리공정과 기타 다른 처리공정들은 표 7-1에 정리되어 있다. 표 7-1에 정리되어 있는 공정들을 성공적으로 설계 및 운전하기 위해서는 폐수처리에 관여하는 미생물의 종류와 미생물이 관여하는 반응들, 미생물의 성능에 영향을 미치는 환경인자들, 필요한 영양물질과 미생물 반응 동역학에 대한 이해가 필요하다. 이에 대한 각각의 주제들이 다음 절에 정리되어 있다.

부유성장공정. 부유성장공정에서는 수처리를 담당하는 미생물들을 적절한 방법으로 교반시켜 액상에서 부유상태로 유지시켜 준다. 도시폐수와 산업폐수에서 생분해성 유기물질을 처리하는 데 이용되는 여러 부유성장공정들은 용존산소를 이용하는 호기성 상태나 질산성 질소를 이용하는 무산소 상태로 운전되지만, 고농도 유기성 산업폐수나 유기성 슬러지 등을 처리하는 데는 산소가 없는 혐기성 부유성장 반응조가 사용되기도 한다. 도시폐수처리에 사용되는 가장 일반적인 부유성장공정은 활성슬러지공정(그림 7-2)이다.

발달과정. 활성슬러지공정은 1913년경 Massachusetts의 Lawrence 실험장에서 Clark와 Gage (Metcalf and Eddy, 1930) 그리고 영국 Manchester 시에 있는 Davyhulme 폐수처리장에서 Ardern과 Lockett(1914)에 의해 개발되었다. 활성슬러지공정이라고 명명하게 된 것은 호기성 조건에서 오염물질을 안정화시키는 활성화된 바이오매스가 생산되었기 때문이다. 호기성 반응조에서는 접촉시간을 제공해 혼합 부유고형물(MLSS) 또는

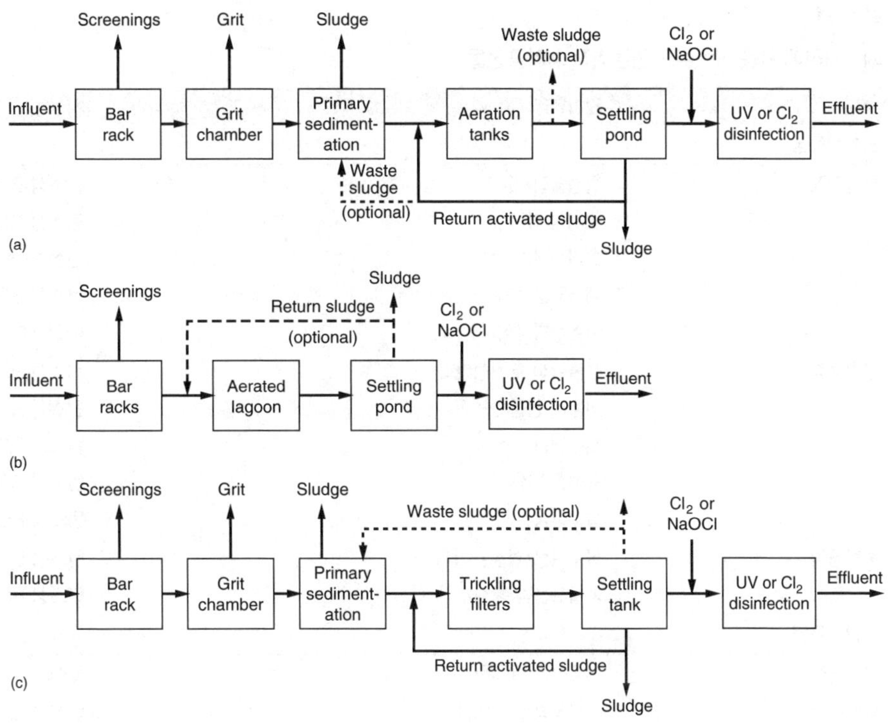

그림 7-1

일반적인 폐수처리공정도. (a) 활성슬러지공정, (b) 호기성 라군, (c) 살수여상

혼합휘발성 부유고형물(MLVSS)이라고 부르는 미생물 부유물과 유입 폐수를 서로 교반하거나 포기시켜 준다. 교반과 산소전달은 공정내에 설치되어 있는 기계장치를 통해 이루어진다(5장, 5-11절 참조). 폐수와 미생물 혼합액은 미생물 부유물이 침전되고 농축되는 침전지로 흘러들어 간다. 활성을 갖는 미생물로 구성되어 있기 때문에 **활성슬러지**라고 불리는 침전된 바이오매스는 포기조로 다시 반송되어 유입수내 생분해성 유기물질과 반응하게 된다. 활성슬러지공정에서 과잉의 바이오매스가 생성되어 유입 폐수 내 들어 있는 난분해성 고형물과 함께 축적됨에 따라 침전 농축슬러지의 일부를 매일 또는 주기적으로 제거해 주어야 한다. 축적되는 고형물을 제거해 주지 않으면 침전지내 고형물 수위가 증가하여 결국 유출수와 함께 배출되게 된다.

활성슬러지공정의 중요한 특징은 50~200 mm 크기의 미생물 플럭 입자를 생성시킨다는 것이며, 이 입자들이 중력침전에 의해 제거되어 비교적 깨끗한 유출수를 얻을 수 있다는 것이다. 일반적으로 부유고형물의 99% 이상이 이와 같은 침전단계에서 제거된다. 8장에서 자세히 언급하겠지만 응집입자의 특성과 농축성이 침전지 설계와 성능에 영향을 미치게 된다.

처리목표와 공정개발. 활성슬러지공정의 처리목표와 공정의 배열형태는 1900년대 초에 개발되어 적용되어 온 이래 대폭적으로 바뀌어 왔다. 이러한 변화는 공정 미생물에 대한 지식이 향상되고, 해당 미생물의 특성을 개선시키고, 포기 기술과 새로운 장치들의 발전에 기인해 왔다. 이와 같은 기술의 혁신과 새로운 발견의 결과 활성슬러지공정의 처리능력은 확대되어 왔고, 처리목표는 점점 더 엄격해지고 있다. 1950년대 후반 Pasveer

표 7-1

폐수처리에 사용되는 주요 생물학적 처리공정들

형태	일반명칭	사용[a]
호기성공정		
부유성장	활성슬러지공정	탄소성 BOD 제거, 질산화
	호기성 라군	탄소성 BOD 제거, 질산화
	호기성 소화	안정화, 탄소성 BOD 제거
	생물막반응기	탄소성 BOD 제거, 질산화
	아질산화공정	아질산화
부착성장	생물학적 호기성여과	탄소성 BOD 제거, 질산화
	이동상 생물반응조	탄소성 BOD 제거, 질산화
	회전원판	탄소성 BOD 제거, 질산화
	충전상 반응기	탄소성 BOD 제거, 질산화
	살수여상	탄소성 BOD 제거, 질산화
혼합공정	살수여상/활성슬러지	탄소성 BOD 제거, 질산화
	통합고정막 활성슬러지	탄소성 BOD 제거, 질산화
무산소공정		
부유성장	부유성장 탈질화	탈질화
부착성장	부착성장 탈질여과	탈질화
혐기성 공정		
부유성장	혐기성 접촉 공정	탄소성 BOD 제거
	혐기성 소화	안정화, 고형물 분해, 병원균 사멸
	anammox 공정	아질산 탈질화, 암모니아 제거
부착성장	혐기성 충전상 및 유동상	탄소성 BOD 제거, 폐기물 안정화, 탈질화
슬러지 블랭킷	상향류 혐기성 슬러지 블랭킷	탄소성 BOD 제거, 특히 고강도 폐기물
혼합공정	상향류 슬러지 블랭킷/부착성장	탄소성 BOD 제거
호기성, 무산소 그리고 혐기성 공정의 혼합공정		
부유성장	단일 또는 다단계 공정, 다양한 독점적인 공정	탄소성 BOD 제거, 질산화, 탈질화, 인 제거
혼합	부착성장을 위한 충전제가 있는 단일 또는 다단계	탄소성 BOD 제거, 질산화, 탈질화, 인 제거
라군 공정		
호기성 라군	호기성 라군	탄소성 BOD 제거, 질산화
성숙(3차) 라군	성숙(3차) 라군	탄소성 BOD 제거, 질산화
임의성 라군	임의성 라군	탄소성 BOD 제거
혐기성 라군	혐기성 라군	탄소성 BOD 제거(폐기물 안정화)

[a] Tchobanoglous and Schroeder (1985)

그림 7-2

부유성장 생물학적 처리공정. (a-1) 완전혼합 활성슬러지공정의 개요도, (a-2) 완전혼합 활성슬러지공정의 시설 전경, (b-1) 플러그 흐름 활성슬러지 공정의 개요도, (b-2) 플러그 흐름 활성슬러지공정의 시설 전경

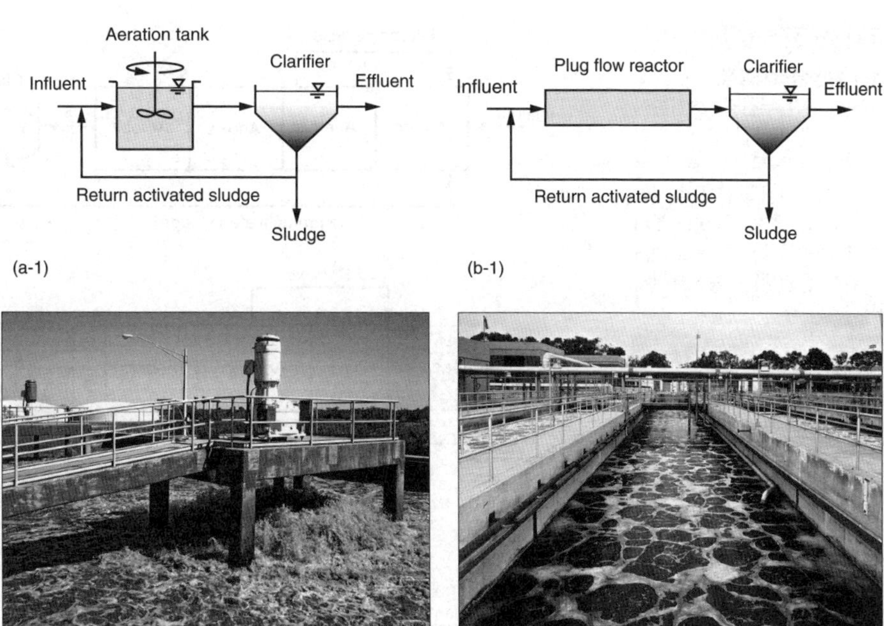

는 경기상 트랙처럼 생긴 산화구인 활성슬러지공정을 개발했고(Hao et al., 1997), 생물학적 질소제거가 가능한 이 공정은 전 세계에 걸쳐 수백여 폐수처리장에 적용되고 있다. 초기 60여 년에 걸쳐 활성슬러지공정 운전 및 성능에 큰 영향을 미친 사항은 사상성 세균의 성장에 기인된 침전성 문제이었다. Chudoba et al.,(1973)은 생물학적 선택조와 다단계 반응조 조합을 이용하여 사상성세균의 성장을 제어하는 방법을 개발하였다. Barnard(1974)에 의해 제안된 다단계 활성슬러지공정으로 BOD 제거뿐만 아니라 생물학적으로 질소와 인을 제거할 수 있게 되었다.

그림 7-3(a)는 무산소-호기성-무산소-호기성 조건의 반응조로 배열된 생물학적 질소제거공정이고, (b)는 앞에 혐기성 조건의 반응조를 더하여 생물학적 과잉인 제거를 위한 공정이다. 1990년대 후반 분리막 소재와 제조기술이 발전하여 활성슬러지공정에서 침전지를 대신한 고액분리 장치로 사용할 수 있게 됨에 따라 활성슬러지공정 기술에 또 다른 획기적인 변화가 발생하였다. 일반적인 생물분리막(MBR) 시스템은 그림 7-3(c)에 도시된 바와 같다. 분리막 몸체는 포기되는 활성슬러지 반응조내에 잠기게 설치하고, 충분한 압력을 걸어 부유물질이 거의 없는 처리수나 침출수를 배출시킨다. 8장에서 언급될 MBR 공정은 생물학적 영양염류 제거 기능을 갖도록 구성할 수도 있다.

부착성장공정. 부착성장공정에서는 유기물질이나 영양물질을 전환시키는 미생물이 불활성 충전재에 부착하여 성장한다. 유기물질과 영양물질들은 생물막이라고 알려진 부착성장 미생물층을 통과하여 흐르는 동안에 폐수로부터 제거된다. 부착성장공정에 사용되는 충전재는 암석, 자갈, 슬래그, 모래, 적색목재(아메리카 삼나무) 그리고 플라스틱과 기타 합성물질 등이 있다. 부착성장공정 또한 호기성이나 혐기성으로 운전이 가능하다. 충전재는 물속에 완전히 잠기거나 일부만 잠기게 할 수 있으며, 충전재 생물막층 주위로 공

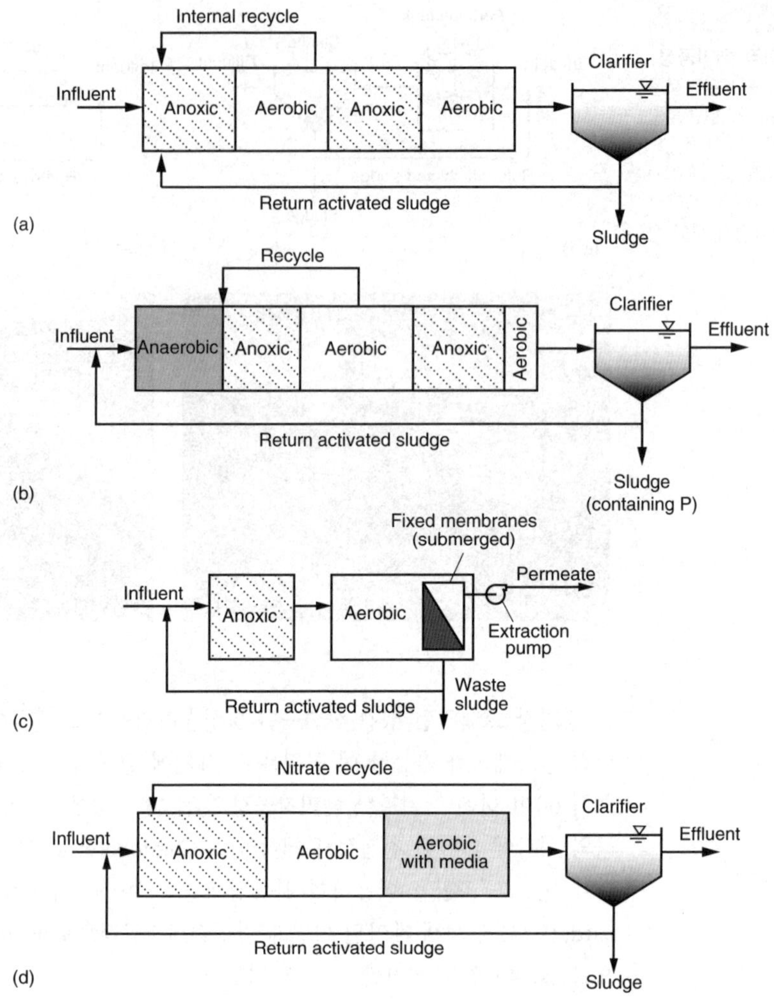

그림 7-3

여러 활성슬러지공정. (a) 질소제거를 위한 무산소-호기활성슬러지공정, (b) 질소와 인 제거를 위한 혐기-무산소-호기-무산소-호기 활성슬러지공정, (c) 질소제거를 위한 무산소-호기 생물분리막공정, (d) 질소제거를 위한 통합생물막활성슬러지공정

기나 가스가 지나갈 공간을 둔다.

가장 일반적으로 쓰이는 호기성 부착성장공정은 살수여상이며, 물에 잠기지 않은 충전재가 채워져 있는 살수여상 상부 표층 전면에 폐수를 살수시켜 충전재 층 아래로 흘려보낸다(그림 7-4 참조). 과거에는 자갈이 대표적인 살수여상 충전재로 사용되었으며, 살수여상의 깊이는 1.25~2 m (4~6 ft) 정도였다[그림 7-4(a) 참조]. 최근 살수여상 높이는 5~10 m (16~33 ft) 정도로 바뀌었고, 생물막 부착을 위해 플라스틱 충전재를 사용하고 있다[그림 7-4(b) 참조]. 플라스틱 충전재는 살수여상 부피의 약 90~95%의 공극을 갖도록 설계된다. 자연적인 통풍이나 송풍기에 의해 공극으로 공기를 순환시켜 부착 생물막에서 성장하는 미생물에게 산소를 공급해 준다. 유입 폐수는 충전재 상부 전면에서 살포되어, 부착된 생물막 위로 불균등한 수막을 형성하며 흐르게 된다. 부착성장한 생물막으로부터 주기적으로 잉여 생물체량이 탈리되고, 유출수내 허용 부유고형물 농도를 맞추기 위해 고액분리장치가 필요하다. 침전고형물은 침전지 바닥에 모아서 제거하여 폐슬러지공정에서 처리된다.

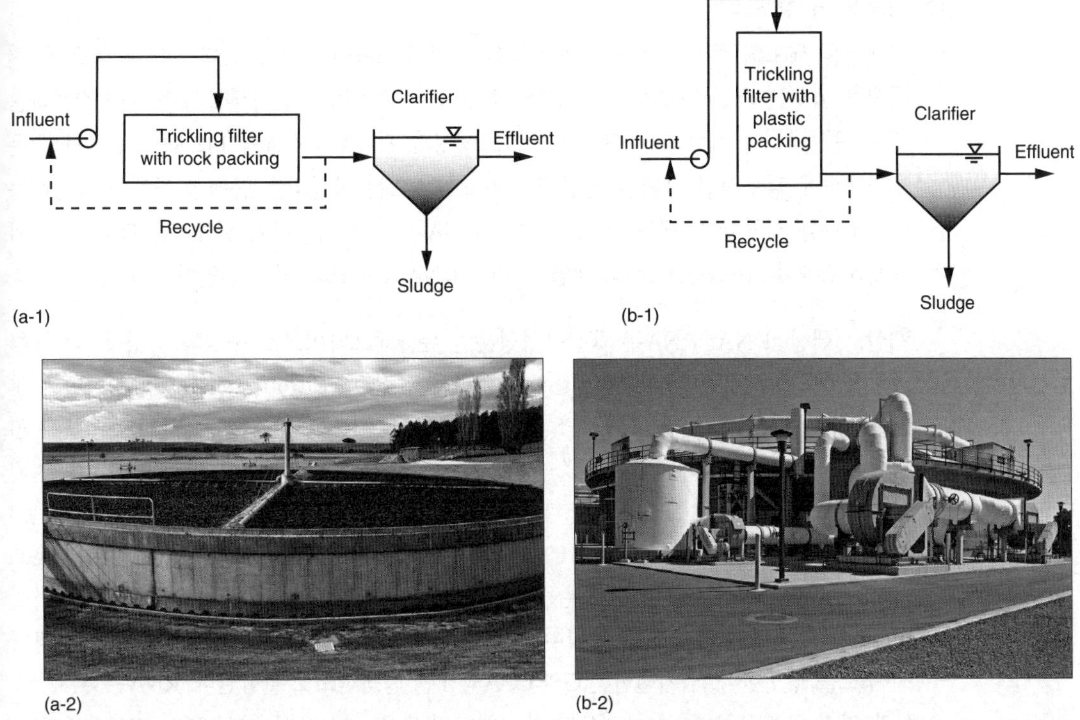

그림 7-4

부착성장 생물학적 처리공정. (a-1) 자갈 충전재를 가진 살수여상 처리 개요도, (a-2) 돌 충전재를 가진 살수여상 시설 전경, (b-1) 플라스틱 충전재를 가진 살수여상탑, (b-2) 탑의 높이가 10 m, 지름 50 m인 살수여상탑의 시설 전경

살수여상은 생물학적 영양염류제거를 위한 응용공법들이 증가하면서 적용 건수가 감소하고 있다. 1990년대에 고정상 생물막 공정과 활성슬러지공정이 조합된 통합 생물막 활성슬러지(IFAS)[그림 7-3(d) 참조] 공정이 개발되었다. 공간을 절약하거나 생물학적 영양염류제거에 사용될 수 있는 다른 생물막 공정들이 부각되고 있으며, 9장에 소개되어 있다.

7-2 미생물 조성과 분류

생물학적 폐수처리공정들은 세균(bacteria), 고세균(archaea), 원생동물(protozoa), 균류(fungi), 유충류(rotifers), 조류(algae)를 포함한 혼합 미생물 군집들을 내포하고 있다. 이러한 생명체들의 기본적인 특성과 중요한 역할은 2장에서 언급하였다. 어떤 경우는 생물학적 처리 목적을 달성하기 위하여 특별한 미생물 종(種)이 필요할 수도 있다. 미생물의 기본적인 특성에 관한 이해를 돕기 위해 본 절은 (1) 세포의 구성요소, (2) 세포의 조성, (3) 미생물 활성도에 영향을 미치는 환경인자들, (4) 미생물 동정과 분류에 쓰이는 방법 등으로 구성되어 있다. 여기에서는 주로 생물학적 폐수처리에서 주된 역할을 수행하는 원핵생물, 세균, 고세균(2장, 2-8절 참조)에 초점을 맞춰 설명하고자 한다.

세포의 구성요소

원핵생물 세포의 주요 구성요소와 기능은 그림 2-28(a)와 표 7-2에 나타나 있으며, 진핵생물 세포는 그림 2-28(b)에 묘사되어 있다. 폐수처리에서 미생물의 능력을 결정하는 주요 구성요소는 세포의 유전정보와 효소생성과 관련된 DNA와 리보솜이다. 리보솜은 효소생성에 필수적인 단백질 합성 장소이고, DNA는 합성되는 단백질 구조를 결정하는 유전정보를 제공한다. 세포단백질에 대한 DNA 코드를 이해하기 위해서는 DNA 구조와 뉴클레오타이드(nucleotide)의 배열, 그리고 RNA의 구조와 역할을 알아야 한다.

핵산. 핵산, DNA, RNA는 핵산구성성분인 뉴클레오타이드로 구성되어 있다. 각 뉴클레오타이드는 5탄당(five-carbon sugar) 화합물과 질소염기(nitrogen base), 인산이온 분자로 되어 구성되어 있다(그림 7-5 참조). DNA 또는 RNA의 뉴클레오타이드 사슬은 인산이온이 5탄당 분자의 3번째 탄소(산소결합으로부터 시계방향으로)와 결합하여 구성된다. DNA를 구성하는 질소염기는 피리미딘(pyrimidine) 또는 퓨린(purine)을 구성하는 4개의 화합물 즉, 시토신(cytosine, C), 티민(thymine, T), 아데닌(adenine, A), 구아닌(guanine, G) 등이고, RNA를 구성하는 질소염기에는 A, C, G는 같고 티닌(T) 대신 우라실(uracil, U)이 포함되어 있다. DNA는 각 가닥의 질소염기가 서로 결합하여 이중가닥나선 구조를 형성한다. 염기결합은 G와 C, A와 T만 선택적으로 결합한다. RNA는 A, C, G, U가 여러 조합으로 된 뉴클레오타이드 배열의 단일 가닥으로 되어 있다. DNA에 있는

표 7-2
원핵 세포성분의 설명

세포성분	기능
세포벽(cell wall)	세포 모양을 지탱할 수 있는 힘을 제공하고 세포막을 보호한다. 일부 박테리아는 캡슐(capsule) 또는 점질층(slime layer)이라고 불리는 끈끈한 다당류로 구성되어 있는 층을 세포벽 외부에 생성시키기도 한다.
세포막(cell membrane)	용해성 유기물질과 영양염류들이 세포로 들어갈 수 있도록 조절해주며 폐기물질들과 대사부산물들이 세포 밖으로 빠져나오게 해준다.
세포질(cytoplasm)	세포 기능을 수행할 수 있도록 세포 내에 들어 있는 물, 영양염류, 효소, 리보솜(ribosome) 그리고 조그만 유기분자들을 함유하고 있다.
세포함유물 (cytoplasmic inclusions)	탄소, 영양소, 에너지를 공급할 수 있는 저장물질들이 들어 있다. 폴리하이드록시부티레이트(PHB), 글리코겐(glycogen), 폴리포스페이트(polyphosphate), 지방(lipids), 황미립자(sulfur granules) 등의 탄소화물체들이다.
데옥시리보뉴클레익산(DNA)	생성된 세포단백질과 효소의 성질을 결정하는 유전정보들을 갖고 있는 이중나선형 분자
플라스미드 DNA	박테리아의 유전적 특성을 제공하는 조그만 원형 DNA 분자들
리보솜(ribosome)	리보뉴클레익산(RNA)과 단백질로 구성되어 있는 세포질에 있는 입자로 단백질을 생성하는 곳이다.
편모(flagella)	박테리아의 세포질막에서 뻗어 나온 다양한 길이의 머리카락 같은 구조를 갖고 있는 단백질로 빠르게 회전하여 세포의 이동역을 제공한다.
핌브리아와 섬모 (fimbriae and pili)	핌브리아는 박테리아가 표면에 부착할 수 있도록 해주는 짧은 머리카락 같은 구조로 된 단백질이며 섬모 또는 세균이 다른 대상에 부착할 수 있도록 하는 역할을 하는데 섬모가 길이가 길다.

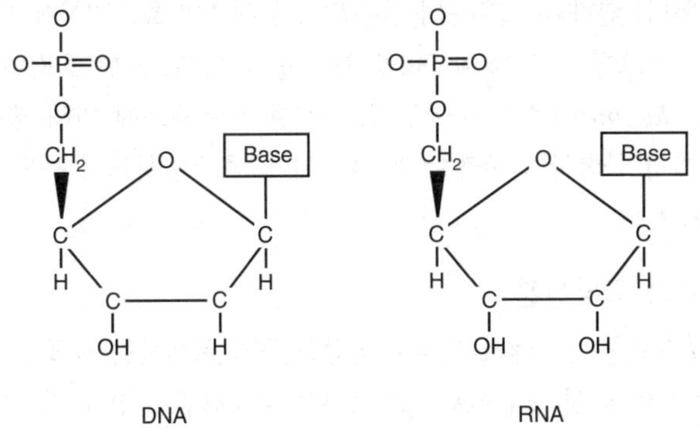

그림 7-5

DNA와 RNA의 뉴클레오타이드의 구조

뉴클레오타이드 배열 속에는 세균이 생성하는 특정 단백질과 효소를 결정하는 데 필수적인 세포의 유전정보가 들어 있다. DNA에는 뉴클레오타이드 수가 매우 많고, DNA의 분자 크기는 분자당 들어 있는 뉴클레오타이드 염기 수가 커서 kilobase (10^3/분자)로 표시한다. *Escherichia coli*는 각 DNA 가닥 내에 4.7×10^6개의 뉴클레오타이드 또는 4700 kilobase 염기쌍을 갖고 있다.

유전자 발현. 유전자 발현은 그림 7-6에 묘사된 대로 특정 단백질을 형성하기 위해 DNA 유전자의 전사(transcription)와 해독이라는 과정을 통해 이루어진다. 첫 단계가 전사과정인데, 이 과정에서 DNA의 작은 한 조각(segment)이 단일 가닥으로 해체되어 DNA 뉴클레오타이드에 있는 질소염기와 보완적인 쌍을 형성하면서 단일 가닥의 RNA을 만드는 데 사용된다. 예를 들면, DNA 가닥에서 A는 mRNA 가닥의 U와 쌍을 이루고, G는 C와 쌍을 이룬다. mRNA에 있는 뉴클레오타이드의 순서가 아미노산의 순서를 결정하게 되고, 아미노산은 폴리펩타이드와 생성되는 단백질 구조를 결정한다. mRNA의 해독은 리보솜에 있는 tRNA에 의해 이루어진다. mRNA에 배열되어 있는 각각의 뉴클레오타이드는 리보솜에 있는 tRNA와 보완적인 염기쌍을 이루며 결합되고, 이러한 결합을 통해 3개의 뉴클레오타이드를 포함한 또 다른 tRNA의 조각은 특정한 아미노산을 만들게 된다. mRNA상에 있는 이러한 3개의 뉴클레오타이드 배열을 **코돈**(*codon*)이라고 부른다. 본질적으로 각 코돈이 특정 아미노산을 선택하고 살아 있는 세포에서 발견되는 21개의 아미노산 각각에 하나 이상의 코돈이 존재하게 된다. 그러므로 DNA에서 발현되는 뉴클레오타이드의 길이와 배열이 어떤 특정의 단백질을 생산하는가를 결정하는 유전자이다. 단백질이 세포내 효소의 필수성분이기 때문에 DNA 유전자 조성이 미생물의 세포 기능과 분해능력을 결정하게 된다. 유전자 발현에 관한 보다 세부적인 내용들은 Madigan et al.(2012)의 저서에 수록되어 있다.

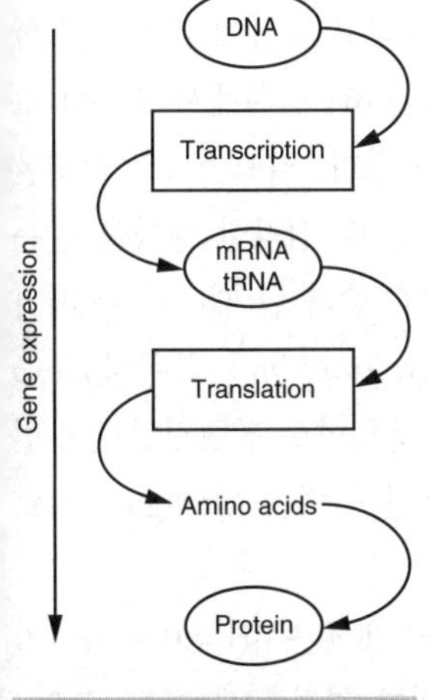

그림 7-6

유전자 발현은 DNA 유전자 코드의 한 조각이 전사되어 리보솜에서 메신저 RNA (mRNA)와 전달 RNA를 통해서 해독되어 아미노산을 만들고 이것이 폴리펩타이드를 형성하여 최종적으로 단백질을 생성한다.

세포효소. 세포효소는 단백질과 조효소(cofactor)인 금속이온(예, 아연, 철, 구리, 망간, 니켈 등)으로 되어 있으며, 폐수처리에 관련된 미생물의 대사능력을 결정한다. 이런 효소는 분자량이 10,000~1,000,000의 범위에 있는 거대 유기분자들이다. 효소는 가수분해, 산화-환원반응 그리고 세포합성반응과 같이 세포기능에 필수적인 생물학적 반응의 촉매작용을 한다. 또한 세포는 세포 밖의 활성도를 위한 효소(세포외 효소)를 생성할 수도 있다. 입자와 고분자의 가수분해가 세포외 효소기능에 대한 한 예이며, 이를 통해 세포에 필요한 물질이 세포막을 통과할 수 있다. 또한 효소는 **구성**(*constitutive*)효소와 유도(*inducible*)효소로 구분된다. 구성효소는 세포에 의해 계속적으로 생성되나 유도효소는 특정 화합물이 존재할 때 생성된다. 효소활성도의 속도는 온도와 pH에 의해 영향을 받는다.

세포의 조성성분

생물학적 시스템에서 미생물 성장을 돕기 위해서는 적절한 영양염류들이 있어야만 된다. 일반적인 미생물의 세포 조성성분을 조사하면 성장에 필요한 영양염류들에 대해 이해하는 데 도움이 될 수 있다. 원핵생물은 수분이 80%이고, 건조 물질이 20%이며, 건조 물질 중 90%는 유기물이고 10%는 무기물이다. 원핵세포의 조성성분에 대한 전형적인 수치는 표 7-5와 같다. 가장 널리 이용되고 있는 세포의 유기성분에 대한 경험식은 Hoover와 Porges(1952)가 처음 제안한 $C_5H_7O_2N$이다. 세포 유기성분 전체 무게의 53%는 탄소이다. 또한 인을 고려할 경우에는 $C_{60}H_{87}O_{23}N_{12}P$가 사용되기도 한다. 이 두 경험식은 모두 추정된 것이고 시간과 종(種)에 따라 변할 수 있지만 실제 현장에서 쓰이고 있다. 질소와 인은 비교적 많은 양이 필요하기 때문에 거대 영양염류(macronutrient)로 취급하고 있다. 또한 원핵생물은 아연, 망간, 구리, 몰리브덴, 철, 코발트 같은 소량의 금속이온, 즉 미량 영양염류(micronutrient)를 필요로 한다. 이러한 모든 원소와 화합물은 환경으로부터 얻어야 되기 때문에 이 물질 중 일부가 부족할 경우 성장이 제한되거나 가끔은 변경되기도 한다.

환경인자

온도와 pH 같은 환경조건이 미생물의 선택(selection), 생존 그리고 성장에 가장 중요한 영향을 끼친다. 일반적으로 대부분의 미생물은 보다 넓은 온도나 pH 범위에서 생존할 수 있지만, 특정의 미생물은 아주 좁은 범위에서만 최적의 성장을 한다. 일반적으로 적정온도 이하의 온도에서 미생물 성장속도는 적정온도 이상에서보다 더 심각한 영향을 받는다. 적정온도에 도달할 때까지 미생물의 성장속도는 온도가 10℃ 증가 할 때마다 두 배가 된다. 원핵생물의 기능이 최상인 온도 범위에 따라 **친냉성**(*psychrophilic*), **중온성**(*mesophilic*), **친열성**(*thermophilic*)으로 분류된다. 이러한 미생물의 분류별로 전형적인 온도범위는 표 7-4와 같다. 다양한 온도 범위에서 생물들의 더 상세한 설명은 Madigan et al. (2012)에 수록되어 있다.

또한 pH는 생물의 성장에 있어서 핵심 인자이다. 대부분의 세균은 pH 4.0 이하이거나 9.5 이상에서 생존할 수 없다. 일반적으로 세균의 성장을 위한 최적 pH는 6.5~7.5이다. 어떤 고세균은 친열성 및 극친열성(60~80℃)이나, 매우 낮은 pH나 매우 높은 염도에서도 성장이 가능하다.

미생물 동정과 분류

보다 복잡한 생물학적 처리공정의 사용과 미생물 적용을 위한 분자생물학적 기법이 개발

표 7-3
박테리아 세포의 전형적인 조성[a]

성분/원소	건조중량 %
주요 세포물질	
단백질	55.0
다당류	5.0
지방	9.1
DNA	3.1
RNA	20.5
기타(당, 아미노산)	6.3
무기성 이온들	1.0
세포구성원소	
탄소(C)	50.0
산소(O)	22.0
질소(N)	12.0
수소(H)	9.0
인(P)	2.0
황(S)	1.0
포타슘(K)	1.0
소듐(Na)	1.0
칼슘(Ca)	0.5
마그네슘(Mg)	0.5
염소(Cl)	0.5
철(Fe)	0.2
기타 미량원소들	0.3

[a] Madigan et al (2012).

표 7-4
생물학적 공정의 온도에 따른 분류

구분	온도 범위(°C)	적정온도 범위(°C)
저온성(psychrophilic)	10~30	12~18
중온성(mesophilic)	20~50	25~40
고온성(thermophilic)	35~75	55~65

되면서 환경기술자들의 관심은 미생물의 일반적인 기능에서 생물학적 처리공정에 있는 특수한 미생물 종의 존재와 역할을 이해하는 쪽으로 넓혀져 왔다. 예를 들어 공학시스템이 원하는 미생물의 성장에 유리한 선택적인 조건을 만들어 주도록 조절 가능하게 하는 것이다. 그래서 미생물의 동정과 대사 특성은 매우 중요하기 때문에 생물학적 공정에 사용되는 분자생물학적 기법들과 함께 여기에서 설명하고자 한다.

과거에 미생물을 동정하는 데 사용된 방법은 물리적인 분류학상의 특성(형태학적 분류)이나 대사 특성(형질분석)에 의존하여 왔다. 최근 미생물 동정은 분자생물학에 근거한 현대식 도구를 이용하여 세포 유전정보에 기초를 두고 수행되고 있다. 예를 들어 세균의 동정에 기본 분류학상 단위는 종이고, 이는 다른 세균군과 확연하게 다른 특성을 보이는 유사한 종류의 세균의 집단을 의미한다. 한 가지 이상의 주요 특성을 공유하는 종들의 집단을 속(plural genera)이라고 한다. 모든 세균들은 속과 종명을 갖고 있다. 속명은 종명 앞에 위치하고 첫 문자는 대문자로 쓰며, 첫 번째 기술한 이후부터는 종명 앞에 약어로 쓸 수 있다. 속과 종명은 이탤릭체로 써야 한다. 예를 들어, *Bacillus* 속에는 형태학적, 생리학적 그리고 생태학적 차이에 따라 몇 종이 있으며, *B. subtilus, B. cerus, B. stearothermophilis* 등으로 표기한다(Madigan et al., 2012).

분류학적 분류법. 세균 동정에 사용되는 기존의 분류방법은 세균의 물리적 성질과 대사 특성을 근거로 하였다. 이런 접근방법을 적용하기 위해서는 우선 분리된 순수배양이 필요하다. 이 배양은 선택적 성장배지에서 성장시켜 연속희석에 의해 분리할 수 있다. 배양 세포는 오염을 막기 위해 멸균기술을 이용해서 순수배양으로 성장시켜 얻게 된다. 몇몇 경우에는 다른 종과 함께 상생 성장하거나 특정한 성장인자의 결여로 인하여 종의 분리가 불가능할 수도 있다. 순수배양액의 특성을 분류하는 데 사용되어 온 시험법에는 (1) 형태측정(크기, 모양)을 위한 현미경 관찰, (2) 세균 세포벽이 crystal violet 염료를 흡수할 수 있는지 여부를 측정하는 그람 염색(gram staining), (3) 산화-환원반응에 쓰이는 전자수용체(O_2, CO_2 등)의 형태, (4) 세포성장에 쓰이는 탄소원 형태, (5) 다양한 질소와 황원의 이용 능력, (6) 영양염류 요구량, (7) 세포벽의 화학적 특성, (8) 세포의 색소, 분열, 세포함유물 그리고 저장물질을 포함한 세포특성, (9) 항생제 내성, (10) 온도와 pH의 환경적 영향 등이다. 분류학적인 분류법보다 더 새로운 다른 방법이 **계통발생학**이다.

계통발생학적 분류. 1970년대 후반 미생물학자들은 세포의 진화와 관련된 유전적 관계를 관찰하거나, 분자적 차원에서 미생물을 연구할 수 있는 새로운 도구들을 이용하기 시작했다. 유전정보와 진화의 내력을 기초로 미생물의 특성을 연구하는 것을 **계통발생학**(*phylogeny*)이라 하는데, 이것이 최신의 분류와 동정 방법이다. 미생물을 정확하게 동정하고 종 간의 실제 진화관계를 결정하기 위해서는 세포의 유전물질을 선택하는 것이 중요하다. 리보솜 RNA (rRNA)의 유전코드가 세포동정을 위한 진화의 시계로 선정되었는데, 이는 그 유전코드가 (1) 진화적으로 중요하며, (2) 대부분의 생명체에 분포하며, (3) 넓은 계통발생학적 시공간을 통해 잘 보존되며, (4) 계통발생적 상호관계를 나타내는 두 생물체간 서열상의 유사성을 입증하는 충분한 뉴클레오타이드 서열을 가지고 있기 때문이다(Pace et al., 1986).

리보솜 RNA. rRNA는 초원심분리에서 원심력의 차이에 따라 30S (Svedberg units)와 50S의 두 성분으로 분류할 수 있다. 30S 단위체는 약 1500개의 뉴클레오타이드와 21개의 단백질을 함유하고 있는 16S rRNA(진핵생물에서는 18S rRNA)로 구성되어 있다. 16S rRNA는 분자 기술을 이용하여 뉴클레오타이드 서열을 알아내기 위해 세포로부터 추출할 수 있는 반면, rRNA 유전자가 코딩되어 있는 DNA 조각이 종종 이용되기도 한다. 이 방법은 세포물질로부터 게놈 DNA를 추출하고, 이어 중합효소연쇄반응(polynerase chain reaction, PCR) 과정으로 이루어진다. PCR 과정에는 세포로부터 추출한 소량의 DNA로부터 10^6 이상으로 DNA 물질을 인위적으로 증폭하고 재생시키기 위하여

DNA primer와 열에 안정한 DNA 중합효소가 사용된다. 그런 다음 증폭된 16S rRNA 유전자는 16S rRNA 유전자에 있는 뉴클레오타이드 염기서열의 배열순서를 결정하기 위해 나열시킨다. 그 서열결과는 알려져 있는 어떤 생물과의 계통발생적 상호관계를 결정하기 위하여 데이터 베이스에 내장된 리보솜 서열과 비교 분석된다.

분자계통학. 분자계통학은 세포의 유전적 특성에 근거해서 미생물을 체계적으로 조합하고 분류하는 것이다. 생물의 계통학적 체계(phylogetic tree)는 그림 7-7과 같이 16S와 18S rRNA 배열로부터 결정된다. 생물은 3개의 기본적인 역(domain)으로 나뉘며, 앞에서 언급한 대로 두 가지는 원핵세포(고세균과 세균)와 세 번째는 진핵세포 역이다. 생물계통(tree of life)을 세우는 데 사용되는 유전자는 보전성, 즉 유전자를 코딩하는 게놈 배열이 천천히 진행되게 하는 특성이 커야 한다. 그래서 16S rRNA 유전자 서열은 공동의 조상과의 차이(생명체계에서 분화 교점이나 가지)를 평가하는 진화과정표로 사용될 수 있다. 생물의 진화 역사는 한 생명체에 있는 전체 유전자의 진화를 반드시 의미할 필요는 없다. 그 유전자 진화는 몇 가지 다른 기작에 의해 상관성이 없는 종 간에도 일어날 수 있기 때문이다. 그러므로 생명체의 대사작용은 생물체계상의 위치에 따라 항상 추론될 수는 없다. 이러한 상황은 세균이나 고세균역내에 일부의 갈래에서 나타나는 암모니아 산화나 황산이온 환원 기능이 코딩된 유전자들에서 특히 잘 일치된다는 것을 보여주고 있다. 성격이 다른 rRNA 서열 특성을 갖는 것과 아울러 고세균은 세균에 비해 다른 여러 가지 계통학적 특성들을 갖고 있다. 이러한 차이는 세포벽 조성, 세포막의 지질화학, RNA 중합효소 조성, 리보솜에 있는 단백질 합성 메카니즘들에서 발견된다.

생물의 역(domains). 생물의 3역 각각에 속하는 대표적인 미생물들이 폐수처리에 관여한다. 질산화(7-9절)는 생물학적 영양염류 제거에 있어 중요한 공정이며, 생물학적으로 암모니아가 산화되는 첫 번째 단계이다. 호기성 암모니아 산화 원핵생물(AOP)은 세

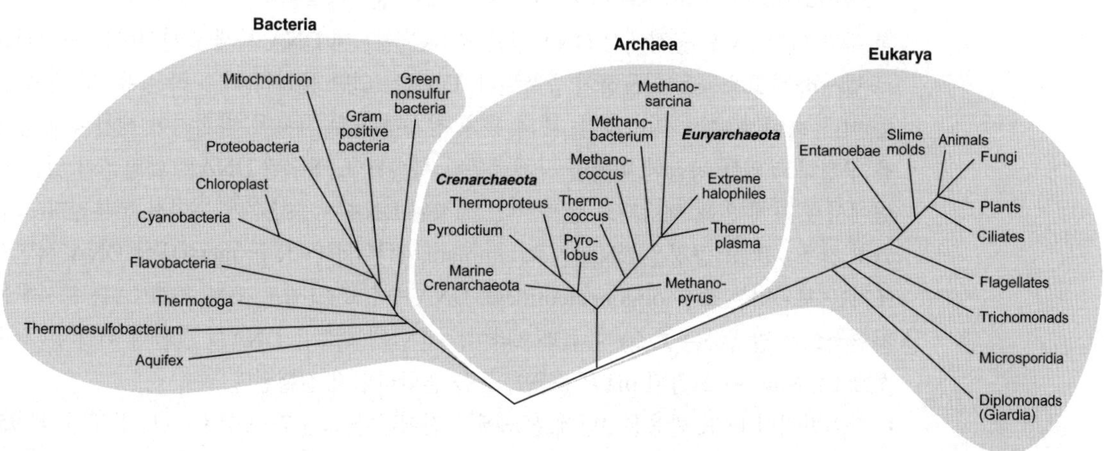

그림 7-7

계통학적 생물계통도

균과 고세균 역에서 각각 관찰되는데, 암모니아 산화 세균(AOB)은 Proteobacteria 문, β-proteobacteria 강, *Nitrosomonas*와 *Nitrosospira* 속에 포함된다. 암모니아 산화 고세균(AOA)은 원래는 Crenarchaeota 문에 속하는 것으로 알려져 왔는데, 최근에 새로운 Thaumarchaeota 문으로 재분류되었다.

더 최근에 발견된 "anammox"라는 세균(7−11절)은 혐기성 상태에서 암모니아를 산화할 수 있는 세균인데 Planctomycetes 문으로 분류되었다. 화학물질을 사용하지 않고 인을 제거하는 고도생물학적 인 제거(EBPR) 공정에 관여하는 중요한 세균은 인을 축적하는 세균인 Candidatus *Accumulibacter phosphatis*와 상당수의 β-proteobacteria와 유사한 것으로 밝혀졌다. *Nitrobacter* 속에 포함되는 아질산이온 산화 세균(NOB)은 β-proteobacteria 강에, Nitrospira 속에 포함되는 NOB는 *Nitrospirae* 문에 속한다. Methylotrophic 세균은 메탄올을 이용한 탈질과정에 중요한 미생물인데 Proteobacteria 문 *Hyphomicrobium spp.*와 *Methyloversatilis spp.*를 포함한다. 모든 메탄생성 미생물은 Euryarchaeaota 문의 고세균이다. 폐수처리에 관여하는 진핵생물에는 아메바, 섬모충, 윤충(rotifers) 등이 있다.

›› 분자생물학적 기법의 이용

분자생물학적 기법은 미생물의 동정과 분류 외에 활성 미생물 군체에 관한 정보를 제공하고, 상수와 폐수처리 시설의 방류수내 특정 병원균의 관측 등에 이용되고 있다. 분자생물학적 기술은 미생물의 존재와 활성도를 동정하고, 추적하고, 정량화하기 위하여 DNA, RNA, 단백질 등을 이용한다. 미생물 군체 조성과 생물학적 공정의 성능 사이의 관계를 이해하는 데 사용되는 몇 가지 일반적인 분자생물학적 기법들이 아래에 소개되어 있다. 분자생물학적 기법을 이용하는 것은 미생물학분야에서 급속하게 발전하는 분야이다. 수년 안에 연구에 활용하고 생물학적 폐수처리공정 운전을 위한 새로운 기법들이 지속적으로 개발될 수 있을 것으로 기대된다.

Polymerase Chain Reation (PCR). 많은 분자생물학적 기법은 PCR 공정에 근거를 두고 있다. PCR 공정에서 DNA 작은 조각은 세포내 DNA 복제에 관여하는 자연적으로 발생하는 효소들을 이용하여 증폭된다. DNA는 일단 물리적(아주 작은 유리구슬을 흔듦)이나 화학적(페놀, 리소자임, 세제 등을 첨가함)으로 세포를 파괴하여 생물학적 공정을 구성하고 있는 복잡한 미생물 군체로부터 회수된다. 회수된 DNA는 에탄올이 있는 컬럼에서 흡착에 의해 세정되고 농축된다. 세정된 DNA는 증류수에 녹여서 분류된다(그림 7−8 참조). PCR 공정은 DNA 시료(template, 견본)와 PCR primers(대상 DNA 서열의 조각을 보완하는 짧은 oligonecleotides), DNA 중합효소(세포 복제 중 DNA를 복사하는 자연적으로 발생하는 효소), 뉴클레오타이드 혼합액(새로운 DNA를 만들기 위한 분자 구성요소), Mg^{2+}이 포함된 pH 완충용액 등을 혼합하면서 진행된다.

일반적인 PCR 반응은 3단계 온도에서 진행된다(그림 7−9 참조): (1) 온도를 약 95°C까지 올려 DNA 이중 가닥을 2개의 단일 가닥으로 분리한다, (2) 온도를 낮추어 PCR primers가 DNA template가 되도록 서서히 식힌다, (3) 다시 온도를 약 72°C까지 상승시키고, DNA 중합효소가 DNA template 복사물을 확대시킨다. 증폭된 DNA 양은 각 반복

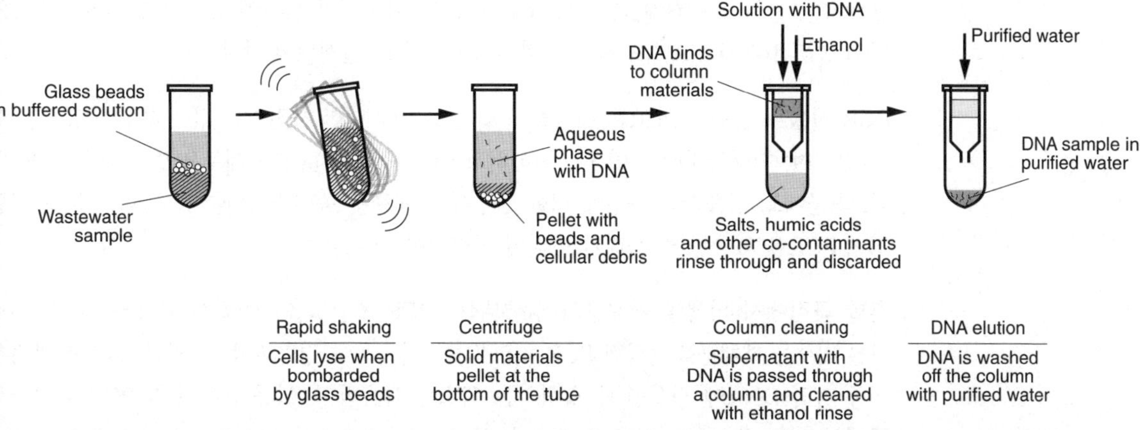

그림 7–8

페수시료로부터 DNA 추출방법. 와류형 교반기나 급속교반으로 세포를 파괴할 수 있도록 특별히 고안된 장치가 급속교반을 위해 사용된다.

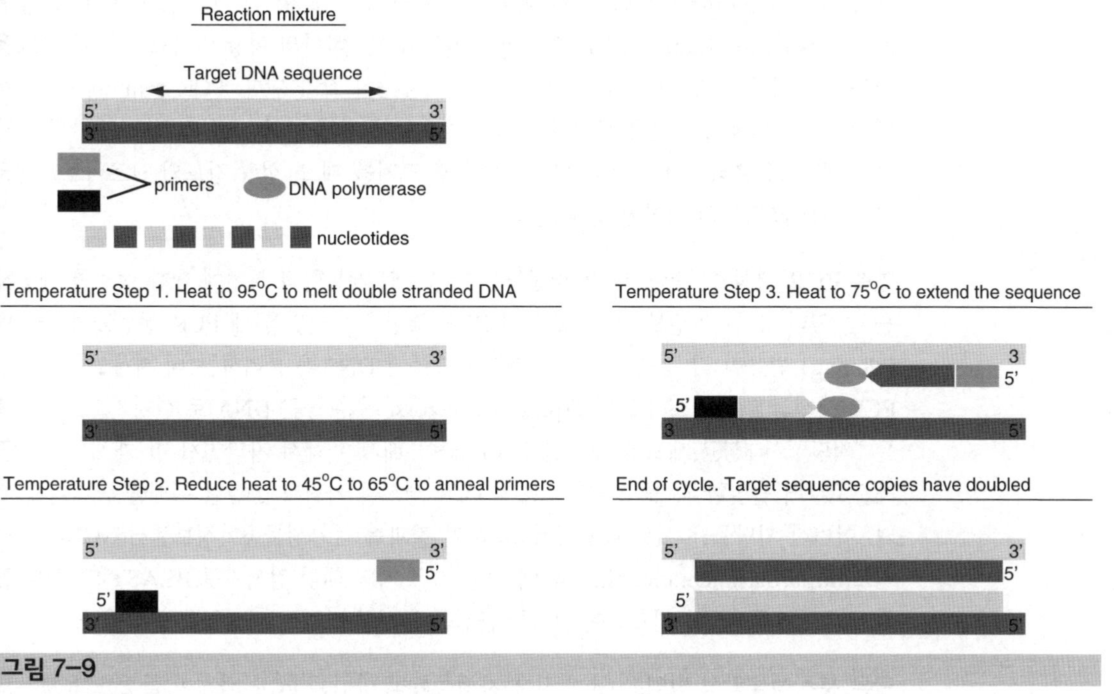

그림 7–9

PCR 공정의 진행 순서

되는 온도 사이클에서 두 배가 된다. 이 과정은 훨씬 더 정교하게 필요한 온도 범위를 신속하게 조절할 수 있도록 특별히 설계된 온도변환기(thermocyclers)라는 장치 안에서 진행된다. 가장 일반적으로 사용되는 DNA 중합효소는 친열성 세균인 *Thermus aquaticus* (Taq)로부터 추출하였으며 DNA template를 녹이는 높은 온도에 노출될 때에도 활성도를 유지한다. PCR 공정의 큰 장점은 그 primers가 각 종에 유일하거나 역(domain) 간에 분포하는 PCR primer로 설계될 수 있다는 것이다. 예를 들어, primers는 모든 세균, 고세균과 황산이온 환원에 관여하는 *dsr* 유전자, 암모니아 산화에 관여하는 *amoA* 유전자 단일 종의 16S rRNA 유전자 서열까지도 대상으로 설계되어 왔다.

PCR 기술의 변용. PCR은 미생물 군집의 조성에 대한 사전지식 없이 유전자 동정을 할 수 있으며, 미생물 다양성이 1% 이하라고 이미 증명된 것에서 새로운 발견을 할 수도 있다. 최근에도 생물학적 공정에 대한 연구에서 새로운 종이 발견되기도 한다. 폐수처리공정에 PCR을 적용한 몇 사례가 아래에 정리되어 있다.

혼합 군집에서 미생물 개체군의 정량분석. PCR 접근법을 변용하여 혼합 군집에서 서로 다른 미생물 개체군을 정량적 PCR (qPCR)을 이용하여 정량화할 수 있다. qPCR 과정은 이중 가닥 DNA에 결합될 때 형광하는 색소를 사용하며, 이를 통하여 각 PCR 사이클의 끝에서 PCR 생성물의 양을 측정할 수 있다. 미리 알고 있는 DNA 농도의 표준물질과 비교를 통하여 qPCR은 상대적인 세균이나 기능성 유전자의 농도를 정량화하는 데 사용된다.

혼합 군집의 형상(profiles). 또 다른 PCR 기법의 변용 예는 혼합 군집의 형상을—가끔은 군집의 지문이라고 부르는—생성하는 데 활용할 수도 있다. 예를 들어 TRFLP (terminal restriction fragment length polymorphism)은 하나의 형광 인식표를 붙여 PCR을 변용한 것이다. PCR 생성물은 제한효소를 이용하여 잘라 낸다. PCR priming site에서 제한효소에 의해 절단된 곳까지의 거리는 미생물 군집에 따라 다를 것이다. 절단된 조각은 일반 분포 분석기기를 이용하여 분리된 후 크기를 재고, 형광 강도의 크로마토그램은 각기 다른 조각들의 길이에 맞게 기록된다.

연속 PCR 생성물. 연속 PCR 생성물은 미생물의 계통학적 특성에 대한 정보를 제공해 줄 수 있다. 혼합 미생물 군집으로부터 PCR 생성물을 얻었을 때 PCR 생성물의 클론닝(cloning) 반응이 각 생명체로부터 추출한 증폭된 DNA를 분리하는 데 사용될 수 있다. PCR 생성물은 플라스미드 담체(plasmid vectors, 작은 둥근 DNA)로 합쳐지고, 그 담체는 "적당한" 대장균 세포로 이식된다. 대장균이 배지 위에서 자라면서 한 개체의 대장균 세포로부터 출발한 각 콜로니가 최초의 PCR 생성물 가닥과 동일한 복제물을 지니게 된다. 이러한 가닥들은 서로 배열시켜 그 서열 결과를 국가생물공학정보센터(NCBI) 웹사이트(http://blast.ncbi.nlm.nih.gov)에 있는 기초 지역 배정 검색기구(BLAST)와 같은 공적인 데이터베이스와 비교하여 원혼합 군집을 구성하고 있는 미생물을 밝혀낸다.

다른 분자생물학적 방법. 몇 가지 분자생물학적 방법은 PCR 과정이 불필요한 경우도 있다. 그중 하나가 형광 현장 혼합법, 즉 FISH (fluorescent in-situ hybridization) 법이다. 올리고뉴클레오타이드 탐침(oligonucleotide probe)은 PCR primers를 만드는 것과 유사한 것으로 표식하여 형광에 의해 감식될 수 있다. 그 탐침을 처녀 세포 속으로 침투시켜 세포내 활성 미생물의 rRNA에 교접시킨다. 복수의 탐침이 각기 다른 형광물질을 이용하여 사용될 수 있다. 현미경으로 형광의 빛을 관찰함으로써 FISH로 어떻게 서로 다른 미생물 개체가 반응하는지를 가시적으로 관찰할 수 있고, 세포 수를 세어 개체 수를 정량적으로 분석할 수도 있다(Maier et al., 2000). Wagner et al. (1995)은 FISH 기법을 활성슬러지공정 시료에서 NEU 탐침을 이용하여 3000셀 이상 되는 밀생한 암모니아 산화 세균(*Nitrosomonas*) 군체를 동정하는 데 사용하였다. UV 살균 연구를 위해 대장균을 대상으로 한 탐침이 개발되었고, 2장 그림 2-36에 소개되어 있다.

FISH의 확실한 장점은 어느 종이 환경에 어떻게 분포하는지 관찰할 수 있다는 것이다. 하나 이상의 핵산 탐침을 이용하여 FISH 기법을 적용할 경우 여러 종의 세균 및 변종을 동정할 수 있고, 그들의 매체내에서의 상대적인 분포 상황을 관찰할 수 있다. 미세방사선촬영 FISH (MAR-FISH)는 C^{14}으로 표식된 기질을 이용하여 배양을 함으로써 계통학과 생리학 사이의 연결고리를 제공해 주는 다른 접근법으로 사용된다. 세균을 동정하기 위해 형광법을 사용할 때, 현미경 슬라이드를 필름에 중첩시키고 표식 물질로 처리된 세균은 조사된 필름을 통하여 동정된다.

Metagenomics. 서열 기술이 보다 효율적이고 접근 가능해지면서 초기 PCR 단계를 거치지 않고 군집의 염기서열을 분석하는 것이 가능해졌다. Metagenomics라고 알려진 이 기술은 16S rRNA 서열 자료뿐 아니라 아직 알려지지 않은 여러 기능을 갖고 있는 모든 게놈 자료에 대한 정보를 제공해 줄 수 있다. 이 방법은 고도생물학적 인제거(EBPR)에 관여하는 미생물인 Candi-datus *Accumulibacter phosphatis* (Mart n et al., 2006)의 완벽한 게놈 서열을 얻는데 사용된 바 있고, 이로 인해 훨씬 불확실한 배양액 분석도 시도되고 있다. 게놈 서열 연구에 의해 새로운 가설들이 제시되면서 중요한 이 세균의 생리적 능력과 적응 능력이 밝혀지고, 장래의 EBPR을 설계하는 데 도움을 줄 수 있다.

단백질체학(Proteomics). 여러 환경에 응용되어 온 또 다른 방법은 단백질체학으로 혼합 시료에서 단백질 구조체를 분석하는 것이다. 각 단백질을 구성하는 아미노산을 게놈 서열 정보와 비교하여 시료 채취 당시에 어떤 유전자가 활성이 있는지를 밝혀낼 수 있다. 다른 조건(예를 들어 오염물질 유무나, 서로 다른 반응조 온도)에서 채취한 단백질 구조를 비교함으로써 어떻게 운전조건의 변화가 미생물 활성에 영향을 미치는지에 대한 정보를 제공해 줄 수 있다.

7-3 미생물 물질대사 개요

생물학적 처리공정을 설계하거나 생물학적 공정의 형태를 선정하려면 기본적으로 미생물의 생화학적 활성도를 이해해야 한다. 세포 탄소원, 전자공여체, 전자수용체 그리고 최종 생성물에 따른 미생물의 분류가 표 7-5에 요약되어 있다. 각기 다른 미생물들은 산소(O_2), 아질산이온(NO_2^-), 질산이온(NO_3^-), 철(Fe^{3+})이온, 황산이온, 유기화합물, 이산화탄소(CO_2) 등을 전자수용체로 이용할 수 있다. 본 절에서 다루고자 하는 두 가지 주된 주제는 (1) 폐수처리에서 공통적으로 볼 수 있는 일반적으로 미생물들에게 필요한 영양물질과 (2) 산소분자의 필요여부에 근거한 미생물 대사의 특성 등이다.

≫ 미생물 성장을 위한 탄소원과 에너지원

미생물이 증식과 적절한 기능을 계속하기 위해서는 에너지원과 새로운 세포를 합성할 수 있는 탄소원, 그리고 질소, 인, 황, 포타슘, 칼슘, 마그네슘과 같은 무기물(영양염류)이 필

표 7–5

전자공여체와 전자수용체, 세포 탄소원 그리고 최종산물에 의한 미생물 분류. 모든 반응은 새로운 생체 성장을 유도한다.

세균의 형태	통상 반응명	탄소원	전자공여체(기질의 산화)	전자수용체	최종산물
호기성 종속영양 세균	호기성 산화	유기화합물	유기화합물	O_2	CO_2, H_2O
호기성 독립영양 세균	질산화	CO_2	NH_4^+, NO_2^-	O_2	NO_2^-, NO_3^-
	철산화	CO_2	Fe (II)	O_2	철이온 Fe (II)
	황산화	CO_2	H_2S, S°, $S_2O_3^{2-}$	O_2	SO_4^{2-}
통성혐기성(임의성) 종속영양 세균	탈질화 무산소 반응	유기화합물	유기화합물	NO_2^-, NO_3^-	N_2, CO_2, H_2O
혐기성 종속영양 세균	산발효	유기화합물	유기화합물	유기화합물	휘발성 지방산(VFAs)(아세테이트, 프로피온산, 부티레이트)
	철환원	유기화합물	유기화합물	Fe (III)	Fe (II), CO_2, H_2O
	황환원	유기화합물	유기화합물	SO_4	H_2S, CO_2, H_2O
	메탄생성	유기화합물	휘발성 지방산(VFAs)	CO_2	메탄
혐기성 독립영양 세균	Anammox	CO_2	NH_4^+	NO_2^-	N_2, NO_3^-

요하다. 유기 영양염류(성장인자)도 세포합성을 위해 필요하다. 다양한 종류의 생물에 필요한 기질(*substrate*)로 불리는 탄소원과 에너지원, 그리고 영양물질과 성장인자 등을 아래에 설명하였다.

탄소원. 미생물은 유기물질이나 CO_2로부터 세포성장을 위한 탄소를 얻는다. 새로운 생체합성을 위해 유기탄소를 이용하는 생물을 **종속영양 생물**(*heterotrophs*)이라고 하고, CO_2로부터 세포 탄소를 획득하는 생물을 **독립영양 생물**(*autotrophs*)이라고 한다. CO_2를 세포의 탄소화합물로 전환시키는 과정을 동화작용이라 하고, 순에너지 공급이 필요하다. 따라서 독립영양 생물은 종속영양 생물에 비해 합성에 더 많은 에너지를 소비하기 때문에 일반적으로 세포 수율과 성장속도가 낮다.

에너지원. 세포합성에 필요한 에너지는 빛이나 화학적 산화반응에 의해서 공급된다. 에너지원으로 빛을 이용할 수 있는 생물을 **광영양 생물**(*phototrophs*)이라고 부른다. 광영양 생물은 종속영양성(황환원 세균)이거나 독립영양성(조류와 광합성 세균)이다. 화학반응으로부터 에너지를 얻는 생물을 **화학영양 생물**(*chemotrophs*)이라고 한다. 광영양 생물에서와 같이 화학영양 생물도 종속영양성(원생동물, 균류, 대부분의 세균)이거나 독립영양성(질산화 세균)이다. **화학독립영양 생물**(*chemoautotrophs*)은 암모니아, 아질산이온, 철이온, 아황산이온 등과 같은 환원된 **무기화합물로부터** 에너지를 얻는다. **화학종속영양 생물**(*chemoheterotrophs*)은 대개 **유기화합물을** 산화시켜서 에너지를 얻는다.

산화–환원반응. 화학영양 생물에 의한 에너지 생성 화학반응은 산화–환원반응으로 전자가 전자공여체에서 전자수용체로 전달되며, 이때 전자공여체는 산화되고, 전자수용체는 환원된다. 전자공여체와 수용체는 미생물에 따라 유기화합물이거나 무기화합물이 될 수 있다. 전자수용체는 대사작용(내생적인) 동안 세포내에서 이용 가능하거나, 세포 밖(예, 용존 산소)(외생적인)에서 얻을 수 있다. 효소 작용으로 외부 전자수용체에 전자를 전달하여 에너지를 생산하는 미생물은 **호흡대사작용**을 한다. 내부 전자수용체를 이용하는 것은 **발효대사**이며, 에너지 생산과정이 호흡에 비하여 비효율적이다. 절대 발효성 종속영양 생물은 호흡성 종속영양 생물에 비하여 낮은 성장속도와 세포 수율을 갖는 특성이 있다.

산소 이용. 전자수용체로 산소를 이용하는 반응을 **호기성**, 다른 전자수용체를 이용하는 반응을 혐기성이라 한다. 무산소(anoxic)는 혐기성에서 전자수용체로 아질산이온이나 질산이온을 사용하는 것을 다른 전자수용체 사용과 구분하기 위하여 사용하는 말이다. 무산소 조건에서 아질산이온이나 질산이온은 환원되어 질소가스로 전환되며, 이 반응을 생물학적 탈질이라 한다. 산소만을 사용하여 에너지를 얻을 수 있는 생물을 **절대호기성**세균이라고 한다. 일부 세균은 산소를 이용하거나 산소를 이용할 수 없을 때 질산이온과 아질산이온을 전자수용체로 이용할 수 있다. 이러한 세균을 **임의성 호기성**(*facultative aerobic*)세균이라고 한다.

발효 에너지. 발효에 의해 에너지를 생성하고 산소가 결여된 환경조건에서만 생존할 수 있는 생물을 **절대혐기성세균**이라 한다. 산소분자의 유무에 관계없이 성장할 수 있는 **임의성 혐기성세균**은 물질 대사능력에 따라 두 그룹으로 분류된다. 진정한 임의성 혐기성세균은 산소분자의 유무에 따라 발효성에서 호기성 호흡대사로 바꿀 수 있다. **산소내성 혐기성 세균**은 절대 발효성 대사작용을 하지만 산소의 존재에 상대적으로 민감하지 않다.

》 영양물질과 성장인자

탄소 또는 에너지원보다 영양물질이 때로는 미생물의 세포합성과 성장을 위한 제한물질일 수 있다. 미생물에 필요한 주요 무기성 영양물질은 N, S, P, K, Mg, Ca, Fe, Na, Cl 등이다. 주요 미량 영양물질로는 Zn, Mn, Mo, Se, Co, Cu, Ni 등이 포함된다(Madigan et al., 2012). 성장인자로 알려진 유기성 영양물질은 생물에 필요한 화합물로 다른 탄소원으로부터 합성할 수 없는 전구물질 또는 유기성 세포물질의 구성성분이다. 생물에 따라 필요성장인자가 다르지만 주요 성장인자는 다음과 같이 3종류로 구분된다: (1) 아미노산, (2) 질소염기(예, 퓨린, 피리미딘) 그리고 (3) 비타민.

도시폐수처리를 위해서는 일반적으로 충분한 영양물질이 존재하지만, 산업폐수처리를 위해서는 영양물질을 생물학적처리공정에 첨가해 줄 필요가 있다. 질소와 인의 부족은 특히 식품가공 폐수나 유기물 함량이 높은 폐수에서 일반적으로 볼 수 있다. 앞서 기술한 미생물 세포 조성에 대한 식 $C_{12}H_{87}O_{23}N_{12}P$을 이용하면 바이오매스 100 g당 필요한 질소와 인의 양은 각각 약 12.2 g과 2.3 g이다.

7-4 세균 성장 에너지론과 사멸

미생물의 물질대사를 통해 미생물이 기질을 이용하고, 산화-환원반응을 수행함에 따라 추가적인 세포 생산에 의한 성장을 하게 된다. 따라서 폐수처리 응용시설에서 폐수내에 있는 기질이 이용되거나 분해됨에 따라 바이오매스가 지속적으로 생산된다. 본 절에서는 (1) 세균의 번식, (2) 회분식 반응조에서 세균의 성장 유형, (3) 세균 성장과 바이오매스 수율, (4) 바이오매스 성장 측정 방법, (5) 화학양론적 세포 수율과 산소요구량 평가, (6 생물에너지론에 의한 세포 수율 평가, (7) 겉보기 및 합성 수율 등에 대해 고찰하였다. 본 절에 소개된 내용은 다음 절과 8, 9, 10장에서 소개되는 다양한 처리공정의 기초가 될 것이다.

》 세균 증식

세균은 2장에서 언급한대로 이분법, 무성생식, 발아(budding)에 의해서 증식할 수 있다 일반적으로 세균은 이분법에 의해 새로운 두 개의 생물로 분할된다. 각 세포 분열에 필요한 세대시간은 20분 이내에서 수일간으로 다양하다. 예를 들면 세대시간이 30분이라면 하나의 세균이 12시간 후에 16,777,216개(224) 개체로 증식된다. 직경이 1 μm이고, 비중이 1.0인 구형이라 가정하면, 세균 한 세포의 무게는 약 5.0×10^{-13} g이다. 그러면 12시간 후에 세균의 질량은 약 8.4×10^{-6} g (8.4 μg)이 될 것이다. 즉, 세포의 수는 세포의 질량과 비교할 때 아주 크다. 이러한 시간에 따른 바이오매스의 급속한 증식은 하나의 가정에 기반한 예이다. 생물학적 처리 시스템에서 세균은 기질과 영양물질 공급 등의 환경적 제한요소로 인하여 무한정 계속해서 분열할 수는 없다.

》 회분식 반응조에서 세균의 성장 유형

회분식 반응조(1-7절 참조)내 세균의 성장은 그림 7-10에 나타낸 대로 뚜렷한 몇 단계로 구분할 수 있다. 그림 7-10의 곡선은 회분식 반응조 내에 반응 초기 기질과 영양분은 충분하고, 바이오매스가 아주 소량으로 존재할 때를 나타낸 것이다. 기질이 이용되면서 4개의 뚜렷한 성장 단계가 연속적으로 나타나게 된다.

1. 지체기. 바이오매스를 첨가한 후 지체기는 의미 있는 세포 분열과 바이오매스의 합성이 진행되기 전에 새로운 환경에 생물이 순응하는 데 필요한 시간을 의미한다. 지체기 동안에 효소유도(enzyme induction) 현상이 생길 수도 있고, 또는 세포가 염분, pH, 온도의 변화에 순응하게 된다. 확실한 지체기의 발현은 회분식 반응

그림 7-10

시간에 따른 기질과 미생물의 변화를 갖는 회분식 공정의 미생물 성장 양상

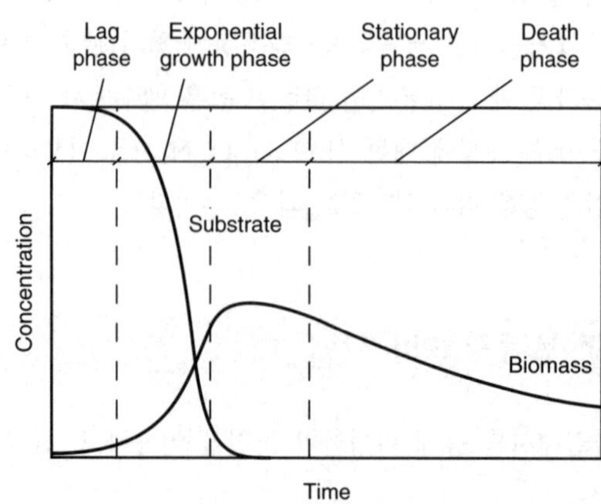

초기 낮은 바이오매스 농도에 의해 영향을 받을 수도 있다.

2. 지수 성장기. 대수 성장기 동안에 세균의 세포는 기질이나 영양물질들에 제한을 받지 않는다면 최대 속도로 증식한다. 이 기간 동안 바이오매스 성장곡선은 기하급수적으로 증가한다. 기질과 영양물질에 제한이 없다면 지수성장속도에 영향을 주는 유일한 인자는 온도이다.
3. 안정기. 이 기간 동안에 바이오매스의 농도는 시간에 따라 대체로 일정하게 유지된다. 이 기간에서 세균의 성장은 더 이상 지수함수가 아니며, 성장하는 양도 세포의 사멸에 의해 상쇄된다.
4. 사멸기. 사멸기에는 기질이 고갈되어 더 이상 성장이 이루어지지 않고, 바이오매스 농도 변화는 세포 사멸에 기인하게 된다. 바이오매스 농도의 지수함수적 감소는 매일 없어지는 잔류 바이오매스의 대략적인 일정한 분율로 종종 표현된다.

❯❯ 세균의 성장과 바이오매스 수율

생물학적 처리공정에서 세포성장은 위에서 설명한 대로 유기 또는 무기화합물의 산화와 동시에 발생한다. 바이오매스 수율은 이용된 기질의 양에 대한 생성된 바이오매스의 비 (g 생체량/g 기질)로 정의되며, 일반적으로 사용된 전자공여체에 대한 상대량으로 정의되기도 한다.

$$\text{바이오매스 합성 수율, } Y = \frac{\text{g 바이오매스 생성량}}{\text{g 기질 소모량}} \tag{7-2}$$

예를 들면, 유기성 기질과 반응하는 호기성 종속영양 생물의 수율은 g 바이오매스/g 유기성 기질로 표시되고, 질산화 세균 수율은 g 바이오매스/g 산화된 NH_4-N로 표시된다. 메탄생성을 위한 휘발성 지방산(VFAs)의 혐기성 분해반응에서, 수율은 g 바이오매스/g 사용된 VFA로 나타낸다. 암모니아처럼 측정이 가능한 특정 화합물의 경우에 수율은 이용된 화합물에 대한 상대량으로 계산할 수 있다. 수많은 유기화합물을 함유하고 있는 도시폐수와 산업폐수의 호기 및 혐기성 처리에 있어서 수율은 COD나 BOD 같이 전체 유기화합물의 소모량을 반영한 측정 가능한 매개변수로 산출한다. 따라서 수율은 g 바이오매스/g 제거된 COD 또는 g 바이오매스/g 제거된 BOD로 표현될 수 있다.

❯❯ 바이오매스 성장의 측정

바이오매스는 대부분 유기물질이기 때문에 바이오매스의 증가는 휘발성 부유고형물 (VSS)이나 입자성 COD (TCOD-SCOD)로 측정된다. 바이오매스 성장을 측정할 수 있는 다른 더 직접적인 변수들로는 단백질 함량, DNA, ATP, 에너지 전달과 관련된 세포화합물들이 있다. 이들 성장을 측정하는 변수들 중 VSS는 분석이 용이하고, 분석시간도 짧기 때문에 실제 규모의 생물학적 폐수처리 시스템에서 바이오매스 성장을 추적하는 데 가장 널리 사용되고 있다. VSS를 측정할 때 바이오매스와 더불어 다른 입자성 유기물질이 같이 측정된다는 사실에 유의해야 한다. 대부분의 폐수에는 어느 정도의 비생분해성 VSS가 들어 있으며, 유입수에 생물학적 반응조에서 느리게 분해되는 VSS도 있을 수 있다. 이러한 고형물들은 VSS 측정 시 바이오매스로 측정된다. VSS 측정은 바이오매스 생성의 확실한 지표로 이용될 뿐 아니라, 일반적으로 반응조내 고형물 측정에 유용하게 사용된다.

생물학적 처리공정들에 대한 실험실 연구에서 실제 미생물량과 관련시킬 수 있는 성장 변수들이 종종 사용된다. 이러한 변수들 중에 단백질이 가장 널리 사용되는 성장 변수이며, 이는 단백질이 건조 생체 중량의 약 50%를 차지하고, 상대적으로 측정하기 쉽기 때문이다. ATP와 DNA도 특히 반응조내 고형물이 단백질과, 바이오매스와 관련이 없는 다른 고형물을 함유하고 있는 경우에 사용되고 있다. 바이오매스의 농도가 매우 낮은 경우 탁도 측정은 세포성장을 관찰할 수 있는 빠르고 간단한 방법으로 사용될 수 있다. 또한 세균의 세포 수 측정으로 생체량의 개체군 수를 세는 데 사용되기도 한다. 희석한 시료 일부를 성장 배지에 넣고 배양한 다음, 형성된 집락(colony) 수를 계수하여 배양액 내의 세균 수를 결정하는 데 사용한다. 그러나 모든 세균이 배양 가능한 것은 아니다.

≫ 화학양론으로부터 바이오매스 수율과 산소요구량 산출

식 7-1과 같이 제거된 기질과 호기성 종속영양 생물의 생분해 동안 소비된 산소의 양과 겉보기 바이오매스 수율 사이에 명확한 화학양론적 관계가 성립된다. 기질의 분해 과정을 규명하는 데 사용되는 가장 일반적 접근방법은 COD 물질수지를 세우는 것이다. COD가 사용되는 이유는 폐수 내 기질 농도가 산소당량으로 정의되기 때문이며, 바이오매스나 산화된 상태의 COD 값으로 보존되기 때문에 물질수지식 작성이 가능하다.

바이오매스 수율. 일반적으로 폐수 내 혼합 화합물의 생물학적 산화에 관한 정확한 화학양론은 알려져 있지 않다. 그러나 알기 쉬운 설명을 위해서 유기물질을 $C_6H_{12}O_6$ (포도당)로 표기하고, 새로운 세포를 $C_5H_7NO_2$로 표기할 수 있다고 가정할 수 있다. 따라서 질소 이외의 다른 영양물질들을 무시하면 식 7-1은 다음과 같이 쓸 수 있다.

$$\underset{3(180)}{3C_6H_{12}O_6} + \underset{8(32)}{8O_2} + \underset{2(17)}{2NH_3} \rightarrow \underset{2(113)}{2C_5H_7NO_2} + 8CO_2 + 14H_2O \tag{7-3}$$

위 식에서 주어진 것처럼 포도당과 같이 이용된 기질은 새로운 세포에서 발견된 것과 CO_2 및 H_2O를 생성하면서 산화된 것으로 나누어진다. 소모된 포도당에 대한 수율은 다음과 같이 얻을 수 있다.

$$Y = \frac{\Delta(C_5H_7NO_2)}{\Delta(C_6H_{12}O_6)} = \frac{2(113\,\text{g/mole})}{3(180\,\text{g/mole})}$$
$$= 0.42\ \text{g 세포/g 소모된 포도당}$$

실제로 COD와 VSS가 유기물질과 새로운 세포를 각각 표현하는 데 이용된다. COD에 근거한 수율을 나타내기 위해서는 포도당의 COD를 계산해야 한다. 포도당의 COD는 다음과 같이 포도당이 이산화탄소로 산화되는 화학양론 반응식을 이용하여 결정될 수 있다.

$$\underset{(180)}{C_6H_{12}O_6} + \underset{(32)}{6O_2} \rightarrow 6CO_2 + 6H_2O \tag{7-4}$$

포도당의 COD는 다음과 같다.

$$\text{COD} = \frac{\Delta(\text{O}_2)}{\Delta(\text{C}_6\text{H}_{12}\text{O}_6)} = \frac{6(32\text{ g/mole})}{(180\text{ g/mole})} = 1.07\text{ g O}_2/\text{g 포도당}$$

기질이 세포로 전환된 양을 설명하는 COD로 표현된 이론적인 수율은 다음과 같다.

$$Y = \frac{\Delta(\text{C}_5\text{H}_7\text{NO}_2)}{\Delta(\text{C}_6\text{H}_{12}\text{O}_6\text{ as COD})} = \frac{2(113\text{ g/mole})}{3(180\text{ g/mole})(1.07\text{ g COD/g 포도당})}$$
$$= 0.39\text{ g 세포/g 사용된 COD, 혹은 }0.39\text{ g VSS/g 사용된 COD}$$

생물학적 처리공정에서 실질적인 겉보기 수율은 위에서 계산된 값보다 적을 수 있다. 왜냐하면 세포 질량으로 전환된 기질의 일부는 세포 유지를 위한 에너지를 얻기 위하여 세균에 의해 시간이 지나면서 산화될 수 있기 때문이다.

산소요구량. 이용된 산소량은 (1) 기질이 CO_2와 H_2O로 산화되는데 이용된 산소, (2) 바이오매스의 COD, (3) 분해되지 않은 기질의 COD를 고려하여 계산될 수 있다. 분자식 $C_5H_7NO_2$로 하여 바이오매스(일반적으로 VSS로 측정)에 해당하는 산소당량은 아래와 같이 1.42 g COD/g 바이오매스 VSS이다.

$$\underset{(113)}{\text{C}_5\text{H}_7\text{NO}_2} + \underset{5(32)}{5\text{O}_2} \rightarrow 5\text{CO}_2 + \text{NH}_3 + 2\text{H}_2\text{O} \qquad (7\text{-}5)$$

세포조직의 COD는 다음과 같다.

$$\frac{\Delta(\text{O}_2)}{\Delta(\text{C}_5\text{H}_7\text{NO}_2)} = \frac{5(32\text{ g/mole})}{(113\text{ g/mole})} = 1.42\text{ g O}_2/\text{g cells} = 1.42\text{ g COD/g VSS}$$

위의 관계식으로부터 식 7−3의 반응에서 이용된 단위 COD당 소비된 산소량은 COD 물질수지식으로부터 결정될 수 있다. 제거된 COD는 산화되거나 세포성장에 사용된다.

$$\text{COD}_r = \text{COD}_{\text{cells}} + \text{COD}_{ox} \qquad (7\text{-}6)$$

여기에서, COD_r = 이용된 COD, g COD/d
$\text{COD}_{\text{cells}}$ = 세포합성에 관여된 COD, g COD/d
COD_{ox} = 산화된 COD, g COD/d

산화된 기질의 COD는 소비된 산소량과 동일하므로

$$\text{소비된 산소} = \text{이용된 COD} - \text{세포 COD} \qquad (7\text{-}7)$$

$$= \left(\frac{1.07\text{ g O}_2}{\text{g 포도당}}\right)\left(3\text{ mole} \times \frac{180\text{ g 포도당}}{\text{mole}}\right) - \left(\frac{1.42\text{ g O}_2}{\text{g 세포}}\right)\left(2\text{ mole} \times \frac{113\text{ g 세포}}{\text{mole}}\right)$$
$$= 577.8\text{ g O}_2 - 320.9\text{ g O}_2 = 256.9\text{ g O}_2$$

따라서 이용된 단위 COD당 소비된 산소량은 다음과 같다.

$$\frac{\text{산소 소비량}}{\text{포도당 COD}} = \frac{256.9\text{ g O}_2}{3\text{ mole}(1.07\text{ g COD/g 포도당})(180\text{ g 포도당/mole})}$$
$$= 0.44\text{ g O}_2/\text{g COD used}$$

위와 같이 COD 물질수지에 근거한 산소요구량은 포도당 3 mole에 대해 8 mole의 산소가 요구되는 식 7-3의 화학양론식에 근거한 산소 사용량과 일치한다.

$$\frac{\text{산소 이용량}}{\text{포도당 COD}} = \frac{8(32\,\text{g } O_2/\text{mole})}{3(180\,\text{g/mole})(1.07\text{ g COD/g 포도당})}$$
$$= 0.44\,\text{g } O_2/\text{g COD used}$$

0.39 g VSS/gCOD 이용량으로 표현되는 세포 수율은 0.56 g cells COD/g 사용 COD과 같고, g 에너지 생산에 사용된 산소량/g COD_r (0.44) + g cells COD/g 사용 COD = 1.0 g COD/g COD_r이 된다. 총 COD는 산소 이용량과 생성된 바이오매스의 COD로 분포하게 된다.

폐수처리장에서 일반적으로 측정된 값에 근거하여 겉보기 바이오매스 수율과 호기성 종속영양 생물에 의해 기질이 산화될 때 소비된 산소량과의 관계가 예제 7-1에 제시되어 있다.

예제 7-1

겉보기 바이오매스 수율과 산소소비량 아래 그림과 같이, 반송이 없는 호기성 완전혼합 생물학적 처리공정으로 500 g/m^{3}의 생분해성 용존성 COD (bsCOD)를 함유한 폐수가 유입된다. 유량이 1,000 m^3/d이고, 방류수의 bsCOD와 VSS의 농도가 각각 10 g/m^3, 200 g/m^{3}이다. 이 자료를 바탕으로 다음을 결정하라.

1. 겉보기 수율(g VSS/g 제거된 COD)은?
2. 이용된 산소의 양(g O_2/g 제거된 COD 그리고 g/d)은?

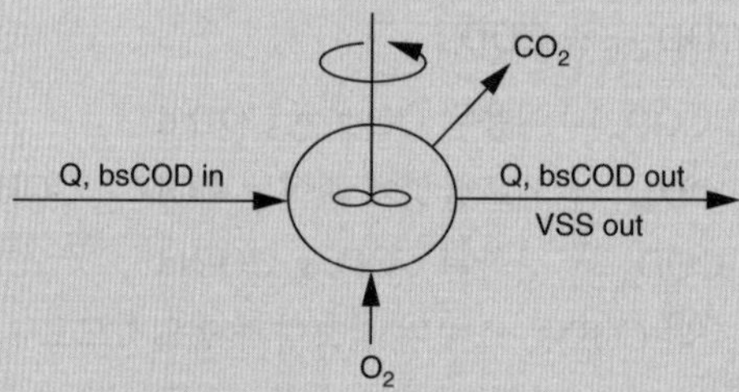

풀이

1. 겉보기 수율을 결정한다. 아래의 일반적인 반응식이 적용된다고 가정한다.

$$\underset{500\text{ g COD/m}^3}{\text{유기물질}} + O_2 + \text{영양물질} \rightarrow \underset{200\text{ g VSS/m}^3}{C_5H_7NO_2} + CO_2 + H_2O$$

a. 생성된 g VSS/d:

$$\text{g VSS/d} = 200\text{ g/m}^3\ (1000\text{ m}^3\text{/d}) = 200{,}000\text{ g VSS/d}$$

b. 제거된 g bsCOD/d:

$$\text{g COD/d} = (500 - 10)\text{ g COD/m}^3\,(1000\text{ m}^3\text{/d})$$
$$= 490{,}000\text{ g COD/d}$$

c. 겉보기 수율:

$$Y_{obs} = \frac{(200{,}000 \text{ g VSS/d})}{(490{,}000 \text{ g COD/d})} = 0.41 \text{ g VSS/g COD 제거된}$$

2. 제거된 g bsCOD당 사용된 산소의 양을 결정한다.
   a. 반응조 주변 정상상태에서의 COD 물질수지를 세운다.
   축적 = 유입 − 유출 + 전환
   $0 = COD_{in} - COD_{out}$ − 사용된 산소량(COD로 표기)
   사용된 산소량 = $COD_{in} - COD_{out}$
   COD_{in} = 500 g COD/m^3 (1000 m^3/d) = 500,000 g COD/d
   $COD_{out} = bsCOD_{out}$ + 바이오매스 COD_{out}
   $bsCOD_{out}$ = 10 g/m^3 (1000 m^3/d) = 10,000 g COD/d
   바이오매스 COD_{out} = 200,000 g VSS/d (1.42 g COD/g VSS) = 284,000 g COD/d
   전체 COD_{out} = 10,000 g/d + 284,000 g/d = 294,000 g COD/d
   b. 사용된 산소량
   사용된 산소량 = 500,000 g COD/d − 294,000 g COD/d
   = 206,000 g COD/d = 206,000 g O_2/d
   c. 제거된 COD 단위당 사용된 산소량
   산소량/COD = (206,000 g/d)/(490,000 g/d) = 0.42 g O_2/g COD

참조 산화된 COD의 세포 증식에 사용된 분율을 나타내는 일반적인 COD 물질수지식:
g CODcells + g COD_{ox} = 제거된 g COD
(0.41 g VSS/g COD) (1.42 g O_2/g VSS) + 0.42 g O_2/g COD = 1.0 g O_2/g COD

≫ 생물에너지론으로부터 바이오매스 수율 산정

대부분 세포 증식값은 실험실 반응조, 파일롯 장치, 또는 실규모 시스템에서 측정하여 산정한다. 그러나 세포 증식을 산정하기 위하여 생물학적 반응들에 열역학 원리를 적용한 생물에너지론에 입각한 접근방법이 발전되어 왔다. 본 절에서는 생물에너지 개론을 소개하고, 여러 형태의 생물학적 반응에 대한 바이오매스 수율을 산정하기 위한 생물에너지론의 응용을 다룬다(McCarty 1971, 1975).

깁스 자유에너지(Gibbs free energy). 에너지 변화를 수반하는 화학반응들은 깁스 자유에너지로 알려진 자유에너지 $G°$의 변화에 의해 열역학적으로 설명된다. 반응에 의한 에너지의 변화는 $\Delta G°$로 표기한다. 위첨자 °는 자유에너지 값이 pH 7.0이고 25℃ 표준조건에서 얻은 값임을 나타낼 때 사용된다. 양 또는 음의 값을 갖는 순 깁스 자유에너지는 반응물과 생성물의 반쪽반응에 관련된 표준자유에너지 값을 이용하여 계산될 수 있다. 반쪽반응은 산화 · 환원이나 합성반응에서 1 mole의 전자가 전달되는 반응을 의미한다. 여러 가지 반쪽반응에 관한 자유에너지 변화 값이 표 7-6에 정리되어 있다. 자유에너지가

표 7-6
생물학적 시스템의 반쪽반응[a]

반응 번호		반쪽반응	전자당량당 k… $\Delta G°(W)$,[b]
세균 세포합성에 대한 반응(R_s)			
	질소원으로 암모니아(Ammonia):		
1.	$\frac{1}{5}CO_2 + \frac{1}{20}HCO_3^- + \frac{1}{20}NH_4^+ + H^+ + e^-$	$= \frac{1}{20}C_5H_7O_2N + \frac{9}{20}H_2O$	
	질소원으로 질산이온(Nitrate):		
2.	$\frac{1}{28}NO_3^- + \frac{5}{28}CO_2 + \frac{29}{28}H^+ + e^-$	$= \frac{1}{28}C_5H_7O_2N + \frac{11}{28}H_2O$	
전자수용체에 대한 반응(R_a)			
	아질산이온(Nitrite):		
3.	$\frac{1}{3}NO_2^{2-} + \frac{4}{3}H^+ + e^-$	$= \frac{1}{6}N_2 + \frac{2}{3}H_2O$	−93.23
	산소(Oxygen):		
4.	$\frac{1}{4}O_2 + H^+ + e^-$	$= \frac{1}{2}H_2O$	−78.14
	질산이온(Nitrate):		
5.	$\frac{1}{5}NO_3^- + \frac{6}{5}H^+ + e^-$	$= \frac{1}{10}N_2 + \frac{3}{5}H_2O$	−71.67
	아황산이온(Sulfite):		
6.	$\frac{1}{6}SO_3^{2-} + \frac{5}{4}H^+ + e^-$	$= \frac{1}{12}H_2S + \frac{1}{12}HS^- + \frac{1}{2}H_2O$	13.60
	황산이온(Sulfate):		
7.	$\frac{1}{8}SO_4^{2-} + \frac{19}{16}H^+ + e^-$	$= \frac{1}{16}H_2S + \frac{1}{16}HS^- + \frac{1}{2}H_2O$	21.27
	이산화탄소(메탄발효):		
8.	$\frac{1}{8}CO_2 + H^+ + e^-$	$= \frac{1}{8}CH_4 + \frac{1}{4}H_2O$	24.11
전자공여체에 대한 반응(R_d)			
	유기성 공여체(종속영양 생물 반응)		
	도시폐수:		
9.	$\frac{9}{50}CO_2 + \frac{1}{50}NH_4^+ + \frac{1}{50}HCO_3^- + H^+ + e^-$	$= \frac{1}{50}C_{10}H_{19}O_3N + \frac{9}{25}H_2O$	31.80
	단백질(아미노산, 단백질, 질소질 유기물질):		
10.	$\frac{8}{33}CO_2 + \frac{2}{33}NH_4^+ + \frac{31}{33}H^+ + e^-$	$= \frac{1}{66}C_{16}H_{24}O_5N_4 + \frac{27}{66}H_2O$	32.22
	개미산(Formate):		
11.	$\frac{1}{2}HCO_3^- + H^+ + e^-$	$= \frac{1}{2}HCOO^- + \frac{1}{2}H_2O$	48.07
	포도당(Glucose)		
12.	$\frac{1}{4}CO_2 + H^+ + e^-$	$= \frac{1}{24}C_6H_{12}O_6 + \frac{1}{4}H_2O$	41.96
	탄수화물(Carbohydrates; 셀룰로오스, 전분, 당):		
13.	$\frac{1}{4}CO_2 + H^+ + e^-$	$= \frac{1}{4}CH_2O + \frac{1}{4}H_2O$	41.84
	메탄올(Methanol):		
14.	$\frac{1}{6}CO_2 + H^+ + e^-$	$= \frac{1}{6}CH_3OH + \frac{1}{6}H_2O$	37.51
	피루빈산(Pyruvate):		
15.	$\frac{1}{5}CO_2 + \frac{1}{10}HCO_3 + H^+ + e^-$	$= \frac{1}{10}CH_3COCOO^- + \frac{2}{5}H_2O$	35.78

(계속)

표 7–6 (계속)

반응 번호		반쪽반응	전자당량당 kJ $\Delta G^o(W)$,[b]
	에탄올:		
16.	$\frac{1}{6}CO_2 + H^+ + e^-$	$= \frac{1}{12}CH_3CH_2OH + \frac{1}{4}H_2O$	31.79
	프로피온산(Propinate):		
17.	$\frac{1}{7}CO_2 + \frac{1}{14}HCO_3^- + H^+ + e^-$	$= \frac{1}{14}CH_3CH_2COO^- + \frac{5}{14}H_2O$	27.91
	초산(Acetate):		
18.	$\frac{1}{8}CO_2 + \frac{1}{8}HCO_3 + H^+ + e^-$	$= \frac{1}{8}CH_3COO^- + \frac{3}{8}H_2O$	27.68
	유분(Grease; 지방과 오일)		
19.	$\frac{4}{23}CO_2 + H^+ + e^-$	$= \frac{1}{46}C_8H_{16}O + \frac{15}{46}H_2O$	27.61
	무기성 공여체(독립영양 세균 반응)		
20.	$Fe^{3+} + e^-$	$= Fe^{2+}$	−74.40
21.	$\frac{1}{2}NO_3^- + H^+ + e^-$	$= \frac{1}{2}NO_2^- + \frac{1}{2}H_2O$	−40.15
22.	$\frac{1}{8}NO_3^- + \frac{5}{4}H^+ + e^-$	$= \frac{1}{8}NH_4^+ + \frac{3}{8}H_2O$	−34.50
23.	$\frac{1}{6}NO_2^- + \frac{4}{3}H^+ + e^-$	$= \frac{1}{6}NH_4^+ + \frac{1}{3}H_2O$	−32.62
24.	$\frac{1}{6}SO_4^{2-} + \frac{4}{3}H^+ + e^-$	$= \frac{1}{6}S + \frac{2}{3}H_2O$	19.48
25.	$\frac{1}{8}SO_4^{2-} + \frac{19}{16}H^+ + e^-$	$= \frac{1}{16}H_2S + \frac{1}{16}HS^- + \frac{1}{2}H_2O$	21.28
26.	$\frac{1}{4}SO_4^{2-} + \frac{5}{4}H^+ + e^-$	$= \frac{1}{8}S_2O_3^{2-} + \frac{5}{8}H_2O$	21.30
27.	$\frac{1}{6}N_2 + \frac{4}{3}H^+ + e^-$	$= \frac{1}{3}NH_4^+$	27.47
28.	$H^+ + e^-$	$= \frac{1}{2}H_2$	40.46
29.	$\frac{1}{2}SO_4^{2-} + H^+ + e^-$	$= SO_3^{2-} + H_2O$	44.33

[a] McCarty (1975), Sawyer et al. (2003)

[b] $[H^+] = 10^{-7}$을 제외한 단위 활성도에서 반응물과 생성물

음의 값을 갖는 반응은 에너지를 방출하는 반응으로 **발열반응**이라 한다. 이러한 반응은 표시된 정의 방향으로 자발적으로 진행된다. 그러나 자유에너지 변화 값이 양 의 값을 갖는다면 그 반응을 **흡열반응**이라 하고, 이러한 반응은 자발적으로 발생되지 않는다. 양의 자유에너지 값을 갖는 반응은 정의 방향으로 반응이 진행되기 위해서는 에너지가 필요하다.

어느 반응에서 자유에너지 변화를 분석하는 것은 한 화합물이 전자를 잃고(전자공여체) 다른 화합물이 전자를 얻는(전자수용체) 산화–환원반응에 기초한다(6장 6–6절 참조). 반쪽반응에서 자유에너지의 변화와 함께 이동되는 전자(e^-) 몰당 전자수용체와 전자공여체로 사용되는 화합물의 몰수는 생물에너지론 분석에서 에너지수지를 세우는 데 이용된다. 산소에 의해 수소가 산화될 때 발생하는 자유에너지 변화를 결정하는 과정이 예제 7–2에 수록되어 있다.

예제 7-2 **산소분자에 의한 수소 산화에서 자유에너지 변화** 산소분자에 의한 수소의 산화에서 자유에너지 변화를 결정하시오.

풀이

1. 전자공여체와 전자수용체를 구분한다.
   전자공여체: 수소
   전자수용체: 산소
2. 자유에너지 변화를 계산한다. 표 7-6으로부터 반쪽반응에 대한 자유에너지 변화 값은

		G°, kJ/mole e⁻
반응 No.28	$\frac{1}{2}H_2 \rightarrow H^+ + e^-$	−40.46
반응 No.4	$\frac{1}{4}O_2 + H^+ + e^- \rightarrow \frac{1}{2}H_2O$	−78.14
전체	$\frac{1}{2}H_2 + \frac{1}{4}O_2 \rightarrow \frac{1}{2}H_2O$	ΔG = −118.60

산화-환원반응에 대한 ΔG 값이 음이기 때문에 에너지는 방출되고, 전체반응은 반응식과 같이 정의 방향으로 진행할 것이다.

발열반응. 발열반응은 세포내 효소에 의해 촉진되며, 세포성장을 도와주는 에너지를 생산한다. 생성된 에너지의 40~80% 정도만이 세균에 의해 이용되고, 나머지는 열로 발산된다. McCarty(1971)는 에너지 포획 효율을 60%로 가정했지만 정확한 양은 변한다. 사용되지 않거나 방출되는 에너지는 주변 액체의 온도를 높일 수 있으며, 높은 바이오매스 유지가 가능하고, 반응속도가 높아질 수 있다. 그 예가 자기열 호기성 소화(autothermal aerobic digestion)로 생물학적 산화와 에너지 방출로 인해 액체온도가 20℃에서 60℃까지 높게 증가하게 된다. 자기열 호기성 소화조에서 휘발성 고형물의 농도는 20~40 g/L 범위까지 유지가 가능하다.

생물에너지론 분석 방법. 생물에너지 분석에 있어서 주요 단계는 (1) 전자공여체(산화되는 기질)와 전자수용체의 분류, (2) 세균의 산화-환원반응으로부터 생성된 에너지량 결정, (3) 성장에 필요한 탄소원이 세포물질로 전환되는 데 필요한 에너지량을 결정, 그리고 (4) 생성된 에너지와 세포 증식에 필요한 에너지 간의 에너지 수지에 기초한 세포 수율을 계산하는 것이다. 에너지 생성단계는 위에서 설명한 바와 같이 전자수용체인 산소와 수소의 산화반응과 같다.

세포합성에 필요한 에너지량은 성장에 사용되는 탄소와 질소화합물에 의해 결정된다. 여기에서 논의하고 있는 생물에너지론 분석은 종속영양 세균과 관련된 것이다. 독립영양 세균의 경우에는 다른 방법이 사용되며, 추가적인 상세한 설명은 McCarty(1971, 1975)와 Rittman과 McCarty(2001)에서 찾을 수 있다. 종속영양 세균의 경우 많은 탄소

원들을 다른 에너지 발생과정을 통해 성장에 이용할 수 있다. 분석과정에서 pyruvate가 세포합성에 이용되는 중간 유기화합물로 간주되고, 에너지는 pyruvate와 관련된 유기화합물의 자유에너지에 따라 생성되거나 소모될 수 있다. MaCarty(1971)에 의해 제시된 pyruvate는 해당과정(glycolysis pathway)의 최종산물이고, 크렙회로(Kreb cycle)의 맨 앞에 위치하게 된다. 독립영양 세균이 탄소원으로 이산화탄소를 이용할 경우 상당량의 에너지가 이산화탄소를 세포내로 끌어들이는 데 필요하다. 만약 질소가 암모니아 형태로 이용 가능하지 않다면, 질소원을 암모니아로 전환시키기 위한 부수적인 에너지가 필요하다.

세포합성에 필요한 에너지는 세포의 탄소성분을 위한 유기성 중간산물로 pyruvate를 이용해서 다음과 같이 계산된다.

$$\Delta G_s = \frac{\Delta G_P}{K^m} + \Delta G_c + \frac{\Delta G_N}{K} \tag{7-8}$$

여기서, ΔG_s = 탄소원 1 전자당량(e^- eq)을 세포물질로 전환시키기 위한 자유에너지

ΔG_P = 탄소원 1 e^- eq를 중간산물인 pyruvate로 전환시키기 위한 자유에너지

K = 포획된 에너지 전환 분율

m = ΔG_P 값이 양일 경우에 +1, 에너지가 생성되면 −1

ΔG_c = 1 e^- eq의 pyruvate 중간산물을 1 e^- eq의 세포로 전환시키기 위한 자유에너지

ΔG_N = 질소를 암모니아로 환원시키기 위한 세포의 전자당량(e^- eq)당 자유에너지

ΔG_c 값은 +3.41 kJ/e^- eq 세포이고(McCarty, 1971) 아래 질소원의 ΔG_N 값이 NO_3^-, NO_2^-, N_2 및 NH_4^- 각각에 대해 +17.46, 13.61, +15.85 및 0.00kJ/e^- eq 세포이다. ΔG_P 값은 탄소원이 pyruvate 중간생성물로 전환되는 반쪽반응의 자유에너지를 이용해서 계산할 수 있다.

종속영양의 반응에 사용되는 전자공여체는 에너지를 생성하기 위해 산화되는 부분이나 세포합성에 이용되는 부분으로 나누어진다. 사용된 기질에 대한 에너지 수지는 다음 식으로 표현되며, 이용 가능한 에너지(식의 왼쪽)는 세포성장에 사용되는 에너지(식의 오른쪽)와 같게 된다.

$$K\Delta G_R\left(\frac{f_e}{f_s}\right) = -\Delta G_S \tag{7-9}$$

$$f_e + f_s = 1 \tag{7-10}$$

여기서, K = 포획된 에너지의 분율

ΔG_R = 산화환원반응에서 방출되는 에너지, kJ/전달된 e^- 몰

f_e = 사용된 기질의 e^- 몰당 산화된 기질의 e^- 몰

f_s = 사용된 기질의 e^- 몰당 세포합성에 사용된 기질의 e^- 몰

ΔG_s = 세포합성에 사용된 에너지, kJ/세포성장에 전달되는 e^- 몰

식 (7−9)와 식 (7−10)은 반쪽반응과 자유에너지 값과 함께 f_e와 f_s를 풀어서 세포합

성을 계산하기 위해 사용된다. f_e와 f_s는 각각 산화된 혹은 세포합성에 사용된 기질의 분율을 의미한다. 기질은 COD로 표현되는데, 1몰의 COD는 전달되는 산소의 전자 mole 한 세트를 포함하고 있다. 따라서 f_e와 f_s 값은 COD의 분율로 표현될 수도 있다. 예제 7-3은 생물에너지론 분석을 설명하기 위하여 다른 전자공여체를 이용할 경우 종속영양 세균에 의한 초산의 산화 예를 제시한 것이다.

예제 7-3

에너지론을 이용한 바이오매스 수율 산정 종속영양 세균이 초산을 분해할 때 전자수용체로 O_2와 CO_2를 사용하고, 질소원으로 암모니아를 이용할 경우 세포 수율을 g COD(세포)/g COD 사용량과 g VSS(세포)/g COD 사용량으로 비교하시오. 포획된 에너지 이용 효율은 60%로 가정한다.

풀이

A-전자수용체로 산소를 이용하는 경우

1. 표 7-6의 No.18 반응식(초산 산화)과 No.4 반응식(산소의 환원)을 이용하여 생성된 에너지와 포획된 에너지($K\Delta G_R$)를 계산한다.

		kJ/mole e⁻
No. 18	$\frac{1}{8}CH_3COO^- + \frac{3}{8}H_2O \rightarrow \frac{1}{8}CO_2 + \frac{1}{8}HCO_3^- + H^+ + e^-$	−27.68
No. 4	$\frac{1}{4}O_2 + H^+ + e^- \rightarrow H_2O$	−78.14
	$\frac{1}{8}CH_3COO^- + \frac{3}{8}H_2O \rightarrow \frac{1}{8}CO_2 + \frac{1}{8}HCO_3^- + \frac{1}{8}H_2O$	ΔG = −105.82

세포가 포획한(이용한) 에너지:

$K(\Delta G_R) = 0.60(-105.82) = -63.42$ kJ/mole e⁻

2. 세포성장에 관여한 전자 몰당 필요한 에너지(ΔG_S)를 구한다.

$\Delta G_C = 31.41$ kJ/mole e⁻ cells

$\Delta G_N = 0$

ΔG_P [acetate (No.18 반응)에서 pyravate (No.15반응)로 전환]

		ΔG kJ/mole e⁻
No. 18	$\frac{1}{8}CH_3COO^- + \frac{3}{8}H_2O \rightarrow \frac{1}{8}CO_2 + \frac{1}{8}HCO_3^- + H^+ + e^-$	−27.68
No. 15	$\frac{1}{5}CO_2 + \frac{1}{10}HCO_3^- + H^+ + e^- \rightarrow \frac{1}{10}CH_3COCOO^- + \frac{2}{5}H_2O$	+35.78
	$\frac{1}{8}CH_3COO^- + \frac{3}{40}CO_2 \rightarrow \frac{1}{10}CH_3COCOO^- + \frac{1}{40}HCO_3^- + \frac{1}{40}H_2O$	ΔG_P = +8.10

ΔG_P가 양의 값이기 때문에 에너지가 필요하고, $m = +1$이 된다.

$$\Delta G_S = \left[\frac{+8.10}{(0.6)^{1.0}} + 31.41 + 0\right] = 44.91 \text{ kJ/mole e}^-$$

3. 식 (7-9)를 이용하여 f_e와 f_s 값을 결정한다.

$$\frac{f_e}{f_s} = \frac{-\Delta G_S}{K\Delta G_R} = \frac{(-44.91\,\text{kJ/mole e}^-)}{(-63.42\,\text{kJ/mole e}^-)}$$

$$\frac{f_e}{f_s} = 0.708$$

$$f_e + f_s = 1.0$$

f_e 와 f_s 에 대하여 풀면,

$f_e = 0.41$

$$f_s = 0.59\frac{\text{g cell COD}}{\text{g COD used}}$$

4. COD를 기준으로 수율을 결정한다.
   바이오매스($C_5H_7NO_2$), 1 g 세포 = 1.42 g COD
   따라서, 수율은

$$Y = \frac{(0.59\text{ g COD/g COD})}{(1.42\text{ g COD/g VSS})} = 0.42\text{ g VSS/g COD}$$

5. 변환계수를 1.6 g COD/g BOD로 가정해서 BOD를 기준으로 수율을 결정한다(8장 8-2절 고찰 참조).
   따라서 수율은

$$Y = \frac{(0.42\text{ g VSS/g COD})}{(\text{g BOD/1.6 g COD})} = 0.67\text{ g VSS/g BOD}$$

풀이
B-전자수용체로 CO_2를 이용하는 경우

1. 표 7-6로부터 CO_2가 메탄(CH_4)으로 환원되는 No.8 반응식과 아세테이트 산화반응식 No.18를 이용해서 생성된 에너지와 이용한 에너지($K\Delta G_R$)를 구한다.

		kJ/mole e⁻
No. 18	$\frac{1}{8}CH_3COO^- + \frac{3}{8}H_2O \rightarrow \frac{1}{8}CO_2 + \frac{1}{8}HCO_3^- + H^+ + e^-$	−27.68
No. 8	$\frac{1}{8}CO_2 + H^+ + e^- \rightarrow \frac{1}{8}CH_4 + \frac{1}{4}HCO_3^-$	+24.11
	$\frac{1}{8}CH3COO^- + \frac{1}{8}H_2O \rightarrow \frac{1}{8}CH_4 + \frac{1}{8}HCO_3^-$	ΔG = −3.57

세포가 이용한 에너지:

$(K\Delta G_R) = 0.60(-3.57) = -2.142\text{ kJ/mole e}^-$

2. 세포성장에 관여한 전자 몰(mole)당 필요한 에너지(ΔG_S)를 구한다.

$\Delta G_C = 31.41\text{ kJ/mole e}^-\text{ cells}$

$\Delta G_N = 0$

ΔG_P(아세테이트/O_2의 경우와 동일)

$\Delta G_S = 44.94\text{ kJ/mole e}^-$

3. 식 (7-9)를 이용하여 f_e 와 f_s 값을 결정한다.

$$\frac{f_e}{f_s} = \frac{-\Delta G_S}{K\Delta G_R} = \frac{-44.94}{-2.142} = 21.0$$

$$f_e + f_s = 1.0$$

f_e 와 f_s 에 대하여 풀면,

$f_e = 0.954$ $f_s = 0.046$ g 세포 COD/g 이용된 COD

4. COD를 기준으로 수율을 결정한다.

$$Y = \frac{(0.046\ \text{g 세포COD/g COD 이용})}{(1.42\ \text{g COD/g VSS})} = 0.032\ \text{g VSS/g COD}$$

5. 아세테이트 산화의 경우와 수율을 비교한다.

전자수용체	수율, g VSS/g COD	생성물
O_2	0.42	CO_2, H_2O
CO_2	0.032	CH_4

참조 생물에너지론적인 계산에 의하면, 전자수용체로 CO_2를 이용하는 혐기성 반응에 의한 수율 값은 산소를 이용한 경우에 비해서 훨씬 적다. 이는 전자수용체로 O_2 대신 CO_2를 이용할 경우 생성되는 에너지량이 낮기 때문이다. 이러한 전자수용체를 이용해서 계산한 세포합성 수율은 문헌상에 보고된 값과 거의 일치 하는 수치이다.

❯❯ 생물학적 반응의 화학양론

결정된 f_e와 f_s 값을 이용하여 생물학적 반응의 화학양론은 다음과 같은 관계식으로 나타낼 수 있다(McCarty, 1971, 1975):

$$R = f_e R_a + f_s R_{CS} - R_d \tag{7-11}$$

여기서, R = 전체 완성된 반응

f_e = 에너지로 이용된 전자공여체의 분율

R_a = 전자수용체의 반쪽반응

f_s = 세포합성에 이용된 전자공여체의 분율

R_{cs} = 세포조직 합성의 반쪽반응

R_d = 전자공여체의 반쪽반응

$f_s + f_e = 1$

식 (7−11)에서 음의 부호는 표 7−6에 주어진 전자공여체식의 역반응이며, 반대 부호를 적용해 다른 두 식에 더해진다는 것을 의미한다. 표 7−6에 있는 $C_5H_7O_2N$ (Hoover and Porges, 1952)는 세균 세포조직을 나타내는 식이다. 식 (7−11)의 응용은 예제 7−4에 설명되어 있다.

예제 7-4 **산소를 이용한 아세테이트의 생물학적 산화에 대한 완전반응식을 작성하시오.** 식 (7-11)과 표 7-6의 반쪽반응을 이용해서 산소를 이용한 아세트산의 생물학적 산화에 대한 완전반응식을 작성하시오. 예제 7-3 A에서 계산한 f_e와 f_s 값(f_e = 0.41, f_s = 0.59)을 이용하시오. 초산의 COD는 식 (7-4)에 명시된 대로 계산하면 1.07 g COD/g 아세트산이다.

풀이 1. 아세테이트 산화에 대한 화학양론적 완전반응식을 작성한다.

$$R = f_e R_a + f_s R_{CS} - R_d$$

$$R = 0.41(\text{No. }4) + 0.59(\text{No. }1) - \text{No. }18$$

$$(0.41)(\text{No. }4) = 0.103O_2 + 0.41H^+ + 0.4e^- + 0.205H_2O$$

$$(0.59)(\text{No. }1) = 0.118CO_2 + 0.0295HCO_3^- + 0.0295NH_4^+ + 0.59H^+ + 0.59e^-$$

$$\rightarrow 0.0295C_5H_7O_2N + 0.2655H_2O$$

$$-\text{No. }18 = \quad 0.125CH_3COO^- + 0.375H_2O \rightarrow 0.125CO_2 + 0.125HCO_3^- + H^+ + e^-$$

$$R = \quad 0.125CH_3COO^- + 0.0295NH_4^+ + 0.103O_2$$

$$\rightarrow 0.0295C_5H_7O_2N + 0.0955H_2O + 0.095HCO_3^- + 0.007CO_2$$

2. 화학양론식으로부터 세포 수율을 결정한다.
   a. 아세트산 산화로 생성되는 세포:
      생성세포 = 0.0295 moles (113 g VSS/ mole) = 3.334 g VSS
   b. 세포생성에 이용된 아세테이트
      이용된 아세테이트 = 0.125 mole 아세테이트(60 g/mole)(1.07 g COD/g 아세테이트) = 8.03 g COD
   c. 세포 수율:

$$Y = \frac{3.334 \text{ g VSS}}{8.03 \text{ g COD}} = 0.42 \text{ g VSS/g COD}$$

이 결과는 예제 7-3과 같다.

질산이온이 산소 대신에 아세트산의 산화에 전자수용체로 사용된다면, 질산이온이 질소가스로 환원되는 탈질반응이 발생한다. 이때 생물에너지론 계산을 위와 동일한 과정으로 계산하면 f_s 값이 0.57이 되고, 이는 전자수용체로 산소를 사용할 때보다 약간 작은 값이다(Rittman and McCarty, 2001). 이 f_s 값은 산소를 사용한 경우와 아주 유사한 바이오매스 수율로 나타난다(0.41 대 0.42 g VSS/g COD). 그러나 Muller et al.(2004)은 무산소 조건에서 종속영양 세균의 수율은 호기성 조건에서 산정된 값의 약 80% 정도로 작은 값이라고 제시했다. 이와 비슷한 비율이 IWA ASM3 모델에서도 적용되고 있다

(Gujer et al., 1999). *Paracoccus denitrificans*와 *Pseudomonas stutzeri* 순수배양 미생물을 이용한 탈질실험에서 Storohm et al.(2007)은 예상된 에너지론 계산 결과보다 아주 적은 에너지가 ATP를 거쳐 세포 질량으로 전환된다는 것을 밝혀냈다. 전자수용체로 질산이온를 이용한 아세트산의 산화에서 세포 수율은 0.28에서 0.32 g VSS/g COD로 관찰되었으며, 이 값은 위의 에너지론 계산으로 예측한 결과의 67~78% 정도였다. Henze et al.(2008)은 질산이온을 제거하기 위해 탄소원을 첨가할 때 NO_3^- 환원에 의한 바이오매스 수율을 호기성 분해 때의 약 70% 값을 적용하였다.

》 다른 성장조건에서 바이오매스 합성 수율

예제 7-3에서 바이오매스 합성 수율이 전자가 전자공여체(아세트산)에서 전자수용체(산소)로 이동할 때 생산되는 에너지와 관련이 있다는 것을 확인하였다. 표 7-6에 있는 반쪽반응 $\Delta G°$값을 살펴보면, 산화-환원반응으로부터 생성되는 에너지는 전자수용체가 산소에서 질산이온, 황산이온 그리고 이산화탄소로 바뀜에 따라 감소함을 알 수 있다. 이에 따라 표 7-6에 주어진 반쪽반응을 이용하면 더 낮은 세포 증식을 예상할 수가 있다. 폐수처리과정에 있는 일반적인 전자공여체와 전자수용체에 대한 대표적인 합성 수율의 범위가 7-7에 정리되어 있다.

》 바이오매스 사멸

그림 7-10의 회분식 공정에서 본 바와 같이 기질이 없어지고 계속 포기해 주면, 바이오매스 농도가 감소한다. 이러한 바이오매스의 감소를 정의하는 용어가 **사멸, 내생사멸, 내생호흡** 등이다. 바이오매스를 감소시키는 여러 요인 중에는 세포 유지를 위한 에너지 요구량을 포함하여 환경인자에 기인한 스트레스나 죽음으로 인한 세포의 용해, 섭식 등이 있다(Hao et al., 2010). 세포 유지 에너지 요구량의 예는 필수적인 세포화합물의 재합성과 삼투압을 제어하기 위한 에너지이다. 이용 가능한 기질이 없다면, 세포의 질량은 감소하고 세포 활성도는 휴면상태로 빠질 수 있다. 세포 사멸과 용해는 바이러스나 환경적인 스트레스(pH, 온도와 독성물질)에 의한 것이거나 세포 나이와 관련된 예정된 세포 사멸(Rice and Bayle, 2008)의 결과일 수 있다.

세포 용해는 세포질의 방출을 초래하며, 대부분 생분해가 가능한 단백질과 탄수화물로 구성되어 있다. 세포 용해 후 잔류하는 세포 부스러기는 일반적으로 생물반응조에 축적되는 분해가 안 되는 휘발성 고형물로 간주되어 왔으나, 최근에는 아주 천천히 생분해되는 것으로 밝혀졌다(Ramdani et al., 2013). 원생동물이나 윤충류는 활성슬러지 플록에 잘 포획되지 않는 세균을 포식한다. 원생동물이나 윤충류에 의해 섭식으로 인한 손실은 세포의 자유 혹은 분산상태 성장조건에서 더 크게 발생한다. 비내생사멸과 같은 요소는 이와 같은 모든 바이오매스 손실기작을 설명하는 데 사용되고 있고, 운전조건이나 세포나이에 따라 다양한 정도로 발생할 수 있다. 비내생사멸 계수는 바이오매스 감소비율을 나타내는 데 사용되고 있고, 0.08~0.20 g 바이오매스 감소량/g 총 바이오매스의 범위에 있다.

표 7-7
폐수처리에서 일반적인 생물학적 반응에 대한 전형적인 세균의 합성 수율

성장조건	전자공여체	전자수용체	합성수율
호기성	유기화합물	산소	0.45 g VSS/g COD
호기성	암모니아	산소	0.12 g VSS/g NH_4-N
무산소	유기화합물	질산이온	0.30 g VSS/g COD
혐기성	유기화합물	유기화합물	0.06 g VSS/g COD
혐기성	아세테이트	이산화탄소	0.05 g VSS/g COD

겉보기(observed) 대 합성(synthesis) 수율(yield)

생물학적 처리 시스템을 평가하고 모델링할 때 겉보기 수율과 합성(혹은 실제) 수율 간에는 뚜렷한 차이가 있다. 겉보기 바이오매스 수율은 순 생산된 바이오매스와 기질 이용을 실제로 측정한 값으로 산정되고, 세포성장과 동시에 바이오매스 손실(7-6절)이 발생하기 때문에 합성 수율보다 적다. 실규모 폐수처리공정에서 고형물 생산(또는 고형물 증식)이라는 용어는 처리공정에서 생성되는 VSS의 양을 기술하는 데 사용되기도 한다. 이 용어는 바이오매스 합성 수율 값과는 다르다. 왜냐하면 이 값에는 VSS로 측정되나 생물학적으로 분해되지 않는 폐수로부터 유입한 다른 유기성 고형물들이 들어 있기 때문이다.

합성 수율은 독립영양 박테리아의 경우에 성장 기질의 이용 또는 전자공여체의 산화에 따라 바로 생성되는 바이오매스이다. 합성 수율은 직접 측정하는 경우는 드물고, 다른 조건에서 운전되는 반응조에서 발생한 바이오매스 생산자료를 분석하여 결정된다. 세균의 성장에 대한 합성 수율 값은 산화-환원반응으로 인해 생기는 에너지, 탄소원이나 질소원에 따른 성장특성, 그리고 온도, pH, 삼투압과 같은 환경인자들에 의해 영향을 받는다. 본 절에서 설명한 바와 같이 합성 수율은 산화-환원반응에서 생성되는 에너지의 양이나 화학양론을 알고 있으면 산정될 수 있다.

7-5 미생물 성장 동역학

폐수처리에 이용되는 생물학적 공정의 성능은 기질 이용과 미생물의 성장 동역학에 의존한다. 이러한 시스템의 효과적인 설계와 운전을 위하여 미생물의 성장을 제어하는 기본원리의 이해와 일어날 수 있는 생물학적 반응의 이해가 필요하다. 더욱이, 기질 이용과 미생물 성장률에 영향을 주는 모든 환경조건에 대한 이해의 필요성은 아무리 강조하여도 지나치지 않으며, 효율적인 처리를 위해 pH, DO와 영양물질 같은 조건을 제어하는 것이 필요할 수도 있다. 본 절의 목적은 미생물 성장 동역학을 소개하는 것이다. 본 절에서 다루는 주제는 (1) 미생물 성장 동역학 용어, (2) 용존성 기질의 이용률, (3) 용존성 기질 이용을 위한 다른 속도 표현, (4) 생분해 가능한 입자성 유기물로부터 용존성 기질의 생성률, (5) 용존성 기질에 따른 생체 성장률, (6) 기질 이용과 생체 성장에 대한 동역학적 계수, (7) 산소 이용률, (8) 온도의 영향, (9) 총 휘발성 부유고형물과 활성 바이오매스, (10) 바이오매스 사멸률과 용존성 기질 생산, 그리고 (11) 순 바이오매스 성장과 겉보기 수율 등이다.

》 미생물 성장 동역학 관련 용어

미생물의 성장 동역학은 기질의 산화(즉, 이용)와 생물반응조에서 총 부유성 고형물 농도를 좌우하는 바이오매스의 생산을 결정한다. 기질 산화와 바이오매스 성장 그리고 생물학적 처리공정에서 일어나는 전환과정을 설명하기 위한 일반적인 용어들은 용어정리편에 수록되어 있다. 도시폐수와 산업폐수들은 다양한 기질들을 포함하고 있기 때문에 유기화합물의 농도는 가장 일반적으로 **생분해 가능한** *COD* (bCOD)나 UBOD로 표기하고 있으며, 이러한 항목들은 용해성(용존성), 콜로이드성, 그리고 입자성의 생분해성 성분들로 구성되어 있다. bCOD와 UBOD는 모든 화합물에 적용되는 측정 가능한 정량적인 항목이다. 본 장에서는 동역학 표현들의 수식화에서 **생분해성 용해성** *COD* (bsCOD)는 산화되거나 세포성장에 이용되는 기질의 화학양론과 밀접한 관련이 있기 때문에 생분해성 유기성 화합물의 분해경로를 정량화하는 데 이용할 수 있다[식 (7-7) 참조]. 폐수에 있는 일부의 생분해성 COD는 입자나 콜로이드성 형태로 되어 있으며, 생물학적으로 소비되기 전에 먼저 bsCOD로 가수분해되어야 한다. 입자나 콜로이드성 물질로부터 bsCOD가 생산되는 속도를 설명하는 데에도 동역학적 표현들이 사용된다.

bsCOD만 공급되는 실험실규모 생물반응조에서 바이오매스 고형물은 보통 **총부유고형물**(TSS)와 **휘발성 부유고형물**(VSS)로 측정된다. 이 측정 항목들은 세균 사멸로 인한 세포 부스러기 물질을 포함하고 있기 때문에 활성 바이오매스와 같지 않다.

도시폐수나 산업폐수를 처리하는 데 사용되는 활성슬러지 시스템에서 생물반응조 내 고형물 혼합액은 반송 슬러지와 유입 폐수를 모두 포함하기 때문에 **혼합액 부유고형물** (*mixed liquor suspended solids*, MLSS)과 **휘발성 혼합액 부유고형물** (*mixed liquor volatile suspended solids*, MLVSS)이라고 표기한다. 고형물들은 생체, **난분해성 휘발성 부유고형물**(nbVSS), **불활성 무기총부유고형물**(iTSS)들로 구성되어 있다. nbVSS는 유입 폐수로부터 유래되고, 세포 사멸의 결과 생성된 세포 부스러기로부터 생긴다. iTSS는 유입 폐수에서 온 것이다. 추가적인 폐수의 특성 관련 용어는 8장 8-2절에 정리되어 있다.

》 용존성 기질 이용률

본 장의 서론에 폐수처리에서 중요한 관심사 중의 하나가 기질의 제거라고 설명하였다. 다르게 표현하자면, 생물학적 처리의 목표는 대부분의 경우 전자공여체(즉, 호기성 산화에서 유기성 화합물)을 최소의 수준으로 감소시키는 것이다. 종속영양 세균에게 전자공여체는 분해될 수 있는 유기물질이고, 독립영양 질산화 세균에게 전자공여체는 암모니아, 아질산이온 혹은 다른 환원된 무기성 화합물이다. 생물학적 시스템에서 용존성 기질의 이용률은 식 (7-12)로 모사될 수 있으며, 이 식에서 기질 이용률은 바이오매스의 농도가 일정할 때 반응조내 기질의 농도가 증가함에 따라 증가하게 된다.

$$r_{su} = \frac{kXS}{K_s + S} \tag{7-12}$$

여기서, r_{su} = 단위 반응조 부피당 기질 이용률(속도), g/m³·d

k = 최대 비기질 이용률, g 기질/g 미생물 d

X = 바이오매스(미생물) 농도, g/m^3
S = 용액내 성장제한 기질의 농도, g/m^3
K_s = 반속도상수, 최대 비기질 이용률의 ½일 때 기질 농도, g/m^3

식 (7−12)는 1장에서 설명했듯이 포화형태 식으로 간주된다. 식 (7−12)가 생물학적 반응조 자료로부터 도출된 계수들을 이용한 경험적인 모델식이지만, 이 식은 종종 효소-기질 모델로부터 유도된 Michaellis-Meten식(Bailey and Ollis, 1986)으로서 거론되기도 한다. 기질의 농도에 따른 기질 이용률(r_{su})은 그림 7−11과 같다. 이 그림에서와 같이 최대 기질 이용률은 기질의 농도가 높을 때 발생한다. 더욱이 임계 농도 이하로 기질의 농도가 감소함에 따라 r_{su} 값 역시 거의 선형적으로 감소한다. 실제로 생물학적 처리 시스템은 아주 낮은 기질 농도의 유출수를 생산하기 위하여 설계된다.

또한, 식 (7−13)는 Monod에 의해 제안된 세균의 비성장률을 나타낸 것으로 세균이 사용할 수 있는 용존 상태의 기질이 제한된 경우이다(Monod, 1942, 1949).

$$r_g = \frac{\mu_m XS}{(K_s + S)} \tag{7-13}$$

여기에서 r_g = 기질 이용으로부터 발생하는 세균의 성장률, g/m^3·d
μ_m = 세균의 최대 비성장률, g 생체/g 생체·d

세균이 기질(전자공여체)을 소비하면서, 기질의 산화로부터 발생한 에너지는 탄소와 영양소를 조작해서 새로운 바이오매스를 생산하는 데 사용된다. 그 새로운 성장은 사용된 기질에 직접적으로 비례하고, 실질 수율 혹은 합성 수율이라 부르며 g 생산된 바이오매스/g 이용된 기질로 나타낸다. 세균 성장률은 그렇기 때문에 다음과 같이 기질 이용률과 같게 놓을 수 있다.

$$r_g = Yr_{su} \tag{7-14}$$

그리고 $$r_{su} = \frac{\mu_m XS}{Y(K_s + S)} \tag{7-15}$$

여기에서 Y = 합성 수율, g 바이오매스/g 이용된 기질

기질이 최대의 속도로 사용될 때, 세균도 역시 최대의 속도로 성장한다. 세균의 최대 비성장률은 다음과 같이 최대 기질 비이용률과 관계가 있다.

$$\mu_m = kY \tag{7-16}$$

≫ 용존성 기질의 이용에 대한 기타 속도식

기질의 이용과 바이오매스 성장률을 설명하기 위해 사용되는 동역학식들을 고찰할 때, 생물학적 공정을 모사하기 위해 사용되는 식들은 모두 실험에 의해 측정된 계수를 기초로 한 경험식임을 염두에 두어야 한다. 위의 기질 제한 관계를 제외하고, 기질의 용존성 기질의 이용률을 나타내기 위해 사용되는 다른 식들은 다음과 같다:

$$r_{su} = kS \tag{7-17}$$

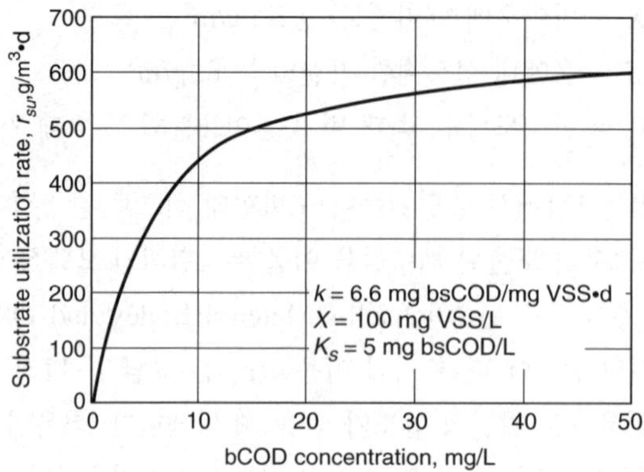

그림 7-11

포화형태 모델에 기초한 생분해 가능한 용존 COD 농도에 대한 기질 이용률의 변화율

$$r_{su} = kXS \tag{7-18}$$

$$r_{su} = kX\frac{S}{S_o} \tag{7-19}$$

기질 이용의 동역학을 정의하기 위해 사용되는 특정한 속도식들은 주로 실험자료에 의존하며, 사용 가능한 실험자료를 동역학식이나 응용 동역학 모델에 적합하게 맞추어 사용한다. 식 (7−18)과 같은 유사 1차 모델은 생물학적 처리공정이 상대적으로 낮은 기질 농도에서 운전되는 경우의 기질 이용률을 설명하는 데 적합하다. 어떠한 속도식을 사용할 때 다음 절에서 토의될 물질수지 분석에 속도식을 적용하는 것이 기본이다. 생물학적 처리공정을 모사할 때 동역학 모델은 모델 계수를 도출할 때 사용된 조건의 범위 밖에서 적용해서는 안 된다.

》 생분해 가능한 입자성 유기물로부터 용존성 기질 생성률

지금까지의 기질 이용과 바이오매스 성장에 대한 속도식은 용존성 기질의 이용에 기초한 것이다. 도시폐수처리에서 분해성 유기물의 약 20~50%만이 용존성 기질로 유입되고, 일부 산업폐수에서는 용존 유기물의 총 분해성 유기성 기질에 대한 분율이 낮거나 적당한 정도이다. 세균은 입자성 기질을 직접 이용할 수 없고, 입자성 유기물을 용존성 기질로 가수분해시키기 위한 세포외 효소를 사용해야 한다. 입자성 기질의 전환율은 속도 제한 공정이며, 입자성 기질과 미생물의 농도에 의존한다. 입자성 기질의 전환 속도식은 다음과 같다(Grady et al., 1999):

$$r_{X_s} = -\frac{k_h(X_S/X_H)X_H}{(K_X + X_S/X_H)} \tag{7-20}$$

여기서, r_{X_S} = 자성 기질이 용해성 기질의 전환하는 가수분해율, g/m³ · d

k_h = 최대 비가수분해율, g X_S/g X_H · d

X_S = 입자성 기질 농도, g/m³

X_H = 종속영양 생체 농도, g/m³

K_X = 반속도 가수분해 계수, g/g

입자성 분해 농도는 바이오매스 농도와 관련지어 표기하는데, 이는 입자성 기질의 가수분해가 불용성 유기물과 생체 사이의 상대적인 접촉면적과 관련이 있기 때문이다. 입자성 유기성 성분의 영향은 8장에서 다룰 것이다.

》 순 바이오매스 성장률

순 바이오매스 성장률은 바이오매스 성장률에서 내생호흡률을 제한 값이다. 7-4절에서 바이오매스 성장률은 합성 수율에 의한 기질 이용률에 비례하고, 바이오매스 소멸은 반응조내 존재하는 비이오매스에 비례한다고 하였다. 따라서 다음의 순 바이오매스 성장률과 기질 이용률 사이의 관계는 회분식과 연속배양 시스템에서 모두 적용할 수 있다.

$$r_X = Yr_{su} - bX \tag{7-21}$$

$$r_X = Y\frac{kXS}{K_s + S} - bX \tag{7-22}$$

여기서, r_X = 반응조 부피당 순 바이오매스 성장률, g VSS/m³ · d

b = 비내생사멸계수, g VSS/g VSS · d

기타 항목은 위에 설명되었다.

만일 식 (7-22)의 양변을 바이오매스 농도 X로 나누면, 순 비성장률은 다음과 같이 정의된다:

$$\mu_{net} = \frac{r_X}{X} = Y\frac{kS}{K_s + S} - b \tag{7-23}$$

여기서, μ_{net} = 순 비바이오매스 성장률, g VSS/g VSS · d

여기서 볼 수 있듯이, 순 비성장률은 현재의 바이오매스에 따른 하루 동안 바이오매스의 변화량에 해당하는 값이며, 반응조내 기질의 농도와 비내생사멸계수의 함수로 표기된다.

7-4장에 서술한 대로, 비내생사멸계수는 세포 유지에 필요한 에너지 생산을 위해 세포내에 저장되어 있던 산물의 산화로 인한 세포 질량의 손실, 세포 사멸과 먹이사슬에서 고등 생물에 의한 포식 등에 의해 나타나는 값이다. 일반적으로 이러한 인자들은 크게 묶어서 내생사멸로 보며 이들 요소들에 의한 세포 질량의 감소는 존재하는 바이오매스의 농도에 비례한다고 가정한다. 식 (7-21)의 계수 b는 **비내생사멸** 속도상수이다. 세포의 용해-재성장(*lysis-regrowth*) 모델로도 알려진 내생사멸을 설명하기 위해 사용되는 다른 접근방법이 8장 8-10절에 설명되어 있다. 생물학적 처리공정에서 기질 이용과 바이오매스 성장률 모두는 식 (7-12)와 식 (7-22)로 표현된 바와 같이 몇몇 제한 기질에 의해 결정된다. 성장 제한 기질은 세포성장에 꼭 필요한 어떤 물질(즉, 전자공여체, 전자수용체, 혹은 영양소)일 수 있으나, 대체로 전자공여체가 제한인자이고 다른 필요 물질들은 과량으로 존재하고 있다. 그래서 기질이라는 단어가 성장 동역학을 설명하는 데 사용될 때, 보통은 전자공여체를 말하는 경우가 많다.

여러 기질 이용 모델을 위한 응용에서 전자공여 기질과 기질 이용률과 다른 인자들을 포함하는 일반식을 사용하는 것이 더 편리하다. 몇몇 경우에는 낮은 용존산소 농도나 낮은 영양소 농도가 중요할 때가 있다. 일반적인 모델 응용에서 이러한 영향들을 용존성 기질 이용률에 영향을 주는 각 중요한 인자를 위한 속도식의 배열로 표현하는 것이 편리하다. 예를 들어 국제수질협회(IWA) ASM2d와 ASM3 모델(Gujer et al., 1999)에서 적용하고 있는 식 (7-24)는 세균 성장과 기질 이용률을 제한하는 낮은 산소와 암모니아 농도의 가능한 영향을 설명하는 데 사용되고 있다. 매우 낮은 암모니아 질소 농도(0.05 mg/L 이하)에서 세포합성에 사용 가능한 질소 농도는 생체 성장률을 제한할 수 있다.

$$r_{su} = \left[\frac{\mu_{H,\max} S_S}{Y_H(K_s + S_S)}\right]\left(\frac{S_o}{K_o + S_o}\right)\left(\frac{S_{NH}}{K_{NH} + S_{NH}}\right)X_H \tag{7-24}$$

여기서, r_{su} = 기질 이용률, g/m³·d

$\mu_{H,\max}$ = 종속영양 세균의 최대 비성장률, g VSS/g VSS·d

Y_H = 종속영양 세균 합성 수율, g VSS/g COD used

S_S = bsCOD 농도, g/m^3

S_O = 용존산소 농도, g/m^3

S_{NH} = 암모니아 질소 농도, g/m^3

K_S = bsCOD 반속도상수, g/m^3

K_O = 용존산소 반속도상수, g/m^3

K_{NH} = 암모니아 질소 반속도상수, g/m^3

X_H = 종속영양 세균 농도, g VSS/m³

기질 이용과 바이오매스 성장을 위한 동역학 계수

기질 이용과 미생물의 성장률을 예측하기 위해 사용되는 k, K_s, Y, b와 같은 계수들의 값은 폐수 발생원, 미생물군 그리고 온도의 함수로써 변할 수 있다. 동역학 계수 값은 모사 실험결과로부터나 실규모 처리장 실험결과로 모델을 적합시킴으로써 결정된다. 도시폐수나 산업폐수로부터 기질 제거를 모델링하기 위한 계수 값은 다양한 미생물에 의해 다양한 서로 다른 폐수성분의 동시 분해에 관한 미생물 동역학의 순 영향을 나타낸다. 도시폐수내 BOD의 호기성 산화를 위한 전형적인 동역학 계수 값들이 표 7-8에 정리되어 있다. 추가적인 동역학적 계수 값은 8, 9 및 10장에 수록되어 있다.

산소섭취율

산소섭취율은 화학양론적으로 유기물 이용 및 성장률(7-4절 참조)과 관계가 있다. 따라서, 산소섭취율을 다음과 정의할 수 있다.

$$r_o = r_{su} - 1.42 r_x \tag{7-25}$$

여기서, r_O = 산소섭취율, g O_2/m³ · d

r_{su} = 단위 반응조 부피당 기질 이용률, g bsCOD/m³ · d

1.42 = 바이오매스의 COD, g bsCOD/g VSS

r_x = 바이오매스 성장률, g VSS/m³ · d

상수 1.42는 식 (7-5)에 정의된 것처럼 바이오매스의 COD 값을 의미한다.

표 7-8
도시폐수로부터 BOD 제거를 위한 활성슬러지공정의 전형적인 동역학적 계수

계수	단위	값[a]	
		범위	전형적인
k	g bsCOD/ g VSS · d	4~12	6
K_s	mg/L BOD	20~60	30
	mg/L bsCOD	5~30	15
Y	mg VSS/mg BOD	0.4~0.8	0.6
	mg VSS/mg COD	0.4~0.6	0.45
b	g VSS/g VSS · d	0.06~0.15	0.10

[a] 20°C에 대한 값

온도의 영향

생물학적 반응속도상수들의 온도 의존성은 생물학적 처리공정의 전체효율 평가에 매우 중요하다. 온도는 미생물군의 대사 활성도에 영향을 미칠 뿐만 아니라 기체전달률과 생물학적 고형물의 침전특성과 같은 인자에 상당한 영향을 미친다. 생물학적 공정의 반응속도에 대한 온도의 영향은 1장(식 1-44 참조)에서 정리한 내용과 동일하며, 참고로 다시 기술하면 다음과 같다.

$$k_T = k_{20}\theta^{(T-20)} \tag{1-44}$$

여기서, k_T = 온도 T°C에서 반응속도상수
k_{20} = 20°C에서 반응속도상수
θ = 온도 활성도 계수
T = 온도, °C

생물학적 시스템에서 θ 값은 1.02에서 1.25까지 변할 수 있다. 다양한 동역학적 상수에 대한 온도보정계수는 8장에 정리되어 있다.

총 휘발성 부유고형물과 활성 바이오매스

생물학적 동역학과 성장을 설명하기 위하여 사용되는 동역학적 수식들은 처리 반응조내 활성 바이오매스의 농도(X)와 관계가 있다. 실제로 반응조내 VSS는 활성 바이오매스와 그 외의 물질로 구성되어 있고, 활성 바이오매스의 분율은 폐수의 특성과 운전조건에 따라 변할 수 있다. VSS 농도에 기여하는 기타 다른 성분은 내생사멸에 의한 세포 부스러기와 폐수에 포함되어 반응조로 유입되는 난분해성 VSS (nbVSS) 등이다.

세포 사멸 동안에 다른 세균에 의해 소비될 수 있는 세포물질이 용액내로 용출되면서 세포 용해(lysis)가 발생한다. 세포 질량(세포벽)의 일부는 용해되지 않고, 난분해성 입자물질로 시스템에 남는다. 남아 있는 난분해성 물질은 세포 부스러기라 부르고 원래 세포 무게의 약 10~15%에 해당한다. 또한 세포의 부스러기는 VSS로 측정되고 반응조 혼합액의 총 VSS 농도에도 기여한다. 세포 부스러기 생성률은 직접적으로 내생사멸률에 비례한다.

$$r_{x,i} = f_d(b)X \tag{7-26}$$

여기서, $r_{x,i}$ = 세포 부스러기 생성률, g VSS/m³ · d

f_d = 세포 부스러기로 남아 있는 바이오매스분율, 0.10~0.15 g VSS/g biomass, 사멸에 의해 감소된 VSS

도시폐수와 일부 산업폐수의 처리공정의 반응조내에서 세포 부스러기로 인한 nbVSS 농도가 차지하는 비중은 상대적으로 작은 편이다. 전술한 바와 같이, 일부의 MLVSS는 바이오매스가 아닌 유입 폐수에 있던 nbVSS이다. 처리되지 않은 일반적인 도시폐수의 nbVSS 농도범위는 60~100 mg/L이고, 후속하는 1차 처리수에는 10~40 mg/L의 범위로 존재한다.

총 휘발성 부유고형물. 호기조에서 VSS 생산율은 식 (7−21)의 바이오매스 생산량과 식 (7−26)의 nbVSS 생산량, 그리고 유입되는 nbVSS의 합으로 정의할 수 있다.

$$r_{X_T,\mathrm{VSS}} = \underbrace{Yr_{su} - bX}_{\substack{\text{net biomass}\\ \text{VSS from}\\ \text{soluble bCOD}}} + \underbrace{f_d(b)X}_{\substack{\text{nbVSS}\\ \text{from cells}}} + \underbrace{QX_{o,i}/V}_{\substack{\text{nbVSS}\\ \text{in influent}}} \tag{7-27}$$

여기서, $r_{X_T,\mathrm{VSS}}$ = 총 VSS 생산율, g/m³ · d

Q = 유입 유량, m³/d

$X_{o,i}$ = 유입 nbVSS 농도, g/m³

V = 반응조 부피, m³

기타 항은 앞에서 정의한 것과 같다.

활성 미생물. 식 (7−26)으로부터 혼합액의 VSS (MLVSS)내 활성 바이오매스가 차지하는 비율은 순 활성 바이오매스 생산률[식 (7.21)에 있는 r_X]을 총 MLVSS 생산률로 나눈 비율이다.

$$F_{X,\mathrm{act}} = (Yr_{su} - bX)/r_{X_T,\mathrm{VSS}} \tag{7-28}$$

여기서, $F_{X,\mathrm{act}}$ = MLVSS 중 활성 바이오매스량 분율, g VSS/g VSS

» 순 바이오매스 수율 및 겉보기 수율

실제 수율이라는 말은 7−4절에서 정의하였듯이 기질이 제거된 양에 해당하는 세포합성 동안 생산된 바이오매스의 양을 의미한다. 생물학적 처리공정을 설계하거나 분석할 때 두 가지 다른 증식개념이 있는데, 그것은 (1) 순 바이오매스 수율과 (2) 겉보기 고형물 수율이다. 첫 번째 수율은 시스템에서 활성미생물의 양을 산정할 때 사용되고, 두 번째는 슬러지 생산량을 산정할 때 사용된다.

순 바이오매스 수율. 순 바이오매스 수율은 식 (7−21)에 있는 순 바이오매스 수율과 기질 이용률의 비를 의미한다.

$$Y_{\mathrm{bio}} = r_x/r_{su} \tag{7-29}$$

여기서, Y_{bio} = 순 바이오매스 수율, g biomass/g substrate used

겉보기 수율. 겉보기 수율 시스템에서 측정되는 실질적인 고형물 생산으로 설명하는 것으로 다음과 같이 나타낸다.

$$Y_{\text{obs}} = r_{X_T,\text{VSS}}/r_{su} \tag{7-30}$$

여기서, Y_{obs} = 겉보기 수율, g VSS produced/g substrate removed

순 바이오매스 결정은 예제 7−5에서 다룬다.

예제 7−5 **바이오매스와 고형물 수율 결정** 호기성 완전혼합 처리공정으로 산업폐수를 처리하고자 한다. 유입 폐수내 bsCOD는 300 g/m³이고, 유입 nbVSS 농도는 50 g/m³이다. 유입 유량은 1000 m³/d, 호기조내 바이오매스의 농도는 2000 g/m³, 반응조 bsCOD 농도는 2.4 g/m³, 반응조 부피는 335 m³이다. 세포 부스러기 분율, f_d가 0.10일 때, 순 바이오매스 수율, 겉보기 고형물 수율, 그리고 MLVSS내 바이오매스 분율을 결정하시오. 표 7−8에 주어진 동역학 계수를 사용하시오.

풀이 1. 식 (7−29)를 이용하여 순 바이오매스 수율을 결정한다.

$$Y_{\text{bio}} = r_X/r_{su}$$

a. 식 (7−12)와 표 7−8에 주어진 정보를 이용하여 r_{su}에 대하여 풀면

$$\begin{aligned} r_{su} &= \frac{kXS}{K_s + S} \\ &= -\frac{(6/d)(2000\ \text{g/m}^3)(2.4\ \text{g bsCOD/m}^3)}{(15 + 2.4)\ \text{g/m}^3} \\ &= 1655.2\ \text{g bsCOD/m}^3\cdot\text{d} \end{aligned}$$

b. 식 (7−21)를 이용하여 순 바이오매스 생산율 r_X를 결정한다.

$$\begin{aligned} r_X &= Yr_{su} - bX \\ &= (0.45\ \text{g VSS/g bsCOD})(1655.2\ \text{g bsCOD/m}^3\cdot\text{d}) \\ &\quad -(0.10\ \text{g VSS/g VSS}\cdot\text{d})(2000\ \text{g VSS/m}^3) \\ &= 544.8\ \text{g VSS/m}^3\cdot\text{d} \end{aligned}$$

c. 순 바이오매스 수율을 계산하면

$$\begin{aligned} Y_{\text{bio}} &= r_X/r_{su} = (544.8\ g\ \text{VSS/m}^3\cdot\text{d})/(1655.2\ g\ \text{bsCOD/m}^3\cdot\text{d}) \\ &= 0.33\ g\ \text{VSS/g bsCOD} \end{aligned}$$

2. 식 (7−26)을 이용하여 VSS 생산율을 결정한다.

$$\begin{aligned} r_{X_T,VSS} &= Yr_{su} - bX + f_d(b)X + QX_{o,i}/V \\ &= 544.8\ \text{g VSS/m}^3\cdot\text{d} \\ &\quad + (0.10\ \text{g VSS/g VSS})(0.10\ \text{g VSS/g VSS}\cdot\text{d})(2000\ \text{g VSS/m}^3) \\ &\quad + (1000\ \text{m}^3/\text{d})(50\ \text{g VSS/m}^3)/335\ \text{m}^3 \\ &= (544.8 + 20 + 149.3)\ \text{g VSS/m}^3\cdot\text{d} \\ &= 714\ \text{g VSS/m}^3\cdot\text{d} \end{aligned}$$

3. 식 (7−30)을 이용하여 겉보기 고형물 수율을 계산한다.

$$\begin{aligned} Y_{\text{obs}} &= r_{X_T,\text{VSS}}/r_{su} \\ &= (714\,g\ \text{VSS/m}^3\cdot\text{d})/(1655.2\,g\ \text{bsCOD/m}^3\cdot\text{d}) \\ &= 0.43\,g\ \text{VSS/g bsCOD} \end{aligned}$$

4. 식 (7−28)을 이용하여 MLVSS내 활성 바이오매스 분율을 계산한다.

$$\begin{aligned} F_{X,\text{act}} &= (Yr_{su} - bX)/r_{X_T,\text{VSS}} \\ &= (544.8\,\text{g VSS/m}^3\cdot\text{d})/(714\,\text{g VSS/m}^3\cdot\text{d}) \\ &= 0.76 \end{aligned}$$

참조 따라서 폐수유입수내 있는 nbVSS와 세포 부스러기 잔류물의 생성을 고려하면 MLVSS의 76%가 활성 바이오매스이다.

7-6 부유성장 처리공정 모델링

7−8절에서 15절까지 설명되어 있는 폐수처리를 위해 사용되는 개별 생물학적 공정에 관하여 논의하기 전에, 생물학적 성장과 기질 제거 동역학의 일반적인 응용방법에 대하여 알아보고자 한다. 본 절의 목적은 (1) 바이오매스와 기질의 물질수지를 만들고 (2) 유출수내 바이오매스와 용해성 기질 농도를 예측하고, (3) 반응조내 바이오매스 농도와 MLSS/MLVSS 농도 및 매일 생산되는 폐슬러지 발생량을 예측하고 (4) 산소요구량을 예측하는 것이다. 부착성장공정은 7−7절에서 논의할 것이다.

» 부유성장 처리공정의 설명

슬러지 반송이 있는 완전혼합 반응조가 다음에서와 같이 부유성장공정을 위한 모델로 사용된다. 그림 7−12에 있는 공정 모식도에는 다음의 물질수지식에서 사용될 기술적인 술어가 포함되어 있다. 이와 유사한 완전혼합 반응조가 폐폐수처리성 평가와 모델의 동역학 계수를 얻기 위한 실험실 연구에도 사용된다.

모든 생물학적 처리를 위한 반응조 설계는 일정 부피 주변에서 관심 대상의 특정 성분(즉, 미생물, 기질 등)에 대한 물질수지관계를 이용한다. 물질수지에는 시스템내로 유입 또는 유출하는 성분 질량의 흐름과 시스템 내에서 소멸 혹은 생성하는 성분의 적절한 반응속도 항목이 포함되어 있다. 물질수지의 단위는 대개 단위 부피당, 단위 시간당의 질량으로 나타낸다. 모든 물질수지에서 단위에 대한 확인은 물질수지식의 정확성 확인을 위하여 필요하다.

» 고형물 체류시간

그림 7−12에 도시된 완전혼합 활성슬러지(CMAS) 공정에서 바이오매스와 기질에 대한 물질수지 관계를 진행하기 전에 시스템 고형물 체류시간(SRT)을 결정하는 것이 중요한

데 이는 SRT가 고형물 생산에 영향을 미치고 활성슬러지공정 중요한 운전 및 설계인자이기 때문이다(Lawrence and McCarty, 1970). STR는 활성슬러지 고형물이 시스템내에 머무르는 평균 체류시간이다. 그림 7-12(a)에 있는 침전지내 고형물 양이 포기조에 있는 것과 비교하여 무시할 수 있을 정도라고 가정하면, SRT는 포기조내 고형물의 질량을 유출수를 통해 매일 유실되는 고형물과 공정제어를 위해 폐기하는 고형물을 합한 값으로 나누어 계산한다. 대부분 활성슬러지공정에서 플록형성이 잘되고 침전지가 적절히 설계되었을 경우 유출수 VSS는 보통 15 g/m³ 이하이다. 유출수 VSS를 낮게 유지하려면, 잉여 고형물을 시스템으로부터 폐기해 주어야 한다. 슬러지 폐기는 그림 7-12(a)에 도시된 바와 같이 침전지 배수구 반송관에서 생체(슬러지)를 제거해 주는 것이다. 슬러지 폐기를 그림 7-12(b)와 같이 포기조에서 할 수도 있다.

그림 7-12(a)에 도시된 공정 흐름도에서 평균 SRT는 다음과 같이 계산된다.

$$\mathrm{SRT} = \frac{VX}{(Q - Q_w)X_e + Q_w X_R} \tag{7-31}$$

여기서, SRT = 고형물 체류시간, d

V = 반응조 부피(즉, 포기조), m^3

Q = 유입 유량, m^3/d

X = 포기조 바이오매스농도, g VSS/m^3

Q_w = 폐슬러지 유량, m^3/d

X_e = 유출수 바이오매스농도, g VSS/m^3

X_R = 침전지 반송관 생체 농도, g VSS/m^3

식 (7-31)에 의하면 SRT는 슬러지 폐기율로 제어가 가능하다. 식 (7-31)에 있는 Q_w 값을 증가시키면 SRT 값이 작아진다. 포기조로부터 폐기하는 경우도 마찬가지로 SRT는 매일 포기조 부피의 일정한 비율로 폐기시켜 제어할 수 있다.

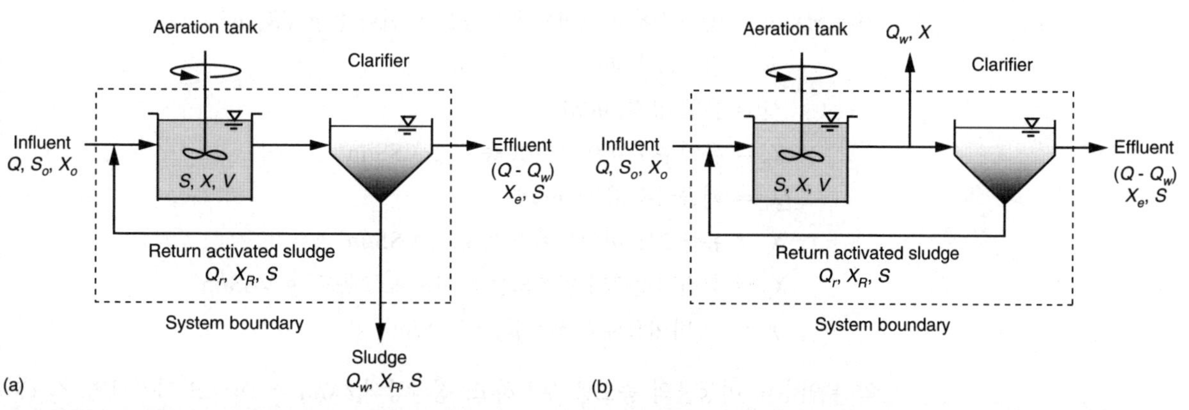

그림 7-12

모델 용어를 사용한 활성슬러지공정흐름도: (a) 슬러지 반송관에서 폐기하는 공정과, (b) 포기조에서 폐기하는 공정

SRT의 역수는 매일 폐기되는 고형물을 포기조에 존재하는 고형물로 나눈 값이다.

$$\frac{1}{\text{SRT}} = \frac{(Q - Q_w)X_e + Q_w X_R}{VX} \tag{7-32}$$

유입 유량과 기질 농도가 일정한 정상상태 운전일 때, 반응조 바이오매스 농도는 일정하고, 순 바이오매스 성장률은 고형물 폐기율과 같다[식 (7-32) 분자]. 단위부피당 순 바이오매스 성장률, r_x[식 (7-21) 참조] 부피, V의 곱을 식 (7-32)의 분자를 대체하면, SRT의 역수는 순 비바이오매스 성장률이 된다.

$$\frac{1}{\text{SRT}} = \frac{Vr_X}{VX} = \frac{r_X}{X} = \mu_{\text{net}} \tag{7-33}$$

식 (7-33)에 의하면, 슬러지 폐기에 의해 SRT를 제어하는 것은 순 비바이오매스 성장률과 반응조 기질의 농도에 영향을 미치게 된다.

》 바이오매스 물질수지

그림 7-12(a)에 있는 완전혼합 반응조내 미생물 질량에 대한 물질수지는 다음과 같이 쓸 수 있다.

1. 일반적인 설명:

시스템 경계에서 미생물 축적률 = 시스템 경계 안으로 미생물 유입 유량 − 시스템 경계 밖으로 미생물 유출 유량 + 시스템 경계안에서 미생물 순 성장률 (7-34)

2. 간단히 정리하면,

축적 = 유입 − 유출 + 순 성장 (7-35)

3. 기호로 표현하면

$$\frac{dX}{dt}V = QX_o - [(Q - Q_w)X_e] - (Q_w X_R) + r_x V \tag{7-36}$$

여기서, dX/dt = 반응조에서 바이오매스 농도의 변화율, g VSS/m³ · d

V = 반응조 부피(즉, 포기조), m³

Q = 유입 유량, m³/d

X_o = 유입수내 바이오매스 농도, g VSS/m³

Q_w = 폐슬러지 유량, m³/d

X_e = 유출수내 바이오매스 농도, g VSS/m³

X_R = 침전지로부터 반송되는 바이오매스 농도, g VSS/m³

r_x = 순 바이오매스 생산율, g VSS/m³ · d

만약 유입수내 미생물의 농도를 무시하고, 정상상태($dX/dt = 0$)라고 가정하면, 식 (7-36)는 다음과 같이 간단히 요약된다.

$$(Q - Q_W)X_e + Q_W X_R = r_X V \tag{7-37}$$

식 (7−37)을 식 (7−21)과 합하면 결과는 다음과 같다.

$$\frac{(Q - Q_w)X_e + Q_w X_R}{VX} = Y\frac{r_{su}}{X} - b \tag{7-38}$$

여기서, X = 반응조내 바이오매스의 농도, g/m³

식 (7−38) 좌변의 역수는 식 (7−31)에 주어진 평균 고형물 체류시간(SRT)이며 이는 다시 다음과 같이 정리된다.

$$\frac{1}{\text{SRT}} = Y\frac{r_{su}}{X} - b \tag{7-39}$$

r_{su} 항은 단위 부피당 기질 이용률[식 (7−12) 참조]이며, 반응조에서 제거된 기질의 양을 반응조 부피로 나준 값이다.

$$r_{su} = \frac{Q(S_o - S)}{V} \tag{7-40}$$

식 (7−39)와 (7−40)을 결합하면,

$$\frac{1}{\text{SRT}} = \frac{YQ(S_o - S)}{XV} - b \tag{7-41}$$

식 (7−41)을 식 (7−42)과 같이 재정리하면, 반응조 바이오매스 농도는 시스템의 SRT, 포기조 수리학적 체류시간, $\tau(V/Q)$, 합성 수율, 기질 제거량($S_o - S$), 그리고 비내생사멸계수의 함수가 된다.

$$X = \left(\frac{\text{SRT}}{\tau}\right)\left[\frac{Y(S_o - S)}{1 + b(\text{SRT})}\right] \tag{7-42}$$

기질의 물질수지는 반응조 유입 원수와 운전조건의 함수로써 유출수 기질의 농도를 결정하는 데 필요하다.

기질물질수지

포기조내 기질 이용을 위한 물질수지 [그림 7−12(a) 참조]는

축적 = 유입 − 유출 + 생성 − 이용

$$\frac{dS}{dt}V = QS_o - QS + r_{su}V \tag{7-43}$$

여기서, S_o = 유입 용해성 기질 농도, g/m³

r_{su} 값[식 (7−12)]을 대입하고, 정상상태($dS/dt = 0$)를 가정하면, 식 (7−43)은 다음과 같이 쓸 수 있다.

$$S_o - S = \left(\frac{V}{Q}\right)\left(\frac{kXS}{K_s + S}\right) \tag{7-44}$$

식 (7−41)의 X를 식 (7−44)에 대입하여 정리하면 다음과 같다.

$$S_o - S = \left(\frac{V}{Q}\right)\left(\frac{kS}{K_s + S}\right)\left(\frac{\text{SRT}}{V}\right)\left[\frac{QY}{1 + b(\text{SRT})}\right](S_o - S) \tag{7-45}$$

일부 항을 소거하고 S에 대하여 정리하면,

$$S = \frac{K_s[1 + b(\text{SRT})]}{\text{SRT}(Yk - b) - 1} \tag{7-46}$$

식 (7−46)에 주어진 것처럼, 완전혼합 활성슬러지공정의 유출수내 용존성 기질 농도는 SRT와 성장 및 사멸과 관련된 동역학적 상수들만의 함수로 표현된다. 유출수내 기질의 농도는 유입수내 용존성 기질의 농도와는 관계가 없고, 식 (7−42)에서 보인 바와 같이 유입수내 기질의 농도는 반응조내 바이오매스의 농도에 영향을 미친다.

이와 동일한 식이 침전지가 없고 반송슬러지 흐름이 없는 활성슬러지공정에 적용될 수 있다. 반송 슬러지가 없는 경우, 생성된 고형물의 전부는 포기조의 유출수에 포함되어 유출되기 때문에 SRT와 τ가 같게 된다.

$$\text{SRT} = VX/QX = \tau \tag{7-47}$$

유출 용존성 기질의 농도와 포기조 바이오매스 농도를 결정할 때 시스템 SRT의 중요성은 식 (7−46)과 식 (7−42)에 명확하게 반영되어 있다.

혼합액 고형물 농도와 고형물 생산

생물학적 반응조로부터 고형물 생산량은 공정의 유지를 위해 매일 제거해야만 하는 물질의 질량을 의미한다. 고형물 생산을 TSS, VSS 또는 바이오매스라는 용어를 사용하여 정량화하고 있다. SRT는 정의된 바와 같이 활성슬러지공정으로부터 매일 생산되는 총 슬러지량을 계산하는 데 편리하게 사용된다.

$$P_{X_T,\text{VSS}} = \frac{X_T V}{\text{SRT}} \tag{7-48}$$

여기서, $P_{X_T,\text{VSS}}$ = 매일 폐기되는 총 고형물, g VSS/d
X_T = 포기조내 총 MLVSS 농도, g VSS/m^3
V = 반응조 부피, m^3
SRT = 고형물 체류시간, d

식 (7−32)의 1/SRT는 일일 폐기되는 고형물의 분율을 나타내고, 혼합액은 바이오매스와 기타 고형물의 균질한 혼합액으로 가정할 수 있기 때문에 식 (7−48)은 어떠한 혼합액 성분의 고형물을 폐기해야 하는 양을 계산하는 데 사용할 수 있다. 매일 폐기되는 미생물의 양(P_X)을 계산할 때 식 (7−48)에 있는 X_T 대신에 바이오매스 농도(X_T)를 사용할 수도 있다.

혼합액 고형물 농도. 포기조내 총 MLVSS는 바이오매스 농도(X)와 nbVSS 농도(X_i)의 합과 같다.

$$X_T = X + X_i \tag{7-49}$$

활성 바이오매스인 VSS 농도와 함께 nbVSS 농도를 결정하기 위하여 물질수지관계가 필요하다. MLVSS 중 nbVSS 농도는 유입 폐수내 nbVSS 양, 매일 폐기되는 nbVSS의 양, 그리고 세포 사멸로 인해 생성되는 세포 부스러기의 양에 따라 결정된다. 불활성 물질에 대한 물질수지는 다음과 같다.

축적 = 유입 − 유출 + 생성

$$(dX_i/dt)V = QX_{o,i} - X_iV/\text{SRT} + r_{X,i}V \tag{7-50}$$

여기서, $X_{o,i}$ = 유입수내 nbVSS 농도, g/m³

X_i = 포기조내 nbVSS 농도, g/m³

$r_{x,i}$ = 세포 부스러기로부터 nbVSS 생성률, g/m³·d

정상상태($dX_i/dt = 0$)에서, 식 (7−26)를 식 (7−50)에 있는 $r_{x,i}$에 대입하면 다음과 같이 정리된다.

$$0 = QX_{o,i} - X_iV/\text{SRT} + (f_d)(b)XV \tag{7-51}$$

$$X_i = X_{o,i}(\text{SRT})/\tau + (f_d)(b)X(\text{SRT}) \tag{7-52}$$

식 (7−49)에 식 (7−42)의 X와 식 (7−52)의 X_i를 대입하여 정리하면 총 MLVSS 농도를 결정하는데 사용될 수 있는 다음과 같은 식을 얻을 수 있다.

$$X_T = \underbrace{\left(\frac{\text{SRT}}{\tau}\right)\left[\frac{Y(S_o - S)}{1 + b(\text{SRT})}\right]}_{(A)\ \text{종속영양 바이오매스}} + \underbrace{(f_d)(b)(X)(\text{SRT})}_{(B)\ \text{세포 부스러기}} + \underbrace{\frac{(X_{o,i})(\text{SRT})}{\tau}}_{(C)\ \text{유입수내 난분해성 VSS}} \tag{7-53}$$

고형물 생산. 매일 생산되고 폐기되는 VSS 양은 식 (7−53)을 식 (7−48)에 대입하고, τ을 V/Q로 바꾸어 산정할 수 있다. 그 결과식은 분해된 기질, 유입수내 nbVSS, 동역학적 상수들의 함수로 표기된다.

$$P_{X,\text{VSS}} = \underbrace{\frac{QY(S_o - S)}{1 + b(\text{SRT})}}_{(A)\ \text{종속영양 바이오매스}} + \underbrace{\frac{(f_d)(b)YQ(S_o - S)\text{SRT}}{1 + b(\text{SRT})}}_{(B)\ \text{세포 부스러기}} + \underbrace{QX_{o,i}}_{(C)\ \text{유입수내 난분해성 VSS}} \tag{7-54}$$

용존성 기질 제거를 위해 활성슬러지 시스템의 성능에 대한 SRT의 영향은 그림 7−13에 설명되어 있다. 용존성 기질 농도에 더하여 nbVSS를 포함한 총 VSS 농도도 나타나 있다. SRT가 증가함에 따라 더 많은 생체가 사멸되며 더 많은 세포 부스러기가 축적되어, MLVSS와 바이오매스 VSS 농도의 차가 증가하게 된다. 그림 7−13에 도시된 바와 같이 용존성 기질 농도는 SRT가 2일 이상에서 매우 낮다(5 mg/L)는 것을 알 수 있다. 활성슬러지공정을 도시폐수의 처리에 사용할 때 일반적으로 기질 농도가 낮게 나타나는데, 이는 활성슬러지공정에서 유기물이 효과적으로 분해된다는 것을 의미한다. 8장에서 설명하겠지만, 유기물 분해가 설계 SRT 값을 선정하는 데 주요 인자는 아니다.

매일 폐기되는 건조 고형물의 총 질량은 VSS와 무기 고형물을 합한 TSS양을 의미

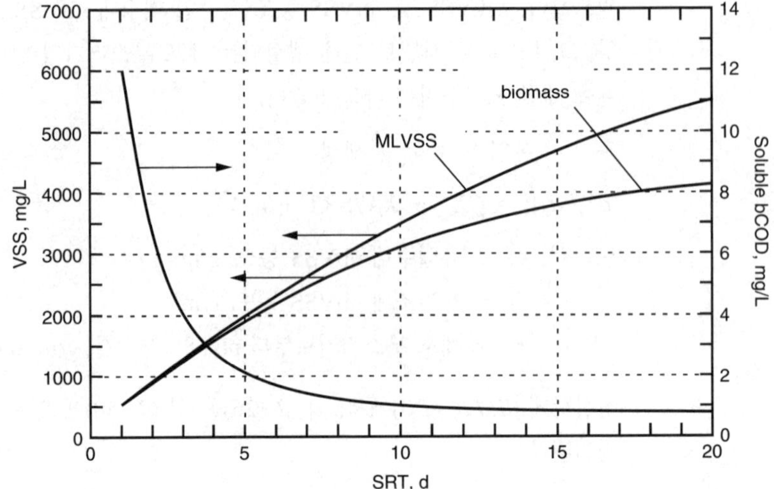

그림 7-13
완전혼합 활성슬러지공정에서 SRT에 대한 생분해성 용존 COD, 바이오매스, MLVSS 농도

한다. 무기성 고형물은 유입 폐수(TSS-VSS)와 건조무게 기준으로 10에서 15%를 함유하고 있는 바이오매스 내에 존재한다. 유입수내 무기 고형물은 불용성이고, 혼합액 고형물에 포획되어 있다고 가정할 때 폐슬러지로 제거된다. TSS 항으로 고형물 생산량을 계산하기 위하여 식 (7-54)는 유입 무기 고형물을 첨가하고, 일반적인 바이오매스의 VSS/TSS 비를 0.85로 가정하여 TSS 항으로 바이오매스를 계산하여 수정할 수 있다. VSS/TSS의 비는 0.80에서 0.90까지 변한다.

$$P_{X,\mathrm{TSS}} = \frac{A}{0.85} + \frac{B}{0.85} + C + Q(\mathrm{TSS_o} - \mathrm{VSS_o}) \tag{7-55}$$

여기서, $P_{X,\mathrm{TSS}}$ = 총 부유고형물 항으로 측정된 매일 생산되는 순 폐활성슬러지, kg/d

$\mathrm{TSS_0}$ = 유입 폐수의 TSS 농도, g/m^3

$\mathrm{VSS_0}$ = 유입 폐수의 VSS 농도, g/m^3

*A, B, C*는 식 (7-54)에 정의된 것과 같다.

MLVSS와 MLSS의 양은 식 (7-48)과 더불어 식 (7-54)와 식 (7-55)를 이용하여 얻을 수 있다.

$$\text{Mass of MLVSS} = (X_{\mathrm{VSS}})(V) = (P_{\mathrm{X,VSS}})\,\mathrm{SRT} \tag{7-56}$$

$$\text{Mass of MLSS} = (X_{\mathrm{TSS}})(V) = (P_{\mathrm{X,TSS}})\,\mathrm{SRT} \tag{7-57}$$

적절한 MLSS 농도를 선택함으로써 포기조 부피는 식 (7-57)로부터 결정할 수 있다. 일반적인 MLSS의 농도는 2000~4000 mg/L 범위에 있는데, 8장의 8-10절과 8-11절에서 토의된 슬러지 침전특성 및 침전지 설계와 조화를 이루어야 한다.

❯❯ 겉보기 수율

겉보기 수율(Y_{obs})는 기질 제거에 대한 고형물 생성량을 의미하며, g TSS/g bsCOD 나 g BOD 또는 g VSS/g bsCOD나 g BOD와 같은 VSS 관련항으로 계산된다. 고형물 생산량 측정은 유출수내 고형물과 식 (7−54) 및 (7−55)에서 정의된 P_X 항과 같은 폐기 고형물양의 합으로 구한다. VSS의 겉보기 증식은 식 (7−54)를 기질 제거율인 $Q\ (S_o - S)$로 나누어 계산할 수 있다.

$$Y_{obs} = \underset{\substack{(A) \\ \text{종속영양} \\ \text{바이오매스}}}{\frac{Y}{1 + b(\text{SRT})}} + \underset{\substack{(B) \\ \text{세포 부스러기}}}{\frac{(f_d)(b)(Y)(\text{SRT})}{1 + b(\text{SRT})}} + \underset{\substack{(C) \\ \text{유입수내} \\ \text{난분해성 VSS}}}{\frac{X_{o,i}}{S_o - S}} \tag{7-58}$$

여기서, Y_{obs} = g VSS/g 제거된 기질

유입수내 nbVSS가 없는 폐수에 대한 고형물 생산량은 단지 활성 바이오매스와 세포 부스러기로 구성되어 있고, VSS에 대한 겉보기 수율은 다음과 같다.

$$Y_{obs} = \frac{Y}{1 + b(\text{SRT})} + \frac{(f_d)(b)(Y)(\text{SRT})}{1 + b(\text{SRT})} \tag{7-59}$$

식 (7−58)에 있는 난분해성 유입 VSS가 겉보기 수율에 미치는 영향은 폐수의 특성과 전처리 형태에 달려 있다. 유출수 기질 농도는 일반적으로 S_o에 비하여 매우 낮고, $X_{o,i}/(S_o - S)$ 항은 간단히 $X_{o,i}/S_o$로 나타낼 수 있고, 단위는 g nbVSS/g BOD이다. 도시폐수의 $X_{o,i}/S_o$ 값은 1차 처리한 후에는 0.10~0.30 g nbVSS/g BOD, 안 한 경우는 0.30~0.50 g nbVSS/g BOD의 범위를 갖는다. 슬러지 생산은 8장에 정리되어 있다.

》 산소요구량

탄소성 물질의 생분해를 위해 요구되는 산소량은 매일 시스템으로부터 폐기되는 바이오매스와 처리된 폐수의 bCOD 농도를 이용한 물질수지로부터 결정한다. 만약 모든 bCOD가 CO_2와 H_2O로 산화된다면, 산소요구량은 bCOD의 농도와 같지만, 세균은 에너지 공급을 위해 bCOD의 일부만을 산화시키며 세포성장을 위하여 bCOD의 일부를 이용한다. 또한 산소는 내생호흡을 위해서도 소모되는데, 그 양은 시스템의 SRT에 달려 있다. 주어진 SRT에 대해 시스템에서의 물질수지는 식 (7−7)에 나타낸 것처럼 bCOD 제거가 산소 이용량과 바이오매스 VSS 잔류량(산소당량으로)의 합과 같다. 그러므로 부유성장공정에서 산소 소모량은

$$\text{이용된 산소} = \text{제거된 bCOD} - \text{폐슬러지의 COD} \tag{7-60}$$

$$R_o = Q(S_o - S) - 1.42P_{X,\text{bio}} \tag{7-61}$$

여기서, R_o = 산소요구량, kg/d

$P_{X,\text{bio}}$ = 매일 폐기되는 바이오매스 VSS, kg/d

$P_{X,\text{bio}}$에는 활성 바이오매스와 세포성장과정에서 발생하는 세포 부스러기 양이 포함되어 있고, 식 (7−54)에서 A와 B 항의 합과 같다.

예제 7-6 **완전혼합 부유성장공정의 설계** 반송이 있는 완전혼합 활성슬러지공정이 1차 침전된 도시폐수처리를 위해 사용되었다. 1차 처리 유출수의 특성은: 유량 = 1000 m^3/d, bsCOD = 192 g/m^3, nbVSS = 30 g/m^3, 불활성 무기물 = 10 g/m^3, 그리고 포기조 MLVSS는 2500 g/m^3이다. 이들 자료와 아래에 주어진 동역학적 계수를 이용하여 SRT 6일인 시스템을 설계하고, 다음을 계산하시오.

1. 유출수 bsCOD 농도는 얼마인가?
2. MLVSS 농도가 2500 g/m^3가 되도록 하기 위한 τ 값은?
3. 일일 슬러지 생성량(kg VSS/d, kg TSS/d)은?
4. MLVSS내 바이오매스의 분율은?
5. 겉보기 고형물 수율은(g VSS/g bsCOD와 g TSS/g bsCOD)?
6. 산소요구량(kg/d)은?

동역학 계수:

k = 12.5 g COD/g VSS · d　　K_s = 10 g COD/m^3

Y = 0.40 g VSS/g COD used　　f_d = 0.15 g VSS/g VSS

b = 0.10 g VSS/g VSS · d　　미생물 VSS/TSS = 0.85

풀이 1. 식 (7-46)을 사용하여 유출수 bsCOD 농도를 결정한다.

$$S = \frac{K_s[1 + b(\text{SRT})]}{\text{SRT}(Yk - b) - 1}$$

$$= \frac{(10\text{ g bsCOD/m}^3)[1 + (0.10\text{ g VSS/g VSS·d})(6\text{ d})]}{(6\text{ d})[(0.40\text{ g VSS/g COD})(12.5\text{ g COD/g VSS·d}) - (0.10\text{ g VSS/g VSS·d})] - 1}$$

$$= 0.56\text{ g bsCOD/m}^3$$

2. MLVSS 2500 g/m^3에 대한 τ를 결정한다.

식 (7-53)에서 τ에 대하여 풀면,

$$X_T = Y(S_o - S)\text{SRT}/[1 + b(\text{SRT})](\tau) + (f_d)(b)(X)\text{SRT} + (X_{o,i})\text{SRT}/\tau$$

$$\begin{aligned}2500\text{ g VSS/m}^3 = {} & (0.40\text{ g VSS/g COD})[(192 - 0.56)\text{ g COD/m}^3](6\text{ d})/ \\ & [(1 + 0.10\text{ g VSS/g VSS·d}(6\text{ d})(\tau)] \\ & +(0.15\text{ g VSS/g VSS})(0.10\text{ g VSS/g VSS·d})(X)(6\text{ d}) \\ & +30\text{ g bsCOD/m}^3(6\text{ d}/\tau)\end{aligned}$$

$$2500 = 287.2/\tau + 0.09(X) + 180/\tau$$

식 (7-42)를 이용하여 생체 농도(X)를 결정한다.

$$X = [Y(S_o - S)]\text{SRT}/[1 + b(\text{SRT})](\tau)$$

$$= \frac{(0.40\text{ g VSS/gCOD})[(192 - 0.56)\text{ g COD/m}^3](6\text{ d})}{[1 + (0.10\text{ g VSS/g COD})(6\text{ d})](\tau)}$$

$$= (287.2\text{ g/m}^3\text{·d})/\tau$$

위의 수식에 X를 대입하면,

$$2500 = 287.2/\tau + 180/\tau + 25.8/\tau = 493/\tau$$

τ에 대하여 위 식을 풀면

$$\tau = 0.197 \text{ d}$$

포기조 부피 $= \tau(Q) = 0.197 \text{ d } (1000 \text{ m}^3/\text{d}) = 197 \text{ m}^3$

3. 식 (7−48)를 이용하여 총 슬러지 생산량(kg VSS/d)을 계산한다.

$$\begin{aligned} P_{X_T,\text{VSS}} &= X_T(V)/(\text{SRT}) \\ &= (2500 \text{ g VSS/m}^3)(197 \text{ m}^3)(1 \text{ kg}/10^3\text{g})/6\text{d} = 82.1 \text{ kg VSS/d} \end{aligned}$$

4. 식 (7−55)와 계수들을 이용하여 총 슬러지 생산량(kg TSS/d)을 계산한다.

$$P_{X_T,\text{TSS}} = \frac{QY(S_o - S)}{1 + (b)\text{SRT}}\left(\frac{1}{0.85}\right) + \frac{(f_d)(b)YQ(S_o - S)\text{SRT}}{1 + (b)\text{SRT}}\left(\frac{1}{0.85}\right) + QX_{o,i} + Q(\text{TSS}_o - \text{VSS}_o)$$

$$= \frac{(1000 \text{ m}^3/\text{d})(0.40 \text{ g VSS/g COD})[(192 - 0.56) \text{ g COD/m}^3]}{[1 + (0.10 \text{ g VSS/g VSS·d})(6 \text{ d})](0.85)}$$

$$+ \frac{(0.15)(0.10)(1000 \text{ m}^3/\text{d})(0.40)[(192 - 0.56) \text{ g COD/m}^3](6 \text{ d})}{[1 + (0.10 \text{ g VSS/g VSS·d})(6 \text{ d})](0.85)}$$

$$+ (1000 \text{ m}^3/\text{d})(30 \text{ g/m}^3) + (1000 \text{ m}^3/\text{d})(10 \text{ g/m}^3)$$

$$= (56.3 + 5.1 + 30 + 10)(10^3 \text{ g/d}) = 101.4 \times 10^3 \text{ g/d} = 101.4 \text{ kg/d}$$

5. X와 X_T 값으로부터 바이오매스의 분율을 구한다.

$$X = (287.2 \text{ g/m}^3\text{·d})/\tau = (287.2 \text{ g/m}^3\text{·d})/0.197 \text{ d} = 1458 \text{ g VSS/m}^3$$

바이오매스 분율 $= X/X_T = 1458/2500 = 0.58$

6. 겉보기 고형물 수율(g VSS/g 제거된 bsCOD과 g TSS/g 제거된 bsCOD)을 계산한다면

폐기된 고형물/d $= P_{X_T} = 82.1$ kg VSS/d 그리고 101.4 kg TSS/d

$$\begin{aligned} \text{제거된 bsCOD/d} &= Q(S_o - S) \\ &= (1000 \text{ m}^3/\text{d})[(192 - 0.56) \text{ g COD/m}^3](1 \text{ kg}/10^3 \text{ g}) \\ &= 191{,}440 \text{ g COD/d} = 191.4 \text{ kg/d} \end{aligned}$$

VSS로서 $Y_{\text{obs}} = 82.1/191.4 = 0.43$ g VSS/g bsCOD

TSS로서 $Y_{\text{obs}} = 101.4/191.4 = 0.53$ g TSS/g bsCOD

7. 식 (7−61)을 이용하여 산소요구량을 계산한다.

$$R_o = Q(S_o - S) - 1.42 P_{X,\text{bio}}$$

$$\begin{aligned} P_{X,\text{bio}} &= P_{X_T,\text{VSS}} - P_{\text{nbVSS}} \\ &= 82.1 \text{ kg/d} - (1000 \text{ m}^3/\text{d})(30 \text{ g VSS/m}^3)(1 \text{ kg}/10^3 \text{ g}) = 52.2 \text{ kg/d} \end{aligned}$$

$$R_o = (1000\,\text{m}^3/\text{d})[(192 - 0.56)\text{g COD/m}^3](1\,\text{kg}/10^3\,\text{g}) - 1.42(52.2\,\text{kg VSS/d})$$
$$= 117.7\,\text{kg O}_2/\text{d}$$

참조 입자성 생분해성 COD와 bsCOD가 같다고 가정하면 입자성 생분해성 COD를 함유한 폐수를 처리하기 위해 동일한 접근방법을 사용할 수 있다. 완전혼합 부유성장공정 설계를 위하여 SRT가 3일 또는 그 이상이면 본질적으로 분해가능한 입자성 COD는 bsCOD로 전환될 것이다.

설계와 운전인자

위에서 제시한 완전혼합 반응조에 대한 물질수지에서 SRT는 활성슬러지공정의 처리효율과 일반적인 성능에 영향을 미치는 기본적인 공정인자로 소개되었다. 활성슬러지공정의 설계와 운전을 위해 사용된 두 가지 다른 인자는 미생물에 대한 먹이의 비와 용적 부하율이며, 아래에 소개하였다.

미생물에 대한 먹이(F/M) 비. F/M 비는 혼합액의 바이오매스에 대한 유입 BOD 혹은 COD 유입량으로 정의된다.

$$\text{F/M} = \frac{\text{total applied substrate rate}}{\text{total microbial biomass}} = \frac{QS_o}{VX} \tag{7-62}$$

그리고

$$\text{F/M} = \frac{S_o}{\tau X} \tag{7-63}$$

여기서, F/M = 먹이−미생물 비, g BOD or bsCOD/g VSS · d

Q = 유입 폐수량, m^3/d

S_o = 유입수 BOD 또는 bsCOD 농도, g/m^3

V = 포기조 용적, m^3

X = 포기조 혼합액 바이오매스(MLVSS) 농도, g/m^3

τ = 포기조의 수리학적 체류시간, V/Q, d

F/M 비는 시스템에 전달되는 부하량의 영향을 이해하는 데 유용한 인자이다. 비 BOD 부하율(g BOD/g VSS d)이 클수록 기질 이용속도가 빨라지고, 반응조내 기질 농도는 더 높아지게 된다.

F/M 비 및 SRT. F/M 비는 F/M 비에 따른 기질의 제거효율이 주어질 때 시스템 SRT와 관련지을 수 있다. 공정의 제거효율, E는 활성슬러지공정에서 BOD나 bsCOD 제거율을 나타내는 것으로 다음과 같이 정의된다.

$$E = \frac{S_o - S}{S_o}(100) \tag{7-64}$$

그러므로 E/100에 F/M 비를 곱하면 다음과 같다.

$$\frac{E}{100}\left(\frac{\text{F}}{\text{M}}\right) = \frac{QS_o(S_o - S)}{VX(S_o)} = \frac{Q(S_o - S)}{VX} \tag{7-65}$$

식 (7−40)을 식 (7−65)에 대입하면 다음과 같다.

$$\frac{E}{100}\left(\frac{\text{F}}{\text{M}}\right) = \frac{r_{su}}{X} \tag{7-66}$$

식 (7−66)에서 (r_{su}/X) 항은 **비기질 이용률**, U로 알려져 있다. 식 (7−39)를 다시 정리하면 U가 SRT 및 세균의 성장과 사멸계수와 관련된 식으로 나타낼 수 있다.

$$U = \frac{r_{su}}{X} = \frac{\left(\frac{1}{\text{SRT}} + b\right)}{Y} \tag{7-67}$$

각 항에 대한 설명은 위에서 정리되어 있다.

식 (7−67)을 식 (7−66)에 대입하면 다음과 같다.

$$\frac{1}{\text{SRT}} = Y(F/M)\frac{E}{100} - b \tag{7-68}$$

식 (7−68)로부터 F/M 비가 높게 운영되는 시스템은 정상상태의 SRT 값이 더 낮게 유지된다는 것을 알 수 있다. 활성슬러지 SRT 값이 20에서 30일 범위에서 운전되는 도시폐수처리 시스템의 경우 F/M 비는 각각 0.10에서 0.05 g BOD/g VSS·d 범위가 된다. SRT가 5에서 7일 범위에 있을 때, F/M 비의 범위는 0.3에서 0.5 g BOD/g VSS·d이 된다.

유기물 용적 부하율. 유기물 용적 부하율은 일일 포기조 부피에 공급되는 BOD 나 COD의 양으로 정의되며 다음과 같이 표현된다.

$$L_{\text{org}} = \frac{(Q)(S_o)}{(V)(10^3\,\text{g}/1\,\text{kg})} \tag{7-69}$$

여기서, L_{org} = 유기물 용적 부하율, kg BOD/m^3 · d

Q = 유입 폐수유량, m^3/d

S_o = 유입 BOD 농도, g/m^3

V = 포기조 용적, m^3

공정의 성능과 안정성

앞에서 살펴본 동역학이 그림 7−14에 도시된 시스템의 성능과 안정성에 미치는 영향에 대하여 더 자세히 알아보자. 앞에서 1/SRT, 순 미생물 비성장률과 U, 비기질 이용률은 직접적인 관련성이 있다[식 (7−67)과 (7−39) 참조]. 특정 폐수와 주어진 생물학적 군집, 그리고 특정한 환경조건에서 동역학 계수 Y, k, K_s, b는 일정한 값을 갖는다. 도시폐수는 구성성분의 변화가 상당히 심하고, 동역학 계수를 평가하는 데 항상 동일한 폐수를 갖고 처리하는 것은 아니다. 주어진 계수 값에 대하여 반응조의 정상상태 유출수 기질 농도는 식 (7−46)과 같이 직접적인 SRT의 함수이다. SRT 값을 정하면, U와 M 값이 결정되고 생물학적 안정화 효율이 정해진다. 반송이 있는 완전혼합 배양 시스템에서 기질에 대한 식 (7-46)을 도시하면 그림 7-14(a)와 같다. 그림에서 보인 바와 같이 처리효율과 기질의 농도는 SRT와 반응조 수리학(즉, 완전혼합 혹은 플러그 흐름)에 직접적으로 관련되어 있다.

그림 7-14(a)에서 볼 수 있듯이 어떤 SRT 값 이하에서는 폐수의 안정화가 되지 않는다. 이 임계 SRT 값을 최소 고형물 체류시간(SRT_{min})이라고 부른다. 물리적으로 보면 SRT_{min}은 생산되는 미생물량보다도 미생물이 완전유실(washout)되거나 더 빨리 시스템으로부터 폐기되는 체류시간이다. 최소 SRT는 $S = S_o$로 하여 식 (7-23)를 사용하여 계산할 수 있다. 미생물이 완전유실될 때, 유입수 농도 S_o는 유출수 농도 S와 같게 된다.

$$\frac{1}{SRT_{min}} = \frac{YkS_o}{K_s + S_o} - b \tag{7-70}$$

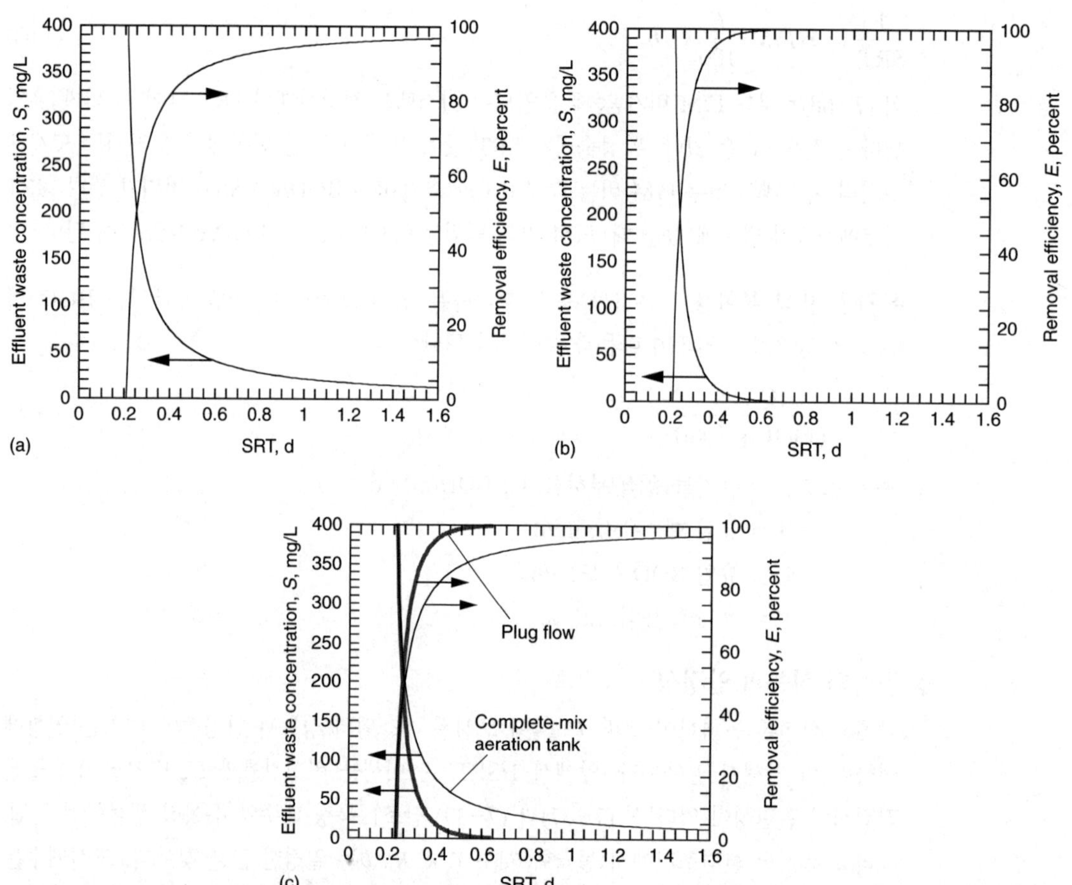

그림 7-14

SRT에 따른 유출수 기질 농도와 제거효율: (a) 반송이 있는 완전혼합 반응조, (b) 반송이 있는 플러그 흐름 반응조, (c) 플러그 흐름과 완전혼합 반응조 결과를 비교를 위해 중첩한 그림

폐수처리과정에서 대부분의 경우 S_o는 K_s보다 훨씬 크기 때문에 식 (7−70)은 다음과 같이 정리된다.

$$\frac{1}{\mathrm{SRT_{min}}} \approx Yk - b \tag{7-71}$$

혹은

$$\frac{1}{\mathrm{SRT_{min}}} \approx \mu_m - b \tag{7-72}$$

식 (7−71)와 식 (7−72)는 $\mathrm{SRT_{min}}$을 계산하기 위해 사용될 수 있다. BOD 제거 시스템에서 $\mathrm{SRT_{min}}$를 계산하기 위하여 사용되는 전형적인 동역학적 계수는 표 7−8에 정리되어 있다. 생물학적 처리공정은 SRT를 $\mathrm{SRT_{min}}$과 같은 값으로 설계해서는 안 된다. 적절한 폐수처리를 위해서 생물학적 처리공정은 보통 $\mathrm{SRT_{min}}$의 2∼20배인 설계 SRT 값을 가지고 설계와 운전된다. 사실상 $\mathrm{SRT_{min}}$에 대한 설계 SRT ($\mathrm{SRT_{des}}$)의 비율은 시스템의 실패에 대비한 공정안전인자(SF)로 고려할 수 있다(Lawrence and McCarty, 1970).

$$\mathrm{SF} = \frac{\mathrm{SRT_{des}}}{\mathrm{SRT_{min}}} \tag{7-73}$$

플러그 흐름 반응조 모델링

슬러지 반송이 있는 플러그 흐름 시스템은 활성슬러지공정의 한 형식을 모델링하는 데 사용될 수 있다. 이 반송 시스템의 독특한 형태는 반응조 수리학이 플러그 흐름의 성질을 갖는다. 이상적인 플러그 흐름 모델에서 반응조 내로 유입하는 모든 입자들은 반응조 내에서 동일한 시간동안 체류하게 된다. 일부 입자들은 반송으로 인하여 더 여러 번 반응조를 통과하게 되지만, 탱크 내에 있는 동안 반응조 통과 횟수에 관계없이 동일한 시간 체류하게 된다.

플러그 흐름 시스템의 동역학 모델은 수학적으로 복잡하나, Lawrence와 McCarty (1970)는 플러그 흐름 반응조의 유용한 동역학 모델을 유도할 수 있는 두 가지의 간단한 가정을 제시하였다.

1. 반응조 유입수내 미생물의 농도는 반응조 유출수의 미생물 농도와 거의 같다. 이러한 가정은 $\mathrm{SRT}/\tau > 5$일 때 적용된다. 이때 반응조내 미생물의 평균 농도는 $\overline{X}$로 표기한다.
2. 폐수가 반응조를 통과함에 따라 기질 농도의 변화율은 다음과 같다.

$$\frac{dS}{dt} = -\frac{kS\overline{X}}{K_s + S} \tag{7-74}$$

포기조내 폐수의 체류시간에 대하여 식 (7−74)를 적분하고, 식 (7−42)에 $\overline{X}$를 대입한 후 정리하면, 다음과 같은 식을 얻을 수 있다.

$$\frac{1}{\mathrm{SRT}} = \frac{Yk(S_o - S)}{(S_o - S) + (1 + R)K_s \ln(S_i/S)} - b \tag{7-75}$$

여기서, S_o = 유입수 농도

S = 유출수 농도

S_i = 반송에 의한 희석 후 반응조 유입 농도

$$= \frac{S_o + RS}{1 + R}$$

R = 침전지에서 반송 슬러지 반송비율(반송 유량을 유입 폐수량으로 나눈 값)

다른 항은 이미 정의되었다.

식 (7–75)에 있는 유출수 기질 농도는 유입수 농도와 SRT의 함수이며, 반면 완전혼합 시스템[식 (7–46) 참조]에서 유출수 기질 농도는 SRT만의 함수였다. 식 (7–42)을 $\overline{X}$로 치환하지 않은 식 (7–75)의 형식은 8장의 연속회분식 반응조 편에서 소개될 것이다.

이상적인 반송이 있는 플러그 흐름 시스템은 이론적으로 반송이 있는 연속흐름 완전혼합 시스템에서보다 대부분의 용존성 오염물질을 안정화시키는 데 더 효율적이다. 그래프로 표현한 결과가 그림 7–14(b)에 도시되어 있다. 실적용 현장에서 이상적인 플러그 흐름 형태를 구현한다는 것은 포기나 교반에 의한 종방향 확산으로 사실상 불가능하다. 포기조를 직렬연결 반응조 형태로 나열함으로써 플러그 흐름 동역학에 유사하게 만들 수 있고, 완전혼합공정과 비교하여 향상된 처리효율을 얻을 수 있게 된다. 유입 폐수의 희석 효과가 크기 때문에 완전혼합 시스템은 직렬연결 반응조보다 충격부하에 더 잘 대처할 수 있다. 반응조의 선택은 8장에서 더 자세히 다룬다.

7-7 부착성장 처리공정에서 기질의 제거

부착성장 처리공정에서 미생물로 구성된 생물막, 입자성 물질 그리고 세포외 중합체로 구성된 생물막(biofilm)은 플라스틱, 자갈, 혹은 기타 물질(그림 7–15 참조)로 만들어진 충진물에 부착하여 둘러싸게 된다. 부유성장공정을 설명하기 위해 사용된 성장과 기질 이용 동역학식은 반응조 용액내 용존성 기질 농도와 관련이 있다. 부착성장공정에서 기질은 생물막 안에서 소비된다.

》 생물막의 특성

생물막의 두께는 시스템의 성장조건과 수리동역학에 따라서 결정되는데, 대개 100 μm ~10 mm의 범위이다(WEF 2000). 정체된 수층(확산층)은 생물막 표면 위로 흐르거나 고정상의 위에서 교반되는 반응조 용액과 생물막을 분리시킨다[그림 7–16(a) 참조]. 기질, 산소, 영양물질들은 정체된 수층을 통과하여 생물막으로 확산되며, 생물막에서 생분해된 산물들은 정체된 수층을 거쳐 확산되어 반응조 용액으로 유입된다.

그림 7–17와 같이 생물막 표면에서의 기질 농도, S_s는 기질이 소비되고 생물막 안으로 확산되면서 생물막의 깊이에 따라 감소한다. 결과적으로, 생물막 공정은 **확산에 의해 제한되는 공정**이라고 할 수 있다. 생물막내 기질과 산소농도는 반응조 용액의 농도보다

(a)

(b)

그림 7-15

전형적인 살수여상의 충진물(담체). (a) 고정식 분사노즐이 있는 자갈, (b) 탑형 살수여상의 플라스틱 담체

그림 7-16

살수여상의 생물막 슬라임(slime) 층의 단면 모식도. (a) 실제 그림, (b) 이상적 단면도

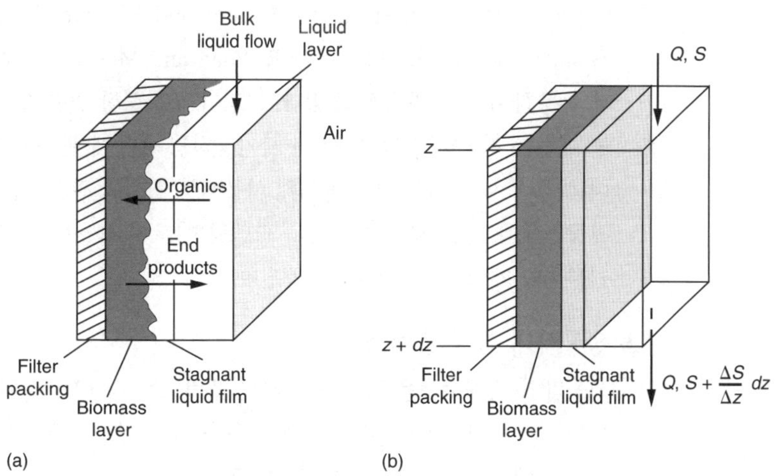

낮고 생물막 깊이와 기질 이용률에 따라 변한다. 전체적인 기질 이용률은 반응조 용액의 기질 농도로 예측한 것보다 낮게 된다.

바이오매스의 특성

생물막 단면적당 이용된 기질의 총량은 정체수층을 통과하여 확산된 것이다. 이 물질전달률은 표면 플럭스를 의미하며, 단위 면적당, 단위 시간당 흘러간 물질의 질량($g/m^2 \cdot d$)으로 표기된다. 생물막층은 그림 7-16(b)에 설명된 것처럼 평편하지 않다(Costerton et al., 1995). 실제로 생물막은 요철로 구성된 매우 복잡한 비정형 구조이고, 유체가 흐르는 수직 및 수평의 공극을 가진 것으로 알려져 있다. 생체는 생물막내에 매우 밀집되어 있으며 밀도와 깊이도 다르다. 생물막의 VSS 농도는 40~100 g/L의 범위이다. 또한 주기적

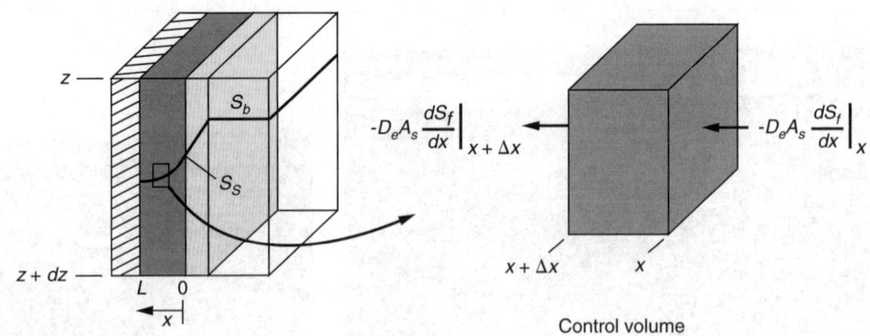

그림 7-17
생물막내에서 기질 농도 분석을 위한 개념도

인 탈리뿐만 아니라 수리동역학적 특성과 담체의 형상 때문에 담체표면에 생물막의 균일한 성장은 일어나지 않는다(Hinton and Stensel, 1991).

기계론적 모델

기계론적 모델이 생물막내 물질전달과 생물학적 기질 이용 동역학을 설명하기 위하여 다수의 연구자들에 의해 개발되었고(Williamson and McCarty, 1976; Rittman and McCarty, 1980; Kissel et al., 1984; Saez and Rittman, 1992; Suidan and Wang, 1985; Wanner and Gujer, 1986; and Rittman and McCarty, 2001), 생물막 공정을 평가하는 데 유용한 수단을 제공하고 있다. 그러나 부착성장 반응조의 복잡성과 물리적 변수 및 모델 계수를 정확하게 정의하기가 불가능하기 때문에 관측된 자료에 기초한 경험적 관계식이 설계에 사용된다. 설계를 위해 사용되는 경험적 관계식은 9장에서 기술하였다. 부착성장공정에서 기질 제거의 특성을 모델링하는 데 사용될 수 있는 물질전달과 기질 이용의 기본적인 개념은 본 장에서 소개된다.

생물막내 기질 플럭스

생물막의 정체수층을 통과하는 기질 플럭스는 식 (7-76)과 같이 기질의 확산계수와 농도의 함수이다. 기질 농도는 정체수층을 따라 감소하고, 기질은 반응조 용액으로부터 제거되기 때문에 음(−)의 부호가 사용된다.

$$r_{sf} = -D_w \frac{dS}{dx} = -D_w \frac{(S_b - S_s)}{L} \tag{7-76}$$

여기서, r_{sf} = 기질의 표면 플럭스율, $g/m^2 \cdot d$
D_w = 물에서 기질의 확산계수, m^2/d
dS/dx = 기질의 농도경사, $g/m^3 \cdot m$
S_b = 반응조 용액내 기질 농도, g/m^3
S_s = 생물막 외부층에서의 기질 농도, g/m^3
L = 정체 생물막의 유효두께, m

정체수층의 두께는 유체특성과 유체속도에 따라 변한다. 빠른 유속은 얇은 생물막을 만들고, 기질의 플럭스를 크게한다(Grady et al., 1999).

생물막내 물질전달은 실질적인 확산에 영향을 미치는 생물막 구조를 설명해 주는 확산계수를 이용하여 수용액에서 Fick의 확산법칙(1장 1–9절 참조)에 의해 설명된다.

$$r_{bf} = -D_e \frac{dS_f}{dx} \tag{7-77}$$

여기서, r_{bf} = 물질전달로 인한 생물막내 기질 플럭스율, g/m²·d

D_e = 생물막에서 유효 확산계수, m²/d

dS_f/dx = 기질의 농도 경사, g/m³·m

생물막내 임의 지점에서의 기질 이용률은 그 위치에서의 기질 농도(S_f)에 대한 포화 형태 반응식(식 7–12)으로 나타낼 수 있다.

$$r_{su} = \frac{kS_f X}{K_s + S_f} \tag{7-78}$$

여기서, r_{su} = 생물막내에서 기질 이용률, g/m²·d

S_f = 생물막내 임의의 지점에서 기질 농도, g/m³

생물막에서 기질의 물질수지

그림 7–17에 나타낸 미분요소(dx)를 중심으로 생물막내에서의 기질물질수지를 세우면,

미분요소내 기질 축적률	=	미분요소로 유입되는 기질 흐름률	−	미분요소 밖으로 유출되는 기질 흐름률	−	미분요소내 기질 이용률	(7-79)

정상상태에서 물질수지는,

축적 = 유입 − 유출 + 생성 − 이용

$$0 = -D_e A_s \frac{dS_f}{dx}\bigg|_x + D_e A_s \frac{dS_f}{dx}\bigg|_{x+\Delta x} - \Delta x A_s \left(\frac{kS_f X}{K_s + S_f}\right) \tag{7-80}$$

여기서, A_s = 기질 플럭스에 직각방향의 생물막 면적, m²

Δx = 미분구간의 폭, m

양변을 A_s와 dx로 나누고, Δx을 0으로 근접시키면 다음과 같은 생물막내 기질 농도의 변화에 대한 일반식을 얻는다.

$$D\frac{d^2 S_f}{dx^2} - X\left(\frac{kS_f}{K_s + S_f}\right) = 0 \tag{7-81}$$

위 식의 해는 2개의 경계조건을 필요로 한다. 첫 번째 경계조건은 식 (7–76)에 주어진 것과 같이 생물막 표면에서 기질의 플럭스는 정체수층 생물막을 통과한 기질 플럭스와 같다는 것이다. 두 번째 경계조건은 충진제 표면에서는 플럭스가 없다는 것이다.

$$\frac{dS_f}{dx}\bigg|_{x=L} = 0 \tag{7-82}$$

식 (7-81)의 해는 (1) 생물막 기질 농도가 메디아 표면으로 갈수록 0에 근접하는 두께의 생물막 존재여부, (2) 생물막 전체에 일정한 S_f 값을 갖는 얇은 생물막의 존재여부, 그리고 (3) K_s와 비교한 S_f의 상대적 농도에 따라 달라진다. 해석방법은 Willamson and McCarty(1976), Grady et al. (1999) 그리고 Rittman and McCarty(2001)를 포함한 다수의 문헌에 제공되어 있다.

》 기질 플럭스 한계점

확산-제한 공정의 중요한 의미는 반응조 용액의 전자공여체(electron donor)와 전자수용체(electron acceptor) 농도 사이의 관계에 관련된다. 기계론적 모델에서 사용되는 가정은 전자공여체나 또는 전자수용체(즉, 산소 혹은 질산이온)가 제한된다는 것이다. 기질제한은 생물막내 반응속도에 기인하거나 반응조 용액의 농도와 정체층을 통과하는 확산속도에 기인하여 일어난다. Williamson과 McCarty(1976)는 이것을 각각 기질 제한과 표면 플럭스 제한이라고 정의했다. 기질 제한은 생물막의 깊이에 따라 전자공여체에서 전자수용체로 바뀌어 나타날 수 있다. 기질 제한이 바뀔 수 있는 상황에서 수치해석기법이 생물막의 작용을 평가하는 데 사용할 수 있다. 표면 플럭스 제한이 있는지를 평가하기 위해 사용할 수 있는 간단한 방법이 Williamson과 McCarty(1976)에 의해 제안되었다. 이 제안된 방법은 또한 생물막 내에서 전자공여체 이용을 지속시키기 위해 필요한 상대적인 전자수용체, 즉 반응조 용액 기질 농도를 평가하는 데 사용될 수 있다.

Williamson과 McCarty(1976)가 설명한 표면 플럭스 기질 제한의 영향은 다음의 두 식으로 요약된다:

$$\nu_d + \nu_a + \text{성장요소} \rightarrow \text{최종산물} + \text{세포} \tag{7-83}$$

$$S_{ba} < \frac{D_{wd}\nu_a mw_a}{D_{wa}\nu_d mw_d} S_{bd} \tag{7-84}$$

여기서, ν_d = 전자공여체의 화학양론적 반응계수, mole

ν_a = 전자수용체의 화학양론적 반응계수, mole

S_{ba} = 반응조 용액의 전자수용체 기질 농도, mg/L

S_{bd} = 반응조 용액의 전자공여체 기질 농도, mg/L

D_{wd} = 물에서 전자공여체의 확산계수, cm^2/d

D_{wa} = 물에서 전자수용체의 확산계수, cm^2/d

mw_a = 전자수용체의 분자량, g

mw_d = 전자공여체의 분자량, g

생물막 시스템에서 질산화율은 종종 반응조 용액의 DO 농도에 의해 제한을 받는다. 다음의 예제에서와 같이 식 (7-83)과 식 (7-84)이 고정상 생물막 공정 응용과 관련된 중요한 논점을 설명하는 데 이용될 수 있다.

예제 7–7 **생물막 질산화에서 산소제한조건** 반응조 용액 NH_4^+-N 농도가 각각 1.0, 2.0 그리고 3.0 mg/L인 경우에 생물막내 질산화율이 산소의 표면 플럭스 속도로 인하여 제한되지 않도록 하기 위한 반응조 용액 DO 농도는 얼마인가? 다음 조건을 가정한다.

전자공여체 = NH_4^+-N, $mw_d = 14$

전자수용체 = 산소, $mw_a = 32$

20°C에서 NH_4^+-N 확산계수 = $D_{wd} = 1.6\ cm^2/d$

20°C에서 O_2 확산계수 = $D_{wa} = 2.6\ cm^2/d$

풀이

1. 화학양론식으로부터 화학양론계수를 결정한다.

$$NH_4^+ + 2O_2 \rightarrow NO_3^- + 2H^+ + H_2O$$

$$\nu_d = 1.0$$

$$\nu_a = 2.0$$

2. 식 (7–84)를 이용하여 산소가 플럭스–제한이 되는 DO 농도를 결정한다.

$$S_{ba} < \frac{D_{wd}\nu_a mw_a}{D_{wa}\nu_d mw_d} S_{bd} < \frac{(1.6\ m^2/d)(2.0)(32\ g/mole)}{(2.6\ m^2/d)(1.0)(14\ g/mole)} S_{bd} = 2.8\ S_{bd}$$

그러므로, 만일 S_{ba}가 2.8 (S_{bd})와 같다면, 질산화율은 정체층에서 산소 플럭스율에 의해 저해를 받지 않는다. 질산화에서 산소 플럭스 제한을 방지하기 위해 필요한 반응조 용액내 DO 농도는 다음 표에 요약되어 있다.

반응조 용액내 NH_4^+-N 농도, g/m^3	반응조 용액내 DO 농도, g/m^3
1.0	2.8
2.0	5.6
3.0	8.4

참조 반응조내 NH_4-N 농도가 낮으면 생물막내에서 질산화율은 낮아지게 되고, 더 낮은 DO 농도에서도 질산화가 가능하게 된다.

7-8 호기성 산화

1900년대 초로 거슬러 올라가면 생물학적 폐수처리공정의 1차 목적은 (1) 도시나 산업시설의 방류수역에서 과도한 DO 고갈을 방지하기 위해 유기성 성분과 그 화합물을 제거하는 것, (2) 방류수역에 고형물의 축적과 불쾌한 환경오염을 막기 위해 콜로이드와 부유물질을 제거하는 것, (3) 방류수역에 방출되는 병원성 미생물의 농도를 감소시키는 것 등이었다. 1972년도에 제정되고 현재까지 유효한 U.S. EPA의 2차 처리 규제 기준은 주로 BOD와 TSS의 제거에 관한 것이었고, 각각 85% 제거를 요구하고 있다(1장 표 1–2 참조). 대부분 처리방법은 유기 성분과 그 화합물의 제거에 관한 것이다. 폐수에 다양한 유기성 성분과 화합물이 존재하기 때문에, 유기물질은 생분해성 용해성 COD (bsCOD) 혹은 BOD로 표기하여 정량화한다. 폐수내 다양한 유기성분의 특성에 관한 추가적인 정보는 8장 8-2절에 제시되어 있다.

》 공정개요

BOD는 그림 7-3과 7-4에서 설명한 것처럼 다양한 호기성 부유성장이나 부착(고정생물막) 성장공정으로 제거할 수 있으며, 더 자세한 설명은 8장과 9장에 정리되어 있다. 두 공정 모두 폐수, 종속영양 미생물, 충분한 산소, 그리고 영양물질 간에 충분한 접촉시간을 필요로 한다. 유기물질의 절반 이상은 유기물질이 생물학적 섭취가 이루어지는 초기 동안에 산화되고, 나머지는 새로운 생체로 합성된 후 내생호흡에 의해 추후 산화될 수 있다. 부유성장과 부착성장공정에서 매일 생산된 잉여 생체를 제거하여 처리함으로써 적절한 운전과 성능을 유지할 수 있다. 생체는 중력 분리에 의해 처리된 유출수로부터 분리되며, 최근의 설계에서는 막 분리를 적용한 예들을 볼 수 있다.

》 미생물학

다양한 종류의 미생물들이 유기물질 제거를 위해 이용되는 호기성 부유 및 부착성장처리공정에서 발견된다. 이들 공정에서 발견되는 호기성 종속영양 세균은 세포외 생물중합체(biopolymer)를 생산할 수 있고, 이 중합체로 인해 생물학적 플록(혹은 부착성장공정에서 생물막)이 형성되어 중력침전에 의해 세균과 부유고형물의 농도가 낮은 처리수로부터 분리될 수 있다.

원생동물도 역시 호기성 생물학적 처리공정에서 중요한 역할을 한다. 원생동물은 세균과 콜로이드성 입자를 섭식함으로써 유출수의 정화에 관여한다. 원생동물은 호기성 종속영양 세균보다 긴 SRT를 필요로 하고, 1.0 mg/L 이상의 용존산소를 선호하며, 독성물질에 민감하다. 그러므로 원생동물의 출현은 공정이 문제없이 안정적으로 운전되고 있다는 좋은 지표이다. 원생동물은 크기 때문에 100~200배율의 광학현미경으로 쉽게 관찰할 수 있다. 윤충류(rotifer)는 활성슬러지와 생물막에서 발견되며, 선충류(nematode)와 기타 다세포 미생물도 발견된다. 이러한 미생물은 주로 미생물 체류시간이 긴 환경에서 나타나는데, 이들의 중요성에 대해서는 정확히 밝혀지지 않았다.

호기성 부착성장공정은 생물막의 두께에 따라 달려 있지만 일반적으로 활성슬러지보다 더 복잡한 미생물 생태계로 구성되어 있다. 생물막에는 세균, 균류, 원생동물, 윤충류, 그리고 아마도 환형충, 편형충, 선충류 등이 서식하고 있다(WEF, 2000). 생물막의 성질과 미생물 구성은 9장에서 더 자세히 다룰 것이다.

》 공정 운전상 문제점

호기성 부유성장공정에는 두 가지의 중요한 운영상의 문제가 있는데, 다음에서 설명할 슬러지와 거품문제이다.

슬러지 팽화(bulking). 고액분리 장치가 있는 활성슬러지공정에서 가장 중요한 사항은 침전성이 우수한 슬러지를 유지시키는 것이다. 그러나, 활성슬러지 반응조 형상, 환경인자, 그리고 운전조건 등에 따라 침전성이 불량한 슬러지나 **팽화슬러지**가 발생할 수 있다. 팽화라는 기준은 침전성이 악화되었을 때 슬러지 단위 질량의 부피를 측정하여 판단하고 있다. 그렇기 때문에 슬러지부피지수(sludge volume index, SVI)가 슬러지 침전성의 지표로 사용되고 있다. SVI는 1내지 2 L의 실린더에서 30분 침전 후에 침전된 슬러지의 1 g이 차지하는 부피(mL)로 정의된다. 팽화 발생조건과 중력에 의한 고형물 분리에서 발생 가능한 침전문제는 SVI 값이 150 mL/g보다 클 때 발생할 수 있다. SVI를 측정하는 다른 방법은 8장에 수록되어 있다. 극단적인 팽화슬러지는 유출수내 부유물질 농도를 높게 하고, 처리효율을 떨어뜨리는 결과를 초래한다. 대부분의 팽화 발생조건은 다양한 사상성 세균의 번식과 관련되는데, 사상성 세균은 활성슬러지 플록에 부착하여 끈처럼 길게 밖으로 뻗치며 성장한다(Jenkins et al., 2004).

거품현상. 활성슬러지 시스템에서 발생할 수 있는 또 다른 성가신 문제는 거품현상으로 세포 표면이 소수성이기 때문에 공기방울에 달라붙을 수 있는 세균의 번식에 의해 발생한다(그림 7-18 참조). 활성슬러지공정 표면에 공기방울과 함께 두툼한 갈색 점성의 거품 층을 발생시키는 한 거품의 형태는 현미경을 통해 관찰된 세균의 종류에서 이름을 따와 *Nocardia* 거품이라 불리기도 한다. 그러나 활성슬러지에서 관찰되는 대부분의 거품발생 미생물은 *Acitinobacteria* 문에 속해 있고, *Nocardia* 종류나 *Mycolata morphytes*와 *Candidatus Microthrix parvicella*에 속하는 *Gordonia amarae*을 포함하고 있다(Seviour et al., 2008). 이 생물들은 활성슬러지 수용액 표면위의 거품에서 높은 농도로 발견되고 있다. 위의 운전 방해 미생물 종류는 8장에 정리되어 있다.

호기성 생물학적 산화의 화학양론

호기성 산화의 화학양론은 앞에서 기술하였지만, 이해를 돕기 위하여 다시 한 번 정리한다. 호기성 산화에서 유기물질의 전환은 아래와 같은 화학양론식에 따라 혼합 미생물 배양에 의하여 수행된다.

그림 7-18
*Gordonia amarae*에 의해 활성슬러지 포기조 표면에 축적된 거품의 예

(a)

(b)

$$\underset{\text{유기물}}{\text{COHNS}} + O_2 + \text{영양소} \xrightarrow{\text{세균}} CO_2 + NH_3 + \underset{\text{새로운 세포}}{C_5H_7NO_2} + \begin{matrix}\text{기타}\\ \text{최종산물}\end{matrix} \tag{7-85}$$

내생호흡:

$$C_5H_7NO_2 + O_2 \xrightarrow{\text{세균}} 5CO_2 + 2H_2O + NH_3 + \text{energy} \tag{7-86}$$

식 (7-85)에서 COHNS는 폐수내 유기물질을 표현하는 것으로 산소가 전자수용체인 반면, 전자공여체로를 의미하는 것이다. 내생호흡 반응[식 (7-86)]에서 상대적으로 간단한 최종산물과 에너지를 생산하지만, 안정된 유기성 최종산물도 형성된다. 모든 세포(즉, 전자공여체)가 완전히 산화된다면, 세포의 UBOD 혹은 COD 값은 VSS 기준 세포농도의 1.42배와 같다[식 (7-5) 참조]. 더 긴 SRT에서는 더 높은 비율의 세포가 산화될 것이다.

표 7-6에 주어진 반쪽반응식을 사용하면, 초산(전자공여체)의 호기성 산화에 관한 화학양론식은 아래와 같고, 암모니아가 세포조직을 위한 질소원으로 그리고 산소는 전자수용체라고 가정하면, 반응에 대한 f_s는 0.59이다(예제 7-4 참조).

$$\begin{aligned} 0.125CH_3COO^- + 0.0295NH_4^+ + 0.103O_2 \rightarrow\ & 0.0295C_5H_7O_2N + 0.0955H_2O \\ & + 0.0955HCO_3^- + 0.007CO_2 \end{aligned} \tag{7-87}$$

》 성장 동역학

위의 화학양론식에 기초한 기질 이용에 대한 속도식의 형태와 유기성 기질의 종속영양 산화에 대한 생체 성장은 이미 언급하였지만, 다시 정리하면 아래와 같다.

$$r_{su} = \frac{kXS}{K_s + S} \tag{7-12}$$

$$r_x = Yr_{su} - bX \tag{7-21}$$

$$= Y\frac{kXS}{K_s + S} - bX \tag{7-22}$$

전술한 바와 같이 이들 식들은 미생물 성장에 대하여 Monod(1942)가 제안한 포화방정식과 기질 이용에 대한 Michealis-Menten식과 유사하다(Bailey and Ollis, 1986). 20°C에서 전형적인 k와 K_s 값은 각각 8～12 g COD/g VSS·d와 10～40 g bsCOD/m³이다. 7-3절에서 기술한 바와 같이 K_s 값은 bsCOD 성분의 복잡성과 성질에 따라 변할 수 있다. 쉽게 생분해 가능한 단순기질의 K_s 값은 1.0 mg bsCOD/L 이하의 값으로 측정된 바 있다(Bielefeldt and Stensel, 1999).

기질 이용과 생체 성장에 대한 위 식을 적용하면, 고형물 체류시간(SRT), 먹이-미생물 비(F/M 비), 그리고 비기질 이용률(U)을 포함한 일련의 설계인자들을 도출해낼 수 있다. 이들 설계인자는 8장에 나오는 다양한 활성슬러지공정의 설계에 적용된다. 산업폐수내 일부 난분해성 성분을 제외하고, 유기성 기질의 호기성 산화에 관한 동역학으로는 활성슬러지공정의 설계를 위한 SRT 값을 조절하기 힘들다. 양호한 플럭형성을 위하여, 세포외 고분자물질을 생산하여 플럭구조를 만들도록 활성슬러지 포기조내 생체 증식을 위한 충분한 시간이 필요하다. 침전지에서 최적 응집과 TSS 제거를 위해서는 일반적으로

SRT가 20°C에서 2.5~3.0일, 10°C에서 3~5일 이상이어야 한다. 그러나 일부 따뜻한 기후의 폐수처리장에서는 SRT가 1일 이하부터 1.5일 사이에서 운전된다. 과도하게 긴 SRT(20일 이상)에서는 초미세(pin point) 플럭 입자가 형성되는 플럭의 와해를 야기시켜 탁한 유출수를 만들 수 있다. 그러나 초미세 플럭이 있더라도 유출수 SS 농도는 대개 30 g/m³ 이하를 유지할 수 있다. SRT는 최적 침전조건을 찾기 위하여 처리장 운전과정에서 변경될 수 있다.

환경인자

탄소성 물질의 제거를 위해 pH 범위는 6.0~9.0 정도이며, 최적 성능은 pH가 중성부근에서 달성된다. 통상 사용되는 반응조 DO 농도는 2.0 mg/L이고, 0.5 mg/L 이상 농도에서는 DO 농도가 분해율에 거의 영향을 미치지는 않는다. 산업폐수가 도시폐수도 집수 시스템으로 유입될 경우, 처리해야 할 bsCOD의 양에 대한 이용 가능한 영양물질(*N*과 *P*) 양이 충분한지를 세심하게 검토해야 한다. BOD 제거에 관여하는 종속영양 세균은 암모니아 산화 세균이나 메탄생성 고세균과 비교하여 더 높은 농도의 독성물질에 견딜 수 있다.

7-9 생물학적 무기성 질소의 산화

폐수처리에서 암모니아(NH_4-N)와 아질산이온(NO_2-N)을 산화시켜야 하는 이유는 (1) DO 농도 및 어류독성과 관련된 방류수역에서의 암모니아의 영향, (2) 부영양화 조절을 위하여 질소제거의 필요성, (3) 지폐수 재충전을 포함한 물 재사용 적용을 위한 질소제거의 필요성 등 수질과의 관련성이 있기 때문이다. 참고로 질산이온의 최근(2001) 먹는 물 수질 기준(MCL)은 질산성 질소 기준으로 45 mg/L, 혹은 질소 기준으로 10 mg/L이다. 도시폐수의 유기성과 암모니아성 질소의 농도는 폐수유량 380 L/capita · d (100 gal/capita · d)를 기준으로 25~40 mg N/L 범위에 있다. 물의 공급이 제한되는 세계 많은 지역에서 도시폐수내 총 질소 농도가 질소 기준으로 200 mg/L를 초과하여 측정되고 있다.

질산화(nitrification)는 한 종류의 독립영양 세균이 암모니아를 아질산이온(NO_2-N)으로 산화시키고, 다른 한 종류의 독립영양643

세균이 아질산이온을 질산이온(NO_3-N)으로 산화시키는 2단계 생물학적 공정을 말한다. 아질산화는 NH_4-N를 NO_2-N까지 산화시키는 생물학적 공정을 의미한다. 암모니아나 질소를 제거하기 위해 사용되는 대부분 호기성 부유성장과 고정상 생물공정 설계에서 질산화는 진행되지만, 아질산이온을 질산이온으로 산화시키는 독립영양 세균의 성장을 방해하거나 저해하여 아질산화 공정을 사용하기도 한다.

아질산화는 질소제거를 위해 필요한 탄소 요구량을 줄이거나 없앨 수 있는 공정에서 중요한 요소이다. 이들 공정에는 SHARON 공정(Single Reactor System for High Activity Ammonia Removal Over Nitite) (Hellinga et al., 1998)과 ANAMMOX 공정(Anaerobic Ammonia Oxidation) (Mulder et al., 1995) 등이 있으며, 15장 슬러지처리 계통(sidestream) 기술부분에 자세히 소개되어 있다. 아질산화는 활성슬러지공정인 "동

시질산화탈질"(SNdN) 공정이나 산소가 제한되는 조건에서 유입 폐수를 처리하는 생물학적 고정상 시스템에서도 발생할 수 있다.

Winogradsky(1890)가 *Nitrosomonas*를 분리한 이후 수십 년 동안 독립영양 호기성 세균이 암모니아와 아질산이온의 산화에 관여한다는 것이 일반적인 상식이었다. 그러나 Strous et al. (1999a)가 혐기성 조건에서 아질산이온을 이용하여 암모니아를 산화시킬 수 있는 새로운 세균을 발표했고, Konneke et al. (2005)가 암모니아의 산화가 세균에 의해 한정적으로 진행되는 것이 아니라 고세균군의 미생물에 의해서도 가능하다는 것을 증명했다. 최초로 암모니아 산화 고세균(AOA)은 *Candidatus Nitrosopumilus maritimus*라고 명명된 생물로 해양 수족관에서 분리되었다(Konneke et al., 2005). 그 이후 활성슬러지 폐수처리 시스템에 AOA의 존재가 Park et al. (2006), Wells et al. (2009), Zhang et al. (2011), Limpiyakorn et al. (2011) 등에 의해 확인되었다. 혼합용액(MLSS) 농도가 높고(>8,000 mg/L), DO 농도가 낮은(<0.20 mg/L) 조건일 때 생물막 공정(MBR)에서 AOA가 AOB보다 우점한다는 보고가 있었으나, 이러한 우점이 지속되지 않고 저수온 조건에서 수개월 동안 운전할 경우 감소하였다(Giraldo et al., 2011a, 2011b).

》 공정개요

BOD 제거와 함께 질산화는 부유성장과 부착성장 생물학적 공정 모두에서 이루어질 수 있다. 부유성장공정에서 더 일반화된 방법은 포기조와 침전지 그리고 슬러지 반송 시스템으로 구성된 동일한 단일 슬러지공정에서 BOD 제거와 함께 질산화를 달성하는 것이다[그림 7-19(a) 참조]. 폐수 내에 상당한 영향을 주는 독성 및 저해물질이 있는 경우, 2종류 슬러지 부유성장 시스템을 고려할 수 있다[그림 7-19(b) 참조]. 2종류 슬러지 시스템은 직렬로 연결된 2개의 포기조와 2개의 침전지로 구성되어 있으며, 첫 번째 포기조와 침전지는 BOD 제거를 위해 짧은 SRT에서 운전된다. BOD와 독성물질이 첫 번째 단위공정에서 제거되면, 2번째 공정에서 질산화는 독성영향 없이 진행될 수 있다. 유입 폐수의 일부를 2번째 슬러지 시스템으로 우회시켜 효율적인 고형물 응집과 침전을 위한 충분한 양의 고형물을 공급해 주어야 한다. 2종류 슬러지 부유성장 시스템은 또한 생물학적 질소제거 시스템에 사용되고 있는데(Boehnke et al., 1997, WERF, 2010), 이는 포기 에너지 요구량을 줄이고 바이오메탄 생산을 향상시키기 위해 혐기성 소화조로 슬러지 폐기량을 증가시켜 지속가능한 환경공학을 위한 방법의 일환으로 검토되고 있다[그림 7-19(c) 참조]. 첫 번째 슬러지 시스템은 짧은 SRT와 높은 BOD 부하에서 운전된다. 두 번째 슬러지 시스템은 암모니아 산화를 유도하기 위하여 긴 SRT에서 운전된다. 질산화에 관여하는 세균은 종속영양 세균보다 아주 느리게 성장하기 때문에 질산화를 위해서는 수리학 및 고형물 체류시간을 BOD 제거를 위한 시스템보다 더 크게 설계한다.

질산화를 위한 부착성장 시스템에서는 질산화 미생물이 정착되기 전에 BOD의 대부분을 제거해야 한다. 종속영양 세균이 보다 높은 바이오매스 증식을 하므로 질산화 세균보다 고정생물막 시스템 표면에 우점할 수 있다. 질산화는 BOD 제거 후 부착성장 반응조나 질산화를 위해 특별히 설계된 분리 부착성장 시스템에서 진행된다. 부착성장 생물학적 시스템의 설계는 9장에 기술하였다.

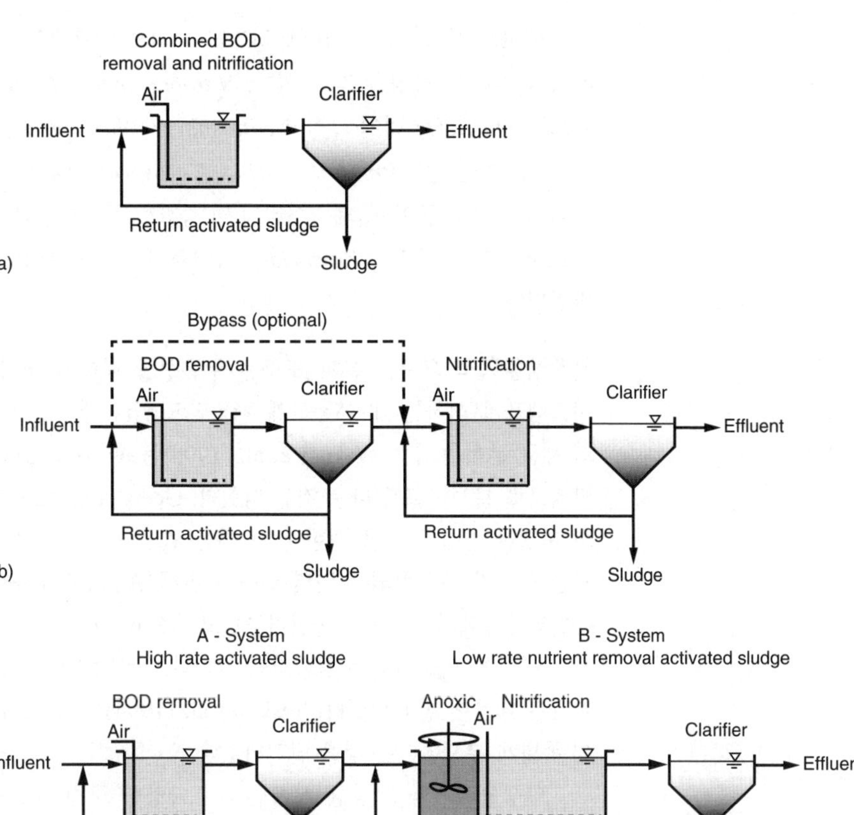

그림 7-19

생물학적 질산화를 위한 공정도. (a) 단일 슬러지 부유성장 시스템, (b) 2종 슬러지 부유 성장 시스템, (c) AB 공정(A 시스템: 고율활성슬러지, B 시스템: 저율질소제거 활성슬러지) (Boehnke et al., 1997)

미생물

암모니아 산화 세균(AOB)과 아질산이온 산화 세균(NOB)은 이들이 탄소원으로 CO_2를 이용하고 에너지를 얻기 위해 무기성 화합물(NH_4-N이나 NO_2-N)을 산화시키기 위해 산소가 필요하기 때문에 호기성 화학독립영양 생물이다. AOB와 NOB의 계통학적 분류는 16S rRNA 서열에 발생하는 차이를 기준으로 하며, *α-Proteobacteria*와 *β-Proteobacteria*로 분류된다. *α-Proteobacteria*에 속하는 AOB는 해양환경에서 발견되기 때문에 폐수처리 응용에 중요하지 않다. *β-Proteobacteria*에 속하는 AOB는 *Nitrosomonas*와 *Nitrosospira* 등 2속으로 분리된다(Purkhold et al., 2000 and Koops and Pommerening-Roser, 2001).

AOB와 NOB의 분포. 같은 속에서 AOB의 계통학적 분류는 표 7-9에 정리되어 있다. *Nitrosomonas* 아래에 5개의 군집이 있고, 이중 2개의 군집이 *N. marina*와 *N. cryotolerans* 이며, 이들은 절대 호염성 세균이기 때문에 폐수처리에는 별로 중요하지 않다. 나머지 3종은 *N. europaea/eutropha, N. communis, N. oligotropha*이다.

NOB 계통은 표 7-10에 정리되어 있으며, 3개의 *Proteobacteria* 군에 속해 있는 4 속을 갖는 다양성을 갖고 있다. *Nitrobacter*는 *α-Proteobacteria* 내에 *Nitrococcus*는 *γ-Proteobacteria* 내에 그리고 *Nitrospina*와 *Nitrospira*는 *δ-Proteobacteria* 내에 포함되어 있다. 이들 중 *Nitrospria marina*, *Nitrospria gracilis*, 그리고 *Nitrococcus mobilis*은 절대 호염성 세균이고, 폐수처리에 덜 중요한 종이다. *Nitrobacter*가 일반적으로 단독 세포로 관찰되는 반면, *Nitrospria*는 자연환경에서 플록이나 생물막에 부착된 상태로 종종 발견된다.

분자생물학적 도구. 분자 도구는 부유성장 형태의 질산화 배양액과 부착성장 질산화 시스템을 분석하는 데 유용하게 활용되고 있다. 올리고핵산 탐침을 이용한 암모니아 산화 세균 분석을 통해 Wagner et al. (1995)는 *Nitrosomonas*가 활성슬러지 시스템에서 일반적으로 분포하고 있다는 것을 밝혔다. Geets et al. (2006)는 폐수처리공정에 있는 질산화 미생물 군집 분석을 위한 분자 생물 연구 보고서에서 *Nitrosomonas* 속이 *Nitrospira* 관련 균주가 우점화되는 몇몇 연구와 함께 종종 AOB 군이 우점 미생물임을 밝혔다. 폐수처리공정에서 NOB의 군집연구보고서(Kim et al., 2006)에 *Nitrobacter*가 주된 아질산이온 산화 세균이라는 일반적인 견해와 다르게 *Ntrospira* 속이 더 일반적인 우점 군집이라는 내용이 발표되었다. Teske et al. (1994)는 *Nitrococcus*가 고정상 질산화 시스템에 폭넓게 분포한다는 것을 발견하였다.

활성슬러지와 고정상 시스템에서 다양한 군집이 또한 발견되고 있다. Siripong과

표 7-9
암모니아 산화 세균의 계통도[Koops와 Po-merening-Roser (2001) Ward et al. (2011)]

Proteobacteria (아강)	Genus(속)	Sub Clusters(아속)	Species(종)
			Nitrosomonas europea
		europaea-mobilis	*Nitrosomonas eutropha*
			Nitrosomonas halophilar
			Nitrosococcus mobilis
			Nitrosomonas communis
		communis	*Nitrosomonas sp. I*
			Nitrosomonas sp. II
β-Proteobacteria	*Nitrosomonas*		*Nitrosomonas nitrosa*
		oligotrophia	*Nitrosomonas ureae*
			Nitrosomonas oligotropha
			Nitrosomonas marina
		marina	*Nitrosomonas sp. III*
			Nitrosomonas aestuarii
			Nitrosomonas cryotolerans
			Nitrosolobus multiformis
	Nitrosospira	*nitrosospria*	*Nitrosovibrio tenuis*
			Nitrosospira sp. I

표 7-10
아질산 산화 세균의 계통도
[Adapted from Koops and Pommerening-Roser (2001)]

Proteobacteria(아강)	Genus(속)	Species(종)
α-*Proteobacteria*	*Nitrobacter*	*Nitrobacter alkalicus* *Nitrobacter winogradskyi* *Nitrobacter vulgaris* *Nitrobacter hamburgenis*
γ-*Proteobacteria*	*Nitrococcus*	*Nitrococcus mobilis*
δ-*Proteobacteria*	*Ntrospina*	*Nitrospina gracilis*
	Ntrospira	*Nitrospira moscoviensis* *Nitrospira marina*

Rittman(2007)은 *Nitrosomonas*와 *Nitrosospira* 속 AOB와 *Nitrobacter*와 *Nitrospira* 속 NOB가 함께 존재한다는 것을 시카코 지방 도시 물재생(MWRDGC) 시설에 있는 7개의 활성슬러지공정 연구에서 발견하였다. 호기-무산소공정에 다양한 AOB가 존재한다는 연구결과는 Park et al. (2002)에 의해서도 언급된 바 있으며, 그들은 *Nitrosomonas*와 *Nitrosospira*를 동시에 관찰하였다. 질산화 시스템에서 성장조건의 변화가 다양한 군집의 생성을 촉진시킬 수 있다는 결과를 Daims el al. (2001)이 SBR에서 NOB를 배양하는 연구를 통해 발표하였다. 초기 호기성 주기에서 아질산이온 농도가 높을수록 *Nitrobacter* 성장에 유리하나 아질산이온 농도가 낮아지는 후반 주기에는 *Nitrospira* 성장이 유리해 지는 것으로 생각된다. Coskuner와 Curtis(2002)는 실규모 활성슬러지공정에서 *Nitrospira*와 *Nitrobacter*가 공존한다는 것을 보고하였다. Dytczak et al. (2008)은 호기성 조건과 무산소-호기성 조건으로 운전된 SBR에서 무산소-호기성 시스템이 더 높은 질산화속도 나타낸다는 결과를 바탕으로 다른 성장조건이 다른 AOB 군집을 선택 배양한다는 사실을 제안하였다.

우점 질산화 세균. 생물학적 부유성장과 부착성장공정에서 어느 질산화 세균의 우점화는 생물반응조의 NH_4-N나 NO_2-N 농도, DO 농도, pH, 염도, 수온 등과 같은 선택압력 인자로 인해 발생하는 결과로 생각된다. 질소와 DO의 농도에 따라 세균을 r-과 K-전략으로 분류할 수 있다(Andrews와 Harris, 1986). 낮은 기질 농도 조건에서 r-전략을 쓰는 세균이 K-전략을 쓰는 세균에 비해 성장속도가 느리나, 높은 기질 농도 조건에서는 오히려 더 빠르다. 낮은 농도(K-전략)에서 높은 기질 친화성을 갖는 질산화 세균에는 AOB의 *Nitrosospira*와 NOB의 *Nitrospira*이 있으며(Schramm et al., 1999), AOB에 속해 있는 *Nitrosomonas Europea*와 NOB의 *Nitrobacter* spp.는 높은 기질 농도(r-전략)에서 성장속도가 빠르다. Kim et al.(2006)은 낮은 NO_2-N 농도가 *Nitrospria*의 성장에 유리하고, 높은 NO_2-N 농도는 *Nitrobacter*에 유리하며, 비 NO_2-N 이용속도가 *Nitrospira*보다 5배 더 크다는 것을 발견하였다. Park과 Noguera(2004)는 폐수를 처리하는 활성슬러지를 이용한 실험실 연구에서 AOB는 낮은 DO 농도(0.12~0.24 mg/L)에 비해 높은 DO 농도(8.5 mg/L)에서 성장시킬 때 군집의 변화가 발생한다고 하였다.

그러나 군집의 변화는 낮은 DO 조건에서 성장하는 미생물 속(genera)에서 발생하지 않고, *Nitrosomonas Europea* 계통의 세균에서 발생하였다.

생물학적 질산화의 화학양론

암모니아에서 질산이온으로 되는 2단계의 에너지 생산 산화반응은 다음과 같다.

Nitroso-세균:

$$2NH_4^+ + 3O_2 \rightarrow 2NO_2^- + 4H^+ + 2H_2O \tag{7-88}$$

Nitro-세균:

$$2NO_2^- + O_2 \rightarrow 2NO_3^- \tag{7-89}$$

전체 산화반응:

$$NH_4^+ + 2O_2 \rightarrow NO_3^- + 2H^+ + H_2O \tag{7-90}$$

위의 총괄 산화반응에 기초한 암모니아의 완전산화에 필요한 산소는 4.57 g O_2/g N이며, NH_4-N가 NO_2-N로 산화될 때 3.43 g O_2/g NH_4-N, NO_2-N가 NO_3-N으로 산화될 때 1.14 g O_2/g NO_2-N가 필요하다. 세포합성을 무시하면, 식 (7−88)에서 필요한 알칼리도는 다음과 같이 식 (7−90)을 아래와 같이 정리하여 계산할 수 있다.

$$NH_4^+ + 2HCO_3^- + 2O_2 \rightarrow NO_3^- + 2CO_2 + 3H_2O \tag{7-91}$$

위 식에서 NH_4-N 단위 몰당 2몰의 알칼리도가 소모되며, 이는 NH_4-N 1 g당 7.14 g의 알칼리도(as $CaCO_3$)가 소모되는 것과 같다[2 × (50 g $CaCO_3$/eq)/14]. 질산화 시스템에서 제거되는 단위 암모니아 질량당 소모되는 실질적 산소와 알칼리도 양은 위의 화학양론식으로부터 산정된 값보다 작은데, 이는 일부의 암모니아가 질산화 과정에서 생성되는 생체에 합성되면서 제거되기 때문이다.

질산화로부터 합성되는 세포의 양은 변화가 심하다. AOB의 생체 성장 수율은 에너지론적 계산에 의하면 0.33 g VSS/g NH_4-N (Rittman과 McCarty, 2001)인데, 실험결과(U.S. EPA, 1993, Haug와 McCarty, 1972, Fang et al., 2009)에 의하면 0.10~0.15 g VSS/g NH_4-N 정도이다. NOB의 바이오매스 성장 수율은 에너지론적 계산에 의하면 0.08 g VSS/g NH_4-N (Rittman과 McCarty, 2001)이고, 실험결과(U.S. EPA, 1993, Haug와 McCarty, 1972, Fang et al., 2009)에 의하면 0.04~0.07 g VSS/g NH_4-N 정도이다.

합성 수율값을 NH_4-N가 NO_2-N로 산화되는 g당 0.12 g VSS이라 하고, NH_4-N 산화에 필요한 알칼리도를 공급해 준다고 가정하면, 다음과 같은 질산화를 위한 화학양론식으로 정리된다.

$$\begin{aligned} &NH_4(HCO_3) + 0.9852Na(HCO_3) + 0.07425CO_2 + 1.4035O_2 \rightarrow \\ &\quad 0.01485C_5H_7NO_2 + 0.9852NaNO_2 + 2.9406H_2O + 1.9852CO_2 \end{aligned} \tag{7-92}$$

식 (7−92)에서 질산화반응을 위해 필요한 산소의 양은 NH_4-N가 NO_2-N 산화되는 g당 3.21 g O_2인데, 이는 질산화 과정에서 세포합성에 질소가 사용되지 않는다고 가정할 경우인 3.43[식 (7−88)]과 비교해 볼 수 있다.

질산화를 완성시키기 위하여 합성 수율을 0.04 g VSS/g NO_2-N라 가정하면 총 질산화 식은 다음과 같이 정리된다.

$$NH_4(HCO_3) + 0.9852Na(HCO_3) + 0.0991CO_2 + 1.8675O_2 \rightarrow 0.01982C_5H_7NO_2 + 0.9852NaNO_3 + 2.9232H_2O + 1.9852CO_2 \tag{7-93}$$

위의 식에서 1 g의 NH_4-N가 NO_3-N 전환되는데 4.25 g의 O_2가 이용되고, 0.16 g의 바이오매스가 생성되며, 7.09 g의 알칼리도(as $CaCO_3$)가 소모된다. 1.0 g의 NH_4-N가 NO_3-N로 산화될 때 필요한 산소요구량(0.427 g)은 식 (7−88)로부터 계산된 4.57 g보다 작으며, 여기에는 세포합성에 이용된 암모니아 양을 고려하지 않았다. 동일한 개념으로 식 (7−93)에 의한 질산화에 필요한 알칼리도(7.09 g/g)는 7.14 g/g보다 작다. 식 (7−93)에 있는 계수의 값은 바이오매스 수율값을 가정한 데 기인한 것이다. 순 질산화 세균 바이오매스 수율이 낮은 것은 NH_4-N가 NO_3-N 전환되는 g당 필요한 산소요구량이 4.25 g O_2 보다 큰 값을 갖기 때문이다. Werzernak와 Gannon(1967)은 질산화에 필요한 총 산소량이 4.33 g O_2/g N이며, 이 중 3.22 g O_2/g N은 NH_4-N 산화에, 1.11 g O_2/g N은 NO_2-N 산화에 사용됨을 밝혔다. 이 값들은 바이오매스합성을 가정한 위의 화학양론식으로 계산된 NH_4-N 산화에 3.22 g O_2/g N, NO_2-N 산화에 1.06 g O_2/g N의 값들과 비교된다.

폐수의 질소 농도, BOD 농도, 알칼리도, 온도, 독성 가능물질 등은 생물학적 질산화 공정 설계에 있어 중요한 인자들이다. 질산화 세균은 세포성장을 위해 CO_2와 인과 미량원소들을 필요로 한다. 세포 수율값이 작기 때문에 대기 중에 있는 CO_2로 충분하고, 인은 1차 처리나 앞에서 인 제거를 위해 금속염을 첨가해 주지 않았을 경우 별로 문제가 되지 않는다. 미량원소 농도는 순수배양과정에서 질산화 세균의 성장을 자극시키는 것으로 알려져 있으며, Ca = 0.50, Cu = 0.01, Mg = 0.03, Mo = 0.001, Ni = 0.10, Zn = 1.0 mg/L 정도이다(Poduska, 1973).

›› 질산화 동역학

Monod 성장 동역학 모델이 일반적으로 NH_4-N와 NO_2-N의 산화 동역학을 설명하는 데 사용된다. AOB와 NOB의 비성장속도는 식 (7−94)와 식 (7−95)과 같이 각 산화될 질소 성분의 농도, DO 농도, 내생사멸률 등의 함수이다. 25°C 이하에서 운전되는 완전혼합 질산화 시스템에서 NOB는 아질산이온을 빠른 속도로 사용하여 낮은 농도의 NO_2-N만이 남아 있기 때문에 일반적으로 AOB만을 고려하여 공정을 모델링한다. 그러나 수온이 28°C 이상이거나 낮은 DO 농도(0.50 mg/L 이하)에서는 고온과 저 DO의 영향이 NOB보다 AOB에 더 유리하게 되어 NH_4-N의 농도가 NO_2-N 농도보다 더 낮게 유지되기 때문에 두 그룹의 동역학을 반드시 고려해서 반영해야 한다. 고온에서 AOB와 NOB의 동역학적 차이는 질소를 제거하는 SHARON® 공정을 뒷받침하는 중요한 원리이며 15장 15−9절에 소개되어 있다. NO_2-N의 농도는 호기성 반응조를 직렬로 연결한 시스템이나 연속회분식 시스템에서 중요할 수 있으며, 그렇기 때문에 AOB와 NOB의 활성도를 동시에 모델링하는 것이 적합하다(Chandran과 Smets, 2000, Wett et al., 2011).

두 종을 모델링하는 것은 전이 운전조건을 예측하는 데 유용하게 활용될 수 있다. 질산화 시작 단계에서, AOB가 아질산이온을 생산하기 전까지는 NOB의 성장이 일어나지 않기 때문에 NO_2-N의 농도는 NH_4-N의 농도보다 높게 된다. 전이조건 동안 NO_2-N의 농도는 5~20 mg/L 정도가 된다.

아래에 주어진 Monod 모델은 AOB나 NOB의 비성장속도에 미치는 반응조내 질소와 DO 농도 및 내생사멸률의 영향을 설명해 주고 있다.

$$\mu_{AOB} = \mu_{max,AOB}\left(\frac{S_{NH}}{S_{NH} + K_{NH}}\right)\left(\frac{S_o}{S_o + K_{o,AOB}}\right) - b_{AOB} \quad (7\text{-}94)$$

$$\mu_{NOB} = \mu_{max,NOB}\left(\frac{S_{NO}}{S_{NO} + K_{NO}}\right)\left(\frac{S_o}{S_o + K_{o,NOB}}\right) - b_{NOB} \quad (7\text{-}95)$$

여기서, μ_{AOB} = 암모니아 산화 세균 비성장률, g VSS/g VSS · d
μ_{NOB} = 아질산이온 산화 세균 비성장률, g VSS/g VSS · d
$\mu_{max,AOB}$ = 암모니아 산화 세균 최대 비성장률, g VSS/g VSS · d
$\mu_{max,NOB}$ = 아질산이온 산화 세균 최대 비성장률, g VSS/g VSS · d
b_{AOB} = 암모니아 산화 세균 비내생소멸률, g VSS/g VSS · d
b_{NOB} = 아질산이온 산화 세균 비내생소멸률, g VSS/g VSS · d
S_{NH} = 질소 농도, g/m^3
K_{NH} = 암모니아 반속도 상수, g/m^3
S_o = DO 농도, g/m^3
$K_{o,AOB}$ = AOB의 DO 반속도상수, g/m^3
S_{NO} = NO_2-N 농도, g/m^3
K_{NO} = NO_2-N 반속도상수, g/m^3
$K_{o,NOB}$ = NOB의 DO 반속도상수, g/m^3

최대 비성장률과 비내생사멸률은 온도의 함수로 알려져 있는 식 (1−44)로 모델링할 수 있고, 어느 온도에서의 값은 20°C에서의 값과 온도보정계수, θ와 관련하여 나타낼 수 있다.

$$\mu_{max,T} = \mu_{max,20}(\theta^{T-20}) \quad (7\text{-}96)$$

$\mu_{max,T}$ = 온도 T °C에서 최대 비성장률
$\mu_{max,20}$ = 20°C에서 최대 비성장률
= 온도보정상수

$$b_T = b_{20}(\theta^{T-20}) \quad (7\text{-}97)$$

b_T = 온도 T, °C에서 내생사멸률
b_{20} = 20°C에서 내생사멸률

정상상태로 운전되는 완전혼합 활성슬러지 시스템(CMAS)에서 비성장률은 SFR의 역수와 같다.

$$\mu_{AOB} = \frac{1}{SRT} \quad (7\text{-}98)$$

식 (7−46)과 식 (7−98)을 결합시키면, CMAS의 유출수 NH_4-N 농도는 식 (7−99)와 (7−100)를 이용하여 정상상태에서 SRT와 DO 농도 및 동역학적 계수들의 함수로부터 결정할 수 있다.

$$S_{NH} = \frac{K_{NH}[1 + b_{AOB}(SRT)]}{SRT(\mu_{max,AOB,DO} - b_{AOB}) - 1.0} \tag{7-99}$$

여기서, SRT = 고형물 체류시간, d

$\mu_{max,AOB,DO}$ = DO 농도로 수정된 $\mu_{max,AOB}$, g/g · d

$$\mu_{max,AOB,DO} = \frac{(\mu_{max,AOB})(S_o)}{(S_o + K_{o,AOB})} \tag{7-100}$$

이와 유사한 식들이 정상상태에서 CMAS의 NO_2-N 농도를 표현하는 데 사용될 수 있다.

암모니아 산화속도(r_{NH}, g/m^3 · d)는 식 (7−101)과 같이 일반적인 식에 의해 표현되는 질산화 동역학과 반응조내 NH_4-N, DO, AOB 농도의 함수이다. 정상상태의 운전조건에서 AOB 농도(X_{AOB})는 기질로서 NH_4-N의 산화를 표현한 식 (7−42)을 적용하여 결정된다.

$$r_{NH} = \left(\frac{\mu_{max,AOB}}{Y_{AOB}}\right)\left(\frac{S_{NH}}{S_{NH} + K_{NH}}\right)\left(\frac{S_o}{S_o + K_{o,AOB}}\right)X_{AOB} \tag{7-101}$$

$$X_{AOB} = \frac{Q(Y_{AOB})(N_{OX})SRT}{V[1 + b_{AOB}(SRT)]} \tag{7-102}$$

여기서, X_{AOB} = AOB 농도, g/m^3

Q = 일평균 유입 유량, m^3/d

N_{OX} = 유입수로부터 AOB에 의해 산화된 NH_4-N 농도, g/m^3

V = AOB를 함유하고 있는 반응조 부피, m^3

바이오매스 성장조건[시스템 SRT, 매일 산화되는 평균 NH_4-N의 양(Q_{NOX}), 반응조 부피]의 함수로 나타내는 AOB의 NH_4-N 산화속도와 반응조의 NH_4-N와 DO 농도는 식 (7−101)과 식 (7−102)를 결합하여 얻을 수 있다.

$$r_{NH} = \mu_{max,AOB}\left(\frac{S_{NH}}{S_{NH} + K_{NH}}\right)\left(\frac{S_o}{S_o + K_{o,AOB}}\right)\left\{\frac{Q(N_{ox})SRT}{V[1 + b_{AOB}(SRT)]}\right\} \tag{7-103}$$

식 (7−99)와 (7−103)은 질산화 동역학을 얻기 위한 다른 두 종류의 실험에 사용될 수 있다. 첫 번째 경우는 식 (7−99)에 맞추어 다른 운영 정상상태 SRT 값에서 주어진 온도에서 최대 비성장속도, $\mu_{max,AOB}$를 얻기 위해 유출수 NH_4-N 농도를 측정한다. 식 (7−103)은 동역학 인자 값을 얻기 위해 회분실험자료와 함께 사용된다. 유입 유량과 일정한 SRT에서 산화되는 NH_4-N 농도에 대한 충분한 운전자료가 바이오매스 성장조건을 정량화하기 위한 실험자료를 수집하기 전에 필요하다. 회분실험 동안 r_{NH}에 대한 S_{NH}는 시간에 따라 측정되고, $\mu_{max,AOB}$, K_{NH}는, $K_{o,AOB}$, b_{AOB}를 얻기 위한 모델피팅에 사용된다. 두 경우 모두 내생사멸률, b_{AOB}가 계산된 $\mu_{max,AOB}$ 값에 영향을 준다는 것에 주의해야 한다.

❯❯ AOB 동역학

보고된 $m_{max,AOB}$ 값은 20°C에서 0.33~1.0 g/g · d 범위로 변화의 폭이 크다(Sedlak, 1991, Randall et al 1992). 질산화 동역학 연구에서 비소멸률 계수(b_{AOB})에 사용되는 값은 $m_{max,AOB}$ 값에 큰 영향을 미친다. 낮은 비소멸률 값을 선택하면 $m_{max,AOB}$ 값은 크게 되고 그 반대는 작아지게 된다. 그래서 정확한 b_{AOB} 값을 적용하지 않은 연구 간에 질산화 동역학 값을 비교하는 것이 어렵다(Dold et al., 2005). 질산화 동역학에 관한 연구에서 20°C의 $m_{max,AOB}$ 값이 0.65 g/g · d (U.S. EPA, 1993), 혹은 0.76 g/g · d (Downing et al., 1964)일 때, 비내생사멸률은 매우 작거나 일반적으로 무시하여 왔다. 20°C에서 내생사멸계수 값이 0.17 g/g · d이라 할 때, 분리실험 방법에 의해 결정된 $m_{max,AOB}$ 값은 0.90 g/g · d이 물환경연구협회(WERF) 연구에서 제안되었다(Melcer et al., 2003). 이 경우 온도상수, u의 값은 $\mu_{max,AOB}$와 b 각각에 대해 1.072와 1.029이었다.

운전조건의 영향. 활성슬러지 운전조건은 질산화 동역학에 의해 선택되고 관찰되는 AOB의 종류에 영향을 미친다. Wett et al. (2011)은 두 종류의 AOB, 즉 "r" (혹은 u) 전략과 "K" 전략이 운전조건에 따라 다른 비율로 동일한 활성슬러지 시스템에 존재할 수 있다는 것을 제시하였다. r-전략은 높은 비성장률을 갖고, 높은 NH_4-N 농도조건에서 유리하게 성장한다. K-전략은 그 반대로 낮은 NH_4-N 농도에서 유리하게 성장하고, r-전략보다 낮은 반속도상수(K_{NH}) 값을 갖는다. 실규모 활성슬러지 시스템에서 호기성 질산화조에서 앞의 무산소조로의 반송율 증가가 μ_{max}의 감소에 미치는 영향은 두 종류의 AOB 군집으로 모델링함으로써 설명된다. 모델링 결과에 의하면 K-전략 AOB의 분율이 내부 반송율이 증가함에 따라 증가한다. 20°C에서 K-와 r-전략을 모델링할 때 사용되는 μ_{max}와 K_{NH}는 각각 0.75 g/g · d와 0.30 g/m^3, 그리고 0.95 g/g · d와 0.70 g/m^{3}이다. 도시폐수를 처리하는 질산화 파일롯 실험에서 Munz et al.(2010)은 SRT 20일로 시작한 성장조건은 SRT 8일로 운전되는 r-전략에 비해 K-전략을 쓰는 AOB에 유리하다고 하였다. 20°C에서 μ_{max}값은 각각 0.49와 0.72 g/g · d이고, 비내생사멸계수 값은 두 경우 모두에 0.10 g/g · d가 적용되었다.

반속도상수. 반속도상수, K_{NH}는 Monod 모델을 질산화반응조 설계에 적용하는데 있어서 중요한 동역학 인자이다. 주어진 호기성 SRT에서 K_{NH} 값이 작을수록 유출수 NH_4−N 농도가 낮아진다. K_{NH} 값은 시스템 성장조건과 r-이나 K-전략을 선택한 질산화 세균에 의해 영향을 받는다. 문헌상에 발표된 값의 예는 0.14~5.0 g/m^3 (Sin et al., 2008a)와 0.60~3.6 g/m^3 (U.S. EPA, 1993)과 같이 변화의 폭이 크다. 실규모 처리장 운영결과에 따르면 K_{NH} 값은 0.30~0.70 g/m^3 정도이다. 최근의 모델에서 K_{NH} 값에 대한 온도의 영향은 없는 것으로 가정하기도 한다(Henze el al., 1998, 그리고 Henze et al., 2008).

비내생사멸. 20°C 호기성 활성슬러지에서 AOB의 비내생사멸계수 값은 Melcer et al. (2003)에 의해 보고된 0.17 g/g · d이 Copp와 Murphy(1995)가 보고한 0.17 g/g · d과 Manser et al. (2006)이 보고한 0.15 g/g · d와 일반적으로 일치하는 값이다. Salem et al. (2006)은 실규모 활성슬러지공정에서 연구한 결과로부터 23.5°C일 때 AOB 사멸계수 값

0.20 g/g · d을 얻었는데, 이는 Melcer et al. (2003)이 얻은 비내생사멸계수 값 0.17 g/g · d과 온도계수 값과 근접하게 일치하는 것이다. 무산소-호기성 활성슬러지 시스템의 무산소 조건 동안에 AOB의 비내생사멸계수는 호기성 지역에서의 계수 값의 약 50%라고 보고된 바 있다(Salem et al., 2006; Lee & Oleszkiewicz, 2003; Nowak et al., 1994; 그리고 Siegrist et al., 1999).

NOB 동역학

여러 적용 예에서 질산화 공정에는 AOB 동역학만 고려하여 적절하게 설계하여 왔다. 완전히 적응된 완전혼합 활성슬러지 질산화 시스템의 경우 충분한 DO가 존재하며 25°C 이하에서 NO_2-N 농도는 NH_4-N 농도가 0.50~1.0 mg/L의 범위에 있는 반면에 0.10 mg/L 이하일 수 있다. 그러나 AOB에 의해 NH_4-N 가 NO_2-N로 산화되고, NOB에 의해 NO_2-N 가 NO_3-N로 산화되는 2단계 동역학 모델을 적용하는 것이 필요할 때가 있다. 초기 질산화 시운전 단계에서 NOB 성장이 AOB가 아질산이온을 생산하기 전까지는 발생하지 않기 때문에 NO_2-N 농도는 NH_4-N 농도보다 높을 수 있다. 이러한 전이조건에서는 NH_4-N 농도는 낮고, NO_2-N 농도는 5~20 mg/L 정도까지 된다. 낮은 DO 농도에서 운전될 경우 NO_2-N 농도가 NH_4-N 농도보다 높을 수 있기 때문에 반드시 2단계의 동역학 모델에 의해 모의되어야 한다. NOB 동역학은 또한 회분식이나 조건이 다른 반응조로 구성된 활성슬러지공정에서는 중요하게 고려해야 하며, 이를 이용하여 초기 반응시작 시간 동안이나 앞 단계 반응조에서 NO_2-N 농도를 산정할 수 있다. 27°C 이상의 온도에서 NOB 동역학은 AOB에 비하여 더 불리하게 되고, 2단계 동역학 모델을 사용하여 SHARON® 공정에서 아질산화를 제어하게 된다. SHARON® 공정은 혐기성 소화 농축액이나 여액을 측류에서 처리하는 공법으로 15장에 소개되어 있다.

운전조건의 영향. AOB에 비하여 NOB 동역학에 대한 연구는 제한적이며, 대부분의 경우 동역학은 파일롯 실험이나 실험실 규모 실험의 결과를 모델과 대조하여 도출되고 있다. Sin et al. (2008a)에 의해 정리된 아질산이온 산화 동역학 계수들은 실험에 사용된 시스템, 모델의 구조, 모델 대조방법 등에 따라 변화의 폭이 넓게 분포한다. 20°C에서 NOB의 최대 비성장속도는 1.33 g/g · d (Wett & Rauch, 2003), 1.8 g/g · d (Sin et al., 2008a), 1.0 g/g · d (Kealin et al., 2009), 0.70 g/g · d (Jones et al., 2007)과 같이 AOB의 값보다 높은 것으로 종종 보고되고 있다. NOB의 μ_{max}의 온도보정계수 θ 값은 1.06 (Wett & Rauch, 2003, Jones et al., 2007)을 적용하고 있다. 위에서 언급된 바와 같이 NOB 동역학은 *r*-이나 *K*-전략에 유리한 반응조 운전조건에 따라 변할 수 있다(Kim et al. 2006).

반속도상수. NOB에 의한 아질산이온 산화와 관련된 반속도상수의 연구결과는 거의 없다. 대신에 연구자들은 NOB 기질의 반속도상수가 AOB의 것보다 약간 높다는 것을 발견하였다(Manser et al., 2005). 그러나 Sin et al. (2008a)에 의해 발표된 AOB와 NOB의 반속도상수 값을 보면, NOB의 K_{NO} 값을 4종류를 대상으로 0.05~0.30 g/m^{3}로 낮은 것으로 보고하였다. Cuidad et al. (2006)은 AOB보다 NOB의 반속도상수 값을 더 낮게 보고한 바 있다.

비내생사멸. NOB의 비내생소멸계수 값은 AOB의 값과 비슷한 것으로 보고되고 있다(Copp &Murphy, 1995, Manser et al., 2006, Salem et al., 2006). 또한, 온도보정계수도 AOB와 유사한 값이 NOB에 적용되고 있다(Wett & Rauch, 2003, Kaelin et al., 2009).

》 환경인자

질산화와 아질산화속도는 용존산소 농도, pH, 독성물질, 금속류 그리고 이온화되지 않은 암모니아와 같은 다수의 환경인자에 의해 영향을 받는다.

용존산소 농도. 질산화속도는 활성슬러지공정의 용액내 DO 농도에 의해 영향을 받는다(부착성장 영향은 9장에 수록되어 있다). 호기성 종속영양 세균에 의한 유기물질의 분해에서 관찰된 것과는 반대로 질산화속도는 DO 농도가 3~4 mg/L까지 증가한다. 식 (7−94)와 (7−95)에 나타낸 바와 같이 DO의 영향을 설명하기 위한 이중 Monod 성장속도 모델은 공정 동역학에 미치는 DO의 영향을 설명하는 데 사용되는 DO 반속도상수, K_O 값을 포함한 DO와 기질 농도 모두의 영향을 포함하게 된다. 종속영양 세균에 의한 기질 산화속도는 일반적으로 용액내 DO의 농도가 0.20 mg/L 이하가 될 때까지 영향을 받지 않는다.

용존산소 저해. DO 농도가 고갈될 때 NO_2-N 농도가 증가하는 현상이 보고된 바(Picioreanu et al., 1997; Garrido et al., 1997; Peng & Zhu, 2006; Contreras et al., 2008)와 같이 NOB의 NO_2-N 산화속도는 AOB의 NH_4-N 산화속도보다 낮은 DO 농도에서 저해를 받는다. AOB의 K_O 값은 0.10에서 1.0 g/m³으로 넓은 범위의 값을 갖는 것으로 알려져 있으나(Cuidad et al., 2006; Sin et al., 2008a), 각자의 NOB K_O 값은 이보다 더 크다. AOB와 NOB를 이용한 실험결과 AOB에 대한 NOB의 DO 반속도상수 값의 비는 2.36 (Guisasola et al., 2005)과 1.14 (Ciudad et al., 2006)이다. 이 비 중 2.5 (Wett & Rauch, 2003), 2.0 (Jones et al., 2007), 3.0 (Sin et al., 2008b)가 질산화 모델링에 사용되고 있다. 산소 반속도상수의 절대적인 값은 운전과 활성슬러지 플록 조건 및 DO에 대한 세균의 친화도와 함께 확산 제한성에 달려 있다.

산소 반속도상수의 절대적인 값은 AOB나 NOB의 DO에 대한 친화도 이상의 것에 달려 있다. Stenstrom과 Song(1991)은 실험결과를 통하여 질산화에 미치는 DO의 영향이 활성슬러지 플록의 크기와 밀도, 혼합배양액의 총 산소요구량 등에 영향을 받는다는 것을 밝혔다. 질산화 세균은 종속영양 세균과 다른 고형물로 구성된 직경이 100에서 400 μm 정도 되는 플록 내에 분포하고 있다. 용액으로부터 산소는 플록 입자내로 확산되며, 플록 깊숙한 곳의 세균에게는 낮은 DO 농도가 전달된다. 유기물질 부하량이 크면, 혼합액내 기질의 농도가 높기 때문에 플록내 산소소비속도가 커지게 된다. 그러므로 플록 내 동일한 DO 농도와 질산화속도를 유지하기 위하여 용액 내 높은 DO 농도가 필요하게 된다.

플록의 크기와 관련하여 플록 크기가 작은 생물막(MBR) 시스템에서는 플록 크기가 큰 활성슬러지/침전 시스템보다 K_O 값이 작은 것으로 알려져 있다(Manser et al., 2005; Daebel et al., 2007). Blackburne et al.(2007)은 초음파로 *Nitrobacter* 배양액의 플록 크기를 바꾸어 가며 실험한 결과 K_O 값이 대략적으로 작거나 중간 크기의 플록일 경우 0.4 g/m³, 큰 플록일 경우 1.7 g/m³인 것을 발견하였다.

수소이온농도(pH). 최적 질산화속도는 pH가 7.5~8.0 범위에서 발생한다. 암모니아 산화속도는 pH 가 7.0 이하에서 상당히 감소한다. 낮은 pH에서 질산화속도가 감소하는 것은 NH_3-N 가 AOB의 실질적인 기질일 수 있다는 결과가 보고되면서(Suzuki et al., 1974) 자유 암모니아(NH_3) 농도의 감소에 기인하는 것으로 추정된다. pH 값이 5.8~6.0일 때 암모니아 산화속도는 pH 7.0일 때의 약 10~20% 정도이다(U.S. EPA, 1993). 이러한 자료를 이용하여 다음의 상관관계가 pH 7.0 이하에서 pH 7.2일 때를 기준으로 pH에 따른 상대적인 질산화속도를 나타내는 데 사용될 수 있다.

$$\text{상대 질산화속도} = \frac{NR_{pH}}{NR_{7.2}} = (0.0004017)e^{1.0946pH} \tag{7-104}$$

여기서, NR_{pH} = pH에서 질산화속도
$NR_{7.2}$ = pH = 7.2일 때 질산화속도

대부분 질산화속도에 대한 측정된 pH의 영향은 중성 pH 근처에서 출발한 배양조건이라도 전이조건에서 일어나게 된다. 낮은 pH에서 장기간 적응시키면 초기 배양조건보다 낮은 pH에서 다른 속도를 갖는 여러 AOB 종을 선택할 수 있다. 부유성장 반응조에서 pH가 4.3보다 낮은 조건일 때 질산화 활성도가 보고된 바 있다(Ward et al., 2011). AOB 군은 *Nitrosomonas europaea*나 *Nitrosomonas communis* 대신에 *Nitrosomonas oligotropha*가 우점종이며, 활성슬러지 반응조에서 더 일반적으로 검출된다.

낮은 pH가 질산화속도에 미칠 수 있는 가능한 저해 영향을 최소화하기 위하여 일반적으로 운전 알칼리도를 50~60 mg/L 유지하고 있으며, 이 때 pH는 6.8 이상 유지된다. 알칼리도가 낮거나 암모니아 농도가 높은 폐수를 처리하는 활성슬러지공정에서 질산화를 원활히 진행시키기 위하여 알칼리도를 첨가해 주기도 한다. 알칼리도는 가격이나 화학물질 취급성 등에 따라 소석회, 소다회, 중탄산나트륨, 마그네슘수화물 등의 화학물질을 첨가해 줄 수 있다.

독성 AOB는 가장 예민한 질산화 세균이며, 이들의 활성도는 호기성 종속영양 세균이 영향을 받는 농도보다 훨씬 낮은 농도의 광범위한 종류의 유기 및 무기화합물에 의해 영향을 받을 수 있다. 많은 경우, 암모니아 산화속도는 질산화 세균들이 계속해서 성장하면서 암모니아를 산화시키더라도 크게 낮아지는 정도로 저해를 받을 수 있다. 일부의 경우 독성에 의해 질산화 세균이 완전히 죽을 수도 있다.

AOB는 낮은 농도에서라도 유기독성화합물의 존재를 알리는 좋은 지표가 되어 왔다(Blum and Speece, 1991). 질산화에 독성을 주는 유기독성화합물의 포괄적인 목록은 영양물질 제어 설계 매뉴얼(U.S. EPA, 2010)에서 찾아볼 수 있다. 독성화합물에는 용제 유기화학물질, 아민류, 단백질, 탄닌류, 페놀 화합물, 알코올류, 시안류, 에테르류, 카바메이트류, 벤젠 등이 포함된다. 질산화를 저해하는 화합물이 수없이 많기 때문에 폐수처리장

에서 질산화를 저해하는 독성물질을 찾아내기가 어렵고, 저해 요인을 찾기 위해서는 폐수 집수계통에서 광범위한 시료채취가 필요하다.

금속류. 금속류 또한 질산화 세균과 관련이 있다. Skinner와 Walker(1961)는 니켈 0.25 mg/L, 크롬 0.25 mg/L 그리고 구리 0.10 mg/L에서 암모니아 산화가 완전히 저해됨을 보였다.

자유 암모니아와 질소산화물의 저해. AOB와 NOB 모두의 활성도는 암모니아나 아질산이온 농도가 높은 시스템에서 저해받을 수 있다. 이러한 경우는 호기성 소화조와 혐기성 소화조 반류수나 가축 사육장에서 발생하는 고농도 암모니아 폐수를 처리할 때 발생할 수 있다. 저해 작용이 있는 화합물은 비이온화된 암모니아(NH_3-N)나 자유 암모니아, 그리고 비이온화된 아질산(HNO_2)들이다. 이들의 농도는 반응조 pH, 수온, NH_3-N의 경우 총 암모니아 농도(TAN = NH_3-N + NH_4-N), HNO_2의 경우 NO_2-N의 농도 등의 함수로 결정된다. NH_3-N와 HNO_2 농도는 다음과 같은 식에 따라 계산될 수 있다(Anthonisen et al., 1976).

$$NH_3\text{-N} = \frac{\text{TAN}(10^{\text{pH}})}{(1/K_a) + 10^{\text{pH}}} \tag{7-105}$$

$$\frac{1}{K_a} = \exp[6334/(273 + T)] \tag{7-106}$$

여기서, TAN = 총 NH_3-N + NH_4-N 농도, g/m^3

T = 온도, °C

K_a = 암모니아의 이온화 상수

$$HNO_2\text{-N} = \frac{NO_2\text{-N}}{(K_n)(10^{\text{pH}})} \tag{7-107}$$

$$K_n = \exp[-2300/(273 + T)] \tag{7-108}$$

여기서, HNO_2-N = 자유 아질산 농도, g-N/m^3

K_n = 아질산 이온화 상수

높은 pH와 온도에서 NH_3-N + NH_4-N 중의 더 많은 양이 NH_3-N로 전환되고, 낮은 pH와 온도에서는 많은 NO_2-N가 HNO_2-N로 전환된다.

Anthonisen et al. (1976)에 의하면, AOB에 대한 NH_3-N의 저해 농도는 7.0 g/m^{3}이라고 한다. Abeling와 Seyfried(1992)는 NH_3-N 농도가 20 g/m^{3}에서 AOB가 활성도를 완전히 잃어버린다고 하였으나, 장기간 적응을 거친다면 Wong-Chong과 Loehr(1975)에 의하면 50 g/m^{3}에서도 AOB가 안정적으로 활성도를 유지하기도 한다고 하였다. AOB 저해의 영향은 폐활성슬러지의 호기성 소화과정에서 높은 간헐적 유입이나 DO가 제한된 조건일 때 NH_4-N가 농축되기 때문에 발생할 수 있다. 고형물 소화과정 중 활성슬러지 바이오매스로부터 단백질이 유리되고, 탈아미노산 작용으로 NH_4-N와 알칼리도가 생성된다. 암모니아 산화속도가 NH_4-N 생성속도에 비하여 적합하지 않다면 pH와 NH_4-N

는 증가하게 되고, NH_4-N 농도가 AOB 활성도를 저해할 정도로 증가하여 NH_4-N 축적과 저해작용을 더 악화시키는 원인이 될 수 있다. pH가 7.0~8.5, 온도가 20~35°C에서 AOB에 저해를 줄 수 있는 가능한 TAN 농도(NH_3-N + NH_4-N)가 표 7-11에 정리되어 있다.

HNO_2에 의한 AOB의 저해는 고농도 NO_2-N와 상관이 있으며, 그 농도는 Anthonisen et al. (1976)에 의하면 0.065~0.83 g/m^3 정도라고 한다. 예를 들어 20°C, pH 6.5에서 저해가 예상되는 NO_2-N 농도는 80~990 mg/L로 추정된다. pH가 6.8, 온도가 30°C, NO_2-N 농도가 200 g/m^3(자유 아질산으로는 0.063 g/m^3)일 때 Silva et al.(2011)는 AOB 활성도가 37% 정도 감소하고 NOB 활성도는 67% 감소한다고 보고하여, NOB 역시 고농도 NO_2-N에 의해 저해를 받는다는 것을 보여주었다.

NOB는 HNO_2 보다 NH_3-N에 더 민감하다. NH_3-N의 저해 농도가 세균들이 적응되기 전에는 Turk와 Mavinic(1986)에 의하면 0.10~1.0 g/m^3, Mauret et al. (1996)에 의하면 6.6~8.9 g/m^3, Wong-Chong와 Loehr(1975)에 의하면 3.5 g/m^{3}으로 다양하고, 적응 후에는 40 g/m^{3}이다. NH_3-N의 저해가 8.9 g/m^{3}에서 발생한다고 가정하면, NOB는 pH 7.7, 온도 25°C 일 때 NH_4-N 농도가 488 g/m^{3}에서 저해가 발생하는 것이며, 이 조건에서 AOB 저해 농도는 표 7-11에 있는 바와 같이 384 g/m^{3}이다.

암모니아 산화 고세균. 암모니아 산화 고세균(AOA)의 동역학에 대한 정보가 제한되어 있어 대부분의 최근 관심은 활성슬러지공정에서 존재 유무를 확인하는 것이다. 유일하게 분리된 암모니아 산화 고세균은 *Nitrosopumilus maritimus*이다(Konneke et al., 2005). 원래 고세균 계에 있는 *Crenarchaeota* 문(phylum)에 속해 있는 것으로 분류된 *N. maritimus*은 *Thaumarchaeota*로 불리는 새로운 문으로 재분류되었다. *N. maritimus*은 pH가 7.0~7.8 사이, 온도 범위가 20~30°C인 좁은 범위 내에서만 성장한다(Ward et al., 2011). 고세균 *amo* A 염색체를 표적으로 하는 중합효소 연쇄반응(PCR) 시발체를 이용하여 분석한 결과 도시폐수를 처리하는 여러 활성슬러지공정에서 아직 밝혀지지 않은 AOA가 발견되고 있다(Park et al., 2006, Wells et al., 2009, Zhang et al., 2009, Limpiyakorn et al., 2011, Giraldo et al., 2011a).

28°C에서 *N. maritimus*의 최대 비성장속도는 Konneke et al. (2005)에 의하면 0.78 g/g · d이나, 그러한 동역학 속도를 갖는 AOA가 활성슬러지공정 WWTP에서 최근까지 발견되지 않고 있다. AOA 동역학에 관한 특별한 특성은 DO와 암모니아에 대한 반속도

표 7-11
유리 암모니아가 7.0 g/m^{3}일 때 다양한 pH 및 온도조건에서 AOB 저해에 미치는 총 암모니아 질소(TAN) 농도

	온도, °C			
pH	20	25	30	35
7.0	1712	1198	846	597
7.5	541	384	272	189
8.0	171	126	91	60
8.5	54	45	34	19

상수 값이 아주 작다는 것이다. *N. maritimus*는 NH_4-N 반속도상수 값(K_{NH})이 0.002 g/m^3인 *K*-전략을 갖는 생물로 여겨진다(Ward et al., 2011). DO에 관한 것도 유사하게 Giraldo et al. (2011a)는 *q*PCR로 분석하여 암모니아 산화 미생물의 85%가 AOA이고, 낮은 DO에서 운전되고 있던 MBR 공정에서 혼합액을 채취하여 DO 반속도상수(K_O) 값을 측정한 결과 0.01 g/m^3이라고 하였다. 겨울철 수온에서 운전한 결과 미생물 군집이 더 많은 AOA로 전이되었고, 측정된 K_O 값이 0.25 g/m^3으로 증가하였다(Giraldo et al., 2011b). Shnthiphand et al. (2011)은 또한 NH_4-N 농도가 낮은 것이 AOA에 유리하다는 것을 관찰하였다. WWPT 활성슬러지로 배양된 반응조에서 AOA 군집은 반응조 NH_4-N 농도가 0.06 g/m^3 범위에 있을 때 번성하였으나, 반응조 NH_4-N 농도가 0.25~0.55 g/m^3로 증가할 경우 군집의 50% 이상이 감소하였다.

7-10 탈질화

질산이온이나 아질산이온이 질소가스로 전환되는 생물학적 환원을 **탈질**이라고 한다. 생물학적 탈질은 생물학적 질소제거를 위한 질산화와 탈질공정의 전과정이며, 몇 가지를 제외하고 도시와 산업폐수처리에서 질소를 제거하기 위해 선택하는 방법이다. 부영양화와 관련된 지역의 폐수를 처리할 때와 폐수처리장 유출수를 지폐수 충전으로 지폐수내 NO_3-N 농도가 높아지는 것을 방지할 때나 처리수를 재사용할 때 폐수처리에서 생물학적 질소제거는 중요한 부분이다. 도시폐수처리에서 생물학적 탈질 없이 10~30%의 질소가 BOD 제거로 인한 생체합성으로 제거될 수 있다. 그 양은 유입수의 BOD:N 비, SRT, 혐기성이나 호기성 소화 후 탈리액으로부터 발생하는 반류수내 질소의 양등의 함수로 결정된다.

두 가지 질산이온 제거방식이 생물학적 공정에서 발생할 수 있는데, 그것은 동화작용이나 이화작용에 의한 질산이온의 환원에 의한 것이다(그림 7-20 참조). 탈질 이화작용은 질소제거 향상을 위한 생물학적 탈질에 관한 것이며, 다양한 유기성과 무기성 기질의 산화를 위한 세균 세포내 호흡과정의 전자전달체계에서 산소를 대신하여 질산이온/아질산이온가 최종 전자수용체로 사용된다. 질산이온 환원에 의한 동화작용은 DO 농도와 관련이 없으며, NH_4-N가 없을 경우에 질산이온가 NH_4-N로 환원되어 세포합성에 사용된다.

종속영양 세균에 의한 생물학적 탈질 이화과정에서 질산이온의 환원은 식 (7-109)와 같이 중간산물인 아질산이온(NO_2^-), 질산산화물(NO), 아질산산화물(N_2O)이 질소가스(N_2)로 전환되는 연쇄반응이다(7-12절 참조).

$$NO_3^- \rightarrow NO_2^- \rightarrow NO \rightarrow N_2O \rightarrow N_2 \qquad (7\text{-}109)$$

》 공정개요

활성슬러지의 탈질공정에 사용되는 2가지 기본적인 공정흐름도와 탈질반응을 일으키는 조건이 그림 7-21에 나타나 있다. 첫 번째 흐름도(그림 7-21a)는 MLE (Modified

그림 7-20
생물학적 처리공정에서 질소의 전환(Sedlak, 1991)

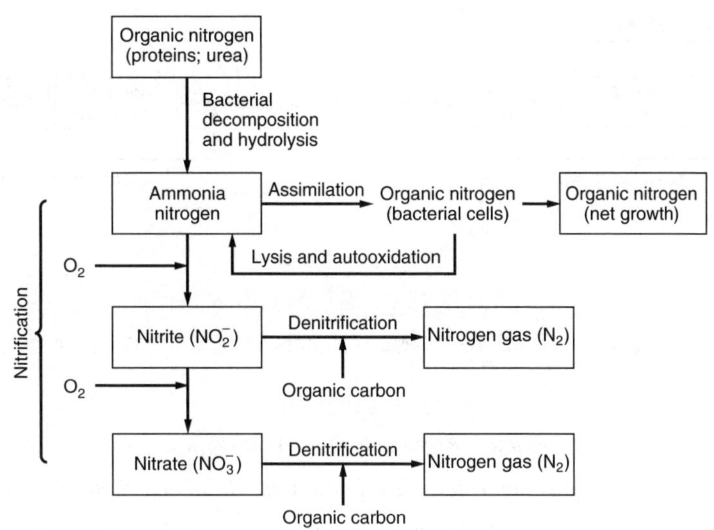

Ludzak-Ettinger) 공정(U.S. EPA, 1993)인데 폐수처리장에서 생물학적 질소제거에 가장 흔히 쓰인다. 이 공정은 무산소조 다음 질산화가 일어나는 포기조로 구성되어 있다. 포기조에서 생성된 질산이온은 무산소조로 반송된다. 유입 폐수내의 유기물이 질산이온을 이용한 산화-환원반응에 필요한 전자공여체를 공급하기 때문에 이 공정을 **기질**에 의한 **탈질**이라 한다. 이 공정에는 무산소조가 포기조 앞에 있으므로 **전무산소 탈질**(*preanoxic denitrification*)이라고도 한다.

그림 7-21(b)에 있는 두 번째 공정에서 탈질은 질산화 이후에 일어나며 전자공여체는 내생호흡에 의하여 공급된다. 그림 7-21(b)에 있는 공정은 유입 폐수의 BOD가 먼저 제거되고 뒤에 질산이온 환원을 유도할 것이 없기 때문에 일반적으로 후무산소 탈질(*postanoxic denitrification*)이라 한다. 후무산소 탈질공정이 내생호흡에 의한 에너지에만 의존할 때, 폐수내 BOD를 사용하는 전무산소 탈질에 비하여 탈질속도가 훨씬 느리다. 간혹 메탄올과 아세트산과 같은 외부 탄소원을 질산이온 환원에 필요한 충분한 BOD를 공급하거나 탈질률 제고를 위하여 후무산소공정에 주입하여 준다. 후무산소공정에는 부유성장과 부착성장이 모두 사용된다. 입자상여재를 사용하는 부착성장공정에서 질산이온 환원과 유출수내 고형물제거가 하나의 반응조에서 동시에 일어난다.

전무산소 및 후무산소공정에서의 탈질은 질산이온 환원에 종속영양 세균을 이용하지만, 다른 경로를 통한 생물학적 질소제거도 존재한다. 탈질은 종속영양 세균과 독립영양 질산화 세균에 의해서도 일어날 수 있다. 다음 절에서 설명할 독립영양 AOB와 anammox 세균을 포함한 독립영양 세균은 혐기성 조건에서 탈질반응을 수행하기도 한다. 폐수처리에서 이용되는 anammox 세균을 제외한 탈질세균은 "미생물학"절에 자세히 설명되어 있다.

》 미생물학

탈질능력이 있는 세균에는 종속영양과 독립영양 모두가 포함된다. 탈질은 다음과 같은 속을 포함하는 광범위한 종류의 종속영양미생물에 의해 이루어진다: *Achromobacter;*

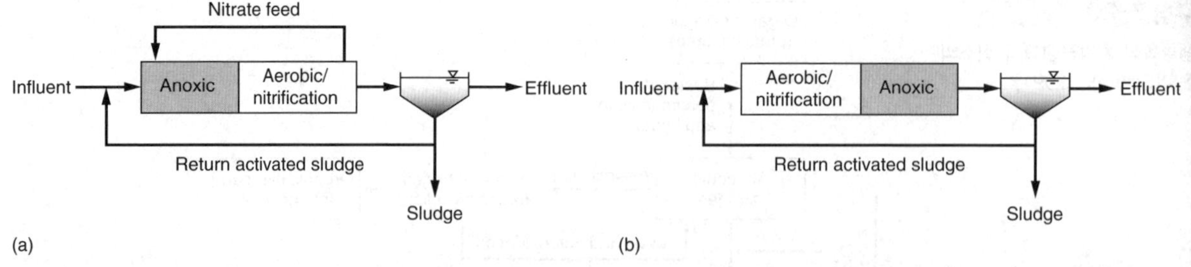

그림 7-21

탈질공정의 종류와 반응조 적용 예. (a) 기질을 이용하는(전무산소 탈질), (b) 내생호흡에 의한(후무산소 탈질)

Acinetobacter; Agrobacterium, Alcaligenes, Arthrobacter; Bacillus, Chromobacterium, Corynebacterium, Flavobacterium, Halobacterium, Hyphomicrobium, Methanomonas, Moraxella, Neisseria, Paracoccus, Propionibacterium, Pseudomonas, Rhizobium, Rhodopseudomonas, Spirillum, 그리고 *Vibrio* (Payne, 1981, Gayle, 1989). 이 세균들의 대부분은 산소뿐만 아니라 질산이온이나 아질산이온을 사용할 수 있는 임의성 호기성 생물들이며, 또한 일부는 질산이온이나 산소 없이도 발효작용을 할 수 있다.

부가적인 탄소의 사용. 메탄올(CH_3OH)과 폐글리서린이나 다른 상용되는 부가적인 탄소성 생산물과 같은 다른 화합물들이 질산이온과 아질산이온(NO_x) 제거량을 증가시키고 탈질속도를 빠르게 하기 위하여 탈질공정에 사용되어 왔다. 단일 탄소화합물로써 메탄올은 유입 폐수내 유기성 기질을 사용하여 성장하는 미생물과 다른 보다 특수한 세균에 의해 분해된다. 메탄올을 사용하는 세균으로 가장 보편적으로 발견되는 속은 *Hyphomicrobium* (Timmermans & Van Haute, 1983, Sperl & Hoare, 1971)와 *Paracoccus denitrificans* (Van Verseveld & Stouthamer, 1978) 등이다. 메탄올을 사용하는 질산화-탈질 시스템의 안정한 동위원소 탐침에 의한 미생물 군집 특성 연구에서 Baytshtok et al. (2008)은 *Hyphomicrobium zavarzinili*에 더하여 *Methyloversatilis universalis* 균주를 확인하였다. *Methyloversatilis universalis* 균주의 독특한 특징은 *Hyphomicrobium zavarzinili*에게는 가능하지 않은 에탄올에서도 성장할 수 있다는 것이다.

종속영양 세균에 의한 탈질. 탈질은 호기성 조건에서 종속영양 질산화 미생물에 의해서도 일어날 수 있기 때문에(Robertson & Kuenen, 1990, Patureau et al. 1994), 질산화와 탈질이 동시에 진행되어 암모니아가 가스상의 질소산물로 전환된다. *Paracoccus pantotropha*와 같은 종속영양 세균을 이용한 동시 암모니아 산화 및 질산이온 환원에 대한 연구가 활발히 진행되었다. 종속영양 세균에 의한 암모니아의 산화에는 에너지가 필요한데, 그 에너지는 *P. pantotropha* 등이 호기성 조건에서 초산을 이용하여 질산이온이나 아질산이온을 환원시켜 얻을 수 있다. 이러한 탈질의 형태에 필요한 조건은 생물학적 질산화 시스템에서는 실질적으로 고려되지 않는 것이고(van Loosdrecht & Jetten, 1998), Littleton et al. (2003)은 실규모 산화구 시스템에서 그들에게 유리한 DO 조건임에도 이러한 미생물을 발견하지 못했다.

독립영양 탈질 몇몇 독립영양 세균은 질산이온이나 아질산이온을 환원시킬 수 있는 능력이 있는 것으로 밝혀졌고, *Paracoccus ferrooxidans*, *Paracoccus denitrificans*, *P. pantotrophus*, *P. versutus* (Kumaraswamy et al., 2006, Kielemoes et al., 2000)에 의해 영가 철과 Fe(II)을 포함한 다양한 전자공여체를 산화시키고, *Thiobacillus denitrificans* (Bock et al., 1995)에 의해 황화합물을 환원시키고, *Nitrosomonas eutropha, Nitrosomonas europaea, Nitrosolobus multiformis* (Poth & Focht, 1985, Bock et al., 1995, Zart and Bock 1998, Schmidt et al., 2003)에 의해 암모니아를 환원시킨다. 무산소 조건에서 *Nitrosomonas*에 의한 암모니아 산화는 느리고 활성슬러지 처리공정에서 실질적으로 중요하지 않은 것으로 알려져 있다(Littleton et al., 2003).

생물학적 탈질화와 아질산–탈질화의 화학양론

생물학적 탈질은 전자수용체로 산소 대신에 질산이온이나 아질산이온을 이용하여 폐수처리에서 용존 유기성 기질을 생물학적으로 산화시키는 반응이다. DO 농도가 없거나 제한된 상태일 때 호흡과정의 전자전달체계에서 질산이온과 아질산이온 환원효소가 유도되고, 최종 전자수용체인 질산이온이나 아질산이온으로 수소와 전자가 이동하게 된다. 질산이온 환원반응에 사용되는 3가지 다른 전자공여체의 산화–환원반응의 화학양론은 다음과 같다. $C_{10}H_{19}O_3N$의 항은 종종 폐수 내에서 생분해성 유기물을 표현하는 화학식이다(U.S. EPA, 1993).

폐수:

$$C_{10}H_{19}O_3N + 10NO_3^- \rightarrow 5N_2 + 10CO_2 + 3H_2O + NH_3 + 10OH^- \quad (7\text{-}110)$$

메탄올

$$5CH_3OH + 6NO_3^- \rightarrow 3N_2 + 5CO_2 + 7H_2O + 6OH^- \quad (7\text{-}111)$$

초산:

$$5CH_3COOH + 8NO_3^- \rightarrow 4N_2 + 10CO_2 + 6H_2O + 8OH^- \quad (7\text{-}112)$$

아세트산은 가격이 비싸기 때문에 일반적으로 사용되지 않고 있다. 위의 모든 종속영양 탈질반응식에서 1당량의 NO_3-N 환원으로 1당량의 알칼리도가 생성되는데, 이는 1 g NO_3-N가 환원될 때 3.57 g 알칼리도 (as $CaCO_3$)가 생성되는 것과 같다. NO_2-N가 환원될 때에도 이와 동일한 양의 알칼리도가 생성된다. 질산화공정에서 산화된 NH_4-N g 당 7.14g 알칼리도가 소모되기 때문에 질산화에 의해 소모된 알칼리도의 대략 절반 정도가 탈질반응에 의해 회복될 수 있다.

탈아질산화는 생물학적인 아질산이온의 환원을 의미한다. 초산을 사용할 때를 예로 들면, 전자수용체로써 아질산이온의 산화–환원반응은 다음과 같다.

$$3CH_3COOH + 8NO_2^- \rightarrow 4N_2 + 6CO_2 + 2H_2O + 8OH^- \quad (7\text{-}113)$$

식 (7–112)과 식 (7–113)을 비교해보면, 탈아질산화는 탈질화에 필요한 초산 양의 60%가 필요하다. 그러나 생물에너지론 분석(7–4절)을 적용하여 에너지를 생산하는 산화반응을 통해 생체합성을 위해 사용되는 COD를 산출하면, 아질산이온 환원에 사용되는 COD나 초산의 양은 이론적으로 질산이온 환원에 비하여 아질산이온 환원에 의해 더 많은 에너지가 생산되기 때문에 질산이온 환원에 사용되는 양의 약 67% 정도가 된다. 생물에너지론에 근거하여 도출된 다음의 화학양론식은 생체 성장에 질소원으로 암모니아 사용될 경우 전자수용체인 질산이온과 아질산이온의 영향을 비교하는 데 사용될 수 있다.

초산을 이용한 질산이온 환원:

$$NO_3^- + H^+ + 0.33\,NH_4^+ + 1.45\,CH_3COO^- \rightarrow 0.5\,N_2 + 0.33\,C_5H_7O_2N + 1.60\,H_2O + 1.12\,HCO_3^- + 0.12\,CO_2 \quad (7\text{-}114)$$

초산을 이용한 아질산이온 환원:

$$NO_2^- + H^+ + 0.24\,NH_4^+ + 0.98\,CH_3COO^- \rightarrow 0.5\,N_2 + 0.24\,C_5H_7O_2N + 1.24\,H_2O + 0.74\,HCO_3^- + 0.008CO_2 \quad (7\text{-}115)$$

탈질화와 아질산-탈질화의 유기성 기질 요구량

반송에 의해 무산소 지역으로 유입되거나 상류에서 흘러드는 아질산이온/질산이온(NOx)를 완전히 제거하기 위하여 충분한 양의 유기성 기질이 반드시 필요하다. 그래서 질소제거를 위한 중요한 설계인자가 NOx 환원을 위한 충분한 양의 전자공여체를 제공해 주기 위한 bsCOD나 BOD의 양이다. 생물학적 질소제거 공정에서 전자공여체는 다음 4가지 탄소원 중의 하나 이상이다: (1) 유입 폐수에 있는 bsCOD, (2) 입자나 콜로이드의 가수분해에 의해 생성된 bsCOD, (3) 내생호흡으로 인해 생성되는 bsCOD, (4) 메탄올이나 아세트산 같은 외부 탄소원. 마지막 외부탄소원은 질산화 후에 bsCOD가 거의 남아 있지 않은 최종 여과지와 같이 분리된 처리장치에 주입되어 처리한다. Barth et al. (1968)은 전무산소 호기성(MLE) 공정에서 도시폐수처리를 위한 일반적인 기준으로 환원되는 1 g의 NO_3-N당 BOD 4 g이 필요하다고 제시하였다. 그러나 실질적인 값은 시스템 운전조건과 탈질에 사용되는 전자공여체의 종류에 따라 결정된다.

외부탄소원을 사용할 때 제거되는 NOx에 따라 기질 주입량을 산정하는 것이 중요하다. 주입량은 제거되는 NOx의 g당 첨가하는 COD의 g으로 정량화할 수 있고, 그 값을 COD/N 비라고 부른다. COD/N 비는 COD 물질수지에 의해 결정되는데, 예제 7-1 (7-3절)에서 제거되는 단위 bsCOD당 산소의 양을 추정하는 방법과 동일하게 계산할 수 있다. 기질의 COD 수지와 탈질반응조에서 NOx 제거를 평가하기 위하여 질산이온과 아질산이온의 산소당량을 반드시 알아야 한다.

산화-환원 반쪽반응식으로부터 전자수용체로 질산이온이나 아질산이온 사용에 대한 산소당량을 결정할 수 있다. 전달되는 전자 몰당 반쪽반응은 표 7-6으로부터 다음과 같이 쓸 수 있다.

산소에 대하여:

$$0.25O_2 + H^+ + e^- \rightarrow 0.5H_2O \quad (7\text{-}116)$$

질산이온에 대하여:

$$0.20NO_3^- + 1.2H^+ + e^- \rightarrow 0.1N_2 + 0.6H_2O \quad (7\text{-}117)$$

아질산이온에 대하여:

$$0.333NO_2^- + 1.333H^+ + e^- \rightarrow 0.6667H_2O + 0.1667N_2 \quad (7\text{-}118)$$

산소 관련[식 (7-116)]과 질산이온 관련[식 (7-117)]에 대한 위의 반쪽반응을 비교하면, 0.25몰의 산소가 산화-환원반응에서 1몰의 전자이동에 따라 0.2몰의 질산이온과 등가이다. 그러므로 질산이온의 산소당량은(0.25 × 32 g O_2/몰)을 질산이온 g 당량(0.20 × 14 g N/mole)으로 나누면 2.86 g O_2/g NO_3-N가 된다. 산소당량은 질산화-탈질 생물학적 처리 시스템을 위한 총 산소요구량을 계산할 때 유용한 설계인자이다. 유사하게, 전자수용체로서 아질산이온의 산소당량은 1.71 g O_2/g NO_2-N이다.

예제 7-1과 식 (7-6)에 있는 바와 같이 COD는 산화되거나 세포성장에 의하여 제거된다. 이와 비슷한 형식을 생물학적 용존 COD 제거에 적용될 수 있다.

$$bsCOD_r = bsCOD_{cell} + bsCOD_{ox} \quad (7\text{-}119)$$

세포합성에 대한 $bsCOD_{cell}$은 순 생체 증식과 1.42 g O_2/g VSS 비로부터 계산된다.

$$bsCOD_{cell} = 1.42\,Y_n bsCOD_r \quad (7\text{-}120)$$

여기서, Y_n = 순 생체 증식, g VSS/g $bsCOD_r$

$$Y_n = \frac{Y}{1 + b(\text{SRT})} \quad (7\text{-}121)$$

따라서,

$$bsCOD_r = bsCOD_{ox} + 1.42\,Y_n bsCOD_r \quad (7\text{-}122)$$

증식을 다시 정리하면,

$$bsCOD_{ox} = (1 - 1.42\,Y_n)bsCOD_r \quad (7\text{-}123)$$

식 (7-123)에서 $bsCOD_{ox}$가 산화된 COD이고, bsCOD 산화를 위해 이용된 NO_3-N의 산소당량과 같다. 그러므로,

$$bsCOD_{ox} = 2.86\,NO_x \quad (7\text{-}124)$$

여기서, 2.86 = NO_3^--N의 O_2당량, g O_2/g NO_3-N

NO_x = 환원된 NO_3^--N, g/d

식 (7-124)를 식 (7-123)에 대입하여 풀면

$$2.86\,NO_x = (1 - 1.42\,Y_n)\,bsCOD_r \quad (7\text{-}125)$$

또는

$$\frac{bsCODr}{NO_x} = \frac{2.86}{1 - 1.42Y_N} \quad (7\text{-}126)$$

따라서,

$$\frac{bsCODr}{NO_{x,\,NO_3^-}},\ \text{g COD/g } NO_3^-\text{-N} = \frac{2.86}{1 - 1.42Y_N} \quad (7\text{-}127)$$

$$\frac{\text{bsCODr}}{\text{NO}x, \text{NO}_2^-} \text{ ; g COD/g NO}_2^- - \text{N} = \frac{1.71}{1 - 1.42Y_N} \tag{7-128}$$

산소가 반송수에 포함되어 무산소 지역으로 유입하면 전자수용체는 다음과 같은 비율로 산소를 소모한다.

$$\frac{\text{bsCODr}}{\text{O}_2} \text{, g COD/g O}_2 = \frac{1.0}{1 - 1.42Y_N} \tag{7-129}$$

식 (7−127)에 있는 g COD/g NO_3-N는 McCarty et al. (1969)가 탈질에 필요한 외부탄소원을 사용하기 위해 정의한 기질의 소비비율과 같은 것이다. 생체합성 증식이 낮은 외부탄소원은 소비비율이 작고, 그래서 제거해야 할 NO_3-N의 양에 대한 기질 주입량이 적게 필요하다. 메탄올의 소비비율은 메탄올의 합성 증식이 낮아 보다 많은 양이 질산이온 환원에 사용될 수 있기 때문에 포도당 값의 약 70% 정도가 된다. 필요한 메탄올의 소비비율은 보도된 생체 수율 0.20~0.30 g VSS/g COD를 기준으로 할 때, 4.0~5.0 g COD/g NO_3-N이다(Stensel et al., 1973, Christensen et al., 1994, Purtschert and Gujer, 1999, Sobieszuk et al., 2006, Dold et al., 2008, Baytshtok et al., 2008). 메탄올의 COD 환산값은 1.5 g COD/g CH_3OH이기 때문에 메탄올 요구량은 2.7~3.3 g CH_3OH/g NO_3-N가 된다. 현장에 적용되는 일반적인 값은 3.5~3.8이며, 여기에는 증식과 무산소 지역에 존재하는 DO, 반응하지 않은 채 유출되는 양등이 포함되어 있다. 외부탄소원의 사용은 8~6절에 있는 탈질 시스템 설계에서 추가로 논의 된다.

》 탈질화 동역학

탈질속도는 종종 g NO_3-N/g MLVSS·d 나타내는 비탈질률(SDNR)로 표현되며, 생분생해성 COD의 종류와 양 및 무산소 반응조내 온도의 함수이다. 도시폐수를 처리하는 전무산소조에서 SDNR은 0.04~0.25 g NO_3-N/g MLVSS·d 범위에 있다. 탈질에 필요한 기질이 내생호흡에 의해 공급되는 후무산소조에서 SDNR은 0.01~0.03 g NO_3-N/g MLVSS·d 범위이며, 후무산소조에 부가적인 기질을 공급해 줄 경우 이 값은 5~10배 정도 높아진다. 탈질효율을 향상시키기 위해 사용되는 부가적인 기질에는 메탄올, 초산, 에탄올, 글리신, 옥수수 시럽, 다양한 주정, 증류주, 식품폐수 등이 사용된다. 각각에 대한 탈질 세균에 의한 용존 유기성 기질 이용속도가 질산이온 및 아질산이온 환원 속도를 결정한다.

용존성 기질 이용속도. 용존성 기질 이용속도는 전무산소조나 후무산소조든 간에 무산소조에 DO가 없는 것을 감안하여 질산이온 농도가 기질 이용 동역학에 미치는 영향을 설명하기 위하여 식 (7−24)를 변형하여 나타낼 수 있다. 기질 이용속도에 미치는 질산성 질소 농도는 0.10~0.20 g/m³ 이하에서만 영향을 미친다는 것에 주의해야 한다.

$$r_{su} = \left[\frac{\mu_{H,\max} S_S}{Y_H(K_s + S_S)}\right]\left(\frac{S_{NO}}{K_{NO} + S_{NO}}\right)(\eta)X_H \tag{7-130}$$

여기서, r_{su} = 단위 반응조 부피당 기질 이용률(속도), g/m³ · d

Y_H = 종속영양 세균 합성 증식, g VSS/g COD used

$\mu_{H,\max}$ = 탈질 종속영양 세균의 최대 비성장률, g VSS/g VSS · d
S_S = 반응조내 용존 분해성 기질의 농도, g COD/m^3
K_s = 기질 이용 반속도상수, g COD/m^3
S_{no} = NO_3-N 농도, g/m^3
K_{NO} = 질산이온 반속도상수, g/m^3
η = 전자수용체로써 산소대비 질산이온의 기질 제거속도 분율
X_H = 종속영양 세균 농도, g/m^3

유입수내 용존성 기질과 입자나 콜로이드 물질의 가수분해 결과 생산되는 용존성 기질 및 내생사멸로 생성되는 용존성 기질에 의한 반응조내 용존 분해성 COD 농도를 결정하기 위하여 추가적인 식과 물질수지가 필요하다.

질산이온 소비속도. 반응조내 질산이온 소비속도(r_{NO})는 식 (7−127)을 적용하여 기질 이용속도의 함수로 결정될 수 있다.

$$\frac{\text{bsCODr}}{\text{NO}x}, \text{ g COD/g NO}_3^- - \text{N} = \frac{r_{su}}{r_{NO}} = \frac{2.86}{1 - 1.42Y_N}$$

식 (7−130)의 r_{su}를 대입하여 정리하면 반응조 질산이온 소비속도를 얻을 수 있다.

$$r_{NO} = \left(\frac{1 - 1.42Y_H}{2.86}\right)\left[\frac{\mu_{H,\max}S_S}{Y_H(K_s + S_S)}\right]\left(\frac{S_{NO}}{K_{NO} + S_{NO}}\right)(\eta)X_H \qquad (7\text{-}131)$$

여기서, r_{NO} = 질산이온 소비속도, g/m^3 · d, 다른 항은 앞에서 정의됨.

식 (7−130)과 (7−131)에 있는 η는 전자수용체가 산소대신 질산이온이나 아질산이온이 사용될 때 낮은 산소소비율에 해당된다는 것을 설명해 주는 계수이다. 이 계수는 NO_x를 전자수용체로 사용함에 따라 동역학 속도가 바뀔 수 있는 경우와 모든 종속영양 세균이 질산이온/아질산이온을 사용할 수 없는 상황을 반영할 때 사용되기도 한다. η 값은 도시폐수를 처리하는 전무산소 탈질반응조에서 0.20~0.80 범위이다(Stensel and Horne, 2000). 활성슬러지 형태, 시스템 SRT, 질산이온에 의해 제거되는 BOD 분율 등이 η 값에 영향을 미치는 것으로 추정된다. 무산소/호기 공정의 전무산소조에서 충분한 기질이 있어 질산이온이 제거될 때 η 값은 종종 0.80 정도가 된다.

(식 7−131)의 질산이온 소비속도는 사용되는 기질이 유입 폐수, 내생호흡, 혹은 외부탄소원 등 공급되는 종류에 따라 무산소조에 적용될 수 있다. 외부탄소원이 사용될 때, 종속영양 세균 농도(X_H)는 외부탄소원과 유입 폐수의 BOD 제거에 의한 성장이 아니라 외부탄소원만에 의한 성장에 의해 결정된다. 메탄올을 외부탄소원으로 사용할 경우 메탄올을 소비하면서 성장하는 특별한 친메탄올 세균이 선택적으로 성장하는 현상이 발생한다. 유입수와 외부탄소원을 동시에 사용하는 시스템을 기질 이용 모델을 적용할 경우에도 식 (7−131)을 분리해서 적용해야 하며, 두 기질의 종류별로 중첩해서 계산해야 한다. 여러 기질 및 세균의 군집에 따라 $\mu_{H,\max}$, Y_H, K_s, η의 적절한 계수 값이 사용되어야 한다.

분리형 후무산소 부유성장이나 부착성장공정에서 BOD 제거와 질산화가 진행된 후

에 생체는 주로 무산소 조건에서 사용된 유기성 기질을 이용하여 생성된다. 이 경우에 식 (7−130)에 있는 η는 생체가 주로 탈질화 세균으로 구성되어 있기 때문에 필요하지 않을 수 있다. 전에 제시된 동역학식은 후무산소 완전혼합 반응조를 설계하기 위하여 적절한 동역학 계수 값을 이용하여 적용될 수 있다. 메탄올을 이용한 동역학 계수 값은 10와 20°C 실험실 연구로부터 도출되었다(Randall et al., 1992). 메탄올 이용한 동역학에서 탈질부유성장공정에서 필요한 SRT는 BOD 제거를 위해 설계된 호기성 시스템의 SRT(약, 3∼6일)와 같은 범위이다.

용존산소 농도의 영향. 용존산소는 질산이온 환원효소를 억제하여 질산이온 환원을 저하시킬 수 있다. 활성슬러지 플럭과 생물막 내에서 용액의 DO 농도가 낮은 경우 탈질이 일어날 수 있다. 용존산소 농도가 0.20 mg/L와 그 이상이면 *Pseudomonas* 배양액(Skerman and MacRae, 1957; Terai and Mori, 1975)과 도시폐수를 처리하는 활성슬러지(Dawson and Murphy, 1972)에서 탈질이 저해되는 것으로 보고되었다. Nelson과 Knowles(1978)는 DO 농도가 0.13 mg/L이고 완전 분산상태로 성장시킨 조건에서 탈질이 정지되었다고 한다. 질산이온 이용속도에 대한 DO 농도의 영향은 식 (7−131)에 DO의 저해작용을 반영한 보정인자를 도입하여 다음과 표현된다.

$$r_{NO} = \left(\frac{1 - 1.42Y_H}{2.86}\right)\left[\frac{\mu_{H,\max}S_S}{Y_H(K_s + S_S)}\right]\left(\frac{S_{NO}}{K_{NO} + S_{NO}}\right)\left(\frac{S_o}{K_o' + S_o}\right)(\eta)X_H \tag{7-133}$$

여기서, K_o' = 질산이온 환원에 대한 DO 저해계수, g/m^3

기타 항목은 이미 설명되었다.

K_o' 값은 시스템에 따라 다르다. 0.1∼0.2 mg/L의 범위가 K_o' 값으로 제안되었다(Barker and Dold, 1997). K_o' 값을 0.1 mg/L로 가정하면, 전자수용체로서 질산이온에 의한 기질 이용률은 DO 농도가 0.10, 0.20, 0.50 mg/L일 때 각각 최대 기질 이용률의 50%, 33%, 17%이었다.

동시 질산화–탈질화의 영향. 활성슬러지 시스템에서 DO 농도의 문제는 측정된 용액 중 DO 농도가 활성슬러지 플록내 실제 DO 농도를 나타내지 않는다는 사실로 인하여 혼동되고 있다. 낮은 DO 농도조건하에서 탈질은 플럭내부에서 일어날 수 있는 반면에 질산화는 플록외부에서 일어난다. 또한, 낮은 DO 농도에서 운전되는 활성슬러지 반응조내에서도 호기성과 혐기성 영역이 교반조건과 포기지점과의 거리에 따라 다르므로 질산화와 탈질이 동일 반응조에서 일어날 수 있다. 이들 조건하에서 단일 호기성 반응조에서 일어나는 질소제거를 **동시 질산화–탈질**이라고 한다. 충분한 SRT와 τ가 주어진다면, 질산화와 탈질화가 DO의 영향으로 인해 속도가 감소된다고 하더라도 전체 질소제거 측면에서는 중요할 수 있다. Rittman과 Langeland(1985)는 DO 농도 0.50 mg/L 이하, τ 가 25시간 이상으로 도시폐수를 처리하는 활성슬러지 시스템에서 질산화와 탈질화에 의한 질소제거는 90% 이상이라고 보고하였다.

》 환경인자

알칼리도는 탈질반응에서 생성되고, pH는 질산화반응에서처럼 낮아지지 않고 일반적으로 상승한다. 질산화 미생물과 반대로 탈질률에 대한 pH 영향은 중요하지 않다. pH 7.0과 8.0 사이에서 탈질률에 대한 현저한 영향은 없는 것으로 보고된 반면에, Dawson와 Murphy(1972)는 회분식 비순응 실험에서 pH가 7.0에서 6.0으로 감소함에 따라 탈질률이 감소하였다고 하였다. 외부탄소원에 대한 생체의 적응은 반드시 고려되어야 한다.

7-11 혐기성 암모늄이온 산화

질산이온이나 아질산이온을 전자수용체로 사용하는 무기영양 세균에 의한 암모니아의 산화는 자연계에서 찾지 못한 2종류의 무기영양 생물이 있다는 주장과 함께 1977년 E. Broda의 논문에서 열역학적으로 가능하다는 것이 제안되었다(Kuenen, 2008). 동시에 잘 성층화된 무산소 피오르드에서 질소수지 분석을 근거로 설명될 수 없는 암모니아의 손실이 발견되었다(Ward et al., 2011). 표 7-12에 있는 다양한 전자수용체에 의한 암모니아 산화의 깁스 자유에너지의 요약으로부터 전자수용체로 질산이온과 아질산이온을 이용한 세균의 성장과 산소에 의한 성장이 비교되었다. 결국 1995년 Mulder et al. (1995)는 실험실규모의 모래 부유상 반응조에서 질소가스 생산을 동반한 혐기성 암모니아 산화반응을 관찰하였으며, 이 생물공정을 Anammox (anaerobic ammonium oxidation)라고 명명하였다. 15N으로 각인된 암모니아와 생물학적 방해물을 이용한 Van de Graaf et al. (1995)의 실험에 의해 암모니아 산화는 혐기성 조건에서 아질산이온과 반응하여 일어나며 생물학적으로 가능하다는 것이 입증되었다. Strous et al. (1999a)는 16S rRNA 유전자를 이용한 계통발생을 특성화하기 위하여 anammox 배양액을 원심분리하여 *Planctomycetales* 목에 속하는 독립영양 세균을 분리할 수 있었다. 연구자들은 그 이후 폐수처리와 해양 및 담수 침전물에서 anammox 세균이 출현하는 것을 종종 발견하였다(Kuenen, 2008, Van Hulle et al., 2010).

》 공정개요

Anammox는 암모니아의 부분 아질산화와 연이은 암모니아의 혐기성 산화 및 아질산이온의 질소가스화인 두 단계의 반응을 포함한 "탈암모니아" 공정이다. Anammox 공정은 전자수용체로 NO_2-N를 이용하여 혐기성에서 NH_4-N를 산화시켜 N_2 가스를 발생시키기 전에, 호기성 아질산화로 폐수에 있는 NH_4-N의 약 55%를 NO_2-N로 전환시켜 주는 것이 필요하다. 이 공정은 전통적인 생물학적 호기성 질산화/무산소 탈질화 공정과 비교하여 어떤 유기탄소를 소비하지 않고 생물학적으로 질소를 제거하는 방법이다. 게다가 이반응에 관여하는 미생물은 독립영양 세균이기 때문에 세포성장을 위해 유기탄소가 필요하지 않다. 탈암모니아 공정에서 시스템으로 공급되는 암모니아의 일부가 아질산이온으로 산화되기 때문에 모든 암모니아가 질산이온으로 산화되는 전통 생물학적 질소제거 공정에

표 7-12
무기성 질소 산화에서 깁스 에너지의 비교

무기성 질소 산화반응	ΔG°, kJ/mole
$NH_4^+ + 1.5O_2 \rightarrow NO_2^- + 2H^+$	−275
$NO_2^- + 0.5O_2 \rightarrow NO_3^-$	−74
$NH_4^+ + NO_2^- \rightarrow N_2 + H_2O$	−375
$5NH_4^+ + 3NO_3^- \rightarrow 4N_2 + 9H_2O + 2H^+$	−297

Adapted from Schmidt et al. (2003) and Jetten et al. (1999).

대하여 포기에너지가 아주 적게 소요된다.

탈암모니아 공정은 고온(30~35°C)과 부유 및 부착성장 반응조에서 고농도 암모니아 폐수에서도 성공적으로 발현되었다(Schmidt et al., 2003). 부유성장 anammox 공정의 장점으로 사용되어 온 anammox 세균의 독특한 특성은 잘 침전되는 조밀한 슬러지 덩어리(granule)을 형성할 수 있다는 것이다(Innerebner et al., 2007). Anammox 공정은 아직 저온이나 상온에서 암모니아농도가 낮은 폐수처리로부터 질소를 안정적으로 제거하는 기술로 발전하지 못하고 있으나, 혐기성 소화조 반류수에서 질소를 제거하는 실규모 처리에 응용되고 있다. 측류 폐수처리를 위한 anammox 공정 설계에 대한 내용이 15장에 정리되어 있다.

미생물학

Anammox 세균에 대한 조사결과 *Planctomycetales* 목(order)의 5속(genera)내 9종(species)을 확인하였다(Ward et al., 2011). 이 세균들은 전에 종이나 속의 단계에서 잘 분류되었으나 순수배양 상태로 연구되지 않았던 *Candidatus*라 불리던 것이다. 여기에는 "*Candidatus kuenenia*," "*Candidatus brocadia*," "*Candidatus scalindua*," "*Candidatus jettenia*," 그리고 "*Candidatus anammoxo-gloubus*" 등이 포함된다. 폐수처리에서 발견된 종에는 *Kuenenia stuttgartiensis*, *Anammoxoblobus propionicus*, *Jettenia asiatica*, *Brocadia anammoxidans*, *Brocadia fulgida*, *Scalindua wagneri*, and *Scalindua brodae* 등이 있다. *Scalindua sorokinii*와 *Scalindua arabica*는 해양환경에서 발견되었다(Van Hulle et al., 2010). "*Candidatus Kuenenia*"와 "*Candidatus Brocadia*"는 WWTPs에서 가장 자주 발견되는 미생물이다(Kuenen, 2008). 이 미생물 중 순수배양으로 확인된 종은 없고, 분자생물학 방법에 의해 특성화 되었다(Strous et al., 2002). 다른 원핵생물과 달리 *Planctomcyetes*은 일반적으로 세포막에 붙어 있는 세포부속기관들을 포함하고 있다. Jetten et al. (2001)은 *B. anammoxidans*에 있는 hydroxylamine oxidoreductase를 포함하는 기관을 확인하였으며, 이를 anammoxosome이라 명명하였다. Anammox 세균 배양액은 cytochrome P460라고 불리는 hydroxylamine oxidoreductase 효소에 있는 헤모글로빈 색소와 관련된 것으로 생각되는 짙은 적색을 띤다(Jetten et al., 1999).

Anammox 세균은 안정적으로 운전되는 시스템에서 밀도가 높은 덩어리 형태의 플록(granular flocc)으로 발견된다. Strous et al. (1999b)은 활성도 높은 anammox 시스템을 위해서는 10^{10}에서 10^{11} cells/mL가 필요하다고 하였다. 이를 위한 가능한 설명은

anammox 반응에서 생성된 hydrazine이 작은 플록에서 용액으로 확산되어 소실되기 때문에 anammox 활성과 성장이 제한될 수 있다는 것이다. Hydroxylamine이나 hydrazine을 첨가하여 anammox 세균의 활성도를 자극시킬 수 있다(Van Hulle et al., 2010). anammox가 발현된 시스템에서 슬러지를 채취하여 사용하면 새로운 anammox 시스템을 발현시키기 위한 오랜 시간을 줄일 수 있다.

Anammox 화학양론

Anammox 공정에서 에너지 생산 반응은 NO_2-N에 의한 NH_4-N의 산화반응이다.

$$NH_4^+ + NO_2^- \rightarrow N_2 + H_2O \tag{7-134}$$

Van de Graaf et al. (1997)에 의해 제안된 신진대사 모델은 (1) 아질산이온이 thydroxylamine (NH_2OH)으로의 환원, (2) 암모니아가 hydrazine (N_2H_4)으로 되는 hydroxylamine의 농축, (3) hydrazine의 질소가스로 산화이다. 암모니아가 전환되는 동안 아질산이온으로부터 일부 질산이온이 생성되는데, 이때 이산화탄소를 고정하는 데 필요한 환원력이 공급된다(Schmidt et al., 2002). 그 동화작용 식은 다음과 같다(van Niftrik et al., 2004):

$$CO_2 + 2NO_2^- + H_2O \rightarrow CH_2O + 2NO_3^- \tag{7-135}$$

다음의 세포합성과 관련된 총괄 반응식이 Strous et al. (1999b)에 의해 제안되었다.

$$\begin{aligned} &1.0NH_4^+ + 1.32NO_2^- + 0.066HCO_3^- + 0.13H^+ \\ &\quad \rightarrow 1.02N_2 + 0.26NO_3^- + 0.066CH_2O_{0.5}N_{0.021} + 2.03H_2O \end{aligned} \tag{7-136}$$

11.2%의 NH_4-N와 NO_2-N가 분해됨에 따라 NO_3-N 생산된다. Anammox 반응으로 인해 생물반응조에서 약간의 질산(HNO_3)이 생산되지만, 0.13몰의 H^+의 소비와 아질산(HNO_2)의 제거에 의해 산농도가 감소하게 된다. 예제 7−8에서 보인 바와 같이 anammox 공정에서 알칼리도 소비량은 아질산화와 종속영양 탈질화 공정에서보다 작다.

Anammox 접종. Anammox 세균은 상대적으로 성장속도가 느린 세균이고, 새로 anammox 공정을 적용할 때 처음부터 밀도 높은 입자로 된 anammox 플록을 접종해 주면 시운전기간을 대폭적으로 줄일 수 있다(Strous et al., 1999a). Strous et al. (1999a)은 뛰어난 anammox 활성을 실현하기 위해서 임계 세균의 농도가 10^{10}에서 10^{11} cells/mL 정도 필요하다는 것을 발견하였다. 그 이유는 작은 덩어리에서 생성된 hydrazine이 용액내로 빠르게 확산되기 때문이다. Hydroxylamine이나 hydrazine을 첨가해 주면 anammox 세균의 활성도를 촉진시킬 수 있다는 것이 밝혀졌다(Van Hulle et al., 2010).

예제 7−8

Anammox 공정에서 알칼리도 소비량 200 g NH_4-N/m^3을 anammox 공정에서 생물학적으로 전환될 때 소비되는 순 알칼리도와 생물학적 호기성 질산화 및 탄소원 첨가에 의한 종속영양 탈질반응을 통해 동일한 양의 NH_4-N를 질소가스로 전환할 때 소비되는 양과 비교하시오.

1. 호기성 NH_4-N 산화에 의해 소비되는 알칼리도 = 7.14 g $CaCO_3$/g NH_4-N

2. 종속영양 탈질에 의한 알칼리도 생성 = 3.57 g $CaCO_3$/g NO_x-N로 환원된 N_2

3. 식 (7−136)을 사용하여 아질산화에 의해 생성된 NO_2-N의 양을 결정하고, anammox 공정에서 산의 소비에 의해 변화된 알칼리도를 결정하시오.

풀이

1. 200 g NH_4-N/m^3을 제거하기 위한 아질산화와 종속영양 탈질에 의해 소비된 순 알칼리도를 결정한다.

   순 알칼리도 소비량 =

   아질산화에서 소비된 알칼리도 − 탈질에 의해 생성된 알칼리도

   $= [(7.14 - 3.57) \text{ g CaCO}_3/\text{gN}](200 \text{ g/m}^3) = 714.0 \text{ g/m}^3 \text{ as CaCO}_3$

2. Anammox 공정에 의한 순 알칼리도 변화량을 결정한다.

   a. 아질산화에 의해 생산된 NO_2-N에 의해 소비된 알칼리도를 결정한다.
   식 (7−136)을 이용하여 NO_2-N 생산을 통해 반응된 NH_4-N 분율을 계산한다.

   $$NO_2\text{-N분율} = \frac{1.32 \text{ mole NO}_2}{1.0 \text{ mole NH}_4 + 1.32 \text{ mole NO}_2} = 0.57$$

   NO_2-N 생산량 = 0.57 (200 g/m^3) = 113.8 g/m^3

   NO_2-N 생산에 따른 알칼리도 소비량

   $= (7.14 \text{ g CaCO}_3/\text{gN})(113.8 \text{ g/m}^3) = 812.5 \text{ g/m}^3 \text{ as CaCO}_3$

   b. 식 (7−136)의 anammox 반응에서 소비된 순 산의 양(eq/mole N) 결정한다. 계산된 값이 알칼리도 생산량과 같게 된다.

   i. 소비된 순 H 몰/생산된 N 몰 =

   $$\frac{0.13 \text{ mole H}^+ - 0.066 \text{ mole HCO}_3^-}{2.32 \text{ mole N}} = 0.0276 \text{ mole H consumed/mole N}$$

   Equivalent of H/mole H = 1.0

   ii. 아질신 소비와 질산 생산에 의한 산의 변화량(mole/mole N)

   $$= \frac{1.32 \text{ mole HNO}_2 - 0.26 \text{ mole HNO}_3}{2.32 \text{ mole N}} = 0.457 \text{ mole acid/mole N}$$

   Equivalent of acid/mole acid = 1.0

   iii. Total acid consumption (eq/mole N processed) =

   = [0.0276 mole H/mole N + 0.457 mole acid/mole N](1.0 eq/mole)

   = 0.4844 eq alkalinity production/mole N processed

Alkalinity produced/g N =

$$\left(\frac{0.4846\text{ eq}}{\text{mole N}}\right)\left(\frac{50\text{ g as CaCO}_3}{\text{eq}}\right)=\frac{24.23\text{ g as CaCO}_3}{\text{mole N}}$$

$$\text{mole N processed}=\frac{200\text{ g N/m}^3}{14\text{ g N/mole N}}=14.29\text{ mole N/m}^3$$

Alkalinity produced in g/m³ =

$$=\left(\frac{24.23\text{ g as CaCO}_3}{\text{mole N}}\right)\left(\frac{14.29\text{ mole N}}{\text{m}^3}\right)=346.2\text{ g as CaCO}_3$$

Net Alkalinity consumed = (812.5 − 346.2) g/m³ = 466.3 g/m³ as $CaCO_3$

이 값은 종속영양 탈질공정에서의 714.0 g/m³ as $CaCO_3$ 값과 비교된다.

Anammox 기질의 종류. Anammox 세균은 개미산, 초산, 프로피온산을 전자공여체로 사용하여 질산이온을 환원시키는 능력이 있다(Guven et al., 1995; Kartal et al., 2007a). 이러한 유기산들은 세포성장에 사용되지 않는다. 질산이온을 환원시키는 능력이 있는 5 종류의 anammox 종이 발견되었다: *B. anammoxidans*, *B. fulgida*, *A. propionicus*, *K. stuttgartiensis*, and *Scalindua sp*. (Ward et al., 2011). 종속영양 탈질 세균은 7~10장에서와 같이 ^{15}N 표식 연구를 통해 질산이온을 아질산이온, 질산 산화물, 아질산 산화물 등을 통해 질소가스로 환원시키는 반면, anammox 세균은 질산이온을 아질산이온으로 이를 다시 암모니아로 환원시킨다는 것을 발견하였다(Kartal et al., 2007a). 암모니아와 아질산이온은 Anammox 반응에서 질산이온이 질소가스로 환원될 때 기질로써 사용된다. 프로피온산의 첨가로 *A. propionicus*가 다른 anammox 세균이나 종속영양 탈질화 세균보다 성장에서 경쟁력이 있다는 사실이 밝혀졌다(Kartal et al., 2007b). 또한, 프로피온산을 이용한 질산이온의 환원이 anammox 반응과 동시에 발생하였다. 위에서 나열한 anammox 종인 *B. fulgida*는 아세트산을 사용할 때 더 경쟁력이 있다. 장기간 배양된 입자상 슬러지 반응조에서 다른 anammox 세균에 적용된 온도보다 낮은 조건(18°C)에서 *B. fulgida*의 성장과 아세트산 및 질산이온을 제거하는 능력이 COD/N 비 0.50일 때 보고되었다(Winkler et al., 2012). 더 높은 비에서는 종속영양 탈질 세균의 성장이 촉진될 수 있다.

성장 동역학

Anammox 세균 동역학에 대한 대부분의 정보는 30에서 35°C로 운전된 반응조나 연구결과에서 얻었다. 이 온도에서 양호한 성장속도가 관찰되었으며, 생물학적 질소제거를 위한 anammox 공정으로 혐기성 소화액을 처리할 때의 온도와 일치한다. 4와 43°C 사이에서 anammox 성장은 Ward at al. (2011)이 낮은 온도인 북극권에서 관찰한 anammox 활성도에 근거하여 발표하였다. 15°C에서의 지속적인 성장(Ward et al., 2011)과 18°C에서의 성장(Winkler et al., 2012)이 실험실 규모 반응조에서 발현되었다. Anammox 세균을 이용한 30°C부터 운전된 회분식 실험에서 Strous at al. (1997a)은 최대 암모니아 산화속도는 30~35℃ 사이에서 발생했으나, 그 값은 20℃ 이하에서 얻은 값보다 5.0% 정도 작았다. 이 속도는 온도에 적응시킬 경우 더 커졌다. Anammox 세균의 동역학은 표 7-13에 있는 AOB에 의한 암모니아 산화 동역학과 비교된다. 30°C에서 anammox 세균의 최대 비성장속도는 AOB 값보다 10% 더 작았다. 낮은 성장속도 때문에 anammox에 의한 암모니아의 산화를 위해 SRT를 호기성 암모니아 산화공정보다 10배 정도 길게 해야 한다. 그러나 van der Star et al. (2008)에 의하면 anammox 세균의 최대 비성장속도는 표 7-13에 있는 값의 거의 2배 정도 큰 것으로 보고된 바 있다. Anammox 공정에서 긴 SRT를 유지할 수 있는 능력은 밀도가 큰 입자상 플록에 기인한다. Anammox 세균은 표에 있는 바와 같이 반속도상수 값이 매우 낮아 암모니아 및 아질산이온과의 친화도가 높다. Anammox 세균의 생체 수율은 AOB와 비슷한 수준이고, CO_2 고정에 필요한 에너지로 인해 일반적인 독립영양 세균에서와 같이 종속영양 세균의 수율보다는 훨씬 작다.

》 환경인자

Anammox 세균의 활성도에 미치는 중요한 환경인자는 pH, 아질산이온과 DO 농도이다. pH 6.7~8.3에서 성장이 가능하나, pH 8.0이 최적이라고 한다(Strous et al., 1999a).

아질산이온 저해작용. 아질산이온은 anammox 공정에서 중요한 기질이고, 높은 농도에서는 anammox 세균의 활성을 저해한다. 아질산이온의 저해 농도는 반응조 운전조건에 영향을 받는다. 60 g/m^3 정도의 NO_2-N 농도는 유입수에 암모니아와 아질산이온이 공급된 anammox SBR 운전에서 저해가 없었으며(Strous et al., 1999), van der Star et al. (2007)은 실규모 anammox 반응조에서 아질산이온 농도가 40~80 g/m^{3}일 때 안정된 성장이 가능했다고 한다. 그러나 호기성 기간 중 아질산이온이 생성되는 간헐포기 반응조에서 Wett et al., (2007)은 아질산이온 농도가 5.0 g/m^{3}로 낮은데도 불구하고 저해가 발생했고, 비가역적인 저해가 50 g/m^{3}일 때 발생함을 발견하였다. 연속적으로 아질산이온 농도가 5.0 g/m^3 이상일 때 anammox 활성도가 손실되었고, 이는 장기독성농도로 생각할 수 있다(Wett et al., 2010). Hydrazine 3.0 g/m^{3}을 첨가하면 앞에서 해를 받았던 반응조에서 anammox 활성도를 재생시킬 수 있었다(Strous et al., 1999a).

용존산소 저해작용. Anammox 세균은 완전 혐기성이기 때문에 낮은 농도에서도 DO에 의해 저해를 받는다. DO의 저해 농도는 AOB가 산소를 플록이나 생물막의 바깥층에서 소비할 수 있는 것처럼 입자상 anammox 플록의 두께나 고정상 두께의 함수이다. Strous et al. (1997b) DO 저해가 가역적이기 때문에 간헐포기 반응조에서 아질산화와 탈암모니아가 발생할 수 있다는 사실을 발견하였다.

7-12 생물학적 질소의 전환과정에서 온실가스

일부의 생물학적 질소의 전환과정에서 일산화 질소(NO)와 아산화 질소(N_2O)가 발생한다.

표 7-13 암모니아 산화 세균(AOB)과 anammox 세균의 동역학적 상수비교

항목	단위	20°C에서 AOB[a]	30~35°C에서 Anammox	Anammox 문헌
μ_{max}	g VSS/g VSS· d	0.90	0.06~0.07	Jetten et al. (2001), Schmid et al. (2003), Strous et al. (1998)
K_{NH_4}	g/m^3	0.50	< 0.10	Strous et al. (1999)
			0.07	Jetten et al. (2001)
K_{NO_2}	g/m^3		< 0.10	Strous et al. (1999)
Yield	g VSS/g NH_4-N	0.12	0.07~0.13	Schmid et al. (2003), Strous et al. (1999)

[a] Typical values from Section 7~8.

가장 강한 온실가스 중의 하나인 아산화 질소의 영향은 이산화탄소의 300배 정도로 평가되고 있다. 또한 오존층 파괴에도 가장 큰 영향을 주며, 21세기에 걸쳐 계속 문제가 될 것으로 예상되고 있다(Ravishankara et al., 2009). 일산화 질소는 온실가스는 아니지만 대기 중에서 독성 대기오염물질이고 스모그를 일으키는 이산화질소($NO_{2,g}$)로 빠르게 산화될 수 있다.

❯❯ 아산화질소 배출원

농업이 아산화질소의 주요 배출원이고 폐수처리장도 2006년 총 대기 배출량의 3% 정도로 산정되면서 6번째로 영향을 주는 배출원으로 평가되고 있다. 폐수가 차지하는 비중은 현재부터 2020년 사이에 증가될 것으로 예상되고 있다(Law et al., 2012). 미국에 있는 12곳 WWTP에서의 조사연구결과에 따르면 아산화질소 배출은 유입 질소의 0.01에서 1.8% 정도이지만, 일부 다른 연구자들은 15% 이상 높다고 보고하였다(Ahn et al., 2010a). 아산화질소배출은 무산소/호기성 생물학적 질소제거 공정의 무산소조보다 호기성 반응조에서 더 높게 발생하며 일일 질소의 부하량에 따라 변한다고 한다(Ahn et al., 2010b). 생물학적 질소제거 공정에서 아산화질소배출량을 비교할 때 포기에 의한 높은 가스의 탈기와 포기 없이 교반되는 무산소조에서의 배출도 고려되어야 한다.

❯❯ 아산화질소 생산 경로

아산화질소는 암모니아가 아질산이온으로 산화시키는 AOB에 의한 생물학적 아질산화 과정에서 생산되고, 또한 종속영양 세균이 질산이온과 아질산이온을 전자수용체로 사용하면서 유기성 기질을 산화시키는 생물학적 탈질화 과정에서도 생산된다. NOB에 의한 직접적인 아산화질소의 생산은 보고된 바 없다. 탈암모니아화 능력이 있는 anammox 세균과 AOB도 혐기성 조건에서 암모니아와 아질산이온이 직접 반응하여 이질소가스를 생산하는 분해경로가 있기 때문에 아산화질소를 생산하지 않는 것으로 예상된다. 최근까지 AOA가 아산화질소를 생산하는 데 필요한 유전자와 경로를 갖고 있는지를 결정내리기에 충분한 정보가 없다(Ward et al., 2011).

종속영양 탈질화과정에서 아산화질소 생산. 종속영양 탈질과정과 호기성 암모니아 산화과정 동안 아산화질소 생산 경로는 그림 7-22에 정리되어 있다. 종속영양 탈질화 경로는 식 (7-109)에 제시된 것과 같다. COD는 무산소 조건에서 전자가 질산이온, 아질산이온, 일산화질소, 아산화질소로 전달되면서 질소가스를 생산하는 과정에서 산화된다. 정상상태 운전에서 아산화질소 환원 속도는 질산이온과 아질산이온 화원속도보다 거의 4배 더 빠르며, 아산화질소가 있더라도 아주 조금 존재하게 된다(Wicht, 1996). 그러나 전이조건에서 아산화질소는 아산화질소 환원효소의 유도가 앞 단계 환원효소에 비해 더 느리기 때문에 축적될 수 있다(Holtan-Hartwig et al., 2000).

용존산소는 아산화질소 환원효소의 합성과 활성도를 저해하면서 아산화질소 생산에 영향을 주는데, 이 효소의 활성도는 탈질화 세균이 혐기성에서 호기성 조건으로 이동될 때 완전히 정지되는 것이 발견되었다. 아질산이온 환원효소의 활성도는 이와 동일한 조건에서 더 낮은 속도를 유지하기 때문에 아산화질소배출은 계속 발생한다(Law et al., 2012). DO의 영향은 모든 탈질화 세균에게 동일하지 않다. Lu와 Chandran(2010)은 메탄올 기질을 이용한 세균 성장이 에탄올을 이용한 성장보다 전이 DO 변화에 훨씬 덜 민감하다는 것을 발견하였다. 완전 탈질을 위한 불충분한 유기탄소로 인해 더 많은 아산화질소가 생산될 수 있다(Rassamee et al., 2011).

Anammox 산화 과정에서 아산화질소 생산. 생물학적 암모니아 산화는 아산화질소 생산에 중요한 역할을 한다. 그림 7-22(b)에 있는 바와 같이 AOB에 의한 아산화질소가 생산되는 2가지 경로가 제안되었다: (1) hydroxylamine (NH_2OH) 산화, (2) 아질산이온의 탈질(Ward et al., 2011, Law et al., 2012).

앞의 경로에서 호기성 암모니아의 산화는 세포막에 있는 암모니아 AMO (ammonia mono-oxygenase enzyme)에서 NH_2OH을 생산하면서 시작된다. NH_2OH가 NO_2^-로 바뀌는 다음 단계는 hydroxylamine oxidoreductase (HAO)가 촉매작용을 하며, 여기에는 nitroxyl radical (NOH)과 NOH 가 NO_2^-로 전환되는 반응이 포함된다. 일산화질소는 그림 7-22에 있는 것과 같이 HAO의 활성과 NOH 중간산물로부터 생성된다. 그렇게 생성된 NO는 N_2O로 환원된다. 특히 AOB에는 NO를 N_2O로 바꿀수 있는 NO 환원효소라는 다른 효소가 있다.

아질산이온 환원에 관련된 두 번째 경로에서 AOB는 아질산이온 환원효소(NirK)와 일산화질소 환원효소(NorB)의 생산을 위해 부호화(encode)된 유전동족체를 포함하고 있다. 아산화질소 환원효소를 표현하는 유전자는 없기 때문에 아산화질소는 AOB에 의한 아질산이온 환원의 최종산물이 된다(Yu et al., 2010). AOB는 hydroxylamine, 수소, 암모니아를 아질산이온과 아산화질소의 환원을 위한 전자수용체로 사용할 수 있다(Poth and Focht, 1985, Bock et al., 1995, and Ritchie and Nicholas, 1972). AOB에 의한 아산화질소 생산은 *nirK* and *norB*을 위한 유전자 발현 정도에 따라 낮은 DO (Poth and Focht, 1985)와 높은 DO 농도(Beaumont et al., 2004)에서 발생할 수 있다. 더 많은 아산화질소 생산을 위한 효소를 유도하는 중요한 인자는 반응조에서 암모니아와 DO 농도

그림 7-22
생물학적 질소 전환과정에서 아산화질소(N_2O) 생산 경로

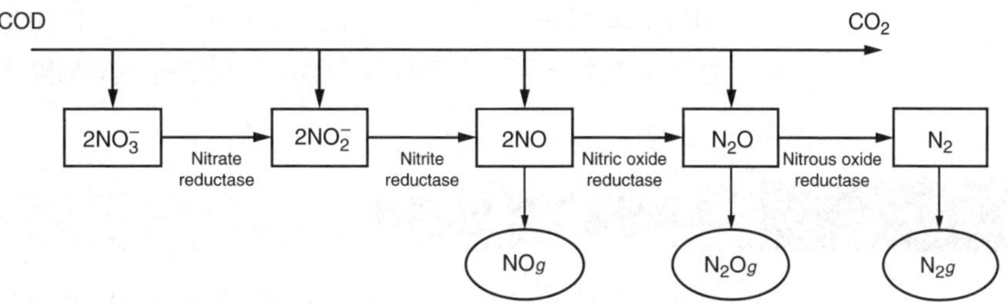

(a) Heterotrophic denitrification

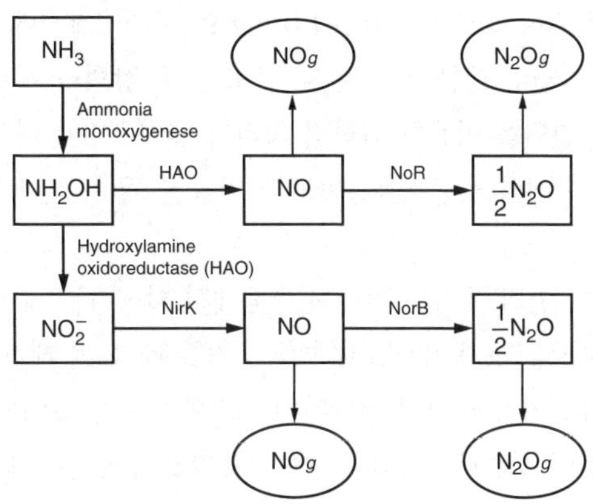

(b) Ammonia oxidation

의 증가와 함께 발생하는 AOB의 높은 비 암모니아 산화속도이다(Yu et al., 2010).

비 암모니아 산화속도의 증가와 함께 지수적인 아산화질소 생산의 증가는 Law et al. (2012)에 의해 밝혀졌다. 그러한 조건은 생물학적 영양물질 제거 공정 중에 호기성 아질산화나 암모니아 농도를 갑자기 증가시키는 전이조건 전에 있는 전무산소 접촉조에서 발생할 수 있다(Yu et al., 2010, Kampschreur et al., 2008). 질산화 동안 높은 아질산이온 농도는 더 많은 아산화질소 배출의 원인이 될 수 있다(Kim et al., 2010; Yang et al., 2009; Gustavsson and Jansen, 2011; Ahn et al., 2011). 암모니아와 DO 농도의 변화가 적고 아질산이온 농도가 낮은 아질산화 공정이 아산화질소 배출을 최소화하는 데 유리하다. 질소제거를 위한 무산소/호기 활성슬러지공정에서 아산하질소 배출은 암모니아 농도를 증가시키는 조건 때문에 전무산소조보다 질산화 단계에서 더 많이 발생한다(Chandran et al., 2011).

Anammox 탈암모니아 과정에서 아산화질소 생산. 아산화질소 배출이 anammox 탈암모니아 공정을 적용하는 곳에서 관찰되었다. Anammox 세균이 스스로 N_2O를 생산할 수는 없지만 AOB를 포함한 종속영양 탈질화 세균이 있는 혼합배양액에서 다른 세균에 의해 N_2O로 바뀔 수 있는 NO를 생산할 수 있다. 아산화질소 생산은 종속영양 탈질에 내생호흡으로만 탄소를 공급받을 수 있는 탄소가 제한조건과 관련이 있다(Schneider et al.,

2011). 또 다른 연구에서 아산화질소 배출을 줄이기 위해 anammox 공정을 아질산이온 농도가 최소가 되는 조건으로 운전하는 방법이 제안되었다(Weissenbacher et al., 2010)

7-13 고도생물학적 인 제거

인이 대부분의 담수 시스템에서 임계 영양소이기 때문에 부영양화를 제어하기 위해 폐수로부터 인을 제거한다. 처리장 유출수의 한계 인배출농도는 방류수역에 대한 잠재적인 충격과 처리장 위치에 따라 0.10~1.0 mg-P/L이며, 장소에 따라서는 0.05 mg/L로 낮다. 인은 화학적인 처리, 생물학적 인 제거 또는 두 방법을 복합적으로 사용하여 제거할 수 있다. Alum과 철염을 이용한 화학적 처리와 연이은 3차 여과 또는 분리막으로 구성된 처리기술이 배출수에서 낮은 인의 농도를 얻을 수 있는 일반적인 기술이다(6장 6-4절 참조).

생물학적인 인의 제거는 처리 시스템에서 발생하는 바이오매스에 포함시켜 제거하는 것과 슬러지 폐기를 통해 바이오매스를 제거할 때 함께 제거된다. BOD 제거를 통해 종속영양 세균의 세포성장에 의해 생산된 바이오메스는 약 0.015 g P/g VSS이며, 그중 10에서 20% 정도의 인이 생활폐수처리과정에서 제거될 수 있다. 그러나 1970년대 후반부터 생물학적 인 제거를 위하여 80% 이상의 처리장에서 **인 축적 미생물**(*Phosphorus accumulating organisms*, PAOs)이라고 불리는 인을 저장할 수 있는 세균을 선택하여 실규모의 처리장 설계에 사용하고 있다. 이 처리방법을 **고도생물학적 인 제거**(*Enhanced biological phosphorus removal*, EBPR)이라 부른다. EBPR의 가장 큰 장점은 화학적 침전방법과 비교하여 화학약품 비용과 슬러지 발생량을 줄일 수 있다는 것이다. Barnard(1998)는 EBPR 공정의 발견과 적용에 대하여 개괄적으로 검토하였다. 또한, EBPR에서는 유입수 내 인을 폐수처리에서 인을 회수하기 적당한 형태로 포획하여 주기도 한다.

» 공정개요

인 축적 미생물(phosphorus accumulating organism, PAO)이 다른 세균보다 유리한 조건에서 자랄 수 있도록 반응조를 배치해 줌으로써 PAO가 인을 소비하며 성장할 수 있도록 도와줄 수 있다. 인 제거를 위해 활성슬러지 반응조 앞에 수리학적 체류시간 τ가 0.50~1.0시간인 혐기성 반응조를 배치해 준다(그림 7-23 참조). 혐기성 반응조의 내용물을 반송된 활성슬러지와 유입 폐수가 접촉하도록 혼합시켜 준다. 이 혐기성 반응조를 호기성 SRT 값이 3~40일인 범위의 여러 다른 형태의 부유성장공정의 앞에 배치한다(8장 8-6절에서 자세히 설명한 내용 참조).

혐기성 접촉 지역에서 PAO가 경쟁에 유리한 중요한 점은 그들이 poly-P 형태로 저장된 인으로부터 생산되는 에너지를 이용하여 유입된 이분해성 COD (readily biodegradale COD, rbCOD)를 휘발성 지방산(아세트산과 프로피온산 등)으로 전달하고 소비할 수 있는 능력이 있다는 것이다. 그들은 또한 호기성 지역에서 세포내 글리코겐과 함께 기질을 섭취하여 내부에 축적한 탄수화물 저장물을 산화시켜 에너지를 사용할 수 있다. 혐기성 지역에서 다른 종속영양 세균들은 기질을 이용하여 에너지를 공급해 주기 위한 산화-환원반응에 산소, 질산이온 및 아질산이온과 같은 전자수용체를 필요로 하기 때문에 rbCOD를 소비할 수 없다.

혐기성/호기성 처리공정에서 혐기성 지역은 rbCOD를 섭취하고, PAO들에게 다른 종속영양 세균보다 증식하는데 유리한 환경을 만들어 주기 때문에 "elector(선택조)"라고 부른다. PAOs는 저분자 발효물질을 기질로 선호하기 때문에 유입 rbCOD를 아세트산으로 발효시키는 혐기성 지역을 두어 선호하는 기질원을 제공해 줄 수 있다. 다른 호기성 종속영양 세균은 아세트산을 섭취하는 기작이 없어 PAOs가 혐기성 지역에서 COD를 섭취하는 동안 굶게 된다. PAO들은 매우 조밀한 플록을 만들어 침전이 용이하다는 점 또한 주목해야 한다. 어떤 시설들은 EBPR이 필요 없더라도 혐기성/호기성공정의 배치를 "selector"로 이용하여 슬러지가 잘 침전되도록 하고 있다.

EBPR을 위한 생물학적인 공정 단계는 아래에 혐기성/호기성 지역을 표시하여 정리하였다(그림 7-23). 폐수 유입 후 회분식 혐기성/호기성 운전에서 정인산(orthophosphorus, O-PO_4)과 rbCOD의 농도 변화를 그림 7-24에서 도시하였다. 혐기성 지역에서 수용성 O-PO_4 농도는 유입수의 수용성 O-PO_4 농도보다 종종 2~3배 높으며, 이것이 활성

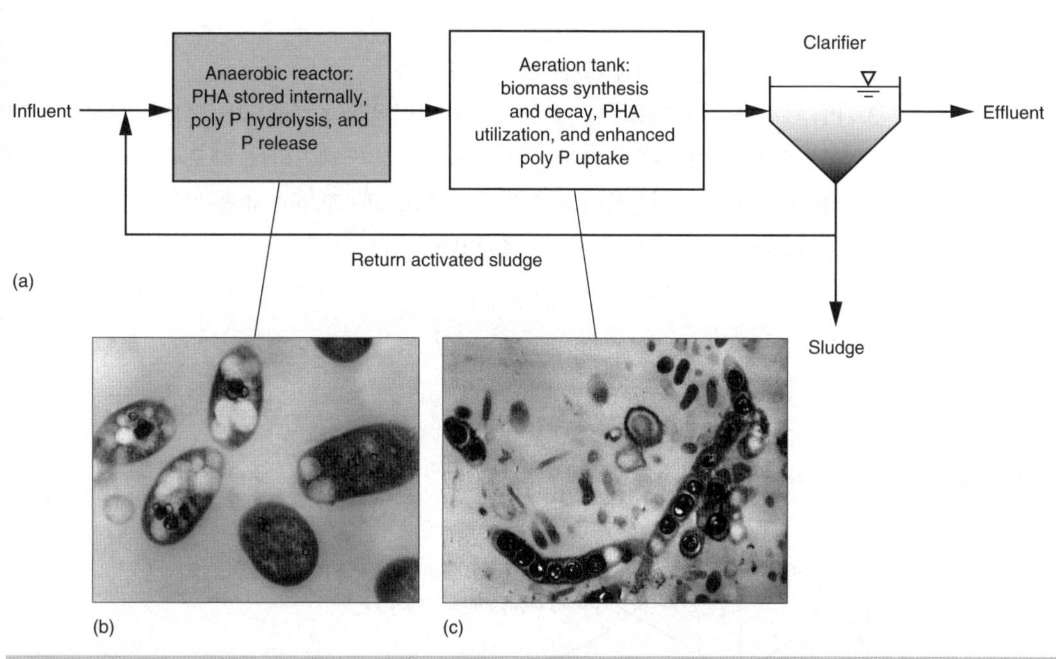

그림 7-23

생물학적 인 제거. (a) 전형적인 반응조 배치, 흐름도 아래 사진은 (b) 저장된 polyhydroxybutyrate의 TEM 사진, (c) polyphosphate (poly-P) 저장 미립자

화된 EBPR의 좋은 지표이다. 인방출률은 보통 후에 일어나는 인흡수율보다 빠르다.

》 혐기성 지역에서 발생하는 공정

혐기성 지역에서 PAO들은 아세트산과 프로피온산을 소비한다. 이 VFA들은 폐수처리 공정 혐기성 지역으로 유입되며, 또한 임의성 세균에 의해 바이오매스로 쉽게 합성될 수 있는 용존 생분해성 유기물질인 rbCOD의 발효과정을 거쳐 생산되기도 한다. 대부분의 VFA는 아세트산 형태로 존재한다. 혐기성 지역 수리학적 체류시간에 따라 콜로이드 형태나 입자형태 COD는 가수분해되어 아세트산/프로피온산으로 전환되지만, 이 양은 rbCOD로부터 생성된 양에 비해 일반적으로 훨씬 적다.

저장된 poly-P로부터 생산된 에너지를 사용하여 PAOs는 아세트산으로 세포내 poly-β-hydroxyalkanoate (PHA) 저장물을 생산한다. 일반적인 PHAs는 poly-β-hydroxybutyrate (PHB)와 polyhydroxyvalerate (PHV)이다. 이때 세포내에 저장된 일부 글리코겐(glycogen)도 사용된다. 아세트산/프로피온산의 섭취와 함께 $O\text{-}PO_4$뿐만 아니라 마그네슘(Mg^{2+}), 포타슘(K^+) 그리고 칼슘(Ca^{2+}) 양이온이 방출된다. PAO내 PHA 함량은 poly-P 함량이 감소함에 따라 증가한다.

》 후속하는 호기나 무산소 지역에서 발생하는 공정

후속하는 공정에서 일어나는 주 공정은 다음과 같다:

1. 저장된 PHA는 대사작용에 의해 새로운 세포성장을 위한 에너지와 탄소원을 공급해준다.
2. 일부 글리코겐은 PHA 대사로부터 생산된다.
3. PHA 산화로부터 방출된 에너지는 세포에 저장되는 poly-P 결합을 형성하는 데 이용되며, 이때 용존성 $O\text{-}PO_4$ 가 용액으로부터 제거되어, 세포내에 poly-P를 생성한다. PHA를 이용하여 세포가 성장하고, 고농도 poly-P를 저장한 새로운 바이오매스가 합성되어 인을 제거할 수 있다.

그림 7–24

인 제거 반응조에서 용해성 BOD와 인의 거동(Sedlak 1991)

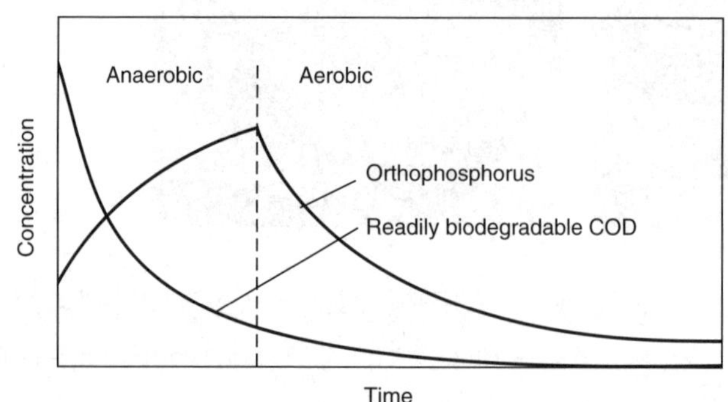

4. 바이오매스의 일부가 폐기되기 때문에 폐슬러지의 최종 처분을 통해 미생물에 저장된 인이 생물처리 반응조로부터 제거된다.
5. 질산이온이나 아질산이온을 기질 산화를 위한 전자수용체로 사용할 수 있는 PAO 종들이 있으므로 이러한 과정들이 혐기성 지역 다음에 후속하는 무산소 지역에서도 일어난다.

혐기성과 호기성 지역에서 초산의 섭취, poly-P, PHA 저장 간의 관계를 설명하기 위한 생화학적 모델이 그림 7-25에 제시되어 있다(Comeau et al., 1986, Wentzel et al., 1991, Smolders et al., 1995, Mino et al., 1998). 혐기성 지역에서 초산의 세포 통과와 통과된 초산이 acetyl coenzyme A (acetyl-CoA)으로 전환하는 데 에너지가 필요하다. 세포가 에너지를 사용하면서 adenosine triphosphate (ATP)가 adenosine disphosphate (ADP)로 전환된다. 저장된 poly-P가 가수분해되면 인과 금속 양이온, 즉 포타슘과 마그네슘이 함께 방출되면서 ADP가 ATP를 재생산한다. Acetyl-CoA과 Embden-Meyerhof 나 EntnerDoudoroff 경로를 통한 글리코겐의 분해에 의해 공급되는 환원력으로부터 PHA 가 생산된다. 해당작용(glycolysis)에 의해 acetyl-CoA 생산을 위해 필요한 ATP 일부를 제공한다. 호기성 지역에서는 PAOs는 저장된 PHA를 에너지와 탄소원으로 사용하여 세포성장을 한다. PHA 대사작용을 통해 세포가 성장하고, 포도당신생성반응(gluconeogenesis)을 통해 글리코겐이 생성되며, 최종전자수용체로 산소, 아질산이온 및 질산이온을 이용한 전자전달 인산화반응(phosphorylation)에서 에너지가 생산된다. 생산된 에너지를 이용하여 용액으로부터 O-PO_4와 금속 양이온을 섭취하여 poly-P를 합성한다.

❯❯ 미생물학

PAOs의 분리는 쉽지 않지만, Bond et al. (1995)은 분자기술을 사용하여 *Betaproteobacteria* 안의 *Rhodocyclus* 그룹에 있는 "*Candidatus Accumulibacter Phosphatis*"라고 명

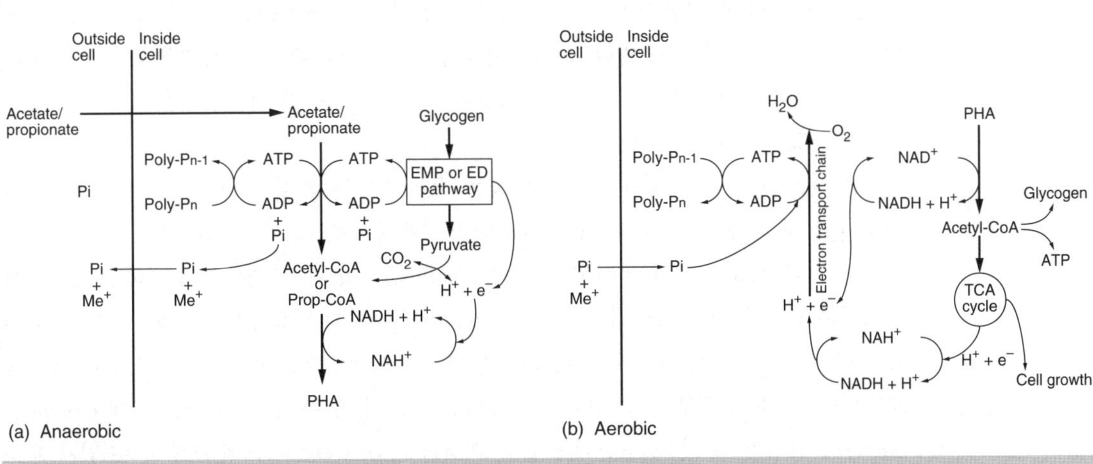

그림 7-25

PAOs에 의한 인의 방출과 제거에 관한 생화학적 모델. (a) 혐기성 조건, (b) 호기성 조건

명한 PAO를 확인하였고, 이 세균은 그 후 *Accumulibacter* Type I and Type II (Oehmen et al., 2010)로 분리되었다. Type I은 전자수용체로 질산이온이 아질산이온을 사용할 수 있기 때문에 탈질 PAOs (DPAOs)로 부르고 있다(Nielsen et al., 2010). *A. Phosphatis*의 게놈 염기서열이 완전히 밝혀지면서 유전자 구조와 대사작용에 대한 유용한 정보를 얻을 수 있게 되었다(Martin et al., 2006). *Actinobacteria* 내에 있는 *Tetrasphaera* 관련 PAO가 생활폐수처리장에서도 발견되었고, 산업폐수처리장에서는 더 많은 양이 발견되었다(Kong et al., 2005). *Tetrasphaera*는 PHA를 저장하지 않고 아미노산을 더 선호하는 것으로 보이며, 전자수용체로 산소와 아질산이온을 제외한 질산이온을 사용할 수 있다. 그러나 이들의 대사작용에 대한 정보는 부족한 실정이다.

혐기성 조건에서 유기산(VFA) 섭취에 대해 PAOs와 경쟁관계에 있는 미생물을 글리코겐 축적 미생물(GAO)이라고 부른다. Cech and Hartman(1990)은 이 종류의 미생물들이 네 개의 세포가 붙은 형태로 존재하는 것을 관찰하였고, 포도당으로 배양할 경우 글리코겐을 저장할 수 있고 성장 형태 등을 고려하여 "*G*" 세균이라고 불렀다. Mino et al. (1995)이 명명한 GAO라는 말은 호기성 조건에서 글리코겐을 저장하는 특성에서 유래하였으며, 글리코겐은 혐기성 조건에서 분해되어 EBPR 시스템의 혐기성 지역에서 VFA를 섭취하여 PHA를 생산하는 데 필요한 에너지를 공급해 준다. GAOs는 VFA를 섭취하는 동안 에너지로 쓸 수 있는 Poly-P가 없고, 그렇기 때문에 EBPR 특성을 발현할 수 없다. EBPR 시스템에서 GAO가 경쟁력을 갖게 된다는 증거는 혐기성 조건에서 아세트산섭취량에 따른 인방출량의 비가 일반적인 PAOs의 값인 0.50 g P/g acetate보다 훨씬 작아지는 것이다(Gu et al., 2008).

Crocetti et al. (2002)는 GAOs를 *Gammaproteobacteria*에 속해 있는 공통의 표현형을 가진 개체군으로 확인하였으며, "Candidatus *Competibacter Phosphatis*"이라 명명하였다. 이와 같은 많은 GAOs는 네 개의 세포가 붙어있는 형상(tetrads)으로 되어 있다. *Defluviicoccus vanus*는 *Alphaproteobacteria* 중에서 발견된 또 다른 tetrad 모양의 GAO (Wong et al., 2004)이나, 이 미생물을 EBPR 폐수처리공정에서 일반적인 *Competibacter*로 고려하지 않고 있다. 지금까지 확인된 모든 GAOs는 전자수용체로 산소와 더불어 질산이온을 사용할 수 있으나, *Competibacter* Type I만 아질산이온도 함께 사용할 수 있다(Nielsen et al., 2010).

PAOs와 GAOs 사이의 경쟁에 영향을 주는 인자는 기질내 아세트산과 프로피온산 조성, pH, 온도, SRT 등이다. *Accumulibacter*는 아세트산과 프로피온산을 동일한 속도로 사용할 수 있고, 프로피온산만 있을 때 *Competibacter*는 아세트산에 비해 프로피온산의 섭취속도가 현저히 느리기 때문에 *Competibacter*와의 경쟁에서 유리하다(Oehmen et al., 2006). 그러나 *Alphaproteobacteria* GAOs는 아세트산보다 프로피오산을 더 빠르게 소비하여 PAOs와 경쟁할 수 있다. *Accumulibacter*가 프로피온산이 공급될 때 *Competibacter*와 경쟁할 수 있고, 초산이 공급될 때 *Alphaproteobacteria*와 경쟁할 수 있기 때문에 유입기질을 아세트산과 프로피온산 간에 적절히 변경해 줌으로써 GAOs를 완전히 없앨 수 있다(Lu et al., 2006).

pH가 7.0보다 클 때, PAO 성장이 GAO보다 유리하고, pH가 7.5 이상일 때는 PAOs에 절대 유리하다(Lopez-Vazquez et al., 2009a). Filipe et al. (2001)는 그 한계 pH가 7.25라고 하였으며, 그 이하의 pH에서는 혐기성 VFA 소비속도가 빠르기 때문에 GAO의 성장이 촉진된다. Zhang et al. (2005)은 pH가 7.0에서 6.5로 감소할 때 EBPR 성능이 크게 감소한다고 하였다.

효과적인 EBPR 성능이 온도가 5°C 정도로 낮은 경우에도 관찰되었다(Brdjanovic et al., 1998). 10°C 이하의 온도에서 pH와 관계없이 PAOs는 GAO보다 훨씬 유리하다(Lopez-Vazquez et al., 2009a). PAOs와 GAOs의 신진대사 모델에 근거하여 Lopez-Vazquez et al. (2009b)는 온도가 20에서 30°C 사이일 때, GAO는 pH가 7.5 이상 높지 않다면 PAOs보다 우점하며, 아세트산 대 프로피온산 유입비가 각각 75:25나 50:50일 때 더 유리하다는 것을 발견하였다. 온도가 15°C 이하와 30°C 이상에서 GAOs의 성장속도는 더 느리며, PAOs보다 더 큰 호기성 반응조 SRT가 필요하다(Lopez-Vazquez et al., 2009a). Whang and Park(2006)은 우점한 GAO 개체군이 30°C에서 호기성 SRT를 6일에서 1.8일로 줄임으로써 PAO 개체군으로 바뀐다는 것을 발견하였다.

EBPR의 다른 공정

혐기성 지역으로 상당량의 용존산소나 질산이온을 유입한다면, VFAs는 PAOs에 의해 섭취되기 전에 없어질 수 있고, PAOs 성장이 감소하여 처리성능이 떨어질 수 있다. 생물학적 인 제거는 혐기성 지역으로 슬러지 반송과 함께 유입하는 질산이온 양을 줄이기 위한 탈질화공정이 없을 경우 질산화 공정과 함께 사용하지 않는다. 이러한 공정들에 대하여 8장 8-7절에 설명하였다.

EBPR 시스템이나 폐슬러지 처리과정에서 PAOs에 의한 인의 방출이 폐수처리장에서 인의 제거효율에 부정적인 영향을 준다. PAO가 포함된 혼합액은 EBPR 공정이든 폐슬러지 처리공정이든 간에 혐기성 조건에서 처리되며, 인의 방출을 동반한다. 정인산(O-PO_4)의 방출은 세균이 에너지원으로 저장되어 있는 Poly-P를 이용하기 때문에 아세트산을 주입하지 않고도 가능하다. O-PO_4의 방출은 EBPR 시스템의 혐기성이나 무산소 지역에서 VFA가 없는 곳에서도 접촉시간이 길면 발생할 수 있다. 그러나 이러한 인의 방출이 초산이나 프로피온산이 섭취되어 후에 산화될 PHA 저장과 연계되지 않기 때문에 호기성 지역에서 인은 섭취되지 않을 수 있다. 이러한 조건에서 O-PO_4의 방출을 2차 방출(secondary release, Barnard, 1984)이라 하며, 그 결과 생물학적 공정에서 인의 제거효율이 낮아지게 된다. EBPR 시스템에 사용되는 폐슬러지 처리공정으로부터 발생하는 반류수는 폐슬러지 처리과정에 중력농축이나 혐기성 소화 후 탈수과정과 같은 혐기성 조건이 있다면, 고농도의 인을 포함할 수 있다. 또한, 호기성 소화에서 바이오매스가 파괴될 때에도 인이 방출된다. 측류수 관내에서 제어되지 않는 스트루바이트 침전도 소화조를 사용하는 EBPR 처리장에서 발생할 수 있는 일반적인 문제이다. 스트루바이트 형성에 관한 화학은 6장에서 다루었다. 이러한 인의 회수공정을 포함한 반류수의 관리에 대해 15장 15-4절에 설명하였다.

EBPR의 화학양론

인 제거 기작에 따르면, PAOs는 성장과 EBPR 시스템으로부터 슬러지 폐기를 통해 인을 제거하며 유입 폐수로부터 다른 2가지 성분도 함께 제거된다: (1) 금속 양이온, (2) 아세트산이나 프로피온산과 같은 VFA. Pattarkine and Randall(1999)은 적절한 P/Mg/K 몰비로 각각 1.0/0.33/0.33을 제시하였다. 칼슘 섭취를 고려하면 Sedlak(1991)은 적절한 P/Mg/K/Ca 몰 비로 각각 1/0.28/0.26/0.09를 제시하였다. 뒤의 몰 비에 근거하여 PAOs에 의해 제거되는 인(P)의 g 당 0.63 g의 다른 무기물들이 폐슬러지에 포함된다. 슬러지 부피가 증가하더라도 PAOs에 의해 형성되는 플록 밀도가 높기 때문에 영향이 크지 않다. 잘 형성된 PAO 시스템에서 VSS/TSS 비는 보통의 종속영양 미생물의 85%에 비하여 낮은 60에서 65% 정도이다. 대부분의 생활폐수처리에서 PAOs에 필요한 금속양이온의 양은 충분하나 실험실 실험이나 산업폐수에 적용할 경우에는 충분한 양이 있는지 확인해야 한다.

혐기성 지역에서 섭취되는 아세트산과 프로피온산의 양은 이 경로를 통해 제거될 수 있는 인의 양과 생산되는 PAOs의 양을 결정하는 데 있어서 매우 중요하다. 생물학적 저장에 의해 제거되는 인의 양은 혐기성 수리학적 체류시간 T 내에 일부분의 bsCOD가 아세트산으로 전환된다고 가정할 때 폐수 유입수에 있는 bsCOD의 양으로부터 산출할 수 있다. 유입수 rbCOD의 양을 결정하는 방법은 폐수의 특성을 다루는 8장 8-2절에 설명되어 있다.

생물학적 인 제거의 화학양론을 평가하기 위하여 다음의 가정이 사용된다: (1) 발효과정에서 세포 수율이 낮기 때문에 발효된 COD는 대부분 VFA로 전환되어 약 1.0 g 아세트산 COD/g 발효된 rbCOD이 생산된다 (2) PAOs의 세포 수율은 0.45 g VSS/g 소비된 아세트산 COD, (3) 세포내 인의 함량은 20℃에서 0.20~0.30 g P/g VSS (Panswad et al., 2003). 이러한 가정을 이용하면 EBPR 기작에 의해 약 7~11 g rbCOD가 1 g 인을 제거하는 데 필요하다. EBPR 시스템에서 실질적인 값은 상대적인 GAO와 PAO 개체군과 유입 rbCOD 중 아세트산의 비율에 따라 8에서 20 g P/g rbCOD이다. 활성슬러지 시스템에서 일반 bCOD 제거에 의한 보통의 세포합성에 의해 추가적으로 인이 제거된다.

rbCOD나 아세트산이 일정하게 공급될 때 더 좋은 생물학적 인 제거 시스템이 완성된다. rbCOD 중단 기간이나 낮은 rbCOD 농도로 인해 글리코겐, PHA, poly-P 같은 세포내 저장물질이 변하고, 인의 제거효율이 급격하게 감소하게 된다(Stephens and Stensel, 1998). 폐수로부터 제거할 수 있는 인의 양은 예제 7-9에서 설명한다.

예제 7-9 **인 제거량의 평가.** 다음과 같은 폐수특성과 생물학적 공정에 관한 정보를 이용하여 유출수의 인 농도를 산출하시오. 90%의 rbCOD가 EBPR 혐기성 지역에서 아세트산으로 발효된다고 가정하고, PAO의 비내생소멸률이 0.08 g/g-d라고 가정한다. 이 시스템에서 질산화는 일어나지 않으며, 혐기성 지역으로 유입하는 DO의 양은 무시한다.

유입수	농도, g/m^3
COD	300
bCOD	200
rbCOD	50
인(P)	6.0

1. 혐기성 지역에서 아세트산으로 전환되는 rbCOD = 90%
2. 세균의 합성수율, Y = 0.45 g VSS/g COD
3. 내생사멸계수, b = 0.08 g VSS/g VSS · d
4. SRT = 5 d
5. PAO의 인 함량 = 0.30 g P/g VSS
6. 기타 세균의 인 함량 = 0.02 g P/g VSS
7. 침전지 유출수 VSS 농도 = 8 g/m^3

풀이 1. PAOs에 의해 제거된 인을 결정한다.

a. 아세트산 COD 생산량 = 0.90 (50 g/m^3 rbCOD) = 45 g/m^3 COD

b. 식 (7-54)를 이용하고, 세포 부스러기를 무시하며, 유량에 대해 정상화한 생산된 PAO 바이오매스를 결정한다.

$$\text{생산된 PAO 바이오매스} = \left[\frac{Y}{1 + b(\text{SRT})}\right]\text{bsCOD}$$

$$= \left\{\frac{(0.45\text{ g VSS/g COD})}{[1 + (0.08\text{ g/g}\cdot\text{d})(5\text{d})]}\right\}(45\text{ g bsCOD/m}^3) = 14.5\text{ g VSS/m}^3$$

c. 제거된 인의 양을 계산한다.

제거된 P = (0.30 g P/g VSS)(14.5 g VSS/m^3) = 4.4 g/m^3

2. bCOD의 전환으로 생성된 종속영양 세균 세포 합성에 의해 제거된 인의 양을 계산한다.

a. 다른 종속영양 세균에 의해 제거된 bCOD를 결정한다.

제거된 bCOD = 200 − 45 = 155 g/m^3

$$\text{기타 생성된 바이오매스} = \left[\frac{Y}{1 + b(\text{SRT})}\right]\text{bCOD}$$

$$= \left\{\frac{(0.45\text{ g VSS/g COD})}{[1 + (0.08\text{ g/g}\cdot\text{d})(5\text{d})]}\right\}155\text{ g bCOD/m}^3 = 49.8\text{ g VSS/m}^3$$

b. 제거된 인을 계산한다.

$$\text{제거된 P} = (0.02\ \text{g P/g VSS})(49.8\ \text{g VSS/m}^3) = 0.02(49.8) = 1.0\ \text{g/m}^3$$

3. 바이오매스로 제거된 총 인과 유출수 인의 농도를 결정한다.

총 제거된 P = 4.4 + 1.0 = 5.4 g/m^3

유출수 용존성 인의 농도 = 6.0 − 5.4 = 0.60 g/m^3

4. 유출수 VSS 중 P 함량을 계산한다.

유출수 VSS 중 평균 P 함량

$$= \frac{(0.30\ \text{g P/g VSS})(14.5\ \text{g/m}^3) + (0.02\ \text{g P/g VSS})(49.8\ \text{g/m}^3)}{[(14.5 + 49.8)\ \text{g/m}^3)]}$$

$$= 0.083\ \text{g P/g VSS}$$

유출수 VSS내 인 = 0.083(8 g/m^3) = 0.67 g/m^3

총 유출수 인의 농도 = 0.60 + 0.67 = 1.27 g/m^3

성장 동역학

생물학적 인 제거 미생물의 동역학은 다른 종속영양 세균과 같은 크기의 범위에 있다. Mamais와 Jenkins(1992)는 생물학적 인 제거가 20°C일 때 호기성 SRT가 2.5일보다 큰 혐기성/호기성 시스템에서 유지될 수 있다고 하였다. 20°C에서 최대 비성장속도는 0.95 g/g · d이다(Barker and Dold, 1997).

환경인자

시스템의 성능은 호기성 영역의 DO 농도가 1.0 mg/L 이상이라면 DO에 영향을 받지 않는다. pH의 영향은 위에서 살펴본 바와 같이 본래 PAO 대 GAO의 개체군 분포와 관계가 있다. 탈질 능력이 있는 PAOs는 세포내 PHA를 산화시키기 위하여 질산이온과 함께 아질산이온을 전자수용체로 이용할 수 있다. 그러나 아질산이온 농도가 2.0 g/m^3 이상일 때 무산소와 호기성 조건에서 인의 섭취가 저해를 받으며, 호기성 조건일 때 저해 영향이 더 크다. 아질산이온이 6.0 g/m^3일 때 호기성 조건에서 PAOs에 의한 인의 섭취는 심각한 제한을 받는다(Saito et al., 2004).

7-14 혐기성 발효와 산화

지금까지 혐기성 발효와 혐기성 산화는 폐슬러지 처리(그림 7-26)와 고농도 유기성 폐수처리를 위하여 주로 사용하여 왔다. 그러나, 기후가 온난한 지역에서는 혐기성 발효를 표준 생물학적 폐수처리를 위한 전처리공정으로 사용하기도 하였으며, 최근에는 저농도 유기성 폐수처리까지 적용되고 있다. 혐기성 발효와 산화공정의 장점은 미생물의 수율이 낮고 유기물질의 생물학적 전환으로 메탄가스 형태의 에너지를 생산할 수 있다는 점이다. 대부분의 혐기성 소화 공정들은 중온 범위(30~35°C)에서 운전하여 왔으며, 고온 혐기성 소화 공정은 중온 혐기성 소화 공정의 전처리 단계로서 사용하기도 하였다. 그러나, 최근에는 고온 혐기성 소화 공정 단독으로 폐수슬러지를 처리하는 기술에 대해서도 관심이 늘고 있다. 고온 혐기성 소화 공정을 중온 혐기성 소화 공정의 전처리공정으로 사용하는 이단 혐기성 소화 공정은 온도 상분리 혐기성 소화(temperature phased anaerobic digestion, TPAD)라고 부르며, 첫 단계인 고온 혐기성 소화 공정은 일반적으로 50~60°C의 온도에서 3~7일간의 SRT를 가지도록 설계하며, 두 번째 단계인 중온 혐기성 소화 공정은 7~15일의 SRT를 가지도록 한다(Han과 Dague, 1997). 제13장에서 다루어질 고온 혐기성 소화 공정은 폐수처리과정에서 폐기하는 슬러지를 처리하여 제14장에서 정의될 A 등급 바이오고형물(*Class A biosolids*) 기준에 부합하도록 높은 병원균 사멸률을 달성하고자 할 때 사용한다.

고농도 유기성 산업폐수를 혐기성 공정으로 처리하는 것은 에너지 소비량, 영양염 주입의 필요성, 반응조 부피 등에 있어서 호기성 생물학적인 처리공정들에 비하여 비용대비 효과적인 대안이 될 수 있다. 그러나, 혐기성처리는 유출수 수질이 호기성처리에 비하여 좋지 않기 때문에 일반적으로 처리수를 도시폐수관거로 배출하거나 호기성 생물학적처리의 전처리 목적으로 사용한다. 폐수처리를 위한 부유성장 또는 부착성장 혐기성처리공정들의 설계는 제10장에서 다룰 예정이며, 폐수처리과정에서 발생하는 폐슬러지 처리를 위한 혐기성 소화조의 설계는 제13장에서 다룰 예정이다.

» 공정개요

유기물질의 혐기성 분해 과정은 (1) 가수분해단계, (2) 혐기성산화 또는 혐기성발효로도 알려지고 있는 산생성단계, 그리고 (3) 메탄생성단계의 3단계로 이루어진다(그림 7-27). 이 그림에서는 유기성 고형물질의 가수분해, 휘발성 지방산(VFAs) 및 수소가 메탄으로 전환되는 혐기성 분해경로들을 보여주고 있다. 여기서, 초산생성반응은 산생성반응으로부터 생성된 프로피온산, 뷰티릭산 등의 VFAs들이 분해되어 아세트산이 생성되는 반응

그림 7-26

혐기성 소화조 전경, (a) 터키의 앙카라, (b) 미국 오레곤 주의 타이가드

(a)

(b)

을 말한다. 혐기성 분해반응이 시작되는 초기물질은 폐기물의 특성에 따라 달라지며, 혐기성 분해반응은 중간단계에서 인위적으로 중단시키기도 한다. 일반적으로 생물학적인 인 제거 공정에 필요한 탄소원을 공급하기 위하여 1차 슬러지를 농축조에서 발효시켜 VFAs 농도가 높은 상징수를 생산하는 것은 혐기성 분해반응을 중간에 중단시키는 좋은 예가 될 수 있다.

가수분해반응. 가수분해반응은 혐기성 분해반응의 첫 단계로서 입자성 또는 고분자 유기물질을 용해성물질로 전환시키는 반응이다. 가수분해반응의 산물인 용해성 물질은 세균이 발효에 이용할 수 있을 정도의 더욱 간단한 형태의 단당류로 분해된다. 일부의 고농도 용존 유기물질을 함유한 산업폐수는 혐기성 분해반응인 발효과정을 시작으로 처리할 수도 있다. 가수분해반응은 다양한 임의성 및 절대혐기성 미생물들이 생산하는 체외효소에 의해서 진행된다(Confer와 Logan, 1998; Song 등, 2005). 지질은 *Butyrivibrio* sp., *Clostridium* sp. 및 *Anaerovibrio lipolytica*와 같은 세균에 의해서 생성된 리파아제에 의해서 긴사슬지방산(long chain fatty acids, LCFAs)으로 분해된다. 펩타이드와 아미노산은 *Clostridium proteolyticum*, *Eubacterium* sp. 및 *Peptococcus anaerobicus* 등의 체외 단백질분해효소를 생산하는 세균에 의해서 가수분해된다(McInerney, 1988).

산생성반응. 혐기성 분해반응의 두 번째 단계는 그림 7-27에서 보는 바와 같이 산생성 세균이 가수분해 산물을 VFAs, CO_2 및 H_2로 전환시키는 **산생성반응**으로서 **산발효과정**이라고도 한다. 이러한 산발효과정에서 유기물은 전자공여체로 사용되기도 하고 전자수용체로 사용되기도 한다. 설탕과 아미노산으로부터 생성되는 주요 발효 산물은 아세트산과 프로피온산, 뷰티릭산, 이산화탄소 그리고 수소이다. 그러나, LCFAs를 발효시키면 아세트산과 이산화탄소 그리고 수소가 생성되며, 이때 생성되는 수소의 비율은 설탕이나 아미노산에 비하여 높다.

아세트산생성반응. 아세트산생성반응은 산생성반응의 중간생성물인 프로피온산과 뷰티릭산을 좀 더 발효시켜 아세트산, 이산화탄소 및 수소를 생산하는 반응을 말한다. 따라서, 아세트산생성반응의 최종산물은 메탄의 전구물질들인 아세트산, 수소 및 이산화탄소이다. 프로피온산과 뷰티릭산으로부터 아세트산과 수소가 생성되는 아세트산 생성반응의 경우 자유에너지 변화를 살펴보면 이 반응은 소화조 내부의 수소분압이 매우 낮은 조건($H_2 < 10^{-4}$ atm)에서만 일어날 수 있음을 알 수 있다(McCarty와 Smith, 1986). 혐기성 소화조에서 발생한 수소의 대부분은 LCFAs 및 VFAs로부터 아세트산으로 산화하는 과정에서 생성된 것이며, 이러한 과정들을 혐기성 산화라고 한다.

메탄생성반응. 혐기성 분해반응의 마지막단계는 메탄생성고세균이라 불리는 **고세균**들에 의해서 진행되는 **메탄생성반응**이다. 메탄생성고세균은 아세트산을 이용하여 메탄과 이산화탄소를 생성하는 초산분해메탄생성고세균군과 수소를 전자공여체로 사용하고 이산화탄소를 전자수용체로 사용하여 메탄을 생성하는 수소이용메탄생성고세균군(또는 수소영양메탄생성고세균)으로 크게 나누어진다. 혐기성 소화조에서 **아세트산세균**이라 불리는

그림 7-27
폐고형물의 혐기성 공정에서 생분해성 COD의 분해경로 (Jerris 및 McCarty, 1963, 1981; Batstone 등, 2006)

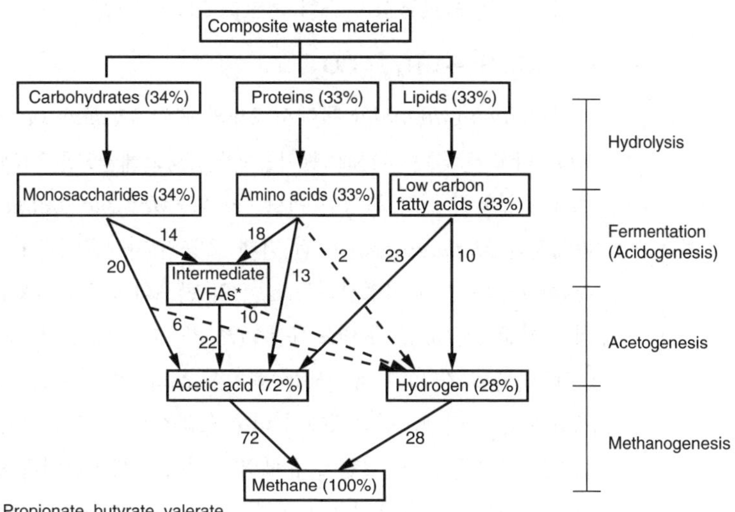

세균도 수소를 산화시키고 아세트산을 생산하기 위하여 이산화탄소를 사용한다. 그러나, 아세트산이 메탄으로 전환되기 때문에 이 반응의 영향이 크지는 않다. 혐기성 소화과정에서 발생하는 메탄의 약 72%는 아세트산으로부터 생성된 것이다(그림 7-27 참조). 안정한 상태로 운전되고 있는 혐기성 소화조로부터 발생하는 바이오가스는 일반적으로 메탄 65% 그리고 이산화탄소 35%로 구성된다. 또한, 혐기성 소화 대상 폐기물에 지질성분이 많으면 바이오가스의 메탄함량이 증가한다(Li 등, 2002).

미생물학

혐기성 소화조에서 확인되고 있는 가수분해반응 및 산생성반응과 관련된 비메탄생성 미생물들은 *Clostridium* spp., *Peptococcus anaerobus*, *Bifidobacterium* spp., *Desulphovibrio* spp., *Corynebacterium* spp., *Lactobacillus*, *Actinomyces*, *Staphylococcus*, 및 *Escherichia coli*. 등을 포함한 다양한 종류의 임의성 및 절대혐기성세균들이다. 또한, 다른 생리학적인 그룹에 속하는 단백질분해효소, 지질분해효소, 요소분해효소 및 셀룰로즈분해효소들을 생산하는 미생물들도 혐기성 소화조에 존재한다.

혐기성 소화조에서 메탄을 생성하는 미생물은 고세균에 속하는 절대혐기성이며, 혐기성 소화조에서 확인된 메탄생성고세균들 중에서 호수나 강의 유기성 퇴적물이나 동물의 반추위에서 발견되는 미생물들과 유사한 종이 많다. 수소이용 메탄생성고세균은 *Methanobacteriales*, *Methanococcales*, *Methanomicrobiales*, 그리고 *Methanopyrales*의 목 중의 한 가지에 속한다(Madigan 등, 2012). 이들은 수소의 산화반응으로부터 에너지를 획득하고 이산화탄소를 탄소원으로 사용하며, 세포합성 수율이 낮다.

$$4H_2 + CO_2 \rightarrow CH_4 + 2H_2O \quad (7\text{-}137)$$

아세트산으로부터 메탄을 생성하는 고세균은 아세트산이용메탄생성 미생물이라 불리며, *Methanosarcinales* 목에 속한다. 아세트산이용메탄생성고세균은 아세트산을 분해하여 메틸탄소 및 카르복실 탄소를 메탄과 CO_2로 바꾼다.

$$CH_3COOH \rightarrow CH_4 + CO_2 \quad (7\text{-}138)$$

Methanosarcinales 목에서 2개의 속인 *Methanosarcina*와 *Methanosaeta* (*Methanothrix*라고 불림)는 아세트산이용메탄생성고세균으로서(Madigan 등, 2012), 형태학적으로나 동역학적 성장 특성이 서로 다르다. *Methanosarcina*는 구형이며, 포도 모양의 덩어리이지만 *Methanosaeta*는 긴 막대 모양의 사상균이다(Lange와 Ahring, 2001). *Methanosarcina*는 최대 비성장속도(μ_{max})와 반포화속도상수(K_s)가 크지만 *Methanosaeta*는 최대 비성장속도(μ_{max})와 반포화상수(K_s)가 상대적으로 작다. *Methanosaeta*는 SRT가 길고 아세트산농도가 낮게 유지되는 혐기성 소화조에서 주로 우점한다. 그러나, *Methanosarcina*는 높은 아세트산농도에서 더욱 효과적으로 성장하며, 혐기성 소화조의 안정성을 높여주는 역할을 한다. 실험실 규모의 혐기성 소화실험이나 모델링연구를 통하여 기질을 수시로 주입한 경우와 1일 1회 회분식으로 주입한 경우 *Methanosarcina* 개체 수를 비교하였다(Conklin 등, 2006; Straub 등, 2006). *Methanosaeta*와 *Methanosarcina*의 농화 배양한 경우 아세트산 이용에 대한 K_s 값은 각각 90 g/m^{3}와 320 g/m^{3}이었으며, 35°C에서 각각에 대한 μ_{max}의 대표 값은 0.16 g/g · d 및 0.80 g/g · d이었다(Conklin 등, 2006).

아세트산이용메탄생성고세균은 고온혐기성 소화조에서도 자주 발견되는 종이며(van Lier, 1996; Zinder와 Koch, 1984; Ahring, 1994), *Methanosarcina*의 일부 종은 65°C의 온도에서 저해를 받지만 다른 종들은 그렇지 않다. 그러나, *Methanosaeta*는 65°C에서도 저해를 받지 않는다. 60°C에서는 수소이용메탄생성고세균인 *Methanobacterium*이 대단히 많다.

메탄생성고세균에 의한 또 다른 혐기성 반응은 *Methanobacteriales*, *Methanomicrobiales* 및 *Methanococcales* 속의 미생물들에 의한 개미산이온의 분해반응[식 (7−139)], *Methanobacteriales* 및 *Methanosarcinales* 속의 미생물들에 의한 메탄올의 분해반응[(식 (7−140)], 그리고 *Methanosarcinales* 속의 미생물들에 의한 메틸아민의 분해반응[(식 (7−141)]이다(Madigan 등, 2012).

$$4HCOO^- + 4H^+ \rightarrow CH_4 + 3CO_2 + 2H_2O \quad (7\text{-}139)$$

$$4CH_3OH \rightarrow 3CH_4 + CO_2 + 2H_2O \quad (7\text{-}140)$$

$$4(CH_3)_3N + H_2O \rightarrow 9CH_4 + 3CO_2 + 6H_2O + 4NH_3 \quad (7\text{-}141)$$

산발효과정에서 공생관계. 메탄생성고세균은 산발효산물인 수소, 개미산이온, 아세트산 등으로부터 메탄과 이산화탄소를 생성시키기 때문에 혐기성 소화조에서 메탄생성고세균과 산생성세균은 상호도움이 되는 공생관계를 유지한다. 혐기성 소화조에서 수소분압은 수소이용메탄생성고세균에 의해서 매우 낮게 유지되기 때문에 산발효반응의 평형을 개미산이온이나 아세테이트과 같이 더욱 산화된 형태의 생성물 쪽으로 이동시킨다. 산생성세균과 다른 혐기성미생물에 의해 생성된 수소를 메탄생성고세균이 이용하는 반응을 **내부 종들 간의 수소전달**(*interspecies hydrogen transfer*)이라 한다. 메탄생성고세균은 산발효반응이 계속 진행될 수 있도록 수소를 처분하는 역할을 담당한다. 혐기성 분해

반응에 문제가 생기면 메탄생성고세균은 생산된 수소를 빠르게 이용하지 못하기 때문에 VFAs의 축적과 동시에 프로피온산과 낙산의 발효는 느려지며, pH도 감소한다.

혐기성 반응을 방해하는 미생물. 폐수에 함유된 황산염의 농도가 높을 때 혐기성 소화조를 운전하는 과정에서 문제를 유발할 수 있는 미생물은 황산염환원세균이다. 황산염환원세균은 황산염을 환원시켜 메탄생성고세균에 독성이 있는 황화물을 생성시킨다. 황화물의 농도가 높을 때 일정한 양의 철염을 혐기성 소화조에 주입하여 황화철을 형성시키면 어느 정도 문제를 해결할 수 있다. 황산염환원세균은 절대혐기성 미생물로서 형태학적으로는 다양하지만 전자수용체로서 황산염을 사용할 수 있다는 공통점을 가진다. 황산염환원세균은 지방산을 생성하는지 또는 초산을 이용하는지에 따라 크게 두 개의 그룹으로 분류한다. 첫 번째 그룹의 황산염환원세균은 다양한 종류의 유기화합물을 전자공여체로 사용하는 종으로서 황산염을 황화물로 환원시키면서 이들 유기물질을 산화시켜 초산을 생성한다. 혐기성생화학반응에서 발견되는 이 그룹의 일반적인 속은 *Desulfovibrio*이다. 두 번째 그룹의 황산염환원세균은 황산염을 황화물로 환원시키는 동안 초산과 같은 지방산을 산화시킨다. 이 그룹에서는 *Desulfobacter* 속의 세균들이 일반적으로 발견된다.

❯❯ 혐기성 발효와 산화의 화학양론

혐기성발효와 산화 과정에서 COD의 변화는 COD 수지를 이용하여 설명할 수 있다. 혐기성 소화조에서 COD 변화는 메탄생산에 의한 것이다. 메탄의 COD 등가량은 양론식으로 부터 계산한다. 메탄의 COD 등가량은 메탄을 이산화탄소와 물로 산화시킬 때 필요한 산소량이다.

$$CH_4 + 2O_2 \rightarrow CO_2 + 2H_2O \quad (7\text{-}142)$$

위의 식으로부터 메탄 1몰당 등가 COD는 2 (32 g O_2/mole) = 64 g O_2/mole CH_4이다. 표준상태(0°C, 1기압)에서 1몰이 차지하는 메탄의 부피는 22.414 L이다. 따라서, 혐기성 조건에서 메탄으로 전환되는 COD의 등가 메탄량은 22.414/64 = 0.35 L CH_4/g COD 이다.

예제 7-10 **메탄가스 생산량 예측** 35°C에서 운전하고 있는 혐기성 반응조의 유입 유량이 3,000 m^3/d이고 bCOD가 5,000 g/m^3이다. bCOD 제거율이 95%이고 미생물의 순 성장 수율이 0.04 g VSS/g COD이다. 이 혐기성 소화조의 메탄생성률(m^3/d)을 구하라.

풀이

1. 메탄으로 전환되는 유입수의 COD를 계산하기 위하여 다음과 같이 정상상태에서 물질수지를 살펴보자.
   a. 정상상태 물질수지식을 만든다.

$$0 = \text{유입수 COD} - \text{유출수내 유입수 COD의 부분} - \text{유입수 COD 중 세포조직으로 전환된 양} - \text{유입수 COD 중 메탄으로 전환된 양}$$

$$COD_{in} = COD_{eff} + COD_{VSS} + COD_{methane}$$

b. 물질수지 항의 값들을 계산한다.

$$COD_{in} = (5000\ g/m^3)(3000\ m^3/d) = 15{,}000{,}000\ g/d$$

$$COD_{eff} = (1 - 0.95)(5000\ g/m^3)(3000\ m^3/d) = 750{,}000\ g/d$$

$$COD_{VSS} = (1.42\ g\ COD/g\ VSS)(0.04\ g\ VSS/g\ COD)(0.95)(15{,}000{,}000\ g/d) = 809{,}400\ g/d$$

c. 메탄으로 전환된 COD를 계산한다.

$$COD_{methane} = 15{,}000{,}000 - 750{,}000 - 809{,}400 = 13{,}440{,}600\ g/d$$

2. 35°C에서 생성된 메탄 양을 계산한다.
   a. 35°C에서 1몰의 기체가 차지하는 부피를 계산한다.

$$V = \frac{nRT}{P}$$

$$V = \frac{(1\ mole)(0.082057\ atm \cdot L/mole \cdot K)[(273.15+35)K]}{1.0\ atm} = 25.29L$$

   b. 혐기성 상태에서 전환된 COD 1 g의 등가 메탄양(L)

$$(25.29\ L/mole)/(64\ g\ COD/mole\ CH_4) = 0.40\ L\ CH_4/g\ COD.$$

   c. 메탄생성률

$$\text{메탄생성률} = (13{,}440{,}600\ g\ COD/d)(0.40\ L\ CH_4/g\ COD)(1\ m^3/10^3\ L) = 5376\ m^3/d$$

메탄함량이 65%라면 총 바이오가스 발생률 $= (5376\ m^3/d)/0.65 = 8271\ m^3/d$

참조 혐기성 소화조의 운전온도를 고려하여 바이오가스의 부피를 측정하는 것이 중요하다.

》 공정 동역학

혐기성 반응들은 자유에너지변화량이 상대적으로 작기 때문에 호기성에 비하여 미생물의 성장계수는 상당히 작다. 혐기성 산발효와 메탄생성반응의 일반적인 미생물의 수율과 내생사멸계수는 각각 Y = 0.06과 0.03 g VSS/g COD 그리고 b = 0.02와 0.008 g VSS/g VSS · d이다.

혐기성 반응에서 율속단계인 가수분해반응속도와 혐기성 산발효 및 메탄생성반응을 위한 용해성 기질 이용속도는 대단히 중요하다. 산생성반응을 통하여 메탄생성반응으로의 COD 흐름은 콜로이드 및 입자성물질의 가수분해반응에서 시작한다.

가수분해반응의 한계. 폐활성슬러지를 처리하기 위한 혐기성 소화공정에서 분해되는 총고형물의 양은 가수분해속도와 혐기성 소화조의 SRT에 의해서 결정된다. 폐수처리장에서 발생하는 1차 슬러지와 폐활성슬러지 혼합물의 생분해성 물질의 1차 가수분해반응 속도상수는 0.33/d이며 중온소화조에서 SRT의 함수로 고형물분해 효율을 산출하는 데 사용할 수 있다. 폐수처리장에서 발생하는 1차 슬러지와 폐활성슬러지 혼합물의 약 25%가 비생분성 물질이다(Moen et al., 2004). 생분해성 고형물질을 충분히 분해하기 위해서는 30일 이상의 SRT가 필요하다. 혐기성산발효 및 메탄생성반응과 관련된 혐기성 미생물의 기질 이용 동역학은 안정한 혐기성 소화공정을 유지하기 위하여 대단히 중요하다.

VFAs의 생성과 이용. VFAs의 생성속도는 메탄생성고세균이 VFAs를 이용하여 메탄을 생산하는 속도보다 일반적으로 빠르다. 그러나, 혐기성 소화조에서 메탄생성고세균의 개체 수가 충분하다면 pH $\geq$ 7이고 VFA 농도가 200 g/m^3 이하로 낮은 경우 안정한 혐기성 소화조의 운전이 가능하다. 불안정한 혐기성 소화 상태는 VFAs의 생성속도가 메탄생성고세균에 의한 VFA 이용속도보다 빨라질 수 있는 과부하 조건에서 나타난다. 초산 및 프로피온산과 같은 VFAs의 농도가 계속 증가하면 유기산 농도 증가를 완충시킬 수 있는 알칼리도의 양이 부족한 경우 pH는 감소한다.

pH의 영향. 메탄생성고세균의 VFAs 이용속도는 pH 값이 낮아질 경우 감소한다. 따라서, 부하율이 증가하면 pH를 감소시킬 수 있기 때문에 VFAs가 더욱 축적될 수 있으며, 메탄생성고세균의 활성은 더욱 감소할 수 있다. 메탄생성고세균의 VFAs 이용속도 감소가 낙산의 축적으로 이어지면 혐기성 분해반응은 크게 저해를 받을 수 있다. 낙산의 축적은 신 냄새를 유발시키며, 혐기성 소화반응이 파괴될 수 있는 극한상태를 나타내는 "sour" 또는 stuck digester로 이어진다. 메탄생성반응에 대한 저해효과는 충분한 알칼리도가 존재하여 pH > 7.0을 유지시키는 경우에도 초산의 농도가 3,000 g/m^{3}을 초과하면 나타날 수 있다(Stallman 등, 2012). 혐기성 소화조의 불안정한 상태는 급격한 온도변화, 과도한 저해물질의 유입 등에 의해서도 나타날 수 있다.

과도용량. 혐기성 소화조는 유입 COD의 일시적 증가로 인하여 소화상태가 불안정해지는 현상을 완충하는 능력이 있다. 이러한 능력은 초산이용메탄생성고세균의 최대 초산이용능력(V_{max})과 관련이 있다(Conklin 등, 2008). V_{max} 값은 공정에 따라 다를 수 있으며, SRT 및 평균 COD 부하율 변경과정, 초산이용메탄생성고세균의 개체 수 등의 함수이다. 혐기성 소화조에 대한 V_{max}를 구하기 위하여 회분식으로 생화학적메탄생성실험(biochemical methane production, BMP)을 하기도 한다. 이 실험은 밀봉된 혈청병에 운전 중인 혐기성 소화조에서 채취한 슬러지와 초산을 주입하고 혐기성 소화조와 같은 온도에서 배양하면서 시간에 따른 메탄생성속도를 측정하는 방법으로 수행한다. 초산용량수(acetate capacity number, ACN)는 혐기성 소화조의 운전기록에 근거를 두고 평균 초산생성속도에 대한 V_{max}의 비를 나타낸다. 여기서, 제거된 COD의 약 70%는 메탄을 생성하기 전에 먼저 초산으로 전환된다고 가정한다.

$$ACN = \frac{V_{max}}{V_{plt}} \tag{7-143}$$

여기서, ACN = 초산용량수(acetate capacity number)

V_{max} = 혐기성 소화슬러지의 최대 초산이용률, g acetate COD/m³ · d

V_{plt} = 혐기성 소화조의 일평균 초산이용률, g acetate COD/m³ · d

ACN 수의 개념은 다음의 예제에서 보는 것처럼 혐기성 소화조에서 허용 가능한 일시적인 과도부하율을 결정하기 위하여 사용할 수 있다. Conklin 등(2008)은 BMP 실험절차에 대하여 자세하게 설명하였다. 혐기성 소화조에서 허용 과도부하율을 구하기 위한 ACN 개념의 예제는 예제 7-11과 같다.

예제 7-11 **혐기성 혼합소화공정에서 허용 과도부하율의 계산.** 폐수슬러지를 처리하는 혐기성 소화조에 대한 운전자료와 혐기성 혼합소화를 위하여 혐기성 소화조에 주입하려고 하는 음식물쓰레기에 대한 BMP 실험결과가 다음 표와 같다. 혐기성 소화조의 안정성에 문제를 일으키지 않는 음식물쓰레기의 허용 과도부하율을 결정하라.

항목	단위	값
유입 유량	m³/d	1,000
SRT	d	20
평균 유입 COD	g/m³	85,000
평균 CH_4 생성률	m³/d	16,000
생분해도실험에서 최대메탄생성률(표준상태)	mL CH_4/mL· d	0.65
혼합혐기성 소화조의 COD	g/m³	800,000
혼합혐기성 소화조의 생분해도	%	90

1. 초산으로부터 생성된 메탄의 백분율 = 70%
2. 표준상태에서 COD에 대한 등가 메탄 양 = 0.35 m³ CH_4/kg COD

풀이 1. 초산용량수의 계산

a. 혐기성 소화조의 일평균 초산이용률, V_{plt}

V_{plt} = kg acetate COD used/m³ · d

초산 COD 제거율 =

$$0.70\ (16{,}000\text{m}^3/\text{d CH}_4)\left(\frac{273}{273+35}\right)\left[\frac{1}{(0.35\ \text{m}^3\ \text{CH}_4/\text{kg COD})}\right] = 28{,}363\ \text{kg COD/d}$$

b. 혐기성 소화조 부피 = $Q(\tau)$, τ = SRT = 20 d

부피 = $(1000\ m^3/d)(20\ d) = 20{,}000\ m^3$

$V_{plt} = (28{,}363\ kg\ COD/d)/(20{,}000\ m^3) = 1.41\ kg\ acetate\ COD/m^3 \cdot d$

c. 혐기성 생분해도(BMP) 실험에서 초산이용률, V_{max}, g COD/L · d

$$V_{max} = \left(\frac{0.65\ m^3\ CH_4}{m^3 \cdot d}\right)\left[\frac{1}{(0.35\ m^3\ CH_4/kg\ COD)}\right] = 1.86\ kg\ acetate\ COD/m^3 \cdot d$$

d. ACN = $V_{max}/V_{plt} = 1.86/1.41 = 1.32$

따라서, 혐기성 소화조의 초산이용메탄생성고세균은 32%가량의 여유능력을 가지고 있다.

2. 혐기성 혼합소화를 위하여 주입할 수 있는 음식물쓰레기의 부피계산

a. 추가적으로 주입 가능한 초산 COD 부하 = 0.32 (28,363 kg COD/d)
= 11,954 kg acetate COD/d

b. 혐기성 혼합소화를 위한 유입 음식물쓰레기의 초산 COD
= $(800{,}000\ g\ COD/m^3)(0.90\ g\ degrad./g\ COD)(0.70\ g\ acetate\ COD/g\ COD)$
= $504{,}000\ g\ acetate\ COD/m^3$

c. 힘기성 혼합소화를 위한 음식물쓰레기의 부피

$$= \frac{(11{,}954\ kg\ acetate\ COD/d)(10^3\ g/1\ kg)}{(504{,}000\ g\ acetate\ COD/m^3)} = 23.72\ m^3/d$$

참조 혐기성 혼합소화에서 소화조에 주입하는 유입 유기성 폐기물의 부피는$(23.72\ m^3/d)100/(1000\ m^3/d) = 2.4\%$ 증가한다. 이것은 혐기성 소화조의 메탄생성고세균이나 SRT 변화에 대한 영향이 거의 없다고 가정한 경우이다. 이 문제에서는 혐기성 혼합소화를 위하여 음식물쓰레기의 분해를 위한 순응시간은 필요 없다고 가정하였다.

용해성기질 이용의 제한. 유입수가 용해성 물질만을 함유하고 있거나 유입수에 함유된 고형물의 가수분해가 이루어졌다면 혐기성 소화과정의 율속단계는 발효균에 의한 용해성 기질의 산발효반응이 아니라 메탄생성고세균에 의해서 이루어지는 VFAs의 메탄전환반응이다. 따라서, 혐기성 소화조를 설계할 때 가장 큰 관심의 대상은 메탄생성고세균의 성장속도이다. 혐기성 소화조의 SRT는 목표로 하는 처리효율과 혐기성 분해반응의 반응속도에 기초하여 결정하여야 한다. 20°C, 25°C 그리고 35°C에서 SRT_{min}(또는 메탄생성고세균의 유실이 일어날 수 있는 SRT) 값은 각각 7.8, 5.9, 및 3.2일이다(Lawrence와 McCarty, 1970). 따라서, 안전계수 5를 사용하면 부유성장공정의 설계 SRT는 각각 40, 30 그리고 15일이 된다. 지금까지 혐기성 소화공정을 설계할 때는 대부분 5 이상의 안전계수를 사용하여 왔다.

》 환경인자

혐기성 소화공정의 안정성은 pH 변화와 영양분의 부족 그리고 저해물질의 유입에 의해

크게 영향을 받는다. pH 값은 중성영역이 바람직하며, 6.8 이하로 내려가면 메탄생성고세균의 활성이 감소한다. 혐기성 공정에서는 혐기성 분해과정에서 생성되는 이산화탄소로 인하여 바이오가스의 이산화탄소 함량은 30~35%가량으로 높다. 따라서, pH를 중성 부근의 값으로 유지하기 위해서는 높은 농도의 알칼리도가 필요하다. 일반적인 혐기성 소화조의 알칼리도는 3,000~5,000 mg/L as $CaCO_3$ 정도이다. 폐수슬러지를 혐기성 소화하는 경우에는 단백질이나 아미노산이 분해되어 NH_3를 생성하고 NH_3는 CO_2 및 H_2O와 반응하여 $NH_4(HCO_3)$의 형태로서 알칼리도를 생성한다. 그러나, 탄수화물이 주성분인 산업폐수의 경우 pH 조절을 위하여 알칼리도를 보충할 필요가 있다. 혐기성 반응에 부정적인 영향을 미치는 NH_3, H_2S, 그리고 다양한 유기 및 무기화합물들에 대해서는 제 10장에서 다룬다.

7-15 독성 및 난분해성 유기화합물질의 생물학적 제거

생활폐수에 함유된 대부분의 유기물질과 산업폐수의 일부 유기화합물은 자연에서 유래한 것들로서 일반적인 호기성 또는 혐기성 공정에서 미생물에 의해 분해될 수 있다. 그러나, 오늘날에는 **생체이물**(*xenobiotics*)이라 불리는 70,000종 이상의 유기합성화학물질들이 사용되고 있다(Schwarzenbach 등, 2003). 이들 중 생물학적으로 분해하기 어려우며 인간과 자연환경에 잠재적으로 독성을 가지고 있는 물질을 **난분해성**(*refractory*)물질이라 한다. 석유화학산업 부산물 중에도 이와 유사한 난분해성 물질들이 있다. 폐수에서 발견되는 난분해성 합성유기화합물 및 석유화학산업 부산물들은 표 7-14와 같다.

표 7-14
폐수에서 발견되는 독성 및 난분해성 물질들[a]

폐기물의 종류	유기화합물의 형태
원유	Alkanes, alkenes, polyaromatic hydrocarbons, monocyclic aromaticsbenzene, toluene, ethylbenzene, xylenes, naphthenes
비할로겐화 용매	Alcohols, ketones, esters, ethers, aromatic and aliphatic hydrocarbons, glycols, amines
할로겐화 용매	Chlorinated methanes-methylene chloride, chloroform, carbon tetrachloride, chlorinated ethenes-tetrachloroethene, trichloroethene, chlorinated ethanes-trichlorethane, chlorinated benzenes
살충제, 제초제, 살곰팡이제	Organochloride compounds, organophosphate cmpds, carbamate esters, phenyl ethers, creosotes, chlorinated phenols
군수품, 폭발물	Nitroaromatics-trinitrotolune, nitramines, nitrate esters
산업부산물	Phthalate esters, benzene, phenol, chlorobenzenes, chlorophenols, xylenes
변압기, 유압유	Polychlorinated biphenyls
제품생산	Dioxin, furans

[a]Watts (1997).

생물학적 처리방법의 발전

1970년대 초부터 석유화학, 섬유, 농약, 펄프 및 제지, 제약산업에서 발생하는 폐수를 처리하기 위한 연구가 본격적으로 이루어졌으며, 독성물질 및 난분해성 물질에 대한 연구 결과들도 점차 축적되기 시작하였다. 1980년대부터는 유해폐기물처리장에서 발견되는 난분해성 유기독성물질들의 생물학적인 분해기술이 점차 성숙되기 시작하였으며, 난분해성 물질들의 생물학적인 분해 가능성과 그 한계에 대한 정보가 크게 증가하였다. 일부 예외가 있긴 하지만 대부분의 유기물질들은 결국 생물학적으로 분해가 가능하지만, 어떤 물질들은 분해속도가 대단히 느리기도 하며 생분해를 위해서는 산화환원전위, pH, 온도와 같은 특별한 환경조건이 필요하기도 하였다. 어떤 경우는 난분해성 물질의 분해를 위하여 원핵세균 대신에 특별한 능력을 가지는 세균이나 곰팡이가 필요한 경우도 있었다. 예를 들면, polychlorinated biphenyls (PCB)가 수십 년간 배출되어 축적된 허드슨 강의 침전물을 식종균으로 사용한 경우 혐기성 상태에서 PCB의 분해가 가능하였지만, 폐수슬러지를 식종한 실험실 규모의 혐기성 소화조에서는 1년 6개월 이후에도 PCB 분해가 관측되지 않았다(Ballapragada 등, 1998).

특별한 미생물의 중요성. 난분해성 유기독성화합물을 분해하기 위해서는 적절한 식종 미생물들이 있어야 하고 이 미생물들이 충분한 시간 동안 해당 물질에 순응하여야 한다. 어떤 경우에는 특별한 식종원에서 채취한 식종균이 필요하기도 하였다. 식종균에 특정한 물질을 분해할 수 있는 미생물이 존재한다면, 해당 유기물질에 장시간 노출시켜 이 물질의 분해에 필요한 미생물과 효소를 지속적으로 만들도록 유도해야 한다. 순응시간은 유기물질의 종류와 미생물 종에 따라서 몇 시간에서 몇 주가 될 수도 있다. Melcer 등(1994)은 활성슬러지공정에서 다이클로로벤젠의 완전한 제거를 위해서는 3주 정도가 필요하였으며, dichlorobenzene (DCB)를 간헐적으로 주입하는 경우 처리효율은 낮아진다고 하였다. 그러나, DCB는 휘발에 의해서도 활성슬러지공정의 포기조에서 제기될 수도 있다(제16장 참조). Strand 등(1999)은 폐수처리장애서 채취한 슬러지를 식종한 실험실 규모의 활성슬러지공정에 dinitrophenol을 4주간 노출시킨 결과, dinitrophenol의 제거율이 0%에서 98%까지 증가하는 결과를 발견하였다. 그러나, dinitrophenol의 공급을 중단하였을 때 활성슬러지공정의 dinitrophenol에 대한 제거능력은 사라졌다. 유기독성물질을 일정하게 주입한 생물학적인 처리공정에서 난분해성 물질의 생분해능력은 간헐적인 주입한 경우보다 높았다.

생분해경로. 유기물질의 주요 분해경로는 1) 미생물의 성장을 위한 기질로 사용되는 경로, 2) 유기물질이 전자수용체로 사용되는 경로, 3) 유기물질이 공대사 과정에 의해서 분해되는 경로이다. 공대사 과정에서 분해되는 경우는 분해되는 유기물질이 미생물의 물질대사과정과 관련이 없다. 이러한 분해는 기질특이성이 없는 효소들에 의한 것이며, 미생물의 성장에 어떠한 이득도 주지 않는다. 난분해성 유기독성화합물은 항상 이산화탄소, 물, 메탄과 같은 무해한 최종산물로 분해되는 것은 아니며, 생물학적인 반응에 의해 다른 물질로 전환되는 반응이 일어나기도 한다. 페놀, 톨루엔, 알콜 그리고 케톤과 같은 비할로겐화 방향족, 지방족 화합물 등과 같은 많은 종류의 유기독성화합물들은 혐기성 발효나 메탄생성반응을 위한 기질로 활용되어 혐기성 조건에서 분해되기도 한다. 그러나, 많은 종류의 유기염소계 화합물들은 혐기성 조건에서 분해되지 않아 미생물의 성장을 위한 기질로 사용할 수 없다. 그러나, 이러한 물질들은 혐기성 산화-환원반응에서 전자수용체 역할을 하는 것이 많다. 유기염소계 화합물들의 생분해에 대한 연구들은 대부분 유기염소계 용매들로 오염된 유해폐기물처리장의 토양을 대상으로 수행되어 왔다(McCarty, 1999).

혐기성 조건에서 분해되는 유기염소화합물은 perchloroethylene (PCE), trichloroethene, carbon tetrachloride, trichlorobenzene, pentachlorophenol, chlorohydrocarbons, and PCBs 등이다. 염소화합물들은 전자수용체 역할을 하는 물질들이 많으며, 발효반응에서 생성된 수소를 주요 전자공여체로 제공한다. 이때 수소는 이러한 분자를 구성하는 염소를 대체하는데 이러한 반응들은 일반적으로 **환원성 탈염소** 또는 **혐기성 탈할로겐호흡 공정**이라 불린다. 예를 들어 tetrachloroethene의 탈염소반응은 trichloroethene, dichloroethene 및 vinyl chloride을 거쳐 최종산물인 ethene으로 연속적으로 바뀌며, 각 단계에서 염소를 잃어버린다. Chloroethene으로부터 혐기성 상태에서 환원성 탈염소반응을 하는 다수의 세균들이 분리/동정되었으나, 진핵세균인 *Dehaloccoides ethenogenes*만이 tetrachloroethene을 ethene으로 완벽히 전환시킬 수 있었다. 수소는 *Dehaloccoides ethenogenes*에 의해서 사용되는 유일한 전자공여체이지만 일부의 탈염소대사세균은 개미산, 피루브산 및 초산을 사용하기도 한다(Holliger 등, 1999).

유기염소화합물에서 염소의 수가 적으면, 이 반응은 느려지고 불완전해진다. Tetrachloroethene, trichlorobenzene, pentachlorophenol의 탈염소반응은 1차 및 2차 폐수슬러지를 처리하는 실험실규모의 혐기성 소화조에서 확인되어 왔다(Ballapragada 등, 1998). 그러나, 이 반응은 mono- 및 dichlorophenol과 mono- 및 dichlorobenzenes의 잔류 양에 따라 감소하였다. Vinyl chloride와 ethene으로 tetrachloroethene의 전환반응은 chloroethene에 1년간 노출시켜 순응시킨 혐기성 소화조에서 가능하였다.

» 호기성 생분해

적절한 환경조건에서 식종 미생물을 해당 물질에 충분한 시간 동안 순응시키면 페놀, 벤젠, 톨루엔, 단환 방향족 탄화수소, 살충제, 휘발유, 알콜, 케톤, 염화메틸렌, 염화비닐, 군수용품 및 염화페놀 등의 많은 종류의 유기독성화합물들이 종속영양 세균의 성장을 위한 기질로 사용될 수 있다. 그러나, 많은 종류의 유기염소화합물들은 호기성 종속영양 세균들에 의해서 분해되지 않으며, 성장을 위한 기질로 이용되지 않는다. Dichloromethane, 1,2-dichloroethane, vinyl chloride과 같은 몇몇 종류의 염소화합물은 호기성 세균의 성장에 필요한 기질로 사용될 수 있지만 대다수의 유기염소화합물들은 공대사 과정에 의해서 분해 가능하다. 염소원자에 의해 포화된 유기물질들은 혐기성 탈염소반응에 의해서만 분해 가능하다는 점에 주의해야 한다(Stensel와 Bielefeldt, 1997).

공대사 분해. 공대사 과정에 의해 분해되는 유기염소화합물은 trichloroethene, dichloroethene, vinyl chloride, chloroform, dichloromethane 및 trichloroethane 등이다. 공대사 분해는 기질특이성이 없는 일산화효소 및 이산화효소를 생산하는 세균에 의해서 이루어진다. 이 효소들은 산소 및 수소 반응이 일어나도록 중개하며, 염소화합물의 구조를 변화시킨다. 산화효소를 생산하는 세균들은 효소유도 물질들을 산화시킨다. 메탄을 산화하는 메탄영양 세균, 톨루엔과 페놀 산화 세균, 프로판산화 세균, 암모니아를 산화시키는 질산화균 등이 산화효소를 생산하는 세균들이다.

불특정 산소화 효소 . 염소계 유기물질들은 보통 불특정 산소화 효소반응에 의해 중간생성물로 전환되는데, 이 물질들은 생물학적 군집에 있는 다른 호기성 종속영양 세균에 의해 분해된다. 오염된 지폐수나 가스흐름에서 증기추출물을 제거하기 위해 이 생물학적 공정을 적용하는 다양한 반응조 설계기술이 개발되었다(Lee et al., 2000). 그러한 반응들이 생물학적 도시와 산업폐수처리공정에 적용 가능하지만, 존재하는 많은 염소계 유기물질들은 높은 휘발성과 세균의 공대사에 의해 분해될 가능성이 낮기 때문에 포기하는 동안 휘발에 의해 공정으로부터 제거될 수 있다.

❯❯ 비생물학적 제거

난분해성 독성화합물들이 환경과 인간의 건상에 영향을 미친다. 따라서, 생물학적 처리과정에서 난분해성 독성화합물들의 이동과 변환과정에 대한 이해가 필요하다. 생물학적 폐수처리공정으로 유입하는 난분해성 유기독성화합물들이 생물학적인 반응에 의해 분해되지 않고 다른 기작에 의해서 제거될 수 있다는 것은 대단히 중요한 사항이다. 생물학적인 분해 외의 방법에 의한 난분해성 물질들의 제거는 1) 활성슬러지에 흡착된 뒤 활성슬러지의 폐기에 의하여 처리장 외부로 배출되는 것과, 2) 휘발에 의하여 주위의 대기로 방출하는 것으로 구분할 수 있다.

흡착에 의한 제거. 어떤 화학물질의 경우는 미생물 세포에 흡착되어 제거되는 것이 생분해나 휘발에 의한 제거보다 많은 경우도 있다. 액상의 유기화학물질의 농도가 낮은 경우 흡착은 일반선형 평형관계식($n = 1$)으로 수정된 Freundlich 등온흡착모델(11–7절 참조)을 이용하여 설명할 수 있다.

$$q = K_pS \tag{7-144}$$

여기서, q = 흡착된 난분해성 독성화합물(g)/흡착제(g)

K_p = 분배계수, L/g

S = 액상의 유기화학물질 농도, g/L

생물학적인 처리공정에서 난분해성 독성화합물의 흡착은 빠르게 진행되는데(Melcer 등, 1994), 식 (7–144)는 분배계수(K_p)의 함수로서 액상과 미생물 세포 사이의 해당 오염물질의 분배를 설명하기 위하여 사용하는 식이다. K_p 값은 난분해성 독성화합물이 가지는 소수성과 미생물 세포의 흡착특성에 의해서 결정되는 값이다. 일반적으로 탄소함량이 많고 표면적이 넓은 물질의 경우 큰 K_p 값을 가진다. 분배계수는 흡착하는 미생물 세포의 중량 대신에 탄소함량의 함수로서 보는 것이 일반적이다. 이 경우 분배계수는 다음 식으로 나타낼 수 있다.

$$K_{oc} = \frac{K_p}{f_{oc}} \tag{7-145}$$

여기서, K_{oc} = 고형물의 탄소농도에 관련된 분배계수, L/kg
f_{oc} = 고형물의 탄소분율, g carbon/g solids

소수성이 강한 난분해성 독성화합물들은 미생물 생체물질에 더욱 많이 분배되어 존재할 수 있으며, 폐수처리과정에서 미생물 세포에 대한 난분해성 독성화합물의 분배계수를 옥탄올–물 분배계수의 함수로 다음과 같이 나타낼 수 있다(Dobbs 등, 1989).

$$\log K_{oc} = A \log K_{ow} + B \tag{7-146}$$

여기서, K_{ow} = 무차원의 옥탄올/물 분배계수
A, B = 무차원의 경험상수

폐수처리과정에서 발견되는 다양한 난분해성 독성화합물들에 대한 식 (7–146)의 경험상수 값들과 옥탄올/물 분배계수들은 Schwarzenbach 등(2003)에 의하여 정리되었으며, 이들의 일부는 16장의 표 16–12와 같다(Schwarzenbach 등, 2003; LaGrega 등, 2001). K_{ow}는 물과 옥탄올 혼합물을 정체시켜 물과 옥탄올을 분리한 후에 각각에 존재하는 난분해성 독성화합물의 함량을 측정하여 계산할 수 있다. 소수성이 강한 난분해성 유기독성화합물의 경우는 물 층보다 옥탄올 층에서 더 많이 존재하며, 물과 고형물의 혼합물에서 더 큰 K_p 값을 가진다. 표 7–15에서는 여러 종류의 난분해성 독성화합물들에 대한 K_p 값을 정리하였다. Benzopyrene과 PCBs의 K_p 값은 benzene이나 trichloroethene에 비하여 약 150배 가량 크기 때문에 액상에서보다 미생물 세포에서 발견되기 쉽다. 이와 같이 분배계수가 큰 물질들의 경우 액상에서 존재하는 분율이 작기 때문에, 생분해 또는 휘발에 의한 제거량도 상대적으로 적어진다.

평형상태의 분배계수를 이용하면 폐기하는 미생물 세포에 흡착된 유기독성화합물의 질량의 비로부터 폐기하는 슬러지에 의해서 제거되는 유기독성화합물의 양을 계산할 수 있다.

$$q = \frac{r_{ad}}{r_{X,w}} \tag{7-147}$$

표 7–15
난분해성 유기독성화합물들에 대한 분배계수(K_p) 비교

유기화합물	K_p, L/g
Benzene	0.23
Dinitrotoluene	0.29
Dieldrin	1.48
Phenanthrene	5.33
Pentachlorophenol	10.96
Polychlorinated biphenyl	43.87
Benzopyrene	45.15

여기서, q = 흡착된 유기독성화합물(g)/고형물(g)
r_{ad} = 유기독성화합물의 1일 흡착률(g/d)
$r_{X,w}$ = 바이오고형물의 1일 폐기율(g/d)

식 (7−144)에 q를 대입하고 r_{ad}에 대하여 풀면, 1일 동안 흡착으로 인하여 제거되는 유기독성화합물의 양은 다음 식으로 나타낼 수 있다.

$$r_{ad} = r_{X,w} K_p S \tag{7-148}$$

정상상태의 활성슬러지공정에서 1일 동안 폐기되는 바이오고형물의 양은 식 (7−48)에 주어진 것과 같이 평균 SRT의 함수이다.

$$r_{X,w} = \frac{X_T V}{\text{SRT}} \tag{7-149}$$

식 (7−149)를 식 (7−148)에 대입하면, 다음과 같이 흡착으로 인하여 제거되는 속도식을 구할 수 있다.

$$r_{ad} = \frac{X_T V K_p S}{\text{SRT}} \tag{7-150}$$

휘발에 의한 제거. 포기조에서 휘발성 유기독성화합물의 휘발에 의한 제거는 16−4절에서 자세하게 살펴보았으며, 여기서는 간략하게 다룬다. 휘발에 의한 제거율은 다음의 모델로 나타낼 수 있다.

$$r_{sv} = -K_L a_s (S) \tag{7-151}$$

여기서, r_{sv} = 휘발에 의한 손실(mg/L · d)
$K_L a_s$ = 기−액계면에서 유기화합물의 물질전달계수(d^{-1})
S = 액상에서 유기화합물의 농도(mg/L)

위 식은 기체 중에서 휘발성 유기화합물의 농도를 무시한 것으로 표면포기기를 사용하는 포기조에 휘발로 인한 손실을 나타내기 위하여 사용할 수 있다. 그러나, 포기를 위하여 확산장치를 사용하는 경우 부상하는 기포에 의해 제거되는 유기화합물은 수심에 따라 차이가 있을 수 있다. 따라서, 다음과 같은 물질전달식을 사용하여 구하여야 한다(Bielefeldt와 Stensel, 1999).

$$r_{sv} = Q_g S_{g,\text{VOC}} = Q_g (H) S_{L,\text{VOC}} \left\{ 1 - \exp\left[\frac{(\alpha K_L a_{,\text{VOC}} V)}{Q_g (H)} \right] \right\} \tag{7-152}$$

여기서, Q_g = 반응조 통과 기체유량(m^3/d)
$S_{g,\text{VOC}}$ = 반응조 배출 가스의 휘발성 유기화합물 함량(g/m^3)
H = 반응조의 운전온도에서 휘발성 유기화합물의 헨리상수(L_{water}/L_{air})
$S_{L,\text{VOC}}$ = 액상에서 휘발성 유기화합물 농도(g/m^3)
$K_L a_{,\text{VOC}}$ = 휘발성 유기화합물의 물질전달계수(d^{-1})
α = 청수에 대한 반응조내 혼합액체의 물질전달계수 비

V = 반응조 부피(m^3)

휘발성 유기화합물에 대한 기체-액체 물질전달계수는 산소와 휘발성 유기화합물의 확산계수와 포기시스템에서 산소의 물질전달계수를 이용하여 계산한다.

$$K_L a_{,\mathrm{VOC}} = \left(\frac{D_{\mathrm{VOC}}}{D_{O_2}}\right)^n \tag{7-153}$$

여기서, D = 확산계수(m^2/s)

n = 포기시스템의 함수로서 상수로서 0.5~1.0

》 생물 및 비생물학적 제거의 모델링

생물학적인 처리공정에서 난분해성 물질의 거동을 설명하기 위하여 여러 가지 모델들이 개발되었다(Melcer 등, 1995; Melcer 등, 1994; Monteith 등, 1995; Parker 등, 1993; Grady 등, 1997; Lee 등, 1998a). 이 모델들은 처리공정으로 유입하는 유기화합물들이 흡착, 휘발, 생분해에 의해서 제거되어 유출수에서 사라지는 기본 기작과 이들의 질량수지식들로 구성된다. 아래에서는 이러한 기작들을 생물학적인 처리공정에서 일반적으로 사용하는 모델로 나타냈다. 다음은 완전혼합형 활성슬러지공정에 대한 물질수지식으로서 유기화합물질들의 생물학적 및 비생물학적 거동을 예측하기 위한 것이다.

$$0 = \begin{matrix}\text{유입수의}\\\text{유기물성분}\end{matrix} - \begin{matrix}\text{생분해로}\\\text{인한 유기}\\\text{물의 제거}\end{matrix} - \begin{matrix}\text{수착으로}\\\text{인한 유기}\\\text{물의 제거}\end{matrix} - \begin{matrix}\text{휘발로 인}\\\text{한 유기물}\\\text{의 제거}\end{matrix} - \begin{matrix}\text{유출수에}\\\text{의한 유기}\\\text{물의 제거}\end{matrix}$$

$$QS_o = r_{su} + r_{ad} + r_{sv} + QS \tag{7-154}$$

여기서, QS_o = 유기화합물의 질량유입률(g/d)

r_{su} = 생분해율(g/d)

r_{ad} = 고형물에 의한 수착률(g/d)

r_{sv} = 휘발률(g/d)

QS = 유출수에 의하여 제거되는 유기화합물 질량(g/d)

위의 물질수지식 각 항들에 적절한 반응속도식을 대입하면 다음 식을 얻을 수 있다.

$$QS_o = \left(\frac{1}{Y}\right)\frac{\mu_m(S)}{(K_s + S)}(X_s)(V) + \frac{X_T V K_p S}{\mathrm{SRT}} + K_L a_s SV + QS \tag{7-155}$$

유입 폐수의 유기화합물 거동은 고형물 농도, 용액 농도, HRT(τ), SRT의 함수이며, 속도항은 위의 식을 Q로 나누어 구할 수 있다.

$$S_o = \left(\frac{1}{Y}\right)\frac{\mu_m(S)}{(K_s + S)}(X_s)\tau + K_p S X_T\left(\frac{\tau}{\mathrm{SRT}}\right) + K_L a_s S(\tau) + S \tag{7-156}$$

식 (7-155)와 식 (7-156)에서 X_s는 어떤 유기화합물을 분해하는 능력을 가진 미생물의 농도이며, X_T는 여러 가지 기질에서 성장하는 미생물 세포와 생분해가 불가능한 VSS를 합한 것으로서 총 MLVSS 농도이다. X_s는 생분해된 기질의 양과 동역학계수, 시스템의 T 및 SRT로 이루어진 함수로부터 계산할 수 있다. 흡착과 휘발에 의하여 제거되는 완전혼합 반응조에서 정상상태의 X_s는 다음 식을 이용하여 계산할 수 있다.

$$X_s = \frac{Y[(S_o - S) - K_p S X_T(\tau/\text{SRT}) - K_L a_s S(\tau)]}{b(\tau) + (\tau/\text{SRT})} \tag{7-157}$$

생분해가 일어나며, 휘발과 흡착이 압도적으로 많지 않은 경우 정상상태의 완전혼합 반응조에서 식 (7−46)을 기초로 한 액상에서의 농도는 다음과 같다.

$$S = \frac{K_s[1 + b(\text{SRT})]}{\text{SRT}(\mu_m - b) - 1} \tag{7-158}$$

다른 예외적인 경우들은 식 (7−156)과 식 (7−157)을 동시에 풀어서 구할 수 있다. 위에서 설명된 방법은 유기화합물이 일정하게 유입되는 정상상태의 완전혼합 활성슬러지 반응조에서 미생물이 유기화합물에 완전히 순응된 경우 유기화합물의 거동을 예측하기 위하여 사용할 수 있다. 예제 7−12는 활성슬러지공정에서 유기화합물의 거동을 예측하는 예이다.

예제 7−12

활성슬러지공정에서 벤젠의 거동예측 생활폐수처리를 위한 완전혼합형 활성슬러지공정에 벤젠을 함유한 폐수가 유입되고 있다. 활성슬러지공정에 대한 자료와 벤젠에 대한 생물학적, 비생물학적 제거율에 대한 자료가 아래와 같다. 유출수의 용해성 벤젠 농도와 유출수, 휘발, 미생물 생체물질에 의한 수착 그리고 생분해를 통하여 제거되는 벤젠의 양을 구하라.

1. 유입수의 벤젠 농도, $S_o = 2.0\ \text{g/m}^3$
2. 시스템 SRT = 6.0 d
3. HRT, $\tau = 0.25$ d
4. MLVSS 농도, $X_T = 2500\ \text{g/m}^3$
5. $K_p = 0.234 \times 10^{-3}\ \text{m}^3/\text{g}$
6. $K_L a_s = 3/\text{h} = 72/\text{d}$
7. $\mu_m = 2.0$ g VSS/g VSS · d
8. $K_s = 0.50\ \text{g/m}^3$
9. $b = 0.10$ VSS/g VSS · d
10. $Y = 0.60$ g VSS/g benzene

1. 식 (7−158)을 이용하여 액상의 벤젠 농도를 구한다.

$$S = \frac{(0.5\ \text{g/m}^3)[1 + (0.10\ \text{g VSS/g VSS·d})(6.0\ \text{d})]}{(6.0\ \text{d})[(2.0 - 0.10)\ \text{g VSS/g VSS·d}] - 1} = 0.077\ \text{g/m}^3$$

풀이 2. 식 (7−157)을 이용하여 벤젠분해 미생물 농도(Xs)를 구한다.

$$X_s = \frac{Y[(S_o - S) - K_p S X_T(\tau/\text{SRT}) - K_L a_s S(\tau)]}{b(\tau) + (\tau/\text{SRT})}$$

$$X_s = \frac{\left\{\begin{matrix}(0.60\ \text{g/g})[(2.0 - 0.077)\text{g/m}^3] - (0.234 \times 10^{-3}\ \text{m}^3/\text{g})(0.077\ \text{g/m}^3) \times \\ (2500\ \text{g/m}^3)(0.25\text{d}/6.0\text{d}) - (72/\text{d})(0.077\ \text{g/m}^3)(0.25\text{d})\end{matrix}\right\}}{(0.10\ \text{g/g·d})(0.25\text{d}) + (0.25\text{d}/6.0\text{d})}$$

$$= 4.83\ \text{g/m}^3$$

3. 식 (7−156)의 첫 번째 항인 생분해에 의한 벤젠제거량을 계산하라.

$$\left(\frac{1}{Y}\right)\frac{\mu_m(S)}{(K_s + S)}(X_s)\tau = \left[\frac{1}{(0.6\ \text{g/g})}\right]\left[\frac{(2.0/\text{d})(0.077\ \text{g/m}^3)}{(0.5 + 0.077)\ \text{g/m}^3}\right](4.83\ \text{g/m}^3)(0.25\ \text{d})$$

$$= 0.537\ \text{g/m}^3$$

4. 식 (7−156)의 두 번째 항인 수착으로 인한 벤젠제거량을 구한다.

$$\frac{K_p S X_T \tau}{\text{SRT}} = \frac{(0.234 \times 10^{-3}\ \text{m}^3/\text{g})(0.077\ \text{g/m}^3)(2500\ \text{g/m}^3)(0.25\ \text{d})}{6.0\ \text{d}}$$

$$= 0.0019\ \text{g/m}^3$$

5. 식 (7−156)의 세 번째 항인 휘발로 인한 벤젠제거량을 구한다.

$$(K_L a_s)(S)(\tau) = (72/\text{d})(0.077\ \text{g/m}^3)(0.25\ \text{d}) = 1.386\ \text{g/m}^3$$

6. 여러 가지 메카니즘에 의한 벤젠의 제거량을 정리하면

기작	벤젠의 기작별 거동(g/m³)	총 분율
유출수	0.077	0.039
생분해	0.537	0.268
수착	0.002	0.001
휘발	1.386	0.692
계	2.002[a]	1.000

[a]0.002 반올림 절단오차로 인한 것임.

a. 벤젠은 고형물에 대하여 낮은 분배계수를 가지는 휘발성 유기화합물이다. 유입수 벤젠의 69.2%가 대기 중으로 휘발되며, 26.8%가 생분해되고, 3.9%는 유출수에 남는다. 고형물에 수착되어 제거되는 벤젠은 0.1%에 불과하다.

b. 대기 중으로 휘발되거나 생분해되는 상대적인 양에 대한 포기시스템의 K_La 값의 영향은 다음 표와 같다.

항목	단위	K_La, h⁻¹			
		1.5	3.0	4.0	6.3
유출수	g/m³	0.077	0.077	0.077	0.052
유출수	%	3.9	3.9	3.9	2.6
생분해	%	61.4	26.8	3.7	0.0
휘발	%	34.6	69.2	92.3	97.3

7-16 미량 유기물질의 생물학적 제거

생활폐수에 함유된 미량 유기화합물(trace organic compounds, TrOCs)은 천연호르몬, 인간에 의해서 배출된 제약류, 그리고 샴푸, 치약과 같은 개인용품과 방향물질 등을 의미하는 것으로서 ng/L에서 ug/L의 농도로 존재한다. 제약류란 진통제, 항경련제, 베타 차단제, 항생제 및 X선 조영제 등을 의미한다. 일부의 TrOCs는 다른 생체이물질(xenobiotic compounds)과 같이 폐수처리장에서 처리되지 않고 방류수를 통하여 배출하는 내분비저해물질이다. 인간이나 동물로부터 배출되는 천연호르몬인 발정촉진 화합물들은 합성호르몬인 17α-Ethinylestradiol (EE2), Dieldrin, Methoxyclor, bisphenol A, phthalates, nonylphenol 그리고 합성세제가 분해하여 생성되는 octylphenol, PCB, PAHs 및 다이옥신(Combalbert와 Hernandez-Raquet, 2010) 등이다. 이들 물질을 함유한 폐수처리장 유출수를 배출하는 수계에서 간성어류가 출현한 예도 있다(Harshbarger 등, 2000; Hashimoto 등, 2000). 17β-Estradiol (E2)의 활성을 100으로 하였을 때 폐수에서 발견되는 에스트로겐 화합물들의 상대적인 활성을 평가하면 EE2는 246이고 Estrone (E1)은 2.5이다(그림 7-28 참조). 또한, genistein은 1.55이고 bisphenol A는 0.66 그리고 nonylphenol은 0.32이다(Pillon 등, 2005). E1, E2, 그리고 EE2의 구조는 그림 7-28과 같다.

» 미량 유기화합물의 제거

TrOCs는 일반적으로 휘발성물질이 아니기 때문에 폐수처리 과정에서 생분해시키거나 고형물에 수착시켜 제거하여야 한다. 에스트로겐 화합물은 약 3.5 이하의 Log K_{oc} 값을 가지기 때문에 액-고 분배계수가 상대적으로 작다. 따라서, 낮은 K_{oc} 값 때문에 2차 처리에서 제거되는 대부분의 에스트로겐은 생분해에 의한 것이다. 유입폐수의 TrOCs는 농도가 낮기 때문에 미생물 성장에 도움이 되지는 않는다. 따라서, TrOCs의 분해는 대부분 다른 기질을 이용하여 성장하는 미생물들에 의한 것이다. 질산화균에 의한 에스트로겐의 공대사 분해는 높은 암모니아 및 아질산 농도에서 수행한 회분식 실험에서 확인되었지만(Gaulke 등, 2008), 에스트로겐 분해의 주요기작은 종속영양 세균에 의한 것이다(Combalbert와 Hernandez-Raquet, 2010). 표 7-16에서는 현장규모 연구를 통하여 폐수처리장에서 제거되는 유기독성화합물들의 예를 정리한 것이다(Stensel, 2011).

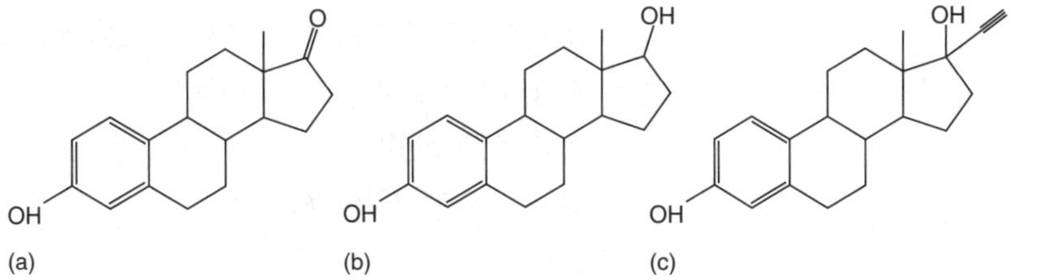

그림 7-28

폐수처리장에서 발견되는 에스트로겐 화합물의 구조. (a) E1- Estrogen, $C_{18}H_{22}O_2$, (b) E2-17β-estradiol, $C_{18}H_{24}O_2$, (c) EE2-17α-ethinylestradiol, $C_{20}H_{24}O_2$.

정상상태 추적모델

7-14절에서 생체이물질의 거동을 설명하기 위하여 사용한 것과 비슷한 종류의 정상상태모델을 활성슬러지공정에서 제거되는 TrOC를 설명하기 위하여 사용하였다. TrOC는 일반적으로 농도가 매우 낮기 때문에 유사 1차 반응식을 이용하여 생분해 과정을 설명할 수 있다. 여기서는 에스트로겐(E) 화합물의 거동을 설명하기 위한 모델에 대하여 다룰 것이다. 그러나, 폐수처리장으로 유입하는 포접화합물 형태의 에스트로겐 화합물이나 다른 유기화합물들의 거동을 설명하기 위해서는 다른 수식들이 필요하다. 인간이 배출하는 대부분의 에스트로겐 화합물은 포접화합물이며, 주로 소변에 함유되어 있다. 폐수의 수거 및 이송시스템이나 처리장에서는 에스트로겐 화합물이 자유 에스트로겐으로 전환되는 분해반응이 일어날 수 있다. 에스트로겐의 분해속도식은 다음과 같다.

$$r_{UE} = K_b X_{H,E}(E)V \tag{7-159}$$

$$X_{H,E} = \eta_E X_T \tag{7-160}$$

여기서, r_{UE} = 생분해에 의한 에스트로겐의 제거율(ng/d)

$X_{H,E}$ = 에스트로겐을 분해할 수 있는 종속영양 세균의 농도(g/m^3)

η_E = 혼합슬러지에서 에스트로겐 분해세균의 분율

K_b = 유사 1차 분해속도상수(m^3/g.d)

E = 반응조의 용해성 에스트로겐 농도(ng/m^3)

V = 반응조 부피(m^3)

에스트로겐 화합물의 분해에 의한 유리 에스트로겐의 생성반응과 폐기하는 고형물에 의한 에스트로겐의 흡착 제거율은 다음의 정상상태식을 사용하여 나타낼 수 있다.

$$QE_o = k_b(\eta_E X_T)(E)V - K_c(\eta_c X_T)E_c V + \frac{K_{p,E}X_T(E)V}{(10^6)\text{SRT}} + (Q - Q_w)E \tag{7-161}$$

$$QE_{o,c} = K_c(\eta_c X_T)(E_c)V + \frac{K_{p,Ec}X(E_c)V}{(10^6)\text{SRT}} + (Q - Q_w)E_c \tag{7-162}$$

여기서, E_o = 유입수의 에스트로겐 농도(ng/m^3)

$E_{o,c}$ = 유입수의 포접 에스트로겐 농도(ng/m^3)

E_c = 반응조의 용해성 포접 에스트로겐의 농도(ng/m^3)

η_c = 에스트로겐 분해세균의 분율

K_c = 1차 반응 분해계수(m^3/g · d)

$K_{p,E}$ = 에스트로겐에 대한 액-고 분배계수(L/kg)

$K_{p,EC}$ = 포접 에스트로겐 화합물의 액-고 분배계수(L/kg)

X_T = 혼합액의 부유고형물 농도(g/m^3)

Q = 유입 유량(m^3/d)

Q_w = 일 슬러지 폐기량(m^3/d)

표 7-16
SRT 30일로 운전하는 MBR 활성슬러지공정에서 TrOC 제거의 예(Stensel, 2011)

화합물	평균유입수농도, ng/L	발생원
높은 생분해도(>90% 제거)		
E1, E2	30	자연 인간호르몬
EE2	110	합성호르몬
Acetaminophen	67,290	진통제
Naproxen	21,560	진통제
Tricolsan	1100	항생제
Ibuprofen	13,490	진통제
Caffeine	50,680	촉진제
Atenolol	3750	베타 차단제(혈압)
중간 생분해도(65~85% 제거)		
Bisphenol A	290	플라스틱
Erythromycin	120	항박테리아제
Trimethoprim	180	항박테리아제
Oxybenzone	30	자외선 차단제 성분
낮은 생분해도(20~60% 제거)		
Propranolol	31	베타 차단제(혈압)
Fluoxetine	40	항혈압제
Gemfibrozil	3420	항혈지질제(콜레스테롤)
Sulfamethoxazol	1000	항박테리아제
Metoprolol	390	베타 차단제(혈압)
Iopromide	3190	X-선 조영제
난분해성 또는 매우 낮은 생분해도(불변 또는 비접합으로부터 증가)		
Pentoxifylline	5	혈액흐름 개선
Dilcofenac	90	진통제
Dilantin	50	항경련제
Carbamazepine	250	항경련제

지금까지는 에스트로겐에 대한 분해세균 및 탈포접 세균을 확인하기 위한 바이오마크를 발견하였으며, 동역학적 상수 값들은 총 혼합액 농도를 기준으로 일반화하였다. EE2에 대한 1차 분해반응속도상수는 5~20 L/g MLSS · d이며, E1과 E2 분해속도는 약 5배 빨랐다(Gaulke 등, 2009).

7-17 중금속의 생물학적 제거

생물학적 처리공정에서 중금속은 미생물 세포에 의한 흡착에 의해 제거되거나 미생물 세포와 착화합물을 형성하여 제거된다. 또한, 중금속들은 다양한 반응들에 의하여 형태가 변하거나 침전으로 이어진다. 미생물의 표면은 주로 음으로 하전되어 있기 때문에 미생물이 중금속이온과 만나면 중금속을 세포 표면에 흡착하여 결합한다. 중금속들은 미생물 표면에 존재하는 다당류 또는 고분자물질들에 존재하는 카르복실 그룹에 의해서 착화합물을 형성할 수도 있으며, 미생물 세포를 구성하는 단백질물질들에 의해서 흡수될 수도 있다. 생물학적인 처리공정에서 중금속의 제거는 Freundlich 등온흡착식에 의해서 정의된 흡착특성으로 설명할 수 있다(11-7절 참조; Mullen 등, 1989; Kunz 등, 1976). 생물학적인 처리공정에서 용해성 중금속의 제거율은 50~98% 정도이며, 제거율은 초기 농도와 반응조의 고형물 농도, SRT 등의 함수이다. 혐기성 공정에서, 황산염이 황화물로 전환되는 환원반응은 금속황화물의 형태로 중금속의 침전이 쉽게 일어나도록 한다. 철황화물 침전물을 만들어 황화물의 독성을 제거하기 위하여 혐기성 소화조에 제2철 또는 염화제 1철을 주입하는 예도 있다. 황화수소를 이용한 중금속의 침전은 6-5절에서 다루었다.

문제 및 토의과제

7-1 실험실 배양장치에서 미생물의 농도를 500, 1,000, 1,200 mg VSS/L(택일)로 증식시키기 위하여 필요한 무기배지를 준비하려고 한다. 미생물의 분자식을 $C_5H_7NO_2$이고 유입 유량이 1 L/d이라면 표 7-3에 있는 필수 무기영양분에 대한 배지의 농도를 계산하라. 인은 KH_2PO_4, 황은 Na_2SO_4, 질소는 NH_4Cl 그리고 다른 양이온들은 염소이온과 결합된 형태로 주입한다고 가정하라.

7-2 단백질은 세균 효소를 구성하는 주요성분이다. 단백질을 생산하는 주요단계와 관련 주요 세포성분에 대한 목록을 만들어라.

7-3 최소 3개의 문헌(예, *J. Appl., Environ. Microbiol.*)을 이용하여 생물학적인 폐수처리에서 중요한 역할을 담당하거나 독성물질을 분해하는 세균의 계통분류학적, 핵심적인 생리학적, 대사학적 특성을 밝혀라.

7-4 최소 3개의 문헌을 참고하여 생물학적인 처리와 관련된 분자생물학기술(예, 분자탐침 등)을 설명하라.

7-5 카제인 22, 26 또는 32 g(택일)이 1 L의 용액에 녹아 있다. 18 g의 세균 세포($C_5H_7NO_2$)를 합성하는 데 50 g의 카제인이 사용된다면 카제인($C_8H_{12}O_3N_2$)이 완전히 산화되어 최종산물과 미생물 세포로 전환되는 데 필요한 산소량을 계산하라. 여기서, 최종산물은 물과 이산화탄소 그리고 암모니아이다. 미생물 세포합성에 사용되지 않는 질소는 암모니아로 바뀐다고 가정하라.

7-6 유출수의 침전과 슬러지의 내부반송이 없는 완전혼합 부유성장 반응조를 이용하여 용해성 유기물을 함유한 폐수를 처리하고자 한다. 유입 폐수의 BOD와 COD는 다음 표와 같다.

		폐수		
유입수	단위	1	2	3
BOD	mg/L	200	180	220
COD	mg/L	450	450	480

유출수의 용존 BOD 농도가 2.5 mg/L이고 유출수의 VSS 농도가 100 mg/L라고 할 때 다음을 계산하라. (a) g VSS/g BOD, g VSS/g COD, g TSS/g BOD의 단위로 계산한 미생물의 겉보기 수율, (b) nbdCOD를 포함한 유출수의 sCOD, (c) 유입수 BOD에서 이산화탄소와 물로 산화된 분율. 생분해 가능한 COD/BOD 비가 1.6이며, 1.42 g O_2 eq/g 바이오매

스를 가정하라.

7-7 슬러지의 내부반송이 없으며, 부피가 1,000 L인 호기성 완전혼합 반응조를 이용하여 유량이 500 L/d인 폐수를 처리하고자 한다. 유입 폐수의 특성은 아래 표와 같고 유출수의 목표 SCOD 농도가 10 mg/L일 때 다음을 계산하라. (a) 반응조의 HRT (τ, d), (b) 1일 산소소비량(g/d), (c) 유출수의 VSS 농도(미생물 바이오매스량의 등가산소량 1.42 g O_2/g VSS 가정), (d) 미생물의 겉보기 수율(g VSS/g bsCOD removed)

항목	단위	폐수		
		1	2	3
유입 COD	mg/L	1000	1800	600
반응조 산소소비율	mg/L·h	10	15	8

7-8 표 7-6에서 제시한 반쪽반응의 자유에너지 값을 이용하여 메탄올, 혼합 탄수화물 또는 에탄올의 분해에서 얻어지는 미생물수율(g VSS/g COD_r)을 구하고 비교하라. 여기서, 전자수용체는 산소와 질산이온을 사용하며, 암모니아는 세포합성에 사용되고 미생물 세포의 등가산소량은 1.42 g eq/g 바이오매스로 가정하라.

7-9 표 7-6에서 제시한 반쪽반응의 자유에너지 값을 이용하여 메탄올 또는 에탄올의 분해에서 얻어지는 미생물수율(g VSS/g COD_r)을 구하고 비교하라. 여기서, 전자수용체는 질산이온과 아질산이온을 이용하며, 암모니아는 세포합성에 사용되고 미생물생체의 등가산소량은 1.42 g eq/g 바이오매스로 가정하라. 계산결과를 이용하여 아질산성질소의 탈질에 필요한 메탄올 또는 에탄올의 양(g COD/g N)을 질산성질소와 비교하라.

7-10 혐기성 소화조에 질산이온과 황산이온이 유입된다면 이들은 각각 질산이온환원세균과 황산이온환원세균에 의해서 전자수용체로 이용된다. 포도당 및 영양염류 그리고 같은 양의 질산이온과 황산이온을 함유한 유입수가 혐기성 소화조에 연속으로 주입된다면 장시간 운전 후 이 혐기성 소화조에는 어떤 미생물군이 남겠는가?

7-11 예제 7-3에서 반쪽반응식들을 사용하여 메탄생성세균에 의한 초산산화 양론식을 작성하라.

7-12 표 7-7에 주어진 유기물화합물들에 대한 미생물 합성수율값에 있어서, f_e와 f_s 값들은 각각 얼마인가?

7-13 다음의 조건에서 유기물분해로부터 생성되는 최종산물을 비교하고 이들에 의해서 미생물 세포의 합성수율이 어떻게 영향을 받는지 토의하라. (a) 호기성 조건(산소를 전자수용체로 사용), (b) 발(유기물을 전자수용체로 사용), (c) 메탄생성반응(CO_2를 전자수용체로 사용)

7-14 직경이 1.0, 1.3 또는 1.5 μm(택일)인 구형 세균의 80%가 수분이며, 건조중량의 90%가 유기물일 때 다음을 계산하라. (a) 1개체 세균의 부피와 질량, (b) VSS 농도가 100 mg/L인 혼합용액 1 L에 존재하는 세균의 수

7-15 세대시간이 20, 30 또는 60분(택일)인 호기성 세균이 초기에 20개체가 있었다면 12시간 후에 이 세균의 개체 수는 어떻게 되겠는가? 직경 1 μm이고 문제 7-13에서의 세균부피와 질량을 사용하면 12시간 후에 세균의 건조중량(mg VSS)은 어떻게 되겠는가 ?

7-16 회분식 질산화반응조에서 초기 질산화균의 농도가 10 mg/L이며, 초기기질 농도가 50 mg NH_4-N/L이다. 암모니아성질소는 아질산성질소로 산화되며, 미생물 세포의 수율은 0.12 g VSS/g NH_4-N oxidized라고 가정하라. 또한, 반응조의 용존산소 농도는 3.0 mg/L에서 유지되며, 기질 이용 및 미생물 성장을 위한 다른 동역학계수들은 아래 표(택일)와 같다.

계수	단위	폐수		
		1	2	3
μ_{max}	g VSS/g VSS·d	0.60	0.75	0.60
K_n	mg/L	0.50	0.50	0.75
K_o	mg/L	0.50	0.50	0.50
b	g VSS/g VSS·d	0.08	0.08	0.04

0.5일 경과 후 미생물 바이오매스량과 암모니아성 질소의 농도는 어떻게 변하는가? 23시간까지 시간에 따른 기질 농도와 미생물 생체 농도를 그래프로 그려라(힌트: 스프레드 시트를 이용하여 작은 시간 증분(t = 0.25 h)에 대하여 기질 농도와 미생물 바이오매스량을 계산)

7-17 아래의 곡선 A와 B는 같은 기질을 분해하는 두 종의 세균에 대한 Monod 동역학을 나타낸다. 내부반송이 없는 연속흐름 완전혼합 반응조에 세균 A와 B를 모두 식종한 뒤 운전한다고 할 때 실험 I에서는 10일 이상의 긴 SRT에서 수행하였으며, 실험 II에서는 약 1.1일의 짧은 SRT에서 수행하였다. 실험 I과 II에서 어느 세균이 우점종이 될 것인가 ? 그 이유를 설명하라.

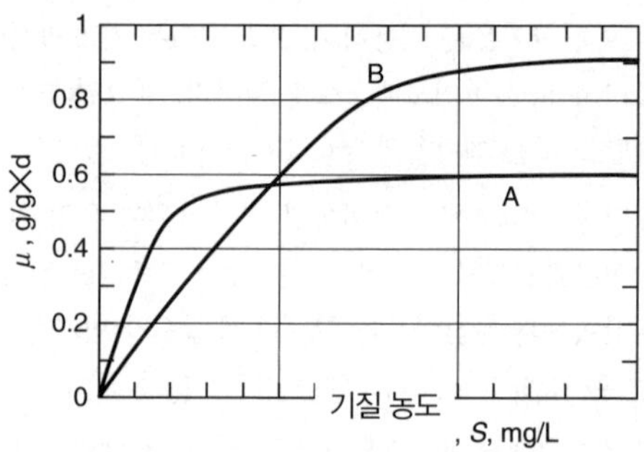

7-18 페놀(C_6H_6O) 농도가 100 mg/L인 폐수를 20°C에서 슬러지의 내부반송이 없는 호기성 완전혼합 반응조에서 처리하고자 한다. 다음의 폐수 1, 2 및 3에 대한 동역학적 상수(택일)를 이용하여 (a) 미생물이 성장하는 것보다 유실이 더욱 빠르게 일어나는 최소 HRT (d)를 구하고, (b) k에 대한 온도계수(θ)를 1.07, b에 대한 온도계수(θ)를 1.04라고 할 때 10°C에서 최소 HRT (d)를 구하라. (c) 20°C에서 HRT를 4일로 운전할 때 유출수의 페놀 농도 및 미생물 농도를 구하라. (d) 유량이 100 m^3/d이고 HRT가 4일일 때 산소요구량(kg/d)을 구하라. 20°C에서 HRT 3.3~15일의 범위에서 HRT에 따른 페놀 농도, 미생물 바이오매스량, 산소요구량의 변화를 그래프로 그려라.

계수	단위	폐수		
		1	2	3
k	g phenol/g VSS·d	0.90	0.80	0.90
K_s	mg phenol/L	0.20	0.15	0.18
Y	g VSS/g phenol	0.45	0.45	0.40
b	g VSS/g VSS·d	0.10	0.08	0.06

7-19 용해성 물질로 이루어진 폐수의 생물학적 처리공정의 설계에 필요한 동역학상수들을 구하기 위하여 실험실 규모의 반응조를 운전하였다. 이 반응조의 HRT는 0.167 d로 유지하였으나, 유

출수를 침전시키고 침전된 고형물을 반송시킴으로서 SRT를 3.1 d에서 0.6 d까지 변화시켰다. 정상상태에서 SRT에 따른 유입수 및 유출수 sCOD, MLVSS 농도는 다음 표와 같다.

실험번호	SRT, d	S_o, mg COD/L	S, mg COD/L	X, mg VSS/L
1	3.1	400	10.0	3950
2	2.1	400	14.3	2865
3	1.6	400	21.0	2100
4	0.8	400	49.5	1050
5	0.6	400	101.6	660

이 결과를 이용하여 미생물의 성장 동역학 상수 k, K_s, μ_m, Y 및 b를 계산하라(주의: 각 SRT에서 고형물 생산량 계산).

7-20 다음의 결과는 식품가공 폐수처리를 위한 4개의 벤치규모의 연속흐름 완전혼합 활성슬러지 반응조를 운전하여 얻은 결과이다. 이 결과를 이용하여 Y와 b를 구하라.

	인자		
단위	X, g MLVSS/L	r_g, g MLVSS/L·d	U, g BOD/g MLVSS·d
1	18.81	0.88	0.17
2	7.35	1.19	0.41
3	7.65	1.42	0.40
4	2.89	1.56	1.09

7-21 아래의 완전혼합 활성슬러지 반응조에 대한 결과 1, 2 및 3(택일)을 이용하여 (a) SRT, (b) 유출수의 COD 농도가 5 mg/L라고 할 때 필요한 산소량, (c) 정상상태에서 포기조의 산소 섭취율(mg/L · h)을 계산하라. 단, 1.42 g COD/g VSS를 가정하라.

		반응조		
항목	단위	1	2	3
Aeration tank MLVSS	mg/L	3000	3000	3000
Aeration tank volume	m^3	1000	1000	1000
Influent flowrate	m^3/d	5000	5000	5000
Waste sludge flowrate	m^3/d	59	45	65
Waste sludge VSS concentration	mg/L	8000	8000	8000
Influent soluble COD concentration	mg/L	400	400	400

7-22 2차 침전지와 슬러지의 내부반송이 있는 완전혼합 활성슬러지공정이 유량 1000 m^3/d의 낙농폐수를 처리하고 있다. 유입수의 COD 농도가 3,000 mg/L이고 BOD 농도가 1,875 mg/L이며, 포기조의 MLSS 농도가 2,800, 3,300 또는 3,500 mg/L(택일)이고 MLVSS/MLSS의 비가 0.80이다. 또한, 유출수의 TSS 농도는 20 mg/L이며, HRT는 24시간이다. 반송슬러지의 MLSS는 10,000 mg/L이며, 반송라인에서 1일 슬러지 폐기율은 85.5 m^3/d이다. 위의 자료를 이용하여 다음을 계산하라. (a) SRT, F/M 비(g BOD/g MLVSS·d) 및 BOD 용적 부하율(kg/m^3·d), (b) 미생물의 겉보기 수율, Yobs (g TSS/g BOD 및 g TSS/g COD), (c) b = 0.10 g VSS/g VSS·d 그리고 f_d = 0.15 g VSS/g VSS라고 가정할 때 미생물 세포의 합성수율

7-23 재래식 활성슬러지공정을 SRT 8, 10 또는 12 d(택일)에서 운전하고 있다. 이때 반응조의 부피는 8,000 m^3이고, MLSS의 농도는 3,000 mg/L이다. (a) 슬러지 생산율, (b) 슬러지 폐

기물(반응조로부터 폐기) 그리고 (c) 슬러지 폐기율(반송라인에서 폐기)을 계산하라. 슬러지 반송라인의 SS 농도는 10,000 mg/L이고 2차 침전지에서 유출수로 유실되는 슬러지의 유출손실은 무시하라.

7-24 유량 2000 m^3/d인 어떤 폐수를 2차 침전지와 슬러지 반송라인을 구비한 완전혼합형 활성슬러지공정(부피 500 m^3)에서 처리하고 있다. 유입수의 생분해성 입자상물질의 농도는 400, 500 또는 600 mg VSS/L이고 식 (7−20)의 동역학상수들은 k_p = 2.2 g VSS/g biomass·d 및 K_x = 0.15 g VSS/g biomass이며, 미생물 바이오매스의 성장수율과 내생사멸계수는 각각 0.50 g biomass/g VSS와 0.10 g VSS/g VSS · d이다. 이 자료들을 이용하여 (a) 입자상물질에 대한 물질수지식을 만들고, (b) SRT의 함수로서 포기조의 입자상물질과 미생물 농도식을 만들어라(단, 유출수에 생분해 고형물 및 sCOD는 무시하라). 또한, SRT 3, 5, 10 d에서 (c) 포기조에서 미생물과 입자상물질의 농도를 계산하고, (d) 입자상물질의 제거율을 구하라.

7-25 완전혼합형 활성슬러지공정이 12°C에서 SRT 10.5 d로 운전되고 있으며, MLSS는 3,500 mg/L이고 유출수의 NH_4-N는 1 mg/L이다. 일평균 슬러지 생산량은 753 kg TSS/d이며, 질산화를 포함한 전체 산소소모율은 1,225 kg/d이다. 포기조에서 포기율은 용존산소 농도가 1 mg/L를 유지하도록 자동 조절된다. 만약 SRT를 15 d로 바꾸면 다음의 값들이 어떻게 변할 것으로 예측되는가? 증가(I), 감소(D) 또는 유지(S)로서 나타내고 그 이유를 설명하라.

a. 슬러지 생성률, kg/d

b. 산소소비율, kg O_2/d

c. 유출수 sbdCOD, mg/L

d. 포기조 MLSS 농도, mg/L

e. 유출수 NH_4-N 농도, mg/L

f. 유출수 NO_2-N 농도, mg/L

7-26 다음의 동역학상수 1, 2 및 3(택일)은 분해성 COD 농도가 300 mg/L이고 난분해성 VSS 농도가 100 mg/L인 생활폐수로부터 구한 값들이다. 이 자료들을 사용하고 유출수의 분해성 COD 농도를 무시할 수 있다고 할 때 (a) SRT의 함수로서 겉보기 수율, Yobs (as g VSS/g COD removed), (b) SRT의 함수로서 g oxygen used/g COD removed의 그래프를 그려라. (a)의 그래프에는 세포 잔재물과 유입수의 난분해성 VSS로부터 구한 수율의 분율도 나타내라.

계수	단위	계수 값		
		1	2	3
Y	g VSS/g COD	0.40	0.40	0.35
b	g VSS/g VSS·d	0.10	0.08	0.12
f_d	g VSS/g VSS	0.10	0.15	0.15

7-27 다음과 같은 특성을 가지는 산업폐수 1, 2, 3(택일)을 처리하기 위한 슬러지 내부반송을 하는 완전혼합형 활성슬러지공정을 설계하라.

항목	단위	폐수		
		1	2	3
유량	m^3/d	4000	4300	4000
BOD	mg/L	800	600	1000
nbVSS	mg/L	200	200	200
TKN	mg/L	30	30	40
Total phosphorus	mg/L	8	8	6
온도	°C	15	15	15

미생물 성장에 대한 동역학상수들과 운전조건들은 다음과 같다.

Y = 0.45 g VSS/g COD　　SRT = 10 d
b = 0.10 g VSS/g VSS·d　　Return sludge = 8000 mg TSS/L
μ_m = 2.5 g VSS/g VSS·d　　Aeration tank MLSS = 2500 mg/L
K_s = 20 mg COD/L　　Clarifier effluent TSS = 15 mg/L
f_d = 0.10 g VSS/g VSS
bCOD = 1.6 (BOD)

주어진 동역학상수 및 자료들을 이용하여, (a) 포기조의 부피(m^3), 1일 생산되는 폐슬러지량(kg/d), 산소요구량(kg/d), 포기조의 산소흡수율(mg/L·h), 유출수의 sBOD, 다음의 설계조건에 대한 슬러지 반송비 그리고 MLVSS/MLSS 비를 구하고, (b) 질소나 인의 보충이 필요한지는 검토하라. 만약, 필요하다면 그 농도(mg/L)를 계산하라. VSS 기준으로 미생물 생체물질은 12%의 질소와 2%의 인을 함유한다. 질산화반응은 무시하라.

7-28 위의 문제 7-27과 같은 특성을 가진 산업폐수에 함유된 독성물질을 제거하기 위하여 50 mg/L이 되도록 분말활성탄을 주입하였다. SRT = 10 d일 때 MLSS 농도, MLVSS/MLSS 비, 활성탄을 포함한 총 슬러지발생량(kg TSS/d)을 구하라.

7-29 다음과 같은 특성을 가지는 폐수 1, 2 및 3(택일)을 처리하는 완전혼합형 활성슬러지공정의 설계인자는 다음과 같다.

항목	단위	폐수		
		1	2	3
Flowrate	m^3/d	6000	6000	6000
Biodegradable BOD	mg/L	300	400	500
Influent nbVSS	mg/L	100	100	150

관련된 설계기준은 다음과 같다.

유량 = 6000 m^3/d
생분해성 COD = 300 mg/L
유입수 난분해성 VSS = 100 mg/L
설계에 필요한 동역학상수들은 다음과 같이 가정한다.

Y = 0.40 g VSS/g COD
b = 0.10 g VSS/g VSS·d
f_d = 0.10 g VSS/g VSS
μ_m = 5.0 g VSS/g VSS·d
K_s = 20 mg COD/L

포기시스템의 산소전달용량이 52 kg O_2/h라면, 산소요구량이 산소전달용량과 같게 되는 최대 SRT는 ?

7-30 기질 이용속도가 1차 반응식(식 7-18, $r_{su} = -kSX$)에 의해서 설명된다면 (a) Michaelis-Menten 식 대신에 이 식을 사용하여 정상상태에 있는 완전혼합 부유성장반응조 유출수의 용해성 기질 농도를 계산하기 위한 식을 유도하라. 미생물 바이오매스 농도(X)를 계산하기 위한 식 (7-42)를 검증하라. 또한, (b) 다음의 동역학상수들과 반응조의 운전조건들을 이용하여 1.0 mg/L의 유출수의 용해성기질 농도 및 미생물 바이오매스 농도가 되도록 하는 SRT를 구하라.

S_o = 500 mg/L COD

τ = 0.25 d

Y = 0.50 g VSS/g COD removed

b = 0.06, 0.10, 또는 0.12 g VSS/g VSS · d(택일)

$r_{su} = kSX$, 여기서 k = 0.504 g/g·d

7-31 호기성 소화조에 농축된 폐활성슬러지를 유입시키고 미생물 세포가 내생사멸에 의해 파괴되도록 하기 위하여 장시간 포기한다. 이 소화조로 유입하는 미생물 농도(X_o)는 24 g VSS/L이다. 유입슬러지의 총 VSS 농도는 30 g/L이고 생물학적으로 분해 불가능한 VSS 농도($X_{I,o}$)가 6 g/L이다. 이 소화조의 미생물 농도(VSS)는 X이며, 생물학적으로 분해 불가능한 VSS 농도는 X_I이다. 또한, 이 소화조의 부피는 V이고 수리학적 체류시간(V/Q)은 20 d이다. 소화조 내의 고형물을 농축하기 위하여 소화조에는 분리막을 설치하였으며, 소화액은 분리막을 통하여 배출한다. 분리막을 통한 소화조 유출수량은 Q_M이며, VSS 농도는 0이다. 미생물 세포의 내생사멸률(g VSS/L·d)은 $r_{xd} = bX$이다. 여기서, b는 미생물 세포의 내생사멸속도상수(g VSS/g VSS·d)이며, b와 f_d는 0.10 g/g·d 및 0.10 g/g이다.

a. X에 대한 물질수지식을 만들고 정상상태의 X값을 수식으로 나타내라.

b. $X_{I,o}$에 대한 물질수지식을 만들고 정상상태의 $X_{I,o}$ 값을 수식으로 나타내라.

c. 소화조의 부피(V), 미생물 농도(X) 그리고 고형물 폐기량의 함수로 SRT를 나타내라.

d. 분리막을 통한 소화액의 유량이 Q의 50%($Q_M = 0.50Q$)이라고 할 때 유입슬러지의 총 VSS와 유입슬러지의 미생물 농도 감소율, SRT, $X_{I,}$O, X의 값을 구하라.

7-32 초산과 산소를 함유한 폐수를 생물막공정을 이용하여 처리하고 있다. (a) 예제 7-4에서 제시한 초산의 생물학적 분해 양론식을 사용하여 폐수에서 최대 초산농도를 구하라. 단, 생물막에서 호기성 분해는 생물막으로 공급되는 산소의 플럭스에 의해서 제한받을 수 있으며, 폐수의 용존산소 농도는 2.0, 3.0 또는 4.0 mg/L(택일)이다. (b) 이 결과를 예제 7-7의 암모니아성 질소산화의 결과와 비교하라. DO 농도 2 mg/L에서 폐수의 NH_4-N의 농도가 낮은 이유는 무엇인가? 단, 초산의 확산계수는 0.9 cm^2/d이며, 산소확산계수는 2.6 cm^2/d이다.

7-33 생활폐수를 처리하는 활성슬러지공정이 18°C의 수온에서 SRT 10 d로 운전되고 있다. 질산화반응을 수 주 동안 관측하였으며, NH_4-N의 농도는 1.0 mg/L 이하였다. 그러나, 일정한 시간이 경과한 후에 질산화효율이 감소하여 유출수의 NH_4-N의 농도가 10 mg/L를 초과하였다. 질산화효율감소의 원인을 밝혀내고 수질을 회복시킬 수 있는 방법에 대하여 논의하라.

7-34 표 7-13의 자료들을 사용하여, 20°C에서 호기성 부유성장 질산화공정 및 30°C에서 부유성장 ANAMMOX 공정이 정상상태로 운전되고 있을 때 1.0 mg/L의 유출수 NH_4-N 농도를 달성하기 위한 SRT를 각각 구하라. 단, 호기성공정에서 질산화반응은 산소부족에 의해

서 영향 받지 않으며, ANAMMOX 공정은 아질산이온의 부족에 의해서 영향받지 않는다고 가정하라.

7-35 표 7-6의 반쪽반응식들을 이용하여 산소대신에 아질산이온을 전자수용체로 사용하는 반응에 대하여 아질산이온의 등가 산소량(g O_2/g NO_2-N)을 계산하라.

7-36 질산화를 위한 활성슬러지공정 유출수를 처리하는 무산소 부유성장반응조가 SRT 5.0 d에서 운전되고 있다. 전자공여체로서 초산을 사용하고 초산을 이용한 질산이온 환원반응의 계수가 다음과 같을 때 유량이 4,000 m^3/d이고 NO_3-N의 농도가 40.5, 20.5 또는 30.5 mg/L(택일)인 폐수를 탈질처리하고자 한다. (a) 이때 필요한 초산의 양(kg/d)과 (b) 미생물 바이오매스생산율(kg/d)을 구하라. 단, 유출수의 초산농도는 2 mg/L이고, NO_3-N 농도는 0.50 mg/L이다. NO_3-N이 미생물의 성장을 위한 질소원으로 사용되며, Y는 0.3 g VSS/g COD removed이고, b는 0.08 g VSS/g VSS·d이다. 미생물 성장을 위한 질소는 0.12 g N/g biomass VSS이다. 미생물 세포의 잔재물 생성(f_d = 0)은 무시하라. 초산의 COD (g COD/g acetate)는 얼마인가? 반응조의 초산 COD (g COD/g acetate), 미생물 농도, NO_3-N에 대한 물질수지식과 정상상태의 값들을 구하기 위한 식을 제시하라.

7-37 실험실 규모의 슬러지 반송라인을 가진 2개의 완전혼합형 부유성장 반응조에 합성폐수를 주입하여 같은 SRT에서 병렬로 운전하고 있다. 1개의 반응조는 생물학적인 인 제거효율을 향상시키기 위하여 혐기/호기 과정을 교번하여 운진하고 있으며, 다른 한 개의 반응조는 호기성 조건으로만 운전하고 있다. 유입 폐수의 유기탄소원인 초산농도는 100, 200 또는 300 mg/L(택일)이다. 반응조 현탁고형물 혼합액에 함유된 인과 유기물함량은 다음 표와 같다.

반응조	g P/g VSS	g VSS/g TSS
호기 조건	0.015	0.85
EBPR	0.250	0.65

생물학적인 인 제거 공정에서 VSS/TSS 비는 고분자 인과 고분자 인과 결합된 양이온들로 인하여 비교적 낮다. 다음의 운전조건과 동역학적 상수들을 이용하여 각 반응조에서 제거되는 인의 농도와 MLVSS 및 MLSS 농도를 구하라(단, 두 반응조에서 미생물의 성장 동역학 상수들은 일반적으로 다르지만 이 문제에서는 같다고 본다).

Y = 0.40 g VSS/g COD
b = 0.10 g VSS/g VSS·d
SRT = 5 d
τ = 3 h
f_d = 0.10 g VSS/g VSS

7-38 생물학적인 인 제거 공정에 영향을 주는 운전인자를 연구하기 위하여 실험실규모의 반응조가 운전되고 있다. 유입수의 인 농도가 10, 20 또는 30 mg/L(택일)이라면, 유입수에서 필요한 마그네슘, 포타슘 및 칼슘의 최소 농도는 얼마인가 ?

7-39 그림 7-23의 고효율 생물학적인 인 제거 공정에서 유출수의 용해성 인 농도에 대한 아래에 나열된 변화들의 영향을 설명하라. 유출수의 용해성 인 농도가 증가하면 I, 감소하면 D 또는 변화가 없으면 S로 표현하고 그 이유를 설명하라. 이 공정은 PAO 배양을 위한 것으로서 질산화가 일어나지 않는 낮은 SRT에서 운전되고 있었다고 가정하라.

a. 전체 시스템의 SRT가 증가하여 질산화가 일어난다.

b. 유입수의 bdCOD에서 rbCOD의 분율은 20~35%까지 증가한다.

c. 수온이 25°C인 하절기이며, 예상하지 못한 알칼리도 가격 상승 때문에 예산부족으로 충분한 알칼리도를 공급하지 못하여 pH는 7.5에서 6.8까지 감소한다.

d. 포기조의 DO 농도는 기계고장으로 정상 농도인 2.0 mg/L에서 0.30~0.50 mg/L까지 장시간 감소한다.

7-40 혐기성 처리공정에서 SCOD 농도가 2,000, 5,000 또는 9,000 mg/L(택일)인 폐수 500 m³/d를 처리하고 있다. 30°C에서 순 미생물 성장 수율은 0.04 g VSS/g COD removed이며 SCOD의 제거율은 95%이다. 바이오가스의 65%가 메탄이라 가정할 때 총 가스발생량(m³/d)을 구하라. 바이오가스를 통한 에너지 생산량(kJ/d)은 얼마인가? 단, 30°C에서 메탄의 열량은 50.1 kJ/g이다.

7-41 지구온난화 및 혐기성 공정을 연구하는 어떤 연구원은 음식물쓰레기를 퇴비화하여 농작물 재배에 활용하는 것보다 혐기성 공정을 이용하여 처리하고 이때 발생하는 메탄가스를 연료로 활용하는 것이 지구온난화에 미치는 영향이 작다고 주장한다. 당신은 이러한 주장에 동의하는지 아닌지 밝히고 그 이유를 설명하라.

7-42 최소 2개 이상의 문헌자료를 참고하여 혐기성 공정에서 산생성세균과 메탄생성고세균 사이에 존재하는 공생관계의 중요성에 대하여 설명하라. 산생성세균의 활성과 메탄생성고세균 활성 사이의 균형이 파괴된다면 pH, 휘발성 지방산 농도, 바이오가스의 메탄함량 그리고 가스발생량이 어떻게 변할 것인가에 대하여 설명하라.

7-43 Monod 성장 동역학식을 이용하여 나타낸 식 (7-156), 식 (7-157) 및 식 (7-158)을 유사 1차 반응으로 나타낸 기질 제거속도식을 이용하여 고쳐라. 여기서, $r_{su} = kSX$, 유사 1차 반응속도식은 여러 가지 물질들의 생분해속도를 설명하기 위하여 종종 사용하는 수식이다.

7-44 완전혼합 부유성장반응조를 이용하여 특정오염물질과 rbCOD를 함유한 폐수를 처리하고 있다. 특정오염물질은 휘발성이 없어 탈기에 의한 손실은 무시한다고 할 때 다음의 자료들을 이용하여 (a) 생분해된 오염물질의 양과 슬러지 폐기 및 처리수 배출에 의해서 제거된 오염물질의 양, (b) μ_m 값이 아래의 자료보다 3배 클 때 (a)에서 계산된 값들을 계산하라.

설계자료:

시스템 SRT: 5, 10, 또는 15 d(택일)
반응조 MLVSS = 2000 mg/L
반응조 τ = 0.25 d
오염물질의 특성 및 생분해 동역학적 상수:
유입수 농도 = 5.0 mg/L
$K_p = 15 \times 10^{-3}$ m³/g
μ_m = 2.0 g VSS/g VSS·d
Ks = 0.4 g/m³
Y = 0.6 g VSS/g compound
b = 0.08 g VSS/g VSS·d

참고문헌

Abeling, U., and C. F. Seyfried (1992) "Anaerobic-Aerobic Treatment of High-Strength Ammonium Wastewater; Nitrogen Removal Via Nitrate," *Water Sci. Technol.,* **26**, 5–6, 1007–1015.

Ahn, J. H., S. Kim, H. Park, D. Katehis, K. Pagilla, and K. Chandran (2010b) "Spatial and Temporal Variability in Atmospheric Nitrous Oxide Generation and Emission from Full-Scale Biological Nitrogen Removal and Non-BNR Processes," *Water Environ. Res.,* **82**, 12, 2362–2372.

Ahn, J. H., S. Kim, H. Park, B. Rahm, K. Pagilla, and K. Chandran (2010a) "N_2O Emissions from Activated Sludge Processes, 2008–2009: Results of National Monitoring Survey in the United States," *Environ. Sci. Technol.,* **44**, 12, 4505–4511.

Ahn, J. H., T. Kwan, and K. Chandran (2011) "Comparison of Partial and Full Nitrification Processes Applied for Treating High Strength Nitrogen Wastewaters: Microbial Ecology through Nitrous Oxide Production," *Environ. Sci. Technol.,* **45**, 7, 2734–2740.

Ahring, B. K. (1994) "Status on Science and Application of Thermophilic Anaerobic Digestion," *Water Sci. Technol.,* **30**, 12, 241–249.

Anthonisen, A. C., R. C. Loehr, T. B. S. Prakasam, and E. G. Srinath. (1976) "Inhibition of Nitrification by Ammonia and Nitrous Acid," *J. WPCF,* **48**, 5, 835–852.

Andrews, J. H., and R. F. Harris (1986) "r- and K-Selection and Microbial ecology," 99–148, in K. C. Marshall (ed.) *Advances in Microbial Ecology,* vol. 9, Plenum Press, New York.

Ardern, E., and W. T. Lockett (1914) "Experiments on the Oxidation of Sewage without the Aid of Filters," *J. Soc Chem. Ind.,* **33**, 10, 523, 1122.

Atkinson, B., I. J. Davies, and S. Y. How (1974) "The Overall Rate of Substrate Uptake by Microbial Films," **52**, parts I and II, Transactions Institute of Chemical Engineers (British).

Bailey, J. E., and D. F. Ollis (1986) *Biochemical Engineering Fundamentals,* 2d ed., McGraw-Hill, New York.

Ballapragada, B., H. D. Stensel, J. F. Ferguson, V. S. Magar, and J. A. Puhakka (1998) Toxic Chlorinated Compounds: Fate and Biodegradation in Anaerobic Digestion, Project 91-TFT-3. *Water Environ. Res. Foundation.,* Alexandria, VA.

Barker, P. S., and P. L. Dold (1997) "General Model for Biological Nutrient Removal in Activated Sludge Systems: Model Presentation," *Water Environ. Res.,* **69**, 5969–5984.

Barnard, J. L. (1974) "Cut N and P Without Chemicals," *Water and Wastes Engineering,* Part I, **11**, 7, 33–36, Part II, **11**, 8, 41–44.

Barnard, J. L. (1984) "Activated Primary Tanks for Phosphate Removal," *Water SA,* **10**, 3, 121–126.

Barnard, J. L. (1998) "The Development of Nutrient Removal Processes," *Water Environ. J.,* **12**, 5, 330–337.

Barth, E. F., R. C. Brenner, and R. F. Lewis (1968) "Chemical Biological Control of Nitrogen and Phosphorus in Wastewater Effluent," *J. WPCF,* **40**, 12, 2054.

Batstone, D. J., J. Keller, and J. P. Steyer (2006) "A Review of ADM1 Extensions, Applications, and Analysis: 2002–2005," *Water Sci. Technol.,* **54**, 4, 1–10.

Baytshtok, V., S. Kim, R. Yu, H. Park, and K. Chandran (2008) "Molecular and Biokinetic Characterization of Methylotrophic Denitrification Using Nitrate and Nitrite as Terminal Electron Acceptors," *Water Sci. Technol.* **58**, 2, 359–365.

Beaumont, H. J. E., B. van Schooten, S. I. Lens, H. V. Westerhoff, and R. J. M. van Spanning (2004) "Nitrosomonas europea Expresses a Nitric Oxide Reductase during Nitrification," *J. Bacteriol.,* **186**, 13, 4417–4421.

Bielefeldt, A. R., and H. D. Stensel (1999a) "Modeling Competitive Inhibition Effects During Biodegradation of BTEX Mixtures," *Water Res.,* **33**, 3, 707–714.

Bielefeldt, A. R., and H. D. Stensel (1999b) "Treating VOC-Contaminated Gases in Activated Sludge: Mechanistic Model to Evaluate Design and Performance," *Environ. Sci. Technol.,* **33**, 18, 3234–3240.

Blackburne R., V. Vadivelu, Z. Yuan, and J. Leller (2007) "Kinetic Characterization of an Enriched Nitrospira Culture with Comparison to Nitrobacter", *Water Res.* **41**, 14, 3033–3042.

Blum, D. J. W., and R. E. Speece (1991) "A Database of Chemical Toxicity to Environmental Bacteria and Its Use in Interspecies Comparisons and Correlations," *Res. J. WPCF,* **63**, 3, 198–207.

Bock, E., I. Schmidt, R. Stuven, and D. Zart (1995) "Nitrogen Loss Caused by Denitrifying Nitrosomonas Cells Using Ammonium or Hydrogen as Electron Donors and Nitrite as Electron Acceptor," *Archive Microbiology,* **163**, 1, 16–20.

Boehnke, B., B. Diering, and S. W. Zuckut (1997) "AB Process Removes Organics and Nutrients," *Water Envi. Technol.,* **9**, 3, 23–27.

Bond, P. L., P. Hugenholtz, J. Keller, L. L. Blackall, (1995) "Bacterial Community Structures of Phosphate-Removing and Nonphosphate-Removing Activated Sludges from Sequencing Batch Reactors," *Appl. Environ. Microbiol.,* **61**, 5, 1910–1916.

Brdjanovic, D., S. Logemann, M. C. M. van Loosdrecht, C. M. Hooijmans, G. J Alaerts, J. J. Heijnen (1998) "Influence of Temperature on Biological Phosphorus Removal: Process and Molecular Ecological Studies," *Water Res.,* **32**, 4, 1035–1048.

Cech, J. S., and P. Hartman (1990) "Glucose Induced Break Down of Enhanced Biological Phosphate Removal," *Environ. Technol.,* **11**, 7, 651–656.

Chandran K., and B. F. Smets (2001) "Estimating Biomass Yield Coefficients for Autotrophic Ammonia and Nitrite Oxidation from Batch Respirograms," *Water Res.,* **35**, 13, 3153–3156.

Chandran K., and B. F. Smets (2005) "Optimizing Experimental Design to Estimate Ammonia and Nitrite Oxidation Biokinetic Parameters from Batch Respirograms" *Water Res.,* **39**, 20, 4969–4978.

Chandran, K., L. Y. Stein, M. G. Klotz, and M. C. M. van Loosdrecht (2011) "Nitrous Oxide Production by Lithotrophic Ammonia-Oxidizing Bacteria and Implications for Engineered Nitrogen-Removal Systems," *Biochem. Soc. Trans.,* **39**, 1832–1837.

Christensen, M. H., E. Lie, and T. Welander (1994) "A Comparison Between Ethanol and Methanol as Carbon Sources for Denitrification," *Water Sci and Tech.,* **30**, 6, 83–90.

Chudoba, J., P. Grau, and V. Ottova (1973) "Control of Activated Sludge Filamentous Bulking – II. Selection of Micro-Organisms by Means of a Selector," *Water Res.,* **7**,10, 1389–1406.

Combalbert, S., and G. Hernandez-Raquet (2010) "Occurrence, Fate, and Biodegradation of Estrogens in Sewage and Manure," *Appl Microbiol Biotechnol.,* **86**, 6, 1671–1692.

Comeau, Y., K. J. Hall, R. E. W. Hancock, and W. K. Oldham (1986) "Biochemical Model for Biological Enhanced Phosphorus Removal," *Water Res.* **20**, 12, 1511–1521.

Confer D. R. and B. E. Logan (1998) "Location of Protein and Polysaccharide Hydrolytic Activity in Suspended and Biofilm Wastewater Cultures," *Water Res*., **32**, 1, 31–38.

Conklin A., H. D. Stensel, and J. Ferguson (2006) "Growth Kinetics and Competition Between Methanosarcina and Methanosaeta in Mesophilic Anaerobic Digestion." *Water Environ. Res.* **78**, 5, 486–496.

Conklin, A. S., T. Chapman, J. D. Zahlier, H. D. Stensel, and J. F. Ferguson (2008) "Monitoring the Role of Aceticlasts in Anaerobic Digestion: Activity and Capacity," *Water Res.,* **42**, 20, 4895–4904.

Contreras, E. M., R. Fabricio, and N. C. Bertoia. (2008) "Kinetic Modeling of Inhibition of Ammonia Oxidation by Nitrite Under Low Dissolved Oxygen Conditions", *J. Environ. Eng.* ASCE., **134**, 3,184–190.

Copp, J. B., and K. L. Murphy (1995) "Estimation of the Active Nitrifying Biomass in Activated Sludge," *Water Res.,* **29**, 8, 1855–1862.

Coskuner G, S. T. Ballinger, R. J. Davenport, R. L. Pickering, R. Solera, I. M. Head and T. P. Curtis (2005) "Agreement Between Theory and Measurement in Quantification of Ammonia-Oxidizing Bacteria," *Appl Environ Microbiol,* **71**, 10, 6325–6334.

Coskuner, G., and T. P. Curtis (2002) "In-Situ Characterization of Nitrifiers in an Activated Sludge Plant: Detection of Nitrobacter Spp.," *J. Appl. Microbiol*., **93**, 3, 431–437.

Costerton, J. W., Z. Lewandowski, D. E. Caldwell, D. R. Korber, and H. M. Lappin-Scott (1995) "Microbial Biofilms," *Annual Review of Microbiology,* **49**, 711–745.

Crocetti, G. R., J. F. Banfield, J. Keller, P. L. Bond, and L. L. Blackall (2002) "Glycogen-Accumulating Organisms in Laboratory-Scale and Full-scale Wastewater Treatment Processes," *Microbiol.,* **148**, 11, 3353–3364.

Cuidad, G., A. Werner, C. Cornhardt, C. Munoz, and C. Antileo (2006) "Differential Kinetics of Ammonia- and Nitrite-Oxidizing Bacteria: A Simple Kinetic Study Based on Oxygen Affinity and Proton Release During Nitrification," *Process Biochemistry,* **41**, 8, 1764–1772.

Daebel H., R. Manser, and W. Gujer (2007) "Exploring Temporal Variations of Oxygen Saturation Constants of Nitrifying Bacteria," *Water Res.* **41**, 5, 1094–1102.

Daims, H, J., L. Nielsen, P. H. Nielsen, K. H. Schleifer, and M. Wagner (2001) "In Situ Characterization of Nitrospira-Like Nitrite-Oxidizing Bacteria Active in Wastewater Treatment Plants," *Appl. Environ. Microbiol.,* **67**, 11, 5273–5284.

Dawson, R. N., and K. L. Murphy (1972) "The Temperature Dependency of Biological Denitrification," *Water Res.,* **6**, 1, 71.

Dobbs, R. A., L. Wang, and R. Govind (1989) "Sorption of Toxic Organic Compounds on Wastewater Solids: Correlation with Fundamental Properties," *Environ. Sci. Technol.,* **23**, 9, 1092–1097.

Dold, P. L., R. M. Jones, and C. M. Bye (2005) "Importance and Measurement of Decay Rate When Assessing Nitrification Kinetics," *Water Sci. Technol.,* **52**, 10–11, 469–477.

Dold, P., I. Takács, Y. Mokhayeri, A. Nichols, J. Hinojosa, R. Riffat, C. Bott, W. Bailey, and S. Murthy (2008) "Denitrification with Carbon Addition—Kinetic Considerations," *Water Environ. Res.,* **80**, 5, 417–427.

Downing, A. L., H. A. Painter, and G. Knowles (1964) "Nitrification in the Activated Sludge Process," *J. Inst. Sew. Purif.,* **64**, , 2, 130–158.

Dytczak, M. A., K. L. Londry, and J. A. Oleszkiewicz (2008) "Nitrifying Genera in Activated Sludge may Influence Nitrification Rates," *Water Environ. Res.,* **80**, 5, 388–396.

Fang, F., B. J. Ni, X. Y. Li, G. P. Sheng, and H.Q Yu (2009) "Kinetic Analysis on the Two-Step Processes of AOB and NOB in Aerobic Nitrifying Granules," *Appl. Microbiol. Biotech.,* **83**, 6, 1159–1169.

Filipe, C. D. M., G. T. Daigger, and C. P. L. Grady (2001) "pH as a Key Factor in the Competition Between Glycogen-Accumulating Organisms and Phosphorus-Accumulating Organisms," *Water Environ. Res.,* **73**, 2, 223–232.

Garrido, J. M., W. A. J. van Benthum, M. C. M. van Loosdrecht and J. J. Heijnen (1997) "Influence of Dissolved Oxygen Concentration on Nitrite Accumulation in a Biofilm Airlift Suspension Reactor," *Biotechnol. and Bioeng.,* **53**, 2, 168–178.

Gaulke, L. S., S. E. Strand, T. F. Kalhorn, and H. D. Stensel (2008) "17α-Ethinylestradiol Transformation via Abiotic Nitration in the Presence of Ammonia Oxidizing Bacteria," *Environ. Sci. and Technol.,* **42**, 20, 7622–7627.

Gaulke, L. S., S. E. Strand, T. F. Kalhorn, and H. D. Stensel (2009) "Estrogen Biodegradation Kinetics and Estrogenic Activity Reduction for Two Biological Wastewater Treatment Methods," *Environ. Sci. Technol.,* **43**, 8, 7111–7116.

Gayle, B. P. (1989) "Biological Denitrification of Water," *J. Environ. Eng.,* **115**, 5, 930.

Geets, J., N. Boon, and W. Verstraete (2006) "Strategies of Aerobic Ammonia-Oxidizing Bacteria for Coping with Nutrient and Oxygen Fluctuations," *FEMS Microbiol. Ecol.,* **58**, 1, 1–13.

Giraldo, E., P. Jjemba, Y. Liu and S. Muthukrishnan (2011a) "Presence and Significance of Anammox Species and Ammonia Oxidizing Archaea, AOA, in Full Scale Membrane Bioreactors for Total Nitrogen Removal," Proceedings of the IWA and WEF Nutrient Recovery and Management Conference, Miami, FL.

Giraldo, E., P. Jjemba, Y. Liu and S. Muthukrishnan (2011b) "Ammonia Oxidizing Archaea, AOA, Population and Kinetic Changes in a Full Scale Simultaneous Nitrogen and Phosphorous Removal MBR," *Proceedings of WEF 84th ACE.* Los Angeles, CA.

Grady, C. P. L. Jr., G. T. Daigger, and H. C. Lim (1999) *Biological Wastewater Treatment,* 2d ed., rev. and expanded, Marcel Dekker, New York.

Grady, C. P. L., Jr., B. S. Magbanua, S. Brau, and R. W. Sanders II (1997) "A Simple Technique for Estimating the Contribution of Abiotic Mechanisms to the Removal of SOCs by Completely Mixed Activated Sludge," *Water Environ. Res.,* **69**, 7, 1232–1237.

Gu, A, A. Saunders, J. B. Neethling, H. D. Stensel, and L. Blackall (2008) "Functionally Relevant Microorganisms to Enhanced Biological Phosphorus Removal Performance at Full-Scale Wastewater Treatment Plants in the U.S.," *Water Environ. Res.,* **80**, 8, 688–699.

Guisasola, A., I. Jubany, J. A. Baeza, J. Carrera, J. Lafuente (2005) "Respirometric Estimation of the Oxygen Affinity Constants for Biological Ammonium and Nitrite Oxidation," *J. Chem. Technol. Biotechnol.,* **80**, 4, 388–396.

Gujer, W., M. Henze, T. Mino, and M. C. M. van Loosdrecht (1999) "Activated Sludge Model No. 3," *Wat. Sci. Tech.*, **39**, 1, 183–193.

Gustavsson, D. J., and J. L. C. Jansen (2011) "Dynamics of Nitrogen Oxides Emission from a Full-Scale Sludge Liquor Treatment Plant with Nitrification," *Water Sci. Technol.*, **63**, 12, 2838–284

Guven, D., A. Dapena, B. Kartal, M. C. Schmid, B. Maas, K. van de Pas-Schoonen, S. Sozen, R. Mendez, H. J. M. Op den Camp, M. S. M. Jetten, M. Strous, and I. Schmidt (2005) "Propionate Oxidation by and Methanol Inhibition of Anaerobic Ammonium-Oxidizing Bacteria," *Appl. Environ. Microbiol.*, **71**, 2, 1066–1071.

Han, Y., and R. R. Dague (1997) "Laboratory Studies on the Temperature-Phased Anaerobic Digestion of Domestic Primary Sludge," *Water Environ. Res.*, **69**, 6, 1139–1143.

Hao, X, H. J. Doddema, and J. W. van Groenestijn (1997) "Conditions and Mechanisms Affecting Simultaneous Nitrification and Denitrification in a Pasveer Oxidation Ditch," *Biores. Technol.*, **59**, 2–3, 207–215.

Harshbarger, J. C., M. J. Coffey, and M. Y. Young (2000) "Intersexes in Mississippi River Shovelnose Sturgeon Sampled Below Saint Louis, Missouri, USA.," *Marine Environ. Res.*, **50**, 1–5, 247–250.

Hashimoto, S., H. Bessho, A. Hara, M. Nakamura, T. Iguchi, and K. Fujita (2000) "Elevated Serum Vitellogenin Levels and Gonadal Abnormalities in Wild Male Flounder (*Pleuronectes Yokohamae*) from Tokyo Bay, Japan," *Marine Environ. Res.*, **49**, 1, 37–53.

Haug, R. T., and P. L. McCarty (1972) "Nitrification with Submerged Filters," *J. WPCF*, **44**, 11, 2086–2102.

Hellinga, C., A. Schellen, J. W. Mulder, M. C. M. Van Loosdrecht, and J. J. Heijnen (1998) "The SHARON process; An Innovative Method for Nitrogen Removal from Ammonium Rich Waste Water," *Water Sci. Technol.*, **37**, 9, 135–142.

Henze, M., W. Gujer, T. Mino, T. Matsuo, M. C. Wentzel, and G.v.R. Marais (2008) *Activated Sludge Model No. 2.*, IAWQ Scientific and Technical Report No. 3, IAWQ, London.

Henze, M., W. Gujer, M. Takahashi, T. Tomonori, M. C. Wentzel, G. v. R. Marais, and M. C. M. van Loosedrecht (1998) *Activated Sludge Model No. 2d*, IAWQ Scientific and Technical Report No. 4, IAWQ, London.

Henze, M., M. C. M. van Loosdrecht, G. A. Ekama, and D. Brdjanovic (2008) *Biological Wastewater Treatment: Principle, Modelling, and Design*, IWA Publishing, London.

Hinton, S. W., and H. D. Stensel (1991) "Experimental Observation of Trickling Filter Hydraulics," *Water Res.*, **25**, 11, 1389–1398.

Holliger, C., G. Wohlfarth, and G. Diekert (1999) "Reductive Dechlorination in the Energy Metabolism of Anaerobic Bacteria Reductive Dechlorination in the Energy Metabolism of Anaerobic Bacteria," *FEMS Microbiol. Rev.*, **22**, 5, 383–398.

Holtan-Hartwig, L., P. Dorsch, and L. R. Bakken (2000) "Comparison of Denitrifying Communities in Organic Soils: Kinetics of NO_3^- and N_2O Reduction," *Soil Biol. Biochem.*, **32**, 6, 833–843.

Hoover, S. R., and N. Porges (1952) "Assimilation of Dairy Wastes by Activated Sludge II: The Equation of Synthesis and Oxygen Utilization," *Sewage and Industrial Wastes*, **24**, 3, 306–312.

Innerebner, G., H. Insam, I. H. Franke-Whittle, and B. Wett (2007) "Identification of Anammox Bacteria in a Full-Scale Deammonification Plant Making use of Anaerobic Ammonia Oxidation," *Systematic and Appl. Microbiol.*, **30**, 5, 408–412.

Jenkins, D., M. G. Richard, and G. T. Daigger (2004) *Manual on the Causes and Control of Activated Sludge Bulking, Foaming, and Other Solids Separation Problems*, 3rd ed., Lewis Publishers, Ann Arbor, MI.

Jeris, J. S., and P. L. McCarty (1965) "The Biochemistry of Methane Fermentation Using C^{14} Tracer," *J. WPCF*, **37**, 2, 178–192.

Jetten, M. S. M., M. Strous, K. T. van de Pas-Schoonen, J. Schalk, U. G. J. M. van Dongen, A. A. van de Graaf, S. Logemann, G. Muyzer, M. C. M. van Loosdrecht, and J. G. Kuenen (1999) "The Anaerobic Oxidation of Ammonium," *FEMS Microbiol. Rev.*, **22**, 5, 421–437.

Jetten, M. S. M, M. Wagner, J. Fuerst, M. van Loosdrecht, G. Kuenen, and M. Strous (2001) "Microbiology and Application of the Anaerobic Ammonium Oxidation ('Anammox') Process," *Current Opinion In Biotech.*, **12**, 3, 283–288.

Jones, R. M., P. Dold, I. Takacs, K. Chapman, B. Wett, S. Murthy, and M. O'Shaughnessy (2007) "Simulation for Operation and Control of Reject Water Treatment Processes," Proc. *Water Environ. Fed.* WEFTEC, San Diego, CA., 4357–4372

Kaelin, D., R. Manser, L. Rieger, J. Eugster, K. Rotterman, and H. Siegrist (2009) "Extension of ASM3 Four Two-Step Nitrification and Denitrification and its Calibration and Validation with Batch Tests and Pilot Scale Data", *Water Res.* **43**, 6, 1680–1692.

Kampschreur, M. J., N. C. G. Tan, R. Kleerebezem, C. Picioreanu, M. M. Jetten, and M. C. M. van Loosdrecht (2008) "Effect of Dynamic Process Conditions on Nitrogen Oxides Emission from a Nitrifying Culture," *Environ. Sci. Technol.,* **42**, 2, 429–435.

Kartal, B., J. Rattray, L. A. van Niftrik, J. van de Vossenberg, M. C. Schmid, R. I. Webb, S.Schouten, J. A. Fuerst, J. S. Damste, M. S. M Jetten, and M. Strous (2007b) "Candidatus 'Anammoxoglobus propionicus' a New Propionate Oxidizing Species of Anaerobic Ammonium Oxidizing Bacteria," *Systematic and Appl. Microbiol.,* **30**, 1, 39–49.

Kartal, B., M. M. M. Kuypers, G. Lavik, eJ. Schalk, H. J. M. Op den Camp, M. S. M. Jetten, and M. Strous (2007a) "Anammox Bacteria Disguised as Denitrifiers: Nitrate Reduction to Dinitrogen Gas via Nitrite and Ammonium," *Environ. Microbiol.,* **9**, 3, 635–642.

Kielemoes, J., P. De Boever, and W. Verstraete (2000) "Influence of Denitrification on the Corrosion of Iron and Stainless Steel Powder," *Environ. Sci. Technol.,* **34**, 4, 663–671.

Kim, D., and S. H. Kim (2006) "Effect of Nitrite Concentration on the Distribution and Competition of Nitrite-Oxidizing Bacteria in Nitratation Reactor Systems and their Kinetic Characteristics," *Water Res.,* **40**, 5, 887–894.

Kim, S-W. M. Miyahara, S. Fushinobu, T. Wakagi, and H. Shoun (2010) "Nitrous Oxide Emission from Nitrifying Activated Sludge Dependent on Denitrification by Ammonia-Oxidizing Bacteria," *Bioresource Technol.,* **101**, 11, 3958–3963.

Kissel, J. C., P. L. McCarty, and R. L. Street (1984) "Numerical Simulation of Mixed-Cultures Biofilm," *J. Environ. Eng. Div., ASCE,* **110**, 2, 393–411.

Kong, Y. H., J. L. Nielsen, P. H. Nielsen, (2005) "Identity and Ecophysiology of Uncultured Actinobacterial Polyphosphate-Accumulating Organisms in Full-Scale Enhanced Biological Phosphorus Removal Plants," *Appl. Environ. Microbiol.,* **71**, 7, 4076–4085.

Konneke, M., A. E. Bernhard, J. R. de la Torre, C. B. Walker, J. B. Waterbury, and D. A. Stahl (2005) "Isolation of an Autotrophic Ammonia-Oxidizing Marine Archaeon," *Nature,* **437**, 543–546.

Koops, H-P., and A. Pommerening-Roser (2001) "Distribution and Ecophysiology of the Nitrifying Bacteria Emphasizing Cultured Species," *FEMS Microbiol. Eco.,* **37**, 1–9.

Kuenen, J. G. (2008) "Timeline: Anammox Bacteria: From Discovery to Application," *Nature Rev. Microb.,* **6**, 4, 320–326.

Kumaraswamy, R., K. Sjollema, G. Kuenen, M. C. M. van Loosdrecht, and G. Muyzer (2006) "Nitrate-Dependent [Fe(II)EDTA](2−) Oxidation by *Paracoccus ferrooxidans sp nov.,* Isolated From A Denitrifying Bioreactor," *Systematic and Appl. Microbiol.,* **29**, 4, 276–286.

Kunz, B., J. Gianelli, and H. D. Stensel (1976) "Vanadium Removal From Industrial Wastewater," *J. WPCF,* **48**, 4, 76.

LaGrega, M. D., P. L. Buckingham, and J. C. Evans (2001) *Hazardous Waste Management,* 2nd ed., McGraw-Hill, New York.

Lange, M. and B. K. Ahring (2001) "A Comprehensive Study into the Molecular Methodology and Molecular Biology of Methanogenic Archaea," *FEMS Microbiol. Ecol.* **25**, 5, 553–571.

Law, Y., L. Ye, Y. Pan, and Z. Yuan (2012) "Nitrous Oxide Emissions from Wastewater Treatment Processes," *Philosophical Transactions of the Royal Society B-Biological Sciences,* **367**, 1593, 1265–1277.

Lawrence, A. W., and P. L. McCarty (1970) "A Unified Basis for Biological Treatment Design and Operation," *J. Sanitary Eng. Div., ASCE,* **96**, SA3, 1970.

Lee, S., H. D. Stensel, and S. E. Strand (2000) "Sustained Degradation of Trichloroethylene in a Suspended Growth Gas Treatment Reactor by an Actinomycetes Enrichment," *Environ. Sci. Technol.,* **34**, 15, 3261–3268.

Lee, S. B., J. P. Patton, S. E. Strand, and H. D. Stensel (1998a) "Sustained Biodegradation of Trichloroethylene in a Suspended Growth Gas Treatment Reactor," *Proceedings, First Inter-national Conference on Bioremediation of Chlorinated Solvent and Recalcitrant Compounds,* Monterey, CA.

Lee, Y., and J. A. Oleszkiewicz, (2003) "Evaluation of Maximum Growth and Decay Rates of Autotrophs Under Different Physical and Environmental Conditions," 324–339, *Proceeding of WEF 75th ACE,* Chicago, IL.

Li, Y. Y., H. Sasaki, K. Yamashita, K. Seki, and I. Kamigochi (2002) "High-Rate Methane Fermentation of Lipid-Rich Food Wastes by a High-Solids Co-Digestion Process," *Water Sc Technol.,* **45**,12, 143–150.

Limpiyakorn, T., P. Sonthiphand, C. Rongsayamanont and C. Polprasert (2011) "Abundance of AmoA genes of Ammonia-Oxidizing Archaea and Bacteria in Activated Sludge of Full-Scal Wastewater Treatment Plants," *Bioresource Technol.,* **102**, 4, 3694–3701.

Littleton, H. X., G. T. Daigger, P. F. Strom, and R. A. Cowan (2003) "Simultaneous Biological Nutrient Removal: Evaluation of Autotrophic Denitrification, Heterotrophic Nitrification, and Biological Phosphorus Removal," *Water Environ. Res.* **75**, 2, 138–150.

Liu, Y., H. Shi, L. Xia, H. Shi, T. Shen, Z. Wang, G. Wang, and Y. Wang (2010) "Study of Operational Conditions of Simultaneous Nitrification and Denitrification in a Carrousel Oxidation Ditch for Domestic Wastewater Treatment," *Bioresour. Technol.* **101**, 3, 901–906.

Lopez, C., M. N. Pons, and E. Morgenroth (2006) "Endogenous Processes During Long Term Starvation in Activated Sludge Performing Enhanced Biological Phosphorus Removal," *Water Res.,* **40**, 8, 1519–1530.

Lopez-Vazquez, C. M., C. M. Hooijmans, D. Brdjanovic H. J. Gijzen, and M. C. M. van 2009a Loosdrecht, (2009a) "Temperature Effects on Glycogen Accumulating Organisms," *Water Res.,* **43**, 11, 2852–2864.

Lopez-Vazquez, C. M., A. Oehmen, C. M. Hooijmans, D. Brdjanovic, H. J. Gijzen, Z. G. Yuan, and M. C. M. Van Loosdrecht (2009b) "Modeling the PAO-GAO Competition: Effects of Carbon Source, pH and Temperature," *Water Res.,* **43**, 2, 450–462.

Lu, H., A. Oehmen, B. Virdis, J. Keller, Z. G. Yuan, (2006) "Obtaining Highly Enriched Cultures of Candidatus Accumulibacter Phosphatis Through Alternating Carbon Sources," *Water Res.,* **40**, 20, 3838–3848.

Lu, H., and K. Chandran (2010) "Factors Promoting Emissions of Nitrous Oxide and Nitric Oxide From Denitrifying Sequencing Batch Reactors Operated With Methanol and Ethanol as Electron Donors," *Biotechnol. Bioeng.,* **106**, 3, 390–398.

Madigan, M. T., J. M. Martinko, D. A. Stahl, and D. P. Clark (2012) *Brock Biology of Microorganisms,* 13th ed., Prentice-Hall, Upper Saddle River, NJ.

Maier, R. M., I. L. Pepper, and C. P. Gerba (2000) *Environmental Microbiology,* Academic Press, San Diego, CA.

Mamais, D., and D. Jenkins (1992) "The Effects of MCRT and Temperature on Enhanced Biological Phosphorus Removal," *Water Sci. Technol.,* **26**, 5–6, 955–965.

Manser, R., W. Gujer, and H. Siegrist (2005) "Consequences of Mass Transfer Effects on the Kinetics of Nitrifiers," *Water Res.,* **39**, 19, 4633–4642.

Manser, E., W. Gujer, and H. Siegrist (2006) "Decay Processes of Nitrifying Bacteria in Biological Wastewater Treatment Systems," *Water Res.,* **40**, 12, 2416–2426.

Martin, H. G., N. Ivanova, V. Kunin, F. Warnecke, K. W. Barry, A. C. McHardy, C. Yeates, S. M. He, A. A. Salamov, E. Szeto, E. Dalin, N. H. Putnam, H. J. Shapiro, J. L. Pangilinan, I. Rigoutsos, N. C. Kyrpides, L. L. Blackall, K. D. McMahon, and P. Hugenholtz (2006) "Metagenonmic Analysis of Two Enhanced Biologial Phosphorus Removal (EBPR) Sludge Communities," *Nature Biotech.* **24**, 10, 1263–1269.

Mauret, M., E. Paul, E. Puech-Costes, M. T. Maurette, and P. Baptiste (1996) "Application of Experimental Research Methodology to the Study of Nitrification in Mixed Culture," *Water Sci. Technol.,* **34**, 1–2, 245–252.

McCarty, P. L., L. Beck, and P. St. Amant (1969) "Biological Denitrification of Wastewater by Addition Of Organic Materials," *Proc. Industrial Waste Conf.* Purdue University Ext. Ser., Purdue University, Lafayette, IN. **135**, 1271–1285.

McCarty, P. L. (1971) "Energetics and Bacterial Growth," in S. D. Faust and J. V. Hunter (eds.), *Organic Compounds in Aquatic Environments*, Marcel Dekker, New York.

McCarty, P. L. (1975) "Stoichiometry of Biological Reactions," *Progress in Water Technol.,* **7**, 1, 157–172.

McCarty, P. L. (1981) "One Hundred Years of Anaerobic Treatment," in D. E. Hughes et al. (eds.), *Anaerobic Digestion 1981*, Elsevier Biomedical Press, 3–32, Amsterdam.

McCarty, P. L. (1999) "Chlorinated Organics in Environmental Availability of Chlorinated Organics, Explosives, and Heavy Metals on Soils and Groundwater," in W. C. Anderson, R. C. Loerh, and B. P. Smith (eds.), American Academy of Environmental Engineers, Annapolis.

McCarty, P. L., and D. P. Smith (1986) "Anaerobic Wastewater Treatment," *Environ. Sci. Technol.*, **20**, 12, 1200–1226.

McInerney, M.J. (1988) "Anaerobic Hydrolysis and Fermentation of Fats and Proteins," 373–415, in A. J. B. Zehnder (ed.) *Biology of Anaerobic Microorganisms,* John Wiley and Sons, New York.

Melcer, H., P. Steel, and W. K. Bedford (1995) "Removal of Polycyclic Aromatic Hydrocarbons and Heterocyclic Nitrogen Compounds in a Municipal Treatment Plant," *Water Environ. Res.*, **67**, 6, 926–934.

Melcer, H., P. Steel, I. P. Bell, D. I. Thompson, C. M. Yendt, and J. Kemp (1994) "Monitoring and Modeling VOCs in Wastewater Facilities," *Environ. Sci. Technol.*, **28**, 7, 328A–335A.

Melcer, H., P. L. Dold, R. M. Jones, C. M. Bye, I. Takacs, H. D. Stensel, A. W. Wilson, P. Sun, and S. Bury (2003) *Methods for Wastewater Characterization in Activated Sludge Modeling. WERF Final Report,* Project 99-WWF-3, Water Environment Research Foundation, Alexandria, VA.

Metcalf, L., and H. P. Eddy (1930) *Sewerage and Sewage Disposal, A Textbook,* 2d. ed., McGraw-Hill, New York.

Mino, T., W. T. Liu, F. Kurisu, and T. Matsuo (1995) "Modeling Glycogenstorage and Denitrification Capability of Microorganisms in Enhanced Biological Phosphate Removal Processes," *Water Sci. Technol.*, **31**, 2, 25–34.

Mino, T., M. C. M. van Loosdrecht, and J. J. Heijnen (1998) "Microbiology and Biochemistry of the Enhanced Biological Phosphate Removal Process," *Water Res.*, **32**, 11, 3193–3207.

Moen, G., H. D. Stensel, and J. F. Ferguson (2004) "Effect of SRT on Thermophilic and Mesophilic Anaerobic Digestion," *Water Environ. Res.*, **1**, 6, 12–21.

Monod, J. (1942) *Recherches sur la croissance des cultures bacteriennes,* Herman et Cie., Paris.

Monod, J. (1949) "The Growth of Bacterial Cultures," Annual Review of Microbiology, **3**, 371–394.

Monteith, H. D., W. I. Parker, I. P. Bell, and H. Melcer (1995) "Modeling the Fate of Pesticides in Municipal Wastewater Treatment," *Water Environ. Res.*, **67**, 6, 964.

Mulder, A., A. A. van de Graaf, L. A. Robertson, and J. G. Kuenen (1995) "Anaerobic Ammonium Oxidation Discovered in a Denitrifying Fluidized Bed Reactor," *FEMS Microbiol. Ecol.*, **16**, 3, 177–184.

Mullen, M. D., D. C. Wolf, F. G. Ferris, T. J. Beveridge, C. A. Flemming, and G. W. Bailey (1989) "Bacterial Sorption of Heavy Metals," *Appl. Environ. Microbiol.*, **55**, 12, 3143–3149.

Muller, A. W., M. C. Wentzel and G. A. Ekama (2004) "Experimental Determination of the Heterotroph Anoxic Yield in Anoxic-aerobic Activated Sludge Systems Treating Municipal Wastewater," *Water SA,* **30**, 5, 7–12.

Munz, G., G. Mori, C. Vannini, and C. Lubello (2010) "Kinetic Parameters and Inhibition Response of Ammonia- and Nitrite-oxidizing Bacteria in Membrane Bioreactors and Conventional Activated Sludge Processes," *Environ. Tech.*, **31**, 14, 1557–1564.

Nelson, L. M., and R. Knowles (1978) "Effect of Oxygen and Nitrate on Nitrogen Fixation and Denitrification by Azospirillum Brasilense Grown in Continuous Culture," *Canada J. Microbiol.*, **24**, 11, 1395.

Nielsen, P. H., A. T. Mielczarek, C. Kragelund, J. L. Nielsen, A. M. Saunders, Y. Kong, A. A. Hansen, and J. Vollertsen (2010) "A Conceptual Ecosystem Model of Microbial Communities in Enhanced Biological Phosphorus Removal Plants," *Water Res.*, **44**, 17, 5070–5088.

Nowak, P., H. Schweighofer, and K. Svardal (1994) "Nitrification Inhibition - A Method for Estimation of Actual Maximum Autotrophic Growth Rates in Activated Sludge Systems," *Water Sci. Technol.* **30**, 6, 9–19.

Oehmen A., A. M. Saunders, M. T. Vives, Z. Yuan, and J. Keller (2006) "Competition Between Polyphosphate and Glycogen Accumulating Organisms in Enhanced Biological Phosphorus Removal Systems with Acetate and Propionate as Carbon Sources," *J. Biotech.* **123**, 1, 22–32.

Oehmen, A., G. Carvalho, C. M. Lopez-Vazquez, M. C. M. van Loosdrecht, and M. A. M. Reis (2010) "Incorporating Microbial Ecology Into the Metabolic Modelling of Polyphosphate Accumulating Organisms and Glycogen Accumulating Organisms," *Water Res.,* **44**, 17, 4992–5004.

Pace, N. R., D. A. Stahl, D. J. Lane, and G. J. Olsen (1986) "The Analysis of Natural Microbial Populations by Ribosomal RNA Sequences," *Adv. Microb. Ecol.,* **9**, 1–55.

Panswad, T., A. Doungchai, and J. Anotaib (2003) "Temperature Effect on Microbial Community of Enhanced Biological Phosphorus Removal System," *Water Res.,* **37**, 2, 409–415.

Park, H. D., L. M. Whang, and S. R. Reusser (2006) "Taking Advantage of Aerated-Anoxic Operation in a Full-Scale University of Cape Town Process," *Water Environ. Res.,* **78**, 6, 637–642.

Park, H. D., and D. R. Noguera (2004) " Evaluating the Effect of Dissolved Oxygen on Ammonia-Oxidizing Bacterial Communities in Activated Sludge," *Water Res.,* **38**, 14–15, 3275–3286.

Park, H. D., G. F. Wells, H. Bae, C. S. Criddle, and C. A. Francis (2006) "Occurrence of Ammonia Oxidizing Archaea in Wastewater Treatment Plant Bioreactors," *Appl. Environ. Microbiol.,* **72**, 8, 5643–5647.

Parker, G. F., and W. F. Owen (1986) "Fundamentals of Anaerobic Digestion of Wastewater Sludges," *J. Environ. Eng. Div., ASCE,* **112**, 5, 867–920.

Parker, W. I., D. I. Thompson, I. P. Bell, and H. Melcer (1993) "Fate of Volatile Organic Compounds in Municipal Activated Sludge Plants," *Water Environ. Res.,* **65**, 1, 58–65.

Pattarkine, V. M., and C. W. Randall (1999) "The Requirement of Metal Cations for Enhanced Biological Phosphorus Removal by Activated Sludge," *Water Sci. Technol.,* **40**, 2, 159–165.

Patureau, D., J. Davison, N. Bernet, and R. Moletta (1994) "Denitrification Under Various Aeration Conditions in *Comamonas* sp., Strain SGLY2," *FEMS Microbiol. Ecology,* **14**, 1, 71–78.

Payne, W. J. (1981) *Denitrification,* Wiley, New York.

Peng, Y., and G. Zhu (2006) "Biological Nitrogen Removal with Nitrification and Denitrification via Nitrite Pathway," *Appl. Microbiol. Biotechnol.* **73**, 1, 15–26.

Picioreanu, C, M. C. M. vanLoosdrecht, and JJ Heijnen (1997) "Modelling the effect of Oxygen Concentration on Nitrite Accumulation in a Biofilm Airlift Suspension Reactor" *Water Sci. Technol.,* **36**, 1, 147–156.

Pillon, A, N. Servant, F. Vignon, P. Balaguer, and J. C. Nicolas (2005) "In Vivo Bioluminescence Imaging to Evaluate Estrogenic Activities of Endocrine Disrupters," *Analytical Biochem.,* **340**, 2, 295–302.

Poduska, R. A. (1973) A Dynamic Model of Nitrification For the Activated Sludge Process, Ph.D. Thesis, Clemson University.

Poth, M., and D. Focht (1985) "15N Kinetic Analysis of N_2O Production by Nitrosomonas europaea: An Examination of Nitrifier Denitification," *Appl. Environ. Microbiol.,* **49**, 5, 1134–1141.

Purkhold, U., A. Pommerening-Roser, S. Juretschko, M. C. Schmid, H.-P. Koops, and M. Wagner (2000) "Phylogeny of All Recognized Species of Ammonia Oxidizers Based on Comparative 16S rRNA and *amoA* Sequence Analysis: Implications for Molecular Diversity Surveys," *Appl. Environ. Microbiol.,* **43**, 2, 195–206.

Purtschert, I., and W. Gujer (1999) "Population Dynamics by Methanol Addition in Denitrifying Wastewater Treatment Plants," *Water Sci. Technol.,* **39**, 1, 43–50.

Ramdani, A., P. Dold,, A. Gadbois, S. Déléris, D. Houweling, and Y. Comeau (2012) "Characterization of the Heterotrophic Biomass and the Endogenous Residue of Activated Sludge," *Water Res.,* **46**, 11, 653–668.

Randall, C. W., J. L. Barnard, and H. D. Stensel (1992) *Design and Retrofit of Wastewater Treatment Plants for Biological Nutrient Removal,* Volume 5, Water Quality Management Library, Technomic Publishing Co., Lancaster, PA.

Rassamee, V., C. Sattayatewa, K. Pagilla, and K. Chandran (2011) "Effect of Oxic and Anoxic Conditions on Nitrous Oxide Emissions from Nitrification and Denitrification Processes," *Biotech. Bioeng.*, **108**, 9, 2036–2045.

Ravishankara, A. R., J. S. Daniel, and R. W. Portmann (2009) "Nitrous Oxide (N_2O): The Dominant Ozone-Depleting Substance Emitted in the 21st Century," *Sci.,* 326, 5949, 123–125.

Rice, K. C., and K. W. Bayles (2008) "Molecular Control of Bacterial Death and Lysis," *Microbiol. Mol. Biol. Rev.,* **72**, 1, 85–109.

Ritchie, G. A. F., and D. J. D. Nicholas (1972) "Identification of the Sources of Nitrous Oxide Produced by Oxidative and Reductive Processes in Nitrosomonas europaea," *Biochem. J.,* **126**, 5,1181–1191.

Rittman, B. E., and P. L. McCarty (1980) "Model of Steady-State-Biofilm Kinetics," *Biotechnol. Bioeng.*, **22**, 11, 2343–2357.

Rittman, B. E., and W. E. Langeland (1985) "Simultaneous Denitrification with Nitrification in Single-Channel Oxidation Ditches," *J. WPCF,* **57**, 4, 300–308.

Rittman, B. E., and P. L. McCarty (2001) *Environmental Biotechnology: Principles and Applications,* McGraw-Hill, New York.

Robertson, L. A., and J. G. Kuenen (1990) "Combined Heterotrophic Nitrification and Aerobic Denitrification in *Thiosphaera Pantotropha* and Other Bacteria," *Antonie Van Leeuwenhoek,* **56**, 3, 289–299.

Rowan, A. K., J. R. Snape, D. Fearnside, M. R. Barer, T. P. Curtis, and I. M. Head (2003) "Composition and Diversity of Ammonia-Oxidising Bacterial Communities in Wastewater Treatment Reactors of Different Design Treating Identical Wastewater." *FEMS Microbiol. Ecol.,* **43**, 2, 195–206.

Saez, P. B., and B. E. Rittman (1992) "Accurate Pseudo-Analytical Solution for Steady-State Biofilms," *Biotech. Bioeng.,* **39**, 7, 790–793.

Saito, T., D. Brdjanovic, and M. C. M. vanLoosdrecht (2004) "Effect of Nitrite on Phosphate Uptake by Phosphate Accumulating Organisms," *Water Res.,* **38**, 17, 3760–3768.

Salem, S., M. S. Moussa, and M. C. M. van Loosdrecht (2006) "Determination of the Decay Rate of Nitrifying Bacteria," *Biotech. Bioeng.,* **94**, 2, 252–262.

Sawyer, C. N., P. L. McCarty, and G. F. Parkin (2003) *Chemistry for Environmental Engineering,* 5th ed., McGraw-Hill, Inc., New York.

Schmid, M., K. Walsh, R. Webb, W. I. C. Rijpstra, K. van de Pas-Schoonen, M. J. Verbruggen, T. Hill, B. Moffett, J. Fuerst, S. Schouten, J. S. Sinninghe Damsté, J. Harris, P. Shaw, M. Jetten, and M. Strous (2003) "Candidatus 'Scalindua brodae', sp. nov., Candidatus 'Scalindua wagneri', sp. nov., Two New Species of Anaerobic Ammonium Oxidizing Bacteria," *Systematic and Appl. Microbiol.,* **26**, 4 529–538.

Schmidt, I., C. Hermelink, K. van de Pas-Schoonen, M. Strous, H. J. Op den Camp, J. G. Kuenen, and M. S. M. Jetten (2002) "Anaerobic Ammonia Oxidation in the Presence of Nitrogen Oxides (NOx) by Two Different Lithotrophs," *Appl. Environ. Microbiol.,* **68**, 11, 5351–5357.

Schmidt, I., O. Sliekers, M. Schmid, E. Bock, J. Fuerst, J. G. Kuenen, M. S. M. Jetten, and M. Strous (2003) "New Concepts Of Microbial Treatment Processes for the Nitrogen Removal in Wastewater," *FEMS Microbiol. Rev.,* **27**, 4, 481–492.

Schneider, Y., M. Beier, and K–H. Rosenwinkel (2011) "Determination of the Nitrous Oxide Emission Potential of Deammonification under Anoxic Conditions," *Water Environ. Res.,* **83**, 12, 2199–2210.

Schramm, A., D. de Beer, J. C. van den Heuvel, S. Ottengraf, and R. Amann (1999) "Microscale Distribution of Populations and Activities of Nitrosospira and Nitrospira spp. Along a Macroscale Gradient in a Nitrifying Bioreactor: Quantification by In Situ Hybridization and Use of Microsensors," *Appl. Environ. Microbiol.,* **65**, 8, 3690–3696.

Schwarzenbach, R. P., P. M. Gschwend, and D. M. Imboden (2003) *Environmental Organic Chemistry,* 2nd Edition, John Wiley & Sons, New York.

Sedlak, R. I. (1991) *Phosphorus and Nitrogen Removal from Municipal Wastewater,* 2d ed., The Soap and Detergent Association, Lewis Publishers, New York.

Seviour, R. J., C. Kragelund, Y. Kong, K. Eales, J. L. Nielsen, and P. H. Nielsen (2008) "Ecophysiology of the Actinobacteria in Activated Sludge Systems," *Antonie van Leeuwenhoek,* **94**, 1, 21–33.

Siegrist, H., I. Brunner, G. Koch, Linh Con Phan, and Van Chieu Le (1999) "Reduction of Biomass Decay Rate Under Anoxic and Anaerobic Conditions," *Water Sci. Technol.*, **39**, 1, 129–137.
Silva, C. D., F. M. Cuervo-Lopez, J. Gomez, and A. C. Texier (2011) "Nitrite Effect on Ammonium and Nitrite Oxidizing Processes in a Nitrifying Sludge," *World J Microbiol. Biotechnol.*, **27**, 5, 1241–124.
Sin, G., D. Kaelin, M. J. Kampschreur, I. Takacs, B. Wett, K. V. Gernaey, L. Rieger, H. Siegrist, and M. C. M. Van Loosdrecht (2008a) "Modeling Nitrite in Wastewater Treatment Systems: a Discussion of Different Modelling Concepts," *Water Sci. Technol.* **58**, 6, 1155–1171.
Sin, G., K. Niville, G. Bachis, T. Jiang, I. Nopens, S. van Hulle, and P. A.Vanrolleghem (2008b) "Nitrite Effect on the Phosphorus Uptake Activity of Phosphate Accumulating Organisms (PAOs) in Pilot-scale SBR and MBR Reactors," *Water SA*, **34**, 2, 249–260.
Skerman, V. B. D., and I. C. MacRae (1957) "The Influence of Oxygen Availability on the Degree of Nitrate Reduction by *Psudomonas denitrificans*," *Can. J. Microbio.*, **3**, 3, 505–530.
Skinner, F. A., and N. Walker (1961) "Growth of *Nitrosomonas europaea* in Batch and Continuous Culture," *Archives Mikrobiology*, **38**, 4, 339.
Smolders, G. J. F., J. van der Meij, M. C. M. van Loosdrecht, and J. J. Heijnen (1995) "A Structured Metabolic Model for Anaerobic and Aerobic Stoichiometry and Kinetics of the Biological Phosphorus Removal Process," *Biotech. and Bioeng*, **47**, 3, 277–287.
Sobieszuk, P., and K. W. Szewczyk (2006) "Estimation of (C/N) Ratio for Microbial Denitrification," *Environ. Technol.*, **27**, 1, 103–108.
Song H., W. P. Clarke, and L. L. Blackall (2005) "Concurrent Microscopic Observations and Activity Measurements of Cellulose Hydrolyzing and Methanogenic Populations During the Batch Anaerobic Digestion of Crystalline Cellulose," *Biotechnol. Bioeng.* **91**, 3, 369–378.
Sonthiphand, P., and T. Limpiyakorn (2011) "Change in Ammonia-Oxidizing Microorganisms in Enriched Nitrifying Activated Sludge," *Appl. Microbiol Biotechnol.*, **89**, 3, 843–853.
Sperl, G. T., and D. S. Hoare (1971) "Denitrification with Methanol: A Selective Enrichment for Hyphomicrobium Species," *J. Bacteriology.*, **108**, 2, 733–736.
Stallman, D. D., D. Nelsen, J. Amador, P. Evans, D. Parry, and H. D. Stensel (2012) "Use of ADM1 to Evaluate Anaerobic Digestion of Food Waste," *Proceedings of the Water Environment Federation Residuals and Biosolids Conference 2012*, Raleigh. N.C.
Stensel, H. D., and A. R. Bielefeldt (1997) "Anaerobic and Aerobic Degradation of Chlorinated Aliphatic Compounds," in *Bioremediation of Hazardous Wastes: Principles and Practices.* Kluwer Publishers, San Diego.
Stensel, H. D., and G. Horne (2000) "Evaluation of Denitrification Kinetics at Wastewater Treatment Facilities," *Research Symposium Proceedings, 73rd Annual WEFC, Anaheim, CA. October 14–18, 2001.*
Stensel, H. D., R. C. Loehr, and A. W. Lawrence (1973) "Biological Kinetics of Suspended Growth Denitrification,"*J. WPCF*, **45**, 2, 249.
Stensel, H. D. (2011) *Nitrogen and Micropollutant Removal in Quil Ceda Village MBR Wastewater Treatment System and Polishing Pilot Plant Wetland Systems*, Project Report to Tulalip Tribe, Tulalip, Washington, University of Washington, Seattle, WA. 2011.
Stenstrom, M. K., and S. S. Song (1991) "Effects of Oxygen Transport Limitations on Nitrification in the Activated sludge Process," *Res. J. WPCF*, **63**, 3, 208–219.
Stephens, H. L., and H. D. Stensel (1998) "Effect of Operating Conditions on Biological Phosphorus Removal," *Water Environ. Res. J.*, **68**, 3, 362–369.
Strand, S. E., G. N. Harem, and H. D. Stensel (1999) "Activated Sludge Yield Reduction Using Chemical Uncouplers," *Water Environ. Res.*, **71**, 4, 454–458.
Straub, A. J., A. S. Q. Conklin, J. F. Ferguson, and H. D. Stensel (2006) "Use of the ADM1 to Investigate the Effects of Acetoclastic Methanogenic Population Dynamics on Mesophilic Digester Stability," *Water Sci. Technol.*, **54**, 4, 59–66.
Strohm, T. O., B. Griffin, W. G. Zumft, and B. Schink (2007) "Growth Yields in Bacterial Denitrification and Nitrate Ammonification," *Appl. Environ. Microbiol.*, **73**, 5, 1420–1424.
Strous, M., E. Van Gerven, P. Zheng, J.Gijs Kuenen, and M. S. M. Jetten (1997a) "Ammonium Removal from Concentrated Waste Streams With the Anaerobic Ammonium Oxidation (Anammox) Process in Different Reactor Configurations," *Water Res.*, **31**, 8, 1955–1962.

Strous, M., E. Van Gerven, J. Gijs Kuenen, and M. S. M. Jetten (1997) "Effects of Aerobic and Microaerobic Conditions on Anaerobic Ammonium-Oxidizing (Anammox) Sludge," *Appl. Environ. Microbiol.,* **63**, 6, 2446–2448.

Strous, M., J. G. Kuenen, and M. S. M. Jetten (1999a) "Key Physiology of Anaerobic Ammonium Oxidation," *Appl. Environ. Microbiol.,* **65**, 7, 3248–3250.

Strous, M., J. A. Fuerst, E. H. M. Kramer, S. Logemann, G. Muyzer, K. T. van de Pas-Schoonen, R. Webb, J. G. Kuenen, and M. S. M. Jetten (1999b) "Missing Lithotroph Identified as New Planctomycete," *Nature,* **400**, 6743, 446–449.

Strous, M., J. G. Kuenen, J. A. Fuerst, M. Wagner, and M. S. M. Jetten (2002) "The Anammox Case – A New Experimental Manifesto for Microbiological Eco-Physiology," *Antonie van Leeuwenhoek,* **81**, 1–4, 693–702.

Stuven, R., and E. Bock (2001) "Nitrification and Denitrification as a Source for NO and NO_2 Production in High-Strength Wastewater," *Water Res.* **35**, 8, 1905–1914.

Suidan, M. T., and Y. T. Wang (1985) "Unified Analysis of Biofilm Kinetics,"*J. Environ. Eng.,* **111**, 5, 634–646.

Suzuki, I., U. Dular, and S. C. Kwok (1974) "Ammonia or Ammonium Ion as Substrate for Oxidation by N*itrosomonas europaea* Cells and Extracts," *J. Bacteriol.* **120**, 1, 556–558.

Tchobanoglous, G., and E. D. Schroeder (1985) *Water Quality: Characteristics, Modeling, Modification,* Addison-Wesley Publishing Company, Reading, MA.

Terai, H., and T. Mori (1975) "Studies on Phosphorylation Coupled with Denitrification and Aerobic Respiration in Pseudomonas denitrificans," *Botany Magazine,* **38**, 3, 231–244.

Teske, A, E. Alm, J. M. Regan, S. Toze, B. E. Rittman, and D. A. Stahl (1994) "Evolutionary Relationships Among Ammonia and Nitrite-Oxidizing Bacteria," *J. Bacteriol.,* **176**, 21, 6623–6630.

Timmermans, P., and A. Van Haute (1983) "Denitrification with Methanol. Fundamental Study of the Growth and Denitrification Capacity of *Hyphomicrobium sp.,*" *Water Res.* **17**, 10, 1249–1255.

Turk, O., and D. S. Mavinic (1986) "Preliminary Assessment of a Shortcut in Nitrogen Removal from Wastewater," *Can. J. Civ. Eng.,* **13**, 6, 600–605.

U.S. EPA (1993) *Nitrogen Control Manual.* EPA/625/R-93/010, Office of Research and Development. Cincinnati, OH.

U.S. EPA (2010) *Nutrient Control Design Manual,* EPA/600/R-10/100, Office of Research and Development / National Risk Management Research Laboratory, U.S. Environmental Protection Agency, Cincinnati, OH.

Van de Graaf, A. A., A. Mulder, P. De Bruijn, M. S. M. Jetten, L. A. Robertson, and J. G. Kuenen (1995) " Anaerobic Oxidation of Ammonium Is a Biologically Mediated Process," *Appl. Environ. Microbiol.,* **61**, 4, 1246–1251.

van der Star, W. R. L., W. R. Abma, D. Blommers, J. W. Mulder, T. Tokutomi, M. Strous, K. C. Picioreanu, and M. C. M. van Loosdrecht (2007) "Start Up of Reactors for Anoxic Ammonium Oxidation: Experiences from the First Full-Scale Anammox Reactor in Rotterdam," *Water Res.,* **41**, 18, 4149–4163.

van der Star, W. R. L., A. I. Miclea, U. G. J. M. van Dongen, G. Muyzer, C. Picioreanu, and M. C. M. van Loosdrecht (2008) "The Membrane Bioreactor: a Novel Tool to Grow Anammox Bacteria as Free Cells," *Biotechnol. Bioeng.,* **101**, 2, 286–294.

Van Hulle, S. W. H., H. J. P. Vandeweyer, B. D. Meesschaert, P. A. Vanrolleghem, P. Dejans, and A. Dumoulin (2010) "Engineering Aspects and Practical Application of Autotrophic Nitrogen Removal from Nitrogen Rich Streams," *Chem. Eng. J.,* **162**, 1, 1–20.

van Lier, J. B. (1996) "Limitations of Thermophilic Anaerobic Wastewater Treatment and the Consequences for Process Design," *Antonie van Leeuwenhoek,* **69**, 1, 1–14, The Netherlands.

van Loosdrecht, M. C. M., and M. S. M. Jetten (1998) "Microbiological Conversions in Nitrogen Removal," International Association of Water Quality 19th Biennial International Conference Preprint Book 1, *Nutrient Removal,* 1,1–8.

van Niftrik, L. A., J. A. Fuerst, J. S. Sinninghe Damsté, J. G. Kuenen, M. S. M. Jetten, and M. Strous (2004) "The Anammoxosome: an Intracytoplasmic Compartment in Anammox Bacteria," *FEMS Microbiol. Lett.,* **233**, 1, 7–13.

van Rijn J., Y. Tal, and H. J. Schreier (2006) "Denitrification in Recirculating Systems: Theory and Applications," *Aquacult. Eng.* **34**, 3, 364–376.

van Verseveld, H. W. and A. H. Stouthamer (1978) "Electron-Transport Chain and Coupled Oxidative Phosphorylation in Methanol-Grown *Paracoccus* Denitrificans," *Arch. Microbiol.* **118**, 1, 13–20.

Wagner, M., G. Rath, R. Amann, H. P. Koops, and K. H. Schleifer (1995) "In Situ Identification of Ammonia—Oxidizing Bacteria," *Syst. Appl. Microbio.*, **18**, 2, 251–264.

Wanner, O., and W. Gujer (1986) "A Multispecies Biofilm Model," *Biotechnol. Bioeng.*, **28**, 3, 314–328.

Ward, B. B., D. J. Arp, and M. G. Klotz (eds) (2011) *Nitrification,* ASM Press, Washington DC.

Watts, R. J. (1997) *Hazardous Wastes: Sources, Pathways, Receptors,* Wiley, New York.

WEF (2000) *Aerobic Fixed-Growth Reactors,* A special publication prepared by the Aerobic Fixed-Growth Reactors Task Force, Water Environment Federation, Alexandria, VA.

WERF (2010) *Case Study Flyer: Sustainable Treatment: Best Practices from the Strass in Zillertal Wastewater Treatment Plant.,* Water Environment Research Foundation, Alexandria, VA.

Weissenbacher, N., I. Takacs, S. Murthy, M. Fuerhacker, and B. Wett (2010) "Gaseous Nitrogen and Carbon Emissions from a Full-Scale Deammonification Plant," *Water Environ. Res.*, **82**, 2, 169–175.

Wells, G. F., H. D. Park, C. H. Yeung, B. Eggleston, C. A. Francis, and C. S. Criddle (2009) "Ammonia-Oxidizing Communities in a Highly Aerated Full-Scale Activated Sludge Bioreactor: Betaproteobacterial Dynamics and Low Relative Abundance of Crenarchaeai," *Environ. Microbiol.*, **11**, 9, 2310–2328.

Wentzel, M. C., L. H. Lotter, G. A. Ekama, R. E. Loewenthal, and G.v.R. Marais (1991) "Evaluation of Biochemical Models for Biological Excess Phosphorus Removal," *Water Sci. and Technol.*, **23**, 4–6, 567–576.

Werzernak, C. T., and J. J. Gannon (1967) "Oxygen-Nitrogen Relationships in Autotrophic Nitrification," *Appl. Microbio.*, **15**, 5, 211.

Wett, B., and Rauch, W. (2003) "The Role of Inorganic Carbon Limitation in Biological Nitrogen Removal of Extremely Ammonia Concentrated Wastewater," *Water Res.*, **37**, 5, 1100–1110.

Wett, B., S. Murthy, I. Takacs, M. Hell, G. Bowden, A. Deur and M. O'Shaughnessy (2007) "Key Parameters for Control of DEMON Deammonification Process," *Water Pract.* **1**, 5, 1–11.

Wett, B., M. Hell, G. Nyhuis, T. Peumpel, I. Takacs, and S. Murthy (2010) "Syntrophy of Aerobic and Anaerobic Ammonia Oxidisers," *Water Sci. Technol.*, **61**, 8, 1915–1922.

Wett, B., J. A. Jimenez, I. Takacs, S. Murthy, J. R. Bratby, N. C. Holm, and S. G. E. Ronner-Holm (2011) "Models for Nitrification Process Design: One or Two AOB Populations?," *Water Sci. Technol.* **64**, 3, 568–578.

Whang L. M., and J. K. Park (2006) "Competition Between Polyphosphate-and Glycogen-Accumulating Organisms in Enhanced-Biological-Phosphorus-Removal Systems: Effect of Temperature and Sludge Age," *Water Environ. Res.*, **78**, 1, 4–11.

Wicht, H. (1996) "A Model for Predicting Nitrous Oxide Production During Denitrification in Activated Sludge," *Wat. Sci. Technol.*, **34**, 5–6, 99–106.

Williamson, K., and P. L. McCarty (1976) "A Model of Substrate Utilization by Bacterial Films," *J. WPCF,* **48**, 1, 9–24.

Winkler, M.-K. H., R. Kleerebezem, and M. C. M. van Loosdrecht (2012) "Integration of Anammox into the Aerobic Granular Sludge Process for Main Stream Wastewater Treatment at Ambient Temperatures," *Water Res.* **46**, 1, 136–144.

Winogradsky, M. S. (1890) "Recherches Sur Les Organismes de la Nitrification," *Annals Institute Pasteur,* **5**, 92–100.

Wong-Chong, G. M., and R. C. Loehr (1975) "The Kinetics of Microbial Nitrification," *Water Res.* **9**, 12, 1099–1106.

Wong, M. T., F. M. Tan, W. J. Ng, and W. T. Liu, (2004) "Identification and Occurrence of Tetrad-Forming *Alphaproteobacteri*a in Anaerobic– Aerobic Activated Sludge Processes," *Microbiol.*, **150**, 11, 3741–3748.

Yang, Q., X. Liu, C. Peng, S. Wang, H. Sun, and Y. Peng (2009) "N_2O Production during Nitrogen Removal via Nitrite from Domestic Wastewater Main Sources and Control Method," *Environ. Sci. Technol.*, **43**, 24, 9400–9406.

Yu, R., M. J. Kampschreur, M. C. M. van Loosdrecht, and K. Chandran (2010) "Mechanisms and Specific Directionality of Autotrophic Nitrous Oxide and Nitric Oxide Generation during Transient Anoxia," *Environ. Sci. Technol.,* 44, 4, 1313–1319.

Zart, D., and E. Bock (1998) "High Rate of Aerobic Nitrification and Denitrification by *Nitrosomonas eutropha* Grown in a Fermentor with Complete Biomass Retention in the Presence of Gaseous NO2 or NO," *Arch. Microbiol.,* **169**, 4, 282–286.

Zhang T., L. Ye, A. H. Y. Tong, M. F. Shao, and S. Lok (2011) "Ammonia-Oxidizing Archaea and Ammonia-Oxidizing Bacteria in Six Full-Scale Wastewater Treatment Bioreactors," *Appl. Microbiol. Biotechnol.* **91**, 4, 1215–1225.

Zhang, T., Y. Liu, and H. H. P. Fang (2005) "Effect of pH Change on the Performance and Microbial Community of Enhanced Biological Phosphate Removal Process," *Biotechnol. Bioeng.,* **92**, 2, 173–182.

Zinder, S. H., and M. Koch (1984) "Non-Aceticlastic Methanogenesis from Acetate: Acetate Oxidation by a Thermophilic Syntropic Coculture," *Archival Microbio.*, **138**, 3, 263–272.

WASTEWATER ENGINEERING Treatment and Resource Recovery

08 생물학적 부유성장 처리공정

Suspended Growth Biological Treatment Processes

용어정의

용어	정의
활성슬러지공정	혼합과 포기에 의해 부유된 호기성 미생물의 커다란 군집에 의해 폐수 내 유기물과 기타 물질이 가스와 미생물 세포로의 변환을 포함하는 생물학적 처리공정
호기성(산소성) 공정	자유용존산소가 존재하는 조건에서 일어나는 생물학적 처리공정; 산소는 산화/환원 반응에서 호기성 미생물에 의해 세포의 성장과 세포의 기본 대사를 위해 소비된다.
혐기성 공정	산소가 존재하지 않는 조건에서 일어나는 생물학적 처리공정
무산소성 공정	자유용존산소가 없는 조건에서 질산이온과 아질산이온이 생물학적 산화/환원반응에서 주요 전자수용체로 작용하는 생물학적 처리공정; 탈질반응은 무산소성공정의 예이다.
바이오매스	주로 유기물질과 미생물로 구성된 반응조 내 고형물의 총량
생물학적 영양염류 제거(BNR)	생물학적 처리공정에서 질소와 인이 제거될 때 적용되는 용어
탈질화	질산이온이나 아질산이온이 질소 가스와 다른 기체상 최종물질로 환원되는 생물학적 공정
고도 생물학적 인 제거(EBPR)	혐기/호기공정과 이어지는 고형물 분리공정에서 선택된 세균 내에 과다 저장된 인 제거
간섭침전	활성슬러지 플럭이 서로 영향을 주고받으며 일어나는 침전
임의성 공정	분자상태 산소의 존재와 무관하게 기능하는 미생물을 이용하는 생물학적 처리공정
발효	산소, 질산이온, 아질산이온이 없는 상태에서 유기물질의 휘발성 유기산으로의 전환
생물학적분리막(MBR)	포기조와 같은 부유성장공정과 막분리 시스템을 결합한 공정
멤브레인 플럭스	멤브레인 단위 표면적당 멤브레인을 통과하는 유량, $L/m^2 \cdot h$
혼합액 부유고형물(mixed liquor suspended solid, MLSS)	폐수 내 유기물질을 처리하는 데 사용되는 반응조 내의 부유고형물
질산화	두 단계의 생물학적 공정으로 질소(대부분 암모니아 형태)가 아질산이온과 질산이온으로 산화된다.
Nocardiafoam 거품	포기조와 2차 침전지의 표면에 형성되는 사상성 세균에 의해 발생하는 갈색의 두꺼운 생물학적 거품
생분해불능 휘발성 고형물(nbVSS)	유기물이지만 생분해가 불가능한 유입폐수 중의 부유고형물. 슬러지 생성에 영향을 준다.
인 축적 미생물(PAOs)	세포 내로 인을 다량 축적할 수 있는 능력이 있는, EBPR 공정에서 추출된 종속영양 세균
쉽게 분해되는 COD (rbCOD)	생분해 가능 용존 유기물질로 콜로이드나 입자성 COD 보다 세균에 의해 빠르게 분해된다. rbCOD는 산소요구량, EBPR의 제거 효율, 탈질률에 영향을 준다.
연속회분식반응조(SBR)	회분식으로 채우고 배출시키는 활성슬러지공정으로 채움, 반응, 침전, 방출, 준비 과정을 포함한다. 활성슬러지의 포기와 침전이 한 반응조 내에서 일어난다.
모사 모델	동역학이나 폐수의 특성이 처리 효율에 미치는 영향을 평가하기 위해 사용되는 수식의 집합으로 이루어진 컴퓨터 모델
동시 질산화/탈질화(SNdN)	활성슬러지 플럭이나 생물막에서 일어나는 질소제거 기작으로 호기성 조건인 바깥쪽에서는 질산화, 용존산소가 부족하지만 질산이온이나 아질산이온이 있는 안쪽에서는 탈질이 일어난다.
슬러지 생산량	생분해 불능 고형물과 유기물이 바이오매스으로 변형된 형태를 포함하여 생물학적 폐수처리 과정에서 생성되는 고형물 양
슬러지 수율	생물학적 폐수처리 과정에서 제거된 BOD나 COD 양에 대해 생성된 슬러지의 양
고형물 플럭스 분석	간섭침전에 요구되는 면적을 결정하기 위한 방법으로 고형물 플럭스 분석을 기본으로 한다.
고형물 체류시간(SRT)	고형물이 부유성장공정에서 머무르는 평균시간(슬러지 일령이라고도 함)
다단 공정	하나 이상의 반응조 혹은 공간이 직렬로 연결되어 있는 공정
표면월류율	침전지의 표면적에 대한 수리학적 유량($m^3/m^2 \cdot d$)
부유성장공정	폐수 내 유기물 혹은 다른 물질을 가스나 바이오매스으로 변형하는 데 작용하는 미생물이 용액에 부유한 상태에서 생물학적 처리가 일어나는 공정
유기물 용적부하	하루당 포기조 부피에 적용되는 BOD 혹은 COD의 양(즉, kg BOD or COD/$m^3 \cdot d$)

생물학적 폐수처리 이론은 7장에서 자세히 나타내었다. 7장에서 나타낸 바와 같이 생물학적 처리공정은 호기성과 혐기성 부유성장, 부착성장, 그리고 이들의 다양한 조합으로 분류된다. 본 장은 BOD 제거, 질산화, 질소와 인 제거를 위해 사용되며, 활성슬러지공정으로 대표되는 부유성장처리공정에 초점이 맞추어져 있다. 부착성장공정과 그 결합공정은 9장에서 다룰 것이며, 부유 및 부착성장혐기성 공정은 10장에서 다룰 것이다. 본 장은 (1) 활성슬러지공정 소개, (2) 폐수의 특성, (3) 공정의 선택, 설계, 제어의 기본사항, (4) 선택조의 형태와 설계 고려사항, (5) 활성슬러지공정 설계 고려사항, (6) BOD 제거와 질산화를 위한 공정, (7) 생물학적 질소제거 공정, (8) 고도 생물학적 인 제거 공정, (9) 활성슬러지공정의 포기조 설계, (10) 활성슬러지공정에서 침전지를 이용한 고액분리 분석, (11) 2차 침전지의 설계 고려사항, (12) 침지형 생물반응조에서 고형물의 분리 등의 내용을 다룰 것이다. 포기 라군, 공기 주입이 없는 라군, 안정화지 등의 내용은 본 책에는 포함되지 않았다. 이들 공정의 자세한 내용은 폐수처리공학 4판에 포함되어 있다(Tchobanoglous et al., 2003). 기타 추가적인 정보는 Crites and Tchobanoglous(1998)과 Reed et al. (1995) 등의 자료에서 참고할 수 있다.

8-1 활성슬러지공정 소개

본 장 이후부터 기술되는 공정 설계를 위한 기초를 제공하려면 (1) 활성슬러지공정의 역사적 발전에 대한 간단한 개요, (2) 기본 공정의 설명, (3) 활성슬러지공정의 발전, (4) 최근의 공정 발전에 대한 개요에 대해 생각하는 것이 필요할 것이다.

활성슬러지공정의 발전 역사

활성슬러지공정은 도시폐수와 산업폐수의 생물학적 처리에 기본으로 사용된다. 활성슬러지공정의 기원은 1880년 영국의 Angus Smith 박사가 유기물의 산화를 촉진시키기 위해 반응조 내로 공기를 불어넣은 기술까지 거슬러 올라간다. 이후 폐수에 공기를 주입하는 기술은 여러 연구자들에 의해 수행되었고, 1910년 Black과 Phelps는 공기주입에 의해 부패성이 상당히 감소한다고 보고하였다. 1912년부터 1913년까지 Lawrence Experiment Station에서 이루어진 폐수에 공기를 주입하는 실험에서 Clark와 Gage는 미생물의 성장이 유리병과 지붕 슬레이트를 25 mm 간격으로 채운 탱크에서도 성장이 된다는 것과 이런 미생물의 성장이 처리 효과를 향상시켰다고 보고하였다.

Lawrence Experiment Station의 연구결과는 폐수처리의 관점에서 큰 반향을 일으켰으며, 영국 맨체스터 대학의 Dr. G.J.Fowler이 맨체스터 폐수처리장에서 비슷한 연구를 하고 있던 Ardern과 Lockett에게 공기 주입을 제안하였다. 실험이 진행되는 동안 Ardern과 Lockett는 1914년 5월 3일에 발표된 논문에서 슬러지가 공기주입에 의해 얻어지는 결과의 주요한 부분을 담당한다고 하였다. 그 공정은 Ardern과 Lockett에 의해 활성슬러지공정이라고 명명되었는데, 그 이유는 폐수 내 유기물의 호기성 안정화를 일으키는 것이 미생물의 활성화된 형태이기 때문이다(Metcalf & Eddy, 1935).

》 기본 공정 소개

그림 8-1(a)와 (b)에 나타낸 바와 같이 활성슬러지공정은 다음과 같은 3가지 요소로 구성된다: (1) 폐수처리에 필수적인 미생물을 부유상태로 만들며 공기를 주입하는 반응조; (2) 보통 침전지로 대표되는 고액분리장치; 그리고 (3) 고액분리 장치로부터 분리된 고형물을 반응조로 되돌리는 시스템을 말한다. 활성슬러지공정의 중요한 특징은 침전지에서 침전시켜 제거 가능한 플럭의 형성이다. 대부분의 경우, 활성슬러지공정은 폐수의 전처리와 1차 처리에 사용되는 물리, 화학적 공정과 결합하여 사용되고(5장 참조), 소독(12장 참조)과 여과(11장 참조)를 후처리공정으로 사용한다.

역사적으로 대부분의 활성슬러지공정은 그림 8-1(a)와 (b)에 나타낸 바와 같이 1차 침전지에서 전처리된 원수를 사용한다. 1차 침전지는 침전 가능한 고형물 제거에 매우 효과적인 반면, 생물학적 공정은 용해성, 콜로이드 및 입자성 부유유기물질의 제거, 질산화 및 탈질화, 그리고 생물학적 인 제거에 관여한다. 작은 규모의 지역에서 발생하는 폐수를 처리하는 경우, 보다 간단하며 단순한 공정이 선호되기 때문에 1차 처리는 종종 사

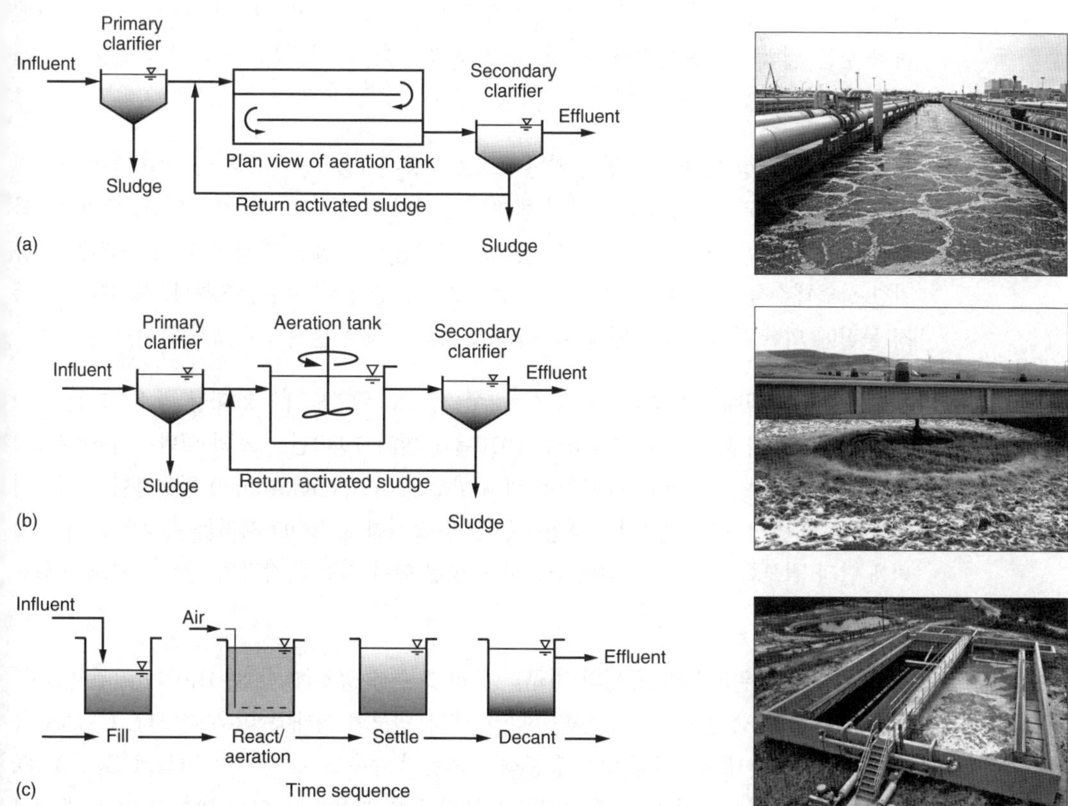

그림 8-1

여러 반응조 형태를 가진 대표적 활성슬러지공정: (a) 플러그흐름반응조의 개념도와 사진, (b) 완전혼합반응조의 개념도와 사진, (c) SBR 공정의 개념도와 사진

용되지 않는다. 1차 처리는 1차 침전지와 1차 슬러지로부터 발생하는 냄새가 크게 문제되는 더운 지역에서도 자주 생략된다. 이런 경우 다양한 표준활성슬러지공정의 변형된 형태가 사용되는데, 연속회분식반응조, 산화지 시스템, 막을 이용한 생물반응조 등이 그 형태이다.

》 재래식 활성슬러지공정의 발전

1980년대 초까지 활성슬러지공정의 주요 목표는 BOD와 TSS를 85% 제거하는 "2차 처리" 기준을 달성하는 것이었다. 그 이후, 보다 강화된 유출수 기준과 영양염류(질소, 인)의 제거 기준을 만족시키는 데 주안점을 두었다. 따라서 다음과 같은 사항에 부응하기 위해 다양한 활성슬러지공정과 설계인자들의 변화가 이루어졌다; (1) 폐수처리장 유출수에 대한 높은 처리 수준에 대한 요구; (2) 영양염류제거에 대한 요구; (3) 미생물 공정과 기초 지식에 대한 새로운 발견과 이해; (4) 설비, 재질, 전기, 공정 제어 등에 대한 기술 발전; (5) 초기 투자비, 운영비와 에너지 비용의 감소에 대한 시민과 산업계의 지속적인 요구. 현재 사용 중이며 미래에 사용이 예상되는 많은 활성슬러지공정들은 질산화, 생물학적 질소제거, 생물학적 인 제거 등을 연계해야 할 것이다. 대표적으로 호기성, 무산소, 혐기성 조건에서 운전되는 연속적인 반응조 형태가 사용될 것이다. 그림 8-1에서 나타낸 바와 같은 일반적인 활성슬러지공정, 즉 플러그 흐름, 완전혼합, 연속회분식반응조에 대해 아래에서 설명하고자 한다.

플러그 흐름 공정 형태. 공정이 일반적으로 사용된 1920년대 초부터 1970년대 말까지 가장 널리 사용된 활성슬러지공정의 형태는 길이와 폭의 비가 큰(10:1 이상) 플러그흐름 반응조 형태였다[그림 8-1(a) 참조]. 활성슬러지공정의 발전 과정에서, 1960년대 말 증가한 산업폐수를 도시폐수의 차집 시스템으로 배출했다는 것이 중요하다. 산업폐수의 특정 물질에 의한 독성효과가 있을 때, 플러그 흐름 공정은 문제가 발생하게 된다.

완전혼합공정 형태. 완전혼합반응조는 부분적으로 독성물질의 효과를 감소시키는 희석효과를 나타내기 때문에 개발되었다. 1970년대 말과 1980년대 초의 일반적인 활성슬러지공정의 형태는 McKinney(1962)에 의해 발전된 일단(single-stage) 완전혼합 활성슬러지(CMAS) 공정이다. 질산화에 적용하는 것을 고려하여, BOD 제거를 목적으로 하는 첫 번째 단과 질산화를 위한 두 번째 단으로 구성된 이단 시스템(각각의 단은 포기조와 침전조로 구성된)이 사용되었다.

플러그 흐름과 완전혼합 공정의 비교. 플러그 흐름 공정[그림 8-1(a)]과 완전혼합 활성슬러지(CMAS) 공정을 비교하면 혼합형태와 탱크의 형태가 매우 다르다. CMAS 공정에서, 탱크 내 내용물의 혼합은 충분해서 혼합액 내용물, 용존성 물질(즉, COD, BOD, NH_4-N), 콜로이드성 물질, 부유고형물은 포기조 내의 위치에 따라 변함이 없다. 플러그 흐름반응조는 상대적으로 길고 좁은 포기조를 포함하기 때문에 용존성 물질과 콜로이드 물질, 부유고형물의 농도가 반응조 길이에 따라 변한다. 플러그 흐름에서 사용하는 길고 좁은 탱크를 플러그 흐름 공정이라고 말한다 하더라도 실제로 플러그 흐름은 존재하지 않는다. 포기 시스템의 형태에 따라 역교반(back mixing)이 존재할 수 있고 반응조의 배치와 시스템의 반응 속도에 따라 norminal 플러그 흐름은 1장에서 언급된 바와 같이 완전혼합반응조를 직렬 연결함으로써 보다 타당하게 될 수 있다.

연속회분식 공정 형태 간단하고 저렴한 PLC (program logic controllers) 제어기의 개발과 수위센서, 자동운전 밸브의 개발로 연속회분식반응조(SBR) 공정이 특히 소규모 지역과 간헐적인 폐수발생 특성을 갖는 공장 등에서 1970년대 말부터 널리 사용되었다[그림 8-1(c)]. 그러나 최근에는 SBR 공정이 대규모 지역에서도 사용되었다. SBR 공정은 하나의 완전혼합반응조에서 활성슬러지공정의 모든 단계가 이루어지는 유입-유출 형태이다. 미생물 혼합액은 모든 공정에서 반응조 내에 남아 있는데 이로써 침전조를 따로 둘 필요가 없어졌다.

기타 활성슬러지공정. 기타 활성슬러지공정은 아래와 같은데 괄호는 주로 관심을 끌었던 시기이다; 산화구 공정(1950s), 접촉안정조(1950s), Krause 공정(1960s), 순산소 활성슬러지(1970s), Orbal 공정(1970s), 심층포기(1970s), 연속회분식공정(1980).

선택조의 개발. 활성슬러지공정은 1970년대 말 전후까지 그림 8-1(a)와 (b)에서 보는 바와 같은 구성으로 이루어졌다. 이런 설계는 사상성 세균의 성장으로 2차 침전지에서 침전문제를 자주 발생시켰다. 1980년대 초 연구자들과 엔지니어들은 활성슬러지공정에서 “생물학적 선택조”라는 개념을 발전시켰는데, 이는 사상성 세균에 대해서 좋은 침강특성을 가진 “플럭형성 활성슬러지”를 구별해내기 위해 Davidson(1957)의 특허에서 처음 소개된 것이다. 선택조는 활성슬러지공정의 포기조 앞에 위치하는 작은 일단 혹은 다단의 포기조를 말한다. 선택조 개념은 아질산이온이나 질산이온의 탈질화 혹은 인 저장세균의 선택적 성장을 위한 일단 혹은 다단 무산소 혹은 혐기성 반응조 설계에도 적용된다. 무산소 혹은 혐기성 반응조는 양호한 침강특성을 가진 활성슬러지 생성을 위한 선택조로 사용될 수 있다. 선택조에 대한 자세한 내용은 8-4에서 기술한다.

생물막공정의 형태. 생물막반응조(MBR)는 2차 침전지 대신에 고액분리를 위해 활성슬러지 반응조의 끝단에 막을 설치한 활성슬러지 시스템이다(그림 8-2). 그림 8-2에 나타낸 MBR 시스템의 구성에서 중요한 요소는 활성슬러지 반응조에 투입된 정밀여과막이나 한외여과막이다. 이런 막은 모듈(때로는 카세트)에 장착되어 생물반응조 내의 아래쪽에 위치시킨다. 모듈은 막과 이를 지지하는 구조물, 유입과 유출 연결부, 그리고 이들을 지지하는 구조체로 구성된다. 막은 진공(50 kPa 이하)을 만들어 줌으로써 고형물은 반응조 내에 남겨 놓고 막을 통해 처리수(permeate)를 생산한다. 막 표면의 막힘(fouling)과 고형물의 축적을 최소화하기 위해 압축 공기를 막 모듈의 하단에 위치한 분배기를 통해 주입한다. 공기방울이 막 표면으로 올라감에 따라 막이 세척된다. 더불어 공기는 반응조 내를 호기성 상태로 유지하고 고형물을 부유상태로 유지하게 만든다.

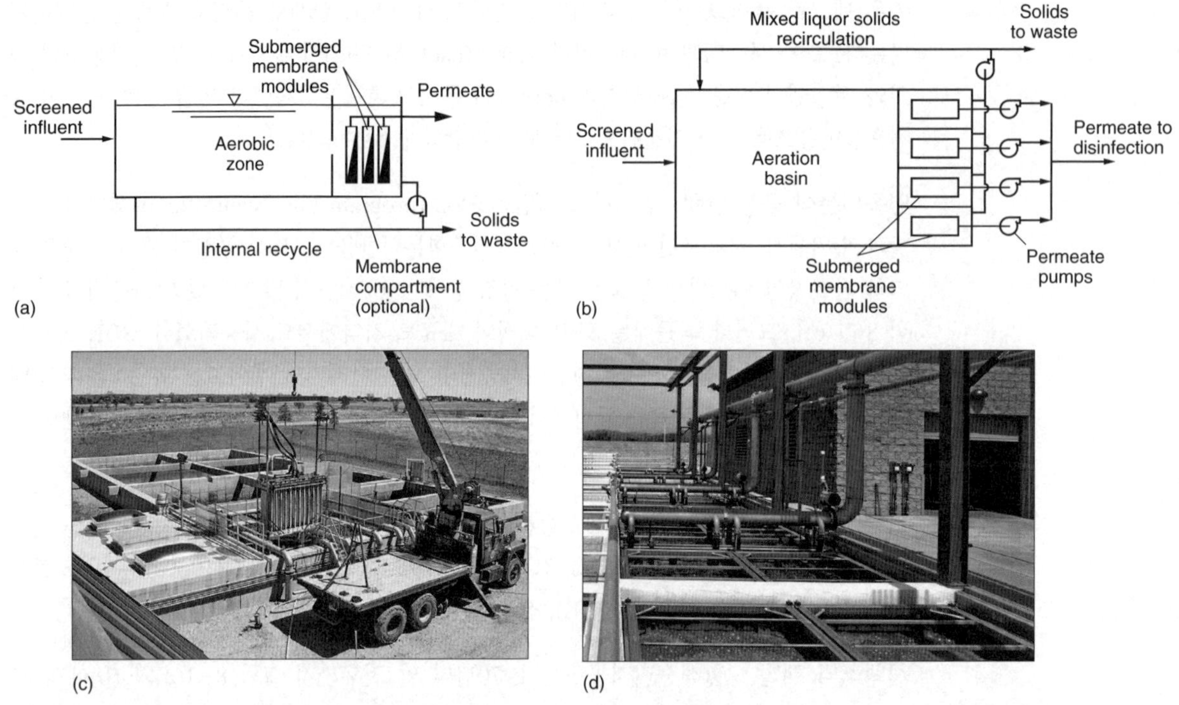

그림 8-2

생물막공정. 고액분리를 위해 멤브레인을 도입한 다단 활성슬러지공정: (a) 독립적 공간을 가진 멤브레인 공정의 단면도, (b) MBR 공정의 평면도, (c) 멤브레인 조에 투입될 멤브레인 카세트, (d) 멤브레인 조의 전경

생물막반응조의 적용. 완전혼합 활성슬러지공정과 막 기술을 결합한 공정에 대한 특허가 Dorr-Oliver사의 William E. Budd와 Robert W. Okey에게 1969년 미국 특허번호 3,472,765번으로 발급되었다. 활성슬러지공정을 위한 막 분리 기술은 1974년 콜로라도 주 Pikes Peak에서 Dorr-Oliver사에 의해 시도되었으나 막의 재료와 제조기술이 개선되기 전까지는 경제성 때문에 널리 사용되지는 못했다. 또한 초기 설계에서는 활성슬러지 탱크 밖에 위치한 막에 cross flow 방식이 도입되었는데 이는 막의 막힘을 조절하면서 막 표면을 가로질러 슬러지 혼합액을 펌핑하는데 많은 에너지를 소모한다. 1980년대 후반에는 활성슬러지 반응조 내에 막 분리시스템을 위치시키면서 생긴 공기방울을 사용함으로써 낮은 에너지 요구량을 나타내어 미래의 MBR 적용방안을 이끌었다(Yamamoto et al., 1989). 낮은 에너지를 요구하는 MBR은 1990년 일본 폐수처리장에 Kubota 사의 평판형 막을 이용하면서 상업화되었다. 그로부터 3년 후, Zenon 사의 중공사막 ZeeWeed 시스템이 캐나다 온타리오 주의 Stoney Creek에 설치되었다. 미국에서 생물학적 처리공정에 MBR이 도입된 것은 1998년으로 콜로라도 주의 Arapohoe Count Lone Tree Creek에 설치되었다. 한외여과막(UF)과 정밀여과막(MF)을 활성슬러지공정에 사용하는 것은 1990년대 말과 2000년대 초반부터 일반화되었다.

MBR 공정의 장점과 단점. 중력 침전을 사용하는 활성슬러지공정과 비교했을 때 막에 의한 고액분리를 사용하면 여러 장점이 있다. (1) 침전지에 비해 부지면적을 크게(50% 이하) 줄일 수 있고, (2) 사상성 세균 활성슬러지의 걱정 없이 간단한 운전이 가능하며, (3) 막 분리에 의해 부유고형물이 완전히 제거되어 재활용 가능한 유출수 수질을 얻을 수 있으며, 마지막으로 (4) 유출수의 낮은 탁도 농도에 의해 소독약품량이 감소한다. 단점으로는 에너지 비용이 증가하고 향후 막 교체의 요구가 있으며, 막 파울링 조절을 위한 세척과 유지 요구사항이 많다는 것이다.

MBR 공정의 적용. MBR이 가장 자주 적용되는 부분은 소규모 주택단지나 아파트에서부터 대규모 폐수처리장에 이르는 폐수처리와 물 재이용 분야이다. 2008년까지 최대규모의 처리장은 평균설계유량이 11,000 m^3/d인 King County의 Washington Brightwater 폐수처리장이다(Judd, 2008a). MBR은 식품가공 및 음료수 공장, 화학공장, 자동차 공장, 낙농 폐수, 기름정제폐수, 매립장 침출수, 제약폐수와 같은 산업폐수처리와 혐기성 처리 공정 등에서 사용되어 왔다(Yang et al., 2006).

MBR 공정의 적용범위는 8-7과 8-8에 기술된 질소제거와 고급생물학적 인 제거를 위해 활성슬러지공정과 침전지를 이용하는 것과 유사한 것으로 기술된다. 활성슬러지 고액분리를 위해 막을 사용할 때나 중력 침전을 사용할 때의 설계 고려사항은 8-10, 8-11, 8-12절에 나타내었다. 막의 재질, 막 설계, 운전조건을 포함해서 고도처리에 적용되는 막 시스템은 11-6에서 기술한다.

≫ 영양염류제거 공정

과거 10년 이상 활성슬러지공정을 적용함에 있어 영양염류(질소와 인)에 대한 높은 제거효율의 달성이 중요하게 되었다. 그 결과, 2차 침전지를 포함하는 활성슬러지공정이나 고액분리를 위해 막을 도입하는 등 많은 생물학적 영양염류제거 공정이 개발되었다. 거의 모든 활성슬러지공정의 변법은 2차 침전지를 사용하느냐 막을 사용하느냐에 관계없이 7장에서 설명한 것과 같은 생물학적 처리의 기본 원리에 기초한다. 현장 적용 정도 규모에 사용되는 공정은 8-7, 8-7, 8-8에 기술하였다; 가장 일반적으로 사용되는 설계 예도 함께 포함시켰다.

새로운 영양염류제거 기술의 중요한 요소는 그림 8-1(a)와 (b)에 나타낸 바와 같이 2차 침전지로부터 포기조 앞단으로 반송하는 것이 아니라 포기조 혹은 무산소조에서 앞단의 반응조로 내부 반송을 한다는 것이다(그림 8-3 참조). 각각의 역할이 나뉘어진 반응조와 이를 직렬 연결한 시스템의 공정 효율이 인정되면서 실제 현장규모 설계가 이루어졌다. 그러나 활성슬러지 영양염류제거 공정의 설계와 운전이 매우 복잡하기 때문에 다양한 운전인자와 반응을 결합하여 영양염류 제거에서 활성슬러지의 효율을 평가하기 위해 컴퓨터 모델링이 중요한 도구로 인정되고 있다. 부유성장성장공정을 위한 모델의 사용은 8-5에서 설명한다.

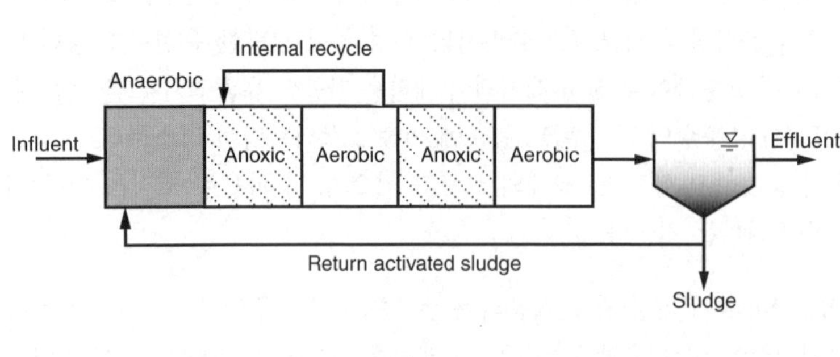

(a)

(b)

그림 8-3

생물학적 질소제거와 고도 생물학적 인제거를 위한 다단의 수정 Bardenpho 공정: (a) 다단 공정의 개념도, (b) 플로리다, Palmetto 처리장의 수정 Bardenpho 공정의 전경(1979년 미국에서 처음으로 적용된 사례임)

8-2 폐수의 특성

활성슬러지공정 설계에서는 (1) 유입폐수의 성상, (2) 포기조의 부피, (3) 슬러지 생산비율, (4) 산소공급량, 그리고 (5) 유출수 농도를 결정해야 한다. 활성슬러지공정을 적합하게 설계하기 위해서 폐수의 특성을 파악하는 것은 매우 중요한 단계라고 할 수 있다. 생물학적 영양염류제거 공정에서 폐수 성상은 처리성능을 예측하는 데 중요하다. 또한 폐수성상은 기존 처리장의 용량과 처리성능을 개선하는 데 중요한 요소이다. 일 변화와 계절적 변화, 그리고 우기-건기의 변화 등 유량 특성도 매우 중요한 요소이다(3장 참조). 폐수성상에 대한 이해가 없으면 시설이 과다 혹은 과소 설계될 수 있고 결과적으로 부적절하고 비효율적인 처리를 하게 된다.

》 공정 설계를 위한 주요 폐수의 구성요소

활성슬러지공정 설계에서 중요한 폐수 특성은 다음과 같이 크게 나눌 수 있다: (1) 탄소성 물질, (2) 질소성 화합물, (3) 인 화합물, (4) 총 고형물과 휘발성 고형물(TSS와 VSS), 그리고 (5) 알칼리도이다. 폐수처리공정을 시험 설계(Desktop design)할 때 사용할 수 있도록 공인된 폐수성상은 표 8-1에 나타낸 바와 같다. 정상상태 운전조건을 가정한 시험 설계는 위에 열거한 운전인자를 적절하게 결정하는 데 유용하다. 그러나 여러 반응조(혐기성, 호기성, 무산소 반응조)가 직렬로 연결되고 내부 반송이 있는 생물학적 영양염류제거(BNR) 공정과 부하조건 및 유량조건이 다양한 공정에 대해서는 다양한 제한조건을 갖는 미분방정식을 포함하는 모사 모델이 가장 효과적이다. 모사 모델이 사용될 경우, 평가되어야 하는 폐수 성상의 수는 증가하게 된다. 반드시 고려되어야 하는 폐수 성상은 표 8-2에 본 교재에서 사용되는 정의와 국제물학회(international water association: IWA)

표 8-1
대표적인 도시폐수의 성상 인자와 그 값의 예

성분	농도, mg/L[a]
COD	508
sCOD	177
BOD	200
TSS	195
VSS	150
TKN	35
NH_4-N	20
NO_3-N	0
총 인	5.6
알칼리도	200 (as $CaCO_3$)

[a] 미국의 전형적인 중간강도 폐수(표 3-18 참조)

의 활성슬러지공정 모사 모델의 일반적인 사항과 함께 기술되었다(Henze et al., 1995). 다음 알파벳 문자는 폐수 성상의 상태를 표현한다: *S*는 용해성이며, *C*는 콜로이드성을, *X*는 입자상, 그리고 T는 개개 성상의 총합을 나타낸다($S + C + X$).

아래 첨자 S와 I의 의미는 각각 생분해 가능한 성분(S)과 생분해 불가능한 성분(I)을 나타낸다. 기타 알파벳이 S와 *X* 아래에 첨자로 사용됨으로써 특정 성상을 의미한다. 모사 모델에 있어서 탄소성 물질은 COD로 대별된다. 표 8-2에 보여준 용어들을 아래 내용에서 다루고자 한다. 이 장에서 모든 농도는 mg/L로 나타내었다. 단, 예제의 공정 내 계산에서 단위환산의 단계를 줄이는 편의성 때문에 g/m^3 (mg/L와 동등함)로 나타내었다.

탄소성 물질. BOD와 COD로 측정되는 탄소성 물질은 활성슬러지공정의 설계에서 필수적이다. 분해 가능한 COD 혹은 BOD 농도가 높으면 (1) 포기조 부피, (2) 산소전달률과 (3) 슬러지 생산량이 증가하게 된다. BOD가 폐수 내 탄소성 물질을 정의하는 데 사용되는 일반적 지표이기는 하지만, 컴퓨터 모사 모델에서 사용되는 생분해 가능한 탄소성 물질을 나타내는 지표는 COD이다. 모델에서 COD 물질수지는 산화된 양, 유출수 내 잔류량, 미생물이나 분해가 불가능한 유입수 VSS 형태로 폐슬러지에 남아있는 양으로 구성된다. 폐수 내 COD 형태는 그림 8-4에 나타내었고 표 8-2에서 정의하였다. 서로 다른 형태의 COD에 대한 측정방법과 상대적인 양은 그림 8-5에 나타내었다.

COD 분율. BOD와 달리 COD의 일부는 생물학적 분해가 불가능하기 때문에 COD는 생분해 가능 농도와 생분해 불가능 농도로 나누어진다. 그 다음은 용해성 COD나 콜로이드와 부유고형물 형태인 입자성 COD가 어느 정도 포함되느냐는 것이다. 생분해가 불가능하고 용해성인 COD (nbsCOD)는 활성슬러지 유출수에서 발견되고 생분해가 불가능하고 입자성인 물질은 총 고형물형성에 기여한다.

표 8-2에 나타낸 용어정의를 사용하여 TCOD는 폐수구성성상의 합으로 표현될 수 있다.

$$\text{TCOD} = \text{rbCOD} + \text{sbCOD} + \text{nbsCOD} + \text{nbpCOD} \quad (8\text{-}1)$$

표 8-2
생물학적 폐수처리공정의 분석과 설계를 위해 사용되는 폐수의 중요 성상을 특징짓는 데 사용되는 용어의 정의

성분[a, b]	기호[c]	정의
BOD		
BOD		총 5일 생화학적 산소요구량
sBOD		용해성 5일 생화학적 산소요구량
UBOD		최종 생화학적 산소요구량
COD		
TCOD	COD_T	총 화학적 산소요구량
bCOD		생분해성 화학적 산소요구량
pCOD		입자성 화학적 산소요구량
sCOD		용해성 화학적 산소요구량
nbCOD		난분해성 화학적 산소요구량
rbCOD	S_s	쉽게 생분해 가능한 화학적 산소요구량
bsCOD		쉽게 생분해 가능한 용해성 화학적 산소요구량
bcolCOD	X_{COL}	생분해 콜로이드성 화학적 산소요구량
sbCOD	X_S	완속생분해성 화학적 산소요구량
bpCOD	X_{SP}	생분해성 입자성 화학적 산소요구량
nbpCOD	X_I	난분해성 입자성 화학적 산소요구량
nbsCOD	S_I	난분해성 용해성 화학적 산소요구량
Nitrogen		
TKN		총 켈달 질소
bTKN		생분해성 총 켈달 질소
sTKN		용해성(여과성) 총켈달 질소
ON		유기 질소
NH_4-N	S_{NH4}	암모니아성 질소
bON		생분해성 유기 질소
nbON		난분해성 유기 질소
pON		입자성 유기 질소
bpON	X_{NS}	생분해 입자성 유기 질소
nbpON	X_{NI}	난분해 입자성 유기 질소
sON		용해성 유기 질소
bsON	S_{NS}	생분해 용존성 유기 질소
nbsON		난분해 용해성 유기 질소
TP		총 인
PO_4^{3-}	S_{PO4}	정 인산이온
bpP	X_P	생분해 입자성 인
nbpP	X_{PI}	난분해 입자성 인
bsP	S_P	생분해 용존성 인
nbsP	S_{PI}	난분해 용존성 인
부유물질		
TSS		총 부유물질
VSS		휘발성 부유물질
nbVSS		난분해성 휘발성 부유물질
iTSS		불활성 총 부유물질

[a] 참조 : b = biodegradable; i = inert; n = non; p = particulate; s = soluble

[b] 본 표에서 주어진 용어에 기초해서 측정된 성분값은 특정한 성분을 분리하는 방법에 따라 변한다.

[c] IWA 활성슬러지 모델에서 일반적으로 사용되는 기호

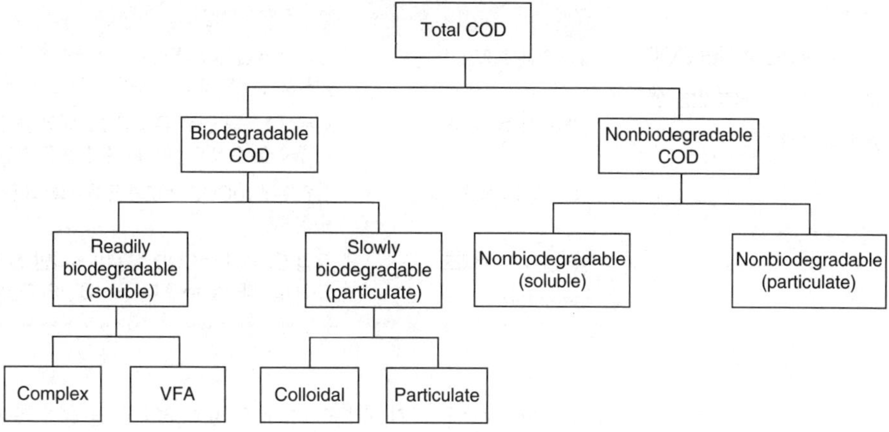

그림 8-4
폐수와 COD 분율. COD 분율에 관한 정보는 활성슬러지공정 모사 모델에서 사용된다.

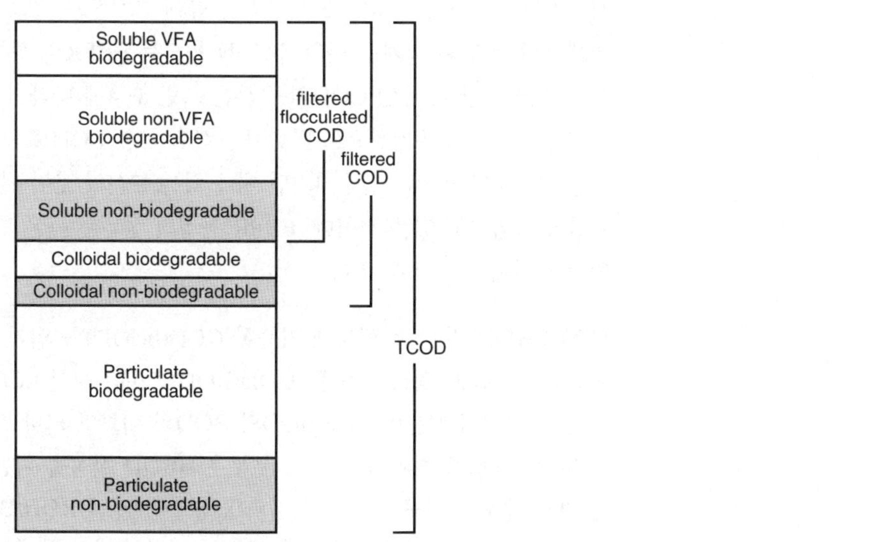

그림 8-5
COD 종류와 분류방법을 나타내는 개략도

$$\text{COD}_T = S_S + X_S + S_I + X_I \tag{8-2}$$

$$X_S = X_{\text{COL}} + X_{\text{SP}} \tag{8-3}$$

용해성 생분해 가능한 COD(rbCOD)로 측정되는 COD 분율과 천천히 분해되는 입자성 물질에 대한 이해는 활성슬러지공정 설계에 있어서 매우 중요하다. rbCOD는 미생물에 의해 쉽게 동화작용을 거치게 되지만, 입자성과 콜로이드성 COD는 먼저 체외효소에 의해 용해된 후 매우 느리게 동화작용을 거치게 된다. COD 가운데 rbCOD 분율은 활성슬러지의 생분해 속도와 공정의 성능에 직접적인 영향을 미친다. rbCOD 농도가 공정 설계와 성능에 영향을 주는 공정은 표 8-3에 나타내었다.

재래식 플러그 흐름 또는 계단식 활성슬러지 반응조의 경우, rbCOD 농도가 높은 포기조 앞단에서 더 높은 산소전달률이 요구된다. rbCOD 농도는 생물학적 질소제거 공정의 전무산소구역(preanoxic zone) 내에서 탈질률에 중요한 영향을 미치는데, 호기성 반

표 8-3
유입수 내 생분해 가능 COD (rbCOD)에 영향을 받는 생물학적 공정

공정	rbCOD의 영향
활성슬러지 포기	플러그 흐름이나 다단 포기 영역의 경우 유입 COD 내 rbCOD 함량이 높은 반응조 앞부분에서 산소요구량이 높게 나타날 수 있다.
생물학적 질소제거	전무산소조의 경우 유입 COD 내의 높은 rbCOD 함량으로 인하여 탈질률이 높아질 수 있다. 따라서 무산소조의 부피를 줄일 수 있다.
고도 생물학적 인제거	유입수내 rbCOD 농도가 많을수록 더 많은 양의 인을 생물학적으로 제거할 수 있다.
활성슬러지 선택조 (selector)	유입 COD의 rbCOD 함량이 높다면 선택조에서의 플럭형성 미생물에 많은 COD를 제공할 수 있다. 즉, SVI의 개선에 더 큰 영향을 줄 수 있다.

응조 앞에서 소모되기 때문이다. rbCOD 양이 크면 클수록 질산이온의 환원 속도가 빨라진다. 고도생물학적 인 제거 공정(enhanced biological phosphorus removal, EBPR)에서 rbCOD는 혐기성 영역에서 발효를 통해 초산으로 빠르게 전환되고, 인 저장 세균에 의해 흡수된다. 유입폐수 내의 rbCOD 농도는 EBPR의 성능을 보다 정확하게 예측하기 위해 알아야 한다. 유입 COD의 구분은 그림 8-4에 나타낸 바와 같다. rbCOD는 휘발성 유기산과 휘발성 유기산으로 발효되는 복합 용존 COD로 구성된다. 예를 들어 경사가 완만한 더운 지역의 폐수집수시스템 내에 있는 부식이 많이 된 폐수는 보다 많은 휘발성 유기산을 포함하고 있을 것이다. EBPR 공정의 성능은 높은 휘발성 유기물 농도를 갖는 유입수에 의해 향상될 수 있다.

bCOD/BOD 비. 총 생분해 가능한 COD(bCOD)를 얻기 위해서는 BOD 실험 자료가 필요하다. Grady 등(1999)은 bCOD/BOD의 비는 모든 bCOD가 BOD 실험에서 산화되는 것이 아니기 때문에 최종 BOD와 BOD의 비보다 크다고 하였다. 일정 부분의 bCOD는 바이오매스로 변환되는데, 이 부분은 UBOD 결정을 위한 오랜 배양기간 후에도 활성을 가진 세포와 세포 찌꺼기로 남아있을 수 있다. UBOD/BOD의 비가 1.5 정도인 도시폐수의 경우, 미생물량의 수율과 세포 찌꺼기의 분율에 따라 bCOD/BOD의 비는 1.6에서 1.7을 갖는다. bCOD/BOD의 비는 아래 식으로부터 예측 가능한데, 이는 BOD 실험에서 긴 배양기간 후 bCOD가 소모된 산소와 남아있는 세포 찌꺼기의 산소 당량의 합과 같기 때문이다[bCOD = UBOD + $1.42(f_d)(Y_H)$bCOD].

$$\frac{\text{bCOD}}{\text{BOD}} = \frac{\text{UBOD/BOD}}{1.0 - 1.42 f_d (Y_H)} \tag{8-4}$$

여기서, f_d = 세포 잔해로서 남아있는 세포질량의 분율, g/g

Y_H = 종속영양 세균의 합성계수, g VSS/g COD used

예를 들면, 도시폐수의 대표값, 즉 UBOD/BOD = 1.5, f_d = 0.15, Y_H = 0.40일 때, bCOD/BOD의 비는 1.64이다.

생분해불능 입자성 COD (nbpCOD)는 유기물이기 때문에, 폐수와 활성슬러지공정의 미생물 혼합액 내 VSS 농도에 기여하게 되며 이 책에서 생분해불능 휘발성 고형물

(nbVSS)로 표시한다. 유입폐수는 활성슬러지공정에서 MLSS농도에 더해지는 비휘발성 유입 부유고형물을 포함하고 있다. 이러한 고형물은 유입수 내 비활성 총 부유고형물(iTSS)이고, 유입수 TSS와 VSS 농도의 차이로 정해진다.

질소성분의 구성. 폐수 내 질소의 구성은 그림 8-6에 나타내었다. 총 Kjeldahl질소(total Kjeldahl nitrogen, TKN)는 암모니아와 유기 질소의 합이다. 유입 TKN의 약 60~70%은 세균 합성과 질산화가 쉽게 이루어질 수 있는 암모니아성 질소(NH_4-N)로 존재한다. 유기 질소는 용존형태와 입자형태로 존재하며 각각의 일정부분은 생분해 불가능한 형태를 보인다. 입자상 분해 가능한 유기 질소는 수화반응이 먼저 필요하기 때문에 용존성 분해 가능한 형태의 유기 질소보다 느리게 제거된다. 생분해불능 유기 질소는 유입폐수 내 COD로서 생분해불능 VSS의 6~7%로 가정할 수 있다(Melcer et al., 2003). 입자상 생분해불능 질소는 활성슬러지 플럭에 포집되어 슬러지 내에 포함된 형태로 배출되지만, 용존성 생분해불능 질소는 2차 침전지의 유출수에서 검출된다. 용존성 생분해불능 유기 질소는 유출수 총 질소 농도에 기여하게 되고 일반적으로 질소로 1에서 2 mg/L 범위에서 배출된다(Parkin and McCarty, 1981; Urgun-Demirtus et al., 2008). 일정 부분 생분해불능 유기 질소(SRT가 8~15 day일 때, 0.1~0.3 mg/L)는 내생호흡으로부터 만들어질 수 있다.

알칼리도. 알칼리도의 농도는 생물학적 질산화 공정의 성능에 영향을 미치는 매우 중요한 폐수 내 구성요소이다. 적당한 알칼리도는 완벽한 질산화를 이루는 데 필수적이다. 폐수의 시료채취가 어려운 몇몇의 경우, 폐수의 총 알칼리도는 수도수의 알칼리도와 가정에서 사용한 물의 알칼리도를 합해서 예측할 수 있다(표 3-16 참조)

≫ 폐수 특성 파악을 위한 측정 방법

폐수 내 rbCOD, nbVSS, 용존성 유기 질소(sON), 생분해불능 유기 질소(nbON)를 구하기 위해서는 특별한 공정이 필요하다. 이를 분석하기 위한 방법과 기술을 아래에 기술하기로 한다.

그림 8-6

폐수 내 질소의 구성. 질소 구성에 관한 정보는 질산화와 탈질 공정 설계에 구체적으로 사용된다.

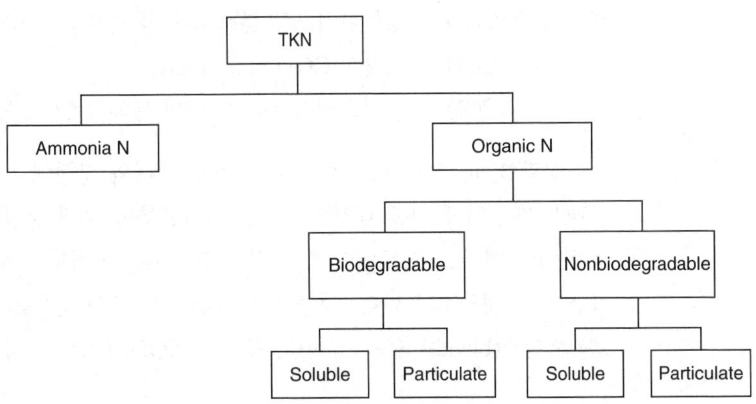

쉽게 생분해 가능한 COD(readily biodegradable COD). rbCOD 농도는 Ekama 등(1986)이 제안한 회분식 산소섭취율법이나 상대적으로 간단한 화학적-물리적 방법을 이용한다. 후자는 가장 일반적으로 사용되는 방법이며 유입수 내에서 응집-여과 COD(flocculation-filtration COD, ffCOD)라고 불리는 부분을 결정하는 데도 이용된다. 폐수 내 COD를 구별하는 방법은 그림 8-5에 나타내었다.

ffCOD 측정방법은 폐수에서 순수 용해성 COD와 콜로이드성이나 입자성 COD를 구별하기 위해 Mamais 등(1993)이 제안한 방법을 기초로 한다. ffCOD 측정방법은 폐수와 2차 침전지 유출수 및 포기조 내의 포기와 충분한 접촉시간을 보내고 침전시킨 상징수에도 적용 가능하다. 2차 침전지 유출수에 대한 용해성 COD는 rbCOD가 활성슬러지 공정에 의해 제거되었기 때문에 생분해불능 용해성 COD (nbsCOD)라고 할 수 있다. 플럭/여과 방법은 간단하기 때문에 폐수처리시설에서 많이 이용된다. 어떤 방법을 선택하더라도 그 방법이 활성슬러지공정을 평가하는 데 사용되는 설계 모델과 상호활용이 가능하다면, 그 방법은 유용하다고 할 수 있다.

위의 방법은 부유고형물과 콜로이드 물질은 철 수화물 형태로 침전되면서 포획, 제거되어 여과를 거친 후에는 순수 용존성 유기물질만 남게 된다는 가정에 기초를 두고 있다. 시료에 대한 분석방법은 다음과 같다: (1) 100 g/L $ZnSO_4$ 용액을 100 mL 시료에 주입하며 1분간 강하게 저어준다. (2) 6M NaOH 용액을 이용하여 5에서 10분 동안 부드럽게 저어주면서 pH를 10.5까지 올려 플럭이 형성되도록 한다. (3) 시료를 10에서 20분 동안 침전시킨 후 상징수를 분리하여 0.45 μm 여과지를 이용하여 여과한다. (4) 여과수에 대해 COD를 분석한다. 폐수와 활성슬러지 처리수의 차이는 rbCOD이다.

생분해불능 휘발성 부유고형물. 생분해불능 휘발성 부유고형물 농도(nbVSS)는 생분해와 생분해불능 VSS에 대해 일정한 COD/VSS 비를 갖는다는 가정하에 COD, sCOD, BOD, sBOD, VSS 농도 등으로부터 예측 가능하다.

$$\text{nbVSS} = \left[1 - \left(\frac{\text{bpCOD}}{\text{pCOD}}\right)\right]\text{VSS} \tag{8-5}$$

$$\frac{\text{bpCOD}}{\text{pCOD}} = \frac{(\text{bCOD/BOD})(\text{BOD} - \text{sBOD})}{\text{COD} - \text{sCOD}} \tag{8-6}$$

여기서, bpCOD = 생물학적으로 분해 가능한 입자성 COD 농도, mg/L
pCOD = 입자성 COD 농도, mg/L
sCOD = 활성슬러지 유출수 내의 용해성 COD 농도, mg/L

정확한 nbVSS 값을 얻기 위해 시료 관리와 분석에 세심한 주의가 요구된다. 분석결과가 폐수의 특성을 대표할 수 있도록 충분한 수의 혼합채취 시료가 필요하다. 시료는 분석할 때 잘 혼합되어야 하며 작은 양의 시료에서도 고형물을 획득할 수 있도록 피펫 입구가 큰 것을 사용한다. 예를 들면, HACH COD 분석을 할 때 시료량이 매우 작다면 고속혼합기(blender)를 사용한다. 용해성 COD, BOD 실험을 위한 여과지 공극 크기는

TSS/VSS 여과 실험에서 사용한 것과 같다.

위에 기술한 방법 대신에 종종 사용되는 간단한 방법은 g VSS당 g COD 양이 생분해성과 생분해 불능 VSS에 대해 일정하다는 가정에 기초한다. nbVSS는 다음 식으로부터 결정할 수 있다.

$$nbpCOD = TCOD - bCOD - nbsCODe \tag{8-7}$$

$$VSS_{COD} = \frac{TCOD - sCOD}{VSS} \tag{8-8}$$

$$nbVSS = \frac{nbpCOD}{VSS_{COD}} \tag{8-9}$$

여기서, nbsCODe = 활성슬러지 유출수의 여과 COD, mg/L

VSS_{COD} = g COD/g VSS

질소 화합물. 용해성 유기 질소 농도는 유출수의 총 질소 농도에 영향을 미치기 때문에 중요하다. 폐수 내 질소 성분의 분율은 그림 8-6에 나타내었다. 처리시설의 유출수 혹은 실험실의 테스트용 반응조 유출수의 여과 시료는 TKN 농도와 유출수의 암모니아성 질소(NH_4-N) 농도의 차이로부터 총 용해성 유기 질소 농도를 결정하는 데 사용된다. 생분해불능 용해성 유기 질소(nbsON)는 직접 구할 수 없지만, 유출수 용해성 유기 질소의 낮은 농도와 현실성을 고려하여 SRT가 5에서 10일인 활성슬러지공정 유출수의 총 용해성 유기 질소 농도를 이용하여 예측할 수 있다.

생분해불능 입자성 유기 질소(nbpON)는 유입수 VSS와 nbVSS 양으로부터 예측할 수 있다. VSS 중의 질소분율은 아래와 같이 계산할 수 있다.

$$f_N = \frac{(TKN - sON - NH_4\text{-}N)}{VSS} \tag{8-10}$$

$$nbpON = f_N\,(nbVSS) \tag{8-11}$$

여기서, f_N = VSS 내 유기 질소의 함량, g N/g VSS

TKN = 총 TKN 농도, mg/L

sON = 용해성(즉, 여과된) 유기 질소 농도, g/m^3

nbpON = 생물학적으로 분해 불가능한 입자성 유기 질소 농도, g/m^3

기타 다른 용어는 이전에 이미 정의되었다.

기호정리. 폐수 COD와 질소 성분은 아래와 같이 정리할 수 있다.

$$TCOD = bCOD + nbCOD \tag{8-12}$$

$$bCOD \approx 1.6(BOD) \tag{8-13}$$

$$nbCOD = nbsCOD + npbCOD \tag{8-14}$$

$$bCOD = sbCOD + rbCOD \tag{8-15}$$

$$TKN = NH_4 - N + ON \tag{8-16}$$

$$ON = bON + nbON \quad (8\text{-}1$$

$$nbON = nbsON + nbpON \quad (8\text{-}1$$

위 식의 적용 예를 예제 8-1에 나타내었다.

예제 8-1 **폐수 특성 파악** 주어진 다음의 폐수 특성 결과들로부터 다음의 농도를 결정하라.

1. bCOD (biodegradable COD)
2. nbpCOD (nonbiodegradable particulate COD)
3. sbCOD (slowly biodegradable COD)
4. nbVSS (nonbiodegradable VSS)
5. iTSS (inert TSS)
6. nbpON (nonbiodegradable particulate organic nitrogen)
7. Total degradable TKN

유입폐수 특성:

항목	농도, mg/L
BOD	200
TCOD	420
sCOD	170
rbCOD	80
TSS	220
VSS	200
TKN	40
NH_4-N	26
알칼리도	200 (as $CaCO_3$)

활성슬러지 유출수:

항목	농도, mg/L
sCODe	30
sON	1.2

풀이 1. 식 (8-13)을 이용하여 bCOD 값을 계산한다.

$$bCOD \approx 1.6(BOD)$$

$$= 1.6(200\ mg/L) = 320\ mg/L$$

2. nbpCOD 값을 계산한다.

a. 식 (8-12)를 이용하여 nbCOD 값을 계산한다.

$$nbCOD = TCOD - bCOD$$

$$\text{nbCOD} = (420 - 320)\ \text{mg/L} = 100\ \text{mg/L}$$

b. 식 (8-14)를 이용하여 nbpCOD 값을 계산한다.

$$\text{nbpCOD} = \text{nbCOD} - \text{sCOD}_e$$
$$= (100 - 30)\ \text{mg/L} = 70\ \text{mg/L}$$

3. 식 (8-15)를 이용하여 sbCOD 값을 계산한다.

$$\text{sbCOD} = \text{bCOD} - \text{rbCOD}$$
$$= (320 - 80)\ \text{mg/L} = 240\ \text{mg/L}$$

4. nbVSS 값을 계산한다.

a. 식 (8-8)을 이용하여 VSS_{COD} 값을 계산한다.

$$\text{VSS}_{\text{COD}} = \frac{\text{TCOD} - \text{sCOD}}{\text{VSS}}$$

$$\text{VSS}_{\text{COD}} = \frac{420 - 170}{200} = 1.25\ \text{gCOD/gVSS}$$

b. 식 (8-9)를 이용하여 nbVSS 값을 계산한다.

$$\text{nbVSS} = \frac{\text{nbpCOD}}{\text{VSS}_{\text{COD}}}$$

$$\text{nbVSS} = \frac{70}{1.25} = 56\ \text{mg/L}$$

5. inert TSS 값을 계산한다.

$$\text{iTSS} = \text{TSS} - \text{VSS} = (220 - 200)\ \text{mg/L} = 20\ \text{mg/L}$$

6. nbpON 값을 계산한다.

a. 식 (8-10)을 이용하여 VSS에 포함된 유기 질소의 양을 계산한다.

$$f_N = \frac{(\text{TKN} - \text{sON} - \text{NH}_4\text{-N})}{\text{VSS}}$$

$$f_N = \frac{(40 - 1.2 - 26)\text{mg/L}}{200\ \text{mg/L}} = 0.064$$

b. 식 (8-11)을 이용하여 nbpON 값을 계산한다.

$$\text{nbpON} = f_N(\text{nbVSS})$$

$$\text{nbpON} = 0.064(90\ \text{mg/L}) = 5.8\ \text{mg/L}$$

7. 총 분해 가능한 TKN 값을 계산한다.

$$\text{bTKN} = \text{TKN} - \text{nbpON} - \text{nbsON}$$
$$= (40 - 5.8 - 1.2)\ \text{mg/L}$$
$$= 33.0\ \text{mg/L}$$

반류수와 부하

활성슬러지공정에서 유입폐수 성상을 정의하는 데 있어 반류수가 포함되어야 하고 그 영향이 정량화되어야 한다. 반류수는 악취 저감 스크러버에서 사용된 물, 유출수 여과시설의 역세수, 고형물 탈수 시설의 여과수, 소화조의 상징수로부터 발생할 수 있다. 발생 원인에 따라 BOD, TSS, NH_4-N 등의 부하는 유입수에 더해져야 한다. 다양한 고형물 처리 단위공정에서 발생하는 BOD와 TSS는 15장 표 15-1에 제시되었다.

미처리 폐수나 1차 침전지 유출수와 비교하면, BOD/VSS 비는 반송 흐름에서 보다 낮다. 또한 NH_4-N의 부하는 혐기성 소화관련 공정으로부터 유입수로 반송된다. 혐기성 소화 슬러지의 탈수로부터 발생하는 여과수의 NH_4-N의 농도는 1000에서 2000 mg/L의 범위에 있다. 따라서, 활성슬러지공정에서 반류수로부터 들어오는 유입수의 1/2 정도의 암모니아 부하는 10~20% 정도의 TKN 부하를 증가시킨다. 유량, BOD, TSS/VSS, 질소와 인의 물질수지는 활성슬러지공정에 기여하는 모든 흐름과 부하에서 맞아야 한다. 반류수의 분리 처리는 15장에서 언급하도록 한다.

8-3 공정의 선택, 설계, 제어의 기본 사항

이 절의 목적은 (1) 처리공정에 대한 전반적인 고려사항, (2) 공정 선택과 설계에서 중요한 요소, (3) 공정 제어, (4) 활성슬러지공정의 2차 침전지와 관련된 운영의 문제점, (5) MBR 공정과 관련된 운영의 문제점을 소개하는 것이다. 이 부분에서 제공된 정보는 이 장의 나머지 부분에서 활성슬러지공정의 대안에 대한 분석과 설계에 적용 가능하다. 여기서 나타나는 많은 식들은 7장에서 이미 소개되었고 이 부분에서는 참고로 정리하였다.

처리공정에 대한 전반적인 고려사항

활성슬러지 처리공정의 선택은 최종선택에서 영향을 미치는 수많은 지역 조건에 대한 검토하에서 이루어져야 한다. 반드시 고려해야 할 주요한 요소는 표 8-4에 정리하였다. 표 8-4에 제시된 요소들의 상대적 중요성은 지역적 특색을 고려한다. 현재와 미래의 처리 요구사항은 대표적으로 지표수, 지하수로의 방류 혹은 재활용하기 위한 처리수질에 따라 결정된다. 폐수 성상에 관한 사항은 8-2절에서 언급하였다. 유량과 그 변화는 3장에서 제시하였다. 지역 조건, 부지에 대한 제한, 비용은 지역에 따른 특징을 보여준다. 에너지 관련 사항은 17장에 나타나 있다. 특별한 활성슬러지공정의 선택은 다음에서 논의하겠다.

공정 선택과 설계에서 중요한 요소

활성슬러지공정의 선택과 설계에 있어서, 고려해야 할 사항은 (1) 활성슬러지공정의 형태와 반응조 형태, (2) 적용 가능한 동역학, (3) 고형물 체류시간과 부하, (4) 슬러지 생산량, (5) 산소요구량과 전달률, (6) 영양염류 요구량, (7) 기타 화합물 요구량, (8) 활성슬러지 침강성, (9) MLSS의 고액분리, 그리고 (10) 유출수 성상이다.

표 8-4

부유성장 반응조의 형태 선정을 위한 일반적 고려사항

고려사항	내용
처리요구사항	처리요구사항과 공정 선택은 처리수 수질에 따라 BOD 제거를 위한 2차 처리, 암모니아 농도를 낮추기 위한 질산화, 질소제거를 위한 무산소-호기공정, 질소 인 동시 제거를 위한 혐기성-무산소-호기공정 등으로 결정된다.
미래 처리요구사항	미래 처리요구사항은 현재 공정선택에 영향을 준다. 예를 들어, 미래에 처리수 재이용이 기대된다면 공정 선택은 질소제거와 유출수 여과가 용이한 설계가 더 좋을 것이다.
슬러지 침강성	선택조는 침강성을 떨어뜨리고 2차 침전조에서 농축을 저해하는 사상성 세균 성장을 제어하기 위해 사용된다. 몇몇 선택조 설계는 질소와 인제거공정에 적용된다.
반응동역학의 영향	동일한 규모의 완전혼합반응조와 플러그흐름반응조 모두 슬러지 침강성을 유지하기 위한 최소한의 SRT를 요구하는 공정으로 사용되었다. 단계별 반응조 혹은 플러그흐름반응조 설계는 단일 완전혼합 탱크반응조보다 작은 부피의 질산화 혹은 전무산소조에 유리한 반응동역학을 이용할 수 있다. BOD 제거와 질산화를 위한 산소요구량을 맞추기 위해 1단계 반응조나 플러그흐름반응조 앞에 충분한 산소전달효율을 갖는 공기주입장치가 요구된다. 공기주입장치는 포기조의 길이에 따라 상이한 산소전달률을 고려하여야 한다. 산소요구량은 완전혼합 탱크에서 변화가 적다.
폐수성상	폐수 특성은 유입 유형(가정 혹은 공장), 침투/침입수 등의 기여도에 따라 영향을 받는다. 우기나 계절적 요인에 의한 폐수성상의 큰 변화는 공정 선택에 영향을 미친다. 알칼리도와 pH는 질산화와 생물학적 질소제거 공정에 중요하다.
지역환경조건	온도는 처리성능에 영향을 미치는 중요한 환경요소로서 낮은 온도에서 낮은 처리속도를 보인다. 시설의 규모와 운영요원 또한 중요하며 소수 운영요원의 경우에는 작은 시설에서 운전이 간단하며 유입폐수 변화에 보다 대응성이 좋다.
독성 및 저해물질	산업체 내의 전처리 기준과 그 강화는 폐수차집 시스템으로의 독성 및 저해물질의 유입에 의한 생물학적 처리공정의 파괴를 막아줄 수 있다. 만약 잠재적인 독성물질의 충격부하가 예상된다면 안전율을 크게 고려한 활성슬러지공정을 고려해야 한다.
공간	새로운 시설이나 기존의 시설 개선을 위한 공간의 제약은 고려해야 하는 대체공정을 한정시킨다. 멤브레인을 이용한 생물학적 공정, 고정상 활성슬러지공법, 그리고 생물학적 호기성 여과공정이 제한된 공간에서 고려할 만한 대안들이다.
비용	건설 및 운영비용은 생물학적 반응조의 형태와 크기를 결정하는 데 매우 중요한 요소이다. 활성슬러지 전공정에 연결된 침전지는 활성슬러지공정의 중요한 부분이기 때문에 반응조와 고형물 분리시설은 하나로서 고려되어야 한다.

활성슬러지공정의 형태와 반응조 형태. 다양한 형태의 활성슬러지공정이 유출수의 규제 농도에 따라 선택이 가능하다. 일반적인 반응조의 형태는 플러그 흐름형, 완전혼합형, 회분식(연속회분식반응조) 등이 있다. 반응조 형태 또는 반응조의 구성방법과 관계없이 2차 침전지를 포함하는 다양한 활성슬러지공정의 성능에 영향을 미치는 요소는 MLSS의 침강성이다. MLSS의 침강성은 MLSS를 구성하는 미생물에 의해 결정된다. 때때로 사상성 세균 대량 번식이 일어난다. 사상성 세균의 번식은 MLSS의 침강성을 떨어뜨리고, 2차 침전지에서 고형물의 수위를 높이고 최종 유출수에서 고형물의 유출로 나타난다. 팽화 슬러지는 침강성이 낮은 슬러지를 말한다. 팽화 슬러지는 8-4절에서 팽화의 종류와 함께 보다 자세히 다루기로 한다.

1970년대 이전에는 사상성 세균에 의한 팽화가 활성슬러지공정에서 피할 수 없는 것으로 여겨졌으나 완전혼합 활성슬러지 반응조와 단계주입 반응조를 이용한 Chudoba 등(1973)의 비교 실험으로 반응조의 형태(나중에 선택조가 된)가 사상성 세균에 의한 팽화를 제어할 수 있고 슬러지 침강성을 개선한다고 알려졌다. 이런 영향으로 선택조의 사용은 활성슬러지공정에서 일반적인 사항이 되었다. 선택조의 형태와 설계는 8-4절에서 다루고자 한다.

반응 동역학 관계. 7장에서 기술한 동역학 관계는 미생물의 성장과 기질의 분해율, 그리고 공정 성능을 결정하는 데 사용된다. 중요한 동역학 관계식의 유도는 7장에서 볼 수 있으며 다양한 설계에 적용되는 것은 이 부분에서 기술한다.

부하 기준과 슬러지 체류시간의 선택. 특정한 설계와 운영인자들은 활성슬러지공정을 다른 공정과 구별되게 한다. 일반적인 계수는 SRT, F/M 비, 유기물 용적부하 등이다. SRT가 기본적인 설계와 운영인자인 반면, F/M 비와 유기물 용적부하는 기존 데이터와 대표적인 운영 조건을 비교하는 데 유용하다. F/M 비와 유기물 용적부하는 7장에서 나타내었다.

고형물 체류시간. SRT는 슬러지가 시스템 내에 머무르는 평균 시간을 나타낸다. 7장에서 언급한 바와 같이 SRT는 활성슬러지 설계에서 아주 중요한 인자이며 SRT에 의한 운전은 처리공정의 성능, 포기조의 부피, 슬러지 생산과 산소요구량에 영향을 준다. BOD 제거를 위한 일반적인 SRT 값은 온도에 따라 다르지만 3~5일이다. 질산화를 고려하지 않고 추가적인 산소요구량을 피하면서 BOD 제거만을 생각하는 경우, 18에서 25°C일 때 SRT는 3일에 근접한다. 질산화를 제어하기 위해 일부 활성슬러지 시설에서는 SRT를 1일이나 그 이하로 운영한다. BOD 제거만을 목적으로 한 경우, 10°C에서 SRT는 5~6일이다. 다양한 처리공정에서 SRT에 영향을 미치는 여러 인자와 온도는 표 8-5에서 정리하였다.

질산화를 위한 SRT. 질산화 성능은 온도와 직접 관계되기 때문에 질산화를 위한 SRT는 저해물질의 존재에 의해 지역마다 서로 다른 질산화율을 나타내기 때문에 세심한 주의를 요한다(Barker and Dold, 1997; Fillos et al., 2000). 일정한 유량과 TKN 농도를 가정한 질산화 설계에 있어서 질산화 동역학과 유출수 내 NH_4-N 농도 규제를 고려해 계산한 SRT 값보다 증가시키기 위해 안전율을 고려한다. 안전율은 아래와 같은 두 가지 이유로 적용된다: (1) SRT 제어를 통한 운영의 여유를 주기 위해서, 그리고 (2) TKN의 첨

표 8-5
활성슬러지 처리를 위한 SRT의 최소 범위(SRT는 포기조 부피만 고려한 것임)[a]

처리목표	SRT 범위, d	SRT에 영향을 미치는 요소
도시폐수에서 용해성 BOD 제거	1~2	온도
도시폐수에서 입자성 유기물의 변환	2~5	온도
도시폐수 처리를 위해 미생물 플럭의 생성	2~3	온도
완전질산화	3~18	온도/저해물질
생물학적 인제거	2~4	온도
폐활성슬러지의 호기성 소화	20~40	온도
Xenobiotic 화합물의 분해	5~50	온도/특정미생물/화합물

[a] SRT is based on aerobic volume.

두부하에서 추가적인 질산화 세균을 공급하기 위해서이다. 유입수의 TKN 농도와 부하는 하루 내내 변하며(평균 TKN에 대한 첨두 TKN의 비가 1.3~1.5 정도라면 일반적이지 않으며, 시설의 규모에 따라 결정된다), 소화조와 탈수시설로부터의 반류수에 영향을 받는다. SRT가 증가함에 따라 관여하는 질산화 미생물도 증가하게 되어 첨두 부하에서도 유출수의 NH_4-N 규제 농도를 맞출 수 있게 된다.

질산화를 위한 대표적인 SRT 안전율. 안전율은 첨두/평균 TKN 값과 같다. 첨두/평균 TKN 값을 사용하는 것은 보수적이기 때문에 평균 부하 시의 NH_4-N 농도는 유출수 암모니아 농도의 혼합효과로 인해 낮아진다. 즉 설계값보다 낮아질 수 있다. 유입수의 유량과 TKN 농도가 변하는 상황에서 최종 유출수의 NH_4-N 농도를 맞추기 위해 최적의 SRT 값을 구하고자 동적 모사 모델이 사용될 수 있다(Barker and Dold, 1997). 8-6절에서 언급할 정상상태 접근법은 논리적인 설계를 할 수 있게 하고 활성슬러지 질산화 공정의 분석과 설계를 위한 모사 모델의 시작점을 제공할 수 있다.

슬러지 생산. 슬러지 처리, 처분 및 재사용 설비의 설계는 활성슬러지공정에서 슬러지 생산량의 예측에 의존한다. 슬러지 처리시설이 작게 설계되었다면, 처리시설의 성능도 조정되어야 한다. 만약 작게 설계된 슬러지 처리시설에서 생성되는 슬러지가 빠르게 처리되지 않는다면 슬러지가 공정 내에 축적될 것이다. 마침내 슬러지 저장 능력을 초과하게 되고 초과분은 2차 침전지 유출수를 통해 유출되어 휘발성 TSS 농도의 규제치를 초과하게 될 것이다. 제거되는 BOD 양에 대한 슬러지 생산량도 포기조 용량에 영향을 미친다. SRT를 이용하여 슬러지 생산량을 계산하는 방법은 두 가지이다. 첫 번째 방법은 도시폐수에 대해 발표된 자료를 통한 슬러지 생산율을 이용하는 것이고, 두 번째 방법은 슬러지 생산에 영향을 미치는 여러 폐수의 특성 정보를 사용하는 것이다.

겉보기 수율을 이용한 슬러지 생산량. 이 방법은 최초 활성슬러지 설계와 슬러지 생산량을 계산할 때 사용할 수 있다. 매일 발생하는 슬러지 양(정상상태에서 매일 폐기되는 슬러지 양)은 식 (8-19)를 이용하여 예측 가능하다. 주어진 폐수에 대해 Y_{obs} 값은 기질이 BOD, bCOD, 또는 COD로 정의되는지에 따라 변한다.

$$P_{X,\mathrm{VSS}} = Y_{\mathrm{obs}}(Q)(S_o - S)(1\ \mathrm{kg}/10^3\ \mathrm{g}) \tag{8-19}$$

여기서, $P_{X,\mathrm{VSS}}$ = 일일 순 폐슬러지량, kg VSS/d

Y_{obs} = 겉보기 수율, g VSS/g 제거된 기질

Q = 유입 유량, m^3/d

S_o = 유입 기질농도, mg/L

S = 유출 기질농도, mg/L

BOD를 기준으로 한 겉보기 휘발성 부유고형물의 수율값은 그림 8-7에 나타내었다. SRT 값이 증가함에 따라 내생호흡이 증가함으로 인해 수율이 감소한다. 높은 온도에서 내생호흡율도 증가하기 때문에 온도가 증가함에 따라 수율은 감소한다. 1차 침전지가 없으면 더 많은 nbVSS 성분이 유입수에 남아있어 수율은 증가하게 된다. 내생호흡에 대

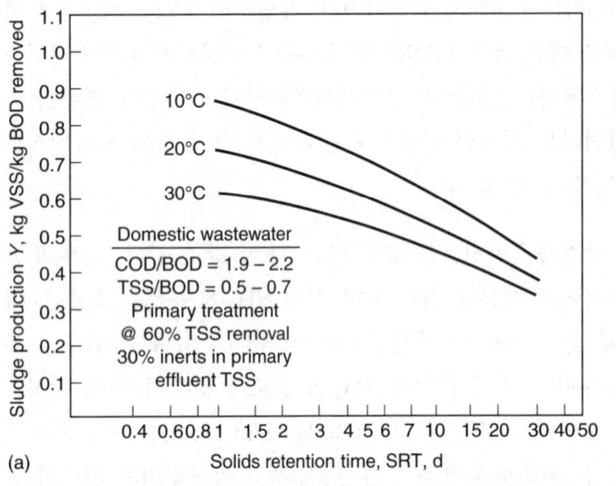

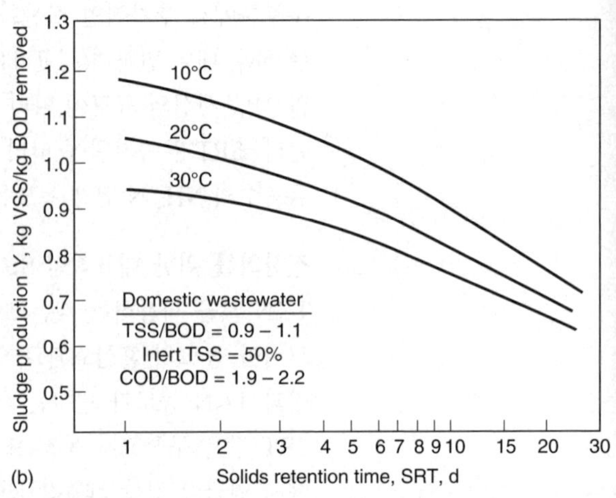

그림 8–7

SRT와 온도에 따른 순 고형물 생산량. (a) 1차 처리를 한 경우, (b) 1차 처리를 하지 않은 경우

한 온도보정계수(θ)는 10~20°C 사이에서 1.04이며 20~30°C 사이에서는 1.12이다[식 2–25 참조]. 내생호흡에 대한 온도효과를 위해 본 교재에서는 θ값을 1.04로 한다.

폐수 특성을 이용한 슬러지 생산량. 충분한 폐수 특성 정보가 있다면 보다 정확한 슬러지 생산량을 구할 수 있다. 식 (7–54)를 기본으로 한 아래 식은 종속영양 미생물의 성장, 내생호흡에서 발생하는 세포 잔류물, 질산화 세균의 바이오매스, 생분해불능 VSS 등을 고려하여 슬러지 생산량을 구할 수 있다. 아래 첨자 H와 n은 각각 종속영양 세균과 질산화 미생물을 구별하기 위해 사용한다.

$$P_{X,\text{VSS}} = \underset{\substack{\text{(A)}\\ \text{종속영양}\\ \text{미생물량}}}{\frac{QY_{\text{H}}(S_o - S)(1\ \text{kg}/10^3\ \text{g})}{1 + b_{\text{H}}(\text{SRT})}} + \underset{\substack{\text{(B)}\\ \text{세포}\\ \text{잔해}}}{\frac{(f_d)(b_{\text{H}})QY_{\text{H}}(S_o - S)\text{SRT}(1\ \text{kg}/10^3\ \text{g})}{1 + b_{\text{H}}(\text{SRT})}}$$

$$+ \underset{\substack{\text{(C)}\\ \text{질산화}\\ \text{미생물량}}}{\frac{QY_n(\text{NO}_x)(1\ \text{kg}/10^3\ \text{g})}{1 + b_n(\text{SRT})}} + \underset{\substack{\text{(D)}\\ \text{유입수 내 생물학적}\\ \text{분해불가능한 VSS}}}{Q(\text{nbVSS})(1\ \text{kg}/10^3\ \text{g})} \tag{8-20}$$

여기서, NO_x = 질산화된 유입수의 암모니아성 질소의 농도, mg/L

b_n = 질산화 미생물에 대한 내생호흡계수, g VSS/g VSS · d

다른 용어들은 앞에서 정의된 것에 따른다.

하루에 폐기되는 총 건조고형물은 VSS만이 아니라 TSS를 포함한다. TSS는 VSS의 무기고형물 합이다. 유입수 내 무기고형물(TSS_o − VSS_o)은 무기고형물로서 기여하게 되므로 추가적인 고형물 생산량의 항이 식 (8–20)에 추가되어야 한다. 식 (8–20)의 바이오매스에 해당하는 항(A, B, C항)은 무기고형물을 포함하며, 표 7-4에 나타낸 바와 같이 총 고형물에 대한 VSS의 비율이 0.85이다. 따라서 TSS 형태의 고형물 생산량을 계산하기 위해서는 식 (8-20)을 아래와 같이 수정하여야 한다.

$$P_{X,\text{TSS}} = \frac{A}{0.85} + \frac{B}{0.85} + \frac{C}{0.85} + D + \underbrace{Q(\text{TSS}_o - \text{VSS}_o)}_{\substack{\text{(E)} \\ \text{유입수 내의 불활성 TSS}}} \tag{8-21}$$

여기서, TSS_o = 유입폐수의 TSS 농도, mg/L

VSS_o = 유입폐수의 VSS 농도, mg/L

포기조의 고형물 양은 SRT로부터 결정된다. 일당 슬러지 생산량은 식 (7-56)과 (7-57)로부터 계산된다.

$$(X_{\text{VSS}})(V) = (P_{X,\text{VSS}})\,\text{SRT} \tag{7-56}$$

$$(X_{\text{TSS}})(V) = (P_{X,\text{TSS}})\,\text{SRT} \tag{7-57}$$

적절한 MLSS 농도를 선택하면 식 (7-57)을 이용하여 포기조 부피가 결정된다. 8-10절에서 언급할 내용과 같이 MLSS 농도 범위는 1200~1400 mg/L이지만, 슬러지 침강 특성과 2차 침전지 설계와 연계하여 고려하여야 한다.

산소요구량. 탄소성 물질의 생분해를 위한 산소요구량은 세포합성을 위해 bCOD가 소모되는 동안 필요한 산소량과 생산된 슬러지의 내생호흡 과정에서 소모되는 산소량의 합이다. 완전혼합 활성슬러지공정[그림 8-8(a)]에서 필요한 산소량 계산은 시스템 내에서 제거되는 bCOD에 의해 소모되는 산소량과 초과로 생성되는 바이오매스에 의한 bCOD의 합을 포함하는 bCOD의 물질수지를 기본으로 한다. 생산되는 미생물량($P_{x,\text{bio}}$)은 식 (8-20)의 A항과 B항의 합이며 따라서 총 산소요구량(R_o)는 7장에서 보인 아래 식과 같다.

$$R_o = Q(S_o - S) - 1.42P_{x,\text{bio}} \tag{7-61}$$

$$R_o = Q(S_o - S) - 1.42\left[\frac{QY_{\text{H}}(S_o - S)}{1 + b_{\text{H}}(\text{SRT})} + \frac{f_d\,(b_{\text{H}})QY_{\text{H}}(S_o - S)\text{SRT}}{1 + b_{\text{H}}(\text{SRT})}\right] \tag{8-22}$$

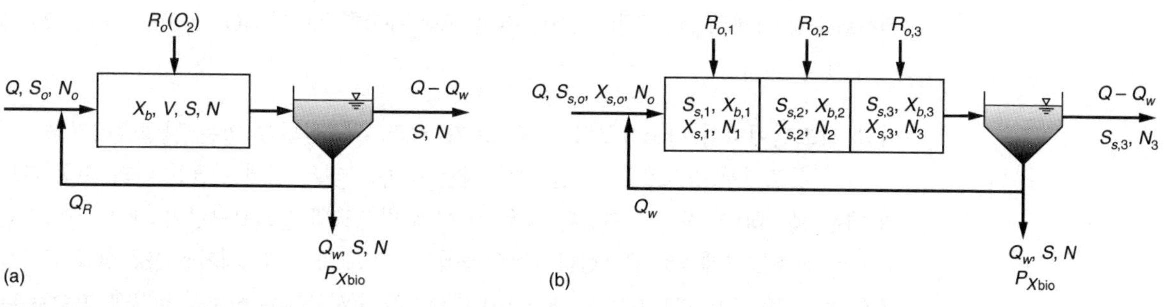

그림 8-8

완전혼합 활성슬러지공정과 다단 활성슬러지공정의 산소요구량 분석에 사용되는 장치 요소의 개념도: (a) 단일 슬러지 반응조, (b) 직렬연결된 반응조 간단하게 BOD 제거만을 고려하였을 경우, 산소요구량은 SRT가 5~20 day인 경우 0.90~1.3 kg O_2/kg 제거된 BOD 범위에 있다(WEF, 2010).

질산화를 위한 산소요구량. 질산화가 포함되는 공정에서 총 산소요구량은 탄소성 물질의 제거에 필요한 산소량과 아래 식에 나타낸 바와 같은 암모니아와 아질산이온의 질산이온으로의 산화에 요구되는 산소량(7-9절 참조)을 포함한다.

$$R_o = Q(S_o - S) - 1.42\, P_{x,\text{bio}} + 4.57\, Q(\text{NO}_x) \tag{8-23}$$

여기서, R_o = 총 산소요구량, g/d

$P_{X,\text{bio}}$ = VSS로 나타낸 폐기되는 미생물 양, g/d [식 (8-20)의 A, B, C 부분]

NO_x = NH_4-N의 질산화로부터 생성되는 NO_3-N의 양, g/m^3

다른 항은 이전에 정의한 것에 따른다.

식 (8-23)에 나타낸 바와 같이 NO_x는 질산이온으로 산화된 TKN의 양이다. 유입 TKN, 미생물 합성에 사용된 질소, 산화되지 않은 채 유출수로 배출되는 질소를 고려한 질소의 물질수지는 NO_x를 결정함으로써 이루어진다. 생분해가 불가능한 입자성과 용존성의 질소 농도(nbpON과 nbsON)를 결정할 수 있는 폐수의 특성이 측정되지 않았다면 위의 물질들은 무시된다. 위의 물질들을 무시할 경우 NO_x 농도(5~15% 정도)가 약간 높게 예측되며 식 (8-23)을 이용하여 산소요구량을 보다 보수적으로 측정하게 된다. $C_5H_7NO_2$로 표현되는 미생물은 0.12g N/g 미생물의 질소를 포함한다는 기본 가정으로부터 질소에 대한 물질수지는 다음과 같다.

산화된 질소 = 유입수 내 질소 − 유출수 내 질소 − 세포 내 질소

$$Q(\text{NO}_x) = Q(\text{TKN}_o) - QN_e - 0.12P_{x,\text{bio}}$$

$$\text{NO}_x = \text{TKNo} - N_e - 0.12P_{x,\text{bio}}/Q \tag{8-24}$$

여기서, NO_x = 산화된 질소, mg/L

TKN_o = 유입수 TKN 농도, mg/L

N_e = 유출수 NH_4-N 농도, mg/L

다른 용어들은 이미 정의되었다.

질산화공정 설계로부터 유출수 NH_4-N 농도를 예측함으로써 NO_x 농도를 식 (8-24)에서 구할 수 있다.

다단 시스템에서의 산소요구량. 포기조가 직렬로 연결되어 있는 활성슬러지공정에서 각 반응조에서 필요로 하는 산소요구량을 구하는 것은 위에 언급한 바와 전혀 다르며 매우 복잡하다. 직렬로 연결된 경우 첫 번째 반응조의 산소요구량이 가장 크며[그림 8-8(b) 참조], 단계별로 감소한다. 각 단계에서의 요구량은 (1) 제거된 용존성과 입자성 bCOD의 비율, (2) NH_4-N의 산화율, (3) 내생호흡에 사용되는 산소의 비율을 함수로 나타낸다. 예를 들어 그림 8-8(b)의 반응조 2의 R_o는 다음 식과 같다.

$$R_{o,2} = (Q + Q_R)(1 - Y_H)[(S_{s,1} - S_{s,2}) + (X_{s,1} - X_{s,2})] + (Q + Q_R)4.57(NO_2 - NO_1) + 1.42b_H(X_{b,2})V_2 \tag{8-25}$$

여기서 $R_{O,2}$ = 반응조 2의 산소요구율, g/d

S_s = 용존성 bCOD 농도, g/m^3

X_s = 입자성 bCOD 농도, g/m^3

Y_H = 합성수율, g 바이오매스 COD/g가 제거된 COD

NO = NO_3-N 농도, g/m^3

X_b = 미생물 농도, g VSS/m^3

V = 반응조 부피, m^3

Q_R = 반송 활성슬러지 유량, m^3/d

각 단계별 산소요구율은 각 단계의 용해성과 입자성 bCOD, 바이오매스, NO_3-N 농도(NO_2-N은 고려하지 않아도 된다는 가정)가 계산되지 않으면 구할 수 없다. 위의 값들은 각각에 대한 물질수지로부터 구할 수 있으나 8-4절에서 소개될 모사 모델은 보다 효율적인 방법을 제공한다.

도시폐수를 처리하는 3단 활성슬러지공정을 설계한다고 할 때, 식 (8-23)은 시스템에 대한 총 산소요구율을 계산하는 데 사용된다. 그 요구량을 반응조 1, 2, 3에 대해 각각 60%, 25%, 15%씩 분배하면 된다.

활성슬러지 포기조의 산소요구율은 시간별 부하 변동에 따라 하루에도 변한다. 시간당 변화율은 유입수 BOD와 TKN 및 유량의 일 변화에 따라 일 평균 부하를 기준으로 1.3~1.8배에 달한다.

영양염류 요구량. 생물학적 시스템이 적절히 운영된다면, 영양염류도 적당량 공급되어야 한다. 2장과 7장에서 소개한 바와 같이 주요 영양염류는 질소와 인이다. 세포의 구성성분을 화학식 $C_5H_7NO_2$로부터 구하면 질소 성분은 질량으로 12.4% 요구된다. 인 요구량은 바이오매스에 대해 질량으로 1.5~2.0% 정도이다. 세포 내 질소와 인의 비율은 시스템의 SRT와 환경조건에 따라 변하기 때문에 이 값들은 일반적인 것이고 정해진 것은 아니다. 영양염류 요구량은 슬러지의 일 생산량을 기준으로 계산될 수 있다[식 (8-21)의 A, B, C 항]. 무기 질소와 정인산이온의 인의 농도가 0.1 mg/L 이하이면 영양염류 제한 상태에 놓이게 된다는 것을 기억할 필요가 있다(de Barbadillo et al., 2006). 일반적으로 SRT가 7일 이상일 때, 충분한 양의 영양염류를 공급하기 위해 BOD 100 g당 약 5 g의 질소와 1 g의 인이 요구된다.

기타 화합물 요구량. 영양염류와 더불어 알칼리도가 질산화를 위해 필요하다. 세포의 성장을 고려한 질산화에 필요한 알칼리도의 양은 약 7.14 g $CaCO_3$/g NH_4-N이다[식 (7-91) 참조]. 질산화에 필요한 알칼리도 외에 pH를 6.8~7.4로 유지하기 위해 추가적인 알칼리도가 필요하다. pH를 중성(pH = 7)으로 유지하기 위해서는 이산화탄소와 중탄산이온 알칼리도, pH의 관계를 기준으로 일반적으로 70~80 mg $CaCO_3$가 필요하다.

활성슬러지 혼합액의 고액분리. 활성슬러지 혼합액과 포기조로 반송되는 활성슬러지의 고액분리는 공정의 기능과 성능면에서 매우 중요하다. 고액분리에 이용되는 2가지 방법은 2차 침전조의 중력침강과 멤브레인을 이용한 분리이다. 두 방법 모두 반송슬러지와 폐기되는 슬러지에 사용할 수 있지만, 2차 처리수 TSS 농도에서 상이하다. 잘 설계된 생물학적 질소제거 처리시설에서 2차 처리수의 TSS 농도는 4~10 mg/L이다. 멤브레인 시스템의 유출수는 투과액이라고 하는데, 멤브레인의 선택에 따라 달라지지만 공극의 크기가 0.02 또는 0.04 μm인 멤브레인 시스템을 통과한 여과수에는 TSS 농도가 측정되지 않는다. 각각의 방법은 활성슬러지 혼합액의 특성을 고려하여야 한다. 2차 침전지와 멤브레인 분리에 대한 자세한 정보는 8-10절과 8-12절에 각각 나타내었다.

유출수 성상. 유기물질, 부유 고형물, 양양염류 처리를 위해 구성된 처리시설로부터 발생하는 유출수의 성상을 결정하는 주요인자는 표 8-6에 나타내었다. 완전 질산화와 5일 이상의 SRT를 가지는 시스템으로부터 배출되는 생분해 가능 용존 유기물 농도는 가장 낮은 값을 가지며 BOD 실험 검출한계인 2.0 mg/L 내에 있다. 대부분의 BOD는 유출수 VSS에 포함되어 있는 미생물에 의한 입자성 물질이다.

유출수 부유고형물은 적절히 설계된 2차 침전지에서 좋은 침강성을 나타내는 슬러지일 경우 일반적으로 4~10 mg/L이다. sBOD가 2.0 mg/L, VSS/TSS 비는 0.85, 유출수 TSS가 6 mg/L라고 가정할 때, 최종 유출수 BOD (BODe)는 다음과 같이 예측할 수 있다.

$$BOD_e = sBOD + \left(\frac{0.60\text{ g BOD}}{\text{g UBOD}}\right)\left(\frac{1.42\text{ g UBOD}}{\text{g VSS}}\right)\left(\frac{0.85\text{ g VSS}}{\text{g TSS}}\right)(\text{TSS, mg/L}) \quad (8\text{-}26)$$

$$BOD_e = 2\text{ mg/L} + (0.60)(1.42)(0.85)(6\text{ mg/L})$$

$$BOD_e = 10.2\text{ mg/L}$$

MBR 공정은 검출 불가능한 TSS를 생산하기 때문에 BOD 농도는 최소가 된다.

유출수 질소는 무기성과 유기성을 포함한다. 유출수 용존성 유기 질소(DON)는 0.5~2.0 mg/L의 범위에 있으며(Urgun-Demirtas et al., 2007), 일반적으로 3.0 mg/L 이하인 총 질소 규제농도 중 대부분을 차지한다.

표 8-6
생물학적 폐수처리공정의 유출수 성상

구분	성상	주요구성물질
용해성 COD	생분해성	미처리 bsCOD, 생물대사 생성물, 세포 자산화에 의한 bsCOD
	난분해성	미처리 nbsCOD, 생물대사 생성물, 생분해불능 콜로이드
입자성 COD	생분해성	미생물 VSS, 미측정 유입수 VSS
	난분해성	세포파편, 미측정 유입수 nbVSS
질소	무기질소	NH_4-N, NO_3-N, NO_2-N
	유기 질소	용존유기 질소, VSS 내 입자성 유기 질소
인	무기인	PO_4-P
	유기인	용존성 유기인, VSS 내 입자성 유기인

》 공정 제어

넓은 범위의 운전조건에서 활성슬러지공정을 높은 효율로 운전하기 위해서는 공정 제어에 대한 특별한 주의가 필요하다. 공정 제어의 주요 사항은 (1) 목표 SRT를 유지하는 것, (2) 포기조에서 계획한 용존산소량을 유지하는 것과 (3) 반송슬러지(RAS)의 유량을 조절하는 것이다. 폐 슬러지(WAS)는 SRT를 맞추기 위해 필요하다. SRT는 가장 일반적인 제어 요소이지만 때에 따라서 WAS가 목표 MLSS 농도를 맞추기 위해 이용된다. 따라서 높은 WAS는 낮은 SRT를 가져오고 그 반대도 성립한다. RAS도 목표 MLSS를 유지하고 2차 침전지에서 슬러지 높이를 유지하기 위해 중요하다. 포기조 산소소모율은 공정의 운전조건과 산소전달요구량을 이해하는 데 유용하며 때로는 공정 제어 알고리즘에 사용된다. 일상적인 현미경 관찰은 미생물의 특성과 슬러지 침강성에 악영향을 미치는 어떤 변화를 감지하기 위해 중요하다.

SRT 제어. 주어진 SRT를 유지하기 위해 매일 초과생산된 활성슬러지를 폐기하여야 한다. 활성슬러지/2차 침전지 공정이나 MBR 공정 모두에서 일반적인 SRT 제어 방법은 반송 라인에서 슬러지를 폐기하는데, RAS가 포기조의 슬러지보다 농축되어 있어서 적은 용량의 펌프로 가능하기 때문이다. 몇몇 작은 처리장에 운영요원을 최소로 유지할 필요가 있는 경우, 포기조에서 직접 폐기하기도 한다. 이 방법은 많은 폐기 유량을 요구하지만 폐기되는 고형물 농도가 좀 더 일정하고 포기조, 유출수, 반송슬러지 내의 부유고형물 농도를 측정할 필요 없이 부피를 기준으로 SRT를 조절할 수 있다는 장점을 갖고 있다. 폐 슬러지는 단순히 농축만을 거치거나 1차 침전슬러지와 병합처리되기도 한다. SRT 제어를 위해 실제 펌핑되는 유량은 슬러지가 폐기되는 지점과 방법에 따라 결정된다.

반송 라인에서의 폐기. SRT가 공정 제어 방법으로 사용되며 반송라인에서 슬러지를 폐기한다고 할 때, 슬러지 폐기량은 식 (7−31)을 변형하여 다음과 같이 계산할 수 있다(표 8−10 참조).

$$\text{SRT} = \frac{VX}{(Q_W X_R + Q_e X_e)} \tag{8-27}$$

여기서, V = 반응조 크기, m^3
X = 포기조 내 고형물 농도, mg/L
Q_W = 반송슬러지로부터의 폐슬러지 양, m^3/d
X_R = 반송슬러지관의 슬러지 농도, mg/L
Q_e = 2차 침전지로부터의 유출유량, m^3/d
X_e = 유출수 TSS 농도, mg/L

매일 반송 라인에서 폐기해야 할 유량은 다음과 같다.

$$Q_W = \frac{VX}{X_R(\text{SRT})} - \frac{Q_e X_e}{X_R} \tag{8-28}$$

침전지로부터 방류되는 유출수 내의 고형물 농도가 매우 낮다고 하면, 식 (8−28)은 다음과 같이 간단히 정리할 수 있다.

$$\text{SRT} \approx \frac{VX}{Q_W X_R} \tag{8-29}$$

그리고

$$Q_W \approx \frac{VX}{X_R(\text{SRT})} \tag{8-30}$$

큰 SRT로 운전할 때, 유출수에 있는 고형물 손실로 인한 SRT에 미치는 영향은 미미하다. 식 (8-30)을 이용하여 폐 슬러지량을 결정하기 위해 포기조와 반송 라인의 고형물 농도를 측정해야 한다.

포기조에서의 폐기. 포기조에서 슬러지가 폐기되고 침전지 유출수에 고형물 농도가 무시할 정도로 작다면, 슬러지 폐기량은 다음과 같이 계산된다.

$$\text{SRT} = \frac{V}{Q_W} \tag{8-31}$$

혹은

$$Q_W = \frac{V}{\text{SRT}} \tag{8-32}$$

즉, 포기조의 부피를 SRT로 나눈 슬러지 폐기량에 의해 공정은 제어된다고 하겠다.

MBR에서의 폐기. MBR 공정에서 호기성 SRT 목표값을 유지하기 위한 WAS의 유량은 포기조 부피와 반송슬러지의 비율에 따라 정밀하게 조정될 수 있다. 이러한 공정은 호기성 막여과 공정 앞에 호기조를 가지게 된다(그림 8-9 참조). 때로는 막여과조 앞의 호기조를 전호기조(preaeration tank)라고 부르기도 한다.

$$\text{SRT} = \frac{X_A V_A + X_M V_M}{Q_W X_M} \tag{8-33}$$

여기서, V_A = 멤브레인 탱크 전의 전포기 반응조 부피, m³
V_M = 멤브레인 분리조의 부피, m³
X_A = 전포기 반응조의 고형물 농도, mg/L
X_M = 멤브레인 분리조의 고형물 농도, mg/L

그림 8-9

무산소/호기 MBR 공정에서 슬러지 폐기

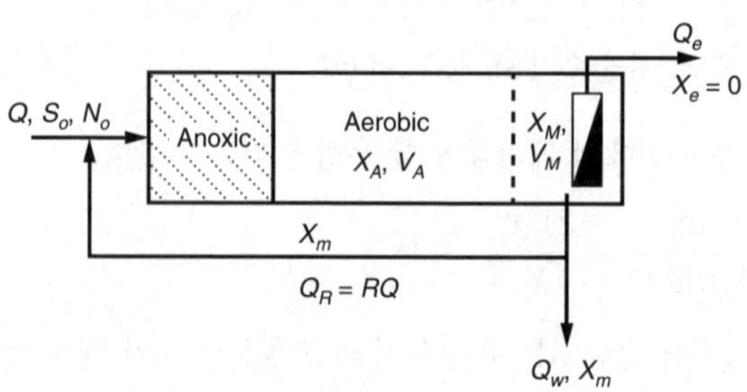

투과액이 유출되면서 막여과조의 고형물 농도는 높게 나타난다. 전호기조와 막여과조의 고형물 농도는 물질수지와 유입수 고형물과 bsCOD의 제거에 의한 반응조 내의 약간의 고형물 농도 증가를 무시함으로써 예측할 수 있다.

$$(RQ)X_M + Q(0) = (Q + RQ)X_A \tag{8-34}$$

따라서,

$$X_A = \left(\frac{R}{1 + R}\right)X_M \tag{8-35}$$

식 (8−33)의 X_A를 위의 식으로 치환하면,

$$\text{SRT} = \frac{\left(\frac{R}{1 + R}\right)V_A + V_M}{Q_W} \tag{8-36}$$

그리고,

$$Q_W = \frac{\left(\frac{R}{1 + R}\right)V_A + V_M}{\text{SRT}} \tag{8-37}$$

식 (8−37)을 이용하여 주어진 반송슬러지 비율과 SRT를 이용하여 MBR 공정으로부터의 슬러지 폐기량을 구할 수 있다.

SRT는 공정 운영을 위한 평균적인 개념으로 취급될 수 있으며 정확한 일별 폐기량과 같이 유지될 필요는 없다. SRT는 설계 SRT와 같은 시간 간격의 평균값이라고 할 수 있다.

용존산소 제어. 산소공급장치는 최소 용존산소농도를 맞출 수 있어야 할 뿐 아니라 넓은 범위의 유량과 부하에서 활성슬러지공정의 미생물이 요구하는 산소요구량을 충분히 공급할 수 있도록 설계되어야 한다. 포기장치의 출력은 포기조에서 측정된 DO 농도를 기준으로 변하는 요구량에 맞게 조절되어야 한다. 예를 들어 유입 BOD와 암모니아 부하가 감소하는 경우, 포기조 내의 DO 농도는 증가한다. 제어시스템은 DO 농도의 변화를 감지하여 DO 농도를 목표값에 맞게 낮추어 줄 수 있도록 해서 에너지가 낭비되지 않도록 해야 한다. 고부하에서 DO 농도는 감소하기 시작할 것이고 포기장치는 DO 농도를 설계수준까지 올릴 수 있도록 해야 한다.

포기조의 낮은 DO 농도 상태에서 공기공급이 이루어질 경우 포화 DO 농도와 포기조의 DO 농도 사이의 차이 때문에 적은 에너지가 소모된다. 그러나 DO 농도가 너무 낮다면 사상성 세균이 우점종이 되고 활성슬러지의 침강성 및 특성이 나빠지게 된다. 일반적으로 포기조의 용존산소 농도는 포기조 전체에서 1.5~2.0 mg/L로 유지되어야 한다. 질산화를 시작하기 위해 0.7 mg/L 정도의 최소 DO 농도가 요구된다. 1.0 mg/L 이하의 DO 농도로 운전하는 것은 에너지를 절약할 수 있고 질산화와 탈질을 동시에 수행하기 위해 이용되기도 한다. 그러나 호기성 생화학 반응 속도가 감소하고 포기조 부피를 키우는 결과를 가져온다. 높은 DO 농도(2.0~3.0 mg/L)는 약간 질산화율을 증가시킨다. 4 mg/L 이상의 DO 농도는 성능에 큰 영향을 미치지 못하지만 운영비를 심각하게 증가시키며 거품을 생성하는 미생물의 성장을 가져올 가능성이 있다.

반송슬러지 제어. 반송슬러지의 목적은 포기조에 필요한 양의 활성슬러지농도를 유지하고 2차 침전지에서 슬러지 높이를 유지하기 위한 것이다. 충분한 침전지 깊이(3.7~6.5 m)에서 유출수 웨어 밑으로 슬러지 높이를 유지하기 위해 충분한 용량의 반송슬러지 펌프장치가 필요하다. 슬러지 반송률은 일반적으로 설계 유량의 50~75%이며 설계 평균 유량은 평균 유입 유량의 100~150%(즉, 반송률 1.0~1.5) 정도이다. 변속펌프를 사용하면 유입 유량의 50~150%까지 운전이 가능하다.

RAS에서 SVI의 영향. 높은 RAS 비율(4.0~6.0)은 활성슬러지/2차 침전지로 구성된 공정에서 보다 높은 MLSS 농도(8000~12,000 mg/L)를 유지하는 MBR 공정(그림 8-9 참조)에서 장점을 갖는다. 일반적인 2차 침전지는 6000~12,000 mg/L의 반송슬러지 농도를 유지한다.

활성슬러지가 좋은 침강성능을 가지고 있으면(그림 8-10 참조), 침전지에서 농축이 잘 이루어지고 침전지에서 슬러지 깊이를 0.15~0.30 m로 유지하면서 다양한 RAS 비율을 운용할 수 있다. 침전이 잘 되는 슬러지의 SVI는 처리시설에 따라 다르지만 보통 120 이하이다. 침강성이 나쁜 슬러지의 경우 높은 RAS 비율이 필요하다. SVI 시험에 대해서는 침전지의 활성슬러지에 대한 고액분리를 다루는 8-10절에서 자세히 다룬다.

RAS와 MLSS의 관계. RAS와 포기조의 MLSS와의 관계는 물질수지를 통해 평가할 수 있다. MLSS 농도는 식 (7-57)에서 보여주는 바와 같이 포기조 부피와 SRT를 구하기 위해 필요하다. 두 가지 물질수지 분석을 위한 경계조건이 그림 8-11에 나타나 있다. 침전지에서 슬러지 수위가 일정하고 유출수의 고형물 농도가 무시할 정도로 낮다면, 그림 8-11에서 볼 수 있는 침전지 주변의 물질수지는 아래와 같다.

그림 8-10
SVI를 정하기 위한 현장 시험

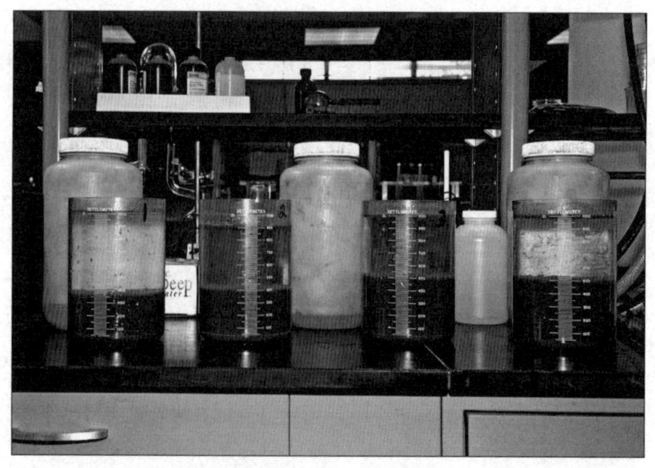

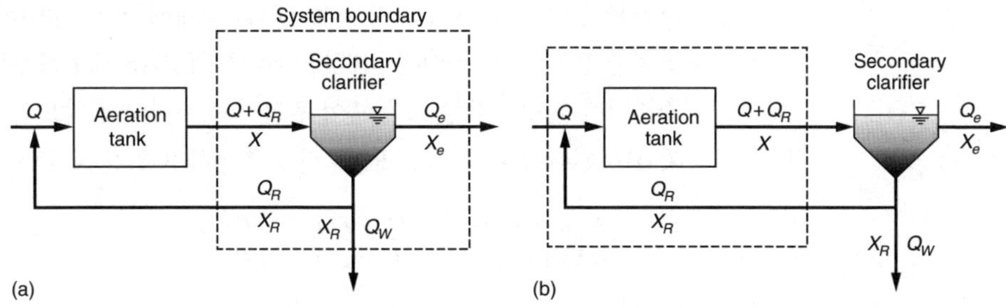

그림 8-11

반송슬러지 제어를 위한 부유고형물 물질 수지에 대한 경계조건. (a) 2차 침전지 물질 수지, (b) 포기조 물질 수지

축적 = 유입 − 유출

$$0 = X(Q + Q_R) - Q_R X_R - Q_W X_R - Q_e X_e \tag{8-38}$$

여기서, X = 혼합액 부유고형물(MLSS), mg/L

Q = 2차 유입 유량, m^3/s

Q_R = 반송슬러지량, m^3/s

X_R = 반송 활성슬러지 부유고형물, mg/L

Q_W = 폐활성슬러지 유량, m^3/s

Q_e = 유출유량, m^3/s

X_e = 유출 부유고형물, mg/L

X_e는 무시할 만하고 $Q_w X_R$은 SRT와 관계가 있다[식 (8−28)]고 가정하고, Q_R에 대해 식 (8−38)을 풀면

$$Q_R = \frac{[XQ - (XV/\text{SRT})]}{X_R - X} \tag{8-39}$$

반송률($Q_R/Q = R$)은

$$R = \frac{1 - (\tau/\text{SRT})}{(X_R/X) - 1} \tag{8-40}$$

필요한 RAS 양도 포기조 주변에 물질수지를 세움으로써 예측할 수 있다[그림 8−11(b) 참조]. 포기조로 유입되는 고형물은 새로운 미생물의 성장을 무시할 수 있다면 포기조에서 유출되는 고형물과 같다. SRT가 8~10일 이상의 경우 위 가정은 성립한다. 반송라인에 있는 고형물과 유입수에 있는 고형물이 포기조로 유입된다. 그러나 유입수의 고형물이 MLSS와 비교하여 무시할 수 있다면 포기조 주변의 물질수지는 다음과 같은 식으로 나타난다.

축적 = 유입 − 유출

$$0 = X_R Q_R - X(Q + Q_R) \tag{8-41}$$

슬러지 반송률 R에 대해 풀어 X를 구하면

$$Q_R/Q = R = \frac{X}{X_R - X} \tag{8-42}$$

따라서 주어진 RAS의 고형물 농도(X_R)에 대해 식 (8−40)과 (8−42)로부터, 포기조 내의 고형물 농도(X)를 주어진 SRT에 따라 특정 RAS 비율로부터 구할 수 있다. 고형물이 침전지에서 침전되지 않고 농축이 원활히 이루어지지 않으면 X_R이 작아지고 높은 RAS 비가 요구된다. SVI 시험은 RAS 비를 조절하기 위한 X_R를 예측하는 데 사용 가능하다.

$$X_R = \frac{1}{\text{SVI}}\left(\frac{1\text{ g}}{1\text{ mL}}\right)\left[\frac{(10^3\text{ mg}/1\text{ g})}{(1\text{ L}/10^3\text{ mL})}\right] = \frac{10^6}{\text{SVI}} \tag{8-43}$$

여기서 X_R = 예상 RAS 농도, mg/L

슬러지 블랭킷 깊이. 슬러지 블랭킷 깊이는 침전 특성 변화를 평가하는 데 유용한 인자이다. 최적의 깊이는 0.3~0.6 m (1~2 ft)이다. 일별 유량 변화, 슬러지 생산량의 변화, 슬러지의 침강 특성 변화 때문에 슬러지 블랭킷 깊이를 이용한 공정 제어는 특별한 주의를 요한다. 가장 일반적으로 슬러지 블랭킷 깊이를 측정하는 방법은 긴 코아 시료채취기(core sampler)를 이용하는 것이다.

산소섭취율. 활성슬러지공정의 미생물은 기질을 소비하면서 산소를 이용한다. OUR (oxygen uptake rate)로 알려진 산소섭취율은 포기조에 가해지는 부하에 의해 발생하는 생물학적 활성도 측정에 활용된다. OUR은 포기 없이 교반하면서 시간에 따라 DO 농도를 연속 측정하여 그 값을 mg O_2/L · m 또는 mg O_2/L · h로 나타낸다. 산소 섭취율은 VSS 값과 함께 활용하면 더욱 가치가 있다. OUR을 MLVSS와 함께 연결하여 비산소섭취율(specific oxygen uptake rate, SOUR) 혹은 호흡률을 얻을 수 있고 mg O_2/g MLVSS/h로 나타낸다. SOUR의 변화는 유입수 내에 독성물질이나 저해물질의 존재 여부 혹은 부하 변동을 평가하는 데 사용되기도 한다.

현미경 관찰. 일상적인 현미경 관찰은 활성슬러지공정에서 미생물 군집에 관한 정보를 관찰하는 데 유용하다. 얻어지는 정보에는 플럭의 크기와 밀도, 사상성 세균 성장 정도, *Nocardioform* 세균의 존재여부, 원생동물이나 윤충(rotifer)과 같은 고등생물의 형태와 규모 등이 있다. 위와 같은 것들의 변화는 폐수 성상의 변화나 운전의 문제점을 시사한다고 하겠다. SRT와 F/M 비에 따른 미생물 우점종의 변화는 그림 8−12에 나타내었다. 원생동물의 감소는 DO 제한, 낮은 SRT에서의 운전, 폐수 내에 저해물질의 존재 등을 표시한다. 높은 SRT에서의 운전은 지름이 매우 작은 핀 플럭(*pin floc*)의 형성을 유발하여 처리수 내 부유고형물 농도를 높이게 된다. 사상성 세균이나 *Nocardioform* 성장에 대한 조기 진단은 이러한 미생물의 과다 성장에 따라 아래에 기술하는 것과 같은 잠재적인 문제점을 최소화할 수 있는 조치를 취하기 위한 시간을 제공한다.

2차 침전지와 관련된 활성슬러지공정의 운영상 문제점

활성슬러지/2차 침전지 공정 운영에서 가장 일반적인 문제점은 사상성 세균에 의한 팽화, 점성 팽화, *Nocardioform*에 의한 거품현상, 슬러지 부상 등이다. 위의 문제점은 모든 처리시설에서 발생하기 때문에 그 원리와 가능한 대처방법에 대해 토의하는 것이 필요하다.

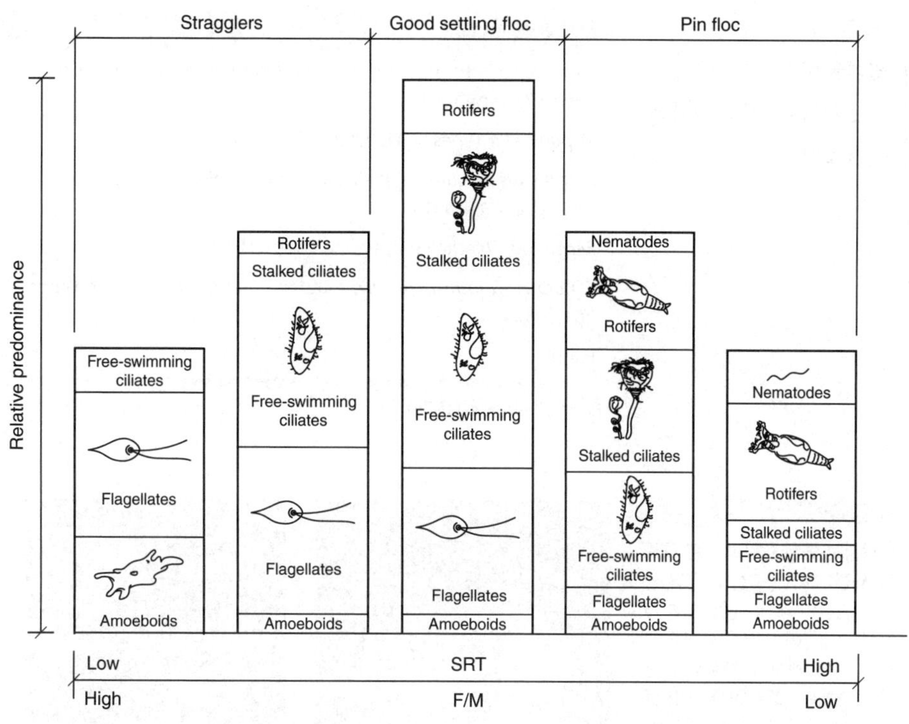

그림 8-12

SRT와 F/M 비에 따른 미생물의 상대적인 우점종(WEF, 1996)

슬러지 팽화. 7-8절에서 소개했던 슬러지 팽화는 활성슬러지 공법의 2차 침전지 공정에서 언제나 관심사항이다. 극단적인 팽화 조건에서는 침전슬러지가 유지되지 않고 침전지 유출수에 다량의 MLSS가 포함되어 처리수질을 맞추지 못하고 소독이 원활치 못하며 유출수 여과지를 막히게 한다. 슬러지 팽화의 주요 두 가지 형태는 사상성 세균의 성장에 의한 **사상성 팽화**와 과도한 세포외 고분자물질(extracellular biopolymer)에 의한 **점성 팽화**이다. 사상성 팽화의 여러 형태와 함께 위의 두 종류 팽화는 아래에서 자세히 소개하겠다. 그 전에 사상성 세균의 일반적 특징에 대해 알아보는 것도 도움이 될 것이다.

사상성 세균의 특성. 사상성 세균은 끝과 끝이 연결되는 단세포 필라멘트를 형성하며 보통 슬러지 플럭 내부로부터 튀어나온다. 좋은 침강성을 갖는 고밀도 플럭에 비해 이러한 구조는 단위 질량당 넓은 표면적을 가지므로 침강성이 나빠진다. 활성슬러지공정에서 일반적으로 발견되는 사상성 세균의 검출과 분류를 위해 많은 방법이 개발되었다(Eikelboom, 2000). 형태학적 분류(크기, 세포의 모양, 필라멘트의 길이와 형태 등), 염색 반응 특성과 세포 구성물 등에 기초한 분류 시스템도 갖추어져 있다. 일반적인 사상성 세균과 그들의 성장에 필요한 조건이 표 8-7에 정리되어 있다. 사상성 세균의 형태를 파악하는 것은 사상성 세균의 성장을 촉진하는 운영 조건이나 설계조건을 확인하는 데 도움을 준다(jenkins et al., 2004). 사상성 세균을 포함하는 나쁜 플럭과 좋은 플럭의 예가 그림 8-13에 나타나 있다.

사상성 팽화의 발현. 많은 형태의 사상성 세균이 존재하지만 흔히 발견되는 사상성 세균

표 8-7
활성슬러지공정에서 발견되는 사상성 세균과 그에 연관된 조건[a]

사상성 세균의 형태	사상성 세균 성장조건
Sphaerotilus natans, Halsicomenobacter hydrossis, Microthrix parvicella, type 1701	낮은 DO 농도
M. parvicella, types 0041, 0092, 0675, 1851	낮은 F/M 비
H. hydrossis, Nocardia spp., Nostocoida limicola, S. natans, Thiothrix spp., type 021N, 0914	완전혼합 반응조 조건
Beggiatoa, Thiothrix spp., types 021N, 0914	부패한 폐수/황화물 존재
S. natans, Thiothrix spp., type 021N, possible *H. hydrossis*, types 0041, 0675	영양염류 부족
Fungi	낮은 pH

[a] From Eikelboom (1975)

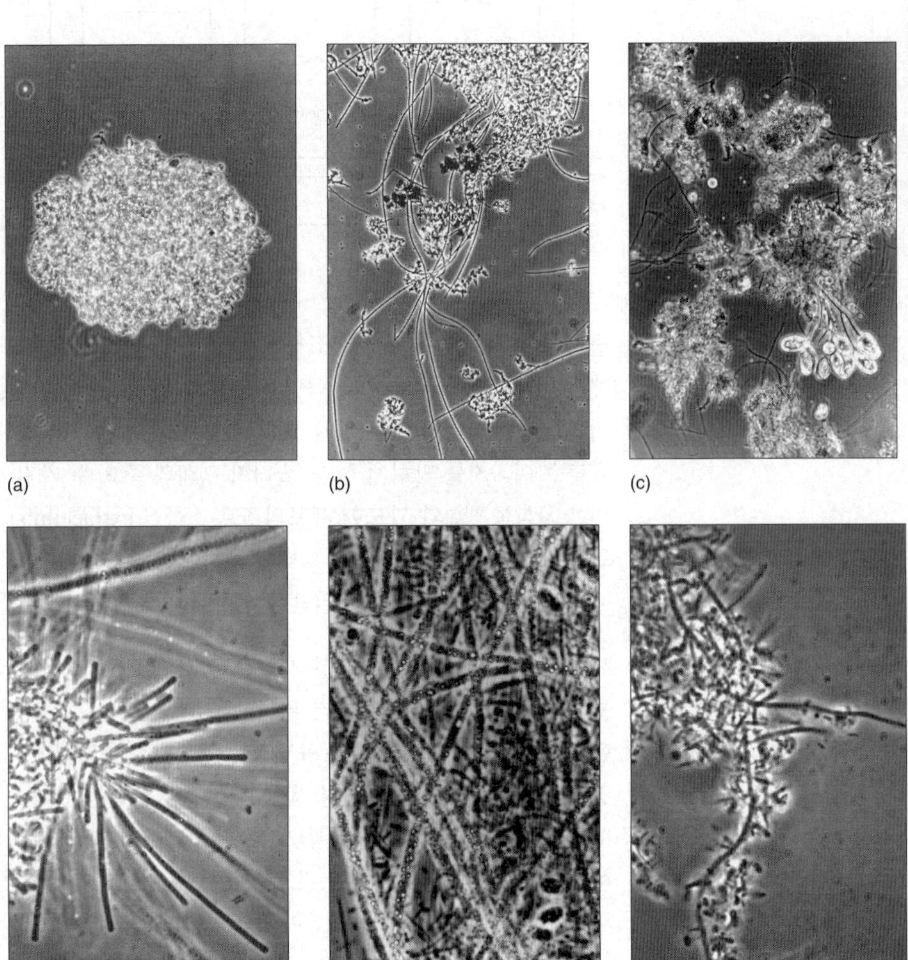

그림 8-13

침강성이 좋은 플럭과 나쁜 플럭의 사진: (a) 사상성 세균이 없는 침강성이 좋은 플럭, (b) 사상성 미생물에 의해 연결된 플럭 입자, (c) 제한적 사상성 세균이 존재하는 플럭 입자, (d) 플럭으로부터 돌출된 나쁜 침강성을 보이는 필라멘트, (e) 황 입자와 결합된 Thiothrix의 필라멘트, (f) 낮은 DO 농도에서 발견되는 type 1701 사상성 세균(Courtesy of Dr. David Jenkins, University of California, Berleley)

표 8-8
슬러지 팽화에 영향을 미칠 수 있는 처리장 설계와 운영 인자

인자	설명
폐수성상	유량의 변화
	pH, 온도, 부패정도, 영양염류 함량 등의 변화
	폐수의 성질
설계인자	제한된 공기 공급
	잘못된 혼합
	단회로현상(포기조와 침전지)
	침전지 설계(슬러지 이송과 침전 관련)
	제한된 반송슬러지 시설용량
운영인자	낮은 DO 농도
	부족한 영양염류
	낮은 F/M 비
	부족한 용존성 BOD

은 폐수의 특성, 반응조 설계와 운전과 관련이 있다. 세부적인 사항은 표 8-8에 나타내었다. 활성슬러지공정의 운전조건(낮은 DO 농도, 낮은 F/M 비, 완전혼합방식의 운영)이 사상성 세균의 성장과 명확한 관계가 있다. 위 운전조건과 관련된 사상성 세균의 동역학적 특징 중 하나는 유기물질, DO 또는 영양염류에 관계없이 낮은 농도에서 경쟁력을 가진다는 것이다. 따라서 저부하나 낮은 DO 농도(<0.5 mg/L)에서 운전되는 활성슬러지공정은 플럭을 형성하는 바람직한 세균보다 사상성 세균에 더 좋은 환경조건을 제공해주는 것이다.

점성 팽화의 발현. 점성 팽화라고 알려진 또 다른 팽화 현상은 과다한 세포 고분자물질에 의해 발생하는데 끈적끈적하며 젤리 같은 슬러지를 만든다(Wanner, 1994). 생체고분자는 친수성이기 때문에 활성슬러지는 물을 많이 보유하게 된다. 이런 슬러지는 밀도가 낮아져 침강속도가 감소하고 구조가 치밀하지 못하다. 점성 팽화는 영양이 제한된 시스템이나 많은 양의 rbCOD를 가지고 있는 폐수의 높은 F/M 비 조건하에서 발견된다.

Beggiatoa와 Thiothrix 팽화의 발현. *Beggiatoa*나 *Thiothrix*와 같은 사상성 세균은 각각 부패한 폐수에서 발견되는 황화수소나 환원된 기질에서 잘 성장한다(Wanner, 1994). 유입폐수가 발효산물인 휘발성 유기산과 환원된 황 화합물(sulfide와 thiosulfate)을 포함하고 있을 때 *Thiothrix*는 번성한다. 전염소처리로 이들의 성장을 방지하는 방법이 사용된다. 팽화를 유발하는 외에도 *Beggiatoa*나 *Thiothrix*는 살수여상이나 회전원판법과 같은 고정생물막법에도 문제를 야기한다.

슬러지 팽화의 제어. 팽화에는 많은 변수가 작용하기 때문에 조사해야 할 항목에 대한 목록이 긴요하다. 아래 항목이 보통 제안된다: (1) 폐수의 성상, (2) 용존산소 농도, (3) 공정 부하, 그리고 (4) 처리장 내의 과부하이다. 슬러지 침강 특성에 변화가 생겼을 때 제일 먼저 할 수 있는 것은 활성슬러지 혼합액 내에 팽화와 관련하여 어떤 미생물이 성장하고 있는지, 플럭의 구조가 어떻게 변하고 있는지를 현미경을 이용하여 관찰하는 것이다. 1000배 이상 확대 가능한 위상차 현미경이 사상성 세균의 구조와 크기를 관찰하기에 적당하다.

폐수 성상. 폐수 구성성분의 상태나 미량물질과 같은 특정 물질의 존재가 슬러지 팽화 발현을 이끈다(Wood and Tchobanoglous, 1975). 산업폐수가 간헐적이든 연속적이든 처리장에 유입된다면 폐수 내 질소와 인의 농도를 먼저 조사해야 하는데 이들이 팽화와 관계 있기 때문이다. 높은 탄소성 BOD를 갖는 산업폐수의 처리에 있어 영양염류의 부족은 전통적인 문제이다. 높은 황 함량을 나타내는 부패한 산업폐수는 *Beggiatoa*와 *Thiothrix*의 성장을 촉진한다. 큰 폭의 pH 변화도 재래식 처리장치에 해롭다. 회분식으로 운전되기 때문에 발생하는 유기물 부하의 변화는 DO 농도와 팽화 문제를 야기할 수 있기 때문에 조사되어야 한다.

용존산소 농도. 제한된 용존산소는 때때로 슬러지 팽화와 직결되어 있다. 용존산소에 의해 팽화가 발생했다면 포기장치를 최대 출력으로 운영하거나 가능하다면 산소요구량을 감소시킬 수 있도록 SRT를 감소시킬 수 있다. 보통 부하 조건에서 포기장치의 용량은 포기조에서 최소 2 mg/L의 용존산소를 유지할 수 있을 정도가 되어야 한다. 2 mg/L의 용존산소를 유지할 수 없다면 시스템의 개선이 요구된다.

낮은 DO 농도에서의 사상성 세균은 유입수 내 높은 DO 농도와 낮은 유기물 부하 조건에서 혐기성과 무산소 선택조에서 발생한다. 이러한 현상은 우기 시 침투/유입수와 유량과 공기주입량 측면에서 갑작스런 증감을 가져오는 현실을 무시한 설계로부터 유발된다.

처리장 내 과부하. 처리장 내 과부하를 피하기 위해서는 반류수가 수리학적 부하와 유기물 부하가 최고일 때 유입되지 않도록 제어해야 한다. 반류수의 예로는 슬러지 탈수 시설의 농축액 또는 여과액이나 슬러지 소화조의 상등액이다. 반류수의 영향을 줄이기 위해서 최소한 유량과 부하를 균일하게 하는 시설이 사용될 수 있다. 반류수 처리에 관해서는 15장에 기술한다.

임시 제어 방법. 비상상황에서나 위의 언급한 조건들이 조사되었을 때 임시 제어 방법으로 염소나 과산화수소가 사용될 수 있다. 반송슬러지에 염소 처리를 하는 것은 팽화를 제어하는 데 광범위하게 사용되어 왔다. 일반적으로 누리학적 체류시간(τ)이 낮은 시스템(5~10 h)에서 0.002~0.008 kg chlorine/kg MLSS/d의 염소가 사용된다(Jenkins et al., 2004). 사상성 세균 성장에 의한 팽화에는 염소처리가 유용하지만 간극수를 포함하는 가벼운 플럭에 의한 팽화에는 효과적이지 않다. 슬러지의 사상성 세균이 사라질 때까지 염소처리는 보통 유출수를 탁하게 만든다. 질산화 슬러지에 대한 염소처리는 질산화를 방해하거나 질산화 세균이 갖는 종속영양 세균에 비해 낮은 성장 속도 때문에 질산화 속도의 감소를 가져온다. 또한 염소처리는 잠재적인 보건 문제나 환경에 영향을 미치는 THM이나 기타 염소 화합물 생성의 문제를 가져온다. 과산화수소도 슬러지 내의 사상성 세균을 제어하는 데 사용된다. 과산화수소의 주입량이나 처리 시간은 사상성 세균 발생 정도에 따라 달라진다.

Nocardioform에 의한 거품. 두 종류의 세균, 즉 *Gordonia amarae*로 대표되는 *Nocardioforms* 형태와 *Microthrix parvicella*로 대표되는 *Candidatus* 속의 세균은 활성슬러지

공정의 광범위한 거품 생성과 연관되어 있다. 이 세균들은 소수성 세포 표면을 가지며 공기 방울에 부착하여 공기 방울을 거품형태로 안정화시킨다. 이 세균들은 활성슬러지 혼합액 위의 거품에서 다량 검출된다. 이들은 모두 현미경 관찰에 의해 구별이 가능하다.

Nocardioform의 특징. 이들을 일반적으로 플럭 입자 내에 포함되어 있는 짧은 필라멘트를 가지고 있다. *Microthrix parvicella*은 플럭 입자로부터 얇은 필라멘트를 가지고 있다. 포기조의 거품과 *Nocardioforms*의 현미경 사진이 그림 8-14에 나타나있다. 발생된 거품은 갈색이며 매우 두껍게 형성되며 그 두께가 0.5~1 m에 이른다.

Nocardioform에 의한 거품의 발현. *Nocardioform*에 의한 거품은 산기식과 기계식 포기 장치에서 모두 발생하지만 많은 공기량과 미세한 기포를 방출하는 산기식 포기 장치에서 보다 뚜렷하다. 또한 *Nocardioform*에 의한 거품은 무산소/호기 BNR 공정에서도 발현된다. *Nocardioforms*과 *Microthrix*의 존재는 폐수 내 지질 및 식용 기름과 연관되어 있다. 활성슬러지공정에서의 *Nocardioform*에 의한 거품은 폐 슬러지를 처리하는 혐기성이나 호기성 소화조에서도 발생한다. *Nocardioforms*과 *M. parvicella*은 포기조나 2차 침전지 표면의 스컴 내에서도 발견된다. 격막(baffle)을 가지고 있어서 물의 흐름이 표면이 아닌 격막 아래쪽으로 발생하는 포기조에서는 거품 형성 세균의 성장과 거품 축적이 잘 일어난다. 거품 형성 세균은 반응조 내에 축적됨으로써 활성슬러지 내의 다른 미생물보다 실질적으로 더 긴 SRT를 가지게 된다.

Nocardioform에 의한 거품의 제어. *Nocardioform*에 의한 거품을 제어하는 방법에는 (1) 2차 처리 공정에서 거품이 갇히는 것을 막는 방법, (2) 활성슬러지의 표면 폐기, (3) 2차 처리 공정으로 기름 찌꺼기의 반입을 막는 방법, (4) 거품 표면에 염소 살포, 그리고 (5) 식당, 트럭 정류장, 고기 포장 시설로부터 기름이나 그리스의 유입을 저감하는 방법이 있다. 양이온 고분자를 낮은 농도로 주입하는 것도 *Nocardioform*에 의한 거품을 제어하는 데 사용된다(Shao et al., 1997).

위 방법 가운데 앞의 세 가지 방법이 효과적이다. 위에서 언급했듯이 격막을 사용할 때 발생하는 거품 형성 세균의 축적을 제한하기 위해 수면 아래로 위어를 설치하기도 한

그림 8-14

Nocardioform에 의한 거품: (a) 포기조의 거품, (b) 그램 염색되어 있는 Nocardioform의 필라멘트

(a)

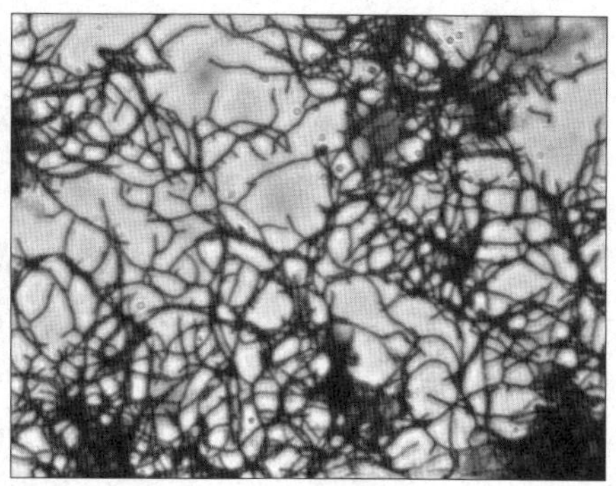

(b)

다. 표면 폐기처럼 거품 형성 세균이 반응조로부터 제거되기 때문에 그 활성이 감소하게 된다. 거품 제어를 위한 표면 폐기 방법은 1998년 Barnard에 의해 제안되었으며 노르웨이 Groos 폐수처리장의 실규모 BNR 처리시설에서 성공적인 결과를 얻었다고 보고되었다(Ydstebo et al., 2000). Parker 등(2011)은 이와 같은 방법을 많은 활성슬러지 처리장에 적용하였고 반응조 내의 설계를 분류 선택조(classifying selector)라고 명명했다. 뉴욕시의 생물학적 질소처리 공정에서서는 주기적인 슬러지 폐기 방법으로 표면 폐기와 4개의 플러그 흐름 시스템의 첫 번째 시스템의 끝에 염소 살포 시설을 설치하였다(Mahoney et al., 2007). 일반적으로 2,000~3,000 mg/L 정도 첨가되는 염소는 활성슬러지 표면에서 거품 형성 세균을 사멸시키는데 효과적이다.

슬러지 부상. 침강성이 좋은 슬러지가 비교적 짧은 침강시간 후에 표면으로 떠오르는 경우가 간혹 관찰된다. 이런 현상의 일반적인 원인은 폐수 내 아질산이온과 질산이온이 질소 가스로 변환되는 탈질화 현상 때문이다. 슬러지 층에서 질소 가스가 생성됨에 따라 슬러지 층에 갇히게 된다. 충분한 양의 가스가 생성되면 슬러지는 떠오르게 되고 수면에서 떠다닌다. 이런 슬러지는 작은 기체 방울이 슬러지에 부착되어 있는 것을 관찰할 수 있고 2차 침전지 표면에 더 많은 슬러지가 부유한다는 점에서 팽화 슬러지와 구별된다. 슬러지 부상은 온도가 질산화가 일어나기 유리할 때, SRT가 짧아 슬러지 활성이 강할 때 일반적으로 발생한다.

슬러지 부상의 제어. 슬러지 부상은 (1) 2차 침전지로부터 반송을 위한 슬러지 유량을 늘려 2차 침전지에서의 체류시간을 감소시키는 방법, (2) 반송슬러지 폐기량을 증가시켜 슬러지 깊이를 감소시킬 때 2차 침전지로 유입되는 활성슬러지의 비율을 감소시키는 방법, (3) 침전지의 슬러지 차집 속도를 증가시키는 방법, 그리고 (4) 질산화가 일어나지 않도록 SRT를 감소시키는 방법이 있다. 질산화를 제어하기 위해 SRT를 낮게 운전하기 어려운 더운 지역에서는 무산소/호기공정이 부상슬러지 문제를 감소시킬 수 있으며 보다 안정적인 운영을 할 수 있게 한다.

≫ MBR 시스템의 운영상 문제점

MBR 공정에서 발생하는 주요 문제는 거품과 막 폐쇄(fouling)이다. 이들 각각에 대해 아래에서 간단히 다루고 막에 의한 고액분리를 다루는 8-12절에서 언급하겠다.

거품. 활성슬러지와 2차 침전지 공정과 비슷하게 미세기포를 사용하는 MBR 시스템에도 *Nocardioform*에 의한 거품이 발생한다. 활성슬러지와 2차 침전지 공정에서 설명한 내용이 MBR 시스템에도 적용된다.

막 폐쇄(fouling). MBR 공정은 막을 막히게 하는 운전상 문제점을 피하기 위한 운영 모드를 적용해야 한다. 폐수처리장의 용량은 막폐쇄에 의한 플럭스의 감소로 인하여 감소할 수 있다. 막 폐쇄는 막 공급자가 제공하는 세척과 운영 방법에 의해 방지할 수 있고 전단계에 미세스크린을 운영하거나 적절한 SRT와 슬러지 농도를 유지함으로써 방지할 수 있다. 부적절한 스크린의 사용은 머리카락이나 섬유상 물질들이 막표면에 쌓이게 할 수 있는데, 이는 일반적인 막 세척 공정으로 제거할 수 없다. 8일 정도의 낮은 SRT를 적용하여 보다 젊은 활성슬러지로부터 미생물 체외물질을 배출시켜 심각한 막 폐쇄를 막을 수 있다. 긴 SRT는 막 폐쇄율을 증가시키는 작은 플럭이나 부유세균의 양을 증가시키는 결과를 가져온다.

8,000~14,000 mg/L 정도의 MLSS 농도는 일반적인 운영 범위이다. 보다 높은 MLSS농도는 막 표면으로의 고형물 양과 공기에 의한 고형물 제거량과의 균형을 맞추기 위해 보다 작은 플럭스를 요구한다. 과다한 MLSS 농도(>18,000 mg/L)는 일반적인 설계범위를 벗어나는 것이며 "sludged up"이라고 표현되는 상태가 되어 원하는 플럭스를 얻기 위해 특별한 방법의 세척이 요구된다.

특정한 폐수 물질은 막공정의 원활한 운전을 위하여 처리시설이나 MBR 시스템으로 유입되는 것을 방지해야 한다. 식용유와 그리스는 막 표면에 부착되어 과도한 막 폐쇄를 유발하므로 특별한 세척방법을 도입하여 제거해야 한다.

8-4 선택조 유형과 설계 고려사항

선택조는 호기성, 무산소 혹은 혐기성 조건의 반송슬러지가 유입폐수와 혼합되는, 포기조 앞 단의 반응조 집단이나 작은 단일 반응조(30~60분 정도의 접촉시간)를 지칭한다. 활성슬러지공정의 일부로서 선택조를 포함하는 목적은 플럭 형성 세균의 성장을 유도하고 앞 절에서 설명한 팽화를 유발하는 사상성 세균을 억제하기 위한 것이다. 활성슬러지 공정에서 선택조는 슬러지 침강성 향상과 더불어 질소 및 인 제거와 같은 장점 때문에 사용하는 것이 일반적이다. 슬러지 침강성 향상에 의해 활성슬러지 처리시설의 용량이 늘어나는 효과를 갖게 되는데, 이는 높은 MLSS 농도를 유지할 수 있기 때문이다. 2차 침전지의 수리학적 용량도 증가한다. 슬러지 팽화의 원인과 사상성 세균 제어에 사용되는 선택조의 유형과 설계 고려사항을 이 절에서 설명하겠다.

❯❯ 선택조 유형과 설계 고려사항

선택조의 개념은 슬러지가 좋은 침강성과 농축 특성을 갖도록 사상성 세균 대신 플럭 형성 세균의 성장에 도움을 주기 위해 특별한 형태의 생물반응조를 사용한다는 것이다. 혐기성, 호기성, 무산소 선택조의 다양한 형태를 각각 그림 8-15(a)와 (b) 그리고 (c)에 나타내었다.

선택조는 활성슬러지 포기조 앞에 위치하며 플러그 흐름 공정의 독립적인 부분이나 완전혼합 시스템에서 분리된 반응단계로 설계된다. 연속회분식 반응조에서도 선택조를 도입하여 운전하기도 한다. 선택조의 목표는 유입수 내 rbCOD를 사상성 세균이 아닌 플럭형성 세균에 의해 소비되도록 하는 것이다. 선택조 설계는 다음에 설명하겠지만 반응속도나 대사과정에 기반한다(Albewrtson, 1987; Jenkins et al., 2004; Wanner, 1994). 반응속도를 기반으로 한 설계를 높은 F/M 선택조라고 하고 대사 중심 선택조는 무산소 혹은 혐기성 공정이다.

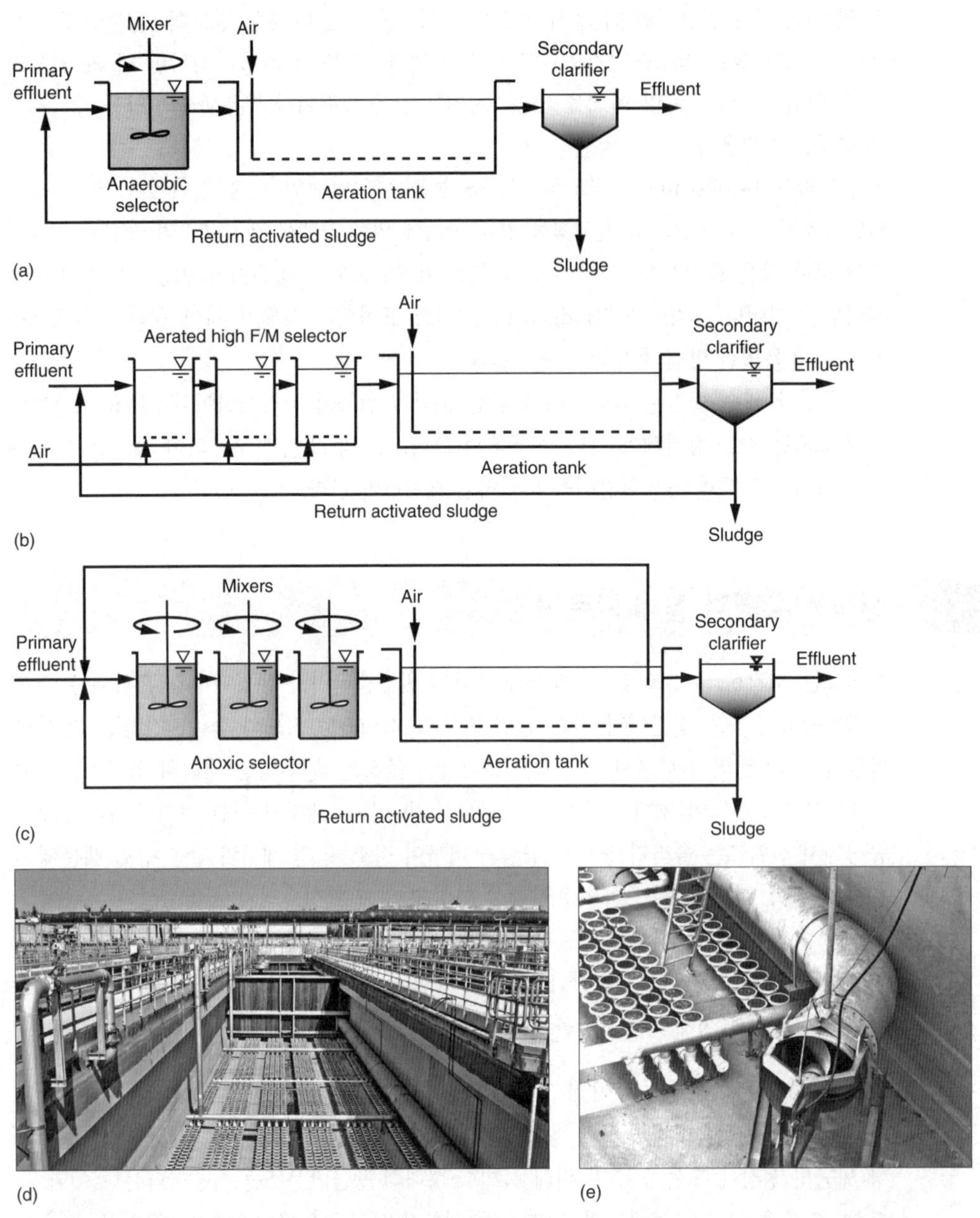

그림 8-15

선택조의 형태 (a) 혐기/호기, (b) 높은 F/M, (c) 무산소 선택조, (d) 무산소 선택조를 가진 플러그 흐름 반응조의 전경(포기조 말단에서 촬영). 바닥 오른쪽의 파이프는 위 사진 (c)에 나타낸 무산소 선택조로 반송슬러지를 이동시키는 데 사용된다. (e) 무산소 선택조로 슬러지를 반송시키는데 사용되는 포기조 말단의 축방향 펌프

반응동역학 기반 선택조. 생물반응속도 모델에 기반한 선택조 설계는 플럭 형성 세균의 빠른 기질의 소비를 유발하는 기질 농도를 제공한다. 사상성 세균은 낮은 기질 농도에서 기질 소비가 보다 효과적인 반면, 플럭 형성 세균은 그림 8-16에 나타낸 바와 같이 높은 농도에서 높은 성장률을 갖는다. 동역학 기작에 대안적인 확산 기작이 제시될 수 있

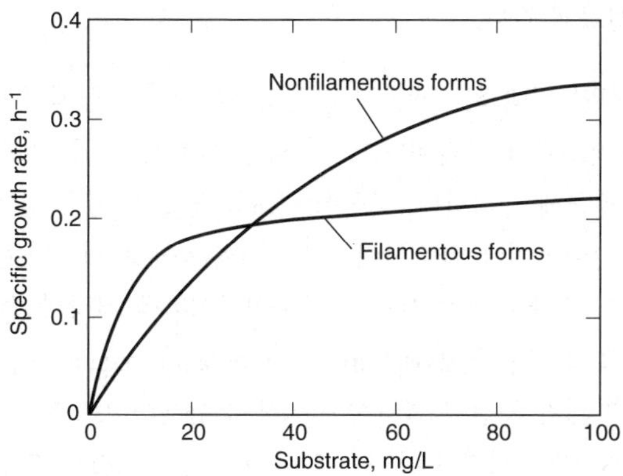

그림 8-16
낮은 농도에서 높은 비증식 속도를 보이는 사상성 세균에 대한 반응속도 기반 선택조

는데 세균 군집 선택에 있어 rbCOD 기질 농도의 영향 측면에서 같은 결과를 나타낸다(Martins et al., 2003). 확산 기작에서 군집의 선택은 사상성 세균과 플럭형성세균 사이의 생물반응속도론의 차이가 아닌 플럭 내에서 기질의 농도경사와 관련이 있다고 가정한다. 낮은 기질 농도에서 사상성 세균은 플럭으로부터 뻗어 나와서 용액 내 기질에 보다 쉽게 접근할 수 있는 형태학적 장점을 가지고 있다. 낮은 τ값(min)을 갖는 연속된 반응조는 시간 단위의 값을 갖는 포기조로 유입폐수를 공급하는 것과 대조적으로 높은 농도의 기질을 공급할 수 있다.

동역학적 혹은 높은 F/M 선택조는 표 8-9에 나타낸 것처럼 같은 크기를 갖는 앞 단 두 개의 반응조와 두 배의 크기를 갖는 세 번째 반응조가 연속적으로 연결되는 세 개의 반응조 시스템이 사용된다. F/M 비는 첫 번째 반응조에 대해 반응조의 부피, MLSS농도, 유입폐수의 유량과 COD 농도를 이용하여 계산한다. 두 번째 반응조의 F/M 비는 첫 번째 반응조와 두 번째 반응조의 부피와 유입폐수 유량과 COD 농도의 곱인 부하(loading)를 포함한다. 산소요구량은 용존성 COD 제거량의 15~25% 정도이며(Jenkins et al., 2004), DO 농도가 0.20 mg/L보다 작을 때 산소공급량은 15~20 mg O_2/g mass/h이며 DO 농도가 1.0 mg/L 이상이면 30~35 mg O_2/g mass/h이다(Albertson, 1991). 직렬 연결된 선택조의 사용은 다양한 유입 유량 조건과 부하 조건에서 rbCOD 제거를 극대화할 수 있다는 장점을 가지고 있다.

SBR은 폐수의 강도와 유입 방법에 따라 매우 효과적인 높은 F/M 선택조 역할을 할 수 있다. 고농도 폐수에서 초기 SBR 반응조의 많은 부분을 폐수가 차지하는 경우, 초기에 높은 F/M를 나타내게 된다. 회분식 공정에서 이어지는 반응은 플러그흐름반응조에서

표 8-9
3단 호기성과 무산소 선택조의 설계 부하

	호기성		무산소
선택조 구역	F/M 비, g COD/g MLSS · d	산소전달률, g O_2/g · h	F/M 비, g COD/g MLSS · d
1	12	15~35	6
2	6	15~35	3
3	3	15~35	1.5

일어나는 반응과 같다.

대사과정 기반 선택조. 생물학적 영양염류제거 공정에서 슬러지 침강성 향상과 사상성 세균 성장 최소화가 관찰된다. 이런 공정에서 사용되는 무산소 혹은 혐기성 대사조건은 플럭 형성 세균에 유리하다. 사상성 세균은 탈질 플럭 형성 세균의 중요한 장점이라고 할 수 있는 질산이온이나 아질산이온을 전자수용체로 사용하는 속도가 플럭 형성 세균만큼 빠르지 않다. 또한 사상성 세균은 다중인산이온을 저장할 수 없으며, 따라서 지질의 과다 섭취와 인 축적 미생물(phosphorus accumulating organisms, PAQs)의 성장에 유리한 고도 생물학적 인 제거 공정의 혐기성 구역에서 아세테이트를 소비할 수 없다. 인 제거는 요구하지 않지만 BOD 제거를 목적으로 설계된 낮은 SRT의 활성슬러지공정에서 SVI 제어를 위해 몇몇 폐수처리장(시애틀 South plant, 샌프란시스코 등)에서 혐기성 선택조가 사용되었다.

질산화는 사용하지만 인 제거는 요구하지 않는 경우, 다단 높은 F/M 선택조 혹은 일단 무산소 선택조가 사용되었다. 높은 F/M 무산소 혹은 혐기성 선택조에서 슬러지의 SVI 값은 65~90 mL/g이 일반적이었으며 일단 무산소 선택조의 경우는 100~120 mL/g의 SVI 값이 나타났다. 무산소 선택조로 개조하는 폐수처리장의 예가 그림 8-17에 나타나 있다. 무산소 구역 내의 다단 호기성 구역은 낮은 SVI 값을 가지면서 슬러지 침강성 향상 결과를 보여준다(Albertson, 1991; Kruit et al., 2002; Xin et al., 2008).

선택조 도입에도 나타나는 나쁜 침강성

선택조의 사용은 슬러지 침강성을 향상시키는 결과를 나타내지만(Albertson, 1991; Parker et al., 2004), 선택조 설치에도 불구하고 나쁜 침강성이 나타나는 경우가 있다. 가

그림 8-17

질소제거를 위해 다단 무산소 선택조를 가지도록 기존 폐수처리 시설을 무산소/호기공정으로 개선하는 예

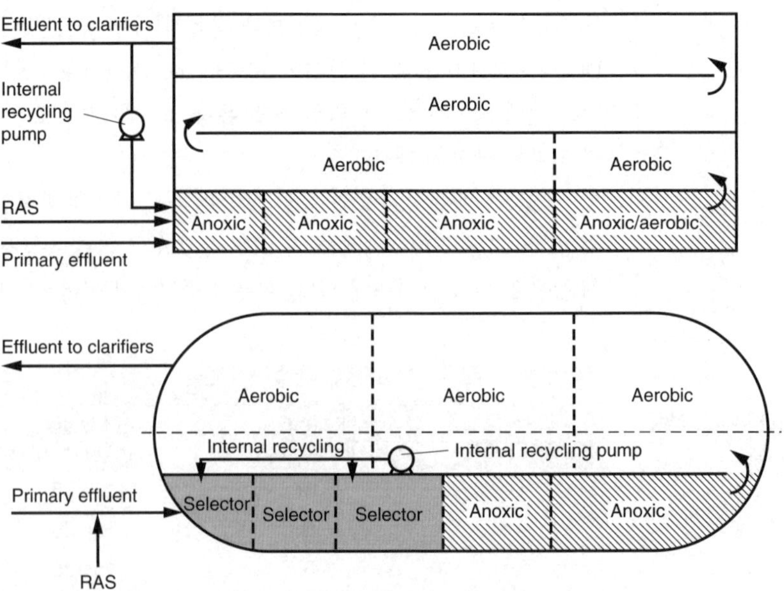

능한 이유는 (1) 부피, 다단, 혼합에서 잘못된 설계, (2) 후속 처리 공정의 부적절한 공기 공급이나 SRT, (3) 고농도의 황을 함유하는 부패한 폐수의 유입, 그리고 (4) 선택조에 의해 덜 영향을 받는 사상성 세균의 존재 등이다. 이러한 미생물에는 무산소 구역에서 장쇄지방산을 사용할 수 있는 *Microthrix parvicella*가 포함된다. 포기조의 DO 농도가 2.0 mg/L 이상인 경우에서 다단 무산소–호기공정의 포기조 SRT를 줄이고 거품이 모이는 지역을 줄임으로써 *M. parvicella*는 제어될 수 있다(Jenkins et al., 2004).

8-5 활성슬러지공정 설계 고려사항

활성슬러지공정 설계는 주요 오염물의 물질수지 수행과 기본적인 동역학 관계를 적용하는 것을 포함한다. 이런 계산은 수 계산과 스프레드 시트, 컴퓨터 모델링 등을 이용해 수행된다. 동적 공정분석과 설계 최적화를 위해 실시하는 컴퓨터 모델을 통한 모사의 시발점을 제공하고 자신이 설계하는 공정을 이해하는 데 도움이 되도록 정상상태의 스프레드시트를 이용한 계산을 하는 것이 일반적이다. 이 절의 목적은 정상상태 설계 접근법과 일반적인 모델 변수와 반응구성요소, 반응계수 및 동역학을 서술하는 데 사용되는 범용 매트릭스 모델을 포함하는 컴퓨터 모사 모델링을 정리하여 소개하는 것이다.

》 정상상태 설계 접근법

폐수 성상, 생물학적 처리, 공정해석에 관한 기본적인 원리는 7장과 8–2, 8–3절에서 소개하였다. SRT는 유출수의 기질 농도, 슬러지 폐기량, 총 산소요구량을 결정하는 데 사용되는 기본적인 공정변수라고 소개하였다. SRT와 기본적인 설계, 성능 변수 사이의 관계가 SRT와 MLSS 농도를 이용하여 포기조 부피를 결정하는 식과 함께 표 8–10에 나타나 있다. 이 식들은 일정한 유량, 유입수 성상에서 정상상태 운전조건이라고 할 때 공정 설계와 유출수 농도를 결정하는 데 유용하게 사용된다.

폐수성상 일 변화의 영향. 3장에서 나타낸 바와 같이 폐수 유량과 농도는 일정하지 않고 매일 변한다. 주어진 SRT로 운전될 때 유출수 기질 농도는 부하가 큰 시기에 높고 부하가 작은 시기에 낮을 것이다. SRT 8일, 15°C에서 운전된 질산화 활성슬러지공정에서 일부하변동이 유출수의 NH_4-N 농도에 미치는 영향을 그림 8–18에 나타내었다. 계산에 사용된 평균 유입수 BOD와 TKN 농도는 각각 220 mg/L와 35 mg/L이다. 일정한 유량과 부하라고 가정하면 식 (7–94)와 (7–98)로 계산되는 정상상태 NH_4-N 농도는 0.82 mg/L이다. 일별 부하는 그림 3–11에 나타낸 폐수의 일별 유량과 BOD 변화에 기초한다. 동적 모사 모델에서 같은 동역학 계수와 상수값을 사용하면 유출수 NH_4-N 농도가 24시간 동안 0.2~2.8 mg/L까지 변하며 유량을 고려한 유출수 NH_4-N 농도는 1.45 mg/L이다. 혼합채취되는 유출수 농도가 설계값 이하가 되도록 하기 위하여 정상상태에서 계산된 설계 SRT는 안전율(보통 1.3~1.5)을 곱하여 고부하 조건에도 운영될 수 있도록 충분한 생바이오매스를 보유하게 해야 한다.

표 8-10

부유성장 공정의 분석에 사용되는 수식 정리

적용 내용	수식	수식번호
온도	$k_T = k_{20}\theta^{(T-20)}$	1-44
sCOD 제거율	$r_{SU} = \dfrac{kXS}{K_S + S}$	7-12
	$\mu_{max} = Yk$	7-16
NH_4-N 산화율	$r_{NH_4} = \left(\dfrac{\mu_{max,AOB}}{Y_{AOB}}\right)\left(\dfrac{S_{NH_4}}{S_{NH_4} + K_{NH_4}}\right)\left(\dfrac{S_o}{S_o + K_{o,AOB}}\right)X_{AOB}$	7-101
NO_3-N 산화율	$r_{NO_3} = \left(\dfrac{1 - 1.42Y_H}{2.86}\right)\left[\dfrac{\mu_{H,max}S_s}{Y_H(K_s + S_s)}\right]\left(\dfrac{S_{NO_2}}{K_{NO_2} + S_{NO_2}}\right)\left(\dfrac{K'_o}{K'_o + S_o}\right)(\eta)X$	7-133
비성장률과 SRT	$\mu_{AOB} = \mu_{max,AOB}\left(\dfrac{S_{NH_4}}{S_{NH_4} + K_{NH_4}}\right)\left(\dfrac{S_o}{S_o + K_{o,AOB}}\right) - b_{AOB}$	7-94
	$SRT = \dfrac{1}{\mu_{AOB}}$	7-98
	$SF = SRT_{des}/SRT_{min}$	7-73
미생물 생성량, 종속양세균(VSS)	$P_{X,bio} = \dfrac{QY_H(S_o - S)}{1 + b_H(SRT)} + \dfrac{(f_d)(b_H)QY_H(S_o - S)SRT}{1 + b_H(SRT)}$	8-20 (A + B)
슬러지생성량($P_{X,VSS}$)	$P_{x,VSS} = P_{X,bio} + \dfrac{QY_n(NO_X)}{1 + b_n(SRT)} + Q(nbVSS)$	8-20
슬러지생성량($P_{X,TSS}$)	$P_{x,TSS} = \dfrac{P_{X,bio}}{0.85} + \dfrac{QY_n(NO_X)}{0.85[1 + b_n(SRT)]} + Q(nbVSS) + Q(TSS_o - VSS_o)$	8-21
반응조 부피와 질량	$Mass = X_{VSS}(V) = (P_{X,VSS})SRT$	7-56
	$Mass = X_{TSS}(V) = (P_{X,TSS})SRT$	7-57
SRT	$SRT = \dfrac{VX}{(Q - Q_w)X_e + Q_wX_R}$	
	$SRT = \dfrac{V}{Q_w}$	8-27 8-31
	$SRT = \dfrac{\left(\dfrac{R}{1 + R}\right)V_A + V_M}{Q_w}$	8-36
CMAS 유출수의 bsCOD	$S = \dfrac{K_s[1 + b_H(SRT)]}{SRT(Y_Hk - b_H) - 1}$	7-46
CMAS의 미생물	$X = \left(\dfrac{SRT}{\tau}\right)\left[\dfrac{Y_H(S_o - S)}{1 + b_H(SRT)}\right]$	7-42
CMAS에서 산소요구량	$R_o = Q(S_o - S) - 1.42P_{x,bio} + 4.57Q(NO_X)$	8-23
산화된 암모니아	$NO_X = TKN - N_e - 0.12P_{x,bio}/Q$	8-24
다단 시스템에서 산소요구량	$R_{o,2} = (Q_1)(1 - Y_H)[(S_{s,1} - S_{s,2}) + (X_{s,1} - X_{s,2})] + (Q_1)4.57(NO_2 - NO_1) + 1.42b_H(X_{b,2})V_2$	8-25

(계속)

표 8-10 (계속)

적용 내용	수식	수식번호
F/M 비	$F/M = \frac{QS_o}{VX}$	7-62
유기물 부하	$L_{org} = \frac{(Q)(S_o)}{(V)}$	7-69

모든 수식은 이미 정의되었음.

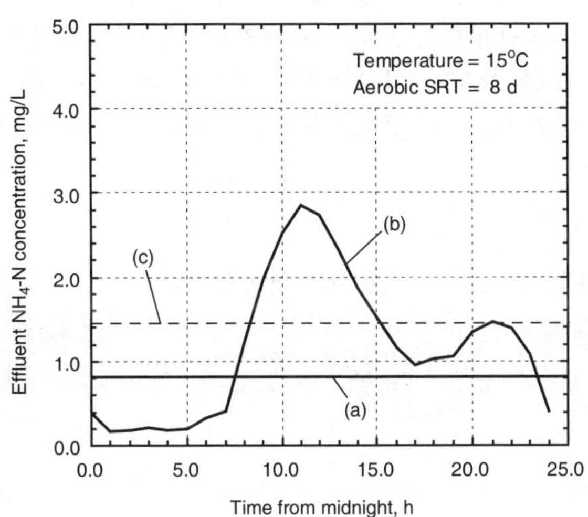

그림 8-18

동일한 평균 유입유량 및 TKN 부하 조건에서 동일한 온도와 SRT로 운전되는 질산화 활성슬러지 시스템에서 유출수 NH_4-N 농도의 비교: (a) 일정한 유입수 조건에서 유출수 NH_4-N 농도, (b) 유입유량과 농도의 일변화에 따른 유출수 NH_4-N 농도 대 시간 (c) 유입유량과 농도의 일변화에 따른 24시간 조합시료의 NH_4-N 농도.

다단 반응조를 이용할 때의 영향. 정상상태 수식을 이용하는 것은 완전혼합 활성슬러지공정(completely mixed activated sludge, CMAS)의 설계에는 만족스럽지만 여러 반응조가 직렬로 연결되는 활성슬러지공정에서 각 반응조의 유출수 농도와 산소요구량을 결정하는 데는 쉽게 사용되지 않는다. 다단 반응조는 생물학적 영양염류 제거와 질산화 공정에서 일반적으로 사용된다. 그림 8-8(b)에 나타낸 바와 같이 bsCOD와 pbCOD 농도는 각 단마다 변하며 이에 따라 제거율도 변한다. 부하가 바뀌는 CMAS 시스템이나 다단의 호기성, 무산소, 혐기성 조건을 포함하는 CSTR 시스템에 대해 공정 설계에서 필요로 하는 계산은 컴퓨터 모사 모델로 보다 안정적으로 수행할 수 있다.

모사 모델의 사용

모사 모델은 활성슬러지공정의 각 반응조의 각종 농도 변화와 동역학 등에 사용할 수 있다. 컴퓨터 모델링은 동적 조건과 정상상태 조건 모두에서 활성슬러지공정의 성능을 평가하기 위해 많은 변수와 반응을 종합하는 수단을 제공하고 일단 완전혼합공정뿐 아니라 다단 공정을 쉽게 설계할 수 있게 한다.

활성슬러지 모델의 역사적 발전과정. IWA (International Water Association)의 작업 그룹에서 개발된 최초 활성슬러지 모델(Activated Sludge Model 1, ASM1)은 활성슬러

지공정의 해석과 설계를 위해 컴퓨터 모델을 사용하는 주요한 계기를 제공하였다(Henze et al., 1987). 탄소 산화, 질산화, 탈질화로 제한되었던 ASM1 모델은 ASM2과 ASM2d 모델로 발전하면서 발효, 고도 생물학적 인 제거, 화학적 인 제거 등을 포함하였다(Henze et al., 1995; Barker and Dold, 1997). ASM3에서 모델 구조의 개선이 이루어졌다(Gujer et al., 1999; Henze et al., 2000). 위 모델을 포함하는 상용 소프트웨어가 여러 활성슬러지공정을 설계하는 기술자에 의해 일반적으로 사용된다.

일반적 모델 특성. 활성슬러지 모사 모델에 포함되는 요소들은 상태 변수(state variales)라고 불린다. 주요 요소는 그들의 생성과 사멸을 유도하는 반응의 형태에 대한 간단한 설명과 함께 표 8-11에 정리하였다. 오늘날 사용되는 활성슬러지공정 모델은 매우 복잡하며 BOD 제거, 질산화, 탈질화 인 제거 등을 포함한다. 위의 공정에 포함되는 반응은 인을 저장할 수 있기도 하고, 없기도 하다. 그러면서 질산이온을 전자수용체로 사용할 수

표 8-11
ASM2d의 주요 공정 요소와 그들의 농도변화에 영향을 미치는 반응의 형태

모델 요소	기호	반응 또는 유입	
		생산 또는 유입	저감
용존 O_2	S_{O_2}	유입폐수 포기	X_H, X_{AUT}, X_{PAO}에 의해 소비
rbCOD	S_F	유입폐수 X_S의 수화반응	X_H에 의한 생분해 X_H에 의한 발효
아세테이트	S_A	유입폐수 S_F의 발효	X_{PAO}에 의한 흡수 X_H에 의한 생분해
암모니아	S_{NH_4}	유입폐수 유기 질소의 수화반응 세포 사멸물질의 수화반응	독립영양 세균(X_{AUT})에 의한 산화 X_H, X_{AUT}, X_{PAO}에 의한 합성
질산이온	S_{NO_3}	S_{NH_4}에 의한 X_{AUT}의 산화	합성
인	S_{PO_4}	유입폐수 유기물의 수화반응	X_H, X_{AUT}, X_{PAO}의한 합성 X_{PAO}에 의한 무산소와 호기성 섭취
알칼리도	S_{ALK}	유입폐수 S_{NO_3}의 생물학적 환원	X_{AUT}에 의한 S_{NH_4}의 산화
생분해 입자성 COD	X_I	유입폐수 세포 사멸	
늦은 생분해 COD	X_S	유입폐수 세포 사멸	X_H의 수화반응
일반 종속영양 세균	X_H	S_F, S_A로부터의 성장	세포 사멸
인 축적 종속영양 세균	X_{PAO}	X_{PHA}소모를 통한 성장	세포 사멸
저장된 PHA	X_{PHA}	S_A로부터 X_{PAO}에 의해 혐기성 조건에서 생성	호기와 무산소조건에서 X_{PAO}에 의한 생분해
저장된 폴리 인산염	X_{PP}	X_{PHA}의 산화	혐기성 조건에서 X_{PAO}에 의한 환원
암모니아 산화 세균	X_{AUT}	S_{NH_4} 산화 과정 중 성장	세포 사멸

있기도 하고 없기도 한데 종속영양 세균뿐 아니라 독립영양 질산화 세균을 포함하는 다양한 세균에 의해 수행된다. 발효 가능한 용존성 COD, 아세테이트, 생분해 가능한 입자성 COD, 무반응성 입자와 용존성 COD, 무기 질소, 산소 소모성 용존 인, 슬러지 생성량 등 폐수 특성 인자의 영향이 포함되어 있다.

중요한 모델 특징. 모델은 기질의 소비가 아닌 성장을 기본으로 한다. Monod 비성장률은 독립영양 혹은 종속영양 세균의 성장을 모사하기 위해 사용된다. 기질, 산소, 영양염류의 소비율은 반응계수에 의해 성장률과 관계되어 있다. 모델의 다른 특징은 COD가 바이오매스와 기질량을 나타내는 변수로 사용되기 때문에 COD 물질수지가 기질의 소비, 미생물 성장, 산소 소모 등에 사용된다. 모델은 활성슬러지 설계를 위해 내생 사멸 계수 대신 내생호흡을 위한 lysis-regrowth 모델을 사용한다. lysis-regrowth 모델에서 내생 사멸은 일부는 생분해가 가능하고 일부는 수화반응을 거쳐 rbCOD에 기여하는 미생물 입자를 방출하는 것으로 한다. 또 다른 일부는 이 장에서 설명하는 활성슬러지 모델에서 내생호흡과 연관되는 세포 찌꺼기로 남는다. 내생호흡 모델로 같은 슬러지 생산량을 계산하기 위해서 lysis-regrowth 모델의 사멸계수 값은 더 커야 한다.

아질산이온의 포함. 활성슬러지공정에서 산화되는 암모니아의 대부분은 미량의 아질산이온과 함께 질산이온으로 존재하기 때문에 ASM1, ASM2, ASM2d, ASM3 모델은 아질산이온을 상태변수로 포함하지 않는다. 그러나 고온(>25°C), 다단 질산화 공정의 초기 단계, 낮은 용존산소 농도 등의 특정 조건에서 아질산이온이 암모니아 산화의 중요한 부분을 차지하기 때문에 오늘날 그것을 모사 모델에 포함한다.

매트릭스 모델 형태. 복잡한 수식들이 유기성 기질(용존성 및 입자성), 무기성 기질(암모니아, 질산이온, 인), 용존산소, 다양한 종속영양 및 독립영양 세균과 같은 다양한 요소를 포함하는 활성슬러지공정에서 많은 반응을 서술하기 위해 필요하다. 많은 수식으로 모델을 구성하는 대신, 보다 일반적인 매트릭스 형태의 접근이 채택되었다. 공정의 반응과 각 반응과 요소를 연결하는 반응계수들이 매트릭스 모델 형태로 표현되었다. 매트릭스 형태의 장점은 공정을 상대적으로 간단하며 압축적인 형태로 표현할 수 있다는 것이다. 이 절의 목적은 활성슬러지 모델에서 요소, 반응, 반응계수를 보여줌으로써 매트릭스 모델을 소개하고 공정을 모사하는 데 매트릭스 형태가 어떻게 사용되는지 보여주는 것이다. 나아가 주어진 공정 요소와 연관된 많은 수식들을 기술하는 데 매트릭스 모델이 어떻게 해석되는지를 보여주는 것이다. 예를 들면 ASM2 (Henze et al., 1995)이 포괄적인 활성슬러지 모델의 기본 특징을 표현하는 데 사용되었다.

≫ 매트릭스 모델 형태, 요소, 반응

간편한 매트릭스 형태가 관련된 많은 수식을 보여주지 않으면서 모델을 구성하는 데 사용된다. ASM2d 모델은 19개의 요소와 21개의 관련 반응을 포함한다. 몇몇 요소와 반응을 기본적인 모델형태를 보여주기 위해 기술하겠다.

공정 반응과 화학반응계수. 생물학적 공정과 관련된 14개의 주요 요소를 표 8-11에 나타내었다. 공정 반응과 그와 연관된 화학반응계수를 각각 표 8-12와 8-13에 나타내었다. 화학반응계수는 모델 요소들의 변화와 성장 속도를 관계 맺는 데 사용된다. ASM2에서 공정 반응은 다루는 분야에 따라 아래 5가지로 구분된다:

- 가수분해 공정
- 종속영양 미생물(호기성 산화, 탈질, 발표, 자산화를 포함)
- 인 축적 미생물
- 암모니아 산화 미생물
- 수산화철과 인의 동시 침전

혐기성, 무산소, 호기성 조건하에서 PHA와 인 저장을 포함하는 고도 생물학적 인 제거; 무산소, 호기성 조건하에서 인 축적 미생물(X_{PAO})의 성장; XPAO의 자산화와 인과 PHA의 방출에 관련된 식은 간단히 표현하기 위해 표 8-12에 포함시키지 않았다.

표 8-12
ASM2d에서 사용하는 공정 속도식의 예

i[a]	공정	속도식, r_i
가수분해		
1	호기성 가수분해	$K_h\left(\frac{S_{O_2}}{K_{O_2}+S_{O_2}}\right)\left(\frac{X_S/X_H}{K_X+X_S/X_H}\right)X_H$
2	무산소 가수분해	$K_h\left(\frac{K'_{O_2}}{K'_{O_2}+S_{O_2}}\right)\left(\frac{S_{NO_3}}{K_{NO_3}+S_{NO_3}}\right)\left(\frac{X_S/X_H}{K_X+X_S/X_H}\right)(\eta_{NO_3})X_H$
종속영양 미생물, X_H		
4	S_F의 호기성 성장	$\mu_H\left(\frac{S_{O_2}}{K_{O_2}+S_{O_2}}\right)\left(\frac{S_F}{K_F+S_F}\right)\left(\frac{S_F}{S_A+S_F}\right)(\text{Growth}_{\text{Lim}})(X_H)$
5	S_A의 호기성 성장	$\mu_H\left(\frac{S_{O_2}}{K_{O_2}+S_{O_2}}\right)\left(\frac{S_A}{K_A+S_A}\right)\left(\frac{S_A}{S_A+S_F}\right)(\text{Growth}_{\text{Lim}})(X_H)$
6	S_F의 무산소 성장	$\mu_H(\eta_{NO_3})\left(\frac{K'_{O_2}}{K'_{O_2}+S_{O_2}}\right)\left(\frac{S_{NO_3}}{K_{NO_3}+S_{NO_3}}\right)\left(\frac{S_F}{K_F+S_F}\right)\left(\frac{S_F}{S_A+S_F}\right)(\text{Growth}_{\text{Lim}})(X_H)$
7	S_A의 무산소 성장	$\mu_H(\eta_{NO_3})\left(\frac{K'_{O_2}}{K'_{O_1}+S_{O_2}}\right)\left(\frac{S_{NO_3}}{K_{NO_3}+S_{NO_3}}\right)\left(\frac{S_A}{K_A+S_A}\right)\left(\frac{S_A}{S_A+S_F}\right)(\text{Growth}_{\text{Lim}})(X_H)$
8	성장 공식($\text{Growth}_{\text{Lim}}$)	$\left(\frac{S_{NH_4}}{K_{NH_4}+S_{NH_4}}\right)\left(\frac{S_{PO_4}}{K_{PO_4}+S_{PO_4}}\right)\left(\frac{S_{ALK}}{K_{ALK}+S_{ALK}}\right)$
9	세포 자산화	$b_H(X_H)$
암모니아 산화 세균, X_{AUT}		
18	S_{NH_4}의 호기성 성장	$\mu_{AUT}\left(\frac{S_{O_2}}{K_{O_2}+S_{O_2}}\right)\left(\frac{S_{NH_4}}{K_{NH_4}+S_{NH_4}}\right)\left(\frac{S_{PO_4}}{K_{PO_4}+S_{PO_4}}\right)\left(\frac{S_{ALK}}{K_{ALK}+S_{ALK}}\right)(X_{AUT})$
19	세포 자산화	$b_{AUT}(X_{AUT})$

[a] i = ASM2d의 수식 번호

표 8-13

ASM2d에서 사용하는 화학양론 매트릭스

		요소									
i	**공정**	S_F	S_A	S_I	S_{NH_4}	S_{O_2}	S_{NO_3}	X_S	X_I	X_H	X_{AUT}
가수분해											
1	호기성 가수분해	1						−1			
2	무산소 가수분해	1						−1			
종속영양 미생물, X_H											
4	S_F의 호기성 성장	$-\frac{1}{Y_H}$			$\frac{-i_N}{X_H}$	$1-\frac{1}{Y_H}$				1	
5	S_A의 호기성 성장		$-\frac{1}{Y_H}$		$\frac{-i_N}{X_H}$	$1-\frac{1}{Y_H}$				1	
6	S_F의 무산소 성장	$-\frac{1}{Y_H}$			$\frac{-i_N}{X_H}$		$-\frac{(1-Y_H)}{2.86\,Y_H}$			1	
7	S_A의 무산소 성장		$-\frac{1}{Y_H}$		$\frac{-i_N}{X_H}$		$-\frac{(1-Y_H)}{2.86\,Y_H}$			1	
9	세포 자산화							$1-f_{XI}$	f_{XI}	−1	
인 축적 미생물											
암모니아 산화 세균, X_{AUT}											
18	S_{NH_4}의 호기성 성장				$-\frac{i_N}{X_{AUT}}-\frac{1}{Y_{AUT}}$	$\frac{4.57-Y_{AUT}}{Y_{AUT}}$					1
19	세포 자산화							$1-f_{XI}$	f_{XI}		−1

수산화철에 의한 인의 동시 침전

표 8-12에서 나타낸 바와 같이 종속영양 세균(X_H) 농도 변화는 공정 반응 4, 5, 6, 7, 9와 관련된다. η항은 용존산소 대신에 질산이온을 사용할 수 있는 종속영양 세균의 분율을 나타낸다. 이러한 미생물 성장 반응에 해당되는 화학양론 속도상수는 표 8-13에서 볼 수 있듯 1, 1, 1, 1이다. 세포 사멸에 관해서는 death-lysis 모델이 사용되는데, 종속영양 미생물과 독립영양 미생물에 대해 각각 공정 반응 9와 19가 연관된다(표 8-12 참조). 미생물의 사멸 과정에서 생산되는 세포 조각 물질은 X_I로 표시되며, 분해 가능한 입자성 기질(X_S)의 생성은 화학양론상수$(1 - f_{XI})$로 표시된다. 입자성 유기성 기질의 가수분해는 호기성이나 무산소조건에 대해 각각 공정 반응 1과 2에 의해 표현된다.

반응속도의 표현(Rate expressions). 개별 반응에서 각각의 요소에 대한 반응속도는 표 8-13에 주어진 화학양론상수와 표 8-12에 나타난 그와 대응되는 공정 반응의 곱으로 나타난다. 각각의 요소(즉, S_F, S_A 등)에 대한 식은 표 8-13의 화학양론상수와 표 8-12의 관련 식의 곱을 모두 합하여 얻어진다. 그 식은 아래와 같이 표현된다:

$$R_C = \sum_{i=1}^{n} C_i(j_i) \tag{8-44}$$

여기서 R_C = 공정 요소 C의 변화율(즉, S_F, S_A, X_I, X_S 등)
C_i = 요소 C, 반응 i의 화학양론상수
j_i = 반응 i의 속도

예를 들면, 호기성 조건(표 8-12의 반응 5)에서 요소 S_A에 대해 표 8-13의 화학양론상수는 $-(1/Y_H)$이다. 따라서 호기성 조건에서 S_A 변화율은 아래 식과 같이 표현된다:

$$R_{S_A} = -\frac{1}{Y_H}\mu_H\left(\frac{S_{O_2}}{K_{O_2} + S_{O_2}}\right)\left(\frac{S_A}{K_A + S_A}\right)\left(\frac{S_A}{S_A + S_F}\right)(\text{Growth}_{\text{Lim}})(X_H) \tag{8-45}$$

$$\text{여기서, Growth}_{\text{Lim}} = \left(\frac{S_{NH_4}}{K_{NH_4} + S_{NH_4}}\right)\left(\frac{S_{PO_4}}{K_{PO_4} + S_{PO_4}}\right)\left(\frac{S_{ALK}}{K_{ALK} + S_{ALK}}\right)$$

산소 소모에 대한 화학양론상수는 다음과 같이 표현할 수 있다: 종속영양 미생물에 대해 $(1 - Y_H)$항은 g 사용된 O_2/g 제거된 COD로 표현된다. 매트릭스 형태에 맞추어 g O_2/g cell COD로 하기 위해서 $(1 - Y_H)$항을 Y_H로 나누어 주어야 한다. 독립영양 미생물의 성장에 관한 화학반응 항에는 4.57의 상수가 있다. 이 상수는 질산화 세균의 기질인 암모니아가 매트릭스 내 S_{NH}에는 질소로 표현되고 산소는 COD로 표현되기 때문에 필요하다. 암모니아에 대한 산소 증가량은 4.57 g O_2/g NH_4-N이다. 분자는 Y_A로 나누어지는데 이는 세포 합성에 사용되는 암모니아를 고려한 것이다. 예제 8-2에서 식 (8-44)와 (8-45)의 적용 사례를 볼 수 있다. 여기서 모델 요소의 농도 변화율을 표현하기 위해 모델 매트릭스가 어떻게 사용되는지를 나타날 것이다.

예제 8-2 **ASM2d 모델 매트릭스의 적용.** 그림 8-8(b)에 나타낸 바와 같은 다단 반응조의 2번 반응조 내에 있는 인 축적이 없는 종속영양 세균에 의한 쉽게 분해되는 COD, S_F의 농도 변화를 표현하기 위해 모델 ASM2d 모델 매트릭스를 사용하라. rbCOD 요소로서 SS를 대신해서 $S_F + S_A$를 사용하라. 매트릭스 정보를 사용하는 것을 간단하게 보여주기 위해 PAO 반응은 포함시키지 않는다.

풀이 1. 반응 2에 대해 S_F, S_A에 관한 물질수지를 세운다.

a. 간단히 말로 표현하면

변화율 = 유입률 − 유출률 + 생성률 + 감소률

b. 기호를 이용해 표현하면

i. 유량을 고려한 S_F의 유입과 유출량은 $(Q + Q_R)S_{F,1}$이며 g/d 단위로 표현하려면 $(Q + Q_R)S_{F,2}$이 된다.

ii. 표 8-12의 반응 1과 2에 의한 호기성 및 무산소 수화반응에 의한 S_F의 생성율은 각각 R_1과 R_2이다.

iii. 표 8-12의 반응 4와 6에 의한 호기성 및 무산소 성장에 의한 S_F의 감소율은 각각 R_4와 R_6이다.

iv. 물질수지 식을 위의 항으로 대체하면 다음과 같은 식을 얻을 수 있다.

$$V_2\frac{dS_{F2}}{dt} = (Q + Q_R)S_{F,1} - (Q + Q_R)S_{F,2} + R_1V_2 + R_2V_2 + R_6V_2$$

2. 표 8-13의 화학양론상수와 표 8-12의 공정 반응을 포함하여 적절한 반응속도 표현으로 물질수지 방정식을 표현한다. 예를 들면 요소 S_F (rbCOD)에 대해 호기성 가수분해의 속도 표현, R_1은 아래 식과 같다.

$$R_1 = 1 \times K_h\left(\frac{S_{O_2}}{K_{O_2} + S_{O_2}}\right)\left[\frac{X_{S,2}/X_{H,2}}{K_X + (X_{S,2}/X_{H,2})}\right]X_{H,2}$$

따라서 반응조 2에 대해 S_A에 관한 물질수지는 다음과 같이 표현된다.

$$V_2\frac{dS_{F,2}}{dt} = (Q + Q_R)S_{F,1} - (Q + Q_R)S_{F,2}$$

$$+ K_h\left(\frac{S_{O_2,2}}{K_{O_2} + S_{O_2,2}}\right)\left[\frac{X_{S,2}/X_{H,2}}{K_X + (X_{S,2}/X_{H,2})}\right]X_{H,2}(V_2)$$

$$+ K_h\left(\frac{K'_{O_2}}{K'_{O_2} + S_{O_2}}\right)\left(\frac{S_{NO_3}}{K_{NO_3} + S_{NO_3}}\right)\left[\frac{X_{S,2}/X_{H,2}}{K_X + (X_{S,2}/X_{H,2})}\right](\eta_{NO_3})X_{H,2}(V_2)$$

$$+ \left(\frac{-1}{Y_H}\right)\mu_H\left(\frac{S_{O_2,2}}{K_{O_2} + S_{O_2,2}}\right)\left(\frac{S_{F,2}}{K_F + S_{F,2}}\right)\left(\frac{S_{F,2}}{S_{A,2} + S_{F,2}}\right)(\text{Growth}_{\text{Lim},2})(X_{H,2})(V_2)$$

$$+ \left(\frac{-1}{Y_H}\right)\mu_H(\eta_{NO_3})\left(\frac{K'_{O_2}}{K'_{O_2} + S_{O_2,2}}\right)\left(\frac{S_{NO_3,2}}{K_{NO_3} + S_{NO_3,2}}\right)\left(\frac{S_{F,2}}{K_F + S_{F,2}}\right)\left(\frac{S_{F,2}}{S_{A,2} + S_{F,2}}\right)$$

$$(\text{Growth}_{\text{Lim},2})(X_{H,2})(V_2)$$

S_F는 (1) non-PAO 종속영양 세균, (2) 천천히 생분해되는 COD, X_S, (3) 용존산소, (4) 질산성 질소, (5) 아세테이트 COD, (6) 암모니아성 질소, (7) 인산염, 그리고 (8) 알칼리도의 농도에 따라 결정된다. 이러한 요소들에 대해 표 8-13에 나타낸 매트릭스 정보를 사용하여 비슷한 식을 세울 수 있다.

》 기타 모사 모델의 적용

공정 설계와 분석 외의 모델은 (1) 생물학적 공정을 평가하고 특정 공정의 수행에 영향을 미치는 중요한 인자들에 대한 이해도를 높이기 위한 연구의 수단과 (2) 시설의 처리 용량을 평가하는 수단으로 사용될 수 있다. 항목 2에 대하여, 시간에 따른 유량과 농도 변화의 영향을 예측하는 동적 모사에 있어 정확하고 대표성 있는 폐수 특성 자료가 반드시 필요하다.

시설 용량의 평가. 기존 시설의 용량을 평가하기 위해 폐수 성상과 시설의 성능 자료를 이용하여 모델을 보정하여야 한다. 모델에 의한 예측값과 시설의 유출수 농도를 비교하는 것만으로는 보정이 적절하지 않다. 모든 용존성 분해 가능한 물질은 낮은 농도로 유출되기 때문에 시설의 성능을 예측하는 모델의 유용성이 분석의 정확도와 현실을 고려할때 애매하게 된다. 호기성, 무산소, 혐기성 공정으로부터 발생하는 중간 용존성 기질 농도가 시설의 동역학적 특성을 표현하는 능력을 표시하는 데 신뢰할 만한 지표를 제공한다. 산소소모율은 모델 보정에 보다 의미가 있는데, 이는 모델에서 여러 반응의 속도와 세포 수율 및 사멸을 나타내는 화학양론 분율을 반영하기 때문이다. 다단 시스템에서 용존산소 소모율은 모델 보정에 매우 가치있는 것이다. 질산화율과 슬러지 생산량도 중요한 요소이다.

모델 기본값의 사용. ASM2d 모델에서 45가지 동역학 요소들의 기본값들을 보고서에 정리하였다(Henze et al., 1995). 몇몇 계수의 값이 지역에 따라 다르기 때문에 이런 값의 사용은 모델이 활성슬러지공정을 정확하게 예측한다고 확신하기는 어렵게 한다. 지역에 따라 차이가 많이 나며 모델 보정에서 자주 조정되는 계수 중의 하나는 질산화 세균의 최대성장률 μ_{AUT}이다. 질산화 반응속도의 변화는 폐수의 성상, 미생물 군집의 조성, 질산화의 저해인자에 기인하거나 여러 단점을 극복하게 하는 μ_{AUT} 조정에 의한 동역학적 변화를 반영한다.

다른 공정의 구성 평가. 공정 설계 기술자는 예상되는 시스템 성능에 영향을 미칠 운전 조건이나 다양한 공정 구성을 알아보기 위해 모사 모델을 이용할 수 있다. 다른 상용 소프트웨어에서는 공정반응식과 계수값의 선택이 매우 다르기 때문에 설계 기술자는 모든 모델의 가정과 그 구조에 익숙해져야 한다. 다음 절에서 설명 할 간단한 이론 설계는 모사 모델에서 사용되는 반응조의 크기와 구성을 얻는 데 사용할 수 있으며 SRT, 단의 개수, DO 조건, 반송라인의 함수로 얻어지는 결과를 예상하는 데 사용된다. 적어도 설계자는 계산 방법에 따라 모사 모델에 의해 산출된 산소소모율과 슬러지 생산율에 익숙해져야 한다.

최근 모사 모델. 이 절에서 소개된 모델은 ASM2d 모델과 비슷하지만 최근 상용 컴퓨터 모사 모델은 ASM2d나 ASM3에 포함되지 않은 추가정인 공정에 적용될 수 있다. 예를 든다면 암모니아의 아질산으로의 산화, 아질산의 질산으로의 산화는 위의 활성슬러지 모델에서 분리되지 않았다. 대부분의 상용 소프트웨어에서는 위 두 반응이 질소제거 공정으로 보다 정확히 예측하기 위해 분리되어 질산화/탈질을 모사할 수 있게 되었다. 탈암모니아(deammonification) 모델도 개발되었고 컴퓨터 모델에 의해 사용된다.

8-6 BOD 제거와 질산화를 위한 공정

활성슬러지공정을 설계하는 데 중요한 고려사항은 8-3, 8-4, 8-5절에 나타내었다. 이 절의 목적은 BOD 제거와 질산화를 위한 공통적이지만 서로 다른 세 가지 활성슬러지공정의 설계 과정을 자세히 보여주는 것이다. 세 가지 서로 다른 활성슬러지공정의 설계 예를 보여주는 목적은 이미 전술한 BOD 제거와 질산화를 위한 공정의 기본적인 원리의 적용을 보여주고 주요 설계 특징과 그에 따른 영향에 대한 직관을 제공하는 것이다. 이 절은 다음과 같은 주제로 구성되었다: (1) BOD 제거와 질산화 공정의 개요, (2) 일반적인 설계 고려인자, (3), (4), (5)는 세 가지 다른 활성슬러지공정의 설계, 그리고 (6) BOD 제거와 질산화를 위한 대안 공정과 일반적 설계 인자, 공정 선택 시 고려사항 등이다. 생물학적 질소와 인 제거는 BOD 제거와 질산화를 위한 공정과 대부분 연계될 수 있으나 추가적인 설계 요소들이 고려되어야 하므로 질소와 인 제거 공정은 8-7과 8-8에서 각각 설명하겠다. 물리적 시설의 설계와 선택에 관한 자세한 사항은 8-9, 8-11, 8-12절에 나타내었다.

BOD 제거와 질산화를 위한 공정의 개요

BOD 제거 및 질산화 공정 설계와 관련된 모든 고려사항은 SRT를 변경하고 질산화 관련 요소들을 제거함으로써 BOD 제거만을 목적으로 한 경우에 적용할 수 있다. 설계 방법은 기본적으로 적절한 SRT 값을 사용한다는 것이 기본이며, 따라서 이 절의 마지막에 설명하는 넓은 범위의 모든 공정에 사용 가능하다. BOD 제거와 질산화 공정을 소개함에 있어 일반적으로 가장 많이 사용되는 세 가지 공정을 아래에 나타내었다.

1. 질산화가 있는 경우와 없는 경우의 완전혼합 활성슬러지공정
2. 질산화가 있는 연속회분식반응조
3. 다단 질산화 공정

각각에 대해 기술하겠다.

완전혼합 활성슬러지공정. 일반적인 완전혼합 활성슬러지공정(CMAS)을 그림 8-19에 나타내었다. 일차 침전지 유출수와 반송슬러지가 여러 곳을 통해 반응조에 유입된다. 반응조 내용물이 혼합되기 때문에 유기물 부하, 산소요구량, 기질 농도는 포기조 내에서 일정하며 F/M 비는 낮다. CMAS 반응조의 내용물이 잘 혼합될 수 있고, 유입수의 유입지점과 유출수의 배출지점이 미처리수나 일부 처리수의 단회로 현상을 방지할 수 있게 설정될 수 있도록 특별한 주의가 필요하다. 완전혼합반응조는 일반적으로 정사각형, 직사각형 혹은 원형으로 구성된다. 탱크의 구체적인 치수는 크기, 형태, 포기 장치의 혼합 유형에 따라 결정된다.

연속회분식반응조. 연속회분식반응조(SBR)는 회분식 반응과정 동안 완전혼합을 유도하는 유입-배출 방식을 사용하며 이어지는 포기와 침전 공정이 같은 반응조 내에서 일어난다. 모든 SBR 시스템은 다음과 같은 순서로 진행되는 5단계로 구성되어 있다: (1)

유입(fill), (2) 반응(aeration), (3) 침전(sedimentation/clarification), (4) 배출(decant), (5) 준비(idle). 각각의 과정을 그림 8-20에 나타내었으며 표 8-16에서 기술하였다. 연속운전을 위하여 적어도 두 개의 SBR 시스템이 필요하며 한 반응조가 채워지는 동안 다른 반응조는 처리 과정을 수행한다. 질소와 인 제거를 위하여 각 과정과 연관된 여러 가지 변형된 공정이 있다.

다단 활성슬러지공정. 완전혼합 활성슬러지공정을 나누어 직렬로 연결하는 것과 같은 효과를 얻기 위해 격벽(baffle)이 사용된다(그림 8-22 참조). 플러그 흐름으로 취급할 수 있는 길면서 좁은 포기조는 포기 장치의 특성과 포기조 크기에 따라 세, 네 개의 영역으로 구분될 수 있다. 같은 총 부피를 가지면서 반응조가 직렬로 연결된 시스템은 단일 반응조에 비해 향상된 처리 효율을 보여주거나 큰 처리 용량을 제공할 수 있다. 결과적으로 다단 활성슬러지공정은 많은 시설에서 호기성 질산화와 무산소구역 설계에 사용된다.

›› 일반적인 공정 설계 인자

폐수 성상, 생물학적 처리, 공정 해석에 관한 주요 원리들은 7장과 8-2, 8-3절에 나타내었다. bCOD, TKN, rbCOD, nbVSS와 같은 인자는 공정 설계 시 아주 중요하다. BOD 제거와 질산화 공정에서 bCOD, TKN, 활성슬러지 온도, 호기조 SRT는 산소요구량을 결정하는 데 매우 중요하다. rbCOD, TKN, NH_4-N 농도는 플러그 흐름, 다단, 회분식 공정에서 산소요구량 추이를 분석하는 데 중요하다. 유입수 bCOD, nbVSS는 슬러지 생산량과 포기조 부피에 영향을 미친다. 세 가지 활성슬러지공정의 특별한 설계와 운전관련 사항은 따로 설명할 것이다.

BOD 제거를 위한 공정의 동역학. 설계에 사용되는 동역학적 표현을 표 8-10에 나타내었다. 종속영양 세균에 의한 탄소성 물질(보통 bCOD)의 제거와 독립영양 세균에 의한 암모니아와 아질산의 산화에 대한 동역학 계수는 표 8-14에 나타나 있다. 이 계수의

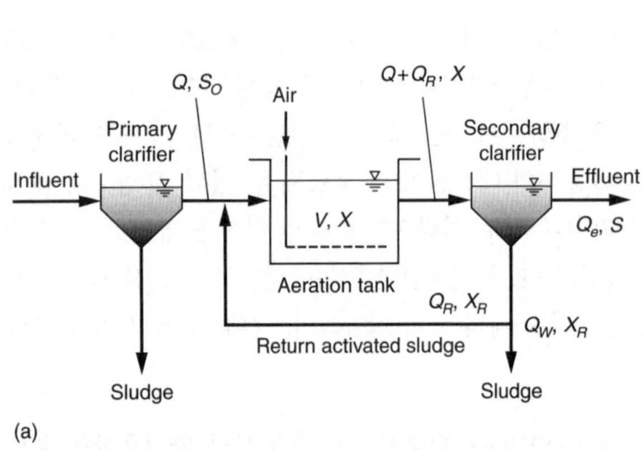

(a)

(b)

그림 8-19

완전혼합 활성슬러지공정: (a) 개념도, (b) 완전혼합 반응조 사진

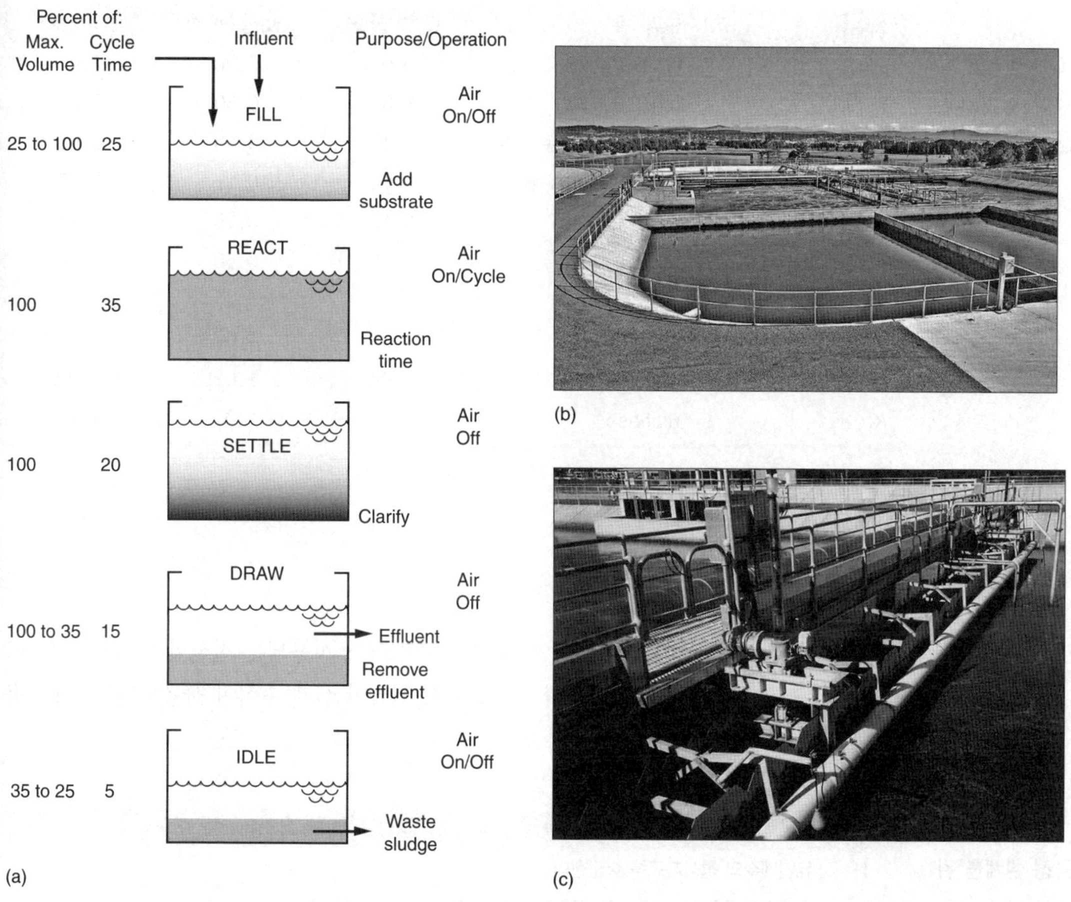

그림 8-20

연속회분식반응조(SBR) 활성슬러지공정: (a) 개념도, (b) 대표적인 SBR반응조 사진과 침전 과정에 이어지는 상징수 방류에 사용되는 이동 위어 사진, (c) 호주에 있는 시설 사진

값은 문헌에 따라 크게 차이가 난다. 제시된 값들은 일반적으로 사용되는 것이며 설계 시 어느 정도 보수적인 여유를 제공한다. 종속영양 미생물에 대한 값은 IWA ASM2d 모델에서 사용되는 기본값과 같다(Henze et al., 1995). 질산화 동역학 계수값은 대부분 Water Environment Research Foundation의 활성슬러지 모델로부터 유도된 질산화 동역학의 값을 기본으로 한다(Melcer et al., 2003).

질산화 공정의 동역학. K_{O_2} K_{NH_4}, μ_{max}, 등의 질산화 동역학 계수값은 7-9절에서 설명한 바와 같이 반응조의 형태와 운전조건에 의해 발생하는 질산화 미생물의 군집 유형에 따라 변한다. DO의 반속도상수(K_{O_2})도 MLSS의 농도, 교반 조건, 산소소모율, 플럭의 크기 등에 따라 결정되기 때문에 지역에 영향을 받는다. WWTP에 산업폐수가 유입되면 질산화 저해에 의한 영향을 고려해야 한다. 시료채취와 실험실 분석은 예측한 질산화율을 얻을 수 있는지 확인하기 위해 필요하다. 요구되는 SRT와 포기조 부피는 질산화 μmax 값과 직접 관계가 있다. 질산화 저해를 줄이기 위해서는 원인물질을 제거하는 방법이 요구된다.

표 8-14
20℃에서 BOD 제거와 질산화를 위한 활성슬러지공정 동역학 계수

계수	단위	COD 산화[a]	NH_4 산화[b]	NO_2 산화[b]
μ_{max}	g VSS/g VSS·d	6.0	0.90	1.0
K_S, K_{NH_4}, K_{NO_2}	mg/L	8.0	0.50	0.20
Y	g VSS/g 산화된 기질	0.45	0.15	0.05
b	g VSS/g VSS·d	0.12	0.17	0.17
f_d	unitless	0.15	0.15	0.15
K_{O_2}	mg/L	0.20	0.50	0.90
θ values				
μ_{max}	unitless	1.07	1.072	1.063
b	unitless	1.04	1.029	1.029
K_S, K_{NH_4}, K_{NO_2}	unitless	1.0	1.0	1.0

[a] Henze et al. (1995); Barker and Dold (1997)
[b] U.S.EPA (2010)

≫ 완전혼합 활성슬러지공정 설계

표 8-15에서 소개한 것과 같이 활성슬러지공정 설계에 사용되는 전산학적 접근법에는 7장과 표 8-10으로 정리되는 8-2와 8-3절에서 언급한 설계 수식이 사용된다. 설계 적용

표 8-15
활성슬러지공정 설계를 위한 전산학적 접근법

1. 유입폐수의 성상자료를 수집한다.
2. 유출수에 요구되는 NH_4-N, TSS 그리고 BOD 농도를 결정한다.
3. 예상되는 첨두/평균 TKN 부하를 바탕으로 설계 SRT 결정을 위한 적정 질산화 안전계수를 선택한다. 안전계수는 통상적으로 1.3~2.0 정도이다.
4. 포기 혼합액에 대한 최소 DO 농도를 선택한다. 최소 2.0 mg/L의 DO 농도가 질산화를 위해 추천된다.
5. 포기조 온도와 DO 농도를 기준으로 최대 질산화 비성장률(μ_{max})을 계산하고 K_n값을 결정한다.
6. 유출수 NH_4-N 농도를 만족하기 위하여 총 비성장률 μ와 이 성장률에서의 SRT를 결정한다.
7. 단계 6에 안전계수를 적용하여 설계 SRT를 결정한다.
8. 미생물 생산량을 결정한다.
9. 산화된 NH_4-N 농도, NO_x를 결정하기 위해 질소 물질수지를 세운다.
10. 포기조에 대한 VSS와 TSS를 계산한다.
11. 설계 MLSS 농도를 선택하고, 포기조 부피와 수리학적 체류시간을 결정한다.
12. 전체 슬러지 생산량과 겉보기 수율을 결정한다.
13. 산소요구량을 계산한다.
14. 포기조 산소전달 시스템을 설계한다.
15. 만약 알칼리도 첨가가 필요하다면, 알칼리도 소요량을 계산한다.
16. 2차 침전지를 설계한다.
17. 최종 유출수 수질을 요약한다.
18. 설계 요약표를 만든다.

예는 예제 8-3에 나타내었다. 공정 해석의 주요 인자는 설계 SRT의 선택, 동역학과 화학반응계수의 선택, 적절한 물질수지의 적용이라고 할 수 있다.

예제 8-3 **BOD만 제거하는 공정과 질산화를 겸한 BOD 제거를 위한 완전혼합 활성슬러지공정 설계** 1차 처리 유출수 유량(반송 유량 포함)이 22,700 m^3/d일 때 (a) BOD_e가 30 g/m^3이하이며 (b) 유출수 NH_4-N 농도가 0.5 g/m^3, BOD_e와 TSS_e의 농도가 모두 15 g/m^3 이하여야 할 때 완전혼합 활성슬러지공정(CMAS) 시스템의 공정 설계를 준비하라. 두 가지 설계조건을 표로 만들어 비교하라. 포기조의 온도는 12°C이다.

다음 폐수 성상 자료와 설계조건을 적용한다.

폐수 성상

성분	농도, g/m^3
BOD	140
sBOD	70
COD	300
sCOD	132
rbCOD	80
TSS	70
VSS	60
TKN	35
NH_4-N	25
TP	6
알칼리도	140 as $CaCO_3$
bCOD/BOD ratio	1.6

참조: g/m^3 = mg/L

설계조건과 가정

1. 맑은 물에 대한 산소전달 효율이 35%인 미세기포 확산기
2 포기조의 수면 깊이 = 4.9m
3. 세라믹 확산기의 공기 방출 지점은 바닥으로부터 0.5 m
4. 포기조 DO = 2.0 g/m^3
5. 시설의 고도는 500 m (압력 = 95.6 kPa)
6. BOD 제거만을 고려할 때 포기 α 값 = 0.50, 질산화에 대해 α 값 = 0.65; 두 조건을 모두 만족하는 경우 β = 0.95, 산기장치 파울링 항목 F = 0.90
7. 표 8-14에 주어진 동역학 계수값 이용
8. BOD 제거를 위한 SRT = 5 d

9. 설계 MLSS X_{TSS} 농도 = 3000 g/m³; 2000~3000 g/m³ 정도의 값도 고려할 수 있다
10. TKN의 평균에 대한 최대값의 비 = 1.5

풀이, A-질산화 없이 BOD 제거만 고려

1. 설계를 위해 필요한 폐수 성상을 구한다.

a. bCOD를 구한다.

$$\text{bCOD} = 1.6\,(\text{BOD}) = 1.6\,(140\ \text{g/m}^3) = 224\ \text{g/m}^3$$

b. 식 (8-12)를 이용하여 nbCOD를 구한다.

$$\text{nbCOD} = \text{COD} - \text{bCOD} = (300 - 224)\ \text{g/m}^3 = 76\ \text{g/m}^3$$

c. 유출수 내 생분해 불가능 sCOD (nbsCODe)를 구한다.

$$\text{nbsCOD}_e = \text{sCOD} - 1.6\ \text{sBOD}$$
$$= (132\ \text{g/m}^3) - (1.6)(70\ \text{g/m}^3) = 20\ \text{g/m}^3$$

d. 식 (8-7), (8-8), (8-9)를 이용하여 nbVSS를 구한다.

$$\text{nbpCOD} = \text{TCOD} - \text{bCOD} - \text{nbsCODe}$$

$$\text{nbpCOD} = (300 - 224 - 20)\ \text{g/m}^3 = 56\ \text{g/m}^3$$

$$\text{VSS}_{\text{COD}} = \frac{\text{TCOD} - \text{sCOD}}{\text{VSS}}$$

$$\text{VSS}_{\text{COD}} = \frac{(300 - 132)\text{g/m}^3}{60\ \text{g/m}^3} = 2.8\ \text{g COD/g VSS}$$

$$\text{nbVSS} = \frac{\text{nbpCOD}}{\text{VSS}_{\text{COD}}}$$

$$\text{nbVSS} = \frac{56\ \text{g COD/m}^3}{2.8\ \text{g COD/g VSS}} = 20.0\ \text{g nbVSS/m}^3$$

e. iTSS를 구한다.

$$\text{iTSS} = \text{TSS} - \text{VSS}$$
$$= (70 - 60)\ \text{g/m}^3 = 10\ \text{g/m}^3$$

2. BOD 제거만을 위한 부유성장시스템을 설계한다.

a. 표 8-10의 식 (8-20)을 이용하여 슬러지 생산량을 결정한다.

$$P_{X,\text{Bio}} = \frac{QY_H(S_o - S)}{1 + b_H(\text{SRT})} + \frac{(f_d)(b_H)QY_H(S_o - S)\text{SRT}}{1 + b_H(\text{SRT})}$$

위 식에 대입할 값을 정한다.

$Q = 22{,}500\ \text{m}^3/\text{d}$

$S_o = 224\ \text{g bCOD/m}^3$ (1단계)

표 8-14로부터

$Y_H = 0.45$ g VSS/g bCOD

$b_{H,20} = 0.12$ g/g·d

$f_d = 0.15$

표 8-10의 식 (7-46)으로부터 S를 결정한다(단, Yk = μ_{max}).

$$S = \frac{K_s[1 + b_H(\text{SRT})]}{\text{SRT}(\mu_{max} - b_H) - 1}$$

표 8-14로부터 20°C에서의 μ_{max}, b, K_S 값을 사용한다.

$\mu_{m,T} = \mu_m \theta^{(T-20)}$ 표 8-10 식 (1-44)

$\mu_{m,12°C} = 6.0\ \text{g/g·d}\ (1.07)^{12-20} = 3.5\ \text{g/g·d}$

$b_{H,T} = b_{H,20}\ \theta^{(T-20)}$ 식 (1-44)로부터

$b_{H,12°C} = (0.12\ \text{g/g·d})(1.04)^{12-20} = 0.088\ \text{g/g·d}$

$$S = \frac{(8.0\ \text{g/m}^3)[1 + (0.088\ \text{g/g·d})(5\ \text{d})]}{(5\ \text{d})(3.5 - 0.088)\ \text{g/g·d} - 1} = 0.7\ \text{g bCOD/m}^3$$

b. 위에서 구해진 값을 대입하여 $P_{X,VSS}$를 구한다.

$$P_{X,Bio} = \frac{(22{,}700\ \text{m}^3/\text{d})(0.45\ \text{g/g})[(224 - 0.7)\ \text{g/m}^3](1\ \text{kg}/10^3\ \text{g})}{[1 + (0.088\ \text{g/g·d})(5\ \text{d})]}$$
$$+ \frac{(0.15\ \text{g/g})(0.088\ \text{g/g·d})(22{,}700\ \text{m}^3/\text{d})(0.45\ \text{g/g})[(224 - 0.7)\ \text{g/m}^3](5\ \text{d})(1\ \text{kg}/10^3\ \text{g})}{[1 + (0.088\ \text{g/g·d})(5\ \text{d})]}$$

$P_{X,Bio} = (1584.0 + 104.5)\ \text{kg/d} = 1688.5\ \text{kg VSS/d}$

3. 포기조의 VSS, TSS 양을 결정한다.VSS, TSS 양은 표 8-10의 식 (8-20), (8-21), (7-57)을 이용하여 결정한다.

Mass = P_X(SRT)

a. 식 (8-20)의 A, B, D 부분을 이용하여 $P_{X,VSS}$와 $P_{X,TSS}$를 구한다. 여기서 질산화가 없기 때문에 C = 0이다.

$P_{X,VSS} = P_{X,bio} + Q(\text{nbVSS})$

$$\begin{aligned} P_{X,VSS} &= 1688.5\ \text{kg/d} + Q(\text{nbVSS}) \\ &= 1688.5\ \text{kg/d} + (22{,}700\ \text{m}^3/\text{d})(20\ \text{g/m}^3)(1\ \text{kg}/10^3\ \text{g}) \\ &= (1688.5 + 454.0)\ \text{kg/d} = 2142.5\ \text{kg/d} \end{aligned}$$

식 (8-21)로부터 $P_{X,TSS}$는

$$\begin{aligned} P_{X,TSS} &= [(1688.5\ \text{kg/d})/0.85] + (454.0\ \text{kg/d}) + Q(\text{TSS}_o - \text{VSS}_o) \\ &= 1986.5\ \text{kg/d} + 454.0\ \text{kg/d} + (22{,}700\ \text{m}^3/\text{d})(10\ \text{g/m}^3)(1\ \text{kg}/10^3\ \text{g}) \\ &= 2667.5\ \text{kg/d} \end{aligned}$$

b. 포기조 내의 VSS와 TSS 총량을 계산한다.

i. 표 8-10의 식 (7-57)로부터 MLVSS의 양은

$$(X_{\mathrm{VSS}})(V) = (P_{X,\mathrm{VSS}})\,\mathrm{SRT}$$
$$= (2142.5\,\mathrm{kg/d})(5\,\mathrm{d}) = 10{,}712\,\mathrm{kg}$$

ii. 표 8-10의 식 (7-57)로부터 MLSS의 양은

$$(X_{\mathrm{TSS}})(V) = (P_{X,\mathrm{TSS}})\,\mathrm{SRT}$$
$$= (2667.5\,\mathrm{kg/d})(5\,\mathrm{d}) = 13{,}337\,\mathrm{kg}$$

4. 과정 3b에서 계산된 TSS를 이용하여 MLSS농도, 포기조 부피, 체류시간을 결정한다.

   a. 과정 3b를 이용하여 포기조 부피를 결정한다.

   $$(X_{\mathrm{TSS}})(V) = 13{,}337\,\mathrm{kg}$$

   At $X_{\mathrm{TSS}} = 3000\ \mathrm{g/m^3}$

   $$V = \frac{(13{,}337\,\mathrm{kg})(10^3\,\mathrm{g/1\,kg})}{(3000\,\mathrm{g/m^3})} = 4445.7\,\mathrm{m^3}$$

   b. 포기조 체류시간을 결정한다.

   부피가 각각 1,480 $\mathrm{m^3}$인 포기조 3개를 사용하고, 포기장치의 점검이 필요할 경우 한개조의 운전을 잠정 중단 할 수 있다.

   $$\tau = \frac{V}{Q} = \frac{(4445.7\,\mathrm{m^3})(24\ \mathrm{h/d})}{(22{,}700\,\mathrm{m^3/d})} = 4.7\,\mathrm{h}$$

   c. MLVSS를 결정한다.

   $$\mathrm{VSS\ 분율} = \frac{10{,}712\,\mathrm{kg\,VSS}}{13{,}337\,\mathrm{kg\,TSS}} = 0.80$$

   $$\mathrm{MLVSS} = 0.80(3000\ \mathrm{g/m^3}) = 2400\ \mathrm{g/m^3}$$

5. F/M비와 BOD 용적부하를 결정한다.

   a. 표 8-10의 식 (7-62)를 이용하여 F/M 비를 결정한다.

   $$\mathrm{F/M} = \frac{QS_o}{XV} = \frac{\mathrm{kg\,BOD}}{\mathrm{kg\,MLVSS\cdot d}}$$
   $$= \frac{(22{,}700\,\mathrm{m^3/d})(140\,\mathrm{g/m^3})}{(2400\,\mathrm{g/m^3})(4446\,\mathrm{m^3})} = 0.30\,\mathrm{g/g\cdot d} = 0.30\,\mathrm{kg/kg\cdot d}$$

   b. 표 8-10의 식 (7-69)를 이용하여 BOD 용적부하를 결정한다.

   $$\mathrm{BOD\ 부하} = \frac{QS_o}{V} = \frac{\mathrm{kg\,BOD}}{\mathrm{m^3\cdot d}}$$
   $$= \frac{(22{,}700\,\mathrm{m^3/d})(140\,\mathrm{g/m^3})}{(4446\,\mathrm{m^3})(10^3\,\mathrm{g/1\,kg})} = 0.71\ \mathrm{kg/m^3\cdot d}$$

6. TSS와 VSS를 이용하여 겉보기 수율(observed yield)를 결정한다.

   a. TSS를 이용한 겉보기 수율

Observed yield = g TSS/g bCOD = kg TSS/kg bCOD

$P_{X,\,\text{TSS}} = 2667.6$ kg/d

$$\begin{aligned}\text{bCOD removed} &= Q(S_o - S)\\ &= (22{,}700\,\text{m}^3/\text{d})[(224 - 0.7)\,\text{g/m}^3](1\,\text{kg}/10^3\,\text{g})\\ &= 5068.9\,\text{kg/d}\end{aligned}$$

$$\begin{aligned}Y_{\text{obs,TSS}} &= \frac{(2667.6\,\text{kg/d})}{(5068.9\,\text{kg/d})} = \frac{0.53\,\text{kg TSS}}{\text{kg bCOD}} = \frac{0.53\,\text{g TSS}}{\text{g bCOD}}\\ &= \left(\frac{0.53\,\text{g TSS}}{\text{g bCOD}}\right)\left(\frac{1.6\,\text{g bCOD}}{\text{g BOD}}\right) = 0.84\,\text{g TSS/g BOD}\end{aligned}$$

b. VSS를 이용한 겉보기 수율

$Y_{\text{obs,VSS}}$:VSS/TSS = 0.80 (4c단계 참조)

$$\begin{aligned}&= \left(\frac{0.53\,\text{g TSS}}{\text{g bCOD}}\right)\left(\frac{0.8\,\text{g VSS}}{\text{g TSS}}\right)\\ &= 0.42\,\text{g VSS/g bCOD}\\ &= \left(\frac{0.42\,\text{g VSS}}{\text{g bCOD}}\right)\left(\frac{1.6\,\text{g bCOD}}{\text{g BOD}}\right)\\ &= 0.64\,\text{g VSS/g BOD}\end{aligned}$$

7. 표 8-10의 식 (8-23)을 이용하여 산소요구량을 계산한다.

$$\begin{aligned}R_o &= Q(S_o - S) - 1.42\,P_{X,\text{bio}} + 4.57(Q)\text{NO}_x\\ &= (22{,}700\,\text{m}^3/\text{d})[(224 - 0.7)\,\text{g/m}^3](1\,\text{kg}/10^3\,\text{g}) - 1.42(1688.5\,\text{kg/d})\end{aligned}$$

$$\begin{aligned}R_o &= 5068.9\,\text{kg/d} - 2397.7\,\text{kg/d}\\ &= 2671.2\,\text{kg/d} = 111.3\,\text{kg O}_2/\text{h}\end{aligned}$$

8. 미세기포공급장치 설계: 평균유량에서 공기유량을 결정한다. 식 (5-55)로부터 현장 조건에서 포기조 내의 산소전달률은 표준상태의 산소전달률과 관계가 있다.

$$\text{SOTR} = \left(\frac{\text{OTR}_f}{\alpha F}\right)\left[\frac{C^*_{\infty 20}}{\beta(C_{\text{st}}/C^*_{\text{s}20})(P_b/P_s)(C^*_{\infty 20}) - C}\right][(1.024)^{20-T}]$$

여기서, SOTR = 지역의 표준 산소전달률, kg/h

OTR_f = 지역의 실제 산소전달률, kg/h

α = 청수에 대한 상대적인 전달률

β = 청수에 대한 상대적인 DO 포화도(0.95~0.98)

F = 확산기 막힘 요소

C^*_{st} = 해수면과 운전온도에서 포화 DO, mg/L

$C^*_{\text{s},20}$ = 해수면, 20°C에서 포화 DO, mg/L

$C^*_{\infty,20}$ = 해수면, 20°C에서 확산 포기기를 위한 포화 DO, mg/L. 수체 내 가압하의 공기방울로부터 산소전달이 이루어지므로 C_{st}보다 높다.

$C^*_{\infty,20}$는 다음 식으로부터 예측할 수 있다(U.S.EPA, 1989).

$$C^*_{\infty,20} = C^*_{S20}\left[1 + d_e\left(\frac{D_f}{P_a}\right)\right]$$

여기서, P_a = 해수면에서 표준 압력(760 mm) (10.33 m)

P_b = 고도에 근거한 지역의 압력, m

D_f = 산기장치의 깊이, m or ft

C = 조의 운영 DO, mg/L

T = 조의 온도, ℃

d_e = 중간 깊이 보정 계수, 0.25~0.45까지 변함(0.40).

i. 부록 E의 표 E−1로부터 $C_{s,20}$ = 9.09 mg/L, C_{12} = 10.78 mg/L

ii. 고도에 따른 DO 보정을 위해 고도 500 m에서 상대 압력을 결정한다.

$$\frac{P_b}{P_a} = \exp\left[-\frac{gM(z_b - z_a)}{RT}\right]$$

$$= \exp\left\{-\frac{(9.81\,\text{m/s}^2)(28.97\,\text{kg/kg-mole})[(500 - 0)\,\text{m}]}{(8314\,\text{kg}\cdot\text{m}^2/\text{s}^2\cdot\text{kg-mole}\cdot\text{K})[(273.15 + 12)\,K]}\right\} = 0.94$$

a. 공기 확산기로부터 배출되는 기체에 대해 20℃ ($C_{sat,20}$)에서 산소 농도를 결정한다.

탱크 깊이 = 4.9 m

산기장치의 위치, D_f = 4.9 − 0.5 = 4.4 m

$$C^*_{\infty 20} = C^*_{s20}\left[1 + d_e\left(\frac{D_f}{P_a}\right)\right]$$

$$C^*_{\infty 20} = 9.09\left[1 + 0.40\left(\frac{4.4\text{ m}}{10.33\text{ m}}\right)\right] = 10.64$$

b. α = 0.50, β = 0.95, F = 0.90를 이용하여 SOTR을 결정한다.

$$\text{SOTR} = \left(\frac{\text{OTR}_f}{\alpha F}\right)\left\{\frac{C^*_{\infty 20}}{\left[\beta\frac{C^*_{\text{st}}}{C^*_{\text{s}20}}\left(\frac{P_b}{P_a}\right)(C^*_{\infty 20}) - \text{C}_\text{L}\right]}\right\}(1.024^{20-T})$$

$$\text{SOTR} = \left(\frac{111.3\text{ kg/h}}{0.50(0.90)}\right)\left\{\frac{10.64}{\left[0.95\left(\frac{10.78}{9.09}\right)(0.94)(10.64) - 2.0\right]}\right\}(1.024^{20-12})$$

$$= 343.3\text{ kg/h}$$

c. 공기유량을 결정한다.

$$\text{공기주입량, m}^3/\text{min} = \frac{(\text{SOTR kg/h})}{[(E)(60\text{ min/h})(\text{kg O}_2/\text{m}^3\text{ air})]}$$

Appendix B에 주어진 값을 이용하여 12°C, 95.2 kPa(0.94 × 101.325 kPa)에서 공기의 밀도는 1.1633 kg/m^3이다. 이에 해당하는 산소의 무게는 0.270 (0.2318 × 1.1633 kg/m^3)이다. 따라서 요구되는 공기유량은

$$\text{공기주입량, m}^3/\text{min} = \frac{(343.3\,\text{kg/h})}{[(0.35)(60\,\text{min/h})(0.270\,\text{kg O}_2/\text{m}^3\,\text{air})]}$$
$$= 60.5\ \text{m}^3/\text{min}$$

주의: BOD 제거를 위한 공정의 2차 침전지 설계를 계속 수행하기 위해서는 C 부분, 21단계로 이동하시오. 질산화 설계를 위해서는 9단계를 진행하시오.

풀이, B–질산화와 BOD 제거

9. 설계 SRT가 결정되어야만 한다는 것을 제외하고 BOD 제거만을 위한 설계 과정을 질산화 설계에 그대로 적용한다. 표 8–10의 식 (7–94)를 이용하여 암모니아 산화 세균의 비성장속도 μ_n을 결정한다. 유기탄소를 제거하는 종속영양 세균보다 질산화 세균의 성장이 느리므로 질산화율은 설계에 중요하다.

$$\mu_{AOB} = \mu_{max,AOB}\left[\frac{S_{NH_4}}{S_{NH_4} + K_{NH_4}}\right]\left[\frac{S_o}{S_o + K_{o,AOB}}\right] - b_{AOB}$$

표 8–14로부터 20°C에서 $\mu_{max,AOB}$, b_{AOB}, K_{NH_4}, $K_{O,AOB}$의 값을 선택한다. 이 값들은 각각 0.90 g/g·d, 0.17 g/g·d, 0.50 g/m^3, 0.50 g/m^3이다. 온도 보정을 위해 표 8–14에서 θ 값을 이용하라.

a. 12°C에서 $\mu_{max,AOB}$를 구한다.

$$\mu_{max,AOB,12°C} = (0.90\,\text{g/g·d})(1.072)^{12-20} = 0.516\,\text{g/g·d}$$

b. 12°C에서 b_{AOB}를 구한다.

$$b_{AOB,12°C} = (0.17\,\text{g/g·d})(1.029)^{12-20} = 0.135\,\text{g/g·d}$$

c. 식 (7–94)와 위에서 구한 값을 이용하여 μ_{AOB}를 구한다.

$S_{NH_4} = 0.50\ g/m^3$, DO = 2.0 g/m^3, $K_{o,AOB} = 0.50\ g/m^3$

$$\mu_{AOB} = \left\{\frac{(0.516\,\text{g/g·d})(0.50\,\text{g/m}^3)}{[(0.50 + 0.50)\,\text{g/m}^3]}\right\}\left\{\frac{(2.0\,\text{g/m}^3)}{[(2.0 + 0.50)\,\text{g/m}^3]}\right\} - (0.135\,\text{g/g·d})$$
$$= 0.0714\,\text{g/g·d}$$

10. 이론적 SRT와 설계 SRT를 결정한다.

a. 표 8–10의 식 (7–98)을 이용하여 이론적인 SRT를 구한다.

$$\text{SRT} = \frac{1}{\mu_{AOB}} = \frac{1}{(0.0714\,\text{g/g·d})} = 14.0\,\text{d}$$

b. 식 (7–73)을 이용하여 설계 SRT를 구한다.

설계 SRT = (SF)(이론적 SRT)

SF = 평균 TKN에 대한 첨두 TKN의 비 = 1.5

설계 SRT = 1.5(14.0 d) = 21.0 d

11. 표 8-10에 있는 식 (8-20)의 A, B, C를 이용하여 슬러지 생산량을 결정한다.

$$P_{X,\text{bio,VSS}} = \frac{QY_H(S_o - S)}{1 + b_H(\text{SRT})} + \frac{(f_d)(b_H)QY_H(S_o - S)\text{SRT}}{1 + b_H(\text{SRT})} + \frac{QY_n(\text{NO}_X)}{1 + b_{\text{AOB}}(\text{SRT})}$$

a. 위 식에 대입할 입력 자료를 결정한다.

$Q = 22{,}700\ \text{m}^3/\text{d}$
$Y_H = 0.45\ \text{VSS/g bCOD}$
$S_o = 224\ \text{g bCOD/m}^3$ (1단계)
$b_H = 0.088\ \text{g/g·d}$ (2a단계)
$\mu_m = 3.5\ \text{g/g·d}$ (2a단계)

표 8-10의 식 (7-46)을 이용하여 S를 결정한다.

$$S = \frac{K_s[1 + b_H(\text{SRT})]}{[\text{SRT}(\mu_m - b_H) - 1]}$$

$$S = \frac{(8\ \text{g/m}^3)[1 + (0.088\ \text{g/g·d})(21.0\ \text{d})]}{(21.0\ \text{d})(3.5 - 0.088\ \text{g/g·d}) - 1} = 0.32\ \text{g bCOD/m}^3$$

$Y_n = 0.15\ \text{g VSS/g NO}_x$ (표 8-14)
$b_{\text{AOB},12°\text{C}} = 0.135\ \text{g/g·d}$ (9b 단계)

식 (8-20)의 C항을 위해서 NO_x의 값이 필요하다. NO_x는 $P_{X,\text{Bio}}$를 구하기 위해 식 (8-20)에 사용되는데, 유입 TKN의 일정한 %로 가정한다. $P_{X,\text{Bio}}$를 계산한 후 반복 계산을 통해 NO_x를 계산한다. 이 문제에서 NO_x = 80% (TKN)이 BOD와 TKN의 비율을 감안할 때 적당하다. 질산호균의 VSS가 총 MLVSS 농도에 비해 매우 작은 부분을 차지하므로 오차는 미미하다.

$\text{NO}_x = 0.80(35\ \text{g/m}^3) = 28\ \text{g/m}^3$

b. 위의 계산된 값을 대입하여 $P_{X,\text{bio,VSS}}$를 계산한다.

$$P_{X,\text{bio,VSS}} = \frac{(22{,}700\ \text{m}^3/\text{d})(0.45\ \text{g/g})[(224 - 0.32)\ \text{g/m}^3](1\ \text{kg}/10^3\ \text{g})}{[1 + (0.088\ \text{g/g·d})(21.0\ \text{d})]}$$
$$+ \frac{(0.15\ \text{g/g})(0.088\ \text{g/g·d})(0.45\ \text{g/g})(22{,}700\ \text{m}^3/\text{d})[(224 - 0.32)\ \text{g/m}^3](21.0\ \text{d})(1\ \text{kg}/10^3\ \text{g})}{[1 + (0.088\ \text{g/g·d})(21.0\ \text{d})]}$$
$$+ \frac{(22{,}700\ \text{m}^3/\text{d})(0.15\ \text{g/g})(28\ \text{g/m}^3)(1\ \text{kg}/10^3\ \text{g})}{[1 + (0.135\ \text{g/g·d})(21.0\ \text{d})]}$$

$$P_{X,\text{bio,VSS}} = 802.3\ \text{kg/d} + 222.4\ \text{kg/d} + 24.9\ \text{kg/d} = 1049.6\ \text{kg VSS/d}$$

12. 질산이온으로 산화되는 질소의 양을 결정한다. 질산이온으로 산화되는 질소의 양을 표 8-10의 식 (8-24)를 이용하여 질소에 대한 물질수지를 세움으로써 가능하다.

$$\begin{aligned}\text{NO}_x &= \text{TKN} - N_e - 0.12P_{X,\text{bio}}/Q \\ &= 35.0\ \text{g/m}^3 - 0.50\ \text{g/m}^3 \\ &\quad - (0.12\ \text{g N/g VSS})(1049.6\ \text{kg VSS/d})(10^3\ \text{g/kg})/(22{,}700\ \text{m}^3/\text{d}) \\ &= (35.0 - 0.50 - 5.6)\ \text{g/m}^3 = 28.9\ \text{g/m}^3\end{aligned}$$

계산된 값은 가정했던 28.0 g/m³과 근접하다. 위 계산에서 NO_x를 28.9로 대체하면 28.9 g/m³을 다시 얻게 된다. 따라서 한 번의 반복계산이면 만족된다. 식 8-20의 C항에서 $P_{X,\text{bio,VSS}}$는 24.9 kg/d에서 25.7 kg/d로 증가하여 $P_{X,\text{bio,VSS}}$는 1050.4 kg VSS/d가 된다.

13. 포기조의 VSS와 TSS의 농도와 총량을 결정한다. VSS와 TSS의 총량은 표 8-10의 식 (8-20), (8-21), (7-57)을 이용한다.

$$\text{Mass} = P_X(\text{SRT})$$

a. 위에서 구한 nbVSS로부터 식 (8-20)의 A, B, C, D 항을 계산하여 $P_{X,\text{VSS}}$를 구한다.

$$P_{X,\text{VSS}} = P_{x,\text{bio}} + Q(\text{nbVSS})$$

$$\begin{aligned} P_{X,\text{VSS}} &= 1050.4\,\text{kg/d} + Q(\text{nbVSS}) \\ &= 1050.4\,kg/\text{d} + (22{,}700\,\text{m}^3/\text{d})(20\,\text{g/m}^3)(1\,\text{kg}/10^3\,\text{g}) \\ &= (1050.4 + 454.0)\,\text{kg/d} = 1504.4\,\text{kg/d} \end{aligned}$$

식 (8-21)로부터, $P_{X,\text{TSS}}$는

$$\begin{aligned} P_{X,\text{TSS}} &= [(1050.4\,\text{kg/d})/0.85] + (454.0\,\text{kg/d}) + Q(\text{TSS}_o - VSS_o) \\ &= 1235.8\,\text{kg/d} + 454.0\,\text{kg/d} + (22{,}700\,\text{m}^3/\text{d})(10\,g/\text{m}^3)(1\,\text{kg}/10^3\,\text{g}) \\ &= 1916.8\,\text{kg/d} \end{aligned}$$

b. 포기조 내의 VSS와 TSS의 총량을 결정한다.

i. 표 8-10의 식 (7-57)로부터 MLVSS의 양

$$\begin{aligned} (X_{\text{VSS}})(V) &= (P_{X,\text{VSS}})\,\text{SRT} \\ &= (1504.4\,\text{kg/d})(21.0\,\text{d}) = 31{,}592.4\,\text{kg} \end{aligned}$$

ii. 표 8-10의 식 (7-57)로부터 MLSS의 양

$$\begin{aligned} (X_{\text{TSS}})(V) &= (P_{X,\text{TSS}})\,\text{SRT} \\ &= (1916.8\,\text{kg/d})(21.0\,\text{d}) = 40{,}252.8\,\text{kg} \end{aligned}$$

14. 13b 과정에서 계산된 TSS 총량을 이용하여 설계 MLSS 농도를 선택하고 포기조 부피와 체류시간을 결정한다.

a. 과정 13b의 관계를 이용하여 포기조 부피를 결정한다.

$$(X_{\text{TSS}})(V) = 40{,}252.8\,\text{kg}$$

At $X_{\text{TSS}} = 3000\ \text{g/m}^3$

$$V = \frac{(40{,}252.8\,\text{kg})(10^3\,\text{g}/1\,\text{kg})}{(3000\,\text{g/m}^3)} = 13{,}418\,\text{m}^3$$

b. 포기조의 체류시간을 결정한다.

부피가 각각 4,470 m³인 포기조 3개를 사용하고, 포기장치의 점검이 필요할 경우 한개 조의 운전을 잠정 중단할 수 있다.

$$\tau = \frac{V}{Q} = \frac{(13{,}410\,\text{m}^3)(24\ \text{h/d})}{(22{,}700\,\text{m}^3/\text{d})} = 14.2\,\text{h}$$

c. MLVSS를 결정한다.

$$\text{VSS 분율} = \frac{31{,}592\,\text{kg VSS}}{40{,}253\,\text{kg TSS}} = 0.79$$

$$\text{MLVSS} = (0.79)\,3000\,\text{g/m}^3 = 2370\,\text{g/m}^3$$

15. F/M비와 BOD 용적부하를 결정한다.

a. 표 8-10의 식 (7-62)를 이용하여 F/M비를 구한다.

$$\text{F/M} = \frac{QS_o}{XV} = \frac{\text{kg BOD}}{\text{kg MLVSS·d}}$$
$$= \frac{(22{,}700\,\text{m}^3/\text{d})(140\,\text{g/m}^3)}{(2370\,\text{g/m}^3)(13{,}410\,\text{m}^3)} = 0.10\,\text{g/g·d} = 0.10\,\text{kg/kg·d}$$

b. 표 8-10의 식 (7-69)를 이용하여 BOD 용적부하를 구한다.

$$\text{BOD 부하} = \frac{QS_o}{V} = \frac{\text{kg BOD}}{\text{m}^3\text{·d}}$$
$$= \frac{(22{,}700\,\text{m}^3/\text{d})(140\,\text{g/m}^3)}{(13{,}410\,\text{m}^3)(10^3\,\text{g/1 kg})} = 0.24\,\text{kg/m}^3\text{·d}$$

16. TSS와 VSS를 이용하여 겉보기 수율(observed yield)을 결정한다.

a. TSS를 이용하여 겉보기 수율 혹은 순 수율(net yield)을 결정한다.

Observed yield = g TSS/g bCOD = kg TSS/kg bCOD

$P_{X,TSS}$ = 1917 kg/d

$$\text{제거된 bCOD} = Q(S_o - S)$$
$$= (22{,}700\,\text{m}^3/\text{d})[(224 - 0.32)\,\text{g/m}^3](1\,\text{kg}/10^3\,\text{g})$$
$$= 5078\,\text{kg/d}$$

$$Y_{obs,TSS} = \frac{(1917\,\text{kg/d})}{(5078\,\text{kg/d})} = \frac{0.38\,\text{kg TSS}}{\text{kg bCOD}} = \frac{0.38\,\text{g TSS}}{\text{g bCOD}}$$
$$= \left(\frac{0.38\,\text{g TSS}}{\text{g bCOD}}\right)\left(\frac{1.6\,\text{g bCOD}}{\text{g BOD}}\right) = 0.61\,\text{g TSS/g BOD}$$

b. VSS를 이용하여 겉보기 수율을 결정한다.

$Y_{obs,VSS}$:VSS/TSS = 0.79 (14c단계를 보라)

$$= \left(\frac{0.38\,\text{g TSS}}{\text{g bCOD}}\right)\left(\frac{0.79\,\text{g VSS}}{\text{g TSS}}\right)$$
$$= 0.30\,\text{g VSS/g bCOD}$$
$$= \left(\frac{0.30\,\text{g VSS}}{\text{g bCOD}}\right)\left(\frac{1.6\,\text{g bCOD}}{\text{g BOD}}\right)$$
$$= 0.48\,\text{g VSS/g BOD}$$

17. 표 8−10의 식 (8−23)을 이용하여 산소요구량을 계산한다.

$R_o = Q(S_o - S) - 1.42\,P_{X,\text{bio}} + 4.57(Q)\text{NO}_x$

$P_{X,\text{bio,VSS}} = 802.3\,\text{kg/d} + 222.4\,\text{kg/d}$ (11단계 − 질산화 세균은 포함하지 않음)

$= 1024.7\,\text{kg VSS/d}$

$R_o = (22{,}700\,\text{m}^3/\text{d})[(224 - 0.32)\,\text{g/m}^3](1\,\text{kg}/10^3\,\text{g}) - 1.42(1024.7\,\text{kg/d})$
$+ 4.57(22{,}700\,\text{m}^3/\text{d})(28.9\,\text{g/m}^3)(1\,\text{kg}/10^3\,\text{g})$

$R_o = 5077.5 - 1455.1 + 2998.1 = 6620\,\text{kg O}_2/\text{d} = 275.9\,\text{kg O}_2/\text{h}$

18. 미세기포공급장치 설계: 평균유량에서 공기유량을 결정한다(8번 과정 참조)

a. $\alpha = 0.65$, $\beta = 0.95$, $F = 0.90$를 이용하여 SOTR을 결정한다.

$$\text{SOTR} = \left(\frac{\text{OTR}_f}{\alpha F}\right)\left\{\frac{C^*_{\infty 20}}{\left[\beta \dfrac{C^*_{st}}{C^*_{s20}}\left(\dfrac{P_b}{P_b}\right)(C^*_{\infty 20}) - C\right]}\right\}(1.024^{20-T})$$

$$\text{SOTR} = \left(\frac{275.9\,\text{kg/h}}{0.65(0.90)}\right)\left\{\frac{10.64}{\left[0.95\left(\dfrac{10.78}{9.09}\right)(0.94)(10.64) - 2.0\right]}\right\}(1.024^{20-12}) = 654.6\,\text{kg/h}$$

b. 공기 유량을 결정한다.

$$\text{공기주입량, m}^3/\text{min} = \frac{(654.6\,\text{kg/h})}{[(0.35)(60\,\text{min/h})(0.270\,\text{kg O}_2/\text{m}^3\,\text{air})]}$$
$$= 115.5\,\text{m}^3/\text{min}$$

19. 알칼리도를 점검한다.

a. 알칼리도 물질수지를 세운다.

pH를 7로 유지하기 위한 Alk = 유입 Alk − 사용된 Alk + 첨가한 Alk

유입 Alk = 140 g/m^3 as $CaCO_3$

질산이온으로 산화된 질소의 양: NO_x = 28.9 g/m^3(과정 12 참조)

질산화에 사용된 Alk = (7.14 g $CaCO_3$/g NH_4−N)(28.9 g/m^3)

= 206.3 g/m^3 as $CaCO_3$

b. 구한 값을 대입하여 알칼리도 요구량을 구한다.

pH를 6.8~7.0으로 유지하기 위해 요구되는 잔류 알칼리도 70 g/m^3 as $CaCO_3$

70 g/m^3 = 유입 알칼리도 − 사용된 알칼리도 + 첨가된 알칼리도

70 g/m^3 = 140 g/m^3 − 206.3 g/m^3 + 첨가된 알칼리도

알칼리도 요구량 = 136.3 g/m^3 as $CaCO_3$

= (22,700 m^3/d) (136.3 g/m^3) (1 kg/10^3 g)

= 3094 kg/d as $CaCO_3$

c. 필요한 알칼리도를 중탄산나트륨 값으로 계산한다.

중탄산나트륨은 석회와 비교하여 다루기가 쉽고 스케일 문제가 적으므로 알칼리 첨가를 위해 더 선호된다. 필요한 $NaHCO_3$의 양은 다음과 같이 계산한다.

$NaHCO_3$의 당량(eq) = 84 g

$$NaHCO_3 \text{ 필요량} = \frac{(3094\,\text{kg/d } CaCO_3)(84\,\text{g } NaHCO_3/\text{eq})}{(50\,\text{g } CaCO_3/\text{equivalent})}$$

$$= 5197\,\text{kg/d } NaHCO_3$$

20. 식 (8-26)을 이용하여 유출수 BOD를 예측한다.

$$BOD = sBOD_e + \left(\frac{0.85\,\text{g BOD}}{1.42\,\text{g VSS}}\right)\left(\frac{0.85\,\text{g VSS}}{\text{g TSS}}\right)(\text{TSS, g/m}^3)$$

가정 $sBOD_e = 3.0\ \text{g/m}^3$

$TSS = 10\ \text{g/m}^3$

$$BOD = 3.0\,\text{g/m}^3 + (0.85)(0.85)(10\,\text{g/m}^3)$$

$$= 10.2\,\text{g/m}^3$$

풀이, C—2차 침전지

21. 2차 침전지 설계(BOD 제거만을 목적으로 한 경우와 BOD 제거와 질산화를 모두 고려한 경우)

a. 슬러지 반송률을 결정한다[그림 8-11(b) 참조].

$Q_R X_R = (Q + Q_R)X$ (폐슬러지의 양은 무시한다고 가정)

여기서, $Q_R = RAS$ 유량, m^3/d

X_R = 반송슬러지 질량 농도, g/m^3

RAS 반송비 $= Q_R/Q = R$

$RX_R = (1 + R)X$

$$R = \frac{X}{X_r - X}$$

b. 침전지의 크기를 결정한다.

$X_R = 8,000\ \text{g/m}^3$로 가정한다(침강 특성이 중간 정도일 때의 범위는 4,000~12,000 mg/L이다. 8-3절 참조).

$$R = \frac{(3000\,\text{g/m}^3)}{[(8000 - 3000)\,\text{g/m}^3]} = 0.60$$

2차 침전지의 평균유량에서 수리학적 부하는 24 $\text{m}^3/\text{m}^2/\text{d}$라고 가정한다(표 8-34 참조); 그 범위는 16~28 $\text{m}^3/\text{m}^2\cdot\text{d}$이다.

$$\text{면적} = \frac{(22,700\,\text{m}^3/\text{d})}{(24\,\text{m}^3/\text{m}^2\cdot\text{d})} = 946\,\text{m}^2$$

3기의 침전지를 사용하라(각 포기조당 1개).

침전지 당면적 = 315 m^2

침전지 지름 = 20 m

c. 고형물 부하를 점검한다.

$$\text{고형물 부하} = \frac{(Q + Q_r)(\text{MLSS})}{A} = \frac{(1 + R)Q(\text{MLSS})}{A}$$

여기서, A = 침전지 면적, $m^2 = (\pi/4)(20\ m)^2 \times 3 = 942\ m^2$

$$\text{고형물 부하} = \frac{(1 + 0.6)(22{,}700\ m^3/d)(3000\ g/m^3)(1\ kg/10^3\ g)}{(942\ m^2)(24\ h/d)}$$

$$= 4.9\ kg\ MLSS/m^2{\cdot}h$$

(표 8-34에 주어진 고형물 부하 허용범위인 4~6 $kg/m^2{\cdot}d$의 범위 이내)

22. 설계 결과를 정리한다.

설계인자	단위	BOD 제거만 할 경우(Part A)	BOD 제거와 질산화를 함께 할 경우(Part B)
평균 폐수 유량	m^3/d	22,700	22,700
평균 BOD 부하	kg/d	3178	3178
평균 TKN 부하	kg/d	795	795
포기조 SRT	d	5.0	21.0
포기조 수	number	3	3
포기조 부피, ea	m^3	1480	4470
수리학적 체류시간	h	4.7	14.2
MLSS	g/m^3 (mg/L)	3000	3000
MLVSS	g/m^3 (mg/L)	2400	2370
F/M	g/g · d	0.30	0.10
BOD 부하	kg BOD/m^3 · d	0.71	0.24
슬러지 생산	kg/d	2667	1917
겉보기 수율	kg VSS/kg BOD	0.64	0.48
	kg TSS/kg BOD	0.84	0.61
산소요구량	kg/h	111.3	275.9
평균 폐수량에서 공기량	m^3/min	60.5	115.5
슬러지 반송비(RAS)	Unitless	0.60	0.60
침전지 표면 부하율	m^3/m^2 · d	24	24
침전지 수	number	3	3
	Diameter, m	20	20
알칼리도 첨가[as $Na(HCO_3)$]	kg/d	—	5197
유출수 BOD	g/m^3 (mg/L)	<30	10.2
TSSe	g/m^3 (mg/L)	<30	10
유출수 암모니아성 질소	g/m^3 (mg/L)	—	≤0.5

BOD 제거만을 위한 설계에서 유출수 NH_4-N 농도는 작은 SRT 때문에 질산화 시스템에서 산화되는 NH_4-N의 농도 28.9 mg/L보다 작다. 예제에서 제시된 설계 과정은 평균 유량을 기술한 것이다. 실제 설계에서는 첨두 유량과 첨두 부하 조건에서도 실시되어야 한다.

예제 8-3에서 NH_4-N은 NO_3-N으로 완전히 산화된다고 가정하였고, AOB에 의한 NH_4-N의 산화와 NOB에 의한 NO_2-N이 NO_3-N으로 산화되는 과정에서 발생하는 NO_2-N 농도는 무시하였다. 온도 25°C 이하에서 DO 농도 2.0 mg/L 근처에서 운전되는 일반적 시스템에서 NO_2-N 농도는 0.30 mg/L 이하이기 때문에 대부분의 경우 NO_2-N 농도를 무시하는 것이 큰 오차를 나타내지 않는다. 그러나 예제 8-3에서 설계한 활성슬러지 시스템이 매우 낮은 DO 농도에서 운전된다면, NO_2-N 농도의 증가가 가능하다. 활성슬러지공정에서 NH_4-N과 NO_2-N의 농도에 대한 낮은 DO 농도의 영향은 예제 8-4에서 나타내었다.

예제 8-4

예제 8-3에서 설계한 완전혼합 활성슬러지공정에서 NH_4-N과 NO_2-N의 농도에 대한 DO 농도의 영향 예제 8-3에 주어진 정보를 이용하여 (a) 유출수 NO_2-N 농도, (b) DO 농도가 2.0 mg/L가 아닌 0.40 mg/L일 때 완전혼합 활성슬러지공정에서 유출수 내 NO_2-N과 NH_4-N의 농도를 구하여라.

설계조건과 가정

1. SRT = 20.6 d
2. 온도 = 12°C

풀이, A– 유출수 내 NO_2-N의 농도

1. 표 8-10의 식 (7-46)을 이용하여 DO = 2.0 mg/L일 때 유출수 내 NO_2-N의 농도를 결정한다. 단 $Yk = \mu$

$$NO_2\text{-N} = \frac{K_{NO_2}[1 + b_{NOB}(SRT)]}{SRT(\mu_{NOB} - b_{NOB}) - 1}$$

2. DO 영향과 $\mu_{max,NOB}$를 활용하여 μ_{NOB}를 구한다.

$$\mu_{NOB} = \mu_{max,NOB}\left(\frac{S_{O_2}}{S_{O_2} + K_{O_2,NOB}}\right)$$

표 8-14에서 $\mu_{max,NOB}$, K_{NO_2}, $K_{O_2,NOB}$, b_{NOB}의 값을 구한다. 선택된 값은 각각 1.0 g/g · d, 0.20 g/m³, 0.90 g/m³, 0.17 g/g · d이다. 표 8-14로부터 12°C에서의 온도 보정 값을 사용하라. 12°C에서의 $\mu_{max,NOB}$를 구하라.

$$\mu_{max,NOB,12} = (\mu_{max,NOB,20})\theta^{(T-20)}$$

$$\mu_{max,NOB,12} = (1.0\ g/g \cdot d)1.963^{12-20} = 0.61\ g/g \cdot d$$

$$\mu_{NOB,12} = (0.61\ g/g \cdot d)\left[\frac{(2.0\ g/m^3)}{(2.0\ g/m^3 + 0.90\ g/m^3)}\right] = 0.42\ g/g \cdot d$$

3. T = 12°C에서 b_{NOB}를 구한다.

$$b_{NOB,12} = (b_{20})\theta^{(T-20)}$$
$$b_{NOB,12} = (0.17\ g/g \cdot d)1.029^{(12-20)} = 0.135\ g/g \cdot d$$

4. 식 (7−46)에 위의 값을 대입하여 유출수 내 NO_2−N의 농도를 구한다.

$$NO_2\text{-}N = \frac{(0.20\ g/m^3)[1 + (0.135\ g/g \cdot d)(20.6\ d)]}{[(20.6\ d)(0.42\ g/g \cdot d - 0.135\ g/g \cdot d)] - 1} = 0.16\ mg/L$$

풀이, B−유출수 내 NO_2-N과 NH_4-N의 농도

1. DO = 0.40 g/m³일 때 NO_2-N의 농도를 결정한다.
   a. DO = 0.40 g/m³, T = 12°C일 때 μ_{NOB}를 구하고 식 (7−46)에 대입한다.

$$\mu_{NOB,12} = (0.61\ g/g \cdot d)\left[\frac{(0.40\ g/m^3)}{(0.40\ g/m^3 + 0.90\ g/m^3)}\right] = 0.188\ g/g \cdot d$$

$$NO_2\text{-}N = \frac{(0.20\ g/m^3)[1 + (0.135\ g/g \cdot d)(20.6\ d)]}{[(20.6\ d)(0.188\ g/g \cdot d - 0.135\ g/g \cdot d)] - 1} = 8.20\ g/m^3$$

2. DO = 0.40 g/m³일 때 NH_4-N의 농도를 결정한다.
   a. DO = 0.40 g/m³, T = 12°C일 때 μ_{AOB}를 구하고 예제 8−3에서 구한 다른 계수 값과 함께 식 (7−46)에 대입하여 유출수 내 NH_4-N의 농도를 구한다. 예제 8−3에서 $b_{AOB,12}$ = 0.135 g/g · d, K_{NH_4} = 0.50 g/m³이다. 표 8−14에서 K_{O_2} = 0.50 g/m³이다. DO 영향과 $\mu_{max,AOB}$를 활용하여 μ_{AOB}를 구한다.

$$\mu_{AOB,12} = \mu_{max,AOB,12}\left(\frac{S_{O_2}}{S_{O_2} + K_{O_2,AOB}}\right)$$

$$\mu_{AOB,12} = (0.52\ g/g \cdot d)\left[\frac{(0.40\ g/m^3)}{(0.40\ g/m^3 + 0.50\ g/m^3)}\right] = 0.231\ g/g \cdot d$$

$$NH_4\text{-}N = \frac{0.50\ g/m^3[1 + (0.135\ g/g \cdot d)(20.6\ d)]}{20.6\ d(0.231\ g/g \cdot d - 0.135\ g/g \cdot d) - 1} = 1.90\ g/m^3$$

SRT 20.6d, DO 농도가 2.0 mg/L, 0.40 mg/L일 때 유출수의 NH_4-N과 NO_2-N의 농도를 정리하면 다음과 같다:

	DO 농도, mg/L	
인자	2.00	0.40
NH_4-N	0.50	1.90
NO_2-N	0.16	8.20

낮은 DO 농도에서 더 높은 NO_2-N 농도가 예측되었다. 따라서 NH_4-N의 NO_3-N으로의 산화는 불완전하다. 이는 낮은 DO 농도에서 NO_2-N의 탈질이 종속영양 플럭 안에서 어느 정도 일어난다는 것이며 활성슬러지 반응조에서 그것의 농도는 호기성 조건만이라고 가정하여 예측된 값보다 낮게 나타난다.

》 회분식반응조 설계

SBR 시스템을 이용한 처리는 활성슬러지 시스템처럼 유량의 공간적인 흐름으로 처리가 이루어지는 것과 달리 단일 반응조에서 시간에 따른 공정의 연속적인 운전으로 이루어진다. SBR의 독특한 특징은 포기와 침전이 한 반응조에서 이루어지기 때문에 반송슬러지(RAS)가 없다는 것이다. SBR 공정은 이 장의 앞쪽에서 언급한 바와 같이 연속흐름 모드로 운전할 수 있도록 개선되었다. SBR 공정에서 중요한 사항은 (1) 슬러지 배출, (2) 공정 동역학의 적용, (3) 침전, 배출, 포기 동안에 제거되는 탱크 내용물의 분율을 포함하는 주요 운전인자의 선택 등이다.

SBR에서 슬러지 폐기. 슬러지 폐기는 필요한 SRT의 확보와 제거효율에 영향을 미치는 SBR 운전에서 또 하나의 중요한 과정이다. 폐기는 SBR의 연속과정에서 시간이 정해져 있지 않기 때문에 기본적인 5개 과정에 포함되지는 않는다. 슬러지 폐기량과 주기는 재래식 연속 흐름 시스템에서처럼 요구되는 성능에 따라 결정된다. SBR 운전에서 슬러지 폐기는 보통 반응 과정 중에 일어나기 때문에 미세한 물질과 큰 플럭을 포함하는 구성이 고른 고형물의 폐기가 이루어진다. 8-3절에서 언급한 바와 같이 nocardioform 거품

표 8-16
SBR 운전과정에 대한 설명

과정	설명
유입	유입 과정 중에 폐수 원수 혹은 1차 침전지 유출수가 반응조로 유입된다. 이 기간 동안 탱크 내의 수위는 75%(휴지가 끝나는 시점에서)로부터 최대 수위인 100%까지 상승한다. 두 개의 탱크를 사용한다면 유입 과정의 시간은 한 사이클 시간의 약 50% 정도 이루어진다. 이 기간 동안 반응조는 혼합만 이루어지거나 유입수의 생물학적 반응을 촉진시키기 위해 혼합과 포기가 동시에 이루어질 수도 있다. 적어도 50%의 혼합만으로도 사상성 세균 제어와 침강 특성의 향상을 가져올 수 있다.
반응	반응 과정 중에 미생물은 제한된 환경조건에서 기질을 소비한다. 제한된 환경조건이란 공기 공급만 이루어지거나 질소제거를 위해 생물학적 질산화와 탈질을 유도할 수 있도록 간헐적 포기와 혼합이 이루어지는 것을 말한다.
침전	고형물은 고요한 수면 조건에서 액체와 분리되며 상징수가 배출될 수 있도록 준비한다.
배출	배출 과정 중에 침전된 상징수를 유출시킨다. 부상 혹은 이동 위어와 같이 잘 알려진 방법을 포함하여 다양한 배출 방법이 사용될 수 있다.
휴지	휴지 과정은 여러 개의 반응조를 가지는 시스템에서 한 반응조가 후속 과정으로 넘어가기 전 유입 과정이 완결될 수 있도록 충분한 시간을 확보하는 과정이다. 이것은 또한 우기나 계절적 부하에 대처할 수 있도록 많은 유량을 처리할 수 있는 여유를 제공한다.

을 유발하는 *M. Parvicella*와 세균의 성장을 억제함으로써 거품을 통제하는 효과적인 수단으로서 SBR 반응조는 슬러지를 수면으로부터 폐기할 수 있도록 설계되어야 한다.

공정 동역학의 적용. 회분식 동역학이 반응 과정 중에 적용된다. 기질 농도는 CMAS 시스템에서 보다 초기에는 매우 높았다가 미생물에 의해 소비되면서 감소한다. 시간에 따른 기질의 농도변화는 7장에서 식 (7−43)에 나타낸 바와 같은 연속흐름의 완전혼합반응조에 대한 물질수지식으로 결정될 수 있다:

$$\frac{dS}{dt}V = QS_o - QS - r_{su}V \tag{7-43}$$

여기서, $r_{su} = \dfrac{\mu_m XS}{Y(K_s + S)}$ (7-15)

기타 항에 대한 설명은 앞에서 기술하였다.

회분식 반응에서 $Q = 0$이므로 기질농도는

$$\frac{dS}{dt} = -\frac{\mu_m XS}{Y(K_s + S)} \tag{8-46}$$

식 (8−59)를 시간에 대해 적분하면 다음 식을 얻을 수 있다.

$$K_s \ln\frac{S_o}{S_t} + (S_o - S_t) = X\left(\frac{\mu_m}{Y}\right)t \tag{8-47}$$

여기서, S_o = $t = 0$일 때 초기 기질농도, mg/L

t = 시간, d

S_t = 시간 t에서 기질농도, mg/L

$X = X_n$(질산화 세균의 농도), $S = N$ (NH_4-N의 농도)인 질산화에 위와 같은 식을 적용하고 Monod 모델의 동역학적 상수를 대입하면:

$$K_{NH_4} \ln\frac{N_o}{N_t} + (N_o - N_t) = X_n\left(\frac{\mu_{max,AOB}}{Y_n}\right)t \tag{8-48}$$

여기서, N_o = t가 0일 때 NH_4-N의 농도, mg/L

N_t = 시간 t일 때 NH_4-N의 농도, mg/L

X_n = 질산화 세균의 농도, mg/L

질산화 세균의 최대성장 속도는 식 (7−94)에 나타낸 바와 같이 DO 농도에 영향을 받으며 이 영향을 식 (8−49)에 포함시키면:

$$K_{NH_4} \ln\frac{N_o}{N_t} + (N_o - N_t) = X_n\left(\frac{\mu_{max,AOB}}{Y_{AOB}}\right)\left(\frac{S_o}{K_{O,AOB} + S_o}\right)t \tag{8-49}$$

위와 같은 회분식 동역학 수식은 반응과정의 포기시간이 요구하는 만큼의 기질을 제거할 수 있는 충분한 시간인지를 결정하는 데 사용된다. 위 식에서 사용할 종속영양 미생물 농도(X)와 질산화 미생물의 농도(X_n)를 결정하기 위해서는 먼저 특정한 양의 기질이 소비된다는 가정하에 전체적인 물질수지를 세워야 한다. 가정폐수를 처리하는 회분식 동역학에 의하면 용존성 BOD 제거에 필요한 시간은 상대적으로 작아서(1시간 이하), 그 결과 초기 용존성 BOD 농도는 상대적으로 낮다. 질산화를 위한 SBR의 포기시간은 2~4시간 정도이다. SBR 시스템과 연속흐름 완전혼합 시스템에서의 SRT를 직접 비교할 수 없다는 것을 주목할 필요가 있다. 같은 SRT라면 SBR이 회분식 반응이기 때문에 보다 효과적이라고 예상할 수 있지만 미생물은 침전, 유출, 유입 과정처럼 공기 주입이 없는 운전 시간이 있기 때문에 실제 호기성 SRT는 작아진다.

기질 농도는 시간에 따라 변하기 때문에 기질 소비율과 산소요구율은 높은 값에서 낮은 값으로 변한다. 포기 시스템은 산소요구량의 변화를 반영할 수 있도록 설계되어야 한다. SBR 공정의 추가적인 설명은 이 절의 후반부에서 하도록 한다.

주요 운전조건. SBR 설계에는 많은 설계변수들이 포함되기 때문에 주요 운전조건을 먼저 가정하고 반복적인 접근을 하는 것이 필요하다. 다른 운전조건에서 최적의 선택을 할 수 있도록 스프레드시트 분석을 사용할 수 있다. 반드시 선택되어야 하는 주요 운전인자는 (1) 유출 과정 동안 제거되는 탱크 내용물의 분율과 (2) 침전, 유출, 포기 시간이다. 채워지는 부피는 유출되는 부피와 같으므로 유출 부피의 분율은 한 사이클 동안 유입에 사용되는 반응조의 분율과 같으므로 총 부피에 대한 유입 부분 혹은 유입 부피의 비라고 말할 수 있다. 유입 부피 분율(fill volume fraction)은 SBR 반응조에 요구되는 액체 부피를 결정하는 데 사용되는 중요한 인자이다. 허용 분율은 유출 과정 동안 침전된 고형물 위로 충분한 상징수를 보유할 수 있도록 해야 한다. 고농도 MLSS와 높은 SVI를 갖는 상태에서는 고형물이 큰 부피를 차지하게 되므로 유입 비율이 낮아져야만 한다. 침전된 부피를 포함할 수 있는 총 탱크 깊이에 대한 분율은 다음과 같다:

$$F(V_T) = (\text{MLSS, mg/L})\left(\frac{\text{SVI, mL/g}}{10^6}\right) \tag{8-50}$$

여기서, $F(V_T)$ = 전체 반응조 분량에 대한 침전 고형물이 차지하는 비율

SVI와 MLSS의 함수로 나타낸 가능한 유입 부피비율을 그림 8-21에 나타내었다. 배출기(decanter) 아래로 0.2~0.5 m 정도의 상징수 층이 있게 하는 것이 기본이다. 배출기 설계와 유출 시 예상되는 유체 흐름의 교란 때문에 MLSS와 SVI를 이용해 구한 값보다 보수적으로 낮은 유입 부피 분율을 사용해야 한다. 침전 후 맑은 상징수를 만들기 위해 유입 부피 분율은 일반적으로 0.25이다. 하루의 사이클 수와 일별 유량을 기본으로 사이클당 유입 부피는 유입부피 분율과 함께 SBR 탱크의 부피를 결정하는 데 이용된다. 표 8-17에 SBR 공정을 설계하는 순서를 나타내었고 예제 8-5에서 설계 예를 보였다.

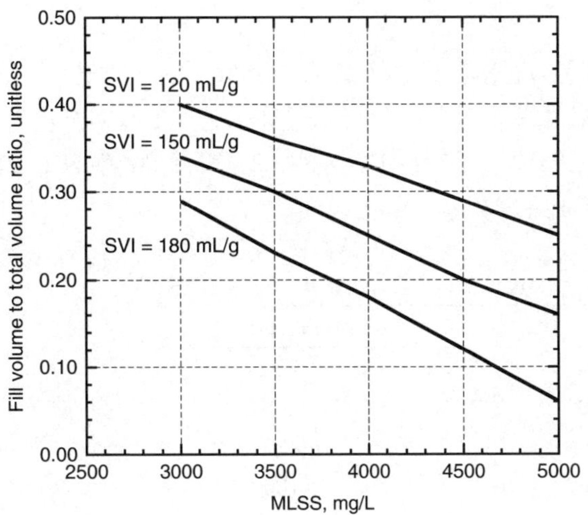

그림 8-21

꽉 채워질 경우를 가정하여 설계 MLSS 농도와 SVI에 따른 SBR 반응조의 유입/배출 분율의 추천값

표 8-17

연속회분식반응조의 설계 과정

순서	설명
1	유입폐수의 특성 자료를 수집하고, 방류수 기준 및 안전계수들을 정의한다.
2	SBR조의 수를 선택한다.
3	반응/포기, 침전, 그리고 배출시간들을 선택한다. 한 주기당 유입시간과 전체 시간을 결정한다. 1일당 주기의 수를 결정한다.
4	1일당 주기의 전체 수로부터 각 주기당 유입부피를 결정한다.
5	MLSS 농도를 선택하고 전체 반응조 용적에 대한 유입부피의 비율을 결정한다. 배출기 깊이를 결정한다. 계산된 깊이를 이용하여 SBR 반응조 부피를 결정한다.
6	SBR 공정 설계를 위한 SRT를 결정한다.
7	질산화된 추가 TKN의 양을 결정한다.
8	질산성 미생물 농도를 계산하고 선택된 포기시간이 효율적인 질산화를 위해 충분한 시간인지 평가한다.
9	필요하다면 설계를 조정한다. 이때 추가적인 반복계산이 행해질 수도 있다.
10	배출유량을 결정한다.
11	산소요구량과 평균전달률을 결정한다.
12	슬러지 생산량을 결정한다.
13	F/M비와 BOD 용적부하를 계산한다.
14	알칼리도 요구량을 산정한다.
15	설계요약표를 작성한다.

예제 8-5 **연속회분식반응조 공정의 설계.** 아래와 같은 성상을 가진 7,570 m^3/d의 도시폐수를 처리할 수 있도록 연속회분식반응공정을 설계하라. 전체 용적기준 반응조 혼합액의 농도는 3,500 g/m^3이고 온도는 12°C이다. 요구되는 유출수 NH_4-N의 농도 = 1.0 g/m^3이다. 1차 처리는 사용되지 않는다.

폐수특성

성분	농도, g/m^3
BOD	220
sBOD	80
COD	485
sCOD	160
rbCOD	80
TSS	240
VSS	220
TKN	35
NH_4-N	25
TP	6
알칼리도	200 as $CaCO_3$
bCOD/BOD비	1.6

참조: g/m^3 = mg/L

설계조건과 가정사항:

1. 2개의 반응조 사용
2. 만수위 총 용액 깊이 = 6 m
3. 유출깊이 = 반응조 깊이의 20%
4. SVI = 150 mL/g
5. NO_x TKN의 80%
6. 표 8-14의 반응속도 계수를 적용한다.
7. bCOD = 1.6(BOD)

풀이

1. 공정 설계를 위해 필요한 폐수의 특성을 구한다.

   a. bCOD를 결정하라.

   $$bCOD = 1.6(220\ g/m^3) = 352\ g/m^3$$

   b. 식 (8-7), (8-8), (8-9)를 이용하여 nbVSS 농도를 결정하라.

   $$bsCOD = 1.6(sBOD)$$

   $$bsCOD = 1.6(80\ g/m^3) = 128\ g/m^3$$

   $$nbsCOD_e = sCOD - bsCOD = (160 - 128)\ g/m^3 = 32\ g/m^3$$

   $$nbpCOD = COD - bCOD - nbsCOD = (485 - 352 - 32)\ g/m^3 = 101\ g/m^3$$

$$VSS_{COD} = \frac{TCOD - sCOD}{VSS}$$

$$VSS_{COD} = \frac{(485 - 160)\ g/m^3}{220\ g/m^3} = 1.48\ g\ COD/g\ VSS$$

$$nbVSS = \frac{nbpCOD}{VSS_{COD}} = \frac{101\ g/m^3}{1.48\ g\ COD/g\ VSS} = 68.2\ g/m^3$$

c. iTSS를 계산한다.

$$iTSS = TSS_o - VSS_o$$
$$= (240 - 220)\ g/m^3 = 20\ g/m^3$$

2. SBR 운전주기를 결정한다.

전체 운전시간 (T_c)는 유입시간(t_F), 반응/포기(t_A), 침전(t_S), 그리고 배출시간(t_D)으로 구성된다. 휴지시간(idle time, t_I)이 포함될 수도 있다. 따라서 전체 운전시간은 $T_c = t_F + t_A + t_S + t_D + t_I$이다. 하나의 조가 채워지는 시간($t_F$) 동안 다른 조에서 다음 사이클: 포기 t_A, 침전 t_S, 그리고 배출 t_D 주기가 수행되기 위하여 최소한 2개의 조가 필요하다. 이 예제에서는 휴지시간이 포함되지 않았다.

$$t_F = t_A + t_S + t_D$$

각 구간의 시간을 선택한다.

가정: $t_A = 2.0$ h

$t_S = 0.50$ h

$t_D = 0.50$ h

$t_I = 0$

각 반응조에 대하여 $t_F = 2.0 + 0.50 + 0.50 = 3.0$ h(주의: 포기는 유입기간에서 일어날 수도 있다. 그러나 유입 시간의 50% 이상 포기가 일어나면 사상성 팽화를 유도할 수도 있다.)

전체 반응시간, $T_C = t_f + t_A + t_S + t_D = 6.0$ h

$$주기\ 수/조 \cdot 일 = \frac{(24\ h/d)}{(6\ h/주기)} = 4$$

$$총\ 주기\ 수/일 = (2조)\left[\frac{(4주기/d)}{조}\right]$$
$$= 8주기/d$$

$$유입용적/주기 = \frac{(7570\ m^3/d)}{(8주기/d)} = 946.3\ m^3/fill$$

3. 반응조 부피와 총 수리학적 체류시간 τ를 결정한다.

만수위 깊이 = 6 m

배출(decant) 시 수위 = 0.2 (6.0 m) = 1.2 m

$$V_T = \frac{V_F/\text{조}}{0.2} = \frac{(946.3\ m^3/\text{조})}{0.2} = 4732\ m^3/\text{조}$$

$$\text{전체 체류시간}\ \tau = \frac{2\text{조}(4732 m^3/\text{조})(24 h/d)}{(7570\ m^3/d)} = 30.0\ h$$

4. SRT를 결정한다.

a. $(P_{X,TSS})$ SRT를 풀기 위해 사용 가능한 상관관계를 얻기 위하여 표 8-10에 나타낸 식 (8-20), (8-21), 그리고 (7-57)을 이용하라.

$$(P_{X,TSS})\text{SRT} = \frac{QY_H(S_o - S)SRT}{[1 + b_H(\text{SRT})](0.85)} + Q(\text{nbVSS})\text{SRT} + \frac{QY_n(\text{NO}_x)\text{SRT}}{[1 + b_n(\text{SRT})](0.85)} + \frac{(f_d)(b_H)Q(Y_H)(S_o - S)\text{SRT}^2}{[1 + b_H(SRT)](0.85)} + Q(\text{TSS}_o - \text{VSS}_o)\text{SRT}$$

$$(P_{X,TSS})\text{SRT} = (V)(X_{MLSS}) = (4732\ m^3)(3500\ g/m^3) = 16{,}562{,}000\ g$$

b. 이상의 상관관계에서 SRT를 구하기 위하여 입력 자료를 만든다.

$\text{nbVSS} = 68.2\ g/m^3$ (1b단계로부터)

$S_o \approx S_o - S$ 라고 가정한다.

$S_o = \text{bCOD} = 352\ g/m^3$ (1a 단계)

$Q = (7570\ m^3/d)/2\ \text{조} = 3785\ m^3/\ \text{조} \cdot d$

$\text{iTSS}_o = \text{TSS}_o - \text{VSS}_o = 20\ g/m^3$ (1c 단계)

$\text{NO}_x = (0.80)(35\ g\ \text{TKN}/m^3) = 28\ g/m^3$

표 8-14에서 반응속도 상수는:

$Y = 0.45\ g\ \text{VSS}/g\ \text{bCOD}$

$b_{12°C} = 0.12\ g/g \cdot d(1.04)^{12-20} = 0.088\ g/g \cdot d$

질산화 미생물의 자산화 사멸률은 포기 기간 동안 더 높고(20°C에서 0.17 g/g/d), 비포기 시 감소한다(20°C에서 0.07 g/g/d, 7-9절 참조). 따라서 가중치를 적용한 평균 자산화 사멸률을 결정한다.

호기성:

$b_{n,12°C} = 0.17\ g/g \cdot d(1.029)^{12-20} = 0.135\ g/g \cdot d$

무산소:

$b_{n,12°C} = 0.07\ (g/g \cdot d)(1.029)^{12-20} = 0.056\ g/g \cdot d$

평균:

$b_{n,12°C} = 0.135\ g/g \cdot (t_A/T_C) + 0.056\ (1 - t_A/T_C)\ g/g \cdot d$

$$\frac{t_A}{T_C} = \frac{2}{6} = 0.33$$

평균 $b_{n,12°C} = (0.135\ g/g \cdot d)(0.33) + (0.056\ g/g \cdot d)(0.67) = 0.082\ g/g \cdot d$

$f_d = 0.15\ g/g$

이 값들을 상기 식에 대입하고 계산하면 다음과 같다.

$$16{,}562{,}000\ g = \frac{(3785\ m^3/d)(0.45\ g\ VSS/g\ bCOD)(352\ g/m^3)(SRT)}{[1 + (0.088\ g/g \cdot d)(SRT)](0.85)}$$

$$+ (3785\ m^3/d)(68\ g/m^3)(SRT)$$

$$+ \frac{(3785\ m^3/d)(0.15\ g/g \cdot d)(28\ g/m^3)(SRT)}{[1 + (0.082\ g/g \cdot d)(SRT)](0.85)}$$

$$+ \frac{(0.15\ g/g)(0.088\ g/g \cdot d)(0.45\ g\ VSS/g\ bCOD)(3785\ m^3/d)(352\ g/m^3)\ SRT^2}{[1 + (0.088\ g/g \cdot d)(SRT)](0.85)}$$

$$+ (3785\ m^3/d)(20\ g/m^3)(SRT)$$

SRT를 계산한다(Excel프로그램을 이용하거나 시행착오법으로 푼다).

SRT = 26.5 d

5. MLVSS 농도를 결정한다.

   a. 표 8-10의 식 (7-56)을 풀어라(SRT = 26.5 d)($S_o \approx S_o - S$).

$$(P_{X,VSS})SRT = V_T(X_{MLVSS})$$

$$(P_{X,VSS})SRT = \frac{Q(Y_H)(S_o - S)SRT}{1 + b_H(SRT)} + Q(nbVSS)SRT$$

$$+ \frac{QY_n(NO_x)SRT}{1 + b_n(SRT)} + \frac{(f_d)(b_H)(Q)(Y_H)(S_o - S)SRT^2}{1 + b_H(SRT)}$$

$$= \frac{(3785\ m^3/d)(0.45\ g\ VSS/g\ bCOD)(352\ g/m^3)(26.5\ d)}{[1 + (0.088\ g/g \cdot d)(26.5\ d)]}$$

$$+ (3785\ m^3/d)(68\ g/m^3)(26.5\ d)$$

$$+ \frac{(3785\ m^3/d)(0.15\ g\ VSS/g\ NO_x)(28\ g/m^3)(26.5\ d)}{[1 + (0.082\ g/g \cdot d)(26.5\ d)]}$$

$$+ \frac{(0.15\ g/g)(0.088\ g/g \cdot d)(0.45\ g\ VSS/g\ COD)(3785\ m^3/d)(352\ g/m^3)(26.5\ d)^2}{[1 + (0.088\ g/g \cdot d)(26.5\ d)]}$$

$$= 13{,}399{,}320\ m^3 \cdot g/m^3 = V_T(X_{MLVSS})$$

$V_T = 4732\ m^3$ (단계 3)

$V_T(X_{MLVSS}) = (4732\ m^3)(X_{MLVSS})$

$13{,}399{,}320\ (m^3 \cdot g/m^3) = (4732\ m^3)(X_{MLVSS})$

$X_{MLVSS} = 2832\ g/m^3$

   b. MLVSS 분율을 계산한다.

$$\frac{X_{MLVSS}}{X_{MLSS}} = \frac{(2832\ g/m^3)}{(3500\ g/m^3)} = 0.81$$

6. (NO_x)로 산화된 NH_4-N의 양을 결정한다.

   표 8-10의 질소 물질수지식 (8-24)

$$NO_x = TKN_o - N_e - 0.12\,P_{X,bio}/Q$$

$$P_{X,bio} = [\text{Items } A + B + C \text{ in Eq. } (8-20)]$$

$$P_{X,bio} = \frac{QY_H(S_o - S)}{1 + b_H(SRT)} + \frac{QY_n(NO_x)}{1 + b_n(SRT)} + \frac{(f_d)(b_H)QY_H(S_o - S)SRT}{1 + b_H(SRT)}$$

$$= \frac{(3785\,m^3/d)(0.45\,g\,VSS/g\,bCOD)(352\,g/m^3)}{[1 + (0.088\,g/g\cdot d)(26.5\,d)]}$$

$$+ \frac{(3785\,m^3/d)(0.15\,g\,VSS/g\,NO_x)(28\,g/m^3)}{[1 + (0.082\,g/g\cdot d)(26.5\,d)]}$$

$$+ \frac{(0.15\,g/g)(0.088\,g/g\cdot d)(3785\,m^3/d)(0.45\,g\,VSS/g\,COD)(352\,g/m^3)(26.5\,d)}{[1 + (0.088\,g/g\cdot d)(26.5\,d)]}$$

$$= 247{,}995\,g/d = 248.0\,kg/d$$

$$NO_x = 35.0 - 1.0 - \frac{(0.12)(248.0\,kg/d)(10^3\,g/1\,kg)}{(3785\,m^3/d)}$$

$$= (35.0 - 1.0 - 7.9)\,g/m^3$$

$NO_x = 26.1\ g/m^3$ 주의: B항의 NO_x를 28 g/m³으로 가정한 것 대신에 26.1을 대입하여 계산하면 $NO_x = 26.1\ g/m^3$이 된다.

7. 2시간의 포기기간 동안 NH_4-N의 농도가 1.0 g/m³으로 제거될지를 결정하기 위하여 질산화 정도를 확인하라.

   a. 산화 가능한 N의 양을 결정한다(모든 유기 질소가 NH_4-N으로 변환된다고 가정한다).

   $NO_x = 26.1\,g/m^3$ = 산화될 수 있는 유입 유량 중 NH_4-N

   한 주기당 첨가된 산화 가능 NH_4-N:

   $$V_F(NO_x) = 946.3\,m^3/\text{주기}\ (26.1\,g/m^3) = 24{,}698\ g/\text{유입}$$

   유입 전에 남은 NH_4-N = $V_s(N_e)$

   $N_e = 1.0\,g/m^3\ NH_4$-N

   $$V_s(N_e) = N_e(V - V_F) = (1.0\,g/m^3)[(4732 - 946.3)\,m^3] = 3785.7\,g$$

   한 주기 시작할 때 총 산화 가능한 N = (24,698 + 3785.7) g = 28,483.7 g

   $$\text{초기농도} = N_o = \frac{28{,}483.7\,g}{V_T} = \frac{28{,}483.7\,g}{4732\,m^3} = 6.0\ g/m^3$$

   b. 반응시간을 결정한다.

   식 (8−49)을 이용하여 유입 후 요구되는 NH_4-N의 농도를 달성하기 위해 반응시간(포기)이 계산될 수 있다. 먼저, 질산화 미생물의 농도가 결정되어야 한다.

$$K_{NH_4} \ln\left(\frac{N_o}{N_t}\right) + (N_o - N_t) = X_n\left(\frac{\mu_{max,AOB}}{Y_n}\right)\left(\frac{S_o}{K_{o,AOB} + S_o}\right)t$$

i. 질산화 미생물 농도

$$X_n = \frac{Q(Y_n)(NO_x)SRT}{[1 + b_n(SRT)]V}$$

$$= \frac{(3785\,m^3/d)(0.15\,g\,VSS/g\,NH_4\text{-}N)(26.1\,g/m^3)(26.5\,d)}{[1 + (0.082\,g/g\cdot d)(26.5\,d)](4732\,m^3)}$$

$$= 26.1\,g/m^3$$

표 8-14의 동역학 계수를 이용하면,

$$\mu_{m,12°C} = 0.90\,g/g\cdot d\,(1.072)^{12-20} = 0.52\,g/g\cdot d$$

$$K_{NH_4,12°C} = 0.50\,g/m^3$$

$$K_o = 0.50\,g/m^3$$

ii. 반응시간을 계산한다.

$N_o = 6.0\,g/m^3$, $N_e = 1.0\,g/m^3$일 때의 t를 결정하라.

$$0.50 \ln\left[\frac{(6.0\,g/m^3)}{(1.0\,g/m^3)}\right] + [(6.0 - 1.0)\,g/m^3] = (26.1\,g/m^3)\left[\frac{(0.52\,g/g\cdot d)}{(0.15\,g/g)}\right]\left(\frac{2.0}{0.5 + 2.0}\right)t$$

$$t = 0.08\,d = 1.95\,h$$

c. 포기시간을 결정한다.

소요 포기시간 = 1.95 h

선정 포기시간은 2.0 h: 따라서 포기시간은 만족된다.

8. 유출수 배출 유량을 결정한다.

배출 부피 = 유입 부피

$$V_F = 946.3\,m^3$$

배출 시간 = 30 min

$$\text{배출 유량} = \frac{946.3\,m^3}{30\,min} = 31.5\,m^3/min$$

9. 식 (8-23)을 이용하여 반응조당 산소요구량을 계산한다.

$$R_o = Q(S_o - S) - 1.42P_{X,bio} + 4.57Q(NO_x)$$

$$= (3785\,m^3/d)(352\,g/m^3)(1\,kg/10^3\,g) - 1.42(248.0\,kg/d) + 4.57(26.1\,g/m^3)(3785\,m^3/d)(1\,kg/10^3\,g)$$

$$R_o = (1332 - 352.1 + 451.5)\,kg/d = 2136\,kg/d$$

주기 수/일 = 4

한 주기당 산소요구량

$$= \frac{(2136\ \text{kg/d})}{(4\ \text{주기/d})} = 534\ \text{kg}\ O_2/\text{주기}$$

한 주기당 포기시간 = 2 h

$$\text{평균 산소전달률} = \frac{(534\ \text{kg}\ O_2/\text{주기})}{(2\ \text{h/주기})} = 267\ \text{kg}\ O_2/\text{h}$$

주의: 산소요구량은 포기 초기에 더 높으므로 포기시스템의 산소전달 능력은 이러한 평균전달률보다 더 높아야만 한다. 산소전달률은 한 주기의 초기에서 충분한 산소전달률을 제공하고 첨두부하를 만족하기 위해 안전계수 2.0~3.0을 곱하여야 한다.

10. 식 (7-57)을 이용하여 슬러지 생산량을 결정하라(MLSS = X_{TSS}).

$$P_{X,\text{TSS}} = \frac{(V)(\text{MLSS})}{\text{SRT}}$$

$$= \frac{(2\ \text{tanks})(4732\ \text{m}^3/\text{tank})(3500\ \text{g/m}^3)(1\ \text{kg}/10^3\ \text{g})}{26.5\ \text{d}}$$

$$= 1250\ \text{kg/d}$$

$$\text{제거된 bCOD} = (7570\ \text{m}^3/\text{d})(352\ \text{g/m}^3)(1\ \text{kg}/10^3\ \text{g}) = 2664\ \text{kg/d}$$

$$\text{제거된 BOD} = \frac{(2664\ \text{kg bCOD/d})}{(1.6\ \text{kg bCOD/kg BOD})} = 1665\ \text{kg/d}$$

$$\text{겉보기 수율, g TSS/g BOD} = \frac{(1250\ \text{kg TSS/d})}{(1665\ \text{kg BOD/d})} = \frac{0.75\ \text{g TSS}}{\text{g BOD}}$$

$$\text{겉보기 수율, g VSS/g BOD} = \left(\frac{0.75\ \text{g TSS}}{\text{g BOD}}\right)\left(\frac{0.81\ \text{g VSS}}{\text{g TSS}}\right) = \frac{0.61\ \text{g VSS}}{\text{g BOD}}$$

설계 인자	단위	값
평균 유량	m^3/d	7570
평균 BOD 부하	kg/d	1665
평균 TKN 부하	kg/d	265
반응조 수	Number	2
유입(fill)시간	h	3.0
반응(react)시간	h	2.0
총 포기(total aeration)시간	h	2.0
침전(settle)시간	h	0.5
한 주기	h	6.0
총 SRT	d	26.5

설계 인자	단위	값
반응조 부피	m^3	4732
유입부피/주기	m^3	946.3
유입부피/조 용적	Ratio	0.2
배출장치 깊이	m	1.2
반응조 깊이	m	6.0
MLSS	g/m^3	3500
MLVSS	g/m^3	2832
배출유량	m^3/min	31.5
슬러지 생산량	kg TSS/d	1250
겉보기 수율	kg VSS/kg BOD	0.61
	kg TSS/kg BOD	0.75
평균 산소요구량/주기/조	kg/d	534
평균 산소 전달률	kg/h	267

다단 활성슬러지공정 설계

다단 활성슬러지공정 설계에서 중요한 공정 변수는 (1) 산소요구량, (2) 산소요구량의 분포, 그리고 (3) NH_4-N의 농도이다.

다단 공정에서 산소요구량. 다단 완전혼합 반응조에서 산소요구량은 변화하며 첫 단에서 충분히 높아서 포기장치의 산소전달률이 감당할 수 있어야 한다. 5-12절에서 설명한 멤브레인 포기 장치와 같이 고밀도 미세기포 발생장치는 100~150 mg/L 정도의 산소전달률이 가능하다. 4단 활성슬러지공정(질산화, rbCOD 제거, 입자성 분해 가능한 COD, 내생호흡 등에 요구되는 산소의 역할에 따라 정의되는)의 각 단에서 산소소모율(OURs)의 차이는 그림 8-23에 나타내었다. rbCOD의 대부분은 첫 단에서 소비되며 pCOD 분해를 위한 OUR은 분해 동역학에 따라 각 단마다 감소할 것이다. 단의 앞쪽에서 높은 농도를 가지는 NH_4-N에 의해 질산화율은 첫 번째와 두 번째 단에서 최대 0차 반응속도를 보일 것이다. 내생호흡을 위한 산소요구량은 각 단마다 상대적으로 일정할 것이다.

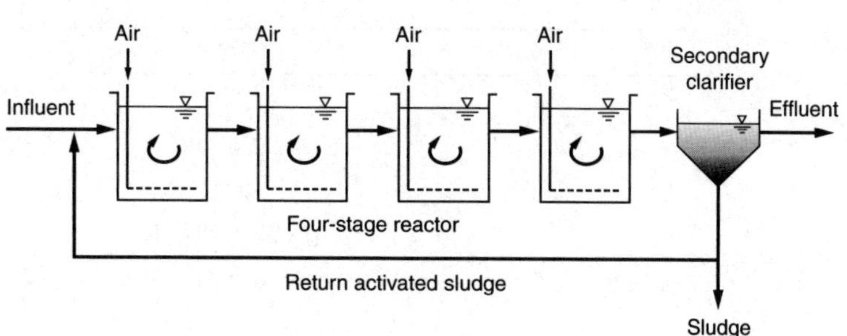

그림 8-22
다단 활성슬러지공정의 개념도

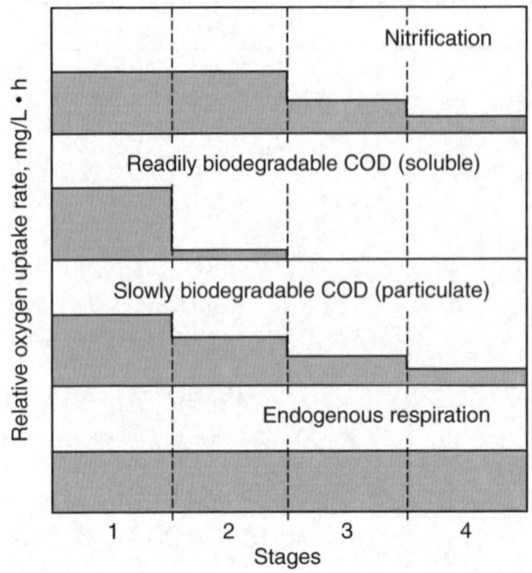

그림 8-23
다단 활성슬러지공정에서 산소 소모율의 변화

산소요구량의 분포. 산소요구량 분포는 다단 공정의 포기 설계를 위해 예측되어야 한다. 총 산소소비량의 분율은 4단 시스템에서 각각 40%, 30%, 20%, 10%이다. 다단 시스템에서 산소요구량을 예상하는 방법으로 사용되는 하나의 방법은 CMAS 시스템에서 이루어지는 총 산소요구량을 계산하고 위에 언급한 다양한 요소를 고려하여 산소요구량 분포를 구하는 것이다. 공기 확산기의 형태와 위치, 각각의 위치에서 산소를 제어할 수 있는 공기공급 시스템의 적절한 선택으로써 산소를 필요한 곳에 보낼 수 있게 될 것이다. 부하 변동에 따라 산소요구량이 변화하기 때문에 일반적으로 위에서 언급한 방법은 만족할 만하다. 일단 CMAS 반응조 사용에 대해 다단 시스템을 사용하는 효과는 예제 8-6에서 나타내었다.

예제 8-6

질산화를 위한 다단 반응조의 평가 4단 활성슬러지공정의 정상상태 질산화 성능을 같은 총 부피를 갖는 단일 반응조 CMAS 시스템의 성능과 비교하라. 수리학적 체류 시간은 두 공정 모두 8시간이고 동일한 SRT를 사용한다. CMAS 시스템의 SRT는 NH_4-N 유출수 농도 0.50 g/m^3, 산화된 암모니아(NO_x) 농도 30.0 g/m^{3}에 대해 계산되었다. 표 8-14에 주어진 동역학 계수값을 사용하고 다음 조건을 따른다:

설계조건 및 기본가정:

항목	단위	값
온도	°C	16
$\mu_{max,16}$	g/g · d	0.681
K_{NH_4}	g/m^3	0.50
Y_n	g VSS/g NH_4-N	0.15
$b_{n,16}$	g/g · d	0.151

(계속)

항목	단위	값
NO_x로 산화된 NH_4–N	g/m³	30.0
유출수 NH_4–N	g/m³	0.50
DO	g/m³	2.0
K_o	g/m³	0.5
반송슬러지반송비	Unitless	0.5

참조: g/m³ = mg/L

풀이 1. τ = 8 h = 0.33 d, N = 0.50 g/m³에 대한 단일 시스템의 SRT와 질산화 세균의 농도를 결정한다.

a. 표 8–10의 식 (7–94)를 사용하여 비성장율을 구한다.

$$\mu_{\text{AOB}} = \mu_{\text{max,AOB,16}}\left(\frac{S_{\text{NH}}}{S_{\text{NH}} + K_{\text{NH}}}\right)\left(\frac{S_o}{S_o + K_{\text{o,AOB}}}\right) - b_{\text{AOB}}$$

$$\mu_{\text{AOB}} = \left\{\frac{(0.681\text{ g/g·d})(0.50\text{ g/m}^3)}{[(0.50 + 0.50)\text{ g/m}^3]}\right\}\left\{\frac{(2.0\text{ g/m}^3)}{[(0.50 + 2.0)\text{ g/m}^3]}\right\} - 0.151 = 0.121\text{ g/g·d}$$

b. 표 8–10의 식 (7–98)을 사용하여 SRT를 계산한다.

$$\text{SRT} = \frac{1}{\mu_{\text{AOB}}} = \frac{1}{0.121\text{ g/g·d}} = 8.24\text{ d}$$

c. 식 (7–42)의 수정된 형태를 사용하여 질산화 미생물의 농도를 구한다.

$$X_n = \frac{(\text{SRT})Y_n(\text{NO}_x)}{\tau[1 + b_n(\text{SRT})]}$$

$$= \frac{(8.24\text{ d})(0.15\text{ g/g})(30\text{ g/m}^3)}{(0.33\text{ d})[1 + (0.151\text{ g/g·d})(8.24\text{ d})]} = 50.1\text{ g/m}^3$$

2. 각 단계에 동일한 용적을 사용하여 다음의 그림에서 보여진 4단계 시스템에 대한 질소물질수지를 세운다. τ/단계 = 0.333일/4 = 0.0833일/단일때, 4단 시스템의 전체 용적은 CMAS의 용적과 같다.

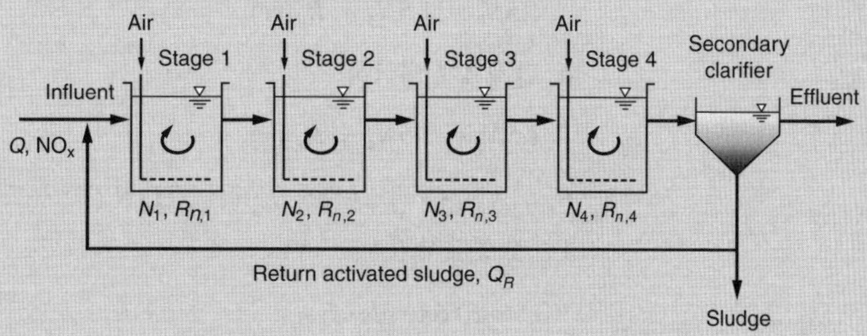

a. 단계 1에 대하여

축적 = 유입 − 유출 + 생성

$$\frac{dN_1}{dt}V = Q(\mathrm{NO}_x) + Q_R N_4 - (Q + Q_R)N_1 - R_{n,1}V$$

표 8-10의 식 (7-101)로부터 유도된 DO 농도에 대한 보정을 포함하는 질산화 속도 표현식은 다음과 같다.

$$r_{\mathrm{NH_4}} = \left(\frac{\mu_{\max,\mathrm{AOB}}}{Y_{\mathrm{AOB}}}\right)\left(\frac{S_{\mathrm{NH_4}}}{S_{\mathrm{NH_4}} + K_{\mathrm{NH_4}}}\right)\left(\frac{S_o}{S_o + K_{o,\mathrm{AOB}}}\right)X_{\mathrm{AOB}}$$

여기서, Q = 폐수 유량, m^3/d

NO_x = 유입 NH_4-N = 30 g/m^3

Q_R = 단계 4로부터의 반송 유량, m^3/d

$Q_R/Q = 0.50$

N_1 = 단계 1에 대한 NH_4-N 농도, g/m^3

N_4 = 단계 4에 대한 NH_4-N 농도, g/m^3

$R_{n,1}$ = 단계 1에 대한 질산화율, $g/m^3 \cdot d$

X_n = 질산화 세균의 농도, g/m^3

동일한 양의 암모니아성 질소가 제거되고 시스템의 SRT가 동일하다는 가정하에 질산화 미생물의 농도는 CMAS 시스템에서 계산된 것과 동일하다.

정상상태에서 $dN_1/dt = 0$이고

$$\mathrm{NO}_x + Q_R/QN_4 - (1 + Q_R/Q)/N_1 - R_{n,1}V/Q = 0$$
$$\mathrm{NO}_x + 0.5N_4 = 1.5N_1 + R_{n,1}(\tau)$$

여기서, τ = 0.0833 d, 단계 1에서의 체류 시간

NO_x = 30 g/m^3

b. 단계 2에 대하여 단계 1과 동일한 절차를 사용한다.

$$V\frac{dN_2}{dt} = (Q + Q_R)N_1 - (Q + Q_R)N_2 - R_{n,2}V$$

$$1.5N_1 = 1.5N_2 + R_{n,2}(\tau)$$

c. 단계 3에 대하여

$$1.5N_2 = 1.5N_3 + R_{n,3}(\tau)$$

d. 단계 4에 대하여

$$1.5N_3 = 1.5N_4 + R_{n,4}(\tau)$$

3. $R_{n,i(i=1-4)}$는 각 단계에 있어서 NH_4-N (N) 농도의 함수이다.

1단계에 대하여

$$R_{n,i} = \left[\frac{(0.681\ \mathrm{g/g \cdot d})}{(0.15\ \mathrm{g\ VSS/g\ NH_4\text{-}}N)}\right]\left\{\frac{N_i}{[(0.50 + N_i)\mathrm{g/m^3}]}\right\}\left\{\frac{2.0\ \mathrm{g/m^3}}{[(0.5 + 2.0)\ \mathrm{g/m^3}]}\right\}(50.1\ \mathrm{g/m^3})$$

$$R_{n,i} = 181.96\left\{\frac{N_i}{[(0.50 + N_i)\ g/m^3]}\right\}$$, 여기서, i = 각각의 단계에 따라 1, 2, 3, 4

4. 4개의 단계에 대한 위의 식들은 단계 1을 시작으로 반복적인 작업이나 엑셀의 'Solver' 기능 등의 스프레드시트 프로그램으로 계산한다. 반복계산에서 N_4값을 가정한 후 N_1을 계산한다. 이어서 N_2, N_3, N_4값을 계산한다. 'Solver'를 이용하면 NH_4-N 농도도 반송슬러지 비율 0.50에 대해서 각 단에 대해 계산할 수 있다. MBR 시스템에서 일반적인 반송슬러지 비율 6.0에 대한 계산결과도 나타내었다.

	NH_4-N 농도, g/m^3	
단계	반송비 = 0.50	반송비 = 6.0
1	10.64	2.89
2	2.30	1.34
3	0.15	0.39
4	0.01	0.08

위의 결과로부터 CMAS 시스템에서 요구하는 포기조의 75%보다 작은 부피로 호기성 질산화 과정이 4단 활성슬러지공정에서 이론적으로 가능하다. 따라서 다단 질산화가 CMAS 시스템보다 더 효과적이며 CMAS 시스템에 비해 다단 시스템이 작은 SRT와 작은 총 부피를 나타낸다. 다시 말하면 매일 부하가 변하는 환경에서 같은 SRT과 부피라면 다단 시스템이 더 낮은 NH_4-N 유출수 농도를 보여준다. 위의 예제는 반송슬러지 비율의 중요성을 보여준다. 유출수 NH_4-N 농도는 반송비가 높은 MBR 시스템보다 높은 값을 나타낸다. 높은 반송비는 유입수 NH_4-N 농도를 희석하는 효과를 가져와서 NH_4-N 농도가 첫 단에서 낮아진다. 질산화율은 NH_4-N 농도와 관련이 있기 때문에 질산화율은 낮고 따라서 유출수 농도는 같은 반응조 부피에서 더 높게 나타난다.

≫ BOD 제거와 질산화를 위한 대안 공정

지난 30년에 걸쳐 수많은 활성슬러지공정들이 유기물(BOD) 제거와 질산화를 위해 개발되었다. 몇몇 공정은 다른 수행목적에 달성하기 위하여 기본공정의 수정 또는 변화가 이루어졌다. BOD 제거와 질산화를 위해 사용되었던 대표적인 공정들에 대해 표 8–18에 그림과 설명이 나타나 있다. 공정은 기본적인 반응조의 형상, 즉 플러그 흐름, 완전혼합, 그리고 회분식 운전 시스템에 따라 분류하였다. 또한 플러그 흐름 반응조 형태를 사용하고 있는 대규모 폐수처리장의 사진을 그림 8–24에 나타내었다.

고율 공정. 표 8–18[(a)에서 (f)]에 나타낸 고율 공정은 포기형태, 포기장치의 설계, 고형물 체류시간, 운전형태, 질소제거능력에 따라 다양하며, 어떤 것은 특허화되어 있다. BOD 제거만을 목적으로 주요 사용되는 접촉안정화 공정과 순산소공정은 다른 공정에 비해 상대적으로 짧은 SRT와 작은 부지면적을 필요로 한다. 이러한 공정은 공간이 제한적이며 질산화가 필요 없는 대도시에 특히 매력적이다. 재래식 플러그 흐름, 계단 주입,

완전혼합 공정은 BOD 제거와 질산화 모두에 사용되며 폐수 온도와 여러 요구조건에 따라 넓은 SRT 범위에서 사용 가능하다. 2종 슬러지(two-sludge) AB 공정 개발의 주요 동기는 WWTP에 소요되는 에너지의 양을 감소시키는 것이다. 첫 단계의 낮은 SRT에서 BOD를 제거하는 공정은 포기에 필요한 에너지를 절감하고 많은 양의 유기물을 혐기성 소화조에 보내 메탄 생성량을 늘리는 것이다.

저율 공정. 고율공정과 대비되어 표 8-18의 나머지 공정[(g)에서 (n)]은 공기확산 장치를 사용하는 CMAS 공정의 대안으로 혼합과 포기를 실시하며 낮은 SRT를 적용하여 산화구를 제외하면 긴 포기 시간과 높은 SRT에서 운전된다. 재래식 장기포기, 산화구, OrbalTM, 그리고 BiolacTM 공정들은 보통 작은 WWTP에서 사용되며 1차 처리시설과 혐기성 소화를 뺀 단순한 형태로 사용된다. 산화구 공정과 BiolacTM 공정은 그림 8-25(a)와 (b)에 나타내었으며 표 8-18(h)와 (k)에 각각 기술하였다. 긴 SRT를 갖는(보통 20일 이상) 큰 포기조가 사용된다.

이러한 공정은 부지에 여유가 있거나 복잡하지 않은 운전이 더 좋은 소규모지역에서 선호된다. 큰 포기조 부피는 큰 유량과 부하 발생에 대해 좋은 균등화조건을 제공할 수 있으며, 처리수질 또한 양호하다. 일반적인 장기포기공정을 제외한 시스템들은 보통 질산화뿐만 아니라 탈질을 위해 운영된다. 수로흐름공정(예, 산화구, OrbalTM, 그리고 CCASTM)의 포기와 교반에서 포기에 필요한 것보다 교반을 위한 에너지가 적게 요구되기 때문에 포기장치의 설계는 교반보다 산소에 맞추어 설계한다. 일반적인 장기포기공정과 비교할 때 훨씬 적은 에너지가 요구된다. 과거에 산화구와 장기포기공정은 재이용을 위한 안정화된 슬러지(biosolids)를 만들기 위해 긴 SRT가 필요하다고 생각하였다. 그러나, 엄격한 슬러지의 안정화 관련법(14장 참조)에서 분리된 호기성 소화시설들이 재이용을 위한 요구사항을 만족시키기 위해 사용된다.

연속 공정(sequential processes). 고액분리를 위해 독립된 탱크를 사용하지 않으면서 연속운전되는 활성슬러지공정이 표 8-18[(l)부터 (n)]에 나타내었다. 이러한 공정에는 연속회분식반응조, 회분식배출반응조, 순환 활성슬러지 시스템 등이 있다. 기본적으로 긴 τ와 SRT로 운전된다. 이러한 공정은 운전의 간편성과 저비용 때문에 작은 지역에 매력적이다. 연속적으로 운전되는 공정은 8-7절에서 언급한 바와 같이 질소제거에도 적합하다.

공정 설계 인자. 다양한 활성슬러지공정을 설계하고 운전하는 데 사용되는 대표적인 인자를 표 8-19에 나타내었다. 반응조 형태는 완전혼합, 다단, 플러그 흐름이다. 산화구는 완전혼합과 플러그 흐름의 결합이다. 산화구의 재순환수 유량은 유입 유량의 20~30배 정도로 함으로써 희석 효과에 의해 기질을 완전혼합 조건에 근접하게 만든다. 더불어 혼합 포기 지역을 벗어나 산화구 수로를 따라 흐르면서 플러그 동역학 조건이 조성된다.

공정 선택 시 고려사항. BOD 제거와 질산화를 위해서 활성슬러지공정을 선택하는 것은 부지 여건, 기존 공정 및 장치와의 연계성, 현재 및 장래의 처리 요구 사항, 운영 요원

표 8–18

BOD 제거와 질산화를 위한 활성슬러지공정에 대한 설명

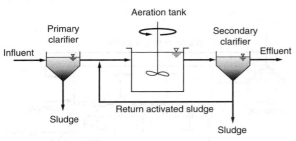

공정	설명
(a) 완전혼합 활성슬러지(CMAS)	CMAS 공정은 연속 흐름 혼합반응조의 흐름 영역에 적용한 것이다. 침전된 폐수와 반송슬러지는 일반적으로 포기조의 여러 지점으로 주입된다. 포기조의 유기물 부하, MLSS 농도, 그리고 산소요구량은 포기조 전체에 걸쳐 일정하다. 완전혼합 활성슬러지공정의 장점은 산업폐수처리 시 발생하는 충격부하가 작다는 것이다. 완전혼합 활성슬러지공정은 운전하기에 비교적 간단하지만 낮은 유기성 기질 농도(예를 들어, 낮은 F/M비)를 나타내는 경향이 있어 슬러지 팽화(bulking) 문제를 유발하는 사상성 세균의 성장을 촉진한다.
(b) 재래식 플러그 흐름 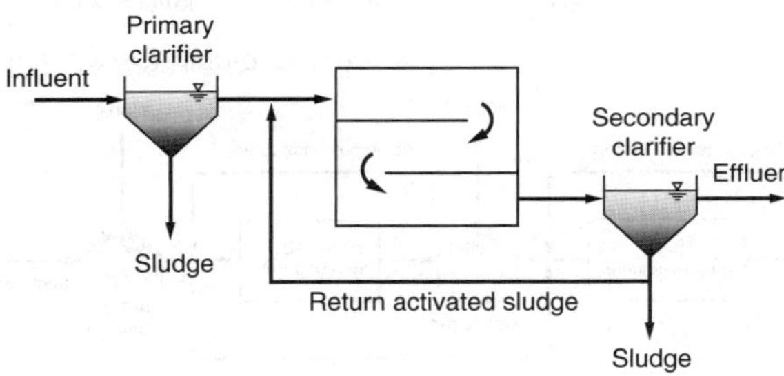	재래식 플러그 흐름 활성슬러지공정은 혼합과 포기를 위해 성긴 공기방울을 사용하는 좁은 포기조의 폭(보통 8~10 m)을 가진 반응조로부터 유래되었다. 제한된 폭에 의해 제공되는 면적과 5~6 m 정도의 수심을 사용하면 필요한 반응조의 길이가 >100 m이다. 침전된 폐수와 반송슬러지(RAS)는 포기조의 전반부 말단으로 유입되어 2차 침전조로 유입되기 전 일반적으로 3~4개의 수로를 통해 이동한다. 산소요구량은 반응조 앞단에서 매우 높고 반응조 길이가 길어짐에 따라 감소한다. 포기 장치는 변하는 산소요구량에 맞추어 설계되어야 하며 플러그 흐름 반응조 앞단의 높은 포기량과 끝단의 낮은 포기량을 반영해야 한다. 포기 장치에 의한 back mixing 때문에 진정한 플러그 흐름은 존재하지 않는다. 반응조를 원하는 수만큼 늘려 직렬로 연결되도록 하기 위해 격벽(baffle)을 반응조의 적정한 위치에 설치 할 수 있다. 초기설계에서는 포기시스템이 반응조의 전체 길이에 걸쳐 일정하게 설치되었다. 그러나 반응조의 초기 주입구에서 보통 DO 농도가 낮게 나타난다. 최근의 설계에서는 포기장치의 포기량을 조절함으로써 반응조 초기부분에서는 포기율을 높이고 반응조 말단부분 부근에서는 포기율을 낮추어 포기조의 길이에 따른 산소요구량에 맞추어 설계된다. 포기되는 동안 흡착, 응집, 유기물의 산화가 일어나며 활성슬러지 고형물은 2차 침전지에서 분리된다.
(c) 단계 주입(Step feed) 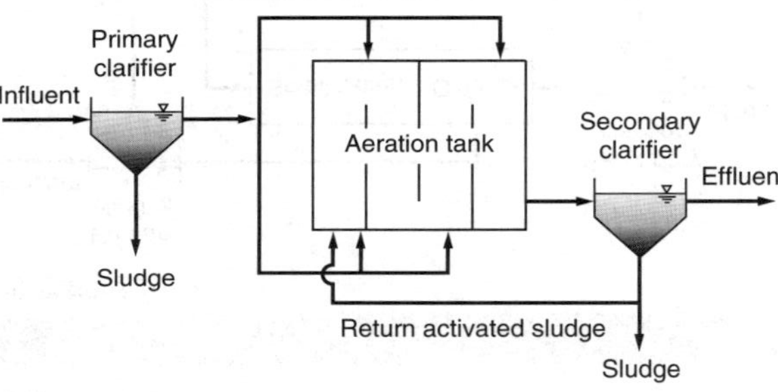	단계적 주입은 재래식 플러그 흐름 공정의 수정 공정으로 F/M비를 같게 하고 첨두 산소요구량이 낮아질 수 있도록 침전된 폐수가 포기조의 3~4개 지점으로 나뉘어 주입된다. 일반적으로 3~4개의 병렬식 수로가 사용된다. 유입폐수의 분배를 운전조건에 맞게 바꿀 수 있다는 운전의 유연성은 이 공정의 장점 중 하나이다. MLSS의 농도는 첫 번째 주입구에서 5,000~9,000 mg/L 정도로 높으며 유입수가 공급됨에 따라 순차적으로 낮아진다. 단계 주입 공정은 고농도 슬러지를 유지할 수 있는 능력을 가지며 재래식 플러그흐름 정의 동일 부피에 대해 더 큰 SRT를 가질 수 있다. 이 공정은 마지막 단계에만 폐수를 주입함으로써 접촉안정화 공정으로 사용할 수 있으며 우기 시 2차 침전지의 고형물 부하를 최소화하기 위해 마지막 단으로 유입수를 우회시킬 수 있다.

(계속)

표 8-18 (계속)

공정	설명
(d) 접촉안정화 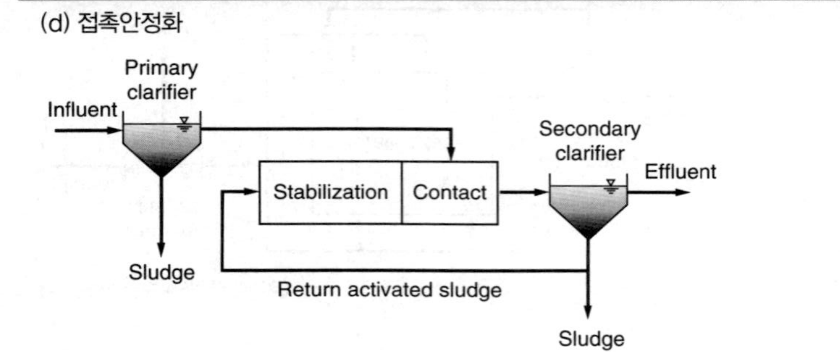	접촉안정화공정은 2개의 분리된 반응조 혹은 폐수처리와 활성슬러지의 안정화를 위해 분리벽을 사용한다. 안정화된 활성슬러지는 유입폐수(원수 또는 1차침전지 유출수)와 접촉조에서 혼합된다. 접촉조 체류 시간은 비교적 짧으며(30~60분). MLSS 농도는 안정화조보다 더 낮다. 빠른 용해성 BOD 제거가 접촉조에서 일어나고, 입자성과 콜로이드성 유기물은 활성슬러지 플럭에 포집되어 후단의 안정화조에서 분해된다. RAS는 안정화조에서 포기되고, 슬러지 안정화를 위한 충분한 고형물 체류 시간 유지를 위해 바람직한 수리학적 체류 시간은 1~2시간이다. 안정화조에서 MLSS 농도는 아주 높기 때문에 접촉안정화공법은 같은 SRT로 운전 시 완전혼합 또는 일반적인 플러그 흐름 공정에 비해 포기조 부피가 훨씬 작다. 접촉안정화 공정은 BOD 제거를 목적으로 개발되었으며, 짧은 접촉시간은 분해된 용해성 BOD와 NH_4-N 산화를 제한한다. 질산화 미생물이 필요로 하는 충분한 호기성 SRT가 유지된다면 안정화조에서 질산화도 일어날 수 있다.
(e) 2단 슬러지(Two-sludge) AB 공정 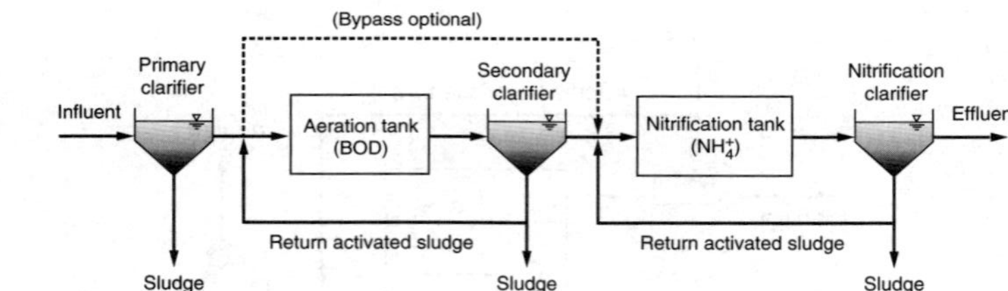	2단슬러지공정은 BOD를 제거한 다음 더 긴 SRT로 운전되는 2단에서 질산화시키는 고율 활성슬러지를 이용하는 시스템이다. 유입폐수의 일정 부분이 질산화공정을 위한 BOD와 부유물질을 공급하기 위해 첫 단에서 우회통과되고 2차 침전지에서 플럭과 고형물의 분리를 향상시킨다. BOD 제거 단계를 질소제거 단계와 분리하는 주된 이유는 활성슬러지공정에서 포기에 의한 에너지를 줄이는 것이며 메탄 발생량을 증가시키기 위해 유기물질을 2차 침전지로 직접 보내는 것이다(Boehnke et al., 1997). 이 공정은 첫 번째 단계에서 유독물질을 처리하여 독성물질을 민감한 질산화 세균을 보호하기 위함이나, 보통 이런 문제는 산업폐수 전처리 프로그램을 강화함으로써 막을 수 있다.
(f) 순산소공정(High-purity oxygen) 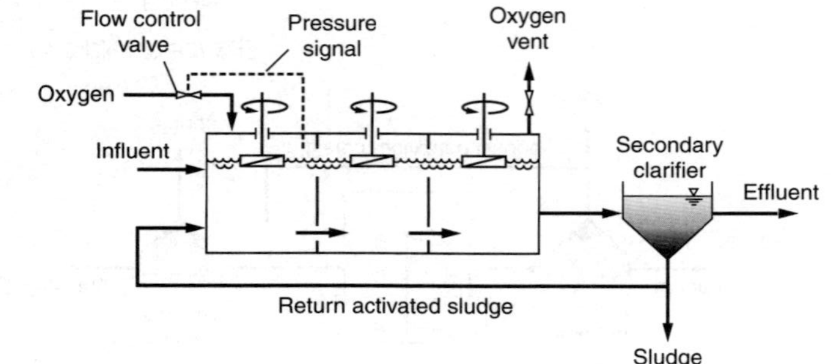	다단 밀폐형 반응조가 순산소 활성슬러지공정에 사용된다(McWhirter, 1978). 일반적으로 세 개 또는 네 개의 단으로 구성되며, 유입수와 반송슬러지 및 순산소가 첫 단으로 공급된다. 각 단 사이로 상부가스와 혼합액이 동시에 흐른다. 수면 위의 산소분압은 첫 단에서 40~60%이고, 마지막 단에서는 20% 정도이다. 높은 산소분압으로 유지되는 순산소공정은 재래식 공정에 비해 높은 MLSS 농도와 짧은 수리학적 체류 시간(τ) 및 높은 유기물부하를 유지할 수 있도록 높은 산소 전달률이 가능하다. 산소공급율은 재래식 포기 공정보다 2~3배 더 크다. 순수한 산소가스를 공급하기 위해 현장의 산소 공급장치가 필요하다. 순산소 공정에서는 수면 위쪽의 이산화탄소의 축적으로 질산화가 제한되는데, 혼합액의 pH를 낮추게 된다(6.5 미만). 순산소 공정의 주요 장점은 부지면적의 감소에 있고, 만약 악취와 휘발성 유기탄소 화합물의 제어가 요구될 경우 발생되는 가스량을 크게 감소시킬 수 있다는 것이다.

(계속)

| 표 8–18 (계속)

<table>
<tr><th>공정</th><th>설명</th></tr>
<tr><td>

(g) 재래식 장기포기(Convertional extended aeration)

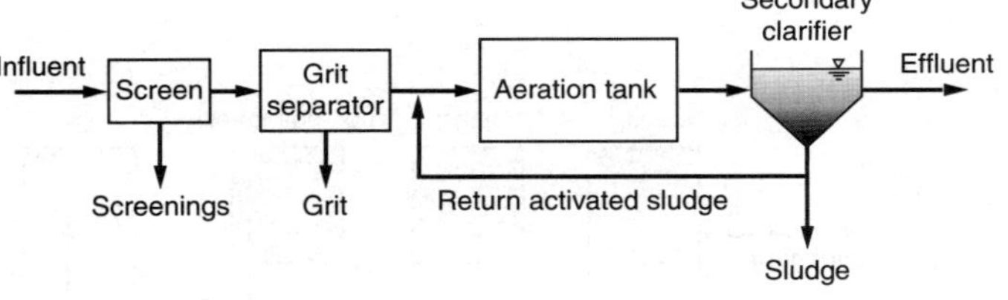

</td><td>

장기포기 활성슬러지공정은 매우 긴 SRT(20~30 d)와 24시간 이상의 체류 시간을 갖도록 설계된다. 큰 부피를 필요로 하며 낮은 산소요구량 때문에 포기 장치는 산소요구량이 아닌 혼합 요구 사항에 따라 설계된다. 이 공정은 작은 지역에서 특별한 엔지니어링 과정 없이 사용되었다. 일반적으로 1차 침전지를 사용하지 않는다. 2차 침전지는 소규모 지역사회의 폐수변화량에 대응하기 위하여 전형적인 활성슬러지 침전지보다 낮은 표면부하율로 설계한다.

장기포기 공정은 낮은 유기물부하와 긴 포기시간으로 내생호흡단계에서 운전된다는 점만 제외하면 전형적인 플러그 흐름 공정과 유사하다. 긴 SRT(20~30 d)와 긴 체류 시간(거의 24시간 정도) 때문에 포기설비의 설계는 산소공급보다는 반응조의 혼합 측면에서 설계된다. 이 공정은 소규모 지역사회의 폐수처리에서 미리 설계된 형태로 공급된다. 슬러지는 잘 안정화되어 있지만 이를 재사용하기 위해서는 추가적인 슬러지 안정화가 필요하다(14장 참조).

</td></tr>
<tr><td>

(h) 산화구(Oxidation ditch)

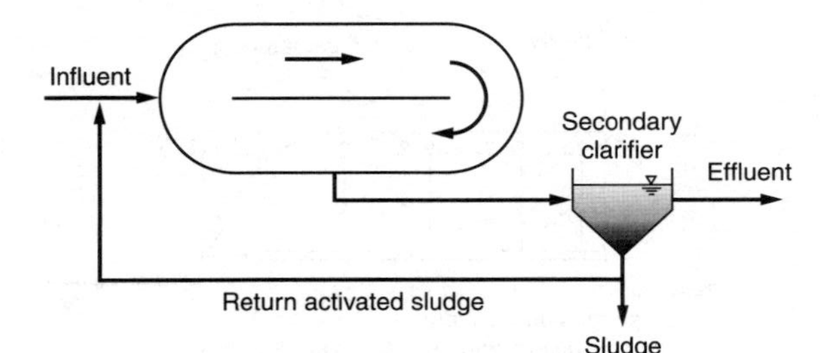

</td><td>

산화구는 기계적인 포기장치와 교반장치로 이루어진 고리 또는 육상 트랙과 같은 수로로 구성된다. 스크린이나 고형물 제거 장치를 거친 폐수가 수로로 유입되어 반송슬러지와 혼합된다. 반응조 형상과 포기장치 및 교반장치는 수로 내 유입수 흐름을 한쪽방향으로 흐르게 하여, 포기를 위해 사용되는 에너지가 비교적 긴 수리학적 체류 시간을 가진 공정에서 교반의 역할을 하기 충분하게 한다. 사용된 포기/교반 방식은 수로에서 활성슬러지를 부유시키기에 충분한 0.25~0.30 m/s의 속도를 유발한다. 이러한 수로속도에서 혼합액은 5~15분 내에 반응조를 완전히 순환하며, 유입폐수를 20~30배 희석할 수 있다. 그 결과 공정의 동역학은 완전혼합형반응조의 그것에 접근하지만 수로는 플러그 흐름 형태를 가진다. 폐수가 포기조로부터 유출됨에 따라 DO 농도는 감소하고 포기조 이후 그 하류에서 탈질이 발생할 수 있다. 브러시 또는 표면포기기형의 기계식 포기기가 교반 및 포기를 위해 사용된다(5–12절 참조).

</td></tr>
<tr><td>

(i) Orbal®

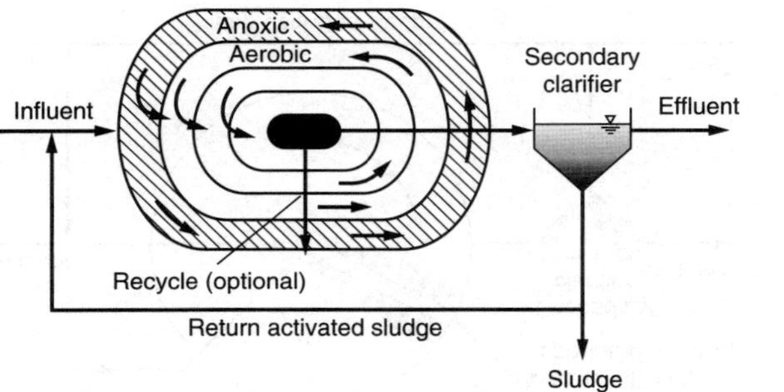

</td><td>

Orbal® 공정은 산화구의 변형으로 같은 구조 내의 동심원 형태 수로로 구성된다. 폐수는 큰 바깥쪽 수로로 유입되고 혼합액은 내부 침전지 또는 분배조로 유입 전 적어도 두 개의 수로를 통해 안쪽으로 흐른다. 수평축 위에 설치된 원판형 포기기가 공기를 공급하 한다. 수로의 깊이는 4.3 m (14 ft)까지 달한다. 변형된 Orbal 공정(BionutreT™)은 첫 번째 수로의 포기율을 제한함으로써 질산화와 탈질(무산소조건)이 모두 일어나도록 한다.

</td></tr>
</table>

(계속)

표 8-18 (계속)

공정	설명
(j) 역류형 포기시스템(CCAS™) 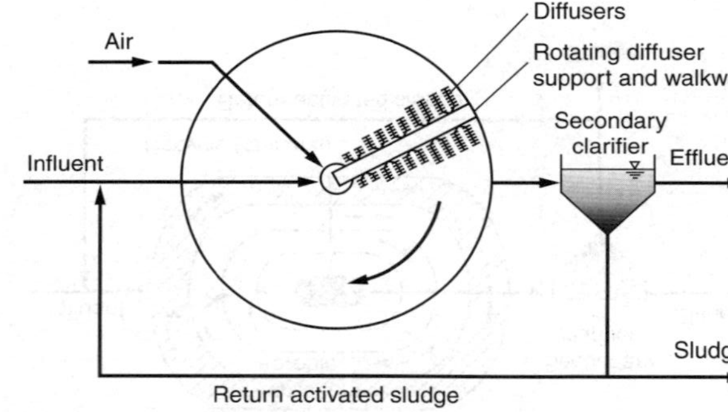 	CCAS 공정에서는 원형의 포기조의 회전가교바닥에 포기기를 설치한 독특한 형태의 포기시스템이 이용된다. 포기조의 내용물보다 더 빠르게 움직이는 가교의 순환운동 때문에 미세한 공기방울들은 가교순환 후 교란되어 흩어진다. 공기 공급이 중단되면, 포기기의 움직임은 혼합물이 부유하기에 충분한 교반에너지를 제공한다. 이 공정은 0.7~1.0 mg/L의 DO범위에서 운전된다. 낮은 DO 농도는 긴 SRT에서 질산화를 위해서 충분한 반면, 무산소조건을 제공함으로써 탈질이 일어나게 한다. 이러한 공정은 통상적으로 장기포기식 SRT로 설계된다.
(k) Biolac™ 공정 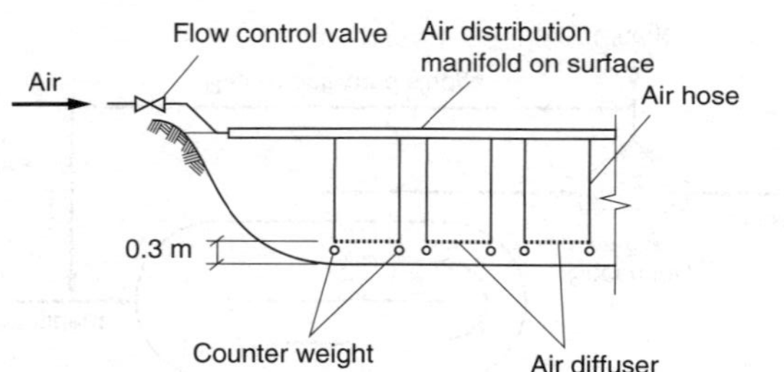 	Biolac 공정은 특허 등록된 공정으로 긴 SRT를 지닌 지상 포기조에서 수중포기방식으로 운전된다. 미세공기 막 산기기가 부상된 포기 사슬이 붙어 방출되는 공기에 의해 반응조를 가로질러 움직일 수 있다. 포기조의 깊이는 일반적으로 2.4~4.6 m (8~15 ft)이다. 이 공정은 SRT가 40~70일이기 때문에 질산화를 위해 설계된다. F/M비는 0.04~0.1의 범위이고 MLSS의 농도는 1,500~5,000 g/m³이다. 표준공정의 변형으로 알려진 "파도식 산화 수정공정(wave oxidation modification)"은 타이머를 사용하여 각 공기사슬에 공기 주입을 주기적으로 하여 생물학적 질산화와 탈질이 동시에 일어나도록 한다. 내부 또는 외부 침전지가 사용될 수 있다.
(l) 연속회분식 반응조(SBR) 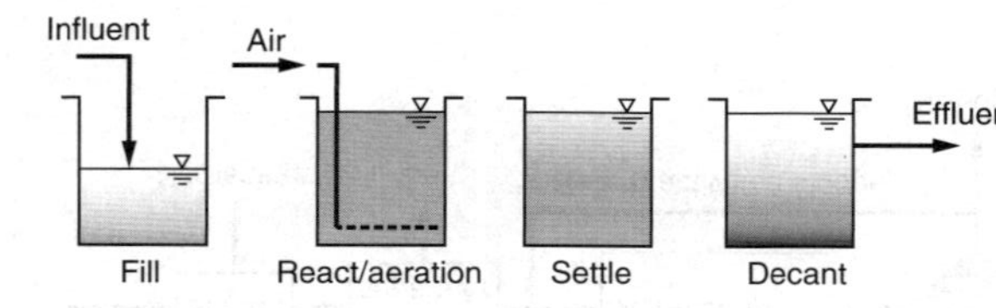 	SBR은 활성슬러지공정의 모든 단계가 하나의 완전혼합 반응조에서 이루어지도록 유입과 배출 형태의 반응조 시스템이다. 연속흐름인 도시 폐수 처리를 위해 적어도 2개의 반응조가 이용되어 한 반응조가 유입 과정에 있는 동안 다른 반응조는 반응, 침전, 배출이 이루어지게 한다. SBR은 하루에 여러 번의 주기를 가진다. 전형적인 주기는 3시간 유입, 2시간 포기, 0.5시간 침전, 0.5시간 배출로 구성된다. 휴지 단계는 또한 고유량에서 공정에 대응성을 주기 위한 것이다. 혼합액은 각 주기 동안 반응조에 머물게 되므로, 2차 침전지의 필요성이 없어지게 된다. 상징액의 분리는 고정 또는 부유형의 배출장치에 의해 이루어진다. SBR의 수리학적 체류 시간은 일반적으로 18~30시간으로 유입 유량과 사용된 생물반응조의 부피와 관련된다. 포기는 분사식 포기기(jet aerators) 또는 수중교반기로 구성된 거대공기방울(coarse bubble) 포기기에 의해 이루어진다(5-12 참조). 교반장치의 분리는 운전의 유연성을 제공하며, 무산소 혹은 혐기성 운전 기간인 유입과정 동안 혼합액과 유입수의 혼합 시 유용하다. 슬러지의 폐기는 일반적으로 포기기간 동안 일어난다.

(계속)

표 8-18 (계속)

공정	설명
(m) 간헐주기 장기포기시스템(ICEAS™) 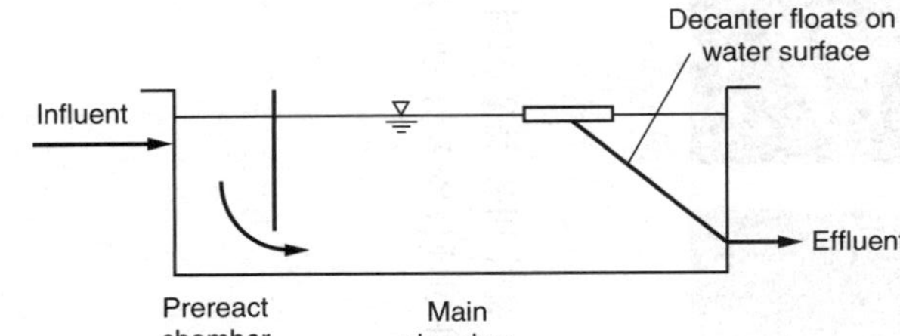	호주에서 개발된 ICEAS 공정은 약 500,000 m^3/d 정도까지의 유량을 처리하기 위해 고안된 SBR의 또 다른 형태이다. 유입폐수는 SBR에서와 같이 반응, 침전, 배출 과정을 거치며 연속적으로 유입된다. 유입수는 격막으로 구분된 공간의 한쪽으로 유입되어 침전, 배출이 일어나는 동안 혼합액의 흐름을 방해하지 않는다. 폐수는 분리벽 바닥의 틈 사이에서 주 반응조 쪽으로 연속적으로 흘러 BOD 제거와 질산화가 일어난다. 포기, 침전 후 분리된 액은 타이머가 부착된 자동화 배출 장치에 의해 제거된다. 슬러지 폐기도 이 단계에서 이루어진다.
(n) 순환식 활성슬러지 시스템(CAAS™) 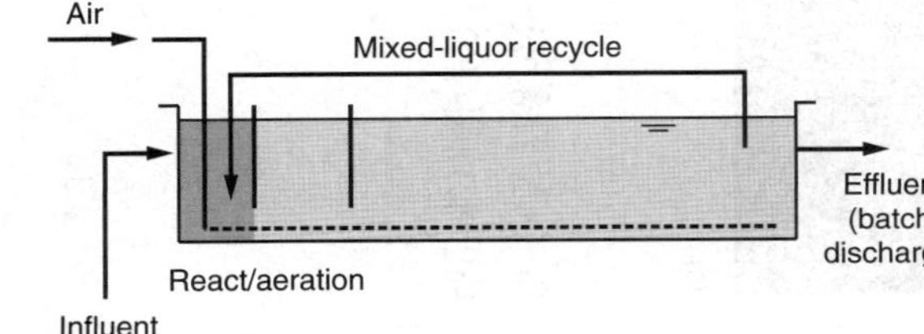	CAAS 공정은 한 반응조를 1/2/20의 부피비로 분리된 세 개의 공간으로 나누어 사용하며, 혼합액은 Zone 3에서 Zone 1으로 반송된다. 긴 SRT 때문에 질산화가 일어난다. 침전과 배출 과정 중 슬러지 층 내에서뿐만 아니라 낮은 DO 농도의 포기 과정 동안 질산성 질소의 상당한 감소가 일어난다. ICEAS 공정에서처럼 유입폐수는 연속적으로 유입되지만 유출수는 회분식으로 유출된다.

그림 8-24

뉴욕의 Owls Head 폐수처리시설의 플러그흐름반응조의 전경

(a)

(b)

(c)

(d)

그림 8-25

대안 활성슬러지공정의 전경. (a) 브러쉬를 가진 회전축을 포함한 산화구, (b) 브러쉬 회전축에 경사면으로 이루어진 비어있는 산화구, (c) 수직 터빈 표면 폭기기와 믹서를 가진 산화구, (d) 침전지를 가진 Biolac® 공정

의 수준, 금융비용, 그리고 운영 비용 등을 고려하여 결정한다. 다양한 활성슬러지공정의 대안에 대해 중요한 특징과 한계들을 표 8-20에 정리하였다.

표 8–19

활성슬러지공정에서 사용되는 대표적인 설계 인자

공정의 명칭	반응조의 형태	SRT, d	F/M, kg BOD/kg MLVSS · d	용적부하 lb BOD/1000 ft³ · d	용적부하 kg BOD/m³ · d	MLSS, mg/L	Total τ, h
고율포기	CMAS 혹은 플러그 흐름	0.5~2	1.5~2.0	75~150	1.2~2.4	500~1500	1~2
접촉안정화	CMAS 혹은 플러그 흐름	5~10	0.2~0.6	60~75	1.0~1.3	1000~3000[a] 6000~10,000[b]	0.5~1[a] 2~4[b]
순산소포기	다단	1~4	0.5~1.0	80~200	1.3~3.2	2000~4000	1~3
재래식 플러그 흐름	플러그 흐름	3~15	0.2~0.4	20~40	0.3~0.7	1000~3000	4~8
단계적 주입	플러그 흐름 혹은 다단	3~15	0.2~0.4	40~60	0.7~1.0	1500~4000	3~5
완전혼합	CMAS	3~15	0.2~0.6	20~100	0.3~1.6	1500~4000	3~6
장기포기	CMAS 혹은 플러그 흐름	20~40	0.04~0.1	5~15	0.1~0.3	2000~4000	20~30
산화구	CMAS + 플러그 흐름	15~30	0.04~0.1	5~15	0.1~0.3	3000~5000	15~30
회분식배출 (ICEAS, CAAS)	플러그 흐름	12~30	0.04~0.1	5~15	0.1~0.3	2000~5000	20~40
SBR	회분식	15~30	0.04~0.1	5~15	0.1~0.3	2000~5000	15~40
역류포기공정 (CCAS™)	플러그 흐름	15~30	0.04~0.1	5~10	0.1~0.3	2000~4000	15~40

[a] 접촉조에서의 MLSS 및 체류 시간

[b] 안정화조에서의 MLSS 및 체류 시간

표 8–20

BOD제거와 질산화를 위한 활성슬러지공정의 장점과 한계

공정	장점	한계
완전 혼합 공정	일반적이며, 증명된 공정임 여러 형태의 폐수에 적용 가능 충격부하와 독성부하에 대해 큰 희석능력 일정한 산소요구량 설계가 상대적으로 덜 복잡하다. 모든 형태의 포기장치 사용 가능	사상성 슬러지 팽화가 일어나기 쉽다.
재래식 플러그 흐름 공정	증명된 공정임 단계적 주입, 선택조 설계, 그리고 무산소/호기공정을 포함한 다양한 공정으로 적용 가능	점감식 포기에 대한 설계와 운전이 복잡하다. 첫 번째 유입수로에서 산소공급량을 산소요구량에 맞추기 어렵다.
단계 주입 공정	더 균일한 산소요구를 위해 부하를 분배 우기 첨두 유량을 침전지의 고형물부하율을 최소화하기 위하여 마지막 수로에서 우회통과 시킬 수 있다. 다양한 운전 가능 무산소/호기공정를 포함한 다양한 공정으로 적용 가능	유입수 분배를 정확하게 하거나 측정하는 데 어려움 공정과 포기 시스템 설계가 보다 복잡함

(계속)

| 표 8-20 (계속)

공정	장점	한계
접촉 안정화 공정	포기조 소요부피 감소 MLSS의 손실없이 우기 시 유량을 처리할 수 있다.	질산화 능력이 적거나 없다. 운전이 비교적 복잡함
2단 슬러지 AB 공정	재래식 플러그 흐름 공정보다 작은 포기조 부피를 요구함 보다 작은 포기 에너지를 사용함 혐기성 소화에서 보다 많은 메탄 생성이 가능함	질산화 과정에서 충분한 고형물이 유지되도록 제어하는 것이 필요함 2개의 침전조가 필요함 높은 첨두 유량과 부하에 대한 탄력성이 부족함
순산소 공정	상대적으로 작은 포기조 부피를 요구함 공기 주입보다 더 많은 에너지를 사용 일반적으로 침전성이 우수한 슬러지 생성 운전과 DO조절이 상대적으로 덜 복잡함	질산화에 대해 제한적이다. 설치, 운전, 유지관리를 위한 장치가 복잡함 Nocardiaform 거품문제 첨두 유량 시 MLSS의 유실로 운전이 교란될 수 있음
장기포기 공정	높은 수준의 유출수 획득 가능 상대적으로 덜 복잡한 설계와 운전 충격/독성부하에 강하다. 슬러지 안정화가 좋음; 미생물 생산량이 적다.	포기에 많은 에너지를 사용 비교적 큰 포기조 대부분 소규모시설에 적용 사상성 세균에 의한 슬러지 팽화 발생이 가능
산화구	신뢰성 높은 공정; 간단한 조작 유출수의 수질 변화 없이 충격/독성 부하에 적용 가능 소규모 시설에 경제적인 공정 장기포기 공정보다 에너지 사용량이 적음 영양염류제거 가능 유출수의 수질이 좋음 잘 안정화된 슬러지; 낮은 슬러지(biosolids) 생산량	큰 구조물과 넓은 부지 면적이 필요 낮은 F/M에 의한 팽화 가능성 재래식 CMAS와 플러그 흐름 공정보다 포기에 더 많은 에너지가 요구됨 시설의 확장이 더 어려움
연속회분식 반응조	공정이 간단하다; 최종침전지와 슬러지 반송 펌프가 필요치 않다. 모듈별 설치가 가능하다. 운전의 가변성; 운전조건의 변화로 영양염류제거 가능 슬러지 팽화를 최소화하기 위한 선택조 공정으로 운전가능 정체된 침전은 고형물분리능을 향상시킨다. (낮은 유출수의 TSS) 소규모 시설에 경제적	공정 설계와 제어가 더 복잡하다. 높은 첨두 유량은 운전 시 교란을 가져올 수 있음 회분식 배출은 여과와 살균 전에 균등화를 필요로 함 장치, 검측 장비, 자동 밸브 때문에 고도의 유지/보수 기술이 필요 어떤 설계는 비효율적인 포기 장치를 사용할 수 있음 탱크 부피가 과다할 수 있음
역류식 포기	우수한 유출수 수질 가능 일반적인 포기시스템보다 산소전달효율은 더 높다. 잘 안정화된 슬러지; 낮은 슬러지 생산량 공정 설계는 영양염류제거를 위해 변형이 가능함	확산기의 막힘을 방지하기 위해 미세 스크린이 필요 공정이 특허등록되어 있음 유지를 위해 포기장치 비가동 시 공정수행에 영향을 미침 운전자의 숙련된 기술이 필요

8-7 생물학적 질소제거 공정

질소제거는 처리수를 부영양화의 우려가 있는 민감한 방류수역에 방류하거나 또는 지하수에 재충전하거나 다른 재이용 용도로 사용할 때 흔히 요구된다. 8-6절에서 이미 기술한 BOD 제거와 질산화를 위한 공정은 7장과 8-2절, 8-3절에 나타낸 기본 원리를 바탕으로 한다. 본 절에서는 **생물학적 탈질**이란 추가적인 처리 과정에 대해 살펴보고 질소제거 공정에 대한 특별한 정보를 소개한다. 질소제거는 생물학적 처리 시스템에서 통합 제거되거나 기존 처리시설에 추가적인 공정을 도입함으로써 수행될 수 있다.

본 절의 목적은 하수로부터 생물학적으로 질소를 제거하는 공정들의 설계과정을 상세히 소개하는 데 있다. 본 절에서 소개하는 질소제거에 관한 내용은 다음과 같은 주제로 나눌 수 있다: (1) 공정 발전, (2) 생물학적 질소제거 공정의 개요, (3) 일반적인 공정 설계 고려사항, (4), (5), (6) 생물학적 질소제거 공정의 세 가지 서로 다른 공정 설계, (7) 외부 탄소원 주입, (8) 생물학적 질소제거에 사용되는 대안 공정에 대한 요약, 그리고 (9) 공정 제어와 성능이다.

공정 발전

생물학적 질소제거의 전례는 질산화와 탈질에 기인한 2차 침전지에서의 슬러지 부상에 대해 연구한 1940년대까지 거슬러 올라간다(Sawyer and Bradney, 1945). 생물학적 질소제거를 위한 첫 번째 WWTP 공정은 호기성 질산화 반응조 후단에 공기 주입 없이 내용물을 혼합만 하는 반응조를 추가하는 것이었다. 이런 조합은 처음으로 제안되고 실시되었으며 1960년부터 1962년까지 Wuhrman에 의해 학술회의에서 발표되었다(Wuhrman, 1964; Bishop et al., 1976). Wuhrman은 탈질 세균은 활성슬러지 내에 풍부하게 존재하며 최초로 활성슬러지 내부에서 **질산화와 탈질이 동시에** 일어난다고 기술하였다. 또한 DO 농도가 낮아 플럭 내부로 침투되지 못하기 때문에 그곳에서 질산이온 환원에 의해 탈질이 일어날 수 있다.

낮은 DO 농도에서 탈질에 대한 Wuhrman의 관찰이 정립되면서 Ludzack과 Ettinger는 질산화 호기성 반응조로부터 공기주입이 없는 혼합 반응조로 재순환하는 효과를 연구하였고, 유입수 BOD는 탈질에 사용됨을 연구하였다. 이것이 최초 전-무산소 질소제거 공정이었다(Ludzack and Ettinger, 1962). 이후 Balakrishman과 Eckenfelder(1970)가 2차 침전지 유출수 내의 질산이온을 접촉안정화 공법에서 호기성 접촉조와 2차 침전지의 앞단인 무포기 교반 안정화조로 반송시켰다. 이 방법의 단점은 질산이온의 반송으로 인해 2차 침전지에 큰 수리학적 부하를 가한다는 것이다. Barnard(1974)는 Bardenpho 공정을 개발하면서 전-무산소와 후-무산소 탈질영역을 만들었다. Bardenpho 공정이 유출수 총 질소 농도를 3.0 mg/L 이하로 낮출 수 있음에도 이와 같이 낮은 농도의 질소는 1970년대에 필요치 않았다. 따라서 후-무산소 영역은 필요치 않았으며 전-무산소/호기 과정만 사용하는 것이 일반화되었다. 호기조로부터 전-무산소구역으로의 반송이 있는 이런 무산소/호기 반복공정은 Modified Ludzack Ettinger 공정 혹은 MLE 공정이라 부른다.

분명한 무산소와 호기 영역을 구분하는 방법과 더불어, 다른 연구자는 단일 혹은 다단 반응조에서 질산화와 탈질에 의한 질소제거를 위해 호기/교반 모드를 순환 반복하는 방법을 조사하였다(Bishop et al., 1976). 같은 시간 간격 동안 단일 반응조 산화구 시스템에서 높은 질소제거를 발휘하는 능력은 Vienna Blumental 폐수처리장에서 실제 운영 결과로부터 Matsche에 의해 보고되었다(Matsche, 1972). 위의 모든 질소제거 공정은 단일 활성슬러지 시스템으로 그 의미는 하나의 고액분리 과정(2차 침전지)이 사용된다는 것이다. 그러나 1960년대 후반, 실험실에서 세 개의 슬러지 시스템이 테스트되었고(Barth et al., 1968), 이어서 유출수 총 질소 농도가 3.0 mg/L의 효율을 보인 현장실험장치를 보고하였다(Heidman et al., 1972). 이 시스템은 (1) 침전지를 가진 고율 BOD 제거 활성슬러지공정, (2) 침전지를 갖는 질산화 활성슬러지공정, (3) 침전지를 가진 탈질 활성슬러지공정으로 구성되었다. 메탄올이 탈질을 위한 전자공여체로 세 번째 단계에서 주입되었다. 1990년대 후반부터 2000년대 초반, 이 시스템은 현장 규모로 설치되고 테스트되었지만, 메탄올을 두 번째 슬러지공정에 주입하는 질산화와 후-탈질공정인 두 개의 슬러지 시스템이었다(Bailey et al., 1998; Sadick et al., 2000).

1960년대와 1970년대의 질소제거를 위한 이러한 혁신적인 접근으로부터 질산화와 탈질 공정의 동역학에 대한 많은 지식을 얻었다. 이러한 지식은 1980년대 이후 위의 공정의 적용이나 설계의 개선에 적용되었다. 이런 공정들은 뒤따르는 절에서 다룬다.

≫ 생물학적 질소제거 공정의 형태에 대한 개요

모든 생물학적 질소제거 공정은 NH_4-N을 NO_2-N와 NO_3-N으로 변환시키는 생물학적 질산화 반응이 일어나는 호기성 영역을 포함한다. 총 질소제거를 위해서는 NH_4-N의 산화와 NO_2-N와 NO_3-N가 질소가스로 환원되는 생물학적 탈질이 일어나야 하며 이를 위해서 무산소조의 부피나 시간도 포함되어야 한다. 7-10절에서 언급한 것처럼 질산이온/아질산이온 환원은 유입폐수의 BOD, 내생호흡 혹은 외부 탄소원 등의 형태로 공급되는 전자공여체를 필요로 한다. 생물학적 질소제거 공정의 형태는 질산화 과정에 대해 무산소 반응조의 위치에 따라 다음과 같이 나누어진다.

1. 전-무산소 탈질 공정
2. 후-무산소 탈질 공정
3. 낮은 DO와 질산화/탈질 순환공정

이들 공정에서 반응조 형태의 차이와 더불어 주요 기질의 종류와 질산이온 환원 동역학도 변한다. SBR 시스템의 설계와 운전조건이 탈질 공정이나 아래의 것을 포함하는 여러 결합공정에 적용될 수 있다는 것을 유의해야 한다: (1) 전-무산소와 후-무산소 공정, (2) 전-무산소와 낮은 DO 공정, (3) 전-무산소와 질산화/탈질 순환공정. 인 동시 제거는 여기서 소개하지만 고도 생물학적 인제거는 8-8절에서 설명한다.

전-무산소 탈질 공정. 전-무산소 형태[그림 8-26(a)]에서 호기성 영역에서 생산된 질산이온은 전-무산소 영역으로 재순환된다. 전-무산소 영역의 탈질 세균은 질산이온을

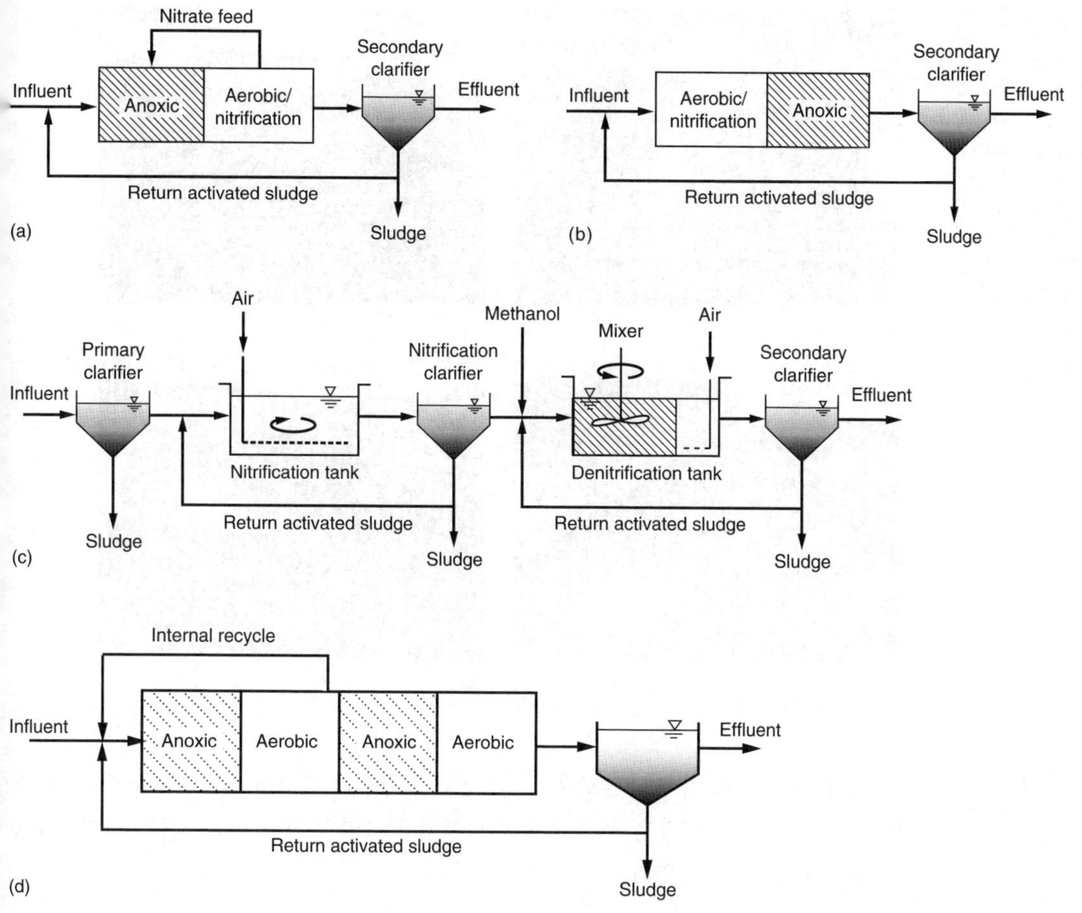

그림 8-26

네 가지 기본적인 생물학적 질소제거 공정의 개념도: (a) 전-무산소, (b) 후-무산소, (c) 두 슬러지 질산화-탈질 공정, (d) Bardenpho 공정

질소가스로 환원시키기 위해 유입 BOD를 소모한다. 전-무산소 영역에서 탈질률은 유입 폐수의 rbCOD 농도, MLSS 농도, 온도에 영향을 받는다. 여러 다른 활성슬러지공정의 무산소 영역에 대한 대표적인 사진은 그림 8-27에 나타내었다.

질산화 영역 앞에 전-무산소 영역을 사용하는 것은 많은 장점이 있다. 장점은 (1) 기존 시설을 쉽게 개선할 수 있으며, (2) 사상성 슬러지의 제어를 위해 무산소 선택조의 역할을 할 수 있으며 (3) 질산화 과정 전에 알칼리도를 생성하고, (4) 유입 BOD의 산화를 위해 질산이온을 사용하기 때문에 에너지가 절감되고, (5) 기존 생물학적 처리 시스템을 비교적 작거나 중간 정도의 체류시간을 갖는 질소제거 시스템으로 전환할 수 있다는 것이다. 이러한 장점 때문에 전-무산소 영역은 비록 질소제거가 요구되지는 않지만 질산화를 위해 설계된 활성슬러지공정에 사용되어야 한다. SVI의 개선과 에너지 절감과 더불어 질산화/탈질 공정의 사용은 질산화만 고려한 공정에 비해 보다 경제적인 선택임을 보여준다(Rosso and Stenstrom, 2005a). 질산화와 탈질 공정에 적용되는 긴 SRT가 BOD

(a)

(b)

(c)

(d)

그림 8-27

무산소 반응조 전경: (a) 질소제거용 반응조(우측 포기 없는 수로가 전-무산소 영역), (b) 작은 플러그 흐름 활성슬러지 반응조에서 격벽 무산소 영역, (c) 큰 플러그 흐름 활성슬러지 반응조에서 표면 믹서를 가진 침지된 격벽 무산소 영역, (d) 메탄올을 주입하는 질산화 반응조 내의 후-무산소 탈질조

제거만을 목적으로 한 시스템보다 더 큰 반응조 부피가 필요함에도 불구하고 전체적인 WWTP의 에너지요구량은 포기 효율이 향상되고 슬러지 처리 비용이 감소하여(Leu et al., 2012) 조금 증가하였다.

후-무산소 탈질 공정. 후-무산소 공정은[그림 8-26(b), (c), (d)]는 유출수 내 질산이온을 최소화시키는 탈질 과정에 일반적으로 사용된다. 예를 들면 Bardenpho 공정[그림 8-26(d)]에서 질산이온의 75% 이상이 전-무산소 영역에서 제거되며 나머지는 후-무산소 영역에서 제거된다. 후-무산소 영역은 외부 탄소원이 있게 사용할 수 있고 없게도 사용할 수 있다. 외부 탄소원이 없다면 후-무산소 공정은 산소 대신에 질산이온 제거를 위해 필요한 전자공여체를 활성슬러지의 내생호흡에 의존한다. 탈질률은 전자공여체를 유입폐수의 BOD로 사용하는 전-무산소에 비해 3~6 배 정도 느리다.

후-무산소 탈질은 첫 번째 시스템에서 질산화가 일어나는 2종 슬러지 시스템에서도 사용된다[그림 8-26(c)]. 질산이온 제거를 위한 화학약품 투입 비용과 두 번째 침전조가 필요하다는 이유 때문에 전-무산소 영역을 갖는 단일 슬러지 시스템이 질소제거를 위한 대안 공정으로 선호된다. 2단계 공정이 사용되는 곳에서는 질소제거를 위해 외부 탄소원을 사용하는 고정생물막 탈질 공정을 이용하는 것이 일반적이다. 고정생물막 공정은 9장에서 다룬다.

낮은 DO와 질산화/탈질 순환공정. 탈질은 구획된 질산화와 무산소 영역이 없어도 다음 두 방법에 의해 단일 반응조 활성슬러지 시스템에서 이루어질 수 있다: (1) 질산화-탈질 동시 반응(simultaneous nitrification-denitrification, SNdN), (2) 질산화–탈질화 순환 반응(cyclic nitrification-denitrification, Cyclic NdN). 질산화–탈질 단일 반응조 공정은 질소제거를 수행하기 위해 전–무산소와 후–무산소 공정처럼 뚜렷한 호기성–무산소 영역을 가지는 대신에 포기와 교반 방법을 사용한다.

질산화–탈질 동시 반응(simultaneous nitrification-denitrification, SNdN). SNdN은 낮은 DO 농도에서 수행되기 때문에 활성슬러지 플럭은 그림 8–28의 생물학적 플럭에서 간단히 나타낸 바와 같이 호기성 영역과 무산소 영역을 모두 가지게 된다. 플럭 외부의 용존산소와 용존 유기물은 호기성 영역으로 확산되고 DO 농도, 암모니아 농도, bCOD에 따라 산소는 플럭 내부에서 급격한 속도로 고갈된다. 그래서 DO는 플럭 깊숙이 침투되지 못하며 플럭 내부에 무산소 영역이 만들어진다. 호기성 영역에서 만들어진 아질산이온과 질산이온은 내부 무산소 영역으로 기질과 함께 확산될 수 있게 되어 탈질이 플럭 내부에서 일어난다. 질소제거의 주요한 경로는 NH_4-N이 NO_3-N과 N_2로 되는 경로 대신에 NO_2-N과 N_2로 되는 것이다. 이는 낮은 DO MBR 시스템에서 우점종인 암모니아 산화 고세균(AOA)이 존재하는 제한된 DO 시스템에서 암모니아 산화 미생물로부터 관찰된 결과(Giraldo et al., 2011a and 2011b)와 하수처리를 하는 실험실 반응조의 암모니아 산화 미생물(AOB)로부터 관찰된 결과(Peng et al., 2012)로부터 알려진 것이다.

질산화와 탈질률은 SNdN 공정에서 최적의 수준보다 낮게 된다. 미생물의 아주 일정 부분이 각각의 반응에 사용된다. 더불어 질산화율은 낮은 DO 농도로 낮아지고 탈질률도 플럭의 호기성 영역에서의 기질 소비 때문에 낮아진다. 질산화율을 낮추는 데 생물학적 플럭의 무산소 영역이 끼친 영향은 질산화율이 수중의 DO 농도뿐 아니라 존재하는 BOD에도 관계된다는 Stenstrom과 Song(1991)의 관찰에서 알 수 있다. 같은 DO 농도에서도 높은 용존성 BOD에서 높은 산소소모율이 일어나고 낮은 질산화율이 관찰되었다. 이는 활성슬러지 플럭의 호기성 영역이 감소하는 사실로부터 기인한다.

순환 NdN 공정(Cyclic NdN). 순환 NdN 공정은 공간적 구분 혹은 시간 조절에 의한 포기와 비포기 교반과정을 포함한다. 질산화를 위한 높은 DO 농도를 갖는 포기 과정은 탈질을 위한 비포기 교반과정 앞에 있다. 순환 NdN 공정에서 질소제거의 성공을 위해

그림 8–28
호기성 영역과 무산소 영역을 보여주는 활성슬러지 플럭의 개념도

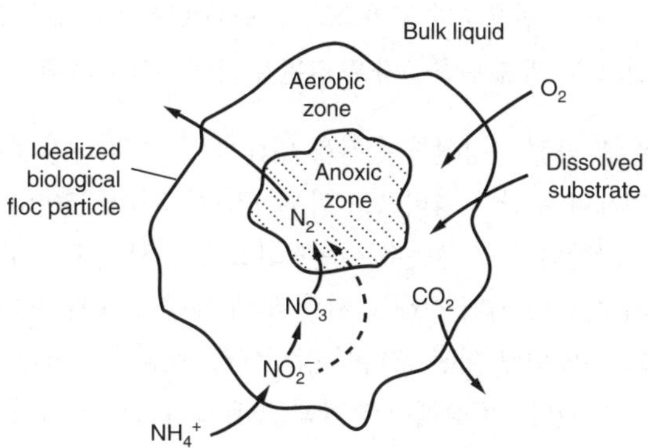

공정 제어 방법을 사용해야만 한다. 순환 NdN 공정은 (1) 산화구 공정, (2) 호기성/무산소 공정을 반복하는 직렬연결 공정, (3) 직렬연결된 반응조의 상변화 운전 등에서 성능이 입증되었다.

순환 NdN 공정의 보고된 유출수 NO_3-N 농도는 3.0~4.8 mg/L이며 이때 총 질소 농도가 8.0 mg/L 이하이다(U.S.EPA, 1993). 상대적으로 긴 τ 값은 정지 기간에도 유출수 NH_4-N 농도를 최소화할 수 있도록 충분한 희석효과를 제공할 수 있다. 충분히 긴 SRT도 간헐적으로 운전되는 포기 장치로도 충분한 질산화 능력을 갖추기 위해 필요하다.

산화구 공정. 산화구 공정에서 순환 NdN 공정을 수행하기 위해 호기성과 무산소 영역이 산화구의 수로 길이를 따라 만들어진다. 산화구의 호기성 영역과 하류 일정 부분에서 DO 농도의 상승이 발생하여 질산화가 일어난다. DO는 수로 하류로 흘러감에 따라 고갈되어 0에 가까워져 탈질이 지배적인 무산소조건이 된다. 수로의 흐름은 보통 5~15분 정도의 시간에 호기성과 무산소조건을 거치는 활성슬러지 혼합액과 함께 순환된다. 공기 공급 장치나 모터 속도는 질산화와 탈질을 위해 호기성과 무산소 영역을 제어하기 위해 변할 수 있다.

산기기가 정지했을 때 산화구는 수로의 흐름을 유지하기 위해 흐름방향 교반기를 설치해서 간헐 포기법을 적용할 수도 있다. 포기가 정지된 기간 동안 포기조는 질산이온이 BOD 제거를 위해 DO 대신 사용되기 때문에 필수적으로 무산소 반응조로 운영된다. 간헐 포기 방식으로 운영되는 산화구는 그림 8-29에 나타내었다. 간헐 포기 시스템은 18~40 d 정도의 SRT에서 운전되며 수리학적 체류시간은 16 h 이상이다. 무산소 반응 기간[그림 8-29(b) 참조] 동안, 포기는 정지하고 수중의 믹서가 가동되며 질산이온은 전자수용체로 이용된다. 반응조는 완전혼합 활성슬러지 무산소 공정으로 운영된다. 무산소 기간 동안, DO와 질산이온은 고갈되고 암모니아 농도는 증가한다[그림 8-29(c) 참조]. 무산소와 호기시간은 시스템의 처리능을 결정하는 데 중요하다. 산화-환원 전위(ORP) 측정 방법을 이용하여 간헐 포기를 제어하는 방법은 질소제거 부분의 끝쪽에 "공정 제어와 성능" 부분에서 제시한다.

호기/무산소 공정의 대안. 호기/무산소 공정의 대안은 두 개의 공간으로 분리된 첫 번째 반응조로 폐수를 유입하여 직렬로 흐르게 하는 것이다[그림 8-30(a) 참조]. 결정된 시간에 따라 첫 번째 반응조가 포기되고 두 번째 반응조가 교반된 후 다음에서 첫 번째 반응조가 교반되고 두 번째 반응조가 포기된다. 전-무산소와 후-무산소 탈질이 반복 운전된다.

상변화 운전 공정. 상변화 운전을 위해서 두 개의 공간 혹은 반응조가 사용되지만 폐수 유입은 언제나 무산소 영역으로 이루어진다[그림 8-30(b) 참조]. 하나의 상은 탱크 A로 유입되고 교반되며 그 유출수는 포기되고 있는 탱크 B로 유입된다. 탱크 B의 혼합액은 2차 침전지로 넘어간다. 정해진 시간 후에 유량 흐름과 포기/교반은 서로 바뀐다. 탱크 B로 폐수가 유입되고 이전 호기성 상태에서 생성된 질산이온 때문에 교반이 일어나는 무산소 탱크가 된다. 이 상에서 혼합액은 탱크 B에서 포기되는 탱크 A로 흐르고 탱크 A로부터 유출수가 2차 침전지로 넘어간다. 상변화 운전에서 탈질은 전-무산소 탈질 공정으

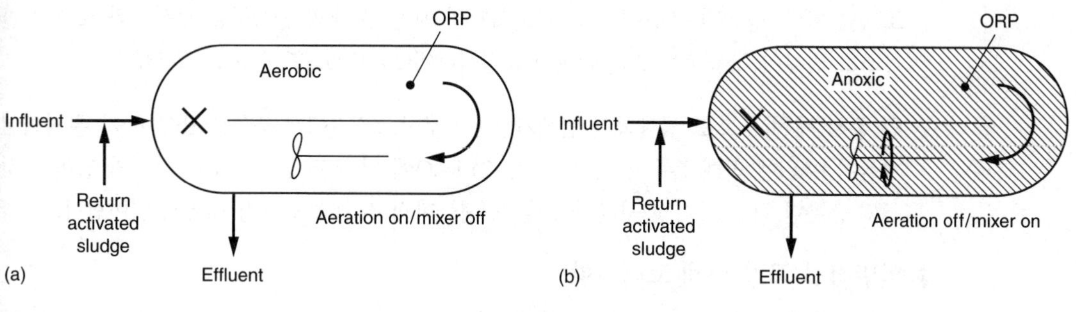

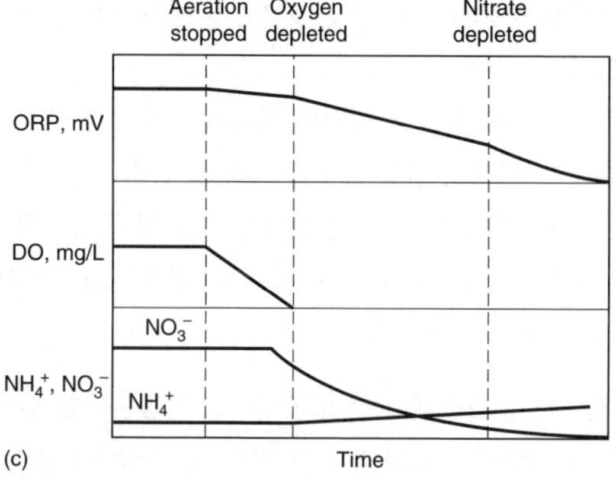

그림 8-29

간헐 포기법을 이용한 산화구 공정의 운전: (a) 호기성 조건, (b) 무산소조건, (c) ORP, DO, 암모니아, 질산이온의 변화

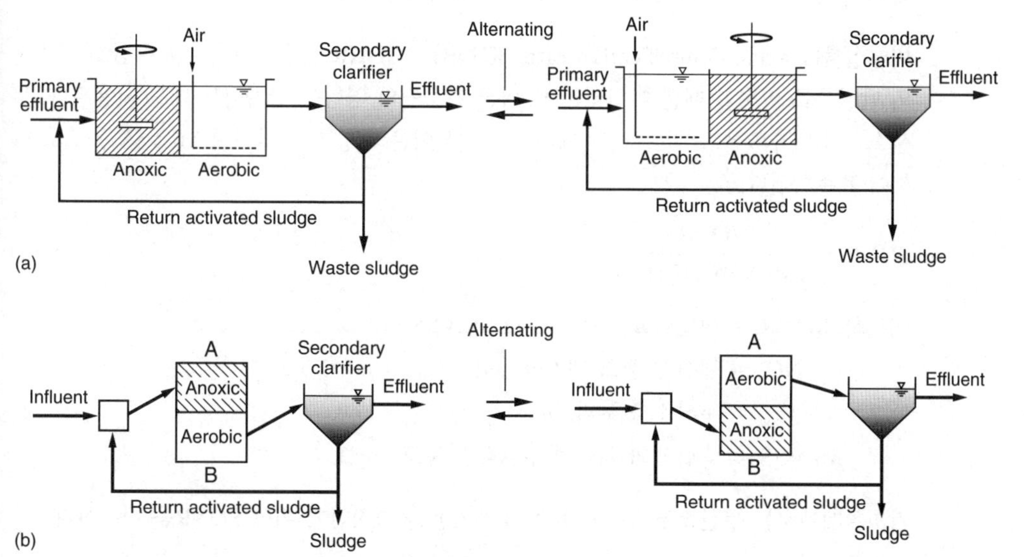

그림 8-30

순환 NdN 공정의 개념도: (a) 순환공정 및 대안, (b) 상변화 운전

로 진행된다. 상변화 운전에 의한 질소제거의 예는 두 개의 산화구를 무산소와 호기성 반응조로 번갈아 사용하는 BioDenitro 공정이다(Stensel and Coleman, 2000).

인 동시 제거. 고도 생물학적 인제거는 (1) 무산소조건에서 충분한 rbCOD가 존재해서 기질이 PAO에 의해 흡수가 가능할 때, (2) PAO에 의해 저장된 탄소의 산화가 일어날 정도의 충분한 하류 호기성 시간이 있을 때 생물학적 질소제거 공정 내에서 일어난다.

일반적인 공정 설계 고려사항

생물학적 질소제거 공정에 일반적으로 사용되는 설계 주제와 예를 아래에 나타냈다. 기본적인 설계 개념은 부유성장 성장 생물학적 질소제거 공정의 다른 형태를 평가하는 데 사용할 수 있다.

탈질 설계의 주요 목표는 일정한 형태의 무산소 영역에서 요구하는 부피 혹은 시간을 정하는 것이다. 각각의 탈질 공정은 공정 설계에서 언급한 독특한 설계 고려사항과 탈질률을 가진다. 이 절에서 언급하는 3가지 주요 탈질 공정과 관련된 일반 사항은 (1) 공정의 SRT, (2) 비탈질율, (3) MLSS 농도, (4) 온도, (5) 유입폐수 성상, (6) 알칼리도, (7) 무산소 반응조 교반 요구사항 등이다.

공정의 SRT. 모든 질소제거 설계의 시작점은 질산화를 위한 적당한 호기 SRT를 제공하는 것이다. 8-6절에서 나타낸 바와 같이 요구되는 호기 SRT는 목표 유출수 NH_4-N, 유량과 부하 변동, DO 농도, 온도를 포함한 여러 가지 요소들에 따라 다르다. 요구되는 호기 SRT는 호기성 반응조 부피 결정에 사용되며 총 시스템 SRT는 호기 SRT에 호기조 부피에 대한 총 부피(호기성+무산소)의 비를 곱함으로써 얻을 수 있다. 긴 SRT는 후-무산소 탈질과 순환 NdN 공정에서 낮은 비탈질률을 유발한다.

비탈질률(specific denitrification rate, SDNR). SDNR 값은 서로 다른 무산소 시스템의 탈질률을 비교할 때뿐 아니라 서로 다른 탄소원의 영향을 평가하는 데도 사용된다. 무산소조의 SDNR은 단위 시간당 제거되는 질산이온의 양과 관련되며 MLVSS 농도로 나누어 표준화된다:

$$\mathrm{SDNR} = \frac{\mathrm{NO}_r}{(\mathrm{MLVSS})(V_{\mathrm{nox}})} \tag{8-51}$$

여기서, SDNR = 비탈질률, g NO_3-N/g MLVSS · d

NO_r = 질산성 질소 제거율, g/d

V_{nox} = 무산소조 부피, m^3

MLVSS = 혼합액의 휘발성 부유물질 농도, mg/L

기초설계에서는 무산소조에서 NO_3-N의 제거율을 결정하기 위해 SDNR을 사용한다.

$$\mathrm{NO}_r = (V_{\mathrm{nox}})(\mathrm{SDNR})(\mathrm{MLVSS}) \tag{8-52}$$

현장의 전-무산소조에서 관찰된 SDNR 값은 0.04~0.42 g NO_3-N/g MLVSS · d이다 (Burdick et al., 1982; Henze, 1991; Bradstreet and Johnson, 1994; Reardon et al.,

1996; Hong et al., 1997; Murakami and Babcock, 1998). 외부 탄소원 없는 후-무산소 탈질 공정에서 관찰된 SDNR 값은 0.01~0.03 g NO_3-N/g MLVSS · d이다

MLSS 농도. 필요한 무산소구역 부피는 높은 MLSS 농도에서 작아진다. 8-10절에서 나타낸 바와 같이 사용 가능한 MLSS 농도는 활성슬러지 침강과 농축 특성과 관련된다. 전-무산소 탈질 공정은 슬러지의 침강성 향상을 위한 선택조의 역할도 하기 때문에 높은 MLSS농도로 운전하는 것이 가능하다.

온도. 질산화에서 보인 바와 같이 탈질률은 낮은 온도에서 낮다. 무산소 설계를 위한 가장 낮은 온도는 보통 최악의 조건으로 선택한다. 몇몇 생물학적 질소제거 개선 시 질산화와 탈질을 위한 충분한 공간이 확보되지 않을 수 있다. 이런 경우 질산화에 필요한 공간을 확보하고 외부 탄소를 탈질영역에 공급하여 낮은 온도에서 제한된 무산소조 부피에서 빠른 질산이온의 환원이 일어나도록 한다. 외부 탄소원은 이 절의 마지막에 기술한다.

유입폐수 성상. 유입폐수 성상은 전-무산소 공정, SNdN 공정, 순환 NdN 공정에서 생물학적 탈질률에 영향을 미치는 중요한 인자이다. 질산이온의 환원은 전자공여체에 따라 결정되므로 제거되는 질소 양에 비해 충분한 유입 BOD를 가지고 있어야 한다. 대략적으로 유입 BOD 대 TKN 비가 4/1 정도 되도록 충분한 양의 전자공여체를 공급해주어야 한다(Randoll et al, 1992).

알칼리도. 탈질 세균은 질산화 세균보다 pH 저항성이 넓기 때문에 유입 알칼리도는 탈질 설계에서 결정적이지는 않다. 그러나 호기성 질산화 영역에서 만족할 만한 알칼리도와 pH가 유지되는지를 판단하기 위해 제거되는 질소의 양과 그와 관련된 알칼리도 생성량을 결정하는 것은 유용하다.

무산소조 교반. 전-무산소, 후-무산소, 순환 NdN 공정에서 무산소 영역은 단일반응조 혹은 연속혼합반응조의 직렬연결 형태로 설계된다. 무산소구역의 기계식 혼합을 위한 일반적 전력요구량은 교반기와 탱크의 형태에 따라 결정되며 느린 교반기의 경우 3 kW/10^3 m^3에서 고속 교반기의 경우 8 kW/10^3 m^3 정도이다.

전-무산소 탈질 공정

세 가지 생물학적 질소제거 공정에 대한 설계 고려사항을 이 절에서 설명한다. 각각의 공정에 대해 특별한 사항을 기술한 후에 각각의 설계 예를 기술하였다. 설계 예는 (1) MLE 공정을 위한 전-무산소 탈질 공정 설계, (2) 단계 주입 질산화와 후-무산소 탈질 공정 설계, (3) SBR 공정을 위한 후-무산소 탈질 공정 설계이다. 후-무산소 탈질과 낮은 DO와 순환 NdN 공정은 이어지는 장에서 비슷한 설명과 분석을 하겠다.

MLE 공정을 위한 전-무산소 탈질 공정 설계. 표 8-21에 MLE 공정을 위한 설계 방법을 정리하였고 다음과 같은 주요 과정을 거친다: (1) 호기성 질산화 설계를 결정한다, (2) 내부 순환율과 전-무산소 영역에서 제거되는 질소 양을 결정한다. (3) 무산소조의 부피와 SDNR을 결정한다. 첫 번째 단계는 8-6절에 기술하였다. 같은 과정이 MBR 공정

표 8-21
2차 침전지를 가진 무산소/호기 공정의 설계과정

순서	설명
1	rbCOD 농도와 유출수의 기준을 포함하여 유입 유량 및 특성 파악한다.
2	질산화 공정을 위한 포기조 설계를 위해 표 8-15에 나타난 절차를 따른다. 단, 13~18단계는 무산소조의 설계 후에 이루어진다.
3	질산화 설계 시 혼합액 내의 미생물 농도를 결정한다.
4	질산화 설계 시 9단계에서 결정된 NO_x의 값과 유출수의 목표 질산성 질소의 농도를 이용하여 내부 반송(IR) 비를 결정한다.
5	무산소조로 내부 반송되는 질산성 질소의 양을 결정한다. 설계 시 무산소구역으로 유입되는 모든 질산성 질소가 환원된다고 가정한다. 매우 낮은 농도의 질산성 질소는 탈질률을 제한하기 때문에 설계에 따라 0.1~0.3 mg/L 정도의 질산성 질소가 남아 있을 수 있다.
6	무산소조의 부피와 형상을 선택한다; 단일 또는 다단 반응조
7	질산화 설계 시 혼합액에 대해 결정된 미생물 농도를 근거로 F/M_b를 계산한다.
8	무산소조에 대해 미생물 농도를 기본으로 $SDNR_b$를 얻기 위하여 식 (8-57) 혹은 (8-58)을 이용하여 온도와 내부 반송비를 수정하라.
9	$SDNR_b$, 미생물 농도, 그리고 무산소조 부피를 사용하여, 무산소조에서 제거된 질산성 질소의 양을 계산한다. 무산소구역으로 유입되는 반송라인에서 질산성 질소가 모두 제거되기 위해 요구되는 제거량과 비교하라.
10	상류 무산소조에서 제거된 질산이온의 양을 근거로 감소된 BOD, bCOD, rbCOD로부터 하류 무산소조를 위해 F/M_b를 계산한다.
11	만족스러운 설계를 얻을 때까지 무산소구역 설계단계를 반복한다.
12	산소요구량을 계산한다.
13	만약 알칼리도 공급이 필요하다면 계산한다.
14	2차 침전지를 설계한다.
15	포기조 산소전달시스템을 설계한다.
16	최종 유출수의 수질을 요약한다.
17	요약된 표를 작성한다.

의 무산소/호기 설계에 MLSS농도, 포기조 형태, 포기 시스템 설계 등에서 필요한 수정을 거쳐 적용된다. MBR 공정을 위한 무산소/호기 설계과정을 표 8-23에 나타내었다. SDNR과 내부 반송률을 구하기 위한 물질수지를 얻기 위한 방법은 여기서 설명한다. 2차 침전지나 MBR 시스템을 가진 MLE 공정을 위한 전-무산소 탈질 공정 설계의 예는 아래에 제시된 배경 물질에 이어서 기술하겠다.

BOD F/M 비와 SDNR의 관계. 현장 실험장치와 현지 시설로부터 얻어진 탈질률을 기준으로 전-무산소조에서 SDNR과 BOD 혹은 COD F/M 비와 관계에 관한 실험식이 개발되었다(Burdick et al., 1982; U.S.EPA, 2010).

$$\mathrm{SDNR}_{20} = (F_b/0.30)(\mathrm{F/M}) + 0.029 \tag{8-53}$$

$$F_b = \frac{(Y_\mathrm{H})/1 + b_\mathrm{H}(\mathrm{SRT})}{[(Y_\mathrm{H}/1) + b_\mathrm{H}(\mathrm{SRT}) + Y_\mathrm{I}]} \tag{8-54}$$

$$\frac{\mathrm{F}}{\mathrm{M}} = \frac{QS_o}{XV_{\mathrm{nox}}} \tag{8-55}$$

여기서, F/M = g BOD/g MLVSS·d(무산소조 내의)

$SDNR_{20}$ = 20°C에서 비탈질률, gNO_3-N/g MLVSS·d

Q = 유입 유량, m^3/d

S_o = 유입수 BOD 농도, mg/L

X = 무산소조 MLVSS 농도, mg/L

V_{nox} = 무산소조 부피, m^3

F_b = MLVSS에서 활성이 있는 바이오매스 분율

Y_H = 종속영양 미생물의 수율, 0.67 g VSS/g 제거된 BOD

b_H = 내생 사멸계수, g VSS/g VSS · d

Y_I = 유입하수 중 불활성 VSS 분율, g nbVSS/g BOD

내생 사멸계수는 식 (1-44)에서 b_{20}은 0.12g VSS/g VSS·d, 온도계수는 1.029를 이용하여 보정한다. 위의 관계는 실험에 의한 것이며 유입수의 bCOD 내 다른 rbCOD 분율의 영향을 반영하지는 않는다. 높은 SDNR 값은 높은 rbCOD/bCOD 비를 갖는 전-무산소조에서 나타난다.

%로 나타나는 SDNR에 대한 rbCOD/bCOD 비의 영향은 그림 8-31에 나타내었다. 그 값은 일반적으로 적용되며 서로 다른 rbCOD 분율과 불활성 생분해불능 휘발성 고형물을 가진 폐수에도 적용할 수 있다. 그림 8-31에서 F/M_b 비[식 (8-56)]와 $SDNR_b$ [식 (8-57) 혹은 (8-58)] 값은 활성을 가진 종속영양 미생물 농도를 근거로 한 것이기 때문에 그 값은 혼합액 내의 분해 불가능한 고형물의 양과 SRT와 관계없이 많은 상황에 적용 가능하다. F/M_b 비는 무산소조 부피에 대한 BOD 부하와 활성이 있는 종속영양 미생물 농도의 함수로 다음과 같이 정의된다.

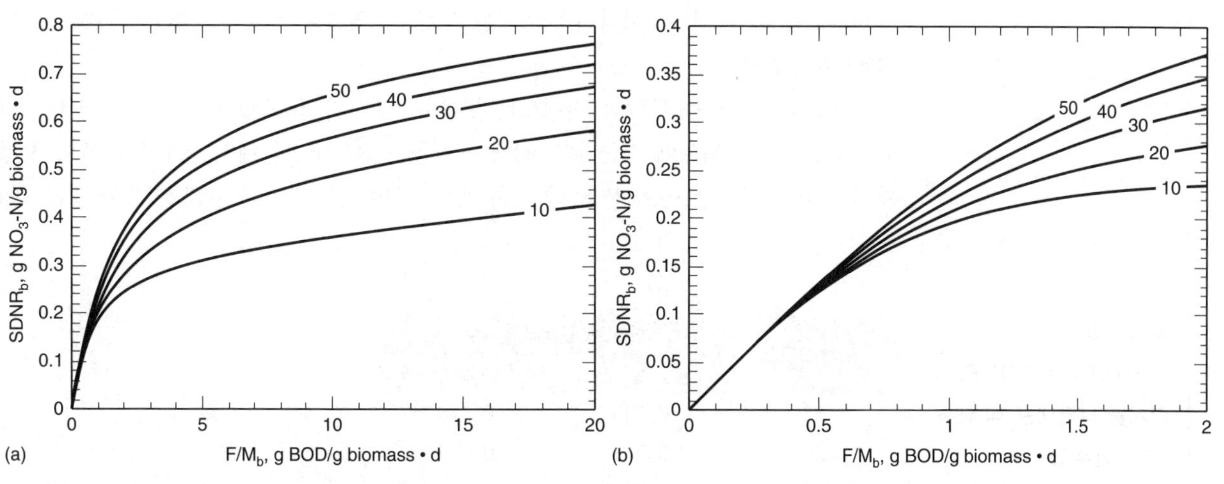

그림 8-31

20°C에서 유입수 bCOD에 대한 rbCOD 의 다양한 비를 기준으로 한 F/M_b 비와 미생물 농도에 근거한 $SDNR_b$의 관계: (a) F/M_b 비 20까지, (b) F/M_b 비 2까지 확대한 그림

$$\mathrm{F/M_b} = \frac{QS_o}{(V_{\mathrm{nox}})X_b} \tag{8-56}$$

여기서, $\mathrm{F/M_b}$ = 활성 미생물 농도에 근거한 BOD F/M 비, g BOD/g 바이오매스 · d

X_b = 무산소구역 미생물 농도, mg/L

그림 8-31의 곡선은 무산소조에서 미생물, NO_3-N, rbCOD, 그리고 pbCOD 물질수지의 모델 시뮬레이션 결과를 기본으로 한다. 무산소조의 τ 값이 낮을수록 $\mathrm{F/M_b}$는 더 높은데, 이는 무산소구역에서 rbCOD 농도를 높여 더 큰 생물학적 반응률과 SDNR을 갖게 한다. 호기조로부터의 내부 반송률과 온도의 영향이 반영되었다. 모델 시뮬레이션에 사용되는 생물동력학 계수는 다양한 도시하수처리시설에서의 실험결과, Stensel과 Horne(2000)에 의해 관측된 무산소조건하에서의 rbCOD 반응속도와 관련한 ASM1 모델(Grady et al, 1986)의 기본변수 값들이다. 그림 8-31에 나타낸 자료로부터 식 (8-57)과 (8-58)을 이용하여 $\mathrm{F/M_b}$비의 함수인 $\mathrm{SDNR_b}$를 계산할 수 있다. b_0와 b_1의 값은 표 8-22에 나타나 있다.

F/M > 0.50인 경우, F/M > 0.50, $\mathrm{SDNR_b} = b_0 + b_1\,[\ln(\mathrm{F/M_b})]$ (8-57)

F/M ≤ 0.50인 경우, F/M ≤ 0.50, $\mathrm{SDNR_b} = 0.24(\mathrm{F/M_b})$ (8-58)

그림 8-31로부터 $\mathrm{SDNR_b}$를 이용하는 설계과정은 예제 8-2의 과정을 통해 혼합액 내의 활성 미생물 VSS 농도를 계산하는 것이 필요하다. 계산된 미생물 농도를 이용하여 SRT의 영향이 설계과정에 반영된다. 그림 8-31에서 BOD $\mathrm{F/M_b}$비는 활성 미생물 VSS 농도를 기초로 한다. 이어지는 하류 무산소조의 $\mathrm{SDNR_b}$는 유입 BOD (S_a)를 제거된 NO_3-N 당 4 g BOD가 사용되는 비율을 이용하여 제거된 질산이온의 양만큼 감해줌으로써 계산할 수 있다(7-10절 참조).

계산된 값은 매우 빠르게 제거되는 유입 rbCOD 농도로부터 빼주어야 한다(1.6 g bCOD/g BOD 가정함). 따라서 이어지는 무산소구역으로 유입되는 BOD의 rbCOD:b-COD 비는 감소한다.

그림 8-31의 높은 $\mathrm{F/M_b}$ 비에서는 무산소조에서의 rbCOD가 매우 높아짐에 따라 $\mathrm{SDNR_b}$는 최대포화율에 접근한다. 최대 포화율은 높은 $\mathrm{F/M_b}$ 에서만 달성되므로 첫번째 무산소 영역인 10~20분 보다 낮은 체류시간을 갖는다. 긴 무산소 체류시간(3~6h

표 8-22
% rbCOD와 $\mathrm{SDNR_b}$의 관계를 나타내는 식 (8-57)의 계수 값

% rbCOD	SNDR 관계식의 계수	
	b_0	b_1
10	0.186	0.078
20	0.213	0.118
30	0.235	0.141
40	0.242	0.152
50	0.270	0.162

표 8-23
멤브레인 고액분리를 포함하는 무산소/호기 공정의 설계과정

순서	설명
1	rbCOD 농도와 유출수의 기준을 포함하여 유입 유량 및 특성을 파악한다.
2	표 8-15에 정리된 절차를 따른다. 단, 1~10단계는 완성한다.
3	멤브레인의 플럭스와 멤브레인의 총 표면적을 선정하라.
4	요구되는 멤브레인의 표면적과 멤브레인 표면적에 대한 호기성 멤브레인 조 부피의 비를 이용하여 멤브레인 조의 부피를 결정하라.
5	무산소조와 전포기조의 용량을 결정한다. 슬러지 반송비와 멤브레인 조의 MLSS 농도를 이용하라.
6	전포기조의 부피와 활성 미생물 농도를 결정한다. 질산화 설계에서 MLSS 내 미생물의 분율을 구한 후 위의 5단계에서 얻어진 MLSS를 곱함으로써 무산소 영역의 미생물 농도를 결정한다.
7	선택된 반송비와 질산화 설계 9단계에서 얻어진 NO_x 값을 이용하여 유출수의 NO_3-N 농도를 결정한다.
8	무산소조로 유입되는 질산성 질소의 양을 결정한다. 설계 시 무산소조로 유입되는 모든 질산성 질소가 환원된다고 가정한다.
9	무산소조의 부피와 형상을 선택한다; 단일 또는 다단 반응조
10	질산화 설계시 혼합액에 대해 결정된 미생물 농도를 근거로 F/M_b를 계산한다.
11	무산소조에 대해 미생물 농도를 기본으로 $SDNR_b$를 얻기 위하여 식 (8-57) 혹은 (8-58)을 이용하여 온도와 내부 반송비를 수정하라.
12	$SDNR_b$, 미생물 농도, 그리고 무산소조 부피를 사용하여, 무산소조에서 제거된 질산이온의 양을 계산한다. 무산소구역으로 유입되는 반송라인에서 질산성 질소가 모두 제거되기 위해 요구되는 제거량과 비교하라.
13	상류 무산소조에서 제거된 질산이온의 양은 근거로 감소된 BOD, bCOD, rbCOD로부터 하류 무산소조를 위해 F/M_b를 계산한다.
14	만족스러운 설계를 얻을 때까지 무산소구역 설계단계를 반복한다.
15	NO_3-N에 의해 공급되는 산소 당량을 고려한 산소요구량을 계산한다.
16	알칼리도 공급이 필요한지 결정한다.
17	무산소구역 교반 전력량을 결정한다.
18	포기조의 산소전달시스템을 설계한다. 먼저 전포기조와 멤브레인 분리조에 공급해야 하는 총 산소의 분율을 결정한다.
19	요약된 표를 작성한다.

정도의 수준)이라면 $SDNR_b$값은 낮은 F/M_b 비에서 결정된다.

SDNR을 위한 온도와 내부 순환 보정. 설계과정에서 온도와 내부 반송비에 따라 식 (8-57) 혹은 (8-58)을 이용하여 SDNR을 보정해야 한다. 온도 보정은 식 (2-25)에서 1.026의 θ값을 이용한다. 전-무산소조의 SDNR은 내부 반송(IR)비에 영향을 받는다. IR비는 반송 유량을 유입 유량으로 나누어 구한다. 높은 IR 비에서 유입 rbCOD는 포기조로부터 반송되는 혼합액에 의해 무산소조에서 희석되어 낮은 탈질률을 나타낸다. 반송비가 1.0 이상인 경우 SDNR의 보정식을 아래에 나타내었다. SDNR 값은 제시된 자료로부터 보간하여 얻을 수 있다. F/M 비가 1.0 이하이면 보정이 필요 없다.

IR = 2 $$SDNR_{adj} = SDNR_{IR1} - 0.0166 \ln(F/M_b) - 0.078 \quad (8\text{-}59)$$

IR = 3–4 $$SDNR_{adj} = SDNR_{IR1} - 0.029 \ln(F/M_b) - 0.012 \quad (8\text{-}60)$$

여기서 $SDNR_{adj}$ = 내부 반송의 효과를 보정한 SDNR

$SDNR_{IR1}$ = 내부 반송비가 1일 때 SDNR

F/M_b = 무산소구역 부피와 활성 미생물 농도에 근거한 BOD F/M 비, g BOD/g·d

질소 물질수지와 내부 반송. 질소에 대한 물질수지는 (1) 포기조에서 얼마나 많은 질산이온이 생성되는지, (2) 유출수 질산이온의 농도를 맞추기 위해 내부 반송비를 어떻게 할 것인가를 결정하기 위해 필요하다. 호기성 영역에서 생성되는 질산이온은 물질수지로부터 산출한다. 질산이온 생성률은 유입 유량과 질소 농도, 세포 합성에 사용되는 양, 유출수 NH_4-N, 용해성 유기 질소 농도를 기본으로 한다. 보수적인 설계에서 모든 유입 TKN은 생분해 가능하고 유출수 내 용해성 유기 질소는 무시하는 것으로 가정한다. 생성된 질산이온은 호기조로부터 나오는 유량에 포함되어 있는데 내부 순환, RAS, 유출수량을 모두 말한다. 물질수지는 다음 식과 같이 표현되며 2차 침전지에서 질산이온의 환원은 없다고 가정한다.

$$\begin{pmatrix}\text{호기조에서 생성된}\\ \text{질산이온, kg/d}\end{pmatrix} = \begin{pmatrix}\text{유출수의}\\ \text{질산이온}\end{pmatrix} + \begin{pmatrix}\text{내부 순환의}\\ \text{질산이온}\end{pmatrix} + \begin{pmatrix}\text{반송 활성슬러지}\\ \text{(RAS)의 질산이온}\end{pmatrix}$$

$$Q(NO_x) = N_e[Q + (IR)Q + (R)Q] \quad (8\text{-}61)$$

$$IR = \frac{NO_x}{N_e} - 1.0 - R \quad (8\text{-}62)$$

여기서, IR = 내부 반송비율(내부 반송 유량/유입 유량)

R = RAS 반송비(RAS 유량/유입 유량)

NO_x = 유입수와 관련한 농도로서 호기조에서 생성된 질산성 질소, mg NO_3-N/L

N_e = 유출수 내 NO_3-N 농도, mg/L

생성된 질산성 질소(NO_x)의 양과 RAS가 0.5일 경우, 유출수 중의 질산성 질소 농도에 대한 내부 반송비의 영향이 그림 8−32에 나타나 있다. NO_x가 호기조에서 더 많이 생성될수록 동일한 유출수 질산성 질소 농도를 생성하기 위해서는 더 큰 내부 반송비가 필요하다. 10 mg TN/L 이하의 기준에 맞추기 위해, 유출수 질산성 질소 농도는 5~7 mg/L 범위여야 한다. 내부 반송비는 3~4 범위가 일반적이지만, 유입수 가운데 TKN 농도가 낮은 하수에 대해 2~3범위도 적용된다. NO_x의 추가 제거도 작고, 보다 많은 DO가 호기조로부터 무산소구역으로 유입되기 때문에 4 이상의 내부 반송비는 활성슬러지/2차 침전지 시스템에서는 사용되지 않는다. 높은 재순환율은 무산소구역에서 유입 rbCOD를 희석시켜 낮은 재순환율에서 보다 SDNR을 감소시킨다. 이미 언급했듯이 효과적인 탈질을 위해 내부 반송에 의해 무산소구역으로 유입되는 DO의 양은 최소화되어야 한다. 호기조의 일부에 격벽을 설치해 반송수 내 DO 농도를 제어하고 최소화하려는 설계도 있다.

그림 8-32

무산소/호기 공정에 있어서 유출수 질산성 질소 농도에 대한 내부 순환비의 영향(RAS 비 = 0.5)

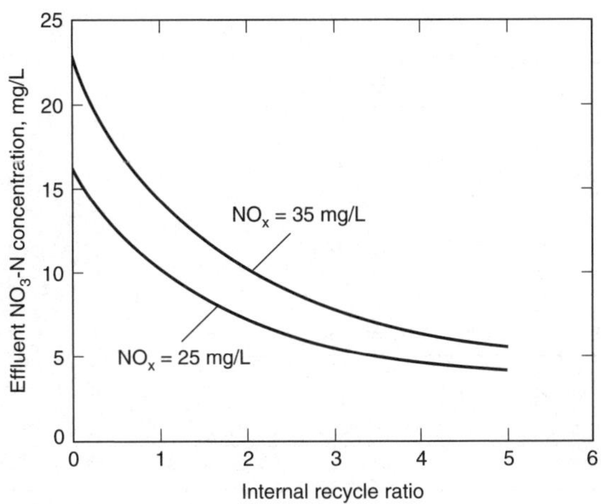

MBR에서 내부 순환비. MBR 시스템에서 내부 순환비는 멤브레인 분리조의 MLSS 농도를 제어하기 위해 보통 6.0에 맞추어져 있다. MBR 설계에 식 (8-62)를 적용하면 R 값은 6.0이며 IR 값은 0이다. 그러면 유출수 NO_3-N 농도(N_e)는 계산된다. 높은 반송 유량은 멤브레인 분리조로부터 전-무산소조로 과도한 DO를 공급할 우려가 있다. 전-무산소조로 반송 유량을 통해 유입되는 높은 DO 농도는 유입하수 내 rbCOD를 소모하여 NO_x 환원에 필요한 rbCOD 양을 감소시킨다. 상대적으로 짧은 체류시간의 반응조는 반송 활성슬러지가 전-무산소조로 들어가기 전에 저장되는 역할을 수행하기도 하는데,

예제 8-7

MLE 공정을 위한 전-무산소 탈질 공정. (a) 유출수의 NH_4-N와 NO_3-N의 농도를 각각 0.50과 6.0 g/m^{3}으로 배출하기 위해 예제 8-3에 나타낸 완전혼합 활성슬러지(CMAS)-2차 침전지 시스템에서 전-무산소조를 설계하시오. (b) 활성슬러지 반송비가 6.0이며 NH_4-N의 농도 0.5 g/m^{3}을 맞추기 위해 중공사막을 이용한 MBR 시스템을 설계하라. 두 개 공정의 개략도는 아래에 나와 있다. 설계 조건은 기본적으로 예제 8-3의 자료를 따르며, 표 8-22와 8-23의 설계과정을 따른다.

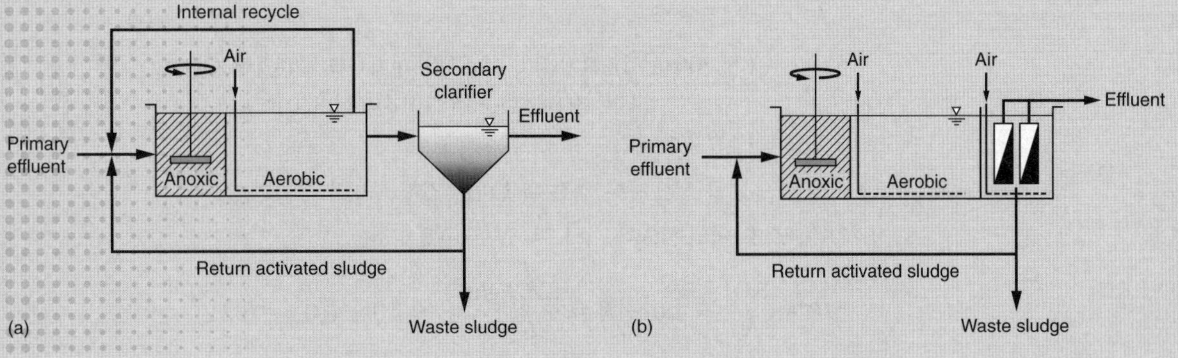

하수특성

항목	농도, mg/L
BOD	140
bCOD	224
rbCOD	80
NO_x	28.9
TP	6
알칼리도	140 as $CaCO_3$

A 부분 — CMAS 공정 설계

1. 설계 조건

인자	단위	값
유입 유량	m^3/d	22,700
온도	°C	12.0
MLSS	g/m^3	3000
MLVSS	g/m^3	2370
포기조 SRT	d	21.0
포기조 부피	m^3	13,410
포기조 체류시간	h	14.2
무산소조 교반에너지	$kW/10^3\ m^3$	5
RAS 비	Unitless	0.6
R_o	kg/h	275.9

참조: g/m^3 = mg/L

2. 가정:

a. RAS 내 질산성 질소 농도 = 6 g/m^3

b. 질산화 공정 설계에서와 같은 계수를 사용하라.

c. 무산소조의 교반에너지 = 5 $kW/10^3\ m^3$

풀이

1. V/Q 를 τ에 대입하고 식 (7−42)를 이용하여 활성 미생물 농도를 결정하라.

$$X_b = \left[\frac{Q(\text{SRT})}{V}\right]\left[\frac{Y_{\text{H}}(S_o - S)}{1 + b_{\text{H}}(\text{SRT})}\right]$$

여기서, $S_o - S \approx S_o$

$$X_b = \frac{(22{,}700\ \text{m}^3/\text{d})(21.0\ \text{d})(0.45\ \text{g VSS/g COD})(224\ \text{g bCOD/m}^3)}{[1 + (0.088\ \text{g/g·d})(21.0\ \text{d})](13{,}320\ \text{m}^3)}$$
$$= 1267\ \text{g/m}^3$$

2. 식 (8−62)를 이용하여 내부 반송비를 결정하라.

무산소조 내의 NO_3-N 농도 = N_e = 6.0 g/m^3

$$IR = \frac{\text{NO}_x}{N_e} - 1.0 - R = \frac{(28.9\ \text{g/m}^3)}{(6\ \text{g/m}^3)} - 1.0 - 6.0 \quad = 3.2$$

3. 무산소조로 반송되는 NO_3-N의 양을 결정하라.

무산소조 유량 $= IR\,Q + RQ$

$= 3.2(22{,}700\ m^3/d) + 0.60(22{,}700\ m^3/d)$

$= 82{,}260\ m^3/d$

유입 $NO_x = (86{,}260\ m^3/d)(6.0\ g/m^3) = 517{,}560\ g/d$

4. 무산소조 부피를 결정한다. 호기성 τ의 20%라고 하면, 무산소조 $\tau = 0.20(14.2\ h) = 2.8\ h$이다. 첫 근사치로서 체류시간 = 2.5 h를 사용한다.

$$\tau = \frac{2.5\ h}{(24\ h/d)} = 0.104\ d$$

$V_{nox} = \tau \times Q = 0.104\ d(22{,}700\ m^3/d) = 2361\ m^3$

5. 식 (8−56)을 사용하여 F/M_b를 결정한다.

$$F/M_b = \frac{QS_o}{V_{nox}(X_b)} = \frac{(22{,}700\,m^3/d)(140\,g\ BOD/m^3)}{(2361\,m^3)(1267\,g/m^3)} = 1.06\,g/g\cdot d$$

6. 식 (8−57)을 이용하여 SDNR을 구한다.

rbCOD 분율 = rbCOD/bCOD = $(80\ g/m^3)/(224\ g/m^3) = 0.36 = 36\%$

$SDNR_b = b_o + b_1[\ln(F/M_b)]$

표 8−22로부터 rbCOD가 30%일 때 $b_0 = 0.235$, $b_1 = 0.141$

$SDNR_b = 0.235 + 0.141[\ln(1.06)] = 0.243\ g\ NO_3\text{-}N/g\ MLVSS,\ biomass\cdot d$

온도 보정을 위해 $\theta = 1.026$

$SDNR_{12} = 0.243(1.026)^{12-20} = 0.198\ g/g\cdot d$

$IR = 3.2$일 때 식 (8−60)을 통한 재순환 보정을 하면

$$\begin{aligned} SDNR_{adj} &= SDNR_{IR1} - 0.029\ln(F/M_b) - 0.012 \\ &= 0.198 - 0.029\ln(1.06) - 0.012 \\ &= 0.184\,g/g\cdot d \end{aligned}$$

7. MLVSS를 이용하여 전체적인 SDNR을 구하라.

$SDNR = SDNR_b(MLVSS_b/MLVSS)$

$SDNR = 0.184\ g/g\cdot d[(1267\ g/m^3)/(2370\ g/m^3)] = 0.10\ g\ NO_3\text{-}N/g\ MLVSS\cdot d$

8. 식 (8−51)을 사용하여 환원될 수 있는 질산성 질소의 양을 결정하라.

a. 2.5 h의 체류시간(τ)을 근거로 NO_r을 계산하면

$$\begin{aligned} NO_r &= (V_{nox})(SDNR)(MLVSS,\ biomass) \\ &= (2361\ m^3)(0.184\ g/g\cdot d)(1267\ g/m^3) = 550{,}415\ g/d \end{aligned}$$

517,560 g/d에 비하여 550,415 g/d는 질산성 질소의 제거효율이 6%의 초과용량을 갖는다. 따라서 τ = 2.5 h은 계산된 초과용량으로서 가정한 범위 내에 위

치한다. 초과용량이 20% 이상 크면 더 작은 반응조가 가능하다.

9. 질산화 설계로 돌아가서 산소요구량을 결정한다.
   R_o(탈질이 없는 경우) = 275.9 kg/h (예제 8-3의 17단계 참조)
   질산성 질소의 환원에 의해 공급된 산소의 양은 다음과 같다.

$$\text{산소의 양} = \left(\frac{2.86\ \text{g O}_2}{\text{g NO}_3\text{-N}}\right)[(28.9 - 6.0)\ \text{g/m}^3]\left(\frac{22{,}700\ \text{m}^3}{\text{d}}\right)\left(\frac{1\ \text{kg}}{10^3\ \text{g}}\right)$$
$$= 1487\ \text{kg/d} = 61.9\ \text{kg/h}$$

   순 산소요구량 = R_o = (275.9 − 61.9) kg/h = 214.0 kg/h

   감소된 R_o에 비례하여 산소요구율은 감소한다. 산소요구량과 포기 에너지는 22.4% 감소할 것이다.

10. 알칼리도 확인
    a. 알칼리도 물질수지를 세운다.
       pH~7을 유지하기 위해 첨가될 알칼리도 = 유입수 알칼리도 − 사용된 알칼리도 + 생성된 알칼리도
       i. 유입 알칼리도 = 140 g/m³ as $CaCO_3$
       ii. 사용된 알칼리도 = 7.14 (28.9 g NO_3-N/m³) = 206.3 g/m³
       iii. 생성된 알칼리도 = 3.57 [(28.9 − 6) g/m³] = 81.8 g/m³
       iv. 중성의 pH를 유지하기 위해 필요한 알칼리도 = 70 g/m³ as $CaCO_3$
    b. 첨가할 알칼리도를 이상의 식으로 계산하라.

$$\text{알칼리도 첨가량} = (70 - 140 + 206.3 - 81.8)\ \text{g/m}^3 = 54.5\ \text{g/m}^3\ \text{as CaCO}_3$$

$$\text{필요한 알칼리도량} = (54.5\ \text{g/m}^3)(22{,}700\ \text{m}^3\text{/d})(1\ \text{kg}/10^3\ \text{g}) = 1237\ \text{kg/d as CaCO}_3$$

    c. 질산화를 위해서만 필요한 알칼리도와 비교하라.
       질산화 설계를 위한 알칼리도 소요량은 예제 8-3의 19b단계에서 3,094 kg/d이다.

       남는 알칼리도 = 3094 − 1237 = 1857 kg/d

11. 무산소구역에서 교반에너지를 결정하라.

    교반에너지 = 5 kW/10³ m³(주어짐)
    부피 = 2,361 m³
    전력량 = (2,361 m³)(5 kW/10³ m³) = 총 12 kW

12. 무산소조 설계를 요약하라.

항목	단위	값
유출수 NO_3-N	g/m³	6.0
내부 반송비	Unitless	3.2

항목	단위	값
RAS 반송비	Unitless	0.6
무산소조 부피	m^3	2,361
MLSS	g/m^3	3,000
전체적인 SDNR	g NO_3-N/g MLSS· d	0.10
체류시간	h	2.5
산소요구량 감소	%	22.4
교반에너지	kW	12
알칼리도 요구량	kg/d ($CaCO_3$로서)	1,237

B부분–MBR 공정 설계

1. 설계 조건

인자	단위	값
유입 유량	m^3/d	22,700
온도	℃	12.0
멤브레인 조의 MLSS	g/m^3	12,000
멤브레인 조의 MLVSS	g/m^3	9,480[a]
포기조 SRT	d	21.0
무산소조 교반에너지	$kW/10^3\ m^3$	8
RAS 비	Unitless	6.0
R_O	kg/h	275.9

[a] (a)와 같은 MLVSS/MLSS

참조: g/m^3 = mg/L

2. 가정:

a. RAS 반송비 = 6.0

b. 질산화 공정 설계에서와 같은 계수를 사용하라.

c. 무산소조의 교반에너지 = 8 $kW/10^3\ m^3$

d. 멤브레인 플럭스 = 16.1 $L/m^2{\cdot}h$(그림 8–57 참조)

e. 멤브레인 면적에 대한 멤브레인 탱크의 부피비 = 0.025 m^3/m^2(8–12절 참조)

f. 미세기포 발생기 α = 0.35(그림 8–40 참조)

g. 성긴 기포 발생기 α = 0.50(그림 8–40 참조)

h. 미세기포의 정수에서 산소전달효율 = 35%

i. 성긴 기포의 정수에서 산소전달효율 = 10%

j. 포기조의 DO 농도 = 2.0 g/m^3

k. 지역의 고도 500 m(압력 = 95.6 kPa)

l. 미세기포 발생기 막힘 인자 F = 0.20

풀이 1. 멤브레인의 표면적을 구한다.

플럭스 = 16.1 $L/m^2{\cdot}h$

$$\text{Area} = \frac{(22{,}700\ \text{m}^3/\text{d})(\text{d}/24\ \text{h})}{(16.1\ \text{L/m}^2\cdot\text{h})(1\ \text{m}^3/10^3\ \text{L})}$$
$$= 58{,}747\ \text{m}^2$$

2. 멤브레인 조의 부피(V_m)를 결정한다.

$$V_m = (0.025\ \text{m}^3/\text{m}^2)(58{,}747\ \text{m}^2) = 1469\ \text{m}^3$$

따라서 분리조의 수리학적 체류시간, τ는

$$\tau = [(1469\ \text{m}^3)/(22{,}700\ \text{m}^3/\text{d})](24\ \text{h/d}) = 1.55\ \text{h}$$

3. 고형물 증가는 무시하고 전-무산소조의 MLSS 물질수지를 세운다.

멤브레인 조의 MLSS = 12,000 g/m^3

RAS 유량 = 6Q

$$(Q)(0) + (6Q)12{,}000 = (Q + 6Q)X_{\text{NO}_x}$$

$$X_{\text{NO}_x} = \left(\frac{6}{7}\right)12{,}000 = 10{,}286\ \text{g/m}^3$$

$$X_{\text{preanox}} = X_{\text{NO}_x} = 10{,}286\ \text{g/m}^3$$

4. 전-무산소조 부피와 활성 미생물 농도를 결정한다.

조 부피:

예제 8-3의 13단계로부터, $P_{X,\text{TSS}} = 1916.8$ kg/d

포기조 SRT = 20.6 d

표 8-10의 식 (7-57): $(P_{X,\text{TSS}})\text{SRT} = X_{\text{TSS}}(V)$

$$X_{\text{TSS}}(V) = (X_{\text{pre}})V_{\text{pre}} + X_m(V_m) = (P_{X,\text{TSS}})\text{SRT}$$

$$[(10{,}286\ \text{g/m}^3)V_{\text{pre}} + (12{,}000\ \text{g/m}^3)(1469\ \text{m}^3)]\left(\frac{1\ \text{kg}}{10^3\ \text{g}}\right) = (1916.8\ \text{kg/d})(21.0\ \text{d})$$

$$V_{\text{pre}} = 2200\ \text{m}^3$$

수리학적 체류시간:

$$\tau = [(2200\ \text{m}^3)/(22{,}700\ \text{m}^3/\text{d})](24\ \text{h/d}) = 2.3\ \text{h}$$

조내의 활성 미생물 농도(X_b)를 구하기 위해 준비한다.

표 8-10의 식 (8-20)으로부터

$$P_{x_b} = \frac{Q(Y_{\text{H}})(S_o - S)}{1 + b_{\text{H}}(\text{SRT})}$$

$$= \frac{(22{,}700\ \text{m}^3/\text{d})(0.45\ \text{g VSS/g COD})(224\ \text{g bCOD/m}^3)(1\ \text{m}^3/10^3\ \text{L})}{[1 + (0.088\ \text{g/g}\cdot\text{d})(21.0\ \text{d})]}$$

$$= 803.4\ \text{kg/d}$$

$$X_b\text{의 분율} = \frac{P_{X,\text{b}}}{P_{X,\text{TSS}}} = \frac{(803.4\ \text{kg/d})}{(1916.8\ \text{kg/d})} = 0.42$$

$$X_{\text{pre},b} = V_{\text{NO}_x,b} = 0.42(10{,}286\ \text{g/m}^3) = 4320\ \text{g/m}^3$$

5. 유출수 내 NO_3-N의 농도를 구한다.
   식 (8−61)과 $NO_x = 28.9\ g/m^3$(질산화 설계 9단계 참조)

   $$Q(NO_x) = N_e[Q + IRQ + RQ]$$
   $$NO_x = N_e[1.0 + 0 + 6.0] = 28.9\ g/m^3$$
   $$N_e = 4.1\ g/m^3$$

6. 무산소조에 유입되는 NO_3-N의 양을 결정한다.

   $$\text{유입 } NO_x = 6Q(N_e) = 6(22{,}700\ m^3/d)(4.1\ g/m^3) = 558{,}420\ g/d$$

7. 무산소구역의 크기를 결정한다.

   $$\text{가정 } V_{NO_x} = 0.20\,(V_{pre} + V_m) = 0.20(2200 + 1469)\ m^3 = 734\ m^3$$

8. F/M_b 비를 계산한다.

   $$F/M_b = \frac{QS_o}{V_{NO_x}X_b} = \frac{(22{,}700\ m^3/d)(140\ g/m^3)}{(734\ m^3)(4320\ g/m^3)} = 1.0\ g/g\cdot d$$

9. 식 (8−57)을 이용하여 $SDNR_b$를 결정한다.
   활성슬러지/2차 침전지 설계의 경우: $b_0 = 0.235$, $b_1 = 0.141$

   $$SDNR_{20} = 0.235 + 0.141[\ln(1.0)] = 0.235\ g/g\cdot d$$

   온도 보정을 위해 $\theta = 1.026$

   $$SDNR_{12} = 0.235(1.026)^{12-20} = 0.191\ g/g\cdot d$$

   식 (8−64)를 이용하여 재순환에 대한 보정을 한다.

   $$SDNR_{adj} = SDNR_{IR1} - 0.029\ln(F/M_b) - 0.012 = 0.191 - 0.029\ln(1.0) - 0.012 = 0.179\ g/g\cdot d$$

10. MLVSS를 기준으로 전체적인 SDNR을 결정한다.

    $$SDNR = SDNR_b(MLVSS_b/MLVSS)$$

    $$SDNR = 0.179\ g/g\cdot d(4320\ g/m^3/8126\ g/m^3) = 0.10\ g\ NO_3\text{-}N/g\ MLVSS\cdot d$$

11. 무산소조의 NO_x 제거량을 결정한다.

    $$NO_x = (V_{no_x})(SDNR)(MLVSS, X_b) = (734\ m^3)(0.179\ g/g\cdot d)(4320\ g/m^3) = 567{,}360\ g/d$$

    제거 요구량(위에서) = 558,420 g/d
    가정한 V_{NO_x} 사용

12. 유입 BOD 제거에 사용된 질산이온으로 산소요구량을 계산한다.
    질산화 설계로부터 $R_o = 275.9\ kg/h$

$$산소의\ 양 = \left(\frac{2.86\ gO_2}{g\ NO_3\text{-}N}\right)(28.9 - 4.1)\ g/m^3\left(\frac{22{,}700\ m^3}{d}\right)\left(\frac{1\ kg}{10^3\ g}\right)$$
$$= 1610\ kg/d = 67\ kg/h$$

순 산소요구량 $= R_o = (275.9 - 67)\ kg/h = 208.9\ kg/h$

산소요구량은 24.3% 감소할 것이다.

13. 알칼리도를 검토한다.

    i. 유입 알칼리도 = 140 g/m^3 as $CaCO_3$

    ii. 사용된 알칼리도 = 7.14(28.9 g NO_3/m^3) = 206.3 g/m^3

    iii. 생성된 알칼리도 = 3.57 (28.9 − 4.1) g/m^3 = 88.5 g/m^3

    추가되어야 할 알칼리도를 위의 값을 이용하여 구한다.

$$추가될\ 알칼리도 = (70 - 140 + 206.3 - 88.5)\ g/m^3$$
$$= 47.8\ g/m^3\ as\ CaCO_3$$

$$필요한\ 알칼리도\ 질량 = (47.8\ g/m^3)(22{,}700\ m^3/d)\left(\frac{1\ kg}{10^3\ g}\right)$$
$$= 1085\ g/m^3\ as\ CaCO_3$$

14. 무산소구역 교반을 결정한다.

    교반에너지 = 8 $kW/10^3\ m^3$ (given)

    부피 = 734 m^3

    전력량 = (734 m^3)(8 $kW/10^3\ m^3$) = 5.9 kW total

15. 산소 전달 장치를 설계한다.

    a. 예제 8-3에서 질산화 설계에 사용된 용액의 깊이를 가정한다.

    예제 8-3의 단계 8, $C^*_{\infty 20} = 10.64$

    총 산소요구량을 전포기조와 멤브레인 조로 나눈다.

    총 부피 = 2200 m^3 + 1469 m^3 = 3669 m^3

    전포기조의 비율 = 60%

    멤브레인 조의 비율 = 40%

    대부분의 질산화와 모든 BOD의 제거는 전포기조에서 일어난다. 전포기조의 산소요구량이 90%의 산소를 요구한다고 가정한다. 단계 11로부터 총 산소요구량은 208.9 kg/h

    전포기조의 O_2 요구량: 0.90 (208.9 kg/h) = 188.0 kg/h

    멤브레인 조의 O_2 요구량: 0.10 (208.9 kg/h) = 20.9 kg/h

    b. 전포기조에서 필요로 하는 산소공급률을 설계한다.

    질산화 설계와 유입자료를 가정한 값으로부터

    $\alpha = 0.35, \beta = 0.95, F = 0.90$
    $C^*_{\infty 20} = 10.64\ g/m^3, P_b/P_s = 0.94, C^*_{s20} = 9.09$

$$SOTR = \left[\frac{OTR_f}{(\alpha)(F)}\right]\left[\frac{C^*_{\infty 20}}{(\beta)(C_{st}/C^*_{s20})(P_b/P_s)(C^*_{\infty 20}) - C}\right][(1.024)^{20-T}]$$

$$\text{SOTR} = \left[\frac{(188.0 \text{ kg/h})}{(0.35)(0.90)}\right]\left\{\frac{10.64}{\left[(0.95)\left(\frac{10.78}{9.09}\right)(0.94)(10.64) - 2.0\right]}\right\}(1.024^{20-12}) = 828.3 \text{ kg/h}$$

c. 전포기조의 산소요구량에 대한 공기 유량을 결정한다.

$$\text{공기 유량, m}^3\text{/min} = \frac{(\text{SOTR kg/h})}{[(E)(60 \text{ min/h})(\text{kg O}_2/\text{m}^3 \text{ air})]}$$

부록 B의 자료를 사용하여, 공기 12°C, 95.2 kPa (0.94 × 101.325 kPa)에서 공기밀도는 1.1633 kg/m³이다. 공기 중 산소의 양은 0.270 kg O_2/m³ air (0.2318 × 1.1633 kg/m³)이다. 따라서 요구되는 공기 유량은

$$\text{공기 유량, m}^3\text{/min} = \frac{(828.3 \text{ kg/h})}{[(0.35)(60 \text{ min/h})(0.270 \text{ kg O}_2/\text{m}^3 \text{ air})]} = 146.1 \text{ m}^3\text{/min}$$

d. 멤브레인 조의 산소요구량에 대한 공기 유량을 설계한다.
질산화 설계와 유입자료 가정한 값으로부터

$\alpha = 0.50$, $\beta = 0.95$, $F = 1.0$
$C^*_{\infty 20} = 10.64$ g/m³, $P_b/P_s = 0.94$, $C^*_{s20} = 9.09$

$$\text{SOTR} = \left[\frac{(20.9 \text{ kg/h})}{(0.50)(1.0)}\right]\left\{\frac{10.64}{\left[(0.95)\left(\frac{10.78}{9.09}\right)(0.94)(10.64) - 2.0\right]}\right\}(1.024^{20-12}) = 58.0 \text{ kg/h}$$

e. 산소요구량에 대한 공기 유량을 결정한다.

$$\text{공기 유량, m}^3\text{/min} = \frac{(\text{SOTR kg/h})}{[(E)(60 \text{ min/h})(\text{kg O}_2/\text{m}^3 \text{ air})]}$$

부록 B의 자료를 사용하여, 공기 12°C, 95.2 kPa (0.94 × 101.325 kPa)에서 공기밀도는 1.1633 kg/m³이다. 공기 중 산소의 양은 0.270 kg O_2/m³ air (0.2318 × 1.1633 kg/m³)이다. 따라서 요구되는 공기 유량은

$$\text{공기 유량, m}^3\text{/min} = \frac{(58.0 \text{kg/h})}{[(0.10)(60 \text{ min/h})(0.270 \text{ kg O}_2/\text{m}^3 \text{ air})]} = 35.8 \text{ m}^3\text{/min}$$

16. MBR 설계 요약표

설계인자	단위	값
평균 유량	m^3/d	22,700
평균 BOD 부하	kg/d	3178
평균 TKN 부하	kg/d	795
bCOD	g/m^3	224
rbCOD	%	36
NO_x	g/m^3	28.9
온도	°C	12.0
총 호기 SRT	d	21.0
	전호기조	
부피	m^3	2200
체류시간	h	2.3
MLSS	g/m^3	10,286
MLVSS	g/m^3	8126
산소요구량	kg/h	188
공기 유량	m^3/min	146
	멤브레인 조	
부피	m^3	1469
체류시간	h	1.6
MLSS	g/m^3	12,000
MLVSS	g/m^3	9480
산소요구량	kg/h	21
공기 유량(for O_2)	m^3/min	36
멤브레인 플럭스	$L/m^2 \cdot h$	16.1
멤브레인 표면적	m^2	58,750
RAS 비	uniless	6.0
RAS 유량	m^3/h	136,200
	무산소조	
유출수 NO_3-N	g/m^3	4.1
부피	m^3	734
체류시간	h	0.8
MLSS	g/m^3	10,286
총괄 SDNR	g NO_3-N/g MLVSS · d	0.10
교반 전력량	kW	5.8
알칼리도 요구량(as $CaCO_3$)	kg/d	1085

위 설계 예에서 모든 계산은 평균 설계 조건을 기본으로 했다. 실시 설계에서는 3장에서 언급한 첨두 유량과 부하에 대한 허용치 혹은 안전율이 포함되어야 한다. 몇몇 공정 기술자는 상류의 전-무산소구역과 호기성 질산화조 사이에 **공동구역**(*swing zone*)을 두기도 한다. 공동구역은 운전의 탄력성을 제공하고 질산화 혹은 탈질에서 필요한 추가적인 부피를 제공하기 위해 포기조로서, 혹은 교반만 하여 무산소조로 사용될 수 있다.

그림 8-33

단계 주입 생물학적 질소제거 공정의 개념도

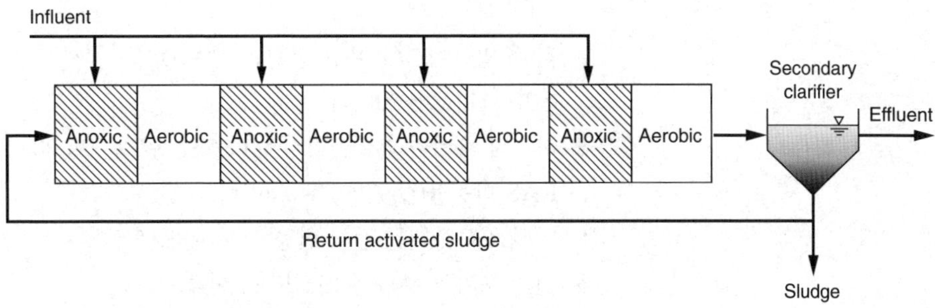

이는 반송 활성슬러지 내에 있는 산소를 내생사멸에서 요구되는 산소만큼 소모시킨 후 전-무산소조로 유입시키려는 것이다.

단계 주입 질산화와 전-무산소 탈질 공정 설계. 질소제거를 위한 단계 주입은 8-4절에서 언급한 BOD 제거와 질산화를 위한 단계 주입 공정과 유사하다. 질소제거를 위해서 폐수는 여러 지정으로 유입된다(그림 8-33 참조). 대개의 경우 BOD 제거와 질산화를 위한 단계 주입 공정은 상대적으로 쉽게 단계 주입 무산소/호기 생물학적 질소제거 공정으로 변경이 가능하다. 이와 같은 경우, 유입수 주입 지점과 반응조에 주입되는 부피는 이미 결정된다. 반응조의 구성은 대칭적이며 각 반응조의 부피는 같다. 새로운 반응조 설계에서는 비대칭 설계가 가능한데, 그런 때는 주입량은 다소 같은데 각 단의 부피는 혼합액의 농도가 처음 단부터 마지막 단에 이르기까지 감소함에 따라 늘어난다. 반응조의 부피는 각 단마다 비슷한 F/M 비를 사용할 수 있기 때문에 비대칭 설계에서 보다 효율적으로 사용된다.

기존의 조에 단계 주입 생물학적 질소제거 공정의 설계와 관련된 변수는 (1) 각 단 사이의 유량 분배, (2) 무산소-호기성 부피의 분배, 그리고 (3) 마지막 단의 MLSS 농도이다. 마지막 단의 MLSS 농도의 선정은 2차 침전지의 고형물 부하에 근거한다. 예제 8-8에 나타낸 바와 같이 마지막 단의 MLSS 농도, RAS 비, 유입 유량 분배, 폐수 성상은 시스템의 SRT를 결정한다. 알려진 SRT 값으로부터 혼합액 내의 미생물과 질산화 세균 농도가 결정

예제 8-8

단계주입 생물학적 질소제거 공정 설계 예제 8-7에 사용된 것과 동일한 유입 유량, 하수 특성, 그리고 온도를 사용하여 4개 수로의 단계 주입 생물학적 질소-제거 공정(그림 8-33 참조)에 있어서의 질산화와 질산이온 제거량과 질산화를 위한 호기성 반응조 부피를 결정하라.

1. 설계 조건과 가정들:
   a. 유량 22.700 m^3/d
   b. 단계 주입 포기조는 4개의 동일한 단으로 나누어져 있고 무산소조와 포기조의 부피는 동일하다.

c. 각 주입구에서의 유량 분할은 수로 1에서 4까지 각각 유입 유량의 0.10, 0.40, 0.30 그리고 0.20이다.

d. 마지막 호기지역에 있어서 MLSS의 농도는 3,000 mg/L이다(예제 8-7과 같음).

e. RAS 반송률(Q_{RAS}/Q)은 0.6이다.

f. 무산소조 부피는 전체 반응조 부피의 15%이다.

g. 전체 포기조 부피는 13,230 m^3이다.

h. 포기조의 DO = 2.0 g/m^3

i. 온도 = 12°C

j. 유출수 NH_4-N = 0.5 g/m^3

2. 폐수 특성

항목	농도, g/m^3
BOD	140
rbCOD	80
bCOD	224
nbVSS	20
TKN	35
$TSS_o - VSS_o$	10

참조: g/m^3 = mg/L

3. 동역학 계수

표 8-14로부터 다음과 같은 동역학 계수 값은 온도에 따라 보정된다(예제 8-3).

a. 종속영양미생물:

$Y = 0.45$ g VSS/g bCOD

$b_{12°C} = 0.088$ g/g·d

$f_d = 0.15$ g/g

b. 질산화 미생물:

$Y = 0.15$ g VSS/g NO_x

$b_{AOB,12°C} = 0.135$ g/g·d

$\mu_{max,AOB,12°C} = 0.52$ g/g·d

$K_{NH_4} = 0.50$ g/m^3

$K_o = 0.50$ g/m^3

풀이 1. 포기조와 무산소조의 부피를 결정한다. 무산소조의 부피를 문제에 언급된 전체 부피의 15%이다.

V = 전체 부피 = 13,230 m^3

무산소조 부피 = 0.15 (13,230 m^3) = 1,984.5 m^3

포기조 부피 = 0.85 (13,230 m^3) = 11,245.5 m^3

무산소조 부피/단 = (1,984.5 m^3)/4 = 496.1 m^3

포기조 부피/단 = (11,245.5 m^3)/4 = 2811.4 m^3

2. RAS 농도를 결정한다.

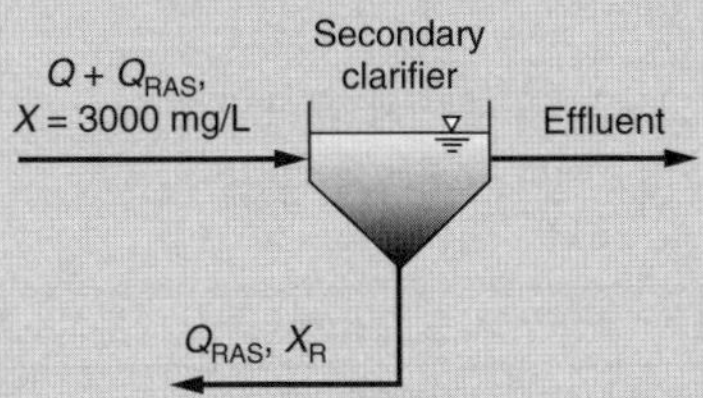

고형물 물질수지를 세운다(유출수 TSS는 침전지 고형물 물질수지에 중요하지 않기 때문에 무시한다).

$Q_{RAS} = 0.6Q$ (문제에서 언급된 반송비)

고형물 물질수지는

$(Q + 0.6Q)3000 \text{ g/m}^3 = 0.6QX_R$

$$X_R = \frac{(Q + 0.6Q)(3000 \text{ g/m}^3)}{0.6Q}$$

$X_R = (1.6Q/0.6Q)(3000 \text{ g/m}^3) = 8000 \text{ g/m}^3$

3. 각 단의 MLSS 농도를 결정한다(아래 그림 참조).

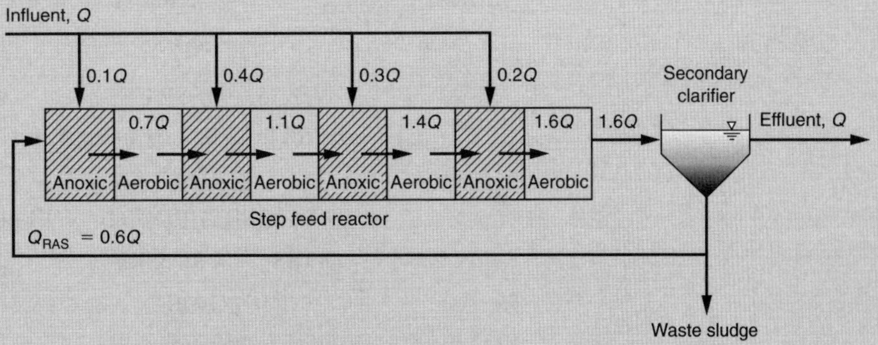

a. 유입수로 1 (pass 1)에서의 물질수지

유입 고형물 = 유출 고형물(주의: 단일 수로에 대하여 고형물 생산량은 무시)

$0.10Q(0) + (Q_{RAS})(8000 \text{ g/m}^3) = (\text{RAS} + 0.1Q)X_1$

$0.10Q(0) + (0.6Q)(8000 \text{ g/m}^3) = (0.6Q + 0.1Q)X_1$

$X_1 = (8000\text{ g/m}^3)(0.6/0.7) = 6860\text{ g/m}^3$

b. 유입수로 2 (pass 2)에서의 물질수지

$(0.7Q)X_1 + 0.4Q(0) = 1.1QX_2$

$X_2 = (0.7/1.1)X_1 = (0.7/1.1)6860\text{ g/m}^3$

$= 4365\text{ g/m}^3$

c. 유입수로 3과 4는 유사하게 계산된다.

d. MLSS 농도와 반응조 부피의 요약

유입수로	MLSS, g/m³	무산소조 부피, m³	호기조 부피, m³
1	6860	496	2811
2	4365	496	2811
3	3430	496	2811
4	3000	496	2811

4. 시스템에 대한 고형물 물질수지를 세우고 포기조의 SRT를 결정한다.

a. 고형물 물질수지

$$\sum X_i V_i = (P_{X,TSS})(SRT)$$

$$\sum X_i V_i = X_1V_1 + X_2V_2 + X_3V_3 + X_4V_4$$

$$= [(6860 + 4365 + 3430 + 3000)\text{ g/m}^3](2811\text{ m}^3)(1\text{ kg}/10^3\text{ g})$$

$$= 49{,}628\text{ kg}$$

b. $NO_x \sim 0.80$ TKN을 가정하여 식 (8−20)과 표 8−10의 식 (7−57)을 적용한다.

MLSS 구성요소 = 미생물(biomass) + 세포 잔류물(cell debris) + 질산화 미생물 + nbVSS + 무기성 비활성물질(inorganic inerts)

$$(SRT)(P_{X,TSS}) = \frac{QY_H(S_o - S)SRT}{[1 + b_H(SRT)](0.85)(10^3\text{ g/1 kg})} + \frac{f_d(b_H)QY_H(S_o - S)(SRT)^2}{[1 + b_H(SRT)](0.85)(10^3\text{ g/1 kg})}$$
$$+ \frac{QY_n(NO_x)SRT}{[1 + b_n(SRT)](0.85)(10^3\text{ g/1 kg})} + \frac{Q(\text{nbVSS})SRT}{(10^3\text{ g/1 kg})}$$
$$+ \frac{Q(TSS_o - VSS_o)SRT}{(10^3\text{ g/1 kg})}$$

$NO_x = 0.80\ (35\text{ g/m}^3) = 28\text{ g/m}^3$

c. SRT에 대하여 풀어라.

하수와 계수 값을 대입하면

$$49{,}628\text{ kg} = \frac{(22{,}700\text{ m}^3/\text{d})(0.45\text{ g/g})(224\text{ g/m}^3)SRT}{[1 + (0.088\text{ g/g}\cdot\text{d})(SRT)](0.85)(10^3\text{ g/1 kg})}$$

$$+\frac{(0.15\ \text{g/g})(0.088\ \text{g/g·d})(0.45\ \text{g/g})(22{,}700\ \text{m}^3\text{/d})(224\ \text{g/m}^3)(\text{SRT})^2}{[1+(0.088\ \text{g/g·d})(\text{SRT})](0.85)(10^3\ \text{g/1 kg})}$$

$$+\frac{(22{,}700\ \text{m}^3\text{/d})(0.15\ \text{g/g})(28\ \text{g/m}^3)\text{SRT}}{[1+(0.135\ \text{g/g·d})(\text{SRT})](0.85)(10^3\ \text{g/1 kg})}$$

$$+\frac{(22{,}700\ \text{m}^3\text{/d})(20\ \text{g/m}^3)\text{SRT}}{(10^3\ \text{g/1 kg})}$$

$$+\frac{(22{,}700\ \text{m}^3\text{/d})(10\ \text{g/m}^3)\text{SRT}}{(10^3\ \text{g/1 kg})}$$

$$49{,}628\ \text{kg}=\frac{2691\text{SRT}}{1+0.088\ \text{SRT}}+\frac{35.5\ \text{SRT}^2}{1+0.088\ \text{SRT}}$$

$$+\frac{112.2\ \text{SRT}}{1+0.135\ \text{SRT}}+454\ \text{SRT}+227\ \text{SRT}$$

스프레드시트(spreadsheet) 계산 기능 혹은 연속 반복계산에 의해 풀면,

SRT = 28.1 d.

예제 8-3과 비교하라. 예제 8-3에서 포기조 부피 = 13,230 m^3, 그리고 SRT = 20.6 d이다. 단계적 주입에 있어서 포기조 부피 = 11,245 m^3, 그리고 SRT = 28.1 d이다. 앞단 3개 수로의 유입수 MLSS 농도가 더 높기 때문에 반응조 부피가 작아지고 SRT가 길어진다.

5. MLSS와 SRT = 28.1 d에 대한 단계 4에서 위의 값을 이용하여 MLSS와 MLVSS의 분율을 결정한다. MLVSS의 구성에 대한 계산결과는 다음 표에 요약되어 있다.

항목	MLVSS, kg	전체 MLVSS의 분율	MLSS, kg
미생물	18,511	0.48	21,777
세포 잔류물	6861	0.18	8072
질산화 미생물	559	0.04	657
nbVSS	12,748	0.33	12,748
비활성 무기물			6374
총계	38,679		49,628

a. 미생물의 분율(위의 표로부터)

즉, MLVSS/MLSS = 38,679/49,628 = 0.78

미생물 = 0.48 (MLVSS)

질산화 미생물 = 0.01 (MLVSS)

b. 질산화 미생물 성장을 위한 질소

미생물과 세포 잔류물을 계산함으로써 질산화 미생물의 성장을 위한 NO_x는 다

음과 같이 계산된다:

일일 미생물 + 잔류물 생산량 = (18,511 + 6861) kg = 25,372 kg

일일 폐기량 = 25,372 kg/28.1 d SRT = 902.9 kg/d

합성을 위해 사용된 질소 = (0.12 g N/g VSS biomass)(902.9 kg/d)
= 108.4 kg/d

유입 유량에 기초한 질소합성량은

$$\text{질소합성} = \frac{(108.4\ \text{kg/d})(10^3\ \text{g/1 kg})}{(22{,}700\ \text{m}^3/\text{d})} = 4.8\ \text{g/m}^3$$

$$\begin{aligned}\text{NO}_x &= \text{TKN} - \text{N}_{\text{syn}} - (\text{NH}_4\text{-N})_e \\ &= (35 - 4.8 - 0.5)\ \text{g/m}^3 = 29.7\ \text{g/m}^3\end{aligned}$$

c. 질산화 미생물 질량 분율 보정

$$\begin{aligned}\text{질산화 미생물량} &= \frac{QY_n(\text{NO}_x)\text{SRT}}{[1 + b_n(\text{SRT})]} \\ &= \frac{(22{,}700\ \text{m}^3/\text{d})(0.15\ \text{g/g})(29.7\ \text{g/m}^3)(28.1\ \text{d})}{[1 + (0.135\ \text{g/g·d})(28.1\ \text{d})](10^3\ \text{g/1 kg})} = 592.8\ \text{kg VSS}\end{aligned}$$

보정된 = (38,679 − 559 + 593) kg = 38,713 kg

MLVSS 분율로 표현된 질산화 미생물 = 593/38,713 = 0.015 (0.014와 비교)

d. 요약표

위의 자료를 기초로 하여 상기의 비율을 이용하여 각 유입수로에 있어서 미생물과 질산화 미생물(AOB)의 농도 요약 표를 작성한다.

유입수로	MLSS, g/m³	MLVSS, kg/d	질산화 미생물, g VSS/m³	미생물양, g VSS/m³
1	6,860	5,350	80.3	2,568
2	4,365	3,405	51.1	1,634
3	3,430	2,675	40.1	1,284
4	3,000	2,340	35.1	1,123

6. 각 유입수로에 있어서 질산화율을 평가하고 각 단계(stage)에 주입되는 NH_4-N을 비교한다.

a. 질산화율에 대한 식을 전개한다. 표 8-10의 식 (7-101)에 반응조 부피를 곱한다. 식 (7-101)은 질산화율(g/L d)을 NH4-N과 DO 농도의 함수로 나타낸다. 각 단의 질산화율은:

$$R_n = \frac{\mu_{\max,\text{AOB}}}{Y_{\text{AOB}}}\left(\frac{S_{\text{NH}_4}}{K_{\text{NH}_4} + S_{\text{NH}_4}}\right)\left(\frac{S_o}{K_{o,\text{AOB}} + S_o}\right)X_{\text{AOB}}V$$

각 유입수로에 대한 정상상태 질소 물질수지에서 나타나는 바와 같이 유입수로에 주입한 산화 가능한 질소분율(사용 가능한 NH_4-N = NO_x)은 질산화율에 유입수로를 빠져나가는 암모니아질소의 비율을 더한 것과 같다. 유입수로에 들어가는 질소는 해당 유입수로에 유용한 질소(NO_x)의 비율과 이전 유입수로부터 유입되는 질소의 비율과 관련이 있다. 물질수지를 행하기 앞서 유입 유량에 대하여 계산한다.

b. 유량 요약과 물질수지를 만든다.

유입수로	전반응조로부터의 유량	유입 유량	전체 유량
1	0.6Q	0.1Q	0.7Q
2	0.7Q	0.4Q	1.1Q
3	1.1Q	0.3Q	1.4Q
4	1.4Q	0.2Q	1.6Q

정상운전상태에서의 4개 유입수로의 물질수지를 만든다:

유입수로 1(반송 NH_4-N) = 마지막 유입수로(pass 4)의 NH_4-N

각각의 수로에 대해

질소 유입량 = 질소 유출량 + 질산화율

$$\text{RAS}(Q)S_{\text{NH},4} + 0.1(Q)\text{NO}_x = 0.7(Q)S_{\text{NH},1} + R_{n,1}$$

$$0.7QS_{\text{NH},1} + 0.4Q\text{NO}_x = 1.1QS_{\text{NH},2} + R_{n,2}$$

$$1.1QS_{\text{NH},2} + 0.3Q\text{NO}_x = 1.4QS_{\text{NH},3} + R_{n,3}$$

$$1.4QS_{\text{NH},3} + 0.2Q\text{NO}_x = 1.6QS_{\text{NH},4} + R_{n,4}$$

유입수로 1에 대해 질산화율(Rn)은 아래에 표시하였고 이 식은 다른 유입수로에서 NH_4-N, DO, AOB 농도와 부피에 대해 적용될 수 있다.

$$R_{n,1} = \frac{\mu_{\max,\text{AOB}}}{Y_{\text{AOB}}}\left(\frac{S_{\text{NH}_4,1}}{K_{\text{NH}_4} + S_{\text{NH}_4,1}}\right)\left(\frac{S_{o,1}}{K_{o,\text{AOB}} + S_{o,1}}\right)X_{\text{AOB},1}V_1$$

c. 위의 자료 $\mu_{\max,\text{AOB}} = 0.52$ g/g · d, $Y_n = 0.15$ g/g NO_x, X_{AOB}를 이용하여 각 단계에서의 질산화율을 계산한다. NO_x = 29.7 g/m^3(앞서 계산한 값)을 이용하여 각 단계의 N_1, N_2, N_3와 N_4을 계산한다. 수로 1을 풀기 위하여 N_4 값은 가정하고 마지막 해는 N_4의 값이 수로 1을 풀기 위하여 사용되는 값과 같아질 때까지 반복함으로써 도달한다. 스프레드시트 프로그램은 풀이를 하는 데 도움을 준다. 설계 조건에 제시된 계수를 사용하여 결과를 아래에 요약하였다.

d. 유입수로당 NH_4-N에 대한 단계-주입 풀이의 요약:

유입 수로	질산화 미생물, g/m^3	유입 유량, m^3/일	RAS 또는 전단계 수로 (pass)로부터의 유량, m^3/일	NH_4-N, g/m^3	Rn, g/d
1	80.3	2,270	13,620	0.07	73,713
2	51.1	9,080	15,890	0.84	249,754
3	40.1	6,810	24,970	0.84	196,389
4	35.1	4,540	31,780	0.54	142,076

비록 단계 주입 공정의 총 호기부피가 예제 8-7의 CMAS 설계에서보다는 작지만, 유출수 NH_4-N 농도가 0.54 g/m^3 또는 그 이하로 되도록 하기에는 충분하다. 유입수로 1의 부피는 유출수 NH_4-N 농도 0.5 g/m^3를 달성하는 데 필요한 부피보다 크다. 최적의 NH_4-N 제거를 위해 단계 주입 유량 분배가 필요하지만 이는 NO_3-N 제거에 영향을 준다.

7. 무산소구역에서 질산성 질소제거량과 유출수 NO_3-N 농도를 계산하라.

유입수로 2, 3, 4에 대한 각 무산소구역에서의 질산이온 주입량은 이전단계 유입수로에서의 질산화율(g/d)에 이전 단계 무산소구역에서 제거되지 않은 질산이온을 더한 것과 같다. 첫 번째 무산소구역에서 질산성 질소의 주입량은 방류수 NO_3-N 농도와 RAS 유량을 곱한 것과 같다(2차 침전지에서 탈질은 일어나지 않는 것으로 가정). 해를 위한 첫 번째 단계는 다음과 같은 SDNR을 구하기 위해 표 8-22와 식 (8-57)을 이용하고, 각 유입수로당 F/M_b를 계산함으로써 탈질능을 결정하는 것이다.

a. 식 (8-56)으로부터 F/M_b를 계산하라.

$$F/M_b = \frac{QS_o}{(V_{nox})(X_b)} \ (X_b\text{는 단계 5d에서 결정})$$

b. 동일 폐수 성상에서 예제 8-6에 사용된 식 (8-57)의 b_0, b_1과 같은 값을 사용하여 $SDNR_b$를 구하라.

c. $\theta = 1.026$을 이용하여 온도 보정을 한다. 반송 유량에 대해서는 보정하지 않는다.

$$SDNR_{12} = SDNR_{20}(1.026)^{12-20} = SDNR_{20}\ (0.814)$$

d. 제거된 NO_3-N = $(SDNR_b)\ (V_{nox})\ X_b$

유입수로 1에 대해 보기로 계산하면,

$$F/M_b = \frac{(2270\ m^3/d)(140\ g/m^3)}{(2568\ g/m^3)(496\ m^3)} = 0.25\ g/g\cdot d$$

$$SDNR = 0.235 + 0.141[\ln(F/M_b)]$$

$$SDNR = 0.235 + 0.141[\ln(0.25)] = 0.04\ g/g\cdot d$$

$SDNR_{12} = 0.04\ (0.814) = 0.03$

유입수로	X_b, g/m³	유입 유량, m³/d	무산소조 부피, m³	F/M_b	$SDNR_{12}$, g/g·d
1	2568	2270	496	0.25	0.03
2	1634	9080	496	1.57	0.24
3	1284	6810	496	1.50	0.24
4	1123	4540	496	1.14	0.25

각 유입수로에 대한 이상의 SDNR을 사용하여 제거된 NO_3-N의 양은 아래표로 나타내었다.

유입수로	NO_3-N 제거 능력, g/g·d
1	40,987[a]
2	195,511
3	152,847
4	139,252

[a] NO_3-N removed = (0.03 g/g·d)(2568 g/m³)(496 m³) = 40,987 g/d.

8. 질산성 질소 물질수지와 유출수 NO_3-N 농도

a. 질산성 질소 물질수지에 대한 식을 전개하라.

각 유입수로에 대한 질산성 질소의 물질수지는 무산소조 이후 남아 있는 질산성 질소와 유출수의 질산성 질소 농도가 얼마나 되는가를 결정하기 위하여 수행된다. 각 반응조 이후에 남아 있는 질소는

$$\begin{pmatrix}\text{RAS 또는 이전}\\ \text{유입수로로부터}\\ \text{의 유입 }NO_3\text{-N}\end{pmatrix} - \begin{pmatrix}\text{유입수로}\\ \text{무산소조}\\ \text{제거 능력}\end{pmatrix} = \begin{pmatrix}\text{무산소조 이}\\ \text{후 남아있는}\\ NO_3\text{-N}\end{pmatrix}$$

만약 과도한 무산소조의 NO_3-N 제거 능력으로 인하여 남아있는 NO_3-N에 대한 값이 음(negative)의 값이 된다면, 0의 값이 부여된다[다음 표에 있는 (3)번 열을 보라].

각 수로의 유출 NO_3-N 농도:

$$\begin{pmatrix}\text{무산소조 이후}\\ \text{남아 있는 }NO_3\text{-N}\end{pmatrix} - \begin{pmatrix}\text{유입수로에서}\\ \text{생성된 }NO_3\text{-N}\end{pmatrix} = \text{유출수 }NO_3\text{-N}$$

b. 각 단계에 대한 물질수지를 풀기 위하여 표를 만들어라.

NO_3-N 물질수지는 아래 표로 설명된다.

유입 수로	유입수로의 총 NO_3-N, g/d	무산소조 제거 능력 g/d[a]	무산소조 이후 남아있는 NO_3-N, g/d[b]	유입수로에서 생성된 NO_3-N (Rn), g/d[c]	유출 NO_3-N, g/d[d]
	(1)	(2)	(3)	(4)	(5)
1	111,003	40,987	70,016	73,713	143,729
2	143,729	195,511	0	249,754	249,754
3	249,754	152,847	96,907	196,389	193,296
4	293,296	139,252	154,044	142,076	296,120
유출 NO_3-N = 8.15 g/m³					

[a] 유입 질산성 질소원 : 수로 1에 대하여, RAS; 다른 수로의 경우 (5)열

[b] (1)−(2)

[c] 단계 6으로부터

[d] (3) + (4)

c. 유출수 NO_3-N 농도를 계산하라.

RAS로부터 유입수로 1에 공급되는 질산성 질소는 다음과 같이 계산된다.:

유입수로로의 NO_3-N = $(Q_{RAS})N_e$

여기서, N_e = 유출 NO_3-N 농도, g/m³

값은 유입수로 4에 대한 (5)열에서 보여진 유출수 NO_3-N을 이용하여 얻어진다.

$(Q + Q_{RAS})N_e$ = 유입수로 4의 유출수 NO_3-N (g/d)

$$N_e = (296{,}120 \text{ g/d})/(Q + 0.6\,Q)$$

$$N_e = (296{,}120 \text{ g/d})/(1.6)(22{,}700 \text{ g/m}^3) = 8.15 \text{ g/m}^3$$

9. 설계 재평가

초기 수로 1로 유입되는 NO_3-N의 농도를 10 g/m³으로 가정하라. 계산된 유출수 NO_3-N의 농도가 같아질 때까지 스프레드시트를 사용하여 연속 반복계산을 수행하라.

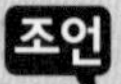

조언 일부 초과제거 능력이 가능할 수 있으나 대칭 단계 주입 공성 설계의 첫 번째 수로에서는 나타나지 않는다. 유출 질산성 질소 농도를 감소시키기 위하여 다른 방법으로 유입 유량을 분배하여 사용할 수 있다. 무산소조와 포기조의 용적은 변화시킬 수 있고 무산소지역도 단계화될 수 있으며 또한 MLSS농도는 증가될 수 있다. 스프레드시트 모델은 다양한 설계상의 변화를 평가하기 위하여 필요하다.

연속회분식반응조(Sequencing Batch Reactor, SBR)의 전탈질 공법 설계. SBR공법과 여러 회분식 방출공법[그림 8-1(c), 8-20 참조]에서의 질산성 질소제거는 네 가지 방법에 의해 수행된다: (1) 혼합 비포기 유입주기에서 질산성 질소의 환원, (2) 반응기간 동안 포기 순환, (3) 질산화가 완료된 후 무산소 반응 후 짧은 포기시간 후 침전 및 방출, (4) 포기주기 동안 SNdN을 촉진시키기 위한 낮은 DO 농도 운전. 유입 및 반응주기 후 순환 포기 조건에서의 SDNR은 주로 내생호흡에 의해 발생된다. 혼합 비포기 유입주기 동안의 탈질은 질산성 질소제거를 위한 가장 효율적인 방법이며, 또한 사상성 슬러지에 의한 팽화를 방지하기 위한 선택조 기능을 제공한다. 앞선 호기주기에서 생성된 질산성 질소의 대부분은 SBR 반응조에 남는데 이것은 방출량이 전체 반응조 용량의 20~30% 정도이기 때문이다. 만약 충분한 BOD와 반응시간이 주어진다면 방출 후 남아있는 질산성 질소는 유입주기 동안 탈질되어 감소될 것이다. 다음 예제는 SBR 반응조에 있어서 혼합유입 주기 동안 제거된 질산성 질소의 양을 어떻게 계산하는지를 보여준다.

예제 8-9 **SBR 공법을 위한 전탈질공법 설계** 다음 설계조건에서 SBR의 혼합, 비포기 유입주기 동안 질산성 질소가 얼마나 제거되는지를 결정하라. 다음의 설계조건을 가정해라.

설계조건:

항목	단위	값
반응조수		2
유량	m^3/d	3785
주기 시간	h	
유입		4.0
포기		3.0
침전		0.5
배출		0.5
채움부피 비율	V_F/V_T	0.25
유입 BOD	g/m^3	200
유입 bCOD	g/m^3	320
유입 rbCOD	g/m^3	60
유입 TKN	g/m^3	35
유출 NH_4-N	g/m^3	0.5
SRT	d	20
온도	°C	16

참조: g/m^3 = mg/L.

표 8-14의 동력학적 계수를 사용하라.

풀이 1. 반응조 용적을 계산한다.

회/일 = (24 h/d)/(8 h/회) = 3회/일

체움 체적/회 = $(3785\ m^3/d)/3$회 = $1261.7\ m^3$/채움 회

$$V_F/V_T = 0.25$$

$$V_T = \frac{1261.7\ m^3}{0.25} = 5{,}047\ m^3$$

2. 생성된 질산성 질소를 계산한다.

a. 생성된 종속영양 세균 양 결정

표 8-10에 있는 식 (8-24)를 이용하여 합성에 사용된 질소를 평가하기 위해 세포잔류물을 포함한 종속영양 세균 발생량을 계산한다. 표 8-10에 있는 식 (8-20)을 사용하여 종속영양 세균 발생량을 계산한다. (질산화로부터 생산되는 세균은 무시할 수 있는데, 이는 전체 세균 중 차지하는 부분이 작기 때문이다.)

$$P_{x,\text{bio}} = \frac{Q(Y_H)(S_o - S)}{1 + b_H(\text{SRT})} + \frac{f_d(b_H)Y_H(Q)(S_o - \text{S})\text{SRT}}{1 + b_H(\text{SRT})}$$

i. 표 8-14로부터 계수를 사용하고 온도에 대한 b_H를 조정한다.

$$b_H = 0.12(1.04)^{16-20} = 0.103\ \text{g/g·d}$$
$$Y_H = 0.45\ \text{g VSS/g bCOD}$$
$$f_d = 0.15$$

$S_o - S \approx S_o$.로 가정하라.

ii. 이들 값을 넣어 P_X를 계산한다.

$$P_x = \frac{(3785\ m^3/d)(0.45\ g/g)(320\ g/m^3)}{[1 + (0.103\ g/g·d)(20\ d)](10^3\ g/1\ kg)}$$

$$+ \frac{(0.15\ g/g)(0.103\ g/g·d)(0.45\ g/g)(3785\ m^3/d)(320\ g/m^3)(20\ d)}{[1 + (0.103\ g/g·d)(20\ d)](10^3\ g/1\ kg)}$$

$$= (178.1 + 55.0)\ kg/d = 233.1\ kg/d$$

b. 질소 합성량 계산

$$NO_x = TKN - N_{syn} - (NH_4\text{-}N)_e$$

$$N_{syn} = 0.12(P_x) = 0.12(233.1\ kg/d) = 28.0\ kg/d$$

$$N_{syn} = \frac{(28.0\ kg/d)(10^3\ g/1\ kg)}{(3785\ m^3/d)} = 7.4\ g/m^3$$

처리수 $NH_4\text{-}N = 0.5\ g/m^3$

생성된 $NO_x = (35.0 - 7.4 - 0.5)\ g/m^3 = 27.1\ g/m^3$

3. 방출후 SBR 혼합액에 남아있는 질산성 질소량 계산

가정: 포기전(前) $NO_3\text{-}N = 0$은 방출 후 SBR에 남아있는 모든 질산성 질소가 혼

합 및 비포기 유입주기 동안 탈질에 의해 100% 제거되었다는 것을 의미한다.

a. 회당 생성된 NO_x 결정

회당 생성된 NO_x = 27.1 g/m³ (1261.7 m²/fill)

$= 34{,}192 \text{ g } NO_x\text{/fill}$

완전히 채워진 반응조(V = 5047 m³)의 포기 마지막 단계에서의 NO_3-N 농도

$$= \frac{34{,}192 \text{ g}}{5047 \text{ m}^3} = 6.8 \text{ g/m}^3$$

이는 처리수 내 NO_3-N이 6.8 g/m³로 포기주기에서 생성된 모든 질산성 질소가 비포기 유입주기 동안에 모두 탈질되는 것을 가정한 결과이다.

b. 방출 후 SBR내에 남아있는 질산성 질소 계산(침전과 방출 시 탈질이 발생하지 않는다고 가정한다.)

방출 후 반응조내 혼합액 체적: 0.75(5047 m³) = 3785 m³

남아있는 NO_3-N = 6.8 g/m³(V_s) = (6.8 g/m³)(3785 m³) = 25,740 g

4. 유입주기 동안 $SDNR_b$

활성 세균 농도(단계 2aii로부터, 세균 = 178.1 kg/d)

$$X_b = \frac{\text{(biomass)(SRT)}}{V_T} = \frac{(178.1 \text{ kg/d})(20 \text{ d})(10^3 \text{ g/1 kg})}{5047 \text{ m}^3}$$

= 705.8 g/m³ (반응조가 가득찬 경우)

a. 유입주기에서 F/M_b 비 결정

반응조 내 세균 = (705.8 g/m³)(5047 m³)(1 kg/10³ g) = 3562 kg

BOD 주입율 = $Q_F S_o$

$$Q_F = \frac{V_F}{t_F} = (1261.7 \text{ m}^3\text{/4 h})(24 \text{ h/d})$$

= 7570 m³/d

$Q_F S_o$ = (7570 m³/d)(200 g/m³ BOD)(1kg/10³ g)

= 1514 kg/d

$$F/M_b = \frac{(1514 \text{ kg/d})}{3562 \text{ kg}} = 0.43 \text{ g/g·d}$$

b. $SDNR_b$ 결정

rbCOD 분율 = (60 g/m³)(320 g/m³) = 0.19

식 (8−57)를 사용하여

$$SDNR_b = b_0 + b_1[\ln(F/M_b)]$$

표 8-21으로부터 $b_o = 0.213$, $b_1 = 0.118$

20°C에서, $SDNR_b = 0.213 + 0.118[L_n(0.43)] = 0.112\ g/g \cdot d$

16°C에서, $SDNR_{16} = 0.112\theta^{16-20}$; $\theta = 1.026$

$= 0.102\ g/g \cdot d$

5. 유입주기 동안 NO_3-N 제거능력 결정

$NO_x = (SDNR_b)(X_b)(V_T)$ [참조: $(X_b)(V_T)$ = 시스템 내 세균]

$= (0.102\ g/g \cdot d)(705.8\ g/m^3)(5407\ m^3)$

$= 390{,}410\ g/d$

유입시간 = 4 h

$$4\text{시간에서 } NO_r = \frac{(390{,}410\ g/d)(4\ h)}{(24\ h/d)} = 65{,}068\ g$$

3단계에서 계산된 이용 가능한 NO_3-N는 유입주기 동안 제거될 수 있다.

그러므로 모든 NO_3-N 는 유입주기 동안 제거될 수 있다.

참조: V_F/V_T는 처리수의 NO_3-N 농도를 조절한다.

》 후탈질 공법

많은 후탈질 공법들은 1상, 2상 혹은 3상의 공법이다. Bardenpho 공법은 호기성 질산화 과정 후에 후탈질을 적용한 좋은 예이다. 생물학적 탈질을 위해서는 전자공여체로 최소한의 rbCOD와 pbCOD가 공급되어야 한다. 따라서 후탈질 공법에서는 질산성 질소의 환원 시 필요한 전자공여체는 주로 활성슬러지의 내생호흡으로부터 공급된다. 내생호흡에서 측정된 SDNRs 0.01에서 0.04g NO_3-N/g MLVSS · d의 범위를 갖는다(U.S. EPA. 1993; Stensel et al., 1995). 외부 탄소원이 추가되는 탈질은 뒷부분에서 다룰 것이다.

내생호흡 탈질속도. 무산소 조건에서 내생호흡률은 호기성 조건의 약 50%의 것으로 밝혀졌다(Randall et al., 1992; Wuhrman, 1964). 앞서 언급한 내용을 이용해서, 내생조건에서의 SDNR($SDNR_b$)은 아래에 있는 내생분해속도로부터 계산된다.

$$NO_r = \left(\frac{1.42}{2.86}\right)(b_{H,anox})X_H \tag{8-63}$$

$$SDNR_b = \frac{1.42(b_{H,anox})}{2.86} = 0.5(b_{H,anox}) \tag{8-64}$$

여기서, 1.42 = g O_2/g biomass VSS

$b_{H,anox}$ = 무산소 조건에서의 세균 내생분해계수, g VSS/g VSS biomass · d

2.86 = g 당량 O_2/g NO_3-N

X_H = 종속영양세균 농도, g VSS/m^3

NO_r = 질산성 질소 감소량, g/m^3 · d

특히 무산소 조건에서 내생분해속도는 호기 조건의 약 60%이다(Henze et al., 2000). 앞서 언급하였듯이, $SDNR_b$은 바이매스 농도에 기초를 둔다. 7장에서 보았듯이, MLVSS에서의 세균의 분율은 SRT가 증가함에 따라 감소하므로, MLVSS 농도에 근거한 SDNR 값은 SRT가 증가할수록 줄어든다.

암모니아 생성량. 암모니아는 내생분해로부터 생성되는데 이는 세포분해 시 방출된 세포 유기질소의 탈아미노화의 결과이다. 약 50%의 바이오매스 질소가 비교적 짧은 후무산소조의 체류시간 동안에 암모니아로 전환되며, 약 0.06 g NH_4-N/g 분해된 미생물 VSS이다.

예제 8-10

후탈질조 설계 아래 그림에 나타난 것과 같이 활성슬러지/침전지 시스템에서 예제 8-7의 무산소/호기성 공법 후 처리수 질산성 질소의 농도를 1.0 g/m^3 까지 낮추기 위해 후탈질조를 추가하는 경우, (a) 내생분해를 이용한 탈질을 수행하는 데 필요한 후탈질조의 체적 계산. (b) 후탈질조를 거친 후 NH_4-N 농도변화를 계산하라. 참조: 이 공법은 무산소조/호기조/무산소조인 Bardenpho 공법으로 MLSS에 부착된 질소가스를 제거하기 위해 짧은 호기성 체류시간(20~30 min)을 가진 호기조(탈기조)가 두 번째 무산소조 후단에 설치된다.

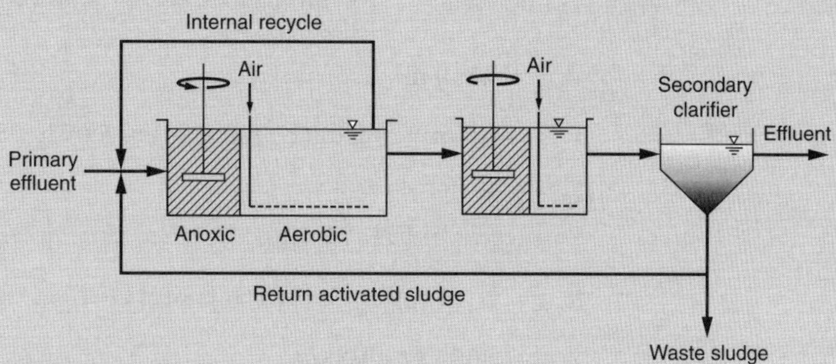

설계조건 및 가정

1. 예제 8-7의 무산소조/호기조로부터의 정보

항목	단위	값
유량	m^3/d	22,700
RAS 비율	–	0.60
온도	℃	12
MLSS	g/m^3	3000
MLVSS	g/m^3	2370
미생물, X_H	g/m^3	1267

무산소 내생분해, $b_{H,12}$	g/g·d	0.06
호기조 SRT	d	20.6
호기조 체적	m^3	13,230
호기조 NO_3-N 농도	g/m^3	6.0

참조: $g/m^3 = mg/L$

1. 세포합성에 사용한 NH_4-N량 = 0.12 g NH_4-N/g 생성된 VSS
2. 내생분해 시 생성되는 NH_4-N량 = 0.06 g NH_4-N/g VSS
3. DO 농도 = 0.0 g/m^3
4. 후탈질 공법 유출수 NO_3-N 농도 = 1.0 g/m^3

풀이

1. 식 (8–74)를 사용하여 후탈질조에서 제거할 질산성 질소량 계산
   제거율은 호기조 및 후탈질조 사이의 NO_3-N 농도 차이 곱하기 유량이다.

   $R_{NO_3} = (Q, m^3/d)(1 + R)(6.0 - 1.0)\ g/m^3$

   $R_{NO_3} = 22{,}700\ m^3/d\ (1 + 0.60)(6.0 - 1.0)\ g/m^3 = 181{,}600\ g/d$

2. 후탈질조의 체적 계산
   a. 식 (8–63)을 사용하여 내생분해에 의한 질산성 질소 환원량

   $$R_{NO_3} = \left(\frac{1.42}{2.86}\right)(b_{H,12})(X_H)(V_{anox})$$

   $$181{,}600\ g/d = \left(\frac{1.42}{2.86}\right)(0.06\ g/g{\cdot}d)(1267\ g/m^3)(V_{anox})$$

   $V_{anox} = 4810\ m^3$

   $\tau = (4810\ m^3)(24\ h/d)/(22{,}700\ m^3/d) = 5.09\ h$

3. NH_4-N 농도 변화량 계산
   a. 무산소조에서의 세균 분해율

   $R_{VSS} = b_{H,12}(X_H)(V_{anox}) = (0.06\ g/g{\cdot}d)(1267\ g/m^3)(4811\ m^3)$

   $= 365{,}732\ g\ VSS/d$

   b. 암모니아 생성율

   $R_{NH_4\text{-}N} = (0.06\ g\ NH_4\text{-}N/g\ VSS)(365{,}732\ g\ VSS/d) = 21{,}944\ g/d$

   c. 농도 변화량

   $$증가량 = \frac{R_{NH_4\text{-}N}}{Q(1 + R)} = \frac{(21{,}944\ g\ NH_4\text{-}N/d)}{(22{,}700\ m^3/d)(1 + 0.6)} = 0.60\ g/m^3$$

4. 관찰된 SDNR 계산

   $$SDNR = \frac{R_{NO_3}}{(X_{VSS})V_{anox}} = \frac{(181{,}600\ NO_3\text{-}N/d)}{(2370\ g/m^3)(4811\ m^3)} = 0.016\ g\ NO_3\text{-}N/g\ VSS{\cdot}d$$

≫ 낮은 용존산소 또는 순환 질산화/탈질산화 공법

낮은 DO SNdN 또는 순환 NdN 질소제거공법은 보통 단일 반응조 혹은 비교적 긴 체류시간(τ)과 SRT 조건을 가진 여러 실(compartment – 室)로 나누어진 단일 반응조로 구성된다. 그러므로 탈질률 평가 설계에서는, 반응조는 지속적으로 폐수와 bCOD가 유입되는 단일 완전혼합 반응조로 가정한다. 전탈질 부분(zone)과는 반대로, 반응조 bCOD 농도와 SDNR은 상대적으로 낮은데 이는 큰 반응조 체적 때문이다. 후탈질과 비교할 때, SDNR은 높다.

탈질률 뿐만 아니라 질산화율을 계산하는 데 있어서 낮은 DO의 영향은 반드시 고려되어야 한다. 활성슬러지 플럭은 단지 부분적으로만 호기성일 것이고, 탈질은 산소가 거의 없는 플럭 입자 내부에 만들어진 무산소 구역에서 일어나서, 질산화와 탈질산화는 동시에 발생한다. 질산화율와 탈질률은 동역학적 반응, 플럭 크기, 플럭 밀도, 플럭 구조, rbCOD 부하량 그리고 MLSS DO 농도의 함수이다. NH_4-N는 주로 NO_2-N으로 산화되고, 플록의 무산소 구역에서 NO_2-N 환원이 가능하다. 복잡한 물리적 요소들 때문에, 질산화율과 탈질률은 현재의 모델들로는 정확하게 예측할 수는 없다.

낮은 용존산소의 영향. 수정 Monod 성장모델은 질산화율 및 탈질률 그리고 공정 성능 평가에 있어서 낮은 DO 농도의 영향을 평가하고 도식화하는 데 사용할 수 있다. 표 8-10은 식 (7-101)에서 설명한 질산화율에 대한 산소농도의 영향을 설명한다. 동시 NDN 시스템 운전 조건 및 암모니아 산화 및 종속 영양 미생물 개체군 크기의 함수인 동역학적 계수 값은 운전현장마다 크게 다르다. SRT 설계에 있어서 DO 농도의 영향은 그림 8-34에 나와 있는데, 이 그림은 표 8-14의 20°C에서의 질산화 동력학적 계수 값에서의 완전혼합 반응조 처리수 NH_4-N 농도가 1 mg/L가 되는 SRT 값을 보여주고 있다. 이 계산에서 안전계수는 사용하지 않는다. 실제 설계에서 쓰는 SRT 값은 특정 시스템에서 선택한 안전계수에 의해 좀 더 높아진다. 계산된 SRT 값이 19.9일과 4.7일인 것을 각각 기초로 하면 DO 농도 0.2 mg/L에서의 질산화율은 2.0 mg/L에서의 질산화율의 24%이다. SNdN과 순환 NdN은 보통 20, 30일의 SRT에서 운전되는데, 이는 낮은 용존산소

그림 8-34

표 8-14의 동역학적 계수를 이용해서 20°C에서 CMAS 시스템의 처리수 NH_4-N 농도 1 mg/L를 얻기 위한 SRT에 대한 DO 영향

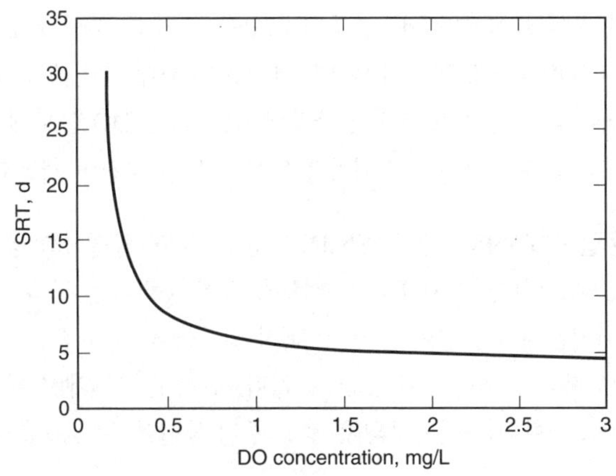

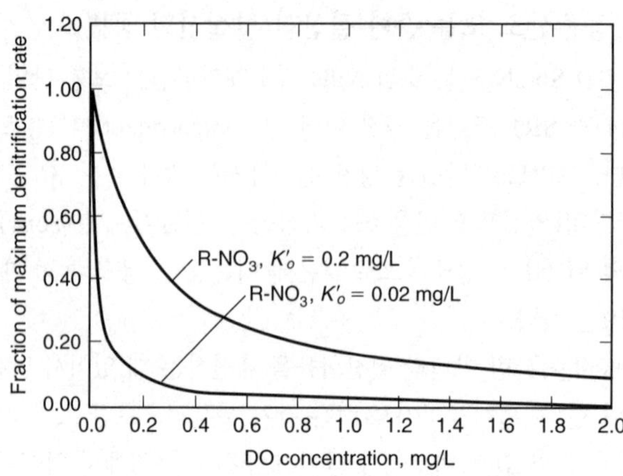

그림 8-35

최대 탈질률에 대한 혼합액 DO 농도 영향

에서 완전한 질산화를 이루기 위함이다.

질산성 질소 감소율. 질산성 질소 감소율은 표 8-10에 있는 식 (7-133)에서 주어진 기질 소비율과 연관시킬 수 있다. 이에 더해서, 질산성 질소 감소는 식 (8-63)에서와 같이 내생분해에 의해 방출된 기질에 의해 발생될 수도 있다.

$$r_{NO_x} = NO_r = \left(\frac{1.42}{2.86}\right) b_H(X_H) \tag{8-63}$$

식 (7-133)과 (8-63)을 결합하면 식 (8-65)과 같은 일반적인 반응 속도 식을 얻는데 이 식은 bCOD, 종속영양 바이오매스, NO_3-N 그리고 다양한 생물동역학적 계수뿐만 아니라 DO 농도에 따른 무산소조 내 질산성 질소 감소율을 설명한다. 단, 암모니아가 아질산성 질소로만 산화되는 경우에는, NO_3-N 감소 대신 NO_2-N 감소에 대해서만 고려하는데, 식 (8-65)의 계수 2.86 대신 NO_2-N의 산소 당량인 1.71을 쓴다.

$$r_{NO_3} = \left(\frac{1 - 1.42Y_H}{2.86}\right)\left[\frac{\mu_{H,max}S_S}{Y_H(K_s + S_S)}\right]\left(\frac{S_{NO_3}}{K_{NO_3} + S_{NO_3}}\right)\left(\frac{K'_o}{K'_o + S_o}\right)(\eta)X_H + \left(\frac{1.42}{2.86}\right)b_H(X_H) \tag{8-65}$$

DO 방해 계수 K'_o는 산정하기 어려워 플럭의 크기 및 구조에 따라 운전현장에 맞춰야 할 것이다. 탈질률에서의 DO 농도의 영향은 그림 8-35에 K'_o값 0.02와 0.2 mg/L로 제시되어 있다. DO농도 0.2 mg/L일 때, 탈질률은 최대 탈질률의 10~50%이다. 18~30 h의 범위의 τ 값을 가진 긴 SRT의 시스템에서는, 낮은 DO 농도에 의해 탈질률이 다소 저해 받을지라도 높은 질산성 질소제거를 위한 충분한 시간이 제공되어야 한다.

완전혼합조 SDNR. 많은 SNdN와 순환 NdN 탈질산화 공법은 긴 τ 와 SRT값을 가진 단일 반응조이다. 긴 SRT와 τ 때문에, 탈질 동력학은 전체적인 bCOD, pbCOD 저하, 그리고 내생분해와 관련이 있고, 비교적 짧은 τ를 가진 전탈질 공법에 영향을 주는 유입수 rbCOD 분율에 의한 영향은 크지 않다. 산화구 운전에서 완전혼합 무산소 주기 혹은 연속적으로 혼합되는 산화구의 무산소 주기 동안에, 내생호흡률과 연속적으로 유입되는 유입폐수 bCOD는 비탈질률에 영향을 준다. 이러한 영향을 포함하는 평균 비탈질률은 식 (8−66)을 사용하여 계산할 수 있다. [Stensel(1981)이 제시하였고 활성 종속 영양 바이오매스의 함수로서 비탈질률은 이들 영향을 고려하여 수정되었다.]

$$SDNR_b = \frac{0.175A_n}{Y_{net}(SRT)} \tag{8-66}$$

여기서 $SDNR_b$ = 종속영양세균 농도에 관한 비탈질률, g NO_3-N/g biomass · d

A_n = 총 산소사용계수, g O_2/g 제거된 bCOD

Y_{net} = 총 종속영양세균 생산량, g VSS/g bCOD

0.175 = 2.86 g O_2 당량/g NO_3-N에 기초하고 오직 50%의 종속영양세균만이 산소 대신 질산성 질소를 사용할 수 있다고 가정함

낮은 잔류 DO 농도도 인한 감소된 SDNR을 고려한 그림 8−33를 근거로 식 (8−66)은 조정될 수 있다. 완전혼합 활성슬러지 반응조에서, A_n과 Y_{net}은 아래와 같이 결정된다 (Stensel, 1981).

$$A_n = 1.0 - 1.42Y_H + \frac{1.42(b_H)(Y_H)SRT}{1 + b_H(SRT)} \tag{8-67}$$

$$Y_{net} = \frac{Y_H}{1 + b_H(SRT)} \tag{8-68}$$

식 (8−66)의 $SDNR_b$는 MLVSS 농도의 일부분인 미생물 농도와 관련이 있다. 그러므로 혼합 호기/무산소 운전 동안 무산소 주기에서 제거된 질산성 질소의 양을 결정하는 데 사용된 설계 절차는 표 8−21에 설명된 무산소/호기의 계산과정의 일부요소를 포함한다. 표 8−21의 3단계에서, 종속영양세균의 농도가 계산된다. 9단계에서 자세히 설명된 것처럼, 미생물 농도, $SDNR_b$, 무산소조 체적 그리고 무산소조 체류 시간은 제거된 질산성 질소의 양을 계산하는 데 사용된다. 위 식들의 사용은 예제 8−11에 자세히 설명하였다.

예제 8−11 **산화구 순환 NdN 질소제거 공법에서 필요한 무산소 시간분율 계산.** 유출수의 NO_3-N 농도를 7 g/m³으로 맞추기 위해 간헐포기공법의 무산소조가 운전되는 산화구 시스템의 무산소조 시간 분율을 계산하라. 설계조건은 아래와 같다.

설계조건

항목	단위	값
산화구 체적	m^3	8700
SRT	d	25
MLSS	g/m^3	3500
MLVSS	g/m^3	2500
미생물 분율	g biomass/g MLVSS	0.40

온도	°C	15
Y_H, b_H		표 8-14에 주어진 값
처리수 유량	m^3/d	7570
산후구에서 생성된, 유입 수 유량에 기초	g/m^3	27

참조: $g/m^3 = mg/L$

풀이 1. SDNR 계산

a. 표 8-14로부터 값을 얻고 식 (2-25)를 사용하여 온도에 대한 b값 보정

$$Y_H = 0.45 \text{ g VSS/g bCOD}$$

$$b_{H,20} = 0.12 \text{ g/g·d}$$

$$b_{H,15} = b_{H,20}(1.04)^{15-20}$$

$$= 0.12(1.04)^{15-20} = 0.099 \text{ g/g·d}$$

b. 식 (8-67)을 이용하여 계산

$$A_n = 1.0 - 1.42Y_H + \frac{1.42(b_H)(Y_H)\text{SRT}}{1 + b_H(\text{SRT})}$$

$$A_n = 1.0 - 1.42(0.45) + \frac{1.42(0.099 \text{ g/g·d})(0.45 \text{ g/g})(25 \text{ d})}{1 + (0.099 \text{ g/g·d})(25 \text{ d})}$$

$$= 0.82 \text{ g } O_2/\text{g bCOD}$$

c. 식 (8-68)을 사용하여 계산

$$Y_{net} = \frac{Y_H}{1 + b_H(\text{SRT})}$$

$$= \frac{0.45}{1 + (0.099 \text{ g/g·d})(25 \text{ d})} = 0.13 \text{ g VSS/g bCOD}$$

d. 식 (8-66)을 사용하여 계산

$$\text{SDNR}_b = \frac{0.175A_n}{(Y_{net})\text{SRT}}$$

$$\text{SDNR}_b = \frac{0.175(0.82 \text{ g } O_2/\text{g bCOD})}{(0.13 \text{ g VSS/g bCOD})(25 \text{ d})} = \frac{0.044 \text{ g } NO_3\text{-N}}{\text{g 미생물} \cdot \text{d}}$$

2. 혼합액 내 미생물 농도 계산

$$X_b = (2500 \text{ g/m}^3 \text{ MLVSS})\left(\frac{0.40 \text{ g 미생물}}{\text{g MLVSS}}\right)$$

$$= 1000 \text{ g/m}^3 \text{ 미생물}$$

3. 제거량 계산

제거된 질산성 질소 농도(NO_r) = (27.0 − 7.0) g/m^3 = 20 g/m^3

$$NO_r = (7570\ m^3/d)(20\ g/m^3)$$
$$= 151{,}400\ g/d$$

4. 무산소 반응시간에서의 제거량 계산

$$\text{무산소 } NO_r = (SDNR_b)(X_b)(V)$$
$$(0.044\ g\ NO_3\text{-}N/g\ \text{미생물} \cdot d)(1000\ g/m^3)(8700\ m^3)$$
$$= 382{,}800\ g/d$$

5. 하루에 필요한 무산소 시간 계산

$$\text{무산소 시간} = \frac{(151{,}400\ g/d)(24\ h/d)}{(382{,}800\ g/d)} = 9.5\ h$$

1일 중 무산조 조건 분율 = 9.5 h/24 h = 0.4

주석 계산된 값은 U.S. EPA(1993)의 순환포기공법의 무산소 분율에 대해 보고된 값의 범위 안에 있다. 낮은 DO 포기주기 동안 플럭 내부와 2차 침전지에서의 탈질산화 때문에 실제 시간은 덜 필요하거나 또는 제거된 질소의 양이 좀 더 많을 것이다. 무산소 조건에 대해 필요한 시간을 대략적으로 파악함으로써, 질산화에 필요한 호기성 SRT를 추정할 수 있다.

≫ 생물학적 질소제거를 위한 대체 공법

다양한 활성슬러지 공법들이 생물학적으로 질소를 제거하기 위해 사용된다. 생물학적 질소제거의 대표적인 공법과 그에 관한 설명, 질소제거 능력, 그리고 각 공법에 대한 장단점은 표 8-24에 있다.

MLE 공법. MLE 공법은 생물학적 질소제거에 사용되는 가장 일반적인 방법 중 하나로써, 기존의 활성슬러지 시설에 쉽게 적용할 수 있다. 질산이온이 제거되는 양은 전무산소 영역으로 반송되는 질산성 질소 양에 의하여 제한되며, 처리수 목표 총 질소 농도를 6~10 mg/L로 할 때 일반적으로 사용된다. 처리수의 총 질소 농도 중 약 2~4 mg/L는 NH_4-N, 그리고 용존 및 고형 유기질소와 관련된다. 내부 순환비가 4.0인 MLE 공법은 질산화 공정에서 제조된 NO_x의 약 80%를 제거시킬 수 있다. 수돗물의 절약은 하수의 TKN 농도를 증가시키고, 이로 인해 유출수의 총 질소 농도 10 mg/L 달성을 어렵게 한다. 무산소 영역으로의 용존 산소 유입제한은 반송수 유량에 의해 제어된다. MLE 멤브레인 공법에서 전무산소로의 질산성 질소 유입제한은 반송수의 흐름에 의해 제어된다. MLE 멤브레인 공법에서는, 전무산소 영역으로의 반송수 유량이 매우 큰데, 만약 용존산소 및 NO_3-N 농도를 제거할 수 있는 충분한 BOD가 유입수에 존재하면 처리수 총 질소 농도를 6.0 mg/L 이하로 낮추는 것이 가능하다.

단계 주입공법 단계 주입공법은 처리수 총 질소 농도를 10 mg/L 미만으로 하는 경우에 적용가능하다. 그러나 단계 주입 생물학적 고도처리를 통해 처리수 총 질소 농도 5.0 mg/L 미만으로의 달성은 이론적으로 가능하다. 단계주입 생물학적 고도처리 무산소 영역 전단의 포기영역 용존산소 농도는 무산소조 영역으로 주입되는 용존 산소와 NO_3-N 제거에 필요한 rbCOD 소모의 최소화를 위해 제어되어야 한다. 여러 곳의 용존산소 제어지점은 단계 주입 생물학적 고도처리에서의 질소제거의 최적화를 위해 필요하다. 질소제거를 위한 단계주입 반응조 용적최소화를 위해 유입수량의 분할 제어 및 측정은 필수적이다.

연속회분식 반응조(SBR-Sequencing Batch Reactor) 공법. 연속회분식 반응조 공법은 질소제거에 있어서 높은 수준의 유연성을 제공한다. 유입주기 동안의 혼합은 무산소 조건에서의 질소제거를 수행한다. 포기 주기 동안, 주기적으로 포기기를 운전하여 DO 농도를 변화시킬 수 있고, 이를 통해 무산소 조건을 제공할 수 있다. 고밀도 입상 활성슬러지의 형성을 통해 재래식 SBR 공법을 변화시킬 수 있다. 이 공법은 생물학적 질소제거와 생물학적 인 제거에 대해 설명하는 표 8−24(n)에 제시되었다.

대형 반응조 공법. BioDenitro™, dNO_x™, 그리고 DO 제어장치를 가진 산화구는 모두 질소제거를 위한 대형 반응조 공법들이고, 산화구 시스템에서의 생물학적 질소제거를 최적화하기 위한 다양한 방법들을 보여준다. Bio-dNO_x™ 공법은 매우 낮은 처리수 총 질소 농도 (5 mg/L 이하)를 보고하고 있다. dNOx™ 공법의 처리수 총 질소 농도는 대게 5에서 8 mg/L이다. dNO_x™ 공법의 포기 "off 주기" 동안, 암모니아는 산화구 내 축적되고 그 결과 공법으로부터 높은 NH_3-N가 유출된다. 처리수 NH_3-N와 총 질소 농도는 총 반응조 부피와 처리수 질소 농도에 따라 변한다. 높은 처리수 암모니아 농도로 인해 높은 처리수 TKN 농도를 나타낼 수 있다.

Bardenpho 공법 실제 현장 규모에서, Bardenpho 공법과 탄소를 투입하는 다른 후탈질 공법은 처리수 총 질소 농도를 3 mg/L보다 낮게 할 수 있음을 보여주었다. Bardenpho 공법의 두 번째 무산소조는 매우 낮은 탈질률을 가져 반응조를 효율적으로 사용하지 못한다. 두 번째 무산소조로의 외부 탄소원의 투입은 반응조의 부피를 줄일 수 있고, 이에 따라 NH_3-N 방출을 줄여줌으로써 처리수 총 질소 농도를 감소시킬 수 있다.

혐기성 소화 반류수에서의 질소제거 혐기성 소화된 고형물(찌꺼기)의 탈수과정에서 배출되는 반류수는 높은 NH_3-N 농도(>1000 mg/L)를 가지며 이 반류수가 처리장 유입수와 혼합하는 경우 20~25% 정도의 유입 질소 부하를 증가시킨다. 그리고 반류수는 비교적 높은 온도와 pH를 가진다. 다수의 반류수 처리 공법은 생물학적 처리 시스템의 주 공정에 대한 암모니아 부하를 감소시키고, 생물학적 처리 시스템의 주 공정에 질산화 미생물을 제공하고 질소제거를 위한 외부 탄소원의 양을 감소시킬 수 있도록 발전되었다. SHARON® (single-reactor high-activity ammonia removal over nitrite) 공법과 anammox (anaerobic ammonia oxidation), 그리고 생물접종법에 의한 반류수 질산화 공법이 이에 해당된다. 이들 공법과 설계도는 15장에 자세히 설명하였다.

다양한 공법의 장점과 단점. 일반적으로 사용되는 공법들의 장점과 한계점, 그리고 처

표 8-24

질소제거 부유 성장 공법의 해설

공법	세부사항
전무산소 공법	
(a) Ludzak-Ettinger 공법 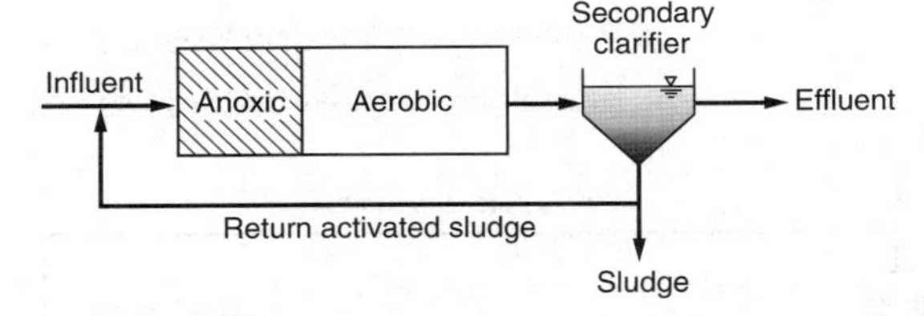 Ludzack-Ettinger	최초의 전무산소 BNR 개념은 Ludzak과 Ettinger(1962)에 의해 제시되었으며 순차적으로 운전되는 무산소-호기 반응조의 설치이다. 유입수는 무산소조로 유입된다. 질소제거는 호기조에서 형성되어 무산소조로 보내지는 반송슬러지의 질산이온에 좌우된다. 무산소조로 보내지는 질산이온이 반송슬러지 속에만 존재하기 때문에 탈질은 반송률에 크게 제한을 받는다. 최근에 들어서 이러한 공법은 2차 침전지에서 탈질로 인한 슬러지 부상을 방지하고자 반송률을 증가시켜 운전하는 데 적용되고 있다.
(b) Modified Ludzak-Ettinger (MLE) 공법 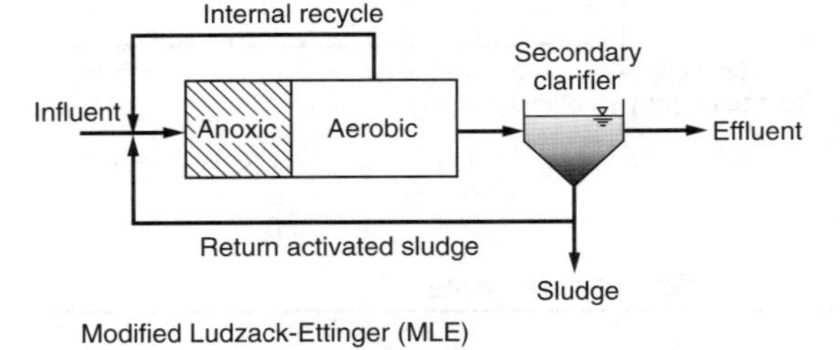 Modified Ludzack-Ettinger (MLE)	가장 보편적으로 사용되는 BNR 공법 중의 하나는 MLE 공법이다. 위에서 설명한 Ludzak-Ettinger 공법에 호기조에서 바로 무산소조로 질산이온을 순환시키는 순환펌프를 설치한 것으로 Barnard가 제안하였다. 탈질률과 총 질소제거 효율 두 가지 모두 다 증가하였다. 순환 유량 비(반송유량/유입 유량)는 대략 2~4이다. 생활하수 처리 시에 충분한 유입 BOD와 무산소 접촉 시간이 주어지면 이 정도의 내부 순환율은 평균 처리수 질산성 질도 농도를 4~7 mg/L로 만든다. MLE 공법은 기존의 활성슬러지 공법에 채택할 만하며, 총 질소 10 mg/L 이하의 일반적 방류수 수질 기준을 쉽게 만족시킬 수 있다. 유입하수의 BOD/TKN 비 4:1은 전탈질 공법에 의한 효율적인 질소제거에 충분하다. MLE 공법의 표준 체류 시간은 2~4시간이다. 그러나 무산소조가 직렬로 3~4단계로 나누어지면 탈질반응속도가 증가되어 총 체류시간은 단일 반응조의 50~70%가 될 수 있다.
(c) MLE- MBR 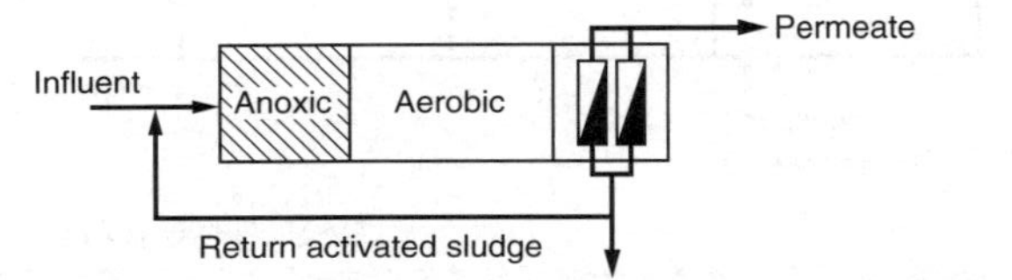 Modified Ludzack-Ettinger with membrane bioreactor (MLE-MBR)	MBR 시스템에 통상적인 전탈질조가 설치되는 것으로, 완전 질산화가 되는 SRT로 운전된다. 내부 순환비(표준 6.0)는 MLE 공법의 활성슬러지/2차 침전지에 사용되는 값보다 훨씬 높다. 반송슬러지는 호기성 막 분리조에서 직접 방출되는 관계로 반송슬러지 중에 다량의 용존산소가 존재하고, 이로 인해 유입하수에 있는 일부 rbCOD는 산소를 전자수용체로 하는 세균에 의해 사용되어 탈질에 사용될 rbCOD를 감소시킨다.

(계속)

표 8–24 (계속)

공법	세부사항
(d) 단계 주입 BNR 공법 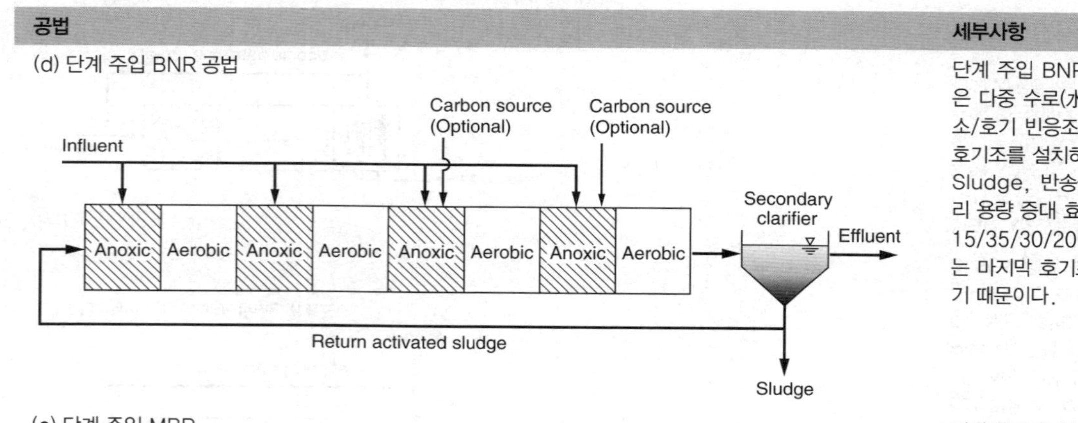	단계 주입 BNR 공법에 전탈질조 또한 사용될 수 있다. 단계 주입 BNR 공법은 다중 수로(水路)더 있는 기존 반응조에 채택될 수 있기 때문에 대칭적 무산소/호기 빈응조 형태로 통상 사용된다. 그러나 시스템 전단에 소규모 무산소/호기조를 설치하여 전단 무산소/호기조에서의 낮은 RAS (Return Activated Sludge, 반송슬러지) 희석으로 고농도 MLSS를 유지할 수 있는데 이는 처리 용량 증대 효과를 가져 준다. 4단 수로 시스템에서 가능한 유입 유량 분배는 15/35/30/20이다. 마지막 무산소/호기조로의 유량 배분이 매우 중요한데 이는 마지막 호기조에서 생성된 질산화물은 제거되지 않고 최종 방류수로 배출되기 때문이다.
(e) 단계 주입 MBR	전탈질조가 설치된 단계 주입 MBR 공법은 MLE-MBR공법 보다 유출수 NO_3-N 농도는 낮은데, 3 mg/L 이하가 가능하다. 외부 탄소원 또한 마지막 무산소조에 투입될 수 있다.
(f) SBR (Sequencing batch reactor) 공법 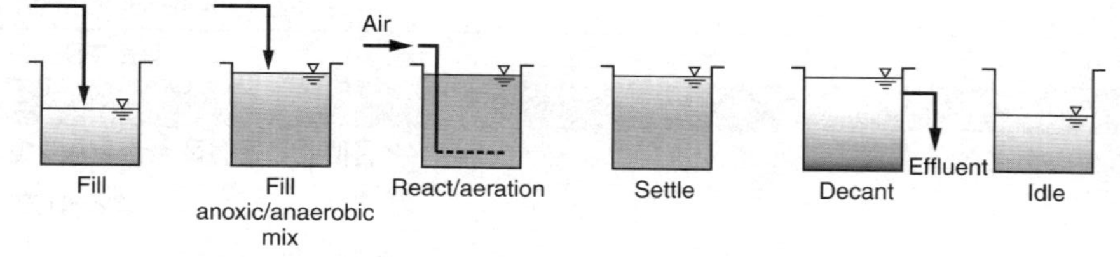	SBR 공법(표 8–18 참조) 역시 유입수 내 BOD를 사용하는 전무산소 탈질을 이용한다. 주입단계에서 MLSS는 유입하수와 접촉하도록 혼합된다. 침전 및 배출단계 이후에 MLSS에 잔류하는 대부분의 질산이온 제거는 유입수의 오염물질 농도 강도, 충분한 양의 유입수 BOD, 그리고 유입수 주입 기간 시간에 비례한다. 비포기 침전과 배출 기간 동안에도 약간의 질산이온이 제거된다. 독립된 혼합은 운전의 유연성을 제공하고, 포기 기간 중에도 무산소조 반응이 가능하게 할뿐만 아니라 주입 기간에도 혐기 또는 무산소 반응이 가능하다. 주입 기간 동안 비포기 혼합은 질소제거뿐만 아니라 슬러지의 침전성 향상에도 효과적이다. 5 mg/L 이하의 유출 NO_3-N농도가 가능하다.

Step feed with membrane bioreactor

Sequencing batch reactor (SBR)

표 8-24 (계속)

공법	세부사항
전무산소 공정	
(g) 단상 슬러지 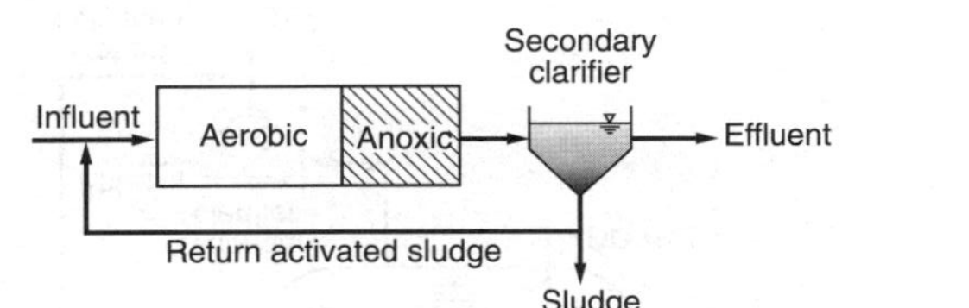 	단상(單相 single sludge) 슬러지 공법(Wuhrmann 개발, 1964)에서 질산화조 후단에 무산소조를 설치하여 활성슬러지 공법에서도 질소를 제거하였다. 높은 질소제거 효율 달성을 위해, 외부 탄소원이 필요하다. 내생 호흡 기간 중에는 후무산소조에서 암모니아성 질소가 방출되어 유출수 총 질소 농도를 증가시킨다.
(h) 4단 Bardenpho 공법 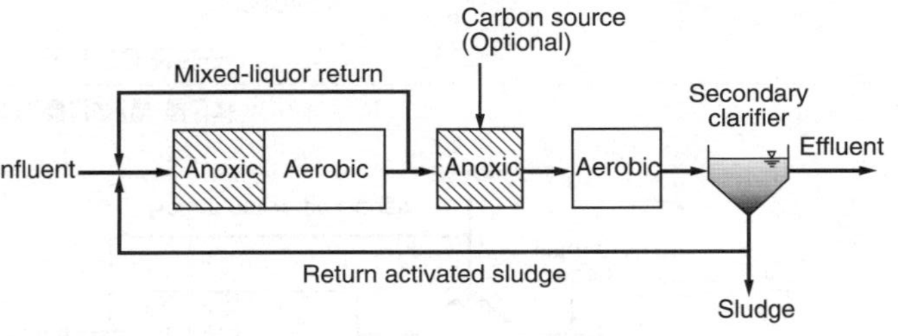 	전무산소와 후무산소 탈질 두 가지 모두 Bardenpho 공법에 조합되어 있는바, 이 공법은 1970년대 중반 남아프리카 공화국에서 개발되었고, 실규모 시설에 적용되었다. 후무산소조 체류시간은 전무산소조와 거의 같거나 더 크다. 후무산소조의 반응을 통해 약 5~7 mg/L로 후무산조에 유입된 NO_3-N은 일반적으로 3 mg/L 이하로 감소된다. 고농도 하수를 처리하는 파일럿 플랜트 실험에서 Barnard(1974)는 생물학적 질소제거뿐만 아니라 인 제거도 수행하는 것을 파악하였다. 이 같은 연구는 공법 명명의 근거가 되었다. [공법의 이름은 발명자의 이름인 Barnard와 탈질-(denitrification)과 인-(phosphorus)의 첫 세 글자에서 따왔다]. 탄소원이 후무산소조에 투입될 수 있는데 이는 유출수 NO_3-N 농도를 낮출 수 있으며 또한 후무산소조 용량도 줄일 수 있다. 유출수 NO_3-N 농도를 1.0 또는 2.0 mg/L 이하로 낮추는 것이 가능하다.
(i) 4단 Bardenpho MBR 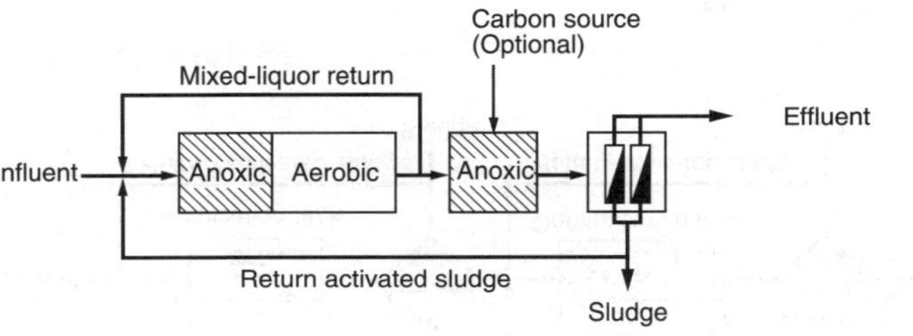 	4단 Bardenpho 공법을 MBR 공법으로 조합할 수가 있다. 활성슬러지/2차 침전지 공법에서처럼 후무산소조로의 탄소 투입은 선택 사항이나 매우 낮은 유출수 총 질소 농도가 요구될 때는 필수적이다. 유출수 NO_3-N 농도를 1.0 또는 2.0 mg/L 이하로 낮추는 것이 가능하다.

(계속)

표 8-24 (계속)

공법	세부사항
(j) 외부 탄소원을 갖는 이상 슬러지 시스템 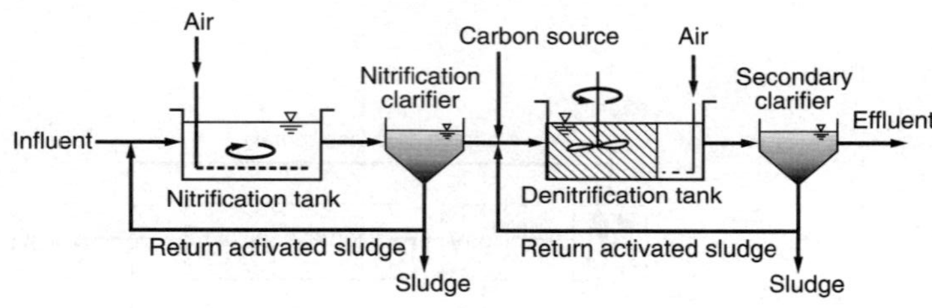 	1970년대 가장 인기 있었던 접근 방법은 외부 탄소원인 메탄올을 투입하는 후 무산소조 설치이다. 무산소조(체류시간 1~3시간) 반응 후 짧은 포기로 플록에 부착된 질소가스를 탈기시켜 침전지에서의 고액분리를 향상시킨다.
(k) MLE-후탈질 여상 공법 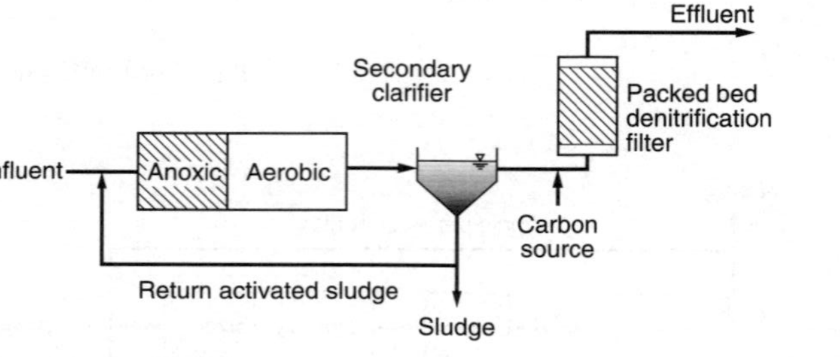 	오늘날 좀 더 보편적인 접근 방식으로 질산화 공정 이후에 탄소원을 투입하는 탈질여상이 사용되었다(9장 후탈질 여상 참조). 유출수 NO_3-N 농도 1.0 mg/L가 가능하다.
동시 질산화/탈 질산화	
(l) 저농도 DO 산화구 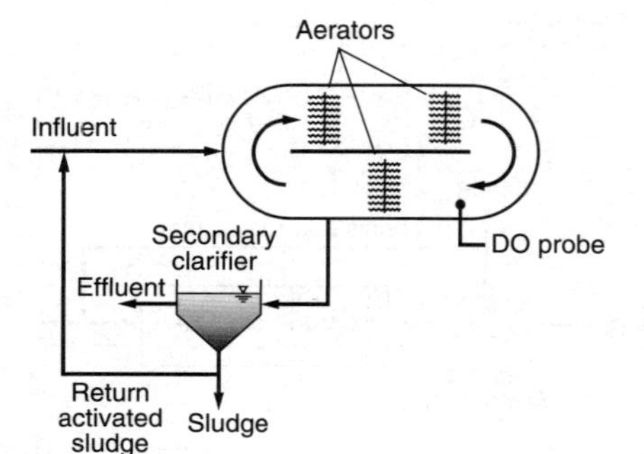 	충분한 용적을 가진 산화구는 낮은 DO 조건으로 질산화와 탈질 모두를 조화시킬 수 있다. 산화구는 수동 또는 자동 DO 조절에 의해 0.5 mg/L 이하의 DO 농도가 유지된 채로 운전될 수 있다. 예를 들어 브러시 포기기와 같은 두 개 이상의 포기기가 있는 경우에는 DO 농도를 0 mg/L 정도로 낮게 유지할 수 있다. 발광 DO 전극에 의해 낮은 DO 농도를 측정할 수 있어, 이와 연동된 가변 주파수 포기 장치 운전을 통해 산화구에서 낮은 DO 농도를 유지시킬 수 있다.

(계속)

표 8-24 (계속)

<table>
<tr><th>공법</th><th>세부사항</th></tr>
<tr><td>

(m) Orbal™

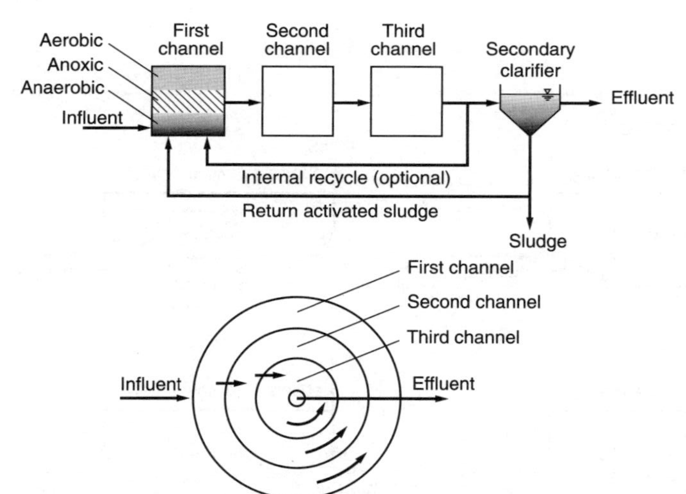

</td><td>Orbal 공법에서 수로는 연속되게 연결되어 있으며, 첫 번째 수로에서는 0 mg/L에 가까운 낮은 DO 농도(약 0.3 mg/L), 두 번째 수로에서는 DO 농도 0.5~1.5 mg/L, 그리고 세 번째 수로에서는 더 높은 DO 농도(2~3 mg/L)로 운전한다. 첫 번째 수로는 하수와 반송슬러지가 유입되며, 보통 전체 반응조 용량의 약 1/2을 차지한다. 두 번째와 세 번째 수로 용적은 각각 전체용량의 l/3과 1/6이다. 안쪽 루프(loop)에서 바깥쪽 루프로 슬러지를 반송함으로써 안쪽 수로에서 질산화로 생성된 질산이온을 탈질시킨다. 세 번째 수로에서 첫 번째 수로로의 순환 유무에 따라 공법이 다양하다(Bionutre™공법). 첫 번째 수로에서의 SNdN을 유도하기 위해 산소 공급 요구량의 약 50%가 첫 번째 수로에 공급되는 것을 권한다.</td></tr>
<tr><td>

(n) 저농도 DO MBR

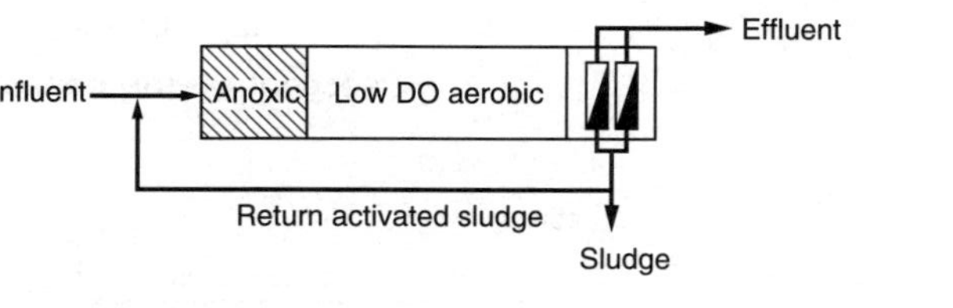

</td><td>MBR 공법에서는 멤브레인 고액분리 전 단계인 호기조에서 낮은 DO를 유지하는 것이다. 고농도 MLSS는 높은 산소 섭취를 야기하며, 이는 무산소조에서 0.3 내지 0.7 mg/L의 DO 농도 유지를 도와준다.</td></tr>
<tr><td colspan="2">교대 NdN 공정</td></tr>
<tr><td>

(o) 산화구

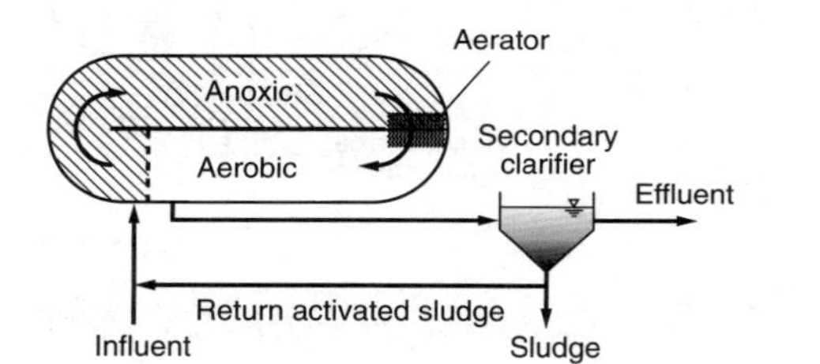

</td><td>단일 반응조 내에서 생물학적 질소제거가 이루어지는 산화구 내의 무산소 탈질 구역은 산화구 수로의 길이와 포기 설계 방식에 의해 설정될 수 있다. 포기기 이후부터 호기 구역이 형성되며, 혼합액는 포기기를 지나 수로를 따라 흘러 내려가며, DO 농도는 미생물에 의한 산소 섭취로 감소된다. DO가 고갈되는 곳에서 부터 무산소 구역이 수로 내에 형성되며 질산이온은 혼합액의 내생호흡에 의해 소모된다. 대부분의 rdBOD는 호기구역에서 이미 소모된다. 산화구는 탱크의 용량이 크고 SRT가 길기 때문에 충분한 질산화 및 탈질 구역을 형성할 수 있다. 하지만 상당량의 질소를 제거하기 위해서는 DO 조절을 통해 충분한 무산소 구역 용적을 확보해야 한다.</td></tr>
</table>

(계속)

표 8-24 (계속)

<table>
<tr><th>공법</th><th>세부사항</th></tr>
<tr><td>(p) dNOx™
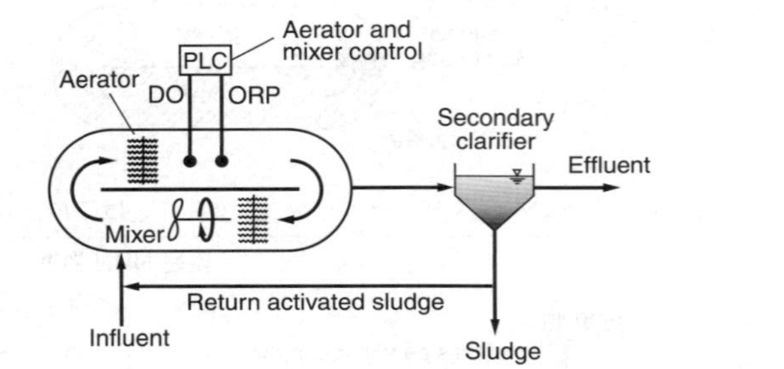
</td><td>dNOx™ 공법에서의 산화구 운전은 포기를 중지하고 수로 유속 유지를 위한 수중믹서를 가동하여 호기성 운전 조건을 무산소 조건으로 전환하는 것이다. 이 공법은 ORP (Ocidation Reduction Potential, 산화환원전위) 조절에 좌우되는 바, ORP는 (1) 무산소 운전기간 동안 질산성 질소가 고갈되는 시점과 (2) 포기 재시작 시점을 결정하는 데 사용된다. 설정된 타이밍에 포기기가 중지되고 혼합기가 가동된다. 비 포기시 질산성 질소가 고갈될 때에, ORP는 현저하게 떨어진다. PC에 의하여 ORP 데이터가 분석되며 이를 통해 포기가 시작되는 시점을 결정한다. dNox™ 공법에서의 전형적인 운전 상태는 부하가 증가하는 이른 아침과 초저녁 시간 등 하루에 적어도 2번 포기를 중지하는 것이다(Stensel and Coleman, 2000). 보통 질산이온 제거를 위한 포기 중단은 산화구에 대한 부하와 질산이온 양에 따라서 3~5시간 지속된다. 방류수 NO_3-N 농도는 8 mg/L 이하, NH_4-N 농도는 1.0~1.5 mg/L 범위에 있는 것으로 보고되고 있다.</td></tr>
<tr><td>Phased NdN Processes
(q) BioDenitro 공법
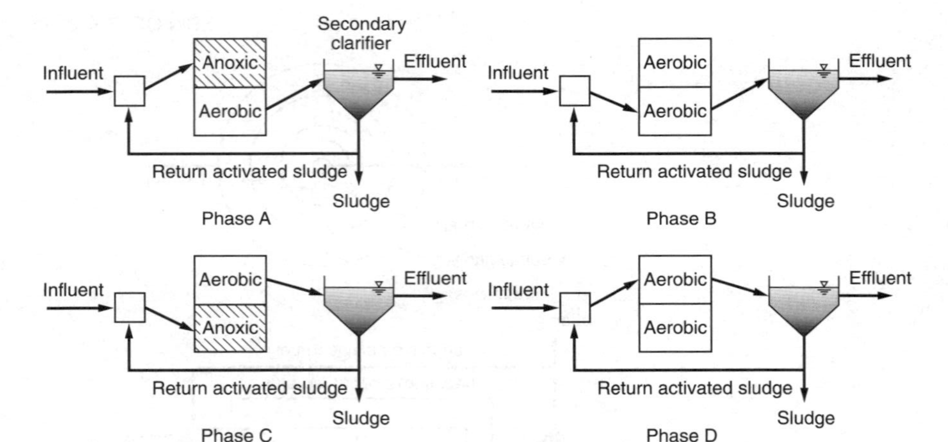
</td><td>BioDeinitro 공법은 반응시기 분리 산화구(phased-isolation oxidation ditch) 공법이라고도 한다. 이 공법은 덴마크에서 질소제거를 위하여 개발되었고 75개 이상의 실 규모 처리장 설치 실적이 있으며 유출수 총 질소 농도는 8 mg/L 이하이다(Stensel and Coleman, 2000).
이 공법은 최소한 2개의 병렬로 연결된 산화구를 사용하는 바, 각 산화구가 호기 및 무산소 구역으로 바뀌면서 운전된다. 운전 주기에 따라 반응조를 혼합만 시키고 포기하지 않는 수중 혼합기가 설치된다. 반응조에 연속적으로 유입하수가 유입되며 전무산소조와 같이 운전된다. SBR 운전과 유사하게 선행의 호기성 질산화 운전으로 질산이온이 생성된다. 전무산소조에서의 탈질뿐만 아니라 포기 운전동안 DO 농도를 변화시켜 질산이온 제거가 가능하다. 대표적인 A, B, C, D 운전주기 시간은 각각 1.5시간, 0.5시간, 1.5시간 및 0.5 시간이다.</td></tr>
</table>

리수의 총 질소 농도 측면에서의 처리능력은 표 8-25에 요약되었다. 표 8-25에 요약된 공법들의 장점과 단점은 이어서 언급될 것이다.

공법들의 분류. 질소제거 공법의 설계는 두 가지: (a) 호기성 SRT와 반응조 용적이 처리수 NH_3-N의 목표 농도를 충족시킬 수 있는 공법, 그리고 (b) 과잉 호기성 질산화 능력을 가진 긴 SRT와 간헐적 포기 또는 낮은 DO 농도로 운전이 되는 높은 유연성을 가진 공법으로 분류할 수 있다. 전자에는 MLE, MLE-멤브레인, Bardenpho, Bardenpho-MBR, 단계 주입 BNR, 그리고 이중 슬러지 공법을 포함한다. 설계온도와 목표 처리수 NH_3-N 농도는 질산화에 필요한 SRT에 영향을 미친다. 후자에는 산화구, SBR 그리고 Orbal 공법들을 포함한다. MLE와 Bardenpho 공법에서 전탈질조로의 내부 반송비는 2~4 범위이다. 6.0의 높은 내부 반송비는 MLE-MBR 응용 공법에 사용된다. 전탈질조를 보유한 활성슬러지/침전지 공법의 MLSS 농도는 3000에서 4000 mg/L이고, MBR 공법에서의 MLSS 농도는 8000에서 14,000 mg/L이다. 질산화와 탈질산화를 촉진시키기 위한 낮은 DO와 간헐적 포기 시스템은 일반적인 공법에 비해 SRT가 높게 운전되는 산화구, Orbal, SBR 그리고 MLE와 MLE-Membrane 공법에 적용될 수 있다.

표 8-25
질소제거 공법의 장점과 한계점

공법	장점	한계점
MLE	에너지 절감; BOD는 호기조 이전에 제거	처리수 총 질소 농도
	알칼리도는 질산화 전에 생산됨	질소제거능력은 내부 반송에 의해 좌우됨
	사상균에 대응하는 선택조 기능에 의한 고농도 MLSS	잠재적 노카디아 거품 문제
	기존의 활성슬러지 공법에 대한 적용 용이	내부 반송에 있는 DO 농도 제어
	10 mg/L 이하의 처리수 총 질소 농도 달성 가능	
MLE-MBR	MLE와 유사한 BOD 제거와 알칼리도 생산을 위한 내부순환 NO_3의 사용	질소제거능력은 반송량에 의해 좌우됨
		잠재적 노카디아 거품 문제
	고농도의 MLSS와 침전지가 필요없어 요구되는 면적이 작음	반송수의 DO 농도 제어가 요구됨
	6 mg/L 이하의 처리수 총 질소 농도 달성 가능	MLE에 비해 더 많은 에너지를 사용
	완벽한 TSS 제거로 인한 고품질의 처리수, 중수도(미국 캘리포니아 주 Class A) 기준 만족	막 오염 제어가 필요
단계 주입 BNR	기존의 plug flow 활성슬러지 공법에 적용 가능	질소제거능력은 유량분배에 의해 좌우됨
	5 mg/L 이하의 처리수 총 질소 농도 달성 가능	MLE에 비해 더 복잡한 운전; 운전 최적화를 위한 유량 분배 제어가 요구됨
	내부 순환 배관과 펌프가 필요하지 않음	
	MLE 공법에 비해 체적대비 더 높은 처리효율을 가짐	잠재적 노카디아 거품 문제
연속 회분 반응기	높은 운전 유연성을 가짐	작은 유입수 유량에 적합
	간단한 처리 시스템 배치	단순 BOD 제거에 비해 질소제거에는 더 많은 체적이 필요
	유량 균등화에 의해 유량 급등에 따른 혼합액 고형물 유출 현상이 없음	운용신뢰도를 위해 여러 반응조가 필요
	정적인 침전에 의한 낮은 처리수 TSS 농도	더 복잡한 공정설계
	5~8 mg/L의 처리수 T-N 농도 달성 가능	처리수 수질은 상징액 배출(decanting) 시설에 좌우함
		여과 및 소독 전에 회분식 처리수 유량 균등화가 필요

(계속)

| 표 8–25 (계속)

공법	장점	한계점
BioDenitro	5~8 mg/L의 처리수 T–N 농도 달성 가능	복잡한 운전 시스템
	큰 반응조 체적은 충격 부하에 대한 저항력을 높임	두 개의 산화구가 요구됨; 건설비용을 증가시킴
dNO_x™	큰 반응조 체적으로 충격 부하에 대한 저항력이 큼	고농도 유입수 TKN에 의해 질소제거 능력이 제한됨
	기존의 산화구 공법을 운전이 쉽고 경제적인 공정으로 개선	암모니아 유출에 취약
	SVI 제어	유입수 성상 변동이 성능에 영향을 미침
	에너지 절감	
Bardenpho (4단계)	3 mg/L 미만 수준의 처리수 질소 농도 달성 가능	큰 반응조 체적이 요구됨
	MLE와 동일한 장점 보유	외부 탄소원 투입이 없는 경우 두 번째 무산소조는 낮은 질소제거 효율을 보임
산화구	처리수 수질에 크게 영향을 주지 않을 만큼 큰 반응조 체적이 부하변동에 대한 저항력이 큼	전탈질조가 없을 경우 질소제거 능력은 운전자의 운전능력 및 제어 방법에 영향을 받음
	간단한 시설배치 및 운전	
	질소제거에 좋은 능력을 가짐; 5 mg/L 미만의 처리수 T–N 농도가 가능	큰 면적이 요구됨
	전탈질조와 함께 운전 시 효과적임	
외부 탄소원 투입이 수반된 후탈질 공법	3 mg/L 미만 수준의 처리수 질소 농도 달성 가능	외부 탄소원 구매에 따른 운전 비용 상승
	처리수 여과 과정과 결합 가능	탄소원 투입 제어가 요구됨
동시 질산화/탈질 공법	낮은 수준의 처리수 질소 농도 달성 가능(3 mg/L 미만)	큰 반응조 체적; 숙련된 운전이 요구됨
	상당한 에너지 절감이 가능	공정 제어 시스템이 요구됨
	새로운 건설 없이 기존 설비에 통합 가능	
	알칼리도 생성	

후탈질 공법에 대한 전탈질 공법과 동시 질산화 탈질공법(SNdN)의 장점. 전탈질 공법은 일반적으로 후탈질 공법을 가지기도 하고 가지지 않기도 한다. 후탈질 부유성장 공법 선정은 주로 반응조 배치, 기존 반응조의 구성, 그리고 장비를 고려하여 결정된다. 후탈질 공법만을 놓고 봤을 때의 주요 단점은 외부 탄소원을 제공하는 비용이다. 전탈질 공법과 동시질산화 탈질(SNdN)공법은 후탈질만을 사용하는 공법에 비해 추가적인 중요한 장점을 가진다. 질산화 과정에서 혹은 그 전에 질산성 질소를 제거함으로써, 탈질에 의해 생성된 알칼리도를 이용할 수 있어 질산화에 의해 고갈된 알칼리도를 상쇄시킨다. 환원되는 NO_3-N g당 3.59 g의 알칼리도가 생산되고 산화되는 NH_3-N g당 7.14 g의 알칼리도가 소모되기 때문에, 질산화 시 소모되는 알칼리도의 거의 절반이 전탈질 공법이나 동시 질산화 탈질(SNdN)공법에 의해 제공될 수 있다. 알칼리도 회복은 낮은 알칼리도의 폐수처리에 매우 중요하다. 일부 응용공법에서는 질산화 과정을 위한 적절한 pH 유지를 위해 상당한 비용을 들여서라도 석회와 수산화나트륨 주입을 통해 알칼리도를 높인다. 게다가, 전탈질 공법은 사상성 세균에 대항하는 선택조 역할을 하여 침전이 잘되는 활성 슬러지를 제공한다.

》 외부 탄소원 투입을 통한 탈질산화

탈질산화를 위한 외부 탄소원의 사용은 엄격한 처리수 질소 농도 규제에 직면한 생물학적 질소제거 시설이나 유입수의 BOD/TKN비가 상대적으로 낮은 저농도 폐수를 처리함에 있어 필요하다. 처리수 총 질소 농도 목표가 6~8 mg/L보다 낮은 경우, 일반적으로 외부 탄소원이 요구된다. 외부 탄소원은 Bardenpho 공법의 후탈질조와 단계주입 BNR 공법의 후단 무산소조, 그리고 SBR 공법 반응 단계 중 마지막 반응주기로 넘어가는 무산소 기간, 그리고 처리수 탈질 필터에 첨가된다. 비가 오는 우기 기간의 운전 조건 역시 저농도 폐수의 탈질률을 향상시키기 위해 외부 탄소원 투입이 필요하다. Bardenpho 공법의 후탈질조에 외부 탄소원을 투입하는 방법의 장점은 작은 무산소조를 이용하고, 내생호흡으로 인한 NH_3-N의 배출이 적은 관계로 낮은 처리수 T-N 농도를 달성할 수 있다는 것이다.

외부 탄소원. 외부 탄소원은 주로 공업 생산 과정과 산업 공정의 부산물, 1차 슬러지의 발효 공정에서 얻어진다. 일반적으로 사용되는 유기화합물은 메탄올, 에탄올, 당, 액상과당, 아세테이트, 글리세롤, 옥수수 전분, 당밀, 증류소 퓨젤 오일, Unicarb와 MicroCTM 같은 상용제품 그리고 다른 산업폐기물들이다(Gu and Onnis-Hayden, 2010 and Swinarski et al., 2012). 역사적으로, 메탄올이 다음과 같은 이유로 가장 일반적으로 사용되는데, 그 이유는 (1) 무산소조에서 감소되는 (NO_x g/소비되는 메탄올 g) 측면에서 가장 높은 효율, (2) 일반적으로 NO_x를 제거함에 있어서 가장 낮은 kg당 비용, (3) 쉽게 사용할 수 있고, (4) 메탄올을 이용한 탈질화에 대한 상당한 경험이다. 메탄올 사용에 있어 주요 단점은 (1) 메탄올 운반과 보관에 관련된 안전문제, (2) 처음 첨가 시 적응 시간 필요, (3) 다른 기질에 비해 상대적으로 낮은 탈질률이다. 메탄올 혹은 다른 가연성 물질의 외부 탄소원 이용은 특별 보관 및 작업자의 안전을 고려해야 한다. 보관 및 안전, 탈질률, 적응시간과 관련된 문제는 다른 탄소원에 대한 관심을 이끌어 냈다. 이 세션에서 설명한 외부 탄소원 이용 시 중요한 고려사항은 탄소 효율성, 탈질률, 탄소투입량과 무산소조 체적, 적응 필요성, 그리고 최종 부산물의 감소이다.

외부 탄소원의 효율. 외부 탄소원의 효율은 무산소조에서 소비되는 COD g당 감소되는 NO_3-N g으로 정의된다. 높은 합성수율 계수를 가지는 기질에서는, 제거되는 COD의 큰 부분이 바이오매스로 합성되고, 작은 부분이 산화되는데 이 경우 낮은 탈질 효율을 보여준다. 효율(E_{CNO_3})은 소모비(CR)의 역수라고 McCarty 등이 정의하였고(1969), 식 (7.127)에 있는 바와 같이, 수율은 외부 탄소원 소비에 의한 합성수율이다.

$$\frac{1}{E_{CNO_3}} = C_{R,NO_3} = \frac{2.86}{1 - 1.42\, Y_H} \tag{8-69}$$

여기서, Y_H = 합성수율, g VSS/g 제거되는 COD

식 (8.69)에서 아질산이온과 DO 감소에 대한 분자값은 각각 1.71과 1.0이다(질산성 질소에 대해서는 2.86임). 낮은 합성수율을 초래하는 외부 탄소원은 낮은 C_R값을 가지는

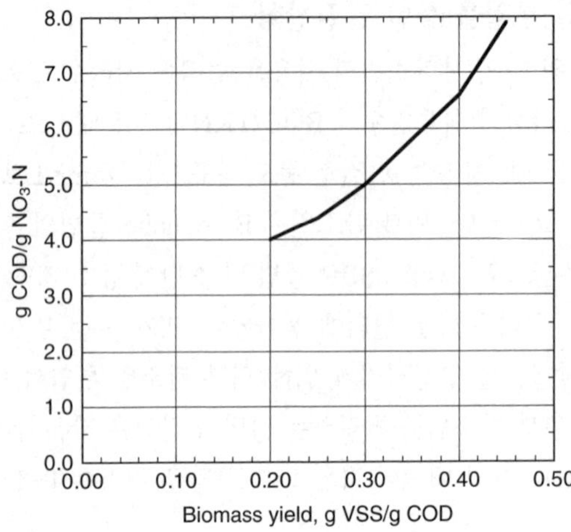

그림 8-36

질소제거를 위한 외부 탄소량은 (소비되는 COD g당 생산되는 VSS g의 바이오매스)으로 표현되는 수율과 관련 있다.

데, 이는 질산성 질소제거를 위한 탄소투입량을 줄인다. C_R값과 합성수율관계는 그림 8.36에 있다. 보고된 메탄올의 합성수율 값은 0.20~0.30 범위이며, 메탄의 C_{R,NO_3} 값은 4.0~5.0 g COD/g NO_3-N 범위이다. 다른 외부 탄소원의 무산소조 합성수율값은 0.35에서 0.40 범위이다. 무산소 조건에서의 합성수율은 호기성 조건의 70~80%임을 주목해야 한다(Muller et al., 2003, Henze et al., 2008). 에탄올에 해당하는 0.36 (g VSS/g COD) (Christensen et al., 1994)과 글리세롤에 해당하는 0.34 (g VSS/g COD) (Bilyk et al., 2009)를 질산성 질소 감소에 따른 합성수율로 전환하면, 식 (8-69)의 C_R값은 5.9과 5.5 g COD/g NO_3-N이 되는데, 이는 메탄올에 해당하는 값에 비해 높다. C_{R,NO_3} 값에 기초한 메탄올과 에탄올 그리고 글리세롤 효율인자는 0.22, 0.18 그리고 0.17 NO_3-N g/소모되는 COD g이다.

후탈질 무산소조에서 제거되는 단위 g당 NO_3-N에 대한 외부 탄소원의 투입량은 소모비에 의해 예상되는 양보다 높다. 메탄올의 COD 등가는 1.5 g COD/g CH_3OH이다. 그래서 메탄올에 기초한 C_R값은 2.7~3.3 g CH_3OH /제거되는 NO_3-N g이다. 실제 현장에서 메탄올 주입량은 3.3~3.8 g CH_3OH/제거되는 NO_3-N g인데, 이는 실질적 C_R값, 무산소조 처리수의 메탄올, 무산소조로 유입되는 DO에 의한 소모되는 메탄올과 MLSS 내 생호흡에 의한 이용 가능한 기질에 의한 질산성 질소 감소를 고려한 것이다. 무산소조가 작을수록(더 낮은 τ) 더 높은 탈질률을 요구하는데, 이는 반응조와 처리수의 더 높은 외부 탄소 농도를 요구하고 이에 따라 더 많은 양의 외부 탄소 투입을 요구한다. 외부 탄소 투입률은 필요 탈질률을 유지하기 위한 무산소조 내부 외부 탄소원 농도와 NO_3-N 환원에 따른 호흡 요구량을 충족하는 탄소 소모량과 관련이 있다.

탈질률. NO_3-N 환원율(g/L · d)은 식 (7-133)에 주어진 것과 같이 탄소 기질, NO_3-N 그리고 종속영양 세균 농도의 함수이다.

$$r_{NO_3} = \left(\frac{1 - 1.42Y_H}{2.86}\right)\left[\frac{\mu_{H,max}S_S}{Y_H(K_s + S_S)}\right]\left(\frac{S_{NO_3}}{K_{NO_3} + S_{NO_3}}\right)\left(\frac{K'_o}{K'_o + S_o}\right)(\eta)X_H \tag{7-133}$$

여기서, $(\eta)X_H$ = 무산소 상태에서 외부 탄소 기질을 분해시키는 미생물 농도, mg VSS/L

아세트산과 에탄올 같은 몇몇 외부 탄소 기질들은 유입 폐수의 BOD를 이용하여 성장한 대부분의 종속영양 세균에 의해 쉽게 분해 가능하며 η의 일반적인 값(무산소/호기 시스템에서 0.60~0.80)은 X_H의 계산된 수치와 함께 식 (7-133)에서 사용할 수 있다. 그러나 메탄올이 투입되는 무산소조에서는 유사한 분해과정을 사용할 수 없다.

메탄올 분해가 가능한 메탄올 자화균은 보다 특별한 세균으로 단일 탄소화합물 만으로 성장할 수 있어 메탄올 사용 시 식 (7-133)의 X_H 값은 주로 투입 및 분해된 메탄올 양과 관련이 있다. 이러한 세균은 탈질 시스템에 투입되는 다른 외부 탄소원을 사용할 수 있으나, 그러한 기질 사용을 위해서는 다른 세균들과 경쟁해야 한다. 메탄올로 배양한 무산소 배양액에는 분해가 가능한 개체를 포함할 수 있다고 알려져 있다(Bayshtok et al., 2009). 이 장에서 언급한 다른 기질들은 유입수 BOD 기질들을 분해시키는 넓은 범위의 세균들에 의해 분해된다.

표 8-26에서 보여주고 있는 바와 같이 아세트산, 에탄올, 상업상품인 MicroC™ 그리고 옥수수 시럽 같은 기질을 이용한 탈질률과 메탄올을 이용한 탈질률을 최대비성장속도로 비교했을 때 메탄올을 이용하는 경우의 탈질률은 매우 작다.

식 (7-133)은 시스템 무산소 영역 부피와 외부 탄소원 필요량을 계산하는 물질수지와 시뮬레이션 모델에서 사용할 수 있지만, 실시 설계에서는 예제 (8-7)과 식 (8-52)의 전탈질조 설계에서 보여준 SDNR 수치를 사용할 수 있다.

$$NO_r = (V_{nox})(SDNR)(MLVSS) \tag{8-52}$$

여기서, NO_r = NO_3-N 제거율, g/d

탄소원의 생물분해 동역학의 함수인 SDNR은 식 (7-133)을 MLVSS (X_{VSS})농도로 나누어 줌으로써 얻을 수 있다.

$$SDNR = \left(\frac{1 - 1.42Y_H}{2.86}\right)\left[\frac{\mu_{H,max}S_S}{Y_H(K_s + S_S)}\right]\left(\frac{S_{NO_3}}{K_{NO_3} + S_{NO_3}}\right)\left(\frac{K'_o}{K'_o + S_o}\right)\left[\frac{(\eta)X_H}{X_{VSS}}\right] \tag{8-70}$$

SDNR = 비탈질률, g NO_3-N/g VSS · d
X_H = 혼합 액상 미생물 농도, mg/L
η = 외부 탄소원 분해를 통해 질산성 질소를 환원시킬 수 있는 미생물의 비
X_{VSS} = 혼합 액상 휘발성 부유 고형물 농도, mg/L

메탄올이 아닌 탄소원의 SDNR 값은 메탄올보다 약 2~2.5배 높다. 고농도의 메탄올과 에탄올에 대한 무산소 활성슬러지에서의 SDNRs 값(Fillos et al., 2007)은 식 (8-71)과 (8-72)로 얻을 수 있다.

에탄올의 SDNR은 메탄올보다 약 2.1배 크다.

$$\text{Methanol:} \quad SDNR = 0.0738(1.11)^{T-20} \tag{8-71}$$

$$\text{Ethanol:} \quad SDNR = 0.161(1.13)^{T-20} \tag{8-72}$$

표 8-26
탈질산화에 이용되는 다양한 외부 탄소원의 동역학 비교

기질	μ_{max}(20°C) g/g · d	Arrhenius 계수, θ	참조
메탄올	1.12	1.12	Mokhayeri et al. (2006)
	1.3	1.1	Christensson et al. (1994)
	1.3	1.09	Dold et al. (2008)
아세트산	4.46	1.21	Mokhayeri et al. (2006)
에탄올	3.02	1.1	Christensson et al. (1994)
Micro™	2.05	1.02	Onnis-Hayden et al. (2011)
옥수수 시럽	4.13	1.18	Mokhayeri et al. (2006)

탄소 투입량과 후탈질조 부피. 후탈질조에 반드시 투입되어야 하는 외부 탄소량은 외부 탄소 소비에 의해 제거 되는 질산이온의 양, 선택된 탄소에 대한 탈질 반응속도, 반응조에 투입된 외부 탄소기질 농도, 무산소조 부피와 관련 있다. 설계 절차의 첫 단계는 무산소조의 부피를 결정하는 것이다. 무산소조 메탄올 감소로 인한 최대 비성장률과 내생 분해율 0.05 g/g · d (Stensel et al., 1973)을 근거로, 슬러지 씻김(wash out) 현상을 방지하기 위한 메탄올이 투입된 무산소 영역의 슬러지 체류시간은 20°C에서 1.0일 이상, 10°C에서 2.0일 이상이다. 다른 외부 탄소원에 대한 무산소 영역 슬러지 체류시간은 20°C에서 50% 적은 0.5일이다.

후탈질 영역에서의 질산이온 제거율은 투입된 외부 탄소 소비와 내생 분해로 인한 제거율의 합이다(식 8-63).

$$R_{NO_3} = \text{SDNR}(X_{VSS})(V_{anox}) + \left(\frac{1.42}{2.86}\right)(b_{H,anox})(X_H)(V_{anox}) \tag{8-73}$$

여기서, R_{NO_3} = 무산소조에서 NO_3-N 제거율, g/d

제거율은 후탈질조의 유입과 유출 NO_3-N 농도 차에 유량을 곱한 것과 같다.

$$R_{NO_3} = Q(1 + R)(NO_o - NO_e) \tag{8-74}$$

여기서, NO_o = 후탈질조에 유입되는 NO_3-N 농도, g/m³
NO_e = 후탈질조에서 유출되는 NO_3-N 농도, g/m³
R = 반송률

주어진 무산소 부피에서, 외부 탄소원이 투입되는 경우 필요한 SDNR 값은 식 (8-75)에서 결정한다.

$$\text{SDNR} = \frac{R_{NO_x} - \left(\frac{1.42}{2.86}\right)(b_H)(X_H)(V_{anox})}{(X_{VSS})(V_{anox})} \tag{8-75}$$

식 (8-75)의 SDNR을 만족하기 위해 무산소조에 투입된 외부 탄소 기질 농도(S_s)는 식 (8-70)에 의해 결정된다. SDNR값이 클수록 무산소조 유출수 기질 농도는 높아진다.

탄소 투입량은 질산이온 환원에 소비된 탄소와 필요한 SDNR을 유지하기 위한 무산소조 유출수 탄소량의 함수이다.

$$C_D = SDNR(X_{VSS})(V_{anox})C_{R,NO_3} + Q(1 + R)(S_s) \tag{8-76}$$

여기서, C_D = 탄소 주입량 또는 투입된 외부 탄소량, g COD/d

작은 무산소조에서는, SDNR은 반드시 커야 하며, 이는 유출수의 외부 탄소원 농도를 높인다. 이에 더해서 내생 분해로 인한 NO_3-N제거는 적다. 이러한 결과는 질산이온 환원에 요구되는 외부 탄소 투여량 증가를 유발한다. 외부 탄소 투입량을 추정하기 위한 이러한 관계의 적용은 예 8-12에 있다.

예제 8-12 **질산성 질소제거를 위한 외부 탄소원 투입이 있는 후탈질조 설계** 예제 8-7의 MLE 설계의 결과와 예제 8-10의 후탈질 공법 설계를 사용하여, 외부 탄소원을 에탄올 또는 메탄올을 사용하는 후탈질 공법 설계를 검토한다. (a) 예제 8-10에서 계산된 오직 내생분해에 의한 질산성 질소제거에 필요한 무산소조 체적의 1/3의 체적으로 후탈질조가 있는 경우 투입되어야 할 에탄올 양(kg/d 그리고 g/m³; g/m³에서 m³은 유입 유량) 계산; (b) 후탈질조 체적의 함수로써 투입되어야 할 메탄올의 양 계산; (c) 내생분해에 의해 제거된 NO_3-N의 비, 투입된 메탄올 중 유출수로 유출되는 메탄올 비 그리고 후탈질조 체적의 함수로(투입된 메탄올/제거된 NO_3-N)의 비를 각각의 그래프로 그리고, 후탈질조의 체적 증가 효과를 논의하라. (a) 계산에 있어서 후탈질조 유출수에 있어서의 NH_3-N 농도변화를 계산하라. 예제 8-10에서 있듯이, 후탈질조는 Bardenpho 공법의 일부분이다.

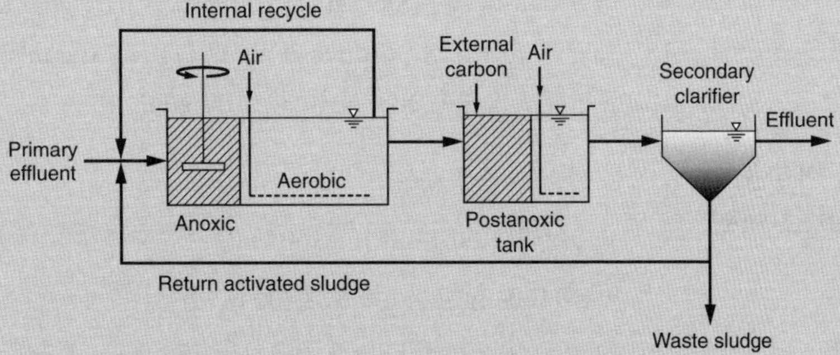

설계조건 및 가정

항목	단위	수치
유량	m³/d	22,700
RAS 비	–	0.60
온도	℃	12
MLSS	g/m³	3000
MLVSS	g/m³	2370
바이오패스, X_H	g/m³	1267
내생호흡 계수 $b_{H,12}$	g/g·d	0.06

호기조 SRT	d	20.6
호기조 체적	m^3	13,230
호기조	g/m^3	6.0
전탈질조 체적	m^3	4,811

참조: g/m^3 = mg/L

1. $\eta = 0.80$
2. 세포합성에 사용된 NH_4-N의 비 = 0.12 g NH_4-N/g 생성된 VSS
3. 내생분해 시 배출된 NH_4-N의 비 = 0.06 g NH_4-N/g VSS
4. 20°C에서의 에탄올 μ_{max}(표 8−26) = 3.02 g/g · d
5. 20°C에서의 에탄올 $\mu_{max}\theta$ (표 8−26) = 1.1
6. 에탄올 합성수율, Y_H = 0.36 g VSS/g COD
7. 에탄올 반속도 계수, K_S = 5.0 g COD/m^3
8. 에탄올은 모두 혼합액 (MLVSS) 탈질 미생물에 의해 분해된다.
9. 질산성 질소 반속도 계수, K_{NO_3} = 0.10 g/m^3
10. DO 농도 = 0.0 g/m^3
11. 20°C에서의 메탄올 μ_{max}(표 8−26) = 1.2 g/g · d
12. 메탄올의 $\mu_{max}\theta$ 값(표 8−26) = 1.1
13. 메탄올 합성수율(Gu and Onnis-Hayden, 2010),
    Y_H = 0.30 g VSS/g COD
14. 메탄올 분해 계수(Stensel et al., 1973) = 0.04 g/g · d
15. 메탄올 반속도 상수(Torres et al., 2011) = 1.0 g/m^3
16. 후탈질조 유출수 NO_3-N 농도 = 1.0 g/m^3

풀이, Part A—에탄올이 투입되는 후탈질조 체적

1. 무산소조 체적 계산

$$V_{anox} = 1/3\ (4811\ m^3) = 1604\ m^3$$

$$\tau = (1604\ m^3)(24\ h/d)/(22{,}700\ m^3/d) = 1.7\ h$$

2. 식 (8−73)에서 에탄올을 사용하는 종속영양 세균에 요구되는 SDNR 계산. 예제 8−10으로부터 R_{NO_3} = 181,000 g/d

$$R_{NO_3} = \text{SDNR}(X_{VSS})(V_{anox}) + \left(\frac{1.42}{2.86}\right)(b_{H,anox})(X_H)(V_{anox})$$

$$181{,}600\ g/d = \text{SDNR}(2370\ g/m^3)(1604\ m^3) + \frac{1.42}{2.86}(0.06\ g/g{\cdot}d)(1267\ g/m^3)(1604\ m^3)$$

$$181{,}600\ g/d = 3{,}801{,}480\ g/d(\text{SDNR}) + 60{,}542\ g/d$$

$$\text{필요한 SDNR} = 0.032\ g\ NO_3\text{-N/gVSS}{\cdot}d$$

3. 식 (8−70)의 S_S에 대해 계산함으로서 요구되는 SDNR을 얻기 위한 유출수 에탄올 농도를 계산하라. DO 농도는 0으로 가정한다.

$$SDNR = \frac{1 - 1.42Y_H}{2.86}\left[\frac{\mu_{max} S_S}{Y_H(K_S + S_S)}\right]\left(\frac{S_{NO_3}}{K_{NO_3} + S_{NO_3}}\right)\left[\frac{(\eta)X_H}{X_{VSS}}\right]$$

a. $\mu_{max,12°C} = 3.02 \text{ g/g·d } (1.1^{12-20}) = 1.41 \text{ g/g·d}$

$$0.032 \text{ g/g·d} = \left[\frac{1 - 1.42(0.36 \text{ g/g})}{2.86}\right]\left[\frac{1.41 \text{ g/g·d}(S_S)}{(0.36 \text{ g/g})(5.0 + S_S)}\right]$$

$$\left[\frac{(1.0 \text{ g/m}^3)}{(0.1 + 1.0) \text{ g/m}^3}\right]\left[\frac{(0.80)(1267 \text{ g/m}^3)}{(2370 \text{ g/m}^3)}\right]$$

$S_S = 0.70 \text{ g/m}^3$

4. 에탄올 투입량 계산

a. 식 (8−69)을 사용하여 질산성 질소 감소를 위한 에탄올 소비율 계산

$$C_{R,NO_3} = \frac{2.86}{1 - 1.42(0.36 \text{ g VSS/g COD})} = 5.85 \text{ g COD/g } NO_3\text{-N}$$

b. 식 (8−76)을 사용하여 에탄올 투입량 계산

투입량 $= SDNR(X_{VSS})(X_{anox})C_{R,NO_3} + Q(1 + R)(S_S)$

투입량 $= (0.032 \text{ g/g·d})(2370 \text{ g/m}^3)(1604 \text{ m}^3)(5.85 \text{ g COD/g } NO_3\text{-N})$
$+ 22,700 \text{ m}^3\text{/d}(1 + 0.60)(0.70 \text{ g/m}^3)$

투입량 = 711,637 g COD/d + 25,424 g COD/d

투입량 = 737,061 g COD/d

에탄올의 COD (CH_3CH_2OH) = 2.09 g COD/g 에탄올

$$\text{에탄올 투입량} = \frac{(737,061 \text{ g COD/d})}{(2.09 \text{ g COD/g 에탄올})} = 352,661 \text{ g 에탄올/d}$$
$$= 352.6 \text{ kg 에탄올/d}$$

무산소조 유입량에 대하여 투입되는 에탄올의 농도로서의 환산 투입량(유입량은 시스템 유입 유량과 재순환 유량의 합):

$$= \frac{(352,661 \text{ g 에탄올/d})}{[(1 + 0.6)22,700 \text{ m}^3\text{/d}]} = 9.7 \text{ g 에탄올/m}^3 = 20.3 \text{ g COD/m}^3$$

$$\text{유입 유량으로 일반화한 투입량} = \frac{(352,661 \text{ g 에탄올/d})}{(22,700 \text{ m}^3\text{/d})}$$
$$= 15.5 \text{ g 에탄올/m}^3$$

5. 후탈질조에서 유출되는 NH_3-N의 변화를 계산하라. 변화는 내생분해로부터의 NH_3-N 방출과 에탄올 소모를 통한 세포합성으로 인한 NH_4-N 흡수로 발생한다. 방

출된 NH_3-N 양은 예제 8-10에서의 비와 이 문제에서의(1604 m^3) 무산소조의 비와 같고, 예제 8-10에서의 비내생분해율과 미생물 농도는 동일하기 때문에, 3단계(4811 m^3) 체적과 NH_3-N 방출량(0.60 g/m^3)을 곱한다.

$$\Delta NH_4\text{-N released} = \frac{NH_4\text{-N}(V_{anox})}{V_{anox}}$$

$$= \frac{(0.60\ g/m^3)(1604\ m^3)}{4811\ m^3}$$

$$\Delta NH_4\text{-N} = 0.20\ g/m^3$$

$$\Delta \text{biomass} = Y(\Delta COD) = (0.36\ g\ VSS/g\ COD)(20.3\ g\ COD/m^3) = 7.3\ g\ VSS/m^3$$

에탄올 소모 시 합성에 필요한 미생물의 질소 흡수량

$$= 0.12\ g\ N/g\ VSS\ (7.3\ g\ VSS/m^3) = 0.88\ g/m^3$$

$$NH_3\text{-N 총 변화량} = 0.20\ g/m^3 - 0.88\ g/m^3 = -0.68\ g/m^3$$

따라서 에탄올이 투입된 무산소조 처리수의 NH_3-N는 감소된다. NH_3-N 농도가 감소함에 따라, 합성에 필요한 질소량의 일부는 NO_3-N이 충족시킬 수 있을 것이다.

풀이, Part B–후탈질조 체적에 대한 메탄올 주입량 이 풀이과정은 탄소원으로 메탄올을 사용한 경우이며, 에탄올을 사용한 풀이과정으로부터 수정되었다. 메탄올-분해 미생물은 오직 메탄올만을 이용하여 성장하며 폐수 내 BOD로부터는 성장하지 않는다고 가정을 한다. 풀이과정은 필요 질산성 질소의 환원율을 제공하기 위한 후탈질 반응조의 메탄올 농도를 결정하기 위해 반복과정(혹은 Excel의 해찾기 기능을 사용하여 풀 수 있음)을 필요로 한다.

1. 에탄올(Part A)에서와 같은 과정을 사용하여, V_{anox} = 1604 m^3에 대한 메탄올을 기질로 하는 미생물(메틸영양체 미생물)의 SDNR을 식 (8-73)을 이용해서 계산하라.

$$R_{NO_3} = SDNR(X_{VSS})(V_{anox}) + \left(\frac{1.42}{2.86}\right)(b_H)(X_H)(V_{anox})$$

$$181{,}600\ g/d = SDNR(2370\ g/m^3)(1604\ m^3) + \frac{1.42}{2.86}(0.06\ g/g\cdot d)(1267\ g/m^3)(1604\ m^3)$$

$$181{,}600\ g/d = 3{,}801{,}480\ g/d(SDNR) + 60{,}542\ g/d$$

메탄올을 기질로 하는 미생물(메틸영양체 미생물)의 SDNR = 0.032 g NO_3-N/gVSS · d으로 계산되고, 위 식 중 두 번째 항목은 내생분해에 의해 제거된 질소량이다.

$$\text{내생분해에 의한 제거 \%} = \frac{60{,}542(100)}{181{,}600} = 33.3\%$$

2. 식 (8-70)의 S_S에 대해서 계산함으로써 요구되는 SDNR을 제공하기 위한 처리수 메탄올 농도 계산하라. DO 농도는 0으로 가정한다. 단, 여기서 미생물 농도(ηX_H)

는 메틸영양체 미생물 혹은 X_M이다.

$$\text{SDNR} = \frac{1 - 1.42Y_H}{2.86}\left[\frac{\mu_{max} S_S}{Y_H(K_S + S_S)}\right]\left(\frac{S_{NO_3}}{K_{NO_3} + S_{NO_3}}\right)\left(\frac{X_M}{X_{VSS}}\right)$$

a. $\mu_{max,12°C} = 1.2\ g/g{\cdot}d(1.1^{12-20}) = 0.56\ g/g{\cdot}d$

$$0.032\ g/g{\cdot}d = \left[\frac{1 - 1.42(0.30\ g/g)}{2.86}\right]\left[\frac{(0.56\ g/g{\cdot}d)(S_S)}{(0.30\ g/g)(1.0 + S_S)}\right]$$
$$\left\{\frac{(1.0\ g/m^3)}{[(0.1 + 1.0)g/m^3]}\right\}\left[\frac{(X_M\ g/m^3)}{(2370\ g/m^3)}\right]$$

$$0.032\ g/g \cdot d = 0.000144\left(\frac{S_S}{1.0 + S_S}\right)(X_M)$$

b. 소모된 메탄올의 함수로써 메틸영양체 미생물 농도(X_M)를 계산하라. 소모된 메탄올의 양은 메탄올 투입량(투입된 메탄올은 전부 무산소조 혹은 후단의 후포기조에서 소모된다고 가정)과 동일하다. 식 (8−76)을 사용하여 메탄올 투입량을 계산하라.

투입량 = $\text{SDNR}(X_{VSS})(V_{anox})C_{R,NO_3} + Q(1 + R)(S_S)$

$[\text{SDNR}(X_{VSS})(V_{anox})]$의 값은 1단계에서 계산되는데 이는 총 질산성 질소제거에서 내생분해에 의한 제거율을 제한 것이다.

$[\text{SDNR}(X_{VSS})(V_{anox})] = 181{,}600\ g/d - 60{,}542\ g/d = 121{,}058\ g\ NO_3\text{-N/d}$

$$C_{R,NO_3} = \frac{2.86}{1 - 1.42(Y_H)},\ Y_H = 0.30\ g\ VSS/g\ COD$$
$$= \frac{2.86}{1 - 1.42(0.30\ g\ VSS/g\ COD)} = 4.98\ gCOD/g\ NO_3\text{-N}$$

그러므로 소모된 메탄올 량은 다음과 같다:

투입량, g COD/d = $(121{,}058\ g\ NO_3\text{-N/d})(4.58\ g\ COD/g\ NO_3\text{-N})$
$+ (22{,}700\ m^3/d)(1.0 + 0.6)(S_S\ g/m^3)$

투입량, g COD/d = $554{,}445.6 + 36{,}320(S_S)$

X_M은 소모된 메탄올 양에 의해 생성된 미생물량이며, 시스템의 SRT와 τ와 관계가 있고 식 (7−42)에 의해 계산된다.

$$X_M = \left(\frac{\text{SRT}}{\tau}\right)\left[\frac{Y_H(S_o)}{1 + b_H(\text{SRT})}\right]$$

여기서, S_o = 유입 유량으로 일반화시킨 소모된 메탄올 양, g/m³

$$S_o = \frac{[554{,}445.6 + 36{,}320(S_S)]g/d}{22{,}700\ m^3/d} = [24.43 + 1.6(S_S)]g/m^3$$

SRT와 τ는 모든 Bardenpho 시스템 전체 체적에 기초를 둔 것이다. 0.33 h(19.8

분)는 후포기 τ로 후탈질조 후단에 설치되는 것이다. 총 SRT는 호기조 체적에 비례하여 추정되었고 이 SRT는 예제 8–7에서 계산되었다.

Bardenpho 조	체적, m^3
전탈질조	2361
호기조(SRT = 20.5 d)	13,230
후탈질조	1604
후포기조	315
계	17,510

$$\tau = \frac{(17{,}510\ \text{m}^3)}{(22{,}700\ \text{m}^3/\text{d})} = 0.77\ \text{d}$$

$$\text{SRT} = \frac{17{,}510\ \text{m}^3}{13{,}230\ \text{m}^3}(20.5\ \text{d}) = 27.1\ \text{d}$$

$$X_{\text{M}} = \left(\frac{\text{SRT}}{\tau}\right)\left[\frac{Y_{\text{H}}(S_o)}{1 + b_{\text{H}}(\text{SRT})}\right]$$

$$= \left(\frac{27.1\ \text{d}}{0.77\ \text{d}}\right)\left[\frac{(0.30\ \text{g VSS/g COD})(S_o)}{1 + (0.04\ \text{g/g}\cdot\text{d})(27.1\ \text{d})}\right] = 5.066(S_o)$$

위의 $S_o = 24.43 + 1.6S_S$로부터 $X_{\text{M}} = 123.76 + 8.106S_S$라는 것을 알 수 있고, 2a로부터의 SDNR에 관한 식을 사용하여 X_{M}과 S_S를 계산할 수 있다.

$$0.032\ \text{g/g}\cdot\text{d} = 0.000144\left(\frac{S_S}{1.0 + S_S}\right)(X_{\text{M}})$$

$$S_S = 12.6\ \text{g COD/m}^3 \text{ and } X_{\text{M}} = 236.3\ \text{g VSS/m}^3$$

3. 이제 메탄올 투입량을 계산하라.

$$\text{투입량} = \text{SDNR}(X_{\text{VSS}})(V_{\text{anox}})C_{\text{R,NO}_3} + Q(1 + R)(S_S)$$

$$= (0.032\ \text{g NO}_3\text{-N/g VSS}\cdot\text{d})(2370\ \text{g/m}^3)(1604\ \text{m}^3)(4.98\ \text{g COD/g NO}_3\text{-N})$$
$$+ (22{,}700\ \text{m}^3/\text{d})(1 + 0.6)(12.6\ \text{g COD/m}^3)$$

$$\text{투입량} = 605{,}803\ \text{g COD/d} + 456{,}905\ \text{g COD/d} = 1{,}062{,}709\ \text{g COD/d}$$

메탄올 투입량에 대한 무산소조 유출수로 유출되는 메탄올 양 비(유출비):

투입된 메탄올 양에 대한 무산소조 유출수로 유출되는 메탄올 양 비(유출비)

$$= \frac{100(456{,}905)}{1{,}062{,}709} = 43.0\%$$

무산소조 유입 유량에 기초한 투입량:

$$= \frac{(1{,}062{,}709\ \text{g COD/d})}{(22{,}700\ \text{m}^3)(1.0 + 0.6)} = 29.3\ \text{g COD/m}^3$$

유입 유량으로 일반화:

$$= \frac{(29.3 \text{ g COD/m}^3)(1.0 + 0.6)(22{,}700 \text{ m}^3)}{(22{,}700 \text{ m}^3)} = 46.8 \text{ g COD/m}^3$$

메탄올 투입량:

$$\text{총 메탄올 투입량/일} = \frac{(1{,}062{,}709 \text{ g COD/d})}{(1.5 \text{ g COD/g CH}_3\text{OH})(1000 \text{ g/kg})} = 708.5 \text{ kg CH}_3\text{OH/d}$$

무산산조로의 유입 유량에 기초 = $(29.3 \text{ g COD/m}^3)/(1.5 \text{ g COD/g CH}_3\text{OH})$
$= 19.5 \text{ g CH}_3\text{OH/m}^3$

시스템 유입 유량에 기초 = $(48.9 \text{ g COD/m}^3)/1.5 = 32.6 \text{ g CH}_3\text{OH/m}^3$

다음 풀이로 요약된다.

인자	단위	값
무산소조 체적	m^3	1604
메탄올 주입량	kg/d	708.5
유입 유량에 기초한 메탄올 투입량	g CH_3OH/m^3	32.6
무산소조 유입 유량에 기초한 메탄올 투입량	g CH_3OH/m^3	19.5
후탈질조 투입 메탄올 중 후탈질조 유출수로 유출되는 메탄올 비(유출비)	%	43.0

풀이, Part C–요구되는 그림을 준비하고 결과 토론

1. 내생탈질에 의한 NO_3-N제거 퍼센트
   퍼센트 값은 Part B, 1단계의 설명에서 얻을 수 있다.
   반응조 체적 1604 m^3에서 내생탈질에 의해 제거되는 퍼센트 = 33.3%
2. 처리수에 유출되는 투입된 메탄올 퍼센트(유출비)는 Part B, 3단계에서 계산되었다.
   반응조 체적 1604 m^3의 유출수로 유출되는 투입된 메탄올 퍼센트 = 43%
3. 반응조 체적 1604 m^3에서 NO_3-N제거에 대한 메탄올 투입 비
   Part B, 2단계에서 메탄올 투입량 = 708,500 g CH_3OH/일.
   NO_3-N제거량 = 181,600 g/d.
   비 = g CH_3OH/g NO_3-N = 708,500/181,600 = 3.9.
4. 다른 가정된 무산소조 체적에 대해서 비슷한 계산을 하여 요약표 작성

후탈질조 체적, m^3	내생탈질에 의해 제거되는 NO_3-N비	처리수에 투입되는 CH_3OH 비	CH_3OH/NO_3-N
1604	33.3	43.0	3.9
1800	37.4	38.5	3.4
2000	41.6	33.9	2.9
2500	52.0	25.3	2.1
3000	62.4	23.0	1.6
3500	72.7	22.2	1.2
4000	83.1	29.2	0.8

5. 그림을 그려 후탈질조 체적 증가에 따른 영향을 분석하라.
   a. 요구되는 그림은 아래에 있다.

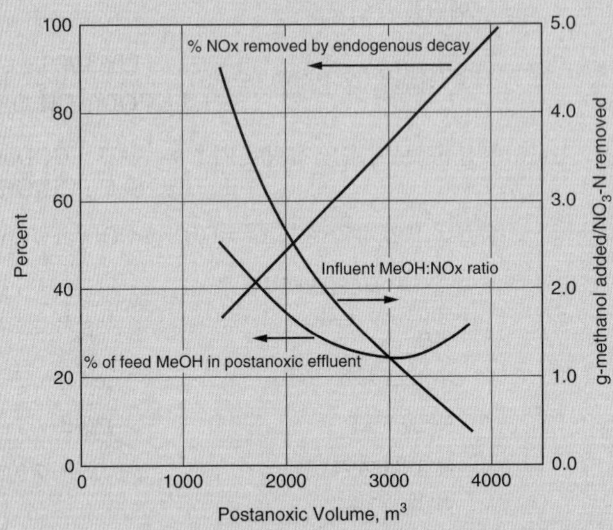

   b. 후탈질조가 커질수록 메탄올 투입량은 감소하는데, 이는 내생탈질이 많이 일어나기 때문이다. 그리고 유출수로 유출되는 투입 메탄올 농도는 줄어드는데, 이는 외부 탄소원을 기질로 사용하는 경우에 있어서의 낮은 탈질률이 허용되기 때문이다. 탈질조 체적이 2000 m^3인 경우, 메탄올 투입율은 소모비 (C_{R,NO_3})는 범위 2.5 to 3.5 g CH_3OH/g NO_3-N 제거량(COD기준으로 3.8 에서 5.3)를 가지는데, 이 값은 후탈질조에서 탈질에 이용된 메탄올, 내생탈질에 의해 제거되는 질산이온, 그리고 유출수내 메탄올을 고려한 총 결과이다.

분석결과는 후탈질조에서 내생탈질이 질산이온 제거에 미치는 영향, 메탄올과 에탄올 같은 특정 외부 탄소원에 관련된 기질 이용률의 영향, 그리고 외부 탄소원 투입이 필요한 후탈질조 체적 변화에 대한 영향도 보여주었다. 에탄올의 기질 이용률이 크기 때문에 후탈질조의 에탄올 농도는 낮아도 되므로 메탄올에 비해 처리수로의 유출률도 적다. 에탄올 요구량은 메탄올 요구량에 비해 작다.

적응 필요. 계절적으로 또는 간헐적으로 외부 탄소원이 사용되는 경우, 선택된 탄소원이 활성슬러지에 의해 쉽게 분해되는지(Acetate와 같이), 또는 충분한 미생물이 자랄 수 있는 적응시간이 필요한 지를 필히 고려해야 한다. 메탄올을 투입하는 경우 메틸영양체 군집이 성장하기 위한 적응시간이 필요한데 이같이 미생물이 생활하수를 처리하는 활성슬러지 공법에 존재하지 않기 때문이다. 효과적인 메탄올 분해 군집을 형성하는데 최소한 2주는 필요하고, 최대 군집 성장에 도달하기 위해 2~3배의 SRT가 추천된다[Nyberg

(1996)]. 글리세롤이 최대 분해 용량에 도달하기 위해서는 며칠의 적응기간이 필요하다(Dailey et al, 2012). 우천이나 다른 지역적 변화에 의해 외부 탄소원 필요성이 현저히 변화하는 경우에는, 최소의 적응기간이 요구되는 탄소원이 적절할 것이다.

환원된 최종산물. 탈질의 목표는 질산성 질소를 질소 가스로 환원시키는 것이지만 질산성 질소의 일정 부분은 아질산성 질소까지만 환원될 것이다. 이는 질산성 질소의 아질산성 질소로의 빠른 전환 시 필요한 사용가능한 탄소의 부족, 불충분한 체류시간 또는 질산성 질소를 아질산성 질소로만 변환시키는 탈질산화 군집의 선택적 성장이 원인이 된다. 최근의 아세트산을 탄소원으로 하는 탈질산화 연구에 따르면, 아질산성 질소 축적이 질산성 질소의 환원과 함께 관찰되었다(Cherchi. Et al., 2009). 아질산성 질소 축적은 글리세롤 투입 연구에서도 관찰되었다(Uprety et al., 2012). 아세트산은 글리세롤의 발효 산물이며(Gall et al., 2008) 따라서 아세트산은 글리세롤을 투입하는 무산소조에서 생산되고 소비될 개연성이 있다. 아질산성 질소 축적은 아세트산이 있는 경우 아질산성 질소 환원효소 활동성 감소에 기인한다(Van Rijn, 1996). 반면 Uprety et al.(2012)은 높은 F/M 부하율과 바이오매스에 의한 기질 저장에 의해 한정된 탄소가 아질산성 질소 환원을 수행하기 때문이라고 설명하였다. 아질산성 질소축적은 두 번째 외부 탄소(메탄올)가 글리세롤과 함께 투입되면 관찰되지 않았다(Oreskovich et al,. 2011).

≫ 공정제어와 성능

질소제거 시스템에서의 공정제어는 아래와 같은 처리공정을 고려하는데 있어 중요하다. (1) 질산화 반응 유지, (2) 특별한 질소제거 공정에 적용할 수 있는 온라인 장치, 그리고 (3) 처리수 무기질소 농도와 외부 탄소 투입량 최소화를 위한 온라인 장치 사용. 이러한 것은 온라인 측정 및 생물학적 질소제거 부유 성장 시스템 제어에 적용되는 다음 장치의 하나 또는 여러 개의 사용을 포함하고 있다(WERF, 2007): DO 전극, 부유물질 분석기, ORP 전극, 암모니아 측정기, 그리고 질산이온과 아질산이온 측정기.

질산화 반응 수행. 생물학적 질소제거 공법의 처리 효율은 요구되는 질산화 목표 도달 만족능력과 연관이 있다. 앞에서 이야기 하였듯이 암모니아를 질산이온과 아질산이온으로 전환하는 것은 호기구역의 DO 농도와 적정한 호기 슬러지 체류시간(SRT)의 유지 능력과 관련이 있다. 처리동역학과 관련해 DO와 슬러지 체류시간 제어의 중요성은 8-3절에 제시되었다. 더불어 DO 제어는 (1) 포기 시스템 수행능력 최적화와 질산화 시스템의 에너지 사용량, 그리고 (2) 전탈질 영역으로의 내부 순환 슬러지에 있는 DO 농도 최소화와 관련하여 중요하다. MLE 공법에서 흔히 발생하는 노카디아 거품을 조절하기 위해 생물반응조 표면수를 폐기하는 경우 거품과 함께 손실된 고형물은 공정 제어를 위한 슬러지 체류시간 계산에 포함시켜야 한다.

온라인 측정기를 통한 질소제거 공법. 어떤 형태의 질소제거 공법은 특별한 온라인 측정기가 필요하다. 낮은 DO의 동시질산화탈질(SNdN) 공법은 낮은 DO 농도에서의 포기 제어를 위한 DO 전극 이용이 필수적이다. 최근 개발된 광학적 DO SNdN 시스템에서의 낮은 DO 농도 측정은 안정적이고 정밀하고 연속적인 측정이 가능해졌다. 광학적 방법은 용존 DO 농도와 관련된 발광하는 화학물질에서 방사되는 빛의 변화를 측정한다. DO 농도 조절은 또한 순환과 상(相-phase)운전 NdN 공법에서 중요하다. ORP 전극을 이용한 측정은 그림 8-29에서 소개된 산화구와 같이 간헐적 포기 NdN 공법에서 중요하다. 무산소/호기 순환에서, 포기는 선택된 시간에 꺼진다. 그리고 온라인 ORP 측정은 재 포기를 시작할 시점을 결정하는 데 사용된다. 비포기 기간 동안의 ORP 반응은 그림 8-29(c)에서 나타냈다. DO 농도가 감소함에 따라 ORP 수치는 감소한다. DO가 고갈될 때, ORP 수치는 급격히 감소하는 현상을 보인다. ORP 급감은 ORP 굴곡이라고 부르며 시간에 따른 ORP의 기울기를 계산함으로써 확인할 수 있다. ORP 수치는 컴퓨터에 기록되어 ORP의 기울기 변화를 근거로 포기가 수행되도록 프로그램이 짜인다. 비포기 주기는 하루 중 여러 시간 동안 일어나도록 한다; 좀 더 이상적인 시간은 유입수 BOD의 농도가 높아 빠른 비율로 질산이온이 감소하는 시기이다. 질소제거를 위한 ORP 제어는 호기성 소화(Koch et al., 1985)와 동시질산화탈질(SNdN)시스템(Mavinic et al., 2005)에서 질소제거를 위해 사용된다. 이는 순환과 상운전 NdN 시스템에서 질소제거를 수행할 때 유용하다.

처리수 무기질소 농도와 외부 탄소 투입. 암모니아와 질산이온/아질산이온 농도의 연속적인 온라인 측정은 처리수 무기질소 농도를 최소화시키고 후무산소 탈질소 공법에서 외부 탄소 투입량 조절을 위한 공정 최적화에 매우 유용하다. 이온 선택적 전극은 암모니아 측정에 사용한다; 질산이온과 아질산이온 측정의 가장 일반적인 방법으로 UV 흡광도법을 사용한다. 부유물질에 의한 방해 작용을 방지하기 위해 부유물질은 측정 전에 제거해야 한다. 온라인 질산이온/아질산이온 측정은 처리수 무기 질소 농도를 최소로 하기 위한 외부 탄소 투입량 최적화에 특히 중요하다. 필요한 탄소량은 유량과 질소 부하량 일일 변화에 따라 변한다. 과도한 외부 탄소 투입은 질소제거를 최대로 할 수 있으나 낭비가 심하고 처리수의 BOD 농도 또한 증가시킬 수 있다. 피드포워드(feed forward) 제어장치는 무산소조 전단의 유량과 질산이온 농도 측정을 통해 외부 탄소 투입률을 조절하는데 쓰인다. 몇몇의 경우에서, 무산소 영역에서의 질산이온 농도 온라인 측정은 낮은 잔류 질산이온 농도 유지를 통한 과도한 외부 탄소원 투입을 방지하기 위해 사용한다.

8-8 생물학적 인 제거를 위한 공법

생물학적 인 제거(enhanced biological phosphorus removal, EBPR)의 기본적인 원리는 7-13절에 있다. 이 공법은 무산소나 호기조로 유입 전에 혐기조에서 활성슬러지 혼합액이 유입 하수나 휘발성 지방산을 가지고 있는 물과 접촉하는 것을 기반으로 한다. 다른 종속 영양 미생물과 다르게 인 축적 미생물(phosphorus accumulating organisms, PAOs)은 혐기조에서 유입수 아세트산이나 프로피오네이트를 세포 내 탄수화물 저장 물질로 동화시키고 전환시킬 수 있다. 이러한 VFAs (Volatile Fatty Acids)은 혐기조 유입수에 있거나, 또는 유입 rbCOD의 발효에 의해 생산될 수도 있다. 혐기조는 PAOs의 경쟁에서 우위를 제공하기 때문에 PAOs 혐기조 선택조로 언급되기도 한다. PAOs가 우점종인 활성슬러지는 8-4절에서 언급된 선택조 기능으로 인해 침전과 농축이 잘되는 고밀도의 플록으로 발달된나. 이 설에서 제시된 인 제거 방법은 다음과 같이 구성되어 있다: (1) 공법 개발, (2) EBPR 프로세스 개요, (3) 일반적인 공정 설계 고려사항, (4) EBPR 공법에 영향을 미치는 운전 요소, (5) EBPR 프로세스 설계, (6) 화학물질 투입 조항, (7) 공정 제어 및 성능 최적화.

》 공법 개발

1960년대 중반에서 1971년 사이에 미국 워싱턴 DC (Levin and Shapiro, 1965), 미국 샌안토니오(Vacker et al., 1967), 미국 로스엔젤레스(Bergman et al., 1970), 그리고 미국 볼티모어(Milbury et al., 1971)의 활성슬러지 시설에서 높은 수준의 인 제거가 관찰되었다. BOD 제거를 수행하는 활성슬러지 시스템에서는 바이오매스 성장을 위헤 인이 소요되므로 일반적인 인 제거 효율은 20~25%이다. 그러나 이들 처리장의 인 제거 효율은 80% 이상이었다. Levin과 Shapiro(1965)는 인 *luxury uptake*로 일컬어지는 초과 인 흡수의 발생에 대한 실험결과를 발표하였다. 또한 그들은 반송슬러지에서의 인 방출을 수행하는 측류(sidestream) *phostrip* 공법과 phostrip 공법에서 분리된 액상 인의 화학적 응집을 제안했다. 하지만, 그 시기에는 소위 luxury uptake의 기본 원인 및 매커니즘에 대한 이해부족으로 실 규모 시설 설치가 좌절되었다.

Barnard(1974)는 luxury uptake 대신 EBPR 과정을 수행하기 위해 호기성 분해 전에 활성슬러지와 유입하수의 혐기성 접촉의 필요성을 처음으로 명시했다. 기존 공법과 다른 수정사항들은 다음을 포함하는데 (1) 다양한 생물학적 질소제거 설계와 함께 혐기/호기조의 연속적인 조합, (2) 막이나 침전지에서 고액 분리된 반송슬러지 대신 혐기조 후단에 있는 무산소조로부터 혼합액을 혐기조로 반송시키는 것, (3) 1차 침전지 슬러지 발효반응으로 부터 생산된 용액 또는 아세트산을 혐기조에 VFAs 물질로 투입, (4) 다단계의 혐기/호기조의 이용이다. 주(main) 수처리 공정의 활성슬러지가 혐기조건에 교대로 노출되는 것은 주 생물학적 처리 또는 "EBPR 주 공법(Mainstream EBPR)" 그리고 반송슬러지가 혐기조건에 교대로 노출되는 것은 "활성슬러지 측류 공법" 또는 "EBPR 측류 공법(Sidestream EBPR)"이라 한다. 미국에서 첫 번째 주 생물학적 인 제거 공법은 변형된 Bardenpho 공법으로 생물학적 질소공정을 포함하고 있고 미국 플로리다 주 Palmetto에 1979년에 설치 · 운전되고 있고, 이는 그림 8.3(b)에 있다.

》 생물학적 인 제거 공법 소개

다양한 EBPR 공법이 개발되었고, 폐수처리시설에 적용되었다. 공법 선택은 EBPR로 전환되기 전 폐수처리 공법, 설치된 장비와 폐수의 특성 그리고 요구되는 처리 수준에 의해 결정된다. 일반적으로 EBPR은 주 공법에서 수행되지만 Phostrip과 같은 측류 처리 공법은 스트루바이트 회수 시스템이 설치되는 하수처리시설에서 더욱 긍정적으로 검토될 수 있다. 일반적으로 EBPR을 주 공법으로 사용하는 구성은 그림 8-37에 있다. EBPR 공법 구성에 있어서 세 가지 다음 사항을 고려해야 한다.

1. 질산화가 요구되지 않는 경우
2. 유입수 BOD/P비는 높고 질산화가 요구되는 경우
3. 유입수 BOD/P비는 낮고 질산화가 요구되는 경우

각각 경우에 있어서의 이용 가능한 인 제거 공법과 측류 인 제거공법은 간략하게 다음에서 언급할 것이다.

질산화 없는 인 제거. Barnard (1975)에 의해 소개된 *Phoredox*는 EBPR을 촉진하기 위해 혐기/호기조를 연속 배치한 다양한 공법들을 통틀어 말한다. 그림 8-37(a)에 나타낸 Phoredox 공법은 A/O (anaerobic/aerobic, 혐기/호기) 공법이라고도 불린다. 그림 8-37(a)와 같이, 침전과 농축된 활성슬러지는 혐기조로 보내진다. A/O 공법에서 질산화는 어느 부분에서도 두드러지게 일어나지 않는다. 이는 20°C에서 2~3일 10°C에서 4~5일의 낮은 호기 SRT 값을 갖도록 설계되었기 때문이다. 상대적으로 낮은 SRT값들은 PAOs의 성장과 활동에 적합하다. EBPR이 질산화 없이 활성슬러지 공법에서 수행되지만, 생물학적 인과 질소제거가 결합된 공법들은, EPBR의 수행에 있어서 질산이온의 부정적 영향을 최소화시키고, 에너지 사용량을 줄이기 위해 많이 사용한다.

질산화를 수행하고 BOD/P비가 높은 유입수 조건에서의 인 제거. 방류수 기준을 만족시키기 위해 질산화가 필요한 응용공법에 있어, 질산이온은 EBPR 공법의 혐기조 접촉구역으로 반송되는 활성슬러지에 존재할 수 있으며, 이는 EBPR 공법의 운전에 있어 악영향을 끼친다. 다른 non-PAO 종속영양 세균은 혐기조에 공급된 질산이온 감소를 위해 rbCOD를 소모하기 때문에 PAOs가 이용 가능할 수 있는 rbCOD가 적게 된다. 이용 가능한 rbCOD의 낮은 농도는 낮은 PAOs 성장과 이에 따른 낮은 생물학적 인 제거를 야기한다. 질산화 시스템에서 질산이온 제거가 없으면, EBPR은 불가능하다.

질산이온 제거를 위한 가장 보편적인 공법은 8-7절에서 설명한, MLE (Modified Ludzack-Ettinger) 공법이고, EBPR을 위한 혐기성 접촉 구역이 맨 앞단에 있는 경우, 이는 그림 8-37(b)에 나타낸 A^2O (anaerobic-anoxic-aerobic, 혐기-무산소-호기)공법이라 부른다. A^2O 공법에서는, 질산이온이 무산소/호기조 순서에 의해 제거되지만, 혐기조로의 반송슬러지(RAS)에는 여전히 질산이온이 있다. 유입수의 BOD/P가 높은 경우(일반적으로 30/1 이상) 경우, 충분한 rbCOD에 의해 질산이온 제거 및 충분한 PAOs 성장이 가능하다. 농도가 낮은 폐수나 낮은 BOD/P 비를 갖는 폐수의 경우, 종속 영양 탈질 세균에 의해 유입 rbCOD가 소비되어 생물학적 인 제거에 요구되는 PAOs 성장을 제공하기에 충분하지 못하다.

질산화를 수행하고 BOD/P가 낮은 유입수 조건에서의 인 제거. 이 조건에서의 EBPR 공법들은 혐기조로 재순환되는 혼합액에 질산이온이 매우 적거나 없어야 하는데, 이는 rbCOD가 원활한 인 제거를 달성하기 위한 PAOs 우점종화에 모두 사용되어야 하

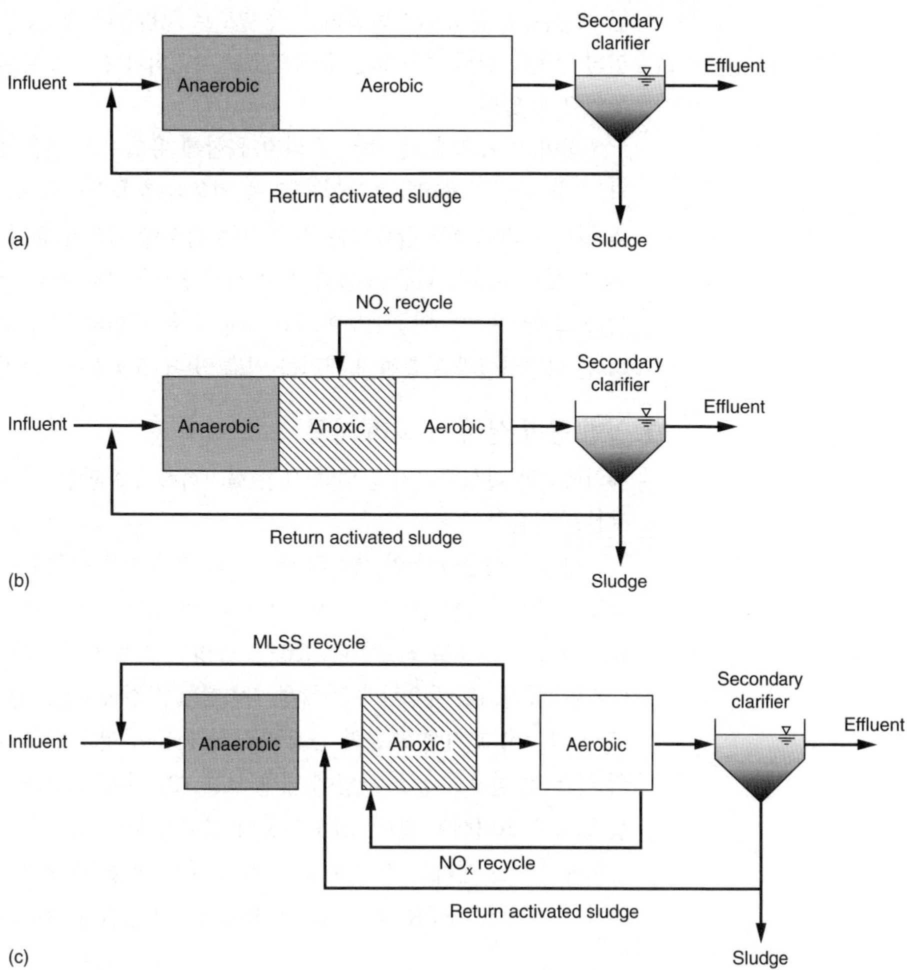

그림 8-37

일반적인 개선된 생물학적 인 제거 공법. (a) Phoredox (A/O), (b) Anaerobic/Anoxic/Aerobic(A2O), (c)University of Capetown(UCT).

기 때문이다. 농도가 낮은 폐수에서 EBPR을 위해서는 혐기조로 반송되는 혼합액에 질산이온이 없어야 하는데, 혐기조로 질산이온이 공급되면, 공급된 질산이온의 탈질에 rbCOD가 사용되어, PAOs가 사용할 rbCOD가 적기 때문이다. UCT (The University of Capetown)공법[그림 8-37(c)참조]은 혐기조로의 질산이온 유입을 막기 위해 무산소/호기조 단계에서 질소제거 과정을 거치는 일반적인 공법이다. 이 공법에서는 반송슬러지가 혐기조 대신 무산소조로 반송된다. 혐기조로의 반송 혼합액은 질산이온 농도가 일반적으로 0.50 mg/L인 무산소조에서 공급된다.

인 제거를 위한 측류 공법. Phostrip 공법[표 8-27(o) 참조]은 반송슬러지 일부분이 혐기조로 투입되는 측류 EBPR 공법이다. 몇몇 경우에 있어서 주 공법 유입하수 일부가 추가적인 rbCOD를 공급하기 위해 측류 혐기조로 보내진다. PAOs의 성장은 혐기조에서 일어나는데, 이는 반송슬러지 바이오매스 세포가 분해되는 동안 방출된 기질의 발효 또는 폐수의 rbCOD로부터 생성된 아세트산 흡수로 인해 발생한다. 일반적으로, 혐기조의 일부 인 중력식 농축에 의해 고액분리가 일어나고, 이곳에서 방출되어 분리된 인을 포함한 액체는 주 공정으로 반송되기 전 별도로 처리한다. 인 농도가 높은 액체는 일반적으로 인의 침전을 위해 석회 또는 금속염으로 처리되거나, 스트루바이트(struvite) 회수 공법에 투입될 수 있다.

잔여 바이오매스는 반송슬러지와 함께 유입수의 인을 흡수하는 주 공법에 투입된다. 측류 공법의 PAOs는 유입수 인을 더욱더 효율적으로 흡수하는데, 이는 주 공법에서와 같이 혐기조에서 방출되는 인을 모두 흡수할 필요가 없기 때문이다. Phostrip 공법에서 인 제거 효율은 다른 생물학적 인 제거 공법들보다 유입 rbCOD 농도에 덜 영향을 받는다. 또한 이전에 언급했듯이, Phostrip 측류 공법의 변형 공법들은 스트루바이트 형태의 인 회수시설과 결합하여 인기를 얻고 있다(15장 15-4절 참조).

❯❯ 일반 공법 설계 시 고려 사항

유입폐수와 활성슬러지 간의 필요한 혐기접촉이 포함된 인 제거가 가능한 주 공법의 대부분을 기술하였다.

향상된 생물학적 인 제거의 대부분의 주 공정은 유입수와 활성슬러지의 혐기접촉 그리고 인 제거 미생물에 의한 저장된 PHA의 생물학적 산화 와 인 섭취를 수행하는 무산소조 또는 호기조를 포함한다. EBPR 공법의 설계 시 고려해야 할 기본적인 사항으로는 (1) 처리물질, (2) 유입폐수의 특성, (3) 혐기성 접촉시간, (4) 유기산(VFAs)의 추가공급, (5) SRT, (6) 호기성 조건의 공기공급 설계 등이 필요하다. 운영 인자로는 (1) 혐기조로의 산소 및 질산성 질소 투입에 대한 영향, (2) 잉여슬러지의 처리 및 (3) 알칼리도와 pH를 별도로 고려해야 한다. EBPR 공법 설계에 있어 화학약품 투입 역시 고려해야 될 사항이다. BOD 제거와 질산화 및 탈질에 대한 반응속도는 8-4절 및 8-5절에서 기술한 것과 유사하다. EBPR 공법 설계에 사용되는 일반적인 변수는 표 8-29에 있다.

처리 필요성. 요구되는 유출 질소 농도뿐만 아니라 인 농도가 공정 세부설계에 영향을 준다. 공법 선택과 더불어, 설계 SRT 반응조 구성, DO 농도, 외부 탄소원 투입 필요성, 잉여슬러지 처리 방법이 처리 필요성에 영향을 준다.

유입하수 특성. rbCOD 및 VFAs를 포함한 하수특성은 EBPR 시스템의 설계와 성능을 완전히 평가하는 데 필수적이다. 생물학적 인 제거량은 혐기성 영역에서 인 제거 미생물에 의해 흡수되어 탄소 저장 물질로 변환되는 Acetate와 Propionate 양과 관련이 있다. 여기서 탄소 저장 물질은 이후 무산소와 호기성 영역에서 에너지와 세포성장을 위해 사용된다.

유입하수특성 파악은 EBPR 공법 성공 가능성을 평가하는 데 사용된다. 표 8-30의 하수 특성은 처리수 P 농도 0.50 mg/L를 달성하기 위한 EBPR 시스템에서 VFAs 활용에 관련된 직 · 간접적인 상관관계를 보여주고 있다.

아세트산과 프로피온산은 혐기성 조건에서 PAOs에 의해 소비되는 기질이기 때문에 VFAs에 대한 P 비는 인 제거량을 추정할 수 있는 예측인자이다. 혐기성 접촉 영역에서 PAOs가 사용 가능한 VFAs의 양은 유입폐수 내 VFAs 농도보다 높은데, 이는 폐수 내 rbCOD의 발효로 만들어진 VFAs때문이다.

표 8-27
부유성장 생물학적 인 제거 공법 설명

공법	세부사항
(a) Phoredox (A/O 혐기/호기) 공법 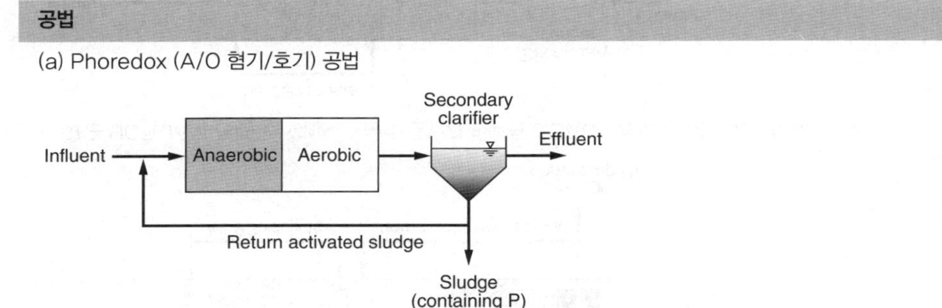 	인 제거를 위한 기본 공법으로 혐기조와 후단의 호기조로 구성되어 있다. Barnard(1974)는 생물학적 인 제거를 달성하기 위해 호기성 분해 전에 활성슬러지와 유입폐수 사이에 혐기 접촉의 필요성을 처음으로 주장했다. Barnard는 Phoredox 공법이라고 명시하고, A/O(anaerobic/oxic 혐기/호기 공법)이라고 불렀다. 질산화가 일어나지 않도록 호기조 혼합액의 SRT는 수온에 따라 다르지만 2~4일의 값을 가지도록 한다. 혐기 접촉 시간은 30분에서 1시간인데, 이는 생물학적 인 제거를 위해 7-13절에 제시된 조건을 선택적으로 제공하기 위함이다
(b) Anaerobic/Anoxic/Aerobic (A^2O-혐기/무산소/호기) 공법 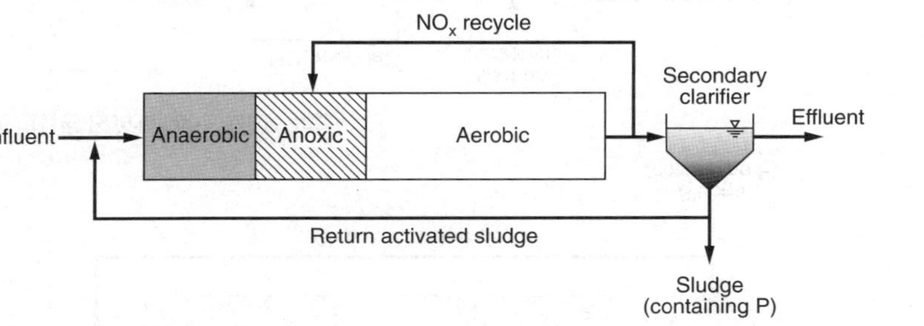 	A^2O 공법은 혐기조와 호기조 사이에 무산소조가 위치하며, 질산화를 수행할 수 있는 EBPR시스템이다. 질산이온은 탈질화를 위해 호기조로부터 무산소조로 순환된다. 무산소조 체류시간은 폐수 특성과 제거되는 질산이온의 양에 따라 결정되며 1~3시간이다. 무산소조의 탈질은 반송슬러지에 의해 공급되는 질산이온의 양을 최소화시킨다.
(c) A^2O MBR 공법 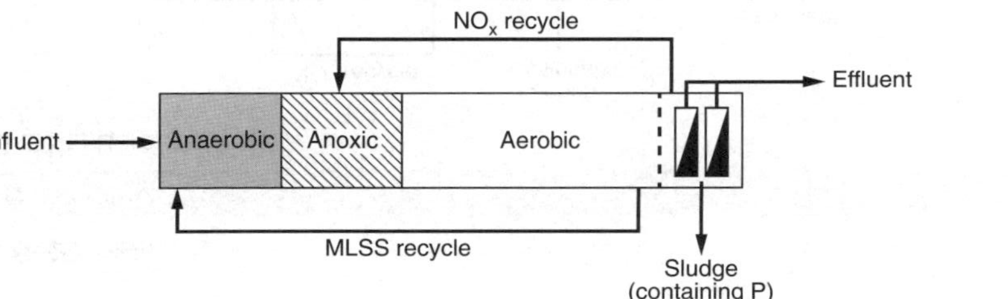 	MBR과 A^2O 공법의 결합의 일반적인 접근이 제시되어 있다. 막 분리조의 혼합액은 유입수 대비 6:1의 유량비로 질산이온 제거를 위해 무산소조로 순환된다. 호기조로 부터의 순환 혼합액은 혐기조에서 유입 폐수와 접촉한다.

(계속)

표 8-27 (계속)

공법	세부사항
(d) 변형된 Bardenpho 공법 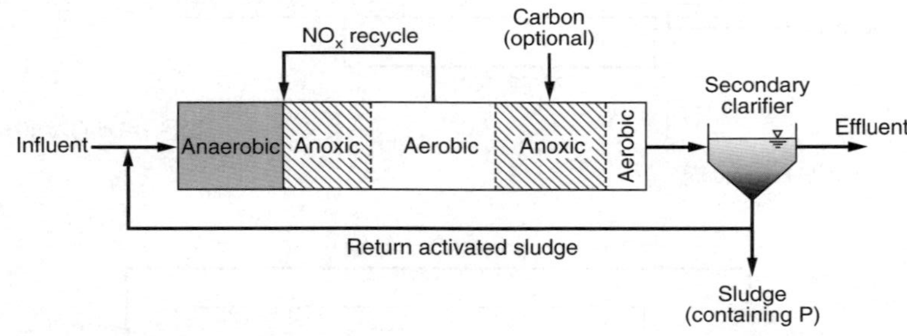 	표 8-24에 설명된 Bardenpho 공법은 질소제거와 인 제거 기능을 결합하기 위해 변형될 수 있다. 5단계 시스템인 Bardenpho 공법은 인, 질소 그리고 탄소제거를 위해 혐기, 무산소, 그리고 호기 단계를 제공한다. 첫 번째 호기조의 혼합액은 첫 번째 무산소조(전탈질조)로 순환된다. 두 번째 무산소조는 첫번째 호기조에서 전자 수여체로, 유기성 탄소의 내생 호흡으로 생산된 전자 공여체로 인해 추가적인 탈질화가 발생한다. 두 번째 무산소조로의 외부 탄소원 투입이 가능하며, 이로 인해 짧은 체류시간이 가능하고 유출수의 NO_3-N 농도를 감소시킨다. 최종 호기조는 혼합액으로부터 잔여질소가스를 제거하고 2차 침전지에서 인 배출을 최소화하기 위해 DO 농도를 높여주는 기능을 한다. 5단계의 Bardenpho 공법은 반송슬러지의 NO_3-N의 농도를 낮게 하여 혐기조에서의 NO_3-N 영향을 최소화시킨다.
(e) 변형된 Bardenpho-MBR 공법 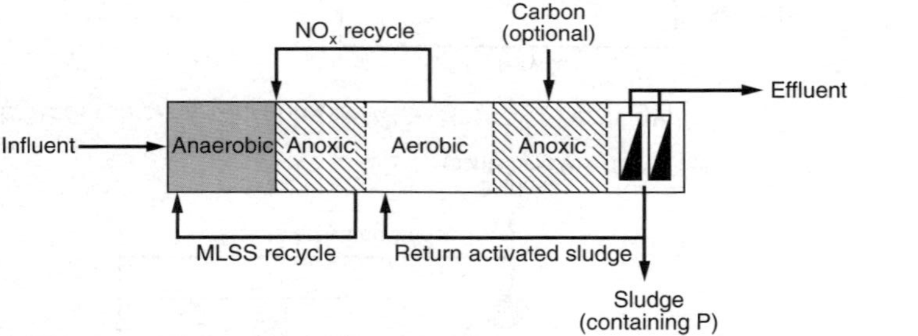 	변형된 Bardenpho-MBR 공법을 만들기 위해 A^2O MBR 공법에 후탈질조가 추가된다. 두 번째 무산소조로의 탄소 투입은 부가 기능이다. 변형된 Bardenpho-MBR 공법을 이용하는 현장 규모의 MBR 시설은 세 개의 순환 체계를 사용할 수 있다. 막 분리조의 혼합액은 유입수 유량 기준 6/1의 유량비로 호기조로 순환 된다. 유입수 유량의 약 3~4배로 호기조에서 전탈질조로 NO_x가 들어있는 혼합액이 순환되고, 전탈질조의 혼합액은 유입수 유량의 1~2배로 혐기조로 순환된다. 이 순환액은 0에 가까운 DO 및 낮은 NO_3-N 농도를 갖는다. 추가적인 NO_3-N 제거는 A^2O-MBR 공법보다 우수한 EBPR을 수행토록 한다.
(f) 표준 UCT(University of Cape town) 공법과 변형된 UCT(University of Cape town) 공법 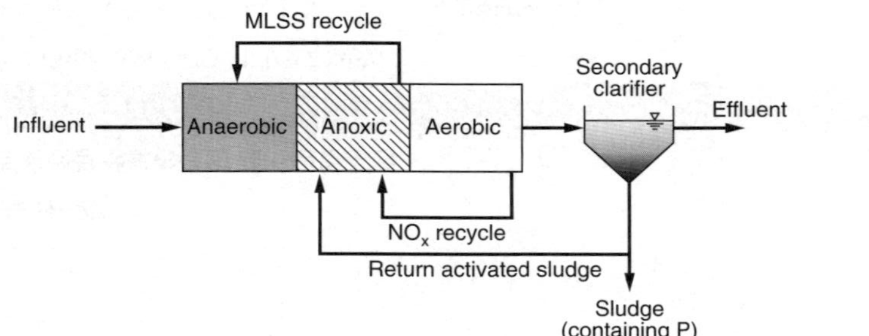 	UCT 공법은 저농도 폐수를 처리하는 EBPR 공법으로 혐기조로 유입되는 질산이온의 영향을 최소화시키기 위해 케이프타운 대학교(남아프리카)에서 개발하였다. UCT 공법은 A^2O 공법의 2개의 순환류 대신 3개의 순환류를 가진다. 2차 침전지의 반송슬러지는 혐기조 대신에 무산소조로 연결되어 있다. A^2O 공법과 유사하게 호기조로부터 무산소조로 NO_x를 함유한 혼합액을 순환한다. 혐기조는 반송슬러지 대신 무산소조로부터 혼합액을 공급 받아 질산이온 유입을 최소화 시킨다. 그러므로 혐기조에서 보다 많은 rbCOD가 PAOs에 의해 이용될 수 있어 EBPR의 효율이 향상된다. 혐기조는 A^2O에 비해 더 낮은 농도의 혼합액을 공급받기 때문에, 혐기조의 체류시간이 Phoredox 공법의 체류시간에 비해 길어야 하는데, 1~2시간 범위이다. 혐기조로의 순환율은 일반적으로 유입 유량의 두 배이다.

(계속)

표 8-27 (계속)

공법	세부사항
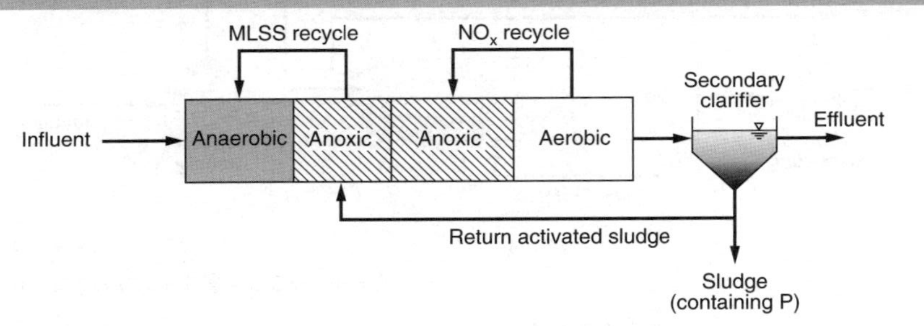	두 번째 그림은 변형된 UCT 공법인데, 반송슬러지는 내부 질산이온 순환의 영향을 최소화하기 위해 내부순환 질산이온이 공급되지 않는 무산소조로 연결하였다. 질산이온은 이 무산소조에서 감소되고 무산소조의 혼합액은 혐기조로 반송된다. 두 번째 무산소조는 첫 번째 무산소조 뒤에 바로 설치가 되며 공법의 질산이온 제거에 있어 주된 기능을 수행하기 위해 호기조로부터 순환을 통해 질산이온을 공급 받는다.
(g) 변형된 UCT-MBR 공법 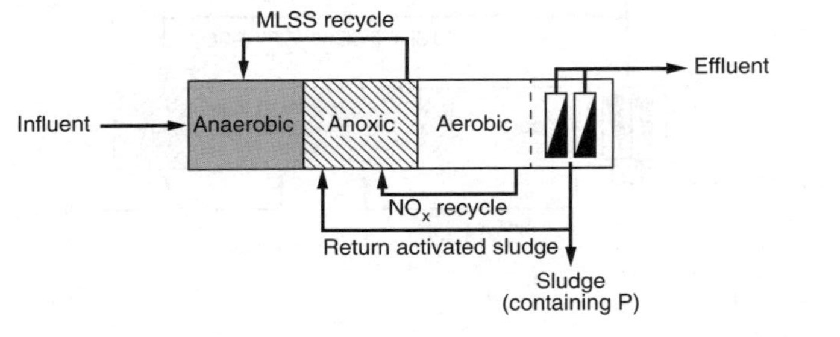	변형된 UCT-MBR 공법 역시 세 개의 순환류을 가지며 이는 2차 침전지를 가지는 UCT 공법과 같은 방법으로 적용된다. 막 분리조로부터 반송슬러지는 유입 유량의 약 6배로 전탈질조에 공급된다. 호기조에서 생성된 NOx는 유입 유량의 약 3배의 유량으로 전탈질조로 순환된다. 혐기조는 순환을 통해 전탈질조에서 유입 유량의 1~2배의 유량으로 용존 산소가 거의 없고 질산이온이 최소화된 혼합액이 공급된다. 혐기조로 유입되는 용존 산소와 질산이온이 최소화되기 때문에 유입수 rbCOD의 대부분은 PAOs에 의해 이용되어 EBPR의 효율이 극대화된다.
(h) VIP(Virginia Initiative Plant) 공법 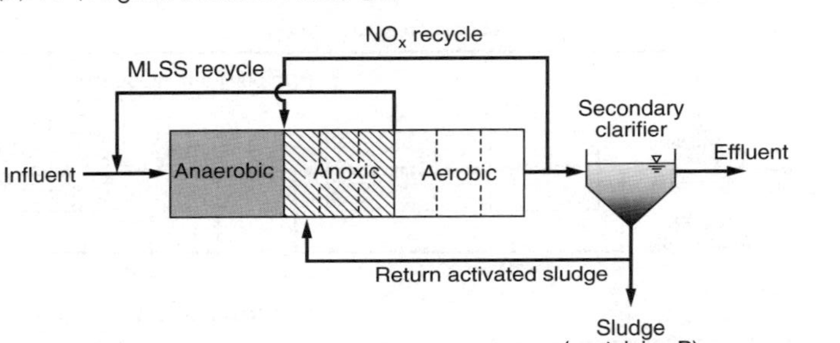	VIP 공법은 Virginia Initiative Plant의 약자이다(Daigger et al., 1988). VIP 공법은 순환 시스템에 이용되는 단계와 방법들을 제외하고 A^{2}O와 UCT 공법과 유사하다. VIP 공법의 모든 반응 구역은 최소 2개의 완전 혼합된 직렬 반응조이다. 반송슬러지는 호기조로부터 질산이온을 다량 함유한 순환류와 함께 무산소조로 공급된다. 무산소조의 혼합액은 혐기조 전단으로 반송된다. VIP 공법은 EBPR의 효율이 극대화된 매우 짧은 SRT로 운전되는 고속 시스템이다. 혐기조와 무산소조의 체류시간은 일반적으로 각각 60~90분인 반면 혐기조와 무산소조의 일반적인 통합 SRT는 1.5~3일이다. 포기조는 질산화가 일어나도록 설계한다.

(계속)

표 8–27 (계속)

공법	세부사항

(i) JHB (Johannesburg) 공법

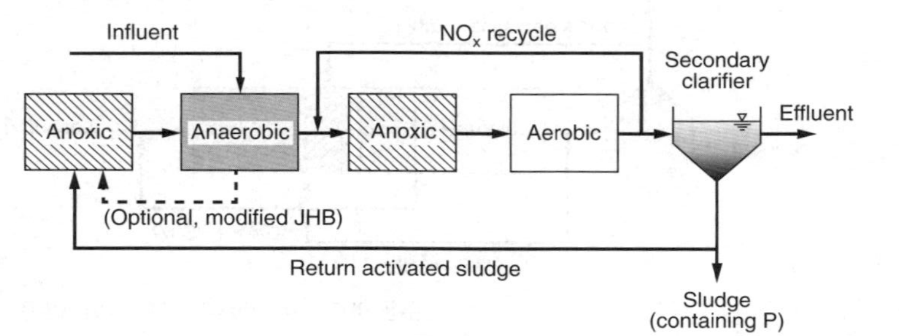

JHB 공법은 저농도 폐수에 있어서 혐기조로의 질산이온 유입 최소화를 통한 EBPR 극대화를 위해 UCT 또는 변형된 UCT 공법의 대안으로 남아프리카공화국 요하네스버그에서 개발하였다. 반송슬러지는 혐기조로 공급되기 전에 혼합액 내부 질산이온을 감소시키기 위해 충분한 체류시간을 가지는 무산소조로 공급된다. 질산이온 감소는 내생 호흡율과 혼합액 농도에 의해 발생하는데, 그 정도는 무산소조 체류시간, 수온, 그리고 반송슬러지 내부 질산이온농도에 좌우된다. 호기조에서 생산된 NO$_x$는 유입 유량의 3~4배의 유량으로 전탈질조로 순환된다. UCT 공법에 비해 높은 MLSS농도와 혐기조 체류시간 이 짧고(체류시간이 약 1시간), 3개의 순환류를 이용하는 대신 2개의 순환류가 이용된다.

(j) JHB-MBR 공법

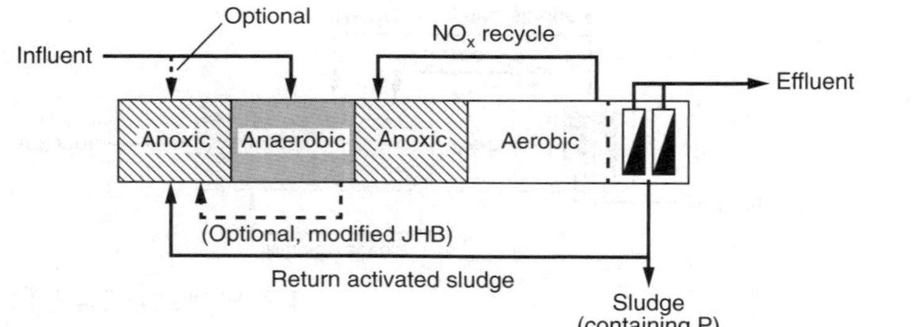

JHB 공법 또한 2개의 순환류 시스템을 사용하며 MBR 시스템과 통합될 수 있다. 막 분리조에서의 반송슬러지는 무산소조와 연결되는데 질산이온은 무산소조에서 혼합액 내생호흡에 의해 제거된다. MBR 공법의 고농도의 혼합액은 활성슬러지/2차 침전지 시스템의 JHB 공법에서 요구하는 것보다 더 작은 무산소조를 가능케 한다. 호기조에서 무산소조로의 순환류는 호기조에서 생성된 NO$_x$를 제거하는 데 이용한다.

(k) 1차 슬러지 발효를 수행하는 EBPR

(1)

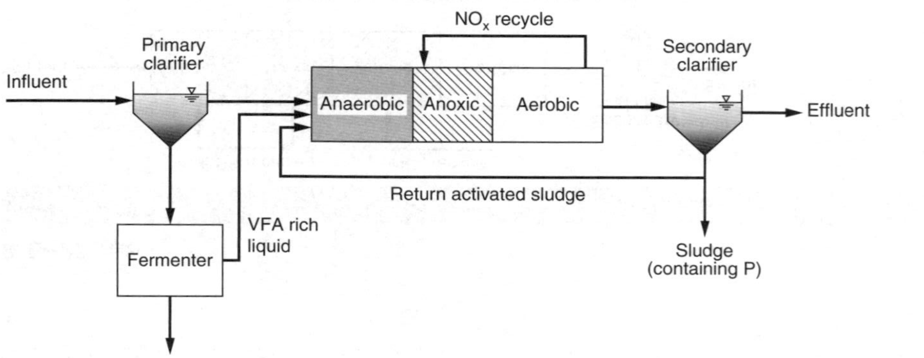

System (1)은 Kelowna 폐수처리설비에서 사용하는 것으로 일반적인 응용 공법을 보여준다. 발효액은 1차 처리수가 이송되는 EBPR 공법의 혐기조로 투입된다. 발효액에 있는 VFAs는 인 제거를 향상시키는 PAOs의 성장을 촉진시킨다.

표 8–27 (계속)

공법	세부사항
(2) Primary clarifier, Influent, Trickling filter, Aerobic, Secondary clarifier, Effluent, Anaerobic, Anoxic, Return activated sludge, Fermenter, VFA rich liquid, Sludge (containing P), Sludge to digestion	System (2)는 활성슬러지 호기조 전 단계에 살수여상이 위치한 OWASA 설비에서 이용된다. 이 경우에는 EBPR에 필요한 혐기조에 반송슬러지에 다량 함유한 VFAs가 공급되어, 살수여상 유출수에는 rbCOD가 거의 없다.
(l) Westbank EBPR 공법 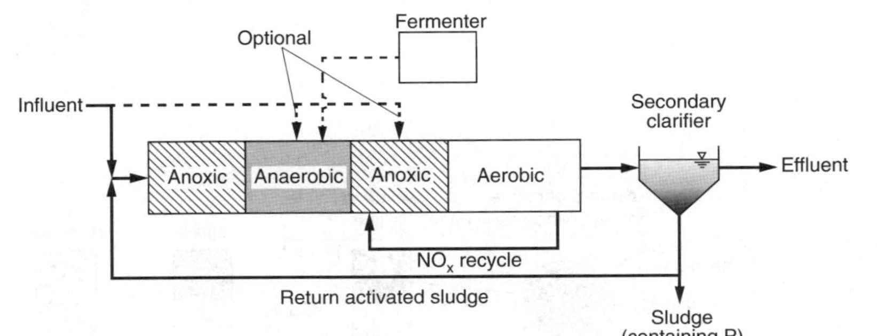	Westbank EBPR 공법은 다른 EBPR 공법 명명과 같이 Kelowna, British Columbia, Canada와 유사하게 지명에 의해 이름이 지어졌다. Westbank EBPR 공법의 무산소조/혐기조/무산소조/호기조의 직렬배치와 재순환 시스템의 구조는 JHB 공법에서와 유사하다. 그러나 첫 번째 무산소조에는 완벽한 질산이온 제거를 위해 유입수뿐만 아니라 반송슬러지가 유입된다. 일부 유입수는 후단 혐기조와 무산소조에 투입될 수 있다. 이후 혐기조에는 효율적인 EBPR 수행과 PAOs 성장을 위해 VFAs(아세트산과 프로피온산)가 풍부한 1차 슬러지 발효조의 혼합액이 공급된다.
(m) EBPR을 수행하는 SBR 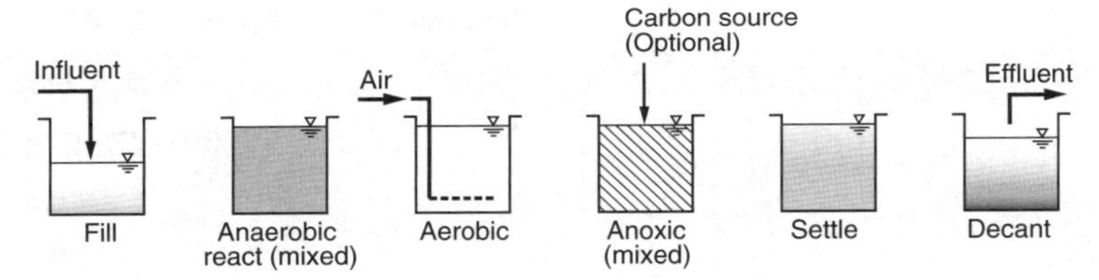	SBR 운전 시 질산이온이 충분히 제거되면, rbCOD 발효 및 PAOs에 의한 VFAs 흡수가 되는 유입 기간에 혐기반응이 발생할 수 있다. 무산소조 운전기간은 호기기간이 충분해서 질산화가 수행된 후 진행된다. 또한 반응기간 동안 호기와 무산소의 주기 교대 운전이 수행될 수 있다. 이 경우 질산이온 농도는 침전시키기 전에 최소화되어, 유입 및 초기 반응기간에서 rbCOD에 대해 경쟁하는 질산이온은 거의 없게 된다. 따라서 투입 및 초기 반응 기간의 혐기조건은 질산이온-제거 세균 대신 PAOs가 rbCOD가 이용할 수 있다.

(계속)

| 표 8-27 (계속)

공법	세부사항
(n) 입상 활성슬러지를 이용하는 SBR의 EBPR 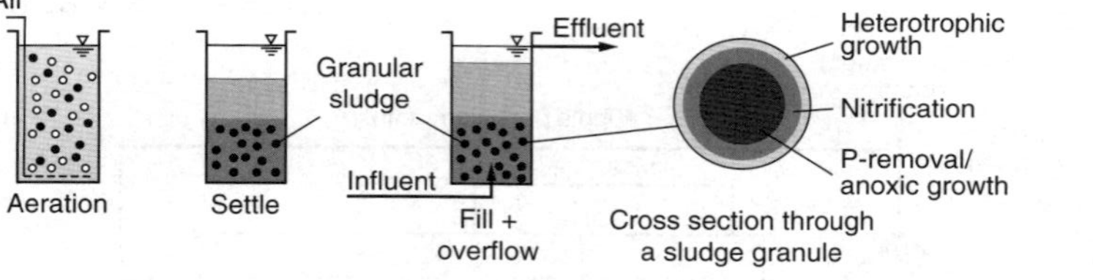	입상 활성슬러지를 이용하는 SBR 시스템은 신기술이다. 상향류 유속을 기초로 한 선택조 공정은 고밀도 입상 활성슬러지 고형물(입경 0.20 mm 이상)을 생산하는데, 동일 온도에서 고밀도 입상 활성슬러지의 5분 동안의 침전결과는 기존의 활성슬러지의 30분 동안의 침전결과와 동일했다(de Kreuk, van Loosdrecht, 2007). 따라서 이 시스템의 SBR의 설계와 운전은 기존의 SBR과 다르다. 짧은 침전 시간 후(10분) 상향류로 유입수가 시스템에 투입된다. 유입기간은 EBPR을 촉진시키기 위해 혐기 조건으로 진행된다. 포기 기간에는 SNdN (Simultaneous Nitrification and Denitrification)이 일어나는데, 입상슬러지 외부 층에서는 질산화가 일어나고, 내부 층에서는 탈질화가 발생한다. 저장된 탄소는 인 흡수를 하는 PAOs에 의해 산화된다. 포기 효율은 균등한 수심에 의해 향상되고 혐기 유입기간동안 rbCOD의 흡수는 포기기간 동안 더욱더 균등한 산소흡수율을 유발한다. 15 mg/L보다 낮은 방류수 TSS 농도가 요구되는 경우에는 여과가 필요할 수 있다. Nerada™이라는 이름을 가진 현재 상용되는 공법은 네덜란드에서 DHV에 의해 실 규모로 운전되고 있다.
(o) 무산소/호기 활성슬러지 처리를 하는 Phostrip 공법 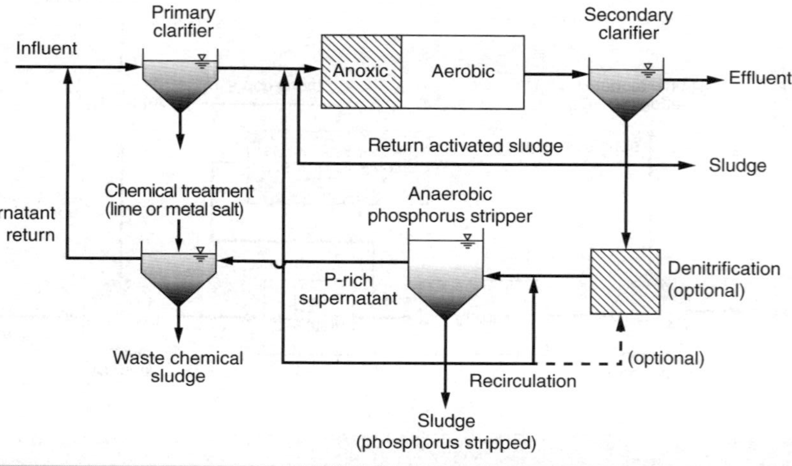	Phostrip 공법은 본질적으로 PAOs에 의한 인 제거를 하는 혐기/호기 EBPR 공법이다. 일반적으로 8~12시간의 범위의 체류시간을 가지는 중력식 농축조에 반송슬러지를 장기간 저장하여 혐기조건을 만든다(인 제거라 명명) (Levin et al., 1975). 슬러지의 내생호흡 및 용해에 의해 배출되는 기질들은 VFAs로 발효되어 인을 배출하는 PAOs에 의해 흡수된다. 배출된 인은 농축조 하단에서 농축조 유입수로 순환되는 순환수로 씻겨져 상징수와 함께 배출된다. 농축기 하단에서 유출되는 고형물은 활성슬러지 주공정으로 반류되는데, PAOs는 활성슬러지 공법의 무산소와 호기상태에서 인을 흡수한다. 인 배출조 상등수의 인은 석회 또는 금속염을 이용해 화학적으로 제거된다. 인 제거를 위해 pH 증가에 필요한 석회 양은 제거 대상이 되는 인의 양이 아닌 폐수 알칼리도와 상관관계가 있다. 알륨 명반 및 철염을 대신 사용하는 경우, 투입량은 방출된 인 량과 비례하지만 인 제거를 위한 최소한의 몰 비로 결정될 수 있다. Phostrip 공법은 질산화를 수행하는 시스템에 적용될 수 있다. 무산소/호기공법의 순환수는 인 배출조로 이송되기 전에 탈질화를 위해 무산소조에 저장될 수 있다.

표 8–28

인 제거 공법의 한계와 장점

공정	장점	한계
Phoredox (A/O–혐기/호기)	다른 공법에 비해 운전이 상대적으로 간단 낮은 유입수 BOD/P 비에서도 가능 상대적으로 짧은 수리학적 체류시간 슬러지 침전성이 양호 인제거효율 양호	질산화가 일어나면 인 제거는 감소한다. 질산화 방지를 위해 SRT 제어가 잘 되어야 한다. 더운 지방에서 질산화 없는 운전은 어렵다.
A^2/O (혐기–무산소–호기)	질소와 인 모두를 제거 질산화에 필요한 알칼리도를 제공 슬러지 침전성이 양호 운전이 상대적으로 간단 에너지 절약 MBR 공법과 호환	질산성 질소를 포함하는 반송슬러지는 혐기조로 반송되는데, 이는 인 제거 능력에 영향을 준다. 질소제거는 내부 반송비에 의해 제한된다. A/O 공법보다 더 높은 유입수 BOD/P비가 요구된다.
UCT	혐기조로의 질산성 질소 부하가 감소되며 이로써 인 제거능력 향상 저농도 하수에서도, 향상된 인제거능 달성가능 슬러지 침전성이 양호 질소제거율이 양호 MBR 공법과 호환	운전이 복잡하다. 추가 반송시스템이 필요하다.
VIP	혐기조로의 질산성질소 부하가 감소되며 이로써 인 제거능력 향상 슬러지의 침전성이 양호 UTC보다 더 낮은 유입수 BOD/P비에서도 성공적으로 운전 가능 질소제거율 양호 MBR 공법과 호환	운전이 더 복잡하다. 추가 반송시스템이 필요하다. 여러 반응조 운전을 위한 더 많은 장치와 배플이가 필요하고 수두손실이 추가적으로 발생한다.
Modified Bardenpho	여과없이 방류수 TN농도는 3~5 mg/L 달성 가능 슬러지 침전성이 양호 A^2/O 공법보다 질산성 질소가 혐기조에 덜 공급 MBR 공법과 호환	긴 SRT는 인 제거에 미치는 영향 거의 없다. 큰 반응조 용량이 필요하다.
JHB	혐기조로 질산성 질소가 공급되지 않음 높은 EBPR 제거효율 A^2/O, Bardenpho변법, Westbank 및 steppe공법과 함께 사용가능 MBR 공법과 호환	큰 반응조 용량이 필요하다. 운전이 더욱 복잡하다.
EBPR을 수행하는 SBR	질소 및 인 제거 둘 다 가능 슬러지 침전성이 양호 유입 유량의 큰 변동에도 MLSS 유실 가능성 낮음 정치된 침전은 유출수 TSS 농도가 낮은 유출수 생산 운전의 유연성이 큼 조작이 간단 시스템 구성이 간단 인 흡수 효율이 우수한 플러그 흐름반응	질소와 인 제거를 위한 더 복잡한 운전을 필요로 한다. 질소제거만을 위한 SBR보다 더 큰 용량이 필요하다. 안정적인 처리수 수질은 상징액 분리 시스템에 의해 좌우된다. 설계는 더욱 복잡하다. 숙련된 운전이 요구된다. 소규모의 유량에 적합하다.

(계속)

| 표 8-28 (계속)

공정	장점	한계
입상 활성슬러지를 이용하는 SBR	질소 및 인 제거 둘 다 가능하다. 슬러지 침전성이 양호하다. 기존 활성슬러지 공법보다 적은 용량을 차지한다. 운전이 상대적으로 간단하다. 마개 흐름반응 유도 반응조 수심이 일정하여 공기전달효율이 우수하다	운전에 숙련된 경험이 필요하다. 유출수의 부유물질 농도가 높다. 인 제거를 위한 화학적 반응과 호환되지 않을 수 있다. 높은 유입 부하량에 적합하지 않는다.
Westbank	높은 EBPR의 효율을 나타낸다. 운전이 유연하다. EBPR의 효율이 안정적이다. 유입부하량 변화에 덜 민감하다. MBR 공법과 호환된다.	반응조의 추가적인 설치가 필요하다. 추가 단위공정 및 추가운전이 필요하다. 발효에 의한 악취가 발생한다.
Phostrip	기존 활성슬러지 시설을 쉽게 개량 할 수 있다. 공정이 유동적이다; 인 제거 능력은 유입 BOD/P비에 영향을 덜 받는다. 수처리 주 공정에서의 약품침전 공법보다 약품투여량이 현저히 적다. 방류수 PO-P농도를 1 mg/L 이하로 달성할 수 있다.	인을 침전시키기 위해 철염이나 석회주입이 필요하다. 탱크가 추가되어야 한다. 운전이 복잡하다. 슬러지 생산량이 증가한다. 석회 스케일은 관리상 문제가 될 수 있다.

| 표 8-29
생물학적 인 제거 공법에서 일반적으로 사용되는 설계 요소

설계인자/공법	SRT,d	MLSS, mg/L	τ, h 혐기성 영역 (혐기조)	τ, h 무산소 영역 (무산소조)	τ, h 호기성 영역 (호기조)	유입수 대비 반송비 RAS, %	유입수 대비 순환비, %
A/O	2~5	3000~4000	0.5~1.5	–	1~3	25~100	
A^2/O	5~25	3000~4000	0.5~1.5	1~3	4~8	25~100	100~400
Modified Bardenpho	10~20	3000~4000	0.5~1.5	1~3 (1st stage) 2~4 (2nd stage)	4~12 (1st stage) 0.5~1 (2nd stage)	50~100	200~400
UCT	10~25	3000~4000	1~2	2~4	4~12	80~100	200~400 (anoxic) 100~300 (aerobic)
VIP	5~10	2000~4000	1~2	1~2	4~6	80~100	100~200 (anoxic) 100~300 (aerobic)
SBR	20~40	3000~4000	1.5~3	1~3	2~4		
Phostrip	5~20	1000~3000	10~12		4~10	50~100	10~20

표 8-30
EBPR시스템에서 처리수 용존 T-P농도가 0.5 mg/L 이하를 얻기 위한 최소 유입 폐수 특성 비

유입수 기질 요소 비	값	참고문헌
VFA:P	8	Wentzel(1990)
rbCOD:P	18	Barnard(2006)
BOD:P	30	Sedlak(1991)
COD:P	60	U.S.EPA (2010)

유입수 rbCOD/P 비율. 유입수내 rbCOD/P 비의 정보는 매우 유용하게 이용된다. 그림 8-38에서 있는 바와 같이 처리수 용존 인 농도 0.5 mg/L를 달성하기 위하여 최소 18이 필요하지만, 유입수 VFA/P비가 증가할수록 요구되는 rbCOD/P의 비는 감소된다.

일부의 경우, 인 제거능력은 유입수의 BOD 또는 COD 자료를 통해 추정해야 한다. 도시 하수의 높은 BOD/P의 비는 EBPR의 시스템 성능개선으로 이어진다. 일반적으로 30 이상의 BOD/P비는 EBPR 공법의 유출수 용존성 P의 농도를 0.50 mg/L 이하로 만들 수 있다. 위 처리수 농도를 배출하는 EBPR 공법은 긴 SRT를 가지지 않고, 최소한의 질산이온이 혐기성 접촉 영역에 공급되는 경우이다. 긴 SRT (15 및 20일) 및/또는 혐기성 영역에 높은 DO 또는 질산이온이 공급되는 경우 표 8-30의 높은 비가 필요하다.

일중 시간별 변화. 일중 시간별 하수농도 변화는 또한 중요한 고려사항이다. EBPR의 운전 성패는 사용할 수 있는 발효기질에 의존하기 때문에, 유입하수의 농도가 낮은 시간대에서의 EBPR 성능에 대해 판단하는 것이 매우 중요하다. 가정 하수의 경우 유입수의 총 BOD와 rbCOD 농도는 일중 시간대 별로 변하며, 늦은 밤과 이른 아침에는 저농도이다.

소규모 배수구역에서 배출되는 하수에서는 그 변화폭이 일반적으로 뚜렷하며 특정 시간대에는 매우 낮은 rbCOD 농도를 보여준다. 겨울철이 우기인 미국 시애틀 시와 같은 경우에는 저온과 저농도 하수특성으로 인하여 하수가 쉽게 혐기성이 되기 어려워 EBPR은 달성하기 어렵다. 장기간의 rbCOD 농도 저하는 오랜 시간동안 EBPR의 성능을 감소시켰다고 보고하고 있다(Stephens and Stensel, 1998).

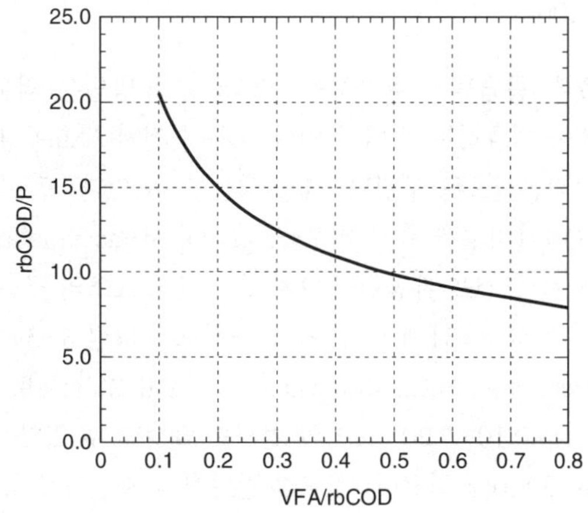

그림 8-38
생물학적 인 제거에 사용된 rbCOD량은 여기에 포함된 VFAs 양과 관련이 있음

1차 슬러지를 발효시켜 VFAs를 추가로 생산하여 처리장에 연속적으로 초신 (acetate 아세테이트)를 공급하면, 안정적인 rbCOD 공급으로 생물학적 인 제거가 잘 수행되고 있음을 보여준다. 캐나다의 Kelowna에서의 수정된 Bardenpo 공법에서는 한 계열은 발효액을 주입하였고, 또 다른 하나는 주입하지 않았는데, 연속적으로 VFAs를 주입한 경우, 방류수의 용존 인 농도는 2.5에서 0.3 mg/L까지 감소되었다(Oldham and Stevens, 1985). 이 경우 증가된 VFAs/P 비는 6.7 g/g이나 이는 표 8-3의 7~10 g/g보다 낮다. 이러한 결과에 의하면, 연속적인 아세테이트의 주입은 더 효율적인 생물학적 인 제거가 가능하다고 판단될 수 있다.

혐기 접촉 시간(혐기조 체류시간). 혐기성 영역에서 PAOs와 이용 가능한 VFAs 접촉은 EBPR 공법 설계에 매우 중요한 요소이며 7-11절에서 설명하였다. 아세트산과 프로피온산은 순간적으로 흡수되므로 이 두 물질을 생산하는 rbCOD 발효에 필요한 시간은 0.25에서 1시간이다. 혐기성 접촉영역에서 MLVSS 농도 영향을 검토한 결과 혐기성 접촉 영역의 SRT는 1일이 추천되었다(Grady et al., 1999). 너무 긴 혐기성 접촉시간은 아세테이트와 관련 없이 인이 방출되는 2차 인 방출을 발생할 수 있다 (Barnard, 1984). 2차 방출이 일어나면, 이후 호기영역에서의 PAOs에 의한 축적된 PHA(polyhydroxyalkanoates) 산화가 발생하지 않는다. PHA는 인의 섭취에 필요한 에너지를 공급하고 또한 에너지를 저장하는 역할을 한다. 실험실 규모의 SBR 연구를 통해 3.0시간을 초과한 혐기성 접촉영역 체류시간에서 2차 인 방출이 발생하는 것을 발견하였다(Stephens and Stensel, 1998).

추가 휘발성 지방산의 공급. EBPR 시스템의 성능은 현장특징에 따라 크게 다르며 하수특성과 시설 공법의 설계와 운전에도 영향을 받는다. 상대적으로 낮은 유입수 rbCOD/P비를 가진 저농도 하수의 경우, 처리수 용존성 인 농도는 1.0에서 2.0 mg/L, 또는 이를 초과할 수도 있으며, 반면에 고농도 하수의 경우 처리수 용존성 인 농도는 0.5~1.0 mg/L 이하를 가진다. 혐기조로의 VFA의 투입은 처리수 내 용존성 인 농도를 안정적으로 0.10~0.20 mg/L로 낮출 수 있으며 이는 캐나다 British Columbia주의 Westbank시를 예로 들 수 있다(Rabinowitz and Barnard, 1996) and Durham, Oregon EBPR facilities (Stephens, 2004).

VFAs의 추가 공급원. 추가적인 VFAs 공급 방법은 외부 탄소원을 구입하거나 1차 침전 슬러지를 발효하는 방법이 있다. 1차 침전지 발효공정을 통해 50%의 아세트산과 30%의 프로피온산으로 구성된 VFAs생산할 수 있다. 프로피온산의 존재는 인 축적 미생물이 GAOs(글리코겐 축적 미생물, glycogen-accumulating organisms)보다 빠르게 성장할 수 있는 조건을 제공한다. 1차 슬러지 발효조의 구성은 그림 8-39에 있으며, 주요 설계 인자는 표 8-31에 있다. 공법 구성도는 그림 8-39(b), (c)및 (d)에 있으며, 이러한 공법은 Penticton, B.C., Kelowna, B.C., and Kalispell, MT.에서 사용 중에 있고 처리수 인 농도는 0.10~0.20 mg/L의 범위를 달성할 수 있다. 1차 침전지 탱크(PCT) 발효기는[그림 8-39(a)에 있으며] 비교적 간단한 디자인이지만, 두꺼운 슬러지 블랭킷을 유지해야 하므로 생물학적 처리 계통으로 고형물이 월류되는 문제가 있다. 1차 침전지에서 VFAs 생산을 위한 가장 간단하고 일반적인 접근은 슬러지의 중력식 농축이다[그림 8-39(c) 참조].

1차 슬러지 발효조. 가온되지 않는 1차 슬러지 발효 시스템의 SRT는 3~6일의 범위인데 이는 침전지 슬러지 블랭킷 및 중력식 슬러지 농축기에서 발생되는 온도에 따라서 다르다. 이렇게 짧은 SRT는 생산된 VFAs를 기질로 사용하는 메탄균의 활동을 방해하기 위함이다(Rabinowitz and Oldham, 1985). 이러한 SRT 값을 갖는 경우 발효조 내 VFAs의 생산율은 0.1~0.2 VFAs/g VSS이다. 발효조 액상의 VFAs농도는 150~300 mg/L로 설계되나 운전에 따라 변한다.

처리되지 않은 폐수의 유입수 내 VSS 농도가 200 mg/L일 경우 1차 침전지에서 65 %의 VSS가 제거된다고 가정하면 VFAs는 13~26 mg/L로 이는 일반적인 하수에 있어서의 생산능력이다. 생물학적 인 제거에 있어서, 이 같은 양의 생산된 VFAs는 추가적으로 2~4 mg/L 인을 제거할 수 있다. 그러나 생산된 모든 VFAs는 혐기조로 가지 않는데, 이는 일부가 발효조에서 폐슬러지로 배출되기 때문이다.

슬러지 농축공정에서 생산된 VFAs를 씻어 내기기(세정) 위한 1차 슬러지 발효조 주위의 재순환 흐름은 그림 8-39(a)와 (b)에 있으며, 그림 8-39(c)와 (d)는에는 변형을 보여주고 있다. 농축 슬러지 발효조의 경우, 보다 희석된 1차 슬러지가 중력 농축조에 공급되어, 혐기로의 농축조 유출수량이 커서, EBPR 시스템으로 공급되는 VFAs 중 발효시스

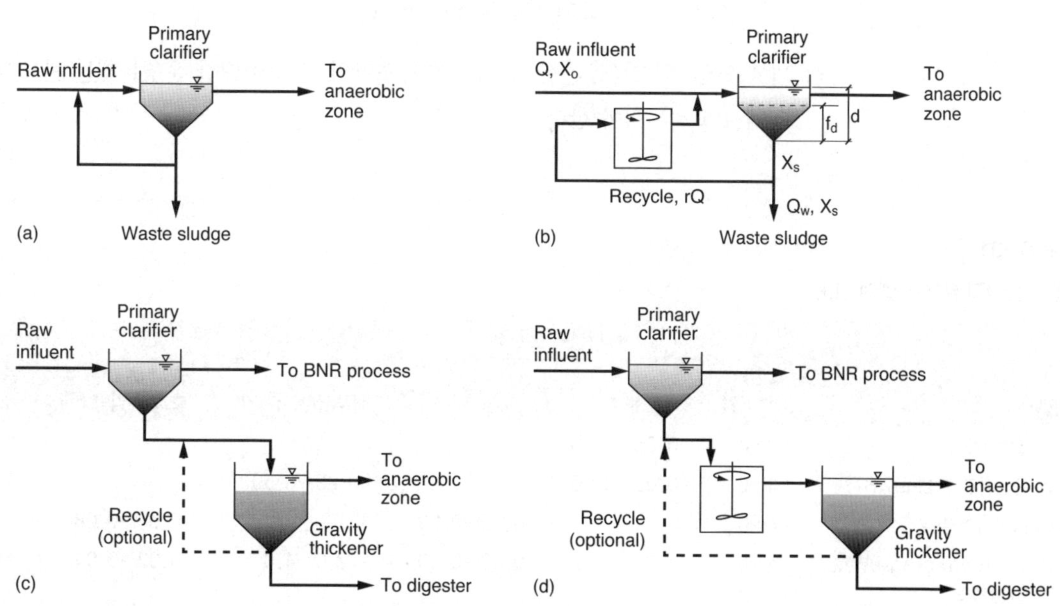

그림 8-39

생물학적 인 제거에 있어서 휘발성 지방산 공급을 위한 1차슬러지 발효조 설계. (a) 두꺼운 슬러지 블랭킷 층 발효 1차 침전지, (b) 1차 침전지와 발효조 혼합공법, (c) 중력식 농축 발효조 및, (d) 혼합발효조/중력농축조

템을 통해 생산된 VFAs량의 비가 크게 된다. 1차 슬러지 발효조 설계 인자는 표 8-31에 있다.

SRT 값 및 VFAs 생산율 계산. SRT 및 VFAs 생산율은 1차 침전지 발효조에서의 폐 슬러지, 순환수, VSS 농도에 대한 물질수지를 세우고 슬러지 발효조 접촉 시간을 계산함으로써 산정할 수 있다. 발효조/PST 혼합 시스템은 그림 8-39(b)에 있으며, 슬러지 발효조 총 SRT는 아래와 같이 계산된다.

$$\text{SRT} = \text{SRT}_{\text{혼합조}} + \text{SRT}_{\text{슬러지 블랭킷}}$$

$$\text{SRT} = r(T_f)t_c + \frac{f_d(d)(T_f)}{\text{SOR}} \tag{8-77}$$

$$T_f = \frac{Q}{Q_w} \tag{8-78}$$

여기서 r = 유입 유량에 대한 1차침전지 순환수 비율

Q = PST 유입 유량, m^3/d

Q_w = PST 하향류 폐슬러지 유량, m^3/d

T_r = 유입 VSS 농축 인자, PST 하향류 고형물 농도 대비 유입 유량 고형물 농도

t_c = rQ에 기초한 혼합접촉조의 체류시간, d

f_d = PST 슬러지 블랭킷 두께 비

d = PST 깊이, m

SOR = PST 표면 월류율, $m^3/m^2 \cdot d$

발효조에서의 악취, 혼합, 그리고 헝겊조각의 축적에 대한 운영문제는 반드시 설계와 운영에서 고려되어야 한다.

표 8-31
1차 침전지 발효조 설계 기준

형태[a]	슬러지 SRT, 일	세정수 순환 비		채류시간, τ, 일	유입수에 대한 농축조 유입량 비	농축조 부하량 kg/m² · 일
		원수	농축수			
(a) 활성 PST[b]	2~4	0.05~0.10				
(b) 완전혼합 발효조/PST[b]	4~6	0.05~0.10		0.25~0.50		
(c) 중력농축 발효조	4~6		0.10~0.20		0.04~0.08	20~40
(d) 이상(two-stage)발효조/농축조	4~6		0.30~0.50	2.0~4.0	0.02~0.04	100~150

[a] 그림 8-39참조

[b] PST – primary sedimentation tank (1차 침전지)

외부 탄소원. 외부 탄소원은 아세테이트를 구입하거나 또는 옥수수 시럽, 맥주와 설탕 음료 가공, 과일과 야채 통조림 공장 등에서 발생하는 식품 가공 폐기물에서 얻을 수 있다. 이들 폐기물을 투입하는 경우 PAOs의 EBPR 효율에 영향을 주는 GAOs가 자라지 않도록 주의를 기울여야 한다.

글리세롤 및 에탄올도 EBPR 공법에 투입하는 연구가 실험실 규모로 수행되어 이들 물질 사용은 가능한 것으로 보고되었다. 그러나 에탄올의 경우 에탄올을 발효하는데 긴 적응 시간을 필요로 하고(Guerrero et al. 2012), 글리세롤은 아세테이트 및 프로피오네이트로 발효하는데, 일반적으로 사용되는 혐기성 접촉시간보다 긴 시간이 필요한 것으로 보고되었다 Puig et al., 2008).

활성슬러지 혼합액의 발효. 활성슬러지 혼합액의 발효는 EBPR의 기능을 확장시키는 것으로, Phostrip공법의 기본이다(Levin and Shapiro, 1965). 농축조 상등액으로 방출된 인의 화학적 처리를 통해 인 제거되고, 혼합액은 호기성 구역에서의 인 흡수를 위해 주 공정으로 복귀된다. 그러나 Barnard 등(2011)은 Phostrip 없이 활성슬러지 발효를 통해 효과적인 EBPR에 의한 생물학적 인 제거를 보고했다. 약 7% 고형물 농도의 반송슬러지를 체류 시간 35~50 시간의 혐기성 반응조에서 발효시키면 효과적인 EBPR을 유발하는데, 이는 덴마크와 영국의 여러 시설에서 증명되었다.

고형물(슬러지) 체류시간. 생물학적 인 제거 효율은 활성슬러지 공법의 형태, 설계 SRT 그리고 유입 폐수의 특성에 의해 영향 받는다(Randall et al, 1992). 효율적 EBPR 시스템에서 충분한 호기성 SRT는 인 섭취를 위해 필요하다. 20°C에서는 2.5일 이상의 SRT를 필요로 하고 10°C에서는 4일 이상 필요로 한다. 긴 SRT를 가진 생물학적 질소 제거 시스템은 짧은 SRT 시스템보다 EBPR의 낮은 효율을 보여준다. 인 제거효율에 있어 두 가지 악영향은 저부하, 긴 시스템 SRT와 관련이 있다. 첫째로, 긴 SRT에서는 내생분해가 발생하여 인 축적 미생물(PAOs)의 바이오매스 생산 및 폐기가 줄어들어 궁극적으로 인 제거도 감소된다. 둘째로, 긴 SRT에서의 PAOs는 긴 내생분해기를 갖고 이로 인해 이들 미생물 내의 저장물질을 더욱더 결핍되게 할 것이다. 만약 세포내 글리세린이 부족하면 혐기성 접촉 영역에서 아세트산 섭취와 PHA 저장이 덜 일어날 것이고, 이는 전반적인 EBPR 공정의 효율을 낮출 것이다(Stephens and Stensel, 1998). 질산화에 필요한 SRT보다 조금 길게 SRT를 유지하는 것은 최고의 EBPR 성능을 만들 것이다(Oldham and Stevens, 1985).

호기성 영역과 포기 설계. 호기성 영역 배치과 DO 농도는 EBPR 인 섭취 효율과 처리수 용존 P 농도에 영향을 미친다. 단계적 호기성 영역의 첫 번째 단계의 DO 농도는 1.5 mg/L 이상이어야 하며, 이 농도 이하가 되면 인 제거 효율이 낮아질 것이다(Narayanan et al., 2011). 인 섭취는 1차 반응이기 때문에 단일 호기성 반응조에 비해 단계적 호기성 영역(포기조를 직렬 형태의 여러 반응조로 나눈 것)에서 높은 인 제거 효율이 일어난다 (Petersen et al., 1998). 인 섭취율은 저장된 PHA 농도, 반응조 DO와 PO_4 농도 그리고 PAOs 바이오매스 농도의 함수이다. 여러 단계적 호기 반응조의 상류 측 단계에서는 인 제거 미생물이 많은 PHA를 저장하고 있으며 반응조 PO_4 농도도 비교적 높을 것인데, 이는 이후 포기 반응조에서 빠른 인 섭취율을 유발하고, 궁극적으로 최종 포기 반응조에서 더 낮은 PO_4 농도의 유출수를 만들 것이다. PO_4 섭취율은 일반적으로 식 (8−79)에 주어진 것과 같은 수식으로 모델링된다.

$$R_p = q_{pp}\left(\frac{S_{O_2}}{K_{O_2} + S_{O_2}}\right)\left(\frac{S_{PO_4}}{K_{PO_4} + S_{PO_4}}\right)\left[\frac{X_{PHA}/X_{PAO}}{K_{PHA} + (X_{PHA}/X_{PAO})}\right]\left[\frac{K_{max} - (X_{pp}/X_{PAO})}{K_{ipp} + K_{max} - (X_{pp}/X_{PAO})}\right]X_{PAO} \tag{8-79}$$

여기서 R_P = PO_4 섭취율, g/m^3

q_{pp} = 최대 PO_4 섭취율, g/m^3

S_{O_2} = DO 농도, g/m^3

$K_{O_2}, K_{PO_4}, K_{PHA}$ = 반속도상수, g/m^3

S_{PO_4} = PO_4 농도, g/m^3

X_{PHA} = 저장 PHA 농도, g/m^3

X_{PAO} = 유기체에 축적된 인 농도, g/m^3

X_{pp} = PAOs 내 저장된 인 농도, g/g

K_{max} = PAOs 내 최대비(比)인 저장, g/g

K_{ipp} = PAOs 내 방출되지 않는 불활성 인, g/g

≫ 생물학적 인 제거에 영향 미치는 운영인자

유입폐수의 특성과 앞서 말한 다른 인자들에 더해서, EBPR 공법에 영향을 끼칠 수 있는 접촉 영역에서의 질소 및 용존 산소의 추가적 영향, 슬러지 처리공정 그리고 알칼리도와 pH를 포함하는 많은 운영인자들이 있다. 이러한 인자들은 뒷부분에서 언급할 것이다.

혐기성 접촉 영역으로의 질산이온 및 용존 산소 첨가의 영향. 유입수와 순환류에 의한 질산이온과 DO의 유입은 가능하면 반드시 피해야 한다. 필터 역세척 반류수는 용존 DO가 높아 혐기나 무산소 영역 대신 호기성 영역으로 보내야 한다. 용존 DO와 높은 질산성 질소 농도를 가진 순환흐름은 공정성능에 악영향을 끼칠 수 있다. 인 축적 미생물(PAOs)을 제외한 다른 종속영양 세균은 용존 DO와 NO_3-N을 전자 수용체로 사용하여 혐기성 접촉 영역에서 rbCOD를 소모할 수 있고, 그 결과 낮은 rbCOD를 남겨 효율적인 EBPR 성능을 위한 PAOs의 성장을 저해할 수 있다.

혐기성 접촉 영역에 유입된 NO_3-N와 용존 DO로 소모된 rbCOD 양은 식 (7−127)과 (7−129)로부터 계산할 수 있다. 여기서 합성수율은 순 총 수율 대신 사용된다. 합성수율은 전자수용체가 산소일 때 표 8−14에 제시된 바와 같이 0.45 g VSS/g COD이다. 질산성 질소를 전자수용체로 사용되는 경우에는 산소일 때의 70%로 추정하여(Muller et al., 2003) 0.32 g VSS/g COD이다. 즉, 혐기성 접촉 영역에서 질산성 질소나 산소에 대한 소모된 rbCOD 비는 아래에 있다.

질산성 질소: (식 7−127)

$$\frac{\text{g rbCOD}}{\text{g NO}_3\text{-N}} = \frac{2.86}{1 - 1.42(0.32 \text{ g VSS/g COD})} = 5.2$$

산소:

$$\frac{\text{g rbCOD}}{\text{g O}_2} = \frac{1}{1 - 1.42(0.45 \text{ g VSS/g COD})} = 2.8$$

위의 rbCOD/NO_3-N 및 rbCOD/DO 비에 기초하여 혐기성 접촉 영역에 공급된 DO와 질산성 질소에 의한 EBPR 성능에 대한 영향을 평가할 수 있다. 혐기성 영역에 추가된 유입폐수의 rbCOD는 생물학적 인 제거에 사용되기 전에 산소와 질소를 사용하는 미생물에 의해 대부분 제거될 것이다.

폐슬러지 처리공정. 인은 EBPR 공법의 폐슬러지에 함유되어 있기 때문에, 폐슬러지 처리방법 설계에 있어서, 과도한 인이 재순환할 가능성에 대해 반드시 고려해야 한다. 더욱이, EBPR 시스템에 배출된 폐슬러지를 혐기성 소화시키는 경우 소화된 슬러지는 나쁜 탈수 특성을 가져 많은 폴리머 사용을 유발하고 탈수 케익의 고형물 함량은 낮다. 탈수문제의 원인은 1가 및 2가 양이온 비 증가와 관련이 있다고 보고되었다(Murthy et al. 1998). EBPR 소화 슬러지의 1가 및 2가 양이온 비는 증가하는데, 이는 혐기성 조건에서 PAOs가 인의 방출하는데, 이로 인해 칼슘과 마그네슘에 비해 칼륨의 비가 높아지기 때문이다.

혐기성 상태의 영향. 7장에서의 EBPR 공법의 기작에서, 인을 저장한 세균이 혐기성 조건에 놓일 때 인은 방출한다고 이야기했다. 그러므로 농축 그리고/혹은 소화에서의 혐기성 상태는 상당한 양의 인의 방출을 유발할 수 있다. 본질적으로 이러한 공정에서 발생하는 반류수는 EBPR 시스템 유입수의 인 농도를 증가시키고 그 결과 더 많은 유입수 rbCOD가 필요하다. 추가적인 문제는 반류수에 다량의 인을 배출하는 고형물 탈수는 간헐적으로 이루어진다는 것이다. 반류수가 EBPR에 주는 영향을 줄이기 위한 방안은 다음과 같다. (1) 최소의 인 방출을 하는 폐슬러지 처리 공법 선택, (2) 유량 및 부하 조절을 통한 반류수 부하조절과 균등화, (3) 인의 침전 제거를 위한 화학약품 사용, (4) 혐기성 소화 여액의 인 회수 공법 사용(스튜바이트 – struvite 회수 공법은 6장과 15장에 설명되었다.)

인 방출 최소화. 폐슬러지 농축에 있어서 가압부상법, 중력벨트 농축기, 회전드럼 농축기에 의한 방법이 인 방출을 최소화한다. 생물학적 고형물은 혐기성 및 호기성 소화과정에서 분해되지만 폐슬러지의 인의 20~40%만 반류수에서 관찰된다. 흡수된 인은 전부 방출되지는 않고 struvite와 brushnite 같은 인 고형물 형태가 되어 낮은 인 농도가 유지했다고 알려지고 있다. 인 회수 기술은 반류수의 인 함량을 최소할 뿐만 아니라 한정된 인 자원을 재사용하는 이점을 가지고 있다. 소화슬러지 용액 혹은 퇴비화로 안정화된 탈수 슬러지의 비료로의 이용은 인 부하의 재순환을 최소화시킨다.

알칼리도와 pH. 7장(7–13절)에서 설명했듯이 7.0 이상의 pH는 유입폐수에 의해 생성된 acetate와 혐기성 접촉조 안에서 생성된 acetate에 대한 PAOs와 GAOs의 경쟁에서 PAOs가 우위를 점한다. 효율적인 EBPR 운전을 위한 pH 조건을 맞추기 위해서는 유입수 알칼리도, 질산화에 의한 알칼리도 소모, 탈질에 의한 알칼리도 생성을 모두 고려한 알칼리도 물질 수지를 계산해야 한다. 특히 GAOs와 경쟁이 심한 20~30 사이에서 운전 시 알칼리도 추가는 고려해야 한다.

›› 개선된 생물학적 인 제거 공법 설계

질소제거를 위한 것 외의 EBPR의 설계의 핵심요소는 혐기조 접촉시간, 호기성 SRT, 배치형태, DO 농도 그리고 인 섭취와 PAOs 제거를 위해 사용되는 rbCOD의 양이다. 처음 두 가지 요소는 8-7절의 질소제거에서 다루었다. rbCOD의 중요성과 NO_3-N의 인 제거에 대한 영향은 예제 8-13에서 설명하였다.

예제 8-13 **개선된 생물학적 인 제거에서의 질산이온의 영향** A^2O 생물학적 질소제거 공법으로 아래의 특징을 가진 폐수를 처리한다. 시스템 SRT는 8일이다. 반송률(RAS 순환율, R)은 0.5이고, 혐기조 체류시간은 0.75 h(시간)이다. 다음 조건에서의 유출수의 용존 인 농도와 폐슬러지의 인 함량을 계산하라. (a) RAS가 0.6 mg/L의 NO_3-N을 함유할 경우, (b) JHB EBPR 공법이 사용되고 RAS가 0.30 mg/L의 NO_3-N 함유할 경우

설계조건 및 가정:

1. 폐수의 성상

항목	단위	수치
유량	m^3/d	4000
TBOD	g/m^3	160
bCOD	g/m^3	250
rbCOD	g/m^3	75
Acetate	g/m^3	15
nbVSS	g/m^3	20
무기비활성물질	g/m^3	10
TKN	g/m^3	35
인	g/m^3	6
온도	°C	12

참조: g/m^3 = mg/L

2. rbCOD/NO_3-N 비 = 5.2 g rbCOD/g NO_3-N
3. 다른 종속영양 세균의 인 함량 = 0.015 g P/g 세균
4. 산화된 질산이온(NO_x) = 28 g/m^3
5. 표 8-14의 계수 사용

풀이, Part A—NO_3-N = 0.6 mg/L

1. 개선된 생물학적 인 제거에서 사용 가능한 rbCOD 계산

   a. 유입수 내 rbCOD

   $$Q(\text{rbCOD}) = (4000\ \text{m}^3/\text{d})(75\ \text{g/m}^3) = 300{,}000\ \text{g/d}$$

   b. 질산성 질소에 의해 소모된 rbCOD

   무산소조에서 공급된 NO_3-N

   $$RQ(\text{NO}_3\text{-N}) = 0.50(4000\ \text{m}^3/\text{d})(6.0\ \text{g NO}_3\text{-N/m}^3) = 12{,}000\ \text{g NO}_3\text{-N/d}$$

   $$\text{NO}_3\text{-N에 의해 사용된 rbCOD} = (5.2\ \text{g rbCOD/g NO}_3\text{-N})(12{,}000\ \text{g NO}_3\text{-N/d})$$

   $$= 62{,}400\ \text{g rbCOD/d}$$

   c. 이용 가능한 rbCOD = (300,000 − 62,400) g rbCOD/d = 237,600 g/d

2. EBPR에 의한 인 제거량 계산

   (rbCOD/P 제거율)을 계산하기 위해 그림 8−38을 사용

   a. 유입수 VFA/rbCOD 비 계산

   $$\frac{\text{VFA}}{\text{rbCOD}} = \frac{(15\ \text{g/m}^3)}{(75\ \text{g/m}^3)} = 0.20$$

   b. 그림 8−38로부터 VFA/rbCOD = 0.20, rbCOD/P 제거 = 15.0

   c. EBPR에 의한 P 제거량

   $$\text{P 제거량} = \frac{\text{rbCOD}}{\text{rbCOD/P}}$$

   유입 유량을 기준으로 한 이용 가능한 rbCOD

   $$\text{rbCOD} = \frac{(237{,}600\ \text{g/d})}{(4000\ \text{m}^3/\text{d})} = 59.4\ \text{g/m}^3$$

   $$\text{P 제거량} = \frac{(59.4\ \text{g rbCOD/m}^3)}{(15.0\ \text{g rbCOD/g P})} = 4.0\ \text{g/m}^3$$

3. 다른 종속영양 세균의 합성에 의해 제거된 P량 계산

   a. 세균 생산량[식 (8−20), 표 10]

   $$P_{x,\text{bio}} = \frac{QY_\text{H}(S_o - S)}{1 + b_\text{H}(\text{SRT})} + \frac{(f_d)(b_\text{H})QY_\text{H}(S_o - S)\text{SRT}}{1 + b_\text{H}(\text{SRT})} + \frac{Q(Y_n)(\text{NO}_x)}{1 + b_n(\text{SRT})}$$

   $S_o - S \sim S_o$로 가정

   표 8−14로부터

   $Y_\text{H} = 0.45$ g VSS/g COD, $b_\text{H} = 0.12$ g/g·d at 20°C,

   $f_d = 0.15$ g/g, $Y_n = 0.15$ g VSS/g NO_x, $b_n = 0.17$ g/g·d at 20°C

   12°C로 b를 보정[식 (2−25), 표 8−10]

$$b_{H,12°C} = b_{H,20}(1.04)^{T-20}$$

$$b_{H,12°C} = 0.12(1.04)^{12-20} = 0.088 \text{ g/g·d}$$

$$b_{n,12°C} = 0.17(1.029)^{12-20} = 0.135 \text{ g/g·d}$$

$$P_{x,\text{bio}} = \frac{(4000 \text{ m}^3/\text{d})(0.45 \text{ g VSS/g COD})(250 \text{ g COD/m}^3)}{[1 + (0.088 \text{ g/g·d})(8 \text{ d})]}$$
$$+ \frac{(0.15 \text{ g/g})(0.088 \text{ g/g·d})(4000 \text{ m}^3/\text{d})(0.45 \text{ g VSS/g COD})(250 \text{ g COD/m}^3)(8 \text{ d})}{[1 + (0.088 \text{ g/g·d})(8 \text{ d})]}$$
$$+ \frac{(4000 \text{ m}^3/\text{d})(0.15 \text{ g VSS/g NO}_x\text{-N})(28 \text{ g/m}^3)}{[1 + (0.135 \text{ g/g·d})(8 \text{ d})]}$$

$$P_{x,\text{bio}} = 264{,}085 \text{ g VSS/d} + 61{,}972 \text{ g VSS/d} + 8077 \text{ g VSS/d} = 334{,}134 \text{ g VSS/d}$$

P 제거량(합성) = $0.015\ P_{x,\text{bio}}$

합성에 의한 P 제거량 = (0.015 g P/g VSS)(334,134 g VSS/d) = 5012 g P/d

유입 유량 기준으로 한 P 제거량 = $\frac{(5012 \text{ g P/d})}{(4000 \text{ m}^3/\text{d})} = 1.2 \text{ g/m}^3$

4. 처리수 P = 유입수 P − P_{EBPR} − $P_{\text{합성}}$

   처리수 P = $6.0 \text{ g/m}^3 - 4.0 \text{ g/m}^3 - 1.2 \text{ g/m}^3 = 0.80 \text{ g/m}^3$

5. 폐슬러지 내 인 함량계산

   a. 식 (8−21), 표 8−10을 사용하여 총슬러지 생산량 계산

$$P_{x,\text{TSS}} = \frac{P_{x,\text{bio}}}{0.85} + \frac{P_{x,\text{AOB}}}{0.85} + Q(\text{nbVSS}) + Q(\text{TSS}_o - \text{VSS}_o)$$
$$= \frac{(334{,}134 \text{ g/d})}{0.85} + (4000 \text{ m}^3/\text{d})(20 \text{ g/m}^3) + (4000 \text{ m}^3/\text{d})(10 \text{ g/m}^3)$$
$$= 433{,}099 \text{g/d}$$

   b. P 제거량 = $(6.0 - 0.8) \text{ g/m}^3 (4000 \text{ m}^3/\text{d}) = 20{,}800 \text{ g/d}$

   c. 폐슬러지 내 P, % = $\frac{(20{,}800 \text{ g/d})(100)}{(433{,}099 \text{ g/d})} = 4.8\%$

풀이, Part B−NO_3-N = 0.3 mg/L

1. 생물학적 인 제거에서 사용 가능한 rbCOD 계산

   a. NO_3-N에 의해 사용된 rbCOD(6.0 g/m³ 질산성 질소에 쓰인 rbCOD를 0.30 g/m³ 질산성 질소에 비례식 적용)

   NO_3-N에 사용된 rbCOD

$$= \frac{(0.3 \text{ g/m}^3)}{(6.0 \text{ g/m}^3)}(62{,}400 \text{ g rbCOD/d}) = 3120 \text{ g rbCOD/d}$$

   b. 개선된 생물학적 인 제거로 사용할 수 있는 rbCOD

사용 가능한 rbCOD = (300,000 − 3120)g/d = 296,880 g rbCOD/d

2. EBPR에 의한 인 제거량 계산

a. rbCOD : P 비 = 15.0

b. $\text{사용 가능한 rbCOD} = \frac{(296{,}880 \text{ g rbCOD/d})}{(4000 \text{ m}^3\text{/d})} = 74.2 \text{ g rbCOD/m}^3$

c. EBPR에 의한 P 제거량

$$P_{\text{removal}} = \frac{(74.2 \text{ g rbCOD/m}^3)}{(15.0 \text{ g rbCOD/g P})} = 4.9 \text{ g/m}^3$$

3. EBPR과 합성에 의한 P 제거량 계산

$$P_{\text{removal}} = 4.9 \text{ g/m}^3 + 1.2 \text{ g/m}^3 = 6.1 \text{ g/m}^3$$

참조: 계산된 값은 유입수 P 농도를 초과한다. EBPR 공법에서, 낮은 호기성 영역에서의 P 농도는 이 영역에서의 인 섭취를 동역학적으로 제한한다. 호기조 설계에 의하면 처리수 P 농도는 0.10 SIM 0.30 mg/L의 범위를 갖는다.

》 화학물 투입을 위한 준비

EBPR을 위한 공법설계는 명반(alum) 혹은 철염(iron salt)의 화학적 침전(6장 참조)을 통한 인 제거와 추가로 PAOs를 통한 인 제거를 위한 준비를 포함한다. 화학물 투입은 다음을 위해 필요하다. (1) EBPR을 통해 가능한 인 농도보다 낮은 엄격한 처리수 배출 인 농도 만족, (2) EBPR 성능을 감소시키는 예측 혹은 예측할 수 없는 경우 공정 신뢰도를 제공하기 위해, 그리고 (3) 폐수의 rbCOD/P 비가 생물학적 인 제거를 수행할 수 있을 만큼 충분하지 않은 경우이다. 후자의 경우, 화학적 침전, 1차 슬러지 발효, 반송슬러지 발효 혹은 외부 탄소원의 구입에 쓰이는 비용이 비교되어야 한다.

금속염 투입. 0.05 mg/L 이하의 매우 낮은 처리수 인 농도는 EBPR 공법에 금속염을 투입함으로써 얻는다. 금속염은 EBPR 시스템 내 혐기조, 무산소, 혹은 호기조에 투입될 수 있지만, 과잉 투입은 EBPR 성능을 낮출 수 있다. 낮은 EBPR 제거는 화학물 투입을 점차 증가시키고, 결과적으로 대부분의 P 제거는 화학적 침전에 의한다. 과량의 인이 혼합액에서 화학적 침전으로 제거된다면, 호기성 영역에서 PAOs에 의해 인이 적게 섭취되고, 혐기성 영역에서 VFAs 섭취에 사용할 저장된 중합인산염의 양이 감소되어, 그 결과 PAOs 성장과 EBPR에 의한 제거가 낮아진다. 매우 낮은 처리수 P 농도(0.10 mg/L 이하)에 도달하기 위해서는 금속염이 혐기성 방출 영역 및 호기성 인 섭취 후 별도의 최종 고액분리단계에 투입된다. 활성슬러지/2차 침전지 시스템에서 금속염은 침전지 단계 혹은 3차 여과지 전단에 투입될 수 있다. MBR 시스템에서는 막 분리 영역 혹은 막 분리 영역 전단 접촉조에 투입될 수 있다. EBPR MBR 시스템에서의 명반의 투입은 막 파울링을 줄일 수 있다고 알려져 있다(johannessen et al., 2005).

1차 침전지로의 화학물 투입. 명반 혹은 금속염은 EBPR 시스템 전의 1차 침전에서 인을 제거하기 위해 투입되며, 그 결과 EBPR 공정 유입수는 높은 rbCOD/P 비를 가짐으로써 매우 낮은 처리수 P 농도를 얻을 수 있다. 그러나 이 시도는 1차 처리단계에서 너무 많은 인을 제거할 가능성을 가지며 이는 2차 처리단계에서 질소 및 인 제거 효율이 낮아질 수 있다. 따라서 세심한 운전과 제어가 필요하다. 몇몇 상황에서는 철염이 명반보다 1차 처리 사용에 선호되는데 이는 철염이 황화물을 제거하여 악취를 줄이는 추가적인 이점을 가지고 있기 때문이다.

》 공법 제어와 성능 최적화

공법성능은 다음을 포함한 많은 운전 조건에 의해 영향 받는다. (1) 공정 SRT, (2) 공정 내 질산화 발생 시 질산이온 제거 효율, (3) 혐기성 영역으로 유입하는 용존산소와 질산성 질소의 조절, (4) 호기성 영역 내 DO 농도, (5) 순환 흐름 내 인(P) 농도, (6) 이용 가능한 rbCOD 및 VFA의 양, 그리고 (7) 공정 처리수 부유 고형물 농도.

질산화 시스템에서, 질산화에 필요한 SRT에 근접할수록 높은 EBPR 효율을 보여줄 것이다. 혐기조로의 DO와 질산성 질소의 유입은 반드시 피하거나 최소화해야 한다. 이는 활성슬러지/2차 침전지 질산화 시스템의 몇몇 경우에서 2차 침전지 슬러지 계면 높이 조절을 통해서 반송슬러지에 들어있는 질산성 질소를 제거할 수 있다. 이는 반드시 세심한 운전 제어와 경험을 통해 이루어져야 한다. 만약 슬러지 계면이 너무 높으면, 질산성 질소가 완전히 제거된 후 2차 인 방출이 일어나거나 혹은 침전 슬러지 유실로 많은 고형물이 처리수로 나가 처리수 SS 농도가 높아 질 것이다.

이용 가능한 rbCOD와 VFAs를 늘리기 위한 운전법은 EBPR 성능을 향상시킬 수 있다. 활성슬러지와 유입 부유물질 발효에 의한 내부 VFAs 생성은 성능을 향상시키는데, 이는 미국 콜로라도 주 Pinery Water과 미국 네바다 주 Henderson EBPR 시설에서 입증되었다. 이들 처리장에서는 혐기조의 혼합기(mixer) 작동을 중지시켜 발효에 필요한 긴 고형물 체류시간을 제공하였다. 혼합기는 매일 10~20분 작동시켰다(Barnard et al., 2011). 각각의 처리장에서는 0.50와 0.10 mg/L 이하의 처리수 용존 P 농도를 보고하였다.

공법설계 고려사항에서 이야기하였듯이, 슬러지 농축 혹은 소화공정에서의 반류수는 높은 인 농도를 포함할 수 있다. 반류수량과 인 부하의 균등화 및 제어는 반류수 인에 의한 영향을 최소화하는 데 도움을 준다. 주 공정의 인 부하를 최소화하기 위해, 반류수는 화학물 투입을 통해서 처리할 수 있다.

처리수 부유 고형물. 혼합액 고형물 내 인 함량은 PAOs의 생물학적 인 저장 때문에 전통적인 활성슬러지 공법의 인 함량보다 크다. 건조 고형물 기준으로 인 함량은 3~6%의 범위다(Randall et al., 1992). 그러므로 처리수 총 인 농도는 시스템 처리수 TSS 농도에 의해 크게 영향 받는다. 고형물 내 인 농도가 3~6%일 때, TSS 농도가 10 mg/L인 처리수에 대한 기여도는 0.3~0.6 mg/L이다. 다행히도, 대부분의 EBPR 공법으로부터의 2차 침전지 처리수 TSS 농도는 10 mg/L 혹은 그 이하나, 처리수 인 농도를 매우 낮게 하기 위해서는 처리수 필터 혹은 막 분리가 필요하다.

8-9 활성슬러지 공법을 위한 포기조 설계

포기기 선정 및 설계 그리고 포기조 설계는 2차 침전지 혹은 막 분리 시스템을 사용하는 활성슬러지 공법의 시설에서 매우 중요하다. 포기 시스템과 포기조 그리고 부속 장치 설계 고려사항은 이 절에서 설명한다.

》 포기 시스템

활성슬러지 공법을 위한 포기 시스템은 반드시 다음에 부합해야 한다. (1) 폐수 내 bCOD의 생물학적 산화를 위한 산소요구량 만족, (2) 바이오매스의 내생호흡으로 인한 산소요구량 만족, (3) 생물학적 질산화에 대한 산소요구량 만족, (4) 반응조 내 적당한 혼합, 그리고 (5) 포기조에 있어서 최소 용존 산소농도 유지. 만약 포기 시스템의 산소전달 효율을 알고 있거나 산정할 수 있다면, 산기 포기에 필요한 실제 공기 필요량 혹은 기계적 표면 산기기의 설치 전력량을 계산할 수 있다. 산기장치 특성과 기계식 포기장치와 산기공기를 통한 혼합 에너지 요구량은 5-12절에서 이야기 했다. 이 절에서 고려한 중요한 사항은 혼합액 내 산소전달 효율이 활성슬러지 공법설계에 미치는 영향이다.

침전지가 있는 활성슬러지 공법의 알파(α) 인자. 활성슬러지 공법에 있어서 포기 설계는 정수 산소전달 성능자료와 혼합액 운전조건의 효과를 고려한 산기 시스템 공기유량 또는 기계식 포기기 kW 동력량 계산을 포함한다. 혼합액 보정에서 가장 중요한 인자는 혼합액이 포기조 설계 알파(α) 인자에 미치는 영향이다. 알파 인자는 정수에 대한 혼합액에서의 산소 전달속도의 비다. 혼합액에서, 알파 인자는 가스-액체 물질전달에 있어서의 계면활성제와 유기 오염물질의 영향과 점도의 영향으로 1.0보다 작다. 계면활성제와 유기 오염물질 농도는 미생물 분해로 인해 감소되는데 SRT가 증가하면 이들 물질의 농도도 감소한다. 활성슬러지/2차침전지 시스템에서, SRT의 함수로써의 알파 값은 미국 내 미세 기포 산기기에 대한 30개 시설의 산소전달 실험 후 Rosso et al. (2005b)가 제시하였다. 평균 알파 값은 SRT가 10일에서 20일, 30일까지 증가함에 따라 약 0.53에서 0.60, 0.65로 증가하여 SRT가 증가할수록 그 값이 증가한다.

MBR공법에서의 알파(α)인자. MBR 시스템에서 미세 기포 포기의 알파 값은 높은 MLSS 농도로 인해 증가된 점도에 영향을 크게 받는다. 알파 값에 대한 MLSS 농도의 영향은 미세기포 확산포기기의 4곳, 조대기포 확산포기의 1곳의 실험 자료를 근거로 그림 8-40에 제시하였다. MLSS 농도의 함수로써의 알파의 상관관계는 참고자료와 함께 표 8-32에 제시되었다. MBR 포기조에서 미세기포 산기관의 대략적인 알파 값은 MLSS 농도 8000 mg/L에서 0.47이고, MLSS 농도 12,000 mg/L에서는 0.35이다.

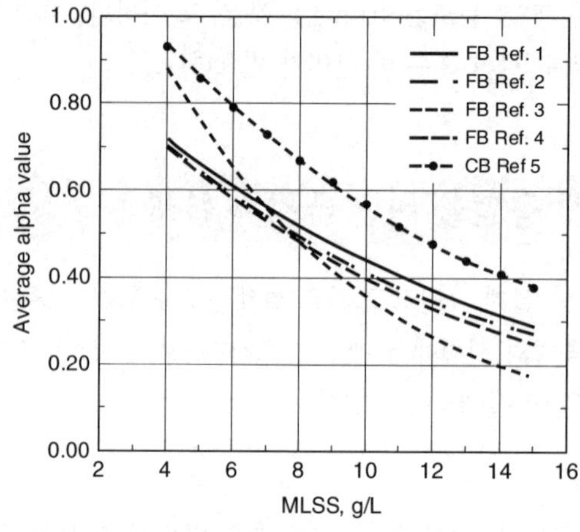

그림 8-40
MBR 시스템에서 MLSS 농도가 미세 기포 산기식 포기 알파(α) 값에 주는 영향

표 8-32
MBR에서 MLSS 농도와 알파(α) 사이의 관계 요약표

그림 8-40의 참고문헌	α (alpha) 계산	참고문헌
FB Ref. 1	$e^{-(0.082*MLSS)}$	Gunder and Krauth(1999)
FB Ref. 2	$e^{-(0.088*MLSS)}$	Krampe and Krauth(2003)
FB Ref. 3	$(1.6)e^{-(0.15*MLSS)}$	MBR Plant 1, Racault et al. (2010)
FB Ref. 4	$(1.0255)e^{-(0.0946*MLSS)}$	MBR Plant 2, Racault et al. (2010)
CB Ref. 5	$(1.2888)e^{-(0.0818*MLSS)}$	MBR, CB Racault et al. (2010)

주: FB – Fine bubble diffuser (미세 공기 산기관), CB – Coarse bubble diffuser (굵은 기포 산기관)

최대 산소요구량 모델링. 활성슬러지 시뮬레이션 모델은 시간별 유량, 유입 bCOD, TKN 농도 변화에 따라 여러 반응조 형태에서 최대 산소요구량을 결정하는 데 사용된다. 경험과 공학적 판단은 평균 산소요구량 조건에 대한 설계뿐만 아니라 최대 부하 조건에서의 산소요구량도 평가하는 데 사용된다. 최소 1.5~2.0배의 평균 BOD와 TKN 부하의 첨두율이 사용된다. 포기기는 평균 부하에서 포기조 내부 2 mg/L의 잔류 용존산소(DO)를, 최대 부하 시에는 1.0 mg/L의 잔류 용존산소 농도(DO)가 유지되도록 크기가 정해져야 한다. 포기기는 반드시 충분한 유연성이 있게 설계되어야 한다. (1) 최소 산소 요구량 만족, (2) 과잉 포기 방지 및 에너지 절감, 그리고 (3) 최대 산소 요구량 만족. 최소한의 산소 요구량을 만족하기 위한 다수의 소형 송풍기 사용에 대한 고려는 시스템이 과포기 되지 않고 낮은 부하에서 에너지를 낭비를 방지하지 위해 필요하다. 과도한 포기는 생물학적 영양염류 제거 공정의 효율을 떨어뜨린다. 포기를 위한 에너지 사용량 조정을 위해 조절 가능한 유도날개와 변속 구동장치를 가진 송풍기 사용은 17-8절에서 설명될 것이다.

포기조와 부속 시설물

활성슬러지 공법과 포기 시스템이 선정되고 예비 설계를 마친 후 다음단계는 포기조와 부속 시설물을 설계하는 것이다. 설계관점은 다음과 같다. (1) 포기조, (2) 유량 배분, 그리고 (3) 기포 조절 시스템. 포기조 혼합에 요구되는 에너지는 5-12절에서 논의하였다.

포기조. 포기조는 주로 강화 콘크리트로 축조되고 대기 중에 개방되거나 혹은 악취 방지를 위해 덮개로 덮는 경우도 있다. 직사각형 혹은 정사각형 형태는 조의 공동 벽 이용을 가능하게 한다. 요구되는 조의 총 부피는 앞부분의 8-6, 8-7, 8-8절에 있는 생물학적 공법 설계에서 결정한다. 0.22~0.44 m^3/s (5~10 Mgal/d) 설계용량 범위의 시설은 최소 2개의 조가 있어야 한다. (더 작은 처리시설 또한 유지 관리를 위해 최소 2개의 조가 선호된다.) 0.44~2.2 m^3/s의 범위는 운전의 유연성과 유지관리 용이성을 위해 4개의 조로 구성된다. 2.2 m^3/s (50 Mgal/d)가 넘는 큰 시설에서는 반드시 6개 혹은 그 이상의 조로 구성해야 한다. 몇몇의 큰 처리장은 여러 그룹 또는 밧데리로 구성되는 30~40개 조를 가지고 있다. 비록 포기조 혼합액으로 공급된 기포는 총 체적의 1%를 차지하지만 조 크기 결정에서는 이를 고려하지 않는다.

산기기 시스템의 사용. 만약 폐수가 산기공기로 포기가 된다면, 조의 기하학적 구조는 포기 효율과 이에 따른 혼합 양에 크게 영향을 준다[그림 8-41(a), (b)]. 포기조 수심은 산기 시스템의 에너지 효율을 높이기 위해 4.5~7.5 m (15~25 ft) 사이여야 한다. 수면으로부터 위로 0.3~0.6 m (1~2 ft)의 여유고가 있어야 한다. 만약 플러그 흐름 형태에서 나선형 유동 혼합이 사용되면 조의 너비에 대한 깊이의 상관관계가 중요하다. 이러한 조의 너비 대 깊이의 비는 1.0/1에서 2.2/1까지로 다양하며, 1.5/1이 가장 흔하다. 큰 시설에서의 수로는 꽤 길며 때때로 조당 150 m(~500 ft)을 넘는 경우도 있다. 여러 조가 연결되는 경우에는 지그재그 식으로 조를 연결한다. 각 수로의 길이 대 너비의 비는 최소 5/1이다. 완전 혼합 산기공기 시스템이 사용되는 곳에서는 길이 대 너비의 비를 건설비

(a)

(b)

(c)

(d)

그림 8-41

활성슬러지 포기 시스템. (a) 심층 완전혼합 질산화조 세라믹 디스크 산기기, (b) MBR 활성슬러지 시스템의 두 개 외부 원형 수로에 설치된 세라믹 디스크 산기기, (c) 기계식 표면 포기기, (d) 5장의 그림 5-67의 기계식 포기기가 설치된 빈 포기조 모습

절감을 위해 줄여야 한다.

산기기가 양 벽면, 혹은 격자 패널 형태로 설치된 포기조의 경우 좀 더 넓은 너비가 허용된다. 중요한 점은 혼합이 불충분한 “사각 구역(dead zone)”이 없도록 반응조의 너비를 제한해야 한다. 각 독립된 포기조의 제원은 고형물 침전이 안 되게 적당한 유속이 유지될 수 있도록 해야 한다. 나선형 흐름 조에서는 수로의 가로 방향 모퉁이에 삼각 배플 혹은 칸막이를 설치하여 수로의 사각 구역(dead zone)을 없애고 나선형 흐름의 방향을 바꾼다.

기계식 포기 시스템. 기계식 포기 시스템의 가장 효율적인 배치는 조당 한 개의 포기기 설치이다[그림 8-41(c), (d)]. 최고의 효율을 위해 하나의 조에 다수의 포기기가 설치되어 있는 곳에서는 조의 길이 대 너비의 비가 짝수의 배수여야 하며 유동경계층의 간섭을 피하기 위해 정방형 중앙에 설치해야 한다. 너비와 깊이는 표 8-33에 있는 포기기의 전력 소요량에 의해 정해져야 한다. 2단 변속 포기기는 넓은 범위의 산소요구량 조건을 다루기 위한 운전 유연성을 제공한다. 약 1~1.5 m (3.5~5 ft)의 여유고가 기계적 포기 시스템에 있어야 한다.

검사와 수리를 위한 포기기 제거를 위해 개개의 조는 유입 및 배출구에 갑문 혹은 밸브가 있어야 한다. 그러므로 포기조의 공동 벽은 한쪽 포기조가 비워진 경우 다른 쪽 포기조의 수압을 견뎌야 한다. 포기조는 침하되지 않도록 적절한 기초공이 있어야 하고, 포화지반에서 포기조 내 물을 뺀 경우 부력에 의한 상승이 없도록 설계되어야 한다. 부상을 방지하는 방법은 조 바닥을 두껍게 하거나, 연결 파이프 설치, 혹은 수압 릴리프 밸브를 설치하는 것이다. 포기조의 배수구는 배수에 필요하다. 일반적인 대형 처리장의 경우 진흙 밸브를 모든 조 바닥에 설치하는 것이 적합하다. 진흙 밸브는 중앙 배수 펌프 혹은 공정 펌프장의 흡수정에 연결되어야 한다. 배수 시스템은 일반적으로 조를 비우는 데 12~24시간이 걸리도록 설계된다.

유량 분배. 여러 1차 침전지와 포기조를 포함하는 하수처리장에서의 고려사항은 포기조로의 유량의 분배를 동등하게 하는 것이다. 많은 설계에서 1차 침전지로부터의 폐수는 공용관 혹은 포기조로의 이동을 위한 수로에 모아진다. 포기조의 효율적인 사용을 위

표 8-33
기계식 표면 포기 장치를 사용하는 일반 포기조 제원

포기기 크기		조 수심		조 폭	
hp	kW	ft	m	ft	m
10	7.5	10~12	3~3.6	30~40	9~12
20	15	12~14	3.6~4.2	35~50	10.5~15
30	22.5	13~15	3.9~4.5	40~60	12~18
40	30	12~17	3.6~5.1	45~65	13.5~20
50	37.5	15~18	4.5~5.5	45~75	13.5~23
75	56	15~20	4.5~6	50~85	15~26
100	75	15~20	4.5~6	60~90	18~27

해 각각의 조로의 유량 분할 및 조정 방법이 사용되는데, 일반적으로 사용하는 방법은 위어가 설치된 분배 박스, 조절 밸브, 혹은 포기조 유입 갑문 조절이다. 1차 침전지로부터 수두손실을 동등하게 함으로써 수량을 조정하는 것 또한 실행된다. 특히 단계 주입 형태를 사용하는 곳에서는 유량조정이 확실해야 한다. 포기조 유입 혹은 유출 이송을 위해 사용하는 수로에서의 단계 주입은 고형물 침전을 막기 위한 포기 설비가 있어야한다[그림 8-42(a), (b)]. 수로의 필요한 공기량의 범위는 0.2~0.5 m^3/lin m · min (2~5 ft^3/lin ft · min) 이다.

거품 조절 시스템. 거품을 부서뜨리고 거품이 표면 거품 수집지점에 도달하는 것을 돕기 위해 스프레이 노즐을 포기조 측면을 따라 포기조 수표면 위에 설치한다[그림 8-42(c), (d)]. 시스템의 시작 혹은 계절적인 부하량 변화가 있으면 거품이 발생할 수 있는데, 이는 스프레이로 거품을 혼합액 속으로 사라지게 해서 낮은 거품 수치를 유지하도록 한다. 체로 걸러지거나 필터를 거치 공정 처리수가 일반적으로 스프레이 노즐을 통해 뿌려진다. 노카디아 거품은 포기조에 부적절하며 이것의 방지 및 조절은 앞의 8-3절에서 설명되었다.

8-10 침전지를 가진 활성슬러지 공법에서의 고액 분리 분석

고액분리는 활성슬러지 공법의 성공적인 운전에 있어 중요하다. 고액 분리는 2가지의 매우 중요한 기능을 포함한다. (1) 처리된 유출수의 혼합액 TSS를 99.5% 이상 제거하기 위한 중력 침전, (2) 유입수와 함께 혼합 그리고 처리 공정에 반송되기 전에 이의 부피를 줄이기 위한 침전슬러지의 농축. 이번 장의 이전 부분에서는 BOD 제거와 질산화, 생물

(a)

(b)

(c)

(d)

그림 8-42

포기조 구성물. (a)와 (b)는 활성슬러지 혼합액 포기 이송 수로, (c)와 (d)는 거품 파괴용 산기 노즐과 거품이 수집 지점으로 옮겨지는 것을 보여주고 있음

학적 질소제거, 그리고 생물학적 인 제거의 강화를 위한 활성슬러지 처리 공법에 있어서 2가지 다른 방법의 고액 분리 방법을 보여주었다: 2차 침전지에서의 중력 침전, 그리고 멤브레인 분리이다. 중력 침전을 통한 고액 분리는 이번 절에서 설명한다. 2차 침전지의 설계 고려사항은 다음 절에서 설명할 것이다. 멤브레인 고형물 분리는 8–12절에서 다룬다.

❯❯ 2차 침전지에서의 고액분리

표면 월류율과 고형물 부하율은 2차 침전지의 설계와 분석에 사용되는 2개의 중요한 요소이다. 이 두 변수는 활성슬러지 시스템 설계와 운전 등 2가지에 의해 좌우되며, 혼합액 플록 성상과 침전되지 않은 플록입자인 분산 고형물량을 결정한다. 활성슬러지 설계에서 생물학적 선택조가 있는 경우 발생되는, 더 크고 밀집된 플록 입자는, 더 좋은 침전과 농축, 그리고 더 효과적인 침전지의 성능을 나타낸다.

표면 월류율(Surface overflw Rate, SOR) 표면 월류율(SOR)은 유출수로부터 입자를 분리하기 위해 필요한 시간으로써 정의될 수 있다.

$$SOR = \frac{Q}{A} \tag{8-80}$$

SOR = 표면 월류율($m^3/m^2 \cdot day$)
Q = 유입 유량(m^3/d)
A = 침전지의 면적(m^2)

부하율은 유입폐수량과 침전지로의 반송유량을 포함한 침전지 유입 혼합액 유량을 기준으로 하지만, 표면 월류율은 유입폐수량만을 고려한다. 왜냐하면 표면 월류율은 상향류 유속과 동등하기 때문이다. 반송슬러지 유량은 침전지의 바닥에서 추출되며, 상향류 유속에 영향을 미치지 않는다. 표면 월류율보다 작은 침전속도를 갖는 플록과 작은 입자들은 침전지로부터의 유출수로 방류될 것이다. SOR보다 침전속도가 큰 플록과 입자들은 중력 침전으로 제거될 것이다. 표면 월류율의 결정은 유출수 조건과 안정된 공법 수행 필요에 따라 영향을 받을 것이다. 통상적인 표면 월류율은 표 8–34에 있으며 그 범위는 16~33 m/d (400~600 gal/$ft^2 \cdot$ d)이다.

정상 상태 가동은 유입 폐수 유량, 반송슬러지 유량, MLSS 농도 변화 때문에 거의 발생하지 않아서, 첨두 유량 발생에 대한 주의와 안전계수를 사용하는 것은 설계에 있어 중요하다. 만약 첨두유량의 지속시간이 짧다면 24시간 평균월류율이 지배적일 것이고, 만약 첨두유량 지속시간이 길다면 침전지로부터 고형물이 넘쳐나가지 않은 첨두 월류율을 설정해야 한다. 일시적 첨두유량은 깊은 침전지에서 수용 가능한데, 이는 높은 고형물 부하로 인한 침전지 내부 고형물 총량 증가량을 수심이 깊은 침전지가 수용할 수 있기 때문이다. 표면 월류율은 전통적인 침전지 설계 인자였으나, 고형물 부하율은 아래에서 이야기하는 바와 같이 유출수 농도에 영향을 주는 제한인자로 고려되었다. 침전지의 수리학적 설계가 잘 되었고 고형물의 관리를 적절히 하는 경우, 넓은 범위의 표면 월류율 변화가 유출수의 수질에 미치는 영향이 아주 적거나 없는 것으로 나타나, 설계는 고형물 부

표 8-34

활성슬러지 2차 침전지에 있어서 일반적인 설계 정보

처리 형태	표면 월류율				고형물 부하율				측면 수심
	gal/ft²·d		m³/m²·d		lb/ft²·h		kg/m²·h		
	평균	최대	평균	최대	평균	최대	평균	최대	m[b]
포기 활성슬러지 후 침전(장기 포기 제외)	400~600	1000~1200	16~28	36~56	0.8~1.2	2.0	4~6	10	4.0~5.5
선택조, 생물학적 고도처리	600~800	1200~1600	24~32	40~64	1.0~1.5	2.0	5~8	10	4.0~5.5
장기 포기 후 침전	200~400	600~800	8~16	24~32	0.2~1.0	1.6	1.0~5	8	4.0~5.5
인 제거를 위한 약품 주입후 침전[a]									
Total P = 2	600~800		24~32						
Total P = 1[c]	400~600		16~24						
Total P = 0.2 − 0.5[d]	300~500		12~20						

[a] Kang(1987), WEF (2010)에서 일부 채택함

[b] m × 3.2808 = ft.

[c] 간헐적 약품 투입이 요구됨

[d] 처리수 고도처리를 위한 지속적인 약품 투입

하율에 기초해야 한다는 것을 보여주었다(Parker et al. 2001). 많은 처리장의 2차 침전지 운전 평가에 근거한 Wahlberg(1995)의 보고서에도 82 m/d의 표면 월류율에도 유출수의 수질에 영향이 없음을 제시하였다.

고형물 부하율(Solids Loading Rate, SLR) 아래에도 언급한 바와 같이, 침전속도가 SOR보다 빠른 입자나 플록은 중력에 의해 침전해서, 상징수 층을 형성할 것이다. 입자가 계속해서 침전함에 따라 그것들은 합쳐져서 두꺼운 현탁물 층인 슬러지 블랭킷을 형성한다. 슬러지 블랭킷은 이후로 침전지의 바닥부분에서 농축될 것이다. 만약 농축이 느린 속도로 일어난다면, 2차 침전지의 단위면적당 적용되는 고형물의 총량은 제한될 것이다. 고형물 부하량은 2차 침전지의 설계에 사용하는 변수로써 2차 침전지의 농축한계 계산식은 식 (8−81)에 정의하였다. SLR은 일반적으로 SI 단위일 때 kg/m² hr, AE 단위일 때 lb/ft²·d로 표현된다.

$$\mathrm{SLR} = \frac{(Q + Q_R)\mathrm{MLSS}(1\ \mathrm{kg}/10^3\ \mathrm{g})}{A} \tag{8-81}$$

여기서, SLR = 고형물 부하량 kg TSS/m² · hr

Q = 2차 침전지 유입 유량 m³/hr

Q_R = 반송슬러지 유량 m^3/hr
MLSS = 2차 침전지로 유입되는 혼합액 부유 고형물(MLSS) 농도(g/m^3)
A = 2차 침전지 표면적(m^2)

SLR은 혼합액 부유고형물 농도와 반송슬러지 반송 비, 그리고 SOR과 관련된다.

$$\text{SLR} = \frac{(Q + RQ)\text{MLSS}}{A} = (1 + R)(\text{SOR})(\text{MLSS}) \tag{8-82}$$

여기서, R = 반송슬러지 반송 비 = Q_R/Q

입자를 제거하는 능력은 SOR 값과 관련이 있으며, 침전슬러지 농축 능력은 SLR 값과 관련있다. 침전지 설계는 슬러지 농축 특성과 관계된 SLR의 허용치에 따라 조정되는 경우가 매우 많다. 만약 슬러지 농축 특성이 떨어지는 경우에는 SLR과 MLSS 값 역시 반드시 감소된다. 통상적인 SLR 수치는 표 8-34에 있는 바와 같이 범위 4~6 $kg/m^2 \cdot hr$ (0.8~1.2 $lb/ft^2 \cdot day$)을 갖는다.

›› 슬러지 농축 특성의 평가

대부분 폐수처리장 활성슬러지 혼합액 농축특성은, 7-8절에서 소개된 바와 같이 간단한 슬러지 부피지수(SVI) 시험과 2차 침전지에서의 슬러지 블랭킷 수심 측정을 통해 관찰된다.

슬러지 부피 지수(Sludge Volume Index SVI). SVI 시험은 운전 유입수 특성, 계절적 온도 변화의 함수로서 혼합액 특성의 변화를 관찰하기 위해 사용된다. 낮은 SVI 수치는 빠른 농축과 효과적인 침전지 운전을 가능하게 한다. SVI는 1 g의 슬러지가 30분 침전 뒤에 차지하는 부피를 말하며, mL/g으로 표현된다. SVI는 혼합액 샘플을 1~2 L 실린더에 두고(그림 8-10 참고), 30분 후 침전된 부피를 측정한 다음 실험에 사용한 MLSS 농도로 결정한다. 이 수치는 다음과 같은 식을 사용하여 계산한다.

$$\text{SVI, mL/g} = \frac{(\text{침전된 슬러지의 부피 ml/L})(10^3\ \text{mg/g})}{(\text{침전 고형물 mg/L})} \tag{8-83}$$

예를 들어, 3000 mg/L TSS농도의 혼합액 시료를 30분간 2 L 실린더에 침전시킨 후 그 부피가 600 ml인 경우 100 mg/L의 SVI 값을 얻을 수 있다. 100 mL/g의 수치는 좋은 슬러지 침전 특성으로 간주된다(SVI 수치가 120 이하이면 혼합액의 침전성은 좋은 것으로 간주한다). 150 이상의 SVI 수치는 통상적으로 사상성 미생물 성장과 연관된다(Parker et al. 2001). 2 L의 침전 측정 장치는 슬러지 농축에 있어 벽의 영향을 최소화하기 위해 1 L 실린더보다 많이 사용한다(Keinath and Wahlberg 1994). 벽의 영향을 최소화하기 위한 장치로 1 rpm의 혼합 장치를 1 L 실린더 상부에 설치하기도 한다(Wahlberg et al., 1988).

SVI는 실험식이기 때문에 중요한 오류를 포함하고 있다. 예를 들어, 슬러지 농도가 1000 mg/L이라고 가정하고 30분 후에도 전혀 침전되지 못하면, SVI는 100이 될 것이다.

이러한 오류를 피하고, 다른 슬러지 SVI 값과 비교하기 위해, 희석 SVI (DSIV, Diluted SVI) 시험이 사용되었다(Jenkins et al). 희석 SVI 시험에서는 혼합액 시료를 30분 후 침전 부피가 250 ml/L 또는 그 이하가 되도록 2차 처리수로 희석한다. 이후 기존의 SVI 시험과 동일하게 실험을 수행한다.

침전지 슬러지 블랭킷 두께. 고형물 농축은 2차 침전지 바닥에서 활성슬러지 반송 전에 발생한다. 침전지에서의 농축은 고형물 농도가 현저하게 증가하는 지점을 형성한다. 농축층 상부에서 침전지 바닥까지의 거리는 슬러지 블랭킷 두께로 정의된다. 슬러지 블랭킷의 두께는 다음에 의해 영향을 받는다. (1) 침전지 고형물 부하율, 그리고 슬러지 농축 특성, (2) 침전지에서의 급격한 고형물 부하율 변화, (3) 슬러지 반송률, (4) 슬러지 폐기 방법. 8-10절에서 논의된 바에 따라 높은 SVI 값을 갖는 활성슬러지는 낮은 농축 플럭스를 가지므로 두꺼운 슬러지 블랭킷을 보여준다. 생물학적 고도처리 공정은 비교적 낮은 SVI를 갖는 경향이 있으며 평균 슬러지 블랭킷 두께는 0.3~0.6 m이다.

슬러지 블랭킷 두께 변화. 슬러지 블랭킷의 두께는 침전지의 고형물 부하량 변화로 발생하며, 시간별 유량 변화에 따라 달라진다. 호우로 인한 유입 유량의 급격한 증가는 급격한 침전지 고형물 부하를 일으키며, 슬러지 블랭킷의 두께를 증가시킨다. 깊은 침전지는 깊은 깊이 그리고 이에 따른 큰 부피를 가짐으로써 고형물 저장이 용이하여 고형물 부하 변화에 잘 대처하여, 적절한 상징수 층의 두께를 유지할 수 있어, 슬러지 블랭킷의 침전된 고형물은 유출수로 빠져나가지 않는다. 낮은 반송슬러지 반송률은 긴 농축시간으로 인해 두꺼운 슬러지 블랭킷을 형성하고, 이에 따라 반송슬러지 농도가 높다. 8-3절에서 언급한 선제적 SRT 제어를 위해 특정 슬러지 블랭킷 두께를 유지해야 하는데, 두꺼운 슬러지 블랭킷 층은 폐슬러지 인발과 관련 있다. 다수의 병렬 침전지가 있는 경우, 특정 열의 침전지에서 두꺼운 슬러지 블랭킷이 관찰되면 각 열로의 불균등한 유량 분배를 나타내는 것이다.

슬러지 블랭킷 두께 측정. 고형물이 유출수와 같이 나가는 것을 방지하기 위해 공정 운전 변화를 통해 블랭킷을 조절해야 하는데, 슬러지 블랭킷 두께의 측정은 아주 중요한 운전 도구이다. 반송슬러지와 폐슬러지 유량 조절은 슬러지 블랭킷의 두께를 조절하기 위한 수단이다. 침전지 슬러지 블랭킷의 수심 측정은 24시간 동안 자동장치나 수동으로 하루 몇 차례 실시한다. 자동화 측정은 침전지에 부착된 초음파 또는 광학기술을 이용한 온라인 기구를 사용한다.

가장 일반적인 수동법은 많은 폐수처리장에서 사용하고 있는 슬러지 층 측정기이다. 많은 다양한 슬러지 블랭킷 측정 기기가 있으나, 침전지의 바닥 방향으로 수직으로 잠기는 길고 투명한 튜브형(19~32 mm 지름)이 일반적이다(그림 8-43 참조). 튜브 아랫부분에는 체크 밸브형태의 볼밸브가 달려 있으며 튜브가 침전지에 들어갈 때는 밸브가 열러 침전지 내부 물이 교란 없이 튜브에 유입된다. 튜브가 침전지 바닥에 도달하여 튜브를 들어 올릴 때는 볼 밸브가 닫혀 채취된 시료를 밀봉해서, 이를 들어 올리면, 투명한 튜브를 통해 수심에 따른 침전지 내부 SS 농도 변화를 볼 수 있다. 튜브는 운전자가 시각적으

(a)

(b)

(c)

그림 8-43

슬러지층 측정기를 이용한 슬러지 블랭킷 깊이 측정 모습

로 슬러지 블랭킷의 깊이를 평가할 수 있도록 길이에 따라 눈금 표시가 되어 있는데, 통상적으로 0.3 m 간격이다.

고형물 플럭스에 기초한 침전지 설계

고형물 플럭스와 정상 상태점 조사법은 침전지의 크기를 결정하는 데 사용한다. 이 두 가지 조사법은 슬러지 침전 특성과 침전지 반송슬러지를 고려해서 만들어졌다. 고형물 플럭스 법은 다음에 제시되어 있다. 상태점 법은 고형물 플럭스법 다음 장에 제시되어 있다.

고형물의 플럭스(FLUX) 정의. 고형물의 플럭스는 침전지 단위면적에 있어서 하부로 이동하는 고형물 질량의 속도로 정의된다. 그림 8-44와 같이 정상상태에서 운전되는 침전지에서, 고형물의 일정한 플럭스는 하부(아래) 방향으로 이동한다. 탱크 내에서 하부로의 플럭스는 침전지 하부에서 반송 펌프로 인해 발생되는 이동과 중력(방해) 침전에 의해 발생된다. 침전지 하부에서 농축이 발생될 때, 플럭스는 각각의 구성 요소들로 인해 변한다. 혼합액 농축을 위해 요구되는 부지 면적은 침전지 바닥으로 이송될 수 있는 제한된 고형물 플럭스에 의해 결정된다. 침전지의 농축할 수 있는 부분의 깊이는 충분해야 하는데 (1) 농축되지 않은 고형물이 순환되지 않도록 적절한 슬러지 블랭킷 두께를 유지할 수 있어야 하며, (2) 과도한 고형물을 일시적으로 저장할 수 있어야 한다.

중력에 의한 고형물 플럭스. 중력에 의한 고형물 플럭스는 다음과 같다

$$SF_g = C_i V_i (1\ \text{kg}/10^3\ \text{g}) \tag{8-84}$$

여기서, SF_g = 중력에 의한 고형물 플럭스, $\text{kg/m}^2 \cdot \text{h}$

C_i = 임의의 지점에서의 고형물 농도, g/m^3

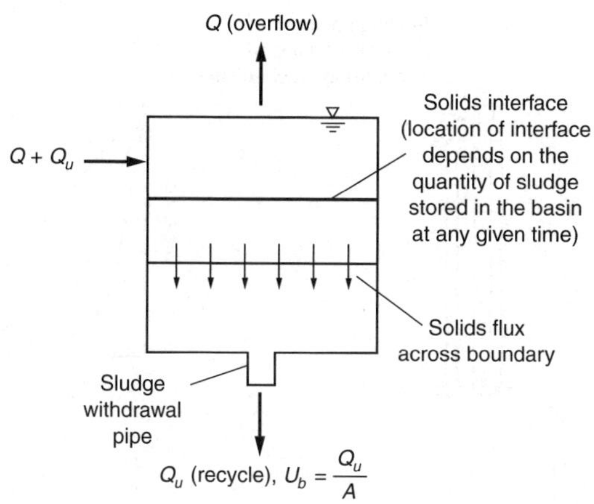

그림 8-44

정상상태 침전지 운전에 있어서 고형물 이동에 대한 그림 설명

V_i = 고형물 농도, C에서의 초기 침전 속도, m/h

중력식 침전으로 인한 고형물 플럭스는 고형물 농도(C_i)와 그 농도에서의 침전속도(V_i)에 의해 결정된다. 중력에 의한 고형물 플럭스가 슬러지 성상에 따라 다양하기 때문에, 슬러지 농도와 침전 속도간의 관계를 결정하기 위해사는 컬럼 침전 테스트를 수행해야 한다. 컬럼 침전 테스트로부터 고형물 플럭스 곡선을 도출하는 과정은 그림 8-45에 있다. 침전 테스트는 각기 다른 초기 혼합액 고형물 농도 조건에서 초기 5~10분 침전 기간 동안의 초기 침전속도(V_i)를 측정하는 것이다[그림 8-45(a) 참조]. 다음 단계로, 파악된 침전 속도와 MLSS 농도 관계를 그래프로 표시한다[그림 8-45(b) 참조]. 세 번째 단계로 식 (8-84)에서 주어진 고형물 플럭스를 MLSS 농도에 대해 그래프로 작성한다[그림 8-45(c) 참조].

초기 침전속도는 **구역 침전 속도**(*zone setting velocity*, ZSV)라고 불리는데 이는 상등액과 슬러지 블랭킷 사이에 계면은 어떤 속도로 인해 생성되기 때문이다. MLSS 농도가 높아질수록 V_i 값은 감소한다. 낮은 농도(약 1000 mg/L 이하)에서는 중력에 의한 고형물의 움직임은 작아지는데 이는 고형물의 침전속도가 농도에 대해 다소 독립적이기 때문이다. 중력에 의한 플럭스는 고형물 농도에 비례한다. 고형물 농도가 높으면 간섭 침전이 발생하고, ZSV와 중력 플럭스는 감소한다. 매우 고농도에서의 플럭스는 0에 가까워진다. 전형적인 활성슬러지 MLSS의 중력 고형물 플럭스 곡선은 그림 8-46에 있다.

MLSS와 SVI의 함수로써 구역 침전 속도(Zone Settling Velocity, ZSV). 혼합액의 농도와 SVI의 함수로써 구역 침전 속도는 다음 방정식을 이용해 추정할 수 있다 (Wilson 그리고 Lee, 1982; Wilson, 1996):

$$V_i = V_{max} \exp[-(k/10^6)X] \qquad (8\text{-}85)$$

여기서 V_i = 계면의 침전 속도, m/h

V_{max} = 계면의 최대 침전 속도, 일반적으로, 7 m/h

k = 상수, SVI 150을 가지는 활성슬러지 혼합액에 대해 일반적으로 600 L/

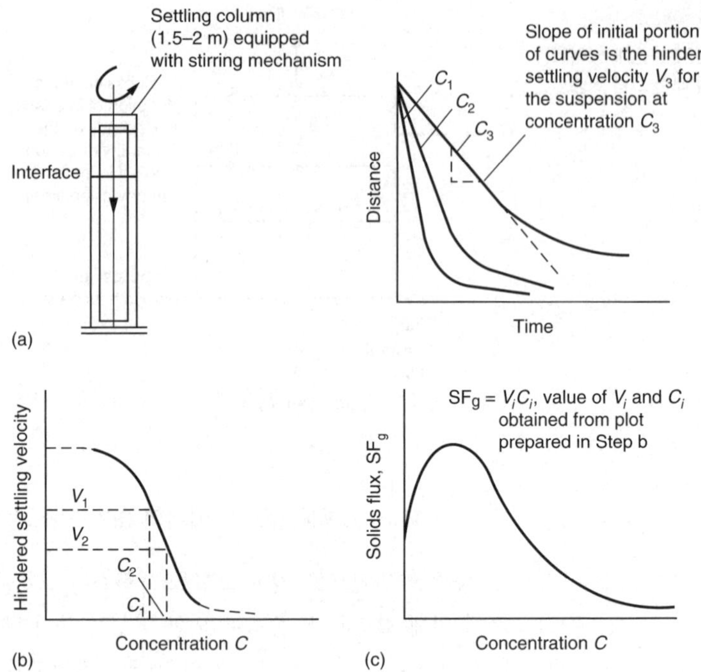

그림 8-45

고형물 농도의 함수로써 중력에 의한 고형물 플럭스 그래프 작성을 위한 과정. (a) 간섭 침전 속도는 서로 다른 농도의 MLSS 컬럼 침전 테스트로부터 알 수 있다. (b) 간섭 침전 속도와 (c) 해당 농도에 대한 그래프, 그리고 (d) 고형물 플럭스와 해당 농도에 대한 그래프는 단계별로 얻을 수 있다.

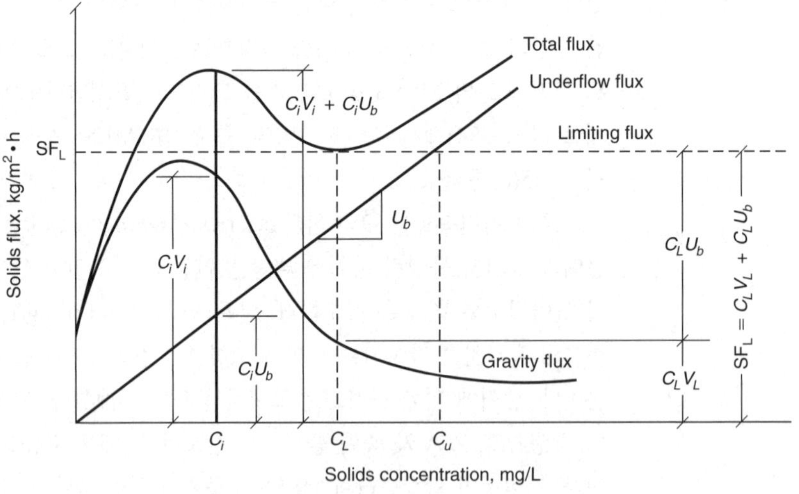

그림 8-46

고형물 농축자료와 반송유량을 고려한 고형물 플럭스 그리는 방법

mg 적용

X = 평균 MLSS 농도, mg/L

V_i와 MLSS 농도의 상관관계는 실 처리장 자료를 이용하여 추가적인 인자로써 SVI와 함께 연구되었다(Daigger, 1995; Wahlberg, 1995). 상관관계의 결과는 다음 식에 주어졌는데, 이 식에 의하면 구역 침전속도가 낮을수록 SVI 값은 높아진다.

$$\ln(V_i) = 1.871 - (0.165 + 0.00159\ \text{SVI})X_T \tag{8-86}$$

$$\ln(V_i) = 2.082 - (0.103 + 0.00256\ \text{DSVI})X_T \tag{8-87}$$

여기서 DSVI = 희석 SVI, mL/g

X_T = MLSS 농도, g/L

처리장에서 SVI 자료를 쉽게 얻을 수 있으므로 이 상관관계를 이용해서 광범위한 침전 실험 과정 없이 침전지 용량을 추정하기 위한 고형물 플럭스 분석을 수행할 수 있다.

벌크(bulk) 이동에 의한 고형물 플럭스. 반송슬러지 인발(그림 8-44 참조)에 의해 발생하는 현탁액의 벌크 이동[슬러지 층이 침전지 하부에서의 반송슬러지 인발에 의해 통째로 침전지 하부(아래 방향)로 이동하는 현상]에 의한 고형물 플럭스는 다음 식과 같다:

$$SF_u = C_i U_b (1\ \text{kg}/10^3\ \text{g}) = C_i \frac{Q_u}{A}(1\ \text{kg}/10^3\ \text{g}) \tag{8-88}$$

여기에서 SF_u = 하향류에 의한 고형물 플럭스, $kg/m^2 \cdot h$

U_b = 전체 하향류 속도, m/h

Q_u = 하향류 유량, m^3/h

A = 단면적, m^2

벌크 이동에 따른 고형물 플럭스는 하향류 속도 U_b와 동일한 기울기를 가진 농도의 선형 함수이며 그림 8-46에 하향류 플럭스로 표시되어 있다.

총 고형물 플럭스. 총 고형물 플럭스 SF_t는 중력 고형물 플럭스와 벌크 고형물 플럭스로 구성되며 다음과 같이 표현된다.

$$SF_t = SF_g + SF_u \tag{8-89}$$

$$SF_t = (C_i V_i + C_i U_b)(1\ \text{kg}/10^3\ \text{g}) \tag{8-90}$$

그림 8-46에 있는 바와 같이 총 고형물 플럭스는 중력 플럭스와 하향(아래 방향) 벌크 플럭스의 합이다. 총 고형물 플럭스 선의 형태는 중력플럭스 선의 형태를 따르며 고형물이 농축함에 따라 간섭침전이 발생하면 플럭스가 감소한다. 총 플럭스는 고형물이 높은 농도로 농축되기 전에 특정 고형물 농도에서 특정 값 또는 한계 고형물 플럭스에 도달한다. 한계플럭스 값은 총 고형물 플럭스 선의 최소점에서 수평선을 Y축인 고형물 플럭스 축에 연장시켜 찾을 수 있다. 침전지 고형물 부하는 한계 플럭스를 넘어서는 안 되고 이를 넘으면 고형물이 누적되어 침전 슬러지 층이 두꺼워지고, 결국 침전물은 처리수로 유출한다. 식 (8-81)에서의 최대 허용 가능 침전지 SLR은 한계 고형물 플럭스와 동일하다.

$$\text{SLR} = \frac{(Q + Q_R)\text{MLSS}(1\ \text{kg}/10^3\ \text{g})}{A} = SF_L \tag{8-91}$$

여기서 SF_L = 한계 고형물 플럭스, kg $TSS/m^2 \cdot h$

한계 고형물 플럭스 값을 사용하면 물질수지로부터 요구되는 침전지 면적을 얻을 수 있다.

유량에 기초, Q

$$A = \frac{(Q + Q_R)(\text{MLSS})}{\text{SF}_L}(1\ \text{kg}/10^3\ \text{g}) \tag{8-92}$$

반송률에 기초, *R*

$$A = \frac{(1 + R)(Q)(\text{MLSS})}{\text{SF}_L}(1\ \text{kg}/10^3\ \text{g}) \tag{8-93}$$

여기서 용어는 식 (8−81)과 (8−82)에서 정의한 것과 같다.

반송슬러지 농도. 해당하는 하향류 농도 (C_u) 혹은 반송슬러지 농도 (X_R)는, 침전지 바닥에서의 중력 플럭스는 없고 고형물은 벌크 흐름으로 제거된다고 가정하면, 하향류 플럭스 선과 수평선의 교차점에서 X축으로 수직선을 내림으로써 구할 수 있다. 침전지 바닥에서 중력 플럭스를 무시할 수 있다는 사실은 한계 고형물 플럭스가 발생하는 수심 이하의 침전지에서의 물질 수지를 세우거나, 슬러지의 침전속도를 슬러지 인발 속도와 비교해서 파악할 수 있다.

포기조 MLSS. 포기조의 MLSS 농도는 한계 고형물 플럭스와 슬러지 반송률과 관계있는 하향류 농도에 지배를 받는다. 폐슬러지 유량은 반송슬러지 유량과 비교하여 매우 적어 포기조 MLSS 농도를 구하는 침전지 주변의 간단한 물질수지 계산에서 무시한다.

$$X(Q + Q_R) = Q_R(X_R),\ \text{where}\ X_R = C_u \tag{8-94}$$

$$X = \left(\frac{R}{1 + R}\right)(X_R),\ \text{where}\ R = \frac{Q}{Q_R} \tag{8-95}$$

만약 농축조 하향류 농도가 낮아지면, 그림 8−46의 하향류 플럭스 선의 기울기는 반드시 감소되어야 한다. 감소된 기울기는 차례로 한계플럭스 값을 낮추고 요구되는 침전지 면적을 증가시킬 것이다. 실제 설계에서는 여러 하향류 유량(반송슬러지 유량)에 대해서 평가해야 한다.

고형물 플럭스의 도식해석. 그림 8−46에 나온 한계고형물 플럭스를 결정하기 위해 나온 대안의 도식해석 방법은 그림 8−47에서 보여주고 있다. 도식해석은 식 (8−90)으로부터 나오며, 이는 최소 SF_t는 C_i에 관한 미분 값이 0인 곳으로 정의한다.

$$\frac{\partial \text{SF}_t}{\partial C_i} = 0 = V_i - U_b \tag{8-96}$$

그림 8−47에 있는 것과 같이 한계 고형물 플럭스에서의 고형물 농도는 C_L이며 식 (8−96) $C_L V_i = C_L U_b$에서 얻는다. 한계 플럭스의 값은 요구되는 하향류 선을 지나는 플럭스 선에 접선을 긋고 이 선(line)의 세로좌표(Y축) 교차점을 통해서 구할 수 있다. 그림 8−46에 있는 이 방법의 기하학적 관계는 그림 8−47에 U_b에 대한 선으로 나타냈다. 그림 8−47 방법은 처리시설(포기조와 침전지) 특정 크기에 있어서 다양한 하향류 농도에 대한 영향을 평가하는 데 유용하다. 왜냐하면 하향류 속도(반송슬러지 유량)은 조정이 가능하므로 공정 조절의 일환으로 사용한다. 고형물 플럭스 도식 해석 사용방법은 예제 8−14에 있다.

그림 8-47

고형물 플럭스 방법 분석에 있어서 한계 고형물 플럭스 결정을 위한 대안 정의 그리기

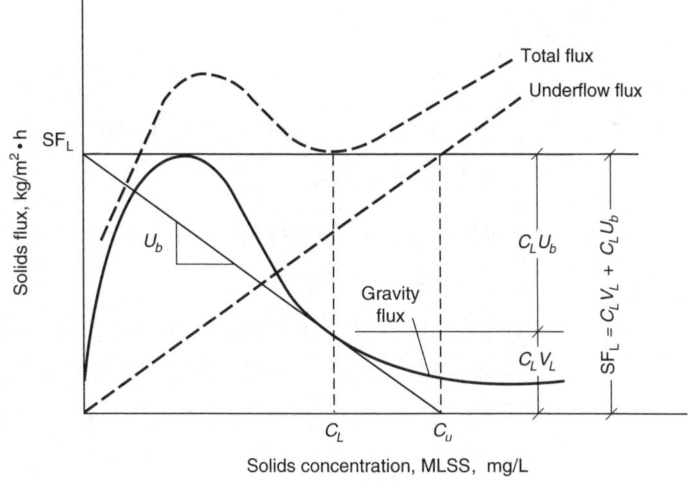

예제 8-14 **고형물 플럭스 분석의 적용** 무산소/호기 활성슬러지 파일럿 시설로부터 얻어진 혼합액의 침전 자료가 아래에 주어졌고, 만약 2차 침전지 표면 월류율(Q/A)이 24 $m^3/m^2 \cdot d$이며 Q_R이 Q의 75%로 고정되어 있을 때 호기조가 유지할 수 있는 혼합액의 최대 부유 고형물(MLSS) 농도를 계산하라. 이 문제에 대한 공정도는 그림 8-11(b)에 있다. 여기서 제시하였듯이 2차 침전지로부터 침전 후 농축된 활성슬러지는 포기조로 반송된다. 이 문제에서 폐슬러지 유량 Q_W는 무시한다고 가정한다.

MLSS, g/m^3	초기 침전속도, m/h
1000	6.246
2000	3.203
3000	1.642
4000	0.842
5000	0.432
6000	0.221
7000	0.113
8000	0.058
9000	0.030
10,000	0.015
11,000	0.008
12,000	0.004
13,000	0.002
14,000	0.001

주: g/m^3 = mg/L

풀이 1. 주어진 고형물 농도에 상응하는 중력, 하향류, 그리고 총 고형물-플럭스 값을 계산하기 위한 계산표를 만든다. 요구되는 표에 필요한 값을 구하는 계산 예는 다음과

같다.

a. 다음의 관계식을 사용하여 MLSS의 함수식으로 중력 고형물 플럭스를 계산한다.

고형물 플럭스 = $X(\text{g/m}^3)V(\text{m/h})(1\ \text{kg}/10^3\ \text{g})$

예를 들어, $X_i = 2000\ \text{g/m}^3$일 때

고형물 플럭스 = $(2000\ \text{g/m}^3)(3.203\ \text{m/h})(1\ \text{kg}/10^3\ \text{g}) = 6.41\ \text{kg/m}^2 \cdot \text{h}$

b. 하향류 벌크 속도 계산

1) 침전지의 표면 월류율(Q/A)은 24 $\text{m}^3/\text{m}^2 \cdot \text{d}$ 혹은 1.0 m/h.

2) 하향류 속도 U_b는 반송률 0.75를 적용해서 (0.75)(1 m/h) = 0.75 m/h

c. 하향류 벌크 플럭스는 아래의 관계식을 사용하여 계산한다.

$SF_u = X_i U_b(1\ \text{kg}/10^3\ \text{g})$

여기서 X_i = MLSS 농도, g/m^3

U_b = 벌크 하향류 속도, m/h

예를 들어, $X_i = 2000\ \text{g/m}^3$일 때,

$SF_u = (2000\ \text{g/m}^3)(0.75\ \text{m/h})(1\ \text{kg}/10^3\ \text{g}) = 1.5\ \text{kg/m}^2 \cdot \text{d}$

d. 식 (8-89)를 사용하여 총 고형물 플럭스를 계산한다.

$SF_t = SF_g + SF_u$

e. 중력, 벌크 하향류, 그리고 총 고형물 플럭스 요약 표를 준비한다.

MLSS, g/m³	중력 고형물 플럭스, kg/m²·h	벌크 하향류 고형물 플럭스, kg/m³·h	총 고형물 플럭스 kg/m²·h
1000	6.25	0.75	7.00
2000	6.41	1.50	7.91
3000	4.93	2.25	7.18
4000	3.37	3.00	6.37
5000	2.16	3.75	5.91
6000	1.33	4.50	5.83
7000	0.79	5.25	6.04
8000	0.47	6.00	6.47
9000	0.27	6.75	7.02
10,000	0.15	7.50	7.65
11,000	0.09	8.25	8.34
12,000	0.05	9.00	9.05
13,000	0.03	9.75	9.78
14,000	0.01	10.50	10.51

2. 플럭스 곡선 그래프를 그림(아래의 도표를 보시오.)

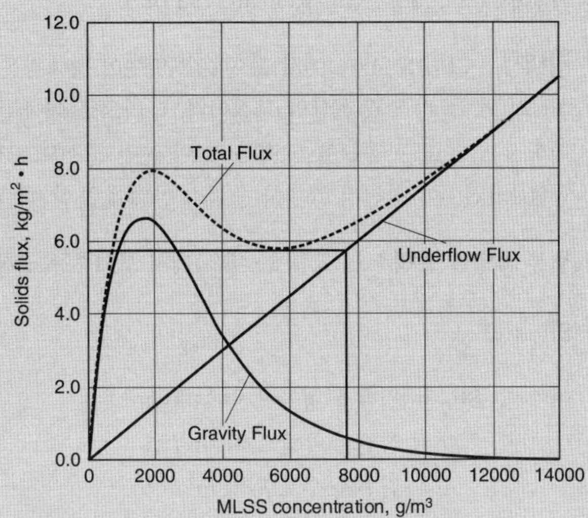

3. 한계 고형물 플럭스와 최대 하향류 농도 계산

   a. 한계 고형물 플럭스 값은 총 고형물 플럭스 곡선의 접선인 수평선을 플럭스 축까지 연장하여 그음으로써 찾을 수 있다. 2단계의 그래프로부터 총 플러스 곡선의 접점에서의 한계 플럭스는 다음과 같다.

   $SF_L = 5.8\ \text{kg/m}^2\cdot\text{h}$

   b. 수평선과 하향류 플럭스의 교차점에서의 최대 하향류 고형물 농도는 7800 g/m³과 같다.

4. 반응조 내에서 유지할 수 있는 최대 고형물 농도 계산

   a. 반응조 내 세포 성장률을 무시하고 경계 내 시스템에 대한 물질수지를 세워라.

   X_o = 폭기조 유입 TSS

   $$QX_O + Q_RX_R = (Q + Q_R)X$$

   b. $X_o = 0(X_o << X_R)$ 및 $Q_R/Q = 0.75$로 가정하고, 반응조 내 최대 MLSS를 계산하다.

   $$0.75Q(7800\ \text{g/m}^3) = (1 + 0.75)QX$$
   $$X = 3340\ \text{g/m}^3$$

위의 분석에서 보았듯이, 반송슬러지 농도는 포기조 내 유지 가능한 최대 고형물 농도에 영향을 줄 것이다. 그러므로 2차 침전지는 활성슬러지 처리공법 설계의 필수적인 부분으로 고려되어야 한다.

❯❯ 상태점 분석에 의한 침전지 설계

상태점 분석은 고형물 플럭스 분석 이론을 한계 고형물 플럭스 운전 조건에 관련된 여러 혼합액 (MLSS) 농도와 침전지 운전조건을 평가하는 손쉬운 수단으로 확장시키는 것이

다(Keinath et al., 1977; Keinath, 1985).

상태점. 그림 8-48(a)에서 보여주고 있듯이 상태점은 하향 고형물 플럭스 운전선과 월류 고형물 플럭스 운전선의 교점이다. 그러므로 이 분석은 실제 혼합액 농도, 침전지 수리학적 부하율, 반송률을 고려하고, 이 운전 조건의 조합이 특정의 농축 특성을 가진 혼합액(MLSS)이 침전지 고형물 플럭스 한계에 포함되는지를 판단한다.

월류 고형물 플럭스. 그림 8-48(a)에서 보여주는 월류 고형물 플럭스는

$$SF_Q = \frac{Q(X)}{A} \tag{8-97}$$

여기서, SF_Q = 월류 고형물 플럭스, kg/m² · 일

Q = 침전지 유출 유량, m³/일

A = 침전지 수표면적, m²

X = 포기조 MLSS 농도, g/L

월류 고형물 플럭스 선을 만드는 포기조 MLSS 농도 (X)는 X축에 대해서 수직으로 선을 그으면 된다.

하향 고형물 플럭스 운전선. 그림 8-47에 있듯이 하향 고형물 플럭스 운전선은 침전지 하향속도를 음(−)이 되는 기울기로 만든 선이다. 이 운전선과 수직선이 만나는 점에서 수평선을 만들어 Y축과 만나게 하면 이 Y축의 값이 침전지의 총 고형물 플럭스 (SF_X)이다. 하향 고형물 플럭스 운전선의 기울기를 이용하면 벌크 하향류 속도 (U_b)는 다음과 같이 구할 수 있다.

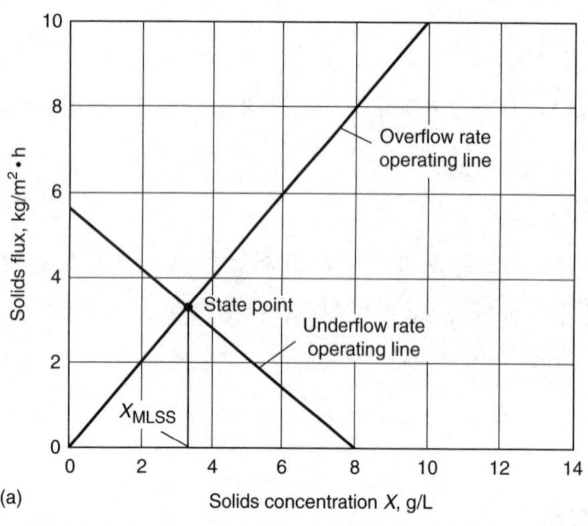

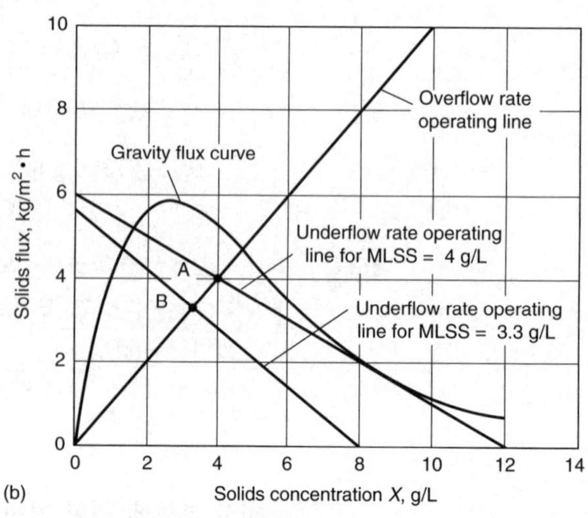

그림 8-48

침전지 운전 조건을 평가하기 위한 상태점 분석. (a) 하향률 운전선과 월류율 운전선이 만나는 상태점과 (b) 저부하 (B), 그리고 침전 플럭스 선에 대한 상태점인 한계 부하 (A)

$$U_b = \frac{SF_t - SF_Q}{0 - X_{MLSS}} \tag{8-98}$$

$$U_b = \frac{[(Q + Q_R)X_{MLSS}/A]}{-X_{MLSS}} \tag{8-99}$$

$$U_b = -\frac{Q_R}{A} \tag{8-100}$$

침전지 운전이 고형물 플럭스 한계 내에 있는지 파악하기 위해 상태점과 하향 고형물 플럭스 운전선을 중력 플럭스 선과 비교한다[그림 8-48(b) 참조]. 상태점 A에서의 하향류 선은 중력 플럭스 곡선의 접선으로, 그림 8-47에 있는 바와 같이, 한계 고형물 플럭스 조건이다. 그러므로 이 하향류 속도에서 침전지는 한계부하에 걸려있고, 상태점에서의 MLSS 농도는 4.0 g/L이다. 더 높은 MLSS 농도에 운전되려면, 하향류 선은 중력 플럭스 곡선 아래 부분을 넘어서, 한계 고형물 플럭스를 넘겨 슬러지 블랭킷의 슬러지가 월류위어로 넘어간다. 그림 8-48(b)의 상태점 B에서는, 낮은 MLSS 농도가 사용되어 하향류 선은 중력 플록스 선 아래에 있다. 고형물 부하에 관련된 저부하 운전은 존재한다.

상태점 분석 사용. 상태점 분석 과정은 침전지에서의 여러 월류율과 활성슬러지 침전 특성인 중력 플럭스 선을 보여주는 MLSS 농도를 평가하는 방법으로 사용한다. 상태점 분석 기술은 기존 처리장의 활성슬러지 혼합액의 침전실험 결과를 가지고 특정 유입수 유량조건에서의 반송률과 최적 MLSS 농도를 결정해준다. 상태점 분석 적용의 예는 예제 8-15에 있다.

예제 8-15

상태점 분석을 통한 2차 침전지 운전 평가 운전 중인 하나 또는 두 개의 침전지에 있어서 아래의 고형물 침전 실험 결과를 사용하여 적합한 운전조건을 계산하라. 평가대상 시스템의 월 최대 설계 유량은 15,070 m^3/d이며, 아래의 설계조건을 따른다.

설계조건:

1. 직경 20 m의 침전지 2개 사용
2. 두 침전지가 운전 중일 때, 최적 MLSS 농도는 3500 mg/L이다.
3. 하향류 농도가 10, 12, 14 g/L로 침전지를 운전하는 경우 실행가능성을 평가하고 반송률을 계산하라.
4. 하향류 고형물 농도 12 g/L로 한 개의 침전지만 운전하는 경우 MLSS 농도를 계산하라.
5. 하향류 농도 12 g/L와 MLSS = 3500 g/m^3인 침전지에 대하여 (a) 두 개의 침전지 운전, (b) 한 개의 침전지 운전일 시 고형물 부하를 계산하라.
6. 고형물 침전 실험 결과는 다음과 같다:

혼합액 고형물 농도, g/m³	계면 침전속도, m/h
2000	2.90
3000	1.90
4000	1.30
5000	0.90
6000	0.60
8000	0.26
9000	0.17
10,000	0.12
12,000	0.05
16,000	0.01

주: g/m^3 = mg/L

풀이 1. 식 (8−84), $SF_g = C_i V_i$을 사용하여 중력 플럭스 곡선(아래 그림)을 그려라.

a. 주어진 자료를 사용하여 SF_g 값을 계산한다.

C_i, g/L	V_i, m/h	SF_g, $kg/m^2 \cdot h$
2.0	2.90	5.80
3.0	1.90	5.70
4.0	1.30	5.20
5.0	0.90	4.50
6.0	0.60	3.60
8.0	0.26	2.08
9.0	0.17	1.53
10.0	0.12	1.20
12.0	0.05	0.60
16.0	0.01	0.16

b. 중력 고형물 플럭스 곡선을 그려라.

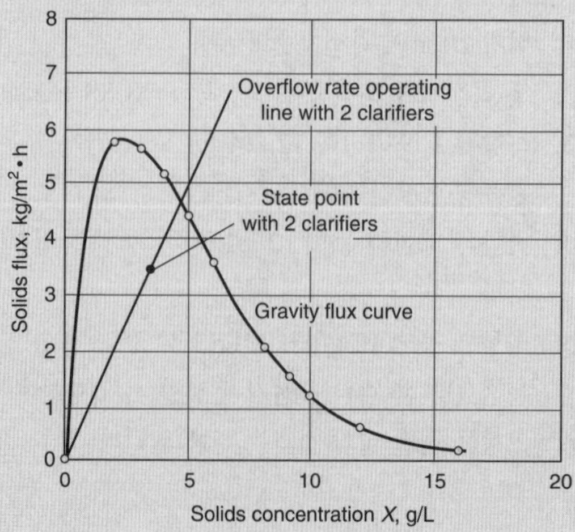

2. 3500 mg/L 고형물 플럭스에서 월류율 운전선과 MLSS 농도 상태점을 추가하라.
   a. 침전지 표면적 계산

   $A(\text{면적/침전지}) = \pi D^2 / 4 = \pi(20)^2 / 4 = 314\ \text{m}^2$
   $\text{총면적(2개의 침전지)} = 2 \times 314 = 628\ \text{m}^2$

   b. X를 인수로 식 (8−97)을 사용하여 월류율을 kg/m² · h으로 표현하여 계산한다.

   $$SF_Q = \frac{Q(X)}{A} = \frac{(15{,}070\ \text{m}^3/\text{d})(1\ \text{d}/24\ \text{h})(X)}{628\ \text{m}^2} = 1.0\ \text{m/h}(X)$$

   예를 들어, $X = 5000\ \text{g/m}^3$일 때

   $$SF_o = (1.0\ \text{m/h})(5\ \text{kg/m}^3) = 5.0\ \text{kg/m}^2\cdot\text{h}$$

   c. 1에서 그렸던 그래프에 월류율 플럭스 선을 그려라.
3. 월류율 플럭스 선에서 혼합액 (MLSS)농도 3500 mg/L(3.5 kg/m³)에 대한 상태점을 찍어라.
   a. 상태점에서의 플럭스 계산

   $$SF_Q = (1.0\ \text{m/h})(3.5\ \text{kg/m}^3) = 3.5\ \text{kg/m}^2\cdot\text{h}.$$

   b. 월류율 운전선 그래프에서의 상태점을 찍어라(1에서 그렸던 그래프 참조).
4. 10, 12, 그리고 14 g/L의 하향류 조건을 평가하라(아래의 그림 참조).
   a. 하향류 농도 14 g/L에 대한 분석. x축의 14 g/L에 접하는 선을 그리고 상태점을 거치는 직선을 그려라. 이 선은 y축의 4.67 kg/m² · h인 지점에 도달한다; 그러나, 이 플럭스는 중력 플럭스 곡선 위를 지나는 선이므로 운전이 불가능하다. 10 그리고 12 g/L의 하향류 농도에서의 선은 중력 플럭스 곡선 아래를 지나므로 두 농도 모두는 운전 가능하다.

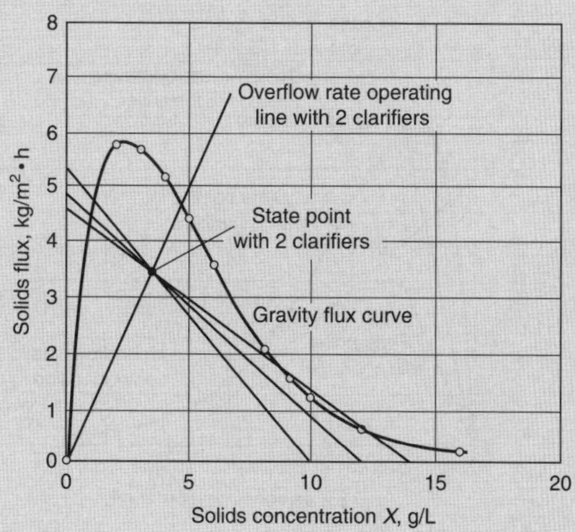

   b. 10 g/L (10 kg/m³)의 하향류 농도에서의 반송률을 계산하라. 그림으로부터 하부 배출율 운전곡선의 기울기를 계산하라. x축에 접하는 지점은 5.38 kg/m² · h이

며 기울기는 음의 값이고 반송률 속도와 같다, m/h.

$$\text{운전선 기울기} = \frac{[(5.38 - 0)\ \text{kg/m}^2\cdot\text{h}]}{[(0 - 10)\ \text{g/m}^3]} = -0.538\ \text{m/h}$$

$$\text{하향류 속도} = -(0.538\ \text{m/h}) = 0.538\ \text{m/h}$$

$$\text{월류율} = \frac{(15{,}070\ \text{m}^3/\text{d})(1\text{d}/24\ \text{h})}{628\ \text{m}^2} = 1.0\ \text{m/h}$$

$$\text{반송률} = \frac{(0.538\ \text{m/h})}{(1\text{m/h})} = 0.538$$

c. 고형물 총량계산을 사용하여 10 g/L의 하향류 농도에서 반송률을 계산하라.

$$X_R Q_R = (Q_R + Q)X$$

$X_R R = (1 + R)X$ 여기서 R = 반송률

$$R = \left(\frac{X_R}{X} - 1\right)^{-1} = \left[\frac{(10\ \text{g/L})}{(3.5\ \text{g/L})} - 1\right]^{-1}$$

$$R = 0.538$$

d. 위와 같은 방식으로 12 g/L (12 kg/m^3)의 하향류 농도에서 반송률을 계산하라.

$$\text{하향류 속도} = \frac{[(4.94 - 0)\ \text{kg/m}^2\cdot\text{h}]}{[(0 - 12)\ \text{g/m}^3]} = -0.4\ \text{m/h}$$

$$R = 0.41$$

5. 하나의 침전지를 운전하고 하향류 고형물 농도 12 g/L에서 가능한 MLSS 농도 계산 중력 플럭스 곡선을 사용하고, 하나의 침전지에 대한 월류율 운전선을 그려라 (아래의 그림 참조).

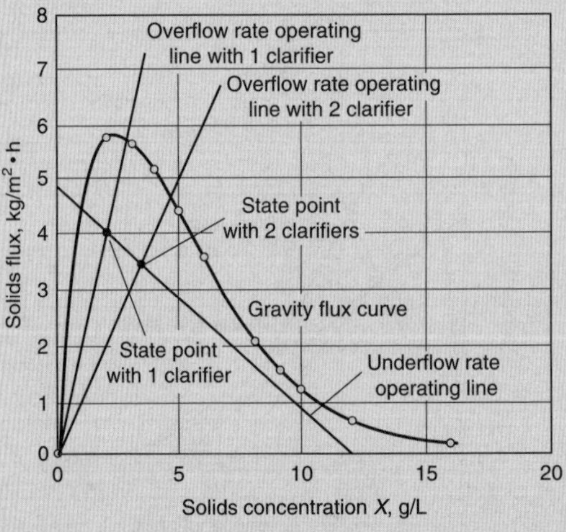

침전지 한 개의 경우, A = 314 m^3, X = 2 g/L

$$SF_Q = \frac{(15{,}070\ m^3/d)(1\ d/24\ h)(2\ kg/m^3)}{314\ m^2} = 4\ kg/m^2 \cdot h$$

MLSS 농도는 월류율(overflow) 운전 그래프 선과 배출율 운전 그래프 선의 교차점인 "상태점"이다. 위 그림에서 상태점은 대략 2.1 g/L (2100 mg/L)의 MLSS 농도를 나타낸다.

6. 침전지 고형물 부하를 결정하라.

a. 2개의 침전지를 운전하는 경우: $A = 628\ m^2$, MLSS = 3.5 g/L, and $R = 0.41$

고형물 부하량 = $Q(1 + R)(X)/A$

$$= \frac{(15{,}70\ m^3/d)(1 + 0.41)(3.5\ kg/m^3)}{(314\ m^2)(24\ h/d)} = 4.93\ kg/m^2 \cdot h$$

b. 한 개의 침전지(단일 침전지)를 운전하는 경우: $A = 314\ m^2$

$$\text{침전지 표면 월류율} = \frac{(15{,}070\ m^3/d)(1\ d/24\ h)}{314\ m^2} = 2.0\ m/h$$

하향류 속도(3d의 단계에 따라) = 0.41 m/h

R = (0.41 m/h)/(2.0 m/h) = 0.205

$$\text{고형물 부하율} = \frac{(15{,}070\ m^3/d)(1 + 0.205)(2.1\ kg/m^3)}{(314\ m^2)(24\ h/d)} = 5.06\ kg/m^2 \cdot h$$

8-11 2차 침전지 설계에 있어서 고려사항

고액분리는 낮은 BOD와 TSS를 갖는 안정된 처리수를 배출하는 잘 침전된 상징수를 만드는 것으로 활성슬러지 운전에 있어서 매우 중요하다. 비록 5장에 제시되어 있는 1차 침전지 설계를 위한 많은 정보들이 적용될 수 있지만, 혼합액에 있어서 거대한 부피의 플록(floc) 고형물의 존재는 활성슬러지 침전지 설계에서 특별한 고려를 요구한다. 앞에서 언급하였듯이 고형물은 침전지의 바닥에서 다양한 두께로 슬러지 블랭킷을 형성하는 경향을 갖고 있다. 만약 반송슬러지 펌핑 용량이나 침전지의 크기(사이즈)가 적정하지 않다면, 이 블랭킷은 침전지 전체 깊이를 가득 채워, 유입 유량이 최대일 때 이 블랭킷의 슬러지가 넘칠 수 있다. 게다가 침전지로 유입되는 혼합액은 밀도류를 발생시켜 고형물의 분리와 슬러지 농축을 방해한다.

이런 특징들에 효과적으로 대처하기 위해서, 다음에 제시되는 요인들은 2차 침전지의 설계에 있어 반드시 고려되어야만 한다. (1) 표면적과 고형물 부하량, (2) 침전지의 형태, (3) 수심, (4) 유량 분배, (5) 유입부의 설계, (6) 위어의 위치와 부하량, (7) 스컴 제거.

표면적과 고형물 부하량은 8-10절에서 이미 설명하였다. 나머지 요인들은 이 장에서 설명할 것이다.

》 침전지 종류

일반적으로 사용하는 활성슬러지 침전지 형태는 원형 타입[그림 8-49(a), (b)] 또는 장방형[8-49(c), (d)]이다. 정사각형 침전지는 때때로 사용되나, 고형물을 분리하는 데에 있어 원형 또는 장방형 침전지보다 효율적이지 못하다. 정사각형 침전지의 구석 가장자리에 축적된 고형물은, 때때로 슬러지 수집 장치의 혼합에 의해 위어 너머로 유출되기도 한다. 원형 침전지의 통상적인 직경 범위는 10~40 m (30~140 ft)이지만 3~60 m (10~200 ft)도 있다. 침전지의 반경은 되도록 측면수심의 5~6배를 초과하지 않도록 한다.

중앙 그리고 주변유입 침전지. 2개의 기본 형태의 원형 침전지가 2차 침전지로 사용된다: 중앙 유입형, 주변 유입형(5장의 그림 5-41). 두 형태의 침전지는 회전기작을 이용해서 침전지 바닥으로부터 슬러지를 제거하여 이동시킨다. 이 회전기계 장치 역시 두 가지의 종류가 있다. 1차 침전지에서 사용하던 것과 비슷한 것으로써, 중앙 호퍼(hopper)로 밀어내는 방식, 그리고 각 회전에서 침전지 전체바닥을 대상으로 흡입 오리피스를 통해서 슬러지를 직접적으로 제거하는 방식이 있다. 후자에서 한 종류의 흡입은 개별 흡입 파이프의 정수두를 감소시켜 흡입하는 것이다[그림 8-50(a)]. 또 다른 하나는 특허 출원된 흡입 시스템으로, 슬러지는 유체 정역학적 방법 또는 펌핑이 수행되는 다지관(manifold)을 통하여 제거된다. 나선형 스크래퍼는 침전지 주변으로부터 중앙부 호퍼로 침전된 고형물 이동을 가속화시키는 데 사용한다[그림 8-50(b) 참조].

장방형 침전지. 장방형의 침전지는 유입 유량이 반듯이 균등하게 분배되어야 하며 이를

그림 8-49

2차 침전지 일반 그림. (a) 유출위어가 침전지 내부에 있는 원형 침전지. 슬러지 수집 구동장치는 중앙에 있음. (b) 침전 주변 위어 및 슬러지 수집과 스컴 제거를 위한 주변 구동 장치 및 다리, (c) 물이 가득 찬 대형 장방형 침전지, (d) (c)가 물이 없는 경우. 체인형 슬러지 및 스컴 수집기를 보여주고 있음. 침전지 폭이 넓어 3개의 체인형 수집기를 사용하였음.

(a)

(b)

(c)

(d)

통해 수평속도가 일정해야 한다. 장방형 침전지의 최대 (가로)길이는 일반적으로 수심의 10배를 초과해서는 안 되지만, 대형 처리장에서 최대 90 m (300 ft) 길이까지 성공적으로 사용되어 있다. 직사각형 침전지의 너비가 6 m (20 ft)를 초과할 때, 병렬 슬러지 수집기를 사용하여 침전지의 폭을 최대 24 m (80 ft)까지 허용한다.

침전지의 모양과 관계없이 슬러지 수집기는 다음의 가동 조건을 만족시켜야 한다. (1) 높은 슬러지 반송률이 요구될 때 수집기의 수집능력은 충분해야 하며 이 경우 슬러지 블랭킷 내부에 액체 이동 통로가 형성되어서는 안 된다. (2) 기계적 파손이나 전력 차단 기간 동안에 침전지에 축적될 수 있는 매우 고밀도의 슬러지를 수송, 제거할 수 있어야 한다.

통상적으로 2가지 형태의 슬러지 수집기가 장방형 수집기에 사용된다. (1) 체인형[그림 8-51(a)] 그리고 (2) 이동 다리형[그림 8-51(b)]이다. 체인형은 1차 침전지에서 슬러지를 제거하기 위해 사용했던 것과 유사하다. 매우 긴 침전지에서는[그림 8-52(a)], 슬러지의 운송거리를 최소화시키기 위해 침전지 중간에 호퍼를 두고, 중앙으로 침전슬러지를 이동시키기 위해 체인형 2개를 직렬로 설치하기도 한다. 슬러지는 침전지 유입 또는 유출부의 끝 부분에 있는 호퍼에 모아진다.

상부 이동 크레인(traveling overhead crane)과 비슷한 이동다리(traveling bridge)는 침전지 측면을 따라서 이동을 하거나 여러 다리를 사용하는 경우에는 지지대를 따라서 이동한다. 다리는 슬러지 제거 시스템을 지지하는 역할을 하며 슬러지 제거 시스템은 주로 스크래퍼 또는 슬러지를 펌핑하는 흡입 다지관(manifold)으로 구성된다. 슬러지는 침전지의 길이 방향으로 뻗어있는 수집수로를 통해 배출된다.

다른 종류의 침전지. 이외의 종류의 침전지에는 다층 침전지, 튜브형 침전지, 판 삽입형 침전지가 있다(5장). 다층 침전지(5장의 그림 5-45)는 침전지의 설치를 위한 면적이 한

(a)

(b)

그림 8-50

일빈적인 원형 침전지 슬러지 수집기작. (a) 흡입형과 (b) 원형 수집기

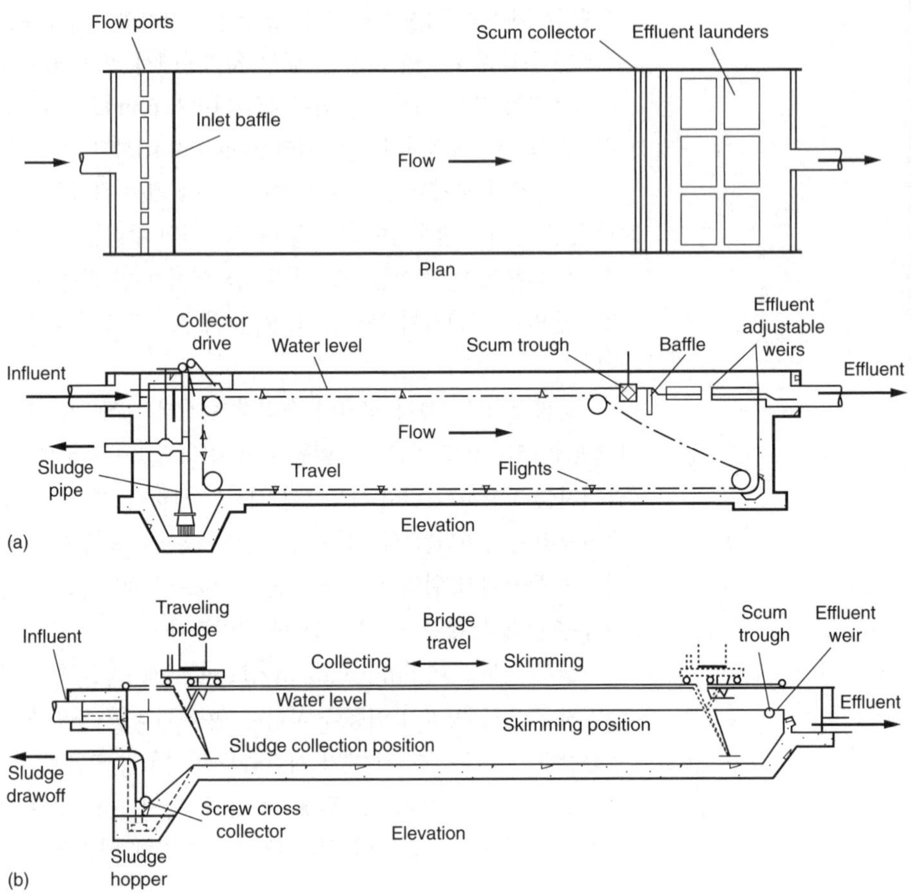

그림 8-51

전형적인 슬러지 수집기. (a) 체인형과 (b) 이동 다리형

(a)

(b)

그림 8-52

긴 장방형 침전지에서의 슬러지 수집. (a) 체인형 장치들은 횡방향 수집기로 슬러지가 제거되는(좌표 북.40.6430, 서.74.0343 고도 750 m에서의 전경) 침전지의 양쪽 말단에서 중심 위치로 슬러지를 가져오는 데에 사용된다. (b)에서 보여주는 횡방향 수집기는 침전지를 나누는 중앙통로 아래에 위치한다. 왼편의 체인형은 부유물질 수집을 수행하는 스키머를 가지고 있다.

정적일 때 사용한다. 다층 침전지는 미국 보스턴 시에 위치한 Deer Island 폐수처리장 같이, 침전지 설치 부지 면적이 협소한 경우에 사용한다.

침전지 개선. 재래식 또는 깊이가 얕은 침전지의 효율은 층류를 만들기 위한 튜브나 병렬식 판을 설치함으로써 개선할 수 있다(5장 그림 5–25). 한 다발로 구성된 튜브와 판을 수평 기준으로 선정된 각도로(주로 60° 사용) 설치하는데, 튜브와 판 삽입형 침전지는 매우 짧은 침전거리를 가지고 튜브의 작은 크기로 밀도류에 의한 유체의 회전성은 줄어든다. 튜브 또는 판위에 모인 고형물은 중력으로 침전지 하부로 미끄러져 내려간다. 폐수처리에 있어 이들 침전지의 단점은 플럭 누적, 그리스(grease) 누적, 조대 스크린을 통과한 작은 물질에 의해 튜브 또는 원판의 막힘 현상이다. 또 다른 단점으로는 MLSS의 성상이 변하는 경우, 고정된 판, 튜브의 각도가 최적이 아닐 수 있다는 것이다.

›› 측면수심(유효수심)

2차 침전지에서의 측면 수심은 원형 침전지에선 측벽에서, 장방형 침전지에선 유출부 벽에서 일반적으로 측정된다. 측면 수심은 부유 고형물 제거 효율이나 반송슬러지 농도를 결정한다. 또한 유입부 설계, 슬러지 제거기의 종류, 슬러지 블랭킷의 깊이, 위어의 타입과 위치와 같은 다른 요인들도 침전지의 운전에 영향을 준다. 최근 몇 년간의 동향에 따라 유량 변화가 큰 기간 그리고 일시적으로 고형물 고부하량이 발생하는 경우 고형물 수용 용량을 개선하기 위해 측면 수심이 점점 더 증가되었고 이것은 침전지의 전반적인 운전능력을 증가시켰다.

전형적인 측면수심은 표 8–34에 있다. 최근의 관습은 대형 2차 침전지에서의 최소 측면수심을 4~5 m (13~16 ft)로 두는 것을 선호한다. 최대 6 m (20 ft)의 수심까지 사용되었다. 침전지의 건설에 드는 비용은 특히 지하수위가 높은 지역에서는 측면 수심의 선택에 따라 결정된다(침전지 보수를 위해 침전지에서 물을 뺀 경우 지하수에 의한 부력으로 인해 침전지 상승이 발생할 수 있는데, 이를 방지하기 위해 침전지 기초 공법에 많은 시설비용이 소요됨). 수심이 3.5 m (12 ft) 이하인 것들은 통상적인 낮은 농도의 활성슬러지를 처리하는 데에 어려움을 가지며, 낮은 밀도의 슬러지 블랭킷은 유량 변동, 특히 오전의 유량 변화에 의해 블랭킷 층이 깨지기 쉽다. 그러므로 깊은 침전지는 활성슬러지 시스템 운전 변동이 발생했을 때 더 좋은 운전 유연성과 더 큰 안전한 운전 범위를 제공해 준다.

›› 유량 분배

복합 공정 장치에서의 유량 불균형은 각각 장치에서의 경부하 또는 과부하를 유발하여 전반적인 시스템의 가동에 영향을 준다. 동일한 크기의 병렬 침전지를 사용하는 처리장에서는, 각 침전지 유입 유량이 균등해야 한다. 침전지가 동등한 처리용량을 가지지 않는 경우, 유량은 각 침전지 표면적 비율에 따라 배분되어야 한다. 2차 침전지에서 유량을 분할하는 방법으로는 위어(weirs), 유량 분할 박스, 유량 조절 밸브, 수리적 대칭을 사용한 유량 분배, 그리고 공급 게이트 또는 유입부 제어가 있다(그림 8–53). 침전지 유출수 위어 제어는 비록 유량을 분할시키는 효과를 위해 자주 사용하지만, 비효과적이며, 2개의 침전지가 동일한 크기일 때만 사용할 수 있다.

》 침전지 유입부 설계

침전지 유입부에서의 불균등한 유량 분배 또는 가속류는 밀도류 형성을 증가시켜 침전 슬러지를 재부상시켜, 만족스럽지 못한 침전지 운전 결과를 야기한다. 침전지의 유입부는 유입 에너지 저감, 유체가 수직과 수평 방향으로 동등하게 분포함으로써 밀도류 완화, 슬러지 블랭킷 층 파괴 최소화, 그리고 응결을 촉진시킬 수 있도록 설계되어야 한다. 원형 중앙 공급 침전지의 통상적인 설계는 유입에너지를 저감시키고 유량을 분배하기 위해 작고, 벽이 있는 원통형 배플(유입 우물)을 사용한다. 그러나 벽이 있는 원통 배플에서는 밀도류 하강이 만들어져 나쁜 수직 유량분배가 발생할 수 있다고 보고되었다(Crosby and Bender, 1980). 이 문제를 해결하는 방법으로 대형 중앙 분배 우물 또는 응집을 촉진시키는 응집 우물을 사용한다(그림 8–54). 침전지 직경의 25%가 최소 직경인 대형 중앙 분배 우물은 유입에너지 저감과 유입 혼합액의 분배에 큰 면적을 제공한다. 유입 우물의 바닥은 난류와 고형물의 재부유 현상을 최소화하기 위해 슬러지 블랭킷의 표면 위에 있어야 한다.

중앙 유입 응집우물은 에너지 분산 유입부(energy-dissipating inlet, EDI)와 통합하여 중앙 유입 우물에서의 응집을 촉진 시킨다[그림 8–55(a)]. 통상적으로 응집 우물은 침전지의 30~35% 직경을 갖는다. Los Angeles시에서 개발된 에너지 분산형 장치는 그림 8–55(b)에 있다. 침전지에 유입되는 유체는 일련의 침전지 하부 방향으로 설치된 토출구를 통해 중앙 우물로부터 침전지로 방출된다.

토출구를 서로 마주보게 하여 유체가 방출되면 유출 흐름이 서로 충돌하여 모멘트 에너지가 분산된다. 장방형 침전지에서 유입구 또는 배플은 유량분산을 위해 있어야 한다. 유입구의 속도는 통상적으로 75~150 mm/s (15~30 ft/s)이다(WPCF, 1985).

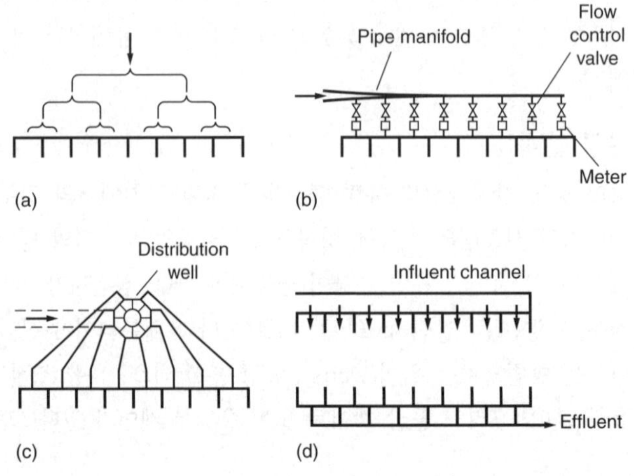

그림 8–53

유량 분배 방법. (a) 수리적 대칭법, (b) 유량 측정 및 피드백 조절, (c) 위어를 통한 유량 배분, (d) 유입부 공급 게이트 조절

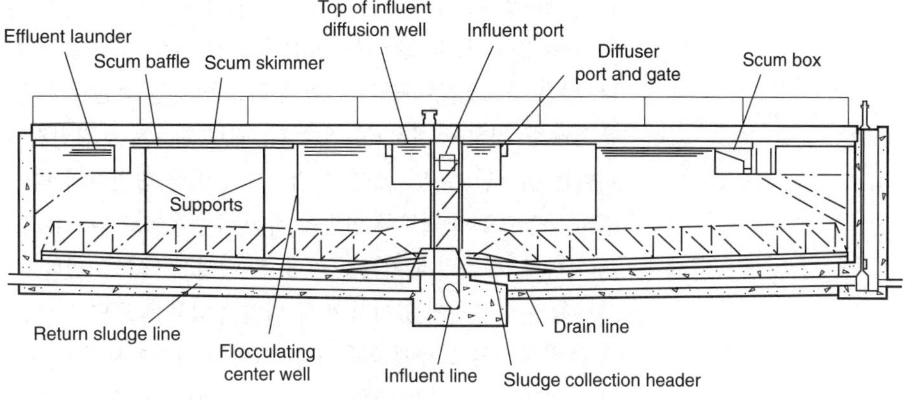

그림 8-54

전형적인 2차 침전지와 응집 우물

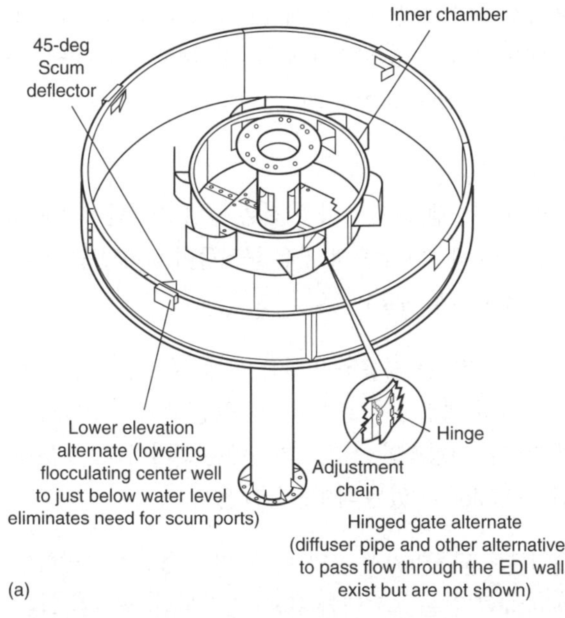

그림 8-55

원형 침전지에서 사용하는 에너지 분산 유입부 장치. (a) 중앙 기둥형 에너지 분산 유입부와 응집 유입 우물의 개략도(WEF 1998), (b) 에너지 분산 유입 우물의 전경(로스 엔젤레스 시)

위어 위치와 부하

2차 침전지로의 유입수 비중(specific gravity)은 유입수의 MLSS에 의해 침전지 내부 유체보다 높다. 이로 인해 2차 침전지에서는 밀도류가 발생한다. 밀도류는 침지지 유출부 벽이나 반대방향의 흐름을 만날 때까지 침전지 바닥을 따라 흐른다. 만약 설계에서 밀도류를 고려하지 않는다면 밀도류에 포함된 고형물이 방류 위어를 넘어서 배출될 것이다. Anderson(1945)은 미국 시카고 시의 한 처리장에서 약 38 m (126 ft)의 직경의 침전지를 이용해서 가장 낮은 SS 농도를 가진 유출수를 배출하는 위어 위치를 파악하는 실험을 수행하였다. 이 실험을 통해 중앙에서부터 2/3에서 3/4 침전지 지름 거리에 위치한 원형 위어 배출 트라프가 부유물질 농도가 가장 적은 유출수를 배출하는 것으로 파악되었다. 낮은 수표면 부하율과 위어 부하율을 갖는 작은 침전지에서의 위어의 배치는 침전지 운전에 큰 영향을 미치지는 않는다. 원형 침전지는 침전지 중앙과 가장자리 두 곳에 월류 위어를 설치할 수 있다. 만약 위어가 장방형 침전지의 벽면이나 끝 벽에 위치한다면, 침전지 중앙으로의 밀도류 방향을 바꿔 유출위어로 밀도류가 향하지 않도록 베플이 설치되어야 한다. 베플의 배치는 그림 8-56에서 보여주고 있다.

침전지 설계에 있어서 비록 위어 부하율은 표면 부하율보다 중요하진 않지만 통상적으로 침전지의 설계에 적용된다. 대형 침전지에서 위어 부하율은 밀도류가 영향을 주지 않는 영역에서는 375 m^3/lin m · d (30,000 gal/lin ft · d)를 초과하지 말아야 하며, 밀도류가 영향을 주는 구역에서는 250 m^3/lin m · d (20,000 gal/lin ft · d)을 초과해서는 안 된다. 작은 침전지에서는 위어 부하율이 평균 유량일 때 125 m^3/lin m · d (10,000 gal/lin ft · d), 최대 유량일 경우 250 m^3/lin ft · d를 초과해서는 안 된다. 위어 바로 근처의 유체 상승 속도는 3.5~7 m/hr (12~24 ft/hr)로 제한되어야 한다.

스컴의 제거와 관리

잘 운영되고 있는 많은 활성슬러지 시스템에서는, 아주 적은 양의 스컴만이 2차 침전지에서 형성된다. 그러나 때때로 반드시 제거가 필요한 부유 물질들이 나타났을 때 이 물질들이 부상하게 된다(가동 중 문제점 8-3절 참조).

스키밍을 통한 스컴의 제거. 1차 침전지를 사용하지 않는 곳에서는 최종 침전지에서의 스키밍은 필수적이다. 최근 몇 년간의 대부분의 설계에서는 원형 그리고 장방형 침전지에서의 스컴 제거 장치가 설치되었다. 전형적인 스컴 제거기에는 스키머 및 스컴 수집기, 회전형 원통 스키머, 가늘고 긴 구멍(slot)이 있는 파이프형이 있다.

스컴 관리. 스컴은 처리장 유입부로 되돌아가서는 안 된다. 거품 형성을 유발하는 미생물들(전형적으로 *Gordonia amarae*와 같은 노카디아 류)이 순환되면, 원하지 않는 미생물들을 지속적으로 식종하게 됨으로써 거품 현상의 문제가 지속되기 때문이다. 몇몇 처

그림 8-56

주변 베플 구성. (a) Stamford, (b) 이름이 없음, (c) McKinney(또한 Lincoln 베플로 알려져 있음), (d) 내부 트로프 (WEF, 1998)

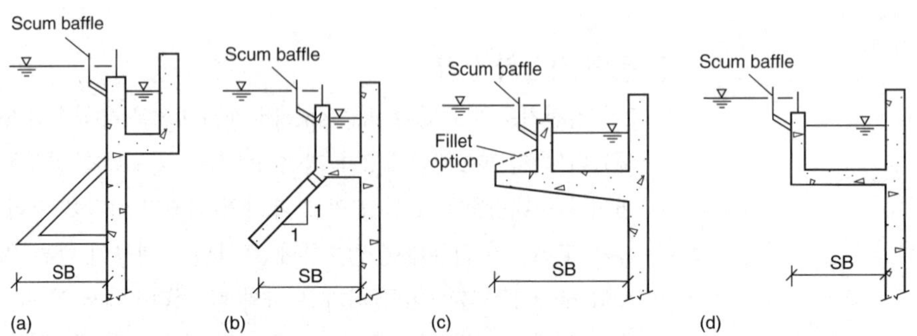

주: SB는 침전지 직경에 따라 0.5에서 1.5 m로 변함.

리장에선 스컴을 슬러지 농축 설비로 배출시키거나 소화조 유입부에 직접 투입한다.

8-12 MBR (Membrane Bioreactor)에서의 고액 분리

막 분리에 있어서, 액체-고체 분리는 여과 혹은 체거름에 의해 수행된다. 물은 얇은 합성 분리막을 통해 방출되는데, 이를 통해 콜로이드 및 부유 고형물을 배제한다. MBR 시스템에서 분리막은 활성슬러지 반응조 내부에 위치하며(잠겨있으며), 전용 공기공급시스템이 있어 혼합액의 막 표면 축적에 의한 오염 방지응 위해 막에 접해서 다량의 공기를 공급한다. MBR 기술기반, 적용, 그리고 장단점은 앞의 8-1절에서 설명했다. 생물학적 질산화, 질소제거 그리고 생물학적 인 제거를 위한 공정 배치 및 MBR을 이용한 고-액 분리가 있는 공정 배치는 8-6절 및 8-7절에서 설명했다. 아래의 주제를 이 절에서 설명한다: (1) MBR의 막 분리를 위한 설계 인자, (2) 막의 종류와 특성, (3) 막의 적용, (4) 운전 특성, (5) 막의 오염 문제, 그리고 (6) 막 오염 제어방법.

설계인자

막 분리를 위한 중요한 설계 및 운전 인자는 분리막 플럭스와 막 안팎에서 생기는 압력차(TMP)다. 플럭스는 막의 단위면적 당 유량이며, 보통 $L/m^2 \cdot d$ 혹은 $gal/ft^2 \cdot d$으로 표현된다. 허용 플럭스가 높을수록 설계유량에 대한 요구되는 막 표면적이 작아진다. 설계 플럭스에서 막 안팎의 허용 압력차, 또는 TMP가 요구된다. **투과성**은 플럭스와 막의 압력차(TMP) 모두를 반영한 설계 인자이며, 단위 압력차 당 플럭스 $[(L/m^2 \cdot h)/kPa]$이다. 막 시스템에서의 투과성의 감소는 막 오염에 기인한다.

막 분리에 의해 배출되는 처리수는 **투과액**(*permeate*)이라고 하고, 막 뒤에 모인 잔여고형물은 **농축물**(*retentate*)이라고 칭한다. MBR의 경우 농축물은 반송슬러지 내 고형물과 폐혼합액으로 구성된다. 막 분리 영역으로부터의 반송유량은 막이 들어 있는 막 분리조의 과도한 MLSS 농축을 방지하기 위해 유입 유량의 4~6배로 한다. 반면 고형물 농축 특성과 단위 침전지(SOR 그리고 SLR) 수표면 당 고체 및 액체의 부하율은 활성슬러지 공법의 2차 침전지 설계의 주요인자인 반면에, 막 면적에 적용되는 액체 부하율(플럭스), 압력차(TMP), 막 파울링 문제가 MBR공법에서는 중요한 설계인자이다.

분리막 플럭스. 분리막 플럭스는 요구되는 막 표면적, 막 세굴용 공기 공급 요구량, 그리고 막 반응조의 부피를 결정하는 데 중요한 설계인자이다. 플럭스는 MBR MLSS 농도, 온도, TMP, 그리고 막 오염 정도의 함수이다. 주어진 TMP에서 플럭스는 점도에 반비례하는데, 점도는 저온에서 그리고 MLSS 농도가 증가할수록 높아진다(Trussell et al., 2007). MBR공법에서는 주어진 SRT에서 높은 MLSS 농도를 반응조에서 사용할 수 있어 전체 반응조의 부피를 줄일 수 있지만 막 표면적은 커야 하므로 많은 막이 반응조에 투입되어야 한다.

비록 MBR 시스템은 매우 높은 MLSS 농도(15,000~25,000 mg/L) (Cote et al.,

1998)에서 운전할 수 있지만, 모든 요소를 고려할 때 가장 경제적인 설계 MLSS 농도는 8000~12,000 mg/L이다. 평균 지속 설계유량 및 적합한 TMP가 설정된 경우에 있어서 대표 플럭스 값의 범위는 그림 8-57에 있다. 아래쪽의 낮은 플럭스 값은 높은 MLSS 농도에 적용하는 것이다. MBR 시스템은 반드시 명시된 유입 하수 유량을 처리할 수 있기 때문에, 사용 가능한 막 표면적을 결정하는 플럭스 값은 온도, MLSS 농도, 그리고 허용 가능한 TMP를 기준으로 정한다. 중공사막과 평막의 경우, 대표적인 운전 TMP는 표 8-35에 있다. 높은 압력차는 구멍크기가 작은 막에서 발생한다. 막 공급자는 평균 설계 플럭스와 더불어 24시간 혹은 6시간 동안 지속적인 첨두 유량에 대한 첨두 허용 플럭스를 설정해 주어야 한다. 이러한 순간적인 높은 플럭스 값은 평균 플럭스 값의 1.5~2.0배이다. 첨두유량은 MBR 시스템에 설계 및 경제성에 영향을 미친다. 반면에 2차 침전지에서는 높은 유량에 대해서 적절히 대응할 수 있어 경제성에 미치는 영향이 적다. 요구되는 막 면적과 반응조 부피는 지속적인 평균유량 및 첨두유량에 직접적인 연관을 가진다. 유량 균등조는 막 표면적을 추가하는 것에 대한 대안으로 갑작스런 높은 첨두 유량을 처리해야 할 때 고려해야 한다.

막 특성

막 형태, 막 형상, 그리고 막의 부속물의 종류는 아래에서 설명한다.

막 형태와 자재. 두 가지 종류의 막이 사용된다: (1) 중공사막 그리고 (2) 평막. 막은 얇은 고분자 물질의 표면층으로 구성되며, 높은 투과성과 선정된 좁은 구멍 크기를 가지며 구조적 강도와 기계적 안정성을 제공하기 위해 두껍고 큰 다공성 지지체 구조가 있다. 사용된 고분자 소재는 polyvinylidene difluoride (PVDF), polyethylene (PE), polyethylsulphone (PES), 그리고 polypropylene (PP)이며, 특수 제조기술을 이용해서 여러 공급업체가 각기 설계하고 제조한다. 막을 통한 액체흐름은 흐름 방향에 따라 외부/내부(outside/in)로 칭하며, 이는 막 표면의 요동치는 혼합액으로부터 막 내부로의 유체 흐름이며, 막 내부의 물은 일련의 튜브 또는 다지관을 통해 계외로 배출된다. 막 구멍의

그림 8-57

온도가 낮아짐에 따라 막 플럭스는 감소된다. 위와 아래 선은 각각 저농도 및 고농도 MLSS에서의 플럭스 값을 보여주고 있다.

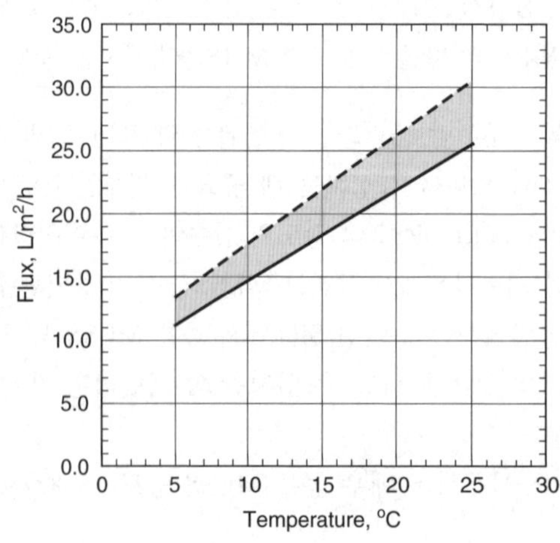

표 8–35

여러 MBR시스템 제작사의 설계 및 운전 특성[a]

제작사	GE Zenon	Kubota	Mitsubishi	Siemens	Huber
막	중공사	평판	중공사	중공사	평판
구멍크기, μm	0.04	0.4	0.04	0.04	0,04
여과 형태	UF	MF	UF	UF	UF
형상	수직	수직	수평	수직	회전 판
비표면적, m^2/m^3	300	150	333	334	160
위치	반응조 또는 별도 조	반응조 또는 별도 조	전체	별도 조	반응조 또는 별도 조
압력차, kPa	3~14	14~55	3~14	3~14	14~55
파울링 제어					
전처리 스크린 구멍 크기, mm	1~2	≤3	1~2	1~2	≤3
공기세정 형태	큰 공기방울	큰 공기방울	큰 공기방울	젯 포기	큰 공기방울
포기 작동/중지, 초/초	10/10a	상시 작동	상시 작동	상시 작동	상시 작동
방출 작동/중지(휴지), 분/분	9.5/0.5	9/1	9/1	9/1	상시 작동
투과수 역세척	있음	없음	있음	있음	없음
염소수 역세	1~2/주	없음	없음	1~2/주	없음
시트르산 역세	1/주	없음	없음	없음	없음
회복세정					
년 주기	2~3	2~3	3~4	3~4	필요시
별도 세정조	배수된 반응조	현장에 별도	현장에 별도	배수된 반응조	현장에 별도
적용 방법	잠김	역세	역세	잠김	역세
약품	차아염소산	차아염소산	차아염소산	차아염소산	차아염소산

[a] 자료 일부는 Yang et al. (2006), Babcock (2007), and Asano et al. (2007)에서 인용됨.

크기는 정밀여과(MF) (0.01~0.40 μm) 혹은 한외여과(UF) (0.01~0.10 μm)로 나뉜다. 정밀 여과막은 세균을 걸러낼 수 있는 반면 한외 여과막은 세균과 바이러스를 걸러낼 수 있다. 그러나, 투과액 소독은 보통 MBR 처리수에 적용되는데, 처리수는 주로 중수로 사용되며 막 파손 혹은 누수인 경우에 유출수 수질을 보호하기 위함이다. 막 파괴의 영향은 예제 11-5에서 검토되었다.

막 구성. 각각의 분리막들은 **모듈**(또는 *element*로도 언급되는)에 들어있는데 이는 한 단위로 설치되는 묶음이다. 또 다른 분리막의 단위를 설명하는 용어로 카세트가 있는데, 이는 프레임 안에 막모듈이 있고 투과물 방출을 위한 연결부와 그 반대편에 산기기 시스템이 있는 조립체이다(WEF, 2006). 카세트는 총 막 표면적을 가진 표준화된 장치이다. 분리막 시스템 제조업자는 분리막의 오염을 제어하기 위해 충분한 공기가 공급되도록 하고 공기 투입 위치를 제시하는데, 이는 분리막을 통해 액체가 방출되는 동안에 접선유동으로 분리막 표면에서의 고형물 누적을 방지하기 위함이다. 분리막 오염을 제어하기 위해 막을 통과하는 유량에 근거한 각각의 중공사막 및 평막 사이의 공간 크기는 제조사 사양이다. 중공사막과 평막의 배치도는 그림 8-58에 있다.

카세트 부피에 대한 분리막의 비표면은 150~334 m^2/m^3이며, 표 8-35에 있는 바오 같이 분리막 설계에 따라 다르다. 중공사막은 큰 비표면적을 가진다. 그래서 적은 막 분리 조 체적을 필요로 한다. 분리막 카세트를 품는 데 필요한 추가적인 부피는 분리막의 종류 및 공급자의 설계에 따라 다른데, 3~10 m^3 조 체적/m^3 카세트이며, 큰 값은 중공사막에 적용되며 막 표면적을 기준으로 0.015~0.05 m^3 조 체적/m^2 표면적 범위가 제시되었으며, 중공사막에는 낮은 수치가 적용된다.

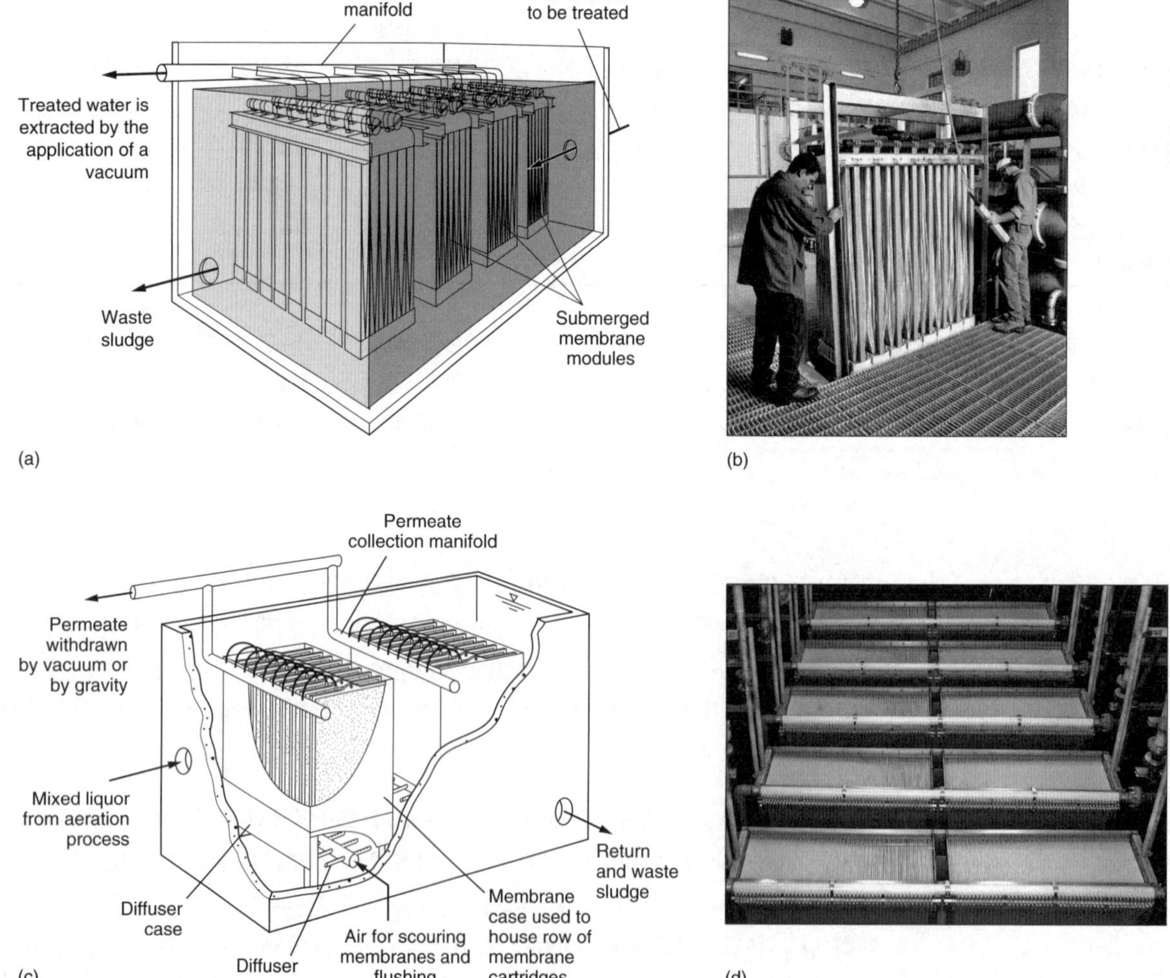

그림 8-58

MBR의 예. (a) 활성슬러지 반응조에 투입된 중공사막 묶음을 보여주는 그림, (b) MBR조에 투입된 막 묶음(Zenon environmental, Inc.에서 제공), (c) 활성슬러지 반응조에 투입된 평막 모듈 그림, (d) 청수에 투입된 평막 모듈

분리막 부속구조물. 활성슬러지 시스템의 고액분리에 막을 사용하기 위해서 분리막 플럭스 및 성능 그리고 분리막 오염 제어에 대한 사항이 제공되어야 한다. 이 같은 이유로 분리막 공급업자들은 분리막 카세트 이외에도 다른 장비를 제공한다. 요구되는 부속시설들은 방출펌프, 화학물 저장소, 화학물 주입 펌프, 그리고 분리막 공정을 위한 전동기 제어반을 포함한 분리막을 위한 모든 공정제어 장치를 포함한다. 분리막 지원장비는 또한 공기 세정 시스템과 역세 시스템을 포함한다. 공기 세정 시스템은 포기조 내 위치한 굵은 구멍 산기관으로 구성되어 있고 분리막 바깥쪽에서 연속적으로 격렬하게 혼합함으로써 고형물 누적을 최소화 시켜준다. 공기 세정 시스템을 위한 공기공급은 보통 활성슬러지 시스템 공정에 필요한 공기와 별도로 제공되어야 한다. 반응조 배치 및 형상의 최종 결정 전에 설계자는 선택한 분리막 시스템을 상세히 파악하고 있어야 한다.

》 분리막의 설계 및 운전특성

미국과 세계에 설치된 대표적인 여러 회사의 MBR 시스템에 대한 설계 및 운영 특성은 표 8-35에 요약되어 있다. 미쓰비시 사의 설계를 제외하고, 막 분리 시스템은 별도의 분리조에 있거나 포기조와 같이 있을 수 있다. 후자의 경우 주로 굵은 구멍 산기관을 가진 소규모 시설에 주로 사용한다. 별도의 분리조가 막 분리를 위해 사용되었다면, 굵은 구멍 산기관은 분리막 조에서만 쓰여지고 미세 산기관은 높은 에너지 효율을 위해 전단 호기조에 사용된다.

》 분리막 사용량

최근(2012) 분리막 설치 중 중공사 UF막이 가장 많이 사용되었고, 평판 MF막이 이를 뒤따른다(Yang et al., 2006). 중공사막은 주로 약 2 m 길이로 1.9 mm의 외경과 0.8 mm의 내경으로 약 3.0 mm의 막 사이의 간격을 가진다. 몇몇 막들은 cassette 높이보다 약 10 cm 긴데, 이는 공기 세정을 하는 동안 막을 유연하게 해주어 고형물 누적을 못하도록 혼합을 제공하기 위함이다. 전형적인 분리막 시스템을 위한 UF cassette는 그림 8-58에 있다. 그림 8-58(b)의 cassette는 중공사막으로 구성되어있고 총 치수로 너비 0.91 m, 길이 2.13 m, 그리고 약 2.44 m의 높이(각각 3 ft, 7 ft, 8 ft)를 가진다. 평판 분리막[그림 8-58(c)와 (d)]은 1.5 m 너비에 0.55 mm 높이, 판의 두께는 8 mm, 그리고 판 사이의 공간은 7에서 8 mm로 이루어져있다. 일반적인 적용은 판을 누적시키는 것인데, 이는 요구되는 조 면적과 분리막 오염 제어를 위한 공기 유량을 줄이기 위함이다(Judd, 2008b).

》 분리막 오염 문제

분리막 오염은 분리막 표면 혹은 막 공극 내에 입자의 침적이나 용존물질의 침적 때문에 분리막 성능의 저하 및 손실을 말한다(Koros et al., 1996). 막오염의 영향은 TMP의 증가로 발견되고 이로 인해 주어진 막의 플럭스(flux)에 대한 투수성이 감소한다. TMP는 MBR 시스템 내에서 막오염이 허용수치를 언제 초과했는지를 알려주는 중요한 모니터링 인자이고, 분리막 성능을 회복하기 위해 특수 청소 절차에 대한 필요성의 신호가 된다. TMP 값이 안정적으로 유지되다가 천천히 시간이 지남에 따라 증가할 수 있지만 몇 가지 중요한 막오염 지점 이후, 급격하게 증가할 수 있다(Gulglielmi et al., 2007). 이 현상은 2단계 과정으로 세포 외 고분자물질(extracellular polymeric substances, EPS)로 인한 지속적인 침적이 발생한 후에 막오염이 임계점에 다다른 후 케이크 형성 및 큰 수두손실이 뒤따른다. 막오염은 막 막힘이나 막 "슬러지 누적"과는 다르다. 여기서 "슬러지 누적"은 과도한 MLSS의 운전으로 공기세정의 유체역학적 용량을 초과해서 슬러지 막표면에 쌓이는 현상이다. 막혀진 막은 특수 청소 절차를 통해 제거되거나 막 자체를 교체해야 한다.

막오염의 원인. 막오염은 표 8-36에 나온 물리적, 화학적, 그리고 생물학적 기작으로 발생할 수 있다. 몇몇 막오염 유발 물질들은 머리카락, 섬유물질, 고 알칼리도, 가용성 철 그리고 오일 및 그리스 같이 유입폐수에 들어있다. 오일과 그리스는 매우 소수성이고 분리막 물질을 덮을 수 있지만, 일반적으로 거의 모든 생활하수에 있어서 걱정할 수치는 아니다. 그러나 요리 기름이 자주 사용되는 곳에서 발생되는 적은 유량의 하수, 또는 그리스 트랩 제어장치가 없는 식당 폐수의 대부분이 유입수인 시스템이면, 큰 문제가 될 수 있다. 바이오(Bio) 막오염은 MBR 공법에서 지속적인 문제지만 명시된 SRT와 통과유량 범위 내에서 운전하고 공급자가 제시한 막오염 제어 방법을 지속적으로 유지하면 생활하수 처리를 하는 데 있어서 제어가능하다.

막오염에 기여하는 여러 미생물의 요소의 영향에 대한 상충되는 문헌이 있지만, 세

표 8-36
MBR 막 파울링과 제어방법의 구성[a]

막오염의 형태	구성성분	제어 방법
물리적	머리카락, 섬유 물질, 콜로이드 무기성분, MLSS	미세목 스크린
		공기 세정
		여유 운전
		역세척
		Chlorine
화학적	높은 알칼리도,	Citric acid
	가용성 철,	Citric acid
	오일과 그리스	Chlorine
		Hypochlorite
생물학적	세포 외 고분자 물질	SRT 제어
		공기 세정
		Chlorine
		Citric Acid
생물학적	콜로이드 유기물질	SRT 제어
		역세척
		Chlorine
		Citric Acid

[a] 막오염의 구성성분과 방법에 대한 폭넓은 내용은 표 11-25를 참조.

균 성장과 분해에 따른 콜로이드 및 가용성 미생물 생성물은 막 오염에 큰 원인이 된다는 것은 대체로 인정된다. 세균의 막오염 물질은 주로 세포 계외 고분자 물질로 언급되며, 이는 토착의 고분자를 포함하는 일반적 용어이며, 단백질과 polysaccharides 같이 세포에서 배출하는 용존성 물질로 세폭 밖에서 관찰되는 세포 고분자 물질을 포함한다(Judd, 2008a). 높은 EPS 생산과 증가된 막오염은 10일 이하의 SRT에서 발생한다(Trussell et al., 2006; Ke and Junxin, 2009). 적은 막오염은 운전이 잘 되는 막에서 30~50 d의 높은 SRT (Van den Broeck et al., 2012)에서 관측되었다. MBR 시스템은 주로 10일의 SRT로 설계된다.

분리막 오염 제어법. 분리막 오염(표 8-35 참조)을 제어하는 데 사용하는 3가지 일반적인 방법은 (1) 미세스크린이 있는 전처리, (2) 운용상의 막오염 제어 절차, (3) 회복 세정법. 체 크기가 0.8~2 mm인 미세스크린에 의한 전처리는 막 시스템을 보호한다. 만약 부적절한 체거름을 한다면, 머리카락과 섬유물질이 막과 공기 세정 산기관에 축적될 수 있는데 이는 적절한 세정을 막고 막의 플럭스 용량 감소를 야기한다.

막오염의 운전제어. 막오염 제어절차는 분리막 공급자들에 의해 제공된다. 큰 공기 산기관 시스템에 의한 공기 세정은 분리막의 형태에 따라 막 공급업체에 의해 특별하게 설계되고, 이는 막표면에 고형물 침적과 막오염을 막는 데 중요하다. 공기 세정 속도는 3~13 L air/min · m^2분리막 표면적이다. 몇몇 분리막 시스템은 계속적인 공기 세정을 필요로 하지 않는다. 이 경우에는 하나의 송풍기를 이용해서 공기 세정을 매 10초마다 두 분리막 세트를 교대로 할 수 있게 일련의 밸브를 사용한다(Palowski et al., 2007).

추가로 공기 세굴과 다른 막오염 제어법은 여유, 역세척, 유지세정과 회복세정으로 언급된다. 대부분의 분리막 공급업자들은 여유주기를 제시하는데 이는 투과액 방출을 멈추어 막이 고형물 누적없이 공기세정을 통해 고형물을 막으로부터 털어내는 것이다. 일반적인 여유 계획은 표 8-35에 있고 매 10분마다 투과액 방출을 1분간 중지한다. 몇몇의 중공사막 공급업자들은 역세척으로 흐름을 역방향으로 하는데, 이때 분리막으로 부터 고형물을 씻어내기 위해 매 12분마다 약 0.5분간 투과액으로 역세척한다.

유지관리 및 회복 세정. 두 가지 세정 방식이 사용 된다: (1) 유지세정 그리고 (2) 회복세정. 유지세정은 1주에 1~2회 차아염소산 용액(200 mg/L)과/혹은 시트릭 산(2000 mg/L)으로 분리막 역세척을 수행하는 것이다. 이 과정은 화학물질과 투과물이 함께 60~75분 이상의 주기로 일련의 반복적인 교대 세척으로 행해진다. 공기 세굴, 역세척, 그리고 유지세정의 조합은 막 막오염을 제어하는 데 완전히 효과적인 것은 아니어서, 막 간에 압력 강하는 시간에 따라 증가한다. 회복세정은 연간 2~4회 혹은 필요에 따라 행해지며, 막의 종류에 따라 다르다. 이는 TMP 값이 요구되는 운전조건 이상으로 지속될 때 수행한다. 회복세정은 긴 화학물질 접촉 시간(4~6시간)이 포함하고, 만약 무기물질 막오염 때문에 세척이 필요하다면 염소이온(1000 mg/L) 및 시트릭산(2000 mg/L)이 동시에 사용된다. 몇몇 분리막 시스템들은 반응조 배수없이 그 위치에서 회복세정을 하며, 반면 다른 분리막 시스템들은 반응조를 비우고 화학용액에 막은 담그는 기간을 요구한다.

문제 및 토의과제

8-1 다음 주어진 하수를 대상으로 실험실 규모의 BOD와 UBOD 실험 결과가 주어져 있다. 생분해성 COD (bCOD) 농도를 구하라. 단, f_d와 Y_H는 각각 0.15 g/g와 0.40 g VSS/g COD로 가정하라.

실험변수	단위	하수		
		1	2	3
BOD	mg/L	120	200	200
UBOD	mg/L	180	300	340

8-2 쉽게 생분해가능한 COD (rbCOD) 농도를 결정하기 위하여 유입하수 시료를 실험실에서 호흡계 측정으로 평가하였다. 호흡기병에 500 mL의 유입수와 500 mL의 활성슬러지 혼합액을 투입하여 준비하였다. 호흡계는 시간에 따른 누적 산소소비를 기록한다. 산소소비는 상대적으로 초기에는 일정한 속도로 이루어지고(phase A−총 산소요구량), 이후 속도는 비교적 다른 일정한 속도로 감소하는데(phase B−질산화에 필요한 산소요구량, 천천히 분해되는 COD, 그리고 내생분해) 이러한 상황이 몇 시간 동안 계속된다. 결국, 산소소비속도는 극단적으로 다시 감소하고, 비교적 일정한 속도(phase C−내생분해에 필요한 산소요구량)로 감소한다. 호흡계 자료는 3가지 다른 시료에 대하여 아래 표에 요약되었다. 선택된 시료에 대하여 하수의 rbCOD 농도(mg/L)를 결정하라. 단, 종속영양 세균 증식계수는 0.4 g VSS/g COD 그리고 미생물의 산소당량은 1.42 g VSS/g COD로 가정하라.

phase	각 phase의 기간, h	각 phase에 대한 누적호흡산소 소모량		
		시료		
		1	2	3
A	0.8	64	100	70
B	3.2	192	288	192
C	2.0	40	50	46

8-3 24시간 1차 처리수, 유량비례 합성 시료는 쉽게 분해가능한 COD 농도를 계산하기 위해 응집−여과 COD (ffCOD) 실험법으로 분석되었다. ffCOD는 또한 활성슬러지 시스템으로부터의 2차 처리수 시료를 측정되었는데, 이 공정의 SRT는 8일이였다. 10일분의 시료채취를 통한 평균 ffCOD 값은 아래 표에 나와있다. 아래 하수처리장의 쉽게 분해가능한 COD 농도를 계산하라.

시료원	단위	하수		
		1	2	3
1차 처리수	mg/L	90	110	60
2차 처리수	mg/L	30	20	30

8-4 일반적인 하수특성인자를 나타낸 아래 표에 나타낸 하수시료 중의 하나를 선정하여, (a) 분해 가능한 COD 농도, (b) 천천히 분해되는 COD 농도, (c) 난분해성 휘발성 부유물질(nbVSS) 농도, (d) 불활성 총 부유물질(iTSS) 농도 그리고 (e) 평균 COD/VSS 비율을 구하라. 단, bCOD/BOD비는 1.6으로 가정하고 활성슬러지처리 유출수의 sCOD는 30.0 mg/L이다.

인자	단위	하수		
		1	2	3
TSS	mg/L	220	170	90
VSS	mg/L	200	140	70
BOD	mg/L	200	160	120
rbCOD	mg/L	100	40	80
TCOD	mg/L	500	400	280
sCOD	mg/L	160	200	180

8-5 주어진 아래의 하수특성 가운데, (a) 유기질소, (b) 생물학적으로 분해되지 않는 입자성 유기질소 (nbpON) 및 (c) 생분해성 유기질소 (bON)농도를 결정하시오.

인자	단위	하수		
		1	2	3
TKN	mg/L	40	45	50
NH_4-N	mg/L	25	30	35
용해성 유기질소	mg/L	5.0	2.0	3.0
용해성 난분해성 유기질소	mg/L	1.0	1.0	1.0
VSS	mg/L	180	180	190
난분해성 VSS분율	%	40	40	40

8-6 그림 8-11로부터 구한 관찰 합성수율과 식 (8-19)와 (7-56) (표 8-10 참조)를 이용하여, 다음을 구하라. (a) 포기조 부피(m^3), (b) 유입 BOD 농도가 120, 140 또는 160 mg/L으로 유입되는 6000 m^3/d의 하수를 처리하도록 설계된 활성슬러지 시스템에서 매일 폐기되는 폐슬러지의 양(kgTSS/d). SRT는 6일, 혼합액의 온도는 10 및 1차 침전지는 사용된다. 만약 SRT가 12일로 늘어난다면 1일 슬러지 생산량과 포기조 부피는 얼마인가? 단, MLVSS와 MLSS 농도는 각각 2,500 mg/L와 3,000 mg/L로 각각 가정하라.

8-7 활성슬러지 시스템 설계를 위하여 다음과 같은 정보가 주어졌다. 단, 설정된 SRT와 낮은 온도 때문에 질산화는 일어나지 않는다고 가정할 때, 다음을 정하라. (a) 포기조 산소요구량(kg/d), (b) 포기조 산소섭취율(mg/L · hr), (c) 포기조 바이오매스 농도(mg/L). bCOD는 1.6(BOD)로 가정하라.

인자	단위	값
유량	m^3/d	10,000
유입 BOD	mg/L	150
유출 BOD	mg/L	2
τ	h	4
SRT	d	6
세포합성수율, Y_H	g VSS/g bCOD	
하수 1		0.40
하수 2		0.50
하수 3		0.30
세포잔류물생산율, f_d	g VSS/g VSS	0.15

(계속)

내생분해율, b_H	g VSS/g VSS · d	0.08
nbVSS	mg/L	40
온도	℃	10

참조 : 하수 1, 2 혹은 3중 선택

8-8 완전한 질산화가 가능하도록 충분히 긴 SRT를 갖추도록 설계된 활성슬러지 시스템에 대하여 아래의 정보가 주어졌다. (a) 포기조 산소요구량 (kg/d), (b) 포기조 산소섭취율 (mg/L BULLET h), (c) 포기조 바이오매스 농도 (mg/L), (d) 필요한 총 산소요구량 중 질산화에 소요되는 분율을 결정하시오.

인자	단위	값
유량	m^3/d	10,000
유입 BOD	mg/L	150
유출 BOD	mg/L	2
유입 TKN	mg/L	35
유출 NH_4-N	mg/L	1.0
τ	h	8.0
SRT	d	15
온도	℃	10
세포잔류물생산율, f_d	g VSS/g VSS	0.10
세포합성수율, Y_H	g VSS/g bCOD	
하수 1		0.40
하수 2		0.50
하수 3		0.30
내생분해, b_H	g VSS/g VSS · d	0.08
질산화 미생물합성수율, Y_n	g VSS/g NH_4-N	0.18
질산화미생물분해, b_n	g VSS/g VSS · d	0.12

참조 : 1, 2 혹은 3 중 선택

8-9 식 (8-20)과 (8-21)을 사용하여, 아래의 하수특성과 설계 조건에서, 10일과 20일의 SRT로 운전될 경우, 1일 폐슬러지량을 (a) VSS, (b) TSS, (c) 바이오매스 농도로 비교하라. 단, 유입 TKN은 분해가능하며 NO_2-N 없이(0.10 mg/L 이하) NO_3-N로 모두 질산화되었다고 가정하라. 미생물 잔류물을 고려하지 말고 계산을 다시하면, 오차는 얼마인가?

인자	단위	값
유량	m^3/d	15,000
유입 BOD	mg/L	200
유출 BOD	mg/L	2
유입 TKN	mg/L	35
유출 NH_4-N	mg/L	0.5
종속영양세균 세포수율, Y_H	g VSS/g bCOD	0.4
종속영양세균 내생분해율, b_H	g VSS/g VSS · d	0.10
세포잔류물 생산율, f_d	g VSS/g VSS	0.15

(계속)

질산화세균 증식수율, Y_n	g VSS/g NH_4-N	0.18
질산화세균 내생분해율, b_n	g VSS/g VSS · d	0.12
nbVSS	mg/L	
하수 1		100
하수 2		120
하수 3		80
온도	℃	15

참조: 하수 1, 2 혹은 3 중 선택

8-10 활성슬러지 시스템이 3개의 일렬로 된 완전 혼합 반응조로 구성된다. 용존 산소농도가 각 반응조에서 2.0 mg/L이다. 하수 1, 2에 대한 각 단계에서의 생분해성 COD와 NH_4-N 농도 자료는 아래에 주어졌다. bCOD 제거, 질산화 및 내생분해를 위해 요구되는 총산소전달율을 구하라. 필요한 총산소전달율의 표와 각 단계에서 필요한 양(kg/h)을 준비하라. 1단계, 2단계 및 3단계에서 요구되는 총 산소의 퍼센트를 비교하라. 3단계에서 bCOD 농도는 주로 용존 bCOD와 동일하다고 가정하라. 세포합성에 사용된 NH_4-N는 질산화에 필요한 유입 NH_4-N 농도를 결정하는데 이미 계산됐으므로 무시한다. 질산화는 NO_3-N으로 완전히 진행되었다고 가정한다(NO_2-N 농도는 거의 없음).

인자	단위	하수 1	하수 2
유량	m^3/d	15,000	5,000
슬러지 반송률	unitless	1.0	0.5
유입 bCOD	mg/L	320	200
유입 사용가능 NH_4-N	mg/L	30	35
단계별 부피	m^3	2300	500
세포합성수율, Y_H	g VSS/g COD	0.45	0.45
내생분해율, b_H	g VSS/g VSS · d	0.10	0.10
1단계			
bCOD	mg/L	30	50
NH_4-N	mg/L	8.0	17.0
미생물	mg VSS/L	1500	1200
2단계			
bCOD	mg/L	5	8
NH_4-N	mg/L	3.0	6.0
미생물	mg VSS/L	1500	1200
3단계			
bCOD	mg/L	0.5	2
NH_4-N	mg/L	0.2	2.0
미생물	mg VSS/L	1500	1200
온도	℃	15	

참조: 하수 1, 2 중 선택

8-11 식품가공공장으로부터 배출되는 산업폐수를 활성슬러지 공법으로 처리하려고 한다. 하수

는 저농도의 질소와 인을 갖는 용해성 유기물(입자 분해성의 COD가 아님)로 구성되어 있다. 아래 표에 주어진 폐수성상과 설계인자들을 참조로, 유입유량에 첨가되어야 하는 질소와 인의 양을 mg/L와 kg/d의 단위로 결정하라. 단, 잔류 NH_4-N과 용해성 인 농도는 0.1 mg/L 정도로 영양염류의 부족을 막기 위하여 필요하다. 질산화는 없다.

인자	단위	값
유량	m^3/d	3000
유입용해성 bCOD	mg/L	
하수 1		2000
하수 2		3000
하수 3		2500
유출 용해성 bCOD	mg/L	5
유입 NH_4-N	mg/L	20
유입 인산염 인	mg/L	5
SRT	d	10
세포합성수율, Y_H	g VSS/g bCOD	0.4
내생분해율, b_H	g VSS/g VSS·d	0.10
세포잔류물생산율, f_d	g VSS/g VSS	0.10

참조: 하수 1, 2 혹은 3 중 선택

8-12 활성슬러지 시스템이 아래와 같은 조건으로 운전되고 있다. 조건은 평균 유입유량, 포기조 부피, MLSS 농도, 슬러지 반송율, TSS 농도, 그리고 2차침전지 유출수 TSS 농도를 포함한다. 폐기는 반송슬러지 라인으로부터 2차 침전지 바닥에서 배출시키는 것이다.

(a) SRT가 10일을 유지하기 위한 일 평균 슬러지 폐기율은 얼마인가(m^3/d)?

(b) 시설 운전자가 SRT 유지를 위해 하루 포기조 부피의 1/10만큼을 폐기하기로 했다. 폐기량(m^3/d)과 실제 SRT는 얼마인가?

		활성슬러지 시스템		
인자	단위	1	2	3
유량	m^3/d	4000	10,000	5000
포기조 부피	m^3	2000	4000	5000
포기조 MLSS 농도	mg/L	3000	3500	3000
침전지 유출수 TSS 농도	mg/L	10.0	10.0	10.0
슬러지 반송률		0.5	1.0	0.75
반송 슬러지 TSS 농도	mg/L	9000	7000	7000

8-13 MBR 반응조는 무산소조 다음에 포기조가 있다. 유입 하수는 무산소조로 투입된다. 포기조는 2개의 구획으로 나뉜다. 첫 번째 구획은 총 포기조 부피의 75%이며 미세 산기기로 포기된다. 두 번째 구획은 막분리조이며 굵은 구멍 산기기로 포기된다. 총 포기조 부피는 4000 m^3이다. 반송 슬러지는 막분리조로부터 무산소조로 이송되며, 유입유량의 6배이다. 막분리조의 MLSS 농도는 12,000 mg/L이다. SRT가 10일로 유지하고자 할 때 반송슬러지 라인으로부터의 폐슬러지 유량(m^3/일)은 얼마인가?

8-14 SVI 실험을 하기 위하여 2 L 용량의 침전실험장치가 사용되었다. 실험에서 MLSS 농도가 3,500 mg/L이고, 30분 후의 침전된 슬러지 부피는 840 mL였다. SVI는 mL/g으로 얼마인

가?

8-15 표 8-12와 8-13에 나와있는 ASM2d 모델함수를 사용하여 3개 반응조로 구성된 시스템의 2번째 활성슬러지 반응조의 아래 물질(하나 또는 여러 개)에 대한 물질 수지를 만드시오. (1) 종속영양 세균, (2) 독립영양 질산화 세균, (3) 천천히 분해되는 기질, 그리고 (4) 암모니아성 질소

8-16 12℃ 에서 완전한 질산화가 가능하도록 15일의 SRT로 생활하수를 처리하고 있는 완전혼합 활성슬러지 시스템이 운전되고 있다. 침전지 표면 월류율은 평균유량조건에서 1 m/h이지만, 침전지는 높은 슬러지 블랭킷을 가지고 있어 유출수에 상당한 양의 슬러지가 포함되어 있다. 다음을 설명하라. (a) 슬러지 벌킹상태의 원인을 조사하기 위한 상세한 과정을 제시하라. (b) 유출수 TSS 농도를 줄이기 위한 단기간의 가능한 조치를 설명하라. (c) 슬러지 벌킹을 조정할 수 있는 대체 선택조를 제시하라. 어떤 방법을 왜 사용하는가?

8-17 표 8-14에 있는 속도상수를 사용하고 NO_3-N로 완전히 질산화된다고 가정하여(아질산성 질소로 인한 고형물 성장은 무시), 아래 표에 언급된 도시하수에 대하여 3일에서 20일까지의 SRT를 함수로서 다음 그림을 작성하시오. 단, MLSS 농도는 2500 mg/L로 가정하고 모든 TKN은 분해 가능하다. (a) kg TSS/d로 폐기되는 슬러지, (b) 포기조 부피(m^3)와 tau (h), (c) 관찰 수율 g TSS/g BOD와 g TSS/g $bCOD_r$ (d) 유출수 용존 bCOD 농도, (e) 유출수 NH_4-N농도, (f) 산소요구량 kg/d.

인자	단위	값
유량	m^3/d	20,000
BOD	mg/L	
하수 1		220
하수 2		250
하수 3		180
bCOD/BOD	g/g	1.6
TSS	mg/L	220
VSS	mg/L	200
nbVSS	mg/L	
하수 1		100
하수 2		120
하수 3		80
TKN	mg/L	40
온도	℃	15
포기조 DO	mg/L	2.0

참조: 하수 1, 2, 혹은 3 중 선택

8-18 포기조는 두 구획으로 나눠졌다고 가정하고 MBR 시스템에 대한 8-17 예제를 풀어라. 막분리 cassette의 두 번째 구획인 막분리조의 부피는 총 호기부피의 25%이다. 막분리조의 MLSS 농도는 12,000mg/L으로 그리고 활성슬러지 반송률은 6.0으로 가정하라.

8-19 1차 침전지에서 35%의 BOD 제거, 65%의 TSS 및 VSS 제거. 10%의 TKN 제거 및 80%의 nbVSS 제거를 가정하여 예제 8-17을 풀어라.

8-20 80%로 10℃, 2.0 mg/L의 DO 농도로 운전 중인 질산화 반응조에서 유출수의 NH_4-N농도가 0.5, 0.8, 1.0 mg/L를 달성하도록 질산화가 일어나게 설계한 활성슬러지 시스템이 있다. 최고/평균 TKN 부하는 1.8이다. 설계 SRT를 구하라. 표 8-14의 계수를 이용하시오.

8-21 완전혼합 활성슬러지 시스템이 수리학적 체류시간 8.3, 10.8 및 13.1시간, 포기조의 DO농도가 2.0 mg/L이며, MLSS 농도는 3,000 mg/L로 운전된다. 아래에 나타낸 도시하수 성상에 대하여 (a) 포기조 평균 SRT, (b) 유출수 NH_4-N농도, (c) 요구되는 평균 유출수 NH_4-N 농도가 1.0 mg/L일 때의 질산화 안전계수를 결정하시오. 표 8-14의 계수를 이용하시오.

인자	단위	값
온도	℃	10
유량	m^3/d	15,000
BOD 제거분	mg/L	130
nbVSS	mg/L	30
TSS	mg/L	70
VSS	mg/L	60
TKN	mg/L	40

8-22 용해성 COD 농도가 1,800 mg/L인 3,000 m^3/d의 산업폐수가 15℃, 2,500 mg/L의 MLSS 농도로 완전혼합 활성슬러지 시스템으로 처리되고 있다. 아래에 주어진 가정과 반응상수들을 사용하여 다음을 정하라. (a) 포기조 용적(m^3), (b) 산소요구량(kg/d), (c) 슬러지 생산량(kg TSS/d), (d) 2차 침전지로부터의 유출수 sBOD 농도, (e) 2개 침전지로 가정할 경우 침전지 직경 (m), (f) 미세기포 산기관 장치에 공기유량, 단, 극소량의 잉여 NH_4-N이 세포합성을 위한 요구량 이후에도 존재하지만 질산화의 영향은 중요하지 않다고 가정하라.

인자	단위	값
bCOD/BOD	g/g	1.6
μ_{max}	g VSS/g VSS · d	3.0
K_s	mg bCOD/L	60.0
Y_H	g VSS/g bCOD	0.40
b_H	g VSS/g VSS	0.08
f_d	g VSS/g VSS	0.15
SRT	d	
하수 1		8.0
하수 2		12.0
하수 3		16.0
alpha (α)	Unitless	0.45
F (산기관막힘인자)	Unitless	0.90
beta (β)	Unitless	1.0
고도	m	300
유효 DO 포화깊이	m	2.5
포기조 액상 깊이	m	5.0
깨끗한 물에서 H_2O 상호전달률	%	30

참조: 하수 1, 2, 혹은 3 중 선택

8-23 24시간의 포기조 체류시간을 지닌 산화구 공법이 3,500 mg/L의 MLSS 농도와 1차 침전지가 없는 재래식 처리방식으로 아래의 하수를 처리하려고 설계되었다. MLSS의 최저온도는 10℃ 이고, 1.0 mg/L의 평균 유출수 NH_4 농도는 첨두부하시 1.5의 안전율을 요구한다. 포기조에서 기계적인 표면포기기가 2.0 mg/L의 DO 농도를 공급하기 위하여 사용된다. 다음을 설명하라. (a) SRT, (b) 슬러지 생산량(kg TSS/d), (c) MLVSS 농도(mg/L), (d) 산소요구량(kg/d), (e) 포기를 위해 요구되는 총 동력(horsepower, kW), (f) 필요한 질산화 부피를 제공하기 위한 총 용적비. 표 8−14의 계수를 사용하고 모든 TKN은 분해가능하다.

		값		
인자	단위	하수 1	하수 2	하수 3
유량	m^3/d	4000	4000	4000
BOD	mg/L	270	250	200
nbVSS	mg/L	130	120	100
TSS	mg/L	250	230	200
VSS	mg/L	240	215	180
TKN	mg/L	40	40	40
깨끗한 H_2O 산소전달률	kg O_2/kWh	0.9	0.9	0.9
Alpha (α)	Unitless	0.90	0.90	0.90
Beta (β)	Unitless	0.98	0.98	0.98
고도	m	500	500	500

참조: 하수 1, 2, 혹은 3 중 선택

8-24 예제 8−23과 같은 폐수성상과 MLSS 수온에 대하여, 동일한 일정 연속 유량을 2개의 SBR 반응조가 아래의 조건하에서 운전되었다.

반응조 수심 대비 방출깊이의 비율 = 0.2

포기시간 = 2 h

침전시간 = 1 h

휴지기 = 0.5 h

다음을 정하라. (a) 주입시간(hr), (b) 회당 총 시간(hr), (c) 각 반응조의 총 부피, (d) SBR SRT(단, MLSS 농도는 3,500 mg/L으로 가정), (e) 방출 양수율 (m^3/min)

8-25 아래 하수를 처리하고 있는 SBR은 다음과 같은 조건하에서 운전된다.

온도 = 15℃

포기시간/회 = 2.0 h

회당 주입부피의 전체 SBR 반응조 부피 = 0.20

SRT = 20일

DO = 2.0 mg/L

2개의 SBR 반응조가 사용되었고 각 SBR 조의 총 부피는 3,000 m^3이다.

		값		
인자	단위	하수 A	하수 B	하수 C
유량	m^3/L	4,800	4,800	4,800
BOD	mg/L	250	250	200
TKN	mg/L	45	40	30

참조: 하수 1, 2 혹은 3 중 선택

처리수 NH_3-N 농도를 mg/L로 구하시오. 표 8−14의 속도상수를 사용하라.

8-26 SBR 반응조가 가득 찼을 때, 수심이 5.5 m이다. 예상되는 운전 MLSS 농도는 3,500 mg/L이다. 만약 SVI가 150, 180, 200 mg/L이라면, 침전된 슬러지층 위 0.6 m를 상징수층으로 가정하여 총 액체 부피에 대한 주입가능한 부피를 구하라.

8-27 유출수 NH_4-N농도가 1.0, 2.0 및 4.0 mg/L일 경우, 동일한 설계조건과 가정을 사용하여 예제 8−6을 반복 계산하라. 요구되는 유출수 NH_4-N농도가 증가할 때, 단일 반응조 질산화 시스템에 비해 다단 시스템의 장점은 무엇인가?

8-28 각 조의 용적이 240 m^3으로 동일한 용적을 가진 4단 활성슬러지 시스템에서 300 mg/L의 용존 BOD 농도를 가진 산업폐수를 처리하려고 한다. 유입유량은 4,000 m^3/d이고, RAS의 반송율은 0.5이다. 활성 바이오매스 농도는 1,600 mg/L이다. 아래의 생물학적 반응속도 정보를 사용하여 다음을 정하라. (a) 조별 기질농도(용해성 bCOD, mg/L), (b) 조별 산소요구량(kg/d), (c) 조별 총 산소요구량의 분율. 힌트: 4번째 조의 용해성 bCOD 농도를 1.0 mg/L으로 가정하라(질산화 무시).

인자	단위	값
k, 최대 비기질 이용률	g COD/g VSS · d	1.2
K_s, 하수 반속도계수	mg bCOD/L	
하수 1		50
하수 2		75
하수 3		100
Y_H, 합성수율	g VSS/g 제거된 COD	0.35
b_H, 내생분해율	g VSS/g VSS · d	0.10

참조: 하수 A, B 혹은 C 중 선택

8-29 아래의 활성슬러지 공법들을 유출수 수질, 부지요구도, 복잡성, 에너지 요구량, 운전용이성 및 유량변화와 부하 조정능력 등의 관점에서 비교하라.
완전혼합 활성슬러지, MBR, 접촉안정 활성슬러지, 산화구

8-30 아래 그림에 보여진 4단계 주입 활성슬러지 시스템은 각 조별 240 m^3의 동일한 포기조 용적을 가지고 있다. 아래에 주어진 설계인자를 사용하여, 각 반응조별 MLVSS 농도를 정하라.

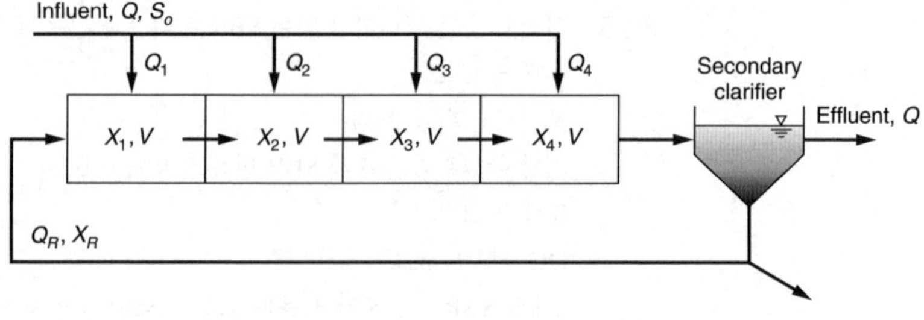

인자	단위	값: 하수 1	하수 2	하수 3
X_R	mg VSS/L	10,000	10,000	10,000
Q_R	m^3/d	2000	4000	6000

(계속)

Q	m³/d	4000	4000	4000
Q_1	m³/d	800	800	800
Q_2	m³/d	1200	1200	1200
Q_3	m³/d	1000	1000	1000
Q_4	m³/d	1000	1000	1000

참조: 하수 1, 2 혹은 3 중 선택

8-31 다음은 85%의 질소 제거를 위해 예제 10−5에 나타낸 것과 같은 무산소/호기 공법의 운전조건을 설명하고 있다. 다음을 결정하라. (a) 내부순환율과 유량 (m^3/d), (b) 단일단계로 설계된 무산소조의 용적 τ, (c) 최종 알칼리도 농도, (d) 산소요구량 (kg/d) (무산소조/ 호기공법과 전무산소조 없는 호기조의 비교). 표 8−14의 계수를 사용하라.

인자	단위	값
유량	m^3/d	1000
BOD	mg/L	200
rbCOD	mg/L	
하수 A		60
하수 B		95
하수 C		120
알칼리도	mg/L as $CaCO_3$	200
TKN	mg/L	35
온도	°C	15
MLSS	mg/L	3500
미생물 (VSS)	mg/L	1620
RAS (TSS)	mg/L	10,000
호기조 부피	m^3	460
호기조 SRT	days	10.0
미생물 질소 함량	g N/g VSS	0.12
유출 NH_4-N	mg/L	1.0

참조: A, B 혹은 C 중 선택

8-32 2개의 구획 호기조가 있는 무산소/호기 MBR에 대한 문제 8−31을 풀어라; 전포기영역 다음에 막분리 영역이 뒤따른다. 막분리조로부터 무산소조로의 슬러지 반송률은 6.0이다(예를 들어, 결과로 나온 유출 NO_3-N농도를 계산). 막분리조에서의 MLSS 농도는 10,000 mg/L로 가정한다. 그림 8−52로부터 분리막 플럭스는 20 L/m^2 · h이다. 막 분리조 부피 대 분리막 면적의 비율은 0.025 m^3/m^2이다.

8-33 기존의 활성슬러지 시스템이 10℃의 최저 온도에서 운전되고 있다. 이 시스템을 전체 용적의 10%에 해당하는 무산소조를 가진 무산소/호기공법으로 변형하려 한다. 다음의 설계조건과 총 반응조 용적에 대하여 다음을 정하라. (a) 유출수 NH_4-N과 NO_3-N농도, (b) 무산소조의 NO_3 제거능력에 상응하는 최소한의 내부 순환율(표 8−14로부터 필요한 계수를 사용하라.)

인자	단위	값
유량	m^3/d	8000
bCOD	mg/L	240
rbCOD	mg/L	
하수 1		25
하수 2		50
하수 3		75
nbVSS	mg/L	60
TSS	mg/L	80
VSS	mg/L	70
TKN	mg/L	40
MLSS	mg/L	3500
조 부피	m^3	3600
슬러지 반송비	Unitless	0.50
미생물 질소 함량	g N/g VSS	0.12
포기조 DO	mg/L	2.0

참조: 1, 2 혹은 3 중 선택

8-34 산화구 시스템이 하나의 기계식 표면포기기로 운전되고 있다. 반응조 용적이 절반이 DO 농도가 0에서 2.0 mg/L까지 변화하는 호기조이다. 아래 주어진 정보를 참조로 유출수의 NH_4-N(안전인자 1.5)과 NO_3-N농도를 구하라.

인자	단위	값
산화구 용적	m^3	4600
MLSS	mg/L	3500
온도	°C	10
BOD	mg/L	
하수 1		250
하수 2		220
하수 3		200
nbVSS	mg/L	80
TKN	mg/L	40
TSS	mg/L	220
VSS	mg/L	210

참조: 1, 2 혹은 3 중 선택

8-35 아래의 폐수성상을 참조하여, 2개 반응조를 가진 사용하여 유출수의 NO_3-N와 NH_4-N의 농도가 각각 6 mg/L과 1.0 mg/L이 되도록 SBR 시스템을 설계하라. 각 사이클당 포기, 침전, 휴지 시간은 2.0, 1.0 및 0.5시간으로 가정하고, MLSS의 농도는 4,000 mg/L이다. 다음을 정하라. (a) 주입 용적분율, (b) 각 SBR 반응조의 용적, (c) 방출 펌핑률, (d) 질산화 안전계수. 단, 포기조의 DO 농도는 2.0 mg/L이고, 무산소 혼합은 주입기간 동안만 일어난다고 가정하라.

인자	단위	값
유량	m^3/d	5000
BOD	mg/L	250
rbCOD	mg/L	50
nbVSS	mg/L	120
TKN	mg/L	
하수 A		45
하수 B		40
하수 C		35
TSS	mg/L	220
VSS	mg/L	210
온도	℃	12

참조: A, B 혹은 C 중 선택

8-36 외부 탄소가 Bardenpho 공법의 후무산소조에 이 반응조로 유입되는 유량에 기초하여 5 mg/L NO_3-N을 제거하기 위해 주입된다. 필요한 탄소 주입량(mg COD/L)과 메탄올, 아세트산, 그리고 에탄올을 위한 기질(mg/L)을 비교해라. 세포합성수율은 무산소 조건에서 메탄올, 아세트산 그리고 에탄올에 대해서 각각 0.25, 0.40, 그리고 0.36 g VSS/g 제거된 COD이다(무산소조로부터 배출되는 투입 외부 탄소량은 무시).

8-37 아세트산은 유입되는 6.0 mg/L의 NO_3-N농도를 무산소조에서 유출수 농도 0.30 mg/L 로 낮추기 위해 Bardenpho 공법 내 후무산소조에 투여된다. 아래 시스템 1, 2 혹은 3 후단에 대한 다음을 계산하라. (a) 아세트산 소모율(g COD/g NO_3-N), (b) 기질 방출과 내생분해로부터 전자 수용체 요구량에 따른 NO_3-N 감소량(조 유입유량 정규화), (c) 후무산소조 유출 아세트산 농도(mg/L), (d) 요구되는 아세트산 투여(mg COD/L 및 mg/L 아세트산) (유입유량으로 정규화), (e) 하루에 필요한 아세트산 양(kg/d) 및 후무산소 조에서의 NH_4-N농도 증가량.

		값		
인자	단위	시스템 1	시스템 2	시스템 3
유량	m^3/d	5000	5000	5000
슬러지 반송률	unitless	0.5	0.5	0.5
유입 NO_3-N	mg/L	6.0	6.0	6.0
유출 NO_3-N	mg/L	0.3	0.3	0.3
후무산소조 용적	m^3	250	200	350
MLVSS	mg/L	3000	3000	3000
미생물 VSS	mg/L	1200	1200	1200
온도	℃	15	15	15
b_H^a	g VSS/g VSS·d	0.098	0.098	0.098
아세트산 세포합성계수, Y_H	g VSS/g CODr	0.4	0.4	0.4
η	unitless	0.80	0.80	0.80
아세트산 $\mu_{max,20}{}^b$	g VSS/g VSS·d	4.46	4.46	4.46
아세트산 μ_{max} 온도 θ	unitless	1.21	1.21	1.21

(계속)

아세트산, K_s	mg/L	5.0	5.0	5.0
NO_3-N K_{NO}	mg/L	0.1	0.1	0.1

[a] 표 8-14 참조

[b] 표 8-26 참조

8-38 생물학적 질소, 인 제거를 위한 A^2O 시스템이 15일의 SRT로 설계되었다. 단위 g의 BOD 제거당 0.6 g의 TSS의 슬러지 생산량이 예상되었고, 실제 바이오매스 생산량은 단위 g당 BOD 제거당 0.30 g VSS의 미생물이다. 1차 처리 후의 폐수특성을 아래와 같이 구하였다 다음을 계산하라. (a) 생물학적 인 제거 공법에서 예상되는 유출수 용존 인 농도, (b) 폐슬러지내 인 함량(건조중량 기준에 의한 퍼센트로), 인 제거량을 증가하기 위해 추천하는 공법은?

인자	단위	값
BOD	mg/L	
하수 1		160
하수 2		140
하수 3		120
rbCOD	mg/L	
하수 1		70
하수 2		60
하수 3		40
P	mg/L	7
TKN	mg/L	35
TSS	mg/L	82
VSS	mg/L	72
pH	unitless	7.2

참조: 1, 2 혹은 3 중 선택

8-39 12일의 SRT로 운전되는 A^2O 공법이 있다. 내부순환과 슬러지 반송비는 각각 3.0과 0.5로 아래와 같이 유출수내 영양염류의 농도를 구하였다.

유출수 용해성 인 농도 = 0.5 mg/L

유출수 NO_3-N 농도 = 5.0 mg/L

유입폐수의 성상과 SRT는 같다고 가정할 때, 다음을 정하라.

(a) 내부순환율이 2.0, 2.5 및 2.8로 변하고, RAS는 1.0으로 증가할 경우, 유출수의 용해성 인과 NO_3-N농도 변화

(b) 혐기조로 유입된 질산성 질소에 의해 얼마나 많은 유입수 rbCOD가 추가로 소비되는가?

8-40 20 m 직경의 침전지 2개가 활성슬러지 시스템의 고액분리를 위해 사용된다. MLSS 농도는 3000 mg/L이고 슬러지 반송률이 50%이다. 평균 고형물 부하율이 표 8-34에 나오는 범위 내의 4, 5 혹은 6 $kg/m^2 \cdot h$일 때 허용 가능한 평균 유입유량 (m^3/d)과 반송 MLSS 농도를 계산하라.

8-41 폐수성상이나 공정 운전조건에서 다음과 같은 변화가 있을 경우, A^2O 공법에서 유출수 인 농도가 증가할 것인가 아니면 감속할 것인가? 또는 변화가 없을 것인가에 관하여 기술하라. 답변에 대한 근거를 설명하기 위해 기초적인 공정 일반 사항을 인용해라.

a. SRT가 증가한다.
b. 유입 rbCOD 농도가 증가한다.
c. 침전지 유출수의 SS 농도가 증가한다.
d. 더 높은 농도의 NO_3-N이 반송 활성슬러지 공법에 존재한다.
e. 유입 입자성 BOD 농도가 증가한다.

8-42 활성슬러지 처리장의 혼합액으로 실험하여 아래 표와 같은 침강자료를 구하였는데, 침전지 월류율이 0.82, 1.0 혹은 1.2 m/h이고, RAS MLSS 농도가 10,500 mg/L일 때, RAS 반송율(%)을 구하라. 만약, RAS MLSS 농도가 15,000 mg/L이라면 반송율이 얼마나 될 것인가?

	시간과 초기 혼합액농도의 함수로 나타낸 침전관 실험에서의 미생물 고/액 경계관 깊이					
	MLSS 농도, mg/L					
시간(분)	1000	2000	3000	5000	10,000	15,000
0	0	0	0	0	0	0
10	117.1	90.5	41.2	17.1	4.9	3.0
20	189.0	167.1	84.1	34.1	10.1	6.1
30	192.1	182.9	127.7	50.9	14.9	9.1
40	193.0	188.1	156.1	68.0	20.1	11.9
50	193.0	189.0	166.2	85.1	25.9	14.0
60	193.9	189.9	172.0	102.1	31.1	15.9

참조: 표의 자료는 지정된 시간에 침전관의 상부로부터 슬러지 경계면까지의 거리(cm)에 해당

8-43 활성슬러지 반응조내 MLSS의 농도 4,000 mg/L인 공정에서 2개의 2차 침전지가 1 m/h의 월류율로 운전되고 있다. 슬러지 침강장치를 사용하여, 내부침강속도는 다음의 관계로 설명될 수 있다.

$V_i = V_o(e^{-kX})$

여기서, V_i = 계면 침강속도, m/d

X = MLSS 농도, mg/L

V_o = 172 m/d

k = 0.4004 L/g

(a) MLSS 농도(g/L)의 함수로 농축으로 인한 고형물 플럭스를 그리시오.

(b) 동일 곡선상에서 월류율 운전플럭스 선을 그리고 운전상태점을 표시하라.

(c) 침전슬러지의 농도가 10, 11, 12 g/L로 침전지를 운전하기 위하여 고형물 플럭스와 반송비를 결정하시오.

(d) (c)에서 침전슬러지 농도를 사용하여 하나의 침전지를 운전하는 경우 가능한 MLSS 농도를 결정하시오. 새로운 월류율 운전플럭스 곡선과 운전상태점을 표시하시오.

8-44 포기조 용적이 4,600 m^3인 재래식 활성슬러지 공법이 6일의 SRT와 2,500 mg/L의 MLSS 농도로 아래와 같은 1차 처리수를 처리하고 있다. 추가적인 유량증가에 대처하고, 이 시스템을 1.0 mg/L의 유출수 NH_4-N 농도를 방류하기 위한 질산화 공법으로 개선하고자 한다. 12일의 SRT가 결정되었고, 추가적인 포기조 설치를 위한 제한된 공간 때문에, 막분리 공법이 2차 침전지를 대체하였다. 동일한 폐수성상으로 가정하고, 10,000, 12,000, 15,000 mg/L의 MLSS 농도를 동일한 포기조 용적에서 사용할 경우, 다음을 결정하라. (a) 가능한

하수처리량, (b) 개선 전과 개선 후의 용적 BOD 부하 (kg/m³/d) 및 F/M비, (c) 투과율 (flu rate) 200 L/m²/h를 가정할 때 필요한 막 표면적.

인자	단위	값
유량	m^3/d	15,000
BOD	mg/L	150
nbVSS	mg/L	35
TSS	mg/L	80
VSS	mg/L	68
TKN	mg/L	35

참고문헌

Albertson, O. E. (1987) "The Control of Bulking Sludges: From the Early Innovators to Curren Practice," *J. WPCF,* **59**, 4, 172–182.

Albertson, O. E. (1991). "Bulking Sludge Control – Progress, Practice and Problems," *Water Sci. Technol.,* **23**, 4–6, 835–846.

Anderson, N. E., and R. H. Gould (1945) "Design of Final Settling Tanks for Activated Sludge," *Sew. Works J.,* **17**, 1, 50–65.

Ardern, E., and W. T. Lockett (1914) "Experiments on the Oxidation of Sewage without the Aid of Filters," *J. Soc. Chem. Ind.,* **33**, 10, 523.

Asano, T., F. L. Burton, H. L. Leverenz, R. Tsuchihashi, and G. Tchobanoglous (2007) *Water Reuse: Issues, Technologies, and Applications,* McGraw-Hill, New York.

Babcock, R. (2007) *Honolulu Membrane Bioreactor Pilot Study Project Report,* Water Reuse Foundation, Alexandria, VA.

Bailey, W., A. Tesfaye, J. Dakita, M. McGrath, G. Daigger, and T. Sadick (1998) "Large-Scale Nitrogen Removal Demonstration at the Blue Plains Wastewater Treatment Plant Using Post-Denitrification with Methanol," *Water Sci. Technol.,* **38**, 1, 79–86.

Balakrishnan, S., and W. W. Eckenfelder (1970) "Nitrogen Removal by Modified Activated Sludge Process," *Jour. San. Eng. Div., Proc. Amer. Soc. Civil Engr.,* **96**, 2, 501–512.

Barker, P. L., and P. L. Dold (1997) "General Model for Biological Nutrient Removal in Activated Sludge Systems: Model Presentation," *Wat. Environ. Res.,* **69**, 5, 969–984.

Barnard, J. L. (1974) "Cut P and N without Chemicals," *Water and Wastes Eng.,* **11**, 7, 41–44.

Barnard, J. L. (1975) "Biological Nutrient Removal without the Addition of Chemicals," *Water Res.,* **9**, 5–6, 485–490.

Barnard, J. L. (1984) "Activated Primary Tanks for Phosphate Removal," *Water S.A.,* **10**, 3, 121–126.

Barnard, J. L. (1998) "The Development of Nutrient-Removal Processes (Abridged)," *J. Chart. Instn Wat. Envir.,* **12**, 5, 330–337.

Barnard, J. L. (2006) "Biological Nutrient Removal: Where We Have Been, Where are We Going?," *Proceedings of the WEF 79th ACE,* Orlando, FL.

Barnard, J. L., D. Houweling, and M. Steichen (2011) "Fermentation of Mixed Liquor for Removal and Recovery Phosphorus," *Proceedings WEF/IWA Nutrient Recovery and Management Conference,* Miami, FL.

Barnard, J. L. (2012) "Principles of Biological Phosphorus Removal," Seminar on Biological Nutrient Removal, Sponsored by Montana Department of Environmental Quality, Helena, Mt, June 18, 2012.

Barth, E. F. R. C. Brenner, and R. C. Lewi. (1968) "Chemical Control of Nitrogen and Phosphorus in Wastewater Effluent," *J. WPCF,* **40**, 12, 2040–2054.

Baytshtok, V., H. Lu, H. Park, S. Kim, R. Yu, and K. Chandran (2009) "Impact of Varying Electron Donors on the Molecular Microbial Ecology and Biokinetics of Methylotrophic Denitrifying Bacteria," *Biotechnol. Bioeng.,* **102**, 6, 1527–1536.

Bergman, R. D. (1970) "Continuous Studies in the Removal of Phosphorus by the Activated

Sludge Process," Chem. Engr. Prog. Symp. Ser. **67**, 117–123.

Bishop, D. F., J. A. Heidman, and J. B. Stamberg (1976) "Single-Stage Nitrification-Denitrification," *J. WPCF.* **48**, 3, 520–532.

Bradstreet, K. A., and G. R. Johnson (1994) "Study of Critical Operational Parameters for Biological Nitrogen Reduction at a Municipal Wastewater Treatment Plant," *Proceedings of the WEF 67th ACE.*

Burdick, C. R., D. R. Refling, and H. D. Stensel (1982) "Advanced Biological Treatment to Achieve Nutrient Removal," *J WPCF,* **54**, 7, 1078–1086.

Cherchi, C., A. Onnis-Hayden, I. El-Shawabkeh, and A. Z. Gu (2009) "Implication of Using Different Carbon Sources for Denitrification in Wastewater Treatments," *Water Environ. Res.* **81**, 8, 788–799.

Christensson, M., E. Lie, and T. Welander (1994) "A Comparison Between Ethanol and Methanol as Carbon Sources for Denitrification," *Water Sci. Technol.,* **30**, 6, 83–90.

Chudoba, J., P. Grau, and V. Ottova (1973) "Control of Activated Sludge Filamentous Bulking II. Selection of Microorganisms by Means of a Selector," *Water Res.,* **7**, 10, 1389–1406.

Clark, H. W., and G. O. Adams (1914) "Sewage Treatment by Aeration and Contact in Tanks Containing Layers of Slate," *Engineering Record* 69, 158–159.

Cote, P., H. Buisson, and P. Matthieu (1998) "Immersed Membranes Activated Sludge process Applied to the Treatment of Municipal Wastewater," *Water Sci. Technol.,* **38**, 4–5, 437–482.

Crites, R., and G. Tchobanoglous (1998) *Small and Decentralized Wastewater Management Systems,* McGraw-Hill, New York.

Crosby, R. M., and J. H. Bender (1980) *Hydraulic Considerations That Affect Clarifier Performance,* U.S. EPA Office of Technology Transfer, Center for Environmental Research Information, Cincinnati, OH.

Czerwionka, K., J. Makinia, K. Pagilla, and H. D. Stensel (2012) „Characteristics and Fate of Organic Nitrogen in Municipal Biological Nutrient Removal Wastewater Treatment Plants," *Water Res.,* **46**, 7, 2057–2066.

Daigger, G. T. (1995) "Development of Refined Clarifier Operating Diagrams Using an Updated Settling Characteristics Database," *Water Environ. Res.,* **67**, 1, 95–100.

Daigger, G. T., G. D. Waltrip, E. D. Rumm, and L. A. Morales (1988) "Enhanced Secondary Treatment Incorporating Biological Nutrient Removal," *J. WPCF,* **60**, 10, 1833–1842.

Dailey, S., P. Young, R. Sharp, V. Rubino, M. Motyl, A. Deur, and K. Beckmann (2012) "Advanced Research and Development of BNR Operations for the New York City Department of Environmental Protection" *Proceedings of the WEF 85th ACE*, New Orleans, Louisiana, October 2, 2012.

Davidson, A. B. (1957) U. S. Patent No. 2,788,127, filed April 22, 1952, issued April 9, 1957 (apparatus patent).

de Kreuk, M. K., and M. C. M. van Loosdrecht (2007) "Granular Sludge-State of the Art," *Water Sci. Technol,* **55**, 8–9, 75–81.

Dionisi, D., C. Levantesi, V. Renzi, V. Tandoi, and M. Majone, (2002). PHA Storage from Several Substrates by Different Morphological Types in an Anoxic/aerobic SBR. *Water Sci. Technol,* **46**, 1–2, 337–344.

Dold, P., I. Takacs, Y. A. Nichols, J. Hinojosa, R. Riffat, C. Bott, W. Bailey, and S. Murthy (2008) "Denitrification with Carbon Addition—Kinetic Considerations," *Water Environ. Res.,* **80**, 5, 417–427.

Eikelboom, D. H. (1975) "Filamentous Organisms Observed in Activated Sludge," *Water Res.,* **9**, 4, 365–388.

Eikelboom, D. H. (2000) *Process Control of Activated Sludge Plants by Microscopic Investigation,* IWA Publishing, London.

Ekama, G. A., P. L. Dold, and G.v.R. Marais (1986) "Procedures for Determining Influent COD Fractions and the Maximum Specific Growth Rate of Heterotrophs in Activated Sludge Systems," *Water Sci. Technol.,* **18**, 6, 91–114.

Ekama, G. A., I. P. Srebritz, and G.v.R. Marais (1983) "Considerations in the Process Design of Nutrient Removal Activated Sludge Processes," *Wate. Sci. Technol.* **15**, 3–4, 283–318.

Fillos, J., D. Katehis, K. Ramalingam, L.A. Carrio, and K. Gopalakrishan (2000) "Determinatio of Nitrifier Growth Rates in New York City Water Pollution Control Plants," *Proceeding of the WEF 73rd ACE*, Anaheim, CA.

Fillos, J., K. Ramalingam, R. Jezek, A. Deur, and K. Beckmann (2007) "Specific Denitrificatio Rates with Alternate External Sources Of Organic Carbon," *Proceedings of the 10th International Conference on Environmental Science and Technology,* Kos Island, Greece.

Gall D. L., H. L. Gough, R.H. Bucher, J.F. Ferguson, and H. D. Stensel (2008) "Anaerobic Co Digestion of Municipal Sludge and Biodiesel Fuel Production By-Products," *Proceedings o the WEF 81st ACE,* October, 22, 2008. Chicago, IL.

Giraldo, E., P. Jjemba, Y. Liu, and S. Muthukrishnan (2011a) "Presence and Significance o Anammox species and Ammonia Oxidizing Archaea, AOA, in Full Scale Membrane Bioreactors for Total Nitrogen Removal," *Proceedings of the IWA and WEF Nutrient Recovery and Management Conference,* Miami, FL.

Giraldo, E., P. Jjemba, Y. Liu, and S. Muthukrishnan (2011b) "Ammonia Oxidizing Archaea, AOA, Population and Kinetic Changes in a Full Scale Simultaneous Nitrogen and Phosphorous Removal MBR," *Proceedings of WEF 84th ACE*. Los Angeles, CA.

Grady, C. P. L., Jr., G. T. Daigger, and H.C. Lim (1999) *Biological Wastewater Treatment,* 2d ed., Marcel Dekker, Inc., New York.

Grady, C. P. L. Jr., W. Gujer, G.v.R. Marais, and T. Matsuo (1986) "A Model for Single-Sludge Wastewater Treatment Systems," *Water Sci. Technol.,* **18**, 6, 47–61.

Gu, A.Z. and A. Onnis-Hayden (2010) *Protocol to Evaluate Alternative External Carbon Sources for Denitrification at Full-Scale Wastewater Treatment Plants. NUTR1R06b.* Water Environment Research Foundation, Alexandria, VA.

Guerrero, J., C. Taya, A. Guisasola, and J.A. Baeza (2012) "Glycerol as a Sole Carbon Source for Enhanced Biological Phosphorus Removal," *Water Res.,* **46**, 9, 2983–2991.

Gujer, W., M. Henze, T. Mino, and M.C.M. van Loostrecht (1999) "Activated Sludge Model No. 3," *Water Sci. Technol.,* **39**, 1, 183–193.

Gulglielmi, G., D. Chiarani, S.J. Judd, and G. Andreottola (2007) "Flux Criticality and Sustainability in a Hollow Fiber Submerged Membrane Bioreactor for Municipal Wastewater Treatment," *J. Membr. Sci.*, **289**, 1–2, 241–248.

Günder, B., and K. Krauth (1999). "Replacement of Secondary Clarification by Membrane Separation-Results with Tubular, Plate and Hollow Fiber Modules," *Water Sci. Technol.,* **40**, 4–5, 311–318.

Heidman, J. A., F. D. Bishop, and J.B. Stamberg (1975) "Carbon, Nitrogen, and Phosphorus Removal in Staged Nitrification-Denitrification Activated Sludge Treatment," *AIChE Symposium Series,* **145**, 71–83.

Henze, M., C. P. L. Grady, Jr., W. Gujer, G.v.R. Marais, and T. Matsuo (1987) "A General Model for Single Sludge Wastewater Treatment Systems," *Water Res. (G.B.)*, **21**, 5, 505–515.

Henze, M. (1991) "Capabilities of Biological Nitrogen Removal Processes from Wastewater," *Water Sci. Technol.,* **23**, 4–6, 669–679.

Henze, M., W. Gujer, T. Mino, T. Matsuo, M. C. Wentzel, and G.v.R. Marais (1995) *Activated Sludge Model No. 2.,* IAWQ Scientific and Technical Report No. 3, IAWQ, London.

Henze, M., W. Gujer, T. Mino, and M. C. M. van Loosdrecht (2000) *Activated Sludge Models ASM1, ASM2, ASM2d, and ASM3.* IAWQ Scientific and Technical Report. IAWQ, IWA Publishing, London.

Henze, M., M. C. M. van Loosdrecht, G. A. Ekama, and D. Brdjanovic (2008) *Biological Wastewater Treatment: Principle, Modeling, and Design,* IWA Publishing, London.

Hong, S. N., Y. D. Feng, and R. D. Holbrook (1997) "Enhancing Denitrification in the Secondary Anoxic Zone by RAS Addition: A Full Scale Evaluation," *Proceedings of the WEF 70th ACE,* 411–417.

Jenkins, D., M. G. Richards, and G. T. Daigger (2004) *Manual on the Causes and Control of Activated Sludge Bulking, Foaming, and Other Solids Separation Problems.* 3rd ed., Lewis Publishers, Ann Arbor, MI.

Johannessen, E., R. W. Samstag, and H. D. Stensel (2006) "Effect of Process Configurations and Alum Addition on EBPR in Membrane Bioreactors," *Proceedings of the WEF 79th ACE,*

Orlando, FL. Oct 8–12, 2006.

Judd, S. (2008a) "The Status of Membrane Bioreactor Technology," *Trends Biotechnol.*, **26**, 2, 109–116.

Judd, S., B. Kim, and G. Amy (2008b) "Membrane Bioreactors," in *Biological Wastewater Treatment: Principles, Modelling and Design,* Edited by M. Henze, M. C. M. Loosdrecht, G.

A. Ekama, and D. Brdjanovic. IWA Publishing, London. Kang, S. J., (1987) *Handbook, Retrofitting POTWs for Phosphorus Removal in the Chesapeake Bay Drainage Basin,* EPA 625/6–87–017, U.S. Environmental Protection Agency, Cincinnati, OH. Ke, O., and L. Junxin (2009) " Effect of Sludge Retention Time on Sludge Characteristics and Membrane Fouling of Membrane Bioreactor," *J. Environ. Sci.,* **21**, 10, 1329–1335. Keinath, T. M. (1985) "Operational Dynamics and Control of Secondary Clarifiers," *J. WPCF,* **57**, 7, 770–776. Keinath, T. M., M. D. Ryckman, C. H. Dana, and D. A. Hofer (1977) "Activated Sludge-Unified System Design and Operation," *J. Environ. Eng.–ASCE,* **103**, 5, 829–849.

Koch, F. A., and W. K. Oldham (1985) "Oxidation-Reduction Potential – A Tool for Monitoring, Control and Optimization of Biological Nutrient Removal Systems," *Water Sci. Technol.,* **17**, 11/12, 259–281.

Koros, W. J., Y. H. Ma, and T. Shimidzu (1996) "Terminology for Membranes and Membrane Processes," *J. Membr. Sci.,* **120**, 2, 149–159. Krampe, J., and K. Krauth (2003). "Oxygen Transfer into Activated Sludge with High MLSS Concentrations," *Water Sci. Technol.,* **47**, 11, 297–303. Kruit, J., J. Hulsbeek, and A. Visser (2002) "Bulking Sludge Solved?!", *Water. Sci. Technol.,* **46**, 1–2, 457–464. Levin, G. V. and J. Sharpiro, (1965) "Metabolic Uptake of Phosphorus by Wastewater Organisms,"

J. WPCF, **37**, 6, 800–821. Levin, G. V., G. J. Topol, and A. G. Tarnay (1975) "Operation of Full Scale Biological Phosphorus Removal Plant," *J. WPCF,* **47**, 3, 577–590.

Leu, S. -Y., L. Chan, and M. K. Stenstrom (2012) "Toward Long Solids Retention Time of Activated Sludge Processes: Benefits and Energy Saving, Effluent Quality and Stability," *Water Environ. Res.,* **84**, 1, 42–53.

Ludzack, F. T., and M. B. Ettinger (1962) "Controlling Operation to Minimize Activated Sludge Effluent Nitrogen," *J. WPCF,* **34**, 9, 920–931. Mahoney, K., J. Mazzocco, J. G. Mueller , E. Paradis, N. S. Bradley, T. F. Cooney, S. V. Dailey, and

P. A. Pitt, (2007). "The Development of the New York City BNR Program," *Proceedings of the WEF 80th ACE* San Diego, CA.

Mamais, D., D. Jenkins, and P. Pitt (1993) "A Rapid Physical-Chemical Method for the Determination of Readily Biodegradable Soluble COD in Municipal Wastewater," *Water Res.*, **27**, 1, 195–197.

Martins, A. M. P., J. J. Heijnen, and M. C. M. van Loosdrecht (2003) "Effect of Feeding Pattern and Storage on the Sludge Settleability Under Aerobic Conditions," *Water Res.,* **37**, 11, 2555–2570. Matsche, N. (1972) "The Elimination of Nitrogen in the Treatment Plant of Vienna-Blumental," *Water Res.,* **6**, 4/5, 485–486.

Mavinic, D. S., W. K. Oldham, and F. A. Koch (2005) "A Technique to Determine Nitrogen Removal Rates in Systems Performing Simultaneous Nitrification and Denitrification,"

J. Environ. Eng. Sci., **4**, 6, 505–516.

McCarty, P. L., L. Beck, and P. St. Amant (1969) "Biological Denitrification of Wastewaters by Addition of Organic Materials," *Proc. Industrial Waste Conf.* Purdue University Ext. Ser., Purdue University, Lafayette, IN. 135, 1271–1285.

McKinney, R. E. (1962) "Mathematics of Complete Mixing Activated Sludge," *J. San. Eng. Div.–ASCE,* 88, SA3. McWhirter, J. R. (1978) *The Use of High-Purity Oxygen in the Activated Sludge Process,* vol. I and III, CRC Press, West Palm Beach, FL. Melcer, H., P. L. Dold, R. M. Jones, C. M. Bye, I. Takacs, H. D. Stensel, A.W. Wilson, P. Sun, and

S. Bury (2003) *Methods for Wastewater Characterization in Activated Sludge Modeling. WERF Final Report,* Project 99-WWF-3, Water Environment Research Foundation, Alexandria, VA. Metcalf & Eddy (1935) *American Sewerage Practice, Vol. III Disposal of Sewage, 3rd ed.,* McGraw-Hill Book Co., New York. Milbury, W. F., D. McCauley, and C. H. Hawthorne (1971) "Operation of Conventional Activated Sludge for Maximum Phosphorus Removal," *J. WPCF,* **43**, 16, 1890–1901.

Muller, A., M. C. Wentzel, R. E. Loewenthal, and G. A. Ekama (2003) "Heterotroph Anoxic Yield in Anoxic Aerobic Activated Sludge Systems Treating Municipal Wastewater," *Water Res.,* **37**, 10, 2435–2441.

Murakami, C., and R. Babcock, Jr. (1998) "Effect of Anoxic Selector Detention Time and Mixing Rate on Denitrification Rate and Control of Sphaerotilus Natans Bulking," *Proceedings of the WEF 71st ACE.*

Murthy, S. N., J. T. Novak, and R. D. De Haas (1998) "Monitoring Cations to Predict and Improve Activated Sludge Settling and Dewatering Properties of Industrial Wastewaters," *Water Sci. Technol.*, **38**, 3, 119–126.

Narayanan, B., B. Johnson, R. Baur, and M. Mengelkoch (2011) " Importance of Aerobic Uptake in Optimizing Biological Phosphorus Removal ," *Proceedings of the IWA and WEF Nutrient Recovery and Management Conference,* Miami, FL.

Nyberg, U., B. Andersson, and H. Aspegren (1996) "Long-Term Experiences with External Carbon Sources for Nitrogen Removal," *Wat. Sci. Technol.*, **33**, 12, 109–116.

Oldham, W. K., and G. M. Stevens (1985) "Operating Experiences with the Kelowna Pollution Control Centre," *Proceedings of the Seminar on Biological Phosphorus Removal in Municipal Wastewater Treatment, Penticton,* British Columbia, Canada.

Oreskovich, S. C., A. Onnis-Heyden, Y. Du, S. Ledwell, P. Togna, and A. Z. Gu (2011) "Microbial Population Analysis Of Denitrifying Cultures Enriched with Different Carbon Sources," *Proceedings of the WEF 84th ACE,* Los Angeles, CA.

Parker, D.S., D.J. Kinnear, and E.J. Wahlberg (2001) "Review of Folklore in Design and Operation of Secondary Clarifiers," *J. Environ. Eng.,* **127**, 6, 476–484.

Parker, D., J. Bratby, D. Esping, T. Hull, R. Kelly, H. Melcer, R. Merlo, R. Pope, T. Shafer, E. Wahlberg, and R. Witzgall (2011) "A Biological Selector for Preventing Nuisance Foam Formation in Nutrient Removal Plants," *Proceedings of the WEF 84th ACE*, Los Angeles, CA.

Parkin, G. F., and P. L. McCarty (1981) "Sources of Soluble Organic Nitrogen in Activated Sludge Effluents," *J. WPCF,* **53**, 1, 89–98.

Peng, Y., J. Guo, H. Horn, X. Yang, and S. Wang (2008) " Achieving Nitrite Accumulation in a Continuous System Treating Low-Strength Domestic Wastewater: Switchover from Batch Start-Up to Continuous Operation with Process Control" *Appl. Microbiol. Biotechnol.,* **94**, 2, 517–526.

Petersen, B., H. Temmink, M. Henze, and S. Isaacs (1998) "Phosphate Uptake Kinetics in Relationship to PHB Under Aerobic Conditions," *Water Res.,* **32**, 1, 91–100.

Puig, S., M.Coma, H. Monclus, M. C. M. van Loosdrecht, J. Colprim, and M.D.Balaguer (2008) "Selection Between Alcohols and Volatile Fatty Acids as External Carbon Sources for EBPR," *Water Res.,* **42**, 3, 557–566.

Rabinowitz, B., and W. K. Oldham (1985) "The Use of Primary Sludge Fermentation in the Enhanced Biological Phosphorus Removal Process," *Proceedings of University of British Columbia Conference on New Directions and Research in Waste Treatment and Management,* Vancouver, Canada.

Racault, Y., A.-E. Stricker, A. Husson, and S. Gillot (2010) "Effect of Mixed Liquor Suspended Solids on the Oxygen Transfer Rate in Full-Scale Membrane Bioreactors," *Proceedings of the WEF 83rd ACE,* New Orleans, LA.

Randall, C. W., J. L. Barnard, and H. D. Stensel (1992) *Design and Retrofit of Wastewater Treatment Plants for Biological Nutrient Removal,* Technomics Publishing, Lancaster, PA.

Reardon, R. D., T. Kolby, and M. Odo (1996) "The LOTT Nitrogen Removal Facilities: A First Year Evaluation," *Proceedings of the WEF 69th ACE*, Dallas, TX.

Reed, S. C., R. W. Crites, and E. J. Middlebrooks (1995) *Natural Systems for Waste Management and Treatment,* 2nd ed., McGraw-Hill, New York.

Rosso, D., and M. K. Stenstrom (2005a) "Comparative Economic Analysis of the Impacts of Mean Cell Retention Time and Denitrification on Aeration Systems," *Water Res.,* **39**, 16,

3773–3780.

Rosso, D., R. Iranpour, and M. K. Stenstrom (2005b) "Fifteen Years of Offgas Transfer Efficiency Measurements on Fine-Pore Aerators: Key Role of Sludge Age and Normalized Air Flux," *Water Environ. Res.,* **77**, 3, 266–273.

Sadick, T., W. Bailey, A. Tesfaye, M. McGrath, G. Daigger, and A. Benjamin (2000) "Full Scale Implementation of Post Denitrification at the Blue Plains AWT in Washington D.C.," *Water Sci. Technol.,* **41**, 9, 29–36.

Sedlak, R. (ed) (1991) *Phosphorus and Nitrogen Removal from Municipal Wastewater: Principles and Practice, 2nd ed.,* Lewis Publishers, New York.

Shao, Y. J., M. Starr, K. Kaporis, H. S. Kim, and D. Jenkins (1997) "Polymer Addition as a Solution to Nocardia Foaming Problems," *Wat. Environ. Res.,* **69**, 1, 25–27.

Stensel, H. D., R. C. Loehr, and A. W. Lawrence (1973) "Biological Kinetics of Suspended-Growth Denitrification," *J. WPCF,* **45**, 2, 249–261.

Stensel, H. D. (1981) "Biological Nitrogen Removal System Design," *AIChE Symposium Series,* **77**, **4**, 327–338.

Stensel, H. D., T. E. Coleman, W. B. Denham, and D. Fleishman (1995) "Innovative Processes Used to Upgrade Oxidation Ditch for Nitrogen Removal and SVI Control," *Proceedings of the WEF 68th ACE,* Miami Beach, FL.

Stensel, H. D., and G. Horne (2000) "Evaluation of Denitrification Kinetics at Wastewater Treatment Facilities," *Proceedings of the WEF 73rd ACE*, Anaheim, CA.

Stensel, H. D., and T. E. Coleman (2000) *Technology Assessments: Nitrogen Removal Using Oxidation Ditches, Project 96-CTS-1,* Water Environment Research Foundation, Alexandria, VA.

Stenstrom, M. K., and S. S. Song (1991) "Effects of Oxygen Transport Limitations on Nitrification in the Activated Sludge Process," *Res. . WPCF*, **63**, 3, 208–219.

Stephens, H. L., and H. D. Stensel (1998) "Effect of Operating Conditions on Biological Phosphorus Removal," *Water Environ. Res.,* **70**, 3, 360–369.

Stephens, H. M., J. B. Neethling, M. Benisch, A. Gu, and H. D. Stensel, (2004) "Comprehensive Analysis of Full-Scale Enhanced Biological Phosphorus Removal Facilities," *Proceedings of the WEF 77th ACE,* New Orleans, LA, October 6, 2004.

Swinarski, M., J. Makinia, H. D. Stensel, K. Czerwionka, and J. Drewnowski (2012) "Modeling External Carbon Addition in Biological Nutrient Removal with an Extension of the IWA Activated Sludge Model." *Water Environ. Res.,* **84**, 8, 646–655.

Tchobanoglous, G., H. D. Stensel, and F. L. Burton (2003) *Wastewater Engineering: Treatment and Reuse,* 4th ed., Metcalf & Eddy, Inc., McGraw-Hill, New York.

Torres, V., I. Takács, R. Riffat, A. Shaw, and S. Murthy (2011) " Determination of the Range of Anoxic Half Saturation Coefficients for Methanol," *Proceedings of WEF 84th ACE*. Los Angeles, CA.

Trussell, R. S., R. P. Merlob, S. W. Hermanowicz, and D. Jenkins (2006) "The Effect of Organic Loading on Process Performance and Membrane Fouling in a Submerged Membrane Bioreactor Treating Municipal Wastewater," *Water Res.,* **40**, 14, 2675–2683.

Trussell, R. S., R. P. Merlob, S. W. Hermanowicz, and D. Jenkins (2007) "Influence of Mixed Liquor Properties and Aeration Intensity on Membrane Fouling in a Submerged Membrane Bioreactor at High Mixed Liquor Suspended Solids Concentrations," *Water Res.,* **41**, 5, 947–958.

Uprety, K., C. Bott, C. Burbage, K. Parker, B. Balzer, K. Bilyk, and R. Latimer (2012) "Glycerol-Driven Denitrification: Evaluating the Specialist-Generalist Theory and Partial Denitrification to Nitrite" *Proceedings of the WEF 85th ACE,* New Orleans, Louisiana, October 2, 2012.

Urgun-Demirtas, M., C. Sattayatewa, and K.R. Pagilla (2008) "Bioavailability of dissolved organic nitrogen in treated effluents," *Water Environ. Res.*, **80**, 5, 397–406.

U.S. EPA (1989) *Design Manual, Fine Pore Aeration Systems.* EPA/625/1–89/023, Center for Environmental Research Information, Risk Reduction Engineering Laboratory, U.S. Environmental Protection Agency, Cincinnati, OH.

U.S. EPA (1993) *Nitrogen Control Manual,* EPA/625/R-93/010, Office of Research and

Development, U.S. Environmental Protection Agency, Washington, DC.

U.S. EPA (2010) *Nutrient Control Design Manual,* EPA/600/R-10/100, Office of Research an Development / National Risk Management Research Laboratory, U.S. Environment Protection Agency, Cincinnati, OH.

Vacker D., C. H. Connell, and W.N.Wells (1967) "Phosphate Removal Through Municipa Wastewater Treatment at San Antonio, Texas," *J. WPCF,* **39**, 5, 750–771.

Van den Broeck, R., J. Van Dierdonck, P. Nijskens, C. Dotremont, P. Krzeminski, J.M.van de Graaf, J. B. van Lier, J. F. M. van Impe, and Y. Smets (2012) "The Influence of Solid Retention Time on Activated Sludge Bioflocculation and Membrane Fouling in Membrane Bioreactor (MBR)," *J. Membr. Sci.,* **401–402**, 48–55.

van Rijn, J., Y. Tal, and Y. Barak (1996) "Influence of Volatile Fatty Acids on Nitrite Accumulation by Pseudomonas stutzeri Strain Isolated from a Denitrifying Fluidized Bed Reactor," *Appl. Environ. Microbiol.,* **62**, 7, 2615–2620.

Wahlberg, E. J. (1995) "Update on Secondary Clarifiers; Design, Operation, and Performance," *Proceedings, Fourth National Wastewater Treatment Technology Transfer Workshop,* Kansas City, MO.

Wahlberg, E. J., and T. M. Keinath (1988) "Development of Settling Flux Curves Using SVI," *J. WPCF,* **60**, 12, 2095–2100. Wanner, J. (1994) *Activated Sludge Bulking and Foaming Control,* Technomi. WEF (2006) *Membrane Systems for Wastewater Treatment,* Water Environment Federation Press,

McGraw−Hill, New York.

WEF (2010) *Design of Wastewater Treatment Plants,* 5th ed., Manual of Practice No. 8, Water Environment Federation, Alexandria, VA.

Wentzel, M. C., P. L. Dold, G. A. Ekama, and G.v.R. Marais (1990) "Enhanced Polyphosphate Organism Cultures in Activated Sludge Systems, Part III, Kinetic Model,"*Water Sci.,* **15**, 2, 89–102.

WERF (2007) *On-Line Nitrogen Monitoring and Control Strategies; Report 03-CTS-8,* Water Environment Research Foundation, Alexandria, VA.

Wilson, T. E. (1996) "A New Approach to Interpret Settling Data," *Proceedings of the WEF 69th ACE, Dallas*, TX.

Wilson, T. E., and J. S. Lee (1982) "Comparison of Final Clarifier Design Techniques," *J. WPCF,* **54**, 10, 1376–1381.

Wood, D. K., and G. Tchobanoglous (1975) "Trace Element in Biological Waste Treatment," *J. WPCF,* **47**, 7, 1933–1945.

WPCF (1985) *Clarifier Design*, Manual of Practice FD-8, Wat. Environ. Fed., Alexandria, VA.

Wuhrmann, K. (1964) "Nitrogen Removal in Sewage Treatment Processes," *Proceedings International Association of Theoretical and Applied Limnology,* **15**, 580–596.

Xin, G., X., H. L. Gough, and H D. Stensel (2008) "Effect of Anoxic Selector Configuration on SVI Control and Bacterial Population Fingerprinting," *Water Environ. Res.* **80**, 12, 2228–2240.

Yamamoto, K., M. Hiasa, T. Mahmood, and T. Matsuo (1989) "Direct Solid Liquid Separation Using Hollow Fiber Membrane in an Activated Sludge Aeration Tank," *Water Sci. Technol.,* **21**, 4–5, 43–54.

Yang, W., N. Cicek, and J. Ilg (2006) "State-of-the-Art of Membrane Bioreactors: Worldwide Research and Commercial Applications in North America," *J. Membr. Sci.,* **270,** 201–211. Ydstebo, L., T. Bilstad, and J.L. Barnard (2000) "Experience with Biological Nutrient Removal at Low Temperatures," *Water Environ. Res.,* **72**, 4, 444–454.

WASTEWATER ENGINEERING Treatment and Resource Recovery

09 부착성장공정 및 조합 생물학적 처리공정

Attached Growth and Combined Biological Treatment Processes

용어정의

용어	정의
부착성장 호기성 공정	여재(충진재)에 부착된 생물막 형태의 바이오매스를 이용하는 호기성 처리공정
생물막	부착성장 생물학적 처리공정에서 이용하는 여재의 표면에 형성된 바이오매스층
호기성 생물여과	용해성 유기물은 생물막에 의하여 제거되며, 생물막은 불활성 여재를 이용하여 지지하는 상향류 또는 하향류식 호기성 침지 성장공정이다. SS 제거를 위한 여과기능도 가진다.
탈질여과	무산소 충진상 반응조로서 생물막은 입자상 또는 합성여재에 의해 지지되며, 아질산성 질소와 질산성 질소를 환원시켜 제거하고 유출수내 SS를 제거한다.
확산 제한 기질 제거	생물막 내부에서 기질 제거율이 혼합되지 않는 생물막 층과 혼합되는 주변 용액 간에 정체된 확산 층에 의해 제한되는 현상
유동상 생물반응조	호기성 또는 혐기성 공정에 사용하는 침지형 부착성장공정으로서 폐수는 모래 또는 활성탄으로 이루어진 여상을 통과하도록 상향류로 공급된다. 이때 여상은 상향류의 유속에 의하여 팽창하며, 유입폐수에 함유된 용해성 유기물은 모래 또는 활성탄의 표면에 생성된 생물막에 의하여 제거된다.
하이브리드 공정	부착성장공정과 부유성장공정들을 조합한 공정
여재 활성슬러지공정	고정여재 또는 부유여재에 바이오매스의 일부분을 부착시켜 보유하도록 한 활성슬러지공정으로서 스크린을 이용하여 유출수와 바이오매스를 분리할 수 있도록 한 형태이다. 이 공정은 슬러지의 반송을 필요로 한다.
이동상 생물반응조	침지된 부착성장 생물공정으로 바이오매스의 대부분을 부유여재에 부착시켜 유지시키며 부유여재를 스크린을 이용하여 유출수와 분리시키는 공정으로서 슬러지의 반송은 필요로 하지 않는다.
충진상 여과	고정된 충진여상에 부착된 생물막을 이용한 공정
산소 제한 기질 제거	생물막에서 기질 제거율은 액상으로부터 확산에 의하여 공급되는 산소에 의하여 제한받을 수 있다. 부착성장공정에서 생물막에 의한 기질 제거율이 최대가 되기 위해서는 부유성장공정에서 보다 높은 농도의 액상 산소가 필요하다.
재순환율	비침지식 부착성장공정에서 유입 유기물 농도를 희석하고 미생물의 생존에 필요한 최적의 수리학적 조건을 제공하기 위하여 처리수를 유입공정으로 순환시키는 비율

용어	정의
회전생물막 반응조	수평축에 장착된 원형의 플라스틱 디스크가 천천히 회전하는 동안 하수에 부분적으로 침수되면서 미생물들이 성장하는 고정막 생물학적 처리 장치
침지식 부착성장공정	침지식 고정막 생물반응조는 지지물질, 부착생물막, 처리될 폐수 세 가지로 이루어진다.
살수여상	하수를 암석 또는 플라스틱 여상에 살포하여 처리하는 비침지식 호기성 고정생물막 반응조이다.
살수여상/활성슬러지공정	양질의 유출수 생산을 위해 유입하수를 고부하 살수여상으로 처리한 후 활성슬러지공정으로 처리하는 살수여상과 부유성장공정의 순차적 조합공정
살수여상/고형물 접촉공정	살수여상과 생물학적 부유성장공정의 순차적 조합. TF/SC와 TF/AS 공정의 주된 차이점은 살수 부하와 활성슬러지의 고형물 체류시간(SRT)에 있다.

부착성장공정의 개념은 생물막내의 전자수용체와 기질의 물질전달 작용과 함께 7장에 소개하였고, 본 장에서는 하수처리에 이용되는 다양한 호기성 부착성장공정을 소개하였다. 부착성장공정의 일반적인 특징들에 대한 간략한 소개에 이어 다음 항목별로 살펴볼 내용들은 다음과 같다. (1) 비침지식 호기성 부착성장공정, (2) 살수여상-활성슬러지공정, (3) 부착성장여재를 이용한 활성슬러지공정, (4) 부유여재를 이용한 침지식 부착성장공정, (5) 침지식 고정상 부착성장공정, (6) 생물학적 탈질화에 이용되는 부착성장공정

9-1 공정개요

부착성장공정의 소개에 앞서 공정의 유형과 발달과정을 간략히 알아보고 공정 운전에서 물질전달에 대해 알아본다.

》 부착성장공정의 유형

부착성장의 유형은 그림 9-1과 같이 일반적인 5가지 종류로 나눌 수 있다. (1) 비침지식 호기성 부착성장공정, (2) 부분 침지식 호기성 부착성장공정, (3) 비침지식 살수여상-활성슬러지공정, (4) 침지식 호기성 부착성장공정, (5) 생물막 여재를 이용한 활성슬러지공정이다. 이러한 각 공정들의 공통적인 특징은 다음과 같다.

1. 고정여재에 바이오매스가 성장한다.
2. 과잉 고형물은 고정생물막에서 탈리되어 침전하거나 여재를 역세척하여 제거한다.
3. 비침지식 공정에서 공기를 공극을 통하여 이동시키거나, 고정 또는 유동 여재에서는 공기를 분사하거나, 유동상 반응조의 경우에는 재순환 유량에 의해 산소를 공급한다.
4. 유입수를 여재 표면에 균일하게 분배하여 접촉시켜야 한다.
5. 배수 또는 처리된 유출수를 수집하는 방법이 필요하다.

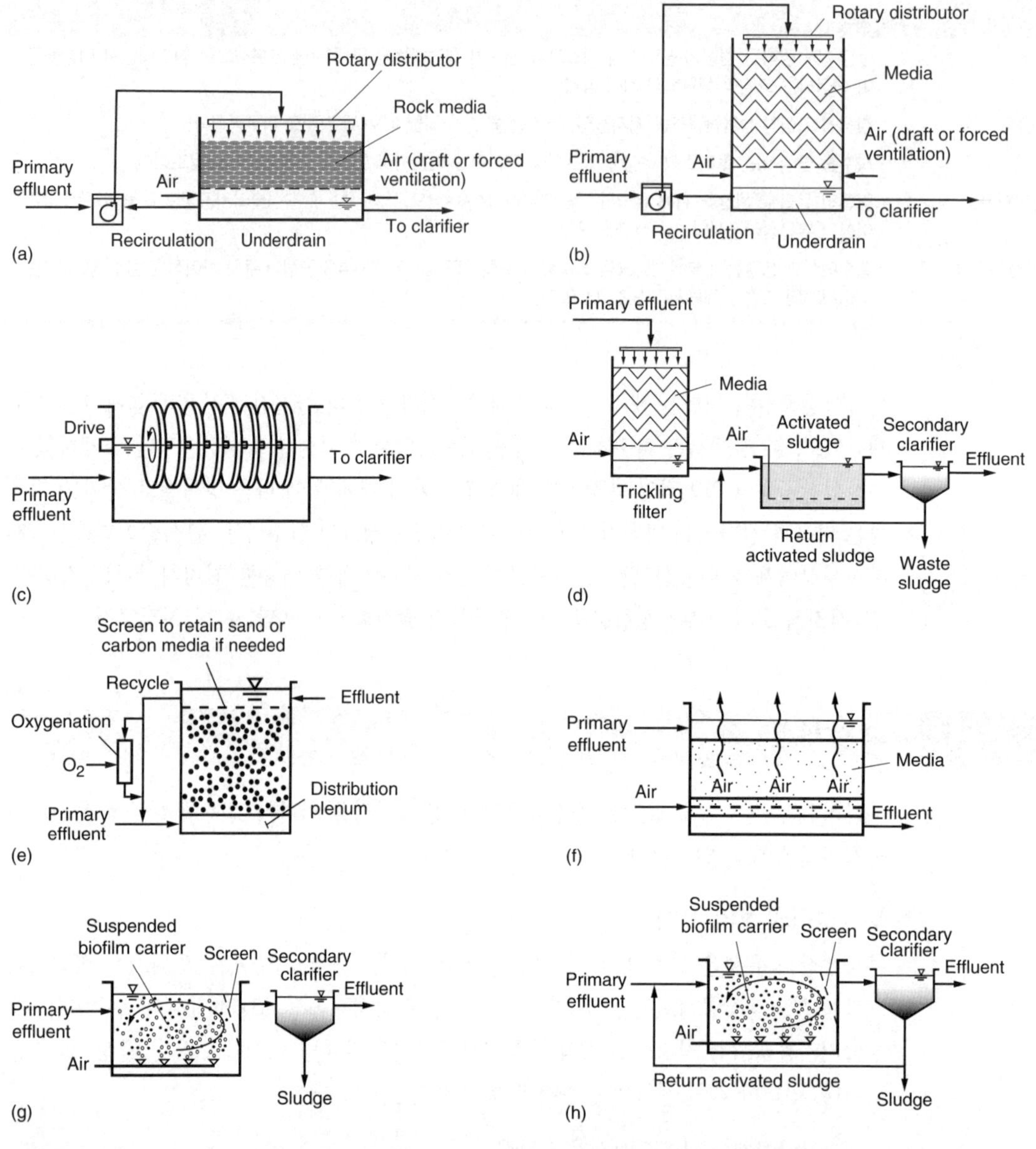

그림 9–1

일반적인 부착성장공정도. (a) 비침지식 부착성장 – 낮은 깊이의 쇄석살수여상, (b) 비침지식 부착성장 – 플라스틱 여재를 이용한 타워형 살수여상, (c) 비침지식 부착성장–회전생물막 반응조(RBC), (d) 살수여상/활성슬러지공정, (e) 침지식 상향류 고정여재, (f) 침지식 하향류 고정여재, (g) 침지식 유동 여재부착성장 생물반응조, 그리고 (h) 침지식 부착성장–활성슬러지공정

여재의 크기가 작아질수록 반응조의 단위용적당 바이오매스의 성장영역이 증가하여 반응조의 용적은 작아질 수 있다. 그러나, 단위용적당 필요로 하는 산소전달률이 증가하며, 강제 환기나 자연통풍으로는 공기의 공급이 부족할 수가 있다. 따라서 공기분사 침지식 여재를 사용하는 경우 여재의 용적과 표면적비(비표면적)가 커야 한다. 이러한 공정들의 발전과정은 다음과 같다.

비침지식 부착성장공정. 비침지식 부착성장공정으로는 그림 9-1(a), (b)와 같은 다양한 형태의 살수여상 공정이 있다. 살수여상은 그림 9-1(a)와 같이 쇄석을 충진한 것이 보편적이며 단순하고 에너지 소모량이 낮아 1800년대 후반부터 2차 처리에 이용되어 왔다. 살수여상은 쇄석 또는 플라스틱을 매체로 사용하는 가장 일반적인 비침지식 고정상 생물막 반응조로서 여상의 상부에 폐수를 연속적으로 분배하여 주입시킨다. 부착된 생물막에 하수가 흐르면서 오염물질이 제거된다. 살수여상의 처리원리에 대한 연구는 1887년 설립된 영국 맨체스터 Lawrence 연구소에서 1890년대 초반에 접촉여재를 이용하면서 시작되었다(Alleman, 1982). Lawrence 연구소에서는 모래여재에 폐수를 간헐적으로 주입하여 처리하는 연구를 수행하였는데 반응조에 쇄석을 충진한 후 주기적으로 폐수를 주입하여 운전할 경우 폐수처리가 된다는 사실을 입증하였다. 여상의 상부로부터 폐수를 채우고 짧은 시간 동안 충진재와 접촉시킨 후 여상을 배수시키고 다음 폐수 유입 주기까지 휴지시켰다. 이때 폐수를 주입하고 배출하는 주기는 12시간(6시간 운전, 6시간 휴지기)이었다. 접촉여재는 상대적으로 막힘 발생이 잦았고, 긴 휴지기가 요구되었으며 상대적으로 낮은 유입부하에서만 운전가능하다는 등의 제한조건들이 있었다. 막힘 문제 때문에 쇄석 크기가 50~100 mm의 큰 충진재를 이용하였다.

회전 살수기 설계는 Lawrence 연구소에서 1894년 개발한 수류에 의해 구동되었으며, 살수여상으로 폐수를 균등하게 연속적으로 주입할 수 있었다(WEF, 2011). 1950년대 초에는 Dow Chemical사가 Surfpak으로 명명한 플라스틱 충전여재를 이용하여 여상의 높이를 높인 biotower를 개발하였다. Biotower는 공극용적을 높이고 환기효율을 향상시켰으며, 적은 소요부지면적에 처리효율은 높인 공정이었다[그림 9-1(b) 참조](Bryan, 1955). 미국에서는 비침지식 부착성장공정의 여재를 쇄석에서 플라스틱으로 완전히 대체하였지만, 쇄석은 여전히 많은 국가에서 여재로 이용하고 있다.

부분 침지식 부착성장공정. 1960년대 중반 Allis Chalmers사는 Milwaukee 시에 있는 Jones Island 처리장에서 금속회전판을 이용한 폐수처리를 연구하기 시작하였다. 곧 이 회사는 폴리스티렌 판을 이용한 Bio-Disc라는 유사 공정의 사용허가를 독일회사로부터 받았다. 그러나 1972년 이 공정은 Autotrol사에서 개발한 폴리에틸렌 재질의 새로운 회전 생물막 반응조(RBC)에 압도당하였다. RBC 부착성장공정은 수직형 충진여재에 폐수를 주입하는 방식이 아닌 폐수처리조에서 충진여재가 회전한다[그림 9-1(c) 참조].

미국에서는 최초의 RBC를 1969년에 소규모 치즈공장에 설치하였고 1970년대에는 미국 전역으로 보급하였다(Alleman, 1982). 그러나 낮은 설계 부하, 회전원판에 원치 않는 미생물 성장으로 인한 바이오매스의 과잉 축적, 회전축 파손, 회전원판에 여재 손상 등으로 인해 20년 이상 새로운 RBC 시설이 거의 설치되지 않았다. 따라서, 본 장에서는 RBC에 대하여 더 이상 설명하지 않았다. RBC를 이용한 반송류 처리는 15장에서 설명하였다. RBC 공정의 설계식과 예제를 포함한 자세한 설명은 본 교재 4판을 참고하면 된다(Tchobanoglous 등, 2003). 공정 설계지침들은 U.S. EPA의 RBC 보고서를 참고하면 된다(U.S. EPA 1984).

직렬 비침지식 부착성장과 활성슬러지공정. 살수여상을 활성슬러지공정 앞에 설치하여 두 가지 공정의 장점을 모두 이용함으로서 에너지절약과 유출수의 수질을 향상시킬 수 있다[그림 9-1(d) 참조]. **살수여상-활성슬러지공정**은 산업폐수처리 또는 고농도 합류식 하수/산업폐수처리에 적용되어 왔다. 비침지식 부착성장공정에서는 침전조 없이 BOD 일부를 제거하고 활성슬러지공정에서 최종 처리한다. 전단에 부착성장공정을 설치하면 낮은 SVI를 가진 활성슬러지의 침강성이 향상되며, 부착성장공정에서 BOD 제거에 필요한 에너지 소모량은 활성슬러지공정의 20~40% 정도이다(Biesinger 등, 1980). 기타 조합형 살수여상 공정은 9-3절에 설명하였다.

또 다른 살수여상과 활성슬러지 조합시스템은 **살수여상/고형물 접촉공정**으로 1970년대 후반 미국 Oregon 주 Corvallis 시에서 개발되었는데, 가정하수를 살수여상으로 처리한 뒤에 높은 처리 수준의 유출수 수질을 달성하였다(Norris 등, 1982). 여기서 살수여상은 용해성 BOD의 대부분을 처리하도록 설계되었고 후속으로 호기성 고형물 접촉수로를 두어, 최종침전지의 슬러지를 반송시켰다. 호기성 고형물 접촉수로의 주된 목적은 살수여상 유출수의 SS를 활성슬러지공정과 유사하게 응결시키는 것이었다.

침지식 호기성 부착성장공정. 1970년대 초부터 1980년대 사이에 새로운 호기성 부착성장공정이 생물학적 폐수처리공법의 대안으로서 개발되었다. 이 공정은 고정여재 또는 이동상 여재를 사용하는 상향류, 하향류, 유동상 반응조 형태로서 2차 침전조 또는 포기반응조를 사용하지 않는다. 그림 9-1(e)와 같이 Jeris 등(1977)은 상향류 유동상 반응조를 BOD 제거와 탈질을 위한 무산소 반응조로 활용하였다. 최초의 침지식 하향류 고정여재 시스템[그림 9-1(f) 참조]은 내화점토를 여재로 이용한 것으로 프랑스 Paris 시에서 개발되었다(Leglise 등, 1980). 후속으로 상향류 침지식 고정여재 시스템도 개발되었다. 1980년대 후반에는 이동상 생물반응조(MBBR)[그림 9-1(g) 참조]가 Norway에서 개발되었는데 고밀도 폴리에틸엔 생물막 여재를 호기성 반응조에 침지시켜 혼합하고 공기를 공급하였다(Ødegaard, 2006).

침지식 부착성장 시스템의 특별한 장점은 활성슬러지 처리공정에 소요되는 면적의 1/3~1/4에 해당되는 작은 면적이 소요된다는 것이다. 활성슬러지공정과 비교할 때 또 다른 장점은 저농도 폐수에 적용이 가능하며 활성슬러지 침전과 관련된 문제점을 방지할 수 있다는 것이다. 이러한 시설은 집적화된 구조이지만 설치비가 활성슬러지공정보다 많이 소요된다. 또한, BOD 제거와 별도로 침지식 부착성장공정들은 고도 질산화와 탈질화에도 이용된다.

생물막 여재를 이용한 활성슬러지공정. 활성슬러지공정의 포기조 내에 부착성장여재를 위치시키는 공법은 1940년대 Hays and Griffith 공정(WEF, 2011)으로 거슬러 올라가는데, 시멘트, 유리섬유 또는 목재 배플을 활성슬러지 포기조에 침지시키는 공정이었다. 오늘날 설계에서는 합성여재를 포함하는 좀 더 공학인 재료를 이용하여 포기조 혼합액과 부유시키거나 포기조의 일부분에 고정된 합성여재를 설치하기도 하며, 포기조에 RBC를 침지시키기도 한다. 이러한 부착성장/활성슬러지공정의 조합[그림 9-1(h) 참조]

은 하이브리드공정 또는 여재 활성슬러지(IFAS)공정이라고 한다. 이러한 향상된 활성슬러지공정의 장점들은 다음과 같다.

1. 처리용량 증대
2. 공정 안정성 향상
3. 슬러지 발생량 저감
4. 슬러지 침강성 향상
5. 2차 침전조 고형물 부하 감소
6. 운전 및 유지관리 비용증가 없음

부착성장공정에서의 물질전달 제한점

활성슬러지공정과는 달리 부착성장공정의 중요한 특징은 종종 생물막에서 확산이 제한된다는 점이다. 기질 제거와 전자공여체 이용은 부착성장 생물막 내에서 일어나며, 그 결과로 전반적인 제거율은 생물막 내 다양한 지점에서 확산속도, 전자공여체, 전자수용체 농도 함수가 된다. 이것과 비교하여 활성슬러지공정에서 공정 동역학은 일반적으로 활성슬러지 용액 농도에 의해 결정된다.

확산제한 개념은 부착성장공정에서 생물학적 반응속도에 대한 측정 가능한 용액의 DO 농도를 고려할 때 특히 중요하다. 대부분의 부유성장 호기성 공정에서는 2~3 mg/L의 DO 농도면 충분하지만 부착성장공정에서는 이와 같이 낮은 DO 농도가 제한조건이 될 수 있다. 생물막에서 질산화 반응이 제한받지 않기 위해서는 7-7절에 설명한 바와 같이 암모니성 질소농도의 증가에 따라 보다 높은 DO 농도가 요구된다.

액상의 DO 농도에 따라 부착성장공정에서 질산화 반응과 탈질반응이 모두 일어나도록 하는데 생물막 내부의 혐기성층 형성과 질산화 속도에 대한 확산제한 개념을 활용할 수 있다. 연구자들은 생물막내에서 어떻게 호기성, 혐기성 층이 형성되어 질산화 및 탈질반응에 의해 되는가를 보여주었다(Chui 등, 1996, Richter 등, 1994, and Meaney 등, 1994).

9-2 비침지식 부착성장공정

살수여상과 그 변법들은 호기성 생물학적 폐수처리에 이용되는 비침지식 부착성장공정들이다. 본 절의 목적은 살수여상의 기초, 설계 시 주요 고려사항, 그리고 BOD 제거와 질산화에 대한 살수여상의 성능을 설명하는 데 있다. 본 절은 (1) 일반 공정, (2) 살수여상의 분류와 적용, (3) 살수여상의 장 · 단점, (4) 살수여상의 물리적 시설, (5) 운전 시 고려사항, (6) BOD 제거 공정분석, (7) BOD 제거 및 질산화를 위한 설계 공정분석, (8) 3차 질산화를 위한 설계 공정분석 등을 포함하고 있다. (1)~(5) 항목들은 살수여상의 일반적인 특성과 물리적 특성을 다룬 것이다. 나머지 (6)~(8) 항목들은 BOD 제거와 질산화 또는 후속 BOD 제거를 위한 살수여상의 주요 공정분석과 적용을 고려한 것이다.

그림 9-2

대표적인 살수여상. (a) 쇄석살수여상의단면도, (b)표준 쇄석-살수여상, (c) 플라스틱 여재를 이용한 타워형 살수여상

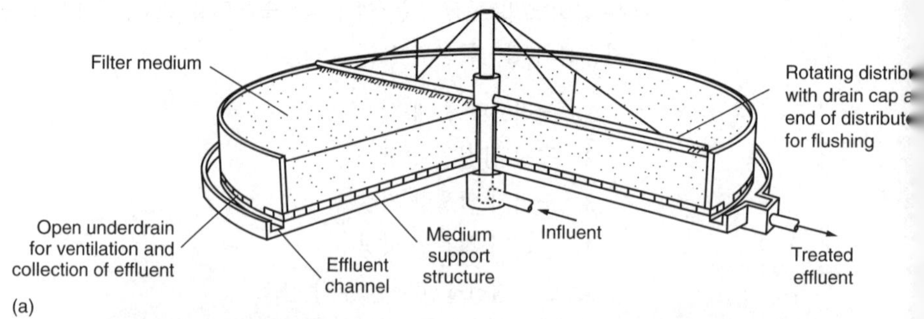

(a)

(b)

(c)

》 일반 공정

전술한 바와 같이 살수여상은 쇄석, 플라스틱 등의 여재로 충진된 층에 폐수를 균일하게 주입시키는 비침지식 고정막 생물반응조이다. 살수여상의 물리적 특성과 기능에 대한 기술은 본 절에 소개하였으며, 이후에도 지속적으로 설명하였다.

물리적 특성. 살수여상의 세 가지 중요 특성들은 그림 9-2(a)와 같이 (1) 여상 여재 (2) 폐수분배 시스템, 그리고 (3) 배수 시스템이다.

여상 여재. 이상적인 충진 여재는 비표면적(m^2 표면적/m^3 용적)이 넓고 비용이 저렴하여야 한다. 또한, 견고하고 내구성이 있으며, 공극이 충분하여 막힘이 없으며, 자연통풍이나 저압송풍기에 의해 공기순환이 잘되는 물질이어야 한다. 여재는 생물막의 부착과 성장을 위한 구조체 역할을 한다. 부착생물막 위에 액체가 통과되면서 처리된다. 또한, 충진 물질로 쇄석을 이용하는 재래식 살수여상을 플라스틱 충진재로 교체하면서 처리용량이 증가하게 되었다[그림 9 - 2(b) 참조]. 사실상 미국에서 새로 건설하는 살수여상은 그림 9-2(c)와 같이 타워형태의 배열을 가진 플라스틱 충진재를 이용한다. 살수여상 여

재에 폐수를 주입하기 이전에 1차 침전지를 거쳐 막힘을 방지하는데, 1차 침전지를 없애고 세목스크린으로 대체하는 경우도 있다.

분배 시스템. 분배기는 여상 여재 표면에 균등하게 폐수를 살수시키는 데 이용된다. 살수여상에서 유량구동형 회전식 분배기는 신뢰할 수 있고 유지관리가 용이하여 표준이 되는 방법이다. 분배기는 두 개 또는 그 이상의 지지대들이 여상의 중앙에 고정되어 회전하도록 되어 있다[그림 9-2(b) 참고]. 지지대들은 중앙이 비어 있고 여상 위로 폐수가 배출될 수 있도록 노즐들이 있다. 분배기는 노즐에서 폐수가 배출되는 분사력이나 전기모터에 의해 구동되도록 조립되어 있다.

배수 시스템. 배수 시스템은 두 가지 기능을 가진다. (1) 여상을 통과하면서 통과한 폐수나 여재로부터 탈리되는 생물막을 수집, (2) 유입 폐수를 처리하기 위해 필요한 자연통풍 또는 강제통풍은 공기가 이동할 수 있는 장소를 제공한다.

기능 설명. 기능적으로 BOD 제거의 결과로서 살수여상 여재는 생물막으로 덮여 있는 것을 육안으로 확인할 수 있다. 문헌에 의하면 생물막은 자주 점질층(젤리 모양의 세균 집단층)이 확인되는데, 이것은 두꺼운 점질 생물막층의 형성에 의한 것이다. 용해성 기질과 용존산소가 생물막 내부로 확산되면 바이오매스 성장이 촉진된다. 폐수가 공급되지 않거나 휴지기 동안에는 생물막 내부로 산소가 지속적으로 확산된다. 콜로이드와 입자상 기질들은 생물막에 부착에 의해 제거된다. 생물막으로부터 분리된 유출수내 고형물질들은 2차 침전지에서 제거되지만 살수여상 침전지 하부의 고형물질들은 활성슬러지공정과 달리 반송되지는 않는다. 살수여상 유출수의 재순환은 저유량 시 여재를 습윤 상태로 유지시켜, 산소공급과 처리성능을 향상시켜준다.

생물막 형성. 살수여상은 운전조건에 따라 생물막의 두께는 10 mm까지 이른다. 생물막 외부의 0.1~0.2 mm 부분에서는 호기성 미생물에 의해 유기물이 분해된다. 미생물이 성장하고 생물막 두께가 증가하면 생물막 전체 깊이를 통과하기 전에 산소가 소모되고 충진여재 표면부근에는 혐기성 환경상태가 된다. 생물막 두께가 증가함에 따라 폐수내 기질이 생물막 내부에 도달되기 전에 사용되는데, 이런 경우 생물막 안쪽 내부는 내생호흡상태가 되어 충진여재 표면과의 부착력을 잃게 된다.

탈리. 미생물들이 더 이상 여재에 부착할 수 없게 되면 유입수는 충진여재에서 생물막을 씻어내고 새로운 생물막 층이 성장을 시작한다. 이와 같이 생물막 층의 일부가 소실되는 것을 **탈리**라고 하며, 이것은 여상의 유기물 부하와 수리학적 부하에 크게 영향을 받는다. 수리학적 부하는 전단력에 영향을 주며 유기물 부하는 생물막 성장속도와 물질대사에 영향을 미친다. 수리학적 부하와 탈리를 제어하는 방법은 나중에 다시 설명할 예정이다.

공정 미생물학. 생물막내 미생물 군집은 매우 다양한데 호기성 세균, 임의성 세균, 원생동물(protozoa), 균류 그리고 조류 등이 이에 포함된다. 또한 애벌레, 곤충의 유충, 달팽이와 같은 고등동물도 존재한다. 임의성 세균은 살수여상에서 우점종이며 호기성 세균 및 혐기성 세균과 함께 폐수에 함유된 유기물을 분해시킨다. 아크로모박터(*Achromobacter*), 플라보박테륨(*Flavobacterium*), 슈도모나스균(*Pseudomonas*), 알칼리게네스균(*Alcaligenes*) 등이 일반적으로 살수여상에서 존재하는 세균 종들이다. 균류도 폐수를 안정화시키지만 균류의 역할은 일반적으로 낮은 pH 조건이나 특정한 산업폐수에서 중요해진다. 때로는 균류의 빠른 성장으로 여재가 막히게 되어 여재 내의 통풍이 방해받기도 한다. 균류 종들 중에서 확인된 것은 사상성 균류속 *Fusazium*, 털곰팡이(*Mucor*), 푸른곰팡이속(*Pencilliu*), 지오트리큠(*Geotrichum*), 스포라트리큠(*Sporatichum*), 그리고 다양한 효모이다(Hawkes, 1963; Higgins and Burns, 1975). 유기성 기질이 거의 없는 저부하 살수여상에서의 질산화 세균은 여재에 부착되어 남게 된다. 고농도 기질 농도에서 종속영양 세균인 질산화세균은 빠른 성장속도와 높은 바이오매스 수율로 인하여 여재 표면에서 성장한다.

사상성 세균. 사상성 세균들은 높은 유기물 부하로 인하여 용존산소 농도가 낮을 때 주로 생물막 내에 널리 분포하며 주로 스페로틸러스 나탄(*Sphaerotilus natans*), 베기아토아(*Beggiatoa*)이다. 베기아토아(*Beggiatoa*)는 생물막 깊은 혐기성 층 내에서 황화수소와 기타 분해된 유기물을 산화시키는 능력을 가지고 있다.

고등생물. 원생동물, 애벌레, 달팽이, 곤충 등과 같은 고등생물들도 생물막에 살고 있다. 여상에 원생동물은 종벌레(*Vorticella*), *Opercularia*, 섬모충(*Epistylis*) 등의 섬모류(ciliate)이 우점종이다(Hawkes, 1963; Higgins and Burns, 1975). 이들은 생물막을 먹이로 이용하면서 유출수의 탁도를 감소시키고 생물막이 높은 성장상태를 유지하는 데 도움을 주는 기능을 한다. 달팽이들은 질산화를 목적으로 한 살수여상에 특히 문제를 발생시키는 데 많은 양의 질산화 세균을 섭취하여 처리효율을 감소시키기도 한다(Timpany and Harrison, 1989).

조류 성장. 조류는 햇빛을 이용할 수 있는 여상의 상층에만 성장한다. 살수여상에서 발견되는 일반적인 조류 종은 *Phormidiun*, 클로렐라(*Chlorella*) 그리고 초록실(*Ulothrix*) 등이다(Hawkes, 1963; Higgins and Burns, 1975). 일반적으로 조류는 폐수분해에 직접적으로 관여하지는 않지만 주간에 산소를 폐수에 공급한다. 운전상의 관점에서 조류는 여재표면 막힘으로 악취를 유발하는 문제를 야기할 수 있다.

》 살수여상의 분류와 적용

살수여상은 주입하는 유기물 용적 부하율(kg 유입 BOD/m^3 여재 용적·day)에 따라 분류한다. 최초로 개발된 쇄석살수여상의 활용과 부하율 범위 등을 표 9-1에 요약하였다. 표 9-1과 같이 살수여상의 활용과 해당하는 부하율은 다음과 같이 처리 목적에 따라 달라진다. (a) 자연통풍식 포기에 의한 BOD 제거, (b) 강제통풍식 포기에 의한 BOD 제거 (c) 강제통풍식 BOD 제거 및 질산화, (d) 강제통풍식 포기에 의한 BOD의 일부분 제거 또는 예비처리가 있다. 각 유형별 부하율에 대해서는 다음과 같이 간략하게 설명하였다.

자연통풍식 포기에 의한 BOD 제거. 역사적으로 쇄석 살수여상들은 자연통풍식 포기

표 9-1

1차 처리수를 처리하기 위한 살수여상의 활용과 대표적인 설계인자[a]

설계인자	단위	저율 BOD 제거	중율 BOD 제거	고율 BOD 제거	BOD 제거와 질산화	입자성 BOD 제거
BOD 제거 효율	%	80~90	80~90	70~90	85~90	40~70
여재종류		쇄석	쇄석	플라스틱	쇄석/플라스틱	플라스틱
환기	종류	자연통풍	강제통풍	강제통풍	강제통풍	강제통풍
유기물 부하	kg BOD/m³·d (lb BOD/ 10³ ft³·d)	0.08~0.3 (5~20)	0.6~1.6 (40~100)	0.6~2.4 (50~150)	0.08~0.4 (5~25)	1.6~3.5 (100~220)
수리부하	m³/m²·d(gal/ ft²·d)	1~4 (25~100)	4~40 (100~1000)	15~75 (350~1850)	5~16 (125~400)	40~100 (1000~ 2500)
재순환율	Q_R/Q	0~1	1~2	1~2	1~2	0~2
깊이	m (ft)	1~2.5[b] (3~8)	1~2.5[b] (3~8)	3~12 (8~40)	플라스틱 3~12 (8~40) 쇄식, 1~2.5 (3~8)	0.9~6 (3~20)
유출수 수질	BOD, mg/L	< 30	< 30	< 30	< 20	> 30
	NH_4-N, mg/L	< 5	> 5	> 5	< 3	

[a] Tchobanoglous 외(2003), Daigger 와 Boltz(2011)에서 일부 인용

[b] 쇄석의 무게 때문에 깊이가 제한된다.

참조: kg/m³·d × 62.4280 = lb/10³ ft³·d

m³/m²·d × 24.5424 = gal/ft²·d

로 설계되었고 운전되었다. 폐수온도와 대기온도 차가 1.7°C (3°F) 이내인 낮 동안에는 공기이동이 적어 유기물 부하율이 낮다. 이러한 여상을 저속 살수여상(*low rate* filters)이라고 한다. 상대적으로 구조가 단순하고 낮은 처리속도를 가진 살수여상이지만 유입수의 농도 변동이 심해도 일정한 수질의 유출수를 생산할 수 있다. 쇄석을 이용한 저속 살수여상은 일반적으로 재순환이 없지만 낮은 유량 기간에 습윤 여상을 유지하기 위해 재순환을 하는 경우도 있다. 살수여상은 원형이 가장 일반적인 형태이지만 직사각형과 다각형 형태도 사용된다. 어떤 경우에는 그림 9-3(a), 그림 7-15 (7장)에서와 같이 여상을 둘러싼 외벽이 없는 경우도 있다. 현재 쇄석은 그림 9-3(b)와 같이 대부분 플라스틱 충진재로 대체되었다.

0.07~0.25 kg BOD/m³·d 범위의 낮은 유기물 부하율에서 BOD 제거율은 85~90%이다. 대부분의 저속 살수여상들은 충진재 상부 0.6~1.2 m (2 ~ 4 ft)에서만 적절한 생물막이 형성된다. 그 결과 여상 하부에서는 독립영양계 질산화 세균(autotrophic nitrifying bacteria)의 증식으로 암모니아성 질소를 아질산성 질소와 질산성 질소로 산화시킨다. 종속영양계 세균(heterotrophic bacteria)들은 높은 수율(yield)과 빠른 성장속도를 가

(a)

(b)

(c)

(d)

그림 9-3

살수여상의 대표적인 사례. (a) 외벽이 없는 낮은 깊이의 재래식 살수여상(7장 그림 7-15 참조), (b) 쇄석여재(표 9-2 참조)를 플라스틱 충진재(표 9-2 참조)로 대체한 낮은 깊이의 재래식 살수여상, (c) 플라스틱 여재를 사용한 다면 타워형 살수여상(사진 전면에는 대기오염제어 장치임), (d) 살수여상 주변에 강제 포기를 위한 팬을 설치한 타워형 살수여상

지고 있어 고정상 충진재 공간에서 질산화 세균보다 높은 번식력을 가지고 있다. 따라서, BOD 농도가 주목할 정도로 감소되어야 질산화가 일어난다. Harremöes(1982)는 용해성 BOD 값이 20 mg/L 미만일 때 질산화 반응이 시작된다고 보고하였다. 저율살수여상은 악취문제와 공간적 제한요인으로 요즘에는 거의 사용하지 않는다.

강제통풍식 포기에 의한 BOD 제거. 매우 높은 유기물 부하(표 9-1 참조)는 강제통풍식 포기 살수여상으로 처리할 수 있다. 쇄석 또는 플라스틱을 충진재로 이용할 수 있지만 최근 추세는 높은 원형타워형 플라스틱 충진재를 사용한다[그림 9-3(c)와 (d) 참조]. 플라스틱 충진재를 사용하면 여상을 더욱 높게 시공할 수 있으므로 부지면적이 적게 소요된다. 살수여상 유출수의 재순환으로 높은 유기물 부하에도 운전이 가능하다. 이는 여상에 폐수량을 증가시켜 폐수분배와 생물막 두께를 제어하며, 유입폐수에 더 많은 산소를 공급하고, 미생물의 반송효과가 있다[그림 9-4(a)와 (b) 참조]. 여기서 주의할 사항은 다른 경향의 재순환을 사용했다는 것이다(Tchobanoglous 등, 2003). 또한 재순환은 여상의 연못화 현상을 막고, 냄새와 파리들에 의한 불쾌함을 감소시킨다.

강제통풍식 포기에 의한 BOD 제거 및 질산화. 쇄석 또는 플라스틱 충진재 살수여상에서 BOD 제거와 질산화는 낮은 유기물 부하에서 운전이 가능하다(Stenquist 등, 1974, Parker and Richards, 1986). 전술한 바와 같이 BOD 부하율이 감소하면서 동일한 살수여상 또는 직렬 1, 2단 살수여상에서는 2단에서 질산화가 발생한다[그림 9-4(c)와 (d) 참조]. 이러한 살수여상에는 플라스틱이나 쇄석 여재를 이용할 수 있다.

유기물 부하량이 낮아짐에 따라 수리학적 부하율도 감소한다. 살수여상 유출수를 적합하게 재순환 되도록 설계하지 않으면 낮은 수리학적 부하율에서도 부적절하게 여재가 습윤되고 여상의 파리번식 문제가 발생한다. 재순환비(Q_R/Q)의 범위는 0.5~4.0이다. 수직흐름 여재에서 여재를 습윤시키고 BOD 제거 효율을 최대화하기 위해서는 1.8 $m^3/m^2 \cdot hr$ 이상의 수리학적 부하가 요구된다. 교차흐름(cross-flow) 여재를 이용한 얕은 타워형 살수여상의 경우, 총 수리부하율의 범위는 0.4~1.1$m^3/m^2 \cdot hr$이다.

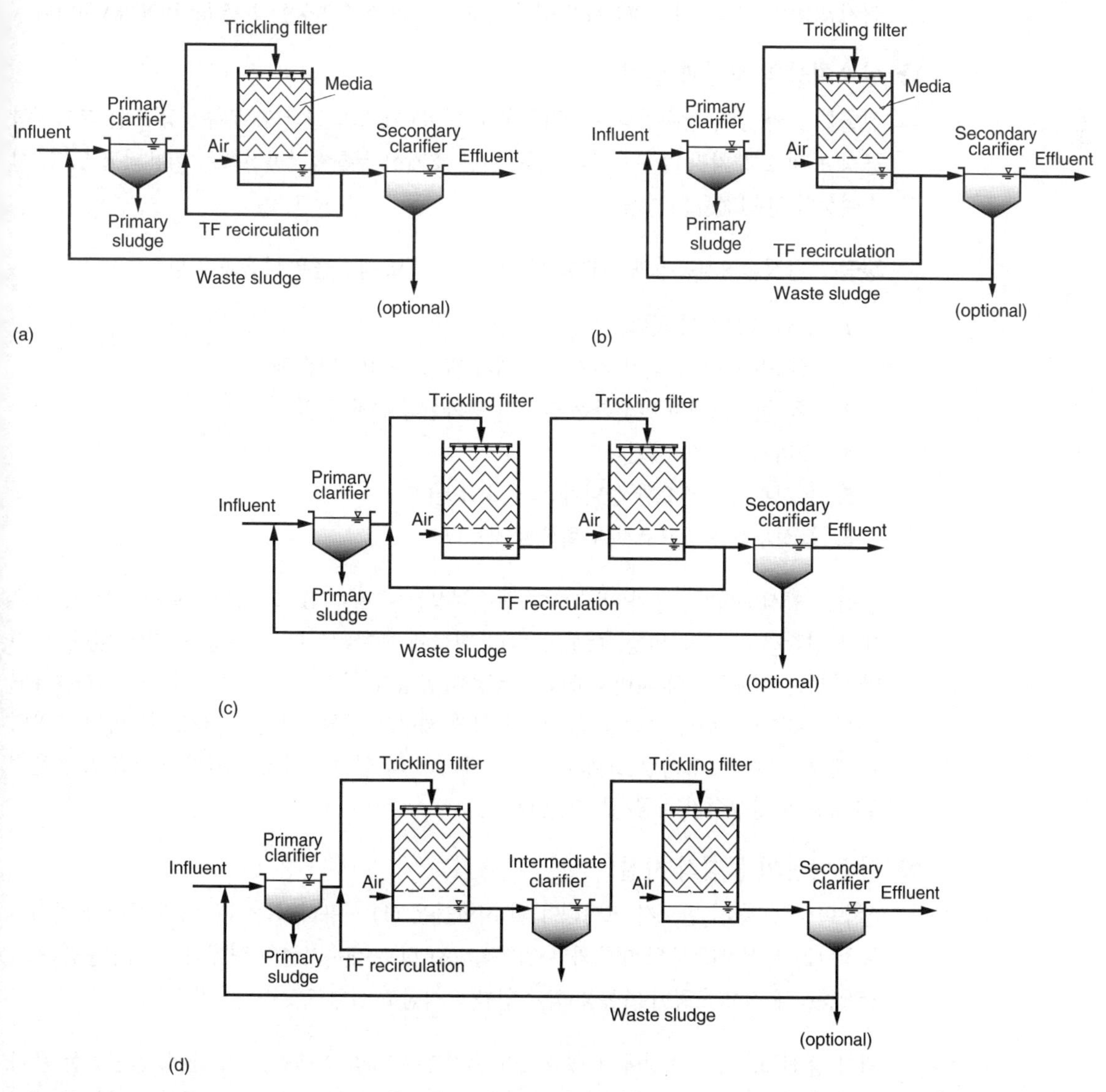

그림 9-4

대표적인 살수여상 공정도. (a) 1차 침전지 유출수 처리를 위한 1단 살수여상, (b) 1차 침전지 유출수 처리를 위한 재순환수 공급형 1단 살수여상, (c) 1차 침전지 유출수 처리를 위한 2단 살수여상, (d) 중간 침전조를 가진 2단 살수여상. 이외에도 다양한 흐름 형태의 살수여상이 사용된다(Tchobanoglous 등, 2003).

강제통풍식 포기에 의한 BOD 부분제거. 유기물 부하율을 1.6 kg BOD/m³·d 이상으로 운전하는 살수여상의 BOD 제거율은 50~70% 정도이다. 이와 같이 높은 부하율의 여상을 초벌 또는 고속(*roughing, high-rate*) 살수여상이라고 한다. 대부분의 고속살수여상들은 플라스틱 여재를 이용한다(WEF, 2011). 고속 살수여상은 고농도 산업폐수의 전처리 시설의 대안으로 적합하다. 고속 살수여상의 장점 중 하나는 활성슬러지공정과 비교하여 고농도 산업폐수의 BOD 제거에 전력소모량이 낮다는 것이다. 단지 유입수 공급과 재순환을 위한 펌프 가동에만 전력이 소모되므로 재순환이 더 필요할 때까지 폐수 농도가 높아지면 단위 전력당 BOD 제거량이 증가할 수 있다. 단위 전력당 BOD 제거량 범위는 활성슬러지공정이 1.2~2.4 kg BOD/kWh 인 반면에 고속 살수여상은 2~5 kg BOD/kWh이다.

》 살수여상의 장점과 단점

전술한 바와 같이 살수여상은 BOD 제거, BOD 제거와 질산화, 부유성장 또는 부착성장공정 등의 2차 처리 후 3차 질산화를 위한 호기성 부착성장공정으로 이용되고 있다. 살수여상의 장·단점들은 다음과 같다.

장점. 활성슬러지공정과 비교한 살수여상의 주요 장점들은 다음과 같다.

1. 전력 소모량이 낮다.
2. MLSS 제어, 슬러지 폐기의 문제가 없어 운전이 단순하다.
3. 2차 침전조에서 발생하는 슬러지 팽화현상 문제가 없다.
4. 슬러지 농축이 잘된다.
5. 유지관리에 필요한 설비가 적게 소요된다.
6. 독성부하 충격으로부터 회복이 빠르다.

단점. 활성슬러지공정과 비교하여 살수여상은 유출수 BOD, TSS 농도가 높고, 저온에서 민감하며, 냄새 발생, 생물막 탈리 현상에 대한 제어가 어려운 단점이 있다. 이러한 단점은 실제공정의 처리능보다는 특정한 공정과 최종 침전지 설계와 관련된다(WEF, 2011). 일반적으로 살수여상 공정에서 실제 제한요소들은 단일 슬러지 생물학적 영양염류 제거를 위한 부유성장 설계와 비교할 때 질소와 인의 생물학적 처리가 어렵고, 유출수 SS 농도가 활성슬러지 공정보다 높다.

》 살수여상의 물리적 시설

살수여상 설계 시 반드시 고려해야 할 사항들은 (1) 사용하려는 충진여재 종류와 물리적 특성, (2) 분배 시스템의 형태와 주입특성, (3) 하부 배수시설의 형태이다. 자연통풍 또는 강제통풍에 적합한 공기량(통풍)의 주입률과 침전조 설계도 고려되어야 한다.

여상 충진재. 살수여상에서 대표적인 충진재는 그림 9-5와 같이 쇄석, 불규칙한 플라스틱 여재, 교차와 수직흐름형 플라스틱 여재다발 등이다. 과거에는 미국 삼나무 슬레이트도 사용되었지만 지금은 거의 사용하지 않는다. 일반적으로 사용되는 살수여상 충진재의 물리적 특성을 그림 9-5와 표 9-2에 정리하였다. 1960년대부터 교차 또는 수직흐름형 플라스틱 충진재가 미국에서 많이 이용되었다.

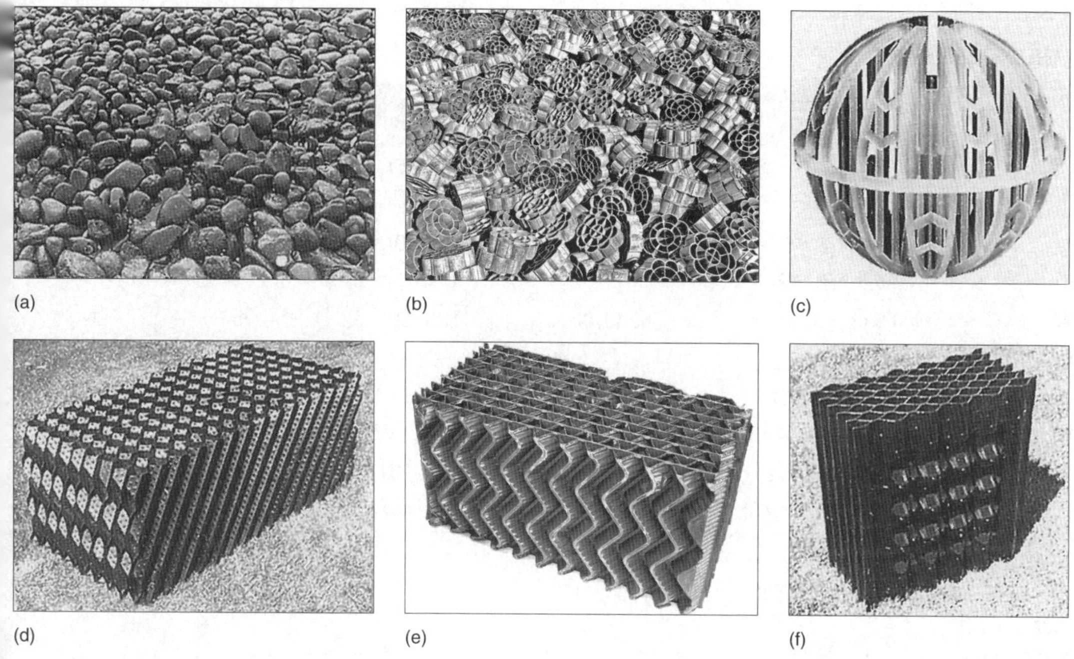

그림 9-5

살수여상에 사용되는 대표적인 충진재. (a) 쇄석, (b)와 (c)는 불규칙한 충진 플라스틱 여재, (d)와 (e)는 교차흐름식 플라스틱 다발, (f) 수직흐름식 플라스틱 다발. 여재의 특성은 표 9-2에 요약하였다.

쇄석. 현지에서 이용 가능하고 비용이 저렴한 쇄석여재를 사용할 수 있다. 가장 적합한 물질은 95%가 75~100 mm 범위의 균일한 둥근 강자갈이나 부서진 돌이다. 균일한 규격의 여재는 폐수흐름과 공기순환에 적합한 공극을 제공한다.

플라스틱 충진재. 플라스틱 충진재에는 두 가지 형태로 불규칙하게 충진하는 방식과 성형한 플라스틱 다발을 채워 넣는 방식이다. 두 가지 다른 사례를 그림 9-5(b)와 (c)에 나타내었다. 성형한 플라스틱 다발들은 벌집과 같은 모습이다. PVC 재질의 평평한 골판지를 직사각형 모듈 내에 서로 결합시킨 것이다. 골판지 표면을 가진 판들은 생물막 성장과 체류시간을 향상시킨다. 모듈의 각 층은 폐수의 균등분포를 향상시키기 위해 층간이 직각으로 꺾여 있다. 골판지 충진재의 두 가지 기본 형태는 교차흐름과 수직흐름이다[그림 9-5(d), (e), (f) 참조].

플라스틱 충진재들은 넓은 부하범위에서 BOD, TSS 제거에 효과적으로 알려져 있다(Harrison and Daigger, 1987; Aryan and Johnson, 1987). 플라스틱 충진재를 이용하여 12 m 높이의 바이오 타워도 건설되지만, 6 m 정도의 높이가 일반적이다. 수직 플라스틱 충진재 바이오 타워 내에서 상층부에 교차흐름 충진재를 이용하면 여상 상부에 폐수의 균등 주입을 향상시킬 수 있다. 높은 수리용량, 높은 공극비 그리고 막힘이 적어 이러한 충진여상은 고율살수여상에 적합하다.

플라스틱 충진재는 높게 건설할 수 있는 살수여상 구조 때문에 쇄석과 비교하여 적은 부지면적이 소요된다. Grady 등(1999)은 1.0 kg BOD/m^3·day 이하의 저부하에서 쇄

표 9-2
살수여상 충진재들의 물리적 특성[a]

충진여재	평균 크기 cm (in)	밀도 kg/m³ (lb/ft³)	비표면적 m²/m³ (ft²/ft³)	공극률 %	적용[b]
쇄석 [그림 9-5(a)]	7.5~10 (3~4)	1000~1300 (62~90)	50 (15)	55	C, CN, N
불규칙 플라스틱 [그림 9-5(b)]	18.5 직경×5.1 (7.3 직경×2)	27 (1.7)	98 (30)	95	C, CN, N
불규칙 플라스틱 [그림 9-5(c)]	9 (3.5 직경)	53 (3.0)	125 (38)	95	N
교차흐름식 플라스틱 [그림 9-5(d)와 (e)]	61×61×122 (24.0×24.0×48)	25~45 (1.6~2.8)	100, 138, 223 (30, 42, 68)	>95	C, CN, N
수직흐름식 플라스틱 [그림 9-5(f)]	61×61×122 (24.0×24.0×48)	25~45 (1.6~2.8)	102, 131 (31, 40)	>94	C, CN, N

[a] Tchobanoglous 외(2003), WEF(2011)에서 일부 인용
[b] C = BOD 제거, N = 질산화, CN = BOD-질산화 결합공정
참조: kg/m³ × 0.06246 = lb/ft³
m²/m³ × 0.305 = ft²/ft³

석여상과 플라스틱여상의 성능은 유사하다고 하였다. 그러나 높은 유기물 부하에서는 플라스틱을 이용한 여상의 성능이 우수하다. 생물막 탈리에 도움을 주는 높은 공극률과 공기순환이 처리성능을 향상시키는 것으로 설명할 수 있다.

충진재의 강도와 내구성. 여상 충진재의 강도와 내구성은 또 다른 중요한 특성이다. 내구성은 콘크리트 부식에 대해 견디는 실험으로 황산나트륨을 이용한 시험으로 결정된다(U.S. EPA, 1974). 충진재의 무게 때문에 쇄석여상 깊이는 2 m 수준이다. 쇄석의 낮은 공극 부피는 공기흐름에 이용 가능한 공간을 제한시켜 역상이 막히고 단회로 발생 가능성을 증가시킨다. 막힘 때문에 쇄석여상에 주입되는 유기물 부하율의 범위는 0.3~1.0 kg BOD/m³·day이다.

분배 시스템. 살수여상에서 분배기(distributor)는 최대 직경 60 m까지 제작된다. 분배기 팔(arm)들은 일정한 단면을 가진 단위로 제작되어 폐수의 최소 이송속도를 유지할 수 있는 점감식 형태이다.

유량분배노즐. 중앙으로부터 더 멀어진 곳에 단위 길이당 더 큰 유량이 분배될 수 있도록 노즐을 불규칙한 간격으로 배열한다. 여상 전체면적에 균등 분배를 위해 중앙으로부터 반경에 비례하여 단위길이당 유량을 높게 한다[그림 9-6(a)]. 분배기를 통한 손실수두은 0.6~1.5 m (2 ~ 5 ft)(p.956)이다. 또한, 회전방향의 유량 노즐들은 회전 분배기의 회전속도를 제어하는 데 사용된다[그림 9-6(b), (c) 참조].

그림 9–6

살수여상 충진재에 폐수를 공급하기 위해 사용되는 대표적인 분배기. (a) 타워형 살수여상에서 2개의 팔을 가진 점감식 직사각형 형태의 회전 분배기, (b) 4개의 팔 회전 분배기를 가진 타워형 살수여상의 상단 모습(분배기 회전속도를 감소시키는 데 제트 수류가 이용됨), (c) 여재 위에 물을 분배하는 데 사용되는 물받이 판, (d) 분배기 팔을 구동하기 위한 속도 가변형 전기모터

(a)

(b)

(c)

(d)

고정노즐 분배 시스템. 고정노즐 분배 시스템은 여상을 덮고 있는 정삼각형 꼭지점에 직렬로 배열한 분무노즐로 구성된다. 여상에 위치한 배관시스템은 노즐에 폐수를 균일하게 배분시키는 데 사용된다. 평평한 분사형(flat spray)을 가진 특수노즐이 이용되는데, 압력을 순차적으로 변화시켜 노즐로부터 가장 먼 거리까지 분무하고 수두가 서서히 감소함에 따라 분무거리가 감소하게 된다. 이러한 방법으로 여상 전체 면적에 균등하게 분사된다. 반쪽 분사 노즐은 살수여상의 둘레 쪽에 사용된다.

분배기 구동시스템. 살수여상 회전 분배기 구동시스템은 두 가지가 있는데, (1) 정수압 (2) 정수압과 전기모터를 결합한 방식이 있다. 오래 전부터 살수여상 분배기 팔은 수압으로 구동된다. 압력으로 구동되는 초기의 장치들의 문제점 중에 하나는 수은을 분배기 중심축에 사용하여 밀봉한 것이다. 과잉의 정수압으로 종종 밀봉된 수은이 누출되므로 현재는 분배기 팔 구동 정수압에 기계적 밀봉을 사용한다. 고정, 가변 속도식 전기모터 구동기는 조작이 유연하여 플라스틱 충진재를 이용하는 타워형 상수여상에 대부분 사용된다[그림 9 - 6(d) 참조].

기타 주요사항. 분배기 선정 시 고려해야 할 항목들은 건설 난해도, 청소의 용이성, 큰 유량변동에도 적절한 회전속도 유지 가능성, 재질의 부식에 대한 저항성과 코팅 등이다. 세척을 위해서는 분배기 팔의 끝에는 배수마개를 두어야 한다. 분배기 팔 바닥과 여상 상부 간의 여유 높이는 150~220 mm (6 ~ 9 in)가 되어야 한다. 이러한 여유 높이는 노즐에서 폐수가 분사되어 여상에 균일하게 분산시킬 수 있고, 동절기간에 분배기 작동으로 얼음이 쌓이는 것을 방지할 수 있다.

하부 배수시설. 살수여상의 폐수 수집시스템은 처리된 폐수를 수집하고 충진여상으로부터 고형물질을 배출하여 최종침전지로 이송시키는 하부 배수시설로 이루어진다. 바닥과 원형 또는 원주형 배수로의 경사는 1~5%이다. 일평균유량 시 유속이 최소 0.6 m/sec (2 ft/s) 되도록 유출수로 크기를 정해야 한다(WPCF, 1988).

쇄석살수여상에서 하부 배수시설. 하부 배수시설은 만약 막히게 되면 끝단을 개방시켜 검사가 용이하고 세척시킬 수 있어야 한다. 모든 하부 배수시설 수로들은 예상되는 최대 수리용량에서 절반의 유량이 흐르도록 설계되어야 한다. 하수 배수시설들은 또한 여상을 환기시켜 살수여상 생물막에 성장하는 미생물에 공기를 공급해야 하며, 환기를 위해 벽에서 원주 수로, 중앙수집수로 사이는 최소한 개방되어야 한다. 나중에 여상의 운전조건들이 변할 것을 고려하여 모든 하부 배출시설들은 강제 공기 환기되도록 설계되어야 한다. 바닥과 하부 배수시설들은 충진재를 지지하고, 생물막 성장, 폐수에 견딜 수 있도록 충분한 강도가 필요하다. 쇄석여상에서 하부 배수시설은 소성 점토 블럭이나 강화 콘크리트 바닥면 상단에 섬유유리를 입힌 것을 사용한다[그림 9 – 7(a), (b), (c) 참조]. 미국과 기타 국가들의 위치에 따라 다양한 특수한 유형의 하부 배수시설들이 있다.

플라스틱 충진재 하부 배수시설. 플라스틱 충진재에서 하부 배수시설과 지지시스템은 보와 기둥 그리고 격자들로 구성된다. 바이오 타워 여상에 대표적인 하부 배수시설은 그림 9 – 7(d)과 같다. 보(beam)와 기둥들은 일반적으로 조립 콘크리트 보로 기둥과 말뚝으로 지지된다[그림 9 – 7(e) 참조]. 보위에 위치한 플라스틱 충진재는 상부에 수로가 있어 폐수의 흐름과 공기의 흐름이 원할 해야 한다. 타워형 살수여상에서 공기환기구는 여상 주변으로 설치된다.

》 물리적 시설 설계 시 고려사항

살수여상에서 주요 설계사항은 다음과 같다. (1) 적절한 주입량 산정과 수리부하를 제공, (2) 산소요구량을 충족시키기 위한 공기공급, (3) 산소전달, (4) 압력손실, (5) 연못화, (6) 냄새 제어, (7) 포식자 제어 등과 관련된다. 이러한 각각의 문제들에 대하여 설계 시 고려사항들은 다음과 같다.

수리부하율. 충진여재를 완전히 젖은 상태로 유지하고, 처리효율을 높이며, 생물막 두께를 제어, 냄새를 최소화, *Psychoda* 파리, *Anisopus* 파리 성장을 억제하는 데 반드시 적절하고 균등한 수리부하율이 필요하다. 지속적으로 낮은 수리부하율과 낮은 주입률을 유지하면 생물막 두께가 과다하게 되어 플라스틱 충진재 무게가 초과하여 붕괴되고 벌레들이 과다 번식하게 된다. 주입률은 분배기 1회전당 각각의 충진재 상단에 배출된 폐수의 깊이를 의미한다. 높은 분배기 회전속도에서는 주입률은 낮아진다.

지금까지 전형적인 분배기 회전속도는 약 0.5~2 min/rev이다(WEF, 2000). 2개에서 4개의 분배기 팔을 통해 살수여상에 10~60초당 1회씩 주입된다. 많은 연구자들로부터의 결과를 근거할 때, 분배기 회전속도를 감소시키면 여상의 성능이 좋아지는 결과를 보여주었다. Hawkes(1963)는 쇄석을 이용한 살수여상에서 30~55 min/rev로 주입

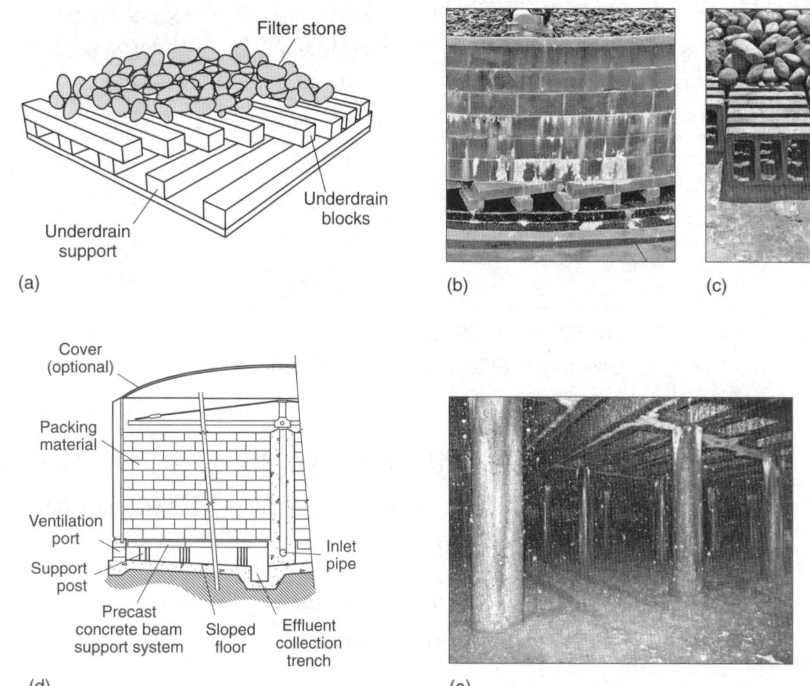

그림 9-7

대표적인 살수여상 하부 배수시설. (a) 쇄석살수여상의 개략도, (b) 쇄석살수여상 하부 배수시설 콘크리트 보, (c) 쇄석살수여상에서 소성점토블록 하부 배수시설, (d) 타워형 살수여상 단면도(환기구, 여재 지지 경사바닥, 유출수 수집수로), (e) 하부 배수시설과 여재 지지대(하부 배수시설 유지관리를 위해 여재 지지대와 바닥과의 공간은 1.25 m)

할 경우가 기존 운전인 1~5 min/rev보다 효율이 우수하다는 것을 발견하였다. BOD 제거율 증가뿐만 아니라 *Psychoda, Anisopus* 파리 번식, 생물막 두께, 냄새문제 등의 문제들이 현저하게 감소하였다. 분배기 회전속도 감소에 관련한 장점들은 Albertson와 Davies(1984)등에 의해 발견되었다. 높은 주입률에서는 많은 양의 물이 매 회전 수마다 주입되어 다음과 같은 결과를 가져온다. (1) 생물막이 더 젖어 효율이 높아지고, (2) 혼합력이 증가하여 충진재에서 더 많은 고형물질들이 빠져나오며, (3) 생물막의 두께가 더 얇아지고, (4) 파리 알을 씻어내는 데 도움이 된다. 얇아진 생물막은 표면적이 증가하여 더 많은 호기성 생물막을 형성한다.

생물막 두께 제어. 생물막 두께를 제어하기 위해 높은 주입률로 지속하여 운전하면 여상내 폐수의 접촉시간이 감소되어 처리효율이 감소된다. 낮은 부하의 살수여상에서 일시적으로 많은 폐수를 주입하여 세척(*flushing dose*)시키는 간헐적 고주입률 방식은 생물막의 두께와 고형물질 형성 제어로 이용된다. BOD 부하 함수로서 1일 1회 고주입률 방식과 권장하는 저주입률과의 조합된 관계는 표 9-3에 나타내었다(WEF, 2011). 표 9-3의 자료는 적절한 주입률 범위를 위한 지침으로 이용될 수 있다. 최적 주입률과 일시적으로 많은 폐수를 주입하는 세척 빈도는 현장 운전 결과를 통하여 결정하는 것이 가장 좋다. 살수여상의 성능을 최적화하기 위한 주입률 범위를 제공할 수 있도록 유연성있게 분배기를 설계해야 한다.

표 9–3
BOD 부하 함수로서 살수 여상 주입률 지침[a]

BOD 부하율 kg/m³·d	운전 주입량 mm/pass[b]	세척수 주입량 mm/pass[b]
<0.4	25~75	100
0.8	50~150	150
1.2	75~225	220
1.6	100~300	300
2.4	150~450	450
3.2	200~600	600

[a] WEF(2011)에서 일부 인용

[b] mm/pass는 분배기가 한 번 회전하면서 주입되는 하수량

수리학적 부하율 함수로서의 주입률. 총 수리학적 부하량(유입 유량과 재순환 유량 합), 유량분배기 팔 수, 분배기 회전속도와 주입률(dosing rate)과의 관계식은 다음 식 (9–1)과 같다(WEF, 2011).

$$DR = \frac{(1 + R)(q)(10^3\ \text{mm/1 m})}{(N_A)(n)(60\ \text{min/h})} \tag{9-1}$$

여기서, DR = 주입률(dosing rate), mm/pass

n = 분배기 회전속도, rev/min

q = 유입수 수리학적 부하율, $m^3/m^2{\cdot}h$

R = 재순환비

N_A = 회전 분배기에 부착된 팔 수

주입률 DR은 SK 값이라고도 하는데 1980년대 초기에 주입률에 대한 독일 규제인 *Spulkraft*를 뜻한다. 권장 주입률을 구하기 위해서는 회전분배기 속도는 다음과 같은 방법으로 제어할 수 있다. (1) 분배기 팔 앞쪽에 있는 오리피스의 위치를 반대로 하거나[그림 9–6(b), (c) 참조], (2) 기존 오리피스 배출장치에 반대의 편향기(deflector)를 추가 또는 (3) 속도 가변형 전기구동 회전분배기로 변환하는 방법이 있다[그림 9–6(d) 참조](Albertson, 1995). 속도 가변형 전기구동장치의 장점은 운전 유연성의 범위가 넓으며, 분배기 팔 배출구의 형상을 변경하지 않아도 주입률의 조절이 용이하다.

공기량. 적절한 공기량은 살수여상내 생물막을 호기성 상태로 유지하고, 처리효율을 향상시키며 냄새 발생을 막을 수 있어 매우 중요하다. 자연통풍방식은 오래전부터 쇄석살수여상에 공기를 공급시키는 방법으로 이용되었지만 항상 적합하지는 않다. 저압력 팬을 이용한 강제 환기방법이 더 확실하게 공기량을 제어할 수 있다.

자연통풍(Natural Draft). 자연통풍방식의 경우 공기량의 추진력은 여재 공극에 있는 공기와 외기 온도의 차이이다. 폐수 수온이 외기 온도보다 낮을 경우 공기의 흐름은 하향류가 된다. 외기 기온이 폐수 수온보다 낮으면 공기흐름은 상향류가 될 것이다. 산소분압(그리고 산소전달률)은 높은 산소요구량 영역에서 최저이기 때문에 후자는 물질전달 관

점에서 덜 바람직하다. 미국의 많은 지역, 특히 여름 동안에는 온도 차이를 무시할 수 있기 때문에 살수여상을 통과하는 공기흐름이 발생하지 않는 기간이 있다. 통풍(draft)은 온도와 습도 차이로 인해 발생되는 압력수두로 식 (9-2)로부터 결정될 수 있다(Schroeder and Tchobanoglous, 1976).

$$D_{air} = 353\left(\frac{1}{T_c} - \frac{1}{T_h}\right)Z \tag{9-2}$$

여기서, D_{air} = 자연공기통풍, mm 수두

T_c = 저온, K

T_h = 고온, K

Z = 여상의 높이, m

공극내 평균 기온은 식 (9-3)에서 로그평균온도를 T_h에 대한 T_m을 이용하여 추정한다.

$$T_m = \frac{T_2 - T_1}{\ln (T_2/T_1)} \tag{9-3}$$

여기서, T_2 = 저온, K

T_1 = 고온, K

공기량은 Dair 값이 여상과 배수설비의 공기통로에서 발생하는 손실수두의 합과 같다는 것에 의해 추정할 수 있다(Albertson and Okey, 1988). 여기서 자연통풍의 설계에 다음의 요구사항이 포함되어야 한다.

1. 하부배수장치와 차집수로는 충분한 공기 흐름을 제공 위해 유량이 절반을 초과하지 않도록 설계한다.
2. 개방형 격자형태의 환기구의 경우 중앙의 차집수로 양단에 설치되어야 한다.
3. 직경이 큰 여상은 배관이나 환기맨홀을 가진 지관 차집수로를 가져야 한다.
4. 하부배수장치 상부에 노출된 면적은 적어도 여과상 면적의 15%이어야 한다.
5. 환기구 개방 면적은 여상 단면적 23 m^2 (250 ft^2)당 1 m^2 정도여야 한다.

강제통풍(Forced Air). 적절한 산소의 공급을 위해 강제 또는 유도통풍 팬의 사용이 살수여상의 설계 시 권장된다. 여상 면적당 권장 주입 공기량은 0.3 $m^3/m^2 \cdot min$ (1 $ft^3/ft^2 \cdot min$)이다. 강제통풍식 공기주입비용을 최소화해야 한다. 3800 m^3/d (1.0 Mgal/d)의 폐수를 처리하기 위한 동력비는 0.15 kW (0.2 hp)으로 추정된다(WEF, 2000). 상향류와 하향류 강제통풍 방식에 모두에 사용된다(그림 9-8 참조). 하향류 공기흐름은 여상 상단에서 배출되는 악취제거를 위한 접촉시간을 가지므로 유리하며, 높은 산소요구량을 가진 여상의 상단에 필요한 공기를 공급할 수 있다[그림 9-8(a), (c) 참조]. 상향류 공기흐름을 이용하면 악취배출가스를 포집할 수 있도록 덮개를 설치해야 한다[그림 9-8(b), (d) 참조]. 또한, 덮개는 살수여상의 수온을 유지하는 데 도움이 된다. 극단적으로 낮은 대기온도에서는 덮개는 공기의 흐름을 제한하여 여상이 동결되는 것을 방지한다. 강제통풍 설계는 살수타워 주변의 팬을 이용[그림 9-3(d)와 그림 9-8(e) 참조]하여 다중 공기 공급지점에 의

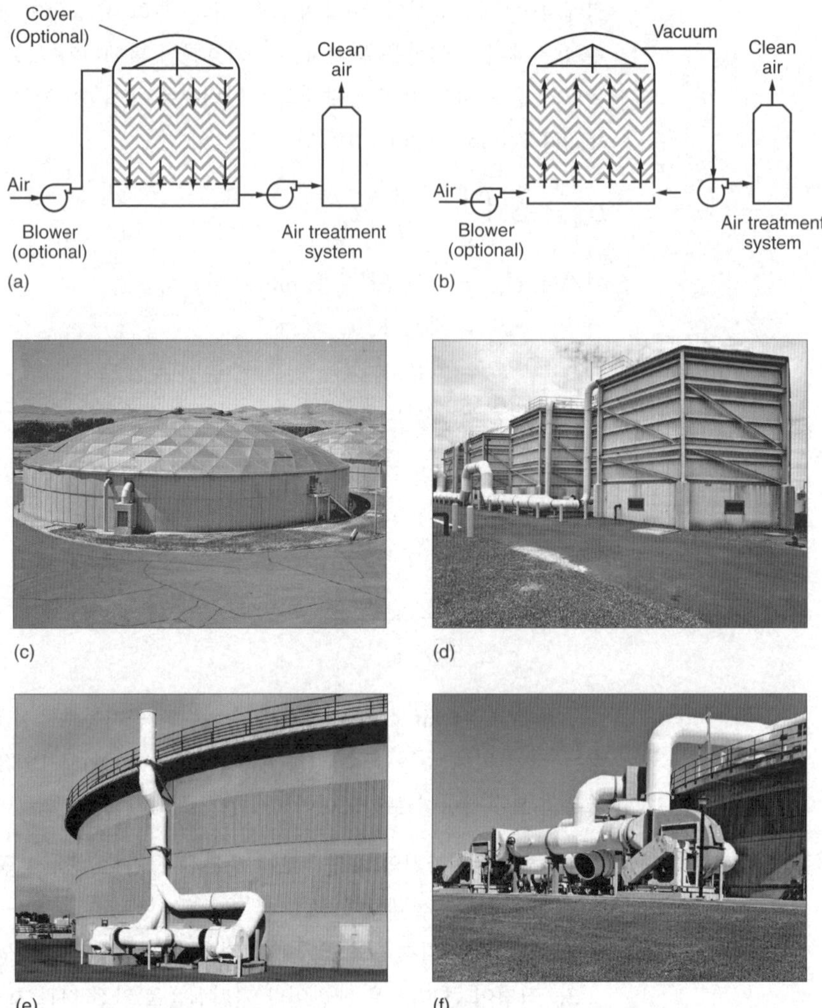

그림 9-8

강제통풍 시스템의 예. (a) 하향류식 강제통풍 시스템, (b) 상향류식 강제통풍 시스템, (c) 쇄석 살수여상의 상부에 공기를 주입하는 팬, (d) 진공 회수 시스템의 필터를 통해 회수된 살수여상타워의 오염된 공기가 처리 시스템으로 이송되는 모습, (e) 타워형 살수여상 하부 암거로 대기중으로 배출시키기 위해 공기를 흡입시키는 대형 팬, (f) 처리를 위해 하수배수장치로부터 공기를 회수하고 여상의 위쪽으로 공기를 주입할 수 있도록 차폐 타워형 살수여상에 대형 팬을 부착한 사진

해 공급되도록 하거나, 여상의 상부로부터 흡입하여 여재 아래의 공기구멍으로 유입되도록 한다[그림 9-8(d) 참조]. 균일한 공기의 배분을 위해 공기분산 배관에 공기구멍을 설치한다. 균등한 공기 공급을 위해 공기배관 유속은 일반적으로 1100~2200 m/h 범위로 운전한다(WEF, 2011).

살수여상에서의 산소전달. 살수여상에 사용되는 산소량과 실제 산소전달효율의 정량화에 대한 사례는 거의 없다. 다음 식은 Dow Chemical 사가 플라스틱 충진재를 살수여상 적용을 위한 개발과정에 근거한 선행연구를 기초로 한다. BOD 제거를 위한 공식의 개발에 있어 산소전달률은 약 5%로 가정하였다. 질산화율을 최대로 하기 위해 필요한 기체-액체 계면에서 더 높은 용존산소 농도가 필요하고 2.5% 더 높은 전달효율을 가정하였다(WEF, 2011). 요구되는 산소공급량은 다음과 같다:

BOD 제거만을 위한 산소공급량:

$$R_o = (20\ \text{kg/kg})[0.80e^{-9L_B} + 1.2e^{-0.17L_B}](\text{PF}) \tag{9-4}$$

BOD 제거와 질산화를 위한 산소공급량:

$$R_o = (40\ \text{kg/kg})[0.80e^{-9L_B} + 1.2e^{-0.17L_B} + 4.6N_{ox}/\text{BOD}](\text{PF}) \tag{9-5}$$

여기서 R_o = 산소공급량, kg O_2/kg BOD 적용
L_B = 여상의 BOD 부하율, kg BOD/m^3·d
N_{ox}/BOD = 유입수의 산화된 질소/BOD 비율, mg/mg
PF = 첨두계수, 평균 부하의 최대값

대기 상태는 20℃, 1기압에서 계산되었다. 부록 B에서, 대기 20℃, 1기압에서의 밀도는 1.204 kg/m^3이고, 공기 중에서 무게에 따른 산소 함량은 23.18%이다. 따라서, 공기에 따른 산소 kg당 부피비는 3.58 m^3/kg {1/[1.204 kg/m^3)(0.2318)]}이고, 소요되는 공기 유량은 다음 식에 의해 계산된다:

$$AR_{20} = \frac{(R_o)(Q)(S_o)(3.58\ \text{m}^3/\text{kg O}_2)}{(10^3\ \text{g/1 kg})(1440\ \text{min/d})} \tag{9-6}$$

여기서 AR_{20} = 20℃, 1기압에서의 공기 유량, m^3/min
Q = 폐수유량, m^3/d
S_o = 1차 유출수 BOD, g/m^3

공기 유량은 이상 기체법칙에 따라서 압력과 온도를 보정한다.

$$AR_T = AR_{20}\left(\frac{273.15 + T_A}{273.15}\right)\left(\frac{P_a}{P_b}\right) \tag{9-7}$$

여기서 AR_T = 대기온도에서의 공기 유량, m^3/min
T_A = 대기온도, ℃
P_a = 대기압, 1.0 atm (101.325 kPa)
P_b = 처리시설에서의 대기압, atm (kPa)

20℃ 이상의 고온에서 낮은 산소포화농도와 여상에서의 생물학적 섭취율이 높아지므로 공기 유량을 더 보정하는 것을 권장한다. 20℃ 이상 온도에서 1℃ 상승할 때마다 공기 유량은 1%가 증가된다.

$$AR_{T>20^\circ\text{C}} = AR_T\left(1 + \frac{T_A - 20}{100}\right) \tag{9-8}$$

살수여상에서의 압력손실. 충진재를 통한 압력손실은 식 (9-9)와 같이 겉보기 공기유속(superficial air velocity)과 관련된다.

$$\Delta P = N_p\left(\frac{v^2}{2g}\right) \tag{9-9}$$

표 9-4
식 (9-10)에 따른 비수직형 살수여상의 손실수두 보정계수[a]

충진여재	비표면적 m^2/m^3	보정계수
쇄석	45	2.0
교차흐름 플라스틱	100	1.3
교차흐름 플라스틱	140	1.6
불규칙 플라스틱	100	1.6

[a] WEF(2010)에서 인용.

여기서 ΔP = 총 손실수두, kPa

g = 중력가속도, 9.81 m/s^2

v = 겉보기 공기유속, Q/A, m/s

N_p = 살수여상 타워 저항; 손실수두 계수

타워의 저항인 N_p는 공기의 흐름과 관련된 모든 개별적 손실수두의 합이다. 손실수두는 유입부, 하부배수장치, 충진재 등을 통한 공기가 이동하면서 발생한다. 충전재 손실수두는 Dow Chemical사가 수주 충전재에 대해 다음과 같은 식을 개발하였다.

$$N_p = 10.33(D)e^{(1.36 \times 10^{-5})(L/A)} \tag{9-10}$$

여기서 N_p = 충진재 손실수두

D = 충진재 깊이, m

L = 액체 부하율, kg/h

A = 타워의 단면적, m^2

비록 다른 충진재들에 대한 유사한 상관관계가 개발되지 않았지만, 표 9-4에 주어진 식 (9-10)을 이용하여 권장되는 N_p 값을 구할 수 있다. 살수여상에서 총 손실수두를 추정하기 위해 식 (9-10)를 이용하여 N_p 값을 계산하고 이는 유입부, 하부배출부, 기타 미세 손실 등을 고려하여 보정인자 1.3~1.5을 곱하여 계산한다. 강제통풍식 환기에 의한 살수여상에서의 공기 유량과 압력손실의 결정은 예제 9-1에 나타내었다.

예제 9-1

강제통풍에 의한 압력손실과 공기요구량에 대한 살수여상 설계 다음에 주어진 설계인자 및 운전 정보를 이용하여 BOD 제거를 위한 교차흐름 플라스틱 충진재 설계에 필요한 강제통풍 공기 유량과 압력손실을 결정하시오.

폐수 특성:

1. 폐수유량 = 15,000 m^3/d (174 L/s)
2. 1차 침전지 유출수 BOD = 140 g/m^3
3. 하절기 동안의 폐수온도 = 20°C

설계가정:

1. BOD 용적 부하율 = 0.6 kg BOD/m³·d (표 9−1)
2. 유기물 부하량 첨두인자 = 1.4
3. 타워 직경 = 20 m
4. 타워 수 = 2
5. 충진재 깊이 = 6.1 m
6. 유입부와 기타 미세 손실에 대한 손실수두 보정인자 = 1.5
7. 충진재 교차흐름에 대한 손실수두 보정인자 = 1.3(표 9−4 참조)
8. 대기온도 = −7~28℃
9. 처리 장치 설치지점의 대기압 = 1 atm

풀이

1. 식 (9−4)를 이용하여 필요한 산소공급량을 산정한다.

$$R_o = (20 \text{ kg/kg})[0.80e^{-9L_B} + 1.2e^{-0.17L_B}](\text{PF})$$

$$L_B = 0.60 \text{ kg BOD/m}^3\cdot\text{d}$$

$$\text{PF} = 1.4$$

$$R_o = 20[0.80e^{-9(0.60)} + 1.2e^{-0.17(0.60)}](1.4) = 41.6 \text{ kg O}_2\text{/kg BOD} \text{ 적용}$$

2. 주어진 조건에 대한 공기량을 산정한다.

a. 식 (9−6)을 이용하여 표준상태에서의 공기량을 산정한다.

$$AR_{\text{STD}} = \frac{R_o(Q)(S_o)(3.58 \text{ m}^3\text{/kg O}_2)}{(10^3 \text{ g/1 kg})(1440 \text{ min/d})}$$

$$= \frac{(41.6 \text{ kg/kg})(15{,}000 \text{ m}^3\text{/d})(140 \text{ g/m}^3)(3.58 \text{ m}^3\text{/kg O}_2)}{(10^3 \text{ g/1 kg})(1440 \text{ min/d})}$$

$$= 217 \text{ m}^3\text{/min}$$

b. 식 (9−7)을 이용하여 온도와 압력에 대한 공기량을 보정한다.

$$AR_{TA} > AR_{\text{STD}}\left(\frac{273.15 + T_A}{273.15}\right)\left(\frac{1 \text{ atm}}{1 \text{ atm}}\right)$$

$$T_A = 28°\text{C}$$

$$AR_{28} = (217 \text{ m}^3\text{/min})\left(\frac{273.15 + 28}{273.15}\right) = 239.2 \text{ m}^3\text{/min}$$

c. 식 (9−8)을 이용하여 낮은 산소포화도에서의 공기량을 보정한다.

$$AR = AR_{TA}\left(1 + \frac{T_A - 20}{100}\right)$$

$$T_A = 28°\text{C}$$

$$AR = (239.2)\left(1 + \frac{28 - 20}{100}\right) = 258.3 \text{ m}^3\text{/min}$$

3. 충진재 교차흐름에 대한 압력손실을 산정한다.

a. 식 (9−10)을 이용하여 N_P값을 구한다. N_P값은 식 (9−9)를 이용하여 압력손을 계산할 때 사용된다.

$N_p = 10.33\,(D)e^{(1.36\times10^{-5})(L/A)}$

L/A, kg/m²·h를 구한다.

수리학적 부하 $= q = Q/A$

$Q = (15{,}000\ \mathrm{m^3/d})(1\ \mathrm{d}/24\ \mathrm{h}) = 625\ \mathrm{m^3/h}$

$$\text{여상의 면적 } A = \frac{\pi D^2}{4} = \frac{3.14(20.0\ \mathrm{m})^2}{4} = 314\ \mathrm{m^2}$$

$$q = \frac{625}{314} = 1.99\ \mathrm{m^3/m^2{\cdot}h}$$

$$\frac{L}{A} = (1.99\ \mathrm{m^3/m^2{\cdot}h})(10^3\ \mathrm{L}/1\ \mathrm{m^3})(1\ \mathrm{kg/L})$$

$$= 1990\ \mathrm{kg/m^2{\cdot}h}$$

충진재 깊이 = 6.1 m

$N_p = 10.33(6.1)e^{(1.36\times10^{-5})(1990)}$

$= 64.7$

여재층 교차흐름에 대한 손실수두 보정계수 = 1.3(표 9−4)

유입과 미소손실에 대한 손실수두 보정계수 = 1.5

$N_P = (1.5)(1.3)(64.7) = 126.2$

b. 식 (9−9)를 이용하여 압력손실을 구한다.

$$\Delta P = N_p\left(\frac{v^2}{2g}\right)$$

$$\text{표면유속 } v = \frac{(\text{공기량/여상})}{\text{여상면적}}$$

$$v = \frac{(258.3/2)}{314.0} = 0.41\ \mathrm{m/min} = 0.0069\ \mathrm{m/s}$$

$N_P = 126.2$

$$\Delta P = 126.2\left(\frac{v^2}{2g}\right)$$

$$= \frac{(126.2)(0.0069\ \mathrm{m/s})^2}{2(9.8\ \mathrm{m/s^2})} = 0.0003\ \mathrm{m}$$

28°C에서 공기밀도 = 1.175 kg/m³ (부록 B 참조)

$\Delta P = 0.0003\ \mathrm{m}\ (1.175\ \mathrm{kg/m^3})\ (9.8\ \mathrm{m/s^2})$

$= 0.00346\ \mathrm{N/m^2} = 0.00346\ \mathrm{Pa} = 3.46\times10^{-6}\ \mathrm{kPa}$

4. 식 (9−2)와 (9−3)의 자연통풍압을 비교한다.
   a. 식 (9−3)을 이용하여 로그평균온도를 구한다.
   하수온도 = 20℃, 공기온도 = 28℃

$$T_m = \frac{T_2 - T_1}{\ln (T_2/T_1)} = \frac{28 - 20}{\ln (28/20)} = 23.8^{\circ}\text{C}$$

   b. 식 (9−2)를 이용하여 통풍압을 산정한다.

$$D_{\text{air}} = 353\left(\frac{1}{T_C} - \frac{1}{T_m}\right)Z$$

$$T_C = 273.15 + 20 = 293.15\ \text{K}$$

$$T_m = 273.15 + 23.8 = 296.95$$

$$D_{\text{air}} = 353\left(\frac{1}{293.15} - \frac{1}{296.95}\right)6.1 = 0.094\ \text{mm}$$

   c. 추정된 손실수두에 대해 통풍압을 비교한다.
   수두(mm H_2O)를 압력(Pa)으로 변환하면

$$\text{Draft} = (0.0094\ \text{mm H}_2\text{O})\left(\frac{9.797\ \text{Pa}}{\text{mm H}_2\text{O}}\right) = 0.0921\ \text{Pa}$$

   그러므로 통풍압(0.921 Pa) > 손실수두(0.00346 Pa)

현재 온도 차이에서는 필요공기량보다 많은 통풍량이 가능하지만 하수와 공기의 온도가 매우 비슷할 경우 충분한 공기흐름과 산소를 이용할 수 없다. 필요 공기 유량에 대한 압력손실은 매우 낮으며 균일한 공기공급을 위해 다수의 공기주입구가 필요하다.

연못화. 종종 과다 성장 또는 유입하수 중 조대 입자물질로 인하여 연못화가 발생할 수 있다. 여재 입자 간의 공극이 채워지거나 개별 여재 입자 간의 가교 시에도 발생한다. 연못화 문제는 쇄석, 특히 작은 쇄석을 사용하는 살수여상에서 더 심각하다. 연못화는 여상내 부족한 공기와 살수로 인해 처리성능 감소, 모기 번식, 냄새 발생 문제로 이어질 수 있다.

연못화의 제어 방법으로는 (1) 전처리의 개선(스크린 처리 후 1차 침전 등), (2) 유기물 부하 감소, (3) 수리학적 부하 증가로 탈리 유발, (4) 고압수로 연못화된 지점을 제거, (5) 잔류염소 농도 1~2 mg/L 유지, (6) 연못화된 지점의 여상을 닫고 세척한 후 건조시킴, (7) 인위적인 작업으로 원인물질을 제거하는 방법 등이 있다.

악취제어. 살수여상 운영에 있어 매우 중요한 고려사항은 악취제어이다. 이는 유입하수의 악취 화합물과 가스, 과도한 유기물 부하, 불균일한 수리학적 분배 및 불충분한 공기 유량(여상 통풍)과 연못화 등이 원인으로 자연통풍과 강제통풍식 살수여상 모두에서 다양한 이유로 자주 발생할 수 있다.

(a)

(b)

(c)

(d)

그림 9-9

살수여상 악취제어 장치. (a) 탄소처리 시스템 전경, (b) 산 세정탑, (c) 생물학적 악취여과(biotrickling filter), (d) 화학적 세정에 사용되는 여재

악취를 제어하는 방법으로는 다음과 같다. (1) 일시적으로 수리부하를 증가시켜 여상을 세척시킴, (2) 재순환율 증가로부터 수리부하를 높여 유기물 부하를 감소(필요 시 간이펌프를 사용), (3) 여상의 통풍량을 증가(가능할 경우), (4) 화학적 산화제를 주입시킴, (5) 쇄석에서 플라스틱으로 여상 여재를 교체함, (6) 여상을 덮고 악취 세정을 통해 처리하는 방법 등이 사용된다. 특히 여상을 덮는 방식은 처리시설 인근에 주거지역이 있는 곳에서 일반적으로 사용한다[그림 9-3(c), (d)와 그림 9-8(c), (d) 참조]. 타워형 살수여상으로부터 배출되는 가스는 일반적으로 활성탄 흡착, 화학적 세정, 생물학적 악취제거 여과(biotrickling filter)를 이용하여 처리한다. 배출가스 처리에 대한 추가적인 세부사항은 16장에 제시되어 있다.

포식자로 인한 문제점. 질산화 여상의 주요 문제점은 달팽이들이 성장하여 생물막을 섭취하면서 질산화 미생물이 줄어들고 질산화 성능이 저감된다는 것이다[그림 9-10(a), (b) 참조]. 또한 달팽이는 수로와 펌프를 막히게 하고, 소화조에 축적되며, 장치를 마모시키거나 파손시키는 문제를 유발한다. 유출수로부터 달팽이를 제거하기 위해 2차 침전지 전단에 유출수 수집조(sump)를 설치하면 제거할 수 있다. 또한 살수여상 침전지의 하부에서 배출되는 슬러지내 달팽이는 스크린이나 와류형 침전조를 이용하면 제거할 수 있다(Daigger and Boltz, 2011).

달팽이 증식을 제어하는 방법으로는 독성화학물질을 이용하거나 부적합한 환경조건을 이용하기도 한다. 알칼리 처리, 높은 암모니아 농도와 pH, 고농도 염수주입, 염소처리

그림 9-10

살수여상의 해충 제어. (a),(b) 살수여상내 달팽이, 달팽이 크기는 3~5 mm로 다양함[그림 9-8(e) 참조], (c) 침수되도록 설계된 살수여상 방수된 출입구, (d) 방수 출입구

와 0.4 g/L 황산구리 주입 등이 있다. 메트알데히드(metaldehyde), 살조충제(niclosamidee)와 곰팡이 제거약품(trifenmorph) 등의 구제제(molluscicides)의 사용으로 성장을 억제시킬 수도 있다(WEF, 2011). 독성 억제제는 단기간에만 사용해야 하며 처리시설의 유출수질과 질산화 미생물에 미치는 영향을 고려해야 한다. 수중에 유리 암모니아(NH_3) 농도가 150 mg/L 이상인 경우 달팽이 사멸율은 100%인 것으로 알려져 있다(Lacan 등, 2000). Nevada 주 Reno 시 Truckee Meadows 수질 재생시설에서 이 방법을 적용하여 성공적으로 달팽이를 제어하였고 이는 Gray 등에 의해 처음 보고되었다(2000). 암모니아가 풍부한 혐기성 소화조 농축액에 NaOH를 주입하여 pH 9.2에서 2시간 접촉시킨 3차 질산화 살수여상은 총 암모니아 질소 농도가 자유 암모니아로 높은 분율로 전환된다. 고농도 암모니아 슬러지 탈수여액과 NaOH를 첨가한 독립 질산화 살수여상의 연간 운전결과 성공적으로 달팽이를 제어한 것으로 보고하였다(Pearce and Jarvis, 2011). Colorado 주 Littleton-Englewood 시 폐수처리 시설에서는 높은 pH (pH 9~10)로 달팽이 제어가 가능하다고 Parker 등이 증명하였다(1997). 두 방법 모두 살수여상이 완전히 침지되어야 하며 그에 따른 수압을 견딜 수 있어야 한다[그림 9-10(c), (d) 참조].

≫ BOD 제거를 위한 공정 설계 고려사항

살수여상 공정은 충진재 여상을 통하여 폐수가 흐르고 침전조로 구성되어 단순하게 보인다. 그러나, 살수여상은 부착성장의 물리적 특성과 내부 수리동역학적으로 구성된 매우 복잡한 시스템이다. 생물막 두께, 표면 윤곽, 여재의 생물막 형성 범위를 예측하기 어렵다.

부착성장은 살수여상에서 균일하게 분포하지 않는데(Hinton and Sensel, 1994), 생물막 두께는 변화되며 생물막 고형물 농도 범위는 40~100 g/L이다. 주입 후 시간에 따른 여재층을 통과하는 액체 유량은 전체 충진표면적에 균등하게 흐르지 않는데 이를 습윤효율(wetting efficiency)이라고 한다. 실제 살수여상 공정에서 생물학적, 수리동역학적 특성을 정량화하는 것은 불가능하므로 유기물 용적 부하, 단위면적 부하량, 수리학적 부하량 등의 폭넓은 설계인자들을 처리효율과 관련된 설계와 운전인자로 이용한다. 이러한 복잡한 특징들을 살펴보았을 때 살수여상 설계와 성능은 주로 파일럿 시설과 실규모 시설 운전으로부터 도출된 경험식을 기초로 한다. 본 절에서는 BOD 제거와 질산화에 대한 살수여상의 성능, 성능에 미치는 운전인자와 일반적으로 사용되는 설계방법에 대해 고찰하였다.

유출수 특성. 역사적으로 살수여상은 활성슬러지공정보다 에너지 사용량이 적고 운전이 쉽다는 장점이 있지만, 냄새를 유발하고 처리수질이 좋지 못한 단점을 가지고 있는 것으로 간주되었다. 그러나 이러한 단점들은 불충분한 환기, 부적합한 침전지 설계, 낮은 온도에 대한 처리능력 부족 그리고 부적절한 주입량 때문이었다. 표 9-1에 주어진 적절한 설계와 용적 부하량를 기준으로 설치된 살수여상은 BOD 제거 공정에서 BOD 농도 ≤ 30 mg/L, BOD와 암모니아성 질소 제거를 위한 조합공정에서 유출수 농도는 각각 ≤ 20 mg/L, ≤ 3 mg/L의 처리 성능을 나타낸다. 3차 질산화 시스템은 유출수의 암모니아성 질소 농도를 1 mg/L 미만으로 처리할 수 있도록 설계되었다.

용적 부하량 기준. 살수여상 설계에서 BOD 용적 부하는 단일 BOD 제거 공정 및 BOD와 암모니아성 질소제거의 조합공정에서 BOD 처리효율과 상관성이 높다. Burce와 Maerkens(1970, 1973)는 살수여상의 성능은 수리학적 부하율보다 유기물 부하에 더 큰 영향을 받는다는 것을 발견하였다. 또한 쇄석살수여상의 설계모델은 BOD 제거 효율과 유기물 부하에 대한 현장자료를 바탕으로 National Research Council(1946)에 의해 개발되었다. Stenquist와 Kelly는 BOD 제거와 질산화 결합 공정의 질산화 효율은 BOD 용적 부하와 관련된다고 하였다(1980; U.S. EPA, 1975; Daigger 등, 1993). BOD 제거

그림 9-11

20°C에서 플라스틱 여재 살수여상의 BOD 부하에 따른 BOD 제거 효율

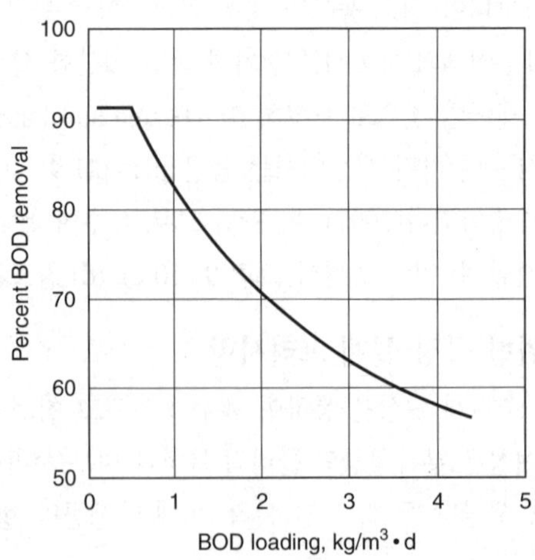

효율에 대한 BOD 부하의 영향을 그림 9-11에 나타내었다. 낮은 BOD 부하에서 BOD 제거 효율은 약 90%의 최대치를 안정적으로 도달한다. 실제 처리장 운영에 있어서는 고형물의 탈리 현상과 하수의 특성(sBOD 분율) 및 침전효율은 변화 때문에 일정 범위에서 차이를 보이고 있다.

살수여상 유출수의 재순환. 재순환은 습윤효율, 생물막 두께 제어와 높은 부하를 받는 타워 상부의 호기성 조건 유지에 영향을 미치는 살수여상의 설계에 중요한 부분이다. 습윤효율은 비표면적에 대한 습윤면적 비로서 0.2~0.6의 범위인데, Crine 등(1990)의 연구에서 임의 고밀도 충진여재를 사용하였을 경우이다. 재순환에 의해 살수여상 전체의 수리학적 부하가 증가하면 액체체류시간이 감소하지만 습윤효율은 증가한다. 또한 재순환은 표 9-3에서와 같이 충분한 주입률을 보장하여 생물막 두께를 제어한다. 불충분한 주입률과 보다 두꺼운 생물막 두께는 살수여상 플라스틱 충진여재의 유효 처리면적을 감소시킬 수 있다(Daigger and Boltz, 2011). 재순환에 의해 고강도의 폐수를 가진 유입 BOD 농도 희석은 살수여상의 호기성 운전조건을 유지할 수 있도록 상부초기단면의 생물학적 산화율을 감소시킨다. 또한 살수여상 타워에 분배기에서 배출되는 많은 유량에 의해 더 많은 산소를 공급시킨다. 수직흐름 플라스틱 여재에는 총 수리학적 부하율(유입유량+재순환 유량)을 0.5 $L/m^2 \cdot s$보다 큰 값을 권장한다. 얕은 교차흐름 플라스틱 여재는 살수를 넓게 하고 습윤효율을 증진시키며, 약 0.25 $L/m^2 \cdot sec$로 운전된다. 살수여상 펌프장은 1차 침전지 유출수를 이송하도록 설계되고 살수여상 유출수는 살수여상 여재 위의 분배장치로 재순환된다. 상대적으로 저양정 수중펌프나 수직 터빈펌프를 사용한다. 운전상의 유연성을 위해 가변 주파수 드라이브 펌프가 사용될 수 있다.

고형물 생산. 살수여상 공정에서의 고형물 생산은 하수의 특성과 살수여상 부하에 따라 달라진다. 낮은 유기물 부하에서 다량의 입자성 BOD는 분해되며, 미생물은 긴 SRT를 가지기 때문에 낮은 바이오매스가 생산된다. 살수여상에서 고형물의 생산을 평가하는 데 사용될 수 있는 절차는 본 장의 뒷부분 9-4절에 나타내었다.

2차 침전. 살수여상의 침전지의 기능은 정화된 유출수를 생산하는 데 있다. 이는 침전지로 유입되는 고형물의 함량이 매우 낮고, 슬러지 농축 및 재순환이 필요 없다는 점에서 활성슬러지 침전조와 다르다. 침전조의 하부배수는 폐슬러지를 1차 침전조 또는 슬러지 처리시설로 이송할 때 사용한다.

얕은 침전조의 문제점. 살수여상의 성능은 부적절한 침전조 설계가 고질적인 문제였다. 상대적으로 높은 월류부하율(약 1.7 m/h)의 살수여상을 위한 얕은 침전조(약 2.1 m 깊이)의 적용은 "미국 10개 주 기준"(GLUMRB, 1997)의 이전 버전에서 제안되었다. 그러나, 얕은 침전조의 사용은 대부분 좋지 못한 처리효율을 보여주었다. 현재 "미국 10개 주 기준"에서 권장하는 침전조 월류율은 활성슬러지공정과 유사한 값을 사용한다.

깊은 침전조 사용. 깊은 침전조와 낮은 월류부하율은 TSS 및 BOD 농도를 20 mg/L 이하로 처리하기 위하여 일반적으로 권장되고 있다. WEF Biofilm Reactors MOP 35

표 9-5
바닥경사 1:1.2 이상의 살수여상과 RBC에 대한 2차 침전조 측면수심(SWD) 함수로서의 권장 월류부하율 (SOR)[a]

측면수심 m	평균 월류부하율 m/h	최대 월류부하율 m/h
1.83~3.05	≤0.092(측면수심)^2	≤0.182(측면수심)^2
3.05~4.57	≤0.278(측면수심)	≤0.556(측면수심)

[a] WEF(2011)에서 일부 인용.

그림 9-12
침전조 측벽수심과 2차 침전지 월류율의 상관관계

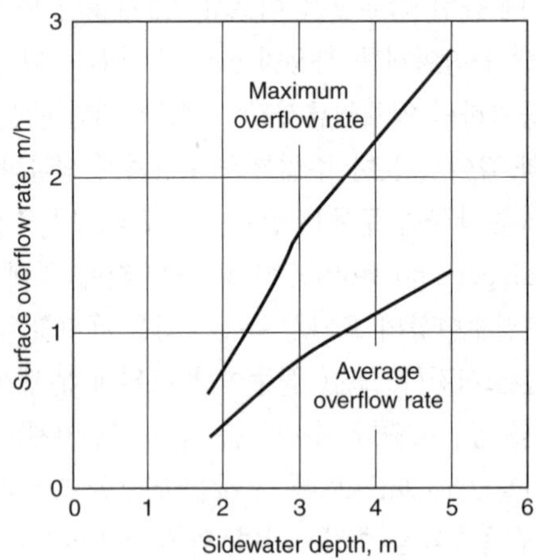

(2011)에서 권장하는 측면수심 함수로서의 월류부하율을 표 9-5와 그림 9-12에 나타냈었다. 살수여상의 침전조는 적절한 유입정의 크기와 깊이, 증가한 측면수심 등 활성슬러지공정의 침전조와 유사하게 설계해야 한다(8장 8-11절 참조).

물질전달 제한. 살수여상 공정의 설계 시 관심사 중 하나는 어떤 유기물 부하에서 산소전달에 의해 여상의 성능이 제한되는가이다. 이런 상황이 되면 높은 유기물 부하에서 처리효율이 떨어지며, 생물막이 혐기성 분해되어 냄새가 발생한다. 문헌상 자료에 의하면 유입수의 BOD 농도 400~500 mg/L 범위에서 산소전달이 제한되는 것으로 나타났다(Schroeder and Tchobanoglous, 1976). Hinton과 Stensel(1994)는 생물학적으로 분해가능한 용해성 COD 부하가 3.3 kg/m^3·d 이상일 때 산소가 기질 제거율에 미치는 영향이 크다고 보고하였다. 이는 표 9-1의 부분적 BOD 제거에 대한 BOD 부하율 상단부에 표시되어 있다. 재순환 흐름은 살수여상 생물 타워 상단의 물질전달 제한을 줄일 수 있다.

예제 9-2

살수여상 부하율 교차흐름의 플라스틱 여재가 충진된 직경 10 m, 깊이 6.1 m인 1단 살수여상이 있다. 아래와 같은 특성의 1차 처리수를 여상에 주입할 때 다음의 질문에 답하시오. BOD와 TKN의 용적 부하율은 얼마인가? 20°C에서 대략적인 BOD 제거 효율은 얼마인가? 질산화를 기대할 수 있는가?

1차 유출수 수질특성

항목	단위	값
유량	m^3/d	4000
온도	°C	15
BOD	g/m^3	120
TSS	g/m^3	80
TKN	g/m^3	25

풀이 1. 살수여상 여재의 부피를 구한다.

$$부피, V = (A)(D)$$

$$A = \frac{\pi(10\ m^2)}{4} = 78.5\ m^2$$

$$V = (78.5\ m^2)(6.1\ m) = 479\ m^3$$

2. BOD 부하를 구한다.

$$\text{BOD 부하} = QS_O/V$$

$$= \frac{(4000\ m^3/d)(120\ g/m^3)(1\ kg/10^3\ g)}{479\ m^3} = 1.0\ kg/m^3 \cdot d$$

3. 대략적인 BOD 제거 효율을 산정한다.
그림 9−11에서 부하율이 1.0 kg·BOD/m^3·d일 때 BOD 제거율은 약 82%이다.

4. 질산화를 기대할 수 있는가?
기대할 수 없다. 표 9−1에서 제시한 BOD 제거와 질산화를 동시에 수행하는 경우에 비하여 BOD 부하율이 너무 높다(0.25 kg/BOD m^3·d보다 훨씬 큰 1.0 kg/BOD m^3·d). 높은 BOD 부하율에서는 종속영양 박테리아 질산화가 박테리아보다 더욱 경쟁적이어서 여재의 표면적을 차지하기 때문이다.

≫ BOD 제거를 위한 공정분석

최초의 경험 설계식은 쇄석살수여상 처리장에서의 현장분석을 통해 개발되었다. 이후 모델들은 더욱 개발되어 플라스틱 여재를 사용하는 파일럿 시설과 실규모 시설의 운전과 성능산정에 적용되었다. 쇄석을 사용한 살수여상의 최초의 경험 설계식은 National Research Council에서 1946년에 군부대에 설치한 34개의 하수처리 시설들의 성능분석 자료를 기초로 개발하였다. 이러한 경험식들은 WEF(2011)나 Tchobanoglous 등(2003)의 많은 문헌에서 발견된다. 현재는 플라스틱 여재를 사용하는 살수여상이 대부분이기 때문에 플라스틱 여재에 대한 설계식을 중심으로 서술하였다.

플라스틱 충진여재 공식. 일반식은 플라스틱 여재를 사용하는 살수여상 공식에서

BOD 제거 효율은 수리학적 부하율과의 관계에서 개발되었다. 이 공식은 Velz(1948)의 살수여상에서 깊이에 따른 BOD 제거를 1차 관계식을 근거로 하였으며, Schulze(1960)는 수리학적 체류시간으로 표현하였다.

Schulze 식. Schulze(1960)는 생물막에 대한 하수의 접촉시간은 여재 깊이에 비례하고 수리학적 주입률에 반비례하여 다음과 같이 제안하였다.

$$t = \frac{CD}{\text{THL}^n} \tag{9-11}$$

$$\text{THL} = \frac{Q(1 + R)}{A} = (1 + R)q \tag{9-12}$$

여기서 THL = 총 수리학적 부하율, $m^3/m^2{\cdot}d$

t = 액체접촉시간, d

C = 사용된 여재 상수

D = 충진 깊이, m

n = 사용된 충진여재의 수리학적 상수

R = 재순환비

q = 1차 침전조 유출수를 기준으로 한 수리학적 부하율 $m^3/m^2{\cdot}d$

식 (9-11)와 같이 살수여상 유입 유량이 증가하여도 액막 두께가 증가하므로 유량에 비례하여 체류시간이 증가하지 않는다. 시간에 따른 여상내 BOD 농도 변화는 다음과 같이 1차 반응으로 표현된다.

$$\frac{dS}{dt} = -kS \tag{9-13}$$

여기서 k = 실험 속도상수

S = 시간 t에서 BOD 농도

여상에서의 접촉시간은 식 (9-11)로부터 Schulze는 다음과 같은 식을 도출하였다.

$$\frac{S_e}{S_i} = \exp\frac{-kD}{(\text{THL})^n} \tag{9-14}$$

여기서 S_e = 침전된 살수여상 유출수 BOD 농도 g/m^3

S_i = 총 유량에서 살수여상으로 유입되는 BOD 농도 g/m^3

k = 실험 속도상수

D = 충진 깊이

n = 사용된 여재 특성에 대한 상수

Schulze가 결정한 k와 n의 값은 20°C에서 각각 0.69/d와 0.67이다.

Germain 식. 1966년 Germain은 플라스틱 충진재 살수여상에 Schulze 식을 적용하여 다음을 제시하였다(WEF, 2000).

$$\frac{S_e}{S_i} = \exp\left\{\frac{-kD}{[(1 + R)q]^n}\right\} \tag{9-15}$$

여기서 S_e = 침전된 살수여상 유출수 BOD 농도, g/m³
S_i = 총유량에서 살수여상으로 유입되는 BOD 농도, g/m³
k = 폐수처리성과 충진계수, $(L/s)^{0.5}/m^2$(기준 $n = 0.5$)
D = 여재 깊이, m
n = 사용된 충진재 특성 상수

n의 값은 일반적으로 0.5로 가정하며, k 값은 파일럿 시설이나 실규모 시설의 BOD 유입, 유출 농도 자료를 이용하여 구한다. Dow Chemical 사는 비표면적 90 m^2/m^3의 수직 플라스틱 여재를 사용하여 140개 이상의 파일럿 플랜트 연구시험결과로부터 k 값을 구하였다. 유사한 실험들이 다양한 플라스틱 여재에 대해 실시되었으며 대부분의 실험은 여재깊이 6.1~6.7 m에서 이루어졌다. 침전지 설계, 고형물 부하율, 주입 싸이클 등 기타 요인들도 k 값 산정 시 실험결과 값에 영향을 주는 것으로 나타났다(Harrison and Daigger,1987). 요약하면 k 값은 폐수 성상, 여상과 침전지 설계, 운영조건 등 여러 인자들에 영향을 받는다. k에 대한 온도 보정은 다음 식에 의한다.

$$k_T = k_{20}(1.035)^{T-20} \tag{9-16}$$

기타 공식들. Eckenfelder(1961)와 Eckenfelder와 Barnhart(1963)에 의해 다른 모델로 플라스틱 충진여재의 성능을 계산하는 방법도 제시되었다(WEF, 2011). Velz 식을 변형시킨 식 (9−19)는 살수여상 침전지 유출수 BOD 농도와 유입 BOD, 재순환비, 여재 비표면적, 온도와 관계가 있다. 이 공식은 식 (9−15)로부터 유도된다. ($k_{20}A_s$)는 k와 같고 S_e/S_o는 S_e/S_i로 대체할 수 있다. 살수여상에 유입되는 유입수, 재순환율의 BOD 물질수지로부터 S_e/S_i와 S_e/S_o의 관계식이 성립된다.

$$QS_o + Q_RS_e = (Q + Q_R)S_i \tag{9-17}$$

$$\frac{S_i}{S_e} = \frac{RS_e + S_o}{(1 + R)S_e} \tag{9-18}$$

식 (9−15)를 역수로 하고 식 (9 − 18)에 S_i/S_e를 대입하면 살수여상 침전지 유출수 BOD 농도, 유입 BOD 농도, 재순환비가 포함된 관계식이 성립된다.

$$S_e = \frac{S_o}{(R + 1)\exp\left\{\frac{k_{20}A_sD\theta^{T-20}}{[q(R + 1)]^n}\right\} - R} \tag{9-19}$$

여기서 S_o = 1차 침전지 유출수를 기준한 유입 BOD 농도, g/m³
S_e = 유출 BOD 농도, g/m³
K_{20} = 20°C에서 여상 처리성 상수, $(L/s)^{0.5}/m$
A_s = 깨끗한 충진여재의 비표면적, m^2/m^3
D = 충진 깊이

θ = 온도 보정계수, 1.035

q = 수리학적 주입률, L/m^2·s

R = 1차 침전조 유출수 유량에 대한 재순환 유량비

n = 사용된 여재 특성에 대한 상수

BOD 제거율은 수리학적 주입률의 함수로 결정되기 때문에 유기물 부하에 따른 영향을 고려하지 않고 식 (9−15)와 식 (9 - 19)를 일반적으로 적용하는 것은 잘못된 설계가 될 수 있다. 예를 들어 식 (9−15)는 여재 깊이를 6.1 m보다 더 크게 할 경우 더 작은 용적으로 동일한 BOD 제거율을 달성할 수 있음을 암시한다. 그러나 용적이 작아짐으로써 유기물 부하율이 증가하고 처리효율이 감소하는 현상이 발생된다. 동일한 유기물 부하율에 대하여 제거 효율이 같을 경우 k 값은 여재깊이나 유입 BOD 농도에 따라 재조정되어야 한다. k 값은 특정깊이나 유입 BOD 농도에 따라 다음과 같이 표준화 할 수 있다(WEF, 2011).

$$k_2 = k_1\left(\frac{D_1}{D_2}\right)^{0.5}\left(\frac{S_1}{S_2}\right)^{0.5} \tag{9-20}$$

여기서 k_2 = 특정지점의 여재 깊이와 유입 BOD 농도에 대한 k의 표준값

k_1 = 깊이 6.1 m (20 ft), 유입 BOD 150 g/m^{3}에서의 k 값

S_1 = 150 g BOD/m^3

S_2 = 특정지점의 유입 BOD, g BOD/m^3

D_1 = 6.1 m (20 ft) 여재 깊이, m

D_2 = 특정지점의 여재 깊이, m

Dow Chemical 사가 파일럿 시설에서 수행한 연구결과를 바탕으로 20℃에서 일반적인 k_1 값을 표 9−6에 나타내었다. 이러한 수치는 하수에 따른 처리성 차이를 대략적으로 나타낸 것이다. 정련소, 제지공장, 직물공장 등의 k_1 값이 가장 작음을 알 수 있다.

표 9−6
폐수 종류별 플라스틱 여재 (m^2/m^3)에 대한 표준화된 Germain식의 $K_{20}A_s$ 값

하수종류	값(L/s)$^{0.5}$/m^2
가정	0.210
과일통조림	0.181
제지공장	0.108
고기통조림	0.216
제약	0.221
감자 가공	0.351
정련소	0.059
설탕가공	0.165
합성 낙농업	0.170
직물공장	0.107

참고: [(L/s)$^{0.5}$/m^2] × 0.3704 = (gal/min)$^{0.5}$/ft^2.

예제 9-3 **플라스틱 여재를 사용하는 살수여상 설계** 다음과 같은 설계유량과 1차 침전지의 처리수 특성을 가지고 있다. 6.1 m 깊이의 여상이 2개이며, 비표면적 90 m^2/m^3의 교차흐름 플라스틱 여재로 충진되어 있다. 여재 상수 n은 0.5이고 분배기는 2개의 팔을 가진다. 최소 습윤율은 0.5 $L/m^2 \cdot s$이다. 2차 침전지의 깊이는 4.0 m로 가정한다.

설계조건:

항목	단위	1차 유출수	목표 유출수
유량	m^3/d	15,140	
BOD	g/m^3	125	20
TSS	g/m^3	65	20
최저온도	°C	14	

위의 조건을 이용하여 다음을 결정하라.

1. 살수여상 타워의 직경, m
2. 여재의 부피, m^3
3. 총 양수율, m^3/h
4. 세척 및 정상 주입률, mm/pass
5. 세척 및 정상 살수속도, min/rev
6. 침전지 직경, m(평균유량에 대한 첨두율은 1.5로 가정)

풀이 1. 식 (9-20)을 이용하여 설계조건에 대한 k_{20}을 구한다.

$$k_2 = k_1\left(\frac{D_1}{D_2}\right)^{0.5}\left(\frac{S_1}{S_2}\right)^{0.5}$$

a. k_2를 구한다.

표 (9-6)에서 $k = 0.210\ (L/s)^{0.5}/m^2$ [식 (9-19)에서 $k = k_{20}A_s$]

살수여상의 깊이 = 6.1 m

$$= 0.210\left(\frac{6.1}{6.1}\right)^{0.5}\left(\frac{150}{125}\right)^{0.5} = 0.230\ (L/s)^{0.5}/m^2$$

b. 식 (9-16)을 이용하여 k_2에 대한 온도 보정을 한다.

i. $k_T = k_{20}\,(1.035)^{T-20}$

ii. $k_{14} = 0.230(1.035)^{14-20} = 0.187\ (L/s)^{0.5}/m^2$

2. 수리학적 부하, 여상 면적, 부피, 직경을 구한다.

a. 식 (9-19)를 이용하여 수리학적 주입률을 구한다. $k_T = (k_{20}A_s)\theta^{T-20} = 0.187\ (L/s)^{0.5}/m^2$

$$S_e = \frac{S_o}{(R+1)\exp\left\{\dfrac{k_T(D)}{[q(R+1)]^n}\right\} - R}$$

아래처럼 재배열하면

$$[q(1+R)] = \left\{ \frac{k_T D}{\ln\left[\dfrac{S_o + RS_e}{S_e(1+R)}\right]} \right\}^{1/n}$$

$$[q(1+1)] = \left\{ \frac{(0.187\ \text{L/m}^2\cdot\text{s})(6.1\ \text{m})}{\ln\left[\dfrac{(125\ \text{g/m}^3) + (1)(20\ \text{g/m}^3)}{(20\ \text{g/m}^3)(1+1)}\right]} \right\}^2$$

$$q = 0.443\ \text{L/m}^2\cdot\text{s}$$

b. 타워 면적을 구한다.

$Q = 15{,}140\ \text{m}^3/\text{d} = 175.2\ \text{L/s}$

여과면적 $= Q/q = 175/0.443 = 395.5\ \text{m}^2$

c. 충진부피를 구한다.

충진부피 $= (395.5\ \text{m}^2)\ (6.1\ \text{m}) = 2412\ \text{m}^3$

d. 타워 직경을 구한다.

면적/타워 $= 395.5\ \text{m}^2/2 = 197.75\ \text{m}^2$

직경 = 15.9 m 각각

각각의 직경이 16 m인 두 개의 타워

3. 양수율을 구한다.

$$q + q_r = (1+R)q = (1+1)0.443\ \text{L/m}^2\cdot\text{s} = 0.886\ \text{L/m}^2\cdot\text{s}$$

총 펌핑률 $= (0.886\ \text{L/m}^2\cdot\text{s})(\ 395.5\ \text{m}^2)$

$= 350.4\ \text{L/s} = 1261\ \text{m}^3/\text{h}$

4. 표 9-3에 주어진 자료를 이용하여 세척과 정상가동 시

a. BOD 부하율을 구한다.

BOD 부하율 $= S_o/V$

$$= \frac{(15{,}140\ \text{m}^3/\text{d})(125\ \text{mg/L})(1\ \text{kg}/10^3\ \text{g})}{2412\ \text{m}^3}$$

$$= 0.79\ \text{kg/m}^3\cdot\text{d}$$

b. 투과율을 구한다.

표 9-3에 따라 계산된 세척과 가동 시 투여율은

i. 세척투여 = 150 mm/pass

ii. 가동투여 = 75 mm/pass

5. 식 (9−1)를 이용하여 분배기 속도를 구한다.

a. 정상가동 시

$$n = \frac{(1 + R)\, q(1000 \text{ mm/min})}{(N_A)(DR)(60 \text{ min/h})}, \text{ where } q = \text{m}^3/\text{m}^2\cdot\text{h}$$

$$q = (0.443 \text{ L/m}^2\cdot\text{s})\left(\frac{3600 \text{ s}}{\text{h}}\right)\left(\frac{1 \text{ m}^3}{10^3 \text{ L}}\right) = 1.6 \text{ m}^3/\text{m}^2\cdot\text{h}$$

$$R = 1.0$$

$$n = \frac{(1 + 1)(1.6)(1000)}{(2)(75)(60)} = 0.36 \text{ rev/min (i.e. 2.8 min/rev)}$$

b. 세척가동 시

$$n = \frac{(1 + 1)(1.6)(1000)}{(2)(150)(60)} = 0.18 \text{ rev/min (i.e. 5.6 min/rev)}$$

참조: 정상가동과 세척에 요구되는 속도가 다르기 때문에 속도 변화가 가능한 분배기 구동장치가 사용되어야 한다.

6. 그림 9−12로부터 평균곡선을 이용하여 침전지 직경을 구한다.

침전지 깊이 = 4.0 m

그림 9−12로부터 평균 SOR = 1.1 m/h

표 9−5로부터 최고치 대비 평균 월류부하율의 추천 비율은 2.0(0.556/0.278)이다.

첨두치 대비 평균 유량비가 1.5이기 때문에 평균 월류부하율이 설계를 결정한다.

유량: (15,140 m^3/d)/(24 h/d) = 630.8 m^3/h

침전지 면적 = 630.8/1.1 = 573.5 m^2

2개의 침전지 사용

각각의 면적 = 573.5 m^2/2 = 286.7 m^2

각각의 직경 = 14.1 m

7. 설계 요약

설계인자	단위	값
여상 개수	개	2
직경	m	16
깊이	m	6.1
충진재 부피	m^3	2412
BOD 부하율	$\text{kg/m}^3\cdot\text{d}$	0.79
수리학적 부하율	$\text{L/m}^2\cdot\text{s}$	0.886
총 펌핑률	m^3/h	1261
재순환율	unitless	1.0
분배기 팔	개	2

설계인자	단위	값
정상가동 시 분배기 속도	min/rev	2.8
세척 시 분배기 속도	min/rev	5.6
침전지	개	2
침전지 깊이	m	4.0
침전지 직경	m	14.1

》 질산화 공정 분석

살수여상에서 생물학적 질산화를 달성하는 데 두 가지 설계 접근 방식이 사용되어 왔다. BOD 제거와 같이 하는 조합 시스템과 BOD 제거를 위한 2차 처리와 침전 후에 3차 처리를 사용하는 것이다. 3차 질산화는 부유성장 또는 고정생물막공정에 의한 2차 처리 후 암모니아 제거를 위한 저에너지, 저비용 공정이 될 수 있다. 파일럿 플랜트와 실제 플랜트 결과에 기초한 경험적인 설계 방식은 생물막 면적, 습윤효율, 생물막 두께와 밀도를 예측하는 것이 어렵기 때문에 질산화 설계를 위해 이용된다. 결합된 시스템에서 질산화 효율은 파일럿 및 실제 플랜트 결과로부터 얻어진 BOD 용적 부하율(kg BOD/m^3·d) 및 표면 부하율(kg BOD/1000 m^2·d)과 연관성이 있다. 3차 질산화 적용에 있어서 암모니아 표면 부하가 일반적인 설계인자이다.

BOD 제거와 질산화 결합공정. BOD 제거와 질산화가 결합된 살수여상에서 종속영양 세균은 빠른 성장과 높은 생산성 때문에 질산화 세균을 경쟁에서 이길 것이다. 대부분 질산화 미생물 성장은 분해 가능한 BOD가 5~10 ppm 이하로 제거된 후에만 발생한다(Harremoës, 1982; Figueroa and Silverstein, 1991; Parker and Richards, 1986). BOD 제거를 위해 사용된 것보다 훨씬 낮은 BOD 용적 부하율은 질산화 미생물에 대해 추가적인 여재 영역을 제공하는 BOD 제거와 질산화 결합 살수여상에서 사용된다.

90% 질산화 효율에 대해서는 쇄석 여재의 경우 0.08 kg BOD/m^3·d (5 lb BOD/1000 ft^3·d) 이하의 BOD 부하율이 권고된다(WEF, 2011). 약 6.3 kg BOD/m^3·d (14 lb BOD/1000 ft^3·d)의 부하상태에서 50% 질산화 효율이 예상된다. Daigger 등(1994)은 저밀도, 교차흐름 충진재를 사용하는 결합시스템에서 0.2 kg BOD/m^3·d (12.5 lb BOD/1000 ft^3·d) 이하의 부하에서 질산화 효율 90%를 제안했다.

질산화 효율은 충진 표면적에 기초한 BOD 부하와도 관련되어 있다. 쇄석과 교차형 흐름 플라스틱 충진재에 대한 질산화 성능 비교에서 Parker와 Richards는 두 종류 충진재에 대하여 같은 BOD 표면 부하율에서 같은 질산화 효율이 나타났음을 알아냈다. 암모니아성 질소를 90% 제거하려면 2.0 kg BOD/m^2·d (0.5 lb BOD/1000 ft^2·d)보다 낮은 표면 부하율이 필요하다. 생물막 두께를 제어하기 위한 재순환과 투여율 전략은 질산화 성능을 향상시킨다. Daigger 등.(1994)은 용적 산화율(volumetric oxidation rate, VOR)에 의해 플라스틱 충진재를 사용하는 살수여상에서 BOD와 암모니아성 질소의 산화가 특징지어질 수 있음을 알아냈다.

$$\text{VOR} = \frac{[S_o + 4.6(\text{NO}_x)]Q}{(V)(10^3\ \text{g/1 kg})} \tag{9-21}$$

여기서, VOR = 용적 산화율, kg/m^3·d

S_o = 유입수의 BOD 농도, g/m^3

NO_x = 유입수의 산화된 암모니아성 질소, m^3

Q = 유입 유량, m^3/d

V = 충진부피, m^3

식 (9−21)을 이용하여 3개의 플랜트에 대한 용적 산화율이 0.4~1.3 kg/m^{3}d 범위로 결정되었다. 가정한 VOR 값과 유입 BOD 농도로부터 질산화 총량을 추정할 수 있다.

Okey와 Albertson (WEF, 2000)는 4개의 다른 연구를 통해 얻은 데이터를 근거로 한 조합시스템에 대하여 유입 BOD/TKN 비와 비질산화율 사이의 관계를 알아냈다.

$$R_n = 0.82\left(\frac{\text{BOD}}{\text{TKN}}\right)^{-0.44} \tag{9-22}$$

여기서, R_n = 특정 질산화 속도, g/m^2·d

$\frac{\text{BOD}}{\text{TKN}}$ = TKN과 유입되는 BOD 비, g/g

이러한 상관성 자료는 9~20℃ 온도 범위에서 운전한 결과를 기초로 하고 있다. DO 농도가 온도보다 더 큰 영향을 준다는 결론을 얻었다. DO 농도 영향은 기본 물질의 전달에 근거하여 설명되며, 그것은 산소확산에 제한이 없고 암모니아 농도가 1.0 mg/L일 때 2.8 mg/L의 DO 농도를 필요로 한다.

Pearce와 Edwards(2011) 충진 표면적과 온도와 관련하여 암모니아성 질소 BOD, 그리고 수리학적 부하율의 함수로서 유출 암모니아성 질소 농도를 예측하는 모델을 제안했다.

$$\text{NH}_4\text{-N}_e = 20.81(\text{BOD}_L)^{1.03}(\text{NH}_4\text{-N}_L)^{1.52}(\text{Iv})^{-0.36}(\text{T})^{-0.12} \tag{9-23}$$

여기서, NH_4-Ne = 평균 유출 암모니아성 질소 농도, mg/L

BOD_L = BOD 표면 부하율, g/m^2·d

NH_4-N_L = 암모니아성 질소 비표면적 부하율, g/m^2·d

Iv = 비수리학적 부하율(specific hydraulic surface loading rate), L/m^2·d

T = 여상 유출온도, ℃

그 모델은 다양한 수리학적 그리고 유기물 부하상태에 대한 실험 데이터를 잘 반영하였다(R^2 = 0.78). 살수여상내 높은 바이오매스 생산, 미생물 동역학, 물질전달 등의 복합요인에 의한 부유성장시스템에서 온도의 영향은 명확히 밝혀지지는 않았다.

예제 9-4

플라스틱 충진재를 사용하는 살수여상에서 BOD 제거와 질산화 주어진 하수 특성에 대한 깊이 6.1 m의 살수여상에서 TKN의 90%를 제거할 수 있는 플라스틱 충진재의 부피와 면적을 계산하라. BOD 용적 부하율이 0.2 kg BOD/m³·d인 저밀도 직교류형 충진재로 가정하라. 용적 부하율 0.4 kg BOD/m³·d에 기초하여 예측된 부피와 계산된 부피를 비교하니 어떠한가? 식 (9−22)에 나타낸 관계를 비질산화율과 비교하니 어떠한가? 식 (9−23)의 질산화모델로부터 몇 %의 질산화가 산출되었나? 표 9−2로부터 충진재 비표면적을 90 m²/m³로 가정하고 살수여상 유출온도는 20°C로 가정하라.

또한 수리학적 부하율을 계산하라.

하수특성:

항목	단위	값
유량	m^3/d	800
BOD	g/m^3	160
TKN	g/m^3	25
TSS	g/m^3	70

풀이

1. 0.20 kg BOD/m³·d에 의한 충진 용적을 구한다.

$$\text{BOD 용적 부하량} = 0.20\ \text{kg/m}^3\cdot\text{d} = \frac{(8000\ \text{m}^3/\text{d})(160\ \text{g/m}^3)(1\ \text{kg}/10^3\ \text{g})}{\text{Packing volume, m}^3}$$

$$\text{충진부피} = \frac{(8000\ \text{m}^3/\text{d})(160\ \text{g/m}^3)(1\ \text{kg}/10^3\ \text{g})}{(0.20\ \text{kg/m}^3\cdot\text{d})} = 6400\ \text{m}^3$$

2. 식 (9−21)을 이용하여 용적 산화율에 기초한 용적을 구한다.

$$\text{VOR} = \frac{[S_o + 4.6(\text{NO}_x)]Q}{(V)(10^3\ \text{g/1 kg})} = 0.40\ \text{kg/m}^3\cdot\text{d}$$

$$V = \frac{[S_o + 4.6(\text{NO}_x)]Q}{(0.40\ \text{kg/m}^3\cdot\text{d})(10^3\ \text{g/1 kg})}$$

$$V = \frac{[160\ \text{g/m}^3 + 4.6(25\ \text{g/m}^3)](8000\ \text{m}^3/\text{d})}{(0.40\ \text{kg/m}^3\cdot\text{d})(10^3\ \text{g/1 kg})} = 5500\ \text{m}^3$$

3. 90% 제거일 때 비질산화율을 결정한다.

$$\text{충진 표면적} = 6400\ \text{m}^3\ (90\ \text{m}^2/\text{m}^3) = 576{,}000\ \text{m}^2$$

$$R_n = \frac{(Q)(\text{NO}_x)}{\text{표면적}} = \frac{(0.90)(8000\ \text{m}^3/\text{d})(25\ \text{g/m}^3)}{576{,}000\ \text{m}^2} = 0.32\ \text{g/m}^2\cdot\text{d}$$

4. 식 (9−22)를 이용하여 비질산화율을 결정한다.

$$\text{BOD/TKN} = 160/25 = 6.4$$

$$R_n = 0.82\left(\frac{\text{BOD}}{\text{TKN}}\right)^{-0.44}$$

$= 0.82\ (6.4)^{-0.44}$
$= 0.36\ g/m^2 \cdot d$

5. 수리학적 주입률을 결정한다.

$$\text{여재 단면적} = \frac{\text{체적}}{\text{깊이}} = \frac{6400\ m^3}{6.1\ m} = 1049\ m^2$$

수리학적 주입률, q

$$q = \frac{Q}{A} = \frac{(8000\ m^3/d)(10^3\ L/1\ m^3)(d/1440\ min)(min/60\ s)}{1049\ m^2} = 0.09\ L/m^2 \cdot s$$

0.5 $L/m^2 \cdot s$로 이전에 주어진 최소 수리학적 주입률을 충족시키기 위해, 재순환이 필요하다.

6. 식 (9−23)을 사용하여 유출수의 암모니아성 질소 농도를 추정한다.

$$NH_4\text{-}N_e = 20.81(BOD_L)^{1.03}(NH_4\text{-}N_L)^{1.52}(Iv)^{-0.36}(T)^{-0.12}$$

$$BOD_L = \frac{(8000\ m^3/d)(160\ g/m^3)}{576{,}000\ m^2} = 2.22\ g/m^2 \cdot d$$

$$NH_4\text{-}N_L = (0.32\ g/m^2 \cdot d)/0.9 = 0.36\ g/m^2 \cdot d \text{ (from step 3)}$$

$$Iv = \frac{(8000\ m^3/d)(10^3\ L/1\ m^3)}{576{,}000\ m^2} = 13.9\ L/m^2 \cdot d$$

$$NH_4\text{-}N_e = 20.81(2.22)^{1.03}(0.36)^{1.52}(13.9)^{-0.36}(20)^{-0.12} = 1.2\ mg/L$$

$$\text{질산화율} = \frac{(100)[(25 - 1.2)\ mg/L]}{(25\ mg/L)} = 95.2\%$$

조언 여재의 표면적에 기초한 BOD 부하율 계산값은 Daigg 등(1994)이 보고한 부피당 산화율의 계산값보다는 다소 작았다. 폐수의 BOD/N 비의 경우, 비질산화 속도는 식 (9−22)을 이용하여 BOD/TKN 비를 기반으로 한 예상값에 가깝다. 또한 질산화율은 식 (9−23)으로 예측한 값과 유사하다.

3차 처리 질산화 플라스틱 여재를 이용한 살수여상의 여러 시설들은 2차 처리수의 질산화에 사용된다. 3차 처리 질산화의 장점은 (1) 낮은 에너지 소비량, (2) 단순한 운전, (3) 안정적인 성능 등이 있다.

3차 처리 질산화에서는 매우 낮은 BOD 농도가 살수여상에 유입되어 얇은 생물막에는 질산화 세균이 차지하는 비율이 높아지게 된다. 유출수 암모니아성 질소의 농도는 여름과 겨울에 따라 변하며, 따뜻할 때는 1.0 mg/L 이하, 추울 때는 1~4 mg/L의 범위이다. 수리학적 부하율은 0.04~1.0 $L/m^2 \cdot s$ 범위이고, 재순환은 표면 습윤을 유지하는 데 사용된다. 일부 3차 질산화 시스템은 질산화 세균의 낮은 바이오매스 생산량 때문에 하류에 고액 분리 장치가 불필요하다. 이러한 현상은 지역적 폐수 특성 및 폐수처리의 목표에 따라 달라진다.

설계 및 공정. 3차 처리 질산화 살수여상을 설계 및 운전하는 데 있어 다음 사항을 고려하는 것이 중요하다. (1) 매체 유형과 비표면적, (2) 환기시설, (3) 수리학적 부하율 및 재순환, (4) 암모니아 부하량을 최소화, (5) 포식성 미소동물(prerdatory micro fauna)의 제어. 살수여상 상부에 질산화율은 생물막으로 전달되는 산소와 확산에 의해 영향을 받는다. 산소 제한을 저감시키기 위해서는 강제 공기 통풍을 시켜 산소 이용률을 극대화해야 한다. 재순환에 의한 높은 수리학적 부하율은 습윤효과를 높이고, 생물막 표면 교반효과가 있어 성능이 향상된다. 분배기 속도를 제어하여 주입률이 25~75 mm/pass가 되도록 하고 세척 강도는 300 mm/pass 이상이 바람직하다. 이는 막힘문제를 줄이기 위함이며, 중간 밀도 여재는 용적 비율 대비 넓은 면적을 제공하기 때문이다(즉, 비표면적 $138m^2/m^3$) 고형물 처리에서 유입된 고농도 암모니아수를 낮고 일정하게 처리하기 위해서는 슬러그 부하와 부하변동을 최소화하는것이 좋다. 달팽이의 성장은[그림 9-10(a), (b) 참조] 질산화 살수여상에 발생하여 질산화 박테리아 및 처리 효율의 심각한 손실을 초래할 수 있다. 포식자 제어 방법은 공정 설계방법에서 논의된다.

질산화율. 질산화율에 있어 살수여상은 여재 부피와 용존산소 그리고 암모니아성 질소 농도와 수리학적 주입률에 따라 달라진다. 질산화 여상의 많은 부분에서 암모니아성 질소 농도가 충분히 높으므로 질산화 속도는 산소에 의해 제한되며 따라서 질산화 속도는 질소 농도에 대해 0차 반응이다. 여상의 아래쪽은 암모니아성 질소 농도가 낮아지므로 질산화 속도는 암모니아성 질소 농도에 의해 제한되며, 질산화되는 암모니아성 질소 양도 감소한다. 질산화 박테리아의 성장이 감소하면 질산화 속도가 감소하고 암모니아성 질소는 적게 사용된다. 몇 단계의 직렬 질산화 살수여상의 변형 운전은 이러한 제한을 보충할 수 있다(Boller and Gujer, 1986). 높은 질산화 박테리아 개체 수를 유도하고 암모니아성 질소 농도가 낮은 곳에서 이용될 수 있도록 여상의 운전 순서를 며칠마다 반대로 한다. Anderson 등(1994)은 이 방법으로 질산화율을 20% 향상시킬 수 있었다.

질산화 효율은 충진여재 비표면적과 단위 비표면적당 질소제거율(g N/m²·d)과 관계가 있다(Okey and Albertson, 1989; Parker 등, 1990; WEF, 2011). Boller 및 Gujer(1986)은 액체 내의 암모니아성 질소 농도 제거율과 관련된 경험식을 개발했다. 암모니아성 질소 제거 플럭스는 생물막의 단위 면적당 질산화율과 동일하다.

$$J_N(z) = J_{N,\max}\left(\frac{N}{K_N + N}\right) \tag{9-24}$$

여기서, $J_N(z)$ = 암모니아성 질소 제거 플럭스, $g/m^2 \cdot d$

$J_{N,\max}$ = 온도 T에서 최대 암모니아성 질소 제거 플럭스, $g/m^2 \cdot d$

N = 용액내 암모니아성 질소 농도, g/m^3

K_N = 반속도 암모니아성 질소 상수, g/m^3

$J_{N,\max}$의 값은 3차 처리 살수여상 운전에서 암모니아성 질소 K_N보다 상당히 큰 곳으로 0차 질산화율을 관찰함으로써 결정된다. 전술한 바와 같이, 암모니아성 질소 농도가 6.0 mg/L 이하로 감소할 때 대략적인 0차 질산화율은 살수여상 상부에 발생할 수 있다. 0차 반응 제거 후, 매체 표면에 생물막 성장으로 암모니아성 질소 농도와 암모니아성 질

표 9-7
보고된 3차 질산화 살수여상의 최대 암모니아성 질소 제거 플럭스

처리장 위치	충진여재[a]	$J_{N,max}$ 값의 범위, g N/m²·d	참고문헌
Central Valley, UT	XF 138	2.1~2.9	Parker (1990)
Malmo, Sweden	XF 138	1.6~2.8	Parker (1995)
Littleton/Englewood, CO	XF 136	1.2~2.3	Parker (1997)
Midland, MI	VF 89	1.1~1.8	WEF (2011)
Lima, OH	VF 89	1.2~1.8	WEF (2011)
Zurich, Switzerland	VF 92	1.6	WEF (2011)
Zurich, Switzerland	XF 223	1.2	WEF (2011)

[a] XF = 교차흐름식, VF = 수직흐름식. 숫자는 비표면적 m^2/m^3

소 제거율은 감소한다. 최대 암모니아성 질소 제거 플럭스의 값이 감소하면 생물막 표면적이 감소된다. 또한 최대 암모니아성 질소제거 플럭스의 값은 생물막 성장 표면의 쇠퇴에 대하여 깊이에 따라 감소한다. 증가하는 깊이 1 m당 0.1 g/m²·d의 감소에 대해 최대 암모니아성 질소제거 플럭스 보정이 제안되어 있다.

최대 표면 질산화 플럭스($J_{N,max}$)은 표 9-7에서와 같이 다양하게 변한다. 교차 흐름 플라스틱 여재는 높은 질산화율을 보인다. 분배가 잘 되고 여재가 습윤되어 활성화된 생물막 표면적이 넓어지면 질산화율이 높게 된다. 그러나 고밀도 교차 흐름 여재 XF 223의 플럭스는 매우 좋지 않다.

식 (9-24)는 10~25°C 사이에서는 온도 보정 없이 사용될 수 있다. 다른 연구자는 3차 처리 질산화에 대한 최소 온도 영향을 얻었으며, 용존산소 농도에 따른 질산화율을 관찰하기도 하였다(Okey and Albertson, 1989). 10°C 이하에서는 다음 식을 따라 보정한다(WEF, 2011).

$$J_{N,\max(T)} = J_{N,\max(10)}(1.045)^{(T-10)} \tag{9-25}$$

식 (9-24)은 충진 여재의 깊이가 증가함에 따른 물질수지를 적용하여 그림 9-13 같이 표현하였으며, 여재의 깊이에 대한 용액의 암모니아성 질소 농도에 대한 일반식을 개발하였다. 여재의 깊이에 따른 암모니아성 질소 제거율은 생물막의 암모니아성 질소 플럭스와 동일하다.

$$V\frac{dN}{dt} = -J_{N,\max}\left(\frac{N}{K_N + N}\right)(aV) \tag{9-26}$$

여기서, V = 증가된 단면의 용적, m³
a = 여재 비표면적, m²/m³

단면에서 용적의 증가량은 Adz와 같고, dt는 dz(A)/Q와 같다. 식 (9-26)에 dt를 대입하고 q는 수리학적 부하(m³/m²)와 같을 때 다음 식이 된다.

$$dN = -J_{N,\max}\left(\frac{N}{K_N + N}\right)(a)\left(\frac{dZ}{q}\right) \tag{9-27}$$

식을 재배열하면 다음과 같다.

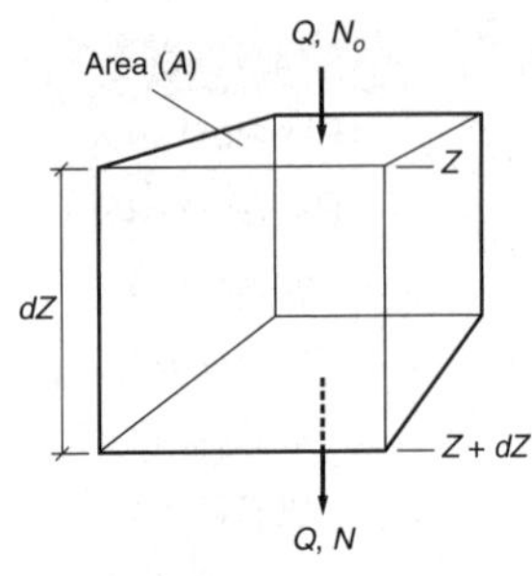

그림 9-13

식 (9-29) 유도를 위한 살수여상 부피의 모식도

$$dN\left(\frac{K_N + N}{N}\right) = -\frac{J_{N,\max}}{q}(a)dZ \tag{9-28}$$

여기서, Z = 충진물의 깊이, m

q = 수리학적 부하율, $m^3/m^2 \cdot d$

식 (9-28)을 적분하면 N의 한계는 $Z = 0$에서 (N_o)의 유입 농도와 같고 깊이와 암모니아성 질소 농도에 대한 다음과 같은 $Z = Z$에서 $N = N$ 식이 성립한다.

$$(N_o - N) + K_N Ln\left(\frac{N_o}{N}\right) = \frac{ZaJ_{N,\max}}{q} \tag{9-29}$$

재순환되는 경우 해결 방식이 필요한데, 초기 N_o를 계산하기 위해 유출수 암모니아성 질소 농도를 가정한다.

$$N_o = \frac{N_{\sec} + RN}{1 + R} \tag{9-30}$$

여기서, $N_{\sec}$ = 질산화 타워로 공급되는 2차 처리 질산화 유출수의 암모니아성 질소 농도, g/m^3

R = 재순환비

총 수리학적 부하는 식 (9-29)의 q를 사용하고 $(1 + R)q$와 같다.

예제 9-5

3차 처리 질산화 살수여상 설계 15°C의 2차 처리수 6,000 m^3/d를 처리하기 위한 질산화 여상의 총 플라스틱 여재의 충진 깊이를 결정하라. 유입수 암모니아성 질소 농도는 25 g/m^3이고 유출수 암모니아성 질소 농도는 1.0 g/m^3으로 한다. $J_{N,\max}$ 값은 1.8 $g/m^2 \cdot d$이고, K_N값은 1.5 g/m^3으로 가정한다(표 9-7 참조). 비표면적이 138 m^2/m^3인 중간 밀도 교차 흐름 플라스틱 여재를 사용하며, 유입 폐수 내 낮은 농도의 BOD 또는 TSS가 존재하여 공극 막힘 문제를 유발할 수 있다. 암모니아성 질소 농도가 6.0 g/m^3까지 감소되면 $J_{N,\max}$ 값은 0.10/m까지 감소되는 것으로 가정한다. 여재가 잘 젖을 수 있도록 수리학적 주입률을 1.0 $L/m^2 \cdot s$로 가정했을 때, 두 가지 경우의 플라스틱 타워 높이와 총 여재 부피를 비교하라: (a) 재순환율 = 0, (b) 재순환율 = 1.0; 또한 수리학적 부하율을 계산하라.

풀이-재순환이 없는 경우

(a) R = 0, q = 1.0 $L/m^2 \cdot s$인 경우

1. 식 (9-29)를 이용하여 q 단위를 $m^3/m^2 \cdot d$로 변환한다.

$$q = (1.0\ L/m^2 \cdot s)\left(\frac{1\ m^3}{10^3\ L}\right)\left(\frac{60\ s}{min}\right)\left(\frac{1440\ min}{d}\right) = 86.4\ m^3/m^2 \cdot d$$

2. 식 (9-29)의 깊이 Z를 구한다. N_0는 25.0 g/m^3 N은 6.0 g/m^3이다. 재순환이 없다고 가정하였기 때문에, 타워 상부의 암모니아성 질소 농도는 25.0 g/m^3이다. $J_{N,\max}$ 값은 1.8 $g/m^2 \cdot d$이다.

$J_{N,\max} = 1.8\ \text{g/m}^2\cdot\text{d}$

$$(N_o - N) + K_N \ln\left(\frac{N_o}{N}\right) = \frac{ZaJ_{N,\max}}{q}$$

$$[(25.0 - 6.0)\ \text{g/m}^3] + (1.5\ \text{g/m}^3)\ln\left(\frac{25.0}{6.0}\right) = \frac{Z(138\ \text{m}^2/\text{m}^3)(1.8\ \text{g/m}^2\cdot\text{d})}{(86.4\ \text{m}^3/\text{m}^2\cdot\text{d})}$$

$Z = 7.4\ \text{m}$

3. 다음 1 m 깊이에서는, $J_{N,\max} = (1.8-0.1)\text{g/m}^2\cdot\text{d} = 1.7\ \text{g/m}^2\cdot\text{d}$
   식 (9−29)를 사용하여 N을 구한다.

$$[(6.0 - N)\ \text{g/m}^3] + (1.5\ \text{g/m}^3)\ln\left(\frac{6.0}{N}\right) = \frac{1.0\ \text{m}(138\ \text{m}^2/\text{m}^3)(1.7\ \text{g/m}^2\cdot\text{d})}{(86.4\ \text{m}^3/\text{m}^2\cdot\text{d})}$$

$N = 3.9\ \text{g/m}^3$

4. $N \leq 1.0\ \text{g/m}^3$가 될 때까지 계산한다.
5. 각 깊이 증가를 위한 여재 부피는 타워의 횡단면 면적과 깊이의 곱이다.

$$\text{면적} = \frac{\text{유량}}{\text{단위면적당 유량}}$$

$$\text{면적} = \frac{Q}{q}$$

$$\text{면적} = \frac{(6000\ \text{m}^3/\text{d})}{(86.4\ \text{m}^3/\text{m}^2\cdot\text{d})} = 69.4\ \text{m}^2$$

7.4 m 깊이에서의 플라스틱 여재 여재 = (A)(Z) = $(69.4\ \text{m}^2)(7.4\ \text{m}) = 513.6\ \text{m}^3$
1.0 m 증가 시 플라스틱 여재 부피 = $(69.4\ \text{m}^2)(1.0\ \text{m}) = 69.4\ \text{m}^3$
결과는 아래 표로 요약할 수 있다:

$J_{N,\max}$ g/m² · d	NH_4-N mg/L	깊이 증가량 m	부피 m³
1.8	6.0	7.4	513.6
1.7	3.9	1.0	69.4
1.6	2.2	1.0	69.4
1.5	1.0	1.0	69.4
	합계	10.4	721.8

플라스틱 타워 깊이 = 10.4 m (또는 5.2 m인 타워 2기를 연속적으로 연결)

6. 타워 직경을 구한다.
   타워 두 개가 병렬이라고 가정한다.
   타워 1기당 횡단면 = $69.4\ \text{m}^{2/2} = 34.7\ \text{m}^2$

$$\text{면적} = A = \frac{\pi D^2}{4} \quad \text{직경} = \sqrt{\frac{4A}{\pi}}$$

$$직경 = \sqrt{\frac{4(34.7\ \text{m}^2)}{3.14}} = 6.64\ \text{m}$$

풀이–재순환이 있는 경우 (b) $R = 1.0$, $q = 0.50\ \text{L/m}^2\cdot\text{s}$인 경우,

$$R = 1.0,\ q = 0.50\ \text{L/m}^2\cdot\text{s} = \frac{(0.50\ \text{L/m}^2\cdot\text{s})(86.4\ \text{m}^3/\text{m}^2\cdot\text{d})}{(1.0\ \text{L/m}^2\cdot\text{s})} = 43.2\ \text{m}^3/\text{m}^2\cdot\text{d}$$

식 (9−29)를 사용하여 재순환을 고려한 총 수리학적 부하율은 86.4 $\text{m}^3/\text{m}^2\cdot\text{d}$이다.

1. 식 (9−30)을 사용하여 재순환에 의한 유입수 희석을 고려하여 타워 상부의 암모니아성 질소 농도를 결정한다.
   처리수 암모니아성 질소 = 1.0 g/m^3으로 가정한다.

$$N_o = \frac{N_{sec} + RN}{1 + R} = \frac{(25.0\ \text{g/m}^3) + (1.0)(1.0\ \text{g/m}^3)}{1.0 + 1.0} = 13.0\ \text{g/m}^3$$

2. $N_0 = 13.0\ \text{g/m}^3$, $N = 6.0\ \text{g/m}^3$일 때 식 (9−29)의 깊이 Z를 구한다.

$$(N_o - N) + K_N \ln\left(\frac{N_o}{N}\right) = \frac{ZaJ_{N,\max}}{q}$$

$$[(13.0 - 6.0)\ \text{g/m}^3] + (1.5\ \text{g/m}^3)\ln\left(\frac{13}{6}\right) = \frac{Z(138\ \text{m}^2/\text{m}^3)(1.8\ \text{g/m}^2\cdot\text{d})}{(86.4\ \text{m}^3/\text{m}^2\cdot\text{d})}$$

$Z = 2.8\ \text{m}$

3. 다음 1 m 깊이에서는, $J_{N,\max} = (1.8-0.1)\text{g/m}^2\cdot\text{d} = 1.7\ \text{g/m}^2\cdot\text{d}$
   식 (9−29)를 사용하여 N을 구한다.

$$[(6.0 - N)\ \text{g/m}^3] + (1.5\ \text{g/m}^3)\ln\left(\frac{6}{N}\right) = \frac{1.0\ \text{m}(138\ \text{m}^2/\text{m}^3)(1.7\ \text{g/m}^2\cdot\text{d})}{(86.4\ \text{m}^3/\text{m}^2\cdot\text{d})}$$

$N = 3.9$, 참조: 이는 암모니아성 질소 농도와 총 수리부하가 같을 때 (a)에서와 같이 더 깊은 곳에서 같은 결과값이다.

4. 각 깊이 증가를 위한 여재 부피는 타워의 횡단면 면적과 깊이의 곱이다.

$$면적 = \frac{Q}{q}$$

$$면적 = \frac{(6000\ \text{m}^3/\text{d})}{(43.2\ \text{m}^3/\text{m}^2\cdot\text{d})} = 138.8\ \text{m}^2$$

2.8 m 깊이에서의 플라스틱 여재 부피 = (A)(Z) = $(138.8\ \text{m}^2)(2.8\ \text{m}) = 388.6\ \text{m}^3$
1.0 m 증가 시 플라스틱 여재 부피 = $(138.8\ \text{m}^2)(1.0\ \text{m}) = 138.8\ \text{m}^3$
결과는 아래 표로 요약할 수 있다:

$J_{N,max}$ $\text{g/m}^2\cdot\text{d}$	NH_4-N mg/L	깊이 증가량 m	부피 m^3
1.8	6.0	2.8	388.6

$J_{N,max}$ g/m²·d	NH_4-N mg/L	깊이 증가량 m	부피 m³
1.7	3.9	1.0	138.8
1.6	2.2	1.0	138.8
1.5	1.0	1.0	138.8
	합계	5.8	805.0

플라스틱 타워 깊이 = 5.8 m (이것은 일반적인 타워 높이 범위에 포함된다.)

5. 타워 직경을 구한다.

타워 두 개가 병렬이라고 가정한다.

타워 1기당 횡단면 = 138.8 m²/2 = 69.4 m²

$$\text{면적} = A = \frac{\pi D^2}{4}, \qquad \text{직경} = \sqrt{\frac{4A}{\pi}}$$

$$\text{직경} = \sqrt{\frac{4(69.4\ \text{m}^2)}{3.14}} = 9.4\ \text{m}$$

6. 플라스틱 타워 설계 비교 및 요약

설계인자	(a)	(b)
재순환율	0.0	1.0
수리학적 부하율, m³/m²·d	86.4	43.2
총 수리학적 부하율, m³/m²·d	86.4	86.4
타워 개수	2	2
타워 직경, m	6.64	9.40
총 타워 깊이, m	10.4	5.8
타워 1기당 플라스틱 여재 부피, m³	360.9	402.5

100% 재순환을 사용한 결과, 더 짧고 넓은 직경의 타워가 필요하며, 총 충진 여재 부피가 11.5% 증가하는 것으로 나타났다. 재순환이 없는 시스템 설계 시에도 유입 유량이 적은 기간 동안 타워 설계의 총 수리학적 부하를 유지하기 위해서 여전히 관정과 펌프의 유출수 재순환이 필요하다.

9-3 살수여상과 부유고형물 공정의 직렬 조합공정

부유고형물을 가진 또는 활성슬러지공정과 살수여상을 조합한 몇 가지 공정이 개발되었다. 조합공정의 세 가지 기본 조합 형태는 (1) 살수여상/고형물 접촉공정(TF/SC), (2) 살수여상/활성슬러지법(TF/AS), (3) 살수여상/활성슬러지 순차 공정(series TF/AS)이다. 생물학적 조합공정은 이중 공정(dual process) 또는 살수여상/활성슬러지 조합공정이다. 이번 장에서는 (1) 공정 적용, (2) 살수여상/고형물 접촉공정, (3) 살수여상/활성슬러지공정, (4) 살수여상-활성슬러지 순차공정을 포함하고 있다.

공정 발전

9-1절에서 언급했던 TF/AS 공정뿐만 아니라, 살수여상과 활성슬러지공정을 직렬로 조합한 공정은 살수여상/고형물 접촉공정이다. TF/SC 공정은 하수의 살수여상 처리수의 수질을 강화하기 위해 1970년대 후반 Oregon 주 Corvallis에서 개발되었다(Norriset al., 1982). 살수여상은 주로 용존성 BOD를 저감하기 위해 설계되었으며, 후단에 포기형 고형물 접촉 수로를 두었고, 2차 침전지로부터 활성슬러지를 반송하였다. 포기형 고형물 접촉 수로의 일차적 목적은 활성슬러지 내에서 살수여상 유출수 부유고형물을 응집시키는 것 이었다.

공정 적용

순차적 조합공정은 살수여상 또는 부유고형물 공정을 더하여, 처리장을 개선하기 위한 새로운 처리장 설계 개념으로 제시되었다(Parker et al., 1994). 살수여상 유입수 내 BOD 소모는 생물학적 영양염류 제거 공정에 손해가 되므로, 조합공정은 BOD 제거를 위한 적용에 적절하다. 생물막 공정과 부유 성장공정 조합공정의 이점은 (1) 부착성장공정의 충격 부하에 대한 저항성과 안정성, (2) 부분적인 BOD 저감을 위한 부착성장공정의 에너지 소요량 및 부피 감소, (3) 생물학적 선택조로서 부착성장공정의 전처리 역할로, 활성슬러지 침전 특성 개선, (4) 부유 성장 또는 활성슬러지 공법 후단 유출수 수질 개선 가능성 등을 포함한다.

살수여상/고형물 접촉공정

살수여상/고형물 접촉공정(TF/SC)의 첫 실규모 현장 실증은 Oregon 주 Corvallis 시에서 시행되었는데, 조합공정이 유출수 TSS와 BOD 농도를 10.0 mg/L 이하의 고도 2차 처리 성능을 제시할 수 있다는 것을 입증하였다(Norris et al., 1982).

공정개요. 그림 9-14(a), (b)와 같이 2차 침전조 전단에 저부하 살수여상과 단기 포기 부유 성장 고형물 접촉조로 구성되어 있다. 용존 BOD의 대부분은 살수여상에서 제거되고, 포기 고형물 접촉조에서는 살수여상 유출수의 콜로이드와 입자성 물질이 미생물 유래 고분자 물질에 의해 생응집되며 이를 촉진하기 위해 충분한 호기성 SRT를 확보하도록 운전된다. 살수여상 유출수 내 잔여 용존성 BOD는 고형물 접촉조에서마저 제거된다. Newbry 등(1988)에 의하면 포기조 SRT가 1일 이상일 때 유출수 용존 BOD를 최소화할 수 있다.

2차 침전지. 일반적으로 고형물 접촉공정 후 분산 고형물의 생물 응집 및 완속 혼합 조건에서 추가적인 고형물 접촉 향상을 위한 응집제 주입정이 있는 2차 침전지가 이어진다. 대부분의 BOD 제거와 미생물 성장이 살수여상 단계에서 이루어지기 때문에, 이 공정은 활성슬러지 단계 대신 생물 응집처리와 고형물 접촉공정으로 지칭된다(Parker와 Bratby, 2001).

반송 슬러지의 이용. 그림 9-14의 선택적인 운영 방법에 대해 나타냈듯이, 설치된 TF/SC 공정 중 약 절반이 반송슬러지 재포기를 실시하고 있다. 슬러지 반송은 슬러지 보유량 증가와 고형물 접촉 저류 시간 증가 없이 SRT를 증가시키기 위해 사용된다. 높은 고

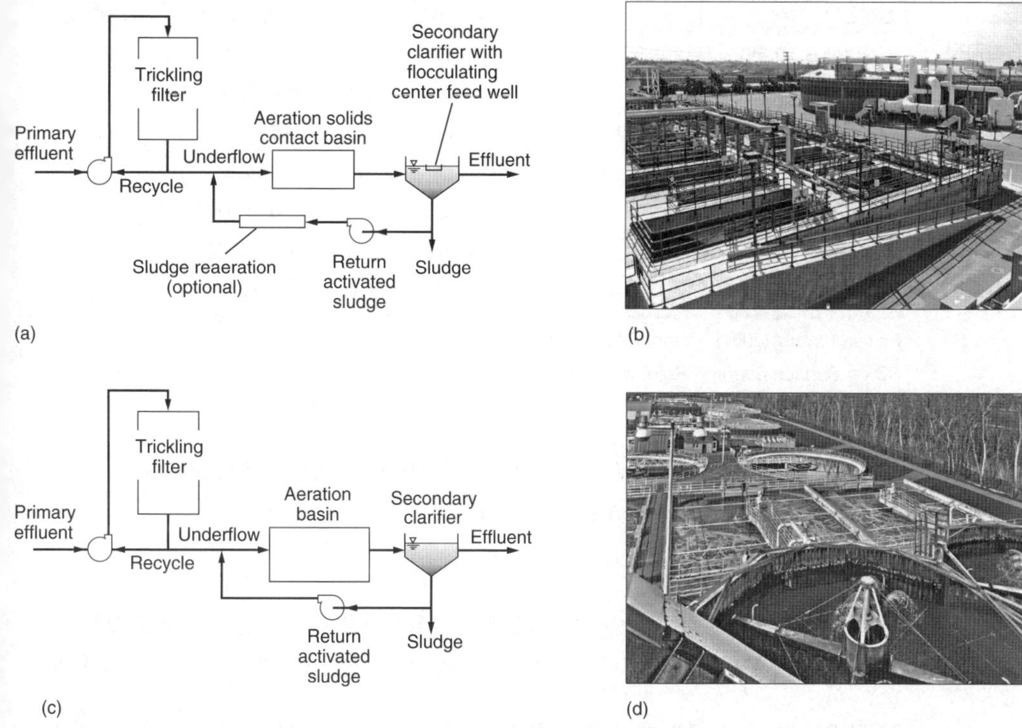

그림 9-14

살수여상/활성슬러지 조합공정. (a) 살수여상/고형물 접촉공정(TF/SC) 모식도(반송 슬러지 재포기 포함), (b) 고형물 접촉조 전경, (c) 살수여상/활성슬러지 공정도(TF/AS), (d) 살수여상/고형물 접촉조 설치 전경

형물 보유량은 높은 살수여상 BOD 부하에 유리하고, 살수여상 고형물 탈리량 증가에 따른 영향 완화에 도움이 된다. 저부하 살수여상 조건(0.30~0.70 kg BOD/m^3·d)에서는 살수여상 내 질산화 미생물 생장이 가능하고, 고형물 접촉조에서 예상 호기 SRT보다 낮은 경우에도 현저한 질산화가 가능하다.

설계 고려사항. TF/SC 공정의 핵심 설계 고려사항을 표 9-8에 요약하였다. 수리학적 고형물 체류시간은 30분~120분 범위이며, 대부분 60분에 가까웠다. SRT는 고형물 접촉조와 슬러지 포기조 내 고형물 보유량에 기초한다. Parker와 Bratby(2001)는 유출수 TSS 농도를 10 mg/L 이하로 달성하기 위해 SRT는 1.0~1.2 이상 필요하다고 언급하였다. 또한 BOD 부하가 적어도 2.0 kg BOD/m^3·d 이상인 고부하 살수여상도 낮은 유출수 TSS 농도 달성이 가능하다고 주장하였다. 살수여상 탈리 슬러지는 침강성이 양호하기 때문에 2차 침전지 필요 면적은 SOR 대신 고형물 부하 12.2 kg/m^2·h 만큼이나 높은 허용 한계치로 결정됨을 알 수 있다. 4개의 TF/SC WWTP에서 결과에 대한 90번째 백분위수의 SVI 값은 110~130 mL/g 범위에 있었다(Parker와 Bratby, 2001).

공정의 장점. TF/SC 공정의 가장 큰 장점은 다음과 같다: (1) 살수여상 내에서 BOD 산화의 대부분이 일어나기 때문에 최소한의 에너지로 살수여상과 부유성장공정의 최적

표 9-8
살수여상-고형물 접촉공정 (TF/SC)의 설계 기준[a]

설계인자	단위	범위	일반값
살수여상 BOD 부하	kg BOD/m³·d	0.4~1.8	0.80
고형물 접촉 평균 체류시간	min	45~120	60
첨두 유량 시 고형물 접촉 체류시간	min	15~30	30
총 고형물 접촉/재포기조 SRT	d	1.0~2.0	1.2
고형물 접촉조 DO 농도	mg/L	1.0~2.0	2
고형물 접촉조 MLSS 농도	mg/L	1500~3000	2000
2차 침전조 평균 SOR[b]	m/h	0.9~1.7	1.3

[a] Parker와 Bratby(2001), Daigger와 Boltz(2011)에서 일부 인용.
[b] SOR = Surface Overflow Rate, $m^3/m^2 \cdot d$.

설계를 제공, (2) 소규모의 부유성장 포기조(활성슬러지 공법의 5~20%)로 낮은 유출수 BOD와 SS 달성(Daigger and Boltz, 2011).

살수여상/활성슬러지공정

그림 9-14에 나타낸 것과 같이 살수여상/활성슬러지공정(TF/AS)은 접촉공정 대신 일반적인 활성슬러지 공법이 사용된다는 점을 제외하면 위에서 설명한 TF/SC 공정과 유사하다.

공정개요. TF/SC 공정과 비교해서, TF/AS 공정의 살수여상은 고속여상으로써(BOD 40~70% 제거) 훨씬 높은 BOD 부하로 설계되며, 활성슬러지공정에서도 상당량의 BOD가 제거된다. 활성슬러지 SRT는 BOD 제거율과 질산화의 유출수 수질을 만족할 수 있도록 설계된다. 살수여상 공정이 없을 때와 비교하면, 전체 고형물 생산이 조금 작아지기 때문에 전체 필요 포기조 크기가 조금 절감된다.

설계 고려사항. TF/AS 공정의 일반적인 설계조건은 표 9-9에 요약되어 있다. 필요 SRT는 수온, 유출수 BOD와 필요 암모니아성 질소 농도의 함수이다. 살수여상은 활성슬러지공정이 플록 침강성을 갖도록 하는 생물학적 선별기의 역할을 하고, 살수여상이 없는 활성슬러지공정보다 높은 MLSS를 유지하여 SVI 100~120 mL/g 범위 유지가 가능하다(Biesinger 등, 1980).

산소요구량. 활성슬러지조 내 산소요구량은 살수여상 후 활성슬러지조 유입수 내 잔류

표 9-9
살수여상-활성슬러지공정의 설계 기준

설계인자	단위	범위	일반값
살수여상 BOD 부하	kg BOD/m³·d	1.6~4.0	2.5
활성슬러지 SRT	d	3.0~10.0	다양[a]
포기조 DO 농도	mg/L	1.0~2.0	2
포기조 MLSS 농도	mg/L	2500~5000	3500
2차 침전조 평균 SORb	m/h	0.9~1.7	1.3

[a] 온도의 함수, 질산화를 일으키지 않는 범위에서 선택.
[b] SOR = Surface Overflow Rate, $m^3/m^2 \cdot d$.

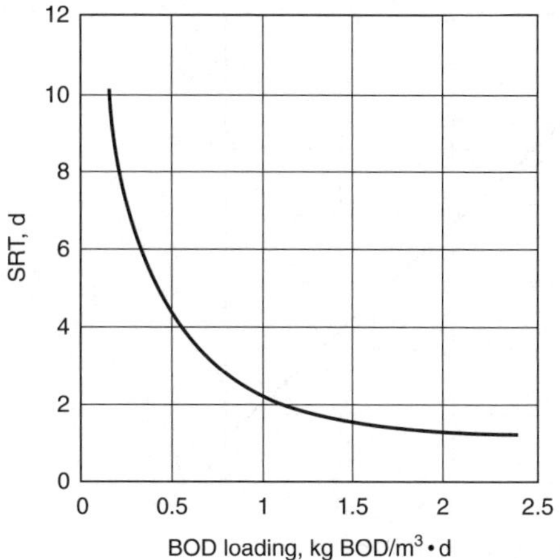

그림 9-15

살수여상의 BOD 부하에 따른 바이오매스에 대한 SRT(WEF, 2000)

BOD 양과 살수여상 탈리 바이오매스의 내생호흡량에 달려 있다. 살수여상 내 생성되는 미생물의 총량은 BOD 제거량과 살수여상 미생물 SRT의 함수이다.

BOD 제거. 살수여상 내 BOD 제거와 미생물 대사량은 예측하기 어렵다. 입자성 BOD와 용존성 BOD 모두 살수여상 내 미생물에 의해 제거되고, 최근의 경험 설계 모델(9-2절)은 일반적으로 유입과 최종 침전 BOD를 기본으로 하기 때문에 입자성(pBOD)과 용존성(sBOD) 제거율을 구분하지 않는다. 이 모델은 유출수 부유고형물의 예상 BOD 값을 제함으로써 제거된 sBOD 값을 예측하는 데 사용할 수 있다. 그러나 살수여상 내에서 분해되지 않은 pBOD는 대부분 활성슬러지공정에서 분해되므로 산소 요구량에 영향을 끼치게 된다. 그러므로 활성슬러지공정의 산소 요구량 결정을 위해서는 살수여상 내 pBOD 분해량이 매우 중요하다.

pBOD 제거. pBOD 제거는 살수여상 활성슬러지 조합 pilot plant에서 광범위한 살수여상 BOD 부하율 변화와 함께 연구되었다. 고형물의 COD와 BOD 수지를 위한 집중적인 시료채취로 살수여상에서의 pBOD 분해량을 결정하였다(Bogus, 1989). pBOD 분해량은 살수여상의 BOD 부하 감소 시 증가된다. BOD 부하의 함수로써 유입 pBOD 저감 분율 예측을 그림 9-16에 나타내었다.

살수여상/활성슬러지 설계 접근. TF/AS 공정의 활성슬러지조의 산소 요구량, 슬러지 생산량, 포기 부피를 결정하기 위한 설계 절차를 표 9-10에 요약하였다. pBOD와 sBOD 제거 양과 살수여상의 SRT 예측을 통하여 생산되는 바이오매스를 계산할 수 있다. 이 자료를 통하여 살수여상에서 필요한 산소 소요량을 추정할 수 있다. 살수여상의 바이오매스와 분해 불가능한 pBOD, sBOD 농도는 활성슬러지 포기조의 산소 요구량을 추정하기 위해 사용된다. 고형물 수지 또한 설계 SRT와 MLSS 농도에 따른 조의 부피를 결정하기 위해 수행한다. 미생물로 전환율과 내생 호흡계수와 기초적인 방정식은 8장 표 8-14에 나타내었다.

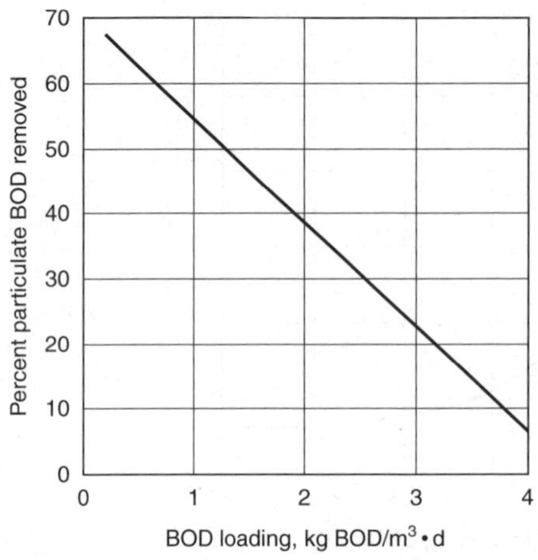

그림 9-16

살수여상의 유기물 부하에 따른 입자상 BOD의 분해량 (Bogus, 1989)

표 9-10

살수여상/활성슬러지공정 설계 계산 과정

항목	설명
1.	조합공정과 호환될 수 있는 살수여상 BOD 부하율을 선택한다.
2.	활성슬러지공정의 SRT를 선택한다. 높은 부하의 살수여상은 활성슬러지공정에 사용되는 긴 SRT이다.
3.	살수여상 타워 크기와 수리학적 부하율을 결정한다.
4.	살수여상에서의 용해성 BOD 제거율을 산정한다.
5.	그림 9-16의 살수여상에 BOD 부하율을 이용하여 살수여상에서 제거되는 입자성 BOD 분율을 결정한다.
6.	그림 9-15를 이용하여 살수여상 바이오매스 SRT를 산정. 이 값을 이용하여 바이오매스 생산량을 산정한다.
7.	BOD 제거량, 생물생산량을 포함한 최종 BOD의 물질수지와 살수여상의 바이오매스 생산량을 이용하여 살수여상에 만족하는 산소요구량을 결정한다.
8.	살수여상에서 분해되지 않는 일부 유입 BOD는 활성슬러지 반응조에서 4일 이상 체류하면 분해되는 것으로 가정한다. 활성슬러지 반응조에 BOD 제거로부터 바이오매스 생산량을 계산한다. 살수여상에서 생산된 바이오매스가 활성슬러지반응조에서 내생호흡 분해에 의한 손실되는 것을 조정한다.
9.	생성된 총 바이오매스와 최종 BOD 물질수지를 기초로 전체 시스템의 총 산소요구량을 결정한다. 활성슬러지 반응조에 필요한 산소요구량을 구하기 위해서는 살수여상을 만족시키는 산소요구량은 제외시킨다.
10.	바이오매스로부터 슬러지 생산량, 유입폐수내 생물 분해 불가능 VSS (nbVSSS)와 무기성 TSS (TSS-VSS)를 합산한다.
11.	총괄적 슬러지 생산량, SRT, 가정한 MSSS 농도를 이용하여 활성슬러지 포기조 용적을 산정한다.
12.	2차 침전조 설계를 위해 고형물 부하와 수리학적 부하를 평가한다.

예제 9-6 **살수여상/활성슬러지(TF/AS) 공정설계** 가정하수와 식품산업공정폐수가 혼합된 고농도 폐수를 처리하여 20 mg/L 이하의 BOD, TSS 농도를 만족하는 TF/AS 공정을 아래의 설계조건에 따라서 설계하라. 단, 질산화는 고려하지 않는다.

a. 살수여상 크기와 수리학적 부하율
b. 살수여상에 필요한 산소요구량, kg/d
c. 활성슬러지 포기조에 필요한 산소요구량, kg/d
d. 일당 폐기되는 고형물질, kg/d
e. 포기조 용적과 수리학적 체류시간
f. 살수여상과 활성슬러지 처리에 필요한 에너지 소모량을 kW/kg O^2로 비교

가정하수와 식품산업폐수가 혼합되어 1차 처리 후 살수여상으로 유입되는 폐수 특성은 다음과 같다.

항목	단위	가정	산업	혼합
유량	m^3/d	6000	1000	7000
BOD	g/m^3	130	600	197
sBOD	g/m^3	90	480	146
TSS	g/m^3	60	120	69
VSS	g/m^3	52	110	60
nbVSS	g/m^3	20	5	18

TF/AS 설계조건은 다음과 같다.

1. 살수여상 수 = 2
2. 가정하수의 플라스틱 충진 여재계수($k_{20}A_S$) = $0.21(L/s)^{0.5}/m^2$ (표 9-6 참조)
3. 산업폐수의 플라스틱 충진 여재계수($k_{20}A_S$) = $0.181(L/s)^{0.5}/m^2$ (표 9-6 참조)
4. 충진 깊이 = 6.1 m
5. 바이오매스 수율 YH = 0.6 g VSS/g BOD
6. 내생분해 계수 b_H = 0.08 g/g·d
7. UBOD/BOD = 1.6
8. MLSS = 3500 g/m^3
9. 바이오매스 VSS/TSS 비 = 0.85
10. 온도 = 15℃

풀이 1. 혼합폐수에 대한 가중평균 살수여상 BOD 제거 계수($k_{20}A_S$)를 결정한다.

$$\text{Net } k_{20}A_S = \frac{(6000\ m^3/d)(130\ g/m^3)(0.21(L/s)^{0.5}/m^2) + (1000\ m^3/d)(600\ g/m^3)[0.181(L/s)^{0.5}/m^2]}{(7000\ m^3/d)(197.1\ g/m^3)}$$

$$\text{Net } k_{20}A_S = 0.197(L/s)^{0.5}/m^2$$

2. 표 9-1로부터 부분 BOD 제거 여상에 대한 유기물 부하율을 선택한다.

   L_{org} = 2.5 kg BOD/m^3·d

3. 질산화를 방지할 수 있는 SRT를 선택한다.

   SRT = 5.0 d

4. 살수여상 크기와 수리학적 부하율을 결정한다.

   a. 살수여상 용적을 결정한다.

   식 (7-69)를 이용하여 유기물 용적 부하율을 산정한다.

$$L_{\text{org}} = \frac{QS_o}{(V)(10^3\ \text{g/1 kg})} = 2.5\ \text{kg BOD/m}^3\text{·d}$$

$$V = \frac{QS_o}{(2.5\ \text{kg BOD/m}^3\text{·d})(10^3\ \text{g/1 kg})}$$

$$= \frac{(7000\ \text{m}^3\text{/d})(197.1\ \text{g/m}^3)}{(2.5\ \text{kg BOD/m}^3\text{·d})(10^3\ \text{g/1 kg})} = 551.9\ \text{m}^3$$

   b. 수리학적 부하율을 결정한다.

$$V = AD$$

$$A = \frac{V}{D} = \frac{551.9\ \text{m}^3}{6.1\ \text{m}} = 90.48\ \text{m}^2$$

$$q = \frac{Q}{A} = \left[\frac{(7000\ \text{m}^3\text{/d})}{(90.48\ \text{m}^2)}\right]\left(\frac{10^3\ \text{L}}{1\ \text{m}^3}\right)\left(\frac{\text{d}}{1440\ \text{min}}\right)\left(\frac{\text{min}}{60\ \text{s}}\right) = 0.90\ \text{L/m}^2\text{·s}$$

   c. 살수여상 직경을 결정한다.

$$\text{여상 타워당 면적} = \frac{(90.48\ \text{m}^2)}{2\text{타워}} = 45.24\ \text{m}^2\text{/타워}$$

   직경/타워 = 7.6 m

5. 식 (9-19)를 이용하여 살수여상에서 제거되는 용해성, 입자성 BOD량을 결정한다. 식 (9-19)는 유출 침전된 BOD를 기초로 한 식이다. 유출수 침전된 TSS 농도는 30 mg/L로 가정하였다.

   a. R = 0인 조건에서 식 (9-19)를 이용하여 유출수 BOD 농도를 구하고, 식 (8-26)을 이용하여 유출수 sBOD를 구하여 살수여상에서 제거된 sBOD량을 산정한다.

$$S_e = \frac{S_o}{(R+1)\exp\left\{\dfrac{k_{20}A_sD\theta^{T-20}}{[q(R+1)]^n}\right\} - R}$$

   여기서, S_o = 유입수 BOD, g/m^3

   S_e = 유출수 BOD, g/m^3

   k_{20} = 20°C에서 여상의 처리상수, (L/s)$^{0.5}$/m

A_s = 깨끗한 충진 여재 비표면적, m^2/m^3

D = 충진재 깊이, m

u = 온도 보정계수, 1.035

q = 1차 유출수량에 따른 수리학적 부하율, $L/m^2 \cdot s$

R = 1차 침전조 유량에 대한 재순환 유량비, 0

n = 충진재 특성 상수 = 0.50

$$S_e = \frac{(197.1\ \text{g BOD/m}^3)}{\exp\left\{\dfrac{(0.197(\text{L/s})^{0.5}/\text{m}^2)(6.1\ \text{m})1.035^{15-20}}{[(0.90\ \text{L/m}^2)\cdot\text{s}]^{0.5}}\right\}} = 67.8\ \text{g BOD/m}^3$$

식 (8−26)으로부터 용해성 BOD를 결정한다.

$$\text{BODe} = \text{sBODe} + \left(\frac{0.60\ \text{g BOD}}{\text{g UBOD}}\right)\left(\frac{1.42\ \text{g UBOD}}{\text{g VSS}}\right)\left(\frac{0.85\ \text{g VSS}}{\text{g TSS}}\right)\left(\frac{30\ \text{g TSS}}{\text{m}^3}\right)$$

$67.8\ \text{g/m}^3 = \text{sBODe} + 21.7\text{g/m}^3,\ \text{sBODe} = 46.1\ \text{g/m}^3$

제거된 sBOD = (145.7 − 46.1) = 99.6 g/m^3

b. 제거된 입자성 BOD를 결정한다.
유입수내 입자성 BOD = BOD − sBOD
pBOD = (197.1 − 145.7) = 51.4 g/m^3
그림 9−16에서 2.5 kg $BOD/m^3 \cdot d$에서 제거된 pBOD = 30%
살수여상 유출수내 pBOD = (1 − 0.30)(51.4 g/m^3) = 36.0 g/m^3
살수여상 유출수내 제거된 pBOD
pBOD 제거량 = 51.4 g/m^3 − 36.0 g/m^3 = 14.4 g/m^3

c. 살수여상 유출수에서 분해되지 않은 유입수 BOD 산정
살수여상 유출수 BOD = sBOD + pBOD = (46.1 + 36.0) g/m^3
= 82.1 g/m^3

6. 살수여상에 필요한 산소요구량 결정
그림 9−15로부터 유기물 부하율이 2.5 kg $BOD/m^3 \cdot d$일 때 살수여상 SRT = 1.2 d 를 선정한다.
표 8−10에서 SRT = τ, 식 (7−42)를 이용하여 미생물 농도를 구한다.

$$X = \frac{Y_H(S_o - S)}{1 + b_H(\text{SRT})}$$

살수여상내 기질 제거량 (S_o−S)
= (197.1 − 82.1) = 115.0 g BOD/m^3

$$X_{TF} = \frac{(0.6\ \text{g VSS/g BODr})(115\ \text{g BOD/m}^3)}{[1 + (0.08\ \text{g/g}\cdot\text{d})(1.2\ \text{d})]} = 63.0\ \text{g VSS/m}^3$$

짧은 SRT에서는 세포 조각은 매우 작아 여기에서는 포함시키지 않았다. COD 기질수지에 의한 살수여상에 필요한 산소요구량을 결정한다.

사용된 $O_2 = bCOD_{IN} - bCOD_{OUT} - 1.42X_{TF}$

$= 1.6(197.1\ g/m^3 - 82.1\ g/m^3) - 1.42(63.0\ g/m^3)$

살수여상에 이용된 산소량 = 94.5 g/m^3

7. 활성슬러지 포기조에서 생산된 바이오매스를 결정한다.

개략적인 BOD 제거량 = 82.1 g/m^3, SRT = 5.0 d

유기물 산화에 의한 바이오매스

$$X_{AS} = \frac{(0.6\ g\ VSS/g\ BODr)(82.1 g\ BOD/m^3)}{[1 + (0.08\ g/g{\cdot}d)(5.0\ d)]} = 35.2\ g\ VSS/m^3$$

내호흡 산화 후 활성슬러지 포기조 내에 남아 있는 살수여상 미생물량

$$X_{TF,AS} = \frac{(63.0\ g\ VSS/m^3)}{[1 + (0.08\ g/g{\cdot}d)(5.0\ d)]} = 45.0\ g\ VSS/m^3$$

총괄적 미생물 생산량 또는 포기조로 공급되는 바이오매스 = 35.2 g/m^3 + 45.0 g/m^3 = 80.2 g VSS/m^3

8. 포기조에 필요한 산소요구량 mg/L, kg O_2/d을 산정한다.

소모된 총 산소량 = $1.6(197.1\ g/m^3) - 1.42(80.2\ g/m^3)$

$= 201.5\ g\ O_2/m^3$

활성슬러지 산소요구량 = 총 산소요구량 − *TF* 산소요구량

$= 201.5\ g\ O_2/m^3 - 94.5\ g\ O_2/m^3 = 107.0\ g\ O_2/m^3$

kg O_2/d = $(107.0\ g\ O_2/m^3)(7000\ m^3/d)(1\ kg/103\ g) = 749\ kg\ O_2/d$

9. 활성슬러지 슬러지 발생량을 산정한다. 표 8−10, 식 (8−21)를 이용하여 하루에 폐기되는 고형물질량 산정(세포 조각은 무시함).

$$P_{X,TSS} = \frac{P_{X,Bio}}{0.85} + Q(nbVSS) + Q(TSS_o - VSS_o)$$

$$P_{X,TSS} = \frac{(7000\ m^3/d)(80.2\ g\ VSS/m^3)}{(0.85\ g\ VSS/g\ TSS)} + (7000\ m^3/d)(18.0\ g\ VSS/m^3)$$
$$+ (7000\ m^3/d)[(69.0 - 60.0)\ g\ TSS/m^3] = 849{,}470\ g\ TSS/d$$

하루에 폐기되는 총 고형물질량(kg/d) = 849.5 kg TSS/d

10. 활성슬러지 포기조 부피와 수리학적 체류시간을 산정한다.

a. 표 8−10의 식 (7−57)을 이용하여 포기조 부피를 결정한다.

$(X_{TSS})(V) = P_{X,TSS}(SRT)$

$$V = \frac{P_{X,TSS}(SRT)}{X_{TSS}} = \frac{(849.5\ kg/d)(5.0\ d)(10^3\ g/1\ kg)}{(3500\ g/m^3)} = 1213.6\ m^3$$

b. 고형물 접촉 포기조내 수리학적 체류시간을 결정한다.

$$\tau = \frac{(1213.6\ m^3)(24\ h/d)}{(7000\ m^3/d)} = 4.2\ h$$

11. 살수여상과 활성슬러지 단계에 필요한 kg O_2당 에너지 소모량을 비교한다.
    a. 살수여상에 필요한 에너지는 6.1 m 타워 높이에 유량을 주입하는 것으로 대략 1.38 kW/1000 m^3 소요된다.
    필요한 에너지는 $(1.38\ kW/km^3)(7000\ m^3/d) = 9.66\ kW$

$$\text{산소요구량} = (94.5\ g/m^3)\left[\frac{(7000\ m^3/d)}{(10^3\ g/1\ kg)}\right] = 661.5\ kg/d = 27.6\ kg/h$$

$$O_2\ \text{공급효율} = \frac{(27.6\ kg/h)}{9.66\ kW} = 2.85\ kg\ O_2/h{\cdot}kW$$

활성슬러지 포기조에서 동일한 O_2 공급효율은 $0.7-1.5$ kg $O_2/h{\cdot}kW$이다(5장, 표 5-31).

TF/AS 공정에서 산소공급효율을 결정한다. 단, 활성슬러지공정에서 산소전달 고효율은 1.5 kg $O_2/h{\cdot}kW$로 가정한다.

$(0.47)(2.85\ kg\ O_2/h{\cdot}kW) + (0.53)(1.5\ kg\ O_2/h{\cdot}kW) = 2.13\ kg\ O_2/h{\cdot}kW$

순 에너지 저감률은

$$\left(1 - \frac{1.5}{2.13}\right)100 = 30\%$$

총 산소요구량의 거의 절반이 살수여상에 소요된다(총 산소요구량 201.5 g O_2/m^3 중 94.5 g O_2/m^3인 47%이다). 산소요구량은 활성슬러지 단계보다 살수여상에서 높은 산소전달효율을 제공한다. 고농도 폐수처리에 TF/AS 공정을 이용하면 단일 활성슬러지공정과 비교하여 최소 30% 이상의 포기 에너지를 줄일 수 있다. 또한 활성슬러지 침강 특성도 좋아지는데 이는 TF/AS 조합형 공정의 활성슬러지공정에서 높은 MLSS 농도를 유지하며 작은 포기조 용량을 사용하기 때문이다.

공정 장점. TF/AS 공정은 고농도 산업폐수처리에 적합한데 이는 살수여상에서 BOD 처리량당 상대적으로 적은 에너지가 소요되기 때문이다. 살수여상을 이용한 활성슬러지 혼합액에 양호한 SVI 값을 주어 용해성 BOD 제거에 생물학적 역할을 한다.

직렬 살수여상과 활성슬러지공정

조합공정 도입의 세 번째는 살수여상과 활성슬러지공정을 직렬로 운전하는 것으로 그림 9-17과 같이 살수여상과 활성슬러지공정 중간에 침전조를 설치한다. 살수여상 이후에 활성슬러지공정을 두는 조합은 (1) 기존 활성슬러지 시스템을 개선시키고, (2) 산업폐수와 가정하수 공동처리 시설에서 폐수의 강도를 감소시킨다. 그리고, (3) 독성물질과 방해기질로부터 활성슬러지공정의 질산화를 보호한다. 고강도 폐수를 처리하는 시스템에서 살수여상과 활성슬러지공정 사이에 중간 침전조는 활성슬러지 시스템에 고형물질 부하율을 감소시켜 포기조 용적을 최소화시킬 수 있다.

9-4 조합고정생물막 활성슬러지공정

조합고정생물막 활성슬러지공정(*integrated fixed film activated sludge*, IFAS) 또는 하이브리드(*hybrid*)공정은 활성슬러지 반응조내에서 부유성장 바이오매스와 부착성장 바이오매스를 함께 이용하기 위하여 미생물이 부착 가능한 메디아를 첨가한 공정이다. 부착성장을 위한 다양한 합성여재들이 개발되어 활성슬러지공정에 적용되고 있다. 그림 9-18과 같이 이러한 합성여재들은 포기조에서 부유 또는 고정상으로 이용된다. 활성슬러지 반응조에 부착성장미생물을 첨가하면 단독으로 운전되는 활성슬러지 MLSS 농도보다 1.5~2.0배의 MLSS 농도를 유지시킬 수 있다. 포기조내 높은 바이오매스를 유지시키면 유효 SRT가 증가하여 질산화를 유도하고 전체 처리 시스템의 처리용량을 증가시킨다. 포기조내 고형물이 증가한 것은 부착성장 바이오매스로 인한 것이기 때문에 높은 MLSS농도로 인해 2차 침전지의 고형물 부하량이 증가하지는 않는다. 본 절에서 설명한 주제들은 다음과 같다. (1) 공정 발전, (2) 공정 적용, (3) 공정의 장점과 단점들, (4) 물리적 시설의 설계, (5) 공정분석, (6) BOD 제거와 질산화 설계.

≫ 공정 발전

IFAS 공정에서 부착성장 여재는 공기분사 또는 혼합에 의해 비유동 상태 또는 이동상태가 될 수 있다. 대부분의 어떠한 메디아 형태라도 활성슬러지공정에서 생물막 성장을 위한 유효표면적을 제공하는데, IAFS 공정에서 주로 적용되는 것은 석유계 특성 여재인 중합(polymeric) 메디아이다. 부유 또는 부상메디아들은 생물막 이동체들로 스펀지 형태의 폴리우레탄(polyurethane) 또는 발포 폴리에틸렌(polyethylene) 또는 특수하게 설계된 폴리프로필렌(polypropylene) 플라스틱이다. 활성슬러지공정과 이동상 생물반응조(moving bed bioreactor, MBBR)에서 이용되는 대표적인 생물막 이동체의 특성들은 표 9-11에 요약 정리하였다.

그림 9-17
중간 침전조를 가진 직렬 살수여상과 활성슬러지공정도

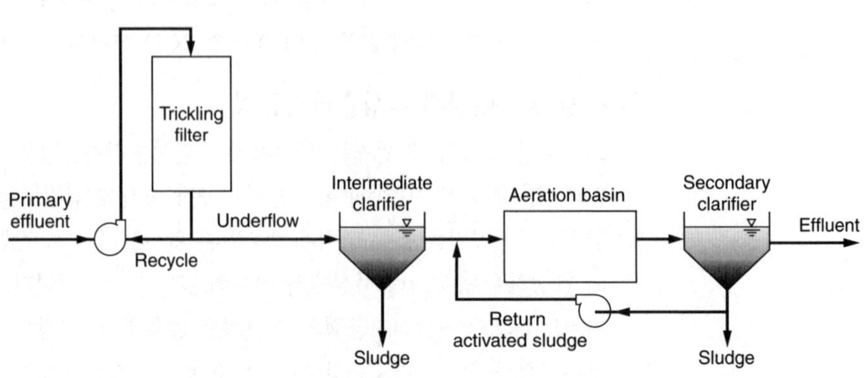

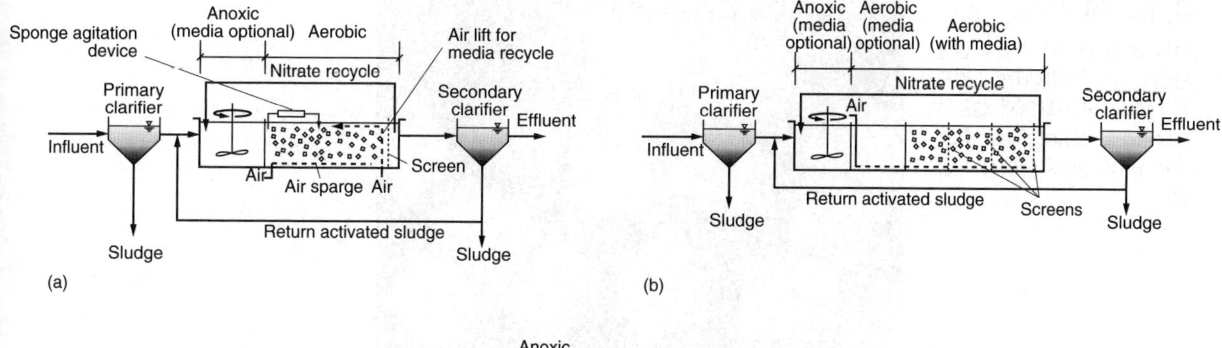

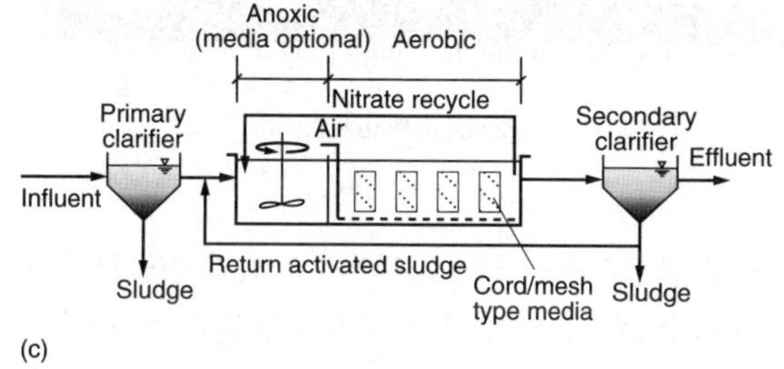

그림 9-18

조합고정생물막 활성슬러지공정(integrated fixed film activated sludge, IFAS) 공정도. (a) 부유 스펀지 생물막 여재, (b) 부유 플라스틱 생물막 여재, (c) 고정여재. (WEF, 2011; Phillips 등, 2010 자료 이용)

스펀지 형태 생물막 이동체. 스펀지 형태 여재인 Linpor™과 Captor™들이 IFAS 공정에 이용된다. 스펀지 형태 생물막 이동체는 비중이 0.95 g/cm^3(그림 9-19 참조)인 발포 직육면체이다. 스펀지 형태 생물막 이동체들은 활성슬러지 포기조 용적의 15~30%를 충진시킨다. 스펀지 충진 용적의 20%에서 용액내 비표면적은 약 800 m^2/m^{3}이며 반응조 단위용적당 생물막 표면적은 약 160 m^2/m^{3}이다. 그림 9-18(a), (b)에서와 같이 IAFS 반응조 상부와 하부 흐름에 이동체를 보존하기 위한 스크린이 필요하다. 거대 또는 미세

표 9-11
IAFS와 MBBR 공정에서 이용되는 대표적인 생물막 이동체

생물막 이동체 종류	비중	일반적인 규격 mm	비표면적 m^2/m^3
스펀지[a]	0.95	15 × 15 × 12 깊이	850
플라스틱 휠(k1)[b]	0.96~0.98	7 × 10 직경	500
플라스틱 휠(k3)[b]	0.96~0.98	4 × 25 직경	800
플라스틱 휠(k5)[b]	0.96~0.98	9 × 25 직경	500
바이오칩(p)[b]	0.96~1.02	3 × 45 직경	900
바이오칩(M)[b]	0.96~1.02	2 × 48 직경	1200
사각 플라스틱	0.96	15 × 15 × 10 깊이	680
로프[c]		45 로프직경	2.85 m^2/m

[a] Linpor. 그림 9-19 참조
[b] Kaldness. 그림 9-20 참조
[c] Ecologix.

그림 9-19

여재 활성슬러지와 이동상 생물반응조 공정에 이용되는 스펀지형 생물막 이동체(여재 샘플은 Mixing & Mass Transfer Technologies 사에서 제공함)

기포를 발생시키는 공기산기기가 스펀지 이동체의 혼합을 촉진시키고 산소를 공급해 준다.유출수 흐름으로 인해 스폰지는 유출측 스크린을 따라 위로 쏠리는 경향이 있어 제거해 주지 않으면 표면으로 떠오르게 된다. 공기양수펌프를 이용하여 유출부 수면위에 몰려 있는 스펀지를 반응조 상류부로 되돌려 주거나 공기분사기(air knife)를 이용하여 유출 스크린을 연속적으로 세척해 주어야 한다. 주기적으로 펌프하여 스펀지를 교반시키고 과잉으로 성장된 바이오매스를 제거하기 위해 수중펌프가 종종 설치된다. 공기분사기 끝단에 방해판이 여재를 재순환시키고 스펀지 표면에 과잉 성장한 바이오매스를 제거시킨다(Warakomski, 2005).

플라스틱 형태 생물막 이동체. 플라스틱 생물막 이동체의 비중은 0.96~0.98 g/cm^3으로 노르웨이 회사인 Kaldnes MiljØeknolog에서 개발되어 이동상 생물반응조 공정에 이용되었는데, 최초로 미국 Broomfield 사에 설치된 IAFS 공정에서 사용되기까지 이용되었다(Phillips 등, 2008). 마차바퀴 모양으로 원래는 직경이 10 mm이고 높이 7 mm로 설계되었

그림 9-20

여재 활성슬러지공정과 이동상 생물반응조 공정에 이용되는 여러 가지 형태의 플라스틱 부유 생물막 이동체. 생물막 이동체의 특성은 표 9-11에 기술하였다(AnoxKaldnessTM Biofilm 이동체는 Veolia, Inc.에서 제공함).

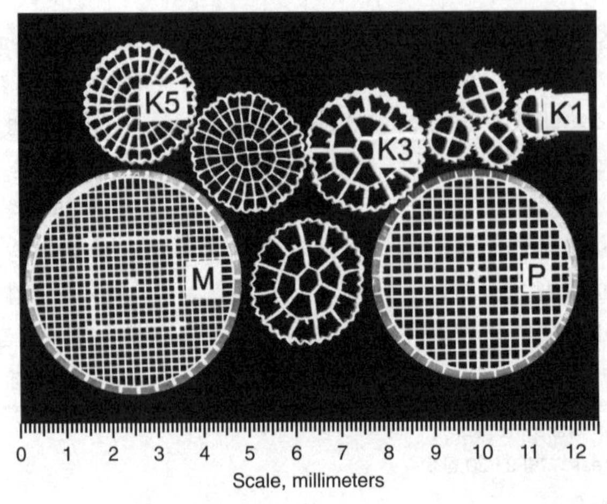

지만 표 9-11과 같이 직경 25 mm을 현재 많이 사용하고 있다(그림 9-20 참조). 많은 회사들이 플라스틱 생물막 이동체를 공급하였는데 칩이나 직사각형 형태도 이용되었다. 플라스틱 생물막 이동체는 호기성 영역에 사용되며 비표면적은 500~700 m^2/m^3이다. 반응조 용적에 30~60% 플라스틱 형태 이동체로 충진한 여재 용적은 스펀지 여재를 이용한 것보다 크며, 하향류 스크린에 잡히는 경향이 적다. 포기 영역에서 거대 또는 중간 크기 기포를 발생시키는 공기산기기가 플라스틱 생물막 이동체를 혼합시키고 반응조 유출부에 다공성 판(5 × 25 mm 공극)을 이용하여 반응조에 플라스틱 생물막 이동체를 유지시킨다.

고정여재 물질. 초기에 일부 IFAS 공정에서 플라스틱 또는 석면판을 활성슬러지 반응조에 사용하였다. 침지식 RBC (SRBC) IFAS 시스템은 표준 RBC를 40% 침지하여 운전하는 대신 약 85% 활성슬러지 포기조에 침지시키는 것으로 개발되었다. 포기에 의해 RBC는 회전되는데 기계적 보조 장치가 사용될 수도 있다. 이러한 침지된 운전은 여재 구동축의 부하를 감소시킨다. 로프, 또는 망사를 이용한 고정여재 물질을 가진 IFAS가 보편화되었다.

IFAS 공정에서 이용되는 로프 형태 물질들의 제품명의 예로서 Ringlace®, BioMatrix®가 있으며, 망사 형태의 제품명은 AccuWeb®, BioWeb® 등이 있다. Ringlace와 Biomatrix 제품은 직경이 약 5 mm인 폴리염화비닐(PVC) 소재 가닥을 알루미늄이나 스테인레강 프레임 주변 고리에 장착하였다. 6각형 모양의 그물과 유사한 망사형 여재도 여재 판에 설치하는데 여재의 상부와 바닥은 프레임 사이의 봉으로 지지된다. 망사형 고정여재를 설치한 예는 그림 9-21과 같다. 여재 바닥에 특수하게 제작된 거대기포 분사 장치는 양호한 혼합, 산소전달, 생물막 두께를 제어하기 위한 여재의 교반, 실지렁이와 같은 포식동물 성장을 최소화시키는 데 자주 사용된다.

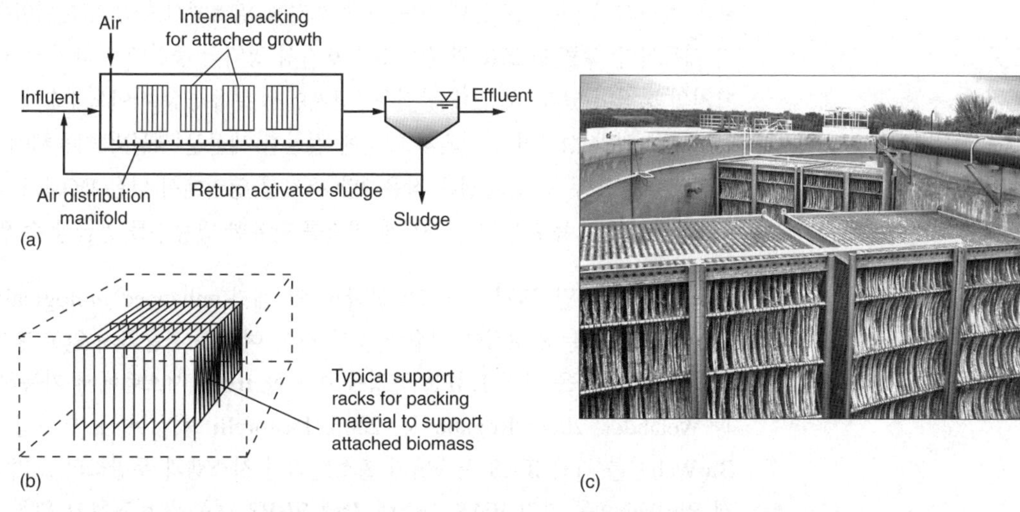

그림 9-21

고정상 부착성장 여재의 예. (a) 활성슬러지 반응조에 배치한 공정도, (b) 입체도면, (c) 원형 활성슬러지 반응조에 설치한 모습(J. Barnard 제공)

》 공정 적용

일반적인 IAFS 공정의 적용은 재래식 호기성 활성슬러지 처리공정을 개조하여 질소제거를 위한 생물학적 질산화-탈질화 공정으로 구성되는데 특히 보조 반응조의 용적의 공간이 제한되는 곳에 적용한다. Colorado 주 Bloomfield 시에 생물막 이동체를 활성슬러지 반응조에 추가한 사례가 있는데 질산화에 필요한 포기조 용적을 줄여서 설치하여 기존 포기조의 일부분을 예비 무산소조(preanoxic tank)로 활용하여 MLE 질소제거 공정으로 전환시켰다(Phillips 등, 2008).

고정 또는 부상여재들은 유효 바이오매스 농도를 증가시키 위하여 많은 활성슬러지 공정에 적용하였고 질산화에 필요한 부유성장 SRT 값을 감소시켰다. 재래식 활성슬러지 공정들은 질산화 고도처리시설, 질소제거, 인 제거를 위해 반드시 시설을 개선할 필요가 있지만, IFAS 공정은 추가적인 반응조 건설 없이 높은 수준의 처리기술의 대안으로 고려될 수 있다. 새로운 탱크를 추가하거나 2차침전지 면적을 늘리지 않고도 처리용량을 증가시킬 수 있다. IFAS는 또한 기존 시스템이나 새로운 시스템에 주입해 주는 생물막 메디아의 양이나 장소등을 결정할 때 유연성이 크다.

질산화와 생물학적 질소제거. 질산화와 생물학적 질소제거를 위한 IFAS 공정의 이용은 주요 관심 사항인데, 이는 추가적인 처리 반응조를 건설하지 않고 긴 SRT와 수리학적 체류시간을 제공하여 BOD 제거를 향상시킬 수 있기 때문이다. IFAS 구성은 단일 또는 다단 호기성 영역을 포함할 수 있는데 호기성 영역에서는 4~6 mg/L의 높은 DO 농도가 필요하다. 이는 생물막내 기질확산이 제한되는 것을 극복하여 여재 표면적에서 미생물이 질산화를 충분히 가능하도록 하기 위함이다.

단일 또는 다단 호기성 영역을 가진 질소제거를 위해 가능한 IFAS 구성 흐름도는 그림 9-22와 같다. 만일 DO 농도를 충분하게 이용할 수 있으면 2단 호기성 영역은 높은 효율의 질산화가 이루어지는데, 이는 1단 호기성 영역에서 높은 암모니아-N 농도가 제거되기 때문이다. 그림 9-22(c)와 같이 3단 호기성 영역의 중간에 부착성장공정을 이용하면 두 가지의 장점이 있다. 첫 번째 장점은 1단계에서 부유성장 바이오매스에 의해 BOD를 제거하는 종속영양 성장이 진행되기 때문에 질산화 세균을 생물막 이동체에 효과적으로 부착시킬 수 있다. 두 번째 장점은 작은 3단 호기성 영역에서 낮은 DO 농도를 이용하므로 전무산소조에 DO 농도가 낮은 질산성 질소를 함유한 반송수를 공급할 수 있다는 것이다.

고도생물학적 인 제거. 고도생물학적 인 제거(enhanced biological phosphorus removal, EBPR)는 8-8절에 기술한 것과 같이 여재를 사용하지 않고 단지 부유성장의 혐기성 접촉 영역을 가진 EBPR 공정을 이용한 IFAS 시스템에서 가능하다(Christensson과 Welander, 2004; Rogalla 등, 2006; Pastorelli 등, 1999). 호기성 영역에 고정여재 BioWeb®를 가진 IFAS 시스템의 활성슬러지 시스템과 무산소와 호기성 영역에 고정여재 BioWeb®을 가진 IFAS 시스템 간에 EBPR 성능을 비교하기 위한 파일럿 시설에서 활성슬러지와 호기성 영역에 여재를 가진 IFAS 시스템은 유사한 처리 성능을 나타내었다. 무산소와 호기 영역에 여재를 가진 IFAS 시스템은 EBPR 효율보다 조금 낮은데 이

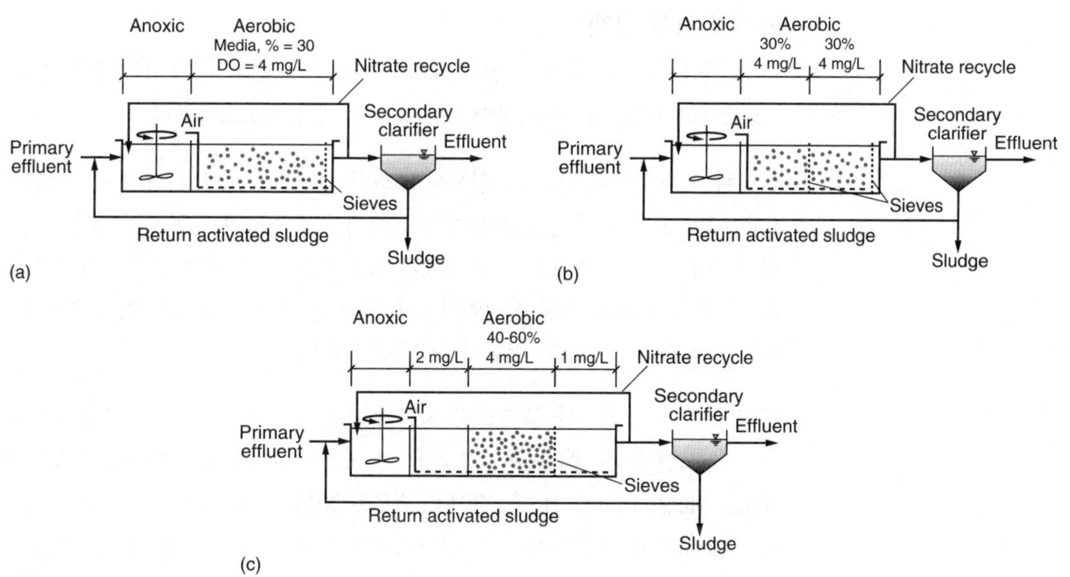

그림 9-22

MLE 생물학적 질산화 공정에서 생물막 이동여재 설치 지점 예. (a) 단일 포기조내 이동 여재, (b) 2단 직렬 포기기내 이동 여재, (c) 3단 직렬 포기조에서 중간포기조내 이동여재. 여재 주입량과 DO값은 각각의 그림에 표시되어 있다(인용, Phillips 등, 2010.).

는 무산소 영역 생물막이 혐기조건이 되어 인이 방출되기 때문일 것이다(Sriwiriyarat과 Randall, 2005). 부유 및 부착성장 독립영양계 질산화 세균, 종속영양계 PAO, 그리고 호기 영역에서 생물막 이동체에 질산화 세균 밀도를 가진 IFAS 시스템의 연구에서 저속 성장 질산화 세균들은 이동체 여재에 주로 부착하고, 고속 성장 종속영양계 세균들은 주로 부유상 혼합액에서 성장한다(Onnis-Hayden 등, 2011). PAOs가 혐기성과 호기성조건에 노출되어야 보다 짧은 SRT 조건으로 운전되는 부유성장공정에서 유리하게 성장할 수 있다. 이러한 분리배양 가능성으로 인하여 IFAS 시스템에서 부유성장 혼합액을 짧은 SRT로 운전하고, 질산화를 위해 긴 SRT를 유지 할 수 있다는 장점은 매우 중요하다.

≫ IFAS 공정의 장점과 단점

활성슬러지공정과 비교하여 IFAS 공정의 장점들은 다음과 같다. (1) 작은 공간에서도 처리용량의 증가, (2) 2차 침전조에 고형물질 부하율 증가 없이 유효 MLSS를 4,000~8,000 mg/L 증가시킴, (3) 여재 첨가에 의한 처리용량과 성능향상 능력, (4) 높은 부착성장 바이오매스에 의한 더욱 안정적인 질산화 군집, (5) 처리부하율과 DO 조건 제어에 의한 동시 질산화와 탈질화 잠재성이 있음.

활성슬러지공정과 비교하여 IFAS 공정의 단점들은 다음과 같다. (1) 운전에 높은 DO 농도를 필요로 하므로 높은 에너지 요구량, (2) 상표권이 있는 여재를 이용, (3) 산기기 유지관리를 위한 여재의 제거 문제점, (4) 유입폐수 스크린 장치의 개선, (5) 여재 스크린 장치를 통과하는 유량으로 인한 추가적인 수리단면 손실수두 증가.

물리적 시설 설계

IFAS 공정에 물리적 시설 설계 시 고려사항은 다음과 같다. (1) 전처리, (2) 여재 유지, (3) 포기와 혼합, (4) 거품 제어, (5) 생물막 제어, (6) 고액분리.

전처리. 적합한 전처리 시설들은 스크리닝, 그릿제거, 1차 침전 등을 포함하는데, 헝겊, 플라스틱, 모래 등의 불활성 물질들이 여재나 반응조에 축적되는 것을 예방해야 한다. 이러한 물질들은 고정 또는 부유여재가 있으므로 한 번에 반응조에서 제거하기가 난해하다. 최대 봉(bar) 스크린 간격이나 구멍 직경은 일차 침전조가 있을 경우 6 mm, 일차 처리가 없을 경우 3 mm가 적합하다(WEF, 2011).

여재 유지. 스펀지나 플라스틱 생물막 이동체에 고려해야 할 결정적 설계요소들은 유출수 스크린 또는 체(sieve), 그리고 조 흐름방향(forward flow) 유속이다(Phillips 등, 2010; McQuarrie과 Boltz, 2011; WEF, 2011)[그림 9-18(a), (b) 참조]. 스테인리스강 재질 유출수 스크린은 조의 끝단에 위치시켜 조에서 유출되는 여재를 수거한다. 유출수 스크린 오리피스를 가진 평판이나 수평형 실린더를 이용할 수 있는데, 액체 수심의 35~65% 상단에 실린더를 설치한다. 대표적인 실린더 직경은 0.3~0.4 m이고, 길이는 1.5 m, 3.0 m, 3.65 m이다. 스크린 면적에 수리부하율은 재순환과 2차 처리 유입수를 포함한 첨두 유량 기준으로 50~60 m/hr 이하이다. 스크린 오리피스 크기는 50~150 mm 미만의 손실수두이 되도록 선정한다. 오리피스 유속은 0.5 m/s 미만이 손실수두를제어하는 데 가장 많이 이용된다. 거대기포 공기 분산기는 평판스크린 길이 방향으로 바닥에 위치시켜 공기와 혼합시켜 협잡물질과 여재의 축적을 방지하는데 이를 전술한 바와 같이 공기분사기(*air knife*)라고 한다.

조 흐름방향 유속은 재순환 유량을 포함하여 조에서 나오는 총 유량을 조의 단면적으로 나눈 값이다. 빠른 흐름방향 유속은 여재를 조의 끝단 유출수로 밀어내어 액체 표면에 무리를 지어 쌓이게 된다. 흐름방향 유속은 30~35 m/h 이하가 권장된다(McQuarrie과 Boltz, 2011; WEF, 2011).

고정여재는 IFAS 포기조내 고정된 프레임(frame)에 장착한다. 프레임들은 바닥면에서 떨어져 지지되거나 포기조 벽면에 부착된 구조물에 의해 지지된다. 프레임들은 흐름방향 유속과 포기에 의한 유체의 교반에도 견딜 수 있도록 단단히 지지되어야 한다.

포기와 혼합. 부상여재를 적용하기 위해 분사식 포기(sparged aeration)를 이용하여 산소를 공급시키고 여재를 혼합시킨다. 분사기 설계는 교반 및 유출수 스크린의 막힘 제어에도 이용된다(그림 9-23 참조). 거대기포 포기는 부상여재 적용에 가장 일반적으로 적용되지만 미세 기포 포기도 사용된다. 굵은 기포 포기 이용은 미세 기포 포기의 경우처럼 산기기 세척과 유지관리를 위해 조로부터 여재가 이동되는 것을 방지해야 하는데 미세 기포 포기가 더 에너지 효과가 있다. 분사식 포기배치는 두 가지 모두 반응조 폭 전체에 여재와 회전작용이 되도록 해야 한다. 미세 기포 산기장치를 조 바닥 전체에 덮는 것은 좋지 않다. IFAS 여재는 산기포기 산소전달효율에 중요한 영향을 주지 않는 것으로 보인다. 활성슬러지와 IFAS 공정에 굵은 기포 포기를 적용한 경우(Rosso 등, 2011)와, 미세

(a)

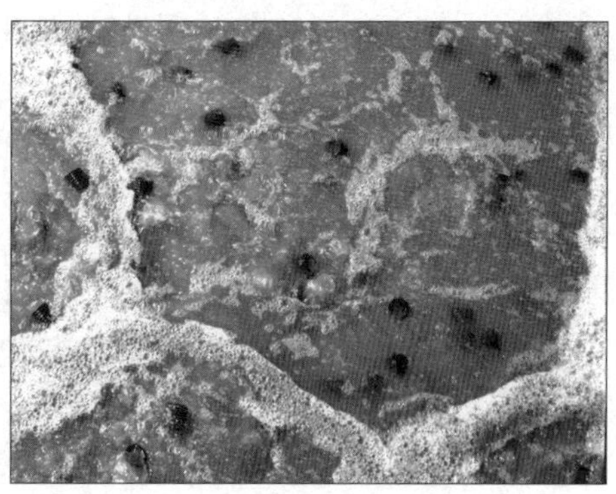
(b)

그림 9-23

부상 생물막 이동체를 가진 생물 반응조 전경. (a) 스크린이 생물막 이동체를 보유하는 생물반응조, (b) 공기 분사 영역에서 부상된 생물막 이동체

기포를 적용한 경우(Phillips 등, 2010)의 병행 실험결과 표준조건에서 유사한 산소전달 효율이 있는 것으로 밝혀졌다.

어떤 고정여재 설계에서는 굵은 기포 포기 시설들이 고정된 여재 걸이 아래에 있어 생물막을 혼합하고 교반시킨다. 흐름 패턴을 발생시켜 혼합액이 고정여재를 통하여 위로 이동시키는 목적으로 설계하기도 한다.

호기성 영역에서 부상여재의 혼합은 완속 기계식 교반기로 하는데 침지시키지 않고 조의 상단에 약간의 경사를 두어 위치시켜 조 전반에 방향흐름과 회전류를 발생시킨다. 대표적인 혼합에너지는 반응조 부피당 15~25 W/m^3 범위이다(McQuarrie과 Boltz, 2011).

스컴(Scum)과 거품 제어. 부상여재 IFAS 시스템에서 유출수 스크린을 이용하면 포기조에 거품이 모인다. 활성슬러지 조에 거품을 모으면 일반적으로 거품 발생 세균의 성장을 높여 거품 발생 문제가 유발된다. IFAS 설치 초기 운전기간을 제외하고는 심각한 거품 문제는 보고되지 않았다. 염소살포 또는 소포제 준비를 고려해야 한다(Phillips 등, 2008).

생물막 제어. 분사식 포기 시스템에 의한 교반과 혼합은 고정여재와 플라스틱 생물막 이동체에 과다 성장한 생물막 성장을 제어하는 효과가 있다. 생물막이 과다 성장하는 것을 막기 위해 가벼운 스펀지 여재를 종종 교반장치로 유입시키는데 에어 리프트(airlift)와 수중 펌프에 의해 포기조 앞부분에서 여재들은 순환 교반된다. 재순환 배관에서 충돌판으로 배출되면서 부착된 고형물질들이 탈착된다.

포식자. 밀집한 실지렁이 형태 과다 성장이 고정여재 IFAS 시스템에서 관찰된다. 이러한 포식자의 발생은 부상 여재의 경우 문제가 덜 발생되는데 이는 강한 교반에 의한 것으로 보인다. 벌레 성장은 총괄적 슬러지 발생량을 낮추지만 유효 바이오매스량과 처리 성능을 감소시킬 수 있다. 벌레들은 절대 호기성이며 유입부하율이 감소하는 운전변화에 따라 DO 농도는 증가하고 벌레들은 성장하게 된다. 반송 슬러지를 수 시간 동안 공기공급을 차단하고, 염소 소독하면 벌레를 제어할 수 있다. 이러한 제어방법은 반복적으로 대략 2주일 주기로 실시하여 유충을 동시에 제거해야 한다(WEF, 2011).

고액분리. 포기조내 높은 바이오매스 농도에도 불구하고 2차 침전조에 고형물 부하는 활성슬러지 처리를 위한 정상적인 값을 유지할 수 있다. 제한적인 연구에 기초할 때 IFAS

공정으로부터의 혼합액은 활성슬러지공정만 운영할 경우보다 SVI 값이 다소 높다(Kim 등, 2009; Parker 등, 2011). SVI 차이는 유출수 스크린을 통과할 때와 포기조내 높은 공기 교반속도에 의해 플럭이 더 파괴되어 발생하는 것으로 생각된다(Parker 등, 2011).

›› IFAS 공정 설계 분석

일반적으로 IFAS 공정은 고정 또는 생물막 이동체 여재를 활성슬러지 시스템에 첨가하여 추가적인 포기조 설치 없이 질산화가 가능한 시스템이다. 이러한 시스템에서 부유성장 SRT는 질산화를 위해 적합한 암모니아 산화 세균(ammonia oxidizing bacteria, AOB)들이 성장하기에는 너무 짧다. 부유 성장공정에서 제한된 SRT임에도 IFAS 여재에 질산화 세균이 성장하여 질산화를 제공한다.

질산화를 위한 IFAS 보강 예는 다음과 같다. (1) 유출수 처리 요구사항이 BOD 제거에서 암모니아성 질소제거까지 포함한다. (2) 이 시스템은 기존 호기조의 일부를 전무산소조로 바꾸어 질소를 제거해야 하며, 결과적으로 질산화에 필요한 SRT이하로 낮아지게 된다. (3) 활성슬러지공정에 유량과 부하량이 증가하고, 증가된 슬러지 발생량과 포기조내 MLSS 농도 제한으로 인해 질산화를 하기에는 SRT가 너무 낮게 된다.

제한된 SRT조건의 활성슬러지 시스템에서 질산화를 달성한 IFAS 보강 적용은 스펀지나 플라스틱 생물막 이동체를 이용한 사례로 로드 아일랜드 주(RI) Westerly마을(Masterson 등, 2004), 콜로라도 주(CO) Broomfield 시(Phillips 등, 2008), Canada Ontario 주 남부지역 도시(Stricker 등, 2009), Italy Conselve 시(Falletti과 Conte, 2007), 그리고 고정여재를 이용한 메릴랜드 주(MD) Annapolis 시(Randall과 Sen, 1996)와 오하이오 주(OH) Blacklick 시(Sen 등, 2006) 등이 있다. 대부분의 경우 여재는 부유성장세균에 의해 용해성 BOD의 대부분이 제거된 후 포기조의 2/3 또는 1/2량을 첨가하여 여재 표면적을 질산화 세균들이 이용 가능하도록 하고 종속세균(heterotrophic bacteria)들에 의해 제압되지 않도록 한다.

기질 제거. IFAS 시스템에서 기질의 제거는 부유바이오매스에 의한 기질의 섭취와 생물막에서 기질의 확산과 소비를 포함하는 복잡한 공정에 의해 이루어 진다. 부착성장 생물막에서 질산화 세균들이 탈리(sloughing)되면 낮은 SRT의 부유혼합액에서도 질산화가 진행되지만 계속 유지되지 않는다. 9-2절에서와 같이 부착성장 질산화 살수여상에서, 생물막 표면에서 제거되는 기질량은 제거 플럭스(flux)로 기질 $g/m^2{\cdot}d$로 표현된다. 여재의 실제 유효 표면적은 깨끗한 표면적보다 생물막 두께 때문에 작다. 과잉 생물막 성장은 IFAS 시스템에서는 포기 설계로 제어하는데 수리학적 전단력과 부상 생물막 이동체의 난류이동 또는 고정여재 생물막의 교반설계에 의한다. 플라스틱 이동체에 부착성장된 생물막 표면 농도는 BOD 제거 영역에서는 13~39 g TSS/m^2-메디아 표면적이고 질산화를 위한 영역에서는 7~13 g TSS/m^2로 보고되었다.

표 9-12

질산화를 위한 IFAS 시스템의 대표적인 설계조건[a]

여재 종류	충진 비율 %	비표면적 m^2/m^3	MLSS 농도 mg/L	호기성 수리학적 체류시간 h
로프 또는 망	70~80	50~100	3000	5.0
스펀지	20~30	100~150	2500	4.0
플라스틱	30~60	150~300	2500	4.0

[a] WEF(2011).

기질 제거 플럭스. 기질 제거 플럭스는 생물막으로 확산되는 기질속도, 외부적인 혼합강도와 생물막 정체층 두께, 생물막내 생물동역학(biokinetics)과 바이오매스 밀도, 그리고 전자수용체의 이용 가능성 등에 영향을 받는다. 용액의 DO 농도가 2.0 mg/L에서는 BOD 제거 플럭스가 전자수용체의 확산속도에 의해서 저해받지 않는다. 그러나, 질산화를 위해서는 DO 농도가 2 mg/L 이상 필요하고 이는 질산화를 위한 IFAS 시스템장점을 활용한 것이다. 기질 제거 플럭스에 대한 자료는 파일럿 규모와 실규모 시설 평가로부터 얻었다.

IFAF 공정 설계인자. 여러 가지 유형의 IFAS 여재에 대한 대표적인 공정 설계조건들은 표 9-12에 요약하였다. 주요 공정 설계인자들은 다음과 같다. (1) 기질 제거 플럭스, (2) 여재 비표면적(m^2/m^3), (3) 활성슬러지 반응조에 첨가되는 여재량으로 조 여재 용적 충진율 또는 충진백분율로 표현, (4) 호기조 DO 농도, (5) 부유성장 MLSS 또는 바이오매스 농도이다. 활성슬러지 반응조는 일반적으로 몇 개의 단계(stages)로 나누어 유입수의 단회로 현상(short circuiting)을 막고 단계의 생물동역학적 장점의 기회로 이용하는데, 최종 유출수 요구 농도에 비하여 상류 단계에는 높은 용해성 기질 농도를 가진다.

주어진 제거율을 구하기 위해 IFAS 처리영역에서 부착성장에 의해 요구되는 가능한 제거 플럭스를 이용하여 필요한 여재 표면적을 결정하는데 다음과 같이 암모니아성 질소의 질산화를 이용한다.

$$A_{BF} = \frac{Q(N_o - N_e)}{J_N} \tag{9-31}$$

여기서, A_{BF} = 생물막 표면적, m^2

N_o = 처리영역 유입수 NH_4-N 농도, g/m^3

N_e = 처리영역 유출수 NH_4-N 농도, g/m^3

J_N = NH_4-N 제거 플럭스, $g/m^2 \cdot d$

메디아 충진율은 여재 비표면적과 처리영역 반응조 용적을 기준으로 하여 결정한다.

$$\text{Fill fraction (\%)} = \frac{(100)A_{BF}}{V(SS_A)} \tag{9-32}$$

여기서, SS_A = 여재의 이용 가능 비표면적, m^2/m^3

V = 반응조 용액 용적, m^3

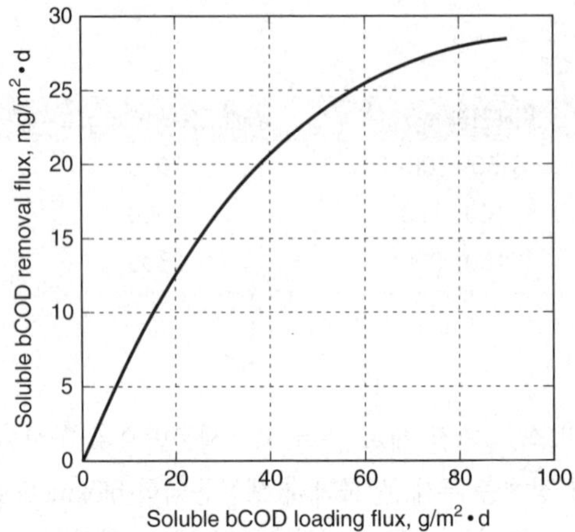

그림 9-24

플라스틱 생물막 이동체에서 용해성 bCOD 제거 플럭스 대 부하율 플럭스(Ødgaard, 2006)

생물막 제거 플럭스. 생물막 이동체 여재에 2차 유출수 BOD 농도를 달성하기 위해서는 용해성 bCOD 부하 플럭스가 20~25 g/m²·d를 초과해서는 안 된다(Øegaard, 2006). Øegaard(2006)가 보고한 용해성 bCOD 제거 플럭스와 부하율 플럭스 간의 관계는 그림 9-24와 같다. 용해성 bCOD 부하 플럭스가 10 g/m²·d에서 총 BOD 부하 플럭스는 약 10.4 g/m²·d가 되는데, 여기서 1차 처리 후 60% BOD가 용해성인 것으로 가정하였다. 여재 충진은 50%이고 비표면적은 500 m²/m³·d, 용적 BOD 부하는 2.6 kg BOD/m³·d으로 가정하였다. 이러한 부하는 2차 처리를 위한 재래식 활성슬러지공정에서 0.3~0.7 kg BOD/m³·d과 비교되는 값이다(표 8-19 참조).

질산화에 의한 암모니아성 질소 제거 플럭스는 용해성 bCOD보다 훨씬 더 느려지는데 폐수 DO, 암모니아성 질소, 용해성 BOD 농도에 의존한다. 질산화에 의한 암모니아성 질소 제거 플럭스는 용해성 BOD 농도가 10 mg/L 이하이면 영향을 받지 않는다. 10 mg/L 미만 용해성 BOD는 IFAS 공정에서 분리된 전 단계 BOD 제거율이나 충분히 낮은 BOD 부하로 운전되는 단일 반응조에서도 일반적으로 가능하다. 폐수 DO와 암모니아성 질소 농도의 함수로 관찰된 암모니아성 질소 제거 플럭스는 Ødegaard(2006)에 의해 제안되었고 그림 9-25에 요약되어 있다. 주어진 DO 농도에서 암모니아성 질소 제거 플럭

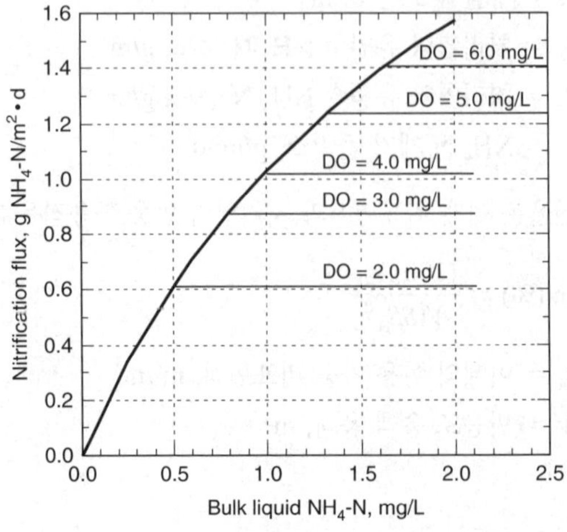

그림 9-25

저농도 용해성 BOD에서 폐수 암모니아-N과 DO 농도와 생물막내 질산화 플럭스 관계(Ødegaard, 2006)

스는 암모니아성 질소 농도가 증가함에 따라 1차반응 관계에 따라 증가하고, 그 반응은 어느 암모니성 질소 농도까지에서는 DO에 의해 제한을 받고, 그 후에는 DO에 의해 고정된다. 7–7절에서 질산화를 위한 확산 제한과 화학양론적 산소요구량을 기준으로 하면 이론적인 전환점에서의 비율은 2.8 g O_2/g NH_4-N이다. 그러나, 그림 9–25와 같이 플럭스와 NH_4-N 관계에서는 대략 3.7이다. Rusten 등(2006)은 3.2 값을 제시하였다. 이 값들이 높은 것은 탄소성 기질에 의한 산소요구량과 생물막에서 기질의 확산과 관련이 있다.

≫ BOD 제거와 질산화 설계 접근방법

IFAS 시스템 설계는 일반적으로 경험적 접근방법에 기초하며 파일럿 장치나 실규모 시설로부터 얻은 성능자료를 활용한다. 경험적 모델들은 IFAS 공정의 등가 MLSS 농도 값을 이용하는데 여재 면적과 제거 플럭스를 활용한다. 반경험적 공정 동역학 기본 모델들은 IFAS 공정 설계를 해석하고 동적 조건에서 공정의 성능을 평가하는 데 사용된다. 세 번째 접근방법은 생물막내 기질확산과 제거 및 활성슬러지 부유성장반응 모델들로 구성된 모의 소프트웨어(simulation software)를 이용하는 것이다.

등가(Equivalent) MLSS 접근방법. 등가 MLSS 접근방법의 예는 스펀지 여재에 대해 M²T Technologies에 의해 발전된 것이 있다(WEF, 2011). 등가 MLSS 접근방법은 다음과 같다.

$$\text{등가 MLSS} = (V_M)X_M + (V_{\text{AS}})(AS_{\text{MLSS}}) \tag{9-33}$$

$$V_T = V_M + V_{\text{AS}} \tag{9-34}$$

$$\text{여재 충전율} = (V_M)/(V_T) \tag{9-35}$$

여기서, V_M = 여재 용적, m^3

X_M = 여재 용적 내 고형물질 농도, g TSS/m^3

V^{AS} = 활성슬러지 용적, m^3

AS_{MLSS} = 활성슬러지 MLSS 농도, g TSS/m^3

V_T = 총 반응조 용적, m^3

활성슬러지 MLSS 농도는 설계 SRT, 유입폐수 특성으로부터 구할 수 있고 포기조 용적은 8–6절에서와 같은 과정으로 구한다. IFAS 공급 회사가 제시한 여재 고형물 농도 18,000 g/m^3, 부유 MLSS 농도 3,000 g/m^3, 그리고 25% 여재 충진율로 가정하면 포기조 등가 MLSS 농도는 (18,000 g/m^3)(0.25) + (3,000 g/m^3)(0.75) = 6,750 g/m^3이다. BOD와 비제거율과 암모니아(g NH_4-N/g MLSS·d)과 관련된 경험적 관계들을 주어진 포기조 부피와 메디아 충진율에서 BOD와 암모니아 제거율을 계산하는 데 이용한다.

여재 플럭스와 SRT에 근거한 경험적 설계 접근방법. 파일럿 규모 또는 실규모 실험 결과를 기초로 한 제거 플럭스 값들의 범위들을 경험적인 접근방법과 함께 이용하여 활성슬러지 SRT함수로 소요되는 여재 용적을 산정한다(WEF, 2011). 플럭스 제거율 값은 0.50~5.0 g $COD/m^2 \cdot d$, 0.05~0.50 g NH_4-$N/m^2 \cdot d$가 수온 15°C, 폐수 DO 농도 3.0 mg/L일 때 사용된다. 설치된 여재에 COD와 암모니아성 질소의 비율은 수온과 활성슬러지

SRT함수이다. 여재 생물막내 질산화되는 총암모니아성 질소 백분율은 부유성장 SRT가 2 d, 4 d, 8 d일 때 각각 80%, 50%, 20%이다. 1°C 증가하면 SRT는 3.0% 감소한다. 여재에서 해당되는 COD 제거 백분율은 SRT 2 d, 4 d일 때 각각 50%, 25%이며 SRT 8.0 d일 때는 더 이상 유의한 제거율 변화가 없다.

반경험적 공정 동역학적 접근방법. IFAS 공정과 침지식 부착성장공정들에 대한 반경험적 공정 설계 동역학적 접근방법들은 Sen과 Randall(2008a, 2008b, 2008c)이 제시하였는데 일련의 논문에서 모델 개발, 적용과 검증에 대한 내용들을 기술하였다. IFAS 공정에서 질산화를 표현하기 위해 유사한 축약본을 여기에 제시하였다. 동역학적 접근방법은 부착성장에서 탈리되는 질산화 세균 영향 또는 부유성장에서 질산화 증진을 포함하고 있다. 이 모델은 활성슬러지 포기조내 장착된 여재의 양과 운전 SRT 간의 균형관계를 분석하는 수단이다.

물질수지와 연관된 공정모델링 접근방법은 다음과 같다. (1) 생물막 여재에 암모니아 산화 세균(AOB), (2) 폐수용액내 AOB, (3) 폐수용액내 암모니아성 질소 농도. 질산화 플럭스에 의한 성장률, 내생분해(endogenous decay)에 의한 세포 손실률, 그리고 생물막으로부터 용액으로 탈리되는 AOB 등을 고려하여 생물막 내 AOB 물질수지를 표현하였다. 생물막 평균 SRT를 생물막내 AOB 체류시간과 탈리율을 산정하는 데 이용하였다. 물질수지 식은 다음과 같다.

$$(SS_A)V_m\frac{dX_{BF}}{dt} = Y_nJ_N(SS_A)V_m - b_nX_{BF}(SS_A)V_m - \frac{(SS_A)V_mX_{BF}}{\text{SRT}_{BF}} \tag{9-36}$$

여기서, SS_A = 여재의 비표면적, m^2/m^3

X_{BF} = 생물막내 AOB 농도, g VSS/m^2

Y_n = AOB 성장 수율, g AOB VSS/g NH_4-N

J_N = 생물막으로의 질산화 플럭스, g NH_4-$N/m^2 \cdot d$

V_m = 포기조에 첨가한 여재 겉보기 용적, m^3

b_n = AOB 비내생분해율, g/g·d

SRT_{BF} = 생물막내 AOB 고형물 체류시간, d

정상상태에서 X_{BF}는 다음과 같이 표현된다.

$$X_{BF} = \frac{Y_nJ_N}{b_n + \left(\frac{1}{\text{SRT}_{BF}}\right)} \tag{9-37}$$

그림 9-25와 같이 질산화 플럭스는 폐수용액 암모니아성 질소, DO 농도의 함수로 다음과 같이 표현된다.

$$J_N = \left(\frac{N}{k_{n,BF} + N}\right)J_{N,\max} \tag{9-38}$$

여기서, N = 폐수용액 NH_4-N 농도, g/m^3

$K_{n,BF}$ = 질산화를 위한 생물막 반속도상수, g/m^3

따라서, X_{BF}는 다음과 같다.

$$X_{BF} = \frac{Y_n\left(\frac{N}{k_{n,BF} + N}\right)J_{N,\max}}{b_n + \left(\frac{1}{\mathrm{SRT}_{BF}}\right)} \; or \; \frac{Y_n J_{N,\mathrm{DOmax}}}{b_n + \left(\frac{1}{\mathrm{SRT}_{BF}}\right)} \tag{9-39}$$

주어진 폐수용액 DO 농도에서, 질산화 플럭스가 발생하는 폐수용액 암모니아성 질소 농도는 DO에 제한되며 암모니아성 질소 농도, J_N은 $J_{N,\mathrm{DOmax}}$와 같아진다. $J_{N,\mathrm{DOmax}}$ 값은 그림 9-25에서 각각의 폐수용액내 DO 농도에 대한 수평선을 나타낸다. 그림 9-25에서, 만일 폐수용액 암모니아성 질소 농도가 해당 DO 농도에서 변곡점(inflection point) 아래가 되면 질산화 플럭스는 암모니아에 의해 제한되며 J_N 값은 식 (9-38)로 구한다. 그림 9-25에서 $K_{n,\mathrm{BF}}$ 값과 $J_{N,\mathrm{DOmax}}$ 값은 각각 2.2 mg/L과 3.3 g/m²·d이다.

부착성장 AOB 농도는 생물막으로부터 AOB 탈리율, 폐수용액으로부터 암모니아성 질소를 섭취하는 성장속도, 내생분해에 의한 손실률, 그리고 SRT 제어를 위한 고형물질 폐기율 등에 의한 총괄적인 결과이다. 물질수지 식은 부유성장 AOB 활동성이 IFAS 여재로 채워진 겉보기 용량 내에서 발생하지 않는 것으로 가정하였다.

$$(V - V_m)\frac{dX_n}{dt} = \frac{(SS_A)V_m X_{BF}}{\mathrm{SRT}_{BF}} + Y_n r_N(V - V_m) - b_n X_n(V - V_m) - \frac{X_n(V - V_m)}{\mathrm{SRT}_{AS}} \tag{9-40}$$

$$(V - V_m) = \left(1 - \frac{V_m}{V}\right)V \tag{9-41}$$

여기서, V = 총 반응조 용적, m³

X_n = 부유성장 AOB 농도, g VSS/m³

V_m/V = 여재 충진비, m³ 매체 용적 /m³ 반응조 용적

r_N = 폐수용액 질산화율, g/m³·d

SRT_{AS} = 활성슬러지 SRT, d

정상상태로 가정하고, 표 8-10에 식 (7-101)을 이용하여 r_N을 대체하고 V로 나누어 정리하면 다음과 같다.

$$X_n = \frac{SS_A\left(\frac{V_m}{V}\right)\left(\frac{X_{BF}}{\mathrm{SRT}_{BF}}\right)}{b_n\left(1 - \frac{V_m}{V}\right) + \frac{1}{\mathrm{SRT}_{AS}}\left(1 - \frac{V_m}{V}\right) - \left(\frac{\mu_{\max}N}{K_n + N}\right)\left(\frac{\mathrm{DO}}{K_o + \mathrm{DO}}\right)\left(1 - \frac{V_m}{V}\right)} \tag{9-42}$$

폐수용액 암모니아성 질소 농도에 대한 물질수지는 반응조 유입수에 첨가되는 암모니아성 질소 유입률, 반응조에서 배출되는 암모니아성 질소 유출율, 부유성장 AOB에 의해 소모되는 암모니성 질소 소비율, 생물막 플럭스에 의해 폐수용액으로부터 제거되는 암모니아성 질소 제거율, 종속영양계 세균의 내생분해에 의해 누출되는 암모니아성 질소 누출율 등을 포함한다(상대적으로 낮은 AOB 농도, AOB로부터 누출되는 암모니아성 질소 등은 간단한 해석을 위해 무시함).

$$(V - V_m)\frac{dN}{dt} = Q(N_o) - Q(N) - r_N(V - V_m) - J_N(SS_A)V_m + 0.12b_H X_H(V - V_m) \quad (9\text{-}43)$$

여기서, N_o = 유입수내 이용 가능한 NH_4-N 농도, g/m³

Q = 유입 유량, m3/d

b_H = 종속영양계 세균 비내생분해율, g/g·d

X_H = 종속영양계 세균농도, g VSS/m³

0.12 = g N 누출량/g 내생분해에 의한 손실된 세균 VSS

정상상태로 가정하고 J_N과 r_N을 대체하여 정리하면 다음과 같다.

$$N_o = N + \left[\frac{(\mu_{max}/Y_n)N}{K_n + N}\right]\left(\frac{DO}{K_o + DO}\right)X_n(\tau) + \left(\frac{N}{K_{n,BF} + N}\right)J_{N,max}\left(\frac{V_m}{V}\right)(SS_A)(\tau) - 0.12b_H X_H\left(1 - \frac{V_m}{V}\right)(\tau) \quad (9\text{-}44)$$

다시, 그림 (9-25)에서 N 값이 만일 주어진 폐수용액 DO 농도에 대하여 변곡점 위에 있으면 $J_{N,DOmax}$ 값은 식 (9-43)과 (9-44)의 관계에서 J_N 값으로 대체되어 다음과 같이 된다.

$$N_o = N + \left[\frac{(\mu_{max}/Y_n)N}{K_n + N}\right]\left(\frac{DO}{K_o + DO}\right)X_n(\tau) + J_{N,\,DOmax}\left(\frac{V_m}{V}\right)(SS_A)(\tau) - 0.12b_H X_H\left(1 - \frac{V_m}{V}\right)(\tau) \quad (9\text{-}45)$$

표 8-10에 식 (7-42)로부터 구한 종속영양계 바이오매스 농도는 다음과 같다. 여기서 $S_o - S \fallingdotseq S_o$이다.

$$X_H = \frac{Y_H(S_o)(SRT_{AS})}{[1 + b_H(SRT_{AS})]\left(1 - \frac{V_m}{V}\right)\tau} \quad (9\text{-}46)$$

반응조로 가는 유입수내 이용 가능한 암모니아성 질소 농도는 반응조에 첨가된 생물분해 가능한 TKN율에서 폐기되는 슬러지에 의해 제거되는 질소량을 제한 값이다.

$$N_o = TKN - 0.12\left[\frac{X_H(\tau)\left(1 - \frac{V_m}{V}\right)}{SRT_{AS}}\right] \quad (9\text{-}47)$$

이러한 관계식을 이용한 IFAS 공정 설계의 해답은 예제 9-7에 나타내었다.

예제 9-7 **IFAS 공정 여재 충진 용적 효과** 기존 활성슬러지공정에 처리 유량을 20,000 m^3/d에서 30,000 m^3/d로 증가하였으며 질산화하여 유출수 NH_4-N 농도를 0.70 g/m^3 이하로 하기 위해 필요한 포기조 충진여재 용적을 결정하라. 침전조 제한조건으로 포기조 MLSS는 반드시 3,000 g/m^3를 유지해야 한다. IFAS 공정에서 부착성장 생물막에서 질산화 비와 충진여재 백분율에 대한 유출수 NH_4-N 농도는 제공되어 있다.

활성슬러지 시스템의 포기조 용적은 6940 m^3이며 1차 유출수 특성은 아래의 표와 같다. 유량 20,000 m^3/d, MLSS 3000 g/m^3은 예제 8-3에 활성슬러지 설계 과정을 이용하여 SRT는 9.5 d로 결정하였다. 높은 유량과 MLSS 3000 g/m^3에서 SRT는 4.1 d인데, 질산화를 만족하기 위한 충분한 SRT는 아니다.

설계인자	단위	질산화를 위한 설계조건	IFAS 공정분석을 위한 설계조건
평균 유량	m^3/d	20,000	30,000
BOD 농도	g/m^3	140	140
TKN 농도	g/m^3	35	35
NBD VSS	g/m^3	25	25
TSS	m^3/d	70	70
VSS	g/m^3	60	60
최소 설계온도	g/m^3	12.0	12.0
부유성장 SRT	d	9.5	6.0[a]
호기조 용적	m^3	6940	6940
수리학적 체류시간	d	0.35	0.233
MLSS	g/m^3	3000	3000
종속영양미생물 VSS	g/m^3	1740	1860
X_H, VSS/MLSS	g/g	0.58	0.62
BOD 부하	kg BOD/m·d	0.40	0.60
유출수 NH_4-N	g/m^3	≤0.7	

[a] 여재 첨가 없는 부유성장 SRT.

가정 조건들은 다음과 같다.

1. 플라스틱 생물막 이동체 여재 비표면적 500 m^2/m^3
2. 포기조 DO 농도 = 4.0 mg/L
3. 0차원 플럭스에서 NH_4-N 한계 농도 = 5 1.07 mg/L (그림 9-25)
4. DO = 4.0 mg/L에서 생물막 최대 질산화 플럭스는 1.08 g/m^2·d (그림 9-25)
5. bCOD/BOD = 1.6
6. 표 8-14의 종속영양계 세균과 AOB동역학적 계수는 다음과 같다.
   Y_H = 0.45 g VSS/g bCOD, $b_{H,20}$ = 0.12 g/g·d, b_H 온도 보정계수 u =1.04

7. 표 8−14에서 AOB 동역학적 계수는
   $\mu_{max,20}$ = 0.90 g/g·d, $b_{n,20}$ = 0.17 g/g·d, μ_{max} 와 b_n에 대한 온도 보정계수는 각각 θ = 1.72, 1.029이다.
   K_n = 0.50 mg/L, K_o = 0.50 mg/L, Y_n = 0.15 g VSS/g 산화된 NH_4-N
8. $K_{n,BF}$ = 2.2 mg/L, $J_{N,\max}$ = 3.3 g/m²·d
9. 생물막 AOB SRT_{BF} = 6.0 d
10. 포기조의 입구에서 1/3 부분은 여재를 첨가하지 않았고 유출영역에서 용해성 BOD 농도는 10 mg/L 이하로 생물막 이동체에 AOB 성장에 간섭을 주지 않는다.
11. 최대 여재 충진용량 백분율은 플라스틱 생물막 이동체 IFAS 공정에서 허용하는 60%이다.

풀이

1. 포기조 2/3 부분에 여재 충진 백분율은 최대 60%로 가정한다.
   평균 충진 백분율 = 2/3(60) = 40%. V_M/V = 0.40
2. 12°C에서 동역학적 계수를 결정한다.
   $b_{H,12} = (0.12)(1.04^{(12-20)}) = 0.088$ g/g · d
   $\mu_{max,12} = (0.90)(1.072^{(12-20)}) = 0.516$ g/g·d
   $b_{n,12} = (0.17)(1.029^{(12-20)}) = 0.135$ g/g·d
3. 유입수 bCOD 농도를 결정한다.
   bCOD = 1.6(140 g BOD/m³) = 224.0 g/m³
4. 식 (9−46)과 X_H = 1860 g/m³을 이용하여 부유성장 SRT를 결정한다.

$$X_H = \frac{Y_H(S_o)(SRT_{AS})}{[1 + b_H(SRT_{AS})]\left(1 - \frac{V_m}{V}\right)\tau}$$

$$1860\ \text{gVSS/m}^3 = \frac{(0.45\ \text{g VSS/g bCOD})(224\ \text{g bCOD/m}^3)(SRT_{AS})}{[1 + (0.088\ \text{g/g·d})(SRT_{AS})](1 - 0.4)(0.233\ \text{d})}$$

SRT_{AS} = 3.34 d

5. 식 (9−47)을 이용하여 N_o을 산정한다.

$$N_o = \text{TKN} - 0.12\left[\frac{X_H(\tau)\left(1 - \frac{V_m}{V}\right)}{SRT_{AS}}\right]$$

$$= 35.0\,\text{g/m}^3 - 0.12\left[\frac{(1860\,\text{g/m}^3)(0.233\,\text{d})(1 - 0.40)}{3.34\,\text{d}}\right]$$

$$= 25.7\,\text{g/m}^3$$

6. 폐수용액내 N 농도는 한계값 미만으로 가정하고, 식 (9−39)의 좌측 항을 이용하여 X_{BF}을 산정한다.

$$X_{BF}=\frac{Y_n\left(\frac{N}{k_{n,BF}+N}\right)J_{N,\max}}{b_n+\left(\frac{1}{\mathrm{SRT}_{BF}}\right)}$$

$$=\frac{(0.15\,\mathrm{g\,VSS/g}\,N_{\mathrm{oxidized}})\left[\frac{N}{(2.2\,\mathrm{g/m^3})+N}\right](3.3\,\mathrm{g\,N/m^2\cdot d})}{(0.135\,\mathrm{g/g\cdot d})+\left(\frac{1}{6.0\,\mathrm{d}}\right)}$$

7. 식 (9−42)를 이용하여 폐수용액 AOB 농도를 계산한다.

$$X_n=\frac{SS_A\left(\frac{V_m}{V}\right)\left(\frac{X_{BF}}{\mathrm{SRT}_{BF}}\right)}{b_n\left(1-\frac{V_m}{V}\right)+\frac{1}{\mathrm{SRT}_{AS}}\left(1-\frac{V_m}{V}\right)-\left(\frac{\mu_{\max}N}{K_n+N}\right)\left(\frac{\mathrm{DO}}{K_o+\mathrm{DO}}\right)\left(1-\frac{V_m}{V}\right)}$$

$$=\frac{(500\,\mathrm{m^2/m^3})(0.40)(X_{BF}/6\,\mathrm{d})}{(0.135\,\mathrm{g/g\cdot d})(1-0.40)+\left(\frac{1}{3.34\,\mathrm{d}}\right)(1-0.40)-\left[\frac{(0.516\,\mathrm{g/g\cdot d})N(4.0\,\mathrm{g/m^3})(1-0.40)}{(0.50\,\mathrm{g/m^3}+N)(0.50\,\mathrm{g/m^3}+4.0\,\mathrm{g/m^3})}\right]}$$

8. 식 (9−44)에 주어진 값을 대입한다.

$$N_o=N+\left[\frac{(\mu_{\max}/Y_n)N}{K_n+N}\right]\left(\frac{\mathrm{DO}}{K_o+\mathrm{DO}}\right)X_n(\tau)+\left(\frac{N}{K_{n,BF}+N}\right)J_{N,\max}\left(\frac{V_m}{V}\right)(SS_A)(\tau)$$
$$-0.12b_{\mathrm{H}}X_{\mathrm{H}}\left(1-\frac{V_m}{V}\right)(\tau)$$

$$25.7\,\mathrm{g/m^3}=N+\frac{[(0.516\,\mathrm{g/g\cdot d})/(0.15\,\mathrm{g\,VSS/g}\,N)](N)(4.0\,\mathrm{g/m^3})X_n(0.233\,\mathrm{d})}{(0.50\,\mathrm{g/m^3}+N)(0.50\,\mathrm{g/m^3}+4.0\,\mathrm{g/m^3})}$$
$$+\frac{(N)(3.3\,\mathrm{g\,N/m^2\cdot d})(0.40)(500\,\mathrm{m^2/m^3})(0.233\,\mathrm{d})}{(2.2\,\mathrm{g/m^3}+N)}$$
$$-0.12(0.088\,\mathrm{g/g\cdot d})(1860\,\mathrm{g/m^3})(0.60)(0.233\,\mathrm{d})$$

9. 6, 7, 8단계에서 3개의 미지값(X_{BF}, X_n, N)과 3개의 식이 된다. 이 식들은 엑셀프로그램 해결 함수기능을 이용하면 그 해를 구할 수 있다. 그 결과는 다음과 같다.

$X_n = 18.0\ \mathrm{g/m^3}$
$X_{BF} = 0.20\ \mathrm{g/m^2}$
$N = 0.30\ \mathrm{g/m^3}$

생물막 내에서 발생하는 NH_4-N 질산화 비율 = 0.79. 폐수용액 N 농도는 한계 농도값인 1.07 $\mathrm{g/m^3}$이므로 적절한 공식을 사용하였다.

10. V_M/V = 0.30, 0.20, 0.10인 경우에 대해서 동일한 계산을 한 결과는 다음 표와 그래프로 요약하였다.

매개 변수	단위	V_m/V			
		0.10	0.20	0.30	0.40
SRT_{AS}	d	5.9	4.9	4.1	3.3
X_{BF}	g/m^2	0.54	0.47	0.29	0.20
X_N	g/m^3	6.6	15.5	17.4	18.0
N	g/m^3	15.3	0.89	0.48	0.30
생물막에서 산화된 N의 분율	–	0.88	0.76	0.77	0.79

주: V_M/V = 0.10에서 한계 NH_4-N 값은 초과하였고, 생물막 질산화 플럭스는 $J_{N,DOmax}$ 와 동일하다.

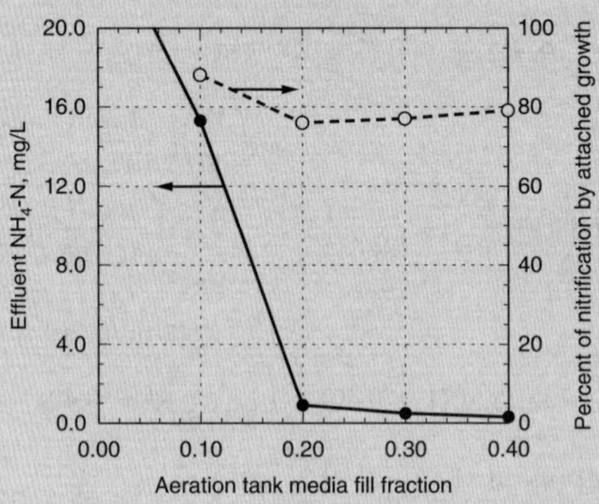

유출수 NH_4-N 목표 농도 ≤ 0.70 g/m^3를 만족시키기 위해서는 플라스틱 생물막 이동체 충진비는 0.2보다 커야 한다. 충진비 0.30에서 유출수 NH_4-N은 처리목표 이내이다. 여재는 포기조 후단 2/3만 첨가하였으므로 포기조내 여재의 충진비는 0.45이다. 충진비 0.45는 IFAS내 플라스틱 생물막 이동체를 위한 최대값 0.60 이내로 적합하다. 생물막으로부터 탈리되는 질산화 세균은 부유성장 질산화의 생체 증대(bioaugmentation)에 기여하는데, 부유성장 과정에서 질산화의 12~21%가 발생한다.

기계적 모델링(Mechanistic Modeling)과 모의 소프트웨어. 동적 공정 모델링과 살수여상과 같은 부착성장 시스템 분석, 이동상 생물반응조, 생물학적 호기성 여과, 부착성장/활성슬러지 조합 IFAS 시스템을 위한 소프트웨어는 이용이 가능하다. 대부분 업체에서 제공되는 이러한 모의 소프트웨어는 활성슬러지 모의 소프트웨어와 기타 공정을 지원한다. 생물막 모델의 개발과 유형, 최신 모델들의 복잡성에 대한 설명은 Wanner 등에 의해 제공되었다(2006).

이러한 모델에서 생물막을 몇 개의 층으로 나누어 정의하고, 부유성장과정에서와 동일한 생물동역학적 관계를 이용하여 확산, 기질 이용에 대한 물질수지를 계산한다. 이 모델들을 이용하여 무산소 조건의 생물막에서 bCOD, 암모니아성 질소, 산화된 질소에 대한 기질 플럭스 값들을 계산할 수 있다. 생물막 모델은 직렬로 연결된 반응조의 수에 따라 설정된다. 모델 사용자가 반드시 선택해야 하는 주요 인자로 생물막내 기질 제거율 예측 값에 영향을 주는 생물막 두께와 바이오매스 농도이다. 두꺼운 막으로 가정하면 생물막내 질산화-탈질화가 생물막내 동시에 발생하는 것으로 예측되는데 이는 깊은 생물막에서 무산소 조건의 예측에 의한 것이다. 폐수용액 DO 농도, 생물 성장를 포함한 파일럿 시설이나 실규모 시설 자료는 모델 보정하는데 이용되며, 공정 배열, 여재 충진 용량, 단계, DO 농도, 수온, SRT가 IFAS 공정이 시스템 성능에 미치는 영향 등을 분석하는 데 이용된다.

9-5 유동 생물막 반응조(MBBR)

MBBR 공정은 9-4절에서 기술한 유출수 체를 설치한 부유여재와 부유성장 IFAS 공정과 유사한데 활성슬러지 반송은 없다. 여재 충진 용량은 일반적으로 70% 이상으로 높으며, 2차 침전지 유입 SS 농도는 IFAS의 경우 2500~3500 mg/L이지만 MBBR은 100~250 mg/L 범위이다. MBBR 공정 설계에는 고정막 생물학적 탈질화를 위한 무산소조 부유여재를 포함한다. MBBR 반응조 유출수 여과공정들은 중력침전 대신에 입상여재, 막여과, 용존공기 부상법을 사용한다. 9-4절에 부유여재 IFAS 공정에서의 표현된 많은 정보들이 MBBR 공정에도 적용가능한데, 생물막 이동 여재 특성, 여재 유지, 포기와 혼합, 그리고 생물막으로의 기질 플럭스 등을 포함한다. 본 절의 주제는 (1) 배경, (2) 공정 적용, (3) 공정의 장점, (4) 물리적 시설들, (5) 공정 설계 분석, 그리고 (5) MBBR 시스템에 질소제거 등이다.

》 배경

MBBR 공정에는 여러 가지 생물막 이동여재들이 이용 가능하지만, 대부분 원래 연구된 것과 최근 사용되는 시설은 IFAS 적용을 위해 9-4절에서 설명한 플라스틱 여재 사용 시설을 포함하고 있고, 표 9-11에도 기술되어 있다. 플라스틱 생물막 이동체를 이용한 MBBR 공정 개발의 대부분은 노르웨이 트론헤임(Trondheim) 시에 있는 노르웨이 과학기술대학교에서 수행되었다. 북해(North Sea)로 배출되는 질소 점오염원을 저감시키기 위한 집적화된 생물학적 질소제거를 위한 공정 개발이 목적이었다. MBBR 기술의 최초 특허와 상업화는 1989년 노르웨이 Kaldnes Miljϕeknolog 사에서 이루어졌다. 그때부터 많은 회사들이 부상 플라스틱 생물막 이동체 설계에 상표권을 가진 MBBR 공정들을 내놓았지만, 전 세계에 설치된 수백 개가 넘는 대부분의 MBBR 공정은 Kaldnes 여재를 이용하였다(WEF, 2011).

》 MBBR 공정 적용

BOD 제거, 생물학적 질산화와 생물학적 질소제거에 이용되는 MBBR 공정 사양 사례에 대한 흐름도는 표 9-13에 제시하였다. 질소 고도처리[표 9-13(d) 참조]를 제외한 경우와 2차 처리[표 9-13(h) 참조] 후 생물학적 탈질화 고도처리 등 모든 처리 계획은 유입수 스크린을 이용한 폐수 전처리, 그릿제거, 1차 처리 또는 세망 스크린과 침사제거가 요구된다. 1차 침전단계에 약품을 첨가하는 것은 하나의 옵션사항으로 MBBR 공정 BOD

유입부하율을 감소시키기 위해 약품으로 1차 처리효율을 높이거나 1차 침전단계에서 인을 제거하기 위해 이용한다. 금속염과 폴리머를 MBBR 공정 2차 침전지 전에 첨가하여 인을 제거하거나 유출수 SS 제거 효율을 높일 수 있다. 고부하, 고부하 BOD 제거 MBBR 공정[표 9-13(b) 참조]은 더 분산된 탁도 유출수를 만들 수 있어 약품을 투여하여 응결을 향상시키고 유출수 SS 제거 효율을 높여야 한다.

BOD 제거와 질산화. BOD 제거와 질산화 공정 설계를 위해 단계 반응조를 사용할 수 있는데, 첫 번째 단계 반응조는 대부분의 용해성 BOD를 제거하여 후단에 질산화 반응조에 생물막 이동체 표면에 질산화 세균과 경쟁하는 종속영양계 세균성장을 최소화시킨다. 질산화 영역에서 단계 반응조[표 9-13(c) 참조] 이용은 MBBR 공정의 용적효율을 높인다. 이는 높은 암모니아성 질소 농도는 최종 질산화 단계 이전 단계에서 높은 질산화 플럭스 결과를 주기 때문으로 질산화 반응은 폐수용액내 DO 농도 부족으로 인한 DO 제한이 되어서는 안 된다. 또 다른 질산화를 위한 MBBR 공정 잠재성은 BOD 제거를 위한 활성슬러지공정 이후 3차 질산화이다.

활성슬러지의 질소제거. MBBR 공정은 생물학적 질소제거를 위한 활성슬러지를 이용하여 유사한 공정사양으로 설계할 수 있다. MLE 공정사양은 표 9-13(e)와 같다. 이 공정은 시스템의 전반부에 전무산소 영역을 두어 마지막 포기조에서 반송되는 질산이온을 유입하는 BOD를 이용하여 생물학적으로 탈질시킨다. 표 9-13(g)와 같이 전 무산소조와 후 무산소조 사양은 Bardenpho 공정과 유사한데, 이 공정은 유출수 아질산성 질소와 질산성 질소를 최소화하여 유출수 총 질소농도를 최소화하기 위한 MLE 공정을 이용한다. 후 무산소조 영역에는 세균성장과 생물학적 탈질화를 촉진시키기 위해 외부 탄소원을 반드시 첨가해야 한다. MBBR 공정은 또한 BOD 제거와 표 9-13(h)에서와 같이 활성슬러지에서 질산화 이후에 3차 탈질화에도 이용될 수 있다.

≫ MBBR 공정의 장점과 단점

MBBR 공정들은 BOD 제거와 질소처리 성능이 활성슬러지공정과 유사하다.

장점. 활성슬러지공정과 비교한 MBBR 공정의 주요 장점들은 다음과 같다. (1) 적은 공간 소요, (2) 인위적으로 슬러지를 폐기하여 SRT를 제거하고 슬러지 반송이 필요없는 단순한 운전, (3) 2차 침전조에 슬러지 팽화에 의한 운전과 유출수질에 영향 등의 우려 없음, (4) 강우 시 첨두 유량 변동에 견디는 능력이 있다. MBBR 공정은 활성슬러지공정에 시간을 줄일 수 있고 조의 건설 없이 설치 가능하다. MBBR 공정은 기본적으로 부착성장 처리공정이므로 살수여상, 회전생물막 반응조, 생물학적 포기 여상 등 다음 절에서 언급할 다른 부착성장공정들과 비교할 만하다. 다른 공정들과 비교하여 MBBR 공정이 생물학 질소제거에 더 다목적으로 적용할 수 있다. MBBR 공정은 특별한 운전상 주의사항이 없고, 생물막 두께 제어 또는 과잉 고형물질의 세척 등으로 인하여 처리 중단이 없이 연속 운전할 수 있다. 표 9-14에 실규모 MBBR 공정의 사례에서 보듯이 MBBR 공정에서는 상대적으로 낮은 수리학적 체류시간을 적용한다.

표 9-13
다양한 생물학적 처리 목표에 대한 MBBR 시스템 사양

공정	설명
BOD 제거	
(a) Influent, Primary clarifier, Air, Chemical, Secondary clarifier, Effluent, Sludge, Sludge	화학적 침전에 의한 BOD 제거 및 인제거를 위한 MBBR 시스템. 단일 호기성 반응조와 2단 반응조로 설계할 수 있다.
(b) Influent, Primary clarifier, Air, Chemical, Secondary clarifier, Effluent, Sludge, Sludge	고농도 BOD 제거를 위한 MBBR 시스템. 부유물질 제거와 인 제거를 위해 화학적 설비를 사용할 수 있다.
BOD 제거와 질산화	
(c) Influent, Primary clarifier, Air, Secondary clarifier, Effluent, Sludge, Sludge	BOD 제거와 질산화를 위한 MBBR 시스템. BOD의 대부분은 질산화를 위한 다단 반응조의 전 단계나 초기단계에서 제거된다.
(d) Influent, Primary clarifier, Air, Secondary clarifier, Air, Effluent, Return activated sludge, Sludge, Sludge	BOD 제거를 위한 2차 처리 후의 질산화를 위한 MBBR 시스템.
질소제거	
(e) Influent, Primary clarifier, Air, Chemical (optional), Secondary clarifier, Effluent, Nitrate recycle, Sludge, Sludge	전 무산소조와 질산염 재순환의 MLE 공정을 이용한 MBBR 시스템. 인 제거를 위해 2차 침전조 전에 화학적 설비가 사용될 수 있다(총인 < 10 mg/L).
(f) Influent, Primary clarifier, Air, External carbon, Chemical (optional), Secondary clarifier, Effluent, Sludge, Sludge	BOD 제거와 질산화, 후 무산소조 탈질에 대한 MBBR 시스템. 후 무산소조에 외부 탄소원을 주입해 주어야 한다(총질소 < 3 mg/L).

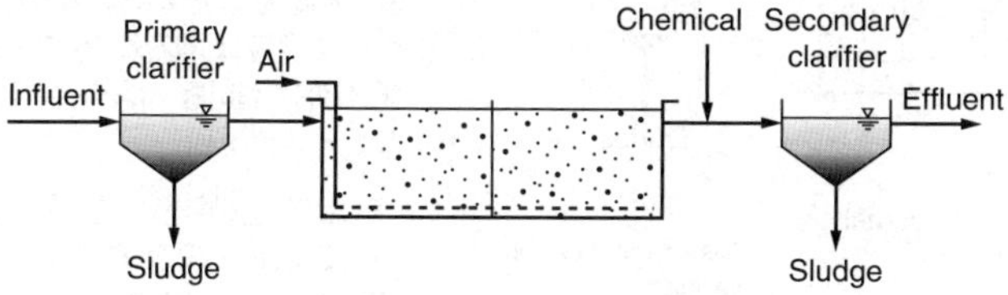

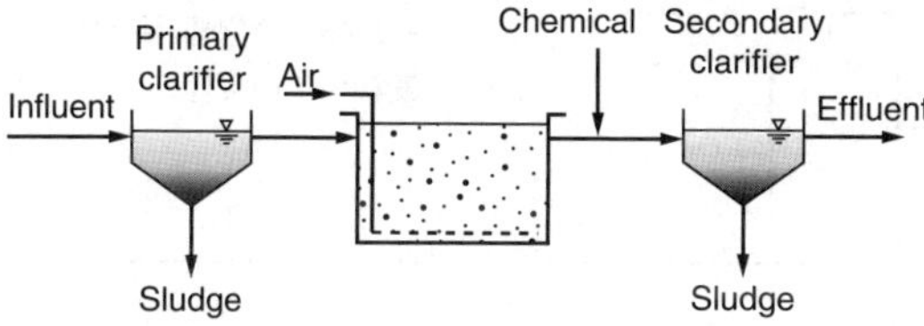

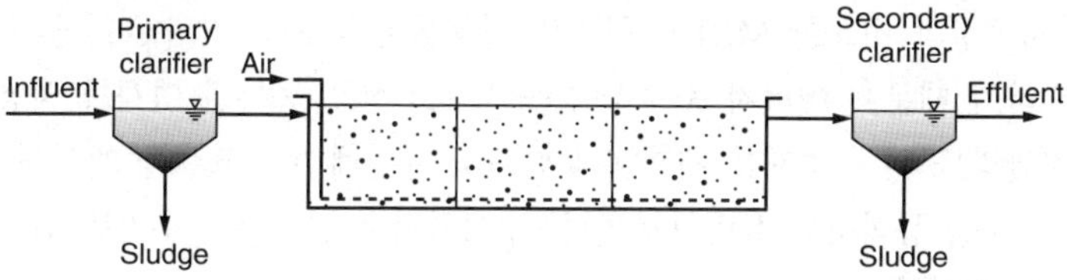

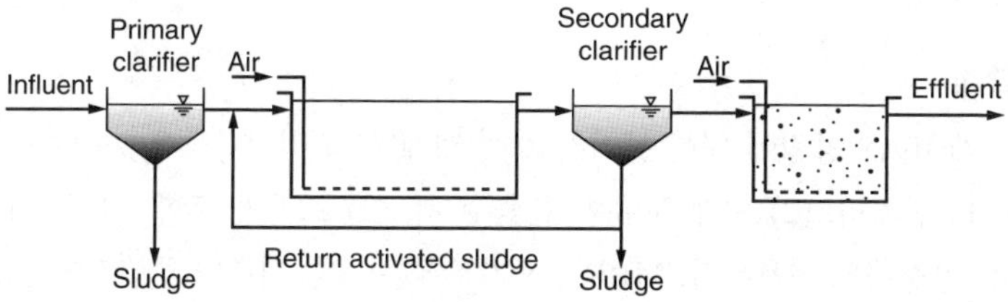

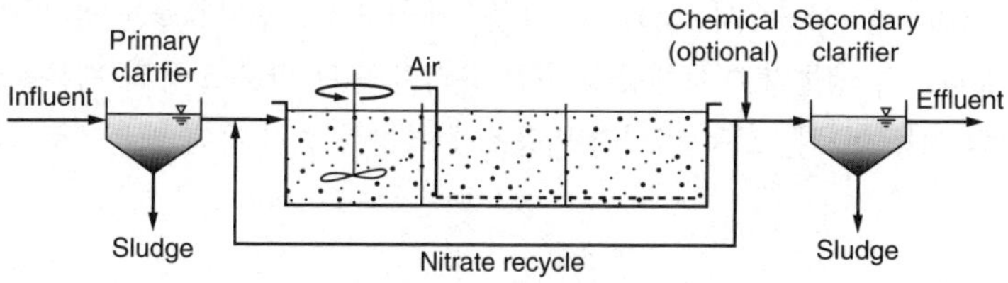

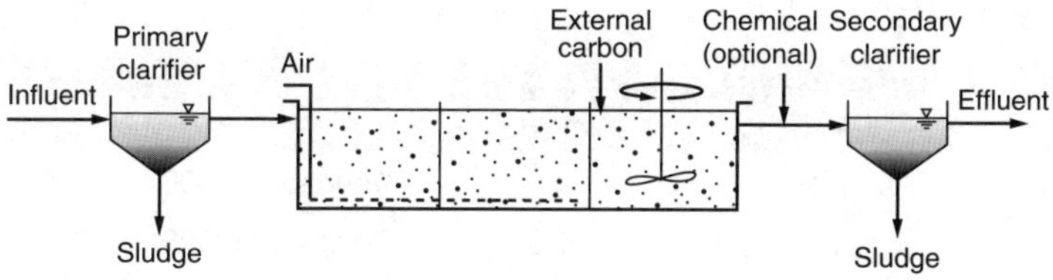

계속

표 9–13 (계속)

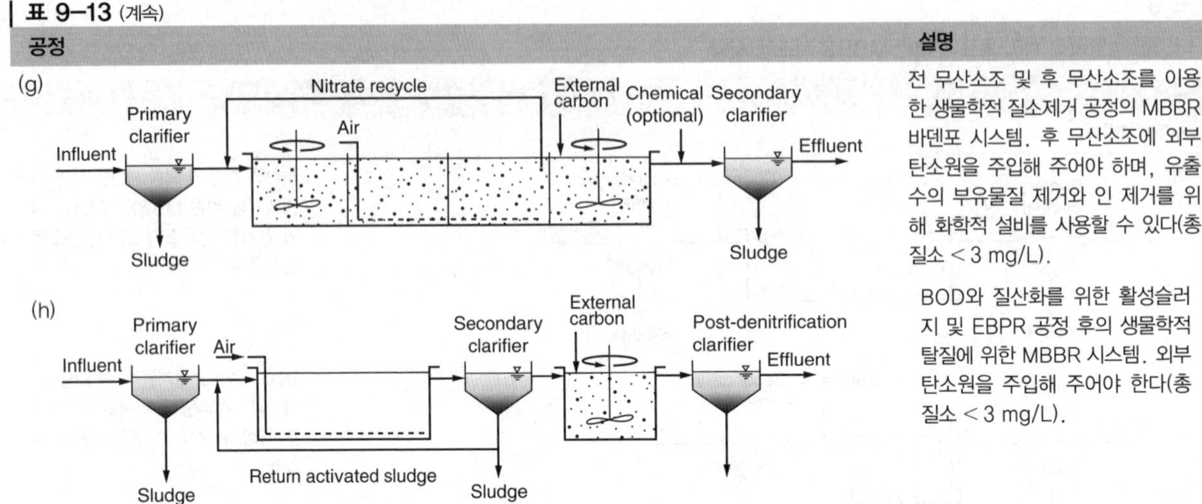

공정	설명
(g)	전 무산소조 및 후 무산소조를 이용한 생물학적 질소제거 공정의 MBBR 바덴포 시스템. 후 무산소조에 외부 탄소원을 주입해 주어야 하며, 유출수의 부유물질 제거와 인 제거를 위해 화학적 설비를 사용할 수 있다(총질소 < 3 mg/L).
(h)	BOD와 질산화를 위한 활성슬러지 및 EBPR 공정 후의 생물학적 탈질에 위한 MBBR 시스템. 외부 탄소원을 주입해 주어야 한다(총질소 < 3 mg/L).

단점. 활성슬러지공정과 비교한 MBBR 공정의 단점들은 다음과 같다. (1) 높은 DO 농도 운전이 필요하기 때문에 에너지 소모량이 높음, (2) 상표 등록된 여재를 사용해야 함, (3) 산기 유지관리를 위해 여재를 제거해야 함, (4) 유입폐수 스크린을 개선해야 함, (5) 여재 스크린 장치를 통과하는 유량으로 인한 수리학적 손실수두이 추가됨, (6) 약품을 첨가해야만 인을 제거할 수 있다.

≫ 물리적 시설 설계

부유 생물막 이동체 IFAS 공정에 대한 물리적 시설 설계 시 고려사항들은 9–4절에서 설명한 바와 같이 (1) 전처리, (2) 여재 보유와 유출수 체, (3) 포기와 혼합, 그리고 (4) 거품 제어로 NBBR 공정에도 적용된다. MBBR 포기조에는 거대 기포나 중간크기 기포 포기를 일반적으로 사용한다. 플라스틱 생물막 이동체 시스템에서 배출가스 실험을 기초할 때 SOTE 값의 범위는 1~15%인데, SOTE는 표준상태에서 산소전달효율을 의미한다.

첨가하는 플라스틱 생물막 이동체량을 충진 용적비 또는 반응조 용적 백분율로 표현한다. 플라스틱 이동 여재는 보통 비워진 반응조에 특정한 충진 용적 백분율로 첨가한

표 9–14

실규모 MBBR 공정 설치에 적용되는 수리학적 체류시간 사례

노르웨이에 소재한 시설	설계유량 m^3/d	적용 공정	MBBR 수리학적 체류시간 h	유출수 총질소 mg/L	참고문헌
Lillehammer	28,800	Bardenpho	3.2	4.5	Ødegaard (2006)
Nordre Folio	18,000	Bardenpho	4.9	8.0	Ødegaard (2006)
Gardermoen	22,100	Bardenpho	6.3	10.0	Ødegaard (2006)
Sjolunda	126,000	Post Anoxic	1.2	6.8	McQuarrie and Boltz (2011)
Klagshamm	23,800	Post Anoxic	1.1	5.8	McQuarrie and Boltz (2011)

다. 큰 거품 포기관들은 유지관리를 위해 반응조를 배수한 후 이동여재 중량을 견디도록 설계한다. 유지관리 동안에 플라스틱 이동체는 임펠러 펌프로 이동체 저류조로 이송시킨다. 비록 여재의 마모를 방지하기 위해 혼합기 설계를 반드시 해야 되지만 여재 교체는 MBBR 동정에 특별히 문제되지는 않는다. 1996년 노르웨이(Norway)에 처음 설치된 MBBR 시설은 10년 동안 운전 후에도 생물막 마모가 관찰되지 않았다고 보고되었다(Rusten 등, 2006).

MBBR 공정 유출수는 상대적으로 SS 농도가 (대표값 100~250 mg/L) 낮기 때문에 활성슬러지와 IFAS 공정에서와 같은 고형물질 순환이 필요하지 않고 고액분리법 외에 2차 침전조를 사용한다. 응결과 부상, 이중여재 모래여과, 직물 디스크 여과, 그리고 고속응결(ballasted flocculation)이 실규모 시설에 사용된다(McQuarrie와 Boltz, 2011).

≫ MBBR 공정 설계 분석

IFAS 공정에서 부유 생물막 이동체에 의한 기질 제거 메커니즘과 주요인자들은 9-4절에 기술하였다. IFAS와 MBBR 공정 간의 주요 차이점들은 MBBR은 일반적으로 70% 이상 여재충진 용적을 가진 높은 생물막 이동체 밀도를 가졌으며 활성슬러지의 반송이 없고 부유혼합액이나 바이오매스 농도가 중요하다. MBBR 공정에서 기질 제거는 주로 부착성장에 의하며 생물막으로부터 탈리된 침전 고형물질과 응결을 증대시키는 활성슬러지가 가지는 장점은 없다. 9-4절에 기술한 바와 같이 생물막 이동체에 의해 제거된 기질량은 이용 가능한 생물막 표면적과 기질 플럭스 함수이다. 생물막 표면적은 반응조 용적, 여재 충진 용적비와 여재 비표면적의 합이다. 기질 플럭스는 중요한 공정 설계인자이며 폐수용액 기질과 DO 농도, 반응조 혼합조건과 생물막 특성의 함수이다. 파일럿 장치와 실규모 MBBR 공정의 분석 자료로부터 BOD 제거, 질산화, 탈질화를 위한 기질 플럭스 관계들을 결정하여 MBBR 공정 설계를 개발하는 데 이용된다. 식 (9-31)과 같이 MBBR 반응조에 필요한 생물막 이동체의 총표면적은 기질 제거율(g/d)을 제거 플럭스 ($g/m^2 \cdot d$)로 나누면 된다.

BOD 제거, 질산화, 탈질화를 위한 대표적인 기질 플럭스 값들은 표 9-15에 나타내었다. 표면적 부하율(surface area loading rate, SALR)이 기질 제거 플럭스보다 높으며 추정한 처리효율에 의해 제거 플럭스로 나누어 추정할 수 있다. 등가 용적 제거율은 60% 여재 충진 용량이다. MBBR 2차 처리 SALR을 위한 2차 처리 용적 BOD 부하는 기존 활성슬러지 부하율인 1.0 kg $BOD/m^3 \cdot d$의 1.7~5.0배 크다.

MBBR 공정이 기존 활성슬러지공정보다 높은 BOD 부하 운전 능력이 있는 것은 단지 반응조내 바이오매스 농도 차이인 것으로 설명된다. 질산화를 위한 고형물 농도는 12 g TSS/m^2이고, 높은 효율의 BOD 제거를 위한 고형물 농도는 28 g TSS/m^2 이상이다. 여재 비표면적을 500 m^2/m^3, 60% 여재 충진 용적비로 가정하였고 해당되는 용적 TSS 농도는 3870~8400 mg/L이다. MBBR에서 BOD 제거율이 높은 것은 반응조내 부유고형물의 차이라고 전적으로 단정할 수는 없고, 메디아에 활성이 큰 바이오매스가 존재하고 구획된 반응조의 설계에 의한 것으로도 설명되고 있다.(Ødegaard, 2006).

표 9-15
MBBR 공정[a]에서 BOD, 질산화, 탈질화를 위한 대표적 인 제거 플럭스

적용	기질	제거 플럭스 $g/m^2 \cdot d$	용적 제거율[b] $kg/m^3 \cdot d$
부분적 BOD 제거	BOD	15~20	4.5~6.0
2차 처리	BOD	5~15	1.7~5.0
예비 질산화	BOD	4~5	1.2~1.5
질산화	NH_4-N	0.4~1.4	0.1~0.4
전 탈질화	NO_3-N	0.20~1.0	0.1~0.3
후 탈질화	NO_3-N	1.0~2.0	0.3~0.6

[a] 적용: McQuarrie 와 Boltz (2011), WEF (2011).
[b] 60% 여재 충진 용적비를 기준함.

›› BOD 제거와 질산화 설계

BOD 제거를 위한 설계는 관찰된 기질 제거 플럭스 정보를 기초한 적절한 SALR을 기초로 한다. 질산화를 위한 설계는 더 복잡하고 MBBR 질산화 반응조에 유입되는 용해성 BOD량과 MBBR 반응조 DO 농도에 대하여 특별한 고려가 필요하다. 효과적인 질산화를 보증하고 필요한 생물막 이동체 용적을 최소화하기 위해서는 4.0~6.0 mg/L 범위의 높은 DO 농도로 반드시 운전해야 한다. 추가적으로 직렬 MBBR 반응조를 사용하면 질산화하기 전에 일반적으로 상류 반응조에서 용해성 BOD가 제거된다. BOD 제거와 질산화를 위한 기질 제거 플럭스 정보, 운전조건, BOD 제거만을 위한 MBBR 시스템의 설계 고려사항, BOD 제거와 질산화, 3차 질산화 등은 다음과 같다. MBBR 반응조내 탈질화는 9-7절에 설명하였다. 9-4절에서 언급한 바와 같이 컴퓨터 시뮬레이션 소프트웨어를 MBBR 설계 분석을 위해 이용할 수 있으며 기존 처리시설 성능자료를 이용하여 프로그램을 보정할 수 있다.

BOD 제거. BOD 제거 부하율 설계는 3단계로 고려할 수 있다. (1) 일부 또는 높은 SALR, (2) 2차 처리 또는 정상 SALR, (3) 전 질산화 또는 낮은 SALR. 산업폐수나 가정하수/산업폐수 혼합폐수처리용량을 높이기 위해 MBBR 공정을 활성슬러지 처리 전에 추가하여 부분적으로 BOD를 제거할 수 있다. 이런 경우 앞의 반응조에서는 BOD를 제거하고 후단 의 반응조에서는 질산화를 위해 사용할 수 있다. BOD 제거 효율을 70%로 가정하면 대략적인 SALR은 28 g BOD/$m^2 \cdot d$ 이상이다. 이러한 부하에서는 폐수 BOD 농도에 의하며, 수리학적 체류시간, τ는 30 min 미만이 된다. 그러나 τ은 최소 45~60 min을 사용하는데 이는 산소전달 문제가 부분 BOD제거를 위해 필요한 최소 (타우) 와 최대 부하율을 제한할 수 있기 때문이다. MBBR 설계에서 적절한 BOD 제거를 위해서는 DO 농도 2~3 mg/L이 유지되어야 한다(Øegaard, 2006). 높은 BOD SALR에서 MBBR 여재에서 탈리된 고형물질들은 더 분산되어 침전성이 불량하게 된다. 따라서, MBBR 이 단지 대략적인 BOD 처리를 위해 설계되었다면 2차 침전조 전에 약품을 첨가하여 응결시켜야 한다.

BOD 90% 제거를 기초로 할 때, 유출수 BOD, TSS 농도를 25 mg/L 미만으로 2차 처리를 위한 BOD SALR은 6~16 BOD/$m^2 \cdot d$의 범위이다. 전질산화 공정설계에는 더 낮은

BOD SALRs 사용하여 MBBR 반응조의 유출수내 용존 bCOD를 낮추어 메디아 표면에서 성장하는 질산화 세균이 종속영양세균과의 경쟁에서 유리할 수 있도록 해주어야 한다. 이러면, 높은 질산화 암모니아성 질소 플럭스와 높은 질산화 효율이 가능하다. 암모니아 산화 세균이 최대로 생물막 이동체 표면적을 사용하기 위해서는 용해성 BOD 농도가 10 mg/L이하이어야 한다. 폐수의 용해성 COD농도를 알 경우 그림 9-24의 관계를 이용하여 질산화 이전에 용해성 COD의 저감 수준에 필요한 반응조 용적과 여재량을 결정하는 데 사용한다(Øegaard, 2006). 직렬 다단 MBBR 반응조로 설계하면 고율 BOD섭취와 질산화전에 용존성 BOD를 낮추어, 더욱 암모니아 제거 효율을 높일 수 있고 안정정이며 반응조 용적과 여재량을 최소화할 수 있다. 직렬 반응조를 이용하면 유입수 단회로 가능성을 최소화할 수 있는 또 다른 장점이 있다.

질산화. MBBR 공정은 여러 가지 방식으로 질산화에 이용되는데(표 9-13 참조), BOD 제거와 조합할 수 있고 직렬 MBBR 끝단에 대부분의 BOD가 고갈되면 3차 질산화도 가능하다. 여러 공정 모드에서 질산화에 필요한 질산화 기질 플럭스 설계 값들은 반응조 용적과 생물막 이동체 용적을 추정할 때 사용되며 다음과 같다. 질산화 기질 플럭스를 결정하는 요인들은 폐수용액 암모니아성 질소, DO 농도, 온도, 반응 BOD 부하와 연관된 용해성 BOD 농도, 그리고 pH 등이다. 8-6절에 설명한 바와 같이 알칼리도 균형이 필요한데 최소 알칼리도는 $CaCO_3$ 농도로 70 mg/L이 질산화 반응조에 존재해야 하며 최소 pH 6.8이 보장되어야 pH 제한에 의한 질산화 방해를 일으키지 않는다. 질산화 반응조 설계를 위한 높은 질산화 플럭스는 다음 조건에서 일어난다. (1) 낮은 유기물 부하율, (2) 최소 용해성 BOD 농도, (3) 폐수용액의 높은 DO 농도, (4) 높은 온도, 그리고 (5) 높은 폐수용액 암모니아성 질소 농도. 폐수용액 암모니아성 질소 농도는 낮은 농도(< 1~3 mg/L)에서 속도제한 요인이 될 수 있으므로, 1.0 mg/L 미만의 낮은 암모니아 유출수를 만들기 위해서는 좀 더 최적의 반응조 용적과 여재를 첨가한 질산화 직렬 반응조 이용을 권장한다.

3차 질산화. MBBR 공정에서 3차 질산화는 플라스틱 생물막 이동체에 부착하여 성장하는 AOB에 의하여 진행된다. AOB 성장은 MBBR 질산화 반응조가 침전조 유출수를 받아 2차 처리하는 과정에서 발생하거나[표 9-13(d) 참조], 과잉 BOD 제거 후 직렬 MBBR 공정에서 질산화 반응조 이전의 전단 반응조에서 낮은 유기물 부하 시 발생한다. 그림 9-25에 도시된 상관성을 이용하여 질산화 플럭스를 산정할 수 있으며, 이는 폐수용액 DO 농도와 암모니아성 질소 농도의 함수이다. 그림 9-25에 있는 암모니아성 질소 농도에 따른 질산화 플럭스는 그 속도가 DO 제한상태가 아닐 경우 식 (9-48)을 이용하여 결정할 수 있다.

$$J_N = \left[\frac{N}{(2.2\ \text{g N/L}) + N}\right](3.3\ \text{g N/m}^2\cdot\text{d}) \tag{9-48}$$

그림 9-25의 자료는 15℃ 조건이다. 식 (2-25)에 의한 온도 보정인자는 Salvetti 등 (2006)이 발견한 것으로 암모니아 농도제한 질산화 플럭스는 1.098, 산소 제한 질산화 플럭스는 1.058이다.

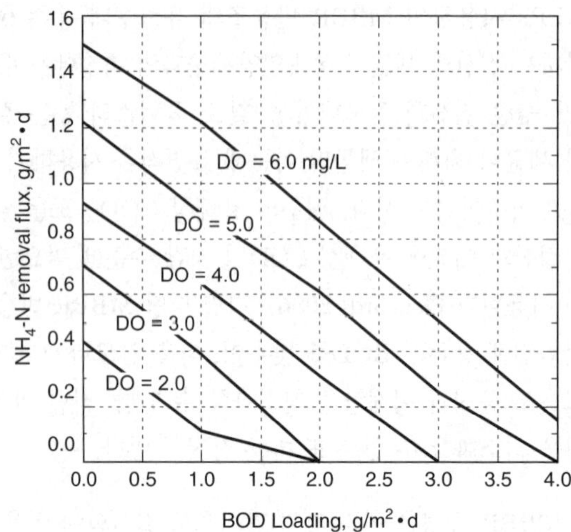

그림 9-26

질산화 플럭스에 DO 농도와 BOD 수면적 부하율 영향(인용, Ødegaard, 2006.)

BOD 제거와 질산화를 조합한 MBBR 반응조에서 DO와 생물막 공간을 위해 AOB와 경쟁하는 종속영양계 세균은 질산화 플럭스를 방해할 수 있다. BOD SALR과 DO 농도의 효과를 그림 9-26에 나타내었다. BOD SALR이 2.0 g BOD/m²·d으로 증가함에 따라 적절한 질산화 플럭스를 위해 폐수용액 DO는 4.0~6.0 mg/L이 필요하다. 10°C 조건에서 BOD 제거와 질산화를 조합한 MBBR 반응조에 암모니아 속도 제한조건에서 질산화 플럭스를 추정하기 위해서는 Rusten 등(1995)이 개발한 경험식을 사용할 수 있다.

$$J_N = k_{nf}(N)^{n'} \tag{9-49}$$

여기서, k_{nf} = 전처리에의 의한 속도계수

n' = 반응속도계수, 0.70

k_{nf} 값은 0.40, 0.47, 0.50, 0.53 값이 다음과 같은 조건에 각각 적용된다. (1) 1차 침전조가 없는 스크린, (2) 1차 침전 또는 전탈질화, (3) 1차 침전과 전탈질화, (4) 화학적 응집제를 첨가한 1차 처리. 온도 보정계수 값은 1.09이다. BOD 제거와 질산화를 위한 MBBR 여재 및 반응조 용적 결정은 예제 9-8에 제시하였다.

예제 9-8 **BOD 제거와 질산화를 위한 MBBR 공정과 반응조 용적** 예제 8-3과 동일한 1차 침전지 유출폐수 특성을 이용하여 유출수 NH_4-N 농도를 0.7 mg/L으로 처리하기 위한 MBBR 공정에 필요한 플라스틱 이동체 여재 용적과 포기조 용적을 구하라. 직렬 4개 반응조를 사용하고 처음의 2개 반응조 크기는 동일하며 BOD를 제거하고, 나머지 2개 반응조는 크기가 동일하며 질산화를 위한 반응조이다. 여재 충진 용적 백분율은 BOD제거 반응조는 50%, 질산화 반응조는 60%로 가정하라. 질산화 반응조의 DO 농도는 4.0 mg/L로 가정하라.

설계인자	단위	설계조건
평균 유량	m^3/d	30,000
BOD 농도	g/m^3	140
TKN 농도	g/m^3	35
NBD VSS	g/m^3	25
TSS	g/m^3	70
VSS	g/m^3	60
최저 설계온도	g/m^3	12.0
유출수 NH_4-N	g/m^3	≤0.7

참고: g/m^3 = mg/L

기타 가정 조건들은 다음과 같다.

1. 플라스틱 생물막 이동체 비표면적 = 500 m^2/m^3
2. 첫 번째 반응조의 대략적인 BOD 제거 플럭스(표 9−15) = 12 $g/m^2 \cdot d$, 12°C, 75% BOD 제거함
3. 전 질산화를 위한 두 번째 반응조의 BOD 제거 플럭스(표 9−15) = 4.0 $g/m^2 \cdot d$, 12°C, 90% BOD 제거함
4. 폐수용액 DO 농도와 NH_4-N 농도 함수로 된 질산화 플럭스를 그림 9−25를 이용한다. 첫 번째 질산화 반응조에서 암모니아 제거는 DO에 의해 제한되는 것으로 가정하라. 따라서, 15°C에서 생물막 질산화 플럭스 = 1.07 $gN/m^2 \cdot d$
5. DO 제한조건에서의 질산화 플럭스 온도 보정계수(u) = 1.058 (Salvetti 등, 2006)
6. 암모니아 제한 조건에서의 질산화 플럭스 온도 보정계수(u) = 1.098 (Salvetti 등, 2006)
7. bCOD/BOD = 1.6
8. 표 8−14에서 종속영양계 세균 수율과 세포 비 내생분해 감쇠계수
   Y_H = 0.45 g VSS/g bCOD, $b_{H,20}$ = 0.12 g/g·d, b_H 온도 보정계수 u = 1.04
9. BOD 제거 생물막 SRT = 6.0 d

풀이 1. 첫 번째 반응조 용적과 플라스틱 여재 소요량 산정

a. $\text{적용한 BOD 플럭스} = \dfrac{\text{BOD 제거 플럭스}}{\text{\% BOD 제거/100}} = \dfrac{(12\ \text{g/m}^2\cdot\text{d})}{0.75} = 16.0\ \text{g BOD/ m}^2\cdot\text{d}$

b. 여재 면적:

$$= \frac{\text{BOD 적용률}}{\text{적용된 BOD 플럭스}} = \frac{(30{,}000\ \text{m}^3/\text{d})(140.0\ \text{g BOD/m}^3)}{(16.0\ \text{g BOD/m}^2\cdot\text{d})} = 262{,}500\ \text{m}^2$$

c. $\text{여재 용적} = \dfrac{262{,}500\ \text{m}^2}{(500\ \text{m}^2/\text{m}^3)} = 525\ \text{m}^3$

d. $\text{첫 번째 반응조 용적} = \dfrac{525\ \text{m}^3}{(0.50\ \text{m}^3/\text{m}^3)} = 1050\ \text{m}^3$

e. 수리학적 체류시간, $\tau = V/Q = \dfrac{1050\ \text{m}^3}{30{,}000\ \text{m}^3}\left(\dfrac{24\ \text{h}}{\text{d}}\right) = 0.84\ \text{h}$

2. 두 번째 반응조 용적과 필요한 플라스틱 여재 용적 산정

a. 적용한 BOD 플럭스 $= \dfrac{(4.0\ \text{g/m}^2\cdot\text{d})}{0.90} = 4.44\ \text{g BOD/m}^2\cdot\text{d}$

b. 여재 면적: 두 번째 반응조에 남아 있는 BOD

$= 0.25(30{,}000\ \text{m}^3/\text{d})(140\ \text{g/m}^3) = 1{,}050{,}000\ \text{g BOD/d}$

$= \dfrac{(1{,}050{,}000\ \text{g BOD/d})}{(4.44\ \text{g BOD/m}^2\cdot\text{d})} = 236{,}486\ \text{m}^2$

c. 여재 용적 $= \dfrac{236{,}486\ \text{m}^2}{(500\ \text{m}^2/\text{m}^3)} = 473\ \text{m}^3$

d. 두 번째 반응조 용적 $= \dfrac{473\ \text{m}^3}{(0.50\ \text{m}^3/\text{m}^3)} = 946\ \text{m}^3$

첫 번째 반응조와 동일한 용적을 이용 $= 1{,}050\ \text{m}^3$

e. 수리학적 체류시간, $\tau = V/Q = \dfrac{1050\ \text{m}^3}{30{,}000\ \text{m}^3}\left(\dfrac{24\ \text{h}}{\text{d}}\right) = 0.84\ \text{h}$

3. 표 8-10의 식 (8-20)을 이용하여 BOD 제거로부터 종속영양계 세균 합성, 질소 소모 후 질산화를 위한 이용 가능한 암모니아성 질소 농도 결정

$$P_{x,\text{bio}} = \frac{Q(Y_\text{H})(\text{BOD})}{[1 + b_\text{H}(\text{SRT})]} + \frac{f_d(b_\text{H})Q(Y_\text{H})(\text{BOD})\text{SRT}}{[1 + b_\text{H}(\text{SRT})]}$$

$$\frac{P_{x,\text{bio}}}{Q} = \frac{(Y_\text{H})(\text{BOD})[1 + f_d(b_\text{H})(\text{SRT})]}{[1 + b_\text{H}(\text{SRT})]}$$

$$b_{\text{H},12} = b_{\text{H},20}(1.04)^{(12-20)} = (0.12\ \text{g/g}\cdot\text{d})(1.04)^{(12-20)} = 0.087\ \text{g/g}\cdot\text{d}$$

$$Y_\text{H} = 0.45\frac{\text{g VSS}}{\text{g bCOD}}\left(\frac{1.6\ \text{g bCOD}}{\text{g BOD}}\right) = 0.72\ \text{g VSS/g BOD}$$

$$\frac{P_{x,\text{bio}}}{Q} = \frac{(0.72\ \text{g VSS/g BOD})(140\ \text{g/m}^3)[1 + 0.15(0.087\ \text{g/g}\cdot\text{d})(6\ \text{d})]}{[1 + (0.087\ \text{g/g}\cdot\text{d})(6\ \text{d})]} = 71.4\ \text{g VSS/m}^3$$

질산화에 필요한 이용 가능한 암모니아 농도[식 (8-24), 표 8-10]:

$$\text{NH}_o = \text{TKN} - (0.12\ \text{g N/g biomass})\frac{P_{x,\text{bio}}}{Q}$$

$$\text{NH}_o = 35.0\ \text{gN/m}^3 - 0.12(71.4\ \text{g VSS/m}^3) = 26.4\ \text{g N/m}^3$$

4. 질산화 반응조 용적과 여재 용적 산정

a. DO 제한 플럭스 온도 보정

$$J_{N,12} = 1.07\ \text{g N/m}^2\cdot\text{d}\ (1.058)^{(12-15)} = 0.90\ \text{g N/m}^2\cdot\text{d}$$

b. 식 (9−48)을 이용하여 암모니아 제한조건에서의 두 번째 질산화 반응조내 질산화 플럭스를 산정한다.

$$J_{N,15} = \left[\frac{N}{(2.2\ \mathrm{g/m^3}) + \mathrm{N}}\right] 3.3\ \mathrm{g\ N/m^2{\cdot}d}$$

$$= \left[\frac{(0.70\ \mathrm{g/m^3})}{(2.2\ \mathrm{g/m^3} + 0.70\ \mathrm{g/m^3})}\right](3.3\ \mathrm{g\ N/m^2{\cdot}d}) = 0.797\ \mathrm{g\ N/m^2{\cdot}d}$$

$$J_{N,12} = 0.797\ \mathrm{g\ N/m^2{\cdot}d}(1.098)^{(12-15)} = 0.60\ \mathrm{g\ N/m^2{\cdot}d}$$

c. 동일한 여재 면적을 가진 두 개의 반응조 설계; 동일한 반응조 용적에 동일한 충진 용적비를 가진다.

$$\text{여재 면적} = \frac{(\mathrm{g\ N\ removed/d})}{(\mathrm{flux,\ g\ N/m^2{\cdot}d})}$$

반응조 3

$$\text{여재 면적} = A_3 = \frac{[(26.4 - X)\mathrm{g\ N/m^3}](30{,}000\ \mathrm{m^3/d})}{(0.90\ \mathrm{g\ N/m^2{\cdot}d})}$$

여기서, X = 암모니아성 질소 농도

반응조 4

$$\text{여재 면적} = A_4 = \frac{[(X - 0.70)\ \mathrm{g\ N/m^3}](30{,}000\ \mathrm{m^3/d})}{(0.60\ \mathrm{g\ N/m^2{\cdot}d})}$$

$A_3 = A_4$

$$\frac{[(26.4 - X)\ \mathrm{g\ N/m^3}](30{,}000\ \mathrm{m^3/d})}{(0.90\ \mathrm{g\ N/m^2{\cdot}d})} = \frac{[(X - 0.70)\mathrm{g\ N/m^3}](30{,}000\ \mathrm{m^3/d})}{(0.60\ \mathrm{g\ N/m^2{\cdot}d})}$$

X를 풀면, $X = 10.98\ \mathrm{g\ N/m^3}$

각각의 반응조 여재 면적

$$= \frac{[(10.98 - 0.70)\mathrm{g\ N/m^3}](30{,}000\ \mathrm{m^3/d})}{(0.60\ \mathrm{g\ N/m^2{\cdot}d})} = 514{,}000\ \mathrm{m^2}$$

d. 여재 용적 $= \dfrac{514{,}000\ \mathrm{m^2}}{(500\ \mathrm{m^2/m^3})} = 1028\ \mathrm{m^3}$

e. 질산화 반응조 용적 $= \dfrac{1028\ \mathrm{m^3}}{(0.60\ \mathrm{m^3/m^3})} = 1713\ \mathrm{m^3}$

f. 수리학적 체류시간, $\tau = V/Q = \dfrac{1713\ \mathrm{m^3}}{30{,}000\ \mathrm{m^3}}\left(\dfrac{24\ \mathrm{h}}{\mathrm{d}}\right) = 1.37\ \mathrm{h}$

5. 여재와 반응조 용적 요약

반응조	기능	DO, mg/L	여재 용적, m^3	반응조 용적, m^3	τ, h
1	BOD 제거	2.0	525	1050	0.8
2	BOD 제거	3.0	473	1050	0.8
3	질산화	4.0	1030	1720	1.4
4	질산화	4.0	1030	1720	1.4
합계			3058	5540	4.4

9-6 침지식 호기성 부착성장공정

다양한 호기성 부착성장공정 설계가 이동상 생물반응조에 부가적으로 사용되고 있는데 이는 9-5절에 설명하였다. 이들 공정은 2차 침전조가 없는 것이 MBBR 공정과 가장 큰 차이점이며 컴팩트한 생물학적 처리공정들이다. 부유물질들은 공정 여재내 여과에 의해 제거되거나, 유동 반응조의 경우는 반류수 고형물 포획(side stream solids harvesting)으로 제거된다. 본 절의 목표는 다음과 같다. (1) 일반적으로 사용되는 설계인자를 기술, (2) 장점과 단점 확인, (3) 물리적 시설 설계 위치, (4) 제거 기작의 공정분석과 기본 설계 고려사항 등. 일반적으로 사용되는 호기성 부착성장공정들은 본 절에 있으며, **하향류 호기성 생물여과**(*downflow biological aerated filter*, BAF), 상향류 호기성 생물여과(BAF), 유동상 생물반응조(fluidized bed biological reactor, FBBR) 등을 포함한다.

》 공정 발전

부착성장공정인 호기성 생물여과는 BOD 제거와 질산화를 위해 포기시켜 산소를 공급시킨다. 호기성 생물여과는 넓은 의미에서 **활성 생물여과**이다. 활성 생물여과란 용어는 호기성 생물여과를 포함하며 질소제거를 위한 생물학적 탈질화에 무산소 조건을 도입한 유사한 설계도 포함된다. 생물학적 탈질화를 위한 부착성장공정은 9-7절에 설명하였다.

침지식 호기성 부착성장공정의 개발은 1970년대 초에 시작되었다. 문헌에 보고된 이러한 시스템 사례들은, 유입수에 예비산소포화(preoxygenation) FBBR (Jeris 등, 1977), 여재 바닥으로부터 공기분사식 상향류 입상 여재 반응조(Young과 Steward, 1979), 유출수 수집 노즐 상단의 여상 바닥 공기분사식 하향류 입상 반응조(Leglise 등, 1980), 그리고, 바닥 공기 분사식 상향류 플라스틱 여재 반응조(Rusten, 1984) 등이 있다. Leglise 등(1980)이 설계한 하향류 입상 반응조는 초기에 입상 활성탄을 여재로 사용하였으므로 Biocarbone® 공정이라는 용어로 사용되었다. 나중에 여재는 내화점토로 교체되어 공정이름을 **호기성 생물여과**, BAF라고 하였다. 침지식 부착성장공정이 상업적으로 폭넓게 적용된 최초의 상업용 Biocarbone® 공정은 1982년 프랑스 Paris 인근에서 시작되었다(Stephenson 등, 2004). 침지 **여재**(*sunken media*)를 적용하였는데 움직이지 않

표 9-16

침지식 호기성 부착성장에 일반적으로 이용되는 운전 특성과 설계 요약[a]

공정	설명
하향류 BAF	
(a) 하향류 침지식 여재 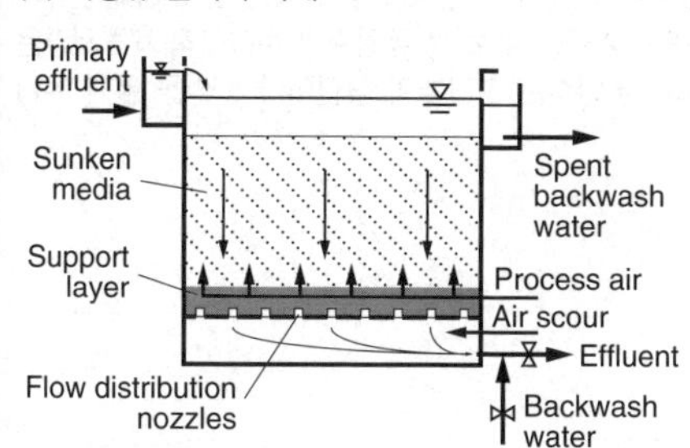	초기유출 폐수는 1.6~2.0 m 깊이의 두꺼운 여재층을 통과한다. 일반적인 여재는 비중이 약 1.6인 3.0~5.0 mm 크기의 팽창점토나 셰일이 사용된다. 공기분사 배관은 하부배출구의 약 30 cm 위에 위치하며 여재 아래에 균일하게 분산되어 있다. 하향속도는 2.4~4.8 m/h 범위이다. 역세척은 90 $m^3/m^2 \cdot h$의 공기와 15 $m^3/m^2 \cdot h$의 물이 사용되며 이때 약 1.8 m의 손실수두이 발생한다. 상용제품으로 Biocarbone®와 Biodrof® 시스템이 있다.
상향류 BAF	
(b) 상향류 침지식 여재 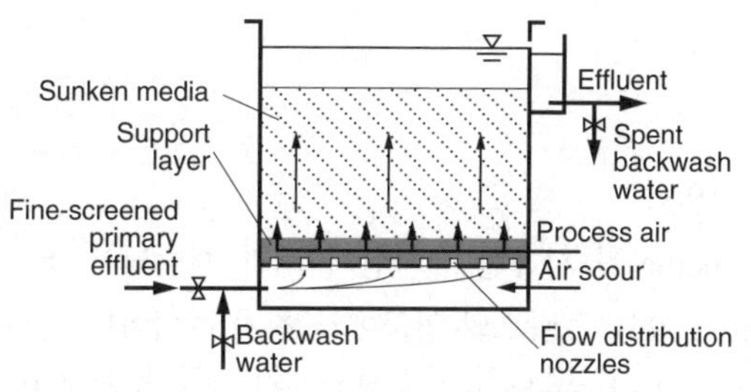	초기유출 폐수는 바이오필터층 아래 바닥에 설치된 노즐을 통해 분사된다. 일반적으로 사용되는 여재는 비중이 약 1.6인 3.5~4.5 mm 크기의 구형입자나 2.7 mm의 팽창점토, 셰일이 사용된다. 일반적인 여재의 깊이는 3 m이지만 2~4 m로 다양하다. 상향속도는 4~6 m/h 범위이다. 역세척은 10~30 $m^3/m^2 \cdot h$의 수량으로 하루 1회 정도이며, 역세척 시 발생하는 공기세굴에 의한 여재세척과 역세수의 여재세척으로 이루어져 있다. 상용제품으로 Biofor® 시스템이 있다.
(c) 상향류 부상 여재 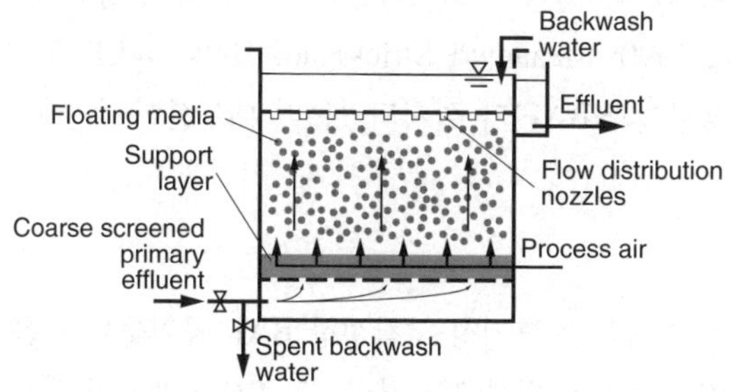	이 공정은 물보다 가벼운 구형 여재를 부상층으로 사용한다. 대기업 두 업체의 유사한 공정 설계인자는 다음과 같다. (1) Biostyr®은 비중 0.5, 3.0~6.0 mm의 폴리스티렌 비드 사용 (2) Biobead®은 비중 0.95, 2.3~2.7 mm의 폴리에틸렌 비드 사용 비드는 반응조 상부에 3~4 m 높이로 부상하여 여재층을 형성한다. 여재층의 상부에는 처리수 여과노즐이 장착되어 있어 여재의 유출을 방지하며 여과에 의해 처리되는 동안 상향류 방향으로 압축된다. 바닥 지지판의 구멍은 유입하수를 분산시키고 역세척수를 수집하는 기능을 한다. 공기는 바닥에 위치한 분사구를 통해 분배된다. 상향속도는 4~6 m/h 범위이다. 다른 상용제품으로 Biopure®과 Biolest® 시스템이 있다.
(d) 상향류 부상 여재와 무산소영역 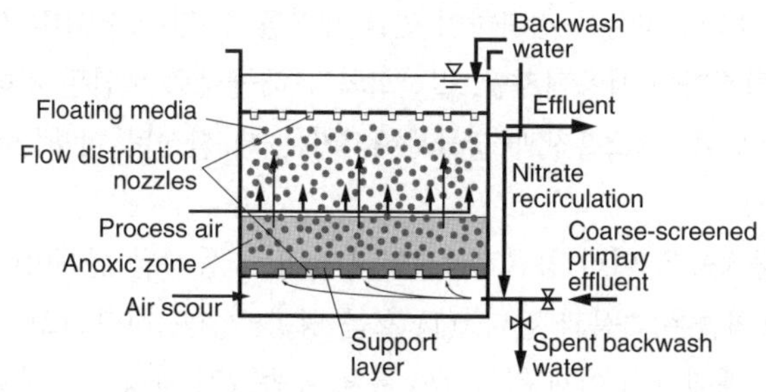	Biostyr 시스템의 부상여재의 설계 변화는 부착성장 반응조에서 질산화와 탈질화를 달성하기 위해 실규모 시설에서 수생되었다. 공정의 공기 분사구는 여재의 맨 아래 약 2 m 지점에 위치하는데 바닥 부분의 여재는 생물학적 탈질을 위한 무산소 영역이다. 질산화된 유출수는 질산염 감소를 유입부로 재순환되며, 초기유출수의 BOD는 질산염 감소를 위한 전자공여체를 제공한다.

(계속)

표 9-16 (계속)

공정	설명
유동상 생물반응조	
(e) 유동상향류 생물반응조	폐수는 0.3~0.7 mm 모래 또는 0.6~1.4 mm 활성탄 유동층 상단에 공급된다. 여재층의 깊이는 3.0~4.0 m이며, 0.5 mm의 규사의 상향유속은 30~40 m/h이다. 재순환 유량은 유동여재를 유지하기 유해 유입 유량의 2~5배로 하며 유입수의 수리학적 체류시간은 10~20분 범위이다. 유입수는 하단부의 공판이나 노즐을 통해 유입된다.

[a] Borregaard(1997), Freihammer 등(2007), Holbrook 등(1998), Lazarova 등(2000), Mendoza과 Stephenson(1999), Pujol 등(1994), Sutton 등(1981), U.S. EPA(1993).

는 높은 비중의 내화점토 물질을 사용하였다.

팽창시킨 셰일 여재(expanded shale media)를 사용한 유사한 설계가 개발되어 영국에 최초로 설치 되었다(Smith와 Edwards, 1994). 프랑스와 영국에서 침지 메디아나 가벼운 플래스틱 메디아를 사용한 하향류 공정에서 상승하는 공기가 메디아에 잡혀 하향류 BAF에 바람직하지 않은 손실수두를 증가시키는 결과를 초래하였다. 그 결과 상향류 BAF가 개발되었다(Rogalla와 Bourbigot, 1990; Meaney와 Strickland, 1994; WEF 2011). 1980년대 중반부터 수많은 호기성 생물여과(BAF)가 설치되었는데 대부분이 유럽에 설치되었다.

》 공정 적용

본 절에 소개 된 도시하수처리에 주로 이용되는 호기성 부착성장 BAF 공정들이 다음과 같은 목적으로 적용되고 있다. (1) BOD 제거를 위한 2차 처리, (2) BOD 제거와 질산화를 위한 2차 처리, (3) 질산화를 위한 3차 처리. 또한, 희석된 산업폐수의 BOD 제거에 사용된다. 호기성 부착성장공정 유입수에 약품을 첨가하여 인을 제거할 수 있다. FBBR 시스템은 3차 처리에서 생물학적 탈질화에 사용되지만, 질산화와 유해물질로 오염된 지하수 처리를 위해 일반적으로 사용된다. 탄소흡착과 생물분해시키는 데 활성탄 여재들이 사용된다(Sutton과 Mishra, 1994).

대부분의 호기성 부착성장공정들은 여러 공급자들로부터 상표로 등록된 설계이다. 다른 설계와 제품을 구분하는 요인들은 다음과 같다. (1) 흐름 방향; 상향, 하향, (2) 여재 밀도, (3) 여재 크기, (4) 여재 재질, (5) 여재 깊이, (6) 유체 유속, (7) 과잉 고형물질의 제거방법. 침전조가 없는 침지식 호기성 부착공정에서는 바이오매스 성장으로부터 생성된 과잉고형물질과 시스템 내에서 수거된 유입수 부유고형물질을 반드시 주기적으로 제거해야 한다. 대부분 공정들은 정수장 여과지와 유사하게 일단위로 역세척을 해주어야 한다.

대표적인 호기성 부착성장공정의 공정 설계 특성을 표 9-16에 요약하였다. BAF 공정은 2차 처리에서 유출수 BOD와 SS 농도를 10 mg/L 미만으로 생산할 수 있다. 단일 BAF 장치에 낮은 부하를 적용하면 BOD 제거와 질산화가 되며, 또는 3차 BAF와 FBBR 장치에서는 암모니아성 질소 부하와 DO농도에 따라 암모니아성 질소의 농도를 1.0mg/L 이하나 1.0-4.0mg/L까지 처리할 수 있다.

BAF와 FBBR 공정에 높은 수리학적 부하율은 빈 여상 접촉시간(empty bed contact times)이 0.50~1.5 h 또는 FBBR 적용에서는 그 이하이다. 상향류 BAF들은 상대적으로 손실수두이 낮으므로 더 많이 이용되지만, 역세척 시 더 많은 처리수를 필요로 한다. California 주 San Diego 시에서 상향류 BAF를 이용한 BOD 제거 실증 실험 동안에 BAF 부상여재 역세척에 사용된 물은 처리수의 10.3~13.9%인데 이는 침지 여재를 이용한 상향류 BAF에서 7.45~7.9%의 사용량과 비교된다(Newman et al., 2005).

공정의 장점과 단점

활성슬러지 처리와 비교한 BAF와 FBBR 공정의 장점과 단점은 다음과 같다.

BAF 공정 장점. BAF 공정의 주요 장점은 (1) 상대적으로 작은 부지 소요, (2) 희석된 폐수를 효과적으로 처리, (3) 슬러지 침전 특성에 관한 문제가 없음, (4) 조작이 단순함, (5) 작은 면적이 소요되어 건물 내 설치가 가능하다는 것이다. 건물 내 설치가 가능하다는 장점은 심미적인 장점과 운전자가 계절적인 영향을 적게 받는다. 또한, 많은 공정들이 고형물질을 여과시켜 높은 수질의 유출수를 생산한다.

BAF 공정의 단점. 단점들은 (1) 장치 유지관리, 제어, 운전 항목들이 더 복잡한 시스템임, (2) 큰 시설에 적용함에 규모의 경제성이 한계가 있음, (3) 일반적으로 부지가 프리미엄이 아니면 높은 자본비용으로 이용이 불가능함, (4) 높은 고형물질 부하로 인한 높은 손실수두에 취약함. BAF와 FBBR 공정의 설계와 설치비용은 수리학적 유량에 직접적으로 양향을 받는다. 강우 시 높은 수리학적 첨부유량 시 유량균등화조 설치를 고려해야 한다.

FBBR 공정 장점. 희석된 유기물 처리와 생체 이물질(xenobiotics)의 생물학적 분해를 위한 FBBR 기술의 주요 장점들은 다음과 같다. (1) 생체 이물질과 독성화합물질을 분해시키기 위해 필요한 놀라울 정도의 긴 SRT를 제공, (2) 충격부하나 난분해성 독성화합물질들이 활성탄에 흡착됨, (3) 낮은 TSS와 COD농도의 높은 수질의 유출수 생산, (4) 공기 탈기와 대기로 독성 유기화합물질 배출을 방지하는 산화법, (5) 시스템 운전이 단순하고 신뢰성 있다.

FBBR 공정의 단점. FBBR 공정의 주요 단점들은 (1) 높은 순환 유량 펌핑에 필요한 높은 에너지 소모량, (2) 높은 산소공급률이 필요, (3) 바이오매스와 공정제어에 운전이 난해하다는 것이다.

》 물리적 시설 설계

BAF 시스템의 설계 요소들은 상수처리 여과시설 시설과 매우 유사한데 유입수 분배기, 여재 선정, 그리고 역세척수 저류조, 물 펌프, 세척용 공기압축기, 자동제어 및 밸브 등을 포함한다. 필요한 배관, 밸브, 펌프, 송풍기와 제어기를 가진 표준 BAF 처리 장치 패키지(package)나 모듈러(modular)설계를 공급자가 제공하는 것은 일반적이다. 폐수처리 시설의 물리적 시설 설계는 유입수 폐수, 축적된 고형물질 제거방법, 공기 공급방식에 의해 결정된다. 본 절에서 중요한 물리적 시설 설계 이슈들은 다음과 같다. (1) 필요한 전 처리, (2) 과잉 고형물질 제거방안, (3) 산소공급

필요한 전처리. 상향류와 하향류 BAF 공정에는 유입수내 큰 입자나 섬유상의 물질로 인한 유입이나 유출수 분배 노즐의 막힘을 방지하기 위하여 전처리가 필요하다. 부가적으로 1차 처리는 일반적으로 고형물을 제어하는 데 이용되며 반드시 여과하여 제거해야 한다. 유입수 부유고형물의 농도가 높으면 역세척을 자주 해 주어야 하고, 결과적으로 더 많은 처리 된 유출수를 재순환해 주어야 한다. 실질적인 처리효과를 얻기 위해서는 더 넓은 BAF 처리면적이나 처리장치가 필요할 수도 있다.

1차처리전에 필요한 전처리 종류 및 요구사항등은 선정된 BAF 공정에 따라 결정된다. 침지 메디아를 이용한 하향류 BAF 공정은 1차처리 유출수 고형물질들은 유출수가 하부 배출수 수집 노즐에 도달하기 전에 여과지에서 제거되므로 추가적인 전처리가 필요없다. 상향류 매몰 여재 설계는 하부배출 노즐을 통해 1차처리 유출수가 유입되므로 권장되는 대표적인 스크린 크기는 2.5 mm이다. 상향류 부상 여재 BAF 설계는 유입수 유량분배 노즐이 없지만 유출수 노즐에 섬유상 물질이 메디아 나 유출수 노즐에 쌓이는 것을 방지하기 위해 10 mm 스크린 크기에 의한 전 스크린(prescreening)이 권장된다.

잉여 고형물질 제거. BAF 공정은 유입폐수 중의 고형물과 용존 및 입사성 물질로 부터의 생물학적 성장에 의해 축적된 고형물들을 제거해 주기 위해 주기적인 역세척이 필요하다. 역세척 과정은 사용하는 여재가 매몰 또는 부상여재에 따라 다양한데, 두 가지 경우 모두 공기 세정과 물 세척을 실시한다. 역세척 수원은 역세척수 저류조로부터 공급되는 처리된 유출수 또는 큰 시설에서 BAF 모듈에서 공급되는 유출수가 된다. 역세척 주기는 24시간 단위로 설정할 수 있고, 사전에 설정한 손실수두 값으로 실행된다.

침지 메디아 BAF의 역세척은 장치의 작동을 중단시키고 타이머와 작동 밸브로 제어되는 공기 세정과 역세척수 세정이 되도록 한다. 부상여재 BAF 역세척 동안에 여재를 통과한 처리수 유량은 고유량으로 인하여 원래 압축되었던 물질들이 하향 팽창하게 된다. 반응조 하단에 남아 있는 고형물질과 충진재에서 생성된 잉여 바이오매스는 유입수 배수판을 통하여 세척된다. 일반적인 역세척 과정은 반복된 세정(물 세척)과 공기교반 단계로 이루어진다. 분배관 압축(air header) 공정에서 공기량은 역세척 동안에 증가한다. 하향류 물 유량은 여상으로 확장되어 여재 공극에 있는 고형물질들이 빠져나오고 공기 세정은 여상을 혼합시켜 여재로부터 고형물질들이 제거된다. 대표적으로 4단계 물과 3단계 공기를 사용한다(WEF, 2011). 역세척 공기와 물의 주입률은 BAF 공정에서

도 유사하게 사용된다. 공기와 물을 이용한 경우 세척률은 0.8~1.0 m/min이며 물 세척률은 0.8~1.0 m/min의 범위이다(Stensel 등, 1988; Mendoza-Espinosa와 Stephenson, 1999).

기질이 제거되는 시간에 따라 FBBR 여재상 생물막 두께는 증가하며, 낮은 입자 비중과 가벼운 입자들은 여상의 상부로 이동한다. 잉여 생물 성장물질의 폐기는 여상의 상부로부터 진동 스크린, 하이드로싸이클론(hydrocyclone) 또는 에어 리프트와 같은 외부적 장치로 생물막 이동여재가 이송되어 교반 혼합시켜 과잉 바이오매스를 분리시킨다. 여재 이동체는 이후 유동 반응조에 재순환된다.

역세척수 공정. 사용한 역세척수는 1차 침전지 전단계 처리시설로 반송되거나 분리장치에서 처리된다. BAF 역세척수를 1차 처리 단계로 순환시키는 것은 BAF 폐 바이오매스에 의한 BOD 흡착으로 1차 처리에서 BOD 제거율이 높아지는 것을 의미한다. 기존 1차 처리가 수리학적 또는 고형물 부하용량이 제한 또는 대규모 시설을 선호하는 경우 별도의 장치에서 처리가 이루어진다. 이용되는 기술의 유형은 발라스터 응결과 침전, 고형물 접촉조/슬러지 순환 시스템, 용존 공기부상 농축, 중력침전 등이다(WEF, 2011). 반송유량의 처리는 15장에 설명되었다.

포기장치. 침지 메디아의 바닥이나 부상여재 하부에 설치한 배관 계통망을 통해 거대기포 포기에 의해 공정에 공기를 공급시키는 것이 일반적이다. 분사 공기관은 거대기포 공기 여상 면적에 걸쳐 균등한 공기 공급을 위해 등 간격으로 천공된 거대기포 공기 배출구에서 250~300 mm 떨어진 곳에 배치될 수 있다. 미세 기포 분산기의 이용은 산소전달효율을 높이는 데 효과가 없는데 이는 메디아내에서 작은 기포가 큰 기포로 뭉쳐지기 때문이다(Harris 등, 1996). 하향류 침지 메디아 BAF에 송풍기를 설계할 때 송풍기 공기 공급률에 미치는 손실수두 영향을 고려해야 한다. 여상내부에 고형물질이 축적됨에 따라 손실수두과 여상 상부 수위가 증가하는데 이는 공기 공급률을 감소시킬 수 있다. 침지와 부상메디아를 이용한 상향류 BAF 설계에서는 여상 상부에 수위는 유출수가 월류되도록 설정되어 손실수두의 문제가 없다.

» BAF 공정 설계 분석

BAF 공정은 높은 처리효율을 가진 시스템으로 BOD, 암모니아의 생물학적 산화와 흡착과 여과에 의한 입자성, 콜로이드 고형물질을 제거하는 두 가지 기능을 수행한다. BAF 공정의 성능과 설계에 영향을 주는 중요한 문제는 다음과 같다. (1) 여재 특성, (2) 공정부하, (3) 포기 설계, (4) 슬러지 발생량이다.

여재 크기. 평균 여재 크기는 다음 항목들에 영향을 미친다. (1) 생물막 성장과 기질 제거율을 위한 단위반응조 용적당 이용 가능한 표면적, (2) 공극크기와 여과효율. 구형의 비표면적은 식 (9-50)과 같다.

$$SSA_{sp} = \frac{6000}{D_{sp}} \tag{9-50}$$

여기서, SSA_{sp} = 구형입자의 비표면적, m^2/m^3

D_{sp} = 입자 직경, mm

침지식 부착성장공정에서 바이오매스 성장을 위한 표면적 크기의 예로서, 3 mm 침지 메디아와 여상공극이 40%인 BAF 시스템의 경우 반응조 용적에 대한 여재의 비표면적은 1800 m^2/m^3이다. 0.5 mm 모래, 100% 여상 팽창을 가진 FBBR 공정에서 반응조 비표면적은 6000 m^2/m^3로 추산된다. 여재보다 실제 면적이 적은 것은 유효입경과 생물막 성장으로 유효 입자 직경이 증가하는 것으로 설명된다.

BAF 설계에서 여재크기 선정 시 유출수 TSS 농도, 여과효율, 유기물 제거 효율과 유기물 부하율, 역세척 필요성 등을 반드시 고려해야 한다. 높은 겉보기 비표면적을 가진 작은 여재 크기는 높은 유기물 부하를 수용가능하여 낮은 유출수 농도를 생산한다. 그러나, 역세척 이전에 BAF 운전시간은 짧아지고 유출수 중의 많은 부분이 역세척수로 사용되어 운전비용은 증가할 수 있다. 부분적 BOD 제거를 위해서는 6 mm 입경 여재, 2차 처리를 위한 중간 크기 4~5 mm, 3 mm 이하의 여재 크기는 유출수를 마무리하거나 3차 질산화에 권장된다(Mendoza-Espinosa와 Stephenson, 1999).

공정 설계 부하율. BAF 공정에서 기질 제거 기작은 여재 생물막 면적에 분산, 생물분해 동역학에 의하여 용해성 기질이 제거되며, 흡착과 콜로이드와 입자물질의 여과에 의한다. 용해성 기질 제거는 생물학적 처리 공정내에서 확산에 의해 제한받으며, 제거속도는 생물막 면적, 폐수내 기질 및 DO 농도, 상향류나 하향류 유속, 온도등의 영향을 받는다. 입자성 BOD 제거는 여재 크기, 유체 유속, 운전 손실수두, 역세척 주기 등에 영향을 받는다. 생물막 성장과 생물막 두께, 바이오매스 밀도, 그리고 수리학적 유량 패턴 예측과 관련된 공정의 복잡성 때문에 설계는 실규모와 파일럿 규모 시설에서 관찰된 용적 공정 부하율과 처리성능을 기초로 한다. 2차 처리를 위한 BAF 성능, 질산화와 BOD 제거 조합, 3차 질산화는 일반적으로 kg BOD/m^3·d 또는 kg N/m^3·d의 함수로 측정된다. 더 낮은 폐수처리에서 설계는 수리학적 부하율에 의한다. 각 유형의 BAF 공정에 대표적인 수리학적 부하율은 표 9-16에 나타내었다.

BAF 공정에 보고된 용적 BOD 부하율의 범위는 표 9-17에 주어져 있는데, BOD 제거만을 위한 처리와 동일한 BAF 시설에서 낮은 BOD 부하율에서 BOD 제거와 질산화를 할 수 있는 것으로 구분하였다. 부하율은 일반적으로 총 BOD를 기준으로 하지만 용해성 BOD 부하는 유출수 BOD와 최종 총 BOD 농도를 결정하는 데 중요하다. 하향류 침지 여재 BAF 공정에서 2차 유출수 BOD를 달성하기 위한 용해성 BOD 용적 부하율은 온도가 10~12, 12~16, > 16°C에서 각각 1.0, 1.2와 1.4 kg/m^3·d가 필요한 것으로 밝혀졌다(Stensel 등, 1988). 따라서, 선택한 용적 BOD 부하율은 높은 용해성 BOD 분율을 가진 폐수에 대해서는 표 9-18에서 제시한 범위보다 낮아야 한다.

BOD 제거와 질산화를 달성하기 위해서는 BAF 공정은 낮은 BOD 부하율으로 운전된다. 살수여상과 MBBR 공정에 대하여 9-4절과 9-5절에서 설명한 바와 같이 용해성 BOD의 대부분이 처음에 제거되어 질산화 세균이 이용가능한 표면적이 제공되지 않으

표 9-17
호기성 생물여과에서 공정 용적 부하율[a]

공정 적용	부하 단위	범위	제거 효율 %
BOD 제거	kg BOD/m^3·d	3.5~5.5	≥85
BOD 제거와 질산화	kg BOD/m^3·d	1.8~2.5	≥85
3차 질산화	kg NH_4-N/m^3·d	1.0~1.5	≥90

[a] Mendoza와 Stephenson(1999), WEF (1998), Tchobanoglous 외(2003), WEF (2011).

면 BAF 공정내 질산화는 발생하지 않는다. 공정 설계에 미치는 총괄적 영향은 표 9-17에서와 같이 BOD 제거와 질산화를 조합한 BAF 공정을 위해서는 낮은 용적 BOD 부하율이 이용된다. 공정에 적정한 질산화율을 달성하는 데 DO가 자주 제한되는데 질산화를 위한 DO 농도는 반드시 최소 3~4 mg/L이 필요하다. BOD 제거와 질산화를 조합한 공정에서는 BOD 제거에 많은 양의 산소가 필요하므로 높은 DO 농도를 유지하는 것은 어렵다.

BOD 제거와 질산화 조합공정에 대안으로는 두 개의 BAF 장치를 직렬로 설치하여 첫 번째 단계에서는 2차 유출수 BOD 농도를 15 mg/L 이하로 BOD 부하를 설계하고 두 번째 단계에서는 질산화를 위한 장치로 설계하는 것이다. 두 가지의 장치로 설계하여 운전하는 것이 질산화를 위해서는 최적이며, 각 장치는 서로 다른 DO 농도, 수리부하율, 역세척 빈도로 운전된다. 3차 질산화 적용을 위한 질산화 연구에서 부하율 1.5~1.8 kg N/m^3·d에서 85~90% 질소가 산화된다고 하였다(Payraudeau 등, 2000). 3차 질산화에 이용되는 암모니아성 질소 부하율의 범위는 표 9-17과 같다. 모든 유형의 BAF 공정에서 용적 질산화율은 10℃부터 1℃증가함에 따라 3%씩 증가한다고 하였다(Tschui 등, 1994).

포기 설계. BAF에서 용적 산소 섭취율은 활성슬러지공정에 비교하여 매우 높은데 이는 상대적으로 짧은 체류시간과 높은 유기물 부하율에 의한 것이다. 1.7 m 깊이의 하향류 BAF 장치에서 용적 산소 섭취율은 250 mg/L·h 이상이다(Stensel 등, 1984). 비록 거대기포 포기를 이용하여도 실제 산소전달효율은 동일한 깊이에서 미세거품 확산 포기에서 기대한 것 이상으로 나타나는데 이는 BAF 여재내 거품 지체(bubble hold up) 때문이다(Stensel 등, 1984; Lee와 Stensel, 1986; Stenstrom 등, 2008). 단위면적당 낮은 공기 주입량에도 실제 공정 산소전달효율은 높은데 이는 기포 지체가 크기 때문이다. 보고된 산소전달효율의 범위는 표 9-18에 요약하였다. 고부하에서 DO 농도를 유지하기 위해

표 9-18
호기성 생물여과에서 여상 깊이별 관찰되는 산소전달 효율 %/m

BAF 설계	시험운전 깊이, m	O_2 전달효율 %/m	시험운전	참고문헌
침지, DF	1.6	3.4~5.5	실규모	Stensel et al. (1988)
침지, DF	2.0	5.0~8.5	실규모	WER (2011)
침지, UF	3.6	1.6~5.8	실험실 규모	Stenstrom et al. (2008)
침지, UF	4.0	5.0	실규모	Laurence et al. (2003)
부상, UF	3.6	3.6~8.0	실험실 규모	Stenstrom et al. (2008)
부상, UF	3.0	6.7	실규모	Laurence et al. (2003)

높은 공기 주입률이 사용되며 설계 시 낮은 값의 범위를 사용해야 한다.

BAF 공정에 산소요구량은 폐수 특성, BOD 부하율, 역세척 빈도의 함수이다. 하향류 침지 여재 시스템이 부하 3.5 kg BOD/m^3·d, 매일 1회 역세척을 실시할 경우 짧은 체류시간 때문에 유입되는 휘발성 부유고형물질의 20%만이 분해된다(Stensel 등, 1984). 다음 식은 BOD, VSS 제거에 필요한 산소요구량을 추정하는 데 사용된다.

$$\mathrm{OR} = 0.82\frac{\mathrm{sBOD}_o}{\mathrm{TBOD}_o} + \frac{1.6(\mathrm{BF_{VSS}})X_o}{\mathrm{TBOD}_o} \tag{9-51}$$

여기서, OR = 산소요구량, g O_2/g 주입 BOD

sBOD_o = 유입수 용해성 BOD 농도, g/m^3

TBOD_o = 유입수 총 BOD 농도, g/m^3

$\mathrm{BF_{VSS}}$ = 분해된 유입수 휘발성 고형물질 분율, g/g

X_o = 유입수 휘발성 부유고형물질 농도, g/m^3

슬러지 발생량. 전술한 산소요구량에서와 같이 슬러지 발생량도 유입수 특성과 분해된 유입수 VSS 분율과 관련된다. 다음 식은 슬러지 발생량을 추정하는 데 이용된다(Stensel 등, 1984). 1차 처리 후 VSS/TSS 비는 0.80~0.85이다.

$$P_{X,\mathrm{VSS}} = [0.60(\mathrm{sBOD}_o) + (1 - \mathrm{BF_{VSS}})(X_o)]Q \tag{9-52}$$

여기서, $P_{X,\mathrm{VSS}}$ = 휘발성 고형물질 발생률, g/d

Q = 유입수 유량, m^3/d

역세척 이전에 고형물 축적량은 2.4~3.0 kg TSS/m^3이다(Stensel 등, 1984; WEF, 2011). 역세척 부유고형물질의 농도는 500~1500 mg/L이며 유입폐수 특성, BOD 부하율, 역세척 빈도에 따라 달라진다.

FBBR 공정 설계 분석

호기성 FBBR 적용은 외부 산소전달 장치, 여상 유동화, 생물막 제어를 위한 고형물질 제거와 연관된다. 여재 생물막 두께는 반응속도에 영향을 주며, 이것은 지지 여재 용적, 여상 팽창 정도에 기초한 선정된 생물학적 입자 조성(bioparticle composite) 농도 선택에 의해 제어될 수 있고 최적화될 수 있다. 여상 팽창 범위는 일반적으로 50~100%이다. 낮은 정도의 팽창은 상향류 유속이 낮아도 되어 적은 에너지를 필요로 하지만 바이오매스 농도가 증가하므로 높은 용적 산소요구량을 가진다.

오염된 지하수와 희석된 산업폐수의 생물분해를 목적으로 호기성 FBBR 시스템을 적용하는 것은 주변 상황에 따라 결정해야 하며 처리대상이 되는 성분의 분해특성에 대한 이해가 필요하다. FBBR 시스템은 암모니아 제거를 위해 사용해 왔다.

암모니아 제거 목적으로 이용되는 FBBR 시스템은 암모니아 부하율 1.0 kg NH_4-N/m^3·d 이내에서 질산화를 위해서는 5~6 m의 여상 깊이가 이용된다. 유출수 암모니아성 질소 농도를 ≤ 5 mg/L 또는 0.5 mg/L를 달성하기 위해 권장되는 수리학적 부하율은 각각 40 m^3/m^3 bed·d, 25 m^3/m^3 bed·d 미만이어야 한다(Dempsey 등, 2006).

9-7 부착성장 탈질화 공정

수년에 걸쳐 여러 가지 부착성장 탈질화 공정들이 후 무산소(postanoxic)와 전 무산소(preanoxic) 응용으로 개발되어 왔다. 본 절의 주제는 다음과 같다. (1) 공정 발전, (2) 생물학적 탈질화에 이용되는 일반적인 유형의 부착성장공정, (3) 공정 설계 분석, 그리고 (4) 공정 운전 시 고려사항. 물리적인 시설 설계 고려사항들은 8장, 11장 등에서 설명하고 있다.

›› 공정 발전

부착성장 생물학적 탈질화 공정들은 1970년대 초에 부영양화 제어를 위해 도시 폐수처리시설 방류수내 질소에 대한 강화된 규제를 따라가기 위해 개발되었다. 당시의 목적은 2차 유출수에 질산염을 제거하는 것이었으며, 1973년 Dravo 사에서 처음 두 가지 공정 개념이 하향류 탈질여과와 1974년 무산소 유동 반응조(Jeris 등, 1974)로 특허를 받았다. 최초의 실규모 무산소 유동 반응조는 1980년대 Nevada 주 Reno 시 인근에 있는 Truckee Meadows Water Reclamation Facility에 살수여상 후속시설로 설치되었다(Sedlak, 1991). 그 이후 많은 무산소 부착성장 탈질화 공정 설계가 여러 회사에 의해 개발되고 상용화되었다. 여기에는 상향류, 하향류 여상, 무산소 이동상 생물반응조, 무산소 침지식 회전생물막 접촉조 등이 포함되었다.

›› 부착성장 기술 및 적용 탈질화 공정

부착성장 탈질화 공정은 질산화 이후 후 무산소 처리 단계로 대부분 적용된다. 그러나, 몇몇의 경우는 질산화 이전에 전 무산소 모드로 하는 부착성장 탈질화도 사용된다. 두 가지 유형들은 모두 본 절에서 설명하고 있다.

후 무산소 탈질화 부착성장. 생물학적 탈질화에 가장 일반적으로 사용되는 부착성장공정 설계는 그림 9-27에 나타내었는데 다음과 같이 세 가지 유형으로 분류된다. (1) 탈질여과, (2) 부유성 메니아 탈질, (3) 유동상 탈질. 이러한 모든 시스템들은 탈질화 적용에 각각 특정한 여재 유형, 크기, 여재 깊이, 수리학적 부하율, 역세척 방법들이 생산자에 따라 다르게 공급된다.

탈질여과들은 생물막 반응조에 관한 Water Environment Federation MOP 35에 생물학적 활성 여상의 일반적인 범주를 포함된다(WEF, 2011). 이 문서에는 생물학적 호기성 여상(biological aerated filters, BAFs)을 포함하여 생물학적 활성 여상 전문용어는 9-6절에 설명되었다. 9-6절에 표 9-16에 나타낸 모든 유형의 BAFs들은 공기 공급장치를 제거하고, 질산염과 유입수에 있는 외부탄소원을 공급해 주므로써 탈질여과공정으로 변경된다.

BAF 탈질여과들은 처리 흐름방향과 여재의 특성 등에 따라 (1) 하향류 침지 여재[그림 9-27(a)], (2) 상향류 침지 여재[그림 9-27(b)], (3) 상향류 부상여재[그림 9-27(c)]로 구별된다. 추가적으로 질산화 여상의 네 번째 유형은 그림 9-27(d)와 같은 SS 제거를 위한 연속 역세척 모래여과이다. 하향류이며 연속 역세척 모래여과는 11장

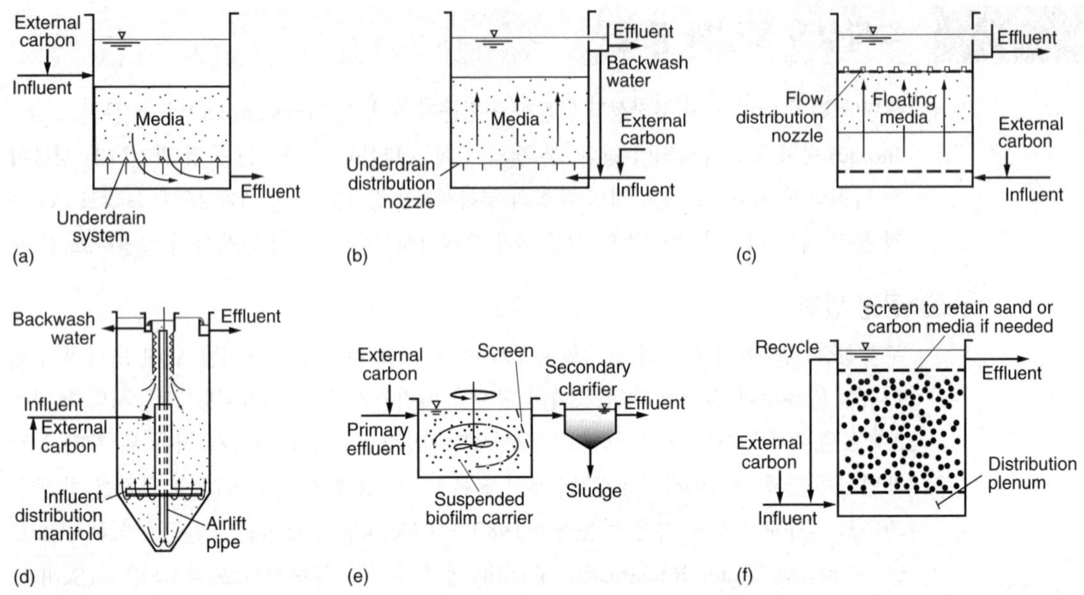

그림 9-27

생물학적 탈질화에 일반적으로 이용되는 부착성장공정. 탈질여과(denitrification filters, DNFs). (a) 하향류 침지 메디아, (b) 상향류 침지 여재, (c) 상향류 스컴 여재, (d) 연속 역세척 모래여과. 부유여재 탈질화 공정: (e) 무산소 이동상 생물반응조(anoxic moving bed bioreactor, AnoxMBBR), (f) 무산소 유동 반응조(anoxic fluidized bed reactor, AnoxFBBR)

11-3절에 설명하였다. 무산소 연속 역세척 여과에서 여재 상단으로 폐수가 유입 여상 바닥으로 이송되는데 방사형 주입으로 분배되며 여상을 통하여 상부로 이송된다. 여상 중앙 칼럼에 있는 에어 리프트는 여재를 연속적으로 역세척하여 여과운전이 중단되지 않도록 하고 역세척을 위해 밖으로 배출되는데 이는 별도의 역세척과정을 거쳐 제거해 주어야하는 다는 탈질여과공정과 다른 점이다.

9-5절에 기술한 AnoxMBBR 반응조[그림 9-27(e)]는 MBBR 생물학적 질소제거 시스템내 전 무산조와 후 무산소 영역을 모두 이용하며, 2차 또는 3차 질산화 이후에 후 무산소 탈질화 공정을 이용한다. AnoxFBBR[그림 9-27(f)]은 많은 작은 크기의 여재를 이용하므로 가장 높은 반응조 비표면적을 가진 부착성장 생물학적 탈질화 시스템이다.

필요한 탄소원. 생물학적 성장을 지원하고 요구되는 전자수용체로서 아질산염/질산염을 생성하기 위하여 탄소원은 후 무산소 부착성장 탈질화 반응조 유입수에 반드시 주입해야 한다. 전자수용체로서 질산염과 아질산을 이용하는 종속영영계 세균에 의해 유기성 기질이 소모되며 부유성장 무산소 공정에서 질소가스가 발생하는 원리는 7-10절, 8-7절에 설명하였다. 메탄올(methanol)은 후 무산소 탈질화를 위해 가장 일반적으로 이용되는 외부 탄소원인데 NO_3-N 제거당 낮은 비용, 낮은 세포물질 수율을 가진다. 또한, 기타 탄소원, 예를 들어 에탄올(ethanol)과 글리세롤(glycerol)들도 후 무산소 부착성장 탈질화에 고려될 수 있다.

유입수 주입조건. 후 무산소 부착성장공정에서 대표적인 전단계 처리와 유입수 주입조건은 두 가지 시나리오 중에서 한 가지로 나뉜다. 시나리오 I은 활성슬러지 생물학적 질소제거 공정(MLE 공정)에서 처리된 NO_x-N (NO_3-N + NO_2-N) 농도 10 mg/L 이하인 유출수를 처리하는 것이다. 시나리오 II는 NO_x-N 농도 범위 20~35 mg/L을 가진 부착성장 질산화 공정 유출수를 처리하는 것이다. 시나리오 I의 적용은 낮은 TSS 농도를 필요로 하므로 탈질여과를 NO_x-N와 TSS를 제거하는 데 사용하여 낮은 TN, 낮은 TSS 유출수 농도를 만족시킨다. 3.0 mg/L 이하의 더욱 엄격한 유출수 TN이 요구될 경우는 유출수를 여과하지 않으면 만족시킬 수 없다. 시나리오 II는 많은 양의 탄소를 후 무산소 탈질화 반응조에 주입해야 하는데 그 결과 높은 용적 탈질률과 많은 바이오매스가 생성된다. AnoxMBBR과 AnoxFBBR 공정은 높은 질산염과 탄소부하율을 수용할 수 있지만 일반적으로 SS 제거를 위해 유출수 마무리 단계가 필요하다.

대표적 성능. 후 무산소 부착성장 탈질화 실규모 시설 4곳을 3년 동안 성능시험을 하여 성능 평가를 위해 통계처리를 실시하였다. 유출수 TN 농도의 50번째 백분위 수 값은 1 mg/L 이하였다. 다른 시설에서 유출수 TN 농도의 90번째 백분위 수 값은 2.7~4.2 mg/L의 범위였다(Bott과 Parker, 2010).

전 무산소 탈질화 부착성장. 전 무산소 탈질화에 이용되는 부착성장 탈질화 공정은 (1) 살수여상(Nasr 등, 2000; Dorias와 Baumenn, 1994), (2) 탈질여과(Ninassi 등, 1998), (3) MBBRs (Lazarova 등, 1998) 등과 같이 적용한다. 9–5절에 표 9–13(e), (g)와 같이 AnoxMBBR은 MLE나 Bardenpho 유형의 질소제거 공정내에 전 무산소 질산염을 제거하는 데 이용된다.

부착성장공정을 가진 전 무산소 탈질화의 다른 예는 그림 9–28에 나타내었다. 그림 9–28(a)의 경우 부착성장공정이 1차 처리 유출수내 유기물을 전자공여체로 후단 질산화 부착성장공정으로부터 재순환된 NO_x-N를 감소시키는 데 탈질화에 이용되었다. 재순환율은 유입 유량의 약 3~4배이며 질소제거성능은 활성슬러지 질소제거에서 이용되는

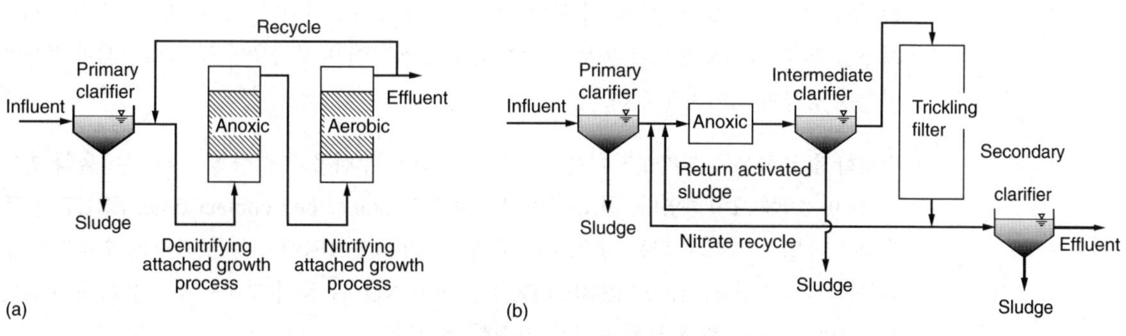

그림 9–28

전 무산소 부착성장공정들의 예. (a) 직렬 상향류 탈질화–질산화 생물학적 활성 여상(sequential upflow denitrification-nitrification biological active filters), (b) 질산화 살수여상 유출수를 전 무산소 부유성장공정으로 재순환시키는 시스템

MLE 공정과 유사하다(8−7절 참고). 전 무산소 상향류 침지 여재 공정을 위한 NO_3-N 부하율은 1.0~1.5 kg/m^3·d, 수리학적 부하율 20~30 m/h인 것으로 보고되었다(Ninassi 등, 1998). 높은 재순환율은 부착성장공정과 수리학적 부하를 위한 유량 펌핑 에너지가 증가한다.

그림 9−28(b)와 같은 두 번째 경우는 질산화된 살수여상 유출수가 전단 부유성장 전 무산소 시스템으로 재순환되는 시스템이다(Melhart, 1994). 탈질화 혼합액을 분리하고 활성슬러지를 무산소조로 반송시키기 위해 중간 침전조를 사용하였다. 질산염을 전 무산소 영역으로 공급시키기 위해 필요한 재순환 유량은 침전조 크기와 살수여상의 펌핑 요구량에 크게 영향을 미치므로 전체적인 시스템 경제성을 좌우한다.

질소제거를 위한 실규모 살수여상 시스템을 전환시킨 예는 Nasr 등(2000)과 Dorias와 Baumenn(1994)가 있다. 2단계 질산화 살수여상으로부터의 재순환수는 전단 1단계 전 무산소 침지식 또는 기밀된 살수여상으로 반송된다. 재순환 유량은 살수여상 에너지 소모량을 크게 증가시키며 살수여상내 높은 DO 농도는 전 질산염 제거 효율에 영향을 미친다.

전 무산소 부착성장공정을 이용함에 중요한 장점은 유입수를 질산염 제거에 이용하는 것으로 외부 탄소원 공급 비용이 없다. 주요 단점들은 질산염 재순환 유량이 설계와 운전비에 영향을 주고, 부착성장 전 무산소 설계 시 유입 고형물 부하가 크다는 것이다.

》 후 무산소 부착성장 탈질화 공정 설계 분석

후 무산소 부착성장공정에서의 중요 설계인자들은 다음과 같다. (1) 수리학적 부하율, (2) 질산염 부하율, (3) 외부 탄소 공급, (4) 잉여 고형물질 축적과 역세척 필요성, (5) 인 제한

수리학적 부하와 질소 부하율. 후 무산소 부착성장 탈질화 공정 설계에서 두 가지 중요 인자는 수리학적 부하와 질산염 용적 부하율이다. 목표로 하는 유출수 NO_3-N 농도를 얻기 위한 질산염 부하율이 AnoxMBBR와 AnoxFBBR 공정의 크기를 결정하는 중요 인자이다. 탈질여과의 유출수 TSS 농도가 낮아야 하기 때문에 질산이온 부하율과 함께 수리학적 부하율도 고려해야 한다. 전술한 시나리오 I의 경우 유출수에 낮은 TSS 농도를 만족시키기 위해 필요한 수리학적 부하율이 중요한 설계인자이다. 왜냐하면 전단 질소제거 시스템 후에 NO_3-N 농도가 충분히 낮기 때문에 질산이온 부하율이 질산이온 제거 성능에 미치는 영향이 적어지게 된다.

수리학적 부하율. 부착성장에서 보고된 수리학적 부하율과 질산염 용적 부하율의 범위는 표 9−19에 요약하였다. 최소 공여상 접촉시간(empty bed contact time, EBCT)은 조 용적을 유입 유량으로 나눈 값으로 여재 깊이 2.0 m DNFs에서 높은 각각의 수리학적 부하율을 가정하였다. AnoxMBBR EBCT는 높은 NO_3-N 용적 부하율과 부유여재 비표면적이 500 m^2/m^3, 충진 용적 50%로 가정한 것이다.

표 9-19

후 무산소 부착성장공정에서의 보고된 공정 부하율 범위

공정 종류	수리학적 적용, m/h	NO_3-N 용적 부하율 kg/m^3·d	최소 EBCT[b], min	참고문헌
하향류 침지식 여재 DNF	2.4~4.8	0.3~3.2	25	Falk et al. (2011)
상향류 침지식 여재 DNF	4.0~6.0	0.8~5.0	20	WEF (2011)
상향류 부유식 여재 DNF	4.0~6.0	1.5~2.0	20	WEF (2011)
연속식 역세 DNF	2.4~8.0	0.3~2.0	15	deBarbadillo et al. (2005)
anoxFBBR	15.0~25.0	3.0~5.0	6	U.S. EPA (1993)
anoxMBBR		0.25~0.5	30[a]	Stinson et al. (2009)

[a] 여재 비표면적 500 m^2/m^3, 충진 용적 50%로 가정함.

[b] EBCT = empty bed contact time.

질산염 부하율. 탈질여과에서 0.3~5.0 kg NO_3-N/m^3·d 의 넓은 범위의 질산염 용적 부하율이 보고되었다. 이러한 값들은 파일럿 장치와 실규모 시설에서 다양한 유입수 NO_3-N 농도, 탄소 주입량, 온도, 수리학적 적용 부하율, 목표 수질 등의 조건에서 분석된 것이다. 많은 후 무산소 탈질여과의 성능 결과들이 deBarbadillo 등(2005)에 의해 EBCT의 함수로 산정되었다. 14개 시험 지역에서 구한 자료를 기초로 EBCT 10 min 이상일 때 NO_3-N 제거율이 90% 이상이었다. Hultman 등(1994)은 추가적으로 압출류형 흐름(plug flow)형 연속류 역세척 상향류 탈질여과 파일럿 장치 성능자료를 다음과 같이 Harremöes (1976)의 반차원(half-order) 기질 확산 동역학적 모델을 적용하여 평가하였다.

$$NO_e^{(1/2)} = NO_o^{(1/2)} - (1/2)k_{DN}(EBCT) \tag{9-53}$$

여기서, NO_e = 유출수 NO_3-N 농도, g/m^3

NO_o = 유입수 NO_3-N 농도, g/m^3

k_{DN} = 반차원 동역학적 계수, mg/L·min

EBCT = empty bed contact time, min

NO_3-N 부하는 다음과 같다.

$$NL = \frac{Q(NO_o)}{V} = \frac{1.44(NO_o)}{EBCT} \tag{9-54}$$

여기서, NL = NO_3-N 용적 부하, kg NO_3-N/m^3·d

식 (9-53)과 (9-54)을 조합하면 NO_3-N 용적 부하는 유입수와 유출수 NO_3-N 농도와 동역학적 계수로 표현할 수 있다.

$$NL = \frac{-0.5k_{DN}\,(1.44NO_o)}{NO_e^{(1/2)} - NO_o^{(1/2)}} \tag{9-55}$$

deBarbadillo 등(2005)은 1.6 kg NO_3-N/m^3·d의 높은 부하로 운전되는 파일럿 시험운전에서 0.36 mg/L·min 값을 도출 하였다.

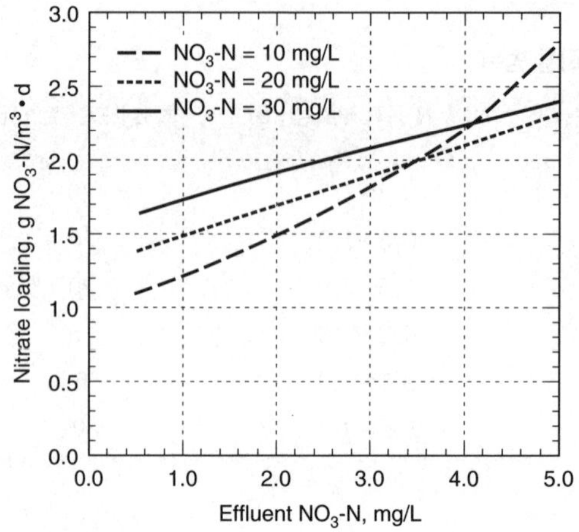

그림 9-29

유입수 NO_3-N 농도 10~30 mg/L에서 유출수 NO_3-N 농도에 대한 탈질여과 질산염 용적 부하율(kg NO_3-N/m^3·d) 예측값 [Harremoes(1976)의 기질 확산 반차원 동역학적 모델에 기초함]

유입수 NO_3-N 농도 10~30 mg/L에 대해 유출수 NO_3-N 농도의 함수로 요구되 NO_3-N 용적 부하율은 식 (9-55)을 이용하여 k_{DN} = 0.36 mg/L·min로 산정되었다. 그 결과는 그림 9-29에 나타내었다. 용적부하율 1.2~1.7kg-NO3-N/m3d에서 유출수 농도는 1.0mg/L이었으며, 표 9-19에 주어진 범위 내에 있다. 동일한 조건에서 산정한 EBCT는 그림 9-30에 나타내었다. 유출수 NO_3-N 농도 1.0 mg/L에 대해 산정한 EBC 12 min은 deBarbadillo 등(2005)에 의해 관찰된 것과 일반적으로 동일한데, EBCT 1 min 이상이면 90%의 질산염을 제거가 가능하다는 것이다. 2 m 탈질여과 깊이와 공 수리학적 부하율 4 m/h에서 EBCT는 30 min이다. 이러한 결과를 기초로 탈질여과 수리학적 부하 설계 시 낮은 여과지 유출수 TSS 목표를 충족시키기 위해 후 무산소 질산화 제거에 충분한 접촉시간이 필요하다는 것이다. 전술한 분석은 NO_3-N가 제거될 수 있도록 충분한 탄소를 주입하였다는 가정하에서 진행되었다.

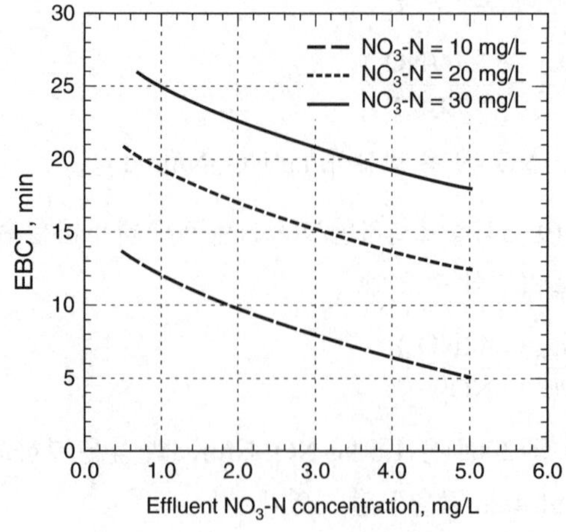

그림 9-30

유입수 NO_3-N 농도 10~30 mg/L에서 유출수 NO_3-N 농도 대 필요한 탈질여과 EBCT 계산값[Harremoes(1976)의 기질 확산 반차원 동역학적 모델에 기초함]

외부 탄소 공급. 유입수에 포함되는 질산이온, 아질산이온, 산소 유입율에 비례하여 후 무산소 탈질화공정에 탄소원을 주입해 주어야 한다. 후 무산소 부착성장 탈질화 공정에서 메탄올은 가장 일반적으로 사용하는 탄소원으로 질산염 제거당 낮은 비용, 낮은 세포물질 수율을 가진다. 어느 정도 유입수 DO를 고려할 때 대표적인 메탄올 대 NO_3-N 주입비는 3.0~3.5 kg 메탄올/kg 제거된 NO_3-N이다. 그러나 메탄올을 다루는 문제와 간헐적으로 질산염 제거 필요성으로 인하여 다른 탄소원 즉, 에탄올, 글리세롤, 또는 글리세롤 사용에 관심을 가지게 되었다. 기타 탄소원의 주입요구량과 바이오매스 고형물질 생산에 미치는 영향은 8-7절에 설명되어 있다. 에탄올 또는 글리세롤을 사용할 경우 메탄올과 비교하여 탄소주입비와 슬러지 생산량은 각각 22%와 30%씩 증가한다. 높은 슬러지 생산율은 역세척 빈도를 높이고 과잉 고형물질 제거를 위해 역세척 에너지 사용량이 증가한다.

후 무산소 탈질화 공정에서 탄소 주입량과 비용을 최소화하기 위해 전단 질소제거 성능을 최적화하는 노력이 필요하다. 전단 MLE 공정에서 문제를 해결하기 위해서는 내부 반송비, 소화조 생물고형물질 탈수에서 재순환수 관리, 내부 질산염 재순환 흐름과 유입 유량으로부터 전 무산소 영역에 DO 공급 등을 포함한다.

잉여 고형물질 제어. 탈질여과를 운전하는 동안에 고형물질 축적(여과), 바이오매스 성장, 탈질화에 의한 질소가스 축적으로 인하여 손실수두이 점차적으로 증가한다. 질소가스의 축적은 하향류 여상의 경우 더 확연하다. 하향류 여상은 상향류 수격작용으로 주기적으로 "충격(bumped)"이 발생한다. 12 m/h의 속도로 3~5 min 동안 물만 이용하여 충격 세정하면 축적된 질소가스를 배출시킬 수 있다. 충격 주기는 매 2~4 hr에 범위로 변화한다. 상향류 연속 역세척 여상에서 질소가스 배출을 위한 특별한 충격현상(bumping) 역세척은 발생되지 않는다.

상향류와 하향류 탈질여과는 공기와 물 역세척을 매 24~48 h마다 실행해야 하는데 이는 고형물질 축적과 손실수두에 영향을 받는다. 연속 역세척 여상의 한 가지 장점은 운전이 중단되지 않는다는 것이다. 기준치 이상의 손실수두이 발생하기 직전에 고형물질 축적 용량은 약 4.0 kg TSS/m^3로 추정된다. 축적된 고형물질의 대부분은 외부탄소원에 의한 바이오매스 성장에 의한 것이다. 예를 들면, NO_3-N 부하율 1.5 kg NO_3-N/m^3·d에서 24 h내 바이오매스 고형물질 축적량은 약 2.8 kg TSS/m^3이 된다. 이것은 메탄올 주입량 3.5 kg/kg NO_3-N, 바이오매스 세포수율을 0.30 g VSS/g CH_3OH COD로 가정한 경우이다. 유입수 TSS 농도가 유입수 NO_3-N 농도와 같은 10 mg/L, 유출수 TSS 5 mg/L로 가정하면 유입수 고형물질 제거에 의해 추가적인 고형물질 축적은 총 3.5 kg TSS/m_3에 대하여 0.75 kg TSS/m_3이 추가된다. 역세척은 일반적으로 공기 세정 다음에 물과 공기를 이용한 역세척을 한다. 대표적인 역세척 속도와 생성수에 대한 역세척수 비율은 표 9-20에 요약하였다.

인 제한. 생물학적 탈질화와 화학적 인 제거를 조합한 시설이 유출수 TN 3.0 mg/L 이하, TP 0.1 mg/L 이하 농도를 만족시키기 위해 몇몇 도시 WWTP에서 사용되고 있다. 이러한 경우 후 무산소 부착성장 탈질화 공정 이전에 낮은 TN, TSS 유출수 농도와 부수

표 9–20

후 무산소 부착성장 탈질화에 역세척 시 요구사항[a]

공정 종류	역세속도 m/h	공기 세굴속도 m/h	역세시간 min	역세수/유입 유량 %
하향류 침지식 여재	18	90	15	4.7
상향류 침지식 여재	20	97	10	3.5
상향류 부유식 여재	55	12	12	11.4
연속식 역세	0.4	에어 리프트	연속	10

[a] WERF 적용 (2010).
[b] 평균수리학적 적용률 4 m/h 기준

적으로 낮은 TP 유출수 농도를 만족시키기 위해 전단계 공정이 이용된다. 전단계 공정은 고도 생물학적 인 제거, 화학적 처리 또는 조합공정이 될 수 있다. 그러나 후 무산소 공정은 유입수 인의 농도가 생물학적 탈질화를 위한 생물 성장을 지원하는데 너무 낮으면 인이 제한될 수 있다는 것을 알아야 한다. Maryland 주 Hagerstown 시의 WWTP에서 연속 역세척 탈질여과의 파일럿 시험 기간에 유입수 PO_4-P/NO_x-N비가 0.02 g P/g N 이하로 떨어지면 유출수 NO_x-N 농도는 증가하였다(deBarbadillo 등, 2006). 다른 연구자들이 제안한 허용 유입수 P/$NO_{x\text{-}N}$비는 0.005 (Scherrenberg 등, 2008), 0.01~0.02 (Husband와 Becker, 2007), 0.023~0.026 (Peric 등, 2009)이다. 기계론적 모델링 접근과 여러 연구로부터의 자료들을 이용하여 Boltz 등(2012)은 분석한 결과 유입수 0.009 g P/g NO_x-N에서 인이 제한되어 생물학적 탈질화 성능은 감소한다고 밝혔다. 후 무산소 탈질에 있어 인이 제한되는 것을 해결하기 위해 다른 대안으로 후 무산소 공정 유입수에 인산(phosphoric acid)을 주입하는 운전을 이용하였다(WERF, 2010).

》 후 무산소 부착성장 탈질화 운전 고려사항

후 무산소 부착성장 탈질화 공정의 최적 성능을 위한 주요 운전 고려사항들은 다음과 같다. (1) 역세척 주기와 생물막 제어, (2) 탄소주입량 제어, (3) 인 제한 방지.

생물막 제어. 후 무산소 탈질 여상의 역세척, AnoxFBBR내 고형물질 제거, Anox MBBR내 혼합에 의한 여재 세정에 의해 역세척/세정에 관련된 비용을 최소화하는 것과 적절한 바이오매스량을 유지하는 것과의 균형이 맞추게 된다. 너무 잦은 역세척을 이용하면 에너지가 많이 소요되고 이용 가능한 바이오매스가 감소하는데 처리성능에 영향을 줄 수 있다. 반면 역세척/세정 빈도가 낮으면 생물막이 두꺼워져 확산제한되고 제거성능이 불량해지고, 탈질여과내 수리학적 효율이 떨어진다.

탄소주입량 제어. 탄소를 과잉 주입하면 생물학적 황산염 환원으로 인하여 냄새가 생성되고 유출수 BOD 농도 또한 증가한다. 탄소를 너무 적게 주입하면 유출수 NO_x-N 농도가 높아지는데 이는 유출수 NO_2-N 농도가 증가하기 때문이다. 시간에 따라, 계절적 또는 강우 시 부하변동에 의해 유입수 TKN 농도가 변화하기 때문에 탄소 주입률은 매일 변동될 수 있다. 메뉴얼 운전 또는 유량 비례 약품 첨가(flow-paced chemical addition)

는 시설의 변화와 적절한 주입비에 따라 발견하는 운전자의 경험에 의존한다. 온라인이나 수동으로 후무산소 공정 전단계 조나 유입수에서 질산이온이나 산화질소를 측정하여 유입수 단계 제어를 하면, 화학약품 소비를 줄이고 더 효과적으로 성능을 최적화 할 수 있다.

인 제한 방지. 전술한 바와 같이 불충분한 유입수 인의 비율은 후 무산소 부착성장공정의 효율을 떨어뜨린다. 전단 처리공정의 변경과 제어 또는 인을 후 무산소 공정에 주입하는 방법은 질소제거를 위해 충분한 인을 공급해 주는 선택방안 들이다.후무산소조 전단에서 인의 농도를 온라인으로 측정하는 방법이 이 경우에도 적용된다. 탈질여과 설계는 예제 9-9에 나타내었다.

예제 9-9

탈질여과 설계 2 m 깊이 하향류 후 무산소 탈질여과에 유입되는 다음 주어진 유량과 2차 처리 유출수의 특성을 이용하여 유출수 TSS 5.0 mg/L, NO_3-N 1.0 mg/L를 만족시키기 위한 설계인자들을 결정하라. 평균유량에서 여과율은 4 m/h, 반차원 질산염 제거 동역학적 계수는 15°C에서 0.27 mg/L·min로 가정한다.

다음의 설계인자들을 구하라.

1. 여상 규격
2. 역세척 유량과 생산수 %
3. 역세척 공기 유량
4. 역세척수 돌출률
5. 메탄올 요구량, kg/d
6. 일 고형물질 생산량, kg/d
7. 역세척수 TSS 농도, g/m^3

폐수 특성:

항목	단위	값
유량	m^3/d	8000
TSS	g/m^3	20
NO_3-N	g/m^3	25
Temperature	°C	15

참고: g/m^3 = mg/L.

선택적 인자들과 가정조건

1. 역세척 빈도 = 1/d
2. 역세척수 유량/시간 = 18 m^3/m^2·h, 15 min 동안 (표 9-20 참조)
3. 역세척 공기량 = 90 m^3/m^2·h (표 9-20 참조)
4. 돌출 수 세척률/주기 = 12 m/h, 1회/3h

5. 1개의 예비 여상대기
6. 메탄올 대 총괄적 세포생산 = 0.25 g VSS/g CODr
7. VSS/TSS = 0.85

풀이 1. 탈질여과의 규격을 결정한다.

a. 질소부하율(NL)을 기준으로 한 여상 규격을 결정한다. 식 (9−55)을 적용한다.

$$NL = \frac{-0.5k_{DN}(1.44\ NO_o)}{NO_e^{1/2} - NO_o^{1/2}}$$

$$NL = \frac{-0.5(0.27\ g/m^3\cdot min)(1.44)(25.0\ g/m^3)}{(1.0\ g/m^3)^{(1/2)} - (25.0\ g/m^3)^{(1/2)}} = 1.21\ kg/m^3\cdot d$$

적용 NO_3-N = [(25.0) g/m³](8000 g/m³)(1 kg/10³ g)
= 200 kg/d

$$체적 = \frac{(200\ kg/d)}{(1.21\ kg/m^3\cdot d)} = 165.3\ m^3$$

면적 = V/D = 165.3 m³/2.0 m = 82.7 m²

b. 여과 수리학적 부하율을 기준으로 한 여상 규격을 결정한다.

수리학적 적용률 = 4 m/h

여과유량 = 8000 m³/d = 333.33 m³/h

여상면적 = (333.33 m³/h)/(4 m/h)
= 83.3 m²

따라서, 여상 규격은 수리학적 적용률에 의해 제어된다.

5개의 여상을 설치하고 그중 1개를 예비여상으로 가정한다. 여상들의 이용은 모든 여상에 활성 생물막을 유지할 수 있도록 회전하여 사용한다.

면적/여상 = 83.3 m²/4 =20.8 m²

정사각형 여상을 사용한다.

여상 규격 = 4.6 × 4.6 × 2.0 m

(공급자 표준 모듈을 검토)

2. 공기와 물 역세척 유량과 생산수에 대한 역세척수 사용 %를 결정한다.

a. 공기 역세척 적용률 90 m³/m²·h에서 역세척 공기량을 결정한다.

공기량 = (90 m³/m²·h)(20.8 m²/여상) = 1870 m³/h

b. 역세척수 적용률 18 m³/m²·h에서 역세척수 유량을 결정한다.

역세척수 유량 = (18 m³/m²·h)(20.8 m²/여상) = 374.4 m³/h
= 6.24 m³/min

c. 각각 여상에 대해 1회 역세척/24 h하며 15 min 동안 실시할 경우의 역세척수 용적을 결정한다.

역세척수 용적 = (6.24 m³/min)(15 min/filter)(4 filters)

= 374.4 m^3d

d. 생산수에 대한 역세척수 %를 결정한다.

(374.4 m^3/d)(8000 m^3/d) = 0.0468

= 4.68%

3. 4 min/bump 동안 12 m/h의 유량으로 1 dump/3 h의 조건에서 여상 돌출현상 세정에 사용되는 물 유량을 결정한다.

   총 돌출 물의 용량

   = (83.2 m^2)(12 m/h)(3 min/bump)(1 bump/3 h·filter)(24 h/d)(h/60 min)

   = 399.4 m^3/d

   질소 가스 누출 돌출현상 세정에 이용된 생산수 %

   = (399.4 m^3/d)/(8000 m^3/d) = 0.0499

   = 5.0%

4. 유입수 처리에 이용된 총 생산수 %를 결정한다.

   역세척수 + 돌출 세정수 = 4.68 + 5.0 = 9.7%

   역세척과 돌출현상 세정에 사용된 생산수의 실제 여과속도

   (4 m/h)(1.097) = 4.39 m/h = 105 $m^3/m^2 \cdot d$

   Note: 1b 단계에서 낮은 속도를 이용하여 반복 계산을 하면 실제 여과속도는 4 m/h로 산정된다.

5. 메탄올 (CH_3OH) 요구량

   제거된 질소량 = (25.0 g/m^3 − 1.0 g/m^3)(8000 m^3/d) = 192 kg/d

   식 (8−69)를 이용한 메탄올 주입량을 계산한다.

$$C_{R,NO_3} = \frac{2.86}{1 - 1.42(Y_H)} = \frac{2.86}{1 - 1.42(0.25 \text{ g VSS/g COD})}$$

$$= 4.43 \text{ g 메탄올 COD/g } NO_3\text{-N},$$

   유입수에 DO, NO_2-N 10% 추가

   메탄올 주입량 = (1.1)(4.43) = 4.88 g 메탄올 COD/g NO_3-N

$$\text{메탄올} = \frac{(4.88 \text{ g 메탄올 COD/g } NO_3\text{-N})}{(1.5 \text{ g COD/g 메탄올})} = 3.25 \text{ g 메탄올/g } NO_3\text{-N}$$

   메탄올 = (3.25 kg/kg)(192 kg/d) = 624.0 kg/d

6. 고형물질 발생량 계산

   고형물질 = 여과된 고형물질 + 바이오매스 생산량

   유출수 TSS = 5 mg/L (g/m^3)이용함(주어진 값).

   여과된 고형물질 = [(20 + 5) g/m^3](8000 m^3/d)(1 kg/10^3 g)

   = 120 kg/d

바이오매스 생산량: 0.25 g VSS/g methanol COD을 기준으로 함(주어진 값)

바이오매스 생산량

$$P_{X,\text{bio}} = \frac{\left(\dfrac{0.25\text{ g VSS}}{\text{g COD}}\right)\left(\dfrac{1.5\text{ g COD}}{\text{g CH}_3\text{OH}}\right)(624\text{ kg CH}_3\text{OH/d})}{(0.85\text{ g VSS/g TSS})} = 275.3\text{ kg TSS/d}$$

총 고형물질량 = 120 kg TSS/d + 275.3 kg TSS/d = 395.3 kg TSS/d

여상당 용적 = $(20.8\text{ m}^2)(2\text{ m}) = 41.6\text{ m}^3$

$$\text{고형물질 저류량/24 h} = \left(\frac{395.3\text{ kg}}{\text{d}}\right)\left(\frac{1}{4\text{ filters}}\right)\left[\frac{\text{filter}}{(41.6\text{ m}^3\text{/d})}\right] = 2.4\text{ kg TSS/m}^3$$

고형물질 저류량 값은 4.0 kg TSS/m^3 이하가 좋으므로 역세척은 1.5 d당 1회가 필요하다. 그러나 양호한 여상을 유지하기 위해서는 하루에 1회씩 역세척하는 것이 권장된다(11장 11-4절 참조).

9-8 신규 생물막 공정

생물막 반응조의 몇 가지 신기술들이 아래에 요약되어 있으며, (1) 멤브레인 생물막 반응조, (2) 생물막 에어 리프트 반응조, 그리고 (3) 호기성 입상 공정 등이 포함된다.

》 멤브레인 생물막 반응조

멤브레인 생물막 반응조(membrane biofilm reactors, MBfR)는 산소, 수소와 같은 가스상 기질을 이동시키고 생물막 성장을 지지하기 위해 멤브레인을 이용하는 공정이다(Timberlake 등, 1988; Brindle과 Stephenson, 1996; Lee와 Rittmann, 2000; Syron과 Casey, 2008). 미세 다공성(microporous), 소수성 물질이고 중공 섬유사(hollow-fibers) 멤브레인들이 일반적으로 MBfR에 이용되는데 이는 높은 비표면적을 가지고 있기 때문이다(5000 m^2/m^3 이상). 중공 섬유사들은 가스 공급 다지관으로 한쪽이 있고 다른 한쪽 끝단은 밀봉된 다발로 되어 있다. 압력가스(즉, 수소 또는 산소)는 건조한 막분리 공극을 통하여 멤브레인의 다른 편의 생물막으로 확산된다. 이 운전모드는 역 확산을 유도하는데 여기에서 하나의 기질(전자 공여체나 수용체)은 건조한 멤브레인으로 부터 생물막으로 확산되고 또 다른 하나는 용액을 통하여 생물막으로 확산된다.

MBfR의 장점은 가스상 전자 공여체나 전자 수용체가 수층을 통과하지 않고 직접 생물막으로 공급되어 매우 높은 플럭스가 가능하다는 것이다. 그러나, 생물막이 너무 두꺼우면 생물막 확산이 멤브레인 뒤에서 기질이 대부분 소비되는 액상쪽으로 확산되기 때문에 이 장점은 잃을 수 있다. 그러므로 MBfR에서 생물막 축적을 제어하는 것이 중요하다. 수소관련 MBfR 공정은 탈질화와 같은 수처리나 수소를 perchlorate, trichloroethane, selenite, arsenate 등과 같은 물질을 환원시키 위한 전자공여체로 사용하는 복원공정에 검토되어 왔다. (Ergas와 Reuss, 2001; Chung 등, 2006a; Chung 등, 2006b; Nerenberg와 Rittmann 2004; Chung과 Rittmann, 2007).

산소 기반 MBfR을 동시에 탄소제거, 질산화와 탈질화에 검토된 바 있다(Timberlake 등, 1988; Suzuki 등, 1993; Brindle 등, 1998; Schramm 등, 2000). 산소 농도경사는 멤브레인 근처에서 높고 용액에 가까우면 낮아져 생물막 내부에서 질산화를 유도하고 생물막 외부에서는 BOD 제거와 탈질화가 활성화된다. Downing과 Nerenberg(2007)이 실시한 연구는 중공섬유사를 활성슬러지공정에 통합한 하이브리드 시스템에서 MBfR의 이용 가능성을 보여주었다. MBfR 적용은 실험실과 파일럿 시험에서 평가하였고 실규모 사양과 공정 제어에 대한 도전이 남아 있다.

생물막 에어 리프트 반응조

생물막 에어 리프트 반응조들은 1980년대 후반 Netherlands에서 개발되었는데 중앙 칼럼 에어 리프트와 작은 크기 모래여재로 구성하여 매우 높은 유효 용적 바이오매스 농도를 유지하였다. 이 개념은 호기성과 혐기성 공정 모두에 이용이 가능하다. 호기성 공정에서 중앙 칼럼에 에어 리프트 생물막과 여재의 재순환과 산소를 공급한다. BOD 제거, 질산화, 탈질화를 위한 호기성 폐수처리에 생물막 에어 리프트 반응조를 이용하였다(Heijnen 등, 1993; Frijters 등, 2000; Nicolella 등, 2000). 상용화된 CIRCOX 공정은 이러한 유형 반응조를 기반으로 한다. CIRCOX 공정은 높은 부하용량(4~10 kg COD/m^3·d), 짧은 HRTs (0.5~4 h), 빠른 바이오매스 침전속도(50 m/h), 그리고 높은 바이오매스 농도(15~30 g/L)를 가지고 있다(Frijters 등, 2000; Nicolella 등, 2000).

호기성 입상 반응조

밀도 큰 입상상 바이오매스 입자를 갖는 호기성 반응조는 부착성장공정으로 간주되는데 이는 입상상 바이오매스가 기질 제거 확산이 제한되는 생물막으로 거동하기 때문이다. 호기성 입상상 생물막 반응조 운전들에 대한 많은 연구들이 보고되었다(Liu와 Tay 2002; Morgenroth 등, 1997; Beun 등, 2002; de Kreuk와 van Loosdrecht, 2006, Adav 등, 2008). 호기성 입상상 바이오매스 반응조의 장점은 활성슬러지 시스템보다 작지만 높은 처리용량을 가진다. 유출수의 낮은 SS를 얻기 위해서는 후속 처리가 필요하다. 막분리 분리와 조합한 호기성 입상상 바이오매스 공정은 높은 유출수질을 달성한다고 제안되었다(Wang 등, 2008). 호기성 입상상 공정은 표 8-27과 같이 폐수처리에서 유기물, 질소, 인을 동시에 산업폐수처리에 적용하는 연구가 진행된 바 있다. 적용에 대한 연구는 표 8-27과 같다(de Kreuk 등, 2005; Yilmaz 등, 2008; Schwarzenbeck 등, 2005).

문제 및 토의과제

9-1 비표면적 100 m^2/m^{3}을 가진 교차흐름 플라스틱 여재가 6.1 m 깊이로 충진되었으며, 20 m 직경을 가진 플라스틱 충진 살수여상에 1차 침전지에서 처리된 폐수가 유입되고 있다. 폐수 평균유량은 390, 440, 490 m^3/h(강의자가 값을 선택한다)이고 BOD 농도는 150 mg/L 이다. 수온 20°C와 15°C에서 유출수 BOD 농도와 BOD 제거 효율을 구하고 비교하시오.

n 값은 0.5, 재순환비는 0으로 가정한다.

9-2 재래식 교차흐름 플라스틱 여재의 충진 깊이는 6 m이고, 직경 15 m인 살수여상 2기로 평균 유량 2120 m^3/d의 제약폐수를 처리하고자 한다. 유입수 BOD 농도는 600, 900, 1200 mg/L(강의자가 값을 선택한다)이며, 온도는 20°C이다. 각 타워는 두 개의 분배기를 가진다. 다음 값을 구하시오. (a) 표 9-3으로부터 운전 주입량과 세정량, 각각의 경우 분배기의 분당 회전 수(revolutions/min). (b) 각 여상에 대한 재순환비와 총 펌프량 m^3/h.

9-3 예제 9-3과 동일한 유입수 BOD 농도, 온도, 유출수 BOD 농도 설계기준으로 살수여상을 설계하고자 한다. 플라스틱 충진 깊이 4.0, 5.0, 7.0 m(강의자가 값을 선택한다)을 이용하여 다음을 구하시오.

a. 플라스틱 충진 용적, m^3

b. 수리학적 부하율, $L/m^2 \cdot s$

c. BOD 용적 부하율 in $kg/m^3 \cdot d$

결과 값을 예제 9-3에서 같은 설계 변수를 사용하여 구한 값과 비교하시오.

9-4 다음 자료들은 가정-공장 혼합폐수를 플라스틱 충진 깊이 6.1 m인 타워형 살수여상 파일럿 장치 연구에서 획득한 것이다. 파일럿 장치 타워 직경은 1 m이고 플라스틱 충진재 비표면적은 90 m^2/m^3이다. 시험 기간 동안의 폐수온도는 12, 18, 24°C(강의자가 값을 선택한다)였고, 유입수 BOD 농도는 350 mg/L였다. 아래의 표에 유량 변화에 대한 평균 BOD 제거 효율을 요약하였다. 이 자료들을 이용하여 시험 온도와 20°C에서 폐수처리능 계수(teatability coefficient), k를 구하시오(n 값은 0.50으로 가정).

파일럿 장치 시험 결과:

유량 m^3/d	BOD 제거율 %
6	88
12	82
18	67
24	63
48	54

9-5 다음 설계정보는 도시하수에 대한 것이다(하수 1, 2, 3은 강의자가 값을 선택한다).

		하수		
설계 정보	단위	1	2	3
유량	m^3/d	10,000	10,000	10,000
BOD	mg/L	270	300	220
SS	mg/L	240	280	210
최저 온도	°C	15	12	15

위 자료를 이용하고 1차 침전지 BOD 제거 효율은 30%로 가정하고, 충진 깊이 6.1 m, 충진재 비표면적 100 m^2/m^3, n 값은 0.50일 때 살수여상 처리 시스템의 다음 설계인자들을 결정하시오.

a. 1차 침전지와 2차 침전조 직경, m

b. 살수여상 타워의 직경, m

c. 충진재 용적, m^3

d. 재순환비(필요 시)

e. 총 펌핑량, m^3/h

f. 세정률과 정상 주입률, mm/pass

9-6 4.0 m 깊이 플라스틱 여재 여상을 직렬로 운전하여 도시하수를 처리하고자 할 때 직경과 충진재 용적을 결정하시오. 폐수의 특성은 아래와 같으며, 표 9-2에서 플라스틱 여재 수직류 충진재의 비표면적은 102 m^2/m^3이다.

설계 정보	단위	값
유량	m^3/d	5000
유입 BOD	mg/L	
하수 1		220
하수 2		200
하수 3		180
온도	℃	14
1차 침전지 BOD 제거 효율	%	35
살수여상 유출수 BOD	mg/L	20

주: 하수 1, 2, 3은 강의자가 값을 선택한다.

9-7 직경 18 m, 재래식 플라스틱 충진재 깊이 6.1 m, 충진재의 비표면적은 100 m^2/m^3인 살수여상을 이용하여 1차 침전지 유출수 7600 m^3/d을 처리하고자 한다. 1차 침전지 유출수 BOD 농도는 100, 120, 150 mg/L(강의자가 값을 선택한다)이고 폐수온도는 18℃이다. 대기 온도변화는 2~23℃이다. BOD 부하 첨두인자는 1.5이다. 식 (9-10)에서 살수여상 타워 입구와 출구의 압력손실계수는 1.5로 가정한다. 다음을 결정하시오.

a. 산소요구량, kg/h

b. 가장 높은 온도에서의 공기요구량, m^3/min

c. 충진재 공기압 손실, Pa

9-8 재래식 플라스틱 충진재 깊이 6.1 m, 충진재의 비표면적은 100 m^2/m^3이고, 직경 20 m 플라스틱 타워형 살수여상 2기를 이용하여 1차 침전조 유출수 평균 유량 11,200 m^3/d을 처리하고자 한다. TKN 농도는 24 mg/L, BOD 농도는 150, 130, 120 mg/L(강의자가 값을 선택한다). 온도는 18℃이다. 살수여상의 BOD 부하율을 평가하고 질산화에 의한 질소제거율을 결정하시오.

9-9 예제 8-3에서 (a) BOD 제거, (b) BOD 제거와 질산화 조합, (c) 3차 질산화(강의자가 선택)를 위해 활성슬러지 설계에 대한 대안으로 살수여상의 설계를 비교하시오. 예제 8-3과 동일한 폐수 특성과 온도를 이용하시오. 다음 항목들에 대한 요약표를 작성하여 비교하시오. 2차 처리공정에 (1) 생물학적 공정 단위의 총 용적, (2) 생물학적 공정 단위를 위한 사용면적, (3) 2차 침전조 면적, (4) 월별 에너지 사용량, kW. 다음을 가정하시오.

a. 살수여상 충진재 깊이 6.1 m

b. BOD 제거를 위한 살수여상 충진재 비표면적 100 m^2/m^3, 3차 질산화를 위한 BOD 제거/질산화에 충진재 비표면적 138 m^2/m^3

c. 살수여상 유출수 BOD 25 mg/L

d. 살수여상 유출수 암모니아성 질소 1.0 mg/L

e. 살수여상 재순환비 0.50

f. 살수여상내 종속영양계 세균 성장을 위해 사용되는 유입수 TKN 8.0 mg/L

g. 포기조 깊이 5 m

h. 배관 손실수두과 분산기 침지 깊이를 고려한 활성슬러지의 송풍에너지 요구량 1.80 kW/m^3/min 공기량

i. 살수여상 공급유량 펌핑 에너지 사용량 1.58 kW/1000 m^3/d

9-10 활성슬러지공법과 비교하여 플라스틱 충진 타워형 살수여상의 장점과 제한점의 표를 작성하여 다음 항목들을 비교하시오. 사용 공간, 공정 운전의 용이성, 슬러지 침전 특성, 에너지 요구량, 유지비, 처리공정의 유연성, 질산화 신뢰성, 악취 잠재성, 장래 질소와 인 제거의 가능성.

9-11 5 m 깊이의 고밀도 플라스틱 충진재(138 m^2 면적/m^3 충진재 용적)를 가진 20 m 직경의 살수여상 타워를 3차 처리 질산화에 적용하였다. 유입량은 37,000, 39,000, 41,000 m^3/d (강의자가 값을 선택한다)이고 암모니아성 질소 농도는 20 mg/L이다. 표 9-7에서 질산화 $J_{N,max}$ 값은 1.8 $g/m^2 \cdot d$이고, KN 값은 1.5 g/m^3일 때 재순환이 없을 경우와 100% 재순환시킬 때 살수여상 유출수 암모니아성 질소 농도(mg/L)를 비교하시오. 살수여상 유출수 처리에 중력 침전조를 사용하지 않은 이유는?

9-12 TF/AS 공정이 가정하수와 산업폐수의 혼합폐수를 처리하기 위해 1차 침전조 후단에 사용되었고 1차 침전조 유출수 특성은 아래와 같다. 아래의 설계인자들에 대하여 플라스틱 타워형 살수여상의 BOD 제거 효율이 40%인 경우와 80%인 경우의 영향을 비교하여 설계하시오.

a. 살수여상 직경, m과 수리학적 부하율, $L/m^2 \cdot s$

b. 활성슬러지 포기조 산소요구량, kg/d

c. 일일 폐기되는 고형물질량, kg/d

d. 포기조 용적 m^3, 수리학적 체류시간 h

살수여상과 활성슬러지 설계를 위해 다음을 가정하시오.

살수여상:

플라스틱 충진재 처리성 계수, $k_{20} = 0.18(L/s)^{0.5}/m^2$

충진재 깊이 = 6.1 m

타워 수 = 2

이론적으로 유출수 BOD의 50%는 용해성이다.

활성슬러지:

SRT = 5.0 d(질산화 없음)

MLSS = 3000 mg/L

바이오매스 수율, Y = 0.6 g VSS/g 제거된 BOD

내생 호흡계수, b = 0.12 g VSS/g VSS·d

UBOD/BOD = 1.6

폐수 특성:

항목	단위	값
유량	m^3/d	8000

유입 BOD	mg/L	
하수 1		400
하수 2		500
하수 3		600
sBOD	mg/L	BOD의 60%
TSS	mg/L	65
VSS	mg/L	55
nbVSS	mg/L	22
온도	°C	12

주: 폐수 1, 2, 3은 강의자가 값을 선택한다.
어떤 설계를 선호하는가? 선호하는 이유를 언급하시오.

9-13 1차 처리시설을 가진 기존 활성슬러지 시설은 SRT 18d, 최저온도 12°C로 운전되어 완전한 질산화가 유지되고 있다. 이 시스템은 MLSS 농도 2200 mg/L으로 운전되며, 전반적인 SVI의 범위는 180~200 mL/g이다. 이러한 조건에서 처리유량은 8000 m^3/d이다. 시청 담당 엔지니어가 당신의 회사에게 활성슬러지공정 전에 약 60% BOD 제거할 수 있는 플라스틱 타워형 전처리 시스템 설계를 의뢰하였다. 기존 활성슬러지공정을 TF/AS 공정으로 전환에 대한 잠재적 영향 목록을 시청 담당 엔지니어에게 제출해야 하는데, 목록은 처리용량, 고형물질 생산량, 산소요구량, 에너지 소모량, 슬러지 침전 특성, 그리고 유출수 암모니아성 질소, BOD 농도 등이다. 잠재적 영향요소들에 대하여 당신의 의견을 설명하시오.

9-14 산업폐수를 타워형 살수여상과 활성슬러지공정(TF/AS 공정)으로 처리하고자 한다. 폐수유량은 20,000 m^3/d이고 균등화되었다. 폐수에는 주로 용해성 유기물 기질이 함유되어 있으므로 1차 침전은 사용하지 않는다. 비표면적 100 m^2/m^3을 가진 재래식 플라스틱 충진재를 타워형 살수여상에 충진시켰다. 활성슬러지공정의 운전 SRT는 하절기에는 한계 값인 5 d, 동절기에는 최대 15 d이다. 겨울철 최저 평균 지속온도(최소 2주일간)는 5°C이며 여름철 최저 평균 지속 온도는 26°C이다. 산업폐수의 특성과 자료는 파일럿 연구로부터 얻었고 관련되는 설계자료들은 아래와 같다. 이 자료들을 이용하여 공정의 크기와 다음 항목들을 결정하시오.

a. 하절기와 동절기 동안에 유지되는 MLSS 농도, mg/L
b. 살수여상과 활성슬러지공정에 재순환 유량, m^3/d
c. 일일 처리해야 할 슬러지량, kg/d
d. 살수여상과 활성슬러지공정 유출수 BOD 농도, mg/L
e. 일일 추가해야 되는 영양물질량, kg/d

폐수 특성:

BOD = 1200, 1500, 1800 mg/L(강의자가 값을 선택한다)
TSS = 100 mg/L
VSS = 0 mg/L
TN(as N) = 10 mg/L
TP = 4 mg/L

살수여상 파일럿 장치 운전결과:

k_{20}°C = 0.075 $(L/s)^{0.5}/m^2$

총괄적 고형물질 수율 = 0.5 g VSS/g BOD 제거
온도 보정계수, θ = 1.06

활성슬러지 파일럿 장치 운전결과:
고형물질 합성 수율, Y_H = 0.6 g VSS/g BOD 제거
내생 호흡계수, b_H = 0.12 g VSS/g VSS·d
k = 6.0 g BOD/g VSS·d
K_s = 90 mg BOD/L
θ = 1.035

설계인자:
살수여상 수리학적 적용 부하 = 0.10 m^3/m^2·min

9-15 예제 9-7 IFAS 공정분석에서 DO 농도 3.0, 5.0, 6.0 mg/L(강의자가 값을 선택한다)가 필요한 플라스틱 이동 여재량과 V_M/V비, 그리고 플라스틱 이동체를 가진 포기조의 충진여재 용적비에 미치는 영향을 결정하시오.

9-16 일평균 유량 1000 m^3/d 도시하수를 처리하기 위해 분산된 폐수처리장의 생물학적 처리공정을 고려하고 있다. 현재 처리된 유출수 방류기준 농도는 거의 지표수 수준으로 BOD, TSS, 암모니아성 질소에 대해 각각 20, 25, 1.0 mg/L이다. 처리장의 이용 가능한 공간은 제한되어 있으며 주거지역 가까운 곳에 위치하고 있다. 다음 세 가지 공정들의 장점과 단점 표를 작성하여 비교하시오. (a) 기존 2차 침전지를 가진 활성슬러지 공법, (b) 막분리 생물반응조, (c) 이동상 생물반응조. 공간, 운전, 에너지 소모량 등을 고려한 기준들을 포함시킬 것. 어떤 공법을 추천할 것인가? 또, 이유는 무엇인가?

9-17 예제 9-18에 이용된 동일한 폐수 특성과 목표 유출수를 이용하여 단지 BOD 제거를 위한 1단계 후속으로 단지 1단계 질산화를 가진 MBBR 시스템을 설계하시오. BOD 제거 영역에서 DO 농도는 2.0 mg/L, 질산화 영역에서 DO 농도는 4.0 mg/L이다. 요구되는 여재 용적과 조의 용적, 슬러지 발생량, 소요되는 산소량 항목들을 예제 9-8의 설계와 비교하시오. 이동 여재 충진비는 50%로 가정한다. 생물막 바이오매스 유효 SRT는 BOD 제거를 위해서는 4.0 d, 질산화 세균을 위해서는 8.0 d로 가정한다.

9-18 예제 9-8에서 여재 충진비와 질산화 영역 DO 농도가 필요한 이동 여재량과 조의 용적에 미치는 영향을 평가하시오. 다음 자료를 이용하시오. (a) 예제 문제에서 이용된 동일한 이동 여재 충진비를 가진 질산화 영역에 DO 농도 3.0, 5.0, 6.0 mg/L(강의자가 값을 선택한다)의 영향을 비교하시오. (b) 예제 문제와 동일한 DO 농도를 이용하였을 때 이동 여재 충진비 65%를 이용한 경우에 미치는 영향을 비교하시오.

9-19 18°C에서 MBBR을 예제 9-8과 동일한 유입폐수 조건과 가장으로 설계하고자 한다. 12°C와 18°C에서 성능 표를 작성하여 비교하시오.

9-20 상향류 부착성장 BAF 공정을 단지 BOD 제거를 목적(부상여재 공정으로 가정)으로 설계하여 유출수 BOD 농도를 20 mg/L 이하를 얻고자 한다. 폐수 특성과 평균 유량은 예제 9-8과 같으며 용해성 BOD 농도는 80 mg/L이다. 팽창되지 않은 여재 깊이는 2 m, 수리학적 적용 부하는 6.0 m/h으로 가정한다. 4기의 운전장치와 1기의 예비 장치로 설계하고자 한다. 다음 항목들에 대한 설계 요약표를 작성하시오. (a) 반응조 용적 m^3, 등가 수리학적 체류시간 h, (b) 정사각형 사양으로 가정한 BAF 반응도의 규격, (c) 산소 요구량 kg/d, (d)

처리장치단 공기 주입률 m^3/min, (d) 슬러지 발생량 kg TSS/d, (f) 일별 역세척수량 m^3/d, (g) 역세척수 TSS 농도 mg/L.

다음 가정을 사용하시오:

BOD 부하 3.5 kg BOD/m^3·d (표 9-17)

실제 산소전달효율 6.0% (표 9-18)

유입수 VSS 분해비 0.25

역세척시간 15 min/d, 평균 세정률 40 m/h

9-21 2차 유출수 특성은 다음과 같다.

항목	단위	값
유량	m3/d	500
TSS	mg/L	15
NO_3-N	mg/L	30
온도	℃	18

유출수 NO_3-N 농도를 3.0, 2.0, 1.0 mg/L(강의자가 값을 선택한다)로 낮추기 위해 모래 여재 1.6 m의 하향류 탈질여과를 설계하고자 한다. 수리학적 적용 부하는 4.0 m/h일 때 다음을 구하시오.

a. 탈질여과 용적, m^3

b. 여상 갯수와 여상 규격, 최대 10 m × 10 m 크기의 정사각형 여상으로 가정함.

c. 메탄올 주입량 mg/L과 kg/d

d. 고형물질 생산량, kg/d

다음과 같이 가정하시오.

메탄올 바이오매스 합성 수율은 0.25 g VSS/g CODr.

반차원 질산염 제거 동력학적 계수는 0.30 mg/L·min.

유출수 TSS 농도는 5.0 mg/L

9-22 예제 9-9와 동일한 탈질여과에서 외부 탄소원으로 메탄올 대신 글리세롤을 주입한 것으로 가정한다. 다른 탄소원이 다음 항목에 미치는 영향을 결정하시오. (a) 유출수 NO_3-N 농도, (b) 필요한 탄소 주입량 kg/d(as glycerol), kg/d(as COD), (c)고형물질 생산량 kg/d, (d) 1일 1회 역세척 동안에 고형물질 저류량 kg/m^3 1일 1회의 역세척이 적합한가?

다음을 가정하시오:

글리세롤을 주입한 결과 메탄올보다 높은 질산화율을 가지고 있으므로 반차원 질산염 제거 동역학적 계수는 0.40 mg/L·min로 추정된다.

합성 수율은 0.36 g VSS/g CODr.

COD대 주입한 글리세롤 혼합비는 1.4 g COD/g glycerol 주입량.

참고문헌

Adav, S. S., D. J. Lee, K. Y. Show, J. H. Tay, (2008) "Aerobic Granular Sludge: Recent Advances." *Biotechnol. Adv.*, **26**, 5, 411–423.

Albertson, O. E., and G. Davies (1984) "Analysis of Process Factors Controlling Performance of Plastic Bio-Packing," *Proceedings of the 57th Annual Water Pollution Control Federation Conference*, New Orleans.

Albertson, O. E., and R. N. Okey (1988) "Trickling Filters Need to Breath Too," Paper presented at the *Iowa Water Pollution Control Federation Meeting*, Des Moines, Iowa, June 1988.

Albertson, O. E. (1995) "Excess Biofilm Control by Distributor Speed Modulation," *J. Environ. Eng.*, **121**, 4, 330–336.

Alleman, J. (1982) "The History of Fixed Film Wastewater Treatment Systems," *Proceedings of the International Conference of Fixed Film Biological Processes*, Kings Island, Ohio. http://web.deu.edu.tr/atiksu/ana52/biofilm4.pdf (accessed December 2012).

Anderson, B., H. Aspegren, D. S. Parker, and M. P. Lutz (1994) "High Rate Nitrifying Trickling Filters," *Water Sci. Technol.*, **29**, 10–11, 47–52.

Aryan, A. F., and S. H. Johnson (1987) "Discussion of a Comparison of Trickling Filter Packing,"*J. WPCF,* **59**, 10, 915–918.

Biesinger, M. G., H. D. Stensel, and D. Jenkins (1980) "Brewery Wastewater Treatment Without Activated Sludge Bulking Problems," *Proceedings of the 34th Annual Purdue Industrial Wastewater Conference*, West Lafayette, IN, May 1980.

Beun, J. J., M. C. M. van Loosdrecht, and J. J. Heijnen (2002) "Aerobic Granulation in a Sequencing Batch Airlift Reactor." *Water Res.*, **36**, 3, 702–712.

Bogus, B. J. (1989) *A Spreadsheet Design Model for the Trickling Filter/Suspended Growth Process*. Master's Thesis, University of Washington, Department of Civil Engineering, Seattle, WA.

Boller, M., and W. Gujer (1986) "Nitrification in Tertiary Trickling Filters Followed by Deep-bed Filters," *Water Res.*, **20**, 11, 1363–1373.

Boltz, J. P., E. Morgenroth, G. T. Daigger, C. deBarbadillo, S. Murthy, K. H. Sorensen, and B. Stinson (2012) "Method to Identify Potential Phosphorus Rate-Limiting Conditions in Post-Denitrification Biofilm Reactors within Systems Designed for Simultaneous Low-Level Effluent Nitrogen and Phosphorus Concentrations," *Water Res.,* **46**, 19, 6228–62381.

Borregaard, V. R. (1997) "Experience with Nutrient Removal in a Fixed-Film System at Full-Scale Wastewater Treatment Plants," *Water Sci. Technol.,* **36**, 1, 129–137.

Bott, C., and D. Parker (2010) *WEF/WERF Study Quantifying Nutrient Removal Technology Performance, WERF Report NUTR1R06k.* Water Environment Research Foundation, Alexandria, VA.

Brindle, K., and T. Stephenson (1996) "The Application of Membrane Biological Reactors for the Treatment of Wastewaters." *Biotechnol. and Bioeng.*, **49**, 6, 601–610.

Brindle, K., T. Stephenson, and M. J. Semmens (1998) "Nitrification and Oxygen Utilisation in a Membrane Aeration Bioreactor." *J. Membr. Sci.*, **144**, 1–2, 197–209.

Bryan, E. H. (1955) "Molded Polystyrene Media for Trickling Filters," *Proceedings of the 10th Purdue Industrial Waste Conference*; Purdue University: West Lafayette, Indiana, 164–172.

Bruce, A. M., and J. C. Merkens (1970) "Recent Studies of High Rate Biological Filtration," *Water Pollution Control*, **72**, 113, 499–523.

Bruce, A. M., and J. C. Merkens (1973) "Further Studies of Partial Treatment of Sewage by High-Rate Biological Filtration," *J. Institute Water Pollution Control (G.B.),* **72**, 5, 449–523.

Christensson, M., and T. Welander (2004) "Treatment of Municipal Wastewater in a Hybrid Process Using a New Suspended Carrier with Large Surface Area," *Water Sci. Technol.,* **49**, 11–12, 207–214.

Chui, P. C., Y. Terashima, J. H. Tay, and H. Ozaki (1996) "Performance of a Partly Aerated Biofilter in the Removal of Nitrogen," *Water Sci. Technol.,* **34**, 1–2, 187–194.

Chung, J., X. H. Li, and B. E. Rittmann (2006a) "Bioreduction of Arsenate Using a Hydrogen-Based Membrane Biofilm Reactor." *Chemosphere*, **65**, 1, 24–34.

Chung, J., R. Nerenberg, and B. E. Rittmann, (2006b) "Bioreduction of Soluble Chromate Using a Hydrogen-Based Membrane Biofilm Reactor." *Water Res.*, **40,** 8, 1634–1642.

Chung, J., and B. E. Rittmann (2007) "Bio-reductive Dechlorination of 1,1,1-Trichloroethane and Chloroform Using a Hydrogen-Based Membrane Biofilm Reactor." *Biotechnol. and Bioeng.*, **97**, 1, 52–60.

Crine, M., M. Schlitz, and L. Vandevenne (1990) "Evaluation of the Performances of Random Plastic Media in Aerobic Trickling Filters," *Water Sci. Technol.,* **22,** 1–2, 227–238.

Daigger, G. T., L. E. Norton, R. S. Watson, D. Crawford, and R. B. Sieger (1993) "Process and Kinetic Analysis of Nitrification in Coupled Trickling Filter/Activated Sludge Processes," *Water Environ. Res.,* **65**, 6, 750–758.

Daigger, G. T., T. A. Heineman, G. Land, and R. S. Watson (1994) "Practical Experience with Combined Carbon Oxidation and Nitrification in Plastic Packing Media Trickling Filters," *Water Sci. Technol.,* **29**, 10–11, 189–196.

Daigger, G. T., and J. P. Boltz (2011) "Trickling Filter and Trickling Filter–Suspended Growth Process Design And Operation: A State-of-the-Art Review," *Water Environ. Res.*, **83**, 5, 388–404.

deBarbadillo, C., A. Shaw, and C. Wallis-Lage (2005) "Evaluation and Design of Deep-Bed Denitrification Filters: Empirical Design Parameters vs. Process Modeling," *Proceedings of the WEF 78th ACE,* Washington, DC.

deBarbadillo, C., R. Rectanus, R. Canham, and P. Schauer (2006) "Tertiary Denitrification and Very Low Phosphorus Limits: a Practical Look at Phosphorus Limitations on Denitrification Filters," *Proceedings of the WEF 79th ACE,* Dallas, TX.

de Kreuk, M., J. J. Heijnen, and M. C. M. van Loosdrecht (2005) "Simultaneous COD, Nitrogen, and Phosphate Removal by Aerobic Granular Sludge." *Biotechnol. and Bioeng.*, **90**, 6, 761–769.

de Kreuk, M. K., and M. C. M. van Loosdrecht (2006) "Formation of Aerobic Granules with Domestic Sewage." *J. Environ. Eng.*, **132**, 6, 694–697.

Dempsey, M. J., I. Porto, M. Mustafa, A. K. Rowan, A. Brown, and I. M. Head (2006) "The Expanded Bed Biofilter: Combined Nitrification, Solids Destruction, and Removal of Bacteria," *Water Sci. Technol.,* **54**, 8, 37–46.

Dorias, B., and P. Baumenn (1994) "Denitrification in Trickling Filters," *Water Sci. Technol.*, **30**, 6, 181–184.

Downing, L. and R. Nerenberg (2007) "Kinetics of Microbial Bromate Reduction in a Hydrogen-Oxidizing, Denitrifying Biofilm Reactor," *Biotechnol. and Bioeng.*, **98**, 3, 543–550.

Eckenfelder, W. W., Jr. (1961) "Trickling Filter Design and Performance," ASCE *Proceedings J. San. Eng. Div.,* **87**, SA4, Part 1, 33–45.

Eckenfelder, W. W., and E. L. Barnhart (1963) "Performance of High Rate Trickling Filter Using Selected Media, " *J. WPCF,* **35,** 12, 1535–1551.

Ergas, S. J., and A. F. Reuss (2001) "Hydrogenotrophic Denitrification of Drinking Water Using a Hollow Fibre Membrane Bioreactor." *J. Water Supply Res. Technol. Aqua*, **50**, 3, 161–171.

Falk, M. W., C. deBarbadillo, H. Y. Liu, J. B. Neethling, and A. Pramanik (2011) "Development of a WERF Compendium on Design, Operations, and Research Needs for Tertiary Denitrification Processes to Meet Low N & P Limits," *Proceedings of the WEF 83rd ACE,* Los Angeles, CA.

Falletti, L., and L. Conte (2007) "Upgrading of Activated Sludge Wastewater Treatment Plants with Hybrid Moving Bed Biofilm Reactors," *Ind. Eng. Chem. Res.*, **46**, 21, 6656–6660.

Figueroa, L., and J. Silverstein (1991) "Pilot-Scale Trickling Filter Nitrification at the Longmont WWTP," *Proceedings Environmental Engineering Specialty Conference*, American Society of Civil Engineers, Reno, NV.

Freihammer, T., S. Baker, M. Heerema, and C. Goodwin (2007) "Thunder Bay WPCP: Two Years of Operating Data from North America's Largest Two-Stage BAF Plant," *Proceedings of the WEF 80th ACE,* San Diego, CA.

Frijters, C., S. Vellinga, T. Jorna, and R. Mulder. (2000) "Extensive Nitrogen Removal in a New Type of Airlift Reactor." *Water Sci. Technol.*, **41**, 4–5, 469–476.

GLUMRB (1997) *Recommended Standards For Wastewater Facilities* (Ten State Standards), Great Lakes–Upper Mississippi River Board of State Sanitary Engineering Health Education Services Inc., Albany, NY.

Grady, C. P. L., Jr., G. T. Daigger, N. G. Love, and C. D. M. Filipe (2011) *Biological Wastewater Treatment,* 3rd ed., CRC Press, Boca Raton, FL.

Gray, R., G. Ritland, R. Chan, and D. Jenkins (2000) "Escargot...Going...Gone, A Nevada Facility Controls Snails with Centrate to Meet Stringent Total Nitrogen Limits," *Water Environ. Technol.*, **12**, 5, 80–83.

Harremöes, P. (1976) "The Significance of Pore Diffusion to Filter Denitrification," *J. Water Pollut. Control Fed*. **48,** 2, 377–388.

Harremöes, P. (1982) "Criteria for Nitrification in Fixed Film Reactors," *Water Sci. Technol.,* **14**, 1–2,167–187.

Harris, S. L., T. Stephenson, and P. Pearce (1996) "Aeration Investigation of Biological Aerated

Filters Using Off-Gas Analysis," *Water Sci. Technol.*, **34**, 3–4, 307–314.

Harrison, J. R., and G. T. Daigger (1987) "A Comparison of Trickling Filter Media," *J. WPCF*, **59**, 7, 679–685.

Hawkes, H. A. (1963) *The Ecology of Waste Water Treatment.* Macmillan. New York.

Heijnen, J. J., M. C. M. van Loosdrecht, R. Mulder, R. Weltevrede, and A. Mulder (1993) "Development and Scale-Up of an Aerobic Biofilm Airlift Suspension Reactor." *Water Sci. Technol.*, **27**, 5–6, 253–261.

Higgins. I. J., and R. G. Burns (1975) *The Chemistry and Microbiology of Pollution,* Academic Press, London.

Hinton, S. W. and H. D. Stensel (1994) "Oxygen Utilization of Trickling Filter Biofilms," *J. Environ. Eng.*, **120**, 5, 1284–1297.

Holbrook, R. D., S-N Hong, S. M. Heise, and V. R. Andersen (1998) "Pilot and Full-Scale Experience with Nutrient Removal in a Fixed Film System," *Proceedings of the WEF* 70th *ACE,* Orlando, FL.

Hultman, B., K. Jonsson, and E. Plaza (1994) "Combined Nitrogen and Phosphorus Removal in a Full-Scale Continuous Upflow Sand Filter," *Wat. Sci. Tech.*, **29**, 10–11, 127–134.

Husband, J., and E. Becker (2007) "Demonstration Testing of Denitrification Effluent Filters to Achieve Limit of Technology for Total Nitrogen and Phosphorus," *Proceedings of the WEF 79th ACE*, San Diego, CA.

Jeris, J. S., R. W. Owens, R. Hickey, and F. Flood (1977). "Biological Fluidized Bed Treatment for BOD and Nitrogen Removal." *J. WPCF,* **49**, 5, 816–831.

Kim, H. S., R. Pei, J. P. Boltz, J. Gellner, C. Gunsch, R. G. Freudenberg, R. Dodson, and A. J. Schuler (2009) "Nitrification and AOB/NOB Populations in Integrated Fixed Film Activated Sludge: Measurements and Modeling," *Proceedings Water Environment Federation Biological Nutrient Removal Conference*, Washington, DC, Alexandria, VA.

Lacan, I., R. Gray, G. Ritland, D. Jenkins, V. Resh, and R. Chan (2000) "The Use of Ammonia to Control Snails in Trickling Filters," *Proceedings of the WEF* 73rd *ACE,* Anaheim, CA.

Laurence, A., A. Spangel, W. Kurtz, R. Pennington, C. Koch, and J. Husband (2003) "Full-Scale Biofilter Demonstration Testing in New York City," *Proceedings of the WEF 76th,ACE*, Los Angeles, CA.

Lazarova, V., J. Perera, M. Bowen, and P. Shields (2000) "Application of Aerated Biofilters for Production of High Quality Water for Industrial Reuse In West Berlin," *Water Sci. Technol.,* **41**, 4–5 417–424.

Lee, K.-C., and B. E. Rittmann (2000) "A Novel Hollow-Fiber Membrane Biofilm Reactor for Autohydrogenotrophic Denitrification of Drinking Water," *Water Sci. Technol.*, **41**, 4–5, 219–226.

Lee, K. M., and H. D. Stensel (1986) "Aeration and Substrate Utilization in a Sparged Packed-Bed Biofilm Reactor," *J. Water Pollut. Conrol Fed.,* **58**, 11, 1066–1072.

Leglise, J. P., P. Gilles, and H. Mureaud (1980) "A New Development in the Biological Aerated Filter Bed Technology," *Proceedings of the 53rd Annual Water Pollut. Control Federation Conference,* Las Vegas, NV.

Liu, Y., and J. H. Tay (2002) "The Essential Role of Hydrodynamic Shear Force in the Formation of Biofilm and Granular Sludge." *Water Res.*, **36**, 7, 1653–1665.

Masterson, T., J. Federico, G. Hedman, and S. Duerr (2004) "Upgrading for Total Nitrogen Removal with a Porous Media IFAS System," *Proceedings of the WEF 77th,ACE*, New Orleans, LA.

McQuarrie, J. P., and J. P. Boltz (2011) "Moving Bed Biofilm Reactor Technology: Process Applications, Design, and Performance," *Water Environ. Res.*, **83**, 6, 560–575.

Meaney, B. J. and J. E. T. Strickland (1994) "Operating Experiences with Submerged Filters for Nitrification and Denitrification," *Water Sci. Technol.,* **29**, 10–11, 119–125.

Melhart, G. F. (1994) "Upgrading of Existing Trickling Filter Plants for Denitrification," *Water Sci. Technol.*, **30**, 6, 173-179.

Mendoza-Espinosa, L., and T. Stephenson (1999) "A Review of Biological Aerated Filters (BAFs) for Wastewater Treatment," *Environ. Eng. Sci.*, **16**, 3, 201–216.

Morgenroth, E., T. Sherden, M. C. M. van Loosdrecht, J. J. Heijnen, and P. A. Wilderer, (1997) "Aerobic Granular Sludge in a Sequencing Batch Reactor." *Water Res.*, **31**, 12, 3191–3194.

Nasr, S. M., W. D. Hankins, C. Messick, and D. Winslow (2000) "Full Scale Demonstration of an Innovative Trickling Filter BNR Process," *Proceedings of the WEF 73rd ACE,* Anaheim, CA.

National Research Council (1946) "Sewage Treatment at Military Installations," *Sewage Works Journal*, **15**, 5, 839–846.

Nerenberg, R., and B. E. Rittmann (2004) "Reduction of Oxidized Water Contaminants with a Hydrogen-Based, Hollow-Fiber Membrane Biofilm Reactor," *Water Sci. Technol.*, **49**, 11–12, 223–230.

Newbry, B. W., G. T. Daigger, and D. Taniguchi-Dennis (1988) "Unit Process Tradeoffs for Combined Trickling Filter and Activated Sludge Processes," *J. WPCF,* **60**, 10, 1813–1821.

Newman, J., V. Occiano, R. Appleton, H. Melcer, S. Sen, D. Parker, A. Langworthy, and P. Wong (2005) "Confirming BAF Performance for Treatment of CEPT Effluent on a Space Constrained Site," *Proceedings of the WEF 78th ACE,* Washington, DC.

Nicolella, C., M. C. M. van Loosdrecht, and J. J. Heijnen, (2000) "Wastewater Treatment with Particulate Biofilm Reactors." *J. Biotechnol.*, **80**, 1, 1–33.

Ninassi, M. V., J. G. Peladan, and R. Pujol (1998) "Predenitrification of Municipal Wastewater: The Interest of Upflow Biofiltration," *Proceedings of the WEF 79th ACE*, Orlando, FL.

Norris, D. P., D. S. Parker, M. L. Daniels, and E. L. Owens (1982) "High Quality Trickling Filter Effluent Without Tertiary Treatment," *J. WPCF*, **54**, 7,1087–1098.

Ødegaard, H. (2006) "Innovations in Wastewater Treatment: the Moving Bed Biofilm Process," *Water Sci. Technol.,* **53**, 9, 17–33.

Onnis-Hayden, A., N. Majed, A. Schramm, and A. Z. Gu (2011) "Process Optimization by Decoupled Control of Key Microbial Populations: Distribution of Activity and Abundance of Polyphosphate-Accumulating Organisms and Nitrifying Populations in a Full-Scale IFAS-EBPR Plant," *Water Res.*, **45**, 13, 3845–3854.

Okey, R. W., and O. E. Albertson (1989) "Diffusion's Role in Regulating and Masking Temperature Effects in Fixed Film Nitrification," *J. WPCF*, **61**, 4, 510–519.

Parker, D. S., and T. Richards (1986) "Nitrification in Trickling Filters," *J. WPCF*, **58**, 9, 896–892.

Parker, D. S., M. P. Lutz, and A. M. Pratt (1990) "New Trickling Filter Applications in the U.S.A.", *Water Sci. Technol.,* **22**, 1–2, 215–226.

Parker, D. S., S. Krugel, and H. McConnell (1994) "Critical Process Design Issues in the Selection of the TF/SC Process for a Large Secondary Treatment Plant," *Water Sci. Technol.,* **29**, 10–11, 209–215.

Parker, D. S., T. Jacobs, E. Bower, D. W. Stowe, and G. Farmer (1997) "Maximizing Trickling Filter Nitrification Through Biofilm Control:Research Review and Full Scale Application," *Water Sci. Technol.,* **36**, 1, 255–262.

Parker, D. S., and H. J. R. Bratby (2001) "Review of Two Decades of Experience with TF/SC Process," *J. Environ. Eng.*, **127**, 5, 380–387.

Parker, D., J. Bratby, D. Epsing, T. Hull, R. Kelly, H. Melcer, R. Merlo, R. Pope, T. Shafer, E. Wahlberg, and R. Witzgall (2011) "A Biological Selector for Preventing Nuisance Foam Formation in Nutrient Removal Plants," *Proceedings of the WEF 83rd ACE*, Los Angeles, CA.

Pastorelli, G., R. Canziani, L. Pedrazzi and A. Rozzi (1999) "Phosphorus and Nitrogen Removal in Moving-Bed Sequencing Batch Biofilm Reactors," *Water Sci. Technol.,* **40**, 4–5, 169–176.

Payraudeau, M., C. Paffoni, and M. Gousailles (2000) "Tertiary Nitrification in an Upflow Biofilter on Floating Media: Influence of Temperature and COD Load," *Water Sci. Technol.,* **41**, 4–5, 21–27.

Pearce, P., and W. Edwards (2011) "A Design Model for Nitrification Unstructured Cross-Flow Plastic Media Trickling Filters," *Water Environ. J.* **25**, 2, 257–265.

Pearce, P., and S. Jarvis (2011) "Operational Experiences with Structured Plastic Media Filters: 10 Years On," *Water Environ. J.* **25**, 2, 200–207.

Peric, M., D. Neupane, B. Stinson, E. Locke, S. Kharkar, N. Passarelli, M. Sultan, G. Shih, S. Murthy, W. Bailey, J. Carr, R. Der Minassian (2009) "Phosphorus Requirements in a Post Denitrification MBBR at a Combined Limit of Technology Nitrogen and Phosphorus Plant," *Proceedings of the WEF 82nd, ACE*, Orlando, FL.

Phillips, H. M, M. Maxwell, T. Johnson, J. L. Barnard, K. Rutt, B. Corning, J. Seda, J-M. Grebenc, N. Love, and S. Ellis (2008) "Optimizing IFAS and MBBR Designs Using Full-Scale Data," *Proceedings of the WEF 81st ACE,* Chicago, IL.

Phillips, H. M., M. T. Steichen, and T. L. Johnson (2010) "The Second Generation of IFAS and MBBR: Lessons to Apply," *Proceedings of the WEF 80st ACE,* New Orleans, LA.

Pujol, R., M. Hamon, X. Kendel, and H. Lemmel (1994) "Biofilters: Flexible, Reliable Biological Reactors," *Water Sci. Technol.,* **29**. 10–11, 33–38.

Randall, C. W., and D. Sen (1996) "Full-Scale Evaluation of an Integrated Fixed-Film Activated Sludge (IFAS) Process for Enhanced Nitrogen Removal," *Water Sci. Technol.,* **33**, 12,155–162.

Richter, K-U., and G. Kruner (1994) "Elimination of Nitrogen in Two Flooded and Statically Packed Bed Biofilters with Aerobic and Anaerobic Microsites," *Water Res.*, **28**, 3, 709–716.

Rogalla, F., and M. M. Bourbigot (1990) "New Developments in Complete Nitrogen Removal with Innovative Biological Reactors," *Water Sci. Technol.,* **22**, 1–2, 273–280.

Rogalla, F., T. L. Johnson, and J. McQuarrie (2006) "Fixed Film Phosphorus Removal Flexible Enough?," *Water Sci. Technol.,* **53**, 12, 75–81.

Rosso, D., S. E. Lothman, M. K. Jeung, P. Pitt, W. J. Gellner, A. L. Stone, and D. Howard (2011) "Oxygen Transfer and Uptake, Nutrient Removal, and Energy Footprint of Parallel Full-Scale IFAS and Activated Sludge Processes," *Water Res.,* **45**, 18, 5987–5996.

Rusten, B. (1984) "Wastewater Treatment with Aerated Submerged Biological Filters," *J. Water Pollut. Control Fed.* **56,** 5, 424–431.

Rusten, B., L. J. Horn, and H. Ødegaard (1995) "Nitrification of Municipal Wastewater in Moving-Bed Biofilm Reactors," *Water Environ. Res.*, **67**, 1, 75–96.

Rusten, B., B. G. Hellstrom, F. Hellstrom, O. Sehested, E. Skjelfoss, and B. Svendsen (2006) "Design and Operations of the Kaldnes Moving Bed Biofilm Reactors," *Aquacult. Eng.* **24**, 3, 322–331.

Salvetti, R., A. Azzellino, R. Canziani, and L. Bonomo (2006) "Effects of Temperature on Tertiary Nitrification in Moving-Bed Biofilm Reactors," *Water Res.*, **40**, 15, 2981–2993.

Scherrenberg, S. M., A. F. Nieuwenhuijzen, J. J. M. den Elzen, F. H. van den Berg, A. Malsch, and J. H. van der Graff (2008) "Aiming at Complete Nitrogen and Phosphorus Removal from WWTP Effluent – The Limits of Technology," *Proceedings of the WEF* 81st *ACE,* Chicago, IL.

Schramm, A., D. De Beer, A. Gieseke, and R. Amann (2000) "Microenvironments and Distribution of Nitrifying Bacteria in a Membrane-Bound Biofilm," *Environ. Microbiol.*, **2**, 6, 680–686.

Schroeder, E. D., and G. Tchobanoglous (1976) "Mass Transfer Limitations in Trickling Filter Designs," *J. WPCF*, **48**, 4, 771–775.

Schulze, K. L. (1960) "Load and Efficiency in Trickling Filters," *J. WPCF*, **33**, 3, 245–260.

Schwarzenbeck, N., J. M. Borges, and P. A. Wilderer (2005) "Treatment of Dairy Effluents in an Aerobic Granular Sludge Sequencing Batch Reactor," *Appl. Microbiol. Biotechnol.,* **66**, 6, 711–718.

Sedlak, R. (ed.) (1991) *Phosphorus and Nitrogen Removal from Municipal Wastewater: Principles and Practice, 2nd ed.,* Lewis Publishers, New York.

Sen, D., R. Copithorn, and C. Randall (2006) "Successful Evaluation of Ten IFAS and MMBR Facilities by Applying the Unified Model to Quantify Biofilm Surface Area Requirements for Nitrification: Determine Its Accuracy in Predicting Effluent Characteristics and Understand the Contribution of Media Towards Organic Removal and Nitrification," *Proceedings of the WEF 79th ACE,* Dallas, TX.

Sen, D., and C. W. Randall (2008a) "Improved Computational Model (AQUIFAS) for Activated Sludge, Integrated Fixed-Film Activated Sludge, and Moving-Bed Biofilm Reactor Systems, Part I: Semi-empirical Model Development," *Water Environ. Res.*, **80**, 5, 439–453.

Sen, D., and C. W. Randall (2008b) "Improved Computational Model (AQUIFAS) for Activated Sludge, Integrated Fixed-Film Activated Sludge, and Moving-Bed Biofilm Reactor Systems, Part II: Multilayer Biofilm Diffusional Model," *Water Environ. Res.*, **80**, 7, 624–632.

Sen, D., and C. W. Randall (2008c) "Improved Computational Model (AQUIFAS) for Activated Sludge, Integrated Fixed-Film Activated Sludge, and Moving-Bed Biofilm Reactor Systems, Part III: Analysis and Verification," *Water Environ. Res.*, **80**, 7, 633–646.

Smith, A. J., and W. Edwards (1994) "Operating Experiences with Submerged Aerated Filters in the U.K.," *Proceedings of the WEF 67th ACE*, New Orleans, LA.

Sriwiriyarat, T., and C. W. Randall (2005) "Performance of IFAS Wastewater Treatment Processes for Biological Phosphorus Removal," *Water Res.,* **39**, 16, 3873–3884.

Stenquist, R. J., D. S. Parker, and J. J. Dosh (1974) "Carbon Oxidation-Nitrification in Synthetic Packing Trickling Filters", *J. WPCF*, **46**, 10, 2327–2339.

Stenquist, R. J., and R. A. Kelly (1980) *Converting Rock Trickling Filters to Plastic Packing – Design and Performance*, EPA-600/2–80-120, U.S. Environmental protection Agency, Washington, DC.

Stensel, H. D., R. C. Brenner, K. M. Lee, H. Melcer, and K. Rackness (1988) "Biological Aerated Filter Evaluation," *J. Environ. Eng.*, **114**, 3, 655–671.

Stenstrom, M. K., D. Rosso, H. Melcer, R. Appleton, V. Occiano, A. Langworthy, and P. Wong (2008) "Oxygen Transfer in a Full-Depth Biological Aerated Filter," *Water Environ. Res.,* **80**, 7, 663–671.

Stephenson, T., P. Cornel, and R. Rogalla (2004) "Biological Aerated Filters (BAF) in Europe: 21 Years of Full Scale Experience," *Proceedings of the WEF 77th, ACE*, New Orleans, LA.

Stinson, B., M. Peric, D. Neupane, M. Laquidara, E. Locke, S. Murthy, W. Bailey, S. Kharkar, N. Passarelli, R. Der Minassian, J. Carr, M. Sultan, and G. Shih (2009) "Design and Operating Conditions for a Post Denitrification MBBR to Achieve Limit of Technology Effluent NOx<1 mg /L and Effluent TP<0.18 mg/L," *Proceedings of the Water Environment. Federation Nutrient Removal Conference*, Washington, DC; Water Environment Federation, Alexandria, VA.

Stricker, A., A. Barrie, C. L. A. Maas, W. Fernandes, and L. Lishman (2009) "Comparison of Performance and Operation of Side-by-Side Integrated Fixed Film and Conventional Activated Sludge Processes at Demonstration Scale," *Water Environ. Res.*, **81**, 3, 219–232.

Sutton, P. M., W. K. Shieh, P. Kos, and P. R. Dunning (1981) "Dorr-Olivers' Oxitron System Fluidised-Bed Water and Wastewater Treatment Process," In *Biological Fluidized Bed Treatment of Water and Wastewater*, P. F. Cooper and B. Atkinson (eds.), Ellis Horwood Publishers, Chichester, England, 285–305.

Sutton, P. M., and P. N. Mishra (1994) "Activated Carbon Based Biological Fluidized Beds for Contaminated Water and Wastewater Treatment: A State-of-the-Art Review," *Water Sci. Technol.,* **29**, 10–11, 309–317.

Suzuki, Y., S. Miyahara, and K. Takeishi (1993) "Oxygen-Supply Method Using Gas- Permeable Film for Wastewater Treatment," *Water Sci. Technol.*, **28**, 7, 243–250.

Syron, E., and E. Casey (2008) "Membrane-Aerated Biofilms for High Rate Biotreatment: Performance Appraisal, Engineering Principles, and Development Requirements," *Environ. Sci. Technol.*, **42**, 6, 1833–1844.

Tchobanoglous, G., F. L. Burton, and H. D. Stensel (2003) *Wastewater Engineering: Treatment and Reuse*, 4th Edition, McGraw-Hill, New York.

Timberlake, D., S. E. Strand, and K. Williamson (1988) "Combined Aerobic Heterotrophic Oxidation, Nitrification and Denitrification in a Permeable-Support Biofilm," *Water Res.*, **22**, 12, 1513–1517.

Timpany P. L., and J. R. Harrison (1989) "Trickling Filter Solids Contact Performance from the Operator's Perspective," *Proceedings of the WEF 62nd, ACE,* San Francisco, CA.

Tschui, M., M. Boller, W. Gujer, C. Eugster, C. Mäder, and C. Stengel (1994) "Tertiary Nitrification in Aerated Biofilters," *Water Sci. Technol.,* **29**, 10–11, 53–60.

U.S. EPA (1974) *Process Design Manual for Upgrading Exisiting Wastewater Treatment Plants*. Office of Technology Transfer, U.S. Environmental Protection Agency, Washington DC.

U.S. EPA (1975) *Process Design Manual for Nitrogen Control*, U.S. EPA Technology Transfer, EPA-625/1-77-007, U.S. Environmental Protection Agency, Washington, DC.

U.S. EPA (1984) *Design Information on Rotating Biological Contactors,* EPA-600/2-84-106, Office of Research and Development, U.S. Environmental Protection Agency, Cincinnati, OH.

U.S. EPA (1993) *Manual Nitrogen Control*, EPA/625/R-93/010, Office of Research and Development, U.S. Environmental Protection Agency, Washington, DC.

Velz, C. J. (1948) "A Basic Law for the Performance of Biological Beds," *Sewage Works J.*, **20**, 4, 607–617.

Wang, J. F., X. Wang, Z. G. Zhao, and J. W. Li, (2008) "Organics and Nitrogen Removal and Sludge Stability in Aerobic Granular Sludge Membrane Bioreactor." *Appl. Microbiol. Biotechnol.*, **79**, 4, 679–685.

Wanner, O., H. Eberl, E. Morgenroth, D. Noguera, C. Picioreanu, B. Rittman, and M. C. M. van Loosdrecht (2006) *Mathematical Modeling Of Biofilms*. IWA Task Group on Biofilm Modeling. Scientific and Technical Report 18. IWA Publishing, London.

Warakomski, A. (2005) "Process Modeling IFAS and MBBR Systems Using LinPor™," *Proceedings Rocky Mountain Water Environment Association Annual Conference*, Albuquerque, NM, September 14, 2005.

WEF (1998) *Design of Municipal Wastewater Treatment Plants, Manual of Practice 8*, Water Environment Federation, Alexandria, VA.

WEF (2000) *Aerobic Fixed-Growth Reactors; A Special Publication*, Water Environment Federation, Alexandria, VA.

WEF (2010) *Design of Wastewater Treatment Plants*, 5th ed., Manual of Practice No. 8, Water Environment Federation, Alexandria, VA.

WEF (2011) *Biofilm Reactors, WEF Manual of Practice No. 35*, Water Environment Federation, Alexandria, VA.

WERF (2010) *Compendium: Tertiary Denitrification Processes for Low Nitrogen and Phosphorus*, Water Environment Federation, Alexandria VA.

WPCF (1988) *O&M of Trickling Filters, RBCs, and Related Processes, Manual of Practice OM-10*, Water Pollution Control Federation, Alexandria, VA.

Yilmaz, G., R. Lemaire, J. Keller, and Z. Yuan (2008) "Simultaneous Nitrification, Denitrification, and Phosphorus Removal from Nutrient-Rich Industrial Wastewater Using Granular Sludge." *Biotechnol. and Bioeng.*, **100**, 3, 529–541.

Young, J. C., and M. C. Steward (1979) "PBR-A New Addition to the AWT Family," *Water and Waste Engng.*, **15**, 8, 20–25.

폐수처리공학 I 정가 45,000원

Wastewater Engineering: Treatment and Resource Recovery, 5/e

발 행 2022년 3월 10일 초판 3쇄

저 자 Metcalf & Eddy

역 자 신항식 · 강석태 · 김상현 · 김정환 · 김종오 · 배병욱
송영채 · 유규선 · 이병헌 · 이병희 · 이용운 · 이원태
이준호 · 이채영 · 임경호 · 장 암 · 전항배 · 정종태
홍용석 · 고광백 · 김영관 · 윤주환 · 백병천

발행인 정우용

발행처 도서출판 동화기술
경기도 파주시 광인사길 201(문발동, 파주출판도시)
Tel (031)955-4211~6 donghwapub@nate.com
Fax (031)955-4217 www.donghwapub.co.kr
(등록) 1977년 12월 19일/9-16호

Printed in Korea
ISBN 978-89-425-9050-6